Die Sinne der Tiere

Stephan Frings

Die Sinne der Tiere

Lehrbuch der vergleichenden Sinnesphysiologie

Illustriert von Helga Pohlen und Matt Jan Gerhard Maassen-Pohlen

Springer Spektrum

Stephan Frings
Centre for Organismal Studies
Universität Heidelberg
Heidelberg, Deutschland

ISBN 978-3-662-63232-1 ISBN 978-3-662-63233-8 (eBook)
https://doi.org/10.1007/978-3-662-63233-8

Die Deutsche Nationalbibliothek verzeichnet diese Publikation in der Deutschen Nationalbibliografie; detaillierte bibliografische Daten sind im Internet über http://dnb.d-nb.de abrufbar.

Planung/Lektorat: Stefanie Wolf

Springer Spektrum ist ein Imprint der eingetragenen Gesellschaft Springer-Verlag GmbH, DE und ist ein Teil von Springer Nature.
Die Anschrift der Gesellschaft ist: Heidelberger Platz 3, 14197 Berlin, Germany

Vorwort – Die Sinne der Tiere

Für die meisten Menschen sind Tiere ein selbstverständlicher Teil des Lebens. Dabei sind die Umstände unserer Begegnungen mit Tieren vielfältig: Sei es die Freude an der belebten Natur, die Sorge um Wild- oder Nutztiere, der Umgang mit Haustieren oder auch die Furcht vor gefährlichen Tieren. Da Tiere faszinierende Wesen sind mit eigenartigen Fähigkeiten und oft rätselhaftem Verhalten, ist der Wunsch, mehr über sie zu erfahren, ein fester Bestandteil der menschlichen Neugier. Wenn wir unsere Umwelt erkunden und versuchen, unsere eigene Rolle in das natürliche Geschehen auf der Erde einzuordnen, ist die Frage nach den Tieren nie weit. Oft fragen wir uns, warum ein Tier ein bestimmtes Verhalten zeigt. Wie aber können wir sein Verhalten interpretieren, wieviel davon verstehen, was ein Tier bewegt und motiviert? Unser Interesse an Tieren führt stets zu einem schwer lösbaren Konflikt: Sind Tiere so vollständig anders als Menschen, dass es für uns unmöglich ist zu verstehen, was in ihnen vorgeht? Oder bietet die Kontinuität der Evolution – und die daraus resultierenden Ähnlichkeiten zwischen Tieren und Menschen – eine Möglichkeit, das Verhalten von Tieren nachzuvollziehen? Fremdheit oder Verständnis; wie können wir den Tieren begegnen?

Die Sinnesphysiologie will diesen Konflikt lösen, indem sie auf Verständnis setzt. Ihr Ansatzpunkt ist die Frage, welche Informationen ein Tier über seine Umwelt einsammelt und wie es diese Informationen auswertet. Was kann ein Tier sehen, hören, riechen; welche anderen Informationen sind ihm zugänglich? Und wie nutzt es die sensorischen Daten, um Nahrung zu finden, um Gefahren aus dem Weg zu gehen und um sich mit Artgenossen zu treffen? Sinnesphysiologen beschäftigen sich mit Sinnesorganen und Gehirnen, denn die einen erfassen die Umwelt des Tieres, die anderen steuern auf der Grundlage der aktuellen Informationslage sinnvolle Verhaltensmuster. Die Aufklärung dieser beiden Prozesse hilft dem Verhaltensforscher zu verstehen, welche Bedeutung unterschiedliche Aspekte des Verhaltens für eine Tierart haben. Und der Evolutionsbiologe kann die physiologischen Funktionsweisen der Sinne zurückverfolgen bis zu frühen Vorgängern der heute lebenden Tiere. Dabei kann deutlich werden, auf welche Sinnesleistungen es immer besonders angekommen ist, welche Strukturen in Sinnesorganen und Gehirnen entscheidend waren für die Entstehung der Tiere, die wir heute verstehen möchten. Die Sinne sind damit ein Schlüssel zum Wesen der Tiere, zu ihrer Entstehungsgeschichte und zu ihrem heutigen Auftreten in der Natur.

Das vorliegende Lehrbuch der vergleichenden Sinnesphysiologie ist aus einer Vorlesung an der Universität Heidelberg hervorgegangen und richtet sich an Studierende aller Studiengänge und Doktorandenprogramme, in denen Tierphysiologie Thema der akademischen Ausbildung ist. Um den didaktischen Anforderungen gerecht zu werden, enthält das Buch eine große Anzahl von Infografiken, Illustrationen und Tierfotos. Zusätzlich werden am Ende eines jeden Kapitels Hinweise zur Vertiefung des jeweiligen Themas aufgeführt. In einem ausführlichen Glossar werden sinnesphysiologische Fachbegriffe erklärt, sodass das Buch als selbstständiges Lehrmedium genutzt werden kann.

Ich bedanke mich herzlich bei denjenigen Menschen, die zur Entstehung dieses Buches beigetragen haben, insbesondere bei den Illustratoren Helga Pohlen und Matt J. G. Maassen-Pohlen sowie dem Tierfotografen Erik Leist. Bei meiner Arbeitsgruppe bedanke ich mich ebenso herzlich, denn sie haben mir für die Arbeit an diesem Buch Freiräume verschafft, ohne die das Projekt nicht möglich gewesen wäre. So haben Frank Möhrlen, Gabriele Günter, Anne Hahn, Franziska Neureither, Friederike Auer und Nunzia Papotto unsere Forschungsarbeit selbstständig und produktiv weitergeführt, während ich an dem Buch arbeiten konnte. Meinen Kollegen Werner Müller, Volker Storch und Thomas Braunbeck danke ich für viele Anregungen zur Konzeption von Lehrbüchern mit zoologischen und physiologischen Themen. Dem Team vom Springer Spektrum-Verlag, insbesondere Frau Meike Barth und Frau Stefanie Wolf gilt mein Dank für die reibungslose Organisation des Produktionsprozesses, und ganz besonders dankbar bin ich Herrn Andreas Held für sein engagiertes und fachkundiges Lektorat.

Inhaltsverzeichnis

Sinne und Wahrnehmung – Abgrenzung des Themas

Inhaltsverzeichnis

S. Frings, *Die Sinne der Tiere*, https://doi.org/10.1007/978-3-662-63233-8_1

Eine Große Fechterschnecke (*Strombus gigas*) lugt mit zwei blauen Augen unter dem Rand ihres Gehäuses hervor, wobei jedes Auge in eine andere Richtung schaut. Was sie wohl sieht mit diesem doppelten Bick? Sie grast Algenteppiche ab, die am Boden des flachen, warmen Meeres der Karibik wachsen, aber die Blickachsen ihrer beiden Augen sind nicht auf ihre Nahrung gerichtet, sondern aufwärts in das umgebende Wasser. Möglicherweise hält sie nach Jägern Ausschau, denn sowohl Kraken und Hummer als auch Schildkröten und Haie stellen ihr nach. Es kommt für die Fechterschnecke darauf an, ihre Fressfeinde frühzeitig zu sehen, sie schon in einiger Entfernung als Jäger zu erkennen. Denn sie benötigt etwas Zeit, um die einzige Schutzmaßnahme einzuleiten, die ihr zur Verfügung steht: Sie gräbt sich in den Sandboden ein und wird weitgehend unsichtbar. Mit etwas Glück wird sie auf diese Weise eine Begegnung mit den Jägern überleben. Ähnlich wie bei ihrer Verwandten unter den Landschnecken, der Weinbergschnecke (*Helix pomatia*), liefert ihr Sehsinn kein scharfes Bild eines Jägers. Vermutlich nimmt sie einen Schatten wahr, der in bedrohlich wirkender Weise über den Meeresgrund gleitet oder sich vor das Sonnenlicht schiebt, vielleicht erkennt sie die Form oder das typische Bewegungsmuster eines Jägers – wir können es nicht sagen. In jedem Fall reagiert die Schnecke richtig: Sie verbirgt sich im Sand und vergrößert damit ihre Überlebenschance. Ihre Augen haben den Zweck erfüllt, für den sie sich im Lauf der Schneckenevolution gebildet haben. Nicht, um die Dinge in allen Details scharf sehen zu können, sondern, um ihren Feinden zu entgehen. Alle Sinne gehen letztlich zurück auf solche basalen Funktionen, alle beginnen mit einer Sinnesleistung, die beim Überleben hilft. Und alle Sinne ermöglichen es denjenigen Tieren, deren Überlebenschancen gut genug sind, sich neue Lebensräume und Nahrungsquellen zu erschließen, ihr Verhaltensrepertoire zu erweitern und sich veränderten Lebensbedingungen anzupassen. In diesem Kapitel geht es um die Herkunft der Sinnesorgane, ihre Entstehungsgeschichte und um die Spuren, die diese Geschichte in den Sinnen der heutigen Tiere hinterlassen haben.

1.1 Sinnesinformation und Wirklichkeit

Um leben zu können, müssen Tiere ihre Umwelt erkunden. Sie müssen nach Nahrung suchen, müssen Lebensräume finden, in denen erträgliche atmosphärische Bedingungen herrschen, und sie müssen Freunde und Feinde erkennen, um sich auf angemessene Art verhalten zu können. Es gibt keine Ausnahme von dieser Regel. Selbst Tiere, die in weitgehender Isolation ohne Fressfeinde leben – wie unter den Wirbeltieren der Grottenolm (*Proteus anguinus*) oder die Quastenflosser (*Latimeria* spp.) – bewegen sich durch ihre düsteren Biotope auf der Suche nach Nahrung. Dabei helfen ihnen ihre chemischen Sinne, spezialisierte Zellen an der Körperoberfläche, die auf interessante chemische Verbindungen reagieren und das Nervensystem der Tiere mit der entsprechenden Information versorgen. Denn potenzielle Beutetiere hinterlassen Spuren aus Geruchs- oder Geschmacksstoffen, und auch Pflanzen und Mikroorganismen verraten sich durch chemische Signale. Hochinteressant sind auch Vibrationen im Boden, im Wasser und in der Luft, denn sie werden oft durch Bewegungen anderer Tiere erzeugt und können Flucht- oder Jagdverhalten auslösen. Vibrationsempfindliche Sinneszellen gehören daher zur sensorischen Grundausstattung aller Tiere. Und erst recht interessant sind Licht und Schatten, Farben, Formen und deren Bewegungen. Kaum eine Sinneswelt ist so vielfältig und nützlich wie die des Sehsinns, und es ist daher nachvollziehbar, dass die Entwicklung von Augen zurückreicht bis in die Frühzeit der Evolution der Tiere.

Tab. 1.1 Einige physikalische Größen, die von Tieren durch Sinnesorgane erfasst werden können

physikalische Größe	Sinnesmodalität
thermische Bewegung von Partikeln	Tastsinn
Wärme, Wärmefluss, Infrarotstrahlung	Wärmesinn
Photonenflussdichte	Sehsinn
Wellenlänge des Lichtes im sichtbaren Bereich	Sehsinn
Polarisationsgrad des Lichtes	Sehsinn
elektrische Feldstärke	Elektrosinn
Inklination und Intensität von Magnetfeldern	Magnetsinn
Longitudinal- und Transversalwellen in natürlichen Substraten	Vibrationssinn
Schalldruck, Schallfrequenz, Amplituden- und Frequenzmodulation	Hörsinn
Schallrichtung, Lichtrichtung	Hörsinn, Sehsinn
mechanischer Druck, Dehnung, Torsion auf mikroskopischen Skalen	Tastsinn, Lagesinn, Schmerzsinn
Dreh- und Linearbeschleunigung, Gravitation	Gleichgewichtssinn
Konzentrationen wasserlöslicher und flüchtiger Stoffe	Geschmackssinn, Riechsinn
Säuregrad	Geschmackssinn, Schmerzsinn
Luftfeuchtigkeit, Luftdruck, Lufttemperatur	verschiedene Sensillen

Tab. 1.1 gibt einen ungeordneten und unvollständigen Eindruck von physikochemischen Größen, welche Tiere durch ihre Sinne erfassen können. Eine erstaunliche Vielfalt von Sensoren liegt dieser Liste zugrunde – Sensoren, die jeweils auf das Erfassen von nur *einer* dieser Größen spezialisiert sind. Spezialisierung ist eine Grundvoraussetzung für das Funktionieren der Sinne, denn an der **Reizselektivität** einer Sinneszelle entscheidet sich, welche Information das Gehirn über die Umwelt erhalten kann. Beispielsweise wird ein aus der Netzhaut des Auges eintreffendes Signal vom Gehirn immer als Lichtsignal interpretiert werden – egal auf welche Weise die Photorezeptoren aktiviert worden sind. Es ist daher wichtig, dass Photorezeptoren nach Möglichkeit ausschließlich auf Photonen, nicht aber auf chemische, thermische oder mechanische Reize reagieren. Nur Licht ist für einen Photorezeptor der **ad-**

äquate Reiz, die Photonenflussdichte ist diejenige Reizqualität, für deren Detektion sich der Sehsinn entwickelt hat. Verfolgt man die schrittweise Optimierung der Sinnesorgane im Verlauf der Evolution der Tiere, kann man erkennen, dass diese Spezialisierung auf zwei Wegen vorangetrieben wird. Die Sensoren der Sinneszellen werden immer empfindlicher für ihren adäquaten Reiz, benötigen demzufolge immer geringere Reizenergie zur Aktivierung. Und in den Sinnesorganen werden die Sensoren der Sinneszellen zunehmend besser vor der Einwirkung inadäquater Reize geschützt, sodass solche „falschen" Reize nur detektiert werden, wenn sie mit sehr hoher Energie auf ein Sinnesorgan einwirken. Mechanische Reize sind beispielsweise für Photorezeptoren inadäquat. Trotzdem kann ein Schlag auf ein Auge eine visuelle Wahrnehmung („Sterne sehen") auslösen.

In der Tierwelt existiert eine große Zahl unterschiedlicher Sensoren, die in ganz verschieden gebauten Sinnesorganen an ihre spezielle Aufgabe der Detektion einer der physikalischen Größen in ◘ Tab. 1.1 angepasst sind. Allerdings gibt es wohl kein Tier, das über alle diese Sensoren gleichzeitig verfügt; manche besitzen nur wenige, anderen fehlen nur einer oder zwei. Die Gesamtheit aller Sinne, die einem Tier zur Verfügung steht, sein **Sensorium**, bestimmt die Beschaffenheit seiner Sinneswelt, seine **subjektive Wirklichkeit**. Die Wahrnehmung der Wirklichkeit in der Tier- und Menschenwelt ist immer subjektiv, immer von der Leistung der Sinne sowie der Verarbeitung sensorischer Signale im Nervensystem geprägt. Wollte man die Möglichkeit der Erkenntnis einer *objektiven* Wirklichkeit fordern, müsste diese die Gesamtheit aller physikalischen Größen beinhalten, die einem Objekt zuzuordnen sind. Das wären dann nicht nur die in ◘ Tab. 1.1 aufgelisteten Größen, sondern eben alle denkbaren, auch solche, die man weder sieht noch sonst wie wahrnimmt, wie beispielsweise die Dichte, die Trägheit, die Radioaktivität oder die chemische Zusammensetzung. Eine solche umfassende Sinnesleistung ist nicht bekannt, noch wäre sie auch nur sinnvoll. Stattdessen erlebt jede Tierart ihre eigene subjektive Wirklichkeit, die sich durch Anpassung an die Notwendigkeiten im arteigenen Lebensraum herausgebildet hat. Ein Beispiel aus dem Meer soll diesen Punkt veranschaulichen (◘ Abb. 1.1).

Vier Tiere blicken auf das gleiche Objekt, einen Hammerhai, der für jedes der Tiere eine tödliche Gefahr darstellt. Während die Fechterschnecke nur einen bewegten Schatten vor dem Sonneneinfall erkennen kann, sieht der Pfeilschwanzkrebs mit seinen Komplexaugen eine Art haiförmiges Mosaik. Der Krake sieht zwar immer noch ein unscharfes Bild, kann aber die blaugraue Rückenfarbe des Haies sehen, denn er besitzt schon einen einfachen Farbensinn. Dem Knochenfisch gelingt es mit seinem hochauflösenden, tetrachromatischen Sehsinn, viele Details am Haikörper auszumachen. Alle vier Tiere erhalten über ihren Sehsinn nur einen subjektiven Eindruck von ihrem Jäger – niemand sieht eine objektive Wirklichkeit –, aber allen vier Tieren ermöglicht ihr Sehsinn die **Wahrnehmung der Realität**, nämlich der Gegenwart eines gefährlichen Raubfisches. Mit dieser Sinnesleistung konnten die Tiere

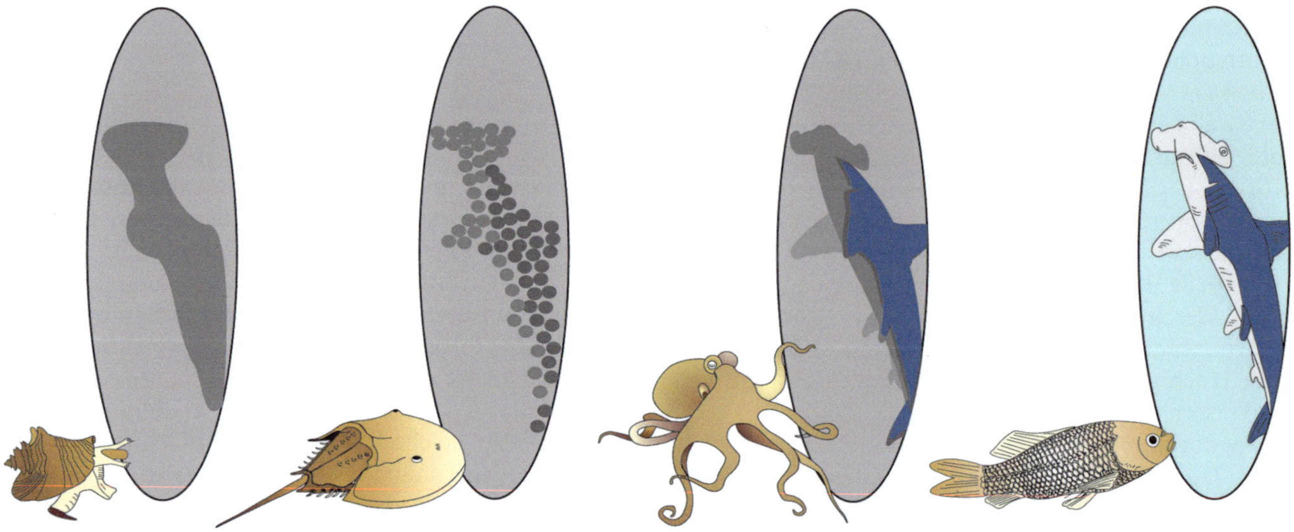

◘ **Abb. 1.1** Illustration zum Thema Subjektivität der Sinneswahrnehmung. Tiere haben Augen mit sehr unterschiedlicher Leistungsfähigkeit und sehen demzufolge gleiche Objekte unterschiedlich genau. Die Illustration zeigt die fantasievolle Vorstellung von der Wahrnehmung eines Hammerhais durch vier entwicklungsgeschichtlich alte Tiere – also Tiere, die schon seit langer Zeit in der Lage sind, Haien aus dem Weg zu gehen. Für jedes der Tiere hat das eigene Sehvermögen den Realitätstest bestanden, denn es vermittelt zuverlässig die drohende Gefahr. Die objektive Wirklichkeit eines Hammerhais ist dagegen weder Tieren noch Menschen zugänglich, sie ist auch für ihr Überleben nicht wichtig

über Jahrmillionen hinweg ihre Art im Meer behaupten und sind daher nicht ausgestorben, sondern sind heute unter den rezenten Arten zu finden. Ihre Sinne haben einen Realitätstest bestanden, der darin besteht, die zum Überleben notwendigen Informationen aufzunehmen und zu verarbeiten; nicht aber darin, die objektive Wirklichkeit zu erkennen.

Wie sollen wir die in ◘ Abb. 1.1 dargestellte Sinnesleistung nennen? Wahrnehmung eines Haies? Erkennen einer gefährlichen Situation? Oder vielleicht Auslösen eines Fluchtreflexes? Die in der Sinnesphysiologie verwendeten **Begriffe für kognitive Prozesse** (Wahrnehmung, Erkenntnis, Erleben) stammen aus der Philosophie und der Psychologie. Es sind Begriffe, mit denen in erster Linie kognitive Vorgänge beim Menschen untersucht und diskutiert werden. Als solche sind sie in doppelter Hinsicht mit der Kommunikation durch das Medium der Sprache verbunden. Experimente in der Wahrnehmungspsychologie beruhen darauf, dass Menschen ihre sensorischen Erfahrungen artikulieren können und dass es möglich ist, die sprachliche Beschreibung von Sinneserlebnissen vieler Menschen zu vergleichen. Auf der Basis solcher Vergleiche kann man allgemeine Erkenntnisse formulieren, die im besten Fall zum Verständnis der Sinnesfunktionen beitragen. Aus subjektiven Erlebnissen vieler Menschen entstehen auf diese Weise allgemeingültige wissenschaftliche Aussagen wie beispielsweise „Zucker schmeckt süß". Die zweite Kopplung von Wahrnehmungspsychologie und Sprache ist die inhaltliche Abgrenzung der angewendeten Begriffe, ihre *Bedeutung* im wissenschaftlichen Kontext. Bei einigen der zentralen Konzepte, die das subjektive Erleben beschreiben, stehen Begriffe wie „Wahrnehmung" oder „Bewusstsein" im Mittelpunkt aktueller wissenschaftlicher Debatten, und es besteht keineswegs Konsens darüber, welche präzise Bedeutung diesen Begriffen bei der Beschreibung der Erlebniswelt von Menschen zukommt. Weit weniger noch ist klar, inwieweit diese Begriffe geeignet sind, die Sinneswelt der Tiere zu beschreiben. Da keine sprachliche Kommunikation zwischen Mensch und Tier genutzt werden kann, ist es schwer, sich ein Bild davon zu machen, welche Art von Wahrnehmung im Gehirn eines Tieres entsteht. Leider gewährt uns unsere sehr eingeschränkte Kommunikation mit Tieren nur wenig Einblick in ihre Sinneswelt. Nicht wenige Wissenschaftler warnen aus diesem Grund davor, Begriffe aus der Wahrnehmungspsychologie leichtfertig auf kognitive Prozesse bei Tieren anzuwenden. Ihr Argument ist die prinzipielle Unzugänglichkeit von kognitiven Prozessen bei Tieren, ein Problem, das die Formulierung begründeter Hypothesen zu Vorgängen wie Wahrnehmung, Erkenntnis und Bewusstsein bei Tieren unmöglich erscheinen lässt. Selbst den einfachen Satz „Zucker schmeckt süß" werden wir kaum jemals auf eine Tierart anwenden können, weil wir nicht wissen, was „süß" für ein Tier bedeutet. Auf der anderen Seite der wissenschaftlichen Kontroverse stehen Ethologen, denen die Begriffe aus der Wahrnehmungspsychologie durchaus als Orientierung bei der Erforschung der Erlebniswelt von Tieren dienen können. Bei diesem Ansatz geht man davon aus, dass sich kognitive Fähigkeiten im Verlauf der Evolution Schritt für Schritt weiterentwickelt haben, nicht anders als alle anderen Merkmale und Fähigkeiten der Tiere. Im Rahmen der Entstehung von komplexeren Gehirnen hat sich dabei ein Kontinuum immer leistungsfähigerer kognitiver Prozesse gebildet, die zumindest bei Vögeln und Säugetieren Phänomene wie Wahrnehmung, Erkenntnis und Bewusstsein hervorgebracht haben, und daher mit den Begriffen der Wahrnehmungspsychologie sinnvoll beschrieben werden können.

Wir werden den wissenschaftlichen Konflikt zur Frage der bewussten Wahrnehmung bei Tieren im letzten Kapitel dieses Buches genauer betrachten (▶ Kap. 18). Bei der Beschreibung der einzelnen Sinne in den folgenden Kapiteln wird neben der ethologischen Terminologie auch die der Wahrnehmungspsychologie genutzt, insoweit sie verständlich macht, in welcher Weise Tiere sensorische Informationen auswerten und zur Konstruktion ihrer subjektiven Wirklichkeit nutzen können. Die Grundannahme für eine solche Darstellung ist, dass alle Tiere über irgendeine Art bewusster Wahrnehmung verfügen, sei sie auch noch so einfach und leistungsschwach im Vergleich mit kognitiven Vorgängen im Gehirn des Menschen.

1.2 Selektionsdruck und die Evolution der Sinne

Die evolutionsgeschichtlichen Wurzeln der Sinnesorgane reichen weit zurück in die Welt der Bakterien und der einfachsten Eukaryoten und damit in die frühesten Abschnitte der Entstehung zellulärer Lebensformen, in eine Zeit, als die Erde noch nicht von Tieren bewohnt war. Auch Einzeller müssen Informationen über ihre Umgebung sammeln, und die Qualität dieser Informationen unterscheidet sich nicht wesentlich von der Sinnesinformation, die Tiere benötigen. Auch die unmittelbaren Leistungsanforderungen und die Probleme sensorischer Strukturen liegen schon bei Einzellern vor (◘ Abb. 1.2, *oben*). Bakterien sind beispielsweise in der Lage, sich durch **Chemotaxis** zu orientieren, indem sie Nahrungsbestandteile wie Zucker oder Aminosäuren erkennen und sich in die Richtung dieser Nährstoffe bewegen. Die Anforderungen an ein chemotaktisches System sind vielfältig. Zunächst müssen sich selektive Rezeptorproteine in der Zellmembran befinden, und auf ihrer Außenseite muss eine gesuchte Substanz – aber möglichst keine anderen – binden können. Bei Bakterien

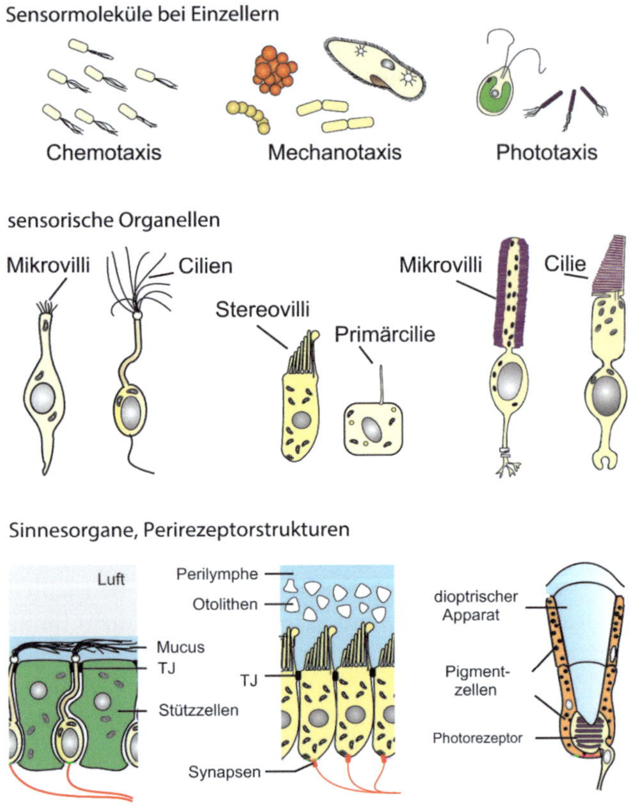

Abb. 1.2 Sensoren auf unterschiedlichen Organisationsstufen. *Oben:* Einzeller besitzen Sensorproteine zur Erkennung von unterschiedlichen Reizen. Chemotaktische Bakterien schwimmen in Richtung einer Nahrungsquelle, Pantoffeltierchen ändern nach der Kollision mit einem Hindernis ihren Kurs. Manche Einzeller, wie die Alge *Chlamydomonas* und das salzliebende Archaebakterium *Halobacterium*, detektieren Licht durch spezielle Rhodopsinvarianten. *Mitte:* Mehrzellige Organismen besitzen spezialisierte Sinneszellen, bei denen Mikrovilli oder Cilien zu sensorischen Organellen umgebildet sind. Chemosensorische Mikrovilli und Cilien sind im Tierreich weit verbreitet. Wirbeltiere verfügen über Haarzellen mit mechanosensitiven Sterovilli, und viele Epithelzellen erfassen mit Primärcilien Flüssigkeitsströmungen an der Zelloberfläche. Bei Photorezeptoren ist das Rhodopsin entweder in Mikrovilli oder in einer umgebildeten Cilie des lichtempfindlichen Außensegments eingelagert. *Unten:* In Sinnesorganen werden die Bedingungen für die Detektion des adäquaten Reizes optimiert. Dazu dienen Strukturen im Perirezeptorbereich wie epitheliale Stützzellen und Zell-Zell-Verbindungen (TJ, Tight Junctions) sowie besonders zusammengesetzte Medien (Mucus, Perilymphe, Endolymphe) auf der apikalen Seite von Sinnesepithelien. Hilfsstrukturen verbessern die Reizerfassung, wie die Otolithen auf mechanosensitiven Epithelien sowie dioptrische Apparate und Pigmentzellen in Augen

erfüllen die methylakzeptierenden Chemotaxisproteine (MCPs) diese Funktion, indem die Bindung ihres Liganden an extrazelluläre Bindestellen eine Konformationsänderung der cytoplasmatischen Domäne des Rezeptors auslöst und damit das sensorische Signal in die Zelle leitet. Die zweite Anforderung ist eine Kaskade von Signaltransduktionsprozessen, mit der das sensorische Signal innerhalb der Zelle verarbeitet wird. Bei Bakterien sind das die sogenannten Che-Proteine (Che für Chemotaxis). Schließlich muss die Detektion einer Substanz an ein Ausgangssignal gekoppelt werden, wie die Umstellung des Cilienschlags, die das Bakterium näher an eine Nahrungsquelle heranführt. Ähnliche Parallelen zur Signalverarbeitung in Sinneszellen findet man auch bei der **Detektion von mechanischen Reizen**. Vermutlich ist die Fähigkeit, Verformungen der Zellmembran zu erfassen und darauf zu reagieren, ebenso Bestandteil aller zellulären Lebensformen wie die Fähigkeit, chemische Substanzen zu erkennen. Denn ein grundlegender Regelmechanismus, die Volumenregulation, nutzt Mechanosensoren, um das Anschwellen der Zelle zu registrieren. Gelangen Bakterien in ein hypoosmotisches Medium, schwellen sie aufgrund von Wasseraufnahme an und drohen zu platzen. Ionenkanäle der MscL-Familie (MscL: *mechanosensitive channels of large conductance*) werden durch die mechanische Krafteinwirkung der sich dehnenden Zellmembran geöffnet und leiten Ionen aus der Zelle heraus. Da diesem Ionenexport ein osmotisch getriebener Wasserausstrom folgt, wird das Zellvolumen stabilisiert. MscL-Proteine kommen bei Tieren nicht vor, wohl aber andere Proteine, die durch Membrandehnung geöffnet werden. Neben der Volumenkontrolle kann man bei Einzellern auch vielfältige andere Reaktionen auf mechanische Reize beobachten, seien es Reaktionen auf Wasserströmung, auf Berührung oder auf das Zusammenstoßen mit einem Hindernis, was beispielsweise bei Pantoffeltierchen (*Paramecium* spp.) Ausweichbewegungen auslöst. Auch Sensoren für sichtbares Licht findet man bei Einzellern wie beispielsweise dem Salzbakterium *Halobacterium* oder der Grünalge *Chlamydomonas*. Bemerkenswert ist dabei, dass die **Phototaxis** dieser einfachen Lebewesen auf zwei Varianten des Rhodopsins basiert, auf Bacteriorhodopsin und Channelrhodopsin, also aus Opsinproteinen mit einem Molekül Retinal als lichtabsorbierendem Chromophor. Andere Varianten von Rhodopsin dienen heute als Lichtsensoren bei Blaualgen, Cryptophyceen, Pilzen, Dinoflagellaten sowie bei allen rezenten Tieren, die über einen Sehsinn verfügen. Obwohl die evolutionären Verbindungen zwischen den mikrobiellen Rhodopsinen und den Rhodopsinen der Tiere bisher nicht geklärt sind, zeigt auch das Beispiel des Lichtsinns, dass die sensorischen Grundelemente in der einen oder anderen Form schon in der Frühzeit des zellulären Lebens entstanden sind.

Die Zelldifferenzierung bei den vielzelligen Tieren (Reich Metazoa) ermöglicht es, die Reizerkennung in spezialisierten **Sinneszellen** zu optimieren, ihre Empfindlichkeit und ihre Selektivität zu maximieren. Dafür wird in vielen Fällen der sensorische Apparat mitsamt Sensormolekülen und Transduktionsproteinen in Organellen zusammengefasst. Die Sensormoleküle detektieren den adäquaten Reiz, während die Transduktionsmechanismen bei Aktivierung des Sensors ein zelluläres Signal auslösen – sie überführen die Reizdetektion in eine Reaktion der Sinneszelle. In welcher Weise die Signaltransduktion bei verschiedenen Sinneszellen abläuft, wird in den ▶ Kap. 4–14 im Einzelnen beschrieben. Oft bringt die Zusammenfassung beider Prozesse – Detektion und Transduktion – im selben Organell den Vorteil, dass alle beteiligten Moleküle nah beieinander angeordnet sind, sodass Signalmoleküle nur kurze Strecken vom einen zum anderen Molekül diffundieren müssen. Die räumliche Konzentration ist daher ein entscheidender Beitrag zur Optimierung. Als Organellen dienen sowohl Mikrovilli als auch Cilien (◘ Abb. 1.2, *Mitte*), die sich im Aufbau ihres Cytoskeletts unterscheiden. Mikrovilli werden durch Actinfilamente stabilisiert, Cilien durch Mikrotubuli. Sowohl bei chemosensorischen als auch bei mechanosensorischen und photosensorischen Zellen kommen beide Organelltypen zum Einsatz. Sie entspringen meist nur einer Seite der Zelle und verleihen damit den Sinneszellen eine polarisierte Struktur. Der sensorische Zellpol liegt demjenigen Pol gegenüber, der das afferente Signal erzeugt, welches dem Gehirn die sensorische Information zuleitet. Manche Sinneszellen sind Epithelzellen (Geschmackszellen, Haarzellen) und besitzen daher einen apikalen Pol, der zu einem Sensor umgestaltet wird. Am entgegengesetzten, basalen Pol bilden diese Sinneszellen Synapsen mit afferenten Nervenfasern. Andere Sinneszellen sind Neuronen (Riechzellen, Schmerzzellen), tragen eigene Axone und feuern bei Stimulation ihrer sensorischen Organellen. Wegen ihrer Fähigkeit, Aktionspotenziale zu feuern, werden diese Neuronen als **primäre Sinneszellen** bezeichnet, während die Epithelsinneszellen als **sekundäre Sinneszellen** geführt werden, weil sie nicht elektrisch erregbar sind. Diese Unterscheidung ist zwar nicht immer sinnvoll – es gibt zu viele Ausnahmen –, hat sich aber in der physiologischen Literatur eingebürgert. In jedem Fall kann man beobachten, dass die sensorischen Organellen im Verlauf der Evolution zu überaus effizienten Funktionseinheiten geworden sind. Tatsächlich hat sich bei manchen Sinneszellen die Empfindlichkeit ihrer sensorischen Organellen bis an die Grenze des physikalisch Sinnvollen gesteigert. Die Bindung einzelner Ligandenmoleküle oder die Detektion eines einzigen Photons können schon messbare Reaktionen der jeweiligen Sinneszelle auslösen. Und manche Mechanosensoren haben ihre Empfindlichkeit so weit entwickelt, dass sie in der Lage sind, mikroskopische Vorgänge in der Größenordnung von thermischen Partikelbewegungen zu detektieren.

Die Leistungsfähigkeit der sensorischen Organellen wird noch dadurch gesteigert, dass die Sinneszellen innerhalb von **Sinnesorganen** in eine Umgebung günstiger Gewebestrukturen eingebettet sind. Solche **Perirezeptorstrukturen** („perirezeptor“, um den Rezeptor herum) sorgen beispielsweise dafür, dass die sensorischen Cilien der Riechzellen auf der Oberfläche eines Stützzellepithels, eingebettet in eine dünne Mucusschicht, Kontakt mit der Atemluft haben (◘ Abb. 1.2, *unten*). Bei manchen Haarzellepithelien sorgt eine apikale Otolithenschicht, bestehend aus einer speziellen Salzlösung sowie kleinen Ohrsteinchen (Otolithen), für eine hochempfindliche Detektion von Beschleunigungsvorgängen. Und in den vielgestaltigen Augen der Tiere verbessern die transparenten, lichtbrechenden Gewebe des dioptrischen Apparats das Sehen, während Pigmentzellen die Photorezeptoren vor Streulicht schützen. Erst die Perirezeptorstrukturen im Sinnesorgan führen zur Optimierung der Leistungsfähigkeit der Sinne.

In welchen Zeiträumen haben sich die Sinne der Tiere in dieser Weise entwickelt? Welche Art von Selektionsdruck trieb die Evolution der Sinnesorgane voran? Nach heutigem Verständnis sind die Tiere in der Endphase des Proterozoikums entstanden, in einer Zeit, die an die Marinoische Eiszeit anschließt, in welcher die Erde weitgehend vereist war („Schneeballerde“). Nach dem Ende des Cryogeniums, vor 635 Mio. Jahren, begann der als Ediacarium bezeichnete letzte Abschnitt des Proterozoikums, in welchem die Tierwelt zunächst vor allem aus Schwämmen und Nesseltieren bestand. Nach einer weiteren Eiszeit, der Gaskiers-Eiszeit vor 583 Mio. Jahren, entwickelte sich im späten Ediacarium (vor 580–541 Mio. Jahren) die **Ediacara-Fauna**, eine vielgestaltige Welt aus Weichtieren, welche im warmen, sauerstoffreichen Meerwasser leben konnten. Diese Tiere hatten das Aussehen von 5–20 cm großen Farnwedeln oder kleinen, geriffelten Kissen, und ihre Fossilien zeigen – trotz eines oft erstaunlich guten Erhaltungszustands – keinerlei Hinweise auf Sinnesorgane. Die Fossilfunde lassen die Interpretation zu, dass die Ediacara-Tiere auf mikrobiellen Matten am Boden von flachen, lichtdurchfluteten Meeren lebten. Diese Matten enthielten photosynthetisch aktive Algen und bildeten ein nahrhaftes Substrat für die Weichtiere, die möglicherweise gelöste organische Verbindungen durch ihr Integument aus dem Meerwasser aufnehmen konnten, eine als Osmotrophie bezeichnete Ernährungsweise, die heute nur noch bei Bakterien, Schwämmen und einigen Larven zu beobachten ist. Es gibt keine Hinweise darauf, dass die Ediacara-Tiere Jagd auf andere Lebewesen machten oder dass sie sich vor Jägern verstecken mussten. Diese friedlichen, nur wenig beweglichen Tiere besaßen wohl Chemorezeptoren und Mechanorezeptoren, die sie zur Orientierung bei der Nahrungsaufnahme nutzen konnten. Ihre Sinne erkundeten offenbar ausschließlich die unmittelbare Umgebung ihres Körpers. Ob sie darüber hinaus in irgendeiner Weise ihre Umwelt sensorisch erfassen konnten, lässt sich an den Fossilien nicht erkennen. Erst zum Ende des Ediacariums vor 542 Mio. Jahren entstanden die ersten Außenskelette in dieser

Tierwelt. Aber in dieser Zeit traten auch viele andere grundlegende Veränderungen auf. Besonders der Rückzug der mikrobiellen Matten am Meeresgrund muss den Ediacara-Tieren zu schaffen gemacht haben. Die Verfügbarkeit von Kalk in warmen, hellen, sauerstoffreichen Flachmeeren bildete die Grundlage für die Entwicklung von wehrhaften, mobilen Tieren, den **Jägern und Gejagten des Kambriums** ◘ Abb. 1.3.Welche Evolutionsprozesse den Übergang vom Ediacarium zum Kambrium gestaltet haben, ob Teile der Ediacara-Fauna sich zur kambrischen Fauna weiterentwickelt haben oder ob diese frühe Tierwelt einfach ausgestorben ist, solche grundsätzlichen Fragen der Tierevolution sind bisher noch nicht abschließend beantwortet.

Die Tiere, deren Fossilien in den Fundstätten aus kambrischem Gestein zu finden sind, unterscheiden sich jedenfalls sehr von der Ediacara-Fauna. Viele verfügen über Extremitäten, mit deren Hilfe sie laufen oder schwimmen können, und oft haben sie deutlich erkennbare Köpfe mit einem Maul zur Nahrungsaufnahme. Die meisten besitzen ein Außenskelett, das ihrem Körper Stabilität verleiht und das die Bildung harter Klauen, Flossen, stabiler Kiemen und anderer Körperanhänge ermöglicht. Und sie haben Sinnesorgane. Man erkennt bei vielen Fossilien kambrischer Tiere Komplexaugen, wie sie noch heute bei Arthropoden vorkommen. Von den in ◘ Abb. 1.3 dargestellten Tieren verfügen mindestens sechs Arten über Augen (*Anomalocaris*, *Hallucigenia*, *Leanchoilia*, *Oleonides*, *Opabinia*, *Waptia*). Diese Tiere waren wohl in der Lage, Objekte in einiger Entfernung vom eigenen Körper zu sehen. Für die Sinne einiger Tiere hat sich im Kambrium damit ein Quantensprung ereignet, denn der Sehsinn war die Voraussetzung für eine neuartige Lebensweise: die Jagd auf andere Tiere. Diese Art der Nahrungsbeschaffung war offenbar so erfolgreich, dass ein enormer Selektionsdruck auf die Verbesserung des Sehsinns einwirkte. Die erfolgreichsten Jäger waren die mit den besten Augen. Auch bei Beutetieren wie den Trilobiten wirkte dieser Selektionsdruck und trieb die Optimierung des Sehsinns voran, indem diejenigen Tiere sich zuerst in Sicherheit bringen konnten, welche den Jäger als Erste sahen. Das gegenseitige Aufrüsten bei Jägern und Gejagten scheint einen wesentlichen Beitrag zu der verblüffenden Dynamik der Evolutionsprozesse im Kambrium geleistet zu haben. Die kambrische Fauna trat „plötzlich" und mit einer enormen Vielfalt auf. Sie entfaltete sich zu einem großen Teil innerhalb der ersten 2–10 Mio. Jahre nach Beginn des Kambriums vor 542 Mio. Jahren. Man bezeichnet diesen Prozess heute als „kambrische Explosion" und meint damit die schnelle Radiation der kambrischen Tierwelt – ein Evolutionsprozess, der Vorläufer fast aller heute lebenden Tierstämme hervorgebracht hat. Als entscheidende Voraussetzung für die Entstehung der Formenvielfalt im Kambrium gilt die genetische Ausstattung der bilateralsymmetrischen Tiere, insbesondere deren Hox-Cluster, in welchen mehrere regulatorische Gene die Morphogenese steuern. Hox-Gene spielen auch eine zentrale Rolle bei der Evolution der Sinne und bilden damit die genetische Basis für die Entstehung von Sinnesorganen im Kambrium wie auch bei deren Optimierung in den späteren Abschnitten der Erdgeschichte. Im Kambrium begann die rasante **Koevolution von Sinnesleistungen**, eine wechselseitige Veränderung der Organismen, durch die bei vielen Raubtieren und Beutetieren Sinnesorgane bis an die Grenze des physikalisch Möglichen verbessert werden sollten. Ein unablässiger Schritt dazu war die Bildung eines Kopfendes (Cephalisation) bei den kambrischen Bilateria, denn sie führte zur Bildung eines Gehirns (Cerebralisation) und damit zur Möglichkeit, die sensorischen Signale aus Augen, Ohren, Nase und Mund aufzunehmen und auszuwerten. Letztlich wurden bei den skurril anmutenden Tieren in den kambrischen Meeren alle Weichen für die Evolution der Sinne gestellt, und die Funktionen und Leistungen der Sinne heute lebender Tiere spiegeln den langen, seit damals unablässig fortschreitenden Evolutionsprozess wider – sowohl hinsichtlich dessen, was Sinne leisten können, als auch dessen, was sie nicht leisten können.

1.3 Die Wahrnehmung von Zeit und Raum

In den vorangegangenen Abschnitten ist deutlich geworden, dass rezente Tiere mit Augen sehr unterschiedlicher Leistungsfähigkeit auf ihre Umgebung schauen. Manche sehen Objekte scharf und farbig, andere dagegen monochromatisch und unscharf. Dass nicht alle Nachfahren der kambrischen Tiere Hochleistungsaugen entwickelt haben (s. ◘ Abb. 1.1), weist darauf hin, dass neben den Sinnesleistungen auch andere Faktoren zum

Panzer. Vor einer Ansammlung von schwammartigen *Vauxia gracilenta* (3) mit röhrenförmigen Verzweigungen schwimmen *Marella splendens* (4) vorbei, und eine fünfäugige *Opabinia regalis* (5) untersucht mit ihrem Rüssel den Meeresboden. Dort nutzen einige Trilobiten der Gattung *Oleonides* (6) zusammen mit einer bläulich gefärbten, spinnenförmigen *Leanchoilia superlata* (7) und einer *Hallucigenia* (8), die auf stachelartigen Beinen heranstakst, den Kadaver eines *Anomalocaris* als Nahrung. Auf dem Meeresboden kriechen gut gepanzerte *Wiwaxia corrugata* (9) zwischen einigen ebenfalls gepanzerten, schneckenartigen Hyolithiden der Gattung *Haplophrentis* (10) herum. Als kambrischer Vorläufer der Schnecken weidet ein *Odontogriphus* (11) den Meeresboden mithilfe von Radulazähnen ab. Die kleinen, blumenförmigen *Dinomischus* (12) filtern Nahrungspartikel aus dem Seewasser, und ein Priapulidenwurm der Gattung *Ottoia* (13) haust in röhrenförmigen Höhlen im Sediment und kommt nur zur Jagd an die Oberfläche. Einen Hinweis auf die Zukunft der Tiere geben zwei im Vordergrund vorbeischwimmende, etwa 4 cm große *Pikaia gracilens* (14), die zu den ersten Cephalochordaten gezählt werden und hier die Evolution der Wirbeltiere ankündigen

Abb. 1.3 Tiere im kambrischen Meer. In dieser künstlerischen Zusammenstellung einiger Tiere, welche in unterschiedlichen Abschnitten des Kambriums vor 542–489 Mio. Jahren das Meer besiedelt haben, kann man die Entstehung der Baupläne heute lebender Tiere erkennen, mitsamt ihren Sinnesorganen, insbesondere den Augen. Dargestellt ist im Hintergrund der größte, bis zu 1 m lange Beutegreifer *Anomalocaris* (1) mit seinen großen Facettenaugen, darüber die garnelenförmige *Waptia fieldensis* (2) mit dem rötlichen

Erfolg einer Art beitragen. Dazu gehören Verhaltensstrategien, durch welche Begegnungen mit Beutegreifern vermieden werden, ebenso wie schnelle Fluchtmotorik und die Erzeugung einer großen Anzahl von Jungtieren. Gut gepanzerte Pfeilschwanzkrebsarten der Gattung *Limulus*, die sich im Sand am Meeresboden vor Haien verstecken können und jedes Jahr Abertausende von Eiern ablegen, haben ihre Gattung auch mit vergleichsweise einfach gebauten Augen seit dem Kambrium erhalten können. Auch die Evolution der Sinnesorgane führte zu großer Vielfältigkeit in Struktur und Leistung, denn in jeder Entwicklungslinie des Tierreichs herrschten andere genetische, morphologische und energetische Rahmenbedingungen. Heute findet man eine ungeheure Vielzahl unterschiedlicher Augenformen unter den Tieren, und die Diversität von Ohren, Nasen, Geschmacks- und Tastorganen ist ebenso überwältigend. Für den Sinnesphysiologen stellen sich die Fragen, welche Eigenschaften eines Objekts die Tiere mit ihren Sinnen wahrnehmen können, welche Informationen ihnen zugänglich sind und in welcher Weise diese Informationen zur Verhaltenssteuerung eingesetzt werden. Und es gibt keinen Grund anzunehmen, dass solche Sinnesleistungen bei allen Tieren gleich sind.

Eine grundlegende Frage ist darauf gerichtet, mit welchen zeitlichen und räumlichen Attributen ein Objekt wahrgenommen wird. Für unsere menschliche Wahrnehmung sind solche Attribute selbstverständlich. Unser Wahrnehmungsprozess leistet zunächst einmal die Feststellung der Identität eines Objekts anhand visueller, akustischer, chemischer oder mechanischer Sinnesreize. Darüber hinaus beschäftigt uns aber die Frage, ob wir in der Vergangenheit schon mit Objekten dieser Art zu tun hatten und ob wir in Zukunft damit zu tun haben werden. Wir ordnen das Objekt in unsere Vorstellung der Zeit ein. Damit verbinden wir auch räumliche Vorstellungen – Nähe oder Ferne, Größe, Position oder Bewegung des Objekts, all das gehört zur subjektiven Wahrnehmung der Dinge, welche unsere Sinne erfassen. Ist das bei Tieren auch so? Hat die sensorische Wahrnehmung bei Tieren auch eine zeitliche Dimension? Sind Begriffe wie Vergangenheit und Zukunft überhaupt anwendbar auf die Erlebenswelt eines Tieres? Es gibt wissenschaftliche Konzepte in der Zoologie, die genau das bezweifeln oder bestreiten. Sie sehen Tiere als Wesen eingeschlossen in eine immerwährende Gegenwart, ohne Vorstellung von Vergangenheit und Zukunft. Sie sehen das Verhalten der Tiere als Ergebnis des Zusammenwirkens aktuell eintreffender Sinnesreize mit dem momentan vorherrschenden, hormonell-vegetativen Zustand sowie einem genetisch festgelegten Verhaltensrepertoire des Tieres. Erfahrungen kommen ausschließlich in der Form von Assoziationen zur Geltung, die in vorangegangenen Konditionierungsprozessen erworben worden sind und die sich aktuell motivationssteuernd auswirken. Zukünftiges hat dagegen keine Bedeutung. Solche mechanistischen Konzepte haben die Verhaltensbiologie über große Teile des 20. Jahrhunderts hinweg bestimmt. Sie resultierten aus Wissenschaftskonzepten wie der Instinkttheorie und dem Behaviorismus, und sie interpretieren tierisches Verhalten im Wesentlichen als stereotyp. In den vergangenen Jahrzehnten haben umfangreiche, systematische Verhaltensbeobachtungen bei vielen Tierarten wie auch bahnbrechende Fortschritte in der Neurophysiologie zu einer Revision dieser Sichtweise geführt und haben damit auch unsere Vorstellung von der Sinneswahrnehmung bei Tieren verändert.

Nach heutigem Wissensstand gibt es kein Sinnesorgan für Zeit. Menschen haben Uhren erfunden, um die Zeit als visuelle Information vom Ziffernblatt ablesen zu können. Obwohl die Zeit also keinen direkten Sinnesreiz darstellt, sondern nur eine von anderen Sinnen abgeleitete Interpretation, haben wir Menschen die deutliche Vorstellung, dass Ereignisse zeitlich angeordnet sind. Wir sind sicher, dass uns die Dinge nacheinander begegnen, und wir können sagen, welches Ereignis vor einem anderen stattgefunden hat und welches danach. Die chronologische Reihenfolge unserer Erinnerungen ist uns bewusst – wenn auch mit zunehmender Unzuverlässigkeit bei weiter zurückliegenden Ereignissen. Haben Tiere ein chronologisches Gefühl? Ist ihnen bewusst, dass sich Dinge in zeitlicher Abfolge ereignen? Sammelt das Eichhörnchen Eicheln, weil es weiß, dass der Winter bald kommen wird? Oder löst das reiche Nahrungsangebot im Herbst mit den immer kürzer werdenden Tagen ein genetisch fixiertes Sammelverhalten aus, über dessen Bedeutung das Eichhörnchen nichts weiß? Die biologische Sicht auf solche Verhaltensmuster verweist oft auf die **biologischen Rhythmen**, auf die Steuerung von Stoffwechsel und Verhalten durch innere Uhren und Taktgeber, die sich in Anpassung an den Tag-Nacht-Wechsel und an die Wetterbedingungen der Jahreszeiten entwickelt haben. Das Verhalten aller bekannten Tiere zeigt dementsprechend ausgeprägte Rhythmizität, und auch die Empfindlichkeit von Sinnesorganen kann einer circadianen Tagesrhythmik und einer circannualen Jahresperiodik unterliegen. Eine radikale Antwort auf die Frage nach der Wahrnehmung von Zeit bei Tieren lautet, dass sich alle zeitlichen Aspekte, die für das Bestehen einer Art notwendig sind, im Verlauf vieler Generationen in der genetischen Regulation der inneren Uhren und Taktgeber verfestigt haben. Die endogene rhythmische Steuerung liefert die zeitliche Struktur des Lebensprogramms und sorgt dafür, dass das Tier sich jederzeit angemessen verhält. Eine bewusste Wahrnehmung chronologischer Abläufe sei nicht nötig. – Aber existiert sie? Und muss sie beim Studium der Sinne der Tiere berücksichtigt werden?

Erkenntnisse zur neuronalen Verarbeitung der Wahrnehmung von Zeit und Raum liegen heute vor allem für Nagetiere, Fledermäuse und Affen vor. Für diese Säugetiere gibt es Messungen der Gehirnaktivität, welche

Hinweise zur Wahrnehmung von Zeit im Zusammenhang mit Bewegung erklären können. Wenn sich die Tiere durch eine ihnen bekannte Umgebung bewegen, werden Neuronen im medialen entorhinalen Cortex und im Hippocampus ortsabhängig aktiviert. Beide Hirnbereiche beziehen Signale aus allen Sinnesorganen und sind miteinander direkt verbunden. Die ortsabhängigen Neuronen werden im entorhinalen Cortex als Gitterzellen (*grid cells*), im Hippocampus als Ortszellen (*place cells*) bezeichnet, und sie bilden zusammen eine Art **neuronaler Karte der Umgebung**. Läuft eine Ratte beispielsweise durch eine Umgebung, in der sie mehrere Gegenstände an unterschiedlichen Orten sehen kann, prägt sich die räumliche Verteilung dieser Gegenstände ihren Orts- und Gitterzellen auf. Insbesondere Ortszellen feuern immer dann besonders stark, wenn die Ratte sich am jeweiligen Ort – dem rezeptiven Feld einer Ortszelle – befindet. Zur neuronalen Umgebungskarte gehören auch Neuronen, welche die Laufrichtung der Ratte codieren (Kopfrichtungszellen, *head direction cells*), sowie Neuronen, deren Aktivität ausgelöst wird, wenn das Tier an ein Hindernis gerät (Grenzzellen, *boundary cells*). Man kann sich diese neuronale Karte vorstellen wie eine digitale Landkarte auf einem Smartphone mit GPS-Empfang, auf welcher der eigene Standort durch ein Symbol angezeigt wird. Bewegt man sich weiter, wandert auch das Symbol auf der Karte ein Stückchen weiter. Im Hippocampus werden immer neue Ortszellen aktiviert, wenn die Ratte vorwärts läuft – es entsteht eine Sequenz von nacheinander aktivierten Ortszellen. Und diese Sequenz enthält Zeitinformation. Der Wechsel von einer Ortszelle zu nächsten kann schnell oder langsam ablaufen, je nach Laufgeschwindigkeit. Vor allem aber ergibt die Abfolge der Signale eine **chronologische Struktur**. Werden die Ortszellen A-B-C-D-E nacheinander aktiviert, entsteht daraus nicht nur die Codierung einer Bewegungsrichtung (von A in Richtung E), sondern auch eine Codierung der Reihenfolge der Ereignisse (B kam vor C, D kam nach C). Räumliche und zeitliche Aspekte sind auf der neuronalen Karte offenbar miteinander verschränkt – die Zeitinformation entsteht aus der Bewegung des Tieres.

Etwas besonders Interessantes passiert, wenn sich die Ratte nach ihrer Wanderung ausruht oder wenn sie einschläft. Die Ortszellen beginnen damit, ihr eben durchgeführtes Aktivierungsmuster zu wiederholen, und zwar in der gleichen zeitlichen Abfolge (A-B-C-D-E), nur schneller als beim Laufen. Dieses beschleunigte Abspielen der Ortszellaktivierung ohne Bewegung (*replay*) dient wohl der Konsolidierung des Gedächtnisses. Die Ratte scheint durch Wiederholung der Bewegungssignale ihre Erinnerung an den gerade erlebten Lauf zu festigen. Manchmal beobachtet man diesen Vorgang auch mit umgekehrter Reihenfolge der Ortszellen (E-D-C-B-A). Man wird an das Vor- und Zurückspulen eines Filmstreifens erinnert und kann sich vorstellen, dass beides hilft, die räumliche Ordnung der fünf Wegmarken im Gedächtnis festzuschreiben. Aber nicht nur bereits Erlebtes wird verarbeitet, auch die **Planung von Bewegungen** kann man an den neuronalen Karten erkennen. Dabei wird beim ruhenden Tier zunächst die Sequenz A-B-C-D-E im Hippocampus abgespielt (*preplay*), und erst danach läuft die Ratte den der Sequenz entsprechenden Weg. Im Bild der GPS-Karte: Für die Planung einer Bewegung wird nicht nur die momentane Position angezeigt, sondern auch der Weg zum Ziel ist anhand eines Pfeiles zu erkennen. Erinnern, Ausführen, Planen – auf der Ebene der neuronalen Karten arbeitet das Gehirn der Ratten mit **Vergangenheit, Gegenwart und Zukunft**. Die Untersuchungen von neuronalen Karten im Hippocampus und im medialen entorhinalen Cortex haben gezeigt, dass Säugetiere die zur Navigation verwendeten Sinnesinformationen zeitlich strukturiert verarbeiten. Die herkömmliche Vorstellung des ewig gegenwärtigen Tieres kann also auf Säuger nicht zutreffen.

Viele der heute verfügbaren Erkenntnisse zur Zeitwahrnehmung bei Tieren und deren Bedeutung für die Verarbeitung sensorischer Information kommt von Arten, welche für saisonale Wanderungen und zur räumlichen Orientierung einen **zeitkompensierten Sonnenkompass** einsetzen. Dazu gehören in erster Linie Vögel und Insekten, aber auch für einige Fische, Amphibien, Reptilien und Säuger gibt es Hinweise auf die Nutzung von Sonnenkompassen. Der Tagbogen, über den die Sonne an einem zwölf Stunden dauernden Tag von Ost nach West mit einer Geschwindigkeit von 15° pro Stunde zieht, liefert eine zuverlässige Kompassinformation – vorausgesetzt, man kennt die Tageszeit. Denn, läuft oder fliegt ein Tier in Europa einfach sonnenwärts, dann bewegt es sich morgens nach Osten, mittags nach Süden und abends nach Westen. Kann es aber die Zeitabhängigkeit des Sonnenstandes bei seiner Navigation berücksichtigen, dann liefert die Sonne zu *jeder* Tageszeit geografische Information für jede Richtung, und das Tier kann gezielt navigieren. Will beispielsweise ein Zugvogel im Herbst nach Süden fliegen, muss er nur darauf achten, dass die Sonne vormittags links und nachmittags rechts vom Kurs liegt. Für die Zeitkompensation können Zugvögel – ebenso wie viele andere Tiere, die mit einem Sonnenkompass navigieren – ihre endogene circadiane Uhr einsetzen. Sie beruht auf der im Tag-Nacht-Rhythmus oszillierenden Regulation von Uhrgenen (*period, cryptochrome, clock, bmal1*). Deren Transkription wird durch ein Rückkopplungssystem gesteuert und durch das Sonnenlicht über das Sehsystem geeicht. Ein solcher Mechanismus ist in ◘ Abb. 1.4 (*links*) für die Honigbiene (*Apis mellifera*) gezeigt, für deren Sonnenkompass die Uhrgene die aktuelle Tageszeit liefern.

Bienen können im Dunkeln der Wabe von rückkehrenden Suchbienen die Information erhalten, in welcher Richtung eine besonders lohnende Nahrungsquelle

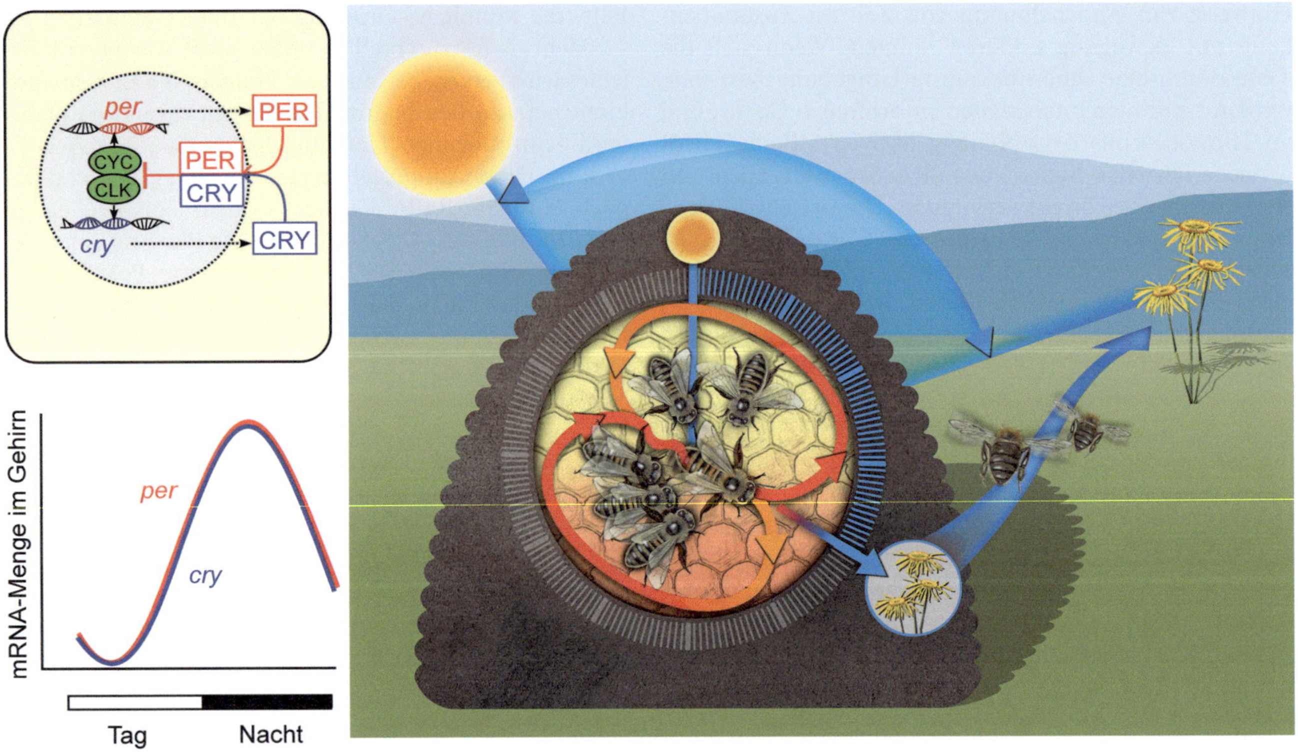

Abb. 1.4 Funktion eines zeitkompensierten Sonnenkompasses. *Links:* Die innere Uhr der Honigbiene (*Apis mellifera*). Ein circadianer Rhythmus entsteht in Neuronen der Biene durch einen negativen Rückkopplungsmechanismus. Die beiden Transkriptionsfaktoren Cycle (CYC) und Clock (CLK) (*grün*) aktivieren die beiden Uhrgene *period* (*per*, rot) und *cryptochrome* (*cry*, blau). Im Cytoplasma entstehen dadurch die Proteine Period (PER) und Cryptochrome (CRY), welche nach Dimerisierung in den Zellkern gelangen und dort die Transkriptionsfaktoren CYC und CLK hemmen. Infolge dieser Hemmung wird weniger PER und CRY hergestellt, und die Hemmung von CYC und CLK lässt nach. Aufgrund dieser Wechselwirkungen entsteht ein oszillierendes Tagesprofil der Aktivität der Uhrgene: Die Kurve illustriert, wie die mRNA-Konzentration für *per* und *cry* abends ansteigt und in den frühen Morgenstunden wieder absinkt. *Rechts:* Übertragung der horizontalen Kursinformation auf die senkrechte Bienenwabe. Eine Suchbiene bestimmt einen Winkel von 120° zwischen dem Stand der Sonne über dem Horizont und dem horizontalen Kurs zu einer guten Nahrungsquelle (Blumensymbol). Auf der Wabe übermittelt sie die Winkelinformation an die Folgebienen, indem sie die Orientierung ihres Schwänzellaufes um 120° gegenüber dem umgekehrten Gravitationsvektor ausrichtet. Zusätzlich übermittelt sie Informationen über die Entfernung zur Nahrungsquelle durch die Länge des Schwänzeltanzes sowie zur Qualität der Nahrungsquelle durch die Lebhaftigkeit ihrer Schwänzelbewegung. Nach Bloch (2010)

liegt. Die Suchbienen übertragen diese Informationen in den Schwänzeltanz, mit dessen Hilfe sie den Folgebienen auf der Wabe Details zur Art der Tracht, zur Flugrichtung zur Nahrungsquelle und zu deren Entfernung mitteilen (Abb. 1.4 *rechts*). Die Art der Tracht können die Folgebienen am Geruch erkennen. Um die Richtungsinformation zu übermitteln, übertragen die Suchbienen den Winkel zwischen der Sonnenrichtung und der Richtung zum Ort der Nahrung auf die Wabe. Dazu benutzen sie als Referenz die einzige Richtungsinformation, die ihnen im dunklen Stock zur Verfügung steht, den Gravitationsvektor. Eine Suchbiene richtet ihren Schwänzeltanz so aus, dass die Mittelachse des Tanzes den gleichen Winkel zum umgekehrten Gravitationsvektor aufspannt wie die optimale Flugroute zur Sonnenrichtung. Sie wiederholt damit ihren erfolgreichen Suchflug im verkleinerten Maßstab auf der Wabe und teilt ihren Schwestern mit: „Ich bin eben in einem Winkel von 120° zur Sonne unterwegs gewesen und habe dabei in 3,5 km Entfernung eine besonders ergiebige Tracht dieser herrlich duftenden, gelben Blumen gefunden!" Eine solche unzulässig anthropomorphe Vorstellung (▶ Abschn. 1.4) ist natürlich unzutreffend, hilft aber dabei, sich den Vorgang der Informationsübermittlung bei Bienen zu vergegenwärtigen. Über 100 Jahre nach seiner Entdeckung durch Karl von Frisch ist dieses Verhalten immer noch ein überaus beeindruckendes Zeugnis für die Komplexität kognitiver Vorgänge im Gehirn von Tieren – auch bei Gehirnen, die nicht größer sind als ein Stecknadelkopf. Hier seien vier der vielen Aspekte des Schwänzeltanzes aufgeführt, die besonders aus sinnesphysiologischer Sicht verblüffen:

Messung des Sonnenwinkels

Eine Suchbiene hat eine gute Nahrungsquelle gefunden und bestimmt den Winkel, der sich zwischen den beiden Vektoren Stock-Sonne und Stock-Nahrungsquelle aufspannt. Diesen Winkel müssen die Folgebienen im Stock erfahren, um die Nahrungsquelle finden zu können.

Einen Winkel kann man aber nicht sehen. Menschen messen Winkel in der Landschaft mit der Hilfe eines Theodoliten und drücken ihn in Grad aus. Wie macht das die Suchbiene? Wir stellen uns vor, dass sie nach der Rückkehr vom Suchflug am Flugloch ihres Stockes sitzt und sich den visuellen Eindruck vom Sonnenstand, dem erinnerten Kurs in Richtung Nahrungsquelle – der Ort selbst ist zu weit entfernt und nicht sichtbar – sowie dem dazwischenliegenden Raum einprägt. Dabei ist es noch nicht einmal nötig, dass sie die Sonne sehen kann. Wenn die Sonne hinter Wolken verborgen ist, kann die Biene anhand des Musters der Lichtpolarisation an einer freien Stelle des Himmels abschätzen, an welchem Ort sich die Sonne gerade befindet. Wie immer sie dies alles macht, sie nimmt die Winkelinformation mit in den Stock und übermittelt sie ihren Schwestern auf der Wabe.

▪ Messung der Entfernung

Die Folgebienen benötigen auch die Information, in welcher Entfernung vom Stock sie nach der Nahrungsquelle suchen sollen. Dazu prägt sich die Suchbiene während des Heimflugs von der Nahrungsquelle ein, an wie vielen auffälligen Gegenständen – Bäumen, Sträuchern, Felsen – sie vorbeikommt, und bezieht daraus eine Entfernungsinformation. Diese als „optischer Fluss" bezeichnete Entfernungsanalyse funktioniert besonders gut, weil die Folgebienen den gleichen Weg zur Nahrungsquelle fliegen werden und dabei an den gleichen Gegenständen vorbeikommen.

▪ Übermittlung des Sonnenwinkels

Im Stock der Honigbienen herrscht Finsternis, und visuelle Informationsübermittlung ist in den senkrechten Waben kaum möglich. Die Suchbiene transponiert daher die visuelle Information über den Sonnenwinkel in ein Signal, welches die Folgebienen im Dunkeln ertasten können. Dazu benutzt sie den umgekehrten Gravitationsvektor als Referenz, denn die Bienen können die Gravitationsrichtung durch mechanosensorische Haare zwischen ihren Körpersegmenten sehr genau bestimmen. Richtet die Suchbiene ihren Schwänzeltanz genau nach oben aus, also entlang dem umgekehrten Gravitationsvektor, verstehen die Folgebienen, dass sie genau in diejenige Richtung fliegen sollen, über der die Sonne steht. Eine Abweichung der Tanzrichtung vom Gravitationsvektor um 35° würde bedeuten, dass die Folgebienen einen Kurs von 35° zur Sonnenrichtung halten sollen. – eine abstrakte, kartografische Information, welche die Folgebienen mit ihren Fühlern im Dunkeln ertasten müssen, um sie am Flugloch wieder in eine visuelle Flugkarte umzusetzen.

▪ Übermittlung der Entfernung

Schwänzeltänze werden eingesetzt, wenn Nahrungsquellen deutlich weiter als 100 m entfernt sind. Die Suchbienen können dabei Entfernungen von mehreren Kilometern in Details ihres Tanzes codieren. Je größer die Entfernung zu Nahrungsquelle, desto länger dauert die Schwänzelphase, also derjenige Abschnitt des gerade ausgerichteten Schwänzellaufes, den die Suchbiene mit heftigen Vibrationen ihres Hinterleibs und begleitendem Gebrumm ausführt. Tatsächlich steigt die Dauer der Schwänzelphase nahezu linear mit der Entfernung zur Nahrungsquelle von 1 s bei 1 km bis auf 4 s bei 5 km Entfernung. Die Suchbiene hat damit die Eigenschaft eines Entfernungsmessers, eines Hodometers, welches von den Folgebienen abgelesen werden kann. Die Folgebienen müssen ihrerseits den abgelesenen Wert mithilfe der Methode des optischen Flusses in eine Flugdauer umsetzen, die je nach Eigengeschwindigkeit, Windrichtung und Windgeschwindigkeit variieren kann und die sie doch zuverlässig ins Ziel bringt.

Das Szenario der kommunizierenden Bienen wird noch dadurch verkompliziert, dass sich der Sonnenwinkel gleichmäßig mit dem Sonnenstand ändert, sodass die Bienen – je länger sie im Stock warten – einen immer größeren Kursfehler machen würden. Die Chance einer Folgebiene, zur Nahrungsquelle zu finden, würde daher mit jeder Minute kleiner werden. Aber sie lösen dieses Problem, indem sie die Sonnenbewegung kompensieren. Durch die Tagesperiodik ihrer inneren Uhr ist ihnen die aktuelle Tageszeit zugänglich, und sie wissen auch, wie viel Zeit seit dem Schwänzeltanz vergangen ist. Die Zeitkompensation besteht nun darin, diesen vergangenen Zeitabschnitt in eine Winkelveränderung zu übersetzen, und zwar mit etwa 15° pro Stunde, derjenigen Geschwindigkeit, mit welcher die Sonne sich über den Horizont bewegt. Verhaltensphysiologische Untersuchungen haben gezeigt, dass Honigbienen diese Kompensation alle 5 Minuten vornehmen und damit die Kursinformation ständig aktualisieren. Auf diese Weise können sie den Weg zum Ort der Nahrung auch dann finden, wenn sie sich erst einige Zeit nach der Ankunft der Suchbiene – also bei einem geänderten Sonnenstand – selbst auf den Weg machen.

Die Nutzung eines zeitkompensierten Sonnenkompasses ist eine erstaunliche kognitive Leistung, die man außer bei Honigbienen auch beim Monarchfalter (*Danaus plexippus*), bei der Europäischen Wanderheuschrecke (*Locusta migratoria*), bei dem Pillendreher *Scarabaeus lamarcki* sowie bei einigen tagziehenden Zugvögeln wie Schwalben nachweisen konnte. Als Nachweismethode gilt das Verstellen der inneren Uhr: Die Tiere werden einige Zeit in einem künstlichen Tag-Nacht-Rhythmus gehalten, welcher gegenüber dem natürlichen Rhythmus um einige Stunden verschoben ist. Dadurch wird die Periodizität der inneren Uhr an den künstlichen Beleuchtungsrhythmus angepasst. Hält man die Tiere beispielsweise in einem um sechs Stunden verschobenen Tag-Nacht-Rhythmus und lässt sie dann frei, fliegen sie mit einem Kursfehler von 90° (6 h × 15°

pro Stunde = 90°), sie fliegen also nach Westen, wenn ihr Ziel im Süden liegt.

Sinnesphysiologische Forschung macht deutlich, dass die miteinander verbundenen Wahrnehmungen von Zeit und Raum in die Auswertung von Sinnesinformation einfließen und dadurch diejenigen Verhaltensmuster beeinflussen, welche bei Tieren durch Sinnesreize ausgelöst werden. Für das Verständnis der tierischen Sinne ist dies ein wichtiger Punkt. Will man aufgrund von Verhaltensbeobachtungen Rückschlüsse auf die Eigenschaften von Sinnesorganen oder auf die Leistungen einzelner Sinne ziehen, muss die subjektive Erlebenswelt der Tiere mitbedacht werden.

1.4 Anthropomorphe Chancen und Missverständnisse

Im Verlauf der Evolution der Tiere haben sich die Sinnesorgane einer jeden Art über viele Tausende von Generationen hinweg durch Anpassung an die jeweils vorherrschenden Lebensbedingungen entwickelt, und das Endprodukt dieses langen Prozesses befähigt die heute lebenden Arten dazu, Informationen aus ihrer Umwelt aufzunehmen und zu nutzen. Welche Informationen das im Einzelnen sind und wie sie von einer Tierart genutzt werden, das versuchen Sinnesphysiologen zu ergründen. Ein großes Problem bei dieser Arbeit ist, dass Tiere uns fundamental fremd sind. Wir können die Erlebenswelt eines Tieres nicht nachvollziehen, wir können uns nur bemühen, konkrete Teilfragen zu erforschen. So können wir durch verhaltensphysiologische Experimente der Frage nachgehen, ob eine Fischart über Farbensehen verfügt, aber wir können keine Aussage dazu machen, wie die Welt für diesen Fisch aussieht. Denn zwischen der Feinstruktur eines Sinnesorgans und der subjektiven, arteigenen Wahrnehmung liegen Jahrmillionen evolutionärer Prozesse der unterschiedlichen Gewichtung sensorischer Signale. Für die eine Fischart mag Rot eine lebenswichtige Farbe sein, weil sie sich im Korallenriff gegen einen Konkurrenten mit roter Körperfarbe behaupten muss. Jeden roten Fleck im Riff werden diese Fische zuverlässig wahrnehmen, während andere ihn kaum zur Kenntnis nehmen, weil rote Dinge in ihrem Leben keine Bedeutung haben. Da es praktisch unmöglich ist, sich in ein Tier hineinzuversetzen – seine sensorische Erlebenswelt zu verstehen –, ist es für Sinnesphysiologen nicht leicht, die jeweils spezifische Bedeutung von Sinnesreizen für die verschiedenen Tierarten zu ergründen. Dennoch behaupten viele Menschen mit einiger Berechtigung, dass für sie erkennbar sei, was in einem Tier vor sich geht. Sie sagen Dinge wie „mein Hund freut sich" und „meine Katze langweilt sich" oder „mein Pferd ist beleidigt, weil ich gestern nicht nach ihm gesehen habe". Vor allem domestizierte Säugetiere und Primaten werden auf diese Weise verstanden, und das Verständnis wird in Begriffen der menschlichen Erlebenswelt artikuliert (Freuen, Langweilen, Beleidigtsein). Da es kaum sprachliche Begriffe für die spezifische Erlebenswelt der Tiere gibt, ist es sinnvoll, anthropomorphe Begriffe zur verwenden, zumal passende Begriffe aus der Verhaltensforschung den meisten Menschen nicht geläufig sind – oder nicht existieren. **Anthropomorphismus**, die Übertragung menschlicher Eigenschaften auf Tiere, ist in der Verhaltensforschung ein Ausdruck für Analogien im Ausdruck zwischen Menschen und denjenigen Tieren, welche uns ähnlich oder sehr vertraut sind.

Anthropomorphismus ist zwar kein wissenschaftliches Verfahren, aber es kann einen ersten Zugang zum Befinden einiger Tierarten bieten. Ein Beispiel: Nach der Schur wird eine Gruppe Schafe aus dem Stall ins Freie entlassen. Die Tiere verhalten sich ungewöhnlich: Sie laufen im Zickzack über die Wiese, machen halbmeterhohe Bockssprünge, schütteln sich und blöken dabei lebhaft und laut. Der Schäfer schaut sich das an und sagt: „Die freuen sich, weil sie die schwere Wolle los sind." Ein solche Einschätzung durch einen Menschen, der Schafe gut kennt, ist plausibel. Sie eignet sich als Ausgangspunkt für die Formulierung sinnesphysiologischer Arbeitshypothesen, welche allerdings mit wissenschaftlichen Methoden überprüft werden müssen. Ein wesentlicher Bestandteil dieser Überprüfung ist die Bewertung von Alternativhypothesen. Vielleicht fühlen die Schafe mithilfe mechanosensitiver Rezeptoren in ihren Gelenken tatsächlich eine Entlastung nach der Schur. Vielleicht ist es aber die ungewohnte Kühle, auf welche der Wärmesinn der frisch geschorenen Haut reagiert. Oder sie erleben ohne die streng riechende Wolle zum ersten Mal den Duft der Wiesen in aller Intensität. Vielleicht sind sie auch nur darüber erleichtert, dass der Stress der Schur hinter ihnen liegt und genießen die Freude, noch einmal einigermaßen intakt davongekommen zu sein. Jede dieser Alternativhypothesen gilt es zu überprüfen, wenn man das Verhalten der Schafe erforschen möchte. Die anthropomorphe Beschreibung („die freuen sich...") hat bei dieser Vorgehensweise durchaus eine wichtige Funktion als Kompass für wissenschaftliche Untersuchungen. Das gilt in besonderer Weise für alle domestizierten Tiere, deren Körpersprache der Mensch seit einigen Tausend Jahren beobachtet und sogar in gewissem Grad durch Zuchtwahl beeinflusst hat. Interpretationen der Erlebenswelt eines vertrauten Tieres haben damit einen besonderen Wert und bieten ein Fenster in die ansonsten verschlossene Erlebniswelt dieser Tiere.

Aber nur wenige Tierarten sind uns in ähnlicher Weise vertraut wie Haustiere. Problematisch wird die anthropomorphe Intuition bei Tieren, deren Verhaltensmuster und deren Motivationssteuerung wir kaum verstehen. Bei der Beschäftigung mit solchen Tieren führt die Suche nach Analogien zur menschlichen Erlebenswelt leicht zu Missverständnissen. Ein Beispiel: „Chamäleons nehmen die Farbe ihrer Umgebung an, um sich zu tarnen.“ Bei einer solchen Aussage kommen zwei oft kombinierte Missverständnisse zusammen, ein **anthropomorpher Begriff** (etwas „annehmen“) und eine **teleologische Formulierung** („um sich zu tarnen“), welche suggeriert, dass das Chamäleon sich infolge einer zweckorientierten Entscheidung zum Farbwechsel entschließt. Für sinnesphysiologische Untersuchungen sind solche Aussagen irreführend, denn sie machen unbegründete Annahmen, die bei der Formulierung von Hypothesen hinderlich sein können. Um die Frage zu untersuchen, ob die – zweifelsfrei beobachtbare – Fähigkeit von Chamäleons zur Farbänderung irgendetwas mit Tarnung zu tun hat, müsste man zunächst prüfen, ob ein Chamäleon die Farben der Blätter und Zweige in seiner Umgebung überhaupt sehen kann. Dann wäre zu prüfen, ob das Tier auch die Pigmentierung der eigenen Haut sehen kann und ob es schließlich in der Lage ist, im Verlauf des Farbwechsels Hautfarbe und Umgebungsfarbe gegeneinander abzugleichen. Alternativhypothesen wären zu prüfen, wie beispielsweise die Möglichkeit, dass das Farbmuster durch den vegetativen Zustand des Tieres, durch Aggression, Angst, Ruhe oder Aufregung, beeinflusst wird – also ganz ohne Farbvergleich mit der Umgebung und möglicherweise ohne Tarnungsabsicht. Die Untersuchungen wären völlig ohne teleologische Vorstellungen durchzuführen, weil solche Vorstellungen mit den Prinzipien evolutionärer Prozesse, welche auf zufälligen Variationen und der Selektion von Merkmalen basieren, nicht vereinbar sind.

Die Neigung der Menschen, das Verhalten von Tieren mit menschlichem Verhalten und menschlicher Erfahrung intuitiv zu vergleichen, ist also nur bei wenigen Arten hilfreich. Bei den meisten Arten führt die anthropomorphe Betrachtungsweise dagegen in die Irre und behindert den wissenschaftlichen Erkenntnisprozess durch unzutreffende Annahmen.

1.5 Wahrnehmung durch die Filter der Sinnesorgane

Was also können wir über die sensorische Erlebenswelt der Tiere erfahren? Ein praktikabler Ansatz ist, den Aufbau eines Sinnesorgans zu untersuchen und in einem zweiten Schritt die neuronalen Netze zu analysieren, in welche das Sinnesorgan reizinduzierte Signale leitet. Auf diese Weise erfährt man, welche Reize überhaupt erfasst werden, und man kann zudem Aufschluss darüber gewinnen, wie diese Reize ausgewertet werden – man kann erfahren, welche Aspekte eines Sinnesreizes für ein Tier interessant sind und welche nicht. Nehmen wir als Beispiel eine Libelle, ein Tier, dessen Erlebenswelt so unterschiedlich zu unserer ist, wie man es sich für Überlegungen über den Zugang zum Sinn eines Tieres ganz ohne die Hilfe anthropomorpher Annahmen nur wünschen kann. Libellen tragen an ihrem Kopf riesige Komplexaugen, die aus bis zu 20.000 Einzelaugen zusammengesetzt sind (◘ Abb. 1.5). Was sieht eine Libelle, wenn sie zwischen den Schilfstengeln am Ufer eines Teiches herumfliegt?

◘ **Abb. 1.5** Eine Sumpf-Heidelibelle (*Sympetrum depressiusculum*), blickt durch riesige Komplexaugen in die Welt. Jedes Komplexauge ist aus Tausenden von Einzelaugen (Ommatidien) zusammengesetzt, von denen jedes einen einzelnen Bildpunkt vermitteln kann. Die kleinen Äuglein zwischen den beiden Komplexaugen sind Ocellen. Diese nutzt die Libelle zur Stabilisierung ihrer Fluglage

Der Sinnesphysiologe kann damit beginnen, die Anatomie der Komplexaugen zu untersuchen. Wie viele Einzelaugen sind vorhanden? In welchen Raumrichtungen sind sie angeordnet? Wie groß sind die Winkel zwischen den Blickachsen der Einzelaugen? Man kommt dann zu einer ersten Vorstellung von einer annähernd halbkugelförmigen Sehwelt, zusammengesetzt aus Tausenden, deutlich voneinander getrennten Punkten (Pixeln) – jeweils ein Punkt pro Einzelauge. Als Nächstes beschäftigt man sich mit den Eigenschaften der Photorezeptoren in den Einzelaugen. Man bestimmt ihre Anzahl und Lage sowie ihre Farbspezifität. Die Vorstellung der Sehwelt wird dadurch genauer, denn es wird deutlich, dass jeder Bildpunkt farbig sein kann, dass die Libelle ihre Umgebung offenbar in Form eines halbkugelförmigen Raumsegments, zusammengesetzt aus Tausenden farbigen Punkten, betrachtet. Eine solche Vorstellung kann aber nur dann mit der Wirklichkeit übereinstimmen, wenn das Nervensystem der Libelle die Ausgangssignale der Einzelaugen getrennt verarbeitet und getrennt der Wahrnehmung zuführt. Denn nur eine parallele Verarbeitung der Signale aller Einzelaugen kann zu dem halbkugelförmigen Sehfeld führen, in dem jedes Einzelauge als Bildpunkt vertreten ist. Eine einfache Lösung wäre, wenn jedes Einzelauge sein eigenes kleines Einzelgehirn hätte, und wenn die Ausgangssignale diese Einzelgehirne bis hin zur Stufe der Wahrnehmung getrennt geführt würden. Bei der

Untersuchung des Libellengehirns findet man aber keine Einzelgehirne für jedes Einzelauge, man findet völlig andere Verschaltungswege, und spätestens jetzt wird deutlich, dass die Vorstellung eines halbkugelförmigen, bunt gepixelten Panoramas der wirklichen visuellen Erlebenswelt der Libelle auch nicht annähernd entspricht. Sie sieht die Welt ganz anders, aber wie?

Irrtümliche Vorstellungen zur Sinneswahrnehmung von Tieren entstehen nicht nur durch anthropomorphe Intuitionen, sondern auch bei Versuchen, technische Modelle für Sinnesorgane zu entwerfen. Ein einfaches technisches Modell für ein Libellenauge wäre eine Halbkugel mit Tausenden von Löchern, in welche kleine Linsen eingelassen sind. Der Blick aus einer solchen Halbkugel hinaus in die Welt könnte als Modell für die Sehwelt einer Libelle interpretiert werden – eine fundamental falsche Annahme. Der grundlegende Fehler in einer solchen Herangehensweise liegt darin, dass technische Modelle von Menschen konstruiert werden, um eine bestimmte Funktion zu erfüllen, während Sinnesleistungen durch die Mechanismen der Evolution geformt werden. Der Sehsinn der Libelle hat sich über einen Zeitraum von mehr als 300 Mio. Jahre hinweg an die wechselnden Bedingungen ihrer Umgebung anpassen und bewähren müssen. Als fliegende Raubinsekten benötigen Libellen vor allem einen Sehsinn, mit dessen Hilfe sie kleine Beutetiere im Flug verfolgen können. Tatsächlich findet man unter den Neuronen, welche die Signale der Einzelaugen auswerten, solche, die immer dann feuern, wenn sich kleine, dunkle Punkte schnell durch das Sehfeld der Libelle bewegen. Die Libelle kann offenbar mithilfe dieser Neuronen eine Fliege auf der Flucht kontinuierlich im Blick halten, auch wenn der winzige Schatten der Fliege nacheinander auf viele unterschiedliche Einzelaugen trifft. Dafür sorgt ein neuronaler Schaltkreis im Libellenauge, ein Bewegungsdetektor für kleine Objekte (*small target motion detector*), ein wertvolles Instrument für schnelle Luftjäger. Für den Sinnesphysiologen ist die Vorstellung besser begründet, dass zur Sehwelt einer Libelle dunkle, schnell hin und her zuckende Punkte gehören, als die Vorstellung einer bunt funkelnden Halbkugel.

Libellen sind Spezialisten für die Jagd auf schnelle Fluginsekten bei Tageslicht. Ebenso spezialisiert ist die Funktion ihres Sehsinns. Bedenkt man, dass in evolutiven Prozessen besonders solche Leistungen eines Sinnes optimiert werden, welche dem Tier am meisten nutzen, kann man verstehen, dass eine zentrale Frage der Sinnesphysiologie lauten muss: Was genau macht ein Tier mit seinem Sinnesorgan, welches ist der spezielle Nutzen einer Sinnesmodalität? Denn der Zweck bestimmt die Leistung und meistens auch die Struktur. Immer sind es die im Leben eines Tieres zielführenden Sinnesleistungen, auf deren Erhalt der stärkste Selektionsdruck wirkt. Diese Spezialisierung auf das Wichtigste ist so effektiv, dass die Sinnesorgane für Reize von untergeordneter Bedeutung kaum empfänglich sind. Das Sinnessystem selbst filtert das Unwichtige heraus und leitet nur wichtige Information an das Gehirn weiter. Sinnessysteme arbeiten auf diese Weise als **angepasste Filter** (Optimalfilter, *matched filters*), angepasst an die für eine Tierart besonders wichtigen Reizqualitäten. Einige Beispiele: Eulenfalter wie die Hausmutter (*Noctua pronuba*) werden nachts von Fledermäusen im Flug gejagt und dabei mit kurzen Ultraschallsignalen aufgespürt. Die Falter haben ein auf die Ortungsrufe der Fledermäuse spezialisiertes Gehör entwickelt. Hören sie einen Ultraschallruf, vollführen sie abrupte Ausweichmanöver. Offenbar hören die Falter nichts außer Fledermausrufen. Das Trommelfell ihrer Tympanalorgane reagiert ausschließlich auf Ultraschall. Ihre akustische Erlebenswelt ist auf die Vokalisation der Fledermäuse beschränkt. Auch die Fledermäuse setzen angepasste Filter ein. Die Schnurrbärtige Fledermaus (*Pteronotus parnellii*) hat eine extrem hohe Hörempfindlichkeit nur im engen Frequenzbereich ihres eigenen Rufechos bei 61,8 kHz. Bei allen anderen Frequenzen ist sie schwerhörig. Ein Beispiel vom Sehsinn: Für Tiere, deren visuelle Umgebung weit und eben ist, wie das Grasland für Pferde und Geparde oder der Ozean für viele Seevögel, spielen sich visuelle Vorkommnisse vor allem parallel zum Horizont ab: die Annäherung von Jägern, die räumliche Orientierung zu Wasserstellen oder Inseln, die Jagd auf Beute. Bei solchen Tieren findet man auf der Netzhaut der Augen Bereiche mit einer besonders hohen Dichte von Ganglienzellen, mit denen ausschließlich ein horizontaler Streifen des Sehfeldes scharf gesehen werden kann. Die Netzhaut dieser Tiere filtert Dinge oberhalb und unterhalb des visuellen Streifens weitgehend heraus und vermittelt für sie nur ein unscharfes Bild. Auch beim Riechsinn gibt es angepasste Filter. Der amerikanische Truthahngeier (*Cathartes aura*) verfügt zwar nur über wenige Typen von Duftstoffrezeptoren, zählt aber dennoch zu den Weltmeistern im Riechen. Er hat unter den Wirbeltieren eine der empfindlichsten Nasen für den Geruch von frischem Aas, das er aus vielen Kilometern Entfernung riechen kann. Solche Beispiele unterstreichen die fundamentale Bedeutung angepasster Filter für die Sinne der Tiere. Manche Tiere habe ein besonders empfindliches Ohr für die Frequenzen der Balzgesänge ihrer Artgenossen, andere haben ihre Augen auf die Detektion der Lichtpolarisation spezialisiert, und wieder andere haben ihren Vibrationssinn nur in einem engen Frequenzbereich zu höchster Empfindlichkeit optimiert.

Die Beschränkung auf die wesentlichen Reizqualitäten bringt vor allem zwei entscheidende Vorteile für ein Sinnessystem: **Selektivität und Ökonomie**. Auf ein Sinnesorgan wirkt nicht nur das interessante Signal, sondern außerdem ein vielfältig gemischtes Hintergrundsignal ein. Wenn ein Eulenfalter durch den nächtlichen Wald flattert, trifft ihn das Rufsignal der Fledermaus zusammen mit dem Blätterrauschen und anderen Geräuschen des Waldes. Um den Fledermausruf deutlich als Gefahrensignal wahrnehmen zu können, muss der Falter das Signal aus dem Rauschen herausfiltern, sonst ist das Signal nicht erkennbar. Die beste Lösung für den Filterprozess ist, dass schon die Ohren des Falters passgenau auf den Fledermausruf spezialisiert sind und das Hintergrundrauschen gar nicht erst detektieren. Die Ohren wirken hier als **periphere Filter**, die nur das interessante Signal durchlassen. Falls aber doch Teile des Hintergrundrauschens detektiert werden, müssen neuronale Netze im Nervensystem als **zentrale Filter** arbeiten und uninteressante Signale durch hemmende Verschaltungen unterdrücken. Beide Arten von Filtern findet man bei fast allen Sinnen der Tiere, die dadurch selektiv auf eine Reizqualität reagieren. Der zweite Vorteil angepasster Filter besteht in der Ökonomie der sensorischen Verarbeitung. Jede zentrale Verarbeitung von Sinnesinformation muss durch neuronale Netze ausgeführt werden, und neuronales Gewebe verbraucht enorm viel metabolische Energie. Gehirne zu unterhalten ist für Tiere teuer – der ATP-Verbrauch von Neuronen ist besonders groß –, und der nötige Aufwand stellt speziell für kleine Tiere eine wesentliche Einschränkung dar. Arten mit spezialisierten Gehirnen, bei denen angepasste Filter unwichtige Signale ausschließen, haben einen energetischen Vorteil vor Arten mit Gehirnen, die Stoffwechselenergie auch für die Verarbeitung von nebensächlichen Informationen einsetzen. Gerade bei manchen Insekten und Spinnen kann man sensorisch gesteuerte Verhaltensmuster beobachten, die so kompliziert und präzise sind, dass man sie einem winzigen Gehirn kaum zutrauen würde. Bei diesen Tieren findet man hochentwickelte angepasste Filter, die die Sinne dazu zwingen, sich auf das Wesentliche zu konzentrieren.

Bei wissenschaftlichen Bemühungen, die Erlebenswelt von Tieren zu verstehen, muss die Art und Weise berücksichtigt werden, mit der eine Tierart sensorische Reize aufnimmt, filtert und verarbeitet. Neben dem Aufbau und der Funktion von Sinnesorganen kommt der Untersuchung derjenigen neuronalen Verschaltungen, welche die Ausgangssignale der Sinneszellen aufnehmen, besondere Bedeutung zu. Verhaltensstudien können schließlich Aufschluss darüber geben, welche Signale als relevant bewertet und zur Motivationssteuerung zugelassen werden.

1.6 Sinnesphysiologie, sensorische Ökologie, kognitive Ethologie

Die Überlegungen zur sensorischen Wahrnehmung bei Tieren, die in den vorangegangenen Abschnitten ausgeführt wurden, machen deutlich, dass für das vorliegende Lehrbuch ein Rahmen definiert werden muss, innerhalb dessen der gegenwärtige Stand der Forschung beschrieben werden kann. Es wäre sicher wünschenswert, die Sinne der Tiere ganzheitlich, ausgehend von den Funktionen der Sinneszellen über die Strategien der neuronalen Informationsverarbeitung bis hin zum subjektiven Erleben der Umwelt zu schildern. Allerdings müssten für eine solche Darstellung drei Wissenschaftsdisziplinen miteinander in Einklang gebracht werden, die hinsichtlich ihrer Methoden und ihrer wissenschaftlichen Konzepte nur in Teilen zusammenpassen. Vor allem gibt es große Unterschiede in der Erkenntnistiefe, wodurch eine harmonische Darlegung aller Organisationsebenen einer Sinnesmodalität kaum erreicht werden kann. Die drei Disziplinen sollen im Folgenden kurz skizziert werden, um dem Leser deutlich zu machen, welche Aspekte der Sinne der Tiere in angemessener Detailtiefe behandelt werden.

Sinnesphysiologie

Physiologische Forschung ist auf die Funktionsweisen von Zellen und Organen ausgerichtet, und in der Sinnesphysiologie geht es meist darum, Sinnesorgane, Sinneszellen und deren Verschaltungen mit dem Gehirn zu verstehen. In den Sinnessystemen wird die Reizinformation zunächst in die Sprache der intrazellulären Signalverarbeitung übersetzt und danach in die elektrische Sprache des Nervensystems. Daher gilt es, **mehrere Stufen der Signalwandlung** aufzuklären (◘ Abb. 1.6). Die Sinnesorgane werden vor allem anatomisch untersucht, um diejenigen Perirezeptorstrukturen auszumachen, welche für die Funktion der Sinneszellen wichtig sind. Sinneszellen besitzen Sensoren, welche eine besonders hohe Empfindlichkeit für den adäquaten Reiz aufweisen, und die Beschaffenheit dieser Sensoren ist ein wichtiges Forschungsthema. Zur Detektion eines Reizes gehört die Überführung in ein zelluläres Signal – ein

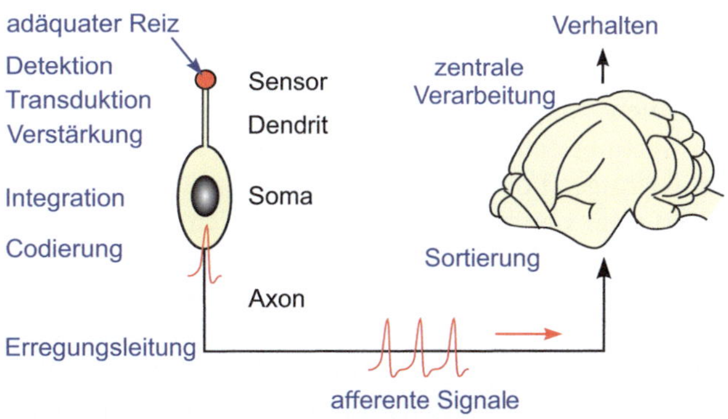

◘ **Abb. 1.6** Forschungsschwerpunkte der Sinnesphysiologie. Sinneszellen leisten mehrere Stufen der Signalwandlung, die Themen sinnesphysiologischer Forschung sind: Transduktion, Verstärkung, Codierung und die Erzeugung afferenter Signale. Im Gehirn wird das afferente Signal aufbereitet, decodiert und als Sinnesinformation der Wahrnehmung zugeführt – auch dies sind Forschungsschwerpunkte der Sinnesphysiologie. Die Beobachtung von sensorisch gesteuerten Verhaltensmustern führt schließlich zum Verständnis des Stellenwertes spezifischer Sinnesinformationen im Leben eines Tieres

Transduktionsprozess, der fast immer auch eine Signalverstärkung beinhaltet. Denn hochempfindliche Sinneszellen nehmen nur wenig Reizenergie auf und müssen metabolische Energie investieren, um eine robuste zelluläre Reaktion zustande zu bringen. Oft wirkt ein adäquater Reiz nicht nach dem Alles-oder-nichts-Prinzip auf eine Sinneszelle ein, sondern die Einwirkung ist zeitlich strukturiert, sodass mehrere Detektionsereignisse nacheinander eintreffen, beispielsweise bei mechanischen Reizen während einer Vibration, beim Auftreffen vieler Photonen auf einen Photorezeptor oder bei der Bindung mehrerer Geruchsstoffmoleküle an eine Riechzelle. Solche sensorischen Ereignisse müssen von der Sinneszelle integriert werden, wobei die zellulären Reaktionen entweder summiert oder getrennt verarbeitet werden können. Das fertig verarbeitete zelluläre Signal muss schließlich in ein Ausgangssignal übersetzt werden, in welchem die Eigenschaften des Reizes, insbesondere seine Intensität, codiert sind. Aus dem Codierungsprozess resultiert ein afferentes Signal in Form von Aktionspotenzialen, die zur **zentralen Verarbeitung** dem Gehirn zugeleitet werden. Hier werden die hereinkommenden Signale zunächst geordnet, gefiltert und aufbereitet, bis sie schließlich Ebenen erreichen, welche zu kognitiven und **verhaltenssteuernden Prozessen** beitragen.

Dieses Forschungskonzept erfordert drei Arbeitsschwerpunkte: einen zellbiologischen Schwerpunkt bei der Funktion von Sinneszellen, einen systembiologischen bei der Untersuchung des Gehirns sowie einen ethologischen für die Erforschung sensorisch gesteuerter Verhaltensabläufe. Proteine, die an den verschiedenen Verarbeitungsschritten in Sinneszellen beteiligt sind, werden mit Mitteln der Molekularbiologie, der Biochemie und der Biophysik untersucht, und man versucht ihre mikroskopische Arbeitsweise, die Differenzierungsprozesse bei der Entwicklung der Sinneszellen sowie ihre Entstehungsgeschichte während der Evolution der Tiere zu verstehen. Darüber hinaus ist die Organisation des zentralen Nervensystems, die in vielen Aspekten die Auswertung sensorischer Information erkennen lässt, ein wichtiger Fokus der Sinnesphysiologie mit Schwerpunkten in der Neuroanatomie und den systemischen Neurowissenschaften. In der vergleichenden Sinnesphysiologie werden Sinnesleistungen unterschiedlicher Tierarten durch Verhaltensbeobachtung untersucht, wobei der Schwerpunkt darauf liegt, das jeweilige Verhältnis von Reiz und Reaktion quantitativ zu erfassen.

■ Sensorische Ökologie, Ökologie der Sinne

Wenn man Sinnessysteme in Aktion beobachten und verstehen will, muss man sich darüber Aufschluss verschaffen, welche Reize im natürlichen Leben eines Tieres auf seine Sinnesorgane einwirken und welche Bedeutung diese sensorischen Ereignisse für das Tier haben. Dabei geht es um einen zentralen Bereich der Biowissenschaften, den **Informationsfluss zwischen den Bewohnern eines Lebensraumes**. Welche Informationen kann der Bewohner eines Biotops ertasten, sehen, hören, riechen oder sonst wie registrieren? Welche Signale lösen beobachtbare Verhaltensmuster aus? Welche Sinnesorgane und welche neuronalen Verschaltungen liegen den Sinnesleistungen zugrunde? Solche Fragen führen zu einer ganzheitlichen Betrachtung von Sinnesmodalitäten, sie lassen verstehen, aufgrund welcher Sinnesinformationen sich Tiere in ihrer Umwelt behaupten können. Und dieser Ansatz ist äußerst sinnvoll, denn der Selektionsdruck, welcher ein Tier in seiner heutigen Form hervorgebracht hat, wirkt immer auf den gesamten Organismus in seinem Lebensraum, nicht aber auf eine isolierte Struktur ohne ökologischen Kontext. Der Lebensraum mit seinen spezifischen Bedingungen gehört deshalb ebenso zu den Rahmenbedingungen der Evolution wie die genetische Ausstattung der Vorfahren. In der sensorischen Ökologie beginnt man aus diesem Grund meist mit Verhaltensbeobachtung **im natürlichen Habitat eines Tieres**. Man beschreibt sensorisch kontrollierte Verhaltensmuster, untersucht die zuständigen Sinnessysteme und analysiert schließlich die physikalischen Eigenschaften des adäquaten Reizes. Auf diese Weise entsteht im besten Fall ein vollständiges Bild von Sinn und Funktion einer Sinnesmodalität im Leben eines Tieres.

Das Methodenspektrum der sensorischen Ökologie ist breit. Es umfasst die quantitative Beschreibung von Verhaltensmustern unter naturnahen Bedingungen als Grundlage für die Zuordnung sensorischer Prozesse zu zielgerichtetem Verhalten. Darüber hinaus wird das Instrumentarium der Sinnesphysiologie benötigt, um die Anatomie und Funktion der Sinnesorgane, die Erzeugung afferenter Signale und deren Auswertung im Gehirn erforschen zu können. Eine besondere Herausforderung stellt die Beschreibung der natürlichen Reize dar, die dem Tier in seinem Lebensraum begegnen. Mechanische Kräfte, chemische Substanzmischungen, Lichtsignale und Geräusche sind nur dann von Interesse, wenn sie in Qualität und Intensität genau dem natürlichen Biotop des Tieres entsprechen. Denn sie bilden das natürliche Eingangssignal für die Informationsverarbeitung, um die es in der sensorischen Ökologie immer geht. Dieser Aspekt erfordert sorgfältige physikochemische Analysen der natürlichen Reize und die Ausarbeitung von Funktionsmodellen passgenau für diese Reize.

■ Kognitive Ethologie

In den vergleichenden Verhaltenswissenschaften (Ethologie) wird die Informationsverarbeitung im Gehirn der Tiere heute in einer Kontinuität über alle Arten bis hin zu den kognitiven Vorgängen im Gehirn des Menschen gesehen. Folglich werden neuronale Leistungen wie

Wahrnehmung, Erleben, Lernen, Erinnern und Emotion qualitativ gleichbehandelt, mit ähnlichen Methoden erforscht und in vergleichbare Konzepte der Hirnfunktion integriert. Die Kontinuität spiegelt Evolutionsprozesse wider, die zwar im Verlauf von Jahrmillionen immer leistungsfähigere Gehirne hervorgebracht haben, dazu aber grundlegende Funktionen wie beispielsweise die synaptische Plastizität innerhalb von neuronalen Netzen beibehalten haben. Der wesentliche Durchbruch bei den ethologischen Konzepten war der Verzicht auf einen rigiden Tier-Mensch-Dualismus, eine anthropozentrische Denkhaltung, die zu einer systematischen Fehleinschätzung der Leistungen von Tiergehirnen geführt hat. Die kognitive Ethologie beruht auf der **Beobachtung von Problemlösungsverhalten, Gedächtnisleistungen und anderen mentalen Prozessen** bei Tieren, insbesondere bei Menschenaffen und bei einigen Vögeln (Rabenvögel, Papageien), bei denen sich kognitive Prozesse besonders deutlich manifestieren. Vorformen mentaler Leistungen werden aber ebenso bei Tieren mit kleineren Gehirnen gesehen, beispielsweise bei sozialen Insekten. Für die Erkundung der Sinne der Tiere können Verhaltensanalysen entscheidende Beiträge liefern, nämlich zu der Frage, inwieweit und unter welchen Bedingungen ein Reiz motivationssteuernd wirkt. Voraussetzung ist allerdings die genaue Kenntnis des normalen Verhaltens einer Art, was typischerweise sorgfältige und ausdauernde Studien erfordert.

Diese Standortbestimmung soll deutlich machen, nach welchem Konzept dieses Lehrbuch angelegt ist. Obwohl die drei angeführten Disziplinen der Sinnesbiologie in vielen Gebieten Überschneidungen zeigen, liegt der Schwerpunkt dieses Buches auf den zellbiologischen und systembiologischen Themen der Sinnesphysiologie. Ökologische Zusammenhänge und Verhaltensaspekte werden angeführt, wenn sie zum Verständnis der Sinnesfunktion beitragen, eine erschöpfende Darstellung dieser Wissenschaftsbereiche ist aber hier nicht beabsichtigt. Der Leser findet jedoch am Ende eines jeden Kapitels Hinweise auf weiterführende Literatur auch zu den Themen sensorische Ökologie und kognitive Ethologie.

Literatur

Weiterführende Literatur

Broom DM (2014) Sentience and animal welfare. CABI, Wallingford

Buzsáki G, Llinás R (2017) Space and time in the brain. Science 358:482–485

Conway Morris A (1998) The crucible of creation. The Burgess Shale and the rise of animals. Oxford University Press, Oxford

Cronin TW, Johnsen S, Marshall NJ, Warrant EJ (2014) Visual ecology. Princeton University Press, Princeton

Dawkins MS (2012) Why animals matter. Animal consciousness, animal welfare, and human well-being. Oxford University Press, Oxford

De Waal F (2016) Are we smart enough to know how smart animals are? W. W. Norton & Comp, New York

Dusenbery D (1992) Sensory ecology: How organisms acquire and respond to information. Freeman Macmillan, New York

Erwin DH, Valentine JW (2013) The cambrian explosion. The construction of animal biodiversity. Roberts and Company, Greenwood Village

Fedonkin MA, Gehling JG, Grey K, Narbonne GM, Vickers-Rich P (2007) The rise of animals. Evolution and diversification of the kingdom Animalia. The Johns Hopkins University Press, Baltimore

Feinberg TE, Mallat JM (2016) The ancient origins of consciousness. How the brain created experience. The MIT Press, Cambridge MA

Feinberg TE, Mallat JM (2019) Subjectivity "demystified": neurobiology, evolution, and the explanatory gap. Front Psychol 10:1686

Guilford T, Taylor GK (2014) The sun compass revisited. Anim Behav 97:135–143

Heinze S, Reppert SM (2011) Sun compass integration of skylight cues in migratory monarch butterflies. Neuron 69:345–358

Horridge A (2009) What does the honeybee see? And how do we know? Australian National University E Press, Canberra

Knierim JJ (2015) From the GPS to HM: Place cells, grid cells, and memory. Hippocampus 25:719–725

Kohn JR, Heath SL, Behnia R (2018) Eyes matched to the prize: the state of matched filters in insect visual circuits. Front Neural Circ 12:26

Martin GR (2017) The sensory ecology of birds. Oxford University Press, Oxford

Schwab IR (2012) Evolution´s witness. How eyes evolved. Oxford University Press, Oxford

Stevens M (2013) Sensory ecology, behaviour, & evolution. Oxford University Press, Oxford

Warrant EJ (2016) Sensory matched filters. Curr Biol 26:R937–R980

Wehner R (1987) ‚Matched filters' – neural models of the external world. J Comp Physiol A 161:511–531

Zitierte Literatur

Bloch G (2010) The social clock of the honeybee. J Biol Rhythm 25:307–317

Sinne und Kommunikation

Inhaltsverzeichnis

S. Frings, *Die Sinne der Tiere*, https://doi.org/10.1007/978-3-662-63233-8_2

Ein kritischer Moment. Ein Rudel Wölfe (*Canis lupus*) hat einen Rehbock (*Capreolus capreolus*) gerissen. Jetzt soll das Beutetier aufgebrochen und gefressen werden. In dieser Situation kommt die Hierarchie zwischen den Mitgliedern des Rudels auf dramatische Weise zur Geltung und wird durch überdeutliche Signale gestärkt. Das ranghöhere Tier rechts hat das Vorrecht beim Fressen und demonstriert seinen Rang mithilfe ritualisierter Aggressionssignale. Seine Mimik ist auffällig, stereotyp und wird von drohendem Knurren untermalt – das Signal ist unmissverständlich und wirkt akut bedrohlich. Dennoch scheint das rangniedrigere Tier links nicht besonders eingeschüchtert zu sein. Es betrachtet und beschnuppert vorsichtig das Reh, hält sich aber zurück und lässt dem Leitwolf sein Vorrecht. Die Situation entspannt sich, entschärft durch eindeutige Signale zwischen zwei Artgenossen. Tierarten, die in Gruppen leben und von der Arbeitsteilung innerhalb ihrer sozialen Strukturen profitieren, verfügen über Kommunikationsmöglichkeiten durch alle Sinne. Tastsignale werden ausgetauscht, Geruchssignale erschnuppert und sowohl visuelle als auch olfaktorische und akustische Signale können den Zusammenhalt der Gruppe selbst über größere Distanzen hinweg sicherstellen. Tiere reagieren aber auch auf Signale, die von anderen Tierarten ausgesandt werden, ja selbst auf Signale von Pflanzen, welche ihre Lebenszyklen mit denen von Tieren verwoben haben. Die Evolution der Tiere hat ein breites Spektrum an Sinnesleistungen hervorgebracht, basierend auf genauen Anpassungen von Sinnesorganen an Kommunikationssignale unterschiedlichster Art. In diesem Kapitel wird die besondere Bedeutung innerartlicher und zwischenartlicher Kommunikation für die Evolution von Sinnessystemen beschrieben. Dabei wird betont, wie entscheidend es ist, dass sich sowohl die Sender als auch die Empfänger der beteiligten Signale für den Kommunikationsprozess optimieren. Denn die Sinne der Tiere werden in vielen grundlegenden Aspekten durch die Mechanismen der Koevolution geprägt.

2.1 Signale ermöglichen das Zusammenleben

Man kann sich die Sinneswelt der Tiere wie ein großes Puzzle aus bedeutungsvollen Informationen vorstellen. Die externen und internen Filter ihrer Sinne sorgen dafür, dass bedeutungs*lose* Informationen gar nicht erst verarbeitet werden müssen (▶ Abschn. 1.5) – Unwichtiges geht als neutraler Reiz unter, bevor Motivationen und Verhaltensmuster beeinflusst werden können. Für die meisten Tiere ist ein menschlicher Tourist, der teilnahmslos eine Landschaft betrachtet, vermutlich eine völlig absurde Lebensform. Denn Tiere sind immerzu auf der Suche nach Sinnesreizen, die für ihr eigenes Leben wichtig sind. Sie suchen nach sozialen Signalen, nach Hinweisen auf Nahrung, Wasser oder auf eine drohende Gefahr. Sie spitzen die Ohren und schärfen ihren Blick, schnuppern in den Wind und tasten nach Vibrationen – durch alle Sinneskanäle beziehen sie unablässig Daten, welche sie zur Beurteilung der aktuellen Situation benötigen. Ihre Sinne bilden den zentralen Knotenpunkt eines komplexen Netzwerks zur Erfassung relevanter Information, und ihr Überleben hängt davon ab, dass dieses Netzwerk reibungslos funktioniert.

Für die Sinnesphysiologie ist es wichtig, die Qualität und Bedeutung der Informationen in diesem Netzwerk zu verstehen, denn man kann dadurch Einblicke in die spezifische Rolle erhalten, welche eine Sinnesmodalität im Leben eines Tieres spielt. Zudem kann man den Entstehungsprozess eines Sinnes in der Evolutionsgeschichte nachvollziehen und damit erfahren, an welche Reize sich einzelne Sinne besonders effektiv angepasst haben. Eine hilfreiche Präzisierung solcher Untersuchungen kommt durch die Unterscheidung von Wahrnehmungselementen und Signalen zustande. Als **Wahrnehmungselemente** (auch: Hinweisreize, engl. *cues*) bezeichnet man diejenigen Details in der Sinneswelt eines Tieres, die als Reize detektiert und ausgewertet werden können, die aber im Verlauf der Evolution nicht als gezielte Botschaft für einen Empfänger entstanden sind. Zum Beispiel ist das Rascheln im nächtlichen Laub für eine Eule ein Wahrnehmungselement, welchem sie große Bedeutung zumisst, weil das Geräusch möglicherweise den Aufenthaltsort einer Maus verrät. Aber natürlich hat kein Selektionsdruck in der Mausevolution darauf hingewirkt, möglichst laut vernehmbares Rascheln zu erzeugen, um der Eule bei der Mausortung zu helfen. Anders ist das bei **Signalen** wie beispielsweise beim Ringmuster des Großen Blauringkraken (*Hapalochlaena lunulata*; ◘ Abb. 2.1). Diese Tiere leben eher unauffällig zwischen Korallenstöcken. Fühlen sie sich jedoch bedroht, wechseln sie in weniger als einer Sekunde ihr Erscheinungsbild und präsentieren gut sichtbare blaue Ringe auf rotem oder gelbem Hintergrund. Es handelt sich dabei um ein Warnsignal, an dem mögliche Jäger erkennen können, dass der Blauringkrake äußerst giftig und ungenießbar ist. Man bezeichnet dieses Verhalten als Aposematismus (Warnfärbung). Das visuelle Signal ist an bestimmte Empfänger gerichtet: an die Fressfeinde des Kraken, durch deren Nachstellungen genau jener Selektionsdruck erzeugt wurde, welcher die auffällige Warnfärbung der heutigen Kraken hervorgebracht hat. Ein Signal wird von einem Sender erzeugt, um das Verhalten des Empfängers zu verändern. Signale entstehen, wenn ein Selektionsdruck auf beide wirkt (▶ Abschn. 2.2).

Das sensorische Informationsnetz der Tiere leitet also sowohl ungerichtete Wahrnehmungselemente als auch gerichtete Signale. In der Sinnesphysiologie ist es interessant herauszufinden, welche Wahrnehmungselemente und Signale von Tieren genutzt werden, und auch bei diesen Bemühungen bieten anthropomorphe Intuitionen Chancen beim Umgang mit vertrauten Tieren, stellen aber Risiken dar bei Tieren, deren Sinneswelt uns eher fremd ist (▶ Abschn. 1.4). Besonders zugänglich ist uns das Verhalten von Vögeln und Säugetieren, und wir haben kaum Zweifel hinsichtlich der Qualität ihrer sozialen Signale. Bei Vögeln ist das überaus auffällige Balzgefieder der Männchen deutlich als Signal einzuordnen, und auch beim Gesang der Singvögel oder der Nestbaukunst der Webervögel (◘ Abb. 2.2) ist der

Abb. 2.1 Das aposematische Signal des Großen Blauringkraken (*Hapalochlaena lunulata*). Der etwa 15 cm große Krake ist normalerweise farblich an seine Umgebung angepasst und kaum zu sehen. Fühlt er sich jedoch direkt bedroht, wird seine Tarnfärbung zur Warnfärbung: Blaue, stark kontrastierende Ringe erscheinen und vermitteln ein auffälliges, unmissverständliches Warnsignal an jeden Fressfeind. Denn der Blauringkrake enthält tödliche Mengen von Tetrodotoxin und ist einer der giftigsten Bewohner des Korallenriffs

Abb. 2.2 Ein Maskenweber (*Ploceus vellatus*) signalisiert seine Bereitschaft zur Familiengründung. Das Männchen hat ein stabiles, großes Nest gebaut und versucht mithilfe von visuellen und akustischen Signalen ein Weibchen zum Einzug zu bewegen

Zweck der Signale für uns deutlich zu erkennen. Wir können die Hör- und Sehsysteme der Vögel vor dem Hintergrund dieser Signale analysieren, können Innenohren, Netzhäute und Gehirnareale im Kontext der Verhaltensmuster untersuchen und verstehen lernen. Für die Sinnesphysiologie bietet sich damit die Möglichkeit, sensorische, neuronale und ethologische Phänomene im funktionellen Zusammenhang zu erforschen.

Ähnlich hilfreich kann unser Verständnis für soziale Signale bei einigen Säugetieren sein, insbesondere bei solchen, die visuelle Signale zur Kommunikation einsetzen. Unsere Kenntnis der Kommunikation zwischen Haushunden ist durch das lange Zusammenleben so gut geworden, dass wir die Körpersprache und Mimik sogar bei den wilden Arten aus der Familie Canidae recht zuverlässig interpretieren können. Selbst im Verhalten von Wölfen, Wildhunden, Kojoten, Füchsen und Schakalen (Abb. 2.3) kann man mimische Komponenten erkennen, die vom Haushund her vertraut erscheinen und damit die Bedeutung eines Signals erkennen lassen. Dazu gehören das Zähnefletschen, die Ohrenhaltung, der Blick, das Stirnrunzeln sowie die begleitenden Vokalisationen und Körperhaltungen. Allerdings sind für die meisten Säugetiere – auch für die Canidae – Riechsinn und Hörsinn ebenso wichtig wie der Sehsinn. Und dort endet der Nutzen unserer anthropomorphen Intuition, und die Risiken der Fehlinterpretation nehmen überhand. Für die Sinnesphysiologie geht es nun darum, unbekannte Sig-

■ **Abb. 2.3** Körpersprache vermittelt soziale Signale zwischen zwei Schabrackenschakalen (*Canis mesomelas*) an der Küste Namibias. Das linke Tier hat einen Fisch gefunden; es erscheint aufmerksam, aber ruhig. Das rechte Tier drückt in Körperhaltung und Mimik gleichzeitig sein Interesse an dem Fisch und seine Furcht vor einem Konflikt mit dem Fischbesitzer aus

■ **Abb. 2.4** Die Mimik von Schimpansen (*Pan troglodytes*) erscheint uns ausdrucksvoll und interpretierbar zu sein. Aber welche sozialen Signale ein Tier durch seinen Gesichtsausdruck an seine Artgenossen aussendet oder welcher Ausdruck nur als erkennbarer affektiver Zustand zu werten ist, ist oft schwer zu beurteilen. Echte soziale Signale sind häufig subtil, arttypisch und für Artfremde schwierig zu erkennen

nale zu identifizieren – beispielweise den Geruch einer Wolfsspur – und die relevanten Sinnesstrukturen auszumachen, von den Geruchsrezeptoren für Wolfsgeruch bis hin zum Riechgedächtnis eines Wolfes.

Bedenkt man, dass soziale Signale sich als arttypische Merkmale zur Kommunikation zwischen Artgenossen entwickelt haben, ist unmittelbar einsichtig, dass diese Signale auf artfremde Beobachter nicht so wirken, wie es ihrer eigentlichen Funktion entspricht. Für den Forscher sind Bemühungen, soziale Signale der Tiere richtig zu interpretieren, aus diesem Grund oft besonders schwierig, und das selbst bei den uns am engsten verwandten Arten der Hominiden. Seit Langem versucht man beispielsweise, die Mimik von Schimpansen (*Pan troglodytes*) zu deuten, aber die Versuche, emotionale und kognitive Vorgänge aus ihrem Gesichtsausdruck abzulesen, führt oft in die Irre – eben weil ihr Lachen, ihr Zähnefletschen und ihre Blicke uns so menschenähnlich erscheinen (■ Abb. 2.4). Welche Informationen tatsächlich durch mimische Signale zwischen Schimpansen übermittelt werden, ist aber nicht ohne Weiteres zu erkennen. Ein solches Verständnis erfordert eine umfangreiche Kenntnis ihres Verhaltens – mehr als die Primatenforschung bis heute hat gewinnen können. Es ist nicht einmal ganz klar, welche Aspekte der Mimik nur ein Ausdruck innerer Vorgänge der Schimpansen sind, einfache Grimassen ohne Signalfunktion. Echte Signale wirken auf den Empfänger, lösen beim Empfänger Verhaltensmuster aus, die für das Zusammenleben der Tiere wichtig sind. Solche interaktiven Signale systematisch zu charakterisieren ist ein wichtiges Arbeitsfeld der Primatenforschung.

Je weiter wir uns phylogenetisch von den Hominiden entfernen, desto schwieriger wird es, soziale Signale zu identifizieren, zumal es zunehmend unmöglich wird, so etwas wie Mimik zu erkennen. Auffällige visuelle Signale findet man zwar überall: bei Chamäleons, Schlangen, bei Fröschen und Salamandern, bei Fischen und

Tintenfischen, bei vielen Gliederfüßern und Ringelwürmern. Was aber genau zu einem Signal gehört und in welcher Weise das Signal von den Sinnesorganen des Empfängers aufgenommen und verarbeitet wird, ist oft schwer zu ermitteln. Die besten Chancen hat man, wenn Sender und Empfänger ein stark gefiltertes Signal einsetzen. Auf dem Gebiet der akustischen Kommunikation kennt man solche Signale von Grillen (Familie Gryllidae), bei denen die Männchen als Lockgesang einen fast reinen Ton erzeugen und das Gehör der Weibchen eng auf die Ruffrequenz des Männchens abgestimmt ist. Auch bei der Kommunikation durch chemische Signale gibt es eine präzise Abstimmung von Sender und Empfänger. Das klassische Beispiel ist Bombykol, das Pheromon des Seidenspinners (*Bombyx mori*), welches von paarungsbereiten Weibchen verströmt wird und sich mit dem Wind ausbreitet. Männliche Seidenspinner tragen auf ihren enorm großen Antennen chemosensorische Sensillen, in denen sich Sinneszellen mit Bombykolrezeptoren befinden. Bei Detektion von Bombykol beginnen die Männchen zu flattern und drehen sich in den Wind, ein Verhalten, das sie letztlich zum Weibchen führt.

Fein gestimmte Ohren und Chemosensillen kann man sich gut vorstellen. Wie aber ist das bei Augen? Können Augen spezifisch nur auf ein bestimmtes Signal reagieren, andersartige Signale aber herausfiltern? Augen – seien es Komplexaugen oder Linsenaugen – erscheinen uns dafür ausgelegt, Bilder zu produzieren, die Pixel für Pixel einen Ausschnitt der jeweiligen Umgebung darstellen. Sie sind offenbar nicht signalspezifisch. Damit steht der Sinnesphysiologie kein gefiltertes visuelles Signal zur Verfügung, und die Bestimmung der Signalqualität wird schwieriger. Erschwerend kommt noch dazu, dass die Auswertung visueller Information bei phylogenetisch entfernten Tieren anders ablaufen kann als bei Säugetieren. Besonders eindrucksvoll war der Nachweis einer besonderen Form des Sehens bei der Honigbiene (*Apis mellifera*), die mit dem Sehen beim Menschen kaum zu vergleichen ist. Sehr umfangreiche, systematische Dressurversuche mit unterschiedlichen visuellen Reizen haben deutlich gemacht, dass die Bienen keineswegs Bilder ihrer Umwelt sehen so wie Menschen das tun. Vermutlich erfordert eine Punkt-für-Punkt-Abbildung des Sehfeldes Gehirne mit weit umfangreicheren Verarbeitungskapazitäten als im Bienengehirn vorliegen. In welcher Weise visuelle Signale von kleinen Gehirnen detektiert und verarbeitet werden, ist eine besonders spannende Forschungsfrage in der Sinnesphysiologie.

Die Kommunikationsnetze zwischen Tieren transportieren Signale, die dazu geeignet sind, das Verhalten des Empfängers zu beeinflussen. Da Signale sich im Verlauf der Evolution bewähren müssen – ihre Wirkung wird ständig den Erfordernissen der Arten angepasst –, ermöglichen sie das Zusammenleben von Tieren auch unter schwierigen Bedingungen, wenn Futterneid, Kampf um Fortpflanzungspartner oder andere Krisen gelöst werden müssen. Kommunikationssignale können innerartliche Aggression begrenzen und dienen so letztendlich der Steuerung des Verhaltens zum Vorteil der Tiere in einer Population. Als Mittel zur friedlichen Koexistenz können sie das Leben in einem Sozialverband stabilisieren (◘ Abb. 2.5). Für die Sinnesphysiologie ist

◘ **Abb. 2.5** Die biologische Funktion vieler innerartlicher Signale ist die Organisation und Festigung der Sozialstruktur innerhalb einer Population. Man erkennt an den ritualisierten Verhaltensmustern, dass beide Schabrackenschakale (*Canis mesomelas*) einen Konflikt beigelegt haben, indem der Rang des dominanten Tieres von dem nachgeordneten bestätigt wird

entscheidend, dass alle Sinnesmodalitäten zur Kommunikation durch Signale beitragen. Der wechselseitige Signalfluss zwischen den Tieren kann durch die Untersuchung der beteiligten Sinnesorgane, der neuronalen Verarbeitung afferenter Information und durch Verhaltensbeobachtung aufgeklärt werden.

2.2 Koevolution von Sinnesleistungen

Damit ein Signalprozess funktioniert, sind in der Regel evolutive Anpassungen sowohl beim Sender als auch beim Empfänger erforderlich. Wie kann man sich vorstellen, dass solche Anpassungen – beispielsweise beim Blauringkraken (*Hapalochlaena*) und allen seinen potenziellen Fressfeinden im Riff – ablaufen? Bestimmte Voraussetzungen müssen gegeben sein, bevor sich Sender und Empfänger aufeinander einstellen können. Etwa die Fähigkeit zum Farbwechsel bei den Kraken und ein funktionierendes Farbensehen bei den Jägern. Die heute zu sehenden Merkmale – Giftigkeit und Warnfärbung beim Kraken sowie aversive Reaktionen auf die Warnfärbung bei den Jägern – werden als die Resultate wechselseitiger Anpassungsprozesse interpretiert, die über viele Generationen hinweg gewirkt haben und im Einzelnen schwer nachvollziehbar sind. Evolutionsbiologen haben zwar unterschiedliche Hypothesen zur Erklärung von Koevolutionsprozessen entwickelt, schlüssige Erklärungen für einzelne Signalsysteme sind aber angesichts der langen Zeitspanne evolutiver Prozesse selten möglich. Beim Blauringkraken ist besonders eindrucksvoll, wie er seine hellbraune Körperfärbung meist zur Tarnung auf dem Sand oder Kalkstein des Korallenriffs einsetzt. Nur wenn es brenzlig wird, schaltet er seine Strategie um und wird mit seiner blauen Warnfärbung überaus auffällig und sichtbar. Er präsentiert ein gleichförmiges Muster aus blauen Ringen, mit denen er sehr eindeutig erkennbar wird, und diese **Auffälligkeit** (Salienz) ist sein Schutz. Aus sensorischer Sicht ist das Blauringmuster optimal gestaltet. Blau kontrastiert stark mit der sandfarbenen Umgebung und zudem mit der rot-gelben Einfassung eines jeden Rings. Das gleichförmige Muster der Ringe auf dem Mantel und den acht Armen stellt sicher, dass der Krake aus allen Blickwinkeln gleich auffällig aussieht, und die Wiederholung der grafischen Elemente lässt das Muster besonders deutlich aus einem visuell amorph erscheinenden Hintergrund hervortreten. Auch bei wechselnder Belichtung, beim ständig fluktuierenden Licht- und Schattenspiel am Riff, bleibt der Krake auffällig blaugeringelt. Dafür sorgt die visuelle Leistung der Farbkonstanz, über die sowohl Fische als auch Meeresschildkröten und Meeressäuger verfügen, allesamt potenzielle Fressfeinde des Blauringkraken. Das Blauringmuster ist mithin optimal an das Farbensehen eines marinen Wirbeltieres angepasst und übermittelt unmissverständlich das aposematische Signal „ich bin giftig". Die aversive Reaktion der Jäger könnte mit einer angeborenen Zurückhaltung gegenüber auffälligen, ungewöhnlichen Farbmustern zusammenhängen, also einer generalisierten Furcht vor visuellen Signalen dieser Art. Denkbar ist auch eine spezifische, genetisch fixierte Aversion gegenüber dem Blauringmuster als Folge der Koevolution. Aber ebenso könnte eine frühere, nicht letal verlaufene Begegnung mit einem Kraken zu einer aversiven Konditionierung eines Einzeltieres geführt haben. In jedem Fall wirkt das Blauringsignal auf Beutejäger und schützt sowohl den Kraken als auch die Jäger.

Signalprozesse können sinnesphysiologisch besonders gut erforscht werden, wenn sowohl die Reize, welche als Signale zwischen Tieren wirken, als auch die beteiligten sensorischen Systeme mit physiologischen Methoden charakterisiert werden können. Diese Gelegenheit bietet sich oft bei intraspezifischen (innerartlichen) chemischen Signalen. Tiere aller Stämme nutzen **intraspezifische Signalstoffe** zur Kommunikation mit Artgenossen, sei es zur Festlegung von Hierarchien, zur Anbahnung der Paarung oder zur Organisation der Arbeitsteilung. Die Signalstoffe können in spezialisierten Drüsen hergestellt und ausgeschieden werden, wie beispielsweise die Spurpheromone der Ameisen. Auch Säugetiere besitzen solche Signaldrüsen, scheiden zusätzlich aber auch Signalstoffe mit dem Urin aus. Solche Stoffe sind oft Abbauprodukte von Hormonen und stehen daher in Verbindung mit dem aktuellen hormonellen Zustand eines Tieres. Besondere Bedeutung haben Signalstoffe bei territorial lebenden Säugetieren. Die Revierhalter können durch Markierung mit chemischen Signalen ihren Anspruch auf ein Areal kundtun (◘ Abb. 2.6). Aber die Signale können auch die Fortpflanzung innerhalb einer Art befördern, indem weibliche Tiere durch Östrussignale ihre Paarungsbereitschaft erkennbar machen. Der sinnesphysiologischen Forschung bietet sich hier die Möglichkeit, zueinander passende Reize und Rezeptoren mitsamt dem reizgesteuerten Verhalten untersuchen zu können. Denn Signalstoffe – Pheromone und Geruchsstoffe – können aus dem Urin isoliert werden, die Sinnesorgane – vomeronasale Organe und Riechorgane – können anatomisch und physiologisch erforscht werden, und die endokrinen und verhaltenssteuernden Auswirkungen der chemischen Signale können mit biochemischen und ethologischen Methoden erfasst werden. Wissenschaftlich gesehen sind die intraspezifischen Signale Teil eines schlüssigen Kommunikationssystems, in dem kausale Zusammenhänge zwischen Reiz und Reaktion zutage treten und erforscht werden können. Die Reaktionen sind meist sehr robust und dementsprechend re-

Abb. 2.6 Ein südamerikanischer Mähnenwolf (*Chrysocyon brachyurus*) markiert sein Revier. Er hinterlässt ein innerartliches Signal, das anderen Mähnenwölfen seinen Anspruch auf ein Territorium mitteilt. Die intraspezifischen Signalstoffe befinden sich im Urin, den der Mähnenwolf auf auffällige Landmarken wie Termitenhügel oder Sträucher spritzt

Abb. 2.7 Eine Blütenpflanze hat eine Honigbiene (*Apis mellifera*) zu einer ihrer Blumen gelockt. Eines der folgenreichsten Signale der belebten Natur vermittelt das Bienenblumensyndrom, die Symbiose vieler Blütenpflanzen mit Bienen und Hummeln, welche im Austausch für Nektar und Pollen die Bestäubung der Bienenblumen sicherstellen

produzierbar, eine Folge des Selektionsdrucks, welcher das Sozialverhalten der meisten Tiere hervorgebracht hat (Abb. 2.7).

Ebenso robust, aber weit weniger zugänglich ist das signalgesteuerte Verhalten der Melittophilie, ein Beispiel für sensorische Kommunikation zwischen unterschiedlichen Arten durch **interspezifische (zwischenartliche) Signale**, in diesem Fall zwischen Bienenblumen und Bienen (Abb. 2.7). Blütenpflanzen haben ein derartig umfangreiches Repertoire an Locksignalen entwickelt, dass alle Sinnesmodalitäten der Bienen in der ein oder anderen Weise an der Kommunikation beteiligt sind. Geruchsstoffe im Blütenduft werden von Bienen detektiert und gelernt. Sie werden sowohl zum Wiederfinden einer Tracht als auch zur Übertragung von Information beim Schwänzeltanz eingesetzt (▶ Abschn. 1.3). Die Entschlüsselung des Riechsystems der Honigbiene (*Apis mellifera*), die Organisation des Geruchsgedächtnisses im Bienengehirn und die neuronale Verarbeitung olfaktorischer Information bei der Duftunterscheidung, sind allesamt ein Paradebeispiel sinnesphysiologischer Forschung. Hier konnten Beiträge aus Verhaltensbeobachtungen von Bienen unter kontrollierten Bedingungen, aus der Neuroanatomie des Bienengehirns sowie aus zellbiologischen Untersuchungen von Neuronenverbänden integriert werden, um eine konsistente Vorstellung davon zu entwickeln, wie Bienen riechen und welche Bedeutung Geruchssignale in ihrem Leben haben. Schwieriger ist es, die visuelle Welt der Bienen zu verstehen. Denn aus Dressurversuchen, bei denen die Bienen eine Nahrungsquelle anhand vorgegebener visueller Hinweise suchen, kann man ableiten, dass die Insekten eine grundsätzlich andere Art des Sehens haben als wir Menschen. Bei ihnen wird kein Bild aus Pixeln der Einzelaugen (Ommatidien) zusammengesetzt. Vielmehr nutzen sie ein vergleichsweise grobes Mosaik aus Einzelregionen, jeweils bestehend aus sieben konzentrisch umeinander liegenden Ommatidien, um in kleinen Bereichen ihres Sehfeldes – kleinen Mosaikeinheiten – nach interessanten Wahrnehmungselemente zu suchen. Die Art dieser sensorischen Verarbeitung erinnert an Methoden der technischen Bildanalyse und ist daher für unser Verständnis des Sehens eher fremd. Beispielsweise interessieren sich die Bienen dafür, wie lang die Kanten in jedem Wahrnehmungselement sind, wie viele Kanten es gibt, und welche Kantenorientierung vorherrscht. Sie unterscheiden sternförmig ausgerichtete Kanten von Kanten, die tangential an Kreisen liegen. Die räumliche Lage von Punkten oder Flecken werden registriert, und auch die Farbe und Helligkeit der Flecken können die Bienen erkennen. Was sie *nicht* sehen, sind Objekte wie Blumen, Bäume oder Bienenstöcke. Sie nutzen stattdessen eine stark abstrahierende Art des Sehens, bei dem aus jeder Mosaikeinheit des Sehfeldes nur ein kleiner Satz gefilterter Informationen extrahiert und erinnert wird. Durch die Beschränkung auf kleine Datensätze für eine überschaubare Anzahl von Mosaikeinheiten ist der Rechenaufwand im Bienengehirn weit geringer, als wenn visuelle Objekte als Bilder identifiziert, wahrgenommen und erinnert werden müssten. Die Abstraktion macht das Sehen schnell und ökonomisch. Und die Signale, die von den Pflanzen im Rahmen koevolutiver Prozesse entwickelt werden müssen, sind ebenfalls einfach. Kanten und Flecken im Farbspektrum der Bienen, also in den Farben UV, Blau und Gelbgrün, genügen. Möglicherweise hat die Kommunikation durch vergleichsweise einfach strukturierte grafische Elemente, zusammen mit dem Einsatz blütenspezifischer Düfte, die äußerst wirkungsvollen Anpassungen hervorgebracht, die wir heute zwischen Bienen und Bienenblumen beobachten können.

Signale entstehen durch gegenseitige Anpassung von Sender und Empfänger im Prozess der Koevolution. Solche Anpassungsprozesse verändern die Sinnessysteme von Tieren, welche intraspezifische Signalwege entwickeln, genauso wie die Sinne von Tieren in Jäger-Beute-Beziehungen und symbiontischen Systemen. Koevolutive Prozesse sind daher ein zentraler Aspekt bei der Erforschung von Sinnesleitungen.

2.3 Kommunikation als Motor der Evolution

Eine Voraussetzung für die Entwicklung von signalvermittelter Kommunikation ist eine geeignete Voranpassung (Präadaptation), ein zunächst unauffälliges Merkmal, welches durch einen fortschreitenden Anpassungsprozess zu einem Signal verstärkt werden kann. Als Beispiel kann die Gefiederfärbung von Vögeln dienen. Ausgehend von eher schlichten Federkleidern bei den Ursprungsarten haben sich bei vielen männlichen Vögeln prachtvolle Färbungen entwickelt, mit denen sie für die Blicke weiblicher Artgenossen – allerdings auch für Raubvögel – deutlich aus dem Hintergrund hervortreten und sichtbar werden (◘ Abb. 2.8).

Auffälligkeit ist sicher ein Vorteil beim Balzgeschäft. Das prächtige Gefieder vermittelt aber vermutlich auch subtilere Signale über den Ernährungs- und Gesundheitszustand des männlichen Vogels. Beispielsweise kann ein sauberes, intaktes Gefieder davon zeugen, dass ein Vogel sich Parasiten vom Leibe halten kann – eine Fähigkeit, die der nächsten Vogelgeneration zugutekommen könnte. Jedenfalls nimmt man heute an, dass der Selektionsdruck, der die Entwicklung der farbenprächtigen Gefieder („Prachtkleider") vorantreibt, von den Weibchen ausgeht. Die Partnerwahl ist der Moment, in welchem die Weibchen – meist selbst in unauffälligen Brauntönen gefärbt – eine **natürliche Selektion** zugunsten der Ausbildung von Prachtkleidern bei den Männchen fördern (◘ Abb. 2.9). Sie werten damit die Bedeutung der Gefiederfarbe fortwährend auf, ausgehend von einem einfachen Wahrnehmungselement bis hin zu einem Signal, durch das die Eignung zur Vaterschaft kommuniziert wird. Das Gefieder der Männchen erwirbt auf diese Weise eine neue Funktion, zusätzlich zur Wärmeregulation und der Befähigung zum Fliegen. Dieser Prozess wird als **Ritualisierung** bezeichnet, einer der wichtigsten Mechanismen für die Entstehung von

◘ **Abb. 2.8** Gefiederfärbung als Signal. Der männliche Amethystglanzstar (*Cinnyricinclus leucogaster*) aus Südafrika nutzt die stark kontrastierende weiß-violett-Zeichnung seines Gefieders als Signal für die Paarungsbereitschaft. Die unauffällig braun-weiß gemusterten Weibchen dieser Art werden von den Farbsignalen angezogen und unterstützen damit deren Funktion im Paarungsverhalten

◘ **Abb. 2.9** Ein männlicher Königsparadiesvogel (*Cicinnurus regius*) umwirbt sein Weibchen im Unterholz eines Waldes auf Neuguinea mit einem betörenden Farbschauspiel

2

Abb. 2.10 Täuschsignale eines Riffbewohners. Ein Schmuck-Geisterpfeifenfisch (*Solenostomus paradoxus*) schickt an seine Umgebung – insbesondere an alle Jäger im Riff – das Signal „ich bin eine ungenießbare Koralle" und erhöht durch diese visuelle Mimikry seine Überlebenschance

Kommunikationssignalen. Dabei entstehen aus ursprünglichen, zunächst unbedeutenden Merkmalen im Laufe der Generationenfolge auffällige, stereotype, nur der Kommunikation dienende Signale. Solche Signale sind für die Sinnesorgane besonders leicht zu erfassen, Sinnessysteme können passende Filter entwickeln und Verhaltensmuster können durch diese Signale spezifisch ausgelöst werden. Auf diese Weise werden Kommunikationsprozesse innerhalb von Tierpopulationen verbessert, was letztlich zum Erfolg der betreffenden Art beitragen kann.

Eine besondere Form der Nutzung von Signalen ist die Tarnung, bei der alle Sinne eines Jägers mit **Falschinformationen** von der Fährte abgebracht werden können. Ein probates Mittel, den Nachstellungen eines Jägers zu entgehen, ist es, sich unsichtbar zu machen, indem man das Aussehen der Umgebung annimmt. Viele Arten haben diese Anpassung ihres Erscheinungsbildes perfektioniert, wie einige Gespenstschrecken (Ordnung *Phasmatodea*), Tintenfische (Ordnung Sepiida) und Geisterpfeifenfische (Familie Solenostomidae; Abb. 2.10). Zu den erfolgreichsten Tarnstrategien gehören weitgehende Regungslosigkeit, Anpassung der Körperfarbe an die Umwelt sowie die visuelle Auflösung der Körperumrisse durch einen Besatz mit unterschiedlich geformte Anhängseln. Erfolgreiche Tarnung verhindert, dass sensorische Reize bei Jägern eine Intensität erreichen, bei der Aufmerksamkeit oder Jagdreflexe ausgelöst werden. Tarnsignale entstehen nicht durch gegenseitige Anpassung von Jäger und Beute – nur die Beutetiere passen sich an – und gehören damit auch nicht zum Thema der Kommunikation. Sie zeigen, dass Signale nicht ausschließlich im Rahmen der Koevolution von zwei miteinander kommunizierenden Tieren entstehen können, sondern auch durch einfache Anpassung einer Art an die Bedingungen im eigenen Lebensraum.

Eine zentrale Bedeutung von signalvermittelter Kommunikation findet man in ritualisierten Verhaltensmustern der meisten Tiere. Besonders faszinierend ist in diesem Zusammenhang die Kommunikation innerhalb der **Insektenstaaten** von Bienen, Ameisen und Termiten. Man kann den Schwänzeltanz der heimkehrenden Suchbienen als eine Art ritualisierten Suchflug auffassen. Alle relevanten Ereignisse des Fluges (Richtung, Entfernung, gefundene Tracht) werden zu symbolischen Komponenten eines Tanzes, der ausschließlich der Kommunikation dient. Es ist ein bisschen so, als würde ein menschlicher Tänzer pantomimisch aufführen, wo es etwas zu essen gibt. Auch Ameisen, die von einer Nahrungsquelle zurückkommen und dabei den Weg mit einem Spurpheromon markieren, kommunizieren durch ein Signal mit ihren Schwestern. Vielfältige Signale werden im Ameisenstaat eingesetzt, teils olfaktorische, teils taktile beim gegenseitigen Betasten mit den Antennen. Jede Ameisenart kann zehn bis 20 chemische Signale zur Orchestrierung ihres Soziallebens nutzen, wobei die Signalstoffe in speziellen Drüsen hergestellt und in unterschiedlichen Kombinationen eingesetzt werden können. Die komplexe Signalsprache gilt als ein wesentlicher Faktor für die höchst erfolgreiche Radiation der Ameisen, welche sich vor etwa 100 Mio Jahren aus wespenartigen Vorgängern entwickelt haben. Ihre eusoziale Lebensweise innerhalb der Superorganismen beruht auf hochgradig organisierten Informationsströmen zwischen den Angehörigen der unterschiedlichen Kasten. Für die Sinnesphysiologie bietet der Insektenstaat die Gelegenheit, die Detektion von Signalen und ihre Verarbeitung in den winzigen Ameisengehirnen zu untersuchen, um ihre Bedeutung für die Lebensprozesse im Superorganismus einordnen zu können

Literatur

Weiterführende Literatur

Bradbury JW, Vehrencamp SL (2011) Principles of animal communication. Sinauer Association, Sunderland

Drosopoulos S, Claridge MF (2006) Insect sounds and communication. Physiology, behaviour, ecology and evolution. Taxylo & Francis, Boca Raton

von der Emde G, Warrant E (2016) The ecology of animal senses. Matched filters for economical sensing. Springer, Heidelberg

Feng LC, Chouinard PA, Howell TJ, Bennett PC (2017) Why do animals differ in their susceptibility to geometrical illusions? Psychon Bull Rev 24:262–276

von Frisch K (1993) Aus dem Leben der Bienen, 10. Aufl. Springer, Heidelberg

Goodenough J, McGuire B, Jakob E (2010) Perspectives on animal behavior. Wiley, Hoboken

Hölldobler B, Wilson EO (2010) Der Superorganismus. Der Erfolg von Ameisen, Bienen, Wespen und Termiten. Springer, Heidelberg

Hölldobler B, Wilson EO (2016) Auf den Spuren der Ameisen. Die Entdeckung einer faszinierenden Welt, 3. Aufl. Springer Spektrum, Heidelberg

Horridge A (2009) What does the honeybee see? And how do we know? Australian National University E Press, Canberra

Horridge A (2019) The discovery of a visual system – the honeybee. CABI, Wallingford

Jamie GA (2017) Signal, cues and the nature of mimicry. Proc R Soc B 284:20162080

Lazareva OF, Shimizu T, Wasserman EA (2012) How animals see the world. Oxford University Press, Newyork

Leins P, Erbar C (2008) Blüte und Frucht. Morphologie, Entwicklungsgeschichte, Phylogenie, Funktion, Ökologie. E. Schweizerbart'sche Verlagsbuchhandlung, Stuttgart

Lindauer M (1990) Botschaft ohne Worte. Wie Tiere sich verständigen. Piper, München

Lunau K (2002) Warnen, Tarnen, Täuschen. Mimikry und andere Überlebensstrategien in der Natur. Wissenschaftliche Buchgesellschaft, Darmstadt

Menzel R, Eckoldt M (2016) Die Intelligenz der Bienen. Albrecht Knaus, München

Parr LA, Waller BM (2006) Understanding chimpanzee facial expression: insights into the evolution of communication. SCAN 1:221–228

Stevens M, Ruxton GD (2012) Linking the evolution and form of warning coloration in nature. Proc R Soc B 279:417–426

Waller BM, Whitehouse J, Micheletta J (2017) Rethinking primate facial expression: a predictive framework. Neurosci Biobehav Rev 82:13–21

Wiley RH (2009) Signal detection and animal communication. Adv Study Behav 36:217–247

Zufall F, Leinders-Zufall T (2007) Mammalian pheromone sensing. Curr Opin Neurobiol 17:483–489

Sinne und Gehirnevolution

Inhaltsverzeichnis

S. Frings, *Die Sinne der Tiere*, https://doi.org/10.1007/978-3-662-63233-8_3

3

Die Sinne eines Tieres. Alles an einem Feldhasen (*Lepus europaeus*) ist Sinnesleistung, alles dient höchster Aufmerksamkeit auf das Geschehen in der Umwelt, und alles spiegelt Jahrmillionen der Erprobung immer neuer Varianten von Sinnesorganen wider. Heute sehen wir den aktuellen Stand dieser langwierigen Entwicklung und können versuchen zu verstehen, welche Strukturen und Prozesse den Leistungen der Sinnesorgane zugrunde liegen. Die Funktion der Schnurrhaare und die Berührungsempfindlichkeit des Felles; Nase und Zunge und deren Fähigkeit zu wittern und zu schmecken; das feine Gehör und die großen, unabhängig voneinander drehbaren Löffel, mit denen der Hase jedes Rascheln im Gras punktgenau orten kann; und die seitwärts gerichteten Augen mit dem Rundumblick für mögliche Gefahr. Dazu alle Sinne, die der schnelle, hakenschlagende Läufer für seine akrobatischen Bewegungen braucht: der Gleichgewichtssinn für die Kontrolle der Körperhaltung und für die Stabilisierung des Blickes bei Sprüngen und Körperdrehungen; die Gelenk- und Muskelsinne zur Feineinstellung der rhythmischen Muskelkontraktionen im schnellen Lauf; der Tastsinn, mit dem die weichen Pfoten den Boden erkunden und dabei helfen, jeden Sprung optimal auszuführen. Die Datenflut, die in jedem Moment aus all diesen Sinnesorganen das Gehirn des Hasen erreicht, ist enorm! In diesem Kapitel geht es um die Frage, welche neuronalen Prozesse und Strukturen sich in der Evolution der Sinnesorgane durchgesetzt haben und heute die Leistungsfähigkeit der Sinne ausmachen. Und es geht um die Frage, wie die Gehirne der Tiere sich an die Flut von Sinnesinformation angepasst haben, die bei jeder verbesserten Variante der Sinnesorgane weiter angeschwollen ist und immer mehr Rechenkapazität erforderte. Je leistungsfähiger die Sinne der Tiere wurden, desto größer und komplexer wurden ihre Gehirne. Der Selektionsvorteil, der in einer erweiterten Verarbeitung von Sinnesinformation liegt, treibt auch die Entwicklung der kognitiven Fähigkeiten voran, sodass die Evolution des Gehirns wesentlich auf der Evolution der Sinne beruht.

3.1 Optimierung von Sensoren

Für die Evolution der Sinne im Verlauf von Erdaltertum (Paläozoikum, vor 541–252 Mio. Jahren) und Erdmittelalter (Mesozoikum, vor 252–66 Mio. Jahren) konnten die Tiere auf ein genetisches Arsenal zugreifen, das sich schon in frühen, einzelligen Lebensformen gebildet hatte (s. ◘ Abb. 1.2). Gene für Rezeptorproteine, für Ionenkanäle und für zahlreiche Struktur- und Transportproteine standen zur Verfügung und wurden im Wechselspiel von Mutation und Selektion über Tausende von Generationen hinweg auf ihre Eignung für sensorische Funktionen getestet. In der Rückschau auf diese Vorgänge kann man mehrere Entwicklungen als entscheidend für die Optimierung von Sinneszellen und ihren Sensoren erkennen. Die Chance, durch Genmutation zu Proteinen mit neuartigen Funktionen zu kommen, wurde vor allem durch **Genduplikationen** erhöht. Wenn aus einem Gen bei der Rekombination (oder bei der Duplikation ganzer Genome) zwei paraloge Gene entstehen, wird die Gefahr des Verlusts der ursprünglichen Genfunktion reduziert, denn ein Totalausfall würde die gleichzeitige Zerstörung der beiden paralogen Gene erfordern. Man gewinnt durch Genduplikation eine Art Reservekopie. In dieser besser abgesicherten Situation stellen Mutationen ein geringeres Risiko dar. Der Erwerb von Selektionsvorteilen durch die Erprobung neuer Genvarianten kann dadurch beschleunigt werden. Darüber hinaus können mehrfache Genduplikationen zur Bildung von Genfamilien führen, bei denen die einzelnen Mitglieder sich nur durch subtile – aber physiologisch entscheidende – Eigenschaften unterscheiden. Für die Evolution der Sinne sind einige Genfamilien von entscheidender Bedeutung: Die Gene für G-Protein-gekoppelte Rezeptoren gehören dazu, aber auch Ionenkanäle der TRP-Familie (TRP, *transient receptor potential*) und der CNG-Familie (CNG, *cyclic nucleotide-gated*) haben Schlüsselfunktionen für die Sinnesmodalitäten. Wir werden diese Proteinfamilien bei der Beschreibung der Transduktionsvorgänge in den einzelnen Sinneszellen kennenlernen.

Sensorproteine sind in großer Vielzahl entstanden. Es sind Proteine, die direkt mit den adäquaten Reizen wechselwirken können, beispielsweise mechanisch geöffnete Ionenkanäle, chemisch aktivierbare G-Protein-gekoppelte Rezeptoren, lichtaktivierbare Rhodopsinvarianten und säureempfindliche Kanalproteine. Ein Schlüsselprozess für die Evolution der Sensoren war die **Polarisierung der Sinneszellen**, die darin bestand, die Sensorproteine an einem Pol der Zellen zu konzentrieren (◘ Abb. 3.1). Dafür war die Spezialisierung von Dendritenspitzen, Mikrovilli und Cilien zu sensorischen Organellen nötig, ein Prozess, der hohe Ansprüche an die Transport- und Organisationsfähigkeiten der Zellen stellt. Da die Sensorproteine im kernnahen, rauen endoplasmatischen Retikulum hergestellt werden, müssen sie entlang der Infrastruktur des Cytoskeletts über Mikrotubuli und Aktinfilamente zum sensorischen Zellpol transportiert werden, ein Prozess, der für die meisten Sinneszellen noch unvollständig aufgeklärt ist. Jedenfalls befinden sich bei ausdifferenzierten Sinneszellen die Sensorproteine in sensorischen Organellen, Mikrovilli oder Cilien, wo sie teilweise in hoher Dichte vorliegen. Die Konzentration der Proteine bringt einen wesentlichen Vorteil für die lokale Signalverarbeitung, die Transduktion. Alle Proteine, die am Transduktionsprozess direkt beteiligt sind, liegen in den sensorischen Organellen zusammengelagert als **Transduktionskomplex** vor. Neben den Sensorproteinen können in solche Komplexe G-Proteine eingebunden sein, Ionenkanäle und Cotransporter, aber auch Strukturproteine wie Mikrotubuli, Aktinfilamente, ERM-Proteine (Ezrin, Radixin und Moesin) sowie Gerüstproteine, welche wie Klebfäden Proteine zusammenschnüren können. Der Vorteil einer solchen Zusammenlagerung liegt darin, dass die Diffusionswege aller am Transduktionsprozess beteiligten Signalstoffe (cAMP, ATP, Ca^{2+}, H^{+}, IP_3 und andere) innerhalb des Transduktionskomplexes kurz sind, sodass ein besonders effektiver Signalfluss ermöglicht wird. So vergeht nur wenig Zeit vom Eintreffen des Reizes bis zur Reaktion der Sinneszelle. Die polare Organisation der Sinneszellen macht es nun möglich, die sensorischen Organellen gezielt **am Einwirkungsort des Reizes** zu positionieren. Dafür sorgen die Sinnesorgane mit ihren Perirezeptorstrukturen,

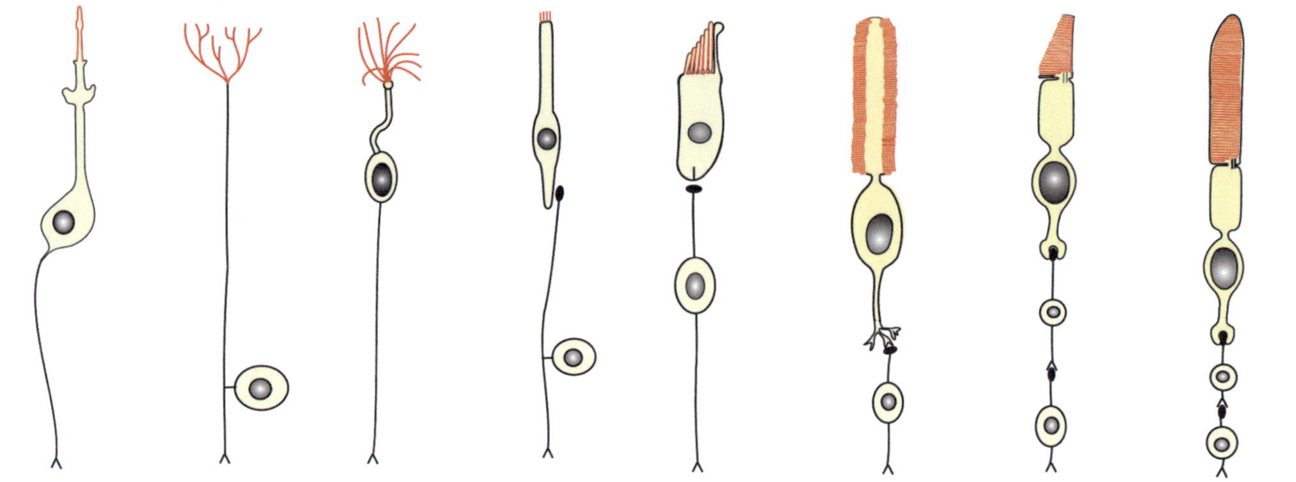

Abb. 3.1 Die Sensoren der Sinneszellen. Sinneszellen sind polarisiert und tragen ihre Sensoren in spezialisierten Organellen (*rot*) am apikalen, dem Reiz exponierten Pol. Vom gegenüberliegenden, basalen Zellpol aus werden afferente Signale zum Gehirn geleitet, bei einigen Sinneszellen direkt durch Axone, bei anderen vermittelt durch zwischengeschaltete Neuronen

welche für die Detektion des adäquaten Reizes optimiert sind (s. ► Abb. 1.2). Jede Sinneszelle erfasst damit nur einen kleinen Bereich des Körpers – ihr rezeptives Feld –, und in diesem Bereich sind die Bedingungen für die Detektion besonders gut: Photonen gelangen ungehindert zu Photorezeptoren, Duftstoffe lösen sich an der Oberfläche des Riechepithels oder in der Sensillenlymphe, Druckwellen erzeugen Flüssigkeitsbewegungen an Haarzellen. In jedem Fall sind sensorische Organellen und Perirezeptorstrukturen optimal aneinander angepasst. Dadurch entstehen zwei wichtige Sinnesleistungen: räumliche Auflösung und hohe Empfindlichkeit. Beide liefern entscheidende Aspekte der Sinnesinformation: Wo trifft ein Reiz auf den Körper? Und wie groß ist die Reizintensität? Beide Sinnesleistungen basieren auf der polarisierten Struktur der Sinneszellen.

3.2 Entwicklung von Verstärkungsprozessen

Sinneszellen mit hoher Empfindlichkeit für ihren adäquaten Reiz können auch dann afferente Signale produzieren, wenn nur sehr schwache Reize, also sehr wenig Reizenergie, auf sie einwirkt. Dazu ist es nötig, dass das bei der Transduktion entstehende zelluläre Signal mit eigener Stoffwechselenergie verstärkt wird, indem ATP-abhängige Prozesse dazu eingesetzt werden, zelluläre Reaktionen auf die Reizeinwirkung zu intensivieren. Denn die Ausgangssignale der Sinneszellen, sei es die Sekretion von Neurotransmitter oder das Auslösen von Aktionspotenzialen, erfordert erhebliche Energie – weit mehr, als von schwachen Reizen aufgenommen werden kann. Für die Evolution der Sinne war aus diesem Grund die Entwicklung von zellulären Verstärkungsprozessen ein zentraler Aspekt. Dabei haben sich mehrere unterschiedliche Strategien als besonders effektiv erwiesen. Transduktionsprozesse beinhalten immer die Steuerung von Ionenkanälen – Transduktionskanälen –, durch welche der Sinnesreiz in eine Änderung des Membranpotenzials oder in ein intrazelluläres Calciumsignal umgesetzt werden kann. Man bezeichnet die elektrische Spannungsänderung an der Plasmamembran während der Reizeinwirkung als Rezeptorpotenzial. Die Größe des Rezeptorpotenzials hängt einerseits von der Reizintensität ab, andererseits von den vorherrschenden elektrochemischen Bedingungen. Das **Prinzip der elektrischen Verstärkung** beruht darauf, diese Bedingungen so zu verändern, das größere Rezeptorpotenziale entstehen. Bei den meisten Sinneszellen ist das Zellinnere um 60–80 mV negativer als die Außenseite der Zelle. Da Transduktionskanäle vor allem Na^+-Ionen und Ca^{2+}-Ionen leiten, welche beide außerhalb der Zelle in höheren Konzentrationen vorliegen als innerhalb, treiben sowohl ein nach innen gerichtetes chemisches Potenzial als auch das negative Membranpotenzial bei Reizeinwirkung einen Kationenfluss in die Sinneszelle. Dabei depolarisiert die Plasmamembran, die Sinneszelle wirkt aktiviert. Eine der elektrischen Verstärkungsstrategien besteht darin, im Bereich der Sensoren und Transduktionskanäle ein stärker negatives Membranpotenzial aufrechtzuerhalten. Bei den Haarzellen im Innenohr beträgt das Membranpotenzial in Ruhe etwa –150 mV, also doppelt so viel wie bei anderen Zellen. Entsprechend größer fällt das Rezeptorpotenzial bei Reizeinwirkung aus. Der ATPverbrauchende Prozess für diese Verstärkung ist die Sekretion von K^+-Ionen in die Endolymphe am apikalen Pol der Haarzellen, ein Transportprozess, der durch ein spezialisiertes Epithel, die Stria vascularis, ausgeführt wird. Ein weiteres Beispiel für elektrische Verstärkung findet man in Riechzellen. Hier führt der Ca^{2+}-Einstrom durch die Transduktionskanäle zur Öffnung von Cl^--Kanälen, die ihrerseits mit einem Cl^--Ausstrom das Rezeptorpotenzial verstärken. Der energieaufwendige Schritt ist hier die Einstellung der geeigneten Ionenverhältnisse über der chemosensorischen Membran.

Der Transduktionsprozess kann auch durch die Eigenschaften der daran beteiligten Enzyme verstärkt werden. Dabei beruht das **Prinzip der biochemischen Verstärkung** vor allem auf der Zeit: Je länger ein Enzym nach der Reizeinwirkung aktiv bleibt, desto mehr Produkt kann aus der andauernden Enzymreaktion entstehen. Ein Beispiel bietet das Rhodopsin aus den Photorezeptoren der Wirbeltiere. Rhodopsin wird durch Absorption eines Photons sehr schnell aktiviert und bleibt dann so lange im aktivierten Zustand, bis es durch eine verzögerte Abschaltreaktion wieder deaktiviert wird. Das kann durchaus eine Sekunde dauern, und in dieser Zeit kann das aktive Rhodopsin *nacheinander* bis zu 3000 G-Proteine aktivieren. Diese 3000-fache Signalverstärkung resultiert also lediglich aus der Abschaltkinetik des Rhodopsins. Die Stoffwechselenergie für diese Verstärkung kommt aus den GTP-Molekülen, die für die Aktivierung der G-Proteine gebraucht werden. Ähnliche Effekte der biochemischen Verstärkung kennt man auch von anderen G-Protein-gekoppelten Rezeptoren, wobei die Regel gilt, dass Rezeptoren dann besonders lang aktiviert werden, wenn ihre Liganden besonders fest binden.

Viele unterschiedliche Verstärkungsstrategien nutzen Effekte, die uns aus der Mechanik vertraut sind: Hebelwirkung, Elastizität, Beugung, Torsion, Dämpfung, Kontraktion und Dehnung. Solche Effekte spielen eine große Rolle für das **Prinzip der mechanischen Verstärkung**, eine Grundlage für die Empfindlichkeit vieler Sinne. So erreichen die steifen Sinneshaare von Spinnen durch ein Hebelverhältnis von 1000:1 eine derart extreme Empfindlichkeit, dass Auslenkungen des langen Sinneshaares (Kraftarm) um ein Hundertstel Grad ausreichen, um die am kurzen Lastarm befestigten Sinneszellen zu aktivieren. Ähnliche mechanische Verstärkungen finden sich in vielen Sinnesorganen von den Insekten bis zum Mittelohr der Säugetiere. Im Innenohr der Säuger unterstützen äußere Haarzellen, deren Länge elektrisch verstellbar ist, den Flüssigkeitsstrom über die sensorischen Organellen der inneren Haarzellen, welche die eigentlichen Sinneszellen des Hörens sind. Dazu schütteln die äußeren Haarzellen die Strukturen des Innenohres punktgenau an Orten der Resonanz und verstärken lokale Vibrationen 100- bis 1000-fach. Die Stoffwechselenergie für diese mechanischen Verstärker muss in die Herstellung und den Erhalt der entsprechenden Strukturen investiert werden.

Im Anschluss an die periphere Verstärkung in den Sinnesorganen kann das afferente Signal im Nervensystem weiter verstärkt werden. Dazu dienen mehrere **Prinzipien der neuronalen Verstärkung** wie beispielsweise die Konvergenz der afferenten Signale. Wenn mehrere Sinneszellen auf dasselbe Folgeneuron zusammengeschaltet sind, können ihre Signale aufsummiert werden, und das Folgeneuron erreicht eine stärkere Aktivierung. Solche Konvergenz kennen wir beispielsweise von Stäbchen-Photorezeptoren und Riechzellen, beides Sinneszellen, die mit schwachen Reizen arbeiten müssen. Verstärkung kann auch durch besondere Synapsentypen erreicht werden, die es manchen Sinneszellen ermöglichen, schon bei schwacher Depolarisation viel Transmitter freizusetzen. Bandsynapsen von Haarzellen und Photorezeptoren erfüllen diese Verstärkungsfunktion, und auch bei den Folgeneuronen der Sinnessysteme findet man Hochleistungssynapsen unterschiedlicher Art.

Zusammengenommen wird deutlich, dass die Sinnessysteme eine Reihe unterschiedlicher Strategien entwickelt haben, die selbst bei der Detektion schwacher Reize zu robusten afferenten Signalen führen, welche dann im zentralen Nervensystem verarbeitet werden können. Bei der ausführlichen Darstellung der einzelnen Sinne in den ▶ Kap. 4–14 werden die einzelnen Verstärkungsmechanismen im Detail behandelt.

3.3 Strukturelle Perfektion in Auge, Nase und Ohr

Sinneszellen mit ihren optimierten Sensoren und Verstärkungsmechanismen liegen bei höheren Tieren nicht isoliert vor, sondern in Sinnesorganen eingelagert, wo sie vor der Einwirkung inadäquater Reizen geschützt sind. Für adäquate Reize erleichtern die meist komplexen Strukturen der Sinnesorgane dagegen den Zugang zu den Sensoren und verbessern damit deren Detektion. Dabei sind extreme Anpassungen entstanden, die wesentlich zur Leistungsfähigkeit der Sinne beitragen. Augen sehen schärfer, Nasen riechen empfindlicher und Ohren hören genauer, weil die Reizaufnahme in den Sinnesorganen strukturell organisiert ist.

Einige Beispiele für solche Anpassungen:

- In Linsenaugen sind viele Millionen Photorezeptoren in einer dünnen Gewebeschicht, der Netzhaut, im Augenhintergrund angeordnet (◘ Abb. 3.2, *links*). Damit Licht aus der Umwelt sie erreichen kann, muss es durch die Vorderwand in den Augapfel gelangen, und dabei gilt es, zwei Gewebe zu durch-

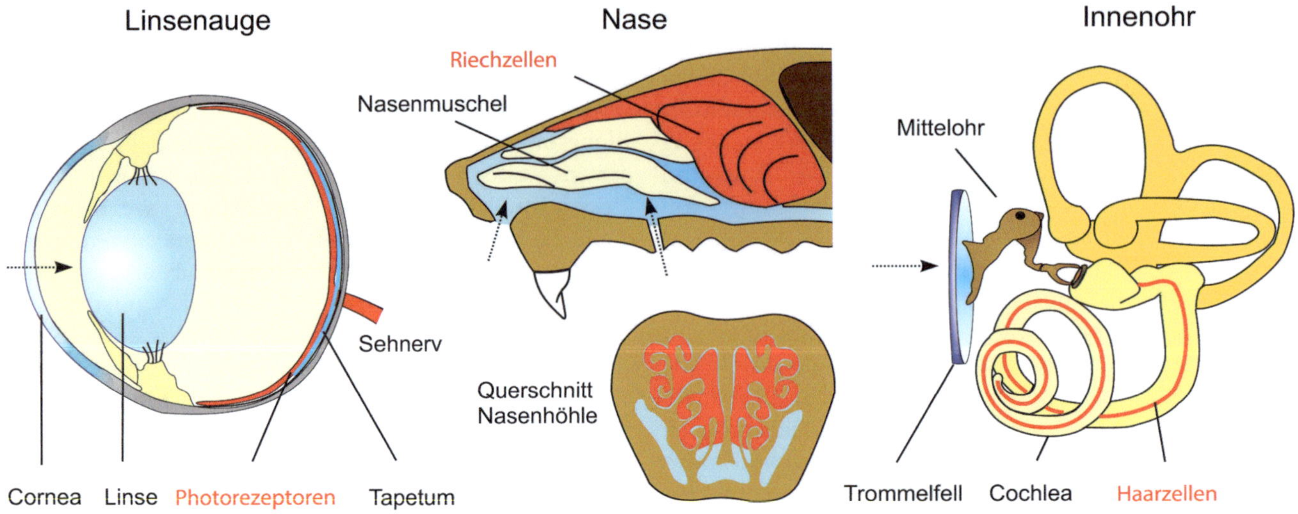

Abb. 3.2 Strukturanpassungen im Augapfel, in der Nasenhöhle und im Innenohr von Säugetieren. Sinnesorgane erleichtern den Zugang von adäquaten Reizen (*Pfeile*) zu den Sinneszellen (*rot*), schirmen die Sinneszellen aber gleichzeitig von inadäquaten Störreizen ab

dringen, die Cornea (Hornhaut) und die Linse. Beide Gewebe mussten im Verlauf der Augenevolution eine fundamentale Anpassung durchmachen, sie mussten **transparentes, glasklares Gewebe** werden. Biologische Gewebe sind normalerweise nicht durchsichtig. Zu viele Partikel im Cytoplasma streuen das Licht, und selbst durch sehr dünne Gewebsschichten blickt man wie durch eine Milchglasscheibe. Die Cornea und die Linse der Augen haben zwei unterschiedliche Strategien entwickelt, um durchsichtig zu werden. In der Cornea haben sich kristallin anmutende Kollagenstrukturen gebildet, die aus exakt gleich dicken Kollagenfasern bestehen und zusammen ein gleichmäßiges Gitter bilden, vergleichbar den Atomgittern in einem mineralischen Kristall. Für die Transparenz ist entscheidend, dass sowohl die Durchmesser der Fasern als auch ihr gegenseitiger Abstand wesentlich kleiner sind als die Wellenlänge des sichtbaren Lichtes. Dadurch wird das Licht an dem biologischen Kristall nicht gestreut, sondern die Lichtstrahlen gelangen geradlinig ins Auge – nicht anders als bei einem klaren Diamanten oder Quarzkristall. Bei der Linse, die wesentlich dicker ist als die Cornea, hat eine andere Strategie zur Durchsichtigkeit geführt. Hier ordnen sich lang gestreckte Linsenzellen (Linsenfasern) parallel zum Lichtweg an und geben alle cytoplasmatischen Partikel auf, die Licht streuen könnten. Sie haben weder Kerne noch Mitochondrien noch andere Organellen im Größenbereich des sichtbaren Lichtes – sie sind für Lichtstrahlen „leer" und verursachen kaum Streuung. Trotzdem leben sie – und zwar jahrzehntelang – und dienen als Lichtleiter für das durch die Pupille einfallende Licht. Neben den vielen anderen Anpassungen der Linsenaugen ist auch die Erlangung der Durchsichtigkeit durch biologische Kristalle und Lichtleiter ein bewundernswerter Erfolg der Evolution.

- Der Riechsinn dient dazu, komplexe Mischungen aus Geruchsstoffe zu analysieren, die Geruchsempfindung zu speichern und wiederzuerkennen. In Anpassung an eine unbegrenzte Vielfalt von Gerüchen haben sich Hunderte Populationen von Riechzellen entwickelt, jede Population mit einer etwas anderen Geruchsspezifität. Geruchsstoffe sind flüchtige Substanzen, die mit der Atemluft in die Nasenhöhle gelangen und dort in meist geringer Konzentration für eine kurze Zeit – bis zum nächsten Ausatmen – präsent sind und analysiert werden können. Um die Detektion zu optimieren, musste eine **große, homogene Sensorfläche für flüchtige Verbindungen** in der Nasenhöhle aufgespannt werden, bei der an jeder Stelle Riechzellen aus vielen Populationen vertreten sind. Nur so ist sichergestellt, dass ein Geruchsstoffmolekül detektiert werden kann, unabhängig davon, an welcher Stelle es auf die Sensorfläche – das Riechepithel – auftrifft. In den Nasenhöhlen der Säugetiere sind viele Millionen von Riechzellen in quadratzentimetergroße Riechepithelien eingelassen, die auf verwundenen Knochenstrukturen wachsen, welche im Querschnitt wie arabeske Ornamente aussehen (Abb. 3.2, *Mitte*). Beim Einatmen streicht die Atemluft über diese Strukturen, wird entschleunigt und kommt in Kontakt mit der feuchten Oberfläche des Riechepithels. Hier werden für die flüchtigen und meist kaum wasserlöslichen Geruchsstoffe optimale Bedingungen für den Übertritt aus der Gasphase in die wässrige Phase bereitgestellt. Eine dünne Schleimschicht mit hohen Konzentrationen von Geruchsstoff-Bindeproteinen bringt die Geruchsstoffe in Lösung und ermöglicht dadurch den Kontakt mit den sensorischen Cilien der Riechzellen, die in die Schleimschicht eingebettet sind. Nach der Detektion müssen die Geruchsstoffe schnell entfernt werden, damit das Riechepithel für die Aufnahme neuer Riechsignale beim nächsten Atemzug wieder bereit ist. Auch diese Funktion erfüllt das Riechepithel, indem seine Zellen Biotransformationsenzyme in einer Aktivität herstellen, wie man sie sonst nur in der Leber findet. Das Riechepithel schafft damit die gesamte Infrastruktur für die Zufuhr, Detektion und Entsorgung von Geruchsstoffen bei jedem Atemzug.

- Die Schallanalyse im Innenohr beruht auf Sinneszellen, die für die Detektion von Flüssigkeitsströmungen spezialisiert sind. Diese Haarzellen befinden sich in der Cochlea des Innenohres, einem flüssigkeitsgefüllten, spiralförmig gewundenen Knochenröhrchen im Felsenbein des Schädels (◘ Abb. 3.2, *rechts*). Für Säugetiere ist der Luftschall überlebenswichtig, denn Schalldruckwellen werden von anderen Tieren bei so gut wie jeder Bewegung ausgelöst und verbreiten sich durch die Luft. Bei den meisten Säugetieren hat sich ein extrem empfindlicher Hörsinn entwickelt, über den ein großer Teil ihrer innerartlichen Kommunikation sowie ihres Jagd- und Fluchtverhaltens gesteuert wird. Für die Schalldetektion in der flüssigkeitsgefüllten Cochlea muss aber das Problem gelöst werden, Schallwellen aus der Luft in die Flüssigkeit des Innenohres überzuleiten. Dabei droht wegen des hohen Schallwellenwiderstands an Luft-Wasser-Phasengrenzen (akustische Impedanz), dass über 90 % der Schallenergie durch Reflexion verloren geht. Dem Mittelohr gelingt aber das Kunststück der **Impedanzanpassung**, wodurch der Energieverlust minimiert wird. Größe und Anordnung von Trommelfell und Mittelohrknochen sind so ausgelegt, dass der größte Teil der Schallenergie im Inneren der Cochlea ankommt und dort analysiert werden kann. Auch die Analyse kommt durch eine Strukturoptimierung des Innenohres zustande. Denn eine entscheidende Leistung des Gehörs ist die Unterscheidung der Tonhöhe, die Frequenzunterscheidung. Die Cochlea ist über ihre gesamte Länge hinweg auf abnehmende Frequenzen gestimmt. Hohe Töne lassen sie nahe ihrer Basis vibrieren, tiefe Töne erzeugen Vibrationen an der Spitze der Cochlea. Etwa 3000 innere Haarzellen, die in einer einzelnen Reihe von der Basis bis zur Spitze angeordnet sind, übertragen die Frequenzinformation an das Gehirn. Dabei liegt die Information nicht in der Art des afferenten Signals, sondern wird durch denjenigen Ort der Cochlea festgelegt, an dem sich eine Haarzelle befindet. Die Frequenzinformation wird durch die Cochlea in eine Ortsinformation umgesetzt, das **Prinzip der Tonotopie**, die Grundlage aller Klanganalyse im Gehör der Tiere.

Sinnesorgane ermöglichen durch ihre ausgefeilten Strukturen das Sammeln sensorischer Informationen mit höchster Effizienz und darüber hinaus die Auswertung zusätzlicher Dimensionen der Reizinformation. Sie nutzen die Detektionsfähigkeiten ihrer Sinneszellen optimal und erweitern die Sinnesleistungen durch Anpassung an die jeweiligen Lebensumstände der Tiere.

3.4 Sensorik treibt die Evolution des Gehirns

Bedenkt man, welche Dimensionen der Reizinformation durch Sinnesorgane zugänglich werden, wird auch deutlich, dass durch die Verbesserung der Sinnesorgane immer größere Mengen neuronaler Daten anfallen. Um bei den drei Beispielen aus ► Abschn. 3.3 zu bleiben: Während ein einzelner Photorezeptor nur die Umgebungshelligkeit messen kann, liefern kleine Gruppen von Photorezeptoren, vergesellschaftet mit Pigmentzellen, schon die Möglichkeit, Schatten und deren Bewegung zu orten. Diese schlichte Art zu sehen ist mit einfach gebauten Augen oder mit Ocellen durchführbar und produziert nur übersichtliche Mengen afferenter Signale. Anders ist das bei **Augen mit echter Bildgebung**, in deren Netzhäuten große Zahlen von Photorezeptoren eingelagert sind. Solche Augen schicken Signale über Tausende paralleler Kanäle – die Fasern der Sehnerven – zum Gehirn, und die Menge der Bilddaten wächst mit der Qualität des Bildes enorm an. Um Objekte schärfer sehen zu können, wird die Anzahl von Photorezeptoren pro Flächeneinheit der Netzhaut gesteigert. Eine hohe Zeitauflösung, also die Fähigkeit, viele Bilder pro Sekunden sehen zu können, ermöglicht besseres Bewegungssehen, unterschiedliche Farbkanäle machen mehr Details in der Umwelt sichtbar. All diese Verbesserungen der Augen werden unter dem Selektionsdruck der visuellen Orientierung begünstigt und in der Evolution vorangetrieben. Ähnliche Auswirkungen hat für viele Säugetiere der Vorteil, über eine **Nase mit breitem Geruchsstoffspektrum** zu verfügen. Tiere mit 1000 unterschiedlichen Riechzellpopulationen wie Mäuse – oder gar mit 2000 wie Elefanten – sind offenbar Riechgeneralisten mit der Fähigkeit, eine praktisch unbegrenzte Vielfalt flüchtiger Substanzen in ihrer Umwelt wahrzunehmen. Wie ein Bild für den Sehsinn, so ist ein Geruch für den Riechsinn ebenfalls ein komplexer Datensatz. Er wird von einigen Zehnmillionen Riechzellen erfasst und durch Konvergenz auf einige Tausend parallele Kanäle – die Fasern des olfaktorischen Traktes – reduziert. Ähnlich wie das Bild im Gehirn aus dem

Aktivitätsmuster *aller* Fasern der Sehnerven rekonstruiert wird, entsteht eine Geruchswahrnehmung aus der gleichzeitigen Auswertung *aller* Fasern des olfaktorischen Traktes. Es wird also kontinuierlich mit sehr großen Datensätzen gerechnet. Bei einem **Gehör mit breitem Frequenzspektrum** ist das nicht anders. Natürliche Geräusche sind komplexe Mischungen aus Tönen unterschiedlicher Frequenzen und Lautstärken. Sie werden durch einige Tausend Haarzellen in der Cochlea des Innenohres detektiert und danach durch divergente Verschaltung auf einige Zehntausend parallel arbeitenden Kanäle – die Fasern der Hörnerven – verteilt. Geräusche enthalten vielerlei Informationen über die Art der Geräuschquelle, ihre Entfernung und ihre Lage. Der Nutzen des Hörsinnes besteht für ein Tier weitgehend in der Genauigkeit einer mehrdimensionalen Geräuschanalyse – eine Sinnesleistung, die auf der schnellen und präzisen Auswertung der umfangreichen Datensätze beruht, welche aus den Ohren ins Gehirn gelangen.

Afferente Sinnessignale erreichen das Gehirn durch **Tausende parallel arbeitender Eingangskanäle**, die gleichzeitig verarbeitet werden müssen, um die darin codierte Information über Objekte in der Umwelt zu extrahieren. Solche enormen Rechenleistungen erfordern entsprechend leistungsstarke Strukturen im Gehirn. In der frühen Evolution der Tiere ging die Verbesserung der Sinnesorgane einher mit einer Vergrößerung von sensorischen Gehirnbereichen. Man erkennt solche Anpassungen sowohl bei den protostomen als auch bei den deuterostomen Bilateria. Ein Beispiel aus der Welt der Protostomia sind die Pilzkörper, die bei Arthropoden und einige Anneliden als Verarbeitungszentren für sensorische Information, insbesondere zur Speicherung von Sinnesinformation, dienen. Das Gehirn von Insekten besteht aus vier Ganglien. Unter dem Begriff Oberschlundganglion werden drei dieser Ganglien zusammengefasst: das am weitesten rostral gelegene, große Protocerebrum, das dahinter anschließende, kleinere Deuterocerebrum und das noch kleinere Tritocerebrum. Weiter ventral und caudal liegt das Unterschlundganglion. Das Protocerebrum erhält über die beiden Augennerven (Lobi optici) visuelle Informationen aus den Komplexaugen sowie über die Antennalloben und die Antennocerebraltrakte olfaktorische Informationen aus den Antennen. Die **Pilzkörper** (Corpora pedunculata) sind paarige Strukturen im Protocerebrum, welche über ihren Kelch (den Hut des Pilzes) sensorische Signale aufnehmen und zur Gedächtnisbildung und Verhaltenssteuerung nutzen. Man kann die Funktionen der Pilzkörper im Insektengehirn mit dem Hippocampus im Gehirn der Säugetiere vergleichen. Bei Insekten, die in erster Linie ihren Geruchssinn nutzen, haben die Pilzkörper eine vergleichsweise einfache Struktur (◘ Abb. 3.3, *links*, Grashüpfer, Familie Acrididae). Bei Insekten mit komplexerer Sinnesnutzung, wie etwa bei der Honigbiene (*Apis mellifera*), die sowohl Gerüche als auch visuelle Informationen und mechanische Signale auswertet, sind die Pilzkörper größer und komplizierter gestaltet. Ihre Kelche zeigen oft eine durch Auffaltung vergrößerte Oberfläche und können zudem eine Unterteilung in mehrere getrennte Bereiche erkennen lassen. Auch ist die Masse der Eingangszellen an der Oberfläche der Kelche, der Kenyon-Zellen und Globulizellen (◘ Abb. 3.3, *links, rote Flächen*), bei diesen höher entwickelten Pilzkörpern größer. Bei den Insekten kann man demnach aus der Struktur der Pilzkörper einen Eindruck davon erhalten, in welchem Umfang sie ihre Umwelt sensorisch untersuchen.

Auch in der Evolution der Wirbeltiere ging die Entwicklung leistungsfähiger Sinnesorgane einher mit der Vergrößerung relevanter Gehirnstrukturen. Als Ausgangspunkt dieser Entwicklung kann man das Lanzettfischchen *Branchiostoma* betrachten, ein rezentes, schädelloses Chordatier, das meist im Sand verborgen am Meeresgrund lebt. *Branchiostoma* (früher *Amphioxus*) gehört zu einem der drei Unterstämme der Chordata, den Cephalochordata; die anderen beiden Unterstämme bilden die Urochordata (die marinen Manteltiere) sowie die Vertebrata, die Wirbeltiere. Man nimmt an, dass die Lanzettfischchen heute noch Merkmale aufweisen, welche die gemeinsamen Vorfahren von Cephalochordata und Vertebrata im Kambrium besessen haben. Lanzettfischchen lassen keine strukturierten Sinnesorgane erkennen. Sie verfügen zwar über Photorezeptoren, die in mehreren Flecken angeordnet sind und eine Hell-Dunkel-Information vermitteln können. Da einige dieser Zellen mit Pigmentzellen zusammenliegen, können die Tiere vermutlich auch detektieren, aus welcher Richtung das Licht kommt. Auch einige Zelltypen mit einzelnen Cilien kann man nachweisen, bei denen es sich möglicherweise um Chemo- oder Mechanorezeptoren handelt. Alles in allem verfügen die Lanzettfischchen über ein sehr bescheidenes Sensorium und können damit als Vergleichsorganismus dienen, der für einen Abschnitt der Evolution steht, in welchem die Vorfahren der Wirbeltiere noch nicht unter dem Selektionsdruck zur Optimierung ihrer Sinne standen. Auch ihre Gehirne sind unauffällig, lassen jedoch schon eine Unterteilung in Zwischenhirn, Mittelhirn und Rautenhirn erkennen (◘ Abb. 3.3, *rechts*, *oben*).

Das änderte sich fundamental zu Beginn der Evolution der Wirbeltiere, die man im oberen Kambrium vor 525–500 Mio. Jahren ansetzt. Eine fundamentale Neuerung für die Evolution der Sinne war die Entstehung der **neurogenen Plakoden** im Wirbeltierembryo. Plakoden sind Verdickungen im Oberflächenektoderm am Vorderende des Embryos, aus denen sich die Sinnesorgane bilden. Dementsprechend gibt es lateralsymmetrisch zwei Nasenplakoden, zwei Linsenplakoden

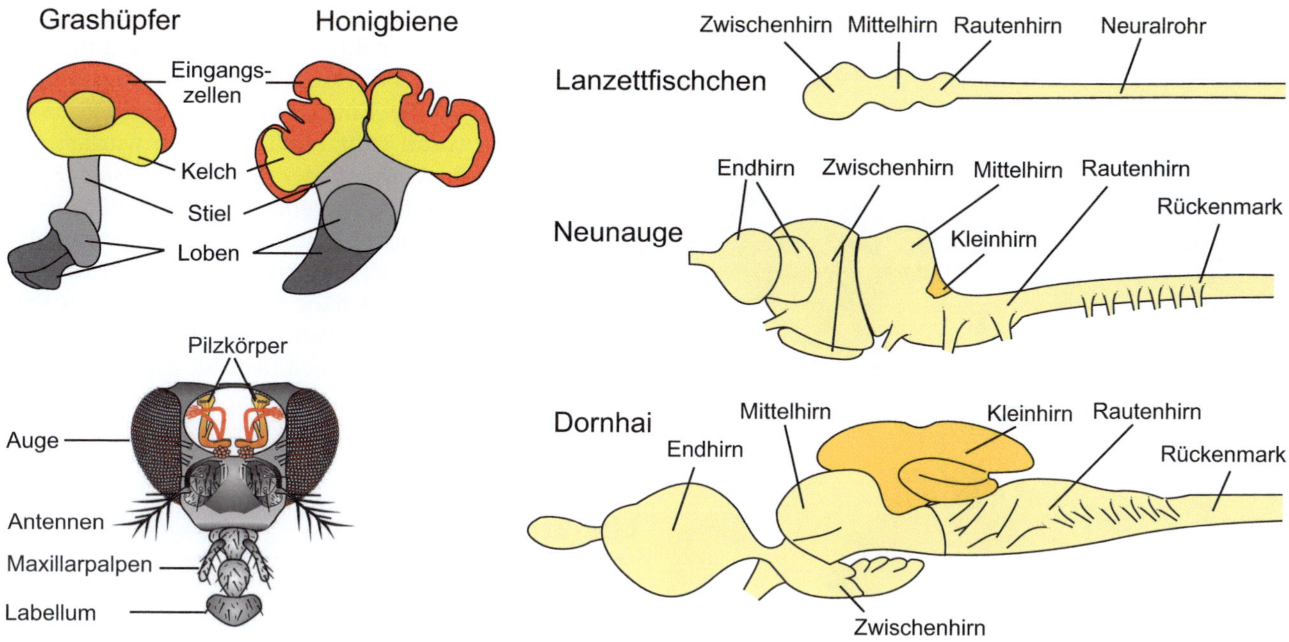

Abb. 3.3 Vergrößerung von Verarbeitungsregionen für sensorische Information im Gehirn. *Links*: Vergleich von Pilzkörpern im Gehirn eines Grashüpfers (Familie Acrididae) und einer Honigbiene (*Apis mellifera*). Der Grashüpfer nutzt seine Pilzkörper vor allem zur Verarbeitung von Riechinformation, während die Pilzkörper der Honigbiene Sinnesinformationen aus Antennen und Augen integrieren. Das Bild unten illustriert die Lage der Pilzkörper im Insektengehirn am Beispiel der Taufliege *Drosophila*. *Rechts*: Einige Stadien der frühen Gehirnevolution bei Wirbeltieren. Das Gehirn des Lanzettfischchens *Branchiostoma* („Amphioxus") besitzt noch kein Endhirn und weist auch keine Sinnesorgane auf. Es verfügt über mehrere Gruppen von Photorezeptoren sowie Chemo- und Mechanosensoren, mithin ein eher leistungsschwaches Sensorium. Die parasitisch lebenden Neunaugen (Ordnung Petromyzontiformes) gehören zu den entwicklungsgeschichtlich ältesten rezenten Wirbeltieren und besitzen gut entwickelte Sinnesorgane. Ihre Gehirne zeigen vergrößerte sensorische Bereiche, insbesondere den Riechkolben des Endhirns und das Tectum opticum im Mittelhirn. Die Ausdehnung der Verarbeitungszentren für Sinnesinformation wird bei den Fischen fortgesetzt. Bei den Dornhaien (Familie Squalidae) erkennt man neben dem vergrößerten Kleinhirn, einer Anpassung an die schnelle Bewegungskoordination der marinen Jäger, ausgedehnte Verarbeitungszentren für das Riechen im Endhirn, für das Sehen im Mittelhirn und für Gleichgewichtssinn, Hörsinn, Seitenlinienorgan und Elektrosinn im Rautenhirn. Nach Ito et al. (2014); Feinberg und Mallatt (2013)

und Augenbläschen sowie zwei Ohrbläschen, aus denen die Innenohren entstehen. Zusätzlich ist der Geschmackssinn in zwei epibranchialen Plakoden angelegt. Sehr früh in der Wirbeltierevolution steht damit eine genetische Revolution, die zu einer Umorganisation des Kopfes geführt hat. Sinnesorgane entstanden, wurden vergrößert und verbessert und trieben die Evolution des Gehirns voran. Die frühesten fossilen Belege für die Entstehung von Sinnessorganen in Form paariger Augen, Nasen und Ohren sind möglicherweise die kambrischen Tiere *Haikouella*, *Haikouichtys* und *Metaspriggina*, basale Chordatiere, die vor etwa 525 Mio. Jahren lebten. Ihre Fossilien wirken wie kleine Fischchen, aber die Einordnung in die Evolution der Wirbeltiere ist noch nicht abschließend geklärt. Als heute lebende basale Wirbeltiere, die Einblicke in die Entwicklung von Sinnesorganen im späten Kambrium vor 500 Mio. Jahren gewähren, werden die Rundmäuler (Überklasse Cyclostomata im Unterstamm Vertebrata) angesehen. Zu ihnen gehören die Neunaugen (Ordnung Petromyzontiformes) und die Schleimaale (Ordnung Myxiniformes), beides „lebende Fossilien" aus der frühesten Zeit der Wirbeltierevolution. Neunaugen haben wohlentwickelte Sinnesorgane, und man kann erkennen, wie sich ihre Gehirne mit der Verbesserung ihrer Sinne verändert haben (Abb. 3.3, *rechts*, *Mitte*). Der vordere Teil ihres Endhirns (Telencephalon) wird von den paarigen **Riechkolben** eingenommen, die beim Neunauge neu angelegt sind, um Geruchssignale zu ordnen und an weitere Verarbeitungszentren zu leiten. Das stark vergrößerte Mittelhirn (Mesencephalon) beherbergt ein neues Integrationszentrum für Sinnesinformation, das **Tectum opticum**. Hier laufen die Informationen aus dem Sehsinn ein und können mit auditorischen Signalen verrechnet werden. Geräuschquellen können so einem Ort im Sehfeld zugeordnet werden, und zielgerichtete Bewegungen werden erleichtert. Im Bereich des Rautenhirns (Rhombencephalon) kommt es beim Neunauge zu einer Differenzierung des rostralen Abschnitts, des **Hinterhirns** (Metencephalon), in mehrere sensorische Kerne, welche afferente Signale aus dem Innenohr sowie aus dem Seitenliniensystem und dem Elektrosinn aufnehmen. Eine Schlüsselrolle für die Sinne übernimmt das

3

Abb. 3.4 Das Perlboot *Nautilus pompilius* (Ordnung Nautilida) hat große Augen ohne Linse sowie ein deutlich einfacher gebautes Gehirn als sein verwandter Kopffüßer, der Krake (Ordnung Octopoda) mit seinen leistungsfähigen Linsenaugen und einem weit größeren Gehirn. Möglicherweise gewährt das Perlboot einen Blick in die Frühzeit der Gehirnevolution, als die Vorfahren von Perlbooten und Kraken gerade erst damit begonnen haben, ihre Augen und ihre Gehirnstrukturen für die Verbesserung der visuellen Informationsverarbeitung zu optimieren

Zwischenhirn (Diencephalon). Hier entsteht zu Beginn der Wirbeltierevolution der **Thalamus** als zentrales Verwaltungszentrum für sensorische Information. Afferente Signale aus allen Sinnesorganen mit Ausnahme der Nase erreichen thalamische Kerne, wo sie geordnet und nach Modalität getrennt bearbeitet und schließlich zu höheren Verarbeitungszentren – beim Neunauge zum Pallium des Endhirns – weitergeleitet werden. Auch die Riechinformation gelangt in den Thalamus, allerdings erst auf Umwegen über den Riechkolben und andere Verarbeitungszentren. Die reziproken Kommunikationswege zwischen Thalamus und Pallium sowie zwischen Thalamus und Cortex sind zentrale Aspekte der Sinnesphysiologie und werden in den Kapiteln zu den einzelnen Sinnen behandelt. Als Drehscheibe für die Informationsflüsse der Sinne spielt der Thalamus bei allen Wirbeltieren eine zentrale Rolle für Wahrnehmung und Verhaltenssteuerung.

Die Steigerung der Leistungsfähigkeit der Sinne beruht auf der synchronen Evolution von Sinnesorganen und den sensorischen Verarbeitungszentren im Gehirn. Sinnesorgane erzeugen komplexe Informationsströme, die durch parallele Kanäle das Gehirn erreichen. Je komplexer die Sinnesinformation desto leistungsfähiger wurden die Gehirne. In dem Maße wie sich die Augen früher Tiere vergrößerten (Abb. 3.4) und die Anzahl der Photorezeptoren in ihren Netzhäuten zunahm, trieb der lebensentscheidende Vorteil einer leistungsfähigen visuellen Analyse die Entwicklung von Sehzentren in den Gehirnen voran. Auf ähnliche Weise wurden alle Sinnessystem zu **Motoren der Gehirnevolution**. Seh-, Hör-, Riech-, Geschmack- und Tastsinn begünstigten die Entwicklung immer leistungsfähigerer neuronaler Verschaltungen für die Auswertung afferenter Information, durch welche letztlich die Steuerung sinnvoller Verhaltensweisen verbessert werden konnte. Das erkennbare Resultat dieser Entwicklung ist der dominante Anteil von sensorischen Arealen an den Gehirnstrukturen der heute lebenden Tiere.

Literatur

Weiterführende Literatur

Arendt D, Denes AS, Jékely G, Tessmar-Raible K (2008) The evolution of nervous system centralization. Phil Trans R Soc B 363:1523–1528

Butler AB (2008) Evolution of the thalamus: a morphological and functional review. Thalamus Relat Syst 4:1–24

Collin SP (2010) Evolution and ecology of retinal photoreception in early vertebrates. Brain Behav Evol 75:174–185

Farris SM (2013) Evolution of complex higher brain centers and behaviors: behavioral correlates of mushroom body elaboration in insects. Brain Behav Evol 82:9–18

Farris SM (2015) Evolution of brain elaboration. Phil Trans R Soc B 370:20150054

Feinberg TE, Mallatt J (2013) The evolutionary and genetic origins of consciousness in the Cambrian Period over 500 million years ago. Front Psychol 4:667

Gehring WJ (2005) New perspectives on eye development and the evolution of eyes and photoreceptors. J Heredity 96:171–184

Hirth F (2010) On the origin and evolution of the tripartite brain. Brain Behav Evol 76:3–10

Lacalli TC (2004) Sensory systems in amphioxus: a window on the ancestral chordate condition. Brain Behav Evol 64:148–162

Lamb TD (2013) Evolution of phototransduction, vertebrate photoreceptors and retina. Progr Ret Eye Res 36:52–119

Mazet F (2006) The evolution of sensory placodes. Sci World J 6:1841–1850

Northcutt RG (2012) Evolution of centralized nervous systems; two schools of evolutionary thought. Proc Nat Acad Sci USA 109:10626–10633

Schlosser G (2018) A short history of nearly every sense – the evolutionary history of vertebrate sensory cell types. Integr Comp Biol 58:301–316

Suzuki DG, Grillner S (2018) The stepwise development of the lamprey visual system and its evolutionary implications. Biol Rev 93:1461–1477

Zitierte Literatur

Feinberg TE, Mallatt J (2013) The evolutionary and genetic origins of consciousness in the Cambrian Period over 500 million years ago. Front Psychol 4:667

Ito K, Shinomiya K, Ito M et al (2014) A systematic nomenclature for the insect brain. Neuron 81:755–765

Der Tastsinn

Inhaltsverzeichnis

S. Frings, *Die Sinne der Tiere*, https://doi.org/10.1007/978-3-662-63233-8_4

Nase oder Hand? Riechsinn oder Tastsinn? Dienen die sternförmigen Aufsätze der Nasenlöcher dem Sternmull (*Condylura cristata*) als Riechorgan oder als Tastorgan? Schnüffelt er mit ihnen am Regenwurm herum oder betastet er seine Lieblingsbeute mit den namensgebenden „Sternen"? Es ist kaum vorstellbar, dass er mit seinen großen Vorderfüßen Dinge betasten und untersuchen kann. Diese groben, verhornten und krallenbewehrten Grabschaufeln sehen nicht aus, als könnte der Sternmull sie als Sinnesorgane einsetzen. Wohl aber die weichen, beweglichen Finger seiner Nasensterne, die tatsächlich zu den leistungsfähigsten Tastorganen im Reich der Wirbeltiere zählen. Beim Tasten geht es um sensorische Feinarbeit, um Feinfühligkeit für schwache Reize, welche mit höchster räumlicher und zeitlicher Auflösung registriert und analysiert werden müssen. Wenn ein Elefant eine erbsengroße Frucht mit der Hilfe seines Rüssels zunächst ausgiebig untersucht und schließlich vom Boden aufhebt, ohne sie zu beschädigen, dann erkennt man die sensorische Leistung der Rüsselspitze, auch ein Tastorgan mit kaum vorstellbarer Genauigkeit. Der Tastsinn vermittelt den Tieren Informationen über Dinge in ihrer Nähe, in der unmittelbaren Umgebung ihres Körpers und damit in der Zone des höchsten Interesses. Tastbare Dinge sind einerseits erreichbar und können eventuell nützlich sein. Tastbare Dinge sind aber auch potenziell gefährlich, können zu Verletzungen oder gar zum Tod führen. Der Tastsinn wird daher mit größter Aufmerksamkeit bedacht. Ein Tier mag weghören oder wegschauen, auf Berührung reagiert es immer zuverlässig und schnell. Die Berührungsempfindung und die Umsetzung des sensorischen Signals in eine Verhaltensreaktion – ein Wegzucken oder Wegspringen – sind robust gekoppelte Prozesse, die mit der Zuverlässigkeit eines Reflexes ablaufen. Die Doppelfunktion des Tastsinnes bei der Erkundung der nahen Umwelt und bei der Reaktion auf Berührung wird in diesem Kapitel beschrieben.

4.1 Der Tastsinn der Fadenwürmer

Vermutlich sind alle lebenden Zellen tastempfindlich. Berührt man die Plasmamembran einer Zelle, kann man intrazelluläre Reaktionen messen. Die Zelle reagiert mit Änderungen des Membranpotenzials, mit einem kurzzeitigen Anstieg der cytoplasmatischen Calciumkonzentration oder mit anderen Lebenszeichen. Einer der Gründe für die allgemeine Empfindlichkeit lebender Zellen für mechanische Reize liegt in der Notwendigkeit, das Zellvolumen zu regulieren. Bei jeder Änderung der Tonizität der umgebenden Flüssigkeit ändert sich das Zellvolumen durch Aufnahme oder Abgabe von Wasser, und diese Änderung muss umgehend durch robuste Mechanismen der Volumenkompensation rückgängig gemacht werden. Die Volumensensoren der Zellen sind Transportproteine, die durch die Dehnung der Plasmamembran reguliert werden, beispielsweise Ionenkanäle, die sich bei Dehnung öffnen. Man stellt sich diesen Vorgang so vor, dass die gedehnte Plasmamembran einer schwellenden Zelle einen mechanischen Zug auf **mechanosensitive Ionenkanäle** ausübt, und dadurch die Kanalpore aufzieht. Der Kanal leitet dann Ionen über die Zellmembran, Wasser kann durch Aquaporinkanäle folgen, und das Zellvolumen wird korrigiert. Nicht nur die Volumenregulation, auch viele andere zelluläre Vorgänge werden gesteuert, indem mikroskopische Kräfte auf die Konfiguration von Membranproteinen einwirken. Eine ganze Reihe unterschiedlicher Ionenkanäle wird in tierischen Zellen durch solche mechanischen Reize geöffnet. Dazu gehören die Piezokanäle, einige TRP-Kanäle (TRP: *transient receptor potential*) sowie TMC-Kanäle (TMC: *transmembrane channel-like)* und einige Degenerine. Der genaueste Blick auf die Steuerung von mechanosensitiven Ionenkanälen bei Tieren ist beim Fadenwurm *Caenorhabditis elegans* gelungen. *C. elegans* lebt im Boden und bewegt sich zwischen den Bodenpartikeln umher auf der Suche nach Bakterien, seiner Hauptnahrung. Berührungen mit den Bodenbestandteilen werden von dem Fadenwurm registriert und zur Orientierung genutzt. Von seinen insgesamt 302 Neuronen setzt *C. elegans* mindestens 26 für den Tastsinn im Nasenbereich ein. Vor allem die äußeren und inneren **Labialsensillen** („Lippen", ◘ Abb. 4.1, *links*) sind tastempfindlich und werden beim Vorwärtskriechen zur Bodenerkundung eingesetzt. Dabei stehen dem Wurm zwei mechanische Sinnessysteme zur Verfügung: ein niedrigschwelliger (d. h. hochempfindlicher) Tastsinn und ein hochschwelliger (d. h. weniger empfindlicher) Alarmsinn, der dem Schmerzsinn höherer Tiere vergleichbar ist. Stößt ein Fadenwurm beispielsweise gegen ein hartes Hindernis, werden Nozizeptoren aktiviert und lösen eine nach hinten gerichtete Fluchtbewegung aus. Solches Rückzugsverhalten wird durch den Alarmsinn ausgelöst. Vor allem polymodale Nozizeptoren, in der *C.-elegans*-Nomenklatur als ASH- und FLP-Neuronen bezeichnet, sind daran beteiligt. Beim eigentlichen Tastsinn, der auf wesentlich schwächere Berührungen ausgelegt ist, reagieren hochempfindliche Neuronen auf Kräfte von weniger als 2 µN, was einer sanften Berührung der Cuticula entspricht. Berührt der Wurm bei seinen Erkundungsbewegungen Bodenpartikel, werden mechanosensitive Tastsinneszellen stimuliert, die dem Tier dabei helfen, sich um Hindernisse herumzutasten. Gut untersuchte Tastsinneszellen bei *C. elegans* sind die CEP-Neurone (CEP: *cephalic*, im Kopf gelegen), deren sensorische Cilien eng der Cuticula im Nasenbereich, besonders in den äußeren Lippen, anliegen. Sie sind dort durch einen knopfförmigen Anker mit der Cuticula verbunden (◘ Abb. 4.1) und reagieren schon auf sehr leichte Eindellungen der Cuticula. Genetische Untersuchungen haben gezeigt, dass der Ionenkanal TRP-4 in CEP-Neuronen exprimiert und nötig für die Tastreaktion dieses Neurons ist. Der Kanal wird geöffnet, wenn schwache Berührungskräfte auf die Cilienmembran einwirken, und leitet Na^+ und Ca^{2+} in die CEP-Zelle. TRP-4-Kanäle scheinen den CEP-Neuronen als Sensoren für mechanische Reize zu dienen. Der genaue Öffnungsmechanismus der Kanäle ist noch nicht bekannt.

Neben dem Tastsinn der Nasenregion ist der gesamte Körper des Fadenwurmes berührungsempfindlich. Der Wurm reagiert stereotyp: Eine Berührung in der vorderen Körperhälfte löst einen Rückzug des Nasenendes aus, bei Berührung der hinteren Hälfte versucht der Wurm nach vorne auszuweichen. An dem reflexartigen Vorgang sind sechs mechanosensitive Neuronen beteiligt, die von den *C.-elegans*-Forschern mit den Akronymen ALML, ALMR, AVM, PLML, PLMR und

4

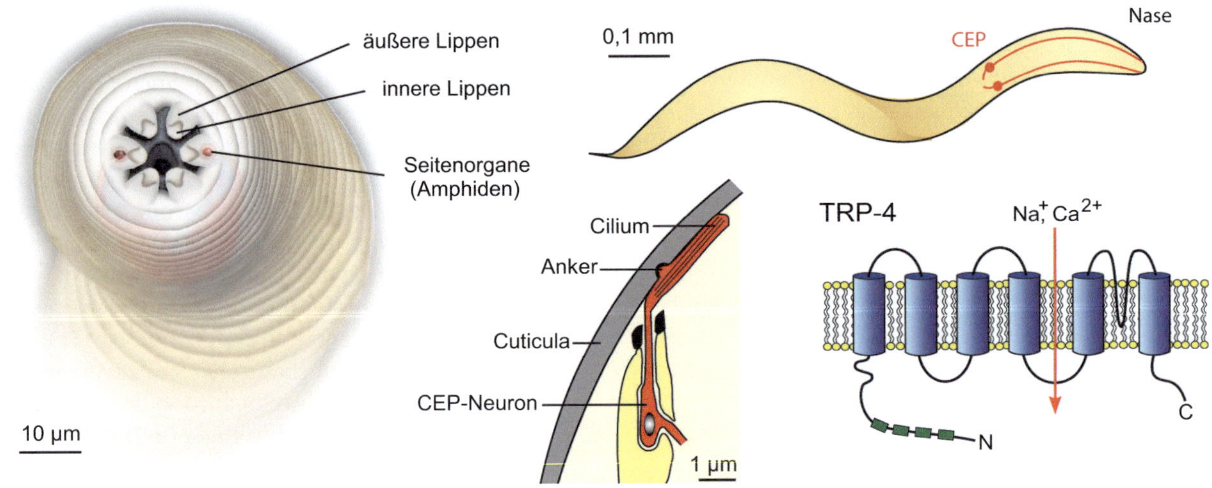

Abb. 4.1 Tastsinn in der Nasenregion von *C. elegans*. *Links*: Fadenwürmer nutzen ihre Nasenregion zur Nahrungssuche und zur Orientierung im Boden. Neben den Chemosensoren in den Seitenorganen überprüfen Tastsinneszellen interessantes Material. In den vier äußeren Lippen befinden sich die sensorischen Cilien der CEP- und QLQ-Neuronem, (CEP, *cephalic*), die sechs inneren Lippen tragen die Cilien der IL1- und IL2-Neuronen (IL, *inner labial sensilla*), allesamt Tastsinneszellen. *Rechts*: Lage der CEP-Neuronen im Nasenbereich des Wurmes und die Position der sensorischen Cilien an der Cuticula. Das topologische Modell eines Membranproteins zeigt den mechanosensitiven TRP-4-Ionenkanal, der in CEP-Neuronen die Tastempfindlichkeit vermittelt. Die grünen Symbole in der Nähe des N-Terminus stehen für Ankyrin-Repeats, die möglicherweise den Kanal am Cytoskelett der Cilie verankern. Nach Perkins et al. (1986); Kang et al. (2010)

PVM bezeichnet werden (Abb. 4.2, *links oben*). Die Neuronen liegen sehr nah unter der Cuticula und sind mit ihr durch eine auffällig dichte extrazelluläre Matrix verbunden. Die Neuronen tragen keine Cilien – im Unterschied zu den chemosensorischen Neuronen (s. Abb. 10.6) – besitzen aber ein ungewöhnlich robustes Tubulin-Cytoskelett, bestehend aus 15 untereinander vernetzten Protofilamenten. Die sechs Neuronen sind niedrigschwellige, also **hochempfindliche Berührungssensoren**, mit deren Sinnesinformation die Fadenwürmer die sanfte Berührung von Bodenpartikeln detektieren und durch das Bodensubstrat navigieren können. Auch diese Berührungssensoren gehören zum Tastsinn der Fadenwürmer. Wie in der Nasenregion existiert auch im Rest des Körpers ein Alarmsystem, das man mit dem Schmerzsinn der Säugtiere vergleichen kann. Hochschwellige, polymodale Sinneszellen (FLP, PVD und andere; Abb. 4.2, *links unten*), die sowohl auf starke Berührung als auch auf hohe Temperaturen ansprechen, dienen den Würmern als Nozizeptoren. Sie durchziehen den gesamten Körper mit einem fein verzweigten Netz sensorischer Endigungen und lösen bei Stimulation Fluchtverhalten aus.

Beide mechanosensorischen Systeme – Tastsinn und Alarmsinn – sind auf Motoneuronen geschaltet, die zusammen die Aktivität der Muskulatur steuern. In einem vereinfachten Verschaltungsmodell für die sensorischen Neuronen, die Interneuronen und die Motorneuronen (Abb. 4.2, *rechts*) erkennt man, dass die Berührungssensoren ALM/AVM und PLM jeweils die Ausweichbewegung in eine Richtung aktivieren, gleichzeitig aber Muskelbewegungen in die Gegenrichtung hemmen. Die Verbindungen der Berührungssensoren mit den zwischengeschalteten Interneuronen verläuft über elektrische Synapsen (Gap Junctions) und ist demzufolge besonders schnell. Bei Aktivierung der Nozizeptoren FLP oder PVD werden die gleichen Interneuronen und Motoneuronen genutzt, um ein gerichtetes Fluchtverhalten auszulösen. Obwohl dieses Modell nur Teilaspekte der Bewegungskontrolle bei *C. elegans* berücksichtigt, gewinnt man einen Eindruck von der relativ einfachen, an einen Reflexbogen erinnernden Verschaltung.

Aufgrund umfangreicher Untersuchungen von *C.-elegans*-Mutanten, welche *nicht* auf sanfte Berührung reagieren, konnten wichtige Informationen über die Steuerung von mechanosensitiven Ionenkanälen in Tastsinneszellen gewonnen werden. Ein Funktionsprinzip ist offenbar die Verankerung der Transduktionskanäle sowohl an intrazellulären als auch an extrazellulären Strukturen (Abb. 4.3). Ionenkanäle können nicht nur durch die Kraft einer Membrandehnung geöffnet werden. Sie können auch durch außerhalb der Zelle liegende Proteinfäden aufgezogen werden. Dieses mechanische Konzept für die Aktivierung von Tastsinneszellen durch mikroskopische Kräfte (< 2 µN) beruht auf systematischen Untersuchungen der Be-

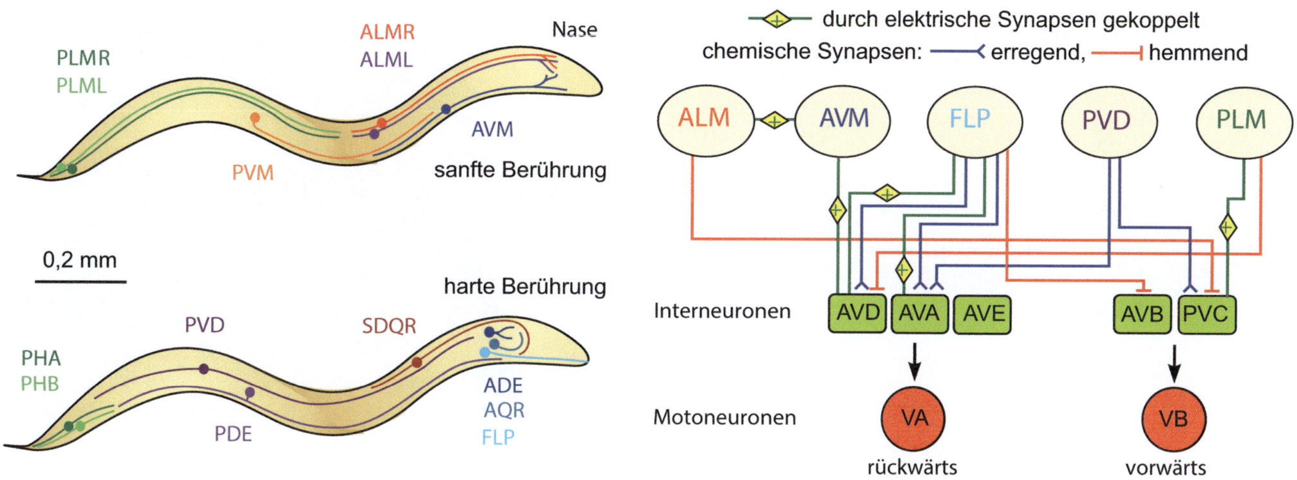

Abb. 4.2 Der Berührungssinn des Fadenwurmes *Caenorhabditis elegans*. *Links*: Fadenwürmer setzen sechs mechansosensorische Neuronen zur Detektion sanfter Berührungsreize ein: ALML, ALMR, AVM, PLML, PLMR und PVM (*anterior/posterior lateral/ventral microtubule cells*). Ein anderer Satz Neuronen (FLP, PVD und andere), polymodal, mit geringerer Reizempfindlichkeit und mit stark verzweigten Dendriten, detektiert harte Berührungsreize und bildet damit das nozizeptive System des Fadenwurmes. *Rechts*: Modell der Verschaltung von mechanosensorischen Neuronen (*oberste Reihe*) mit ventral gelegenen Motoneuronen (VA, VB), die caudal oder rostral gerichtete Ausweichbewegungen steuern. Interneuronen verrechnen die Eingänge aus dem Berührungssystem (ALM, AVM, PLM) und dem nozizeptiven System (FLP, PVD). Nach Schafer (2015)

rührungsreaktion von *C.-elegans*-Mutanten. Die Würmer werden dazu mit einem menschlichen Augenbrauenhaar angetippt, das an einem Zahnstocher befestigt ist – ein Verfahren, bei dem eine Kraft von nur wenigen Mikronewton auf die Cuticula einwirkt. In den sechs berührungsempfindlichen Neuronen löst diese Stimulation eine Depolarisation der Zellmembran aus, und es kommt zur elektrischen Erregung der Neuronen. In der Plasmamembran einer Tastsinneszelle öffnen sich dabei Kationenkanäle, deren porenbildende Untereinheiten von den Proteinen MEC-4 und MEC-10 gebildet werden (Abb. 4.3, *unten*). Wird eines der beiden Proteine durch einen gentechnischen Eingriff oder durch eine spontane Mutation ausgeschaltet, reagiert das Neuron nicht mehr auf einen Berührungsreiz, und der Wurm ist berührungsunempfindlich. Die Funktion von MEC-4 und MEC-10 erfordert aber die Verankerung des Kanals an das besonders robuste Mikrotubulisystem der Tastsinneszellen sowie eine elastische Verbindung zur Cuticula. Neun unterschiedliche Proteine werden für das mechanische Modell des Transduktionskanals benötigt (Abb. 4.3, *unten*). Darüber hinaus ist eine Reihe von Proteinen bekannt, die zur räumlichen Organisation dieses Proteinkomplexes beitragen, Chaperonproteine, Bindeproteine und ähnliche. Wie immer sich die Modellvorstellung weiterentwickeln wird: Die *C.-elegans*-Forschung macht deutlich, dass der Transduktionskanal einer Tastsinneszelle ein **Proteinkomplex** mit vielen funktionsrelevanten Komponenten sein kann.

4.2 Arthropoden: Tasthaare mit steifen und weichen Gelenken

Um durch ihr meist hartes Außenskelett Sinnesinformation aus der Umwelt aufnehmen zu können, haben die Arthropoden (Gliederfüßer) eine Reihe spezialisierter Sinnesorgane entwickelt, die in die Cuticula eingelagert sind und von externen Reizen stimuliert werden können. Sensoren des Tastsinnes spielen dabei eine existenzielle Rolle, und ihre Evolution hat die physikalischen Grenzen der Detektionsempfindlichkeit erreicht – manche Tastsinneszellen werden durch die thermische Bewegungsenergie der Materie erregt. Mit besonders hoher Empfindlichkeit werden rhythmische Bewegungsreize registriert, denn die periodische Struktur von Vibrationen lässt Bewegungssignale deutlich aus dem Hintergrundrauschen hervortreten. Zudem breiten sich Vibrationen über den Boden, über Blätter und über Wasserflächen hinweg aus, sodass die Tiere Sinnesinformationen über Ereignisse erhalten können, die sich in einiger Entfernung abspielen. Diese besondere Sinnesleistung der Arthropoden, der Vibrationssinn, wird in ► Kap. 5 genauer beschrieben. Im vorliegenden Abschnitt geht es um die Bedeutung des **Tastsinns für die Erkundung der unmittelbaren Umgebung** eines Tieres. Ereignisse innerhalb der eigenen Reichweite werden ertastet und lösen zielführende Verhaltensmuster aus, die zur Jagd, zur Paarung oder zur Flucht gebraucht werden. In der unmittelbaren Umgebung einer Spinne oder

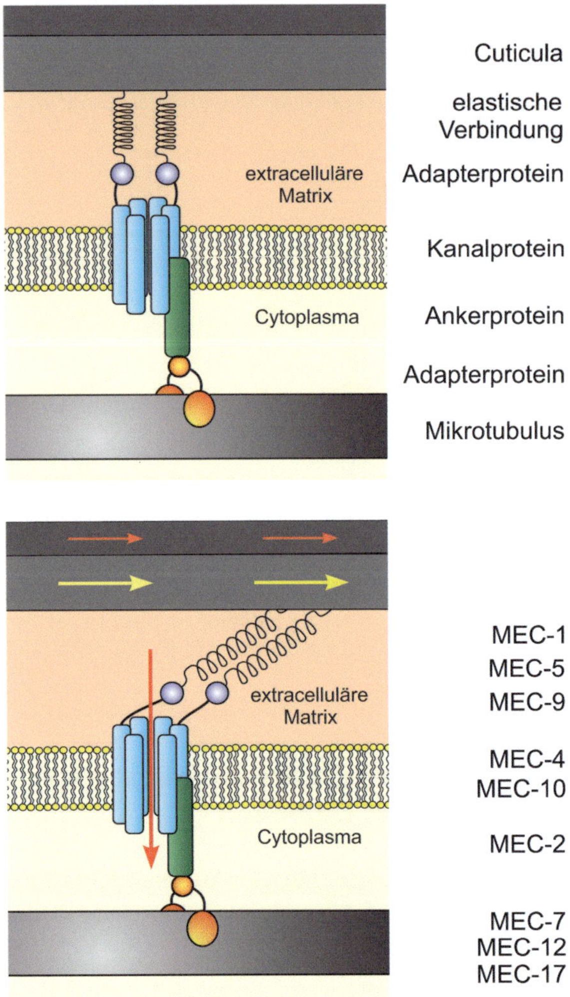

Abb. 4.3 Funktionsmodell für den Transduktionskanal in den berührungsempfindlichen Neuronen ALM, AVM, PLM, PVM von *C. elegans*. *Oben*: Das Modell beruht auf genetischen Untersuchungen vieler berührungs*unempfindlicher* Mutanten und beschreibt ein allgemeines Funktionskonzept für mechanosensitive Ionenkanäle in Tastsinneszellen. Der Transduktionskanal (*blau*) liegt eingebettet in die Plasmamembran des sensorischen Neurons und ist sowohl auf der Zellaußenseite als auch im Cytoplasma mit festen Strukturen verbunden. In der extrazellulären Matrix bilden elastische Proteinfilamente eine Verbindung zur Cuticula des Fadenwurmes. Im Inneren der Tastsinneszelle verankert ein Adapterprotein den Kanal am Mikrotubulisystem, welches in diesen Zellen besonders robust aufgebaut ist. *Unten*: Bei Berührung wird die Cuticula gegenüber der Tastsinneszelle verschoben (*gelbe Pfeile*), und die elastischen Filamente werden gespannt. Die resultierende Kraft wirkt auf den Ionenkanal und öffnet ihn; Kationen strömen ein und depolarisieren das Neuron (*roter Pfeil*). Bei *C. elegans* konnte einer Reihe von Proteinen (MEC, *mechansosensitive proteins*) jeweils eine spezifische Funktion in diesem Modell zugeschrieben werden. So sind MEC-4 und MEC-10 an der Bildung und Steuerung des Kanals beteiligt, MEC-5 ist ein besonderes Kollagen, das mit MEC-1 und MEC-9 einen Proteinkomplex bildet, und MEC-12 und MEC-7 bilden α- und β-Tubuline der Mikrotubuli, die durch die α-Tubulin-Acetyltransferase MEC-17 stabilisiert werden. Zur Verankerung des Kanals an den Mikrotubuli dient MEC-2, ein stomatinartiges Membranprotein, das auf der cytoplasmatischen Membranseite an den Kanal bindet

Abb. 4.4 Der Körper der Rotknie-Vogelspinne (*Brachypelma smithi*) ist derartig dicht mit unterschiedlichen Sinneshaaren bewachsen, dass es aussieht, als trüge sie einen Pelz

einer Grille befinden sich die tastbaren Objekte der umliegenden Szenerie – Boden, Pflanzen, andere Tiere. Aber auch die umgebende Luft wird untersucht. Neben Geruchsstoffen und der Lufttemperatur müssen vor allem die sich ständig ändernden Strömungsmuster erkundet werden, denn sie können Bewegungen anderer Tiere verraten. Für beide Reiztypen – Festkörper und Luftströmungen – haben die Tiere spezifische Sinnesorgane entwickelt. **Tasthaare** reagieren auf den unmittelbaren Kontakt mit festen Objekten, während die **Trichobothrien** der Spinnen und die **Fadenhaare** der Insekten von Windströmungen aktiviert werden. Diese Sensillen teilen mit den Haaren der Säugtiere (▶ Abschn. 4.3) nur den Namen. Arthropodenhaare sind hohle, nadelförmige Cuticulastrukturen mit unterschiedlichen Längen, Durchmessern und Wandstrukturen. Sie sind genau an die Art des zu erfassenden Reizes angepasst und stellen damit hoch spezialisierte Sinnesorgane dar. Bei Spinnen kann der gesamte Körper mit einem Pelz aus solchen Haaren bedeckt sein (■ Abb. 4.4). Viele Tausende mechanosensitiver Tasthaare bedecken beispielsweise den Körper der Großen Wanderspinne (*Cupiennius salei*) und erreichen mit 400 Tasthaaren pro Quadratmillimeter, eine mehr als doppelt so hohe Sensordichte wie die Fingerspitzen des Menschen. Offenbar ist für die Spinne eine hochauflösende Tastempfindung wichtig bei ihrer nächtlichen Lauerjagd. Sie betastet die Oberfläche des Blattes, das ihr als Ansitz dient, und wartet auf mechanische Signale, wie sie von einem nah vorbeikrabbelnden Beuteinsekt verursacht werden. Gleichzeitig schwanken ihre langen Trichobothrien in der Luftströmung. Sollte eine vorbeischwirrende Fliege kleinste Turbulenzen in der Strömung verursachen, wird sie von der Spinne mit einem gezielten Sprung erbeutet. Ob krabbelnde oder fliegende Insekten: Jede ihrer Bewegungen wird durch

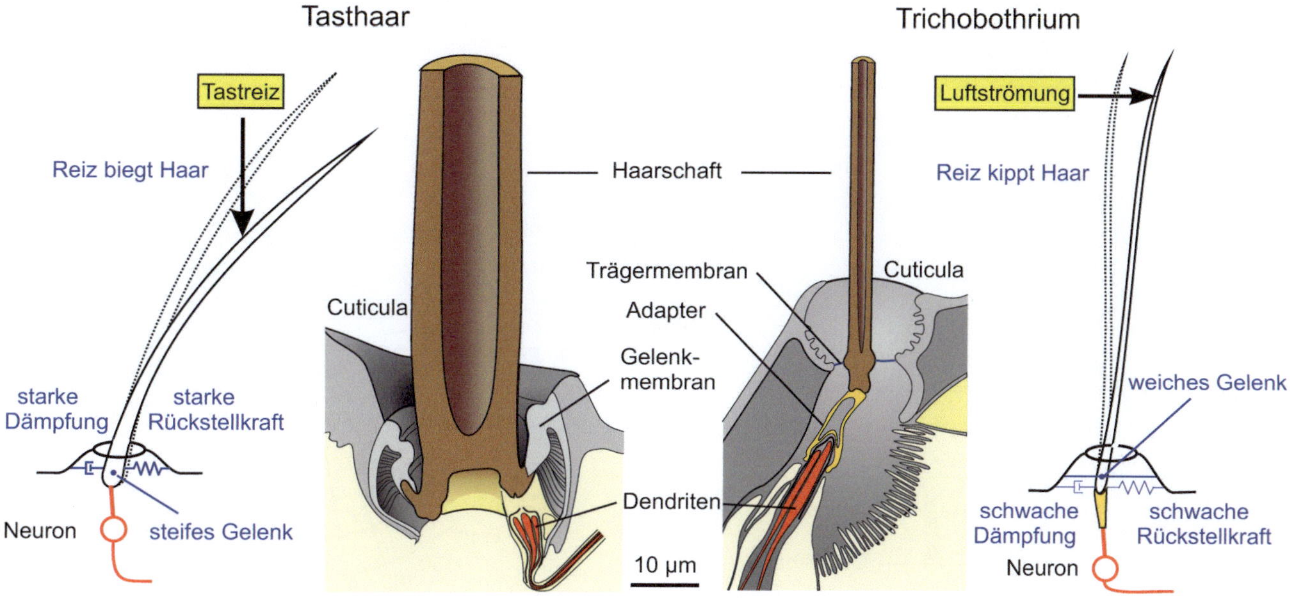

Abb. 4.5 Tasthaare und Trichobothrien der Spinnen. *Links*: Funktionsprinzip eines Tasthaares und die Verankerung in der robusten Gelenkhaut. Bei Tasthaaren übertrifft die mechanische Flexibilität des Cuticularhaares die Nachgiebigkeit eines vergleichsweise steifen Gelenks. Das Haar biegt sich unter der Einwirkung des Tastreizes. *Rechts*: Das steifere Haar eines Trichobothriums ist weich in einer dünnen Trägermembran gelagert und wird in der Luftströmung gekippt, aber kaum gebogen. Nach Barth (2004); Humphrey und Barth (2008)

mechanische Signale verraten, die dem Tastsinn der Spinne als Reize dienen können.

Sensillen zur Detektion von Festkörpern und solche zur Detektion von Luftwirbeln sind unterschiedlich gebaut und lassen die Anpassung an ihre jeweilige Reizqualität gut erkennen. Tasthaare sind mit vergleichsweise steifen Cuticulargelenken im Außenskelett befestigt (Abb. 4.5, *links*) und lassen sich aus diesem Grund nicht leicht in diesem Gelenk kippen. Werden sie von einem Festkörper berührt – bei Spinnen geschieht das meist an der Seitenwand der Sensille, da die Tasthaare in einem flachen Winkel zur Körperoberfläche liegen –, biegen sie sich unter der Last zum Körper hin, denn ihre Verankerung ist fester als ihre Steifheit. Die Nachgiebigkeit des Tasthaares bietet einen gewissen Schutz gegen ein Abbrechen bei starker Belastung. Zudem ermöglicht die Flexibilität einen weit größeren Arbeitsbereich des Tasthaares als bei einem steiferen Haar. Geringe Kräfte lenken vor allem das obere, dünne Ende aus, während größere Kräfte auch die unteren, dickeren Bereiche verbiegen. Entscheidend ist, dass in beiden Fällen die Änderung der Belastung von den mechanosensorischen Neuronen registriert wird, die ihre sensorischen Dendriten in das Cuticulargelenk des Tasthaares eingelagert haben. Diese Neuronen reagieren typischerweise phasisch und adaptieren schnell. Sie codieren eine Änderung der Belastung über einen weiten Bereich der Belastungsintensität. Ganz anders sind Aufbau und mechanische Eigenschaften der Trichobothrien und Fadenhaarsensillen. Ihre Verankerung ist kein steifes Cuticulargelenk. Sie werden vielmehr von einer dünnen Trägermembran gehalten (Trichobothrien, Abb. 4.5, *rechts*) oder sind in einem leichtgängigen Kugelgelenk gelagert (Fadenhaare, Abb. 4.6, *links*). Im Gegensatz zu den Tasthaaren lassen sich Luftströmungssensoren daher leicht kippen und, da sie mit besonders steifen Cuticularnadeln ausgestattet sind, weniger leicht verbiegen. Bei diesen Sensillen ist das Gelenk nachgiebiger als die Nadel, sodass die Nadeln eher kippen, als sich zu biegen. Der mit der Luftströmung einwirkende Reiz lenkt Trichobothrien und Fadenhaare in ihrer ganzen Länge aus und stimuliert die an der Nadelbasis liegenden Neuronen.

Für die Große Wanderspinne (*Cupiennius salei*) konnten die mechanischen Parameter von Tasthaaren und Trichobothrien experimentell ermittelt werden und liefern einen quantitativen Eindruck von den Unterschieden und ihrer Bedeutung für den Tastsinn. Wie die Zusammenfassung in Tab. 4.1 zeigt, übertragen beide Sensillen die vom Reiz aufgenommene Kraft mit enormer Hebelwirkung auf die sensorischen Neuronen. Die langen Nadeln („Kraftarme") sind bis zu tausendmal länger als die auf die Dendriten wirkenden „Lastarme". Aufgrund dieses Längenverhältnisses genügen Auslenkungen der Nadelbasis im Nanometerbereich zur Aktivierung der Neuronen. Die höhere Steifheit der Trichobothrien ist durch das 10^8-fach höhere Beugungsmoment ausgedrückt, welches für ein Verbiegen der

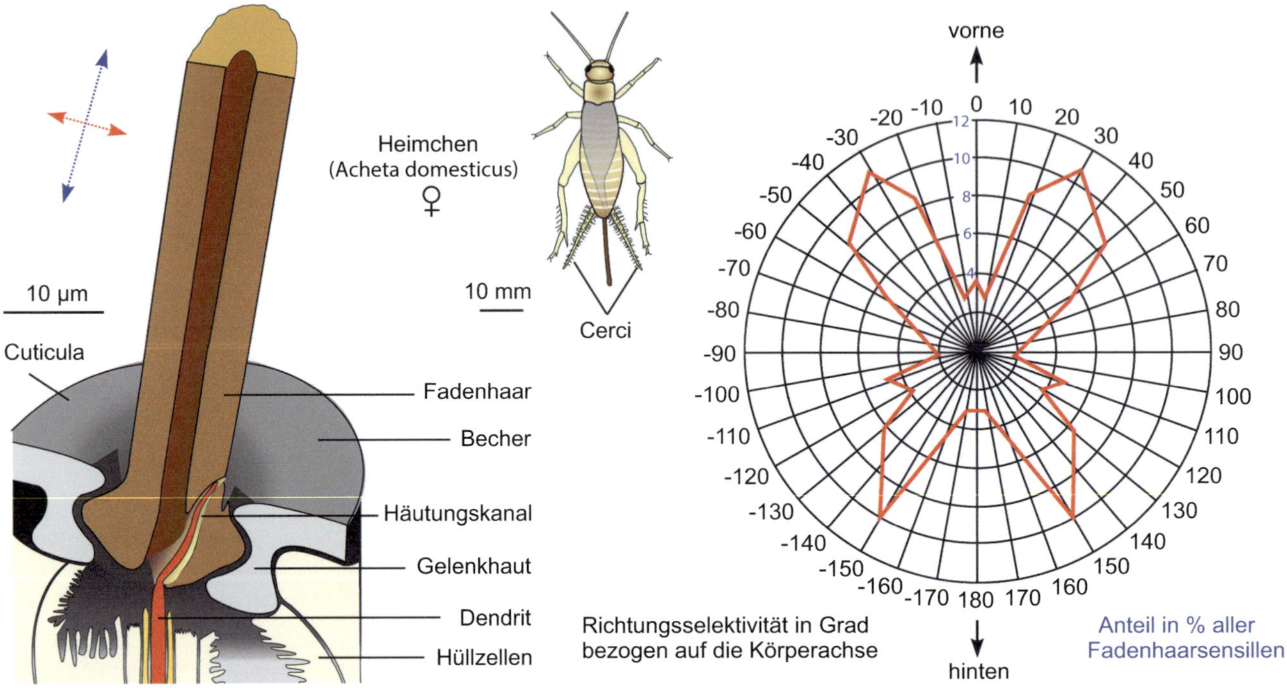

Abb. 4.6 Richtungsselektivität der Fadenhaarsensillen beim Heimchen. *Mitte*: Die Fadenhaarsensillen liegen auf den mechanosensorischen Cerci, zu beiden Seiten des Ovipositors eines weiblichen Heimchens (*Acheta domesticus*). *Links*: Haarbasis und asymmetrisches Gelenk der Fadenhaarsensille. Sowohl der Gelenkbecher als auch die Haarbasis haben einen elliptischen Querschnitt. Die Richtung der Hauptachse der Ellipse ist durch den blauen Doppelpfeil angedeutet, der rote Doppelpfeil zeigt die kürzere Nebenachse. Wird das Haar in Richtung der Nebenachse ausgelenkt, rotiert seine Basis um die Hauptachse. Diese Bewegung führt nur dann zur Aktivierung des Neurons, wenn sie in Richtung der Mündung des Häutungskanals erfolgt (hier: nach rechts), denn nur bei dieser Bewegungsrichtung wird Druck auf den Dendriten ausgeübt. *Rechts*: Verteilung der Richtungsselektivitäten auf den Cerci des Heimchens, dargestellt relativ zur Köperachse des Tieres. Die rote Linie gibt an, welcher Prozentsatz aller Fadenhaarsensillen besonders empfindlich für Luftströmungen aus der jeweiligen Richtung (in Grad Abweichung zur Körperachse) reagiert. Die konzentrischen Kreise geben den Anteil in Prozent an (*blaue Ziffern*). Die meisten Fadenhaarsensillen reagieren auf Luftströmungen, die mit Winkeln um ±30° zur Körperachse auftreffen, ein Winkelbereich, der in etwa der Ausrichtung der Cerci selbst entspricht. Nach Gnatzy und Schmidt (1971); Keil (1997); Miller et al. (2011)

Sensillen aufgebracht werden muss. Der unterschiedlichen Festigkeit in der Sensillenverankerung entspricht die tausendfach geringere elastische Rückstellkraft der Trichobothrien. Besonders eindrucksvoll sind die Unterschiede in der Reizenergie (10^{10}-fach) und in der Sensillenauslenkung (10^2- bis 10^3-fach), welche für eine neuronale Reaktion mindestens benötigt werden. Diese physikalischen Eigenschaften machen deutlich, dass der Tastsinn der Arthropoden mit Sensoren arbeitet, die für ihren jeweilig adäquaten Reiz optimiert sind. Die mechanische Empfindlichkeit der Trichobothrien ist dabei so groß (minimale Reizenergie: 10^{-20} J), dass eine weitere Erhöhung der Empfindlichkeit in den Bereich der thermischen Energie ($kT = 4 \cdot 10^{-21}$ J bei 20 °C) führen und damit das Sinnesorgan unbrauchbar machen würde. Die Trichobothrien sind ein Beispiel für die absolute Optimierung der Reizempfindlichkeit bei einem Sinnesorgan unter starkem, konstant anhaltenden Selektionsdruck.

Eine Reihe von Verhaltensmustern von *Cupiennius salei* kann auf sensorische Reizaufnahme durch den Tastsinn und dort spezifisch auf die Funktion von Tasthaaren und Trichobothrien zurückgeführt werden. *Cupiennius* jagt nachts und kann sich in absoluter Dunkelheit tastend orientieren. Die Spinne benutzt dabei ihr vorderes Beinpaar, das sie hoch vor sich ausstreckt, um Gegenstände zu betasten. Berührungen an Tasthaaren der Beine oder des Körpers lösen Rückzugreflexe aus, und Berührungen am Bauch – beispielweise durch ein Hindernis auf dem Weg – lassen die Spinne den Hinterleib anheben. Tasthaare an den Beingelenken erfassen Körperbewegungen, und ein festgelegtes Programm taktiler Stimulationen gehört zum Paarungsverhalten. Die Trichobothrien scheinen in erster Linie für die Jagd auf Fluginsekten eingesetzt zu werden. Sie sind hauptsächlich auf den dorsalen Seiten der Körperstrukturen angeordnet und sind lang genug, um Luftschichten zu erreichen, deren Bewegung nicht von der eigenen Körperoberfläche gebremst werden. Der Flügelschlag einer in 10 cm Entfernung vorbeisummenden Fliege verursacht genug Turbulenzen, um bei der Spinne einen Fangsprung auszulösen.

Tab. 4.1 Abschätzungen für physikalische und sensorische Eigenschaften von Tasthaaren und Trichobothrien bei *Cupiennius salei*. Nach Barth (2004); Barth (2014, 2016); Humphrey und Barth (2008)

Parameter	Tasthaar	Trichobothrium
Länge	60–500 µm	100–1400 µm
Durchmesser	3–50 µm an der Basis	5–15 µm
Hebelverhältnis	750:1	1000:1
elastische Rückstellkraft	10^{-8}–10^{-9} N m rad^{-1}	10^{-12} N m rad^{-1}
Dämpfung	10^{-9} N m s rad^{-1}	10^{-15} N m s rad^{-1}
Beugungsmoment	$4 \cdot 10^{-9}$ N m	0,18 N m
minimale Auslenkung für neuronale Reaktion	1°	0,001°–0,01°
minimale Einwirkungskraft	0,5–1 · 10^{-4} N pro Grad Biegung	0,4–4 · 10^{-6} N
minimale Reizenergie	10^{-10}–10^{-9} J	10^{-20} J
minimale Auslenkung am Dendriten	50 nm	0,07 nm
Kraftwirkung auf Neuron	0,4–4 · 10^{-6} N	1–5 · 10^{-8} N

Tastinformation kann wesentlich verbessert werden, wenn ein Tastsensor nicht nur die Präsenz eines Objekts codiert, sondern zusätzlich auch seinen Ort. Tasthaare, die vom Tier aktiv an das Objekt herangeführt werden – beispielsweise durch Bewegung von Beinen oder Antennen –, vermitteln Ortsinformation durch ihre eigene Position auf der Körperoberfläche. Dabei kann die **Richtung der Reizeinwirkung** eine wichtige Information darstellen – besonders bei Tastreizen, die gerichtete Bewegungen auslösen. Unerlässlich kann die Ortsinformation aber bei Strömungssensoren sein, denn bei den körpernahen Luftbewegungen ist die Frage, woher der Wind weht, mindestens ebenso wichtig wie die Detektion der Strömung selbst. Tasthaare, Trichobothrien und Fadenhaare können eine **Richtungsselektivität** dadurch gewinnen, dass ihre Cuticulargelenke unsymmetrisch aufgebaut sind. Ist beispielsweise die Öffnung des Gelenks nicht rund, sondern oval angelegt, kann das Sensillenhaar besser entlang der Längsachse des Ovals ausgelenkt werden als quer dazu. Solche unsymmetrischen Cuticulargelenke findet man bei vielen Tastsensillen. Eine besonders ausgeprägte Asymmetrie – und eine entsprechend klare Richtungsselektivität – zeigen die Fadenhaarsensillen auf dem Cercalorgan der Grillen.

Viele landlebenden Arthropoden verfügen über antennenartige Anhänge am letzten Hinterleibssegment vor dem Aftersegment (Telson), die in erster Linie dem Tastsinn zuzuordnen sind. Auf diesen **Cerci** können sich einige Hundert **Fadenhaarsensillen** befinden, die dazu dienen, Luftströmungen im Nahbereich zu detektieren, welche durch die Bewegungen von Artgenossen oder Fressfeinden verursacht worden sind. Das Cercalorgan ist damit eine Art Anemometer, ein Windmessgerät. Allerdings reagiert jede Fadenhaarsensille spezifisch nur auf eine bestimmte Auslenkungsrichtung ihrer Fadenhaare, also auf eine spezielle Windrichtung. Der anatomische Mechanismus für diese Richtungsselektivität liegt in der speziellen Form des Cuticulargelenks. Fadenhaar und Gelenkbecher sind stark asymmetrisch; im Querschnitt entspricht das Gelenk einer Ellipse. Das Fadenhaar ist extrem leichtgängig, allerdings nur für Rotationen um die lange Hauptachse der Ellipse. Um die kürzere Nebenachse kann das Haar nicht rotieren (Abb. 4.6). Zu dieser Einschränkung der Beweglichkeit auf nur eine Raumebene kommt eine Richtungsselektivität der Aktivierung des mechansosensitiven Neurons der Sensille. Die Dendritenspitze des Neurons liegt in einer als Häutungskanal bezeichneten Öffnung der Haarbasis, die vom Hohlraum des Haares ausgeht und in einer Pore an der Haaroberfläche mündet. Bei Auslenkung des Haares in die Richtung dieser Pore übt eine Kante der Haarbasis Druck auf den Dendriten aus und aktiviert damit das Neuron. Bei einer Auslenkung in die Gegenrichtung wird der Dendrit dagegen entlastet und die neuronale Aktivität wird reduziert. Das Resultat dieses Gelenkaufbaus ist eine Fadenhaarsensille, die nur dann auf Luftströmungen reagiert, wenn ihr Haar zur Pore des Häutungskanals hin ausgelenkt wird. Die Sensille ist absolut richtungsselektiv.

Auf der Oberfläche der Cerci sind die Fadenhaarsensillen unterschiedlicher Richtungsselektivität nicht gleichmäßig verteilt, sie bilden vielmehr auffällige Muster. Viele Sensillen gleicher Präferenz sind in Bändern entlang der Längsachse des Cercus konzentriert, und der größte Teil der quer zur Längsachse orientierten Sensillen befindet sich auf der oberen Cercushälfte. Infolgedessen reagiert der distale Abschnitt des Cercums vor allem auf Luftströmungen entlang der Längsachse, der proximale Abschnitt hingegen auf quer verlaufende Strömungen. Da die Cerci selbst meist in einem flachen Winkel zur Körperachse angeordnet sind (beim Heimchen in etwa ±30°), resultiert aus der Anordnung unterschiedlicher Fadenhaarsensillen die X-förmige Verteilung aller Sensillen, die in Abb. 4.6 (*rechts*) erkennbar ist. Bei den Heimchen ist die sensorische Erfassung der Luftströmung demnach räumlich organisiert, eine Beobachtung, deren physiologische Bedeutung bisher nicht wirklich verstanden ist. Möglicherweise können mithilfe eines solchen strukturierten Sensorfeldes Formen und Bewegungen von Luftwirbeln besser erfasst werden als bei gleichförmiger Verteilung von Sensillen unterschiedlicher Richtungsselektivität. Strukturierte Felder von Mechanosensoren sind auch bei Säugetieren wichtige Komponenten des Tastsinnes (► Abschn. 4.3). Sie sind durchaus auch bei Arthropoden angelegt, ihre Funktion ist aber weniger gut erforscht.

4.3 Das empfindliche Fell der Säugetiere

Eine aufschlussreiche Szene: Ein Pferd (Körpergewicht 600 kg) grast entspannt in der Sonne, als sich eine Fliege (Körpergewicht 10 mg) auf seiner Kruppe niederlässt. Obwohl sich der Landeplatz außerhalb seines Sehfeldes befindet, reagiert das Pferd schnell und zielsicher. Zunächst kann man beobachten, wie sich die Haut im Umfeld der Fliege durch Zuckungen der Hautmuskulatur schüttelt. Wenn das nichts hilft, schlägt der Schweif über die Kruppe und verscheucht den lästigen Gast. Natürlich ist die Reizenergie, mit der die Fliege auf das Pferd einwirkt, äußerst gering, und die Fliege berührt nicht einmal die Haut des Pferdes, sondern krabbelt nur ein paar Zentimeter weit über die Fellhaare. Genau das aber verrät sie dem Tastsinn des Pferdes. Mit jedem ihrer Schritte verursacht die Fliege winzige Änderungen in der Lage einzelner Fellhaare und alarmiert dadurch das Pferd. Denn die Fellhaare sind kleine, hochempfindliche Mechanosensoren, spezialisiert auf die Berührung durch Insekten und ähnliche Störenfriede.

Das Fell der Säugetiere bildet eine große sensorische Oberfläche mit den Haaren als Fühlern. Bei fast allen Säugerarten sind etwa 90 % der Körperoberfläche mit behaarter Haut bedeckt, sodass Millionen von Tastsensoren jede Berührung registrieren. Zu den wenigen Ausnahmen gehören Elefanten, einige Meeressäuger, der Nacktmull (*Heterocephalus glaber*) sowie der Mensch. Nichtbehaarte Haut bedeckt vor allem Handflächen und Fußsohlen. Der hochentwickelte Tastsinn auf diesen Arealen erfüllt spezielle sensorische Aufgaben wie das Ertasten von Form, Textur und Temperatur diskreter Objekte, die Erzeugung geeigneter afferenter Signale für die Objekterkennung sowie die Steuerung von Bewegungen beim Gehen und Greifen (► Abschn. 4.4). Die **behaarte Haut** ist dagegen für andere Reize optimiert, die weniger mit der Objekterkennung als mit dem Schutz des Körpers und mit emotionellen Verhaltensweisen zu tun haben. Das Verscheuchen einer Fliege und die soziale Fellpflege (◘ Abb. 4.7) sind Beispiele für die Funktionen des Felles als Tastsinnesorgan.

Das Fell der Säugetiere ist aus unterschiedlichen Haartypen aufgebaut, die jeweils spezielle Funktionen für den Tastsinn erfüllen:

- **Deckhaare** (Capilli, auch Fellhaare genannt) bilden als robuster Haartyp das sichtbare Fell mit seiner arttypischen Färbung. Zu ihnen gehören zwei unterschiedliche Haartypen, die längeren **Leithaare** sowie die kürzeren **Grannenhaare**, welche wiederum vor allem bei Nagetieren in etwas längere, steifere **Ahlenhaare** und etwas kürzere, feinere **Knickhaare** unterteilt werden. Für Labormäuse ist die Verteilung bekannt: 25 % des Felles bilden Grannenhaare und 1–2 % Leithaare.
- **Wollhaare** (Pili lanei) sind wesentlich feiner und weisen eine starke Wellung auf, weshalb sie auch als **Zick-Zack-Haare** bezeichnet werden. Wollhaare bilden den größten Anteil aller Haare im Säugerfell und unterliegen dem jahreszeitlichen Fellwechsel. Bei Labormäusen stellen sie etwa 75 % aller Haare.
- **Tasthaare** (Pili tactiles) sind spezialisierte Haarformen wie Sinushaare und Vibrissen mit komplex aufgebauten Haarfollikeln, die über einen Blutsinus und spezialisierte Tastsinneszellen verfügen.
- **Langhaare** (Cirrus capitis, C. caudae) in Mähne und Schweif sind arteigene Sonderformen mit besonders ausgedehnten Wachstumsphasen.
- **Borstenhaare** (Setae) sind besonders steif und an der Spitze gespalten. Sie sind charakteristisch für das Schweinefell, bilden aber auch bei anderen Säugern filterartige Reusen, beispielsweise im Innern der Ohrmuschel, an den Nüstern sowie an Wimpern und Augenbrauen.

Deckhaare und Wollhaare bilden den größten Teil des Felles eines Säugers, während Tasthaare vor allem im Bereich von Mund, Nase und Augen angeordnet sind. Jedes Haar wird am Boden seines **Haarfollikels (Haarbalges)** aus Zellen der Keimschicht gebildet, die sich von der epidermalen Oberfläche aus tief in die Lederhaut einstülpt (◘ Abb. 4.8). Die Keimschicht bildet in der gesamten Haut die tiefste Schicht der Epidermis und zeichnet sich durch kontinuierliche Zellteilungsaktivität aus. Neu gebildete Zellen wandern aus der Keimschicht in die oberen Schichten der Epidermis (Stratum granulosum, S. corneum), wobei sich zunächst Keratohyalin-Granula ansammeln, schließlich aber Keratin gebildet und in der Hornschicht in toten Zellen eingelagert wird. Auch die Haarbildung erfolgt nach diesem Prinzip, sodass das nachwachsende Haar zu etwa 90 % aus Keratin besteht. Die Haarfollikel ernähren das Haar durch ein dichtes Kapillarnetz, geben ihm Stabilität, ermöglichen Haarbewegungen unter Kontrolle des vegetativen Nervensystems und dienen als sensorische Strukturen für den Tastsinn.

Abb. 4.7 Schimpansen (*Pan troglodytes*) verbringen einen großen Teil ihrer Zeit mit der soziale Fellpflege, ein Verhalten, das Bindungen zwischen Tieren festigt und dazu beiträgt, die Schimpansensippe sozial zu strukturieren. Der Tastsinn der Tiere hat dabei zwei entscheidende Funktionen. Die hohe Tastempfindlichkeit und räumliche Auflösung der unbehaarten Haut an den Händen ermöglichen es dem handelnden Tier, vorsichtig und zielgerichtet vorzugehen. Das empfangende Tier dagegen nimmt mit seinem gesamten Fell die Berührungen entgegen, registriert sie als angenehm und kann dadurch zu einer freundlichen Stimmung motiviert werden. Das Fell besteht aus Haaren mit unterschiedlichen sensorischen Eigenschaften. Einige registrieren die Bewegungen der pflegenden Hand, andere erzeugen Wohlgefühl und festigen die Freundschaft zwischen beiden Tieren. Haut und Fell bilden ein vielseitiges Sinnesorgan

Jeder Haarfollikel eines Deckhaares oder Wollhaares trägt an seiner Wurzelscheide, etwas unterhalb der Mündung der Talgdrüsen, die Endigungen von Mechanosensoren. Es handelt sich dabei um Sinneszellen des Körpersinnes – des somatosensorischen Systems – mit Zellkörpern in den Spinalganglien des Rückenmarks. Sie werden zu den pseudounipolaren Neuronen gezählt, weil aus ihrem Zellkörper (Perikaryon) nur ein einzelnes Axon entspringt, nicht aber ein Dendrit. Das Axon gabelt sich allerdings schon nach einigen Mikrometern in einen peripheren und einen zentralen Abschnitt. Der zentrale Teil des Axons verläuft aus dem Spinalganglion heraus durch eine Hinterwurzel in das Hinterhorn des Rückenmarks, während der periphere Axonbereich sehr lang sein kann und jeden Körperteil erreicht. **Haarfollikelsensoren** zeigen damit die gleichen anatomischen Eigenschaften wie andere Hautsinneszellen (▶ Abschn. 4.4), wie die Schmerzsinneszellen (▶ Abschn. 14.3) sowie die Propriorezeptoren zur Eigenwahrnehmung des Körpers (▶ Abschn. 15.4). Wird die sensorische Endigung eines solchen Neurons durch seinen adäquaten Reiz aktiviert, werden nahe der Endigung Aktionspotenziale ausgelöst, die entlang des Axons in Richtung Rückenmark laufen, bis sie im Hinterhorn ihre Synapse aktivieren und damit das sensorische Signal auf ein Rückenmarksneuron übertragen. Was aber ist der **adäquate Reiz** eines Haarfollikelsensors? Die Erforschung dieser Frage hat deutlich erkennen lassen, dass unterschiedliche Haartypen auf unterschiedliche mechanischer Reize reagieren, dass also Fellhaare als spezialisierte Sinnesorgane betrachtet werden müssen. So tragen beispielsweise Deckhaare (Leithaare und Grannenhaare) an ihren Wurzelscheiden kragenförmige Nervenringe mit **Lanzettendigungen**, welche die Wurzelscheide wie ein Palisadenzaun umgeben (Abb. 4.9, *links*). Dies sind die Endigungen von schnell adaptierenden, hochempfindlichen Mechanorezeptoren, die als **Aβ-RA-LTMR** (*rapidly adapting, low-threshold mechanoreceptors* vom Aβ-Typ) bezeichnet werden. Die Terminologie bezieht sich auf eine mittelstarke Myelinisierung der Axone, die einen Faserdurchmesser von 7–15 µm und eine Erregungsleitungsgeschwindigkeit von 30–70 m s^{-1} ergibt (Aβ-Fasern). RA steht für *rapidly adapting* und gibt an, wie das Neuron auf seinen Reiz reagiert. Das Neuron feuert, wenn das Haar ausgelenkt wird: je schneller die Auslenkung, desto stärker das afferente Signal. Bleibt das Haar aber ausgelenkt, stellt das Neuron das Feuern ein – es adaptiert typischerweise in weniger als einer Sekunde. Ein Rezeptor vom RA-Typ codiert damit ausschließlich den Vorgang der Auslenkung, nicht aber die Stellung

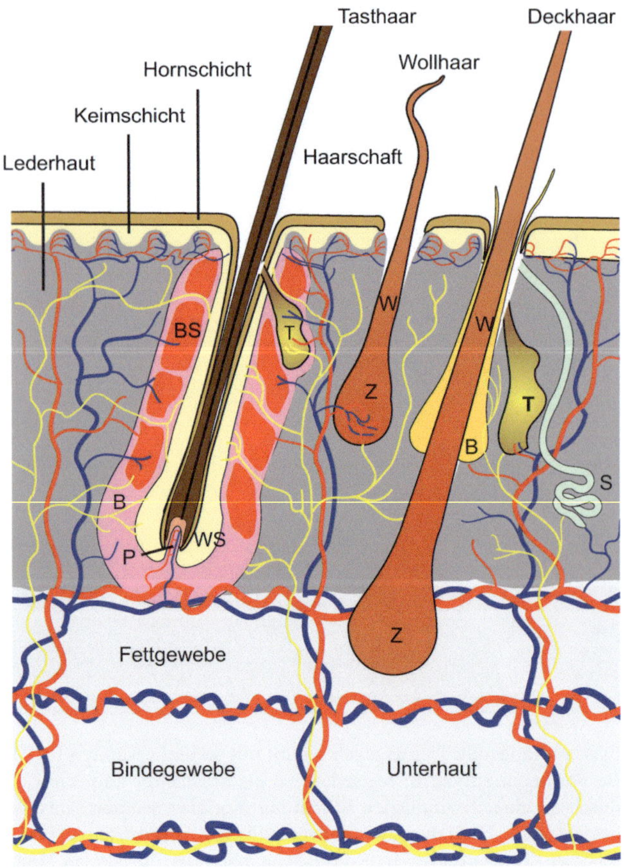

Abb. 4.8 Haarfollikel in der behaarten Säugerhaut. Schematische Darstellung von drei Haartypen und ihrer Verankerung in der Haut. Jedes Haar besteht aus einem freiliegenden Schaft (Scapus pili), einer Wurzel (Radix pili, W), die von der Wurzelscheide (WS) eingehüllt ist, sowie einer Zwiebel (Bulbus pili, Z). Die Wurzelscheide ist eine Einstülpung der Epidermis (Hornschicht und Keimschicht) und bildet den Haarbalgtrichter aus Bindegewebe (B), in dessen Wandgewebe Talgdrüsen (T) und Schweißdrüsen (S) münden. Bei den Deckhaaren setzen auch die Haaraufrichtemuskeln (Musculi arrectores pilorum) am Haarbalg an (nicht gezeigt). Die Haarbälge (auch als Haarfollikel, Folliculi pili, bezeichnet) liegen in unterschiedlichen Schichten der Lederhaut (Corium) und werden durch dichte arterielle (*rot*) und venöse (*blau*) Gefäßnetze versorgt. Die Keimschicht (Stratum germinativum) bildet sowohl das Plattenepithel der Hautoberfläche, das in seiner obersten Schicht (Stratum corneum) eine Hornschicht aus toten, keratinreichen Zellen bildet, als auch die Haare. Die Neubildung erfolgt an der Unterseite der Haarzwiebel, wo die Keimschicht eines jeden Haarbalges durch eine durchblutete Papille (P) versorgt wird. Tasthaare zeichnen sich durch eine besonders dicke Wurzelscheide aus Bindegewebe aus, in die große Blutkammern (Blutsinus, BS) eingelagert sind. Diese Strukturen dienen zur empfindlichen Messung von Haarbewegungen bei Sinushaaren und Vibrissen. Ein Geflecht sensorischer Nervenfasern (*gelb*) registriert Haut- und Haarbewegungen. Nach Salomon et al. (2015)

des Haares. Die Bedeutung dieser **phasischen Reaktion** kann man sich an einem Hund vergegenwärtigen, der sich zum Schlafen hinlegt. Im Moment, in dem sein Fell den Boden berührt, werden die Follikelsensoren seiner Deckhaare aktiviert und ein starkes Signal informiert das Gehirn über den Kontakt des Felles mit dem Boden. Aber nach etwa einer Sekunde hört das Signal auf, denn die RA-Neurone sind adaptiert. Wie bei vielen anderen Sinnesfunktionen ist auch beim Tastsinn das Augenmerk vor allem auf die Wahrnehmung von **Änderungen in der Reizintensität** gerichtet. Die Abkürzung LTMR schließlich steht für *low-threshold mechanoreceptors* und wird für alle Tastsinneszellen mit niedriger Reaktionsschwelle verwendet, um sie von den *high-threshold mechanoreceptors*, den mechanosensitiven Nozizeptoren des Schmerzsystems (▶ Abschn. 13.3), abzugrenzen. Die niedrige Reaktionsschwelle für die Tastsinneszellen ist daran zu erkennen, mit welcher Kraft man auf die sensorische Endigung einwirken muss, um eine Reaktion auszulösen. Bei Tastsinneszellen liegt diese Schwelle meist unter 1 mN, bei den Nozizeptoren meist zwischen 10 mN und 1000 mN. Einige Kennwerte für unterschiedliche Haarfollikelsensoren sind in Tab. 4.2 zusammengestellt.

Sowohl Leithaare als auch Grannenhaare besitzen Follikelrezeptoren vom Aβ-RA-LTMR-Typ, Wollhaare haben diese Rezeptoren nicht. Zusätzlich sind Leithaare mit einer Gruppe von Merkel-Zellen ausgerüstet, Grannenhaare dagegen mit Sinneszellen vom C-LTMR- und Aδ-LTMR-Typ, die man ebenfalls bei Wollhaaren findet (Abb. 4.9, *links*). Offenbar sind alle drei Haartypen durch ihre jeweils eigene Kombination von Mechanorezeptoren auf eine andere Variante der Fellberührung spezialisiert. Die Merkel-Zellen der Leithaare werden von **Aβ-SA1-LTMR**-Neuronen ausgelesen, wobei SA für *slowly adapting* steht. Jeweils eine Gruppe von Merkel-Zellen bildet eine Art Kragen um die Wurzelscheide eines jeden Leithaares, direkt an der Grenze zwischen Epidermis und Lederhaut. Merkel-Zellen übertragen **phasisch-tonische Signale** an afferente Mechanorezeptoren vom Typ Aβ-SA1-LTMR. Die relativ kurze phasische Reaktion dieser Rezeptoren vermittelt die Information darüber, wann eine Auslenkung des Leithaares stattfindet, die andauernde tonische Reaktion nimmt dagegen mit dem Ausmaß der Auslenkung zu. Merkel-Zellen adaptieren langsam (Genaueres in ▶ Abschn. 4.4). Sie liefern meist mehrere Sekunden lang ihre sensorischen Signale. Über die Bewegung eines Leithaares wird das zentrale Nervensystem also umfassend unterrichtet. Zusammen informieren die Tastsinneszellen vom Aβ-RA-LTMR-Typ und Aβ-SA1-LTMR-Typ das Gehirn darüber, *dass*, *wie schnell* und *wie weit* das Haar gebogen wird.

Grannenhaare und Wollhaare tragen einen besonders empfindlichen Typ von Tastsinneszellen, die als **Aδ-LTMR** oder als **D-Haare** bezeichnet werden. Das D bezieht sich auf die Wollhaare, *down hairs* im Katzenfell, wo dieser Rezeptortyp zuerst untersucht worden ist. Bei Katzen werden diese Mechanorezeptoren beim Streicheln des Felles aktiviert. Auffällige Merkmale der D-Haare sind ihre enorme Empfindlichkeit und ihre

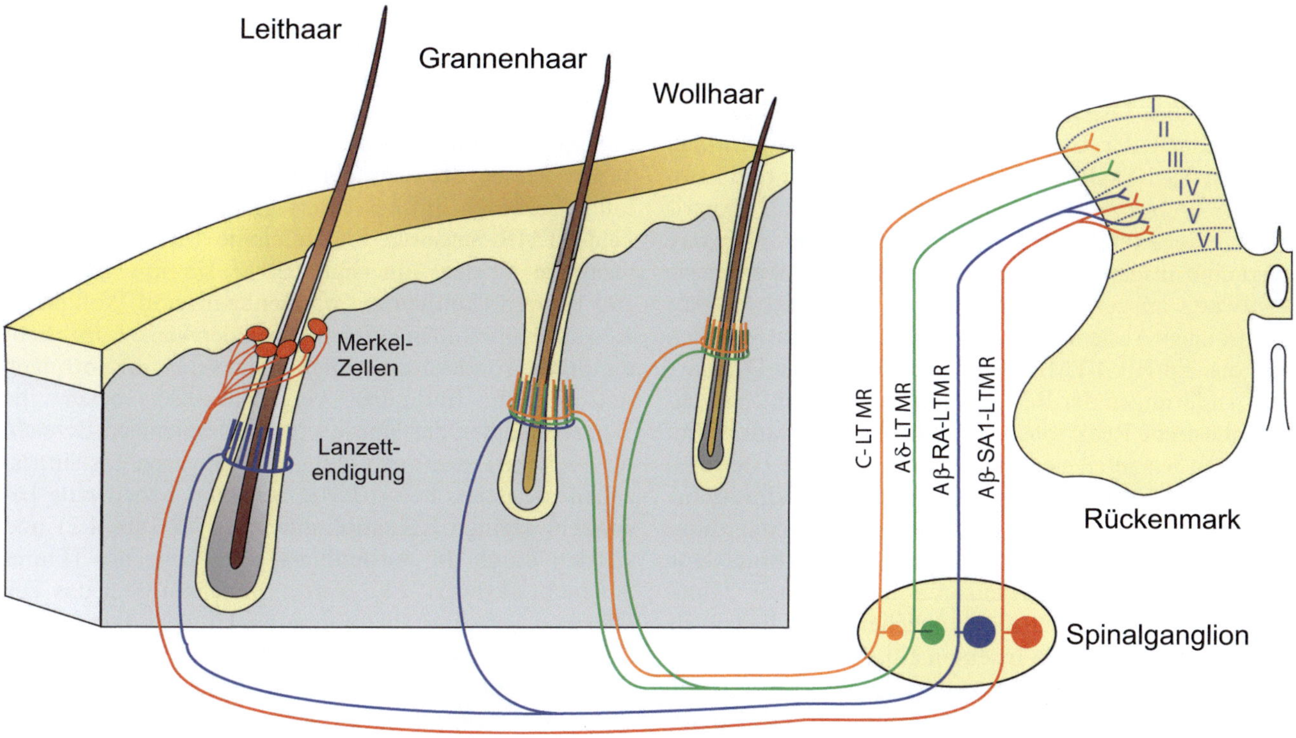

Abb. 4.9 Haarfollikelsensoren an Deck- und Wollhaaren. *Links*: Die Wurzelscheide der Haare ist mit den sensorischen Endigungen unterschiedlicher Mechansosensoren kragenartig umgeben. Dabei zeigt jeder Haartyp eine andere Kombination von Sensoren, die Grundlage seiner jeweils besonderen Funktion für den Tastsinn. *Rechts*: Die Zellkörper der Mechanosensoren liegen in den Spinalganglien, von wo die zentralen Axonabschnitte in das Rückenmark ziehen. Die Weitergabe an Rückenmarksneuronen erfolgt in getrennten Schichten des jeweils ipsilateralen Hinterhorns. Nicht dargestellt sind hier die Feld-LTMR-Neuronen, deren sensorische Endigungen sich spiralförmig um die Wurzelscheide aller drei Haartypen winden. Nach Li et al. (2011); Zimmerman et al. (2014)

Tab. 4.2 Richtwerte für den Vergleich unterschiedlicher Haarfollikelsensoren in der Säugerhaut. LTMR, *low-threshold mechanoreceptor.* Die von Frey-Schwelle gibt an, welche Kraft mindestens benötigt wird, um einen Mechanorezeptor zu aktivieren. Nach Horch et al. (1977); Wessberg et al. (2003); Lewin und Moshourab (2004); Bai et al. (2015); Kuehn et al. (2019)

Rezeptortyp	Axontyp	Leitungsgeschwindigkeit	Reaktionsschwelle	rezeptives Feld	Haartyp	adäquater Reiz
RA-LTMR	Aβ	~50 $m\ s^{-1}$	~1 mN	klein	Leithaare, Grannenhaare	Bewegung 10–50 Hz
SA1-LTMR	Aβ	~50 $m\ s^{-1}$	~1 mN	klein	Leithaare	Rauheit
Feld-LTMR	Aβ	~20 $m\ s^{-1}$	~10 mN	sehr groß	Leithaare, Grannenhaare, Wollhaare	Streicheln der Haut
Aδ-LTMR (D-Haare)	Aδ	~10–20 $m\ s^{-1}$	0,05–1 mN	groß	Grannenhaare, Wollhaare	Bewegung > 50 Hz
C-LTMR	C	< 1 $m\ s^{-1}$	~2 mN	mittel	Grannenhaare, Wollhaare	Bewegung, langsam, angenehm

großen rezeptiven Felder (Tab. 4.2). Schon die geringste Auslenkung auch nur eines einzigen Haares in ihrem rezeptiven Feld löst die Erregung des Aδ-LTMR-Neurons aus. Die Erregungsleitungsgeschwindigkeit in den Axonen der D-Haare unterscheidet sich deutlich von den Aβ-LTMR-Axonen. Sie ist langsamer und kann für die Identifizierung dieser Tastsensoren im Experiment eingesetzt werden. Die Reaktion der D-Haare zeigt eine ausgeprägte Richtungsselektivität. Werden sie kopfwärts ausgelenkt, reagieren sie wesentlich stärker als bei einer Auslenkung in Richtung Schwanz. Ähnlich wie die Aβ-RA-LTMR-Neuronen sind auch D-Haare auf Änderungen der Reizintensität spezialisiert. Sie zeigen phasische Reaktionen und schnelle Adaptation. Am stärksten reagieren sie auf Oszillationen ihrer Haare im Bereich von 100 Hz und könnten so auch dem Vibrationssinn zugerechnet werden. Bis heute weiß man allerdings nicht genau, welche physiologische Funktion diese hochempfindlichen Tastsensoren mit geringer räumlicher Auflösung erfüllen. Möglicherweise dienen sie dazu, Bewegungen von Insekten auf dem Fell zu registrieren und die lokalen Kontraktionen der Hautmuskeln auszulösen, die das Insekt vertreiben sollen. Es wird diskutiert, dass ein solcher Prozess sogar als lokaler Reflexbogen ohne Beteiligung des Bewusstseins ablaufen könnte, sodass die Aδ-LTMR-Neuronen vielleicht die einzigen Tastsinnesszellen sind, deren Signal nicht zu einer bewussten Wahrnehmung führt. Aber zum gegenwärtigen Zeitpunkt ist diese Hypothese noch nicht schlüssig belegt.

Eine weitere Tastsinnesart mit noch unzulänglich erforschter Funktion bilden die **C-LTMR-Sensoren** (auch C-Tastfasern), die ebenfalls an den Grannen- und Wollhaaren aller bisher untersuchten Säugetiere zu finden sind (Abb. 4.9). Sie sind etwas weniger empfindlich als Aδ-LTMR-Neuronen, benötigen mehrere Sekunden zur Adaptation und sind daher für langsamere Bewegungsreize ausgelegt. Ihre Axone sind nicht myelinisiert und haben aus diesem Grund eine geringe Leitungsgeschwindigkeit. Von den hochschwelligen Nozizeptoren vom C-Fasertyp (▶ Abschn. 13.3) unterscheiden sie sich jedoch durch die höhere Empfindlichkeit und ihre sensorischen Lanzettendigungen an den Haarwurzelscheiden. C-LTMR-Sensoren kommen ausschließlich in der behaarten Haut vor, während die freien Nervenendigungen der C-Typ-Nozizeptoren sowohl in behaarter als auch in unbehaarter Haut liegen. Untersuchungen am Menschen haben gezeigt, dass die Aktivierung von C-LTMR-Sensoren mit dem angenehmen Gefühl des Streichelns einhergeht: je stärker die Aktivierung dieser Neuronen, desto stärker das Wohlgefühl. Darüber hinaus konnte bei Menschen und bei Ratten eine Dämpfung der Schmerzempfindung bei Aktivierung von C-LTMR-Sensoren nachgewiesen werden. Diese Beobachtungen führten zu der Hypothese, dass die spezielle Rolle dieser Tastsensoren in der Vermittlung von sanften Berührungsreizen besteht, wie sie insbesondere beim Streicheln und bei der sozialen Fellpflege zwischen Artgenossen zur Festigung sozialer Bindungen ausgetauscht werden.

Streicheln ist auch der adäquate Reiz für Haarfollikelsensoren mit besonders großem Einzugsbereich: **Feld-LTMR-Sensoren** bilden einige Millimeter große rezeptive Felder, innerhalb derer sie mit mehr als 100 Haaren (Leithaare, Grannenhaare und Wollhaare) Kontakt aufnehmen können. Sie bilden keine Lanzettendigungen, sondern umschließen mit einer ringförmigen sensorischen Endigung vergleichsweise locker die Wurzelscheiden der Haare, etwa in demjenigen Bereich, wo auch die Lanzettendigungen der anderen Tastsinneszellen ansetzen. Feld-LTMR-Sensoren haben eine besonders geringe Reizempfindlichkeit (Tab. 4.2) und werden durch die Auslenkung eines einzelnes Haares gar nicht aktiviert. Ein sanftes Streicheln über das Fell aber aktiviert diese Tastorgane, ein Hinweis darauf, dass sie – ähnlich wie C-LTMR-Sensoren – eine Bedeutung für die taktile Kommunikation zwischen Artgenossen haben könnten. Offenbar werden die unterschwelligen Reize an einzelnen Haaren, wie sie beim Streichen über das rezeptive Feld an vielen der ringförmigen Endigungen entstehen, im Feld-LTMR-Neuron summiert, sodass ein überschwelliger Gesamtreiz entsteht. Feld-LTMR-Sensoren integrieren auf diese Weise flächig einwirkende Reize wie das Gleiten einer Hand über das Fell und liefern dem Tastsinn eine besondere Tastinformation. Ob diese Information auch affektiv bewertet wird – wie das bei den C-LTMR-Sensoren der Fall ist –, ist bisher nicht bekannt. Es ist auch denkbar, dass sie auf jedes Vorbeistreichen von Objekten wie Zweigen, Blättern und Steinen reagieren, wie es bei Bewegungen der Tiere in ihrer natürlichen Umwelt ständig vorkommt.

Die auffälligsten Haare der Säugetiere sind die langen, weit aufgefächerten **Tasthaare** (auch als **Vibrissen**, Sinushaare oder Schnurrhaare bezeichnet), die meist im Nasenbereich entspringen (mystaziale Vibrissen) (Abb. 4.10), sich aber auch an anderen Körperstellen der Tiere befinden können. Fast alle land- und wasserlebenden Säugetieren setzen Tasthaare zur Orientierung und zur Jagd ein. Besonders bei nachtaktiven Säugern bilden sie das wichtigste Sinnesorgan zur räumlichen Erkundung der unmittelbaren Umgebung. Nagetiere haben konisch geformte, etwa 2–3 cm lange, recht steife Tasthaare. An ihrer Spitze ist die Rückstellkraft den Tasthaaren der Spinne *Cupiennius* vergleichbar (typischer Wert für die Maus: $3{,}6 \cdot 10^{-8}$ N m rad^{-1}; s. Tab. 4.1), nimmt jedoch zur Basis hin um den Faktor 10.000 zu, sodass nur mikroskopische Bewegungen an der Basis auftreten, wenn die Spitze weit ausgelenkt wird. Zur Detektion solcher Bewegungen und zur Ana-

Abb. 4.10 Tasthaare (Vibrissen) bei kleinen Säugetieren. Bei Säugern mit Abmessungen von Mäusen und Eichhörnchen wie dem australischen Großen Pinselschwanzbeutler (*Phascogale tapoatafa*) sind die Tasthaare an der Nase beweglich und können aktiv Objekte in der Umgebung ertasten

lyse der Kräfte, die auf das Tasthaar einwirken, dient die besondere Follikelstruktur der Tasthaare, die sich von den Follikeln der anderen Haartypen durch große, blutgefüllte Hohlräume auszeichnet, den Blutsinus (Abb. 4.8). Im Unterschied zu Deckhaaren und Wollhaaren ist die Anzahl der Tasthaare klein. Nagetiere haben meist nur 35 Tasthaare auf jeder Nasenseite, die schachbrettartig in fünf Reihen mit jeweils fünf bis neun Tasthaaren aufgereiht sind. Die Tiere können ihre Tasthaare einsetzen, um im Dunkeln an einer Wand entlangzulaufen, sie können Objektgröße, -form und -entfernung bestimmen, können Objektbewegungen erfassen und die Textur einer Oberfläche mit ähnlicher Präzision erfühlen, wie Menschen das mit ihren Fingerspitzen können. Sie können außerdem Luft- und Wasserbewegungen sowie Vibrationen erfassen, vermutlich sogar Substratschall in bestimmten Frequenzbändern aufnehmen. Die Tasthaare sind damit leistungsstarke und vielseitige Sinnesorgane.

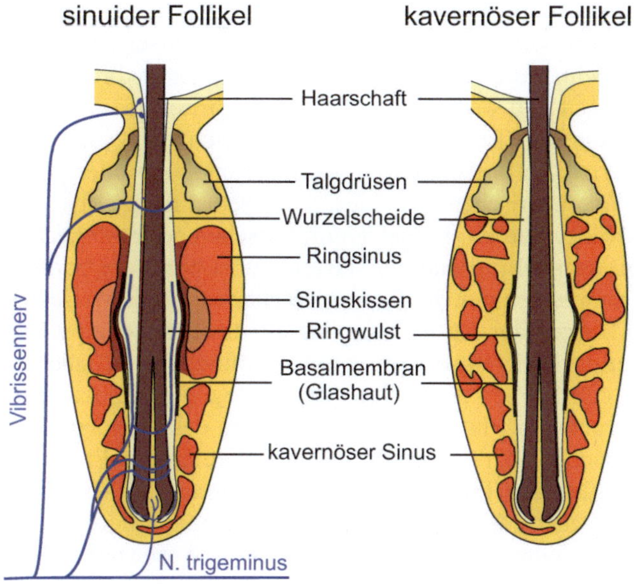

Abb. 4.11 Der Blutsinus im Follikel eines Tasthaares. *Links*: Schematische Darstellung des Aufbaus eines Tasthaarfollikels von Nagetieren und Raubtieren mit dem großen, nicht gekammerten Ringsinus und zusätzlichen, durch Bindegewebssepten getrennten Blutkammern eines kavernösen Sinus. *Rechts*: Fehlen eine Ringsinusstruktur im Tasthaarfollikel von Huftieren, Primaten und Beuteltieren

Strukturell liegen die wesentlichen Unterschiede zwischen Tasthaar und Deckhaar in der Lagerung des Haares im Follikel sowie in der Position und der Anzahl von sensorischen Neuronen. Die Tasthaare sind in einer robusten Bindegewebskapsel verankert, die aus zwei Schichten mit quer zueinander ausgerichteten Kollagenfasern besteht (Stratum externum longitudinale und S. internum circulare). In dieser Kapsel befindet sich das Kammersystem eines mit Endothel ausgekleideten **Blutsinus**. Bei Huftieren, Primaten und Beuteltieren besteht der Blutsinus aus vielen einzelnen Kammern (Sinus cavernosus), während bei Nagetieren, Raubtieren sowie Seehunden und Seelöwen neben den Einzelkammern ein großer, schlauchförmiger Ringsinus (Sinus anularis) vorliegt. Die beiden Bauformen werden dementsprechend als kavernöse und sinuide Follikel bezeichnet (Abb. 4.11).

Durch die Einlagerung der Blutkammern im Tasthaarfollikel entsteht ein schmaler, gleichförmiger Raum zwischen der „Glasmembran", der Basalmembran des Wurzelscheidenepithels, und einer dünnen Bindegewebsschicht, die dem Sinusendothel aufliegt. In diesem Raum haben 100 bis 200 mechanosensitive Neuronen Platz, jeweils eingepackt von zwei Schwann-Zellen, welche den Raum offenhalten und die Neuronen versorgen. Das Blut im Sinuslumen verursacht einen gleichmäßigen Druck auf die Außenwand dieses Sensorraumes, der damit eine konstante Plattform für die hochempfindlichen Sensoren des Tasthaares bildet. Mikroskopische Auslenkungen des Haarschaftes werden über die Wurzelscheide auf die Glasmembran übertragen und wirken dort auf die sensorischen Endstrukturen der Tastsinneszellen ein. Gleichzeitig wirkt der Druck im Blutsinus als Widerlager und verhindert, dass die sensorischen Tastsinneszellen selbst nach außen gedrückt werden. Eingeklemmt zwischen der beweglichen Glasmembran und der starren Außenwand des Sensorraumes nehmen die Tastsinneszellen auf diese Weise den Großteil der Auslenkungsenergie des Haarschaftes auf und reagieren entsprechend empfindlich. Möglicherweise können einige Tiere durch Regulierung des Blutdrucks im Blutsinus die Außenwand des Sensorraumes weicher oder härter stellen und dadurch die Empfindlichkeit der Tastsinneszellen feinjustieren.

Jeder Tasthaarfollikel wird von einem unteren („tiefen") Vibrissennerv innerviert, der die Axone der 100 bis 200 Tastsinneszellen aus dem Sensorraum enthält. Durch den zusätzlichen oberen Vibrissennerv verlaufen Axone diverser Mechanorezeptoren – darunter Merkel-Zellen – aus dem oberen Teil des Follikels zum Trigeminalganglion, und die Axone von Mechanorezeptoren mit freien Nervenendigungen aus der Zwiebelregion nehmen den gleichen Weg (◘ Abb. 4.11, *links*). Die Mechanorezeptoren sind vor allem vom schnell leitenden Aβ-Typ. Merkel-Zellen in der Epidermis und in der Region des Ringsinus sind vom langsam adaptierenden SA1-LTMR-Typ und registrieren langsame Bewegungen der Tasthaare. Mechanosensorische Endigungen aus dem Bereich der Wurzelscheide (Lanzettendigungen, Netzendigungen; ◘ Abb. 4.12) gehören dagegen zum schnell adaptierenden RA-LTMR-Typ und erfassen Bewegungsänderungen bei der Berührung von Objekten. Tasthaarfollikel enthalten daneben auch Aδ-LTMR-Sensoren von bisher noch unverstandener Funktion. Unmyelinisierte C-Fasern im Zwiebelbereich des Follikels sind hochschwellige Nozizeptoren, die offenbar ein Alarmsignal bei zu starkem Zug an einem Tasthaar erzeugen. Der afferente Weg der Information aus den Tasthaaren und seine Verarbeitung im „Barrel-Cortex" wird in ▶ Abschn. 4.6 beschrieben.

Tasthaare spielen in der sensorischen Welt der Säugetiere lebenswichtige Rollen. Ihre Funktionen beginnen bei der Suche nach den mütterlichen Zitzen, wenn neugeborene blinde Mäuse und Ratten sich mithilfe ihrer Vibrissen vortasten. Schwimmende Säuger verlassen sich bei der Einstellung der Kopfhaltung relativ zur Wasseroberfläche auf das Signal ihrer Tasthaare. Auch beim Tauchen helfen die Tasthaare, besonders bei schlechter Sicht oder bei Tieren, die mit geschlossenen Augen schwimmen (beispielsweise die Schwimmratte, *Hydromys chrysogaster*). Für nachtaktive Säuger ist der Vibrissentastsinn ganz unverzichtbar; sie brauchen ihn zur räumlichen Orientierung und zur Objekterkennung im Dunkeln. Bei Katzen, Hunden und Pferden, bei denen Tasthaare sowohl um die Nase als auch über den Augen stehen, erfüllen die Vibrissen wichtige Schutzfunktionen für das Gesicht beim Jagen und Weiden. Bei Mäusen spielen die Vibrissen sogar eine Rolle beim Kampf um die soziale Einordnung. Durch das „Bartbeißen" kürzen dominante Tiere die Vibrissen von untergeordneten Artgenossen. Selbst bei Meeressäugern sind Tasthaare wichtige Sinnesorgane – sie sind sogar besonders auffällig und robust und können 20–30 cm lang werden (◘ Abb. 4.13). Alle **Robben** besitzen diese großen Tasthaare (die Familien der Hundsrobben, Phocidae, der Ohrenrobben, Otariidae, und der Walrosse, Odobenidae). Nicht nur die Länge der Vibrissen, auch die Größe der Follikel ist bei den Robben einzigartig. Die Follikel sind vom sinuiden Typ und haben oberhalb des Ringsinus noch einen zweiten kavernösen Sinus, möglicherweise als Anpassung an die sensorische Funktion im kalten Wasser. Mit etwa 20.000 Merkel-Zellen und 1000 bis 8000 Lanzettendigungen pro Follikel werden Vibrissenbewegungen bei den Robben mit etwa zehnmal so vielen Tastsinneszellen vermessen, wie das bei Landwirbeltieren der Fall ist.

Bei den bisher untersuchten Robben aller drei Familien wurde in Dressurexperimenten nachgewiesen, dass sie ihre Vibrissen als Tastorgane zur Objekterkennung einsetzen können. Ihre Genauigkeit beim Ertasten von Objektgröße und Objektform steht dabei der visuellen Objekterkennung kaum nach. Die höchste Vibrissenzahl (etwa 350 auf jeder Nasenseite) findet man beim Walross (*Odobenus rosmarus*; ◘ Abb. 4.14). Walrosse fressen vor allem benthische Tiere wie Muscheln, Krabben, Schnecken, Seegurken und Tintenfische, die sie mit Vorderflossen und Maul vom Meeresboden aufstöbern. Bei dieser Art von Jagd sind die Tasthaare offenbar besonders nützlich, weil sie auch dann Informationen liefern, wenn das aufgewühlte Sediment die Sicht behindert. Die zu den Ohrenrobben zählenden Seelöwen und Seebären weisen einen weniger dichten Bewuchs mit Tasthaaren auf (◘ Abb. 4.13). Ihre Jagdstrategien unterscheiden sich von denen des Walrosses: Sie jagen Schwarmfische und Tintenfische im offenen, meist aber flachen und lichtdurchfluteten Wasser und suchen zusätzlich Beute auf dem Meeresboden. Offenbar ist das Betasten der Nahrung für sie weniger wichtig als für die Walrosse. Hundsrobben wie Seehunde und Seeleoparden jagen nicht nur im flachen, sondern auch im tiefen Wasser, wo sie mit geringerem Restlicht auskommen müssen. Sie haben ihren Vibrissenapparat auf die Detektion von hydrodynamischen Wirbelschleppen perfektioniert, die jeder Fisch durch seine Schwimmbewegungen im Wasser erzeugt. Solche Wirbelschleppen können einen Seehund (*Phoca vitulina*) über viele Meter hinweg zu einem

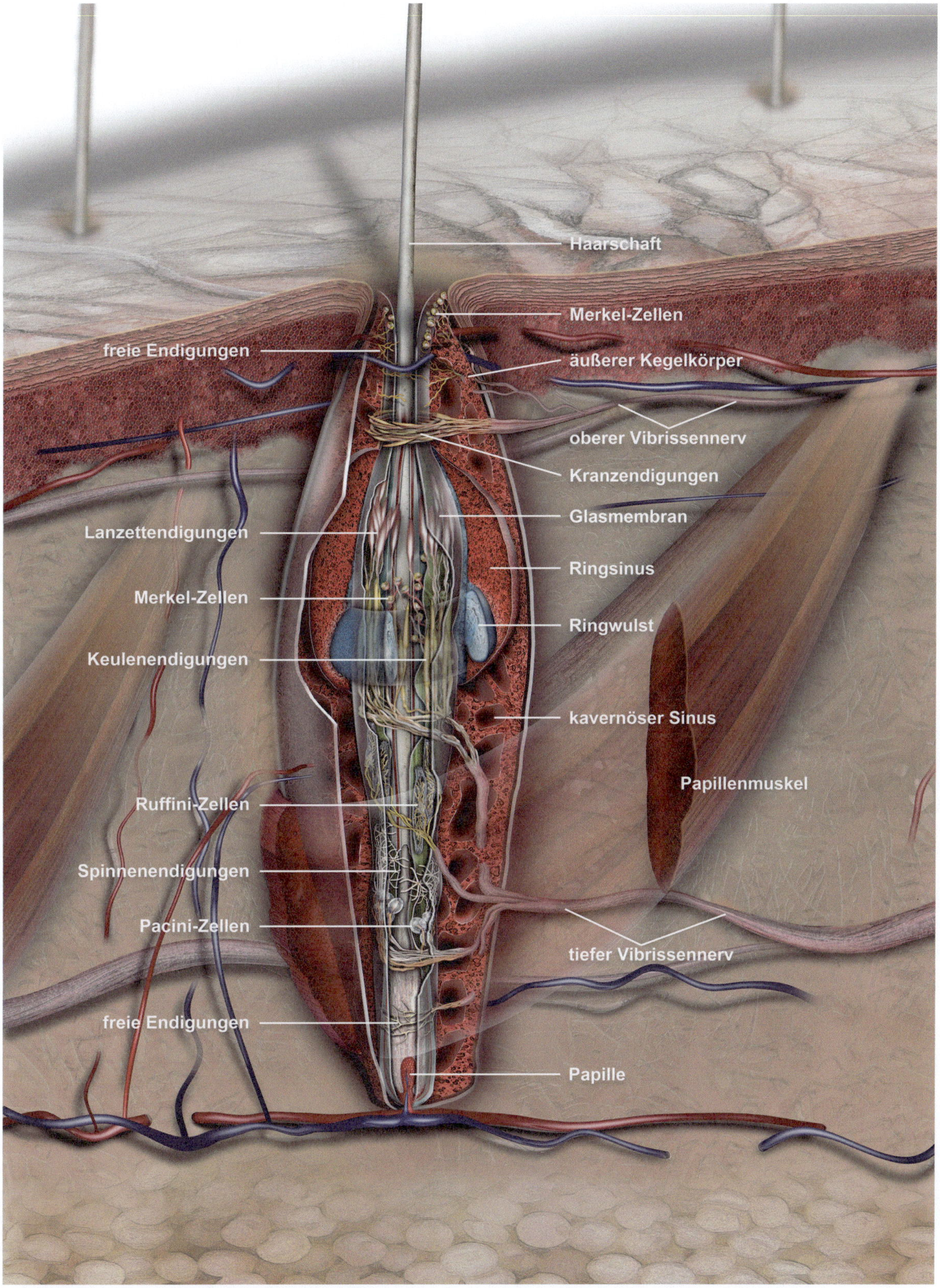

Abb. 4.12 Feinstruktur eines Tasthaarfollikels aus dem Vibrissenfeld eines Säugetieres. Man erkennt die stabilisierenden Strukturen des Blutsinus sowie unterschiedliche mechanosensorische Nervenendigungen – Lanzettendigungen, Netzendigungen und die Innervation von Merkel-Zellen. Durch den Papillenmuskel kann die Vibrisse ausgelenkt und in rhythmische Bewegung versetzt werden

4

Abb. 4.13 Südafrikanischer Seebär (*Arctocephalus pusillus*) mit Tasthaaren von 20–30 cm Länge

Abb. 4.14 Das Walross (*Odobenus rosmarus*) zeichnet sich durch einen besonders robusten Bewuchs mit Tasthaaren aus – ein Hinweis auf die wichtige Funktion der Vibrissen beim Nahrungserwerb

Beutefisch führen, denn die Wirbelschleppen können mehrere Minuten lang im Wasser bestehen bleiben. Seehunde können aus den Wirbelschleppen erstaunlich detaillierte Informationen gewinnen. Sie erkennen die Objektgröße und -form, und sie können die Schwimmrichtung ihrer Beute ermitteln. Wirbelschleppen beinhalten umfangreiche Informationen für einen Jäger, und die Seehunde haben die Kunst des hydrodynamischen Spurenlesens weit vorangetrieben. Dazu haben sie auch die Form ihrer Vibrissen optimiert. Beim Seehund ist der Querschnitt seiner etwa 40 Vibrissen pro Seite nicht rund, sondern oval, sodass das Vibrissenhaar eine ungewöhnlich flache Form einnimmt. Darüber hinaus sind die Kanten der Haare nicht gerade, sondern verlaufen wellenartig. Biomechanische Analysen haben ergeben, dass diese stromlinienförmige Vibrissenform eine optimale Anpassung an das schnelle Schwimmen darstellt. Die flachen, wellenartig geformten Vibrissen erzeugen selbst äußerst wenig Wasserwirbel und können aus diesem Grund besonders empfindlich auf die Wirbelschleppen der Beutefische reagieren. Man kann bei Robben gut erkennen, wie sich die Tasthaare im Nasenbereich an die jeweilige Lebensweise der Tiere angepasst haben.

So beeindruckend die Leistungsfähigkeit des Tastsinns bei den Robben ist, die Weltmeister in der Nutzung von Tasthaaren sind doch weit weniger agile Tiere: Es sind die friedlichen **Seekühe** (Ordnung Sirenia). Der Karibik-Manati (*Trichechus manatus*) aus der Familie der Rundschwanzseekühe (Trichechidae) besitzt etwa 5300 Tasthaare, während sämtliche Deck- und Wollhaare von der Haut dieser Tiere verschwunden sind. Ungewöhnlich ist nicht nur die große Anzahl der Vibrissen, sondern auch ihre Verteilung: Nur 2000 befinden sich auf der Gesichtshaut, die restlichen 3300 Tasthaare sind gleichmäßig auf der gesamten Körperoberfläche verteilt. Jedes Haar auf dem Körper einer Seekuh – und auch auf dem des verwandten Dugongs (*Dugong dugong*; auch Gabelschwanzseekuh) – ist ein Tasthaar mit Vibrisse und sinuidem Follikel. An der Vorderseite ihres Gesichts tragen Seekühe eine Mundplatte mit etwa 600 Tasthaaren. Beim Fressen von Wasserpflanzen schieben die Tiere die Mundplatte über den Grund, oft mit geschlossenen Augen, und betasten den Boden. Jeder Follikel in der Mundplatte enthält etwa 50 sensorische Neuronen. Dazu kommt ein Kranz von beweglichen, perioralen Borsten, die – neben ihrer Funktion als Tasthaare – dazu eingesetzt werden, Pflanzenmaterial zu greifen. In verhaltensphysiologischen Versuchen hat sich gezeigt, dass die Mundplatte ein leistungsfähiges Tastorgan ist, mit einem Auflösungsvermögen, das in etwa der Rüsselspitze eines Elefanten entspricht. Die über den Körper verteilten Tasthaare werden nicht zur Nahrungssuche eingesetzt, sondern dienen der Erfassung von Wasserbewegungen in der Umgebung der

◘ **Abb. 4.15** Ein Nacktmull (*Heterocephalus glaber*) in seinem Bau. Zur Anpassung an das unterirdische Leben in ständiger Dunkelheit gehört bei diesem Nagetier der Verlust des Fells. Das Tier trägt am Kopf Tasthaare mit beweglichen Vibrissen sowie über den ganzen Körper verteilte Leithaare, die hochempfindlich auf Berührungen reagieren

Tiere. Sie haben die gleiche Funktion, die das Seitenlinienorgan bei Fischen erfüllt (▶ Abschn. 5.6). Offenbar handelt es sich hier um eine Anpassung an die schlechte Sicht im gelegentlich trüben Wasser der tropischen Flüsse, Lagunen und Mangrovengebiete, in denen die Manatis und Dugongs zu Hause sind.

Ein Extremfall der sensorischen Nutzung von Tasthaaren stellt der **Nacktmull** (*Heterocephalus glaber*) dar, ein vollständig unterirdisch lebendes Nagetier (Familie Heterocephalidae), das vor allem in den Halbwüsten Ostafrikas heimisch ist. Nacktmulle leben in einem komplexen System aus Erdkammern und Gängen, in denen sie eusoziale Kolonien bilden. Mehrere Hundert Tiere können zur Kolonie gehören, aber nur ein Weibchen übernimmt die Fortpflanzung, während alle anderen Tiere sich die anfallenden Arbeiten teilen. Wie im Insektenstaat werden die Arbeiterinnen in der Nacktmullkolonie durch ein Königinnenpheromon unfruchtbar gehalten. Nacktmulle haben kein Fell (◘ Abb. 4.15), ihre locker aufliegende Haut hat weder Wollhaar noch Unterhautfettgewebe und bietet damit kaum thermische Isolation. Sie sind die einzigen wechselwarmen Säugetiere und passen sich der jeweiligen Höhlentemperatur an – offenbar ein Vorteil für den Energiehaushalt. Nacktmulle sind praktisch blind, können aber im Frequenzbereich von 0,1–10 kHz akustisch miteinander kommunizieren. Zusätzlich scheint der Tastsinn eine wichtige Rolle in ihrer dunklen Welt zu spielen, und dafür sind sie auf ungewöhnliche Weise ausgerüstet. Im Schnauzenbereich der 5–10 cm langen Tiere befinden sich auf jeder Kopfseite etwa 20 Tasthaare mit langen Vibrissen, die zu den mystazialen Vibrissen zählen. Die Follikel sind vom sinuiden Typ mit einem großen, zentral gelegenen Ringsinus und können unabhängig voneinander bewegt werden. Ungewöhnlich ist, dass weitere 40 mechanosensitive Haare auf jeder Körperseite bis hin zu den Beinen und zum Schwanz zu finden sind. Dabei handelt es sich allerdings nicht um Tasthaare des Vibrissentyps, sondern um besonders große Leithaare, die einzigen Fellhaare, die bei den Nacktmullen erhalten geblieben sind. Die Follikel tragen Lanzettendigungen von Aβ-Mechanosensoren sowie Merkel-Zellen und andere sensorische Endigungen (s. ◻ Abb. 4.9, *links*), haben aber keinen Blutsinus. Diese besonderen Leithaare sind bei allen Nacktmullen in fünf horizontalen Reihen angeordnet, mit jeweils fünf bis elf Haaren entlang der Körperlängsachse. Die Tiere reagieren sehr empfindlich und robust auf Berührung der Leithaare. Wird eines der Haare stimuliert, wendet der Nacktmull seinen Kopf dem Ort der Berührung zu. Es wird angenommen, dass die Leithaare bei der Bewegung durch die Tunnelgänge – Nacktmulle können sich gleich schnell vorwärts und rückwärts durch ihre Gänge bewegen – sowie bei Begegnungen mit Artgenossen sensorische Informationen liefern. Interessanterweise treten die besonders langen Leithaare auch bei verwandten Arten auf, die ihr Fell nicht verloren haben. In der Familie der Sandgräber (Bathyergidae), zu der man früher auch die Nacktmulle gezählt hat, haben die unterirdisch lebenden Tiere ein dichtes Fell. Die Graumulle der Gattungen *Fukomys* und *Cryptomys*, der Silbermull (*Heliophobius*), der Strandgräber (*Bathyergus*), und der Kap-Blessmull (*Georhychus*) verfügen – soweit bekannt – ebenfalls über besonders lange, steife und hochempfindliche Leithaare in ihrem Fell. Es scheint, dass für das Leben in Tunneln und unterirdischen Kammern ein empfindliches Tastfell so entscheidende Vorteile bringt, dass selbst der extrem angepasste Nacktmull seine Leithaare als Tastorgan beibehalten hat.

4.4 Der Tastsinn der unbehaarten Haut

Das Integument, das körpereinhüllende Gewebe, unterscheidet sich in seiner anatomischen Ausführung erheblich bei einzelnen Wirbeltierarten. Die Epidermis ist typischerweise nicht direkt der Umwelt ausgesetzt, sie bildet vielmehr verschiedenartige Schutzschichten wie Schleim oder Hornhaut sowie Hautanhangsgebilde wie Schuppen, Federn oder Haare. Ein fast allen Säugetieren gemeinsames Merkmal ist die behaarte Haut. Zu den wenigen Ausnahmen gehören die Schuppentiere (Ordnung Pholidota) mit einem Panzer aus Hornschuppen, die Gürteltiere (Ordnung Cingulata), deren Panzer aus Knochenschuppen besteht, sowie ausgewachsene Wale (Ordnung Cetacea), bei denen nur gelegentlich einige Vibrissen im Bereich des Maules übrig geblieben sind. Menschen gehören nicht zu den Ausnahmen, denn auch unsere Haut ist fast vollständig behaart, nur sind Haardichte und -länge geringer als bei anderen Hominiden. Letztlich sind nur sehr kleine Hautbereiche bei Säugetieren wirklich unbehaart. Der **Nasenspiegel** (Rhinarium, Planum nasale) gehört dazu, ein meist völlig unbehaarter Bereich der Epidermis um die Nasenlöcher herum. Auch die **Zehen- und Sohlenballen** sind bei fast allen Säugetieren unbehaart (◻ Abb. 4.16) – eine Ausnahme bildet beispielsweise der Schneehase (*Lepus timidus*), bei dem auch Nasenspiegel und Sohlen behaart und damit wärmeisoliert sind. Zusammen mit den Tasthaaren (Vibrissen) sind die unbehaarten Hautbereiche von besonderer Relevanz für den **explorativen Tastsinn** der Tiere. Der Nasenspiegel liefert mechanische Sinnesinformationen beim Durchstöbern von Substraten und dient zusammen mit dem Geruchssinn der genauen Untersuchung von Objekten. Über Zehen- und Sohlenballen beziehen Tiere Informationen zur Bodenbeschaffenheit und können ihr Laufverhalten entsprechend anpassen. Besondere Bedeutung hat die unbehaarte Sohlenhaut der Vorderpfoten bei Nagetieren. Mäuse und Eichhörnchen halten interessante Objekte wie Körner und Nüsse zwischen beiden Vorderpfoten und betasten sie ausgiebig. Auch zur Fell-

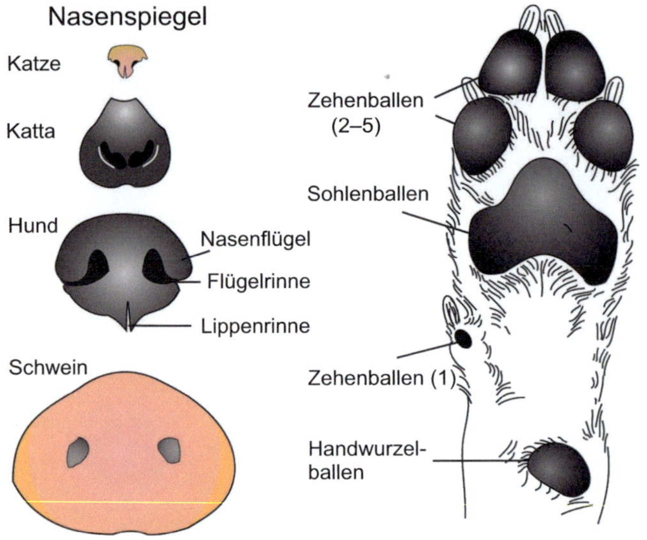

◻ **Abb. 4.16** Unbehaarte Hautareale bei Säugetieren. *Links*: Nasenspiegel der Hauskatze (*Felis silvestris catus*), des Kattas (*Lemur catta*), ein Lemur, der zu den Feuchtnasenprimaten (Unterordnung Strepsirrhini) gehört, des Haushundes (*Canis lupus familiaris*) sowie des Hausschweins (*Sus scrofa domesticus*). *Rechts*: Ballen an der Pfote eines Hundes. Die unbehaarte Haut von Kattas und Hunden ist schwarz pigmentiert, die von Katzen und Schweinen nicht. Anatomische Bezeichnungen: Flügelrinne, Sulcus alaris; Lippenrinne, Philtrum; Nasenflügel, Alae nasi; Nasenspiegel, Planum nasale; Handwurzelballen, Torus carpeus; Sohlenballen, T. metacarpeus; Zehenballen, T. digitalis. Nach Salomon et al. (2015)

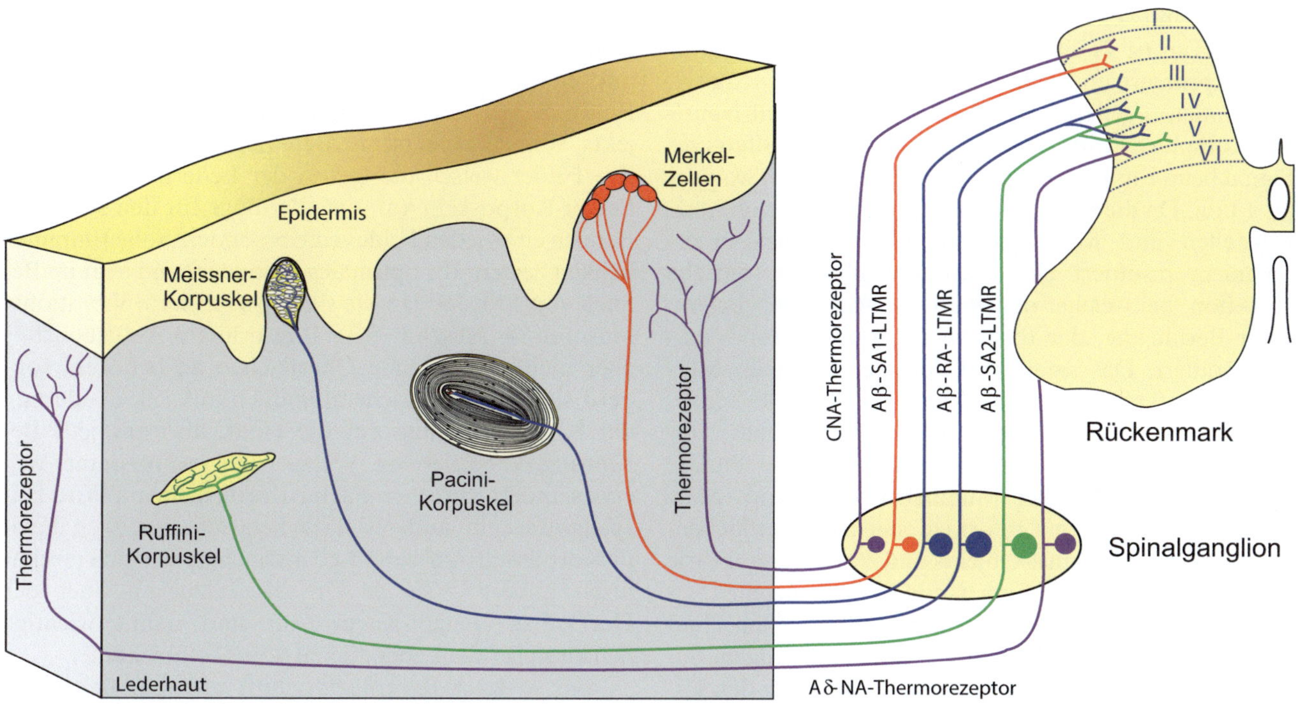

Abb. 4.17 Tastsinneszellen in der unbehaarten Haut eines Säugetieres. *Links*: Typ, Struktur und Lage einiger Tastsensoren. Dermis und Epidermis sind in der unbehaarten Haut oft durch tief ineinandergreifende Papillen miteinander verzahnt und dadurch stabilisiert. In den obersten Ausläufern der Dermispapillen findet man die empfindlichsten Berührungssensoren. Berührungsempfindliche Tastsinneszellen weisen auffällige Endstrukturen auf, während Thermorezeptoren als freie Nervenendigungen im Hautgewebe liegen. Hochschwellige Sensoren des Schmerzsystems sind nicht dargestellt. *Rechts*: Verbindung der Tastsinneszellen mit dem Hinterhorn des Rückenmarks über afferente Fasern der in Tab. 4.2 aufgelisteten Typen. NA, nicht adaptierend; RA, schnell (*rapidly*) adaptierend; S, langsam (*slowly*) adaptierend

pflege werden die Vorderpfoten eingesetzt, wenn Nager sich kämmen, putzen und ihre langen Vibrissen ordnen. Viele Tierarten nutzen ihre Vorderpfoten zur taktilen Erforschung ihrer Umwelt – man denke nur an den Waschbär (*Procyon lotor*) und seine Suche nach Essbarem im Uferbereich –, sodass ein Vergleich mit den sensorischen Einsatzmöglichkeiten der Hände des Menschen naheliegt. Tatsächlich erkennt man die besondere sensorische Ausstattung der Vorderpfoten schon bei Mäusen: Sie haben in ihrer Sohlenhaut eine etwa dreifach höhere Dichte an Tastsinneszellen vom Aβ-LTMR-Typ verglichen mit den Sohlen der Hinterpfoten, und die Berührungsempfindlichkeit dieser Sensoren ist vorne deutlich höher als hinten. Hier deutet sich eine taktile Spezialisierung der Vorderextremitäten an, welche beispielsweise für die Manipulation der Nahrung äußerst nützlich ist. Vollständig handartig wird die Nutzung der Vorderpfoten bei Primaten, bei denen Bezeichnungen wie „Pfoten", „Tatzen" oder „Pranken" abgelöst werden durch „Hände" und „Füße". Besondere Fertigkeiten werden spezifisch für die Hände entwickelt, beispielsweise die Verbesserung der Feinmotorik, eine besonders präzise visuomotorische Koordination sowie der Ausbau der Fingersensorik, mitsamt einer Ausbreitung der zentralen Repräsentation der Fingerhaut im somatosensorischen Cortex (▶ Abschn. 4.6) – allesamt taktile Fertigkeiten, durch welche die Hände zu vielseitigen Tastorganen mit hoher räumlicher Auflösung werden.

Beim Betasten eines Gegenstands sind vor allem drei Schlüsselfragen zu klären: Welche Form und Textur hat das Objekt? Wie warm ist der Gegenstand? Bewegt er sich oder steht er still? Der Tastsinn liefert zu diesen drei Fragen die entscheidenden Details, sodass die Beschaffenheit eines Gegenstands verständlich werden kann, mitsamt der Information dazu, ob hier ein Lebewesen angefasst wird oder ein unbelebtes Objekt. In der unbehaarten Haut tragen mehrere Arten von Tastsinneszellen dazu bei, die drei Schlüsselfragen schnell und zuverlässig zu beantworten. Jede Berührung der unbehaarten Haut wird durch die sehr empfindlichen **Merkel-Zellen** registriert (Abb. 4.17). Merkel-Zellen sind epidermale Zellen, die zwischen den Keratinocyten der Epidermis liegen, wo sie an der Grenzschicht zwischen Keimschicht und Lederhaut einzeln oder in Gruppen von bis zu etwa 150 Zellen eingelagert sind. Sie exprimieren den mechanosensitiven Ionenkanal Piezo 2, der bei Berührung der Epidermis durch Membrandehnung in den Merkel-Zellen aktiviert wird und bei andauernder Berührung nur langsam adaptiert. Jede Merkel-Zelle hat auf ihrer zur Lederhaut weisenden Seite

Kontakt mit einem Mechanosensor vom Aβ-SA1-LTMR-Typ (s. ◘ Tab. 4.2), der ebenfalls Piezo-2-Kanäle exprimiert und daher auf die Berührung reagiert. Zusammen generieren diese „Merkel-Zell-Neuriten-Komplexe" ein langsam adaptierendes afferentes Signal beim Eindrücken der Hautoberfläche um weniger als 1 mm. Da die Reaktionsgeschwindigkeiten von Merkel-Zellen und Mechanosensoren sich etwas unterscheiden, resultiert eine insgesamt phasisch-tonische Reaktion, bei welcher der phasische Anteil den Beginn einer Berührung, der tonische dagegen die Eindrucktiefe codiert. Das rezeptive Feld einer einzelnen Merkel-Zelle ist punktförmig, kleiner als die Zelle selbst. Wenn viele Merkel-Zellen in einer Tastscheibe zusammengelagert sind, entsteht ein Detektor für Punkte und Kanten mit hoher räumlicher Auflösung. Merkel-Zellen liefern damit Informationen zur Oberflächenstruktur (Rauheit) eines Objekts und zu Formdetails wie Umrissen, Höhenabstufungen und Begrenzungen.

Zwei der Tastsinneszellen in der unbehaarten Haut haben die Form eingekapselter Nervenendigungen. Sowohl bei den **Meissner-Korpuskeln** als auch bei den **Pacini-Korpuskeln** sind die sensorischen Endigungen von Aβ-RA-LTMR-Sensoren (s. ◘ Tab. 4.2) in vielzellige Bindegewebsstrukturen eingefasst. Die Reaktionen dieser Korpuskeln (Körperchen) werden durch diese Verpackung grundlegend beeinflusst. Wirkt ein mechanischer Reiz auf ein Korpuskel ein, gerät das gesamte System der Bindegewebszellen unter mechanischen Druck, und ein Teil dieses Druckes wirkt auf die darin eingelagerten sensorischen Endigungen ein, die dadurch aktiviert werden und feuern. Der Druck löst aber auch eine Verschiebung des Bindegewebes aus, Zellen passen sich an, und die mikroskopische Neuordnung des ganzen Korpuskels führt schnell zur Entspannung der ganzen Struktur und damit zum Ende des Reizes auf die Axonendigung. Hört der mechanische Druck auf, sorgen elastische Kräfte dafür, dass die Korpuskeln wieder in ihren Ruhezustand zurückkehren, und dieser erneute Umordnungsprozess löst wiederum neuronale Aktivität aus. Für solche Tastsinneszellen ist das charakteristische Reaktionsmuster die Ein-Aus-Reaktion – sie feuern zu Beginn und am Ende des Reizes. Ihr adäquater Reiz ist daher eine Reizänderung, und sie sind darauf spezialisiert, Bewegungen eines Objekts zu erfassen. Infolge ihrer unterschiedlichen Endstrukturen und Position in der Haut haben sie spezifische Funktionen für den Tastsinn. Die direkt an der Epidermis liegenden Meissner-Korpuskeln reagieren hochempfindlich, wenn ein Objekt sanft betastet wird, beispielsweise beim Streichen über dessen Oberfläche. Sie haben kleine rezeptive Felder und können in sehr hoher Dichte in der unbehaarten Haut vorkommen. Die entsprechend hohe räumliche Auflösung kommt vor allem bei langsamen Bewegungen und Vibrationen mit Frequenzen um 20–40 Hz zur Geltung. Das Abtasten mit der richtigen Bewegungsgeschwindigkeit von Zehen, Fingern oder der Nase vermittelt vor allem über die Meissner-Korpuskeln einen Eindruck von der Oberflächenbeschaffenheit eines Objekts. Weit größere, oft mehrere Zentimeter weite, rezeptive Felder weisen die tief in der Lederhaut liegenden Pacini-Korpuskeln auf, die allerdings für den zentralen Bereich eines jeden Feldes eine besonders hohe Empfindlichkeit zeigen. Ihr optimales Frequenzband liegt im Bereich von 150–300 Hz, sie sind spezialisierte Vibrationssensoren (▶ Abschn. 5.3). Ihre primäre Aufgabe ist es aber nicht, vibrierende Oberflächen zu betasten, sondern sie reagieren hochempfindlich auf jede Änderung der Krafteinwirkung auf die Haut, also auf jede Berührung, Verschiebung, Verlagerung – wann immer sich etwas ändert, sprechen Pacini-Korpuskeln an. Wird beispielsweise ein anderes Tier betastet, reagieren Pacini-Korpuskeln auf jedes Lebenszeichen, das sich mechanisch äußert – sei es ein Muskelzucken oder der Herzschlag. Pacini-Korpuskeln sind damit wichtige Sensoren für die Lebendigkeit von Tastobjekten.

Ein weiterer Rezeptortyp hilft offenbar dabei, die Richtung einer Streichbewegung zu erfassen. Dabei handelt es sich um die **Ruffini-Korpuskeln** in der Lederhaut, bei denen die sensorischen Endigungen eines Mechanorezeptors vom Typ Aβ-SA2-LTMR von einer Bindegewebskapsel eingefasst sind (◘ Abb. 4.17). Die afferenten Fasern der Ruffini-Korpuskeln zeigen spontane Daueraktivität, die durch ein Verschieben der Hautoberfläche sowie durch Hautdehnung, beispielsweise beim Zwicken oder Kneifen, moduliert wird. Im Gegensatz zu den kleinen rezeptiven Feldern der Aβ-SA1-LTMR-Sensoren, charakteristisch für Merkel-Zellen in der unbehaarten und für Leithaare in der behaarten Haut, haben die Aβ-SA2-LTMR-Sensoren weit ausgebreitete rezeptive Felder.

Zu den charakteristischen Eigenschaften eines Objekts gehört seine Temperatur. Spezialisierte **Thermorezeptoren** in der unbehaarten Haut leisten daher einen wichtigen Beitrag zur Entstehung des taktilen Perzepts, der Wahrnehmung eines betasteten Objekts. Thermorezeptoren tragen keine Endstrukturen wie Mechanorezeptoren. Ihre sensorischen Endigungen liegen als freie, verästelte Nervenendigungen in der Haut (◘ Abb. 4.17). Für die Erfassung von Erwärmung und Abkühlung der Haut sind zwei Populationen von Thermorezeptoren zuständig: Warmrezeptoren und Kaltrezeptoren. Beide Sinneszellen sind bei der neutralen Oberflächentemperatur der Haut aktiv, sie feuern beständig Aktionspotenziale. **Kaltrezeptoren** erhöhen ihre Aktivität bei Abkühlung und erreichen ihre maximale Feuerrate bei etwa 23–25 °C; **Warmrezeptoren** werden dagegen durch Erwärmung aktiviert und erreichen ihr Aktivitätsmaximum erst bei 43–45 °C. Kaltrezeptoren leiten zudem schneller, denn sie besitzen myelinisierte Aδ-Fasern mit Leitungsgeschwindigkeiten um 20 m s^{-1}, während die afferenten Signale der Warmrezeptoren vor allem durch C-Fasern mit Geschwindigkeiten von 1–2 m s^{-1} leiten. Die Kaltinformation erreicht das Gehirn aus diesem Grund früher als die Warminformation. Da Kalt- und Warmrezeptoren unterschiedliche Sinneszellen sind, haben sie auch voneinander getrennte rezeptive Felder. Man bezeichnet die betreffenden Hautareale als Kaltpunkte und Warmpunkte, jeweils mit wenigen Millimetern Durchmesser und ungleich auf der Haut verteilt. Im Allgemeinen ist die Anzahl der Kaltpunkte auf der Haut größer als die der Warmpunkte, sodass das räumliche Auflösungsvermögen des Temperatursinnes für kalte Objekte besser ist als für warme. Thermorezeptoren gibt es auch in der behaarten Haut. Vermutlich ist ihre Funktion dort aber in erster Linie mit dem Wärmehaushalt verbunden, während die Thermorezeptoren der unbehaarten Haut die Leistung des Tastsinnes verbessern (vgl. Wärmesinn, ► Abschn. 11.6). Neben dem Erspüren von Körperwärme – eine zentrale und lebenswichtige Aufgabe des Tastsinnes – kann der Temperatursinn auch die Information liefern, ob eine Oberfläche **nass oder trocken** ist, denn die Temperatur nasser Oberflächen ändern sich wegen der hohen Wärmekapazität und der guten Wärmeleitfähigkeit des Wassers, und auf Temperaturänderungen reagieren Thermorezeptoren besonders empfindlich. Die Genauigkeit des Temperatursinnes der unbehaarten Haut hängt von der aktuellen Hauttemperatur ab sowie davon, wie schnell eine Testtemperatur verändert wird. Viele Verhaltensversuche haben gezeigt, dass Zehntelgrade unterschieden werden können, wenn die Änderungsgeschwindigkeit bei mindestens 0,1 °C pro Sekunde liegt. Wird die Temperatur langsamer verändert, fällt die Temperaturunterscheidung ungenauer aus. Menschen können Temperaturunterschiede von 4–5 °C nicht mehr unterscheiden, wenn die Testtemperatur mit 0,5 °C pro Minute verändert wird. Bei sehr langsamer Temperaturänderung oder bei lang andauerndem Kontakt mit einem Objekt von konstanter Wärme adaptiert der Temperatursinn. Aber in dem für das Betasten typischen Zeitraum von Sekunden liefern die Temperatursensoren der unbehaarten Haut zuverlässige Informationen. Details zum Wärmesinn werden in ► Kap. 11 behandelt.

Die verschiedenen Tastsinneszellen der unbehaarten Haut sind für die Detektion ihrer jeweils adäquaten Reize durch spezielle Strukturen ihrer sensorischen Endigungen optimiert. Darüber hinaus enthalten diese Endigungen auch besondere Transduktionskanäle, die bei Einwirkung des jeweiligen Reizes geöffnet werden. Auf der molekularen Ebene sind die Öffnungsmechanismen von **mechanosensitiven Transduktionskanälen** noch nicht vollständig verstanden, aber einige Gruppen von Proteinen sind unzweifelhaft beteiligt. Dazu gehören die Degenerin/ENaC/ASIC-Kanäle, deren Bedeutung für die Mechanotransduktion schon für *Caenorhabditis elegans* nachgewiesen wurde (► Abschn. 4.1). Ebenfalls aus der *C.-elegans*-Forschung stammt die Erkenntnis, dass TRP-Kanäle (TRP-4) als Mechanosensoren dienen können – ein Befund, der auch für *Drosophila* (TRPN) und für Säugetiere (TRPP2) bestätigt werden konnte. Einige Kaliumkanäle (TREK-1, TRAAK) zeigen Mechanosensitivität, ihre Bedeutung für Tastsinneszellen ist aber bisher unverstanden. Klar gezeigt ist dagegen, dass das Kanalprotein Piezo 2 als Sensor für sanfte Berührung ein unabdingbarer Bestandteil der Tastsinneszellen in der unbehaarten Haut ist. Der Piezokanal öffnet sich bei schwachen mechanischen Reizen und leitet einen depolarisierenden Kationenstrom in die sensorischen Endigungen der Mechanosensoren vom LTMR-Typ. Piezo-2-orthologe Ionenkanäle vermitteln die Mechanotransduktion in Tastsinneszellen sowohl bei *Drosophila*, Zebrafisch und Maus als auch bei Wasservögeln, die ihre Nahrung unter Wasser durch den Tastsinn ihres Schnabels finden müssen (Gänsevögel, Ordnung Anseriformes), nicht aber bei hauptsächlich visuell geleiteten Vögeln (Hühnervögel, Ordnung Galliformes). Piezo 2 wurde in allen hier aufgeführten Mechansosensoren der unbehaarten Haut (wie auch bei den Aβ- und Aδ-Sensoren der behaarten Haut) nachgewiesen (◘ Tab. 4.3). Inwieweit die anderen Ionenkanäle am Zustandekommen des Rezeptorpotenzials in Tastsinneszellen beteiligt sind, ist derzeit noch nicht geklärt.

4.5 Tasten und Greifen

Das Tasten und die Verhaltensreaktion auf den Tastreiz stehen in einem unmittelbaren Zusammenhang. Da Dinge, die mit dem Tastsinn bemerkt werden, immer direkten Kontakt zum eigenen Körper haben, muss sofort entschieden werden, was zu tun ist. Sowohl das passive Berührtwerden als auch das explorative Ertasten interessanter Objekte stellen die Tiere vor die Entscheidung, welche motorische Reaktion jetzt eingeleitet werden muss. Diese Entscheidung steht sowohl für den Jäger als auch für den Gejagten, aber auch für den Baumkletterer und für den Nachtaktiven, unter starkem Selektionsdruck. Hierin unterscheidet sich der Tastsinn von allen anderen Sinnen. Denn etwas zu sehen oder zu hören kann durchaus ohne Handlungszwang bleiben – ein entspanntes Betrachten oder Lauschen ist Teil der Sinneserfahrung, zumindest solange sich die betrachteten und belauschten Objekte in sicherer Entfernung befinden. Der Tastsinn informiert jedoch über Vorgänge im unmittelbaren Nahbereich, und für den gelten eigene Regeln. Besonders deutlich ist das Zusammenspiel von Tastsinn und Motorik bei Greiforganen, bei denen

Tab. 4.3 Tastsinneszellen in der unbehaarten Haut und ihre typischen Reaktionen auf adäquate Reize. Die Reize sind entweder das Eindrücken der Haut oder, bei Temperatursensoren, das Anwärmen oder Abkühlen der Haut. Die Liste von beteiligten Transduktionskanälen umfasst Kandidatenproteine für den mechanoelektrischen Transduktionsvorgang. Abkürzungen: ASIC, *acid sensing ion channel*; ENaC, *epithelial sodium channel*; KCNQ4, *voltage-gated potassium channel, subtype KQT4*; TRP, *transient receptor potential channel*. „Piezo" ist kein Akronym, sondern ein Eigenname mit Bezug auf den piezoelektrischen Effekt. Nach Bokiniec et al. (2018); Dhaka et al. (2006); Roudaut et al. (2012); Woo et al. (2015)

Rezeptortyp	charakteristische Reaktion	beteiligte Transduktionskanäle
Merkel-Zellen, Aβ-SA1-LTMR	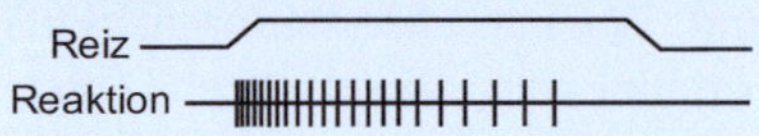	Piezo 2, ASIC 2, ASIC 3, TRPV2, TRPV4
Meissner-Korpuskeln, Aβ-RA-LTMR	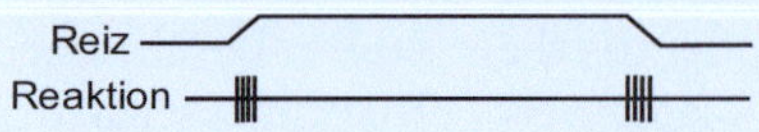	Piezo 2, ASIC 2, ASIC 3, ENaC, KCNQ4, TRPV4
Pacini-Korpuskeln, Aβ-RA-LTMR	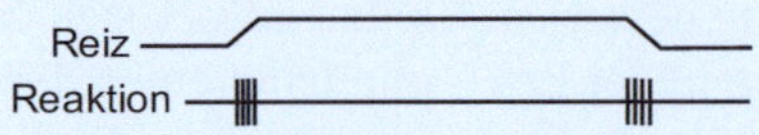	Piezo 2, ASIC 1, ASIC 2, ENaC
Ruffini-Korpuskeln, Aβ-SA2-LTMR	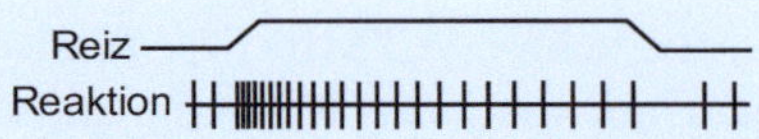	Piezo 2, Aquaporin 1, ASIC 3, ENaC
Temperatursensoren, Aδ-NA-LTMR, C-Fasern	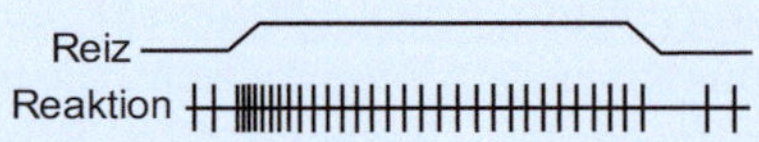	TRPA1, TRPM8, TRPV1-4

neuronale Signale aus Mechanosensoren den Greifvorgang steuern. Solche **Greifarme**, **Greiffinger**, **Greifzungen**, **Greifnasen** und **Greifschwänze** haben sich bei vielen Tieren zu erstaunlich vielseitigen und leistungsfähigen Gliedmaßen entwickelt, denen hier ein eigener Abschnitt gewidmet werden soll, weil sie gleichzeitig hochempfindliche Tastorgane sind.

Es beginnt eher unspektakulär und mit einem Gegenbeispiel: mit der Begegnung von zwei Ameisen (◘ Abb. 4.18). Für Ameisen (Familie Formicidae) ist es von entscheidender Bedeutung herauszufinden, ob die Artgenossin zur eigenen Familie gehört oder zu einer konkurrierenden Kolonie. Familienmitglieder werden freundlich behandelt und über etwaige Nahrungsquellen unterrichtet. Allen anderen Ameisen begegnet man zumindest mit Zurückhaltung, wenn nicht gar mit Aggression. Die Begegnung ist nur kurz, dauert oft weniger als eine Sekunde. Die beiden Tiere positionieren sich frontal und nutzen ihre Antennen zur gegenseitigen Ausrichtung. Dann beginnt das gegenseitige Untersuchen. Mithilfe der olfaktorischen Sensillen auf ihren Antennen (s. ◘ Abb. 8.7) beschnuppern sie sich, ermitteln den jeweiligen Nestgeruch und erhalten dadurch alle Informationen, die für diese Situation benötigt werden. Dabei interessieren sie sich besonders für organische Verbindungen auf der Cuticula der Antennen, denn die Antennen tragen offenbar einen nestspezifischen Duft. Der Tastsinn leistet hier nicht die Erkennung der Familienzugehörigkeit – er dient vielmehr dazu, die Antennen aneinanderzulegen, sodass eine olfaktorische

◘ **Abb. 4.18** Zwei Ameisen begegnen sich und erkunden durch „Betrillern" mit ihren Antennen, ob sie zur selben Kolonie gehören oder nicht

Überprüfung stattfinden kann. Antennen werden nicht zum Greifen eingesetzt, sondern dienen als Sinnesorgane ohne Greiffunktion. Das olfaktorische Signal kann ein aggressives Verhaltensmuster auslösen, welches dann die Mandibeln aktiviert und die Ameise dazu veranlasst, ihre Artgenossin zu beißen. Die **Trennung von Sensorik und Motorik** bei der Ameise dient hier als Gegenbeispiel für die Greifgliedmaßen, bei denen beide Funktionen in demselben Gewebe vereinigt sind.

Bei den Kraken (Ordnung Octopoda) sind Tastsinn und Motorsystem in dieselben Strukturen integriert, in die acht Greifarme. Der ganze Körper dieser Tiere ist mit Tastsinneszellen bedeckt, aber in den Saugnäpfen der Greifarme ist ihre Dichte am höchsten. In der Wand

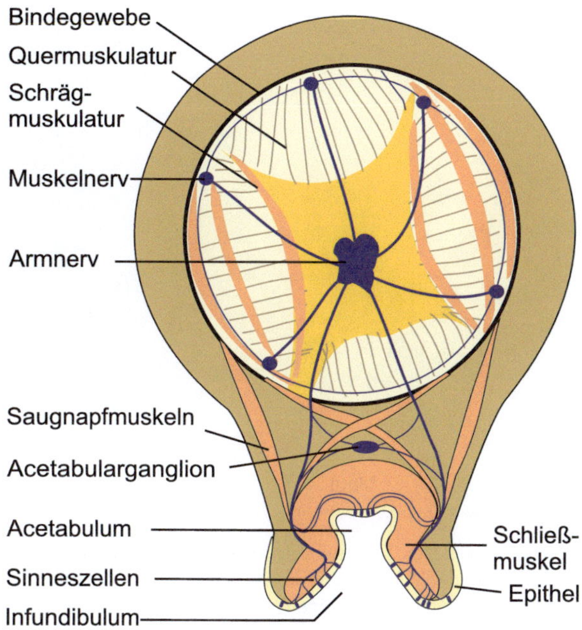

Abb. 4.19 Die Greifarme des Gewöhnlichen Kraken (*Octopus vulgaris*). Jeder der acht Arme dieses Kopffüßers ist mit zwei Reihen von Saugnäpfen besetzt. Im schematischen Querschnitt durch einen Arm (*rechts*) erkennt man das Nervensystem (*blau*), welches sensorische Informationen von den Tastsinneszellen eines jeden Saugnapfes zum Ganglion des Saugnapfes (Acetabularganglion) sowie zum axial verlaufenden Armnerven leitet. Die Quermuskeln (Tansversalmuskeln) und die schraubenförmig angeordnete Schrägmuskulatur der Armmuskulatur sind angedeutet. Die Längsmuskeln (Longitudinalmuskeln) stehen senkrecht zur Papierebene. Fünf axial verlaufende Armnerven steuern die Muskeln

der ringförmigen, als Infundibulum bezeichneten Napfstruktur eines jeden Saugnapfes (Abb. 4.19) sind einige Zehntausend Sinneszellen eingelagert, die meisten davon Mechanosensoren, die übrigen Chemosensoren. Die Gesamtzahl aller Sinneszellen in den Saugnäpfen der acht Arme wird auf 240 Mio. geschätzt. Die Arme bilden damit ein Tastorgan mit extrem hoher räumlicher Auflösung. Kraken nutzen diese Arme, indem sie unablässig Objekte in ihrer Umgebung untersuchen. Sie betasten beispielsweise eine Muschel mit vier oder sechs benachbarten Saugnäpfen eines Armes, wenden die Muschel hin und her, untersuchen die Oberflächentextur und analysieren den Geruch. Erweist sich die Muschel als fressbar, krümmt sich die lokale Armregion wie eine Klammer um die Muschel, und der Arm biegt und dreht sich auf geeignete Weise, um die Muschel zur Mundöffnung zu führen, die in der Mitte der acht Armansätze liegt. Die Arme sind von drei Muskelsträngen durchzogen, einem mit longitudinal verlaufenden Muskelfasern, einem mit transversalen und einem mit schräg angeordneten Fasern, die sich schneckenförmig um die Mittelachse winden. Die Kontraktion der Transversalmuskulatur verkürzt den Arm und – wenn sie nur auf einer Armseite stattfindet – biegt den Arm seitlich ab. Die Transversalmuskulatur verlängert den Arm, und die schräg verlaufenden Muskeln erzeugen eine Drehung um die Längsachse. Die beiden Reihen von Saugnäpfen auf der Innenseite jedes Armes sind für das explorative Tasten und das Greifen von Beutetieren wie Krebse, Muscheln und Schnecken gleichermaßen optimiert. Darüber hinaus ist jeder Saugnapf mit einem eigenen Muskelsystem ausgestattet, das von einem eigenen Ganglion, dem Acetabularganglion (Abb. 4.19), gesteuert wird. Als Acetabulum bezeichnet man die hintere Kammer des Saugnapfes, in der durch Muskelkontraktion Unterdruck erzeugt und so die Haftwirkung des Saugnapfes ausgelöst wird.

Der Vorgang der koordinierten Armbewegung beim Octopus ist noch nicht vollständig verstanden. Da Kraken keine Knochen und Gelenke haben, kann jedes Armsegment Bewegungen in drei Raumrichtungen und zusätzlich Torsionsbewegungen in zwei Richtungen ausführen. In welcher Weise zielgerichtete Bewegungen eines Muskelapparats mit so vielen Freiheitsgraden überhaupt möglich sind, ist noch weitgehend unerforscht. Das Nervensystem der Kraken ist funktionell zweigeteilt. Das Gehirn und die optischen Loben liegen im Bereich des Mundes, und durch jeden Arm verläuft ein axialer Nervenstrang vom Gehirn aus bis zur Armspitze, mit Abzweigungen an jedem Saugnapf. Das Armnervensystem enthält etwa doppelt so viele Neuronen wie das Gehirn (350 Mio.) und arbeitet zu einem gewissen Grad unabhängig vom Gehirn. Man kann die Selbstständigkeit des Armnervensystems daran erkennen, dass amputierte Octopusarme ohne Kontakt zum Gehirn in der Lage sind, Such- und Greif-

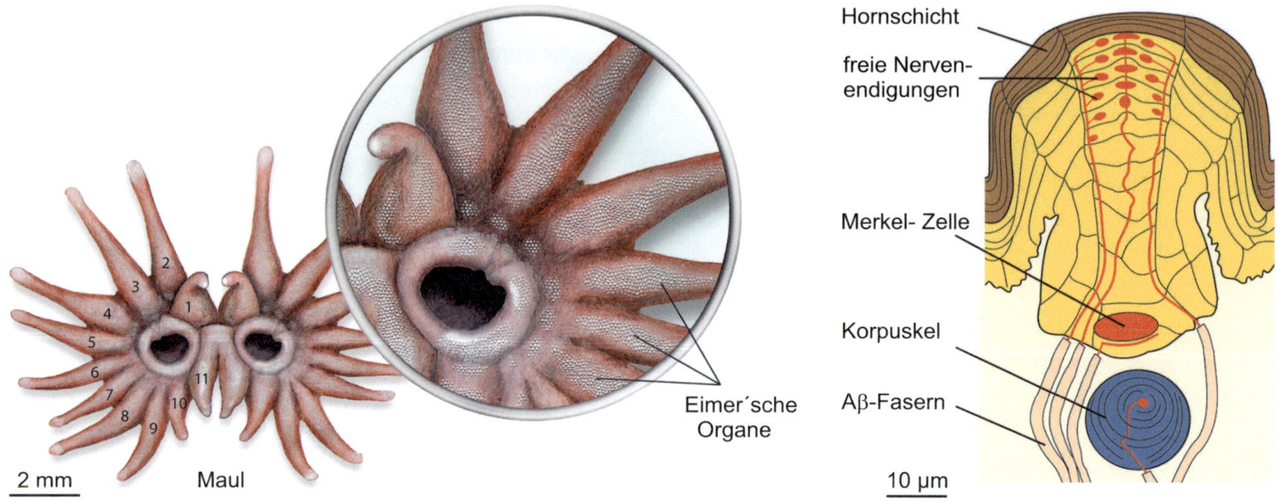

Abb. 4.20 Das Tastorgan des Sternmulles (*Condylura cristata*). *Links*: Die unbehaarte Haut des Nasenspielgels ist beim Sternmull durch jeweils elf fingerförmige Fortsätze vergrößert, die sternförmig um jedes Nasenloch herum angeordnet sind. Die Hautstrukturen sind über Sehnen mit der Gesichtsmuskulatur verbunden und daher beweglich. Die beiden Taststerne sind spiegelsymmetrisch zur Medianebene angeordnet und liegen direkt über dem Maul des Tieres. Der Sternmull sucht mit diesem einzigartigen Tastorgan – auch Sternorgan genannt – nach fressbaren Beutetieren. *Vergrößerung*: Die gesamte Oberfläche der Hautfortsätze ist mit kuppelförmigen Eimer'schen Organen besetzt, in denen die Tastsinneszellen des Sternorgans liegen. *Rechts*: Schematische Darstellung eines Querschnitts durch ein Eimer'sches Organ. Jedes Organ enthält in der Lederhaut ein Korpuskel mit Lammellenstruktur, das ähnlich wie ein Pacini-Korpuskel aufgebaut ist. Darüber, an der Grenze zwischen Dermis und Epidermis, liegt in der Keimschicht der Haut eine Merkel-Zelle mit ihrer afferenten Nervenfaser. Von der Merkel-Zelle aus führt eine Säule aus Epidermiszellen bis zur Hornschicht der Epidermis. In diese Säule sind distal mehrere freie Nervenendigungen mit terminalen Verdickungen eingelegt. Nach Catania (1999, 2019)

bewegungen auszuführen. In den neuronalen Netzen der Arme müssen demnach komplexe Bewegungsprogramme angelegt sein. Nach einer gängigen Vorstellung vom Zusammenwirken zwischen den beiden Ebenen des Nervensystems der Kraken gibt das Gehirn vor, *was* geschehen soll, während das Armnervensystem selbstständig entscheidet, *wie* das Ziel erreicht werden kann, und dann die Muskelaktivität in Armen und Saugnäpfen entsprechend steuert. Die weitgehende Autonomie der Armmuskulatur beruht auch darauf, dass jeder Arm und jeder Saugnapf mit hochauflösender Tastinformation versorgt werden. Allerdings erreichen die vielen Tausend Sinneszellaxone eines jeden Saugnapfes nicht das Gehirn. Im Armnervensystem kommt es vielmehr zu einer radikalen Reduktion der afferenten Fasern. Ausgehend von vielen Millionen Sinneszellen in den acht Armen, gelangen afferente Signale letztlich nur durch 30.000 Fasern zum Gehirn. Das allein zeigt, dass der Großteil der Tastinformation in den Armen selbst verarbeitet und zur Steuerung von lokalen Greifbewegungen genutzt wird. Die Krakenarme – obwohl noch keineswegs vollständig erforscht – bieten ein Beispiel für die hochentwickelte **sensomotorische Integration in einem Greiforgan**.

Für die schiere Genauigkeit des Tastsinnes bei einem Säugetier ist das Sternorgan des Sternmulles (*Condylura cristata*) das herausragende Beispiel. Sternmulle sind 10–13 cm große Maulwürfe (Familie Talpidae), die in Sumpf- und Seegebieten im Osten der USA leben und durch ihren auffälligen Nasenaufsatz, das Sternorgan, bekannt geworden sind (Abb. 4.20, *links*). Die Tiere leben in unterirdischen Gängen, wo sie kleine Beutetiere wie Schnecken, Engerlinge, Regenwürmer und Ähnliches jagen. Dabei bewegen sie sich hektisch durch ihre Bauten – hektisch jedenfalls für das menschliche Zeitgefühl – und betupfen unablässig Objekte mit ihrem Sternorgan, dessen bewegliche Strahlen das Untersuchungsobjekt rastlos und ausgiebig befingern. Hebt der Sternmull seinen Kopf an, werden die Strahlen seines Sternorgans gespreizt. Findet er eine interessante Struktur, platziert er das gesamte Organ darauf, indem er die Strahlen nach vorne fallen lässt. Diese Tast- und Tupfbewegungen laufen mit hoher Geschwindigkeit ab, sodass der Sternmull wie ein hyperaktiver Staubsauger sein unterirdisches Reich erkundet. Hat einer der Strahlen ein interessantes Objekt ertastet, bewegt der Sternmull sofort seine Nase zu dem Objekt hin und untersucht es eingehend mit den beiden zentralen Strahlen (Abb. 4.20, *links*, Strahl 11). Durch eine besonders hohe Innervationsdichte (und einen entsprechend großen Verschaltungsbereich im somatosensorischen Cortex; ► Abschn. 4.6) bilden diese beiden kürzeren zentralen Strahlen mit der Nummer 11 eine Tastfläche für die genaueste Inspektion mit der höchsten Auflösung, die – in Analogie zur Fovea centralis der Netzhaut – als Tastfovea bezeichnet wird.

Die Strahlen des Sternorgans sind ganz auf den Tastsinn spezialisiert, sie tragen keine olfaktorischen oder gustatorischen Rezeptorzellen. Dagegen sind sie dicht mit einem hexagonalen Muster von kuppelförmigen, etwa 50 µm großen mechanosensorischen Papillen bedeckt, den Eimer'schen Organen – benannt nach dem Zoologen Theodor Eimer (1843–1898), der diese Sensoren erstmals beschrieben hat. Die **Eimer'schen Organe** (◘ Abb. 4.20, *rechts*) sind auf Dichten von 300 mm^{-2} an der Basis bis auf etwa 700 mm^{-2} an den Spitzen der Strahlen zusammengedrängt. Zusammen enthält ein Sternorgan etwa 25.000 Eimer'sche Organe, von denen mehr als 100.000 myelinisierte Nervenfasern vom Aβ-Typ hochauflösende Tastinformation an das Gehirn des Sternmulles liefern. Die räumliche Auflösung des Sternorgans ist etwa zehnmal so hoch wie die der menschlichen Fingerkuppe. Der Sternmull besitzt offenbar das leistungsfähigste Tastsinnesorgan aller Säuger. Eimer'sche Organe befinden sich unter kuppelförmigen Aufwölbungen der Epidermis. Ein zentraler Gewebezapfen aus abgeflachten, aufeinander gestapelten Epidermiszellen gibt dem Organ seine Struktur (◘ Abb. 4.20, *rechts*). Der Zapfen ist von mehreren sensorischen Nerven umgeben, die kurz unterhalb der Hornschicht in keulenartigen Anschwellungen enden. Zusätzlich verläuft eine Faser durch das Zentrum des Zapfens. Zusammen bilden diese sensorischen Fasern ein speichenförmiges System von Nervenendigungen direkt unter der keratinisierten Hornschicht, eine sensorische Struktur, die extrem empfindlich auf Berührung reagiert. Unterhalb der Epidermis werden diese Nervenfasern myelinisiert und sind daher dem schnell leitenden Aβ-LTMR-Typ zuzuordnen. An der Basis der Säule befindet sich ein einzelner Komplex aus einer Merkel-Zelle und einer afferenten Faser vom Aβ-SA-LTMR-Typ sowie darunter ein einzelnes Lamellenkorpuskel, das einem Pacini-Korpuskel mit Aβ-RA-LTMR-Faser entspricht. Eimer'sche Organe findet man bei vielen, wenn auch nicht bei allen Mitgliedern der Talpidae. Aber bei keiner Art ist die sensorische Oberfläche des Nasenspiegels so extrem entwickelt wie beim Sternmull. Maulwürfe haben einen ausgeprägten Geruchssinn, können bei ausreichender Beleuchtung einigermaßen gut sehen und besitzen Vibrissen im Gesicht sowie in den meisten Fällen Eimer'sche Organe in der Nasenhaut. Der Grund für die Evolution des Sternorgans könnte darin zu sehen sein, dass der Sternmull in feuchten bis nassen Biotopen zu Hause ist. Tatsächlich ist er ein guter Schwimmer und kann sein Sternorgan dazu einsetzen, während eines Tauchgangs Luftblasen zu transportieren, die ihm unter Wasser das Atmen ermöglichen. Die empfindlichen Tastsinnesflächen der unbehaarten Haut sind bei unterirdisch lebenden Tieren großen Belastungen ausgesetzt, weil sie ihre Nasen ständig an harten Substraten scheuern und die Epidermis abschleifen. Es ist vorstellbar, dass diese Dauerbelastung der Epidermis bei Maulwurfarten, die in hartem, trockenen Boden leben, einer Ausdehnung des Nasenspiegels entgegenwirkt. Der im Sumpfland lebende Sternmull hat es dagegen mit weicherem Substrat und mit geringeren Scheuer- und Schleifkräften zu tun und konnte daher seinen sensorischen Nasenspiegel vergrößern, was ihm bei der unterirdischen Jagd nach Kleinlebewesen einen erheblichen Vorteil verschafft.

Sensomotorische Integration, die Führung genau kontrollierter Muskelbewegungen durch den Tastsinn, ist auch eine besondere Leistung der Zunge. Zum gegenwärtigen Zeitpunkt ist allerdings nur wenig darüber bekannt, welche Tastsinneszellen an diesem Prozess beteiligt sind. Man versteht zwar die Bedeutung der taktilen Überprüfung der Nahrung im Mund – die Untersuchung der Nahrungstextur (▶ Abschn. 9.4). Es ist jedoch nur wenig bekannt über die physiologischen Vorgänge, die den **Tastsinn der Zunge** hervorbringen. Aus elektrophysiologischen Ableitungen an Mäusen hat man geschlossen, dass afferente Fasern sowohl vom Aβ-RA-LTMR-Typ als auch Aβ-SA1-LTMR-Fasern und Aβ-SA2-LTMR-Fasern von der Zunge zum Gehirn verlaufen. Allerdings findet man bei Mäusen nur wenige Merkel-Zellen und keine Ruffini-Korpuskeln in der Zunge, sodass nicht klar ist, welche Rezeptoren die langsam adaptierenden Fasern tragen. Meissner-Korpuskeln scheint es in der Mäusezunge nicht zu geben, und die Endstrukturen der schnell adaptierenden Mechanorezeptoren sind noch unbekannt. Freie, Piezo-2-exprimierende Nervenendigungen bilden eine Art Kragen um die fungiformen Papillen bei der Maus, und in den filiformen Papillen findet man sogenannte **Krause-Korpuskeln**, die auch bei Katzen beschrieben worden sind. Krause-Korpuskeln haben einen ähnlich lamellaren Aufbau wie die Pacini-Korpuskeln der unbehaarten Haut und werden für Vibrationssensoren des Aβ-RA-LTMR-Typs gehalten. Merkel-Zellen-artige Sinneszellen wurden in der Zunge des Prachtfinken *Lonchura striata* (Spitzschwanz-Bronzemännchen) gefunden, und bei der Japanischen Vierstreifennatter (*Elaphe quadrivirgata*) fand man in den sensorischen Papillen, welche den Geschmackssinn vermitteln (s. ◘ Abb. 9.10), Mechanosensoren mit Lamellenstruktur, die ähnlich wie Pacini- und Meissner-Korpuskeln aufgebaut sind.

Während der Wissensstand zum Zungentastsinn auf zellulärer Ebene noch sehr beschränkt erscheint, ist seine physiologische Bedeutung für die Tiere offensichtlich. Nahrung muss vor dem Schlucken nicht nur chemisch, sondern auch mechanisch untersucht werden. Spitze, scharfe und heiße Objekte können beim Schlucken den Verdauungstrakt schädigen und müssen aus diesem Grund durch die Zunge ertastet werden (▶ Abschn. 9.4). Eine Schlüsselrolle spielt die Zunge zudem bei allen Tieren, die ihre Nahrung nicht mit der Hilfe ihrer Extremi-

Abb. 4.21 Zungen als Greiforgane. *Links*: Ein Großer Ameisenbär (*Myrmecophaga tridactyla*) hat mit seiner klebrigen Zunge erfolgreich die Gänge eines Termitenbaus untersucht. *Rechts*: Eine Netzgiraffe (*Giraffa camelopardalis reticulata*) streckt sich nach dem Zweig eines dornenreichen Akazienbaumes. Mit ihrer Zunge kann sie Laub und Blüten von den Zweigen abstreifen, ohne sich an den Dornen zu verletzen

täten aufnehmen können, mithin bei allen Huftieren. Zum Weiden gehören koordinierte Bewegungen von Lippen, Gebiss und Zunge, wobei besonders die Vorbereitung von Pflanzenmaterial für den Schluckvorgang von der Zunge geleistet werden muss. Zungen können regelrechte Ernteorgane sein, wie man das bei der 40–50 cm langen, blaugrauen Zunge der Giraffen (Familie Giraffidae) sehen kann (Abb. 4.21). Beim Weiden kann eine Giraffe ihre Zunge als Greifmuskel einsetzen und mit ihrer Hilfe diejenigen Zweige, Sprossen und Blätter packen, die sie fressen möchte. Sie kann die Zunge spiralförmig um einen Zweig winden, um dann durch ein Zurückziehen des Kopfes alle Blätter und Triebe abzustreifen. Angesichts der Vorliebe der Tiere für dornenbewehrte Akazienzweige kann man sich vorstellen, dass der Tastsinn der Giraffenzunge gut entwickelt sein muss.

Zungenoberflächen sind in vielfältiger Weise an das Nahrungsspektrum der Tiere angepasst. Eindrucksvoll sind die unterschiedlichen Formen der Vogelzungen (s. Abb. 9.16), angepasst an unterschiedliche Blütenformen bei nektarivoren Arten sowie an die jeweiligen Jagdstrategien bei insektivoren Vögeln. Zum Tastsinn der Vögel gehören **Herbst-Korpuskeln**, kleinere Varianten der Pacini-Korpuskeln (s. Abb. 5.11), die an den Follikeln von Fadenfedern sowie am Schnabel zu finden sind, bei Spechten (Familie Picidae) aber auch im Zungenepithel. Der Buntspecht (*Dendrocopos major*) beispielsweise nutzt seine Zunge als Tastorgan auf der Suche nach Insektenlarven, die sich in Hohlräumen unter der Baumrinde verstecken. Zunächst lokalisiert er die Hohlräume im Holz durch Probeklopfen. Hat er die Position eines Hohlraumes ausgemacht, hackt er mit dem Schnabel einen Zugang und schiebt dann seine extrem lange Zunge hinein, um die Larve zu finden. Die Zunge tastet sich durch das dunkle Versteck und eignet sich auch zum Herausziehen der Larve, denn sie ist spitz und mit Widerhaken versehen. Eine ganz ähnliche Jagdstrategie kann man auch bei einem Säugetier beobachten, dem Fingertier oder Aye-Aye (*Daubentonia madagascariensis*; Abb. 4.22). Dieser nachtaktive Lemur klopft systematisch die Baumrinde ab und lauscht mit nach vorne gestellten, besonders großen Ohrmuscheln auf den verräterischen Klang eines Hohlraumes unter der Rinde. Hört er den richtigen Klang, nagt er einen Zugang zu der Holzkammer und schiebt seinen verlängerten und besonders schmal gewachsenen Mittelfinger in die Kammer. Ohne visuelle Hilfe tastet der dünne Finger so lange in dem Hohlraum herum, bis

Abb. 4.22 Das Fingertier (*Daubentonia madagascariensis*), ein nachtaktiver, omnivorer Lemur aus Madagaskar, hat einen eigenartigen Tastsinn entwickelt, mit dessen Hilfe es die Larven von Bockkäfern unter der Baumrinde jagen kann. Mit den extrem langen Mittelfingern seiner Hände beklopft das Fingertier die Rinde und horcht auf den verräterischen Klang eines Hohlraumes im Holz. Es verschafft sich sodann Zugang zu dem Hohlraum, indem es ein kleines Loch in die Rinde nagt. Dann schiebt es einen Mittelfinger durch das Loch, tastet nach der Käferlarve und zieht sie mit dem krallenartig gebogenen Nagel seines Tastfingers aus seiner Höhle heraus

er eine Insektenlarve gefunden und nach draußen manipuliert hat. Specht und Fingertier – zwei Tiere mit analogen Methoden des Nahrungserwerbs – nutzen eine Kombination von Gehör und Tastsinn, um gut versteckte Beute zu jagen.

Ein besonders beeindruckendes Greiforgan ist der Rüssel der Elefanten (Familie Elephantidae: *Loxodonta africana, L. cyclotis und Elephas maximus*), ein 1–2 m langer Muskelschlauch, der sich bei den Rüsseltieren (Ordnung Proboscidea) aus der Oberlippe und dem Nasenspiegel (Rhinarium) bildet – also aus zwei Geweben, die bei allen Säugern epidermale Flächen mit hoher Tastempfindlichkeit hervorbringen. Die Muskelstruktur ist der des Octopusarmes vergleichbar. Eine longitudinale und eine transversale Muskulatur ermöglichen fein abgestimmte Hebungen, Krümmungen und Längenveränderungen, und zwei Systeme von Schrägmuskulatur machen den Rüssel um die Längsachse drehbar. Der massige Rüssel eines Elefanten beherbergt eine ungleich größere Anzahl von Muskelfasern als ein Octopusarm – die Anzahl separat steuerbarer Muskeleinheiten wird mit 40.000 angegeben. Im Unterschied zum Octopusarm ist der Rüssel mit einem robusten Sehnensystem ausgerüstet, das ihm eine enorme Belastbarkeit verleiht. Elefanten können Lasten bis etwa 300 kg mit ihrem Rüssel tragen. Dieser hochbewegliche Muskelschlauch dient den Elefanten auf vielerlei Art: Er ist der wichtigste Luftweg für die Atmung, dient als eine Art olfaktorisches Periskop zum Ansaugen von Gerüchen, und er eignet sich als trompetenartiges Blasinstrument zum Ausstoßen von Warnlauten. Seine vielfältigen Greiffunktionen werden eingesetzt, um Blätter und Äste von Bäumen zu brechen und dem Mund zuzuführen, um Früchte vom Boden aufzulesen sowie zur Aufnahme von Wasser und salzhaltigem Bodenmaterial. Zudem können Muttertiere mit dem Rüssel die Bewegungen ihrer Kälber dirigieren, sie aus Gefahrenzonen heraushalten und ihnen die vielen Aspekte des Elefantenlebens vermitteln. Der Rüssel ist ein Multifunktionsinstrument, zu dem es nur wenig Vergleichbares in der Natur gibt. Für den Tastsinn ist be-

Abb. 4.23 Die Rüsselspitze als Greiforgan. Beim Afrikanischen Elefanten (*Loxodonta africana*) endet die Rüsselspitze in zwei „Greiffingern". Sie ist gleichzeitig ein hochempfindliches Tastorgan und eine feinmotorische Greifhand

sonders die Rüsselspitze interessant, die beim Afrikanischen Elefanten (*Loxodonta africana*) mit je einem ventral und dorsal gelegenen Greiffinger wie eine kleine Greifhand anmutet (Abb. 4.23). bei Asiatischen Elefanten (*Elephas maximus*) gibt es nur einen, besonders langen dorsalen Greiffinger. Die Rüsselspitze ist ein hochempfindliches Tastorgan. Auf ihrer Haut wachsen zwei Typen von Tasthaaren, **kurze und lange Vibrissen**. Die kurzen Vibrissen reichen kaum über die Hautoberfläche hinaus, während die langen einige Millimeter über der Hautoberfläche stehen. Es handelt sich um unbewegliche Tasthaare mit Sinusfollikeln, die über Lanzettendigungen und Merkel-Zellen sensorische Signale produzieren. Andere Haartypen findet man nicht auf der Rüsselscheibe. Dennoch ist diese Haut nicht der unbehaarten Haut der Säuger zuzuordnen, sie ist vielmehr als ein eigener Hauttyp von behaarter und unbehaarter Haut anderer Säuger zu unterscheiden. Sie enthält in der Lederhaut auffällig **viele Pacini-Korpuskeln** von etwa 200 µm Durchmesser, aber keine typischen Meissner-Korpuskeln. Stattdessen findet man eine andere Form von Lamellenkorpuskeln, **verzweigte Korpuskeln**, die – ähnlich wie Meissner-Korpuskeln – zwischen den Epithelpapillen an der Grenze zwischen Keimschicht und Lederhaut angeordnet sind. Diese Korpuskeln bestehen allerdings nicht aus einer einzigen Kapsel wie die Meissner-Korpuskeln (s. Abb. 4.17), sondern aus mehreren miteinander verbundenen Kapseln, in die offenbar auch mehrere Nervenfasern einwachsen. Solche verzweigten (oder zusammengesetzten) Korpuskeln waren zuvor in der Mund- und Lippenschleimhaut von Hunden beschrieben worden. Möglicherweise stammen sie auch bei Elefanten vom Lippengewebe ab, das zur Bildung des Rüssels beiträgt. Auffällig ist zudem eine dichte Innervation der Rüsselspitze mit **freien Nervenendigungen**. Inwieweit diese Fasern dem Tastsinn, dem Temperatursinn oder dem Schmerzsinn zuzuordnen sind, ist aber bisher noch nicht erforscht. Nach heutigem Wissenstand ist die Rüsselspitze ein Sinnes- und Greiforgan mit einer besonders hohen Dichte von Tastsinneszellen, ausgestattet mit einer Feinmotorik, welche die taktile Untersuchung von millimetergroßen Objekten ermöglicht.

Es ist eine in der Welt der Wirbeltiere weit verbreitete Strategie, **Greifschwänze** zu nutzen, um die Körperlage zu stabilisieren und sich gegen Stürze abzusichern. Man findet solche Spezialisierungen schon unter den Fischen, bei den Seenadeln und Seepferdchen (Familie Syngnathidae), die wegen ihrer kleinen Flossen eine Art Anker benötigen, um sich in Seegrasfeldern oder an Korallenstöcken festzuhalten. Bei der Vorbereitung der Paarung können Greifschwänze verhindern, dass die Partner mit der Wasserströmung auseinanderdriften (Abb. 4.24). Unter den Amphibien nutzen einige Salamander Greifschwänze zum Klettern (vor allem die Gattung *Aneides*), und bei vielen busch- und baumlebenden Reptilien bilden Greifschwänze notwendige Kletterhilfen, besonders bei einigen Chamäleons, Geckos, Eidechsen und bei den meisten Baumschlangen. Unter den Säugetieren nutzen vor allem südamerikanische Arten Greifschwänze für die Bewegung im Geäst, beispielsweise Neuweltaffen (Platyrrhini, besonders die Familie der Klammerschwanzaffen, Atelidae), Greifstachler (*Coendou* spp.) und Zwergameisenbären (*Cyclopes* spp.). Auch bei australischen Tieren wie beispielsweise den Ringbeutlern (Familie Pseudocheiridae) findet man diese Kletterhilfe. Greifschwänze haben im Vergleich zu Schwänzen ohne Greiffunktion meist eine größere Anzahl von Wirbelsegmenten sowie eine besser entwickelte Schwanzmuskulatur mit entsprechend leistungsfähigerer sensomotorischer Innervation. Sie dienen zur Sicherung im Geäst und gleichzeitig zur Freistellung der Hände für Aktivitäten wie Nahrungsbeschaffung. Zudem erschließen sie neue Bereiche der Vegetation und unterstützen die sozialen Tätigkeiten der Tiere. Besonders in dichten Wäldern, wo die Ebene der Baumkronen einen zusammenhängenden Lebensraum bietet, scheinen Greifschwänze einen entscheidenden Vorteil zu bieten. Bei Neuweltaffen haben Greifschwänze oft unbehaarte Tastflächen, mit denen eine ähnlich präzise Tastinformation gewonnen werden kann wie mit den Händen.

■ **Abb. 4.24** Zwei Kurzkopf-Seepferdchen (*Hippocampus breviceps*) halten einander an den Greifschwänzen, um nicht auseinanderzudriften

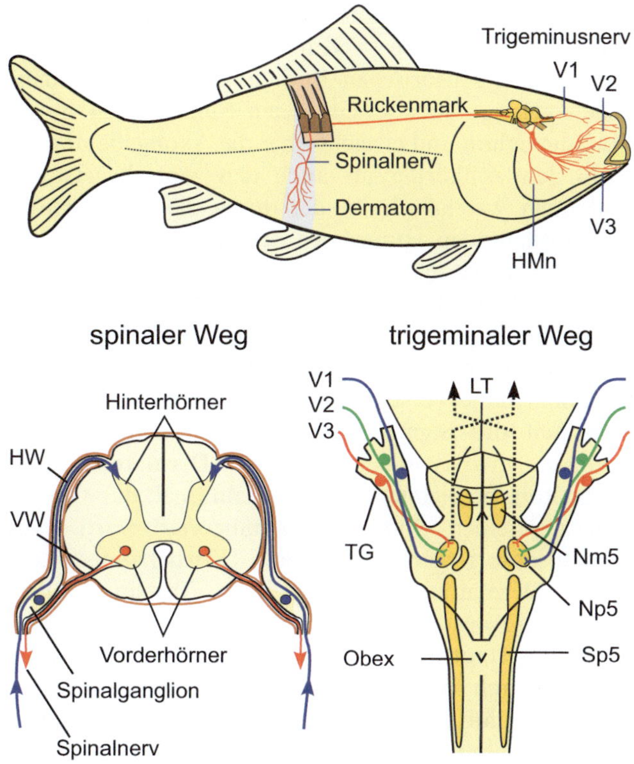

■ **Abb. 4.25** Die zwei Wege der afferenten Tastsignale. *Oben*: Schematische Darstellung der spinalen und trigeminalen Wege. Ein Spinalnerv leitet somatosensorische Signale aus seinem Dermatom zu einem Rückenmarkssegment. Von dort verlaufen Rückenmarkprojektionen zum Gehirn. Tastsignale aus dem Kopfbereich werden durch die drei Äste V1 bis V3 des Trigeminus (V. Hirnnerv) zum Gehirn geleitet; V1, Nervus ophthalmicus; V2, N. maxillaris; V3, N. mandibularis. HMn bezeichnet die Lage des Hyomandibularnervs, der unmittelbar am Trigeminus in den Hirnstamm mündet, aber nicht zum Trigeminussystem, sondern zum Gesichtsnerv, N. facialis (VII. Hirnnerv), gehört. *Unten links*: Skizze des spinalen Weges der Tastinformation. Die Zellkörper der Tastsinneszellen (*blau*) liegen in den Spinalganglien. Ihr zentraler Axonabschnitt führt durch eine Hinterwurzel (HW) in das ipsilaterale Hinterhorn. Somatosensorische Signale erreichen so das Rückenmark. In den Vorderhörnern liegen Motoneuronen (*rot*), die ihre efferenten Fasern durch die Vorderwurzel (VW) zu den Muskeln schicken. *Unten rechts*: Tastsignale aus dem Kopfbereich erreichen die Trigeminalganglien (TG) durch die drei Äste des Trigeminus, V1 bis V3. Die afferenten Fasern der Tastsinneszellen bilden ihre Synapsen im Nucleus principalis nervi trigemini (Np5) des Hirnstamms, von wo aus die Tastinformation durch den Lemniscus trigeminale (LT) zum Thalamus geleitet wird. Der Nucleus mesencephalicus nervi trigemini (Nm5) erhält Signale von Propriorezeptoren, der Nucleus spinalis nervi trigemini (Sp5) von Nozizeptoren. Der Trigeminus setzt in der Brückenregion (Pons) des Hirnstamms an, der Obex (Riegel) liegt in der Medulla oblongata, die nach caudal in das Rückenmark übergeht

4.6 Der spinale und der trigeminale Weg zum Gehirn

Tastsinneszellen müssen ihre sensorische Information zum Gehirn leiten. Dafür stehen bei Wirbeltieren zwei getrennte Wege zur Verfügung: der spinale Weg für afferente Signale aus dem Körperbereich und der trigeminale Weg für afferente Signale aus dem Kopfbereich.

■ Der spinale Weg

Die Zellkörper aller Tastsinneszellen mit sensorischen Endigungen unterhalb des Kopfes liegen in den paarigen **Spinalganglien** an der Wirbelsäule, und auf diesem Weg erreicht die Tastinformation aus Rumpf und Extremitäten die **Hinterhörner des Rückenmarks**. Jeder Wirbel der Wirbelsäule wird seitlich von zwei Spinalganglien flankiert (■ Abb. 4.25, *unten links*), und jedes dieser Ganglien enthält – je nach Körpergröße und Lage in der Wirbelsäule – einige Hundert bis einige Zehntausend Zellkörper (Perykarien) somatosensorischer Neuronen. Nicht alle gehören zu Tastsinneszellen des LTMR-Typs mit niedrigen Reizschwellen; ein großer

Teil gehört zum nozizeptiven System mit hochschwelligen HTMR-Sensoren (▶ Kap. 14). Das neuronale Signal aus den sensorischen Endigungen der Tastsinneszellen gelangt über jeweils einen **Spinalnerven** in ein Spinalganglion und erreicht über die Axongabelung sowohl den Zellkörper als auch den zentralwärts verlaufenden Axonabschnitt, der durch die Hinterwurzel zum ipsilateralen Hinterhorn des Rückenmarks führt. Dort enden die meisten Axone der Tastsinneszellen in einer der Schichten des Hinterhorns (s. ◘ Abb. 4.17), wo sie ihre Signale durch synaptische Verbindungen auf Rückenmarksneuronen übertragen. Nur wenige Axone verlaufen ohne Verschaltung direkt zum Gehirn. Eine Eigenheit des Signalflusses durch Spinalnerven und Spinalganglien ist die Bildung von **Dermatomen**. Als Dermatom bezeichnet man ein Hautareal, das von ein und demselben Spinalnerven innerviert wird. Alle somatosensorischen Neuronen (Körpersinneszellen) eines Dermatoms – also alle Tastsinneszellen, Temperatursensoren, Nozizeptoren und sonstige Sinneszellen aus Haut, Muskel und Gelenken – schicken ihre Axone durch denselben Spinalnerv, durch dasselbe Spinalganglion und durch dieselbe Hinterwurzel in denselben Abschnitt des Hinterhorns. Es gibt also so viele Dermatome, wie es Spinalnerven gibt. Durchtrennt man beispielsweise bei einem Fisch einen Spinalnerven, wird die Körperoberfläche im dazugehörigen Dermatom taub (◘ Abb. 4.25, *oben*) – der Fisch reagiert nicht auf Berührung in dem betroffenen Areal.

Bei der Übertragung von afferenten Tastsignalen auf Rückenmarksneuronen im Hinterhorn gibt es einen schnelleren und einen langsameren Weg. Der schnellere Weg verläuft über die synaptische Verbindung einer Tastsinneszelle mit einem **Projektionsneuron**, welches die Tastinformation auf kürzestem Weg zum Gehirn weiterleitet. Solche monosynaptischen Verknüpfungen führen vor allem durch die tieferen Schichten des Hinterhorns (Schichten III bis V) und bieten Aβ-LTMR-Sensoren die schnellste Erregungsübertragung (s. ◘ Abb. 4.9 und 4.17). Tastsignale, welche schnelle Ausweich- oder Hinwendungsreaktionen auslösen müssen, nehmen diesen Weg und erreichen mit Leitungsgeschwindigkeiten um 50 ms^{-1} das Gehirn. Der langsamere Weg führt durch **spinale Netzwerke** in den oberen Schichten des Hinterhorns (Schichten I und II). Hier enden vor allem die C-Faser-Afferenzen aus den Fellhaarfollikeln (s. ◘ Abb. 4.9) sowie die unmyelinisierten Axone der Warmsensoren (s. ◘ Abb. 4.17). Die Verschaltung in den oberen Schichten des Hinterhorns umfasst neben den Afferenzen und den Projektionsneuronen auch Interneuronen. So kann beispielsweise das eintreffende Signal von einer C-Faser zunächst auf ein Interneuron übertragen werden, von dem es dann über eine zweite Synapse ein Projektionsneuron erreicht. Dieser Weg benötigt mehr Zeit als der monosynaptische Weg, bietet aber die Möglichkeit, das Interneuron in ein regulatorisches Netzwerk einzubinden, das den Signalfluss von den Tastsinneszellen zum Gehirn steuern kann. Dadurch können beispielsweise auf Rückenmarksebene modulatorische Mechanismen wie Adaptation oder Sensibilisierung in die Verarbeitung von Tastinformation eingreifen.

Aus dem Hinterhorn eines jeden Rückenmarkssegments wird die Tastinformation durch Axonbündel auf der dorsalen Seite des Rückenmarks in Richtung Gehirn geleitet. Diese Hinterstrangbahn besteht aus zwei Strängen (Funiculus gracilis, F. cuneatus) und endet bei den Amnioten in den Hinterstrangkernen des Hirnstamms (Nucleus gracilis, N. cuneatus; HSN in ◘ Abb. 4.26), die den **Zugang zum Gehirn** vermitteln. Von hier aus leiten Hirnstammneuronen die Tastinformationen in unterschiedliche Bereiche des Gehirns, wo sie teils für reflektorische, teils für komplexere Verhaltensmuster verarbeitet werden. Ein Weg führt in Bereiche des Mittelhirns, wo eine **Integration von Tastinformationen mit anderen Sinnesmodalitäten** stattfindet. Besonders akustische Signale können Tastsignale ergänzen, wenn es beispielsweise darum geht, den Ort einer Berührung zu lokalisieren und entsprechend zielgerichtet darauf zu reagieren. Bei Fischen, Amphibien und Reptilien gehört zu diesen polymodalen Strukturen der Torus semicircularis (Ts in ◘ Abb. 4.26), bei Vögeln der Nucleus intercollicularis (Nic in ◘ Abb. 4.26) und bei Säugern die Colliculi inferiores (Ci in ◘ Abb. 4.27), allesamt Integrationszentren im Mittelhirn. Zur **Auswertung der somatosensorischen Information** hinsichtlich der Beschaffenheit eines ertasteten Objekts – nach den Kriterien Ort, Bewegung, Form, Textur und Temperatur – müssen die Tastsignale in das Endhirn geleitet werden. Der Weg dorthin verläuft vom Hirnstamm aus zunächst ins Zwischenhirn und dort in die somatosensorischen Kerngebiete des Thalamus (Thal in ◘ Abb. 4.26). Aus diversen thalamischen Kerngebieten erreicht bei Knochenfischen die Tastsinnesinformation das Endhirn. Man unterscheidet bei den Echten Knochenfischen (Teleostei) einen dorsalen Teil des Endhirns (Pallium) von einem ventralen Teil (Subpallium), und vor allem das Pallium bezieht Eingänge aus dem Thalamus. Zellen im Pallium reagieren auf unterschiedlichen Sinnesreize, auch auf Berührungsreize, es wird daher als ein Verarbeitungszentrum für den Tastsinn angesehen. Dorsale Thalamuskerne versorgen auch bei Amphibien das dorsale und mediale Pallium des Endhirns mit somatosensorischen Signalen. Allerdings bestehen diese Signale nicht aus afferenter Information einer einzigen Modalität, wie beispielsweise dem Tastsinn. Vielmehr schickt der Thalamus vorverarbeitete Information in das Endhirn, integriert aus mehreren Sinneskanälen. Der Thala-

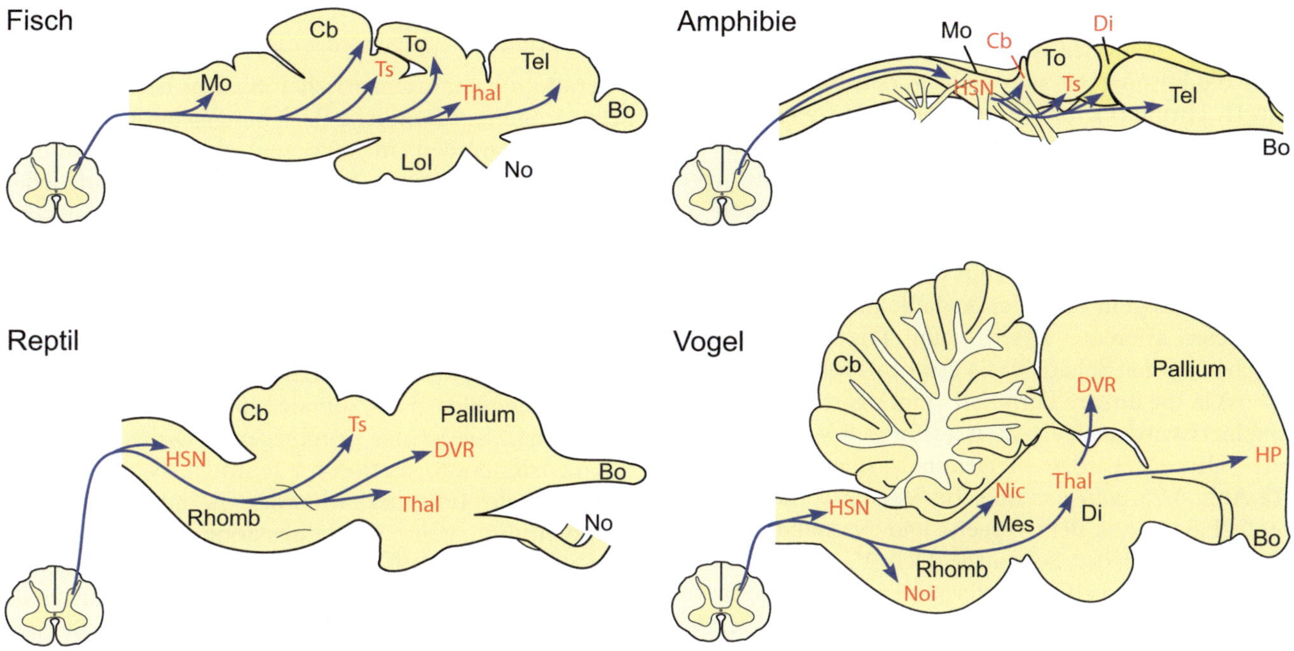

Abb. 4.26 Projektionswege für Tastsinnessignale aus dem spinalen System bei Nichtsäugern. Abkürzungen: Bo, Bulbus olfactorius; Cb, Cerebellum; Di, Diencephalon; DVR, dorsaler ventrikulärer Kamm (engl. *ridge*); HP Hyperpallium; HSN, Hinterstrangkerne; Loi, Lobus inferior; Mes, Mesencephalon; Mo, Medulla oblongata; Nic, Nucleus intercollicularis; No, Nervus opticus; Noi, Nucleus olivaris inferior; Rhomb, Rhombencephalon; Tel, Telencephalon; Thal, Thalamus; To, Tectum opticum; Ts, Torus semicircularis

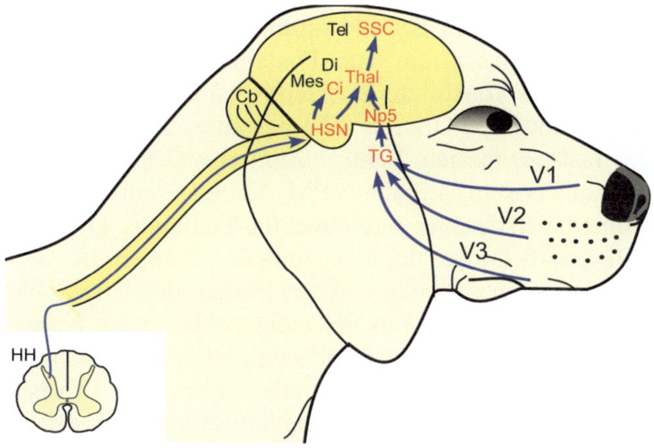

Abb. 4.27 Somatosensorische Signalwege im Säugergehirn. Tastsinnesinformation erreicht das Gehirn aus dem Rückenmark über die Hinterstrangbahn, die zu den Hinterstrangkernen (HSN) des Hirnstamms führt, sowie über die drei Äste (V1, V2, V3) des Trigeminus, die durch die Trigeminalganglien (TG) zum Hauptkern des Trigeminusnervs im Hirnstamm (Np5) führen. Neben dem Weg über den Thalamus (Thal) zum somatosensorischen Cortex (SSC) wird Tastinformation im Colliculus inferior (Ci) des Mittelhirns mit anderen Sinnesmodalitäten kombiniert. Cb, Cerebellum; Di, Diencephalon; HH, Hinterhorn des Rückenmarks; Mes, Mesencephalon; Rhomb, Rhombencephalon; Tel, Telencephalon

mus übt bei Amphibien offenbar keine einfache Relaisfunktion aus, sondern ist daran beteiligt, vielfältige sensorische Informationen zu integrieren, um daraus Signale zur Verhaltenssteuerung – beispielsweise für schnelle Ausweichbewegungen – zu erhalten.

Bei den Amnioten (Amniota) fließt die Tastinformation nach Sinnesmodalitäten getrennt durch das Schleifenbahnsystem (lemniskales System), dessen mittlerer Abschnitt (Lemniscus medialis) die Signale von den Hinterstrangkernen zum jeweils kontralateralen Thalamus leitet. Die wichtigste Verarbeitungskerne für Tastsignale sind im Thalamus die Ventrobasalkerne (N. ventrales posterolaterales), in denen die Information nach Körperbereichen geordnet und dann weitergeleitet wird (▶ Abschn. 4.7). Bei Reptilien und Vögeln wird die somatosensorische Information aus dem Thalamus in den dorsalen ventrikulären Kamm geleitet (DVR, engl. *dorsal ventricular ridge*, in Abb. 4.26), einer Verarbeitungsregion sensorischer Informationen aus den somatosensorischen, auditorischen und visuellen Sinnessystemen. Funktionell entspricht die Kammregion den sensorischen Feldern in der Großhirnrinde der Säugetiere. Sie ist besonders bei Vögeln an deren herausragenden Sinnesleistungen beteiligt. Auch die Wulstregion im Hyperpallium der Vögel (HP in Abb. 4.26), die in erster Linie visuelle Signale verarbeitet (s. Abb. 7.72), bezieht Signale aus dem somatosensorischen Thalamus, eine Projektion, die mit der kombinierten Steuerung der Fänge durch visuelle und somatosensorische Kontrolle bei Greifvögeln in Verbindung gebracht wird.

Der trigeminale Weg

Sinnesinformationen von allen Kopfsinnen gelangen über die Hirnnerven zum Gehirn, den Nervus olfactorius (I. Hirnnerv), den N. opticus (II. Hirnnerv), N. trigeminus (V. Hirnnerv), N. vestibulochochlearis (VIII. Hirnnerv) und den N. glossopharyngeus (IX. Hirnnerv). Die Tastsinneszellen in Geweben der Kopfregion führen ihre afferenten Fasern durch das System des Trigeminusnervs zum Hirnstamm. Aus der Augen-Nase-Region führt der Augapfelnerv, Nervus ophthalmicus, afferente Fasern zum **Trigeminalganglion**, welches an der Schädelbasis etwa in Höhe der Brücke (Pons) in die äußere Hirnhaut eingelagert ist. Der Augapfelnerv wird auch als V1-Ast (römisch V für den fünften Hirnnerv) des Trigeminalsystems bezeichnet (▫ Abb. 4.25, *unten rechts*). Im V1-Ast verlaufen afferente Fasern aus dem Augen- und Nasenbereich, der Kopfhaut und der Schnauze. Den V2-Ast bildet der Nervus maxillaris (Oberkiefernerv) mit Afferenzen von Oberkiefer, Zähnen, Gaumen und Oberlippe. Der V3-Ast ist der Nervus mandibularis (Unterkiefernerv) mit Afferenzen aus dem Unterkiefer, den Zähnen, dem Mundboden und er Unterlippe. Zusammen bilden V1, V2 und V3 auf jeder Kopfseite ein weites Einzugsgebiet für somatosensorische Signale (▫ Abb. 4.25, *oben*). Die Bezeichnung „Trigeminus" bezieht sich auf die dreifache Gliederung (V1, V2, V3) sowie auf die doppelte Anlage (lat. *gemini*, Zwillinge) auf der rechten und linken Kopfseite. Die drei Äste kommen im jeweils ipsilateralen Trigeminalganglion zusammen, welches funktionell den Spinalganglien des spinalen Systems entspricht. In den Trigeminalganglien liegen die Zellkörper der somatosensorischen Neuronen aus dem Kopfbereich.

Die zentralen Axonabschnitte der Trigeminusneuronen verlaufen in den Hirnstamm und dort in mehreren Hirnstammkernen, die den **Zugang zum Gehirn** vermitteln und damit funktionell den Hinterstrangkernen des spinalen Systems entsprechen. Die Axone der Tastsinneszellen enden im Nucleus principalis nervi trigemini (Np5 in ▫ Abb. 4.25, *unten rechts*). Andere somatosensorische Neuronen nutzen zwei andere Trigeminalkerne für den Zugang zum Gehirn, Propriorezeptoren den Nucl. mesencephalicus nervi trigemini (Nm5) und Nozizeptoren den Nucl. spinalis nervi trigemini (Sp5). Die Tastsinneszellen bilden im Np5 Synapsen mit Hirnstammzellen, auf die sie ihre afferenten Signale übertragen. Die Np5-Neuronen leiten ihrerseits die Tastinformation durch den Lemniscus trigeminalis sowie den Tractus trigeminothalamicus dorsalis zum jeweils kontralateralen Thalamus. Hier werden die Tastsignale des trigeminalen Weges auf Thalamusneuronen in den beiden Nuclei ventrales posteromedialis (VPM) übertragen, von denen aus sie an das Endhirn weitergeleitet werden.

4.7 Somatotopie

Überall im somatosensorischen System herrscht räumliche Ordnung. Räumliche Beziehungen auf der Körperoberfläche werden in den zentralen Verschaltungsbahnen des Tastsinns beibehalten, sodass auf jeder Ebene eine Art neuronaler Karte des Körpers entsteht. So erreichen beispielsweise alle Axone der Tastsinneszellen einer Hand das gleiche Neuronenfeld im somatosensorischen Cortex, während die Signale aus einem Bein an anderer Stelle verarbeitet werden. Man bezeichnet diese zweidimensionale Abbildung des Körpers in Neuronenfeldern als Somatotopie (*gr. soma*, Körper; *topos*, Ort). Sie ist das grundlegende Ordnungsprinzip der Tastsinnesinformation im zentralen Nervensystem. Die **Logik des Informationsflusses**, die zur somatotopen Verarbeitung von Tastinformation führt, ist in ▫ Abb. 4.28 am Beispiel der unbehaarten Haut eines Hundes (*Canis lupus familiaris*) dargestellt. Tastsignale von den vier Pfoten erreichen über die spinalen Bahnen die Hinterstrangkerne (HSN) im Hirnstamm, während die Signale vom Nasenspiegel den trigeminalen Hauptkern (Np5) erreichen. Diese beiden **Eingangskerne des Gehirns** bilden die erste somatotop organisierte Ebene des Tastsinnes: Hier sind die Hirnstammneuronen (die zweiten Neuronen der Tastbahn) nach der Herkunft ihrer eingehenden Signale räumlich sortiert. Auf dem Weg vom Hirnstamm zum Thalamus kreuzen alle Fasern in die kontralaterale Hemisphäre, behalten aber ihre somatotope Organisation bei. Ihre Zielgebiete sind die tastspezifischen Ventrobasalkerne (VPL, Nucleus ventralis posterolateralis; VPM, Nucleus ventralis posteromedialis) des linken und rechten **Thalamus**. Der linke VPL erhält infolge der Kreuzung der Bahnen die Tastsignale aus den beiden rechten Pfoten, der linke VPM dagegen die Signale aus der rechten Hälfte des Nasenspiegels. Entsprechend verarbeiten VPL und VPM des rechten Thalamus die Tastsignale aus der linken Köperhälfte. Die Neuronen der Thalamuskerne (die dritten Neuronen der Tastbahn) leiten die nach dem Herkunftsort sortierten Tastsignale weiter in den **somatosensorischen Cortex**, den für die Verarbeitung der Körpersinne (Tastsinn und Schmerzsinn) spezialisierten Bereich der Großhirnrinde. Je größer die Dichte von Tastsinneszellen in einem Hautareal ist und je vielfältiger die Ausstattung mit unterschiedlichen Typen von Tastsinneszellen, desto größer ist der diesem Hautareal zugeordnete Bereich im somatosensorischen Cortex. Ein gutes Beispiel ist der Nasenspiegel des Hundes. In diesem auf den Tastsinn spezialisierten, unbehaarten Hautareal finden sich besonders viele Tastsinneszellen pro Quadratmillimeter Der dazugehörige Verarbeitungsbereich im somatosensorischen Cortex ist entsprechend groß. Die Sohlenhaut der vier Pfoten be-

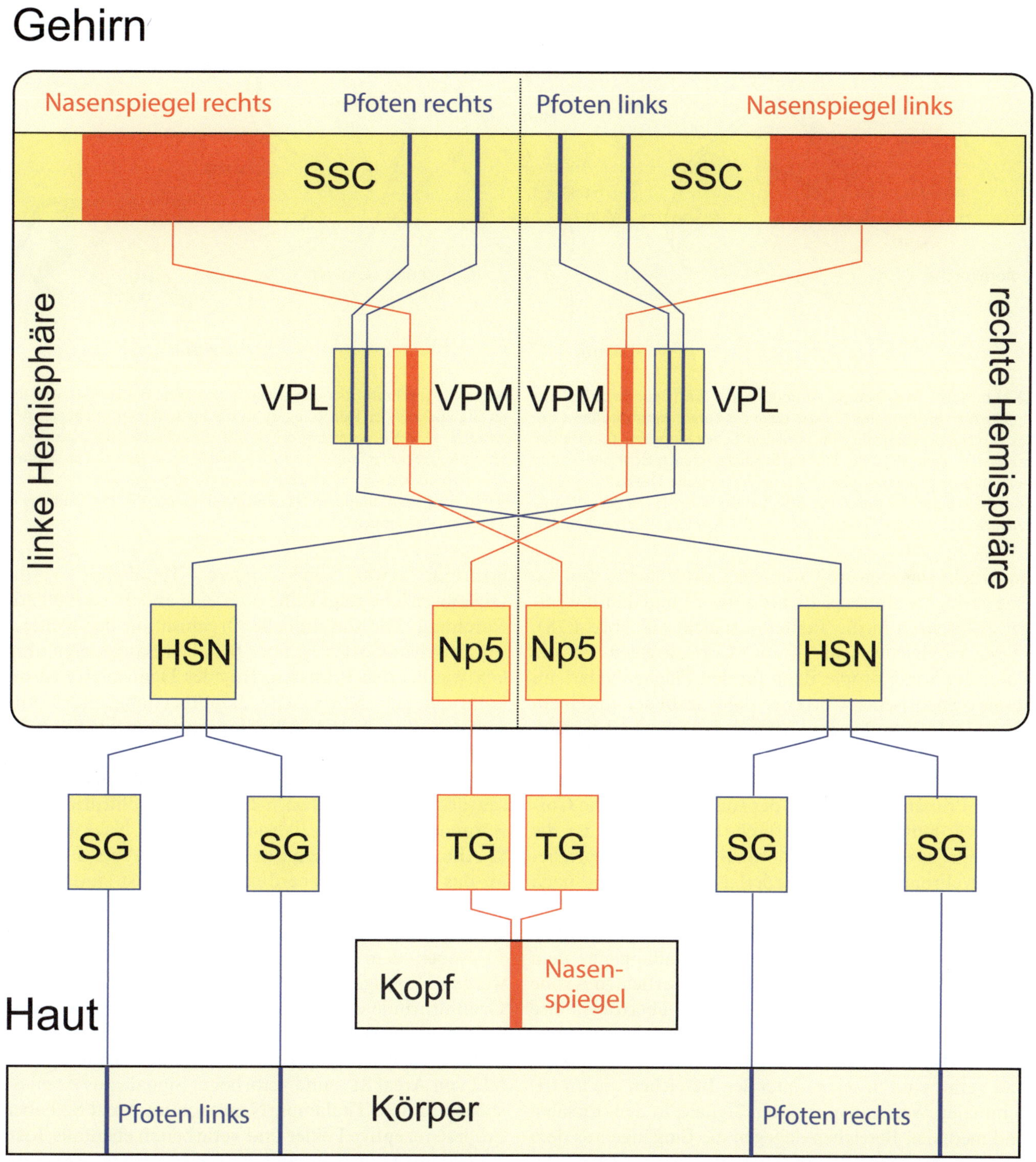

Abb. 4.28 Somatotope Verarbeitung von Tastsignalen. Schematische Darstellung der Signalwege somatosensorischer Information zur Veranschaulichung der somatotopen Repräsentation für zwei unbehaarte Hautbereiche mit besonders gut ausgebildetem Tastsinn: die Ballenhaut an den Pfoten (*blau*) und der Nasenspiegel (*rot*) eines Hundes (*Canis lupus familiaris*). Beide Bereiche haben nur einen kleinen Anteil an der Haut des Körpers und des Kopfes, symbolisiert durch die jeweiligen Flächenanteile der Hautbereiche (*unten*). Die Signale erreichen auf getrennten Wegen (spinaler Weg und trigeminaler Weg) den somatosensorischen Cortex (SSC), wo der Nasenspiegel einen weit größeren Flächenanteil beansprucht (*oben*), weil im Nasenspiegel eine größere Anzahl von Tastsinneszellen liegt als in den vier Pfoten zusammen. Zwischen den Zugangskernen zum Gehirn (HSN, Np5) und den spezifischen Thalamuskernen (VPL, VPM) kreuzen alle Signale in die kontralaterale Hemisphäre. Abkürzungen: HSN, Hinterstrangkern, Np5, Nucleus principalis des Trigeminusnervs; SG, Spinalganglion; SSC, somatosensorischer Cortex; TG, Trigeminalganglion; VPL, Nucleus ventralis posterolateralis; VPM, Nucleus ventralis posteromedialis des Thalamus

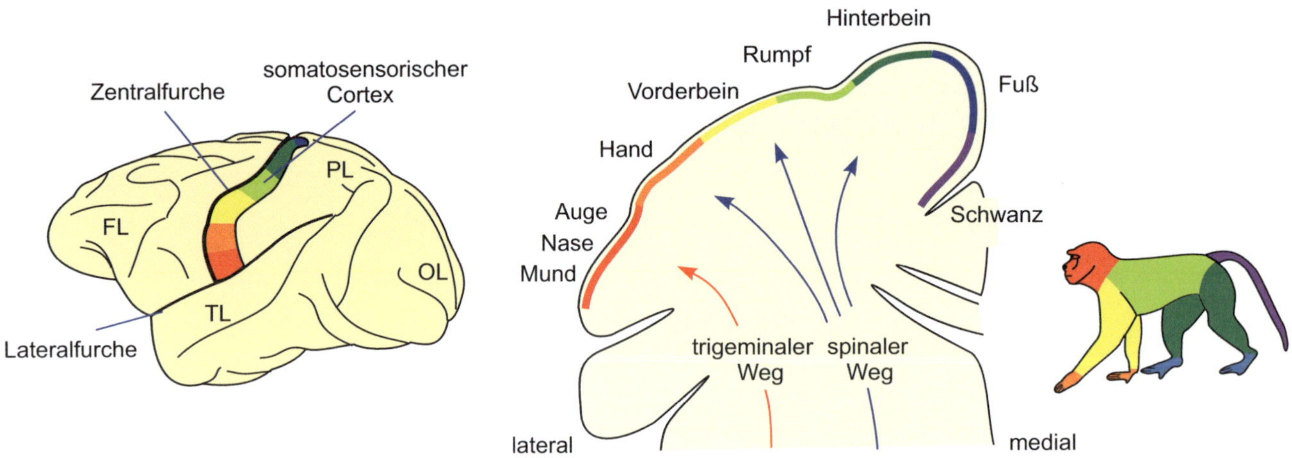

Abb. 4.29 Somatotope Aufteilung der Tastsinnesverarbeitung im Cortex von Primaten. *Links*: Lage des somatosensorischen Cortex (Gyrus postcentralis) im vorderen Scheitellappen, unmittelbar hinter der Zentralfurche. Die Farbcodierung entspricht den rechts benannten Körperregionen. *Mitte*: Schematische Darstellung eines coronalen Schnittes durch ein Affengehirn in der Höhe des somatosensorischen Cortex. Tastsignale aus der Kopfregion erreichen den lateralen Abschnitt über den trigeminalen Weg, der spinale Weg leitet Signale aus der Körperregion in die mehr dorsal gelegenen Abschnitte. Jede Körperregion erhält auf diese Weise eine eigene Verarbeitungsregion im somatosensorischen Cortex. *Rechts*: Darstellung der Farbcodierung unterschiedlicher Körperregionen bei einem Affen. FL, Frontallappen; OL, Occipitallappen; PL, Parietallappen; TL, Temporallappen

ansprucht dagegen weit weniger Cortexfläche, weil sie eine geringere Sinneszelldichte aufweist und damit weniger Afferenzen in die Tastbahn schickt (Abb. 4.28). Diese Ungleichverteilung von Cortexarealen ist die Folge der Somatotopie, denn für den Flächenbedarf im somatosensorischen Cortex ist die Anzahl der aus einem Hautareal eintreffenden Afferenzen ausschlaggebend, nicht aber die Größe der peripher innervierten Regionen.

Im Primatengehirn liegt der somatosensorische Cortex direkt hinter der Zentralfurche (Sulcus centralis), die ihrerseits jede Hemisphäre coronal in den nach vorn liegenden Frontallappen (Vorderlappen) und den nach hinten liegenden Parietallappen (Scheitellappen) teilt (Abb. 4.29, *links*). In dem unmittelbar an die Zentralfurche grenzenden Wulst des Parietallappens, dem Gyrus postcentralis, enden die thalamocorticalen Axone der dritten Neuronen der Tastbahn und übertragen ihre Signale auf Cortexneuronen. Dieser **primäre somatosensorische Cortex (Areal S1)** ist somatotop organisiert und verarbeitet in seinen lateralen Bereichen die im trigeminalen Weg transportierten Signale, in den dorsalen und medialen Bereichen dagegen die Eingänge aus dem spinalen Weg des Tastsinnes (Abb. 4.29, *Mitte*). Rezeptive Felder von Areal-S1-Neuronen sind meist sehr kleine Hautflächen, und die Reaktion ist typischerweise niedrigschwellig, da sie von hochempfindlichen Mechanosensoren in der Haut ausgelöst wird. Man findet bei allen Säugetieren einen primären somatosensorischen Cortex. Bei Nicht-Primaten hat die Großhirnrinde zwar eine andere Topologie – die Hirnoberfläche zeigt keine oder eine anders verlaufende Furchung. Die funktionelle Organisation des somatosensorischen Cortex ist aber bei allen Säugetieren ähnlich wie bei den Primaten: In jeder Hemisphäre ist die kontralaterale Körperseite kopfüber abgebildet und somatotop gegliedert. Allerdings unterscheiden sich die Größen dieser Areale. Bei tagaktiven Nagetieren wie Mäusen, Ratten und Eichhörnchen nimmt der somatosensorische Cortex etwa 5–6 % der Großhirnrinde ein, während bei Tastspezialisten wie dem Nacktmull (s. Abb. 4.15) oder dem Sternmull (s. Abb. 4.20), die an das Leben im Dauerdunkel angepasst sind, bis zu 30 % der Großhirnrinde der Aufnahme und Erstverrechnung von Tastsignalen gewidmet ist.

Neben dem primären somatosensorischen Cortex werden Tastsignale auch in weiteren Bereichen der Großhirnrinde verarbeitet. Ein etwas kleinerer **sekundärer somatosensorischer Cortex (Areal S2)** liegt posterolateral im Parietallappen – etwas hinter dem Gesichtsfeld von Areal S1 – und verarbeitet Signale aus Areal S1 sowie aus dem Thalamus. Neuronen im Areal S2 haben größere rezeptive Felder und verarbeiten ebenfalls Tastsignale aus kontralateralen Körperbereichen, wobei die somatotope Organisation im Vergleich zu Areal S1 umgekehrt ist: Kopf dorsal, Fuß ventral. Die genaue Funktion des Areal S2 ist bei Tieren noch weniger gut verstanden als die von Areal S1. Die größeren rezeptiven Felder lassen die Möglichkeit erkennen, dass S2-Neuronen die Berührung einer ganzen Hand codieren, möglicherweise auch Unterschiede im Berührungssignal zwischen beiden Händen. Offenbar werden in Areal S2 vorverarbeitete Tastsignale weiter integriert, was eine Klassifizierung von Areal S2 als Assoziationscortex rechtfertigen würde. Auch weitere somatosensorische Cortexbereiche sind bekannt. Eines dieser Areale kann man bei manchen Nagetieren und Primaten nachweisen: Das **ventrale parietale Areal (Areal PV)** grenzt an das Areal S2, zeigt aber eine spiegelbildliche Somatotopie. Hier wurden Neuronen gefunden, die auf gleichzeitige Stimulation einer Hand und des ipsilateralen Fußes reagieren – also eine Art Körperseiteninformation codieren. Die zentrale Verarbeitung des Tastsinnes ist komplex und die Vielfalt von corticalen Bereichen, die mit Tastinformation versorgt wird, entspricht der Bedeutung von Berührungssignalen im Leben der Tiere.

Ein besonders eindrucksvolles Beispiel für die somatotope Organisation der Tastinformation im somatosensorischen Cortex ist der **Barrelcortex** der Nagetiere (Ordnung Rodentia). Ratten (*Rattus* spp.) tragen – wie viele andere Säugetiere auch – auf beiden Nasenseiten direkt hinter dem Nasenspiegel ein Feld von etwa 30 Makrovibrissen (Schnurrhaare), aus denen jeweils 100 bis 200 afferente Fasern über den trigeminalen Weg Tastinformation zum somatosensorischen Cortex leiten. Die extreme Stellungs- und Bewegungsempfindlichkeit ihrer Vibrissen hilft den Tieren, sich in dunkler Umgebung zu orientieren. Die räumliche Anordnung der Vibrissen in der Nasenhaut wird durch den gesamten trigeminalen Weg hindurch beibehalten. Schon im trigeminalen Eingangskern zum Gehirn (dem Nucleus principalis, Np5) sind die Hirnstammneuronen somatotop, wenn auch kopfüber, angeordnet. Auch die Thalamusneuronen in den Nuclei ventrales posteromediales (VPM) bilden eine Karte des jeweils kontralateralen Vibrissenfeldes. Im primären somatosensorischen Cortex schließlich finden sich genaue, kopfüber angeordnete Abbildungen der Vibrissenfelder (S1 in ◘ Abb. 4.30, *oben*). Tastsignale aus den Vibrissen werden hier auf corticale Kolumnen verteilt, verarbeitet und weitergeleitet. Dabei ist die Zuordnung jeder einzelne Kolumne zu jeweils einer bestimmten Vibrisse eindeutig, sodass eine individuelle Benennung jeder Kolumne möglich ist (◘ Abb. 4.30, *unten links*). Jede Kolumne bezieht afferente Information von ihrer Vibrisse. Die Kolumnen sind aber auch untereinander verschaltet, sodass Signale lateral verbreitet werden können. Kolumnen zeigen wie überall im Neocortex eine sechsfache Horizontalschichtung, und in der Schicht 4 in der Mitte der Kolumne übertragen die Thalamusneuronen ihr Signal auf Cortexneuronen (◘ Abb. 4.30, *rechts*) Die Struktur der Kolumnen weist die namensgebende Struktur des Barrelcortex auf: In Schicht 4, der Eingangsebene der thalamocorticalen Signale, findet man eine fassartige Verteilung der Neuronen: Die Neuronen sind in Schicht 4 um einen fast zellfreien Raum herum angeordnet wie die Wand um ein Fass (engl. *barrel*). Bei der Ratte enthält jede Kolumne etwa 19.000 Neuronen, davon 90 % erregende und 10 % inhibitorische Interneuronen. In diesem Netzwerk wird die Tastsinnesinformation verarbeitet, die durch kleinste Auslenkungen der Vibrissen ausgelöst wird.

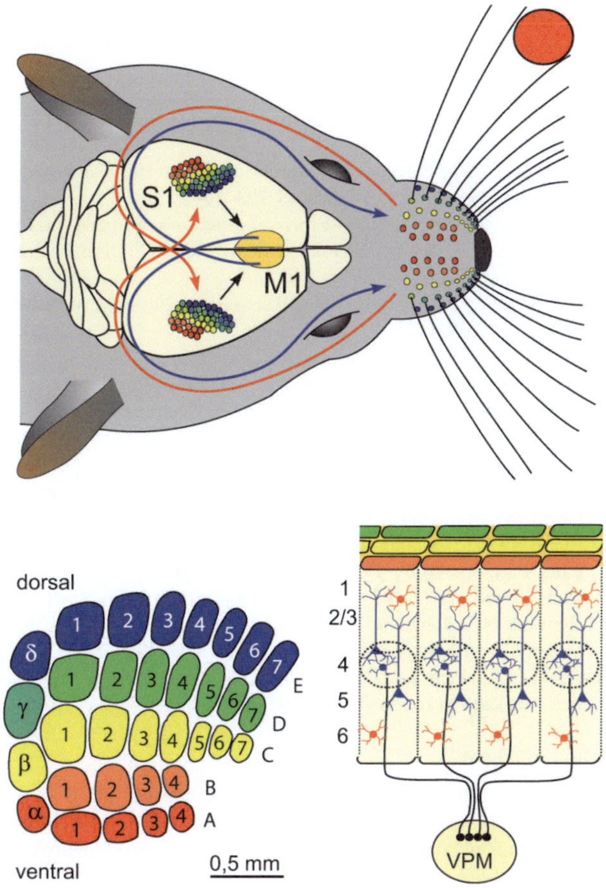

◘ **Abb. 4.30** Der Barrelcortex der Nagetiere. *Oben*: Die Vibrissen der Maus (*Mus musculus*) sind in mehreren Reihen hinter dem Nasenspiegel aufgereiht. Sie sind beweglich und werden genutzt, um Objekte zu ertasten. Ihre Tastsinneszellen projizieren in den jeweils kontralateralen somatosensorischen Cortex (S1), wo das Vibrissenfeld kopfüber repräsentiert ist. Aus dem somatosensorischen Cortex erreicht Tastinformation auch motorische Bereiche des Telencephalons (M1), die wiederum Vibrissenbewegungen im kontralateralen Vibrissenfeld steuern. *Unten links*: Der Barrelcortex besteht aus einer somatotopen Anordnung von corticalen Kolumnen, von denen jede einzelne die Tastinformation einer einzigen Vibrisse aufnimmt. *Unten rechts*: Im schematischen Schnitt durch den Barrelcortex erkennt man die sechsfache Schichtung der Großhirnrinde mit der Schicht 4 als Ebene der Signalaufnahme aus dem Trigeminalkern des Thalamus, dem Nucleus ventralis posteromedialis (VPM). Auch die namensgebende Barrelstruktur befindet sich in Schicht 4, angedeutet durch die gestrichelten Linien

Literatur

Weiterführende Literatur

Barth FG (2001) Sinne und Verhalten: aus dem Leben einer Spinne. Springer, Heidelberg

Erickson CJ (1991) Percussive foraging in the aye-aye, *Daubentonia madagascariensis*. Anim Behav 41:793–801

Hanke W, Dehnhardt G (2016) Vibrissal touch in pinnipeds. In: Prescott TJ et al (Hrsg) Scholarpedia of touch. Atlantis Press, Amsterdam

Lechner SG, Lewin GR (2013) Hairy sensation. Physiology 28:142–150

Levy G, Hochner B (2017) Embodied organization of *Octopus vulgaris* morphology, vision, and locomotion. Front Physiol 8:164

Ranade SS, Syeda R, Patapoutian A (2015) Mechanically activated ion channels. Neuron 87:1162–1179

Sawyer EK, Catania KC (2016) Somatosensory organ topography across the star of the star-nosed mole (*Condylura cristata*). J Comp Neurol 524:917–929

Schafer WR (2015) Mechanosensory molecules and circuits in C. elegans. Pflugers Arch – Eur J Physiol 467:39–48

Walcher J, Ojeda-Alonso J, Haseleu J, Oosthuizen MK, Rowe AH, Bennett NC, Lewin GR (2018) Specialized mechanoreceptor systems in rodent glabrous skin. J Physiol 596:4995–5016

Woo S-H, Lumpkin EA, Patapoutian A (2015) Merkel cells and neurons keep in touch. Trends Cell Biol 25:74–81

Zitierte Literatur

Bai L, Lehnert BP, Liu J, Neubarth NL, Dickendesher TL, Nwe PH, Cassidy C, Woodbury CF, Ginty DD (2015) Genetic identification of an expansive mechanoreceptor sensitive to skin stroking. Cell 163:1783–1795

Barth FG (2004) Spider mechanoreceptors. Curr Opin Neurobiol 14:415–422

Barth FG (2014) The slightest whiff of air: airflow sensing in arthropods. In: Bleckmann H, Mogdans J, Coombs SL (Hrsg) Flow sensing in air and water. Springer, Heidelberg, S 169–196

Barth FG (2016) A spider's sense of touch: what to do with myriads of tactile hairs? In: von der Emde E, Warrant E (Hrsg) The ecology of animal senses. Springer, Heidelberg, S 27–57

Bokiniec P, Zampieri N, Lewin GR, Poulet JFA (2018) The neural circuits of thermal perception. Curr Opin Neurobiol 52:98–106

Catania KC (1999) A nose that looks like a hand and acts like an eye: the unusual mechanosensory system of the star-nosed mole. J Comp Physiol A 185:367–372

Catania KC (2019) All in the family – touch versus olfaction in moles. Anat Rec 303:65–76

Dhaka A, Viswanath V, Patapoutian A (2006) TRP ion channels and temperature sensation. Annu Rev Neurosci 29:135–161

Gnatzy W, Schmidt K (1971) Die Feinstruktur der Sinneshaare auf den Cerci von *Gryllus bimaculatus* Deg. (Saltatoria, Gryllidae). I. Faden- und Keulenhaare. Z Zellforsch 122:190–209

Horch KW, Tuckett RP, Burgess PR (1977) A key to the classification of cutaneous mechanoreceptors. J Invest Dermatol 69:75–82

Humphrey JAC, Barth FG (2008) Medium-flow sensing hairs: biomechanics and models. Adv Insect Physiol 34:1–80

Kang L, Gao J, Schafer WR, Xie Z, Xu XZS (2010) *C. elegans* TRP family protein TRP-4 is a pore-forming subunit of a native mechanotransduction channel. Neuron 67:381–391

Keil TA (1997) Functional morphology of insect mechanoreceptors. Microsc Res Tech 39:506–531

Kuehn ED, Meltzer S, Abraira VE, Ho C-Y, Ginty DD (2019) Tiling and somatotopic alignment of mammalian low-threshold mechanoreceptors. Proc Natl Acad Sci U S A 116:9168–9177

Lewin GR, Moshourab R (2004) Mechanosensation and pain. J Neurobiol 61:30–44

Li L, Rutlin M, Abraira VE et al (2011) The functional organization of cutaneous low-threshold mechanosensory neurons. Cell 147:1615–1627

Miller JP, Krueger S, Heys JJ, Gedeon T (2011) Quantitative characterization of the filiform mechanosensitive hair array on the cricket cercus. PLoS One 6:e27873

Perkins LA, Hedgecock EM, Thompson JN, Culotti JG (1986) Mutant sensory cilia in the nematode *Caenorhabditis elegans*. Dev Biol 117:456–487

Roudaut Y, Lenigro A, Coste B, Hao J, Delmas P, Crest M (2012) Touch sense: functional organization and molecular determinants of mechanosensitive receptors. Channels 6:234–245

Salomon F-V, Geyer H, Gille U (2015) Anatomie für die Tiermedizin. Enke, Stuttgart

Schafer WR (2015) Mechanosensory molecules and circuits in *C. elegans*. Pflugers Arch – Eur J Physiol 467:39–48

Wessberg J, Olausson H, Fernström KW, Vallbo AB (2003) Receptive field properties of unmyelinated tactile afferents in the human skin. J Neurophysiol 89:1567–1575

Woo S-H, Lumpkin EA, Patapoutian A (2015) Merkel cells and neurons keep in touch. Trends Cell Biol 25:74–81

Zimmerman A, Bai J, Ginty DD (2014) The gentle touch receptors of mammalian skin. Science 346:950–954

4

Vibrationssinn und Gleichgewichtssinn

Inhaltsverzeichnis

S. Frings, *Die Sinne der Tiere*, https://doi.org/10.1007/978-3-662-63233-8_5

Vibrierende Welt! Wo immer Tiere sich bewegen, entstehen Vibrationen, wo immer sie krabbeln und schwirren, graben und nagen, mit Flügeln, Flossen, Beinen oder anderen Strukturen schlagen: Die Vibrationen ihrer Körper übertragen sich auf die Umgebung, sei es Boden, Wasser oder Luft, breiten sich aus und erreichen andere Tiere, die ihrerseits die empfangenen Signale interpretieren können. Die Radnetzspinne , eine Gartenkreuzspinne (*Araneus diadematus*), ertastet Vibrationen an den speichenförmig verlaufenden Netzfäden und liest aus dem Vibrationssignal die Richtung ab, die zu der im Netz gefangenen Fliege führt. An der vorbeibrummenden Libelle (*Aeshna cyanea*), deren Flügelschläge eine Vibration von etwa 30 Hz im Spinnennetz erzeugen, scheint sich die Spinne nicht zu stören – sie weiß, dass gefangene Fliegen anders vibrieren. Die Wasserläufer (*Gerris lacustris*) warten auf Vibrationen der Wasseroberfläche, ausgelöst durch abgestürzte Insekten, die sich durch Schwimmbewegungen verraten. Mit schnellen Ruderschlägen nähern sich die Wasserläufer der Vibrationsquelle, und das Schicksal des abgestürzten Insekts ist besiegelt. Es sei denn, dass der Stichling *(Gasterosteus aculeatus)* auf die Wasserläufer aufmerksam wird. Strömungssensoren im Seitenlinienorgan des Fisches sprechen auf Wasserbewegungen an und lenken seine Aufmerksamkeit auf die Wasserläufer – und diese enden als Fischfutter. Die Strömungssensoren leisten dem Fisch noch an anderer Stelle wertvolle Dienste. Sie vermitteln seinen Gleichgewichtssinn und helfen ihm, bewegungslos im Wasser zu verharren, bis wieder unvorsichtige Kleintiere vorbeischwimmen und sich durch Vibrationen verraten.

5.1 Anklopfen am Spinnennetz

Spinnennetze werden mit großem Einsatz gewoben und von der ansässigen Spinne als weit aufgespanntes Vibrationsohr eingesetzt. Die Netze sind sehr leicht, wiegen nur wenige Milligramm, sind dem Wind und oft auch dem Regen ausgesetzt, und sie dienen dennoch als hochempfindliche Detektoren für lokale Schwingungen in ihrem Fadengewebe. Unterschiedliche Fadentypen aus Spinnenseide werden im selben Netz versponnen: robuste Strukturfäden, flexible, oft klebrige Fangfäden sowie bei einigen Netzen ein einzelner Signalfaden, der Vibrationen aus dem Zentrum des Netzes zur außerhalb lauernden Spinne leitet (◘ Abb. 5.1, *links*). Verfängt sich eine Fliege irgendwo im Netz, erzeugt sie durch ihr panisches Strampeln Vibrationen, die über die radial verlaufenden Strukturfäden zur Netzmitte geleitet werden. Eine Spinne, die dort auf Beutesignale wartet, erkennt sofort das **charakteristische Vibrationssignal** der Beute, ertastet den vibrierenden Radialfaden und läuft entlang dieses Fadens zur Beute, um sie zu fesseln und zu fressen. Auch wenn die Spinne außerhalb des Netzes lauert, beispielsweise, um sich vor Räubern zu verstecken, kann sie über einen Signalfaden mit dem Netzzentrum verbunden sein. So kann die Sektorspinne (*Zygiella x-notata*) von einer sicheren Warte aus das Geschehen in ihrem Netz verfolgen. Sie betastet ihren Signalfaden mit den Beinen und wartet auf ein vielversprechendes Vibrationssignal. Wenn der Wind das Netz bewegt und es dabei in Vibrationen im Frequenzbereich von wenigen Hertz versetzt, beachtet die Spinne solche Hintergrundsignale nicht. Auch wenn ein Spinnenforscher vorsichtig an das Netz klopft, wird das die Spinne in den meisten Fällen nicht aus ihrem Versteck hervorlocken. Anders ist es bei Vibrationen von mehreren Hundert Hertz. Hält man eine angeschlagene Stimmgabel an das Netz, sodass ihre Vibrationen auf die Strukturfäden übertragen werden, kann man beobachten, wie die Spinne auf die Stimmgabel zuläuft, sie untersucht und sogar angreift, als wäre die Stimmgabel ein Beuteinsekt. Die Vibration – der Ton – der Stimmgabel wirkt offensichtlich als auslösender Reiz für das Jagdverhalten der Tiere. Sie ähnelt wohl den Beutesignalen, die von im Netz strampelnden Fliegen erzeugt werden, und wird von der Spinne entsprechend interpretiert.

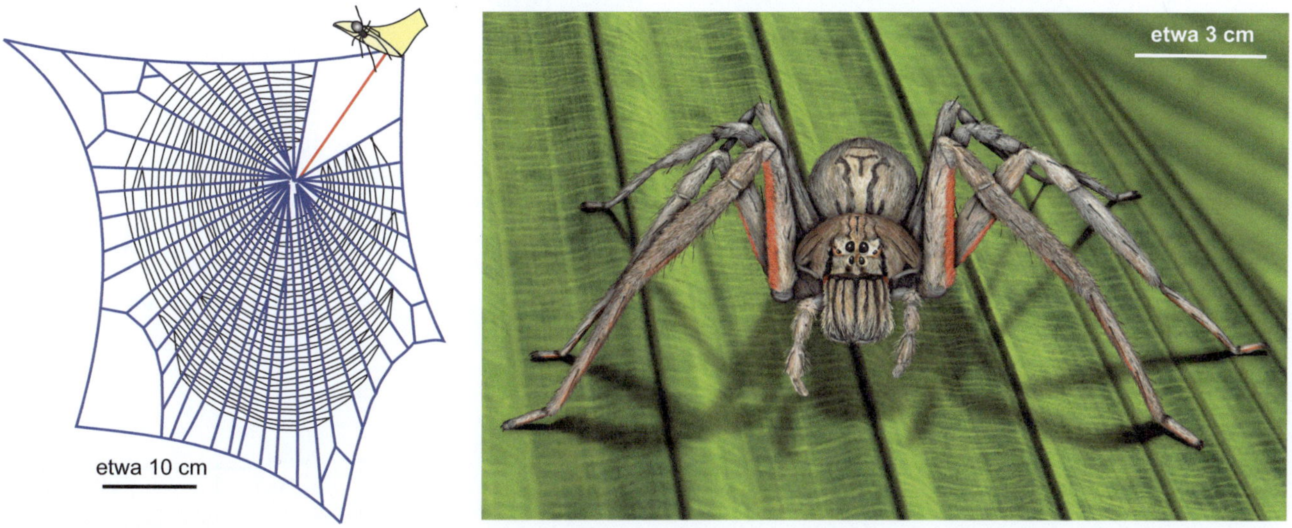

◘ **Abb. 5.1** Vibrationsempfindliche Spinnen. *Links*: Die Sektorspinne (*Zygiella x-notata*), eine Echte Radnetzspinne (Familie Araneidae), konstruiert ein Netz aus flexiblen Fangfäden (*schwarz*) und robusteren Strukturfäden (*blau*), über welche Vibrationssignale ins Zentrum des Netzes geleitet werden. Wenn die Spinne sich nicht in der Netzmitte aufhält, erhält sie Vibrationssignale über einen Signalfaden (*rot*). *Rechts*: Die zu den Fischerspinnen (Familie Trechaleidae) zählende mittelamerikanische Jagdspinne *Cupiennius coccineus* sitzt auf einem Blatt und ertastet mit Vibrationssensoren an ihren acht Beinen vielversprechende Vibrationssignale. Dabei reagieren besonders die acht Metatarsalorgane überaus empfindlich auf Vibrationen. Durch einen Vergleich der an den acht Beinen eintreffenden Signale kann die Spinne die Richtung zur Beute bestimmen

Auch Spinnen, die keine Netze herstellen, sondern frei jagen, nutzen Vibrationen zur Beutejagd. So befühlen die mittelamerikanischen Jagdspinnen der Gattung *Cupiennius* die Oberfläche von Blättern und versuchen Vibrationssignale auszumachen, die von einem krabbelnden Insekt ausgehen könnten (◘ Abb. 5.1, *rechts*). Ähnlich wie die Sektorspinne reagiert auch *Cupiennius* nicht auf niederfrequente Hintergrundgeräusche, wie sie vor allem durch den Wind oder Blattbewegungen verursacht werden. Ertastet sie jedoch ein breitbandiges Vibrationssignal mit Frequenzen im Bereich von 20–200 Hz, ist sie alarmiert und versucht die Vibrationsquelle zu orten. Da *Cupiennius* nicht durch Netzfäden geleitet wird, muss sie die Richtungsinformation aus dem Vibrationssignal selbst gewinnen. Dazu benötigt sie unbedingt zwei Parameter: die **Richtung** und die **Entfernung zur Beute**. Um die Richtung zur Vibrationsquelle zu finden, vergleicht sie die an ihren acht Beinen eingehenden Vibrationssignale. Ihre Neuronen sind in einer Weise miteinander verschaltet, die eine Hemmung von den vorderen Beinen auf die hinteren vermittelt. Zudem hemmt der Vibrationssinn der ispilateralen Beine den der kontralateralen Beine. Alle acht Beine bilden so ein einziges, richtungsempfindliches Sinnesorgan, in etwa zu vergleichen mit einer Hand, die mit gespreizten Fingern die Vibrationen auf der Oberfläche eines Musikinstruments ertastet. Aufgrund des Vibrationsmusters gelingt es der Spinne, sich auf ein Beutetier hin mit ausreichender Winkelpräzision auszurichten und den Fangsprung einzuleiten. Ob die Spinnen für die Beuteortung auch Zeitdifferenzen und Intensitätsdifferenzen nutzen (so wie Wirbeltiere das tun; ▶ Abschn. 6.8), ist nicht klar. Jedenfalls reagiert *Cupiennius salei* im Laborversuch auf Zeitunterschiede an kontralateralen Beinen von 4 ms und auf Intensitätsdifferenzen von 10 dB. Sie wendet sich dem zuerst oder stärker stimulierten Bein zu, führt also eine für das Ortungsverhalten zielführende Reaktion aus. Die Methode zur Entfernungsbestimmung des Vibrationssignals ist bisher noch nicht aufgeklärt. Denkbar sind Auswertungen der Vibrationsamplitude oder des Frequenzspektrums. Denn beide Parameter ändern sich auf charakteristische Weise mit der Laufstrecke des Vibrationssignals.

Die wichtigsten Vibrationssensoren bei diesen Vorgängen sind die **Spaltsensillen der Spinnentiere** (Klasse Arachnida). Eingebettet in das harte Exoskelett des Spinnenkörpers findet man schmale Rillen von nur 1–2 µm Breite und 20–200 µm Länge, die von einer länglichen Wulst der Exocuticula eingefasst sind (◘ Abb. 5.2,

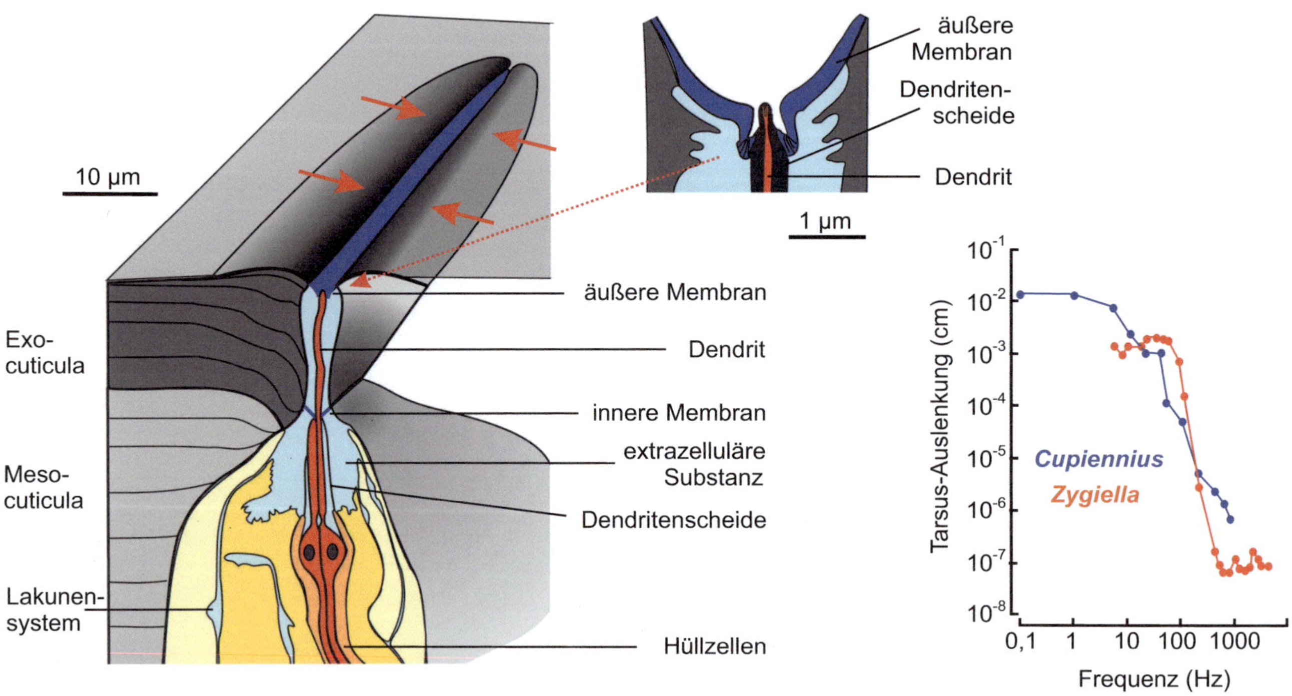

◘ **Abb. 5.2** Vibrationsdetektoren im Spinnenbein. *Links*: Struktur einer Spaltsensille von *Cupiennius salei* mit den Dendriten der zwei sensorischen Neuronen (*rot*), von denen nur einer im Spaltboden die äußere Membran erreicht. Die roten Pfeile zeigen die Richtung der Spaltkompression, die eine Reaktion des Neurons auslöst. *Rechts*: Frequenzabhängigkeit der Reaktion von Neuronen in Spaltsensillen bei der Netzspinne *Zygiella* sowie der frei jagenden Spinne *Cupiennius*. Aufgetragen ist die minimale Vibrationsamplitude des Fußsegments (Tarsus) gegenüber dem Fersensegment (Metatarsus), bei der eine neuronale Aktivierung in den Neuronen der Spaltsensillen gemessen wurde. Nach Barth (1970) und Barth und Geethabali (1982)

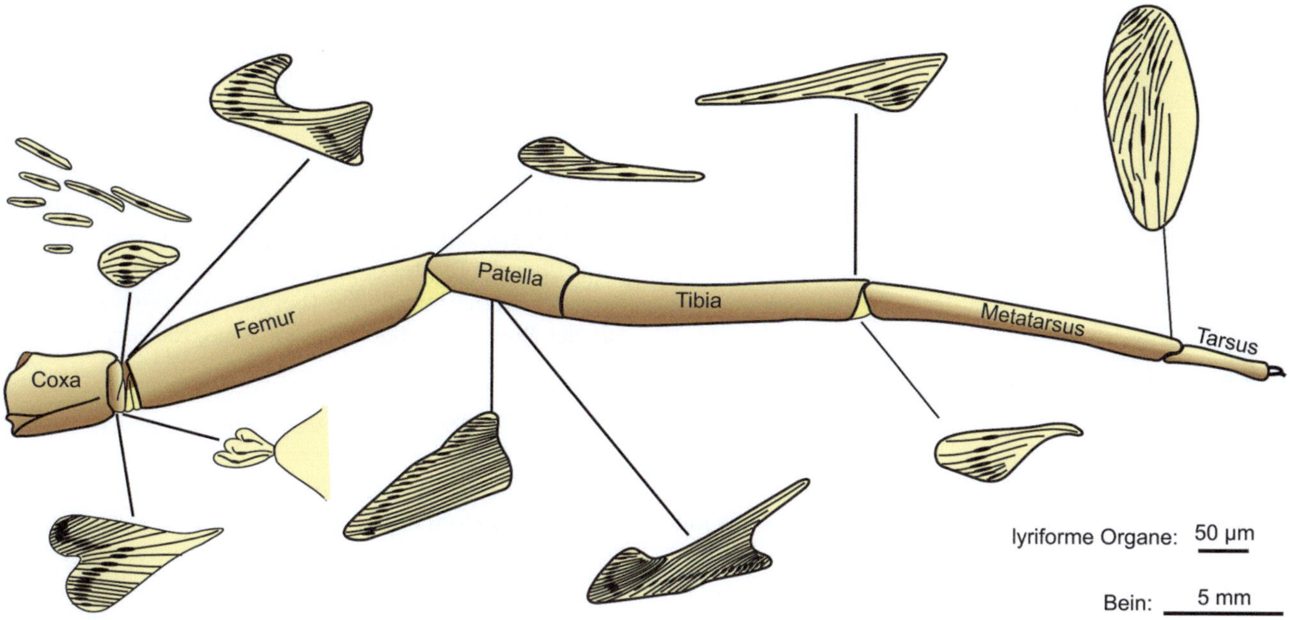

Abb. 5.3 Lage der lyriformen Organe im Vorderbein der Jagdspinne *Cupiennius salei* mit Spaltsensillen , dargestellt als schwarze Linien. Nur im Metatarsalorgan (*ganz rechts*) stehen die Spaltsensillen senkrecht zur Beinachse. Einzelspalte (*links oben*) findet man über das gesamte Exoskelett der Spinne verteilt. Insgesamt verfügt das Tier über 3300 Spaltsensillen. Nach Barth und Libera (1970)

links). Im Spaltboden erreicht der Dendrit eines von zwei mechanosensitiven Neuronen die Oberfläche der Cuticula. Der Spalt setzt einer Kompression senkrecht zur Längsachse weniger Widerstand entgegen als die umgebende Exocuticula, sodass die Spitze des Dendriten durch Quetschung stimuliert werden kann. Wird diese Struktur von Vibrationen erreicht, oszilliert der Spalt mit der Frequenz der Vibration und überträgt diesen Reiz auf das sensorische Neuron. Spaltsensillen zeigen die **Frequenzspezifität** eines Hochpassfilters (Abb. 5.2, *rechts*). Bei Vibrationsfrequenzen von weniger als 10 Hz muss beispielsweise der Tarsus eines Spinnenbeines gegenüber dem Metatarsus um 10–100 µm (10^{-3}–10^{-2} cm in Abb. 5.2) ausgelenkt werden, um eine neuronale Reaktion hervorzurufen. Auf höhere Frequenzen reagieren die Spaltsensillen weit empfindlicher. Bei 200 Hz – einer Frequenz, die dem Summen vieler Insekten entspricht – genügt eine Auslenkung von 0,1 µm (10^{-5} cm), und bei 1000 Hz reagiert das Organ bereits auf Vibrationen mit einer Amplitude von 1 nm (10^{-7} cm). Spaltsensillen rühren mit dieser enormen Empfindlichkeit an die Dimension der thermischen Bewegung von Molekülen heran. Offensichtlich sind sie in ihrer Evolution bis zur Grenze des physikalisch Möglichen optimiert worden. Der Bereich ihrer geringsten Empfindlichkeit fällt mit dem Frequenzband abiotischer Vibrationen wie Windböen zusammen, während sie für relevante biotische Vibrationen höchste Empfindlichkeit aufweisen. *Cupiennius* verfügt über etwa 3300 solcher Spaltsensillen, verteilt über verschiedene Körperregionen. In besonders hoher Dichte liegen die Spaltsensillen in den **lyriformen Organen** (auch lyraforme oder leierförmige Organe) vor, die in jedem Beingelenk zu finden sind (Abb. 5.3). Als wichtigster Vibrationsdetektor für das Aufspüren von Beuteinsekten sowie für die Vibrationssignale, die Spinnen zur innerartlichen Kommunikation einsetzen, gilt das lyriforme **Metatarsalorgan**, das zwischen dem Fußsegment (Tarsus) und dem Fersensegment (Metatarsus) eines jeden Beines liegt. Nur im Metatarsalorgan sind die Spaltsensillen durchweg senkrecht zur Beinachse ausgerichtet, sodass jedes Anwinkeln des Fußgelenks direkt eine Kompression der Spalte bewirkt. Lyriforme Organe können einige wenige oder mehr als 20 parallel angeordnete Spaltsensillen enthalten. Die Eigenschaften der einzelnen Spalte hinsichtlich Empfindlichkeit und Frequenzselektivität unterscheiden sich innerhalb eines Metatarsalorgans nur wenig. Sogar zwischen Netzspinnen, frei jagenden Spinnen und Wasserspinnen findet man kaum Unterschiede bei der Vibrationsempfindlichkeit dieser Spaltsensillen. Wie es scheint, bringen Spaltsensillen mit ähnlichem Bau und vergleichbarer Lage im Körper bei unterschiedlichen Spinnenarten ähnliche sensorische Signale hervor.

Spinnen nutzen ihre Spaltsensillen nicht nur zur Ortung von Beute, sondern auch zur Kommunikation, insbesondere beim **Balzverhalten**. Denn die meisten Spinnenarten sind einzeln lebende Beutejäger, und bei der Annäherung eines Spinnenpaares zum Zweck der Fortpflanzung spielen Vibrationssignale eine ent-

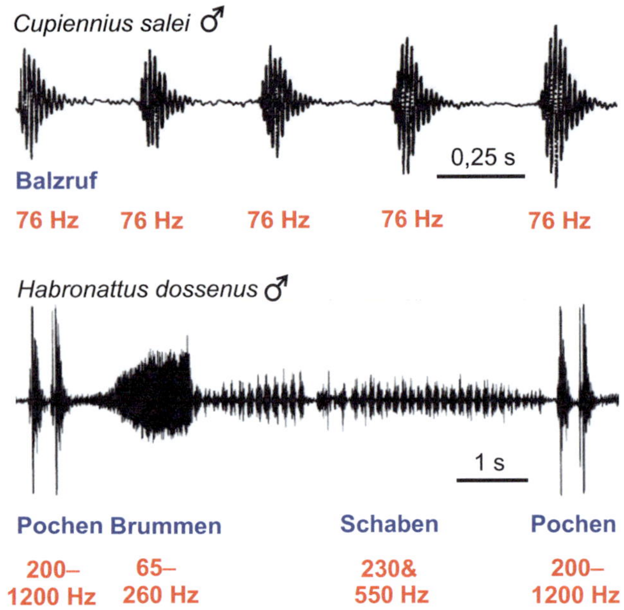

Abb. 5.4 Vibrationssignale bei der innerartlichen Kommunikation von Spinnen. *Oben*: Um Kontakt zu einem Weibchen aufrechtzuerhalten nutzt das Männchen von *Cupiennius salei* repetitive Vibrationssignale mit einer Hauptfrequenz von 76 Hz, die sich über Bananen- oder Agavenblätter mehrere Meter weit ausbreiten können. *Unten*: Die mexikanische Springspinne *Habronattus dossenus* verfügt über mehrere Vibrationsklänge, die sie für ihr Balzverhalten einsetzen kann. Diese Vibrationen erreichen das Weibchen als seismische Signale durch den Boden. Die Aufnahmen sind hier ohne Ordinate dargestellt, weil unterschiedliche Messverfahren eingesetzt wurden. Nach Rovner und Barth (1981) und Elias et al. (2003)

scheidende Rolle. Eine männliche *Cupiennius salei* bemerkt die Nähe eines balzbereiten Weibchens zunächst durch Pheromone und wird sexuell erregt. Das Männchen beginnt damit, spezifische Vibrationssignale zu erzeugen, indem es mit Pedipalpen und Hinterleib schabende und trommelnde Bewegungen ausführt und damit Vibrationen auf das Blatt überträgt, auf dem es sitzt (Abb. 5.4). Die Vibration erreicht über den Pflanzenkörper ein Weibchen, und wenn das Weibchen innerhalb einer Sekunde Antwortvibrationen schickt, entsteht ein Vibrationsdialog zwischen den beiden Tieren. Dieser dient dem Männchen dazu, sich auf der Pflanze zu orientieren und sich dem Weibchen zu nähern. Wird der Dialog von beiden aufrechterhalten, kommen sie zusammen, und die taktile Phase der Balz kann beginnen. Solche **Kommunikation durch Vibrationssignale** kann bei Spinnen gelegentlich wie eine ausgefeilte Vibrationssprache wirken. Die Springspinne *Habronattus dossenus* (Familie Salticidae) kann beispielsweise mehrere unterschiedliche Vibrationsgeräusche von sich geben. Sie pocht mit ihren Vorderbeinen und dem Abdomen auf den Boden, brummt mittels schneller Oszillationen ihres Abdomens und erzeugt rhythmische, schabende Geräusche mit ihren Beinen und dem Abdomen (Abb. 5.4). Die einzelnen Sequenzen ihres Vibrationsrufes erfüllen bestimmte Funktionen bei der Annäherung der Tiere während der Balz. Vibrationssignale der Spinnen können also frequenzmodulierte Motivstrukturen aufweisen, nicht unähnlich der Vokalisation der Singvögel (s. Abb. 6.6), allerdings durch die Luft kaum vernehmbar. Der Austausch von Vibrationssignalen zwischen Tieren derselben Art verläuft vielmehr über die Blätter einer Pflanze (bei *Cupiennius*), entlang der Bodenoberfläche (bei der Springspinne) oder auf der Wasseroberfläche (beim Wasserläufer).

5.2 Die Ausbreitung von Vibrationen

In der Sinnesphysiologie wird der Vibrationssinn gegen den Hörsinn zum einen durch das Medium der Signalausbreitung abgegrenzt, zum anderen durch die Eigenschaften der Wellen, welche die Sinnesinformation transportieren. Bei Schallsignalen handelt es sich meistens um Schalldruckwellen, die sich in den elastischen Medien Luft oder Wasser ausbreiten und durch Schalldruckrezeptoren wie Trommelfelle registriert werden. Die Ausbreitungseigenschaften hinsichtlich Schallgeschwindigkeit, Dämpfung, Schallimpedanz und Frequenzdispersion sind für Luft und Wasser gut bekannt (▶ Abschn. 6.3). Bei den Materialien, welche die Vibrationssignale der Tiere leiten, haben wir es dagegen mit einer Vielfalt unterschiedlicher Eigenschaften zu tun, so unterschiedlich eben, wie die Materialen sind, aus denen Spinnennetze, Bananenblätter, Boden- und Wasseroberflächen bestehen. Arthropoden sitzen typischerweise auf einem dieser Substrate und detektieren die für sie interessanten **Oberflächenwellen** mithilfe von Mechanorezeptoren wie Spalt- oder Haarsensillen. Aber auch erdbewohnende Säugetiere nutzen Oberflächenwellen zur Frühwarnung vor Fressfeinden oder zur Kommunikation. Oberflächenwellen am Erdboden – seismische Wellen – haben oft die Form von **Rayleigh-Wellen**, bei denen Oberflächenpartikel in eine charakteristische Mikrorotation versetzt werden, die zu einer wellenförmigen Auf-und-ab-Bewegung des Bodens führen (Abb. 5.5). Solche Vertikalbewegungen können Spaltsensillen in lyriformen Organen von Spinnentieren aktivieren. Ein eindrucksvolles Beispiel für diese Art von Vibrationssinn zeigt der Kalifornische Sandskorpion (*Paruroctonus mesaensis*), der nachts im Wüstensand kleinen Gliedertieren auflauert. Seine basitarsalen Spaltensensillen (Abb. 5.6, *rechts*) registrieren Rayleigh-Wellen, die von Grillen, Schaben und anderen Beutetieren verursacht werden, wenn sie im Abstand von etwa 20–30 cm an dem Skorpion vorbeilaufen. An den Tarsen des Skorpions werden solche Wellen selbst dann registriert, wenn sie nur eine Amplitude von etwa 1 nm haben. Rayleigh-Wellen laufen mit

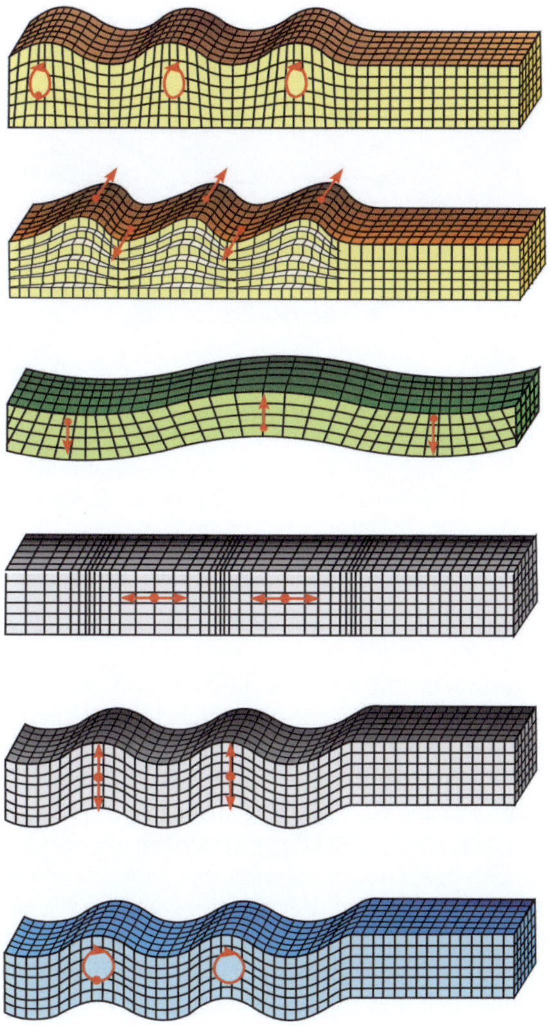

Bezeichnung (Vorkommen)	Partikelbewegung	Eigenschaften
Rayleigh-Wellen (Erdoberfläche)	elliptisch, gegen die Laufrichtung	c: dispersiv, 5—300 ms^{-1} Reichweite cm bis km Dämpfung ~ 1/ $r^{1/2}$
Love-Wellen (Erdoberfläche)	horizontal, senkrecht zur Laufrichtung	c: dispersiv, 5—300 ms^{-1} Reichweite cm bis km Dämpfung ~ 1/ $r^{1/2}$
Biegewellen (Blätter, Stängel)	senkrecht zur Laufrichtung	c: dispersiv, 5—55 ms^{-1} Reichweite: cm bis m Dämpfung: <1 dB/cm
Longitudinalwellen (Erde, Spinnennetz)	parallel zur Laufrichtung	c: nicht dispersiv, 150—3000 ms^{-1} Reichweite: cm bis km Dämpfung ~1/r
Transversalwellen (Erde, Spinnenetz)	senkrecht zur Laufrichtung	c: nicht dispersiv, 50—1000 ms^{-1} Reichweite: cm bis km Dämpfung ~1/r
Wasserwellen (Wasseroberfläche)	kreisförmig, in Laufrichtung	c: dispersiv, 0,2—0,5 ms^{-1} Reichweite: cm bis m Dämpfung: 1-10 dB/cm abhängig von Wassertiefe

Abb. 5.5 Für den Vibrationssinn wichtige Wellenformen und ihre Eigenschaften. Rayleigh-Wellen (R-Wellen) und Love-Wellen (L-Wellen) sind Oberflächenwellen an der Grenze zwischen Substrat (Erde, Sand) und Luft, bei denen die Substratpartikel entweder vertikal (R-Wellen) oder horizontal (L-Wellen) bewegt werden. Biegewellen treten auf, wenn die Substratdicke kleiner ist als die Wellenlänge der Vibration, wie es bei Blättern der Fall ist. Longitudinalwellen (Primärwellen, P-Wellen) und Transversalwellen (Sekundärwellen, S-Wellen) entstehen innerhalb des Substrats, wobei die Bewegungsrichtung der Substratpartikel der Ausbreitungsrichtung entspricht (P-Wellen) oder quer dazu verläuft (S-Wellen). Wasserwellen stellen eine spezielle Wellenform dar mit einer Transversalkomponente an der Wasseroberfläche (Kapillarwellen). c: Ausbreitungsgeschwindigkeit; dispersiv: c steigt mit Frequenz; r: Abstand von der Vibrationsquelle. Nach Aicher und Tautz (1990)

vergleichsweise geringer Ausbreitungsgeschwindigkeit (40–50 m s^{-1}) über die Grenzfläche von Sand und Luft und verursachen eine elastische, ellipsenförmige Vertikalschwingung der Sandpartikel. Bei der Übertragung dieser Vertikalbewegung auf ein Bein des Skorpions verkleinert sich der Winkel zwischen Basitarsus und Telotarsus, die Spaltsensillen im dazwischenliegenden Gelenk werden komprimiert und die darin befindlichen Neuronen erregt. Der Skorpion kann die Richtung zum Beuteinsekt sehr genau bestimmen, indem er die an seinen acht Beinen eintreffenden Rayleigh-Wellen vergleicht. Er registriert, welches Bein zuerst aktiviert wird, und richtet sich so zur Vibrationsquelle hin aus. Der Zeitunterschied zwischen einem der Vibrationsquelle zugewandten und dem gegenüberliegenden, abgewandten Bein liegt, in Abhängigkeit von der Wellenlänge, bei 0,2–1 ms und kann vom Skorpion zur Ortung genutzt werden. Blitzschnell richtet er sein Vorderende mit einer Präzision von etwa 8° auf die Beute hin aus und läuft mit geöffneten Scheren los.

Vermutlich kann das Tier nicht nur die Richtung, sondern auch die Entfernung zur Beute abschätzen. Der

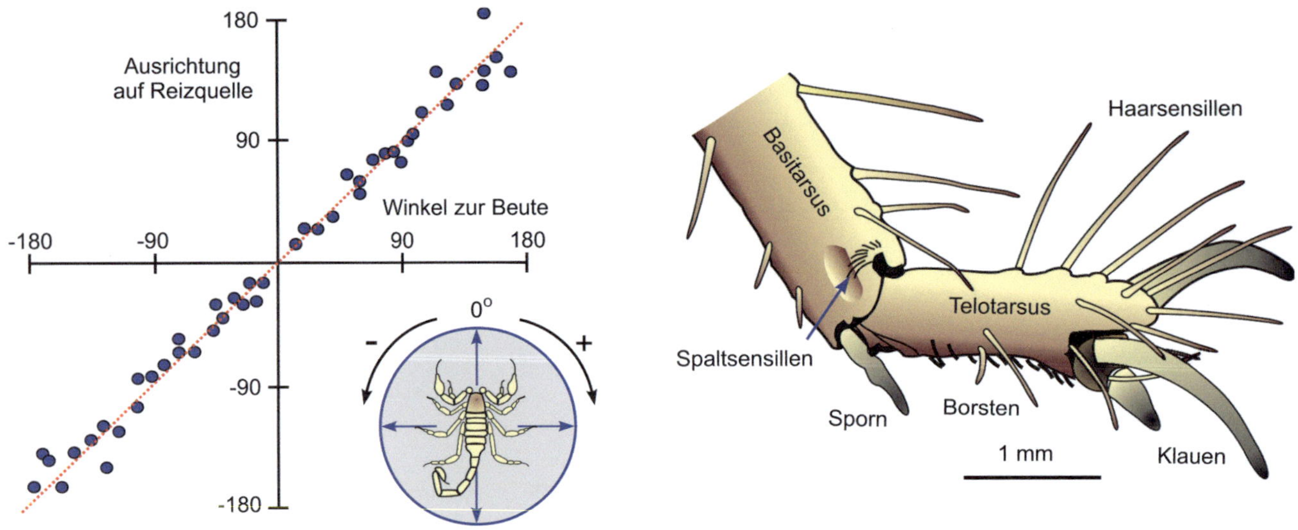

Abb. 5.6 Beuteortung durch Rayleigh-Wellen beim Kalifornischen Sandskorpion (*Paruroctonus mesaensis*). Der Sandskorpion lauert nachts auf Beute und wird durch Bodenvibrationen gereizt. *Links*: Die Genauigkeit der Vibrationsortung. Detektiert der Skorpion eine Vibration im Sand, dreht er sich aus seiner Lauerposition auf die Vibrationsquelle zu. Dabei erreicht er fast genau den jeweils optimalen Winkel (*rote Linie*, Drehung nach links: negativer Winkel, nach rechts: positiver Winkel). *Rechts*: Die Spaltsensillen registrieren jede Auslenkung des Telotarsus gegenüber dem Basitarsus. Auch die tarsalen Haarsensillen sind mechanosensitive Vibrationsdetektoren. Nach Brownell und Farley (1979a, b, c)

sensorische Mechanismus dafür ist noch nicht vollständig untersucht. Es wird vermutet, dass für diesen Zweck Longitudinalwellen ausgewertet werden, die sich mit höherer Geschwindigkeit (120–200 m s^{-1}) durch den Sand ausbreiten und die der Skorpion mithilfe seiner tarsalen Haarsensillen detektieren kann. Longitudinalwellen verlieren ihre Energie schneller als Rayleigh-Wellen, sodass in der Restamplitude der Longitudinalwellen Informationen über die Entfernung zur Vibrationsquelle stecken. Auch die unterschiedliche Ausbreitungsgeschwindigkeit erlaubt im Prinzip eine Entfernungsbestimmung, da sich der Abstand zwischen Rayleigh-Wellen und Longitudinalwellen mit zunehmender Laufstrecke vergrößert. Bisher aber gibt es nur Hinweise darauf, dass die Skorpione Entfernungen im Bereich von 10–20 cm abschätzen können. Die Aufklärung der zugrunde liegenden Sinnesfunktionen steht noch aus. Je nach Bodenbeschaffenheit haben Oberflächenwellen auch eine horizontale Komponente, sodass sich neben den Rayleigh-Wellen auch **Love-Wellen** nachweisen lassen (Abb. 5.5). Bei der Vokalisation der Winkerkrabbe (*Uca pugilator*) – einem Trommeln mit den großen Scheren auf feuchten Sand – entstehen neben vertikalen Rayleigh- auch horizontale Love-Wellen, die sich mit ähnlicher Geschwindigkeit und Dämpfung ausbreiten. Auch bei Fröschen vermutet man die Produktion von beiden Typen von Oberflächenwellen und die Detektion über das Operculum des Innenohres, wo der Sacculus die Vibrationen detektiert (▶ Abschn. 6.6). Beim mittelamerikanische Weißlippenfrosch *Leptodactylus albilabris* gibt es Hinweise, dass er durch Trommeln mit seiner Schallblase auf schlammigen Boden sowohl Rayleigh- als auch Love-Wellen erzeugen kann. Aber bei den meisten Wirbeltieren, bei denen die Kommunikation durch Oberflächenwellen untersucht worden ist – der Regenfrosch (*Breviceps adspersus*), der Ruderfrosch (*Polypedates leucomystax*), die Klapperschlange (*Crotalus viridis*), das Jemenchamäleon (*Chamaeleo calyptratus*), der Apothekerskink (*Scincus scincus*), die Blindmaus (*Spalax ehrenbergi*), der Kap-Blessmull (*Georychus capensis*), der Wüstengoldmull (*Eremitalpa granti*), die Kängururatte (*Dipodomys spectabilis*) sowie die Elefanten *Loxodonta africana* und *Elephas maximus* – ist der Anteil an Love-Wellen bisher nicht ermittelt worden. Rayleigh-Wellen – und damit vertikale Partikelbewegungen an der Oberfläche – scheinen die adäquaten Reize für den Vibrationssinn dieser Tiere zu sein.

Für Tiere, die auf Pflanzen leben, sind die Bedingungen für Kommunikation durch Vibrationssignale anders als auf der Erdoberfläche, sie sind wesentlich günstiger. Denn der Pflanzenspross ist wie geschaffen für die Ausbreitung von Vibrationen. Umfangreiche Verhaltensbeobachtungen haben Vibrationskommunikation bei frei jagenden Spinnen sowie bei mehreren Ordnungen von Insekten (bei Steinfliegen, Plecoptera; Netzflüglern, Neuroptera; Käfern, Coleoptera; Hautflüglern, Hymenoptera; Wanzen, Heteroptera; Gleichflüglern, Homoptera) im Zusammenhang mit der Partnersuche nachweisen können. Die Vibrationsgesänge werden gelegentlich zusätzlich zur hörbaren, durch die Luft geleiteten Vokalisation produziert und erfüllen besondere

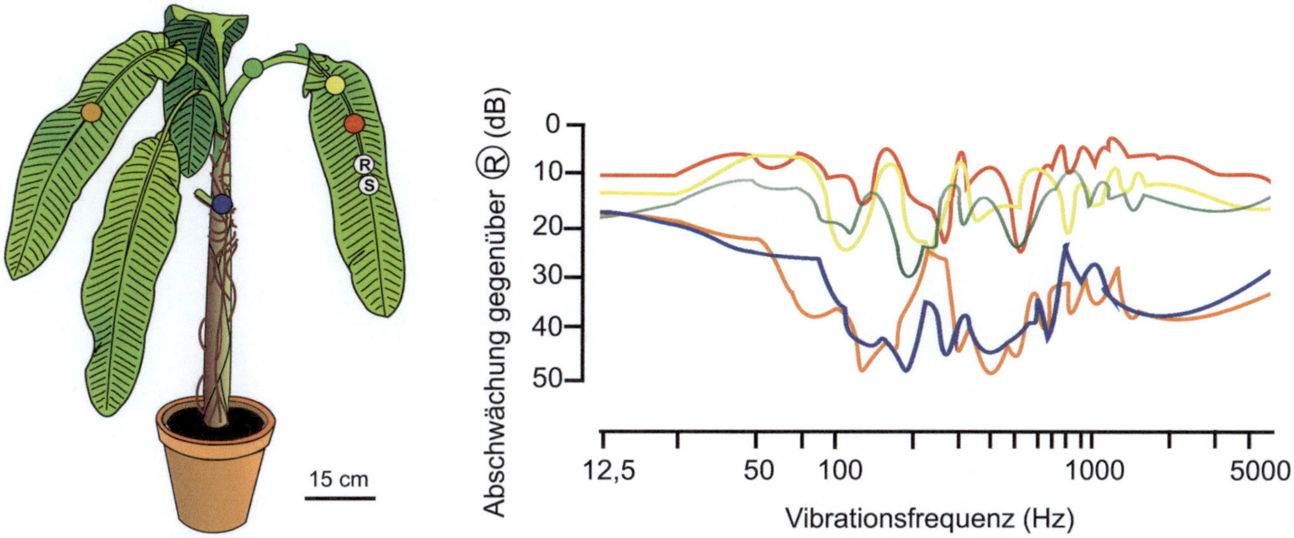

Abb. 5.7 Ausbreitung von Biegewellen auf einer Pflanze. Zur Messung der Reichweite von Vibrationssignalen auf einer Bananenstaude wurde am Punkt S ein Vibrationssignal auf ein Blatt übertragen. Das Signal hat ein breites Frequenzband mit gleich großen Amplituden von 12,5 Hz bis 5000 Hz. Unmittelbar neben der Reizstelle wurde am Punkt R ein Referenzspektrum berührungsfrei mit einem Laser-Vibrometer aufgezeichnet. Die farbigen Punkte auf dem Bild der Bananenstaude zeigen, an welcher Stelle die Vibrationen analysiert wurden, deren Frequenzspektren rechts dargestellt sind. Man erkennt auf dem stimulierten Blatt Abschwächungen im Bereich von 10–20 dB (*rot*, *gelb*, *grün*), während auf einem anderen Blatt und am Scheinstamm (*blau*) eine Abschwächung um 30–40 dB im Frequenzbereich von 100–1000 Hz gemessen wurde. Nach Barth et al. (1988)

Funktionen bei der Ortung von Artgenossen. Dabei kommt es den Tieren zustatten, dass sie niederfrequente Vibrationssignale (<10 kHz) durch Trommeln und Körpervibrationen erzeugen können, während die bei der Stridulation entstehenden Luftschallsignale meist höhere Frequenzen (>10 kHz) aufweisen. Sehr kleine Tiere können tiefen Luftschall nicht effektiv produzieren. Ihre niederfrequenten Substratvibrationen haben aber den Vorteil, dass sie über Pflanzenmaterial besonders gut geleitet und weniger stark gedämpft werden. Für die Signalleitung in Pflanzen ist die Tatsache ausschlaggebend, dass Blätter und andere Sprossteile dünner sind als die Wellenlängen der Vibrationssignale (λ = 5–50 cm bei Frequenzen von 1000–100 Hz, mit c = 50 m s^{-1}). Unter diesen Bedingungen entstehen **Biegewellen**, die sich besonders gut für die Kommunikation zwischen Arthropoden eignen (Abb. 5.5). Biegewellen sind eine besondere Form von transversal – also quer zur Laufrichtung des Signals – schwingenden Wellen, bei denen es zu Verformungen im Pflanzengewebe kommt. Sie laufen oft deutlich langsamer als die Transversalwellen im Boden. Ausbreitungsgeschwindigkeiten im Bereich von 5–200 m s^{-1} wurden an unterschiedlichen Pflanzen gemessen. Ein charakteristisches Merkmal von Biegewellen ist, dass diese Geschwindigkeit mit der Frequenz ansteigt. Im Verlauf der Ausbreitung über den Pflanzenspross ändert sich dadurch das Frequenzspektrum des Vibrationssignals, weil die höheren Frequenzen den tieferen vorauseilen. Diese Frequenzdispersion hängt wiederum vom Pflanzenmaterial ab: Steifere Blätter wie die von Bananenstauden und Agaven leiten schneller als weiche Blätter, und dicke Stängel leiten schneller als dünne. Für die Kommunikation wichtig ist vor allem der geringe Energieverlust bei der Ausbreitung von Biegewellen. Auf Bananenblättern wurde eine Dämpfung von 0,3 dB/cm gemessen (Abb. 5.7), und selbst in 3–4 m Entfernung von einer Jagdspinne konnten ihre Vibrationssignale noch registriert werden. Dazu kommt, dass Vibrationssignale am oberen Ende der Pflanze reflektiert werden und sich mit den aufsteigenden Signalen überlagern, wodurch stehende Wellen entstehen, die in der Pflanzenspitze stärker sein können als in der Nähe der Vibrationsquelle. So ergibt sich der Eindruck, dass Pflanzen von den Arthropoden wie Instrumente für die Kommunikation durch Vibrationssignale genutzt werden, dass sich die Fähigkeit der Tiere, Vibrationen zu erzeugen und zu detektieren, im Verlauf ihrer Evolution den physikalischen Eigenschaften des Pflanzensprosses angepasst hat. Arthropoden besitzen damit eine Methode zum Austausch von Signalen über eine begrenzte Reichweite, wobei diese Signale kaum Luftschall erzeugen und so von ihren Fressfeinden nicht abgehört werden können.

Im Radnetz einer Spinne erzeugt ein Beuteinsekt, das sich in der klebrigen Fangspirale verfangen hat, Vibrationen mit einem breiten Frequenzband von etwa 10–5000 Hz. Über die radialen Strukturfäden (Speichenfäden) werden die Vibrationen ins Netzzentrum geleitet, wo die Spinne sitzt und auf Beutesignale wartet (Abb. 5.8, *links*). Untersuchungen solcher Vibrationen bei der Brückenkreuzspinne (*Larinioides sclopeta-*

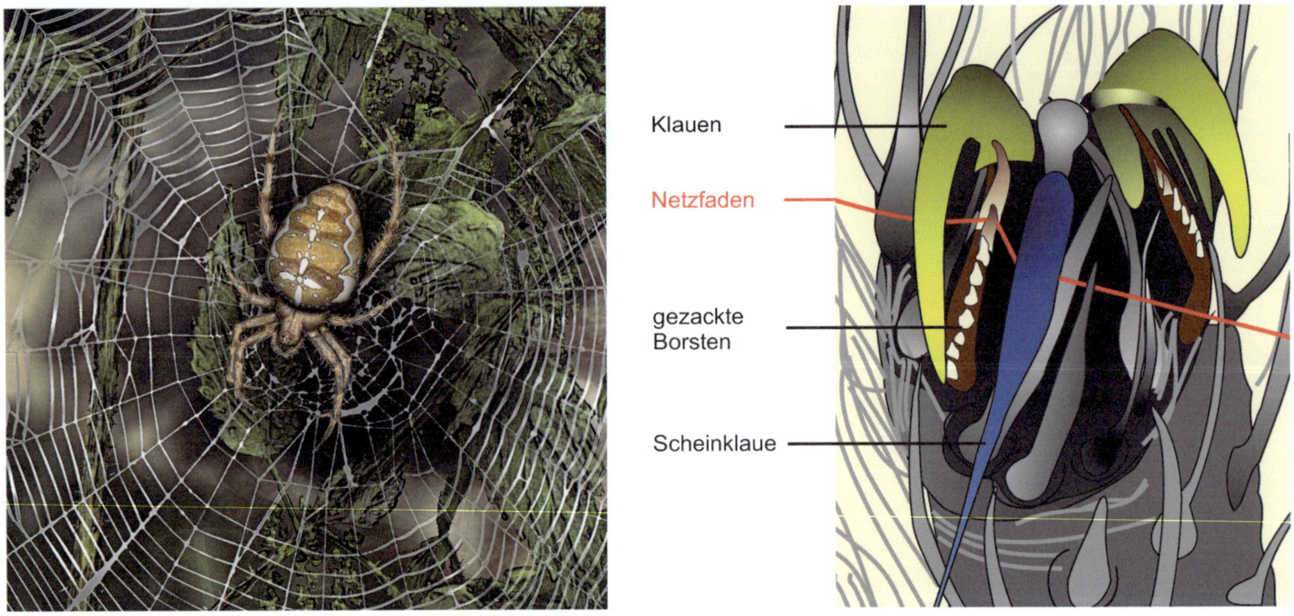

Abb. 5.8 Vibrationsleitung durch Longitudinalwellen im Radnetz einer Spinne. *Links*: Eine Gartenkreuzspinne (*Araneus diadematus*) lauert in der Mitte ihres Radnetzes auf Beute. Alle Speichenfäden führen radial ins Zentrum und leiten Longitudinalwellen aus den Außenbereichen des Netzes zur Spinne. *Rechts*: Struktur des Prätarsus (der „Fußsohle") einer Sektorspinne (*Zygiella x-notata*) mit dem Verlauf des Signalfadens, der zwischen Borsten und Scheinklaue in Position gehalten wird. Die beiden Klauen werden nicht für die Detektion der Fadenvibration eingesetzt. Nach Klärner und Barth (1982)

rius), der Goldenen Seidenspinne (*Nephila clavipes*) sowie bei der Sektorspinne (*Zygiella x-notata*) haben gezeigt, dass die Netzfäden in drei unterschiedliche Arten von Vibrationen versetzt werden: in **Transversalvibrationen** (senkrecht zur Netzebene und senkrecht zur Laufrichtung der Signale), **Lateralvibrationen** (parallel zur Netzebene und senkrecht zur Laufrichtung der Signale) sowie **Longitudinalvibrationen** (Kompressionswellen parallel zur Netzebene und axial entlang der Längsachse der Speichenfäden). Die Speichenfäden, die wie Telegrafendrähte die Jagdinformation zum Zentrum leiten, sind besonders für Longitudinalvibrationen durchgängig. Longitudinalwellen werden mit Ausbreitungsgeschwindigkeiten um die 1000 m s^{-1} geleitet und werden über den gesamten Frequenzbereich hinweg kaum gedämpft, obwohl ein kleiner Teil der Vibrationsenergie an jeder Kreuzungsstelle mit der Fangspirale verloren geht. Die Leitungseigenschaften der Netzfäden hängen vom Material ab, nicht aber von der mechanischen Spannung – sie funktionieren mit und ohne Wind gleich gut. Transversalvibrationen laufen langsamer als Longitudinalwellen über die Speichenfäden. Ausbreitungsgeschwindigkeiten um 100 m s^{-1} wurden gemessen, und die Transversalwellen werden bei Frequenzen um 1 kHz erheblich (um 20–40 dB von den äußeren Bereichen des Netzes bis zum Zentrum) gedämpft.

Für Radnetzspinnen (Familie Araneidae) ist wohl die Longitudinalvibration der wichtigste Informationsträger. Das zeigen Experimente zum Ortungssinn, bei denen die Tiere am zuverlässigsten auf Longitudinalwellen im Netz reagieren. Etwa 50 Speichenfäden treffen im Zentrum des Netzes ein, und die Spinne muss möglichst schnell herausfinden, welcher der Fäden durch ein Beuteinsekt in Vibration versetzt wird. Hat sie das erkannt, läuft sie über diesen Speichenfaden hinweg geradewegs zur Beute. Um den vibrierenden Faden zu identifizieren, betastet sie alle Fäden mit den Tarsalsegmenten ihrer acht Beine, an denen Spaltsensillen und Haarsensillen (Trichobothrien) als hochempfindliche Vibrationssensoren jeweils einen Faden abtasten. Die Spinne bringt den Netzfaden dazu in direkten Kontakt mit dem Prätarsus, der „Sohle" des Fußgliedes eines ihrer Beine, wo er durch gezackte Borsten und einen Cuticulahaken, der als Scheinklaue bezeichnet wird, in einer günstigen Position gehalten wird (Abb. 5.8, *rechts*). Eine Schwierigkeit bei der genauen Ortung der Beute ist, dass das Beuteinsekt durch sein Strampeln nicht nur einen, sondern gleich mehrere benachbarte Speichenfäden in Vibrationen versetzt, was die genaue Ortung erschwert. Am stärksten wird aber immer derjenige Faden vibrieren, der direkten Kontakt zur Beute hat. Für die Spinne ist es daher wichtig, herauszufinden, welcher Faden stärker vibriert als seine Nachbarfäden; sie muss Unterschiede in der Vibrationsintensität zwischen benachbarten Speichenfäden ermitteln. Auch für diesen Zweck sind die Longitudinalvibrationen am besten geeignet, denn hier zeigen sich die Unterschiede zwischen Nachbarfäden am deutlichsten. Es spricht also

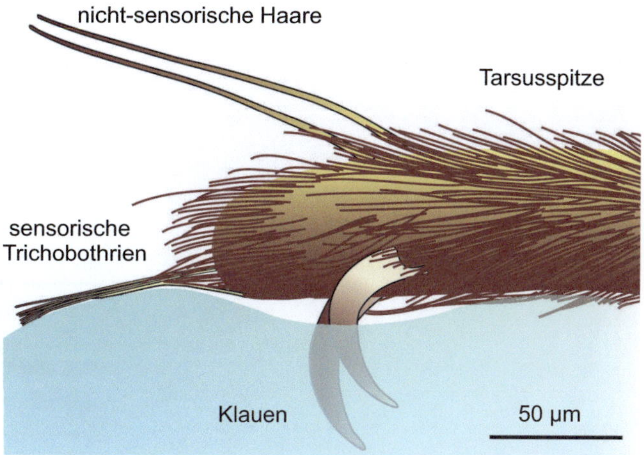

Abb. 5.9 Beuteortung durch Wasserwellen bei Wasserläufern. *Links*: Wasserläufer der Art *Gerris lacustris* jagen auf der Wasseroberfläche nach Beute. Sie analysieren Oberflächenwellen auf Signale, wie sie von abstürzenden oder im Wasser strampelnden Insekten erzeugt werden, und bestimmen die Richtung zur Beute aus dem Wellensignal. *Rechts*: Die Beinspitze (Prätarsus) eines Wasserläufers trägt neben den Klauen eine Gruppe von vier mechanosensorischen Tasthaaren. Diese Trichobothrien liegen flach auf dem Wasser und registrieren Wellenbewegungen. Nach Goodwyn et al. (2009)

vieles dafür, dass Vibrationssinn und Jagdverhalten der Radnetzspinnen auf die Interpretation von solchen Longitudinalwellen, wie sie Beuteinsekten auslösen, angepasst sind.

Die Wasseroberfläche von Binnengewässern ist für viele Insekten (Familien Gerridae, Notonectidae, Gyrinidae) sowie für einige Spinnen (wie die amerikanische Jagdspinne *Dolomedes triton*), Fische (wie den Streifenhechtling, *Aplocheilus lineatus*) sowie für einige Vögel und Fledermäuse ein wichtiges Jagdrevier. Wenn Fluginsekten ins Wasser fallen, breiten sich vom Absturzort her kreisförmig **Wasserwellen** aus und können Jagdtiere zur Beute leiten. Frequenzspektren solcher Oberflächenwellen nach dem Absturz von Bienen oder Fliegen zeigen Maxima im Bereich von 30–100 Hz. Auf diesen Bereich sind die Vibrationsdetektoren einiger Raubinsekten optimiert. Die für die Beuteortung relevanten Wellen erreichen Amplituden von nur wenigen Millimetern und stellen damit Kapillarwellen dar, deren Eigenschaften in erster Linie von der Oberflächenspannung des Wassers bestimmt werden. Sie werden im Frequenzbereich von 30–100 Hz über eine Laufstrecke von etwa 30 cm um 10 dB gedämpft. Ihre Ausbreitungsgeschwindigkeit nimmt, ähnlich wie bei Biegewellen, mit der Frequenz zu und liegt im hier relevanten Frequenzbereich bei 0,2–0,5 m s^{-1}. Die Wellen reichen allerdings nicht weit in die Tiefe des Wassers. Schon in einer Tiefe von einer Wellenperiode (23,6 mm bei 10 Hz; 2,9 mm bei 140 Hz) ist die vertikale Schwingungsamplitude des Wassers auf 1/500 der Oberflächenamplitude reduziert. Tiere, die Oberflächenwellen für die Jagd nutzen wollen, müssen daher ihre Sensoren unmittelbar an der Wasseroberfläche positionieren. Der Streifenhechtling (*Aplocheilus lineatus*) beispielsweise trägt auf der Kopfoberseite Neuromasten (▶ Abschn. 5.6), mit denen er Oberflächenwellen zur Ortung abgestürzter Insekten auswertet.

Umfangreiche Untersuchungen an Wasserläufern (Familie Gerridae) und Rückenschwimmern (Familie Notonectidae), beides Tiergruppen, die direkt an der Wasseroberfläche leben, haben gezeigt, wie Wasserwellen für die Beuteortung und die innerartliche Kommunikation genutzt werden können. Europäische Wasserläufer der Gattungen *Gerris* und *Aquarius* leben auf der Oberfläche von stehenden oder langsam fließenden Gewässern. Sie können sich infolge ihres geringen Gewichts und ihrer wasserabweisenden, dicht behaarten Körperoberfläche auf der Wasseroberfläche bewegen, ohne die durch Kohäsion stabilisierte Oberflächenschicht des Wassers zu durchbrechen (Abb. 5.9, *links*). Wasserläufer sind räuberische Wanzen (Unterordnung Heteroptera). Sie suchen die Wasseroberfläche nach abgestürzten Insekten ab und werden durch Wasserwellen auf ihre Beute aufmerksam. Schon Auslenkungen der Wasseroberfläche um wenige Mikrometer reichen aus, um die Tiere zu alarmieren – vorausgesetzt, die Bewegungen treten in Form von Vibrationen mit weniger als 100 Hz auf. Als Vibrationsdetektoren dienen vermutlich jeweils vier Trichobothrien an der Spitze der Tarsen, am distalen Tarsomer. Diese Sinneshaare sind nahezu waagerecht angebracht und liegen flach auf der Wasseroberfläche, ohne jedoch einzutauchen (Abb. 5.9, *rechts*). Die Trichobothrien sind 60–120 µm lang und ähneln den Tastsinneshaaren der Spinnen (▶ Abschn. 4.2). Sie haben Durchmesser von 2,0–2,5 µm und beinhalten jeweils ein einzelnes sensorisches Neuron. Da die Trichobothrien auf dem Wasser schwimmen, werden sie durch Wasserwellen ausgelenkt und produzieren ein sensori-

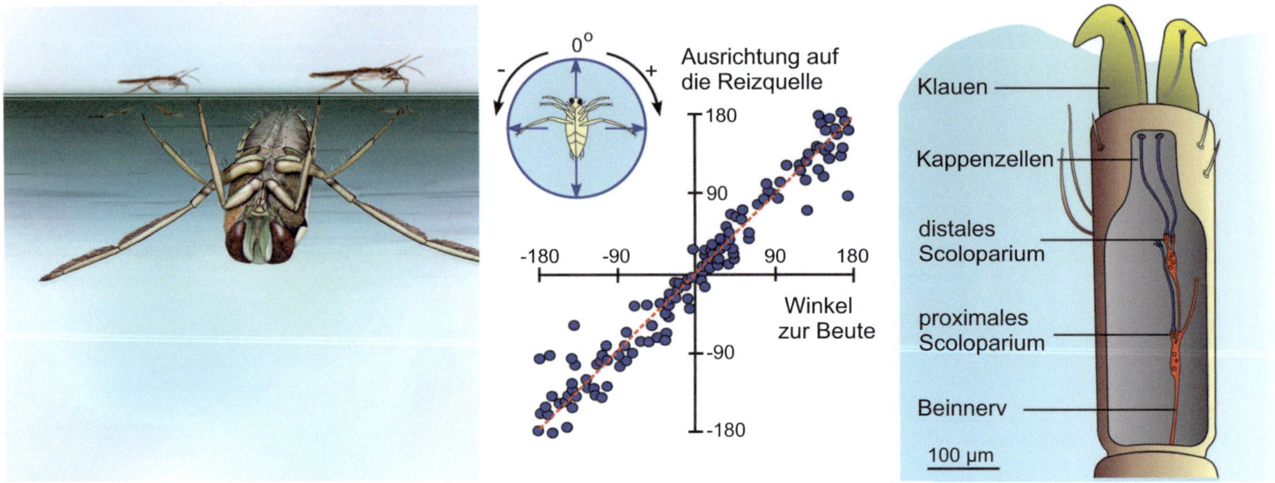

Abb. 5.10 Beuteortung durch Oberflächenwellen bei Rückenschwimmern. *Links*: Ein Rückenschwimmer der Art *Notonecta glauca* verschafft sich durch Luftblasen Auftrieb und jagt von unterhalb der Wasseroberfläche aus. *Mitte*: In Orientierungsversuchen kann man messen, wie genau sich Rückenschwimmer auf eine Vibrationsquelle hin ausrichten. Die Orientierung ist bei kleineren Winkeln genauer als bei größeren, wie man an der Abweichung der einzelnen Versuchsergebnisse (*Punkte*) von einer fehlerfreien Orientierung (*rote Linie*) sehen kann. *Rechts*: Schematische Darstellung des tarsalen Scolopidialorgans von *Notonecta glauca*. Nervenzellen sind rot, Kappenzellen sind blau gezeichnet. Nach Murphey und Mendenhall (1973) und Wiese und Schmidt (1974)

5

sches Signal. Zusätzlich enthalten die Beine von Wasserläufern mehrere Chordotonalorgane, die vermutlich auch zur Detektion von Wasserwellen beitragen. Die Richtung zur Beute im Zentrum der Wasserwellen können die Tiere ausmachen, indem sie den Zeitpunkt des Eintreffens von Wellen an zwei gegenüberliegenden Tarsen vergleichen. Bewegt sich der Wasserläufer auf die Beute zu, werden die Wellen rechts und links gleichzeitig registriert, und das vordere Beinpaar wird vor dem hinteren von den Wellen erreicht. Wasserläufer können auch miteinander durch Vibrationen kommunizieren. So erzeugen Männchen der asiatischen Gattung *Rhagadotarsus* durch Vibrationen der Beine Wasserwellen im Frequenzbereich um 20 Hz, welche die Weibchen dazu veranlassen, sich dem Männchen zu nähern. Hat sich ein Weibchen auf wenige Zentimeter angenähert, produziert das Männchen ein Balzsignal – ebenfalls als Wasserwellen –, und es kommt zur Kopulation. Auch bei der Gattung *Gerris* erkennen sich männliche und weibliche Tiere an selbst erzeugten Wasserwellen. Wasserwellen spielen also eine zentrale Rolle für Ernährung und Fortpflanzung von Wasserläufern.

Rückenschwimmer haben eine etwas andere Strategie zur Detektion der Oberflächenwellen im Wasser als Wasserläufer. Sie halten sich meist unterhalb der Oberflächenschicht auf, wo sie ihre Lage bauchaufwärts durch mitgeführte Luftblasen stabilisieren. Mit ihrem hinteren Beinpaar können sie sich durch kräftige Ruderschläge unter der Wasseroberfläche bewegen und Jagd auf abgestürzte oder schwimmende Insekten machen (Abb. 5.10, *links*). Rückenschwimmer der Art *Notonecta glauca* reagieren hochempfindlich auf Wasserwellen im Frequenzbereich von 20–150 Hz bei Vibrationsamplituden von nur 1–2 µm. Die Tiere richten sich mit einer Genauigkeit von wenigen Grad auf eine Reizquelle aus (Abb. 5.10, *Mitte*) – beispielsweise ein Insekt im Wellenzentrum an der Wasseroberfläche – und nähern sich der Beute durch kräftige Ruderschläge ihres hinteren Beinpaares. An der Spitze aller drei Beinpaare liegen tarsale Scolopidialorgane, die als Vibrationsdetektoren dienen. Der adäquate Reiz für diese Sinnesorgane ist eine Auslenkung der Klauen relativ zum distalen Tarsusglied. Dazu kommt es beim Auftreten von Oberflächenwellen, weil die Klauen die Wasseroberfläche von unten her durchdringen und damit der Wellenbewegung folgen. Die tarsalen Vibrationsdetektoren besitzen zwei getrennte Scoloparien (Abb. 5.10, *rechts*). Im distalen Scoloparium wird ein rein phasisches Signal übertragen, das Information zur Auslenkungsgeschwindigkeit der Klauen codiert. Im proximalen Scoloparium wird dagegen ein phasisch-tonisches Signal auf die Neuronen übertragen, das vermutlich auch die aktuelle Stellung der Klauen codiert. Nach heutigem Verständnis lauern Rückenschwimmer auf Wasserwellen mithilfe der Vibrationsdetektoren ihrer vorderen und mittleren Beinpaare (die hinteren Ruderbeine befinden sich nicht an der Wasseroberfläche) sowie mit Trichobothrien an den hinteren Abdominalsegmenten, die ebenfalls Kontakt zur Wasseroberfläche haben, wenn die Tiere bauchaufwärts schwimmen. Die Frequenzspezifität und Empfindlichkeit des tarsalen und abdominalen Vibrationssinnes der Wasserwanzen zeigt, wie nützlich Wasseroberflächenwellen für Nahrungsbeschaffung und Kommunikation sein können.

5.3 Vibrationsdetektoren

Vibrationssignale übertragen die Energie rhythmischer Bewegungen auf Sinneszellen des Empfängers und lösen dadurch erkennbare Reaktionen aus. Obwohl Hören ebenfalls durch diese Definition beschrieben wird, wird es in der Sinnesphysiologie separat behandelt und soll auch hier in einem eigenen Kapitel dargestellt werden (► Kap. 6). Für diese Abgrenzung gibt es keinen physikalischen Grund, es handelt sich vielmehr um eine physiologische Konvention. Sie ist sinnvoll, weil die Funktionsprinzipien und die Vielfalt auditorischer Systeme den Rahmen der Beschreibung des Vibrationssinnes sprengen würde. Vibrationssinn und Hörsinn sind biologisch verwandte Sinnessysteme mit gemeinsamen Aspekten in Struktur und Funktion. Unterschiede findet man in der Art und Weise, wie der adäquate Reiz die Sinneszellen erreicht. Das Hören ist in erster Linie ein Fernsinn, spezialisiert auf die Detektion von Schalldruckwellen, die von einer entfernten Schallquelle ausgehen. Der Vibrationssinn erfasst dagegen **Oberflächenwellen**, die ebenfalls über weite Strecken laufen können (s. ◘ Abb. 5.5) sowie **Nahfeldvibrationen**, die von oszillierenden Körperteilen wie Flügeln erzeugt und von haarförmigen Vibrationsdetektoren des Empfängers gemessen werden. Solche Vibrationen werden mittels Druckwellen (Kompressionswellen, Longitudinalwellen) durch Luft oder Wasser übertragen. Die Energieübertragung vom Sender auf den Empfänger ist bei solchen Wellen nur dann effizient, wenn der Sender wesentlich größer ist als die Wellenlänge λ im Nahfeld. Ersetzt man den Sender durch eine Kugel mit Radius r, ist die Mindestbedingung für effektives Senden $2r > \lambda/\pi$. Ein Sender sollte also nicht wesentlich kleiner sein als $\lambda/3$. Das bedeutet, dass ein 1 cm großes Tier mit Vibrationsfrequenzen über 10 kHz in Luft (λ = 3,43 cm) und mit über 40 kHz im Wasser (λ = 3,2 cm) senden muss, wenn es seine Vibrationen durch Druckwellen auf den Empfänger übertragen will. Eine Empfindlichkeit für Nahfeldvibrationen über Abstände von einigen Millimetern hinweg wurde bei einigen Insekten, Spinnen und Krebstieren gefunden. Eine weitere Form von Kommunikation durch Vibration erfordert die direkte Berührung von Sender und Empfänger. Bei **Kontaktvibrationen** übertragen soziale Insekten durch rhythmisches Trommeln, Schütteln, Vibrieren oder Stridulieren Informationen untereinander durch direkten Körperkontakt. Auch Wirbeltiere kommunizieren durch rhythmische Berührungen in vielerlei sozialen Zusammenhängen, vermittelt durch Vibrationsdetektoren in ihrer Haut.

Vibrationssignale werden oft vom Substrat, auf dem ein Insekt sitzt, also von einer Pflanze oder vom Boden, auf die Tarsen der sechs Beine übertragen. Bei Auslenkung der Tarsensegmente gegeneinander oder bei Bewegungen der Gelenke zwischen Tibien und Tarsen sprechen tarsale Chordotonalorgane an, deren Funktion der Propriozeption zugeschrieben wird. Vermutlich registrieren sie in erster Linie die Segmentstellung und dienen weniger als Vibrationsdetektoren. Substratvibrationen werden jedoch in den Tarsen auf die Hämolymphe der Beine sowie auf die Cuticula übertragen. Auf beiden Wegen – durch die Hämolymphe und entlang der Cuticula – laufen sie als wellenförmige Vibrationssignale das Bein hinauf und können dort detektiert werden. Das gesamte Insektenbein weist eine dichte Innervation auf (◘ Abb. 5.11, *oben links*), zu der sowohl sensorische als auch motorische Fasern gehören. Der wichtigste Vibrationsdetektor, der **subgenuale Organkomplex**, liegt unterhalb des Femur-Tibia-Gelenks und besteht aus mehreren vibrationsempfindlichen Chordotonalorganen. Das **Subgenualorgan** durchspannt bei Heuschrecken als sensorisches Segel den Hämolymphekanal aller sechs Tibien und reagiert äußerst empfindlich auf Bewegungen entlang der Längsachse (◘ Abb. 5.11, *oben rechts*). Das Subgenualorgan ist aus fächerartig angeordneten Scolopidien aufgebaut, die mit jeweils einem mechanosensorischen Neuron verbunden sind. Bei anderen Insektengruppen hat das Organ keine ausgeprägte Segelform, sondern liegt eher als Zellhaufen vor oder durchquert die Tibia in einzelnen Chordotonalsträngen. Auch die Anzahl der Scolopidien unterscheidet sich stark zwischen einzelnen Insektengruppen. Bei einigen Schnabelkerfen (Ordnung Hemiptera) und Netzflüglern (Ordnung Neuroptera) fand man nur zwei bis drei Scolopidien, bei Heuschrecken (Ordnung Orthoptera), Schaben (Ordnung Blattodea) und Hautflüglern (Ordnung Hymenoptera) meist zehn bis 80 Scolopidien und bei parasitischen Wespen der Familie Stephanidae gar 300 bis 400 Scolopidien pro Subgenualorgan. In jedem Fall aber reagieren die Neuronen auf Vibrationen im Hämolymphekanal – und das mit erstaunlicher Empfindlichkeit. Man kann sich die Funktionsweise so vorstellen, dass das Bein durch die Substratvibrationen beschleunigt wird, während die Hämolymphe sich aufgrund der Massenträgheit nur verzögert bewegt. Da das Subgenualorgan an der Innenseite des Beines befestigt ist, seine größte Fläche sich aber mit der Hämolymphe bewegt, verursacht der Bewegungsunterschied eine mechanische Dehnung und dadurch die elektrische Erregung der Sinneszellen. Schon Vibrationen im Bereich von 1 nm (bei Messungen der Amplituden) oder Partikelbeschleunigungen im Bereich von 0,01–1 m s^{-2} (bei Verwendung eines Beschleunigungssensors zur Vibrationsmessung) reichen aus, um das Subgenualorgan zu aktivieren. Allerdings zeigen die Vibrationsdektoren ihre höchste Empfindlichkeit nur innerhalb eines eingeschränkten Frequenzbereichs, der jeweils charakteristisch für eine Art ist. Diese Detektionsoptima liegen meist im Bereich von

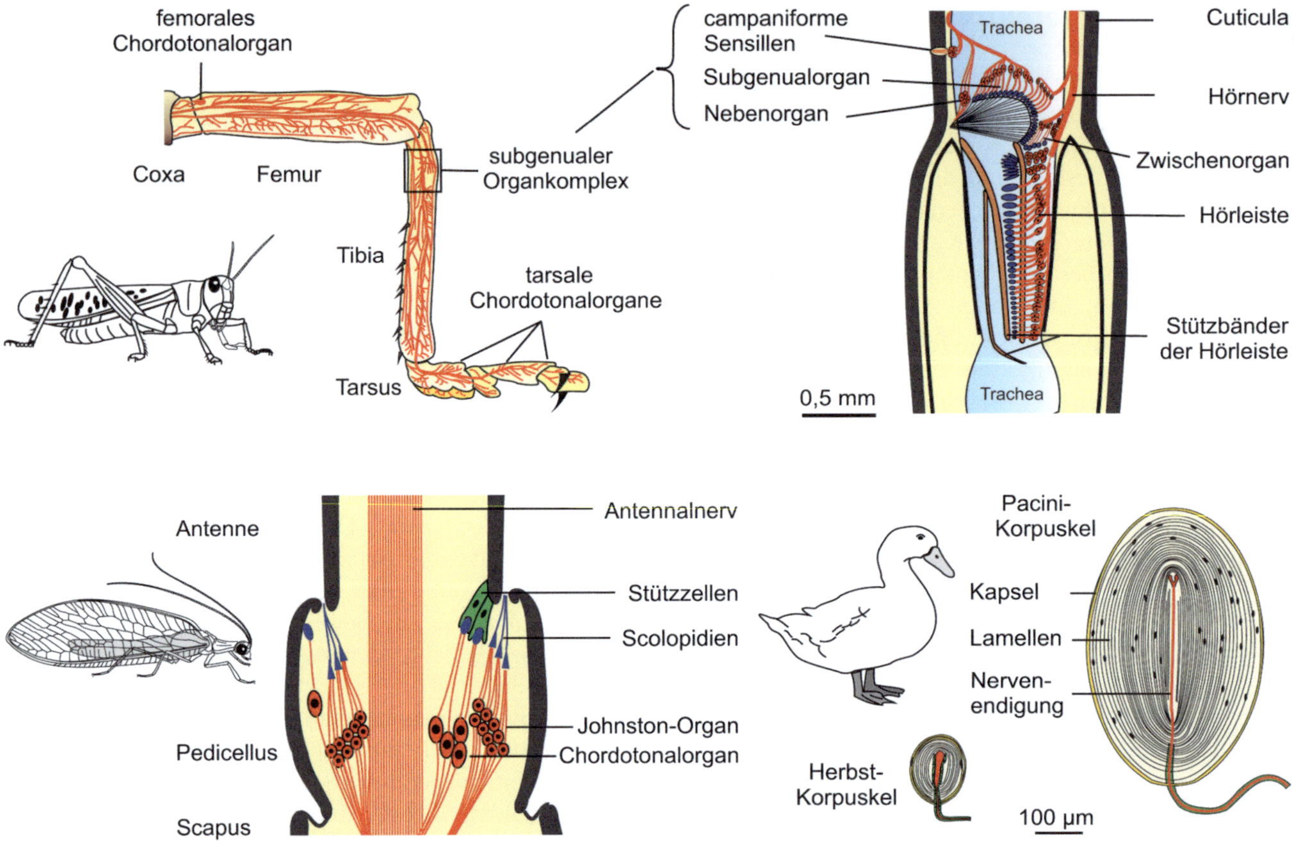

Abb. 5.11 Vibrationsrezeptoren. *Oben*: Innervation eines Beines der Wüstenheuschrecke (*Schistocerca gregaria*) und die Lage von Chordotonalorganen. Im subgenualen Organkomplex der proximalen Tibia spannt das Subgenualorgan eine sensorische Membran durch den Hämolympheraum quer zu den aufsteigenden Vibrationswellen auf. Das kleinere Nebenorgan reagiert vor allem auf Vibrationen der Cuticula. Campaniforme Sensillen in der Cuticula reagieren mit geringerer Empfindlichkeit auf mechanische Reize. Einige Orthopteren (Kurzfühlerschrecken, Caelifera; Laubheuschrecken, Tettigonioidea; Grillen, Gryllidae) tragen im vorderen Beinpaar zusätzlich ein Zwischenorgan und eine tonotop organisierte Hörleiste (Crista acustica). *Unten links*: Im zweiten Antennensegment von Insekten erfasst das Johnston-Organ mit hoher Empfindlichkeit jede Antennenbewegung. *Unten rechts*: Vibrationsrezptoren von Wirbeltieren sind schnell adaptierende mechanosensitive Nervenendigungen, die in einer zwiebelartigen Bindegewebekapsel eingelagert sind. Herbst-Korpuskeln findet man in der Schnabelhaut von Vögeln, die wesentlich größeren Pacini-Korpuskeln in der Haut von Säugetieren

500–1500 Hz und sind an die Übertragungseigenschaften des Substrats sowie an denjenigen Frequenzbereich angepasst, den die Tiere zur Kommunikation oder zur Jagd nutzen.

Der subgenuale Organkomplex kann zudem ein weiteres, kleineres Chordotonalorgan enthalten, das etwas proximal zum Subgenualorgan mit einer anderen Ausrichtung seiner Scolopidien liegt. Dieses **Nebenorgan** (Abb. 5.11, *oben rechts*) findet man bei Laubheuschrecken (Überfamilie Tettigonioidea) und Schaben (Ordnung Blattodea), nicht aber bei Kurzfühlerschrecken (Unterordnung Caelifera) und Grillen (Familie Gryllidae). Auch bei den Fangschrecken (Ordnung Mantodea) und den Gladiatorschrecken (Ordnung Mantophasmatodea) wurden Nebenorgane nachgewiesen. Vermutlich messen diese Organe nicht die Bewegung der Hämolymphe, sondern die Vibration der Cuticularwand der Tibia. Neben den Chordotonalorganen findet man als dritte Komponente des subgenualen Organkomplexes mehrere **campaniforme Sensillen**, die direkt in die tibiale Cuticula eingelassen sind. Solche Sensillen reagieren hochempfindlich auf langsamere Verformung der Cuticula (bis zu etwa 50–100 Hz) und zählen damit nicht zu den Vibrationsrezeptoren. Mit seinen drei Sinnesorganen analysiert der subgenuale Organkomplex Vibrationen in zwei Raumrichtungen sowie Erschütterungen und Verformungen der Beinoberfläche. Dieser Komplex wird als wichtigster Vibrationsrezeptor der Insekten betrachtet, in Funktion und Bedeutung vergleichbar den Spaltsensillen der Spinnentiere (s. Abb. 5.2). Unterhalb des subgenualen Organkomplexes findet man bei einigen Heuschrecken und Grillen ein Zwischenorgan sowie die längs der Tibia angeordnete Hörleiste (Crista acustica), ein Sinnesorgan zur Frequenzanalyse von aufgenommenen Vibrationen. Da es sich hierbei um ein Hörorgan handelt, das mit einem Tympanum (Trommelfell) verbundenen ist, wird es im (▶ Abschn. 6.5) beschrieben.

Auch das **femorale Chordotonalorgan** zeigt Vibrationsempfindlichkeit (◘ Abb. 5.11, *oben links*). Es kann einige Hundert mechanosensorische Neuronen enthalten, die vor allem Gelenkstellungsinformationen liefern. Es handelt sich damit in erster Linie um ein propriozeptives Organ, das für die reflektorische Muskelsteuerung bei der Beinkoordination benötigt wird. Wie Experimente an Heuschrecken und Gespensterschrecken (Ordnung Phasmatodea) gezeigt haben, sprechen Neuronen im femoralen Chordotonalorgan auf Vibrationen im Frequenzbereich von 50–300 Hz an. Die Empfindlichkeit ist allerdings um eine Größenordnung geringer als die des Subgenualorgans. Das femorale Chordotonalorgan hat vermutlich eine Funktion für den Vibrationssinn von Zweiflüglern (Ordnung Diptera), die über kein Subgenualorgan verfügen. Bei der Taufliege *Drosophila melanogaster* wurde gezeigt, dass das femorale Chordotonalorgan auf niedrigfrequente Vibrationen reagiert.

Insekten nutzen ihre Antennen als multimodale Sinnesorgane, die zusätzlich zu chemischen und thermischen auch vielfältige mechanische Reize erfassen können. Neben Berührung, Windgeschwindigkeit, elektrischen Feldern und der Gravitationsbeschleunigung stellen auch Vibrationen mechanische Schlüsselreize dar, die durch antennale Sinnesorgane registriert werden können. Eine zentrale Rolle spielen dabei **Johnston-Organe**, die als sehr leistungsfähige Vibrationsrezeptoren in den Geißelantennen aller ectognathen Insekten zu finden sind. Sie befinden sich im zweiten Antennensegment, dem Pedicellus, und registrieren Auslenkungen des Flagellums mithilfe von Scolopidien, die in das distale Pedicellusgelenk reichen (◘ Abb. 5.11, *unten links*). Antennenbewegungen vermitteln den Tieren vielerlei Informationen. So kann ein sitzendes Insekt die Windgeschwindigkeit aus der passiven Antennenbiegung ermitteln und bei böigem Wind auf das Fliegen verzichten. Während des Fluges liefert die Wirkung des Staudrucks auf die Antennen Information zur relativen Fluggeschwindigkeit, eine wichtige Komponente der Aerodynamik des Fluges. Die Auslenkung der Antenne unterstützt zudem den Lagesinn (Gleichgewichtssinn) der Insekten, da sich die Antennen bei schräger Körperhaltung relativ zum Kopf im Schwerefeld der Erde verschieben. Johnston-Organe registrieren auch Vibrationssignale, insbesondere Nahfeldoszillationen des Schalldrucks, der durch die Schwirrbewegung von Flügeln anderer Insekten verursacht wird. Besonders bei einigen Fliegen, Mücken und Bienen, die mithilfe ihrer Johnston-Organe hören, findet man aufwendig gestaltete Johnston-Organe mit einigen Hundert (*Drosophila,* Honigbiene) bis zu einigen Tausend (Mücken) Scolopidien in jedem Pedicellus (▶ Abschn. 6.5). Honigbienen können mit ihren Johnston-Organen zudem oszillierende elektrische Felder registrieren, die charakteristische Vibrationen in den Antennen verursachen und zur Kommunikation im Bienenstaat genutzt werden (▶ Abschn. 12.1).

Als Vibrationsrezeptoren bei Wirbeltieren dienen – neben den Haarzellen (▶ Abschn. 5.5) – schnell adaptierende Nervenfasern, die jeweils den Beginn und das Ende einer Bewegung (*ON-OFF*-Neuronen) oder auch nur den Beginn (*ON*-Neuronen) anzeigen. Die sensorischen Endigungen solcher Vibrationsrezeptoren findet man in der Haut von Wirbeltieren eingeschlossen in Bindegewebskapseln, die aus konzentrischen Lamellen zwiebelartig aufgebaut sind (Corpusculum lamellosum). Bei Vögeln finden sich vor allem in der Schnabelhaut, im Zungen- und Rachenepithel sowie in den Beinen **Herbst-Korpuskeln**, bei Säugetieren die wesentlich größeren **Pacini-Korpuskeln**, insbesondere in unbehaarten Hautflächen (▶ Abschn. 4.4). Der Kiwi (Gattung *Apteryx*) trägt Herbst-Korpuskeln in der Schnabelspitze, der Afrikanische Strauß (*Struthio camelus*) hat beide Korpuskeltypen in den Fußsohlen. Die Korpuskeln enthalten das unmyelinisierte Endstück einer ansonsten myelinisierten sensorischen Faser (◘ Abb. 5.11, *unten rechts*), eingehüllt von flach ausgebreiteten Fibrocyten (Lamellen) und einigen Kapillargefäßen. Jedes Korpuskel ist in eine Bindegewebskapsel eingeschlossen und in die Unterhaut eingebettet. Die zentrale Nervenendigung reagiert auf mechanische Reize mit Depolarisation, wodurch in der myelinisierten Region Aktionspotenziale ausgelöst werden. Eine gelartige Flüssigkeitsschicht zwischen den Fibrocyten erlaubt eine begrenzte Verschiebung zwischen den einzelnen Lamellen, sodass die viskoelastischen Eigenschaften der Korpuskeln optimal für die Vibrationsdetektion ausfallen. Die effektivsten Vibrationsfrequenzen für Herbst-Korpuskeln und Pacini-Korpuskeln liegen im Bereich von 300–800 Hz. In diesem Bereich wurden Reizschwelle bei Vibrationsamplituden von 0,1–1 µm an der Hautoberfläche gemessen. Bei sinusförmiger Stimulation folgen die Korpuskeln der Vibration phasentreu. Vibrationsrezeptoren wie Pacini-Korpuskeln sind eine wichtige Komponente des Tastsinnes und sind überall dort zu finden, wo besonders genaue Tastinformation gewonnen werden muss (Finger, Mund, Tastorgane des Sternmulles; ▶ Kap. 4).

5.4 Die Entdeckung der Musik durch die Insekten

Nach Schätzung von Entomologen nutzen 190.000 Insektenarten substratgeleitete Vibrationen für ihre Verhaltenssteuerung, viele davon als einzigen Kommunikationskanal. Um die Bedeutung des Vibrationssinnes für das Leben eines Insekts zu veranschaulichen, soll die Situation in einem Strauch von etwa 2 m Durchmesser (das entspricht in etwa der mittleren Reichweite von Vibrationssignalen auf Pflanzen) mit einigen Tausend Blättern und einigen Hundert Insekten dargestellt werden. Alle Bewohner des Strauches verfolgen im Wesentlichen drei Ziele: Nahrung zu finden, selbst nicht gefressen zu werden und einen Fortpflanzungspartner zu treffen. Die wenigsten Bewohner können einander sehen, denn die räumliche Auflösung ihrer Augen ist schlecht (▶ Abschn. 7.7). Nähert sich ein Mensch diesem Strauch, hört er nichts oder vielleicht nur das Summen von einigen Bienen und Fliegen, die den Strauch besuchen. Tatsächlich aber, und nicht wahrnehmbar mit dem menschlichen Tympanalohr, werden durch die Zweige und Blätter des Strauches unablässig Vibrationen geleitet – ein komplexes Durcheinander von sich überlagernden Signalen, ausgesandt von Insekten, die mit ihren Hinterleibern oder Beinen auf Blätter klopfen oder einen Zweig durch Körpervibrationen in Schwingungen versetzen. Der Strauch bildet auf diese Weise ein **Kommunikationsnetzwerk**, in dem komplexe Wellenmischungen unterschiedlicher Amplituden und Frequenzen gleichzeitig in alle Richtungen geleitet werden. Dazu kommen noch Vibrationen abiotischen Ursprungs, wie sie von Wind oder Regen erzeugt werden. Solche Geräusche haben meist Frequenzen unter 30 Hz. Allerdings kann Blätterrascheln und Wasserplätschern durchaus Vibrationsfrequenzen von 100–1000 Hz erreichen und damit genau den Bereich, für welchen die Vibrationsrezeptoren der Insekten besonders empfindlich sind. Die von Insekten in die Pflanze geleiteten Signale liegen oft im Bereich von 50–300 Hz – eine Tonlage, die in etwa dem Bariton beim menschlichen Gesang entspricht. Solche Vibrationen breiten sich mit Geschwindigkeiten von 30–90 m s^{-1} über die Pflanze aus, je nach der lokalen Beschaffenheit des Pflanzengewebes. Die Dämpfung der Vibrationswellen (Biegewellen, ▶ Abschn. 5.2) ist vergleichsweise gering, und die Wellen werden an Blatträndern und Sprossenden reflektiert, wodurch sich an den Oberflächen von Stängeln und Zweigen stehende Vibrationswellen bilden können. Zudem wird der Verlauf von Vibrationswellen durch den Strauch wesentlich durch die Wuchsform der Pflanze bestimmt, durch die Anzahl von Verzweigungen und Blattansätzen sowie durch die unterschiedliche Vibrationsleitung in Holz und Blattwerk. Demzufolge spiegelt das resultierende Vibrationsmuster vor allem die Eigenschaften der Pflanze wider, und Informationen zur Identität und zum Aufenthaltsort eines Insekts werden durch die Pflanze verzerrt. Vergleicht man diese komplizierten Vorgänge mit der stetigen Ausbreitung eines Schallsignals im Luftraum, werden die Schwierigkeiten deutlich, die einem Insekt die Suche nach einem Partner im Modellstrauch erschweren.

Um das eigene Vibrationssignal deutlich aus dem Durcheinander abiotischer und biotischer Vibrationen hervorzuheben, muss das Signal auf irgendeine Weise markant gestaltet sein. **Vibrationsintensität** ist ein Aspekt, der maximiert werden kann. Einige Insekten können in Trommelorganen (Tymbalorgane) mit Muskelkraft Schwingungen von Cuticulaplatten auslösen. Das führt besonders bei Zikaden (Unterordnung Auchenorrhyncha) zur Produktion von sehr lautem Luftschall (90–140 dB in etwa 20 cm Entfernung). Allerdings gehören zu diesem Vokalisationsorgan eine große Resonanzkammer, die fast das gesamte Abdomen der Zikaden einnimmt, sowie ein großes Trommelfell, das zur Abstrahlung des resonanzverstärkten Schalldrucks dient. Bei kleinen Insekten, die hauptsächlich durch Vibration kommunizieren, wie beispielsweise Baumwanzen und Erdwanzen (Familien Pentatomidae und Cydnidae), findet man ebenfalls vibrationserzeugende Organe, allerdings ohne Resonanzkammer für Luftschall. Auch durch Stridulation, ebenfalls in erster Linie eine Methode zur Erzeugung von Luftschall, können Vibrationen auf Pflanzengewebe übertragen und zur Kommunikation eingesetzt werden. Erhebliche Vibrationsenergie kann also vom Insektenkörper auf die Pflanze gelangen und dort Biegewellen auslösen, die sich über die Pflanzen hinweg ausbreiten. Vibrationssignale haben den Vorteil, dass Räuber mit Tympanalohren wie Vögel, Reptilien und Säuger das Insekt nicht hören können. Einige Raubspinnen haben jedoch gelernt, die Vibrationen zu erkennen und zur Jagd auf die Insekten zu nutzen.

Eine erfolgreiche Strategie für die Kommunikation in einem Strauch ist der Einsatz **arttypischer Gesänge**. Die Bezeichnung „Gesang" wird in Analogie zur Vokalisation mittels Luftschall auch für Vibrationssignale verwendet, denn auch die Kommunikation durch Substratvibrationen zeigt viele Aspekte der Musik. Meist eröffnet das Männchen mit einem repetitiven Signal, bei dem im Sekundentakt Vibrationen mit Frequenzen zwischen 100 und 3000 Hz in die Pflanze geleitet werden. Der Zweck dieses Ortungsrufes ist es, paarungsbereite Weibchen zu einer Antwort zu bewegen. Es kommt auch vor, dass mehrere Männchen eine Art Chor bilden und gemeinsam singen – synchron oder im Wechselgesang. Paarungs*un*willige Weibchen antworten nicht auf diese Signale. Erreichen die Vibrationen jedoch ein paarungsbereites Weibchen, dann antwortet dieses mit einem unverkennbaren, ebenfalls repetitiven Vibrationsgesang. Durch alternierendes Rufen der Beteiligten entsteht ein **Duett**, das dem **antiphonen Wechselgesang** aus der Kirchenmusik ähnelt. Durch Ruf und Gegenruf erkennen sich die Tiere und können einander suchen. Bei manchen Arten wird das Duett vom Weibchen eröffnet, das seine Paarungswilligkeit über den ganzen Strauch hinweg kundgibt.

Wichtig ist, dass die Rufe in **Klang** (Frequenzspektrum) und **Rhythmus** (zeitlicher Struktur) dem arteigenen Vibrationsmuster entsprechen. Deutlich erkennbar sind wiederholte **Motive** und **Strophen** in diesen Vibrationsgesängen, die dabei helfen, die arteigenen Signale von den Hintergrundvibrationen zu unterscheiden und sie dadurch für die Verhaltenssteuerung nutzen zu können.

Meist macht sich das Männchen auf die Suche und wird dabei durch die Signale des Weibchens geleitet. Dabei bleibt es während des eigenen Rufes stehen und läuft los, wenn es die Antwort des Weibchens vernimmt. Da alle Vibrationssignale, die das Männchen auf einem Blatt erreichen, durch den Blattstiel kommen, läuft das Männchen zunächst über den Blattstiel zur Sprossachse. Dort ist die erste Richtungsentscheidung nötig, und die Tiere lassen dabei erkennen, dass sie die Richtung zur Vibrationsquelle ausmachen können. Allerdings ist die Richtungsermittlung nicht sehr zuverlässig, was vermutlich an der geringen Größe der Strauchinsekten liegt. Bei einem räumlichen Abstand von 20 mm zwischen zwei kontralateralen Tarsen treffen Biegewellen in einem zeitlichen Abstand von etwa 0,2–0,5 ms ein (je nach Frequenz). Solch kurze Zeiten liegen wohl nahe an der Grenze des zeitlichen Auflösungsvermögens bei Insekten. Wenn sich ein Männchen einem Weibchen nähert, kann es passieren, dass andere, konkurrierende Männchen durch **Störsignale** das Duett zu unterbrechen versuchen, um dadurch das Auffinden des Weibchens zu verhindern. Gelingt aber schließlich einem der Männchen die Annäherung, wird das antiphone Suchduett beendet, und das Paar beginnt mit einem **Balzduett**, bei dem beide Partner gleichzeitig durch Gesang und Bewegung (*pas de deux*) ihre Paarungsbereitschaft signalisieren. Letztlich ist dieses vibrationsgeleitete Verhalten (**Vibroklinotaxis**) eine Voraussetzung für die Kopulation und wird aus diesem Grund durch einen starken Selektionsdruck optimiert. Die hohe Empfindlichkeit von Vibrationsrezeptoren und die Fähigkeit, arteigene Vibrationsmuster aus den Mikrobewegungen der Pflanzenoberflächen herauszufiltern, ermöglichen den Strauchinsekten, ihren Reproduktionserfolg mithilfe ihrer Vibrationsmusik sicherzustellen.

5.5 Haarzellen – bis zum Äußersten optimiert

In der Evolution der Vibrationsrezeptoren sind die Deuterostomia einen anderen Weg gegangen als die Protostomia. Die Protostomia setzen vor allem Neuronen als Sensoren ein, deren Cilien in Vibrationsorgane wie Spaltsensillen und Chordotonalorgane hineinreichen. Bei den Deuterostomia hat dagegen eine besondere Sorte von Epithelzellen einen Vibrationssensor entwickelt, dessen hohe Empfindlichkeit und Schnelligkeit der Reizantwort grundlegend für viele lebenswichtige Funktionen wurden. Diese **Haarzellen** haben die Evolution der Deuterostomia, insbesondere der Vertebraten, zu hoch entwickelten Tieren entscheidend vorangetrieben. Ausgehend von beweglichen Kinocilien und unbeweglichen Mikrovilli, einer Ausstattung der einzelligen Vorläufer aller Metazoen, der Kragengeißeltierchen (Choanoflagellata), ist nach heutigen Vorstellungen aus einem ursprünglichen Strudelapparat eine sensorische Oberfläche am apikalen Zellpol entstanden. Im Verlauf dieses Prozesses verlor das Kinocilium seine Beweglichkeit und wanderte vom Zentrum der apikalen Membran an deren Rand (◘ Abb. 5.12, *links*). Ein Teil der Mikrovilli wurde länger und ordnete sich bei den Vertebraten ihrer Länge nach neben dem Kinocilium an, wobei ihre Länge mit dem Abstand zum Kinocilium abnahm. So entstand das apikale „Haarbündel“ der Haarzellen. Die verlängerten Mikrovilli werden als **Stereocilien** oder **Stereovilli** bezeichnet (◘ Abb. 5.12, *Mitte*). Die Bezeichnungen sind synonym. In diesem Buch wird die Bezeichnung Stereovilli verwendet, da es sich hier nicht um Cilien (definiert über Basalkörperchen und Tubulinskelett) handelt, sondern um Villi, definiert über Actinfilamente als zentrales Cytoskelett. Die Bezeichnung Stereovilli kombiniert das griechische Wort *stereós* (fest, hart, steif) und den anatomischen Begriff Villi/Mikrovilli und weist auf eine wichtige Eigenschaft der Stereovilli hin: Sie lassen sich nicht leicht biegen, sondern verhalten sich wie kleine, in der apikalen Membran verankerte Stäbe. Durch die Verlagerung des Kinociliums an den Rand erfährt die apikale Membran der Haarzelle eine Polarität, eine Vorzugsrichtung, die für ihre Funktion entscheidend ist. Kinocilien erfüllen eine Pilotfunktion für die Haarzelldifferenzierung während der Embryonalentwicklung. Bei adulten Säugetieren und Vögeln werden sie zurückgebildet, während man sie bei Fischen, Amphibien und Reptilien auch im adulten Alter findet.

Haarzellen bilden an ihrer basolateralen Membran synaptische Verbindungen mit afferenten und efferenten Nervenfasern. An den afferenten Synapsen wird das sensorische Signal durch den Neurotransmitter Glutamat auf das Nervensystem übertragen. Über die efferenten Synapsen kann die Haarzelle vom zentralen Nervensystem kontrolliert werden. Die Synapsen der efferenten Fasern sind inhibitorisch und setzen vermutlich den Transmitter GABA ein. Die afferenten Synapsen können in Form eines Kelches die gesamte basolaterale Membran einer Haarzelle einhüllen, welche dann als Typ-I-Haarzelle bezeichnet wird (◘ Abb. 5.12, *rechts*). Haarzellen ohne Kelchsynapsen gehören zum Typ II. Die Bedeutung dieser unterschiedlichen Synapsenformen für die Funktion der Haarzellen wird weiter unten beschrieben.

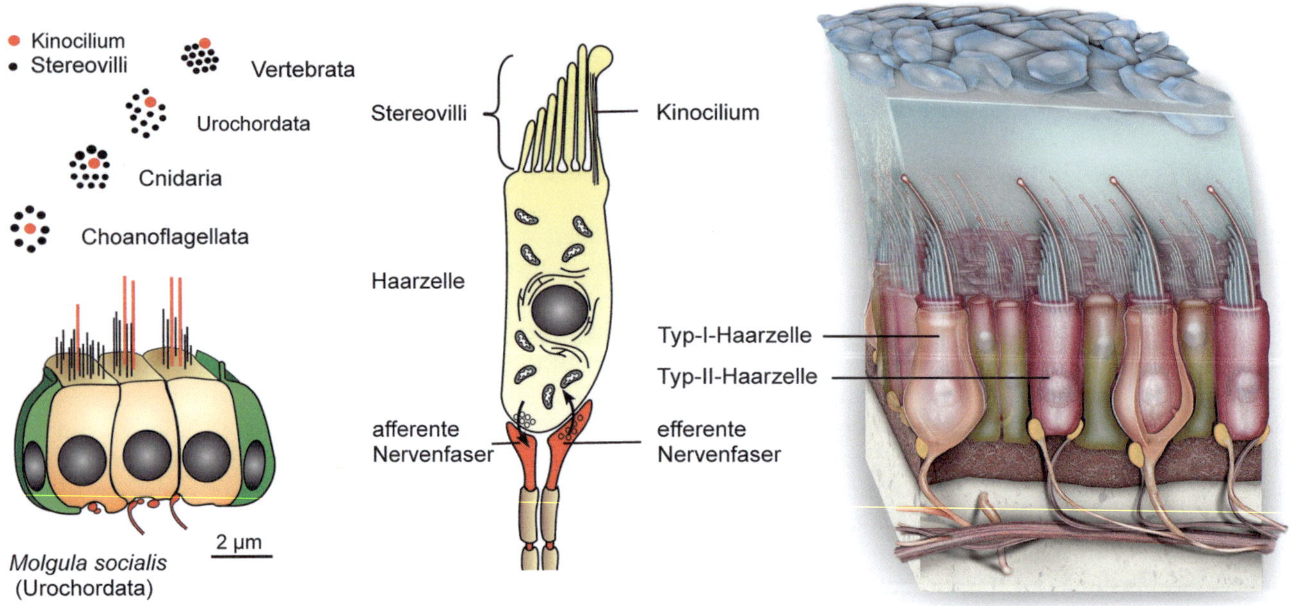

Abb. 5.12 Mechanosensorische Haarzellen. *Links*: Verlagerung des Kinociliums während der Evolution der Deuterostomia von der zentralen Position bei den Kragengeißeltieren (Choanoflagellata) über die Nesseltiere (Cnidaria) und Manteltiere (Tunicata, Urochordata) bis zu den Wirbeltieren (Vertebrata). Die Seescheide *Molgula socialis* (Tunicata) nutzt Haarzellen auf den Tentakeln ihres Aufnahmesiphons zur Detektion der Wasserbewegung – die ursprüngliche Funktion von Haarzellen. *Mitte*: Schematische Darstellung der Haarzelle eines Wirbeltieres. *Rechts*: Form der Kelchsynapsen an der basolateralen Membran von Typ-I-Haarzellen sowie kleinere Synapsen am basalen Pol von Typ-II-Haarzellen. Nach Caicci et al. (2007); Fritzsch und Straka (2014)

Haarzellen sind **hydrodynamische Strömungssensoren**, ihr adäquater Reiz ist eine Flüssigkeitsbewegung parallel zur Fläche ihrer apikalen Membran. Dies mag den Anschein einer langsamen Reizaufnahme erwecken. Man mag sich die Stereovilli wie gemächlich in der Dünung wogendes Seegras vorstellen. Obwohl dieses Bild für manche Einsatzorte von Haarzellen nicht ganz unzutreffend ist, täuscht es doch über die Reaktionsgeschwindigkeit dieser Sensoren. Denn Haarzellen sind extrem schnell reagierende Sinneszellen, vermutlich die schnellsten, die wir kennen. Benötigen Photorezeptoren 30 ms (Zapfen) bis 300 ms (Stäbchen) für eine Lichtreaktion, liegt die Reaktionszeit einer Haarzelle so weit unter 0,1 ms, dass ihre Latenzzeit (die Zeit vom Einwirken des Reizes bis zur Reaktion der Zelle) technisch kaum messbar ist. Wegen dieser **extremen Reaktionsgeschwindigkeit** eignen sich Haarzellen als Vibrationsdetektoren, denn sie können sehr hohen Reizfrequenzen folgen und haben dadurch das Hörspektrum der Säugetiere bis weit über 100 kHz hinaus ausgedehnt (▶ Abschn. 6.6).

Die Reaktionsgeschwindigkeit der Haarzellen beruht auf der direkten Kopplung der Scherbewegung ihrer Stereovilli mit der Öffnung von Transduktionskanälen, vermittelt durch dünne Proteinfäden, die **Tip-Links**. Diese Fäden verbinden die Spitzen aller Stereovilli (mit Ausnahme der längsten) mit der seitlichen Plasmamembran der jeweils benachbarten, längeren Stereovilli (Abb. 5.13, *links*). Die Tip-Links haben einen Durchmesser von etwa 5 nm und sind 150–300 nm lang. Sie bestehen aus jeweils zwei ineinander verdrillten Protocadherin-15- und Cadherin-23-Filamenten, die durch calciumabhängige Wechselwirkungen stabilisiert werden. Die Verankerung am Actinskelett in den oberen und unteren Anheftungspunkten der Tip-Links wird von den Gerüstproteinen (Adapterproteine) Harmonin, Sans, Whirlin sowie von den actinbindenden Proteinen Myosin 7a und Myosin 15 gewährleistet (Abb. 5.13, *Mitte*). Die Tip-Links verbinden alle 30–300 Stereovilli einer Haarzelle zu einem **Haarbündel**, das als funktionelle Einheit auf mechanische Reize reagiert. Wirkt eine Kraft in Richtung Kinocilium oder vom Kinocilium weg auf das Haarbündel ein, werden alle Stereocilien zusammen ausgelenkt, und die Scherkräfte verändern die mechanische Spannung aller Tip-Links. Bei Auslenkungen quer zu dieser Achse werden die Tip-Links nicht gespannt, da bei einer solchen Bewegung keine Scherung zwischen kürzeren und längeren Stereovilli auftritt. Das Haarbündel zeigt daher eine ausgeprägte **Richtungsspezifität**, mit höchster Reaktionsempfindlichkeit in der von den Tip-Links vorgegebenen Richtung. In mechansosensorischen Organen wie Seitenlinien und Innenohren ist die Ausrichtung der Haarbündel entscheidend für das sensorische Signal der Haarzellen. Das afferente Signal wird durch die **Cosinus-Regel** beschrieben, die in ▶ Abschn. 5.8 (s. Abb. 5.22)

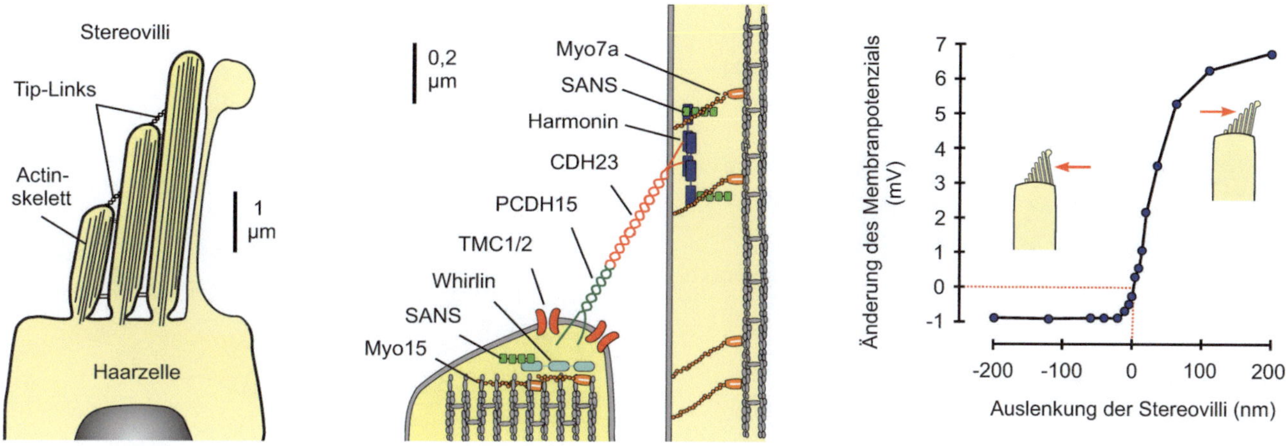

Abb. 5.13 Funktionsmodell für den Transduktionsmechanismus in Haarzellen. *Links*: Stereovilli sind miteinander durch Tip-Links verbunden. Bei einer Auslenkung des Haarbündels bewirkt die Scherung der Stereovilli eine Dehnung der Tip-Links. *Mitte*: Der Transduktionskomplex am unteren Anheftungspunkt eines Tip-Links enthält das actinbindende Motorprotein Myosin 15 (Myo15) sowie die Adapterproteine SANS und Whirlin. Das Tip-Link ist ein Filament aus den Zelladhäsionsproteinen Cadherin 23 (CDH23) und Protocadherin 15 (PCDH15). Bei Straffung des Tip-Links wird Kraft auf Ionenkanäle des Typs TMC1 und TMC2 übertragen, die ihrerseits über Adapterproteine am Actincytoskelett verankert sind. Die Zugkraft öffnet die Kanäle, sodass ein depolarisierender Strom in die Stereovilli fließen kann. Der obere Anheftungspunkt des Tip-Links wird durch die Adapterproteine Harmonin und SANS gebildet, die über Myosin 7a (Myo7a) an das Actinskelett des längeren Stereovillus gekoppelt sind. *Rechts*: Auswirkung von Bewegungen der Stereovilli auf das Membranpotenzial einer Haarzelle. Bei Auslenkung des Haarbündels in Richtung Kinocilium kommt es zur Depolarisation (positive Änderung des Membranpotenzials), bei Auslenkung in die Gegenrichtung zur Hyperpolarisation. Nach Zhao und Müller (2015); Russell et al. (1992)

näher erklärt wird. Bewegungen des Haarbündels in Richtung Kinocilium aktivieren die Haarzellen, Bewegungen in Gegenrichtung hemmen die Aktivität. Die **Transduktionskanäle** der Stereovilli liegen am apikalen Ende, unmittelbar am unteren Anheftungspunkt der Tip-Links. Es handelt sich um Kationenkanäle, deren Offenwahrscheinlichkeit durch den mechanischen Zug der Tip-links erhöht wird. Straffung der Tip-Links, verursacht durch Auslenkungen im Nanometerbereich, begünstigen den Offenzustand der Kanäle, sodass Kationeneinstrom die Haarzellmembran depolarisiert (Abb. 5.13, *rechts*). Bei Entspannung der Tip-Links schließen die Kanäle. Im Ruhezustand der Haarzelle zeigen die Tip-Links allerdings eine gewisse Grundspannung, die bei einer Auslenkung des Haarbündels vom Kinocilium weg nachlässt. Die Zelle kann aus diesem Grund auch mit Hyperpolarisation (Hemmung) reagieren. Der dynamische Bereich der depolarisierenden (aktivierenden) Reaktion ist aber wesentlich größer. Dabei zeigen die Zellen ihre **enorme Empfindlichkeit**: Sie reagieren schon auf eine Auslenkung der Spitzen ihrer Stereovilli um wenige Nanometer mit Depolarisation, und 100 nm Auslenkung verursachen die maximale Reaktion. Die Empfindlichkeit von Haarzellen ist bis zur Grenze des physikalisch Sinnvollen, bis zum Bereich thermischer Fluktuationen, optimiert. Die molekulare Identität der Transduktionskanäle ist noch nicht abschließend geklärt. Vieles deutet darauf hin, dass die Proteine TMC1 und TMC2 (TMC = *transmembrane channel-like*) zu einem Proteinkomplex gehören, der die mechanosensorischen Kanäle in den Stereovilli bildet. Es ist jedenfalls deutlich, dass die Tip-Links mit ihren zwei Anheftungspunkten einen kompliziert aufgebauten Proteinkomplex darstellen, der offensichtlich unter hohem Selektionsdruck auf Geschwindigkeit und Empfindlichkeit bei der Detektion mechanischer Signale optimiert wurde.

Neben der hohen Detektionsempfindlichkeit ist auch die **synaptische Signalübertragung** der Haarzellen überaus effizient. Schon Depolarisationen der Plasmamembran um 0,1 mV können eine messbar verstärkte Transmitterfreisetzung und eine stärkere Aktivierung der afferenten Nervenfasern auslösen. Die Synapsen der Haarzellen tragen entscheidend zur sensorischen Funktion bei. Ihre besonderen Eigenschaften werden in den Abschnitten über das Vestibularorgan (▶ Abschn. 5.7 und 5.8) und die Cochlea (▶ Abschn. 6.6, Abb. 6.34) dargestellt.

5.6 Die Seitenlinienorgane der Fische

Für aquatische Tiere sind Informationen über Wasserbewegungen im Nahbereich oft lebenswichtig. Wasserströmungen, Wasserwirbel und die Bewegungsspuren anderer Wassertiere können Fische und Amphibien durch **Neuromasten** detektieren. Solche hydrodynamischen Signale können für die innerartliche Kom-

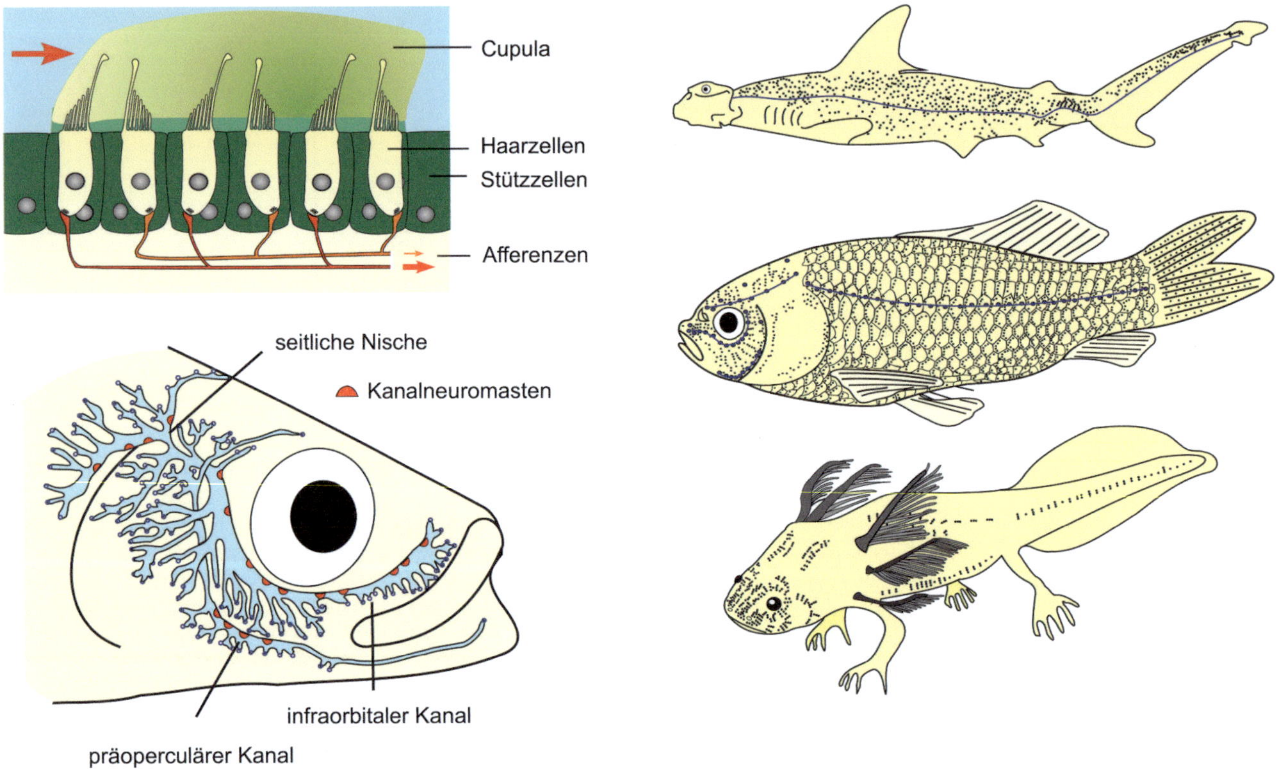

Abb. 5.14 Neuromasten bei Fischen und Amphibien. *Oben links*: Oberflächenneuromasten mit der typischen gegensinnigen Polarität benachbarter Haarzellen. Beim Einwirken eines hydrodynamischen Reizes von links wird das Ausgangssignal der Haarzellen mit distalem Kinocilium verstärkt, das der Zellen mit proximalem Kinocilium dagegen abgeschwächt. *Rechts*: Verteilung von Oberflächenneuromasten (*schwarze Punkte*) beim Bogenstirn-Hammerhai (*Sphyrna lewini*), beim Goldfisch (*Carassius auratus*) und beim Axolotl (*Ambystoma mexicanum*), einem aquatischen Schwanzlurch. Die Kanalneuromastensysteme der beiden Fische sind blau hervorgehoben. *Unten links*: Das Seitenliniensystem am Kopf einer Sprotte (*Sprattus sprattus*) besteht aus Hauptkanälen mit Kanalneuromasten (*rote Symbole*) und einem Netz von Kanalabzweigungen mit vielen endständigen Kanalporen. Nach Denton und Gray (1983); Northcutt (1992); Schmitz et al. (2008); Tester und Nelson (1967)

munikation eingesetzt werden, für die Schwarmbildung, für die Erkennung von relevanten Objekten wie beispielsweise Raubfischen sowie für die Ausrichtung des Körpers in der Wasserströmung (Rheotaxis). Das Seitenlinienorgan umfasst zwei separate Sinnessysteme mit unterschiedlichen Aufgaben:

- **Oberflächenneuromasten** detektieren **Wasserbewegung** (Strömung) bei Fischen und aquatischen Amphibien, nicht aber bei aquatischen Wirbellosen und Säugern.
- **Kanalneuromasten** detektieren **Wasserbeschleunigung** (Strömungsänderung) bei Fischen, nicht aber bei Amphibien, Wirbellosen und Säugern.

Die Sinneszellen beider Neuromastensysteme sind Haarzellen, die in ein Epithel eingebettet liegen und ihre bis zu 150 Stereovilli in eine gallertige Oberflächenstruktur, die Cupula, stecken (Abb. 5.14, *links*). Die Cupula haftet an der Epitheloberfläche und wird auch von den Stereovilli in aufrechter Ruheposition gehalten. Trifft eine Wasserströmung auf die Cupula eines **Oberflächenneuromasten**, wird diese so weit verformt, bis ihre elastische Rückstellkraft der Strömungskraft des Wassers entspricht. Je schneller die Wasserströmung entlang der Körperoberfläche, desto stärker fallen die Verformung der Cupula und die Auslenkung der darin steckenden Stereovilli aus. Die Verformung bewirkt eine Aktivierung derjenigen Haarzellen, deren Kinocilium auf der stromabwärts liegenden Seite des Haarbündels steht. Haarzellen mit stromaufwärts stehendem Kinocilium werden gehemmt. Je nach dem Winkel, mit dem die Strömung auf den Neuromasten trifft, ändert sich das Muster von Aktivierung und Hemmung. Auf diese Weise entsteht ein kontrastreiches afferentes Signal, welches Strömungsrichtung und -geschwindigkeit codiert. Oberflächeneuromasten reagieren nicht nur auf den anhaltenden Strömungsdruck, sondern auch auf schnell wechselnde Strömungsrichtungen, wie sie beispielsweise in Turbulenzen und Wirbeln der Wasserströmung auftreten. Durch den Flossenschlag anderer Fische entstehen lokale Wasserwirbel, die sich langsam ausbreiten und mit der Strömung verdriften. Sie erzeugen Vibrationen von meist weniger als 10 Hz, die von Oberflächenneuromasten mit hoher Empfindlichkeit registriert werden. Gemessene Aktivierungsschwellen lagen unter 0,1 µm Wasserbewegung. Es ist bisher noch nicht geklärt, wie dieses Sinnessystem mit den starken abiotischen Hintergrundsignalen umgeht, die in Fließgewässern aus Wasserströmungen, Luftblasen und Sedimentbewegungen resultieren. Generell findet man bei Fischen und Amphibien stehender Gewässer eher exponierte Oberflächenneuromasten, während die Tiere schnell fließender Gewässer in der Regel eingesenkte, in Vertiefungen der Epidermis geschützte Neuromasten tragen. Dabei kann die Anzahl von Oberflächenneuromasten zwischen einzelnen Arten sehr unterschiedlich sein und von wenigen Dutzend bis zu einigen Tausend variieren. Beim Goldfisch (*Carassius auratus*) wurden 1800 bis 2000 Oberflächenneuromasten pro Körperseite gezählt (◘ Abb. 5.14, *rechts*). Die meisten dieser Neuromasten haben eine rostrocaudale Ausrichtung (die Kinocilien der Haarzellen liegen rostral oder caudal, nicht aber lateral) und reagieren damit besonders empfindlich auf Strömungen entlang der Längsachse des Fisches. Nur im Kopfbereich trägt der Fisch Linien aus Oberflächenneuromasten, deren Ausrichtung eher dorsoventral oder schräg angelegt ist. Mit dieser großen strömungsempfindlichen Körperoberfläche können die Tiere nicht nur registrieren, wie sich das Wasser um sie herum bewegt, um ihren Körper entlang der Strömung auszurichten (Rheotaxis). Sie können auch charakteristische Strömungssignale und Turbulenzen erkennen, die sie selbst und andere Fische durch Flossenbewegungen erzeugen. Solche hydrodynamischen Signale werden vermutlich von Raubfischen zur Jagd und von Beutefischen zur Flucht genutzt.

Das System der **Kanalneuromasten** ist eine Weiterentwicklung des Seitenliniensystems und hat den Vorteil, dass seine Sinneszellen nicht direkt in der Wasserströmung liegen. Die Haarzellen der Kanalneuromasten werden deshalb *nicht* durch gleichmäßige Wasserströmung an der Körperoberfläche aktiviert – sie registrieren keine gleichbleibende Gewässerströmung. Sie reagieren nur, wenn sich die Strömungsgeschwindigkeit ändert, beispielsweise als Folge des Flossenschlages eines vorbeischwimmenden Fisches oder durch die Bewegungen eines ins Wasser gefallenen Insekts (◘ Abb. 5.15, *oben*). Innerhalb des Seitenlinienkanals, der durch Knochen oder Schuppen unterhalb der Körperoberfläche gebildet wird (bei Knorpelfischen, Klasse Chondrichthyes, liegen die Kanäle in der Dermis), entsteht Strömung nur dann, wenn an den Mündungen von zwei benachbarten Kanalporen kurzfristig unterschiedliche Flussgeschwindigkeiten auftreten. Solche Unterschiede treten meist nur kurzzeitig auf, wenn Wasser relativ zum Fischkörper lokal beschleunigt wird, wie es bei turbulenten Strömungen vorkommt. Lokale Strömungsänderungen erzeugen Druckdifferenzen zwischen den Kanalporen, denn eine lokale Beschleunigung der Strömung bewirkt einen lokalen Druckabfall (Bernoulli-Effekt). Jede Druckdifferenz zwischen zwei Kanalporen treibt eine Mikroströmung innerhalb des Kanallumens an und bewegt so die Cupulae der zwischen den Poren liegenden Kanalneuromasten (◘ Abb. 5.15, *unten*). Kanalneuromasten reagieren demnach auf Strömungs*änderungen* an der Körperoberfläche. Die Wasserbewegung innerhalb des Kanals verläuft immer entlang der Längsachse, und die Ausrichtung der Haarzellen in den Kanalneuromasten entspricht dieser Strömungsrichtung. Kanalneuromasten reagieren umso stärker, je größer die Strömungs- und Druckfluktuationen an der Körperoberfläche sind. Solche Fluktuationen treten als Folge eigener Bewegungen oder durch Schwimmbewegungen anderer Wassertiere auf und sind typischerweise vermischte Vibrationssignale im Frequenzbereich von 10–100 Hz. Für solche Frequenzen ist das Kanalneuromastensystem sehr empfindlich, während es auf langsame Änderungen von weniger als 10 Hz kaum reagiert. Die Seitenlinienkanäle vieler Fische können für bestimmte Frequenzen besonders optimiert sein – eine Folge von Resonanzeffekten in der Kanalstruktur. Der Durchmesser des Kanallumens beeinflusst die Frequenzeigenschaften besonders stark. Neben einem oder mehreren großen Seitenlinienkanälen entlang der Körperseite haben viele Fische zusätzliche Seitenlinienkanäle am Kopf (◘ Abb. 5.14, *unten links*). Hier sind die Kanäle in unterschiedlichen Richtungen angelegt, sodass auch Beschleunigungen analysiert werden können, die nicht entlang der Längsachse des Fisches verlaufen.

Die sensorischen Informationen von Oberflächenneuromasten und Kanalneuromasten werden über separate Afferenzen dem Gehirn zugeführt. Dabei innervieren Fasern des Seitenliniennervs mehrere Oberflächenneuromasten, aber in der Regel nur einen Kanalneuromasten. Die beiden Systeme liefern komplementäre Sinnesinformation über die Strömungsereignisse in der Nähe eines Fisches. Nach heutigen Vorstellungen erscheint es möglich, dass ein über den ganzen Körper ausgebreitetes Seitenliniensystem dem Fisch eine Art **unscharfes Bild der näheren Umgebung** liefert – mit einer Reichweite von etwa einer Fischlänge. Tatsächlich können blinde Fische wie der Höhlensalmler *Astyanax jordani* mithilfe ihres Seitenliniensystems mühelos zwischen Hindernissen hindurch navigieren. Sie werten dazu Strömungssignale aus, welche sie durch den eigenen Flossenschlag erzeugen – eine Art Strömungsecho. Hindernisse im Wasser verändern die Ausbreitung solcher Signale durch Beugung, Reflektion und Überlagerung, und die blinden Fische registrieren die

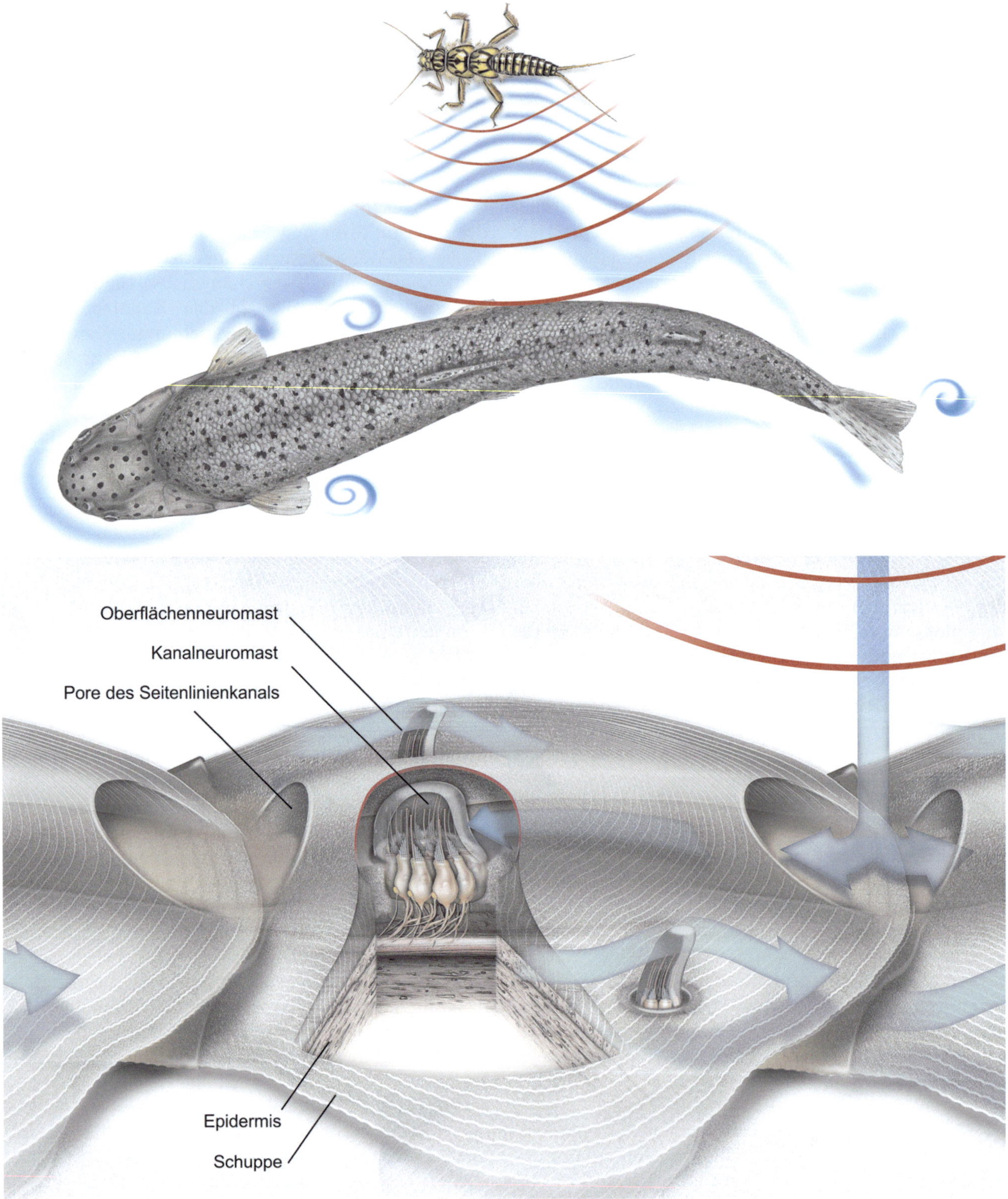

Abb. 5.15 Neuromasten im Strömungsfeld eines Fisches. *Oben*: Die von einer strampelnden Larve der Steinfliege (*Perla marginata*) erzeugten wellenförmigen Signale überlagern sich mit vom Fisch verursachten Wirbeln und anderen Wasserbewegungen. *Unten*: Oberflächenneuromasten registrieren das vorbeiströmende Wasser, während die Kanalneuromasten im Seitenlinienkanal infolge wellenförmiger Druckschwankungen an den Kanalporen hin und her bewegt werden. Die Druckschwankungen erzeugen Wasserströmungen im Kanal und dadurch eine Bewegung der Cupula

veränderten Strömungsmuster mit ihren Neuromasten. Darüber hinaus verraten biogene oszillierende Strömungssignale jedes sich bewegende Wassertier im Nahbereich, seien es Wasserflöhe, Insektenlarven oder andere Fische. Vermutlich liefern die Seitenliniensysteme charakteristische Signale für Beuteorganismen und für Raubfische, sodass ein jeweils adäquates Verhalten ausgelöst werden kann. Seitenliniensysteme bilden damit eine lebenswichtige verhaltenssteuernde Sinnesmodalität für viele Fische und aquatische Amphibien.

5.7 Statocysten und Otolithenorgane

Haarzellen werden durch Scherbewegungen aktiviert, die eine Auslenkung der Stereovilli zur Folge haben. Scherungen treten immer dann auf, wenn die Spitzen der Stereovilli sich schneller oder langsamer bewegen als die Wurzeln der Stereovilli am apikalen Pol der Haarzellen. Die dabei entstehende **relative Bewegung** zwischen Haarzelle und dem aufliegenden Medium ist der adäquate Reiz für das Haarbündel dieser Mechanosensoren. Bei Neuromasten entsteht die relative Bewegung durch Wasserströmung, und das aufliegende Medium ist die Cupula, die ein ähnliches spezifisches Gewicht hat wie das umgebende Wasser (1,0 $g{\cdot}cm^{-3}$). Ein **höheres spezifisches Gewicht der Cupula** kann für Beschleunigungsmessungen vorteilhaft sein, denn die Beschleunigung einer schwereren Cupula wird dann durch eine höhere Massenträgheit verzögert. Eine Cupula kann mit zusätzlicher Masse ausgestattet werden, indem sie mit biogenen Calciumcarbonatmineralien wie Calcit, Vaterit und Aragonit oder auch mit dem Calciumsulfatmineral Bassanit beladen werden. Diese Stoffe (Statokonien, Otokonien, Statolithen, Otolithen) haben spezifische Dichten von 2,5–2,9 $g{\cdot}cm^{-3}$ und können die Massenträgheit einer Cupula mehr als verdoppeln. Die Strategie der Verstärkung von Relativbewegungen durch schwere Cupulae wird von allen Wirbeltieren mit Haarzellen in ihren Otolithenorganen eingesetzt. Aber auch invertebrate Tiere nutzen das Prinzip für ihre mechanosensitiven Organe, insbesondere für **Statocysten** (gr. *stásis*, stehend, lat. *cystis*, Blase) die bei marinen Invertebraten (Nesseltieren, Mollusken, Crustaceen) vor allem für die Ausrichtung des Körpers im Gravitationsfeld der Erde gebraucht werden. Invertebraten verfügen zwar nicht über Haarzellen, wie sie in ► Abschn. 5.5 für Wirbeltiere beschrieben sind. Aber sie nutzen eine vergleichbare Strategie zur Orientierung im Raum.

Schon sehr frühe Metazoen nutzen träge Massen (**Statokonien** oder **Statolithen**) zur Bestimmung der Lotrechten und damit zur Unterscheidung von oben und unten. Bei den Nesseltieren (Stamm Cnidaria) tragen die Medusen der **Schirm- und Würfelquallen** (Klassen Scyphozoa und Cubozoa) am Rand ihres Schirmes Sinneskolben (Rhopalien; gr. *rhopalon,* Keule), die jeweils eine frei pendelnde Statocyste enthalten (◘ Abb. 5.16, *links*). Wenn der Schirm schräg im Wasser liegt, berührt die Statocyste auf der tiefer liegenden Seite den Saum des Schirmes. Cilien der Statocystenzellen werden dann ausgelenkt, und ein sensorisches Signal löst eine Änderung der Schwimmbewegung aus, dazu geeignet, die Qualle aufzurichten. Die Statolithen (oder Statokonien) bestehen aus Calciumsulfat und werden von den Tieren selbst hergestellt. Marine **gastropode Mollusken** besitzen paarige, kugelförmige Statocysten, die mit beweglichen Cilien ausgekleidet sind. Die cilientragenden Rezeptorzellen leiten über afferente Neuronen die Lageinformation an das zentrale Nervensystem. Im Lumen, an der tiefsten Stelle der Hohlkugel, konzentrieren sich Statokonien und stimulieren die lokalen Rezeptorzellen (◘ Abb. 5.16, *Mitte*). Wird die Statocyste beim Schwimmen oder Gleiten in irgendeine Richtung gekippt, verlagern sich die Statokonien wiederum zum tiefsten Punkt, und andere Rezeptorzellen werden aktiviert. Die Schnecken erhalten damit recht genaue Signale über ihre Ausrichtung im Erdschwerefeld. Bei **cephalopoden Mollusken** – insbesondere bei den Kraken, Sepien und Kalmaren (Ordnungen Octopoda, Sepiida und Teuthida) – sind die Statocysten komplexer ausgebildet und haben vermutlich auch eine Funktion beim Hören. Die entsprechenden Organe werden deshalb in ► Kap. 6 (◘ Abb. 6.15) beschrieben. Hier zeigt sich die Eignung von Statolithenorganen als Vibrationsdetektoren für Frequenzen unter etwa 100 Hz.

Bei **Zehnfußkrebsen** (Ordnung Decapoda) findet man gut entwickelte Statocysten meist in den Basalsegmenten der Antennen. Dabei handelt es sich um blasenförmige Einfaltungen des Exoskeletts mit einer Öffnung zum Wasser hin, sodass das Lumen mit Wasser gefüllt ist. Beim Amerikanischen Hummer (*Homarus americanus*) liegt in der Statocyste ein großer Statolith, zusammengeklebt aus vielen kleinen Sandpartikeln, die die Tiere aus dem Meerwasser aufnehmen (◘ Abb. 5.16, *rechts*). Die Lage dieses Statolithen wird von einigen Hundert Statolithenhaaren erfasst, die in drei Reihen um den Statolithen herum angeordnet sind. Es handelt sich dabei um Haarsensillen, die den Dendriten eines mechanosensorischen Neurons beherbergen. Bei jeder Verlagerung des Statolithen entsteht ein charakteristisches afferentes Signal, das im zentralen Nervensystem zur Lagestabilisierung eingesetzt werden kann. Entfernt man die Statolithen, taumeln die Tiere kopfüber durchs Wasser. Die Eingangssignale aus den Statocysten werden also für die koordinierte Bewegung am Meeresboden benötigt.

Wirbeltiere setzen das Prinzip der Massenträgheit von Calciumcarbonatmineralien in den **Maculaorganen**

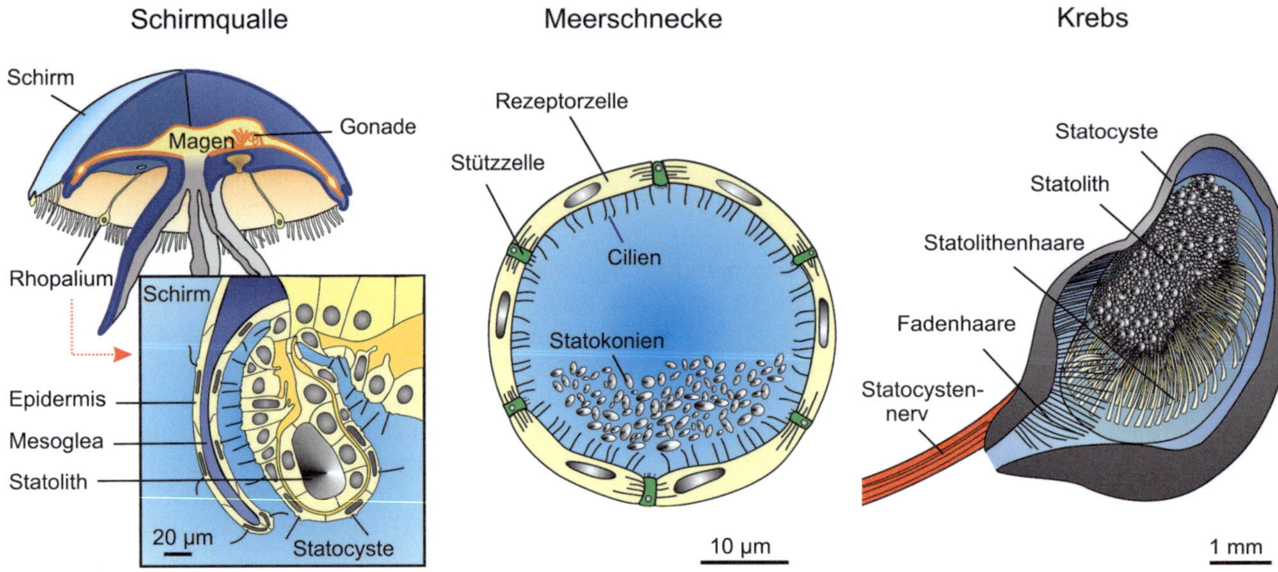

Abb. 5.16 Statocysten mariner Invertebraten. *Links*: Die Ohrenqualle (*Aurelia aurita*) trägt in ihren Rhopalien Statocysten, die wie ein Pendel wirken. Ein Statolith aus Bassanit (Calciumsulfat) richtet die Statocyste nach unten aus. Bei Schieflage der Qualle berühren sensorische Cilien den Saum des Schirmes und lösen ein sensorisches Signal aus. *Mitte*: Bei Mollusken findet man Statocysten mit vielen einzelnen Statokonien. Beim Kalifornischen Seehasen (*Aplysia californica*), einer besonders großen, marinen Hinterkiemerschnecke, ruhen die Statokonien auf den Cilien der am tiefsten liegenden Rezeptorzellen und generieren damit eine Lageinformation relativ zum Gravitationsfeld der Erde. *Rechts:* Crustaceen aus der Ordnung der Zehnfußkrebse (Decapoda) besitzen im ersten Segment jeder Antenne eine Statocyste. Beim Amerikanischen Hummer (*Homarus americanus*) liegt ein aus vielen Sandkörnern zusammengeklebter Statolith in der wassergefüllten Statocyste. Die Position des Statolithen wird durch Statolithenhaare abgetastet, die in drei Ringen um den Statolithen herum angeordnet sind. Jedes Statolithenhaar beinhaltet ein mechanosensorisches Neuron, dessen Axone im Statocystennerv gebündelt sind. Fadenhaare verhindern das Eindringen zu großer Partikel in die Statocyste. Nach Solé et al. (2016); Wiederhold et al. (1990); Cohen (1960)

des Innenohres ein. Aus diesem Grund werden die Partikel als **Otokonien** (Ohrsand; gr. *oto*, Ohr; *konia*, Staub, Sand) und **Otolithen** (Ohrsteinchen, gr. *lithos*, Stein) bezeichnet. In den meisten Fällen findet man auf Maculaorganen ein Granulat aus miteinander verklebten Otokonien mit Korngrößen von 1–50 µm. Viele Knochenfische tragen besonders große Otolithen im Innenohr (Asteriscus, Lapillus und Sagitta, ▶ Abschn. 6.4, ◘ Abb. 6.9). Diese Ohrsteinchen können 10–30 mm groß und 0,1–0,5 g schwer werden und spielen eine wichtige Rolle bei der Detektion von Vibrationen und damit beim Hörsinn der Fische. Maculaorgane besitzen eine Schicht Haarzellen, die ein durch Schlussleisten (Tight Junctions) abgedichtetes Epithel bilden. Die Stereovilli und Kinocilien der Haarzellen reichen in einen luminalen, mit Endolymphe gefüllt Raum. Dort wird das gesamte Epithel durch eine gallertige Masse überlagert, in welche die Stereovilli der Haarzellen eingelagert sind, die Otolithenmembran (◘ Abb. 5.17). Otokonien liegen auf der Otolithenmembran und bilden eine zusammenhängende, weich gelagerte Masse, die leicht gegenüber der Epitheloberfläche verschoben werden kann. Wird ein Maculaorgan durch eine Körperbewegung aus der Ruhelage heraus beschleunigt, bleiben die Otokonien infolge der Massenträgheit kurzzeitig zurück – die Otolithenmembran wird langsamer beschleunigt als das Epithel. Dadurch kommt es zu einer Scherung zwischen den Epithelzellen und ihren Stereovilli, und die resultierende Änderung des Membranpotenzials wird in ein afferentes Signal umgesetzt. Entscheidend für die Funktion eines Maculaorgans ist, dass diese Scherung nur während der Beschleunigungsphase auftritt. Wird eine gleichförmige Bewegung erreicht, holt die Otolithenmembran das Epithel ein, und die Scherung ist beendet. Maculaorgane sind damit **Sinnesorgane für die Messung der linearen Beschleunigung (Translationsbeschleunigung)**, nicht aber von gleichförmigen Bewegungen. Sie erfassen sowohl die aktiven Bewegungsänderungen der Tiere als auch die stetig wirkende Gravitationsbeschleunigung. Maculaorgane liefern damit Informationen für den Lage- und Gleichgewichtssinn und unterstützen koordinierte Bewegungen (▶ Abschn. 5.9). Da sie mit schnell reagierenden Haarzellen ausgestattet sind, können sie auch auf kurze und schnelle Beschleunigungen reagieren, wie sie durch Schalldruckwellen verursacht werden. Besonders bei Tieren, die nicht über eine für das Hören optimierte Cochlea verfügen, können Maculaorgane im Innenohr – insbesondere im Sacculus – als Schallrezeptor für Schall im niedrigen Frequenzbereich dienen (▶ Kap. 6).

Die Haarzellen auf einem Otolithenorgan sind so angeordnet, dass das Organ auf Linearbeschleunigungen in nahezu alle Richtungen reagieren kann. Die Maculae wer-

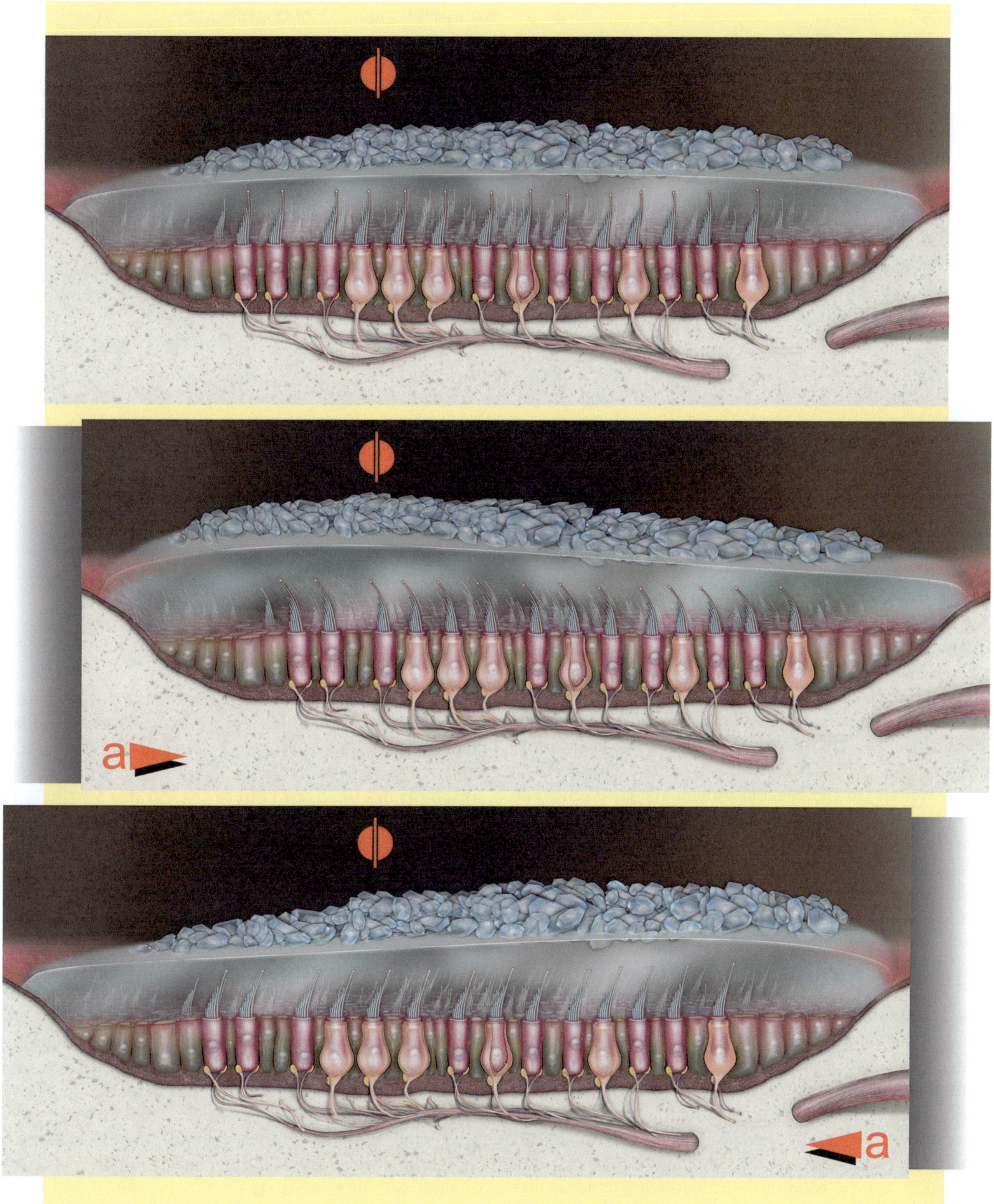

Abb. 5.17 Aufbau und Funktion eines Maculaorgans bei Wirbeltieren. Ein aus Haarzellen aufgebautes Maculaepithel (lat. *macula*, Fleck) bildet die Gewebsoberfläche, die von einer gallertigen Cupula, der Otolithenmembran, überschichtet ist. Die Stereovilli der Haarzellen stecken in der Otolithenmembran und folgen deren Bewegungen. Auf der Otolithenmembran liegt eine Schicht von miteinander verklebten Otokonien. Wird das Organ beschleunigt, verzögert die Masse der Otokonien die Beschleunigung der Otolithenmembran, sodass die Stereovilli gegenüber den Zellkörpern der Haarzellen ausgelenkt werden. Das dabei entstehende afferente Signal ist proportional zur Linearbeschleunigung des Knochens, auf dem das Maculaorgan befestigt ist. Die Pfeilspitze bei **a** gibt die Beschleunigungsrichtung an; das rote Kreissymbol ist ein ortskonstanter Referenzpunkt

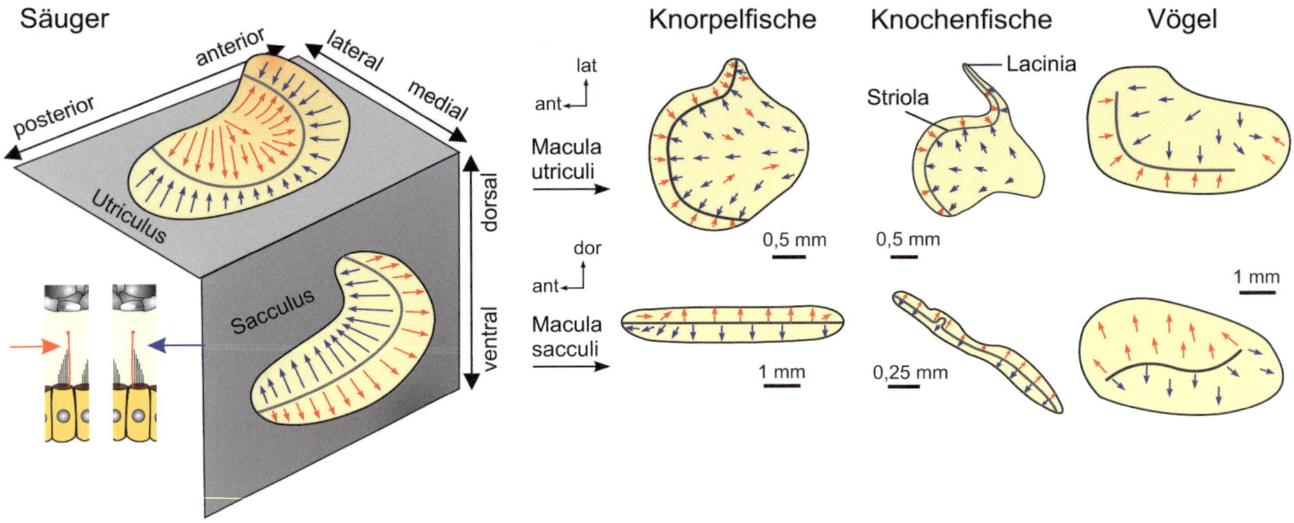

Abb. 5.18 Orientierung und Polarisationsvektoren von Maculaorganen. Die Otolithenorgane Macula utriculi und Macula sacculi sind nahezu rechtwinklig zueinander ausgerichtet, sodass ihre Polarisationsvektoren (die Richtung der maximalen Empfindlichkeit der lokalen Haarzellen) bei der M. utriculi waagrecht, bei der M. sacculi dagegen senkrecht liegen. Ihre Haarzellen sind entlang einer Mittellinie, der Striola, gegensinnig angeordnet: Bei der M. utriculi liegen alle Kinocilien der Haarzellen zu Striola hin, bei der M. sacculi weisen die Kinocilien von der Striola weg. Daraus ergeben sich innerhalb jeder Macula entgegengesetzte Polarisationsvektoren (*rote und blaue Pfeile*) auf den gegenüberliegenden Seiten der Striola. Eine ähnliche Verteilung von Haarzellen findet man bei allen Wirbeltieren. Die M. utriculi gleicht einer flachen, horizontal liegenden Schale, aus der sich nur eine seitliche Ausstülpung, die Lacinia, bei einigen Fischen aus der horizontalen Ebene hervorhebt. Nach Ladich und Schulz-Mirbach (2016)

den durch eine anatomisch erkennbare Grenzlinie (**Striola**) in zwei Flächen unterteilt, wobei die Striola der Macula utriculi meist halbkreisförmig verläuft (Abb. 5.18). Auf der Otolithenmembran über dieser Grenzlinie ist das Granulat der Otolithen deutlich feiner als über den beiden Teilflächen. Die Haarzellen sind annähernd spiegelsymmetrisch auf den beiden Seiten der Striola angeordnet. Dabei weisen auf der Macula utriculi alle Haarzellen mit ihren Kinocilien zur Striola hin, in der Macula sacculi weisen dagegen alle Kinocilien von der Striola weg. Diese Ausrichtung ist ausschlaggebend für die Polarisation der Otolithenorgane. Bei einer Translationsbeschleunigung werden immer Haarzellen auf einer Seite der Striola aktiviert, auf der gegenüberliegende Seite aber gehemmt. Wegen des halbkreisförmigen Verlaufs der Striola löst praktisch jede Translationsbeschleunigung eine Reaktion aus, denn für **jede Bewegungsrichtung** findet sich eine Paar antagonistischer Haarzellen auf den Maculae. Einen Dauerreiz stellt die **Gravitationsbeschleunigung** dar, die kontinuierlich auf die Otolithen der Macula sacculi einwirkt, indem sie die Otolithenmembran dieses Maculaorgans ständig nach „unten" zieht. Eine Störung dieses fundamentalen Reizes für den Lagesinn kann entstehen, wenn zusätzlich zur Gravitationsbeschleunigung eine Zentrifugalbeschleunigung auf die Otolithen der Macula sacculi einwirkt. Entsprechend der Resultierenden aus beiden Kräften kommt es in diesem Fall zu einer Verlagerung der Otolithen und zu einer falschen Wahrnehmung für „unten" (▶ Abschn. 5.9).

5.8 Die Bogengänge des Innenohres

Eine andere Strategie zur Beschleunigungsmessung wird in den drei Bogengängen angewendet, die den obersten, dorsal gelegenen Teil des Vestibularorgans bilden (Abb. 5.19). Jeder Bogengang mündet mit einer Erweiterung – der Ampulle – in den Utriculus, denjenigen Abschnitt des häutigen Labyrinths, der das Vestibulum, die zentrale Knochenhöhle des Vestibularorgans, ausfüllt. Innerhalb jeder Ampulle befindet sich ein Sinnesepithel aus Haarzellen. Im Unterschied zu den Maculaorganen ist das Epithel in einer Ampulle nicht flächig angelegt. Es wächst vielmehr auf einer kammartigen Vorwölbung, der Crista ampullaris, die sich quer durch die Ampulle zieht. Auf dieser leistenförmigen Struktur befindet sich eine segelartig vertikal stehende Cupula, die die gesamte Ampulle wie eine Trennwand quer durchschneidet. Die Cupula dichtet die Ampulle gegenüber dem Utriculus ab. Da sie aber aus gallertigem, leicht verformbaren Material besteht, wird sie kurzfristig ausgelenkt, wenn bei einer Beschleunigung des Kopfes – und damit der Crista ampullaris – die Rotation der Endolymphe im Bogengang aufgrund ihrer Massenträgheit verzögert wird (Abb. 5.19, *links*). Jede Ampulle funktioniert als Beschleunigungssensor, denn nur in der Beschleunigungsphase einer Bewegung hält die Endolymphe die Cupula zurück. Die besondere Bedeutung der Bogengänge liegt in ihrem adäquaten Reiz. Anders als die Maculaorgane registrieren die Bogen-

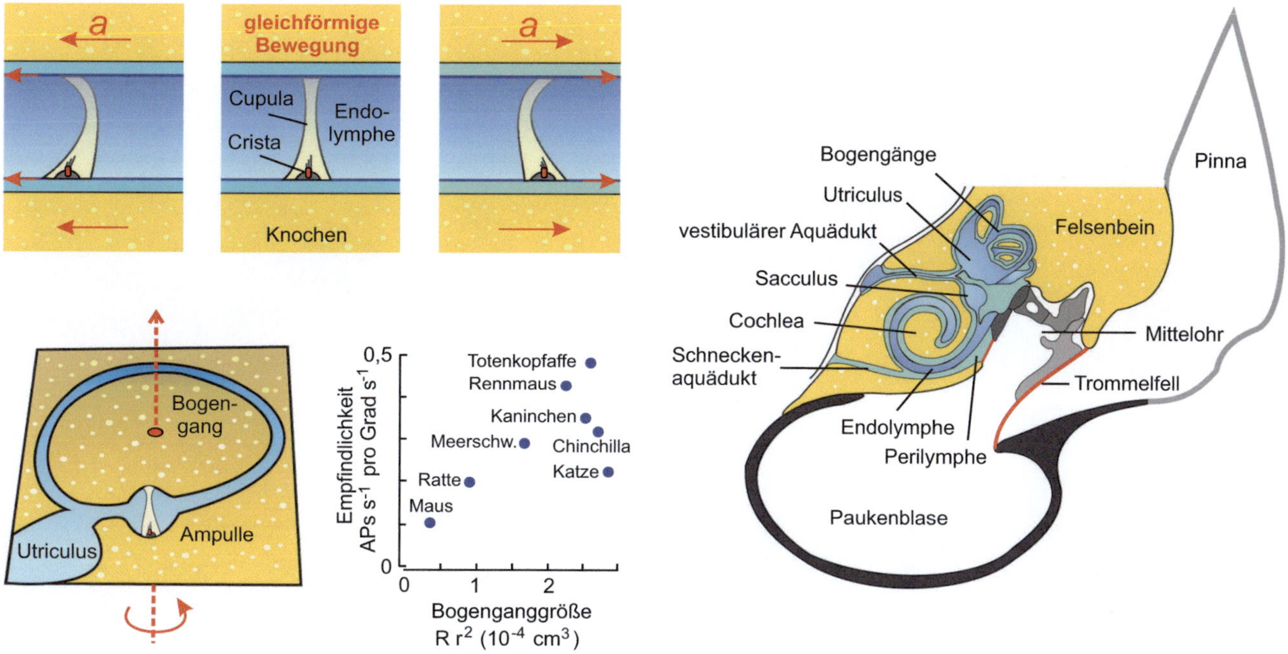

Abb. 5.19 Detektion von Drehbeschleunigung in den Bogengängen des Innenohres. *Links*: Schematische Darstellung der Funktionsweise die Cupula eines Bogenganges. Die Cupula trägt keine Otokonien, bildet aber eine dünne, geschlossene Trennwand quer zur Längsachse des Bogenganges. Erfährt der Kopf eine Beschleunigung (*a*), wird die Cupula mitbewegt, wobei die Endolymphe aufgrund der Massenträgheit zurückbleibt. Die Cupula wird verformt, und Haarzellen auf der Crista ampullaris werden aktiviert oder gehemmt, je nach Polarität der Haarzellen und der Beschleunigungsrichtung. *Unten links*: Der adäquate Reiz für einen Bogengang ist die Änderung der Drehgeschwindigkeit um seine Mittelachse. *Unten Mitte*: Je größer ein Bogengang (R, Radius; r, Querschnitt des Bogenganges) desto größer ist seine Empfindlichkeit, gemessen als Feuerrate (in Aktionspotenzialen pro Sekunde) pro Drehgeschwindigkeit (gemessen in Grad pro Sekunde) unmittelbar nach Beginn der Drehung. *Rechts*: Lage des Vestibularorgans mit dem häutigen Labyrinth (Bogengängen, Utriculus, Sacculus und Cochlea, *blau*), das im knöchernen Labyrinth des Felsenbeines (Pars petrosa des Schläfenbeines, *ocker*) eingelagert ist. Nach Goldberg et al. (2012); Ekdale (2016)

gänge nicht lineare Beschleunigungen (Translationsbeschleunigungen), sondern **Drehbeschleunigungen des Kopfes**, denn die Bogengänge sorgen dafür, dass ausschließlich dann ein Reiz entsteht, wenn sich die Endolymphe im Kanal mit einer anderen Geschwindigkeit bewegt als der Kanal selbst. Wegen der Form der Bogengänge können solche Unterschiede aber nur bei Drehbeschleunigungen um die Mittelachse des jeweiligen Bogenganges auftreten. Bei anhaltenden, gleichförmigen Drehbewegungen holt die Endolymphe den Bogengang ein, und mit der unterschiedlichen Bewegungsgeschwindigkeit verschwindet auch der Reiz auf die Haarzellen in der Ampulle.

Alle Kiefermäuler (Überklasse Gnathostomata) unter den Wirbeltieren, also alle Knorpel- und Knochenfische, Amphibien, Reptilien, Vögel und Säuger, besitzen drei Bogengänge mit jeweils einer Ampulle. Nur die kieferlosen Neunaugen (Ordnung Petromyzontiformes*)* haben zwei Bogengänge, und die Schleimaale (Ordnung Myxiniformes) besitzen nur einen, der aber drei orthogonal angelegte Cristae enthält. Wie alle Strukturen des Innenohres besteht auch das Bogengangsystem aus knöchernen Röhren, die im Felsenbein des Schädels eingelassen sind. Sie sind mit Perilymphe gefüllt, einer Flüssigkeit reich an Natriumchlorid, die aus dem Lymphsystem stammt und über den Schneckenaquädukt aus dem Innenohr in den Subarachnoidalraum des Gehirns abfließen kann (Abb. 5.19, *rechts*). Die Knochenröhren (Canales semicirculares ossei) werden von Epithelschläuchen durchzogen, den eigentlichen Bogengängen (Ductus semicirculares), die ihrerseits mit Endolymphe gefüllt und mit den anderen Innenohrstrukturen verbunden sind. Endolymphe ist eine kaliumreiche Flüssigkeit, die von einem spezialisierten sekretorischen Epithel des Innenohres erzeugt wird (Stria vascularis, Abb. 6.33). Überschüssige Endolymphe wird im endolymphatischen Sack in der Dura mater resorbiert, der seinerseits über den vestibulären Aquädukt mit dem Innenohr verbunden ist (Abb. 5.19, *rechts*).

Eine Crista ampullaris trägt Haarzellen, deren Stereovilli in der Cupula stecken und mit ihr ausgelenkt werden. Bei den **Fischen und Amphibien** sind diese Haarzellen vom Typ II. Sie tragen an ihrem basalen Pol knopfartige Synapsen, über die das afferente Signal die Fasern des Vestibularnervs erreicht. **Reptilien und Vögel** besitzen neben Typ-II-Zellen auch Haarzellen vom Typ I, bei denen die postsynaptische

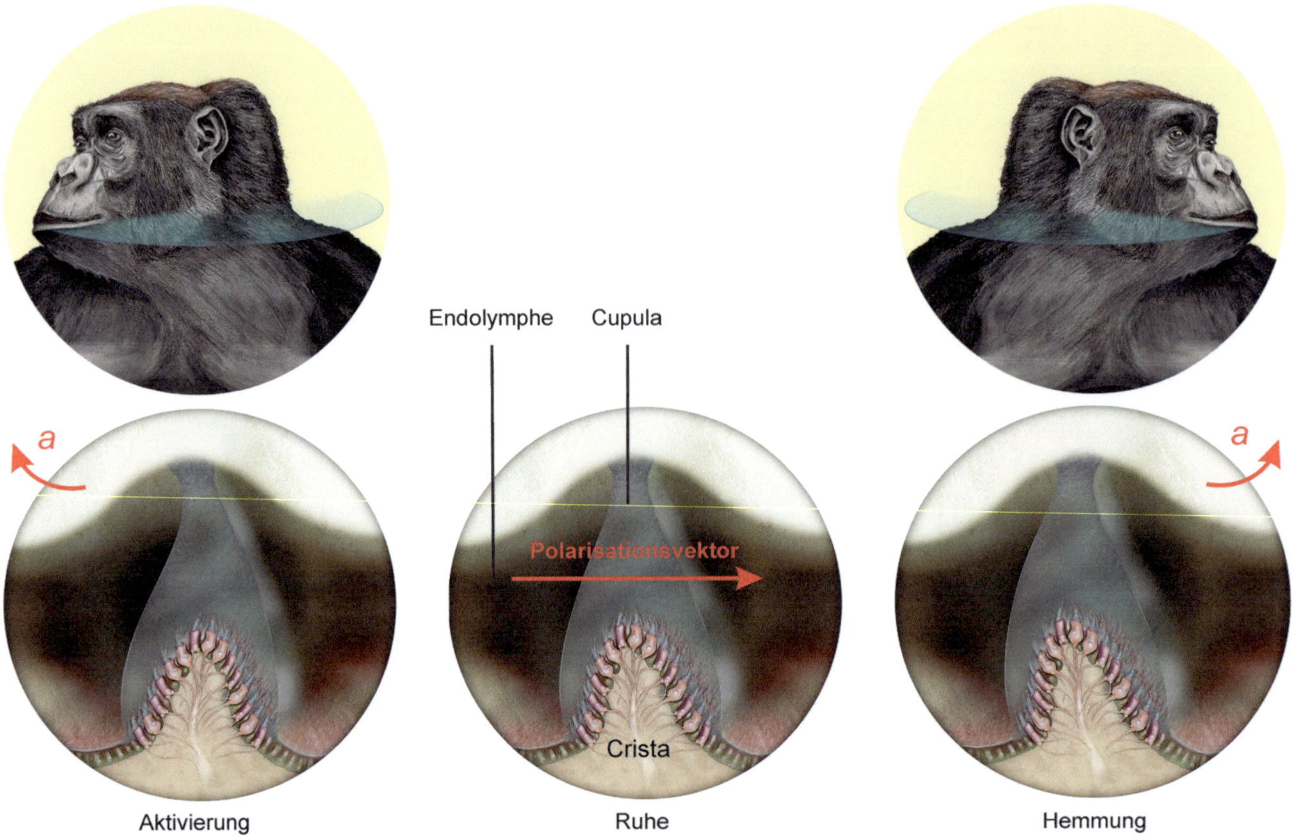

Abb. 5.20 Wirkung einer Kopfdrehung auf Haarzellen im rechten horizontalen Bogengang. Der Polarisationsvektor gibt die optimale Aktivierungsrichtung der Haarzellen einer Ampulle an. Bei einer Drehbeschleunigung des Kopfes nach rechts werden die Stereovilli der Haarzellen in Richtung ihrer Kinocilien ausgelenkt. Dadurch werden Tip-Links gespannt, und die resultierende Depolarisation aktiviert die Haarzellen. Eine Beschleunigung nach links hat den gegensätzlichen Effekt. Die Stereovilli werden vom Kinocilium weg in Richtung der kürzesten Stereovilli ausgelenkt. Die Haarzellen werden gehemmt

Membran kelchförmig (als Calyx) die gesamte Haarzelle unterhalb der Abschlussleisten (Tight Junctions) umschließt (s. Abb. 5.12, *rechts*). Solche postsynaptischen Calyxstrukturen kommen offenbar nur in den Ampullen der Bogengänge vor, und ihre spezielle Funktion ist noch nicht vollständig verstanden. Präsynaptische Calyxstrukturen, wie die Held-Synapsen in der Hörbahn (Abb. 6.42), ermöglichen besonders schnelle und effektive Signalübertragung, weil sie besonders viel Neurotransmitter in vielen aktiven Zonen bereithalten. Eine ähnliche Funktion könnten auch die Riesensynapsen der Typ-I-Haarzellen in den Ampullen leisten. Bei Reptilien und Vögeln liegen die Typ-I-Zellen in einer zentralen Zone der Crista ampullaris, umgeben von einer peripheren Zone aus Typ II-Zellen. Bei den **Säugetieren** schließlich entfällt diese Zonierung des Neuroepithels in den Ampullen, und Haarzellen der Typen I und II stehen vermischt über das gesamte Epithel.

Anders als in Neuromasten, bei denen Haarzellen gegensinniger Polarität im Epithel nebeneinanderstehen können (s. Abb. 5.14), haben alle Haarzellen in einer Ampulle die gleiche Ausrichtung – alle tragen ihr Kinocilium auf der gleichen Seite. Demzufolge reagieren die Haarzellen einer Crista auf eine Auslenkung in gleicher Weise. Jede Ampulle hat einen festgelegten **Polarisationsvektor**, der die Aktivierungsrichtung ihrer Haarzellen angibt. Der Polarisationsvektor liegt in der Fläche des Bogenganges, und seine Richtung wird durch die Richtungsselektivität der Haarzellen bestimmt. Eine Auslenkung der Cupula entlang des Polarisationsvektors depolarisiert die Haarzellen und verstärkt das afferente Signal. Wird beispielsweise der Kopf horizontal nach rechts gedreht, bleibt die Cupula im rechten, lateralen (horizontal liegenden) Bogengang in der Beschleunigungsphase hinter der Drehung des Bogenganges zurück und aktiviert die Haarzellen (Abb. 5.20). Bei einer Linksdrehung des Kopfes wird die Cupula gegen die Richtung des Polarisationsvektors ausgelenkt, die Haarzellen werden gehemmt und das afferente Signal abgeschwächt. Beide Ausgangssignale der Ampulle, Aktivierung und Hemmung, fließen in die vestibuläre Signalverarbeitung zur Erfassung von Kopfbewegungen ein (▶ Abschn. 5.9).

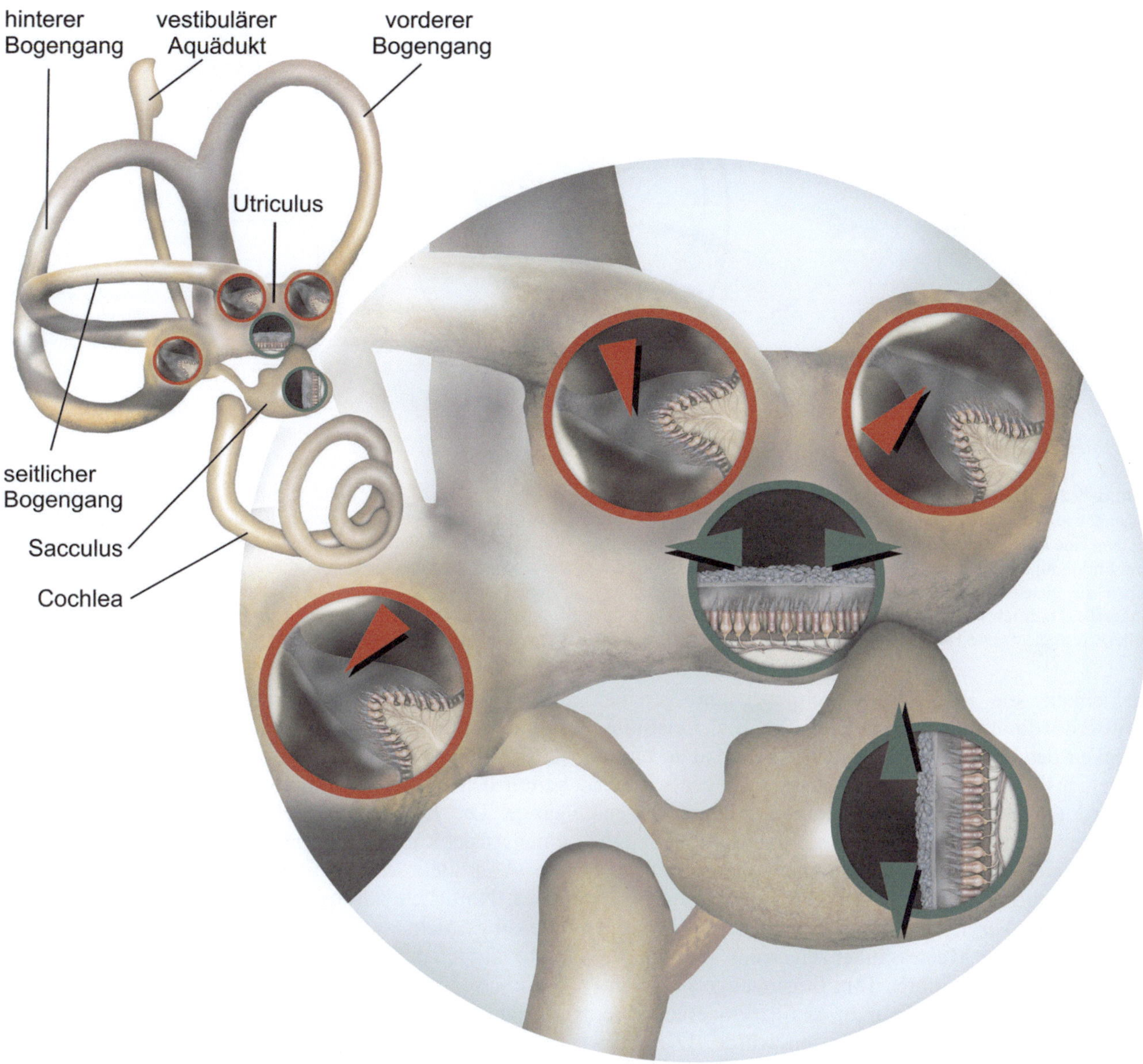

Abb. 5.21 Lage der Sinnesepithelien im Vestibularorgan eines Säugetieres. *Links*: Darstellung des häutigen Labyrinths mit anatomischen Strukturen. *Rechts*: Position der Sinnesepithelien für Drehbeschleunigung (*rot*) und Linearbeschleunigung (*grün*). Die Pfeilspitzen geben die Richtung der Polarisationsvektoren der einzelnen Sinnesepithelien an: utriculopetal beim seitlichen Bogengang, utriculofugal beim vorderen und hinteren Bogengang (*rot*). Die Otolithenorgane Macula utriculi und Macula sacculi (*grün*) sind bipolar, weil sie aus Haarzellfeldern mit gegensinniger Orientierung bestehen

Die drei Bogengänge eines Vestibularorgans sind weitgehend orthogonal (rechtwinklig zueinander) angeordnet. Die vertikalen vorderen und hinteren Bogengänge stehen rechtwinklig zum horizontal liegenden, seitlichen Bogengang sowie nahezu rechtwinklig zueinander (Abb. 5.21). Morphometrische Vergleiche der Geometrie von Vestibularorganen unterschiedlicher Säugetiere zeigen besonders geringe Abweichungen von der **Orthogonalität** bei solchen Tieren, die an schnelle Kopfbewegungen angepasst sind. So weisen die Bogengänge von schnell laufenden Landtieren und springenden Tieren (Springhasen, Kängurus) nur eine geringe Abweichung von der Orthogonalität auf (2–3 %), während eher langsamere, aquatische Säuger und unterirdische Baubewohner Abweichungen von über 10 % zeigen können. Die **Größe der Bogengänge**, gemessen als Radius um die Mittelachse, scheint mit der Empfindlichkeit des Vestibularorgans zusammenzuhängen (Abb. 5.19, *unten Mitte*). Allerdings gibt es kein einfaches Verhältnis zwischen Empfindlichkeit und Größe. Obwohl sehr kleine Säuger mit entsprechend kleinen Bogengängen auskommen müssen, ist letztlich die Be-

5

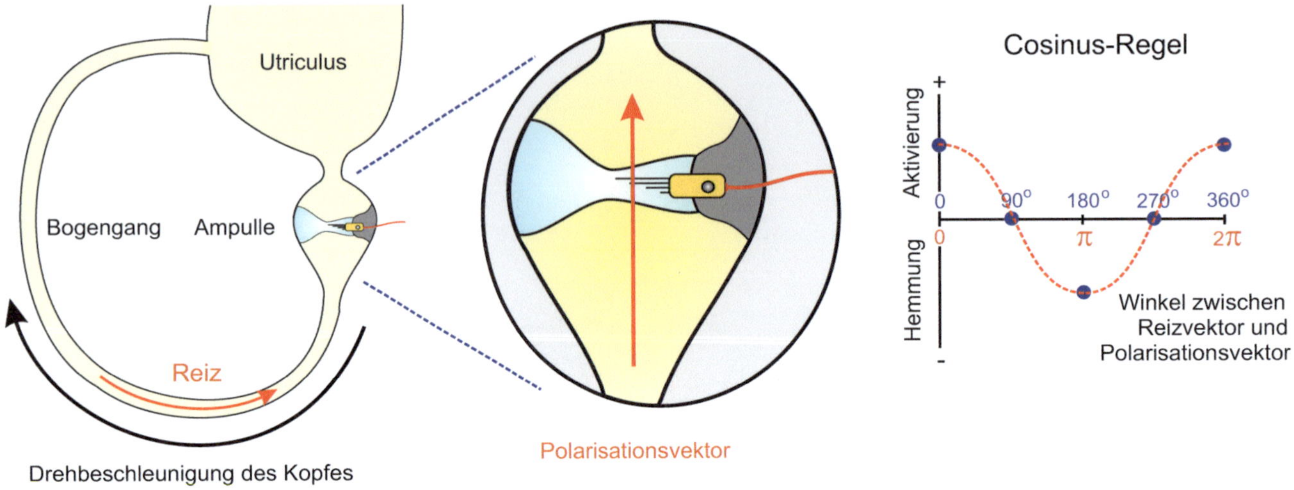

Abb. 5.22 Die Cosinus-Regel für die afferenten Signale der Bogengänge. *Links*: Schematische Darstellung eines Bogenganges, bei dem eine Drehbeschleunigung des Kopfes eine relative Bewegung von Endolymphe auslöst. *Mitte*: Alle Haarzellen in der Ampulle haben die gleiche Polarität, hier symbolisiert durch eine einzige Haarzelle. Dadurch wird der Polarisationsvektor für die Crista ampullaris festgelegt. Die Haarzellen reagieren mit der stärksten Aktivierung auf Auslenkung in Richtung des Polarisationsvektors. *Rechts*: Der Reizvektor beschreibt die Beschleunigung des Kopfes im Raum und enthält drei orthogonale Anteile. Das afferente Signal eines jeden Bogenganges hängt davon ab, wie groß der Winkel zwischen dem Reizvektor und dem eigenen Polarisationsvektor ist. Intensität und Polarität des afferenten Signals eines Bogenganges folgen einer Cosinus-Funktion (*rot*)

weglichkeit, die Fähigkeit zu schneller und genauer Motorkoordination, bestimmend für die Leistungsfähigkeit des Vestibularorgans. Zwar haben agile Landsäuger, insbesondere Primaten und Hetzjäger wie der Gepard (*Acinonyx jubatus*), deutlich größere Bogengänge relativ zu ihrem Körpergewicht als andere Säugetiere, welche sich langsamer bewegen. Bei den äußerst agilen Fledermäusen aber sind die Bogengänge nicht vergrößert im Vergleich zu nicht fliegenden Säugern gleicher Größe. Auch Meeressäuger zeigen eine unerwartete Geometrie des Innenohres. Ihre Bogengänge sind weniger als halb so groß, wie man es für Säugetiere ihrer Größe und Beweglichkeit erwarten würde. Diese Besonderheit wird als Anpassung an die besonders hohen Drehbeschleunigungen angesehen, wie sie beim typischen Schwimmverhalten von Walen und Delfinen mit schnellen Drehungen um die Längsachse, Sprüngen und Kehren auftreten. Unempfindliche Bogengänge stellen offenbar für diese Art von Bewegung einen Vorteil dar.

Die Polarisationsvektoren der drei Bogengänge zeigen einen auffälligen Unterschied. In der Ampulle des horizontal liegenden, seitlichen Bogenganges weist der Polarisationsvektor in Richtung Utriculus (utriculopetale Polarität), während die Vektoren der beiden vertikalen Bogengänge vom Utriculus weg weisen (utriculofugale Polarität). In Abb. 5.21 ist die Richtung der Polarisationsvektoren durch Pfeilspitzen symbolisiert. Aus dieser Anordnung resultiert die **Richtungsselektivität der Bogengänge**. Im rechten Innenohr erzeugt eine horizontale Drehbeschleunigung nach rechts eine Aktivierung der Haarzellen des seitlichen Bogenganges. Im linken Innenohr aktiviert dagegen eine horizontale Drehbeschleunigung nach links den seitlichen Bogengang. In beiden Fällen entsprechen die Reizvektoren genau den Polarisationsvektoren der seitlichen Bogengänge. Die horizontale Drehbeschleunigung führt zu einer Auslenkung der Cupulae nur in diesen Ampullen, die Ampullen der vertikalen Bogengänge reagieren nicht. Natürlich vorkommende Kopfbewegungen sind allerdings nicht zweidimensional, die Kopfdrehung ist nicht auf eine Ebene beschränkt. Vielmehr wird jede Kopfbewegung durch einen **räumlichen Reizvektor** beschrieben, für den das Vestibularorgan den Anteil eines jeden der drei Polarisationsvektoren bestimmt. Bei einer rein horizontal ausgeführten Kopfdrehung wäre der Anteil der vertikalen Bogengänge null, und die Drehbeschleunigung würde allein von den seitlichen Bogengängen registriert. Entspricht der Reizvektor aber nicht nur dem horizontalen Polarisationsvektor, weil der Kopf sich während der Drehung etwas neigt, wird die Reaktion des seitlichen Bogenganges schwächer, und dafür registrieren die vertikalen Bogengänge die Beschleunigung in die Richtung ihrer Polarisationsvektoren. Auf diese Weise verteilt sich die Energie eines natürlichen Bewegungsreizes auf die drei Bogengänge, wobei die **Reaktionsintensität** eines jeden Bogenganges durch die **Cosinus-Regel** beschrieben werden kann. Sie besagt, dass die afferente Reaktion auf einen beliebig ausgerichteten Reiz proportional zum Cosinus des Winkels zwischen dem Reizvektor und dem Polarisationsvektor ist (Abb. 5.22). Dieser geometrische Zusammenhang ist die Folge der Richtungsselektivität des

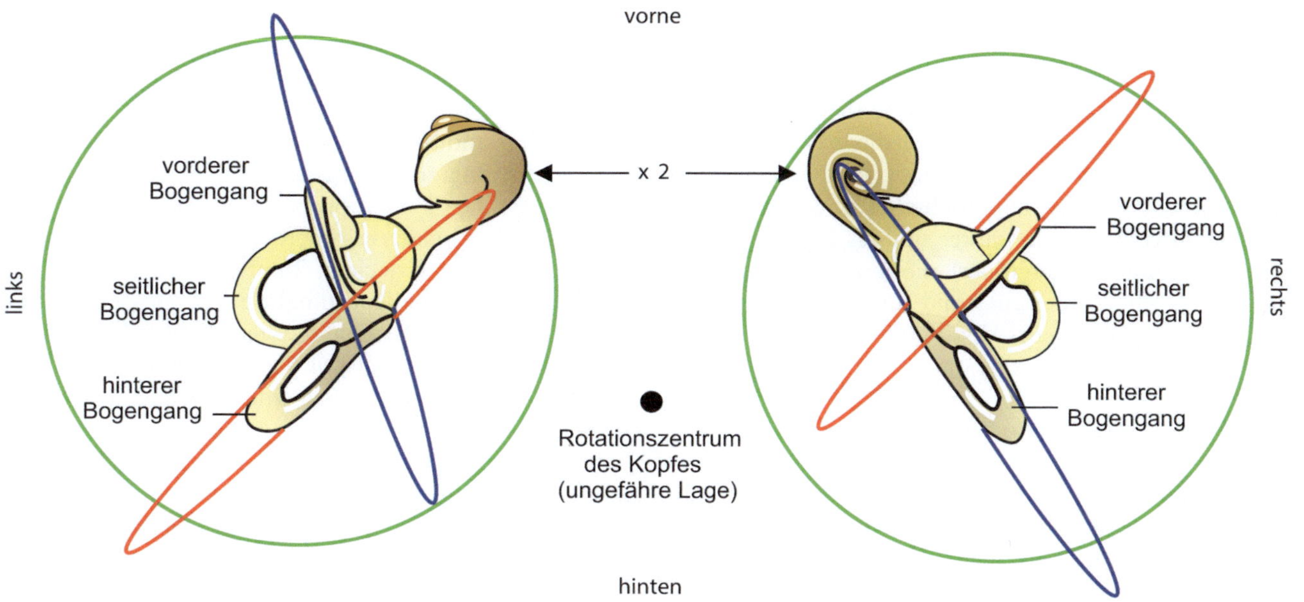

Abb. 5.23 Orthogonale Anordnung der Bogengänge. Annähernd rechte Winkel (± 10–20°) bestehen zwischen dem vorderen und hinteren Bogengang sowie zwischen diesen beiden und dem seitlichen Bogengang. Dadurch entstehen drei senkrecht zueinander stehende Rotationsebene (*rot*, *blau* und *grün*), für die jeweils ein Bogengang maximale Empfindlichkeit zeigt. Die beiden Innenohren eines Kopfes sind relativ zur dargestellten Größe ungefähr doppelt so weit voneinander entfernt angeordnet, wie hier gezeigt, und zueinander spiegelsymmetrisch ausgerichtet. Der linke vordere Bogengang liegt auf einer Rotationsebene, die annähernd parallel zur Rotationsebene des rechten hinteren Bogenganges steht (*blau*). Ebenso liegen der linke hintere und der rechte vordere Bogengang auf parallelen Rotationsebenen (*rot*). Die seitlichen Bogengänge des linken und rechten Innenohres liegen auf derselben Rotationsebene (*grün*), sie sind koplanar

Haarbündels, dessen Stereovilli in der Cupula der Ampulle stecken. Erzeugt eine Kopfrotation eine Auslenkung in Richtung Kinocilium (Winkel = 0), ist die Aktivierung maximal; bei umgekehrter Drehrichtung (Winkel = 180°) ist die Hemmung maximal. Steht die Drehebene des Kopfes aber senkrecht zum Bogengang (Winkel = 90°), resultiert weder eine Aktivierung noch eine Hemmung. In jedem Innenohr wird durch die drei Bogengänge der räumliche Reizvektor einer Kopfbewegung in drei nahezu orthogonale Komponenten zerlegt.

Die seitlichen Bogengänge werden oft „horizontal", die vorderen und hinteren „vertikal" genannt, aber diese Bezeichnungen sind bei vielen Tieren irreführend. Sie beziehen sich auf die horizontale Ohr-Augen-Achse aus der Schädelanatomie des Menschen. Doch auch beim Menschen weicht die Lage der seitlichen Bogengänge von dieser Horizontalen um 10–20° ab. Für die Funktion des Vestibularorgans ist es allerdings unerheblich, in welchem Winkel zur Erdoberfläche (Horizontalen) die Bogengänge angeordnet sind. Wichtig sind der rechte Winkel zwischen dem vorderen und dem hinteren Bogengang sowie der zwischen dem seitlichen und den beiden anderen Bogengängen. Dank dieser **weitgehend orthogonalen Anordnung** können die drei Bogengänge zusammen Drehbeschleunigungen in jeder Raumachse registrieren – und das unabhängig von der Kopfhaltung. Dabei fallen die drei Drehachsen des Kopfes (für das Nicken, das Schütteln und das Wiegen des Kopfes) mit keinem der Mittelpunkte von Bogengängen zusammen, denn das Rotationszentrum des Kopfes liegt in einigem Abstand entfernt von allen Bogengängen (Abb. 5.23). Die beiden Innenohren des Kopfes liegen symmetrisch im linken und rechten Felsenbein. Ihre Ausrichtung ist spiegelsymmetrisch zu einer medial-sagittalen Fläche. Aus dieser Anordnung resultiert eine wichtige Eigenschaft des Vestibularorgans, die **antagonistische Reaktion von kontralateralen Bogengängen**. Die Rotationsebene des linken vorderen Bogenganges steht parallel zu der des rechten hinteren Bogenganges, ebenso parallel liegen die Rotationsebenen des rechten vorderen und linken hinteren Bogenganges. Die beiden seitlichen Bogengänge liegen auf derselben Ebene, ihre Anordnung ist koplanar (Abb. 5.23, *grüne Ebene*). Infolge der Spiegelsymmetrie reagieren die parallel oder koplanar angeordneten Bogengänge aber unterschiedlich auf eine Neigung des Kopfes entlang ihrer Rotationsflächen. Bei einer Nickbewegung nach vorn wirkt beispielsweise der Druck auf die Cupula im linken vorderen Bogengang utriculofugal und damit aktivierend (entlang des Polarisationsvektors, Abb. 5.21). In der Ampulle des rechten hinteren Bogenganges wird die Cupula dagegen utriculopetal (gegen den Polarisationsvektor) ausgelenkt, und die Haarzellen werden gehemmt. Genauso antagonistisch reagieren der linke hintere und der rechte vordere Bogengang. Und auch die kontralateralen seitlichen Bogengänge zeigen gegensinnige Reaktionen auf eine Drehbeschleunigung in ihrer gemeinsamen Rotationsfläche. Bei einer Kopfdrehung nach links wird der linke seitliche Bogengang aktiviert, der rechte gehemmt. Auf diese Weise entsteht bei jeder Stimulation des Vestibularorgans ein **Differenzsignal** in jedem gleich ausgerichteten Bogengangspaar. Da die Differenzsignale stärker sind als Signale aus nur einem Bogengang, vergrößert die antagonistische Reaktion das afferente Signal und unterstützt damit die sensorische Funktion des Vestibularorgans.

5.9 Gleichgewicht und Bewegung

Gleichgewichtsorgane wie das in ◘ Abb. 5.21 dargestellte findet man in unterschiedlichen Bauarten bei allen Wirbeltieren, die Augen tragen – angefangen von den kieferlosen Fischen des Ordoviziums/Devons (vor 450–360 Mio. Jahren) bis zu den heute lebenden Wirbeltiergruppen. Von den ursprünglichen kieferlosen Fischen leben heute nur noch die Rundmäuler (Überklasse Cyclostomata; Schleimaale und Neunaugen), die bereits über voll entwickelte, bewegliche Linsenaugen verfügen. Neben den kieferlosen Fischen hat sich im frühen Erdaltertum eine Gruppe aalartiger Fische entwickelt, die zu den Chordaten gehörten und möglicherweise bereits eine Wirbelsäule besaßen. Diese Conodonten sind in der Trias ausgestorben (vor 230 Mio. Jahren), aber ihre Fossilien zeigen, dass auch sie über relativ große Linsenaugen verfügten. Es ist davon auszugehen, dass sowohl bei den Rundmäulern und Conodonten als auch bei den rezenten Fischen, Amphibien, Reptilien, Vögeln und Säugetieren die Linsenaugen beweglich aufgehängt sind und dass die Blickachse durch eine Gruppe von äußeren Augenmuskeln eingestellt wird (▶ Abschn. 7.10). Diese **Führung der Blickachse** ist eine wichtige Funktion des Gleichgewichtsorgans, denn visuelle Wahrnehmung kann nur gelingen, wenn die Augen für eine gewisse Zeit starr auf das zu sehenden Objekt gerichtet bleiben, wenn also der Blick auf das Objekt fixiert ist. Der Grund dafür ist die begrenzte Geschwindigkeit der visuellen Signalverarbeitung in der Retina. Das Sehsystem benötigt eine Fixationsperiode von einigen Millisekunden, um überhaupt irgendein Bild verarbeiten zu können. Der Zeitbedarf wird dadurch sichergestellt, dass die Augen ruckartige Sprünge von Fixationspunkt zu Fixationspunkt machen und zwischen den Sprüngen ruhig auf das Objekt gerichtet bleiben. Solche Sprünge haben die Form von Saccaden oder Nystagmen und werden in ▶ Abschn. 7.10 ausführlich beschrieben. Hier soll die besondere Bedeutung des Vestibularsystems bei der Augenführung dargestellt werden.

Eine zweite Funktion des Vestibularorgans ist die Unterstützung des **Lage- und Bewegungssinns** mit Informationen zur Körperlage im Schwerefeld der Erde sowie zu Beschleunigung des Kopfes. Jede aufrechte Haltung, jedes Sitzen und Stehen, ist ein aktiver Gleichgewichtsprozess, ein Balanceakt, bei dem das Bewegungssystem des Körpers die Gravitationsbeschleunigung austarieren muss. Darüber hinaus erfordern alle Bewegungsformen, ob Schwimmen, Kriechen, Laufen oder Fliegen, die schnelle und genaue Koordination von Flossen, Beinen und Flügeln. Das Vestibularsystem liefert dazu nötige Informationen – ein Ausfall des Signalstroms aus dem Vestibularorgan führt zu Schwindelzuständen und motorischen Problemen: Fische schwimmen kieloben, Landtiere stolpern und fallen zu Boden, Vögel flattern erfolglos herum und können nicht abheben. Ein intakter Gleichgewichtssinn dagegen befähigt viele Wirbeltiere zu akrobatisch anmutenden Bewegungskünsten. Wenn ein Eichhörnchen (*Sciurus vulgaris*) von einem Baum zum anderen springt, hat es seine Körperhaltung so genau ausbalanciert, dass es gleichmäßig fliegt und nicht abtrudelt. Sein Blick ist starr auf den Landeplatz gerichtet und bleibt auch dann fixiert, wenn der Körper während des Fluges durch Ausgleichsbewegungen im Lot gehalten werden muss. Der ganze Flug vom Startast zum Landeast, von der Dosierung der Absprungkraft über die Stabilisierung der Fluglage bis zum sicheren Aufsetzen am Zielbaum, ist ein Prozess, an dem Informationen aus den Bogengängen und Maculaorganen des Vestibularorgans entscheidenden Anteil haben. Denn sie steuern Bewegungsreflexe und eingeübte Bewegungsprogramme, die schnell und präzise ausgeführt werden müssen, damit das Eichhörnchen sein Ziel erreicht. Auch ein Greifvogel kann im Flug seinen Kopf – und damit seine Blickachse – ruhig halten, während der Rest seines Körpers sich im engen Kurvenflug um die Längsachse dreht (◘ Abb. 5.24). Über solche Reflexe und Programme verfügen alle Wirbeltiere. Sie lassen Giraffen schreiten und Geparden jagen, und sie ermöglichen den Flug der Vögel und Fledermäuse. Schnelle Wendungen während des Fluges gelingen nur, wenn die Körperlage und die Beschleunigung des Körpers in jedem Moment gemessen werden. Und die Stabilisierung der Blickachse während des Vogelfluges funktioniert nur, weil das Vestibularorgan jede Kopfbeschleunigung registriert und Ausgleichsbewegungen auslösen kann. So können Mauersegler (*Apus apus*), die wie Fledermäuse Insekten im Flug jagen, ihren Blick starr auf die Beute gerichtet halten, während ihr Körper schnelle Wendungen, Höhenänderungen und Rollbewegungen durchführt. Dazu steuern sie die Blickrichtung der Augen mit den äußeren Augenmuskeln und zugleich die Kopfhaltung über die Halsmuskulatur. Bei

Abb. 5.24 Blick- und Lagestabilisierung mithilfe des Vestibularorgans. Sehr agile Tiere müssen bei schnellen Körperbewegungen ebenso schnelle Ausgleichsbewegungen der Augen oder des Kopfes ausführen, um ihre Blickachse zu stabilisieren. Das Vestibularorgan unterstützt diese Ausgleichsbewegungen durch den vestibulookulären Reflex. Für den Anflug auf ein Beutetier benötigt der Waldkauz (*Strix aluco*) akrobatische Flugmanöver. Dabei bleibt sein Blick jedoch starr auf das Kaninchen ausgerichtet, denn bei jedem Flugmanöver wird die Kopfhaltung entlang der Blickachse stabilisiert

nacht- und dämmerungsaktiven Vögeln wie den Eulen sind die Augen oft sehr groß, teilweise länglich (tubulär) und werden kaum aktiv bewegt (► Abschn. 7.8). Bei Eulen sind Augenbewegungen auf etwa 2° eingeschränkt. Die Blickfixierung ist bei diesen Vögeln – wie auch bei nachtaktiven Säugern wie den Koboldmakis (Familie Tarsiidae) – vor allem die Aufgabe der Halsmuskulatur. Sie hält das ganze Gesicht auf das anvisierte Objekt fixiert, stabilisiert die Blickachse und ermöglicht damit scharfe visuelle Wahrnehmung. Man findet bei diesen Tieren oft sehr bewegliche, nach beiden Seiten um 130° bis annähernd 180° drehbare Köpfe, die trotz der fast unbeweglichen Augen eine schnelle und präzise Blickführung ermöglichen.

Lagesinn und Blickführung werden nicht vom Vestibularorgan allein geleistet. Der Blick auf den Horizont ist einer der stärksten Eindrücke für die Beurteilung der Körperlage, und auch die Gelenkstellungssensoren informieren über die aktuelle Situation (Propriozeption, ► Abschn. 15.4). Eine Eigenheit des Gleichgewichtssinnes ist daher die **multimodale Integration** von Signalen aus ganz unterschiedlichen Quellen. Diese Zusammenschaltung beginnt schon in den **Vestibulariskernen** im Hirnstamm. Hier bilden die afferenten Neuronen, die von den Haarzellen der Bogengangsampullen und der Maculaorgane gesteuert werden, ihre Synapsen. Und auch Eingänge aus der Sehbahn, dem Rückenmark, dem Kleinhirn und dem Cortex konvergieren auf die gleichen Neuronen in den Vestibulariskernen (Abb. 5.25, *links*). Eingänge aus dem Kleinhirn helfen dabei, Kopf- und Augenbewegungen in einen koordinierten Bewegungsablauf einzupassen. Und die corticalen Eingänge sorgen dafür, dass geplante Bewegungen genau nach Plan ablaufen und nicht durch motorische Reflexe behindert werden. Sie gleichen die Bewegungsplanung (Efferenz) mit der Bewegungsausführung (Reafferenz) ab und können bei Diskrepanzen die Neuronen der Vestibulariskerne und deren Reflexsteuerung hemmen. Die frühe Zusammenschaltung unterschiedlicher Systeme schon im zweiten Neuron der vestibulären Reflexkette ist erforderlich, weil die reflektorische Steuerung der Blickachse schnell erfolgen muss. Der **vestibulookuläre Reflex**, der bei einer Kopfdrehung eine gegensinnige Augendrehung zum Zweck der Blickstabilisierung auslöst, erfolgt bei Säugern innerhalb von 5–7 ms. Sie verläuft über nur drei Neuronen (Abb. 5.25, *rechts*). Das erste Neuron leitet das vestibuläre Signal von den Haarzellen zu den ipsilateralen Vestibulariskernen; das zweite führt zum kontralateralen Abducenskern; das dritte Neuron erreicht die äußere Muskulatur des kontralateralen Auges. Eine zusätzliche Verbindung führt über den ipsilateralen Occulomotoriuskern zur Stellmuskulatur des ipsilateralen Auges. Eine wichtige Rolle bei diesem Reflex spielt die antagonistische Reaktion der zusammen reagierenden Bogengangspaare (die beiden seitlichen, vorne links und hinten rechts sowie vorne rechts und hinten links; s. Abb. 5.23). So wird bei einer Rechtsdrehung des Kopfes der seitliche Bogengang rechts aktiviert, der im linken Innenohr wird gehemmt (Abb. 5.25). Die Verschaltung im Hirnstamm bewirkt in diesem Fall eine Aktivierung des seitlichen Augenstellmuskels Musculus rectus lateralis des linken Auges sowie des Musculus rectus medialis des rechten Auges. Die lateralen Muskeln ziehen die Augen schläfenwärts, die medialen ziehen sie nasenwärts, es kommt also zu einer Linksbewegung beider Augen. Gleichzeitig führt die Hemmung der Haarzellen im linken seitlichen Bogengang während der Rechtsdrehung zu einer Hemmung der beiden antagonistischen Augenmuskeln: Musculus rectus medialis im linken Auge, Musculus rectus lateralis im rechten Auge.

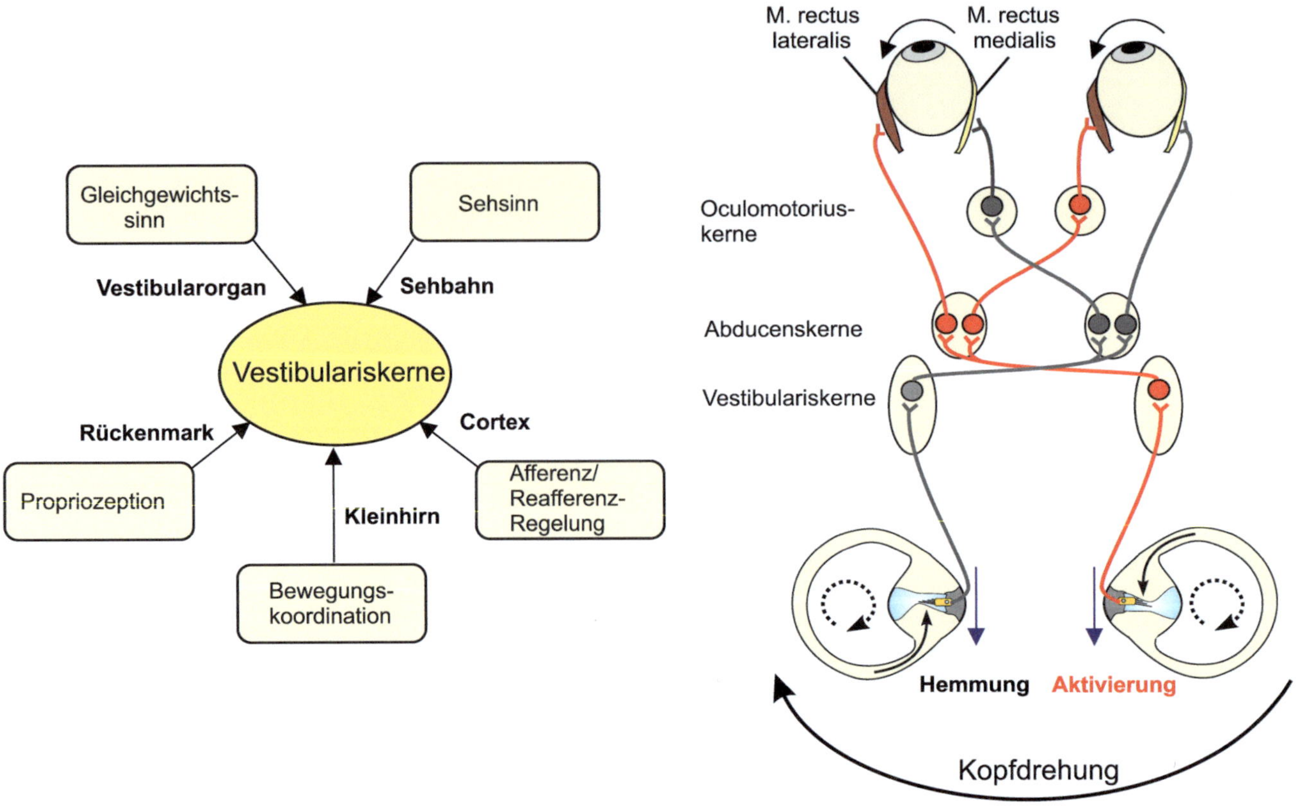

Abb. 5.25 Ausgleichsbewegungen und der vestibulookuläre Reflex. *Links*: Multimodale Integration zur Stabilisierung von Blickachse und Körperlage in den Vestibulariskernen des Hirnstamms. Eingänge aus unterschiedlichen Regionen des zentralen Nervensystems konvergieren zur Feinabstimmung des Gleichgewichtssinnes. *Rechts*: Verschaltungen des vestibulookulären Reflexbogens und die Reaktion auf eine beschleunigte Rechtsdrehung des Kopfes. Die blauen Pfeile zwischen den seitlichen Bogengängen zeigen die Polarisationsvektoren der beiden Ampullenorgane. *Rot*: Aktivierung, *grau*: Hemmung

In ähnlicher Weise, wie der vestibulookukäre Reflex die Blickrichtung stabilisiert, hilft der **vestibulospinale Reflex**, die Körperlage zu stabilisieren. Muss der Körper einer Bewegung passiv folgen – wie bei einem Vogel, der auf einem vom Wind hin und her bewegten Ast geschaukelt wird – registrieren die Bogengänge und Maculaorgane Beschleunigungen in alle Raumrichtungen und schicken entsprechende Signale an die Vestibularkerne. Von hier aus verlaufen die Vestibulartrakte durch das Rückenmark zu den Motoneuronen der Haltemuskultur, die reflektorische Ausgleichsbewegungen vor allem in der Halsmuskulatur auslösen. In welcher Weise die Ausgleichsbewegungen ausgeführt werden, hängt von den artspezifischen Anforderungen an das Sehsystem ab. Bei **Jagdtieren** wie Geparden (*Acinonyx jubatus*), deren nach vorn gerichtete Augen eine fliehende Gazelle im binokularem Gesichtsfeld halten müssen (▶ Abschn. 7.10), helfen die vestibulär gesteuerten Ausgleichsbewegungen dabei, die Blickachse auch während der Jagd ruhig nach vorn zu richten. Die Bewegungen des Kopfes scheinen dabei weitgehend von den Sprüngen, Drehungen und Wendungen des Körpers abgekoppelt zu sein – eine Leistung der Steuerung der Halsmuskulatur durch Gleichgewichts- und Sehsinn. Geparden haben besonders große Vestibularsysteme, bei denen die vertikalen Bogengänge zur Detektion von Nick- und Rollbewegungen empfindlicher sind als bei anderen Raubkatzen. Die hohen Anforderungen an den Gleichgewichtssinn dieses Hochgeschwindigkeitsjägers haben zu erkennbaren Optimierungen in der Struktur des Vestibularorgans geführt. Anders erfolgen die Ausgleichsbewegungen bei **Fluchttieren**, die im Allgemeinen große, seitlich liegende Augen besitzen mit einer horizontal ausgebreiteten Netzhautregion für scharfes Sehen, der Area centralis striaeformis (▶ Abschn. 7.9). Beim Pferd (*Equus caballus*), dessen langer Hals das Grasen im Stehen ermöglicht, sind Kopf und Rumpf weit voneinander entfernt, und der Kopf ist sehr beweglich. Starke Halsmuskeln und ein besonders robustes Nackenband (Ligamentum nuchae) erlauben die präzise Führung des Kopfes in jeder Bewegungsart, und die Dehnung und elastische Rückstellung des Nackenbandes unterstützt das Anheben des Kopfes. Pferde und andere Huftiere mit hoch entwickeltem Fluchtverhalten haben relativ steife Halswirbelsäulen. Ihre Kopfhaltung können sie unabhängig vom Anstellwinkel des Halses

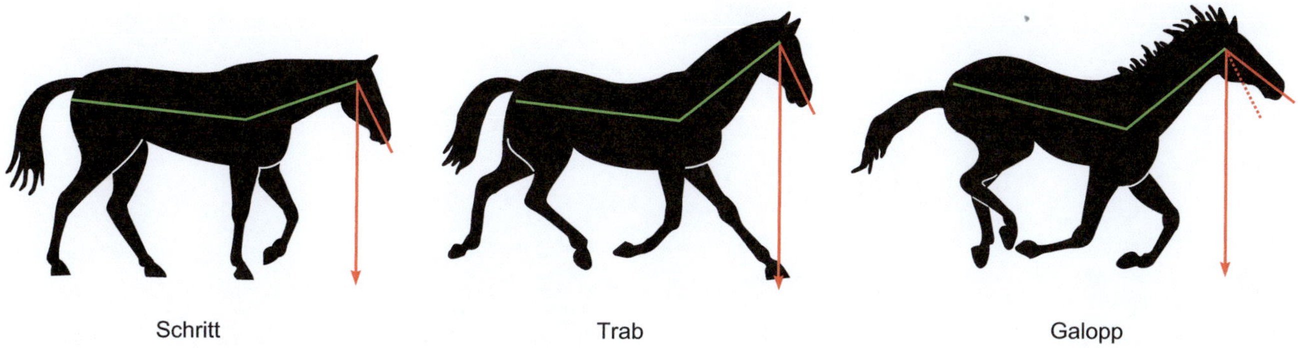

Abb. 5.26 Kontrolle der Kopfhaltung beim Pferd (*Equus caballus*). Bei unterschiedlichen Gangarten und unterschiedlichen Anstellwinkeln des Halses kann der Kopf und damit das Sehfeld stabilisiert werden. Der Schädel ist gegenüber der Halswirbelsäule sehr beweglich, sodass der Gleichgewichtssinn die Kopflage weitgehend unabhängig von den Aktivitäten des Rumpfes führen kann. Die wichtigste Ausgleichsbewegung ist dabei die Nickbewegung, die das Gesichtsfeld in jeder Gangart stabilisieren kann

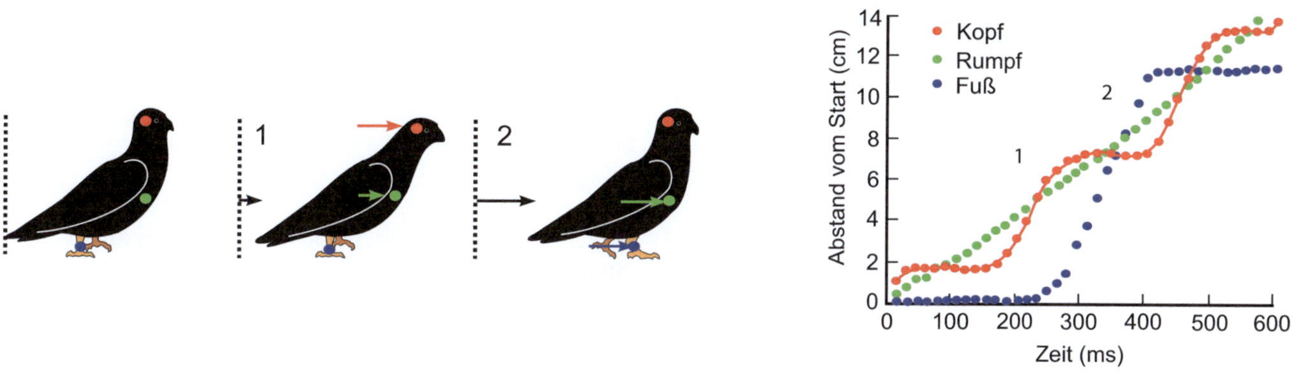

Abb. 5.27 Das Rucken bei einer laufenden Taube(*Columba livia*). Die Auswertung von Filmsequenzen zeigt, dass der Körper (gemessen am grünen Punkt auf der Brust) sich kontinuierlich bewegt; die Auftragung des Ortes gegen die Zeit ist nahezu linear (*rechts*, *grün*). Der Kopf wird dagegen abwechselnd bewegt und stabil an einem Ort gehalten (*roter Punkt* und *rote Linie*). Die Phasen mit stabiler Kopfposition (Phase 2) fällt zusammen mit der Fußbewegung (*blaue Symbole*). Die stabile Kopflage wird dadurch erreicht, dass die Taube ihren Hals mit genau derjenigen Geschwindigkeit rückwärts neigt, mit der ihr Körper sich nach vorne bewegt. Nach Frost (1978)

bei jeder Gangart austarieren und so das Sehfeld stabilisieren (Abb. 5.26). Dabei hilft ihnen die hohe Beweglichkeit ihres obersten Wirbelsäulengelenks, des Atlantooccipitalgelenks, das beim Pferd eine Nickbewegung von etwa 90° zulässt. Ähnlich wie Katzen verfügen demzufolge auch Pferde über die Fähigkeit, große Nickbewegungen auszuführen (bei Primaten ist die Nickbewegung auf 20–30° beschränkt). Die Vestibularreflexe können durch Nickbewegungen die Kopflage während des Laufens so einstellen, dass die Augen optimal auf den Horizont ausgerichtet bleiben.

Sowohl vestibulookuläre Reflexe als auch Reflexe der Halsmuskultur helfen **Vögeln** dabei, ihre Blickrichtung zu lenken und zu stabilisieren. Auslöser sind Signale aus dem Vestibularorgan sowie visuelle Signale aus der Umgebung. Bei Vögeln, die sich überwiegend laufend fortbewegen, wie der Wachtel (*Coturnix coturnix*) spielen visuelle Informationen offenbar eine größere Rolle für den Gleichgewichtssinn als bei Flugvögeln wie der Haustaube (*Columba livia*), bei der im Flug vor allem das Vestibularorgan die Körperhaltung stabilisiert. Nach der Landung auf dem Boden zeigt die Taube aber ein charakteristisches Verhalten, das „Rucken" genannt und offenbar in erster Linie über die visuellen Eingänge des Gleichgewichtssinnes gesteuert wird. Eine laufende Taube fixiert die räumliche Position ihres Kopfes bei jedem Schritt (Abb. 5.27). Dazu muss sie ihre Halsmuskeln so steuern, dass die kontinuierliche Vorwärtsbewegung des Körpers durch eine gleich schnell ablaufende Rückwärtsbewegung des Kopfes ausgeglichen wird. Dadurch hat sie in den Phasen stabiler Kopfposition die Möglichkeit, Bilder auf ihrer Netzhaut zu stabilisieren und wahrzunehmen. Dieses Schreitverhalten sieht man bei vielen Vögeln (Tauben, Hühner, Stare, Fasane, Blesshühner, Rallen, Schnepfen, Wassertreter, Papageien, Krähen, Wachteln, Störche, Kraniche), bei anderen nicht (Enten, Gänse, Adler, Falken, Eulen). Rucken ist wohl dem **optokinetischen Reflex** vergleichbar, der Tieren dabei hilft, ihre Augen kurzzeitig auf sich bewegende Objekte zu fixieren

Abb. 5.28 Langsame Tiere mit unabhängig beweglichen Augen. *Links*: Ein Pantherchamäleon (*Furcifer pardalis*) zeigt die unabhängige Ausrichtung seiner Augen. Halimeda-Geisterpfeifenfische (*Solenostumus halimeda*; *Mitte*) und Seepferdchen (*Hippocampus* spec.; *rechts*) gehören zu den Seenadelartigen (Ordnung Syngnathiformes), die langsam durch das Meerwasser schwimmen und mit ihrem röhrenförmigen Mund kleine Krebse einsaugen

(▶ Abschn. 7.9). Es unterstreicht die enge Verbindung zwischen dem Gleichgewichtssinn und dem Sehsinn bei Wirbeltieren: Der Gleichgewichtssinn verschafft für kurze Zeit stehende Bilder, die der Sehsinn dann auswerten kann.

Bei einer ganzen Reihe von Wirbeltieren mit besonders langsamen Körperbewegungen findet man eine weitgehende Entkopplung der Bewegung beider Augen. Chamäleons (Familie Chamaeleonidae) sind die bekanntesten Tiere mit vollständig unabhängiger Augenführung. Sie können den Blickwinkel jedes ihrer Augen um etwa 180° horizontal und etwa 90° vertikal ausrichten (Abb. 5.28, *links*) und verfügen über eine eng abgegrenzte Fovea, einen Bereich für das Scharfsehen, in jeder Netzhaut. Offensichtlich setzen die Tiere immer nur eines ihrer Augen zum Absuchen der Umgebung ein, wobei das aktive Auge im Sekundenrhythmus gewechselt wird. Ist ein Beutetier gefunden, wird es mit beiden Augen fixiert und schließlich mit der Zunge erbeutet (Genaueres in ▶ Abschn. 7.11). Wird das Chamäleon auf einem Zweig hin und her geschaukelt, stabilisiert ein vestibulookulärer Reflex die Blickachsen der beiden Augen unabhängig voneinander. Bei den Fischen findet man entkoppelte Augenbewegungen beispielsweise bei den Seenadeln und Seepferdchen (Familie Syngnathidae; Abb. 5.28, *Mitte*, *rechts*) sowie bei den Sandaalen (Familie Ammodytidae). Diese Tiere bewegen sich relativ langsam oder sie sitzen in Sand und Geröll am Meeresgrund. Sie sind kaum in der Lage, mit schnellen Körperbewegungen ihre seitlich am Kopf liegenden Augen auszurichten, und nutzen stattdessen die Augenmuskulatur, um beide Augen unabhängig voneinander zu bewegen. Auch diese Tiere haben vestibulookuläre Reflexe zum Ausgleich passiver Bewegungen des Körpers, aber die reflektorischen Steuersignale der beiden Augen sind nicht gekoppelt.

Literatur

Weiterführende Literatur

Angelaki DE, Cullen KE (2008) Vestibular system: the many facets of a multimodal sense. Annu Rev Neurosci 31:125–150

Barth FG (2001) Sinne und Verhalten – aus dem Leben einer Spinne. Springer, Berlin

Bleckmann H, Mogdans J, Coombs SL (Hrsg) (2014) Flow sensing in air and water. Springer, Berlin/Heidelberg

Cocroft RB, Rodriguez RL (2005) The behavioral ecology of insect vibrational communication. Bioscience 55:323–334

Coombs S, Bleckmann H, Fay RR, Popper AN (Hrsg) (2014) The lateral line system. Springer, New York

Drosopoulos S, Claridge MF (Hrsg) (2006) Insect sounds and communication. Physiology, behaviour, ecology and evolution. CRC Press, Taylor & Francis, Boca Raton

Ekdale EG (2016a) Form and function of the mammalian inner ear. J Anat 228:324–337

Gillespie PG, Müller U (2009) Mechanotransduction by hair cells: models, molecules, and mechanisms. Cell 139:33–44

Goldberg JM, Wilson VJ, Cullen KE, Angelaki DE, Broussard DM, Büttner-Ennever JA, Fukushima K, Minor LB (2012a) The vestibular system. A sixth sense. Oxford University Press, Oxford

Hill PSM, Wessel A (2016) Biotremology. Curr Biol 26:R181–R191

Hudspeth AJ (2014) Integrating the active process of hair cells with cochlear function. Nat Rev Neurosci 15:600–614

Strauß J, Riesterer AS, Lakes-Harlan R (2016) How many mechanosensory organs in the bushcricket leg? Neuroanatomy of the scolopidial accessory organ in Tettigoniidae (Insecta: Orthoptera). Arthropod Struct Dev 45:31–41

von der Emde G, Warrant E (Hrsg) (2016) The ecology of animal senses. Springer, Heidelberg

Zitierte Literatur

Aicher B, Tautz J (1990) Vibrational communication in the fiddler crab, *Uca pugilator*. I. Signal transmission through the substratum. J Comp Physiol A 166:345–353

Barth FG (1970) Der sensorische Apparat der Spaltsinnesorgane (*Cupiennius salei* Keys., Araneae). Z Zellforsch 112:212–246

Barth FG, Geethabali (1982) Spider vibration receptors. Threshold curves of individual slits in the metatarsal lyriform organ. J Comp Physiol A 148:175–185

Barth FG, Libera W (1970) Ein Atlas der Spaltsinnesorgane von *Cupiennius salei* Keys., Chelicerata (Araneae). Z Morph Tiere 68:343–369

Barth FG, Bleckmann H, Bohnenberger J, Seyfarth EA (1988) Spiders of the genus *Cupiennius* Simon 1891 (Araneae, Ctenidae). II. On the vibratory environment of a wandering spider. Oecologia 77:194–201

Brownell P, Farley RD (1979a) Prey-localizing behavior of the nocturnal desert scorpion, *Paruroctonus mesaensis*: orientation to substrate vibrations. Anim Behav 27:185–193

Brownell P, Farley RD (1979b) Detection of vibrations in sand by tarsal sense organs of the nocturnal scorpion *Paruroctonus mesaensis*. J Comp Physiol A 131:23–30

Brownell P, Farley RD (1979c) Orientation to vibrations in sand by the nocturnal scorpion *Paruroctonus mesaensis*: mechanism of target localization. J Comp Physiol A 131:31–38

Caicci F, Burighel P, Manni L (2007) Hair cells in an ascidian (Tunicata) and their evolution in chordates. Hear Res 231:63–72

Cohen MJ (1960) The response patterns of single receptors in the crustacean statocyst. Proc R Soc B 152:30–49

Denton EJ, Gray J (1983) Mechanical factors in the excitation of clupeid lateral lines. Proc R Soc B 218:1–26

Ekdale EG (2016) Form and function of the mammalian inner ear. J Anat 228:324–337

Elias DO, Mason AC, Maddison WP, Hoy RR (2003) Seismic signals in a courting male jumping spider (Aranaceae: Salticidae). J Exp Biol 206:4029–4039

Fritzsch B, Straka H (2014) Evolution of vertebrate mechanosensory hair cells and inner ears: toward identifying stimuli that select mutation driven altered morphologies. J Comp Physiol A 200:5–18

Frost BJ (1978) The optokinetic basis of head-bobbing in the pigeon. J Exp Biol 74:187–195

Goldberg JM, Wilson VJ, Cullen KE, Angelaki DE, Broussard DM, Büttner-Ennever JA, Fukushima K, Minor LB (2012) The vestibular system. A sixth sense. Oxford University Press, Oxford

Goodwyn PP, Katsumata-Wada A, Okada K (2009) Morphology and neurophysiology of tarsal vibration receptors in the water strider *Aquarius paludum* (Heteroptera: Gerridae). J Insect Physiol 55:855–861

Klärner D, Barth FG (1982) Vibratory signals and prey capture in orb-weaving spiders (*Zygiella x-notata*, *Nephila clavipes*). J Comp Physiol A 148:445–455

Ladich F, Schulz-Mirbach T (2016) Diversity in fish auditory systems: one of the riddles of sensory biology. Front Ecol Evol 4:28

Murphey RK, Mendenhall B (1973) Localization of receptors controlling orientation to prey by the back swimmer *Notonecta undulata*. J Comp Physiol 84:19–30

Northcutt RG (1992) Distribution an innervation of lateral line organs in the axolotl. J Comp Neurol 325:95–123

Rovner JS, Barth FG (1981) Vibratory communication through living plants by a tropical wandering spider. Science 214:464–466

Russell IJ, Kössl M, Richardson GP (1992) Nonlinear mechanical responses of mouse cochlear hair bundles. Proc R Soc Lond B 250:217–227

Schmitz A, Bleckmann H, Mogdans J (2008) Organization of the superficial neuromast system in goldfish, *Carassius aratus*. J Morphol 269:751–761

Solé M, Lenoir M, Fortuno JM, Durfort M, van der Schaar M, André M (2016) Evidence of cnidarians sensitivity to sound after exposure to low frequency underwater sources. Sci Rep 6:37979

Tester AL, Nelson GJ (1967) Free neuromasts (pit organs) in sharks. In: Gilbert PW, Mathewson RF, Rall DP (Hrsg) Sharks, skates, and rays. Johns Hopkins Press, Baltimore

Wiederhold ML, Sharma JS, Driscoll BP, Harrison JL (1990) Development of statocyst in *Aplysia californica*. I. Observations on statoconial development. Hear Res 49:63–78

Wiese K, Schmidt K (1974) Mechanorezeptoren im Insektentarsus. Die Konstruktion des tarsalen Scolopidialorgans bei *Notonecta* (Hemiptera, Heteroptera). Z Morph Tiere 79:47–63

Zhao B, Müller U (2015) The elusive mechanotransduction machinery of hair cells. Curr Opin Neurobiol 34:172–179

Das Hören

Inhaltsverzeichnis

S. Frings, *Die Sinne der Tiere*, https://doi.org/10.1007/978-3-662-63233-8_6

Jetzt geht es um den Bruchteil einer Sekunde. Dem Gepard (*Acinonyx jubatus*) ist es gelungen, sich unbemerkt an eine weidende Thomson-Gazelle (*Eudorcas nasalis*) heranzuschleichen. Er ist jetzt fast nah genug für einen Angriff. Noch 1–2 m würden seine Chancen bei der bevorstehenden Verfolgung entscheidend verbessern. Doch da dreht die Gazelle eines ihrer Ohren in Richtung des Raubtieres. Sie vernimmt das leise Rascheln des Grases unter einer Pfote. Ihr Überleben hängt jetzt davon ab, dass ihr Gehör drei Dinge leistet: Es muss das leise Rascheln hören können, es muss das Rascheln von anderen Geräuschen deutlich unterscheiden können, und es muss die Richtung orten können, aus der das Geräusch kommt. Nur wenn all dies gelingt, gibt es für die Gazelle ein Entkommen aus dieser hochgefährlichen Situation, eine Hochgeschwindigkeitsflucht in die Gegenrichtung. Für die meisten Tiere besteht seit Tausenden von Generationen ein unmittelbarer Selektionsdruck, der die Leistungsfähigkeit ihres Gehörs vorantreibt. Wer am besten hört, hat die größten Überlebenschancen und den besten Reproduktionserfolg. Hören funktioniert bei Tag und bei Nacht, akustische Signale reichen über weite Strecken hinweg, und Geräusche, Rufe und Gesänge können komplexe Informationen von Tier zu Tier transportieren. In diesem Kapitel wird die zentrale Bedeutung des Hörens für die Tiere erläutert und es werden die erstaunlichen sensorischen Leistungen dargestellt, zu denen die Evolution das Gehör perfektioniert hat.

6.1 Geräusche, Signale, Rufe und Gesänge

Die Hörwelt der Tiere entsteht durch eine unüberschaubare Vielfalt von Schallquellen, die von jedem einzelnen Tier ganz individuell ausgewertet werden. Ob immerzu hörbare **Hintergrundgeräusche**, wie der Wind sie in Bäumen und Gräsern erzeugt, irgendeine Bedeutung für Tiere haben? Wie ist es mit gurgelnden, glucksenden Wassergeräuschen oder dem gleichmäßigen Summen aus der Richtung einer entfernten Autobahn? Hat das Zirpen der Grillen in einer Wiese eine Bedeutung für den Hasen und das Lied der Nachtigall für den Uhu im nächtlichen Wald? Da diese Fragen kaum beantwortet werden können, behilft man sich bei der Erforschung des Hörens mit einer Annahme, die von zentraler Bedeutung für das Verständnis des Hörens ist: **Geräusche, die Verhaltensänderungen auslösen,** sind für ein Tier von Bedeutung. Hören wird daher fast immer als kontextabhängige Sinnesleistung gesehen. Die große Leistung des Hörsinnes ist es, aus der chaotischen Mischung von Schallsignalen, die das Ohr erreichen, diejenigen Schallmuster herauszufiltern, die für ein Tier von Bedeutung sind. Unsere Gazelle hat ein feines Gehör für das Rascheln von trockenem Gras. Der Wind bewegt Grashalme überall in der Umgebung, andere Gazellen machen ähnliche Geräusche beim Abrupfen von Grasbüscheln, und ihre Hufe lassen das Gras ebenso rascheln wie das Herumhuschen einiger ungefährlicher Kleintiere. Wenn der Gepard seine Pfoten auf den Steppenboden setzt, dann macht er das mit größter Vorsicht, langsam und sachte, um möglichst gar kein Geräusch zu erzeugen. Dennoch, eine Gepardenpfote in 20 m Entfernung raschelt irgendwie besonders, irgendwie verstohlen und gefährlich. Die Gazelle kann das Schallmuster erkennen, obwohl der Trittschall des Raubtieres leiser ist als das Rauschen des Windes. Und sie kann fliehen, denn dieses Geräusch ist für sie ein Signal, ein Geräusch mit Bedeutung. Mit **akustischen Signalen** kann der Biologe arbeiten, denn er kann die Verhaltensreaktionen eines Tieres beobachten und interpretieren. Da Signale eine Auswirkung auf das Verhalten haben, sind sie auch für die Tiere selbst interessant, denn sie bieten die Möglichkeit, das Verhalten anderer Tiere zu beeinflussen. Also lernen sie, Signale zu hören und zu interpretieren, ihre Aufmerksamkeit auf sie zu richten und sie für eigenes Wohlergehen zu nutzen. Vom profitablen Umgang mit solchen Signalen bis zur Erzeugung eigener Signale ist es kein weiter Weg. Lautsignale, die zum Zweck der Verhaltenslenkung anderer Tiere ausgestoßen werden, bezeichnet man in der Ethologie als **Rufe**. Rufe dienen oft zwei der wichtigsten Anliegen der Tiere: der Behauptung ihres Reviers und der Anlockung von Partnern.

Ein eindrucksvoller Rufer ist der Siamang (*Symphalangus syndactylus*), ein Gibbon (Familie Hylobatidae) aus Südostasien, der mithilfe seines Kehlsacks lautstark seine Interessen vertritt (■ Abb. 6.1). Rufe sind meist einfach strukturiert, repetitiv und arttypisch. Sie sind im Tierreich weit verbreitet. Von grunzenden Fischen und zirpenden Grillen über quakende Enten bis zu heulenden Wölfen: All diese Formen der Vokalisation sind wohl als Rufe einzuordnen. Auch die Stimmfühlungslaute, mit denen Tiere sich innerhalb eine Gruppe verständigen, kann man zu den Rufen zählen. Ethologen gehen davon aus, dass die Fähigkeit, Rufe auszustoßen, wie auch der Klang eines jeden Rufes, angeboren ist und nicht durch Nachahmung gelernt werden muss. Anders ist das bei der Kategorie der **Gesänge**. Um singen zu können, müssen Jungtiere durch mehrere Lernphase gehen. Zunächst lauschen sie einem Gesangstutor – meist ist das eines der Elterntiere – und prägen sich die Einzelheiten des Gesangs ein. In einer Plapperphase machen sie die ersten Gehversuche mit der eigenen Vokalisation und üben das Singen an sich. Wenn das einigermaßen klappt, verändern sie in der nächsten Lernphase das eigene Singen so lange, bis es dem erinnerten Gesang ihres Tutors weitgehend entspricht. Den Abschluss macht eine Phase der Konsolidierung des Gelernten. Der eigene Gesang wird in dieser Phase getrimmt, die Lautstärke wird eingestellt, und danach bleibt der so erlernte Gesang für das weitere Leben des erwachsenen Tieres weitgehend unverändert. Nicht viele Tiergruppen unterziehen sich einer solchen Schule der Vokalisation. Am bekanntesten sind dafür die Singvögel (Passeriformes, Unterordnung Oscines, > 4500 Arten). Aber auch Papageien (Psittaciformes) und Kolibris (Trochiliformes) mit jeweils > 300 Arten, die Fledermäuse mit Echoortung (Microchiroptera, mindestens 25 der etwa 900 Arten), Bartenwale (Mysticeti, 15 Arten) sowie, einzig unter den Primaten, der Mensch lernen auf die gleiche Weise. Tatsächlich bieten auffällige Parallelen zwischen dem Erlernen von Gesängen bei Tieren und dem Erlernen von Sprache beim Kind Stoff für ein faszinierendes Forschungsgebiet. Die Zusammenhänge von Gesangsbildung, Vokalisation und kontextabhängigem Hören werden im Folgenden am Beispiel der Singvögel dargestellt.

Abb. 6.1 Ein Siamang (*Symphalangus syndactylus*) erzeugt mithilfe seines Kehlsacks laute Rufe, um mit anderen Tieren seiner Art zu kommunizieren

6.2 Vokalisation

Um mit Artgenossen akustisch kommunizieren zu können, müssen Tiere deutlich vernehmbare, unverwechselbare artspezifische Schallsignale erzeugen, denn die Umwelt ist voller **Hintergrundgeräusche**. Neben den menschengemachten Schallquellen sind es Wind und Wasser sowie zahllose Tiere, die den akustischen Hintergrund bilden. Denn viele Tiere rufen, zirpen und singen unentwegt, und sie nutzen alles, was Lärm erzeugt. Das beginnt mit einfachem Klopfen. Unter den Gliederfüßern gibt es solche, die auf den Boden trommeln, Spechte klopfen an Holz, und nicht wenige Säuger stampfen auf den Boden, um gehört zu werden. Auch Körperteile werden zur Lauterzeugung genutzt. Durch das Knirschen mit ihren Mandibeln können selbst Raupen akustisch kommunizieren. Die Flügel der Grille erzeugen laute Zirpsignale, wenn sie gegeneinander gerieben werden, Fische erzeugen durch eine Art Zähneknirschen ein Grunzgeräusch, Klapperschlangen nutzen ihre Schwanzrasseln zur Warnung, und Störche klappern mit ihren Schnäbeln. Alle Landwirbeltiere außer den Vögeln verfügen über einen **Kehlkopf (Larynx)**, der Luft- und Nahrungswege auseinanderhält und die Luftröhre beim Tauchen verschließt (◘ Abb. 6.2). Wohl die meisten Säuger und Reptilien nutzen ihren Kehlkopf auch zur Vokalisation. Bei ihnen ist der Kehlkopf mit Stimmbänder ausgestattet, die von einem ganzen Satz Muskeln im Luftweg aufgespannt sind und durch die vorbeistreichende Luft in Schwingungen versetzt werden. Die so erzeugten Schallfrequenzen werden durch Resonanzstrukturen wie Rachenräume oder Schallblasen moduliert und verstärkt. Die Luft ist mithin voller Schallsignale, in den gemäßigten Klimazonen besonders in den warmen Jahreszeiten mit hoher Aktivität im Tierreich, in den Tropen während des ganzen Jahres. Wie also macht man sich hörbar in diesem Konzert von Tierstimmen und Geräuschen? Wie bringt man die entscheidenden akustischen Signale zur Geltung?

Die Singvögel machen es vor. Wenn sie im Frühjahr aus ihren Winterquartieren in die Brutgebiete zurückkehren, drängt die Zeit für das Brutgeschäft. Die Männchen müssen ein Revier behaupten, eine Partnerin finden, und ein Nest muss gebaut werden. Mit ihrem weithin vernehmbaren, oft kunstvoll verschnörkelten Gesang vertreiben die singenden Männchen arteigene Konkurrenten und locken Weibchen ins eigene Revier. Um unmissverständlich zu sein, brauchen sie einen **artspezifischen Gesang**, an dem sich das Weibchen orientieren kann. Zudem muss die Reichweite ihres Gesangs groß sein, damit Weibchen aus einiger Entfernung angelockt werden. Und schließlich muss in der Qualität des Gesangs, in Struktur und Darbietung, Information über den Gesundheitszustand des Sängers verschlüsselt sein, damit das Weibchen die richtige Wahl unter den werbenden Männchen treffen kann. Denn letztlich entscheidet ihre Wahl über die Lebenschance ihrer Jungen und damit über den Fortbestand ihrer Art. Die Singvögel sind an diese Anforderungen gut angepasst. Ihr Gesang ist so arttypisch, dass Vogelkundler Gattung und Art eines Singvogels ausschließlich anhand des Gesangs bestimmen können, auch wenn sie den Sänger im Buschwerk oder der Laubkrone gar nicht sehen können. Die Weibchen erkennen die arttypischen Gesänge der Männchen sehr genau und werden von ihnen – und nur von ihnen – angelockt. Um die Reichweite zu optimieren, singen die Vögel mit möglichst großer **Lautstärke**. Sie erreichen dabei einen Schalldruckpegel wie Menschen beim lauten Sprechen (etwa 60 dB; dieser

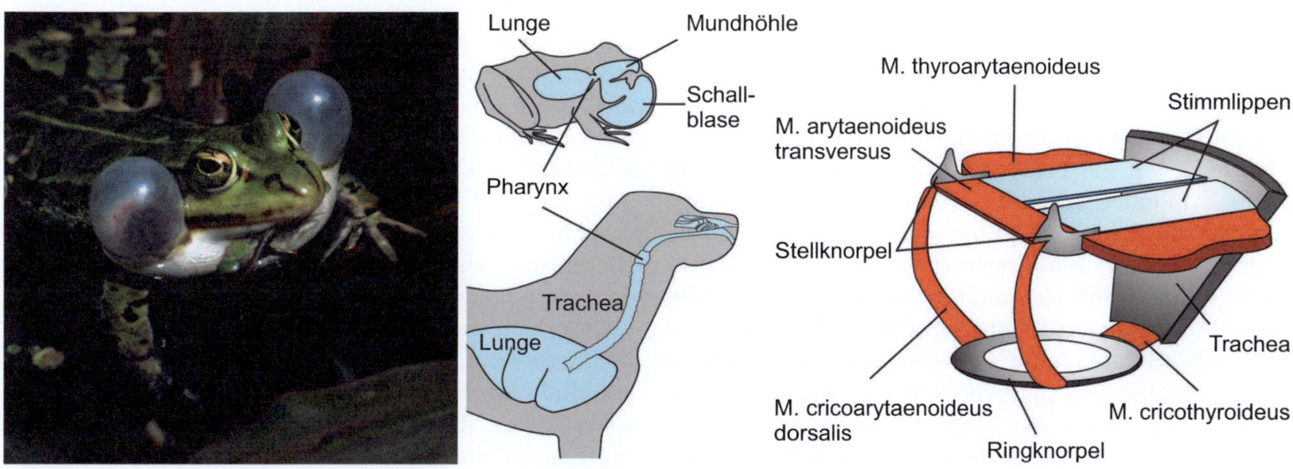

◘ **Abb. 6.2** Vokalisation im Kehlkopf (Larynx). *Links:* Ein Teichfrosch (*Rana esculenta*) verstärkt seinen Ruf mithilfe von Schallblasen. *Mitte*: Lage des Kehlkopfes bei Frosch und Hund. *Rechts*: Schematischer Aufbau der lauterzeugenden Strukturen im Kehlkopf. Die Vibration der Stimmlippen erzeugt beim Ausatmen die Vokalisation, und ein von System von Knorpeln und Muskeln (M., Musculus) moduliert Tonhöhe und Intensität

Schalldruckpegel ist auf die Hörschwelle des Menschen bezogen, nicht auf die Hörschwelle der Singvögel). Dass Singvögel etwa so laut vokalisieren wie Menschen, ist eine erstaunliche Leistung angesichts des Größenunterschieds. Der **Frequenzbereich**, den die Singvögel für ihre Gesänge nutzen (4–8 kHz), liegt deutlich oberhalb des Frequenzbandes von natürlichen Hintergrundgeräuschen wie Wasserrauschen (1–3 kHz). Auch das trägt dazu bei, den Gesang deutlich vernehmbar hervortreten zu lassen (◘ Abb. 6.3).

Von zentraler Bedeutung ist natürlich, dass ein Singvogelmännchen die richtige Melodie singt, denn nur der korrekt produzierte Gesang wird die gewünschte Wirkung auf das Weibchen haben. Der Vogel lernt zu diesem Zweck in seinem ersten Lebensjahr, richtig zu singen. Er verfügt zwar über eine genetische Prädisposition für den arttypischen Gesang. Um wie ein Erwachsener singen zu können, muss der Jungvogel jedoch die vier schon erwähnten Lernphasen durchlaufen: **Lauschen, Plappern, Einüben und Festigen**. Als Tutor steht meist der Vater zur Verfügung, nicht selten aber auch Artgenossen aus angrenzenden Revieren. Im Gehirn der Singvögel unterscheidet man zwei Signalwege, einen zur Ausführung eines Gesangs, der andere speziell für die Lernprozesse beim Einüben der Gesänge (◘ Abb. 6.4). Das im Vorderhirn befindliche **Gehirnareal X** scheint das Zentrum des Gesangslernens zu bilden. Es ist unter allen Sperlingsvögeln (Ordnung Passeriformes) nur bei den Singvögeln (Unterordnung Oscines) zu finden, und dort ausschließlich bei den Männchen. Für das Erlernen der arttypischen Gesänge ist es unabdingbar und ist zudem einer der wenigen Bereiche des Gehirns, in dem durch adulte Neurogenese Nervenzellen nachwachsen und sich in die bestehenden Netzwerke eingliedern. Welche Bedeutung diese Neurogenese hat, ist bisher nicht genau verstanden. Man findet sie aber auch in anderen Regionen mit Bezug zu Lernprozessen wie dem Hippocampus und dem Riechkolben.

Die **Syrinx** der Vögel unterscheidet sich in mehrfacher Hinsicht wesentlich vom Larynx der anderen Landtiere. Die Position am unteren Ende der Luftröhre (Trachea), wo die beiden primären Bronchien in die Trachea münden (◘ Abb. 6.5), ist zwar hervorragend geeignet zur Schallerzeugung, schützt aber die Trachea nicht vor dem Eindringen von Nahrungsbestandteilen – eine Funktion, die der Kehldeckel über dem Larynx bei anderen Landtieren erfüllt. Vögel können sich daher relativ leicht „verschlucken“ und müssen ihre Luftröhre gelegentlich von Fremdkörpern freiblasen. Ein Vorteil der Position der Syrinx ist die Möglichkeit, *zwei* Töne gleichzeitig zu singen, einen mit jedem Bronchus. Denn jeder Bronchus trägt an seinem oberen Ende eine Paukenhaut (mediale tympaniforme Membran) sowie Stimmlippen, die offensichtlich zur Schallerzeugung beitragen. Die Paukenhäute werden in Schwingungen gesetzt, wenn Luft aus den vorderen (interclaviculären) Luftsäcken unter Druck in die Trachea gepresst wird, und sie übertragen ihre Bewegung in longitudinale Schwingungen der Luftsäule innerhalb der Trachea. Manche Singvögel, wie Kanarienvögel (*Serinus canaria domestica*) und Buchfinken (*Fringilla coelebs*), zeigen lateralisierte Vokalisation: Sie nutzen nur einen Bronchus zum Singen, während der andere nur für das Atmen eingesetzt wird. Drosseln (*Turdus* spec.) dagegen singen mit beiden Bronchien, wobei sie sowohl einen Wechselgesang zwischen rechts und links als auch die Erzeugung von Doppeltönen beherrschen. Dabei werden Einsatz und Tonlage durch einen Satz von fünf Syringealmuskeln kontrolliert, welche die Syrinx zu einem leistungsfähigen Vokalisationsorgan machen, das schnelle Tonfolgen über eine recht breites Frequenzband hinweg produzieren kann. Auf dem Weg durch Trachea, Rachen und Schnabel wird der in der Syrinx erzeugte Klang gefiltert und verstärkt. Dazu kann der Hals gereckt oder eingezogen, aufgebläht oder zusammengezogen werden, und der Schnabel wird für hohe Frequenzen weit, für tiefe nur wenig geöffnet.

Auf diese Weise erreichen Singvögel beeindruckende Gesangsfähigkeiten, die mit komplexen Melodien und eindringlichem Stakkato an einen Koloratursopran erinnern. Sie vermitteln artspezifische Informationen im Rahmen des Fortpflanzungsverhaltens und der Reviergrenzung. Die Information ist dabei nicht nur in Frequenz und Lautstärke codiert, sondern vor allem in der **Unterteilung von Gesängen in Strophen und Motive**, die durch Wiederholung deutlich gemacht und von den Gesängen anderer Vogelarten abgegrenzt werden (◘ Abb. 6.6). Die Gesänge der Singvögel sind Vokalisationen im Bereich von 1–10 kHz und sind daher für Menschen deutlich hörbar. Dieses Frequenzband wird auch von zahllosen anderen Tiere genutzt, sodass viele unterschiedliche Biotope mit Lautäußerungen von wenigen Kilohertz beschallt werden. Grillen singen, Frösche singen, Fledermäuse und Wale singen. Die Decodierung dieser Gesänge ist das Forschungsgebiet der Bioakustik. Unablässig einem Wirrwarr bedeutungsgeladener Geräusche ausgesetzt, müssen die Tiere ihr Gehör dazu einsetzen, die für sie wichtigen Geräusche herauszufiltern, zu erkennen und richtig zu deuten. Dieses Hinhören und Heraushören von relevanter akustischer Information ist eine erstaunliche Leistung der Hörsysteme von Tieren und soll in den folgenden Abschnitten erläutert werden.

Abb. 6.3 Einige heimische Singvögel mit unverkennbaren arttypischen Gesängen

6.3 Schallausbreitung

Ausgehend von der Schallquelle, beispielsweise dem Vokalisationsorgan eines Tieres, breitet sich Schall im Allgemeinen kugelförmig aus, es sei denn, die Tiere setzen spezielle Strukturen zur Schallbündelung ein. Schallsignale können sich weit über die direkte Umgebung eines Tieres hinaus ausbreiten und eignen sich durchaus zur Fernkommunikation. Da sie weniger stark vom Wind beeinflusst werden als Geruchsignale und da sie zudem nicht so leicht abgeschattet werden können wie visuelle Signale, bieten akustische Signale den Tieren eine wertvolle Möglichkeit, Artgenossen über weite Entfernungen hinweg über den eigenen Standort zu informieren. Allerdings ist die Schallausbreitung eng an die Eigenschaften des Mediums gebunden, durch das sich die Schallwellen bewegen. Ohne Medium, also im Vakuum, gibt es keine Schallübertragung. Den Wecker

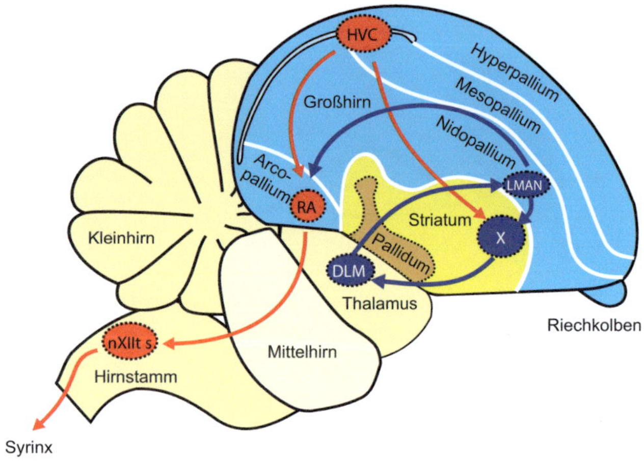

Abb. 6.4 Das Gehirn eines Singvogels. Ein direkter Signalweg verläuft vom Gesangszentrum (*high vocal center*, HVC) zum motorischen Bereich (robuster Kern des Arcopallium, RA) und von dort über den tracheosyngealen Kern (nXIIts) zur Syrinx. Ein zweiter, indirekter Signalweg führt vom Gesangszentrum HVC zum Gehirnreal X im Vorderhirn, einem Bereich, der das Gesangslernen kontrolliert. Diese Region ist über den dorsolateralen Abschnitt des medialen Thalamus (DLM) mit dem lateralen magnozellulären Kern des anterioren Nidopalliums (LMAN) verbunden. Signale aus dem LMAN erreichen wiederum den motorischen Kern (RA) und können so auf die Ausführung des Gesangs einwirken. Nach Mooney (2009)

in einer evakuierten Glasglocke hören wir nicht, mag er auch noch so heftig klingeln. Entscheidend für die Schallausbreitung ist zunächst einmal die **Schallenergie**, die ein Tier in seinen Ruf investiert. Nur ein kleiner Teil der vom Vokalisationsorgan aufgebrachten Energie (etwa 1 %) wird in **Schallintensität** umgesetzt. Je nach dem Ausbreitungsmedium – Luft bei Landtieren, Wasser bei Wassertieren – kommt es zu Wellenbewegungen, deren Ausmaß letztlich von der **Dichte des Mediums** abhängt. Wasser hat eine höhere Dichte als Luft und damit einen höheren Wellenwiderstand, eine höhere **Schallimpedanz**. Eine Schallwelle kann Wasserpartikel weit weniger stark beschleunigen als Luftpartikel, die Partikel erreichen im Wasser eine geringere **Schallschnelle**. Die Energie des Rufes wird in kinetische Energie (Schallschnelle) und potenzielle Energie (**Schalldruck**) aufgeteilt. Beim Wasser mit seiner hohen Schallimpedanz wird die Schallenergie vor allem in Druckwellen und nur zu einem kleinen Teil in Partikelbewegung umgesetzt. Viele Knochenfische – die Vertreter der Gruppe Ostariophysi – haben einen Weg gefunden, ihre Schwimmblasen als Empfänger für Schalldrucksignale zu nutzen (► Abschn. 6.4). Beim Luftschall ist das Verhältnis von Schalldruck zu Partikelbewegung umgekehrt. Die leichte Beweglichkeit der Luftpartikel ermöglicht eine hohe Schallschnelle, und nur ein geringer Anteil der Schallenergie wird in Druckwellen umgesetzt. Schallenergie wird daher in der Luft vor allem durch Partikelbewegung, im Wasser dagegen durch Druckwellen transportiert. Die Zusammenhänge von Lauterzeugung (Vokalisation), Schallausbreitung und Hörphysiologie bilden das Forschungsgebiet der **Bioakustik**. Eine Zusammenfassung von hier verwendeten Begriffen aus der Bioakustik gibt ◘ Tab. 6.1.

Die von den Vokalisationsorganen ausgehende Schallenergie erzeugt sowohl bei Wassertieren als auch bei Landtieren vor allem Longitudinalwellen (Längswellen), bei denen sich Partikel im Medium in Ausbreitungsrichtung der Welle bewegen (◘ Abb. 6.7). Übergangsformen zu Transversalwellen entstehen vor allem an der Wasseroberfläche, wo sich Wasserpartikel sowohl entlang der Ausbreitungsrichtung als auch senkrecht dazu bewegen. Longitudinalwellen im hörbaren **Frequenzbereich** von 20 Hz bis 20 kHz haben **Wellenlängen** zwischen 17 m und 1,7 cm und breiten sich mit einer **Schallgeschwindigkeit** von 344 m s^{-1} in Luft (bei 20 °C) und 1500 m s^{-1} in Wasser aus (◘ Tab. 6.1). Mit zunehmender Entfernung von der Schallquelle werden die beiden für das Hören relevanten Größen für die Reizstärke, die Schallintensität (eine Energiegröße) und der Schalldruck (eine Feldgröße), kontinuierlich schwächer. Dieser **Ausbreitungsverlust** ist bei der Schallintensität umgekehrt proportional zum Quadrat der Entfernung r ($I \sim 1/r^2$), der Schalldruck nimmt dagegen umgekehrt proportional zur Entfernung ab ($P \sim 1/r$). Bei einer Verdopplung des Abstands von der Schallquelle wird der Schalldruck halbiert und der Schalldruckpegel sinkt um 6 dB ($\Delta SPL = 20 \log 0{,}5$ dB). Die Schallintensität wird dagegen auf ein Viertel reduziert, was zu einer Reduktion des Schallintensitätspegels um ebenfalls 6 dB führt ($\Delta L_i = 10 \log 0{,}25$ dB). Für viele Tiere liefert die verbleibende Lautheit eines Geräuschs eine Schlüsselinformation zur Entfernung der Schallquelle und wird in Verhaltensentscheidungen berücksichtigt. Bei welcher Entfernung ist es absolut notwendig, vor einem Raubtier zu fliehen? Dringt ein Singvogel in das Revier eines anderen ein, oder respektiert er die Reviergrenzen? Wie weit sind heulende Wölfe eines Rudels voneinander entfernt? Durchaus lebenswichtige Entscheidungen werden aufgrund der Auswertung des Ausbreitungsverlusts getroffen.

Eine einfache geometrische Betrachtung der Schallausbreitung setzt voraus, dass alle Frequenzen des Schalles gleichermaßen mit der Entfernung von der Schallquelle abgeschwächt werden und dass ausschließlich die Entfernung maßgebend ist für die Veränderung des Rufsignals. Tatsächlich verändern aber vielfältige Effekte der Schallbrechung und Schallbeugung den Klang und die Intensität von akustischen Signalen. So beeinflussen Temperaturschichten die Schallausbreitung, weil die Schallgeschwindigkeit sich mit der Temperatur ändert (0 °C: 331 m s^{-1}, 30 °C: 350 m s^{-1} in

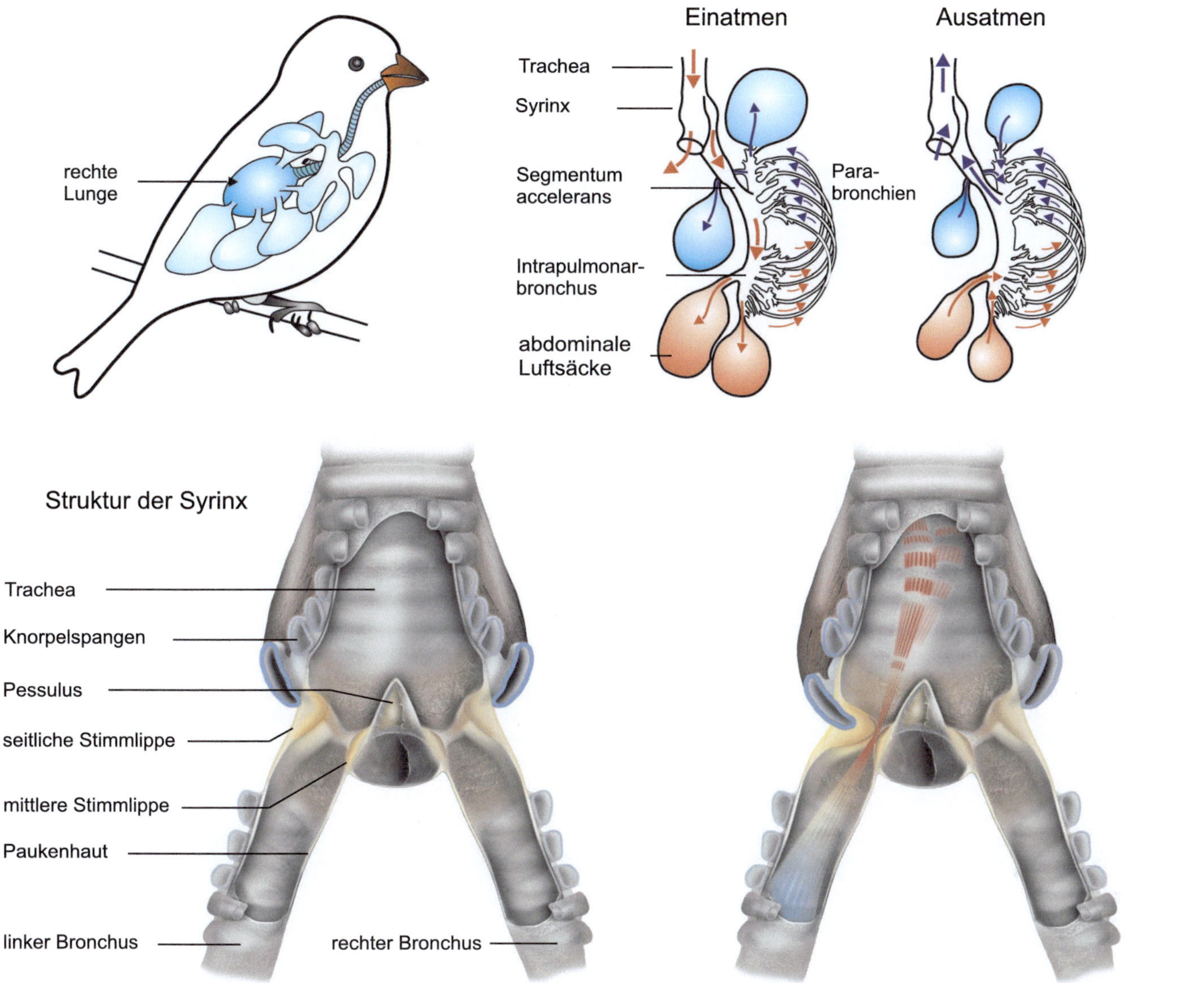

Abb. 6.5 Das System zur Schallerzeugung bei Singvögeln. *Oben*: In den Lungen der Vögel findet der Gasaustausch in Parabronchien statt, die unidirektional durchströmt werden. An der Lunge finden sich Luftsäcke, die zur Zwischenlagerung von Atemluft genutzt werden. In den hinteren Luftsäcken wird sauerstoffreiche Frischluft (*rot*) gelagert, in den vorderen sauerstoffarme (*blau*). Sowohl beim Einatmen als auch beim Ausatmen werden die Parabronchien mit sauerstoffreicher Luft durchströmt. *Unten*: Klangerzeugung in der Syrinx. In das untere Ende der Trachea (Tympanum) münden die beiden Hauptbronchien zu beiden Seiten eines knöchernen Steges (Pessulus). Die seitlichen und mittleren Stimmlippen liegen zwischen den Knorpelspangen der Bronchienmündung, und ihre Position kann durch Stellmuskeln verändert werden. Zur Lautbildung werden die Stimmlippen in einer oder in beiden Bronchien zusammengezogen, sodass die durchströmende Atemluft die Syrinx in Vibrationen versetzt

Luft). Auch Wind und Wasserströmungen sowie Ablenkungen der Schallwellen an Hindernissen und Wechselwirkungen mit jeder Art von Grenzflächen können den Klang der ursprünglichen Vokalisation verzerren. Besonders kritisch ist dabei eine unterschiedlich starke Ablenkung oder Behinderung von verschiedenen Frequenzen. Denn eine solche **dispersive Schallausbreitung** verändert den Klang der Stimme, also die Frequenzmischung, die charakteristisch für einen arttypischen Ruf ist. Hohe Frequenzen werden stärker abgeschwächt als tiefe, was einfach daran liegt, dass bei jeder Übertragung von Energie auf benachbarte Partikel des Mediums – also bei jedem Wellenmaximum – ein Teil der kinetischen Energie als Wärme verloren geht. Jede Periode einer Schallwelle führt deshalb zu einem Verlust an Schallintensität. Je kleiner der Abstand zwischen den Verdichtungsregionen ist – je kürzer also die Wellenlänge (Abb. 6.7) –, desto häufiger geht Energie verloren und desto schneller wird die Schallwelle abgeschwächt. Tiefe Frequenzen bleiben so über weitere

6

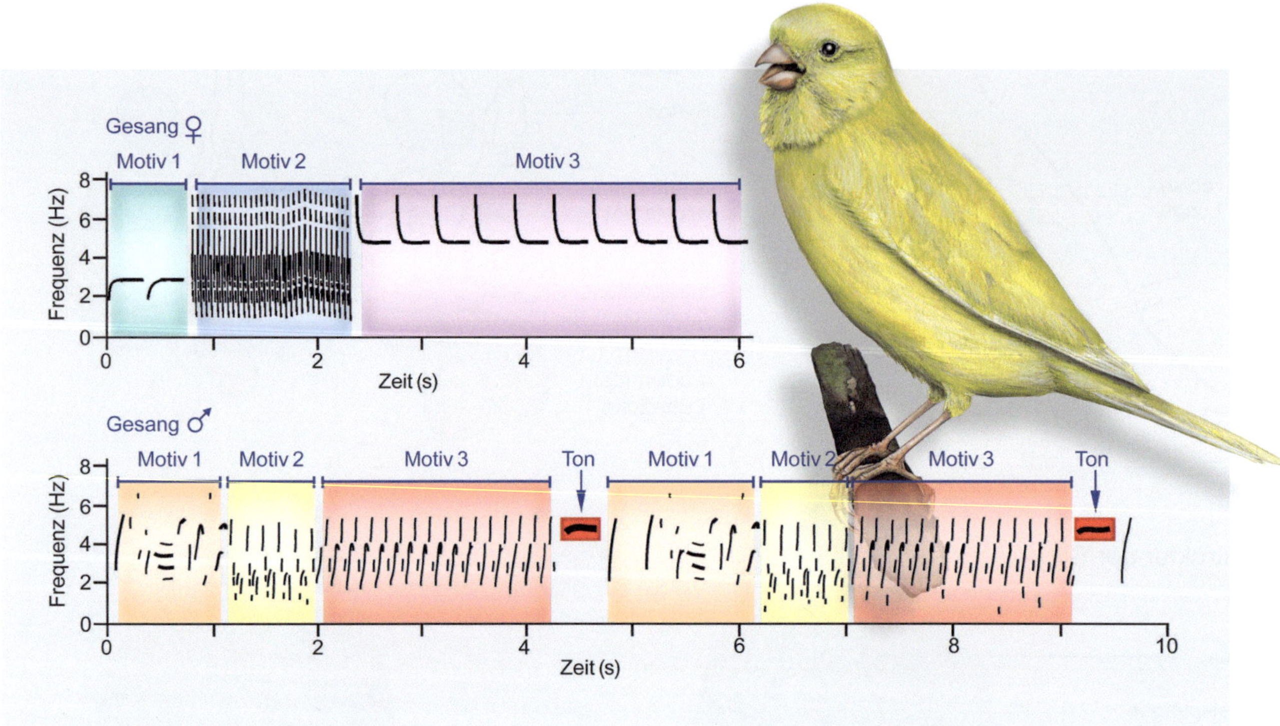

Abb. 6.6 Strophen aus dem Gesangsrepertoire von Kanarienvögeln (*Serinus canaria domestica*). Das Männchen singt hier eine Strophe aus drei Motiven, die im unteren Sonagramm anhand der Frequenzmuster gut zu unterscheiden sind. Die ganze Strophe wird nach einem Pfeifton mit 5 kHz beendet und dann wiederholt. Das Weibchen antwortet mit einem eigenen Gesang, bei dem die im oberen Sonagramm gezeigte Strophe ebenfalls aus drei Motiven besteht. Nach Belzner et al. (2009) und Amy et al. (2015)

Tab. 6.1 Definitionen der Schallgrößen für die Beschreibung der Schallausbreitung

Schallgröße	Symbol/Einheit	Zusatzinformation
Schallenergie, E	E [J]	durch Vokalisation erzeugte Energie
Schalldruck, P	$P = Z \quad V$ [Pa, N m^{-2}]	relevant für die Reizstärke beim Hören
Schallschnelle, V	$V = P/Z$ [m s^{-1})	maximale Partikelbewegung: $D = V/(2\pi f)$, f = Schallfrequenz
Schallimpedanz, Z	$Z = P/V = \rho \cdot c$ [N s m^{-3}, g cm^{-2} s^{-1}]	ρ: Dichte, Luft: 0,0012 g cm^{-3}; Wasser: 1–1,025 g cm^{-3} c: Schallgeschwindigkeit [m s^{-1})
Schallintensität, I	$I = P \cdot V = P^2/Z$ [W m^{-2}]	Energiegehalt eines Ortes im Schallfeld, relevant für die Reizstärke beim Hören
Schalldruckpegel, SPL	$SPL = 20 \log P_x/P_0$ [dB]	bezogen auf die Hörschwelle des Menschen: $P_0 = 20\,\mu$Pa
Schallintensitätspegel, L_i	$L_i = 10 \log I_x/I_0$ [dB]	Bezugswert: $I_0 = 10^{-12}$ W m^{-2} $I_x/I_0 = P_x^2/P_0^2$
Schallgeschwindigkeit, c	$c = Z/\rho$ [m s^{-1}]	Luft 344 m s^{-1}, Meerwasser 1500 m s^{-1}, Gewebe 1570 m s^{-1}
Schallfrequenz, f	$f = 1/t$ [Hz]	t [s]: Schwingungsdauer, Periode eines Tones
Wellenlänge, λ	$\lambda = c/f$ [m]	Infraschall: ~30 m, Hörbereich: ~17 m bis 1,7 cm, Ultraschall: ~1 cm bis 2 mm

Strecken erhalten als hohe, und der Klang eines Rufes wird mit zunehmender Entfernung immer tiefer. Wir kennen das vom Donner, der von einem Blitzschlag während eines Gewitters ausgelöst wird. Ist das Gewitter einige Kilometer entfernt, klingt der Donner wie ein tiefes Grollen. Ziehen die Wolken aber in der Nähe auf, erreichen uns auch die hohen Frequenzanteile des Donners. Der Blitz schlägt mit einem scharfen, metallisch klingenden Krachen ein. In ähnlicher Weise verändert sich auch das Frequenzspektrum von Vokalisationslauten der Tiere mit der Entfernung. Schallsignale, welche auf große Reichweite angelegt sind – beispielsweise die Infraschallsignale der Elefanten –, haben sehr tiefe Frequenzen, um die Abschwächung zu minimieren (▶ Abschn. 6.10).

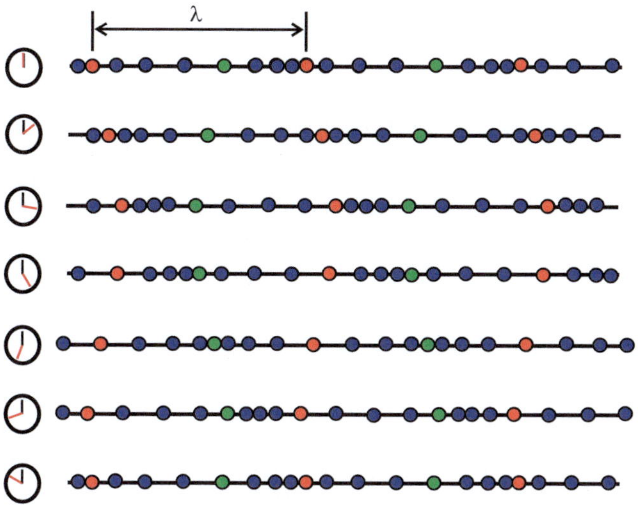

Abb. 6.7 Partikelbewegungen bei einer Longitudinalwelle. Die ursprünglich gleichmäßig verteilten Partikel (beispielsweise Luft- oder Wassermoleküle) werden beim Auftreffen einer Schallwelle in Regionen höherer Partikeldichte zusammengeschoben, getrennt von Regionen mit weniger Partikeln. Der Abstand zwischen Regionen gleicher Dichte entspricht der Wellenlänge λ der Schallwelle. Im zeitlichen Verlauf (hier: von oben nach unten) bewegen sich die Regionen hoher Dichte in Ausbreitungsrichtung, während jeder einzelne Partikel eine Pendelbewegung ausführt

6.4 Fische und andere Wassertiere: Hören mit Ohrsteinchen

Gewebe von Tieren bestehen größtenteils aus Wasser, und ihre Wechselwirkung mit Schall wird vor allem durch die Dichte – und damit die Schallimpedanz – des Wassers bestimmt. Bei wasserlebenden Tieren gibt es nur geringe Unterschiede zwischen der Dichte ihres Körpers und der des umgebenden Mediums, weit geringer als der Dichteunterschied zwischen Luft und Körperwasser bei Landtieren. Während Luftschall beim Auftreffen auf ein Landtier abgebremst wird und seine Energie auf dessen Körperstrukturen übertragen werden kann, laufen Schallwellen durch die Körper von Wassertieren weitgehend unverändert hindurch. Der Fischkörper schwingt in Phase mit dem umgebenden Wasser, sodass kaum relative Bewegung zwischen Körper und Medium entstehen kann. Trotzdem können Fische hören, sie können einen Teil der kinetischen Energie des Schalles als Reiz für ihr auditorisches System nutzen und zeigen eine recht hohe Hörempfindlichkeit im Frequenzbereich von 100–3000 Hz – vor allem im Bereich der knurrenden, brummenden Tonlagen.

Dazu nutzen sie eine ganze Reihe von physikalischen Tricks. Alle beruhen auf der Aktivierung von **Haarzellen** und deren phänomenaler Empfindlichkeit bei der Detektion von winzigen Bewegungen (▶ Abschn. 5.5). Für die Schalldetektion werden Haarzellen von Fischen auf unterschiedliche Weise genutzt (◻ Abb. 6.8). Die

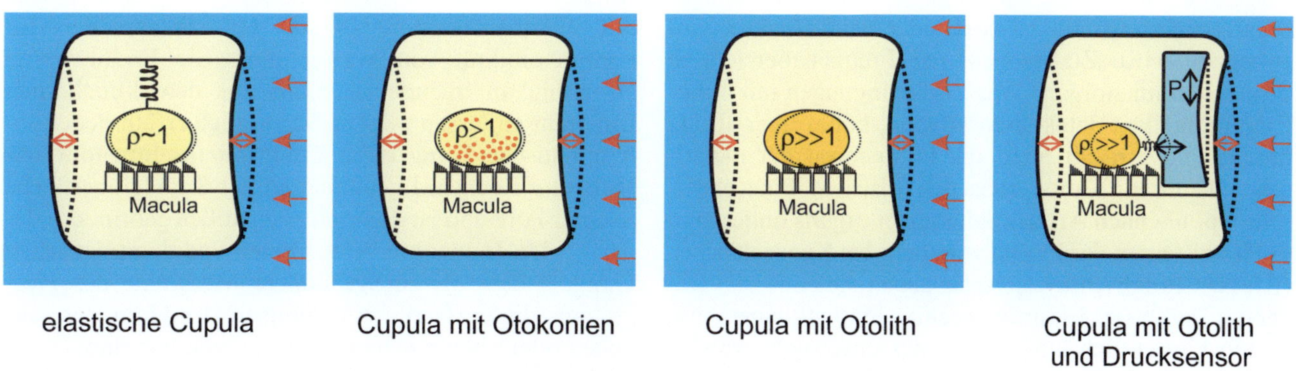

Abb. 6.8 Unterschiedliche Wege zur Schalldetektion mittels Haarzellen im Innenohr von Fischen. Bei Knorpelfischen misst die elastische Cupula Endolympheströmung über die Macula neglecta. Ebenfalls bei Knorpelfischen findet man sandförmige Otokonien – Einlagerungen aus Calcit in den Cupulae der Maculaorgane Sacculus, Utriculus und Lagena. Knochenfische produzieren große Otolithen aus Aragonit, deren Trägheit eine verlangsamte Auslenkung durch Schalleinwirkung und damit eine Scherbewegung der Sterocilien verursacht. Knochenfische können zudem ihre Schwimmblase als Drucksensor nutzen und schallerzeugte Volumenänderungen auf die Maculaorgane übertragen

6

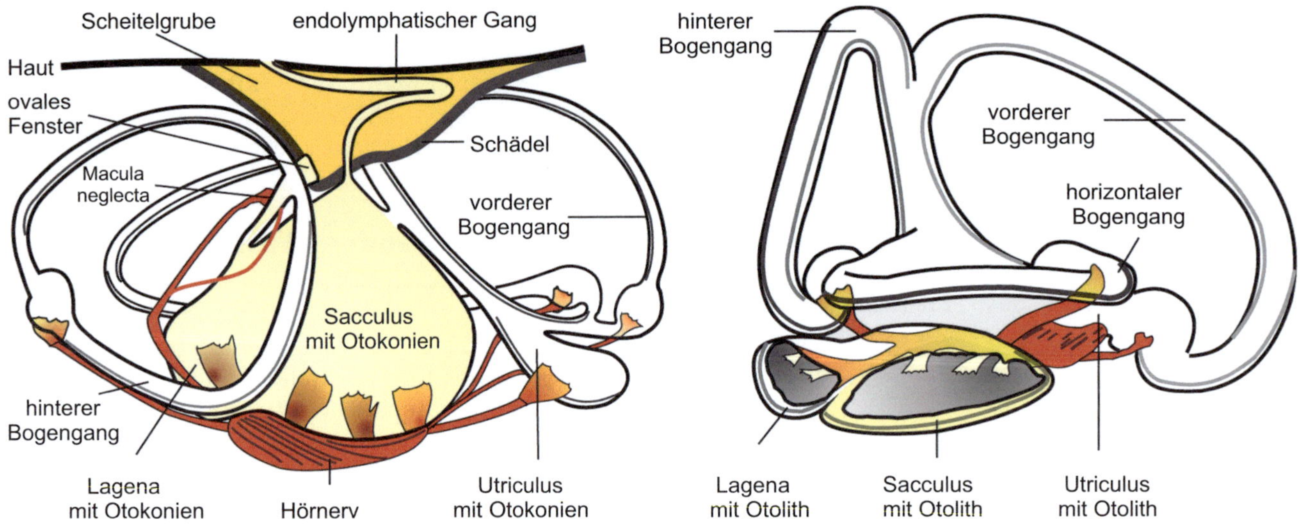

Abb. 6.9 Schallaufnehmende Strukturen in den Innenohren von Knorpelfischen und Knochenfischen. *Links*: Der Riffhai (*Carcharhinus* sp.) leitet durch eine Vertiefung des Kopfschädels, des Chondrocraniums, Schallwellen zum ovalen Fenster und von dort durch einen knöchernen Gang in den großen Sacculus (*gelb*). Dieser Gang (Ductus canalis posterior) enthält die strömungssensitive Macula neglecta, eine elastische Cupula ohne Otokonien. Zusammen mit den otokonientragenden Maculae des Sacculus und der Lagena liefert die Macula neglecta schallerzeugte Signale an die auditorischen Zentren des Gehirns. Ein Druckausgleich ist über den endolymphatischen Gang möglich, der in einer Öffnung seitlich am Schädel hinter einem der beiden Augen endet. *Rechts*: Bei der Makrele (*Scomber scombrus*) liegt auf der Macula sacculi ein einzelner großer Otolith, die Sagitta. Auf der Macula lagena befindet sich ebenfalls ein Otolith, der Asteriscus. Hier nicht dargestellt sind der Otolith des Utriculus, der Lapillus, sowie die Macula neglecta, die sich ebenfalls im Bereich des Utriculus befindet. Nach Tester et al. (1972) und Popper und Fay (1995)

einfachste Anordnung ist eine gallertartige, elastische Cupula, in der die bewegungsempfindlichen Stereovilli der Haarzellen eingebettet liegen, während die Zellkörper der Haarzellen fest im Gewebe verankert sind. Im Seitenlinienorgan der Fische (▶ Abschn. 5.6) sowie in den Ampullenorganen der Bogengänge im Vestibularorgan (*Cristae ampullares*, ▶ Abschn. 5.8) registrieren Haarzellen auf diese Weise Auslenkungen im Mikrometerbereich, wenn Flüssigkeitsströmungen die Cupula bewegen. Das Seitenlinienorgan ist aber wohl nicht am Hören beteiligt, denn Fische können auf akustische Reize auch dann noch reagieren, wenn ihr Seitenlinienorgan experimentell zerstört oder vom Gehirn abgekoppelt wird. Zudem geht der Frequenzbereich, in dem Seitenlinienorgane Wasserschwingungen mit hoher Empfindlichkeit detektieren können, kaum über 10 Hz hinaus und erreicht nicht die Frequenzen der akustischen Kommunikation zwischen Fischen. Eine elastische Cupula nach Art des Seitenlinienorgans findet man in Hörsystemen der Fische vor allem bei **Knorpelfischen** (Klasse Chondrichthyes), unter denen die Haie und Rochen (Teilklasse Elasmobranchii, Plattenkiemer) am besten hinsichtlich ihres Hörsinnes untersucht worden sind. Bei diesen Tieren bietet eine Scheitelgrube (Fossa parietalis), welche mit besonders wasserreichem Bindegewebe gefüllt ist, Schallwellen den Zugang zu einer kleinen Öffnung am Boden der Grube, dem ovalen Fenster, das durch eine Membran verschlossen ist (Abb. 6.9). Schallwellen verursachen oszillierende Auslenkungen der Membran, ähnlich wie in einem Trommelfell. Vom ovalen Fenster aus führt eine knöcherne Röhre (Ductus canalis posterior) in den hinteren Bogengang und in den Sacculus. In der Wand dieser Röhre befinden sich ein oder zwei Felder von Haarzellen unter elastischen Cupulae. Dieses Organ ist die **Macula neglecta** (der „übersehene Fleck"). Ihre Haarzellen werden ausgelenkt, wenn Endolymphe im Ductus canalis posterior durch Vibrationen der Membran des ovalen Fensters in Bewegung versetzt wird. Die Macula neglecta registriert diese Strömung, und sie reagiert besonders empfindlich auf Beschallung der Scheitelgrube mit Frequenzen um 40–800 Hz. Wegen der Inkompressibilität von Wasser muss die Endolymphe-strömung an irgendeiner Stelle aus dem knöchernen Innenohr entlassen werden. Vermutlich erfüllt der endolymphatische Gang diese Funktion im Innenohr der Haie und Rochen. Er mündet an der Schädeloberfläche in einer Pore und ist dadurch nach außen geöffnet. Jedes der beiden Innenohre besitzt einen endolymphatischen Gang, sodass als einzige äußere Merkmale des Hörsystems dieser Tiere zwei Poren in der Haut des seitlichen oder oberen Schädelbereichs sichtbar sind.

Neben den Strömungsdetektoren der Macula neglecta besitzen die Haie und Rochen auch Beschleunigungssensoren, die darauf beruhen, dass die Zellkörper von Haarzellen schneller beschleunigt werden als ihre Stereovilli. Dazu kommt es, wenn die Cupula durch **Einlagerung von Otokonien** eine höher

Dichte und damit ein höheres Trägheitsmoment erhält. Otokonien sind kleine Partikel aus unterschiedlichen Calciumcarbonatmineralien (Calcit, Aragonit, Vaterit), deren Dichte von etwa 2,7 g/cm^3 fast dreimal so hoch ist wie die Dichte der Polysaccharidmatrix der Cupula. Otokonien wachsen typischerweise nicht mit dem Fischkörper, sondern sie verbleiben als Granulat mit Partikelgrößen < 1 mm („Gehörsand"). Die Maculaorgane im unteren Teil des Innenohres der Haie und Rochen nutzen otokonienhaltige Cupulae für die Messung von Linearbeschleunigung, wie das auch im Innenohr der Säugetiere geschieht (▶ Abschn. 5.8). Möglicherweise nutzen die Knorpelfische auch ihre Macula sacculi und Macula utriculi für die Schalldetektion. Jedenfalls gibt es Hinweise darauf, dass Teile dieser Sinnesorgane auf Vibrationen reagieren oder auf Klickgeräusche ansprechen und afferente Signale produzieren. Zusätzlich zu ihren Hauptfunktionen, der Messung der Körperlage relativ zum Gravitationsfeld der Erde und der Beschleunigung des Körpers bei Änderung der Schwimmgeschwindigkeit, scheinen die Maculaorgane des Innenohres den Haien und Rochen einen Teil der akustischen Information zu vermitteln. Aufgrund ihrer höheren Dichte schwingen die otokonienhaltigen Cupulae beim Auftreffen von Schallwellen phasenverschoben und mit reduzierter Amplitude relativ zu den Haarzellen und verursachen eine rhythmische Auslenkung der Stereovilli. Die Haie und Rochen verfügen damit über zwei Typen von Schallrezeptoren: die Strömungssensoren in der Macula neglecta und die Beschleunigungsdetektoren in den Maculae von Sacculus, Lagena und Utriculus. Mit welchem Anteil diese Sinnesorgane zur auditorischen Erkundung der Umwelt beitragen, ist für die etwa 1170 Arten von Haien und Rochen noch unzulänglich erforscht.

Im Universum der **Echten Knochenfische** (Reihe Osteichthyes, Teilklasse Teleostei der Klasse der Strahlenflosser Actinopterygii) mit seinen über 30.000 rezenten Arten findet man eine Vielzahl von Anpassungen an die Anforderungen der akustischen Kommunikation. Die wichtigsten sind wohl die Bildung große Otolithen und die Nutzung der Schwimmblase als Drucksensor. Knochenfische lagern massive Calciumcarbonatsteine auf den Sinnesfeldern der Maculae von Sacculus, Utriculus und Lagena ab, wobei die beiden ersten aus Aragonit, die letztere aus Vaterit besteht. Diese **Otolithen** wachsen durch kontinuierliche Anlagerung der Biomineralien während der gesamten Lebenszeit eines Fisches und können deshalb zur Altersbestimmung der Tiere herangezogen werden. Die Otolithen von Sacculus und Lagena („Sagitta" und „Asteriscus") haben meist eine abgeflachte Form und sind annähernd senkrecht in einer Deckmembran (Tectorialmembran) aufgehängt (◘ Abb. 6.9). Sie dienen in erster Linien dem Gehör, während der Utriculus mit seinem horizontal liegenden Otolithen („Lapillus") die Linearbeschleunigung des Fischkörpers registriert. Ein Vorteil von Otolithen im Vergleich zum Einsatz von Otokonien in Makulaorganen ist der größere Dichteunterschied zwischen Haarzellgewebe und Cupula (◘ Abb. 6.8). Während bei den Knorpelfischen die Dichte der Cupula durch den relativen Anteil von Otokonien in der Cupulamatrix begrenzt ist, erreichen die massiven Otolithen der Knochenfische die maximale Dichtedifferenz und damit die maximal mögliche Scherbewegung der Stereovilli. Die Sinnesfelder unterhalb der Otolithen sind zudem in mehreren Bereichen mit gegensinnig ausgerichteten Haarzellen angeordnet, sodass Scherbewegungen in jede Richtung mit hoher Empfindlichkeit registriert werden können. Otolithenorgane sind damit als Beschleunigungssensoren für schallinduzierte Partikelbewegungen besonders gut geeignet.

Die zweite Komponente von Schallsignalen, der Schalldruck, kann von den Maculaorganen nicht direkt erfasst werden, dazu wird ein Mechanismus zur Umsetzung von Druckschwankungen in Partikelbewegungen benötigt. Ein gasgefüllter Hohlraum wie die **Schwimmblase** ist dafür geeignet. Da Luft kompressibel ist, ändert sich beim Auftreffen von Schallwellen auf eine Schwimmblase der Gasdruck im Inneren der Blase (◘ Abb. 6.8, *rechts*) und infolgedessen ändert sich auch ihr Volumen. In der Anstiegsphase drückt der Schalldruck das Volumen zusammen, in der Entspannungsphase wird das Volumen zurückgestellt. Die Schalldruckwellen erzeugen so eine Schwingung der Schwimmblasenwand, eine Bewegung ähnlich der eines Trommelfelles bei Landtieren. Fast alle Knochenfische verfügen über eine Schwimmblase. Sie erzeugen mit ihr genau so viel Auftrieb, dass sie mühelos schwimmen und ihre Position in Gewässern fast ohne Muskelaktivität halten können. Nur einige bodenlebende Knochenfische, wie Plattfische (Gruppe Pleuronectoideo), Eidechsenfische (Familie Synodontidae) oder Groppen (Familie Cottidae), verzichten auf Schwimmblasen und lassen sich auf den Meeresboden absinken. Auch die Knorpelfische (Haie, Rochen und Seekatzen) sowie einige besonders schnell schwimmende Knochenfische wie Makrelen (Familie Scombridae) und Speerfische (Familie Istiophoridae) haben keine Schwimmblasen. Ihnen wäre ein Lagestabilisator hinderlich bei schnellen Vertikalbewegungen während der Jagd. Ohne Schwimmblase allerdings müssen sie ihre Lage im Wasser aktiv mit Muskelkraft aufrechterhalten, und sie haben zudem keine Möglichkeit, ein Gasvolumen als Druck-Bewegungswandler für das Hören zu nutzen. Für Fische mit Schwimmblase ist es von großem Vorteil, Schalldruckwellen detektieren zu können. Denn schallerzeugte Partikelbewegungen im Wasser (ausgedrückt durch die

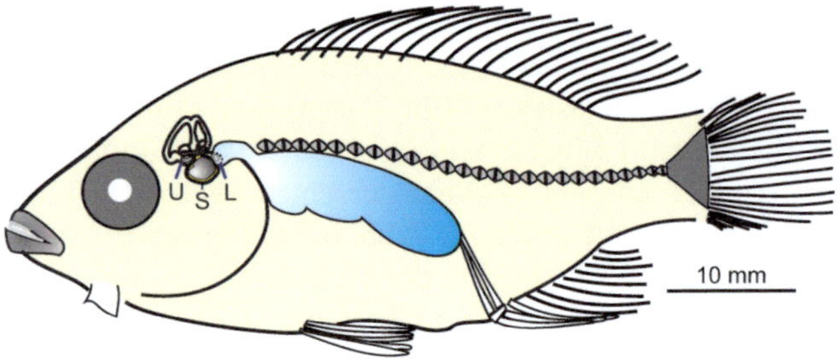

Abb. 6.10 Rostrale Ausstülpung der Schwimmblase bei dem Buntbarsch *Paratilapia polleni*. Schallerzeugte Bewegungen der Schwimmblasenwand werden auf die Lagena des Innenohres übertragen und damit durch die Otolithenorgane messbar. Lagena; S, Sacculus; U, Utriculus. Nach Schulz-Mirbach et al. (2012)

Schallschnelle V, Tab. 6.1) nehmen quadratisch mit der Entfernung von der Schallquelle ab, und ihre Detektion ist deshalb auf das **Nahfeld** begrenzt. Schalldruckwellen reichen hingegen weit über das Nahfeld hinaus und transportieren die Schallinformation in das **Fernfeld**, welches sich – je nach Schallfrequenz – über viele Meter oder gar Kilometer hinweg erstrecken kann. Fische, die Schalldruck hören können, sind daher in der Lage, akustische Signale über weite Strecken hinweg zu nutzen. Im Verlauf der Evolution der Knochenfische hat demzufolge ein erheblicher Selektionsdruck die Nutzung der Schwimmblase als Hörhilfe vorangetrieben.

Schwimmblasen sind Ausstülpungen des Vorderdarmes und liegen in der Körpermitte in einer optimalen Position zur Lagestabilisierung. Um als Hilfsstruktur für das Hören eingesetzt zu werden, muss ein **Kontakt zwischen Schwimmblase und Innenohr** angelegt werden. Dazu haben sich rostrale Verlängerungen der Schwimmblase gebildet sowie unterschiedliche Kontaktstellen zwischen Blasenmembran und Innenohrstrukturen. Bei den Heringen (Familie Clupeidae) hat die Blasenmembran unmittelbar Kontakt mit der Innenohrflüssigkeit. Bei Buntbarschen (Familie Cichlidae) kann die Membran auch auf dem Schädelknochen aufliegen, ohne direkten Kontakt mit der Innenohrflüssigkeit (Abb. 6.10), aber unter den etwa 1700 Cichlidenarten gibt es vielerlei Lösungen zur Ankopplung der Schwimmblase an das Innenohr. Neben der Lagena ist es vor allem der Sacculus, der Signale aus der Schwimmblase übernimmt. Die Qualität der Kopplung ist entscheidend für das Hörvermögen der Fische, insbesondere für den spezifischen Frequenzbereich, welchen eine Art jeweils nutzt. Bei vielen Knochenfischen scheint das Hörspektrum durch die Schwimmblase in den Bereich von 1–4 kHz erweitert zu sein – möglicherweise ein Vorteil, weil das Hintergrundrauschen unter Wasser vor allem Geräusche im Bereich von 0,5–1 kHz überlagert und damit maskiert. Höhere Frequenzbereiche sind weniger verrauscht und können daher deutlicher wahrgenommen werden.

Eine große Gruppe der Knochenfische, die **Ostariophysi** (darin die Sektion **Otophysa**), haben eine besonders effektive Methode zur Signalübertragung von der Schwimmblase auf das Innenohr gefunden. Zu ihnen gehören die Karpfenartigen (Ordnung Cypriniformes), die Salmlerartigen (Ordnung Characiformes), die Welsartigen (Ordnung Siluriformes) und die Neuwelt-Messerfische (Ordnung Gymnotiformes), mithin etwa zwei Drittel aller Süßwasserfische, etwa 8000–10.000 Arten. Bei den Otophysa werden Schwingungen der Schwimmblasenwand durch eine Kette von kleinen Knöchelchen, den **Weber'schen Apparat**, auf das Innenohr geleitet (Abb. 6.11). Die beiden knöchernen Brücken rechts und links neben dem vordersten Abschnitt der Wirbelsäule übertragen und verstärken schalldruckerzeugte Vibrationen im Frequenzbereich von etwa 200–4000 Hz auf das Innenohr. Sie verleihen den „otophysischen" Fischen damit ein Hörspektrum, das in etwa dem Frequenzbereich „Brummen" bis „Pfeifen" beim Menschen entspricht.

Der Tripus des Weber'schen Apparats liegt direkt der Vorderwand der Schallblase auf, die durch einen Stützknochen (Os suspensorium) in Position gehalten wird. An der Kontaktstelle ist die robuste Tunica externa der Schwimmblase schlitzförmig geöffnet, sodass sich die weichere Tunica interna an dieser Stelle nach außen hervorwölben kann. Das geschieht beim Anstieg des Gasdrucks in der Schwimmblase. Die Bewegung der Tunica interna wird auf den Tripus übertragen, dessen hinteres Ende durch einige Bindegewebsstränge (Ligamente) an der Schwimmblasenwand fixiert ist. Die Mechanik der Knochenkette (Abb. 6.12) ist so angelegt, dass jede Schwingung der Schwimmblasenwand den Tripus in winzige Drehbewegungen versetzt, denn sein Angelpunkt liegt etwas oberhalb der Längsachse in einem dorsalen Fortsatz. Die Kraft dieser Drehbewegung wird durch Ligamente auf das Intercalarium und das Scaphium übertragen, wodurch auch der distale Abschnitt der Knochenkette in Bewegung gerät. Das Scaphium selbst ist in die Wand der Vorkammer des Innenohres, dem mit Perilymphe gefüllten Atrium sinus imparis, eingelassen. Schwingungen des Scaphium werden so direkt in den flüssigkeitsgefüllten Innenraum des Innenohres geleiten, wo sie letztlich Partikelbewegungen in den Maculaorganen auslösen.

Webersche Apparate kommen in vielfältigen Formen vor unter den vielen Arten der Otophysa. Aber ihre Funktion entspricht der von Mittelohrknochen bei Landtieren (► Abschn. 6.6), die ebenfalls Schwingungen von einer Membran, dem Trommelfell, auf die Innenohrflüssigkeit übertragen. Bei Beschädigung der Mittelohrknochen kommt es beim Menschen zu Schallleitungsstörungen mit einem Anstieg der Hörschwelle um 20–40 dB. In ähnlicher Weise wurden um 33 dB höhere Hörschwellen bei Goldfischen (*Carassius auratus*)

Abb. 6.11 Lage des Weber'schen Apparates zwischen der Schwimmblase (*ganz rechts*) und dem Innenohr, erkennbar an den sechs Bogengängen, bei der Schleie (*Tinca tinca*). Der Weber'sche Apparat besteht aus vier Knochenpaaren (C, Claustrum; IC, Intercalarium; S, Scaphium; T, Tripus) und leitet Vibrationen von der Wand der Schwimmblase zum Innenohr, wo die Vibrationen als auditorische Signale analysiert werden

gemessen, denen der Tripus auf beiden Seiten des Weber'schen Apparats chirurgisch entfernt worden war. Durch solche Experimente ist die Funktion des Weber'schen Apparats als Hilfsstruktur für das Hörsystem zweifelsfrei belegt. Wie bei den Weber'schen Apparaten gibt es auch bei den Schwimmblasen eine große Strukturvielfalt unter den Otophysa. Von großen, unpaarigen über kleinere, unpaarige und quergeteilte Schwimmblasen bis hin zu winzigen, paarigen Restblasen direkt am Schädel, die vermutlich nur noch zum Hören, nicht aber zur Regulation des Auftriebs dienen – die Vielfalt ist groß, und der Zusammenhang von Schwimmblasenform und Hörfähigkeit ist noch nicht vollständig erforscht.

Ein schwieriges Problem für die Hörforschung bei Fischen betrifft das **Richtungshören**. Es gilt als unwahrscheinlich, dass eine Hypothese nach dem Muster des Jeffress-Modells auf Fische anwendbar ist. Solche Modelle beruhen auf der Auswertung von Unterschieden von Reizzeitpunkt oder Reizintensität zwischen den beiden Ohren (▶ Abschn. 6.8). Sie funktionieren dann am besten, wenn der Abstand zwischen den Ohren groß und die Schallgeschwindigkeit gering ist. Günstig für Jeffress-Modelle ist auch ein Kopf, welcher der Schallausbreitung einen erheblichen Widerstand entgegensetzt, denn so kann ein deutlicher Schallschatten auf der der Schallquelle abgewandten Seite entstehen. Unter solchen Bedingungen können messbare Zeitverzögerungen oder Dämpfungseffekte für die Lokalisierung von Schallquellen ausgewertet werden. Die Fische leben aber in einer akustisch ganz anderen Welt. Der Abstand zwischen ihren Innenohren ist klein, ihre Köpfe sind sehr schalldurchlässig, und die Schallgeschwindigkeit im Wasser ist viermal so hoch wie in der

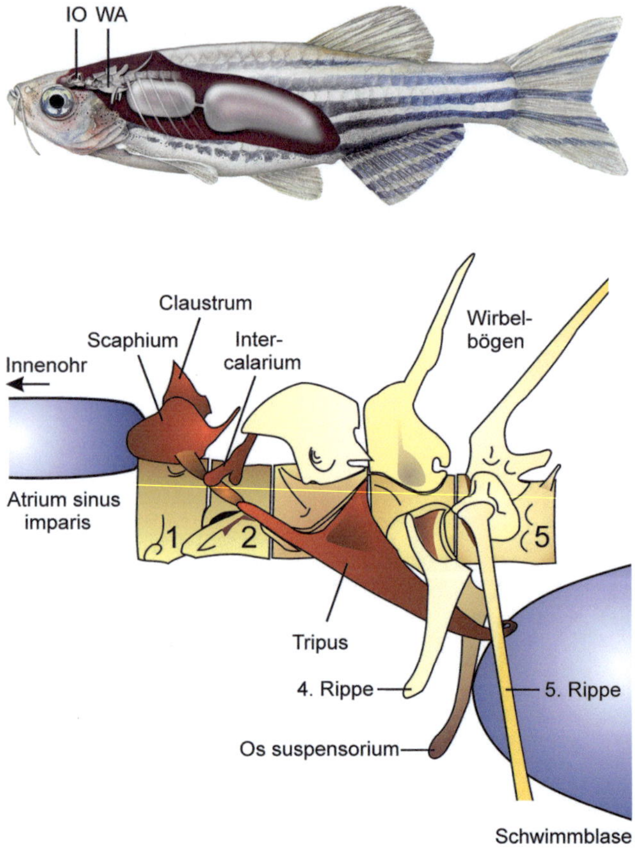

Abb. 6.12 Seitlicher Blick auf die Knochenkette des Weber'schen Apparats zur Veranschaulichung der Mechanik der Vibrationsübertragung von der vorderen Schwimmblasenwand zum perilymphatischen Raum des Innenohres. Oben ist die Lage der betreffenden Region mit Innenohr (IO) und dem Weber'schen Apparat (WA) bei einem Zebrabärbling *(Danio rerio)* dargestellt. In der schematischen Darstellung darunter sind die Knochen des Weber'schen Apparats rot hervorgehoben. Die Zahlen bezeichnen die vordersten Wirbel des Fischskeletts. Basierend auf der Anatomie des Chinesischen Raubkarpfens (*Opsariichthys bidens*), verändert nach Grande und Young (2004)

Luft. Trotzdem zeigen Ergebnisse von verhaltensphysiologischen Experimenten am Dorsch oder Kabeljau (*Gadus morhua*), am Gefleckten Lippfisch (*Labrus bergylta*) und anderen marinen Arten, dass die Tiere wahrnehmen können, aus welcher Richtung ein Geräusch kommt. Als besonders ergiebige Art für solche Versuche hat sich der Nördliche Bootsmannfisch (*Porichthys notatus*) herausgestellt. Diese Fische leben an der Westküste der USA und sind für ihr lautes Brummen bekannt, das man in den Sommermonaten hören kann. Es handelt sich dabei um eine Vokalisation von etwa 80–100 Hz, mit deren Hilfe männliche Bootsmannfische Weibchen anlocken, welche befruchtungsfähige Eier tragen. Bei diesen Weibchen kann man **phonotaktisches Verhalten** nachweisen. Spielt man ihnen das Brummen eines Männchens aus einem Lautsprecher vor, schwimmen sie zur Schallquelle und halten sich dort auf. Untersuchungen an diesem stereotypen, schallgesteuerten Verhalten haben einige Hinweise darauf erbracht, wie Fische eine Schallquelle orten können. Grundlage der Schallortung scheint die Richtungsselektivität der Haarzellen in den Maculaorganen zu sein. Jede Haarzelle reagiert mit großer Empfindlichkeit auf Auslenkungen ihrer Stereovilli entlang einer bestimmten Achse, vorgegeben durch die Richtung von den kürzesten zu den längsten Stereovilli (▶ Abschn. 5.5). Partikelbewegungen, die nicht entlang dieser Achse verlaufen, werden nur mit reduzierter Empfindlichkeit detektiert. In den Sinnesfeldern, welche die Beschleunigung der Otolithen messen, stehen Haarzellen mit gleicher Vorzugsachse in Gruppen zusammen und sind auf die gleichen afferenten Fasern verschaltet. Gruppen mit anders ausgerichteten Haarzellen liegen an anderen Stellen der Macula und detektieren dort die Beschleunigung ihres Otolithen in ihre jeweilige Vorzugsrichtung (Abb. 6.13, *links*). Für jede Ausrichtung von Haarzellen gibt es eigene afferente Fasern, sodass beim Auftreten von schallinduzierten Vibrationen des Otolithen Information über die Bewegungsachse an das Gehirn geleitet wird.

Die Achseninformation aus den Haarzellen der Macula sacculi bringt allerdings ein 180°-Problem mit sich. Der Fisch erfährt nur die Schwingungsachse, nicht aber die Richtung zur Schallquelle. Er kann nicht entscheiden, ob er die Schallquelle vor sich hat, oder ob sie hinter ihm liegt, denn die Schwingungsachse beschreibt eine Pendelbewegung mit zwei Bewegungsrichtungen: hin und zurück. Das 180°-Problem kann er aber mithilfe des Schalldrucks lösen, obwohl Druck eigentlich eine skalare Größe ohne Richtungsinformation ist. Die Schalldruckwellen werden durch die Schwimmblase erfasst, und die Welleninformation (Frequenz, Phase, Amplitude) erreicht über das Innenohr das Gehirn (Abb. 6.13, *rechts*). Hier kann die Welleninformation mit der Partikelbewegung verrechnet werden: Die aufsteigende Phase der Schalldruckwelle fällt zusammen mit der Partikelbewegung weg von der Schallquelle. Je nachdem, ob sich die Schallquelle vor oder hinter dem Fisch befindet, fällt deshalb die aktive Auslenkung der Haarzellen (die Depolarisation) mit der einen oder der anderen Phase zusammen (Abb. 6.13, *Mitte*). So entsteht aus der zweipoligen Achseninformation ein eindeutiger Vektor, den das Tier zur Suche nach der Schallquelle nutzen kann. Obwohl diese Hypothese noch nicht in allen Einzelheiten nachgewiesen ist, ist sie doch bisher das schlüssigste Konzept für das Richtungshören bei Knochenfischen, zumal sie eine Erklärung dafür liefert, dass Bootsmannsfische sowohl Partikelbewegungen als auch Schalldruckwellen für das Richtungshören benötigen.

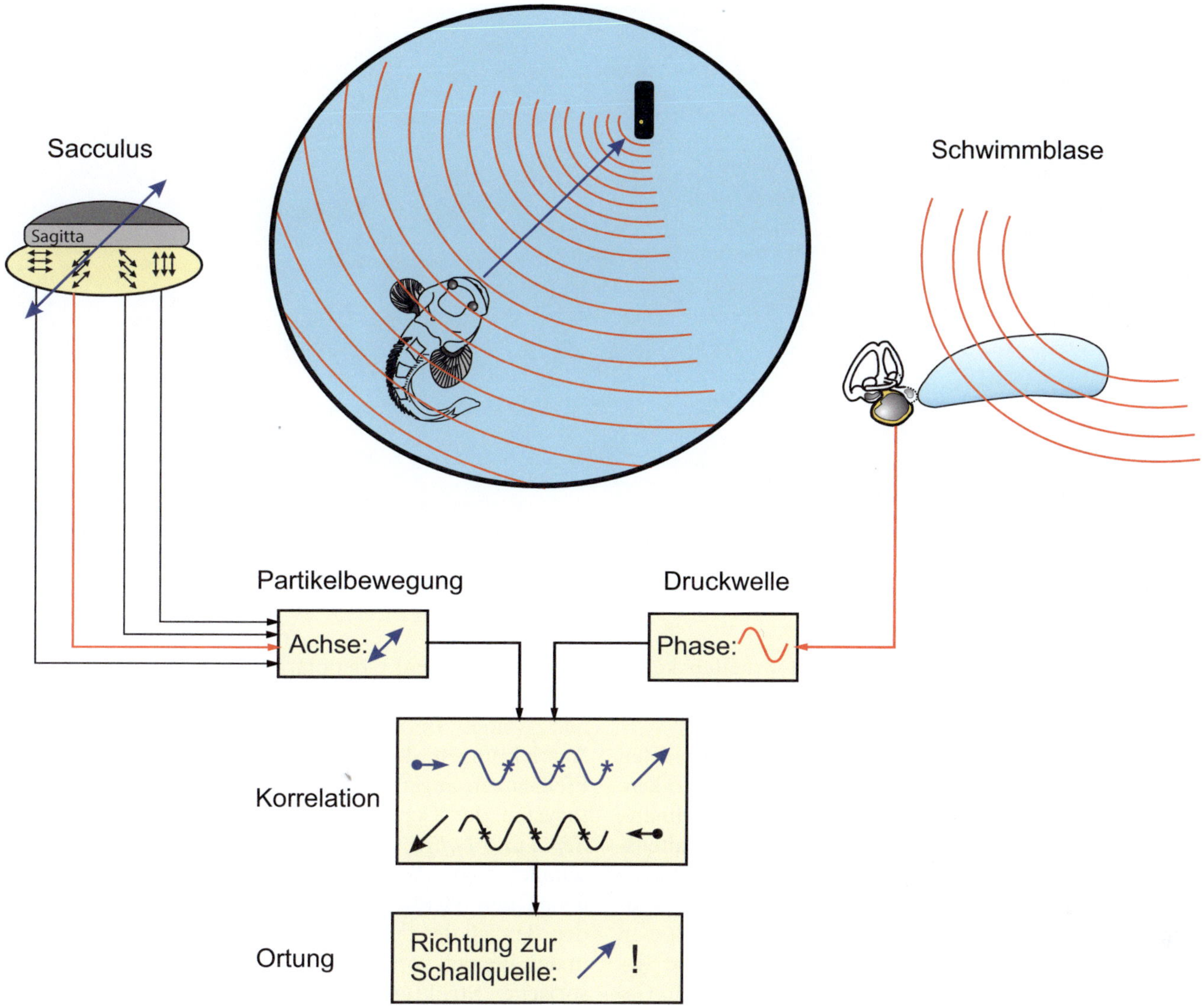

Abb. 6.13 Hypothese zur Ortung von Schallquellen bei Fischen am Beispiel des phonotaktischen Verhaltens des Nördlichen Bootsmannsfisches (*Porichthys notatus*). Bei Beschallung mit dem Lockruf des Männchens schwimmt das paarungsbereite Weibchen zur Schallquelle. *Links*: Detektion der Schallachse durch ein Feld von Haarzellen unter der Sagitta, dem Otolithen des Sacculus. Nur dasjenige Feld wird aktiviert, dessen Haarzellen entlang der Schallachse ausgerichtet sind. Das entsprechende Signal zur lokalen Partikelbewegung wird ins zentrale Nervensystem geleitet. *Rechts*: Schalldruckwellen werden gleichzeitig über die Schwimmblase erfasst, und die Information zur Wellenphase geht ebenfalls an das zentrale Nervensystem. Dort werden beide Signale korreliert. Das Zusammenfallen der Partikelbeschleunigung mit einer Phase der Druckwelle (mit *Sternen* markierte Phase) gibt Auskunft über die Richtung des Schalles entlang der Schallachse. Durch diese Analyse entsteht ein eindeutiger Vektor in Richtung Schallquelle. Nach Zeddies et al. (2010) und Coffin et al. (2014)

Da Fische mithilfe ihrer Otolithen und Otokonien zu hören vermögen, stellt sich die Frage, ob auch andere Wassertiere ihre Ohrsteinchen zur Schalldetektion einsetzen können. Für Meeressäuger wird dieses Thema in ▶ Abschn. 6.10 diskutiert. Bei den **marinen Invertebraten** findet man die Steinchen in Statocysten, wo Statolithen und Statokonien den Lagesinn der Tiere vermitteln (▶ Abschn. 5.7). Es gibt gute Hinweise auf Hörfähigkeit bei Cephalopoden und bei einigen Crustaceen, und hier scheinen neben trommelfellartigen Strukturen tatsächlich auch Statocysten an der Detektion von schallerzeugten Partikelbewegungen beteiligt zu sein. Es ist allerdings nicht leicht, eine Abgrenzung zwischen Vibrationssinn (▶ Kap. 5) und Hörsinn zu treffen. Ein Ansatz zu Unterscheidung ist der Frequenzbereich der Reize. Statolithenorgane reagieren vor allem bei niedrigen Frequenzen, meist unterhalb von 100 Hz – ein Frequenzbereich, in dem auch viel Hintergrundrauschen stattfindet. Zur auditorischen Kommunikation nutzen Tieren aber oft Frequenzen über 500–1000 Hz, sodass

Abb. 6.14 Tintenfische der Gattung *Sepia* kommunizieren durch visuelle Signale, die sie mit schnell wechselnden Farbmustern auf ihrer Haut aussenden. Aber können sie einander auch hören?

man sich bei den Invertebraten damit behelfen kann, Vibrationssinn und Hörsinn anhand der Frequenzabhängigkeit zu unterscheiden.

Tatsächlich gibt es eine ganze Reihe von Berichten zum Hörsinn von **Cephalopoden** (Kopffüßer: Kraken, Ordnung Octopoda; Sepien, Ordnung Sepiida; Kalmare, Ordnung Teuthida), die teils auf Verhaltensbeobachtungen, teils auf elektrophysiologischen Experimenten beruhen (Abb. 6.14). Die höchste Empfindlichkeit findet man bei Beschallung im Bereich von 100–600 Hz, aber auch Reaktionen auf akustische Signale bis etwa 3 kHz konnten nachgewiesen werden. Cephalopoden gehören zu den schnellsten Schwimmern unter den marinen Tieren und verfügen über einen ausgezeichneten Lage- und Beschleunigungssinn, der durch zwei außergewöhnlich komplex strukturierte Statocysten vermittelt wird (Abb. 6.15). Mit ihrer Kombination aus Maculaorganen und Cupulaorganen erinnern diese Sinnesorgane an das Innenohr der Fische, denn sie leisten sowohl die Erfassung von Linearbeschleunigung wie von Rotationsbeschleunigung. Im vorderen Teil der Statocysten befinden sich drei Maculaorgane, eines mit einem großen Statolithen (Macula statica princeps) sowie zwei, jeweils rechtwinklig dazu ausgerichtete, mit Statokonien besetzte Maculaorgane (Macula neglecta inferior und M. n. superior). Haarzellen unter den Statolithen und Statokonien messen mithilfe von jeweils 50 bis 150 Kinocilien relative Bewegungen zwischen den Sinneszellen und ihren Hilfsstrukturen. Die abgestuften Stereovilli der Vertebraten (▶ Abschn. 5.5) findet man bei Cephalopoden nicht. Die Kinocilien sind in flächigen Gruppen angeordnet und zeigen ausgeprägte Richtungsselektivität. Werden sie in ihrer Vorzugsrichtung ausgelenkt, depolarisieren sie und leiten ein erregendes Signal über Bandsynapsen an afferente Neuronen weiter. In Abb. 6.15 *oben rechts* sind die Ausrichtungen der einzelnen Haarzellgruppen durch Pfeilspitzen angedeutet. Die Maculaorgane in den Statocysten der Cephalopoden (drei bei den Gattungen *Sepia* und *Loligo*, eines bei *Octopus*) können vermutlich schallerzeugte Partikelbewegungen registrieren und verleihen den Tieren damit einen Hörsinn, der weit über den Bereich des tiefen Brummens (~ 100 Hz) hinaus bis in den Bereich von Pfeiftönen (1–3 kHz) reicht. Die sensorischen Strukturen im hinteren Bereich der Statocysten dienen der Erfassung von Rotationsbeschleunigung. Sie sind Cupulaorgane und ähneln den Ampullenorganen der Wirbeltiere. Mit ihren drei Ausrichtungen (Crista longitudinalis, C. transversalis und C. verticalis) erfassen sie Winkelbeschleunigungen in den drei Raumachsen, tragen aber vermutlich nicht zum Hörsinn bei. Da Cephalopoden keine Luftkammern besitzen (Ausnahme sind die Perlboote, Ordnung Nautilida), kann man nicht annehmen, dass sie Schalldruckwellen registrieren können. Ihr Hörsinn beruht wohl auf Detektion von Schallschnelle durch die Maculaorgane ihrer Statocysten.

Die Hörfähigkeit von **Krebstieren** (Unterstamm Crustacea) wird kontrovers diskutiert und ist erst bei wenigen Arten nachgewiesen worden. Obwohl es unter den Garnelen, Langusten, Einsiedlerkrebsen, Hummern und Flusskrebsen (Klasse Malacostrata, Ordnung Decapoda) zahlreiche Beispiele für Lauterzeugung gibt, ist der Nachweis von auditorischer Kommunikation zwischen diesen Tieren schwer zu führen. Meist ist eine niederfrequente Kommunikation über Substrat-

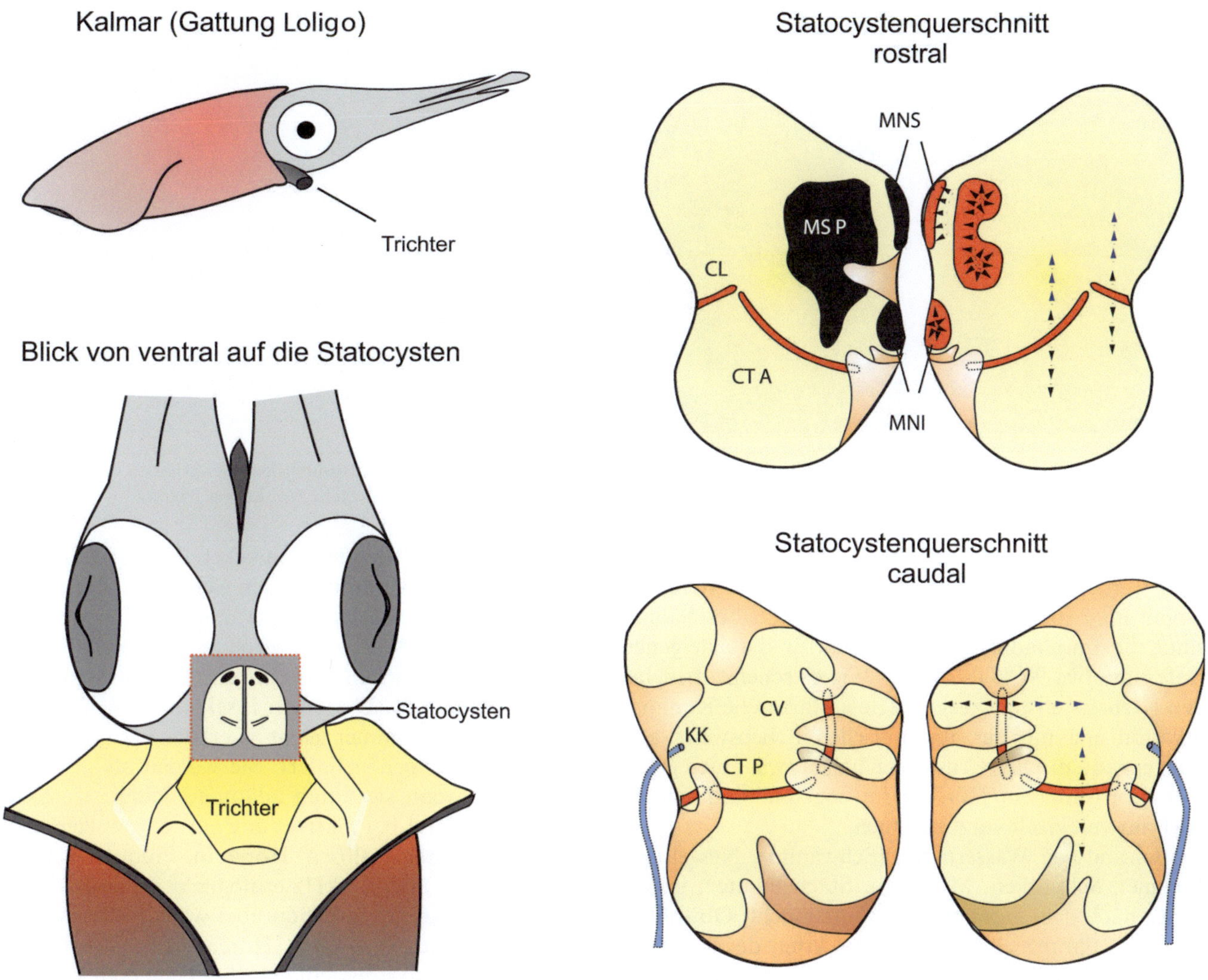

Abb. 6.15 Die Statocysten des Langflossenkalmars (*Loligo pealei*). *Links oben*: Kalmare bewegen sich mit hoher Geschwindigkeit mittels ihres Trichters, durch den bei Kontraktion der Mantelmuskulatur Wasser ausgestoßen wird. *Links unten*: Lage der Statocysten bei aufgeschnittenem Mantel und zurückgebogenen Trichter. *Rechts oben*: Schematische Darstellung des vorderen Teiles der Statocysten im Querschnitt. Die Lage der Maculaorgane M. statica princeps (MSP), M. neglecta superior (MNS) und M. neglecta inferior (MNI) sind auf der linken Bildhälfte dargestellt. Auf der rechten Bildhälfte sind Gruppen von Haarzellen unter den Otolithen/Otokonien mitsamt ihrer Vorzugsrichtung als Pfeilspitzen gezeigt. Die Segmente der Cupulaorgane Crista transversa anterior (CTA) und Crista longitudinalis (CL) sind rot eingezeichnet, und rechts sieht man die Ausrichtung der von ihnen aktivierten Haarzellen. *Rechts unten*: Ein Querschnitt des hinteren Abschnitts der Statocysten zeigt die Cupulaorgane Crista transversa posterior (CTP) und Crista verticalis (CV). Etwas dunkler dargestellt sind die knorpeligen Auswüchse der Statocystenwand, die Anticristae, sowie die Kölliker-Kanäle (KK) die alle vermutlich die Bewegung der Endolymphe innerhalb der Statocysten beeinflussen. Nach Budelmann (1990)

vibrationen eine plausiblere Deutung und wird aus diesem Grund in ▶ Kap. 5 behandelt. Immerhin konnte bei Säge- oder Felsengarnelen (*Palaemon serratus*) gezeigt werden, dass Schall im Frequenzbereich von 0,1–3 kHz neuronale Signale in den afferenten Bahnen erzeugt, die aus den Statocysten zum Oberschlundganglion führen – ein Befund, der als Nachweis der Hörfähigkeit interpretiert wird (Abb. 6.16, *links*). Gute Hinweise auf das Hören bei Crustaceen gibt es für **Winkerkrabben** (Gattung *Uca*; Abb. 6.16, *rechts*) und **Rennkrabben** (Gattung *Ocypode*). Diese amphibisch lebenden Tiere produzieren an Land vernehmbare Rufe, mit deren Hilfe sie ihre Sozialstrukturen organisieren. Ihre Vokalisationen umfassen einen Frequenzbereich von 0,3–3 kHz und werden im tieferen Bereich gelegentlich als „Hupen“, im höheren als „Knarren“ bezeichnet. Eine Art Trommelfell, **Barths Myochordotonalorgan**, scheint der Rezeptor für diese Schallsignale zu sein. Das Organ besteht aus einer Stelle mit besonders dünnem Exoskelett am obersten Glied (Merus) eines jeden der acht Laufbeine. Auf der Innenseite ist ein Muskel an dieser Membran angewachsen, der mechanosensitive Neuronen trägt. Diese

Abb. 6.16 Unter den Crustaceen gibt es nur wenige Arten, bei denen man Hörfähigkeit und akustisch gelenktes Verhalten vermutet oder nachgewiesen hat. Dazu gehören die Putzergarnele *Lysmata amboinensis* (*links*) sowie die Winkerkrabbe *Uca tangeri* (*rechts*)

Struktur kann durch Luftschall in Schwingungen versetzt werden und dient so als eine Art Ohr. Wird das Organ im Experiment durch einen Schnitt beschädigt, sinkt die Empfindlichkeit der Tiere für die arteigenen Rufe um etwa 90 % (−20 dB). Wie es scheint, tritt bei den Krebstieren eine ausgeprägte auditorische Kommunikation erst mit der amphibischen Lebensweise auf. Die rein aquatischen Crustaceen haben zwar einen guten Vibrationssinn, ein Hörsinn im engeren Sinn scheint aber nur vereinzelt vorzukommen.

Bei anderen Wassertieren (Schwämme, Nesseltiere, Würmer, Schnecken, Muscheln, Stachelhäuter) ist die Frage nach dem Hörsinn kaum untersucht. Obwohl es Hinweise darauf gibt, dass einige Arten die Richtung einer Schallquelle ausmachen können, geht man derzeit davon aus, dass diese Tiere ihren Vibrationssinn sowie Wasserströmungssensoren nutzen können, um niederfrequenten Substratschall zu erfassen. Frequenzen im Kilohertzbereich als Mittel zur Fernerkundung und der Kommunikation sind nicht belegt. Über die Cephalopoden, Crustaceen und Fische hinaus ist ein echter Hörsinn erst bei den Amphibien zu erkennen (▶ Abschn. 6.6).

6.5 Die Ohren der Insekten

Die meisten Insekten sind Landtiere. Sie werden von Schallsignalen sowohl in Form von Substratschall, der durch den Boden oder den Pflanzenspross geleitet wird, als auch von Luftschall erreicht. Beide Signalformen können lebenswichtige Informationen enthalten. Die Detektion von Vibrationen des Substrats werden in ▶ Kap. 5 behandelt. Hier geht es um das Hören von Luftschall, eine Fähigkeit, die keineswegs alle Insekten entwickelt haben. So können die meisten der etwa 350.000 Käferarten nicht hören. Hörende Vertreter hat man bisher in nur neun der 30 Ordnungen der Insekten nachgewiesen: Bei den Heuschrecken (Orthoptera), den Fangschrecken (Mantodea), den Schaben (Blattodea), den Schnabelkerfen (Hemiptera), den Hautflüglern (Hymenoptera), den Käfern (Coleoptera), den Netzflüglern (Neuroptera), den Schmetterlingen (Lepidoptera) und den Zweiflüglern (Diptera). Insektenohren sind im Mikroskop nicht immer leicht zu erkennen und werden letztlich funktionell definiert. Sie werden als „Ohren" bezeichnet, wenn sie durch adäquate Schallreize aktiviert werden und bei Aktivierung ein reproduzierbares Verhaltensmuster auslösen. Hören im Frequenzbereich von 3 kHz bis über 15 kHz ermöglicht vielen Insekten innerartliche Kommunikation über weite Entfernungen hinweg. Zudem verbessert Hören ihre Überlebenschance, weil sie so Fressfeinde früher bemerken können. Besonders faszinierende Beispiele hierfür sind die Gesänge von Grillen und Singzikaden sowie die Koevolution des Hörsinnes von Nachtfaltern mit dem Jagdruf der ihnen nachstellenden Fledermäuse (▶ Abschn. 6.9). In beiden Fällen ist die Analyse von Schalldruckwellen geeignet, das akustische Fernfeld zu erkunden, eine sensorische Leistung der **Tympanalorgane**. Zusätzlich werden **Sensillen** und **Antennenorgane** eingesetzt, um die Partikelbeschleunigung im Nahfeld der Schallquelle auszumessen. Mit ihren Hörstrukturen sind Insekten ähnlich gut ausgestattet wie die Wirbeltiere, wobei allerdings die mechanischen Vorgänge in Insektenohren ganz anders ablaufen als in Wirbeltierohren.

Während die paarigen Ohren der Wirbeltiere auf dem ursprünglichen Bauplan der beiden Vestibularorgane der Fische beruhen, sind die Tympanalorgane der Insekten an Stellen des Insektenkörpers entstanden, wo sich **Chordotonalorgane** (auch **Scolopidialorgane**) befinden. Chordotonalorgane registrieren als mechanosensitive Sinnesorgane Verformungen der Cuticula sowie Gelenkstellungen an den Extremitäten. In diesen Sensoren sind

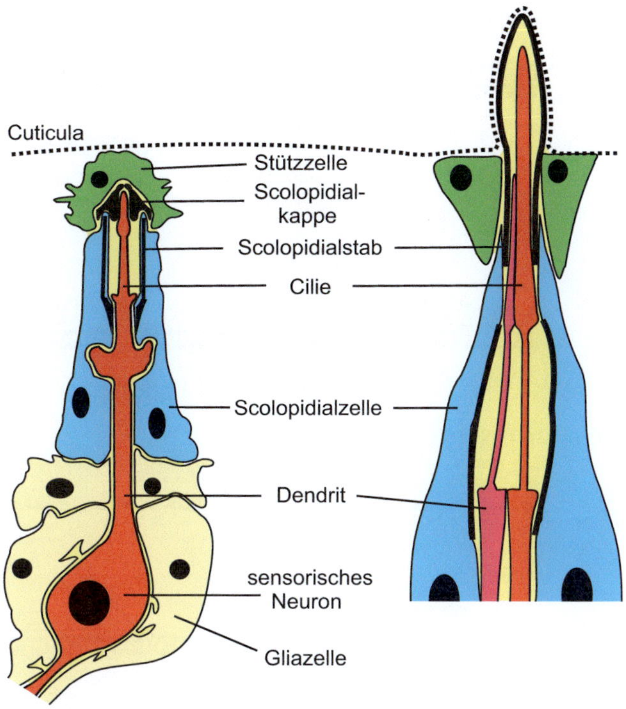

Abb. 6.17 Aufbau von Chordotonalorganen. Zwei Beispiele für die Einbettung der Dendriten von mechanosensorischen Neuronen (*rot*) in konzentrisch angeordnete Scolopidialzellen (Stiftzellen, *blau*). Die Scolopidialzellen bilden aus mikrotubulären Scolopidialstäben eine stabile Halterung für die dendritischen Cilien. Der so gebildete hohle Stift (Scolops) kann distal durch Kappenzellen verschlossen sein (*links*) oder kann in eine zapfenförmige Ausstülpung der Cuticula reichen (*rechts*). Stützzellen (*grün*) sorgen für die Verbindung mit der Cuticula, deren Verformung die Chordotonalorgane mit hoher Empfindlichkeit messen. Nach Yack (2004)

ein oder mehrere Dendriten von Sinneszellen über eine manschettenförmige Adapterstruktur, das Scolopidium, mit der Cuticula verbunden (Abb. 6.17), sodass Auslenkungen der Cuticula als mechanischer Reiz auf die Dendriten übertragen werden. Chordotonalorgane sind über den gesamten Insektenkörper verteilt zu finden, wo sie in jedem der Segmente mechanische Reize aufnehmen, die zur Körperkoordination und zur Detektion von Substratvibrationen benötigt werden (▶ Kap. 5). Bei hörenden Insekten, insbesondere bei vielen Heuschrecken (Ordnung Orthoptera), sind die Chordotonalorgane des vorderen Beinpaares der Schallregistrierung gewidmet, bei anderen Insekten findet man diese „Insektenohren" an den unterschiedlichsten Körperstellen, von den Mundwerkzeugen bis zu den Abdominalsegmenten (Abb. 6.18). Die Funktionsweise der **Tympanalorgane** beruht darauf, dass eine besonders dünne Stelle im Außenskelett (Tympanum, Membrana tympanalis, Trommelfell) durch Schalldruckwellen in Schwingungen versetzt wird. Die Cuticula ist dazu auf bis auf wenige Mikrometer abgeflacht und steht in den meisten Fällen auf der Innenseite in Kontakt mit luftgefüllten Kammern des Tracheensystems. Bei Druckunterschieden zwischen Trachea und Außenluft wird das Tympanum zum niedrigeren Druck hin ausgelenkt. Oszillationen des Schalldrucks erzeugen dadurch eine Vibration des Tympanums in der Frequenz des auftreffenden Schalles. Im Unterschied zu den Ohren der Landwirbeltiere werden diese Vibrationen nicht auf eine Flüssigkeit übertragen, sondern entweder direkt am Tympanum von Chordotonalorganen registriert oder von der Wand der trachealen Luftkammer abgeleitet (Abb. 6.18). Damit ist eine Impedanzanpassung, wie sie vom Mittelohr der Landwirbeltiere geleistet werden muss (▶ Abschn. 6.6), bei den Insektenohren nicht nötig.

Insekten nutzen also ebenso Luftkammern als Detektoren für Schalldruckwellen, wie das Knochenfische mit ihren Schwimmblasen tun. Es gibt allerdings einen wesentlichen Unterschied: Während Schwimmblasen weitgehend geschlossene Kammern darstellen, ist das Tracheensystem der Insekten nach außen hin offen. Denn jede Trachee endet an der Körperoberfläche in einer Öffnung (**Stigma**, **Spiraculum**), welche den Gasaustausch mit der umgebenden Luft ermöglicht. Durch die luftgefüllten Tracheen kann Druck entweichen, es können aber auch Schalldruckwellen in den Insektenkörper eindringen und die Luftkammern der Tympanalorgane erreichen. Dort kommt es dann zum Aufeinandertreffen von Schalldruckwellen gleichen Ursprungs – ausgehend von der gleichen Schallquelle – auf der inneren und äußeren Seite des Tympanums. Beide Druckwellen üben Kraft auf das Tympanum aus. Die resultierende Auslenkung entspricht der Druckdifferenz: überwiegt der Außendruck, wird das Tympanum nach innen ausgelenkt, überwiegt der Innendruck, kommt es zur Auslenkung nach außen. Nach dieser Vorstellung ist das Tympanalorgan also kein einfacher Schalldrucksensor, sondern es regiert auf **Druckdifferenzen zwischen Trachealkammer und Außenluft**. Druckdifferenzen ergeben sich aus den Amplituden und Phasenverhältnissen der Schalldruckwellen auf den beiden Seiten des Tympanums. Sie bilden die Grundlage für eine wichtige Hypothese zum Hören bei Insekten, nämlich zum **Konzept des Richtungshörens**. Die Ortung einer Schallquelle beruht auch bei Insekten auf der binauralen Analyse, dem Vergleich von Reizmerkmalen an zwei gegenüberliegenden Ohren. Grillen können offenbar eine solche Analyse durchführen und die Signale von Tympanalorganen in den beiden Vorderbeinen miteinander vergleichen. Wie Verhaltensversuche gezeigt haben, können weibliche Feldgrillen (*Gryllus campestris*) die Richtung zu einer Schallquelle auf weniger als 10° genau orten können (Abb. 6.19), allerdings nur in einem engen Frequenzbereich um 4,5 kHz, der Hauptruffrequenz der Männchen. Wenn man bedenkt, dass die Wellenlänge von Tönen dieser Frequenz 69 mm beträgt (Tab. 6.1), der Abstand zwischen den Tympanalorganen an den bei-

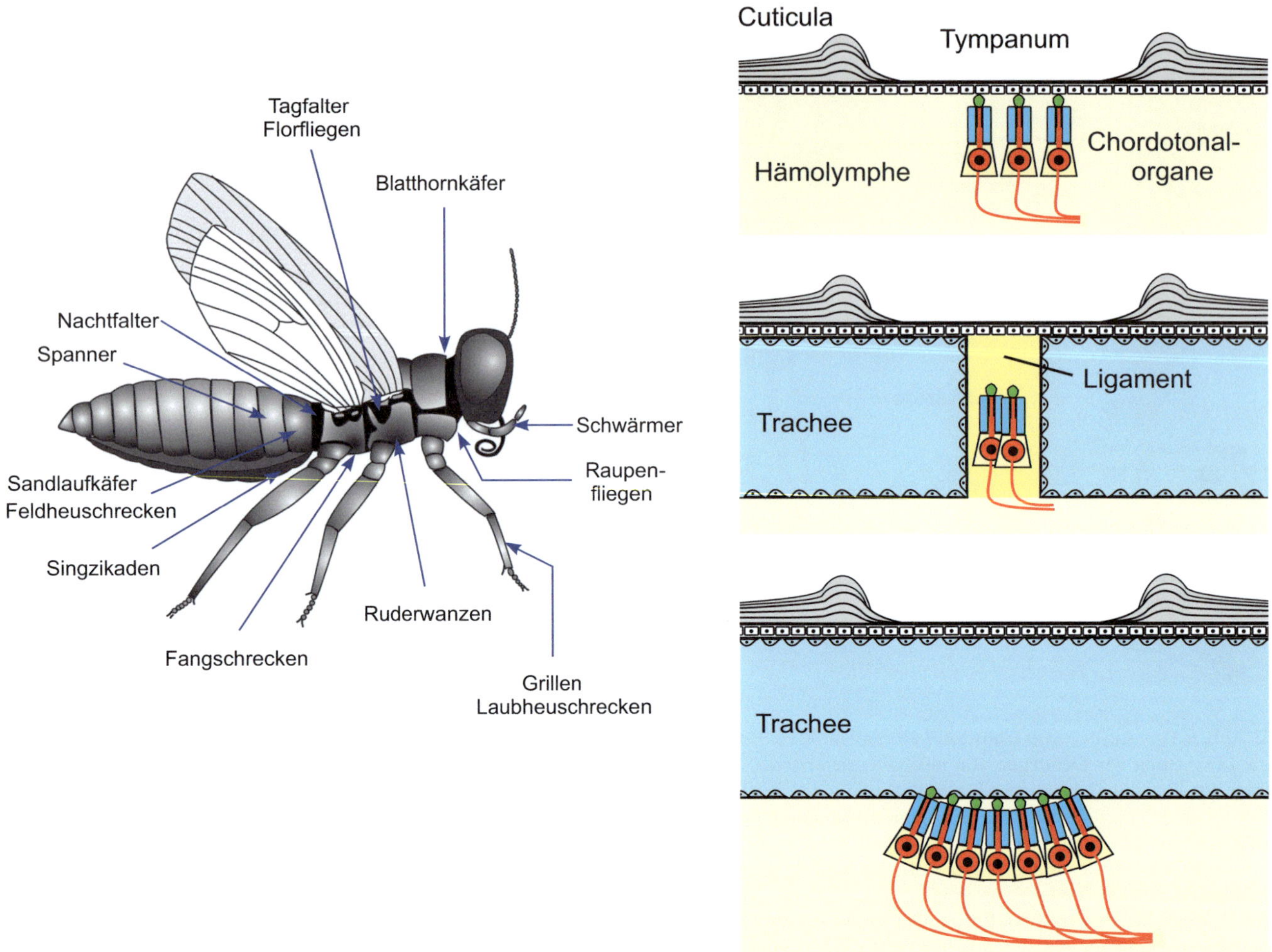

Abb. 6.18 *Links*: Die Lage von Insektenohren am Körper eines Modellinsekts. Diese Darstellung zeigt, an welchen Körperstellen der genannten Insekten Tympanalorgane gefunden wurden. *Rechts*: Drei von vielen unterschiedlichen Bauprinzipien von Tympanalorganen. Die Cuticula ist am Tympanalorgan zu einer Membran (Tympanum, Trommelfell) von wenigen Mikrometern Dicke reduziert und von einer meist ovalen, wulstförmigen Verdickung umgeben. Die mechanosensitiven Chordotonalorgane (Scolopidialorgane) können direkt am Tympanum ansetzen (*rechts oben*) und schallerzeugte Schwingungen registrieren. Bei manchen Insekten liegen die Chordotonalorgane in einem Bindegewebsligament zwischen trachealen Ausstülpungen (*rechts Mitte*), bei anderen werden Vibrationen direkt von der Wand einer Trachee abgeleitet, die ihrerseits Kontakt mit dem Tympanum hat (*rechts unten*). Nach Hoy und Robert (1996) und Yager (1999)

den Vorderbeinen aber kaum 10 mm, wird klar, dass die Tiere unter ungünstigeren Bedingungen hören müssen als größere Landwirbeltiere mit Ohrenabständen von 20–200 mm (▶ Abschn. 6.8). Dazu kommt die akustisch schwierige Situation zwischen dem Bodenbewuchs und anderen Oberflächenstrukturen, welche die Schallausbreitung durch Dämpfung und Ablenkung beeinflussen. Wie erreichen die Grillen ihre hohe Ortungsgenauigkeit unter so schwierigen Bedingungen?

Für das binaurale Richtungshören werden vor allem zwei Parameter ausgewertet. Dämpfung durch das Gewebe erzeugt eine **interaurale Pegeldifferenz**, wobei das kontralaterale (von der Schallquelle abgewandte) Ohr eine geringere Schallintensität registriert als das ipsilaterale (der Schallquelle zugewandte) Ohr. Dazu kommen Unterschiede in der **interauralen Laufzeitdifferenz**, die sich aus dem Ohrabstand, dem Einfallswinkel des Schalles und der Schallgeschwindigkeit ergibt. Beim Menschen liegen die kleinste auflösbare Pegeldifferenz bei 1–2 dB und die minimale Laufzeitdifferenz bei 5–10 µs – Leistungen, die eine Ortungsgenauigkeit von 1–2° ermöglichen. Bei Verhaltensversuchen zur Phonotaxis von Grillen fand man ganz ähnliche Werte mit Pegeldifferenzen von 1–2 dB und einer Ortungsgenauigkeit von 6–10°. Beides ist überraschend, denn zwischen den Beinen einer Grille kann keine ähnliche Schalldämpfung stattfinden wie durch den Kopf eines Menschen. Und die kurze interaurale Distanz liefert bei der Grille eine maximale Laufzeitdifferenz bei Beschallung von der Seite von nur 3–5 µs, beim Menschen sind es dagegen

Abb. 6.19 Zwei Feldgrillen (*Gryllus campestris*) finden zur Paarung zusammen, geleitet durch die Vokalisation des Männchens und das Richtungshören des Weibchens. Der Ruf des Männchens wird durch Stridulation erzeugt, durch einen Resonator zu weithin hörbarer Lautstärke verstärkt und besteht aus einem fast reinen Ton von 4,5 kHz. Das Weibchen orientiert sich an dem Ruf und nähert sich dem Männchen in einer Zickzacklinie. Am linken Vorderbein eines stridulierenden Männchens (*rechts*) erkennt man ein Tympanalorgan als hellen Fleck

600 µs. Insekten, die auf einen leistungsfähigen Hörsinn zur Partnersuche oder zur Nahrungssuche angewiesen sind, lösen das Problem der geringen Körpergröße durch eine bis zu **1000-fache Verstärkung der Schallparameter**. Die Grundlage dafür ist die gleichzeitige Beschallung der Tympanalorgane von außen und von innen. Da der Schall nicht nur von außen direkt auf das Tympanum trifft, sondern auch durch die miteinander verbundenen Beintracheen (Abb. 6.20, *oben*), verändern sich die Eigenschaften der resultierenden Schalldruckwellen, die das Tympanum in Vibration versetzen, mit dem Einfallswinkel des Schalles. Eine zentrale Rolle spielt dabei der Weg durch die kontralaterale Tracheenöffnung und die Quertrachee zur ipsilateralen Beintrachee, denn diese Laufstrecke des Schalles verursacht am ipsilateralen Tympanum eine **Phasenmodulation** und eine **Amplitudenmodulation** bei konstanter Schallfrequenz. Diese Modulation verstärkt Unterschiede in den Auslenkungen der beiden Tympana immer dann, wenn der Schall seitlich auftrifft, und schärft damit das Richtungshören der Tiere. Man kann diesen Verstärkungseffekt direkt messen, indem man die physikalischen Schallparameter mit den physiologischen vergleicht. Die physikalischen Pegel- und Laufzeitdifferenzen kann man mit Mikrophonen am Ort der Tympanalorgane messen. Die physiologischen Parameter gewinnt man aus der Aufzeichnung der Vibrationen der Tympana, die mit der optischen Methode der Laservibrometrie abgeleitet werden können. Man findet in solchen Experimenten weit höhere Werte für die interaurale Laufzeitdifferenz, als aufgrund der geometrischen Verhältnisse zu erwarten wäre. Tatsächlich gelingt es den hörenden Insekten, akustisch einen zehn- bis 30-fach größeren Körper (und damit zehn- bis 30-fach längere Laufzeitdifferenzen) zu simulieren, indem sie Schallsignale vor der binauralen Auswertung durch Überlagerung der Schallwellen modulieren. Selbst die nur wenige Millimeter große parasitäre Raupenfliege *Ormia ochracea* (Familie Tachinidae), die akustisch zu ihrem Wirt geleitet wird, erreicht mit ihrem winzigen Hörsystem (Ohrabstand: 520 µm; physikalische maximale Laufzeitdifferenz: 1,45 µs) durch das Prinzip der Phasenmodulation von Schalldruckwellen eine maximale Laufzeitdifferenz von 50 µs und damit eine 30-fach bessere Ortungsleistung (Abb. 6.20).

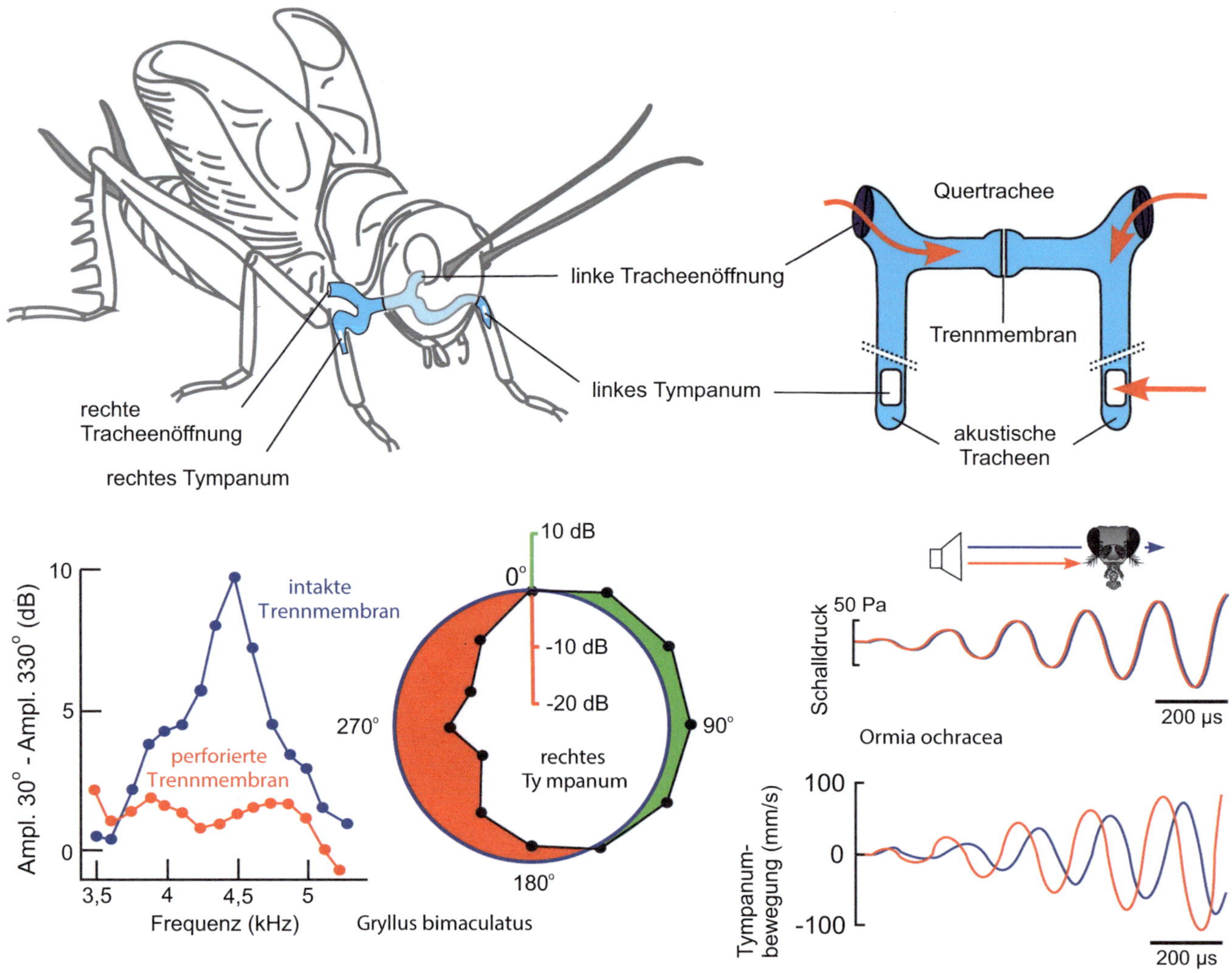

Abb. 6.20 Richtungshören bei Insekten. *Oben links*: Die Tympanalorgane der Mittelmeer-Feldgrille (*Gryllus bimaculatus*) befinden sich an den Vorderbeinen, wo akustische Tracheen dem Tympanum von innen direkt aufliegen. Chordotonalorgane registrieren schallinduzierte Vibrationen von der Trachealwand. Die akustischen Tracheen beider Beine sind über eine Quertrachee miteinander verbunden, die medial von einer Trennmembran geteilt wird. *Oben rechts*: Trifft Schall auf die rechte Seite des Insekts, erreichen Schalldruckwellen auf drei Wegen das rechte Tympalanorgan (*rote Pfeile*): durch das rechte Tympanum, durch die rechte Tracheenöffnung sowie durch die linke Tracheenöffnung und die Quertrachee. Die drei Schallsignale überlagern sich auf dem rechten Tympanum. *Unten links*: Grillenweibchen suchen nach einem Männchen, das bei 4,5 kHz singt. Dazu suchen sie innerhalb von etwa ± 30° um die tatsächliche Richtung zur Schallquelle (hier „0°"). In diesem Bereich (vorne links: 330° bis vorne rechts: 30°) zeigen die beiden Tympanalorgane die höchste Empfindlichkeit für die Ruffrequenz. Kommt der Ruf von rechts, vibriert das rechte Tympanum um 10 dB stärker als das linke (*blaue Symbole*). Perforiert man die Trennmembran der Quertrachee, geht die Frequenzselektivität verloren (*rote Symbole*). *Unten Mitte*: Richtcharakteristik des rechten Tympanums der Grille unter Berücksichtigung der drei Schallwege. Schall von links wird gedämpft (*roter Bereich*), von rechts kommender Schall wird verstärkt (*grüner Bereich*). *Unten rechts*: Bei Beschallung der parasitischen Raupenfliege *Ormia ochracea* von rechts (Blickrichtung) wird der Schalldruck am rechten (*rot*) und linken (*blau*) Tympanalorgan mit Mikrofonen fast gleichzeitig aufgezeichnet (Laufzeitunterschied: 1,45 µs). Registriert man jedoch die Bewegung beider Tympana mit Laservibrometrie, findet man eine deutliche Verzögerung der Reaktion des linken Tympanums (Laufzeitunterschied: 48,3 µs). Die Fliege hat die Laufzeitdifferenz 30-fach verstärkt und kann sie nun für das Richtungshören nutzen. Nach Michelsen und Löhe (1995); Michelsen und Larsen (2008); Robert und Göpfert (2002)

Die Modulation von Schallsignalen funktioniert nur in einem engen Frequenzband, denn die Tracheen im Hörsystem der weiblichen Grille sind genau so ausgelegt, dass Phasenverschiebungen und Resonanzeffekte bei der Frequenz des arteigenen Rufes des Männchens optimal wirken (◘ Abb. 6.20, *unten links*). Der Hörsinn der Grillen ist daher frequenzselektiv. Aber auch andere Gründe als das Richtungshören machen **Frequenzselektivität** erforderlich. Zunächst einmal muss ein Insekt in der Lage sein, aus dem akustischen Gewirr von Hintergrundgeräuschen den Ruf des Artgenossen herauszuhören. Da das Zirpen eines Grillenmännchens vermischt mit den Vokalisationen vieler anderer Insekten und Wirbeltiere den Hörsinn der weiblichen Grille

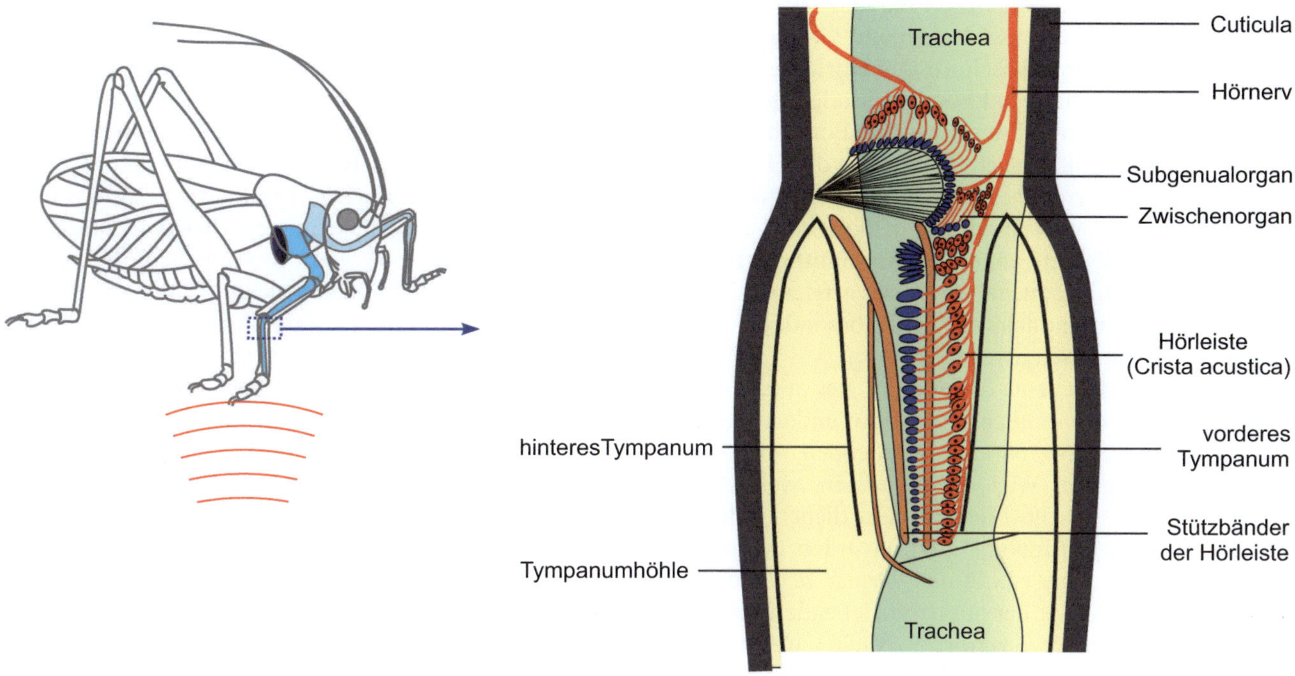

Abb. 6.21 Der tibiale Hörapparat der Laubheuschrecke *Tettigonia viridissima* (Grünes Heupferd). Unterhalb des Subgenualorgans, das vor allem niederfrequente Substratvibrationen registriert, ist das kleine Zwischenorgan zu erkennen, das im Bereich von 1–15 kHz auf Luftschall reagiert. Darunter liegt vertikal angeordnet die Hörleiste auf der Tracheenmembran. Sie ist ein weit ausgebreitetes Tympanalorgan (*blau* sind die Scolopidien, *rot* die mechanosensorischen Neuonen dargestellt) auf der Wand der Beintrachee. Die Hörleiste ist tonotop organisiert: Die proximalen Sensoren reagieren am empfindlichsten auf Schallfrequenzen im Bereich von 3–5 kHz, die distalen auf 50–100 kHz. Die Hörleiste vermittelt die Frequenzanalyse des Luftschalls. Nach Field und Matheson (1998)

erreicht, muss sie in der Lage sein, den interessanten, arteigenen Ruf im allgemeinen Konzert zu erkennen. Zudem gibt ihr die Qualität des Rufes Informationen über die Entfernung zum Männchen und vermutlich sogar über dessen Gesundheitszustand. Eine genaue Schallanalyse ist daher eine wichtige Komponente beim Paarungsverhalten. Im Hörsinn wird diese Analyse durch **Frequenzdispersion** geleistet, die Aufteilung der unterschiedlichen Frequenzen eines Klanggemischs, bei der jede Frequenz an einem anderen Ort einer sensorischen Struktur detektiert wird. Das wird dadurch erreicht, dass sich physikalische Eigenschaften wie Materialhärte oder Elastizität entlang der Sensorstruktur stetig verändern. Trifft ein Klanggemisch auf eine Struktur mit einem solchen mechanischen Gradienten, lösen die einzelnen Frequenzkomponenten an unterschiedlichen Stellen Resonanzschwingungen aus – die hohen Frequenzen im härteren, die tieferen Frequenzen im weicheren Bereich der Struktur. Eine solche Auffächerung der Resonanzeffekte führt zu einer **tonotopen Repräsentation** der Frequenzen auf dem Sensor, bei der jeder Ort für eine Frequenz (oder für einen engen Frequenzbereich) zuständig ist. Die Spezialisierung einer lokalen Sinneszelle auf einen bestimmten Frequenzbereich kann zudem dadurch verstärkt werden, dass sie über strukturelle Anpassungen ihrer sensorischen Strukturen verfügt (beispielsweise ihrer Scolopidien), die sie besonders empfindlich auf Töne „ihrer" Frequenz reagieren lassen. Kommt es an einer Stelle des Sensors zur Resonanzvibration, ist die Frequenz eindeutig identifiziert: Das Nervensystem kann aus der Ortsinformation auf die Frequenzinformation schließen.

Bei Grillen und Heuschrecken ist dieses Prinzip der Frequenzanalyse im Tibialorgan verwirklicht. Unterhalb des bei allen Insekten vorhandenen Subgenualorgans, das niederfrequente Bodenvibrationen registriert, liegt ein kleines mechanosensorisches Zwischenorgan und darunter die weit auseinandergezogene Hörleiste (■ Abb. 6.21). Die **Hörleiste** (**Crista acustica**) ist ein Tympanalorgan, das auf der Wand einer Beintrachee aufliegt und dort durch Stützbänder stabilisiert wird. Die Scolopidien von etwa 20 bis 60 Chordotonalorganen sind nebeneinander in einer Reihe angeordnet und zeigen bei den Langfühlerschrecken (Unterordnung Ensifera) eine systematische Verkleinerung von proximal nach distal. Nach dem heutigen Verständnis liefert jedes dieser Chordotonalorgane zwei Informationen an das zentrale Hörsystem: die Information über die **Tonhöhe** (**Frequenz**) durch ihre Lage auf der Hörleiste sowie über die **Lautstärke** (**Intensität**) des Tones, die in der Entladungsfrequenz des afferenten Neurons codiert ist: je lauter der Ton, desto höher die Frequenz von Aktionspotenzialen. Bei den Heuschrecken und Grillen reagiert der proximale (obere) Abschnitt der Hörleiste auf den Frequenzbereich von 1–10 kHz, der distale (untere) Bereich reagiert auf hohe Frequenzen im Bereich von 50–100 kHz, aber die individuelle Stimmung der Hörleisten variiert erheblich zwischen den Gattungen und Arten der Orthopteren. Man findet sogar akustische Foveae, überproportional breit angelegte Abschnitte der Hörleiste, die auf den Frequenzbereich des arteigenen Rufes mit hoher Empfindlichkeit und besonders guter Frequenzauflösung reagieren.

Tympanalorgane zur Erkundung des akustischen Fernfeldes findet man auch bei einigen anderen Insekten, insbesondere bei parasitoid lebenden Arten, die phonotaktisch einen Wirt orten müssen, welcher als Nahrungsquelle für die Fliegenlarven dienen soll. Bei den Zweiflüglern (Ordnung Diptera) wurden Tympanalorgane bei der oben erwähnten *Ormia ochracea* gefunden, die zur Familie der parasitoid lebenden Raupenfliegen (Tachinidae) gehört. Auch unter den Fleischfliegen (Familie Sarcophagidae) kennt man eine phonotaktische Art (*Emblemasoma* spec.) mit Tympanalorganen. Allerdings scheinen dies Ausnahmen unter den Fliegen zu sein, Anpassungen an die besonderen Anforderungen der Jagd auf Wirtsorganismen. Im Allgemeinen behelfen sich Fliegen mit **akustischen Nahfeldsensoren**, welche Luftbewegungen in der Nähe der Schallquelle registrieren. Diese zählen zu den Schallschnelledetektoren und ermöglichen das Hören nur in einem Radius von zwei bis drei Körpergrößen um die Schallquelle herum und zudem beschränkt auf niedrige Frequenzen.

Taufliegen (Familie Drosophilidae) und Bohrfliegen (Tephritidae) tragen solche Sensoren an ihren Antennen, aber auch die andere große Gruppe der Zweiflügler, die Mücken (Unterordnung Nematocera). Bei *Drosophila* vermitteln die Antennen – das multimodale Sinnesorgan der Insekten – auch den Hörsinn für Partikelbewegungen. Dieser Sinn spielt eine Schlüsselrolle beim Paarungsverhalten. Sowohl männliche als auch weibliche Taufliegen singen im Frequenzbereich von 200–400 Hz, wenn sich paarungsbereite Tiere einander nähern. Vermutlich dient dieses Duettsingen zusammen mit taktilen Reizen zur Arterkennung und zur Partnerauswahl. Wirksam ist das akustische Signal allerdings nur über wenige Millimeter Abstand hinweg, und der Frequenzbereich (entspricht etwa d^1, vier Töne unterhalb des Kammertons a^1) ist typisch für Schallschnelledetektoren, die Partikelbewegungen in unmittelbarer Nähe der Schallquelle registrieren. Das Hörsinnesorgan besteht aus einem Feld von Chordotonalorganen im Gelenk zwischen Pedicellus und Funiculus jeder Antenne (▫ Abb. 6.22). Der Funiculus, das dritte Antennensegment, ist mit einem großen Cuticularwedel (Arista, Fühlerborste) ausgestattet, der durch Schallenergie in Vibrationen versetzt wird. Verstärkt durch die Hebelwirkung erzeugt das so entstehende Drehmoment eine elastische Vibration des Funiculus um seine Längsachse, die innerhalb des Gelenks von den Chordotonalorganen registriert wird. Dieses Hörorgan gehört zum Typ der **Johnston-Organe**, die viele Insekten zur Vibrationsmessung in den Antennen nutzen. Bei den Taufliegen enthält das Johnston-Organ etwa 200 Scolopidien mit etwa 500 Sinneszellen, bei Mücken findet man sogar 7500 Scolopidien mit 15.000 Sinneszellen in diesem Hörorgan. Struktur und Funktionsweise der Sensoren unterscheiden sich und machen das Mückenohr leistungsfähiger als das Fliegenohr. Denn Funiculus und Arista bilden bei *Drosophila* ein Rotationspendel mit nur einer Bewegungsmöglichkeit. Bei Mücken überträgt ein freistehendes Flagellum Bewegungen mit zwei Freiheitsgraden auf das Johnston-Organ im Pedicellus und verleiht diesen Insekten einen genaueren Hörsinn.

6.6 Landwirbeltiere: Mittelohren und Innenohren

Die Auswertung von Luftschall hinsichtlich arteigener oder anderer akustischer Informationen hat sich bei Landwirbeltieren weiter entwickelt als bei allen anderen Tiergruppen. Insbesondere die Frequenzanalyse wurde über fünf Größenordnungen hinweg (1–100 kHz) ausgedehnt, und die Hörempfindlichkeit wurde bis an die Grenze des physikalisch Möglichen optimiert. Alle Wirbeltiere nutzen den dorsalen Abschnitt ihres Innenohres, das Vestibularorgan (▶ Abschn. 5.8), zur Lageorientierung und messen dazu jede Drehbeschleunigung des Kopfes mithilfe der Ampullenorgane in den drei Bogengängen. Zusätzlich wird über das Otolithenorgan des Utriculus (Macula utriculi) die Ausrichtung des Kopfes relativ zum Schwerefeld der Erde bestimmt. Im ventralen Teil des Innenohres findet man verschiedene Maculaorgane, die Tiere nicht nur zur Messung der Linearbeschleunigung des Körpers, sondern auch zum Hören nutzen. Bei Amphibien dienen die Haarzellfelder des Sacculus zur Schallanalyse, bei den Landwirbeltieren wurde die Lagena stark vergrößert (▫ Abb. 6.23) und hat Platz für ein ausgedehntes Corti-Organ geschaffen, mit einigen Tausend Haarzellen als Vibrationsdetektoren (Details zu Haarzellen ▶ Abschn. 5.5). Im Verlauf des Landganges der Wirbeltiere vor etwa 370 Mio. Jahren wurde die Fischohren – wie alle anderen Sinnesorgane auch – umgebaut und an die Detektion und Analyse von Luftschall angepasst. Ein entscheidender Schritt war die Umwidmung eines U-förmigen Knochens aus dem Kiemenapparat der Fische (das **Hyomandibulare** des Zungenbeinbogens) zu einem „Säulchen“ (**Columella**), mit dessen Hilfe Schwingun-

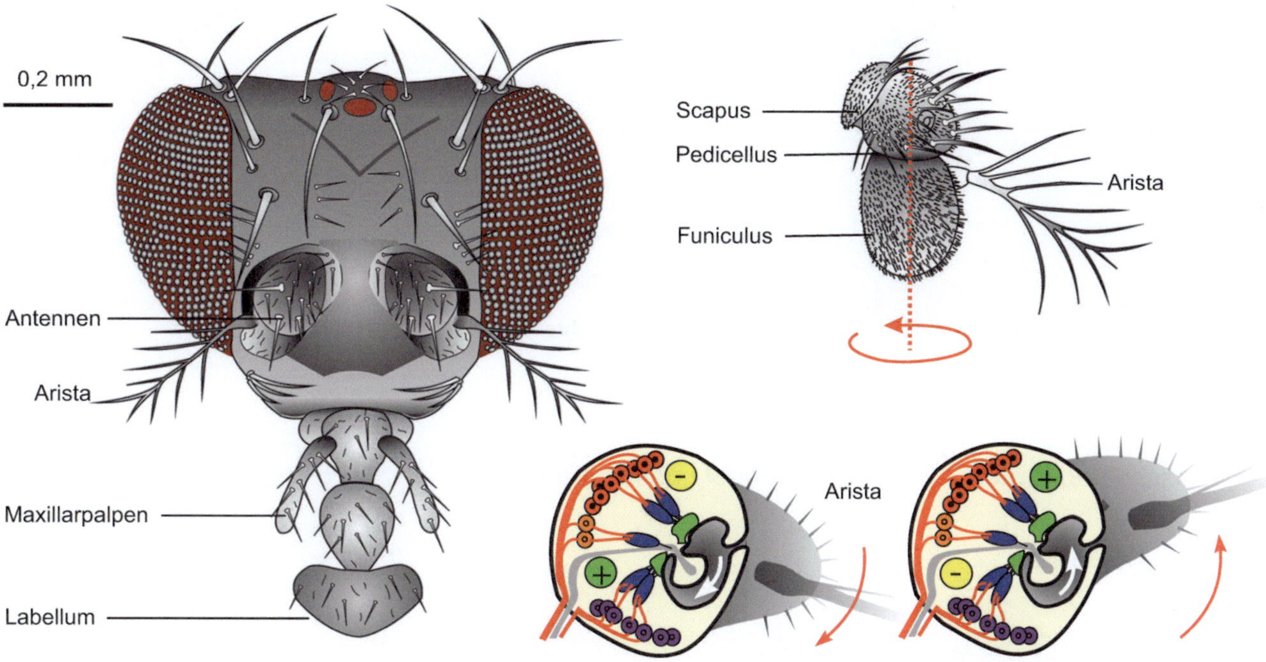

Abb. 6.22 Hören im akustischen Nahfeld bei *Drosophila*. Die Antennen der Taufliegen beherbergen mehrere Sinnesmodalitäten, darunter auch den Hörsinn für Partikelbewegung. Schallwellen erzeugen Vibrationen der Fühlerborsten (Aristae), was zur Rotationsbewegung des dritten Antennengliedes (Funiculus) um seine Längsachse führt. *Rechts unten*: Im Gelenk zwischen Funiculus und Pedicellus reicht ein Zapfen des Funiculus (*grau*) in ein Sensorenfeld aus Chordotonalorganen (*rot*: Sinneszellen; *blau*: Scolopidien). Beim Abschwung der Arista nach ventromedial werden die unteren Sensoren mechanisch aktiviert (Symbol +), beim Aufschwung nach dorsolateral die oberen. Nach Albert und Göpfert (2015)

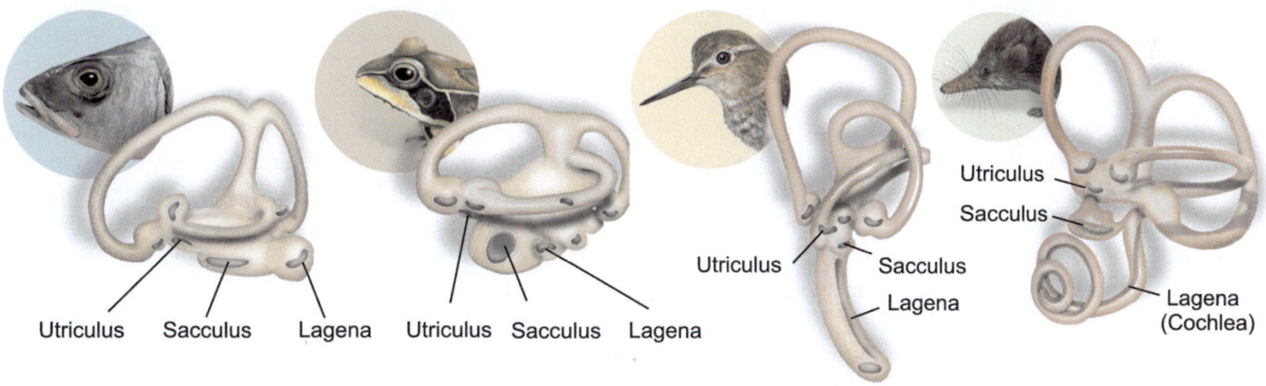

Abb. 6.23 Die Entwicklung des Innenohrrs mit deutlicher Verlängerung der Lagena bei Vögeln und Säugetieren. Bei Vögeln ist die Lagena noch ein Maculaorgan mit einer Otolithenmembran am distalen Ende. Beim Säuger enthält die zur Cochlea aufgerollte Lagena keine Otolithen mehr

gen des Trommelfelles auf das Innenohr übertragen werden können. Die Columella wird gelegentlich auch als **Stapes** (Steigbügel) bezeichnet, weil bei Säugern aus dem Hyomandibulare der Steigbügel gebildet wird, während Hammer und Amboss aus dem Articulare und dem Quadratum des primären Kiefergelenks entstehen. Im Verlauf der Evolution der Landtiere haben sich seit der Trias (vor 250–200 Mio. Jahren) drei unterschiedliche Hörstrukturen unabhängig voneinander entwickelt. So nutzen heute die Schuppenechsen (Überordnung Lepidosauria – Echsen, Schlangen) eine Columella zur Schallübertagung vom Trommelfell auf das Innenohr, wo der Schall durch Basilarpapillen analysiert wird. Bei den Archosauria (Krokodile und Vögel)

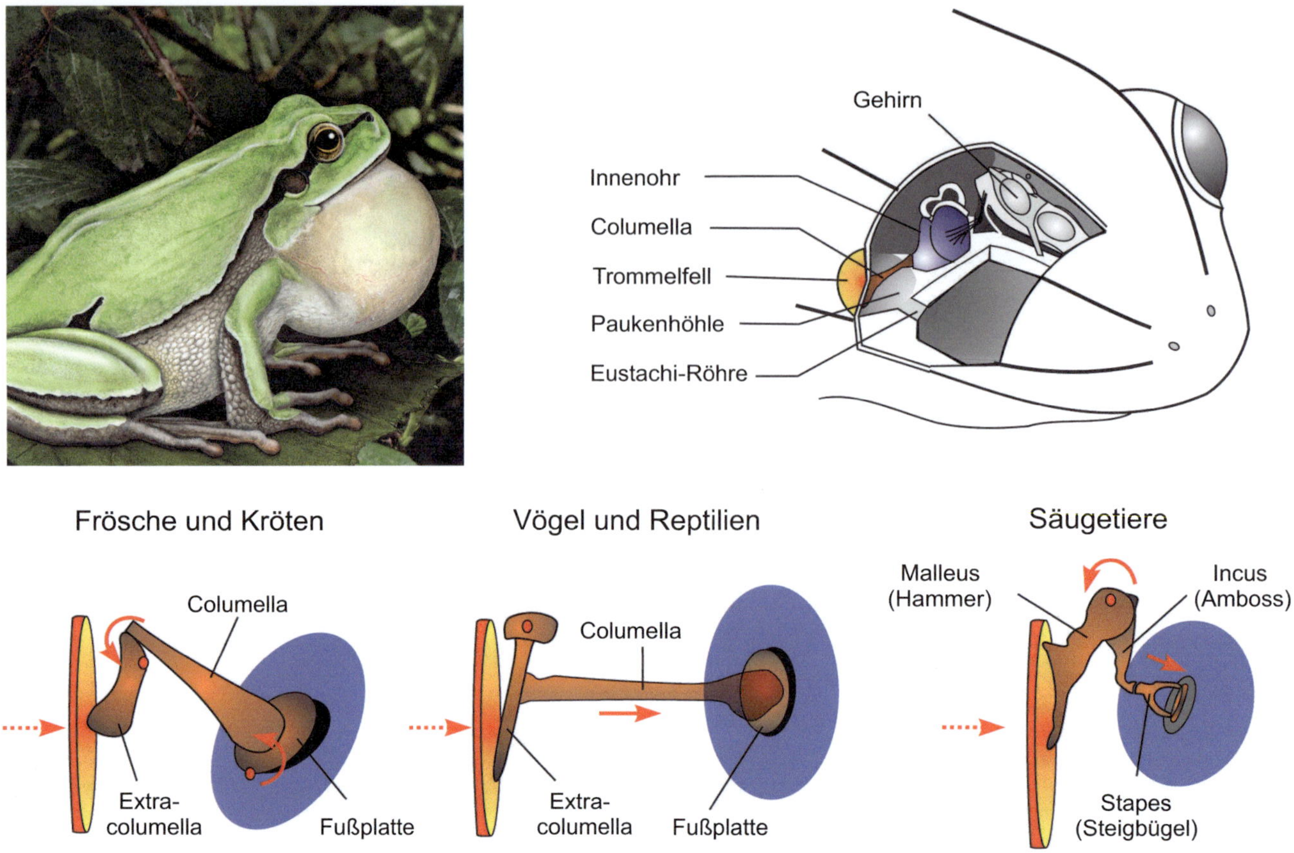

Abb. 6.24 Die Mechanik der Schallübertragung im Mittelohr. *Oben*: Das Trommelfell ist beim Laubfrosch (*Hyla arborea*) als scheibenförmige Grube hinter dem rechten Auge zu erkennen. Auf der Innenseite leitet der Mittelohrknochen (Columella) schallerzeugte Vibrationen an das Innenohr weiter. *Unten*: Schematische Darstellungen der Mittelohrknochen und ihrer Angelpunkte (*rote Punkte*). Die Schallübertragung vom Trommelfell (*jeweils links*) auf das ovale Fenster des Innenohres (*jeweils rechts*) verläuft bei den echten Fröschen (Familie Ranidae) und den Kröten (Familie Bufonidae) mit einer Phasenverschiebung von 180°. Bei Vögeln und Säugetieren wird der Schall ohne Phasenverschiebung übertragen. Nach Bradbury und Vehrencamp (2011)

zeigt die Columella eine etwas andere Mechanik (Abb. 6.24), und die Basilarpapille ist vergrößert und komplexer strukturiert. Säugetiere schließlich nutzen zur Schallanalyse ein Mittelohr mit drei Gehörknöchelchen sowie ein Corti-Organ, bei dem zwei Typen von Haarzellen getrennt auf den beiden Flanken des Corti-Kanals aufgewachsen sind. Alle drei Versionen sind leistungsfähig, wobei der größte Frequenzbereich des Hörens bei den Säugetieren, insbesondere bei Fledermäusen und Delfinen, erreicht wird.

Keineswegs alle **Amphibien** verfügen über Mittelohren. Schwanzlurche (Ordnung Caudata – Molche und Salamander) und Schleichenlurche oder Blindwühlen (Ordnung Apoda) scheinen ganz ohne Mittelohr auszukommen, und auch bei den Froschlurchen (Ordnung Anura) haben viele Arten kein Mittelohr. Wohl alle terrestrischen Amphibien – nicht aber aquatische Molche wie *Necturus* und *Amphiuma* – besitzen eine andere Art von Ohr, den **Opercularapparat**, mit dem die Tiere Bodenvibrationen im Niedrigfrequenzbereich (50–200 Hz) hören können. Substratschall wird dazu über die Vorderbeinknochen und den Schultergürtel zum Opercularmuskel (M. opercularis; Abb. 6.25) geleitet und bringt so eine Knorpelklappe (Operculum, lat. „Deckelchen") zum Schwingen, die das ovale Fenster des Innenohres teilweise verdeckt. Auf diesem Weg kann Substratschall auf die Perilymphe des Innenohres übertragen werden. Die dort ausgelösten Flüssigkeitsbewegungen werden wiederum von Haarzellen detektiert. Das Hören über den Opercularapparat ist noch nicht vollständig verstanden, zumal es sowohl als einziger Hörweg bei Salamandern als auch als paralleler Hörweg zum tympanalen Ohr der Frösche vorkommt.

Tympanale Ohren findet man durchgehend bei den **Echten Fröschen** (Familie Ranidae) und den **Kröten** (Bufonidae). Diese Tiere besitzen außen liegende Trommelfelle mit darunterliegenden Paukenhöhlen, die das Mittelohr mit dem Gehörknöchelchen beherbergen. Bei den Fröschen und Kröten bildet die Columella zusammen mit einem äußeren Anhängsel, der Extracolumella, ein Hebelsystem, das durch eine Fußplatte mit dem ovalen Fenster der Ohrkapsel ver-

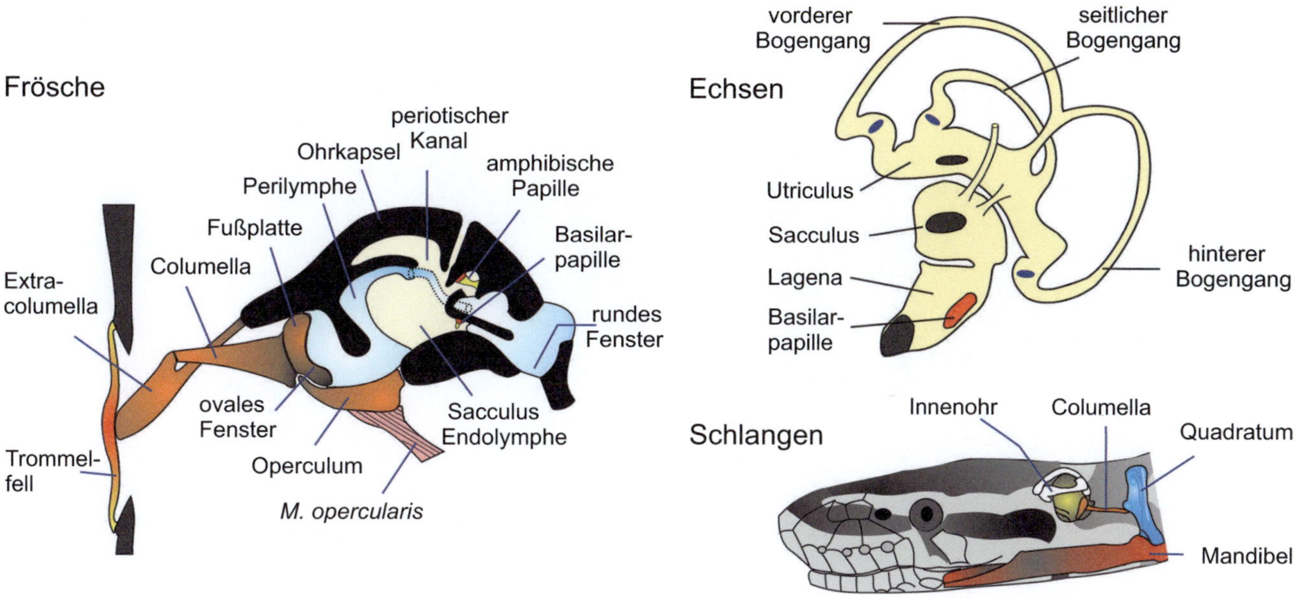

Abb. 6.25 Mittelohren und Innenohren bei Amphibien und Reptilien. *Links*: Bei Fröschen überträgt die Columella Schallvibrationen auf den Perilympheraum in der Ohrkapsel (die Bogengänge sind hier nicht gezeichnet) und werden durch die Basilarpapille und die amphibische Papille detektiert. *Rechts*: Bei vielen Echsen wird die Lagena verlängert und bietet Raum für eine vergrößerte Basilarpapille (*rot*). Daneben dienen weiterhin Maculaorgane (*grau*) und die Ampullenorgane der Bogengänge (*blau*) zur Beschleunigungsmessung. Schlangen haben keine Außenohren. Bei ihnen überträgt die Columella Vibrationen vom Schädelknochen (Quadratum) auf das Innenohr. Nach van Dijk et al. (2011); Baird (1960); Christensen et al. (2012)

bunden ist (Abb. 6.24). Die Aufhängung dieser Gehörknöchelchen am Rand der Extracolumella erzeugt eine Drehbewegung: Wird das Trommelfell eingedrückt, dreht sich das Hebelsystem gegen den Uhrzeigersinn um seinen Angelpunkt, und die Fußplatte wird vom ovalen Fenster gehoben. Auf diese Weise entsteht zwischen den Schwingungen des Trommelfelles und denen der Fußplatte eine Phasenverschiebung von 180°. Die Hebelkräfte der Gehörknöchelchen und das Flächenverhältnis von Trommelfell (groß) zu ovalem Fenster (klein) bewirken beim Ochsenfrosch (*Rana catesbeiana*) zusammen eine etwa 50-fache **Verstärkung des Schalldrucks** (Druck = Kraft/Fläche). Diese Verstärkung ist eine zentrale Funktion des Mittelohres. Denn der Luftschall muss auf ein Medium mit höherer Schallimpedanz (Tab. 6.1), die wässrige Perilymphe des Innenohres, übertragen werden. Beim Übertritt des Schalles von Luft auf Wasser gehen aber über 90 % der Schallenergie durch Reflexion verloren. Die Verstärkung im Mittelohr gleicht diesen Verlust teilweise aus, sodass nur etwa 40 % der Schallenergie verloren gehen. Eine solche **Impedanzanpassung** im Hörsystem benötigen alle Landwirbeltiere mit wassergefüllten Innenohren, bei denen das Hören von Luftschall eine wesentliche Lebensfunktion darstellt. Man kann vereinfacht das Mittelohr als Apparat betrachten, der es ermöglicht, Innenohren zum Hören von Luftschall einzusetzen. Der starke Selektionsdruck auf die Lösung des Impedanzproblems hat zur unabhängigen Entwicklung von Mittelohrstrukturen bei den Landtieren geführt. Bei den **Reptilien** verfügen Krokodile (Ordnung Crocodylia) und einige Echsen (Unterordnung Lacertilia) über ein Außenohr mit Trommelfell (Abb. 6.26). Andere Reptilien, insbesondere die Schlangen (Unterordnung Serpentes), Chamäleons (Familie Chamaeleonidae) und Schildkröten (Ordnung Testudinata), haben Außen-und Mittelohren sekundär zurückgebildet. Bei der Brückenechse (*Sphenodon punctatus*), einem „lebenden Fossil" aus Neuseeland, ist das Mittelohr primitiv unentwickelt und ohne Trommelfell, ähnlich wie bei den Salamandern. Bei Reptilien mit funktionierendem Außen- und Mittelohr sind die Gehörknöchelchen anders angeordnet als bei Amphibien, und die Columella überträgt ein hebelverstärktes Signal direkt und ohne Phasenverschiebung auf das ovale Fenster (Abb. 6.24). Eine ähnliche Mechanik findet man im Mittelohr der **Vögel**, wo die Extracolumella mit drei Endarmen auf dem Trommelfell festgewachsen ist. Bei diesen Mittelohren wurde eine 13-fache Verstärkung bei einem Halsbandleguan (Familie Crotaphytidae) und eine elf- bis 40-fache Verstärkung bei verschiedenen Vögeln gemessen. Bei den **Säugetieren** schließlich sind die Gehörknöchelchen unabhängig von Amphibien, Reptilien und Vögeln entstanden und zeigen eine grundlegend andere Struktur (Abb. 6.24). Der Hammer (Malleus) ist mit seinem langen Stiel (dem Manubrium) am Trommelfell befestigt und bildet zusammen mit dem Amboss (Incus) ein auf dem Kopf

Abb. 6.26 Trommelfelle sind erkennbar als scheibenförmige Einsenkungen hinter den Augen, hier bei einem Nashornleguan (*Cyclura cornuta*) von der westindischen Insel Hispaniola und bei einem Helmperlhuhn (*Numida meleagris*). Außenohren fehlen sowohl bei Reptilien als auch bei Vögeln (mit Ausnahme der Eulen)

stehendes V. Schwingungen des Trommelfelles versetzen diese beiden Knöchelchen in eine oszillierende Drehbewegung um einen gemeinsamen Angelpunkt. Die Bewegungen des Ambosses werden auf den Steigbügel (Stapes) übertragen, der seinerseits die Vibrationen zum ovalen Fenster des Innenohres weiterleitet. Bei vielen Landsäugetieren beträgt das Größenverhältnis Trommelfell zu ovalem Fenster 19:1, und die Hebelwirkung der Gehörknöchelchen liegt bei 2,4:1, woraus eine über 40-fache Verstärkung des Schalldrucks im Mittelohr resultiert.

Mittelohren sind über **pharyngeotympanale Verbindungen** mit dem Nasen-Rachen-Raum verbunden. Über diesen Weg kann sich der Luftdruck in der Paukenhöhle an den atmosphärischen Druck angleichen, damit kein Druckunterschied das Trommelfell verformt. Bei Fröschen und Eidechsen gestattet eine weite Öffnung sowohl den **Druckausgleich** wie auch den Abfluss von Flüssigkeit aus der Paukenhöhle. Bei Säugern wird die Verbindung durch die Eustachi-Röhre (Ohrtrompete) gebildet, eine weitgehend knorpelige Röhre mit etwa 3 mm Durchmesser. Die Innenwand ist mit Cilienepithel ausgekleidet und kann Sekret aus dem Mittelohr zum Rachen transportieren. Die Eustachi-Röhre ist meist kollabiert, ihr Lumen wird aber passiv geöffnet, wenn Druckunterschiede zwischen ihren beiden Endigungen auftreten. Das passiert regelmäßig beim Schlucken, sodass kontinuierlich Druckausgleich mit der Paukenhöhle gewährleistet ist.

Die Übertragung schallinduzierter Vibrationen vom Mittelohr auf das Innenohr vollzieht sich am **ovalen Fenster**, einer kleinen Öffnung in der knöchernen Wand der Ohrkapsel, die zum Mittelohr hin durch ein elastisches Ligament verschlossen ist, in welches die Endstrukturen der Gehörknöchelchen (Fußplatte, Operculum, Steigbügelplatte) eingelagert sind (Abb. 6.25). Die Fläche der ovalen Fenster ist kleiner als die der dazugehörigen Trommelfelle, sodass der Schalldruck gebündelt und verstärkt wird. Vibrationen der Gehörknöchelchen werden hier auf den Flüssigkeitsraum des Innenohres übertragen, denn das ovale Fenster steht auf der Innenseite in Kontakt mit der **Perilymphe**, der extrazellulären Flüssigkeit des Innenohres (eine NaCl-reiche Flüssigkeit). Druckwellen, die am ovalen Fenster auf die Perilymphe übertragen werden, können am ventral liegenden **runden Fenster** wieder entweichen. Auf diese Weise wird die Perilymphe in Schwingungen versetzt, der Luftschall wird in Wasserbewegung umgewandelt. Zur Detektion dieser Schwingungen werden Strömungssensoren eingesetzt. Sie sind in einem Schlauchsystem angeordnet, das mit **Endolymphe** (eine KCl-reiche Flüssigkeit) gefüllt ist und das gesamte Innenohr durchzieht (▶ Abschn. 5.8). Die sensorischen Strukturen im Innenohr sind die sogenannten **Basilarpapillen**, die auf die Detektion kleinster Flüssigkeitsbewegungen spezialisiert sind. Sie wachsen auf frei schwingenden **Basilarmembranen**, die den perilymphatischen vom endolymphatischen Raum trennen. Basilarpapillen tragen keine Otolithen, sondern stehen auf der endolymphatischen Seite mit der gelartige Matrix, der **Tectorialmembran** (Deckmembran), in Kontakt. Die **Haarzellen** der Basilarpapillen registrieren Strömungen in der Endolymphe und sind über **Hörnerven** mit auditorischen Zentren des zentralen Nervensystems verbunden.

Dieses Bauprinzip ist im Wesentlichen bei allen Wirbeltieren beibehalten, wenn auch in unterschiedlicher Ausformung.

Die Innenohren befinden sich an der hinteren Schädelbasis geschützt in nahezu kugelförmigen Behältern aus Knochen und Knorpel, die bei den Amphibien und Reptilien meist als **Ohrkapseln**, bei den Säugetieren als **Paukenblasen** (Bulla tympanica) bezeichnet werden. Eine Ausnahme bilden die Hominiden, bei denen das Innenohr nicht in einer Bulla eingeschlossen ist, sondern im Felsenbein (Pars petrosa ossis temporalis) liegt. In der Ohrkapsel eines Frosches liegen die Haarzellen auf zwei Papillen in Nischen des Sacculus nahe dem runden Fenster (◘ Abb. 6.25). Neben einer kleinen Basilarpapille mit 50 bis 100 Haarzellen haben Frösche noch eine „amphibische Papille“ mit zehnmal so vielen Haarzellen, die nicht auf einer Basilarmembran liegt, sondern fest mit der Wand der Ohrkapsel verbunden ist. Vermutlich können Schallwellen, welche die Ohrkapsel vom ovalen bis zum runden Fenster durchlaufen, die Tectorialmembranen dieser Papillen in Vibration versetzen. Jedenfalls reagiert der Hörnerv eines Frosches (VIII. Hirnnerv) auf Stimulation der Papillen, wobei die amphibische Papille vor allem auf niedrige Frequenzen (100–1000 Hz), die Basilarpapille dagegen auf Töne bis etwa 3 kHz reagiert. Auch bei Reptilien findet man eine Aufteilung von Basilarpapillen nach Frequenzen. Echsen haben im Allgemeinen eine einzelne Basilarpapille für den niederfrequenten Bereich des Luftschalls (unter 1 kHz) und zusätzlich ein oder zwei Papillen spezialisiert auf den Frequenzbereich von 1 kHz bis etwa 7 kHz. Je nach Leistungsfähigkeit des Hörsystems findet man entweder 200 µm lange Papillen mit etwa 50 Haarzellen (bei Agamen, Leguanen und Schleichen) oder bis zu 2 mm lange Papillen mit etwa 2000 Haarzellen (bei Geckos, Waranen und Skinken). Diese Basilarpapillen sind in der **Lagena** untergebracht, die bei den Echsen etwas verlängert ist und dem Hörorgan neben einem Maculaorgan Platz bietet (◘ Abb. 6.25). Haarzellen der auditorischen Papille zeigen unterschiedlich lange Stereovilli und sind durch **elektrische Resonanz** auf ihren spezifischen Frequenzbereich gestimmt. Jede Haarzelle auf der Basilarpapille ist dazu mit einer spezifischen Kombination von spannungsabhängigen Ionenkanälen ausgestattet, wodurch ihr Membranpotenzial besonders empfindlich auf Vibrationen in einem eng begrenzten Frequenzband reagiert. Die Frequenzdispersion bei Amphibien und Reptilien ist damit nicht die Folge eines mechanischen Gradienten der Basilarmembran, sondern resultiert aus der individuellen Stimmung der Haarzellen. Ein Sonderfall unter den Reptilien stellen die Schlangen dar, denn sie haben sekundär ihre Außenohren, Trommelfelle und Mittelohren verloren. Bei ihnen leitet die Columella Vibrationen von einem der Schädelknochen, dem Quadratum, auf das ovale Fenster des Innenohres (◘ Abb. 6.25, *rechts unten*). Dabei handelt es sich vermutlich ausschließlich um Bodenvibrationen im Bereich von 80–160 Hz. Offenbar ermöglicht das Hören durch Knochenschall den Schlangen nur die Detektion von Partikelvibrationen, nicht aber die Detektion von Schalldruckwellen bei höheren Frequenzen. Der Bodenschall dient in erster Linie zur Warnung vor sich nähernden, möglicherweise gefährlichen Tieren. Ihre eigenen Vokalisationen, das laute Zischen der Kobra oder das Rasseln der Klapperschlange, sind wohl an den Hörsinn derjenigen Tiere angepasst, die von Schlangen abgeschreckt werden sollen. Zur innerartlichen Kommunikation eignen sie sich kaum. Schlangen besitzen also „Bodenohren“ – in dem Sinn, wie sie auch über eine „Bodennase“ (▶ Abschn. 10.11) verfügen.

Im **Innenohr der Vögel** wird die Lagena mit der Basilarpapille in dem Maße ausgeweitet und verlängert, wie die Bedeutung des Hörens bei der innerartlichen Kommunikation zunimmt. Die vergrößerte Basilarpapille bietet Raum für eine größere Anzahl von Haarzellen, ermöglicht eine differenziertere Frequenzanalyse und geht einher mit einer Erweiterung des Hörspektrums auf etwa 10 kHz. Diese Veränderungen stehen im Zusammenhang mit der komplexeren Vokalisation der Vögel und der im Vergleich zu den Reptilien größeren Reichweite ihrer Kommunikation. Parallel zur Entwicklung der Syrinx als Vokalisationsorgan und der Singzentren im Vogelgehirn (▶ Abschn. 6.2) entwickelt sich bei Vögeln die Lagena zu einem leistungsfähigen Hörorgan für Luftschall. Obwohl die Lagena nicht schneckenförmig aufgerollt ist, sondern bananenförmig ausgestreckt vorliegt (◘ Abb. 6.23), wird sie auch als Cochlea (Schnecke) bezeichnet, denn sie entspricht funktionell der Cochlea des Säugerinnenohres. Der proximale Teil der Lagena enthält die **auditorische Basilarpapille**, im distalen Ende liegt das Otolithenorgan Macula lagena zur Messung von Linearbeschleunigung. Die Basilarpapille besteht aus einem flach auf der Basilarmembran aufgewachsenen Feld von Haarzellen, das sich apikalwärts (in Richtung Macula lagena) etwas verbreitert (◘ Abb. 6.27). Vibrationen des ovalen Fensters erzeugen eine Wanderwelle auf der Basilarmembran, deren Schwingungsamplitude jedoch – im Gegensatz zur Wanderwelle in der Säugetiercochlea – nicht verstärkt wird. Die Frequenzanalyse scheint in erster Line auf der unterschiedlichen **elektrischen Resonanzstimmung** der Haarzellen zu beruhen. Das Membranpotenzial einer jeden Haarzelle oszilliert spontan mit einer bestimmten Eigenfrequenz. Werden bei Beschallung die Stereovilli mit genau dieser Frequenz ausgelenkt, kommt es zu einer maximalen Depolarisation und mithin zu einem starken afferenten Signal. Die Zel-

6

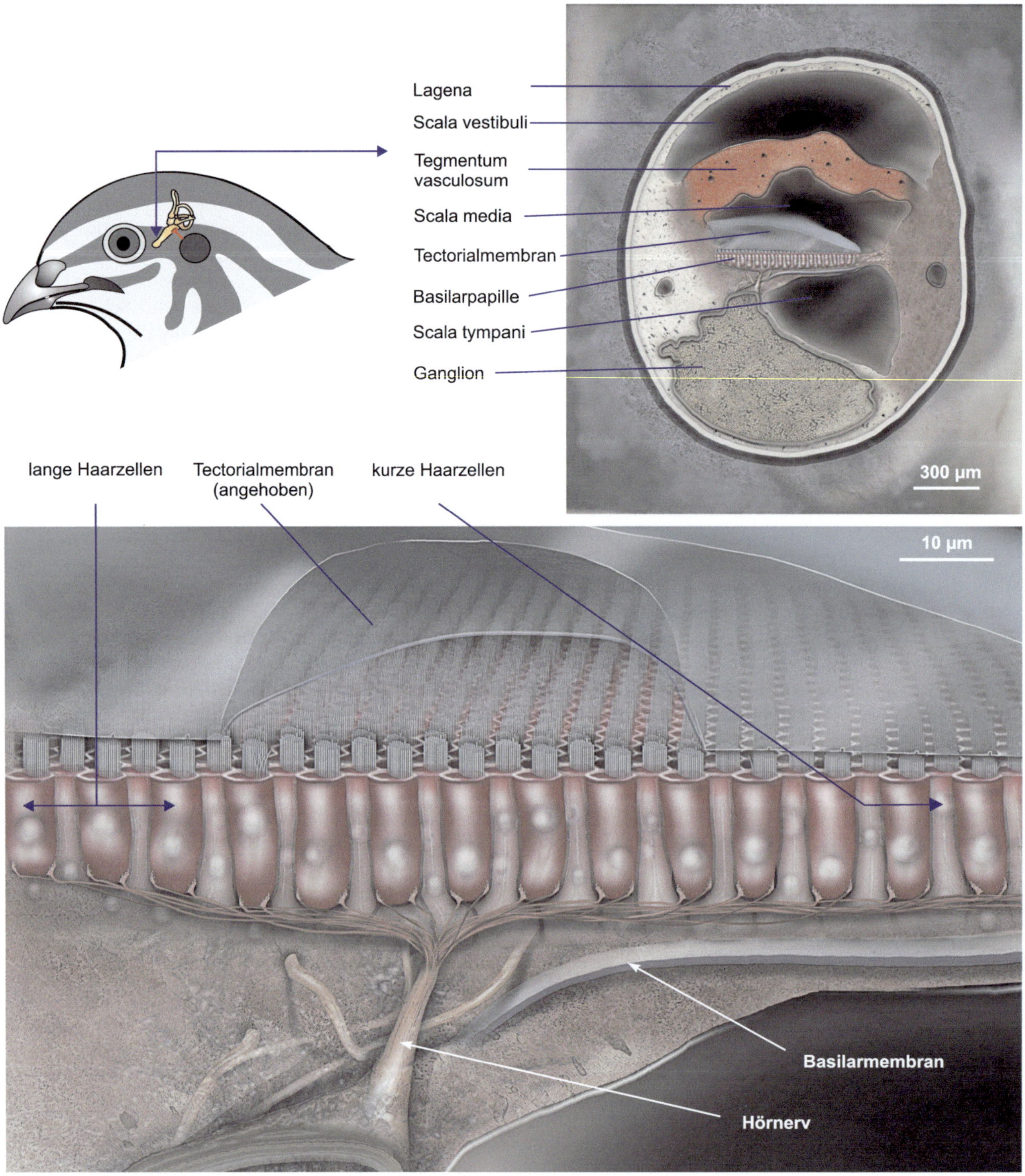

Abb. 6.27 Das Innenohr der Vögel. *Links*: Vom außen liegenden Trommelfell überträgt eine Columella (*rot*) Vibrationen auf das ovale Fenster an der Basis der Lagena. *Rechts*: Im Querschnitt sind die drei Scalen der Lagena zu erkennen: Scala vestibuli, Scala media und Scala tympani. Das Tegmentum vasculosum begrenzt die Scala media nach oben mit einem gut durchbluteten Gewebe, das ausgeprägte Längsfalten aufweist. Nach unten wird die Scala media durch die Basilarmembran abgeschlossen, auf welcher die Basilarpapille mit den mechanosensorischen Haarzellen wächst. Die Perikaryen der afferenten Neuronen liegen in einem Ganglion unterhalb der Scala tympani. *Unten*: Die Basilarpapille bildet ein lang gestrecktes auditorisches Epithel aus Haarzellen. Unter einer zur Verdeutlichung angehobenen Tectorialmembran sieht man ein Feld von Haarzellen mit den basal liegenden Synapsen der afferenten Neuronen. Die Stereovilli der Haarzellen werden durch Strömungen der Endolymphe unterhalb der Tectorialmembran ausgelenkt

len reagieren im basalen Abschnitt – in der Nähe des ovalen Fensters – auf hohe Frequenzen, im apikalen, etwas breiteren Abschnitt auf tiefere Frequenzen. Auch die Struktur der Haarbündel ändert sich entlang der Basilarmembran, sodass sich eine graduelle Abstufung und eine **tonotope Organisation** von Haarzellen auf der Basilarpapille ergeben. Zusätzlich zu diesem Längsgradienten erkennt man einen Quergradienten: **Große Haarzellen** wachsen vor allem auf der inneren, neuralen Seite der Papille, während **kurze Haarzellen** hauptsächlich auf der gegenüberliegenden, äußeren, abneuralen Seite zu finden sind (◘ Abb. 6.27). Afferente Nervenfasern, welche sensorische Signale zum Hörzentrum des Gehirns leiten, findet man vor allem an den großen Haarzellen sowie an Zellen im Übergangsbereich, jedoch kaum an den kurzen Haarzellen, die fast ausschließlich efferent innerviert sind. Diese kurzen Haarzellen der Vogelcochlea scheinen Sinneszellen zu sein, die keine sensorische Information an das Gehirn schicken. Es ist derzeit noch unverstanden, welche Funktion diese Zellen in der Basilarpapille erfüllen. Möglicherweise dienen sie zur Verstärkung von lokalen Endolympheströmungen und unterstützen so die Aktivierung der großen Haarzellen. Zusätzlich zu den großen und kleinen Haarzellen enthält die Basilarpapille der Vögel an ihren Rändern einen Saum von **Stützzellen**, die zur Regeneration der Papille dienen. Sie können zu Haarzellen differenzieren und Lücken auffüllen, welche bei zu starker Belastung der Basilarpapille auftreten.

Die meisten heute lebenden **Säugetiere** können sehr gut hören. Nagetiere, Fledermäuse, Raubtiere, Paarhufer und die vielen anderen Ordnungen der Säuger haben hoch entwickelte auditorische Systeme. Akustische Signale spielen eine zentrale Rolle im Leben fast aller Säuger. Die Grundlagen ihrer Hörleistung finden sich schon in der frühen Evolution der Säugetiere im Erdmittelalter. Von der Obertrias (vor 210 Mio. Jahren) bis zur Oberkreide (vor 70 Mio. Jahren) haben sich Säugetiere in vielen Lebensräumen eingerichtet – ein Prozess, der durch ihre enorme Anpassungsfähigkeit und die Entwicklung von leistungsfähigen Sinnessystemen vorangetrieben wurde. Gutes Hören und Riechen ermöglichten auch die Entwicklung von Nachtaktivität, eine Strategie, die den Verfolgungsdruck durch fleischfressende Saurier etwas reduzierte (◘ Abb. 6.28). Zu Beginn der Erdneuzeit (Känozoikum, vor 66 Mio. Jahren) bildete eine Vielzahl von Beuteltieren und Placentatieren den Grundstock für die Radiation der Säuger nach dem Aussterben der Dinosaurier. Die Optimierung des Gehörsinnes wurde dabei unter permanentem Selektionsdruck weitergetrieben. Im Verlauf der Säugetierevolution wurde das Innenohr in harte Schädelknochen eingeschlossen, sodass die eigenen Kaugeräusche das Hören weniger überlagern konnten. Die Lagena wurde verlängert, und die Basilarpapille wuchs nicht flächig wie bei den Vögeln, sondern auf den Flanken eines Tunnels aus Stützgewebe, dem Corti-Kanal. Das **Corti-Organ** erreicht bei großen Säugern Längen von mehreren Zentimetern und bietet Platz für Tausende von Haarzellen. Schon am Innenohr der Kloakentiere (Ordnung Monotremata, Unterklasse Protheria, Ursäuger), einer Säugergruppe, die sich schon im Unterjura (vor 190 Mio. Jahren) von den anderen Säugern abgespalten hat, sieht man, wie sich die Lagena einzurollen beginnt, weil sie sonst im Schädel der Tiere keinen Platz fände. Hier begann die Ausbildung der Hörschnecke, der **Cochlea**. Bei einigen heute lebenden Säugern kann die Cochlea bis zu vier Windungen erreichen, welche um eine knöcherne Mittelachse, die Schneckenspindel (Modiolus), herum bis zur Spitze (Apex) verlaufen (◘ Abb. 6.29).

Das lang gestreckte Corti-Organ zieht sich durch den gesamten Schneckengang von der Basis am ovalen Fenster bis zur Spitze am Helicotrema und weist schon bei den Kloakentieren eine Aufteilung in zwei Haarzelltypen auf. Zur Schneckenspindel und zu den Spiralganglien hin sind die **inneren Haarzellen** aufgereiht, auf der anderen Seite des Corti-Kanals liegen die **äußeren Haarzellen**. Bei den australischen Ursäugern *Ornithorhynchus anatinus* (Schnabeltier) und *Tachyglossus aculeatus* (Kurzschnabeligel, Ameisenigel) ziehen etwa fünf Reihen von inneren Haarzellen und acht Reihen von äußeren Haarzellen durch die Länge des Corti-Organs. In der Gruppe der Theria unter den Säugetieren, welche alle Beutelsäuger (Unterklasse Metatheria) und Placentatiere (Unterklasse Eutheria) einschließt, findet man ein durchweg schmaleres, langes Corti-Organ mit einer kleineren Tunnelstruktur als bei den Ursäugern mit nur einer einzelnen Reihe von inneren Haarzellen sowie drei oder vier Reihen äußerer Haarzellen (◘ Abb. 6.30). Einen ersten Hinweis auf die unterschiedlichen Funktionen dieser beiden Haarzellpopulationen gibt ihre Innervation. Von allen afferenten Fasern, die sensorische Signale aus der Cochlea zu den Hörzentren im Gehirn leiten, sind etwa 90 % mit den inneren und nur 10 % mit den äußeren Haarzellen verbunden – und das, obwohl die inneren Haarzellen höchstens ein Viertel aller Haarzellen stellen. Die inneren Haarzellen sind damit die eigentlichen Schallsensoren des Innenohres. Die äußeren Haarzellen, die sowohl afferent also auch efferent innerviert sind, haben eine Schlüsselfunktion für die Hörempfindlichkeit und die Genauigkeit der Frequenzanalyse. Denn sie verstärken und schärfen schallerzeugte Vibrationen in der Cochlea.

Die Basilarmembran in der Säugetiercochlea zeigt eine **mechanische Frequenzstimmung**. Sie reagiert nahe dem ovalen Fenster mit Resonanzvibrationen auf hohe Töne (bei vielen Säugern 10–100 kHz), und die

Abb. 6.28 Schwieriges Zusammenleben. In dieser Nachtszene aus der oberen Kreidezeit vor 80 Mio. Jahren verbirgt sich ein Säugetier vor den Nachstellungen eines hungrigen Sauriers. Noch dominieren die Saurier das Landleben, und insbesondere bei Tageslicht sind die Säuger nicht vor ihnen sicher. Für die Orientierung bei Nacht entwickeln die Säugetiere ein feines Gehör sowie einen guten Geruchssinn und können mit dieser sensorischen Ausstattung den tagaktiven Raubechsen erfolgreich aus dem Weg gehen

Resonanzeigenschaften ändern sich graduell entlang des Schneckenganges Richtung Schneckenspitze. Am distalen Ende reagiert die Membran auf tiefe Töne (meist um 10–100 Hz). Diese passiven mechanischen Eigenschaften der Basilarmembran sind auf einen Längsgradienten in der Beschaffenheit ihres Bindegewebes zurückzuführen. Unterschiedliche Zusammensetzungen aus Kollagenen, Proteoglykanen, Glykosaminoglykanen sowie adhäsiven Proteinen wie Fibronectin und Laminin bilden einen schmalen, steifen Anfangsabschnitt nahe des ovalen Fensters und eine zunehmend weichere, dünnere und breitere Basilarmembran in Richtung Helicotrema. Jeder Abschnitt dieser Struktur ist demzufolge durch eine charakteristische Masse, Breite und Steifigkeit ausgezeichnet und besitzt spezifische akustische Eigenschaften hinsichtlich Resonanzfrequenz und Dämpfung. Eine einfache Vorstellung der Frequenzanalyse beruht daher auf der räumlichen Zuordnung aller resonanzerzeugenden Frequenzen zu einem spezifischen Ort auf der Basilarmembran. Diese Eigenschaft als **tonotoper Resonator** ist aber nur eine von mehreren Komponenten der Frequenzanalyse. Denn Vibrationen des ovalen Fensters erzeugen mit der Schallfrequenz oszillierende Druckdifferenzen zwischen der Scala vestibuli und der Scala tympani, und diese Oszillationen lassen die dazwischenliegende Basilarmembran vibrieren. Solche Vibrationen entstehen gleich hinter dem ovalen Fenster, wo die Druckdifferenzen zum ersten Mal auftreten. Sie breiten sich über die Basilarmembran hinweg aus, und zwar besonders gut immer in diejenige Richtung, wo die Membran weicher und beweglicher ist, also in Richtung auf das Helicotrema zu. So entsteht eine

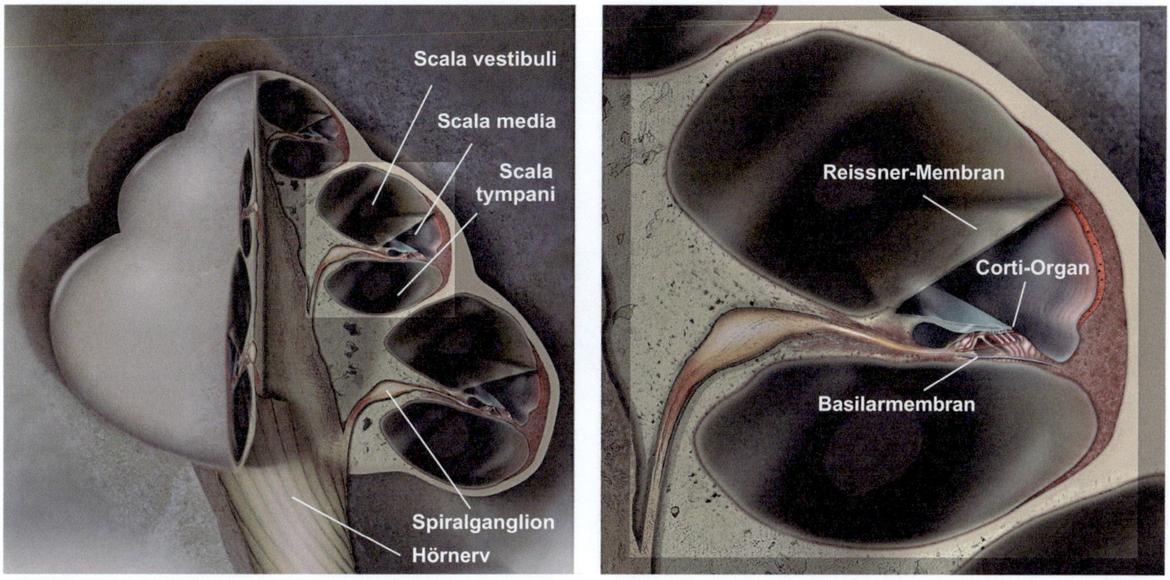

Abb. 6.29 Die Cochlea eines Säugetierinnenohres. *Links*: Die Hörschnecke ist in drei Gänge geteilt. Der mittlere Gang (Schneckengang, Scala media, Ductus cochlearis) enthält das Corti-Organ. Oberhalb verläuft der Vorhofgang (Scala vestibuli) vom ovalen Fenster zur Schneckenspitze, unterhalb der Paukengang (Scala tympani) von der Schneckenspitze zum runden Fenster. Direkt unterhalb der Schneckenspitze befindet sich das Schneckenloch (Helicotrema), wo Vorhofgang und Paukengang miteinander verbunden sind. Im Knochen neben dem Schneckengang liegen die Spiralganglien mit den Zellkörpern der afferenten Neuronen. Ihre Axone sammeln sich im Hörnerv (VIII. Hirnnerv, Nervus vestibulocochlearis) entlang der Mittelachse der Cochlea. *Rechts*: Vergrößerte Darstellung des Schneckenganges mit seiner unteren Abgrenzung, der Basilarmembran mit dem Corti-Organ, und der oberen Abgrenzung, der Reissner-Membran. Der Schneckengang enthält Endolymphe, die beiden anderen Gänge sind mit Perilymphe gefüllt. Ein Spiralganglion liegt eingebettet in die Knochensubstanz der Cochlea. Der Durchmesser der Hörschnecke verringert sich von etwa 0,3 mm auf 0,1 mm bei kleinen Säugern (Maus) von basal bis apikal, bei großen Säugern von etwa 1 mm auf 0,2 mm

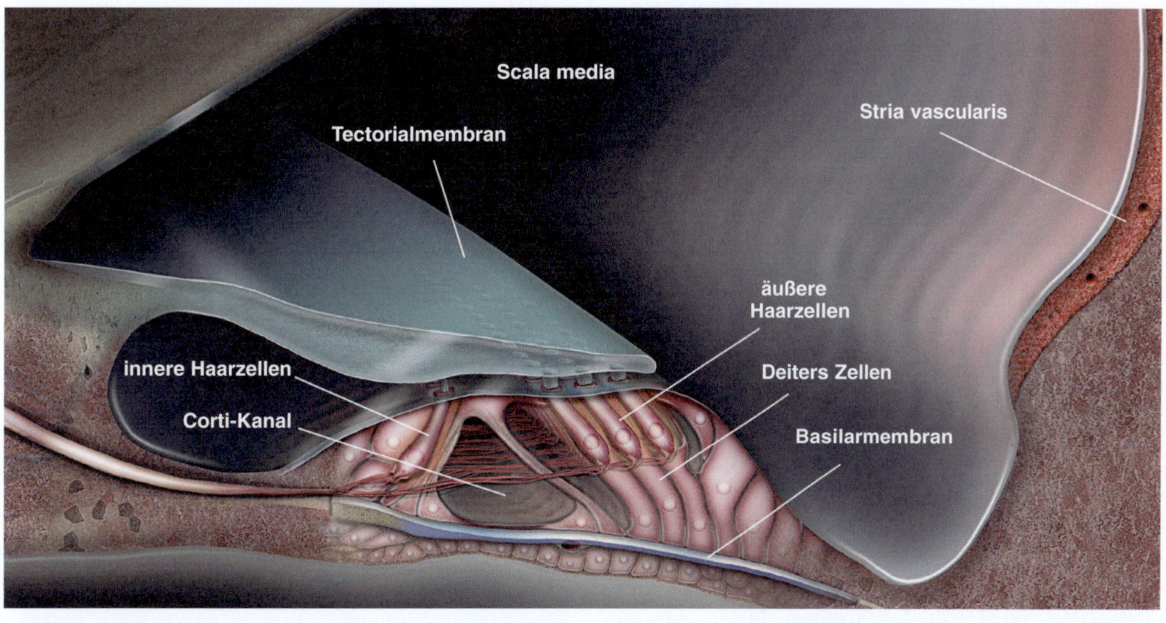

Abb. 6.30 Darstellung des Corti-Organs im Schneckengang (Scala media) einer Cochlea. Auf der Basilarmembran (*blau*) wachsen Epithelzellen (Pfeilerzellen und Stützzellen) und bilden die Wände des Corti-Kanals. An dessen linker Flanke erkennt man eine einzelne Reihe innerer Haarzellen, die mehrere afferente Synapsen tragen. Die Stereovilli der inneren Haarzellen liegen frei in der Endolymphe und detektieren Strömungen der Endolymphe unter der Tectorialmembran. Rechts oberhalb des Kanals liegen drei parallele Reihen von äußeren Haarzellen, die nur wenige, meist efferente Synapsen tragen. Die äußeren Haarzellen sitzen basal auf den Deiters-Stützzellen, und ihre Stereovilli sind apikal in die Deckmembran eingebettet. An der rechten Wand des Schneckenganges ist die Stria vascularis angedeutet (*rot*), ein von Blutgefäßen durchzogenes, sekretorisches Epithel, das die kaliumreiche Endolypmhe des Schneckenganges herstellt und zudem das endocochleäre Potenzial erzeugt

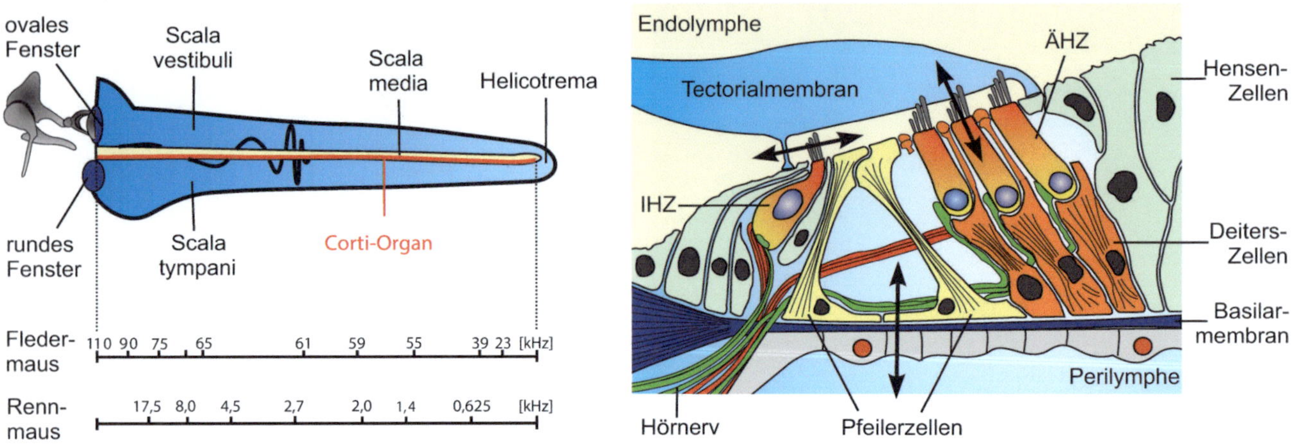

Abb. 6.31 Schallanalyse in der Säugetiercochlea. *Links*: Die schematische Darstellung einer entrollten Cochlea zeigt die Lage des Corti-Organs auf der Basilarmembran der Scala media sowie eine Wanderwelle, die am Ort der Eigenfrequenz des vom Trommelfell übertragenen Tones ihre maximale Auslenkung erreicht. Die Amplitude der Welle ist extrem übertrieben, um ihre Welleneigenschaften erkennbar zu machen. Eine sehr unterschiedliche, nicht lineare Verteilung von Frequenzen auf der Basilarmembran ist für die Schnurrbärtige Fledermaus (*Pteronotus parnellii*) gezeigt sowie für die ähnlich große Fettschwanz-Rennmaus (*Pachyuromys duprasi*). *Rechts*: Lokale Bewegungsrichtungen innerhalb des Corti-Organs (Querschnitt) sind durch schwarze Pfeile angedeutet. Bei einer vertikalen Auslenkung der Basilarmembran werden äußere Haarzellen (ÄHZ) depolarisiert, verkürzen sich und verengen dadurch den Spalt unter der Deckmembran (Tectorialmembran). Die dabei entstehende laterale Endolympheströmung im Spalt verursacht eine seitliche Auslenkung der Stereovilli von inneren Haarzellen (IHZ) und löst das afferente sensorische Signal aus. Der Hörnerv enthält sowohl afferente (*rot*) als auch efferente (*grün*) Fasern. Nach Heldmaier und Neuweiler (2003); Fain (2003)

sich apikalwärts fortpflanzende Vibration, eine **Wanderwelle**, die sich über die gesamte Basilarmembran hinweg ausbreitet. Da die Wanderwelle auf ihrem Weg in immer weichere Bereiche der Basilarmembran läuft, werden ihre Amplitude immer größer und ihre Wellenlänge immer kürzer. Dabei ist ihre Amplitude gering, sie liegt im Nanometerbereich. Wichtig ist jedoch, dass die Wanderwelle auf ihrem Weg vom ovalen Fenster zum Helicotrema irgendwann bei derjenigen Stelle der Basilarmembran ankommt, deren Resonanzfrequenz genau der Frequenz des Tones entspricht, welcher die Wanderwelle ausgelöst hat. An dieser Stelle erfährt die Basilarmembran eine maximale Auslenkung, es entsteht ein **frequenzspezifisches Vibrationsmaximum** (Abb. 6.31, *links*). Hinter dieser Stelle kollabiert die Wanderwelle, weil die Schallenergie aufgebraucht ist. Auch die maximale Amplitude ist auf den Nanometerbereich beschränkt. In Experimenten an Mäusen konnte gezeigt werden, dass Tiere, deren Hörleistung nur auf tonotopen Resonatoren und Wanderwellen beruht, eine um 40 dB (100-fach) schlechtere Hörempfindlichkeit haben als gesunde Tiere.

Der Unterschied, die über 100-fache Verbesserung der Hörleistung, wird von den äußeren Haarzellen geleistet. Diese Zellen besitzen die einzigartige Fähigkeit zur schnellen Längenänderung unter Kontrolle des Membranpotenzials. Sie verkürzen sich bei Depolarisation und strecken sich bei Hyperpolarisation. Die Amplitude dieser Längenänderung beträgt 20–30 nm/mV, die Zellen können sich um etwa 4–5 % ihrer Ruhelänge verkürzen, wenn sie durch Auslenkung ihrer Stereovilli depolarisiert werden. Diese **Elektromotilität der äußeren Haarzellen** ist erstaunlich schnell. Die Zellen verkürzen sich innerhalb von Mikrosekunden und können mehrere Zehntausend Mal pro Sekunde ihre Länge verändern. Dabei erzeugen sie erhebliche Kräfte (20–100 pN/mV pro Zelle), die sie auf das Corti-Organ übertragen, indem sie den Spalt zwischen der apikalen Oberfläche und der Deckmembran im Takt ihrer Längenoszillationen erweitern und verengen (Abb. 6.31, *rechts*). Die dadurch entstehenden lateralen Strömungen der Endolymphe unter der Deckmembran werden von den inneren Haarzellen erfasst. Auf diese Weise werden lokale, schallerzeugte Vibrationen des Corti-Organs 100- bis 1000-fach vergrößert, sie gelangen vom Nanometer- in den Mikrometerbereich. Erst dieser **cochleäre Verstärker** ermöglicht es den Säugetieren, leise Geräusche zu vernehmen und auf sie zu reagieren.

Die Fähigkeit zur Elektromotilität der äußeren Haarzellen beruht auf den Eigenschaften des Proteins **Prestin** (systematische Bezeichnung SLC26A5). Prestinähnliche Proteine sind in vielen Varianten weit verbreitet unter den Wirbeltieren und haben meist die Funktion von Chloridtransportern, Chloridaustauschern oder Chloridkanälen. Bei den Säugetieren verlieren sie weitgehend ihre Transportfunktionen und auch die Variabilität ihrer Aminosäuresequenzen. Selbst entfernt verwandte Säuger wie Fledermäuse und Delfine haben Prestine mit einem hohen Grad von Sequenz-

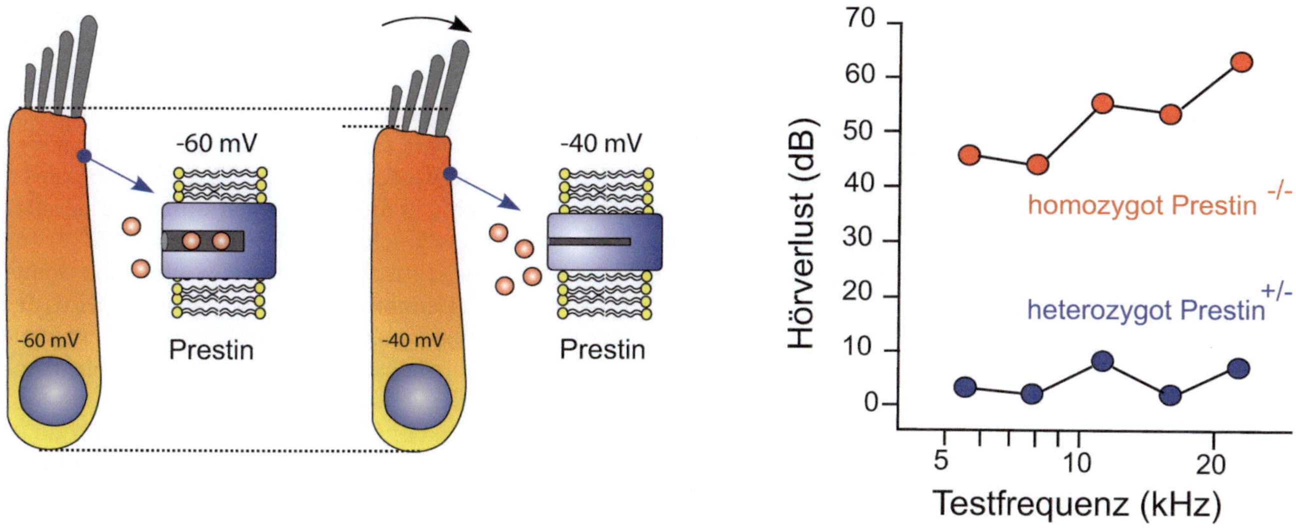

Abb. 6.32 Vibrationsverstärkung durch äußere Haarzellen. *Links*: Bei Auslenkung ihrer Stereovilli depolarisiert die äußere Haarzelle und verkürzt sich um 4–5 % ihrer Gesamtlänge. Die Längenänderung wird durch das Membranprotein Prestin ausgelöst, dessen Volumen sich bei Depolarisation verkleinert. Eine große Zahl von Prestinmolekülen liegt in der Plasmamembran einer äußeren Haarzelle, und die Volumenänderungen aller Prestinmoleküle summieren sich zur Längenänderung der Zelle. Eine Hypothese besagt, dass Anionen wie Chlorid oder Bicarbonat (*rote Kugeln*) die Längenänderung verursachen, weil sie beim Ruhepotenzial der Membran im Prestinmolekül gehalten werden, bei Depolarisation aber ins Cytoplasma entkommen. *Rechts*: Die Bedeutung von Prestin für das Hören ist am Anstieg der Hörschwelle bei genetisch veränderten Mäusen zu erkennen, denen ein Allel (*blau*) oder beide Allele (*rot*) des für Prestin codierenden Gens fehlen. Während heterozygote Mäuse kaum schlechter hören als Wildtypmäuse, zeigen homozygote Prestin-Knock-out-Tiere eine über 100-fach (40 dB) höhere Hörschwelle – sie sind extrem schwerhörig. Nach Liberman et al. (2002)

identität (98 %), was auf die Spezialisierung des Proteins für die gleiche Funktion hinweist – ein Beispiel für konvergente Proteinevolution. Bei Säugern wird Prestin vermutlich ausschließlich von äußeren Haarzellen exprimiert und in hoher Dichte (etwa 6000 pro Quadratmikrometer) in deren Plasmamembran eingelagert. Das Volumen der Prestinmoleküle vergrößert sich bei Hyperpolarisation, möglicherweise durch die spannungsgetriebene Einlagerung von Chloridionen aus dem Cytoplasma. Da die Prestinmoleküle sich im elektrischen Feld befinden, das über der Plasmamembran anliegt, werden die negativ geladenen Chloridionen in der ruhenden Haarzelle durch das negative Ruhepotenzial elektrostatisch im Inneren der Prestinmoleküle festgehalten. Bei Depolarisation der Membran werden die Chloridionen wieder ins Cytoplasma entlassen, und das Protein schrumpft (Abb. 6.32, *links*). Längenänderungen von äußeren Haarzellen resultieren aus synchronen Volumenänderung der vielen Tausend Prestinmoleküle in der Plasmamembran. Das cochleäre Prestin der Säugetiere hat sich unter dem Selektionsdruck, der die Optimierung des Hörsinnes vorantreibt, zu einem extrem schnellen Motorprotein mit vollständiger Spezialisierung auf die Elektromotilität entwickelt. Durch die Verstärkung ändert sich nicht nur die Amplitude der Wanderwelle, sondern auch ihre Form. Da die äußeren Haarzellen am lokalen Vibrationsmaximum am stärksten erregt werden, ist auch der Verstärkungseffekt an genau dieser Stelle maximal – er vergrößert die Amplituden lokaler Vibrationen aus dem Nanometer- in den Mikrometerbereich. Die so verstärkte Wanderwelle erhält ein schärferes Maximum, einen engeren Frequenzbereich, der durch Verstärkung hörbar gemacht wird. So wird neben der Hörempfindlichkeit auch die Frequenzauflösung verbessert. Darüber hinaus trägt zur Frequenzauflösung auch die **Frequenzselektivität der inneren Haarzellen** bei. Denn jede innere Haarzelle ist zu einem gewissen Grad an die lokale Resonanzfrequenz angepasst. Die physikalischen Eigenschaften der Stereovilli (Länge, Steifheit) sowie die Ausstattung der Haarzellen mit unterschiedlichen spannungsgesteuerten Ionenkanälen lassen die Zellen besonders stark auf Vibrationen in ihrer Eigenfrequenz reagieren, während sie deutlich schwächer von niedrigeren oder höheren Nachbarfrequenzen aktiviert werden. Zusammen mit der punktförmigen Verstärkung der Vibrationsamplituden entsteht so eine außerordentlich hohe Präzision bei der Frequenzanalyse. Die einzelnen afferenten Fasern des Hörnervs übertragen ein so eng gefiltertes Signal, wie man es mit technischen Filtern kaum erzeugen könnte. Eine charakteristische Kennzahl für die Filterkurven afferenter Fasern des Hörnervs ist eine Steilheit von 100 dB/Oktave. Das bedeutet, dass bei einer Abweichung der Tonfrequenz um eine Oktave von der Eigenfrequenz einer inneren Haarzelle (also beispielsweise ein Ton von 2 kHz bei einer Eigenfrequenz von 1 kHz) die Reaktion der afferenten Fasern dieser Haarzelle um den Faktor 100.000 (100 dB) abgeschwächt ist. So kann eine Schallanalyse mit höchster Genauigkeit durchgeführt werden (s. Echoortung, ▶ Abschn. 6.9) und ermöglicht die Unterscheidung von Tönen, deren Frequenzen sich um nur 0,2 % unterscheiden. Zum Vergleich: Die Frequenzen der beiden aufeinanderfolgenden Töne e^1 (329,628 Hz) und f^1 (349,228 Hz) im mittleren Bereich der Klaviatur unterscheiden sich um 5,9 %, also um das 30-Fache der Frequenzauflösung des menschlichen Hörsystems.

Die **inneren Haarzellen**, die eigentlichen Sinneszellen des Innenohres, wachsen bei Säugern in einer einzelnen Reihe, die sich vom ovalen Fenster bis zum Helicotrema durch die Cochlea zieht. Ihre Anzahl gibt einen ersten Hinweis auf Frequenzdispersion: je mehr innere Haarzellen, desto besser die Frequenzauflösung (Anzahl etwa: Ratte 960, Fledermaus 1500, Katze 2600, Mensch 3500). Anders als das Corti-Organ der Vögel verfügt das der Säuger über keinen Saum aus Stützzellen, der zerstörte Haarzellen ersetzen könnte. Beim Verlust von inneren Haarzellen infolge von überlautem Schall bleibt daher eine lebenslange Frequenzlücke im Hörspektrum bestehen. Die Funktionsweise der Haarzellen, insbesondere die mechanoelektrische Transduktion in ihren Stereovilli, wird in ▶ Abschn. 5.5 beschrieben. Hier geht es vor allem um die Lage der inneren Haarzellen im Corti-Organ des Innenohres der Säugetiere sowie um die Entstehung des afferenten Signals.

Die Haarzellen des Corti-Organs bilden zusammen mit den Stützzellen ein Epithel, welches den perilymphatischen vom endolymphatischen Raum trennt. Die Grenze verläuft entlang der Schlussleiste (Zonula occludens, Tight Junctions) nahe der apikalen Oberfläche des Epithels. Hier werden die natriumreiche Perilymphe und die kaliumreiche Endolymphe durch ein Proteinnetz aus Claudin und Occludin voneinander getrennt. Die unterschiedlichen Ionenverhältnisse und das transepitheliale Potenzial (das **endocochleäre Potenzial**) sind von grundlegender Bedeutung für das Hören bei Säugetieren. Jede Beeinträchtigung von epithelialen Strukturen oder Transportfunktionen kann Hörverlust verursachen. Bei Aktivierung der Transduktionskanäle in ihren Stereovilli (▶ Abschn. 5.5) fließt aus der Endolymphe (kationische Zusammensetzung: 1 mM Na^+, 130 mM K^+, 20 µM Ca^{2+}) vor allem K^+ in die Haarzellen ein und depolarisiert das Membranpotenzial. Da kein Konzentrationsgradient für K^+ über der apikalen Membran anliegt, wird der K^+-Einstrom allein durch die elektrische Potenzialdifferenz getrieben. Die allerdings ist vergleichsweise groß (etwa 155 mV), denn das Membranpotenzial der Haarzellen liegt bei etwa −75 mV und das endocochleäre Potenzial bei +80 mV (jeweils bezogen auf den perilymphatischen Raum). Die während der Aktivierung aufgenommenen K^+-Ionen können die Haarzellen durch Kaliumkanäle in der basolateralen Membran wieder verlassen, denn dort wird die Zelle von Perilymphe (kationische Zusammensetzung: 140 mM Na^+, 5 mM K^+, 2 mM Ca^{2+}; Potenzial: 0 mV) umspült, sodass ein nach außen gerichteter K^+-Gradient anliegt (◘ Abb. 6.33, *links*). Das bei der Hörtransduktion eingesetzte K^+ wird wiederverwendet. Es diffundiert durch die Scala tympani – und wohl auch durch die der Basilarmembran aufwachsende Epithelzellschicht – zur Seitenwand des Schneckenganges, die durch eine dünne Knochenleiste (Lamina spiralis ossea) gebildet wird, der eine Bindegewebsschicht, das Spiralligament (Ligamentum spirale), aufwächst. Die Fibrocyten des Spiralligaments resorbieren K^+ und leiten es durch die Basal- und Intermediärzellen der **Stria vascularis** zu den Marginalzellen (◘ Abb. 6.33, *rechts*). Diese Zellen sezernieren K^+ in die Scala media und sorgen dort für die hohe K^+-Konzentration der Endolymphe. Der gerichtete K^+-Transport ist auch die Ursache für das positive endocochleäre Potenzial und damit von entscheidender Bedeutung für die Funktion der Haarzellen. Die gesamte **metabolische Last des Ionenflusses** durch die Stereovilli der Haarzellen kann auf diese Weise von der Stria vascularis geleistet werden. Durch ein Netzwerk aus Blutkapillaren wird sie mit Sauerstoff und Nährstoffen versorgt, während das Corti-Organ oberhalb der Basilarmembran keine Blutgefäße besitzt. Man nimmt an, dass eine Vaskularisierung der hochempfindlichen Strukturen des Corti-Organs Hintergrundsignale – Fließgeräusche und Blutdruckschwankungen – verursachen würde, die der Hörempfindlichkeit abträglich sein könnten. Die räumliche Entfernung zwischen Corti-Organ und Stria vascularis scheint ausreichend zu sein, um solche Geräusche zu dämpfen.

Die Empfindlichkeit der inneren Haarzellen wird also sowohl durch mechanische Verstärkung der Flüssigkeitsströmung optimiert als auch durch Bereitstellung eines günstigen ionischen Milieus für die sensorischen Stereovilli. Das Ergebnis ist eine mechanische Empfindlichkeit, die an die Grenze des physikalisch Möglichen reicht. Haarzellen können mechanische Auslenkungen ihrer Stereovilli detektieren, die der thermischen Bewegung von Molekülen entsprechen, also Bewegungen um weniger als 1 nm (▶ Abschn. 5.5). Solche mikroskopischen Bewegungen werden zuverlässig in Änderungen des Membranpotenzials umgesetzt und durch die Synapsen der Haarzellen als afferente neuronale Signale codiert. Die Intensität dieser Signale spiegelt die Lautstärke wider. Je größer der Schalldruck, desto stärker die Auslenkung der Stereovilli und die Depolarisation der Zelle. Diese Feinabstufung der Reaktion von inneren Haarzellen ist einerseits für die Lautstärkeempfindung und damit für das Abschätzen der Entfernung zu einer Schallquelle wichtig. Zudem spielt die

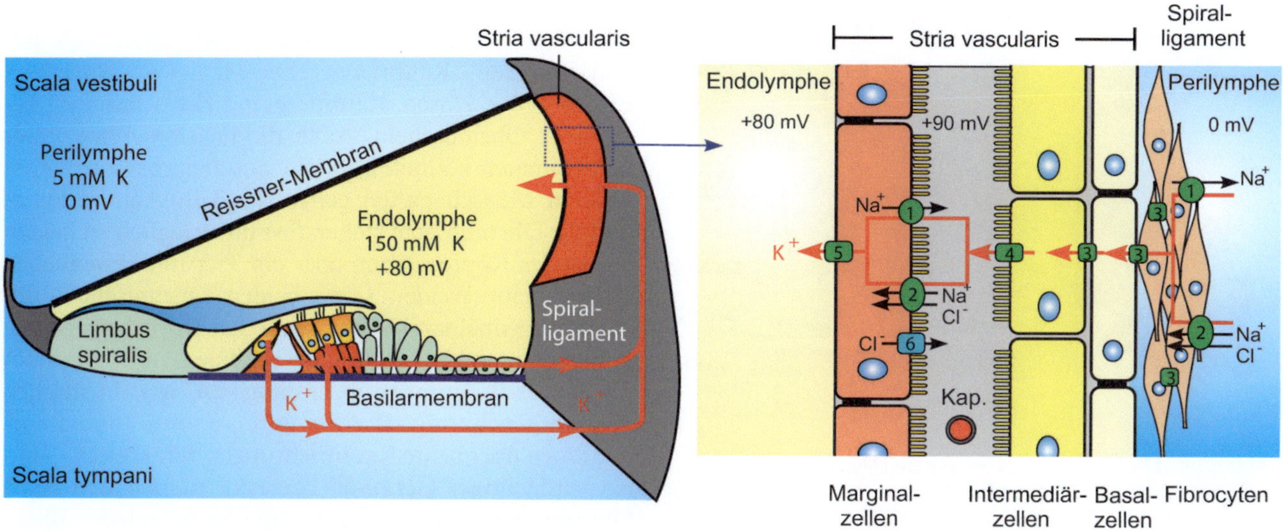

Abb. 6.33 Das endocochleäre Potenzial. *Links*: Querschnitt durch die Scala media einer Säugetiercochlea. Kaliumionen fließen aus der Endolymphe in die Stereovilli der Haarzellen und verlassen sie durch basolaterale Kaliumkanäle. Durch die Perilymphe und eventuell auch durch Gap Junctions zwischen den Stützzellen des Corti-Organs gelangt das Kalium ins Bindegewebe des Spiralligaments (Lamina spiralis ossea) und von dort in die Stria vascularis. Dieses sekretorische Epithel leitet das Kalium wieder in die Endolymphe der Scala media, wobei ein positives elektrisches Potenzial entsteht. *Rechts*: Funktionsprinzip der Stria vascularis. Kaliumionen werden durch mehrere Zellschichten aus der Perilmyphe in die Endolymphe transportiert (*rote Pfeile*). Der Transport beginnt mit der Aufnahme von K^+ in die Fibrocyten des Spiralligaments im Austausch mit Na^+-Ionen durch Na/K-ATPase (1) sowie durch Na-K-2Cl-Cotransporter vom Typ NKCC1 (2). Durch Zell-Zell-Verbindungen (Gap Junctions, 3) gelangen K^+-Ionen zunächst in die Intermediärzellen, von wo sie entlang ihres Konzentrationsgradienten durch Kir4.1-Kaliumkanäle (4) in den interstrialen Raum der Stria vascularis gelangen. Hier ist die K^+-Konzentration niedrig (etwa 5 mM), weil Na/K-ATPAse (1) und NKCC1-Transorter (2) K^+-Ionen in die Marginalzellen befördern. Von dort fließt K^+ durch apikale Kaliumkanäle (KCNQ1/KCNE1, 5) in die Endolymphe, wo durch den K^+-Fluss ein positives cochleäres Potenzial und eine hohe K^+-Konzentration eingestellt werden. Die Chloridaufnahme in die Marginalzellen wird durch basolaterale Barttin-Chloridkanäle (6) kompensiert. Der interstriale Raum ist durch ein Kapillarnetz (Kap.) vaskularisiert. Nach Hibino et al. (2010)

Abschätzung von Lautstärkeunterschieden zwischen den beiden Ohren auch eine wichtige Rolle für das Richtungshören. Bei vielen Tieren müssen Lautstärkesignale mit einer zeitlichen Präzision im Mikrosekundenbereich an die Hörbahn des Gehirns übermittelt werden, um den Tieren die lebensnotwendige Richtungsinformation zu liefern (► Abschn. 6.8). Darüber hinaus dürfen Haarzellen auch bei Reizung durch ein andauerndes Schallsignal nicht ermüden, sondern müssen so lange afferente Signale erzeugen, wie der Schall anhält. Die Anforderungen an die inneren Haarzellen sind also immens: Empfindlich, genau, schnell und ausdauernd müssen sie afferente Signale erzeugen, sonst ist die Hörleistung beeinträchtigt.

Eine Schlüsselrolle für die Leistungsfähigkeit der inneren Haarzellen kommt der besonderen Struktur ihrer Synapsen zu – den **Bandsynapsen**, welche die Haarzellen mit afferenten Fasern der Neuronen des Spiralganglions bilden. Dies sind sehr besondere Synapsen, sowohl hinsichtlich ihrer Struktur als auch ihrer Leistungsfähigkeit. Für jede ihrer Synapsen hat die Haarzelle eine eigene aktive Zone (Abb. 6.34, *links*). Auf diese Weise kann sie in bis zu 20 postsynaptischen Fasern eine Feuerfrequenz im Kilohertzbereich auslösen und bei Dauerstimulation eine Frequenz von einigen Hundert Aktionspotenzialen pro Sekunde aufrechterhalten. Wie sie das macht, ist noch nicht genau verstanden. Aber es ist deutlich, dass innerhalb der aktiven Zonen der Nachschub an transmitterhaltigen Vesikeln zur präsynaptischen Membran mit großer Schnelligkeit und Effizienz geleistet wird. Dazu sind die Bandsynapsen der inneren Haarzellen mit anderen Proteinen ausgerüstet, als man sie bei den im Gehirn verbreiteten glutamatergen Synapsen findet. Der entscheidende Schritt der Vesikelfusion mit der präsynaptischen Membran wird nicht durch SNARE-Proteine und Synaptotagmin als Ca^{2+}-Sensor geleistet, wie man es von anderen Synapsen kennt. Bei den Haarzellen scheinen andere Proteine zum Einsatz zu kommen als im zentralen Nervensystem, und das trägt möglicherweise zu der enormen Leistungsfähigkeit der inneren Haarzellen bei. Neben dem $Ca_V1.3$-Subtyp der präsynaptischen, spannungsabhängigen Ca^{2+}-Kanäle ist besonders das Protein Otoferlin auffällig, das offensichtlich bei der Organisation der Transmittervesikel und bei deren Ca^{2+}-induzierter Exocytose eine Schlüsselrolle spielt. Obwohl die Bandsynapsen der inneren Haarzellen einige Schlüsselproteine mit anderen glutamatergen Synapsen teilen (beispielsweise Bassoon und Piccolo), zeigt doch ihre molekulare Ausstattung einige Eigenheiten, die mög-

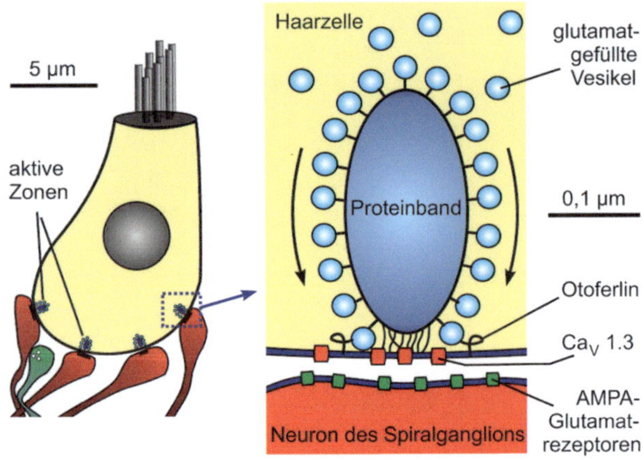

Abb. 6.34 Die Bandsynapsen der inneren Haarzellen. *Links*: Innere Haarzellen bilden an ihrem basalen Pol bis zu etwa 20 Synapsen mit afferenten Neuronen aus dem Spiralganglion ihrer Cochlea. Jede Synapse liegt an einer aktiven Zone der präsynaptischen Membran. Neben den afferenten Fasern (*rot*) ermöglichen einige efferente Fasern (*grün*) die Regulation des auditorischen Eingangssignals. *Rechts*: Die Synapsen der inneren Haarzellen sind auf hocheffiziente Dauerleistung ausgelegt. Glutamatgefüllte Vesikel werden über eine Proteinband (bestehend aus dem Protein RIBEYE) zur aktiven Zone transportiert und dort durch das Ca^{2+}-Bindeprotein Otoferlin an der Membran fixiert. Beim Anstieg der lokalen Ca^{2+}-Konzentration durch Öffnung von $Ca_v1.3$-Calciumkanälen fusionieren die fixierten Vesikel mit der präsynaptischen Membran und entlassen Glutamat in den synaptischen Spalt. Dadurch werden Glutamatrezeptoren vom AMPA-Typ (GluA2/3, GluA4) geöffnet, und die afferente Faser wird depolarisiert

licherweise mit den besonderen Ansprüchen des Hörsystems zusammenhängen. Die Weiterleitung auditiver Signale an die Hörbahn sowie deren Analyse in den verschiedenen Zentren der Hörbahn werden am Beispiel der Eulen in ▶ Abschn. 6.8 und der Fledermäuse in ▶ Abschn. 6.9 beschrieben.

6.7 Die Außenohren der Säugetiere

Säugetiere tragen ihre Trommelfelle nicht an der Körperoberfläche, sondern am Ende des **äußeren Gehörganges** (Meatus accusticus externus), einem Teil des Außenohres. Schallsignale werden von der **Ohrmuschel** oder **Pinna** (Auricula auris) zum Gehörgang geleitet und dabei in mehrfacher Hinsicht verändert. Ohrmuscheln können große, auffällige und zudem bewegliche Strukturen sein und prägen Erscheinungsbild und Mimik vieler Säuger. Die Tiere können durch die Stellung ihrer Ohrmuscheln Aggression, Interesse oder Unterwerfung signalisieren, sie können über große Ohrflächen Körperwärme abführen, und man sieht sie gelegentlich sogar ihre Ohrmuscheln als Fliegenwedel einsetzen. Aber in erster Linie sind die Ohrmuscheln der landlebenden Säugetiere für die Unterstützung des Hörens von Bedeutung, für die akustische Wahrnehmung leiser Geräusche, seien es Signale innerartlicher Kommunikation oder das Knistern unter den Pfoten eines sich anschleichenden Raubtieres. Die meisten Nagetiere, Fledermäuse, Hasen, Raubtiere und Huftiere haben bewegliche Ohrmuscheln. Auch die meisten Arten unter den Primaten können ihre Ohrmuscheln bewegen. Erst bei den Menschenaffen geht diese Fähigkeit verloren, und die Ohrmuscheln stehen fast unbeweglich zu beiden Seiten des Kopfes. Wenn aber ein Tier mit beweglichen Ohren beim Weiden seine beiden Ohrmuscheln unabhängig voneinander und ohne den Kopf bewegen zu müssen hin und her dreht, hört es seine Umgebung ständig in zwei Richtungen ab, entlang von zwei akustischen Achsen gleichzeitig (Abb. 6.35), und es kann Informationen über beide Raumrichtungen verarbeiten. Wird ein verdächtiges Geräusch bemerkt, richten sich beide Ohrmuscheln nach vorne, in eine Linie mit der Blickrichtung, sodass alle Fernsinne – Sehen, Hören und Riechen – auf eine mögliche Gefahr konzentriert sind. Die Ohrmuscheln haben damit eine Schlüsselfunktion bei der räumlichen Orientierung auf Schallquellen. Bewegungen der Ohrmuscheln werden durch eine Muskelgruppe (Musculi auriculares) über den Nervus auricularis, einen Ast des Gesichtsnervs (N. facialis, VII. Hirnnerv) gesteuert. Die Ohrmuskeln können das Aufrichten und Anlegen der Ohren, das Drehen um die Längsachse sowie eine Verengung und Aufweitung des Trichters ermöglichen. Die Muskeln sind über einen sesamoiden Schildknorpel (Cartilago scutularis) mit der Ohrmuschel verbunden und ermöglichen den Tieren ein differenziertes Ohrspiel.

Ohrmuscheln haben oft eine offene Trichterform, wobei die Außenseite, der Ohrrücken (Dorsum auriculae), behaart ist, während die konkave Innenseite, die Tütenhöhle (Scapha), weniger oder keine Haare trägt. Ohrmuscheln bestehen aus Knorpelgewebe (Cartilago auriculae) und sind daher elastisch verformbar. Die Verengung der Tütenhöhle, der Ohrmuscheltrichter (Cavum conchae), leitet den Schall in den äußeren Gehörgang (Abb. 6.36), der im Allgemeinen ebenfalls knorpelig angelegt ist. Ausnahmen bilden einigen Primaten (Meerkatzen, Koboldmakis, Menschenaffen), bei denen der Gehörgang als röhrenförmiger Knochen von der Pars tympanica des Schläfenbeines gebildet wird. Das Auffangen von Schallsignalen und die Aufbereitung für deren optimale Nutzung im Innenohr sind komplexe Prozesse. Zunächst kann eine große Pinnafläche (~ 3000 mm^2 bei Hunden) mehr Schallenergie aufnehmen als die kleine Fläche des Trommelfelles (≤ 50 mm^2). Dadurch kann der Schalldruck am Trommelfell erhöht werden, und der Schall wird lauter. Der **Verstärkungseffekt** der Ohrmuscheln ist frequenzabhängig. Messungen bei verschiedenen Säugetieren haben Verstärkungen von 20–30 dB im mittleren Be-

Abb. 6.35 Akustischer Alarm in Australien vor 100 Jahren. Solange das Känguru (*Macropus* spec.) entspannt ist, bewegt es seine großen Ohrmuscheln unabhängig voneinander hin und her, sodass jedes Ohr einen Bereich der Umwelt abhorcht. Raschelt ein Beutelwolf (*Thylacinus cynocephalus*) durch das Gebüsch, dreht das Känguru beide Ohrmuscheln nach vorn. Blick und Gehör sind nun in die Richtung auf den Jäger hin konzentriert, der kleineren Kangurus nachstellt. Wird der Beutelwolf akustisch, optisch oder olfaktorisch erkannt, flüchtet das Känguru mit großen Sprüngen und bringt seine Jungen in Sicherheit

reich des Hörspektrums (etwa 2–20 kHz) erbracht. Der Schalldruck am Trommelfell wird also mehr als zehnfach verstärkt, wenn das Tier seine Ohrmuscheln auf eine Schallquelle richtet.

Da die Innenseite der Ohrmuschel nicht glatt ist, sondern eine Reihe von Oberflächenstrukturen trägt, kommt es bei der Reflexion von Schallwellen zu Überlagerungen, die durch Interferenz das Frequenzspektrum – den Klang – der Schallsignale verändern. Man findet auf der Innenseite von Ohrmuscheln der Säuger zwei Knorpelprofile, die Auswirkungen auf die Schallreflexion haben. Der oft verdickte Rand der Ohrmuschel wird als **Helix** („Schnecke") bezeichnet. Die Helix wird auf der Innenfläche durch eine oft parallel verlaufende Knorpelwulst, die **Anthelix** (nur im Englischen: *antihelix*) begleitet. An der Basis der Ohrmuschel umgeben **Tragus** („Ziegenbock") und **Antitragus** den Ohrmuscheltrichter (Abb. 6.36) und bilden gelegentlich auffällige Strukturen. So ist bei manchen Fledermäusen der Tragus weit nach oben ausgezogen, sodass er aussieht wie eine zweite Ohrmuschel (► Abschn. 6.9, Abb. 6.48). Der Antitragus bildet bei Katzen eine große Hauttasche am lateralen Rand der Ohrmuschel, bei manchen Primaten dagegen eine Ausbuchtung nach unten, die dem Ohrläppchen des Menschen entspricht. Die Knorpelstrukturen der Ohrmuschel ändern das aufgenommene Geräusch, indem sie manche Frequenzen verstärken, andere dagegen abschwächen. Eine solche **Klangmodulation** kann man mit dem entzerrenden Effekt vergleichen, der in der Tontechnik durch einen Equalizer erreicht wird, wenn „Tiefen" gegen „Höhen" ausbalanciert werden. Wenn man ein Mikrofon direkt am Trommelfell eines Versuchstieres platziert, stellt man fest, dass der Schalldruck in bestimmten Frequenzbändern durch positive Interferenz verstärkt, bei anderen Frequenzen jedoch durch negative Interferenz abgeschwächt wird (Abb. 6.37, *links*). Auf diese Weise entsteht ein verändertes Frequenzspektrum des Geräuschs, bei dem einige Töne deutlicher hervortreten als andere. Vermutlich hilft diese Modulation den Tieren dabei, besonders interessante Geräusche auch bei geringer Lautstärke vom Hintergrundrauschen zu unterscheiden. Nach heutigem Verständnis wird diese Klangmodulation besonders für das **Richtungshören** eingesetzt. Die wichtigsten auditorischen Größen für die Ortung von Schallquellen sind die interaurale Laufzeitdifferenz und die interaurale Pegeldifferenz (► Abschn. 6.8), doch deren Nutzung hängt davon ab, wie die Ohrmuscheln ausgerichtet sind. Wenn eine Ohrmuschel der Schallquelle zugewandt ist, wenn also die akustische Achse genau auf die Schallquelle zuläuft, dann ist die Schallmodulation am stärksten und die Hörempfindlichkeit ist am größten. Die Richtungsempfindlichkeit hängt von der Frequenz ab und ist bei tiefen Tönen schlechter als bei hohen. Man erkennt

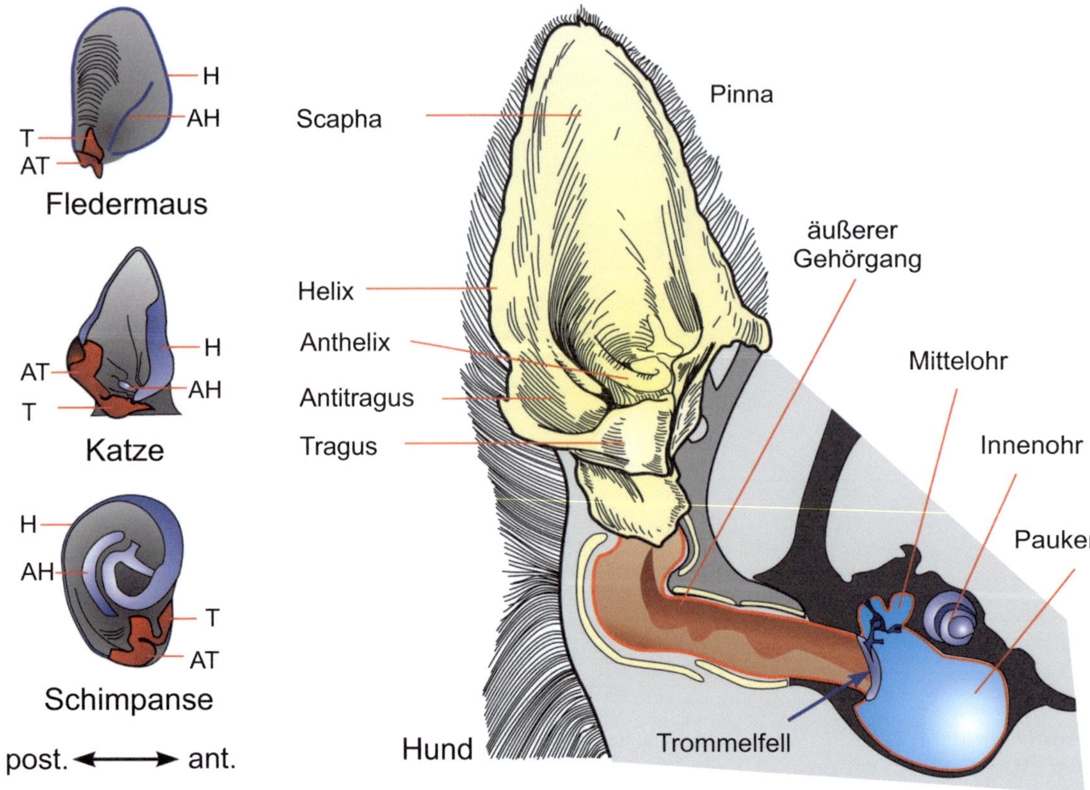

Abb. 6.36 Die Innenfläche der trichterförmigen Pinna weist Knorpelstrukturen auf, die den Schall reflektieren und dadurch verändern. Drei Strukturen sind entscheidend für die akustischen Eigenschaften der Pinna: die Größe und Oberflächenstruktur der Tütenhöhle (Scapha), die Form und Lage von Helix (H) und Anthelix (AH) sowie die Form und Lage von Tragus (T) und Antitragus (AT). Der durch Reflexion und Interferenz veränderte Schall gelangt zuerst in den senkrechten, dann in den waagrechten Teil des äußeren Gehörganges und erreicht schließlich das Trommelfell. Durch die Mittelohrknochen werden die Schallsignale auf das Innenohr übertragen. *Gelb*: Knorpel; *dunkelgrau*: Knochen. Nach Evans (1993)

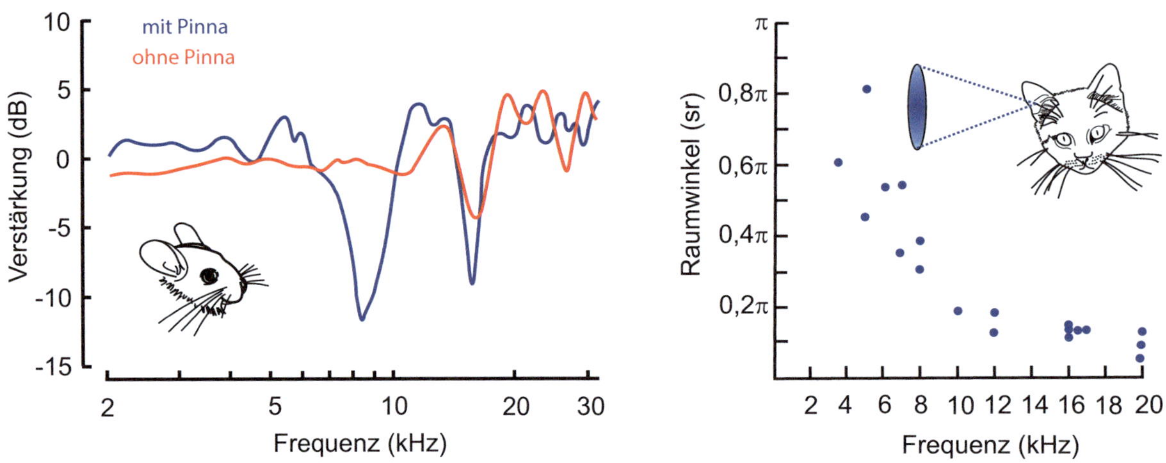

Abb. 6.37 Reflexion des Schalles an den Knorpelstrukturen der Pinna verändert das Frequenzspektrum. *Links*: Mit einem unmittelbar vor dem Trommelfell implantierten Mikrofon wurde bei einem Chinchilla (*Chinchilla lanigera*) der Schalldruck gemessen, der durch akustische Reize bei unterschiedlichen Frequenzen verursacht wurde. Das blaue Spektrum zeigt die Dämpfung des Schalles (negative Werte) sowie seine Verstärkung (positive Werte) für jede Frequenz. Man kann erkennen, dass es bei etwa 6 kHz und bei 11 kHz zu Verstärkung kommt, bei 8–9 kHz und bei etwa 15 kHz jedoch zu einer starken Dämpfung. Nach Amputation der Pinna bleiben die Verstärkung bei 6 kHz und die Dämpfung bei 8–9 kHz aus: Der Klang des Schalles hat sich verändert. *Rechts*: Die Pinna unterstützt das Richtungshören bei höheren Frequenzen. Gezeigt ist die Größe des Raumwinkels (Maßeinheit: Steradiant, sr), der Richtungsselektivität erkennen lässt – je kleiner der Raumwinkel, desto besser das Richtungshören. Innerhalb der durch den Raumwinkel aufgespannten Fläche (*blau*) nimmt der Schalldruck eines am Trommelfell gemessenen Tones von der Mitte zum Rand hin um 5 dB ab. Der minimale Raumwinkel von 0,1 π entspricht einem Öffnungswinkel von etwa 40°, also einem Neuntel der Umgebung des Ohres. Nach Phillips (1982); Koka et al. (2011)

das daran, das bei höheren Frequenzen schon eine kleine Abweichung von der akustischen Achse ausreicht, um den Schalldruck merklich abfallen zu lassen. Die Abnahme des Schalldrucks liefert damit eine recht genaue Ortsinformation über die Schallquellen. Denn der lauteste Schall verrät den Ort der Schallquelle. Bei der Katze (*Felis silvestris catus*) wird eine hohe Richtungsempfindlichkeit erst bei Tonfrequenzen über 10 kHz erreicht (◘ Abb. 6.37, *rechts*). Der Raumwinkel, der einen Ausschnitt der Umwelt umschließt, innerhalb dessen der Schalldruck am Trommelfell um 5 dB absinkt, ist minimal bei Tönen zwischen 10 kHz und 20 kHz, also in einem Frequenzbereich, in dem das Rascheln im trockenen Laub und das Fiepen einer Maus zu hören sind. Je kleiner der Raumwinkel, desto höher ist die Richtungsempfindlichkeit. Auch diese Frequenzabhängigkeit ist eine Folge der Knorpelprofile auf der Innenseite der Ohrmuschel. Sie entsteht durch Interferenzeffekte bei der Überlagerung der reflektierten Schallwellen und verändert kurzwelligen Schall effektiver als langwelligen.

Zusammenfassend kann man sagen, dass die Ohrmuscheln einer Katze auf dreierlei Weise bei der Jagd auf Mäuse helfen: durch **Verstärkung des Schalldrucks**, durch die **Modulation besonders interessanter Frequenzbänder** und durch eine **frequenzabhängige Fokussierung der Richtungsempfindlichkeit**. Wenn die Katze ihre Ohrmuscheln auf den Ort ausrichtet, wo sich eine Maus durch das Gras bewegt, optimiert sie ihr Hörvermögen und kann die Maus orten, lange bevor sie ihr Opfer sieht.

6.8 Der untere Abschnitt der Hörbahn: Richtungshören bei Eulen

Schallerzeugte Vibrationen des Trommelfelles, verursacht durch die Überlagerung von Schallwellen mit vielerlei Frequenzen, Phasen und Amplituden, enthalten Informationen, die für die Tiere lebenswichtig sind. Aus dem scheinbaren Chaos komplexer Schalldrucksignale müssen die Tiere die für sie entscheidenden Inhalte herausfiltern und erkennen. Dabei gilt es fast immer, drei grundlegende Fragen zu klären:

- **Welche Klänge werden gehört?**
  Die Stimmen von Artgenossen und Raubtieren, das Rauschen von Wasser und Laub, jeder Schall zeichnet sich durch einen typischen Klang, ein charakteristisches Frequenzgemisch aus.
- **In welcher Richtung befindet sich die Schallquelle?**
  Lebensbestimmende Entscheidungen wie Jagdstrategie oder Fluchtrichtung hängen davon ab, dass die Richtung zur Schallquelle präzise ermittelt wird.
- **Wie weit ist die Schallquelle entfernt?**
  Mit einiger Erfahrung können Tiere anhand von Lautstärke und Klang abschätzen, wie weit eine Schallquelle entfernt ist.

Solche Analysen erfordern kognitive Leistungen, subtile Auswertungen von afferenten Signalen aus dem Innenohr. Die verschiedenen Zentren der **Hörbahn** leisten die nötigen Analysen in denjenigen Zentren des Gehirns, welche auditorische Signale auf die benötigten Informationen hin untersuchen. Eine Besonderheit, die das Hörsystem von anderen Sinnessystemen unterscheidet, ist, dass sich ein großer Teil der auditorischen Verarbeitung schon im Nachhirn (Myelencephalon) und Mittelhirn (Mesencephalon) abspielt. Insbesondere die Fragen nach der Schallrichtung und der Lautstärke werden in diesem unteren Abschnitt der Hörbahn geklärt. Im oberen Abschnitt, im Zwischenhirn (Diencephalon) und im Endhirn (Telencephalon), kommen komplexere Analysen hinzu, insbesondere solche, für die Erfahrung benötigt wird. Im Folgenden wird am Beispiel der unteren Hörbahn von Eulen dargelegt, in welcher Weise Schallinformation schon im Nachhirn analysiert wird.

An Eulen, die bei ihrer nächtlichen Jagd besonders auf genaue Schallanalyse angewiesen sind, konnten wesentliche Funktionsweisen der unteren Hörbahn aufgeklärt werden. Tatsächlich interessieren sich Biologen schon seit über 100 Jahren für die Hörleistungen von Eulen, und einige fundamentale Erkenntnisse der Hörforschung haben wir der Forschung an Eulen zu verdanken. Hier können diese Forschungsergebnisse nur skizziert werden, mit dem Ziel, dem Leser ein Verständnis für grundlegende Prozesse der auditorischen Signalverarbeitung zu vermitteln. Am Ende dieses Abschnitts werden einige Gemeinsamkeiten und Unterschiede zwischen den unteren Hörbahnen von Vögeln, Amphibien und Säugetieren aufgezeigt. Der obere Teil der Hörbahn wird in ► Abschn. 6.9 behandelt.

Sinnesphysiologisch gesehen sind Eulen (Ordnung Strigiformes) ganz ungewöhnliche Vögel. Angewiesen auf regelmäßigen Jagderfolg zu allen Jahreszeiten, haben sie ein Hörsystem entwickelt, mit dessen Hilfe sie im Winter unter einer geschlossenen Schneedecke, wie auch im Dunkeln ohne jede visuelle Hilfe Mäuse und andere Kleintiere orten und jagen können (◘ Abb. 6.38). Sie haben ihren Hörsinn einzig auf den Aspekt der Schallortung spezialisiert. Eine außerordentlich hoch entwickelte Fähigkeit zur **Lokalisierung von Schallquellen** ist die Grundlage ihrer Jagdstrategie. Entsprechend dieser Spezialisierung unterscheiden sich die Ohren der Eulen deutlich von den Ohren anderer Vögel. Eulen haben ihre Gesichtsfedern wie Schirme von Richtantennen angelegt (◘ Abb. 6.39). Ein konzentrischer Gesichtsschleier aus besonders strukturierten Federn

6

Abb. 6.38 Eulen können ihre Beute orten, ohne sie zu sehen. Hier horcht eine Schnee-Eule (*Bubo scandiacus*) auf ein leises Rascheln, welches ein im Schnee eingegrabener Lemming (*Lemmus lemmus*) unvorsichtigerweise durch seine Wühlbewegungen verursacht. Der Griff der Eule nach ihrer Beute steht unmittelbar bevor

Abb. 6.39 Ein Bartkauz (*Strix nebulosa*) zeigt seinen Gesichtsschleier, der ihm dabei hilft, in den nördlichen Wäldern Wühlmäuse und andere Kleinsäuger zu hören. Die Ohröffnungen liegen unsichtbar hinter den Federn des Gesichtsschleiers etwas seitlich der Augen

bedeckt das Gesicht und begünstigt die Schallleitung hin zu den dahinterliegenden Ohröffnungen.

Die beiden Ohröffnungen haben unterschiedliche akustische Achsen, die rechte peilt etwas höher liegende Bereiche an als die linke (Abb. 6.40). Ein knöcherner Gehörgang leitet den Schall von jeder Ohröffnung zum Trommelfell – anders als beim typischen Vogelohr, wo das Trommelfell unmittelbar an der Kopfoberfläche liegt (s. Abb. 6.26). Eine weitere Besonderheit ist die Verbindung zwischen rechtem und linkem Mittelohr durch einen luftgefüllten interauralen Kanal. Diese Verbindung erinnert an die interaurale Verbindung, welche Insekten das Richtungshören ermöglicht (s. Abb. 6.20), und könnte auf ähnliche Weise bestimmte Aspekte des Hörens bei Eulen verbessern. Eigentlich findet man interaurale Luftgänge nur bei denjenigen Landwirbeltieren, die nicht über Außenohren verfügen, also bei Amphibien, Reptilien und Vögeln. Eulen bilden insofern eine Ausnahme, als sie sowohl Außenohren als auch interaurale Luftverbindungen besitzen. Allerdings konnten bisherige Forschungen nicht ermitteln, welchen Beitrag der interaurale Kanal zum Richtungshören bei Eulen leistet. Aus diesem Grund wird er hier nicht weiter berücksichtigt.

Das Jagdverhalten einer Eule beginnt mit der Ortung einer Schallquelle und einem reflexhaften Hinwenden des Gesichts in Richtung der Schallquelle. Hört die Eule ein Rascheln im Laub, bestimmt ihr auditorisches System für das Geräusch blitzartig den **Horizontalwinkel** (Seitenwinkel, Azimut, 0 = geradeaus, +90° = rechts, −90° = links) und den **Höhenwinkel** (Elevation, > 0: über Augenhöhe, < 0: unter Augenhöhe) relativ zur Blickachse ihrer feststehenden Augen. Dann dreht sie ihren Kopf so lange auf die Schallquelle zu, bis beide Winkel verschwinden (Abb. 6.41). Jetzt sind Blick und Gehör genau auf die Schallquelle ausgerichtet, und sie kann ihren Jagdflug zielgerichtet einleiten.

Die Messung der beiden Winkel und damit die Bestimmung der Koordinaten der Maus im Hörfeld der Eule leistet die untere Hörbahn im Nachhirn des Vogels. Zu ihr gehört eine Gruppe paarig angeordneter Kerne, deren Aufgabe es ist, die von den beiden Innenohren durch die Hörnerven eingehenden Signale auszuwerten (Abb. 6.42). Ausgehend von den Synapsen an den Haarzellen der Basilarpapille im Innenohr erreichen die Axone der afferenten Neuronen durch den Hörnerv die erste Station der Hörbahn. Hier verzweigt sich jedes Axon in zwei Endfasern, von denen die eine afferente Signale zur Bestimmung des Horizontalwinkels liefert, die andere Signale zur Messung des Höhenwinkels. Dazu werden die Fasern mit unterschiedlichen Kernen der Hörbahn verschaltet, und die Berechnung der beiden Winkel erfolgt parallel und mit hoher Geschwindigkeit.

Abb. 6.40 Die asymmetrischen Ohren der Schleiereule (*Tyto alba*). Hinter dem herzförmigen Gesichtsschleier verbergen sich zwei ungleiche Zugänge zum rechten und linken Ohr durch unterschiedlich geformte Hautlappen (*Mitte*). Die äußeren Gehörgänge verlaufen in unterschiedlichen Winkeln im Schädel (*rechts*), sodass der rechte auf Schallquellen über dem Horizont, der linke auf Schallquellen unter dem Horizont gerichtet ist

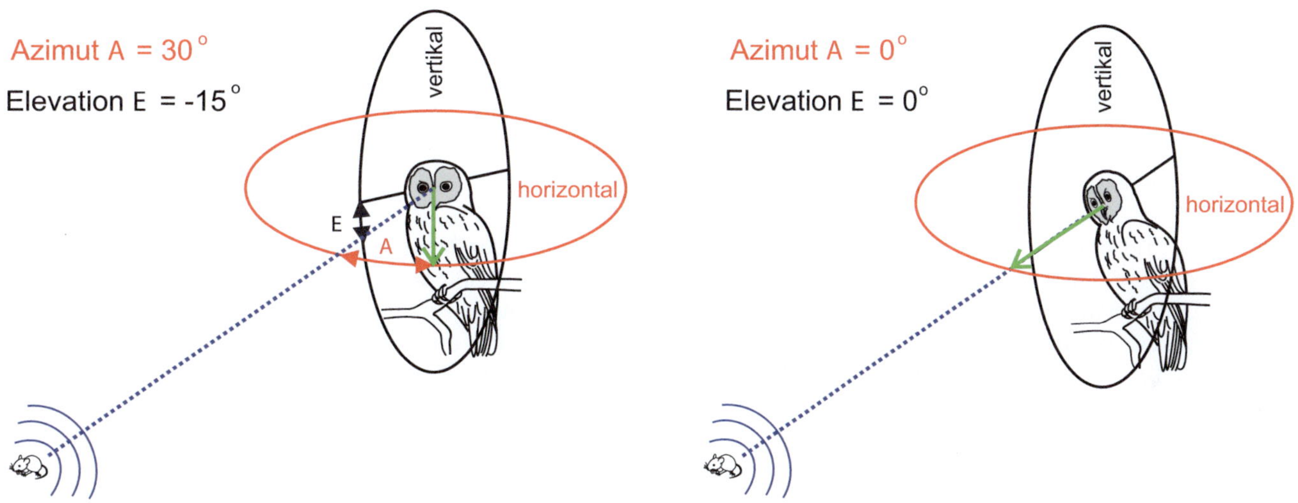

Abb. 6.41 Die Jagdstrategie einer Eule. *Links*: Hört eine Eule das Rascheln einer Maus, bestimmt sie sehr schnell die Koordinaten der Maus im Verhältnis zur eigenen Blickrichtung (*grüner Pfeil*). Sie bestimmt den Horizontalwinkel *A* (Azimut) und den vertikalen Elevationswinkel ***E***. In der hier dargestellten Situation wird die Maus 30° nach rechts und 15° nach unten geortet. *Rechts*: Die Eule kann ihre Augen nicht in den Augenhöhlen drehen. Deshalb dreht sie den ganzen Kopf so weit nach rechts und nach unten, bis beide Winkel auf 0° reduziert sind. Dadurch wird ihre Blickrichtung auf die Maus ausgerichtet, und die Jagd kann beginnen

Liegt die Schallquelle gerade voraus (Horizontalwinkel = 0), dann ist der Weg zu beiden Ohren gleich lang und Schallsignale treffen an beiden Ohren gleichzeitig ein – es entsteht keine **interaurale Zeitdifferenz (IZD**; engl. *interaural time difference*, ITD). Jede Abweichung der Schallquelle nach rechts oder links resultiert aber in einer IZD $\neq 0$, weil die Entfernungen von der Schallquelle zu den beiden Ohren unterschiedlich lang werden. Bei der Schleiereule (*Tyto alba*) hat man die Abhängigkeit der IZD vom Horizontalwinkel experimentell bestimmt, indem kleine Mikrofone in die äußeren Gehörgänge implantiert wurden. Aus der Verzögerung beim Eintreffen eines Testtons am schallabgewandten Ohr sowie aus dem Ausmaß der Phasenverschiebungen eines Sinustons zwischen beiden Ohren konnte die IZD für jeden Ort im Raum vor der Eule ermittelt werden. In Augenhöhe mit einem Testton von 6 kHz gemessen nahm die IZD pro 20° Horizontalwinkel um 42 µs zu (Abb. 6.43, *oben links*). Diese Änderung der IZD mit der Schallrichtung beruht zum einen auf den geometrischen Verhältnissen und der Schallgeschwindigkeit. Sie wird aber auch von der Kopfform, der Befiederung des Gesichtsschleiers der Eule sowie der Schallfrequenz beeinflusst, weswegen eine einfache trigonometrische Beziehung zwischen dem Auftreffen der Wellenfront und der IZD die Wirklichkeit nicht abbilden kann. Bemerkenswert ist die zeitliche Dimension der IZD. Mit 42 µs entspricht diese Zeitdifferenz nur dem Zwanzigstel der Dauer eines Aktions-

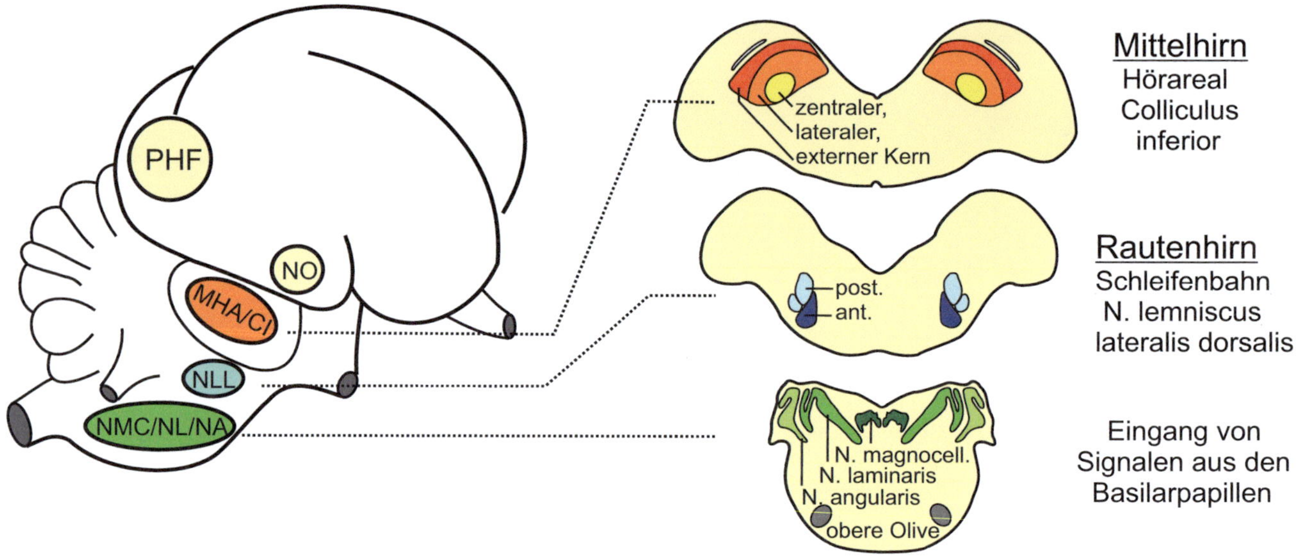

Abb. 6.42 Übersicht der Lage von Hörbahnkernen für die Messung von Horizontal- und Vertikalwinkeln im Gehirn einer Eule. Die neuronale Berechnung der Raumkoordinaten der Schallquelle wird von den Hörkernen des Rautenhirns geleistet. Die Ergebnisse dieser Analysen werden zum Hörareal des Mittelhirns geleitet, wo das Ergebnis letztlich im externen Kern (Nucleus lateralis mesencephali pars dorsalis) eintreffen. Hier entsteht eine Hörkarte, ein neuronaler Plan der auditorischen Umgebung der Eule. Die Hörareale des Mittelhirns bei der Eule werden in Analogie zum Säugergehirn auch als Colliculi inferiores bezeichnet. Vom Mittelhirn aus gelangt die Ortungsinformation in den Nucleus ovoidalis (NO) im Zwischenhirn und weiter in das primäre Hörfeld des Endhirns (PHF). CI, Colliculus inferior; MHA, Mittelhirnareal; NA, Nucleus angularis; NL, Nucleus laminaris; NLL, Nucleus lemniscus lateralis; NMC, Nucleus magnocellularis; Nach Kubke et al. (1999)

potenzials. Tatsächlich kann die Schleiereule Schallquellen mit einer Genauigkeit von ± 3° lokalisieren, was einer IZD von etwa 10 µs entspricht. Diese enorme zeitliche Präzision erfordert eine besondere Ausgestaltung derjenigen Teile der Hörbahn, die für die IZD-Analyse zuständig sind.

Die **Messung des Horizontalwinkels**, also der seitlichen Abweichung der Schallquelle von der Blickrichtung der Eule, ist die Aufgabe von **Nucleus magnocellularis** und **Nucleus laminaris** (Abb. 6.43, *oben Mitte*). Diese Kerne sind auf enorm schnelle Signalverarbeitung ausgelegt. Zunächst werden die afferenten Signale von jedem Ohr durch die Hörnerven zum jeweils ipsilateralen N. magnocellularis geleitet. Die Übergabe an die Neuronen dieses Kernes wird durch **Riesensynapsen** vermittelt. Solche ungewöhnlich großen Nervenendigungen bedecken den größten Teil der Oberfläche ihrer postsynaptischen Zelle und werden auch als Kelchsynapse (oder Held'sche Synapsen) bezeichnet (Abb. 6.43, *oben rechts*). Riesensynapsen haben durch schnelle und massive Ausschüttung des Transmitters Glutamat eine besonders effektive Kontrolle über die postsynaptische Zelle. Die erregenden postsynaptischen Potenziale an Riesensynapsen sind sowohl groß als auch schnell. Die Signalübertragung zeichnet sich durch eine besonders kurze synaptische Verzögerung aus (etwa 0,5 ms) und kann ankommende Signale mit außergewöhnlich hoher zeitlicher Präzision weiterleiten. Die schnelle Signalübertragung ermöglicht die zweite Besonderheit der Neuronen im N. magnocellularis, nämlich die **Phasenkopplung**. Jedes einzelne Axon des Hörnervs stammt ja von einer Haarzelle auf der Basilarpapille, und eigentlich ist damit eindeutig festgelegt, welche Frequenzinformation die Faser transportiert. Die Aktivität einer Faser signalisiert dem Hirnstamm, dass eine Haarzelle mit einer bestimmten Frequenzselektivität von einem Ton dieser Frequenz aktiviert worden ist. Im N. magnocellularis einer Eule wird diese Information aber noch dadurch unterstrichen, dass die Faser nicht unabhängig von der detektierten Tonfrequenz feuert, sondern dass die Aktionspotenziale immer im gleichen Phasenabschnitt ausgelöst werden. So könnte eine Faser beispielsweise immer am Wellenberg der Tonwelle (90°, $\pi/2$) feuern; sie wäre dann an diesen Phasenabschnitt gekoppelt. Das nachfolgende Neuron im N. magnocellularis empfängt auf diese Weise eine besonders präzise Frequenzinformation. Solche Phasenkopplung kommt bei vielen Tieren im unteren Frequenzband bis etwa 6 kHz vor. Bei Eulen findet man dieses Phänomen bis etwa 9 kHz – ein Beleg für die auf Geschwindigkeit optimierte neuronale Verarbeitung im Nachhirn dieser Vögel.

Die afferente Information, die mit so hoher zeitlicher Präzision von den Neuronen der beiden Nuclei magnocellulares aufgenommen worden ist, wird an die beiden N. laminares weitergeleitet und zwar dergestalt, dass jeder N. laminaris sowohl vom ipsilateralen als auch vom kontralateralen N. magnocellularis mit Informa-

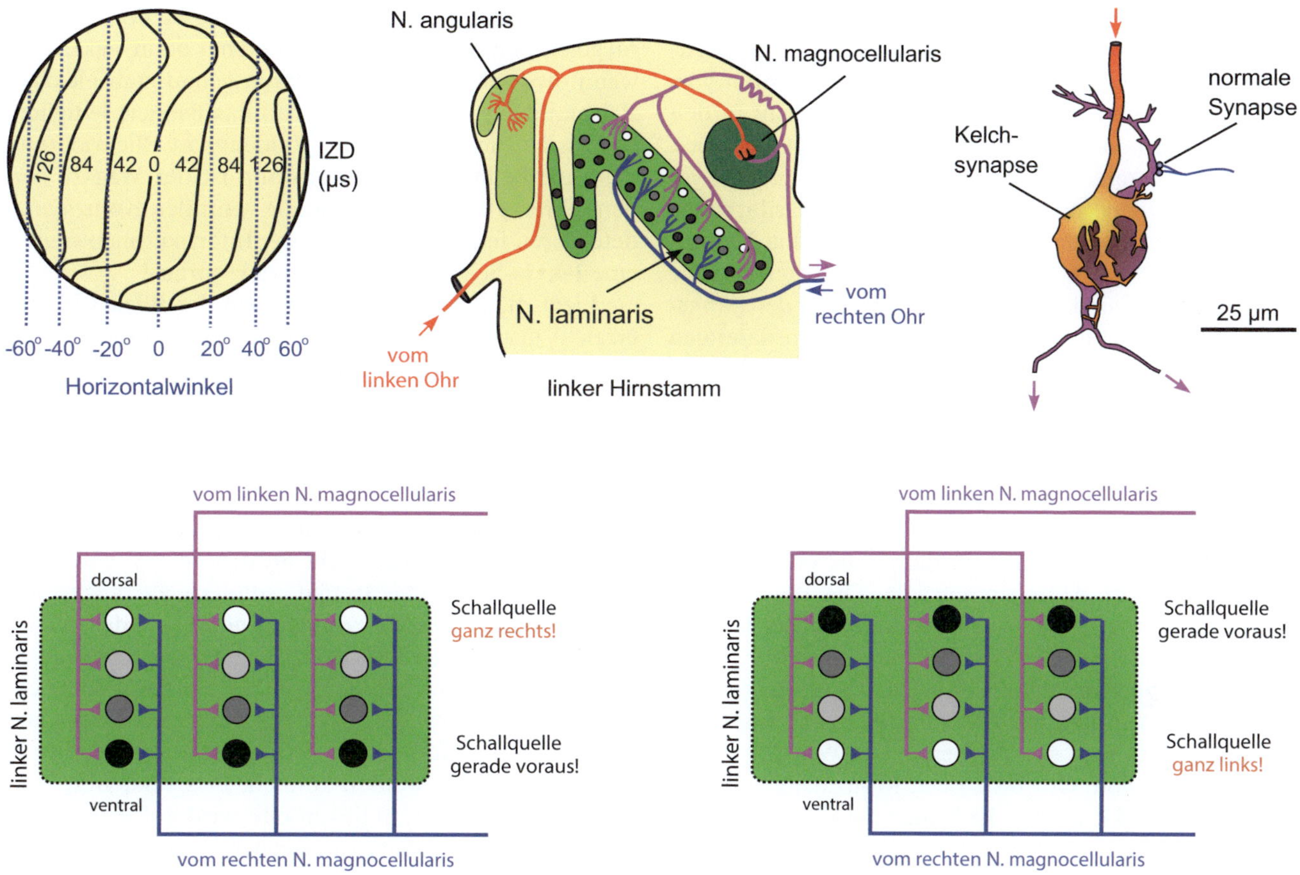

Abb. 6.43 Die neuronale Messung der interauralen Zeitdifferenz (IZD) zur Bestimmung des Horizontalwinkels. Trifft der Schall aus einem Horizontalwinkel A ≠ 0 ein, ergibt sich eine interaurale Zeitdifferenz (IZD). *Oben links*: Bei der Schleiereule (*Tyto alba*) wurde die Abhängigkeit der IZD-Werte vom Horizontalwinkel gemessen und ergab einen Wert von 42 µs pro 20°. *Oben Mitte*: Die neuronale Analyse der IZD vollzieht sich im Hirnstamm. Das Verschaltungsprinzip für die linke Seite des Hirnstamms zeigt die Lage der drei beteiligten Hörkerne. Afferente Fasern des linken Hörnervs erreichen den linken Hirnstamm mit der auditorischen Information vom linken Innenohr (*rote Linie*). Jede Faser gabelt sich in zwei Endigungen, die jeweils im N. angularis oder im N. magnocellularis ihre Synapsen bilden. Der Weg über den N. angularis dient der Bestimmung des Vertikalwinkels (Elevation) aus der interauralen Intensitätsdifferenz (IID), der über den N. magnocellularis der Bestimmung des Horizontalwinkels (Azimut) aus der IZD. *Oben rechts*: Zur Messung der IZD ist zeitliche Präzision entscheidend. Daher werden die Signale im N. magnocellularis über Kelchsynapsen weitergegeben. Deren Übertragungsgeschwindigkeit ist so hoch, dass die Phaseninformation der Schallwellen übertragen werden kann (Phasenkopplung). *Unten*: Die Neuronen des N. magnocellularis leiten die Signale zum N. laminaris. Das Verschaltungsschema ist hier gezeigt: Die Längen und die Leitungsgeschwindigkeiten der zuführenden Axone (Verzögerungsketten, *delay lines*, *blaue Linien*) legen die Ankunftszeit im N. laminaris fest. Im N. laminaris wirken lokale Neuronen als Koinzidenzdetektoren, die besonders stark reagieren, wenn Signale von beiden Ohren gleichzeitig eintreffen. Der N. laminaris ist kompliziert organisiert. Die räumliche Repräsentation des Horizontalwinkels hängt davon ab, in welchem Abschnitt des N. laminaris die Fasern eintreffen. *Unten links*: An einem Ende des Kernes werden ventral gelegenen Neuronen immer dann aktiviert, wenn beide Ohren gleichzeitig stimuliert werden, wenn also die Schallquelle gerade voraus liegt. Diese Neuronen (*schwarze Symbole*) zeigen ein IZD von 0 an. Bei weiter rechts liegenden Schallquellen haben die Signale vom rechten Ohr einen zeitlichen Vorsprung (IZD > 0) und das Zusammentreffen der Signale aus beiden Ohren findet an den mehr dorsal gelegenen Neuronen statt (*hellere Symbole*). Die ganz dorsal gelegenen Neuronen (*weiße Symbole*) reagieren auf die maximal mögliche IZD und codieren damit die Ortung der Schallquelle bei 90° rechts. *Unten rechts*: Am anderen Ende desselben Abschnitts im N. laminaris liegen die Koinzidenzneuronen für IZN = 0 dorsal (*schwarze Symbole*). Hier reagieren die mehr ventral gelegenen Neuronen auf links von der Mitte liegende Schallquellen, und die untersten Neuronen (*weiße Symbole*) codieren das Eintreffen des Schalles von 90° links. Nach Konishi (1993); Ashida und Carr (2011) und Carr et al. (2016)

tion versorgt wird (Abb. 6.43, *unten*). So beginnt eine entscheidende Eigenschaft der Hörbahn, nämlich die, dass die meisten Kerne Informationen über das Geschehen in beiden Innenohren (**binaurale Information**) gleichzeitig erhalten. Auf diese Weise können Unterschiede ausgewertet werden, die bei der Schalldetektion in den beiden Ohren auftreten – eine Fähigkeit, die besonders für die Lokalisation von Schallquellen gebraucht wird.

In den beiden N. laminares der Hörbahn wird die IZD gemessen, aus der eine Eule die seitliche Abweichung der Schallquelle von ihrer Blickrichtung ermitteln kann.

Die neuronale Ermittlung der IZD wird von einem einfachen neuronalen Netz geleistet, wie es auf theoretischer Basis Lloyd A. Jeffress in den 1940er-Jahren vorschlug und zum ersten Mal Masakazu Konishi in den 1980er-Jahren an der Schleiereule (*Tyto alba*) nachwies. Das Netz besteht aus Neuronen im N. laminaris, geordnet nach den von den Haarzellen der Basilarpapillen codierten Frequenzen, wobei jedes einzelne Neuron bevorzugt bei einer bestimmten IZD reagiert. Die Neuronensätze sind im N. laminaris entlang der Längsachse angeordnet und sind sowohl mit dem ipsilateralen als auch mit dem kontralateralen N. magnocellularis verbunden. Sie beziehen also Signale aus beiden Ohren. Man kann sich diese Neuronen als recht unempfindlich vorstellen. Signale von nur einem Ohr reichen nicht aus, um sie voll zu aktivieren. Dazu ist es vielmehr erforderlich, dass Signale aus beiden Ohren *gleichzeitig* an demselben Neuron eintreffen – nur dann feuert das Neuron mit voller Kraft Aktionspotenziale. Die Bezeichnung dieser Neuronen als **Koinzidenzdetektoren** (Gleichzeitigkeitsdetektoren) weist auf die Notwendigkeit der gleichzeitigen Doppelstimulation hin. Um zu verstehen, wie diese Neuronensätze zur Messung der IZD eingesetzt werden, schaut man sich am besten den Weg der neuronalen Signale vom Ohr bis zu den Koinzidenzneuronen an (◘ Abb. 6.43, *unten*). In beiden Basilarpapillen im Innenohr der Eule gibt es etwa16.000 Haarzellen, deren individuelle Frequenzstimmungen irgendwo im Bereich zwischen 0,2 kHz und 10 kHz liegen. Jede einzelne Stimmung kommt dabei zweimal vor, einmal im linken, einmal im rechten Ohr. Betrachten wir als Beispiel zwei Haarzellen, die auf eine Frequenz von 1 kHz gestimmt sind. In beiden Ohren bildet je eine auf 1 kHz gestimmte Haarzelle Synapsen mit Fasern von Spiralganglienneuronen, welche die Signale zum jeweilig ipsilateralen N. magnocellularis leiten, von wo sie auf beide N. laminares verteilt werden. Hier werden die hereinkommenden Fasern nun mit dem für 1-kHz-Signale zuständigen Satz von Koinzidenzdetektoren verschaltet, und zwar so, dass die Signale vom linken Ohr zunächst die am weitesten dorsal gelegenen Neuronen des Satzes erreichen, während die vom rechten Ohr ausgehenden Signale zunächst auf die ganz ventral liegenden Neuronen übertragen werden. Durch weitere Kollateralfasern erreichen beide Signale auch alle anderen Koinzidenzdetektoren des 1-kHz-Neuronensatzes, allerdings in gegenläufiger Reihenfolge. Die Signale aus den beiden Ohren starten also an entgegengesetzten Enden des 1-kHz-Neuronensatzes (Fachbegriff: Frequenzfeld), laufen zunächst aufeinander zu, treffen sich an einem Koinzidenzdetektor und laufen dann auseinander. Entscheidend ist, dass in dem gesamten 1-kHz-Neuronensatz nur einige wenige Neuronen voll aktiviert werden, nämlich diejenigen, an denen sich die Signale aus beiden Ohren treffen. Da das ganze System symmetrisch angelegt ist, werden die ventral gelegenen Neuronen dann – und nur dann – aktiviert, wenn die Signale in beiden Ohren genau zum gleichen Zeitpunkt losgelaufen sind. Und das passiert lediglich, wenn sich die Schallquelle geradeaus in Blickrichtung der Eule befindet. Denn nur dann ist der Weg zu beiden Ohren gleich lang. Wenn die ventralen Koinzidenzdetektoren feuern, geben sie zwei Informationen weiter: eine **1-kHz**-Schallquelle liegt **gerade voraus**!

Liegt die Schallquelle rechts von der Blickrichtung, erreicht der Schall das rechte Ohr vor dem linken, und auch in den N. laminares treffen die Signale vom rechten Ohr früher ein als die vom linken. Die IZD nimmt bei der Schleiereule mit 42 µs pro 20° Auftreffwinkel zu und erreicht bei einer querab (bei 90°) liegenden Schallquelle ihren Maximalwert von etwa 180 µs. Wegen des Vorsprungs der schallzugewandten rechten Seite können sich die beiden Signale nicht an den ventral gelegenen Koinzidenzdetektoren treffen, sondern an einem, der näher zu den dorsalen Eingangsneuronen der schallabgewandten linken Seite liegt. Die Lage des Koinzidenzdetektors, der für eine IZD von beispielweise 40 µs codiert, ist exakt so weit von der ventralen Ebene des N. laminaris entfernt, wie Aktionspotenziale innerhalb von 40 µs geleitet werden können. Das verspätete Eintreffen des Schalles am linken Ohr wird auf diese Weise durch einen längeren Weg ausgeglichen, den die Aktionspotenziale vom zuerst aktivierten rechten Ohr bis zum 40-µs-Detektor zurücklegen müssen. Diese zusätzlichen Faserabschnitte, die im N. laminaris die IZD ausgleichen und damit messbar machen, werden als **Verzögerungsketten** (engl. *delay lines*) bezeichnet. Jeder Koinzidenzdetektor in einem Neuronensatz hat eine spezifische Signalverzögerung für die aus beiden Ohren hereinkommenden Signale und reagiert aus diesem Grund spezifisch auf eine bestimmte IZD.

Die anatomische Organisation im N. laminaris ändert sich durch Anpassung der Verzögerungsketten systematisch entlang der Längsachse des Kernes. Diejenigen Koinzidenzneuronen für „gerade voraus", welche am besten auf IZD nahe null reagieren, liegen an einem Ende des 1-kHz-Neuronensatzes ganz ventral, an einer anderen Stelle nehmen sie eine Position nahe der Mitte der Verschaltung ein, und am anderen Ende erreichen sie schließlich die dorsale Schicht des Kernes (vergleiche die Lage der schwarzen Symbole in ◘ Abb. 6.43, *unten*). Dadurch entsteht eine ganze Serie einander überlappender neuronaler IZD-Karten, die zusammen den gesamten Hörbereich der Eule abdecken. Im N. laminaris wird auf diese Weise der Horizontalwinkel zur Schallquelle hin präzise ermittelt und in ein neuronales Signal umgewandelt. Die Information zur Horizontalkoordinate wird zur weiteren Verrechnung an das Hörfeld im Mittelhirn übergeben.

Zur Bestimmung der vertikalen Koordinate (Elevation *E* in ◼ Abb. 6.41) muss die Eule den **Höhenwinkel** messen. Die bisher beschriebenen Verschaltungen sind dazu nicht geeignet, denn die IZD variiert nur wenig in der Senkrechten (s. ◼ Abb. 6.43). Die Eule nutzt dazu die Asymmetrie ihrer äußeren Gehörgänge. Da der linke Gehörgang auf den Bereich unterhalb der Augenhöhe (Höhenwinkel < 0), der rechte dagegen über die Augenhöhe (Höhenwinkel > 0) ausgerichtet ist, verursachen tief liegende Schallquellen im linken, hoch liegende dagegen im rechten Ohr stärkere Signale. Aus der **interauralen Intensitätsdifferenz (IID**; engl. *interaural level difference*, ILD) kann die Eule den Höhenwinkel ableiten. Die IID variiert systematisch über den vertikalen Hörbereich um insgesamt 30–40 dB. Bei der Schleiereule wurde die Intensitätsabstufung wiederum mit Mikrofonen ermittelt, die in den beiden äußeren Gehörgängen platziert worden waren. Ausgehend von der Augenhöhe (Höhenwinkel = 0) fand man eine Zunahme der Schallintensität um etwa 20 dB – das entspricht einer zehnfachen Zunahme des gemessenen Schalldrucks – bei einem Höhenwinkel von +30° im rechten Ohr. Im linken Ohr war die Schallintensität dagegen beim Höhenwinkel −40° um 20 dB stärker als auf Augenhöhe (◼ Abb. 6.44, *links*). Daraus resultiert eine maximale IID zwischen rechtem und linkem Ohr von etwa 40 dB, ein Faktor 100 im Schalldruck. Unterschiedliche Schallintensitäten in den Gehörgängen führen dazu, dass die Haarzellen der Basilarpapillen in den beiden Innenohren unterschiedlich stark aktiviert werden. Die afferenten Fasern der Spiralganglienneuronen leiten die Intensitätsinformation an den Hirnstamm weiter, wobei die Eingangssignale von beiden Ohren sich umso stärker unterscheiden, je weiter die Schallquelle oberhalb oder unterhalb der Augenhöhe liegt. Für die IZD-Analyse im N. magnocellularis und N. laminaris ist dieser Intensitätsunterschied im afferenten Signal ohne Belang. Anders ist das beim **N. angularis**, der den zweiten Weg der parallelen Schallanalyse einleitet. Die Neuronen dieses Kernes übernehmen die Intensität des afferenten Signals und leiten die Information über Schallfrequenz und Schallintensität in die **kontralaterale Schleifenbahn** (N. ventralis lemnisci lateralis, pars posterior; ◼ Abb. 6.44, *rechts*). Hier kommt es zur neuronalen Codierung der IID, da die Intensitätssignale von den jeweils gegenüberliegenden Ohren in der Schleifenbahn verglichen werden können. Eine wichtige Rolle spielen dabei **inhibitorische Querverbindungen**. Der stärker aktivierte Lemniscuskern kann über inhibitorische Verschaltungen die Aktivität im kontralateralen Kern besonders effizient dämpfen, wodurch der Unterschied zwischen den Signalen auf beiden Seiten des Hirnstamms noch deutlicher hervortreten. Die Schleifenbahnneuronen werden vom kontralateralen Ohr aktiviert und vom ipsilateralen Ohr gehemmt und gehören damit zu den „EI-Neuronen“ (exzitatorisch/inhibitorisch) der Hörbahn. Durch die inhibitorische Kreuzverschaltung entsteht in der Schleifenbahn eine **räumliche Sortierung von IID-Werten**, vergleichbar mit der räumlichen Abbildung von IZD-Werten im N. laminaris. Die beiden parallelen Verarbeitungsstränge liefern schließlich die auditorische Information in einem räumlich geordneten Format im Mittelhirn ab. Dort werden dann beide Datensätze, IID und IZD, zu einer Hörraumkarte zusammengeführt. Neben den Schleifenbahnkernen aktivieren die Neuronen des N. angularis auch Neuronen in der oberen Olive (N. olivaris superior), einem Kernkomplex, der bei Vögeln ein verzweigtes Netzwerk inhibitorischer Verbindungen zwischen den Hörkernen im Rautenhirn bildet (◼ Abb. 6.44, *rechts*). Es wird vermutet, dass dieses Netzwerk dazu beiträgt, die Verarbeitungsprozesse von IID und IZD gegeneinander abzuschirmen, sodass beispielsweise die Ermittlung des Horizontalwinkels bei unterschiedlichen Schallintensitäten gleich gut funktioniert.

Im Mittelhirn der Eule entsteht mithilfe der Daten aus der binauralen Signalauswertung eine räumliche Repräsentation der Hörumwelt – eine **Hörraumkarte**. Als Ort der Hörraumkarte wurde der paarige Nucleus lateralis mesencephali, pars dorsalis ermittelt, der in Analogie zu den (untere Hügelchen der Vierhügelplatte) im Säugergehirn als **„externer Kern des Colliculus inferior“** (mit „Icx“ oder mit „Ci, externer Kern“ abgekürzt) bezeichnet wird (◼ Abb. 6.45). In diesem Kern kommen die Informationen zu Horizontalwinkeln und Höhenwinkeln zusammen, sodass jedes Neuron spezifisch auf eine bestimmte Kombination von IID und IZD reagiert. Da IID und IZD gleichbedeutend mit Koordinaten im Hörraum der Eule sind, reagiert jedes Neuron des externen Ci-Kerns spezifisch auf Schall aus einer bestimmten Raumrichtung. Man kann jedem Neuron in den externen Ci-Kernen einen kleinen Ausschnitt des Hörraumes als rezeptives Feld zuordnen. Der Begriff „Karte“ deutet darauf hin, dass Neuronen mit ähnlichen IID/IZD-Kombinationen nahe beieinander stehen, während Neuronen mit unterschiedlicher Spezifität weiter voneinander entfernt angeordnet sind. Durch dieses Ordnungsprinzip entsteht eine räumliche Abbildung des Hörraumes im Mittelhirn der Eule. Die Hörraumkarte bildet zwar die akustische Umgebung des Vogels ab, sie ist aber nicht zu vergleichen mit der retinotopen Abbildung der visuellen Umgebung oder der somatotopen Abbildung des Tastsinnes in den entsprechenden primären Sinnesarealen. Denn die Hörraumkarte entsteht nicht durch die topografische Projektion von Sinneszellen auf Hirnareale, sondern sie ist das Ergebnis von Datenanalysen in anderen neuronalen Netzen. Hörraumkarten gehören zu den ***„computational***

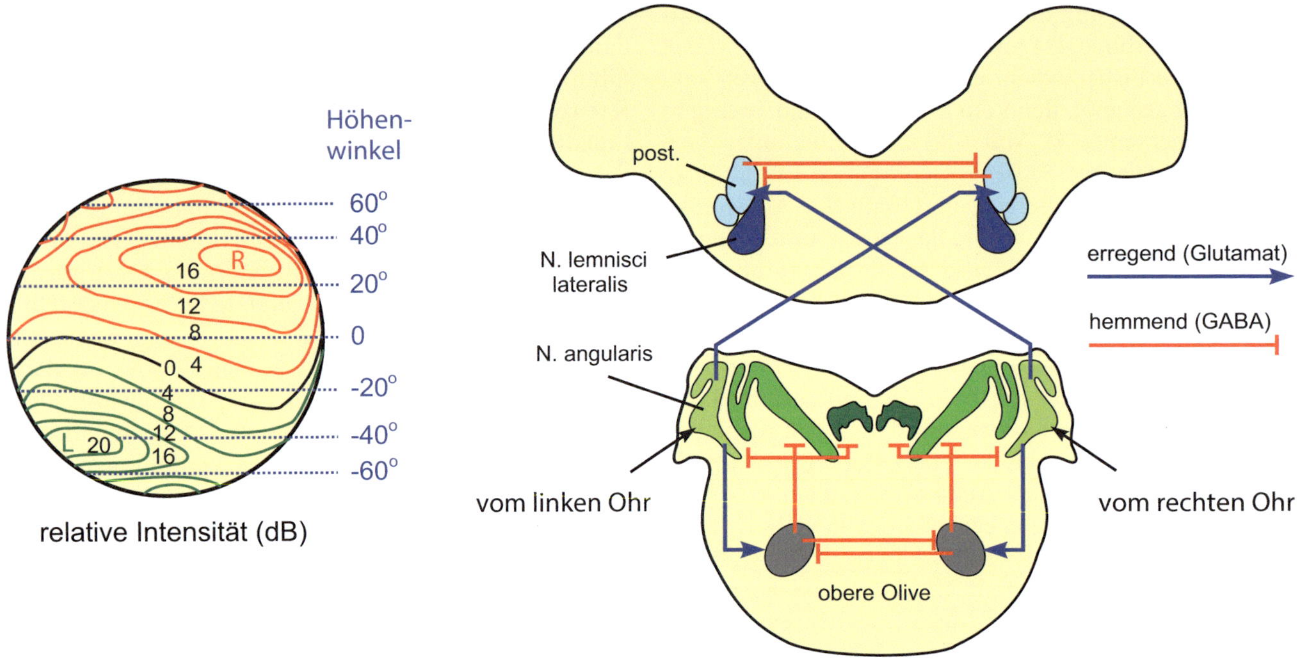

Abb. 6.44 Die neuronale Messung der interauralen Intensitätsdifferenz (IID) zur Bestimmung des Vertikalwinkels. *Links*: Wie Messungen mit Mikrofonen in den asymmetrischen Gehörgängen der Schleiereule (*Tyto alba*) zeigten, trifft ein Ton am rechten Ohr dann am lautesten auf, wenn sich die Schallquelle etwa 30° über der Augenhöhe und 20° rechts befindet. Auf diesen Ort hin ist der rechte äußere Gehörgang (R) ausgerichtet. Für das linke Ohr (L) befindet sich der optimale Ort 40° unter unterhalb der Augenhöhe sowie etwa 20° links. *Rechts*: Die Hörbahn zur Ermittlung der IID zwischen linkem und rechtem Ohr beginnt in den beiden N. angulares des Hirnstamms, in welchen Fasern des Hörnervs enden. Von dort wird die Intensitätsinformation zur jeweils kontralateralen Schleifenbahn (N. lemnisci lateralis posterior) geleitet, die ihrerseits von der kontralateralen Schleifenbahn gehemmt wird. Auf der Höhe der Schleifenbahn kommt es zur binauralen Intensitätscodierung, deren Ergebnis zum Hörareal des Mittelhirns weitergeleitet wird. Inhibitorische Aktivität der oberen Olive (N. olivaris superior) moduliert die neuronale Aktivität der Hörkerne im Hirnstamm und verbessert die funktionelle Abschirmung von IZD- und IID-Analysewegen. Nach Konishi (1993) und MacLeod und Carr (2007)

maps", bei denen die Ergebnisse von Rechenprozessen des Gehirns räumlich geordnet aufbereitet werden. Welches räumliche Ordnungsprinzip wird aber eingesetzt, um die Hörraumkarte im Mittelhirn zu organisieren? Bei der Eule ist der externe Ci-Kern in unmittelbarem Kontakt mit dem Tectum opticum (Abb. 6.45), einem retinotop organisierten Verarbeitungszentrum visueller Information, das den Colliculi superiores der Säuger analog ist. In den ersten fünf bis sechs Lebensmonaten der Eule prägt das Tectum opticum den externen Ci-Kernen seine räumliche Organisation auf, bis sich in beiden Strukturen die rezeptiven Felder, also die Neuronen gleicher Selektivität für Horizontal- und Höhenwinkel, genau gegenüberliegen. Diese **Kalibrierung durch das visuelle System** bringt den Hörraum in Übereinstimmung mit dem Gesichtsfeld, ein Vorgang, der unbedingt notwendig ist für die Entwicklung des Richtungshörens. Das Tectum opticum ist damit die abschließende Station der Hörbahn für das Richtungshören. Hier werden auditorische und visuelle Informationen integriert und können nun für die präzise Ausführung einer Kopfbewegung in Richtung auf das Beutetier eingesetzt werden. Wenn die Eule einen interessanten Schallreiz vernimmt, löst neuronale Aktivität im Tectum opticum eine rasche (sakkadische) Bewegung des Kopfes über prämotorische Hirnstammkerne und das im Arcopallium (s. Abb. 6.4) gelegene Blickzentrum aus. Akustisch geleitet richtet sich dabei der Blick auf die interessante Stelle des Hörraumes und die Jagd kann beginnen.

Eulen eignen sich wegen ihrer hoch entwickelten Ortungsfähigkeit sehr gut zur Veranschaulichung der Nutzung von binauralen Signalen für das Richtungshören. Aber nicht bei allen Landtieren sind die Hörsysteme so angelegt wie bei diesen Vögeln. Zwar ist das Ziel immer das gleiche, die Analyse von Schallsignalen auf Frequenzgehalt, Lautstärke und Ort der Schallquelle. Aber die Landtiere haben unterschiedliche Strategien entwickelt, um dieses Ziel zu erreichen. Auch wenn die meisten Landtiere Trommelfelle als Schalldrucksensoren einsetzen, sind grundlegende Unterschiede schon beim Aufbau der Mittelohren zu erkennen (s. Abb. 6.24). Zudem tragen manche Landtiere das Trommelfell an der Kopfoberfläche, bei anderen befindet es sich am Ende eines Gehörganges unterhalb von bewegliche Außenohren. Wichtige Faktoren für die Schallanalyse sind auch die Kopfgröße, die Lage der Ohren am Kopf und der für die jeweilige Art wichtige Frequenzbereich. Hörsysteme zeigen eine große Vielfalt

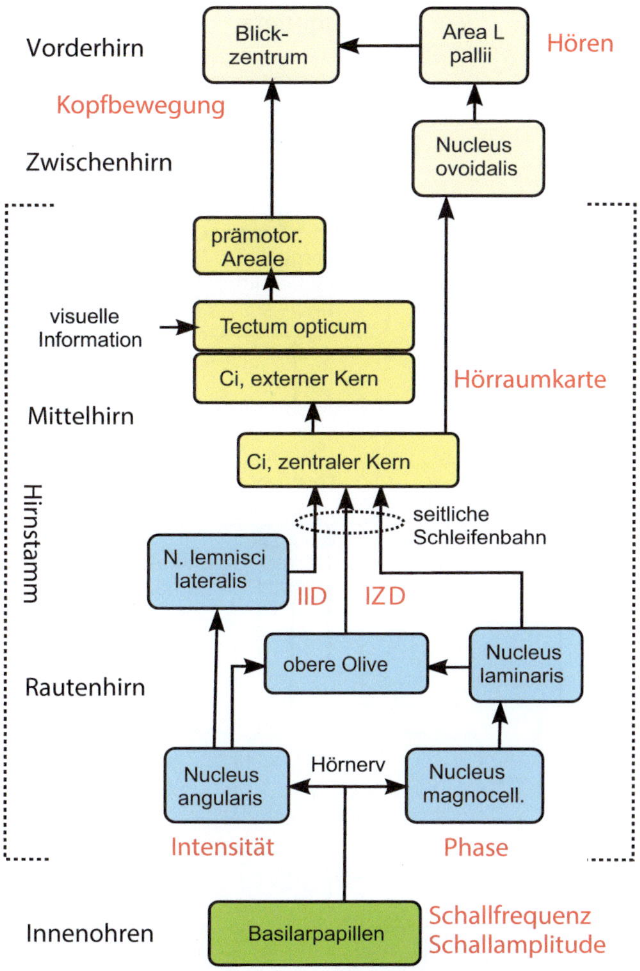

Abb. 6.45 Stationen der Hörbahn bei der Schleiereule (*Tyto alba*). Die durch die Fasern des Hörnervs transportierte Information wird im Hirnstamm parallel auf interaurale Intensitätsdifferenzen (IID) und interaurale Zeitdifferenzen (IZD) hin analysiert. Aus den dabei entstehenden Daten wird in den externen Kern der Colliculi inferiores (Ci, anatomische Bezeichnung N. lateralis mesencephali, pars dorsalis) eine neuronale Hörraumkarte erstellt, in der jedes Neuron auf Schall aus einer bestimmten Richtung – gekennzeichnet durch eine spezifische Kombination aus IID und IZN – reagiert. Die Hörraumkarte wird mit der visuellen Karte im Tectum opticum (entspricht den Colliculi superiores) abgeglichen und dann eingesetzt, um den Kopf ruckartig zur Schallquelle hin auszurichten. Parallel dazu gelangt die auditorische Information über den N. ovoidalis des Thalamus in das primäre auditorische Vorderhirnareal Area L pallii zur bewussten, nicht auf die Schallortung beschränkten Schallwahrnehmung

im Detail – ein Umstand, der letztlich darauf zurückzuführen ist, dass die Trommelfellohren während der Evolution der Landtiere mindesten drei Mal, vielleicht sogar fünf Mal unabhängig voneinander entstanden sind. Aus Fossilienfunden ist bekannt, dass die **Evolution der Ohren von Landtieren** in der Trias (vor 250–200 Mio. Jahren) begonnen hat. In diesem frühen Abschnitt des Erdmittelalters hatten sich die Entwicklungslinien von Amphibien, Reptilien und Säugervorfahren (den Therapsiden) bereits getrennt, sodass jede der drei Gruppen einen eigenen Hörsinn entwickeln musste. Aufgrund dieser parallelen, voneinander unabhängigen Evolutionsprozesse finden wir heute bei Amphibien, Sauropsiden (Reptilien, Vögel) und Säugern unterschiedliche Ohren und Hörbahnen. Bei den **Echten Fröschen** (Familie Ranidae) scheint das Richtungshören vor allem auf einer binauralen IID-Analyse zu beruhen, die von den Kernen des Torus semicircularis im Mittelhirn geleistet wird (Abb. 6.46, *links*). Auffallend sind die vorherrschend bidirektionalen Signalflüsse und die Aufteilung der Analysewege in drei parallele Mittelhirnkerne, von denen jedoch nur einer, der Hauptkern, tonotop organisiert ist. Viele Frösche besitzen interaurale Luftverbindungen, sodass ihr Richtungshören bei niedrigen Frequenzen (< 700 Hz) durch binaurale Phasenmodulation unterstützt wird (Funktionsprinzip: s. Abb. 6.20). Die Neuronen im Torus semicircularis werden meist von beiden Ohren antagonistisch gesteuert (EI-Typ), haben Bestfrequenzen im Bereich von 100–3000 Hz und reagieren auf IIDs zwischen −4 dB und +4 dB. Eine Hörraumkarte wie bei der Eule scheint im Mittelhirn der Frösche nicht angelegt zu werden. Die verarbeiteten Signale erreichen über drei Thalamuskerne vor allem Bereiche im Striatum, im Pallium sowie im Hypothalamus, wo die arttypischen Reaktionen auf Schallsignale ausgelöst werden.

Bei den **Säugetieren** waren für die Evolution des Hörsinnes vor allem zwei Strategien wichtig: die Frequenzanalyse und die Analyse der interauralen Intensitätsdifferenz (IID). Die Bestimmung der interauralen Zeitdifferenz (IZD), die bei Eulen den Horizontalwinkel liefert, war bei Säugern von nachgeordnete Bedeutung – vermutlich vor allem, weil die frühen Säuger mausartige Tiere mit kleinen Köpfen, kurzem Ohrabstand und entsprechend kurzen IZD waren. IZD-Analyse spielt heute bei größeren Säugern eine Rolle, insbesondere im niedrigen Frequenzbereich, wo die IID-Analysen ungenau werden. Die meisten Säuger besitzen Ohren mit Pinna, die dem Schall richtungstypische Frequenzeigenschaften aufprägt (s. Abb. 6.37) und dadurch die Schallortung unterstützt. Der „Klang" eines Geräuschs (das Frequenzspektrum), auf das die Außenohren gerichtet werden, ist bei den heute lebenden Säugetieren eine Schlüsselinformation für die Schallortung. In der Hörbahn der Säuger spielt die laterale Olive im Hirnstamm eine zentrale Rolle, denn sie nimmt einen großen Teil der afferenten Signale aus den Schneckenkernen (N. cochleares) auf (Abb. 6.46, *rechts*). Sie ist auch der Ort interauraler Inhibition, die durch den Trapezkörper (N. corporis trapezoidei) vermittelt wird. Die zeitlich hochpräzise Analyse von ipsilateraler Aktivierung und kontralateraler Hemmung durch den mittleren Trapezkörper (engl. *medial nucleus of the trapezoid body*, MNTB) ermöglicht in der lateralen obe-

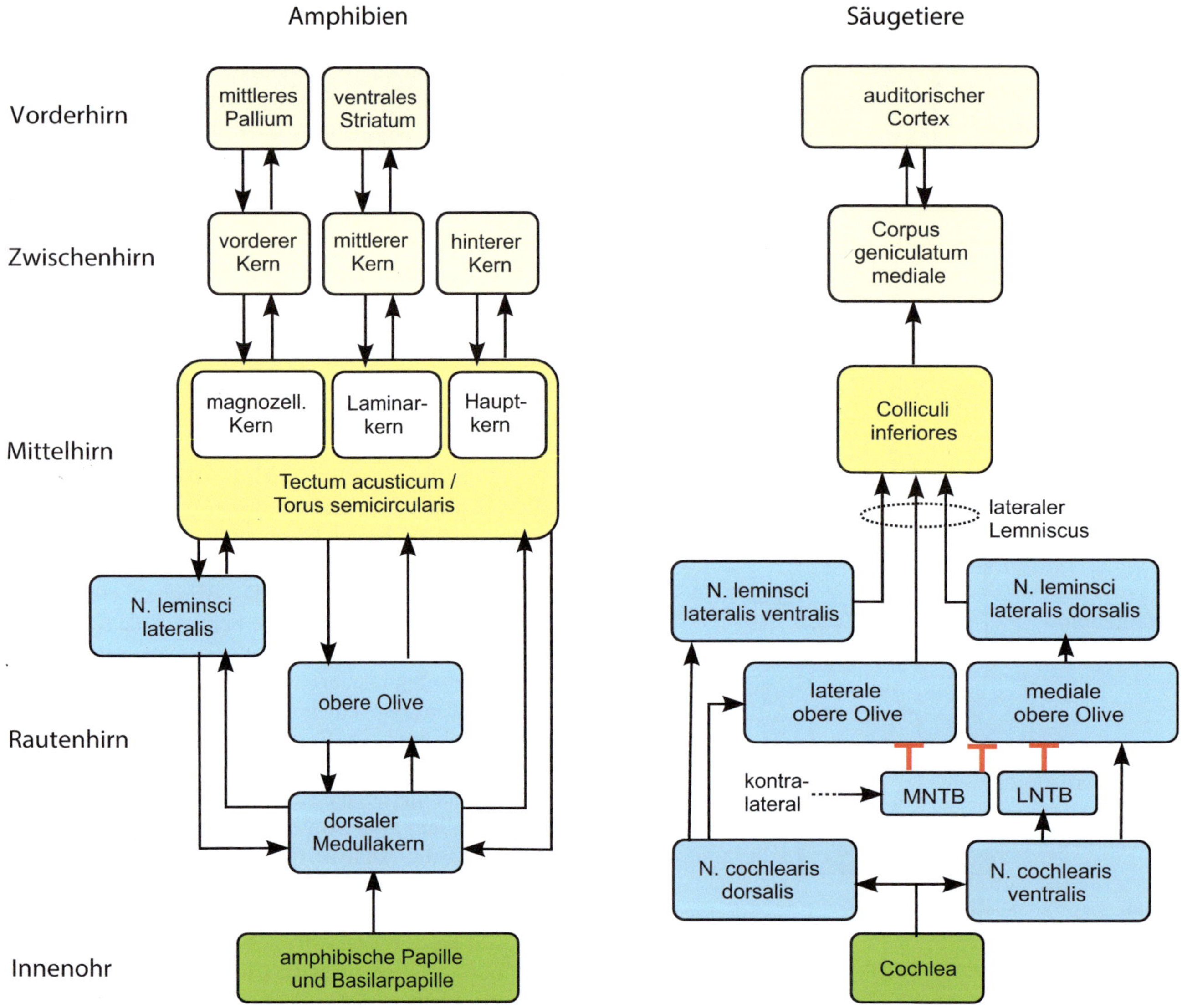

Abb. 6.46 Die Hörbahnen von Amphibien und von Säugern. Bei den Echten Fröschen (Familie Ranidae, *links*) findet die Schallanalyse vor allem im den Kernen des Torus semicircularis statt. Im Unterschied zur Eule entsteht im Mittelhirn keine Hörraumkarte. Es werden vor allem IID-Werte ermittelt und an die thalamischen Kerne weitergeleitet. Bei den Säugetieren (*rechts*) findet man wie bei den Eulen eine gewisse Teilung in einen IID-Weg (laterale obere Olive) und einen IZD-Weg (mediale obere Olive), wobei der IID-Weg eine größere Bedeutung hat. Wichtig für beide Wege sind inhibitorische Verschaltungen mit dem Trapezkörper (MNTB: *medial nucleus of the trapezoid body*; LNTB: *lateral nucleus of the trapezoid body*). Nach Butler und Hodos (2005)

ren Olive die Bestimmung der IID. Die mediale obere Olive bietet dagegen eine Verarbeitungsstation für die Bestimmung von IZD, wobei eine extrem schnelle Hemmung durch den MNTB sowie durch den lateralen Trapezkörper (engl. *lateral nucleus of the trapezoid body,* LNTB) eine Schlüsselfunktion ausüben. Ein Teil der Fasern aus den Schneckenkernen gelangt über die Schleifenbahnen am Olivenkomplex vorbei zum Mittelhirn. In der Vierhügelpatte des Mittehirns treffen auditorische Signale (in den Colliculi inferiores) auf visuelle Signale (in den Colliculi superiores) und können zur audiovisuellen Koordination integriert werden. Hier werden schnelle schallabhängige Augenbewegungen gesteuert, vergleichbar mit den sakkadischen Kopfbewegungen der Eule. Die Colliculi inferiores nehmen über das Schleifenbahnsystem sowohl Signale von den Schneckenkernen auf als auch die verarbeitete Information aus der oberen Olive. Die neuronalen Netzte der Colliculi inferiores sind tonotop organisiert. Von hier aus gelangt die auditorische Information in die oberen Abschnitte der Hörbahn, über den Thalamus zum auditorischen Cortex.

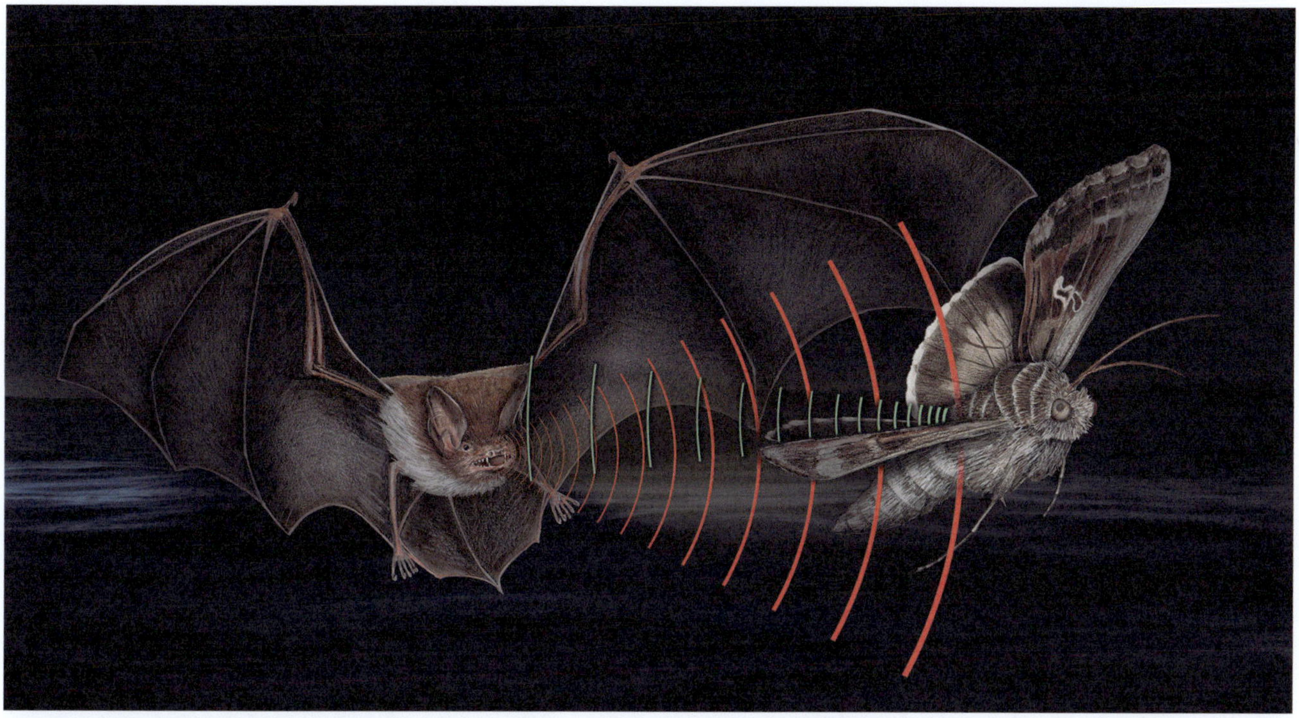

Abb. 6.47 Jagdverhalten einer Wasserfledermaus (*Myotis daubentonii*). Die Jagdbeute, ein Nachtfalter der Art *Autographa gamma* (Gammaeule) wird mithilfe eines Ortungsrufes (*rot*) lokalisiert und identifiziert. Das Echo (*grün*) transportiert Informationen über Richtung, Entfernung, Bewegung und möglicherweise sogar die Identität des Beutetieres

6.9 Der obere Abschnitt der Hörbahn: Echoortung bei Fledermäusen

Die im vorigen Abschnitt beschriebene Ortung von Schallquellen durch die Messung von Horizontal- und Höhenwinkeln im Hirnstamm von Eulen ist ein Beispiel für die Präzision und Schnelligkeit des Hörens bei Jagdtieren. Aber Schallortung ist nur einer von vielen Aspekten der Schallanalyse. Das Gehör von Säugetieren muss noch weit mehr leisten, um einen arterhaltenden Jagd- oder Fluchterfolg zu gewährleisten. Ein Vergleich aus der Technik mag diesen Punkt verdeutlichen. Setzt eine Eule ihr Gehör wie ein Radar ein, nutzen andere Jäger ihr Gehör wie Filmkameras mit automatischer Bildauswertung. Am Beispiel einer Fledermaus wird dieser Unterschied deutlich (Abb. 6.47). Das Tier fliegt mit großer Geschwindigkeit in Bodennähe durch die Landschaft, stößt Ortungsrufe aus und lauscht auf das Echo. Echos hört die Fledermaus von vielen Gegenständen in ihrer Umwelt, zurückgeworfen von Steinen, Blättern, Stämmen und Zweigen, von laufenden und fliegenden Tieren, von Bodenstrukturen, Häusern und Autos. In diesem Gewirr aus Schallsignalen verbirgt sich das schwache Echo, das von einem kleinen Nachtfalter zurückkommt. Die Fledermaus muss dieses Signal heraushören, muss es als Klang eines Beutetieres identifizieren, muss den Abstand, die Fluggeschwindigkeit und die Flugrichtung des Falters ausmachen und muss schließlich die eigene Ortungsstrategie und das eigene Flugverhalten so anpassen, dass sie das Insekt fangen und fressen kann. Dies alles erfordert viel mehr als nur ein ausgefeiltes Richtungshören. Es erfordert schnelle neuronale Verschaltungen (*computational maps*) auch für andere Parameter als nur IID und IZD, es erfordert effektive Filtermechanismen zum Ausblenden uninteressanter Schallsignale, und es erfordert die Verarbeitung von gelernten Informationen zur Anpassung an Veränderungen im Biotop des einzelnen Tieres. Die umfangreiche Forschungsliteratur zur Echoortung bei Fledermäusen bietet vielfältige interessante Einblicke in die Arbeitsweise des oberen Abschnitts der Hörbahn (Colliculus inferior, Thalamus, auditorischer Cortex) bei Säugetieren und wird im Folgenden in grundlegenden Zügen dargestellt.

Fledermäuse gehen auf das Ende der Kreidezeit sowie die frühe Phase der Säugerradiation im Tertiär zurück. Die ältesten Fossilien werden auf das frühe Eozän datiert, mit einem Alter von 52,2 Mio. Jahren (*Icaronycteris*, Green River Formation, Wyoming, USA) bis 48 Mio. Jahren (*Palaeochiropteryx*, *Archaeonycteris*, Grube Messel, Darmstadt). Als Nachtjäger im Luftraum haben sich Fledermäuse eine reichhaltige Nahrungsquelle erschlossen und sind nach den Nagetieren zur erfolgreichsten Ordnung der Säugetiere geworden. Über 1100 Fledertierarten (Ordnung Chiroptera) besiedeln heute vor allem die Tropen und die

Abb. 6.48 Die Ohren des Braunen Langohrs (*Plecotus auritus*) zeigen einen weit nach oben gezogenen Tragus und dahinter die quergeriffelte Pinna, die durch richtungsabhängige Schallreflexion die Schallortung erleichtert

gemäßigten Klimazonen, einige Arten können sogar in der nördlichen Tundra sowie in alpinen Höhenstufen dauerhaft leben. Bei ihren nächtlichen Jagdflügen zeigen die Tiere eine Flugakrobatik und Orientierungsfähigkeit, wie man sie von besonders schnell fliegenden Vögeln wie Schwalben kennt. Im Unterschied zu den Schwalben brauchen sie dabei aber kein Licht: Selbst in absoluter Dunkelheit können sich Fledermäuse nur mithilfe ihres Gehörsinnes räumlich orientieren und fliegen sicher durch Wälder und Gebüsch. Sie stoßen sehr laute, gleichförmige Ortungsrufe aus, analysieren das zurückkommende Echo und konstruieren daraus ein **„akustisches Bild"** ihrer Umgebung, mit dessen Hilfe sie Bäume umfliegen und Insekten fangen können. Es ist unvorstellbar, wie eine solche akustische Szenerie „aussieht". Man kann aber spekulieren, dass die akustische Wahrnehmung durchaus einem visuellen Blick auf die Umgebung entspricht, zumal die akustische Information an mehreren Stellen der Hörbahn an der visuellen Information ausgerichtet wird. Im Gegensatz zu den meisten anderen Säugetieren ist die Hörwelt der Fledermäuse dreidimensional. Der Grund dafür ist die Fähigkeit der Tiere, die Zeit vom Ausstoßen des Ortungsrufes bis zur Ankunft des Echos zu messen. Da diese Echozeit proportional zur Entfernung des schallreflektierenden Objekts ist, hört die Fledermaus, wo in ihrer Umgebung sich das Objekt befindet.

Die Tiere analysieren die Echos ihrer Ortungsrufe sehr gründlich, um zu einer dreidimensionalen Wahrnehmung ihrer Umwelt mitsamt der Identifizierung aller interessanter Objekte zu gelangen.

- Aus der Echozeit berechnen sie die Entfernung der Objekte.
- Binaurale Analysen liefern Informationen über die Richtung zu den Objekten.
- Auch das Frequenzspektrum des Echos enthält Richtungsinformationen.
- Die Lautstärke des Echos liefert Informationen zu Größe der Objekte.
- Frequenzmodulationen (Doppler-Effekte) zeigen Bewegungen von Objekten an.

Man erkennt an den kompliziert gebauten, großen Ohrmuscheln vieler Fledermäuse (Beispiel Braunes Langohr: Abb. 6.48), dass die Tiere sehr genau hinhören und ihre Echos einer gründlichen Analyse unterziehen. Sie setzen für die Jagd immer die gleichen Ortungsrufe ein, obwohl die Tiere durchaus in der Lage sind, auch andere Rufe auszustoßen, beispielweise für die innerartliche Verständigung. Bei der Jagd auf Insekten aber ver-

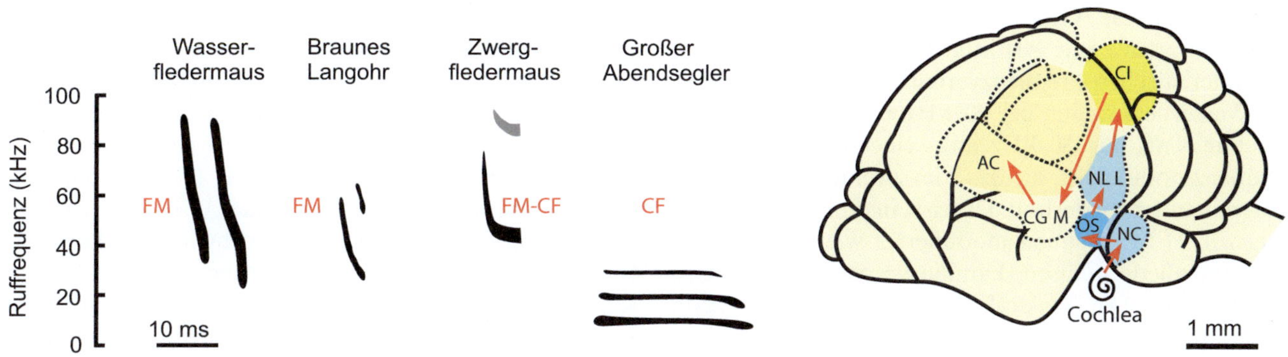

Abb. 6.49 *Links*: Sonagramme von Ortungsrufen der Wasserfledermaus (*Myotis daubentonii*), des Braunen Langohrs (*Plecotus auritus*), der Zwergfledermaus (*Pipistrellus pipistrellus*) und des Großen Abendseglers (*Nyctalus noctula*). FM, frequenzmoduliert; CF, konstante Frequenz. *Rechts*: Verlauf der Hörbahn im Gehirn einer Fledermaus. AC, auditorischer Cortex; CGM, Corpus geniculatum mediale des Thalamus; CI, Colliculus inferior; NC; Nucleus cochlearis; NLL; Nucleus lemnisci lateralis; OS; Nucleus olivaris superior. Nach Suga und Ma (2003)

wenden sie **stereotype, artspezifische Ortungsrufe**, anhand derer sie ein Fledermausforscher mit seinem Fledermausdetektor auch im Dunkeln identifizieren kann. Fledermäuse (Unterordnung Microchiroptera) erzeugen ihre Ortungsrufe mithilfe der Stimmlippen ihres Kehlkopfes und modulieren sie durch Resonanz in Rachen, Nase und Mund. Flughunde (Unterordnung Megachiroptera) dagegen können mit ihrer Zunge schnalzende Klickgeräusche auslösen und diese zur Echoortung einsetzen. Frequenz und Dauer dieser Rufe sind für die jeweilige Jagdstrategie optimiert. Die Wasserfledermaus (*Myotis daubentonii*) und das Braune Langohr (*Plecotus auritus*) nutzen beispielsweise kurze Doppelrufe, die jeweils bei einer hohen Frequenz beginnen und bei einer niedrigeren enden (Abb. 6.49). **Kurze Ortungsrufe** haben den Vorteil, dass schon nach wenigen Millisekunden das Gehör wieder bereit für das Echo ist. Denn während die Fledermaus ruft, kann sie nicht hören. Ist ein Nachtfalter 1 m entfernt, trifft das Rufecho schon nach 5,9 ms bei der Fledermaus ein:

$$\text{Echozeit} = \text{Laufstrecke des Schalles} / \text{Schallgeschwindigkeit}$$

$$t_{\text{Echo}}(1\,\text{m}) = 2 \cdot 1\,\text{m} / 343\,\text{ms}^{-1} = 0{,}0059\,\text{s}$$

Im Nahbereich, kurz vor dem Einfangen der Beute, verlängert jeder Zentimeter die Echozeit um 59 µs. Um das Gehör möglichst schnell wieder aufnahmebereit zu machen, verkürzen viele Fledermäuse ihre Ortungsrufe, wenn sie sich der Beute nähern, bis auf etwa 0,3–1 ms. Da die Echozeit proportional zur Entfernung zum Beuteinsekt ist, können Fledermäuse den aktuellen Abstand zur Beute recht genau abschätzen. Manche Arten können den Abstand auf 12–17 mm genau bestimmen. Dazu müssen sie Unterschiede in der Echozeit von 69–98 µs erkennen können. Tatsächlich gibt es Experimente, die Abstandsmessungen mit einer Genauigkeit von weniger als 1 mm nachweisen, beispielsweise bei der Großen Braunen Fledermaus (*Eptesicus fuscus*). Fledermäuse nutzen für die Echoortung sehr **laute Ortungsrufe**, denn Echos, die von kleinen Objekten wie Insekten zurückkommen, sind um etwa 30–40 dB leiser als die Ortungsrufe. Um solche Echos hören zu können, rufen viele Fledermäuse mit einem Schalldruckpegel von 100–120 dB (10 cm vor dem Kopf gemessen). Dieser Schalldruckpegel entspricht in etwa dem eines Drucklufthammers in 1 m Entfernung, und das Ausstoßen von so lauten Rufen kostet die kleinen Tiere extrem viel Energie. Daher sind Fledermäuse sparsam mit ihren Ortungsrufen, halten sie kurz und setzen sie nur ein, wenn sie eine reelle Chance auf Jagderfolg ausmachen. Obwohl **hochfrequente Ortungsrufe** im Ultraschallbereich (> 20 kHz, der oberen Grenze des menschlichen Hörspektrums) besonders viel Energie verbrauchen und wegen der atmosphärischen Dämpfung nur eine geringe Reichweite haben, rufen die Tiere im Bereich von 10–200 kHz. Der Grund dafür liegt in der Notwendigkeit, Beutetiere zu lokalisieren, die nur wenige Millimeter bis Zentimeter groß sind. Echoortung funktioniert aber am besten, wenn die Wellenlänge des Ortungsschalles nicht wesentlich größer ist als das zu ortende Objekt selbst. Mit dem Frequenzbereich von 10 kHz ($\lambda = c/f = 3{,}43$ cm) bis 100 kHz ($\lambda = 3{,}43$ mm) decken die Fledermäuse die Größenordnung ihrer Beuteinsekten ab.

Der Frequenzbereich eines Ortungsrufes ist also von entscheidender Bedeutung für das Gelingen der Echoortung. Man kann sich ein Bild vom „Klang“ der Ortungsrufe machen, indem man sie mit einem Fledermausdetektor aufzeichnet und – nach Analyse des Frequenzspektrums durch die schnelle Fourier-Transformation – auf einem Sonagramm die Ruffrequenz gegen die Zeit aufträgt (Abb. 6.49, *links*). Rufsonagramme sind die Visitenkarten der einzelnen Fledermausarten, denn jede Art zeigt Ortungsrufe mit einem charakteristischen Frequenzverlauf. So beginnt der Ruf der Wasserfledermaus bei 90 kHz und fällt innerhalb von nur 5 ms auf 30 kHz ab – eine schnelle, scharfe Frequenzmodulation, die das Tier zweimal unmittelbar hintereinander wiederholt. Dies ist ein typischer FM-Ortungsruf (FM: frequenzmoduliert), wie er von den Glattnasenfledermäusen (Familie Vespertilionidae) eingesetzt wird. Die Wasserfledermaus produziert zehn bis 15 solcher Doppelrufe pro Sekunde, solange sie nach Beute sucht, und kann etwa 200 Einzelrufe pro Sekunde ausstoßen, wenn sie sich im Greifflug einem Beutetier nähert. Denn in den letzten Sekunden benötigt die Fledermaus besonders genaue Informationen über das Beuteinsekt, das seinerseits sehr schnell seine Position vor dem Jäger ändern kann. Auch **Ortungsrufe mit breitem Frequenzspektrum** helfen den Tieren bei der Lokalisierung der Beutetiere. Allein die Bestimmung der interauralen Zeitdifferenz (IZD) des Echos reicht nicht aus für die hohe räumliche Auflösung, welche die Fledermäuse für ihre nächtliche Jagd benötigen. Der sehr kurze Ohrabstand der kleinen Tiere lässt nur kleine IZDs im Bereich von 0 µs (gerade voraus) bis 20–50 µs (querab) zustande kommen. IZDs werden vor allem zur Bestimmung des Horizontalwinkels, des Azimuts, zur Schallquelle eingesetzt. Die interaurale Intensitätsdifferenz (IID) ist stark frequenzabhängig und liefert wegen eben dieser Eigenschaft recht präzise Ortsinformationen auch in der Vertikalen. Die Frequenzabhängigkeit kommt dadurch zustande, dass die Tiere die eintreffenden Schallsignale mit ihren großen, auf der Innenseite geriffelten und mit einem großen Tragus versehenen Ohrmuscheln modulieren. Das von einer solchen aufwendig strukturierten Pinna zum äußeren Gehörgang reflektierte Echo wird durch Interferenz der Schallwellen auf charakteristische Weise verändert – und zwar in Abhängigkeit vom Auftreffwinkel der Wellenfront. Alle Geräusche, auch die Echos der Ortungsrufe, haben aus diesem Grund einen richtungsspezifischen „Klang“, ein Frequenzspektrum, das Ortsinformationen liefert. Die Fledermäuse tragen ihre bizarr anmutenden Riesenohren vor allem zur Erzeugung dieser Frequenzmodulation. Durch die Ausrichtung der Ohren auf ein Raumsegment, das Heraushören der spektralen Eigenschaften des Echos sowie der Messung von frequenzabhängigen IIDs erreichen die Tiere eine räumliche Auflösung von etwa 1–2°, während ihr visueller Sehwinkel bei Tag nur etwa 6° beträgt. Es scheint daher, dass die nächtlichen Hörbilder der Fledermäuse mindestens ebenso scharf, wenn nicht gar höher auflösend, sind als ihre optischen Eindrücke bei Tag.

Die Fähigkeit zur Echoortung wird verbessert, wenn **gebündelte Ortungsrufe** auf einen kleinen Ausschnitt des umgebenden Raumes fokussiert werden können. Denn nur Objekte innerhalb der von der Fledermaus ausgehenden Schallkeule können ein Echo zurückwerfen. Die Fledermaus kann mit einem gebündelten Schallstrahl ihre Umgebung absuchen, bis sie ein interessantes Echo findet. Schallbündelung ist besonders bei den Familien der Hufeisennasen (Rhinolophidae), Großblattnasen (Megadermatidae), Rundblattnasen (Hipposideridae) und Blattnasen (Phyllostomidae) weit entwickelt. Diese Fledermäuse leiten den Schall vom Kehlkopf durch die Nasenlöcher und weiter an teils kompliziert aufgebauten Nasenaufsätzen vorbei nach vorn (▣ Abb. 6.50). Durch Interferenz- und Resonanzeffekte verengen diese Nasenaufsätze die Schallkeule auf einen Öffnungswinkel von 40–60°. Dazu sind Nasenaufsätze und Ruffrequenz genau aneinander angepasst, und die Tiere nutzen keine breitbandigen FM-Rufe, sondern – ähnlich wie der Große Abendsegler (*Nyctalus noctula*) bei den Glattnasen – länger anhaltende Rufe mit konstanter Frequenz (CF-Rufe, ▣ Abb. 6.49, *links*). Diese Fledermäuse können sogar den Öffnungswinkel der Schallkeule variieren, denn bei höherer Frequenz verengt sich die Schallkeule, beim Absenken der Frequenz weitet sie sich auf. Mit enger Schallkeule können die Hufeisen- und Blattnasenfledermäuse weiter entfernte Beuteinsekten anpeilen. Nähern sie sich der Beute, verbreitern sie die Schallkeule, um die Insekten nicht aus dem Echofeld zu verlieren.

Der Einsatz von CF-Ortungsrufen mit einem sehr engen Frequenzband bringt neben der Auswertung der richtungsabhängigen Modulation noch andere Vorteile für die Fledermaus. Die Tiere können ihr Gehör für das im Frequenzbereich des CF-Rufes zu erwartende Echo schärfen. Eine solche Hörspezialisierung hat den Vorteil, dass Geräusche außerhalb der eigenen Echofrequenz – wie beispielsweise die Rufe anderer Fledermäuse – nur gedämpft wahrgenommen werden und nicht stören. Hörphysiologische Untersuchungen an der Schnurrbärtigen Fledermaus (*Pteronotus parnellii*) haben gezeigt, dass die Tiere für einen ganz engen Frequenzbereich um 61,8 kHz eine um 40 dB abgesenkte Hörschwelle aufweisen (▣ Abb. 6.51, *links*), dass sie also bei 61,8 kHz 100-mal empfindlicher hören als bei anderen Frequenzen. Die **frequenzselektive Hörempfindlichkeit** geht einher mit einer Überrepräsentation des Bereichs höchster Empfindlichkeit auf der Basilarmembran der Cochlea. Die tonotope Organisation der Cochlea räumt bei Fledermäusen nicht jedem Frequenzbereich den gleichen Raum auf der Basilarmembran ein. Vielmehr steht dem Bereich der Echofrequenzen ein besonders breiter Abschnitt der Cochlea zur Verfügung, der in Analogie zur Netzhaut des Auges als **akustische Fovea** bezeichnet wird. Die afferenten Fasern der Spiralganglienneuronen aus der akustischen Fovea sind extrem eng auf einen winzigen Frequenzbereich gestimmt. Sie reagieren auf Frequenzänderungen im Bereich von

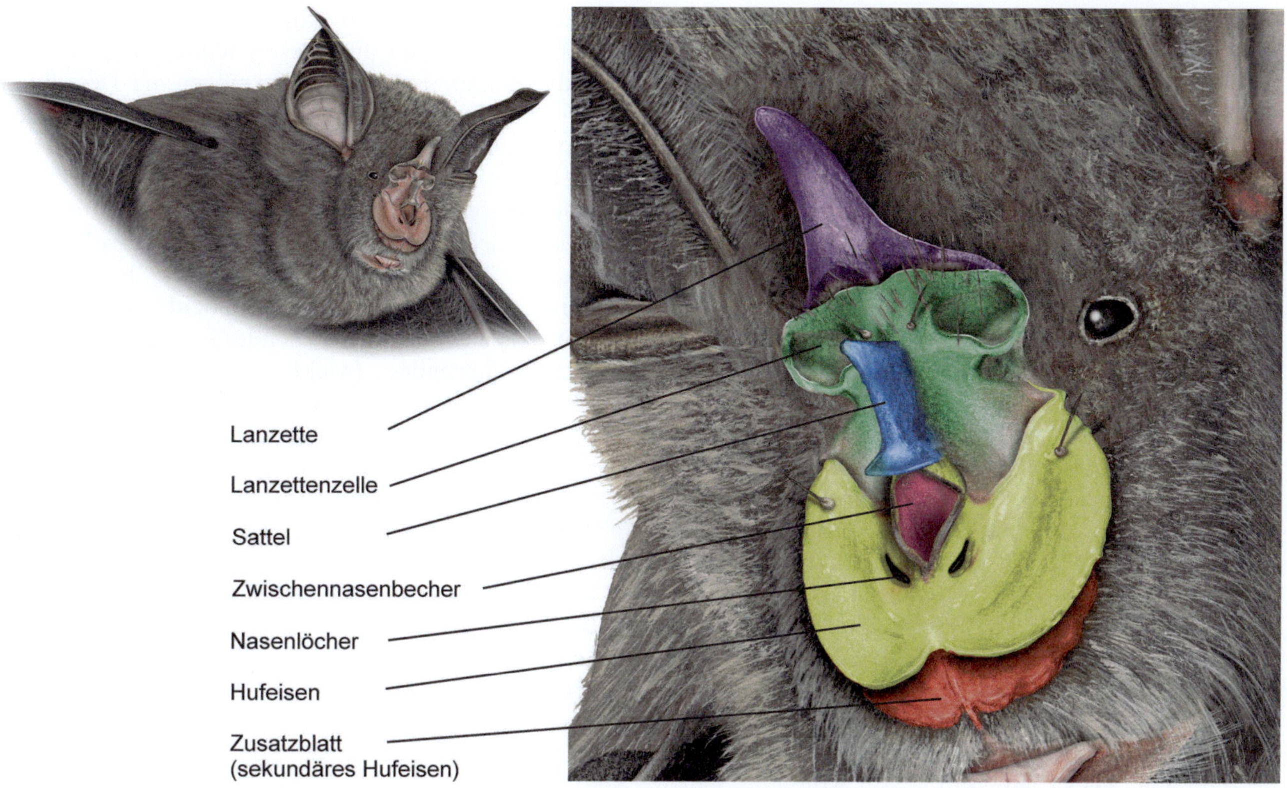

Abb. 6.50 Nasenaufsätze zur Bündelung von Schallkeulen bei einer Hufeisennase (*Rhinolophus* spec.), zur Verdeutlichung coloriert

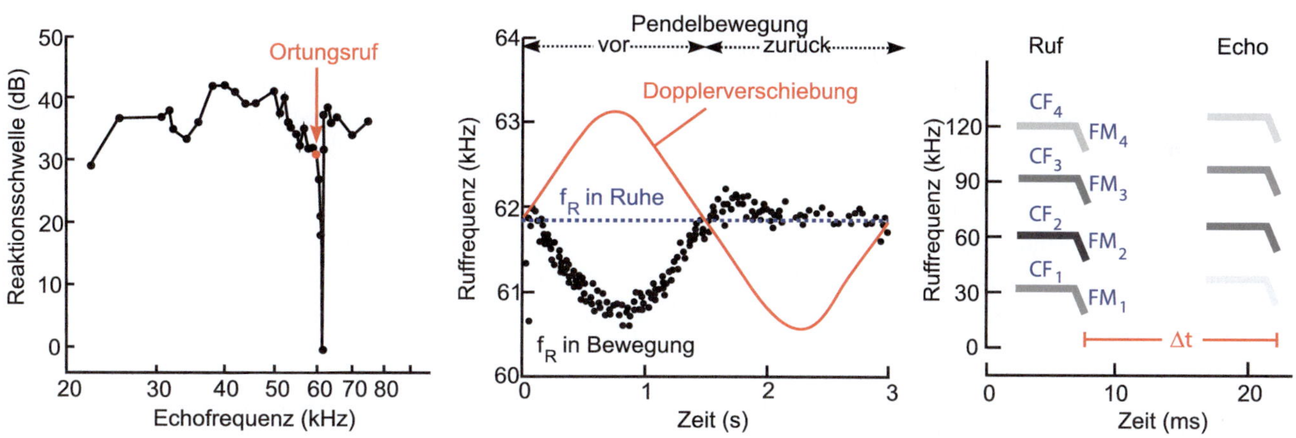

Abb. 6.51 *Links*: Audiogramm, abgeleitet aus dem Perilymphegang nahe des ovalen Fensters im Innenohr der Schnurrbärtigen Fledermaus (*Pteronotus parnellii*). Der CF-Teil des CF-FM-Ortungsrufes dieser Tiere hat eine Frequenz von 60,3 kHz, die Frequenz höchster Hörempfindlichkeit ist 61,8 kHz, die Differenz von 1,5 kHz entspricht der Doppler-Verschiebung beim Flug auf ein stehendes Objekt zu. *Mitte*: Doppler-Kompensation bei der Schnurrbärtigen Fledermaus, im Pendelversuch sichtbar gemacht. Die durch das Pendeln verursachte Doppler-Verschiebung (*rote Linie*) wird im Vorwärtsflug dadurch kompensiert, dass die Fledermaus ihre Ruffrequenz (fR) genau entsprechend der Pendelgeschwindigkeit absenkt. Beim Rückschwung des Pendels – einem „Rückwärtsflug" entsprechend – kompensiert die Fledermaus den Doppler-Effekt nicht. *Rechts*: Die Obertöne (Harmonische) des CF-FM-Rufes der Schnurrbärtigen Fledermaus. Höherer Schalldruck ist durch dunklere Grautöne im Sonagramm dargestellt. Die 2. Harmonische (CF2) bei etwa 61 kHz ist fast 100-fach lauter als die Grundfrequenz CF1. Der CF-Anteil des Rufes wird zur Analyse von Doppler-Verschiebungen im Echo eingesetzt, der FM-Anteil für die Entfernungsbestimmung aus der Echozeit Δt. Nach Pollack et al. (1972); Gaioni et al. (1990); Suga (1990)

0,01 %, unterscheiden also beispielsweise bei der Schnurrbärtigen Fledermaus zwischen 61,800 kHz und 61,806 kHz. Interessant ist, dass die Frequenz des Ortungsrufes der Tiere etwa 1,5 kHz *niedriger* liegt als die Frequenz der größten Empfindlichkeit. Diese Differenz von 1,5 kHz entspricht in etwa der Doppler-Verschiebung Δf, welche die Echofrequenz durch die Eigengeschwindigkeit der fliegenden Fledermaus erfährt.

$$\Delta f = f_R \cdot v_F / c \tag{6.1}$$

Hier symbolisieren f_R die Ruffrequenz, v_F die Fluggeschwindigkeit der Fledermaus und c die Schallgeschwindigkeit. Fliegt die Fledermaus auf ein Objekt zu, wird die Echofrequenz f_E durch den Doppler-Effekt erhöht:

$$f_E = f_R + \Delta f \tag{6.2}$$

Bei einer Fluggeschwindigkeit von 35 km h^{-1} (9,7 m s^{-1}) und einer Ruffrequenz von 60,3 kHz, wie sie bei der Schnurrbärtigen Fledermaus gemessen wird, hätte das Echo eine Frequenz von 61,7 kHz und würde mit hoher Empfindlichkeit gehört. Ruf- und Echofrequenzen können zwischen einzelnen Tieren einer Art etwas variieren. Entscheidend ist, dass die Hörschwelle im Bereich der Ruffrequenz etwa 30 dB höher liegt als im Bereich der Echofrequenz (◘ Abb. 6.51, *links*). Die Tiere werden aus diesem Grund nicht im Bereich ihrer höchsten Hörempfindlichkeit vom eigenen CF-Ruf zugedröhnt. Zu diesem Schutz vor dem Lärm des eigenen Ortungsrufs tragen **Mittelohrreflexe** bei, die während des Rufens die Schallübertragung vom Trommelfell auf das ovale Fenster dämpfen. Dabei wird durch den Musculus tensor tympani das Trommelfell gestrafft und durch den Musculus stapedius die Hufeisenplatte gegenüber dem ovalen Fenster etwas verkantet. Beides reduziert die Übertragungseffizienz von Vibrationen im Mittelohr und schützt das Innenohr vor Überlastung.

6

Das enge Frequenzband höchster Hörempfindlichkeit hilft also bei der Trennung von Ruf und Echo, es erfordert aber auch, dass die Echofrequenz immer genau in dem engen Bereich optimaler Hörfähigkeit gehalten wird. Bei einem fliegenden Jäger und einem fliegenden Beutetier kann es aber durchaus zu erheblichen Doppler-Verschiebungen im Echo kommen, etwa wenn ein Insekt zunächst auf die Fledermaus zufliegt, dann jedoch abdreht und sich von ihr entfernt. Die Fledermaus verfügt für diesen Fall über die Fähigkeit zur **Doppler-Kompensation**. Sie kann ihre Ruffrequenz so modulieren, dass ein interessantes Echo immer genau im richtigen Frequenzbereich gehört werden kann. Im Labor konnte diese Fähigkeit gemessen werden, indem man eine Fledermaus an einem etwa 2 m langen Pendel befestigte, sodass sich das Tier bei dem einen Pendelschwung einer Wand näherte (Ansteigen der Echofrequenz), sich beim Rückschwung aber von der Wand entfernte (Absinken der Echofrequenz). Bei solchen Experimenten mit der Schnurrbärtigen Fledermaus zeigte sich, dass die Tiere ihren Ortungsruf beim Vorwärtsschwung absenkten und damit die Echofrequenz stabil hielten (◘ Abb. 6.51, *Mitte*). Beim Rückschwung des Pendels – sozusagen im Rückwärtsflug – kompensierten sie nicht – wohl deshalb, weil Fledermäuse nicht rückwärts fliegen können und daher keinen Kompensationsreflex für diese Flugrichtung besitzen. Wie dieses Experiment zeigt, vermögen die Tiere durch Anpassung ihrer Ruffrequenz das Echo genau in dem engen Bereich des Frequenzspektrums zu halten, in dem ihre Hörempfindlichkeit maximal ist.

Die **Analyse der Dopplerverschiebung** des Echotons liefert der Schnurrbärtigen Fledermaus wertvolle Informationen über die Jagdsituation. Die relative Geschwindigkeit zwischen Jäger und Beute verändert die Echofrequenz, indem ein fliehendes Insekt eine negative, ein heranfliegendes Insekt dagegen eine positive Doppler-Verschiebung verursacht. Die Schnurrbärtige Fledermaus kann aus der Analyse ihrer CF-Echos relative Geschwindigkeiten im Bereich von –2 m s^{-1} bis 9 m s^{-1} registrieren und damit das Flugverhalten ihrer Beute abschätzen. Selbst schnelle periodische Modulationen der Echofrequenz können analysiert werden. Da die Beuteinsekten mit den Flügeln flattern, wird bei jedem Flügelschlag in Richtung Fledermaus die Echofrequenz erhöht, bei jedem Schlag in die Gegenrichtung erniedrigt. Das Resultat ist eine **Doppler-Verbreiterung** im Echo. Die Fledermaus hört als Antwort auf ihren CF-Ortungsruf nicht einen reinen CF-Ton, sondern stattdessen einen für Flatterinsekten charakteristischen Klang. Es gibt sogar Berichte, die erwarten lassen, dass unterschiedliche Fluginsekten unterschiedliche Echoklänge erzeugen und dass Fledermäuse anhand dieser Klänge interessante von uninteressanten Insektenarten in einiger Entfernung unterscheiden können.

Wenn man CF-Ortungsrufe mit empfindlichen Mikrofonen registriert, findet man in den Sonagrammen oft mehrere parallel übereinander angeordnete Linien (Beispiele: Großer Abendsegler ◘ Abb. 6.49, *links*; Schnurrbärtige Fledermaus ◘ Abb. 6.51, *rechts*). Dabei handelt es sich um **mehrere Harmonische eines Grundtons**, also einen aus mehreren Oktaven aufgebauten Akkord. Den Grundton (die 1. Harmonische, CF_1) erzeugt die Fledermaus durch Vibrationen ihrer Stimmbänder. Die 2. Harmonische (CF_2) hat die doppelte Frequenz des Grundtons (CF_2 liegt eine Oktave höher als CF_1) und wird durch Modulation im Resonanzraum aus Rachen, Mund- und Nasenhöhlen gebildet. Die 2. Harmonische ist oft wesentlich lauter als die 1. Harmonische, was im Sonagramm an dem dunkleren Grauton der CF_2-Linie zu erkennen ist (◘ Abb. 6.51, *rechts*). Wegen ihres bis zu 100-fach höheren Schalldruckpegels ist CF_2 die dominante Klangkomponente beim Suchflug der Schnurrbärtigen Fledermaus. Tiefe Frequenzen reichen über weitere Distanzen als hohe, und die Bündelung ihrer Rufenergie auf CF_2 erlaubt es der Fledermaus, auch weiter entfernte Objekte anzupeilen. Nähert sie sich einem Beuteinsekt, ändert sie den Rufakkord, indem sie mehr Energie in die höheren Harmonischen lenkt, um mit den höheren Ruffrequenzen eine bessere

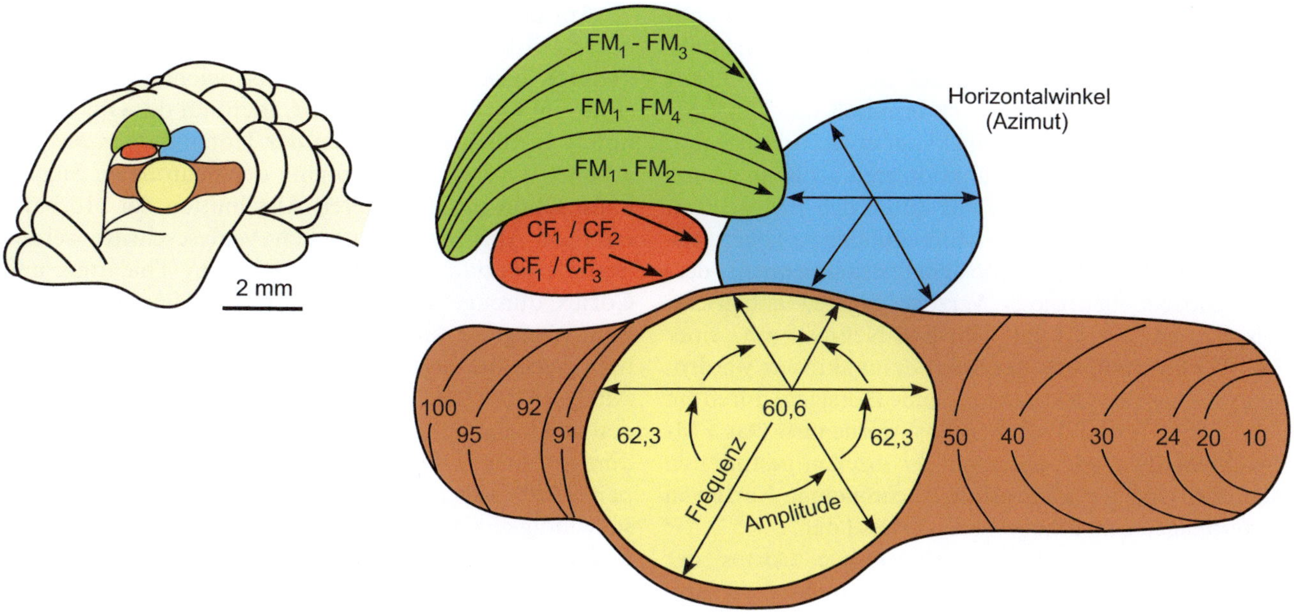

Abb. 6.52 Neuronale Analyse von Echos im auditorischen Cortex der Schnurrbärtigen Fledermaus (*Pteronotus parnellii*). Schematische Darstellung der Lage von spezialisierten Cortexarealen für Entfernung (FM-FM, *grün*), relative Geschwindigkeit (CF-CF, *rot*), Horizontalwinkel (*blau*) sowie eine tonotope Abbildung der Cochlea (*braun*) mitsamt einem großen, auf Doppler-Verschiebungen spezialisierten Bereich für die akustische Fovea (*gelb*). Nach Suga (1990); Ulanovsky und Moss (2008)

räumliche Auflösung zu bekommen. Die 3. und 4. Harmonische haben daher ihre Bedeutung in einer späten Phase des Jagdfluges. Wegen der geringen Lautstärke und der Frequenz außerhalb der akustischen Fovea ist CF_1 zwar für die rufende Fledermaus selbst hörbar, kaum aber für andere Fledermäuse in der Umgebung. In Fledermausschwärmen mit Tausenden umherflatternden Tieren, die alle ihre Ortungsrufe hervorschreien, bietet CF_1 dem Einzeltier die Möglichkeit, sich auf das Echo des eigenen Rufes zu konzentrieren. Dazu dienen Neuronen im auditorischen Cortex, die auf Echos nur in Kombination mit dem eigenen CF_1-Ruf reagieren.

Es handelt sich bei diesen Neuronen um die CF_1/CF_2- und CF_1/CF_3-Zellen, die in einem abgegrenzten Areal des **auditorischen Cortex** (CF/CF- oder CC-Areal) angeordnet sind (Abb. 6.52, *rotes Areal*). Eine CF_1/CF_2-Zelle reagiert nur dann auf den CF_2-Ton eines Echos, wenn sie gleichzeitig von einem CF_1-Ton stimuliert wird. Und das geht nur beim eigenen Ortungsruf, denn der CF_1-Ton anderer Fledermäuse ist zu leise, um gehört zu werden. Diese besondere Art der Koinzidenzdetektion hilft jedem einzelnen Tier dabei, inmitten eines Schwarmes das Echo des eigenen Ortungsrufes zu erkennen. Die CF_1/CF_2- und CF_1/CF_3-Zellen sind sehr empfindlich auf kleinste Abweichungen im Frequenzverhältnis gestimmt. Wird das Echo von einem Objekt zurückgeworfen, welches sich relativ zur Fledermaus *nicht* bewegt, beträgt das Verhältnis genau 0,5 (beispielsweise CF_1 = 30 kHz, CF_2 = 60 kHz). Bewegt sich das Objekt aber relativ zur Fledermaus, ändert sich CF_2 durch den Doppler-Effekt und damit auch das CF_1/CF_2-Verhältnis. Bei Annäherung des Beuteinsekts mit einer Relativgeschwindigkeit von 2,8 m s^{-1} steigt CF_2 um 1 kHz an, und das CF_1/CF_2 -Verhältnis sinkt auf 0,49. Im CF/CF-Areal sind die Neuronem nach dem **CF_1/CF_2-Verhältnis** angeordnet und bilden auf diese Weise die **relative Geschwindigkeit von Beutetieren** im auditorischen Cortex ab. Ein großer Teil der Neuronen im CF/CF-Areal reagiert besonders empfindlich auf Geschwindigkeiten zwischen 0 und 4 m s^{-1}, eine typische Annäherungsgeschwindigkeit beim Lande- oder Beutegreifflug der Schnurrbärtigen Fledermaus.

Die kurze, frequenzmodulierte Phase am Ende eines jeden CF-FM-Rufes (Abb. 6.51, *rechts*) nutzt die Schnurrbärtige Fledermaus zur Entfernungsmessung, und auch dabei dient die von außen kaum vernehmbare Grundfrequenz FM_1 zur Erkennung des Eigenechos. Der auditorische Cortex verfügt über ein **FM-FM-Areal (auch FF-Areal)**, dessen Neuronen spezifisch auf die Echozeit gestimmt sind (Abb. 6.52, *grünes Areal*). Jede Zelle reagiert auf eine bestimmte Verzögerungszeit zwischen dem eigenen FM_1-Ton und dem FM_2-, FM_3- oder FM_4-Ton des Echos. Demzufolge beinhaltet das FM-FM-Areal drei unterschiedliche Gruppen von Neuronen: FM_1-FM_2, FM_1-FM_3 sowie FM_1-FM_4. Diese Zellen reagieren kaum auf einzelne FM-Töne, sehr stark aber auf schnell nacheinander folgende Doppeltöne, wie sie bei Ruf und Echo auftreten. Im FM-FM-Areal sind die Zellen nach der Echozeit geordnet. Die am weitesten vorne liegenden FM-FM-Neuronen reagieren auf eine Echozeit Δt von 0,4 ms (Objekt in 7 cm Entfernung), die hinteren Zellen im Areal reagieren auf Δt = 18 ms (Objekt 310 cm entfernt). Offensichtlich ermittelt das FM-FM-Areal die Entfernung zum Objekt auf etwa 10 mm genau. Auch FM-FM-Neuronen funktionieren als Koinzidenzdetektoren. Bei ihnen wird das durch den FM_1-Rufton ausgelöste Signal um einige Millisekunden verzögert, sodass es mit dem FM_{2-4}-Echosignal zusammentrifft, dessen Echozeit eben dieser Verzögerungszeit entspricht. Beispielsweise wird ein FM-FM-Neuron mit einer FM_1-Verzögerung von 10 ms nur dann aktiviert werden, wenn das aus den Ohren eintreffende Hörsignal durch ein Echo mit 10 ms Laufzeit ausgelöst worden ist. Das FM-FM-Areal stellt mit seinen auf Echozeiten gestimmten Neuronen eine zweidimensionale, **chronotope Karte von Entfernungen zum echogebenden Objekt** dar.

Das größte Areal im auditorischen Cortex der Schnurrbärtigen Fledermaus ist der **tonotop organisierte, primäre auditorische Cortex** (◘ Abb. 6.52, *braunes Areal*) mit einem ausgedehnten Mittelsegment, dem DSCF-Areal (DSCF: *Doppler-shifted constant frequency*) für die Verarbeitung von **Signalen aus der akustischen Fovea**. In diesem Areal zeigen die Zellen eine spezifische Stimmung für eine bestimmte Frequenz im engen Schallspektrum des Echos (60,6–62,3 kHz) sowie eine Spezialisierung auf jeweils eine bestimmte Echolautstärke. Innerhalb des etwa scheibenförmigen DSCF-Areals nimmt die Bestfrequenz nach außen zu, während Zellen mit gleicher Lautstärkepräferenz in konzentrischen Kreisen angeordnet sind. Dieses Areal analysiert die 2. Harmonische des CF-Teiles im Echo der Schnurrbärtigen Fledermaus. Wie oben beschrieben, ist dieses CF_2-Signal besonders laut und deutlich. Die Neuronen im DSCF-Areal registrieren Frequenzmodulationen im Echo, unterstützen damit die Doppler-Kompensation und helfen, beutespezifische Echosignale zu erkennen.

Schließlich findet man im auditorischen Cortex der Schnurrbärtigen Fledermaus auch ein Areal mit **richtungsspezifischen Neuronen** (◘ Abb. 6.52, *blaues Areal*). Neuronen in diesem Bereich reagieren auf Eingänge aus beiden Ohren, und zwar teils als EE-Neuronen (CF-Signale aus beiden Ohren wirken erregend) und teils als EI-Neuronen (CF-Signale aus dem kontralateralen Ohr erregen, die aus dem ipsilateralen Ohr hemmen). Die richtungsspezifischen Neuronen werten Unterschiede in der **interauralen Intensitätsdifferenz (IID)** aus, die bei Schallquellen, welche gerade voraus liegen, minimal ist, mit zunehmendem Horizontalwinkel nach links oder rechts aber zunimmt. Durch die systematische Anordnung der richtungsspezifischen Neuronen entsteht ein Cortexbereich mit einer räumlichen Repräsentation der Azimutwinkel, eine **neuronale Karte der Horizontalrichtungen** zu einer Geräuschquelle.

Am Beispiel der Fledermäuse wird deutlich, wie die obere Hörbahn hohen Anforderungen an den Hörsinn dadurch nachkommen kann, dass wichtige Parameter (Entfernung, Geschwindigkeit, Identität des Objekts) in unterschiedlichen Bereichen der Hörrinde *parallel* verarbeitet werden. Die Trennung der neuronalen Signale kann schon in den unteren Abschnitten der Hörbahn erfolgen. Aber die wesentlichen Analyseschritte werden mithilfe spezialisierter Nervennetze in Thalamus und Cortex durchgeführt (◘ Abb. 6.53). Hier findet man Paradebeispiele für ***computational anatomy***, für neuronale Verknüpfungslogik, mit deren Hilfe sensorische Analysen schnell, genau und zuverlässig gelingen. In den winzigen Gehirnen der Fledermäuse läuft die dreidimensionale Erkundung der akustischen Umwelt in parallelen Verarbeitungswegen mit ungeheurer Geschwindigkeit und Präzision ab. Diese Leistung ist das Resultat des immensen Selektionsdrucks, der seit über 60 Mio. Jahren die auditorische Sinnesleistung dieser Tiere optimiert. Dabei findet man durchaus Unterschiede in der Verteilung unterschiedlicher auditorischer Areale zwischen den einzelnen Fledermausarten – das erfordern schon die unterschiedlichen Rufe der verschiedenen Fledermäuse (s. Sonagramme in ◘ Abb. 6.49, *links*). Aber die Prinzipien der Schallanalyse in der oberen Hörbahn sind nicht fundamental anders bei Fledermäusen mit CF-Ortungsruf und solchen mit FM-Ortungsruf. Es gibt vermutlich auch grundlegende Gemeinsamkeiten bei der Schallanalyse zwischen Fledermäusen und Säugetieren, die keine Echoortung beherrschen. Schließlich erfordert binaurale Analyse Koinzidenzdetektion auch ohne Echoortung, und die spektrale Analyse von Klängen funktioniert nur aufgrund von Parallelverarbeitung auf mehreren Frequenzkanälen. Grundlegende Analyseschritte, wie sie in der unteren Hörbahn vom Hirnstamm geleistet werden, sind unter den Wirbeltieren sicher eher konserviert als die Vorgänge in Thalamus und Cortex. Die auditorische Auswertung in der oberen Hörbahn ist dagegen auf die spezifischen Bedürfnisse der Schalldetektion und Schallkommunikation der unterschiedlichen Arten ausgelegt. Hier muss man daher eine artspezifische Signalauswertung und räumliche Ordnung von Analyseprozessen erwarten.

6.10 Infraschall: Ferngespräche unter Elefanten und Walen

Das Hören hochfrequenter Ultraschalltöne bringt den Vorteil besonders guter räumlicher Auflösung. Niedrigfrequente, „tiefe" Schallsignale vermitteln dagegen zwar eine schlechtere räumliche Auflösung, haben aber den Vorteil, dass sie weniger stark gedämpft werden

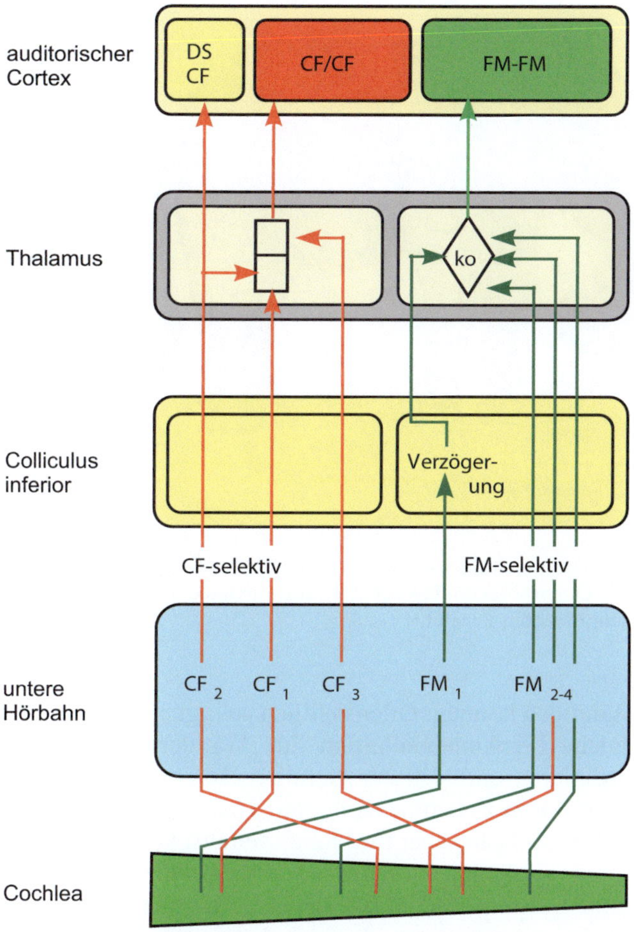

Abb. 6.53 Schematische Darstellung eines Konzepts zur getrennten Verarbeitung von CF- und FM-Anteilen im Echo des Ortungsrufes der Schnurrbärtigen Fledermaus (*Pteronotus parnellii*). Die Grundtöne (CF_1, FM_1) und Obertöne aktivieren in der Cochlea Haarzellen, und in der unteren Hörbahn werden die CF-Signale und FM-Signale voneinander getrennt. Im Colliculus inferior wird das FM_1-Signal durch ein System von Verzögerungsketten verlangsamt, sodass im Nucleus geniculatum mediale des Thalamus Koinzidenzdetektoren (ko) die Verzögerung zwischen FM_1 und seinen Harmonischen FM_2 bis FM_4 auswerten kann. Das Ergebnis wird im FM-FM-Areal des auditorischen Cortex zur Bestimmung der Objektentfernung genutzt. Der CF-selektive Weg (*rot*) dient zur Messung von Modulationen der CF_1/CF_2- und CF_1/CF_3-Verhältnisse, die zur Bestimmung der relativen Objektgeschwindigkeit eingesetzt werden. Das besonders laute CF_2-Signal wird zudem im DSCF-Areal (DSCF: *Doppler-shifted constant frequency*) auf Frequenzmodulationen hin untersucht, die ein flatterndes Insekt verraten könnten. Nach Suga (1990)

und daher für das Hören weitere Reichweiten ermöglichen. Ein Tier, das laut und tief brummen kann, hat die Möglichkeit, sich über weite Strecken hinweg mit seinen Artgenossen zu verständigen. Im Leben von Elefanten spielt eine solche akustische Fernkommunikation eine wichtige Rolle. Denn zum Sozialverband der Tiere gehören nicht nur die engen Verbände von Elefantenkühen und ihren Jungen, sondern auch außer Sichtweite wandernde Gruppen und Einzeltiere, die alle zur eigenen Sippe gehören und mit denen es sich zu verständigen gilt. Die Elefanten setzen dazu Kontaktrufe bei Frequenzen von etwa 16 Hz **(Infraschall)** bis 200–300 Hz ein, die von den Elefantenforschern mit Ausdrücken wie „Grollen" (engl. *rumble*) oder „Grunzen" (engl. *grunt*) beschrieben werden. Zu solchen tiefstimmigen Fernsignalen scheinen Vokalisationen zu gehören, die Elefantenkühe der Art *Loxodonta africana* (Afrikanischer Elefant) während ihrer kurzen Östrusphase (zwei bis sechs Tage) produzieren. Elefantenbullen, die meist allein und weitab von den Herden leben, können dieses Signal über mehr als 10 km hinweg hören und ihr Verhalten entsprechend einrichten (Abb. 6.54). Verhaltensbeobachtungen an Steppenelefanten (*Loxodonta africana*), Waldelefanten (*Loxodonta cyclotis*) wie auch an Asiatischen Elefanten (*Elephas maximus*) weisen darauf hin, dass alle heute lebenden Elefanten Infraschallsignale produzieren und zur Kommunikation einsetzen können, wenn ihre Artgenossen weit entfernt oder im Dickicht schwer zu lokalisieren sind.

Nach heutigem Kenntnisstand erzeugen Elefanten die Infraschallsignale im Kehlkopf, wo die aus den Lungen vorbeistreichende Luft die etwa 7 cm langen Stimmbänder in Oszillationen im Infraschallbereich (< 20 Hz) versetzt. Für die Formantenbildung steht der große Resonanzraum von Mundhöhle, Rachen und Rüssel zur Verfügung, sodass die Kontaktrufe der Elefanten mehrere Harmonische des Infraschallgrundtons aufweisen. Besonders interessant sind Anpassungen der schallaufnehmenden Strukturen, die den Elefanten die Detektion und Analyse von Infraschallsignalen ermöglichen. Da sind zunächst die riesigen Außenohren. Elefanten haben die bei weitem größte Pinna aller Säugetiere (etwa 0,5–2 m^2). Ihre Bedeutung für die Temperaturregulation und für die mimische Kommunikation ist gut dokumentiert. Verhaltensexperimente zur Schallortung, die nach den Prinzipien der operanten Konditionierung mit einem Asiatischen Elefanten (*Elephas maximus*) im Zoo durchgeführt wurden, haben gezeigt, dass die Pinnae beim Orten einer Schallquelle aus der anliegenden Ruheposition in eine senkrechte Lauschposition gedreht wurden. Dieses Aufrichten der Ohren war spezifisch für die Schallortung; bei der Bestimmung von Hörschwelle und Tonhöhe wurde dieses Verhalten nicht beobachtet. Trotz der naturgemäß mageren Datenlage aus kontrollierten Verhaltensexperimenten mit Elefanten wird heute angenommen, dass die Tiere durch Ausrichtung ihrer Außenohren auf Schallquellen hinhorchen, zumindest im Frequenzbereich von 1–10 kHz. Ob die Pinnae auch eine Rolle beim Infraschallhören spielen, ist aber noch unklar. Wellenlängen von Infraschallsignalen liegen im Bereich von 20 m (15 Hz) – eine räumliche Dimension, in der selbst die Elefantenohren vergleichsweise kleine Strukturen darstellen.

Abb. 6.54 Fernkommunikation durch Infraschall bei Afrikanischen Elefanten (*Loxodonta africana*). Eine Elefantenkuh ruft aus der Herde mit niederfrequenten Brummtönen nach einem entfernt weidenden männlichen Sippenmitglied. Die Schallsignale breiten sich teils durch die Luft, teils durch den Boden aus und werden mit den Ohren sowie mittels Schallleitung durch die Vorderbeinknochen dem Innenohr zugeführt

Die **Anatomie des Mittelohres von Elefanten** ist mit seinen großen Strukturkomponenten vor allem auf die Impedanzanpassung im niedrigen Frequenzbereich ausgelegt. Das Trommelfell liegt am Ende eines etwa 20 cm-langen äußeren Gehörganges und ist mit 800–1000 mm^2 beim Afrikanischen Elefanten mehr als zehnmal so groß wie beim Menschen. Auch die Massen der Gehörknöchelchen sind zehnmal höher als beim Menschen: Hammer 278 mg, Amboss 237 mg, Steigbügel 23 mg. Vermutlich kann der große Hammer unabhängig vom Schädel bei tiefen Frequenzen vibrieren und so langwellige Schallsignale besonders effizient auf das Innenohr übertragen. Der Hammergriff (das Manubrium) ist, wie bei anderen Säugern auch, senkrecht ausgerichtet. Zur akustischen Welt der Elefanten gehört eine Vielzahl von Lauten zur innerartlichen Kommunikation und zum Ausdruck aggressiver Stimmung gegenüber anderen Tieren. Vom Brummen und Grunzen über Schnauben und Trompeten bis zu lautem Gebrüll lassen sich die einzelnen Vokalisationsformen bestimmten Verhaltensmustern zuordnen und so zu einem gewissen Grad interpretieren. Eine Hörkurve, die von einem Asiatischen Elefanten im Zoo gewonnen wurde, umspannt Frequenzen von 17 Hz bis 10,5 kHz, wobei das Tier Schallrichtungen nur bei Frequenzen von weniger als 1 kHz mit großer Genauigkeit (1° Horizontalwinkel) orten konnte. Die tiefen Töne scheinen bevorzugt für subtile Kommunikation zwischen erwachsenen Elefantenkühen und ihren Jungen innerhalb einer zusammenlebenden Herde, doch auch zwischen Elefantenbullen außerhalb der Paarungsphase (Musth), eingesetzt zu werden. Aber sie dienen auch als **Kontaktrufe**, mithilfe derer sich weit voneinander entfernte Tiere derselben Sippe verständigen können. Offensichtlich gelingt es ihnen, durch solche **Fernkommunikation** ihre Wanderungen zu koordinieren und sich zur Gefahrenabwehr oder zur Reproduktion zusammenzufinden. Tiefe Töne tragen zwar weiter als hohe, aber ihre Reichweite ist von vielen Faktoren abhängig. Vegetation, Hügelprofile, Wind und hohe Luftfeuchtigkeit können die Reichweite begrenzen. Inversionswetterlagen dagegen, bei denen die Temperatur mit der Höhe über Grund zunimmt, begünstigen die Fernkommunikation. Wie Klanganalysen von Kontaktrufen in unterschiedlichen Entfernungen gezeigt haben, bleiben über 1–2 km nur die Frequenzanteile unter etwa 150 Hz vernehmbar (◘ Abb. 6.55). Interessanterweise dominiert in 2,5 km Entfernung vom rufenden Tier nicht der Infraschallanteil bei 17 Hz, was man aufgrund der Schallausbreitungsphysik in Luft annehmen könnte. Dominierend ist stattdessen ein Oberton bei etwa 115 Hz, der wohl die verhaltensbestimmende Botschaft zu einem entfernt ziehenden Tier transportiert. Für die Reichweite dieses sich durch die Luft ausbreitenden Signals scheint also nicht der Infraschall ausschlaggebend zu sein, sondern vielmehr ein Brummgeräusch, das den tiefsten Tönen entspricht, die ein Opernsänger in der Stimmlage Bass singen kann (Notation F; 87,3 Hz).

Infraschallsignale scheinen sich vor allem durch den Boden auszubreiten und werden dort weit weniger gedämpft als die Brummtöne in der Luft. Elefanten können sehr lauten Infraschall (< 20 Hz) erzeugen, der in 5 m Entfernung Schalldruckpegel von über 100 dB erreicht. Diese Signale beziehen ihre hohe Schallenergie wohl aus dem starken Zwerchfell der Tiere. Die Lunge von Elefanten besitzt keinen Pleuralspalt, sodass die Respiration im Wesentlichen vom Zwerchfell getrieben

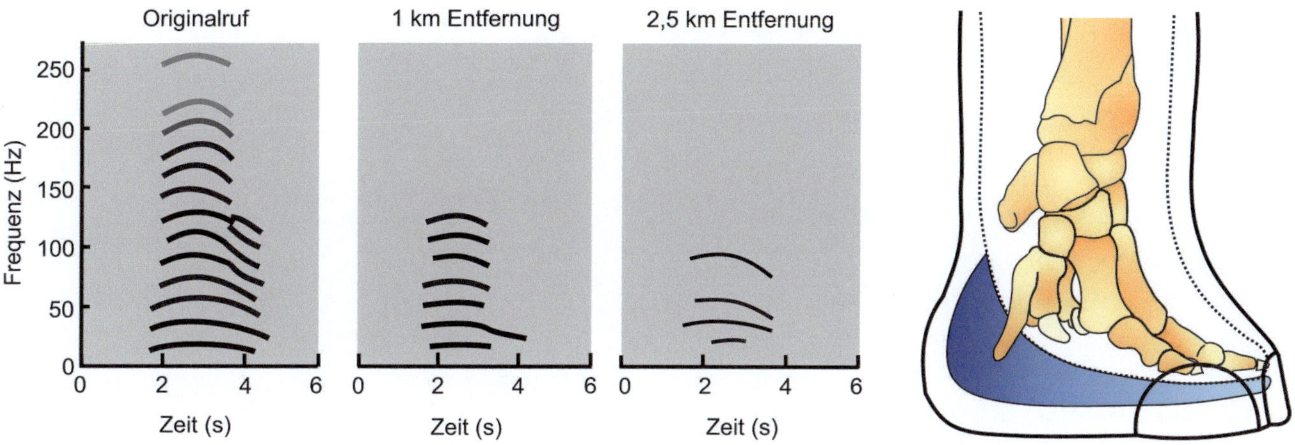

Abb. 6.55 *Links*: Bei der Ausbreitung des Kontaktrufes einer Afrikanischen Elefantenkuh (*Loxotonta africana*) durch die Luft verändert sich mit dem Abstand sein Klang. Zeigt der Originalruf eine ganze Serie von Obertönen des Grundtons, welcher bei 17 Hz liegt, so sind im Abstand von 1 km Obertöne über 130 Hz nicht mehr zu hören. In 2,5 km Abstand sind nur noch Töne bis etwa 100 Hz vernehmbar. *Rechts*: Die Struktur des Vorderfußes zeigt, dass Elefanten Zehengänger sind. Die platte Sohle des Fußes entsteht durch ein großes Fettkissen (*blau*), in welchem der *Prepollex* – ein Sesambein, das einen „sechsten Zeh" bildet – steckt. Das Fettkissen unterstützt die Detektion von Bodenvibrationen durch seine gute Schallleitung. Die Schallgeschwindigkeit in Fettgewebe liegt bei 1500 m s^{-1}, die von Knochen bei 3500 m s^{-1}. Nach McComb et al. (2003); Weissengruber et al. (2006)

werden muss. Mit einer Dicke von 30 mm ist dieser Atemmuskel außerordentlich leistungsfähig (Zwerchfell des Menschen: 1,5 mm) und leitet einen starken Luftstrom durch den großen Kehlkopf mit den ungewöhnlich langen Stimmbändern. Wird Infraschall aus dem Kehlkopf in den Boden geleitet, kann er als **Substratschall** – je nach Bodenbeschaffenheit – Reichweiten von 10–30 km oder mehr erreichen. Man schließt das aus verhaltensphysiologischen Experimenten, bei denen Infraschallrufe von Elefanten erst aufgezeichnet und dann in unterschiedlichen Entfernungen mit Infraschall-Lautsprechern in den Boden geleitet wurden. Selbst in einigen Kilometern Entfernung reagierten die Elefantengruppen auf Infraschallsignale, indem sie sich enger gruppierten und um die Jungen scharten oder mit anderen Verhaltensweisen Alarm und Verteidigungsbereitschaft erkennen ließen. Manche Tiere richteten ihre Körperachse nacheinander in unterschiedlichen Winkeln zur Infraschallquelle aus, als bemühten sie sich um eine Schallortung. Aufgrund von Verhaltensbeobachtungen gehen Elefantenforscher davon aus, das echte Infraschallsignale (< 20 Hz) vor allem als bedrohlich empfunden werden, anders als die durch die Luft geleiteten Kontaktrufe (~ 100 Hz). Um den Substratschall zu hören, legen Elefanten nicht ihre Ohren an den Boden, sondern befühlen den Boden mit den Vorderfüßen. Die riesigen Sohlen verfügen über einen erstaunlich empfindlichen Tastsinn, vermittelt durch Pacini- und Meissner-Korpuskeln in der Haut (s. Tastsinn, ▶ Abschn. 4.6), mit dem die Tiere Oberflächenvibrationen am Boden ertasten können. Die Anatomie der Vorderbeine ist zudem geeignet, Vibrationen bis zu den beiden Mittelohren zu leiten, welche sich gerade oberhalb der Beinknochen befinden. Elefanten sind Zehengänger, und die platte Sohle ihrer Füße kommt dadurch zustande, dass sich unter der Ferse ein Kissen aus Binde- und Fettgewebe („akustisches Fett") befindet (Abb. 6.55, *rechts*). Die hohe Schallleitungsgeschwindigkeit in Fettgewebe sowie die noch höhere durch Knochen bilden zusammen einen günstigen Leitungskanal von der Sohle durch das Bein zum Mittelohr. Der Elefantenfuß kann den Boden wie mit einem Vibrationssensor abhorchen und so Substratschallsignale mit Frequenzen < 20 Hz aufnehmen. Über bodengeleiteten Infraschall können die Tiere wohl auch seismische Ereignisse wie Erdbeben detektieren sowie akustische Spuren ferner Wolkenbrüche und Stürme wahrnehmen. Obwohl noch bei Weitem nicht alle Einzelheiten des Infraschallhörens bei Elefanten aufgeklärt sind, haben umfangreiche Verhaltensbeobachtungen und sinnesphysiologische Arbeiten deutlich gezeigt, dass diese Tiere tiefe Töne zur Orientierung und Kommunikation einsetzen und dass der für uns unhörbare Infraschall sowie das dunkle Brummen und Grollen der großen Tiere ein reiches Spektrum von auditorischer Information darstellen.

Die **Fernkommunikation bei Walen** ist eines der faszinierendsten Beispiele sensorischer Anpassung im Tierreich – schon wegen der ungeheuren Reichweite ihrer Infraschallsignale. Die Gesänge von Blauwalen (*Balaenoptera musculus*) können aus Entfernungen von 1000–2000 km mit Hydrofonen aufgezeichnet werden. Weit entfernt voneinander schwimmende Einzeltiere nutzen die Gesänge dazu, sich in Gebieten mit besonders gutem Nahrungsangebot oder zur Paarung zusammenzufinden. Für die Hörphysiologie sind die Wale (Ordnung

Tab. 6.2 Wichtige Unterschiede zwischen Luft und Wasser hinsichtlich der Ausbreitung von Schallsignalen.

Schalleigenschaften	Luft	Wasser
Dichte ρ (kg m^{-3})	1,29	1000
Schallgeschwindigkeit c (m s^{-1})	343	1480
Wellenlänge λ bei 100 Hz (m)	3,43	14,8
Wellenlänge λ bei 1 kHz (m)	0,343	1,48
Schalldämpfung bei 1 kHz (dB 100 m^{-1})	1,2	0,008
Partikelgeschwindigkeit ν (m s^{-1})bei einer Schallintensität von 1 W m^{-2}	0,49	0,08
Schallimpedanz (N s m^{-3})	428,3	$1{,}48 \cdot 10^6$

Cetacea) eine überaus interessante Tiergruppe, weil sie das Kunststück vollbracht haben, das ursprünglich über Jahrmillionen für die Wahrnehmung von Luftschall optimierte Gehör der Säugetiere in ein Unterwassergehör von ebenso großer Leistungsfähigkeit zu verwandeln. Dazu war ein 30 Mio. Jahre dauernder Evolutionsprozess nötig. Vom frühen Eozän (vor 55 Mio. Jahren) durch das gesamte Oligozän (vor 38–25 Mio. Jahren) der Erdneuzeit haben sich die Urwale (Archaeoceti) Schritt für Schritt dem Leben in den Ozeanen angepasst, und dabei hat sich ihr Gehör zur wichtigsten Sinnesmodalität für so gut wie alle Lebensaspekte entwickelt. Bei den heute lebenden Walen finden wir auditorische Höchstleistungen im Infraschallbereich, im für uns hörbaren Frequenzspektrum sowie bei der Nutzung von Ultraschall für die Echoortung (Tab. 6.2).

Vor allem aufgrund umfangreicher Fossilfunde sind die Entwicklungslinien der **Walevolution** heute in groben Zügen verstanden. Die Wale (Ordnung Cetacea) bilden zusammen den Paarhufern (Ordnung Artiodactyla) heute das gemeinsame Taxon der Cetartiodactyla, das sich aus gemeinsamen Vorfahren entwickelt hat. Etwa wolfsgroße, mit Paarhufern verwandte Landtiere haben im frühen Eozän den Weg ins Wasser begonnen. *Pakicetus* („der pakistanische Wal", nach dem Fundort) und *Ambulocetus* („der laufende Wal") waren vermutlich in der Lage, sowohl am Ufer und im ufernahen Wasser des Tethysmeeres Fischkadaver und Pflanzen zu fressen, als auch an Land Süßwasser zu trinken (Abb. 6.56). Eine anatomische Besonderheit des Innenohres zeigt die Verwandtschaft dieser Tiere mit den Huftieren – belegt durch das Fossil von *Indohyus*, einem waschbärgroßen Paarhufer des frühen Eozäns – sowie mit allen späteren Walen: die Paukenblase (Bulla tympanica), eine paarig angelegte, muschelförmige Hohlstruktur, gebildet vom Paukenteil des Schläfenknochens (Os temporale, pars tympanica), die das Mittelohr einschließt und schützt.

Abb. 6.56 Fantasiedarstellung eines Urwales an der Schwelle zum Wasserleben vor 55 Mio. Jahren. Noch verfügt das Tier über lange Beine, geeignet für die Bewegung an Land. Aber Schwimmhäute helfen schon bei der Jagd nach Fischen im ufernahen Bereich des Tethysmeeres. Die Illustration orientiert sich an Vorstellungen über den Urwal *Pakicetus*, bildet aber keineswegs anatomische Details dieses Tieres ab

Die Paukenblase weist bei den Walen und ihren Verwandten eine wulstartige mediale Randverdickung auf, das **Involucrum**. Diese Knochenwulst wird als apomorphes Merkmal aller Wale angesehen und als frühes Anzeichen von Knochenvergrößerung und Knochenverhärtung interpretiert, die für die Walevolution wichtige Entwicklungen waren. Größere Knochen mit höherer Dichte vermindern den Auftrieb im Wasser und ermöglichen Uferbewohnern das mühelose Waten auf dem Grund von Gewässern – wie man es heute bei den Flusspferden (*Hippopotamus amphibius*) und den Seekühen (Ordnung Sirenia) beobachten kann.

Zur **Anpassung der Walohren an die Schallübertragung und an die Druckverhältnisse unter Wasser** waren weitere grundlegende Umbauten erforderlich. Im Verlauf des Eozäns haben sich solche Veränderungen in mehreren Entwicklungslinien der Urwale herausgebildet. Eine entscheidende Umbildung erfuhren die Mittelohr- und Innenohrstrukturen des Schläfenbeines. Das luftgefüllte Mittelohr in der Paukenblase und das flüssigkeitsgefüllte Innenohr in der Ohrkapsel verwuchsen zu einem zusammenhängenden tympanoperiotischen Komplex, der sich zum Teil oder ganz von den Schädelknochen ablöste. Das Trommelfell der Landsäuger wurde in ein strukturverstärkendes Ligament umgewandelt und verlor seine Funktion für die Schallleitung ins Mittelohr. Diese Funktion übernahm die dünnwandige Seite der Paukenblase, die dem Involucrum lateral gegenüberliegt. Im Walohr steht die dünne Paukenblasenwand (auch: Paukenplatte, engl. *tympanic plate*) in unmittelbarem Kontakt mit dem Hammerkopf des Mittelohres, sodass Vibrationen auf die Mittelohrknochen übertragen werden. Die Pinnae verschwanden im Lauf der Walevolution, und die äußeren Gehörgänge

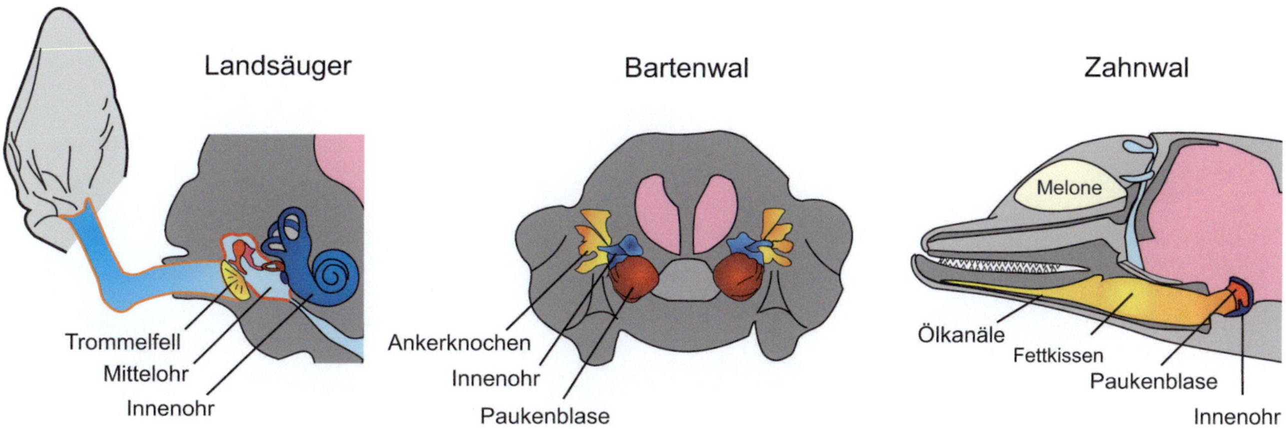

Abb. 6.57 Schematische Darstellung der Schallleitungswege im Ohr eines Landsäugetieres, eines Bartenwales und eines Zahnwales. *Gelb*: Schallleitungsstrukturen; *rot*: Mittelohr; *blau*: Innenohr; *dunkelgrau*: Knochen; *rosa*: Gehirn. *Links*: Beim Landsäuger gelangen Schalldruckwellen durch den äußeren Gehörgang und werden durch die Mittelohrknochen auf das Innenohr übertragen. *Mitte*: In einem Querschnitt durch den hinteren Kopfbereich eines Finnwales (*Balaenoptera physalus*) erkennt man Ankerknochen, die den Knochenschall vom Schädel in das luftgefüllte Mittelohr in der Paukenblase leiten. *Rechts*: Ein Delfin (*Tursiops truncatus*) leitet durch Ölkanäle im Unterkiefer Schallwellen aus dem Wasser zur Paukenblase und von dort zum Innenohr. In der luftgefüllten Paukenblase befinden sich die Mittelohrknochen. Nach Cranford und Krysi (2015)

wurden zu sehr dünnen, möglicherweise funktionslosen Schläuchen reduziert. Neue Schallleitungswege zur Paukenblase wurden entwickelt. Bei den Bartenwalen sind vermutlich die Schädelknochen die wichtigsten Schallleiter (Abb. 6.57, *Mitte*). Allerdings ist das Gehör der Bartenwale noch keineswegs schlüssig erforscht. Anatomische Untersuchungen und funktionelle Modelle weisen aber darauf hin, dass Wasserschall den Schädelknochen in Vibration versetzt und dass diese Vibrationen über Ankerknochen an die luftgefüllte Paukenblase geleitet werden, die ihrerseits das Mittelohr umgibt. Der Hammerkopf in der Paukenblase ist bei den Bartenwalen verhältnismäßig groß, der Hammerstiel fast ganz verschwunden. Diese massive Struktur kann von tiefen Frequenzen in Schwingungen versetzt werden, welche auf das Innenohr übertragen werden, das seinerseits nur noch lose mit dem Schädel verbunden ist. Durch die Isolation vom Schädel werden Schallsignale durch das Mittelohr kanalisiert, und Schädelschwingungen werden nicht direkt auf das Innenohr übertragen. Bei den Zahnwalen wird der Schall dagegen durch Ölkanäle im verlängerten Unterkiefer in Richtung Paukenplatte geführt, und ein Fettkissen im hinteren Teil des Unterkiefers übernimmt die Rolle des Außenohres (Abb. 6.57, *rechts*). Schließlich verschwanden in der Evolution luftgefüllte Schädelhöhlen (Nebenhöhlen), weil sie keinen Druckausgleich zulassen und daher beim Tauchen die Schädelknochen brechen könnten. Statt der Nebenhöhlen wurden beim ersten vollständig aquatisch lebenden Wal im späten Eozän, dem *Basilosaurus*, sowie bei den späteren und rezenten Walen Luftsäcke angelegt, die nicht in Knochenkammern eingeschlossen waren und demzufolge ihr Volumen dem Wasserdruck anpassen konnten. Diese Luftsäcke können die akustische Isolation des Ohres vom Schädel verbessern und spielen zudem eine wichtige Rolle bei der Vokalisation der Wale.

Die modernen Wale (Ordnung Cetacea) umfassen zwei getrennte Entwicklungslinien, die sich hinsichtlich ihres Hörsinnes grundlegend unterscheiden, die Bartenwale (Unterordnung Mysticeti) und die Zahnwale (Unterordnung Odontoceti). **Bartenwale** haben sich das schier unerschöpfliche Aufkommen von Zooplankton und anderer Kleintiere in den kalten Gewässern der arktischen und antarktischen Meere erschlossen. Die frühesten Bartenwale erscheinen in Fossilien aus dem im späten Eozän (*Mystacodon selenensis*, vor 34 Mio. Jahren), ihr Körperbau hat sich dem Leben als Filtrierer im Kaltwasser angepasst. Mit ihrem riesigen bartenbesetzten Maul filtrieren die Furchenwale (Familie Balaenopteridae), Grauwale (Familie Eschrichtiidae) und Glattwale (Familie Balaenidae) Tonnen von Kleinlebewesen wie den nahrhaften Krillkrebsen aus vielen Kubikmetern Meerwasser. Bartenwale können sich über lange Distanzen hinweg mit **Infraschallsignalen** hörbar machen (Abb. 6.58), können untereinander mit **komplexen Gesängen** im für uns hörbaren Frequenzbereich kommunizieren, verwenden aber wohl keine Ultraschallsignale zu Echoortung. Sie besitzen keine Stimmlippen, aber ihr Kehlkopf weist eine U-förmige Struktur auf, die vermutlich zur Vokalisation eingesetzt wird (Abb. 6.59). Diese U-Falte besteht aus zwei großen, stabartigen Gewebewülsten, die am Boden des „U" zusammengewachsen sind und von jeweils einem Stellknorpel (Cartilago arytaenoidea) gehalten werden. Da die Stellknorpel durch Muskeln bewegt werden können, ist auch die U-Falte beweglich. Insbesondere kann der Abstand zwischen den beiden Stäben verengt und vergrößert werden – möglicherweise ein Mechanismus zur Frequenzmodulation beim Walgesang. Man nimmt an,

6

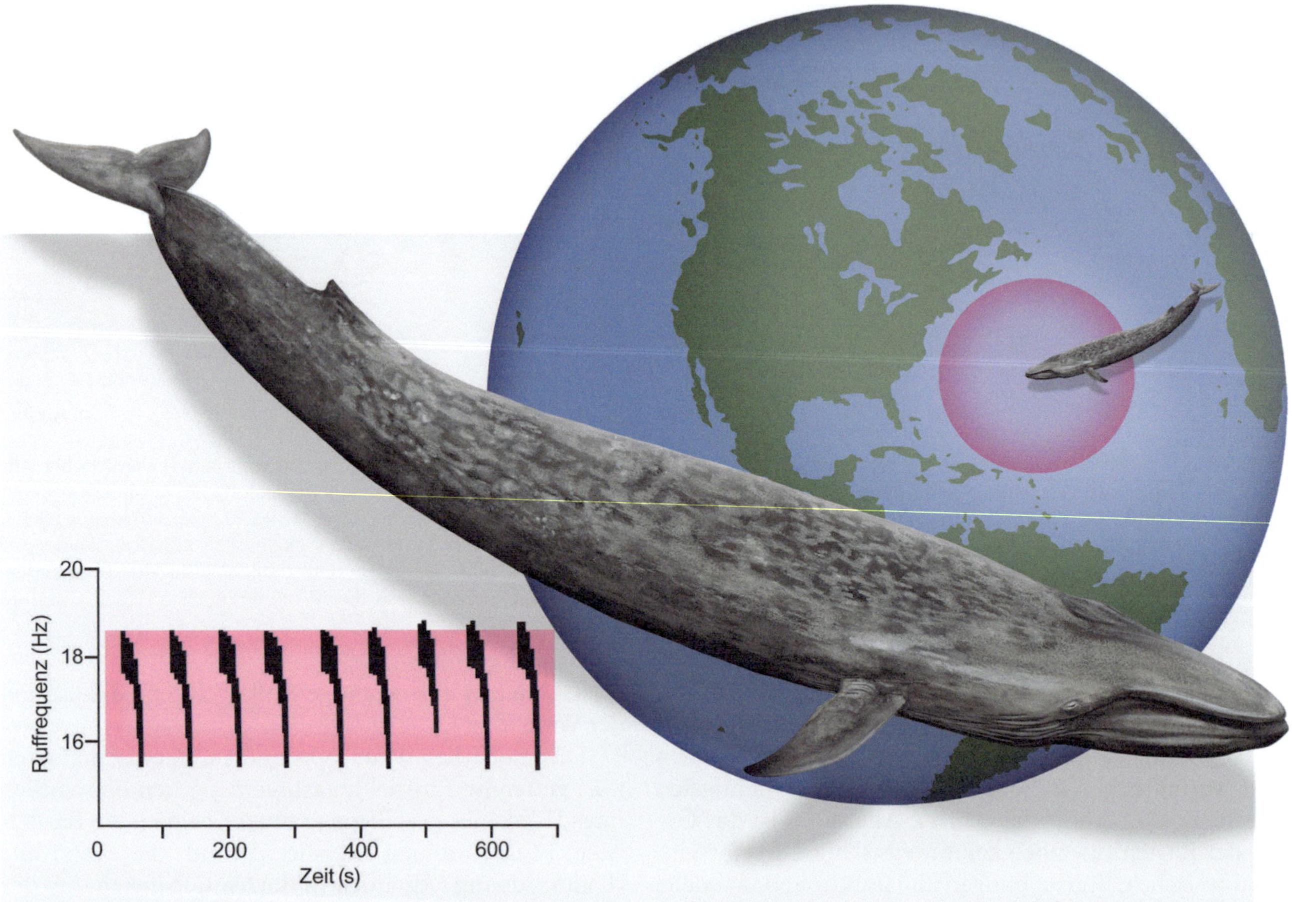

Abb. 6.58 Bartenwale kommunizieren im Infraschallbereich über weite Strecken hinweg sowie im für uns hörbaren Bereich innerhalb einer Herde. Das Sonagramm stammt von einem Blauwal (*Balaenoptera musculus*) aus dem Nordatlantik und zeigt einen Ruf mit CF- und FM-Anteil im Infraschallbereich, der für Wale über Hunderte von Kilometern hinweg vernehmbar ist. Der auf dem Globus rosa markierte Bereich zeigt in etwa die Reichweite des Blauwalrufes, aufgezeichnet mit Hydrofonen. Nach Mellinger und Clark (2003)

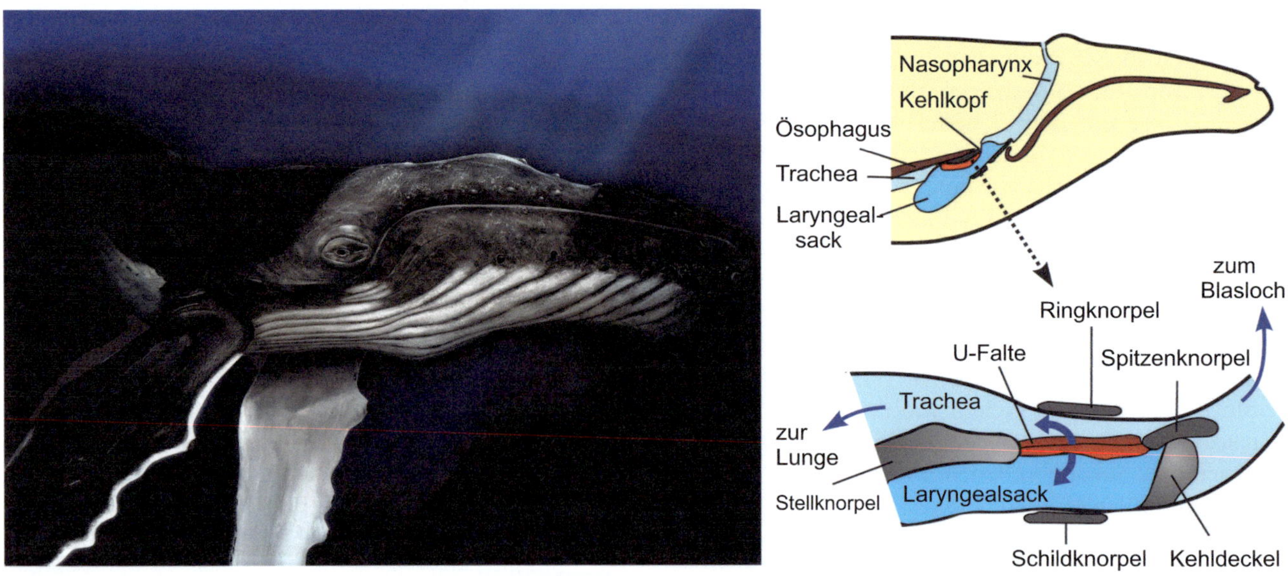

Abb. 6.59 Die stimmgebende Struktur im Kehlkopf eines Buckelwals ist eine U-förmige Gewebsfalte (*rechts, rot*), die zwischen Stellknorpeln (Cartilagines arytaenoideae) und Spitzenknorpeln (C. corniculata) parallel zur Längsachse des Larynx ausgerichtet ist. Vermutlich bringen Luftströmungen zwischen Trachea und dem laryngealen Luftsack die Knorpelstrukturen zum Schwingen und erzeugen damit die Grundtöne der Walvokalisation. Nach Reidenberg und Laitman (2007); Cazau et al. (2013)

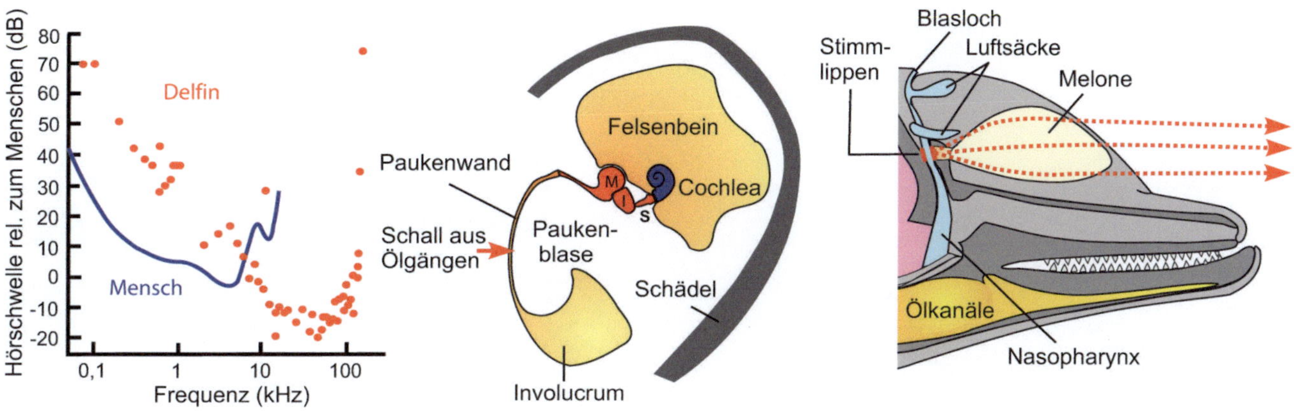

Abb. 6.60 Der Hörsinn eines Delfins. *Links*: Ein Audiogramm des Großen Tümmlers (*Tursiops truncatus*; *rote Punkte*) zeigt im Vergleich mit der Hörkurve des Menschen (*blaue Linie*) eine besonders hohe Empfindlichkeit des Delfins für den Ultraschallbereich. *Mitte*: Struktur des tympano-periotischen Komplexes beim Delfin. Schallerzeugte Vibrationen aus dem Unterkiefer erreichen die dünne Paukenwand der luftgefüllten Paukenblase (Bulla tympanica) im Schläfenbein. Durch direkte Kopplung mit den Mittelohrknochen (M, Malleus; I, Incus, S, Stapes) wird das Signal auf die Cochlea übertragen und dort analysiert. *Rechts*: Lage der Stimmlippen (*rot*) im Nasengang des Delfins. Ultraschall wird erzeugt, indem Luft unter hohem Druck durch die Stimmlippen gepresst wird. Die Schallsignale erreichen durch Fettgewebe (Bursa dorsalis) die Melone und werden aufgrund der geringen Schallimpedanz des Melonengewebes nach vorn gelenkt. Nach Hemilä et al. (2010); Cranford et al. (1996)

dass die beiden Stäbe der U-Falte im Luftstrom vibrieren und dadurch die Grundtöne des Walgesangs hervorbringen. Die U-Falte ist nicht senkrecht zum Luftstrom im Kehlkopf positioniert, wie man es bei Landsäugern findet (s. Abb. 6.2), sondern sie verläuft parallel zum Luftstrom. Durch diese Anordnung ist bei den Bartenwalen die Vokalisation unabhängig von der Atmung: Die Tiere können in den Tauchphasen zwischen zwei Atemzügen rufen, ohne dabei Luft zu verlieren. Zur Vokalisation wird der tracheale Luftstrom umgeleitet und gelangt durch die U-Falte in ein luftgefülltes, muskulöses Divertikel, den laryngealen Luftsack. Dieser unpaarige, extrem dehnbare Gewebesack dient den Bartenwalen vermutlich als zusätzliches Luftreservoir beim Tauchen, ermöglicht aber auch die Aufnahme und Umkehrung des Luftstromes durch die U-Falte und dadurch die Vokalisation, ohne dass Luft nach außen abgegeben werden muss. Darüber hinaus wird vermutet, dass die Wand des Luftsackes oszillieren kann und dadurch als Resonator und Verstärker von Schallsignalen dient.

Zahnwale (Pottwale, Delfine, Schweins- und Gründelwale) haben sich auf die Jagd nach größeren Meerestieren spezialisiert. Sie nutzen **Echoortung mit Ultraschallrufen** zum Aufspüren ihrer Beute und besitzen ein auf hohe Frequenzen spezialisiertes Gehör. Beim Großen Tümmler (*Tursiops truncatus*) zeigt das Audiogramm einen Frequenzbereich höchster Hörempfindlichkeit im Bereich von 10–100 kHz, während tiefe Töne unter 100 Hz nur bei extrem hohen Schalldruckpegeln gehört werden (Abb. 6.60, *links*). Das Körpergewebe eines Delfins setzt den aus dem Wasser eindringenden Schallwellen kaum Widerstand entgegen, da die Schallimpedanz in Wasser und Gewebe sehr ähnlich ist (1,55 bzw. $1{,}56 \cdot 10^6$ N s m^{-3}). Ohrmuscheln haben aus diesem Grund im Wasser keinen Sinn, denn sie reflektieren den Wasserschall nicht. Sie sind bei den Zahnwalen zurückgebildet, und auch die äußeren Gehörgänge sind bis auf dünne, teils verstopfte Schläuche mit porenartigen Öffnungen hinter den Augen reduziert. Man nimmt daher an, dass die Außenohren bei den Zahnwalen funktionslos geworden sind. Dennoch sind die Tiere äußerst schallempfindlich, im direkten Vergleich etwa 50- bis 100-mal empfindlicher als junge Menschen. Anatomische, physikalische und verhaltensphysiologische Untersuchungen weisen darauf hin, dass die Funktion des Außenohres durch den **Unterkiefer** übernommen wird. Hier findet man bei den Zahnwalen mehrere „**Ölkanäle**" – Fettgewebe mit geringerer Schallimpedanz als die Maxillarknochen (Fett: $1{,}3–1{,}4 \cdot 10^6$ N s m^{-3}; Knochen: $6 \cdot 10^6$ N s m^{-3}), welches Schallsignale in Richtung Innenohr kanalisiert (Abb. 6.57, *rechts*). Nahe am Kiefergelenk des Unterkiefers liegt ein Fettkissen, das die Signale aus den Ölkanälen aufnimmt und über einen weiteren Ölkanal mit der Paukenblase (Bulla tympanica) in Verbindung steht. Wie bei den Bartenwalen ist auch bei den Zahnwalen das Trommelfell zurückgebildet und dient nicht mehr der Schallaufnahme im Mittelohr. Stattdessen erfüllt die dünne Wand der Paukenblase (Paukenplatte; engl. *tympanic plate*) diesen Zweck und leitet schallerzeugte Vibrationen direkt auf den Hammerstiel des Mittelohres (Abb. 6.60, *Mitte*). Der **tympano-periotische Komplex** mit Paukenblase und Felsenbein ist bei den Zahnwalen weitgehend vom Schädelknochen isoliert und mit Ligamenten frei schwingend aufgehängt. Dadurch wird sichergestellt, dass bevorzugt diejenigen Signale im Innenohr ana-

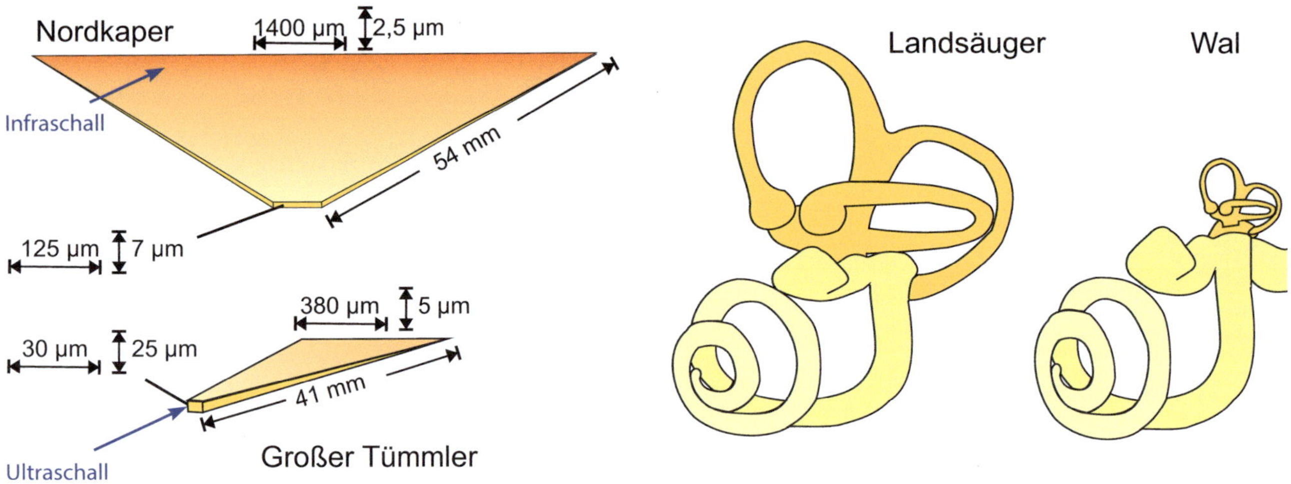

Abb. 6.61 *Links*: Vergleich der Abmessung von Basilarmembranen eines Bartenwales (Nordkaper, *Eubalaena glacialis*) und eines Zahnwales (Großer Tümmler, *Tursiops truncatus*). Der auf Ultraschallfrequenzen gestimmte unterste Abschnitt ist beim Zahnwal im Querschnitt fast quadratisch. *Rechts*: Reduzierte Dimensionen des Vestibularorgans im Innenohr von Walen im Vergleich zu Landsäugetieren. Die Darstellung der Innenohren ist auf den Durchmesser der Cochlea normiert. Nach Ketten (1997)

lysiert werden, die aus dem Unterkiefer eintreffen, während Vibrationen der Schädelknochen das Innenohr nur gedämpft erreichen können.

Zahnwale verfügen über zwei unterschiedliche Formen der Vokalisation. Sie können sich zum einen durch Pfiffe, Knurren, Schnarren und Klicken äußern – Vokalisationen, die auch für uns hörbar sind und die vermutlich zur sozialen Kommunikation innerhalb von Delfinschulen dienen. Ob solche Laute auf Landsäugerart im Kehlkopf der Tiere entstehen, ist fraglich und schwer nachzuweisen. Man weiß aber, dass Zahnwale über stimmbandähnliche Strukturen in ihren Kehlköpfen verfügen, die allerdings parallel zum Luftstrom ausgerichtet sind, nicht quer zum Luftstrom wie bei Landsäugern. Zahnwale besitzen auch Laryngealsäcke – ähnlich wie Bartenwale (Abb. 6.59, *rechts*) – sodass eine ähnliche Lauterzeugung möglich erscheint. Die zweite Form der Vokalisation ist die **Erzeugung kurzer Ultraschallrufe**, die vor allem für die Jagd als Biosonar eingesetzt werden. Diese nasale Vokalisation der Zahnwale ist besser untersucht als die laryngeale Stimmbildung. Bei Delfinen befinden sich in den beiden Nasengängen, die zu einem gemeinsamen Blasloch führen, je ein Paar **Stimmlippen**. Die Vokalisation verläuft mit geschlossenem Blasloch. Luft wird aus der Lunge durch die Stimmlippen gepresst, versetzt diese in Schwingungen und wird dann in dorsal liegenden Luftsäcken aufgefangen. Möglicherweise können diese Luftsäcke kontrahieren und dadurch einen umgekehrten Luftstrom durch die Stimmlippen leiten und dabei Laute erzeugen. Die vorn liegenden Stimmlippen sind durch Fettgewebe an der **Melone** fixiert, sodass ihre Vibrationen direkt auf die Melone übertragen werden. Das Gewebe der Melone, eine Mischung aus Binde- und Fettgewebe, weist in etwa die Dichte und Schallimpedanz von Seewasser auf und leitet die Ultraschallsignale nach vorn. Luftsäcke über und hinter den Stimmlippen sowie die Form der Melone tragen wohl dazu bei, eine nach vorn gerichtete Ultraschallkeule zu erzeugen, mit denen die Zahnwale Echoortung mit **hoher räumlicher Auflösung** betreiben können. In Dressurversuchen mit Großen Tümmlern wurde eine ähnliche Genauigkeit bei der Ortung kleiner Gegenstände gefunden wie bei Fledermäusen (horizontale räumliche Auflösung: 0,9–1,5°). Ihr Biosonar ermöglicht den Zahnwalen die Ortung von Beutetieren mit einer **Reichweite** von mehr als 100 m. Dazu sind die Rufe extrem laut (gemessen bis zu 200 dB) und extrem kurz (Ultraschall-„Klicks" haben eine Dauer von nur 20–50 µs). Die Echoortung ist bei den Zahnwalen ebenso optimiert wie bei den Fledermäusen und bildet dank der guten Schallleitungseigenschaften von Wasser ein hocheffizientes Sinnessystem.

Die unterschiedliche Frequenzspezialisierung von Bartenwalen auf Infraschall und von Zahnwalen auf Ultraschall erfordert entsprechende **Anpassungen der Basilarmembran** im jeweiligen Corti-Organ. Die Basilarmenbran der Bartenwale muss sich als tonotoper Resonator für sehr tiefe Töne, die der Zahnwale für sehr hohe Töne eignen. Durch anatomische Vermessungen der Corti-Organe wurde die Anpassung an das Infraschall- und Ultraschallhören deutlich (Abb. 6.61, *links*). Die Basilarmembran ist bei Bartenwalen im Resonanzbereich für tiefe Töne nahe dem Helicotrema besonders breit und dünn, während die Basilarmembran beim Delfin nah am ovalen Fenster, im Resonanzbereich für hohe Töne, besonders dick ausfällt. Form, Größe und Festigkeit der Basilarmembran bilden die physikalische Grundlage der Frequenzspezifität bei den Walen.

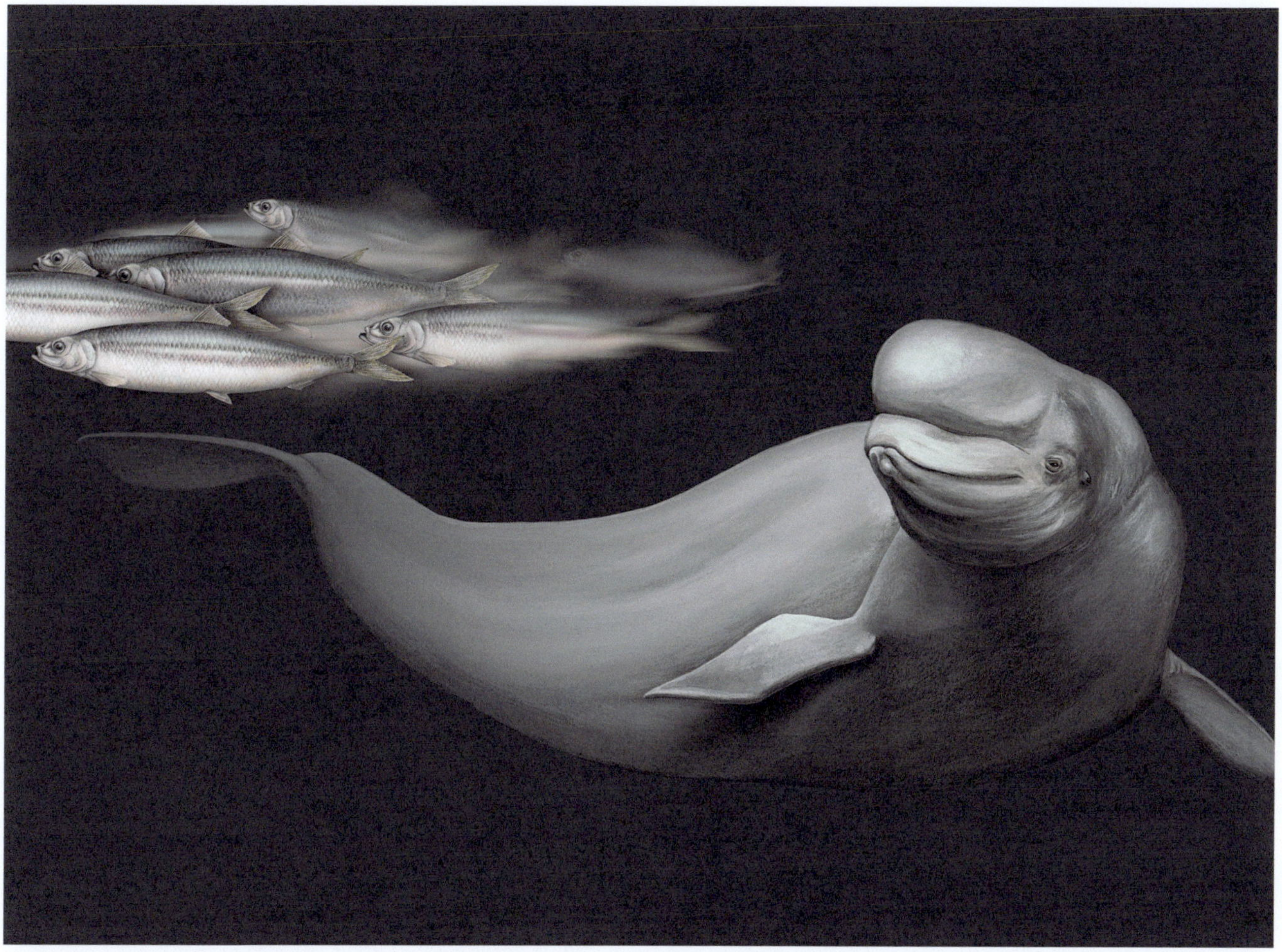

Abb. 6.62 Ein Weißwal oder Beluga (*Delphinapterus leucas*), ein „Kanarienvogel der Meere"

Eine auffällige Veränderung in der Innenohrstruktur bei allen Walen ist die **Reduktion des Vestibularorgans**, dessen Bogengänge im Vergleich zur Cochlea wesentlich kleiner sind als bei Landsäugern (Abb. 6.61, *rechts*). Entsprechend ist auch die Anzahl der Neuronen im Vestibularganglion auf etwa ein Drittel reduziert (Katze 12.300, Mehrschweinchen 8200, Buckelwal 3400, Delfin 4000). Da ein derart verkleinertes Vestibularorgan bei keinem Landsäuger vorkommt, kann man davon ausgehen, dass es sich um eine Anpassung an das Leben im Meer handelt. Im Verlauf der Walevolution wurde der Hals verkürzt und durch Fusion von Halswirbeln die Beweglichkeit des Kopfes stark eingeschränkt. Eine wichtige Funktion der Drehbeschleunigungsmessung im Vestibularorgan ist bei den Landsäugern die Stabilisierung des Kopfes und der Augen (▶ Abschn. 5.9). Vermutlich ist diese Korrektur beim versteiften Hals der Wale nicht mehr wichtig. Es ist auch vorstellbar, dass die schnellen Drehbewegungen um die Längsachse, die typisch für viele Wale sind, von einem Organ zur Körperstabilisierung behindert würden. Inwieweit die Maculaorgane zur Messung der Linearbeschleunigung für die Wale wichtig sind, ist bisher noch nicht verstanden.

Wale sind oft gesellige Tiere, die mit einem vielfältigen Repertoire von Lautäußerungen kommunizieren. Den in den nördlichen Meeren lebenden Weißwalen oder Belugas (*Delphinapterus leucas*; Abb. 6.62) hat ihr unablässiges Zwitschern und Pfeifen den Spitznamen „Kanarienvögel der Meere" eingebracht. Man kann ihre Vokalisationen gut verfolgen, da sie im gleichen Frequenzband kommunizieren wie wir Menschen (0,5–20 kHz). Allerdings macht ihr gutes Gehör die Wale auch zu Opfern **anthropogener Lärmbelastungen**. Besonders der Lärm von Schiffsmotoren, Unterwasserarbeiten an Bohrinseln, der Einsatz von Airguns, Ortungssonaren für U-Boote sowie Unterwasserexplosionen können die empfindlichen Strukturen zerstören, die sich im Verlauf der Walevolution in Anpassung an das Hören im Wasser herausgebildet haben. Zahlreiche Studien haben starke Hinweise darauf erbracht, dass überlaute „Lärmverschmutzung" der Meere Verhaltensänderungen bei Walen auslösen kann, welche den Fortpflanzungserfolg der Tiere beeinträchtigt oder sogar zu Strandungen führen kann. Daher müssen Wale mit ihrem phänomenalen Hörsinn ganz besonders vor technischen Lärmquellen geschützt werden.

Literatur

Weiterführende Literatur

Albert JT, Göpfert MC (2015) Hearing in *Drosophila*. Curr Opin Neurobiol 34:79–85

Ashmore JF (2010) The remarkable cochlear amplifier. Hear Res 266:1–17

Bradbury JW, Vehrencamp SL (2011) Principles of animal communication. Sinauer Associates, Sunderland

Brudzynski SM (2010) Handbook of mammalian vocalization. An integrative neuroscience approach. Academic Press, Elsevier, London

Conner WE, Corcoran AJ (2012) Sound strategies: the 65-million-year-old battle between bats and insects. Annu Rev Entomol 57:21–39

Dietz C, von Helversen O, Nill D (2007) Handbuch der Fledermäuse Europas und Nordwestafrikas. Frankh-Kosmos, Stuttgart

Fettiplace R, Kim KX (2014) The physiology of mechanoelectrical transduction channels in hearing. Physiol Rev 94:951–986

Göpfert MC, Hennig RM (2016) Hearing in insects. Annu Rev Entomol 61:257–276

Grothe B, Pecka M (2014) The natural history of sound localization in mammals – a story of neuronal inhibition. Front Neural Circ 8:116

Hudspeth AJ (2014) Integrating the active process of hair cells with cochlear function. Nat Rev Neurosci 15:600–614

Jones G, Teeling EC (2006) The evolution of echolocation in bats. Trends Ecol Evol 21:149–156

Köppl C, Manley GA, Popper AN, Fay RR (2014) Insights from comparative hearing research. Springer, New York

Konishi M (2003) Coding of auditory space. Annu Rev Neurosci 26:31–55

Kothari NB, Wohlgemuth MJ, Moss CF (2018) Dynamic representation of 3D auditory space in the midbrain of the free-flying echolocating bat. elife 7:e29053

Ladich F, Winkler H (2017) Acoustic communication in terrestrial and aquatic vertebrates. J Exp Biol 220:2306–2317

Manley GA (2017) Comparative auditory neuroscience: understanding the evolution and function of ears. J Assoc Res Otolaryngol 18:1–24

Nothwang HG (2016) Evolution of mammalian sound localization circuits: a developmental perspective. Prog Neurobiol 141:1–24

Schmidt MF, Wild JM (2014) The respiratory-vocal system of songbirds: anatomy, physiology and neural control. Prog Brain Res 212:297–335

Stoeger AS, Baotic A (2016) Information content and acoustic structure of male African elephant social rumbles. Sci Rep 6:27585

Suga N (2015) Neural processing of auditory signals in the time domain: delay-tuned coincidence detectors in the mustached bat. Hear Res 324:19–36

Surlykke A, Nachtigall PE, Fay RR, Popper AN (2014) Biosonar. Springer, New York

Thewissen JGM (2014) The walking whales. From land to water in eight million years. University of Californica Press, Oakland

Wagner H, Kettler L, Orlowski J, Teller P (2012) Neuroethology of prey capture in the barn owl (*Tyto alba* L.). J Physiol Paris 107:51–61

Zitierte Literatur

Albert JT, Göpfert MC (2015) Hearing in *Drosophila*. Curr Opin Neurobiol 34:79–85

Amy M, Salvin P, Naguib M, Leboucher G (2015) Female signaling to male song in the domestic canary, *Serinus canaria*. R Soc Open Sci 2:140196

Ashida G, Carr CE (2011) Sound localization: Jeffress and beyond. Curr Opin Neurobiol 21:745–751

Baird IL (1960) A survey of the periotic labyrinth in some recent representative reptiles. Univ Kansas Sci Bull 41:891–981

Belzner S, Voigt C, Catchpole CK, Leitner S (2009) Song learning in domesticated canaries in a restricted acoustic environment. Proc R Soc B 276:2881–2886

Bradbury JW, Vehrencamp SL (2011) Principles of animal communication. Sinauer Associates, Sunderland

Budelmann BU (1990) The statocysts of squid. In: Gilbert DL et al (Hrsg) Squid as experimental animals. Plenum Press, New York

Butler AB, Hodos W (2005) Comparative vertebrate neuroanatomy – evolution and adaptation, 2. Aufl. Wiley-Interscience, Hoboken

Carr CE, Ashida G, Wagner H, McColgan T, Kempter R (2016) The role of conduction delay in creating sensitivity to interaural time differences. In: van Dijk P et al (Hrsg) Physiology, psychoacoustics and cognition in normal and impaired hearing, Adv Exp Med Biol, Bd 894, S 189–196, Springer Nature Switzerland, Cham

Cazau D, Adam O, Laitman JT, Reidenberg JS (2013) Understanding the intentional acoustic behavior of humpback whales: a production-based approach. J Acoust Soc Am 134:2268–2273

Christensen CB, Christensen-Dalsgaard J, Brandt C, Madsen PT (2012) Hearing with an atympanic ear: Good vibration and poor sound-pressure detection in the royal python, Python regius. J Exp Biol 215:331–342

Coffin AB, Zeddies DG, Fay RR, Brown AD, Alderks PW, Bhandiwad AA, Mohr RA, Gray MD, Rogers PH, Sisneros JA (2014) Use of the swim bladder and lateral line in near-field sound source localization by fish. J Exp Biol 217:2078–2088

Cranford TW, Krysi P (2015) Fin whale sound reception mechanisms: skull vibration enables low-frequency hearing. PLoS ONE:e0116222

Cranford TW, Amundin M, Norris KS (1996) Functional morphology and homology on the Odontocete nasal complex: Implications for sound generation. J Morphol 228:223–285

van Dijk P, Mason MJ, Schoffelen RLM, Narins PM, Meenderink SWF (2011) Mechanics of the frog ear. Hear Res 273:46–58

Evans HE (1993) Miller's anatomy of the dog, 3. Aufl. Saunders, Philadelphia

Fain GL (2003) Sensory transduction. Sinauer Assoc, Sunderland

Field LH, Matheson T (1998) Chordotonal organs of insects. Adv Insect Physiol 27:1–228

Gaioni SJ, Riquimaroux M, Suga N (1990) Biosonar behavior of mustached bats swung on a pendulum prior to cortical ablation. J Neurophysiol 64:1801–1817

Grande T, Young B (2004) The ontogeny and homology of the Weberian apparatus in the zebrafish *Danio rerio* (Ostariophysi: Cypriniformes). Zool J Linnean Soc 140:241–254

Heldmaier G, Neuweiler G (2003) Vergleichende Tierphysiologie. Springer, Berlin/Heidelberg

Hemilä S, Nummela S, Reuter T (2010) Anatomy and physics of the exceptional sensitivity of dolphin hearing (Odontoceti: Cetacea). J Comp Physiol A 196:165–179

Hibino H, Nin F, Tsuzuki C, Kurachi Y (2010) How is the highly positive endochlear potential formed? The specific architecture of the stria vascularis and the roles of the ion-transport apparatus. Pflugers Arch - Eur J Physiol 459:521–533

6

Hoy RR, Robert D (1996) Tympanal hearing in insects. Annu Rev Entomol 41:433–450
Ketten DR (1997) Structure and function in whale ears. Bioacoustics 8:103–135
Koka K, Jones HG, Thornton JL, Lup JE, Tollin DJ (2011) Sound pressure transformations by the head and pinnae of the adult Chinchilla (Chinchilla lanigera). Hear Res 272:135–147
Konishi M (1993) Listening with two ears. Sci Am 268:66–73
Kubke MF, Gauger B, Basu L, Wagner H, Carr CE (1999) Development of calretinin immunoreactivity in the brainstem auditory nuclei of the barn owl (Tyto alba). J Comp Neurol 415:189–203
Liberman MC, Gao J, He DZZ, Wu X, Jia S, Zuo J (2002) Prestin is required for electromotility of the outer hair cell and for the cochlear amplifier. Nature 419:300–304
MacLeod KM, Carr CE (2007) Beyond timing in the auditory brainstem: intensity coding in the avian cochlear nucleus angularis. In: Cisek P. et al (Hrsg) Progress in brain research, Bd 165, S 123–133, Elsevier, Amsterdam
McComb K, Reby D, Baker L, Moss C, Sayialal S (2003) Long-distance communication of acoustic cues to social identity in African elephants. Anim Behav 65:317–329
Mellinger DK, Clark CW (2003) Blue whale (Balaenoptera musculus) sounds from the north Atlantic. J Acoust Soc Am 114:1108–1119
Michelsen A, Larsen ON (2008) Pressure difference receiving ears. Bioinspir Biomim 3:011001
Michelsen A, Löhe G (1995) Tuned directionality in cricket ears. Nature 375:639
Mooney R (2009) Neural mechanisms for learned birdsong. Learn Mem 16:655–669
Phillips DP (1982) Directionality of sound pressure transformation at the cat's pinna. Hear Res 8:13–28
Pollack G, Henson OW, Novick A (1972) Cochlear microphonic audiograms in the „pure tone" bat Chilonycteris parnellii parnellii. Science 176:66–68
Popper AN, Fay RR (1995) Hearing by bats. Springer, New York
Reidenberg JS, Laitman JT (2007) Discovery of a low frequency sound source in Mysticeti (baleen whaes): anatomical establishment of a vocal fold homolog. Anat Rec 290:745–759
Robert D, Göpfert MC (2002) Novel schemes for hearing and orientation in insects. Curr Opin Neurobiol 12:715–720
Schulz-Mirbach T, Metscher B, Ladich F (2012) Relationship between swim bladder morphology and hearing abilities – a case study on Asian and African cichlids. PLoS ONE 7:e42292
Suga N (1990) Biosonar and neural computation in bats. Sci Am 262:60–68
Suga N, Ma X (2003) Multiparametric corticofugal modulation and plasticity in the auditory system. Nat Rev Neurosci 4:783–794
Tester AL, Kendall JI, Milisen WB (1972) Morphology of the year of the shark genus *Carcharhinus*, with particular reference to the macula neglecta. Pacif Sc 26:264–274
Ulanovsky N, Moss CF (2008) What the bat's voice tells the bat's brain. Proc Natl Acad Sci 105:8491–8498
Weissengruber GE, Egger GF, Hutchinson JR, Groenewald HB, Elsässer L, Famini D, Forstenpointer G (2006) The structure of the cushions in the feet of African elephants (Loxodonta africana). J Anat 209:781–792
Yack JE (2004) The structure and function of auditory chordotonal organs in insects. Microsc Res Tech 63:315–337
Yager DD (1999) Structure, development, and evolution of insect auditory systems. Microsc Res Tech 47:380–400
Zeddies DG, Fay RR, Alderks PW, Shaub KS, Sisneros JA (2010) Sound source localization by the plainfin midshipman fish, Porichthys notatus. J Acoust Soc Am 127:3104–3113

Das Sehen

Inhaltsverzeichnis

S. Frings, *Die Sinne der Tiere*, https://doi.org/10.1007/978-3-662-63233-8_7

Trotz seiner kleinen Augen hat der Mäusebussard (*Buteo buteo*) eine winzige Maus aus mehreren Hundert Metern Entfernung gesehen und stürzt sich nun punktgenau auf sie hinunter. Mit starrem Blick und ausgefahrenen Krallen lenkt er seinen Sturzflug auf die Beute. Die Maus wird kaum entkommen können. Denn ihre Augen, mehr für das Nachtleben als für das Sehen bei Tag geeignet, haben den Raubvogel zu spät wahrgenommen. Diese Szene steht eindrücklich für den Sehsinn der Tiere. Jäger entwickeln perfekte Augen, um Beutetieren nachzustellen, die ihrerseits ihren Blick für Gefahrensituationen schärfen. Der bessere Sehsinn ist oftmals ein lebensentscheidender Vorteil für die Tiere einer Art. Gleichwohl haben manche Tiere das Wettrennen um die leistungsstärksten Tagaugen aufgegeben und ihre Lebensnischen in der Nacht gefunden. Denn in lichtlosen Wäldern sind viele der scharfsichtigen Raubvögel blind und ungefährlich. Nachtaktive Tiere optimieren ihre Augen für das Sehen im Dunkeln und erschließen sich damit Lebensräume in nächtlichen Wäldern, in Höhlen sowie im offenen, mondbeschienenen Gelände. In diesem Kapitel wird die Physiologie der Lichtwahrnehmung behandelt und es werden die Strategien zur Anpassung des Sehsinnes an unterschiedliche Lichtverhältnisse dargestellt.

7.1 Die Perspektiven der Tiere

Wohl kaum ein Sinn der Tiere zeigt so vielfältige Formen und Leistungen wie der Sehsinn. Und kaum ein Sinn wird so falsch eingeschätzt durch antropomorphe Vorstellungen. Der Grund für die intuitive Annahme, der Sehsinn der Tiere entspräche im Prinzip dem Sehsinn des Menschen, liegt wohl in der überaus prominenten Rolle, die für uns Menschen das Sehen bei der Erfassung der Wirklichkeit spielt. Kein anderer Sinn liefert uns derart prägnante und detaillierte Eindrücke von unserer Umgebung wie das Sehen. Bilder illustrieren alle Aspekte unseres Erlebens, von annähernd jeder Alltagssituation bis weit in unsere Erinnerungen und Träume. Unser Erleben ist ganz wesentlich eine bildliche Vorstellung der Welt. Und so ist es nachvollziehbar, dass wir einem Tier eine ähnlich visuelle Sinneswelt zuschreiben, wenn es nur Augen hat – und Augen haben tatsächlich fast alleTierarten. Und doch es ist unmöglich sich vorzustellen, wie die Welt für Tiere wirklich aussieht, beispielsweise für die Kammmuscheln (Familie Pectinidae), die am Saum ihres Mantels zwischen den Tentakeln am Schalenrand viele – bei manchen Arten mehr als 100 – kleine Augen tragen (◘ Abb. 7.1, *links*). Die Augen bestehen aus perfekt geformten, nur etwa 1 mm großen „Augäpfeln", in welche durch eine Pupille Licht einfällt und eine Netzhaut im Inneren belichtet. Sehen die Muscheln mit diesen Augen gleichzeitig viele parallele Bilder? Oder überlagern sich die Einzelbilder all dieser Augen zu einer Art Panoramablick auf das Korallenriff? Nach welchen Objekten halten die Muscheln Ausschau? Vielleicht nach Seesternen, die ihnen gefährlich werden könnten? Oder nach anderen Kammmuscheln?

Etwas weniger exotisch wirken Tiere mit zwei Augen. Aber ist ihr Sehen unserem Sehen deshalb vergleichbar? Bei einer Kegelschnecke (*Conus* spec.) sitzen zwei Augen auf frei beweglichen Stielen, und es scheint, dass jedes der beiden Augen einen anderen Bereich der Umwelt erkundet (◘ Abb. 7.1, *rechts*). Wie sieht das für die Schnecke aus? Laufen in ihrer Wahrnehmung zwei voneinander entkoppelte Filme mit unterschiedlichen Perspektiven auf das Korallenriff ab? Nimmt sie zwei Ausschnitte ihrer Umwelt getrennt wahr? Nehmen Schnecken überhaupt irgendetwas wahr? Es ist unmöglich, fundierte Annahmen zur Sehwelt der Schnecken zu machen. Man kann nur die Augen untersuchen, kann herausfinden, in welcher Weise der Lichtweg innerhalb der Augen geführt wird, welche Photorezeptoren die Netzhäute bevölkern und in welcher Weise das Gehirn einer Schnecke die afferenten Signale aus den Augen verarbeitet. Und man kann die Tiere beobachten, kann herausfinden, auf welche Objekte die Schnecke ihre Augen richtet, und in welcher Weise visuelle Signale ihr Verhalten beeinflussen. Auf diese Weise kann man zu einem **ethologischen Konzept des Sehens** bei Kegelschnecken kommen, zu einer Einschätzung der sensorischen Funktion des Sehsystems bei der Steuerung von natürlichen Verhaltensmustern. Diese wissenschaftliche Vorgehensweise ist etwas fundamental anderes als der Versuch, sich die visuelle Welt der Tiere irgenwie auszumalen. Der ethologische Ansatz unterscheidet sich grundlegend von der Erforschung des menschlichen Sehsinnes. Denn während die Sehforschung an Menschen bei jeder Teilfrage an psychophysischen Daten ge-

◘ Abb. 7.1 Marine Mollusken schauen sich in einem Korallenriff um. *Links*: Eine tropische Korallen-Kammmuschel (*Pedum spondylium*) blickt durch ihre zahlreichen Augen in die Welt. Jedes Auge der Muschel schaut in eine andere Richtung. *Vergrößerung*: Die Augen bestehen aus einem roten „Augapfel" und zeigen eine dunkle Pupille. *Rechts*: Eine Kegelschnecke (*Conus* spec.) trägt zwei Linsenaugen auf unabhängig voneinander beweglichen Stielen und hält Ausschau nach kleinen Fischen, ihrer bevorzugten Nahrung

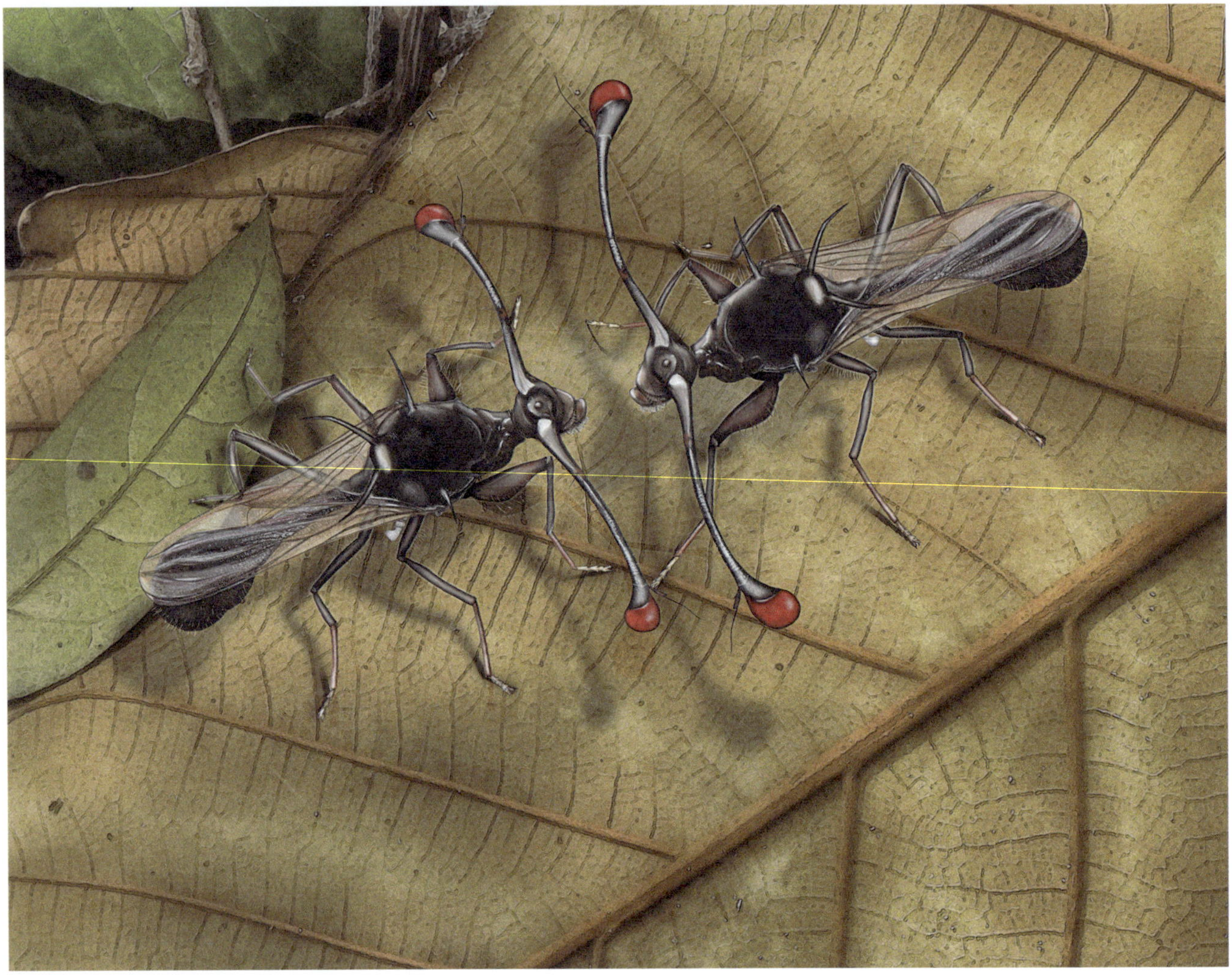

Abb. 7.2 Zwei männliche Stielaugenfliegen der Art *Teleopsis breviscopium* vergleichen ihren Augenabstand. Wie um sich gegenseitig abzuschätzen, stehen die beiden voreinander. Ihr Fortpflanzungserfolg hängt davon ab, wer den größeren Augenabstand hat. Dabei hat die Stiellänge keine erkennbaren Vorteile für den Sehsinn. Der Augenabstand ist aber das äußere Zeichen einer wichtigen genetischen Eigenschaft, nämlich der Fähigkeit, männliche Nachfolger zu zeugen

messen werden kann – also an sprachlich dokumentierten, subjektiven Erfahrungen –, ist man bei Tieren darauf angewiesen, die speziellen Leistungen und Funktionen des Sehens anhand von Verhaltensmustern in den natürlichen Lebensumständen einer Art zu ermitteln.

Dass diese Art von Sehforschung nicht leicht ist, illustriert das Beipiel der Stielaugenfliegen. Betrachtet man diese tropischen Fliegen aus der Familie der Diopsidae, ist man versucht, Überlegungen zu einer besonders gelungenen Optimierung des Sehsinnes anzustellen. Denn die männlichen Fliegen tragen ihre Augen nicht direkt am Kopf, wie das bei anderen Dipteren (Zweiflüglern) üblich ist, sondern auf seitlich abstehenden Stielen, die so lang sein können wie der ganze Körper (Abb. 7.2). Weibliche Fliegen haben kürzere Augenstiele. Wie kann man diese bizarre Erscheinungsform interpretieren? Eine mögliche Erklärung wäre, dass die Fliegen durch den großen Augenabstand ihr stereoskopisches Sehen verbessern. Eine andere Hypothese könnte die Stielaugen als eine Art Prunkausstattung der Männchen ansehen – ähnlich dem Geweih der Hirsche. Tatsächlich korreliert der Augenabstand mit dem Fortpflanzungserfolg der Männchen: Offenbar bevorzugen die Weibchen Partner mit langen Augenstielen. In welcher Weise aber können gestielte Augen ein Zeichen von robuster Vitalität sein – normalerweise das Auswahlkriterium der weiblichen Tiere? Wie genetische Untersuchungen gezeigt haben, ist der Genort, welcher die Länge der Augenstiele bestimmt, mit einem Genort assoziiert, der den Anteil männlicher Fliegen in einer Population beeinflusst. Nur Männchen mit langen Augenstielen können dafür sorgen, dass die Fliegenpopulation in den Folgegenerationen genug Männchen enthält. Diese ungewöhnliche genetische Situation bringt die lang gestielten Augen hervor. Der Selektionsdruck wirkt hier keineswegs auf die optische Verbesserung des Sehsinnes, sondern resultiert aus einem populationsgenetischen Umstand, der mit dem Sehen nichts zu tun hat. Eine sinnesphysiologische Untersuchung der Stieläugigkeit würde hier in die Irre führen.

Ungeeignete Interpretationen zum Sehsinn eines Tieres können auch daraus resultieren, dass der mimische Ausdruck eine zentrale Rolle im Zusammenleben von Artgenossen spielt. Die meisten Säugetiere drücken vegetative Zuständen wie Entspanntheit, Aggression und Angst durch stereotype Gesichtsmuster aus, bei denen die Augen eine wichtige Rolle spielen. Oft ist die Fähigkeit, die arteigene Mimik lesen zu können, lebenswichtig für Tiere, besonders, wenn sie sich in soziale Gefüge einordnen müssen. Ein neurobiologischer Ausdruck dieser zentralen Bedeutung von Mimik für die innerartliche Kommunikation ist bei Säugetieren die Konzentration der Gesichtsanalyse in abgegrenzten Bereichen des Gehirns. Der Interpretation von Gesichtsausdrücken widmet das Gehirn spezialisierte Bereiche, deren Leistungsfähigkeit über viele Generationen hinweg immer genauer wird. Wir Menschen sind in der Lage, subtile Gefühlsregungen anderer Menschen anhand ihrer Mimik zu erfassen. Wenden wir diese Fähigkeit jedoch auf Tiere an, führt das zwangsläufig zu Fehleinschätzungen. Wir interpretieren Sinnesleistungen falsch – die **mimische Analyse erzeugt antropomorphe Irrtümer**. Man könnte sich beispielsweise fragen, ob uns der Laubfrosch (*Hyla arborea*) in ◘ Abb. 7.3 interessiert oder spöttisch oder vielleicht misstrauisch anschaut. Jede dieser Optionen ist natürlich falsch, denn sie ist das Produkt unserer Fähigkeit, menschliche Gesichter, nicht aber tierische zu verstehen. Die Perspektive der Tiere ist immer eine andere. Wie ein Tier seine Umwelt betrachtet, welchen visuellen Komponenten es besondere Aufmerksamkeit widmet, welche Farbkontraste es wahrnimmt und wie es Distanzen und Bewegungen bewertet, das alles ist uns nur bruchstückhaft zugänglich. Bei der Erforschung des Sehsinns der Tiere begeben wir uns daher in eine *terra incognita*, in welcher unser eigenes subjektives Erleben nur wenig Orientierung bietet.

7.2 Lichtphysik

Das Licht der Sonne hat grundlegende Bedeutung für alle Lebensfunktionen der Tiere, insbesondere hinsichtlich der heterotrophen Ernährung, der Regulation von Tages-, Monats- und Jahresrhythmen sowie des Wärmehaushalts. Aus physikalischer Sicht zählen zu den entscheidenden Parametern die spektralen Eigenschaften, die Intensität sowie die aus der Erdrotation resultierende Periodizität der Lichteinstrahlung. Sonnenlicht trifft auf der Erdoberfläche mit einer **maximalen Beleuchtungsstärke im Bereich des sichtbaren Lichtes** ein (380–750 nm, ◘ Abb. 7.4, *links*) – ein Umstand, der ausschlaggebend ist für die evolutionsgeschichtliche Anpassung des Opsinproteins im Rhodopsin an diesen ergiebigsten Spektralbereich des

◘ **Abb. 7.3** Das Gesicht eines Frosches. Unsere Fähigkeit, in Gesichtern zu lesen, verführt uns zu Mutmaßungen darüber, was wohl in einem Laubfrosch (*Hyla arborea*) vorgeht, der uns von einer Brombeerranke aus anschaut

Tageslichtes. Für viele Nachttiere stellt die Reflexion des Sonnenlichtes am Mond eine wichtige Lichtquelle dar. Die Beleuchtungsstärke des Mondes auf der Erdoberfläche ist etwa 500.000-mal schwächer als die der Sonne bei Tag (◘ Abb. 7.4, *Mitte*) und kann nur von Tieren mit entsprechenden Anpassungen an geringe Lichtintensitäten genutzt werden. Ob eine Tiergruppe im Verlauf ihrer Entwicklungsgeschichte tag- oder nachtaktive Arten hervorgebracht hat, ist mit dem jeweils vorherrschenden Selektionsdruck zu erklären, insbesondere mit den Räuber-Beute-Konstellationen, mit denen die Tiere zurechtkommen mussten. Entscheidend ist die immer vorhandene **Photoperiodizität**, der regelmäßige Wechsel zwischen Tag und Nacht und dem dafür benötigten photopischen (gr. *phos*, Licht; *topos*, Ort) und skotopischen (*skotos*, Dunkelheit) Sehen. Der Tag-Nacht-Rhythmus des Lichtes ist der grundlegende Taktgeber aller Lebensvorgänge. Er re-

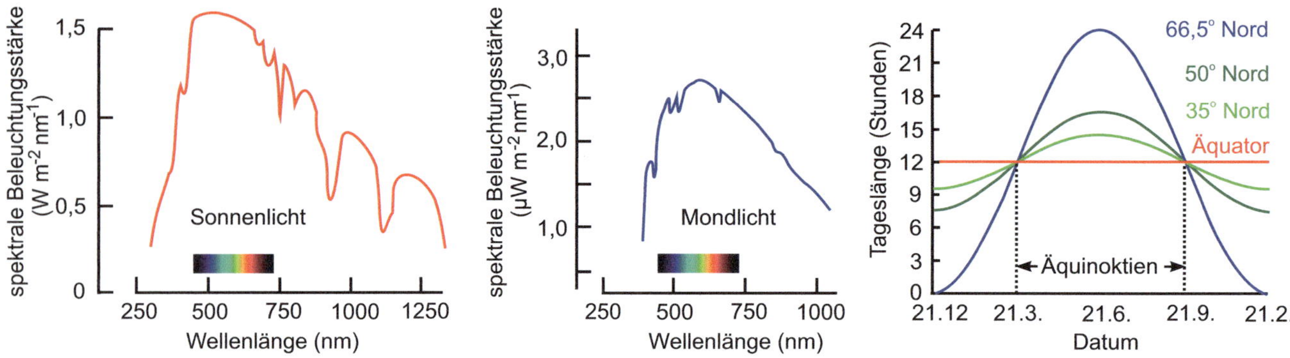

Abb. 7.4 Die spektrale Beleuchtungsstärke des Sonnenlichtes am Tag (*links*) und seiner Reflexion am Mond in einer Vollmondnacht (*Mitte*). Die Spektren geben an, mit welcher Energie (Watt, W) Licht einer bestimmten Wellenlänge (λ, nm) auf einer Einheitsfläche (*F*, m^2) auftrifft. Der Bereich des sichtbaren Lichtes ist durch ein Farbspektrum dargestellt. Die spektrale Beleuchtungsdichte ist während des Tages (~ 1 W m^{-2} nm^{-1}) etwa 500.000-mal höher als während der Nacht (~ 2 µW m^{-2} nm^{-1}). Die Variation der Tageslänge während des Jahres hängt vom Breitengrad ab und ist besonders ausgeprägt in den gemäßigten Breiten und den Polarzonen (*rechts*). Nach Cramer et al. (2013)

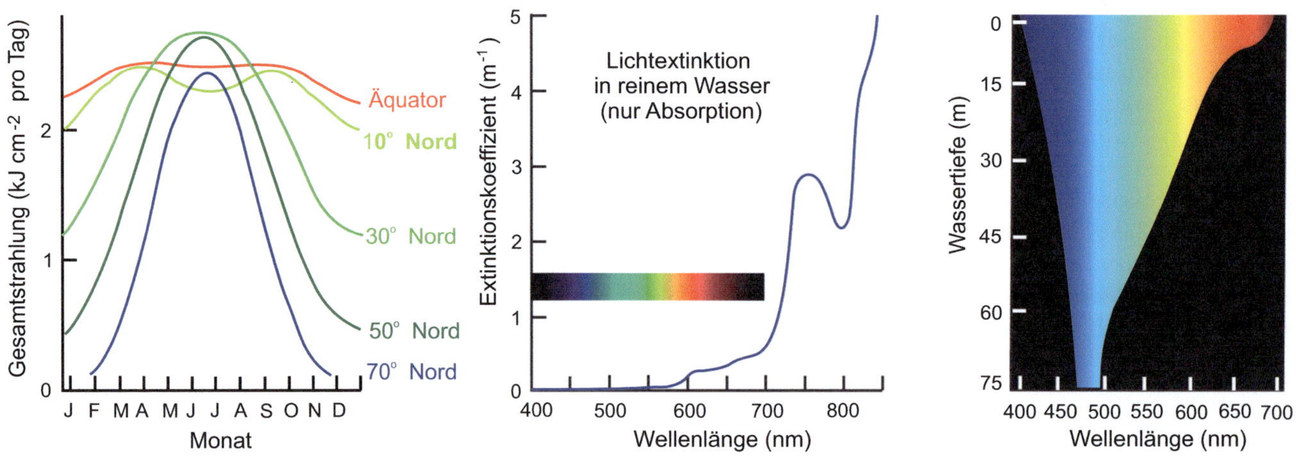

Abb. 7.5 *Links*: Abhängigkeit der Gesamtstrahlung des Tageslichtes vom Breitengrad in Abhängigkeit von der Jahreszeit. Wintermonate zeigen ein Minimum der Tagesstrahlung, Sommermonate ein Maximum. *Mitte*: Die Absorption der Lichtenergie durch Wasser ist bei Wellenlängen über 700 nm besonders effektiv. *Rechts*: Verengung des Lichtspektrums im tiefen Wasser durch Extinktion langwelligen Lichtes. Nur blaues Licht erreicht Tiefen von über 50 m

gelt molekulare und zelluläre Prozesse ebenso wie systemische Vorgänge im einzelnen Tier, etwa Schlaf und Regeneration, aber auch das Verhalten ganzer Tierpopulationen. Das Leben auf der Erde hat sich in Anpassung an die circadiane Lichtperiodik entwickelt, nahezu alle Bereiche des Lebens unterliegen einem Tag-Nacht-Rhythmus.

Am stabilsten ist der Tag-Nacht-Rhythmus am Äquator, wo ganzjährig ein zwölfstündiger Tag von einer zwölfstündigen Nacht abgelöst wird. Mit zunehmender Entfernung vom Äquator kommt es zu jahreszeitlich immer stärker variierenden Tageslängen (Abb. 7.4, *rechts*). Zudem sorgt die Kombination von gleichbleibender Tageslänge und ganzjährig hohem Sonnenstand für eine maximale Gesamteinstrahlung des Sonnenlichtes am Äquator. Polwärts nimmt die Einstrahlung in den Wintermonaten stark ab (Abb. 7.5, *links*) und zwingt Pflanzen und Tiere zu Anpassungen an die jeweiligen Klimazonen. Tageslänge und Temperatur liefern zusätzliche photoperiodische Schlüsselsignale für Tiere, die sich auf den Winter vorbereiten müssen. Grundlegende, jährlich wiederkehrende Verhaltensmuster – seien es Vorratshaltung, Winterschlaf oder die Wanderung in die Winterquartiere – werden durch die abnehmende Tageslänge im Herbst ausgelöst und im Frühjahr wieder abgeschaltet. Die Tagesperiodizität des Lichtes hilft den Tieren dabei, ihren Jahresverlauf zu organisieren, und viele Tiere können zusätzlich die Mondphasen als monatlichen Taktgeber nutzen – beispielsweise, um ihr Reproduktionsverhalten zu synchronisieren.

In der Sinnesphysiologie sind viele Aspekte der Lichtphysik wichtig für das Verständnis des Sehens. Die Tab. 7.1 fasst kurz die für die folgenden Erklärungen

Tab. 7.1 Einige für die Sinnesphysiologie relevante Begriffe aus der Lichtphysik

Begriff	biologische Bedeutung	Beschreibung	Variablen und Konstanten
Absorption	Aufnahme der Lichtenergie durch absorbierende Stoffe wie Chromophore	Lambert-Beer-Gesetz $E_\lambda = \log 10\ (I_0/I_1)\ \varepsilon_\lambda\ C\ d$	E_λ Absorbanz bei λ I_0, I_1 Lichtintensität vor/nach Absorption ($W\ m^{-2}$) ε_λ molarer Extinktionskoeffizient ($m^2\ mol^{-1}$) C Konzentration ($mol\ l^{-1}$) d Schichtdicke (m)
Beugung	Durch Ablenkung von Lichtwellen an Pupillen und Linsen entstehende Beugungsscheiben begrenzen die Sehschärfe.	Bessel-Funktion $J_I(r)$ $I_r = I_0\ ((2\ J_I(\pi r))/\pi r)^2$ Durchmesser der zentralen Beugungsscheibe einer Linse: $d = (\lambda\ f)/D$	I_r Lichtintensität ($W\ m^2$) bei Radius r der Beugungsscheibe I_0 max. Intensität im Zentrum der Scheibe ($W\ m^2$) f Brennweite der Linse (m) D Durchmesser der Linse (m)
Brechung	Lichtstrahlen werden in den Augen entsprechend der Brechungsverhältnisse geleitet.	Snellius-Brechungsgesetz $n_1\ \sin(\delta_e) = n_2\ \sin\ (\delta_t)$	n_1, n_2 Brechungsindizes benachbarter Medien δ_e Einfallswinkel zum Lot auf der Kontaktfläche der Medien δ_t Lotwinkel des transmittierten Lichtes
Chemilumineszenz	Umsetzung von chemischer Energie in Lichtenergie bei Bakterien, Plankton, vielen Meerestieren, Leuchtkäfern	Luciferasereaktion $LH_2 + O_2 + ATP \rightarrow$ oxy-L $+ CO_2 + AMP + PP_i + hf$ (λ_{max} 537 nm)	LH_2 D-Luciferin oxy-L Oxyluciferin PP_i Phosphat h Planck'sches Wirkungsquantum (J s) f Frequenz (s^{-1}) $f = c/\lambda$
Dispersion	Aufspaltung von Licht in seine Farbanteile; chromatische Aberration bei Linsen; Spektrometrie	In dispersiven Medien wie Augen, Wasser und Luft gilt: $c_g(\lambda) = c_0/n_g\ (\lambda)$	c_0 Lichtgeschwindigkeit im Vakuum c_g Gruppenlichtgeschwindigkeit im Medium ($m\ s^{-1}$) n_g Brechungsindex λ Wellenlänge (m)
Energie	nutzbare Energie für photobiologische Prozesse wie Photosynthese oder die Aktivierung von Rhodopsin	Energie eines Photons $E_{Ph} = h\,f = hc/\lambda$ 1 Photon (λ = 500 nm) hat achtmal so viel Energie wie 1 Molekül ATP.	E_{Ph} Photonenenergie (J) h Planck'sches Wirkungsquantum (J s) f Frequenz (s^{-1}) c Lichtgeschwindigkeit ($m\ s^{-1}$) λ Wellenlänge (m)
Extinktion = Attenuation	wellenlängenabhängige Abschwächung der Lichtintensität beim Eindringen von Sonnenlicht ins Meerwasser	Lichtextinktion im Meer $I(T) = I_0\ e^{-k\ T}$ für Licht einer Wellenlänge; k wird für jede λ empirisch ermittelt	$I(T)$ Lichtintensität in der Tiefe T I_0 Lichtintensität an der Wasseroberfläche ($W\ m^2$) k Extinktionskoeffizient (m^{-1}) (λ-abhängig, $k_{rot} > k_{blau}$)
Farbe	visuelle Wahrnehmung (Perzept) basierend auf 2–4 Photorezeptortypen mit unterschiedlichen Opsinen oder Filtern	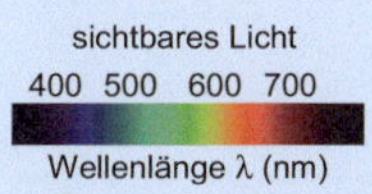	λ = Wellenlänge (m)
Filter	carotinoidhaltige Öltröpfchen in Photorezeptoren von Vögeln und Reptilien	Absorptionsspektren des Öls als Bandpassfunktion $\lambda_M = \sqrt{\lambda_o \cdot \lambda_u}$	λ_M Mittenwellenlänge (nm) λ obere Grenzwellenlänge (nm) λ_u untere Grenzwellenlänge (nm)
Fluoreszenz	biofluoreszente Signalfarben bei marinen Fischen Anregung: blau-grüner Bereich des Sonnenlichtes Fluoreszenz: meist rot	Stokes-Verschiebung $\Delta E_{Ph} = h\ c\ (1/\lambda_{fluo} - 1/\lambda_{anr})$	ΔE_{Ph} Energieunterschied zwischen Anregungs- und Fluoreszenzphotonen (J) h Planck'sches Wirkungsquantum (J s) c Lichtgeschwindigkeit ($m\ s^{-1}$) λ_{anr} Anregungs- λ_{fluo} Fluoreszenzwellenlänge (m)

(Fortsetzung)

Tab. 7.1 (Fortsetzung)

Begriff	biologische Bedeutung	Beschreibung	Variablen und Konstanten
Frequenz *f*	Anzahl periodischer Wellen pro Sekunde, verknüpft mit der Wellenlänge λ durch die Lichtgeschwindigkeit (Phasengeschwindigkeit) *c*	$f = c/\lambda$ (s^{-1}) [Hz] *f* des sichtbaren Lichtes: 400–700 Terahertz (THz)	Farbe — f (10^{12} Hz) — λ (nm) blau: 625 — 480 grün: 566 — 530 gelb: 508 — 590 orange: 492 — 610 rot: 428 — 700
Helligkeit	subjektive, artspezifische Wahrnehmung der Lichtintensität, abhängig von Lichtspektrum und Augentyp	Weber-Fechner-Gesetz der Psychophysik $H = k \log (I/I_0)$	*H* Helligkeitswahrnehmung I Lichtintensität (W m^{-2}) I_0 Schwellenintensität des Lichtes (W m^{-2}) *k* artspezifische Konstante
Interferenz	Strukturfarben bei Insekten, Mollusken, Vögeln und Pflanzen	$\lambda_{refl} = 2(n_1d_1 + n_2d_n)$ Reflektivität steigt mit Anzahl der Schichten; Schichtdicken ~ λ des sichtbaren Lichtes	λ_{refl} Wellenlänge des reflektierten Lichtes (Primärpcak) (m) n_1, n_2 Brechungsindizes der beiden unterschiedlichen Materialien in zwei Schichten mit Dicke d_1, d_2 (m)
Intensität	Anzahl von Photonen, die pro Sekunde auf eine Einheitsfläche (meist μm^2) auftreffen	photometrische Größen: Leuchtdichte L_v Lichtstärke I_v (cd) Lichtstrom Φv (lm) Beleuchtungsstärke E_v (lx) spektrale Beleuchtungsstärke $E_{v\lambda}$ ($P/F\lambda$) Lichtmenge Q_v (lm s)	*L* Luminanz (1 cd m^{-2}) cd Candela (1 lm sr^{-2}) lm: Lumen (1 cd sr) (Leistung) lx Lux (1 lm m^{-2}) Raumwinkel, Steradiant sr = $A\, r^{-2}$ *A* Teil der Kugelfläche, *r* Radius *P* Leistung (W), *F* Fläche (m^2) λ Wellenlänge (m)
Lichtgeschwindigkeit *c*	Die Ausbreitungsgeschwindigkeit des Lichtes hängt von Eigenschaften des Mediums (Luft, Wasser) ab. Grundlage der Lichtbrechung	$c_M = c_0/n_M = \frac{1}{\sqrt{\varepsilon}} c_0$	C_M Lichtgeschw. Medium (m s^{-1}) C_0 Lichtgeschw. Vakuum (m s^{-1}) n_M Brechungsindex des Mediums ε relative Dielektrizitätskonstante des Mediums (C V^{-1} m^{-1}) C, Coulomb; V, Volt
Linsen	meist als bikonvexe Sammellinse angelegtes, transparentes Gewebe zur Fokussierung von Lichtstrahlen auf eine Netzhaut	Gauß'sche Linsenformel $\frac{1}{f} = \left(\frac{n-n_M}{n_M}\right) \left(\frac{1}{r_1} - \frac{1}{r_2} + \frac{(n-n_M)d}{n r_1 r_2}\right) = \frac{1}{g} + \frac{1}{b}$	*f* Brennweite *n* Brechungsindex der Linse n_M Brechungsindex des umgebenden Mediums r_1, r_2 Krümmungsradien der Linse *d* Dicke der Linse *g* Gegenstandsweite *b* Bildweite
optische Dichte	Abschwächung von Licht beim Durchtritt durch transparente Körper (Hornhaut, Linse) oder durch absorbierende Körper (Photorezeptor-Außensegment)	$D = -\log_{10}(T)$ $D_\lambda = \varepsilon_\lambda \cdot c \cdot 1$	*D* optische Dichte (hängt ab von λ) *T* Transmissionsgrad ε_λ molarer Extinktionskoeffizient (m^2 mol^{-1}) *c* Pigmentkonzentration (mol l^{-1}) *l* Länge des Lichtweges (m)
Photonen	Einheit für die Beschreibung von Licht mit dem Teilchenmodell; Berechnung der Quantenausbeute bei Lichtabsorption und Energie-übertragung bei Chlorophyll, Rhodopsin, Flavoproteinen	Lichtintensität: I = N hf Impuls eines Photons: $P_{Ph} = h/\lambda$ Ruhemasse: 0 Geschwindigkeit: *c*	*N* Photonenflussdichte (m^{-2} s^{-1}) *h* Planck'sches Wirkungsquantum (J s) *f* Frequenz (s^{-1}) λ Wellenlänge (m) *c* Lichtgeschwindigkeit (m s^{-1})

Tab. 7.1 (Fortsetzung)

Begriff	biologische Bedeutung	Beschreibung	Variablen und Konstanten
Polarisation	Navigation bei Insekten, Wahrnehmung glänzender Oberflächen wie Wasser	Stokes-Vektor $\underline{S} = (I, Q, U, V)$ $I = I_r + I_p = I_{45} + I_{135} = I_{rc} + I_{lc}$ $Q = I_r - I_p$ $U = I_{45} - {}_{135}$ $V = I_{rc} - {}_{lc}$ r Referenzebene, p senkrecht dazu, 45, 135 Polarisationswinkel, rc rechts-zirkular, lc links-zirkular polarisierter Anteil	$\underline{S}$ Stokes-Vektor I Lichtintensität Q lineare Polarisation parallel zur Referenzebene U Anteil der linearen Pol. 45° zur Referenzebene V Anteil der rechts-zirkularen Polarisation
Reflexion	Lichtführung in Photorezeptoren, Spiegelaugen, Tapetum lucidum	Reflexionsgesetz: $\theta_r = \theta_e$ Totalreflexion: $\theta_T = \arcsin n_t/n_e$	θ_r Ausfallswinkel θ_e Einfallswinkel θ_T Totalreflexionswinkel n_t/n_e relativer Brechungsindex
Streuung	Lichtstreuung limitiert die Qualität von Augenstrukturen. Himmelsfarben, Tyndall-Effekt, Streuung an Lösungen, Kolloiden	Rayleigh-Streuung $\sigma(\vartheta) = \frac{2\pi^2 V}{N\lambda^4}\left[n^2(\lambda)-1\right]^2\left(1+\cos^2\vartheta\right)$	$\sigma(\vartheta)$ Streuquerschnitt ϑ Streuwinkel V Volumen, N Teilchendichte λ Wellenlänge, n Brechungsindex
Transmission	Durchlässigkeit von lebenden Geweben wie Hornhaut, Linsen, Glaskörper, Cytoplasma	Transmissionsgrad: $\tau = I/I_0$ hängt ab von Reflexion, Absorption und Streuung	I Lichtintensität vor dem Medium I_0 Lichtintensität nach Durchqueren des Mediums
Wellenlänge λ	Farbensehen, additive und subtraktive Farbmischung	zeitlicher Abstand von zwei Wellenpunkten gleicher Phase $\lambda = c/f = 2\pi c/\omega$	λ Wellenlänge (m) c Lichtgeschwindigkeit ($m\ s^{-1}$) f Frequenz (s^{-1}) ω Kreisfrequenz (s^{-1})

wichtigen Begriffe zusammen und soll für das Kapitel „Das Sehen" als Glossar dienen.

Ein wichtiger Aspekt der Lichtphysik in der Biologie ist der große **dynamische Bereich der biologischen Lichtnutzung**: Helligkeitsunterschiede von der Luminanz der Sonnenscheibe (10^9 cd m^{-2}) bis zur Detektionsschwelle von Photorezeptoren (10^{-6} cd m^{-2}) spannen den ungeheuren Bereich von 15 Größenordnungen für die biologische Lichtnutzung auf, wobei das eigentliche Sehen innerhalb eines dynamischen Bereichs von etwa zehn Größenordnungen funktioniert. Helligkeitsunterschiede sind während einer mondlosen Nacht (10^{-6} cd m^{-2}) erkennbar, können aber vom selben Organismus auch in einer sonnenbeschienenen Schneelandschaft ($4 \cdot 10^4$ cd m^{-2}) ausgemacht werden. Der Sehsinn funktioniert bei bis zu 40-Mrd. -fach stärkerem Licht als minimal für das Sehen gebraucht wird! Die Grundlagen für diese extreme Anpassungsfähigkeit an unterschiedliche Lichtintensitäten liegen in evolutionären Optimierungen von Photorezeptoren und Augenstrukturen. So können Stäbchen-Photorezeptoren von Säugern auf eine Photonenflussdichte von weniger als zehn Photonen pro Sekunde messbar reagieren, während Zapfen-Photorezeptoren noch bei 1 Mio. Photonen pro Sekunde keine Sättigung zeigen.

Im Bereich des sichtbaren Lichtes haben sich einige Pigmente in Anpassung an die **spektralen Eigenschaften des biologisch nutzbaren Lichtes** entwickelt. Die autotrophen Primärprozesse nutzen Chlorophyll mit seinen Absorptionsmaxima bei λ_{max} = 430 nm und 662 nm (Chlorophyll *a*) sowie λ = 453 nm und 642 nm (Chlorophyll *b*) oder Bakteriorhodopsin (λ_{max} = 550 nm). Für das Sehen kommen vier Rhodopsine (λ_{max} = 370, 445, 508 und 565 nm) sowie Melanopsin (λ_{max} = 480 nm) und Cryptochrom (λ_{max} = 420 nm) zum Einsatz. Für Wassertiere ist entscheidend, dass sich sowohl Lichtintensität als auch Lichtspektrum mit zunehmender Wassertiefe drastisch verändern. Zur Abschwächung des Lichtes tragen – neben der Lichtreflexion an der Wasseroberfläche – vor allem die Absorption durch das Wasser und die Pigmente von Planktonlebewesen bei. Zudem wird Licht an Schwebeteilchen gestreut und gebrochen. Die Lichteindringtiefe hängt daher wesentlich von der Trübung des Wassers durch lebende und tote Partikel ab, und der Extinktionskoeffizient *k* eines Gewässers kann zwischen 0,03 bei reinem Wasser und 1,5 bei sehr trübem Wasser liegen. In jedem Fall nimmt der in einer Tiefe T verbleibende Restlichtanteil I/I_0 mit zunehmender Tiefe exponentiell ab ($I/I_0 = e^{(-k/T)}$), sodass auch im klaren Wasser schon nach etwa 20 m Tiefe nur wenige Prozent des Oberflächenlichtes übrig bleiben. Trotzdem kommt die Photosynthese erst bei einem Restlicht von etwa 1 % des Oberflächenlichtes zum Erliegen. Dies entspricht in etwa der Extinktion bei 100 m in klarem Meerwasser, kann aber im küstennahen Meer oder bei Binnengewässern mit vielen Schwebepartikeln schon nach wenigen Metern erreicht sein. Die Lichtabsorption im Wasser – und damit die Extinktion – hängt von der Wellenlänge ab. Längerwellige Lichtanteile werden von Wasser effizienter absorbiert als kurzwellige (◘ Abb. 7.5, *Mitte*). Aus diesem Grund verengt sich mit zunehmender Tiefe das Lichtspektrum immer weiter auf den Blaubereich (◘ Abb. 7.5, *rechts*), bis in Tiefen von über 50 m die Wasserwelt gänzlich blau erscheint. In Tiefen unterhalb von etwa 200 m beginnt die aphotische (lichtlose) Zone, eine durchweg dunkle Welt, in denen viele Tiere aber gleichwohl noch sehen können (► Abschn. 7.17).

7.3 Wechselwirkungen von Licht mit Rhodopsin

Die Nutzung des sichtbaren Lichtes als Energiequelle für Lebensprozesse war ein entscheidender Motor für die frühe Entwicklung des Lebens auf der Erde. Die lichtabsorbierenden Chromophore Retinal, Chlorophyll und Flavin spielen in diesem Zusammenhang zentrale Rollen. Für die Entwicklung des Sehens war ein ausschlaggebender Schritt die Einbindung von Retinal, eines Carotinoids, welches bei Lichtabsorption seine Konfiguration ändert, in ein Membranprotein, das Opsin. Das dabei entstehende Rhodopsin konnte Lichtenergie in chemische Gradienten umsetzen, die wiederum für den Betrieb anderer Stoffwechselprozesse sowie zur Orientierung genutzt werden konnten. **Retinal** weist die wichtigste Ausstattung eines Chromophors auf, ein System konjugierter Doppelbindungen, in dem zwei Doppelbindungen jeweils durch eine Einzelbindung getrennt vorliegen. In solchen Molekülen können sich die Elektronen über die p-Orbitale benachbarter Kohlenstoffatome verteilen. Für die delokalisierten π-Elektronen bilden die p-Orbitale der Kohlenstoffatome einen gemeinsamen Aufenthaltsraum, eine „Elektronenwolke", und je mehr Elektronen sich in einem solchen Raum befinden, desto leichter sind sie durch Lichtabsorption anzuregen. Bei Carotinoiden wie dem Retinal sind die π-Elektronensysteme besonders groß und absorbieren daher sehr effektiv Licht. Das Carotin selbst, ein C_{40}-Tetraterpen mit einem über 30 Kohlenstoffzentren hinweg ausgedehnten π-Elektronensystem, absorbiert blaugrünes Licht (415 nm und 500 nm), sodass das übrig bleibende, reflektierte Licht karottenorange erscheint. Retinal entsteht durch die mittige Spaltung eines Carotinmoleküls und besitzt ein π-Elektronensystem aus elf Kohlenstoffzentren und einem Sauerstoffatom. Retinal absorbiert vor allem ultraviolettes Licht; im Rhodopsinmolekül werden seine spektralen Eigenschaften aber durch die Bindung an das Opsin in den Bereich des sichtbaren Lichtes verschoben. Jedenfalls führt die Absorption eines Lichtquants zu einer kurzzeitigen Lösung der Doppelbindung zwischen C_{11} und C_{12} im 11-*cis*-Retinal, der Dunkelkonfiguration des Moleküls. Nach einer Rotation um C_{12} wird die Doppelbindung wieder geschlossen, und das etwas länger-gestreckte all-*trans*-Retinal ist entstanden (◘ Abb. 7.6, *links*). Die lichtinduzierte Streckung des Retinalmoleküls (**Photoisomerisierung**) ist die Grundlage allen Sehens im Tierreich. Zur Rückführung des all-*trans*-Retinals in die geknickte Konfiguration des 11-*cis*-Retinals wird wiederum Energiezufuhr benötigt, die entweder durch Absorption eines Photons oder durch eine spezielle enzymatische Reaktion geliefert werden kann.

Retinal zeigt bei der Lichtabsorption eine Eigenschaft, die für das Polarisationssehen (► Abschn. 7.13) eine zentrale Rolle spielt. Die Absorptionseffizienz hängt von der Polarisationsrichtung des absorbierten Lichtes ab, Retinal zeigt **linearen Dichroismus**. Die Ursache dafür ist die Form des π-Elektronensystems, das sich mehr oder weniger gerade von der Ringstruktur aus bis hin zur terminalen Aldehydgruppe erstreckt (◘ Abb. 7.6, *blaue Linie*). Dieses System absorbiert dann am besten, wenn die Ausbreitungsrichtung des Lichtstrahls senkrecht zur Längsachse des π-Elektronensystems steht. Die Schwingungsrichtung der Lichtwellen (der elektrische Feldvektor) verläuft dann parallel zum π-Elektronensystem. Retinal kann aufgrund dieser dichroitischen Eigenschaften als Polarisationsanalysator eingesetzt werden und ermöglicht es vielen Tieren, Informationen aus der Lichtpolarisation zu gewinnen.

Die Einlagerung von Retinal in das Membranprotein Opsin und damit die Bildung von **Rhodopsin** (◘ Abb. 7.7) hat sehr früh in der Evolution der Tiere stattgefunden. Die ersten Versionen der Opsin-Retinal-Verbindung, die Typ-1- oder mikrobiellen Rhodopsine, haben Prokaryoten schon vor 3,8 Mrd. Jahren zustande gebracht und nur „wenig später" (vor 3,2 Mrd. Jahren) auch die Eukaryoten. Diese mikrobiellen Rho-

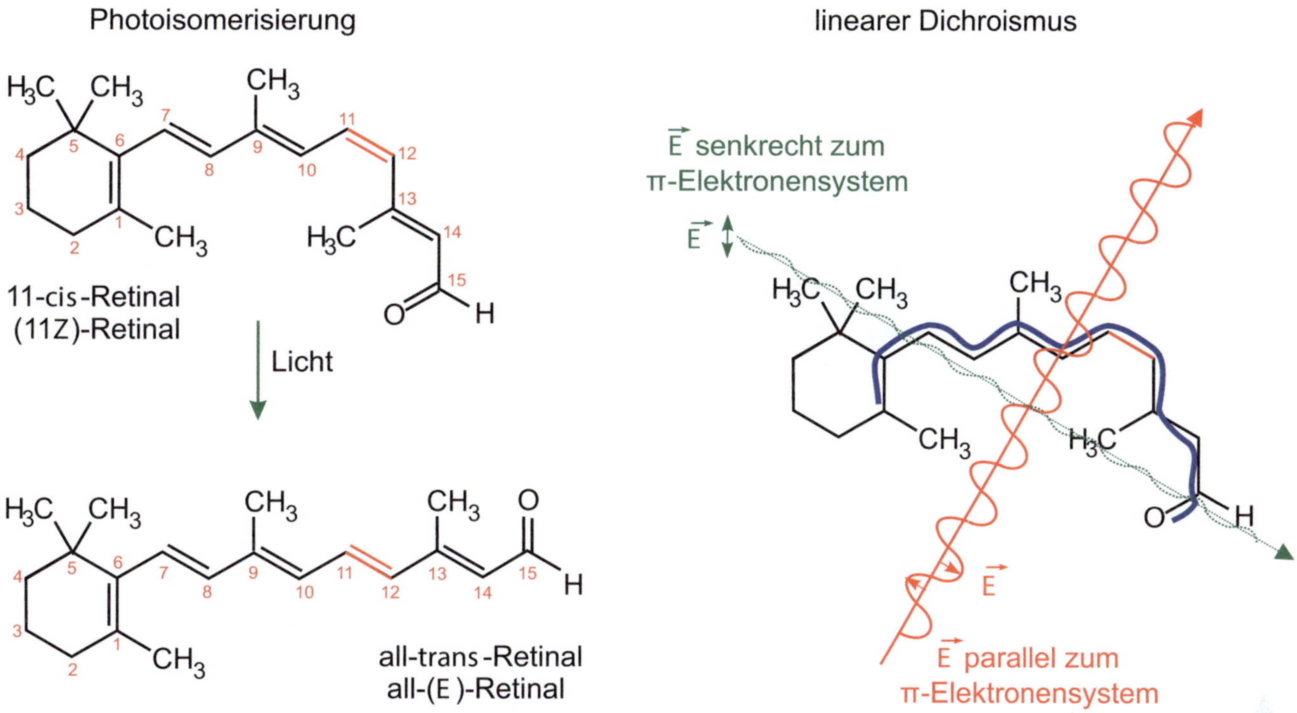

Abb. 7.6 Lichtabsorption durch Retinal. *Links*: Das zu den Carotinoiden zählende Retinalmolekül weist ein System delokalisierter Elektronen auf (π-Elektronensystem), das hier durch sechs Doppelbindungen symbolisiert ist. Im Dunkeln ist die vorherrschende Konfiguration das 11-*cis*-Retinal oder (11*Z*)-Retinal. Hier liegen beide Kettenreste am elften und zwölften Kohlenstoffatom (*rot*) auf der gleichen Seite (*cis*, diesseits; *Z*, zusammen), während die beiden Wasserstoffatome auf der entgegengesetzten Seite ebenfalls zusammen (*cis*) angeordnet sind. Bei Absorption eines Lichtquants wird die C11=C12-Doppelbindung kurzzeitig gelöst und nach Drehung in die *trans*-Konfiguration wieder geschlossen. In diesem Zustand haben alle Wasserstoffatome und Kettenreste an konjugierten Doppelbindungen im Retinal eine *trans*-Konfiguration – daher die Bezeichnungen all-*trans*-Retinal oder all-(*E*)-Retinal (*trans*, jenseits; *E*, entgegen) für die gestreckte Form des Moleküls. *Rechts*: Die Lichtabsorption des Retinals zeigt Dichroismus, sie wird von der Polarisationsrichtung des Lichtes bestimmt. Die Absorption hängt davon ab, wie gut der elektrische Feldvektor (*E*) der Lichtwellen zur Längsachse des π-Elektronensystems passt. Die Absorption ist optimal, wenn die Elektronenwolke des π-Elektronensystems (*blaue Linie*) senkrecht zur Ausbreitungsrichtung des Lichtes und damit parallel zum elektrischen Feldvektor (*rot*) steht. Steht der elektrische Feldvektor dagegen senkrecht zur Längsachse der Elektronenwolke (*grün*), ist die Absorption minimal

dopsine sind lichtgetriebene Ionenpumpen (Bacteriorhodopsin, Archaerhodopsin, Channelrhodopsin u. a.), die sowohl metabolische Funktionen haben als auch der räumlichen Orientierung am Licht dienen. Vor 2–1 Mrd. Jahren nahm die Evolution der Metazoen ihren Anfang und brachte das Typ-2-Rhodopsin hervor, keine Ionenpumpe, sondern ein G-Protein-gekoppelter Rezeptor, der in allen visuellen Systemen der Tiere eingesetzt wird. Dieses Sehpigment stand bereits vor 700 Mio. Jahren für die Entwicklung der bilateralsymmetrischen Tiere zur Verfügung, ebenso wie in der Zeit der großen Radiation der frühen Tiere, der „kambrischen Explosion“ vor 540 Mio. Jahren. Man kennt heute über 1000 verschiedene Opsine, und soweit bekannt nutzen alle Retinal oder Retinalderivate (beispielsweise Dihydroretinal) als Chromophor (s. Farbensehen, ► Abschn. 7.12). Sie werden in sieben Unterfamilien zusammengefasst, deren Mitglieder mehr als 40 % Ähnlichkeit in ihren Aminosäuresequenzen aufweisen. Zwischen den sieben Familien ist die Ähnlichkeit geringer als 25 %, und man nimmt an, dass sich die Unterfamilien schon vor der Aufspaltung der Bilateria in Protostomia und Deuterostomia, also lange vor der „kambrischen Explosion“, getrennt haben. Wenn wir heute über die Leistungsfähigkeit von Rhodopsinen staunen, ist es sinnvoll zu bedenken, dass diese Protein-Chromophor-Kombination auf eine Zeitspanne der Proteinevolution von mindestens 1 Mrd. Jahren zurückblickt.

Als G-Protein-gekoppelter Rezeptor ist für Rhodopsin der aktive Zustand dadurch definiert, dass er ein **GTP-bindendes Signalprotein** (G-Protein) binden und damit die Phototransduktionskaskade auslösen kann. Solange das Retinal in der geknickten 11-*cis*-Form vorliegt – also im Dunkeln –, befindet sich das Opsin in einer Konfiguration, welche keine G-Protein-Bindung zulässt. Durch die Photoisomerisierung des Retinals ändert sich die Lage. Der gestreckte all-*trans*-Chromophor benötigt mehr Raum. Er zwingt dem Opsin eine subtile Änderung seiner Raumstruktur auf, die dazu führt, dass auf der cytoplasmatischen Seite ein G-Protein bindet und dadurch aktiviert wird. Zudem ändert sich die

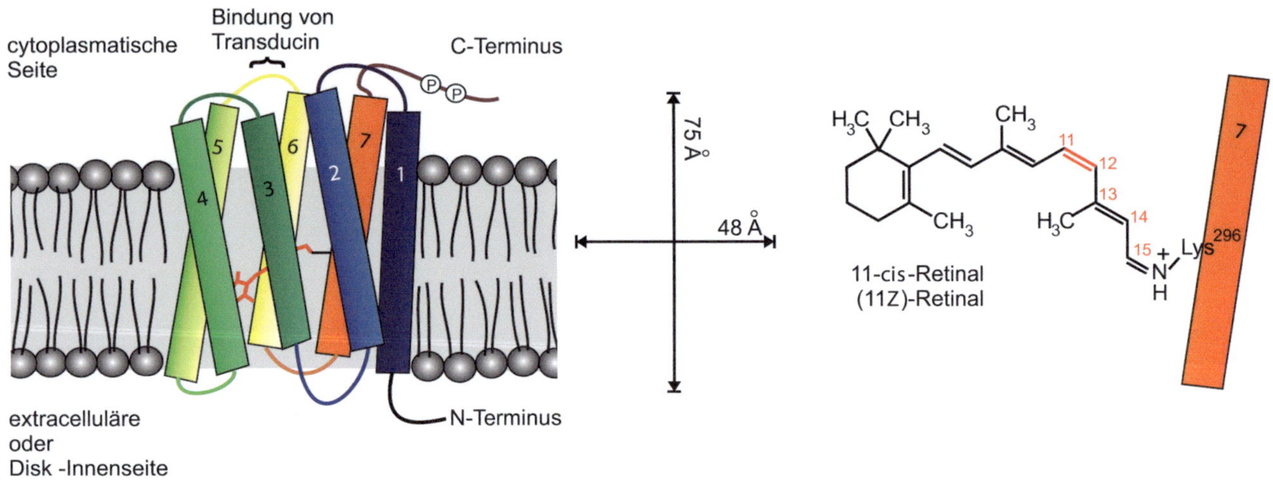

7

Abb. 7.7 Opsin + Retinal = Rhodopsin. *Links*: Opsin ist ein Membranprotein mit sieben α-helicalen Transmembrandomänen (1–7). Die Domänen bilden eine hydrophobe Bindetasche, in die ein Retinalmolekül *(rot)* eingelagert ist. Die Photoisomerisierung des Retinals bringt das Rhodopsin in seine aktive Form, in der es das GTP-bindende Protein Transducin bindet und so die Transduktionskaskade auslöst. Der C-Terminus liegt auf der cytoplasmatischen Seite der Membran und enthält zwei Phosphorylierungsstellen, Serin 334 und 338, die zur Abschaltung der Rhodopsinaktivität gebraucht werden. Ihre Phosphorylierung durch Rhodopsinkinase ermöglicht die Bindung von S-Arrestin, welches die Bindung von Transducin blockiert und damit die Phototransduktion unterbricht. *Rechts*: Das Retinalmolekül in der Bindetasche des Opsins ist kovalent an die Transmembrandomäne 7 gebunden. Die Kopplung an die Aminosäure Lysin 296 des Opsins besteht aus einer Schiff-Base mit einem positiv geladenen Stickstoffatom, das durch eine Wasserstoffbrückenbindung mit einem Glutamatrest in Transmembrandomäne 3 zusätzlich stabilisiert wird

Stabilität des Chromophors in der Bindetasche. So wird beispielsweise die Schiff-Base deprotoniert, verliert ihre positive Ladung und damit auch die Fähigkeit zur H-Brückenbindung. Man kann sagen, dass im aktivierten Rhodopsin das Retinal etwas gelockert wird. Die großartige Optimierung der Rhodopsinaktivierung durch Licht kann man an mehreren Aspekten dieses photochemischen Prozesses erkennen:

- **Spektrale Anpassung**. Während freies Retinal vor allem UV-Licht absorbiert, kann das Retinal im Rhodopsin aufgrund der Veränderung des π-Elektronensystems durch die Schiff-Base Licht im sichtbaren Bereich absorbieren. Erst dadurch taugt es zum Sehen.
- **Reaktionsgeschwindigkeit**. Die Photoisomerisierung von freiem Retinal läuft im Nanosekundenbereich ab. Im Rhodopsin ist dieser Prozess enorm beschleunigt und dauert nur etwa 0,2 ps (Pikosekunden; 1 ps = 10^{-12} s). Das bedeutet, dass dem Retinal im Opsin nur eine, nämlich die für das Sehen optimale, Photoreaktion gestattet wird. Alternative Reaktionen werden blockiert.
- **Effektivität der Lichtabsorption**. Die Quantenausbeute der Photoisomerisierung ist nur 0,1 im freien Retinal, erreicht aber 0,5–0,7 im Rhodopsin. Das bedeutet, dass 50–70 % der absorbierten Photonen auch eine Isomerisierung auslösen. Dies ist die Voraussetzung für die extreme Lichtempfindlichkeit von Rhodopsin, welches mit hoher Wahrscheinlichkeit auf jedes Photon reagiert.
- **Ausbeute bei der G-Protein-Aktivierung**. Das Rhodopsin bleibt nach der Photoaktivierung so lange im aktiven Zustand, bis es durch einen enzymatischen Prozess abgeschaltet wird. Im Verlauf einer Aktivierungszeit von 1 s können nacheinander etwa 3000 G-Protein-Moleküle aktiviert werden, bei 100 ms Aktivierung sind es etwa 300. Auf diese Weise wird das Signal bei der photochemischen Umsetzung enorm verstärkt. Die Absorption eines Photons kann viele G-Proteine aktivieren.

Die Verbindung von Opsin und Retinal zu Typ-2-Rhodopsin hat im Verlauf der Evolution des Sehens bei Metazoen ein Protein hervorgebracht, das mit höchster Effizienz Lichtsignale in biochemische Signal umsetzen kann. Parallel zur dieser Entwicklung haben sich Zellen auf die Verarbeitung der photochemischen Signale spezialisiert. Diese Photorezeptorzellen setzen die lichtabhängige Aktivierung von G-Proteinen in Ausgangssignale um, welche dann vom Nervensystem als visuelle Information interpretiert werden können.

7.4 Photorezeptoren und Pigmentzellen

Lichtsinneszellen (Photorezeptoren) lagern große Mengen von Rhodopsin in ihre Membranen ein und optimieren damit ihre Fähigkeit für die Absorption von Licht. Die Sensoren dieser Sinneszellen werden von rhodopsinhaltigen Membranstrukturen gebildet, und

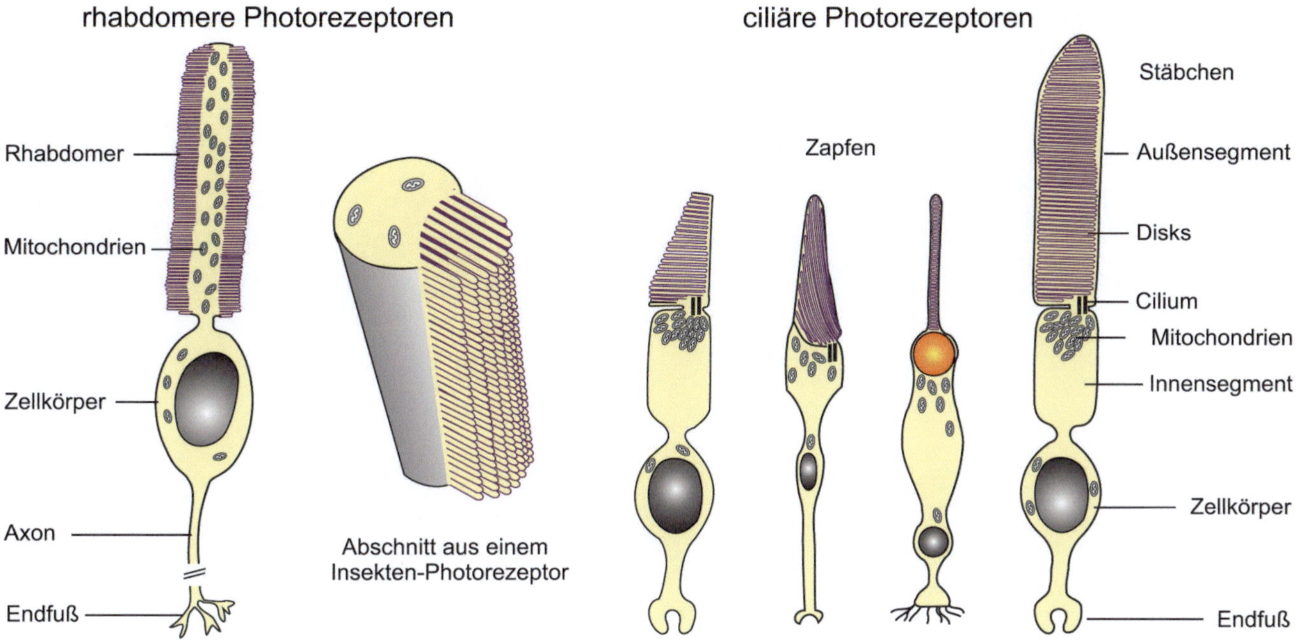

Abb. 7.8 Rhabdomere und mikrovilläre Photorezeptoren. *Links*: Bei rhabdomeren Photorezeptoren ist das Rhodopsin in kammartigen Ausstülpungen der Plasmamembran, den Rhabdomeren, eingelagert. Photorezeptoren mit zwei Rhabdomeren findet man beispielweise bei Gewöhnlichen Kraken (*Octopus vulgaris*), während bei Insekten nur ein Rhabdomer pro Photorezeptor gebildet wird. Dieses Rhabdomer kann allerdings sehr lang sein, mehrere Hundert Mikrometer bei Libellen, besetzt mit 30.000 bis 50.000 lichtempfindlichen Mikrovilli. *Rechts*: Bei ciliären Photorezeptoren ist ein Cilium durch Einschnürung der Plasmamembran zu einem Außensegment mit hoher Membrandichte spezialisiert. Die Membranstapel (Disks) sind bei Zapfen- und Stäbchenphotorezeptoren meist quer zum Lichtweg ausgerichtet. Es gibt auch Zapfen mit aufrecht stehenden, entlang des Lichtweges ausgerichteten Disks (bei der Amerikanischen Sardelle, *Engraulis mordax*) sowie Zapfen mit Öltröpfchen, welche Pigmente enthalten und bei vielen Wirbeltieren als Farbfilter dienen. Die hier gezeigten Photorezeptortypen sind nur Beispiele für eine Vielzahl unterschiedlicher Bauformen in den Augen der Tiere. Nach Montell (2012); Heß et al. (2006); Flamarique (2017); Toomey und Corbo (2017)

sie enthalten auch die molekulare Ausstattung für die Erzeugung lichtinduzierter zellulärer Signale. Ein solcher Sensor ist ein auf Phototransduktion spezialisiertes Organell. Im Tierreich gibt es zwei grundlegend unterschiedliche Ausführungen von Lichtsinneszellen. **Rhabdomere Photorezeptoren** (gr. *rhabdos*, Stab; auch als mikrovilläre Photorezeptoren bezeichnet) sammeln ihr Rhodopsin in Mikrovilli, schlauchförmigen Ausstülpungen der Plasmamembran mit sehr dünnem Durchesser (etwa 50 nm), die durch ein Actincytoskelett stabilisiert werden. Die rhodopsinhaltigen Mikrovilli sind in einem oder zwei kamm- oder bürstenartigen Strukturen seitlich am Photorezeptor aufgereiht, den Rhabdomeren (Abb. 7.8, *links*). Den zweiten Typ von Lichtsinneszellen stellen die **ciliären Photorezeptoren**, bei denen das Rhodopsin nicht in Mikrovilli, sondern in der vielfach eingefalteten Membran eines Ciliums eingelagert ist. Cilien bestehen aus Basalkörperchen und einem Axonem aus Mikrotubuli. Ein Rest dieser Struktur ist bei ciliären Photorezeptoren als Verbindungs „cilium" zwischen Innen- und Außensegment zu erkennen (Abb. 7.8, *rechts*). Die Einfaltungen der Cilienmembran bilden dicht gepackte Membranstapel in den Außensegmenten, voll mit Rhodopsin und ausgestattet mit den Molekülen der Phototransduktion. Die meisten ciliären Photorezeptoren gehören zu den **Zapfen-Photorezeptoren**. Es gibt sie sowohl mit nach außen offenen Einstülpungen der Plasmamembran als auch mit abgeschnürten, platt aufeinanderliegenden Membranvesikeln, sogenannten Disks. In den meisten Zapfen sind die Einschnürungen und Disks transversal, also quer zum Lichteinfall, angeordnet; gelegentlich aber auch longitudinal, parallel zum Lichteinfall. Die Außensegmente von Zapfen-Photorezeptoren können sehr unterschiedlich geformt sein und farbige Öltröpfchen enthalten, welche die spektralen Eigenschaften der Zapfen bestimmen. Eine besondere Entwicklung sind **Stäbchen-Photorezeptoren**, Lichtsinneszellen, die hochempfindlich auf geringe Lichtintensitäten reagieren. Sie registrieren die Absorption einzelner Photonen, sind aber bei Tageslicht lichtgesättigt und daher tagsüber kaum zu gebrauchen. Zapfen-Photorezeptoren vermitteln das **photopische Sehen** (Tagsehen), Stäbchen dagegen das **skotopische Sehen** (Nachtsehen), beide tragen zum **mesopischen Sehen** (Dämmerungssehen) bei. Rhabdomere Photorezeptoren und ciliäre Photorezeptoren sind im Tierreich weit verbreitet, nicht wenige Arten besitzen beide Typen. Vermutlich hat das Vorkommen von

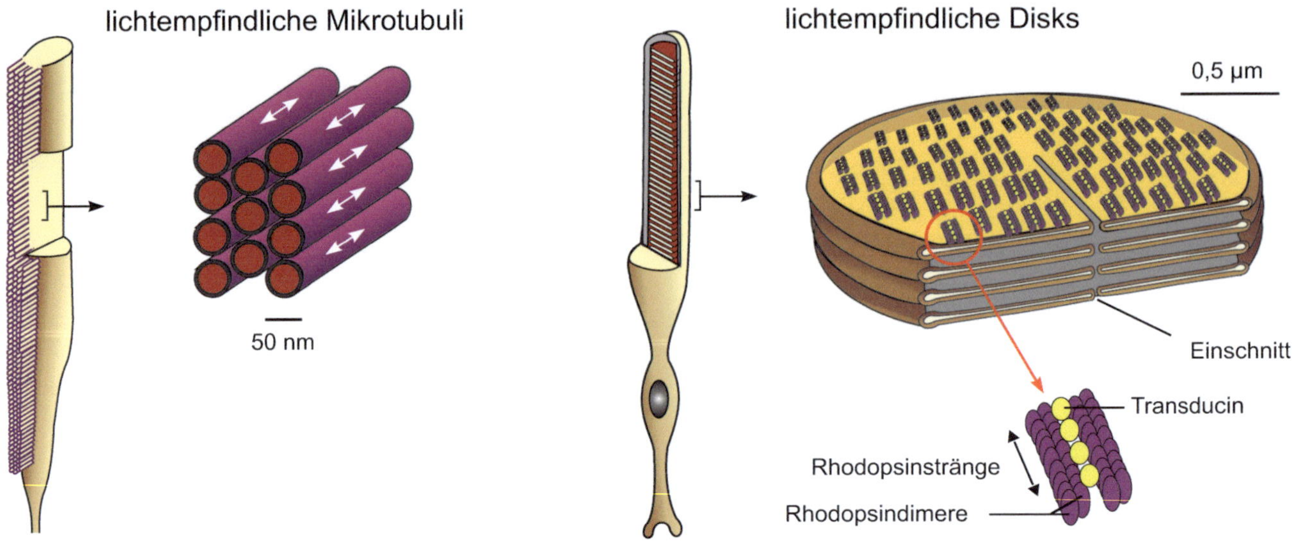

Abb. 7.9 Rhodopsin in lichtempfindlichen Membranen von Photorezeptoren. *Links*: In den Mikrovilli von Rhabdomeren ist das Retinal bevorzugt in Längsrichtung angeordnet, sodass die Mikrovilli einen Absorptionsdichroismus aufweisen. Sie absorbieren Licht dann optimal, wenn der elektrische Feldvektor des Lichtes der Längsachse der Mikrovilli entspricht. *Rechts*: In Stäbchen-Photorezeptoren befindet sich das meiste Rhodopsin in den Disks. Dies sind plattgedrückte, etwa 25 nm dicke Membranvesikel, die zu mehreren Hundert aufeinandergestapelt das Außensegment des Stäbchens füllen. Rhodopsinmoleküle sind in die Diskmembran eingelassen. Sie bilden Doppelstränge aus Dimeren, die mit Transducin besetzt sind. Der Einschnitt in jedem Disk erleichtert die axiale Diffusion von Stoffwechselkomponenten wie ATP vom Innensegment durch das Außensegment. Nach Gunkel et al. (2015)

zwei grundlegend unterschiedlichen Photorezeptoren (rhabdomere und ciliäre) damit zu tun, dass Tiere zwei unterschiedliche Aspekte der Lichtanalyse leisten müssen: die visuelle Orientierung durch das Sehen und die Erfassung der circadianen Rhythmik durch Tageslichtsensoren. Diese beiden Sinnessysteme haben sich vermutlich im Verlauf der Metazoenevolution weitgehend unabhängig voneinander entwickelt und ihre eigenen Photorezeptoren eingesetzt. Heute findet man in den Augen der wirbellosen Tiere hauptsächlich rhabdomere Photorezeptoren, in den Augen der Wirbeltiere dagegen ciliäre Photorezeptoren.

Die Einlagerung von Rhodopsin in die lichtempfindliche Membran führt offenbar nicht zu einer zufälligen Ausrichtung der Rhodopsinmoleküle, bei der alle Orientierungen des Retinal-π-Elektronensystems mit gleicher Wahrscheinlichkeit vorkommen würden. Der Einbau erfolgt vielmehr so, dass der C-Terminus mit den regulatorischen Phosphorylierungsstellen (Abb. 7.7, *links*) an der cytoplasmatischen Seite der Membran liegt. Damit ist auch die G-Protein-Bindestelle für cytoplasmatische G-Proteine zugänglich. Obwohl die Rhodopsinmoleküle möglicherweise frei in der Membranebene drehbar sind, resultiert aus geometrischen Gründen in den Mikrovilli der rhabdomeren Photorezeptoren eine **Vorzugsausrichtung des Retinals** entlang der Mikrovilli-Längsachse. Für das einfallende Licht resultiert aus der Geometrie der dünnen Mikrovilliröhrchen eine Vorzugsrichtung schon daraus, dass die Retinalmoleküle in den Seitenwänden der Röhrchen alle mehr oder weniger parallel zur Längsachse des Röhrchens liegen, also in der Membranebene der Mikrovillimembran. Dieser Formdichroismus ergibt ein Absorptionsverhältnis von 2:1 zugunsten der Längsachse. Bei vielen Arthropoden findet man allerdings Absorptionsverhältnisse zwischen 5:1 und 60:1, was darauf schließen lässt, dass die Retinalmoleküle in den Mikrovilli bevorzugt entlang der Längsachse ausgerichtet sind. Wie die freie Drehbarkeit der Rhodopsinmoleküle eingeschränkt wird, ist bisher noch nicht bekannt. Möglicherweise wird dazu das Actincytoskelett der Microvilli genutzt. Jedenfalls zeigen Mikrovilli ausgeprägte linear dichroitische Eigenschaften und absorbieren dasjenige Licht am effizientesten, dessen elektrischer Feldvektor parallel zur Mikrovilli-Längsachse ausgerichtet ist (Abb. 7.9, *links*).

Bei den Disks der ciliären Photorezeptoren fällt das Licht durch die Diskebene, die mehr als 99 % des Disk-Rhodopsins enthält. Dieser axiale Lichtweg durch das Photorezeptor-Außensegment zeigt nur geringen Dichroismus, was darauf hinweist, dass Retinalmoleküle in allen Ausrichtungen in der Diskmembran annähernd gleich häufig vorkommen. Licht jeder Schwingungsebene trifft mit ähnlicher Wahrscheinlichkeit auf Retinalmoleküle, deren Längsachsen parallel zum elektrischen Feldvektor des Lichtes in der Membranebene des Disks liegen. Ein ausgeprägter Absorptionsdichroismus ergibt sich nur für Licht, das seitlich auf die Kanten der Disks trifft. Da alle Retinalmoleküle in der Diskebene liegen, ist dies auch die Ebene des am besten absorbierten

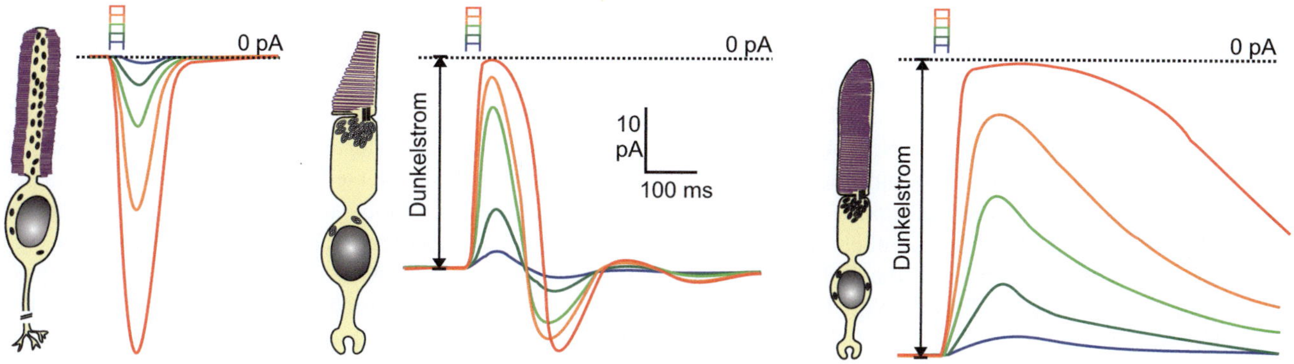

Abb. 7.10 Die elektrische Reaktion von Photorezeptoren auf Lichtblitze. *Links*: Rhabdomere Photorezeptoren reagieren auf Lichtblitze von 10 ms Dauer mit einem kurzzeitigen Einwärtsstrom, der die Zellen depolarisiert (nach der Konvention der Elektrophysiologie werden Einwärtsströme negativ dargestellt). Je heller die Lichtblitze, desto größer die Ströme. Die rote Linie ist die Reaktion auf den hellsten Blitz. *Mitte*: Ein ciliärer Zapfen-Photorezeptor leitet im Dunkeln einen Strom von etwa –20 pA, der die Zelle depolarisiert. Lichtblitze unterdrücken den Dunkelstrom und hyperpolarisieren die Zelle. *Rechts*: Die hochempfindlichen ciliären Stäbchen-Photorezeptoren haben einen Dunkelstrom von etwa –30 pA, der bei Belichtung unterdrückt wird. Die Zelle wird durch Licht hyperpolarisiert. Die Erholung des Dunkelstroms nach der Belichtung ist langsamer als bei Zapfen

elektrischen Feldvektors für Seitenlicht. Selten vorkommende Zapfen-Photorezeptoren mit longitudinal ausgerichteten Disks – die fast senkrecht im Außensegment stehen – sind daher gute Polarisationsdetektoren (s. Sardellen, ▶ Abschn. 7.13). Aber auch in der Ebene der Disks ist die Anordnung der Rhodopsinmoleküle nicht ganz zufällig. In Stäbchen-Photorezeptoren der Maus findet man Rhodopsindimere zu kurzen Strängen zusammengelagert, die weitgehend parallel in die Diskebene liegen (■ Abb. 7.9, *rechts*). Obwohl bisher noch unverstanden, ist es vorstellbar, dass diese Anordnung von Rhodopsin den effizienten Ablauf der Phototransduktionskaskade unterstützt. Möglicherweise kann auch das Polarisationssehen bei Tieren mit querliegenden Disks, wie beispielsweise bei Fischen (▶ Abschn. 7.13), durch eine geordnete Einlagerung von Rhodopsinsträngen in die Diskmembran erklärt werden.

In den lichtempfindlichen Membranen von Photorezeptoren findet man eine hohe **Dichte von Rhodopsinmolekülen**. Bei Stäbchen von Amphibien und Säugetieren kommen auf 1 μm^2 etwa 25.000 Rhodopsinmoleküle, mit einer Gesamtzahl von 3 Mio. bei Amphibien und bis zu 100 Mio. bei den deutlich kleineren Säugetierstäbchen. In den Außensegmenten werden damit eine Rhodopsinkonzentration von 3 mM und ein molarer Extinktionskoeffizient von $\varepsilon = 50.000\ M^{-1}\ m^{-1}$ erreicht. Die hohe Rhodopsindichte sorgt bei einem dunkeladaptierten Photorezeptor, bei dem so gut wie alle Rhodopsinmoleküle absorptionsfähig sind, für eine hohe Absorptionswahrscheinlichkeit für eintreffende einzelne Photonen. Bei anhaltender Belichtung bleichen immer mehr Rhodopsine durch Absorption aus, und die Wahrscheinlichkeit, weitere Photonen einzufangen, sinkt. Im Dunkeln können aber sowohl rhabdomere als auch ciliäre Photorezeptoren auf einzelne Photonen reagieren. Sie sind damit bis zur physikalischen Grenze der Empfindlichkeit optimiert – das Ergebnis eines über eine lange Zeit hin anhaltenden Selektionsdrucks. Eine Voraussetzung für diese extreme Empfindlichkeit ist, dass die Rhodopsinmoleküle nur sehr selten spontan, also ohne Lichtabsorption, aktiviert werden. Denn würden lichtunabhängigen Aktivierungen häufig vorkommen, würden echte Absorptionsereignisse einzelner Photonen überdeckt werden und der Detektion entgehen. Tatsächlich sind lichtunabhängige, thermische Isomerisierungen von Retinal mit spontaner Aktivierung von Rhodopsin äußerst selten. Das Dunkelrauschen – die Wahrnehmung von schwachem Licht in absoluter Dunkelheit (auch Eigenrauschen oder Eigengrau) – ist dementsprechend fast vollständig unterdrückt. Untersuchungen des Dunkelrauschens in Säugerstäbchen haben ergeben, dass ein individuelles Rhodopsinmolekül nur alle 500 bis 1000 Jahre eine spontane Aktivierung durchmacht. Selbst mit der großen Anzahl von 100 Mio. Rhodopsinmolekülen in einem Stäbchen kommt nur etwa alle ein bis zwei Stunden eine spontane Aktivierung vor. Bei all seiner enormen Empfindlichkeit ist Rhodopsin ein ungewöhnlich stabiles Molekül und damit ein perfekter Lichtsensor.

Die **elektrische Lichtreaktion von Photorezeptoren**, also die Änderung des Membranpotenzials bei Belichtung, unterscheidet sich deutlich zwischen dem rhabdomeren und dem ciliären Typ. Das Ruhepotenzial von rhabdomeren Photorezeptoren liegt im Dunkeln bei etwa –70 mV und wird bei Belichtung depolarisiert. Die Depolarisierung ist die Folge der lichtabhängigen Aktivierung von Ionenkanälen, die einen Einwärtsstrom – einen Einstrom von Kationen über die Plasmamembran – auslöst. Amplituden von Einwärtsströmen sind lichtabhängig, sie steigen mit der Helligkeit des Lichtreizes (■ Abb. 7.10, *links*), und die Ströme sind typischerweise kurzzeitig, transient –

sie verursachen transiente Rezeptorpotenziale (TRP). Da die Aktivität der Photorezeptorsynapse vom Membranpotenzial gesteuert wird, ist die Synapse im Dunkeln inaktiv und reagiert auf Belichtung des Rhabdomers mit Aktivierung und Freisetzung von Neurotransmitter, im Fall von *Drosophila* ist das Histamin. Bei den ciliären Photorezeptoren verläuft die elektrische Lichtreaktion umgekehrt. Bei ihnen fließt im Dunkeln ein Einwärtsstrom in das Außensegment, der die Zellen bei einem Dunkelpotenzial von etwa −30 mV hält. Dieser Dunkelstrom hat Amplituden von −20 pA bis −30 pA und wird bei Belichtung unterdrückt (◘ Abb. 7.10, *Mitte*, *rechts*). Je stärker die Belichtungsintensität, desto stärker die Unterdrückung des Dunkelstroms. Das Membranpotenzial ändert sich entsprechend lichtabhängig: Je stärker die Belichtung, desto weiter hyperpolarisiert die Zelle, bis sie bei vollständiger Unterdrückung des Dunkelstroms bei einem Membranpotenzial von etwa −70 mV ankommt. Da auch bei ciliären Photorezeptoren die synaptische Transmission vom Membranpotenzial gesteuert wird, ist die Transmitterfreisetzung im Dunkeln maximal und wird bei Belichtung reduziert oder gänzlich abgeschaltet. Der Neurotransmitter der ciliären Photorezeptoren ist bei Säugetieren Glutamat. Bei der Lichtreaktion von Zapfen und Stäbchen sieht man deutliche Unterschiede nicht nur in der höheren Lichtempfindlichkeit der Stäbchen. Bei einer kurzen Belichtung eines Zapfens wird der Dunkelstrom sehr schnell abgeschaltet, erholt sich aber auch wieder rasch (◘ Abb. 7.10, *Mitte*). Dabei lässt ein Überschießen des Dunkelstroms erkennen, dass der Erholungsprozess durch einen starken Regelmechanismus getrieben wird. Zapfen eignen sich daher besonders gut, um schnell aufeinanderfolgende Lichtsignale getrennt wahrzunehmen (s. Bewegungssehen, ► Abschn. 7.10). Bei Stäbchen erholt sich der Dunkelstrom wesentlich langsamer (◘ Abb. 7.10, *rechts*). Hier ist der Photorezeptor ganz auf Detektionsempfindlichkeit beim skotopischen Sehen optimiert, und dynamische Leistungen spielen eine nachgeordnete Rolle.

Von der Photoaktivierung des Rhodopsins zur elektrischen Lichtreaktion führt die **Phototransduktion**, ein Prozess, der möglichst schnell und effektiv das Ereignis der Photoisomerisierung des Retinals detektieren und eine elektrische Reaktion der Photorezeptorzelle auslösen muss. Bei rhabdomeren Photorezeptoren ist dieser Prozess in Grundzügen verstanden. Die Mikrovilli der Rhabdomere besitzen in ihrer Plasmamembran Rhodopsin sowie einen Transduktionskomplex, der durch das Gerüstprotein INAD (*inactivation no afterpotential D*) zusammengeschnürt wird. In einem solchen Proteinkomplex sind die Diffusionswege für Botenstoffe wie beispielweise Ca^{2+}-Ionen kurz, sodass Transduktionsprozesse besonders schnell ablaufen können. Tatsächlich gehören die rhabdomeren Photorezeptoren der Taginsekten zu den schnellsten Photorezeptoren überhaupt (s. Bewegungssehen, ► Abschn. 7.10). Das Schlüsselenzym im Transduktionskomplex ist die Phospholipase Cβ4. Sie wird bei Belichtung des Photorezeptors durch ein G-Protein des Gq-Typs aktiviert, das seinerseits von lichtaktiviertem Rhodospin (das Symbol Rh* steht für das lichtaktivierte Metarhodopsin II) in enzymatisch aktive Form versetzt wird. Dazu bindet das heterotrimere Gq-Protein an Rh*, die GTP-bindende α-Untereinheit spaltet sich ab und bindet an die Phospholipase C (◘ Abb. 7.11, *links*). Was dann passiert, ist im Einzelnen noch nicht vollständig verstanden und kann bei unterschiedlichen Invertebraten auch einen arteigenen Verlauf nehmen. Jedenfalls setzt die Phospholipase C aus dem Phosphatidylinositol-4,5-bisphosphat (PIP_2) der Plasmamembran drei potenzielle Signalstoffe frei: Diacylglycerol (DAG), Inositol-1,4,5-trisphosphat (IP_3) und ein Proton (H^+). Nach heutigem Verständnis bewirkt die Umwandlung von PIP_2 in das kleinere DAG zusammen mit der Ansäuerung des mikrovillären Cytoplasmas durch H^+ eine Kontraktion der Mikrovillimembran. Die dabei auftretenden mechanischen Kräfte wirken auf zwei Kationenkanäle, TRP (*transient receptor potential*) und TRPL (*transient receptor potential-like*), die sich öffnen und Ca^{2+}- und Na^+-Ströme in die Mikrovilli leiten. Dabei entsteht eine kurzzeitige Depolarisation und damit ein transientes Rezeptorpotenzial, von dem die Kationenkanäle ihre Namen bezogen haben. Andere Botenstoffe, insbesondere Ca^{2+}, können durchaus auch an den Vorgängen im Transduktionskomplex beteiligt sein. In jedem Fall folgen auf die lichtgetriebene Aktivierung der Phospholipase C eine Depolarisation des Photorezeptors und eine Aktivierung seiner Synapse. Spannungsgesteuerte Ca^{2+}-Kanäle in der Präsynapse werden durch die Depolarisation aktiviert und lösen die Freisetzung des Neurotransmitters Histamin aus.

Um die Lichtreaktion abzubrechen, scheint in erster Linie Ca^{2+} als Vermittler von Rückkopplungshemmungen verantwortlich zu sein. Das durch die TRP-Kanäle einströmende Ca^{2+} hemmt die Öffnung beider Transduktionskanäle sowie die enzymatische Aktivität der Phospholipase C, möglicherweise vermittelt durch Proteinkinase C (PKC). Zusätzlich wird Rh* durch die Ca^{2+}-abhängige Bindung von Arrestin gehemmt, sodass der gesamte Transduktionsprozess unter dem Einfluss der einströmenden Ca^{2+}-Ionen abgeschaltet werden kann. Der erste Schritt zur Abschaltung der Lichtreaktion ist die Phosphorylierung des aktivierten Rhodopsins Rh* am C-Terminus des Opsins (s. P-Symbole in ◘ Abb. 7.7, *links*) durch die Rhodopsinkinase. Das Abschaltprotein Arrestin kann an das phosphorylierte Rh* binden und blockiert dadurch jede weitere Aktivierung von Gq-Proteinen. Damit ist die Phototransduktion gestoppt. Bei Absorption eines Photons mit einer Wellenlänge von 580 nm (gelborange) wird das Retinal wieder in seine 11-*cis*-Form

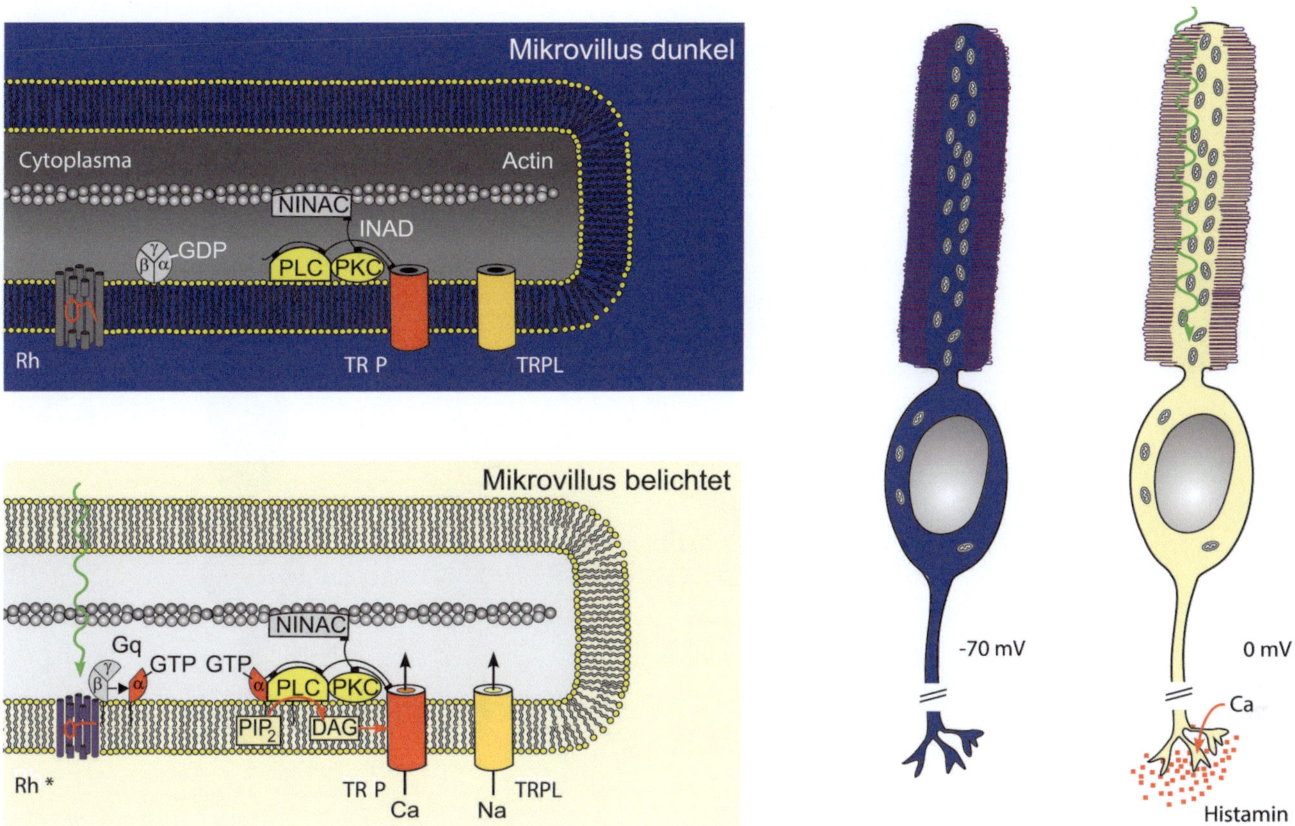

Abb. 7.11 Phototransduktionsprozesse in rhabdomeren Photorezeptoren. *Links*: Schematische Darstellung der photoelektrischen Transduktion in einem Mikrovillus des Rhabdomers eines *Drosophila*-Photorezeptors. Im Dunkeln (*oben*) sind Rhodopsin (Rh) und die Enzyme der Transduktionskette inaktiv. Bei Belichtung (*unten*) bindet das aktivierte Rhodopsin (Rh*) ein G-Protein vom Gq-Typ. Die freigesetzte α-Untereinheit bindet an einen Proteinkomplex, in dem Phospholipase C (PLC) aktiviert wird und als Botenstof Diacylglycerol (DAG), Inositol-1,4,5-trisphosphat (IP_3) und ein Proton (H^+) freisetzt. Dadurch wird der Transduktionskanal TRP aktiviert, der durch Na^+/Ca^{2+}-Einstrom ein transientes Rezeptorpotenzial (TRP, *transient receptor potential*) verursacht. Ein weiterer Transduktionskanal (TRPL, *transient receptor potential-like*) verlängert das Rezeptorpotenzial ohne weiteren Ca^{2+}-Einstrom. Das Gerüstprotein INAD (*inactivation no afterpotential D*) bindet den Proteinkomplex zusammen, das Myosinprotein NINAC (*neither inactivation nor afterpotential C*) verankert ihn am Actincytoskelett. *Rechts*: Im Dunkeln hat der rhabdomere Photorezeptor ein Ruhepotenzial von −70 mV, bei Belichtung wird er depolarisiert und setzt Transmitter frei. GDP, Guanosindiphosphat; Gq, PLC-gekoppeltes, heterotrimeres G-Protein; GTP, Guanosintriphosphat; PIP_2, Phosphatidylinositol-4,5-bisphosphat; PKC, Proteinkinase C. Nach Hardie und Juusola (2015)

zurückgeführt, und Arrestin kann sich wieder vom Rhodopsin ablösen – ebenfalls ein Ca^{2+}-abängiger Vorgang. Danach wird auch Rhodopsin wieder dephosphoryliert, die lichtempfindliche Form Rh ist wiederhergestellt und kann auf den nächsten Lichtreiz reagieren. Eine solche lichtgetriebene Regeneration von 11-*cis*-Retinal gibt es nur in rhabdomeren Photorezeptoren.

Bei den ciliären Photorezeptoren verläuft die Phototransduktion natürlich anders, denn hier bewirkt die Aktivierung von Rhodopsin eine Hyperpolarisation. Der zentrale Botenstoff der Phototransduktion bei Wirbeltieren ist das zyklische Guanosinmonophosphat (cGMP), dessen Konzentration im Photorezeptor-Außensegment lichtabhängig kontrolliert wird. cGMP wird von der Guanylat-Cyclase (GC) aus GTP synthetisiert und bindet an Kationenkanäle in der Plasmamembran, die durch diese Bindung geöffnet werden (Abb. 7.12, *links oben*). Diese cGMP-gesteuerten Kationenkanäle sind mit einer Dichte von etwa 200 bis 600 Kanälen pro Mikrometer in die Plasmamembran des Außensegments eingelassen und benötigen 40–60 µM cGMP für ihre halbmaximale Aktivierung. So hoch wird die cGMP-Konzentration allerdings nie. Sie erreicht im Dunkeln etwa 3–5 µM und fällt bei Belichtung praktisch auf null. Die cGMP-gesteuerten Kationenkanäle im Außensegment arbeiten daher bestenfalls bei 1 % ihrer maximalen Aktivität – und das nur im Dunkeln. Bei Belichtung des Photorezeptors werden die Rhodopsinmoleküle in der Diskmembran aktiviert (ihr enzymatisch aktiver Zustand Rh* ist das Metarhodopsin II) und binden das G-Protein Transducin. Die aktivierte α-Untereinheit des Transducins hat nun die Aufgabe, eine hocheffiziente Maschinerie zur Zerstörung von cGMP in Gang zu setzen. Das Enzym, das

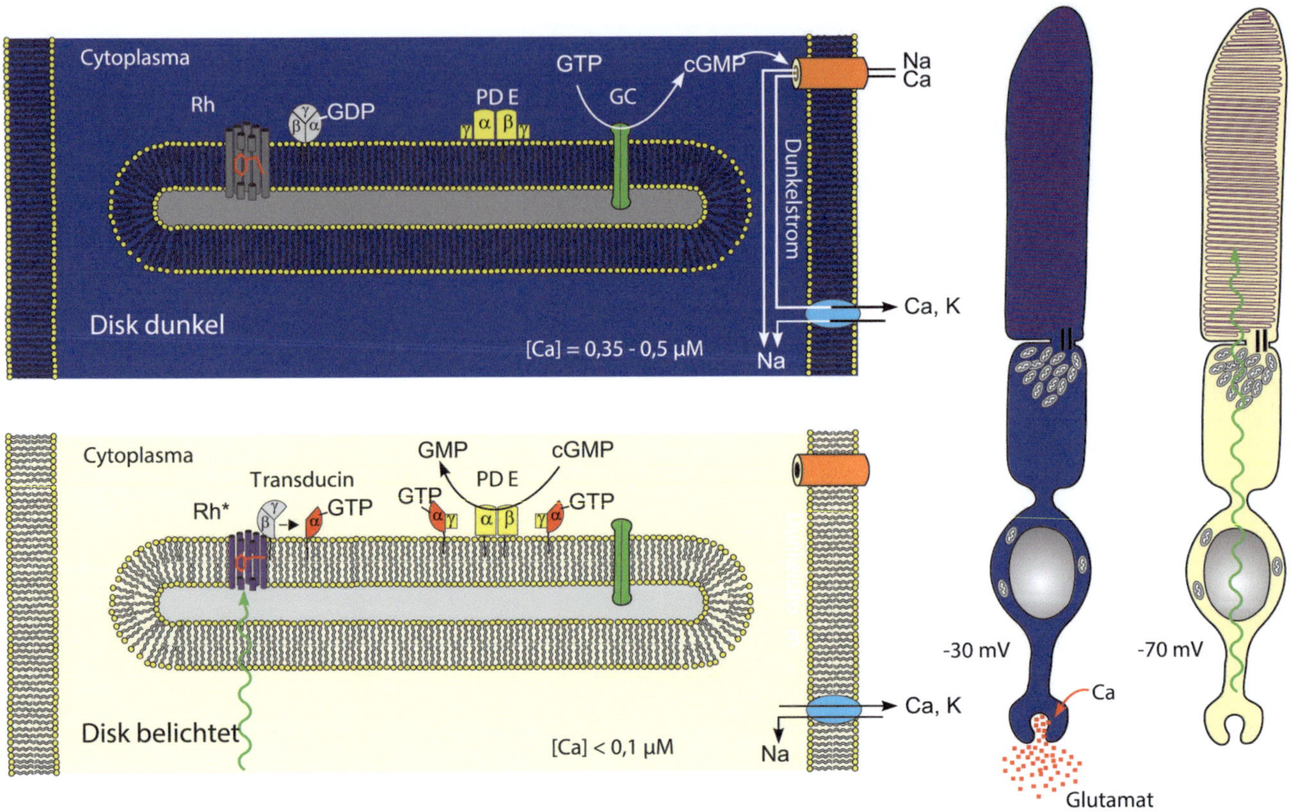

Abb. 7.12 Phototransduktionsprozesse im ciliären Photorezeptor. *Links*: Im Dunkeln (*oben*) dominiert die cGMP-Synthese durch Guanylat-Cyclase (GC), und die resultierende cGMP-Konzentration von wenigen Mikromolar sorgt für eine leichte Stimulation von cGMP-gesteuerten Kationenkanälen in der Plasmamembran (*orange*). Die hereinströmenden Kationen Na^+ und Ca^{2+} bilden den Dunkelstrom, der die Photorezeptorzelle auf etwa –30 mV depolarisiert. Bei Belichtung (*unten*) bindet das aktivierte Rhodopsin (Rh*) das G-Protein Transducin und setzt dessen aktive α-Untereinheit frei. Durch Bindung der inhibitorischen γ-Untereinheit der Phosphodiesterase (PDE) an das α-Transducin wird die PDE disinhibiert und spaltet mit hoher Geschwindigkeit cGMP in inaktives GMP. Bei Belichtung dominiert die cGMP-Hydrolyse, und die freie cGMP-Konzentration fällt praktisch auf null. Demzufolge schließen die cGMP-gesteuerten Kationenkanäle, der Dunkelstrom kommt zum Erliegen, und die Photorezeptorzelle wird hyperpolarisiert. Freisetzung von Neurotransmitter wird durch die Phototransduktion unterdrückt (*rechts*). Auch die cytosolische Ca^{2+}-Konzentration fällt stark ab, weil kein Ca^{2+} mehr in das Außensegment fließt, während weiterhin Ca^{2+} durch einen Na^+/$Ca^{2+}K^+$-Austauscher (*blau*, SLC24A1 in Stäbchen, SLC24A2 in Zapfen) aus dem Außensegment entfernt wird. Nach Luo et al. (2008)

cGMP zu inaktivem GMP hydrolysiert, ist die Phosphodiesterase PDE (Isoform PDE6). Die PDE liegt an den Diskmembranen der Photorezeptoren in einer Dichte von etwa 100 Molekülen pro Mikrometer vor und ist im Dunkeln nur wenig aktiv, trägt aber auch im Dunkeln zur Einstellung der cGMP-Konzentration und damit zur Regulation des Dunkelstroms bei. Die Aktivität ihrer katalytischen α- und β-Untereinheiten wird durch zwei inhibitorische γ-Untereinheiten beschränkt. So hat im Dunkeln die Guanylat-Cyclase (GC) eine relativ hohe, die PDE dagegen eine niedrige Umsatzrate, sodass sich eine cGMP-Konzentration von 3–5 μM einstellen kann. Dieses Gleichgewicht kippt schlagartig bei Belichtung, denn die aktivierte α-Untereinheit des Tranducins bindet mit hoher Affinität an die inibitorischen γ-Untereinheiten der PDE, löst die γ-Untereinheiten ab und befreit die PDE auf diese Weise von ihrer Hemmung (Abb. 7.12, *links unten*).

Die entfesselte (disinhibierte) PDE baut nun mit hoher Geschwindigkeit cGMP ab, dessen Konzentration sehr schnell auf unter 1 μM absinkt. Jetzt wird deutlich, warum es von Vorteil für den Photorezeptor ist, dass die cGMP-gesteuerten Kationenkanäle im Dunkeln nur gerade so eben – zu etwa 1 % ihrer maximalen Aktivität – aktiviert waren. Denn die PDE muss bei Belichtung nur wenig cGMP wegschaffen, um die Kanäle völlig zu schließen. Photorezeptoren erreichen so eine für das Sehen hinreichende Reaktionsgeschwindigkeit. Bei starker Belichtung unterdrücken Zapfen ihren Dunkelstrom innerhalb von etwa 50 ms, Stäbchen brauchen etwa zehnmal so lang. Bei den rhabdomeren Photorezeptoren von Taginsekten wie Wespen oder Fliegen hat man dagegen Reaktionsgeschwindigkeiten im Bereich von 2–3 ms gemessen; bei ihnen werden die Transduktionsprozesse durch die eng gepackten Transduktionskomplexe beschleunigt.

Wie bei den rhabdomeren Photorezeptoren ist auch an der Abschaltung der Lichtreaktion in ciliären Photorezeptoren das Protein Arrestin beteiligt. Damit Arrestin an Rh* binden kann, muss zunächst der Rhodopsin-C-Terminus phosphoryliert werden. Das leistet das Enzym Rhodopsin-Kinase innerhalb von weniger als 100 ms nach der Photoisomerisierung des Retinals. Arrestin bindet an das phosphorylierte Rhodopsin und verhindert die Bindung weiterer Transducinmoleküle. Damit ist der Nachschub an aktiviertem α-Transducin unterbrochen. Die schon bestehenden aktivierten α-Transducinmoleküle besitzen eine intrinsische GTPase-Aktivität, die durch die Bindung an die γ-Untereinheit der PDE noch beschleunigt wird. Nach etwa 50 ms spaltet das α-Transducin sein GTP zu GDP, dissoziiert von der γ-Untereinheit der PDE und bindet wieder an die Transducin-βγ-Untereinheiten. Die inhibitorischen γ-Untereinheiten lagern sich wieder an die PDE an, und die cGMP-Hydrolyse wird stark reduziert. Gleichzeitig nimmt die cGMP-Synthese durch die Guanylatcyclase Fahrt auf, denn die GC arbeitet am besten bei niedrigen Ca^{2+}-Konzentrationen, wie sie im ciliären Photorezeptor bei Belichtung vorliegen (◘ Abb. 7.12 *links*; [Ca] < 0,1 µM). Ohne Dunkelstrom fließt kein Ca^{2+} in das Außensegment, während durch einen Na^+/$Ca^{2+}K^+$-Austauscher weiterhin Ca^{2+} heraustransportiert wird, bis die Konzentration auf unter 0,1 µM fällt. Das sind optimale Bedingungen für die GC, die durch verstärkte cGMP-Synthese den Dunkelstrom wieder in Gang setzen kann – vorausgesetzt, die Belichtung ist vorbei. Durch das schnelle An- und Abschalten der Transduktionskaskade kann der Photorezeptor wiederholt auf Belichtung reagieren, solange Rhodopsine mit 11-*cis*-Retinal vorhanden sind. Erst wenn der größte Teil aller Retinalmoleküle in der all-*trans*-Konfiguration vorliegt, ist der Photorezeptor „ausgebleicht“ und reagiert nicht mehr auf Belichtung.

Die Lichtempfindlichkeit der Photorezeptoren – und damit der gesamte Sehvorgang – hängt davon ab, dass zu jedem Zeitpunkt ausreichend viele aktivierbare Rhodopsinmoleküle – also Rh mit Retinal in der 11-*cis*-Form – zur Verfügung stehen. Dass das nicht immer so ist, erlebt man während des Vorgangs der Dunkeladaptation, wenn man aus einem hellen in einen dunklen Raum geht. Die Stäbchen, deren Rhodopsine im Hellen ausgebleicht worden sind, müssen erst wieder funktionsfähiges Rh für das skotopische Sehen herstellen, ein Prozess, der bis zu 45 Minuten dauern kann. Dabei wird in den Disks der Außensegmente „leeres“ Opsin mit frischem 11-*cis*-Retinal beladen. Das all-*trans*-Retinal aus den vorhergehenden Belichtungen muss dazu wieder in 11-*cis*-Retinal isomerisiert werden. Das können am besten die Insekten mit ihren rhabdomeren Photorezeptoren. Hier löst sich das meiste Retinal bei Belichtung nicht aus seiner Verankerung im Opsin. Die Absorption eines weiteren Photons, das allerdings gelb-orangenes Licht sein muss (λ = 580 nm), löst eine Photoisomerisierung aus, bei der wieder 11-*cis*-Retinal entsteht. Das Retinal der Insekten ist „bistabil“, es hat im Opsin zwei diskrete, stabile Konfigurationen, 11-*cis* und all-*trans*, zwischen denen durch Lichtsignale hin- und hergeschaltet werden kann – ein perfekt erscheinendes System zur Sicherstellung des Nachschubs an aktivierbarem Rhodopsin. Allerdings hat das Opsinprotein nur eine begrenzte Lebenszeit, und ständig wird ein Teil des r-Opsins (rhabodomeres Opsin) aus der Membran internalisiert und in der Zelle abgebaut. Dabei wird all-*trans*-Retinal freigesetzt, und in dieser ungebundenen Form kann es nicht durch ein Photon in die 11-*cis*-Form zurückversetzt werden. Dazu sind enzymatische Prozesse nötig, die als **Retinal/Retinol-Zyklus** oder **Vitamin-A-Zyklus** (Vitamin A ist Retinol) oder einfach als **Sehzyklus** bezeichnet werden. Die Photorezeptoren können diesen Zyklus nicht selbst durchführen, sondern brauchen dazu die Hilfe anderer Zellen. Bei den rhabdomeren Photorezeptoren der Insekten sind das Pigmentepithelzellen, die den Photorezeptoren außen aufliegen (◘ Abb. 7.13, *links*). Das all-*trans*-Retinal diffundiert aus dem Rhabdomer ins Cytoplasma und über die Plasmamembranen der benachbarten Zellen in die Epithelzellen. Dort durchläuft es mehrere Redoxreaktionen sowie die Isomerisierung in die 11-*cis*-Form und gelangt schließlich zurück in einen Photorezeptor, wo es zur Bildung eines neuen Rhodopsins eingesetzt wird. Auf diese Weise wird Vitamin A gespart, und die Photorezeptoren haben auch dann Retinalnachschub, wenn das Tier über längere Zeit hinweg keine Vitamin-A-reiche Nahrung findet.

Die ciliären Photorezeptoren der Wirbeltiere sind noch unmittelbarer auf den Sehzyklus angewiesen als die Insekten-Photorezeptoren, denn die Stäbchen und Zapfen sind nicht in der Lage, das all-*trans*-Retinal durch Belichtung zurückzuschalten. Jedes Retinal kann nur einmal absorbieren, dann löst es sich aus dem Opsin und wird erst einmal nutzlos. Die Helferzellen für die Regeneration ihres Chromophors sind für Stäbchen die Pigmentepithelzellen, für Zapfen dagegen die Müller-Zellen, die parallel zu den Photorezeptoren in den Netzhäuten wachsen (◘ Abb. 7.13, *rechts*). Die enzymatischen Prozesse laufen etwas unterschiedlich ab, aber letztendlich ist das Ergebnis eine *trans*-*cis*-Isomerisierung des Retinals und damit die Wiederherstellung von 11-*cis*-Retinal für aktivierbares Rhodopsin. Ein gut funktionierender Sehzyklus gehört zu den entscheidenden Voraussetzungen für das Sehen bei Wirbeltieren. Symptomatisch für Störungen des Sehzyklus sind hohe Blendungsempfindlichkeit und Netzhautdegeneration bis hin zum Erblinden.

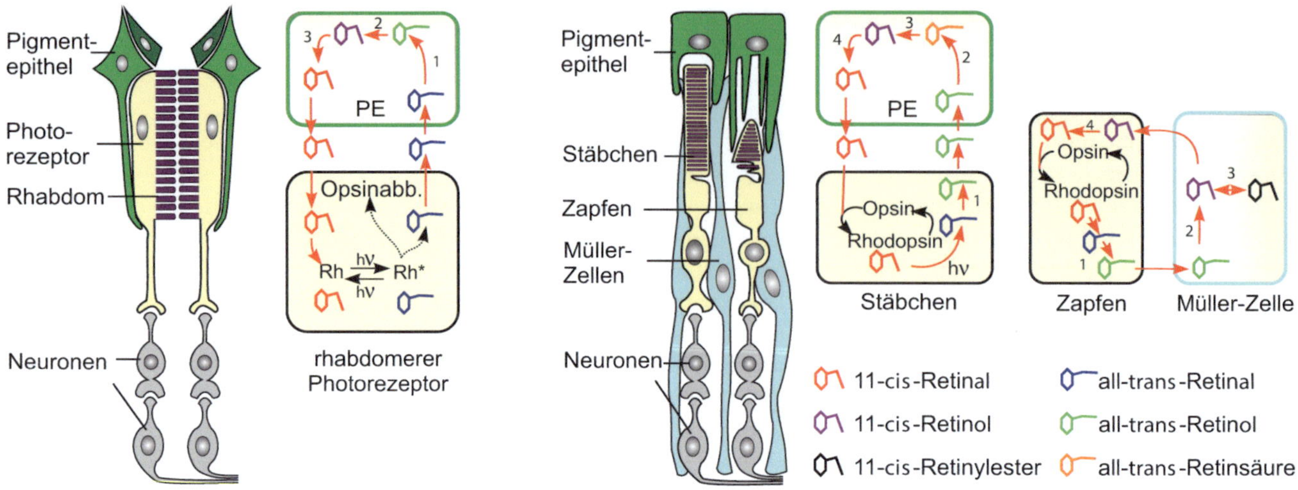

Abb. 7.13 Die Regeneration des lichtempfindlichen Rhodopsins. *Links*: Rhabdomere Photorezeptoren von Insekten verfügen über ein bistabiles Rhodopsin. Beide Zustände, Rh mit 11-*cis*-Retinal und Rh* mit all-*trans*-Retinal, können durch Absorption eines Photons erreicht werden. Nach Belichtung kann das Metarhodopsin Rh* durch Absorption eines Photons mit λ = 580 nm in den anregbaren Grundzustand Rh zurückkehren. Ein Teil des belichteten r-Opsins wird abgebaut, und das dabei frei werdende all-*trans*-Retinal wird in Pigmentepithelzellen (PE) zu 11-*cis*-Retinal regeneriert. Die Zahlen bezeichnen die beteiligten Enzyme: 1, Pigmentzell-Dehydrogenase; 2, Isomerase 1; 3, Retinal-Dehydrogenase B. *Rechts*: Bei den ciliären Photorezeptoren der Wirbeltiere löst sich das 11-*trans*-Retinal nach Belichtung aus dem Rh*-Molekül und wird in Helferzellen zu 11-*cis*-Retinal regeneriert. Bei Stäbchen sind das die Pigmentepithelzellen mit den Enzymen: 1, Retinol-Dehydrogenase Isoform 8; 2, Lecithin:Retinol-Acyltransferase; 3, Isomerase I (auch RPE65, retinales Pigmentepithelprotein mit 65 kD Größe); 4, Retinol-Dehydrogenase Isoform 5. Bei Zapfen verläuft die Regeneration in den Müller-Zellen mit den Enzymen: 1, Retinol-Dehydrogenase Isoform 8; 2, Isomerase II; 3, 11-*cis*-Acyl-CoA-Retinol-Acyltransferase und Retinylester-Hydrolase; 4, Retinal-Dehydrogenase. Nach: Arshavsky (2010); Wang et al. (2010); Wang und Kefalov (2011); Saari (2016)

Pigmentzellen erfüllen nicht nur ihre Funktion bei der Regeneration von Retinal, sondern sie spielen noch eine weitere zentrale Rolle für das Sehen: Sie ermöglichen das **Orten der Lichtquelle**. Photorezeptoren allein können nur die Helligkeit bestimmen: Sie sind nur sehr eingeschränkt richtungsselektiv. Auf welchem Weg ein Photon das Außensegment erreicht hat, ist unerheblich für das Ausgangsignal. Für Tiere kann die Richtungsinformation aber lebenswichtig sein, und schon sehr früh in der Evolution des Sehsinns gelang es den Tieren, die Richtung des Lichteinfalls auszumachen und sich auf die Lichtquelle zuzubewegen (**Phototaxis**). Dazu war es nur nötig, einen Teil des Photorezeptors abzuschatten. Jede Lichtquelle, die den Photorezeptor aktiviert, kann nur in der nicht abgeschatteten Richtung liegen. Das Tier erhält auf diese Weise wertvolle Ortsinformation und kann sinnvolle, lichtgesteuerte Verhaltensweisen entwickeln. Man erkennt solche einfachen Abschattungsstrategien heute noch beispielsweise bei Plattwürmern (Stamm Plathelminthes) und Ringelwürmern (Stamm Annelida), die als sehr ursprüngliche Vertreter der bilateralen Tiere gelten (Abb. 7.14, *links*). Für Abschattung sorgen **Pigmentzellen**, die sich durch Einlagerung von Pigmentgranula praktisch undurchsichtig machen. Als Pigmente stehen bei allen Lebewesen lichtabsorbierende Polymere wie Melanin zur Verfügung, weil sämtliche Organismen diese Verbindungen benötigen, um Lichtschäden – besonders an ihrer DNA – zu mindern. Der ursprüngliche Lichtsinn, ausreichend zur Erfassung der Umgebungshelligkeit mitsamt der Tageszeit, wurde durch die Aufspaltung in die spezifischen Funktionen von Photorezeptorzellen und Pigmentzellen zu einem echten Sehsinn mit der Möglichkeit der räumlichen Orientierung an Lichtsignalen. (Abb. 7.14, *Mitte*) Die Larve des Borstenwurmes *Platynereis dumerilii* zeigt, wie nützlich die Kombination dieser beiden Zelltypen sein kann. Sie verfügt über zwei „Augenflecken" – jeder davon besteht aus einem Photorezeptor und einer Pigmentzelle – sowie über ein Antriebsaggregat aus cilientragenden Zellen, den namensgebenden Wimpernkranz der Trochophoralarven (Abb. 7.14, *rechts*). Die Larven sind positiv phototaktisch, sie werden von Licht angelockt – ein Verhalten, das besonders für die vertikale Wanderung im Meer von entscheidender Bedeutung ist. Das Schlagmuster der Cilien wird dabei direkt von den Photorezeptoren orchestriert. Wird ein Photorezeptor belichtet, ändert er das Schlagverhalten der Cilien in seiner Umgebung. Durch das Zusammenwirken der beiden Augenflecken wird die schraubenförmige Schwimmbewegung der Larve so beeinflusst, dass das Tier sich in Richtung der Lichtquelle bewegt. Die Borstenwurmlarve zeigt damit ein zielführendes phototaktisches „Verhalten", das nur auf der Richtungsselektivität ihrer Augenflecken beruht.

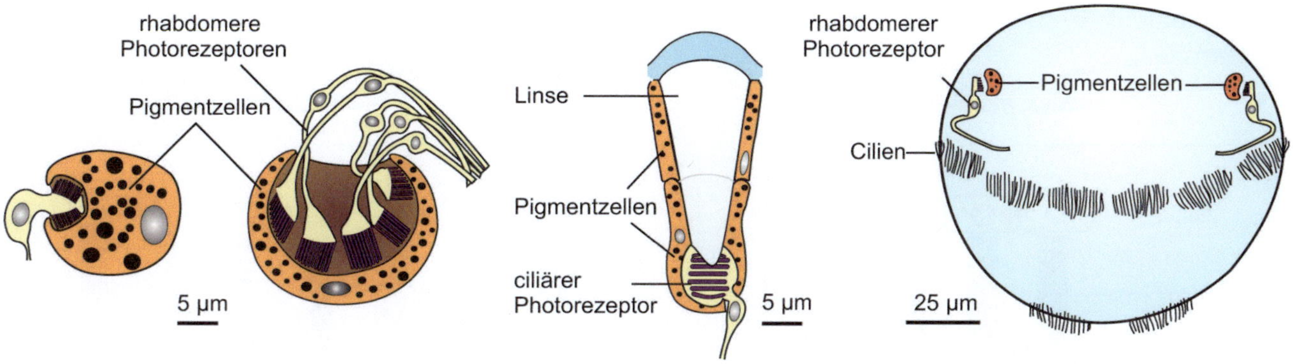

Abb. 7.14 Photorezeptoren und Pigmentzellen bei verschiedenen Würmern. *Links*: Zusammenlagerung von einem oder mehreren Photorezeptoren zu einem richtungsselektiven Lichtsinnesorgan bei Plattwürmern (Stamm Plathelminthes). Die schwarzen Flecken in den Pigmentzellen symbolisieren Pigmentgranula. *Mitte*: Manschettenartige Einfassung eines Photorezeptors durch zwei Pigmentzellen im Ocellus eines Federwurmes (Familie Sabellidae). *Rechts*: Trochophoralarve eines Borstenwurmes (Klasse Polychaeta) mit zwei gegenüberliegenden Photorezeptoren, bei denen jeweils eine Pigmentzelle den Lichteinfall von innerhalb der Larve abschattet, sodass jeder Photorezeptor nur nach außen blickt. Nach Jékely (2009); Bok et al. (2016); Nilsson (2009)

7.5 Netzhäute und Bilder

Die große Bedeutung des Sehsinnes für die Tiere liegt in erster Linie in der Fähigkeit, Bilder wahrzunehmen, wobei ein Bild jede aus mehreren Bildpunkten (Pixeln) aufgebaute visuelle Wahrnehmung sein kann. Bilder machen es möglich, Objekte zu erkennen und wiederzuerkennen, sie vom visuellen Hintergrund ebenso wie von anderen Objekten zu unterscheiden und die Bedeutung eines jeden Objekts für das eigene Leben zu erlernen. Räuber und Beutetiere können erkannt, Entfernungen und Bewegungen abgeschätzt und sichere von gefährlichen Orten unterschieden werden. Für das Sehen von Bildern müssen Tiere mehrere – möglichst viele – Photorezeptoren einsetzen und das Ergebnis in einem zentralen Nervensystem auswerten. Im einfachsten Fall kann jeder Photorezeptor einen Bildpunkt liefern, und das Nervensystem kann die einzelnen Punkte zu einer Wahrnehmung zusammensetzen. Einen einfachen Bauplan kann man schon bei den **Schleimaalen** (Familie Myxinidae) erkennen, einer Tiergruppe, die zu der ältesten Überklasse der Wirbeltiere, den Rundmäulern (Cyclostomata) zählt. Ein Schleimaal wie *Eptatretus stoutii* lebt als Aasfresser am Meeresboden, oft in großer Tiefe (100–1000 m), und verfügt über ciliäre Photorezeptoren, bei denen die Disks durch Einschnürungen der Plasmamembran gebildet werden (Abb. 7.15, *links*). Ihre Augen haben weder Hornhaut noch Linse, aber eine zweischichte Netzhaut. Jeder Photorezeptor leitet sein Ausgangssignal an ein Projektionsneuron (Ganglienzelle), und die Axone dieser Zellen verlaufen als Sehnerv zum Gehirn. Nach einer Sortierung der Axone in der Sehnervenkreuzung (Chiasma opticum) und einer Verschaltung im Thalamus erreicht die visuelle Information das Tectum opticum im Mittelhirn. Dort wird die visuelle Information ausgewertet. Allerdings ist es unwahrscheinlich, dass die Schleimaale mit ihrem einfachen Sehsystem scharfe Bilder wahrnehmen können. Vermutlich nutzen sie ihre Augen in erster Linie zur Erfassung der Helligkeit und zur Eichung von circadian regulierten Verhaltensweisen bei Tageslicht. Für eine echte Bildanalyse fehlt ihnen vor allem eine Komponente: ein Netz von Interneuronen zur horizontalen Verrechnung der Sehinfomation. „Horizontal" bedeutet in diesem Zusammenhang eine seitliche Verarbeitungsrichtung, rechtwinklig zur „senkrecht" verlaufenden Signalweiterleitung von den Photorezeptoren zu den Ganglienzellen. Eine solche horizontale Verschaltung findet man bei den **Neunaugen** (Ordnung Petromyzontiformes), ebenfalls Rundmäuler aus der Frühzeit der Wirbeltierevolution.

Viele Neunaugenarten leben parasitisch, festgebissen an Fischen mit einem Zahnkranz in ihrem kieferlosen Maul, und mästen sich an ihrem Wirt, bis sie 20–60 cm lang werden. Während ihres langen (fünfjährigen) Larvenstadiums haben sie Augen, die ähnlich gebaut sind wie die der Schleimaale. Die adulten Tiere dagegen besitzen Augen mit Hornhaut und Linse, und das visuelle Signal wird in einer echten Netzhaut aufgearbeitet (Abb. 7.15, *rechts*). Im Vergleich zur Netzhaut von Schleimaalen kann man bei den Neunaugen einige wesentliche Weiterentwicklungen erkennen. Man findet zwei unterschiedliche Typen von Photorezeptoren, lange und kurze, deren Bedeutung für das Sehen man bisher nicht genau kennt, deren Lichtempfindlichkeit sich aber um zwei Größenordnungen unterscheidet. Bei Neunaugen kündigt sich damit die **retinale Arbeitsteilung** in skotopisches und photopisches Sehen an, wie sie typisch für die Wirbeltieraugen mit Stäbchen- und Zapfen-Photorezeptoren ist (▶ Abschn. 7.8). Das Epithel oberhalb der Photorezeptoren enthält Pigmentgranula und absorbiert das Restlicht am Ende des Lichtweges durch

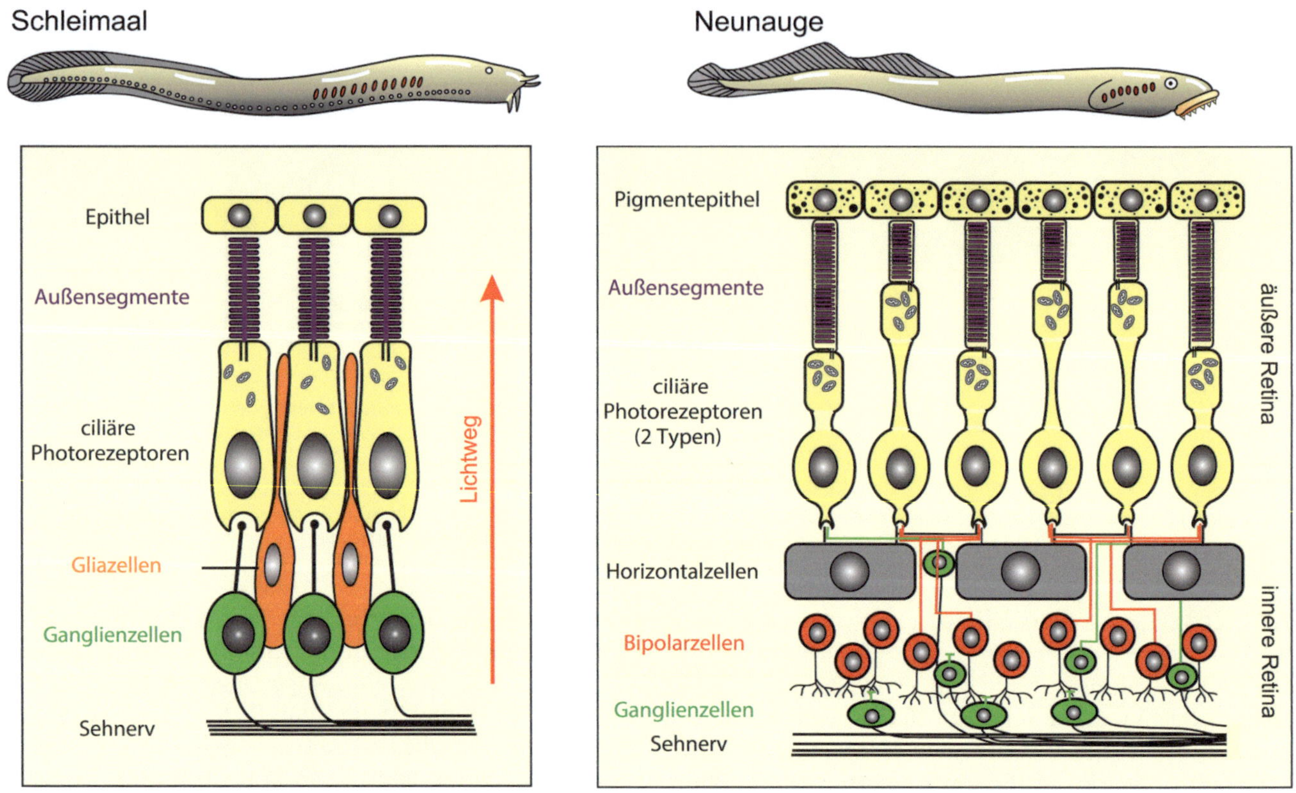

Abb. 7.15 Aufbau der Netzhäute von Rundmäulern (Überklasse Cyclostomata, Ordnungen Schleimaale und Neunaugen). Bei diesen basalen Wirbeltieren kann man frühe Organisationsstufen der retinalen Verarbeitung visueller Signale erkennen. *Links*: Während Schleimaale oder Inger (Ordnung Myxiniformes) eine weitgehend parallele Signalweiterleitung von den Photorezeptoren zum Sehnerv aufweisen, sieht man bei den Neunaugen oder Lampreten (*rechts*; Ordnung Petromyzontiformes) vielfache Querverbindungen durch Interneuronen (Horizontalzellen, Bipolarzellen), zwei unterschiedliche Photorezeptortypen sowie die Einlagerung von Pigmentgranula in die Epithelzellen. Nach Öhman (1976); Holmberg (1977); Rio et al. (1998); Collin (2010)

die Netzhaut. Die auffälligste Neuerung betrifft die Schicht unterhalb der Photorezeptoren. Hier haben die Neunaugen große backsteinförmige Nervenzellen, deren dendritische Fasern nebeneinanderliegende Photorezeptor-Endfüße miteinander verbinden. Diese **Horizontalzellen** ermöglichen es, die Ausgangssignale von benachbarten Photorezeptoren zu vergleichen und ihre Signalstärke zu beeinflussen. Sie können auf diese Weise dafür sorgen, dass das Ausgangssignal eines starkbelichteten Photorezeptors im Umfeld seiner schwächer aktivierten Nachbarn besonders hervorsticht. Eine solche Umfeldhemmung von benachbarten Sinneszellen, die **laterale Inhibition**, ist ein wichtiger Bestandteil des Bildersehens. Denn bei der Wahrnehmung eines Bildes kommt es darauf an, ein Objekt vor dem Bildhintergrund zu erkennen. Wird ein gut getarnter Jäger vor dem Hintergrund seiner Umgebung erkannt, kann das Beutetier fliehen. Die Fähigkeit zur Bilderkennung wird daher durch unmittelbaren Selektionsdruck vorangetrieben. Laterale Inhibition durch Horizontalzellen kann dabei helfen, Objekte deutlicher hervortreten zu lassen, denn sie **erhöht den Kontrast** zwischen etwas helleren und etwas weniger hellen Bereichen des Bildes – beim Neunauge beispielweise die Umrisse eines gut getarnten Fischkörpers, der sich nur wenig vom Licht des Meerwassers unterscheidet.

Unterhalb der Horizontalzellen findet man bei Neunaugen wiederum eine Schicht neuartiger Zellen, über welche die Schleimaale nicht verfügen: die Bipolarzellen (Abb. 7.15, *rechts*). Bipolarzellen sind Interneuronen, die zwischen Photorezeptoren und Ganglienzellen geschaltet sind, sodass nur noch wenige Ganglienzellen der Neunaugenretina ihre Signale direkt von den Photorezeptoren beziehen. Die meisten Ganglienzellen erhalten ein Signal, das im **neuronalen Netzwerk** der Bipolarzellen vorverarbeitet worden ist. Dabei können viele unterschiedliche Schritte der Bildanalyse durch die Verschaltungen von Bipolarzellen unterstützt werden. Das Erkennen von Objektform, Objektfarbe, Objektbewegung und Objektidentität erfordert umfangreiche neuronale Prozesse im zentralen Nervensystem, die allesamt in der Retina von Horizontalzellen und Bipolarzellen vorbereitet werden. Am Vergleich der Netzhäute von Schleimaalen und Neunaugen wird deutlich: Der Übergang vom einfachen Helligkeitssensor zum bildgebenden Auge erfordert

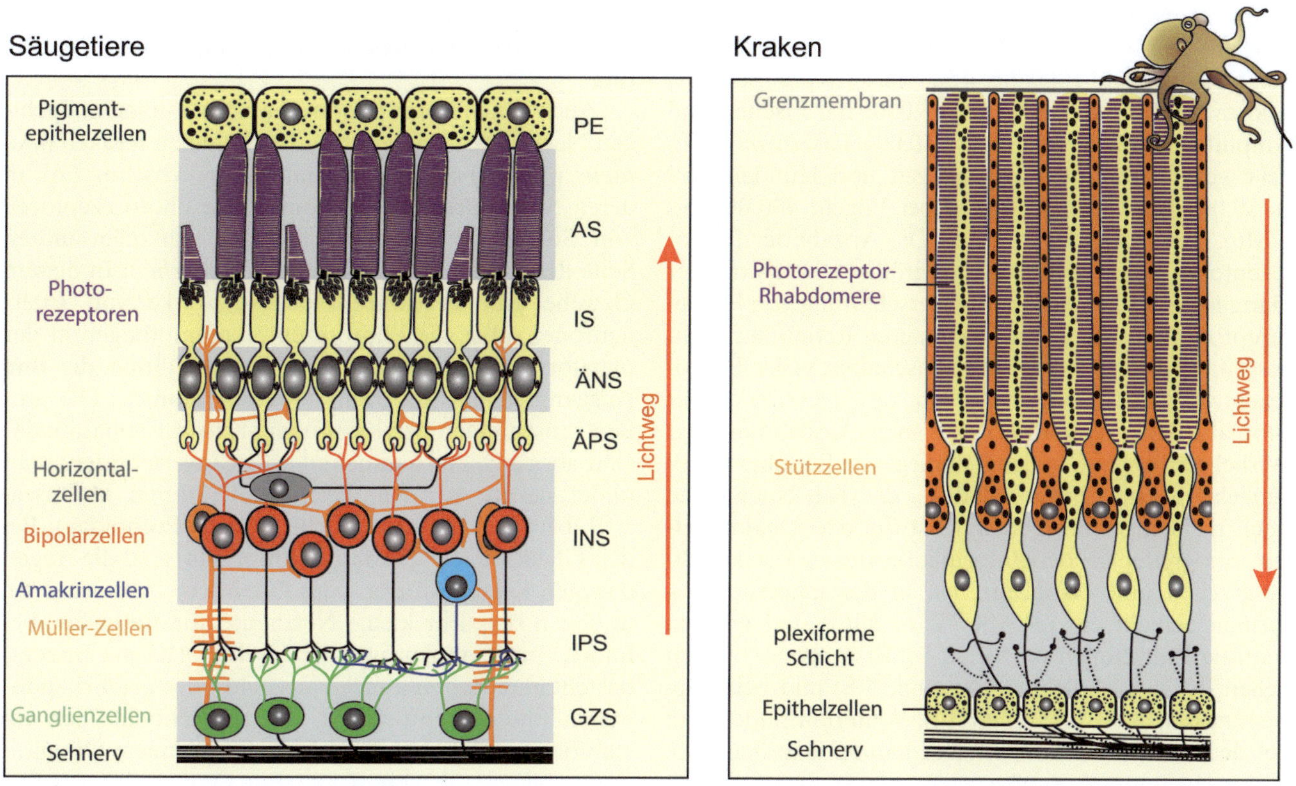

Abb. 7.16 Netzhäute mit vielen Photorezeptoren sind geeignet für die Wahrnehmung von Bildern. *Links*: Schematische Darstellung der inversen Retina eines Säugetieres. Die ciliären Photorezeptoren liegen auf der lichtabgewandten („äußeren") Seite der Retina. ÄNS, äußere nucleäre Schicht; ÄPS, äußere plexiforme Schicht; AS, Außensegmente der Photorezeptoren; GZS, Ganglienzellschicht; INS, innere nucleäre Schicht; IPS, innere plexiforme Schicht; IS, Innensegmente der Photorezeptoren; PE, Pigmentepithel. *Rechts*: Aufbau der eversen Retina eines Gewöhnlichen Kraken (*Octopus vulgaris*). Rhabdomere Photorezeptoren liegen dem Licht zugewandt. Alle Zellen der Retina besitzen Pigmentgranula, nur die Rhabdomere sind davon frei. In der plexiformen Schicht sind afferente Axone (durchgezogene Linien) mit efferenten Fasern (gepunktete Linien) verknüpft. Nach Young (1989)

schon in der Netzhaut eine komplexe Informationsverarbeitung. Man erkennt zudem, dass die Ganglienzellen eines bildgebenden Auges nicht einfach die Helligkeit eines Bildpunktes (eines Pixels) codieren, sondern dass sie das Ergebnis der Vorauswertung visueller Information von den Bipolarzellen übernehmen und an das zentrale Nervensystem weiterleiten. Anatomisch scheidet sich die Netzhaut im bildgebenden Auge in zwei horizontale Schichten, die **äußere Retina** mit Photorezeptoren und Pigmentepithel und die **innere Retina** mit dem Netzwerk aus Interneuronen und Ganglienzellen. Diese Schichtung wird im Verlauf der Weiterentwicklung der Netzhaut bei den höheren Wirbeltieren unverändert beibehalten.

Für die Funktion des neuronalen Netzwerks in der Retina ist auch ein spezieller Typ von Gliazellen notwendig, die **Müller-Zellen** (Abb. 7.16, *links*). Sie erfüllen homöostatische Funktionen ähnlich wie Astrocyten im Gehirn. Dazu gehören die Kontrolle der extrazellulären Ionenkonzentrationen, des Wassergehalts sowie der Nahrungsversorgung für die retinalen Neuronen. Müller-Zellen regulieren aber auch den Stoffaustausch durch die Blut-Hirn-Schranke an den retinalen Blutgefäßen sowie – durch die Aufnahme und Abgabe von Neurotransmittern wie Glutamat und ATP – die Aktivität des Netzwerks der Interneuronen. Schließlich haben sie auch eine wesentliche Funktion, die sich aus der inversen Schichtung der Säugerretina ergibt, bei der die Photorezeptoren auf der lichtabgewandten Seite des Gewebes liegen. Wie lebende Lichtleiter führen Müller-Zellen Lichtwellen von der Ganglienzellschicht durch die innere Retina bis zu den Photorezeptoren. Dadurch vermindern sie die Lichtstreuung an den Zellen der inneren Retina und verbessern die Bildgebung des Systems. Müller-Zellen spielen mit ihren vielfältigen Aufgaben eine zentrale Rolle bei der Bildwahrnehmung im visuellen System der Wirbeltiere.

Bei den bildgebenden Netzhäuten von Wirbeltieren wächst die Leistungsfähigkeit zunächst einmal mit der **Anzahl der Ganglienzellen**, also der Anzahl parallel aus der Netzhaut zum Gehirn verlaufender Nervenfasern. Zählungen von Nervenfasern in den Sehnerven von Wirbeltieren haben einen Eindruck davon geliefert, in welchem Umfang Netzhäute im Verlauf der Wirbeltierevolution vergrößert worden sind. Zählt man bei Schleimaalen 1000 bis 1500 Fasern pro Sehnerv, sind es bei Neunaugen schon 35.000. Bei Fischen und Amphibien wurden 15.000 bis 50.000 Fasern pro Sehnerv gezählt, bei Mäusen, Katzen und Hunden sind es 80.000 bis 150.000 Fasern, bei Vögeln 400.000 bis 1 Mio. und bei Affen 1,2 Mio.. Die Anzahl der Photorezeptoren kann noch 100-mal größer sein als die der Ganglienzellen, weil es bei der Verschaltung von Photorezeptoren auf die Zellen der inneren Retina zur Konvergenz kommt, zum Zusammenschalten vieler Photorezeptoren auf einzelne Zellen des Netzwerks der Bipolarzellen. Trotz dieser enormen Ausdehnung der Wirbeltiernetzhaut ist der grundlegende Bauplan gleich geblieben. Eine Zellpopulation, die bei Neunaugen noch nicht auszumachen war, ist die der **Amakrinzellen**. Sie greifen in den Informationsfluss zwischen Bipolarzellen und Ganglienzellen in der inneren plexiformen Schicht ein (◘ Abb. 7.16, *links*) und erfüllen zentrale Funktionen bei vielen Sehleistungen wie beim Sehen in Dämmerlicht (► Abschn. 7.8) und beim Bewegungssehen (► Abschn. 7.10). Weiterhin findet man bei den höher entwickelten Netzhäuten eine deutliche Unterscheidung in **Zapfen**, eine ursprüngliche Version der Wirbeltier-Photorezeptoren, und **Stäbchen**, Photorezeptoren mit Spezialisierung auf das skotopische Sehen (► Abschn. 7.8). Fast alle Ganglienzellen dieser Netzhäute liegen in der lichtzugewandten Ganglienzellschicht, und im Gegensatz zur Neunaugen-Retina gibt es keine Ganglienzellen mehr mit direkter Verbindung zu den Photorezeptoren. Sie beziehen die visuellen Signale von den Interneuronen der inneren Retina und leiten das vorverarbeitete Signal zum Gehirn. Interessanterweise verlaufen Signalfluss und Signalverarbeitung durch die Retina ganz ohne Aktionspotenziale. Bei der Übertragung von Zelle zu Zelle sind jeweils die Stärke der Transmitterfreisetzung und die postsynaptische Reaktion auf den Transmitter ausschlaggebend. Das Gewebe ist meist nur etwa 100 µm dick, sodass eine Fernleitung durch Aktionspotenziale nicht benötigt wird. Innerhalb der Retina beruhen daher alle Verarbeitungsprozesse auf **elektrotoner Erregungsleitung**. Diese Ausbreitung von Depolarisationen durch Dendriten und Axone der Retinazellen ist extrem schnell. Sie funktioniert gut, wenn die Laufstrecken der Signale deutlich kleiner sind als die Kabelkonstanten der leitenden Fasern. Kabelkonstanten von Nervenfasern, $K = \sqrt{rR_m / (2R_i)}$, hängen vom Radius der Faser r sowie vom spezifischen Membranwiderstand R_m und vom axialen Innenwiderstand der Faser R_i ab. Nervenfasern haben bei Wirbeltieren Kabelkonstanten im Bereich von 300–1000 µm, deutlich größer als die Dicke der Retina. Die dünne Gewebsschicht ermöglicht deshalb eine elektrotone Erregungsleitung von den Photorezeptoren bis zu den Ganglienzellen. Erst diese feuern zur Fernleitung **Aktionspotenziale als Ausgangssignale der Retina**.

Auch **rhabdomere Photorezeptoren** können in flächigen Netzhäuten organisiert sein. So haben Kraken (*Octopus vulgaris*) everse Linsenaugen (► Abschn. 7.6), in deren Netzhäute die Rhabdomere der Photorezeptoren von Stützzellen eingefasst auf der lichtzugewandten Seite der Retina liegen (◘ Abb. 7.16, *rechts*). In diesem Gewebe gibt es zwar keine Netzwerke von Interneuronen, aber die Photorezeptoren empfangen in der plexiformen Schicht efferente Fasern, durch die ihre Ausgangssignale kontrolliert werden können. Die großen Linsenaugen der Kopffüßer (Klasse Cephalopoda) sind aber eine Ausnahme unter den Invertebraten; man findet sie nur bei den Weichtieren (Stamm Mollusca, z. B. bei den Kammmuscheln, Familie Pectinidae). Bei den Gliederfüßern (Stamm Arthropoda) sind die Augen dagegen Komplexaugen oder Ocellen (► Abschn. 7.6), in denen sich sehr kleine Netzhäute, die **Retinulae**, befinden. Im Komplexauge der Insekten (Klasse Insecta) besteht eine Retinula meist aus acht oder neun rhabdomeren Photorezeptorzellen, die als Retinulazellen ein stabförmiges Rhabdom im Einzelauge, einem Ommatidium, bilden (◘ Abb. 7.17). Ein Ommatidium liefert einen einzelnen Bildpunkt für den Sehsinn der Arthropoden. Die Retinula analysiert daher nur ein einzelnes Bildpixel auf interessante Eigenschaften hin wie Helligkeit, Farbe und Lichtpolarisation. Im Querschnitt durch ein Ommatidium findet man ganz unterschiedliche Anordnungen der Mikrovilli in der Retinula – je nach Anforderung an die visuelle Analyse. Hochgeordnete, fast kristallin wirkende Mikrovilli in **geschlossenen Rhabdomen** wie bei Flusskrebs, Wüstenameise und Honigbiene zeigen eine orthogonale Ausrichtung der Mikrovilli ihrer Retinulazellen (◘ Abb. 7.17). Mit ihrer hohen Packungsdichte und dem hohen Ordnungsgrad haben geschlossene Rhabdome eine optimale Lichtempfindlichkeit. Die Absorptionswahrscheinlichkeit für ein Photon auf seinem Weg durch die Mikrovillistapel solcher Rhabdome ist sehr hoch. Die rechtwinklige Anordnung der Mikrovilli verleiht dem Rhabdom dichroische Eigenschaften. Die Lichtabsorption hängt davon ab, mit welcher Schwingungsrichtung die Lichtwellen auf die Mikrovillistapel auftreffen. Damit eignen sich solche Rhabdome besonders gut zur Messung der Lichtpolarisation, denn die rechtwinklig zueinander stehenden Mikrovilli liefern maximalen Kontrast bei Belichtung mit polarisiertem Licht (► Abschn. 7.13). Stehen die Mikrovilli dagegen in flachen Winkeln zueinander wie beim Maikäfer und der Heidelibelle, eignet sich das Rhabdom zwar zur Messung der Lichtintensität, weniger aber zur Polarisationsanalyse. Das Gleiche gilt für **offene Rhabdome**, wie man sie bei der Taufliege sieht. Bei den aus nur wenigen Photorezeptoren (sechs

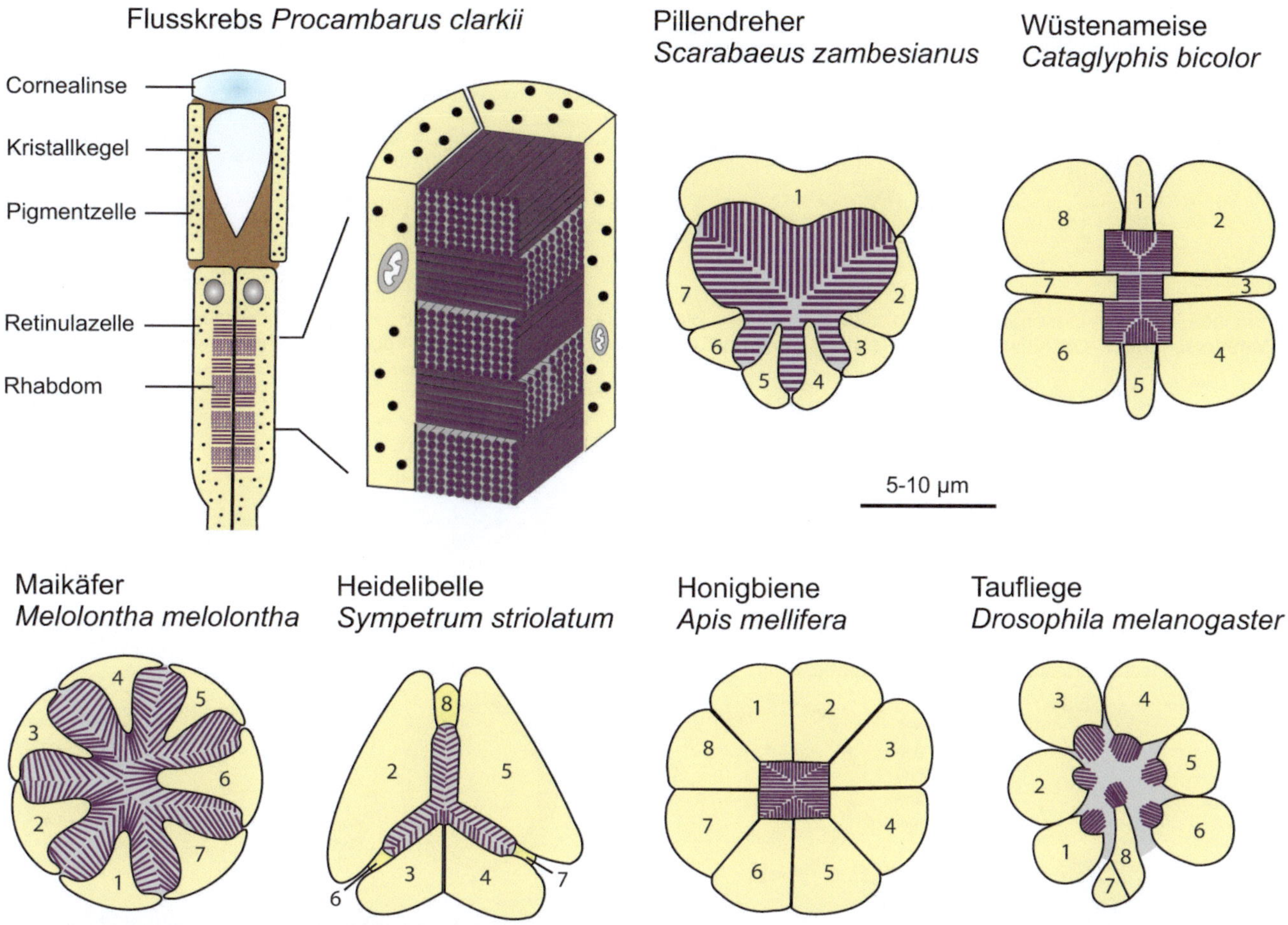

Abb. 7.17 Unterschiedliche Retinulaformen bei Arthropoden. In der stabförmige Retinula von Ommatidien sind die Rhabdomere von meist acht Retinulazellen zu einem zentralen Rhabdom zusammengelagert. Dabei stehen die rhodopsinhaltigen Mikrovilli entweder in flachen Winkeln gegeneinander (Maikäfer, Heidelibelle), oder sie sind rechtwinklig zueinander angeordnet (Flusskrebs, Pillendreher, Wüstenameise, Honigbiene). Im offenen Rhabdom der Taufliege liegen die Mikrovilli verschiedener Retinulazellen getrennt voneinander vor. Die Dicke der Mikrovilli ist hier stark übertrieben; die violetten Linien zeigen die Ausrichtung der lokalen Mikrovilli an. Nach Eguchi (1965); Dacke et al. (2003); Meyer und Labhart (1993); Nilsson et al. (1987)

bis zwölf) aufgebauten Retinulae der Arthropoden kann man Spezialisierungen auf mikroskopischer Ebene in der Struktur der Rhabdome erkennen. Weitere Spezialierungen der Ommatidien von Komplexaugen werden in den folgenden Abschnitten beschrieben.

7.6 Augen

Sinnesorgane zur Erfassung von Lichtinformationen werden als Augen bezeichnet. Ihr Aufbau ist den spezifischen Anforderungen jeder Tierart angepasst, weshalb Augen im Tierreich durch eine große Vielfalt von Formen und Funktionen gekennzeichnet sind. Immer besitzen Augen eine Netzhaut (Retina) mit Photorezeptoren, darüber hinaus aber auch Hilfsstrukturen zur genaueren Analyse des Lichtes. Dazu können schattenwerfende Gewebe gehören, optische Apparate zur Fokussierung des Lichtes, farbige Öltröpfchen als Filter, aber auch Muskeln zur Ausrichtung der Augen und zur Optimierung der Sehleistung. Die Vielfalt von Augenformen entspricht der Diversität des Tierreichs und den Anforderungen einer großen Anzahl unterschiedlicher Lebensräume. Zur Entstehung dieser Vielfalt haben mehrere Evolutionsprozesse beigetragen. Die gemeinsame Ausstattung aller Gewebetiere (Eumetazoa) mit Kontrollgenen der Pax-Familie ist ein Hinweis auf ein Urauge, auf einen gemeinsamen Vorläufer aller Augentypen, denn Pax-Gene sind sowohl bei den bisher untersuchten bilateralsymmetrischen Tieren (*Pax6*) wie auch bei den radiärsymmetrischen Hydrozoen (*PaxA*) an der Regulation der Augenentwicklung beteiligt. Aber auch verschiedene konvergente, also nicht auf gemeinsamer Abstammung beruhende, Evolutionsprozesse sind erkennbar und haben zur Vielfalt der Augentypen beigetragen. Bei den heute lebenden Tieren kann man deutlich einzelne Entwicklungsstufen ausmachen, welche die Augenevolution vom einfachen

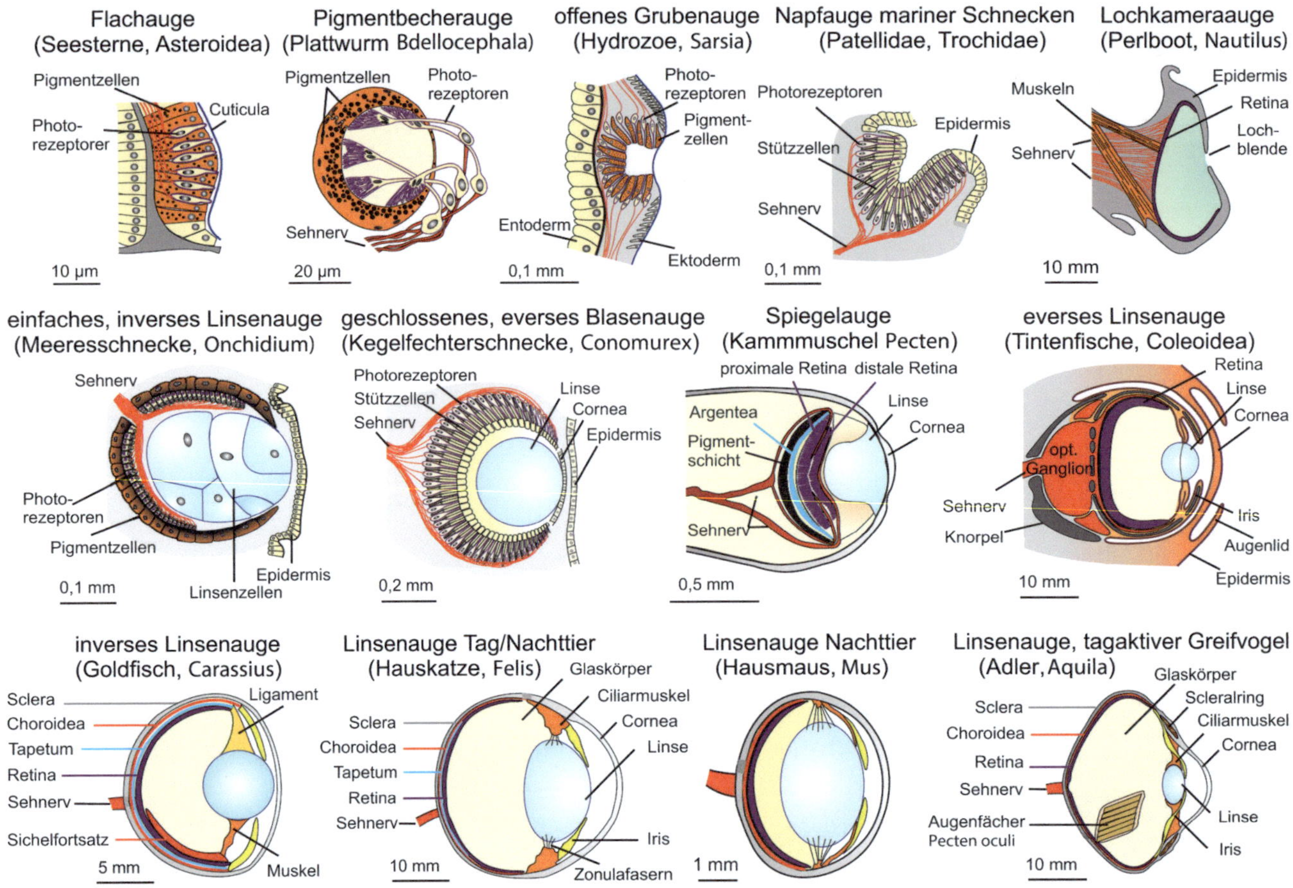

Abb. 7.18 Vom Flachauge zum Linsenauge – eine kleine Auswahl von Augentypen. Die obere Reihe zeigt Beispiele von Augen ohne Linsen, von dem einfachen Photorezeptorfeld im Flachauge über unterschiedliche Grade der Einbuchtung von Netzhäuten bis zum Lochkameraauge. Die mittlere Reihe zeigt Linsenaugen mit einfachen Linsen und unterschiedlichen Strategien zur Bildfokussierung. In der unteren Reihe sind hoch entwickelte, spezialisierte Linsenaugen dargestellt. Nach Bütschli (1921); Cronin (1986); Dakin (1928); Kuchiiwa et al. (1991); Land und Nilsson (2002); Salomon et al. (2015); Schwab (2012); Young (1965)

Flachauge, im Wesentlichen einem Hell-Dunkel-Detektor, bis hin zum Hochleistungslinsenauge, mit dem ein Greifvogel eine Maus in 1–3 km Entfernung sehen kann, vorangetrieben haben. Eine Auswahl von Augentypen ist in Abb. 7.18 zusammengestellt und wird im Folgenden kurz beschrieben.

Die einfachsten Augen bestehen aus kleinen Gruppen von Photorezeptoren, die zusammen mit pigmentierten Epithelzellen in die Epidermis eingelassen sind (Abb. 7.18, *oben*). Solche **Flachaugen** werden auch als Augenflecken oder Plattenaugen bezeichnet und kommen bei Seesternen, Quallen und einige Würmern vor. Sie eignen sich zur Detektion von Beleuchtungsstärke und – aufgrund der Absorptionseigenschaften ihres Rhodopsins – der Lichtfarbe. Ein einzelnes Flachauge liefert wohl kaum Richtungsinformation. Durch den Vergleich von Signalen aus mehreren Flachaugen an unterschiedlichen Körperstellen kann aber möglicherweise die Schwimmrichtung eines schattenwerfenden Fressfeindes ermittelt werden. Eine bessere Richtungsinformation liefern **Pigmentbecheraugen**, wie man sie bei Plattwürmern findet. Hier bilden sechs Pigmentepithelzellen einen kleinen Augenbecher, in welchen das Licht nur von einer Seite her einfallen kann. Licht aus allen anderen Richtungen wird von den Pigmentgranula der Epithelzellen absorbiert. Etwa 40 bis 50 Photorezeptoren liegen im Inneren des Augenbechers und registrieren die Lichtintensität in der von der Augenstruktur vorgegebenen Richtung. Aus einem solchen Auge erhält das Tier immer räumliche Sinnesinformation – ein entscheidender Vorteil bei der visuellen Orientierung. Auch **Grubenaugen** von Hydrozoen und die **Napfaugen** einiger mariner Schneckenarten bieten eine – wenn auch nicht sehr genaue – Richtungsinformation. Der Einzugsbereich der Öffnung solcher Augen, der Raumwinkel für den Lichteinfall, ist groß und umfasst einen erheblichen Bereich der Umgebung. Eine genaue Ortung von Objekten durch den Lichtsinn ist damit noch nicht möglich. Etwas genauere Informationen liefern **Lochkameraaugen**, wie sie beispielsweise bei den Seeohren (Gattung *Haliotis*) vorkommen. Die ersten – wiewohl noch unzureichenden – Schritte zur

Objektortung ist den Perlbooten (Familie Nautilidae) gelungen, einer Gruppe von Kopffüßern (Klasse Cephalopoda), deren Ursprung in das Zeitalter des Devons vor 400 Mio. Jahren zurückreicht. Perlboote besitzen enorm große Lochkameraaugen (etwa 10 × 15 mm im Durchmesser), die allerdings keine Linse enthalten. In der Retina eines jeden Auges stehen etwa 4 Mio. rhabdomere Photorezeptoren mit mehreren Rhabdomeren pro Zelle, jedoch ohne geordnetes Rhabdom. Ähnlich wie beim Kraken (Gattung *Octopus*), besteht die Retina auch beim Perlboot aus pigmentierten Photorezeptoren und Stützzellen. Licht fällt durch die frontale Apertur (Lochblende) auf den Augenhintergrund mit der Retina. Vermutlich eignen sich diese einfach gebauten Augen nicht gut zum Erkennen von Objekten, denn der experimentell ermittelte Sehwinkel des Perlbootes beträgt 5,5–11,25° (s. Sehschärfe anderer Tiere in ► Abschn. 7.7). Aber das Auge zeigt einige Leistungen, die zu den wichtigen Funktionen auch höher entwickelter Augen zählen. So wird beim Nautilusauge die Blickachse reflektorisch stabilisiert. Während das Tier im Meerwasser schaukelt, sorgt ein Reflexbogen dafür, dass die Lageinformation aus der Statocyste (s. ◻ Abb. 5.16) dazu genutzt wird, Körperbewegungen auszugleichen und Schwingungen der Blickachse zu dämpfen. Auch ein Pupillenreflex ist erkennbar. Bei Beleuchtung eines oder beider Augen verkleinern sich beide Pupillen innerhalb von einer Minute und verringern so die Lichtintensität auf der Retina. Die Augen reagieren optimal auf blaues Licht (λ_{opt} = 470 nm), wie es in den Tiefen vorherrscht, in denen sich die Tiere bevorzugt aufhalten (100–300 m). Perlboote können mit ihren Lochkameraaugen langsame Bewegungen von Objekten in ihrer unmittelbaren Umwelt erfassen und dann ihr Schwimmverhalten danach ausrichten. Anscheinend nutzen sie ihren Sehsinn vor allem zur Navigation und folgen dabei Lichtsignalen (positive Phototaxis) – möglicherweise, um nach oben zu schwimmen, eventuell auch, um die Biolumineszenz anderer Tiere zu orten.

Eine Unzulänglichkeit des Nautilusauges ist, dass es kein scharfes Bild auf die Retina projiziert. Für eine scharfe Bildgebung müsste die Lochblende wesentlich kleiner sein, als sie es ist (0,4–2,8 mm, je nach Helligkeit). Mit einer kleineren Apertur wäre aber die Lichtstärke des Auges zu niedrig für einen sinnvollen Einsatz, denn die Photonenflussdichte durch die Lochblende nimmt proportional zum Quadrat des Durchmessers ab. Bei den Perlbooten hat sich im Verlauf ihrer langen Evolution ein Kompromiss zwischen Lichtstärke und Bildschärfe stabilisiert. Die Lichtstärke ermöglicht es den Tieren, das blaue Restlicht in 100–300 m Tiefe (s. ◻ Abb. 7.5) zur phototaktischen Orientierung zu nutzen. Gleichzeitig können sie vorbeischwimmende Fische sehen, wenn auch nicht scharf.

Scharfsehen mit einem lichtstarken Auge mit großer Apertur ist nur möglich, wenn das hereinfallende Licht durch einen dioptrischen Apparat – ein System von Linsen oder Spiegeln – auf die Retina fokussiert wird. Dieses Prinzip wird schon in vergleichsweise einfach gebauten **Linsenaugen** verwirklicht. Bei der pulmonaten Meeresschnecke *Onchidium* enthält der Augenbecher eine inverse Retina mit Photorezeptoren, welche zur Augenhinterwand ausgerichtet sind. Vor der Retina ist der Augenbecher mit stark vergrößerten Linsenzellen ausgefüllt und zur Außenwelt hin durch die Epidermis abgeschlossen. Die Linsenzellen sind besonders transparent und dazu geeignet, Lichtstrahlen zu bündeln. Sie bilden eine Art primitiven optischen Apparat zur Lichtführung, wie er für bildgebende Augen unverzichtbar ist. Andere Schnecken, wie die marinen Kegelfechterschnecken (*Conomurex* spec.), aber auch die Weinbergschnecke (*Helix pomatia*), haben deutlich weiter perfektionierte Linsen in Kugelform mit guten optischen Eigenschaften (◻ Abb. 7.18, *Mitte*). Ihre **Blasenaugen** sind vermutlich in der Lage, die groben Umrisse von Objekten aus einiger Entfernung zu erkennen, auch ohne dass ein Schatten des Objekts auf die Schnecken fällt. Mit solchen Linsenaugen beginnt das eigentliche Sehen, die visuelle Erkennung von Objekten vor dem Hintergrund anderer Objekte. Zumindest sind die Blasenaugen der Schnecken ein erster Schritt in diese Richtung. Das Bauprinzip solcher Augen macht es sinnvoll, die Dichte an Photorezeptoren in der Retina zu erhöhen, um mehr Bildpunkte zu bekommen. Und eine Verbesserung der neuronalen Verarbeitung von retinalen Ausgangssignalen kann entscheidende Vorteile bringen, weil sie Objekterkennung, Einschätzung der Objektgröße sowie Analyse von Objektbewegungen ermöglicht. Wer Fressfeinde oder Beuteorganismen aus einiger Entfernung sicher orten und erkennen kann, sichert sich Vorteile im Kampf ums Überleben.

Einige Muscheln (Klasse Bivalvia) haben Augen entwickelt, die ihnen die Wahrnehmung von Fressfeinden erleichtern. Bei den Archenmuscheln (Familie Arcidae) und den Venusmuscheln (Familie Veneridae) findet man einfache Komplexaugen. Besonders interessant sind die Augen der Kammmuscheln (Familie Pectinidae, s. Korallen-Kammmuschel in ◻ Abb. 7.1). Einige Kammmuscheln sind überraschend agil für ein bodenbewohnendes Schalentier. Die Jakobsmuscheln *Pecten maximus* und *Pecten jacobaeus* fliehen vor Gefahr, indem sie durch rhythmisches Auf- und Zuklappen ihrer Schalen Rückstoß erzeugen und so auf einem wellenförmigen Kurs davonschwimmen. *Pecten maximus* trägt am Saum ihres Mantels bis zu 200 etwa 1 mm große **Spiegellinsenaugen**, mit denen sie ihre Umgebung beobachten kann. Es handelt sich dabei um Kameraaugen mit auffällig geformten, gelartigen Linsen und direkt hinter diesen Linsen jeweils zwei Netzhäuten, einer proximalen und einer distalen Retina. Die proximale Retina besteht aus rhabdomeren Photorezeptoren, die distale aus ciliären. Hinter der doppelten Netzhaut kleidet den Augenhintergrund ein Reflexionsgewebe (Tapetum lucidum) aus, das wegen seines silbrigen Aussehens als **Argentea** bezeichnet wird. Der Hohlspiegel der Argentea besteht aus reflektierenden Guaninschichten und fokussiert insbesondere blaues Licht (λ_{opt} = 500 nm) auf beide Retinae. Dabei wird das Licht aus der Mitte des Spiegels auf die distale Retina gelenkt. Dort reagieren die ciliären Photorezeptoren auf bewegliche, möglicherweise gefährliche Objekte und lösen Fluchtverhalten aus. Die proximale Retina wird eher von den äußeren Bereichen des Sehfeldes belichtet. Das schwächere Licht in diesem Bereich wird von den sehr empfindlichen rhabdomeren Photorezeptoren registriert, vermutlich zur Erfassung der unmittelbaren Umgebung der Muschel. Die Rolle der Linse für dieses Spiegellinsenauge ist noch nicht ganz verstanden. Geometrische Analysen weisen darauf hin, dass die Linse räumliche Abbildungsfehler des Hohlspiegels – die sphärische Aberration – reduzieren kann. Das Auge der Kammmuschel ist somit kein eigentliches Linsenauge, sondern ein Spiegelauge mit Korrekturlinse – vergleichbar dem Schmidt-Teleskop, einem Spiegelteleskop mit einer Korrekturlinse. Die merkwürdig geformte Linse verbessert die optische Abbildung durch den Hohlspiegel, ist aber selbst keine bildgebende Struktur.

Anders ist das bei den **Tintenfischen** (Unterklasse Coleoidea bzw. Dibranchiata), zu denen unter anderem die Kraken (Ordnung Octopoda), die Kalmare (Ordnung Theutida) und die Sepien (Ordnung Sepiida) gehören. Sie haben große Linsenaugen mit auffällig rechteckigen Pupillen (s. Blauringkrake in ◘ Abb. 2.1; Tintenfische in ◘ Abb. 6.14), die eine erfolgreiche Weiterentwicklung auf dem Weg zum bildgebenden Linsenauge darstellen. Diese Augen werden durch eine doppelte Einbuchtung der Epidermis gebildet, wodurch zwei ineinandergeschachtelte Augenbecher entstehen. Der Boden des inneren Augenbechers bildet eine everse Retina mit rhabdomeren Photorezeptoren, der obere Teil fusioniert und bildet eine Linse. Die Linse kann durch innere Augenmuskeln bewegt werden und ermöglicht so die Einstellung ihrer Brennweite entsprechend der Entfernung zum betrachteten Objekt. Für die Tiere bedeutet die **Akkomodation** – die Fähigkeit zum Scharfstellen auf Objekte in unterschiedlichen Entfernungen – eine überaus wichtige Neuerung im Augendesign. Sie ermöglicht es, interessante Objekte schon in einiger Entfernung hinreichend scharf wahrzunehmen, um das eigene Verhalten danach auszurichten. Cephalopodenaugen verfügen auch über Mechanismen zur **Bildstabilisierung**. Ausgleichsreflexe, die von Statocysten getrieben werden, kompensieren die eigenen Körperbewegungen (s. vestibulookuläre Reflexe, ► Abschn. 5.9), und sich bewegende Objekte werden mit sprunghaften Augenbewegungen verfolgt (s. Sakkaden, optokinetische Reflexe, ► Abschn. 5.9). Eine solche Augenführung zur Fixierung eines Bildes auf der Netzhaut ist ein typisches Anzeichen für Bildwahrnehmung. Die Verrechnung der visuellen Signale findet bei Tintenfischen nur in geringem Maße in der Retina statt – es fehlen die quervernetzenden Zellen der Wirbeltierretina (s. ◘ Abb. 7.16). Stattdessen werden im optischen Ganglion, direkt hinter dem Auge, Kontrastverschärfung, Polarisationsanalyse und Ähnliches geleistet.

Wirbeltieraugen haben einen ähnlichen Bauplan wie die Augen der Tintenfische, werden aber ganz anders gebildet. Die Retina wird nicht von außen her eingefaltet, sondern entsteht durch Ausstülpung des embryonalen Neuralepithels und enthält ausschließlich invers angeordnete, ciliäre Photorezeptoren. Nur die Linse wird durch eine Einstülpung der Epidermis gebildet. Abgesehen von diesen Entstehungsprozessen ist aber die funktionelle Anatomie der beiden Augentypen vergleichbar. Licht fällt durch eine relativ große **Lochblende** (**Pupille**) auf eine stark brechende Linse und wird auf eine Netzhaut geleitet, die im Bereich der Linsenbrennweite über den Augenhintergrund aufgespannt ist (◘ Abb. 7.18, *unten*). Dazwischen befindet sich ein durchsichtiges, wässriges Gel, der Glaskörper. Das Wirbeltierauge wird von einer robusten **Lederhaut** (Sclera) eingehüllt, die nur im Bereich vor der Pupille durchsichtig ist und dort als **Hornhaut** (Cornea) bezeichnet wird. Die Hornhaut besteht aus zwei Abschlussgeweben – außen Epithel, innen Endothel – und dem dazwischenliegenden Stroma, einem Bindegewebe mit hoher Lichttransparenz. Kollagenfasern mit sehr gleichmäßigem Durchmesser (etwa 32 nm) und mit ebenso gleichmäßigen Abständen voneinander (etwa 64 nm) bilden ein quasikristallines optisches Medium mit sehr geringer Streuung im Bereich des sichtbaren Lichtes. Zudem ist die Hornhaut nicht vaskularisiert, sodass keine Blutgefäße Licht absorbieren oder streuen können. Einzig das Schmerzsystem ist in der Hornhaut präsent. Ein dichtes Netz mechanosensitiver und kälteempfindlicher Schmerzfasern durchzieht Stroma und Epithel und schützt die Hornhaut vor gewebeschädigenden Berührungen. Darüber hinaus treiben die Schmerzfasern über einen Reflexbogen die Produktion von Tränenflüssigkeit an, die für den Erhalt des Epithels notwendig ist. Die Grenze zwischen Sclera und Cornea wird von der **Bindehaut** (Tunica conjunctiva) eingefasst; hier münden die Ausführgänge der Tränendrüsen zur Befeuchtung der Hornhautoberfläche. Viele Tiere haben zudem eine verschließbare **Nickhaut** (Membrana nictitans), die von der medialen Seite der Augen her seitwärts über die Hornhaut zugezogen werden kann. Bewegliche

Nickhäute sind weit verbreitet: Sie kommen bei Fischen, Amphibien, Reptilien, Vögeln und Säugern vor, allerdings kaum bei Primaten. Auch sind sie bei vielen Säugern nur wenig beweglich und können nicht ganz geschlossen werden (beispielsweise bei Hunden und Katzen). Sie sind oft lichtdurchlässig und können wie eine Schutzbrille vor die Hornhaut gezogen werden, um sie beispielsweise vor Staub zu schützen. Über die Nickhaut können die beiden **Augenlider** (Palpebra superior und P. inferior) zugezogen werden, um die Hornhaut vor Schmutzpartikeln und unerwünschtem Licht zu schützen. Augenlider bestehen aus einer dünnen Muskelschicht, innen und außen mit Plattenepithel bewachsen, und gehören damit zum Hautgewebe. Sie sind ein unverzichtbarer Bestandteil der Wirbeltieraugen. Nur Schlangen, einige Echsen und einige Fische haben keine beweglichen Lider. Bei ihnen sind die Augenlider zu einer durchsichtigen Gewebsschicht („Brille") verwachsen, die nicht von der Hornhaut gezogen werden kann und ständigen Augenschutz in bodennahen Lebensräumen bietet.

Unmittelbar unterhalb der Lederhaut gelegen, kleidet die **Aderhaut** (Choroidea, Tunica vasculosa) die hintere Augenwand aus. Sie enthält das System von Arterien und Venen, welche die Netzhaut und die inneren Augenmuskeln versorgen. Eine besondere Struktur der Choroidea im Auge vieler Knochenfische (Taxon Osteichtyes) ist der Sichelfortsatz (Processus falciformis), der sich aus der Aderhaut hervor in die Augenkammer bis zu einem wichtigen Augenmuskel hervorwölbt. Der Linsenrückziehmuskel (Musculus retractor lentis) wird durch den Sichelfortsatz mit Sauerstoff versorgt. Denn die Aufgabe dieses Muskels ist es, die gesamte Linse näher an die Retina zu ziehen, um die Augenoptik auf Fernsicht einzustellen. Bei vielen nachtaktiven Tieren liegt eingebettet in die Aderhaut eine reflektierende Schicht, das **Tapetum lucidum**. Es ermöglicht die Nutzung von nicht absorbiertem Licht, das die Retina schon einmal durchquert hat. Nach der Reflexion am Tapetum durchquert das Licht ein zweites Mal die Retina, wobei sich wieder eine Chance zur Absorption durch Rhodopsin bietet. Die Lichtreflexion am Tapetum lässt die Augen der Tiere nachts aufleuchten, wenn sie von einer Lichtquelle angestrahlt werden. Die **inverse Netzhaut** ist im Wirbeltierauge so positioniert, dass die Axone der Ganglienzellen das Gewebe zum Glaskörper hin verlassen. Die Axone verlaufen auf der Innenseite der Retina konzentrisch zur **Papille** (Papilla nervi optici), wo sie durch die Retina hindurch nach hinten ziehen und zusammen mit den Blutgefäßen den Augapfel als **Sehnerv** (Nervus opticus) verlassen. Im Bereich der Papille sind keine Photorezeptoren angesiedelt, er wird aus diesem Grund **„blinder Fleck"** genannt – er vermittelt kein visuelles Signal, sondern verursacht einen schwarzen Fleck (ein physiologisches Skotom). Oft ist der blinde Fleck so gestaltet, dass er keine Beeinträchtigung des Sehfeldes verursacht. Bei einigen Wirbeltieren ist der blinde Fleck nicht rund, sondern schmal und länglich ausgezogen, sodass er die Wahrnehmung des vertikalen Aspekts von Objekten nicht stört (bei Lachsen, Barschen, Vögeln und Eichhörnchen). Bei diesen Tieren verlässt der Sehnerv das Auge nicht in der Form eines Axonbündels mit rundem Querschnitt, sondern in Form eines Breitbandkabels. Im Vogelauge ist der längliche blinde Fleck zudem unter dem Augenfächer (Pecten oculi, ◘ Abb. 7.18, *unten rechts*) versteckt, sodass kein lichtempfindlicher Bereich verloren geht. Von solchen Anpassungen abgesehen ist der blinde Fleck klein, rund oder oval. Da die blinden Flecke in den Retinae der beiden Augen exzentrisch liegen und weil die Netzhauttopografie der beiden Augen spiegelsymmetrisch angelegt ist, kann kein betrachtetes Objekt gleichzeitig auf beiden blinden Flecken abgebildet werden. Eines der beiden Augen wird das Objekt sehen, und nur wenig Information geht durch die blinden Flecke verloren.

Die Augen der Wirbeltiere zeigen alle den gleichen Grundbauplan, weisen aber auch eine Vielzahl von Spezialisierungen auf. Bei den Säugern ist die Form der Linse – anders als bei den Fischen – nicht starr. Sie wird durch einen Kranz von Ciliarmuskeln (Corpus ciliare) verformt und auf die Entfernung eines betrachteten Objekts eingestellt. Bei Kontraktion des Ciliarkörpers erschlaffen die Zonulafasern, an denen die Linse aufgehängt ist, und erlauben es der Linse, ihre bevorzugte Kugelform anzunehmen. Die Linse hat dann eine kurze Brennweite und ist auf Nahsehen akkomodiert. Um auf ein entferntes Objekt scharfzustellen, entspannt sich der Ciliarkörper, und das führt zu einer Straffung der Zonulafasern. Die Linse wird in eine flachere Form gezogen, und ihre Brennweite wird größer. Verformbare Linsen bestehen aus lebenden **Linsenfasern**, spezialisierten Zellen, die sich axial entlang des Lichtweges durch die Linse ausrichten. Sie haben einen hexagonalen Querschnitt und bilden zusammen eine bienenwabenartige Struktur aus fest miteinander verbundenen Einzelfasern. Das Innere dieser Fasern ist auf Transparenz optimiert. Organellen sind weitgehend reduziert, und die niedrige Stoffwechselaktivität der Fasern wird hauptsächlich durch anaerobe ATP-Synthese – also ohne Mitochondrien – aufrechterhalten. Etwa die Hälfte des löslichen Proteins in den Linsenfasern ist Crystallin, ein Chaperonprotein, das Proteinaggregation und damit zusätzliche Lichtstreuung verhindert. Linsenfasern haben hohe Transparenz im Wellenlängenbereich von 300–1200 nm und sorgen als lebende Lichtleiter für gute optische Eigenschaften der Linse. Bei Nachttieren ist die Linse eher rund und liegt dicht an der Retina. Auf diesen Weise wird die **Lichtstärke** des Auges (genauer: die relative

Abb. 7.19 Regenbogenhäute und Pupillen in Wirbeltieraugen. Die Regenbogenhaut (Iris) beschränkt als verstellbare Blende den Zugang von Licht durch die Pupille und damit die Beleuchtungsintensität der Netzhaut. *Links*: Die Pupillen von Wirbeltieraugen sind entweder rund (*oben*: Sternfleckenmuräne, *Echidna nebulosa*; Uhu, *Bubo bubo*; Katta, *Lemur catta*), vertikal schlitzförmig (*Mitte*: Brauen-Glattstirnkaiman, *Paleosuchus palpebrosus*; Grüner Baumpython, *Morelia viridis*; Hauskatze, *Felis silvestris catus*) oder horizontal balkenförmig (*unten*: Ziege, *Capra aegagrus hircus*; Pferd, *Equus caballus*; Fuchsmanguste, *Cynictis penicillata*). *Rechts*: Bei grasenden Fluchttieren wie Pferden wird die horizontale Lage der Pupille bei Kopfbewegungen durch eine kompensatorische Drehung des Augapfels stabilisiert. Neigt das Pferd seinen Kopf nach unten, drehen sich die Augäpfel reflektorisch nach hinten, und die Pupille bleibt waagrecht

Apertur, ► Abschn. 7.8) optimiert. Man kann das Prinzip am Bau des Mausauges erkennen (◘ Abb. 7.18).

Eine wichtige Funktion für die Bildgebung im Linsenauge hat die **Regenbogenhaut** (Iris). Die Iris liegt zwischen Hornhaut und Linse und ist aus stark pigmentiertem Gewebe aufgebaut, das mittig eine Öffnung für den Lichtweg zur Retina freilässt – die **Pupille**. Zusammensetzung und Dicke der Pigmentschicht bestimmt die „Augenfarbe", die Farbe der Regenbogenhaut. Zwei ringförmige Muskeln, die nahe dem Pupillenrand im Irisgewebe liegen (Musculus sphincter pupillae und M. dilatator pupillae), ermöglichen die Regulation des Pupillendurchmessers und damit die Einstellung von Beleuchtungsstärke und Schärfentiefe des Auges. Es handelt sich dabei um glatte Muskulatur. Die Einstellung der Pupille wird durch das vegetative Nervensystem gesteuert: Der Sympathicus weitet die Pupille, der Parasympathicus verengt ihren Durchmesser. Die Bildqualität im Wirbeltierauge wird empfindlich durch die Pupillengröße bestimmt, sowohl hinsichtlich der Belichtung als auch der Abbildungsschärfe. Umso interessanter ist es, dass Tiere sehr unterschiedliche Pupillenformen aufweisen können. Geweitete Pupillen bei geringer Lichtstärke sind meist rund oder oval. Beim genauen Hinsehen in hellem Licht findet man aber im Wesentlichen drei Gruppen von Pupillen: runde, vertikal schlitzförmige und horizontal balkenförmige (◘ Abb. 7.19, *links*).

Bei Untersuchungen der Frage, welche Tiere welche Pupillenform haben, ergab sich ein deutlicher Zusammenhang zwischen der spezifischen Lebensweise einer Art und ihrer Pupillenform. So findet man vertikal schlitzförmige Pupillen vor allem bei Prädatoren, räuberisch lebenden Tieren, die sowohl tagsüber als auch nachts jagen und deren Jagderfolg vom genauen räumlichen Sehen (Stereopsis im binokularen Sichtfeld, ► Abschn. 7.7) abhängt. Ihre Augen sind nach vorn gerichtet, und sie profitieren von den Schlitzpupillen, weil diese eine leicht astigmatische Abbildung erzeugen. Ein punktförmiges Objekt aus der Umwelt wird in solchen Augen nicht als Punkt, sondern als kurzer, entlang der Schlitzachse ausgedehnter Strich auf die Netzhaut projiziert. Dadurch ist die Schärfentiefe für senkrechte Strukturen besonders groß, während horizontale Strukturen eher unscharf abgebildet werden. Die Tiere können demzufolge den räumlichen Abstand zu vertikalen Aspekten ihres Sehfeldes (Pflanzen, Felsen, Beutetiere) besonders genau abschätzen und ihr Jagdverhalten entsprechend anpassen. Schlitzpupillen sind kennzeichnend für viele räuberisch lebende Reptilien und Säugetiere (◘ Tab. 7.2). Ein typisches Beutetier wie eine Gazelle hat dagegen horizontale Balkenpupillen in seitlich am Kopf liegenden Augen. Durch diese breiten Augenschlitze überblickt das Tier einen großen Teil seiner Umgebung mit einer Art Panoramasicht. Die horizontalen Pupillen helfen dabei, den vorderen und hinte-

■ Tab. 7.2 Besondere Pupillenformen einiger Prädatoren (links) und einiger Beutetiere (rechts). Nach Banks et al. (2015)

Prädatoren mit vertikalen Schlitzpupillen	**Beutetiere mit horizontalen Balkenpupillen**
Säugetiere:	**Säugetiere:**
Echte Katzen (Gattungen *Felis*, *Prionailurus*, *Leopardus*, *Caracal*, *Pardofelis*, *Neofelis*)	Alpaka (Gattung *Vicugna*)
Frettkatzen (Gattungen *Cryptoprocta*, *Fossa*)	Antilopen (Gattungen *Oreotragus*, *Pelea*, *Procapra*, *Raphicerus*)
Füchse (Gattungen *Lycalopex*, *Otocyon*, *Urocyon*, *Vulpes*)	Bison (Gattung *Bison*)
Ginsterkatze (Gattung *Genetta*)	Erdmännchen (Gattung *Suricata*)
Marderhund (Gattung *Nyctereutes*)	Flusspferde (Gattungen *Hippopotamus*, *Hexaprotodon*)
Tüpfelhyäne (Gattung *Crocuta*)	Gazellen (Gattungen *Gazella*, *Litocranius*, *Ourebia*)
Reptilien:	Giraffe (Gattung *Giraffa*)
Alligator (Gattung *Alligator*)	Gnu (Gattung *Connochaetes*)
Boa (Gattung *Boa*)	Hirsche (Gattungen *Cervus*, *Mazama*, *Odocoileus*, *Pudu*)
Brückenechse Tuatara (Gattung *Sphenodon*)	Hirschferkel (Gattungen *Hyemoschus*, *Tragulus*)
Dreieckskopfottern (Gattung *Agkistrodon*)	Kamel (Gattung *Camelus*)
Krokodil (Gattung *Crocodylus*)	Lama (Gattung *Lama*)
Pythons (Gattungen *Antaresia*, *Aspidites*, *Liasis*, *Morelia*)	Mangusten (Gattungen *Cynictis*, *Helogale*, *Herpestes*, *Paracynictis*)
Todesottern (Gattung *Acanthophis*)	Mungo (Gattung *Galidia*)
Tokeh-Gecko (Gattung *Gekko*)	Okapi (Gattung *Okapia*)
	Pferd, Esel, Zebra (Gattung *Equus*)
	Riedbock (Gattung *Redunca*)
	Schliefer (Gattungen *Heterohyrax*, *Procavia*)

ren Bereich des Gesichtsfeldes scharf zu stellen, denn bei diesen Augen bewirkt der Astigmatismus eine Verbesserung der Horizontalsicht. Auch die Retina dieser Tiere ist auf das Scharfsehen in der Breite ausgelegt (▶ Abschn. 7.7). Weidetiere sind typische Fluchttiere, die sowohl mit zum Gras gebeugten Kopf als auch mit erhobenem Kopf – im Fall eines Warnsignals oder eines verdächtigen Geräuschs – einen scharfen Panoramablick haben müssen. Zu diesem Zweck dient eine reflektorische Augenrollbewegung, die dafür sorgt, dass die horizontalen Balkenpupillen bei Kopfbewegungen am Horizont ausgerichtet bleiben (■ Abb. 7.19, *rechts*). Die Tiere setzen ihre Augen auch dann optimal ein, wenn sie ruhig grasen.

Schlitz- und Balkenpupillen haben sich offenbar in Anpassung an das Jagd- und Fluchtverhalten von Landtieren herausgebildet. Bei Vögeln findet man fast immer runde Pupillen, was damit zusammenhängen mag, dass der Nahbereich des binokularen Sehens für die Tiefenwahrnehmung der Vögel nur eine geringe Rolle spielt. Nur für den Schwarzmantel-Scherenschnabel *Rynchops niger* wurden vertikale Schlitzpupillen beschrieben. Diese Vögel fliegen nah über dem Wasser und tauchen ihren Unterschnabel im vollen Flug ins Wasser ein, um Krebse und kleine Fische zu jagen. Scherenschnäbel sind dämmerungs- und nachtaktiv, sodass ihr Jagdverhalten durchaus Parallelen zu Prädatoren mit Schlitzpupille zeigt. Möglicherweise helfen ihnen die Schlitzpupillen bei der Positionierung ihres Schnabels im Wasser durch stereoskopisches Sehen.

Die Retina zeichnet sich – wie alles Nervengewebe – durch eine besonders **hohe Stoffwechselaktivität** aus, und der Energiebedarf muss durch entsprechende Blutversorgung sichergestellt werden. Das blutversorgende Gewebe der Choroidea liegt außerhalb der Retina, direkt am retinalen Pigmentepithel. Von dort führen Kapillargefäße in die innere Retina und transportieren Sauerstoff und Nährstoffe zu den Interneuronen und Ganglienzellen. Der hohe Sauerstoffverbrauch würde eigentlich ein dichtes intraretinales Kapillarnetz erfordern. Gleichzeitig aber würden die Blutgefäße vermehrt Licht abschirmen, welches bei der inversen Retina der Wirbeltiere zunächst die innere Retina durchdringen muss. Während Fische sich mit einem dichten choroidalen Kapillarnetzwerk (Rete mirabile) behelfen, das die Freisetzung des arteriellen Sauerstoffs potenziert, steht Landwirbeltieren diese Option nicht zur Verfügung. Bei Vögeln, deren Jagderfolg wesentlich von der Leistungsfähigkeit ihrer Augen abhängt, ist das retinale Versorgungsproblem durch die **Augenfächer** (Pecten oculi; ■ Abb. 7.18) gelöst. Augenfächer sind stark vaskularisierte Gewebe mit Kapillaren, die durch mikroskopische Auffaltungen eine große Gesamtoberfläche erzielen. Sie sind mit dem choroidalen Kapillarnetz verbunden und unterstützen so die Durchblutung der Retina, ohne dabei im Lichtweg zu liegen. Sie sind eine Art ausgelagerte Versorgungseinheit der Retina und immer dann besonders ausgeprägt, wenn die Sehleistung besonders hoch ist. Dieser Umstand weist darauf hin, dass die Versorgung der inversen Retina mit Sauerstoff und anderen Nährstoffen ein limitierender Faktor für die Leistungsfähigkeit des Wirbeltierauges ist.

Die Evolution von bildgebenden Linsenaugen reicht weit zurück in die Entstehungsgeschichte der Wirbel-

■ **Abb. 7.20** Die großen Kameraaugen der ausgestorbenen Conodonten. Als frühe Chordatiere lebten Conodonten vom Kambrium bis zum Trias-Jura-Übergang (vor 540–200 Mio. Jahren) und gehörten zu den ersten Wirbeltieren mit möglicherweise bildgebenden Augen

tiere. Erste fossile Hinweise auf relativ große Kameraaugen stammen aus dem Kambrium. Die parasitisch lebenden, kieferlosen **Conodonten** (■ Abb. 7.20) waren frühe Chordatiere und möglicherweise die ersten Wirbeltiere mit Schädel und Augen. Diese Tiergruppe hat eine große Vielfalt von Arten hervorgebracht, deren fossilisierte Zähne für Geologen als Altersmarker für Gesteinsschichten vom Kambrium bis zur Trias dienen. Zur Zeit des Trias-Jura-Übergangs sind die letzten Arten der Conodonten ausgestorben, sodass ihre auffälligen Augen heute nicht im Detail untersucht werden können. Anders ist das mit den **Schleimaalen** (Klasse Myxini im Unterstamm der Wirbeltiere), einer rezenten Gruppe kieferloser Tiere, von denen man annimmt, dass sie im Kambrium aus der Entwicklungslinie der Wirbeltiere abgezweigt ist (vor 530 Mio. Jahren) und die urtümlichen Eigenschaften der damaligen Augen weitgehend bewahrt hat. Ihre einfach aufgebauten Augen (s. ■ Abb. 7.15, *links*) dienen vermutlich nicht dem bildlichen Sehen, sondern – ähnlich wie die Zirbeldrüse (Epiphyse) bei höheren Wirbeltieren – zur lichtabhängigen Regulation von circadianen Stoffwechselprozessen. Echte Bildverarbeitung mit Linsenaugen entstand vermutlich erst mit den ebenfalls kieferlosen **Neunaugen** (Klasse Petromyzontida im Unterstamm der Wirbeltiere), die wohl im frühen Ordovizium (vor 500 Mio. Jahren) die Entwicklungslinie der Wirbeltiere verlassen haben und demzufolge einen Eindruck vom damaligen Stand der Augenevolution vermitteln können (s. ■ Abb. 7.15, *rechts*). Die Analyse von Fossilien dieser Tiere, vor allem aus dem Devon und Karbon, sowie die physiologische Untersuchung der heute lebenden Neunaugen („lebende Fossilien") lassen erkennen, dass bildgebende Linsenaugen bei Wirbeltieren seit mindestens 300–400 Mio. Jahren für das Sehen eingesetzt werden und in dieser langen Entwicklungszeit unter hohem Selektionsdruck optimiert worden sind.

Der zweite hoch entwickelte Augentyp ist das **Komplexauge (Facettenauge)** der Arthropoden, das heute bei Insekten und Krebstieren (wie auch bei Tausendfüßern und Pfeilschwanzkrebsen) in vielfältigen Formen vorkommt. Im Gegensatz zum Linsenauge, bei dem ein reelles Bild durch eine einzige Sammellinse umgekehrt auf eine konkave Retina projiziert wird, wird beim Komplexauge jeder Bildpunkt von einem unabhängigen Einzelauge, einem **Ommatidium** (gr. Äuglein, auch: Facette), beigesteuert. Einige Hundert bis zu etwa 30.000 Ommatidien betrachten das Gesichtsfeld und erzeugen zusammen ein einziges aufrechtes Bild auf der konvexen Retina, zusammengesetzt aus den vielen Retinulae der Ommatidien. Das Bild im Komplexauge ist wie ein Mosaik aufgebaut aus den visuellen Signalen vieler zusammengesetzter Einzelaugen, jedes mit eigenem dioptrischen Apparat und eigener Retina (engl. *compound eye*, zusammengesetztes Auge). Da in einem Komplexauge kein Bild entstehen kann, das mehr Bildpunkte (Pixel) hat als die Gesamtzahl der Ommatidien, ist die räumliche Auflösung dieses Augentyps stark eingeschränkt (▶ Abschn. 7.7). Dafür haben Komplexaugen andere Stärken, insbesondere beim Bewegungssehen (▶ Abschn. 7.10) und bei der Wahrnehmung der Lichtpolarisation (▶ Abschn. 7.13).

Als dioptrischen Apparat verfügt jedes Ommatidium über eine **Cornealinse** aus Chitin mit relativ großer Brechkraft sowie über einen klaren, lichtleitenden **Kristallkegel**, der meist aus vier durchsichtigen Zellen besteht (■ Abb. 7.21, *links*). Blickt man von oben auf ein Komplexauge, kann man eine wabenförmige Struktur erkennen, bei der die sechseckigen Cornealinsen direkt aneinanderliegen, sodass die Lichtausbeute der Augenoberfläche optimiert ist. Der dioptrische Apparat fokussiert das Licht auf das lichtempfindliche Rhabdom, das in der Mittelachse des Ommatidiums liegt und bei verschiedenen Arthropoden unterschiedlich aufgebaut sein kann. Es gibt geschlossene Rhabdome mit fast lückenlos geschichteten Mikrovilli, aber auch offene Rhabdome wie bei *Drosophila* (■ Abb. 7.17). Ommatidien enthalten meist acht bis neun Retinulazellen. Ihr Querschnitt verjüngt sich von der Augenoberfläche in Richtung Retinula, sodass sich eine kegelartige Gesamtform ergibt. Durch die Zusammenlagerung vieler Ommatidien entsteht ein halbkugelförmiges Komplexauge mit einem weiten Gesichtsfeld. Die paarig angeordneten Komplexaugen an den beiden Seiten des Kopfes vermitteln bei vielen Arthropoden eine Rundumsicht, selbst wenn die Augen unbeweglich im Kopf verankert sind wie beispielsweise bei Libellen und Bienen. Komplex-

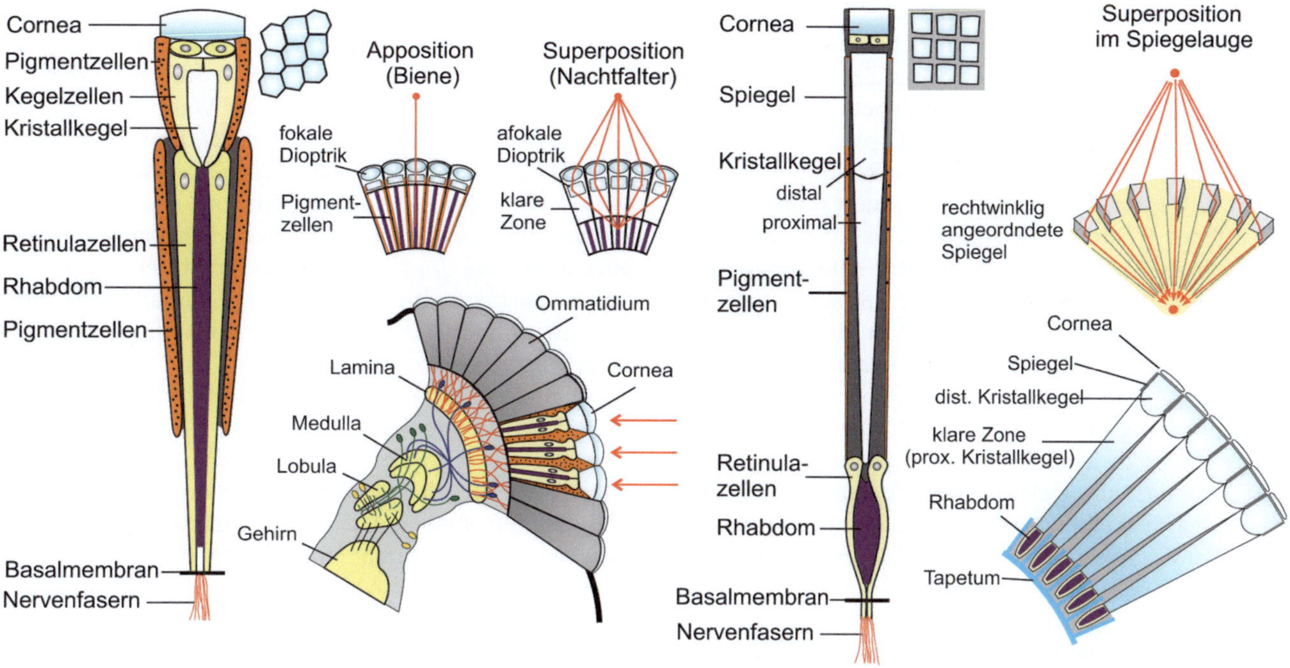

Abb. 7.21 Komplexaugen mit Linsen- und Spiegeloptik. *Links*: Ein Ommatidium aus dem Komplexauge einer Schabe (Ordnung Blattodea) zeigt das axial liegende Rhabdom aus den Rhabdomeren von acht Retinulazellen und die hülsenartige Ummantelung der Photorezeptoren durch Pigmentzellen. Licht gelangt durch die Hornhaut (Cornea) in das Ommatidium. Von außen erkennt man eine sechseckige Wabenstruktur der Cornealinsen. Die Cornea fokussiert das Licht in das Rhabdom, eine typische Eigenschaft des Appositionsauges von Taginsekten (*Mitte, oben*). Hier ist die Cornea die Hauptkomponente der fokalen Dioptrik, und jedes Ommatidium trägt einen Bildpunkt zur Bildwahrnehmung bei. Im Appositionsauge sind die Ommatidien durch Pigmentzellen optisch voneinander isoliert. Bei nachtaktiven Insekten dagegen bildet der Kristallkegel eine afokale Dioptrik, die Voraussetzung für das optische Superpositionsauge. Jeder Kristallkegel zeigt ein von innen nach außen abgestuftes Brechungsverhalten, was einen gemeinsamen Fokuspunkt für ein ganzes Ommatidienfeld verursacht. *Mitte, unten:* Das Ausgangssignal des Komplexauges wird in Lamina, Medulla und Lobula vorverarbeitet und dann dem Gehirn zugeführt. *Rechts*: Bei den Zehnfußkrebsen (Ordnung Decapoda) wird das Licht nicht durch Linsen, sondern durch Spiegel dem Rhabdom des Ommatidiums zugeführt. Die Spiegel werden von Pigmentzellen gebildet und haben eine orthogonale Anordnung an den vier Seiten des distalen Kristallkegels. Die rechtwinklige Ausrichtung ergibt einen quadratischen Querschnitt des äußeren Ommatidiums. Die orthogonalen Winkelspiegel vieler benachbarter Ommatidien fokussieren das Licht auf einen gemeinsamen Punkt – das Spiegelauge ist also ein Superpositionsauge. Unterhalb der Ommatidien findet man eine Reflexionsschicht (Tapetum lucidum), welche die Ausbeute der Lichtdetektion verbessert. Nach Kirschfeld (1971); Land (2000); Palmer et al. (2018); Vogt (1980)

augen auf beweglichen Stielen findet man hauptsächlich bei Crustaceen (s. Abb. 7.24).

Ähnlich wie bei der Retina im Linsenauge wird auch das primäre visuelle Signal der Ommatidien in neuronalen Netzen aufbereitet, bevor es zum Gehirn (zum Protocerebrum) weitergeleitet wird. In den Gewebeschichten der **Lamina, Medulla und Lobula** (Abb. 7.21, *Mitte*) kommt es zu Konvergenz, lateraler Verschaltung und Signalfilterung, durchaus vergleichbar zu den Vorgängen in der inneren Retina des Linsenauges. Dabei wird beispielsweise entschieden, ob das Signal eines jeden Ommatidiums als separater Punkt des wahrgenommenen Bildes genutzt wird oder ob mehrere Ommatidien zu einem Bildpunkt zusammengeschaltet werden. Bei einem Taginsekt wie der Honigbiene (*Apis mellifera*), für die bei ihren Rundflügen kein Lichtmangel besteht, kann jedes Ommatidium als Pixelgeber genutzt werden. Bienen haben dazu **Appositionsaugen**. Hier sind die einzelnen Ommatidien durch Pigmentzellen lichtdicht eingepackt, sodass kein Streulicht durch die Wände des Ommatidiums dringt. Licht, das in einem flachen Winkel auf die Cornealinse trifft, wird entweder nach außen reflektiert oder von den einhüllenden Pigmentzellen absorbiert. Nur annähernd axial einfallendes Licht erreicht das Rhabdom, welches unmittelbar unterhalb des Kristallkegels liegt. Licht, das entlang der Längsachse des Ommatidiums einfällt, wird von der Cornealinse auf das Rhabdom fokussiert (Abb. 7.21, *Mitte*). Diese „fokale Optik" bietet die maximale räumliche Auflösung: ein Bildpunkt pro Ommatidium. Und wegen der kontinuierlichen Wabenform der Cornealinsen schließt das Sehfeld eines jeden Ommatidiums direkt an die Sehfelder seiner Nachbarn an. Das Gesichtsfeld des Komplexauges ist damit optimal erfasst. Allerdings ist dieses System auch abhängig davon, dass jederzeit genug Photonen im Rhabdom eines jeden Ommatidiums ankommen. Das mag bei Sonnenschein und einer offenen Wiesenfläche gegeben sein, kann aber bei einer Flugstrecke durch den Wald, bei dichter Bewölkung oder in der Dämmerung problematisch werden. Für solche Situationen ist ein **neurales Superpositionsauge** besser geeignet, wie man es bei Fliegen und Mücken (Ordnung Diptera, Zweiflügler) findet. Bei diesen Insekten ist das Rhabdom nicht zu einer kristallartigen Struktur fusioniert, sondern liegt als offenes Rhabdom vor (s. ◘ Abb. 7.17, Taufliege). Sechs große Retinulazellen (R1–R6) sind konzentrisch angeordnet, zwei kleinere (R7 und R8) liegen etwas tiefer im Ommatidium. Entscheidend ist, dass jedes Rhabdomer in einem offenen Rhabdom eine etwas andere räumliche Achse aufweist, also auf einen anderen Punkt der Umgebung hin ausgerichtet ist. Die Eignung dieses Auges für schwächere Lichtstärken kommt dadurch zustande, dass die gleich ausgerichteten Retinulazellen von sieben benachbarten Ommatidien auf ein und dieselbe Verarbeitungseinheit in der Lamina konvergieren (► Abschn. 7.8). Diese Verarbeitungseinheiten werden als „*cartridges*" (Kartuschen, Module) bezeichnet. Jede Einheit ist für einen Bildpunkt zuständig. Die Neuronen einer Kartusche haben eine siebenmal bessere Chance, von dem Licht aktiviert zu werden, das von dem Punkt ausgeht, auf den die sieben zusammengeschalteten Retinulazellen gemeinsam blicken. Die Lichtstärke (Lichtempfindlichkeit) des neuralen Superpositionsauges wird dadurch um den Faktor 7 erhöht. Die räumliche Auflösung wird dabei nicht beeinträchtigt, weil nach wie vor sieben Ommatidien sieben Verarbeitungseinheiten aktivieren, sodass jedes Ommatidium einen Bildpunkt liefert.

Arthropoden, die immer mit lichtarmen Bedingungen zurechtkommen müssen – wie beispielsweise nachtaktive Falter, Netzflügler, Eintags- und Köcherfliegen sowie Lauf- und Blatthornkäfer – besitzen in der Regel Komplexaugen, die auf Lichtempfindlichkeit optimiert sind. Beim **optischen Superpositionsauge** sind die einzelnen Ommatidien nicht durch Pigmentzellen voneinander abgeschirmt, sodass Licht durch die Plasmamembranen in Retinulazellen benachbarter Ommatidien gelangen kann. Zudem wird die Lichtführung nicht in erster Linie durch die Cornealinse bestimmt, sondern durch einen Kristallkegel mit besonderen Brechungseigenschaften. Der Brennpunkt der Cornealinse liegt nicht im Rhabdom, sondern mitten im Kristallkegel, der seinerseits einen von der Mittelachse nach außen abfallenden Brechungsindex aufweist. Die besonderen Eigenschaften dieser „afokalen Optik" bewirken, dass Lichtstrahlen von derselben Lichtquelle, die unter verschiedenen Winkeln auf die Cornealinsen benachbarter Ommatidien treffen, zu einem gemeinsamen Ort, meist einem oder wenigen Rhabdomen, geleitet werden (◘ Abb. 7.21, *Mitte*). Dieser gemeinsame Ort liegt im unteren Bereich des Ommatidiums. Die Rhabdome der optischen Superpositionsaugen sind deshalb verkürzt, und oberhalb liegt eine lichtdurchlässige „klare Zone", durch welche die Lichtstrahlen benachbarter Ommatidien einfallen können. Bei manchen Augen können einige Hundert Ommatidien in dieser Weise ihr Licht zusammenführen und dadurch viele Photonen einer Lichtquelle einsammeln und zum gemeinsamen Rhabdom leiten. Solche Augen zeichnen sich durch hohe Lichtempfindlichkeit aus, weil der Einzugsbereich eines einzelnen Rhabdoms (Bildpunktes) nicht mehr nur dem Öffnungswinkel eines einzelnen Ommatidiums entspricht, sondern den kombinierten Öffnungswinkeln eines ganzen Ommatidienfeldes.

Die Komplexaugen der Zehnfußkrebse (Ordnung Decapoda; Garnelen, Langusten, Einsiedlerkrebse, Flusskrebse, Hummer) sind **optische Superpositionsaugen mit Spiegeloptik**. Auffällig an der Bauweise ihrer Ommatidien sind zunächst die quadratische Cornealinse und die dadurch entstehende schachbrettartige Augenoberfläche (◘ Abb. 7.21, *rechts*). Bei manchen Krebsen erzeugen Tausende Ommatidien pro Auge ein einziges aufrechtes Bildmosaik. Dabei bildet der proximale Abschnitt der sehr langen Kristallkegel eine große „klare Zone" und damit die Möglichkeit, Licht aus benachbarten Ommatidien aufzunehmen. Dadurch wird der Superpositionseffekt ermöglicht, der Krebsaugen sehr lichtstark macht – ein wichtiger Vorteil für die im Sublitoral lebenden, meist dämmerungs- oder nachtaktiven Tiere. Die entscheidenden Komponenten für den Strahlengang im Krebsauge sind vier orthogonal angeordnete Spiegel, die den distalen Kristallkegel wie eine Schachtel umgeben. Da alle vier Spiegel im Winkel von 90° zueinander stehen, kann das Ommatidium die besonderen optischen Eigenschaften von 90°-Eckspiegeln nutzen. Alle Strahlen, die von den beiden Spiegelflächen in einer solchen Konfiguration reflektiert werden, kehren zur Lichtquelle zurück; der kombinierte Reflexionswinkel beider Spiegel ist immer 180°. Im Ommatidium des Spiegelauges wird dieser Effekt – die Unabhängigkeit von der Position der Lichtquelle – genutzt, um Lichtstrahlen, die aus unterschiedlichen Winkeln auf die Ommatidien auftreffen, auf ein gemeinsames Rhabdom zu lenken (◘ Abb. 7.21, *rechts*). So entstehen ein ausgeprägter Superpositionseffekt und die hohe Lichtempfindlichkeit der Krebsaugen. Bei einigen Arten wird die Lichtempfindlichkeit noch durch ein Tapetum lucidum verstärkt, das nicht-absorbierte Photonen noch einmal durch das Rhabdom reflektiert und so die Absorptionswahrscheinlichkeit verdoppelt.

Tagaktive Fluginsekten mit einem Bedarf für scharfes Sehen tragen oft sehr große Komplexaugen, die einen wesentlichen Teil des Kopfgewichts ausmachen. Libellen können bis zu 30.000 Ommatidien in einem Auge haben, kleinere Insekten wie Bienen oder Fliegen immerhin einige Tausend. Besonders große Komplexaugen weisen Tarnmuster oder Tarnfarben auf, wohl um Fress-

Abb. 7.22 Komplexaugen von Landinsekten und Krebstieren. *Oben links und Mitte*: Die Komplexaugen von Libellen machen einen Großteil des Kopfvolumens aus (*links* Blaugrüne Mosaikjungfer, *Aeshna cyanea*, mit Tarnfarbenmuster auf den Augen; *rechts* die Augen einer Sumpf-Heidelibelle, *Sympetrum depressiusculum*). *Rechts*: Das mit einem Bandmuster getarnte Auge eines Schmetterlings. *Unten*: Komplexaugen mit Spiegeloptik bei Fangschreckenkrebsen (*links*: *Lysiosquillina*; *Mitte*: *Odontodactylus*) und *rechts* bei einer tropischen Garnelenart, bei der man eine quadratische Scheinpupille erkennt

feinden nicht zu sehr aufzufallen (Abb. 7.22, *oben*). Die Cornealinsen, die die Oberfläche der Komplexaugen bilden, werden bei jeder Ecdysis mitgehäutet und bleiben in der Exuvie zurück. Da das Tarnmuster mit jeder Häutung komplexer wird, kann man das Alter von einigen Großinsekten (beispielsweise bei den Fangschrecken, Ordnung Mantodea) am Tarnmuster ablesen. Auf hellen Bereichen großer Appositionsaugen, beispielsweise bei Libellen, Fangschrecken und Heuschrecken, kann man dunkle Flecken erkennen, die sich verschieben, wenn sich der Betrachter relativ zum Insekt bewegt. Dadurch entsteht der Eindruck, dass der Blick des Tieres dem Betrachter folgt. Dabei handelt es sich um **Scheinpupillen**, die dadurch zustande kommen, dass diejenigen Ommatidien, deren Längsachsen auf den Betrachter ausgerichtet sind, nur wenig Licht reflektieren. Denn das aus der Richtung des Betrachters einfallende Licht wird in den auf ihn gerichteten Ommatidien weitgehend absorbiert, sodass diese Ommatidien dunkel aussehen.

Scheinpupillen sind besonders auffällig bei den marinen Fangschreckenkrebsen (Ordnung Stomatopoda), die über besonders leistungsfähige Komplexaugen verfügen (Abb. 7.22, *unten*). Ihre Augen bestehen aus zwei halbkugel- bis bohnenförmigen Hälften und einem dazwischenliegenden Mittelband, das aus sechs Ommatidienreihen besteht. Jede dieser drei Augenabschnitte trägt für den Betrachter eine Scheinpupille. Die Augen können auf ihren Stielen unabhängig voneinander ausgerichtet werden, wobei sich die Scheinpupillen bei jeder Bewegung verlagern – mit ein Grund für den außerirdischen Eindruck, den diese Tiere dem Betrachter vermitteln. Tatsächlich hat der Sehsinn der Fangschreckenkrebse eine gute räumliche Auflösung (▶ Abschn. 7.7) sowie eine eigenartige Strategie zur Farbwahrnehmung (▶ Abschn. 7.12) und einen ausgefeilten Sinn für die Analyse der Lichtpolarisation (▶ Abschn. 7.13). Die Scheinpupillen sind bei den Zehnfußkrebsen annähernd quadratisch (Abb. 7.22, *unten*), weil sie durch Zu-

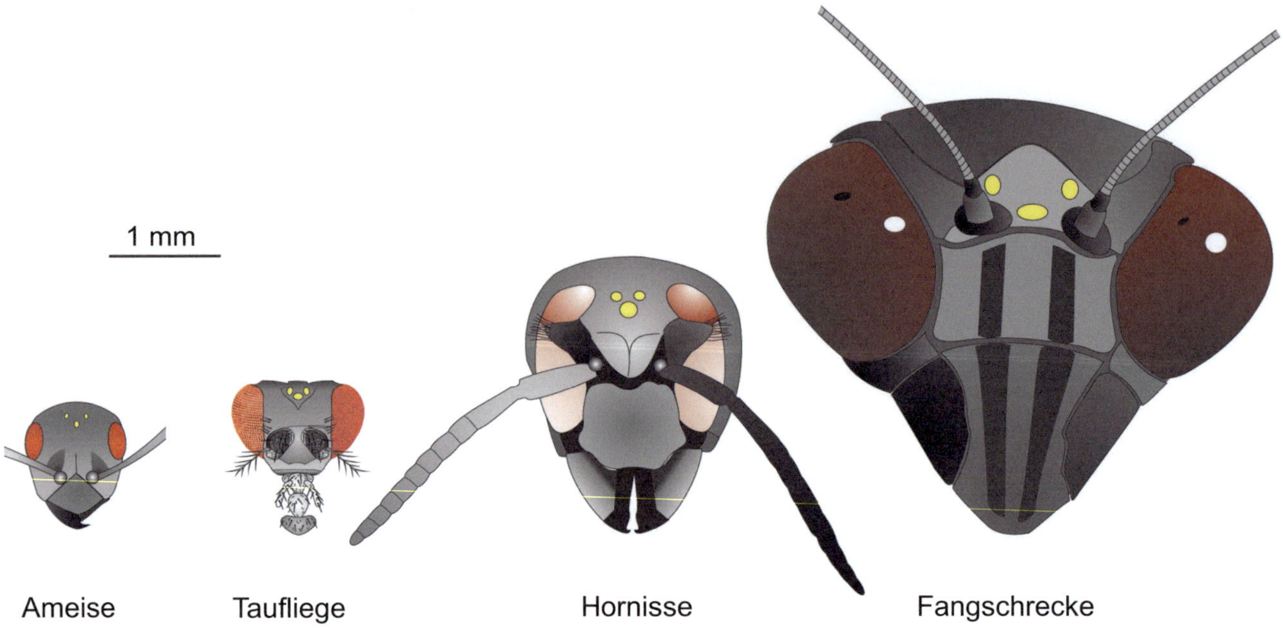

Abb. 7.23 Ocellen: Punktaugen, Nebenaugen. Gesichter von vier Insekten mit Hauptaugen (*rot*) und Ocellen (*gelb*)

sammenlagerung der quadratischen Profile von Spiegelfacetten entstehen.

Viele Insekten besitzen neben einem großen Augenpaar drei bis sechs **Ocellen** (**Nebenaugen**, **Punktaugen**). Eine interessante Eigenschaft dieser kleinen Sinnesorgane ist ihre hohe Reaktionsgeschwindigkeit bei manchen Fluginsekten. Bei Honigbienen (*Apis mellifera*), Fliegen (den Schmeißfliegen *Phormia regina* und *Calliphora vicina*) und Libellen (der Art *Pachydiplax longipennis*) wurde die Flimmerverschmelzungsfrequenz von Ocellen gemessen. Dabei kam heraus, dass sie auf 200 bis 265 Lichtblitze pro Sekunde getrennt reagieren können. Eine so hohe zeitliche Auflösung weist darauf hin, dass Ocellen bei schnellen Sehprozessen eine Rolle spielen. Bei Schaben (*Periplaneta americana*, Amerikanische Großschabe) beträgt die Flimmerverschmelzungsfrequenz nur 40 bis 60 Lichtblitze pro Sekunde, dafür sind die Ocellen lichtempfindlicher als bei den Fluginsekten. Es ist deutlich, dass Ocellen nicht einfach primitive Lichtsensoren sind, sondern dass sie als hoch spezialisierte Komponenten des Sehsystems eingesetzt werden. Für die Spezialisierung spricht auch die Vielfalt an Bauarten, die man bei Ocellen findet. Es sind einfache Flach-, Gruben- oder Becheraugen darunter (s. Abb. 7.18), es gibt aber durchaus auch leistungsfähigere Ocellen mit Linse und Glaskörper. Allen gemeinsam scheint zu sein, dass sie nicht für die Bildgebung taugen, sondern vielmehr die Helligkeit der Umgebung registrieren. Dabei sind die drei Stirnocellen von Fluginsekten (Abb. 7.23) so angeordnet, dass ihr gemeinsames Sehfeld in etwa die Hälfte der Umgebung überblickt. Die schnelle Reaktion der Stirnocellen – wie auch ihre kurzen Verbindungswege zu motorischen Neuronen im zentralen Nervensystem – sind dazu geeignet, schnelle Bewegungsänderungen im Flug zu steuern. Tatsächlich zeigen verhaltensphysiologische Experimente, dass die Ocellen zur Blickstabilisierung während des Fluges beitragen. Dazu nutzen sie den Horizont und den Umstand, dass das Sehfeld oberhalb des Horizonts gewöhnlich heller ist als darunter. Ist der Kopf gerade ausgerichtet und beide Augen sind in der Waage, registrieren die beiden lateralen Stirnocellen die gleiche Helligkeit. Kommt es aber zu einer Drehung um die Körperlängsachse, dann blickt ein Ocellus unter, der andere über den Horizont, und es entsteht eine Signaldifferenz, die für eine Ausgleichsbewegung genutzt werden kann. Dass dieser **optische Gleichgewichtssinn** tatsächlich beim Insektenflug eingesetzt wird, sieht man an Experimenten, bei denen die Ocellen mit lichtundurchlässigem Lack verdeckt wurden. Ein solcher Eingriff führt zu schlecht koordiniertem Taumelflug, ein deutlicher Hinweis auf die Rolle der Ocellen bei der Flugstabilisation.

Komplexaugen waren die ersten bildgebenden Augen der Tiere. Fossilien aus kambrischen Fundstätten wie den Maotianshan-Schiefern (Alter 525–520 Mio. Jahre), dem Emu-Bay-Schiefer (525–515 Mio. Jahre) und dem Burgess-Schiefer (505 Mio. Jahre) zeigen Trilobiten und andere frühe Arthropoden mit voll ausgebildeten Komplexaugen, teilweise mit Tausenden von Ommatidien. Offenbar hängt das Auftreten fossilisierter Komplexaugen aus dem Kambrium damit zusammen, dass den Tieren in dieser erdgeschichtlichen Periode lichtdurchflutete und sauerstoffreiche Lebensräume im Meer zugänglich waren, in denen zudem ausreichend Calciumcarbonat im Wasser gelöst zur Verfügung stand.

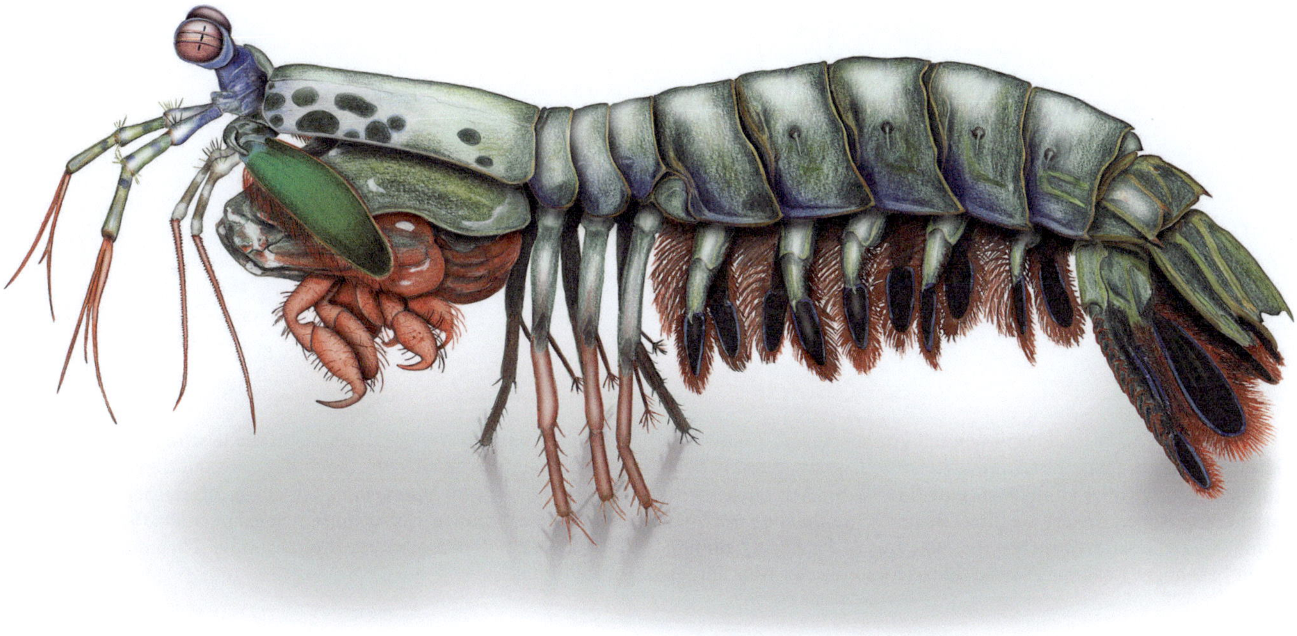

Abb. 7.24 Ein Fangschreckenkrebs blickt mit zwei hoch entwickelten Komplexaugen in die Welt. Der zu den Decapoden gehörende Clown-Fangschreckenkrebs (*Odontodactylus scyllarus*) verfügt über gestielte, frei bewegliche Augen mit Tausenden von Ommatidien, die in drei Zonen auftgeteilt sind; in jeder erkennt man eine eigene Scheinpupille. Mit der oberen und unteren Zone betrachtet der Krebs sein räumlich strukturiertes Sehfeld und erkennt, in welcher Entfernung ein kleiner Fisch an ihm vorbeischwimmt. Die Ommatidien der mittleren Zone erkennen dabei Farben und Polarisationsmuster in einer für uns nicht vorstellbaren Vielfalt. Kommt ein Fisch in Reichweite, schnellen die Fangkeulen des Krebses unter dem Thorax hervor und treffen die Beute mit dem 8000-Fachen der Gravitationsbeschleunigung – eine der schnellsten Bewegungen im Tierreich – und betäuben die Beute

Unter diesen Bedingungen konnten sich calcitverstärkte Außenskelette sowie Komplexaugen mit Linsen aus Calcit entwickeln. Auch scharfe Klauen und harte Zahnplatten entstanden, beides Jagdinstrumente der kambrischen Prädatoren wie *Anomalocaris* (s. ▶ Abb. 1.3). Das Kambrium war eine Zeit ungeheuer schneller Radiation – oft als **„kambrische Explosion"** bezeichnet – und hat fast alle Tierstämme hervorgebracht, die noch heute die Erde bewohnen. Das gegenseitige Aufrüsten von Jägern und Beutetieren trieb die Diversifizierung der Arten voran und brachte immer neure Koadaptationen hervor. Das kambrische Meer war nach heutigem Verständnis ein Lebensraum, in dem Jäger mit bildgebenden Augen nach Beute Ausschau hielten und wo Beutetiere sich versteckten, wenn sie einen Jäger erspäht hatten. Die frühen Arthropoden begannen Augen zur Fernsicht zu nutzen, und sie entwickelten Komplexaugen mit Appositionsoptik zu einem entscheidenden Sinnesorgan für den Kampf ums Überleben. Im Verlauf von 500 Mio. Jahren Evolution sind aus Komplexaugen äußerst vielseitige und leistungsfähige Sinnesorgane geworden, die man heute beispielweise bei den **Fangschreckenkrebsen** (Ordung Stomatopoda) bewundern kann (Abb. 7.24). Sie vermitteln nicht nur hochauflösendes Sehen und ein präzises Entfernungssehen, sondern auch ein differenziertes Farbensehen sowie die Analyse unterschiedlicher Formen der Lichtpolarisation. Zu der erstaunlichen Ausstattung der Komplexaugen gehören bei Fangschreckenkrebsen 16 unterschiedliche Klassen von Photorezeptoren, welche über insgesamt 20 Kanäle Signale in das visuelle System einspeisen. Dazu gehören zwei Kanäle für räumliches Sehen, zwölf Farbkanäle mit unterschiedlichen Opsinen, vier Kanäle für linear polarisiertes Licht und zwei Kanäle für zirkular polarisiertes Licht. Bei Fangschreckenkrebsen, die im flachen, hellen Meer leben, wird ein Lichtspektrum von 300–700 nm ausgewertet, wobei mehrere Farbkanäle auf UV-Wellenlängen spezialisiert sind. Die Sehwelt dieser Tiere ist offenbar vielschichtig und überaus differenziert – auf eine Weise, die wir uns kaum vorstellen können. Komplexaugen stellen keineswegs einen primitiven Augentyp dar, sie können zu enormer Leistungsfähigkeit optimiert werden.

Parallel zu den Insekten und Krebsen haben die Spinnen ihre eigenen Augentypen entwickelt. Die ebenfalls im Kambrium wurzelnde Gruppe der Kieferklauenträger (Unterstamm Chelicerata des Stammes Arthropoda) brachte wohl im Devon die ersten Webspinnen (Ordnung Araneae der Klasse Arachnida) hervor – jedenfalls werden die ältesten Spinnenfossilien auf 380–400 Mio. Jahre datiert. Zum hochempfindlichen und vielgestaltigen Sensorium der heute lebenden Spinnen gehört neben dem ausgefeilten Vibrationssinn (▶ Abschn. 5.1) auch ein besonderer Sehsinn, **das modu-**

Abb. 7.25 Kleine Springspinnen mit großen Augen. *Links*: Die Gewächshausspringspinne (*Hasarius adansoni*) ist weniger als 1 cm groß, verhält sich aber ähnlich wie eine Raubkatze. Mit nach vorne gerichteten Augen fixiert sie ihre Beute, schleicht sich an und springt zielsicher zum tödlichen Biss. Die Augen der Springspinnen haben besondere Lösungen für Sehschärfe und für das Abschätzen von Entfernungen entwickelt und sind die leistungsfähigsten unter allen kleinen Augen. *Rechts*: Auch die nordamerikanische Springspinne *Habronattus americanus* ist ein erfolgreicher Anschleichjäger. Diese Spinnen nutzen ihren Sehsinn auch für aufwendige Balztänze, bei denen offenbar ihre auffällige Färbung eine Signalfunktion hat

lare Augensystem der Spinnen. Wolfspinnen (Familie Lycosidae), Luchsspinnen (Familie Oxyopidae) und Springspinnen (Familie Salticidae) zeigen am deutlichsten die jeweiligen visuellen Jagdstrategien, aber auch andere Spinnen verfügen über leistungsstarke, bildgebende Sehsysteme. Die genauesten Untersuchungen zum Sehsinn der Spinnen liegen derzeit für Springspinnen vor. Mit über 5800 Arten bilden die Springspinnen die größte der Spinnenfamilien (Abb. 7.25). Die Tiere sind etwa 1 cm groß und zeigen ein verblüffend differenziertes Verhalten bei der Jagd auf Insekten und andere Spinnen. Ihre Jagdstrategien sind so komplex und effektiv, dass man ihnen kognitive Fähigkeiten zuschreiben möchte, die eigentlich für höhere Tiere – beispielsweise Raubkatzen – charakteristisch sind. Nicht nur, dass sie sich in geduckter Haltung von hinten an ihr Opfer heranschleichen, um es dann mit einem genau gezielten Sprung zu erwischen. Mitunter laufen sie sogar weite Umwege, um in eine optimale Angriffsposition für ihren Sprung zu gelangen. Und sie lernen schnell und nachhaltig. Obwohl sie zu den Webspinnen zählen, bauen Springspinnen keine Netze. Sie benutzen ihre Spinndrüsen nur zur Herstellung von Kokons und auch für Ankerfäden, mit denen sie ihre Position nach dem Sprung stabilisieren. Manche Springspinnen jagen Netzspinnen. Vertreter der Gattung *Portia* zeigen dabei ein beeindruckendes Lernvermögen. *Portia* zupft an Fäden eines Netzes und probiert so lange unterschiedliche Vibrationsmuster aus, bis die Netzspinne darauf reagiert, weil sie darin typische Vibrationen eines gefangenen Insekts erkennt. Immer wieder zupft *Portia* mit dem geeigneten Muster, bis die Netzspinne sich nähert. Ist sie nah genug, springt *Portia* sie an, lähmt sie mit Gift und frisst sie. Dabei hilft ihr eine genaue Richtungs- und Entfernungsabschätzung durch ihren Sehsinn.

Die meisten Springspinnen verfügen über vier Augenpaare, die jeweils unterschiedliche Funktionen bei der visuellen Erfassung der Umgebung leisten. Aufgrund ihrer Bauart unterscheidet man dabei zwei Hauptaugen und sechs Nebenaugen. Die **Hauptaugen** (anatomisch als anteromediale Augen bzw. vordere Mittelaugen bezeichnet; Abkürzung AM) besitzen eine everse Retina, in der die Rhabdome der Photorezeptoren dem Licht zugewandt vorliegen (Abb. 7.26, *oben links*). Mit den beiden Hauptaugen fixiert die Spinne ein Objekt und bestimmt seine Entfernung. Die sechs **Nebenaugen** (anatomisch zwei posteriomediale, PM; zwei posteriolaterale, PL; zwei anterolaterale Augen, AL) beinhalten eine inverse Retina mit Photorezeptoren, deren Rhabdome vom Licht abgewandt angeordnet sind (Abb. 7.26, *oben links*). Nebenaugen erfassen fast die gesamte Umgebung der Spinne. Sie reagieren auf Bewegungen von Objekten im Sehfeld und können Spezialfunktionen wie das Polarisationssehen erfüllen. Im Gegensatz zu den Hauptaugen tragen Nebenaugen zudem ein reflektierendes Tapetum lucidum im Augenhintergrund eingelagert, was ihre Lichtempfindlichkeit verstärkt.

Experimente zur Sehleistung von Springspinnen haben ergeben, dass ihre Augen über eine normale Lichtstärke, aber eine ungewöhnlich hohe Sehschärfe verfügen. Die Sehschärfe ist eigentlich abhängig von der Augengröße (Erläuterung s. ► Abschn. 7.7). Springspinnen bilden aber eine kuriose Ausnahme von dieser Regel. Sie erreichen mit ihren winzigen Augen die Sehschärfe von mittelgroßen Wirbeltieren (Abb. 7.26, *oben Mitte*). Der Grund dafür liegt in der einzigartigen Form ihrer Hauptaugen. Die Augen der Spinnen sind Kameraaugen und unterliegen damit nicht der eingeschränkten Sehschärfe von Komplexaugen („ein

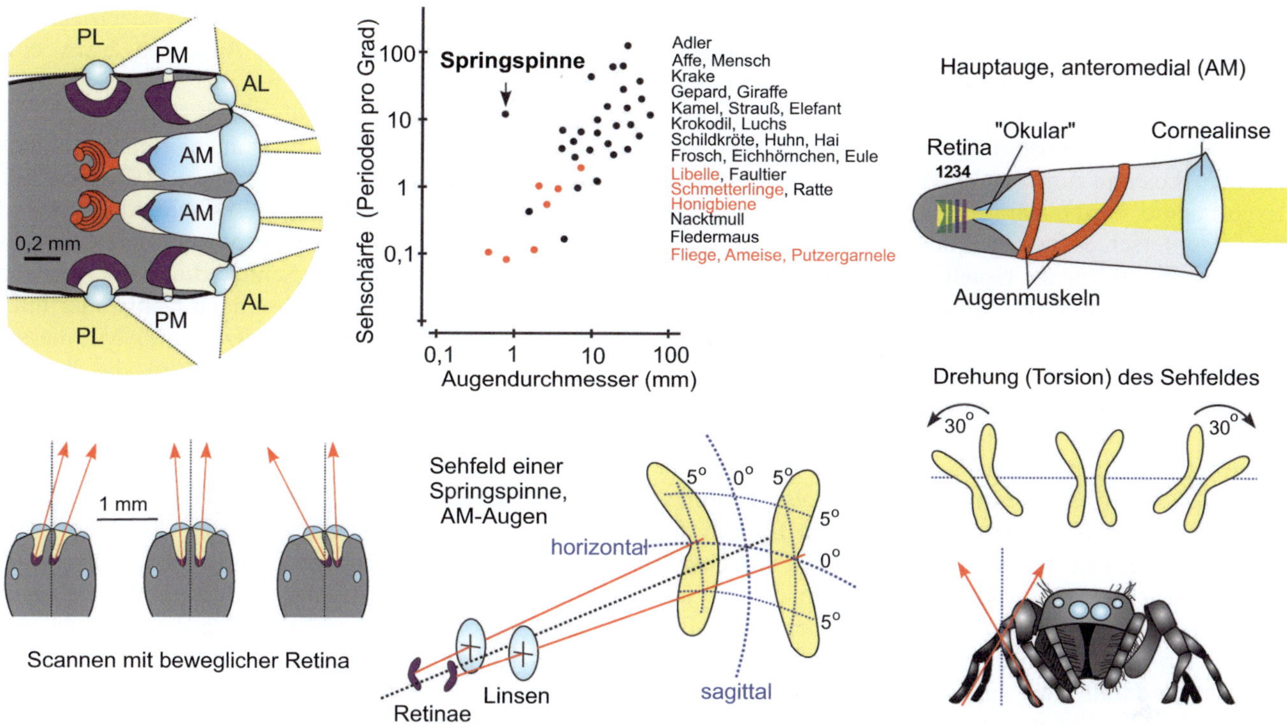

Abb. 7.26 Die scharfen Augen den Springspinnen. *Oben links*: Schematische Darstellung der acht Augen einer Springspinne, von oben gesehen. Die anteromedialen (AM) Hauptaugen haben ein schmales Sehfeld, während die posteriolateralen (PL) und anterolateralen (AL) Nebenaugen fast eine Rundumsicht ermöglichen. Die kleinen posteriomedialen (PM) Nebenaugen sind vermutlich nicht bildgebend, sondern dienen als Helligkeitssensoren. *Oben Mitte*: Beziehung zwischen Sehschärfe und Augengröße bei Tieren mit Linsenaugen (*schwarz*) und Komplexaugen (*rot*). Die Sehschärfe ist dargestellt als Ortsfrequenz (Einheit: Perioden pro Grad) eines scharf wahrnehmbaren Linienmusters. Experimente mit der Springspinne *Portia fimbriata* ergaben eine ungewöhnlich hohe Sehschärfe der Hauptaugen (AM-Augen). *Oben rechts*: Aufbau des Hauptauges einer Springspinne. Die Teleskopoptik besteht aus einer Cornealinse mit großer Brennweite und einer „Okular"-Linse, die das Bild auf die vierschichtige Retina vergrößert. *Unten links*: Bewegung der Hauptaugen einer Springspinne bei feststehenden Cornealinsen. Drei Paare von Augenmuskeln führen das schmale Sehfeld über größere Objekte. Dabei werden die Blickachsen der beiden AM-Augen (*rot*) meist, aber nicht immer, parallel geführt. *Unten Mitte*: Infolge der länglichen Form der Retinae und der Teleskopoptik im Hauptauge hat jedes Auge ein schmales (< 1°), bumerangförmiges Sehfeld. Zusammen liefern beide Augen ein X-förmiges Sehfeld. *Unten rechts*: Eines der drei Paare von Augenmuskeln erzeugt eine Drehung des Hauptauges um seine Längsachse um maximal 30°. Vermutlich erleichtert diese Torsion die Erkennung anderer Spinnen, bei denen die Anstellwinkel der Beine oft nahe 30° betragen. Nach Land (1969a, b); Caves et al. (2018)

Ommatidium, ein Bildpunkt"). Die Hauptaugen von Springspinnen haben eine sehr lang gezogene Form, ähnlich einem Teleskop (Abb. 7.26, *oben rechts*). Zwei Linsen fokussieren das Licht auf eine Retina – in etwa so, wie das Licht in einem Teleskop auf die Netzhaut des Betrachters fokussiert wird. Eine Cornealinse mit großer Brennweite wirft ein Bild bis kurz vor die Retina. Eine zweite Linse, anatomisch eine konkave Grube mit lichtbrechendem Material, vergrößert dieses Bild auf die Retina, ähnlich wie ein Okular das reelle Zwischenbild des Teleskops vergrößert. Durch dieses eingebaute **„Okular"** erreicht das Spinnenauge sein ungewöhnlich scharfes Bild. Neben der Besonderheit ihres dioptrischen Apparats haben die Spinnen auch eine besondere Form der Retina erfunden: die **mehrschichtige Retina**. Das Licht hinter der zweiten Linse wird nicht einfach auf eine einzige Schicht von Photorezeptoren fokussiert, sondern es durchläuft vier Retinaschichten (Abb. 7.26, *oben rechts*) und wird dabei detailliert ausgewertet. Zunächst ermöglicht die gestapelte Retina der Spinne das **Farbensehen**. Denn der dioptrische Apparat erzeugt durch Lichtbrechung eine Aufspaltung des eintreffenden Lichtes in unterschiedliche Farben mit jeweils wellenlängenspezifischen Brennweiten (chromatische Aberration, ▶ Abschn. 7.12). Jede der Retinaschichten empfängt daher Licht einer anderen Farbe. Die Spinne kann ultraviolett, blau und grün unterscheiden und exprimiert dazu in den vier Schichten ihrer Retina zwei unterschiedliche Isoformen von Rhodopsin, eine UV-/blau-sensitive in den Schichten III und IV, sowie eine grün-sensitive in den Schichten I und II (Schichtennummerierung in Abb. 7.26, *oben rechts*). Zusätzlich können manche Springspinnen durch Einlagerung von Farbpigmenten ihr Farbspektrum noch ausweiten. Interessanterweise wird grünes Licht infolge der chromatischen Aberration immer nur auf Schicht I fokussiert, sodass ein grünes Bild des Objekts in dieser Schicht scharf abgebildet wird. Die ebenfalls grünempfindliche Schicht II dagegen liegt vor dem Grünfokus und empfängt aus diesem Grund nur unscharfe Grünbilder. Das Ausmaß der Unschärfe in Schicht II ändert sich aber mit dem Abstand zum Objekt. Verhaltensphysiologische Experimente weisen darauf hin, dass die Spinne den Schärfeunterschied zwischen den in Schicht I und II gesehenen Bildern für die **visuelle Tiefeninformation**, also zur Bestimmung der Entfernung zu einem angeschauten Objekt, einsetzt. Auch dies ist eine spinneneigene Sehstrategie, ansonsten von keinem Sehsystem bekannt.

Die hinterste Schicht der Retina (Schicht I in ◘ Abb. 7.26, *oben rechts*) enthält sehr dicht gepackte Photorezeptoren mit einem durchschnittlichen Abstand von 1 µm, wobei die Gesamtzahl der Photorezeptoren nicht viel mehr als 100 beträgt. Dies ist der Bereich der Retina, mit dem die Spinne scharf sieht, es ist ihre **Fovea**. Die Struktur der Schicht I löst ein Problem, das mit der Teleskopoptik des Spinnenauges zusammenhängt. Die Linsen der Teleskopaugen sind nicht verformbar und eignen sich damit nicht zur Akkommodation an unterschiedliche Objektdistanzen. Die Brennweite der Teleskop-Dioptrik liegt vielmehr fest und unveränderbar auf der geschichteten Retina. Dennoch kann die Spinne ihr Opfer in unterschiedlichen Entfernungen scharf sehen, ihr Auge hat die für die Jagd nötige **Schärfentiefe**. Der Grund dafür ist, dass die Photorezeptoren in Schicht I treppenartig abgestuft vorliegen: Einige Stufen dieser Treppenstruktur liegen näher an Schicht II, andere weiter hinten auf der optischen Achse (◘ Abb. 7.26, *oben rechts*). Wegen dieser insgesamt schüsselförmigen Struktur der Fovea benötigt die Spinne keine Akkommodation. Jedes Objekt, ob nah oder fern, wird irgendwo in Schicht I ein scharfes Bild geben, wenn auch nur mit einer vergleichsweise kleinen Anzahl von Photorezeptoren.

7

Wie bei optischen Teleskopen ist auch beim Hauptauge der Spinne das scharfe Bild sehr klein. Es umfasst bei *Portia* ein Sehfeld von nur 0,6° und wird von nur etwa 100 Photorezeptoren abgebildet. Springspinnen schauen mit ihren Hauptaugen also mit einer Art Tunnelblick auf einen winzigen Fleck ihrer Umgebung. Dennoch können sie große Objekte betrachten. Dazu bewegen sie gleichzeitig beide Teleskopaugen hinter den unbeweglichen Cornealinsen und führen ihre Blickachse über den Bereich, der sie interessiert. Die Teleskopaugen sind dazu mit jeweils drei Muskelpaaren ausgestattet – eines für Hoch-runter-Bewegungen, eines für Rechts-links-Bewegungen und eines zur Drehung des Auges um seine Längsachse (◘ Abb. 7.26, *unten links*). Man kann sich diesen Vorgang vorstellen wie das zeilenweise **Bildabtasten (Scannen)** bei digitalen Kameras: Die Muskeln führen das kleine Sehfeld Zeile für Zeile über das Objekt, bis das ganze Objekt visuell erfasst ist. Ophthalmoskopische Messungen an Springspinnen haben gezeigt, dass das Sehfeld eines jeden Auges in etwa eine Bumerangform aufweist – weil die schüsselförmige Schicht I der Retina in der Aufsicht ebendiese Form hat. Die Sehfelder beider Augen zusammen erinnern folglich an einen Doppelbumerang in Form eines X (◘ Abb. 7.26, *unten Mitte*). Die Spinne kann dieses Sehfeld horizontal (Bildzeilen) und vertikal (Zeilensprünge) über ein Objekt führen, zudem kann das Sehfeld durch die Muskeln zur Drehung um die Längsachse nach rechts oder links gekippt werden (◘ Abb. 7.26, *unten rechts*). Mit diesem beweglichen, X-förmigen Sehfeld rastert die Springspinne ihr Opfer ab – ein Prozess, der etwa 20–40 s dauern kann. Dann aber hat sie ein scharfes Bild und springt mit tödlicher Präzision.

Diese Art des Sehens – Fokussierung mit Teleskopoptik, Nutzung der chromatischen Aberration zum Farbensehen, Auswertung der Bildunschärfe zum Tiefensehen und das Bildabtasten durch eine bewegliche Retina – ist offenbar eine Erfindung der Spinnen und kommt in dieser Kombination bei anderen Tieren nicht vor. Es handelt sich um ein spezialisiertes, hoch entwickeltes Augensystem für besonders kleine Augen. **Nachtaktive Spinnen** haben besonders lichtstarke Augen entwickelt. Die tropische Großaugenspinne (*Deinopis subrufa*; Familie Kescherspinnen, Deinopidae) fängt ihre Opfer mithilfe eines Fangnetzes, das sie zwischen ihren Vorderbeinen spinnt und gezielt über die Beutetiere wirft. Obwohl sie ausschließlich nachts jagt, zielt sie mittels ihrer vergleichsweise riesigen Augen (◘ Abb. 7.27, *links*), die – anders als bei den Springspinnen – keine AM-Augen, sondern PM-Augen sind. Bei der Großaugenspinne sind also nicht die Hauptaugen, sondern ein Paar ihrer Nebenaugen vergrößert. Die PM-Augen besitzen nicht den teleskopischen Apparat zur scharfen Bildgebung, aber sie haben eine sehr große, kugelige Linse (Durchmesser 1,3 mm) mit sehr kurzer Brennweite (0,77 mm). Die inverse Retina liegt direkt hinter dieser Linse im Bereich der Brennweite. Die große Kugellinse kann nur deshalb ein einigermaßen scharfes Bild (gemessen wurde ein Sehschärfewinkel von 1,5°) liefern, weil die sphärische Aberration kompensiert wird. Das geschieht dadurch, dass der Brechungsindex der Linse von innen nach außen immer weiter abnimmt, sodass sich zentral verlaufende Strahlen und Randstrahlen im selben Brennpunkt auf der Netzhaut treffen. Entscheidend ist, dass die Augen der Großaugenspinne 2000-mal lichtstärker sind als die Augen der Springspinnen. Nur so kann sie nachts unter visueller Kontrolle jagen.

Auch Wolfsspinnen (Familie Lycosidae) tragen vergrößerte PM-Augen (◘ Abb. 7.27, *rechts unten*). Sie sind besonders empfindlich für Licht im Wellenlängenbereich von 505–510 nm und befähigen die Tiere zur Jagd in schattiger Vegetation sowie in der Nacht. Sie

Abb. 7.27 Nächtliche Jäger unter den Cheliceraten. *Links*: Die Kescherspinne *Deinopis subrufa* (Großaugenspinne) fängt ihre Beute mit einem Netz. Ihre großen Linsenaugen sind mit einer relativen Apertur von 1,68 viermal so lichtstark wie die Augen des Menschen (0,42). *Rechts*: Skorpione (Ordnung Scoriones) und Wolfspinnen (Familie Lycosidae, hier *Alopecosa cuneata*) sind nachtaktive Jäger mit einem Paar lichtstarker medialer Augen und mehreren Nebenaugen. *Unten*: Der urtümliche Pfeilschwanzkrebs *Limulus polyphemus*, ebenfalls ein Chelicerat, besitzt zwei große Komplexaugen und daneben noch acht kleinere Augen

gehören zu den erfolgreichsten Nachtjägern unter den Spinnen. Bei anderen Cheliceraten sind die visuellen Systeme einfacher aufgebaut und weniger leistungsfähig. Sie dienen vermutlich in erster Linie der Helligkeitsmessung, weniger aber der Bildgebung. Skorpione (Ordnung Scorpiones) verfügen über zwei Augenfelder, nach oben gerichtete Medianaugen und zur Seite gerichtete Lateralaugen (◘ Abb. 7.27, *rechts oben*). Soweit bekannt, sind die Medianaugen einfache Kameraaugen von hoher Lichtstärke, ausgestattet mit je einer bikonvexen Linse. Durch ihre dorsale Lage erscheinen sie besonders geeignet für die Erfassung des Tageslichtes. Auch kann ein Skorpion mit diesen Augen sicherstellen, dass er sich im Schatten eines Verstecks aufhält – eine lebenswichtige Information besonders für Wüstentiere. Die Lateralaugen bestehen aus mehreren einfach aufgebauten Ocellen und Augenflecken, die zusammen ein Ocellenfeld mit rund sechs Einzelaugen bilden. Ihre Zahl und Form variieren allerdings stark zwischen den vielen Skorpionarten, und ihre spezifischen Funktionen sind kaum bekannt. Skorpione setzen einen hochempfindlichen Vibrationssinn zur räumlichen Orientierung ein (▶ Abschn. 5.2). Inwieweit das Verhalten der Tiere visuell gelenkt ist, muss erst noch erforscht werden. Das Gleiche gilt für Zecken (Ordnung Ixodida), die entweder gar keine Augen haben oder nur ein Paar primitiver Ocellen, die möglicherweise zur Regulation circadianer Prozesse dienen. Bei Zecken sind Riech- und Temperatursinn die verhaltensbestimmenden Sinnesmodalitäten bei der Suche nach Nahrung.

Die älteste rezente Gruppe von Cheliceraten, die Pfeilschwanzkrebse (Familie Limulidae der Ordnung Xiphosura, Schwertschwänze) zeigen dagegen eine umfangreiche Ausstattung mit Augen unterschiedlicher Art. Bei der am besten untersuchten Art, *Limulus polyphemus*, dem Atlantischen Pfeilschwanzkrebs, findet man mehr als zehn Augen verteilt über die ganze Körperoberfläche. Am auffälligsten sind zwei große Lateralaugen mit jeweils etwa 1000 Ommatidien, die dorsal auf dem Prosoma, dem Panzerschild dieses Tieres, aufsitzen (◘ Abb. 7.27, *unten*). Sie ermöglichen die Wahrnehmung von Objektformen und Bewegungen in der Umgebung, wenn das Tier sich tagsüber im Sand eingräbt, sodass die Lateralaugen gerade hervorschauen. Es handelt sich dabei um Appositionsaugen mit einer flachen Cornea. Darunter befindet sich eine nach innen konisch zulaufende Zylinderlinse, die durch einen konzentrisch abgestuften Brechungsindex das Licht auf das Rhabdom fokussiert. Weiter vorn auf dem Prosoma und mehr zur Mittellinie hin liegen zwei ocellenartige Medianaugen, die zur Erfassung von Tageszyklen und Mondphasen eingesetzt werden sowie zur Synchronisation der Paarungszyklen der Pfeilschwanzkrebse. Zwei weitere Augen befinden sich unterhalb des Prosomas in der Nähe des Mundes und schauen nach unten. Inwieweit diese Ventralaugen die Nahrungsaufnahme unterstützen, ist noch nicht geklärt. Darüber hinaus tragen die Tiere mehrere Einzelaugen auf Prosoma und Schwanz (Telson), deren jeweilige Funktionen noch unerforscht sind. Pfeilschwanzkrebse sind zwar hauptsächlich nachtaktiv. Sie leben aber bevorzugt in flachen, lichtdurchfluteten Meeresbereichen, in denen das Spiel von Sonnen- und Mondlicht vielfältige Informationen über Tageszeit, Jahreszeit, Wetter, die Topografie des Meeresbodens und die Bewegungen anderer Tiere liefern kann. Vielleicht hat sich bei diesen urtümlichen Wesen ein differenziertes Augensystem erhalten, weil es von Vorteil war, die komplexe Lichtwelt flacher Meere interpretieren zu können, während nach dem Landgang der Cheliceraten die Augensysteme spezialisiert (Spinnen), reduziert (Skorpione) oder gar verloren gegangen (Zecken) sind.

7.7 Optimierung der räumlichen Auflösung

Für das Scharfsehen benötigen die Augen der Tiere vor allem drei Voraussetzungen. Der dioptrische Apparat, zu dem Hornhaut, Linse, Kammerwasser, Glaskörper und andere lichtleitende Strukturen gehören können, muss transparent sein und wenig Streuung und Abbildungsfehler (optische Aberrationen) aufweisen. In der Retina muss das Bild auf ein Mosaik aus kleinen, eng angeordneten Photorezeptoren projiziert werden. Und schließlich muss jeder dieser Photorezeptoren seine Signale durch einen eigenen afferenten Kanal an die Sehzentren des Gehirns leiten können, sodass jeder Photorezeptor einen separaten Bildpunkt erzeugen kann. Wenn diese drei Bedingungen erfüllt sind, benötigt das Tier noch entsprechend leistungsfähige Vernetzungen im Gehirn, damit scharfes Sehen zu einem brauchbaren Sinneseindruck werden kann. Es ist leicht vorstellbar, dass ein solches System für das hochauflösende Sehen sehr aufwendig ist. Bei den Springspinnen (Familie Salticidae) können die Signale aus den Augen durch ein winziges Gehirn ausgewertet werden, weil das retinale Mosaik nur aus einigen Hundert Photorezeptoren mit jeweils 1 µm Durchmesser besteht (s. ◘ Abb. 7.26). Wirbeltieraugen dagegen haben viele Millionen Photorezeptoren, und es wäre ein ungeheurer Aufwand, würde das Gehirn alle Photorezeptoren einzeln auslesen, um ein scharfes Bild mit ebenso vielen Pixeln wie Photorezeptoren sehen zu können. Säugetiere mit 100 Mio. Photorezeptoren pro Auge müssten in diesem Fall über 200 Mio. getrennte afferente Kanäle – Axone von Ganglienzellen – verfügen, die über zwei fingerdicke Sehnerven ins Gehirn führen würden. Die Lösung für dieses Problem ist bei den Wirbeltieren ähnlich wie bei den scharf sehenden Springspinnen.

Abb. 7.28 Eine Gruppe Flamingos, fotografiert zur Veranschaulichung einer Area centralis. Mit unbewegten Augen wird nur das zentrale Sehfeld scharf wahrgenommen, weil das Licht von dort auf die Area centralis der Netzhaut fällt. Hier erzeugt jeder Photorezeptor einen farbigen Bildpunkt (Pixel). Licht von außerhalb des Zentrums trifft auf Netzhautbereiche, in denen mehrere Photorezeptoren konvergent zusammengeschaltet sind und gemeinsam ein Pixel des peripheren – mit zunehmendem Abstand von der Area centralis farblosen – Sehfeldes liefern

Das Scharfsehen wird auf einen kleinen Bereich der Retina beschränkt, die **Area centralis retinae**. Dieser hochauflösende Bereich des Sehfeldes wird durch geordnete Kopf- und Augenbewegungen über das Objekt geführt, sodass jede Stelle einmal kurz scharf gesehen werden kann. Unbewegte Augen vermitteln dagegen eine Art Tunnelblick, bei dem nur ein kleiner Ausschnitt des Sehfeldes scharf gesehen werden kann (Abb. 7.28). Zur Orientierung: Im menschlichen Auge vermittelt die Area centralis (beim Menschen: Fovea centralis) einen scharf wahrnehmbaren Fleck mit einer Ausdehnung von etwa 1°. Das entspricht der Fläche einer 1-Euro-Münze in 1 m Entfernung. Alles andere sehen wir unscharf – vor allem, weil außerhalb der Area centralis größere Gruppen von Photorezeptoren auf ein und dieselbe Ganglienzelle verschaltet sind und somit zusammen nur einen Bildpunkt liefern können. Zum Scharfsehen muss ein Objekt also mit der Area centralis abgetastet (gescannt) werden, und das Gehirn muss alle scharf gesehenen Flecke des Sehfeldes schließlich zu einem hochauflösenden Gesamtbild zusammenfügen. Ein solches Vorgehen erfordert bei vielen Tieren – insbesondere bei vielen Wirbeltieren – eine Area centralis, koordinierte Augenbewegungen sowie ein integrierendes Sehzentrum.

Lage und Struktur der Area centralis hängen in erster Linie davon ab, welche Anforderungen eine Tierart an ihr Sehsystem hat. Die **retinale Topografie**, in erster Linie die Dichte von Photorezeptoren und Ganglienzellen, spiegelt daher die unterschiedlichen Lebensweisen der Tiere wider. Besonders aussagekräftig sind Karten der Retina, auf denen die lokale Dichte der Ganglienzellen erkennbar ist, denn die Regionen mit den meisten Ganglienzellen pro Quadratmillimeter liefern die schärfsten Bilder. Bei Fluchttieren mit seitlich am Kopf liegenden Augen findet man oft eine streifenförmige Area centralis, die vor allem ein scharfes Bild der Umgebung entlang der Horizontalen vermittelt (Känguru, Pferd, Abb. 7.29; Kaninchen, Abb. 7.30). Der Streifen liegt in der naso-temporalen Achse der Retina, die bei seitlich liegenden Augen als anterior-posteriore Achse ausfällt, und ist optisch auf den Horizont ausgerichtet. Bei Raubtieren mit nach vorne blickenden Augen liegt die Area centralis dagegen etwas schläfenseitig, in demjenigen Bereich der Retina, der nach vorne auf die Jagdbeute blickt (Hund, Katze, Abb. 7.29). Sie bildet konzentrische Regionen um einen Fleck mit sehr hoher Ganglienzelldichte, oft drängen sich viele besonders kleine Ganglienzellen an diesem Fleck zusammen. Die fleckförmige Area centralis der Raubtiere blickt in die Mitte des binokularen Sehfeldes und ermöglicht stereoskopische Scharfsehen. Bei vielen Tieren gibt es Mischformen zwischen der Streifentopografie und der Flecktopografie.

Insbesondere bei nachtaktiven Tieren, bei Tieren, die in dichter Vegetation nach Insekten jagen, bei fruchtfressenden Wirbeltieren und auch bei vielen Rifffischen findet man sowohl eine streifenförmige als auch eine getrennte, fleckförmige Area centralis – beide mit offensichtlich speziellen Sehfeldern (Lippfisch, Abb. 7.29, Kaninchen, Abb. 7.30). Manchmal sind beide Topologien auch zu einer kombiniert, sodass sich eine scharfe Breitsicht mit besonders scharfer Mittelregion ergibt (Gepard, Eissturmvogel, Abb. 7.29). Die vielen Ausformungen der retinalen Topografie machen deutlich, dass die Retina die aufwendige Ausstattung für das Scharfsehen nur dort aufweist, wo hohe Dichten von Photorezeptoren und Ganglienzellen unbedingt gebraucht werden, sodass ihr Erhalt durch Selektionsdruck stabilisiert wird. Nur Tiere, deren Verhalten in besonderer Weise visuell gelenkt ist, wie das bei Vögeln und Eichhörnchen zutrifft (Abb. 7.29), zeigen hohe Ganglienzelldichten (> 50.000 pro Quadratmillimeter) über große Bereiche ihrer Retinae. Bei diesen Tieren sind für das Scharfsehen weniger Kopf- und Augenbewegungen – weniger Scannen – nötig. In den meisten Augen ist jedoch der Apparat für das Scharfsehen auf kleine Regionen beschränkt, wo dann Dichten von mehreren Hunderttausend Ganglienzellen pro Quadratmillimeter erreicht werden können. Tiere, deren Verhaltensrepertoire hauptsächlich olfaktorisch und auditorisch bestimmt wird, wie Mäuse, Ratten und Fledermäuse, weisen oft vergleichsweise geringe Ganglienzelldichten auf (< 5000 Zellen pro Quadratmillimeter), wobei die Augen größerer Tiere aus optischen Gründen auch mit geringerer Zelldichte eine gute räumliche Auflösung erreichen können.

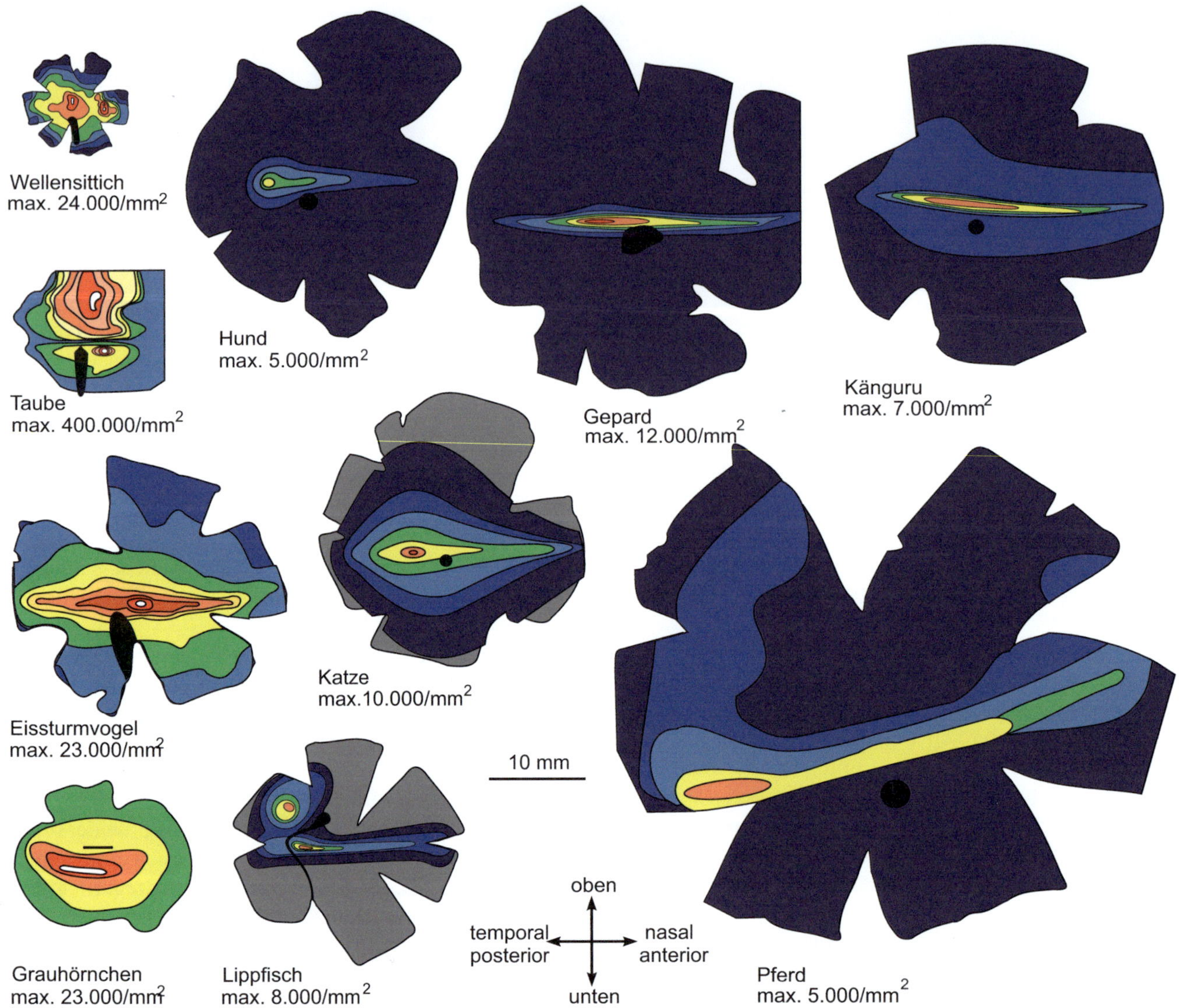

Abb. 7.29 Die Topografie des Scharfsehens. Darstellung der Ganglienzelldichte in aufgeschnittenen, flach ausgebreiteten Netzhäuten. Höhere Zelldichten sind durch wärmere Farben symbolisiert, die höchste durch Weiß. Schwarze Flecken bezeichnen die Lage der Papille („blinder Fleck"), bei Vögeln den Augenfächer (Pecten oculi), unter dem sich die Papille verbirgt, beim Lippfisch Sichelfortsatz und Papille. Die Darstellungen sind größenskaliert. Nach Hughes (1977); Collin und Pettigrew (1988); Guo und Sugita (2000); Querubin et al. (2009); Mitkus et al. (2014, 2016)

Eine fleckförmige Area centralis kann in zwei grundlegend unterschiedlichen Ausführungen vorkommen. Bei vielen Tieren findet man in der Area centralis eine Häufung von Zapfen-Photorezeptoren mit besonders schmalen Außensegmenten sowie in der inneren Retina an dieser Stelle besonders viele Ganglienzellen, die ein feinmaschiges Ausgangssignal zu den Sehzentren des Gehirns leiten (Beispiel Katze, Abb. 7.31, *links*). Ein solcher Aufbau ist die am weitesten verbreitete Form dieser auf das Scharfsehen spezialisierten Region bei Wirbeltieren. Als Anpassung an besonders hohen Selektionsdruck beim hochauflösenden Sehen wird die Grubenform der Area centralis, die **Fovea centralis** (zentrale Grube), verstanden (Beispiel Affe, Abb. 7.31, *rechts*). Zwischenformen mit grubenförmigen Einsenkungen der Retina findet man bei vielen Knochenfischen und Echsen, bei einigen Schlangen (beispielsweise bei der Nasen-Peitschennatter, *Ahaetulla nasuta*), nicht aber bei Fröschen, den meisten Schildkröten und Krokodilen. Die meisten Vögel haben eine tiefe, zentrale Fovea für das monokulare Scharfsehen zur Seite (Tiefe bei Greifvögeln: 150–250 µm), und zusätzlich eine flachere, temporale Fovea, die das hochauflösende Sehen im binokularen Sehfeld nach vorne unterstützt (bei Greifvögeln 30–100 µm, Eulen haben nur die temporale Fovea). Bei den Säugetieren gibt es eine interessante Unterscheidung in einerseits die eine Fovea besitzenden Trockennasenaffen (Unterordnung Haplorrhini der

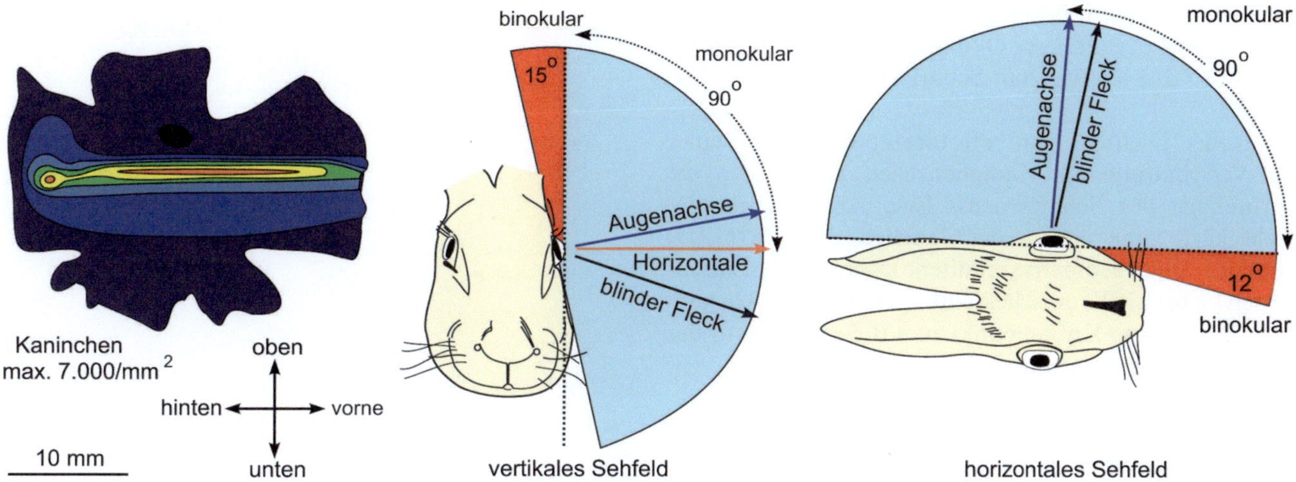

Abb. 7.30 Zusammenhang von retinaler Topografie und Sehfeld beim Kaninchen (*Oryctolagus cuniculus*). *Links*: Die Retina des Kaninchens zeigt zwei Regionen mit hoher Ganglienzelldichte, eine streifenförmige Area centralis und eine punktförmige Region am hinteren Ende der Netzhaut. *Mitte*: Das Sehfeld des linken Auges umfasst etwa 180°, wobei die Augenachse um 15° zur Körperlängsachse gekippt ist. Die Area centralis projiziert in die Horizontale, die der Papille („blinder Fleck“) ist um 13° nach unten gerichtet. *Rechts*: Das horizontale Sehfeld umfasst 192° und liegt weitgehend parallel zur Körperlängsachse. Der vorderste, binokulare Bereich wird von der punktförmigen Region mit hoher Ganglienzelldichte betrachtet. Nach Hughes (1977)

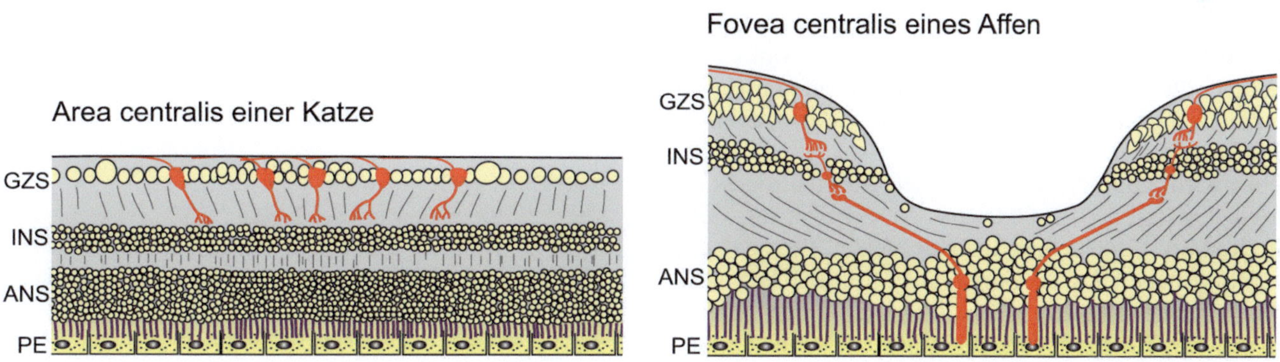

Abb. 7.31 Area centralis und Fovea centralis bei Wirbeltieren. Schematische Darstellungen einer flachen Area centralis (*links*) und einer konvexiclivaten Fovea (*rechts*) für einen Lichteinfall von oben. Die Häufung von Photorezeptoren in der flachen Area centralis erfordert eine schräge Einlagerung besonders kleiner Ganglienzellen (einige sind *rot* hervorgehoben). Bei der Fovea sind die Neuronen der inneren Retina aus dem Lichtweg heraus verlagert. Der Kontakt zu den Bipolarzellen erfordert besonders lange Axone an den Photorezeptoren. ANS, äußere nucleäre Schicht; GZS, Ganglienzellschicht; INS, innere nucleäre Schicht; PE, Pigmentepithel. Nach Rapaport und Stone (1984)

Ordnung Primates), zu denen die Koboldmakis, Neuweltaffen und Altweltaffen gehören. Andererseits besitzen die meist nachtaktiven Feuchtnasenaffen (Unterordnung Strepsirrhini), zu denen die Lemuren, Loris und Galagos gehören, keine Fovea, sondern eine flache Area centralis. Die Einsenkung der Retina an der Fovea entsteht dadurch, dass die Zellen der inneren Retina aus dem Zentrum der Fovea heraus verlagert werden. Sie bilden einen Ringwall um die Grube herum (circumfoveale Eminenz) und verschaffen dem einfallenden Licht am Boden der Fovea direkten Zugang zu den Photorezeptoren in der äußeren nucleären Schicht. Der Abhang zwischen Ringwall und Boden, der Clivus, kann sehr steil und tief ausfallen. Bei dem in Abb. 7.31 gezeigten Beispiel wölbt sich die Wand der Fovea konvex hervor und bildet einen tiefen Krater (konvexiclivate Fovea). Eher flache Einsenkungen mit einer hängenden, konkav geformten Wand bezeichnet man entsprechend als konkaviclivate Fovea. Für die Funktion der Fovea werden zwei Hypothesen diskutiert: Reduktion der Lichtstreuung und Bildvergrößerung. Durch die Entfernung von Zellen der inneren Retina aus dem Lichtweg werden Streuung und Brechung an Ganglien- und Bipolarzellen vermieden; ein strukturelles Problem inverser Netzhäute wird dadurch gelöst. Durch Unterschiede im Brechungsindex zwischen Retina und Glaskörper kommt es zudem in einer tiefen, steilen Fovea zur Aufweitung der Bildstrahlen und damit zu einer vergrößerten Projektion auf die Photorezeptorschicht am Boden der Fovea. Dieser Okulareffekt (s. Springspinne, Abb. 7.26) könnte zum Scharfsehen wesentlich beitragen.

Hohe Dichten von Photorezeptoren mit einer 1:1-Verschaltung auf Ganglienzellen bilden also die Grundlage des Scharfsehens. Eine Abschätzung der **Sehschärfe** kann man aus der Ganglienzelldichte (GZD) und der Augengeometrie erhalten. Dabei ist die Linsenbrennweite (LBW) entscheidend – genauer: der Abstand vom bildseitigen Knotenpunkt zum Brennpunkt auf der Retina. Mit der Gleichung

$$\text{Sehschärfe} = \sqrt{GZD/2} \cdot \frac{2\pi\, LBW}{360^\circ} [\text{Perioden pro Grad}] \tag{7.1}$$

7

erhält man einen Wert mit einer in der Sinnesphysiologie oft verwendeten Einheit (s. Diagramm in Abb. 7.26). Man kann sich diese etwas ungewöhnliche Einheit veranschaulichen, indem man sich vorstellt, dass ein Tier in einem sinnesphysiologischen Experiment auf ein schwarz-weißes Streifenmuster schaut. Um die Sehschärfe zu bestimmen, bietet man immer feinere Muster mit immer schmaleren Streifen an. Irgendwann kann das Tier die Streifen nicht mehr unterscheiden und sieht nur noch Grau. Nun misst man, wie viele Streifen ein Bild hat, das gerade noch als schwarz-weißes Muster gesehen wird, und berechnet, wie viele Streifen dieses Bildes in 1° Grad des Sehfeldes passen. Ein Tier mit vielen Streifen pro Grad seines Sehfeldes (eine „Periode" entspricht einem Paar schwarz-weißer Linien) hat daher eine höhere Sehschärfe als ein Tier, das weniger Streifen pro Grad getrennt sehen kann. Solche Verhaltensexperimente kann man tatsächlich mit vielen Tieren durchführen, die Ergebnisse stimmen mit den Hochrechnungen aufgrund der Ganglienzelldichte recht gut überein (Tab. 7.3).

Tab. 7.3 Sehschärfe unterschiedlicher Tiere, berechnet nach maximaler Ganglienzelldichte und gemessen in Verhaltensexperimenten. Nach Pettigrew und Manger (2008)

Tierart	berechnete Sehschärfe [Perioden/Grad]	gemessene Sehschärfe [Perioden/Grad]
Keilschwanzadler, *Aquila audax*	147	140
Mensch, *Homo sapiens*	65	60
Pferd, *Equus caballus*	25	20
Taube, *Columba livia*	18	12
Hauskatze, *Felis silvestris catus*	10	9
Numbat, *Myrmecobius fasciatus*	6,3	5,2
Großer Tümmler, *Tursiops truncatus*	6	3
Derbywallaby, *Macropus eugenii*	6	4,8
Zwergbeutelmarder, *Dasyurus hallucatus*	3	3
Wanderratte, *Rattus norvegicus*	1	1
Kleine Braune Fledermaus, *Myotis lucifugus*	0,8	0,5
Hausmaus, *Mus musculus*	0,6	0,6

Für die verhaltensphysiologische Ermittlung der Sehschärfe wird oft derjenige Sehwinkel bestimmt, der gerade ausreicht, um zwei Punkte getrennt zu sehen. Mit diesem Verfahren wird das **Auflösungsvermögen** (auch Winkelsehschärfe) ermittelt, eine Größe, die in der Einheit Winkelminuten angegeben wird (1 Grad = 60 Winkelminuten; 1° = 60′). Der Sehwinkel α wird durch den Abstand d zwischen zwei Punkten bestimmt, die man getrennt sehen kann, sowie durch der Entfernung E der Punkte von den Augen (Abb. 7.32, *links*). Die allgemeine Beschreibung des Sehwinkels lautet:

$$\alpha = \frac{d \cdot 180^\circ}{E \cdot \pi} \cdot 60 [\text{Winkelminuten}] \tag{7.2}$$

Der minimale Abstand d erlaubt es gerade noch, die beiden Punkte in der Entfernung E getrennt zu sehen. Dieser Abstand wird als **Minimum separabile** bezeichnet, der Sehwinkel hat hier seinen kleinsten Wert und wird als **Winkelsehschärfe** zur Messung des Auflösungsvermögens herangezogen. Je näher die beiden Punkte zusammengerückt werden können, ohne zu einem einzigen Fleck zu verschwimmen, desto kleiner ist der Wert der Winkelsehschärfe und desto größer ist das räumliche Auflösungsvermögen. Einige Beispiele hierfür zeigt Tab. 7.4.

Zur Orientierung: Eine 1-Euro-Münze in 1 m Entfernung wird mit einem Sehwinkel von ungefähr 1° betrachtet. Das Auflösungsvermögen unserer gesunden Augen beträgt 0,4 × 1/60 des Münzdurchmessers. Diese Sehschärfe macht uns zu dem Säugetier mit dem größten visuellen Auflösungsvermögen.

Genau wie die Sehschärfe [Perioden/Grad] ist auch die Winkelsehschärfe [Grad] davon abhängig, wie hoch die Dichten der Photorezeptoren und Ganglienzellen in der Retina sind. Um zwei Punkte gerade noch scharf sehen zu können, werden mindesten drei Photo-

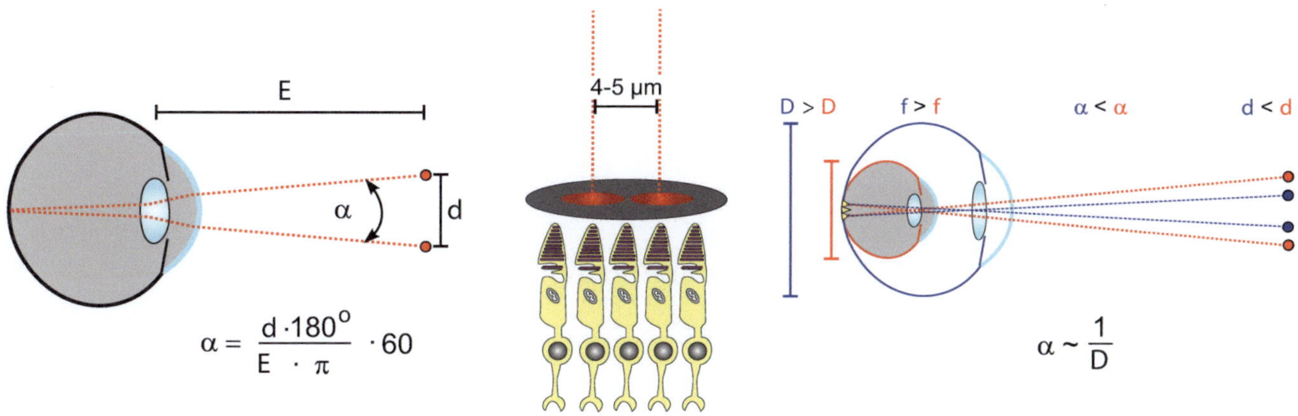

Abb. 7.32 Zusammenhang von Sehwinkel, Photorezeptordichte und Augengröße im Linsenauge. *Links*: Der Sehwinkel α hängt vom Abstand *d* zweier getrennt wahrgenommener Objekte in der Entfernung *E* ab. Dabei entspricht der Minimalwert von *d* dem Minimum separabile, dem Minimalabstand der zur Unterscheidung der beiden Objekte nötig ist. *Mitte*: Am Minimum separabile bildet das Licht von zwei Punktlichtquellen zwei Beugungsscheibchen auf der Retina (*rot*), die von drei Photorezeptoren als getrennt detektiert werden. *Rechts*: Bei gleichem Abstand zwischen den Photorezeptoren erreicht ein größeres Auge (*blau*) ein kleineres Minimum separabile und damit ein besseres Auflösungsvermögen als ein kleineres Auge (*rot*). Hier symbolisieren α den kleinstmöglichen Sehwinkel, *d* das Minimum separabile, *D* den Augendurchmesser und *f* die Brennweite der Linse. Nach Kirschfeld (1984)

Tab. 7.4 Vergleich des visuellen Auflösungsvermögens verschiedener Tiere

Tierart	Auflösungsvermögen als Winkelsehschärfe in Winkelminuten
Mäusebussard, *Buteo buteo*	0,1′
Mensch, *Homo sapiens*	0,4′
Wanderfalke, *Falco peregrinus*	0,4′
Haushund, *Canis lupus familiaris*	4,7′
Hauskatze, *Felis silvestris catus*	5′
Leopardfrosch, *Rana pipiens*	7′
Afrikanischer Elefant, *Loxodonta africana*	10,3′
Wanderratte, *Rattus norvegicus*	40′
Große Braune Fledermaus, *Eptesicus fuscus*	60′
Honigbiene, *Apis mellifera*	60′
Gemeiner Einsiedlerkrebs, *Pagurus bernhardus*	270′
Taufliege, *Drosophila melanogaster*	540′

rezeptoren benötigt, jeder mit seiner eigenen Ganglienzelle. Denn jeder der beiden Punkte muss von einem Photorezeptor „gesehen" werden, während der dritte dazu gebraucht wird, die Trennung zwischen den beiden Punkten zu erkennen. Die von zwei nahe beieinanderliegenden, punktförmigen Lichtquellen ausgehenden Strahlen projizieren allerdings nicht etwa Punkte auf die Retina. Durch die Beugung des Lichtes an der Iris und im dioptrischen Apparat entstehen vielmehr zwei kreisrunde Beugungsscheibchen, jedes mit hellem Zentrum und nach außen abfallender Helligkeit (Abb. 7.32, *Mitte*). Die Grenze des Auflösungsvermögens ist dadurch gegeben, dass zwei Photorezeptoren jeweils im Zentrum eines Beugungsscheibchens, ein dritter in dem etwas weniger hellen Bereich dazwischen positioniert sein müssen. Diesen Zusammenhang kann man beim menschlichen Auge gut erkennen: Lichtstrahlen von zwei Punkten am Minimum separabile treffen unter einem Sehwinkel von 0,4′ auf das Auge und erzeugen zwei Beugungsscheibchen mit einem Abstand von 4–5 µm. Bei einem mittleren Zapfenabstand von 1–2 µm in der Fovea centralis sind genau drei Photorezeptoren an der Erfassung dieses Zweipunktebildes beteiligt (Abb. 7.32, *Mitte*). Das Auflösungsvermögen spiegelt also die Dichte des Photorezeptormosaiks wider.

Neben der Photorezeptor-/Ganglienzelldichte ist auch die Größe der Augen entscheidend für die Sehschärfe, denn größere Augen können größere Linsenbrennweiten haben, die in die Sehschärfengleichung (Gl. 7.1) eingehen. Der Zusammenhang ist in Abb. 7.32 (*rechts*) illustriert. In einem kleinen Auge mit kurzer Linsenbrennweite fällt auf zwei Photorezeptoren das Licht von zwei Punktlichtquellen, die

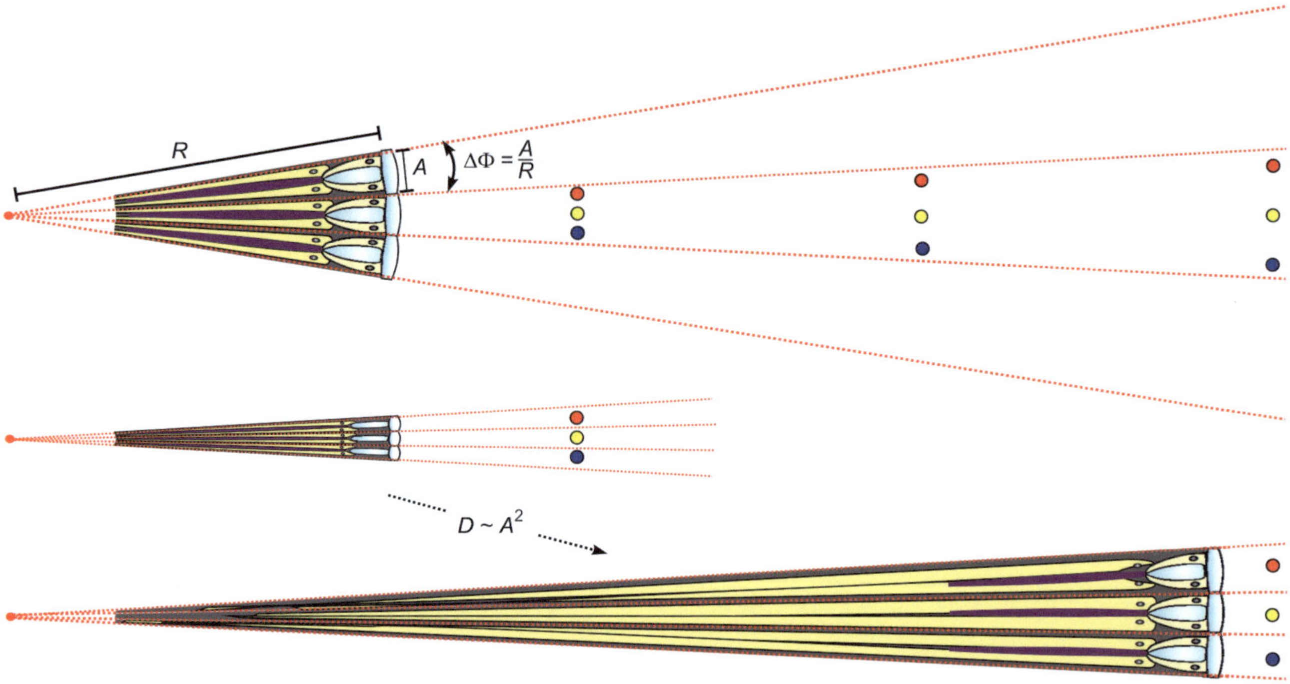

Abb. 7.33 Sehschärfe im Komplexauge. Zusammenhang zwischen dem Interommatidienwinkel ΔΦ, der Länge des Ommatidiums *R* und dem Linsendurchmesser *A*. Dargestellt ist eine hypothetische Verbesserung der Sehschärfe in zwei Schritten an einem kleinen Segment eines Komplexauges. *Oben*: Drei farbige Punkte liegen innerhalb von ΔΦ und werden deshalb als ein Punkt gesehen. *Mitte*: Im ersten Schritt werden schmalere Ommatidien eingesetzt, um mit dem kleineren ΔΦ die drei Punkte separat sehen zu können. *Unten*: Im zweiten Schritt werden bei konstantem ΔΦ die Ommatidien gestreckt, um den ursprünglichen Linsendurchmesser *A* wieder zu erreichen. Dabei wird das Auge allerdings sehr groß. Nach Kirschfeld (1984)

weiter voneinander entfernt sind als bei einem größeren Auge. Durch einfache Vergrößerung des Auges verringert sich die Winkelsehschärfe, und das Verhältnis ist umgekehrt proportional (1/Winkelsehschärfe ~ Augendurchmesser). Verdichtung des Photorezeptormosaiks und Augenvergrößerung sind als wichtige **Strategien zur Optimierung der Sehschärfe** in der Evolution des Linsenauges erkennbar. Allerdings wird die Augenvergrößerung nicht nur dadurch begrenzt, dass große Augen nicht in die Köpfe kleiner Tiere passen. Große Augen benötigen auch große Linsen, und mit zunehmendem Linsendurchmesser werden Abbildungsfehler im Randbereich, insbesondere sphärische Aberration der Randstrahlen, stärker und beeinträchtigen die Abbildungsqualität. Die Verdichtung des Photorezeptormosaiks wird dadurch begrenzt, dass bei einem Durchmesser von weniger als 1 µm die Wellenleiterqualität des Photorezeptors abnimmt. Das hat zur Folge, dass ein Teil der Lichtenergie durch die Plasmamembran die Zelle verlässt (als evaneszente Welle) und in benachbarte Außensegmente eindringen kann. Mehrere getrennte kleine Pixel verschmieren so zu einem unscharfen größeren Fleck. Durch diese physikalische Beschränkung ist das Mosaik auf maximal 1.000.000 Photorezeptoren pro Quadratmillimeter beschränkt, ein Wert, der bei manchen tagaktiven Greifvögeln tatsächlich erreicht wird.

Die **Sehschärfe des Komplexauges** unterliegt anderen Einschränkungen als die des Linsenauges. Das Rhabdom eines Ommatidiums ist beim Appositionsauge die kleinste sensorische Einheit, sodass ein einzelnes Ommatidium nur ein einzelnes Pixel zum Bild beitragen kann (s. Abb. 7.17 und 7.21). Das Bild, welches ein Tier mit Komplexaugen sieht, kann daher niemals mehr Bildpunkte aufweisen, als die Augen Ommatidien haben. Hier muss man allerdings den Begriff „Bild“ zurückhaltend verwenden, denn welche Art „Bilder“ Insekten und Krebse mit ihren Augen sehen, ist weitgehend unverstanden. Arbeiten an der Honigbiene (*Apis mellifera*) weisen darauf hin, dass das Sehfeld dieser Tiere nicht von wohlbekannten visuellen Objekten bevölkert wird, wie das bei uns der Fall ist. Insekten haben andere Methoden zur visuellen Analyse; dies wird in ► Abschn. 7.15 genauer behandelt. Eine Abschätzung der Sehschärfe aufgrund der geometrischen Verhältnisse im Komplexauge kann nur das maximal mögliche Auflösungsvermögen des Komplexauges liefern. Das allerdings unterscheidet sich grundlegend vom Sehschärfewinkel des Linsenauges. Statt des Sehwinkels des Linsenauges ist beim Komplexauge der feststehende **Interommatidienwinkel ΔΦ** ausschlaggebend für die Sehschärfe. Dieser Winkel wird durch die Wände des kegelförmigen Ommatidiums vorgegeben (Abb. 7.33) und umschließt dasjenige Raumsegment, dessen Licht in die Linse eines Ommatidiums fällt. Befinden sich mehrere Lichtquellen innerhalb von $\Delta\Phi$, werden sie nicht einzeln gesehen, sondern tragen alle zu einem einzigen Pixel bei.

Welche Möglichkeiten sind denkbar, um die Sehschärfe eines Komplexauges zu verbessern? Wie kann man die drei Punkte in ◘ Abb. 7.33 getrennt sehen? Analog zur Erhöhung der Rezeptordichte in der Retina des Linsenauges könnte man die Ommatidiendichte dadurch erhöhen, dass man schmalere Ommatiden enger zusammenpackt. Diese Strategie verfolgen viele Tiere mit Komplexaugen. Ihre Augen zeigen schmale Zonen, in denen die Ommatidiendichte höher und demzufolge $\Delta\Phi$ kleiner ist. Die Strategie stößt allerdings schnell an ihre Grenzen, weil mit den Ommatidien auch der dioptrische Apparat verkleinert werden muss. Wenn aber die Linsen verkleinert werden, verschlechtert sich die optische Qualität durch Brechungseffekte derartig, dass das Licht nicht mehr auf das Rhabdom fokussiert werden kann. Die theoretische Auflösungsgrenze eines Ommatidiums ist $A^2/R = 0{,}58 \cdot \lambda$, wobei A der Durchmesser der Cornealinse, R der Augenradius und λ die Wellenlänge des wahrgenommenen Lichtes sind. Bei vorgegebener Augengröße kann A also nur bis zur theoretischen Auflösungsgrenze verkleinert werden. Die Vermessung der Komplexaugen einer ganzen Reihe von Insekten hat gezeigt, dass die Optik ihrer Appositionsaugen tatsächlich bis nah an die Auflösungsgrenze optimiert worden ist. Allerdings wird bei Verkleinerung des Öffnungsquerschnitts auch der Lichteinfall reduziert, das Ommatidium wird unempfindlicher und liefert im Schatten oder bei Dämmerung keine auswertbaren Signale mehr. Komplexaugen entwickeln sich aus diesem Grund unter dem Einfluss von zwei **gegensätzlichen Selektionskriterien: Sehschärfe und Lichtempfindlichkeit**.

Um bei verkleinerten Ommatidien die gute Linsenqualität wieder zurückzuerhalten, müsste man das schmal gedrückte Auge in die Länge ziehen, und zwar so weit, bis die Linsen wieder so groß wären wie zuvor (◘ Abb. 7.33, *unten*). Dann hätte man ein Auge mit kleinerem $\Delta\Phi$ und unveränderter optischer Qualität. Es sind die geometrischen Verhältnisse, die dieser Strategie zur Erhöhung der Sehschärfe entgegenstehen. Denn Augendurchmesser D und Linsendurchmessers A zeigen im Komplexauge ein ungünstige Proportionalität: $A \sim \sqrt{D}$. Um den Linsenquerschnitt zu verdoppeln, müsste man die Augengröße vervierfachen. Die Optimierung der Sehschärfe geht deshalb mit einer enormen Vergrößerung der Augen einher, und man kann in ◘ Abb. 7.22 sehen, welche Lasten ein Insekt mit sich herumschleppen muss, nur um scharf sehen zu können. In ◘ Tab. 7.5 sind zur Veranschaulichung die Augendaten einiger Tiere nach abnehmender Sehschärfe (nach zunehmendem $\Delta\Phi$) sortiert. Tiere mit guter Sehschärfe haben große Augen mit vielen Ommatidien und kleinem $\Delta\Phi$. Selbst die Libellen mit dem besten Auflösungsvermögen ($\Delta\Phi = 0{,}2° = 12'$) sehen mit ihren großen Augen weniger scharf als Raubvögel, Menschen und Katzen (◘ Tab. 7.4). Komplexaugen haben als Folge ihrer Bauart einen intrinsischen Nachteil im Vergleich zum Linsenauge: Sie sind für hochauflösendes Sehen nicht gut geeignet.

Die geometrischen Verhältnisse im Komplexauge beschränken die Sehschärfe besonders bei kleinen Tieren. Unter den Insekten besitzen die kleinen Ameisenarten (beispielsweise die Pharaoameise, *Monomorium pharaonis*) Komplexaugen mit weniger als 20 Ommatidien oder, im Fall der Urinsekten (Unterklasse Apterygota), weniger als zehn Ommatidien, und haben damit ein äußerst schlechtes Auflösungsvermögen. Silberfischchen (*Lepisma saccharina*) und ihre Verwandten (Ordnung Zygentoma, Fischchen), sowie die Felsenspringer (Ordnung Archaeognatha) können wohl – wenn überhaupt – nur wenige Punkte getrennt sehen und benutzen ihre Augen vermutlich in erster Linie zur Messung der Umgebungshelligkeit.

7.8 Sehen bei Tag, Sehen bei Nacht

Viele Tiere können sich in dunklen Lebensräumen visuell orientieren und haben dadurch die Möglichkeit, nachtaktiv zu leben und lichtarme Regionen, schattige Bereiche unterhalb von dichter Vegetation, ja sogar die Tiefsee zu besiedeln. Neben dem Tagsehen – dem **photopischen Sehen** – haben Tiere auch das Sehen bei wenig Licht – das **skotopische Sehen** – entwickelt, und zwar vor allem durch drei Anpassungen der Sehsysteme:

- Optimierung der dioptrischen Systeme der Augen
- Zusammenschaltung vieler Photorezeptoren zu einem Bildpunkt
- Entwicklung von Photorezeptoren mit extrem hoher Lichtempfindlichkeit

Bei Wirbeltieren erkennt man die Nachttauglichkeit ihres Sehsinns oft an sehr großen Augen (◘ Abb. 7.34). Dass ein großes Auge mehr Licht einfangen kann als ein kleines, ist äußerst naheliegend. Obwohl die Annahme, dass große Augen besonders lichtstark sind, den Zusammenhang durchaus richtig beschreibt, trifft der Rückschluss – dass nämlich kleine Augen lichtschwach sind – oft nicht zu. Denn die Lichtempfindlichkeit von Augen hängt letztlich davon ab, wie viele Photonen pro Sekunde vom dioptrischen Apparat eingesammelt und auf die Photorezeptoren fokussiert werden. Und diese Photonenausbeute hängt grundlegend davon ab, ob die Lichtquelle punktförmig ist oder flächig ausgedehnt. Punktlichtquellen sind beispielsweise Sterne oder kleine, lichtreflektierende Objekte in einiger Entfernung wie ein Insekt oder ein Wassertropfen. Eine solche Punktlicht-

Tab. 7.5 Einige Beispiele für Komplexaugen mit unterschiedlicher Sehschärfe. Große Augen mit vielen Ommatidien und kleinen Interommatidienwinkeln $\Delta\Phi$ haben besonders hohe Sehschärfe. Die $\Delta\Phi$-Werte beziehen sich jeweils auf die Augenregionen mit der höchsten Ommatidiendichte. Eine Ausnahme stellt der Pfeilschwanzkrebs dar, dessen Komplexaugen Ommatidien mit ungewöhnlich großem Durchmesser aufweisen. Nach Dahmen (1991). Fischer et al. (2010); Land (1997); Marshall und Land (1993); Menzel et al. (1991); Nilsson und Ro (1994); Palavalli-Nettimi und Narendra (2018); Simmons et al. (2013); Via (1977); Zollikofer et al. (1995)

Tierart	Augendurchmesser *D* [mm]	Anzahl der Ommatidien	Linsendurchmesser *A* (µm)	$\Delta\Phi$
Königslibelle *Anax junius*	6–7	29.000	27–62	0,2°
Fangschreckenkrebs *Odontodactylus scyllarus*	5–6	12.000	75	0,14–0,6°
Wasserläufer *Gerris paludum*	1–2	920	19–27	0,6
Wanderheuschrecke *Locusta migratoria*	2–3	8250	20–40	0,9°
Honigbiene *Apis mellifera*	2	9000	29–41	2,1°
Bulldoggenameise *Myrmecia gulosa*	1	3000	22	1,7°
Wüstenameise *Cataglyphis bicolor*	0,3–0,6	742–1254	13–20	4°
mittelgroße Ameise *Camponotus aeneopilosus*	0,4	663	19	5,6
Ohrwurm *Forficula auricularia*	0,4	300	36	7,2°
Pfeilschwanzkrebs *Limulus polyphemus*	10	1000	300	8°
kleine Ameise *Notoncus ectatommoides*	0,25	156	22	11°
Schlupfwespe *Trichogramma evanescens*	0,05	105–128	6	10–12°

quelle erzeugt auf der Netzhaut des Auges infolge der Lichtbrechung im dioptrischen System ein kleines Beugungsscheibchen (s. Abb. 7.32, *Mitte*), das alle Photonen enthält, die von der Linse eingesammelt worden sind und die Netzhaut erreicht haben. Der Durchmesser des Beugungsscheibchens *B* hängt vom Augenaufbau ab: $B \sim f/A$, wobei *f* die Brennweite und *A* der Durchmesser der Linse sind (Abb. 7.35, *links*). In der Optik wird das Verhältnis f/A als **Öffnungszahl**, ihr Kehrwert A/f, als **relative Öffnung** (auch **relative Apertur**) bezeichnet. Für den Blick auf punktförmige Lichtquellen gibt diese Größe an, dass sich in Augen mit gleicher relativer Öffnung Beugungsscheibchen von gleicher Größe bilden. Da das Licht einer Punktlichtquelle sich mit dem Quadrat des Abstands zur Quelle abschwächt, steigt die Anzahl der Photonen, die pro Sekunde auf die Linse auftreffen (der Photonenfluss *q*) mit der Linsenfläche. Denn je größer die Linsenfläche ist, desto mehr der verbliebenen Photonen erreichen die Linse und werden auf das Beugungsscheibchen gelenkt.

$$\text{Photonenfluss bei Punktstrahlern}: q \sim A^2 \qquad (7.3)$$

Dieser Zusammenhang weist auf den Vorteil großer Linsenaugen für das Nachtsehen hin und macht deutlich, dass Tiere mit sehr kleinen Linsen, insbesondere mit den winzigen Linsen der Komplexaugen (Abb. 7.35), kaum in der Lage sind, Punktlichtquellen zu sehen. Beim Vergleich der Leistungsfähigkeit von Linsenaugen und Komplexaugen hat sich gezeigt, dass Wirbeltiere für Punktstrahler 10^5-mal empfindlicher sind als Insekten. Für eine Biene, die in einer mondlosen Nacht aus dem Stock fliegen würde, wäre der Himmel schwarz und ohne Sterne. Nachtaktive Wirbeltiere können dagegen so große Augen haben, dass ein großer Teil des Schädels von den Augäpfeln ausgefüllt wird

Abb. 7.34 Wirbeltiere, die mithilfe ihres Sehsinnes in lichtarmen Biotopen klettern, fliegen, jagen und navigieren müssen, haben oft auffällig große Augen. Wie man beim Koboldmaki (*Tarsius tarsier*, Selayar-Koboldmaki) gut sehen kann, können die Pupillen tagsüber sehr klein gestellt werden, um Blendung zu verhindern. Nachts jedoch sammeln große Linsen durch die geöffneten Pupillen das verfügbare Licht ein

(Abb. 7.35, *Mitte*), und sind damit in der Lage, in der Nacht Punktstrahler zu sehen.

Für die meisten Tiere sind punktförmige Strahlenquellen nicht von Belang. Bei ihnen kommt es darauf an, flächig ausgedehnte Lichtquellen sehen zu können, beispielsweise Pflanzen, andere Tiere oder Landschaftsformen. Für solche Flächenstrahler gelten andere optische Zusammenhänge als für Punktstrahler. Ein flächiges Objekt wird ebenfalls als Fläche auf der Netzhaut abgebildet, und die Anzahl von Photonen, die in der Netzhaut pro Zeit eintreffen, wird vor allem dadurch bestimmt, wie viel der Fläche des Objekts das Auge sehen kann. Nur Photonen, die innerhalb eines Winkels u auf die Linse treffen, werden auf die Netzhaut fokussiert; der Winkel u charakterisiert den dioptrischen Apparat ($u = A/2f$; Abb. 7.35, *links*). Der Photonenfluss q, der unter diesen Bedingungen auf einen retinalen Photorezeptor mit dem Durchmesser δ trifft, hängt von u ab:

$$\text{Photonenfluss bei Flächenstrahlern:}$$
$$q \sim \delta^2 \sin^2 u = \frac{A^2}{4f^2}\delta^2 \qquad (7.4)$$

Für das Sehen von Flächenstrahlern sind damit die Dicken der Photorezeptoren δ und die relative Öffnung (A/f) die entscheidenden Faktoren für die Lichtempfindlichkeit. Ein aufschlussreiches Beispiel: Das Auge des Menschen hat eine relative Öffnung von 0,42 (Linsendurchmesser: 7 mm; Brennweite, 16,7 mm), und das viel kleinere Ommatidium in einem Bienenauge erreicht exakt den gleichen Wert (Linsendurchmesser: 0,025 mm; Brennweite: 0,06 mm). Das Ommatidium hat zwar eine kleinere Linse, aber diese sammelt Photonen aus einem weiteren Raumwinkel ein, um sie auf das Rhabdom zu fokussieren, sodass Menschen- und Bienenaugen gleichermaßen lichtempfindlich sind. Bienen sehen zwar keine Sterne, das Tageslicht ist aber für sie ähnlich hell wie für uns.

Nachtaktive Tiere wie Opossums (Gattung *Didelphis*) oder die Hausmaus (*Mus musculus*) haben deutlich größere relative Öffnungen als tagaktive Tiere (Abb. 7.35, *rechts*). Der Photonenfluss beim Opossum (mit A/f von etwa 2) ist infolge der Proportionalität $q \sim A^2/f^2$ etwa 25-mal so hoch wie bei der Taube (*Columba*; mit A/f von etwa 0,4). Durch die Struktur des dioptrischen Apparats im Wirbeltierauge kann die Lichtempfindlichkeit über mehr als eine Größenordnung gesteigert werden, sodass die Sehfähigkeit bei Nacht und in der Dämmerung entschieden verbessert wird.

Insekten und andere Tiere mit **Komplexaugen** haben sich mithilfe ähnlicher Strategien an das Sehen bei Nacht angepasst wie Tiere mit Linsenaugen. Viele

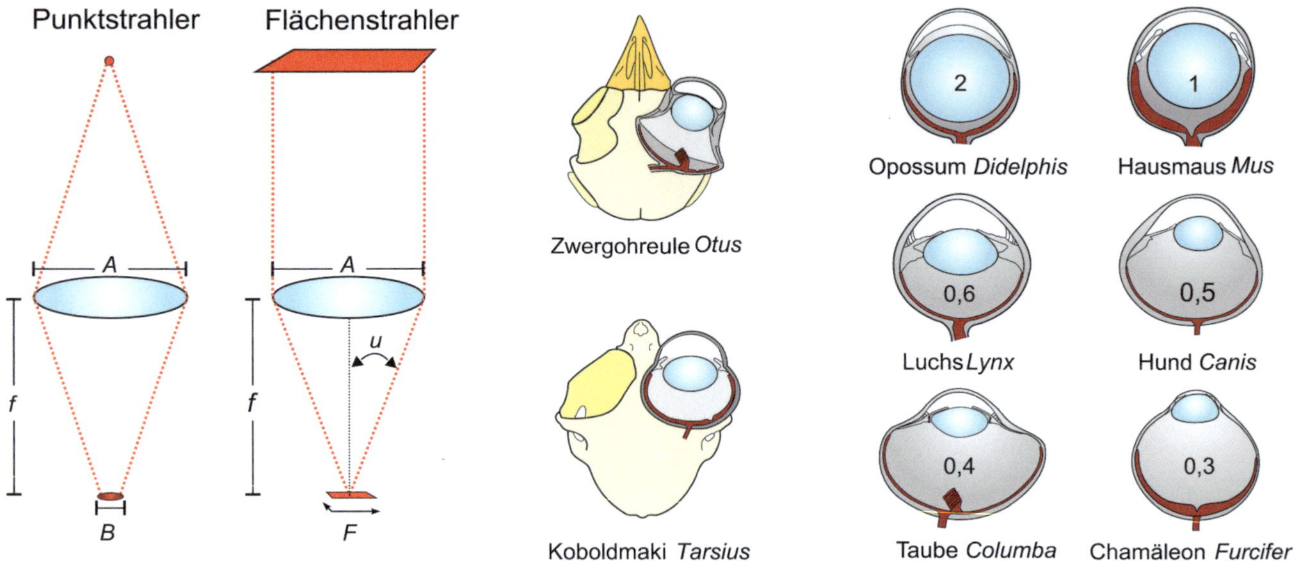

Abb. 7.35 Anpassungen des dioptrischen Apparats im Linsenauge an das Sehen in der Dämmerung und bei Nacht. *Links*: Illustrationen zur Erklärung der Lichtempfindlichkeit für Punktstrahler und Flächenstrahler. *A*, Linsendurchmesser; *B*, Durchmesser eines Beugungsscheibchens; *f*, Linsenbrennweite; *F*, Bild des Flächenstrahlers auf der Netzhaut; *u*, maximaler Einfallswinkel für Photonen des Flächenstrahlers. *Mitte*: Schädelformen von zwei nachtaktiven Tieren mit Darstellung der jeweiligen Augengröße. *Rechts*: Die Bauart von Augen nachtaktiver und tagaktiver Tiere zeigt Unterschiede in der relativen Öffnung *A*/*f*. Die Zahlenangaben sind Schätzwerte bezogen auf weitgestellte Pupillen. Je größer der Wert, desto höher die Lichtempfindlichkeit. Nach Kirschfeld (1974); Moritz et al. (2014); Walls (1942).

Nachtfalter, Käfer, Schaben und andere Insekten kommen bei ihrer Navigation mit so wenig Licht aus, dass jedes Ommatidium ihrer Augen von weniger als zehn Photonen pro Sekunde getroffen wird. Bei Taginsekten treffen dagegen einige Millionen Photonen pro Sekunde auf jedes Ommatidium. Komplexaugen kommen also mit einem Unterschied im Photonenfluss von sieben bis acht Größenordnungen zurecht – eine enorme Anpassungsleistung an die nächtliche und diurnale Lebensweise der Tiere. Zur Erhöhung der Lichtstärke eines Ommatidiums in einem **Appositionsauge** – also in einem Komplexauge, in dem jedes Ommatidium einen Bildpunkt erzeugt – führen im Wesentlichen drei Anpassungen. Bei einer Ausdehnung des Linsendurchmessers *A* kann die vergrößerte Linsenfläche ($\pi A^2/4$) mehr Photonen einsammeln und zum Rhabdom leiten (Abb. 7.36, *links*). Während die Facettenlinsen der meisten Insekten einen Durchmesser von 10–30 µm aufweisen, gibt es bei Nachtinsekten auch größere Linsen. Anschaulich ist der Vergleich von zwei verwandten Furchenbienen (Überfamilie Apoidea, Familie Halictidae), von denen die eine, *Lasioglossum leucozonium*, tagaktiv ist, die andere, *Megalopta genalis*, nachtaktiv. Die tagaktive Biene hat einen Linsendurchmesser von 20 µm, die nachtaktive von 36 µm (Abb. 7.36, *Mitte oben*). Die zweite Anpassung ist eine Verkürzung der Linsenbrennweite *f*. Dies führt zur einer Aufweitung des Raumwinkels, aus dem Photonen eingesammelt werden. Die dadurch verbesserte Lichtausbeute hat auch eine Vergrößerung des Ommatidienwinkels $\Delta\Phi$ zur Folge und reduziert die räumliche Auflösung des Komplexauges. Die dritte Anpassung an das Nachtsehen betrifft das Rhabdom des Ommatidiums. Es ist bei dämmerungs- und nachtaktiven Insekten so gestaltet, dass jedes eindringende Photon mit hoher Wahrscheinlichkeit absorbiert werden kann. Dazu werden der Rhabdomdurchmesser d_R erhöht und die Rhabdomlänge l_R vergrößert (Abb. 7.36, *links*). Zusätzlich wird die Absorbanz E_λ des Rhabdoms, der Extinktionskoeffizenz pro Mikrometer (s. Tab. 7.1), durch eine hohe Rhodopsindichte im Rhabdom erhöht. Alle diese Faktoren tragen zur Optimierung des Ommatidiums für das skotopische Sehen bei. Seine Lichtempfindlichkeit *S* wird aufgrund rein geometrischer Überlegungen folgendermaßen berechnet:

Empfindlichkeit eines Ommatidiums:

$$S = \left(\frac{\pi}{4}\right)^2 A^2 \left(\frac{d_R}{f}\right)^2 \left(\frac{E_\lambda l_R}{2{,}3 + E_\lambda l_R}\right) \tag{7.5}$$

Tatsächlich haben einige dämmerungsaktive Insekten Appositionsaugen, bei denen *S* ausschlaggebend für die visuelle Orientierung im Flug sein kann. Bei Nachtfaltern und nachtaktiven Käfern findet man aber in erster Linien **optische Superpositionsaugen**, bei denen das Licht von mehreren Linsen auf ein gemeinsames Rhab-

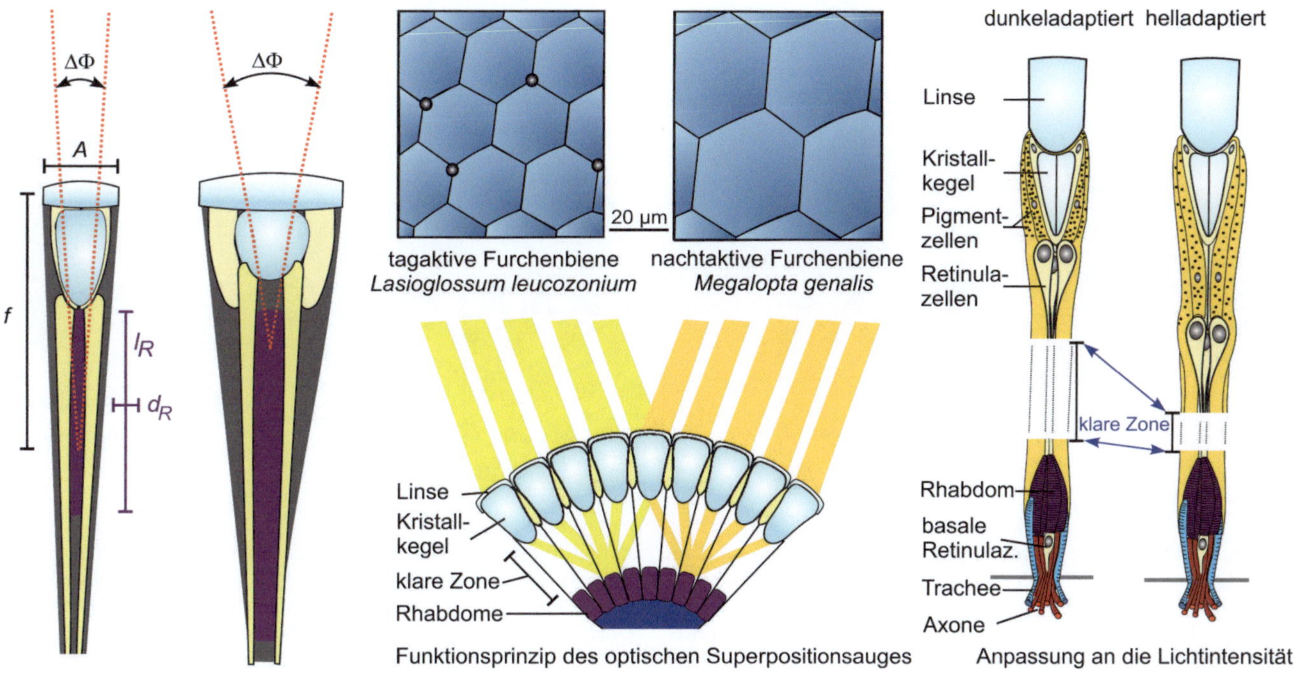

Abb. 7.36 Anpassungen an das Nachtsehen bei Komplexaugen. *Links*: Im Ommatidium eines Appositionsauges kann die Lichtausbeute gesteigert werden, indem der Linsendurchmesser *A* größer, die Linsenbrennweite *f* kleiner und das Rhabdom länger (l_R) und dicker (d_R) gestaltet werden. *Mitte*: Oben ist ein Vergleich der Facettengrößen von zwei Furchenbienen (Familie Halictidae) gezeigt; Die Linsen der nachtaktiven Biene *Megalopta genalis* sind fast doppelt so groß wie die der tagaktiven Biene *Lasioglossum leucozonium*. Die schematische Darstellung unten zeigt den Lichtweg in einem optischen Superpositionsauge mit afokaler Optik. *Rechts*: Lichtanpassung durch Verengung der klaren Zone in einem Ommatidium des Superpositionsauges von *Anoplognathus pallidicollis*, einem australischen Weihnachtskäfer (Familie Scarabaeidae). Nach Meyer-Rochow und Horridge (1975); Warrant (2017)

dom gelenkt wird. In Superpositionsaugen sind die einzelnen Ommatidien nicht durch Hülsen aus Pigmentzellen gegeneinander abgeschirmt, wie es charakteristisch für Appositionsaugen ist. Stattdessen bildet der mittlere Abschnitt des Ommatidiums zwischen Linsen und Rhabdom eine klare Zone, welche Licht von einem Ommatidium ins nächste durchscheinen lässt (Abb. 7.36, *Mitte unten*). Durch einen besonders ausgelegten dioptrischen Apparat, die afokale Optik, wird das parallel einfallende Licht nicht gebündelt, sondern als paralleler Lichtstrahl zur Retinula geführt. Der Verzicht auf Sammellinsen in dieser Optik ergibt eine stark erhöhte Lichtausbeute des dioptrischen Apparats. In welchem Winkel die parallelen Lichtstrahlen aus dem Kristallkegel austreten, hängt davon ab, wie das Licht auf die Cornealinse auftrifft: je schräger der Auftreffwinkel, desto stärker die Ablenkung durch die afokale Optik. Aus der Kugelform des Komplexauges ergibt sich schließlich der Überlagerungseffekt: Das Licht aus einigen Hundert Ommatidien kann so auf eine einzige Retinula gelenkt werden, und die Chance, dass die Photorezeptoren in deren Rhabdom belichtet werden, ist sehr viel höher als bei dem Rhabdom eines Appositionsauges. Die wirksame Öffnung im optischen Superpositionsauge entspricht der Summe aller Linsenflächen, die ihr Licht auf ein gemeinsames Rhabdom lenken. So weist beispielsweise das Komplexauge des nachtaktiven Mittleren Weinschwärmers (*Deilephila elpenor*) insgesamt etwa 500 Ommatidien mit Linsen von jeweils 27 µm Durchmesser auf. Aus der Superposition resultieren eine wirksame Öffnung von 940 µm für jedes Rhabdom und damit eine stark erhöhte Lichtempfindlichkeit. Die räumliche Auflösung leidet nicht notwendigerweise unter der Superposition. Auch im Superpositionsauge kann jedes Ommatidium einen Bildpunkt liefern, allerdings erfolgt dies mit wesentlich höherer Lichtempfindlichkeit als im Appositionsauge.

Wenn die Rhabdome der Superpositionsaugen das Licht von Hunderten Linsen erhalten, reicht der Photonenfluss für das Sehen bei Nacht aus. Bei Mondschein, Dämmerung oder gar Sonnenlicht sind solche Augen aber zu lichtstark und müssen sich vor Blendung – vor der Lichtsättigung der Photorezeptoren – schützen. Dazu dienen lichtabhängige Verschiebungen von Pigmentzellen in den Ommatidien. In der Dämmerung verlängern sich diese Zellen vom Kristallkegel aus in Richtung Ommatidienmitte und begrenzen mit ihrem Schutzpigment den Durchtritt von Licht in die umgebenden Ommatidien (Abb. 7.36, *rechts*). Sie verengen die klare Zone und reduzieren so die Anzahl der Lichtstrahlen, welche auf jedem Rhabdom zusammentreffen. Dieser Mechanismus der Lichtadaptation kann

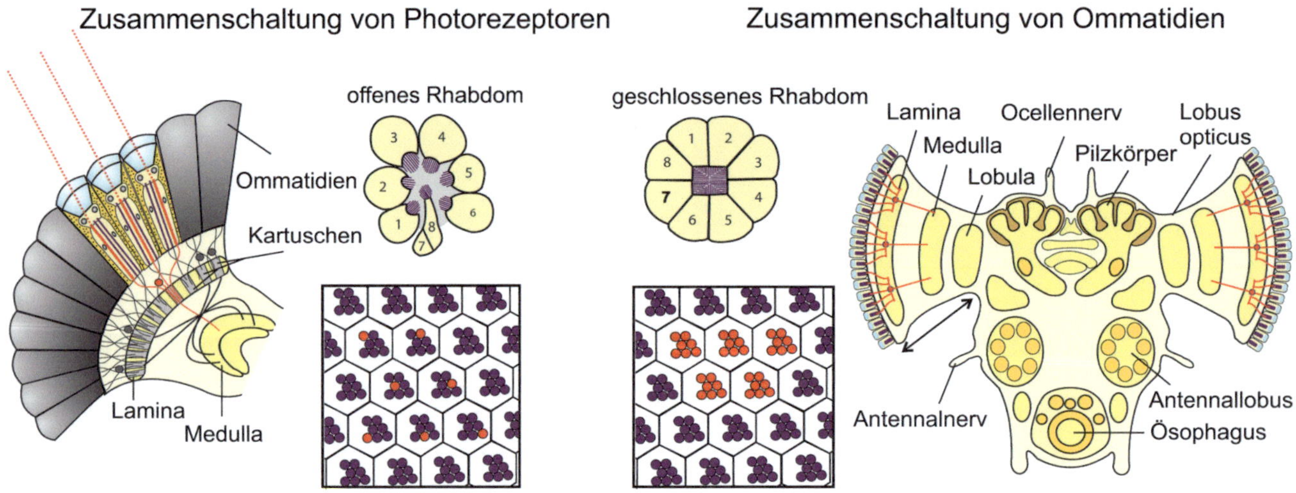

■ **Abb. 7.37** Zusammenschaltung von Photorezeptoren im Komplexauge von dämmerungs- und nachtaktiven Insekten. *Links*: Funktionsprinzip des neuralen Superpositionsauges der Zweiflügler (Ordnung Diptera). Die Rhabdomere der Photorezeptoren jeder Retinula sind auf unterschiedliche Orte im Sehfeld ausgerichtet. Axone gleich ausgerichteter Photorezeptoren aus benachbarten Ommatidien werden in derselben Kartusche auf ein gemeinsames Laminaneuron zusammengeführt. Die Signale von sieben Photorezeptoren werden auf diese Weise in einem Neuron der Lamina summiert, ohne dass die räumliche Auflösung des Auges („jedes Ommatidium liefert ein Pixel") leidet. *Rechts*: Bei nachtaktiven Schmetterlingen (Ordnung Lepidoptera) werden die Ausgänge mehrerer Ommatidien auf dasselbe Laminaneuron geschaltet, sodass sich ihre Signale summieren. Diese Verschaltung reduziert die räumliche Auflösung – es gilt: „Jedes Laminaneuron liefert ein Pixel". Nach Kirschfeld (1971); Stöckl et al. (2016)

die Empfindlichkeit des optischen Superpositionsauges um das Hundert- bis Tausendfache reduzieren. Das Auge ist im helladaptierten Zustand für das mesopische und photopische Sehen einsetzbar, im dunkeladaptierten Zustand dagegen für das skotopische Sehen.

Neben den optischen Anpassungen helfen auch neuronale Anpassungen beim Sehen in der Nacht. Das Prinzip der neuronalen Verstärkung schwacher Signale ist die Summation, die Konvergenz mehrerer schwach aktivierter Neuronen auf ein gemeinsames Folgeneuron, das durch die überlagerten Eingangssignale stärker aktiviert wird. Im Komplexauge liegen solche Folgeneuronen in der Lamina vor. Es handelt sich um monopolare Laminaneuronen, die über ihre Dendriten Signale aus den Ommatidien aufnehmen, integrieren und das resultierende Signal an die Medulla weiterleiten. Bei dämmerungs- und nachtaktiven Insekten sowie bei Crustaceen kommt es in der Lamina zur **Zusammenschaltung mehrerer Photorezeptoren zu einem Bildpunkt**. Zwei solche signalverstärkende Verschaltungen sind bekannt. Bei Zweiflüglern (Ordnung Diptera; Fliegen und Mücken) sind die Rhabdomere der Photorezeptoren in der Retinula nicht miteinander verschränkt, sondern reichen in den gemeinsamen Interstitialraum eines offenen Rhabdoms hinein (■ Abb. 7.37, *links*). Dabei hat jedes Rhabdomer seine eigene Längsausrichtung, blickt also auf einen anderen Punkt des Sehfeldes. Eine Summation wird dadurch erreicht, dass aus mehreren Ommatidien kommende Axone von Photorezeptoren mit gleicher Ausrichtung in der Lamina sortiert und in einer Kartusche („*cartridge*") zusammengeführt werden. Von jeweils sieben benachbarten Ommatidien gelangen auf diese Weise Signale, die vom selben Ort des Sehfeldes stammen, zu ein und demselben Laminaneuron. In ■ Abb. 7.37 (*links*) ist in einem schematischen Aufblick auf ein Facettenauge gezeigt, wie in den Retinulae von sieben Ommatidien jeweils nur einer der acht Photorezeptoren von einer Lichtquelle aktiviert wird (*roter Punkt*). In der Lamina werden die Axone dieser sieben Photorezeptoren auf ein gemeinsames Folgeneuron verschaltet, das dann die Information über einen Punkt des Sehfeldes zur Medulla weiterleitet. Augen mit solchen Verschaltungen werden als **neurale Superpositionsaugen** bezeichnet. Sie erreichen eine etwa siebenfache Verstärkung des Lichtsignals, ohne dass dabei die Sehschärfe beeinträchtigt wird. Denn bei ihnen gilt die Grundregel der Sehschärfe von Komplexaugen: Jedes Ommatidium liefert einen Bildpunkt.

Bei Insekten mit geschlossenen Rhabdomen findet man ebenfalls Summation in der Lamina. Hier gibt es allerdings keine individuelle Ausrichtung von Rhabdomeren in einem Ommatidium. Vielmehr wirkt das fusionierte Rhabdom als lichtabsorbierende Einheit. Bei einigen dämmerungs- und nachtaktiven Schmetterlingen mit Appositionsaugen (Ordnung Lepidoptera; Gattungen *Macroglossum*, *Deilephila*, *Manduca*) fand man heraus, dass die Laminaneuronen besonders breit ausladende Dendritenbäume aufweisen, welche Signale aus Photorezeptoren mehrerer Ommatiden zusammen-

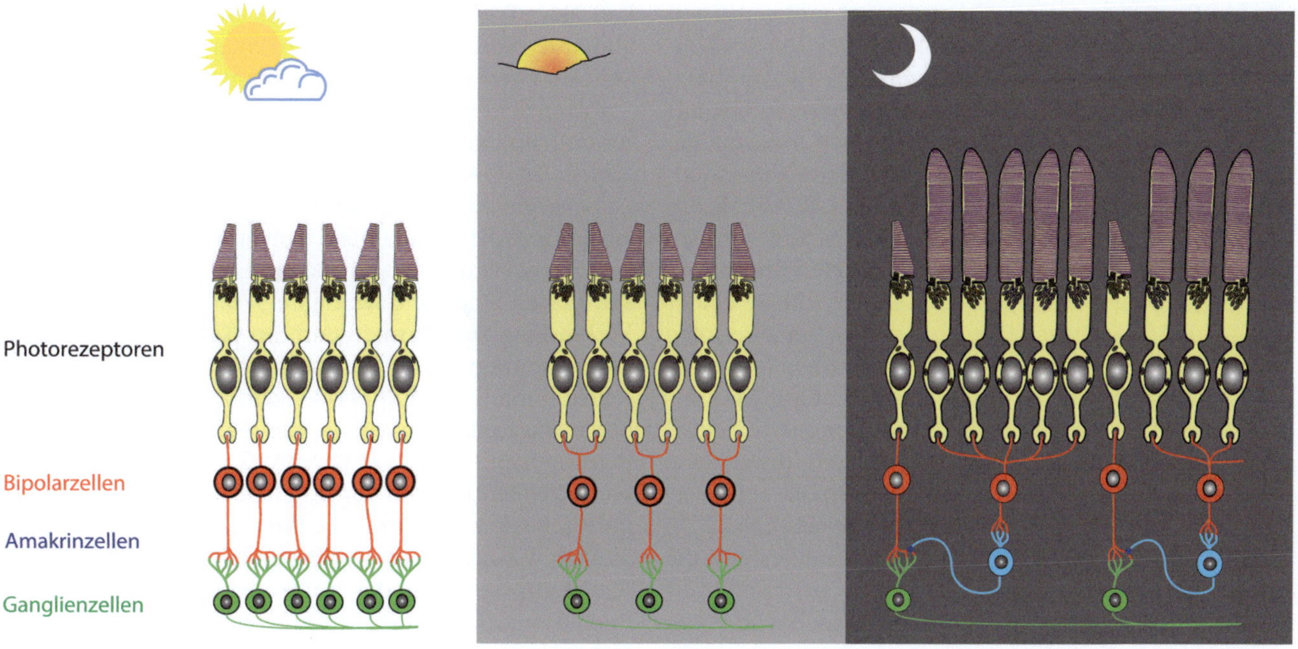

■ **Abb. 7.38** Zusammenschaltung von Photorezeptoren in Linsenaugen von Wirbeltieren. *Links*: Verschaltung von Zapfen-Photorezeptoren zur maximalen räumlichen Auflösung bei Tageslicht, typisch für die Area (Fovea) centralis einer Wirbeltierretina. Jeder Photorezeptor kann über eine eigene Ganglienzelle einen Bildpunkt liefern. *Mitte*: Zusammenschaltung von Photorezeptoren in der von Zapfen dominierten Netzhaut von dämmerungsaktiven Vögeln. Die Konvergenz von zwei Photorezeptoren auf eine Bipolarzelle erhöht die Lichtempfindlichkeit, reduziert aber die räumliche Auflösung. *Rechts*: Konvergenz in der von Stäbchen dominierten, für das skotopische Sehen optimierte Netzhaut der Säugetierer. Ganze Felder von Stäbchen-Photorezeptoren konvergieren auf eine gemeinsame, extrafoveale Bipolarzelle (*rot*), die das Signal über eine A2-Amakrinzelle (*blau*) auf eine Zapfen-Bipolarzelle überträgt

führen können. Diese Form der Summation entspricht der Zusammenschaltung ganzer Ommatidien (■ Abb. 7.37, *rechts*). Sie verstärkt zwar die Lichtausbeute, verringert aber gleichzeitig die Sehschärfe, weil nicht mehr jedes Ommatidium einen Bildpunkt generiert, sondern stattdessen diejenige Gruppe von Ommatidien, die gemeinsam auf ein Folgeneuron verschaltet sind. Kompromisse hinsichtlich der räumlichen Auflösung sind eine häufige Eigenschaft von Augen für das skotopische Sehen.

In den Linsenaugen der Wirbeltiere (Unterstamm Vertebrata) wird das Sehen bei schwacher Beleuchtung durch das **Stäbchensystem** gewährleistet. Ein Stäbchensystem wird eingeschaltet, wenn das weniger empfindliche Zapfensystem infolge von Lichtmangel den Dienst einstellt. Die Strategie, für das Sehen bei Tag und bei Nacht unterschiedliche Photorezeptorsysteme einzusetzen, stammt aus frühen Zeiten der Wirbeltierevolution. Bei den rezenten Neunaugen (Ordnung Petromyzontiformes), deren Evolution früh im Ordovizium (vor 485–445 Mio. Jahren) von der Linie der übrigen Wirbeltiere abgezweigt ist, findet man bereits zwei Photorezeptortypen mit unterschiedlichen Lichtempfindlichkeiten vor (s. ■ Abb. 7.15, rechts). Man geht heute davon aus, dass die ersten Photorezeptoren der Wirbeltiere vom Zapfentyp waren und mit den Kameraaugen der frühen kieferlosen Wirbeltiere im Kambrium entstanden sind. Echte Stäbchen mit extrem hoher Lichtempfindlichkeit kamen im Ordovizium/Silur bei der Evolution der Knorpel- und Knochenfische hinzu und blieben bei Amphibien, Reptilien und Säugern erhalten. Tatsächlich haben alle Säugetiere (Klasse Mammalia) Netzhäute mit > 90 % Stäbchen und sind demzufolge in der Lage, nächtliche Lebensräume zu nutzen. Man interpretiert diese Stäbchendominanz als Resultat der frühen Säugerevolution in Jura und Kreide (vor 205–65 Mio. Jahren), mit vorwiegend nachtaktiven, insektivoren Arten, die auf skotopisches Sehen angewiesen waren. Auch im Verlauf der großen Säugerradiation im Tertiär wurde die Stäbchendominanz nicht aufgegeben, sodass das skotopische und mesopische Sehen den Säugern heute lichtarme Biotope erschließt. Die Reptilien und Vögel haben dagegen eine Zapfendominanz entwickelt mit meist weniger als 10 % Stäbchen unter ihren Photorezeptoren. Reptilien und Vögel sind an das Sehen bei Tageslicht angepasst, und nur wenige haben lichtverstärkende Strukturen wie große Linsen und ein Tapetum lucidum.

In beiden Netzhauttypen – in solchen mit Stäbchendominanz und in solchen mit Zapfendominanz – findet man eine Zusammenschaltung von Photorezeptoren zur Erhöhung der Lichtempfindlichkeit. Eine Eins-zu-eins-Verschaltung von Photorezeptoren, Bipolarzellen und Ganglienzellen (■ Abb. 7.38, *links*) liegt meist nur in kleinen Bereichen der Area centralis vor und vermittelt einen eng eingegrenzten, hochauflösenden Teil des Sehfeldes unter photopischen Bedingungen. In der Netzhaut der Felsentaube (*Columba livia domestica*) beginnt die Zusammenschaltung von zwei Zapfen auf eine gemeinsame Bipolarzelle (◘ Abb. 7.38, *Mitte*) unmittelbar am Zentrum jeder der beiden Foveae (s. ◘ Abb. 7.29), und die Konvergenz nimmt mit dem Abstand von den Foveae bis auf etwa 10:1 zu. Bei Säugetieren findet man eine weit stärker ausgeprägte Konvergenz. Ganze Felder von 40 bis 150 Stäbchen können mit einer gemeinsamen Bipolarzelle verschaltet sein, sodass die Signale all dieser Photorezeptoren in der Bipolarzelle summiert werden. Das Stäbchensystem leitet das summierte Signal über eine A2-Amakrinzelle, die ihrerseits durch eine elektrische Synapse mit einer Zapfen-Bipolarzelle verknüpft ist, auf eine Ganglienzelle weiter (◘ Abb. 7.38, *rechts*). Auf diese Weise bezieht eine Ganglienzelle, die in der Säugerretina außerhalb der Area (Fovea) centralis liegt, tagsüber ihre Signale von Zapfen, nachts aber von einem Feld aus Stäbchen.

Entsprechend ihrer Anpassung an das Tagsehen und das Nachtsehen unterscheiden sich Zapfen und Stäbchen vor allem in der Art, wie sie auf Lichtreize reagieren. Stäbchen-Photorezeptoren sind in der Lage, die Absorption einzelner Photonen in neuronale Signale umzuwandeln, sind aber bereits im Dämmerlicht gesättigt und unfähig, auf helleres Licht zu reagieren. Mit ihrer extremen Empfindlichkeit sind sie ein Paradebeispiel für die vollständige Optimierung einer Sinneszelle. Der starke Selektionsdruck auf die Fähigkeit, bei Nacht sehen zu können, hat sie bis an die physikalische Grenze der Lichtdetektion getrieben: die sensorische Reaktion auf ein einzelnes Photon. Im Unterschied dazu liegt die Stärke von Zapfen-Photorezeptoren vor allem in der Fähigkeit, sich unterschiedlichen Lichtintensitäten anpassen zu können und dadurch das Sehen sowohl in der Dämmerung als auch bei gleißendem Sonnenlicht zu ermöglichen. Die Arbeitsteilung zwischen Stäbchen und Zapfen in der Retina war eine der entscheidenden Komponenten in der Wirbeltierevolution, denn sie ermöglichte eine globale Radiation in Lebensräume mit dunklen, hellen und wechselnden Lichtverhältnissen. Welche Eigenschaften aber unterscheiden ein Stäbchen von einem Zapfen? Welche Besonderheiten der Signalverarbeitung liegen der extremen Lichtempfindlichkeit der Stäbchen und der extremen Anpassungsfähigkeit der Zapfen zugrunde? Beide Zellen reagieren auf Licht mit der in ◘ Abb. 7.12 gezeigten Signaltransduktionskaskade ciliärer Photorezeptoren. Dennoch zeichnen sich Stäbchen durch **geringeres Signalrauschen**, **bessere Lichtabsorption**, und **längere Integrationszeit** aus, und es sind diese funktionellen Unterschiede, die Stäbchen für das Nachtsehen geeignet machen. Zapfen zeigen dagegen besonders **schnelle Reaktionszeiten**, **Regulierbarkeit der Transduktionsprozesse** und **Farbselektivität**, allesamt Vorausetzungen für einen leistungsfähigen Sehsinn unter photopischen Bedingungen.

Vergleicht man die Stäbchen und Zapfen auf zellulärer und molekularer Ebene, zeigen sich vor allem Unterschiede in Größe und Aufbau des lichtempfindlichen Außensegments. Während bei Zapfen-Photorezeptoren vieler Tiere die Plasmamembran vielfach eingefaltet vorliegt, zeigt sie bei Stäbchen keine Einfaltungen, sondern stattdessen Stapel intrazellulärer Vesikel („Disks") ohne Verbindung zur Plasmamembran (◘ Abb. 7.39, *links*). Offenbar trägt dieser Umstand aber nicht zum Unterschied in der Lichtempfindlichkeit bei. Jedenfalls haben beide Photorezeptortypen eines Neunauges (Ordnung Petromyzontiformes; s. ◘ Abb. 7.15) Außensegmente vom Zapfentyp mit eingefalteter Plasmamembran, unterscheiden sich aber in ihrer Lichtempfindlichkeit ähnlich wie Zapfen und Stäbchen der Maus. Der Unterschied im Volumen des Außensegments ist aber von Bedeutung, denn Stäbchen können in einem typischen Volumen von 100–300 μm^3 mehr Rhodopsin unterbringen als Zapfen, die nur etwa ein Viertel des Volumens aufbringen. Nach heutigem Verständnis haben sich die Stäbchen Schritt für Schritt durch Optimierung ihrer Transduktionsproteine aus Zapfen entwickelt, wobei die hohe Lichtempfindlichkeit nicht einem einzigen Protein, sondern der gesamten Proteinausstattung des Außensegments zu verdanken ist. In ◘ Tab. 7.6 sind die Isoformen der Transduktionsproteine bei den Photorezeptoren der Maus aufgeführt. Nach heutigen Vorstellungen hat keine einzelne Veränderung in Struktur und Funktion die Entwicklung von ciliären Photorezeptoren zu hochempfindlichen Stäbchen vorangetrieben, sondern vielmehr eine graduelle Anpassung mehrerer enzymatischer Prozesse an das skotopische Sehen. Zwei wichtige Ansatzpunkte waren offensichtlich die Aktivierung des Rhodopsins durch Licht und die Inaktivierung der Phototransduktion durch die Guanylat-Cyclase. Der eine Prozess wurde im Verlauf des Anpassungsprozesses beschleunigt, der andere verlangsamt.

Eine wichtige Voraussetzung für die Detektion von nur wenigen Photonen im Stäbchenaußensegment ist eine hohe **thermische Stabilität des Rhodopsins**, also eine geringe Wahrscheinlichkeit spontaner, lichtunabhängiger Isomerisierungsreaktionen des Retinals (s. ◘ Abb. 7.6). Diese Voraussetzung wird deutlich, wenn man bedenkt, wie viele Rhodopsinmoleküle im Außensegment eines Stäbchens eingelagert sind. Für Stäbchen aus der Primatenretina gibt es eine Abschätzung von 800 Disks pro Außensegment mit einer Dichte von 30.000 Rhodopsinmolekülen pro Quadratmikrometer (μm^2) Diskmembran und einer Gesamtzahl von 50 Mio. Rhodopsinmolekülen pro Außensegment. Diese große Anzahl von Pigmentmolekülen pro Volu-

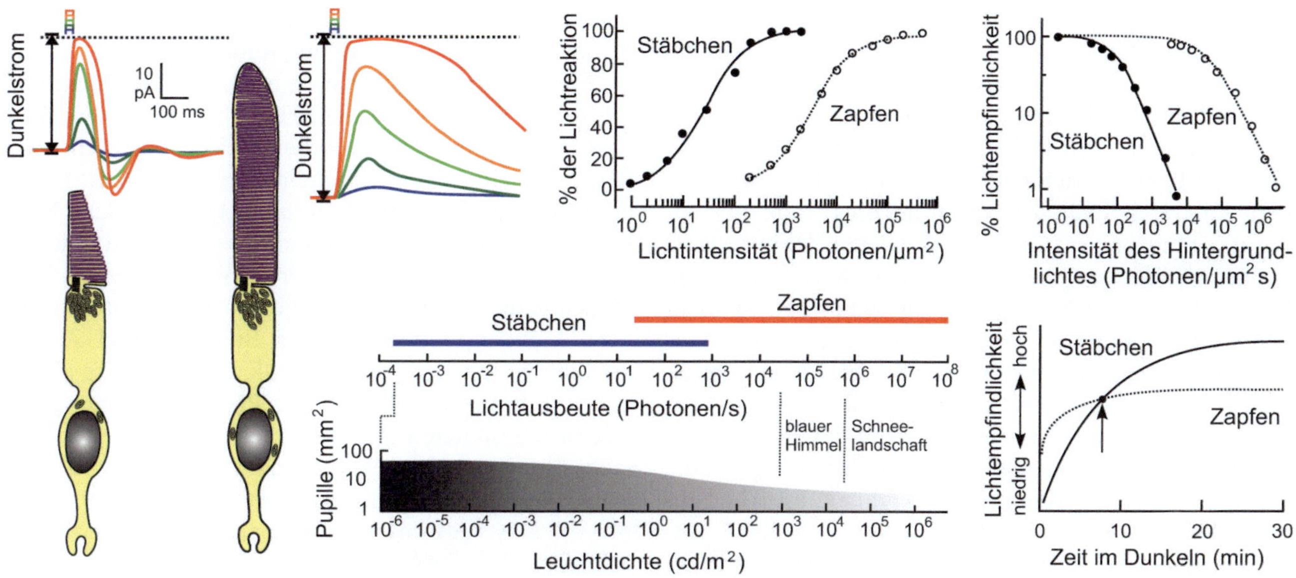

Abb. 7.39 Vergleich von Stäbchen- und Zapfen-Photorezeptoren der Hausmaus (*Mus musculus*). *Links*: Größenverhältnis der Außensegmente und Zeitverlauf der Lichtreaktion auf 10-ms-Lichtblitze unterschiedlicher Intensität. Je größer die Lichtintensität (rot > grün > blau), desto stärker die Hemmung des Dunkelstroms. Stäbchen benötigen mehr Zeit für die Erholung als Zapfen. *Oben Mitte*: Die Lichtreaktion von Zapfen der Maus auf 20-ms-Blitze unterschiedlicher Lichtintensität beginnt bei 100-fach höherer Lichtintensität und sättigt bei 100-fach stärkerer Beleuchtung als bei Stäbchen. *Oben rechts*: Die Empfindlichkeit von Zapfen und Stäbchen bei der Maus, gemessen als log (S/SD), wobei S die Lichtempfindlichkeit bei Hintergrundlicht, SD die Lichtempfindlichkeit im Dunkeln symbolisiert. Die Empfindlichkeit der Zapfen fällt bei 100-fach stärkerer Hintergrundbeleuchtung ab als bei Stäbchen. *Unten Mitte*: Die Arbeitsbereiche von Stäbchen *(blau)* und Zapfen *(rot)* beim Menschen, aufgetragen als Anzahl von absorbierten Photonen pro Sekunde bei zunehmender Helligkeit (Leuchtdichte, Luminanz) zusammen mit der Pupillenfläche in Quadratmillimetern *(grau)*. *Unten rechts*: Zeitverlauf der Wiedererlangung der vollen Lichtempfindlichkeit nach dem Wechsel von Tageslicht ins Dunkle. Nach etwa sieben Minuten sind Stäbchen- und Zapfensysteme gleichermaßen empfindlich (*Pfeil*). Nach Ingram et al. (2016); Rodiek (1998); Vinberg und Kefalov (2018)

Tab. 7.6 Liste der Isoformen von Transduktionsproteinen in Stäbchen und Zapfen der Hausmaus (*Mus musculus*) mit ihrem spezifischen Beitrag zur Optimierung der Stäbchenfunktion. Nach Ingram et al. (2016); Vinberg und Kefalov (2018)

Transduktionsprotein	Stäbchen	Zapfen	Beitrag zur Optimierung von Stäbchen
Photopigment	Stäbchen-Opsin	Zapfen-Opsin	größere thermische Stabilität, schnellere Photoaktivierung
Transducin	α1, β1, γ1	α2, β3, γ8	langsamere Inaktivierung
Phosphodiesterase	PDE6A, 6B, 6G	PDE6C, PDE6H	geringere Basalaktivität
cGMP-gesteuerte Kanäle	CNGA1, CNGB1	CNGA3, CNGB3	geringerer Calciumeinstrom
Rhodopsin-Kinase	GRK1	GRK1	-
Arrestin	Arrestin-1	Arrestin-1, Arrestin-4	-
GAP (*GTPase accelerating protein*)	RGS9-1, Gβ5, R9AP-1	RGS9-1, Gβ5, R9AP-1	weniger Protein, langsamere Inaktivierung, stärkere Lichtreaktion
Guanylat-Cyclase	retGC1, retGC2	retGC1	weniger Protein, langsamere Inaktivierung, stärkere Lichtreaktion
GCAP (*guanylyl cyclase-activating protein*)	GCAP1, GCAP2	GCAP1	gedämpfte Dynamik der calciumgesteuerten cGMP-Synthese
Na/Ca-K-Austauscher	NCKX1	NCKX2, NCKX4	langsamerer Calciumefflux

men – sie entspricht einer Rhodopsinkonzentration von 3 mM – bietet jedem Photon, das axial durch die 800 Disks fliegt, eine große Absorptionswahrscheinlichkeit. Entscheidend aber ist, dass schon 500 Absorptionsereignisse die Lichtreaktion des Stäbchens sättigen, dass also nur 0,001 % der Rhodopsinmoleküle im Außensegment durch Lichtabsorption angeregt sein müssen, um das Stäbchen maximal zu aktivieren. Damit dieses hochempfindliche System funktioniert, dürfen spontane Retinal-Isomerisierungen nur sehr selten vorkommen, denn eine spontane Isomerisierung kann von einer Photoisomerisierung nicht unterschieden werden. Spontane Isomerisierungen werden vom Stäbchen-Opsin gebremst, indem es das 11-*cis*-Retinal in der Bindetasche im Inneren des Opsinmoleküls stabilisiert. Spontane Übergänge in die all-*trans*-Form kommen im Rhodopsin 1000-mal seltener vor als bei gelöstem Retinal. Statistisch gesehen ereignet sich bei einem Rhodopsinmolekül des Menschen eine spontane Aktivierung nur alle 700 Jahre – eine Zahl, welche die ungeheure Stabilität dieses Moleküls veranschaulicht. Bei 100 Mio. Rhodopsinmolekülen pro Stäbchen erwartet man eine spontane Aktivierung alle 250 s in jedem Stäbchen. Tatsächlich konnte in sorgfältigen psychophysischen Experimenten ermittelt werden, dass eine Falschwahrnehmung von Lichtereignissen im absolut Dunkeln damit erklärt werden kann, dass sich in den Stäbchen alle 160 s ein lichtunabhängiges Spontansignal ereignet. Dieses Grundrauschen des Stäbchensystems trägt zum **Eigengrau** bei, der Lichtwahrnehmung ohne Photonen. Das Hintergrundrauschen ist gering genug, um das Auftreffen eines einzelnen Photons nicht mit Falschsignalen zu überdecken, sodass ein Photon tatsächlich eine verwertbare neuronale Reaktion hervorbringen kann.

Die eindrucksvolle Fähigkeit der Stäbchen-Photorezeptoren, einzelne Photonen sichtbar zu machen, ist von großem akademischen Interesse, ihre biologische Bedeutung ist aber begrenzt. Denn wir kennen bisher kein Verhaltensmuster, das durch die Detektion einzelner Photonen ausgelöst wird. Für das Nachtsehen ist vielmehr die Fähigkeit zur **Integration vieler Einzelphotonenereignisse** bedeutsam, die bei Stäbchen besonders ausgeprägt ist. Wenn ein Stäbchen ein Photon absorbiert und darauf reagiert hat, bleibt der Dunkelstrom drei- bis viermal so lang unterdrückt, wie das bei Zapfen der Fall ist (◘ Abb. 7.39, *links*). Während dieser Zeit bewirkt das Einfangen des nächsten Photons eine weitere Abschwächung des Dunkelstroms, und jedes folgende Einzelphotonenereignis vergrößert diese elektrische Reaktion. Durch das Aufsummieren der zellulären Reaktionen auf viele gleichzeitig oder kurz nacheinander eintreffende Photonen wird die Lichtreaktion eines Stäbchens immer stärker, die Lichtempfindlichkeit wächst mit der Integrationszeit. Zapfen, deren Lichtreaktion für das Bewegungssehen auf Schnelligkeit optimiert sein muss, haben kürzere Integrationszeiten und demzufolge geringere Lichtempfindlichkeit.

Im direkten Vergleich sieht man, dass Stäbchen und Zapfen in unterschiedlichen Helligkeitsbereichen aktiv sind, wobei für beide zwischen Reaktionschwelle und Sättigung eine etwa 100-fache Erhöhung der Lichtintensität liegt (◘ Abb. 7.39, *oben Mitte*). Solche Messungen stammen von isolierten, dunkeladaptierten Photorezeptoren, die im Experiment mit kurzen Lichtblitzen gereizt werden. Sie dienen dazu, die unterschiedliche Lichtempfindlichkeit von Stäbchen und Zapfen deutlich zu machen. Im Auge allerdings und im alltäglichen Sehprozess zeigen beide Photorezeptoren einen wesentlich breiteren Arbeitsbereich, der sich eher über sechs Größenordnungen der Lichtintensität als über nur zwei Größenordnungen ausdehnt (◘ Abb. 7.39, *unten Mitte*). Das liegt vor allem daran, dass bei jeder Belichtung, besonders aber bei andauernder Hintergrundbeleuchtung, sowohl Zapfen als auch Stäbchen ihre Lichtempfindlichkeit reduzieren können. Sie sorgen durch die **Helladaptation** dafür, dass nicht schon bei geringer Helligkeit die volle Kapazität der Phototransduktion ausgeschöpft wird. Durch die Adaptation wird sichergestellt, dass die Zellen auch dann noch auf Helligkeitsänderungen reagieren können, wenn die Sonne aufgeht und die Umwelt beleuchtet. Stäbchen zeigen diese Abnahme der Lichtempfindlichkeit bei weit geringerer Lichtintensität als Zapfen (◘ Abb. 7.39, *oben rechts*), sie sind bei Tagesanbruch vollständig helladaptiert und damit nicht mehr reaktionsfähig. Zapfen adaptieren dagegen erst bei hellem Tageslicht und sind selbst in einer sonnenbeschienenen Schneelandschaft noch funktionsfähig. Zusammen decken beide Zelltypen einen kombinierten Arbeitsbereich von mehr als zwölf Größenordnungen der Lichtintensität ab, wobei der Adaptationsprozess durch die Verengung der Pupille bei Tageslicht unterstützt wird (◘ Abb. 7.39, *unten Mitte*). Das Sehen bei Tageslicht wird durch die **besonders schnelle Adaption der Zapfen** unterstützt, die sich in Sekundenschnelle an neue Lichtverhältnisse anpassen können. Man sieht diesen Unterschied in der Anpassungsgeschwindigkeit auch im Zeitverlauf der Dunkeladaption, also bei der Rückstellung der Lichtempfindlichkeit nach vollständiger Helladaptation. Stäbchen benötigen etwa 20 Minuten Dunkelheit zur Wiederherstellung ihrer vollen Lichtempfindlichkeit, Zapfen dagegen nur etwa fünf bis zehn Minuten (◘ Abb. 7.39, *unten, rechts*). Obwohl beide Photorezeptoren ihre Empfindlichkeit den Lichtverhältnissen anpassen können, sind die Zapfen darin besonders schnell und besonders effektiv.

Der Helladaptation liegt ein komplizierter Prozess zugrunde, bei dem der intrazellulären Calciumkonzentration $[Ca^{2+}]_i$ eine zentrale Steuerfunktion zukommt, welche bei Zapfen besonders weit optimiert ist.

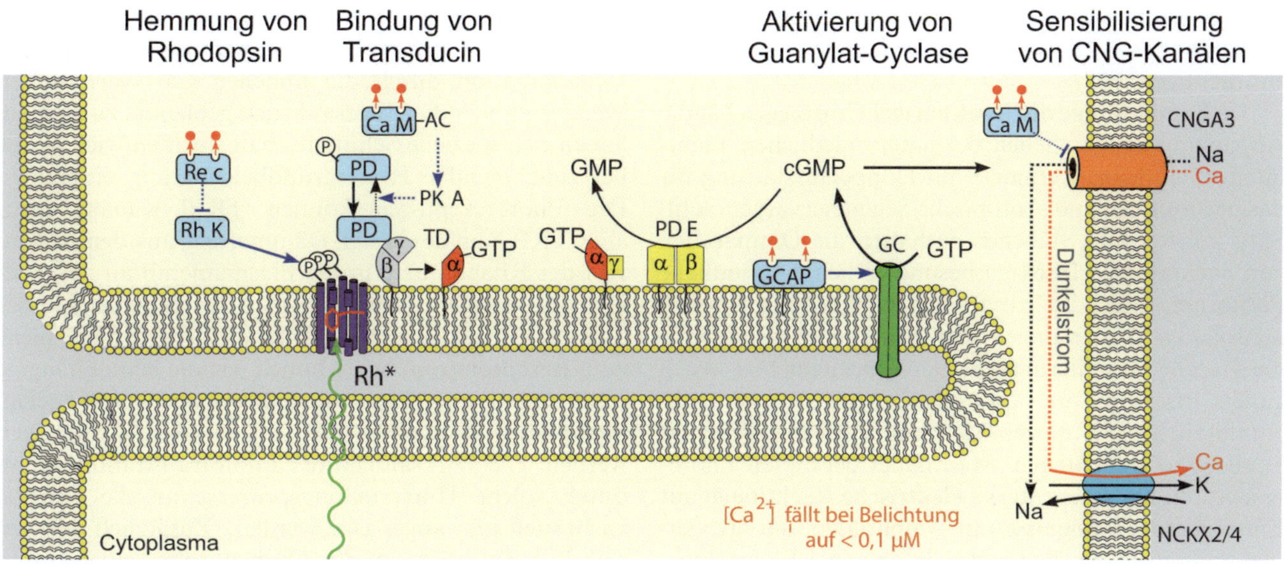

Abb. 7.40 Molekulare Mechanismen zur Anpassung der Lichtempfindlichkeit. Schematische Darstellung von Ca^{2+}-abhängigen Vorgängen in einem Zapfen-Photorezeptor, die zur Lichtadaptation beitragen. Beim Absinken der intrazellulären Calciumkonzentration $[Ca^{2+}]_i$ während der Belichtung trennen sich Ca^{2+}-Ionen (*rote Punkte*) von Calciumbindeproteinen und leiten adaptive Prozesse ein. Abkürzungen: AC, Adenylat-Cyclase; CaM, Calmodulin; cGMP, zyklisches Guanosinmonophosphat; CNGA3/B1b, cGMP-gesteuerter Ionenkanal, Untereinheiten A3 und B1b; GCAP, Guanylat-Cyclase-aktivierendes Protein; GC, Guanylat-Cyclase; GMP, Guanosinmonophosphat; GTP, Guanosintriphosphat; NCKX2,4, Na/Ca-K-Austauscher, Isoformen 2 und 4; PD, Phosducin; PDE, Phosphodiesterase; PKA, Proteinkinase A; Rec, Recoverin; Rh*, Metarhodopsin; RhK, Rhodopsin-Kinase; TD, Transducin

Im Außensegment wird $[Ca^{2+}]_i$ durch die Balance zwischen Ca^{2+}-Einstrom und Ca^{2+}-Ausstrom eingestellt. Der Einstrom ist Teil des Dunkelstroms, denn die cGMP-gesteuerten Ionenkanäle leiten nicht nur Na^+-, sondern auch Ca^{2+}-Ionen in das Außensegment. Tatsächlich ist der Anteil von Ca^{2+} am Dunkelstrom bei Zapfen etwa doppelt so hoch (30 %) wie bei Stäbchen. Auch der Ausstrom ist bei Zapfen entsprechend effektiver, und die höhere Durchleitungsgeschwindigkeit für Ca^{2+} kann so für besonders schnelle Regulationsprozesse genutzt werden. Zwei Na/Ca-K-Austauscher, NKCX2 und NKCX4, nutzen bei Zapfen die Na^+- und K^+-Gradienten als Antrieb für den Ca^{2+}-Ausstrom (Abb. 7.40). Sie können binnen weniger Sekunden nach Belichtung, wenn der Dunkelstrom reduziert ist und die cGMP-abhängigen Ionenkanäle weniger Ca^{2+} liefern, $[Ca^{2+}]_i$ auf Werte unterhalb von 0,1 µM absenken. Diese **$[Ca^{2+}]_i$-Absenkung** ist das Signal zur Adaptation. Denn drei Calciumbindeproteine, **Recoverin**, **GCAP** (Guanylat-Cyclase-aktivierendes Protein) und **Calmodulin**, verlieren infolge der $[Ca^{2+}]_i$-Absenkung ihre Ca^{2+}-Ionen. Die Folge ist eine Hemmung der Lichtreaktion und damit eine Reduktion der Lichtempfindlichkeit. Recoverin verliert bei niedriger $[Ca^{2+}]_i$ die Kontrolle über die Rhodopsin-Kinase, sodass lichtaktiviertes Rhodopsin phosphoryliert und schließlich durch Arrestin abgeschaltet werden kann. Eine calmodulingesteuerte Adenylat-Cyclase wird gehemmt und reduziert die Produktion von cAMP. Dadurch sinkt die Aktivität der Proteinkinase A, und ihr Substrat, das regulatorische Protein Phosducin, wird durch Dephosphorylierung aktiviert. Es bindet an die βγ-Untereinheit von Transducin und zieht damit einen Teil des G-Proteins aus dem Verkehr; die Phototransduktion wird dadurch erschwert. Calmodulin löst sich auch von den cGMP-gesteuerten Ionenkanälen, an die es im Dunkeln gebunden war. Das bewirkt eine Erhöhung der cGMP-Affinität dieser Kanäle. Ohne Calmodulin öffnen sie bei niedrigeren cGMP-Konzentrationen; der Dunkelstrom wird wieder etwas stärker. Schließlich wird das regulatorische Protein GCAP von seiner Hemmung durch Ca^{2+} befreit und aktiviert nun die Guanylat-Cyclase zur Produktion von mehr cGMP. Alle diese Vorgänge verlaufen in Zapfen schneller und mit höherer Effizienz ab als in Stäbchen, wobei bedacht werden muss, dass die in Abb. 7.40 vereinfacht dargestellten Zusammenhänge noch keineswegs vollständig verstanden sind. Andere, auch Ca^{2+}-unabhängige Prozesse unterstützen besonders die Helladaption der Zapfen, sind aber bisher noch nicht genau erforscht. Auch gibt es deutliche Unterschiede in den Details der regulatorischen Prozesse zwischen Fischen, Amphibien und Säugern. Erkennbar ist aber, dass die lichtabhängige $[Ca^{2+}]_i$-Absenkung eine Schlüsselrolle bei der Helladaptation spielt. Im Lauf der Stäbchenevolution scheint die Kinetik dieser Prozesse gedämpft worden zu sein, möglicherweise, um die Integrationszeit für die Summation von Einzelphotonenereignissen nicht zu beeinträchtigen.

Im **Komplexauge der Insekten und Crustaceen** hat die Anpassung an das Sehen bei unterschiedlichen Lichtintensitäten keine Retinulae mit Doppelausstattung für das photopische und skotopische Sehen hervorgebracht. Statt Zapfen und Stäbchen enthalten die Ommatidien von nachtaktiven Insekten besonders lichtempfindliche Photorezeptoren, die – zusammen mit den optischen und neuronalen Anpassungen der Superpositionsaugen – die visuelle Orientierung bei Nacht ermöglichen. Auch einige Insekten mit Appositionsaugen haben hochempfindliche Photorezeptoren und erreichen dies mit ähnlichen Anpassungen. Man findet bei diesen Photorezeptoren **besonders starke elektrische Reaktionen auf Einzelphotonenereignisse** mit Amplituden, die oft viermal größer sind als die Lichtreaktionen bei Taginsekten. Solche starken Reaktionen sind typisch für viele der bisher untersuchten nachtaktiven Insekten wie für die Furchenbiene *Megalopta*, den Dungkäfer *Onitis*, die Schabe *Periplaneta*, die Wanderheuschrecke *Locusta*, die Rossameise *Camponotus*, die Schnake *Tipula*, die Stabschrecke *Carausius*, aber auch für die mikrovillären Photorezeptoren in den Linsenaugen nachtaktiver Spinnen wie *Deinopis* und *Cupiennius*. Der vergleichsweise große Rezeptorstrom bei Absorption eines einzelnen Photons verbessert das Signal-zu-Rausch-Verhältnis des gesamten Photorezeptorsignals, welches durch die Überlagerung vieler solcher Einzelereignisse zustande kommt. Zudem haben die Stromsignale einen langsameren Zeitverlauf, was wiederum die Überlagerung und Summation von Einzelphotonenereignissen begünstigt. Die großen Rezeptorströme sind vermutlich darauf zurückzuführen, dass der Ionenkanal TRPL bei nachtaktiven Insekten eine größere Rolle spielt als bei Taginsekten. Die beiden **Transduktionskanäle der Retinulazellen TRP und TRPL** (s. ◘ Abb. 7.11) unterscheiden sich in ihren Leitungseigenschaften für Kationen. Die Einzelkanalleitfähigkeit von TRPL beträgt 35 pS, die von TRP nur 8 pS – jeder TRPL-Kanal leitet also einen viermal größeren Strom als ein TRP-Kanal. Zudem leiten TRP-Kanäle neben Na^+-Ionen auch Ca^{2+}-Ionen, während TRPL-Kanäle hauptsächlich Na^+ leiten und eine zehnmal geringere Ca^{2+}-Durchlässigkeit haben als TRP-Kanäle. Das ist für nachtaktive Insekten wichtig, denn intrazelluläres Ca^{2+} vermittelt das Abschalten der Phototransduktion in den Retinulazellen, indem es die Aktivität von Rhodopsin, Phospholipase C und TRP/TRPL-Kanälen reduziert. Wenn aber vor allem TRPL als Transduktionskanal eingesetzt wird, strömt während der Belichtung wenig Ca^{2+} in die Mikrovilli, und die Adaptationsprozesse werden gedämpft, der Photorezeptor kann mit höchster Lichtempfindlichkeit arbeiten. Solche Photorezeptoren für die Nacht haben nur eine geringe Fähigkeit zur Helladaptation durch die üblichen Ca^{2+}-vermittelten Wege. Um nicht bei Tagesanbruch geblendet zu werden, haben sich spezielle Schutzmechanismen entwickelt, die bei zunehmender Hintergrundbeleuchtung eingreifen. Die Photorezeptoren können TRPL-Kanäle, nicht aber TRP-Kanäle, in der Dämmerung aus den Mikrovilli der Rhabdomere in die Plasmamembran des Zellkörpers verlagern. Dadurch sind die Kanäle aus der Transduktionskaskade entfernt und tragen nicht mehr zum Rezeptorstrom bei. Ähnlich wie die lichtabhängige Verlagerung von TRPL-Kanälen kann bei manchen Arten auch Rhodopsin aus den Mikrovilli abgezogen werden. Die Wirksamkeit der Phototransduktion kann durch solche Umverteilungsprozesse an die aktuelle Lichtintensität angepasst werden. Zusätzlich können sich Pigmentzellen um das Ommatidium schieben und den Lichteinfall auf das Rhabdom reduzieren, wie es in ◘ Abb. 7.36 für ein Superpositionsauge gezeigt ist. Beim Gemeinen Rückenschwimmer (*Notonecta glauca*; s. ◘ Abb. 5.10) beispielsweise, einem tag- und nachtaktiven Jäger, bilden die Pigmentzellen eine einstellbare Öffnung für jedes Ommatidium, ähnlich der Blende eines Kameraobjektivs. Tagsüber wird die Blende eng gestellt und schirmt die hochempfindlichen Photorezeptoren ab, nachts öffnet sich die Blende und ermöglicht das Sehen im Dunkeln. In den Komplexaugen verhelfen auf diese Weise anpassungsfähige Photorezeptoren und Ommatidien mit speziellen Adaptionsmechanismen den Insekten zum Sehen bei Tag und bei Nacht.

7.9 Vorverarbeitung visueller Signale in der Wirbeltiernetzhaut

Die Netzhaut des Wirbeltierauges entsteht durch eine Ausstülpung des Zwischenhirns und ist ein Teil des zentralen Nervensystems. Signalverarbeitungsprozesse in diesem Nervengewebe sind schnell und komplex. Hier werden viele der grundlegenden Sinnesleistungen des Sehens vorbereitet: Objekterkennung, die Abschätzung von Bewegung und Entfernung von Objekten sowie Farbinformationen über all die Dinge in der Umwelt, auf die ein Tier sinnvoll reagieren muss. Für viele Wirbeltiere bilden diese Prozesse die wichtigsten Informationsströme ihrer Sinneswelt. In dem Maße, wie Sehen entscheidend für den Erfolg einer Art in ihrer Umwelt ist, zeigt die Vorverarbeitung visueller Signale in der Netzhaut Spezialisierungen auf die jeweils lebenswichtigen Sinnesleistungen. Viele dieser Leistungen sind für die unterschiedlichsten Tierarten wichtig. Die Wahrnehmung von Identität, Ort und Bewegung visueller Objekte wird wohl von den meisten Tieren benötigt. Es gibt

Abb. 7.41 Eine Flunder (*Platichthys flesus*) versucht sich unsichtbar zu machen, wobei sie gleichzeitig mit scharfem Blick ihre Umwelt betrachtet

aber auch eine Reihe spezialisierter Verarbeitungsprozesse wie beispielsweise die Analyse der Lichtpolarisation, für welche besondere Netzhautstrukturen gebraucht werden. Als Sinnbild für die Anpassung von Netzhautleistungen im Reich der Wirbeltiere soll die Flunder (*Platichthys flesus*) dienen (Abb. 7.41).

Dieser Plattfisch tut alles, um Raubfischen die Objekterkennung zu erschweren. Die Flunder legt sich flach auf oder in den Sand am Meeresboden und minimiert den Farbkontrast zu ihrer Umgebung. Sie hat sogar ein sandähnliches Muster auf ihrem Körper entwickelt, mit Flecken, die wie Steinchen wirken, und kann sich dadurch an der Sandoberfläche verbergen. Solange sie regungslos daliegt, wirkt sie wie eine Bodenstruktur. Sie macht sich nur sichtbar, wenn sie sich bewegt. Ihre nach oben verlagerten Augen aber – oft der einzig sichtbare Teil des im Sand vergrabenen Körpers – sind sehr leistungsfähige Linsenaugen mit großen Pupillen, runder Linse und hoher relativer Apertur. Es sind die Augen eines Nachtjägers (s. Abb. 7.35), und sie ermöglichen es der Flunder, nachts auf die Suche nach Arthropoden zu gehen, wenn sie selbst nicht auffällt. Die Flunder kombiniert visuelle Tarnung mit einem leistungsfähigen Sehsinn – sie zeigt in jedem Aspekt ihres Körpers die Notwendigkeit, sich an den Sehsinn anzupassen.

Wie in den anderen Regionen des zentralen Nervensystems, so ist auch die Signalverarbeitung in der Netzhaut äußerst kompliziert, und sie ist auch heute – nach mehr als 100 Jahren intensiver Forschung – erst in groben Zügen verstanden. Der scheinbar übersichtliche, dreischichtige Aufbau dieses Gewebes verleitet zu der Annahme, dass auch der Informationsfluss von Photorezeptoren über Bipolarzellen zu Ganglienzellen nach einfachen Regeln verläuft. Diese Annahme trifft aber bei der Netzhaut genauso wenig zu, wie bei anderen Gehirnregionen mit scheinbar übersichtlicher Struktur, etwa beim Kleinhirn oder beim Hippocampus. Ein Grund für die Komplexität des Gewebes ist die Vielzahl von Zelltypen. Neben zwei bis vier Typen von Photorezeptoren und zwei bis drei Typen von Horizontalzellen unterscheiden Retinaforscher elf bis 14 Typen von Bipolarzellen, 29 bis über 30 Typen von Amakrinzellen und zwölf bis 40 Typen von Ganglienzellen, je nach Klassifizierungsmethode. Das neuronale Netz der Retina besteht mithin aus sehr vielen unterschiedlichen Neuronen – aktuelle Schätzungen belaufen sich auf über 100 Typen von Neuronen für die Säugerretina. Dazu kommen eine Vielfalt von synaptischen Verbindungen mit einer ganzen Reihe erregender und hemmender Transmitter sowie eine tiefgreifende circadiane Regulation, die für das Umschalten vom skotopischen über das mesopische zum photopischen Sehen unabdingbar ist. Schließlich unterscheiden sich die Netzhäute von Fischen, Amphibien, Reptilien, Vögeln und Säugern in vielen Details; ein Beispiel ist die Ausformung

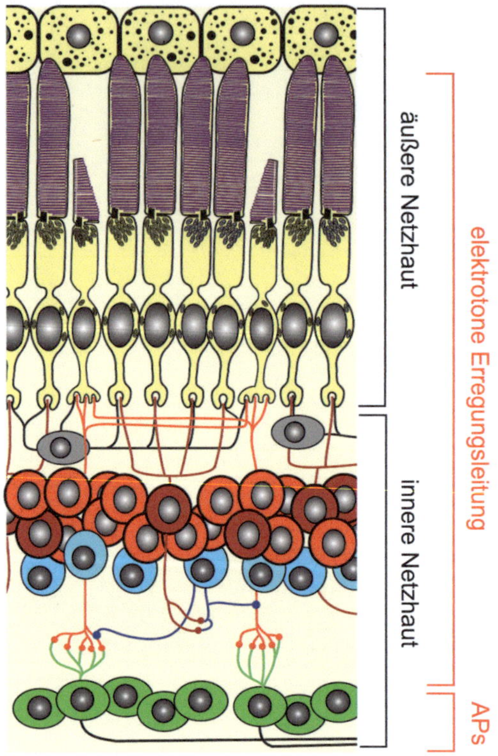

Abb. 7.42 Stufenweise Signalverarbeitung in der Retina. Schematische Darstellung einer Wirbeltierretina mit Zelltypen und der Bezeichnung von allgemeinen Signalverarbeitungsschritten auf dem Weg von den Photorezeptoren zu den Ganglienzellen. ÄNS, äußere nucleäre Schicht; ÄPS, äußere plexiforme Schicht; AS, Außensegemente der Photorezeptoren; GSZ, Ganglienzellschicht; INS, innere nucleäre Schicht; IPS, innere plexiforme Schicht; IS, Innensegmente der Photorezeptoren; PE, Pigmentepithel

von Bereichen mit hoher Sehschärfe, die in ▶ Abschn. 7.7 behandelt wird.

Man kann sich der Funktionsweise der Netzhaut nähern, indem man sich eine stufenweise Signalverarbeitung vorstellt, wie sie in Abb. 7.42 dargestellt ist. Die erste Stufe ist die **Umsetzung von Lichtsignalen in neuronale Signale** und wird von den Photorezeptoren in der äußeren Netzhaut geleistet. Dabei entsteht ein komplexes Muster der Glutamatfreisetzung an den synaptischen Endfüßen von Millionen Photorezeptoren, wobei an helleren Stellen des Bildes weniger, an dunkleren Stellen mehr Glutamat freigesetzt wird. Dieses erste neuronale Signal trifft auf ein Netzwerk von inhibitorischen Horizontalzellen, die untereinander durch Gap Junctions elektrisch gekoppelt sind. Es ist das Eingangsnetzwerk zur inneren Retina und leistet eine **Regulation des Zugangssignals**, indem es zu starke Signal abschwächt und durch die Dämpfung von Hintergrundsignalen den Bildkontrast verstärkt. Horizontalzellen modulieren die Übertragung des visuellen Signals auf die Bipolarzellen in den Endfüßen der Photorezeptoren, einer Struktur, in der mehrere Synapsen Signale von einem einzelnen Photorezeptor übernehmen können. In Bereichen mit hoher räumlicher Auflösung findet man 20 bis 40 Synapsen in einem Endfuß, in peripheren Netzhautbereichen können es einige Hundert Synapsen sein. Bei dieser Übertragung kommt es zu einer **Aufspaltung der Information in elf bis 14 separate Kanäle**, jeder davon wird von einem bestimmten Typ von Bipolarzellen weitergeleitet. In der inneren Retina wird die visuelle Information nicht mehr Bildpunkt für Bildpunkt (Pixel für Pixel) verarbeitet. Vielmehr wird die Information zerpflückt und detailliert untersucht. Die wichtigste Rolle bei dieser Untersuchung spielt die **kontextabhängige Bearbeitung der Informationskanäle** durch das Netz inhibitorischer Amakrinzellen, von denen ebenfalls viele untereinander elektrisch gekoppelt sind. Die wichtigsten Kriterien für diese Bearbeitung sind Form, Farbe, Ort und Bewegung eines Objekts sowie die Frage, ob gerade Tag, Dämmerung oder Nacht ist. Das Ergebnis dieser komplexen Analyse wird schließlich an die Ganglienzellen weitergeleitet, in deren Aktivität demzufolge nicht nur eine einfache Hell-Dunkel-Information codiert ist, sondern das gesamte Ergebnis der Verrechnung innerhalb der inneren Retina. Die Aufgabe der Ganglienzellen ist die **Übersetzung vielschichtiger Bildinformationen in ein afferentes Signal**, eine Codierung dieser Information in eine Abfolge von Aktionspotenzialen, die von der Sehrinde des Gehirns interpretiert werden kann.

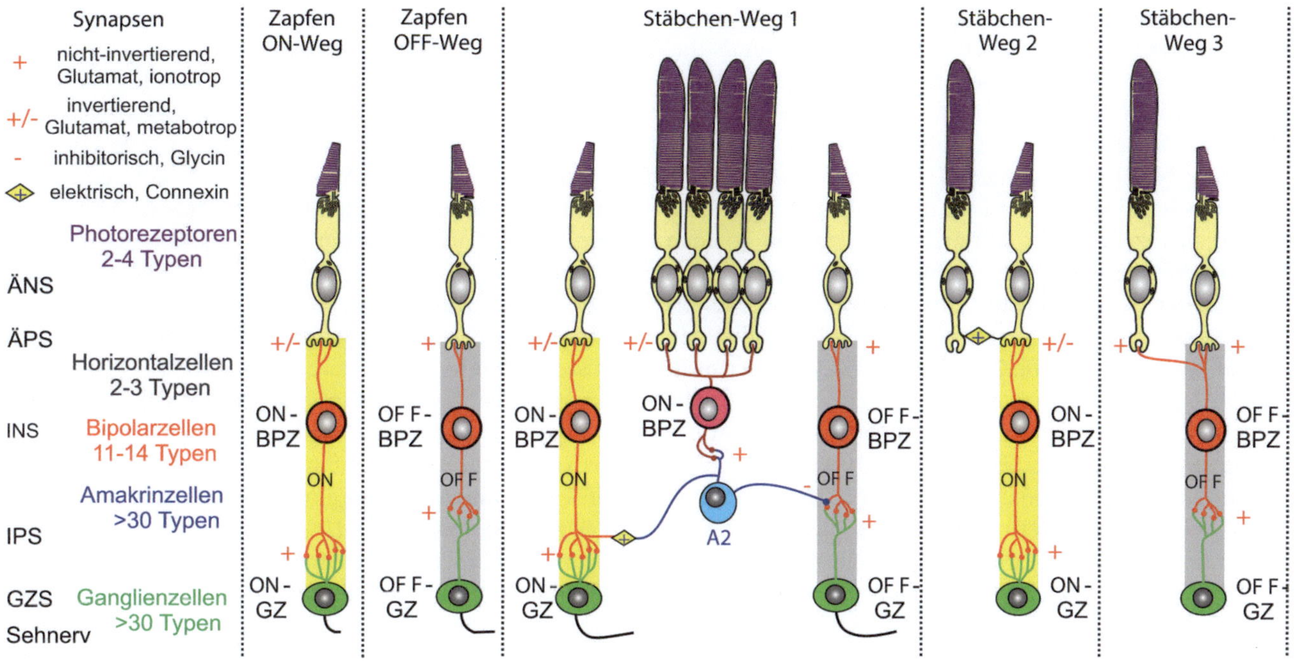

Abb. 7.43 Einige Verarbeitungswege in der Wirbeltierretina mit Zelltypen und Synapsentypen. A2, Amakrinzelle Typ A2; ÄNS, äußere nucleäre Schicht; ÄPS, äußere plexiforme Schicht; GSZ, Ganglienzellschicht; INS, innere nucleäre Schicht; IPS, innere plexiforme Schicht; *OFF*-BPZ, *OFF*-Bipolarzellen; *OFF*-GZ, *OFF*-Ganglienzellen; *ON*-BPZ, *ON*-Bipolarzellen; *ON*-GZ, *ON*-Ganglienzellen

Das neuronale Netzwerk der Retina enthält viele erregende, hemmende, konvergierende, divergierende, vertikale und horizontale Verbindungen und unterliegt zudem circadianen Regulationsmechanismen. Die Neuronen der Netzhaut bilden damit ein dynamisches, lichtabhängig reguliertes Netzwerk von hoher Komplexität. Es ist der Retinaforschung gelungen, einige besonders markante Verarbeitungswege zu identifizieren und auch ihre Bedeutung für das Sehen in einigen Fällen zu verstehen. Beispiele von solchen Verarbeitungswegen sind in Abb. 7.43 dargestellt. Der **Zapfen-*ON*-Weg** führt von der Belichtung eines Zapfen-Photorezeptors zur Aktivierung einer Ganglienzelle. Da Zapfen auf Belichtung mit dem Abschalten des Dunkelstroms und einer Hyperpolarisation – also mit Hemmung – reagieren, muss das neuronale Signal in der inneren Retina invertiert werden. Dies geschieht schon im synaptischen Endfuß des Zapfens (Symbol **+/–** für invertierende Synapsen in Abb. 7.43). Die postsynaptische Membran auf der Seite einer *ON*-Bipolarzelle trägt metabotrope Glutamatrezeptoren (Isoform mGluR6), die im Dunkeln durch Glutamat aktiviert werden und Kationenkanäle vom Typ TRPM1 über ein G-Protein ($G\alpha_0\beta_3\gamma_{13}$) blockieren. Bei Belichtung des Zapfens versiegt die Glutamatausschüttung, die mGluR6-Rezeptoren werden inaktiv und verlieren die Kontrolle über die TRPM1-Kanäle. Die Kanäle können sich öffnen und leiten Kationenstrom in die *ON*-Bipolarzelle; es kommt zur Depolarisation, und das Signal ist invertiert. Die Synapse zwischen *ON*-Bipolarzellen und *ON*-Ganglienzelle ist eine nicht-invertierende Synapse (Symbol **+** in Abb. 7.43), in der das Signal durch ionotrope Glutamatrezeptoren, glutamataktivierte Kationenkanäle, weitergeleitet wird. Im **Zapfen-*OFF*-Weg** wird das Photorezeptorsignal nicht invertiert; hier leiten Synapsen mit ionotropen Glutamatrezeptoren sowohl im Zapfenendfuß als auch in den Axonterminalen der *OFF*-Bipolarzellen die lichtinduzierte Hyperpolarisation bis zu den *OFF*-Ganglienzellen weiter. Die Regionen, in denen *ON*-Bipolarzellen und *OFF*-Bipolarzellen mit ihren jeweiligen Ganglienzellen Synapsen bilden, liegen getrennt voneinander in unterschiedlichen Ebenen der inneren plexiformen Schicht und sind auf jeweils zelltypspezifische Weise mit dem Netzwerk der Amakrinzellen verknüpft. Die nur bei Nacht und Dämmerung aktiven Stäbchen-Photorezeptoren haben keine eigenen Ganglienzellen. Daher müssen die Verarbeitungswege für das skotopische Sehen, die **Stäbchenwege** der retinalen Signalverarbeitung, Ganglienzellen der Zapfen nutzen, um afferente Signale zu erzeugen. So wird das kombinierte Signal eines Stäbchenfeldes von einer Stäbchen-*ON*-Bipolarzelle aufgenommen und dabei durch eine mGluR6/TRPM1-exprimierende Synapse invertiert. Das Signal wird an eine Amakrinzelle vom Typ A2 (auch AII geschrieben) übergeben und von ihr durch eine elektrische Synapse (Gap Junction aus Connexinmolekülen) auf die *ON*-Ganglienzelle eines Zapfens verschaltet. Zusätzlich hemmt dieselbe A2-Amakrinzelle über eine glycinerge Synapse mit einer *OFF*-Bipolarzelle den Zapfen-*OFF*-Weg in ihrer Nähe. Angesichts der geringen Photonendichte unter skotopischen Bedingungen sind auf diese Weise die Bedingungen für ein erregendes lichtinduziertes Ausgangssignal der Netzhaut optimiert. Die räumliche Auflösung des Stäbchensystems wird dadurch begünstigt, dass A2-Amakrinzellen sehr kompakte Zellen mit kleinen Dendritenfeldern sind. Bei nachtaktiven Säugern findet man in der Area centralis typischerweise 10.000 bis 15.000 Stäbchen-Bipolarzellen pro Quadratmillimeter, die auf ein Netzwerk von 2000 bis 3000 A2-Amakrinzellen pro Quadratmillimeter konvergieren. Sowohl die Anzahl aktiver Synapsen zwischen Bipolar- und Amakrinzellen als auch die elektrische Kopplung zwischen A2-Amakrinzellen werden lichtabhängig gesteuert.

Stäbchen können ihre Signale auch direkt auf Zapfen umleiten, und zwar durch elektrische Synapsen mit Zapfenendfüßen und durch nicht-invertierende Synapsen mit *OFF*-Bipolarzellen (▫ Abb. 7.43, *rechts*). Die genaue Bedeutung dieser drei unterschiedlichen Stäbchenwege ist noch nicht verstanden. Sie könnten eine Rolle bei der **Tag-Nacht-Umschaltung der Netzhaut** spielen. Da Zapfen und Stäbchen dieselben Ganglienzellen nutzen, muss sichergestellt sein, dass tagsüber die vollaktivierten Stäbchen das Zapfensignal nicht überlagern. Wegen der Signalinvertierung an den Synapsen der Stäbchen-*ON*-Bipolarzellen sind diese Zellen bei kompletter Unterdrückung des Dunkelstroms in Stäbchen tagsüber voll aktiv. Wie genau das Zapfensystem sich vor der massiven Aktivität Tausender Stäbchen-Bipolarzellen schützt, ist noch weitgehend unverstanden. Eine zentrale Rolle scheinen bei diesen Vorgängen **dopaminerge Amakrinzellen** zu spielen, die lichtabhängig bei Tag Dopamin in der inneren Retina freisetzen. Dieser Transmitter reguliert über D1-Rezeptoren die elektrische Kopplung zwischen Horizontalzellen und zwischen verschiedenen Amakrinzellen, auch zwischen A2-Amakrinzellen. Zusätzlich kann Dopamin über D2- und D4-Rezeptoren die elektrische Kopplung zwischen Stäbchen und Zapfen sowie elektrische Kopplungen zwischen Ganglienzellen unterbrechen. Mithilfe von solchen koordinierten, lichtgesteuerten Änderungen von elektrischen Verschaltungen zwischen den Neuronen kann sich das retinale Netzwerk offensichtlich an die aktuellen Lichtintensitäten anpassen und vom Stäbchen- auf den Zapfenbetrieb umschalten.

Aus der Betrachtung der Verarbeitungswege in der inneren Retina wird klar, dass die Lichtreaktion einer Ganglienzelle nicht einfach die Aktivität eines Photorezeptors widerspiegelt, sondern dass diese Reaktion durch viele andere Neuronen beeinflusst wird, bevor sie bei der Ganglienzelle ankommt. Als Ergebnis all dieser Verarbeitungen findet man in der Wirbeltierretina für jede Ganglienzelle ein **konzentrisches rezeptives Feld**. Solche Felder umfassen einen Bereich der äußeren Retina mit 20 bis 100 oder mehr Photorezeptoren und haben Durchmesser in der Größenordnung von 50–100 µm. Alle Photorezeptoren in diesem Feld wirken in irgendeiner Weise auf dieselbe Ganglienzelle ein, und bei Messungen dieser Wirkung lässt sich ein Feldzentrum von einem Umfeld unterscheiden (▫ Abb. 7.44). Über die Art von Informationen, die jeweils in Feldzentrum und Umfeld von rezeptiven Feldern codiert werden, kann man immer nur so viel sagen, wie experimentell bereits ermittelt wurde. Oft findet man antagonistische Effekte. Beispielsweise kann die Belichtung des Feldzentrums die Ganglienzelle erregen, die Belichtung des Umfelds aber einen hemmenden Effekt haben. In einem solchen Fall würde man sagen, dass die Ganglienzelle mit einem *ON*-Zentrum-Feld verbunden ist (▫ Abb. 7.44, *links* und *Mitte*). Eine zentrale Rolle beim Zustandekommen rezeptiver Felder spielt die **laterale Inhibition**, die in erster Linie von den horizontal (seitlich, lateral) ausgerichteten Netzwerken inhibitorischer Horizontalzellen und Amakrinzellen geleistet wird. So können Horizontalzellen von Zapfenendfüßen im Umfeld aktiviert werden, um dann im Feldzentrum durch invertierende Synapsen die Übertragung von Zapfensignalen auf *ON*-Bipolarzellen zu hemmen. Durch solche lateralen Inhibitionswege sind Horizontalzellen an der Umfeldhemmung von *ON*-Zentrum-Ganglienzellen beteiligt. Eine Schlüsselbeobachtung kann man machen, wenn man sowohl das Feldzentrum als auch das Umfeld gleichzeitig belichtet. In diesem Fall reagiert die Ganglienzelle gar nicht, denn die Erregung durch das Feldzentrum und die Hemmung durch das Umfeld halten sich die Waage (▫ Abb. 7.44, *rechts*). Diese Beobachtung ist deshalb so wichtig, weil sie zeigt, dass die Ganglienzelle nicht einfach auf Helligkeit reagiert. Es kommt nicht darauf an, *dass* ihr rezeptives Feld beleuchtet wird, sondern es ist entscheidend, *wie* es beleuchtet wird. Die Ganglienzelle informiert das Gehirn nicht über das Einsetzen von Helligkeit, sondern über **strukturelle Details der Beleuchtung**. Diese Erkenntnis aus der Netzhautforschung ist von grundlegender Bedeutung für das Verständnis des Sehsinnes. Sie soll im Folgenden an einem Beispiel erläutert werden.

Für das Verständnis des Sehsystems ist es wichtig, sich von der Vorstellung freizumachen, dass die visuellen Systeme der Tiere nach den gleichen Prinzipien funktionieren wie technische Kameras. Kameras werden entwickelt, um Lichtsignale aufzuzeichnen, sei es auf Film oder auf einem CCD-Chip. Die Sehsysteme der Tiere haben sich dagegen in einer Weise entwickelt, die den jeweiligen Tiergruppen das Überleben erleichtert und damit ihren Fortbestand begünstigt hat. Der Unterschied ist fundamental! Während eine möglichst objektive Abbildung der Welt das Ziel der Kamerakonstruktion ist, geht es den Tieren darum, Gefahren

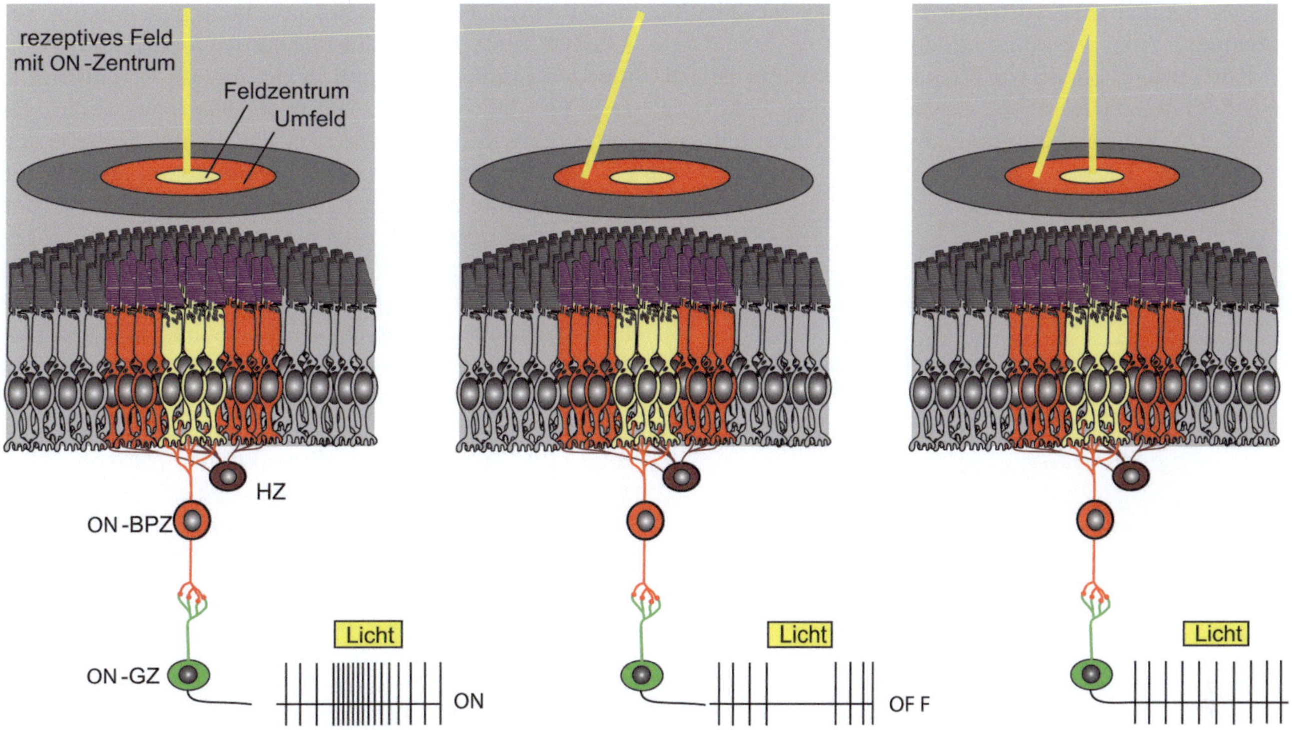

Abb. 7.44 Entstehung des rezeptiven Feldes einer *ON*-Zentrum-Ganglienzelle (*grün*). Die Ganglienzelle wird von einem ausgedehnten Netzwerk von Zapfen-Photorezeptoren und Interneuronen der inneren Retina beeinflusst. Stellvertretend für ein Netzwerk zur lateralen Inhibition ist eine Horizontalzelle gezeigt. Sie nimmt von Photorezeptoren im Umfeld nicht-invertierte synaptische Signale auf und leitet sie über invertierende Synapsen an Zapfenendfüße im Feldzentrum weiter. So entsteht ein kreisförmiges Umfeld von Photorezeptoren (*rot*), bei deren Beleuchtung die zentrale Ganglienzelle gehemmt wird. Fällt jedoch Licht auf Zapfen im Feldzentrum (*gelb*), reagiert die Ganglienzelle mit gesteigerter Aktivität, die durch einen *ON*-Weg über invertierende Synapsen vermittelt wird. Bei gleichzeitiger Belichtung von Umfeld und Feldzentrum können sich hemmende und aktivierende Effekte gegenseitig aufheben. Die Ganglienzelle zeigt dann die gleiche Basalaktivität, die sie auch ohne Beleuchtung hat

möglichst früh zu erkennen, Nahrung zu finden sowie Jagd- und Fluchtverhalten zu optimieren. Beim Sehen geht es um die praktischen Fragen des Lebens. Und der Selektionsdruck, der den Sehsinn über Jahrmillionen hin bis zu seiner heutigen, unfassbar erscheinenden Leistungsfähigkeit getrieben hat, entstammt der Umwelt der Tiere und der Notwendigkeit, sich in dieser Umwelt behaupten zu können. Wenn wir heute den Sehsinn physiologisch untersuchen, treffen wir überall auf Spuren seiner Evolutionsgeschichte, und es hilft, sich klar zu machen, für welche Zwecke das Sehen sich ursprünglich entwickelt hat.

Zu den wichtigsten Fähigkeiten des Sehsinnes gehören die Objekterkennung und die dazu notwendige Wahrnehmung der Umrisse eines Objekts vor dem Hintergrund. Denn eine der besten Tarnstrategien für Tiere ist es, dafür zu sorgen, dass der Kontrast zwischen dem eigenen Körper und dem Hintergrund so schwach wie möglich erscheint. Sowohl Jäger als auch Beutetiere haben im Verlauf koevolutiver Prozesse ihre Körperformen und Körperzeichnungen an ihre Umwelt angepasst. Für ein Tier kann ein lebensentscheidender Vorteil darin liegen, die verbleibenden Farb- und Helligkeitsunterschiede zwischen dem Umriss eines anderen Tieres und seiner Umgebung sehen zu können. Der Prozess der Optimierung der Wirbeltiernetzhaut hat folglich einen Mechanismus zur **Verstärkung von Objektkontrast** entwickelt. Dieser Mechanismus beruht auf den Eigenarten von rezeptiven Feldern der Ganglienzellen. Man kann diesen Verstärkungseffekt anhand der Mach'schen Streifen (benannt nach dem Physiker Ernst Mach; 1838–1916) erkennen. Solche Streifen treten in Abbildungen auf, bei denen Flächen mit zunehmenden Grautönen nebeneinander betrachtet werden (Abb. 7.45). Obwohl jede Fläche nur eine einzige Helligkeitsstufe aufweist, einen Grauton, in welchem sie völlig gleichmäßig gefärbt ist, meint man, eine Änderung der Helligkeit in der Nähe der Kanten zu erkennen, welche benachbarte Flächen voneinander trennen. An jeder Kante erscheint die jeweils dunklere Fläche weiter abgedunkelt, während die jeweils hellere Fläche entlang der Kante aufgehellt erscheint. So entsteht an der Grenzlinie zwischen zwei unterschiedlich hellen Flächen ein „Mach'scher Streifen", ein Bereich, in dem die Helligkeitsunterschiede übertrieben stark wahrgenommen werden – der Kantenkontrast wird verstärkt. Dieser Effekt lässt Objektumrisse deutlicher hervortreten und hilft bei der Objekterkennung. Aber wie kommt er zustande?

Zur Verdeutlichung von Kanten und Objektumrissen tragen Ganglienzellen bei, deren rezeptives Feld von einem *ON*-Feldzentrum und einem *OFF*-Umfeld gebildet wird. Wenn ein solches Feld gleichmäßig beleuchtet wird, heben sich die aktivierenden und hemmenden Einflüsse gegenseitig auf, und die Ganglienzelle zeigt Basalaktivität (◘ Abb. 7.46, *Bild 1*), sie feuert gerade so, als würde sie gar nicht beleuchtet. Schiebt sich ein Schatten über diesen Teil der Netzhaut, erreicht die Schattenkante zunächst das inhibitorische Umfeld, das dadurch weniger stark beleuchtet wird und die Ganglienzelle weniger stark hemmen kann. Das Ergebnis ist ein Aktivierung der Ganglienzelle, denn nun überwiegt der Effekt des beleuchteten *ON*-Feldzentrums (◘ Abb. 7.46, *Bild 2*). Erreicht die Schattenkante genau die Mitte des rezeptiven Feldes, kommt es wieder zu einem Ausbalancieren von Hemmung und Erregung; die Ganglienzelle fällt zurück in die Basalaktivität (◘ Abb. 7.46, *Bild 3*). Das weitere Vordringen des Schattens dunkelt das Feldzentrum ab, und der noch beleuchtete Rest des Umfelds hemmt die Ganglienzelle (◘ Abb. 7.46, *Bild 4*). Erst wenn das gesamte rezeptive Feld im Schatten liegt, stellt sich die Basalaktivität wieder dauerhaft ein, denn Hemmung und Aktivierung heben sich wieder gegenseitig auf (◘ Abb. 7.46, *Bild 5*). Man erkennt an diesem Beispiel zwei wesentliche Eigenschaften einer *ON*-Zentrum-Ganglienzelle: Sie reagiert nicht auf die Helligkeit einer Fläche, aber sie informiert über die genaue Position einer Grenzlinie zwischen zwei Flächen mit unterschiedlicher Helligkeit, wie sie zwischen Objekt und Hintergrund auftritt.

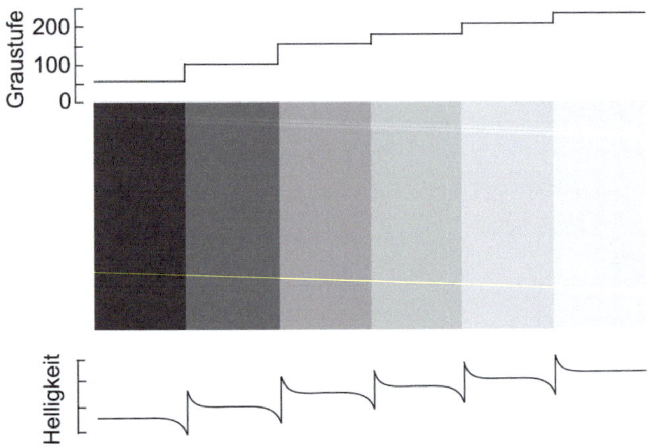

◘ **Abb. 7.45** Mach'sche Streifen dienen zur Veranschaulichung der Funktion des rezeptiven Feldes einer *ON*-Zentrum-Ganglienzelle. An den Grenzlinien zwischen Flächen mit unterschiedlichen Grautönen (*obere Stufenlinie*) sieht man eine Abdunkelung auf der dunkleren, eine Aufhellung auf der helleren Seite jeder Grenzlinie. Der wahrgenommene Helligkeitskontrast (*untere Stufenlinie*) wird durch diesen Effekt an jeder Flächenkante vergrößert, wodurch die Kanten deutlicher hervortreten. GZ, Ganglienzelle

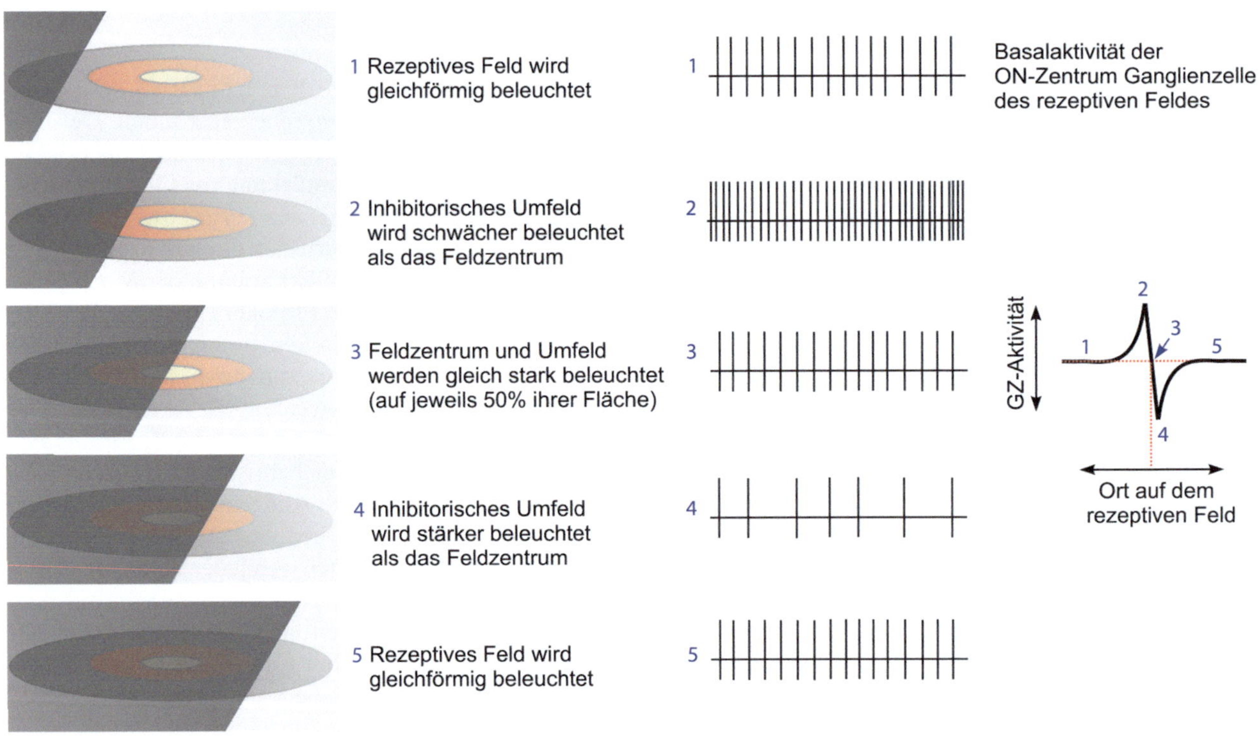

◘ **Abb. 7.46** Reaktion einer *ON*-Zentrum-Ganglienzelle auf eine Schattenkante. Ein Schatten schiebt sich von links nach rechts über das rezeptive Feld. Dadurch wird die Aktivität der Ganglienzelle zunächst erhöht, dann reduziert. Die Ganglienzelle reagiert nur auf die aktuelle Lage der Schattenkante, nicht aber auf die Helligkeit der gleichförmigen Beleuchtung

Abb. 7.47 Verbesserung der Wahrnehmung durch Simultankontrast. Alle drei Wolfsbilder haben die gleiche Helligkeit. Der an den Objektkanten registrierte Kontrast dient dazu, das ganze Objekt deutlicher erkennbar zu machen. Das führt bei hellem Hintergrund zur Abdunkelung der Objektfläche

Die hier beschriebene Ganglienzelle ist ein **lokaler Kantendetektor**, und ein Mosaik von vielen solchen Ganglienzellen macht den Umriss eines Objekts sichtbar, weil jede der Zellen die genaue Position eines kleinen Segments des Objektumrisses detektieren und an das Gehirn liefern kann. In den Sehzentren des Gehirns kann dann das Objekt vervollständigt und seine Bedeutung erkannt werden. Auch zur Wahrnehmung des Grautons innerhalb einer Fläche – also der Flächenfarbe – können die *ON*-Zentrum-Ganglienzellen beitragen, wenn sie auch auf die Beleuchtung der Fläche selbst nicht reagieren. Sie messen aber den Kontrast, also die Änderung der Helligkeit, an der Umrisskante. Mithilfe dieser Information, die von vielen Ganglienzellen gleichzeitig kommt, kann das Gehirn Informationen zur Flächenfarbe gewinnen. Da der Kontrast an der Kante dem Ausmaß der Helligkeitsdifferenz zwischen Objekt und Hintergrund entspricht, hat nicht nur die eigentliche Objektfarbe, sondern auch auch der Hintergrund selbst Einfluss auf die Interpretation der Objekthelligkeit. Man kann diesen Einfluss an dem Umriss eines Wolfes in Abb. 7.47 erkennen. Die drei gleich hellen Wolfsbilder erscheinen vor dem hellen Hintergrund weniger hell als vor dem dunklen Hintergrund. Eine Erklärung resultiert aus der Funktionsweise der *ON*-Zentrum-Ganglienzellen. Bei hellem Hintergrund ist die Umfeldhemmung an der Objektgrenze stärker als bei dunklem Hintergrund. Bei gleich starker Aktivierung des Feldzentrums durch die immer gleich hell gezeichneten Wolfsbilder kommt es so zu einem stärkeren Kontrast, verursacht durch den helleren Hintergrund. Offensichtlich verallgemeinert das Sehzentrum die Situation, die an der Grenzlinie zwischen Objekt und Hintergrund gemessen wird, und erhöht die Kontrast*wahrnehmung*, indem sie die gesamte Fläche des Wolfsbildes abdunkelt. Es handelt sich hier um die Schwarzweißvariante des **Simultankontrasts**, der für die Farbwahrnehmung (▶ Abschn. 7.12) von besonderer Bedeutung ist. Beim Beispiel der Wolfsbilder hilft der Simultankontrast bei der Objektwahrnehmung, indem er dafür sorgt, dass sich das Objekt stärker vom Hintergrund abhebt.

Lokale Kantendetektoren können unterschiedliche Spezialisierungen aufweisen, wobei ihre Grundeigenschaft, dass sie nicht auf Ausleuchtung des gesamten rezeptiven Feldes reagieren, bei allen Varianten gegeben ist. Man könnte sich vorstellen, dass ein lokaler Kantendetektor auch zur Erfassung der Kantenbewegung geeignet ist. Schließlich ändert der Schatten in Abb. 7.46 auf seinem Weg über das rezeptive Feld ständig die Aktivität der *ON*-Zentrum-Ganglienzelle. Das ist aber nicht der Fall. Denn eine synchrone Bewegung der Schattenkante in Umfeld und Feldzentrum bringt den Kantendetektor sofort zum Schweigen. Jede *gekoppelte* Bewegung der Bereiche im gesamten rezeptiven Feld schaltet seine Ganglienzelle ab. Diese Eigenschaft hilft dem Sehsinn, zwischen zwei Vorgängen zu unterscheiden, welche beide die Abbildung eines Objekts auf der Retina verschieben: eine Eigenbewegung des Objekts und eine Bewegung der Augen des Betrachters. Objektbewegungen verursachen koordinierte Verschiebungen, und für deren Erfassung sind spezielle Ganglienzellen zuständig, die **richtungsselektiven Ganglienzellen**. Diese Ganglienzellen reagieren nur dann mit Erregung, wenn sich das Abbild eines Objekts in einer bestimmten Vorzugsrichtung über das Feldzentrum des rezeptiven Feldes bewegt (Richtungsdetektor in Abb. 7.48). Bewegungen in die Gegenrichtung („Nullrichtung“) bewirken keine Reaktion. Solche Richtungsdetektoren können *ON*-Zentrum-Eigenschaften haben. Bei Belichtung des Feldzentrums reagieren sie nur auf die Ankunft des Reizes aus der Vorzugsrichtung. Eine Bewegung in der Vorzugsrichtung löst dagegen eine Hemmung aus, wenn das

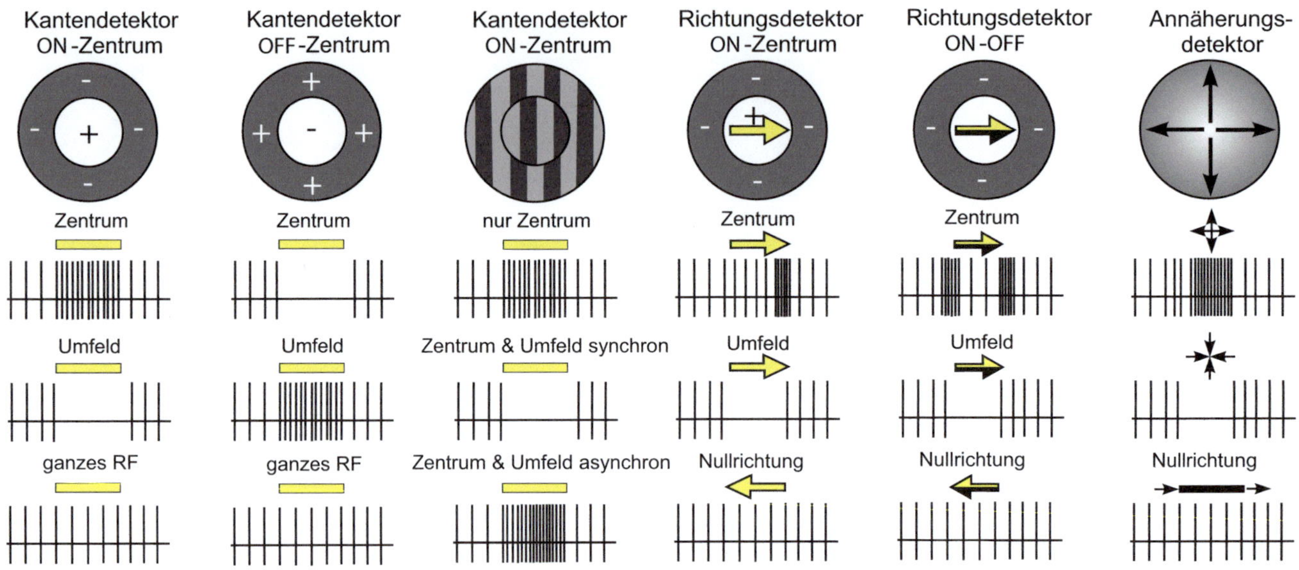

Abb. 7.48 Einige Beispiele für rezeptive Felder (RF) von Ganglienzellen. Kantendetektoren mit *ON*- oder *OFF*-Zentrum liefern Netzhautsignale, die für die Wahrnehmung von hellen und dunklen Linien genutzt werden. Zur Unterscheidung von Objektbewegung und Augenbewegung vergleichen einige Kantendetektoren die Verschiebung der retinalen Abbilder im Zentrum und im Umfeld ihres rezeptiven Feldes. Asynchrone Verschiebung wird als Objektbewegung interpretiert, synchrone als Augenbewegung. Richtungsselektive Ganglienzellen liefern die afferenten Signale für das Bewegungssehen. Dabei reagieren *ON*-Zellen nur auf die Bewegung heller Objekte in die Vorzugrichtung, während ON-OFF-Zellen sowohl auf helle wie auch auf dunkle Objekte reagieren. Annäherungssensitive Ganglienzellen reagieren mit Aktivierung auf die Zunahme der Objektgröße und mit Hemmung auf deren Abnahme. Sie reagieren nicht auf Verschiebung des Objekts ohne Größenveränderung. Weitere Typen von rezeptiven Feldern werden im ▶ Abschn. 7.12 für das Farbensehen beschrieben

Objektbild hauptsächlich das Umfeld aktiviert. Auch *ON-OFF*-Richtungsdetektoren sind bekannt. Sie reagieren richtungsselektiv sowohl auf bewegte Objekte, die das rezeptive Feld beleuchten, als auch auf solche, die das Feld abdunkeln, und sie zeigen sowohl den Beginn als auch das Ende eines Reizes an. In der Netzhaut liegen Richtungsdetektoren für alle Ausrichtungen vor. Zusammen liefern sie die Daten für das Bewegungssehen (▶ Abschn. 7.10) und ergänzen damit die von den Kantendetektoren kommende Information zur Form der gesehenen Objekte.

Das afferente Signal, das jede Ganglienzelle durch den Sehnerv an Thalamus und Sehrinde leitet, ist – das machen die Beispiele der rezeptiven Felder von Kanten- und Richtungsdetektoren deutlich – das Ergebnis komplexer Berechnungen, die in der inneren Retina geleistet worden sind. Letztendlich geht es dabei um vier grundlegende Eigenschaften eines Objekts: **Form, Farbe, Ort und Bewegung**. Nach der Verteilung der primären neuronalen Photorezeptorsignale auf elf bis 14 unterschiedliche Populationen von Bipolarzellen leisten die Amakrinzellen den Großteil dieser Verrechnung, und jeder Typ von Ganglienzellen kann das Ergebnis in der **inneren plexiformen Schicht** (IPS) abrufen. Die Übergabe der verarbeiteten Signale ist dabei räumlich geordnet. Denn die Axonterminalen der Bipolarzellen enden in fünf deutlich erkennbaren Ebenen der IPS, und die von ihnen geleiteten elf bis 14 parallelen Informationskanäle haben dadurch getrennt angeordnete Endpunkte (Abb. 7.49). So enden beispielsweise alle Zapfen-*OFF*-Wege in der oberen Hälfte der IPS (*OFF*-Sublamina), während die Zapfen-*ON*-Wege ihre Axonterminalen in der unteren Hälfte der IPS (*ON*-Sublamina) bilden (s. Abb. 7.43). Man erkennt hier **das topische Prinzip der Signalverarbeitung** im Gehirn, dass nämlich unterschiedliche Informationen an unterschiedlichen Orten verarbeitet werden. Bei der Übergabe an die Ganglienzelle in der IPS ist das Ausgangssignal der Netzhaut weitgehend fertig berechnet und räumlich geordnet. Die Ganglienzellen übernehmen diese Information, übersetzen sie für die Fernleitung durch den Sehnerv in Aktionspotenziale und leiten das afferente Signal räumlich geordnet weiter an den Thalamus (▶ Abschn. 7.14).

Je nach dem Informationsgehalt, den sie transportieren, unterscheidet man heute etwa 30 Spezialisierungen von Ganglienzellen. Man kann sie nach anatomischen Kriterien drei Grundtypen zuordnen, was den Überblick etwas erleichtert (Tab. 7.7). Den größten Anteil haben in der Säugernetzhaut die **P-Zellen (Zwergzellen)** mit etwa 80 % aller Ganglienzellen. Die Namensgebung bezieht sich auf die parvozellulären (kleinzelligen) Schichten im seitlichen Kniehöcker des Thalamus, demjenigen Ort, an dem die Axone der

P-Ganglienzellen ihre Synapsen bilden (▶ Abschn. 7.14). P-Zellen haben eine gedrungene Form mit vergleichsweise kleinen Dendritenbäumen und demzufolge kleinen rezeptiven Feldern. In der Fovea centralis wird das Feldzentrum einer P-Zelle nur von einem einzigen Zapfen versorgt und ermöglicht damit sowohl das Scharfsehen als auch das Farbensehen. Die P-Zellen sind in erster Linie mit einem L-Zapfen (rotempfindlich) oder einem M-Zapfen (grünempfindlich) verknüpft, sodass auf den P-Zellen der Rot-Grün-Kontrast beruht (▶ Abschn. 7.12). Das Mosaik der P-Ganglienzellen in der Fovea weist eine entsprechend hohe Zelldichte auf. Sie erreicht in der Primatenretina etwa 50.000 mm^{-2}, wobei zwei bis drei Ganglienzellen auf jeden Zapfen kommen. Außerhalb der Fovea sind ihre Dendritenbäume größer, bilden aber weiterhin die kleinsten rezeptiven Felder unter allen *lokalen* Ganglienzellen, und ihre Dichte fällt Richtung Peripherie um zwei bis drei Größenordnungen gegenüber der Fovea ab. P-Zellen beliefern das Gehirn mit Informationen zu Form und Farbe. Sie bilden den Ursprung des **parvozellulären Systems der Sehbahn**, das im Schläfenlappen die Objekterkennung leistet (▶ Abschn. 7.14).

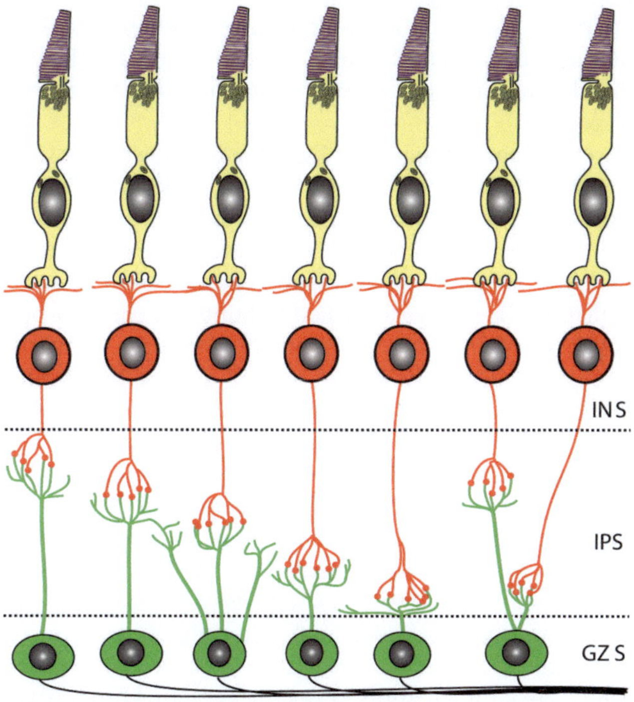

Abb. 7.49 Die innere plexiforme Schicht (IPS) übergibt verarbeitete Informationen an die Ganglienzellen. Dazu holen sich die Ganglienzellen (*grün*) unterschiedliche Informationen von den Axonterminalen der Biploarzellen (*rot*) ab – wie auch von Amakrinzellen, die hier weggelassen wurden. Die Übergabe erfolgt in unterschiedlichen Ebenen der IPS, die jeweils spezifische Informationsinhalte übergeben. Zweischichtige (*bistratified*) Ganglienzellen beziehen ihre Information aus zwei Ebenen (*rechts*). GZS, Ganglienzellschicht; INS, innere nucleäre Schicht; IPS, innere plexiforme Schicht

Den zweiten Grundtyp von Ganglienzellen bilden die **M-Zellen (Schirmzellen)**, die über ihre weit größeren Dendritenbäume Eingänge aus vielen Bipolarzellen aufnehmen können. Da sie über die Bipolarzellen nicht nur mit Zapfen einer bestimmten Farbselektivität verknüpft sind, sondern mit vielen verschiedenen Zapfen, liefern sie dem Gehirn keine Farbinformation. Sie sind aber dafür geeignet, Bewegungen über ihre großen rezeptiven Felder zu registrieren, und stellen deshalb die Richtungssensoren. M-Zellen erreichen in der Säugernetzhaut mit einigen Hundert pro Quadratmillimeter nur ein Zehntel der lokalen Dichte von P-Zellen, und auch ihre Gesamtzahl entspricht nur etwa 10 % aller Ganglienzellen. M-Zellen beziehen ihren Namen von den magnozellulären (großzelligen) Schichten im seitlichen Kniehöcker des Thalamus, dem Ort ihrer synaptischen Verschaltung. Sie begründen das **magnozelluläre System** der Sehbahn und liefern die Information zur Wahrnehmung von Ort und Bewegung im Scheitellappen des Gehirns (▶ Abschn. 7.14).

Tab. 7.7 Bezeichnung und Funktionen von drei Grundtypen retinaler Ganglienzellen bei Säugern

Affenretina	Katzenretina	anatomische Bezeichnung	Klassifizierung nach Zielzellen im Thalamus	spezifische Signalleitung
α-Zellen	Y-Zellen	Schirmzellen, *parasol cells*	M-Zellen der magnozellulären Bahn (Anteil: 10 %)	schnelle, achromatische Zapfensignale, Stäbchensignale
β-Zellen	X-Zellen	Zwergzellen, *midget cells*	P-Zellen der parvozellulären Bahn (Anteil: 80 %)	langsamere, chromatische Zapfensignale, Rot-Grün-Kontrast
γ-Zellen	W-Zellen	zweischichtige (*bistratified*) Ganglienzellen	K-Zellen der koniozellulären Bahn (Anteil: 10 %)	Signale von Blauzapfen, Blau-Gelb-Kontrast

Den dritten Grundtyp von Ganglienzellen bilden die **K-Zellen (zweischichtige Ganglienzellen)**, die ihre synaptischen Eingänge oft aus zwei unterschiedlichen Schichten der IPS abholen (*bistratified ganglion cells*; ◘ Abb. 7.49, *rechts*). K-Zellen stehen am Beginn des **koniozellulären (staubzelligen, interkalierten) Systems**, dessen synaptische Schichten eingelagert zwischen den parvo- und und magnozellulären Schichten des seitlichen Kniehöckers im Thalamus liegen (▶ Abschn. 7.14). In der Primatennetzhaut erfüllen die K-Zellen offenbar eine Reihe von Funktionen, die unterschiedlichen Gruppierungen dieses Ganglienzellgrundtyps zugeschrieben werden, im Einzelnen aber noch unzureichend erforscht sind. Dazu gehören die Erzeugung von Blau-Gelb-Kontrast, der auf der Verknüpfung von K-Zellen mit S-Zapfen (blauempfindlich) beruht, die Unterstützung von optokinetischen Reflexen wie dem Pupillenreflex oder die reflektorischen Augenbewegungen (Nystagmen, ▶ Abschn. 7.10) sowie die Wahrnehmung schnell bewegter Objekte. Auch die K-Zellen stellen etwa 10 % aller Ganglienzellen und sind zusammen mit P-Zellen und M-Zellen in allen Bereichen der Netzhaut vertreten

7

Das Ausgangssignal verlässt die Wirbeltiernetzhaut geordnet nach den Hauptkriterien der visuellen Analyse: Form (vor allem P-Zellen), Farbe (P- und K-Zellen), Ort (P- und M-Zellen) und Bewegung (M- und K-Zellen). Darüber hinaus liefern **intrinsisch lichtempfindliche Ganglienzelltypen** zusätzliche Informationen zur Helligkeit der Umgebung, ohne dabei zur Bildwahrnehmung beizutragen. Bei solchen Zellen findet man das Photopigment Melanopsin und eine lichtinduzierte Depolarisation des Membranpotenzials. Lichtempfindliche Ganglienzellen schicken ihre Axone nicht in den Thalamus, sondern zum suprachiasmatischen Nucleus im Hypothalamus. Dort wird der circadiane Rhythmus der physiologischen Funktionen gesteuert, und die melanopsinhaltigen Ganglienzellen liefern dazu die Information zur Tageszeit. Zeitgeber ist dabei das auf die Netzhaut auftreffende Licht.

7.10 Bewegungssehen

Informationen über die Bewegung von Objekten sind lebenswichtig für Tiere, und ihre Fähigkeit zur visuellen Wahrnehmung der Bewegungsrichtung sowie der Bewegungsgeschwindigkeit anderer Tiere steht seit der Erfindung von Augen unter starkem Selektionsdruck. Besonders anspruchsvoll ist dieser Aspekt des Sehens, weil sich die meisten Tiere selbst bewegen und durch ihre Eigenbewegung das visuelle Abbild der Umwelt in ihren Sehsystemen verschieben. Sechs Dimensionen der Eigenbewegung gilt es dabei zu berücksichtigen: lineare Eigenbewegungen in drei Raumrichtungen und Rotationsbewegungen um drei Achsen. Beim Bewegungssehen muss das Kunststück geleistet werden, die Wahrnehmung von Objektbewegungen von den visuellen Auswirkungen der Eigenbewegung zu unterscheiden. Man bekommt einen Eindruck davon, wie leistungsfähig das Bewegungssehen ist, wenn man einen schnellen Flugjäger beobachtet, etwa eine Schwalbe oder eine Fledermaus. Trotz abrupter Kehren und ähnlich akrobatischer Flugmanöver gelingt es den Tieren, ihre Beute im Blick zu halten und zielgerichtet zu verfolgen.

Die **Wahrnehmung der Eigenbewegung** ist eine wichtige Komponente der räumlichen Orientierung. Bewegt sich ein Tier geradeaus, nimmt es eine parallele Rückwärtsbewegung mit beiden Augen wahr, wobei sich nahe Objekte schneller zu bewegen scheinen als entfernte. Führt das Tier dagegen eine Drehung um eine Körperachse durch, nimmt es mit einem Auge eine Vorwärtsbewegung der Umwelt wahr, mit dem anderen eine Rückwärtsbewegung, wobei die Bewegungsgeschwindigkeiten der Objekte in diesem Fall nicht von der Entfernung abhängen. Natürliche Bewegungen sind fast immer Kombinationen aus Linear- und Rotationsbewegungen. Sie erzeugen einen mehr oder weniger torkelnden Film der Umgebung, der als **Bildfluss** (auch „optischer Fluss"; engl. *optical flow*) bezeichnet wird und dem Tier dabei hilft, kontrolliert durch die Umwelt zu navigieren. Um ein einzelnes Objekt in der Umwelt sehen zu können, muss das Objekt vom Hintergrund unterschieden werden, und der Blick muss in irgendeiner Weise auf das Objekt gerichtet und fixiert werden. Zur **Wahrnehmung von Objektbewegung** gehören aus diesem Grund sowohl Mechanismen zur Verstärkung des Objektkontrasts und zur Detektion von Objektbewegung als auch schnelle und effektive Mechanismen zur Bildstabilisierung. Bewegungssehen erfordert nicht nur die Fähigkeit zu erkennen, in welche Richtung sich ein Bildpunkt oder eine Bildkante bewegt. Ebenso notwendig sind eine genaue motorische Steuerung der Augen und die schnelle, kognitive Unterscheidung von Eigen- und Objektbewegung. Sowohl bei Invertebraten als auch bei Vertebraten findet man Sakkaden, ruckartige Bewegungen des Körpers, des Kopfes oder der Augen – je nach Beweglichkeit –, mit denen die Tiere einem Objekt von Interesse ihren Blick zuwenden. Und man findet reflektorische Ausgleichsbewegungen (beispielsweise Nystagmen), welche die Blickachse bei Eigenbewegungen stabilisieren. Bewegungssehen und Augenbewegung sind eng miteinander verflochten und werden deshalb in diesem Abschnitt zusammen behandelt.

Photorezeptoren haben selbst keine Richtungsselektivität. Sie reagieren auf Helligkeit, nicht aber auf die Bewegung der Lichtquelle. Bewegungssehen ist nur durch einen Vergleich der Aktivität mehrerer Photo-

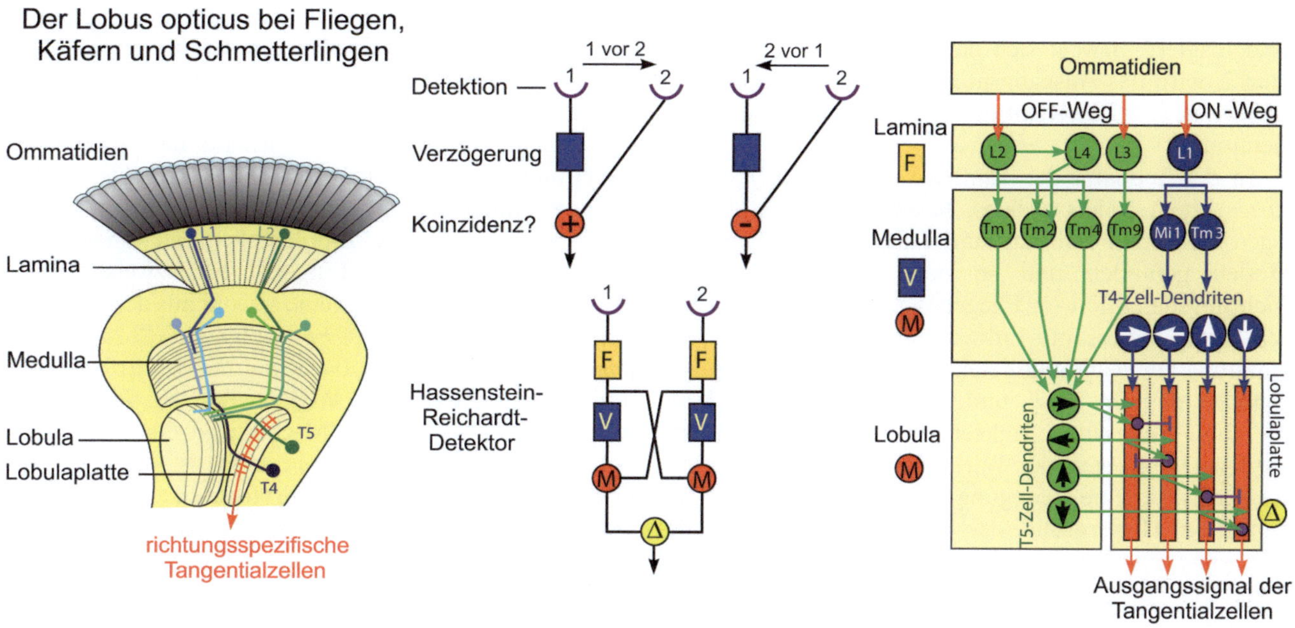

Abb. 7.50 Analyse des Bewegungssehens im Fliegenauge nach dem Konzept des Hassenstein-Reichardt-Detektors. *Links*: Vier Stationen der Verarbeitung führen im Lobus opticus eines Insekts zum richtungsspezifischen Ausgangssignal der Lobulaplatte. Schematische Darstellung des *ON*-Weges L1–T4 sowie des *OFF*-Weges L2–T5. *Mitte*: Modell für die Analyse der Richtungsselektivität durch einen Koinzidenzdetektor (*rot*), der die eingehenden Signale von zwei Photorezeptoren (1 und 2) multipliziert. Richtungsspezifität entsteht durch ein Verzögerungselement: Um Koinzidenz zu erreichen, muss derjenige Photorezeptor, dessen Signal verzögert wird, zuerst belichtet werden. Der Hassenstein-Reichardt-Detektor besteht aus zwei spiegelsymmetrischen Richtungsdetektoren, deren Differenz (Δ) das richtungsspezifische Ausgangssignal bildet. F, Eingangsfilter; V, Verzögerungselemente; M, Koinzidenzdetektoren mit Signalmultiplikation. *Rechts*: Prinzip des Informationsflusses im Lobus opticus der Taufliege (*Drosophila melanogaster*). Die afferenten Signale aus den Ommatidien werden in zwei Wegen verarbeitet, einer für die Beleuchtung des Objekts (*ON*-Weg), einer für die Abdunkelung des Objekts (*OFF*-Weg). Die Symbole aus dem Hassenstein-Reichardt-Modell geben die hypothetische Zuschreibung von Verarbeitungsschritte zu einzelnen Stationen der Sehbahn an. Nach Borst (2014); Behnia und Desplan (2015)

rezeptoren mithilfe einer geeigneten neuronalen Verschaltung möglich. Jeweils eine Gruppe von Photorezeptoren im Linsenauge – oder von Ommatidien im Komplexauge – bildet das rezeptive Feld eines nachgeschalteten, richtungsselektiven Neurons. Man findet richtungsselektive Neuronen in den Netzhäuten der meisten Wirbeltiere; eine Ausnahme bilden die Primaten, bei denen die Bewegungsanalyse im visuellen Cortex stattfindet (▶ Abschn. 7.14). Auch das Arthropodenauge kann die Bewegungsrichtung von Lichtreizen bestimmen. Tatsächlich geht die Erforschung des Bewegungssehens wesentlich auf Untersuchungen der optokinetischen Reaktion des Rüsselkäfers *Chlorophanus viridis* (Gelbrandrüssler) zurück, die Bernhard Hassenstein und Werner Reichardt in den 1950er-Jahren veröffentlicht haben (Hassenstein und Reichardt 1956). Sie entwickelten ein Modell für die richtungsselektive Verschaltung von Neuronen, die für die Erforschung des Bewegungssehens in den folgenden Jahrzehnten als Konzept und Orientierung diente. Dieses Modell – der **Hassenstein-Reichardt-Detektor** – hatte eine ähnlich wichtige Bedeutung für das Verständnis des richtungsselektiven Sehens wie das von Lloyd A. Jeffress in den 1940er-Jahren entwickelte Modell für die Untersuchung des Richtungshörens (▶ Abschn. 6.8). Beide Modelle beruhen auf dem Prinzip der Koinzidenz zweier Signale, von denen eines im Netzwerk verzögert wird. Im Fall des Hassenstein-Reichardt-Detektors kommen die beiden Signale von zwei nebeneinanderliegenden Ommatidien im Insektenauge. Beide Signale werden auf dasselbe Zielneuron verschaltet, welches als Koinzidenzdetektor dient (Abb. 7.50, *Mitte*). Ein Koinzidenzdetektor „multipliziert" seine beiden Eingänge. Treffen Signale in beiden Eingängen gleichzeitig ein, entsteht ein Ausgangssignal ($A \times B = C$), treffen sie zu unterschiedlichen Zeiten ein, wird kein Ausgangssignal ausgelöst ($A \times 0 = 0 \times B = 0$). Zellbiologisch entspricht ein solcher „Multiplikator" einem Neuron, dessen Erregungsschwelle so hoch liegt, dass nur die zeitliche Summation von zwei Eingangssignalen ausreicht, um die Schwelle zu erreichen. Im Hassenstein-Reichardt-Detektor sind zwei Koinzidenzdetektoren mit gegensinniger Richtungsselektivität auf ein gemeinsames Ausgangsneuron verschaltet (Δ in Abb. 7.50, *Mitte*). Durch diese spiegelsymmetrische Verschaltung werden bewegungsunabhängige Einflüsse – beispielsweise Helligkeitsänderungen – ausgeglichen, sodass das Ausgangsneuron ausschließlich auf die Bewegungsrichtung eines Reizes im rezeptiven Feld reagiert. Bewegt sich das Objekt von 1 in Richtung 2, wird das Ausgangsneuron Δ aktiviert, auf eine Bewegung von 2 in Richtung 1 reagiert es dagegen mit Hemmung.

In der Sehbahn der Taufliege (*Drosophila melanogaster*), dem **Lobus opticus**, haben die Sinnesphysiologen mehrere Parallelen zum Hassenstein-Reichardt-Modell gefunden und so das Arbeitsprinzip der Richtungsdetektion im Fliegenaugen beschreiben können. Eine interessante Entdeckung war, dass die Verschaltung zur Richtungsdetektion doppelt angelegt ist, einmal als *ON*-Weg und einmal als *OFF*-Weg (▫ Abb. 7.50, *rechts*), vergleichbar den Zapfen-*ON*- und Zapfen-*OFF*-Wegen der Wirbeltiernetzhaut. Der *ON*-Weg registriert die Bewegung eines hellen Objekts vor dunklerem Hintergrund, der *OFF*-Weg spricht auf die Bewegung eines dunklen Objekts vor hellerem Hintergrund an. Bewegt sich beispielsweise ein helles Objekt durch das Sehfeld der Fliege, reagiert der *ON*-Weg auf die Vorderkante des Objekts mit Erregung, der *OFF*-Weg auf die Hinterkante. Das von den Photorezeptoren der Ommatidien kommende Signal wird in den säulenartigen Verschaltungsmodulen (*cartridges*, Kartuschen) der Lamina auf mehrere Laminazellen (L1–L4 in ▫ Abb. 7.50, *rechts*) verteilt und dabei in die *ON*- und *OFF*-Wege geschieden. Auch Vorverarbeitungsschritte wie laterale Inhibition kommen in der Lamina vor, sodass diese Schicht als Eingangsfilter des Bewegungsdetektors verstanden werden kann. Bei der Weitergabe des Laminasignals an die Medullazellen (Mi1, Tm1–9) beginnt die Richtungsanalyse, wobei der genaue Verlauf der Signale, insbesondere der Verzögerungsmechanismus, noch nicht aufgeklärt ist. Jedenfalls holen die Dendriten von T4-Zellen ein richtungsselektives *ON*-Signal in der Medulla ab, während T5-Zellen richtungsselektive *OFF*-Signale in der Lobula abholen. Sowohl T4- als auch T5-Zellen leiten ihre Signale in die Lobulaplatte, wo die Zellen gleicher Richtungsselektivität auf jeweils ein gemeinsames Ausgangsneuron des Lobus opticus konvergieren, eine Tangentialzelle, die das richtungsspezifische Bewegungssignal an das Protocerebrum sowie an motorische Zentren des Nervensystems weiterleitet.

Auch in der **Wirbeltiernetzhaut** zeigt die elementare Bewegungsdetektion Merkmale des Hassenstein-Reichardt-Modells. Die M-Ganglienzellen (Schirmzellen) mit ihren weitverzweigten Dendriten zeigen ausgeprägte Richtungsselektivität. Sie reagieren besonders stark auf Bewegungen eines Objekts in eine bestimmte Richtung (Vorzugsrichtung), während sie von Objektbewegungen in die Gegenrichtung (Nullrichtung) gehemmt werden. Man findet richtungsselektive Ganglienzellen mit den vier Vorzugsrichtungen oben, unten, rechts und links (nach der Retinatopologie dorsal, ventral, nasal und temporal) über die ganze Netzhaut verteilt, sodass Bewegungen im gesamten Sehfeld detektiert werden können. Die Zellen zeigen *ON-OFF*-Verhalten – sie reagieren sowohl auf die Vorderkante als auch auf die Hinterkante eines sich bewegenden Objekts. M-Zellen kommunizieren in der inneren plexiformen Schicht über viele Synapsen mit Bipolarzellen und Amakrinzellen, und sie beziehen ihre Eingänge durch zweischichtige (*bistratified*) Dendritensysteme sowohl aus der *ON*-Sublamina als auch aus der *OFF*-Sublamina (▫ Abb. 7.51, *links*). Eine Schlüsselbeobachtung bei der Erforschung des Bewegungssehens bei Wirbeltieren war, dass die Bewegungsdetektion durch M-Ganglienzellen abhängig von GABA-vermittelter Inhibition ist. Bei Experimenten mit GABA-Rezeptorblockern verloren die Ganglienzellen ihre Richtungsselektivität – ein direkter Hinweis auf die Beteiligung von GABAergen Amakrinzellen am Bewegungssehen.

Umfangreiche physiologische Studien haben gezeigt, dass eine besondere Klasse von Amakrinzellen diese Funktion erfüllt, die ***Starburst*-Amakrinzellen**, benannt nach ihrem Aussehen, das an manche astronomischen Aufnahmen von Himmelsregionen erinnert, in denen sich eine Supernova ereignet hat. *Starburst*-Amakrinzellen haben einen scheibenförmigen, kreisrunden Dendritenbaum, der flach in der Netzhaut liegt, und besitzen keine Axone (▫ Abb. 7.51, *Mitte*). Sie erhalten in der inneren plexiformen Schicht glutamaterge Eingangssignale von Bipolarzellen in den *ON*- und *OFF*-Laminae und setzen aus ihren distalen Dendriten GABA und Acetylcholin in beide Sublaminae frei. *Starburst*-Amakrinzellen liegen in hoher Dichte vor. Ihre Dendritensysteme durchdringen sich gegenseitig in einem dichten Netz, und sie sind miteinander inhibitorisch verschaltet. In der Netzhaut der Maus überlappen die Dendritenbäume von mehr als 100 *Starburst*-Amakrinzellen in jeder Sublamina mit einer einzigen M-Ganglienzelle, deren Dendritenfeld sich über einen Bereich von etwa 200 µm ausbreitet. Angesichts der Vielzahl von Zellen im Einzugsbereich einer M-Ganglienzelle kann man sich vorstellen, dass die innere plexiforme Schicht der Retina ein Ort von komplexen Verrechnungsprozessen ist, welche auch die Richtungsselektivität der M-Ganglienzellen hervorbringen. Im Folgenden wird ein Funktionsmodell für diesen Prozess skizziert.

Innerhalb einer einzigen *Starburst*-Amakrinzelle bildet jeder Dendrit eine weitgehend unabhängige Funktionseinheit. Diese Einheit zeigt Merkmale eines Hassenstein-Reichardt-Detektors. Dazu scheint eine räumlich sortierte Innervation eines jeden Dendriten beizutragen. Der proximale Abschnitt des Dendriten trägt vor allem Synapsen von langsamen Bipolarzellen, die

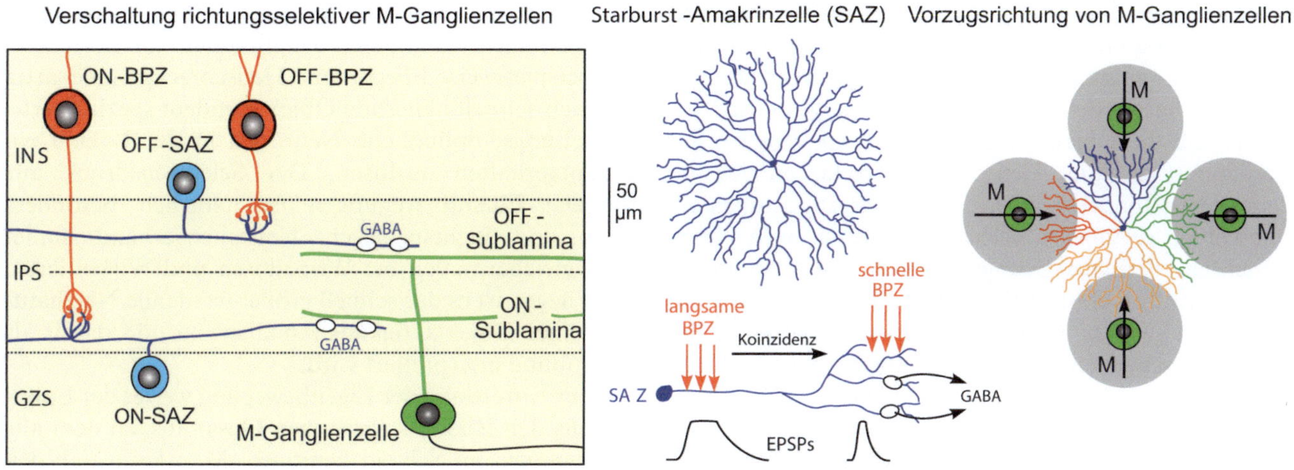

Abb. 7.51 Elementare Bewegungsdetektion in der Wirbeltiernetzhaut. *Links*: Richtungsselektive M-Ganglienzellen erhalten durch ihre zweischichtigen *(bistratified)* Dendritensysteme Eingangssignale in der inneren plexiformen Schicht (IPS). Aus dem distalen Bereich der Dendriten von *Starburst*-Amakrinzellen (SAZ) wird der inhibitorische Transmitter GABA calciumabhängig aus Varikositäten entlassen und wirkt auf GABA-Rezeptoren auf den Dendriten der M-Ganglienzellen. *Starburst*-Amakrinzellen erhalten sowohl *ON*- als auch *OFF*-Signale von Bipolarzellen (BPZ). *Mitte*: Das weitverzweigte Dendritensystem einer *Starburst*-Amakrinzellen erstreckt sich über etwa 200 µm der Netzhautfläche. Die Zelle hat kein Axon. Jeder Dendrit wirkt als funktionelle Einheit im Sinne eines Hassenstein-Reichardt-Detektors. Weil an den Synapsen mit langsamen Bipolarzellen in proximalen Dendritenabschnitten langanhaltende, erregende postsynaptische Potenziale (EPSPs) entstehen, in distalen Abschnitten aber nur kurze EPSPs, kommt es nur dann zu einer Summation (Koinzidenz), wenn die proximalen Synapsen zuerst aktiviert werden. Nur summierte, koinzidente EPSPs lösen die Freisetzung von GABA aus. Jeder Dendrit erhält auf diese Weise eine zentrifugale Richtungsselektivität. *Rechts*: Vier Dendriten einer *Starburst*-Amakrinzelle mit unterschiedlichen, jeweils zentrifugalen Richtungsselektivitäten (farbcodiert) kontaktieren dendritische Bereiche von vier M-Ganglienzellen (*grün*). Da GABA hemmend wirkt, wird die Signalleitung in den M-Ganglienzellen auf der Kontaktseite unterdrückt. Die übrig bleibenden, nicht gehemmten Bereiche des Dendritenbaumes erhalten dadurch eine auf die *Starburst*-Amakrinzellen hin ausgerichtete Richtungsselektivität (*Pfeile*). GZS, Ganglienzellschicht; INS, innere nukleäre Schicht; IPS, innere plexiforme Schicht

vergleichsweise lang anhaltende, exzitatorische postsynaptische Potentiale (EPSPs, Abb. 7.51, *Mitte*) auslösen. EPSPs von weiter distal angesiedelten Synapsen fallen dagegen schneller und kürzer aus. Der inhibitorische Transmitter GABA befindet sich in Varikositäten (Aufweitungen) der distalen Dendriten. Bei einer hinreichenden Depolarisation der Dendritenmembran öffnen sich spannungsabhängige Calciumkanäle, und einströmendes Calcium bewirkt die Freisetzung von GABA aus den Varikositäten. Dieser Prozess erfordert allerdings die Summation von mehreren EPSPs – die Koinzidenz von proximalen und distalen Eingängen der Bipolarzellen. Koinzidenz ist wahrscheinlicher, wenn die proximalen Synapsen *vor* den distalen aktiviert werden. Denn die zuerst aktivierte Synapse gibt das Zeitfenster vor, innerhalb dessen Summation stattfinden kann – und dieses Fenster ist bei den langsamen, proximalen Synapsen größer als bei den schnellen, distalen. Die Vorzugsrichtung eines Dendriten der *Starburst*-Amakrinzelle ist aus diesem Grund zentrifugal. Bewegt sich das Bild eines Objekts so über die Netzhaut, dass die *Starburst*-Amakrinzelle zuerst zentral und dann peripher aktiviert wird, kommt es zur Summation der EPSPs und zur GABA-Freisetzung in die Bewegungsrichtung des Objekts. Dieses inhibitorische Signal wirkt auf einen Abschnitt des Dendritenbaumes einer M-Ganglienzelle ein und hemmt dort lokal die Erregungsbildung. Auf diese Weise wird die Nullrichtung der M-Ganglienzelle vorgegeben, denn von der gehemmten Seite her kann keine Erregung ausgehen. Die Vorzugsrichtung der M-Ganglienzelle ist folglich immer zu derjenigen Seite hin ausgerichtet, an der sie Hemmung von *Starburst*-Amakrinzellen empfängt (Abb. 7.51, *rechts*). Tatsächlich können dort mehrere Dendriten von *Starburst*-Amakrinzellen in Kontakt mit derselben M-Ganglienzelle treten, wobei alle Dendriten die gleiche Richtungsselektivität aufweisen. Durch die zentrifugale Ausrichtung jedes Dendriten einer *Starburst*-Amakrinzelle kann die Zelle mehrere M-Ganglienzellen in ihrer Umgebung mit GABAerger Hemmung und damit mit einer Nullrichtung versorgen (Abb. 7.51, *rechts*). In dem geordneten Geflecht von M-Ganglienzell-Dendriten und *Starburst*-Amakrinzell-Dendriten mit zentrifugaler Polarität entsteht so in der inneren plexiformen Schicht ein System richtungsselektiver Ausgangsneuronen und bildet den Beginn des magnozellulären Systems der Sehbahn. Dieses Funktionsmodell erklärt beileibe nicht alle Details der elementaren Bewegungsdetektion. Aber es liefert ein Konzept für die Entstehung richtungsselektiver Ausgangssignale der Wirbeltiernetzhaut aufgrund der einfachen Prinzipien des Hassenstein-Reichardt-Modells.

Die elementaren Bewegungsdetektoren der Netzhaut liefern die Rohdaten für das eigentliche Bewegungssehen, eine der umfangreichsten und vielfältigsten Leistungen der visuellen Systeme. Bewegungssehen verstärkt beispielsweise die **Objekterkennung**, insbesondere bei der Erkennung getarnter Tiere. Viele Tiere tarnen sich, indem sie sich durch Erstarren dem Hintergrund anpassen; solange sie regungslos verharren, sind sie weitgehend unsichtbar. Erst die Bewegung bricht die Camouflage und macht ihre Gestalt für andere Tiere sichtbar. Wird ein Objekt gesehen, werden Informationen über die **Bewegungsgeschwindigkeit** benötigt, und es muss die Frage geklärt werden, ob sich das Objekt nähert oder entfernt. Eine Komplikation beim Bewegungssehen ist der Umgang mit der **Eigenbewegung**, denn die Augen sind sehr beweglich und können meist in drei Raumebenen (auf die Körperachse bezogen: sagittal, coronal und transversal) sowie in drei Rotationsrichtungen bewegt werden (Nicken, Schütteln und Wiegen des Kopfes; Rotationen um die Roll-, Nick- und Gierachsen beim Fliegen). Die Auswirkung von Eigenbewegungen auf das Netzhautbild eines Objekts muss das Sehsystem erfassen und in irgendeiner Weise kompensieren, um die eigentliche Objektbewegung feststellen zu können. Ein wichtiger Vorgang bei der Unterscheidung von Eigenbewegungen und Objektbewegungen ist die **Blickstabilisierung**, die dazu dient, ein stehendes Netzhautbild des Objekts zu erhalten, auch wenn man selbst schwimmt, läuft oder fliegt.

7

Bei Insekten laufen viele dieser neuronalen Rechenleistungen im Lobus opticus (◘ Abb. 7.50) ab und wirken direkt auf die **motorische Kontrolle** während des Fliegens oder anderer Eigenbewegungen. Die Auswertung der aus den Ommatidien eintreffenden Signale ist offenbar unter hohen Selektionsdruck darauf optimiert worden, visuelle Informationen direkt zur Steuerung der Flugmuskulatur zu nutzen. In den winzigen Gehirnen von Insekten werden durch optimale neuronale Verknüpfungslogik Höchstleistungen bei einer reflexartigen visuomotorischen Koordination erreicht. Lokale neuronale Netze im Lobus opticus, welche spezifisch für eine bestimmte Aufgabe optimiert sind, ermöglichen die blitzschnelle Auswertung visueller Signale zur Bewegungssteuerung, ähnlich wie man das von den spezialisierten Verschaltungen in der Hörbahn der Fledermäuse kennt (*computational anatomy*; ▶ Abschn. 6.9). Es wird sichergestellt, dass die Verfolgung von anderen Insekten, aber auch die Ausführung schneller Flugbahnen, Ausweich- und Landemanöver sowie die Flucht vor Gefahren, effektiv ausgeführt werden. Bei Libellen (Ordnung Odonata) findet man beispielsweise Neuronen in der Lobula, die nur auf kleine, bewegliche Objekte in der Luft reagieren, wie sie typisch für Beuteinsekten der Libellen sind. Durch die Spezialisierung einer eigenen Neuronengruppe auf ihre Beute kann eine Libelle besonders schnell den Jagdflug einleiten. Ähnlich effektive Spezialisierungen weisen Neuronengruppen auch bei anderen Fluginsekten auf. So reagieren beispielsweise Fliegen und Heuschrecken reflexartig auf sich schnell nähernde Objekte, indem spezialisierte, bedrohungsempfindliche Neuronen in der Lobula ein Fluchtverhalten auslösen. Der Selektionsdruck auf schnelle Fluchtbewegungen ist natürlich besonders stark, und fluchtspezifische Neuronenverbände findet man gleichermaßen bei Wirbellosen und Wirbeltieren. Bei Fliegen ist es das schnell größer werdende Netzhautbild eines Objekts, das als Annäherung und damit als Bedrohung interpretiert wird.

Zur Ermittlung der Eigenbewegung wertet der Lobus opticus den **Bildfluss** (**optischen Fluss**) aus, zu dem alle Bewegungen im Sehfeld beitragen. Man kann sich den optischen Fluss vorstellen wie einen Film der Umwelt eines fliegenden Insekts, der auf die Retina – bestehend aus den Retinulae aller Ommatidien – projiziert wird. Fliegt das Tier gleichförmig geradeaus, bewegen sich alle Objekte in diesem Film parallel von vorne nach hinten. Jede Rotation des Kopfes führt aber zu unsymmetrischen Bewegungen und liefert dadurch visuelle Information über den Kurvenflug. Man findet unter den Tangentialzellen – den Ausgangszellen der Lobulaplatte – solche, die auf translationale Bewegungen ansprechen, wie sie beispielsweise auftreten, wenn das Insekt geradeaus fliegt. Andere Tangentialzellen reagieren nur auf Drehung des Netzhautbildes um eine der drei Rotationsachsen, wie sie bei jedem Kurvenflug auftreten. Die Auswertung der Eigenbewegung im Lobus opticus und ihre Codierung in neuronalen Signalen dient vor allem dazu, kompensatorische Augenbewegungen auszulösen, welche der Blickstabilisierung dienen. Solche **optomotorischen Reflexe** laufen so schnell ab, dass eine Fliege in vollem Flug den Blick immer wieder auf ein Zielobjekt ausrichten kann. Da Komplexaugen nicht drehbar, sondern fest mit dem Kopf verwachsen sind, muss der gesamte Körper sprunghafte, sakkadische Korrekturbewegungen während des Fluges ausführen, die bei der Taufliege *Drosophila melanogaster* mit einer Drehgeschwindigleit von 1600° s^{-1} durchgeführt werden können. Neben den Sakkaden können die Taufliegen auch ihre Flugbahn bewegten Objekten anpassen und dabei Wendemanöver mit 500° s^{-1} durchführen. Das hilft beim schnellen Manövrieren zwischen Hindernissen in der Umgebung und auch dabei, beweglichen Gefahren zu entkommen, wie es die Ohren oder Schwänze von Säugetieren sind, die damit Fliegen verscheuchen möchten. Die akrobatischen Flugleistungen der Taginsekten werden wesentlich durch visuelle Signale gesteuert, die auf der Fähigkeit zum schnellen Bewegungssehen beruhen.

Schnelligkeit ist für das Bewegungssehen offensichtlich von Bedeutung, denn sie ist die Voraussetzung für wirkungsvolle optomotorische Reflexe. Experimentell kann man die maximale **Geschwindigkeit des Bewegungssehens** dadurch abschätzen, dass man die-

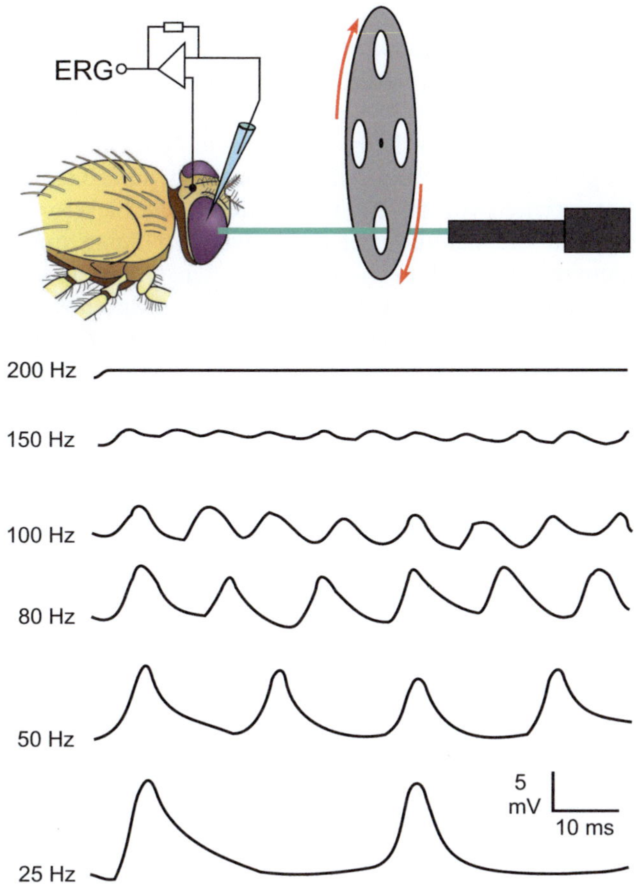

Abb. 7.52 Messung des Elektroretinogramms (ERG) zur Bestimmung der Flimmerfusionsfrequenz. Das Komplexauge einer Fliege wird mit einem grünen Lichtstrahl stimuliert. Durch die Rotationsgeschwindigkeit einer Lochplatte wird die Belichtungsfrequenz festgelegt, und das elektrische Potenzial an der Augenoberfläche wird registriert. Mit steigender Belichtungsfrequenz werden die Amplituden der ERGs kleiner, bis sie bei 200 Hz, der Flimmerfusionsfrequenz, ganz verschwinden. Die Fliege sieht dann ein stabiles, nicht flimmerndes Licht

jenigen elektrischen Potenziale vom Auge ableitet, welche durch lichtinduzierte neuronale Aktivität verursacht werden. Das Elektroretinogramm gibt darüber Auskunft, wie schnell ein Auge Lichtsignale verarbeiten kann. Bei Mehrfachbelichtung mit wenigen Lichtblitzen pro Sekunde misst man bei jedem Blitz ein Potenzial. Erhöht man die Frequenz der Lichtblitze, werden die Potenziale kleiner und verschwinden bei zu hoher Frequenz ganz (Abb. 7.52). Die so ermittelte **Flimmerfusionfrequenz (FFF)** gibt die Grenze der zeitlichen Auflösung des Bewegungssehens an. Tiere mit hoher FFF können schneller sehen als Tiere mit niedrigeren FFF-Werten. Wie die Zusammenstellung von FFF-Werten einiger Tiere in Tab. 7.8 zeigt, erreichen vor allem

Tab. 7.8 Publizierte Werte für die Flimmerfusionsfrequenzen (FFF) verschiedener Tiere, gemessen bei der für das Bewegungssehen optimalen Lichtintensität und Körpertemperatur. Systematische Untersuchungen haben gezeigt, dass sehr bewegliche Tiere mit hoher Stoffwechselrate und kleiner Körpermasse besonders hohe FFF-Werte haben. Bei allen Tieren sinken die FFF-Werte mit abnehmender Lichtintensität. Nach Boström et al. (2016); Fritsches et al. (2005); Healy et al. (2013); Miall (1978); Potier et al. (2020); Schäfer et al. (1978); Srinivasan und Lehrer (1984)

Tierart	FFF [Hz]
Insekten	
Glanzfliege, *Phormia regina*	350
Blaue Schmeißfliege (*Calliphora vicina*)	265
Honigbiene (*Apis mellifera*)	250
Hornisse (*Vespa crabro*)	220
Taufliege, *Drosophila melanogaster*	200
Blaugrüne Mosaikjungfer (*Aeshna cyanea*)	170
Große Fruchtfliege (*Drosophila hydei*)	100
Europäische Wanderheuschrecke (*Locusta migratoria*)	90
Kleines Nachtpfauenauge (*Saturnia pavonia*)	85
Chinesischer Eichenseidenspinner (*Antheraea pernyi*)	70
Tsetsefliege (*Glossina morsitans*)	60
Fische	
Gelbflossen-Thun (*Thunnus albacares*)	80
Goldfisch (*Carassius auratus*)	67,2
Schwertfisch (*Xiphias gladius*)	40
Medaka (*Oryzias latipes*)	37,2
Zitronenhai (*Negaprion brevirostris*)	37
Kleiner Rochen (*Leucoraja erinacea*)	30
Bogenstirn-Hammerhai (*Sphyrna lewini*)	27,3
Regenbogenforelle (*Oncorhynchus mykiss*)	27
Schwarznasenhai (*Carcharhinus acronotus*)	18
Europäischer Aal (*Anguilla anguilla*)	14
Amphibien	
Tigersalamander (*Ambystoma tigrinum*)	30
Rotbauchunke (*Bombina bombina*)	20
Kleiner Wasserfrosch (*Pelophylax lessonae*)	20
Agakröte (*Bufo marinus*)	16

(Fortsetzung)

Tab. 7.8 (Fortsetzung)

Tierart	FFF [Hz]
Reptilien	
Grüner Leguan (*Iguana iguana*)	80
Kammanolis (*Anolis cristatellus*)	70
Tuatara, Brückenechse (*Sphenodon punctatus*)	45,6
Unechte Karettschildkröte (*Caretta caretta*)	40
Grüne Meeresschildkröte (*Chelonia mydas*)	40
Tokeh (*Gekko gecko*)	20
Lederschildkröte (*Dermochelys coriacea*)	15
Vögel	
Trauerschnäpper (*Ficedula hypoleuca*)	146
Halsbandschnäpper (*Ficedula albicollis*)	141
Blaumeise (*Cyanistes caeruleus*)	131
Wanderfalke (*Falco peregrinus*)	129
Würgfalke (*Falco cherrug*)	102
Felsentaube (*Columba livia*)	100
Star (*Sturnus vulgaris*)	100
Haushuhn (*Gallus gallus domesticus*)	87
Wüstenbussard (*Parabuteo unicinctus*)	81
Wellensittich (*Melapsittacus undulatus*)	74,7
Sumpfohreule (*Asio flammeus*)	70
Virginia-Uhu (*Bubo virginianus*)	45
Säugetiere	
Goldmantelziesel (*Callospermophilus lateralis*)	120
Gelbes Fichtenstreifenhörnchen (*Tamias amoenus*)	100
Rhesusaffe (*Macaca mulatta*)	95
Gewöhnliches Spitzhörnchen (*Tupaia glis*)	90
Haushund (*Canis lupus familiaris*)	80
Gemeines Rothörnchen (*Tamiasciurus hudsonicus*)	60
Mensch (*Homo sapiens*)	60
Hauskatze (*Felis silvestris catus*)	55
Hausmeerschweinchen (*Cavia porcellus domestica*)	50
Wanderratte (*Rattus norvegicus*)	39
Sattelrobbe (*Pagophilus groenlandicus*)	32,7

Insekten und Vögel FFF-Werte mit deutlich über 100 Hz – eine Anpassung an schnelle Änderungen des Bildflusses beim Fliegen. Ausschlaggebend für die FFF sind vor allem die Reaktionsgeschwindigkeit der Photorezeptoren und die Optimierung auf Geschwindigkeit bei der neuronalen Verarbeitung in der periphären Sehbahn. Taginsekten haben besonders schnelle Photorezeptoren, die innerhalb von 2–3 ms auf einen Lichtreiz reagieren können. Bei Amphibien misst man dagegen Latenzzeiten von 50–200 ms. Während das Elektroretinogram die lichtinduzierte Aktivität im Auge misst, kann man die FFF auch durch verhaltensphysiologische Messungen bestimmen, wobei bei solchen Experimenten neben der sensorischen auch die motorische Komponente eines optomotorischen Reflexes erfasst wird. Beispielsweise können Tiere darauf konditioniert werden, flimmernde Lichtquellen zu meiden und stattdessen Lichtquellen zu bevorzugen, die sie als stabil wahrnehmen. Bei ansteigender Flimmerfrequenz ist die FFF dann diejenige Frequenz, bei der die Tiere ihre Aversion verlieren. Alternativ kann man Tiere auf ein rotierendes schwarzweißes Streifenmuster blicken lassen und aus ihrem Verhalten schließen, ob sie noch Streifen erkennen oder ob die Streifen schon zum einheitlichen Grau verschwimmen (optokinetische Experimente).

Im Gegensatz zu den Komplexaugen der Insekten können Linsenaugen der Wirbeltiere durch die Augenmuskulatur bewegt werden. Eine Ausnahme bilden die Vögel, deren Augen kaum oder gar nicht beweglich sind, sodass bei ihnen die Halsmuskulatur zur Ausrichtung des Kopfes – und damit der Augen – dienen muss. Auch bei Amphibien und Reptilien sind Augenbewegungen oft auf wenige Grad beschränkt. Frösche und Kröten bewegen ihren Augen typischerweis gar nicht, sodass alle unbewegten Objekte in der Umgebung infolge der Adaptation des Sehsystems aus ihrer Wahrnehmung verschwinden. Nur wenn sich etwas bewegt – ein Wurm oder ein Insekt in erreichbarer Nähe – wird es gesehen, und der Frosch verfolgt die mögliche Beute mit Augenbewegungen um wenige Grad, gefolgt von größeren Kopf- und Körperbewegungen. Schildkröten, Krokodile, Schlangen und Eidechsen sind zwar in der Lage, lange Zeit mit starrem Blick unbewegt zu verharren, sie haben aber durchaus die Möglichkeit, kleine Augenbewegungen auszuführen. Unter den Reptilien sind Chamäleons mit ihren extrem beweglichen Augen eine Ausnahme. Die Funktion dieser ungewöhnlichen Augen wird in ▶ Abschn. 7.11 beschrieben.

Bei Tieren mit geringer Augenbewegung müssen die Halsmuskeln eine grundlegende Leistung des Sehsystems ermöglichen, die ansonsten von der äußeren Augenmuskulatur gewährleistet wird: die **Bildstabilisierung zur Vermeidung von Bewegungsunschärfe**. Jede visuelle Wahrnehmung von Bildern mit hoher räumlicher Auflösung erfordert stehende Netzhautbilder. Schon eine Bewegung des Netzhautbildes von wenigen Grad pro Sekunde (2–4° s^{-1} beim Menschen) erzeugt Bewegungsunschärfe. Ein Objekt, dessen Netz-

Abb. 7.53 Den Blick starr und mit weit geöffneten Pupillen auf ein Beutetier gerichtet fliegt eine Sumpfohreule (*Asio flammeus*) fast geräuschlos durch die Nacht. Zur Blickstabilisierung werden die Halsmuskeln reflektorisch gesteuert und halten den Kopf in einer weitgehend stabilen Raumlage. Für die Dämpfung von Fluggeräuschen sorgt die besondere Form der Handschwingenfedern. An ihrer Vorderkante tragen sie einen gezähnten Kamm und an der Hinterkante einen Fransensaum, beides Strukturen, welche die Bildung von Luftwirbeln reduzieren und dadurch einen fast lautlosen Jagdflug ermöglichen

hautbild sich schnell bewegt, kann nicht wahrgenommen werden. Schon sehr früh in der Evolution der Wirbeltieraugen – bei den kieferlosen Fischen des Ordoviziums – waren Augen beweglich. Augenmuskeln konnten Körperbewegungen durch Gegenbewegungen ausgleichen und dadurch während des Schwimmens die Blickachse beibehalten. Man nimmt an, dass der Ursprung dieser kompensatorischen Augenbewegungen im **vestibulookulären Reflex** liegt, bei dem die Ampullenorgane in den Bogengängen des Vestibularorgans die Augenmuskeln kontrollieren (▶ Abschn. 5.9 und ▫ Abb. 5.25). Bei jeder Drehung eines Fisches mussten die Augen in einer Weise geführt werden, dass das Netzhautbild der Umgebung für einige Zeit stabil und unbewegt blieb. Fast alle Wirbeltiere zeigen heute diesen Augenstellreflex, der an die Funktion eines Kreiselinstruments erinnert; praktisch jede Bewegung des Kopfes löst eine Gegenbewegung der Augen aus. Nur bei Vögeln mit ihren weitgehend unbeweglichen Augen wirkt der Reflex auf die Halsmuskulatur (**vestibulocollischer Reflex**) und steuert das typische **Rucken**, bei dem beispielsweise die Vorwärtsbewegung eines schreitenden Vogels durch eine gleich schnelle Rückwärtsbewegung des Kopfes ausgeglichen wird. Die Augen bleiben so für einen Moment unbewegt und können ein Objekt in der Umwelt fixieren. Besonders eindrucksvoll sieht man die Blickstabilisierung bei jagenden Vögeln, beispielsweise bei Eulen (Ordnung Strigiformes), die trotz heftiger Flügelschläge und Rotationsbewegungen des Rumpfes ihren Kopf still und den Blick starr auf die Beute gerichtet halten (▫ Abb. 7.53). Da Eulen ihre Augen nur wenig bewegen können, wirkt die Blickstabilisierung über die Steuerung der Halsmuskulatur durch den vestibulocollischen Reflex.

Ein zweiter, wesentlich genauerer Reflex unterstützt die Kontrolle der Augenführung – ein Reflex, der nicht auf vestibulären, sondern auf visuellen Signalen beruht: der **optokinetische Reflex**. Sobald eine Verschiebung des Netzhautbildes registriert wird, geht ein Signal an die optomotorischen Zentren im Gehirn, die sofort eine reflektorische Kompensationsbewegung der Augen auslösen. Die Augen halten das betrachtete Objekt auf diese Weise fixiert und gleichen dazu sowohl die Objektbewegung als auch die Eigenbewegung aus. Da bei jeder Eigenbewegung die visuelle Umwelt als Bildfluss auf der Netzhaut abgebildet wird, gelangen die Netzhautbilder aller Objekte irgendwann in die Peripherie des Sehfeldes und können nicht länger fixiert werden. Der Blick muss dann durch sakkadische (sprunghafte) Bewegungen der Augen auf das nächste Objekt gerichtet werden, um dieses dann so lange wie möglich zu fixieren. Die Folgebewegungen in Richtung des Bildflusses und die Sakkaden entgegen der Flussrichtung verursachen das rhythmische, unwillkürliche Augenzittern, den **optokinetischen Nystagmus** (gr. *nystagmos*, Schläfrigkeit). Die einzelnen Nystagmen sind Sprünge zu einem jeweils neuen Objekt, das dann so lange wie möglich fixiert wird. Bei Tieren, deren Augen über eine Area centralis oder eine Fovea centralis verfügen, sorgen die Nystagmen für eine Stabilisierung der Netzhautbilder auf diesen Bereichen des Scharfsehens. Vestibulär und visuell kontrollierte Augenbewegungen zusammen verschaffen den Augen von laufenden, schwimmenden und fliegenden Wirbeltieren stehende Netzhautbilder von beweglichen Objekten und damit die Möglichkeit, diese Objekte zu sehen.

7.11 Entfernungssehen

Netzhautbilder sind zweidimensionale Abbildungen der Umwelt. Die dritte räumliche Dimension, die Entfernung oder Tiefe, ist für die Tiere aber ebenso wichtig für die visuelle Orientierung. Sie enthält die Information darüber, wie Objekte erreicht werden können, ob sie zum Greifen nah oder zu weit entfernt sind und wie sie in die sichtbare Umwelt einzuordnen sind. Die Tiere können ihre Netzhautbilder mithilfe von vier unterschiedlichen Informationen in dreidimensionale Wahrnehmungen erweitern:

- Abschattungen im Lichtweg geben Hinweise über die räumliche Staffelung von Objekten.
- Perspektivische Effekte vermitteln Entfernungsinformationen.
- Die Beobachtung von Bildunschärfe kann Informationen zur Lage eines Objekts liefern.
- Geometrische Triangulation liefert relative und absolute Abstandsinfomationen.

Für die beiden ersten Methoden des Entfernungssehens ist die kognitive Verarbeitung der beobachteten Vorgänge im Sehfeld nötig. Annahmen über die wirkliche Objektgröße und deren scheinbarere Abnahme in größerer Entfernung müssen zutreffen, und ein gewisses Verständnis für die Ausbreitung von Licht muss genutzt werden können. Beides kann bei Wirbeltieren nachgewiesen werden, und beides wird eingesetzt, um den Hintergrund des Sehfeldes – den Bereich, den man selbst nicht unmittelbar erreichen kann – zu interpretieren. Da diese Art des Entfernungssehens von individueller Erfahrung abhängt, ist sie bei den Wirbeltieren in unterschiedlichem Maße ausgeprägt und möglicherweise nur den höher entwickelten Arten vorbehalten. Die Linsenaugen der Wirbeltiere haben durch die Brennweite ihrer Linse einen genauen Anhaltspunkt für die Entfernung des Objekts. Scharf abgebildete Objekte befinden sich in der Brennebene, alle anderen davor oder dahinter. Die Triangulationsmethoden des Entfernungssehens schließlich beruhen darauf, dass ein und dasselbe Objekt von zwei Orten aus betrachtet wird und dass Unterschiede in den beiden Bildern als Entfernungsinformation erkannt werden. Sie nutzen eindeutige geometrische Zusammenhänge, sie erfordern keine Interpretation, sondern nur korrekte Auswertung. Triangulation ist mithin die zuverlässigste Form des Entfernungssehens.

Die **Auswertung der Bildunschärfe** beruht auf den optischen Gegebenheiten des Linsenauges. Unscharfe Netzhautbilder sind Objekten zuzuordnen, die sich vor oder hinter dem vorderen Brennpunkt befinden; bei monochromatischem Sehen ist das nicht unterscheidbar. Der Grad der Bildunschärfe nimmt mit dem Abstand vom Brennpunkt zu. Bei Augen mit mehrfarbigem Sehen kann zudem entschieden werden, wo genau sich ein Objekt befindet, weil infolge der chromatischen Aberration mehrere farbabhängige Brennpunkte existieren (◘ Abb. 7.54, *links*). Aus dem Vergleich der Bildunschärfe der roten Bildanteile mit der Unschärfe der blauen Strukturen kann konkrete Entfernungsinformation im Bereich der Brennweite gewonnen werden. Eine Stärke dieser Art von Entfernungssehen ist ihre Unabhängigkeit von koordinierten Augenbewegungen. Die Auswertung der Bildunschärfe ist eine **monokulare Sinnesleistung**. Sie funktioniert auch bei seitlich ausgerichteten Augen ohne binokulares Sehfeld und bei Augen, die sich unabhängig voneinander bewegen können, wie sie bei Fischen und Reptilien häufig vorkommen. Auch bei Vögeln sind die Bewegungen der beiden Augen oft nicht so strikt gekoppelt wie bei Säugetieren, insbesondere bei Primaten. Befindet sich ein Beutetier im Fokus eines Auges – also in der Brennebene der Linse –, ist seine Entfernung klar. Das **Fokussieren** (die **Akkomodation**) kann eine exakte Entfernungsmessung sein und ist die zuverlässigste Strategie für den

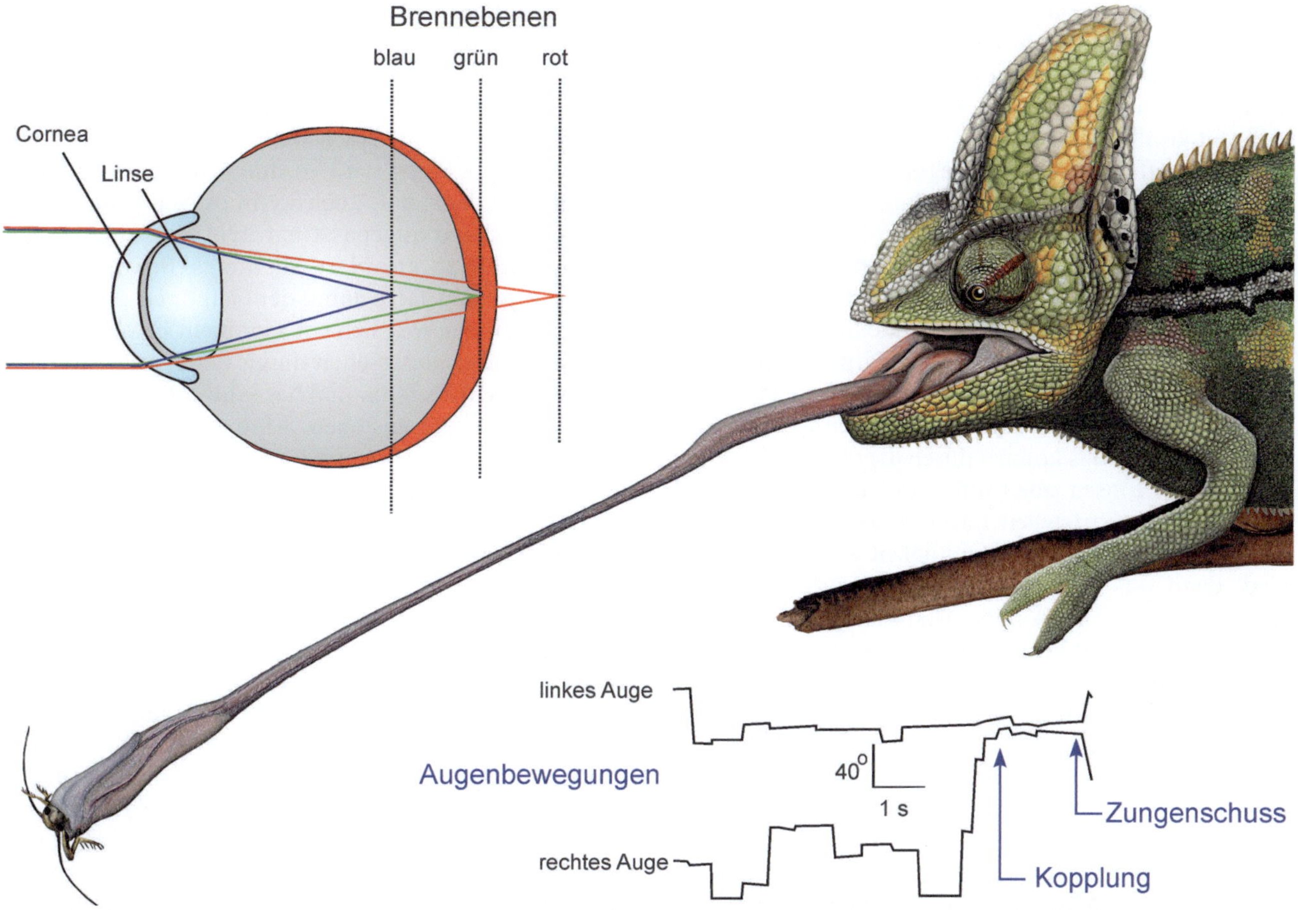

Abb. 7.54 Entfernungssehen durch Bildunschärfe beim Jemenchamäleon (*Chamaeleo calyptratus*). *Oben*: Das Chamäleonauge ist für das Scharfsehen optimiert. Ist das Netzhautbild eines Beutetierrs scharf, kennt das Chamäleon seine Entfernung – sie entspricht der aktuell eingestellten äußeren Brennweite des dioptrischen Apparats – und kann einen gezielten Zungenschuss zur Jagd einsetzen. Die Unschärfe von blauen und roten Bildanteilen gibt Informtionen darüber, ob sich ein Objekt vor oder hinter dem Brennpunkt befindet. *Rechts unten*: Augenbewegungen eines Chamäleons. Während der Suchphase bewegen sich die Augen unabhängig voneinander. Beim Auftauchen eines Beutetieres (hier zuerst mit dem linken Auge gesehen), werden beide Augenbewegungen gekoppelt, und die Beute wird mit beiden Augen anvisiert. Beim Zungenschuss werden beide Augen durch Drehung nach außen in Sicherheit gebracht. Nach Ott (2001)

Beutefang bei Fischen, Amphibien und Reptilien. Fische und Amphibien fokussieren ihr Augen durch Verlagerung der Linse. Bei Reptilien und Vögeln werden Linsenform und Hornhautkrümmung durch Ciliarmuskeln verändert, um Objekte in unterschiedlichen Entfernungen scharfzustellen. Unabhängig vom Akkomodationsmechanismus liefert das scharfgestellte Netzhautbild eine genaue Information über die Entfernung zum Beutetier.

Bei **Chamäleons** (Familie Chamaeleonidae) ist die Jagd mithilfe der Blickfokussierung besonders gut erforscht. Die vollkommen unabhängig voneinander beweglichen Augen dieser Tiere suchen in Ruhe die Umgebung ab, wobei jedes Auge mit sakkadischen Bewegungen seine Hälfte des Sehfeldes (einen annähernd halbkugelförmigen Raumwinkel) abtastet. Bei diesem Abtastprozess ist immer nur eines der Augen scharfgestellt, und das Tier schaltet im Sekundentakt zwischen den Augen hin und her. Chamäleons haben einen scharfen Blick. Eine tiefe, konvexiclivate Fovea – ähnlich der von Greifvögeln – mit einer Photorezeptorendichte von 756.000 Zapfen pro Quadratmillimeter lässt das jeweils aktive Auge scharfe Bilder sehen, wenn ein Objekt sich im Fokus befindet. Durch eine sehr ungewöhnliche Linsenform mit negativer Brechkraft wird das Netzhautbild aufgeweitet und dadurch besonders groß dargestellt, was ebenfalls das Scharfsehen unterstützt. Chamäleons können sehr genau die Bildschärfe beurteilen – eine Voraussetzung für das Entfernungssehen durch Fokussierung. Gerät ein Beutetier in das Blickfeld eines der Augen, werden unverzüglich die Blickachsen beider Augen auf das Ojekt ausgerichtet. Das Beutetier wird dann mit beiden Augen fokussiert, und eventuelle Bewegungen werden durch synchronisierten Sakkaden beider Augen verfolgt (Abb. 7.54, *rechts*). Mittels Blickfokussierung (Scharfstellen) wird die Entfernung zum Beutetier ermittelt. Stereoskopisches Sehen durch Triangulation ist daran nicht beteiligt. Sitzt das Beutetier in der richtigen Entfernung, schleudert das Chamäleon seine Jagdzunge aus und trifft mit großer Präzision.

Für ein effektives Entfernungssehen durch Fokussierung müssen mehrere Voraussetzungen erfüllt sein. Zunächst muss der Akkomodationsbereich des dioptrischen Apparats groß sein, damit Beutetiere in unterschiedlichen Entfernungen scharfgestellt werden können. Chamäleons haben trotz kleiner Linsen einen Akkomodationsbereich von bis zu 45 dpt (Dioptrie = 1/Linsenbrennweite). Zum Vergleich: Beim Menschen umfasst dieser Bereich, die Akkomodationsbreite, etwa 10 dpt. Chamäleons können durch die enorme Verformbarkeit ihrer Linsen jede Entfernung im Einzugsbereich ihrer Zunge scharfstellen (etwa 3–20 cm). Auch eine hohe Akkomodationsgeschwindigkeit ist wichtig für die Jagd, denn Beutetiere müssen visuell verfolgt werden. Bei Chamäleons misst man Akkomodationsgeschwindigkeiten von 40–60 dpt/s. Diese Leistung basiert darauf, dass bei Reptilien – wie auch bei Vögeln – die Ciliarmuskeln der Augen aus schnell kontrahierender, quergestreifter Muskulatur bestehen und demzufolge schnelle Verformungen der Linse bewirken können. Beim Huhn (*Gallus gallus domesticus*) misst man ebenfalls 60 dpt/s, beim Habichtskauz (*Strix uralensis*) gar 200 dpt/s. Bei Säugetieren bestehen Ciliarmuskeln dagegen aus glatter Muskulatur und arbeiten entsprechend langsamer. Beim Menschen beträgt die Akkomodationsgeschwindigkeit etwa 10 dpt/s.

Im Gegensatz zu den Linsenaugen der Wirbeltiere ist das Entfernungssehen durch Fokussierung beim Komplexauge nicht möglich, denn der dioptrische Apparat der Ommatidien ist nicht verstellbar. Die unbeweglichen Augen von Insekten mit ihrer konstanten Brennweite können nicht akkomodieren und liefern kaum direkte Information über die Raumtiefe. Unter den Arthropoden verfügen lediglich die Linsenaugen der Springspinnen (Familie Salticidae) über ein Entfernungssehen durch Bildunschärfe (s. ◘ Abb. 7.26). Insekten und Krebse müssen ihre Komplexaugen anders nutzen, um den Abstand zu einem Beutetier abschätzen zu können. Eine sehr leistungsfähige Variante der geometrischen Triangulation beruht auf dem Bewegungssehen. Während ein Tier durch die Landschaft läuft oder fliegt, verschieben sich die Netzhautbilder der Umwelt systematisch gegeneinander, die nahen schneller, die entfernteren langsamer. Aus den relativen Bewegungen im Gesamtbild seiner Umwelt – dem Bildfluss oder optischen Fluss – kann das Tier Entfernungsinformation gewinnen. Tatsächlich liefert diese Auswertung der **Bewegungsparallaxe** genaue Informationen über die dreidimensionale Struktur der Umwelt und wird vermutlich von allen sehenden Tieren eingesetzt. Besonders nützlich ist diese visuelle Strategie, wenn es darum geht, ein gut getarntes Beutetier vor dem Hintergrund auszumachen, der als Tarnung dient. Befindet sich das Beutetier ein Stück weit vor dem Hintergrund, also näher am Jäger, wird es durch die parallaktische Verschiebung verraten, auch wenn es sich noch so gut dem Hintergrund angepasst hat. Die Nutzung der Bewegungsparallaxe erfordert allerdings Bewegung und setzt die jagenden Tiere damit der Gefahr aus, selbst entdeckt zu werden. Will sich ein Tier nicht bewegen, muss es für das Entfernungssehen durch Bewegungsparallaxe wenigsten die Augen hin und her schwenken, damit parallaktische Effekte enstehen. Man kann diese Pendelbewegungen beispielsweise bei Heuschrecken und Gottesanbeterinnen beobachten, aber auch bei Vögeln, die versuchen, ein visuelles Objekt genau zu verorten. Ein Huhn kann man beispielsweise dabei beobachten, wie es mit vorgestrecktem Hals den Kopf ruckartig hin- und herbewegt, um die genaue Position eines Korns in der Bodenstreu auszumachen. Auch große Schreitvögel wie Störche und Fischreiher schauen sich ihre anvisierte Beute aus leicht unterschiedlichen Blickwinkeln an, um die Entfernung abzuschätzen.

Prinzipiell kann ein Tier bei allen translationalen Bewegungen (Schwimmen, Laufen, Fliegen) die Entfernung zu Objekten im Sehfeld auch daran erkennen, wie schnell die Objekte sich durch das Sehfeld bewegen. Nahe Objekte ziehen schneller vorbei als fernere. Die **Winkelgeschwindigkeit der Blickachse** zum Objekt enthält die Entfernungsinformation. Wenn die Geschwindigkeit der Eigenbewegung V_e und der Blickwinkel zum Objekt α bekannt sind, kann die Entfernung D zum Objekt direkt aus der Winkelgeschwindigkeit ω (ω = dα/dt, t = Zeit) abgeleitet werden:

$$D = \frac{V_e}{\omega} \cdot \sin\alpha \qquad (7.6)$$

Für diese Art des Entfernungssehens benötigt das Tier lediglich einen Satz Nervenzellen, welche spezifisch auf visuell detektierte Winkelgeschwindigkeiten reagieren. Dass Insekten tatsächlich die Geschwindigkeit scheinbarer Bewegungen von Objekten in ihrem Sehfeld zum Entfernungssehen nutzen, wurde zuerst an Honigbienen (*Apis mellifera*) nachgewiesen. Man ließ die Bienen durch Tunnels fliegen, deren seitliche Wände mit Mustern dekoriert waren. Beim Durchflug erzeugten diese Muster den Bildfluss im Sehfeld der Tiere. Solange sich der Bildfluss auf beiden Seiten parallel bewegte, flogen die Bienen in der Tunnelmitte – offensichtlich wähnten sie sich gleich weit entfernt von beiden Seitenwänden. Wurde das Muster auf der rechten Tunnelseite in Flugrichtung mit den Bienen bewegt, was den Bildfluss nur im rechten Auge verlangsamte, wählten sie eine Flugbahn nahe der bewegten, rechten Seitenwand. Sie interpretierten den langsameren Bildfluss mit den geringeren Winkelgeschwindigkeiten auf der rechten Seite offenbar als größere Entfernung und näherten sich der rechten Wand, um den parallelen Bildfluss – das visuelle Signal für Geradeausflug – wiederherzustellen. Aus einer ganzen Reihe solcher Verhaltensexperimente resultiert die Erkenntnis, dass fliegende Insekten Winkelgeschwindigkeiten zum Entfernungssehen und damit zur räumlichen Orientierung auswerten.

Das genaueste Entfernungssehen ist das **stereoskopische Sehen** (**Stereopsis**), bei dem ein Objekt mit beiden Augen betrachtet wird. Stereopsis ist die einzige binokulare Strategie des Entfernungssehen. Sie nutzt eindeutige trigonometrische Zusammenhänge zur Abschätzung der Distanz zum Objekt und erfordert daher ein binokulares Sehfeld. Stereopsis nachzuweisen und deutlich von anderen Methoden des Entfernungssehens zu unterscheiden, ist nicht einfach, ist aber bei einigen Tiergruppen gelungen. Nach heutigem Verständnis hat sich Stereopsis in vier Evolutionslinien unabhängig voneinander entwickelt: bei Amphibien, Vögeln, Säugetieren und Insekten – wobei keineswegs alle Tiere dieser Gruppen die Fähigkeit zum stereoskopische Sehen entwickelt haben. Der Selektionsdruck zugunsten der Stereopsis scheint mit bestimmten Verhaltensmustern verbunden zu sein. So kann die Lauerjagd mit starrer Warteposition und plötzlichem, zielgenauem Fangschlag, wie man sie bei Fröschen und Gottesanbeterinnen sehen kann, durch Stereopsis gefördert werden. Ebenso sinnvoll ist Stereopsis für die Verfolgungsjagd durch Jäger mit nach vorne gerichteten Augen (Raubkatzen, Raubvögel), bei denen der genaue Abstand zur Beute erkennbar sein muss. Auch die Orientierung im Geäst von Wäldern, an welche Affen und Vögel angepasst sind, wird durch gutes Entfernungssehen gefördert. Fische und Reptilien nutzen offenbar keine Stereopsis, zumindest konnte bisher diese Form des Entfernungssehens bei ihnen nicht nachgewiesen werden. Nicht einmal der überaus zielsichere Schützenfisch (*Toxotes jaculatrix*), der Beuteinsekten mithilfe eines Wasserstrahls von über dem Wasser hängenden Zweigen herunterspucken kann, zielt durch Triangulation. Diese Tiere scheinen die wahrgenommene Größe des Beuteinsekts zur Entfernungsabschätzung zu nutzen, eine erstaunliche Fertigkeit angesichts der schwierigen Brechungsverhältnisse an der Wasseroberfläche. Reptilien nutzen wohl in erster Linie Akkomodation zum Entfernungssehen, wie das beim Chamäleon gezeigt wurde (◘ Abb. 7.54).

Bei Amphibien dagegen ist Stereopsis nachgewiesen worden. Das Sehfeld von Fröschen (Ordnung Anura) enthält nach vorne einen etwa 60° umfassenden binokularen Bereich, und im Tectum opticum befinden sich viele Neuronen, die spezifisch auf binokulare Stimulation ansprechen. Wenn sich ein Frosch einem Beutetier nähert, kann er seine Augen nicht nach innen bewegen, um beide Sehachsen auf das Ziel auszurichten, denn die Froschaugen sitzen fast unbewegbar in ihren Höhlen. Auf den beiden Netzhäuten verschieben sich die Abbildungen der Beute deshalb immer weiter nach außen (schläfenwärts). Es entsteht eine **Disparität** (auch als **Querdisparation** bezeichnet) zwischen rechtem und linkem Netzhautbild. Von Disparität spricht man immer dann, wenn ein Objekt in beiden Augen nicht auf korrespondierenden Netzhautstellen abgebildet wird. Wobei korrespondierende (zusammengehörende) Netzhautstellen dadurch definiert sind, dass sie von den annähernd parallelen Lichtwegen desselben, weit entfernten Objekts belichtet werden. Je näher der Frosch an die Beute herankommt, desto größer wird die Disparität, weil die beiden Lichtwege vom Objekt zu den Augen immer weiter von der Parallele abweichen (◘ Abb. 7.55, *oben*). Zellen im Tectum opticum reagieren spezifisch auf das Disparitätsignal und lassen den Frosch zuschnappen, wenn die Beute als nah genug wahrgenommen wird. **Bei Tieren mit unbeweglichen Augen** wird die Entfernung zu einem Objekt direkt in die Disparität der Netzhautbilder – und ebenso direkt in die Aktivität disparitätscodierender Neuronec in der Sehbahn – umgesetzt. Sie können daher sehr schnell in ihrem Nahbereich Entfernungen abschätzen und entsprechend reagieren. Frösche und Kröten reagieren mit gezielten Schnappbewegungen oder mit dem Auswerfen der Fangzunge. Fangschrecken (Ordnung Mantodea) wie die Europäische Gottesanbeterin (*Mantis religiosa*) sind Lauerjäger und gehören zu den wenigen Insekten mit nachgewiesener Stereopsis. Auch sie haben unbewegliche Augen und erkennen die optimale Entfernung zur Beute durch Triangulation. Mit großer Präzision schlagen sie ihre dornenbesetzten Unterschenkel und Endklauen in die Beute, eine direkte Leistung des stereoskopischen Sehens.

Alle Vögel haben ein binokulares Gesichtsfeld, aber nur wenige scheinen Stereopsis zu nutzen. Das mag daran liegen, dass die Bewegungen von rechtem und linkem Auge bei Vögeln nicht so eng gekoppelt sind wie bei Säugern. Offensichtlich können Vögel zielgerichtete Bewegungen des Schnabels beim Nestbau, Füttern oder Fressen auch ohne stereoskopischen Sehen ausführen. Nur bei einigen Raubvögeln (Eulen, Falken) kann man hoch entwickeltes stereoskopisches Sehen nachweisen, wobei allerdings die besondere Funktion dieser Sinnesleistung für das Beutegreifen noch nicht aufgeklärt ist. Sie könnte dazu dienen, den Abstand zum Beutetier kurz vor dem Zugriff abzuschätzen. Möglicherweise

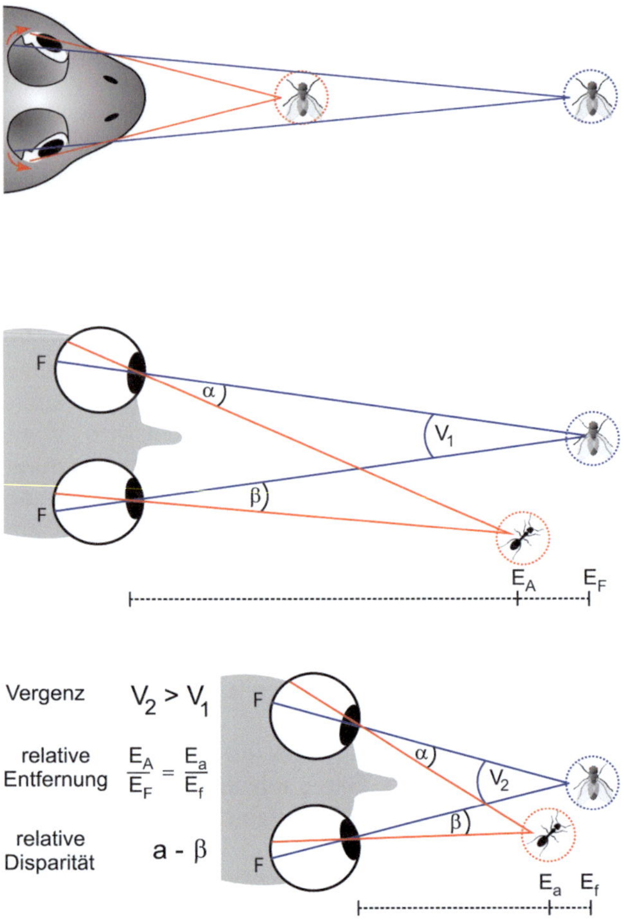

Abb. 7.55 *Oben*: Nutzung der zunehmenden Disparität zum Entfernungssehen bei einem Frosch mit nahezu unbeweglichen Augen. Bei Annäherung an eine Fliege verschieben sich die Netzhautbilder nach außen (*rote Pfeile*). Diese Disparität wird als Entfernungsinformation wahrgenommen. *Mitte und unten*: Absolute und relative Entfernungen beim stereoskopisches Sehen mit beweglichen Augen. Ein Tier mit beweglichen Linsenaugen betrachtet eine Fliege, wobei das Bild scharf auf die Fovea centralis (F) eines jeden Auges projiziert wird. Da die Fliege vergleichsweise weit entfernt sitzt (Entfernung E_F), ist der Vergenzwinkel der gegensinningen Augenbewegung (V_1) klein. Beide Netzhautbilder der Fliege befinden sich an korrespondierenden Stellen, die Bedingung für Nulldisparität. Eine Ameise läuft durchs Sehfeld, etwas näher als die Fliege (Entfernung E_A) und etwas weiter rechts. Ihre Netzhautbilder liegen außerhalb und unterschiedlich weit entfernt von den beiden Foveae. So entsteht eine relative Disparität, eine Winkelverschiebung gegenüber dem Geradeausblick um den Betrag α–β, welche die visuelle Wahrnehmung erzeugt, dass die Ameise *vor* der Fliege durch das binokulare Sehfeld läuft (relative Entfernung). *Unten*: Das Tier nähert sich der Fliege und hält dabei die Netzhautbilder scharf, indem es beide Augen nach innen dreht. Der Vergenzwinkel (V_2) wird dadurch größer und vermittelt die Wahrnehmung der absoluten Entfernung. Die Ameise, die währenddessen näher an die Fliege herangekrabbelt ist, wird weiterhin mit der gleichen Disparität (α–β ist unverändert) betrachtet, weil das Entfernungsverhältnis gleich bleibt ($E_a/E_f = E_A/E_F$). Die Ameise wird daher weiterhin *vor* der Fliege wahrgenommen, und zwar in der gleichen relativen Entfernung. Das Beispiel verdeutlicht das Zustandekommen des stereoskopischen Sehens durch zwei Parameter: Der Vergenzwinkel liefert die *absolute Entfernung* eines binokular fixierten Objekts, die Disparität liefert die *relative Entfernung* zwischen zwei Objekten. Nach Nityananda und Read (2017)

verbessert die Stereopsis aber auch das Erkennen der gelernten Körperform eines Beutetieres vor dem Hintergrund, sodass das stereoskopische Sehen den Raubvögeln während der Jagd ein deutlicheres Bild vermittelt, in welchem Beutetiere besonder klar auszumachen sind.

Bei Säugetieren ist Stereopsis weit verbreitet und kann mit verhaltensphysiologischen Experimenten nachgewiesen werden. Typischerweise zeigen Tiere, die stereoskopisches Sehen nutzen (Primaten, Schafe, Pferde, Katzen), schlechteres räumliches Sehen, wenn man ein Auge abdeckt (ein Chamäleon trifft dagegen auch mit einem abgedeckten Auge gut). Für genauere Untersuchungen kann man Versuchstieren Prismen vor den Augen befestigen, die eine künstliche Disparität erzeugen. Verlässt sich ein Tier auf die Disparität, kann man vorhersagbare Fehler bei Bewegungen im Nahbereich beobachten. Allerdings ist die Auswertung der Disparität **bei Tieren mit beweglichen Augen** komplizierter als bei Fröschen und Gottesanbeterinnen, denn die Bedeutung der Disparität ist nicht mehr einfach in eine neuronale Entfernungskarte übersetzbar, sondern sie hängt von der aktuellen Augenstellung ab. Die Jagdsituation in ◘ Abb. 7.55 *Mitte*, *unten*) soll dieses Problem und seine Lösung veranschaulichen. Ein Jagdtier mit beweglichen Linsenaugen fokussiert seinen Blick auf eine Fliege, und zwar so, dass die Netzhautbilder der Fliege auf die Foveae der beiden Augen fallen. Zwischen den Blickachsen der beiden Augen liegt der **Vergenzwinkel** (V_1). Der Begriff Vergenz bezeichnet die gegensinnige Augenbewegung zur Mitte (zur sagittalen Medianebene) hin, zum Zweck der binokularen Fixierung eines Gegenstands. Wenn sich das Tier der Fliege nähert, wird der Vergenzwinkel größer (V_2 in ◘ Abb. 7.55, *unten*) und versorgt das Tier dadurch mit einer **absoluten Distanzinformation** in Blickrichtung. Tatsächlich ermöglicht der Vergenzwinkel bei jeder Augenposition eine zuverlässige Abschätzung der Entfernung. Allerdings muss die Blickachse beider Augen gemessen und mit der visuellen Information integriert werden. Das geschieht über die Steuerung der Augenmuskeln und das okulomotorische Zentrum des Gehirns (▶ Abschn. 7.14). Auch die **Disparität** von Netzhautbildern trägt bei Tieren mit beweglichen Augen zum Entfernungssehen bei. In ◘ Abb. 7.55 (*Mitte*, *unten*) ist eine Situation konstruiert, welche die Rolle von nichtkoordinierten Netzhautbildern aufzeigt. Während das Tier die Fliege betrachtet, läuft von rechts eine Ameise in sein Sehfeld, deren Netzhautbilder nicht auf die Foveae fallen. Die von der Ameise ausgehenden Lichtwege stehen zu den Blickachsen der beiden Augen in unterschiedlichen Winkeln, und zwar ist der Winkel α im linken Auge größer als der Winkel β im rechten Auge. Damit sind die beiden Netzhautbilder der Ameise unterschiedlich weit von der jeweiligen Fovea entfernt; sie zeigen eine binokulare Disparität von der Größe α–β. Diese

Disparität relativ zur Blickachse entspricht einer **relativen Distanzinformation**, sie lässt erkennen, dass sich die Ameise *vor* der Fliege befindet. In der in ◘ Abb. 7.55 (*unten*) dargestellten Situation haben sich sowohl das betrachtende Tier als auch die Ameise der Fliege genähert, und zwar gerade so weit, dass die beiden Winkel α und β gleich geblieben sind. Die relative Disparität α–β und damit die *relative* Entfernung von Ameise und Fliege sind also unverändert ($E_A/E_F = E_a/E_f$ in ◘ Abb. 7.55). Das Tier erhält in dieser Situation zwei Informationen: Die Fliege ist nun näher (absolutes Entfernungssehen durch Vergenz), und das Verhältnis der Abstände zu den beiden Insekten ist gleich geblieben (relatives Entfernungssehen durch Disparität). Im beweglichen Auge vermittelt Stereopsis auf diese Weise die Wahrnehmung eines dreidimensionalen Sehfeldes mitsamt der Position von Objekten relativ zum aktuell fixierten Objekt.

7.12 Farbensehen

Für die meisten Tiere ist die Umwelt bunt, und die Farben von Pflanzen, anderen Tieren, Landschaftsformen und Wasserläufen vermitteln wichtige Informationen. Blütenfarben können einer Biene bei der Suche nach ergiebigen Trachten helfen, und ein Vogel kann den Reifegrad von Früchten anhand ihrer Farbe aus einiger Entfernung beurteilen. Körperfarben wirken als Schlüsselreize der innerartlichen Kommunikation (◘ Abb. 7.56), bei der Festlegung des sozialen Ranges sowie bei der Organisation des Fortpflanzungsgeschehens. Und auch in der zwischenartlichen Kommunikation spielen Farben zentrale Rollen, etwa bei Mimikry, Tarnung und Abschreckung. Farbensehen ist mithin ein zentraler Aspekt der visuellen Welt der Tiere und eine dementsprechend hoch entwickelte Sinnesleistung.

Die Grundlage des Farbensehens beruht auf den **spektralen Eigenschaften der Photorezeptoren** in den Augen der Tiere. Der Begriff „spektral" bezeichnet in diesem Zusammenhang die charakteristische Reaktion eines Photorezeptors auf Licht aus demjenigen Wellenlängenbereich, der für Tiere sichtbar ist: aus dem Spektrum des sichtbaren Lichtes zwischen 300 nm und 700 nm. Besonders interessant sind dabei Bereiche des Spektrums, auf welche der Photorezeptor sehr stark reagiert, sowie solche, die nur geringe oder gar keine Reaktion auslösen. Jeder Photorezeptor hat sein eigenes **Reaktionsspektrum** mit klar erkennbaren Maxima und Minima der Reaktionsintensität. Photorezeptoren mit ähnlichen spektralen Eigenschaften werden oft in Gruppen zusammengefasst wie „S-Zapfen" (S für *short wavelengths*), „M-Zapfen" (M für *medium wavelengths*) und L-Zapfen (L für *long wavelengths*), um damit ihre Empfindlichkeit für den unteren, mittleren oder oberen Bereich des sichtbaren Spektrums auszudrücken. Auf welches Licht ein Photorezeptor besonders stark reagiert, ist abhängig von der Art seines Sehpigments sowie von der Durchlässigkeit des dioptrischen Apparats, den das Licht auf dem Weg zum Sehpigment durchqueren muss. Die Lichtintensität ist dabei nicht ausschlaggebend. Der Photorezeptor zeigt bei schwachem und bei hellem Licht das gleiche Reaktionsspektrum.

Bei allen bekannten Photorezeptoren dient Rhodopsin als Sehpigment, und Farbensehen beruht auf einer **Vielzahl von Rhodopsinvarianten**, die sich in ihren spektralen Eigenschaften – definiert durch den Wellenlängenbereich ihrer bevorzugten Lichtabsorption – unterscheiden. Alle Rhodopsine sind an den Bereich der maximalen Beleuchtungsstärke des Sonnenlichtes (350–780 nm; ► Abschn. 7.2) angepasst. Aber jede Rhodopsinvariante hat ihren charakteristischen Absorptionsbereich. Für den Aufbau von Rhodopsin finden als Chromophor (lichtabsorbierendes Molekül) vier Retinalvarianten Verwendung:

- **Retinal** ist sowohl bei Wirbellosen als auch bei Wirbeltieren der häufigste Chromophor.
- **3-Dehydroretinal** ist der Chromophor bei einigen Fischen sowie bei vielen Amphibien und Reptilien.
- **3-Hydroxyretinal** ist oft in den Komplexaugen der Insekten zu finden.
- **4-Hydroxyretinal** ist ein seltener Chromophor, der bei einem Tiefseetintenfisch entdeckt wurde.

Es sind nicht Unterschiede in der Struktur des Chromophors, welche die spektralen Varianten der Rhodopsine hervorbringen. Vielmehr bieten unterschiedliche Opsinvarianten dem Chromophor eine Vielzahl spezifischer Einbettungsbedingungen in der Bindestelle und beeinflussen auf diese Weise die Absorptionseigenschaften des Chromophors. Ausschlaggebend für die spektralen Eigenschaften eines Rhodopsins ist die **Struktur des Opsins**, insbesondere sind es Aminosäurereste im Bereich der Retinalbindestelle. Umfangreiche Untersuchungen der Opsingenfamilie haben zu der Erkenntnis geführt, dass aus einem mindestens 700 Mio. Jahre alten Vorläuferprotein, einem lichtempfindlichen, G-Protein-gekoppelten Rezeptor (► Abschn. 7.3), durch eine Folge von Genduplikationen die heute etwa 1000 Opsinvarianten entstanden sind. Die erste Genduplikation hat wohl im frühen Kambrium stattgefunden (vor 525 Mio. Jahren), zwei weitere Duplikationen folgten, und die neu entstandenen Opsinallele haben sich bei jeder Tiergruppe im Wechselspiel von Mutation und Selektion bis zur heute beobachteten Vielfalt entwickelt. Man unterscheidet heute vier Kladen von Opsinen:

Abb. 7.56 Die bunte Welt eines Korallenriffes. Hier werden zahllose soziale Signale durch die farbige Zeichnung der Fische ausgetauscht, wie auch durch die bunten Korallen und die farbigen Muster anderer Riffbewohner

- **C-Typ-Opsine** vermitteln die Phototransduktion in ciliären Photorezeptoren, wie man sie bei Wirbeltieren findet, aber auch bei einigen Arthropoden, Echinodermen und Anneliden.
- **R-Typ-Opsine** befinden sich typischerweise in den Rhabdomeren der Photorezeptoren von Wirbellosen, kommen aber auch bei einigen Wirbeltieren vor.
- **Cnidaria-Opsine** findet man in den Augen von Quallen und in Lichtsinneszellen von Seeanemonen. Sie sind nicht am bildgebenden Sehen beteiligt.
- **Gruppe-4-Opsine** sind intrazelluläre Photoisomerasen, die ebenfalls nicht einem visuellen System zuzuordnen sind.

Die große Viefalt von Opsingenen im Tierreich soll nicht den Eindruck erwecken, dass einzelne Arten über viele Opsinvarianten verfügen. Das ist keineswegs der Fall, denn nach den Genduplikationen entstehen auch funktionslose Gene (Pseudogene) und verringern die Anzahl von intakten Allelen. Die meisten Säugetiere verfügen heute nur über ein Stäbchenopsin und zwei Zapfenopsine, während bei einigen Walen und Robben und bei südamerikanischen Nebengelenktiere (Überordnung Xenarthra; Faultiere, Gürteltiere) nur mehr ein Stäbchenopsin nachweisbar ist. Auch bei einigen Vögeln finden sich Opsinverluste durch Pseudogenbildung. Bei den in Neuseeland endemischen Maorigrasmücken (*Mohoua ochrocephala*, Gelbköpfchen, und *M. novaeseelandiae*; Braunköpfchen) wie auch bei Adeliepinguinen (*Pygoscelis adeliae*) und Kaiserpinguinen (*Aptenodytes forsteri*) konnte man relativ junge Verluste von Zapfen-Opsingenen nachweisen, die offenbar zum Verlust des Farbensehens geführt haben. Solche Erkenntnisse weisen darauf hin, dass auch ein ursprünglich mehrere Gene umfassendes Opsinrepertoire unter dem Druck ständiger Bewährung steht („*use it or loose it*") und reduziert werden kann, wenn Farbensehen für eine Tierpopulation nicht mehr wichtig ist. Nach heutigem Wissenstand gehören alle **C-Typ-Opsingene der Wirbeltiere** zu fünf Ospinfamilien. Dazu gehören vier Familien von Zapfenopsinen: SWS1 (*short-wavelength-sensitive opsin, type 1*), SWS2 (*short-wavelength-sensitive opsin, type 2*), Rh2 (*rod-like cone opsin*) und LWS (*long-wavelength-sensitive opsin*). Zusätzlich hat sich aus den SWS-Opsinen die Rh1- (*rod opsin*) Opsinfamilie abgespalten, die man heute typischerweise in Stäbchen-Photorezeptoren findet. Man nimmt an, dass die vier Zapfenopsine im Kambrium (vor 540 Mio. Jahren) durch Genomduplikationen und Mutationen entstanden sind und zur Ausstattung der frühen Tetrapoden gehörten, die sich ganz an das Landleben anpassten (die Amnioten). Alle vier Familien von Zapfenopsinen blieben im Verlauf der Sauropsidenevolution erhalten und bilden heute die Grundlage des tetrachromatischen

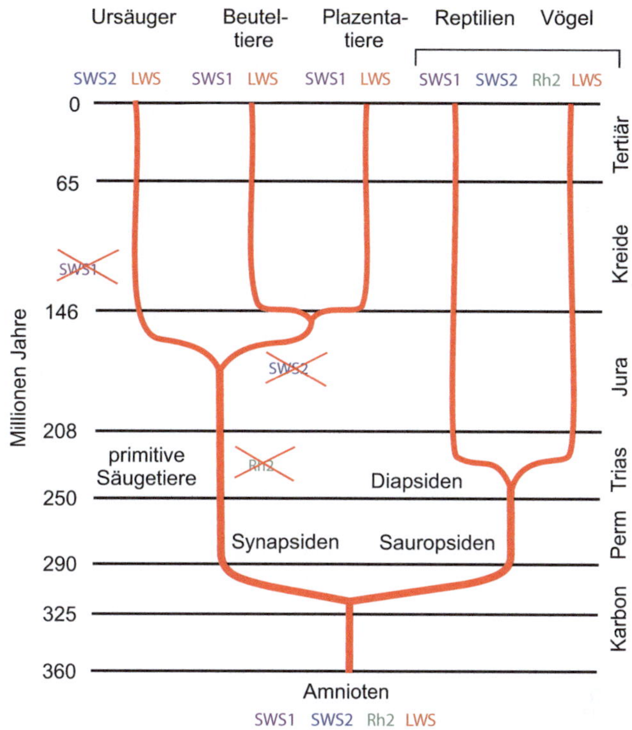

Abb. 7.57 Stammbaum der vier Zapfenopsinfamilien der Landwirbeltiere. Die vier aus dem Kambrium stammenden Opsinfamilien sind SWS1 (*short-wavelength-sensitive opsin, type 1*), SWS2 (*short-wavelength-sensitive opsin, type 2*), Rh2 (*rod-like cone opsin*) und LWS (*long-wavelength-sensitive opsin*). Die Opsine absorbieren am besten in einem Wellenlängenbereich um 360 nm („UV") bei SWS1, 430 mm („blau") bei SWS2, 510 nm („grün") bei Rh2 und 580 nm („rot") bei LWS. Nach Jacobs (2013)

Sehens bei Reptilien und Vögeln (Abb. 7.57). Bei den Säugetieren ging zunächst das Rh2-Gen verloren, später verloren die Ursäuger (Unterklasse Protheria) das Gen für die SWS1-Opsine, während die Beuteltiere (Unterklasse Metatheria) und die Placentatiere (Unterklasse Eutheria) die SWS2-Opsine verloren haben (Abb. 7.57). Eine Interpretation dieses Verlusts von funktionellen Opsingenen bei Säugern basiert auf der langen Zeit der heiklen Koexistenz früher Säuger mit den Diapsiden, den sehr erfolgreichen Reptilien, welche die Säugetiere zu einer nachtaktiven Lebensweise zwangen. Stellt man sich die Evolution der frühen Säugetiere als eine über 120 Mio. Jahre hinweg reichende Anpassung an die Dunkelheit vor, ist die Annahme gerechtfertigt, dass der Selektionsdruck eher die Optimierung der Lichtempfindlichkeit als die Entwicklung des Farbensehens vorangetrieben hat. Jedenfalls besitzt heute kein Säugetier Zapfenopsine aus mehr als zwei der vier ursprünglichen Familien, und eine von Stäbchen dominierte, an das skotopische Sehen angepasste Netzhaut ist charakteristisch für die meisten Säugetiere. Der typische Säuger ist ein Dichromat mit zwei Zapfenopsinen (SWS und LWS). Trichromatisches Sehen haben

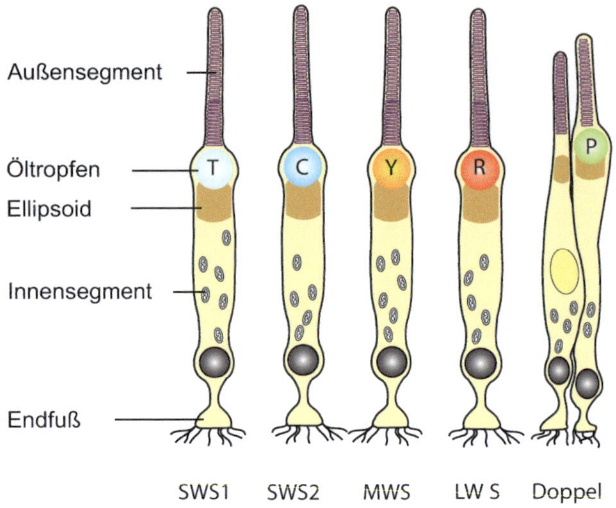

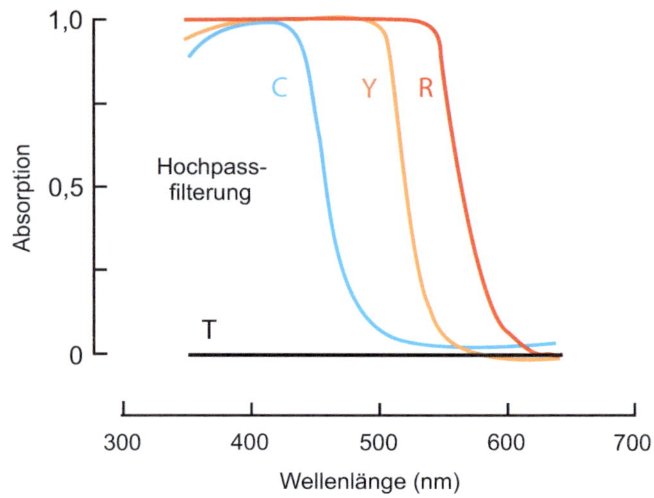

7

Abb. 7.58 Öltröpfchen in Zapfen-Photorezeptoren. *Links*: Verschiedenfarbige Öltröpfchen im Lichtweg von Zapfen-Photorezeptoren mit unterschiedlichen spektralen Eigenschaften (T, transparent; C, *cyan*, blaugrün; Y, *yellow*, gelb; R, *red*, rot; P, *principal part*, Hauptkomponente im Doppelzapfen). *Rechts*: Schematische Darstellung der Absorptionsspektren von Öltröpfchen zur Veranschaulichung der Hochpasseigenschaften von C-, Y- und R-Tröpfchen

unter den Wirbeltieren nur die Primaten entwickelt, und zwar durch eine Verdopplung des LWS-Gens (s. u.).

Bei Invertebraten findet man eine größere Anzahl von funktionellen Opsingenen. Beispielsweise besitzen die nur 1–2 mm großen Muschelkrebse (Klasse Ostracoda) sieben bis acht Opsingene, Gelbfiebermücken (*Aedes aegypti*) haben zehn, Libellen aus der Familie der Segellibellen (Libellulidae) 16, und der Gemeine Wasserfloh (*Daphnia pulex*) gar 27 funktionelle Opsingene. Offensichtlich hat es in der Evolution dieser Tiergruppen ungewöhnlich viele Duplikationen von Opsingenen gegeben. Die Bedeutung dieser Opsinvielfalt für das Sehen ist noch nicht verstanden. Man geht aber *nicht* davon aus, dass ein Tier mit vielen unterschiedlichen Opsinen ein besonders gutes Farbensehen hat. Experimente zum Farbunterscheidungsvermögen von Invertebraten sprechen gegen eine solche Annahme. Tatsächlich ist die Abhängigkeit des Farbensehens von der Verfügbarkeit unterschiedlicher Rhodopsine bisher nur insoweit geklärt, als für funktionierendes Farbensehen mehr als eine Rhodopsinvariante benötigt wird. Findet man eine Rhodopsinvariante mit einem definierten Absorptionsspektrum in einem Photorezeptor, weiß man zunächst noch nichts über das Farbensehen des betreffenden Tieres. Dazu müssen Details der retinalen Verarbeitung und der Signalauswertung in der Sehbahn bekannt sein. Eine weitere Komplikation betrifft die spektralen Eigenschaften von dioptrischem Apparat und Netzhaut, die bei vielen Tieren Farbfilter tragen.

Eine ganze Reihe von Fischen, Amphibien, Reptilien und Vögeln sowie einige Kloakentiere und Beuteltiere weisen **Öltröpfchen im Lichtweg** ihrer Photorezeptoren auf (Abb. 7.58, *links*). Allerdings haben Kloaken- und Beuteltiere nur farblose Öltröpfchen, und in den Photorezeptoren von Placentatieren fehlen Öltröpfchen ganz. Bei den anderen Tiergruppen bestehen die Öltröpfchen im Wesentlichen aus Neutralfetten (Mono-, Di- und Trigylceride), in denen stark absorbierende Carotinoidfarbstoffe gelöst sind. Beim Haushuhn (*Gallus gallus domesticus*) enthalten die Tröpfchen vom C-Typ Galloxanthin, das vor allem kurzwelliges Licht absorbiert. In den gelblichen Y-Typ-Öltröpfchen ist Zeaxanthin gelöst, in den roten R-Typ-Öltröpfchen absorbiert Astaxanthin bis in den Rotbereich des sichtbaren Spektrums. Die bei Vögeln häufigen Doppelzapfen enthalten Öltröpfchen vom P-Typ, die durch eine Mischung von Galloxanthin, Zeaxanthin und Lutein grün erscheinen. Doppelzapfen tragen vermutlich nicht zum Farbensehen bei. Sie sind die häufigsten Zapfen in den Netzhäuten von Fischen, Reptilien und Vögeln und vermitteln offenbar achromatische Signale (Helligkeit, Bewegung). Die Absorptionseigenschaften der Öltröpfchen sind bei den anderen Zapfen in einer Weise an das Sehpigment angepasst, dass das meiste Licht *unterhalb* des optimalen Wellenlängenbereichs herausgefiltert wird. Blauzapfen mit SWS2-Opsin werden durch C-Typ-Öltröpfchen vor violettem und UV-Licht geschützt, während ein rotes R-Typ-Öltröpfchen in einem Zapfen mit LWS-Opsin alles gelbe, grüne, blaue und UV-Licht herausfiltert (Abb. 7.58, *rechts*). Die Carotinoidfarbstoffe haben ausgeprägte **Hochpasseigenschaften**: Sie absorbieren praktisch vollständig kurzwelliges Licht, lassen aber langwelliges Licht passieren. Eine Ausnahme bilden T-Typ-Öltröpfchen, die in UV-empfindlichen SWS1-Opsin-haltigen Zapfen zu finden sind. Sie sind im gesamten Bereich des sichtbaren Lichtes transparent und ermöglichen als einziger Öltröpfchentyp das UV-Sehen.

Pigmentierte Öltröpfchen absorbieren viel Licht und senken dramatisch die Photonenausbeute der Photorezeptoren. Offenbar ist diese Lichtdämpfung für die Tiere kein allzugroßer Nachteil beim Sehen in hellem Tageslicht, zumindest überwiegt der Vorteil eines verbesserten Farbensehens, das durch ein Schärfen der Absorptionsspektren zustande kommt. Bei schwächerem Licht aber verlieren Vögel rapide die Fähigkeit, Farbe zu unterscheiden. Vermutlich enthalten aus diesem Grund die Öltröpfchen bei nachtaktiven Eulen – die nicht einmal mehr ein SWS1-Opsin exprimieren – sowie bei Pinguinen keine Pigmente. R-Typ-Öltröpfchen, die den größten Teil des sichtbaren Spektrums abschirmen, sind überhaupt selten bei dämmerungs- oder nachtaktiven Vögeln, wohl um die Lichtstärke der Augen nicht zu sehr einzuschränken.

Neben den Öltröpfchen gibt es auch Pigmenteinlagerungen in anderen Teilen des Auges. Bei Linsenaugen können Cornea oder Linse praktisch UV-undurchlässig gemacht werden, und Einlagerungen von Carotinoiden in den Axonmembranen von fovealen Ganglienzellen dienen bei Primaten dem UV-Schutz. Denn neben seinen cytotoxischen Effekten hat UV-Licht auch den Nachteil, dass es die stärkste Streuung am Augengewebe sowie die stärkste chromatische Aberration des Spektrums aufweist. Netzhautbilder mit UV-Licht sind daher immer etwas unscharf. Bei Vögeln, deren Sehsinn auf scharfe Abbildungen optimiert ist, beispielsweise bei Greifvögeln und Mauerseglern (*Apus apus*), ist daher die Linse pigmentiert und UV-undurchlässig, sodass die Tiere ohne UV-Sehen auskommen müssen.

Das Farbensehen des Menschen ist gründlich untersucht und gut verstanden. Wissenschaftliche Erkenntnisse über die Wahrnehmung von „Buntheit“ beruhen dabei weitgehend auf psychophysischen Untersuchungen, bei denen ein Proband seine sensorische Wahrnehmung in Worte fasst und so dem Forscher zugänglich macht. Wenn wir das Farbensehen der Tiere verstehen wollen, haben wir allerdings nur weniger ergiebige Methoden zur Verfügung. Mittels der operanten Konditionierung lässt sich herausfinden, ob ein Tier zwischen zwei Farbtönen unterscheiden kann. Bei sorgfältige Anwendung dieses Verfahrens kann man bestimmen, um welches Intervall ($\Delta\lambda$) die Wellenlänge des Lichtes verändert werden muss, damit ein Tier eine Farbänderung erkennen kann. Auf diese Weise kann man die Fähigkeit zur Farbunterscheidung bei einem Tier messen. Die Farbwahrnehmung von Tieren wird durch das **Prinzip der additiven Farbmischung** beschrieben, welche die Farbwahrnehmung auf die gleichzeitige Aktivierung von unterschiedlichen Zapfentypen zurückführt. In ◘ Abb. 7.59 ist dieses Prinzip für das trichromatische Sehen des Menschen dargestellt. Jedem der drei Zapfentypen (Blau-, Grün- und Rotzapfen) entspricht eine Primärfarbe, und die gleich starke Aktivierung aller drei Zapfen ergibt Weiß. Bei einer Tierart kann man mit Dressurversuchen herausfinden, wie groß der Farbbereich ist, den ihr visuelles System erfassen kann. Dabei erhält man den Umfang des sichtbaren Spektrums und kann versuchen, die Bedeutung der einzelnen Spektralbereiche für das Verhalten der Tiere zu verstehen. Auch kognitive Leistungen des Farbensehens wie **Farbkonstanz**, **Farbkontrast** oder **Farbgedächtnis** können in Verhaltensexperimenten untersucht werden und sind damit der tierphysiologischen Forschung zugänglich. Wenn auch die Qualität der Farbwahrnehmung eines Tieres für uns kaum vorstellbar ist, so können doch wesentliche Aspekte des Farbensehens untersucht und verstanden werden. Auf der Grundlage umfangreicher Forschung an vielen Tierarten ist es sinnvoll, das Farbensehen der Tiere nach der **Komplexität der jeweiligen Zapfensysteme** getrennt zu betrachten.

◘ **Abb. 7.59** Das Prinzip der additiven (physiologischen) Farbmischung am Beispiel des trichromatischen Sehens des Menschen. Dargestellt ist die Projektion von drei Farbkreisen auf einen dunklen, reflektierenden Hintergrund. Die drei Primärfarben Blau, Grün und Rot entsprechen der Wahrnehmung bei alleiniger Belichtung von jeweils einem Zapfentyp. Primärfarben können nicht durch Mischung anderer Farben erzeugt werden. Bei Überlagerung von Primärfarben entstehen die Sekundärfarben Gelb (Rot + Grün), Magenta (Rot + Blau) und Cyan (Grün + Blau). Werden alle drei Primärfarben überlagert (addiert), entsteht das achromatische Weiß

Monochromatisches Sehen ist das Sehen mit nur einem Photorezeptortyp. Im Allgemeinen werden Tiere, die nur über einen einzigen Zapfentyp verfügen, als Monochromaten bezeichnet. Meist handelt es sich um einen L-Zapfen mit optimaler Empfindlichkeit im Bereich von 500–600 nm. Viele nachtaktive Säugetiere haben ihre blauempfindlichen S-Zapfen durch Pseudo-

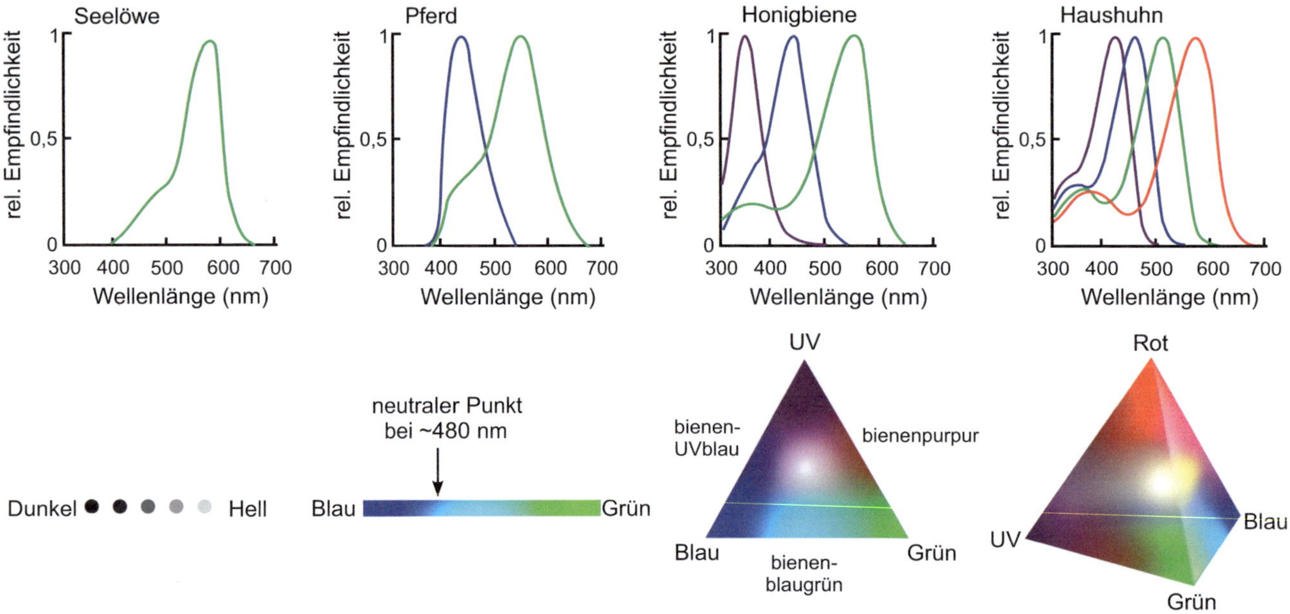

Abb. 7.60 Spektrale Eigenschaften von Photorezeptoren mit unterschiedlicher Farbempfindlichkeit. *Oben*: Spektrale Eigenschaften von Photorezeptoren bei einem Monochromaten (Australischer Seelöwe, *Neophoca cinerea*), einem Dichromaten (Pferd, *Equus caballus*), einem Trichromaten (Honigbiene, *Apis mellifera*) und einem Tetrachromaten (Huhn, *Gallus gallus domesticus*). Die Reaktionsempfindlichkeit eines jeden Photorezeptortyps ist normalisiert, um die Lage der Absorptionsmaxima im Spektrum hervorzuheben. *Unten*: Grafische Darstellung der Dimensionalität des Farbensehen. Der farbenblinde Seelöwe erkennt nur Helligkeitsstufen, nicht aber Farben. Das Pferd verfügt über ein eindimensionales Farbensehen, bei dem Farbton und Sättigung nicht getrennt wahrgenommen werden. Das zweidimensionale Farbensehen der Honigbiene kann Farbton und Sättigung (Abstand vom Neutralpunkt) auseinanderhalten. Der dreidimensionale Farbraum des Huhnes unterscheidet Farbton und Sättigung sowie eine zusätzliche, dem Menschen nicht zugängliche Dimension der Farbanalyse

genisierung des SWS1-Opsingens verloren und besitzen daher ausschließlich L-Zapfen. Dazu gehören die meisten marinen Säuger, viele Fledermäuse, einige dämmerungsaktive Primaten (Nachtaffen, Lemuren, Loris und Galagos) sowie einige Nagetiere (einige Mäuse und Ratten, Hamster und Gleithörnchen). Unter den Arthropoden scheint monochromatisches Sehen nicht vorzukommen, denn man findet bei diesen Tieren in der Regel zwei bis vier Opsingene, oft auch wesentlich mehr. Inwieweit Arthropoden aber achromatische Lichtsignale nutzen, ist noch nicht umfassend geklärt. Ein einzelner Photorezeptortyp kann nur die Information dazu codieren, wie stark er aktiviert wird, nicht aber zur Wellenlänge des Lichtes. Denn schwaches Licht bei der Wellenlänge seiner optimalen Empfindlichkeit kann ihn genauso stark aktivieren wie helles Licht bei einer anderen Wellenlänge. Monochromatisches Sehen wird daher gemeinhin als Schwarzweißsehen oder als **achromatisches Helligkeitssehen** klassifiziert. Man sollte daher erwarten, dass ein monochromatisches Sehsystem wie das des Australischen Seelöwen (*Neophoca cinerea*; Abb. 7.60, *links*) die visuelle Welt wie einen Schwarzweißfilm abbildet. Das mag auch zutreffen, wenn der Seelöwe bei hellem Tageslicht über das Meer schaut. Unter Bedingungen jedoch, die neben den L-Zapfen auch die Stäbchen-Photorezeptoren aktivieren, verfügt die Netzhaut über zwei Photorezptortypen, die offenbar für das Farbensehen genutzt werden können. In Experimenten mit Seehunden (*Phoca vitulina*), Südafrikanischen Seebären (*Arctocephalus pulsillus*) und Kalifornischen Seelöwen (*Zalophus californianus*), die über blauempfindliche Stäbchen sowie grünempfindliche L-Zapfen verfügen, konnte Farbsehen nachgewiesen werden. Diese Tiere konnten grüne, gelbe und blaue Flächen vor einem grauen Hintergrund gleicher Helligkeit unterscheiden. Diese als monochromatisch eingestuften Tiere haben ein Farbensehen, das auf Zapfen und Stäbchen basiert.

Dichromatisches Sehen gilt als einfachste Variante des Farbensehens. Denn nach der heutigen Vorstellung ist eine entscheidende Voraussetzung für die Wahrnehmung von Farben die antagonistische Verschaltung von mehreren, mindestens aber von zwei Farbkanälen mit unterschiedlichen spektralen Eigenschaften (s. u.: Gegenfarbenzellen). Visuelle Systeme mit zwei unterschiedlichen Farbkanälen – meist sind es Blau und Grün/Gelb – sind im Tierreich weit verbreitet, sowohl bei Wirbellosen als auch bei Wirbeltieren. Insbesondere sind die meisten Säugetiere Dichromaten, offenbar eine Folge der langen Phase erzwungener Nachtaktivität im Verlauf ihrer Evolution. Die Farbwahrnehmung eines Dichromaten entspricht einer eindimensionalen sensorischen Erfahrung, wie sie in ◘ Abb. 7.60 am Beispiel des Pferdes (*Equus caballus*) erläutert wird. Blickt das Pferd auf einen Gegenstand, der vor allem Licht im Bereich von 400 nm reflektiert, werden ausschließlich S-Zapfen stimuliert, und die Farbwahrnehmung ist „Blau“ (wie immer das für ein Pferd aussieht). Fällt dagegen langwelliges Licht (> 550 nm) in seine Augen, sieht das Pferd „Grün“. Licht der dazwischenliegenden Wellenlängen erscheint in unterschiedlichen Farbtönen von „Blaugrün“. Welche Farbe sieht das Pferd, wenn S-Zapfen und M-Zapfen gleich stark belichtet werden? Das passiert bei derjenigen Wellenlänge, bei der sich die Empfindlichkeitsspektren der beiden Zapfentypen kreuzen (bei 480 nm, ◘ Abb. 7.60). Licht dieser Wellenlänge ist für das Pferd weder „blau“ noch „grün“ – es erscheint farblos, also weiß oder grau. Denn nach dem Prinzip der additiven Farbmischung entstehen Farbtöne durch die Auswertung von *Unterschieden* in der Aktivität von S- und M-Zapfen. Ist der Unterschied null, hat das Licht keine Farbe. In der eindimensionalen Farbwelt des Pferdes stellt die Wellenlänge 480 nm den **neutralen Punkt** dar, das Licht ohne Farbton. In welcher Weise die bewusste Wahrnehmung mit Licht dieser Wellenlänge umgeht, ob das Tier tatsächlich „weiß“ sieht, das können wir nicht beurteilen. Sicher aber ist, dass in der dichromatischen Farbwelt eine Leistung unmöglich ist, die bei unserem trichromatischen Sehen selbstverständlich erscheint: Dichromaten treffen **keine Unterscheidung zwischen Farbton und Farbsättigung**. Denn die Wahrnehmung der Farbsättigung entsteht durch den Unterschied eines Farbtons von einem achromatischen Lichtreiz: je größer der Unterschied, desto größer die Farbsättigung. Bei einem eindimensionalen Farbsystem ist aber die Entfernung vom achromatischen Reiz (dem neutralen Punkt) gleich dem Farbton – Farbton und Farbsättigung sind also dasselbe. Ohne eine Vorstellung davon zu konstruieren, wie die Farbenwelt eines Pferdes tatsächlich aussieht, ist doch deutlich, dass Dichromaten die Farben in ihrem Sichtfeld weniger genau analysieren als Tiere, die zwischen Farbton und Farbsättigung unterscheiden können.

Ähnlich wie beim Pferd findet man bei den meisten Säugetieren ein blaugrünes Sehspektrum, vermittelt durch S-Zapfen mit Empfindlichkeitsmaxima um 450 nm und M/L-Zapfen, die im Bereich von 550 nm die höchste Empfindlichkeit zeigen. Manche Säuger erreichen mit ihren S-Zapfen den UV-Bereich, so beispielsweise die Hausmaus (*Mus musculus*), deren S-Zapfen maximal auf UV-Licht im Bereich von 350 nm reagieren (◘ Abb. 7.61). Auch bei einigen anderen Nagetieren findet man dieses UV-Sehen (Ratte, Hamster), wie auch beim Maulwurf (*Talpa europea*) und bei frugivoren und nektarivoren Fledermäusen aus dem tropischen Südamerika. Um UV-Licht sehen zu können, muss der dioptrische Apparat des Auges UV-durchlässig

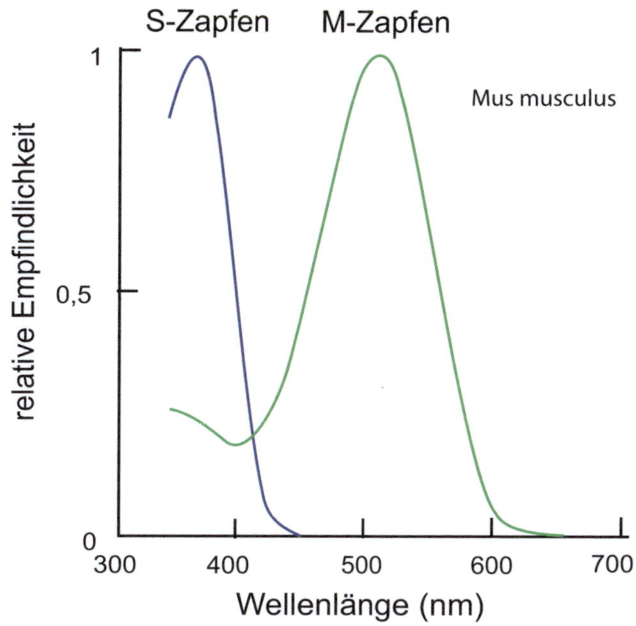

◘ **Abb. 7.61** Das Absorptionsspektrum der S-Zapfen zeigt die unter den Säugetieren ungewöhnliche Fähigkeit zum UV-Sehen bei der Hausmaus (*Mus musculus*)

sein. Bei Messungen der UV-Gängigkeit von Linsen bei Säugetieren wurden > 50 % Transmission im Bereich von 313–350 nm bei Hausmäusen (*Mus musculus*), Ratten (*Rattus rattus* und *R. norvegicus*), Igeln (*Erinaceus europaeus*), Hunden (*Canis lupus familiaris*), Katzen (*Felis silvestris catus*) sowie dem Flughund (*Pteropus livingstonii,* Komorenflughund) gefunden. Bei den meisten anderen Säugetieren wirkt die Linse durch Pigmenteinlagerung als UV-Filter und schützt die Netzhautzellen vor den schädigenden Auswirkungen des kurzwelligen Lichtes. Es ist nicht wirklich klar, zu welchem Zweck einige Säugetiere UV-Licht sehen können. Möglicherweise ist für sie UV-Licht, das von Früchten, von Wasser oder von Urinflecken reflektiert wird, besonders interessant, sodass ihre UV-Sichtigkeit einen größeren Vorteil darstellt als der UV-Schutz ihrer Netzhaut.

Trichromatisches Sehen erweitert nicht nur das Spektrum des wahrnehmbaren Lichtes, es gestattet auch die getrennte Auswertung von Farbton und Farbsättigung. Das Farbensehen erhält dadurch eine zusätzliche Dimension und ist aus diesem Grund in ◘ Abb. 7.60 für die Biene als Farbfläche dargestellt. Die meisten Arthropoden verfügen in ihren Komplexaugen und Ocellen über trichromatisches Sehen, wobei zusätzlich zu den blau- und grünempfindlichen Photorezeptoren der UV-Bereich (300–400 nm) abgedeckt ist. UV-Rezeptoren tragen in besonderer Weise zu Orientierung, Navigation, Nahrungssuche und Partnererkennung bei (► Abschn. 7.13 und 7.15) und erweitern dadurch das Verhaltensrepertoire der Gliederfüßer. Die Darstellung der Farbwelt einer Biene als Dreiecksfläche in ◘ Abb. 7.60 symbolisiert das sensorische Potenzial des trichromatischen Sehens, ohne dass die Farbbezeichnungen „UV", „Blau" und „Grün" die gleiche Farbwahrnehmung bezeichnen, für welche diese Ausdrücke in unserer Farbenwelt stehen. Mit ihrem zusätzlichen UV-Rezeptor und ohne rotempfindliche Photorezeptoren unterscheidet sich die Buntheit der Umgebung für eine Biene erheblich von der Wahrnehmung des Menschen. In Begriffen wie „Bienenweiß" für den Neutralpunkt und „Bienenpurpur" für den Farbeindruck einer Biene, die eine uns gelb erscheinende Blüte betrachtet, wird dieser Wahrnehmungsunterschied ausgedrückt. In einer Dreiecksdarstellung des trichromatischen Sehens stehen die Ecken für Licht, welches nur jeweils einen der drei Photorezeptortypen aktiviert, und die drei Kanten bezeichnen unterschiedlich starke Aktivierung von jeweils zwei Photorezeptortypen. Innerhalb der Dreiecksfläche mischen sich Beiträge von allen drei Photorezeptoren, und beim Neutralpunkt im Zentrum des Dreiecks werden alle drei gleich stark belichtet. Wie bei den Dichromaten ist auch bei den Trichromaten der Neutralpunkt achromatisch, im Fall der Biene steht dort das „Bienenweiß", das aber nicht dem Weiß unseres Sehsystems entspricht, weil es durch Überlagerung anderer Farben entsteht.

Unter den Säugetieren, die in der Regel nur zwei Zapfentypen besitzen (◘ Abb. 7.57), bildet die Gruppe der Altweltaffen (Schmalnasenaffen, Catarrhini) ein bemerkenswerte Ausnahme. Zu diesen Tieren zählen die Primatenfamilien der Menschenaffen (Hominidae), der Gibbons (Hylobatidae) sowie der Hundsaffen (Cercopithecidae). Sie sind die einzigen Trichromaten unter den Säugern. In der frühen Säugerevolution (vor 120–40 Mio. Jahren) haben sich in ihrer Entwicklungslinie zwei Änderungen an den Opsingenen ereignet, die für das Farbensehen von entscheidender Bedeutung sind. Das SWS1-Opsin, das in den S-Zapfen der Fische, Reptilien und Vögel als UV-Rezeptor wirkt, verlagerte im Rhodopsin der Altweltaffen sein Absorptionsmaximum in den Blaubereich (420–450 nm). Das Gen für das LWS-Opsin, das auf dem X-Chromosom liegt, wurde verdoppelt, und die resultierenden Allele zeigen leicht unterschiedliche Absorptionseigenschaften: Das X-Chromosom trägt nun eine MWS-Opsin (*middle-wavelength-sensitive*) und ein LWS-Opsin (*long-wavelength-sensitive*). Die spektralen Eigenschaften der so entstandenen M-Zapfen und L-Zapfen unterscheiden sich zwar nicht dramatisch; die Optima liegen nahe 530 nm bei M-Zapfen und nahe 570 nm bei L-Zapfen. Aber die Altweltaffen sind nun echte Trichromaten mit Blauzapfen (S-Zapfen), Grünzapfen (M-Zapfen) und Rotzapfen (L-Zapfen). Diese Entwicklung muss den Tieren einen erheblichen Selektionsvorteil gebracht haben. Vermutlich erleichtern die M- und L-Zapfen die Beurteilung des Reifegrades von Nahrungsfrüchten aufgrund von Fruchtfarben sowie die Wahrnehmung gelbroter Früchte vor dem grünen Hintergrund des Laubes, beides Leistungen, die eine effektivere Nahrungssuche ermöglichen. Ein zweiter Vorteil scheint das Sozialverhalten zu betreffen. Denn parallel zum Erwerb des trichromatischen Sehens verloren die Altweltaffen weitgehend die Regulation ihres Sozialverhaltens durch Pheromone, indem Pheromonrezeptoren und andere Schlüsselproteine des Pheromonsinnes durch Pseudogenisierung funktionslos wurden (▶ Abschn. 8.4). Offenbar hat sich im Verlauf der Evolution der Altweltaffen die soziale Kommunikation von chemischen weitgehend auf visuelle Signale umgestellt, und diesen Prozess hat das trichromatische Sehen ermöglicht.

Bemerkenswert ist in diesem Zusammenhang, dass die Neuweltaffen (Breitnasenaffen, Platyrrhini) einen ganz anderen Weg gegangen sind und die Steuerung ihres Sozialverhaltens durch Pheromone bis heute beibehalten haben. Schon vor etwa 40 Mio. Jahren durch die Kontinentalverschiebung von den Altweltaffen getrennt, haben die Neuweltaffen zwar die S-, M, und L-Opsine in ihre neue Heimat in Mittel- und Südamerika mitgenommen, bei ihnen hat sich aber nicht die lokale Genverdoppelung auf dem X-Chromosom ereignet. Bei Neuweltaffen enthält jedes X-Chromosom nur ein einziges Opsinallel. Daraus resultiert ein dichromatischer Erbgang für alle männlichen Neuweltaffen: ein autosomales S-Allel plus ein M-Allel *oder* ein L-Allel auf dem X-Chromsom. Bei weiblichen Tieren kann durch das zweite X-Chromsom mit einer Wahrscheinlichkeit von 30 % trichromatisches Sehen entstehen, dann nämlich, wenn eines der X-Chromosomen ein M-Allel, das andere aber ein L-Allel trägt. Bei den anderen Kombinationen (MM oder LL) haben auch Weibchen dichromatisches Sehen. Offensichtlich hat diese ungünstige genetische Konfiguration die Entwicklung eines echten trichromatischen Sehens verhindert.

Tetrachromatisches Sehen wurde zuerst an Fischen untersucht und dann bei Vögeln, den vermutlich am stärksten visuell geleiteten Wirbeltieren. Die spektakuläre Farbenpracht der Fische an Korallenriffen und die prachtvollen Gefieder der Vögel sind eindrucksvolle Hinweise auf die Bedeutung von Farben im Leben dieser Tiere. Solche Tiere nutzen ein breites Wellenlängenspektrum, für das sie vier Zapfentypen einsetzen. Der Goldfisch (*Carassius auratus*) beispielsweise hat Zapfen mit Empfindlichkeitsmaxima bei 350 nm, 450 nm, 550 nm und 650 nm. Beim Haushuhn (*Gallus gallus domesticus*) ist das Spektrum etwas enger (420 nm, 490 nm, 510 nm und 580 nm; ◘ Abb. 7.60, *rechts oben*), deckt aber ebenfalls den gesamten Bereich ab, der beim menschlichen Sehen als UV, Blau, Grün und Rot bezeichnet wird. Auch Reptilien haben meist tetrachromatisches Sehen, und Farben spielen eine wichtige Rolle in ihrer Kommunikation – nicht selten mit veränderbaren Hautfarben. Einige Reptilien nutzen wie die Vögel Öltröpfchen in ihren Zapfen-Photorezeptoren zur Verbesserung der spektralen Eigenschaften (s. ◘ Abb. 7.58). Besonders optimiert ist dieses System bei Schildkröten und tagaktiven Eidechsen, offenbar aber nicht bei Schlangen, die eher di- oder trichromatisch sehen. Bei Amphibien ist das Farbensehen weniger gut erforscht. In der Regel haben Amphibien zwei Stäbchentypen, einen Doppelzapfen und einen Einzelzapfen. Obwohl Verhaltensexperimente mit Amphibien schwierig sind, konnte beim Feuersalamander (*Salamandra salamandra*) trichromatisches Sehen nachgewiesen werden. Es gibt Hinweise auf UV-Sehen bei Amphibien, aber die Datenlage lässt noch keine Hypothese zum tetrachromatisches Sehen zu.

Mit vier Zapfentypen erreicht das tetrachromatische Sehen eine Dimension mehr als das trichromatische Sehen. Der tetrachromatische Farbraum wird aus diesem Grund durch ein Tetraeder symbolisiert, bei dem die Eckpunkte die alleinige Aktivierung jeweils eines der vier Zapfentypen darstellen (◘ Abb. 7.60, *rechts unten*). Was diese zusätzliche Dimension tatsächlich darstellt, welche Bedeutung sie für die Tiere hat und welcher Selektionsdruck ihren Erhalt während der Sauropsidenevolution gewährleistet hat, all das ist weitgehend ungeklärt. Wir dürfen davon ausgehen, dass Tetrachromaten eine reichere Farbenwelt erleben als Trichromaten. Die bessere Wellenlängenunterscheidung lässt auf eine ausgeprägtere „Buntheit“ ihrer Umwelt schließen. Aus Verhaltensstudien an Fischen und Vögeln geht zudem hervor, dass der **UV-Kanal des tetrachromatischen Systems** eine besondere Rolle in der innerartlichen Kommunikation spielen könnte. UV-Male am Kopf von Rifffischen sowie Federn mit starker UV-Reflexion im Gefieder vieler Vogelarten wecken die Aufmerksamkeit möglicher Fortpflanzungspartner. Gleichzeitig sind diese UV-Signale für viele Tri- und Dichromaten nicht sichtbar und lindern vielleicht den Verfolgungsdruck. Offenbar bringt das Sehen mit den vier Opsinen SWS1, SWS2, Rh1 und LWS in unabhängigen Zapfenkanälen grundlegende Vorteile für tagaktive Wirbeltiere – Vorteile von so unmittelbarer Bedeutung, dass sich das tetrachromatische Sehen über mehr als 300 Mio. Jahre hinweg bewährt hat.

Noch weitgehend unverstanden ist das Auftreten multipler Opsingene bei einigen Arthropoden, vor allem bei Schmetterlingen (Ordnung Lepidoptera) – z. B. bei den Ritterfaltern (Familie Papilionidae) *Papilio xuthus* sechs Opsine, *Troides aeacus formosanus* neun Opsine und *Graphium sapedon* 15 Opsine – und bei dem Fangschreckenkrebs (Ordnung Stomatopoda) *Odontodactylus scyllarus* 16 Opsine. Die Funktionsweise des **polychromatischen Sehens** bei diesen Tieren gibt noch viele Rätsel auf, vor allem, weil theoretische Überlegungen deutlich machen, dass der natürliche Farbraum des sichtbaren Lichtes mit den vier Farbkanälen der tetrachromatischen Systeme umfassend analysiert werden kann. Schon ein pentachromatisches System würde keinen offensichtlichen Nutzen bringen. Es wird immer deutlicher, dass ein Repertoire von mehr als vier Opsinen nicht unbedingt die Aktivität und gegenseitige Verrechnung von fünf Farbkanälen bedeutet. In den Komplexaugen der Schmetterlinge gibt es meist drei unterscheidbare Typen von Ommatidien, die Photorezeptoren mit unterschiedlichen Opsinen enthalten können. Komplexaugen zeigen zudem oft eine Strukturierung mit dorsalen Ommatidienfeldern, die sich von medialen und ventralen Feldern unterscheiden. Die Vielfalt der Schmetterlingsopsine könnte darauf zurückzuführen sein, dass unterschiedliche Opsine für das Sehen in unterschiedliche Blickrichtungen eingesetzt werden. So könnte der Blick nach oben auf das Sehen der Lichtpolarisation optimiert sein, der Blick voraus eher auf die Blütenfarben, der Blick nach unten möglicherweise auf die Blattfarben, die für die Eiablage überprüft werden müssen. Auch die Fangschreckenkrebse haben Spezialbereiche in ihren gestielten Komplexaugen. Insbesondere der Mittelstreifen des Auges enthält Ommatidien zum Farbensehen mit bis zu zwölf getrennten Farbkanälen (s. ◘ Abb. 7.22). Die Verarbeitungslogik im Sehsystem dieser Tiere ist aber noch nicht erforscht. Ob sie ihre zwölf Farbkanäle in drei komplementäre, tetrachromatische Systeme aufspalten oder ob sie eine grundsätzlich andere Art der Farbanalyse einsetzen als die Wirbeltiere, diese Fragen sind gegenwärtig noch offen und zählen zu den interessantesten Problemen der vergleichenden Sinnesphysiologie.

Für das trichromatische Sehen wissen wir, dass die Signale eines jeden der drei Zapfentypen (S, M und L) für die Erzeugung des Farbensehens eingesetzt werden. Die Verrechnung beginnt bereits in der Netzhaut des Auges, und zwar mit der gleichen Verschaltungslogik wie auch das Sehen von Formen und Bewegungen. Die drei Farbkanäle werden nicht einfach von den Zapfen an die Ganglienzellen durchgereicht; sie werden vielmehr summiert und subtrahiert, sodass die Ausgangssignale der Netzhaut Summen oder Differenzen sind (◘ Abb. 7.62). Die Sehbahn nutzt vor allem zwei dieser Signale für die weitere Verarbeitung: das von langwelligen Einflüssen bereinigte Blausignal **S-(M+L)** sowie die Differenz in der Aktivität der beiden längerwelligen Zapfen **L-M**. Nach heutigem Verständnis stellen diese beiden Signale die Rohdaten für die Verarbeitung der Farbwahrnehmung dar, die in den visuellen Bereichen der Großhirnrinde geleistet wird. Hinzu kommt noch die Gesamtaktivität der beiden längerwelligen Zapfen **M+L**. Dieses Signal codiert die Lichtintensität (Luminanz in cd m^{-2}; ◘ Tab. 7.1) im gringelben Spektralbereich, eine Größe, die ebenfalls

7

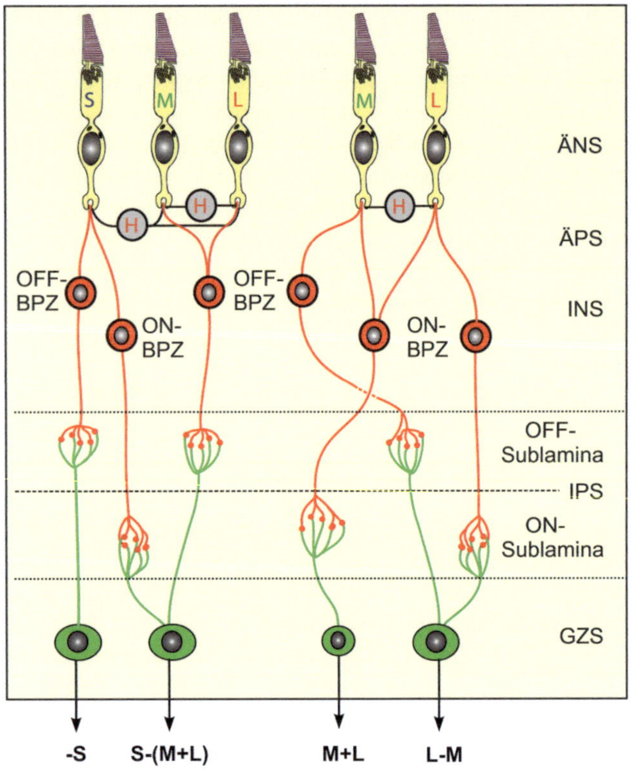

Abb. 7.62 Retinale Verrechnungen von Zapfensignalen für das trichromatische Sehen. Schematische Darstellung einiger Verschaltungswege von S-, M- und L-Zapfen in der Primatennetzhaut über die *ON*- und *OFF*-Wege der Zapfen-Photorezeptoren. Für das Farbensehen werden die Ausgangssignale S-(M+L) sowie L-M eingesetzt; das L+M-Signal dient zur Codierung der Lichtintensität. ÄNS, äußere nucleäre Schicht; ÄPS, äußere plexiforme Schicht; BPZ, Bipolarzellen; GZS, Ganglienzellschicht; H, Horizontalzellen; INS, innere nucleäre Schicht; IPS, innere plexiforme Schicht

zur Beurteilung von Objektfarben benötigt wird (s. u.: Farbkonstanz). In der trichromatischen Netzhaut wird somit ein **Farbraum durch zwei Farbkanäle und einen achromatischen Helligkeitskanal** aufgespannt. Jeder wahrnehmbare Farbton ist durch diese drei Koordinaten im Farbraum eines Tieres verortet. Beim Menschen beinhaltet dieser Farbraum etwa 2 Mio. Farben mit unterscheidbaren Farbtönen, Farbsättigungsstufen und Helligkeitsstufen. Bei Tieren könnte eine solche Abschätzung nur mit enormem Aufwand an verhaltensphysiologischen Experimenten erreicht werden und liegt bisher nicht vor.

Die drei Zapfentypen bilden in der Netzhaut ein lockeres Mosaik mit meist relativ vielen M- und L-Zapfen und etwas weniger S-Zapfen. Durch laterale Verbindungen zwischen benachbarten Photorezeptoren über Horizontalzellen sowie zwischen Bipolarzellen über Amakrinzellen bildet sich für jede Ganglienzelle ein **konzentrisches rezeptives Feld**, in welchem zentral und periphär angeordnete Photorezeptoren antagonistisch auf die Ganglienzelle einwirken (s. Abb. 7.44).

In der Säugerretina findet man Ganglienzellen mit kleinem rezeptiven Feld, die antagonistisch auf Aktivierung der M- und L-Zapfen reagieren. Diese „Zwergzellen" (P-Zellen, *Midget*-Ganglienzellen) gehören zum parvozellulären System (Tab. 7.7) und dominieren die Area centralis der Netzhaut. Über das Zentrum ihres rezeptiven Feldes können sie entweder mit grünem oder mit rotem Licht stimuliert werden, gehemmt werden sie durch die jeweils andere Farbe in der Peripherie. Es handelt sich hier um rezeptive Felder, die auf zwei **Gegenfarben des trichromatischen Systems** reagieren. Rot und Grün sind Gegenfarben, weil sie die beiden Extrempunkte des L-M-Kanals bilden. Auch der andere Farbkanal produziert Gegenfarben, denn das S–(M+L)-Signal hat sein Maximum bei blauem Licht (M+L = 0) und sein Minimum bei gelber Beleuchtung (S = 0). Ganglienzellen mit blau-gelb-antagonistischem rezeptiven Feld gehören zu den K-Zellen des koniozellulären Systems (Tab. 7.7). Neben den beiden Ganglienzelltypen mit kleinen rezeptiven Feldern und Gegenfarbenkontrast findet man noch Ganglienzellen mit vergleichsweise großen rezeptiven Feldern, die das M+L-Signal tragen. Sie zählen zu den M-Zellen (Schirmzellen, *parasol cells*) des magnozellulären Systems (Tab. 7.7) und reagieren empfindlich auf Änderungen der Helligkeit, unabhängig vom Farbton.

Aus Verschaltungen von S-, M- und L-Zapfen, wie sie in Abb. 7.62 gezeigt sind, resultieren **konzentrische rezeptive Felder derjenigen Ganglienzellen**, welche das Farbsignal aus der Retina weiterleiten. Die Bezeichnung „Zwergzellen" für die Ganglienzellen mit M- und L-Signal bezieht sich vor allem auf die winzige Ausdehnung dieser rezeptiven Felder, die in der Area centralis weniger als 10 µm groß sind und nur aus einem einzigen Zapfen im Zentrum des Feldes sowie ein paar antagonistischen Zapfen im Umfeld bestehen können. Die Zwergzellen (*midget cells*) bilden das feinmaschige Mosaik in der Area centralis, welches das hochauflösende, Photopische Farbensehen vermitteln. Im Bereich außerhalb der Fovea nimmt die Größe der rezeptiven Felder mit dem Abstand von der Fovea zu. Bei Primaten findet man im parafovealen Bereich Zentren mit 40–50 µm und Umfelder von 400 µm Durchmesser. Größere rezeptive Felder umfassen entsprechend mehr Zapfen, wobei Zapfen gleicher Farbempfindlichkeit zusammen verschaltet sind. Die rezeptiven Felder benachbarter Ganglienzellen überlappen stark und nutzen dasselbe Netz aus Bipolarzellen. In elektrophysiologischen Messungen findet man unter den retinalen Ganglienzellen von Affen sechs unterschiedliche Typen von **Gegenfarbenneuronen** (Abb. 7.63). Ihnen ist gemein, dass ihr Zentrum und ihr Umfeld von jeweils anderen Zapfentypen versorgt wird. So reagiert eine Rot-*ON*/Grün-*OFF*-Ganglienzelle auf Belichtung von L-Zapfen im Zentrum ihres rezeptiven Feldes mit Aktivierung, wird aber durch grünes

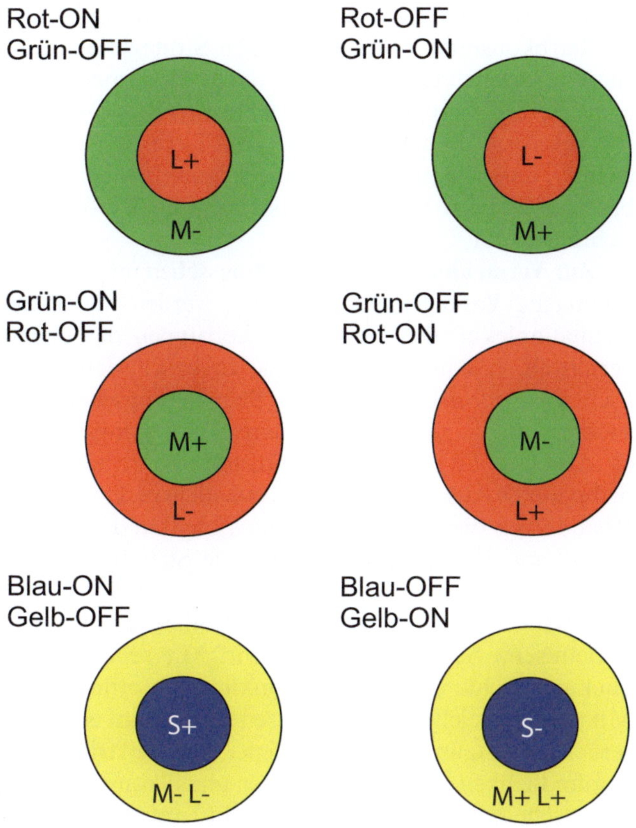

Abb. 7.63 Rezeptive Felder von Gegenfarben-Ganglienzellen am Ausgang der Primatennetzhaut. Das trichromatische System erzeugt als Ausgangssignal der Netzhaut einen Rot-Grün-Antagonismus mit M- und L-Zapfen sowie einen Blau-Gelb-Antagonismus mit S-Zapfen und den summierten M- und L-Signalen (bei der additiven Farbmischung gilt: Grün+Rot = Gelb). Je nachdem, welcher Teil des rezeptiven Feldes an *ON*-Bipolarzellen angeschlossen ist, entstehen sechs unterschiedliche Gegenfarbenzellen mit den hier dargestellten Eigenschaften. M, Grünzapfen (*middle-wavelength-sensitive*); L, Rotzapfen (*long-wavelength-sensitive*); S, Blauzapfen (*short-wavelength-sensitive*)

Licht in ihrem Umfeld, das aus M-Zapfen besteht, gehemmt; sie produziert also das L–M-Ausgangssignal der Netzhaut (s. Abb. 7.62). Je nach Verschaltung mit den *ON*- und *OFF*-Bipolarzellen entstehen auch andere Rot-Grün-Gegenfarbenzellen sowie Blau-Gelb-Gegenfarbenzellen, wobei die Farbe „Gelb" durch die Summierung der Aktivität von M-Zapfen und L-Zapfen entsteht. Die untereinander antagonistisch verschalteten P-Zellen und K-Zellen der Ganglienzellschicht liefern damit das afferente Signal für das Farbensehen. Das Gegenfarbenprinzip wird zunächst im Thalamus beibehalten und dann im visuellen Cortex zur Doppelgegenfarbencodierung erweitert (▶ Abschn. 7.14).

In der Netzhaut eines trichromatischen Tieres wird also die Aktivierung der drei Zapfentypen in zwei Gegenfarbensignale und ein Helligkeitssignal umgesetzt. Diese Art der Codierung hat den großen Vorteil, dass spektrale Änderungen in dem Licht, das von einem Objekt reflektiert wird, nicht gleich zu einer veränderten Farbwahrnehmung führen. So kann das L–M-Signal einer Frucht weitgehend gleich bleiben, wenn sie vom Sonnenlicht in den Schatten gerät – einfach deshalb, weil die Abnahme der Lichtintensität im Schatten M- und L-Intensitäten gleichermaßen reduziert. Bleibt die Differenz dabei in etwa gleich, ändert sich auch die wahrgenommene Farbe nicht. Dieser Effekt unterstützt die **Farbkonstanz**, die Fähigkeit von chromatischen Sehsystemen, die Farbe eines Objekts unter wechselnden Belichtungsbedingungen unverändert wahrzunehmen. Farbkonstanz ist für Tiere eine der unverzichtbaren Leistungen ihres Farbensehens, denn sie ermöglicht es ihnen, Nahrungsquellen, gefährliche Objekte und soziale Signale an ihrer Farbe zu erkennen, unabhängig von Tages- und Jahreszeit und den gerade vorherrschenden Beleuchtungsbedingungen. Ohne Farbkonstanz wäre Farbensehen kaum zu gebrauchen, und man hat diese Fähigkeit bei jeder daraufhin untersuchten Tierart gefunden. Möglicherweise war die Farbkonstanz sogar der ausschlagebende Selektionsdruck für die Evolution des Farbensehen, denn sie löst ein grundlegendes Problem der wechselnden Helligkeit. Der Helligkeitskontrast zwischen einem Gegenstand und seiner Umgebung (beipielsweise bei einer im Laub hängenden Frucht) ändert sich mit der Lichtintensität, sodass ein und derselbe Gegenstand für den farbenblinden Betrachter morgens anders aussieht als mittags und abends. Verlässt man sich dagegen auf das Farbensehen, so hat die Frucht zu jeder Tageszeit ihre charakteristische Farbe und ist dadurch unmittelbar erkennbar. Eine reife Banane sieht immer gelb aus, unabhängig davon, ob sie in der Sonne oder im Schatten hängt.

Das Farbensehen basiert auf einem **differenziellen Ausgangssignal der Netzhaut**, in dem Aktivitätsunterschiede zwischen Zapfentypen codiert sind, nicht aber deren absolute Aktivität. Das auf den Differenzsignalen beruhende **Prinzip der Gegenfarbenverarbeitung** findet man sowohl in den Netzhäuten der Wirbeltieraugen als auch in den optischen Loben der Komplexaugen. Fast alle Tiere, deren Farbensehen bisher untersucht worden ist, nutzen diese Strategie zur Umsetzung von Farbinformation in afferente neuronale Signale.

7.13 Sehen der Lichtpolarisation

Die wichtigste Aufgabe des Sehsinnes ist das Erkennen von Objekten entsprechend ihrer Identität, ihrer Position und ihrer Bewegung. Dazu werden chromatische und achromatische Informationen von den Verschaltungen in Netzhaut oder optischen Loben zunächst separat erfasst und erst in höheren Abschnitten der Sehbahn zu einer sinnvollen Wahrnehmung zusammengeführt (▶ Abschn. 7.14). Zu diesem Zweck werden

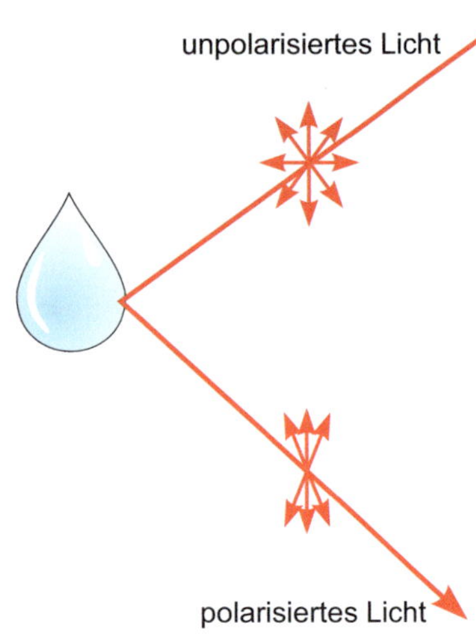

Abb. 7.64 Polarisation eines Lichtstrahls durch Reflexion an einem Wassertropfen. Jeder der roten Pfeile bezeichnet die Schwingungsebene (den elektrischen Feldvektor) einer Lichtwelle. Nur im unpolarisierten Licht direkt von der Sonne kommen Lichtwellen mit allen Schwingungsebenen gleich häufig vor

mehrere Eigenschaften des Lichtes ausgewertet: Anhand von Form, Helligkeit, Farbton und Farbsättigung kann ein Objekt in der Regel zweifelsfrei identifiziert werden. Eine weitere Eigenschaft des Lichtes kann die Objekterkennung allerdings erschweren, die Lichtpolarisation. Jedes Lichtsignal hat einen Polaristionsgrad, nur direkt von der Sonne einfallendes Licht ist unpolarisiert. Im Sonnenlicht kommen Lichtwellen mit allen Schwingungsrichtungen (elektrische Feldvektoren; s. Abb. 7.6) vor, keine Schwingungsebene ist überrepräsentiert. Solches Licht wird als unpolarisiert bezeichnet. Sobald das Sonnenlicht aber in die Atmosphäre der Erde eindringt, wird seine **Polarisation durch Reflexion und Streuung** verändert, weil bei der Wechselwirkung von Licht mit Materie einige Schwingungsebenen stärker reduziert werden als andere. Das Resultat ist eine mehr oder weniger ausgeprägte Polarisation schon in der Atmosphäre, wo Licht an Wassertröpfchen und Schwebstoffen reflektiert und gestreut wird (Abb. 7.64). Beim Auftreffen auf der Erdoberfläche und beim Eindringen in Seen, Flüsse und Meere geht der Polarisarisationsprozess weiter, sodass jedes Lichtsignal, das in das Auge eines Tieres gelangt, auf vielfältige Weise polarisiert worden ist. Wäre der Polarisationsgrad eine sichtbare Eigenschaft des Lichtes, sähen die Objekte unterschiedlich aus, wenn sie Licht mit verschiedenem Polarisationgrad reflektierten. Ihr Erscheinungsbild würde vom Winkel des Lichteinfalls abhängen und vom Stand der Sonne. Ein Apfel würde vormittags anders aussehen als nachmittags, und ein östlich vom Betrachter hängender Apfel würde anders aussehen als ein Apfel auf einem westlich stehenden Baum. Eine solche Wahrnehmung würde eine der wichtigsten Leistungen des Sehsystems zuwiderlaufen, der Farbkonstanz, einer essenziellen Strategie des Sehsinnes, welche Objekte unter sich ändernden Belichtungsbedingungen gleichfarbig erscheinen lässt (▶ Abschn. 7.12). Für die meisten Tiere ist es daher wichtig, dass Lichtpolarisation *nicht* zum Erscheinungsbild der Umwelt beiträgt – dass Lichtpolarisation unsichtbar bleibt.

Zur **Vermeidung von Polarisationssehen** müssen umfangreiche Vorkehrungen getroffen werden, denn das Retinalmolekül, das bei allen Tiergruppen das Sehen vermittelt, hat linear-dichroische Eigenschaften, seine Lichtabsorption hängt von der Schwingungsebene des Lichtes ab – Retinal ist ein Polarisationssensor (▶ Abschn. 7.3). Zudem begünstigt die regelmäßige orthogonale Ausrichtung der Mikrovilli in geschlossenen Rhabdomen die dichroischen Eigenschaften des ganzen Rhabdoms. Die kristallin anmutende Struktur der geschlossenen Rhabdome dient nicht in erster Linie dem Polarisationssehen, sondern sie optimiert die Absorptioneffizienz für einfallendes Licht. Mit seiner hohen Packungsdichte und der rechtwinkligen Anordnung der Mikrovilli erreicht das geschlossene Rhabdom eine bessere Lichtnutzung als das offene. Die Polarisationsempfindlichkeit ist dabei eine eher unwillkommene Begleiterscheinung, und es ist recht aufwendig, das Polarisationssignal auszuschalten. Die etwa 1000 Rhodopsinmoleküle in einem Mikrovillus absorbieren Licht, dessen Schwingungsebene der Längsachse des Mikrovillus entspricht, etwa zehnmal effektiver als quer dazu schwingende Lichtwellen. Das liegt teilweise daran, dass die Retinalmoleküle in den seitlichen Membranen der Mikrovilli für das einfallende Licht nur in Längsrichtung (in der Membranebene) vorliegen und daher bevorzugt längspolarisiertes Licht absorbieren (Abb. 7.65, *links*, grüne Schwingungsebene). Dieser „Formdichroismus" macht aber nur eine 2:1-Bevorzugung von längspolarisiertem Licht aus. Höhere Polarisationsgrade von 5:1 bis 60:1, wie man sie in manchen Komplexaugen findet, resultieren aus einer bervorzugten Längsausrichtung der Retinalmoleküle im ganzen Mikrovillus, wo die freie Drehbarkeit des Rhodopsins stark eingeschränkt ist. In einem entlang seiner Längsachse gerade ausgerichteten Rhabdomer mit Zehntausenden parallel angeordneten Mikrovilli würde die ganze Retinulazelle die Polariationsempfindlichkeit ihrer Mikrovilli aufweisen, und die Lichtpolarisation wäre als neuronales Signale codiert. Die Ommatidien lösen dieses Problem, indem sie ihre Photorezeptoren um die Längsachse des Rhabdoms verdrehen. Beispielsweise sind bei der Biene in den meisten Ommatidien acht der neun Retinulazellen entlang ihrer Längsachse um 180° verdrillt. Die neunte Retinulazelle ist kürzer und liegt unterhalb der anderen Zellen; dieser Photorezeptore ist nur um 40° verdrillt. Durch die Längsverdrehung be-

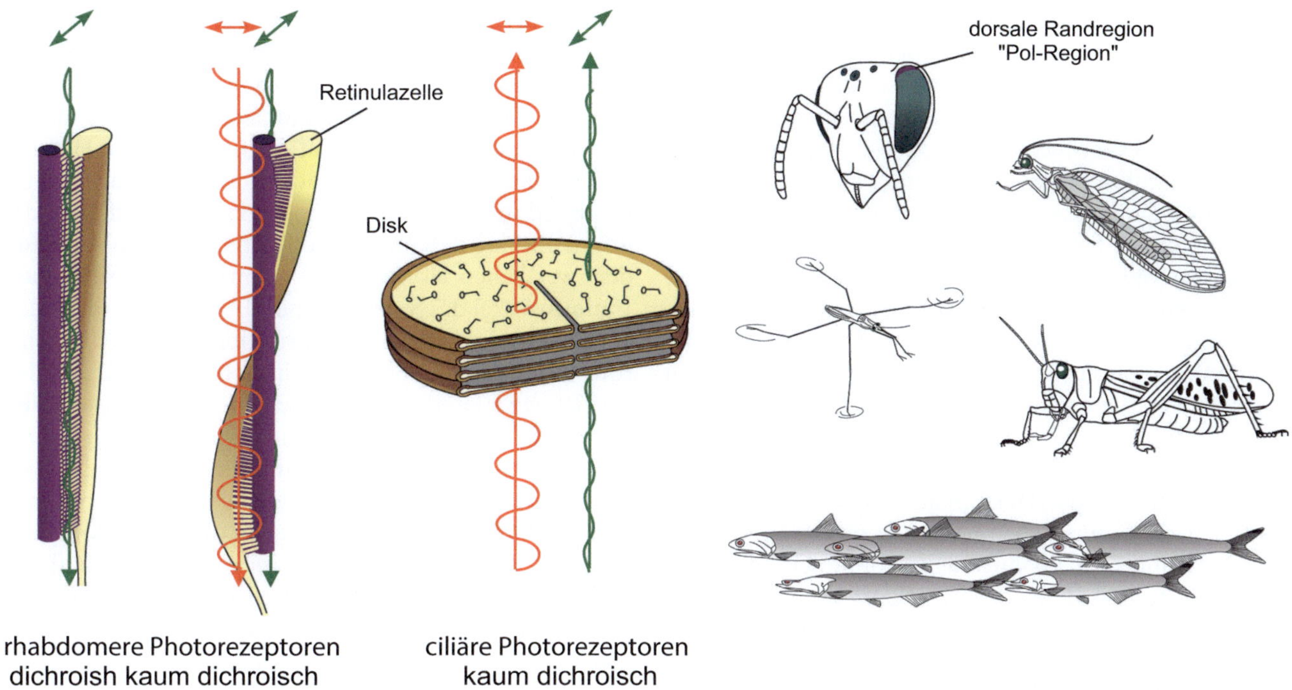

Abb. 7.65 Polarisationssehen und dessen Vermeidung. *Links*: Schematische Darstellung eines rhabdomeren Photorezeptors (einer Retinulazelle) mit dem stilisierten Rhabdom (*violett*) eines Ommatidiums. Der Photorezeptor hat dichroische Eigenschaften, wenn die Mikrovilli seines Rhabdomers gerade untereinander angeordnet sind. Sein Rhabdomer reagiert dann bevorzugt auf denjenigen Anteil des Lichtes, dessen elektrischer Feldvektor (*grün*) parallel zur Längsachse der Mikrovilli liegt. Ein Photorezeptor, der über seine Gesamtlänge um 180° verdreht ist, enthält dagegen in seinem Rhabdom Mikrovilli mit jeder horizontalen Ausrichtung. Er absorbiert demzufolge einfallendes Licht jeder Schwingungsrichtung und ist polarisationsblind. *Mitte*: Im Diskstapel eines ciliären Photorezeptors liegen die meisten Retinalmoleküle (*Schlüsselsymbole*) in der Diskebene, und alle horizontalen Ausrichtungen von Retinalmolekülen sind gleich häufig. In den Disks wird daher Licht jeder Schwingungsrichtung gleich gut absorbiert, die Photorezeptoren sind polarisationsblind. *Rechts*: Einige Tiere, die die Lichtpolarisation als Informationsquelle nutzen. Bienen (*Apis mellifera*) und Feldheuschrecken (Familie Acrididae) orientieren sich am Polarisationsmuster des Himmels, Florfliegen (Familie Chrysopidae) suchen Wasser mithilfe der Lichtpolarisation, Wasserläufer (Familie Gerridae) orientieren sich auf der Wasseroberfläche, und Sardellen (Familie Engraulidae) halten Kurs im Schwarm stark reflektierender Artgenossen

kommt das Rhabdomer eines jeden Photorezeptors die Form einer Wendeltreppe mit Mirovilli in jedem Radialwinkel (Abb. 7.65, *links*). Eine Retinulazelle mit einem solchen spiralförmigen Rhabdomer kann Licht aller Schwingungsebenen absorbieren und ist damit kaum dichroisch und polarisationsblind. Die meisten der 5500 Ommatidien einer Biene sind so aufgebaut. Bei ihnen wird das Farbensehen – und insbesondere die Farbkonstanz der visuellen Wahrnehmung – nicht durch Lichtpolarisation gestört.

Bei den ciliären Photorezeptoren der Wirbeltiere wird die Störung des Farbensehens durch Lichtpolarisation mithilfe der Struktur der Außensegmente verhindert. Der weitaus größte Teil des Rhodopsins ist dort in den Membranen von Disks oder Membraneinfaltungen eingelagert, deren Form mit etwa 4 μm^2 Oberfläche bei nur 0,02 µm Dicke dafür sorgt, dass 99 % der Rhodopsinmoleküle mit der Längsachse des Retinals senkrecht zur Lichtachse ausgerichtet sind (Abb. 7.65, *Mitte*). Dies ist die optimale Ausrichtung für Lichtabsorption, weil der elektrische Feldvektor parallel zum π-Elektronensystem des Retinals steht (s. Abb. 7.6). Da die etwa 30.000 Rhodopsine in jeder Diskmembran weitgehend frei drehbar vorliegen, kommen alle Ausrichtungen von Molekülachsen des Retinals parallel zur Membranebene gleich häufig vor. Licht jeder Schwingungsebene trifft so mit gleicher Wahrscheinlichkeit auf ein optimal ausgerichtetes Retinal und kann mit gleicher Effektivität absorbiert werden – der Photorezeptor hat daher kaum dichroische Eigenschaften, er ist polarisationsblind, und das Farbensehen wird nicht beeinträchtigt.

Nicht wenige Tiere – in erster Linie solche mit rhabdomeren Photorezeptoren – beziehen wichtige Informationen aus der Polarisation des Lichtes. Bei der **Nutzung des Polarisationssehens** geht es vor allem um die physikalischen Prozesse, die zur Polarisation von Lichtstrahlen führen, nämlich Reflexion und Streuung. So wird Licht von Wasser reflektiert, und das reflektierte Licht ist polarisiert. Bei der Reflexion an der Oberfläche eines Sees oder einer Pfütze entsteht horizontal polarisiertes Licht, und eben solches Licht kann Tiere bei ihrer

Suche nach Wasser leiten. Streuung des Sonnenlichtes in der Atmosphäre verursacht ein Polarisationsmuster, das manche Tiere sehen und als Kompass nutzen können. Es ist daher nicht überraschend, dass man bei vielen Tieren in Verhaltensexperimenten motorische Reaktionen auf Lichtpolarisation nachweisen kann. Die Orientierung von Tieren an der Lichtpolarisation bezeichnet man als **Polarotaxis**. Sie lässt sich in Experimenten nachweisen, bei denen man die Tiere polarisiertem Licht mit bekannter Ausrichtung des elektrischen Feldvektors aussetzt und nach Verhaltensreaktionen sucht, die der Lichtpolaristion zuzuordnen sind. Karl von Frisch hat mit solchen Untersuchungen zeigen können, dass Honigbienen (*Apis mellifera*) kleine Ausschnitte des blauen Himmels zur Ausrichtung ihres Schwänzeltanzes nach dem Sonnenstand nutzen können, wenn sie keinen freien Blick auf die Sonne haben und zudem gezwungen werden, horizontal – also ohne das gewohnte Gravitationssignal – zu tanzen (▶ Kap. 2). In dieser Situation gewinnen sie Kompassinformation mit einem Blick auf einen Himmelsausschnitt und können dabei vom Bienenforscher mittels vorgehaltener Polarisationsfolien systematisch getäuscht werden. Die Bienen setzen für die Polarisationsanalyse eine kleine, ganz dorsal liegende Region ihrer Komplexaugen ein, die **Pol-Region**. Die Ommatidien in dieser dorsalen Randregion (◘ Abb. 7.65, *rechts oben*) sind während des Fluges himmelswärts gerichtet. Sie enthalten UV-empfindliche Photorezeptoren, die nicht um ihre Längsachse verdreht, sondern gerade ausgerichtet vorliegen (◘ Abb. 7.65, *ganz links*). Das Rhabdom eines solchen Ommatidiums hat demzufolge dichroische Eigenschaften. Solche besonderen Ommatidien werden für die Orientierung an der Lichtpolarisation benötigt. Der große Rest der Ommatidien liefert infolge der Längsverdrillung seiner Retinulazellen keine Polaristionsinformation. Abdeckungsexperimente mit undurchsichtigem Lack haben ergeben, dass die Bienen etwa 20 Pol-Ommatidien benötigen, um sich am Polarisationsmuster des Himmels orientieren zu können.

Um das Polarisationsmuster des Himmels zu verstehen, muss man sich vergegenwärtigen, dass Lichtstrahlen vor allem durch Streuung an Molekülen und kleinen Partikeln in der Atmosphäre polarisiert werden. Je mehr Streuung stattfindet, desto höher ist der Polarisationgrad. Bei Licht, das auf gerader Linie von der Sonne zu einem Beobachter gelangt, überwiegt bei Weitem das unpolarisierte Licht – tatsächlich entspricht die Position der Sonne dem Punkt mit minimalem Polarisationsgrad. Für die Beschreibung von linear polarisiertem monochromatischen Licht reichen drei Parameter: der **Polarisationsgrad** p, der **Polarisationswinkel** α und die **Lichtintensität** I. Bei direkt einfallendem Sonnenlicht ist p nahe 0. Maximale Polarisation, gekennzeichnet durch $p = 1$, beobachtet man dagegen rechtwinklig zu Sonne, denn aus diesem Winkel gelangt *ausschließlich* gestreutes oder reflektiertes Licht zum Beobachter, nicht aber direktes, unpolarisiertes Sonnenlicht. Für einen Beobachter, der Lichtpolarisation sehen kann, spannt sich aus diesem Grund ein Band maximaler Polarisation quer über den Himmel von Süd nach Nord. Kurz nach Sonnenaufgang verläuft das Band durch den Zenit, im Verlauf des Aufstiegs der Sonne entlang des Sonnenmeridians senkt sich das Band dem westlichen Horizont zu – immer rechtwinklig zum Einfallswinkel des Sonnenlichtes. In ◘ Abb. 7.66 ist dieses Band des maximalen Polarisationsgrades durch eine rote Kreislinie symbolisiert, die schwarzen Kreislinien bezeichnen Bereiche mit gleichem, nach Westen und Osten hin stetig abnehmendem Polarisationsgrad. Da das Band maximaler Polarisation immer nordsüdwärts ausgerichtet ist, bietet es Tieren mit Polarisationsehen eine tagsüber am Himmel stehende deutliche Kompassweisung, ähnlich der Nadel in einem Deklinationskompass. Zusätzliche Informationen liegen im Polarisationswinkel, der in ◘ Abb. 7.66 farbcodiert angedeutet ist. Man kann dort grob zwei Doppelkegel erkennen: einen blauvioletten, der Bereiche mit kleinem Polarisationswinkel zeigt, und einen rotgelben Doppelkegel, der Himmelsbereiche mit großem Winkel bezeichnet. Die Winkel sind dabei auf die Ebene des Sonnenmeridians bezogen (schwarzer Bogen in ◘ Abb. 7.66). Man kann erkennen, dass das **Polarisationsmuster** des Himmels sich im Verlauf des Tages systematisch verändert. Immer ist die Sonne der Mittelpunkt der Doppelkegel, deren Breite (Öffnungswinkel) und deren Position am Himmel sich jedoch kontinuierlich verändern. Für die Nutzung des Polarisationsmusters als Orientierungshilfe muss aus diesem Grund in irgendeiner Form die Tageszeit berücksichtigt werden. Sieht ein Tier einen Flecken blauen Himmels und den darin erkennbaren Ausschnitt des Polarisationsmusters, kann es nur dann eine genaue Kompassorientierung gewinnen, wenn es die Tageszeit kennt.

Nicht nur bei Honigbienen, auch bei einer Vielzahl anderer **Landinsekten** wurde Polarisationssehen nachgewiesen und im Detail untersucht, insbesondere bei Grillen, Heuschrecken, Fliegen sowie bei verschiedenen Schmetterlingen und Käfern. Besonders aufschlussreich ist die Forschung an der Wüstenameise *Cataglyphis bicolor*, die in Höhlen im Wüstenboden lebt und zur Nahrungssuche weite Strecken über den heißen Wüstensand läuft, um tote Kleintiere einzusammeln. Diese Ameisen orientieren sich nicht an Geruchspuren, wie das bei den meisten anderen bodenlebenden Ameisen üblich ist. Wüstenameisen sind dagegen visuell geleitete Tiere, sie haben ein besonders großes Sehfeld mit einer Art horizontaler Area centralis zur scharfen Wahrnehmung der Wüstenlandschaft. Sie orientieren sich bei ihren Jagdexkursionen und bei der Rückkehr zur Höhle

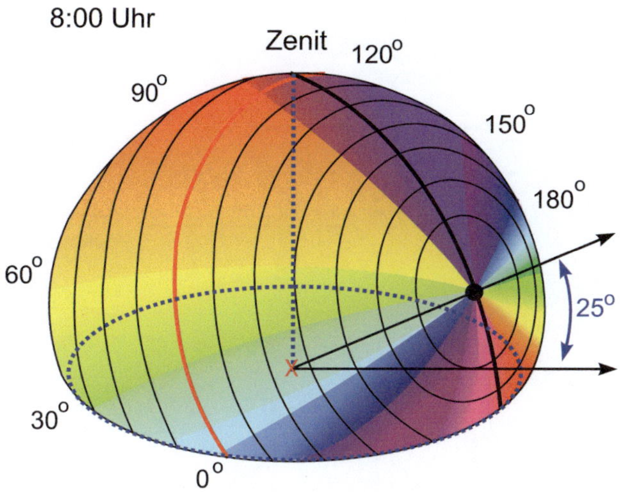

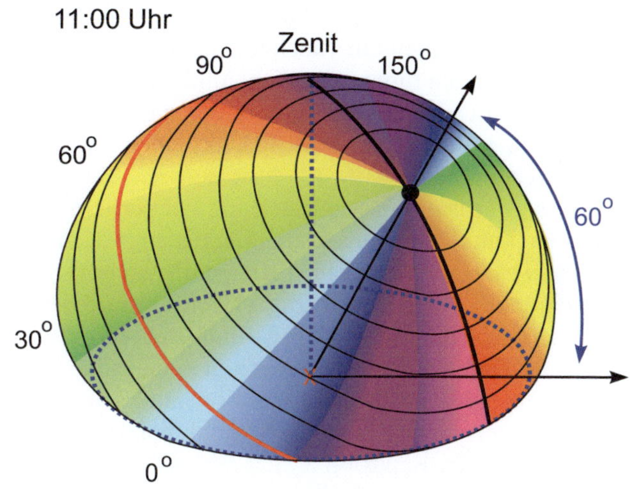

Abb. 7.66 Schematische Darstellung der Lichtpolarisation für ein Tier, das am Punkt X auf der Ebene (*gestrichelter Kreis*) steht und zum Himmel blickt. Die Sonne (*schwarzer Punkt*) steigt während des Vormittags entlang des Sonnenmeridians (*schwarzer Bogen*) in Richtung Zenit. Der Sonnenstand ist für den frühen Vormittag (*links*, Höhenwinkel 25°) und für den späten Vormittag (*rechts*, Höhenwinkel 60°) gezeigt. Die konzentrischen Kreise symbolisieren Bereiche des Himmels mit gleichem **Polarisationsgrad** *p*; der Bereich maximaler Polarisation (*roter Bogen*) liegt rechtwinklig zur Achse, die vom Beobachter zur Sonne führt. Der **Polarisationswinkel** α ist farbcodiert. Zusätzlich wird der Winkel des elektrischen Feldvektors – die Schwingungsrichtung des Lichtes – relativ zum Sonnenmeridian in Grad angegeben. Bei 0° und 180° liegt der Feldvektor parallel zur Meridianebene, bei 90° steht er senkrecht zur Meridianebene. Diese Darstellung soll veranschaulichen, dass sich das **Polarisationsmuster** während der hier gezeigten etwa drei Stunden systematisch verändert – es „kippt" nach oben. Deutlich wird auch, dass sich für das beobachtende Tier innerhalb dieser Zeit sowohl der Polarisationsgrad als auch der Polarisationswinkel *an jedem Punkt des Himmels* verändern. Nach Heinze (2014)

in erster Linie visuell. In der Pol-Region am oberen Rand der Komplexaugen analysieren 60 bis 70 Ommatidien mit jeweils sechs UV- und zwei Grünrezeptoren das Polarisationsmuster des Himmels. Den Tieren steht umfangreiche Sichtinformation zur Verfügung. Sie können sich an Landschaftsformen und herumliegenden Steinen orientieren, sie sehen den Sonnenstand und können ihn als Kompass nutzen, und sie können ihre Laufrichtung sowohl mit dem Polarisationsmuster als auch mit Farbgradienten am Himmel abgleichen. Zusätzlich halten sie den zurückgelegten Weg durch eine Art Schrittzähler sowie durch Bildflussanalyse (▶ Abschn. 7.10) fest, sodass ihr Orientierungssinn – ganz besonders die Bestimmung des kürzesten Rückwegs zur Höhle – beeindruckend zuverlässig funktioniert. Der übergeordnete Selektionsdruck, unter dessen Einfluss sich diese Sinnesleistungen perfektioniert haben, ist die Hitze des Wüstenbodens, die bis zu 70 °C erreichen kann. Hohe Temperaturen lassen viele Arthropoden verenden und liefern den Wüstenameisen damit ihre Nahrungsgrundlage. Die Ameisen können ihrerseits bis zu zwei Stunden über den heißen Boden laufen. Wenn sie ein verendetes Insekt gefunden haben, müssen sie schnell und möglichst ohne Umweg zum Nest zurückfinden, und dabei hilft ihnen ihr Polarisationssehen (s. Pfadintegration, Abb. 18.6).

Die Reflexion an Grenzschichten zwischen Wasser und Luft polarisiert Licht und erzeugt damit ein interessantes Signal für **am Wasser lebende Insekten**. Über der Wasseroberfläche eines ruhigen Gewässers ist das reflektierte Licht weitgehend horizontal polarisiert, während Licht, das von unten durch die Wasseroberfläche nach oben dringt, weitgehend vertikal polarisiert ist. Mithilfe dieser Polarisationssignale können Insekten Wasser finden und sogar durch die Wasseroberfläche blicken. Beim Wasserläufer *Gerris lacustris* (s. Abb. 5.9) und beim Rückenschwimmer *Notonecta glauca* (s. Abb. 5.10) sind die jeweils ventralen, also dem Wasser zugewandten, Bereiche der Komplexaugen empfindlich für Lichtpolarisation. Der Dichroismus ihrer Ommatidien resultiert hauptsächlich aus dem neuronalen Abgleich von zwei UV-empfindlichen Retinulazellen mit orthogonaler Mikrovilliausrichtung in den offenen Rhabdomen dieser an der Wasseroberfläche lebenden Tiere – sie zählen zu den Wanzen (Unterordnung Heteroptera), bei denen ein offenes Rhabdom als autapomorphes Merkmal gilt. Verhaltensexperimente lassen erkennen, dass sie das Polarisationssehen für die Suche nach Wasser und für die Koordination ihrer Eigenbewegungen an der Wasseroberfläche einsetzen. Auch Libellen suchen nach Wasseroberflächen, indem sie eine ausgeprägte Polarotaxis für horizontal polarisiertes Licht aufweisen. Die großen Komplexaugen der Libellen (Ordnung Odinata) haben mehrere spezialisierte Bereiche, und es wird vermutet, das ventral liegende Ommatidien die Polarotaxis vermitteln. Bei der zentralen Rolle, welche Wasser in allen Lebensbereichen der Libellen spielt, ist es nicht verwunderlich, dass ihre Reaktion auf horizontal polarisiertes Licht so stark ausgebildet ist, dass die Tiere sich auch von glänzenden Oberflächen aus Glas, Blech oder Plastik angezogen fühlen, die Licht ähnlich polarisieren. Diesen Irrtum teilen sie mit vielen anderen Fluginsekten, die sich an glänzenden Autos, Plastikplanen und Ähnlichem versammeln.

Dass Polarisationssehen auch für **Wassertiere** nützlich sein kann, sieht man am Gemeinen Wasserfloh (*Daphnia pulex*), einem kleinen Kiemenfußkrebs (Klasse Branchiopoda), der fast überall in Teichen und Kleingewässern lebt und ein stark polarotaktisches Verhalten zeigt. Die Tiere schwimmen bevorzugt in diejenige Richtung, wo sie den größten Polarisationsgrad sehen. Für einen Wasserfloh ist Licht horizontal polarisiert, vor allem infolge der Reflexion an der Wasseroberfläche. In Ufernähe vermischt sich das Unterwasserlicht mit der Einstrahlung vom Land, und der Polarisationsgrad fällt. Da die Wasserflöhe sich zum höheren Polarisationsgrad hin orientieren, führt ihr Weg weg vom Ufer ins tiefere Wasser. Eine solche „Uferflucht" sieht man bei vielen Arten pelagischen Zooplanktons. Für Fische wurde Polarisationssehen in einigen Fällen postuliert, aber bisher ist es nur bei Sardellen im Detail verstanden. Sardellen der Gattungen *Anchoa* und *Engraulis* leben in großen Schwärmen im lichtdurchfluteten Epipelagial, meist in nur wenigen Metern Tiefe. Die Retina der Sardellen zeigt ungewöhnliche Anpassungen an das Polarisationssehen (▪ Abb. 7.67). Zwei Zapfentypen, Kurzzapfen und Langzapfen, liegen nebeneinander in der Netzhaut direkt vor einer reflektierenden Schicht, dem Tapetum lucidum. In den Außensegmenten beider Zapfentypen sind die Disks nicht – wie sonst üblich – quer zum Lichteinfall angeordnet, sondern sie sind um fast 90° gekippt. Das Licht fällt daher nicht auf die Diskebene, sondern durchquert die Disks von den Kanten her parallel zu den Diskmembranen. Die Absorption in diesem Lichtweg ist dichroisch, weil auch die Retinallängsachse immer in der Membranebene liegt. Licht, das entlang dieser Achse polarisiert ist, wird daher besser absorbiert als quer dazu polarisiertes Licht. Es ist bisher nicht aufgeklärt, warum die Sardellen als offenbar einzige Knochenfische senkrecht stehende Disks zum Polarsiationssehen einsetzen. Die Tiere ändern ihr Schwimmverhalten, wenn sie polarisiertem Licht ausgesetzt werden, von einem ruhigen Geradeauskurs in ein schraubenförmiges Schwimmmuster. Dies mag zur Jagd auf Beutetiere dienen, die polarisiertes Licht reflektieren. Möglicherweise hilft das Polarisationssehen den Tieren auch dabei, im Schwarm zwischen Hunderten ihrer silbrig glänzenden Artgenossen Kurs zu halten. Aber nicht nur bei Sardellen, auch bei anderen Echten Knochenfischen (Teilklasse Teleostei) wurde eine Orientierung an der Lichtpolarisation nachgewiesen. Bei ihnen wird das Polarisationssehen ebenfalls durch ein besonderes Zapfensystem ermöglicht, bei dem die Disks allerdings quer zur Längsachse ausgerichtet sind. Offenbar wird in diesem System ein Teil des UV-Lichtes um etwa 90° gespiegelt und trifft so seitlich auf die Disks von UV-empfindlichen Zapfen auf, wo es in Abhängigkeit von der Polarisationsebene anisotrop absorbiert wird. Auch diese Fische scheinen die im Polarisationsgrad enthaltene Richtungsinformation für die Navigation relativ zur Wasseroberfläche, zum koordinierten Schwimmen innerhalb eines Schwarmes (▪ Abb. 7.68) und zum Erkennen von Beute und Fressfeinden zu nutzen.

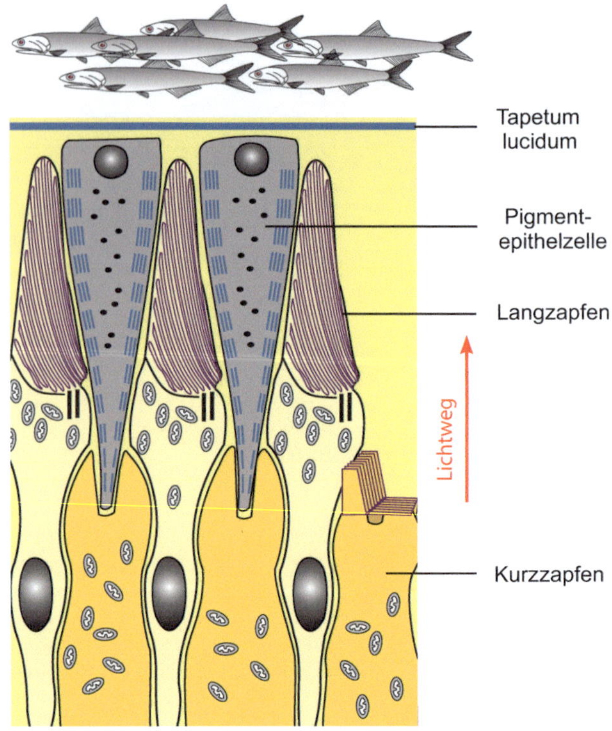

▪ **Abb. 7.67** Die ungewöhnlichen Zapfen-Photorezeptoren der Sardellen (Familie Engraulidae). Schematische Darstellung der Zapfen in der Netzhaut einer Sardelle der Gattung *Anchoa*. In den Außensegmenten der Langzapfen sind die Disks senkrecht zur Papierebene ausgerichtet, in den Kurzzapfen liegen die Disks parallel zur Papierebene. Die Pigmentepithelzellen enthalten neben Pigmentgranula auch Stapel aus reflektierenden Plättchen, die vor allem horizontal polarisiertes Licht reflektieren. Im Bereich der Langzapfen-Außensegmente herrschen sowohl hinsichtlich der Absorption (Retinal in den Diskmembranen) und der Reflexion (Plättchen der Pigmentzellen) anisotrope Bedingungen – offenbar zur Unterstützung der Polarisationsanalyse. Nach Flamarique (2010, 2017)

Bei einigen marinen Crustaceen, insbesondere bei den Fangschreckenkrebsen (Ordnung Stomatopoda), findet man spezialisierte Bereiche der großen, kugelförmigen Augen (s. ▪ Abb. 7.24), in denen Ommatidien mit dichroischen Absorptionseigenschaften angeordnet sind. Fangschreckenkrebse haben ein offenbar hoch entwickeltes, exotisch organisiertes Sehvermögen mit zwölf Farbkanälen sowie mit Detektoren für linear und zirku-

Abb. 7.68 In einem Schwarm von Makrelen (*Scomber scombrus*) schwimmen die Tiere weitgehend parallel und mit gleichem Abstand zueinander. Auch wenn sie ein Hindernis umschwimmen müssen, findet der kurzzeitig geteilte Schwarm wieder zu seiner geordneten Formation zurück. Einer sinnesphysiologischen Hypothese zufolge wird die Bewegung jedes einzelnen Fisches im Schwarm durch die Ausrichtung an der Lichtpolarisation gesteuert. Nicht klar ist bisher, ob der Polarisationsvektor des einfallenden Sonnenlichtes das entscheidende Signal ist oder ob die Polarisation des an den benachbarten Fischkörpern reflektierten Lichtes die Fische lenkt

lar polarisiertes Licht, das der Sinnesphysiologie noch viele Rätsel zur Erforschung präsentiert. Besser verstanden ist das Polarisationssehen der Tintenfische (Unterklasse Coleoidea). Die *Octopus*-Retina (s. Abb. 7.16) besteht aus rhabdomeren Photorezeptoren mit jeweils zwei gegenüberliegenden Rhabdomeren, von denen jeweils vier in orthogonaler Anordnung ein geschlossenes, dichroisch reagierendes Rhabdom bilden. Kraken (Ordnung Octopoda), Sepien (Ordnung Sepiida) und Kalmare (Ordnung Teuthida) reagieren auf Lichtpolarisation, und ihr Polarisationssehen hat offenbar lebenswichtige Funktionen für die ansonsten weitgehend farbenblinden Tiere. Viele ihrer Beutetiere tarnen sich im Meerwasser durch einen silbrigen Glanz. Reflexion an silbrigen Oberflächen erzeugt aber Lichtpolarisation, und dadurch entsteht ein Polarisationkontrast zwische Beutetier und dem umgebenden Wasser. Für das Polarisationssehen der Tintenfische heben sich

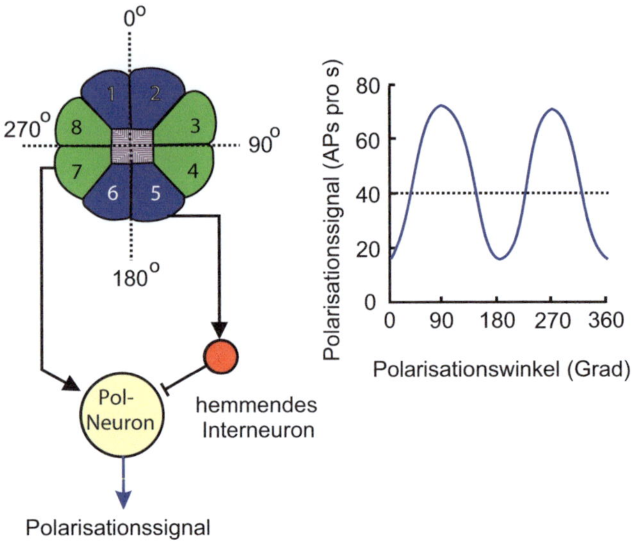

Abb. 7.69 Antagonistische Verschaltung von polarisationsempfindlichen Photorezeptoren. *Links*: Modell der antagonistischen Verschaltung von rhabdomeren Photorezeptoren mit orthogonal ausgerichteten Mikrovilli. Im geschlossenen Rhabdom stehen die Rhabdomere der grünen und blauen Zellen rechtwinklig zueinander. Die blauen Zellen absorbieren dasjenige Licht optimal, dessen elektrischer Feldvektor entlang der Längsachse ihrer Mikrovilli steht, also mit Polarisationswinkeln um 0° und 180°. Die grünen Zellen absorbieren am besten das in Ebene 90° bis 270° schwingende Licht. Die blauen Photorezeptoren hemmen, die grünen aktivieren das nachgeschaltete „Pol-Neuron". *Rechts*: Das Pol-Neuron hat eine Grundaktivität von 40 Aktionspotenzialen (APs) pro Sekunde (*gestrichelte Linie*) und wird von den blauen Retinulazellen gehemmt, von den grünen aktiviert. Sein Ausgangssignal – das Polarisationssignal – reagiert infolge dieser Verschaltung besonders empfindlich auf Änderungen des Polarisationswinkels. Nach Heß et al. (2006)

silbrige Tiere stärker vom Hintergrund ab als für das Farbensehen. Polarisationssehen kann auf diese Weise visuelle Tarnung brechen. Zudem können Tintenfische polarisiertes Licht zur innerartlichen Kommunikation nutzen. Bei der Erzeugung von Farbmustern auf ihrer Haut zur Übermittlung von arteigenen Signalen entstehen auch Polarisationsmuster, über die sie miteinander kommunizieren können, ohne einem polarisationsblinden Jäger aufzufallen.

Die Erzeugung eines afferenten Signals zur Lichtpolarisation folgt einer ähnlichen Logik wie die für die Lichtfarben. In den Augen – seien es die von Insekten, von Krebsen oder von Wirbeltieren – wird die Lichtpolarisation von mindesten **zwei orthogonal ausgerichteten Sensoren** registriert. Die Schwingungsebene für maximale Absorption des einen Sensors steht rechtwinklig zu der des anderen Sensors. Daraus entsteht ein Differenzsignal: Je stärker der eine Sensor aktiviert wird, desto schwächer reagiert der andere. Es gibt gute Hinweise darauf, dass dieses Differenzsignal **antagonistisch** (gegensinnig) auf dasselbe Folgeneuron verschaltet wird (Abb. 7.69, *links*). Das kann dadurch geschehen, dass der eine Sensor das Folgeneuron direkt aktiviert, während der andere sein Signal über ein inhibitorisches Interneuron weitergibt. Das nachgeschaltete Neuron trägt die eigentliche Polaristionsinformation zu den Verarbeitungszentren im Gehirn. Es wird deshalb als **Pol-Neuron** oder als **Gegenpolarisationsneuron** – analog zu den Gegenfarbenneuronen – bezeichnet. Pol-Neuronen reagieren sehr empfindlich auf Änderungen der Polarisationsebene des gesehenen Lichtes, gerade weil sie von zwei gegensinnigen Eingängen kontrolliert werden. Jede geringe Abschwächung des Eingangssignals von einem Sensor wird durch eine Verstärkung des Eingangs vom anderen Sensor begleitet. Beim hier gezeigten symmetrischen Rhabdom mit gleich vielen grünen und blauen Retinulazellen wird der dynamische Bereich des Signals verdoppelt. Das führt zu einer erstaunlichen Genauigkeit des Polarisationssehens (Abb. 7.69, *rechts*) – die Auflösung des Polarisationswinkels beträgt bei einigen Tieren 1–3°.

7.14 Zentrale Verarbeitung von visueller Information

In den Ausgangssignalen der Netzhaut sind Informationen zur Form eines Objekts, zu seiner Farbe, seinem Ort im Sehfeld sowie seiner Bewegungsrichtung und -geschwindigkeit enthalten. All diese Informationen sind in den Aktivitätsmustern der Ganglienzellaxone codiert und werden den Verarbeitungszenten der **Sehbahn** zugeführt, um dort letztlich zu einer bewussten visuellen Wahrnehmung der Umwelt aufbereitet zu werden. Bei den Wirbeltieren umfasst dieser Prozess im Wesentlichen sechs Stationen der zentralen Verarbeitung:

- kontralateraler Verlauf der Ganglienzellaxone in der Sehnervenkreuzung
- Steuerung von Orientierungsreaktionen im Tectum opticum/Colliculus superior
- Sortierung linkes/rechtes Auge sowie Form und Farbe/Ort und Bewegung im Thalamus
- parallele Verarbeitung von Objektidentität und Ortsinformation
- Bindung zusammengehörender Information und bewusste Wahrnehmung
- Speicherung als implizite und explizite Gedächtnisinhalte

Bei der Auswertung von Aktivitätsmustern von Photorezeptoren geht es bei Arthropoden und Wirbeltieren vordergründig um die gleichen Dinge: das Erkennen visueller Objekte und ihrer Bedeutung sowie das Berurteilen von Entfernungen und Geschwindigkeiten. Die ersten Schritte der visuellen Verarbeitung zeigen durchaus ähnliche Strategien zwischen Komplex- und Linsenaugen, wie etwa den Einsatz von lateraler Hemmung zur Kontraststeigerung und zur Detektion von Bewegung. Der weitere Verlauf der Sehbahn weist jedoch bei jeder Tiergruppe grundlegende Eigenarten auf, die Hinweise auf die spezielle Bedeutung des Sehens für diese Tiere liefern können – vorausgesetzt, man versteht das Verarbeitungsprinzip. Den größten Teil unseres Wissens über die Sehbahn und ihre Verarbeitungsprinzipien verdanken wir Arbeiten an Säugetieren und hier besonders der Untersuchung von Menschen. Denn nur Menschen können dem Sinnesphysiologen ihre visuelle Wahrnehmung beschreiben, Tiere können lediglich anatomische und verhaltenphysiologische Daten liefern, die der Experimentator interpretieren muss. Doch je größer der stammesgeschichtliche Abstand einer Tierart zu uns ist, desto schwieriger gestaltet sich diese Interpretation. Die weitgehend unterschiedlichen Sehbahnen von Wirbeltieren und Arthropoden (◘ Abb. 7.70) deuten zudem an, dass unserem Wunsch, das Sehen der Tiere zu verstehen, fundamentale Schwierigkeiten entgegenstehen.

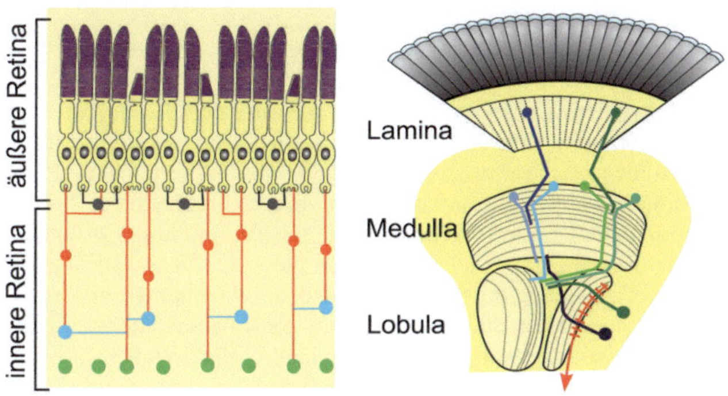

◘ **Abb. 7.70** Symbolischer Vergleich der Sehbahnen von Wirbeltieren und Insekten zur Veranschaulichung einiger grundlegender Unterschiede im Informationsfluss. Verläuft die primäre Verarbeitung der visuellen Signale in der Netzhaut eines Wirbeltieres (*links*) und im Lobus opticus eines Insekts (*rechts*) noch ähnlich, so gibt es für die Stationen der zentralen Sehbahn von Wirbeltieren keine analogen Verarbeitungszentren im Protocerebrum der Insekten. Daher kann man sich nur sehr schwer vorzustellen, was ein Insekt sieht, denn die Verarbeitungsweise visueller Information ist möglicherweise grundlegend anders als bei Wirbeltieren

Bei allen Wirbeltieren führen die Axone der Ganglienzellen als Sehnerv von der Netzhaut zur kontralateralen Hirnhälfte. Die Überkreuzung der Axonbündel – die **Sehnervenkreuzung** – gleicht bei Fischen, Amphibien, Reptilien und Vögeln einer einfachen Überlagerung von Nervenbahnen, während bei Säugetieren zusätzlich eine Sortierung der Axone nach rechtem und linkem Sehfeld erfolgt (siehe unten: Chiasma opticum). Die erste Station der zentralen Verarbeitung liegt bei den meisten Wirbeltieren im Mittelhirndach (Tectum mesencephali), dem dorsal gelegenene Teil des Mittelhirns, der bei Säugetieren als Vierhügelplatte bezeichnet wird. Die beiden vorderen Hügel (bei Tieren Colliculi rostrales, beim Menschen Colliculi superiores) sind bei Fischen, Amphibien, Reptilien und Vögeln stark vergrößert und bilden das **Tectum opticum**, das primäre Sehzentrum dieser Tiere (rote Strukturen in ◘ Abb. 7.71). Das paarig angelegte Tectum opticum ist ein vielfach geschichtetes Gewebe, das in seinen obersten Schichten visuelle Signale direkt aus der Retina empfängt. Diese Schichten (zusammen: Stratum opticum) sind retinotop organisiert, sodass dort das gesamte Sehfeld neuronal abgebildet ist. In den tieferen Schichten werden motorische, somatosensorische und andere sensorische Informationen aufgenommen. Das Tectum opticum ist mithin ein **sensomotorisches Integrationszentrum**. Als minimale Anforderung an ein Sehsystem kann man die Fähigkeit ansehen, Beute und Jäger visuell zu unterscheiden, damit angemessene Reaktionen ausgelöst werden können. Visuell ausgelöste Orientierungsbewegungen sind solche grundlegende Reaktionen: Einem kleinen Objekt wendet man sich zu, um es zu fressen, während ein gro-

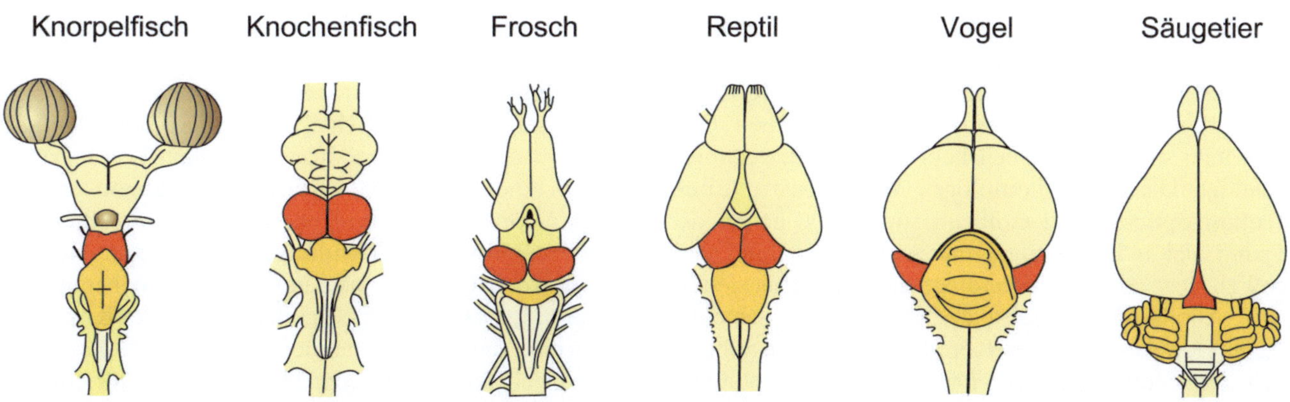

◘ **Abb. 7.71** Skizzen von Gehirnen einiger Wirbeltiere mit Kennzeichnung der Lage des Tectum opticum (*rot*). Dorsaler Aspekt der Gehirne eines Haies (Knorpelfisch), eines Hechts (Knochenfisch), eines Teichfrosches (Amphibie), einer Schildkröte (Reptil), einer Taube (Vogel) und eines Kaninchens (Säugetier). Beim Säugetier bezeichnet die rote Struktur die dem Tectum opticum homologe Mittelhirnstruktur der Colliculi superiores. Nach Meyer (1974); Butler und Hodos (2005)

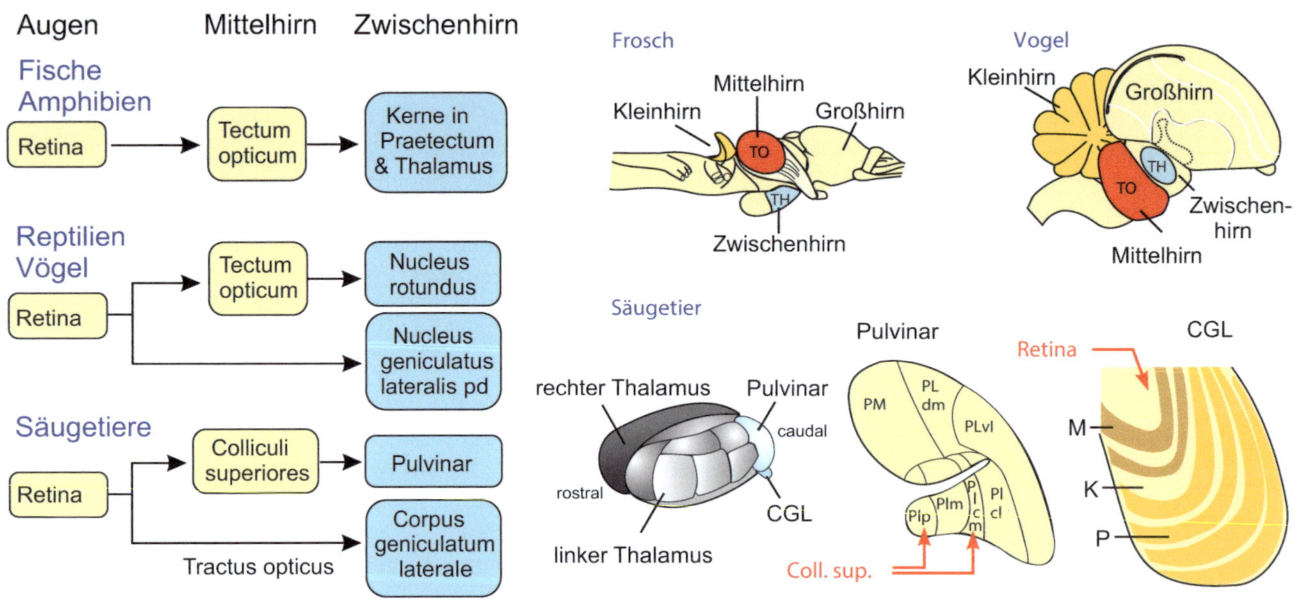

Abb. 7.72 Der Weg der visuellen Information ins Zwischenhirn. *Links*: Der Signalweg durch das Mittelhirn zum Zwischenhirn(*blau*) führt bei Fischen und Amphibien über das Tectum opticum zu Verschaltungskernen in Thalamus und Praetectum. Bei Reptilien, Vögeln und Säugetieren führen zwei getrennte Wege ins Zwischenhirn, ein direkter über den Tractus opticus sowie ein indirekter über Tectum opticum/Colliculi superiores. *Rechts oben*: Lage des Mittelhirns mit dem Tectum opticum (TO) und des Zwischenhirns mit dem Thalamus (TH) bei einem Frosch und bei einem Vogel. *Rechts unten*: Skizze eines Säugerthalamus zur Veranschaulichung der caudalen Lage von Pulvinar und Corpus geniculatum laterale (CGL), den beiden thalamischen Verabeitungszentren für visuelle Signale. Die sagittalen Schnitte zeigen schematisch ihre Aufteilung in Bereiche mit unterschiedlichen Funktionen. PIcl, zentrolateraler Teil des inferioren Pulvinars; PIcm, zentromedialer Teil des inferioren Pulvinars; PIm, medialer Teil des inferioren Pulvinars; PIp, posteriorer Teil des inferioren Pulvinars; PLdm, dorsomedialer Teil des lateralen Pulvinars; PLvl, ventrolateraler Teil des lateralen Pulvinars; PM, mediales Pulvinar. Beim schematischen Querschnitt durch den Corpus geniculatum laterale (CGL) eines Primaten weist M auf die beiden makrozellulären Schichten hin (*braun*), P auf die vier parvozellulären Schichten (*orange*) und K auf die dazwischenliegenden koniozellulären Schichten (*gelb*)

ßes Objekt Fluchtverhalten auslöst. Schon Fischlarven drehen ihre Körperachse reflektorisch kleinen, potenziell fressbaren Wasserorganismen zu, ähnlich wie das eine Kröte tut, wenn eine Fliege in ihr Sehfeld läuft. Bei Säugern sind die vorderen Hügel des Mittelhirndachs weniger auffällige Strukuren. Die **Colliculi superiores** zeigen aber eine dem Tectum opticum vergleichbare Schichtung und dienen ähnlichen Funktionen. Sie vermitteln die reflektorische Blickführung, die in Form von Sakkaden und Nystagmen für das Bewegungssehen gebraucht werden (▶ Abschn. 7.10), sind aber auch an der Ausführung von gerichteten Greifbewegungen, von Ohrenbewegungen bei Tieren mit beweglichen Ohrmuscheln sowie von visuell koordinierten Bewegungen beteiligt. Die beiden homologen Mittelhirnstrukturen, Tectum opticum und Colliculi superiores, helfen den Tieren, sich in ihrer Umgebung zu orientieren und sinnvoll zu bewegen. Als Grundlage dazu dient die retinotope Abbildung des Sehfeldes, die für alle Schichten dieses Gewebes räumliche Koordinaten zur Ausrichtung von Bewegungen bietet. Die retinotope Abbildung spiegelt die Ganglienzelldichte der Netzhaut wider, sodass die Foveae mit ihren hohen Ganglienzelldichten besonders große Projektionsbereiche beanspruchen. Ausgesprochen effektiv können in den Colliculi des Mittelhirns visuelle Signale mit auditorischen Signalen integriert werden (s. ▶ Abschn. 6.8), denn Sehraum und Hörraum sind dort in zueinander passenden Karten organisiert. Schnelle, reflektorische Hinwendungsbewegungen zu einer Schallquelle sowie deren visuelle Fixierung können so mit besonderer Genauigkeit ausgeführt werden.

Aus den Verarbeitungszentren des Mittelhirns gelangt die visuelle Information in das Zwischenhirn (Diencephalon) und dort in erster Linie in die **thalamischen Kerne**, wo die Signale zur Weiterleitung an das Großhirn räumlich organisiert werden (Abb. 7.72, *links*). Bei Echten Knochenfischen (Teleostei) verlaufen die Axone von Projektionsneuronen aus dem Tectum opticum zu einer Vielzahl von Kernen im Thalamus und in der Area praetectalis (im Epithalamus), wobei die Vielfalt der neuronalen Verbindungen der enormen Heterogenität von Körperformen unter den Knochenfischen entspricht. Unter den praetectalen Kernen der Knochenfische sind die auffälligsten der Nucleus corticalis sowie die Nuclei praetectales centrales und periventriculares. Bei Reptilien und Vögeln erreichen die Signale aus dem Tectum opticum den Nucleus rotundus, den größten thalamischen Kern, sowie den direkt angrenzenden Nucleus triangularis. Zusätzlich führt ein direkter Weg

Axone der retinalen Ganglienzellen in den Nucleus geniculatus lateralis pars dorsalis des Thalamus. Auch bei Säugetieren nimmt die Sehbahn zwei separate Wege ins Zwischenhirn. Der eine Weg führt über die Colliculi superiores des Mittelhirndaches in den Pulvinarkomplex (Nuclei pulvinares), welcher das Hinterende der beiden Thalamushälften bildet, und endet dort in zwei Kernbereichen des inferioren Pulvinars (◘ Abb. 7.72, *rechts unten*). Der zweite Weg erreicht das Zwischenhirn ohne Verschaltung im Mittelhirn. Die Axone der retinalen Ganglienzellen verlaufen durch den Sehnerv, die Sehnervenkreuzung und den Tractus opticus direkt in den Thalamus, wo sie im „seitlichen Kniehöcker" (Corpus geniculatum laterale) ihre Synapsen mit thalamischen Neuronen bilden. Durch die beiden parallel verlaufenden Wege der Sehbahn sind Reptilien, Vögel und Säuger mit einem Verarbeitungssystem ausgestattet, das gleichzeitig **zwei Funktionen des Sehens** vermitteln kann. Der Weg über die Colliculi superiores kann schnelle, visuell geleitete Bewegungen steuern, während über den Corpus geniculatum laterale die retinalen Ausgangssignale der Sehrinde für die bildliche Wahrnehmung zugeführt werden. Die Art und Weise, wie diese beiden Informationskanäle eingesetzt werden, hängt von der spezifischen Rolle des Sehsinnes jeder Wirbeltiergruppe ab.

Während die genauen neuronalen Vorgänge, welche zur bildlichen Wahrnehmung führen, bei Fischen, Amphibien und Reptilien noch unzureichend erforscht sind, konnte man bei Vögeln die Stationen der Sehbahn identifizieren und ihre Bedeutung für den Sehsinn einordnen. Die zentrale Verarbeitungsregion in der Großhirnrinde – dem Pallium – ist im Vogelgehirn der **visuelle Wulst**, ein retinotop organisierter Bereich des Hyperpalliums (◘ Abb. 7.73), der Ähnlichkeiten mit der primären Sehrinde der Säuger aufweist. Visuelle Informationen erreichen diese Region auf zwei getrennten Wegen aus den Augen. Der **tectofugale Weg** verläuft durch das Tectum opticum zunächst zum Nucleus rotundus im Thalamus und von dort über das Entopallium zum visuellen Wulst. Signale auf diesem Weg scheinen der schnellen Orientierung und Identifizierung von Objekten zu dienen. Sie können die Aufmerksamkeit des Tieres auf einen bestimmten Teil des Sehfeldes ziehen und dort befindliche Gegenstände erkennen. Der zweite Weg retinaler Information, der **thalamofugale Weg**, führt am Tectum opticum vorbei direkt zum Thalamus, wo die retinalen Ganglienzellen ihre Synapsen im Nucleus geniculatus lateralis pars dorsalis mit thalamischen Neuronen bilden. Deren Axone ziehen am Entopallium vorbei und enden im visuellen Wulst. Wie Experimente mit einigen Vogelarten zeigten, werden über diesen Weg vor allem räumliche Informationen vermittelt. Trotz der völlig unterschiedlichen Strukturen von Vogel- und Säugergehirnen erinnert das Auftreten dieser beiden

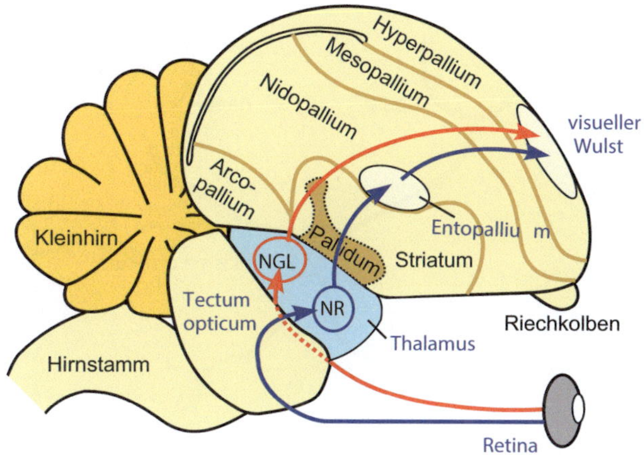

◘ **Abb. 7.73** Sehbahnen im Vogelgehirn. Axone der retinalen Ganglienzellen erreichen auf zwei Wegen den visuellen Wulst im Hyperpallium. Der tectofugale Weg (*blau*) führt über das Tectum opticum zum Nucleus rotundus (NR) und von dort durch das Entopallium zur Wulstregion. Der thalamofugale Weg (*rot*) verläuft über den Nucleus geniculatus lateralis pars dorsalis (NGL) direkt zum visuellen Wulst. Die beiden Wege bearbeiten unterschiedliche Aspekte der visuellen Information

Wege in der Sehbahn der Vögel an die Trennung und Parallelverarbeitung von Information in der Sehbahn der Säuger, bei der über den ventralen Weg (die parvozelluläre Bahn) die Frage „Was sehe ich?" untersucht wird, während der dorsale Weg (die magnozelluläre Bahn) die Frage „Wo sehe ich ein Objekt?" bearbeitet.

Bei allen Wirbeltieren verlaufen sensorische und motorische Bahnen zwischen dem Vorderhirn und dem Mittelhirn über **kontralaterale Bahnen**. Die einzige Ausnahme bildet die Riechbahn, die weitgehend ipsilateral angelegt ist (► Kap. 10; ◘ Abb. 10.57). Diese „Verdrehung" des Vorderhirns hat wohl sehr früh in der Evolution der Wirbeltiere stattgefunden, denn alle bekannten fossilen und rezenten Vertebraten zeigen dieses Merkmal, immer deutlich zu erkennen an der Sehnervenkreuzung, dem **Chiasma opticum**. In der Regel gilt, dass bei Fischen, Amphibien, Reptilien und Vögeln die Axone der retinalen Ganglienzellen eines Auges zur kontralateralen Seite verlaufen und am Chiasma opticum die Ganglienzellaxone des anderen Auges kreuzen. Einige Ausnahmen sind bekannt: Bei Schlangen (Unterordnung Serpentes) und bei den Lungenlosen Salamandern (Familie Plethodontidae) verläuft ein Teil der Axone ipsilateral. Auch bei vielen Kleinsäugern – beispielsweise bei Nagetieren (Ordnung Rodentia) und Mardern (Familie Mustelidae) – findet man, dass ein Teil der Axone aus den temporal (schläfenseitig) gelegenden Bereichen der Retina im Chiasma opticum aus dem Sehnerv ausschert und ipsilateral bleibt, während die restlichen Axone aus der temporalen Retina zusammen mit den Axonen der nasal (nasenwärts) gelegenen Netzhautbereiche den kontralatralen Verlauf

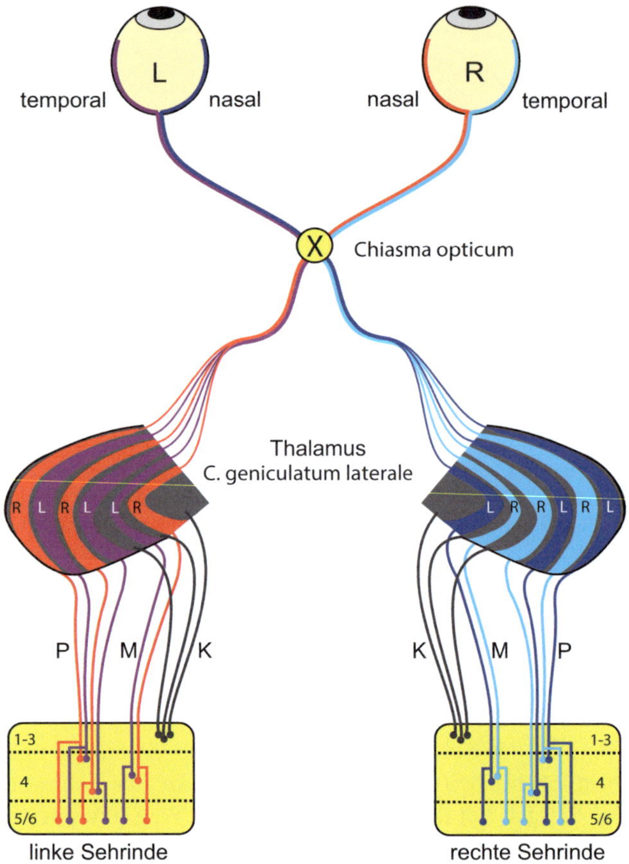

Abb. 7.74 Sortierung von Ganglienzellaxonen im Chiasma opticum eines Primaten. Schematische Darstellung der Verbindungen zwischen temporalen und nasalen Netzhautbereichen mit dem Corpus geniculatum laterale des Thalamus, wie man sie bei Primaten (Ordnung Primates)und Raubtieren (Ordnung Carnivora) findet. Zu erkennen ist, dass diejenigen Netzhauthälften, die von derselben Seite des Sehfeldes belichtet werden, mit der jeweils kontralateralen Seite des Thalamus verbunden sind. Nach der Sortierung im Chiasma opticum werden die afferenten Signale aus dem linken (L) und rechten (R) Auge getrennt weitergeleitet. Zudem verlaufen die Signale zu Ort und Bewegung (magnozellulärer, M-Weg) und die zu Form und Farbe (parvozellulärer, P-Weg) der betrachteten Objekte in getrennten Schichten. Die koniozellulären Schichten (K-Weg, Farbe, Augenbewegung) liegen zwischen den hier mit R und L bezeichneten Schichten. Die thalamischen Neuronen erreichen durch die P- und M-Wege die Schichten 4 und 6 der primären Sehrinde, während über den K-Weg Signale in die Schichten 1–3 geleitet werden

nehmen. Bei Primaten schließlich ist die Trennung zwischen temporaler und nasaler Netzhaut vollständig. Die Folge dieser Axonsortierung ist, dass afferente Signale, die bei Belichtung des rechten Sehfeldes auftreten, ausschließlich in der linken Hirnhälfte verarbeitet werden, Signale aus dem linken Sehfeld dagegen in der rechten Hirnhälfte (Abb. 7.74). Ausnahmen unter den Säugetieren bilden die Fledermäuse und Delfine, die keine ipsilateralen Projektionen aufweisen.

Zur Frage, auf welche Weise die Verteilung der beiden Sehfeldhälften auf die jeweils gegenüberliegende Seite des Gehirns in der Entwicklungsgeschichte zustande gekommen ist, gibt es eine Reihe von Hypothesen, die teils anatomische, teils funktionelle Argumente anführen. Möglicherweise war die Führung der beiden Vorderextremitäten unter der Kontrolle des räumlichen Sehens im binokularen Gesichtsfeld ein ausschlagebender Faktor in diesem Prozess. Denn bei den meisten Wirbeltieren sind sowohl die motorische als auch die sensorische Innervation jeder Hand kontralateral verschaltet, sodass beispielsweise die linke Hand aus der rechten Gehirnhälfte gesteuert wird. Infolge der Sortierung der Ganglienzellaxone im Chiasma opticum wird auch die visuelle Beobachtung der linken Hand im rechten Gehirn verarbeitet, und so sind die Wege zur neuronalen Integration von Sehen und gezieltem Greifen kurz.

Nach der Sortierung von Ganglienzellaxonen im Chiasma opticum verläuft die **Sehbahn der Säugetiere** auf zwei parallelen Wegen zur Sehrinde. Der eine führt zur primären Sehrinde (Area striata) über den seitlichen Kniehöcker (Corpus geniculatum laterale) des Thalamus, der andere verläuft direkt zur sekundären Sehrinde (Area parastriata) über die Colliculi superiores und das Pulvinar des Thalamus. Bei allen Säugetieren leiten beide Verarbeitungswege visuelle Signale vom Auge zur Sehrinde, jedoch wird – je nach Lebensweise – der **retino-thalamische** oder der **colliculo-thalamische** Weg stärker genutzt. Man kann grob einen „Eichhörnchentyp“ von einem „Primatentyp“ unterscheiden. Beim Ersteren (Abb. 7.75, *oben*) fließt der Hauptteil der visuellen Information über den colliculo-thalamischen Wege, beim Letzeren (Abb. 7.75, *unten*) über den retino-thalamischen. Eichhörnchen (*Sciurus vugaris*) und andere tagaktive Hörnchen (Familie Sciuridae), wie auch die Spitzhörnchen (Familie Tupaiidae) in der den Primaten nahestehenden Ordnung der Scandentia) sind stark visuell orientierte Kleinsäuger mit akrobatischen Kletterfähigkeiten. Bei diesen Tieren sind die Colliculi superiores besonder groß ausgebildet und werden von einem Großteil der retinalen Ganglienzellen retinotop innerviert. Jeder Colliculus verfügt über eine neuronale Karte des kontralateralen Gesichtsfeldes mit nur wenigen Eingängen vom ipsilateralen Auge. Welche Bedeutung dem Signalfluss über die colliculo-thalamische Sehbahn vom „Eichhörnchentyp“ zukommt, sieht man eindrucksvoll an Experimenten, bei denen Spitzhörnchen der Art *Tupaia glis* die primäre Sehrinde operativ entfernt und damit der retino-thalamische Weg selektiv ausgeschaltet wurde. Die Sehschärfe und visuelle Orientierungsfähigkeit der Tiere wurden durch diesen Eingriff kaum beeinträchtigt. Offenbar ist die Sehbahn vom „Eichhörnchentyp“ durch ihre Verbindung zu extrastriären Rindenbereichen und den Basalganglien für die visuelle Wahrnehmung, für das Form- und Farbensehen sowie für schnelle, visuell geleitete Flucht- und Kletterbewegungen besonders gut geeignet.

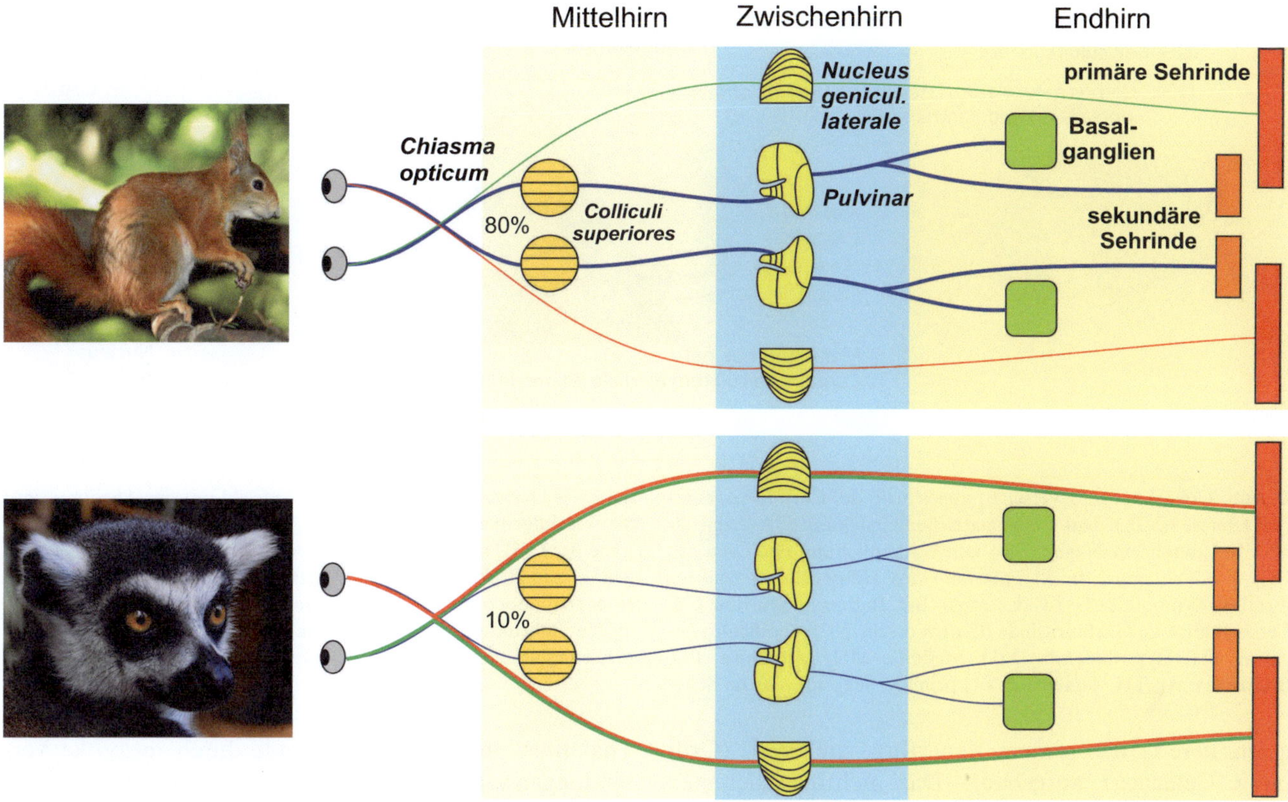

Abb. 7.75 Zwei parallele Sehbahnen der Säugetiere. Ein Teil der Axone von retinalen Ganglienzellen leitet visuelle Information über den retino-thalamischen Weg zum Nucleus geniculatus laterale, die restlichen Axone enden in den Colliculi superiores des Mittelhirns, von wo nachgeschaltete Neuronen das Pulvinar des Thalamus erreichen. Der retino-thalamische Weg endet in der primären Sehrinde (Area striata, Cortex striatum, V1), der colliculo-thalamische in der sekundären Sehrinde (Area parastriata, V2–V5). Manche Säugetiere nutzen in erster Linie den colliculo-thalamischen Weg („Eichhörnchentyp", *oben*), andere den retino-thalamischen („Primatentyp", *unten*), wobei die beiden Typen als Extreme eines Kontinuums zu verstehen sind

In der Sehbahn vom „Primatentyp" verlaufen die meisten Axone der retinalen Ganglienzellen direkt ins Zwischenhirn und enden im **seitlichen Kniehöcker (Corpus geniculatum laterale) des Thalamus**, der seinen Namen wegen des knotigen (lat. *geniculatus*) Aussehens trägt, mit dem er sich aus dem hinteren Ende des Thalamus – genauer des Metathalamus – hervorwölbt (Abb. 7.76, *Mitte*). Geschichtete seitliche Kniehöcker, wie in Abb. 7.74 dargestellt, findet man typischerweise bei Primaten und Raubtieren mit nach vorne gerichteten Augen und folglich großem binokularen Sehfeld, sowie bei tagaktiven Nagetieren wie den Hörnchen (Familie Sciuridae), bei Flughunden (Familie Pteropodidae), Robben (Pinnipedia innerhalb der Ordnung Carnivora) und auch bei den Huftieren (Ordnungen Artiodactyla und Perissodactyla). In der charakteristischen sechsfachen Schichtung der seitlichen Kniehöcker sind die eingehenden **Ganglienzellaxone vom rechten und linken Auge** in alternierenden Schichten auf Thalamusneuronen verschaltet. Bei den Altweltaffen (Catarrhini) erreichen beispielsweise bewegungsempfindliche Ganglienzellen des **M-Systems** zwei ventral gelegene Schichten von Thalamusneuronen mit besonders großen Perikaryen (namensgebend für den magnozellulären Weg; s. Tab. 7.7). Die afferenten Axone des **P-Systems** (parvozelluläres System) enden dagegen in vier weiter dorsal gelegenen Schichten aus kleineren Thalamusneuronen mit der Information zu Objektform und dem Rot-Grün-Kontrast. Zwischen diesen Schichten enden die Fasern des **K-Systems** (koniozelluläres System), die den Blau-Gelb-Kontrast sowie Signale zur Augenbewegung tragen. In der Aufsicht sind die seitlichen Kniehöcker **retinotop organisiert**, sodass benachbarte Punkte aus dem kontralatralen Sehfeld an benachbarten Orten eines Kniehöckers verarbeitet werden. Offensichtlich besteht eine zentrale Aufgabe der seitlichen Kniehöcker darin, die visuelle Information nach Herkunft und Qualität zu ordnen und räumlich getrennt weiterzuleiten. Die grundlegenden Ordnungsprinzipien bleiben bei der **Projektion in die primäre Sehrinde** erhalten und lassen sich bis in die sekundären Verarbeitungsbereiche des Sehsystems verfolgen.

Nicht bei allen Wirbeltieren findet man eine klar erkennbare, sechsfache Schichtung der seitlichen Kniehöcker. Ohne erkennbare Schichtung sind die Kniehöcker nachtaktiver Nagetiere, Fledermäuse (Microchiroptera), Insektenfresser (Ordnung Insectivora), Hasenartiger (Ordnung Lagomorpha), Neben-

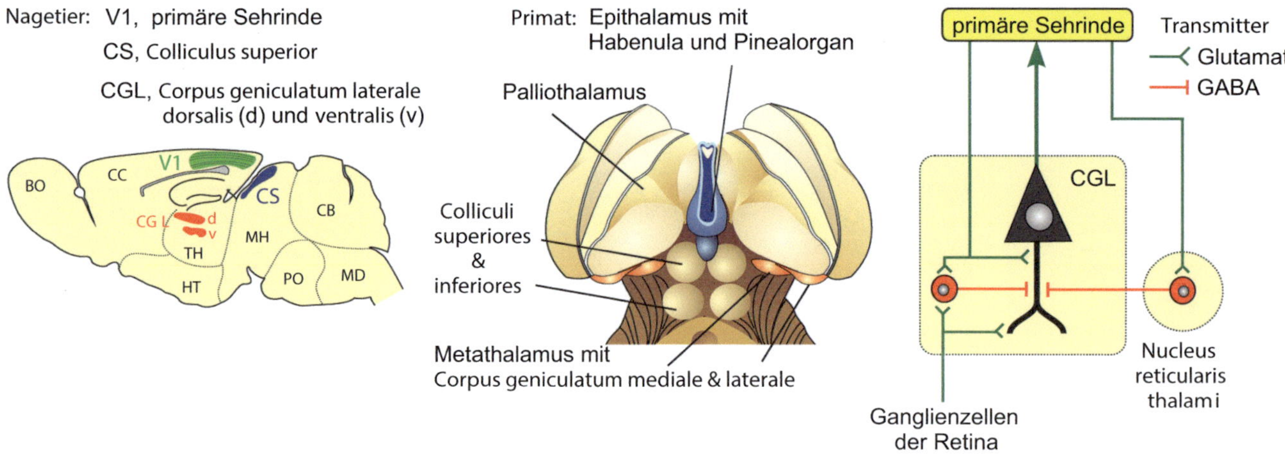

7

Abb. 7.76 Lage und Verschaltungsprinzip des Corpus geniculatum laterale (CGL). *Links*: Schematische Darstellung eines Sagittalschnittes durch ein Nagergehirn zur Verdeutlichung der Lage des CGL im Thalamus, direkt unterhalb des Hippocampus (hakenförmiges Symbol des Gyrus dentatus). BO, Bulbus olfactorius; CB, Cerebellum; CC, Großhirnrinde (Cortex cerebri); CS, Colliculus superior; HT, Hypothalamus; MD, Medulla; MH, Mittelhirn; PO, Brücke (Pons); TH, Thalamus; V1, primäre Sehrinde. *Mitte*: Schematische Darstellung einer dorsalen Aufsicht auf den Thalamus und die Vierhügelplatte eines Primatengehirns zur Verdeutlichung der Lage des CGL im Metathalamus. Der Corpus geniculatum mediale gehört zur Hörbahn. *Rechts*: Prinzip der reziproken Verschaltung eines thalamocorticalen CGL-Neurons (*Dreiecksymbol*) mit der primären Sehrinde und seine Hemmung durch thalamische Interneuronen und den Nucleus reticularis thalami

gelenktiere (Überordnung Xenarthra) und Wale (Ordnung Cetacaea) aufgebaut. Die nicht-geschichteten Kerne dieser Tiere sind aber keinesfalls unstrukturiert. Die Eingänge aus der Retina sind beispielsweise auch bei Mäusen räumlich nach Ganglienzelltypen geordnet. Nur ist die Schichtung histologisch nicht so leicht zu erkennen, wie bei den Kniehöckern von Katzen oder Affen. Man spricht deshalb bei Mäusen auch von „verborgener Schichtung".

Die Ganglienzellaxone bilden erregende Synapsen auf den Dendriten der Projektionsneuronen in den seitlichen Kniehöckern, **den thalamocorticalen Neuronen**, deren zentrale Aufgabe die Weiterleitung der visuellen Information an die primäre Sehrinde ist. Untersucht man die rezeptiven Felder dieser Neuronen, findet man ein ähnliches Bild wie bei den Ganglienzellen der Retina: zwei konzentrisch angeordnete Netzhautbereiche, bei denen die Belichtung von Photorezeptoren in Zentrum und Umfeld jeweils antagonistische Auswirkungen auf die Aktivität eines Thalamusneurons hat. Trotz der Ähnlichkeit zwischen rezeptiven Feldern von Ganglienzellen (s. Abb. 7.48) und Thalamuszellen ist die retinothalamische Verschaltungslogik zwischen der retinalen Ganglienzellschicht und den seitlichen Kniehöckern noch nicht ganz verstanden. Es scheint sich nicht – oder nicht nur – um eine einfache 1:1-Verbindung zwischen Ganglienzellen und Thalamuszellen zu handeln, denn Konvergenz mehrerer Ganglienzellaxone auf dieselbe Thalamuszelle wurde nachgewiesen. Zudem sind die thalamocorticalen Neurone in ein Netz aus inhibitorischen und exzitatorischen Eingängen eingelagert (vereinfacht in Abb. 7.76, *rechts*), wodurch ihre Aktivität zeitabhängig reguliert wird. Deutlich ist, dass der Signalfluss von Thalamus zur primären Sehrinde durch reziproke Verbindungen verstärkt, aber jede Aktivierung von thalamocorticalen Neuronen durch eine verzögerte Hemmung in Schach gehalten wird. Corticofugale Eingänge von Neuronen der primären Sehrinde verstärken die Aktivität der Thalamusneuronen. Und die inhibitorische Kontrolle wird sowohl durch eigene Interneuronen der seitlichen Kniehöcker geleistet als auch durch den Nucleus reticularis thalami, der alle spezifischen Kerne des Thalamus über GABAerge Synapsen hemmt und damit kontrolliert. Die thalamocorticalen Neuronen der seitlichen Kniehöcker sind mithin keine einfachen Folgeneuronen, die das retinale Ausgangssignal zur Sehrinde hin durchschleusen. Vielmehr bilden auch sie eine Station der neuronalen Bearbeitung, der Aufbereitung der visuellen Information für die Analyse in der Großhirnrinde. Die eigenen Interneuronen bieten die Möglichkeit zur lateralen Inhibition und damit zur Kontrastverschärfung. Gleichzeitig können die aktivierenden Eingänge aus der Sehrinde dazu dienen, afferente Signale aus einem Ausschnitt des Sehfeldes zu verstärken und besonders interessante Objekte hervorzuheben.

Das zweite thalamische Verschaltungszentrum der Säugetiere auf dem Weg von der Netzhaut zur Sehrinde ist das **visuelle Kerngebiet des Pulvinars**. Dazu gehören die posterioren, medialen und zentromedialen Kerne des inferioren Pulvinars (s. Abb. 7.72), die aus den Colliculi superiores und – im Fall des medialen Kernes – direkt aus der Netzhaut innerviert werden. Die Kerne projizieren nicht in die primäre Sehrinde (V1), sondern stattdessen direkt in die sekundären Verarbeitungsbereiche der extrastriären Sehrinde (V2–V5). Selbst bei Primaten, bei denen im Erwachsenenalter die Verbindung zwischen Netzhaut und Sehrinde fast vollständig über die seitlichen Kniehöcker verläuft, wird im frühen postnatalen Stadium die visuelle Information durch das Pulvinar geleitet. Erst im Verlauf der postnatalen Reifung des Thalamus verlagert sich der Hauptweg (> 80 % der Ganglionzellaxone) auf die seitlichen Kniehöcker. Evolutionsgeschichtlich werden die visuellen Kerne im inferioren Pulvinar als Merkmal der Euarchontoglires betrachtet, einer Überordnung innerhalb der Klasse der Säugetiere. Zu den Euarchontoglires gehören die Euarchonta (Spitzhörnchen, Riesengleiter und Primaten) und die Glires (Nagetiere und Hasenartige). Unter diesen Tieren findet man Sehbahnen sowohl vom „Eichhörnchentyp“ als auch vom „Primatentyp“. Auch bei Säugetieren, die nicht zu den Euarchontoglires gehören – bei Vertretern der Überordnung Laurasiatheria mit den Insektenfressern, Raubtieren, Fledertieren und Huftieren sowie bei der Überordnung Afrotheria – gehören Kerne des Pulvinarkomplexes außerhalb der Kniehöcker zur Sehbahn. So erhalten die Kerne des lateral-posterioren Pulvinarkomplexes von Katze und Frettchen (aus der Ordnung Carnivora) Eingänge von Netzhaut, Colliculi superiores und primärer Sehrinde. Der colliculothalamische Weg über den Pulvinarkomplex ist offenbar unterschiedlich organisiert bei verschiedenen Säugetiergruppen, ist aber wohl im Zusammenhang mit ähnlichen Anforderungen an besonders schnelle visuomotorische Koordination entstanden.

Nach der Sortierung der afferenten visuellen Signale im Thalamus erreicht die Information die primäre Sehrinde durch die von den seitlichen Kniehöckern ausgehenden Axone thalamocorticaler Neuronen. Die primäre Sehrinde ist bei Säugetieren bilateral über weite Bereiche des rechten und linken Hinterhauptlappens ausgebreitet, sodass die Axone entsprechend weit aufgefächert vorliegen. Sie bilden die **Sehstrahlung (Radiatio optica)**, den letzten Abschnitt der afferenten Sehbahn (◘ Abb. 7.77). Der gesamte afferente Weg der Sehbahn verläuft durch schnell leitende, myelinisierte Axone, für die bei Katzen Leitungsgeschwindigkeiten von 5–15 m s^{-1} im Sehnerv und 10–30 m s^{-1} in der Sehstrahlung gemessen wurden. Vergleicht man die in ◘ Tab. 7.9 zusammengefassten anatomischen Kennzahlen für die Sehbahn, ist zu erkennen, dass sich die Fläche der primären Sehrinde annähernd proportional mit der Anzahl von thalamocorticalen Neuronen wie auch mit der maximalen Dichte von Ganglienzellen in der jeweiligen Area centralis verändert. Tatsächlich wird ein großer Teil der primären Sehrinde von Projektionen aus den Areae/Foveae centrales beansprucht, sodass die Projektion des Sehfeldes auf die primäre Sehrinde zwar retinotop erfolgt, aber wegen der Überrepräsentation der Netzhautbereiche mit höchster Ganglienzelldichte flächenverzerrt ausfällt.

Bei der Verbindung der seitlichen Kniehöcker mit der primären Sehrinde durch die Axone der thalamo-

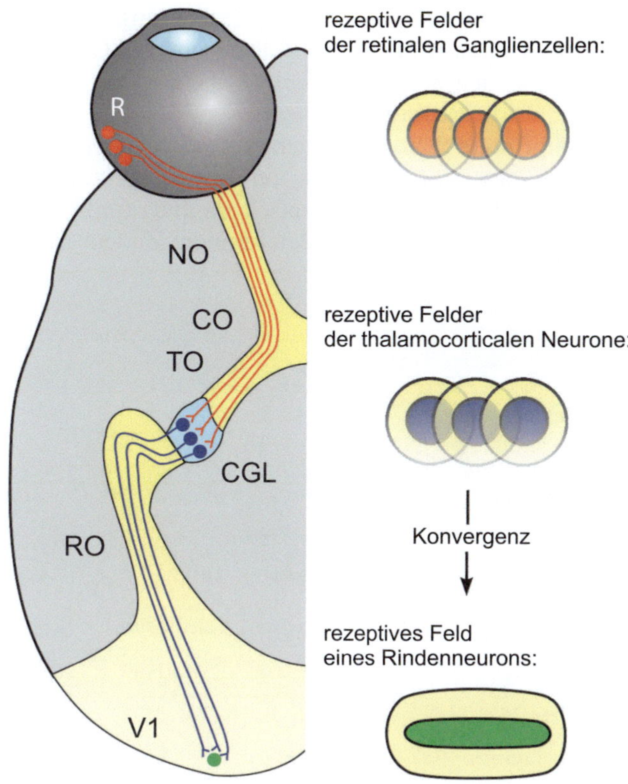

◘ **Abb. 7.77** Entstehung von Richtungsselektivität in der primären Sehrinde. Die thalamocorticalen Neuronen im Corpus geniculatum laterale übernehmen kreisförmige rezeptive Felder von den retinalen Ganglienzellen mit konzentrisch angelegten Zentrums- und Umgebungsbereichen. Die Axone der thalamocorticalen Neuronen konvergieren in retinotoper Ordnung auf Rindenneuronen in der primären Sehrinde. Diese Rindenneuronen erhalten durch die Konvergenz ein zusammengesetztes, längliches Zentrum, das maximal durch einen linienförmigen Lichtreiz auf der Retina aktiviert wird. CGL, Corpus geniculatum laterale; CO, Chiasma opticum; NO, Nervus opticus; R, Retina; RO, Radiatio optica; TO, Tractus opticus; V1, primäre Sehrinde

corticalen Neuronen kommt es zu einer wichtigen Änderung der visuellen Signalcodierung. Die thalamischen Neuronen zeigen noch konzentrische rezeptive Felder, die denen der Ganglienzellen ähneln und damit auf die Signalverarbeitung in der inneren Retina zurückzuführen sind (s. ◘ Abb. 7.48). In der primären Sehrinde werden jedoch mehrere Axone von thalamocorticalen Neuronen auf gemeinsame Folgeneuronen zusammengeführt (◘ Abb. 7.77). Infolge dieser **konvergenten Verschaltung auf Rindenneuronen** ändert sich die Form der rezeptiven Felder in der Sehrinde. Rindenneuronen haben längliche, balkenförmige rezeptive Felder, die letztlich durch die Überlagerung der konzentrischen Felder mehrerer benachbarter Ganglienzellen entstehen. Für das Sehsystem hat diese Verschaltung die fundamentale Konsequenz, dass Rindeneuronen ausschließlich auf linienförmige Lichtreize reagieren, die entlang der Längsachse ihres rezeptiven Feldes auf die Netzhaut fallen. Neuronen in der primären Sehrinde zeigen aus diesem Grund **linienförmige Richtungsselektivität**. Sie reagieren nicht auf punktförmige Belichtung, sondern nur auf Kanten, Linien und Balken, und die Orientierung der Linien in ihrem rezeptiven Feld ist ausschlaggebend für die Reaktionsstärke.

Die primäre Sehrinde besteht wie alle neocorticalen Bereiche des Säugergehirns aus sechs horizontalen Schichten, die sowohl histologisch als auch funktionell voneinander abgegrenzt werden können. Zudem ist sie in vertikal ausgerichtete Verarbeitungsmodule gegliedert, die Kolumnen oder Säulen. In der primären Sehrinde von Primaten hat ein solches Säulenmodul Abmessungen von 2–3 mm in der Vertikalen (rechtwinklig zur Rindenfläche) und 0,1–0,3 mm Durchmesser. Die wichtigste Eingangsschicht der Säulen ist die Schicht 4, die in der primären Sehrinde besonders dick angelegt ist. Sie kann mehrfach untergliedert werden (◘ Abb. 7.78, *links*) und tritt durch ihre hohe Zelldichte in einer histologischen Färbung als **Gennari-Streifen** deutlich hervor. Die anatomischen Bezeichnungen Cortex striatum (Streifencortex) und Area striata (gestreiftes Gebiet) beziehen sich auf diese auffällige Schicht 4. Die aus dem jeweils ipsilateral gelegenen seitlichen Kniehöckern eintreffenden Axone werden in Schicht 4 konvergent auf Eingangsneuronen verschaltet und verleihen jeder Säule ihre spezifische Richtungsselektivität. Eine Säule in der primären Sehrinde wird daher besonders stark durch linienförmige Reize aktiviert, die entlang der Längsachse des rezeptiven Feldes der Rindenneuronen in Schicht 4 ausgerichtet sind. Wegen dieser Richtungsselektivität werden die Säulen als **Orientierungssäulen** bezeichnet. Ein ganzer Satz Orientierungssäulen mit unterschiedlichen Richtungsselektivitäten steht in einer Gruppe nah beieinander, wenn sie ihre afferenten Signale vom selben Ort der Retina beziehen. Man bezeichnet eine solche Säulengruppe als **okuläre Dominanzsäule** (◘ Abb. 7.78, *Mitte*). Zu ihr gehört neben einem vollständigen Satz Orientierungssäulen auch jeweils eine

◘ **Tab. 7.9** Einige Kennzahlen für die afferenten Sehbahnen unterschiedlicher Säugetiere. A_{ret}, Fläche einer Retina; A_{V1}, Fläche einer primären Sehrinde; D_{max}, maximale Dichte von retinalen Ganglienzellen; N_{CGL}, Anzahl von Zellen pro Corpus geniculatum laterale; N_{RGZ}, Anzahl der retinalen Ganglienzellen pro Netzhaut; $V1D_{aff}$, Dichte afferenter thalamocorticaler Fasern pro Sehrinde. Nach Mazade und Alonso (2017)

Tierart	A_{ret} (mm^2)	N_{RGZ} (10^6)	D_{max} (mm^{-2})	N_{CGL} (10^6)	A_{V1} (mm^2)	$V1D_{aff}$ (mm^{-2})
Mensch	1012	1,07	35.100	3,40	2399	1417
Makaken	636	1,54	33.000	1,30	1189	1093
Katzen	510	0,19	10.500	0,51	380	1342
Spitzhörnchen	122	0,57	20.000	0,1	66	1515
Frettchen	84	0,08	5200	0,13	80	1625
Kaninchen	498	0,41	5155	0,16	80	2000
Hausmaus	15	0,05	3300	0,02	4	5000

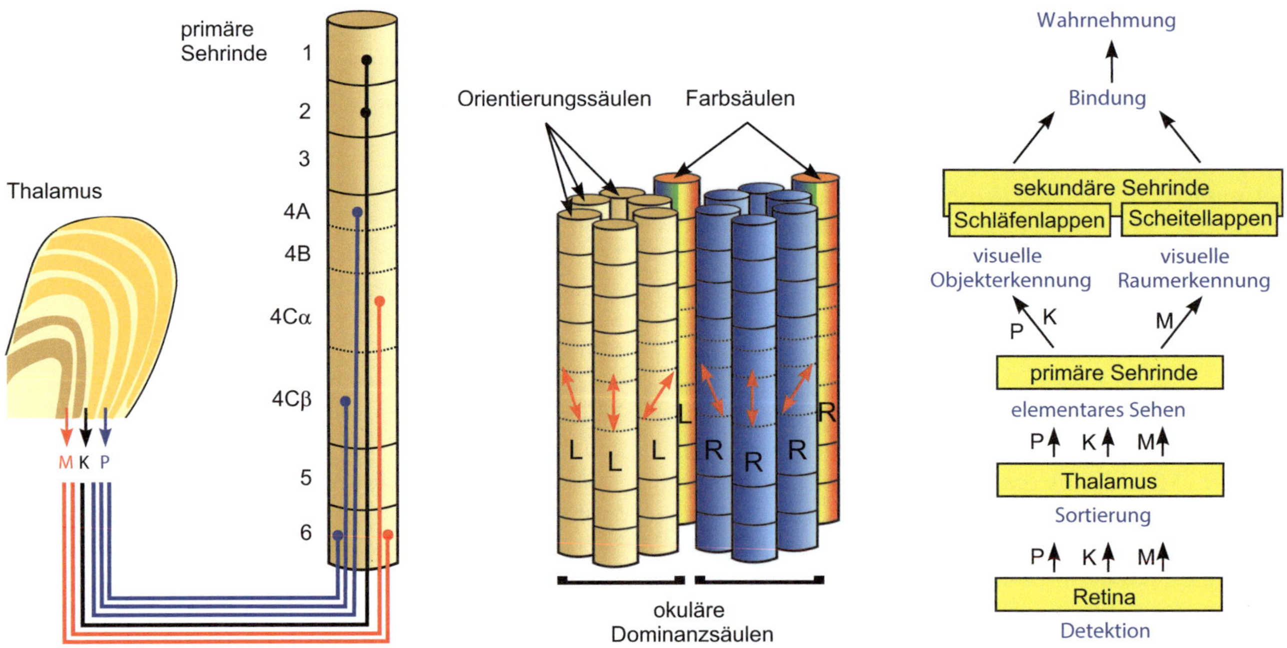

◘ **Abb. 7.78** Organisation der primären Sehrinde. *Links*: Die Axone der thalamocorticalen Neuronen verlassen die seitlichen Kniehöcker sortiert nach M-, K- und P-Systemen und erreichen die primäre Sehrinde im Hinterhauptlappen des Gehirns. Dort bilden sie Synapsen mit Rindenneuronen in unterschiedlichen Schichten einer Orientierungssäule. *Mitte*: Die Verarbeitung eines Ortes im binokularen Sehfeld wird von einer Hyperkolumne geleistet, die aus zwei okulären Dominanzsäulen – eine vom linken (L), eine vom rechten (R) Auge – sowie zwei Farbsäulen besteht. In jeder okulären Dominanzsäule sind Orientierungssäulen mit allen Richtungsselektivitäten gebündelt. *Rechts*: Modell der zentralen Verarbeitung von visueller Information, basierend auf der Sehbahn des Menschen

7

Farbsäule, deren Neurone zwar keine Richtungsselektivität aufweisen, die aber afferente Information der Gegenfarbenzellen verarbeiten. **Farbsäulen** werden in der Literatur auch als „Blobs“ (engl. für Klecks) bezeichnet, weil sie Cytochrom-Oxidase-reiche Zellen enthalten, die in histologischen Präparaten als auffällige Flecken hervortreten. Sie beziehen Eingänge aus den P- und K-Systemen, nicht aber aus dem M-System. Eine okuläre Dominanzsäule verarbeitet damit räumliche und farbliche Aspekte eines Ortes der Netzhaut eines Auges. Zur Verarbeitung von Signalen, die von einem Ort des binokularen Sehfeldes ausgehen, werden zwei okuläre Dominanzsäulen benötigt – eine vom linken, eine vom rechten Auge –, die zusammen eine **Hyperkolumne** bilden. Jede Hyperkolumne benötigt ein Cortexareal mit etwa 1 mm Durchmesser. Tiere mit großem binokulären Sehfeld und hoher Ganglienzelldichte in der Area centralis benötigen daher besonders große Cortexflächen für ihre primäre Sehrinde.

Zum weiteren Verlauf der zentralen Verarbeitung visueller Information kommt die meiste Information aus Untersuchungen am Menschen, weit weniger aus Tierexperimenten. Besonders ergiebig ist für diese Forschung das humanmedizinische Fach der klinischen Neuropsychologie, bei dem die Auswirkungen lokaler Schädigungen der primären und sekundären Sehrinde auf die visuelle Wahrnehmung untersucht werden können. Patienten mit definierten Läsionen in der Sehbahn können präzise Angaben zu spezifischen Beeinträchtigungen ihres Sehvermögens machen. So können Läsionen in der primären Sehrinde zu Farbenblindheit (Achromatopsie) führen, während Läsionen im Scheitellappen Störungen der Bewegungswahrnehmung (Akinetopsie) verursachen oder die Wahrnehmung des halben Gesichtsfeldes erschweren können (Hemineglect). Schädigungen im Schläfenlappen können dagegen mit Schwierigkeiten beim visuellen Erkennen von Objekten oder deren Bedeutung (Objektagnosie) verbunden sein. Solche Daten von Tieren zu gewinnen ist sehr schwierig, weil man Hinweise zur visuellen Wahrnehmung eines Tieres ausschließlich durch die Interpretation seines Verhaltens gewinnen kann (▶ Abschn. 7.15). Dennoch können die Prinzipien der zentralen Verarbeitung visueller Informationen beim Menschen als Modell für das Sehen bei Säugetieren dienen. Das Modell ist in ◘ Abb. 7.78 (*rechts*) dargestellt. Auf die Detektion visueller Signale in der Retina folgt die räumliche Ordnung durch das Sortieren in den seitlichen Kniehöckern des Thalamus. Die Verarbeitung in der primären Sehrinde betrifft **elementare Aspekte des Sehens**, das Ordnungsprinzip ist die Retinotopie. Nach der primären Sehrinde trennen sich die Wege der **visuellen Objekterkennung** (Form, Farbe, Bedeutung) und der **visuellen Raumerkennung** (Ort, Bewegung) und werden gleichzeitig und parallel zueinander bearbeitet. Dazu wird der Informationsstrom des P-Systems und von Teilen des K-Systems zum Schläfenlappen geleitet, wo ein kategoriales Ordnungssystem vorherrscht. Das bedeutet, dass an unterschiedlichen Orten dieses Verarbeitungsweges unterschiedliche Objektkategorien der bewussten Wahrnehmung zugeführt werden. Eine gut untersuchte Objektkategorie ist beispielsweise „Gesichter“. Vermutlich sind für alle Säugetiere das Erkennen individueller Gesichter sowie die Interpretation von Mimik lebenswichtige kognitive Fähigkeiten. Beim Menschen können begrenzte Läsionen im Schläfenlappen diese Fähigkeit auslöschen und die Gesichtserkennung unmöglich machen (Prosopagnosie). Der zweite Weg der visuellen Information, der Informationsfluss durch das M-System, führt in den Scheitellappen, wo ein egozentrisches räumliches Ordnungsprinzip vorherrscht. Objektbewegungen innerhalb des eigenen Sehfeldes werden bewusst wahrgenommen, die Position von Objekten wird ermittelt und erkennbar gemacht. Da das M-System keine Farbinformation trägt, ist auch die visuelle Raumerkennung nicht farbenabhängig.

Die Parallelverarbeitung in weit auseinanderliegenden Zentren der sekundären Sehrinde (beim Menschen V2–V5) erfolgt zwar schnell und kann wegen der Spezialisierung der einzelnen Rindenbereiche auf ihre jeweilige Aufgabe mit hoher Effektivität geleistet werden. Sie erfordert aber auch, dass die getrennt bearbeiteten visuellen Aspekte eines Objekts – seine Identität und sein Ort – in irgendeiner Weise wieder zusammengeführt werden, sodass sie nicht länger getrennt, sondern als Eigenschaften desselben Objekts wahrgenommen werden. Wie dieser Prozess vonstattengeht, ist bisher noch unverstanden. In der Wahrnehmungspsychologie wird er als **Bindung** bezeichnet. Man nimmt an, dass die Bindung zusammengehörender Information nicht an einem speziellen Ort im Gehirn stattfindet – es gibt wohl kein „Bindungszentrum“. Wohl aber kann man in Theorien zum Zustandekommen bewusster Wahrnehmung die Bindungsfunktion integrieren und sie beispielsweise als Rolle des Arbeitsgedächtnisses identifizieren. In welcher Weise diese Prozessse bei Tieren ablaufen, ist besonders schwer zu erforschen. Trotz der fundamentalen Hindernisse, die einem Verständnis der bewussten Wahrnehmung bei Tieren entgegenstehen, haben Neurobiologen und Ethologen Erkenntnisse über die visuelle Wahrnehmung bei Tieren gewinnen können, die uns einem Verständnis der Sehwelt von Tieren näherbringen.

7.15 Sehen und Wahrnehmung

Menschen, die sich mit Tieren beschäftigen, möchten wissen, was in den Tieren vorgeht. Was sehen sie, was verstehen sie, was fühlen sie, was planen sie? Solche Fragen treiben viele Menschen um, nicht nur Zoologen, sondern auch Tierfreunde, Tierhalter, Jäger und Tierschützer. Diese schwierige und wichtige Thematik wird in ▶ Kap. 18 in einigem Detail behandelt. Im vorliegenden Kapitel zum Sehsinn soll die Frage angesprochen werden, welche Art von Wahrnehmung das Sehsystem eines Tieres ermöglicht und wie die Tiere mit ihrer visuellen Information umgehen. Solche Fragen führen in einen kontrovers diskutierten Themenbereich der Biologie – ein Gebiet, in dem Beobachtung, Intuition und Erkenntnistheorie zu gemeinsamen Konzepten gelangen müssen. Vorstellungen über die visuelle Wahrnehmung der Tiere sind so vielfältig wie die Vorstellungskraft des Menschen. Da gibt es die hemmungslos anthropomorphe Vorstellung, dass jedes Tier mit zwei Augen die Welt ähnlich wahrnehmen muss wie wir Menschen. Dabei blickt eine Katze mit dichromatischem Sehen, streifenförmiger Area centralis und einem Sehschärfewinkel von 5′ natürlich anders in die Welt als ein Mensch mit trichromatischem Sehen, einer annähernd punktförmiger Fovea centralis und einer Sehschärfe von 0,4′. Am anderen Ende des Spektrums bestreiten Wissenschaftler rundheraus jede Möglichkeit, die Wahrnehmung der Tiere zu verstehen, und erklären jedweden darauf gerichteten Versuch für unwissenschaftlich. Eine solch extreme Vorstellung birgt eine ernste Gefahr, begründet in der Forderung, dass Dinge, deren Existenz wir nicht nachweisen und verstehen können, prinzipiell nicht Teil unserer wissenschaftlichen Konzepte sein können. Eine leichte Verdrehung dieses positivistischen Gedankens hat dazu geführt, dass nicht wenige Wissenschaftler auch heute noch bezweifeln, dass Tiere überhaupt ein Bewusstsein besitzen und eine bewusste Wahrnehmung erleben – bis zum Beweis des Gegenteils. Die scheinbare Unmöglichkeit, Bewusstsein bei Tieren nachzuweisen, stellt dessen Existenz infrage. In diesem Spannungsfeld zwischen der Vermenschlichung der Tiere und dem Pochen auf einen schlüssigen Beweis für die Existenz von tierischem Bewusstsein versuchen sich Ethologen seit einem Jahrhundert durch genaue und ausdauernde Beobachtung von Tieren unter natürlichen wie unter kontrollierten Bedingungen der Frage zu nähern, in welcher Weise Tiere ihre Umwelt erleben. Zur Beantwortung der grundlegenden Frage nach der **Existenz von bewusster Wahrnehmung** setzen Ethologen bewährte Konzepte aus der Wahrnehmungspsychologie des Menschen ein. Diese Arbeiten haben klare Nachweise bewusster visueller Wahrnehmung bei Wirbeltieren erbracht. Die Erforschung von **artspezifischen Varianten bewusster Wahrnehmung** allerdings – also die Frage danach, wie ein einzelnes Tier seine Umwelt wahrnimmt – ist weit komplizierter. Sie führt in den von Jakob von Uexküll eingeführten Dualismus von „Umwelt" und „Gegenwelt", bei dem zur „Umwelt" all das gehört, was ein Tier durch seine Sinnesorgane von der Umwelt erfassen kann (von Uexküll 1921). Die „Gegenwelt" ist aber eine innere Welt, die einerseits durch die aufgenommenen sensorischen Informationen, andererseits auch durch eigene kognitive Vorgänge wie Aufmerksamkeit, Interpretation und Erinnerung beeinflusst wird. Obwohl weder „Umwelt" noch „Gegenwelt" eines Tieres im wissenschaftlichen Experiment unmittelbar sichtbar gemacht werden können, haben ethologische Untersuchungen durchaus einige Aspekte dieser Wahrnehmungswelten erkennbar gemacht. In diesem Abschnitt wird zunächst dargestellt, welche Erkenntnisse die Existenz von bewusster visueller Wahrnehmung bei Tieren belegen. Danach werden einige Beispiele für die Erforschung von artspezifischen Varianten bewusster Wahrnehmung beschrieben.

Die Wissenschaft von den Wahrnehmungsprozessen beim Menschen ist die Wahrnehmungspsychologie, und ihr experimentelles Verfahren ist die Psychophysik. Das Ziel psychophysischer Experimente ist es, subjektives Erleben von Sinneseindrücken zu erfassen. Ihre Methode ist in erster Linie die Befragung von Probanden: Menschen schildern dem Experimentator ihre Wahrnehmungen. Bei gut geplanten psychophysischen Versuchen mit wohl überlegten Fragen können Sinnesreize identifiziert, voneinander abgegrenzt und nach dem Maß ihrer Intensität quantifiziert werden. Die Psychophysik hat sich seit der Mitte des 19. Jahrhunderts als höchst produktives Arbeitsgebiet der experimentellen Psychologie bewährt und bildet den Rahmen zur wissenschaftlichen Erforschung der visuellen Wahrnehmung. Da aber die Forschung bei Tieren ohne Sprache auskommen muss, bedient man sich zur Untersuchung der Wahrnehmung natürlich motivierter Verhaltenmsmuster – beispielsweise der Nahrungssuche – und beobachtet, in welcher Weise visuelle Reize dieses Verhalten beeinflussen.

Die grundlegende visuelle Wahrnehmungsleistung ist die **Objekterkennung**. Der Sehsinn muss in der Lage sein, im Mosaik der Photorezeptoraktivität die Umrisse einzelner Dinge (Objekte) zu erkennen und ihre Identität und Position auszumachen. Je schneller dieser Erkennungsprozess abläuft, desto besser für ein Tier. Die Schwierigkeit liegt darin, dass das Bild eines Objekts (beispielsweise ein anderes Tier, eine Pflanze, eine Wasserfläche) auf der Netzhaut die rezeptiven Felder von mehreren retinalen Ganglienzellen überdeckt. Afferente Signale, die vom Objekt ausgelöst wurden, erreichen zudem gleichzeitig mit allen anderen Signalen aus dem Sehfeld die Stationen der Sehbahn, und hier muss nun entschieden werden, welche der eintreffenden Signale zu einem Objekt gehören und welche nicht. Man bezeichnet diesen Vorgang als **Gruppierung**, die Zuordnung einer Gruppe von afferenten Signalen – beispielsweise einer Gruppe von Bildpixeln – zu einem Objekt. Nach welchen Kriterien werden solche Gruppierungen vorgenommen? Wie werden die Abgrenzungen der Objekte erkannt? Und wie erschließt sich deren Bedeutung? Solche Fragen machen das Forschungsgebiet der **Gestaltpsychologie** aus. Zu den Kriterien, die die Objekterkennung ermöglichen, gehören Nähe, Ähnlichkeit, Kontinuität, Symmetrie und Prägnanz – allesamt Entscheidungshilfen beim Wahrnehmungsprozess, die eine Art Leitfaden für die Interpretation der visuellen Signale bieten. Denn Interpretation ist nötig, um den steten Strom afferenter Signale aus der Netzhaut in eine bildliche Wahrnehmung zu überführen, in ein Bild aus erkennbaren Objekten. Die Gestalt eines Objekts entsteht durch Wahrnehmung. Die Gestalt entspricht dem Bedeutungsinhalt von Objekten und wird durch kognitive Prozesse erkannt. Dass solche Prozesse bei unterschiedlichen Tieren aufgrund artspezifischer Sehsysteme zu verschiedenen Gestaltwahrnehmungen führen müssen, stellt eine besondere Herausforderung für die Ethologie dar. Es ist weit einfacher, physiologische Sinnesfunktionen zu untersuchen, indem man beispielsweise die Abbildungsschärfe auf der Retina bestimmt, die Expression von unterschiedlichen Opsinvarianten in Photorezeptoren nachweist oder die Verarbeitungslogik der inneren Retina entschlüsselt. Zum Wahrnehmungsprozess eines Tieres dagegen hat man nur indirekten Zugang. Trotzdem ist es möglich, durch Verhaltensbeobachtungen zu erkennen, ob ein Tier ein Objekt erkannt hat, wie es zwei Objekte unterscheidet und welche Informationen über ein Objekt für das Tier besonders interessant sind. Zur Erforschung visueller Wahrnehmung wird eine Vielzahl von Verhaltenstests eingesetzt. Einige davon sind in ◘ Tab. 7.10 aufgeführt, und eine kleine Auswahl wird im Folgenden beschrieben.

Untersuchungen von Wahrnehmung und Kognition bei Vögeln werden oft an Rabenvögeln (Familie Corvidae) durchgeführt, denn diese zeigen beeindruckende Leistungen bei der visuellen Wahrnehmung, beim Planen zukünftiger Handlungen, beim Werkzeuggebrauch sowie bei Problemlösungen in vielen unterschiedlichen Situationen. All diese Fähigkeiten hatte man vor nicht allzu langer Zeit ausschließlich Primaten zugeschrieben. Heute ist man jedoch klüger. Und mit fortschreitendem Wissen über die Ökophysiologie von Raben, Krähen, Elstern und Hähern wächst der Respekt vor ihren vielfältigen kognitiven Leistungen. Eichelhäher (*Garrulus glandarius*) sind beispielsweise darauf angewiesen, im Herbst Eicheln, Bucheckern und Haselnüsse zu sammeln und in möglichst unauffälligen Verstecken als Wintervorrat einzulagern. Sie sind sehr gut darin, diese Verstecke im Winter wiederzufinden, und nutzen dabei in erster Linie visuelle Informationen. Zur Frage der Objekterkennung kann man mit ihnen Verhaltensexperimente durchführen, bei denen man Nüsse unter Gegenständen verbirgt, welche die Vögel als Objekte erkennen müssen, um die Belohnung zu finden. Diese Objekte können eine bestimmte Form haben (Würfel, Dreieck, hohl oder geschlossen), oder sie können durch ihre Position in einem gelernten Muster erkennbar sein. Beispielsweise erkennt der Eichelhäher in ◘ Abb. 7.79 (*oben*) das Versteck einer Nuss an der Form des abdeckenden Objekts (geschlossener Würfel) oder beim Hütchenspiel daran, dass das richtige Hütchen allein und nicht in einer Dreiergruppe steht. Was immer das richtige Hütchen aus einem beliebigen Hütchenmuster hervorhebt: Die Vögel können es erkennen. Denn Eichelhäher und andere Rabenvögel verfügen über eine ausgeprägte **Fähigkeit zur figürlichen Wahrnehmung**, sie erkennen die „Gestalt" einer Hütchenkonfiguration oder einer Objektform, ähnlich wie wir Menschen das können. Im Wald nutzen sie diese Form der visuellen Wahrnehmung zur Organisation ihrer Wintervorräte, indem sie sich Umgebungsmuster einprägen, mit deren Hilfe sie im Winter ihre Nüsse wiederfinden können. Ein solches Muster kann beispielsweise die räumliche Beziehung einiger Bäume, Sträucher und Felsen innerhalb einer Waldlichtung sein, eine kleine Landschaft, deren Details die Vögel im Herbst lernen und im Winter wiedererkennen können. In ihrer Geschicklichkeit bei diesem höchst anspruchsvollen Versteckspiel stehen sie Eichhörnchen nicht nach.

Objekte müssen auch dann identifiziert und wahrgenommenn werden, wenn sie teilweise verdeckt sind – schließlich ist ein Wolf, der halb hinter einem Baum verborgen ist, genauso gefährlich wie ein freistehender Wolf. Die Fähigkeit zur Vervollständigung teilverdeckter Objekte ist ein lebenswichtiger Aspekt der visuellen Wahrnehmung. Im Verhaltensexperiment kann man diese Fähigkeit bei einem Tier überprüfen, indem man das Tier dafür belohnt, auf eine vollständige Scheibe zu deuten, nicht aber für das Deuten auf eine unvollständige Scheibe (◘ Abb. 7.79, *unten*). Wenn eine teilabgedeckte Scheibe als vollständig erkannt wird, beweist das die **Fähigkeit zur Wahrnehmung von Objektkonstanz**, auch in einer Situation, wo das Sehsystem keine Information zur Vollständigkeit des Objekts liefert. Dieser Fähigkeit liegt eine Interpretation der visuellen Information zugrunde, ein kognitiver Prozess, der auf der Annahme beruht, dass hintereinander gestaffelte Dinge im Allgemeinen vollständig sind, auch wenn sie unvollständig aussehen. Eine vergleichbare Interpretationsleistung ist erforderlich, wenn ein Objekt sich dreht und beispielsweise die Rückseite sichtbar wird. Auch in diesem Fall darf die Wahrnehmung seiner Identität nicht verloren gehen. Das gelingt, weil ein Tier eine erlernte Vorstellung von Form und Farbe des Objekts besitzt, die für die visuelle Wahrnehmung als Referenzbild eingesetzt werden kann. Objektkonstanz in der visuellen Wahrnehmung wurde bei Fischen, bei Küken und ausgewachsenen Hühnern sowie bei Tauben, Mäusen und bei einigen Primaten durch Verhaltensexperimente nachgewiesen. Offenbar ist schon früh in der Evolution der Wirbeltiere diese Fähigkeit aufgetreten, was ihre besondere Bedeutung für das Sehen unterstreicht.

Die räumliche Staffelung von Objekten unterstützt auch die **Tiefenwahrnehmung**, indem teilverdeckte Ob-

Tab. 7.10 Nachweis visueller Wahrnehmung bei einigen Tierarten. Zusammenstellung einiger Ergebnisse zu unterschiedliche Aspekten von visuellen Wahrnehmungsprozessen. Nach: Lazareva et al. (2012); Mascalzoni & Regolin (2011); Rosa Salva et al. (2014)

Wahrnehmungsleistung	Verhaltensexperiment	getestete Tierarten (Auswahl)
Objektwahrnehmung	Erkennen von Attrappen Erkennen trotz Tarnung figürliche Wahrnehmung	Dreistachliger Stichling (*Gasterosteus aculeatus*) Felsentaube (*Columba livia*) Eichelhäher (*Garrulus glandarius*) Bienenwolf (*Philanthus triangulum*)
	Erkennen der Objekteinheit trotz Verdeckung	Grauer Bambushai (*Chiloscyllium griseum*) Banderolenkärpfling (*Xenotoca eiseni*) Haushuhn (*Gallus gallus domesticus*) Haubenkapuziner (*Cebus apella*) Guinea-Pavian (*Papio papio*) Schimpanse (*Pan troglodytes*)
	Erkennen von Scheinkonturen	Honigbiene (*Apis mellifera*) Grauer Bambushai (*Chiloscyllium griseum*) Banderolenkärpfling (*Xenotoca eiseni*) Goldfisch (*Carassius auratus*) Schleiereule (*Tyto alba*) Haushuhn (*Gallus gallus domesticus*) Hauskatze (*Felis silvestris catus*) Rhesusaffe (*Macaca mulatta*)
Tiefenwahrnehmung	durch Objektverdeckung	Haushuhn (*Gallus gallus domesticus*) Guinea-Pavian (*Papio papio*)
	durch Perspektive	Felsentaube (*Columba livia*) Haushuhn (*Gallus gallus domesticus*) Hauspferd (*Equus caballus*) Nördlicher Schweinsaffe (*Macaca leonina*)
	durch Parallaxe	Wüstenheuschrecke (*Schistocerca gregaria*) Gottesanbeterin (*Mantis religiosa*) Honigbiene (*Apis mellifera*)
Bewegungswahrnehmung	Wahrnehmung des optischen Flusses	Honigbiene (*Apis mellifera*)
	optokinetische Reaktionen	Taufliege, *Drosophila melanogaster* Zebrabärbling (*Danio rerio*) Leopardfrosch (*Rana pipiens*) Felsentaube (*Columba livia*) Hausmaus (*Mus musculus*) Rhesusaffe (*Macaca mulatta*)
	Erkennen biologischer Bewegungsmuster	Medaka (*Oryzias latipes*) Haushuhn (*Gallus gallus domesticus*) Felsentaube (*Columba livia*) Hauskatze (*Felis silvestris catus*) Rhesusaffe (*Macaca mulatta*) Schimpanse (*Pan troglodytes*) Großer Tümmler (*Tursiops truncatus*)
optische Täuschungen	Müller-Lyer-Täuschung	Ringeltaube (*Columba palumbus*) Graupapagei (*Psittacus erithacus*) Rhesusaffe (*Macaca mulatta*) Haubenkapuziner (*Cebus apella*)
	Ponzo-Täuschung	Felsentaube (*Columba livia*) Hauspferd (*Equus caballus*) Rhesusaffe (*Macaca mulatta*) Schimpanse (*Pan troglodytes*)
	stereokinetischer Effekt	Haushuhn (*Gallus gallus domesticus*) Weißbüschelaffe (*Callithrix jacchus*)
	Ebbinghaus-Täuschung	Banderolenkärpfling (*Xenotoca eiseni*)

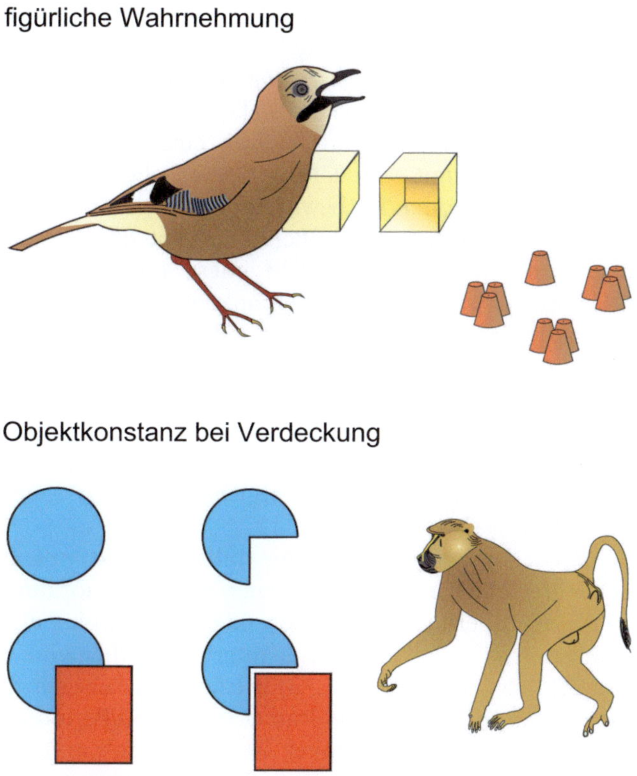

Abb. 7.79 Verhaltensexperimente zur Objekterkennung. *Oben*: Eichelhäher (*Garrulus glandarius*) sind gut im Hütchenspiel. Sie lernen sehr leicht Muster, die sie zu einer Belohnung führen. Hier enthält das einzeln stehen Hütchen eine Haselnuss. Auch können sie in Dressurversuchen Objektformen erkennen (hier geschlossene und offene Würfel) und bewerten. *Unten*: Guinea-Paviane (*Papio papio*) nehmen die beiden links gezeigten blauen Objekte als vollständige Scheiben wahr, obwohl die untere teilweise verdeckt ist. Die beiden rechten werden dagegen als unvollständige Scheiben wahrgenommen, bei denen das fehlende Segment erkannt wird. Nach Hertz (1928); Fagot et al. (2006)

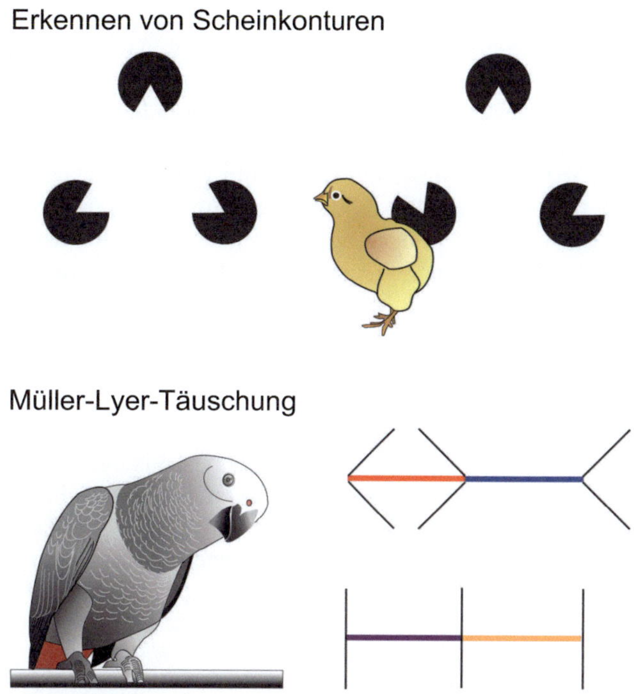

Abb. 7.80 Wahrnehmung von Scheinkonturen und optische Täuschung. *Oben*: Ein auf Dreiecke dressiertes Hühnerküken (*Gallus gallus domesticus*) erkennt die Scheinkontur eines Kanizsa-Dreiecks. Das weiße Dreieck (*links*) kann nur durch einen kognitiven Prozess erkannt werden, bei dem die Aussparungen in den drei schwarzen Scheiben als zu einem Objekt gehörend interpretiert werden. *Unten*: Ein Graupapagei (*Psittacus erithacus*) beweist die Kontextabhängigkeit der visuellen Wahrnehmung, indem er gleich lange Linien in Abhängigkeit ihres Umfelds als unterschiedlich lang wahrnimmt. Liegt eine Linie zwischen zwei nach innen geöffneten Winkeln (*rot*), sieht sie kürzer aus als eine gleich lange Linie zwischen zwei nach außen geöffneten Winkeln (*blau*). Senkrechte Striche erzeugen keine Täuschung bei der Abschätzung der Linienlänge. Nach Mascalzoni und Regolin (2011); Pepperberg et al. (2008)

jekte als hinter denjenigen Objekten wahrgenommen werden, von denen sie verdeckt werden. Auch der Wahrnehmung von Raumtiefe liegen visuelle Interpretationsprozesse zugrunde. Eine Ausnahme ist vermutlich die binokulare Stereopsis, die räumliche Wahrnehmung im nahen Sehfeld, bei der die Entfernung durch Querdisparation von Netzhautbildern oder von konvergenten Augenbewegungen direkt neuronal codiert wird. Eine andere Ausnahme bildet die Akkomodation, welche ein direktes Entfernungssehen ohne Interpretationsbedarf vermitteln kann, wie das etwa bei Chamäleons der Fall ist (s. ► Abschn. 7.11). Aber schon für die Entfernungsabschätzung durch lineare Perspektive – die scheinbare Verkleinerung aller Objekte auf einen entfernt liegenden Fluchtpunkt hin – ist es nötig, Objektgrößen und -entfernungen stimmig zu erfassen und zueinander in Beziehung zu setzen. Menschen sehen in perspektivisch gezeichneten Bildern eine Raumtiefe, obwohl die Bilder zweidimensional sind. Tiere tun das auch. Bei Tauben, Hühnern, Pferden und Affen konnte man die Wahrnehmung der künstlichen dritten Dimension beim Betrachten von Bildern nachweisen. Auch die Nutzung von parallaktischen Effekten zur Entfernungsmessung, die man bei manchen Insekten, Reptilien und Vögeln beobachten kann, ist ein kognitiver Vorgang. Die Tiere lassen ihren Kopf oder Körper hin- und herpendeln, um ein Objekt aus mehreren Sichtwinkeln zu betrachten. Die relative Verschiebung des Objekts gegenüber dem Vorder- und Hintergrund liefert dabei Aufschluss über die Entfernung, allerding nur nach korrekter Interpretation der visuellen Daten. Die Nutzung von Objektstaffelung, Perspektive und Parallaxe zeigt deutlich, dass die Wahrnehmung der Raumtiefe auf kognitiven Vorgängen beruht und ein wichtiger Aspekt der bewussten visuellen Wahrnehmung bei Tieren ist.

Ein weiterer Nachweis von bewusster visueller Verarbeitung bei Tieren ist die **Erkennung von Scheinkonturen** wie des bekannten Kanizsa-Dreiecks, einer illusionären Kontur, die durch kognitive Vervollständigung einer erwarteten Form zustande kommt. Das in Abb. 7.80 (*oben*) gezeigte Beispiel bezieht sich auf Experimente, bei denen Hühnerküken (*Gallus gallus domesticus*) gelernt haben, mit dem Anblick von Dreiecken Belohnung zu verbinden. Gibt man ihnen die Wahl zwischen einem Bild des Kanizsa-Scheindreiecks und einem Bild mit den gleichen grafischen Komponenten, aber ohne Dreicksillusion, dann wenden sie sich in der Hoffnung auf Belohnung dem Kanizsa-Dreieck zu. Küken sind also in der Lage, eine nicht wirklich existierende, aber durch Interpretation entstehende Figur zu erkennen. Ähnliche Experimente erbrachten die gleichen Fähigkeiten bei Bienen, Fischen, Eulen, Katzen und Affen.

Auch **optische Täuschungen** liefern Hinweise auf bewusste visuelle Wahrnehmungsprozesse, denn sie machen die Interpretationen, mit denen das Sehsystem sich die Umwelt zu erschließen versucht, erkennbar – wenn auch nicht immer verständlich. Optische Täuschungen konnten auch in Verhaltensexperimenten mit unterschiedlichen Wirbeltieren nachgewiesen werden (◻ Tab. 7.10) und stellen starke Hinweise auf kognitive Verarbeitungsprozesse bei der visuellen Wahrnehmung dar. Die Müller-Lyer-Täuschung ist beispielsweise ein Phänomen, das im Zusammenhang mit der visuellen Analyse von Linien und Kanten zu stehen scheint. Linien gleicher Länge werden vom Betrachter als unterschiedlich lang eingeschätzt, wenn sie an ihren Enden Winkel mit unterschiedlichen Ausrichtungen tragen. Öffnen sich die Winkel nach außen – von der Linie weg –, erscheint die Linie länger, als wenn die Winkel zur Linie hin geöffnet sind (◻ Abb. 7.80, *unten*). Einige Tiere konnte man auf Unterschiede in der Linienlänge dressieren und damit nachweisen, dass auch sie der Fehlwahrnehmung der Müller-Lyer-Täuschung unterlagen. Der berühmt gewordene Graupapagei (*Psittacus erithacus*) „Alex", dessen erstaunliche Kommunikations- und Sprechfähigkeiten ihn zur Erforschung der Wahrnehmung bei Vögeln besonders geeignet machten, konnte sogar ohne vorherige Dressur die Frage beantworten, ob die eine oder andere Linie länger ist oder ob beide Linien gleich lang sind. Es besteht kein Zweifel, dass der Vogel die Müller-Lyer-Täuschung sehen konnte. Zu anderen optischen Täuschungen, die auch bei Tieren nachgewiesen wurden, gehören die Ponzo-Illusion, eine Täuschung der Größenwahrnehmung von Objekten aufgrund der Interpration der Raumtiefe, und der stereokinetische Effekt, eine durch Objektbewegung erzeugte Wahrnehmung von Raumtiefe.

Je weiter die Erforschung der visuellen Wahrnehmung bei Wirbeltieren vorankommt, desto deutlicher wird die Einsicht, dass die bewusste Wahrnehmung von Objektidentität und Objektbewegung eine kognitive Fähigkeit ist, die allen Wirbeltieren gemein ist. Offenbar gehörte zur frühen Evolution des Sehens bei Wirbeltieren die neuronale Fähigkeit zur Unterscheidung von Objekten anhand von Form und Farbe genauso wie die Lokalisierung von Objekten im Sehfeld. Wie aber hat sich die **Auswertung visueller Informationen bei Invertebraten** entwickelt? Haben wirbellose Tiere ein Bewusstsein? Kann das Gehirn einer Honigbiene (*Apis mellifera*) mit etwa 1 Mio. Nervenzellen Perzepte hervorbringen, oder ist bewusste Wahrnehmung eine Errungenschaft der weit größeren Gehirne der Wirbeltiere? Im Vergleich zu Vögeln oder Säugern haben Honigbienen zwar ein eingeschränktes Repertoire von Verhaltensmustern. Aber ihre Fähigkeiten bei der visuell-geleiteten Orientierung in der komplexen Umwelt einer Blumenwiese mit all ihren Strukturen und Farben setzt die Ethologen immer wieder in Erstaunen. Was also sieht eine Sammlerin, wenn sie durch eine Wiese fliegt und nach einer ergiebigen Tracht sucht (◻ Abb. 7.81)?

Mit den insgesamt 9000 Ommatidien ihrer Komplexaugen verfügt die Biene über einen weiten Panoramablick, der allerdings keine besonders gute räumliche Auflösung bietet. Mit einem Interommatidienwinkel von 2,1° ($\Delta\Phi$ in ◻ Abb. 7.33) beträgt ihre Sehschärfe theoretisch 0,38 Perioden/Grad (Mensch: 60 Perioden/Grad), ihr Sehschärfewinkel ist 60′ (Mensch: 0,4′; ▶ Abschn. 7.7). Ihre visuelle Auflösung ist mithin 150-mal schlechter als unsere. Allerdings wäre es falsch sich vorzustellen, dass eine Biene einfach nur Bilder mit weniger Pixeln sieht als wir – also irgendeine Version unserer bildhaften Sehwelt, nur eben grober gerastert oder unscharf. Umfangreiche Forschungsprojekte zur Nutzung visueller Informationen bei der Nahrungssuche haben zu einer ganz anderen Vorstellung vom Sehen bei Bienen geführt und uns eine Ahnung davon vermittelt, wie selbst ein winziges Gehirn komplexe visuelle Analysen ausführen kann. Nach dem aktuell fundiertesten Modell für das Sehen bei Bienen werden kleine Ausschnitte des Sehfeldes, die von jeweils etwa sechs Ommatidien betrachtet werden, auf einige wenige optische Eigenschaften hin analysiert. Dazu gehört eine Auswertung des vorherrschenden Kontrastumfangs, der Lage und Ausrichtung von kontrastreichen Kanten sowie des Blaugehalts. Eine solche **Extraktion von nur wenigen Parametern** hat den großen Vorteil, dass vergleichsweise kleine Datensätze für jeden Ausschnitt des Sehfeldes verarbeitet werden müssen, vielleicht nur drei „Werte" pro Ausschnitt (Kontrastumfang, Kantenposition, Blaugehalt). Zur weiteren Reduktion der Datenmenge können die Werte von mehreren Sehfeldausschnitten dann noch gemittelt werden. Letzlich entsteht aus dieser Art von Extraktion offenbar eine Art von Tabelle mit jeweils drei Werten für weniger als 100 Bereiche des Komplexauges – ein durchaus übersichtlicher Datensatz, an dem die Biene diejenigen Einzelheiten erkennen kann, die für sie wichtig sind, insbesondere die Formen und Farben von Blüten. Bei

Abb. 7.81 Eine Honigbiene (*Apis mellifera*) folgt auf ihrer Suche nach Nektar und Pollen visuellen Signalen

einer bildgebenden, fotografisch getreuen Registrierung des Sehfeldes mitsamt der Identifizierung und Abgrenzung von erkennbaren Objekten wäre sehr viel mehr Information zu verarbeiten, und es würde ein entsprechend größeres Gehirn benötigt. Offenbar nutzt das winzige Bienengehirn für diese sehr einfache Datenextraktion **zwei getrennte Kanäle**. Wie in Abb. 7.60 gezeigt, verfügen Honigbienen über drei Arten von Photorezeptoren. Jedes Ommatidium enthält sechs Grünrezeptoren mit einer maximalen Absorption bei 544 nm, deren Axone in der Lamina des Lobus opticus verschaltet sind (s. Abb. 7.70). Die Grünrezeptoren bilden den ersten der beiden Kanäle. Sie verarbeiten die geometrischen Details jeweils eines kleinen Sehfeldausschnitts, und sie tun das mit hoher Geschwindigkeit – eine wichtige Voraussetzung für die Orientierung im Flug. Fast die Hälfte der Ommatidien enthält zusätzlich zu den Grünrezeptoren jeweils einen Blaurezeptor (436 nm) und einen UV-Rezeptor (344 nm), die andere Hälfte besitzt dagegen zwei UV-Rezeptoren. Zudem weist eine kleinere Gruppe von Ommatidien (etwa 10 %) sechs Grün- und zwei Blaurezeptoren auf. Der Blaugehalt, der durch die Blaurezeptoren ermittelt wird, ist der entscheidende Parameter für den zweiten der beiden Verabeitungskanäle, die Objekterkennung – beipielsweise die Wahrnehmung einer Blüte vor dem Hintergrund der anderen Vegetation. Die Blaurezeptoren sind mit der Medulla des Lobus opticus verbunden, wo Gegenfarbenneuronen die Verarbeitung der Farbsignale übernehmen.

Eine solche datensparende Methode des Sehens mag erklären, warum ein 0,5 mm kleines Gehirn überhaupt zur visuellen Orientierung beim Flug durch eine Blumenwiese taugen kann. Diese Einsicht hilft uns aber kaum dabei, eine Vorstellung davon zu bekommen, wie die Welt für eine Biene aussieht. Bei der Erforschung der Sehwelt der Bienen hilft den Ethologen die Bereitschaft der Tiere, unter gut kontrollierten Bedingungen die Nutzung visueller Informationen bei der Nahrungssuche zur Schau zu stellen. Abb. 7.82 zeigt einen Versuchsaufbau, mit dessen Hilfe ein erstes Konzept für die visuelle Welt der Bienen erarbeitet worden ist. Der Aufbau bietet der Biene zwei visuelle Reize und zwingt sie zu einer Entscheidung, die nur aufgrund visueller, nicht aber mit der Hilfe anderer sensorischer Informationen getroffen werden muss. Eine Biene fliegt auf der Suche nach Nahrung in eine Entscheidungskammer, von wo aus sie beide Reize sehen kann. Jetzt muss sie sich entscheiden, und das tut sie aufgrund gelernter Assoziationen. Hat sie beispielsweise gelernt, dass es bei einer

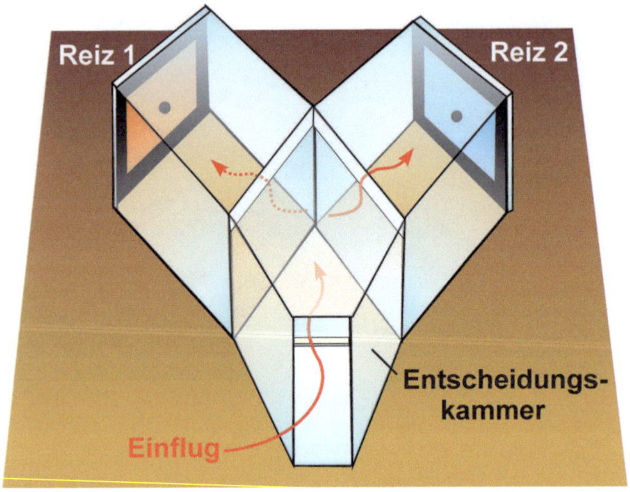

Abb. 7.82 Ein Apparat zur Untersuchung der visuellen Reizunterscheidung bei Honigbienen (*Apis mellifera*). Die Biene gelangt durch einen Einflugschlitz in die Entscheidungskammer. Von dort aus kann sie am Ende der beiden seitlichen Gänge in einer Entfernung von etwa 50 cm zwei visuelle Reize sehen – hier unterschiedliche Farben. Sie muss sich nun entscheiden, welchen Reiz sie anfliegen möchte, die blaue oder die orangene Fläche. Im Zentrum der Präsentationsfläche für jeden Reiz befindet sich ein Loch, durch das die Biene zu einer Futterstation mit Zuckerwasser gelangen kann. Sie lernt sehr schnell, hinter welchem Loch diese Belohnung verborgen ist, und wird den entsprechenden Reiz bei der Nahrungssuche bevorzugen. Um zu verhindern, dass sie die Belohnung einfach mit einem der beiden Kästen assoziiert und demzufolge immer die gleiche Richtung wählt, werden die beiden Reizbilder alle fünf Minuten vertauscht. Nach Horridge (2015)

blauen Fläche Zuckerwasser zu holen gibt, nicht aber bei einer orangenen, dann wird sie sich bevorzugt für den blauen Reiz entscheiden. Ist dieser Dressurakt gelungen, kann der Versuch beginnen. Man kann beispielsweise die blaue Fläche verändern und herauszufinden, wie viel Veränderung die Biene toleriert, bevor sie aufhört, den blauen Reiz zu bevorzugen. Es handelt sich hier um einen **Versuchsaufbau zur Reizunterscheidung**: Man ermittelt, ob die Biene einen Unterschied zwischen zwei präsentierten Reizen erkennen und zur Orientierung nutzen kann. Bei systematischer Präsentation von geometrischen Strukturen und Farben erfährt man eine Menge darüber, was Bienen sehen und was sie nicht sehen können. Mithilfe solcher einfachen Verhaltensexperimente haben Ethologen herausfinden können, dass die Honigbiene zu visuellen Wahrnehmungsleistungen fähig ist, die man bis vor Kurzem ausschließlich mit den kognitiven Fähigkeiten der Wirbeltiere in Verbindung gebracht hat.

Durch solche Experimente konnten einige kognitive Fähigkeiten nachgewiesen werden, welche die Geschicklichkeit der Bienen beim Auffinden und beim Wiederfinden von ertragreichen Blüten besser verständlich machen. So sind Bienen in der Lage, Ähnlichkeiten zwischen Reizen zu erkennen und zu nutzen. Diese Fähigkeit zur **Generalisierung von Reizeigenschaften**, das Erkennen auffälliger Reizmerkmale und das Wiedererkennen dieser Eigenschaften bei anderen, anders aussehenden Objekten. Ein schönes Beispiel für Generalisierung ist das Erkennen von Symmetrie. Bietet man Bienen eine Belohnung beim Ansteuern symmetrischer Testobjekte, dann lernen sie, dass die Eigenschaft „Symmetrie" ein guter Hinweis für die Nahrungssuche ist, und sie fliegen auch vollkommen neue Objekte bevorzugt an, sofern diese eine symmetrische Form haben. Hier wird das Attribut „symmetrisch" generalisiert und als positives Merkmal auch bei der Beurteilung neuer visueller Reize eingesetzt – angesichts des symmetrischen Aufbaus der meisten Blüten angiospermer Pflanzen (mit denen die Honigbienen durch eine lange Geschichte der Koevolution verbunden sind) sicher eine nützliche Strategie. Die Fähigkeit, abstrakte Merkmale in Objekten zu erkennen, ist auch die Voraussetzung für die **Kategorisierung von Objekten**, eine besonders effektive Form der Generalisierung. Die Biene kann erkennen, dass sternförmige Objekte, die fünffach radialsymmetrisch angelegt sind, zur Kategorie „Blüte" gehören müssen, sodass ein Besuch sinnvoll erscheint. Es handelt sich hierbei um eine Variante der figürlichen Wahrnehmung, wie sie auch der Eichelhäher beim Wiederfinden seiner Wintervorräte zeigt (s. Abb. 7.79). Die Tiere müssen in der Lage sein, die visuellen Merkmale, die zu einem Objekt gehören, als Einheit zu erfassen und so das Objekt zu erkennen. Eine solche Fähigkeit ist schon sehr nah am **Verständnis der Objektbedeutung** nach dem Konzept der Gestaltpsychologie. Es gibt kontroverse Meinungen zu der Frage, ob Bienen über eine Gestaltwahrnehmung verfügen. Die Forschung dazu ist schwierig und noch nicht abgeschlossen. Es ist aber deutlich, dass sie einige für sie wichtige Objekte, wie Blüten, unmittelbar und mühelos erkennen. Je weiter die Erforschung von Wahrnehmungsleistungen der Bienen vorangetrieben wird, desto mehr nimmt die Zahl unerwarteter kognitiver Leistungen zu. Zu den **abstrakten Entscheidungskriterien**, die mithilfe des in Abb. 7.82 gezeigten Aufbaus ermittelt wurden, gehören nicht nur die Optionen „gleich"/„unterschiedlich", sondern auch „höher"/„tiefer" und „größer"/„kleiner", und im Freilandversuch hat man gar Hinweise auf ein **Zahlenverständnis** im Bereich von 1 bis 4 gefunden. Bienen konnten beispielsweise lernen, dass eine Belohnung immer zwischen der dritten und vierten Wegmarke zu finden ist, unabhängig davon, wie weit die Wegmarken auseinanderliegen. Auch die Kommunikation der Sammlerin mit dem Volk beruht auf visueller Wahrnehmung. Die Sammlerin kann für die Umgebung des Stockes **eine Art mentaler Landkarte** erstellen, diese Karte am aktuellen Sonnenstand ausrichten und kann dieses differenzierte kognitive Konstrukt dann in die Tanzsprache der Bienen übersetzen und so das, was sie außerhalb des

Stockes gesehen hat, ihren Schwestern im dunklen Stock mitteilen (▶ Abschn. 1.3). Bienen erweisen sich als Tiere mit abstrakten kognitiven Fähigkeiten. Sie sind in der Lage, afferente visuelle Signale vielschichtig auszuwerten – genau so weit, wie es für die vielfältigen Aufgaben im Bienenstaat erforderlich ist. Es zeigt sich, dass auch kognitive Fähigkeiten durch konvergente Evolution zu vergleichbaren Leistungen entwickelt werden können, selbst bei so unterschiedlichen Sehsystemen wie denen von Insekten und Wirbeltieren.

Der Vergleich von visuellen Wahrnehmungsvorgängen bei Biene und Mensch macht deutlich, dass der Begriff „Wahrnehmung" bei verschiedenen Tieren ganz unterschiedliche kognitive Vorgänge beschreibt. Während wir die visuelle Wahrnehmung beim Menschen in erster Linie als bildliche Vorstellung der Außenwelt definieren – als eine Art mentalen Film, in dem sich bekannte Objekte in drei Raumdimensionen bewegen –, gilt für die Biene eine ganz andere Definition. Wie ein Computerprogramm zur automatischen Bildauswertung scheint das Sehsystem der Bienen nur einige wenige grafische Eigenschaften aus dem Strom visueller Reize herauszufiltern – gerade genug, um wichtige Dinge erkennen zu können. Es ist nicht sinnvoll, sich vorstellen zu wollen, wie die Welt für eine Biene „aussieht"; nur, dass ihr irgendeine Form von visueller Wahrnehmung gelingt, das ist sicher. Sehen und visuelle Wahrnehmung sind **artspezifische Sinnesleistungen**, die im Tierreich von einfachen Hell-Dunkel-Unterscheidungen bei Würmern über grafische Schnellanalysen bei Insekten bis hin zur Wahrnehmung detailreicher Bilder bei Vögeln und Säugetieren reichen.

7.16 Blinde Tiere

In Anbetracht der zentralen Bedeutung des Sehens für die meisten Tiere ist es nur schwer vorstellbar, dass manche Tiere ganz auf den Sehsinn verzichten. Selbst nachtaktive Tiere nutzen das schwache Licht des Mondes zur Orientierung, und in der mesopelagialen Zone des Meeres, wo das vorherrschende Restlicht (< 1 % des Oberflächenlichtes) nicht für Photosynthese reicht, lebt dennoch eine vielfältige Fauna mit hochempfindlichen Augen. Anders ist das in aphotischen (lichtlosen) Biotopen, denn ganz ohne Licht haben Augen keine Funktion (Ausnahme: Biolumineszenz, ▶ Abschn. 7.17). Zu derart dunklen Lebensräumen zählen nicht nur die Tiefsee (Bathy-, Abysso- und Hadopelagial), sondern auch Höhlen ohne Öffnungen zum Tageslicht, tiefe selbst gegrabene Wohnhöhlen und Gänge sowie das Biotop einiger Endoparasiten. Tiere, die in immerwährender Dunkelheit leben, passen ihre Sinneswelt im Verlauf vieler Generationen an diese extremen Bedingungen an. Sie verlieren die Augen und schärfen ihren Tastsinn und ihre chemischen Sinne. Solche Änderungen gehören zu den als **Troglomorphie** bezeichneten Anpassungen der **Höhlentiere**. Troglobiontisch lebende Tiere, die niemals Licht sehen, werden als Eutroglobionta bezeichnet – zur Abgrenzung von solchen Tieren, die ihre Höhlen verlassen und sich auch im Tageslicht orientieren können (troglophile Arten), wie es auf Fledermäuse und viele Spinnen zutrifft. Man kennt erstaunlich viele Höhlentiere, allein etwa 3000 Insektenarten, darunter 2000 Käfer, viele Spinnen und Crustaceen, einige Schnecken, etwa 150 Fische, einige Ampibien, ein einziges Reptil (die Schlangenschleiche *Dibamus dalaiensis)* – aber weder Vögel noch Säugetiere. Besonders ergiebige Fundorte für Höhlentiere sind Karsthöhlen, weil sie von unterirdischen Flüssen ohne Kontakt zum Tageslicht ausgewaschen werden. So lebt eines der bekanntesten Höhlentiere, der Grottenolm (*Proteus anguineus*), ein dauerhaft in Larvenform verbleibender Schwanzlurch, in den Karsthöhlen der Dinarischen Alpen an der Ostküste der Adria. Ein ähnliches Wesen ist der Texanische Brunnenmolch (*Eurycea rathbuni*). Beide Schwanzlurche sind blind und unpigmentiert und mit ihren außen liegenden Kiemenbüscheln an das Leben im dunklen, kalten Wasser angepasst. Eingehende anatomische, physiologische und genetische Untersuchungen liegen für den mexikanischen Höhlenfisch der Gattung *Astyanax* vor. Diese Tiere gehören zu den Salmlern (Familie Characidae) und sind von ihrer Ursprungsart *Astyanax mexicanus* vermutlich vor etwa 20.000 Jahren durch den Einschluss in ein System von Karsthöhlen in Mexiko isoliert worden. *Astyanax mexicanus* ist ein Schwarmfisch, der im Oberflächenwasser lebt. Die Fische sind auffällig pigmentiert und orientieren sich deutlich visuell. Sie fressen im Wasser treibende Kleinlebewesen und weiden in einer typischen Vertikalausrichtung den Boden von Süßwasserseen ab (◘ Abb. 7.83, *links*). Die Höhlenform der Gattung *Astyanax* wird heute als eigene Art mit der Bezeichnung *Astyanax jordani* geführt. Sie zeigt eine Reihe troglomorpher Merkmale, die ihr das Leben in den lichtlosen Karsthöhlen ermöglichen:

- Verlust funktioneller Augen
- Verlust der Pigmentierung
- Zunahme der Körpergröße
- Vergrößerung des Neuromastensystems im Kopfbereich
- Zunahme der Anzahl von Geschmacksknospen und von Bitterrezeptoren
- Vergrößerung des Riechepithels
- Verhaltensänderungen: erhöhte Vibrationsempfindlichkeit, Änderung des Schwimmverhaltens, kein Schlaf

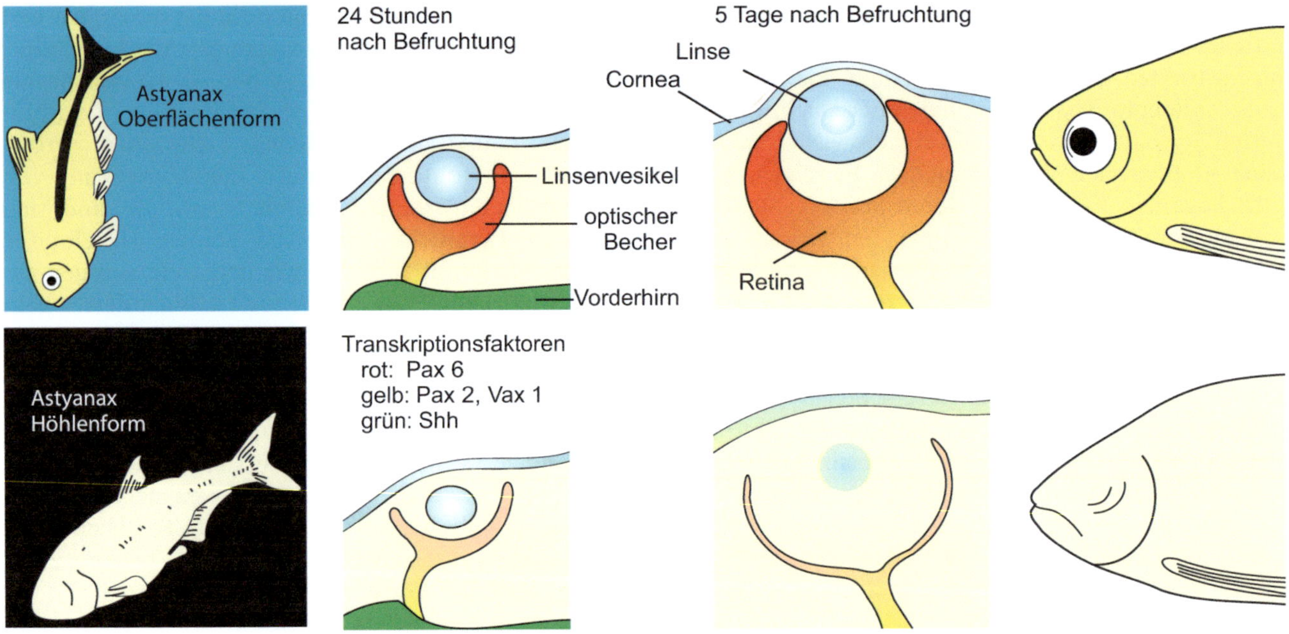

Abb. 7.83 Der Salmler *Astyanax mexicanus* ist ein etwa 10 cm großer Süßwasserfisch, der in Oberflächengewässern von Mexiko und den USA vorkommt (*oben*). Eine besondere Variante dieser Gattung, die Art *Astyanax jordani*, lebt in lichtlosen Höhlen ohne visuelle Orientierung. Diese blinden Höhlensalmler (*unten*) bilden während der frühen Embryonalentwicklung ihre Augen zurück – die Folge einer hohen Konzentration des Morphogens *sonic hedgehog* (Shh), das die Produktion des für die Augenentwicklung benötigten Transkriptionsfaktors Pax6 hemmt. Nach Jeffrey (2005); Krishnan und Rohner (2017)

Die Verstärkung der mechanosensitiven und chemosensitiven Sinnesmodalitäten erhöht den Erfolg bei der Nahrungssuche. Die Höhlensalmler schwimmen in einem flachen Winkel am Höhlenboden entlang und orten ihre Beute durch die Detektion von Geschmacks- und Geruchstoffen sowie durch Wasserbewegungen, die von Beutetieren verursacht werden.

Am Beispiel von Höhlensalmlern, Grottenolmen, den amerikanischen Blindfischen (Familie Amblyopsidae), aber auch den vielen augenlosen wirbellosen Höhlentieren erkennt man eine erstaunliche Dynamik in der Anpassung der Sinnesorgane – insbesondere des Sehsinnes. In einer evolutionsgeschichtlich kurzen Zeit können Augen weitgehend degenerieren und funktionslos werden. Interessanterweise treten oft Varianten der blinden Tiere auf, die offenbar ihren Sehsinn wiedererlangt haben. So gibt es in Slowenien eine Population pigmentierter („schwarzer") Grottenolme, die Augen haben und sehen können. Bei *Astyanax* können sich Oberflächenformen und Höhlenformen miteinander paaren, und die Fische der F_1-Generation haben funktionierende Augen. Es kommt durchaus zu Begegnungen der beiden Formen, wenn nämlich Oberflächenfische in die Karstgewässer gespült werden und dort auf Höhlenfische treffen. Offenbar ist die Rückbildung der Augen in isolierten Populationen von troglobionten Tieren nicht irreversibel, sondern kann sich dem vorherrschenden Selektionsdruck anpassen und wieder zur Entwicklung funktionsfähiger Augen führen. Die genetischen Mechanismen dieser Umstellungen sind noch nicht vollständig aufgeklärt. Man weiß aber, dass beim Höhlensalmler die Balance von Transkriptionsfaktoren, die an der Steuerung der Augenentwicklung beteiligt sind, verändert ist. Während der Embyonalentwicklung treibt der Transkriptionsfaktor Pax6 die Entstehung der Retina voran (Abb. 7.83, *Mitte, rote Bereiche*). Beim Höhlensalmler ist Pax6 herunterreguliert, während die Faktoren Pax2 und Vax1 hochreguliert sind. Infolge der Abwesenheit von Pax6 kann sich das Auge nicht entwickeln, sowohl der optische Becher als auch das Linsenvesikel werden apoptotisch reduziert, und die Haut schließt sich über den verkümmerten Augenstrukturen. Das Gleichgewicht zwischen Pax6 und Pax2/Vax1 steht unter der Kontrolle des Morphogens *sonic hedgehog* (Shh), das im Bereich der vorderen Mittellinie der Neuralplatte produziert wird. Eine Wirkung von Shh ist die Absenkung von Pax6 und die Anhebung der Konzentrationen von Pax2 und Vax1. Es wird vermutet, dass nicht nur der Augenverlust, sondern auch die verstärkte Ausbildung von Tastsinn, Geschmack und Riechsinn beim Höhlensalmler – also die gesamte sensorische Umprogrammierung auf das Leben in der Dunkelheit – mit einer verstärkten Shh-Aktivität zusammenhängen. Möglicherweise kann bei nachlassendem Selektionsdruck – wenn eine Population von Höhlentieren dauerhaft in Kontakt mit Licht kommt – über den Shh-Weg die Augenexpression wieder angeschaltet werden.

7.17 Biolumineszenz

Das Sonnenlicht stellt für den Sehsinn der Tiere das relevante Reizspektrum dar, an das sich alle sensorischen Funktionen des Auges angepasst haben. Das Wellenlängespektrum (s. ◘ Abb. 7.4), die circadiane Rhythmik der Beleuchtungsintensität sowie das lokale Tageslicht in unterschiedlichen Biotopen (s. ◘ Abb. 7.5) sind die Vorgaben für evolutionäre Prozesse, die zur Optimierung von Lichtabsorption und Signaltransduktion führen. Trotz dieser Spezialisierung auf das Sonnenlicht ist für viele marine Tiere die wichtigste visuelle Reizquelle nicht die Sonne, sondern es sind biologische Lichtquellen – Licht das von Tieren erzeugt und abgestrahlt wird. Vor allem in der aphotischen Zone unterhalb von etwa 1000 m Meerestiefe bilden biologische Lichtquellen die einzigen sichtbaren Signale. Aber auch in helleren Bereichen der Wassersäule bis hinauf zum Uferbereich und darüber hinaus auch an Land und in der Luft erzeugen Tiere Lichtsignale , welche vielfältige Funktionen im Leben der Tiere erfüllen. Man spricht von Biolumineszenz – das ist die Energiefreisetzung durch Licht bei einer chemischen Reaktion, meist bei der Oxidation eines Biomoleküls, das zur Lichtemission fähig ist. Die gesamte Gruppe solcher Biomoleküle bezeichnet man als **Luciferine**; dazu zählen sehr unterschiedliche Strukturen, deren Gemeinsamkeit die Lichtemission ist. Die Lichterzeugung der Luciferine wird durch ein Enzym katalysiert, die **Luciferase**, oder durch einen Molekülkomplex, das **Photoprotein**. Aufgrund der enzymatischen Kontrolle kann ein Organismus seine Leuchtorgane sehr genau einsetzen: Er kann Dauerlicht erzeugen, er kann das Licht ausschalten, und er kann durch Blinklichter besonders auffällige visuelle Reize aussenden. In der Tiefsee gehören Biolumineszenzsignale zu praktisch allen Spielarten der Kommunikation, vom Auffinden und Erkennen von Artgenossen bis zum Anlocken von Beutetieren, von der Tarnung bis zur Abschreckung.

Biolumineszenz ist im Meer sehr weit verbreitet, über 700 biolumineszente Gattungen sind bekannt. Viele Bakterien, Radiolarien und Dinoflagellaten können Licht emittieren und lassen gelegentlich ganze Meeresbereiche in blaugrünem Licht schimmern. Unter den Borstenwürmern, Mollusken und Quallen findet man Biolumineszenz genauso wie unter den Krebstieren, Stachelhäutern und den Fischen. Tatsächlich ist die Fähigkeit zur Biolumineszenz so nützlich und biochemisch so unkompliziert, dass sie sich über 40-mal unabhängig im Tierreich herausbilden konnte. Dabei gibt es für die Organisation von **Leuchtorganen** zwei unterschiedliche Strategien. Eine eher seltene Variante ist die Kultur biolumineszenter Bakterien in einer laternenartigen Kammer („Köder"; anatom. Esca, lat., Speise), wie sie Tiefsee-Anglerfische (Unterordnung Ceratioidei) an verlängerten Flossenstrahlen („Angel"; anatom. Ilicium, lat., der Lockvogel) als Lockspeise präsentieren (◘ Abb. 7.84). Das Resultat dieser symbiontischen Lösung ist ein kompliziert gebautes Leuchtorgan mit Brutkammern für die lumineszenten Bakterien und reflektierenden Gewebeschichten. Zudem kann das Leuchtorgan auf dem beweglichen Flossenstrahl hin und her geschwenkt werden, was die Attrappenwirkung verstärkt. Die zweite, weit häufigere Variante der Biolumineszenz ist die Etablierung des Luciferin-Luciferase-Systems im eigenen Gewebe. Ein Leuchtorgan dieser Art (**Photophor**) kann durch das Nervensystem kontrolliert und für seinen jeweiligen Zweck zielgenau eingesetzt werden – bis hin zum Aussstoßen einer leuchtenden Lösung, die Verfolger ablenken kann.

◘ **Abb. 7.84** Ein Weibchen des Tiefsee-Anglerfisches *Melanocetus johnsonii* (Buckliger Anglerfisch) versucht in der lichtlosen Tiefsee mithilfe seiner Leuchtlaterne Beutetiere und Männchen der eigenen Art anzulocken

Die verschiedenen Luciferine emittieren meist blaues bis blaugrünes Licht (um 470 nm), und die Sehpigmente der meisten bisher untersuchten Tiefseefische und Crustaceen zeigen Absorptionsspektren mit einem einzigen deutlichen Maximum im Bereich von 470–490 nm. Das Fehlen weiterer Absorptionsmaxima lässt darauf schließen, dass das Sehen bei Tiefseetieren im Wesentlichen die monochromatische Wahrnehmung biolumineszenter

Signale bedeutet, wobei das Sehsystem auf blaues Licht spezialisiert ist, welches im Wasser eine besonders große Reichweite hat. Längerwellige Biolumineszenz kommt durchaus auch vor. Sie gilt aber angesichts der vielen blaugrün leuchtenden Arten eher als Ausnahme und ist häufiger im Epipelagial (oberhalb 200 m Wassertiefe) zu beobachten. Bekannt ist die als „Leuchtqualle" bekannte Hydromeduse *Aequorea victoria*, eine Fadententakelqualle, in deren Leuchtorganen das Photoprotein Aequorin bei Bindung von Calcium angeregt wird, blaues Licht zu emittieren. Durch Resonanzenergieübertragung wird die Energie auf das grün fluoreszierende Protein (GFP) übertragen, welches dann grünes Fluoreszenzlicht emittiert. Eine Ausnahme unter den echten Tiefseefischen bilden die Barten-Drachenfische (Familie Stomiidae), die ein vollständiges Rotlichtsystem besitzen (s. u.).

Um biolumineszente Lichtquellen im dunklen Meer zu orten, müssen Photonen aus dem Lumineszenzprozess der Leuchtorgane zu Photorezeptoren in den Augen der Tiefseetiere gelangen. Je geringer die Lichtintensität und je größer die Lichtstreuung im Wasser, desto ungenauer wird die visuelle Wahrnehmung, bis sie schließlich bei sehr schwacher Photonenflussdichte an die Rauschgrenze stößt, unterhalb derer keine visuelle Infomation mehr übertragen werden kann. Eine Abschätzung dieser Rauschgrenze (das sogenannte Schrotrauschen) besagt, dass ein Photorezeptor ein Lichtsignal prinzipiell nur mit einer Genauigkeit von $n \pm \sqrt{n}$ registrieren kann, wobei n die Anzahl derjenigen Photonen bezeichnet, die zu einer Reaktion des Photorezeptors summiert werden können. Aus einiger Entfernung betrachtet sind Leuchtorgane annähernd Punktlichtquellen. Um punktförmige Lichter auch auf mehrere Meter Entfernung ausmachen zu können, benötigen die Tiefseetiere Augen mit großer relativer Apertur (Verhältnis von Linsendurchmesser zu Linsenbrennweite; s. ▣ Abb. 7.35). Dazu ist allerdings ein anderer Augenaufbau erforderlich, als der bei Fischen übliche. Denn Fischaugen sind an die Notwendigkeit angepasst, bildhaftes Sehen von beleuchteten Flächen – insbesondere von anderen Fischen – zu ermöglichen. Die optische Empfindlichkeit eines auf Flächenstrahler optimierten Linsenauges S wird durch folgende Beziehung angenähert:

$$S = \left(\frac{\pi}{4}\right)^2 A^2 \left(\frac{d}{f}\right)^2 \left(1 - e^{-kl}\right) \tag{7.7}$$

Solche Augen besitzen Linsen mit großer Fläche $\pi A^2/4$ (μm^2), und jeder Photorezeptor sammelt Licht aus einem großen Raumwinkel des Sehfeldes $\pi d^2/4f^2$ (sr) ein. A^2 ist dabei die Linsenfläche, f ist die Brennweite und d steht für den mittleren Durchmesser der Photorezeptoren. Die Absorptionseffizienz in den Außensegmenten wird durch kl symbolisiert, wobei k (μm^{-1}) für den Absorptionskoeffizienten (die Absorbanz) und l (μm) für die Länge des Außensegments stehen. Bei solchen Augen wird die Empfindlichkeit also durch weitere Pupillen, kürzere Brennweiten und größere Photorezeptoren gesteigert. Wenn es aber darum geht, **biolumineszente Punktlichtquellen** in der schwarzen Umwelt der Tiefsee erkennen zu können, ist ein anderer Augenaufbau vorteilhafter. Denn ein punktförmiger Lichtreiz wird als Punkt (oder als winziges Brechungsscheibchen) auf der Netzhaut abgebildet und aktiviert damit nur einen einzigen Photorezeptor. Eine Vergrößerung des Raumwinkels wäre für diesen Photorezeptor nicht von Vorteil, im Gegenteil, ein größerer Raumwinkel würde mehr Hintergrundsignal aus der Umgebung der Punktlichtquelle auf den Photorezeptor leiten und damit den Kontrast reduzieren. Theoretische Beschreibungen des Sehens in der Tiefsee haben deutlich gemacht, dass **Augen mit großer Pupillenöffnung und Photorezeptoren mit engem Raumwinkel** – oder genauer: retinale Ganglienzellen mit kleinem rezeptiven Feld – am besten für die biolumineszente Kommunikation in der Tiefsee geeignet sind.

Diesen Anforderungen entprechend sieht man bei Tiefseefischen of ausgesprochen große Augen mit großen Linsenflächen. Auffallend weite Pupillen, wie sie für die Optimierung der Lichtausbeute nötig wären, finden ihre Grenze darin, dass die Augen zu überdimensioniert für die Köpfe der Fische werden. Selbst die größten, sich visuell orientierenden Fische im Epipelagial, wie der Schwertfisch (*Xiphias gladius*), erreichen Pupillenweiten von nicht mehr als 90 mm. Selbst der Pottwal (*Physeter macrocephalus*), der auf seinen Tauchgängen das dunkle Bathypelagial erreicht (1000–3000 m Tiefe) hat Pupillen von nur 55 mm Weite. Ausnahmen bilden lediglich der Riesenkalmar (*Architeuthis dux*) und der Kolosskalmar (*Mesonychoteuthis hamiltoni*), die sich offenbar dauerhaft im Bathypelagial aufhalten. Bei einigen gestrandeten Exemplaren dieser an die Dunkelheit angepassten Beutejäger wurden Pupillengrößen von 250–400 mm gemessen. In Bereichen des Meeres, in denen noch Reste blauen Sonnenlichtes zu sehen sind, im Mesopelagial (200–1000 m Tiefe), leben Knochenfische mit zwei verschiedenen Augentypen: Kameraaugen mit großen Pupillen wie bei den Laternenfischen (Familie Myctophidae) sowie Röhrenaugen wie bei den Tiefsee-Beilfischen (Familie Sternoptychidae; ▣ Abb. 7.85, *links*). Für diese Tiere kann das Restlicht durchaus noch hell genug sein, um die Silhouette eines Fischkörpers auszumachen. Ihre Augen sind durch eine hohe relative Apertur an das **Sehen in der dysphotischen Zone** angepasst, wo das Restlicht zwar nicht zur Photosynthese, wohl aber zu einer schemenhaften visuellen Wahrnehmung ausreicht. Sie nutzen Biolumінzenz in

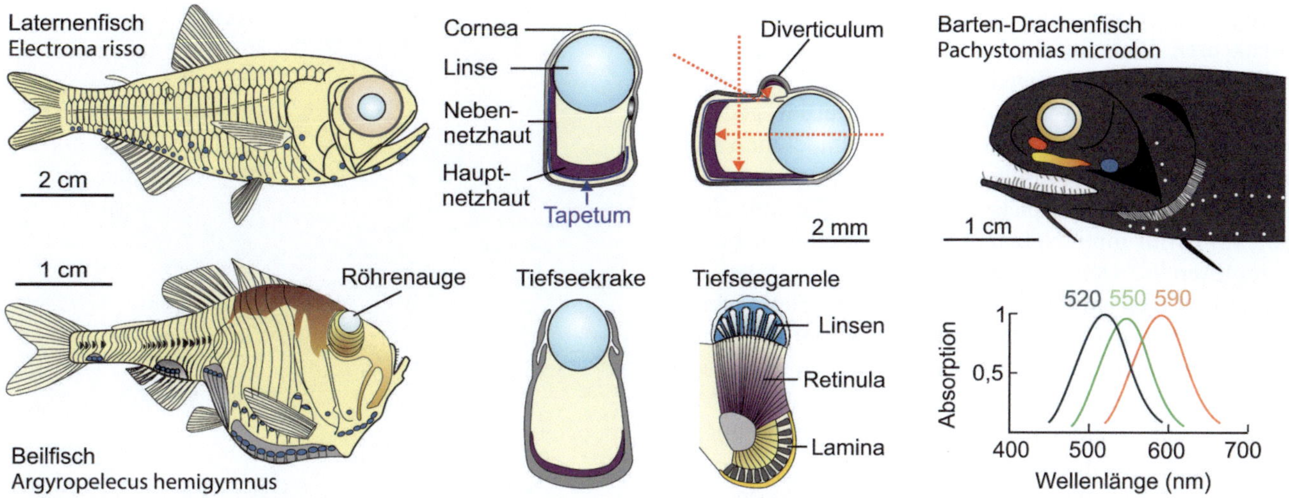

Abb. 7.85 Leuchtorgane und Augen bei Tiefseefischen. *Links*: Fische im lichtarmen Mesopelagial haben oft große Augen, die entweder seitlich (Laternenfische, Familie Myctophidae) oder nach oben (Tiefsee-Beilfische, Familie Sternoptychidae) gerichtet sind. Photophore auf der ventralen Körperoberfläche (dunkelblaue Punkte) ermöglichen die Tarnung gegenüber Raubfischen, die aus größeren Tiefen nach Silhouetten vor dem einfallenden Tageslicht suchen. *Mitte*: Röhrenaugen von Tiefseefischen mit großen Linsen, die entweder nach oben oder nach vorn gerichtet sein können. Die roten Pfeile zeigen die Einfallsrichtung des Lichtes auf die Hauptnetzhaut und auf die Nebennetzhäute. Analoge Augenstrukturen findet man auch bei anderen Tiefseetieren wie bei Tiefseekraken und Tiefseegarnelen. *Rechts*: Ein Barten-Drachenfisch (Familie Stomiidae) mit je drei Photophoren unter jedem Auge, eine für rote, eine für gelbe und eine für blaue Biolumineszenz. Die Absorptionsspektren zeigen, dass die Barten-Drachenfische zusätzlich zu dem bei Tiefseefischen üblichen Blaugrünrezeptor (λ_{max} = 520 nm) auch über Sehpigmente für grüngelbes Licht (λ_{max} = 550 nm) und für gelbrotes Licht (λ_{max} = 520 nm) verfügen. Nach Partridge und Douglas (1995); Warrant und Locket (2004)

erster Line zur Tarnung gegenüber Verfolgern aus tieferen Wasserschichten. Durch die Emission von blauem Licht aus **ventral liegenden Photophoren** verringern sie den Kontrast ihrer Körperunterseite gegenüber dem von oben einfallenden Restlicht. Durch diesen optischen Trick können manche Fische für einen von unten heraufsehenden Beutegreifer weitgehend unsichtbar werden.

Bei den **Röhrenaugen** der Tiefseefische handelt es sich um einen Kompromiss zwischen Lichtstärke und Augengröße (Abb. 7.85, *Mitte*). Fische, die im unteren Mesopelagial zu Hause sind, wie die Tiefsee-Beilfische (Familie Sternoptychidae) und die Gespensterfische (Familie Opisthoproctidae), tragen meist nach oben gerichtete Röhrenaugen, die nach Schatten im restlichen Sonnenlicht Ausschau halten. Bei tiefer lebenden Arten, beipielsweise aus der Familie der Perlaugen (Scopelarchidae), sind die Röhrenaugen nach vorne gerichtet und starren wie ein Teleskop ins aphotische Bathypelagial. Diese Augen eignen sich vor allem für das Aufspüren biolumineszenter Signale in der Tiefsee. Röhrenaugen kombinieren sehr große Pupillen und Linsen mit vergleichsweise kleinen Augen, indem nur der mittlere Augenabschnitt ausgebildet wird, die Seiten des Augapfels dagegen weggelassen werden. Man kann sich ein Röhrenauge daher vorstellen wie einen wenige Millimeter dicken Zylinder aus der Mitte eines Kameraauges. Diese schmale Bauweise verengt das Sehfeld auf 50–70°, nutzt aber eine große Sammellinse, die das Licht auf eine Netzhaut bündelt, in welcher mehrere übereinanderliegende Schichten von Photorezeptoren für optimale Absorptionseffizienz sorgen. Diese Photorezeptoren haben besonders lange Außensegmente (100–300 µm) und liegen eng gepackt in der Netzhaut. Oft findet man Gruppen von Stäbchen-Photorezeptoren zusammengeschaltet zu einer besonders lichtempfindlichen Detektionseinheit. Hinter der Netzhaut breitet sich bei einigen Arten ein Tapetum lucidum aus, welches nicht absorbierte Photonen zum zweiten Mal durch die Netzhaut reflektiert. Die Netzhaut verfügt über eine Area centralis mit Photorezeptordichten um 50.000 pro Quadratmillimeter, und die nach vorn gerichteten Blickachsen sorgen für einen großen binokularen Bereich. Im Sehfeld dieser Tiere erscheint daher eine kleine, schwach leuchtende und entfernt liegende bioluminszente Lichtquelle zweimal – einmal pro Auge – und kann so gegenüber dem Hintergrund deutlicher hervorgehoben werden. Oft findet man neben dieser geschichteten Netzhaut noch eine zur Kopfmitte hin liegende Nebennetzhaut, die zwar nicht in der Bildebene der Linse liegt und daher nicht zum bildlichen Sehen taugt. Die Photorezeptoren der Nebennetzhaut können aber durch seitwärts liegende, punktförmige Lichtquellen aktiviert werden und den Fisch dazu bringen, seine Aufmerksamkeit – und damit das enge Sehfeld der Hauptnetzhaut – auf diese Lichtquelle hin auszurichten. Auch auf der gegenüberliegenden, lateralen Augenseite findet man bei manchen Arten von Tiefseefischen spezialisierte Strukturen (Diverticuli, Gewebepolster), deren Funktion bisher nicht völlig geklärt ist. Man nimmt an, dass durch diese Strukturen Lichteinfall aus Bereichen, die nicht vom binokularen Sehfeld abgedeckt werden, auf die Nebennetzhaut umgelenkt und damit detektierbar gemacht wird. Das Bauprinzip der Röhrenaugen findet man nicht nur bei den Knochenfischen der Tiefsee, sondern auch bei Tiefseekraken (beipielsweise bei der Gattung *Grimpoteuthis*) mit ihrer Netzhaut aus rhabdomeren Photorezeptoren (s. *Octopus*, ◻ Abb. 7.16). Selbst bei den Komplexaugen von Crustaceen aus der Tiefsee kann man das Prinzip erkennen, nur das Mittelstück eines Auges zur höchsten Lichtempfindlichkeit zu optimieren (◻ Abb. 7.85, *Mitte*). Es handelt sich hier offenbar um Beipiele konvergenter Evolution bei der Anpassung des Sehens an lichtarme Regionen des Meeres.

Dass die Erzeugung von Biolumineszenz in der Tiefsee nicht nur gefährlich ist und Beutegreifer anzieht, sondern dass sie auch eine wichtige Rolle bei der **innerartlichen Kommunikation** in aphotischen Zonen spielt, kann man am Beispiel der Barten-Drachenfische (Familie Stomiidae) sehen. Die Gattungen *Malacosteus*, *Photostomias* und *Aristostomias* dieser Familie besitzen nicht nur blau leuchtende Photophoren, sondern sie können auch Licht im gelben und roten Wellenlängenbereich erzeugen (◻ Abb. 7.85, *rechts*). Die meisten Tiefseebewohner sehen dieses Licht nicht, denn sie besitzen ausschließlich Sehpigmente für blaugrünes Licht. Es scheint also, dass die Barten-Drachenfische das langwellige Licht nur für sich selbst produzieren. Tatsächlich enthält ihre Netzhaut Photorezeptoren mit ungewöhnlichen Pigmentkombinationen, die auch langwelliges Licht absorbieren können. Die Reichweite der roten Biolumineszenz ist im Meerwasser weit geringer als die des blauen Lichtes. Aber offenbar nutzen die Barten-Drachenfische das Rotlicht zu einer Art „abhörsicheren" innerartlichen Kommunikation. Darüber hinaus wird die Möglichkeit diskutiert, dass sie mit dem roten Licht unbemerkt ihre rotblinde Beute anleuchten und das reflektierte Rotlicht zur Lokalisierung von Beutetieren im Nahbereich nutzen. Die vielfältige Nutzung biolumineszenter Signale bei der Jagd, bei der Verteidigung und bei der Kommunikation in der lichtarmen Welt der Tiefsee ist beispielhaft für die Anpassungsfähigkeit des Sehsinnes an einen Lebensraum, der seine Bewohner mit extremen Herausforderungen konfrontiert.

Unter den landlebenden Tieren haben vor allem zahllose Käfer (Ordnung Coleoptera) Biolumineszenz als Kommunikationsmedium entwickelt. Sie besitzen heute weit entwickelte Photophore, welche Licht im gesamten sichtbaren Spektrum von Blaugrün bis Rot erzeugen können. Offenbar benutzen alle Leuchtkäfer (Familie Lampyridae) – darunter auch die wohlbekannten Glühwürmchen (Gattung *Lampyris*) – das gleiche Luciferin. Die Farbabstufungen der Lumineszenz werden durch Isoformen der Luciferase erzeugt. So

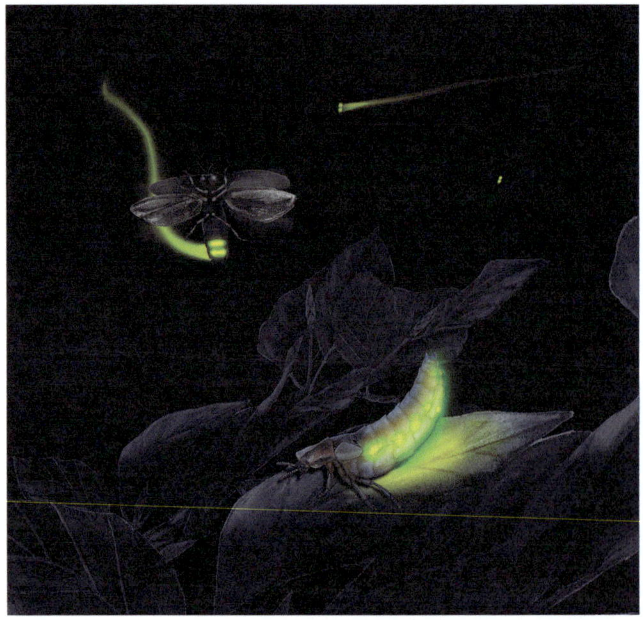

◻ **Abb. 7.86** Biolumineszente Leuchtkäfer (Familie Lampyridae) beim nächtlichen Lichtertanz. Vorn sitzt das Weibchen eines Großen Leuchtkäfers (Großes Johannisglühwürmchen, *Lampyris noctiluca*), weiter hinten fliegt ein männlicher Kleiner Leuchtkäfer (Glühwürmchen, *Lamprohiza splendidula*) mit zwei abdominalen Leuchtorganen

können die Federleuchtkäfer (Familie Phengodidae) mit ihren abdominalen Laternen grünes Licht, mit ihren Kopflaternen dagegen rotes Licht erzeugen – sie exprimieren unterschiedliche Luciferase-Isoformen in Kopf und Abdomen. Leuchtkäfer erzeugen ihr Licht in Photocyten, in deren Peroxisomen das Luciferin-Luciferase-System eingeschlossen vorliegt. Die Photocyten sind ringförmig um einige Haupttracheen des Atmungssystems angeordnet und werden durch fein verzweigte Tracheolen mit Atemluft versorgt. Biolumineszenz erfordert eine gute Versorgung mit Sauerstoff und ATP: Luciferase katalysiert in Gegenwart von ATP die Umsetzung von Luciferin zu Luciferyladenylat, welches mit O_2 zu einem zyklischen Peroxid reagiert. Diese Verbindung ist instabil und zerfällt zu Oxyluciferin, welches dann schließlich ein Photon freisetzt. Die direkte **Abhängigkeit der Lumineszenz von der O_2-Versorgung** ist ein wichtiger Punkt für die Biolumineszenz bei Käfern, denn sie ermöglicht es den Tieren, durch Drosselung der Sauerstoffzufuhr das Licht der Photocyten auszuschalten und durch Öffnung des Sauerstoffzustroms das Licht wieder anzuschalten. Tatsächlich stehen die Tracheolen der Photocyten – genauer die trachealen Endzellen – unter der Kontrolle des zentralen Nervensystems, sodass die Aktivität der Photophore neuronal kontrolliert werden können. Leuchtkäfer können ihre Laternen nachts dauerhaft angeschaltet lassen, wie das die heimischen Glühwürmchen tun (◻ Abb. 7.86). Sie können sich aber auch durch Blinksignale verständigen. Typische Leuchtsignale von Leuchtkäfern dauern etwa 100 ms und werden ein- bis zweimal pro Sekunde ausgelöst. Eine besondere Rolle scheint bei einigen Leuchtkäferarten die **Synchronisation von Leuchtsignalen** zu spielen. So gehört zum Balzverhalten des nordamerikanischen Leuchtkäfers *Photinus carolinus*, dass die Männchen sich dem Leuchtrhythmus eines paarungsbereiten Weibchens anpassen müssen. Sehr bekannt sind die südostasiatischen Leuchtkäfer der Art *Pteroptyx malaccae,* die bei Nacht zu Tausenden in ufernahen Bäumen sitzen und ihre 100-ms-Leuchtsignale mit einer Genauigkeit von ± 20 ms synchronisieren. Diese enorme Rhythmizität der Biolomineszenz wird durch einen endogenen Rhythmusgenerator getrieben und kann experimentell an ein Zeitgebersignal gekoppelt werden. Gibt man künstlich erzeugte rhythmische Lichtblitze vor, passen die Leuchtkäfer ihren Rhythmus dem Zeitgeber an. Dies ist ein beeindruckendes Beipiel für Verhaltenssynchronisation durch einen einfachen visuellen Reiz. Für dieses Verhalten ist die Schnelligkeit der Phototransduktion im Komplexauge eine wichtige Voraussetzung. Obwohl sich der Prozess bei Nacht abspielt, ist die Flimmerverschmelzungsfrequenz der Komplexaugen hoch (25–35-Hz bei einigen nachtaktiven Arthropoden). Die Augen der Nachtinsekten zeigen nicht nur eine hohe Lichtempfindlichkeit, sondern sind auch schnell genug, um die Blitzfolgen zu sehen und sich darauf einzustellen.

Literatur

Weiterführende Literatur

Arendt D, Hausen H, Purschke G (2009) The ‚division of labour‘ model of eye evolution. Philos Trans R Soc B 364:2809–2817
Borst A, Helmstaedter M (2016) Common circuit design in fly and mammalian motion vision. Nat Neurosci 18:1067–1076
Cronin TW, Johnsen S, Marshall NJ, Warrant EJ (2014) Visual ecology. Princeton University Press, Princeton
Erwin DH, Valentine JW (2013) The cambrian explosion. The construction of animal biodiversity. Roberts and Company Publishers, Greenwood Village
Gehring WJ (2014) The evolution of vision. WIREs Dev Biol 3:1–40
Ghodrati M, Khaligh-Razavi S-M, Lehky SR (2017) Towards building a more complex view of the lateral geniculate nucleus: recent advances in understandiung its role. Prog Neurobiol 156:214–255
Glaeser G, Paulus HF (2014) The evolution of the eye. Springer Spektrum, Berlin
Heinze S, Narendra A, Cheung A (2018) Principles of insect path integration. Curr Biol 28:R1043–R1058
Horridge A (2009) What does the honeybee see? And how do we know? Australian National University Press, Canberra
Horváth G, Varjú D (2004) Polarized light in animal vision. Springer, Berlin
Jacobs GH (2014) The discovery of spectral opponency in visual systems and its impact on understanding the neurobiology of color vision. J Hist Neurosci 23:287–314
Kamermans M, Hawryshyn C (2011) Teleost polarization vision: how it may work and what it might be good for. Philos Trans R Soc B 366:742–756
Kelber A (2016) Colour in the eye of the beholder: receptor sensitivities and neural circuits underlying colour opponency and colour perception. Curr Opin Neurobiol 41:106–112
Kohn JR, Heath SL, Behnia R (2018) Eyes matched to the prize: the state of matched filters in insect visual circuits. Front Neural Circ 12:26
Korenbrot J (2012) Speed, sensitivity, and stability of the light response in rod and cone photoreceptors: facts and models. Prog Retin Eye Res 31:442–466
Lamb TD (2016) Why rods and cones? Eye 30:179–185
Land MF, Nilsson D-E (2002) Animal eyes. Oxford University Press, Oxford
Morshedian A, Fain GL (2017) The evolution of rod photoreceptors. Philos Trans R Soc Lond B 372:20160074
Scholtyßek C, Kelber A (2017) Farbensehen der Tiere. Von farbenblinden Seehunden und tetrachromatischen Vögeln. Ophthalmologe 114:978–985
Schwab IR (2012) Evolution's witness. How eyes evolved. Oxford University Press, New York
Sumner-Rooney LO (2018) The kingdom of the blind: disentangling fundamental drivers in the evolution of eye loss. Integr Comp Biol 58:372–385
Templin RM, How MJ, Roberts NW, Chiou T-H, Marshall J (2017) Circularly polarized light detection in stomatopod crustaceans: a comparison of photoreceptors and possible function in six species. J Exp Biol 220:3222–3230
Terakita A (2005) The opsins. Genome Biol 6:213
Thoen HH, How MJ, Chiou T-H, Marshall J (2014) A different form of colour vision in mantis shrimp. Science 343:411–413
Warrant EJ (2017) The remarkable visual capacities of nocturnal insects: vision at the limits with small eyes and tiny brains. Philos Trans R Soc B 372:20160063
Warrant EJ, Locket NA (2004) Vision in the deep sea. Biol Rev 79:671–712
Wehner R (2012) Rennpferde der Insektenwelt. Wüstennavigatoren *en miniature*. Biol unserer Zeit 6:364–373
Yau K-W, Hardie RC (2009) Phototransduction motifs and variations. Cell 139:246–264

Zitierte Literatur

Arshavsky VY (2010) Vision: the retinoid cycle in drosophila. Curr Biol 20:R96–R98
Banks MS, Sprague WW, Schmoll J, Parnell JAQ, Love GD (2015) Why do animal eyes have pupils of different shapes? Sci Adv 1:e1500391
Behnia R, Desplan C (2015) Visual circuits in flies: beginning to see the whole picture. Curr Opin Neurobiol 34:125–132
Bok MJ, Capa M, Nilsson D-E (2016) Here, there and everywhere: the radiolar eyes of fan worms (Annelida, Sabellidae). Integr Comp Biol 56:784–795
Borst A (2014) In search of the holy grail of fly motion vision. Eur J Neurosci 40:3285–3293
Boström JE, Dimitrova M, Canton M, Hastad O, Qvarnström A, Ödeen A (2016) Ultra-rapid vision in birds. PLoS ONE 11:e0151099
Butler AB, Hodos W (2005) Comparative vertebrate neuroanatomy. Evolution and adaptation. Wiley-Interscience, Hoboken
Bütschli O (1921) Vorlesung über vergleichende Anatomie. Springer, Berlin/Heidelberg
Caves EM, Brandley NC, Johnsen S (2018) Visual acuity and the evolution of signals. Trends Ecol Evol 33:358–372

Collin SP (2010) Evolution and ecology of retinal photoreception in early vertebrates. Brain Behav Evol 75:174–185

Collin SP, Pettigrew JD (1988) Retinal topography in reef teleosts. II. Some species with prominent horizontal streaks and high-density areae. Brain Behav Evol 31:283–295

Cramer CE, Lykke KR, Woodward JT, Smith AW (2013) Precise measurement of lunar spectral irradiance at visible wavelengths. J Res Nat Inst Stand Technol 118:396–402

Cronin TW (1986) Photoreception in marine invertebrates. Am Zool 26:403–415

Dacke M, Nordström P, Scholtz CH (2003) Twilight orientation to polarised light in the crepuscular dung beetle *Scarabaeus zambesianus*. J Exp Biol 206:1535–1543

Dahmen H (1991) Eye specialization in waterstriders: an adaption to life in a flat world. J Comp Physiol A 169:623–632

Dakin WJ (1928) The eyes of *Pecten*, *Spondylus*, *Amussium* and allied lamellibranchs, with a short discussion on their evolution. Proc R Soc B 103:355–365

Eguchi E (1965) Rhabdom structure and receptor potentials in single crayfish retinular cells. J Cell Comp Physiol 66:411–430

Fagot J, Barbet I, Parron C, Deruelle C (2006) Amodal completion by baboons (*Papio papio*): contribution of background depth cues. Primates 47:145–150

Fischer S, Müller CHG, Meyer-Rochow VB (2010) How small can small be: the compound eye of the parasitoid wasp *Trichogramm evanescens* (Westwood, 1833) (Hymenoptera, Hexapoda), an insect of 0.3- to 0.4-mm total body size. Vis Neurosci 27:1–14

Flamarique IN (2010) Unique photoreceptor arrangements in a fish with polarized light discrimination. J Comp Neurol 519:714–737

Flamarique IN (2017) A vertebrate retina with segregated colour and polarization vision. Proc R Soc B 284:20170759

Fritsches KA, Brill RW, Warrant EJ (2005) Warm eyes provide superior vision in swordfishes. Curr Biol 15:55–58

Gunkel M, Schöneberg J, Alkhaldi W, Irsen S, Noé F, Kaupp UB, Al-Amoudi A (2015) Higher-order architecture of rhodopsin in intact photoreceptors and its implication for phototransduction kinetics. Structure 23:628–638

Guo X, Sugita S (2000) Topography of ganglion cells in the retina of the horse. J Vet Med Sci 62:1145–1150

Hardie RC, Juusola M (2015) Phototransduction in drosophila. Curr Opin Neurobiol 34:37–45

Hassenstein B, Reichardt W (1956) Systemtheoretische Analyse der Zeit-, Reihenfolge- und Vorzeichenauswertung bei der Bewegungsperzeption des Rüsselkäfers *Chlorophanus*. Z Naturforsch 11b:513–524

Healy K, McNally L, Ruxton GD, Cooper N, Jackson AL (2013) Metabolic rate and body size are linked with perception of temporal information. Anim Behav 86:685–696

Heinze S (2014) Polarization vision. In: Jaeger D, Jung R (Hrsg) Encyclopedia of computational neuroscience. Springer, Berlin/Heidelberg

Hertz M (1928) Wahrnehmungspsychologische Untersuchungen am Eichelhäher I. Z Vgl Physiol 7:144–194

Heß M, Melzer RR, Eser R, Smola U (2006) The structure of anchovy outer retina (Engraulidae, Clupeiformes) – a comparative light- and electron-microscopic study using museum-stored material. J Morphol 267:1356–1380

Holmberg K (1977) The cyclostome retina. In: Crescitelli F (Hrsg) Handbook of sensory physiology, Bd VII/5. Springer, Berlin, S 47–66

Horridge A (2015) How bees distinguish colour. Eye Brain 7:17–34

Hughes A (1977) The topography of vision in mammals of contrasting lifestyles: comparative optics and retinal organisation. In: Crescitelli F et al (Hrsg) The visual system in vertebrates. Springer, Berlin/Heidelberg, S 615–756

Ingram NT, Sampath AP, Fain GL (2016) Why are rods more sensitive than cones? J Physiol 594:5415–5426

Jacobs GH (2013) Losses of functional opsin genes, short-wavelength cone photopigments, and color vision – a significant trend in the evolution of mammalian vision. Vis Neurosci 30:39–53

Jeffrey WR (2005) Adaptive evolution of eye degeneration in the Mexican blind cavefish. J Heredity 96:185–196

Jékely G (2009) Evolution of phototaxis. Philos Trans R Soc B 365:2795–2808

Kirschfeld K (1971) Aufnahme und Verarbeitung optischer Daten im Komplexauge von Insekten. Naturwiss 58:201–209

Kirschfeld K (1974) The absolute sensitivity of lens and compound eye. Z Naturforsch 29C:592–596

Kirschfeld K (1984) Linsen- und Komplexaugen: Grenzen ihrer Leistung. Naturwiss Rundschau 37:352–362

Krishnan J, Rohner N (2017) Cavefish and the basis for eye loss. Philos Trans R Soc B 372:20150487

Kuchiiwa T, Kuchiiwa S, Teshirogi W (1991) Comparative morphological studies on the visual systems in a binocular and a multi-ocular species of freshwater planaria. Hydrobiol 227:241–249

Land MF (1969a) Structure of the retinae of the principal eyes of jumping spiders (Salticidae: Dendryphantinae) in relation to visual optics. J Exp Biol 51:443–470

Land MF (1969b) Movements of the retinae of jumping spiders (Salticidae: Dendryphantinae) in response to visual stimuli. J Exp Biol 51:471–493

Land MF (1997) Visual acuity in insects. Annu Rev Entemol 42:147–177

Land MF (2000) Eyes with mirror optics. J Opt A Pure Appl Opt 2:R44–R50

Land MF, Nilsson D-E (2002) Animal eyes. Oxford University Press, Oxford

Lazareva OF, Shimizu T, Wasserman EA (Hrsg) (2012) How animals see the world. Comparative behavior, biology, and evolution of vision. Oxford University Press, Oxford/New York

Luo D-G, Xue T, Yau K-W (2008) How vision begins: an odyssey. Proc Natl Acad Sci U S A 105:9855–9862

Marshall NJ, Land MF (1993) Some optical features of the eyes of stomatopods. I. Eye shape, optical axes and resolution. J Comp Physiol A 173:565–582

Mascalzoni E, Regolin L (2011) Animal visual perception. Wiley Interdiscip Rev Cogn Sci 2:106–116

Mazade R, Alonso JM (2017) Thalamocortical processing in vision. Vis Neurosci 34:e007

Menzel JG, Wunderer H, Stavenga DG (1991) Functional morphology of the divided compound eye of the honeybee drone (*Apis mellifera*). Tissue Cell 23:525–535

Meyer DL (1974) Tectum opticum und Orientierungsrektion. Biol unserer Zeit 4:107–112

Meyer EP, Labhart T (1993) Morphological specializations of dorsal rim ommatidia in the compound eye of dragonflies and damselflies (Odonata). Cell Tissue Res 272:17–22

Meyer-Rochow VB, Horridge GA (1975) The eye of *Anoplognathus* (Coleoptera, Scarabaeidae). Proc R Soc Lond B 188:1–30

Miall RC (1978) The flicker fusion frequencies of six laboratory insects, and the response of the compound eye to mains fluorescent „ripple“. Physiol Entomol 3:99–106

Mitkus M, Chaib S, Lind O, Kelber A (2014) Retinal ganglion cell topography and spatial resolution of two parrot species: budgerigar (*Melopsittacus undulatus*) and Bourke's parrot (*Neopsephotus bourkii*). J Comp Physiol A 200:371–384

Mitkus M, Nevitt GA, Danielsen J, Kelber A (2016) Vision on the high seas: spatial resolution and optical sensitivity in two procellariiform seabirds with different foraging strategies. J Exp Biol 219:3329–3338

Montell C (2012) drosophila visual transduction. Trends Neurosci 35:356–363

Moritz GL, Melin AD, Yu FTY, Bernard H, Ong PS, Dominy NJ (2014) Niche convergence suggests functionality of the nocturnal fovea. Front Integr Neurosci 8:61

Nilsson D-E (2009) The evolution of eyes and visually guided behaviour. Philos Trans R Soc B 364:2833–2847

Nilsson D-E, Ro A-I (1994) Did neural pooling for night vision lead to the evolution of neural superposition eyes? J Comp Physiol A 175:289–302

Nilsson D-E, Labhart T, Meyer E (1987) Photoreceptor design and optical properties affecting polarization sensitivity in ants and crickets. J Comp Physiol A 161:645–658

Nityananda V, Read JCA (2017) Stereopsis in animals: evolution, function and mechanisms. J Exp Biol 220:2502–2512

Öhman P (1976) Fine structure of photoreceptors and associated neurons in the retina of Lampetra fluviatilis (Cyclostomi). Vis Res 16:659–662

Ott M (2001) Chameleons have independent eye movements but synchronize both eyes during saccadic prey tracking. Exp Brain Res 139:173–179

Palavalli-Nettimi R, Narendra A (2018) Miniaturisation decreases visual navigational competence in ants. J Exp Biol 221:1–10

Palmer BA, Hirsch A, Brumfeld V, Aflalo ED, Pinkas I, Sagi A, Rosenne S, Oron D, Leiserowitz L, Kronik L, Weiner S, Addadi L (2018) Optically functional isoxanthopterin crystals in the mirrored eyes of decapod crustaceans. Proc Natl Acad Sci U S A 115:2299–2304

Partridge JC, Douglas RH (1995) Far-red sensitivity of dragon fish. Nature 375:21–22

Pepperberg IM, Vicinay J, Cavanagh P (2008) Processing of the Müller-Lyer illusion by a grey parrot (Psittacus erithacus). Perception 37:765–781

Pettigrew JD, Manger PR (2008) Retinal ganglion cell density of the black rhinoceros (Diceros bicornis): calculating visual resolution. Vis Neurosci 25:215–220

Potier S, Lieuvin M, Pfaff M, Kelber A (2020) How fast can raptors see? J Exp Biol 223:jeb209031

Querubin A, Lee HR, Provis JM, O'Brien KMB (2009) Photoreceptor and ganglion cell topographies correlate with information convergence and high acuity regions in the adult pigeon (*Columba livia*) retina. J Comp Neurol 517:711–722

Rapaport DH, Stone J (1984) The Area centralis of the retina in the cat and other mammals: focal point for function and development of the visual system. Neuroscience 11:289–301

Rio JP, Vesselkin NP, Repérant J, Kenigfest NB, Versaux-Botteri C (1998) Lamprey ganglion cells contact photoreceptor cells. Neurosci Lett 250:103–106

Rodiek RW (1998) The first steps in seeing. Sinauer Associates, Sunderland

Rosa Salva O, Sovrano VA, Vallortigara G (2014) What can fish brains tell us about visual perception? Front Neural Circ 8:119

Saari JC (2016) Vitamin A and vision. In: Asson-Batres MA, Rochette-Egly C (Hrsg) The biochemistry of retinoid signaling II. Subcellular biochemistry. Springer Science, Dordrecht

Salomon F-V, Geyer H, Gille U (2015) Anatomie für die Tiermedizin. Enke, Stuttgart

Schäfer HJ, Schmidt U, Brzoska J, Hubl L (1978) Temperature dependence of visual frequency in *Rana lessonae* Cam., *Bufo bufo* L. and *Bombina bombina* (L.) (Amphibia). Behav Process 3:259–264

Schwab IR (2012) Evolution's witness. How eyes evolved. Oxford University Press, New York

Simmons PJ, Sztarker J, Rind FC (2013) Looming detection by identified visual interneurons during larval development of the locust *Locusta migratoria*. J Exp Biol 216:2266–2275

Srinivasan MV, Lehrer M (1984) Temporal acuity of honeybee vision: behavioural studies using moving stimuli. J Comp Physiol A 155:297–312

Stöckl AL, Ribi WA, Warrant EJ (2016) Adaptations for nocturnal and diurnal vision in then hawkmoth lamina. J Comp Neurol 524:160–175

Toomey MB, Corbo JC (2017) Evolution, development and function of vertebrate cone oil droplets. Front Neural Circ 11:97

von Uexküll J (1921) Umwelt und Innenwelt der Tiere. Springer, Berlin/Heidelberg

Via SE (1977) Visually mediated snapping in the bulldog ant: a perceptual ambiguity between size and distance. J Comp Physiol A 121:33–51

Vinberg F, Kefalov VJ (2018) Investigating the Ca^{2+}-dependent and Ca^{2+}-independent mechanisms for mammalian cone light adaptation. Sci Rep 8:15864

Vogt K (1980) Die Spiegeloptik des Flußkrebsauges. J Comp Physiol 135:1–19

Walls GL (1942) The vertebrate eye and its adaptive radiation. Reprinted 2018 by Forgotton Books, London

Wang J-S, Kefalov VJ (2011) The cone-specific visual cycle. Prog Retin Eye Res 30:115–128

Wang X, Wang T, Jiao Y, von Lintig J, Montell C (2010) Requirement for an enzymatic visual cycle in drosophila. Curr Biol 20:93–102

Warrant EJ (2017) The remarkable visual capacities of nocturnal insects: vision at the limits with small eyes and tiny brains. Philos Trans R Soc B 372:20160063

Warrant EJ, Locket NA (2004) Vision in the deep sea. Biol Rev 79:671–712

Young JZ (1965) The central nervous system of *Nautilus*. Philos Trans R Soc B 249:1–25

Young JZ (1989) The Bayliss-Starling lecture. Some special senses in the sea. J Physiol 411:1–25

Zollikofer CPE, Wehner R, Fukushi T (1995) Optical scaling in conspecific Cataglyphis ants. J Exp Biol 198:1637–1646

Pheromone

Inhaltsverzeichnis

S. Frings, *Die Sinne der Tiere*, https://doi.org/10.1007/978-3-662-63233-8_8

8

In einem Ameisenstaat leistet jede Ameise ihren Beitrag dazu, den Staat zu erhalten und auszubauen. Die Gesellschaft im Ameisenhaufen beherbergt mehrere Kasten mit ganz unterschiedlichen Rechten und Pflichten: Manche sind mit der Fortpflanzung beschäftigt, andere bauen oder suchen nach Nahrung. Tief im Ameisenhaufen gibt es Eier und Larven zu versorgen, ständig finden Bauarbeiten in der Kolonie statt, und gelegentlich müssen Räuber abgewehrt werden. Durch die Gänge des Ameisenhaufens krabbeln endlose Karawanen von Mitbewohnern, und auch auf den Ameisenstraßen außerhalb des Haufens ist viel los. Welche Informationen, welche sensorischen Reize, können die Tiere nutzen, um inmitten dieses Gewimmels immer das Richtige zu tun? Ihre Komplexaugen verschaffen ihnen auf der Oberfläche des Ameisenhaufens und bei ihren Ausflügen in den Wald eine gewisse visuelle Orientierung. Aber im Inneren des Ameisenhaufens mit seinem komplizierten System von Gängen und Kammern ist es dunkel, und der Sehsinn hilft wenig. Die wichtigsten Sinnesorgane der Ameisen sind ihre Antennen. Diese Multifunktionsorgane tragen bis zu zehn unterschiedliche Sinnesstrukturen: mechanorezeptive Sensillen, mit denen die Tiere sich gegenseitig betasten, thermorezeptive Sensillen zu Messung von Lufttemperatur und -feuchtigkeit sowie eine Reihe von chemorezeptiven Sensillen für verschiedene Signalstoffe. Chemorezeptoren spielen die zentrale Rolle bei der Aufgabenverteilung in der Ameisenkolonie. Durch sie detektiert jedes Tier diejenigen chemischen Signale, mit deren Hilfe das Leben der Kolonie organisiert wird – die Pheromone. Was immer die einzelnen Ameisen tun, sie folgen der Steuerung durch Pheromone. In diesem Kapitel wird beschrieben, wie Pheromone Tiere lenken und welche Aspekte im Leben eines Tieres dem Einfluss von Pheromonen unterliegen.

8.1 Chemie und Befruchtung

Die Befruchtung einer Eizelle durch ein Spermium kann nur erfolgen, wenn beide Keimzellen in direkten Kontakt kommen, die Voraussetzung für die Bildung einer Zygote. Diesem grundlegenden Ereignis aller biologischen Prozesse steht die geringe Größe der beiden beteiligten Keimzellen entgegen – Eizellen und Spermien sind meist weniger als 1 mm groß. Eine zufällige Kollision solch kleiner Partikel ist prinzipiell unwahrscheinlich. Zu aktiven Suchbewegungen sind aber nur die Spermien imstande, Eizellen werden nur passiv bewegt. Zudem befinden sich Eizellen und Spermien in unterschiedlichen Individuen, sodass zunächst einmal keinerlei Kontakt der Keimzellen möglich ist. Bedenkt man die elementare Bedeutung der Befruchtung für Lebensprozesse, ist unmittelbar einsichtig, dass sowohl die Annäherung von Individuen unterschiedlichen Geschlechts als auch die Annäherung von Eizellen und Spermien Vorgänge sind, die unter einem fundamentalen Selektionsdruck stehen. Jeder Funktionsverlust unterbricht die Generationenfolge. Es verwundert nicht, dass alle Sinne der Tiere in irgendeiner Weise dazu beitragen, solche Prozesse zu unterstützen. Letztlich entscheidend sind dabei chemische Signale und chemische Sinne, die – weit direkter und effektiver als visuelle und auditorische Signale – den Fortpflanzungserfolg sichern. Fortpflanzung scheint überhaupt nur dann möglich zu sein, wenn chemische Wegweiser zelluläre Systeme zu zielgerichtetem Verhalten anleiten. Diesen engen Zusammenhang von chemischen Signalen und Befruchtung findet man demzufolge in allen Ebenen des Tierreiches.

Ein eindrucksvolles Beispiel für die Rolle chemischer Signale bei der Befruchtung ist die **Chemotaxis der Seeigelspermien**. Seeigel (Klasse Echinodea) und anderer Stachelhäuter (Stamm Echinodermata) sind getrenntgeschlechtliche Tiere, die zur Fortpflanzung in großer Zahl Eizellen und Spermien ins Meerwasser entlassen. Bliebe das Aufeinandertreffen der Keimzellen dem Zufall überlassen, wäre die Befruchtungseffektivität äußerst gering, denn weder Wasserströmung noch Diffusion würden Eizellen und Spermien näher zusammenführen. Die Befruchtung funktioniert nur deshalb, weil die Eizellen Lockstoffe produzieren und diese in ihrer extrazellulären, gelatinösen Eihülle anreichern, von wo sie dann ins Meerwasser diffundieren können (◘ Abb. 8.1, *links*). Die Lockstoffe sind meist kleine Peptide (oft Decapeptide), für welche die Spermien der Artgenossen Rezeptoren besitzen. So wirkt das Peptid Speract bei *Strongylocentrotus purpuratus* als Lockstoff, das Peptid Resact dagegen bei *Arbacia punctulata*. Lässt man Wasserströmungen und Wirbel außer Acht, kann man davon ausgehen, dass die Lockstoffkonzentration mit der Entfernung von der Eizelle sehr schnell abnimmt (etwa mit der dritten Potenz des Abstands), sodass schon nach wenigen Zentimetern kaum noch nennenswerte Konzentrationen in Wasser zu finden sind. Wie kann ein orientierungslos herumschwimmendes Spermium trotzdem den Weg zur Eizelle finden?

Eine Schlüsselentdeckung für das Verständnis der Chemotaxis von Seeigelspermien war, dass schon ein einziges Lockstoffmolekül ausreicht, um ein Spermium zu alarmieren und sein Schwimmverhalten zu beeinflussen. Bindet beispielsweise ein Resactmolekül an einen passenden Rezeptor auf dem Spermium eines *Arbacia*-Seeigels, ändert das Spermium sofort sein Schwimmverhalten. War es zuvor – in der orientierungslosen Phase – in weiten, schraubenförmigen, ständig hin- und hertreibenden Bewegungsmustern durch das Wasser geirrt, dreht es sich nach der Detektion des Lockstoffes in einem engen Kreis und bleibt in der Nähe der Stelle, wo es alarmiert worden ist (◘ Abb. 8.1, *rechts*). Kommt es nun mit weiteren Lockstoffmolekülen in Kontakt, verändert sich sein Bewegungsmuster Schritt für Schritt und führt das Spermium immer näher an die Eizelle heran – bis letztendlich die Befruchtung stattfinden kann. Die robuste Reaktion des Seeigelspermiums auf die Stimulation durch den Lockstoff wird durch einen speziellen Satz von Transduktionsproteinen vermittelt, die in der Plasmamembran des Flagellums eingelagert sind (◘ Abb. 8.1, *unten*). Als Lockstoffrezeptor dient eine Guanylat-Cyclase, die bei Aktivierung durch Resact im Inneren des Flagellums die Synthese des Botenstoffs cGMP (zyklisches Guanosinmonophosphat) aus GTP (Guanosintriphosphat) katalysiert. Der Botenstoff bindet an einen Kaliumkanal (CNGK) und öffnet ihn, sodass K^+-Ionen über die Membran ausströmen können. Dies führt zur Hyperpolarisation der Flagellenmembran, die im unstimulierten Zustand eine Membranspannung von

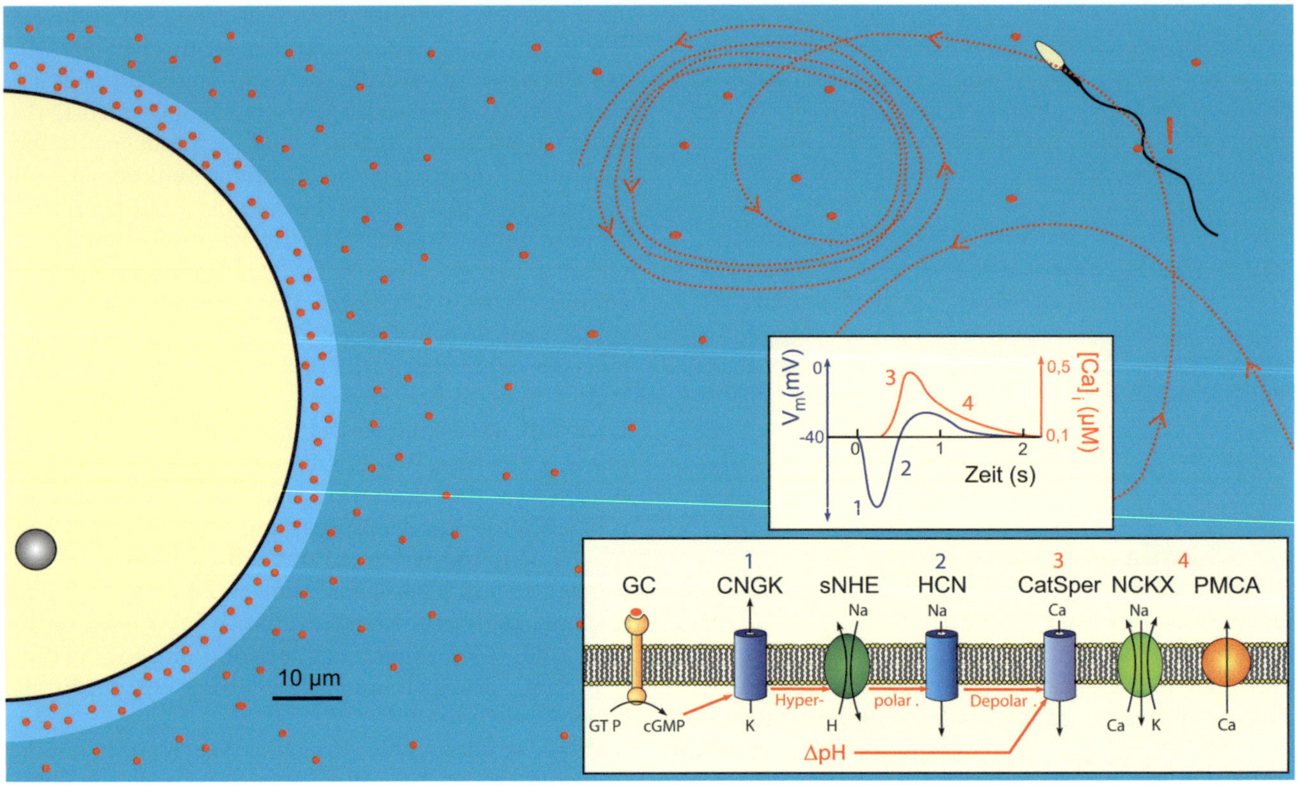

Abb. 8.1 Äußere Befruchtung bei Seeigeln (Klasse Echinoidea). Eizellen und Spermien wurden ins Meerwasser entlassen und müssen sich zur Befruchtung treffen. Dazu setzt die Eizelle (*links*) aus der sie umgebenden Eihülle (*blau*) einen Lockstoff frei (*rote Punkte*). Beim Seeigel *Arbacia punctulata* erfüllt das spermienaktivierende Peptid Resact diese Funktion. Die Spermien schwimmen, vorwärts getrieben vom Schlagen ihrer Flagellen, in weiten Schraubenbewegungen durchs Meer (*rechts*), bis sie zufällig auf ein Resactmolekül treffen, das mit ihrem Flagellum kollidiert(!). Selbst auf die Kollision mit einem einzigen Resactmolekül kann das Spermium heftig reagieren: Sein Membranpotenzial (V_m) wird kurzzeitig ausgelenkt, und ein Calciumpuls tritt im Inneren des Flagellums auf (*Schema Mitte*). Durch diese intrazellulären Vorgänge wird das Schwimmverhalten des Spermiums verändert. Es schwimmt nun auf einer engeren Kreisbahn, und wenn es sich in der Nähe der Eizelle befindet, wird es immer wieder von Resactmolekülen getroffen. Dadurch werden ständig Calciumpulse ausgelöst, die letztlich das Spermien immer näher an die Eizelle heranführen. Im *Schema unten* sind die Proteine der Flagellenmembran aufgeführt, welche die elektrische Reaktion (*1*, *2*) und die Bildung der Calciumpulse (*3*, *4*) vermitteln: CatSper, Spermien-Kationenkanal; CNGK, durch zyklische Nucleotide gesteuerter (*cyclic nucleotid-gated*) Kaliumkanal; GC, Rezeptor-Guanylat-Cyclase; HCN, hyperpolarisationsaktivierter, durch zyklische Nucleotide gesteuerter Kanal; NCKX, Natrium-Calcium-Kalium-Austauscher; PMCA, Plasmamembran-Calcium-ATPase; sNHE, spannungsgesteuerter Natrium-Protonen-Austauscher. Nach Kaupp et al. (2008), Alvarez et al. (2012), Wachten et al. (2017)

−40 mV bis −50 mV aufweist (30–40 mV weniger negativ ist als das Nernst-Potenzial für K^+). Die Hyperpolarisation aktiviert zwei weitere Proteine, einen Ionenkanal (HCN) und einen Natrium-Protonen-Austauscher (sNHE), und führt dadurch zu einer Depolarisation und zu einem leichten Anstieg des intrazellulären pH-Wertes. Beide Prozesse begünstigen die Öffnung eines Ca^{2+}-Kanals (CatSper), der Ca^{2+} in das Flagellum einströmen lässt und damit einen Calciumpuls auslöst, welcher direkt das Schlagverhalten des Flagellums und damit die Schwimmrichtung des Spermiums kontrolliert. Jeder Calciumpuls ist nur von kurzer Dauer (< 1 s), denn die Ca^{2+}-Ionen werden durch Austauscher (NCKX) und Pumpen (PMCA) wieder aus dem Flagellum entfernt. Je öfter das Spermium von einem Lockstoffmolekül getroffen wird, desto häufiger und schneller treten Calciumpulse auf und desto fester wird das Spermium auf einen engen Kreiselkurs gezwungen, der es am Ende zur Oberfläche der Eizelle führt.

Die Chemotaxis der Seeigelspermien illustriert die enge Beziehung zwischen Befruchtung und chemischen Signalen und verdeutlicht einige charakteristische Merkmale der chemischen Kontrolle, wie sie bei der Behandlung von Pheromonen in den folgenden Abschnitten im Vordergrund stehen:

- Einsatz von Signalstoffen zur Förderung der Befruchtung
- hohe Selektivität des Rezeptors für arteigene Signalstoffe
- extreme Empfindlichkeit der Sinneszellen
- Aktivierung von robusten Transduktionsprozessen durch einzelne Signalmoleküle

- Mechanismen zur Orientierung an Reizgradienten
- Auslösen angeborener, stereotyper Verhaltensmuster

Pheromonsysteme unterscheiden sich grundlegend von den anderen chemischen Sinnen, weil ihr Reizspektrum sehr eng, ja manchmal auf eine einzige chemische Verbindung, ein bestimmtes Pheromon, beschränkt ist. Pheromone können daher mit sehr selektiven, hochaffinen Rezeptoren arbeiten, während beim Geschmackssinn und Geruchssinn vor allem Rezeptoren mit geringer Selektivität und geringer Affinität funktionieren. Die Beziehungen zwischen Rezeptor und Ligand – hinsichtlich Passgenauigkeit, Bindungsdauer und Selektivität – sind im Pheromonsystem fast immer eng und stehen offensichtlich unter immensem Selektionsdruck. Sie sind eher den Wechselwirkungen zwischen Hormonen und deren Rezeptoren zu vergleichen als den Geruchsrezeptoren und ihren Liganden. Diese wesentliche Eigenschaft ist für das Verständnis der Pheromonkontrolle von Tieren sehr hilfreich.

8.2 Pheromone und der Flug der Falter

Wenn adulte Schmetterlinge (Ordnung Lepidoptera) aus ihren Puppenhüllen geschlüpft sind, ist ihre vordringliche Aufgabe, einander zum Zweck der Fortpflanzung zu finden. Das ist keine leichte Aufgabe, denn die frisch geschlüpften weiblichen und männlichen Tiere können viele Meter voneinander getrennt in unterschiedlichen Sträuchern und Bäumen sitzen. Eine zufällige Begegnung im Verlauf zielloser Flugaktivitäten wäre praktisch unmöglich. Der Fortpflanzungserfolg beruht darauf, dass das Weibchen einen Lockstoff – ein Pheromon – aus meist abdominal liegenden Drüsen in die Luft entlässt. Auf diesen Lockstoff reagiert das Männchen höchst empfindlich. Es beginnt aufgeregt zu flattern, fliegt los und sucht nach dem Weibchen. Wie aber folgt man einer Duftspur durch die Luft? Nachdem das Pheromon freigesetzt ist, wird es in Luftströmungen mit dem Wind getragen, dabei chaotisch verwirbelt und in getrennte Schwaden auseinandergerissen. Je weiter vom Falterweibchen entfernt, desto isolierter treiben die Molekülschwaden durch die Luft, und die Pheromonkonzentrationen innerhalb der Schwaden haben durch ständige Verwirbelung alle Richtungsinformation zum Ausgangsort hin verloren. Trotz dieser richtungsunabhängigen chemischen Signale kann das Faltermännchen einem solchen isolierten Dunstschleier aus Pheromonmolekülen *eine* entscheidende Information entnehmen – „windwärts sitzt ein Weibchen". Die sinnvolle – und daher stereotype – Reaktion des Männchens ist es, seinen Flug *gegen die Windrichtung* fortzusetzen, denn dadurch kommt es dem Weibchen näher (◘ Abb. 8.2). Um die Windrichtung zu ermitteln, kann

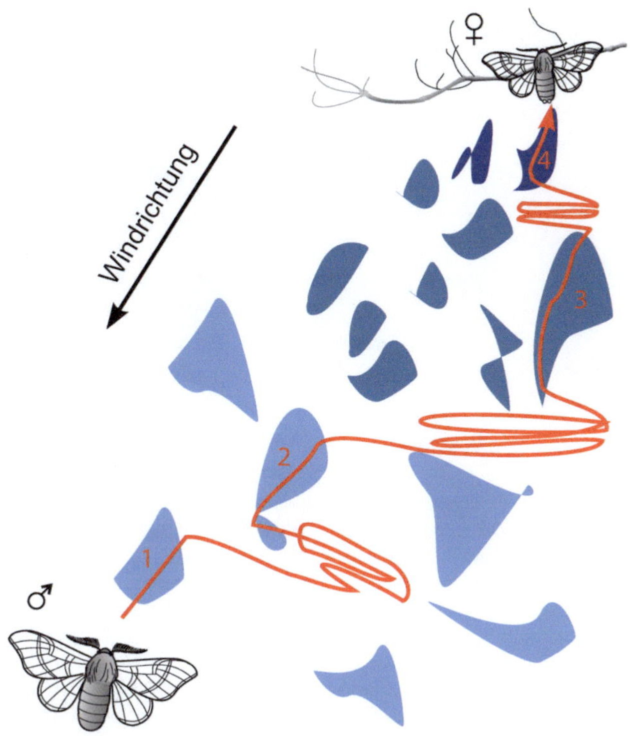

◘ **Abb. 8.2** Das Prinzip der optomotorischen Anemotaxis in einem diskontinuierlichen Pheromongradienten. Schematische Darstellung der Flugbahn eines männlichen Falters während des Suchfluges zum Weibchen. Die vom Weibchen freigesetzten Pheromone werden vom Wind in voneinander isolierten Schwaden (*blaue Symbole*) verweht. Keine der Schwaden hat eine Richtungsinformation, abgesehen von der Pheromonkonzentration (hier durch *Blautöne* symbolisiert), die mit zunehmendem Abstand vom Weibchen niedriger wird. Wann immer das Männchen Pheromon detektiert, fliegt es windwärts, ohne Pheromonsignal kreuzt es dagegen quer zur Windrichtung. Der Kontakt mit vier Pheromonschwaden (*1–4*) genügt hier, um zum Weibchen zu gelangen

sich der Falter anschauen, in welche Richtung er selbst vom Wind verdriftet wird, in welche Richtung die Luftströmungen ihn an der Vegetation vorbeibewegen. Die chemosensorische Information muss also mit einer visuellen kombiniert werden. Nur dann kann sich der Falter dem Weibchen nähern. Diese Strategie wird als **optomotorische Anemotaxis** (gr. *anemos*, Wind) bezeichnet. Sie funktioniert nur bei Wind. Während einer Flaute wird der Falter nicht in der Lage sein, ein Weibchen zu finden. Innerhalb einer Pheromonschwade flattert der Falter also windwärts. Hat er die Pheromonwolke verlassen, hört der Pheromonreiz auf, und der Falter ändert sofort sein Flugverhalten. Er flattert eher quer zur Windrichtung auf der Suche nach der nächsten Wolke. Hat er sie gefunden, dreht er wieder in den Wind. Mit dieser einfachen Strategie kommt der männliche Falter dem Weibchen Stück für Stück näher und der Fortpflanzungserfolg ist gesichert – auch wenn die Tiere viele Meter – nach manchen Autoren sogar über einige Kilometer – voneinander entfernt waren, als das Männchen zum ersten Mal durch das Pheromon alarmiert wurde.

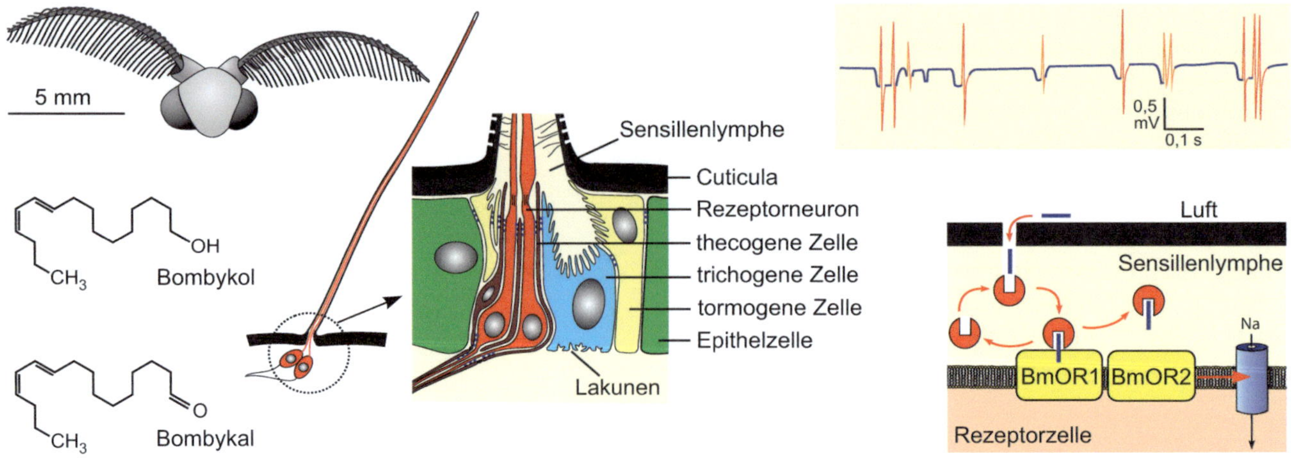

Abb. 8.3 Detektion von Bombykol beim Seidenspinner (*Bombyx mori*). *Links*: Die kammförmigen Antennen des männlichen Seidenspinners tragen auf ihren Seitenästen einige Tausend Sensillen. Haarförmige, trichoide Sensillen enthalten oft zwei chemosensorische Neuronen, eines spezifisch für das Pheromon Bombykol, das andere für das antagonistisch wirkende Bombykal. *Mitte*: Darstellung der Wurzel einer trichoiden Sensille mit zwei Rezeptorneuronen sowie den thecogenen (scheidenbildenden), trichogenen (haarbildenden) und tormogenen (balgbildenden) Zellen. *Rechts oben*: Ableitung von einer trichoiden Sensille während der Stimulation mit Bombykol und Bombykal bei niedrigen Konzentrationen. Die kurzen Auslenkungen der Potenzialmessung nach unten („*bumps*") werden durch Bindung einzelner Pheromonmoleküle hervorgerufen und erzeugen oft Aktionspotenziale (*rot*). Die großen Aktionspotenziale stammen von dem bombykolempfindlichen Rezeptorneuron, die kleineren vom bombykalempfindlichen Neuron in der Sensille. *Rechts unten*: Modell der Aktivierung eines Bombykolrezeptors. Bombykolmoleküle (*blaue Striche*) gelangen durch die Luft auf die Oberfläche der Antenne. Durch Poren in der Cuticula einer trichoiden Sensille können einige Moleküle in die Sensillenlymphe eindringen, wo sie von löslichen Pheromonbindeproteinen (*rote Symbole*) gebunden werden. Die Bindeproteine ermöglichen die Übergabe des Bombykols an seinen Rezeptor BmOR1. Zusammen mit dem Corezeptor BmOR2 öffnet der Bombykolrezeptor – direkt oder indirekt – einen Kationenkanal, welcher das Rezeptorneuron so weit depolarisiert, bis ein Aktionspotential ausgelöst wird. Nach Kaissling (1987, 2014)

Vieles von dem, was wir heute über das pheromongesteuerte Suchverhalten von Schmetterlingen wissen, wurde am Seidenspinner (*Bombyx mori*) erforscht, obwohl diese über viele Jahrhunderte zur Seidenproduktion kultivierte Art gar nicht mehr fliegen kann. Die Männchen zeigen aber noch anemotaktisches Verhalten, und der Lockstoff – das **Bombykol** – war das erste Pheromon, das überhaupt entdeckt und untersucht wurde. Bombykol ((*E,Z*)-10,12-Hexadecadien-1-ol; Abb. 8.3, *links*) wird von weiblichen Seidenspinnern freigesetzt, die es allerdings nicht selbst wahrnehmen können. Bei Bombykol handelt es sich um eine flüchtige, sehr hydrophobe Verbindung. Detektiert ein männlicher Seidenspinner in einem Luftstrom Bombykolmoleküle, reagiert er mit einem stereotypen Verhalten: Er richtet sich gegen die Luftströmung aus und beginnt mit den Flügeln zu flattern – je höher die Bombykolkonzentration, desto schneller das Flattern. Der männliche Seidenspinner ist mit enormen, kammförmigen Antennen ausgestattet, die in erster Linie zum Aufspüren der Bombykolwolken dienen (Abb. 8.3, *links*). Auf den Seitenästen der Antenne, den Zinken des Kammes, befinden sich etwa 100.000 Sensillen, davon etwa 35.000 Fadenhaarsensillen (Typ Sensillum trichodeum), bis etwa 400 µm lang und 1–5 µm dick, jeweils bestückt mit zwei oder drei Rezeptorneuronen. Die Dendriten dieser Neuronen liegen lang gestreckt im Inneren der Sensillen, umgeben von Sensillenlymphe, die durch Poren in der Cuticula Kontakt zur Außenwelt hat. Wenn zwei oder drei Neuronen in einer Sensille liegen, ist eine davon auf Bombykol spezialisiert, während die anderen auf Verbindungen reagieren, die ebenfalls zur Kommunikation durch Pheromone gehören, beispielsweise das Aldehyd Bombykal. Das stereotype Flatterverhalten wird ausschließlich durch Bombykol ausgelöst, Bombykal wirkt eher antagonistisch. Seine Rolle im Sexualverhalten ist noch nicht aufgeklärt. Die Sensillenlymphe wird an der Basis des Sensillenhaares durch trichogene und tomogene Zellen sezerniert (Abb. 8.3, *Mitte*). Sie hat einen hohen Kaliumgehalt (200 mM K^+, 40 mM Na^+), und nur für etwa die Hälfte dieser positiven Ladungen ist Cl^- das Gegenion. Für den Rest des Ladungsausgleichs sorgt eine hohe Konzentration (etwa 10 mM) eines **pheromonbindenden Proteins** – ein lösliches Protein mit negativen Nettoladungen, welches in der Sensillenlymphe das wasserunlösliche Bombykol binden kann. Die hohe K^+-Konzentration entsteht durch einen gerichteten, ATP-abhängigen K^+-Transport aus der Hämolymphe in die Sensillenlymphe.

Für die Pheromonforschung war besonders eine Beobachtung wegweisend, die bei verhaltensphysiologischen Untersuchungen des Seidenspinners gemacht wurde. Da die männlichen Tiere zuverlässig mit Flatterverhalten reagierten, wann immer sie merkten, dass sich Bombykol im Luftstrom befindet, konnte die Empfindlichkeit des Pheromonsystems gemessen werden. Wie sich zeigte, reagierten die Tiere zuverlässig, wenn im Luftstrom mehr als 3000 Bombykolmoleküle pro Milliliter enthalten waren. Das ist eine äußerst niedrige Schwellenkonzentration – sie entspricht 5 Attomolar Bombykol (1 Attomolar = 10^{-18} M) – und belegt die ungeheure Empfindlichkeit des Seidenspinners für sein Geschlechtshormon. Tatsächlich konnte man mit elektrophysiologischen Ableitungen von trichoiden Sensillen zeigen, dass schon die Bindung eines einzigen Bombykolmoleküls ausreicht, um ein Rezeptorneuron zum Feuern zu bringen. Man erkennt bei solchen Experimenten die Bindung einzelner Bombykolmoleküle an Dendriten von Rezeptorneuronen daran, dass kleine, aber messbare elektrische Auslenkungen, sogenannte „*bumps*", in den Potenzialaufzeichnungen auftreten (◘ Abb. 8.3, *rechts oben*). Solche „*bumps*" werden durch die Depolarisation der Dendritenmembran verursacht und gelten als Elementarreaktionen des Rezeptorneurons. Sie dauern nur einige Millisekunden, lösen aber oft Aktionspotenziale aus. Dazu muss der Bombykolrezeptor so lang aktiviert werden, dass sich eine ausreichend starke Depolarisation der Zellmembran entwickelt. Das aber kann nur durch eine starke Bindung des Pheromons an seinen Rezeptor geschehen. Die **Bombykolrezeptoren** vom Typ BmOR1 (*Bombyx mori olfactory receptor type 1*) sind in der Dendritenmembran eingelagert, wo sie zusammen mit dem Protein BmOR2 Proteinkomplexe bilden – Dimere, wie das generell bei den Geruchsrezeptoren der Insekten der Fall ist (▶ Kap. 10; ◘ Abb. 10.15). Die Rezeptorkomplexe kontrollieren ihrerseits Kationenkanäle, bei deren Öffnung die Dendritenmembran durch Kationeneinstrom depolarisiert wird (◘ Abb. 8.3, *rechts unten*). Die Aktivierung eines Rezeptors durch ein einzelnes Bombykolmolekül hält den Kationenkanal ausreichend lange geöffnet, dass die hereinströmenden Kationen das Rezeptorneuron bis zur elektrischen Erregung depolarisieren. Eine solche Elementarreaktion auf ein Pheromonmolekül löst aber noch kein stereotypes Verhalten aus; dazu werden etwa 200 gleichzeitig stattfindende Aktivierungen benötigt. Erst dann ist das afferente Signal deutlich genug, um eine Verhaltensänderung zu bewirken.

Damit dieser Aktivierungsprozess stattfinden kann, müssen die flüchtigen, hydrophoben Bombykolmoleküle erst einmal in die Sensillenlymphe gelangen. Dabei hilft auf erstaunliche Weise die Beschaffenheit der Haarsensillen. Ihre Oberfläche bietet für die Adsorption von Bombykol besonders gute chemische Bedingungen, was dazu führt, dass auf der Sensillenoberfläche etwa 80 % aller auf einer Antenne adsobierten Bombykolmoleküle haften, obwohl die Haarsensillen selbst nur etwa 20 % der Antennenoberfläche stellen. Die Eigenschaften der äußeren Cuticularschicht der Haarsensillen ist offenbar genau an die physikochemischen Eigenschaften des Pheromons angepasst. Einmal adsorbiert, können die Bombykolmoleküle durch laterale Diffusion entlang der Oberfläche Mikroporen in der Cuticula erreichen, von denen auf jeder Haarsensille etwa 10.000 mit Durchmessern von weniger als 1 µm zu finden sind. Die Poren bieten den einzigen Weg ins Sensillenlumen, wo die wasserunlöslichen Bombykolmoleküle von pheromonbindenden Proteinen aufgenommen werden. Gegenwärtige Modelle sehen die Funktion dieser Proteine vor allem darin, das Bombykol überhaupt in das wässrige Milieu der Sensillenlymphe eindringen zu lassen. Die Proteine haben eine ähnliche Funktion wie die fetttransportierenden Lipocaline im Cytoplasma. Ohne die pheromonbindenden Proteine wären die Bombykolrezeptoren für das unlösliche Pheromon unerreichbar. Deshalb wird ein Übergabemechanismus vom Bindeprotein auf den Rezeptor postuliert. Zudem schützen die Bindeproteine das Bombykol so lange vor enzymatischen Abbaumechanismen, bis es an einen Rezeptor übergeben wird. Schließlich scheinen die Bindeproteine auch bei der Beendigung der Rezeptoraktivierung und beim Abtransport des Bombykols eine Schlüsselrolle zu spielen. Letztendlich exponieren sie das verbrauchte Pheromon für abbauende Enzyme in der Sensillenlymphe (Oxidasen, Esterasen), und die Rezeptoren sind wieder bereit für den nächsten Aktivierungszyklus.

Die Orientierung des männlichen Seidenspinners an im Wind verdriftenden Bombykolschwaden zeigt die charakteristischen Merkmale von Pheromonsystemen, von der extremen Empfindlichkeit des Detektionssystems bis zum angeborenen, stereotypen Reaktionsmuster. Die chemische Kontrolle von Verhaltensweisen, welche mit der Reproduktion zu tun haben, ist gleichzeitig vielgestaltig und äußerst erfolgreich. Für die Beschreibung von weiteren Pheromonsystemen ist es hilfreich, zur Unterscheidung der einzelnen Vorgänge folgende Begriffe zu verwenden:

- **Hormone** sind biochemische Verbindungen, die von Geweben oder endokrinen Drüsen produziert werden, um physiologische Prozesse **innerhalb eines Organismus** zu steuern.
- **Semiochemikalien** ist ein Überbegriff für biochemische Verbindungen, die bei Wechselwirkungen **zwischen Organismen** zum Einsatz kommen. Dazu gehören die Folgenden:
  - **Pheromone** sind biochemische Verbindungen, die **zwischen Individuen derselben Art** wirksam sind und *angeborene* stereotype Verhaltensweisen oder Entwicklungsprozesse steuern.
  - **Signalmischungen** bestehen aus mehreren Geruchskomponenten und werden von Artgenossen zur **Erkennung der Identität von Artgenossen** *gelernt*.

- **Allelochemikalien** sind biochemische Verbindungen, die Informationen **zwischen Individuen unterschiedlicher Arten** vermitteln. Dazu gehören Signale, die dem Sender nutzen (Allomone), solche die dem Empfänger nutzen (Kairomone) und solche die beiden nutzen (Synomone).

Bei der Diskussion in den folgenden Abschnitten stehen Pheromone und Signalmischungen im Vordergrund, wobei der entscheidende Unterschied darin besteht, dass die Reaktionen auf Pheromone angeboren sind, während die auf Signalmischungen von jedem individuellen Tier erst gelernt werden müssen.

8.3 Chemische Signale im Ameisenstaat

Pheromone verstärken in erster Linie Verhaltensmuster, die der Fortpflanzung dienen. Die meisten Tiere verfügen aber darüber hinaus über ein Repertoire von Verhaltensoptionen, die nicht direkt mit der Fortpflanzung zu tun haben – bei der Nahrungssuche, in Jäger-Beute-Systemen, bei individuellen Aktivitätszyklen wie Tag- oder Nachtruhe, beim Winterschlaf wie auch bei symbiontischen und kommensalischen Beziehungen zwischen unterschiedlichen Arten. Pheromongesteuerte Lebensbereiche sind bei den meisten Tierarten auf einen spezifischen Ausschnitt des Verhaltensspektrums begrenzt – meist auf das Reproduktionsverhalten. Einen Sonderfall bilden die staatenbildenden Insekten, insbesondere die **eusozial organisierten Kolonien** von Ameisen (Familie Formicidae) und Termiten (Ordnung Isoptera), denn bei diesen Tieren wird praktisch jeder Lebensaspekt durch Pheromone gesteuert, und so gut wie alle Spuren von Individualität scheinen aus dem Verhaltensrepertoire verschwunden zu sein. Auch im Bienenstaat und in Wespenkolonien spielen Pheromone eine fundamentale Rolle. Allerdings werden bei fliegenden Insekten mit großem Aktionsradius zusätzlich sensorische Fähigkeiten und Kommunikationsformen benötigt, die Pheromone nicht vermitteln können. Eine Ameise kann für ihre Schwestern eine Pheromonspur zu einer Nahrungsquelle legen, aber eine Biene benötigt weit komplexere Signale, um ihre Schwestern zu einem entfernt blühenden Busch zu lotsen (▶ Abschn. 1.3). Da Ameisen und Termiten ihr gesamtes Leben – mit Ausnahme des Hochzeitsfluges – auf dem Boden oder in der Vegetation verbringen, können sie chemische Signale sehr lokal und zeitlich präzise einsetzen. Diese genauen Signale bilden eine Pheromon-„Sprache", mit deren Hilfe ein räumlich und zeitlich genau orchestriertes **Regelsystem für stereotype Verhaltensmuster** entstanden ist, in dem jedes Einzeltier kontinuierlich zum Nutzen der Kolonie geleitet wird. Es ist eine spannende Frage der Evolutionsbiologie, durch welche Art von Selektionsdruck sich diese Extremform von Verhaltensintegration entwickeln konnte. Das Ergebnis, das wir heute an den Ameisen- und Termitenstaaten bestaunen können, ist eine höchst erfolgreiche Lebensform, bei der zwar nicht das Einzeltier, wohl aber die Kolonie – der **Superorganismus** – Strategien entwickelt hat, mit deren Hilfe sich der Insektenstaat selbst unter schwierigen Bedingungen behaupten kann.

Obwohl die rund 13.000 Ameisenarten eine spektakuläre Vielfalt von Anpassungsleistungen entwickelt haben und mit einem breiten Spektrum von Überlebensstrategien ganz unterschiedliche Lebensräume besiedeln konnten, lassen sich hinsichtlich der Rolle von Pheromonen im Superorganismus Ameisenstaat doch einige Gemeinsamkeiten erkennen. Das grundlegende Ordnungsprinzip ist die Beschränkung der Reproduktionsaktivitäten auf die Ameisenkönigin, die während des Hochzeitsfluges von den geflügelten männlichen Ameisen ausreichend Spermien aufnimmt, um damit einen ganzen Superorganismus mit Arbeitern zu bevölkern. Dazu muss sie während ihres meist mehrjährigen Lebens viele Tausend Eier legen und gleichzeitig verhindern, dass andere Ameisen fruchtbar werden. Ihr Fruchtbarkeitszustand wird für alle Bewohner der Kolonie durch das **Königinnensignal** erkennbar, ein Pheromon, das die Königin auf ihrer Cuticula trägt und mit dem sie alle ihre Eier markiert. Solange sie gesund und leistungsfähig ist, bewirkt das Königinnensignal bei ihren Nachkommen eine Blockierung der Ovarialentwicklung und verhindert damit die Entwicklung von Fruchtbarkeit bei den Arbeiterinnen. Solche Pheromone, die physiologische Entwicklungsprozesse bei Artgenossen steuern, bezeichnet man als **Primer-Pheromone**. Königinnensignale sind oft langkettige Kohlenwasserstoffe, beispielsweise C_{20}- bis C_{30}-Alkane, die gut an den Oberflächen der Cuticula und den Eihüllen haften und dort von den Arbeiterinnen beim täglichen Pflegegeschäft aufgenommen werden können. Lässt die Fruchtbarkeit einer Königin nach oder kommt sie gar zu Schaden, so wird auch das Königinnensignal schwächer, oder es bleibt ganz aus. Das kann zum Untergang der Kolonie führen. Denn wenn der Fruchtbarkeitsblock bei den Arbeiterinnen nachlässt, entwickeln sich einige von ihnen vollständig und legen Eier. Allerdings können aus diesen Eiern nur Männchen hervorgehen, denn die Arbeiterinnen sind nie befruchtet worden. Männchen aber besitzen nicht das genetisch verankerte Verhaltensrepertoire zur Aufrechterhaltung des Superorganismus. Wurden keine Reservemaßnahmen getroffen – beispielweise eine befruchtete Reservekönigin –, wird die Kolonie zugrunde gehen. Man kann das Königinnensignal folglich als grundlegendes strukturgebendes Pheromon des Ameisenstaates ansehen.

Ein Ameisenstaat definiert die Zugehörigkeit jeder Ameise zu ihrem Sozialverband. Jedes Tier erkennt den eigenen Staat am **Familiengeruch**, einer Signalmischung aus mehreren Geruchsstoffen, vermutlich ebenfalls langkettige Kohlenhydrate auf der Körperoberfläche. Begegnen sich zwei Ameisen, betasten und beschnuppern sie sich gegenseitig mit ihren Antennen. Erkennen sie den eigenen Familiengeruch, kommt es zu freundlichen Handlungen wie der Übergabe von Nahrung oder Wasser. Riecht eine Ameise jedoch einen fremden Geruch an einer Artgenossin aus einem anderen Staat, reagiert sie aggressiv. Der Familien- oder Nestgeruch ist das wichtigste Medium der Erkennung von Zugehörigkeit. Er ist so überzeugend für Ameisen, dass sogar parasitisch lebende Ameisen anderer Arten oder selbst vergleichsweise riesige Käfer wie der Kurzflügelkäfer *Lomechusa strumosa*, dessen Larven als Parasiten in Ameisenkolonien leben, als zum eigenen Volk gehörig betrachtet und versorgt werden, wenn es ihnen nur gelingt, sich mit dem Familiengeruch zu parfümieren. Der Umgang mit parasitischen Insekten, die aber „richtig" riechen, zeigt die Dominanz der chemischen Sinnesreize im Leben der Ameisen. Die familientypische Signalmischung zählt zwar nicht zu den Pheromonen, denn sie muss im Ameisenstaat gelernt werden und dient auch zur Abgrenzung gegenüber Tieren *der gleichen Art*, die in anderen Kolonien wohnen. Aber sie löst in gleicher Weise stereotype Verhaltensmuster aus, wie das die Pheromone tun.

Kaum eine Auswirkung auf das Verhalten von Ameisen ist so augenfällig wie die Beharrlichkeit der Tiere beim Folgen einer Duftspur. Man kann experimentell ein **Spurpheromon** daran erkennen, wie die Ameisen sich verhalten, wenn man das Pheromon auf eine Oberfläche linienförmig aufträgt und dann einige Ameisen freilässt. Dabei kann man beobachten, dass *alle* Ameisen der Spur folgen, dass kein einziges Tier vom Weg abkommt (◘ Abb. 8.4). Das ist ein Musterbeispiel für stereotypes Verhalten in einem ausgereiften pheromongesteuerten System. Hier löst das Spurpheromon ein angeborenes Verhaltensmuster aus und wird deshalb zu den **Releaser-Pheromonen** gezählt (*to release*, auslösen). Die Ameisen folgen der Spur in einer pendelförmigen Bewegung, indem sie die Spur abwechselnd mit der linken und der rechten Antenne untersuchen. Bei jeder Detektion der Spurmitte – dort ist die Pheromonkonzentration am höchsten – biegen sie zur Mitte hin ab. Auf diese Weise können die Tiere über viele Meter hinweg einer Spur sicher folgen. Pheromonspuren werden unter anderem genutzt, um Schwestern von der heimatlichen Kolonie zu einer lohnenden Nahrungsquelle zu führen. Ist eine Ameise bei einem ungerichteten Erkundungslauf auf eine Nahrungsquelle gestoßen, die sie nicht allein fressen oder nach Hause transportieren kann, legt sie auf ihrem Heimweg eine Pheromonspur (◘ Abb. 8.5, *2*), indem sie die Öffnung einer abdominal gelegenen Pheromondrüse immer wieder auf den Boden tupft und damit Spurpheromon aufbringt. Im Nest angekommen, verursacht sie durch Freisetzung anderer Signalstoffe (**Alarmpheromone**) eine allgemeine Unruhe und erhöht damit die Bereitschaft anderer Nestbewohner, sich auf den Weg zur Nahrungsquelle zu machen. Immer mehr Tiere werden zur Nahrungssuche animiert, laufen entlang der Pheromonspur zur Nahrungsquelle und verstärken auf dem Rückweg die Spur, indem sie selbst Spurpheromon aufbringen (◘ Abb. 8.5, *4*). Dieser sich ständig verstärkende Prozess dauert so lange an, bis die Nahrungsquelle erschöpft ist. Immer mehr erfolglose Ameisen kehren zum Nest zurück, nachdem sie keine Nahrung mehr vorgefunden haben, und verstärken die Pheromonspur nicht mehr (◘ Abb. 8.5, *5*). Das führt zu einer Abschwächung der Spur, denn die flüchtigen Pheromone verdunsten und hinterlassen eine sich stetig abschwächende Fährte. Irgendwann ist die Spur „kalt" und wird nicht weiter genutzt.

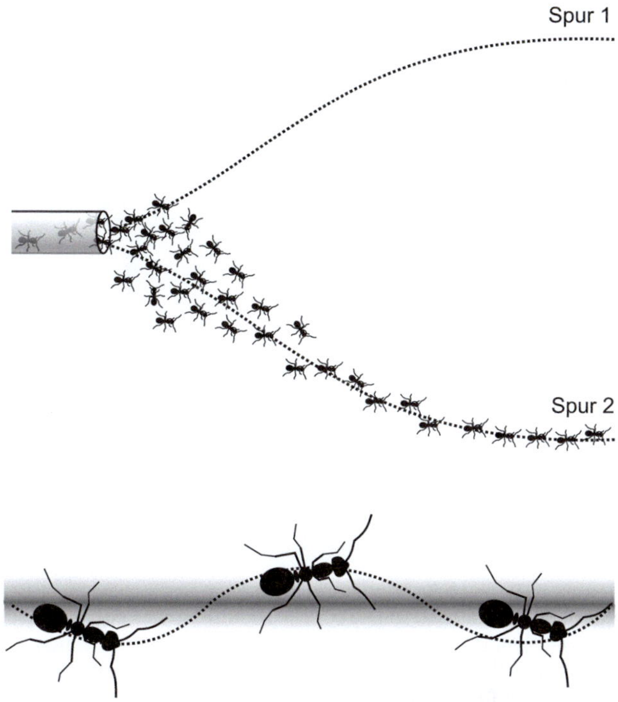

◘ **Abb. 8.4** Stereotypes Verhalten von Ameisen bei Kontakt mit einem Spurpheromon. *Oben*: Schematische Darstellung eines verhaltensphysiologischen Experiments, bei dem zwei Spuren mit unterschiedlichen Testsubstanzen gelegt wurden. Spur 2 enthält ein Spurpheromon, und *alle* Ameisen folgen dieser Spur. *Unten*: Eine Pheromonspur enthält ein besonders starkes Signal entlang der Mitte sowie nachlassende Pheromonkonzentrationen nach beiden Seiten. Um die Spur nicht zu verlieren, vergleichen die Ameisen die Signale ihrer beiden Antennen. Dabei wird die Spur abwechselnd mit der linken und rechten Antenne betastet, wobei die Ameise sich immer wieder zur Spurmitte hin orientiert. Nach Hölldobler und Wilson (2009, 2016)

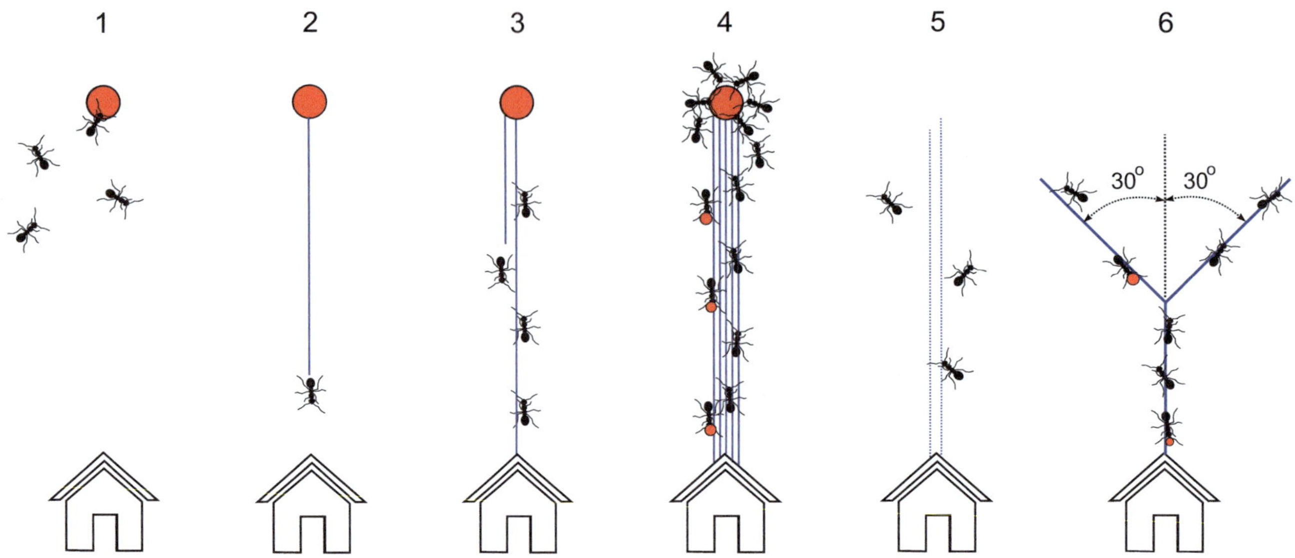

8

Abb. 8.5 Nutzung von Spurpheromonen zum Einsammeln von Nahrung. Findet eine Ameise bei der Nahrungssuche ein lohnendes Objekt (*1*), markiert sie den Weg nach Hause mit Spurpheromon (*2*). Einige ihrer Schwestern nutzen die Spur, laufen zur Nahrung und verstärken auf dem Rückweg die Pheromonspur (*3*). Durch die Verstärkung der Pheromonspur auf einer Ameisenstraße gelangen immer mehr Ameisen zur Nahrungsquelle (*4*) und bringen Nahrung zum Nest. Ist die Nahrung vertilgt, kehren enttäuschte Ameisen zum Nest zurück, ohne die Pheromonspur zu verstärken (*5*), und die ursprünglich aufgetragenen Pheromone verdunsten. Eindeutige Richtungsinformationen bekommen die Ameisen nur an Gabelungen der Ameisenstraße (*6*). Auf dem Weg vom Nest sieht eine Ameise zwei Wege vor sich, die im gleichen Winkel verlaufen – etwa ± 30° zur Mittellinie der Gabelung. Die heimkehrende Ameise sieht dagegen zwei Wege mit unterschiedlichen Winkeln: Der eine führt in einem Winkel von 30° nach Hause, der andere mit 120° gegen die Mittellinie führt vom Nest weg. Nach Czaczkes et al. (2015)

Eine Pheromonspur allein gibt der Ameise keine Richtungsinformation; sie erfährt durch das Spurpheromon nur, dass sie sich auf einer Spur befindet, nicht aber, in welche Richtung die Spur zum Ziel führt. Diese Orientierung kann sie von anderen Ameisen beziehen, die alle zum gleichen Ziel laufen. Tatsächlich erweckt eine Ameisenkolonne den Eindruck einer koordinierten Bewegung, wenn alle Tiere im Gänsemarsch über eine Ameisenstraße laufen. Schwierigkeiten entstehen, wenn Straßen in beide Richtungen genutzt werden, was meistens der Fall ist, sowie an den vielen Gabelungen der Ameisenstraßen, wo Richtungsentscheidungen nach rechts oder links getroffen werden müssen. Offenbar hilft den Tieren dabei die Geometrie der Weggabelungen, welche oft mit Abzweigungswinkeln von 30–50° relativ zur Mittellinie angelegt sind (Abb. 8.5, *6*). Eine vom Nest zu einem entfernten Ziel laufende Ameise hat an einer solchen Weggabelung zwei gleiche Winkel vor sich, während ein auf das Nest zulaufendes Tier Abzweigungen in zwei unterschiedlichen Winkeln sieht. Zusammen mit der chemischen Information kann damit ein visuelles oder taktiles Signal die Richtungsinformation liefern.

Bei einem weitgehend pheromongelenkten Tier wie einer Ameise kann man sich nur wenig Wechselwirkungen mit anderen Tierarten vorstellen, denn andere Arten produzieren ja keine passenden Pheromone. Tatsächlich entspricht die Reaktion von Ameisen auf Tiere anderer Arten – seien es Individuen anderer Ameisenarten oder Insekten anderer Gattungen – meist dem Jagdverhalten eines Raubtieres. Ameisen fressen andere Tiere, oder sie versklaven andere Ameisen. Eine Ausnahme von diesem engen Verhaltensspektrum gegenüber der Umwelt bilden Blattläuse, mit denen einige Ameisengruppen ein offenbar mutualistisches Verhältnis pflegen. Blattläuse (Überfamilie Aphidoidea in der Unterordnung der Pflanzenläuse, Sternorrhyncha) leben auf krautigen Pflanzenteilen und saugen durch ihren Stechrüssel Phloemsaft aus den Leitbündeln ihrer Wirtspflanzen. Ein Teil des Saftes wird als zuckerhaltiger Honigtau wieder ausgeschieden und lockt Ameisen an. Ameisen nutzen den Honigtau als Kohlenhydratquelle (**Trophobiose**) und verteidigen ihre Blattlauspopulationen gegen andere Interessenten wie Spinnen, Wespen oder Käfer (Abb. 8.6). Dabei verhindern sie gleichzeitig eine Ausbreitung ihrer Blattlausherde, indem sie den Tieren die Flügel abbeißen und sie mit einem chemischen Beruhigungsstoff (einem **Allomon**) davon abhalten, auf Wanderschaft zu gehen. Es scheint, dass bei dieser Form des Mutualismus die Ameisen das Sagen haben. Noch deutlicher wird das bei der südostasiatischen Wanderhirtenameise *Dolichoderus cuspidatus*. Diese Tiere bauen keine Ameisenhaufen, sondern legen stattdessen nur kurzfristig kleine Biwaks an, ziehen aber die meiste Zeit umher auf der Suche nach den besten Nahrungsquellen. Dabei tragen sie ihre Honigtaulieferanten – bei-

Abb. 8.6 Eine Rote Waldameise (*Formica rufa*) hütet eine Herde Schwarzer Bohnenläuse (*Aphis fabae*). Die Trophobiose zwischen den beiden Arten beruht darauf, dass die Blattläuse der Ameise Honigtau als Nahrung anbieten. Die Ameise verteidigt diese Nahrungsquelle gegen konkurrierende Räuber und stabilisiert die Blattlauspopulation durch ein Allomon, ein chemisches Signal, das dem Auseinanderwandern der Blattläuse entgegenwirkt

spielsweise Schmierläuse (Familie Pseudococcidae) der Art *Malaicoccus formicarii* – mit als Reisegepäck und sorgen dafür, dass die Läuse immer geeignete Pflanzen zum Saugen haben. Diese Form der „Nutztierhaltung“ scheint für beide beteiligten Populationen Vorteile zu bringen, und auch dieses komplexe zwischenartliche Verhalten wird zum Teil durch chemische Signale, in diesem Fall durch **Allelochemikalien**, organisiert. Offenbar steht bei den eusozial lebenden Tieren jeder Aspekt des Zusammenlebens unter chemischer Kontrolle, sei es innerhalb der Kolonie oder außerhalb.

Ameisen sind für die chemische Kommunikation mit einer Reihe von exokrinen Drüsen ausgerüstet, mit denen die Tiere komplexe Mischungen aus Semiochemikalien herstellen und gezielt deponieren können. Mindestens zehn solcher Drüsen sind über den ganzen Ameisenkörper verteilt (▣ Abb. 8.7, *links*). Zu den Vokabeln ihrer chemischen Sprache gehören viele unterschiedliche Substanzen. Beispielsweise sind bei der Wüstenameise *Cataglyphis niger* bisher 55 verschiedene Pheromone identifiziert worden. Der Bedeutung und Vielseitigkeit chemischer Signale entspricht eine ungewöhnlich große Anzahl von Geruchsrezeptoren, die bei Ameisen mit 300 bis 500 Rezeptoren das größte olfaktorische Genom unter allen bisher untersuchten Insekten bildet (s. ► Tab. 10.5). Offenbar ist die **Expansion des olfaktorischen Genoms** eine Anpassung an die eusoziale Lebensweise, denn auch Honigbienen (*Apis mellifera*) verfügen mit 167 Geruchsrezeptoren über ein weit größeres Arsenal an Chemodetektoren als andere Insekten (typischerweise 40 bis 60 Rezeptoren). Ähnlich wie *Drosophila* nützen auch Ameisen ihre Geruchsrezeptoren als Dimere, zusammengesetzt aus jeweils einem der 300 bis 500 Geruchsrezeptoren und einem Orco-Protein (s. *Drosophila*, ► Abb. 10.15). Durch die gentechnische Entfernung des *Orco*-Gens bei der räuberischen Ameise *Ooceraea biroi* entstanden „pheromonblinde“ Tiere, die unfähig waren, irgendeine Funktion in der Ameisenkolonie auszuführen. Es ist also deutlich, dass das Riechsystem der Ameise diejenigen chemischen Signale vermittelt, welche das Leben in der Kolonie regeln. Besonders interessant sind dabei Mischungen aus langkettigen Kohlenhydraten, die sowohl für den Familiengeruch der Kolonie als auch für das Königinnensignal genutzt werden. Die Ameisen detektieren diese Verbindungen an den Körperoberflächen ihrer Artgenossen und vermutlich auch in der Luft mithilfe von mehreren Tausend chemosensorischen Sensillen auf ihren Antennen.

Vor allem zwei Sensillentypen sind an der chemischen Kommunikation beteiligt. **Kegelsensillen (Sensillum basiconicum)** können bei Ameisen etwa 200 Rezeptorneuronen beherbergen, die auf Stimulation mit langkettigen Kohlenhydraten reagieren. Die Sensillendichte auf der Antenne nimmt mit jedem Antennenglied zu und ist am höchsten auf der Oberfläche von Segment 10, dem Endsegment der Antenne (▣ Abb. 8.7, *Mitte*). Interessanterweise tragen nur weibliche Ameisen Kegelsensillen, Männchen jedoch nicht, was auf eine geschlechtsspezifische Rolle in der chemischen Kommunikation hinweist. Auch **Fadenhaarsensillen (Sensillum trichodeum)** mit jeweils 20 bis 50 Rezeptorneuronen besiedeln die Antennenglieder, und diesen Sensillentyp findet man auch bei männlichen Ameisen. Neben chemosensorischen Sensillen tragen die Ameisenantennen auch Grubenkegelsensillen (Sensillum coeloconicum) zur Messung von Luftfeuchte und Temperatur, CO_2-empfindliche Sensillen (Sensillum ampullaceum), Borstensensillen (Sensillum chaeticum), möglicherweise mit Geschmacksfunktion, sowie mechanosensitive Kuppelsensillen (Sensillum campaniforme). Wie bei anderen Insekten (s. Honigbiene,

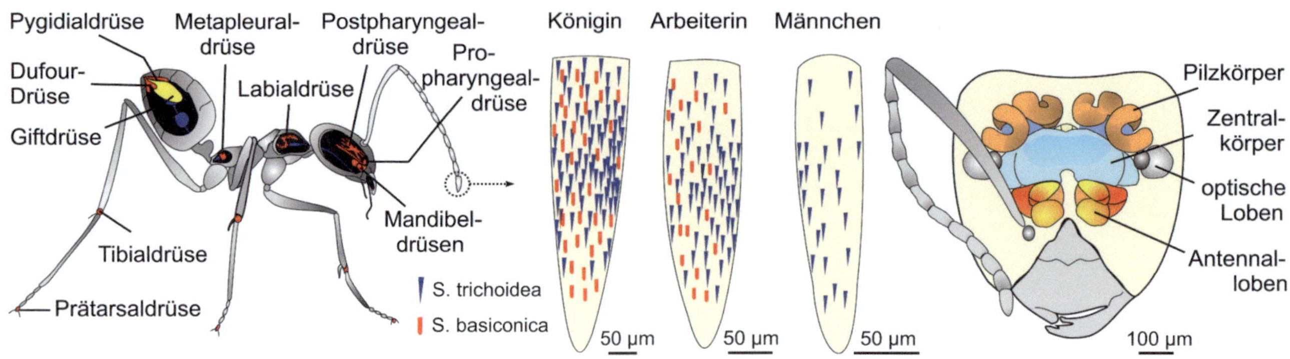

Abb. 8.7 Strukturen der chemischen Kommunikation bei Ameisen. *Links*: Lage von einigen exokrinen Pheromondrüsen (*rot*) im Körper einer Ameise. *Mitte*: Position und geschlechtsspezifische Verteilung von chemosensorischen Fadenhaarsensillen (Sensilla trichoidea; *blau*) und Kegelsensillen (Sensilla basiconica; *rot*) auf der medialen Oberfläche des zehnten Antennensegments der Japanischen Rossameise (*Camponotus japonicus*). *Rechts*: Schematische Darstellung des Ameisengehirns mit den Antennalloben, den ersten Verschaltungsorten der Rezeptorneuronen chemosensorischer Sensillen. Nach Nakanishi et al. (2009)

▸ Abb. 10.13) sind auch die Antennen der Ameisen multimodale Sinnesorgane, vermutlich die wichtigsten Strukturen zur Erkundung der Umgebung in der Kolonie. Ameisen untersuchen bei jeder Begegnung mit Artgenossen gründlich deren Antennen, erkennen ihre Zugehörigkeit zur eigenen Kolonie und übernehmen verhaltensrelevante Signale. Amputiert man die Antennen, sind Ameisen völlig hilflos – sie verlieren die Fähigkeit, sich im eigenen Volk zu orientieren, sie können keiner Spur folgen und sind nicht einmal in der Lage, Ameisen einer anderen Art als fremd zu erkennen.

Aus dem Lumen der chemorezeptiven Sensillen verlaufen die Axone der Rezeptorneuronen zu den beiden **Antennalloben** im zentralen Nervensystem (Abb. 8.7, *rechts*). Dabei kommt es zu einer Sortierung der Axone: Rezeptorneuronen, die den gleichen Geruchsrezeptor exprimieren, schicken ihre Axone zu einer gemeinsamen, kugelförmigen Zielstruktur im Antennallobus, einem Glomerulus. Solche Konvergenz ähnlicher Rezeptorneuronen auf gemeinsame Glomeruli ist das grundlegende Verschaltungsprinzip sowohl im Antennallobus des Insektengehirns (s. Honigbiene, Taufliege, Abb. 10.16) als auch im Riechkolben der Wirbeltiere (s. Säuger, Abb. 10.52). Wenn für jeden Geruchsrezeptor ein Glomerulus als Konvergenzziel zur Verfügung steht, sollte man bei Ameisen Antennalloben mit der entsprechenden Anzahl von Glomeruli (300 bis 500) finden. Das ist tatsächlich der Fall; beispielsweise enthält jeder Antennallobus einer Ross- oder Holzameise (Gattung *Camponotus*) mehr als 340 Glomeruli. Die Antennalloben verarbeiten allgemeine Geruchsinformation, z. B. Pflanzengerüche, genauso wie die chemischen Signale der sozialen Kommunikation wie Pheromone und Signalmischungen. Bei Wirbeltieren verlaufen diese beiden Verarbeitungswege im Riechkolben getrennt, bei Ameisen ist eine solche Aufteilung nicht klar zu erkennen. Stimuliert man beispielsweise amerikanische Rossameisen der Art *Camponotus floridanus* mit eigenem und mit fremdem Familiengeruch – jeweils Mischungen aus langkettigen Kohlenhydraten –, reagieren viele der Glomeruli weit verteilt über die Antennalloben. Das System reagiert auf diese Signalmischungen in ähnlicher Weise wie auf Gerüche, die keine soziale Funktion haben. Auch die Reaktion auf Pheromone ist offenbar nicht an einen einzigen Rezeptortyp gebunden – anders als das beim Seidenspinner (*Bombyx mori*) mit dem Bombykolrezeptor BmOR1 und dem Pheromon Bombykol der Fall ist (s. Abb. 8.3). Bei Ameisen werden Pheromone und Signalmischungen offenbar in ähnlicher Weise gerochen wie Blütendüfte und andere Gerüche der Umwelt. Zumindest neuroanatomisch ist eine Trennung von Verarbeitungswegen für soziale Signale und andere olfaktorische Signale bisher nicht erkennbar. Aus den Antennalloben wird die vorverarbeitete chemosensorische Information weitergeleitet zu den Pilzkörpern (Abb. 8.7, *rechts*) und in das laterale Protocerebrum. Die Pilzkörper (Corpora pedunculata) sind der zentrale Ort des Geruchslernens im Insektengehirn (s. Honigbiene, Abb. 10.17) und damit auch am Erlernen der Signalmischungen beteiligt, welche bei Ameisen zentrale Funktionen bei der Organisation der Kolonie erfüllen, deren Duft aber – im Gegensatz zu den Pheromonen – jedes Tier lernen muss.

8.4 Pheromone, Signalmischungen und Territorialverhalten

Die in den vorhergehenden Abschnitten beschriebene, unbedingte Bindung aller Verhaltensaspekte an chemische Signale ist charakteristisch für adulte Insekten, die als Imago in erster Linie die Fortpflanzung bewerkstelligen müssen, sowie für den Superorganismus eusozial lebender Insekten. Aber auch andere, ja vermutlich annähernd alle Tiere nutzen für wesentliche Aspekte ihrer Lebensweise Semiochemikalien in Form von Pheromonen oder Signalmischungen. Auch für Wirbeltiere wird die Unterscheidung zwischen der angeborenen, stereotypen Reaktion auf Pheromone und der erlernten, aber nicht weniger stereotypen Reaktion auf Signalmischungen angewendet. Ein gutes Beispiel für Signalmischungen ist die **Prägung auf Gerüche**. Es handelt sich dabei um eine belohnungs*unabhängige* Form des Lernens bei sehr jungen Tieren, bei der sich Gedächtnisinhalte irreversibel einprägen, um in entscheidenden Lebensphasen abgerufen und zur Verhaltenssteuerung herangezogen zu werden. Die Navigation von Wanderfischen wie dem Atlantischen Lachs (*Salmo salar*) beruht auf einer solchen Prägung. Jungtiere dieser Art schlüpfen im Frühjahr in den Oberläufen nordeuropäischer und kanadischer Flüsse, welche schon ihren Eltern als Kinderstube gedient haben. Die jungen Fische entwickeln sich zunächst zu einer Süßwasserform („Parr"), die im Verlauf des Frühjahrs in das erste Wanderstadium („Smolt") übergeht. Auf dem Weg flussabwärts werden die Lachse durch den spezifischen Geruch ihres Geburtsflusses geprägt. Lokal vorherrschende Gerüche wirken als Signalmischung und werden als solche irreversibel gespeichert. Haben die Lachse die Flussmündung erreicht, verbringen sie einige Jahre im Ozean und kehren schließlich in ihren Heimatfluss zur Fortpflanzung zurück. Nach heutigen Vorstellungen orientieren sie sich beim Aufstieg zu den Flussoberläufen in ähnlicher Weise, wie das die Falter auf der Suche nach einem Weibchen tun (s. Anemotaxis, ◘ Abb. 8.2), durch eine Kombination von Strömung und Geruch. Sie schwimmen in Flussläufen mit der durch Prägung gelernten Signalmischung flussaufwärts (positive Rheotaxis). Verlieren sie hinter der Einmündung eines Seitenarmes den Heimatgeruch, drehen sie um und schwimmen so lange mit der Strömung flussabwärts (negative Rheotaxis), bis sie die Signalmischung wiederfinden, um dann gegen die richtig riechende Strömung in dem Seitenarm weiterzuschwimmen. Diese Strategie – ein geruchsgesteuertes, stereotypes Schwimmverhalten – führt sie unweigerlich zu denjenigen Verzweigungen im Oberlauf ihres Heimatflusses, wo sie auf die lokale Signalmischung geprägt worden sind. Dort paaren sie sich, legen befruchteten Laich im Kiesbett des Flusses ab und gehen dann größtenteils zugrunde.

Inwieweit der heimatliche Duft eines Flusses zu den Semiochemikalien gezählt werden kann, ist schwer zu beurteilen. Denn zu diesem Duftcocktail gehören nicht nur Lachsgerüche, sondern auch Gerüche, die der Flussvegetation, dem lokalen Mikrobiom und den geologischen Besonderheiten der Flussläufe zuzuschreiben sind. Es gibt aber eine Reihe von Substanzen, die als Semiochemikalien zur Kommunikation zwischen Individuen derselben Fischart genutzt werden. Offenbar spielen dabei Gallensäuren eine prominente Rolle. Viele Knochenfischarten haben eine extrem hohe Riechempfindlichkeit für Cholsäure (◘ Abb. 8.8), Desoxycholsäure, Taurocholsäure und andere Gallensäuren, und die Tiere zeigen stereotype Verhaltensreaktionen bei Kontakt mit diesen Substanzen. Bei Lachsen scheinen Gallensäuren als Spurpheromone zu dienen: Die Fische bevorzugen Wasserströmungen, die Spuren von Gallensäuren anderer Lachse enthalten.

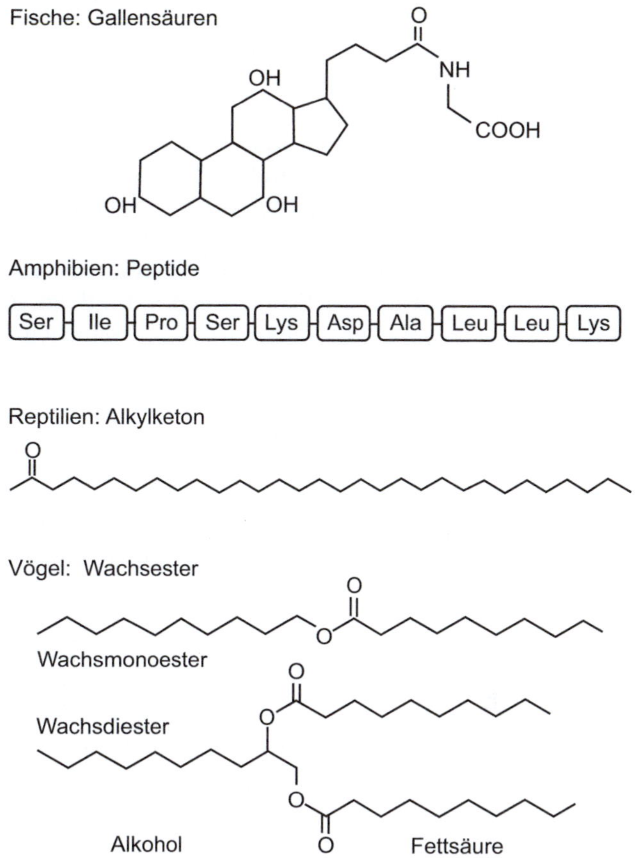

◘ **Abb. 8.8** Kandidaten für Pheromone und Signalmischungen einiger Wirbeltiere. Struktur von einigen Substanzen, die möglicherweise eine Pheromonfunktion ausüben: Cholsäure bei Fischen, das Peptid Sodefrin bei Salamandern, ein langkettiges Methylketon bei der Strumpfbandnatter (Gattung *Thamnophis*) und die Wachsester bei Enten

Amphibien verfügen über eine Reihe von Hautdrüsen, die zur Pflege und zum Schutz der Haut, zur Sekretion von Giften zur Abschreckung von Beutegreifern, aber auch zur Produktion von Semiochemikalien dienen. Dabei sind Sexualpheromone bei Fröschen, Kröten und Molchen bekannt, die von den Männchen dazu benutzt werden, Weibchen anzulocken und zur Paarung zu bewegen. Solche Substanzen sind meist Peptide (Sodefrin beim Japanischen Feuerbauchmolch, *Cynops pyrrhogaster*, ◘ Abb. 8.8; Silefrin beim Schwertschwanzmolch, *Cynops ensicauda*; Splendipherin beim Prachtlaubfrosch, *Litoria splendida*), von denen sich arteigene Weibchen angezogen fühlen. Ebenfalls ein Peptidpheromon ist das Imorin (Ala-Glu-Phe), das weibliche Feuerbauchmolche der Art *Cynops pyrrhogaster* im Eileiterepithel produzieren; bei männlichen Molchen wird durch dieses Pheromon die Kopulation ausgelöst. Rotwangen-Waldsalamander (*Plethodon jordani*) setzen ein 22 kDa-Protein als Paarungspheromon ein, das die Männchen in einer Kinndrüse produzieren und dem Weibchen auf die Nase auftragen. Bei diesem Protein handelt es sich um ein Primer-Pheromon, denn es induziert die Aufnahmebereitschaft des Weibchens, greift also in die Regulation von Entwicklungsvorgängen im Weibchen ein (ähnlich wie das Königinnensignal bei den Ameisen). Man findet bei manchen Salamandern auch eine Reviermarkierung zur Abschreckung von Artgenossen. Beispielsweise markieren Weibchen des nordamerikanischen Rotrücken-Waldsalamanders (*Plethodon cinereus*) ihre Kotballen mit einem Pheromon, das anderen Weibchen als Warnung dient. Missachtet ein eindringendes Weibchen dieses chemische Signal, kommt es zum Kampf und zur Vertreibung durch die Revierbesitzerin. Diese Beispiele zeigen, dass viele Verhaltensmuster, die zum Fortpflanzungserfolg von Amphibien beitragen, durch Pheromone gesteuert werden. Amphibien besitzen vomeronasale Organe zur Detektion von Pheromonen (► Abschn. 8.5) und scheinen vor allem Peptide als Signalstoffe einzusetzen.

8

Wie die Amphibien besitzen auch **Reptilien** Drüsen zur Sekretion von chemischen Signalen. Dabei handelt es sich um holokrine Hautdrüsen (Femoraldrüsen), deren Ausführgänge an der Innenseite der Hinterbeine in einer Reihe von Femoralporen (beispielsweise beim Grünen Leguan, *Iguana iguana*) oder in Präkloakalporen (bei einigen Geckos, Familie Gekkonidae) enden. Die Drüsen produzieren ein wachsartiges Sekret, sind vor allem bei männlichen Echsen aktiv und erfüllen ihre Funktionen im Kontext der Partnersuche, des Paarungsverhaltens und der Revierverteidigung. Die Drüsensekrete enthalten neben Proteinen vor allem Steroide, Fettsäuren, Wachsester und Squalene, die Zusammensetzung ist aber artspezifisch und meist auch geschlechtsspezifisch. Echsen markieren besondere Stellen ihrer Reviere mit diesen Sekreten, legen Duftspuren und nutzen sie als Parfum zur Erzeugung eines attraktiven Eigengeruchs. Die chemischen Signale können sowohl mit dem olfaktorischen Epithel durch die Nasenlöcher als auch durch das vomeronasale Organ – die „Bodennase" der Reptilien (► Abschn. 10.11) – detektiert werden. Echsen kann man gelegentlich bei ausgiebigem gegenseitigem Beschnuppern und Bezüngeln beobachten, ein Prozess, bei dem Pheromone und Signalmischungen übertragen werden. Männliche Echsen können die Paarungsbereitschaft von Weibchen durch Pheromone ermitteln, während die Weibchen Gesundheit und Ernährungszustand der Männchen durch Signalmischungen einzuschätzen vermögen. Viele männliche Echsen sind zudem territorial. Ihr Revier enthält wichtige Ressourcen wie Nahrungsquellen, Verstecke, Sonnenplätze und so viele Weibchen wie möglich. Ein solches Revier gegen andere Artgenossen zu verteidigen kostet erheblichen Aufwand – Patrouillengänge und Abwehrkämpfe gehören in der Paarungszeit zum Alltag und verbrauchen viel Energie. Letztlich sind aber die Fortpflanzungschancen besser in einem gut bestückten Revier, und daher wirkt ein Selektionsdruck auf die Entwicklung und Optimierung von Territorialverhalten. Viele Echsen sind territorial – im Gegensatz zu Schlangen –, und für die Revierverteidigung sind die Pheromone aus ihren Wachsdrüsen besonders gute Hilfsmittel. Denn mit Pheromonen können Reviergrenzen für längere Zeit chemisch markiert werden. Das nur wenig flüchtige Wachsmaterial bleibt eine gewisse Zeit erhalten und kann andere Echsen abschrecken, ohne dass der Revierbesitzer zugegen sein muss. Dies ist ein besonders wichtiger Aspekt der Kommunikation durch Semiochemikalien: Sie können Konfrontationen an Reviergrenzen verhindern und dadurch dazu beitragen, aufwendiges Aggressionsverhalten zu vermeiden.

Besonders gut untersucht ist die Pheromonwirkung bei der Gewöhnlichen Strumpfbandnatter (*Thamnophis sirtalis*), die in Nordamerika von Mexiko bis Alaska verbreitet vorkommt. In den kalten Regionen Kanadas und Alaskas verbringen die Schlangen etwa acht Monate im Winterschlaf und verlassen ihre Verstecke erst im Mai. Zuerst erscheinen die Männchen und versammeln sich zu Hunderten oder Tausenden in der Nähe der Winterquartiere, wo sie auf die Weibchen warten. Wenn eine weibliche Natter erscheint, macht sie ihr Geschlecht und ihre Paarungsbereitschaft durch ein Pheromon erkennbar. Dabei werden Methylketonverbindungen eingesetzt (◘ Abb. 8.8), die im Blut des Weibchens zirkulieren und durch die Epidermis zwischen den Schuppen hindurch ausgeschieden werden. Die Männchen werden durch die Pheromone veranlasst, sich in großer Zahl auf das Weibchen zu stürzen und in einem Paarungsknäuel miteinander zu ringen, bis es einem der Männchen gelingt, die Paarung auszuführen. Nach vollzogener Paarung verschließt das Männchen die Kloake des Weibchens mit einem Kopulationspfropfen, der seinerseits ein Pheromon emittiert. Dieses zweite Pheromon sorgt dafür, dass alle anderen Männchen schlagartig das Interesse an dem Weibchen verlieren – das chemische Signal macht offenbar erkennbar, dass weitere Paarungsversuche sinnlos wären. Das trächtige Weibchen kann sich dann aus dem Knäuel lösen und auf Nahrungssuche gehen. Die beiden Pheromone, die diese Vorgänge regulieren, sind sehr unterschiedlich. Das Geschlechtspheromon des Weibchens ist eine kaum flüchtige Substanz, welche die Männchen durch Züngeln ihrem vomeronasalen

Organ zuführen müssen. Das männliche Pfropfenpheromon dagegen ist flüchtig und kann aus der Luft durch das Riechsystem aufgenommen und durch das olfaktorische Epithel detektiert werden (s. ◘ Abb. 10.28). Dieser Umstand weist auf ein Prinzip der Pheromonwirkung hin, das vermutlich für alle Wirbeltiere gilt: Die Vermittlung einer Pheromonwirkung ist nicht auf das vomeronasale Organ (Jacobson-Organ) beschränkt. Auch flüchtige Geruchsstoffe, die durch das olfaktorische Epithel detektiert werden, können eine pheromonartige Wirkung im Rahmen der Verhaltenssteuerung ausüben (► Abschn. 8.5).

Vögel sind wahrscheinlich diejenige Gruppe von Wirbeltieren, bei der die Rolle von Pheromonen bei der Organisation des Soziallebens am wenigsten gut erforscht ist. Die auffällige visuelle und auditorische Kommunikation dieser Tiere, ihre bunten Federkleider und komplexen Gesänge, stehen immer im Vordergrund bei der Erforschung der Vögel. Darüber hinaus zeigen sie kaum so ein eindeutiges Riechverhalten wie Säugetiere: Sie schnuppern nicht, laufen keinen Geruchsfährten nach, und auch ihre gegenseitigen Balzvorführungen richten sich deutlich an Augen und Ohren. Es galt lange als ausgemacht, dass Vögel überhaupt keinen Geruchssinn haben – eine Vorstellung, die mittlerweile widerlegt ist. Vögel können Geruchstoffe mit ähnlich hoher Empfindlichkeit riechen wie makrosmatische Säugetiere und nutzen ihren Riechsinn zur Nahrungssuche und Orientierung (s. Vogelnasen, ► Abschn. 10.12). Es gibt einige Hinweise auf pheromonartige Verhaltenssteuerung bei Vögeln. Als Pheromondrüse wird die einzige Hautdrüse der Vögel gesehen, die Bürzeldrüse (Uropygialdrüse), eine holokrine Hautdrüse an der Oberseite der Schwanzwurzel. Besonders bei Wasservögeln ist die Bürzeldrüse groß ausgebildet, und nur wenige Vogelarten haben keine Bürzeldrüse (beispielsweise Strauße, Emus und Kasuare, Trappen, Tauben und Spechte). Das Sekret der Bürzeldrüse wird zur Federpflege eingesetzt. Die Vögel verteilen es auf allen erreichbaren Körperoberflächen, wo es gegen eindringendes Wasser genauso schützt wie gegen Ektoparasiten. Neben der Federpflege scheint das Bürzelsekret auch bei der Steuerung innerartlicher Verhaltensmuster eine Rolle zu spielen. Seine Zusammensetzung ist art- und geschlechtsspezifisch. Bei der Hausente (*Anas platyrhynchos domestica*) enthält das ölige Bürzelsekret der Erpel während des ganzen Jahres vor allem verzweigte Wachsmonoester und nur wenige Wachsdiester (◘ Abb. 8.8). Im Unterschied dazu fahren die Enten während der Fortpflanzungszeit von Februar bis Juni die Produktion von Wachsdiestern hoch und reduzieren den Anteil an Wachsmonoestern. Einige Versuchsreihen lassen darauf schließen, dass der Geruch des weiblichen Bürzelsekrets die Erpel zum Paarungsverhalten animiert. Ähnliche Beobachtungen wurden auch bei Hühnern und Wachteln gemacht, sodass dem Bürzelsekret eine Rolle beim Fortpflanzungsverhalten dieser Vögel zugeschrieben wird. Weitere Hinweise auf Signalfunktionen von Geruchstoffen kommen von Untersuchungen an Seevögeln, besonders am Schopfalk (*Aethia cristatella*) sowie an Röhrennasen (Ordnung Procellariiformes), vor allem an Sturmvögeln der Arten *Halobaena caerulea* (Blausturmvogel) und *Pachyptila belcheri* (Belcher-Sturmvogel) sowie an der Sturmschwalbe *Hydrobates pelagicus* (Sturmwellenläufer). Es ist bekannt, dass Röhrennasen ihren feinen Geruchsinn dazu benutzen, auf hoher See Nahrung zu finden (z. B. Albatrosse, ◘ Abb. 10.32). Neueren Studien zufolge nutzen diese Vögel Geruchssignale auch zur Erkennung von Artgenossen und zum Auffinden ihrer Nistplätze. Ob diese chemischen Signale allerdings als Pheromone oder Signalmischungen im heute gebräuchlichen Sinn anzusehen sind, ist zweifelhaft. Dagegen spricht, dass in der Evolution der Vögel das gesamte vomeronasale System verloren gegangen ist (► Abschn. 8.5). Das bedeutet zwar nicht, dass jegliches Auslösen stereotyper Verhaltensmuster unmöglich ist – das olfaktorische System könnte solche Prozesse vermitteln. Aber der Nachweis einer Verhaltenskontrolle nach Art der Pheromone oder der Signalmischungen ist für Vögel bisher nicht erbracht.

Eine besonders wichtige Rolle spielen **Pheromone bei solitär lebenden Tieren**. Bei solchen Arten haben Männchen und Weibchen meist getrennte Reviere, die sie gegeneinander verteidigen. Großtiere mit weitläufigen Revieren (Nashörner, Tiger, Pandas) können ebenso solitär leben wie kleine Säuger (Hamster, Maulwürfe, Ratten) und Arthropoden (Radspinnen, Einsiedlerbienen, Schlupfwespen, viele Käfer). Die Reviere dieser Einzelgänger werden oft mit Pheromonen markiert, die entweder als Bestandteil des Urins oder durch spezialisierte Drüsen abgesetzt werden. Die Männchen der Indischen Zibetkatze (*Viverra zibetha*; ◘ Abb. 8.9) produzieren in ihren Perianaldrüsen eine dickflüssige, ölige, stinkende Substanz, mit der sie Bäume, Sträucher und Steine an ihren Reviergrenzen markieren. Andere Zibetkatzen reagieren aversiv auf diesen Geruchstoff, das Zibet, mit der aktiven Substanz Zibeton. Sie werden abgeschreckt und meiden das markierte Revier. Die Funktion dieses Revierpheromons ist offensichtlich, Artgenossen voneinander getrennt zu halten. Vorteile für die Population der Zibetkatzen ergeben sich möglicherweise aus der besseren Nutzung der Ressourcen durch die Einzeltiere, wie auch daraus, dass Begegnungen vermieden werden, welche zu innerartlicher Aggression und dadurch zu Verletzungen führen könnten. Wie aber kann es in einem System chemisch gesteuerter Trennung von Artgenossen – in einem sozialen Gefüge, das durch stereotype Abscheu voreinander geprägt ist – überhaupt zur Fortpflanzung kommen? Die Annäherung von Fortpflanzungspartnern er-

Abb. 8.9 Eine solitär lebende Indische Zibetkatze (*Viverra zibetha*) streift bei Nacht durch einen asiatischen Wald auf der Suche nach Kleintieren. Männliche Zibetkatzen markieren ihr Revier mit einem stark riechenden Pheromon, dem Zibet, das alle anderen Artgenossen abschreckt. Einen Fortpflanzungspartner bekommt ein Zibetkater nur zu sehen, wenn ein Weibchen während der Östrusphase die Aversion gegenüber dem Zibetgeruch verliert und sich zum Kater hingezogen fühlt

fordert, dass sich einer der beiden Partner über die Aversion gegen Revierpheromone hinwegsetzt; ein stärkeres Signal muss die Motivation des Tieres übernehmen. Solche Signale treten bei solitär lebenden Tieren nur in der Östrusphase der Weibchen auf. Kurz vor dem Eisprung, in der Phase der finalen Follikelreifung, beginnt die Zyklusphase der Begattungsbereitschaft („Brunft" oder „Brunst"). In dieser Phase erzeugen die Weibchen Sexualpheromone, deren verhaltenssteuernde Wirkung auf Männchen so stark ist, dass die aversive Reaktion auf Revierpheromone überdeckt wird. Auch Weibchen können diese Aversion während ihrer Östrusphase verlieren und aktiv paarungswillige Männchen aufsuchen. Auf diese Weise setzen Östruspheromone auch bei den Zibetkatzen die Reviertrennung außer Kraft, sodass es zur Paarung kommen kann.

Ein eindrucksvolles Beispiel der Dominanz von Sexualpheromonen über Revierpheromone kann man beim ostaustralischen Koala (*Phascolarctos cinereus*; „Beutelbär") beobachten. Koalas leben in Eukalyptuswäldern, und die Besatzdichte ist so gering, dass es nur selten zu Begegnungen von Einzeltieren kommt. Zudem nutzen sie akustische Kommunikation – eine Art Bellen –, um ihre Reviere voneinander abzugrenzen. Zusätzlich markieren sie mit dem Sekret ihrer Sternaldrüse, einem Drüsenfeld an der mittleren Brust (der Sternalregion), und auch mit ihrem Urin Bäume in ihrem Revier, um andere Artgenossen, Männchen wie Weibchen, fernzuhalten. Koalas können am Geruch des Sternaldrüsensekrets erkennen, ob die Markierung von einem Weibchen im Östrus oder in einer anderen Zyklusphase hinterlassen worden ist. Sie können zudem die Markierung von Männchen erkennen und sogar Informationen darüber gewinnen, wie bekannt ihnen die anderen Tiere sind. Ihre Reaktion auf die Pheromone des Sternaldrüsensekrets ist fast immer aversiv. Sowohl Weibchen als auch Männchen reagieren aversiv auf männliche Markierungen, und weibliche Markierungen erregen nur während der Östrusphase das Interesse von Männchen. Koalas fressen hauptsächlich nachts und verbringen den Tag schlafend und verdauend in der Sicherheit der hohen Eukalyptusbäume. Zufällige Begegnungen zweier Koalas kann Aggressionsverhalten auslösen, weshalb sich die Reviergrenzen einzelner Tiere nur geringfügig überschneiden. Die sehr isolierte und ortsfeste Lebensweise der Tiere wird nur in der jährlichen Östrusphase der Weibchen gestört. Weibliche Koalas machen ihre Paarungsbereitschaft quer durch den Eukalyptuswald mithilfe von Sexualpheromonen bekannt, und das Verhalten der Männchen ändert sich dramatisch. Sie versuchen durch lautes Bellen die Weibchen zu lokalisieren, verlassen ihren Baum und laufen über den Waldboden in das Revier eines Weibchens. Am Baum des Weibchens angekommen (◘ Abb. 8.10) klettern sie zu dem Weibchen hinauf, das seinen Partner meist sehr unfreundlich empfängt. Nach kurzer Kopulation macht sich das Männchen davon, verfolgt von wütendem Fauchen der unleidigen Partnerin. Dieses ganze zur Fortpflanzung nötige Verhaltensprogramm steht im kompletten Gegensatz zur sonstigen Lebensweise der einzelgängerischen Tiere und kann nur durch die robuste Wirkung eines Sexualhormons ausgelöst werden. Die Umprogrammierung der Koalas während der Östrusphase der Weibchen verdeutlicht die Wirkung eines Pheromons als fernwirkendes Hormon besonders gut.

8.5 Das vomeronasale System der Landwirbeltiere

Fische detektieren ihre Pheromone mit zwei eigenen Rezeptorfamilien, den ORA-Proteinen und den OlfC-Proteinen (s. „Die Nasengrube der Fische“, ► Abschn. 10.9). Bei den Amphibien tritt zum ersten Mal ein sensorisches System in Erscheinung, das bei allen Landwirbeltieren mit Ausnahme der Vögel Pheromonwirkungen vermittelt: das vomeronasale System. Die Bezeichnung ist vom Pflugscharbein (anatomisch Vomer) abgeleitet. Dieser Knochen des Gesichtsschädels liegt an der Basis der Nasenhöhle und trägt an seiner Oberseite in einer Rinne (Sulcus vomeris) die knorpelige Nasenscheidewand (Septum nasi). Das Pflugscharbein bildet dorsal zwei symmetrisch angelegte Kapseln, die das **vomeronasale Organ (VNO)**, das auch als **Jacobson-Organ** bezeichnet wird, beherbergen (◘ Abb. 8.11, *links*). Die Öffnungen der VNO-Kapseln weisen bei einigen Tieren in die Nasenhöhle, sodass Pheromone

◘ **Abb. 8.10** Ein männlicher Koala (*Phascolarctos cinereus*) ist in das Revier eines Weibchens eingedrungen und schickt sich an, den Eukalyptusbaum des Weibchens zu erklimmen. Dieses Verhalten verstößt gegen alle Regeln der Territorialität und kann nur durch Pheromone des empfängnisbereiten Weibchens ausgelöst werden

durch die Nüstern aufgenommen werden müssen. Bei vielen Säugetieren bietet aber ein paarig angelegter Zwischenkiefergang (Ductus incisivus) eine Verbindung zur Mundhöhle und damit die Möglichkeit, Pheromone durch den Mund einzusaugen – ein Verhalten, dass als „Flehmen" bezeichnet wird. Auch bei Echsen und Schlangen ist das VNO vom Gaumen her zugänglich, sodass ihm beim Züngeln Pheromone und Geruchsstoffe zugeführt werden können. Unter den Reptilien besitzen nur die Schildkröten kein abgetrenntes VNO; bei ihnen werden Pheromone und Geruchstoffe durch die Nüstern aufgenommen (s. ▶ Abb. 10.28).

Auch in der einfachsten Ausführung des vomeronasalen Systems, bei den Amphibien, liegt noch kein ausdifferenziertes VNO vor. Frösche und Salamander verfügen aber – neben ihren Riechzellen – über eine spezielle Sorte von chemosensorischen Neuronen mit pheromonspezifischen Rezeptorproteinen. Zwei Proteinfamilien werden in diesen **vomeronasalen Neuronen** exprimiert: die vomeronasalen Rezeptoren der Typen V1R und V2R. Genau wie Riechzellen sind auch vomeronasale Neuronen bipolare Neuronen mit einem Schopf chemosensorischer Haare; bei Riechzellen bestehen die Haare aus Cilien, bei vomeronasalen Neuronen dagegen aus Mikrovilli. Bei Amphibien liegen die Mikrovilli der vomeronasalen Neuronen an der Oberfläche des Riechepithels, wo sie in Kontakt mit Pheromonen kommen können. Amphibien exprimieren in ihren vomeronasalen Neuronen vor allem Rezeptoren vom Typ V2R und nur wenige oder gar keine V1-Rezeptoren (◘ Tab. 8.1, Krallenfrosch, Salamander). Der Unterschied zwischen den beiden Familien von **vomeronasalen Rezeptoren** liegt vor allem in ihrer Proteinstruktur (◘ Abb. 8.11, *oben rechts*) und der daraus resultierenden Ligandenspezifität. V1-Rezeptoren sind G-Protein-gekoppelte Rezeptoren mit kurzem, außen liegendem N-Terminus und ähneln den Riechrezeptoren des olfaktorischen Systems (OR-Proteine). Dagegen erinnern V2R-Proteine mit einem sehr langen N-Terminus eher an Rezeptoren für Cytokine oder bestimmte Hormone. V1R und V2R zeigen auch unterschiedliche Genstruktur; ein einziges Exon codiert jedes V1R-Protein (wie auch bei OR-Proteinen), während V2R-Proteine meistens durch sechs Exons codiert werden. Schließlich verläuft die funktionelle Kopplung der Rezeptoren an ihre Zielproteine durch unterschiedliche heterotrimere G-Proteine. V1R koppelt an $G\alpha_{i2}$-Proteine, V2R an $G\alpha_{o}$-Proteine. Die gegenwärtige Vorstellung ist, dass V1R-Proteine kleine, flüchtige Moleküle binden, ähnlich wie OR-Proteine in Riechzellen, dass aber V2R-Proteine eher wasserlösliche Peptide binden, die bei Amphibien als Pheromone wirken (s. ◘ Abb. 8.8). Die Signaltransduktion in vomeronasalen Neuronen verläuft anders als in Riechzellen. Während die olfaktorische Transduktion über Adenylat-Cyclase vermittelt wird (s. ◘ Abb. 10.46), ist das Zielenzym der VR-Proteine eine Phospholipase. Dementsprechend sind die Botenstoffe in den Mikrovilli der vomeronasalen Neuronen Diacylglycerol und Inositoltriphosphat (◘ Abb. 8.11, *rechts*). Die Freisetzung von Diacylglycerol führt zur Öffnung von Ionenkanälen des Typs TRPC2, die spezifisch in der Mikrovillimembran von vomeronasalen Neuronen exprimiert werden. Bei Öffnung der Kanalporen werden die vomeronasalen Neuronen durch Kationeneinstrom depolarisiert und elektrisch erregt.

Das **afferente Signal der vomeronasalen Neuronen** verläuft bei Säugetieren durch andere Bahnen als die olfaktorische Information. Schon die erste Station der zentralen Verarbeitung ist aufgeteilt: Der Riechkolben verarbeitet olfaktorische Information (▶ Abschn. 10.15), während durch den akzessorischen Riechkolben Signale aus dem VNO ins Gehirn gelangen. Verallgemeinernd kann man sagen, dass das olfaktorische System der Wirbeltiere corticale Bereiche versorgt, in denen eine bewusste Wahrnehmung von Geruchsinformationen entsteht, während Signale aus dem vomeronasalen System in erster Linie limbische Bereiche erreichen, wo Motivation verstärkt und Verhalten gesteuert wird. Eine eng gefasste Definition der Begriffe Pheromon und Signalmischung erfordert das Auslösen stereotyper Verhaltensmuster, die entweder angeboren (Pheromon) oder gelernt (Signalmischung) sind. Releaser-Pheromone können über die Aktivierung motivationssteuernder, limbischer Bereiche wie Amygdala, Nucleus accumbens und Hypothalamus solche vorprogrammierten Verhaltensweisen freigeben, ohne dass es einer bewussten Wahrnehmung bedarf. Pheromonwirkungen, seien es die Effekte von Releaser-Pheromonen auf das Verhalten oder endokrine Effekte von Primer-Pheromonen, können vollkommen unbewusst ablaufen. Sie bilden gerade aus diesem Grund ein besonders zuverlässiges Regulationssystem.

Beim Durchsuchen verschiedener Genome nach vomeronasalen Rezeptorgenen sind auffällige Unterschiede zwischen Wirbeltiergruppen zutage getreten (◘ Tab. 8.1), die dabei helfen können, die Rolle von Pheromonen im Leben der Tiere besser zu verstehen. So fällt bei Amphibien eine große Anzahl von V2-Rezeptoren auf, die möglicherweise im Wasser gelöste Peptidhormone binden, während nur wenige V1-Rezeptoren für flüchtige Substanzen exprimiert werden. Auch bei Schlangen ist das V2R-Genom stark expandiert, und es gibt nur wenige V1-Rezeptoren. Leider sind die Liganden dieser vielen V2R-Proteine bis heute nicht bekannt, sodass man nicht weiß, welche Substanzen durch das vomeronasale System detektiert werden, wenn die Schlangen Material in ihr VNO züngeln. Nagetiere haben viele Rezeptoren vom V1R-Typ, mit denen sie Signalstoffe im Urin von Artgenossen detektieren. Eine Vielzahl solcher Signalstoffe ist an der Koordination des Soziallebens der Tiere

Tab. 8.1 Anzahl intakter vomeronasaler Rezeptorgene bei einigen Wirbeltieren. Nach Shi und Zhang (2007), Young et al. (2010), Dong et al. (2012), Silva und Antunes (2016)

Tierart	Anzahl V1R	Anzahl V2R
Zwerg-Mausmaki (*Microcebus myoxinus*)	214	0
Schnabeltier (*Ornithorhynchus anatinus*)	208	15
Hausmaus (*Mus musculus*)	187	70
Kaninchen (*Oryctolagus cuniculus*)	159	0
Amerikanischer Pfeifhase (*Ochotona princeps*)	114	0
Grauhörnchen (*Sciurus carolinensis*)	110	0
Wanderratte (*Rattus norvegicus*)	106	59
Haus-Spitzmausbeutelratte (*Monodelphis domestica*)	98	86
Meerschweinchen (*Cavia porcellus*)	89	28
Nördlicher Weißbrustigel (*Erinaceus roumanicus*)	64	0
Philippinen-Koboldmaki (*Carlito syrichta*)	42	0
Hausrind (*Bos taurus*)	40	0
Hauspferd (*Equus caballus*)	33	0
Afrikanischer Elefant (*Loxodonta africana*)	32	0
Hauskatze (*Felis silvestris catus*)	28	0
Tropischer Krallenfrosch (*Xenopus tropicalis*)	21	330
Haushund (*Canis lupus familiaris*)	8	0
Schimpanse (*Pan troglodytes*)	6	0
Borneo-Orang-Utan (*Pongo pygmaeus*)	5	0
Mensch (*Homo sapiens*)	4	0
Kornnatter (*Pantherophis guttatus*)	4	109
Heller Tigerpython (*Python molurus*)	4	216
Westlicher Gorilla (*Gorilla gorilla*)	3	0
Rotkehlanolis (*Anolis carolinensis*)	1	16
Waldsalamander, *Plethodon shermani*	0	34
Rhesusaffe (*Macaca mulatta*)	0	0
Kalong-Flughund (*Pteropus vampyrus*)	0	0
Kleine Braune Fledermaus (*Myotis lucifugus*)	0	0
Großer Tümmler (*Tursiops truncatus*)	0	0
Haushuhn (*Gallus gallus domesticus*)	0	0

beteiligt. Bei Ratten und Mäusen (nicht aber bei Eichhörnchen) findet man ebenfalls ein breites Spektrum von V2R-Proteinen. Diese Rezeptoren sind offenbar mit Proteinen des Immunsystems assoziiert (*major histocompatibility complex 1*, MHC-1) und können möglicherweise Informationen zur immunologischen Individualität eines Tieres vermitteln (◘ Abb. 8.11, *oben rechts*). Es gibt Hinweise darauf, dass zwei Mäuse bei einer Begegnung mithilfe ihres V2R-Systems ermitteln können, wie eng sie miteinander verwandt sind. Für ihr Sozialverhalten kann diese Information wichtig sein, denn mit nahe Verwandten können gemeinsame Nester bewohnt werden, während für die Fortpflanzung kaum verwandte Tiere bevorzugt werden.

Auffällig an der Zusammenstellung in ◘ Tab. 8.1 ist auch, dass viele Wirbeltiere überhaupt keine V2R-Gene

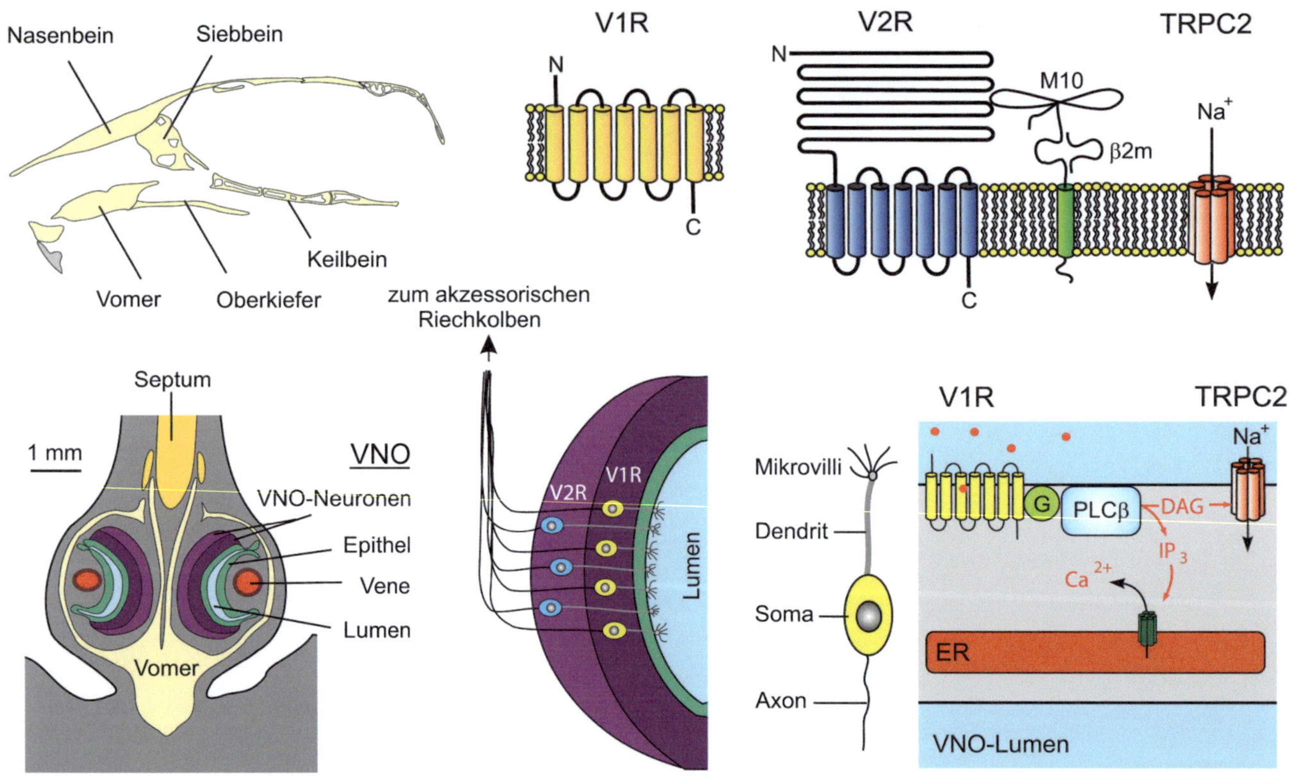

Abb. 8.11 Das vomeronasale System der Hausmaus (*Mus musculus*). *Links*: Das namensgebende Pflugscharbein (Vomer) ist ein unpaariger Knochen des Gesichtsschädels, den man in einem Sagittalschnitt durch die Mitte des Schädels als senkrecht stehende Knochenplatte erkennt. An seinem oberen Saum bildet das Pflugscharbein durch eine symmetrische Aufweitung zwei Kapseln, in denen sich das vomeronasale Organ (VNO) befindet. In einem coronalen Schnitt erkennt man ein halbmondförmiges, zweischichtiges Sinnesepithel (*violett*). Die sensorische Seite grenzt an das flüssigkeitsgefüllte VNO-Lumen (*hellblau*), in das – unterstützt durch eine pulsierende Vene (*rot*) – Pheromone aufgenommen werden können. *Mitte*: VNO-Neuronen mit Pheromonrezeptoren der Familie V1R liegen in der oberen, solche mit V2-Rezeptoren in der unteren Schicht des Sinnesepithels. *Rechts*: Ein VNO-Neuron exprimiert entweder ein V1R-Protein oder ein V2R-Protein. V1-Rezeptoren ähneln olfaktorischen Rezeptoren und detektieren vermutlich kleine, wasserlösliche und flüchtige Verbindungen. V2R-Gene sind mit Immunerkennungsproteinen des Typs MHC-1/M10 (mit seinem mausspezifischen Mikroglobulin β2m) assoziiert und detektieren Peptide im Urin der Maus. Der Kationenkanal TRPC2 dient in beiden Typen von VNO-Neuronen als Transduktionskanal. Er wird bei Aktivierung von Phospholipase C (PLCβ) durch den Botenstoff Diacylglycerol (DAG) geöffnet und depolarisiert das VNO-Neuron. ER, endoplasmatisches Reticulum; G, GTP-bindendes Protein

besitzen. Dazu gehören alle Vögel, die weder über V1R-Gene noch über V2R-Gene verfügen (sie haben auch keine Pseudogene dieser Familien). Es ist deutlich, dass die vomeronasalen Rezeptorgene schon sehr früh bei der Trennung der Vögel von den Reptilien verloren gegangen sein müssen. Vögel regeln ihr Sozialleben vor allem durch visuelle und auditorische Reize (Balzgefieder, Balzgesang). Eine Beteiligung chemischer Kommunikation am Paarungsverhalten kann zwar beobachtet werden (▶ Abschn. 8.4), wird aber nicht durch ein vomeronasales System, sondern durch den Riechsinn vermittelt. Auch unsere Haustiere Hund, Katze, Rind und Pferd (ebenso Schwein, Ziege und Schaf) besitzen ausschließlich Gene für V1-Rezeptoren und keine für V2-Rezeptoren. Die sehr gut dokumentierte Pheromonkontrolle des Fortpflanzungsverhaltens basiert bei diesen Tieren offenbar allein auf dem V1R-Detektionssystem für flüchtige Substanzen. Weitgehend zurückgebildet ist das vomeronasale System nicht nur bei einigen Spezialisten wie Fledermäusen und Meeressäugern, sondern auch die Altweltaffen und mithin die Menschaffen zeigen kaum noch Reste des Pheromonsystems. Tatsächlich fehlen den Menschenaffen (Familie Hominidae) alle wesentlichen Komponenten des vomeronasalen Systems, das VNO, fast alle vomeronasalen Rezeptoren sowie die akzessorischen Riechkolben. Auch der TRPC2-Kanal ist bei einigen Menschenaffen (und auch beim Menschen) funktionslos. Das *trpc2*-Gen ist bei den Altweltaffen (Schmalnasenaffen, Catarrhini) ein durch Mutationen defekt gewordenes Pseudogen. Genetische Analysen zufolge ist das vomeronasale System bei den gemeinsamen Vorfahren dieser Primatengruppe in einer Zeit verloren gegangen, als das trichromatische Sehen durch Verdopplung der Opsingene entstanden ist (vor etwa 45 Mio. Jahren). Offenbar hat das Farbensehen im Sozialleben der Altweltaffen diejenigen Funktionen übernommen, die bis dahin das vomeronasale System erfüllt hat.

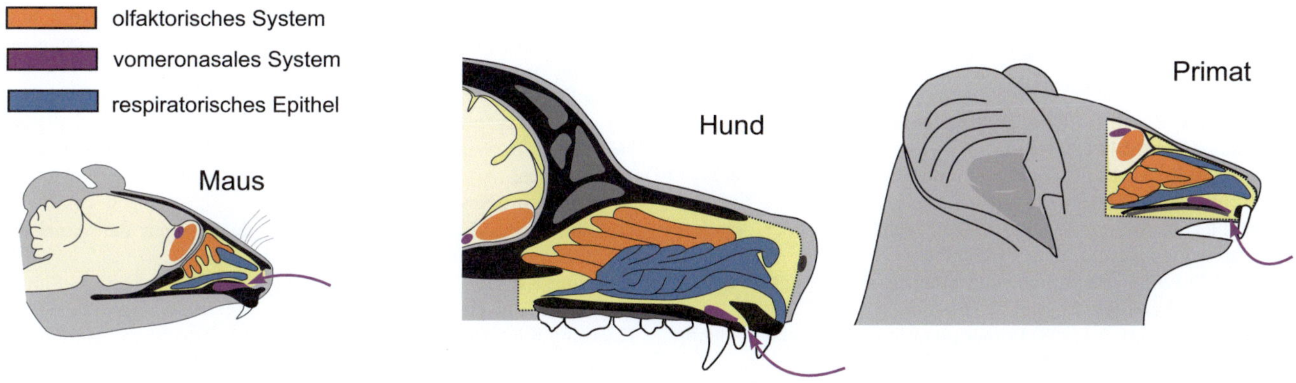

Abb. 8.12 Aufnahme von Pheromonen in das vomeronasale Organ der Säugetiere. Bei Nagetieren (Ordnung Rodentia) liegt die Öffnung des vomeronasalen Organs (VNO) in der Nasenhöhle, sodass Pheromone durch die Nüstern aufgenommen werden müssen. Bei der Hausmaus (*Mus musculus*; *links*) gelangen Aerosole von bodennahen Schichten in die Nasenhöhle – die wichtigste Quelle ist dabei der Urin anderer Mäuse – und können im VNO detektiert werden. Bei Raubtieren wie dem Haushund (*Canis lupus familiaris*; *Mitte*) wie auch bei Huftieren wird pheromonhaltige Luft durch den Mund eingesogen und durch den Zwischenkiefergang (Ductus incisivus) – auch als Nasengaumengang (Ductus nasopalatinus) bezeichnet – in das VNO geleitet. Das VNO von Primaten (Ordnung Primates; *rechts*) hat ebenfalls durch den Zwischenkiefergang Zugang zur Mundhöhle

Um dem VNO Pheromone zuzuleiten, gibt es bei Säugetieren zwei unterschiedliche Strategien. Bei Nagetieren müssen die Pheromone durch die Nüstern in die Nasenhöhle eingesogen werden, denn die Mündung des VNO liegt in der Basis der vorderen Nasenscheidewand in der Nasenhöhle. Mäuse interessieren sich in erster Linie für den Urin von Artgenossen, denn darin befinden sich Signale für das Fortpflanzungsverhalten, für innerartliche Aggression und für die räumliche Orientierung. Beim Schnuppern gelangen flüchtige Substanzen, Aerosole sowie vermutlich auch Flüssigkeit in die Nasenhöhle und können dort durch drei chemosensorische Systeme analysiert werden. Die vomeronasalen und olfaktorischen Systeme erkennen verhaltensrelevante Verbindungen. Und das trigeminale System, dessen sensorische Endigungen vor allem im Bereich des respiratorischen Epithels liegen, detektiert potenziell gefährliche Reizstoffe (Abb. 8.12, *links*). Bei größeren Säugern, insbesondere bei Raubtieren und Huftieren, werden Pheromone nicht durch die Nase, sondern durch den Mund aufgenommen. Dazu saugen die Tiere mit hochgeschobener Oberlippe Luft zwischen den Schneidezähnen hindurch und lenken sie mit der Zunge durch den Zwischenkiefergang in ihr VNO (Abb. 8.12, *Mitte*). Dieses Verhalten wird als **Flehmen** bezeichnet. Es ist besonders deutlich bei männlichen Huftieren (Ungulata) während der Östrusphase ihrer Weibchen zu beobachten. Sie überprüfen die Empfangsbereitschaft der Weibchen durch Aufnahme wasserlöslicher, kaum flüchtiger Substanzen, die während des Östrus im Vaginalsekret der weiblichen Tiere auftreten. Diese Signalstoffe können durch direkten Kontakt oder als Aerosol beim Flehmen aufgenommen werden. Sie lösen stereotype Verhaltensmuster aus und führen normalerweise zur Kopulation. Darüber hinaus können flüchtige Östrussignale über weite Strecken hinweg verweht und detektiert werden und bringen auf diese Weise territoriale Tiere zueinander. Eindrucksvolle Beispiele für solches Verhalten geben Rüden oder Kater, wenn läufige Weibchen in der Nähe sind. Auch bei ihnen kann man Flehmen beobachten.

Auch bei Primaten sind Riechen und Pheromondetektion anatomisch voneinander getrennt. Bei vielen Primaten gehört die Verhaltenssteuerung durch Pheromone zur Fortpflanzung, insbesondere bei den Feuchtnasenaffen (Unterordnung Strepsirrhini der Ordnung Primates), beispielsweise den Lemuren (Teilordnung Lemuriformes) Madagaskars, aber auch bei den Neuweltaffen (Teilordnung Platyrrhini in der Unterordnung Haplorrhini, Trockennasenaffen) in Mittel- und Südamerika, die – im Gegensatz zu den meisten Altweltaffen (Catarrhini, Teilordnung der Haplorrhini) – über Pheromone kommunizieren. Auch bei ihnen verläuft der Zugang zum VNO durch den Nasengaumengang (Abb. 8.12, *rechts*), und die Männchen untersuchen Vaginalsekret und Urin der Weibchen auf Anzeichen der Empfangsbereitschaft. Zudem markieren Neuweltaffen ihre Reviere mit Geruchsstoffen, und Geruchsmarkierungen dienen zur Zuordnung der Dominanzebene in der Sozialstruktur der Tiere. Inwieweit diese sozialen Signale als Pheromone, Signalmischungen oder olfaktorische Signale eingeordnet werden müssen, ist bisher nicht geklärt. Es ist aber offensichtlich, dass sich bei allen bisher untersuchten Arten von Neuweltaffen ein intaktes vomeronasales System erhalten hat und dass die Pheromondetektion ausschließlich von V1-Rezeptoren vermittelt wird; V2-Rezeptoren kommen bei den Neuweltaffen nicht vor.

Literatur

Weiterführende Literatur

Brennan PA, Zufall F (2006) Pheromonal communication in vertebrates. Nature 444:308–315

Caro SP, Balthazart J (2010) Pheromones in birds: myth or reality? J Comp Physiol A 196:751–766

Hölldobler B, Wilson EO (2016) Auf den Spuren der Ameisen. Springer Spektrum, Berlin/Heidelberg

Houck LD (2008) Pheromone communication in amphibians and reptiles. Annu Rev Physiol 71:161–176

Le Conte Y, Hefetz A (2008) Primer pheromones in social hymenoptera. Annu Rev Entemol 53:523–542

Müller-Schwarze D (2006) Chemical ecology of vertebrates. Cambridge University Press, Cambridge

Overath P, Natsch A (2018) Immunsystem, Geruch und Verhalten – Gibt es einen "Duft der MHC-Gene"? Biol Unserer Zeit 2018(1):27–35

Silva L, Antunes A (2016) Vomeronasal receptors in vertebrates and the evolution of pheromone detection. Annu Rev Anim Biosci 5:353–370

Stoddart M (2015) Adam´s nose, and the making of humankind. Imperial College Press, London

Touhara K, Vosshall LB (2009) Sensing odorants and pheromones with chemosensory receptors. Annu Rev Physiol 71:307–332

Wyatt TD (2014) Pheromones and animal behavior. Cambridge University Press, Cambridge

Zitierte Literatur

Alvarez L, Dai L, Friedrich BM, Kashikar ND, Gregor I, Pascal R, Kaupp UB (2012) The rate of change in Ca^{2+} concentration controls sperm chemotaxis. J Cell Biol 196:653–663

Czaczkes TJK, Grüter C, Ratnieks FLW (2015) Trail pheromones: an integrative view of their role in social insect colony organization. Annu Rev Entomol 60:581–599

Dong D, Jin K, Wu X, Zhong Y (2012) CRDB: database of chemosensory receptor gene families in vertebrates. PLoS One 7:e31540

Hölldobler B, Wilson EO (2009) The superorganism. The beauty, elegance, and strangeness of insect societies. W.W. Norton & Company, New York

Hölldobler B, Wilson EO (2016) Auf den Spuren der Ameisen. Springer Spektrum, Berlin/Heidelberg

Kaissling KE (1987) RH Wright lectures on insect olfaction. Simon Fraser University, Burnaby BC

Kaissling KE (2014) Pheromone reception in insects: the example of silk moths. In: Mucignat-Caretta C (Hrsg) Neurobiology of chemical communication. CRC Press, Boca Raton

Kaupp UB, Kashikar ND, Weyand I (2008) Mechanisms of sperm chemotaxis. Annu Rev Physiol 70:93–117

Nakanishi A, Nishino H, Watanabe H, Yokohari F, Nishikawa M (2009) Sex-specific antennal sensory system in the ant *Camponotus japonicus*: structure and distribution of sensilla on the flagellum. Cell Tissue Res 338:79–97

Shi P, Zhang J (2007) Comparative genomic analysis identifies an evolutionary shift of vomeronasal receptor gene repertoires in the vertebrate transition from water to land. Genome Res 17:166–174

Silva L, Antunes A (2016) Vomeronasal receptors in vertebrates and the evolution of pheromone detection. Annu Rev Anim Biosci 5:353–370

Wachten D, Jikeli JF, Kaupp UB (2017) Sperm sensory signaling. Cold Spring Harb Perspect Biol 9:a028225

Young JM, Massa HF, Hsu L, Trask BJ (2010) Extreme variability among mammalian V1R gene families. Genome Res 20:10–18

Das Schmecken

Inhaltsverzeichnis

S. Frings, *Die Sinne der Tiere*, https://doi.org/10.1007/978-3-662-63233-8_9

Schimpansen (*Pan troglodytes*) verbringen einen großen Teil der Wachphase ihres Lebens mit der Nahrungssuche. Die Tiere müssen eine Vielzahl von Fertigkeiten erlernen, um überhaupt bekömmliche Nahrung zu finden. Haben sie Früchte, interessante Blätter oder Ameisen entdeckt, müssen sie dieses Material mithilfe ihres Geschmackssinnes überprüfen, bevor sie es schlucken. Wertvolle Nahrung schmeckt süß, fleischig oder schwach salzig. Schmeckt sie aber sauer oder gar bitter, spuckt man sie besser wieder aus. So ein einfacher und schneller Test ist nötig, um die Tiere vor giftigen Inhaltsstoffen zu warnen, die überall in der Natur vorhanden sind. Denn, einmal hinuntergeschluckt, können Nahrungsbestandteile resorbiert und verstoffwechselt werden – Gifte können dann wirken und das Tier schädigen. Ein wichtiger Bestandteil des Lernens eines Jungtieres ist daher die Beurteilung von Nahrung nach ihrem Geschmack. Für junge Schimpansen kann diese Ausbildung mehrere Jahre dauern. Nicht alle Blätter, nicht alle Früchte und nicht alle Kleintiere sind bekömmlich. Durch Nachahmung und geschmackliche Überprüfung erweitern die Jungtiere kontinuierlich ihren Speiseplan, bis sie sicher im afrikanischen Wald leben können. In diesem Kapitel wird der Geschmackssinn mit seiner vitalen Bedeutung für Tiere dargestellt.

9.1 Eine lebenswichtige Entscheidung

Jedes Tier muss die Zellen seiner Gewebe mit Energie, Wasser und essenziellen Nahrungsbestandteilen versorgen, und alle Tieren benötigen im Wesentlichen die gleichen Stoffe: Kohlenhydrate für die Energieversorgung, Wasser sowie Salze und organische Verbindungen wie Vitamine, Fette und Aminosäuren. Für die Ernährung stehen Tieren drei unterschiedliche Strategien zur Verfügung:

- **Zoophagie**: Beutetiere liefern einem carnivoren Tier (Fleischfresser) alle Bestandteile, die es für seine Ernährung benötigt. Nur Wasser muss es zusätzlich aufnehmen.
- **Phytophagie**: Pflanzliches Material wird von herbivoren Tieren (Pflanzenfresser) entweder direkt verwertet (Nektar, Pollen, Früchte, Knollen, Wurzeln) oder aufbereitet (Blätter) und zur Kultivierung von symbiontischen Kleinstlebewesen wie Bakterien, Protisten und Pilzen eingesetzt. Als eigentliche Nahrung dienen im zweiten Fall sowohl das abgebaute Pflanzenmaterial als auch die abgestorbenen Kleinstlebewesen.
- **Pantophagie**: Für omnivore Tiere (Allesfresser) stellt jedes abbaubare Material eine potenzielle Nahrungsquelle dar. Für eine Mischdiät aus Früchten, Kleintieren und anorganischem Material bieten sich viele Optionen bei der Nahrungssuche.

Jede dieser Ernährungsstrategien birgt Gefahren. Ein Fleischfresser sollte besser keinen giftigen Tausendfüßer fressen, ein Pflanzenfresser keine Tollkirsche und ein Allesfresser weder das eine noch das andere. Es ist lebenswichtig für fast alle Tiere, eine sichere Unterscheidung zwischen bekömmlicher und unbekömmlicher Kost treffen zu können. Sie müssen zuverlässig Gutes von Schlechtem unterscheiden und sofort entsprechend reagieren. Dabei kann eine visuelle Überprüfung helfen. Die grüne Farbe einer Frucht oder das bunte Hautmuster eines giftigen Frosches (▫ Abb. 9.1) können wichtige Informationen liefern. Allerdings müssen dazu die visuellen Signale richtig interpretiert werden, was im Allgemeinen einen Abgleich mit gespeichertem Wissen erfordert. Was aber geschieht bei der ersten Begegnung mit einem Giftfrosch, den das Raubtier noch nie gesehen hat? Überwiegt der appetitliche Anblick? Wird der Giftfrosch verschluckt? Besser als ein ganz auf Erfahrung beruhendes Warnsystem wäre ein angeborenes System zur Erkennung von Giften – eines, das bei Entdeckung einer schädlichen Substanz eine unwillkürliche, aversive Reaktion auslösen würde. Und zwar bei allen Tieren einer Art und unabhängig von individuell erworbener Erfahrung. Der Geschmackssinn leistet genau diese Funktion. Er wirkt

▫ **Abb. 9.1** Giftfrösche: appetitlich oder abstoßend? Diese auffällig gefärbten Baumsteigerfrösche (Familie Dendrobatidae) können leicht die Aufmerksamkeit eines Raubtieres erregen. Für das Überleben des Raubtieres ist es entscheidend, richtig zu reagieren. Eine appetitive Reaktion kann tödlich sein, eine aversive lebenserhaltend

als **Kontaktsinn**, also erst im letzten Moment, wenn der Frosch schon im Maul oder im Schnabel des Prädatoren steckt. Die Gifte in der Froschhaut werden von Geschmackssinneszellen detektiert, und es wird eine unangenehme Geschmackswahrnehmung ausgelöst, begleitet von einem Schutzreflex: Der giftige Frosch wird ausgespuckt. Im Prinzip läuft die chemische Überprüfung der Nahrung bei den meisten Tieren auf diese Weise ab. Eine natürlich vorkommende Substanz kommt mit gustatorisch aktiven (geschmacksempfindlichen) Regionen am Körper eines Tieres in Kontakt und löst eine von zwei Reflexen aus: Ausspucken oder Aufnehmen. Die Begrenzung auf diese zwei gegensätzlichen Optionen ist eine entscheidende Voraussetzung für die Leistungsfähigkeit des Geschmackssinnes. Er übt eine vitale Wächterfunktion für das Verdauungssystem aus. Er ist binär und schnell. Durch seine Kontrolle über die beiden **Schlüsselreflexe** „Ausspucken" und „Runterschlucken" entscheidet er über den Zugang zum Magen-Darm-Trakt.

Gut beobachtbar ist die binäre Geschmacksreaktion bei Fliegen, Bienen und anderen Insekten, die ja auf ihren potenziellen Nahrungsquellen herumlaufen. Taufliegen der Art *Drosophila melanogaster* sind vor allem an Zucker interessiert; Mono- und Disaccharide lösen appetitives Verhalten aus, wenn die Tiere auf Früchten Fructose oder Saccharose finden. Auch einige Aminosäuren sowie schwach saure und schwach salzige Flüssigkeiten sind attraktiv. Eine Vielzahl von Stoffen wirkt dagegen abstoßend auf Taufliegen, und das sind vor allem schädliche Substanzen wie beispielsweise die Aminosäure L-Canavanin, welche von Hülsenfrüchtlern als

Fraßschutz produziert wird. Ein breites Spektrum solcher Pflanzeninhaltsstoffe wirkt als aversiver Reiz. Es handelt sich um Bitterstoffe, deren Namen auf den Bittergeschmack hindeutet, den die Substanzen beim Menschen auslösen. Beispiele sind die Alkaloide Berberin aus der Berberitze, Papaverin aus dem Mohn, Strychnin aus der Brechnuss, Nicotin aus dem Tabak und Chinin aus dem Chinarindenbaum. Viele Bitterstoffe sind schädlich für Tiere, andere sind unschädlich, dienen aber den Pflanzen als Abschreckungsmittel und lösen Vermeidungsreaktionen („Ausspucken") aus.

Taufliegen untersuchen potenzielle Nahrung mit ihrem Geschmackssinn, bevor sie damit beginnen, Flüssigkeiten aufzusaugen. Sie setzen dazu ihre **gustatorischen Sensillen** ein, die sich an verschiedenen Körperstellen befinden: an den Beinen, den Flügelkanten, an Labellum und Pharynx sowie verstreut an den Antennen und anderen Körperstellen (▫ Abb. 9.2). Gustatorische Sensillen kommen in zwei unterschiedlichen Formen vor, auf der Körperoberfläche als Geschmacksborsten (Typ: Sensillum chaeticum), in der Speiseröhre als flache Geschmackspunkte (Typ: Sensillum coeloconicum). Geschmacksborsten enthalten zwei bis vier Geschmackszellen, deren Dendriten an der Borstenspitze durch eine Pore Kontakt zur Außenwelt haben (▫ Abb. 9.3). Auf dem Labellum findet man etwa 60 Geschmacksborsten, von denen jede entweder appetitiven Geschmack (süß, schwach salzig, Wasser) oder aversiven Geschmack (bitter, stark salzig, sauer) – niemals aber beide Geschmacks-

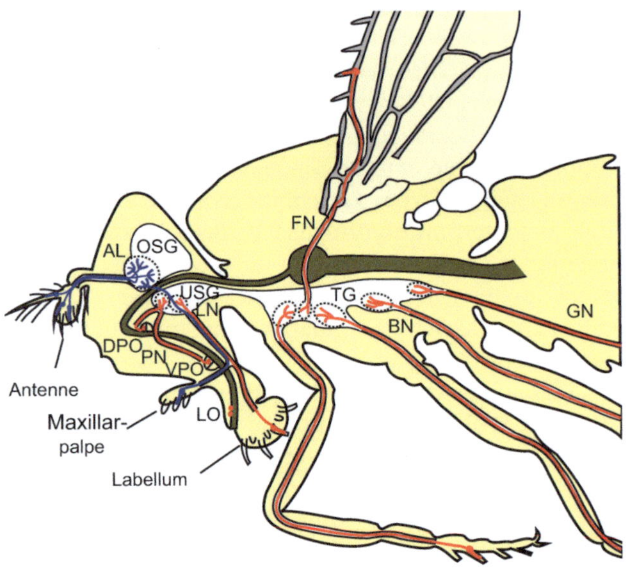

▫ **Abb. 9.2** Lage des gustatorischen Systems (*rot*) und des olfaktorischen Systems (*blau*) bei der Taufliege *Drosophila melanogaster*. AL. Antennalobus; BN, Beinnerven; DPO, dorsales Pharyngealorgan; FN, Flügelnerv; GN, Genitalnerv; LN, Labialnerv; LO, Labialorgan; OSG, Oberschlundganglion; PN, Pharyngealnerv; TG, Thoracalganglien; USG, Unterschlundganglion; VPO, ventrales Pharyngealorgan. Nach Stocker (1994)

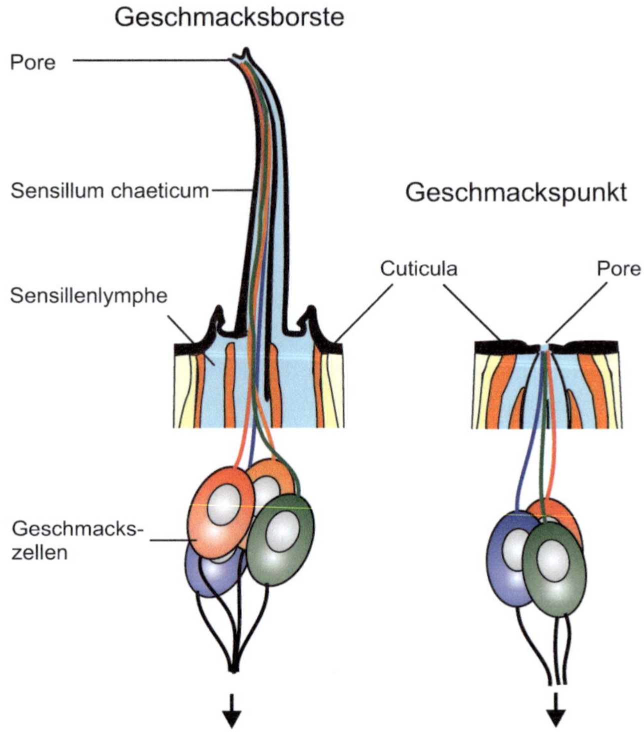

▫ **Abb. 9.3** Gustatorische Sensillen von Taufliegen. Geschmacksborsten enthalten mehrere Sinneszellen und eine Öffnung an der Spitze. Sie befinden sich an Beinen, Flügeln und am Labellum. Geschmackspunkte findet man dagegen im Mundbereich im Labialorgan und in den Pharyngealorganen

qualitäten zusammen – vermittelt. Eine Geschmacksborste kann also nur *eine* Botschaft an das Gehirn schicken. Ein Satz Borsten ist für die Abschreckung da, der andere Satz begünstigt die Nahrungsaufnahme. Wenn Nahrung in den inneren Mundbereich gelangt, kommen die pharyngealen Sinnesorgane zum Einsatz (Pharynx = Rachen). Direkt am Eingang des Ösophagus liegt das Labialorgan, weiter oben liegen die ventralen und dorsalen Pharyngealorgane (auch als Fulcralorgane bezeichnet). Letztere bestehen vor allem aus flachen Geschmackspunkten, in denen sich sowohl chemosensorische als auch mechanosensorische Neuronen befinden. Hier kann die aufgesogene Nahrung überprüft werden, bevor sie in den Verdauungstrakt befördert wird. Werden die gustatorischen Sensillen mit Zuckerwasser gereizt, öffnet sich das Labellum (die Lippe) und heraus kommt der Rüssel (die Proboscis), ein Muskelschlauch, der normalerweise in der unteren Kopfhälfte verstaut liegt. Der Rüsselreflex (**Proboscis-Extensionsreflex**) ist eine angeborene, robust angelegte, unbedingte Reaktion auf den appetitiven Reiz durch Zucker. Bei Stimulation mit Bitterstoffen wird der Rüsselreflex unterdrückt. Oft enthalten natürliche Materialen sowohl Zucker als auch Bitterstoffe, wie beispielsweise unreife Früchte. In diesem Fall entsteht für das Tier ein Widerstreit zwischen attraktiven und aversiven Reaktionen. Bitterstoffe in solchen Mischungen können den Rüsselreflex unterdrücken, und zwar durch eine direkte Wirkung auf die Sensillen für den Süßgeschmack. Denn in der Lymphe, welche die Dendriten der Sinneszellen umgibt, befindet sich ein Bindeprotein für Bitterstoffe (OBP49a; OBP = *odorant-binding protein*), das in gebundenem Zustand die Süßrezeptoren abschalten kann. Bitterstoffe wirken also auf doppelte Weise aversiv: Sie erzeugen ein Warnsignal durch die bitterempfindlichen Sensillen, und sie hemmen die appetitanregenden Signale aus den süßempfindlichen Sensillen. Sicher ist sicher! Schon sehr geringe Konzentrationen schädlicher Stoffe blockieren so den Rüsselreflex und schützen die Fliege vor Vergiftung.

Die Geschmackssinneszellen in den Geschmacksborsten und -punkten tragen in ihren chemosensorischen Dendriten **Geschmacksstoffrezeptoren** aus der Familie der GR-Proteine (GR = gustatorische Rezeptoren; ▪ Abb. 9.4). Diese Proteine dienen den Tieren zur Erkundung der chemischen Umwelt und zur chemischen Analyse ihrer Nahrung. Während der Geruchssinn mit seinen Geruchsstoffrezeptoren (OR = olfaktorische Rezeptoren) die Luft mit den darin enthaltenen flüchtigen Verbindungen untersucht, geht es beim Geschmackssinn meist um gelöste Substanzen. Dabei werden zuckerbindende GR-Proteine genauso benötigt wie solche, die möglichst viele der Bitterstoffe binden können, mit denen ein Tier in Kontakt kommen kann. Bei Insekten ist zu erwarten, dass die meisten Arten Zuckerrezeptoren besitzen, denn bei fast allen Insekten steht Zucker in der ein oder anderen Form auf dem Speiseplan. Bei den Bitterstoffen erwartet man dagegen größere Unterschiede, da Ameisen, Fliegen und Schmetterlinge ganz unterschiedliche Nahrungsquellen nutzen und dadurch auch mit unterschiedlichen Schadstoffen in Kontakt kommen.

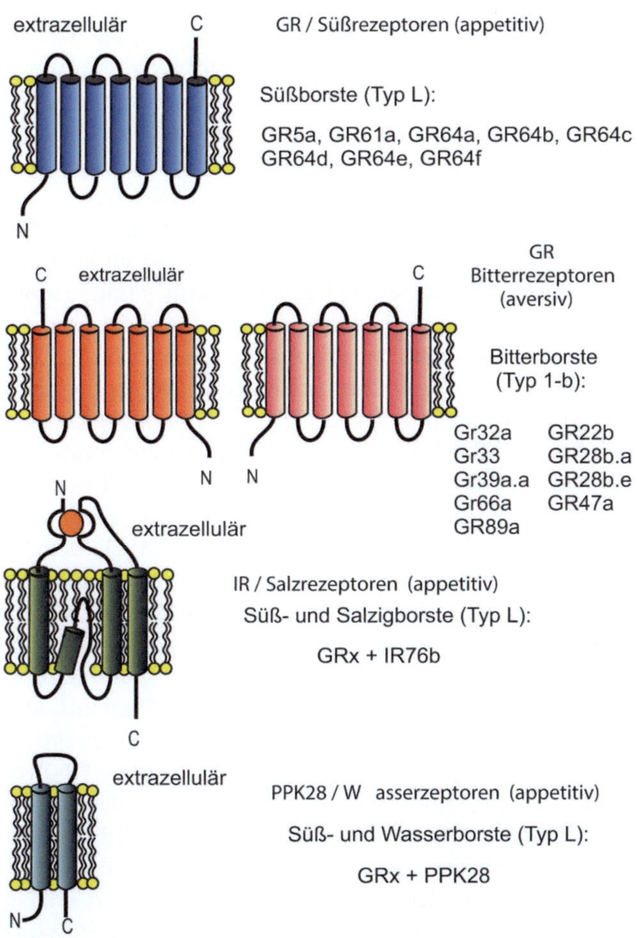

▪ **Abb. 9.4** Geschmacksstoffrezeptoren von Insekten. Schematische Darstellung der Membrantopologie von gustatorischen Rezeptoren (GR), ionotropen Rezeptoren (IR), Wasserrezeptoren (ppk28) und TRP-Kationenkanälen (TRP)

Man kann der Zusammenstellung in ▪ Tab. 9.1 Hinweise auf chemosensorische Spezialisierung bei den einzelnen Arten entnehmen. Omnivore Ameisen wie *Linepithema humile* haben ein breites Nahrungsspektrum und zudem ein kompliziertes System chemischer Kommunikation. Bei den Stechmücken (Beispiel: Gelbfiebermücke) erfordern möglicherweise die beiden parallel genutzten Nahrungsformen Pflanzensaft und Blut ein vergleichsweise großes Repertoire an Geschmacksstoffrezeptoren. Viele Insekten kommen offensichtlich mit jeweils 40 bis 70 Rezeptoren für Geschmacks- und Geruchsstoffe aus. Bei der Honigbiene (*Apis mellifera*) ist das Verhältnis auffallend zugunsten der Geruchsstoffrezeptoren verschoben. Der Geschmackssinn der Honigbiene ist weitgehend auf die Detektion von Zucker spezialisiert. Die Bienen suchen nach zuckerhaltigem Nektar, und ihr Rüsselreflex wird von zuckerempfindlichen Geschmackszellen ausgelöst. Darüber hinaus haben Bienen Wassergeschmack und können

▪ **Tab. 9.1** Anzahl von Geschmacksstoffrezeptoren (GR) und Geruchsstoffrezeptoren (OR) bei einigen Insekten

Art	Anzahl GR	Anzahl OR
Argentinische Ameise (*Linepithema humile*)	116	367
Gelbfiebermücke (*Aedes aegypti*)	114	131
Postbote (*Heliconius melpomene*)	73	70
Taufliege, *Drosophila melanogaster*)	68	62
Seidenspinner (*Bombyx mori*)	64	41
Monarchfalter (*Danaus plexippus*)	47	64
Kohlmotte (*Plutella xylostella*)	43	67
Honigbiene (*Apis mellifera*)	10	163

wohl auch Aminosäuren schmecken. Ein Bittergeschmack konnte bei Bienen bisher nicht nachgewiesen werden, weder an den antennalen noch an den tarsalen gustatorischen Sensillen. Honigbienen haben anscheinend ein enges, auf Zuckersäfte angelegtes Geschmacksspektrum. Sie sind eher Riechtiere. Mithilfe ihrer Geruchsstoffrezeptoren können sie viele Arten von Blütenpflanzen unterscheiden, sich orientieren und im Stock miteinander kommunizieren (▶ Abschn. 10.5). Für diese Aufgabe benötigen sie eine besonders große Vielfalt von Geruchsstoffrezeptoren.

Die GR-Proteine in den Geschmackszellen der Insekten sind Membranproteine, welche mit sieben Transmembrandomänen in die Dendritenmembran der gustatorischen Neuronen eingelagert sind. Dabei liegt der N-Terminus innerhalb der Zellen, der C-Terminus dagegen auf der Außenseite der Membran (◻ Abb. 9.4). Einige GR-Proteine sind chemisch gesteuerte Kationenkanäle, die bei Bindung ihres Liganden ihre Pore öffnen. So wird beispielweise der Rezeptor GR43a spezifisch durch D-Fructose geöffnet und leitet einen depolarisierenden Kationenstrom in die Geschmackszelle hinein. Das führt zur elektrischen Erregung der Zelle und löst den Rüsselreflex aus. Eine ähnliche Rezeptorstruktur findet man auch bei den OR-Proteinen in den Riechzellen der Insekten (s. ◻ Abb. 10.15). Man nimmt an, dass beide Proteinfamilien, GR und OR, einen gemeinsamen Vorfahren haben. Vermutlich ist die GR-Familie sehr alt und wurde schon vor dem Landgang der Tiere zur Chemosensorik eingesetzt. Nach dem Landgang hat dann die OR-Familie eine Expansion erfahren, und das Riechvermögen der Insekten hat sich parallel zur Evolution der Blütenpflanzen entfaltet. Die Spezifität der Geschmackszellen für appetitive oder aversive Reize ist darin begründet, dass einige GR-Proteine bekömmliche Substanzen binden, insbesondere Zucker, während andere auf die Bindung von schädlichen Substanzen spezialisiert sind. Entscheidend ist, dass in einer individuellen Geschmackszelle nur eine der beiden Sorten von GR-Proteinen exprimiert wird. Nur so ist zu erklären, dass eine Geschmackszelle nur auf Zucker, eine andere nur auf Bitterstoffe reagiert. Darüber hinaus befinden sich alle Geschmackszellen in einer gustatorischen Sensille vom gleichen Typ, sodass das neuronale Signal aus einer Sensille immer eindeutig ist: Es gibt appetitive Sensillen (**„Süßborsten"**) und es gibt aversive Sensillen (**„Bitterborsten"**), aber es gibt keine Mischungen. So finden sich unter den 60 Sensillen auf dem Labellum von *Drosophila* Süßborsten, deren Geschmackszellen mit unterschiedlichen Kombinationen von sieben bis zehn zuckerspezifischen GR-Proteinen ausgestattet sind. Wann immer eine Zuckerlösung diese Süßborsten berührt, kann der Rüsselreflex ausgelöst werden, und die Fliege beginnt zu trinken. Zwischen den Süßborsten stehen die Bitterborsten. Deren Geschmackszellen exprimieren unterschiedliche Kombinationen von sieben bis 28 bitterstoffselektiven GR-Proteinen. Dabei gibt es eine Kerngruppe von Bitterrezeptoren, die in allen bitterempfindlichen Zellen exprimiert werden, und zusätzlich Bitterrezeptoren, die von Zelle zu Zelle variieren können (◻ Abb. 9.4). Es scheint, dass die Bitter-GRs der Kerngruppe die Geschmacksqualität „bitter" festlegen, während die übrigen Bitter-GRs darüber entscheiden, auf welche Bitterstoffe jede Zelle reagiert. Der Kontakt mit passenden Bitterstoffen lässt die Zellen in den Bittersensillen feuern, und die Nahrungsaufnahme wird blockiert.

Insekten haben im Verlauf ihrer Anpassung an ihre Lebensräume eine große Vielzahl von gustatorischen Rezeptoren entwickelt, ein gigantisches, bisher noch weitgehend unerforschtes Reich von Chemosensoren. Die meisten der über 800.000 Insektenarten sind bei der lebensentscheidenden Frage nach der geeigneten Nahrung auf die Geschmacksstoffrezeptoren angewiesen. Im Lauf der Diversifizierung der Insekten sind **arttypische Repertoires von GR-Proteinen** entstanden, welche sich durch Anpassung an das jeweilige lokale Biotop entwickelt haben, geprägt durch die lokalen Nahrungsquellen und die verborgenen Schad- und Abschreckungsstoffe. Infolge ihrer stark divergierenden Evolution zeigen GR-Proteine oft deutliche Unterschiede zwischen den Arten, mit teilweise weniger als 10 % Sequenzidentität. Das gustatorische Genom wird durch die individuelle Lebensweise eines Insekts geformt – oft im Rahmen koevolutiver Prozesse mit Futterpflanzen – und ermöglicht durch seine Anpassung an bekömmliche und an schädliche Stoffe die Ausführung von sinnvollen appetitiven und aversiven Verhaltensmustern. Neben den GR-Rezeptoren haben Insekten aber noch weitere chemosensorische Moleküle, mit deren Hilfe sie unbekömmliche Nahrung erkennen und vermeiden können. Dazu gehören einige Ionenkanäle der TRP-Familie (TRP, *transient receptor potential*), insbesondere **TRPA1**, der bei *Drosophila* auf Aristolochiasäure reagiert, eine von Pflanzen aus der Familie der Aristolochiaceae (Osterluzeigewächse) produzierte Gruppe von Schadstoffen. TRPA1 wird auch durch Isothiocyanate (Senföle) und Campher aktiviert und löst aversives Verhalten aus. Darüber hinaus exprimieren Geschmackszellen von *Drosophila* eine Reihe von **ionotropen Rezeptoren** (**IR-Proteine**). IR-Proteine sind an der Signalentstehung in Süßzellen (IR47a, IR56b) und Bitterzellen (IR56a) beteiligt, und sie vermitteln zusätzlich den appetitiven Geschmack von niedrigen Salzkonzentrationen (IR76b) in darauf spezialisierten Zellen (◻ Abb. 9.4). IR-Proteine werden auch im Riechsystem der Insekten eingesetzt (▶ Abschn. 10.6). Sie sind entfernt verwandt mit ionotropen Glutamatrezeptoren und funktionieren als che-

Abb. 9.5 Ein Taubenschwänzchen (*Macroglossum stellatarum*) auf der Suche nach Nektar. Appetitives Verhalten wird durch visuelle, olfaktorische und gustatorische Reize ausgelöst. Die letzte Phase, das Aufsaugen des Nektars durch den Rüssel, erfordert die Freigabe durch den Süßgeschmack

misch aktivierte Kationenkanäle. Ebenfalls ein Ionenkanal ist der Sensor von osmotisch regulierten Geschmackszellen, mit denen die Fliegen Wasser aufspüren können. Das Protein PPK28 (*ppk*, *pickpocket*) gehört zu den Natriumkanälen des Degenerin/ENaC-Typs (Abb. 9.4) und verleiht einer Subpopulation von *Drosophila*-Geschmackszellen die Fähigkeit, auf Erhöhung der Wasseraktivität (Verdünnung) mit elektrischer Erregung zu reagieren. Solche **Wassergeschmackszellen** finden sich in Geschmacksborsten an unterschiedlichen Körperstellen, nicht aber in den Geschmackspunkten im Ösophagus. Die Fliege kann offensichtlich den Wassergehalt ihrer Umgebung durch ihren Geschmackssinn erfassen.

Obwohl die Erforschung des Geschmackssinnes der Insekten sich noch in einer frühen Phase befindet, sind zwei grundlegende Beobachtungen festzuhalten: Chemisch gesteuerte Ionenkanälen werden als Rezeptorproteine eingesetzt, und Geschmackssignale wirken auf eine binäre Entscheidung zwischen Appetenz und Aversion (Abb. 9.5).

9.2 Wer schmeckt was bei Wirbeltieren?

Der gustatorische Sinneseindruck ist kein neutraler, emotionsfreier Vorgang, sondern er wird immer hedonisch bewertet – er wird einer von zwei gegensätzlichen Kategorien zugeordnet: angenehm oder unangenehm. Und je nach Zuordnung werden appetitive oder aversive Verhaltensmuster ausgelöst. Diese binäre Verarbeitung findet man bei allen Wirbeltieren. Die Geschmacksphysiologie der Fische ist wohl am gründlichsten an einem Süßwasserfisch aus Nordamerika untersucht worden, an dem Getüpfelten Gabelwels (*Ictalurus punctatus*, engl. *channel catfish*), der zu den Katzenwelsen (Ordnung Siluriformes, Familie Ictaluridae) gehört. Das Interesse der Sinnesphysiologen gilt vor allem den Zigtausenden von Geschmacksknospen, mit denen der gesamte Fischkörper übersät ist und die diesem Tier den Spitznamen „schwimmende Zunge" eingebracht haben.

Fische können im Wasser gelöste Stoffe schmecken, während das Wasser durch die Mundhöhle, die Kiemen oder das Epibranchialorgan strömt. Auch Zungen mit Geschmacksknospen kommen bei Fischen vor. Allerdings sind dies keine Muskelgewebe, sondern das Zungenepithel liegt direkt dem Boden der Mundhöhle auf. Nicht wenige Fische schmecken zusätzlich mit den Lippen, mit der Gesichtshaut oder mit Barteln, die aus dem äußeren Mundbereich hervorwachsen und besonders viele Geschmacksknospen tragen (Abb. 9.6). Katzenwelse suchen im schlammigen Grund von Flüssen und Seen nach ihren Beutetieren: Weichtiere, Insektenlarven, Krebstiere und kleine Fische. Offensichtlich lassen sie sich dabei vor allem durch den Geschmack von Aminosäuren leiten. Denn im physiologischen Experiment zeigen die Geschmackszellen des Gabelwelses eine hohe Empfindlichkeit für Aminosäuren, vor allem für L-Arginin, L-Alanin und L-Prolin, aber auch für die meisten anderen proteinogenen Aminosäuren. Die Welse sind also Protein- und damit Fleischschmecker. Aminosäuren wirken als sensorische Reize sowohl für das Geschmackssystem der Fische als auch für ihr Riechsystem. Das Gleiche gilt für Gallensäuren wie Taurocholsäure oder Glykocholsäure, die von den meisten Wirbeltieren mit dem Kot ausgeschieden werden (▶ Abschn. 10.9). Vermutlich nutzen die Fische ihr Riechsystem dazu, diesen Verbindungen über längere Distanzen hinweg folgen zu können, während sie den Geschmackssinn für die genauere Überprüfung des Materials am oder im Maul einsetzen. Interessanterweise findet man kaum eine Reaktion auf Zucker oder andere süße Verbindungen beim Gabelwels und bei anderen Fischen. Fische scheinen weitgehend „süßblind" zu sein. Aminosäuren dagegen lösen zuverlässig eine appetitive Reaktion aus, während typische Bitterstoffe wie Chinin oder Denatoniumbenzoat zu aversivem Verhalten führen.

Die Geschmackszellen der Fische sind Epithelzellen, deren apikale Membran mit der Körperoberfläche in Kontakt steht. An der Kontaktstelle ist die apikale Membran durch Mikrovilli vergrößert und gegenüber Gewebe und Blut durch ein festes Proteinband, die Schlussleiste (Zonula occludens, engl. *tight junctions*), abgedichtet. **Geschmackszellen** kommen entweder soli-

Abb. 9.6 Ein Katzenwels sucht mit seinen Barteln den Seegrund nach Geschmacksstoffen ab

tär oder aber zu 30 bis 100 eng zusammengelagert in **Geschmacksknospen** vor (Abb. 9.7). Am basalen Zellpol stehen die Geschmackszellen in direktem oder indirektem Kontakt mit afferenten Nervenfasern. Der direkte Weg verläuft über synaptische Verbindungen, der indirekte über einen parakrinen Signalweg (► Abschn. 9.3). Die sensorische Information aus solitären Geschmackszellen erreicht das Gehirn hauptsächlich über den Nervus facialis (VII), den *N. trigeminalis* (V) oder über Spinalnerven. Aus den Geschmacksknospen werden die Signale über drei Gehirnnerven geleitet: *N. facialis* (VII), *N. glossopharyngeus* (IX) und *N. vagus* (X). Sie erreichen das primäre Geschmackszentrum in der Medulla oblongata, wo sich getrennte Loben für extraorale Geschmackszellen (der Faziallobus) und oropharyngeale Geschmackszellen (der Vagallobus) bilden. Bei Welsen (Familie Siluridae) mit einem großen Anteil von Geschmacksknospen auf ihrer unbeschuppten Haut ist der Faziallobus entsprechend größer. Bei Karpfen (Familie Cyprinidae) hingegen, bei denen die Geschmackszellen hauptsächlich im Mund- und Rachenraum liegen und kaum auf der beschuppten Haut, dominiert der Vagallobus des primären Geschmackszentrums. Allerdings sind die Strukturen der gustatorischen Zentren im Fischgehirn ebenso vielgestaltig wie die Ausstattung der einzelnen Arten mit Geschmackszellen auf Haut, Mund, Kiemen und dem Epibranchialorgan, einem gustatorischen Organ mancher Fische, die ihre Nahrung durch Filtration von kleinen Partikeln, Phyto- und Zooplankton aus dem Wasser gewinnen. Geschmacksknospen und solitäre Geschmackszellen findet man bei allen Knochen- und Knorpelfischen sowie auch beim kieferlosen Flussneunauge (*Lampetra fluviatilis*; Klasse Petromyzontida). Eine Ausnahme bilden die ebenfalls kieferlosen Schleimaale (Klasse Myxinoidea), die nur solitäre Geschmackszellen aber keine Geschmacksknospen aufweisen.

Der appetitive Aminosäuregeschmack und der aversive Bittergeschmack der Fische wird durch zwei unterschiedliche Typen von Geschmacksstoffrezeptoren vermittelt, die in den apikalen Membranen der

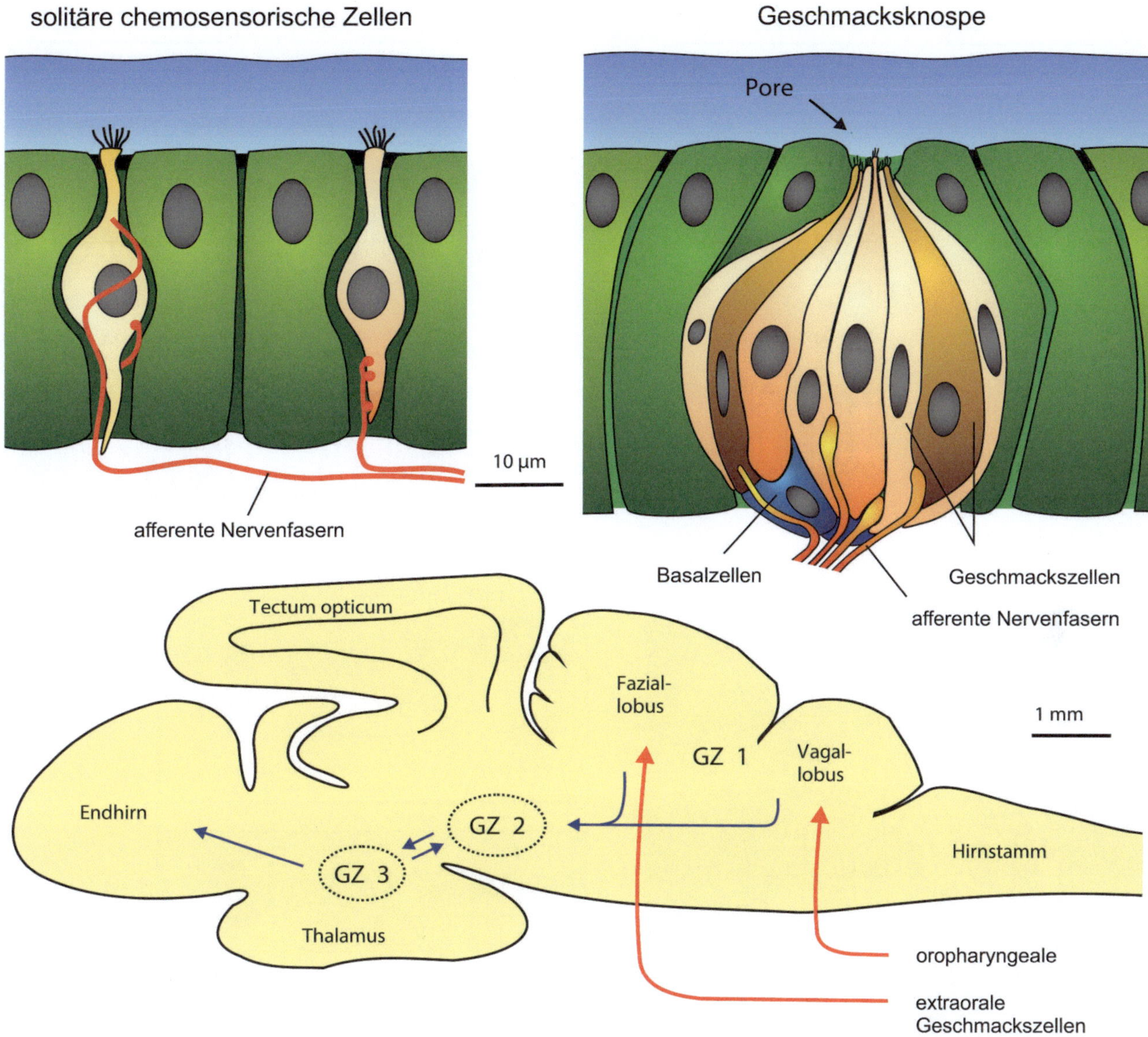

Abb. 9.7 Das Geschmackssystem der Fische. Einzelne Geschmackszellen (*oben links*) und Geschmacksknospen (*oben rechts*) reagieren bei Fischen auf Aminosäuren und Gallensäuren. *Unten*: Die gustatorischen Zentren (GZ1–3) im Fischgehirn verarbeiten getrennt oropharyngeale Geschmacksinformationen aus dem Maul und extraorale von der Körperoberfläche

Geschmackszellen exprimiert werden und den beiden Familien der **T1R-Proteine** und der **T2R-Proteine** angehören (TR = *taste receptor*). Die Proteine wurden bei den Süßwasserfischen *Danio rerio* (Zebrabärbling), *Oryzias latipes* (Medaka) und *Gasterosteus aculeatus* (Dreistacheliger Stichling) sowie beim marinen Kugelfisch *Takifugu rubripes* nachgewiesen und untersucht. Auch für den Komoren-Quastenflosser (*Latimeria chalumnae*) liegt eine Analyse der gustatorischen Rezeptoren vor, sodass sensorische Anpassungen beim Landgang der Wirbeltiere aufgedeckt werden können. T1R- und T2R-Proteine sind mit den GR-Proteinen der Insekten nicht verwandt. Sie dienen aber vermutlich bei allen Wirbeltieren als Geschmacksstoffrezeptoren. Sie weisen eine den GR-Proteinen ähnliche Membrantopologie auf, wobei ein entscheidender Unterschied darin besteht, dass ihre N-terminalen Segmente auf der Zellaußenseite liegen, die C-terminalen Segmente dagegen im Cytoplasma (Abb. 9.8, *oben*). Anders als die GR-Proteine der Insekten sind die T1R- und T2R-Proteine der Fische keine Ionenkanäle. Es handelt sich vielmehr um die initialen Elemente einer metabotropen Transduktionskaskade, die über ein G-Protein, das Zielprotein Phospholipase C, Isoform PLCβ2, sowie den Kationenkanal TRPM5 abläuft (Abb. 9.8, *unten*). Auch dieser chemoelektrische Umsetzungsvorgang scheint bei allen Wirbeltieren gleich abzulaufen.

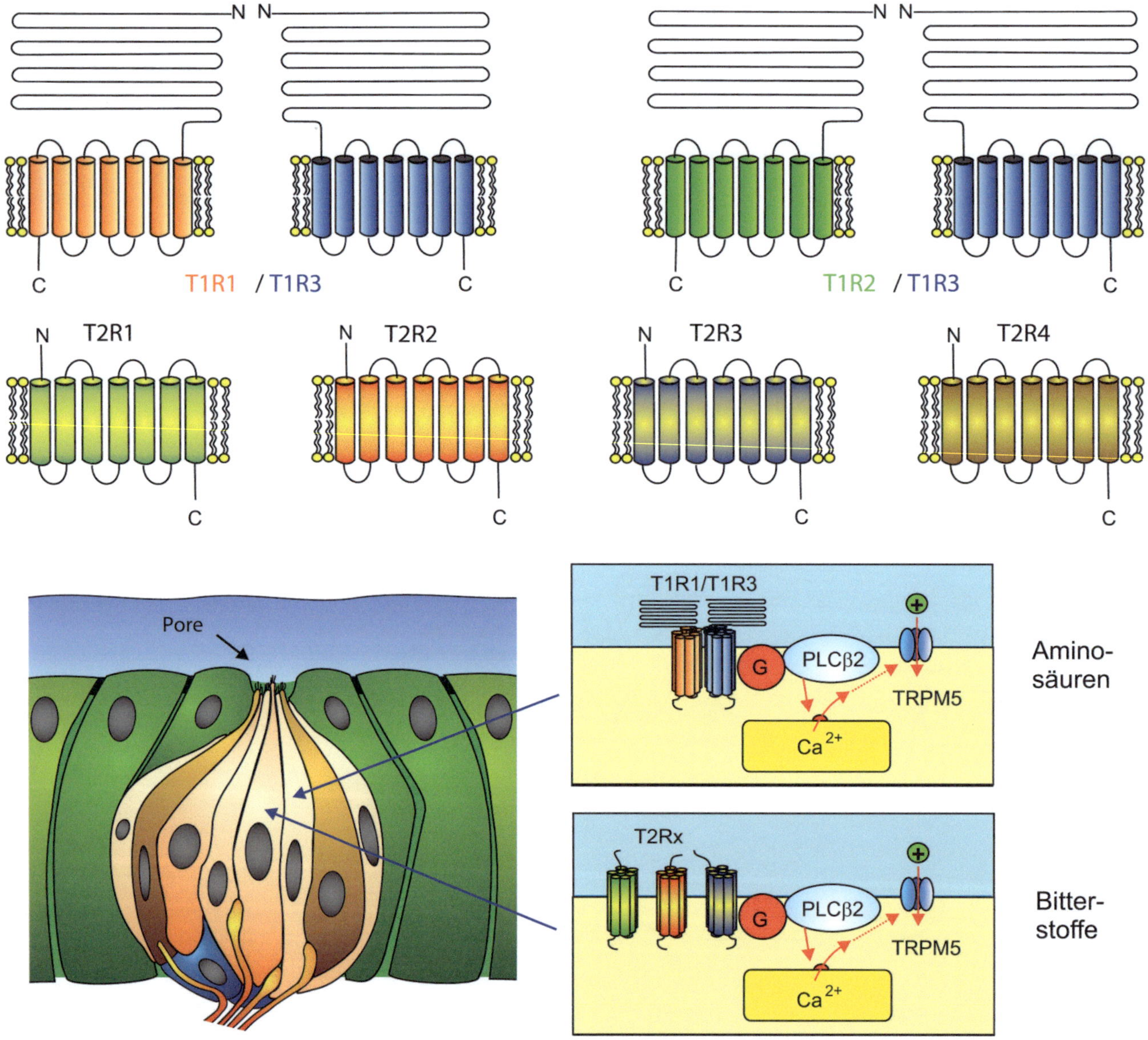

Abb. 9.8 Geschmacksrezeptoren von Wirbeltieren. *Oben*: Dimere Geschmacksrezeptoren aus der T1R-Familie (T1R1, T1R2, T1R3) detektieren appetitive Reize wie Zucker und Aminosäuren. *Mitte*: Monomere T2R-Proteine (T2R1, T2R2, …T2Rx) detektieren aversive Reize wie Bitterstoffe. *Unten*: Jede Geschmackszelle einer Geschmacksknospe exprimiert Geschmacksrezeptoren. Alle Geschmackszellen nutzen den gleichen Transduktionsweg. G, GTP-bindendes Protein; PLCβ2, Phospholipase C, Typ β2; TRPM5, calciumabhängiger Kationenkanal, Typ M5 (TRP, *transient receptor potential*)

T1R-Proteine detektieren appetitive Reize, T2R-Proteine aversive. Die zellbiologische Untersuchung der Rezeptoren hat gezeigt, dass T1R-Proteine dimere Proteinkomplexe bilden. Dazu binden jeweils zwei unterschiedliche Untereinheiten aneinander, wobei T1R-Proteine in drei unterschiedlichen Typen vorkommen: eine T1R1-Untereinheit, mehrere T1R2-Untereinheiten und eine T1R3-Untereinheit. Als Monomere sind T1R1, T1R2 und T1R3 nicht aktiv. Alle funktionellen T1R-Proteindimere bei Fischen (T1R1/T1R3 und T1R2/T1R3) binden Aminosäuren und reagieren weder auf Zucker noch auf den Süßstoff Saccharin. Ebenso sind sie kaum NaCl- oder citratempfindlich, vermitteln also weder Salzgeschmack noch Sauergeschmack. Dabei detektieren T1R1/T1R3-Dimere ein etwas anderes Aminosäurespektrum als T1R2/T1R3-Dimere, und das Aminosäurespektrum des T1R2/T1R3-Dimers wird von der jeweiligen T1R2-Isoform bestimmt. Mit diesen Kombinationsmöglichkeiten haben die Fische die Möglichkeit, die für sie wichtigen Nahrungssignale zu erkennen und zu nutzen. Im Gegensatz zu den T1R-Proteinen bilden die T2R-Proteine keine Dimere, sondern reagieren als Monomere auf Bitterstoffe. Dabei ist die Anzahl von unterschiedlichen

Abb. 9.9 Struktur einer Geschmacksplatte des Teichfrosches (*Rana esculenta*). Geschmackszellen (*gelb*) liegen eingebettet in eine Papille des Zungenepithels (*grün*). Nach Northcutt (2004); Osculati und Sbarbati (1995)

T2R-codierenden Genen bei den einzelnen Fischarten meist klein. Medakas besitzen nur eines, Stichlinge zwei, Zebrabärblinge vier, der Grüne Kugelfisch (*Tetraodon nigroviridis*) sechs T2R-codierende Gene. Nur *Latimeria* hat 80 T2R-Gene, eine erstaunlich große Anzahl, selbst im Vergleich mit Landwirbeltieren, die meist 20 bis 40 T2R-Gene aufweisen. Es ist schwer vorherzusagen, in welcher Weise diese Unterschiede die Fähigkeit der Tiere beeinflusst, Schadstoffen aus dem Weg zu gehen. Denn Bitterrezeptoren können spezifisch für wenige Bitterstoffe sein – in diesem Fall würde eine Vielzahl unterschiedlicher T2R-Proteine das Spektrum von detektierbaren Schadstoffen erweitern. Andererseits kann eine kleinere Zahl von T2R-Proteinen mit geringerer Selektivität ein ähnliches Spektrum abdecken. Solche Informationen sind aber für die Geschmacksstoffrezeptoren der Fische noch nicht verfügbar.

Der Landgang der Tiere brachte auch die Erschließung neuer Nahrungsquellen mit sich und damit neue Herausforderungen an den Geschmackssinn. Bei fast allen **Amphibien** besitzen die adulten Tiere eine bewegliche Zunge, deren Muskulatur durch eine Umwidmung der an Land nicht mehr notwendigen Kiemenmuskulatur möglich wurde. Zungen werden an Land zum Einfangen von Beutetieren und auch für den Geschmackssinn eingesetzt. Nur Kaulquappen sowie adulte Amphibien, die sekundär an rein aquatisches Leben angepasst sind, wie die Krallenfrösche *Xenopus laevis* und *Xenopus tropicalis*, haben keine Zunge. Amphibien schmecken Aminosäuren, Salze, Säuren, Bitterstoffe, Calcium, Wasser und Fettsäuren, haben vermutlich aber keinen Süßgeschmack – ein Geschmacksspektrum, das ihrer rein carnivoren Ernährungsweise angepasst zu sein scheint. Besonders auffällig sind große (120–150 µm im Durchmesser) Geschmackspapillen auf den Zungen der Froschlurche (Ordnung Anura; Unken, Frösche, Kröten), die **Geschmacksplatten** (engl. *taste discs*; Abb. 9.9). Einige Hundert dieser Papillen findet man auf der Froschzunge, und jede Papille beherbergt wiederum einige Hundert Geschmackszellen. Schwanzlurche (Ordnung Caudata; Molche, Salamander) haben keine Geschmacksplatten. Man findet bei ihnen aber **Geschmacksknospen**, die denen der Fische ähneln (s. Abb. 9.7). Bei den Anuren und Caudaten erkennt man zum ersten Mal die Ausformung der Zunge als chemosensorisches Organ. Besonders auf ihrer dorsalen Oberfläche befinden sich zahlreiche Papillen, eingelassen in das Zungenepithel, in denen Geschmackszellen mit ihren apikalen Membranen Kontakt zur Zungenoberfläche und damit zur Nahrung haben. Rätselhaft ist derzeit die Ausstattung der Geschmackszellen mit Geschmacksstoffrezeptoren bei den Amphibien. Im Genom von *Xenopus tropicalis* wurden keine Gene für T1R-Proteine nachgewiesen, wohl aber 49 unterschiedliche T2R-Protein-codierende Gene. Wie ist dieser Befund zu interpretieren? Haben Amphibien keinen appetitiven Geschmack, sondern ein rein aversives Geschmacksspektrum? Und wozu dient die Expansion der T2R-Familie, die ja schon bei *Latimeria* zu erkennen war? Eine Hypothese zur T2R-Expansion bei den Landwirbeltieren ist, dass die Tetrapoden ihr T2R-Repertoire von 20 bis 40 Bitterrezeptoren (s. u.) entwickelt haben, um mit der Vielfalt von schädlichen Inhaltsstoffen in der Pflanzenwelt zurechtzukommen. Frösche aber fressen keinen Pflanzen. Bei ihnen ist daher ein Selektionsdruck auf die Diversität ihrer Bitterrezeptoren nicht zu erkennen. Die Frage nach der sensorischen Bedeutung der Abwesenheit von T1R-Proteinen und der Vielfalt von T2R-Proteinen bei Fröschen – insbesondere die Bedeutung für appetitive und aversive Verhaltensmuster – ist bisher offen.

Der endgültige Landgang der Tiere erforderte für jede Sinnesmodalität grundlegende Anpassungen. Das gilt auch für den Geschmackssinn der Tetrapoden, der

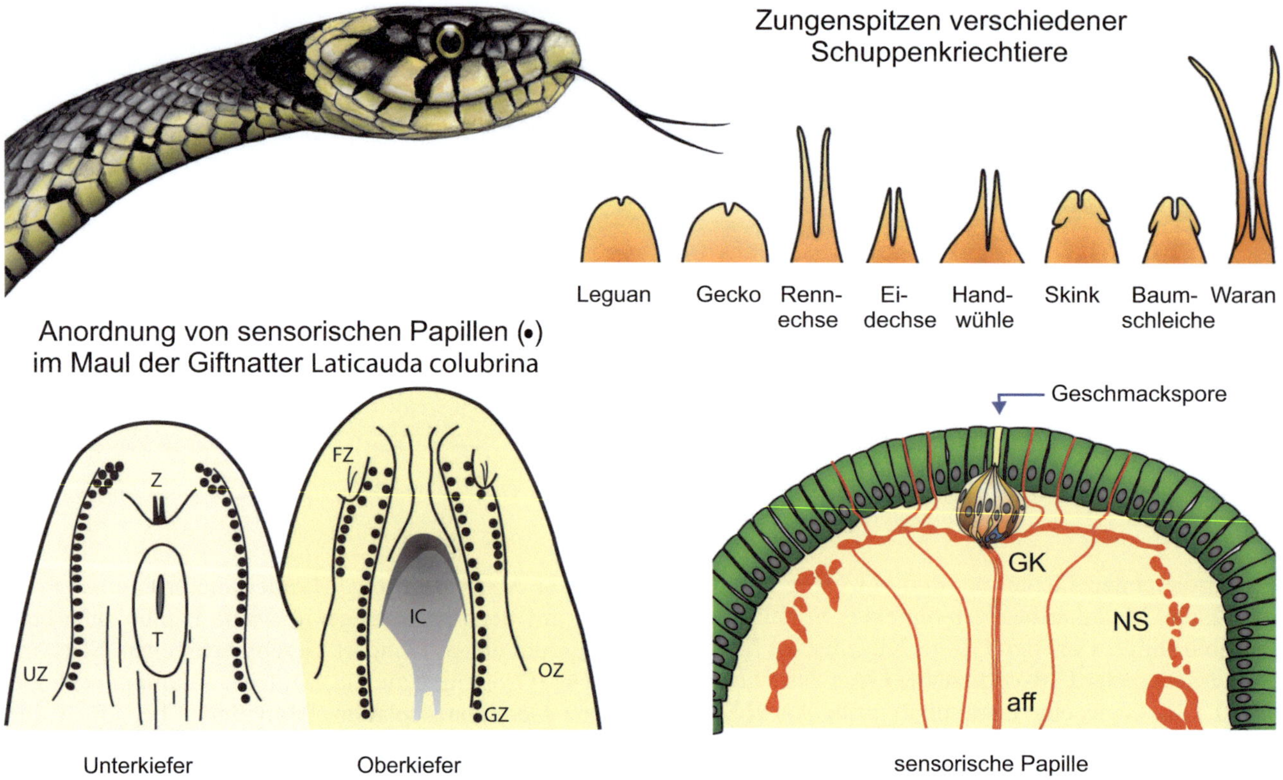

9

Abb. 9.10 Gabelzungen und sensorische Papillen bei Schlangen. *Oben*: Eine Ringelnatter (*Natrix natrix*) zeigt ihre gespaltene Zunge. Bei vielen Schlangen und Echsen findet man Spaltstrukturen an der Zungenspitze. *Unten links*: Entlang der Zahnreihen der Seeschlange *Laticauda colubrina* (Nattern-Plattschwanz, Familie Elapidae, Giftnattern) liegen sensorische Papillen. Die Linien zeigen die Lage der Unterkieferzähne (UZ), der Oberkieferzähne (OZ), der Gaumenzähne (GZ) und der Fangzähne (FZ). Die Punkte zeigen die Positionen der sensorischen Papillen neben den Zahnreihen. IC, innere Choane; T, Trachea; Z, Zunge. *Unten rechts*: Schematischer Querschnitt durch eine sensorische Papille der Japanischen Vierstreifennatter (*Elaphe quadrivirgata*). An der Papillenspitze befindet sich eine Geschmacksknospe (GK). Unterhalb des Epithels (*grün*) bilden sensorische Fasern eine Nervenschicht (NS, *rot*), von der aus mechanosensorische Fasern in das Epithel verlaufen. Afferente Fasern (aff) verlassen die Papille am unteren Ende. Nach Burns (1969); Nishida et al. (2000); Schwenk (1994)

für das Landleben auf ein neues Nahrungsspektrum und auf neue Jagdstrategien eingerichtet werden musste. Eine fundamentale Umgestaltung erfuhr die Zunge. War bei den Amphibien die Zunge am vorderen Rand des Unterkiefers befestigt, wird sie bei den Reptilien durch einen Muskel gebildet, der in der hinteren Mundhöhle, der Zungenwurzel, verankert ist. Die Speichelproduktion, bei den Amphibien noch eine Aufgabe der Zunge, wird bei den Reptilien weitgehend in Speicheldrüsen außerhalb der Zunge verlegt. Schließlich wird bei vielen Landreptilien die Zungenoberfläche keratinisiert und damit widerstandsfähig gemacht und vor Austrocknung geschützt. Beibehalten blieb die Funktion der Zunge als Träger von Geschmacksknospen und damit als chemosensorisches Organ. Man findet **Geschmacksknospen** bei fast allen Schuppenkriechtieren (Ordnung Squamata; Echsen, Schlangen und Schleichen); eine Ausnahme ist der Pazifikwaran (*Varanus indicus*). Bei den Echsen liegen die Geschmacksknospen meist im hinteren Zungenbereich, einige Geschmacksknospen können auch nahe der Zungenspitze liegen sowie im extralingualen Mundepithel. Teilweise findet man sie in hoher Dichte, bei Leguanen (Familie Iguanidae) bis zu etwa 100 pro Quadratmillimeter. Bei Schlangen liegen Geschmacksknospen in sensorischen Papillen entlang der Zahnreihen in Unter- und Oberkiefer (Abb. 9.10).

Die meisten Echsen sind carnivor und jagen Insekten, Würmer und anderes Kleingetier. Es gibt aber durchaus auch omnivore Echsen wie beispielsweise den Grünen Leguan (*Iguana iguana*) oder die Rennechse *Cnemidophorus murinus*. Auch rein herbivore Arten sind bekannt, die ausschließlich von Früchten, Blüten und Pflanzentrieben oder Algen leben. Dazu gehören die auf Galapagos lebenden Meerechsen (*Amblyrhynchus cristatus*; Abb. 9.11) sowie die dortigen Riesenschildkröten (*Chelonoidis nigra*; Abb. 9.12) und die Drusenköpfe (*Conolophus subcristatus*; Abb. 9.13), welche allesamt von ursprünglich carnivoren oder omnivoren Reptilien des kontinentalen Südamerika abstammen. Ihnen ist es gelungen, sich der vergleichsweise kargen Nahrungssituation auf den Galapagosinseln durch einen Wechsel zu einer rein herbivoren Ernährungsweise anzupassen.

Abb. 9.11 Eine Meerechse (*Amblyrhynchus cristatus*) weidet auf algenbewachsenen Felsen in der Brandung vor der Küste einer Galapagosinsel

Abb. 9.12 Herbivore Reptilien wie die Galapagos-Riesenschildkröte *Chelonoidis nigra porteri* haben ihre Ernährung an die Bedingungen der Galapagosinseln angepasst. Unterarten, die sich vor allem von bodennahem Bewuchs ernähren, tragen einen kuppelförmigen Panzer mit tief liegender Vorderkante

Auch andere Inselechsen zeigen eine Spezialisierung auf pflanzliche Kost. Ein Beispiel ist der Wickelskink (*Corucia zebrata*), der auf einigen pazifischen Inselgruppen zu finden ist. Besonders bei diesen herbivoren Echsen sollte man einen Bittergeschmack als Schutz vor pflanzlichen Toxinen erwarten.

Inselformen von Tieren – also Tierarten, welche es vor langer Zeit auf Inseln verschlagen hat, wo sie sich in völliger Isolation an die lokalen Lebensbedingungen anpassen mussten – sind für die Geschmacksforschung besonders interessant. Denn an ihnen kann man untersuchen, wie schnell sich die Geschmacksrezeptorfamilien T1R und T2R unter dem Einfluss der lokal verfügbaren Geschmacksstoffe verändert haben. Wie bisher vorliegende Studien zeigen, passt sich besonders das Repertoire an T2R-Bitterrezeptoren über Generationen hinweg durch natürliche Auslese an die vorherrschenden Pflanzeninhaltsstoffe eines Biotops an. Ein auf diese Weise **lokal geprägtes T2R-Genom** verleiht einem Tier nur wirksamen Schutz gegen Giftstoffe in der heimischen Flora. Wird das Tier in ein entferntes Biotop verbracht, kann es an den dort vorkommenden, unbekömmlichen Pflanzeninhaltsstoffen zugrunde gehen, weil es keine passenden T2R-Bitterrezeptoren besitzt. Das T2R-Genom entwickelt offenbar einen lokal geprägten Bittergeschmack und steuert ein lokal wirksames Schutzverhalten.

Abb. 9.13 Herbivore Reptilien auf den Galapagosinseln. Opuntien (Familie Cactaceae) bieten auf den Galapagosinseln eine wichtige Quelle für pflanzliche Nahrung und Wasser. Die Riesenschildkröte *Chelonoidis nigra hoodensis* (*links*) kann auch höher gelegene Langtriebe (Platykladien) der Opuntien erreichen, weil ihr sattelförmiger Panzer an der Vorderkante nach oben aufgeweitet ist. Der Drusenkopf (*Conolophus subcristatus*; *rechts*) ist ein endemischer Landleguan, der sich hauptsächlich von Opuntien ernährt

Inselendemiten wie die Tiere des Galapagosarchipels können für solche Untersuchungen besonders interessant sein. Denn die Radiation der Ursprungsarten durch Anpassung an die unterschiedlichen Vegetationsstufen auf jeder Insel ist genetisch nachvollziehbar, beispielsweise durch Veränderungen im Genom der Bitterrezeptoren. Anpassungen an unterschiedliche Nahrungsquellen treibt als einer der stärksten Motoren der Evolution die Diversifizierung voran, was an dem Beispiel der Darwinfinken (Geospizini) auf Galapagos gut untersucht ist. Auch die Riesenschildkröten haben sich an unterschiedliche Biotope angepasst, wodurch bis zu 15 unterscheidbare Formen entstanden sind, die gegenwärtig als Unterarten von *Chelonoidis nigra* oder als eigenständige Arten eines Artenkomplexes geführt werden. Mit den Lebensbedingungen auf den isolierten Inseln hat wohl auch die enorme Körpergröße der Tiere zu tun. Ohne Bedrohung durch Fressfeinde und gestützt auf gleichmäßige Nahrungszufuhr im äquatorialen Lebensraum der Galapagosinseln konnten sich ihre Körper zu metabolisch günstigen Proportionen vergrößern – ein Evolutionsprozess, der als Inselgigantismus von vielen isolierten Lebensräumen bekannt ist.

Bitter- und Süßgeschmack konnten bei einigen Echsenarten mit geeigneten Verhaltensversuchen nachgewiesen werden. So löst der Bitterstoff Chinin eine aversive Reaktion beim carnivoren Rotkehlanolis (*Anolis carolinensis* aus, während die Tiere mit appetitivem Verhalten auf künstliche Süßstoffe reagieren. Die omnivore Kleine Kanareneidechse (*Gallotia caesaris*) reagiert auf den Duft von Fett mit Züngeln, auf den Geschmack von Zucker aber mit Lecken – Hinweise auf olfaktorische und gustatorische Perzeption. Denn beim Züngeln werden Geruchsstoffe dem vomeronasalen Organ zugeführt, der „Bodennase" der Reptilien (▶ Abschn. 10.11). Das Lecken dagegen dient der gustatorischen Analyse der Nahrung mithilfe von Geschmacksknospen. Ihre Zungen nützen die Echsen als Greif- und Fangmuskel wie auch zur chemischen Überprüfung der Nahrung. Die Details des Geschmackssinnes bei Reptilien sind noch unzureichend erforscht. Insbesondere sind die Geschmacksstoffrezeptoren unbekannt, und zur Neurophysiologe des Geschmackssystems gibt es nur wenige Informationen. Zudem macht die Art der Nahrungsaufnahme bei vielen Echsen und Schlangen den Eindruck, dass für eine Verköstigung der Beute nicht viel Zeit bleibt, denn die Tiere kauen nur wenig und schlucken schnell. Doch selbst Schlingfresser wie Krokodile haben Geschmacksknospen und können demzufolge schmecken. Bei Rotkehlanolis hat man gefunden, dass sie Feldheuschrecken der Art *Schistocerca emarginata* verschlingen, wenn die Insekten auf bitterstoffarmen Brombeeren aufgezogen werden, dass sie jedoch die gleichen Feldheuschrecken ausspucken, wenn die sich von bitterstoffreichen Hopfenpflanzen ernährt haben. Die Anolis überprüfen also durchaus den Geschmack der Beutetiere, bevor sie sie verschlucken

Ein fundamentaler Unterschied trennt die Ernährungsansprüche der Amphibien und Reptilien von allen Warmblütern, insbesondere von den Vögeln. Um den homoiothermen Stoffwechsel der Vögel zu versorgen, ist mehr Nahrung nötig, als für den poikilothermen Metabolismus der Amphibien und Echsen benötigt wird. Zum Vergleich: Der Sauerstoffverbrauch von ruhenden Fröschen beträgt etwa 0,06 ml pro Gramm Körpermasse (g) und Stunde (h). Ein ruhender Waran verbraucht schon 0,7 ml O_2 g^{-1} h^{-1} in Ruhe und 1,6 ml O_2 g^{-1} h^{-1} bei starker Aktivität. Beim Kolibri dagegen hat man 10,7 ml O_2 g^{-1} h^{-1} in Ruhe und 85 ml O_2 g^{-1} h^{-1} im Flug gemessen. Die **Suche nach möglichst kalorienreicher Nahrung** ist bei den Vögeln daher Lebensprogramm. Bei der Auswahl solcher Nahrung hilft in erster Linie das Farbensehen, denn in der langen Koevolution von Pflanzen und den zur Samenverbreitung genutzten Vögeln haben sich Farben zur Visualisierung des Reifegrades von Früchten bewährt (◘ Abb. 9.14). Auch bei der Bestäubung durch nektarsuchende Vögel dienen Blütenfarben als Schlüsselsignale. Die Schnäbel der Vögel sind meist der Mechanik des Fressvorgangs angepasst. Spezialisierungen zum Knacken harter Samenschalen, zum Trinken von Nektar oder zum Stochern nach Insektenlarven haben die Schnäbel der Vögel zu spezialisierten Instrumenten werden lassen (◘ Abb. 9.15). Da Vögel nicht über Hände verfügen, müssen die Schnäbel alles ermöglichen, was zur Aufnahme der Nahrung nötig ist, von der Suche über die Jagd bis zum Zerteilen von Beutetiere. So findet man pipettenförmige, hakenförmige, zangenförmige, löffelförmige und viele andere Schnabelformen unter den Vögeln, allesamt Schlüsselstrukturen für die Lebensweise einer jeden Art.

Auch die Vogelzungen weisen hoch spezialisierte Formen auf, optimiert für ihre jeweilige Nahrungsquelle. So gibt es pinselförmige, röhrenförmige, lanzettförmige und spatelförmige Zungen, je nach ihrer Funktion bei der Nahrungssuche (◘ Abb. 9.16). Vogelzungen sind oft stark keratinisiert und haben dadurch eine besonders widerstandsfähige Oberfläche, mit der geraspelt, gebohrt und gequetscht werden kann. Oft tragen die Zungen verhornte Papillen, Borsten oder sogar zahnartige Strukturen – allesamt geeignet, um bei der Nahrungsaufnahme zu helfen. Da Vögel keine echten Zähne besitzen, werden harte Strukturen an den Zungenrändern zum Beißen und Kauen eingesetzt. Die mechanisch stark beanspruchten, rauen Teile des Zungenepithels eignen sich kaum zur Einbettung von empfindlichen Geschmacksknospen. Man findet die Geschmacksknospen der Vögel deshalb in hinteren

◘ **Abb. 9.14** Küken des Helmkasuars (*Casuarius casuarius*) fressen zuckerhaltige Quandong-Beeren im nordaustralischen Urwald. Sie erkennen den Reifegrad an der Beerenfarbe

Abb. 9.15 Anpassungen von Schnabelformen für unterschiedliche Strategien der Nahrungsgewinnung. *Oben*: Ein Samenfresser, der Fichtenkreuzschnabel (*Loxia curvirostra*); ein Nektarfresser, der Iiwi-Kleidervogel (*Vestiaria coccinea*); und ein Insektenfresser, der Hawaii-Sichelkleidervogel *Hemignathus munroi*. *Unten*: ein Schwarzspecht (*Dryocopus martius*), ein Steinadler (*Aquila chrysaetos*) sowie ein Säbelschnäbler (*Recurvirostra avosetta*), der mit seinem aufgebogenen Schnabel das Sediment im Flachwasser nach fressbaren Beutetieren durchstöbert

Zungenbereich sowie im Epithel des oberen und unteren Bereichs der Mundhöhle. In der dorsalen Zungenwurzel liegen Geschmacksknospen ungewöhnlich tief im Zungengewebe eingesenkt, durch einen langen Kanal mit der Zungenoberfläche verbunden. Die publizierten Anzahlen von Geschmacksknospen variieren beträchtlich (Tauben 27 bis 59, Huhn 316, Papageien 300 bis 400), machen aber deutlich, dass die **Vögel über einen umfangreichen gustatorischen Apparat** verfügen. Gut untersucht ist der empfindliche Geschmackssinn der Hausenten (*Anas platyrhynchos domesticus*). Ihre etwa 375 Geschmacksknospen sind im Schnabel so positioniert, dass sie optimalen Kontakt mit dem Nahrungsmaterial haben. Man findet sie in vier Regionen des Oberschnabels, einer des Unterschnabels, nicht aber auf der Zunge. Enten nehmen meist wasserhaltiges Pflanzenmaterial auf, überprüfen es schon mit der Schnabelspitze auf Geschmack und reagieren aversiv auf bittere, salzige und saure Reize, indem sie das Material energisch aus dem Schnabel herausschütteln.

Dass Vögel ihren Geschmackssinn für die Überprüfung der Nahrung nutzen, steht außer Frage. Systematische Untersuchungen der Geschmacksempfindlichkeit galten bisher vor allem dem Bitter- und Süßgeschmack. In solchen Studien zeigten Stare (*Sturnus vulgaris*) und Nymphensittiche (*Nymphicus hollandicus*) robust aversives Verhalten auf Bitterstoffe, mit denen ihr Futter vergällt wurde. Dabei war die Bitterempfindlichkeit der Vögel vergleichbar oder sogar höher als die von herbivoren Säugetieren. Samenfresser unter den Vögeln zeigen auffällig hohe Detektionsschwellen – das entspricht einer geringen Empfindlichkeit – für Saccharose und andere Zucker. Die minimale Saccharosekonzentration, die eine messbare Appetenz auslöst, ist beim Huhn 290 mM, bei der Wachtel 300 mM, bei der Taube 438 mM. Zum Vergleich: Beim Menschen liegt die Schwelle bei 10–60 mM. Vögel, die hauptsächlich von Nektar oder von reifen Früchten leben, haben dagegen eine höhere Zuckerempfindlichkeit. Beim Blaukehl-Breitschnabelkolibri (*Cynanthus latirostris*)

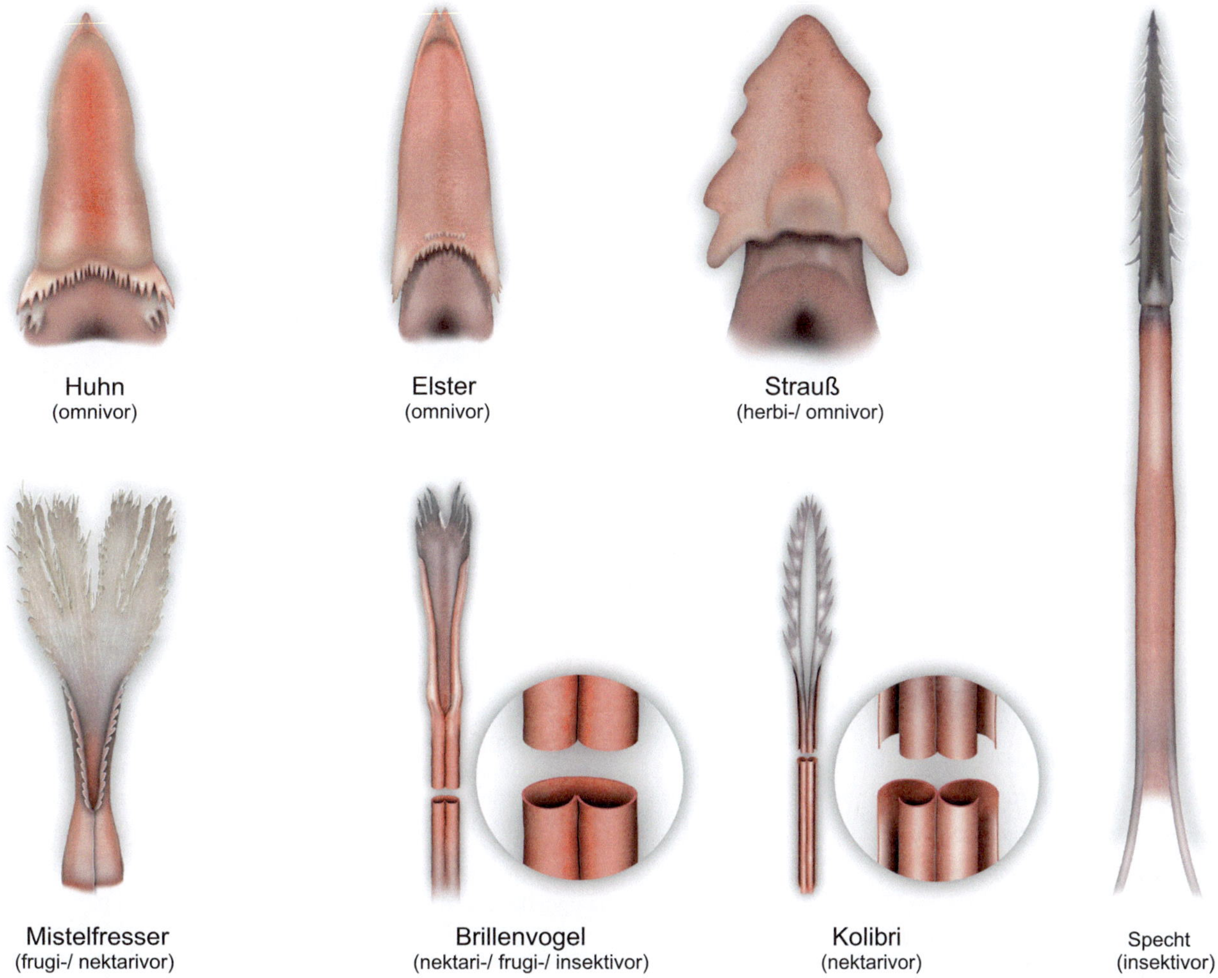

Abb. 9.16 Die Zungen der Vögel zeigen Anpassungen an die jeweilige Ernährungsweise. Raspel-, pinsel-, pipetten- und stilettförmige Zungen sind zur Aufnahme von Nahrung optimiert. Mit ihren meist rauen, keratinisierten Oberflächen spielen sie für den Geschmackssinn nur eine untergeordnete Rolle

wurde eine Detektionsschwelle von 1,54 mM gemessen, also eine etwa 200-fach höhere Empfindlichkeit als bei den Samenfressern. Vögel schmecken auch Aminosäuren. Eine appetitive Reaktion auf Natriumglutamat, ein Geschmacksstoff der als umami (japanisch für „köstlich schmeckend“) bezeichneten Geschmacksqualität von Fleisch, wurde bei Hühnern nachgewiesen. Auch Salz- und Sauergeschmack lassen sich experimentell belegen, in dem Sinne, dass NaCl-Konzentrationen über 160 mM und pH-Werte unter 5,5 aversiv wirken. Umfangreiche sinnesphysiologische Untersuchung zum Geschmackssinn der Vögel – wie sie für Säugetiere bereits vorliegen – stehen noch aus.

Genomische Analysen der Geschmacksrezeptoren von Vögeln erbrachten ein weitgehend einheitliches Bild: Keine der untersuchten Vogelarten verfügt über den Süßstoffrezeptor T1R2/T1R3, fast alle jedoch über den Aminosäurerezeptor T1R1/T1R3 sowie über die Bitterrezeptoren der T2R-Typs (◉ Abb. 9.17). Als Indiz für die Ausprägung eines Sauergeschmacks dient das Protein PKD2L1, für den Salzgeschmack die ENaC-Homologe der Vögel (▸ Abschn. 9.3). Drei Dinge fallen bei diesen Studien besonders auf:

- Das **Fehlen des Süßrezeptors bei allen Vögeln**. Viele Vögel sind carnivore Prädatoren, die Würmern, Insekten, Fischen oder anderen Beutetieren nachstellen. Vermutlich ist für sie ein Zuckergeschmack nicht von Vorteil, sodass der Erhalt des Gens für das T1R2-Protein nicht durch Selektionsdruck begünstigt wurde. Erstaunlicher ist die Abwesenheit des Süßrezeptors bei den vielen Samen-, Nuss- und Fruchtfressern von Finken bis zu Papageien. Offenbar prüfen sie ihre Nahrung nicht auf den Zuckergehalt, und die Entscheidung zur Nahrungsaufnahme wird nicht durch den Zuckergehalt der Früchte geleitet, sondern in erster Linie durch visuelle Reize. Ganz überraschend aber ist die Abwesenheit von Süßrezeptoren bei den Kolibris (Familie

	süß	umami	bitter	sauer	salzig	
Adeliepinguin *(Pygoscelis adeliae)*	X	X	X	+	+	Sphenisciformes
Zügelpinguin *(Pygoscelis antarcticus)*		X	X			Sphenisciformes
Felsenpinguin *(Eudyptes chrysocome)*		X	X			Sphenisciformes
Kaiserpinguin *(Aptenodytes forsteri)*	X	X	X	+	+	Sphenisciformes
Königspinguin *(Aptenodytes patagonicus)*		X	X			Sphenisciformes
Antarktik Sturmvogel *(Thalassoica antarctica)*				+	+	Procellariiformes
Eissturmvogel *(Fulmarus glacialis)*				+	+	Procellariiformes
Atlantiksturmtaucher *(Puffinus puffinus)*				+	+	Procellariiformes
Weißgesicht-Sturmtaucher *(Calonectris leucomelas)*				+	+	Procellariiformes
Bonin-Sturmtaucher *(Pterodroma hypoleuca)*				+	+	Procellariiformes
Wellenläufer *(Oceanodroma leucorhoa)*					+	Procellariiformes
Schwarzfußalbatross *(Phoebastria nigripes)*				+	+	Procellariiformes
Seidenreiher *(Egretta garzetta)*	X	+	+	+	+	Ciconi.
Sterntaucher *(Gavia stellata)*		+	X			Gavi.
Zebrafink *(Taeniopygia guttata)*	X	+	+	+	+	Passeriformes
Mittel-Grundfink *(Geospiza fortis)*	X	+	+	+	+	Passeriformes
Tibetmeise *(Pseudopodoces humilis)*	X	+	+	+	+	Passeriformes
Halsbandschnäpper *(Ficedula albicollis)*	X	+	+	+	+	Passeriformes
Puerto-Rico-Amazone *(Amazona vittata)*	X	+	+	+	+	Psittaci.
Hellroter Ara *(Ara macao)*	X	+	+	+	+	Psittaci.
Wanderfalke *(Falco peregrinus)*	X	+	+	+	+	Falc.
Annakolibri *(Calypte anna)*	X	+	+	+	+	Apodi.
Schornsteinsegler *(Chaetura pelagica)*	X	+	+	+	+	Apodi.
Felsentaube *(Columba livia)*	X	+	+	+	+	Col.
Haushuhn *(Gallus gallus domesticus)*	X	+	+	+	+	Galliformes
Truthuhn *(Meleagris gallopavo)*	X	+	+	+	+	Galliformes
Stockente *(Anas platyrhynchos)*	X	+	+	+	+	Galliformes

Abb. 9.17 Der Verlust des T1R2-vermittelten Süßgeschmacks bei Vögeln. Nachweis der genetischen Ausstattung unterschiedlicher Vögel mit den bekannten Geschmacksrezeptoren der Wirbeltiere: T1R2/T1R3 (süß), T1R1/T1R3 (umami), T2Rx (bitter), PKD2L1 (sauer), ENaC (salzig). **X**, nicht nachweisbar; **+**, nachgewiesen. Rechts angegebene Ordnungen: Sphenisciformes (Pinguine), Procellariiformes (Röhrennasen), Ciconiiformes (Schreitvögel), Gaviiformes (Seetaucher), Passeriformes (Sperlingsvögel), Psittaciformes (Papageienvögel), Falconiformes (Falkenartige), Apodiformes (Seglervögel), Columbiformes (Taubenvögel), Galliformes (Hühnervögel). Nach Zhao et al. (2015)

Abb. 9.18 Der Süßgeschmack der nektarivoren Kolibris (Familie Trochilidae) ist auf eine Umwidmung des Fleischgeschmacks zurückzuführen. Vögel besitzen keinen Süßrezeptoren des T1R2/T1R3-Typs und zeigen meist keinen ausgeprägten Süßgeschmack. Bei Kolibris ist der Aminosäurerezeptor T1R1/T1R3 durch mehrfache Mutationen seiner Ligandenbindestelle zu einem zuckerempfindlichen Rezeptor geworden, mit dessen Hilfe diese Vögel zuckerhaltigen Nektar schmecken können. Diese Umwidmung des Umamirezeptors in einen Süßrezeptor hat den Kolibris eine nektarivore Lebensweise und damit eine effektive Radiation ermöglicht. Nach Baldwin et al. (2014)

Trochilidae), die ausschließlich von zuckerhaltigem Nektar leben. Auch sie besitzen kein funktionelles Gen für den einzig bekannten Süßrezeptor der Wirbeltiere, T1R2/T1R3. Genetische Untersuchungen der Geschmacksrezeptoren des Rubinkehlkolibris (*Archilochus colubris*) haben aber gezeigt, dass diejenigen Gene, welche bei Wirbeltieren den T1R1/T1R3-Aminosäurerezeptor des Umamigeschmacks codieren, bei Kolibris durch Mutationen verändert wurde (◉ Abb. 9.18). Das mutierte T1R1/T1R3-Dimer von Kolibris ist durch strukturelle Änderung seiner Ligandenbindestelle zu einem Zuckerrezeptor geworden – der Fleischgeschmack ist bei Kolibris zum Süßgeschmack geworden.

- Für die Kolibris hat diese Mutation eine unter den Vögeln völlig neue Ernährungsstrategie ermöglicht. Fast ohne Nahrungskonkurrenz durch andere Vögel konnten sie sich als Nektarsammler über den gesamten amerikanischen Kontinent ausbreiten. Bis heute ist die genetische Ausstattung der Geschmackszellen von anderen zuckersammelnden Vögeln noch nicht untersucht worden. Dazu gehören die afrikanischen Nektarvögel (Familie Nectariniidae), die südpazifischen Honigfresser (Familie Meliphagidae), die tropischen Türkisvögel (Gattung *Cyanerpes*) und Honigpapageien (Unterfamilie Loriinae) sowie diverse endemisch vorkommende nektarivore Arten wie der Hawaiianische Kleidervogel *Drepanis coccinea* (▫ Abb. 9.19). Es wird interessant sein herauszufinden, ob diese Tiere ihren Geschmackssinn auf ähnliche Weise an ihre Futterpflanzen angepasst haben, wie es den Kolibris gelungen ist.

- Das vergleichsweise **kleine Repertoire von Bitterrezeptoren der Vögel**. Bei fast allen untersuchten Vögeln findet man ein intaktes Geschmackssystem zur Detektion von Bitterstoffen. Dabei ist die Vielfalt der T2R-Proteine bei Vögeln allerdings auffallend gering. Während die meisten Säugetiere über 20 bis 40 T2R-Isoformen verfügen, weisen die Vögel im Mittel nur vier T2-Rezeptoren auf. Offensichtlich ist dieser Satz aber ausreichend für den Schutz vor Schadstoffen bei all den unterschiedlichen Ernährungsweisen der Vögel. Man nimmt an, dass die Bitterrezeptoren der Vögel relativ breite Ligandenspektren (niedrige Selektivität) aufweisen, sodass sowohl pflanzliche Alkaloide als auch tierische Giftstoffe erkannt werden und aversive Reaktionen auslösen können.
- **Pinguine haben keine metabotropen Geschmacksqualitäten**. Aus der Abwesenheit aller T1R- und T2R-Gene muss man schließen, dass Pinguine (Familie Spheniscidae) weder Süßgeschmack noch Umami- oder Bittergeschmack kennen. Ob sie in der Lage sind, salzig oder sauer zu schmecken, ist bisher nicht untersucht worden. Die Pinguinzunge ist für das Fixieren glitschiger Fische mit verhornten, stachelartigen, nach hinten gerichteten Papillen ausgestattet. Fische werden mittels dieser Papillen festgehalten und dann als Ganzes verschlungen. Es scheint, dass bei dieser Art der Nahrungsaufnahme die gustatori-

▫ **Abb. 9.19** Vögel mit Nahrungsspezialisierung auf Nektar oder Honig. Ob bei diesen Tieren ein Süßgeschmack ausgebildet ist – und wenn, mit welchen Zuckerrezeptoren –, ist noch nicht erforscht

sche Überprüfung der Nahrung überflüssig ist – oder zumindest nicht im Schnabel stattfindet. Geschmack scheint bei marinen Vögeln nicht unbedingt lebenswichtig zu sein. Dieser Aspekt wird weiter unten bei der Behandlung der Meeressäuger vertieft.

Vögel waren zeitweise in den Verdacht geraten, überhaupt keinen Geschmackssinn zu besitzen, weil sie unempfindlich für die Schärfe von Chili und Paprika sind. Tatsächlich fressen einige Vögel gern die reifen Früchte von wilden Chilis (*Capsicum frutescens*, *C. annuum*), die für Menschen eine unangenehme Schärfe haben. Manche Vogelfreunde fügen dem Vogelfutter im Winter Chilipulver oder Cayennepfeffer (gemahlene Chilis) zu. Das stört die Vögel nicht, vertreibt aber Mäuse und Eichhörnchen von der Futterstelle. Hinter dieser Beobachtung steckt ein sehr interessantes Phänomen aus der Beziehung zwischen Tieren und Pflanzen: die gezielte Abschreckung. Für Paprikapflanzen (Gattung *Capsicum*) ist es von Nachteil, wenn ihre reifen Früchte von Säugetieren gefressen werden, denn die von Säugern ausgeschiedenen Paprikasamen sind nicht mehr keimfähig. Vögel dagegen eignen sich gut zur Samenausbreitung, denn nach dem Ausscheiden mit dem Vogelkot bleibt die Keimfähigkeit der Paprikasamen erhalten. Im Verlauf der Koevolution von *Capsicum* und den chilifressenden Tieren hat sich eine Lösung für dieses Problem ergeben: der Pflanzeninhaltsstoff Capsaicin. Diese Substanz aktiviert bei Säugetieren den Ionenkanal TRPV1 auf den hitzeempfindlichen Fasern des Schmerzsystems im Maul (▶ Abschn. 14.3) und erzeugt dadurch eine aversive Empfindung von brennender Hitze. Bei Vögeln hat der Hitzerezeptor TRPV1 eine etwas andere Struktur; dort kann Capsaicin nicht binden und den Rezeptor nicht aktivieren. Capsaicin hat daher im Vogelschnabel keinerlei Wirkung. Für Vögel schmecken Chilis aus diesem Grund nicht „heiß“ oder „scharf“, sondern einfach nur gut, wie andere Beeren auch. Die Vögel profitieren von der bekömmlichen Nahrung. Für die Paprikapflanze liegt der Nutzen in der schonenden Ausbreitung ihrer Samen durch die Vögel. Mit dem Geschmackssinn hat dieses mutualistische Verhältnis nichts zu tun. Capsaicin wirkt nicht auf Geschmackszellen, es ist kein Geschmacksstoff, sondern ein Schmerzstoff. Die Capsaicin-Unempfindlichkeit der Vögel ist die Folge eines besonderen Schmerzsystems, nicht eines besonderen Geschmackssystems.

Auffällige Anpassungen des Geschmackssystems an das Nahrungsspektrum der einzelnen Arten findet man auch bei den Säugetieren (◘ Abb. 9.20). Ein schönes Beispiel bieten unsere Haustiere Katze und Hund. Beide gehören zur Ordnung der Raubtiere (Carnivora) und sind entsprechend am Fleisch von Beutetieren interessiert. Offensichtlich haben sich aber die Katzenartigen (Überfamilie Feloidea) auf Fleischnahrung spezialisiert, während die Hundeartigen (Überfamilie Canoidea) sich ein breiteres Nahrungsspektrum erschlossen haben. Das zeigt sich besonders beim Süßgeschmack. Katzen reagieren nicht auf eine Beimischung von Zucker zu ihrem Futter, während Hunde appetitives Verhalten zeigen, wenn ihrem Futter Glucose, Fructose, Saccharose oder Lactose (nicht aber Maltose) oder auch der Süßstoff Cyclamat (nicht aber Saccharin) beigemischt werden. Ähnlich wie die Vögel **haben auch Katzen keinen ausgeprägten Süßgeschmack**. Das gilt auch für Raubkatzen wie Tiger, Löwen und Geparden. Auf molekularer Ebene ist der Grund für die „Süßblindheit“ die Funktionslosigkeit das T1R2-codierende Gens. In der entsprechenden DNA-Sequenz haben sich Mutationen angehäuft, die keine Transkription mehr zulassen; der Süßrezeptor T1R2/T1R3 kann deshalb nicht hergestellt werden. Funktionelle T1R1/T1R3-Dimere sind jedoch sowohl bei Katzen als auch bei Hunden vorhanden und vermitteln beiden den appetitiven Fleischgeschmack. Man findet bei einer ganzen Reihe von Raubtieren einen Ausfall des T1R2-Gens und den damit einhergehenden Verlust des Süßgeschmacks (◘ Abb. 9.21). Der gemeinsame Nenner scheint die ausschließlich carnivore Ernährung zu sein. Bei den Canoidea sind es vor allem aquatisch lebende Arten, die ohne Süßgeschmack auskommen.

◘ **Abb. 9.20** Ein Siebenschläfer (*Glis glis*) prüft seine Nahrung

Carnivoren-Art	T1R2	Familie	
Hauskatze (Felis silvestris catus)	X	Felidae	Feloidea
Löwe (Panthera leo)	X	Felidae	Feloidea
Tiger (Panthera tigris)	X	Felidae	Feloidea
Gepard (Acinonyx jubatus)	X	Felidae	Feloidea
Bänderlinsang (Prionodon linsang)	X	Prionodontidae	Feloidea
Fossa (Cryptoprocta ferox)	X	Eupleridae	Feloidea
Fuchsmanguste (Cynictis penicillata)	+	Herpestidae	Feloidea
Erdwolf (Proteles cristata)	+	Protelinae	Feloidea
Tüpfelhyäne (Crocuta crocuta)	X	Hyaenidae	Feloidea
Haushund (Canis lupus familiaris)	+	Canidae	Canoidea
Rotwolf (Canis rufus)	+	Canidae	Canoidea
Kal. Seelöwe (Zalophus californianus)	X	Otariidae	Canoidea
Neus. Seebär (Arctocephalus forsteri)	X	Otariidae	Canoidea
Seehund (Phoca vitulina richardsi)	X	Phocidae	Canoidea
Brillenbär (Tremarctos ornatus)	+	Ursidae	Canoidea
Großer Panda (Ailuropoda melanoleuca)	+	Ursidae	Canoidea
Westl. Kleiner Panda (Ailurus fulgens)	+	Ursidae	Canoidea
Waschbär (Procyon lotor)	+	Procyonidae	Canoidea
Frettchen (Mustela putorius furo)	+	Mustelidae	Canoidea
Nordam. Fischotter (Lontra canadensis)	+	Mustelidae	Canoidea
Zwergotter (Aonyx cinerea)	X	Mustelidae	Canoidea

Abb. 9.21 T1R2-vermittelter Süßgeschmack bei Raubtieren (Ordnung Carnivora). Nachweis von funktionellen (+) und nicht funktionellen (x) *t1r2*-Genen bei unterschiedlichen fleischfressenden Säugetieren. Nach Jiang et al. (2012); Li et al. (2005)

Eine interessante Tiergruppe, die ebenfalls ohne funktionelle T1R2-Proteine lebt, sind die Vampirfledermäuse (Unterfamilie Desmodontinae). Während die vielen insektivoren und frugivoren Fledermausarten über Süßgeschmack verfügen, zeigen die sanguivoren Vampire (*Diaemus youngi*, *Desmodus rotundus* und *Diphylla ecaudata*) keinerlei appetitives Verhalten auf Zucker und zudem einen reduzierten Bittergeschmack im Vergleich zu anderen Fledermäusen. Dieses Beispiel deutet auf zwei wichtige Aspekte der Evolution von Geschmacksrezeptoren hin. Unter den vielen insekten- und früchtefressenden Fledermausarten ist die Sequenz des T1R2-codierenden Gens weitgehend konserviert, unterliegt also starker negativer Selektion. Durch die Spezialisierung der Vampire ausschließlich auf Blut, welches sie vor allem durch den Riechsinn und den Wärmesinn auffinden, entfiel bei ihnen offensichtlich der Selektionsdruck auf den Erhalt des T1R2-Gens, und der Süßgeschmack ging verloren. Solche Interpretationen werden aber kontrovers diskutiert, und die Beziehung zwischen dem Nahrungsspektrum und der Ausstattung von Geschmackszellen mit Rezeptoren erscheint nicht durchgehend verständlich. Es gibt immer wieder Ausnahmen. Beispielweise haben die beiden obligaten Fleischfresser Frettchen (*Mustela pustorius furo*) und Nordamerikanischer Fischotter (*Lontra canadensis*) funktionierende Süßrezeptoren (Abb. 9.21), während Pferde (Pflanzenfresser) und Schweine (Allesfresser) keine T1R2-Proteine besitzen. Die Vorstellung, dass Süßgeschmack für Fleischfresser überflüssig, für andere Tiere dagegen notwendig ist, passt also nicht immer, und daher ist Vorsicht bei der Interpretation angebracht. Zudem gibt es Hinweise auf einen zusätzliche, T1R2-unabhängigen Weg der Zuckerdetektion in Süßgeschmackszellen. Dieser Weg verläuft über Zuckertransporter und beinhaltet eine metabolische Reaktion der Süßzellen auf Zucker. Es ist also durchaus möglich, dass selbst Tiere ohne funktionelle T1R2/T1R3-Proteine wie Katzen einen Restgeschmack für Süßes haben. Allgemein kann man sagen, dass der Süßgeschmack unter den landlebenden Säugetieren weit verbreitet zu sein scheint, wenn die Tiere sich als Pflanzen- oder Allesfresser ernähren – wobei genaue Daten zu den Rezeptoren allerdings für die meisten Tierarten fehlen.

Süßgeschmack ist also nicht prinzipiell lebenswichtig – Vögel und Raubkatzen zeigen es deutlich. Mindestens eine appetitive Geschmacksqualität scheint aber für Tiere unabdingbar zu sein. Er ist vermutlich eine Schlüsselkomponente bei der Motivationssteuerung und verstärkt selbsterhaltendes Fressverhalten. Er bringt Tiere dazu, wohlschmeckende Nahrung zu suchen und zu fressen. Dieser Geschmack wird heute mit **umami** (japanisch für „köstlich schmeckend") bezeichnet. Sein Entdecker Kikunae Ikeda erkannte zu Beginn des 20. Jahrhunderts, dass es eine Geschmacksqualität geben müsse, die sich durch die konventionellen Qualitäten süß, salzig, sauer und bitter nicht beschreiben lässt (Ikeda 1908). Es ist eine Qualität, die eine Reihe von Lebensmitteln für den Menschen wohlschmeckend macht, darunter Fleisch, Pilze, Spargel, Tomaten und Käse. Auch der Seetang *Saccharina japonica* (Japanischer Blatttang) besitzt diese Geschmacksqualität, und aus dieser Pflanze konnte Kikunae Ikeda im Jahr 1907 das erste Umamigewürz isolieren, das Natriumsalz der Glutaminsäure, Natriumglutamat. Fast alle Tiere, die bisher daraufhin untersucht worden sind, besitzen Geschmackszellen, die auf Natriumglutamat reagieren. Verhaltensphysiologische Versuche zeigen konsistent appetitive Reaktionen auf Umamistimulation. Als Rezeptoren kommen einerseits die T1R1/T1R3-Dimere infrage, anderseits aber auch metabotrope Glutamatrezeptoren der Typen mGluR1 und mGluR4. Der Umamigeschmack ist nicht unbedingt mit Fleischgeschmack gleichzusetzen. Besser ist seine Klassifizierung als Wohlgeschmack, als appetitiver Geschmacksreiz, der die Aufnahme von Umaminahrung begünstigt. Es gibt Hinweise darauf, dass einige Geschmackszellen der Maus sowohl Süßrezeptoren (T1R2/T1R3) als auch Umamirezeptoren (T1R1/T1R3) exprimieren. Das Signal, das aus solchen Zellen zum Gehirn geht, ist einfach: *Schmeckt gut!* Darüber hinaus kann bei Stimulation dieser Zellen nicht zwischen Zucker und Natriumglutamat unterschieden werden. Auch Verhaltensversuche mit Mäusen zeigen, dass es nicht auf die Unterscheidung der Stoffe ankommt, sondern auf das, was den beiden gemein ist: der Wohlgeschmack. Offensichtlich liefert der Umamigeschmack den meisten Tieren die sensorische Belohnung für die Auswahl der richtigen Nahrung und steht daher im Zentrum des Ernährungsverhaltens der Säugetiere. Bisher sind nur wenige Tiergruppen entdeckt worden, die ohne Umamigeschmack zu leben scheinen. Fledermäuse besitzen kein funktionierendes Gen für T1R1-Proteine, und auch beim rein herbivor lebenden Großen Panda (*Ailuropoda melanoleuca*) ist *t1r1* ein Pseudogen. Beide aber besitzen T1R2/T1R3-Süßrezeptoren und möglicherweise auch Glutamatrezeptoren vom mGluR-Typ, die appetitive Reize vermitteln können. Ein Sonderfall sind die Wale (Ordnung Cetacea, Zahn- und Bartenwale), bei denen das gesamte Geschmackssystem rückgebildet ist, indem alle drei Gene aus der Familie der T1R-Proteine funktionslos geworden sind. Es ist ein Rätsel für die Sinnesphysiologen, wie die Wale ohne ausgeprägten Geschmackssinn und zudem mit stark reduziertem Geruchssinn leben können.

Im Unterschied zum T1R-System für die Detektion von bekömmlicher Nahrung, zeigt das T2R-System zur **Detektion von Bitterstoffen** größere Unterschiede zwischen einzelnen Tiergruppen. Mit wenigen Ausnahmen besitzen alle Wirbeltiere bitterstoffempfindliche Geschmackszellen, die mehrere T2R-Proteine exprimieren. Aber die Anzahl der nachweisbaren T2R-Proteine ist bei jeder Tiergruppe anders (◘ Tab. 9.2). Bei den meisten Tieren scheint ein Satz von fünf bis 25 Bitterrezeptoren ausreichend zu sein, um die Aufnahme unbekömmlicher Nahrung innerhalb ihres natürlichen Lebensraumes zu vermeiden. T2R-Proteine haben oft breite Ligandenspektren; sie können durch viele unterschiedliche Substanzen aktiviert werden. Dadurch kann die Gesamtzahl der erkennbaren Bitterstoffe auch dann groß sein, wenn eine Bitterzelle nur wenige T2R-Proteine besitzt.

Trotz des breiten Ligandenspektrums – der geringen Selektivität – von vielen T2R-Proteinen werden manche Bitterstoffe schon bei sehr niedrigen Konzentrationen detektiert. Ein Beispiel ist der Bittergeschmack von Strychnin, eines für Säugetiere giftigen Alkaloids aus

◘ Tab. 9.2 Anzahl von nachgewiesenen T2R-Bitterrezeptoren bei verschiedenen Wirbeltiergruppen. Nach Behrens und Meyerhof (2016)

Wirbeltiergruppe	Anzahl T2R
Quastenflosser, Ordnung Coelacanthiformes	72
Froschlurche, Ordnung Anura	54
Nagetiere und Hasenartige, Glires, Ordnungen Rodentia und Lagomorpha	9–35
Schuppenkriechtiere, Ordnung Squamata	33
Fledertiere, Ordnung Chiroptera	13–28
Beutelsäuger, Unterklasse Metatheria	14–26
Trockennasenprimaten, Unterordnung Haplorrhini	11–25
Feuchtnasenprimaten, Unterordnung Strepsirrhini	8–22
Insektenfresser, Ordnung Insectivora	11–20
Unpaarhufer, Ordnung Perissodactyla	20
Paarhufer und Wale, Cetartiodactyla, Ordnungen Artiodactyla, Cetacea	20
Sperlingsvögel, Ordnung Passeriformes	5–17
Spitzhörnchen, Ordnung Scandentia	15
Raubtiere, Ordnung Carnivora	5–13
Elefanten und andere afrikanische Tiere, Überordnung Afrotheria	5–13
Schildkröten, Ordnung Testudines	10
Kloakentiere, Ordnung Monotremata	6
Echte Knochenfische, Teilklasse Teleostei	2–6
Nebengelenktiere, Überordnung Xenarthra	3–4
Hühnervögel, Ordnung Galliformes	2–4
Kasuare, Ordnung Casuariiformes	2
Seekatzen, Ordnung Chimaeriformes	0
Pinguine, Ordnung Sphenisciformes	0

der Brechnuss (*Strychnos nux-vomica*), die im tropischen Ostasien weit verbreitet ist. Strychnin aktiviert T2R-Proteine schon in submikromolaren Konzentrationen und liefert damit ein wirkungsvolles Warnsignal. Das weniger giftige Salicin aus der Silberweide (*Salix alba*) wirkt dagegen erst bei millimolaren Konzentrationen als Bitterstoff und hat daher ein geringeres aversives Potenzial. Das jeder Wirbeltierart eigene Reservoir an Bitterrezeptoren ist wohl – wie auch die Ligandenspezifität und -affinität jedes Rezeptors – zu einem gewissen Grad die Folge der Anpassung an die verfügbaren Futterpflanzen. Allerdings ist bisher nicht genau verstanden, wie weit diese Anpassung geht. Vergleichende Untersuchungen der T2R-Bitterrezeptoren von Wiederkäuern, die allesamt ähnliche Futterpflanzen nutzen und zudem über ein ähnliches mikrobielles Entgiftungssystem verfügen, lieferten den Hinweis, dass das arteigene Repertoire an Bitterstoffen eher von der taxonomischen Zugehörigkeit der Tiere als durch ihr ähnliches Fressverhalten bestimmt wird. Man kann demnach davon ausgehen, dass die Bitterrezeptoren die Ernährungsweise der Tiere widerspiegeln und Einblick in Entwicklungslinien ihrer Evolution bieten. Das gilt insbesondere für diejenigen Fälle, in denen die Radiation von Tieren eine Neuorientierung der Ernährungsweise beinhaltet. Herbivore Ernährung fördert dabei besonders effektiv eine Diversifikation des T2R-Repertoires, weil in Pflanzen besonders viele unterschiedliche Giftstoffe enthalten sind. Aber auch obligate Carnivore haben T2R-Proteine. So findet man bei der Hauskatze (*Felis silvestris catus*) zwölf, beim Frettchen (*Mustela putorius furo*) 14 und bei der Weddell-Robbe (*Leptonychotes weddellii*) immerhin vier T2R-Bitterrezeptoren. Es ist bisher nicht klar, wofür diese Bitterrezeptoren von den Fleischfressern benötigt werden. Vielleicht sollen bittere Bestandteile der Beute wie Gallenflüssigkeit von Mäusen oder die Hautgifte von Amphibien und Reptilien erkannt und vermieden werden. Auch kauen Katzen gern auf Pflanzen herum oder schlucken Gras, um es wieder auszuwürgen. Ein Schutz vor giftigen Pflanzen durch den Bittergeschmack ist daher auch für Katzen durchaus sinnvoll.

Zusammenfassend sei festgehalten, dass die metabotropen Geschmacksqualitäten umami (T1R1/T1R3) und bitter (T2Rx) unter den Wirbeltieren weit verbreitet sind; man kann sie als Regelausstattung des Geschmackssystems für attraktive und aversive gustatorische Reize ansehen. Ein Süßgeschmack, vermittelt durch T1R2/T1R3 oder durch Glucosetransporter, scheint dagegen für einige Tiergruppen entbehrlich zu sein – beispielsweise für Vögel, einige Raubtiere und offenbar auch für Fische. Nur wenige Wirbeltiergruppen kommen ganz oder weitgehend ohne die metabotropen Geschmacksqualitäten aus. Bei Pinguinen, Walen und Vampirfledermäusen kommt den T1R- und T2R-vermittelten Geschmacksqualitäten offensichtlich eine untergeordnete Funktion in der Ernährung zu. Hier hat der nachlassende Selektionsdruck eine Reduktion der T1R- und T2R-Systeme zugelassen.

Natrium spielt eine herausragende Rolle in der Ernährung von Tieren, denn NaCl reguliert die osmotische Balance der Gewebe, und Natriumgradienten treiben einen Großteil der Stoffaufnahme in die Zellen. Zudem bilden sie die Grundlage aller bioelektrischen Prozesse und damit der schnellen Signalleitung im Körper. Natriummangel droht überall dort, wo Natriumsalze durch Süßwasser aus dem Boden gewaschen werden und somit nur in geringem Ausmaß für das Pflanzenwachstum zur Verfügung stehen. Tiere verlieren Natrium mit allen Ausscheidungen und müssen deshalb ständig durch geeignete Nahrung für Ersatz sorgen. Bei Landwirbeltieren löst Natriummangel zunächst auf hormonellem Weg starkes Appetenzverhalten aus. Der **Salzhunger** treibt Tiere dazu an, mit großer Energie Salzquellen zu suchen, seien es salzhaltiges Wasser oder salzig schmeckende Erde. Gelingt die Salzsuche nicht, treten Symptome von Hyponatriämie auf: Lethargie, Desorientierung und Krampfanfälle. Die Suche nach Natrium ist daher ein angeborenes Verhaltensmuster, das bei Landwirbeltieren weitverbreitet ist. Vögel, Huftiere, Raubtiere, Nagetiere, Fledermäuse, Affen und Elefanten fressen mineralhaltige Erde und nehmen damit auch Natrium auf. Bei Pflanzenfressern ist die **Geophagie** besonders stark ausgeprägt (◘ Abb. 9.22). Denn der Natriumgehalt von Pflanzen ist im Allgemeinen geringer als der von Beutetieren, sodass herbivore Tiere ein höheres Risiko für Salzmangel eingehen als omnivore oder carnivore Tiere. Man kann die Salzsuche von Pflanzenfressern gut bei Kühen, Pferden, Ziegen und Schafen beobachten, die sich hingebungsvoll an Salzlecksteinen gütlich tun, wenn sie dazu die Gelegenheit haben.

Zur Detektion von Natrium in mineralhaltigen Erden und Gewässern (engl. *mineral licks*) dienen den Landwirbeltieren Salzgeschmackszellen auf der Zunge, die in Geschmacksknospen enthalten sind und ihre sensorischen Signale über zwei Gehirnnerven, die Chorda tympani (vorderer Zungenbereich) und den Nervus glossopharyngeus (hinterer Zungenbereich), zum Gehirn leiten. Salzgeschmackszellen sind bei vielen Tierarten weitgehend natriumspezifisch. Sie lösen bei ansteigenden Natriumkonzentrationen immer stärker werdende Signale in afferenten Nervenfasern aus (◉ ◘ Abb. 9.23). Die Signale zeigen Sättigungsverhalten, indem sich die Feuerrate der afferenten Fasern bei hohen Konzentrationen einem Maximum annähert und kaum noch weiter ansteigt, bei Laborratten beispielsweise bei etwa 0,5 M (*schwarze Kurve* in ◘ Abb. 9.23). Die Tiere reagieren auf niedrige Salzkonzentrationen mit appetitivem Verhalten (bei Ratten unter 0,25 M; *rote Kurve* in ◘ Abb. 9.23). Die trinken das schwach salzige Wasser sehr gern, deutlich lieber als salzfreies Wasser. Diese Natriumappetenz wird zum Auffinden von NaCl-Quellen in der Natur eingesetzt. NaCl-haltige Erde, Gesteine oder Gewässer enthalten oft auch andere wertvolle Mineralien, die beispielsweise den Calcium-, Magnesium- oder Eisenbedarf der Tiere zu decken helfen. Die Nutzung von natürlichen „Salzlecken“ ist daher eine wichtige Nahrungsergänzung,

Abb. 9.22 Geophagie: Papageien fressen Erde, um Mineralstoffe aufzunehmen und toxische Pflanzeninhaltsstoffe zu binden

und der Natriumgeschmack ist der prototypische Salzgeschmack, der den Tieren hilft, geeignete Salzquellen ausfindig zu machen. Bei hohen NaCl-Konzentrationen (über 0,25 M) wird Salzwasser allerdings gemieden (*rote Kurve* in Abb. 9.23). Der Grund ist eine Aktivierung von Bitter- und Sauerzellen bei hohem Salzgehalt. Dadurch wird ein starkes aversives Signal ausgelöst, welches die Aufnahme von zu viel Salz verhindert. Im Gegensatz zum Appetit auf schwach Salziges ist die Aversion gegen stark Salziges nicht natriumspezifisch. Sie kann ebenso gut durch KCl, $CaCl_2$, $MgCl_2$ und andere Salze ausgelöst werden. Die Aktivierung der Bitter- und Sauerzellen durch stark Salziges geschieht also auf einem separaten Weg und hat mit den Salzgeschmackszellen nichts zu tun.

Die wichtigsten Natriumsensoren in den Salzgeschmackszellen sind Natriumkanäle, die sich in den apikalen Mikrovilli im Bereich der Geschmacksporen von Geschmacksknospen befinden. Die Geschmacksporen werden durch Speichel gespült, dessen Natriumgehalt im ruhenden Zustand (ohne Nahrung) bei nur etwa 5–25 mM (0,005–0,025 M) liegt. Die Natriumkanäle scheinen immer geöffnet zu sein und leiten aus

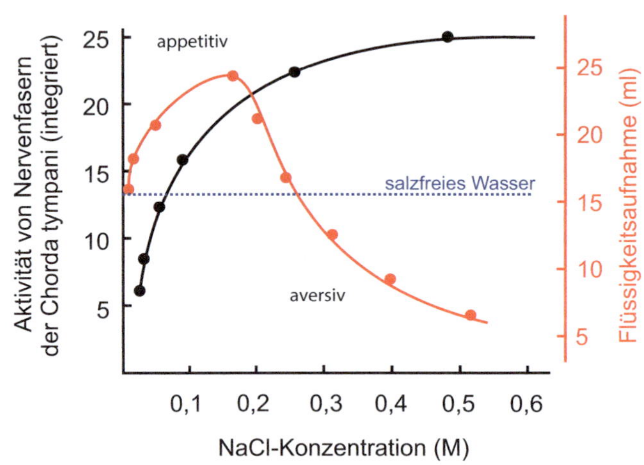

Abb. 9.23 NaCl auf der Zunge ruft ein afferentes Signal im Geschmacksnerv Chorda tympani von Laboratten hervor (*schwarz*). Das Signal wird mit ansteigender NaCl-Konzentration stärker. Auch die Reaktion des Tieres auf diesen Reiz (*rot*) hängt von der NaCl-Konzentration ab. Unterhalb von etwa 0,25 M NaCl beobachtet man Appetenzverhalten: Die Tiere bevorzugen schwach salziges Wasser. Dagegen wirken Konzentrationen oberhalb von 0,25 M NaCl aversiv: Die Tiere meiden stark salziges Wasser. Nach Beidler (1953); Dethier (1977)

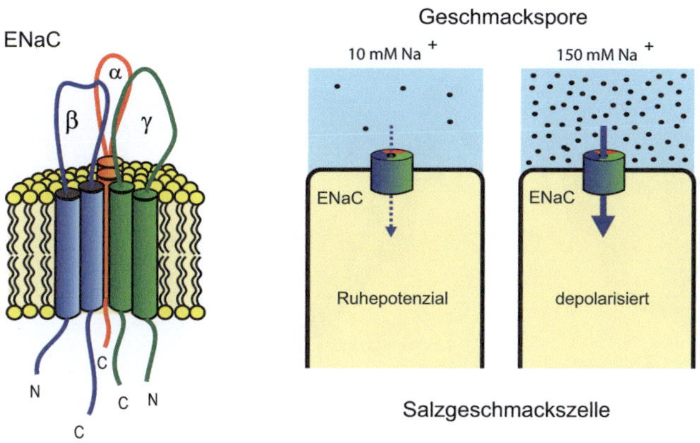

Abb. 9.24 ENaC-Kanäle sind immer offene Na^+-Kanäle, die aus drei Untereinheiten zusammengesetzt sind, α, β und γ. Sie leiten Na^+-Einstrom in die Geschmackszelle und depolarisieren dadurch das Membranpotenzial

dem Speichel nur wenig Na^+ in die Zellen. Gelangen aber mit der Nahrung Natriumionen auf die Zunge, wird der Na^+-Einstrom verstärkt, und die Salzgeschmackszelle wird zunehmend depolarisiert. Ein bisher noch unverstandener Signalmechanismus (s. ► Abschn. 9.3) führt zur Erregung afferenter Fasern und zur Leitung des appetitiven Signals zum Gehirn. Die Natriumkanäle der Salzgeschmackszellen gehören zu den epithelialen Natriumkanälen des Typs ENaC (*epithelial* Na^+ *channel*). Sie werden als heterotrimere Kanalproteine aus je einer α-, einer β- und einer γ-Untereinheit gebildet (Abb. 9.24, *links*). In den Geschmacksknospen der Hausmaus werden die drei ENaC-Untereinheiten zusammen ausschließlich in einem Zelltyp (Typ-I-Zelle) exprimiert, bei dem es sich vermutlich um Salzgeschmackszellen handelt (s. aber ► Abschn. 9.3). In T1R- und T2R-exprimierenden Zellen (Typ-II-Zellen) und in Sauergeschmackszellen (Typ-III-Zellen) findet man dagegen keine ENaC-Trimere. Der Nachweis, dass ENaC-Proteine Natriumsensoren sind, kommt von Mäusen, bei denen die ENaC α-Untereinheit gentechnisch entfernt wurde. Diese Tiere zeigen keinerlei Salzappetit, während die anderen Geschmacksqualitäten bei ihnen intakt sind. Die Salzgeschmackszellen reagieren offenbar passiv – ohne metabotrope Transduktion – auf das Erscheinen von Na^+-Lösung auf der Zunge (ionotrope Transduktion) und vermitteln damit ein angenehmes sensorisches Signal, das zur Salzsuche und zur Stillung des Salzhungers eingesetzt wird.

Neben dem Bittergeschmack ist der Sauergeschmack die zweite aversive Geschmacksqualität der Wirbeltiere. Das Auftreten von Säure ist insofern ein Warnsignal vor unbekömmlicher Nahrung, als in unreifen Früchten der Sauergeschmack den Süßgeschmack überlagert. Zudem scheiden Bakterien kurzkettige Fettsäuren wie Essigsäure, Propionsäure, Buttersäure und Milchsäure aus, sodass verdorbene Nahrungsmittel oft sauer schmecken. Auch CO_2 kann indirekt über den Sauergeschmack detektiert werden, weil CO_2 in der Geschmackspore enzymatisch zu Kohlensäure (H_2CO_3) umgesetzt wird. Durch Dissoziation der Kohlensäure in HCO_3^- und H^+ entsteht ein Säurereiz, der das Tier vor CO_2-produzierenden Gärungsprozessen warnen kann. Sauergeschmack ist also in erster Linie unangenehm, und bei vielen Tieren hat man entsprechend **aversive Reaktionen auf Säurereize** nachgewiesen. Säuren können eine Sauergeschmackszelle auf zwei unterschiedlichen Wegen aktivieren. Nahrung enthält oft schwache Säuren wie Äpfelsäure, Citronensäure oder Weinsäure (pK_a = 3–5), die in der Nahrung – und erst recht im Speichel gelöst – weitgehend protoniert und damit ungeladen auf der Zunge vorliegen. Diese Verbindungen können durch die apikale Plasmamembran in die Sauergeschmackszellen eindringen, wo sie im Cytoplasma dissoziieren und durch das freigesetzte H^+ deren pH senken. Die Ansäuerung des Cytoplasmas führt zur Blockierung von Kaliumkanälen des Typs Kir2.1 durch die freigesetzten Protonen (Abb. 9.25, *rechts*).

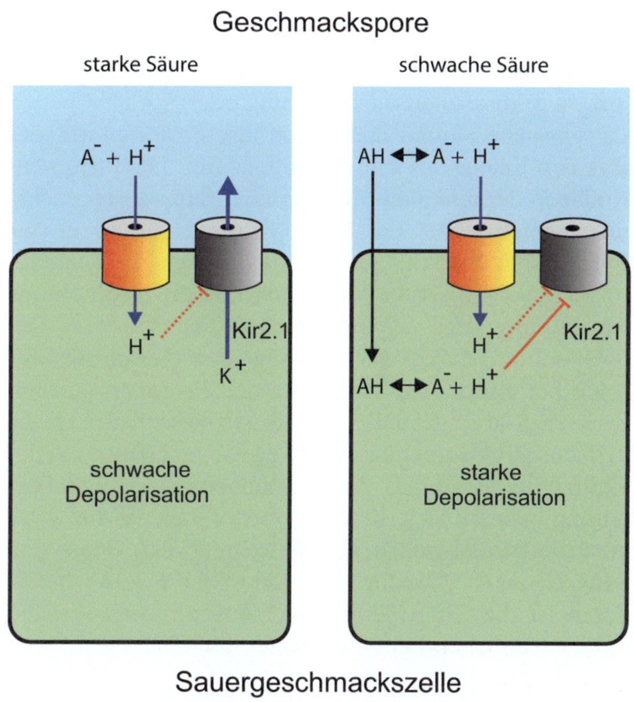

Abb. 9.25 Modell für die Transduktion des Sauergeschmacks. Bei Ansäuerung des Cytoplasmas durch Protoneneinstrom oder Eindiffusion undissoziierter schwacher Säuren werden Kaliumkanäle des Typs Kir2.1 (*grau*) gehemmt. Dadurch wird der hyperpolarisierende Einfluss des K^+-Ausstroms reduziert, und die Zelle wird depolarisiert. Der reine Protoneneinstrom durch eine voll dissoziierte starke Säure (*links*) bewirkt eine schwächere Depolarisation – und damit ein schwächeres afferentes Signal – als die Kombination von Protoneneinstrom und Eindiffusion von undissoziierter schwacher Säure (AH, *rechts*)

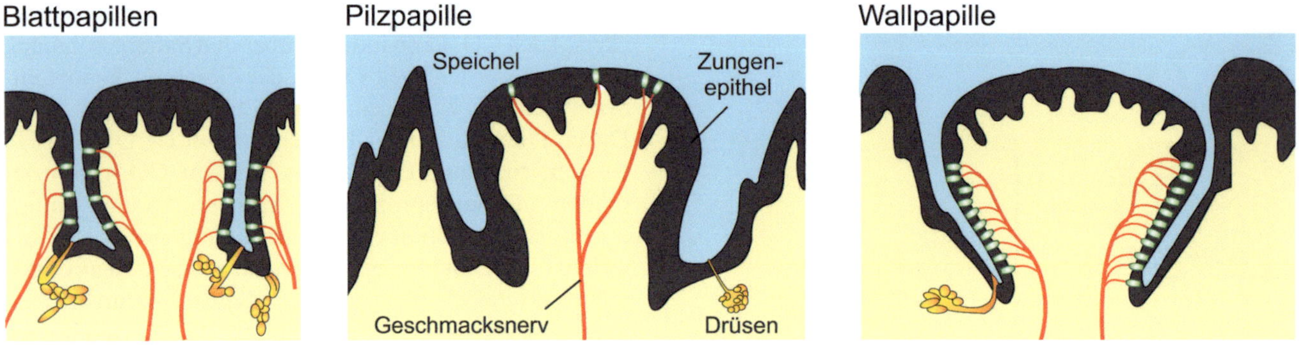

Abb. 9.26 Geschmackspapillen und Geschmacksknospen (*grün*) auf der Zungenoberfläche von Säugetieren

Kaliumkanäle leiten Kaliumausstrom und stabilisieren dadurch das negative Ruhepotenzial der Zelle. Bei Blockierung durch Protonen wird dieser stabilisierende Einfluss abgeschwächt, die Zelle kann ihr Ruhepotenzial nicht mehr aufrechterhalten und depolarisiert. Diese Zellaktivierung durch intrazelluläre Ansäuerung ist offenbar der effektivste Transduktionsweg beim Sauergeschmack. Denn schwache Säuren erzeugen oft stärkere afferente Signale als starke Säuren. Diese scheinbar widersprüchliche Beobachtung lässt sich dadurch erklären, dass die Sauergeschmackszellen noch einen zweiten Transduktionsweg besitzen, einen Ionenkanal, der Protonen leitet. Starke Säuren wie Salzsäure ($pK_a = 8$) dissoziieren in Nahrung oder Speichel besser als schwache Säuren und setzen ihre Protonen auf der apikalen Fläche des Zungenepithels frei. Die Protonenkanäle in der apikalen Membran der Sauergeschmackszellen leiten einen Teil dieser Protonen direkt in das Cytoplasma (Abb. 9.25, *links*). Der Protoneneinstrom depolarisiert die Membran, und die resultierende Ansäuerung des Cytoplasmas verstärkt die Depolarisation durch Blockierung der Kaliumkanäle. Auch bei schwachen Säuren werden Protonen geleitet. Zusätzlich aber gelangt die undissoziierte Säure in die Zelle und löst damit auf zwei Wegen eine Hemmung des Kaliumausstroms aus. Nach heutigem Stand der Forschung befindet sich dieser doppelte Transduktionsweg in den Typ-III-Zellen der Geschmacksknospen von Säugetieren (► Abschn. 9.3). Bei anderen Landwirbeltieren ist die Zuordnung von Transduktionswegen zu unterschiedlichen Zelltypen bisher noch nicht erfolgt.

9.3 Die Geschmacksknospen der Säugetiere

Die dorsale Zungenoberfläche von Landwirbeltieren ist rau, keratinisiert und durch Ausstülpungen des Zungenepithels mit Tausenden von Papillen (Papillae linguales) besetzt. Neben den strukturgebenden Fadenpapillen (P. filiformes), die bei einigen Tieren mit raspelartiger Zungenoberfläche verhärtet und rachenwärts ausgerichtet sind, trägt die Zunge auch einige Tausend Geschmackspapillen (P. gustatoriae; Abb. 9.26). Bei Säugetieren findet man im vorderen Zungenbereich vor allem Pilzpapillen (P. fungiformes), die von der Chorda tympani innerviert werden, einem Ast des Gesichtsnervs (Nervus facialis, VII. Hirnnerv), welcher durch das Mittelohr zum Hirnstamm verläuft und seinen Namen („Paukensaite") daher bezieht, dass man ihn durch das Trommelfell (Tympanum) sehen kann. Im hinteren Zungenbereich liegt eine kleine Gruppe vergleichsweise großer Wallpapillen (P. vallatae), bei vielen Säugetieren nur zwei bis acht, bei Wiederkäuern bis 48, die durch den IX. Hirnnerv, den Nervus glosspharyngeus innerviert werden. In den lateralen Bereichen der Zunge liegen bei einigen Säugetieren Blattpapillen (P. foliatae), bei anderen sind die Zungenränder besonders hart keratinisiert und tragen keine Geschmackspapillen. Blattpapillen werden von beiden Hirnnerven (VII und IX) versorgt. Auch im Gaumenepithel liegen Geschmacksknospen, die ebenfalls von einem Ast des Gesichtsnervs, dem großen Felsenbeinnerv (Nervus petrosus major), innerviert werden. Die Verteilung von Geschmacksknospen im Mund- und Rachenraum der Landwirbeltiere kann unterschiedlich ausfallen – je nach den mechanischen Anforderungen an die Zunge bei der Nahrungsaufnahme. Immer aber werden die afferenten Fasern der gustatorischen Nerven durch sensorische Prozesse in den Geschmacksknospen aktiviert.

Geschmacksknospen werden bei Säugetieren durch eng gepackte Gruppen von Geschmackszellen gebildet, die im Zungen- und Gaumenepithel eingelassen sind. Die **Geschmackszellen sind keine Nervenzellen, sondern Epithelzellen**, welche nahe ihrem apikalen Pol durch Schlussleisten (Zonulae occludentes, Tight Junctions) gegen die Zungenoberfläche hin isoliert sind. Nur ihre mikrovilläre apikale Membran steht in Kontakt mit Speichel und Nahrung auf der Zunge. Unterhalb der Schlussleisten bilden die Geschmackszellen ein dicht gepacktes Gewebe, das im basalen Bereich der Zellen von den afferenten Fasern der Geschmacksnerven durch-

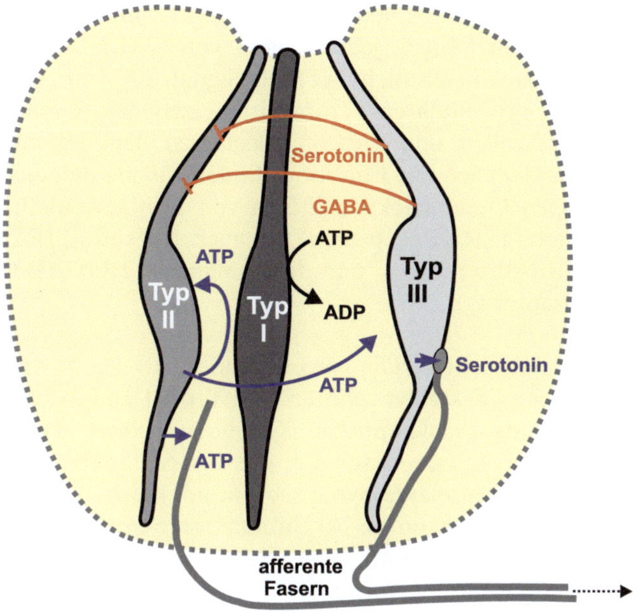

Abb. 9.27 Gegenseitige Kontrolle von Geschmackszellen in einer Geschmacksknospe. Die Rezeptorzellen vom Typ II sezernieren bei Stimulation ATP. Eine nicht-synaptische, parakrine Signalübertragung aktiviert afferente Fasern, aber auch Typ-III-Zellen. Zudem vermittelt ATP eine autokrine Verstärkung der sensorischen Reaktion von Typ-II-Zellen. Typ-III-Zellen besitzen serotonerge Synapsen, die das sensorische Signal auf afferente Fasern übertragen. Zudem sekretieren Typ-III-Zellen auch Serotonin und GABA als parakrine, inhibitorische Botenstoffe, die besonders auf Typ-II-Zellen wirken. Typ-I-Zellen entfernen extrazelluläres ATP mithilfe einer Ecto-ATPase

wachsen ist. Geschmacksknospen bilden kleine, kompliziert aufgebaute, sensorische Organe, deren Arbeitsweise noch keineswegs vollständig aufgeklärt ist.

Nach heutigem Verständnis enthalten Geschmacksknospen vier unterschiedliche Zelltypen. Dazu gehören **Basalzellen**, pluripotente, Lgr-5-positive Stammzellen, die dafür sorgen, dass abgestorbene Geschmackszellen ersetzt werden. Die Lebensdauer von Geschmackszellen liegt vermutlich im Bereich von Tagen bis Wochen, je nach Grad der chemischen und mechanischen Belastung, dem die Zunge ausgesetzt ist. Die eigentlichen Geschmackszellen werden nach Struktur und Funktion in drei Typen unterteilt, Typ-I-, Typ-II- und Typ-III-Zellen, die auf komplexe Weise miteinander kommunizieren (Abb. 9.27).

- **Typ-I-Zellen**: Etwa die Hälfte der etwa 50 bis 100 Zellen in einer Geschmacksknospe gehört zu dieser Kategorie. Vermutlich haben sie in erster Linie eine gliaartige Funktion, ähnlich den Astrocyten im Gehirn. Sie umwickeln benachbarte Geschmackszellen mit flächigen Membranausläufern und stabilisieren möglicherweise die extrazellulären Ionenkonzentrationen. Typ-I-Zellen exprimieren eine hochaktive Ecto-ATPase (Ectonucleosidtriphosphat-Diphosphohydrolase-2, ENTPD2), die zum Abbau von ATP in der Gewebsflüssigkeit dient. ATP wirkt in der Geschmacksknospe als parakriner Transmitter und muss im Ruhezustand aus der Gewebsflüssigkeit entfernt werden, damit die sensorischen Zellen nicht adaptieren. Ob Typ-I-Zellen auch eine sensorische Funktion haben, ist bisher nicht geklärt. Es gibt Hinweise darauf, dass sie am Na^+-Geschmack beteiligt sind, denn zumindest eine Subpopulation von Typ- I-Zellen exprimiert die drei ENaC-Untereinheiten (Abb. 9.24).
- **Typ-II-Zellen**: Diese Zellen machen etwa 30–40 % der Zellpopulation in Geschmacksknospen aus. Es sind chemosensorische Rezeptorzellen mit der molekularen Ausstattung für die appetitiven (T1R1/T1R3 oder T1R2/T1R3) und aversiven (T2Rx) Geschmacksqualitäten umami, süß und bitter. Sie besitzen auch das gemeinsame Transduktionssystem mit den G-Proteinen Gβ3 und Gγ13, dem Transduktionsprotein Phospholipase Cβ2 und dem calciumgesteuerten Kationenkanal TRPM5. In der Regel reagiert jede Typ-II-Zelle besonders stark auf eine der drei Geschmacksqualitäten umami, süß oder bitter, indem Ca^{2+} aus intrazellulären Ca^{2+}-Speichern freigesetzt wird, vermittelt durch IP_3-Rezeptoren des Typs IP_3R3. Ca^{2+} öffnet die TRPM5-Kanäle und führt so zur Depolarisation der Plasmamembran. Ein erstaunlicher Befund aus der Erforschung von Geschmacksknospen ist, dass die Typ-II-Zellen keinerlei Synapsen mit afferenten Nervenfasern bilden. Für die Signalübertragung auf die Nervenfasern steht demzufolge keine synaptische Struktur zu Verfügung. Typ-II-Zellen besitzen aber eine andere, eigentlich neuronale Fähigkeit: Sie können Aktionspotenziale feuern. Nach dem heutigen Stand der Forschung bewirkt die Depolarisation der Typ-II-Zelle eine elektrische Erregung, die ihrerseits zur Öffnung von spannungsgesteuerten, ATP-leitenden Kanälen des Typs CALHM1 (*calcium homeostasis modulator 1*) in der basolateralen Membran führen. Bei Aktivierung dieser Kanäle öffnet sich eine ungewöhnlich große Pore im CALHM1-Kanalprotein, deren Durchmesser von 1,4 nm ATP-Molekülen mit einem Durchmesser 1,2 nm genügend Raum lässt, um aus der Zelle zu gelangen. Das austretende ATP wirkt als extrazellulärer Botenstoff in einem nicht-synaptischen, parakrinen Kommunikationsweg (Abb. 9.28). Nach gegenwärtiger Vorstellung wird bei Aktivierung von Typ-II-Zellen ATP durch CALHM1-Kanäle in die extrazelluläre Flüssigkeit entlassen und erreicht durch Diffusion purinerge, ionotrope Rezeptoren (P2X2 und P2X3), die auf den afferenten Fasern der Geschmacksnerven lokalisiert sind. Bei Bindung von ATP öffnen diese Rezeptoren

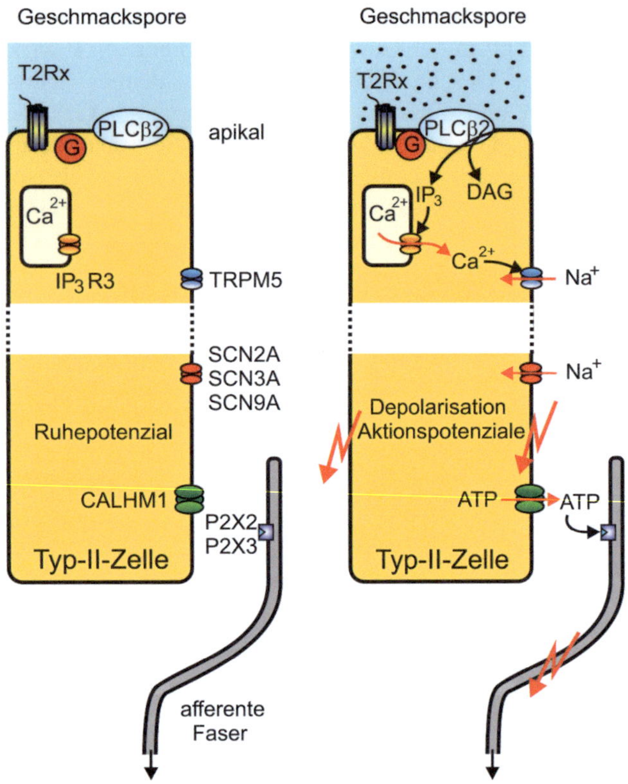

Abb. 9.28 Modell der sensorischen Transduktion in Typ-II-Rezeptorzellen. *Links*: Die molekulare Ausstattung von Typ-II-Rezeptorzellen umfasst die Geschmacksstoffrezeptoren (hier ein T2Rx-Bitterrezeptor), eine G-Protein-kontrollierte Phospholipase C (Typ β2) sowie den Ca^{2+}-gesteuerten Kationenkanal TRPM5. Spannungsgesteuerte Natriumkanäle (SCN2A, 3A, 9A) verleihen der Typ-II-Zelle die Fähigkeit, Aktionspotenziale zu feuern. Der spannungsgesteuerte ATP-Kanal CALHM1 befähigt die Zelle zur Sekretion von ATP. *Rechts*: Bei Stimulation mit einem Bitterstoff wird Ca^{2+} aus dem endoplasmatischen Reticulum freigesetzt und aktiviert die TRPM5-Kanäle. Der Na^+-Einstrom durch TRPM5 depolarisiert die Zelle, bis auch die spannungsgesteuerten Na^+-Kanäle aktiviert werden. Die Zelle feuert Aktionspotenziale und öffnet dadurch die CALHM1-ATP-Kanäle. ATP wird als Transmitter freigesetzt und aktiviert purinerge Rezeptoren auf afferenten Nervenfasern

Poren für Kationeneinstrom in die Nervenfasern, die dadurch depolarisiert und erregt werden. Die Typ-II-Zellen besitzen auch selbst purinerge Rezeptoren (ionotrope P2X2- und metabotrope P2Y1-Rezeptoren). Diese Rezeptoren vermitteln eine autokrine, selbstverstärkende Wirkung des freigesetzten ATPs. Für eine solche zentrale Rolle von ATP in der Geschmacksknospe spricht der Befund, dass bei CALHM1-Knock-out-Mäusen keine geschmacksstoffinduzierte ATP-Sekretion zu messen ist. Auch können diese Tiere weder umami noch süß, bitter oder stark salzig schmecken, während ihr Geschmack für schwach salzig und sauer den genetischen Eingriff unverändert übersteht. Jede metabotrope Geschmackstransduktion in Typ-II-Zellen ist bei ihnen defekt. Die ionotrope Na^+- und Säuredetektion hängen jedoch nicht von CALHM1 ab, denn sie nutzen nicht ATP als Signalstoff. Mit ATP als extrazellulärem Transmitter zwischen Geschmackszellen und Geschmacksnerven liegt für die Typ-II-Zellen ein Funktionsmodell für die metabotropen Geschmacksqualitäten vor, also sowohl für bitter (T2Rx-Rezeptoren) als auch für süß (T1R2/T1R3-Rezeptoren) und für umami (T1R1/T1R3-Rezeptoren).

- **Typ-III-Zellen**: Die verbleibenden 10–15 % der Geschmackszellen gehören zum Typ III und werden auch als präsynaptische Zellen bezeichnet. Diese Zellen reagieren besonders gut auf Sauerreize und bilden serotonerge Synapsen mit afferenten Fasern. Zusätzlich setzen sie bei Stimulation Serotonin und GABA als inhibitorische, parakrine Modulatoren frei (Abb. 9.27). Für diese Zellen ist damit ein afferenter Signalweg beschrieben, wenn auch nicht vollständig nachgewiesen. Auch Typ-III-Zellen exprimieren purinerge Rezeptoren (P2Y4). Damit können sie auf die parakrinen ATP-Signale reagieren, welche von den Typ-II-Zellen ausgehen, und können damit indirekt auch durch die metabotropen Geschmacksqualitäten beeinflusst werden. Umgekehrt scheint die von den Typ-III-Zellen ausgehende parakrine Wirkung auf die Typ-II-Zellen inhibitorisch zu sein, vermittelt durch $GABA_A$-Rezeptoren, $GABA_B$-Rezeptoren und 5-HT1A-Serotoninrezeptoren in den Typ-II-Zellen.

Die Signalflüsse innerhalb der Geschmacksknospen von Säugetieren sind kompliziert und noch unvollständig aufgeklärt. Insbesondere die Vermittlung des Salzgeschmacks ist unverstanden, denn die Population von ENaC-exprimierenden Zellen, die als Salzgeschmackszellen identifiziert worden sind, konnte bisher keinem der drei Typen I–III sicher zugeordnet werden. Vielmehr scheinen alle drei Typen in einem gewissen Grade salzempfindlich zu sein. Zudem steht die Zuordnung der afferenten Fasern zu identifizierten Geschmackszellen noch in den Anfängen. Besser charakterisiert ist die Geschmacksstoffspezifität von afferenten Fasern in der Chorda tympani und im Nervus glossopharyngeus. Im Allgemeinen findet man Fasern, die auf eine der fünf Geschmacksqualitäten besonders gut ansprechen, auf die anderen aber deutlich schwächer. Es gibt aber so gut wie keine Fasern, die nur auf eine einzige Geschmacksqualität reagieren. Dieser Umstand spiegelt wohl die vielfältigen parakrinen Wechselwirkungen innerhalb der Geschmacksknospen wider. Darüber hinaus gibt es deutliche Hinweise auf gegenseitige Hemmung von Geschmackszellen, wie beispielweise eine Unterdrückung von Süßsignalen durch Bitterstoffe. Diese noch unvollständigen Beobachtungen zeigen, dass innerhalb der Geschmacksknospe Signale zwischen den Geschmackszellen unterschiedlicher Selektivität ausgetauscht werden und dadurch die afferente Information beeinflussen.

9.4 Zentrale Verarbeitung von Geschmacksinformation

Die Geschmackszellen sind teils ektodermaler, teils entodermaler Herkunft. Afferente Fasern in Geschmacksknospen mit ektodermalen Zellen werden bei Wirbeltieren im Gesichtsnerv (Nervus facialis, VII. Hirnnerv) gebündelt. Bei Säugetieren verlaufen diese Fasern durch die Paukensaite (Chorda tympani), einen Ast des Gesichtsnervs, über das Ganglion geniculi zur ersten Verschaltungsstelle des Geschmackssystems, dem **Nucleus solitarius** (auch N. tractus solitarii) im pontinen Abschnitt des Hirnstamms (◘ Abb. 9.29). Auch die afferenten Fasern von Geschmackszellen entodermaler Herkunft bilden ihre Synapsen im Nucleus solitarius, wobei allerdings der Nervus glossopharyngeus (IX. Hirnnerv) über das Ganglion petrosum (auch G. inferius des IX. Hirnnervs) führt, der Nervus vagus (X. Hirnnerv) dagegen durch das Ganglion nodosum (auch G. inferius des X. Hirnnervs). Im Nucleus solitarius kommen neben der gustatorischen auch somatosensorische sowie vegetative Informationen zusammen, sodass schon in der ersten zentralen Verarbeitungsstufe des Geschmackssinnes eine Integration unterschiedlicher Reizqualitäten möglich wird. Die Nahrung im Maul wird auf ihre chemischen und mechanischen Eigenschaften sowie auf ihre Temperatur hin untersucht, und der aktuelle Zustand des Organismus fließt in die Bewertung mit ein. So können sehr schnell **reflektorische Prozesse** ausgelöst werden. Schädliches Material kann rasch ausgespuckt werden, bevor ein Schluckreflex eingeleitet wird und das Material in den Verdauungstrakt gelangen kann. Auch appetitive Reflexe wie Speichelfluss, Schluckmotorik und Magensaftsekretion können durch die integrierende Verschaltung im Nucleus solitarius gesteuert werden. Der Hirnstamm reguliert damit unmittelbar nach der Detektion von Geschmacksstoffen das Fressverhalten.

Bei Nagetieren (Ordnung Rodentia) projizieren die zweiten Neuronen in der Geschmacksbahn aus dem Nucleus solitarius in die Formatio reticularis, wo sie Synapsen im Nucleus parabrachialis bilden. Von hier aus leiten die dritten Neuronen der Geschmacksbahn das

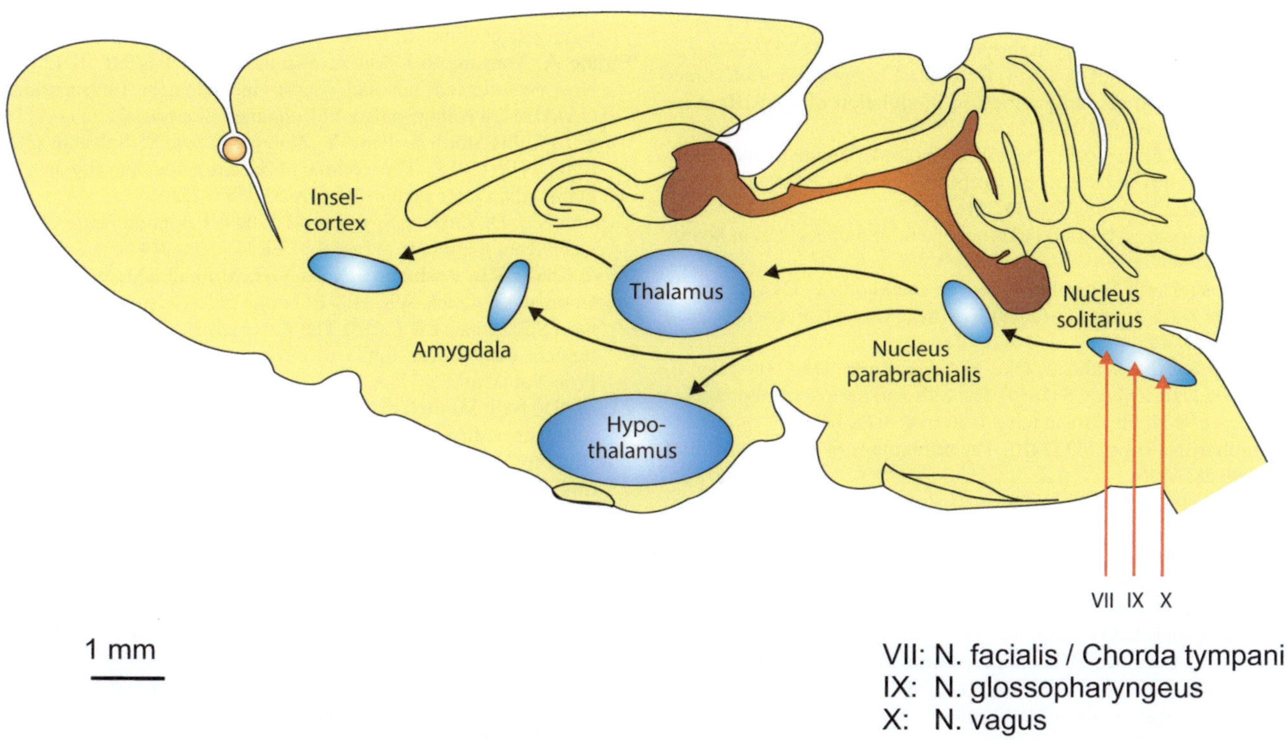

◘ **Abb. 9.29** Zentrale Verarbeitung von gustatorischer Information bei der Ratte. Die Geschmacksnerven bilden ihre Synapsen im Nucleus solitarius des Hirnstamms. Über den Nucleus parabrachialis gelangt die Information zum Thalamus und von dort zum Inselcortex, dem primären gustatorischen Rindenbereich. Projektionen zur Amygdala ermöglichen die hedonische Bewertung der sensorischen Information. Im Hypothalamus wird Zugang zu neurosekretorischen Prozessen geschaffen und damit die Verhaltenssteuerung durch den Geschmack unterstützt

Signal in den Nucleus ventralis posterior des Thalamus weiter, und die vierten Neuronen erreichen schließlich aus dem Thalamus den **primären gustatorischen Cortex in der Inselrinde** (◘ Abb. 9.29). Die Inselrinde wird dorsal vom somatosensorischen Cortex und ventral vom piriformen Cortex flankiert. Sie verarbeitet neben gustatorischen auch somatosensorische und olfaktorische Informationen. Ihre integrative Funktion spiegelt die Notwendigkeit wider, die Nahrung im Mund gründlich und **multimodal** zu untersuchen. Man findet auf der Inselrinde Bereiche, die auf einzelne Geschmacksqualitäten spezialisiert sind. Allerdings ist diese gustotopische Organisation nicht sehr klar, und mehrere Bereiche zeigen Überschneidungen. Deutlich getrennt ist jedoch der Bereich für den aversiven Bittergeschmack von den Bereichen für die appetitiven Geschmacksqualitäten süß, umami und salzig. Hier wird eine räumliche Trennung von neuronaler Verarbeitung deutlich, die dem Wesen des Geschmackssinnes entspricht, nämlich zu entscheiden, ob eine Nahrung bekömmlich ist oder schädlich.

Literatur

Weiterführende Literatur

Barretto RPJ, Gillis-Smith S, Chandrashekar J, Yarmolinsky DA, Schnitzer MJ, Ryba NJP, Zuker CS (2015) The neural representation of taste quality at the periphery. Nature 517:373–376

Behrens M, Meyerhof W (2013) Bitter taste receptor research comes of age: from characterization to modulation of TAS2Rs. Sem Cell Devel Biol 24:215–221

Behrens M, Korsching SI, Meyerhof W (2014) Tuning properties of avian and frog bitter taste receptors dynamically fit gene repertoire size. Mol Biol Evol 31:3216–3227

de Brito Sanchez MG (2011) Taste perception in bees. Chem Senses 36:675–692

Chandrashekar J, Yarmolinsky D, von Buchholtz L, Oka Y, Sly W, Ryba NJP, Zuker CS (2009) The taste of carbonation. Science 326:443–445

Chandrashekar J, Kuhn C, Oka Y, Yarmolinsky DA, Hummler E, Ryba NJP, Zuker CS (2010) The cells and peripheral representation of sodium taste in mice. Nature 464:297–301

Chaudhari N, Roper SD (2010) The cell biology of taste. J Cell Biol 190:285–296

Chen X, Gabitto M, Peng Y, Ryba NJ, Zuker CS (2011) A gustotopic map of taste qualities in the mammalian brain. Science 333:1262–1266

Feng P, Zheng J, Rossiter SJ, Wang D, Zhao H (2014) Massive losses of taste receptor genes in toothed and baleen whales. Genome Biol Evol 6:1254–1265

Finger TE, Danilova V, Barrows J, Bartel DL, Vigers AJ, Stone L, Hellekant G, Kinnamon SC (2005) ATP signaling is crucial for communication from taste buds to gustatory nerves. Science 310:1495–1499

Freeman EG, Dahanukar A (2015) Molecular neurobiology of drosophila taste. Curr Opin Neurobiol 34:140–148

Hayakawa T, Suzuki-Hashido N, Matsui A, Go Y (2016) Frequent expansions of the bitter taste receptor gene repertoire during evolution of mammals in the euarchontoglires clade. Mol Biol Evol 31:2018–2031

Kinnamon SC, Finger TE (2013) A taste for ATP: neurotransmission in taste buds. Front Cell Neurosci 7(264):1–7

Krishnamani R, Mahaney WC (2000) Geophagy among primates: adaptive significance and ecological significance. Anim Behav 59:899–915

Kurihara K (2015) Umami the fifth basic taste: history of studies on receptor mechanisms and role as a food flavor. BioMed Res Int 2015:189402

Li X, Glaser D, Li W, Johnson WE, O'Brien SJ, Beauchamp GK, Brand JG (2009) Analyses of sweet receptor gene (Tas1r2) and preference for sweet stimuli in species of carnivore. J Hered 100:S90–S100

Liman E, Zhang YV, Montell C (2014) Peripheral coding in taste. Neuron 81:984–1000

Lunceford BE, Kubanek J (2015) Reception of aversive taste. Integr Compar Biol 55:507–517

Maffei A, Haley M, Fontanini A (2012) Neural processing of gustatory information in insular circuits. Curr Opin Neurobiol 22:709–716

Peng Y, Gillis-Smith S, Jin H, Tränkner D, Ryba NJP, Zuker CS (2015) Sweet and bitter taste in the brain of awake behaving animals. Nature 527:512–515

Picone B, Hesse U, Panji S, Van Heusten P, Jonas M, Christoffels A (2014) Taste and odorant receptors of the coelacanth – a gene repertoire in transition. J Exp Zool B Mol Dev Evol 322:403–414

Roper SD (2013) Taste buds as peripheral chemosensory processors. Sem Cell Devel Biol 24:71–79

Roper SD (2015) The taste of table salt. Pflügers Arch Eur J Physiol 467:457–463

Syed AS, Korsching SI (2014) Positive Darwinian selection in the singularly large taste receptor gene family of an ‚ancient' fish, Latimeria chalumnae. BMC Genomics 15:650

Taruno A, Matsumoto I, Ma Z, Marambaud P, Foskett JK (2013) How do taste cells lacking synapses mediate neurotransmission? CALHM1, a voltage-gated ATP channel. Bioessays 35:1111–1118

Wang L, Gillis-Smith S, Peng Y, Zhang J, Chen X, Salzman CD, Ryba NJP (2018) The coding of valence and identity in the mammalian taste system. Nature 558:127–131

Yarmolinsky D, Zuker CS, Ryba NJ (2009) Common sense about taste: from mammals to insects. Cell 139:234–244

Ye W, Chang RB, Bushman JD, Tu Y-H, Mulhall EM, Wilson CE, Cooper AJ, Chick WS, Hill-Eubanks DC, Nelson MT, Kinnamon SC, Liman ER (2015) The K^+ channel $K_{IR}2.1$ functions in tandem with proton influx to mediate sour taste transduction. Proc Nat Acad Sci USA 113:E229–E238

Zhang YV, Ni J, Montell C (2013) The molecular basis for attractive salt-taste coding in Drosophila. Science 340:1334–1338

Zhu K, Zhou X, Xu S, Sun D, Ren W, Zhou K, Yang G (2014) The loss of taste genes in cetaceans. BMC Evol Biol 14:218

Zitierte Literatur

Baldwin MW, Toda Y, Nakagita T, O'Connell MJ, Klasing KC, Misaka T, Edwards SV, Liberles SD (2014) Evolution of sweet taste perception in hummingbirds by transformation of the ancestral umami receptor. Science 345:929–933

Behrens M, Meyerhof W (2016) G protein-coupled taste receptors. In: Zufall F, Munger SD (Hrsg) Chemosensory transduction. Academic, London

Beidler LM (1953) Properties of chemoreceptors of tongue of rat. J Neurophysiol 16:595–607

Burns B (1969) Oral sensory papillae in sea snakes. Copeia 3:617–619

Dethier VG (1977) The taste of salt. Am Sci 65:744–751

Ikeda K (1908) On a new seasoning. J Tokyo Chem Soc 30:820–836
Jiang P, Josue J, Li X, Glaser D, Li W, Brand JG, Margolskee RF, Reed DR, Beauchamp GK (2012) Major taste loss in carnivorous mammals. Proc Nat Acad Sci USA 109:4956–4961
Li X, Li W, Wang H, Cao J, Maehashi K, Huang L, Bachmanov AA, Reed DR, Legrand-Defretin V, Beauchamp GK, Brad JG (2005) Pseudogenization of a sweet-receptor gene accounts for cats´ indifference toward sugar. PLoS Genetics 1:e3
Nishida Y, Yoshie S, Fujita T (2000) Oral sensory papillae, chemo- and mechanoreceoptors, in the snake Elaphe quadrivirgata. A light and electron microscopic study. Arch Histol Cytol 63:55–70
Northcutt RG (2004) Taste buds: development and evolution. Brain Behav Evol 64:198–206
Osculati F, Sbarbati A (1995) The frog taste disc: a prototype of the vertebrate gustatory organ. Prog Neurobiol 46:351–399
Schwenk K (1994) Why snakes have forked tongues. Science 263:1573–1577
Stocker RF (1994) The organization of the chemosensory system in drosophila melanogaster: a review. Cell Tiss Res 275:3–26
Zhao H, Li J, Zhang J (2015) Molecular evidence fort the loss of three basic tastes in penguins. Curr Biol 25:R141–R142

Das Riechen

Inhaltsverzeichnis

S. Frings, *Die Sinne der Tiere*, https://doi.org/10.1007/978-3-662-63233-8_10

Wie folgt ein Rotfuchs (*Vulpes vulpes*) einer Fährte? Ein paar Rebhühner (*Perdix perdix*) sind vor einigen Stunden über ein Feld in der Nähe des Waldrands gelaufen. Jetzt suchen sie auf einem Weg, 2 km entfernt, nach Nahrung. Ein Fuchs hat am Waldrand die Fährte aufgenommen und ist den Rebhühnern gefolgt. Aus der unsichtbaren Fährte, die sich durch Laub, Gras und Sandboden schlängelt, hat er alle nötigen Informationen bekommen. Was haben die Rebhühner auf ihrer Fährte hinterlassen? Wie konnte der Fuchs diese Information lesen? Und wie konnte er die Geruchssignale deuten, sodass er jetzt, kurz vor dem Abschluss seiner Jagd, die Rebhühner sehen kann? In diesem Kapitel wird der Geruchssinn behandelt, seine erstaunliche Empfindlichkeit und die Fähigkeit der Tiere, sich in einer anscheinend unendlichen komplexen Geruchswelt zurechtzufinden.

10.1 Wie folgt man einer Geruchsfährte?

Es ist schwer vorstellbar, dass ein so kleines Tier wie ein Rebhuhn irgendeine verfolgbare Spur hinterlässt, wenn es am Waldrand entlangläuft. Schaut man aber genauer hin, passiert tatsächlich eine Menge bei jedem einzelnen Tritt, und eine vielgestaltige Geruchsfährte bietet einem Fuchs die Möglichkeit, das Rebhuhn zu verfolgen. Eine zentrale Rolle spielen dabei Kleinstlebewesen wie Bakterien, Algen, Pilze und Protozoen, die den gesamten Boden bewohnen. Beschädigt das Rebhuhn das Blatt einer Pflanze, wird als erste Geruchsquelle ein wenig Pflanzensaft freigesetzt. Neben dem frischen Pflanzengeruch entsteht nach kurzer Zeit der Geruch von bakteriellen Ausscheidungen, denn Mikroorganismen nutzen den Pflanzensaft als Nahrung. Es dauert nicht lange, bis die Pflanzen die kleinen Blattwunden geschlossen und die Mikroorganismen den ausgetretenen Pflanzensaft vergoren haben. Eine Abfolge der Duftnoten „Gras" – „Heu" – „Fäulnis" ist also immer zu erwarten, wenn eine krautige Pflanze verletzt wird. Mikroorganismen und kleine Wirbellose werden aber auch selbst durch den Rebhuhntritt zerquetscht, und ihre Bestandteile sind ihrerseits wieder Nahrung für Bakterien. Einige typische Stoffwechselprodukte, die bei solchen bakteriellen Aktivitäten anfallen, sind kurzkettige Fettsäuren wie Buttersäure, organische Verbindungen, für welche die Nasen vieler Jagdtiere besonders empfindlich sind. Der Rotfuchs (◘ Abb. 10.1) hat demzufolge, wie auch die anderen Mitglieder der Familie der Hunde (Canidae), eine feine Nase für **mikrobielle Stoffwechselaktivitäten**, die von den Trittspuren der Rebhühner ausgehen. Besonders interessant ist dabei, dass sich die Geruchsspur mit der Zeit verändert. Ganz am Anfang, in den ersten Minuten, gibt es noch wenig bakterielle Aktivität („Grasgeruch"). Im Verlauf der Zeit wird sie stärker und die bakteriellen Gerüche werden intensiver („Heugeruch"). Schließlich ist alles Verfügbare verstoffwechselt, und ein schwerer Bakteriengestank („Fäulnisgeruch") liegt über dem Biofilm auf dem Rebhuhntritt. Der Fuchs hat dadurch die Möglichkeit abzuschätzen, *wann* das Rebhuhn hier gewesen ist – eine wichtige Information für den Jäger. Dass die Tritte von einem Rebhuhn stammen und nicht von einem anderen Tier, kann der Fuchs natürlich auch riechen. Denn **jedes Tier hat einen Eigengeruch**, der letztlich vor allem durch die Sekrete von holokrinen oder apokrinen Drüsen verursacht wird. Beim Rebhuhn ist das die Bürzeldrüse, eine holokrine Drüse, deren Drüsenzellen kontinuierlich zu einem öligen Sekret abgebaut werden, welches unter dem Einfluss bakterieller Stoffwechselaktivität Geruchsstoffe freisetzt. Spuren dieses Sekrets haften an Pflanzen und Steinen entlang der Fährte und sind wohl auch im aufgewirbelten Staub und vielleicht sogar in der Luft zu riechen. Andere Tiere haben andere Sekrete. Säugetiere wie Mäuse oder Eichhörnchen, die vielleicht die Rebhuhnfährte kreuzen, besitzen hauptsächlich apokrine Drüsen, bei denen die Drüsenzellen bei der Sekretion nicht zugrunde gehen. Die Haut dieser Tiere wird von anderen Bakterien bewohnt, und deren Stoffwechsel produziert andere Geruchscocktails, die der Fuchs leicht vom Rebhuhngeruch unterscheiden kann. Der Fuchs liest also aus der Rebhuhnfährte vielschichtige Information, und er ist klug genug, die chemosensorischen Signale zur Verfolgung der Rebhühner einzusetzen.

◘ **Abb. 10.1** Der Rotfuchs (*Vulpes vulpes*) ist ein Experte im Spurenlesen mithilfe der Nase

10.2 Eigenschaften und Ausbreitung von Gerüchen

Für Landtiere ist Luft nicht einfach eine Mischung aus Stickstoff und Sauerstoff, genauso wenig wie für aquatische Tiere ihr Lebensraum einfach aus Wasser und Sauerstoff besteht. Beide Medien sind vielmehr Träger einer verwirrenden Vielzahl von Stoffen aller denkbaren chemischen Zusammensetzungen – komplexe Mischungen mit lebenswichtigen Informationen für die Tiere. Organische Gase, Dämpfe, Partikel, Aerosole und Stäube, bestehend aus Zehntausenden von Chemikalien, gelangen mit der Atemluft in die Nasen der Tiere. Wenn sich darunter Rauchpartikel oder Ausdünstungen eines Raubtieres befinden, ist es entscheidend, wie schnell und wie zuverlässig der Geruchssinn diese Information auslesen kann, sodass das Tier seine Flucht vor einem Steppenbrand oder vor einer Raubkatze einleiten kann. Wie aber erkennt der Geruchssinn unter Tausenden von Inhaltstoffen diejenigen, auf die es ankommt? Wie geht ein Chemosensor mit einem Gemisch von Zehntausenden unterschiedlicher Verbindungen um? Und wie erkennt das Tier in diesem Gemisch – silhouettenhaft oder glasklar – den chemischen Abdruck unterschiedlicher Riechobjekte? Um solche Fragen geht es in diesem Kapitel. Doch zunächst muss verständlich werden, was genau Geruchsstoffe sind.

Als Geruchsstoffe werden nur Verbindungen bezeichnet, welche riechen. Es handelt sich also nicht um eine chemische, sondern um eine **funktionelle Bezeichnung**. Kohlendioxid (CO_2) beispielsweise liegt in der Atemluft in einem Volumenanteil von 0,038 % vor, hat aber für uns Menschen keinen Eigengeruch. Schwefelwasserstoff (H_2S) dagegen stinkt bei dieser Konzentration ganz gewaltig. Für uns ist daher CO_2 kein Geruchsstoff, H_2S aber schon. Bei Mäusen (Familie Muridae) ist das anders. Sie riechen auch CO_2 schon bei geringen Konzentrationen – für Mäuse sind beide Gase Geruchsstoffe. Tatsächlich hat wohl jede Tierart ihre eigene Geruchswelt, ein breites Spektrum von chemischen Verbindungen, die dem eigenen Riechsystem zugänglich sind. Gemeinsam ist den Duftstoffen der Landtiere, dass es sich um meist kleine, organische, wenig polare Verbindungen handelt. Solche Moleküle sind sehr häufig auf der Erde. Wie chemische Datenbanken zeigen, können über 100 Mrd. unterschiedliche Moleküle mit einem Molekulargewicht von weniger als 500 Da und weniger als 17 Atomen aus der Gruppe C, N, O, S und Halogene vorkommen. Für aquatische Tiere sind Geruchsstoffe löslich und nicht flüchtig. Fische riechen in erster Linie kleine, polare Verbindungen wie Aminosäuren und Gallensäuren (◘ Abb. 10.2). Hinsichtlich der Anzahl detektierbarer Geruchsstoffe findet man im Tierreich unterschiedliche Strategien. Manche Tiere versuchen ihr Geruchspektrum so breit wie möglich zu halten, um so jede mögliche chemische Information erfassen zu können. Das ist beispielsweise die Strategie vieler Säugetiere. Vögel dagegen konzentrieren sich auf ein engeres Spektrum an Geruchsstoffen, vermutlich solche, die gewisse Schlüsselinformationen vermitteln wie „Nahrung“, „Partner“, „Nest“ und Ähnliches.

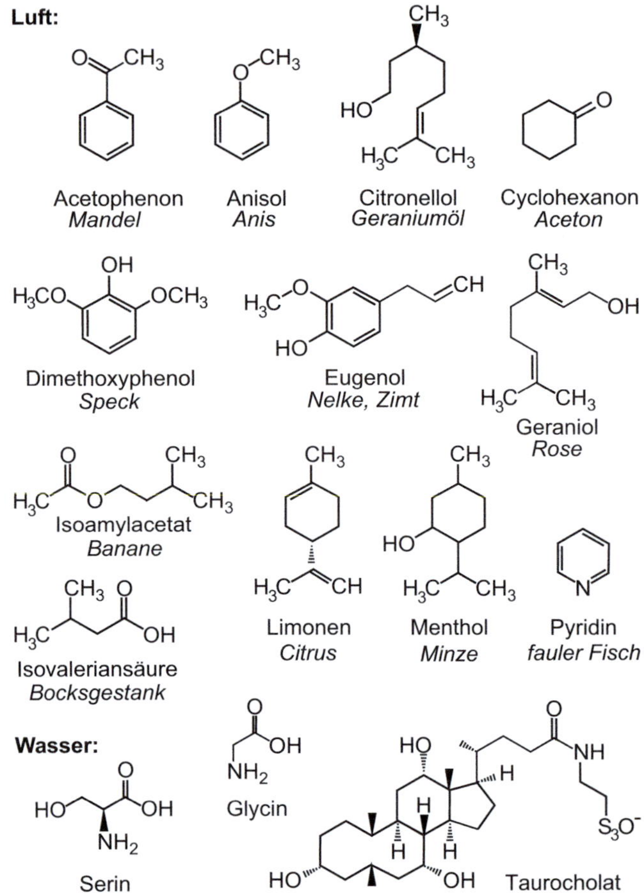

◘ **Abb. 10.2** Geruchsstoffe in der Luft sind meist kleine, kompakte organische Moleküle. Es gibt eine enorme Vielzahl solcher Vebindungen in der Natur. Im Wasser gelöste Geruchsstoffe entstammen oft Beutetieren. Dazu gehören Aminosäuren und Gallensäuren

Um mit dem Riechsystem in Kontakt zu kommen, müssen Geruchsstoffe in die Nase gelangen. Sowohl an Land als auch im Wasser erfordert dieser Vorgang die Ablösung des Geruchsstoffs von der Geruchsquelle, den passiven Transport durch Luft oder Wasser sowie die Aufnahme in eine Riechstruktur wie Nasenhöhlen, Nasengruben oder Sensillen. Gerade der erste Schritt hängt im Allgemeinen stark von der **Temperatur** ab. Stoffteilchen in einer flüssigen Substanz werden durch ansteigende Temperaturen zum Übergang in die Gasphase getrieben. Das Gleiche gilt für Teilchen, die aus Festkörpern in die Dampfphase gelangen. Und hauptsächlich Gase und Dämpfe gelangen in die Nase. Daher sorgt ein steigender Dampfdruck bei erhöhter Temperatur für schnellere Freisetzung flüchtiger Partikel und damit für stärkeren Geruch. Jede Substanz hat bei jeder Temperatur einen **spezifischen Dampfdruck**; je höher dieser ist, desto flüchtiger ist die Substanz. Die Dampfdrücke der einzelnen Geruchsstoffe liegen weit aus-

Abb. 10.3 Durch die Verwirbelung von Geruchsstoffen im Wind geht die Ortsinformation verloren. Um die Rebhühner (*Perdix perdix*) dennoch zu finden, benötigt der Rotfuchs (*Vulpes vulpes*) die Windrichtung als Zusatzinformation. Wann immer er Rebhuhnduft wahrnimmt, muss er gegen den Wind laufen. Dadurch kann er seine Beute auch mithilfe von im Wind verwirbelten Geruchsspuren verfolgen

einander, bei 20 °C oft im Bereich von 0,1–50 hPa (zum Vergleich: wenig flüchtiges Öl: < 0,01 hPa; Wasser: 23,4 hPa, Chloroform: 209 hPa). Sie werden daher unterschiedlich gut mobilisiert und erreichen unterschiedlich hohe Konzentrationen in der Luft. Auch ihre Stabilität ist temperaturabhängig, sodass ein und dieselbe Substanz an einem Hochsommertag anders riechen kann als an einem kühleren Tag oder gar in der Nacht. Der Übertritt von Geruchsstoffen in die Luft wird meist durch hohe **Luftfeuchtigkeit** begünstigt. Aus diesem Grund können Hunde einer Fährte am besten auf feuchtem Boden folgen, und Nagetiere wie Eichhörnchen finden vergrabene Nüsse am besten in feuchtem Boden. Viele Tiere verbessern die Freisetzung von Geruchsstoffen, indem sie die Geruchsobjekte mit ihrer Atemluft beschnüffeln und damit anfeuchten. Vermutlich können Tiere einer Fährte über den Waldboden gut folgen, weil Geruchsobjekte am Boden haften oder auf dem Boden liegen, sodass die Konzentration flüchtiger Geruchsstoffe in Bodennähe unmittelbar über der Fährte hoch ist. Schwieriger ist die Suche nach einer Geruchsquelle anhand von solchen Geruchsstoffen, die sich durch die Luft verbreiten. Das Problem ist die **chaotische Ausbreitung von Geruchsstoffen** durch Luftströmungen. Wenn ein Windhauch über die Geruchsquelle streicht, nimmt die Luft Geruchsstoffe auf und trägt sie in Wirbeln und Schwaden davon. Bei jeder Kollision mit natürlichen Hindernissen wie Steinen, Bäumen und Hügeln werden die geruchhaltigen Schwaden weiter verwirbelt, zerrissen und durcheinandergemischt. Letztlich bleiben nur einzelne, voneinander getrennte Dunstschleier übrig, in denen etwas mehr oder etwas weniger von dem ursprünglichen Geruch mitgeführt wird (▪ Abb. 10.3). Einzig diese Dunstschleier stehen den Tieren zur olfaktorischen Orientierung im Wind zur Verfügung – einzelne Geruchswölkchen, die längst alle Ortsinformation über ihren Ursprung verloren haben. Alle bis auf eine! Da sie sich nur in Windrichtung bewegen können, führt eine Suche **gegen die Windrichtung** zwangsläufig näher zur Geruchsquelle. Jedes Mal, wenn ein Fuchs einen Rebhuhnduft wahrnimmt, muss er windwärts weitersuchen. Damit erhöht er Schritt für Schritt die Chance, seine Beute zu stellen. Aus der Kombination von zwei Informationen – Geruch und Wind – ergibt sich damit eine Jagdstrategie.

10.3 Generalisten und Spezialisten der Riechwelt

Um vom Nervensystem eines Tieres detektiert zu werden, muss ein Geruchsstoff an eine Riechzelle binden und ein Rezeptorpotenzial auslösen. Die Riechzelle reagiert auf diesen Bindungsvorgang mit einer veränderten elektrischen Aktivität und schickt ein neuronales Signal zum zentralen Nervensystem. Dort kann die Detektion des Geruchsstoffes in Form eines codierten neuronalen Signals verarbeitet werden. Der Umstand, dass sich Geruchsstoffe in der Atemluft befinden, erzwingt eine sehr drastische Maßnahme beim Bau von Riechorganen: Riechzellen müssen Kontakt mit der Atemluft und damit zur Außenwelt haben. Das ist für die hochempfindlichen Nervenzellen eine gefährliche Position, denn sie geraten in Kontakt mit all den zellschädigenden Inhaltsstoffen der Luft. Nervenzellen liegen eigentlich immer gut geschützt unter Haut und Gewebe. Sie sind von außen nicht erreichbar und damit vor Beschädigung und Vergiftung geschützt. Die Riechzellen bilden die einzige Ausnahme von dieser Regel: Sie sind die einzigen Nervenzellen an der Körperoberfläche. Dort präsentieren sie der Atemluft einen Schopf aus dünnen Cilien, in deren Membran Geruchsstoffrezeptoren eingelassen sind. Dabei handelt es sich um **Membranproteine**, die eine ähnliche Struktur aufweisen wie das Opsinprotein des Rhodopsins aus den Photorezeptoren (◘ Abb. 10.4). Wie das Rhodopsin durch die Photoisomerisierung von Retinal aktiviert wird (► Abschn. 7.3), so gelangen Geruchsrezeptoren durch die Bindung von Geruchsstoffen in einen aktivierten Zustand. Beide Rezeptoren können im aktiven Zustand GTP-bindende Signalproteine aktivieren und damit einen zellulären Transduktionsprozess in Gang setzen. Der Beginn des Riechens beruht also auf der Wechselwirkung von Geruchsstoffen mit Proteinen. Das ist insofern ein wichtiger Punkt, weil flüchtige, unpolare Verbindungen wie Geruchsstoffe praktisch immer oberflächenaktiv und lipidlöslich sind. Tatsächlich lösen sich Geruchsstoffe leicht in biologischen Membranen, verändern deren Eigenschaften und können auf diesem Weg durchaus zelluläre Reaktionen auslösen. Vor der Entdeckung der Geruchsrezeptoren im Jahr 1991 war die Lipidlösligkeit von Duftstoffen die Grundlage einer physikochemischen Hypothese des Riechens, die sich darauf gründete, dass verschiedene Zellen bei Kontakt mit Geruchsstoffen depolarisiert werden können. Viele grundlegende Aspekte der Riechphysiologie stehen aber dieser Lipidtheorie entgegen, und es ist heute unbestritten, dass Geruchsstoffe in Riechzellen durch Rezeptorproteine detektiert werden. Diese Rezeptoren werden im Detail in ► Abschn. 10.14 behandelt.

Da der Begriff des Geruchsstoffes funktionell und nicht chemisch definiert ist, muss auch die Frage nach der Vielfalt von Geruchsstoffen funktionell formuliert werden. Geruchsstoffe werden also definitionsgemäß gerochen, sie lösen eine olfaktorische Wahrnehmung aus. Es geht daher *nicht* um die Frage, ob eine chemische Substanz eine neuronale Aktivität in Riechzellen der Nase oder in nachgeschalteten neuronalen Netzen (Antennalloben, Riechkolben) auslösen kann. Die Frage ist vielmehr: Kann ein Tier einen Geruchsstoff erkennen und kann es ihn von anderen Geruchsstoffen unterscheiden? Da Tiere keine Auskunft über ihre Wahrnehmung geben, kann man diese Frage nur mit verhaltensphysiologischen Methoden bearbeiten, also mithilfe von Dressur- und Konditionierungsversuchen. Bisher ist noch niemals versucht worden, das gesamte

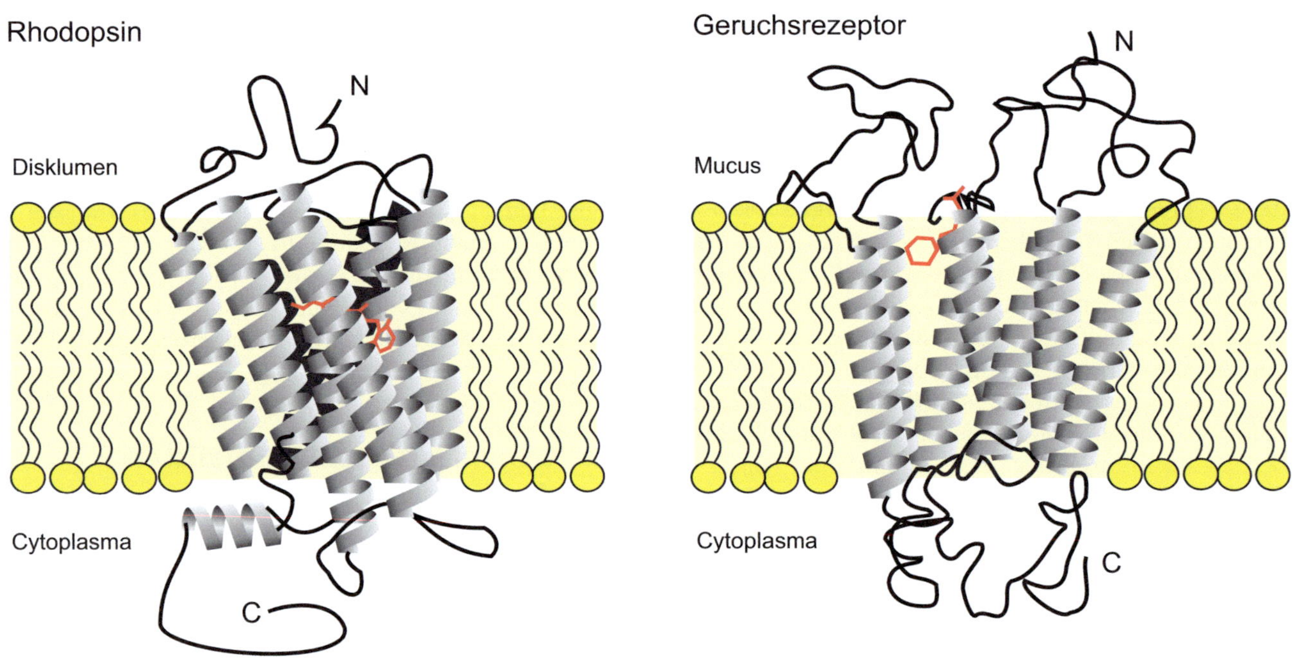

◘ **Abb. 10.4** Geruchsrezeptoren sind Membranproteine, die in die chemosensorische Membran von Riechzellen eingelagert sind (*rechts*). Sie ähneln mit ihren sieben Transmembrandomänen dem Rhodopsin der Photorezeptoren (*links*). Die Bindestelle für Geruchsstoffe (*rote Struktur rechts*) liegt – wie auch die Retinalbindestelle des Rhodopsins (*rote Struktur links*) – innerhalb der Membran

Geruchsstoffspektrum eines Tieres experimentell zu erfassen. Psychophysikalische Experimente mit Menschen haben das interessante Resultat erbracht, dass Menschen vermutlich Billionen von Geruchsstoffen auseinanderhalten können. Obwohl die betreffende Studie kontrovers diskutiert wird, hat sie doch grundlegende Einsichten in die Struktur – die Dimensionalität – des Geruchsuniversums („*olfactory space*") gebracht – mitsamt einem besseren Verständnis für die Schwierigkeiten beim Ausmessen dieser Struktur. Ein grundlegendes Problem ist, das wir die Prozesse, die zur olfaktorischen Wahrnehmung führen, noch nicht wirklich verstehen. Wir wissen nicht, auf welche Weise die flüchtige Verbindung X zu einem wahrnehmbaren Geruchsstoff wird. Eine Voraussetzung ist sicher die Expression von geeigneten Geruchsrezeptoren für X. Zudem muss eine ausreichend große Vielfalt unterschiedlicher Geruchsrezeptoren zur Verfügung stehen, um X von anderen, ähnlich aufgebauten chemischen Verbindungen zu unterscheiden. Falls ein irgendwie geartetes neuronales Signal „das ist X" entsteht, muss es bei der weiteren Verarbeitung im Nervensystem separat, von anderen Signalen getrennt, erhalten bleiben. Und irgendwann muss es schließlich der bewussten Wahrnehmung zugeführt werden – ein Prozess, der vermutlich am besten gelingt, wenn die Substanz X dem Tier schon bekannt ist. Denn die olfaktorische Wahrnehmung ist zumindest bei Säugetieren mit dem Riechgedächtnis eng verknüpft (▶ Abschn. 10.17). All diese Dinge sind sehr kompliziert und erst in Ansätzen erforscht. Was ist also davon zu halten, wenn in einer Publikation zu lesen ist, eine Tierart könne 10.000 Geruchsstoffe riechen, an einer anderen Stelle ist von einer Million oder gareiner Billion die Rede? Diese Zahlen haben eher symbolische Bedeutung und stehen allesamt für ein breites Spektrum möglicher Geruchsstoffe. Oft werden solche Zahlen metaphorisch eingesetzt: 10.000 für „viel", eine Million für „sehr viel", eine Billion für „unendlich viel". Da die Riechforschung noch nicht so weit fortgeschritten ist, das Riechuniversum eines Tieres genau zu kennen, finden grobe Einteilungen der Tiere in **Makrosmaten**, **Mikrosmaten** und **Anosmaten** Anwendung. Eindeutig sind diese Bezeichnungen allerdings nicht, denn sie beziehen sich immer auf den gegenwärtigen Kenntnisstand der Riechforschung. In jedem Fall gehören Tiere mit gut entwickeltem Riechsystem zu den Makrosmaten und Tiere, bei denen man bisher kaum geruchsgesteuertes Verhalten nachweisen konnte, zur den Mikro- oder Anosmaten. Jedenfalls unterscheiden sich Tierarten in der Anzahl von Geruchsrezeptorproteinen, die von den Riechzellen der umgebenden Luft präsentiert werden. Allerdings ist unklar, bei welcher Anzahl die Grenze zwischen den Kategorien zu ziehen sind (s. ◘ Tab. 10.5). Vermutlich können Tiere mit vielen intakten Geruchsrezeptoren besonders viele Geruchsstoffe unterscheiden. Tiere, die weniger Geruchrezeptoren exprimieren, beschränken ihre Riechtätigkeit offenbar auf ein engeres Spektrum von Geruchsstoffen, das aber genauso lebenswichtig für sie sein kann wie das breitere Spektrum für die Makrosmaten. Man kann also bei den Riechsystemen **Generalisten** von **Spezialisten** unterscheiden – eine Einteilung, die konzeptionell aber nicht der Unterscheidung zwischen Makrosmaten und Mikrosmaten entspricht. Denn es gibt auch unter den Spezialisten solche mit extrem leistungsfähigem Riechsystem. So verfügt der Truthahngeier (*Cathartes aura*) nur über einen Bruchteil (5 %) der Geruchsrezeptoren von Hunden, sodass man Truthahngeier der Kategorie der Mikrosmatiker zuordnen sollte. Diese Vögel haben aber einen extrem guten Geruchssinn, vermutlich eingeschränkt auf ein vergleichsweise enges Spektrum von Geruchsstoffen; sie sind eben Spezialisten. Die Kategorien der Makrosmaten und Mikrosmaten sind also ungenau und können irreführend sein. Wenn man solche Unterscheidungen treffen möchte, muss man für jede Tierart das artspezifische Geruchsspektrum ermitteln, die Empfindlichkeit ihres Riechsystems bestimmen und die Bedeutung des Riechens für den Selbst- und Arterhalt abschätzen.

10.4 Das Riechsystem der Fadenwürmer

Unter den 16.000 Arten von Fadenwürmern (Klasse Nematoda) findet man eine Vielzahl von Ernährungsstrategien, angepasst an die unterschiedlichsten Lebensräume wie Meer, Süßwasser und Erdreich. Dessen ungeachtet weisen die Fadenwürmer einen sehr gleichförmigen Bauplan auf (959 somatische Zellen, davon 302 Neuronen), mit einer Konzentration von Sinnesorganen am Vorderende. Der Riechsinn ist bei *Caenorhabditis elegans* gut erforscht, weil dieses Tier in vielen Labors als Modellorganismus untersucht wird (▶ Abschn. 17.2). *C. elegans* lebt in feuchter Erde und weidet Bakterienrasen von vielerlei Oberflächen ab. Sein Riechsinn ist empfindlich für bakterielle Ausscheidungen wie Ammoniumionen und für N-oxo-Acyl-L-homoserinlactone (HSL), eine Gruppe von chemischen Signalstoffen, die von Gram-negativen Bakterien zur Codierung der Populationsdichte (Quorum sensing) ausgeschieden werden (◘ Abb. 10.5). Diese Substanzen wirken attraktiv (appetitiv) auf *C. elegans* und locken die Tiere zu Stellen mit hoher Bakteriendichte. Auch aversive Substanzen werden detektiert. So führen Serrawettine, von dem Bodenbakterium *Serratia marcescens* produzierte oberflächenaktive Lipopentapeptide, zu einer aversiven Reaktion bei *C. elegans*. Tatsächlich können die Würmer lernen, sich von pathogenen Substan-

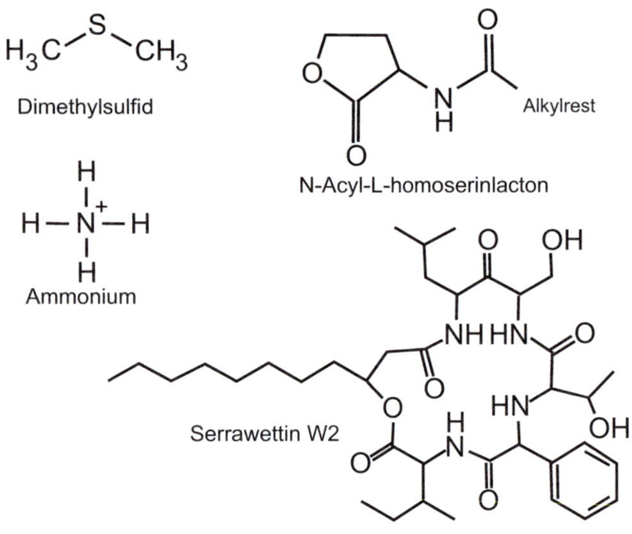

Abb. 10.5 Einige Geruchsstoffe, auf die Fadenwürmer der Art *Caenorhabditis elegans* mit attraktiven (Dimethylsulfid, N-oxo-Acyl-L-homoserinlacton) oder mit aversiven (Serrawittin) Verhaltensmustern reagieren

zen zurückzuziehen, wenn sie deren Geruch und deren Schadwirkung assoziieren. Ein interessantes, geruchsvermitteltes Verhalten von *C. elegans* ist seine Attraktion zu den Wurzeln des Schneckenklees *Medicago truncatula*, einer Leguminose, die darauf angewiesen ist, Knöllchenbakterien (Rhizobien) zur Fixierung von Luftstickstoff in Form von Ammonium zu kultivieren. Wie es scheint, locken die Pflanzen Fadenwürmer durch den Lockstoff Dimethylsulfid zu ihren Wurzeln und werden auf diese Weise mit Knöllchenbakterien der Art *Sinorhizobium meliloti* versorgt, die an der Cuticula der Würmer haften oder in ihrem Verdauungstrakt mitgebracht werden. *C. elegans* funktioniert so als geruchsgeleiteter Vektor für Rhizobien. Neben bakteriellen und pflanzlichen Lockstoffen riecht *C. elegans* auch die Konzentration von O_2 und CO_2 und kann bevorzugte Bereiche mit einem Sauerstoffpartialdruck (pO_2) von 4–12 kPa und einem Kohlendioxidpartialdruck (pCO_2) von weniger als 0,5–1 kPa aufsuchen. Für Bodenbewohner ist diese Gasanalyse lebenswichtig. Denn im Mikroklima des feuchten Bodens mit seiner hohen Bakteriendichte kann der CO_2-Partialdruck bis etwa 10 kPa ansteigen. *C. elegans* zeigt eine ausgeprägte CO_2-Aversion, stärker als die Suche nach O_2.

Das Riechsystem von *C. elegans* ist fest an das sehr begrenzte Repertoire von stereotypen Verhaltensmustern der Tiere gekoppelt. Gerüche lösen – wenn überhaupt – entweder aversives oder attraktives (appetitives) Verhalten aus – negative oder positive **Chemotaxis**. Auf der Basis einer so einfachen Entscheidung („Rückzug!“ versus „Objekt genauer untersuchen!“) lassen sich verhaltensphysiologische Experimente zur Aufklärung von Sensorik und Verarbeitungslogik gut durchführen und interpretieren. Wird beispielsweise ein chemosensorisches Neuron durch Laserablation entfernt, kann man herausfinden, auf welche Substanzen der Wurm nicht mehr aversiv oder attraktiv reagiert. Mit dieser Vorgehensweise sind die Grundzüge des Riechsystems von *C. elegans* entschlüsselt worden. Die Tiere besitzen vier sensorische Organe. Am Vorderende gehören dazu die **Seitenorgane** (**Amphiden**) und Lippenorgane, am Hinterende die **Phasmiden** (Abb. 10.6). In den beiden Seitenorganen befinden sich jeweils elf chemosensorische Neuronen sowie ein thermosensorisches Neuron. Die Phasmiden haben dagegen nur zwei chemosensorische Neuronen. Die Neuronen der Lippenorgane sind vermutlich nicht chemosensitiv, sondern mechanosensitiv. In einiger Entfernung von der Mundöffnung liegen die Zellkörper der Seitenorganneuronen unterhalb eines Nervenringes, der den Pharynx umschließt. Ihre Dendriten reichen bis in die Poren des Seitenorgans und haben dort durch eine Öffnung der Cuticula Kontakt mit der Außenwelt. Jedes einzelne dieser Neuronen ist funktionell untersucht worden. Die Nomenklatur ist mit den wichtigsten Eigenschaften der Neuronen in Tab. 10.1 zusammengestellt. Im Genom von *C. elegans* (23.217 Gene) finden sich etwa 1700 Gene für G-Protein-gekoppelte Rezeptoren, von denen etwa 400 Pseudogene sind. Von den verbleibenden 1300 intakten Genen werden etwa 80 % in den Riechzellen exprimiert und codieren wohl größtenteils für Geruchsrezeptorproteine. **Jede Riechzelle exprimiert also viele unterschiedliche Geruchsrezeptoren**. Die Geruchsrezeptorgene werden in vier Familien geordnet, *str*, *sra*, *srg* und *srw*. Bisher sind nur einzelne dieser Gene funktionell charakterisiert worden. Der Rezeptor ODR-10 aus der *str*-Familie reagiert auf den flüchtigen Geruchsstoff Diacetyl, ein Diketon, das für Menschen nach Butter riecht. Diacetyl wird von den AWA-Riechzellen detektiert und wirkt als appetitiver Reiz. Der ODR-10-Rezeptor aktiviert über die Freisetzung von mehrfach ungesättigten Fettsäuren (*polyunsaturated fatty acids, PUFAs*) OCR-2-Kationenkanäle, welche den TRPV-Kationenkanälen der Säugetiere analog sind. Dies führt zur Depolarisation der AWA-Riechzelle und zu einem afferenten Signal. Eine Fülle von genetischer und biochemischer Information liegt über die Transduktionswege der anderen Riechzellen vor. Eine ganze Reihe von G-Proteinen, Ionenkanälen sowie Guanylat-Cyclasen und Proteinkinasen sind identifiziert. Allerdings ist bisher keiner dieser Signalwege vollständig aufgeklärt worden.

Die physiologische Funktion des Riechsystems bei *C. elegans* ist vor allem die Steuerung von Bewegungsmustern, die zum Auffinden von Nahrung sowie zum Rückzug vor Schadsubstanzen dienen. Chemotaktische

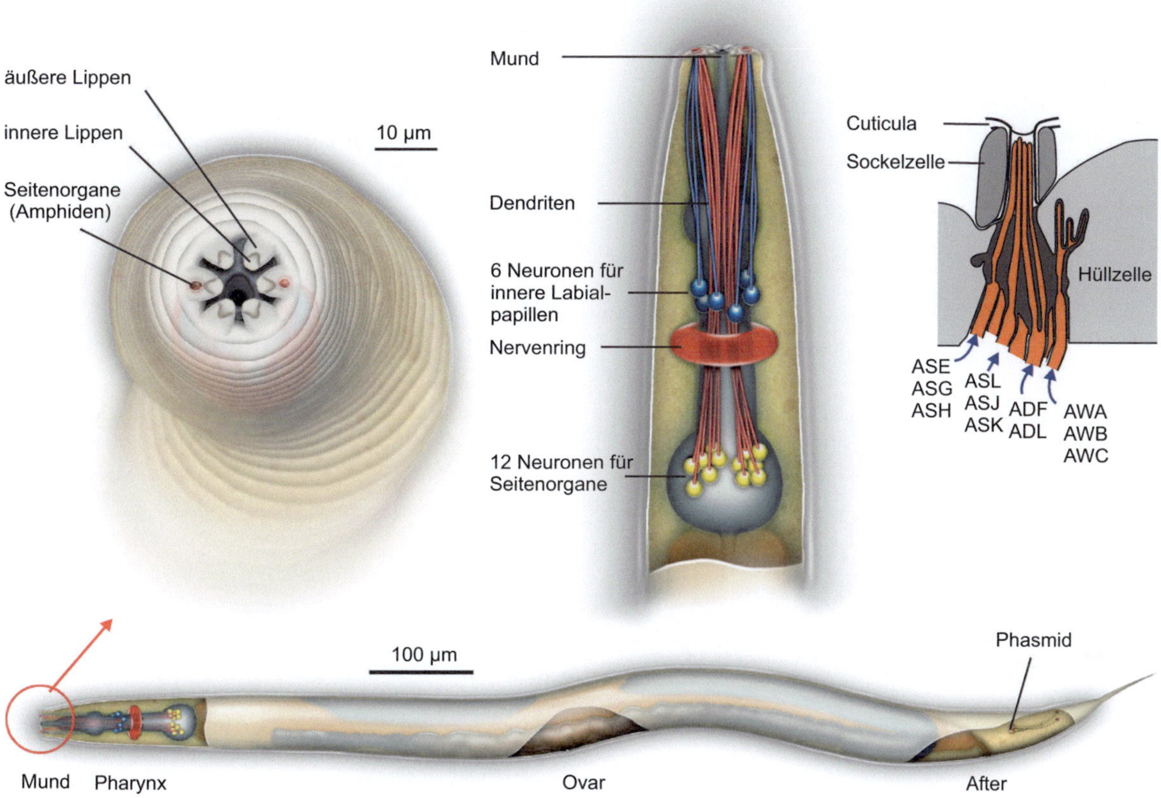

Abb. 10.6 Die Nase von *Caenorhabditis elegans*. *Oben links*: Darstellung des Vorderendes zur Veranschaulichung der Lage von Seitenorganen (Amphiden), welche der Wurm zum Riechen einsetzt. *Oben Mitte*: Lage von Somata und Dendriten der chemosensorischen Neuronen (Riechzellen) der Seitenorgane. *Oben rechts*: Lage der dendritischen Endigungen der Riechzellen mit der in Tab. 10.1 aufgeführten Nomenklatur. *Unten*: Anatomische Übersicht von *C. elegans* mit der Lage der hinteren Riechzellen (Phasmiden)

Bewegungen ermöglichen es den Tieren, einem Geruchsstoffgradienten zu folgen, bis sie schließlich an der Geruchsquelle, beispielweise einer Anhäufung von Bakterien, ankommen. Um dem Gradienten zu folgen, setzen sie zwei unterschiedliche Bewegungsmuster ein. Lokale **Kringelbewegungen** („Pirouetten"), bei denen die Tiere sich Omega-förmig krümmen, treten vor allem dann auf, wenn sie sich einen Geruchsgradienten hinab – also zur geringeren Duftstoffkonzentration hin – bewegen. Dieses Bewegungsmuster unterbricht die Fortbewegung und erlaubt eine Neuausrichtung der Tiere. Bewegen sie sich einen Gradienten hinauf in die Richtung höherer Geruchskonzentration, werden die Kringelbewegungen unterdrückt, und **Schlängelbewegungen** befördern das Tier zur Geruchsquelle. Tatsächlich reichen diese beiden einfachen Bewegungsmuster für die Chemotaxis aus.

Die Verschaltungen im Riechsystem von *C. elegans* sind recht einfach. Die Riechzellen sind sowohl direkt als auch durch zwei Gruppen von Interneuronen mit Steuerungsinterneuronen verbunden, die ihrerseits mit den Motoneuronen des Bewegungssystems verknüpft sind (Abb. 10.7, *oben*). Je nachdem, ob ein aversives oder ein attraktives Geruchssignal erfasst wird, werden Bewegungsmuster zur Vermeidung oder zur Untersuchung der Geruchsquelle ausgelöst. Einige der neuronalen Verschaltungen wurden schon aufgeklärt. Dabei trat eine interessante Verschaltungslogik zutage, die an die Verschaltung von *ON*- und *OFF*-Bipolarzellen in der Retina erinnert (▶ Abschn. 7.5). Die Riechzelle AWC, welche attraktive Geruchssignale vermittelt, ist ein spontan aktives Neuron, das in Abwesenheit adäquater Geruchsstoffe aktiv ist und über seine Synapsen Glutamat ausschüttet (Abb. 10.7, *unten*). Die nachgeschalteten Interneuronen AIB und AIY werden von diesem Glutamat unterschiedlich gesteuert. AIB hat Glutamatrezeptoren vom AMPA-/Kainat-Typ (GLR-1 bei *C. elegans*), AIY dagegen exprimiert glutamatgesteuerte Chloridkanäle des Typs GLC-3. Demzufolge wird AIB durch Glutamat depolarisiert, AIY aber wird hyperpolarisiert. Das AIB-Neuron ist in der Abwesenheit von AWC-stimulierenden Geruchsstoffen aktiv und treibt die Kringelbewegung des Wurmes. Das AIY-Interneuron ist spontan aktiv, wird aber durch Glutamat gehemmt, solange die AWC-Zelle nichts detektiert.

Tab. 10.1 Die Nomenklatur der Riechzellen von *C. elegans*. Die Neuronen ADF bis AWC befinden sich in den Seitenorganen (Amphiden) am Vorderende der Tiere. Die gasempfindlichen Neuronen SDQ bis BAG liegen im Körperinneren und stehen im Kontakt mit der Leibeshöhle (Pseudocoelom). Die Neuronen PHA und PHB liegen in den Phasmiden am hinteren Ende des Wurmes. Die Liganden sind in Laborexperimenten ermittelt worden und entsprechen nicht notwendigerweise den natürlichen Geruchsstoffen dieser Riechzellen. Nach Hart und Chao (2010)

Neuron	Funktion	experimentell bestimmte Liganden
ADF	Attraktion	cAMP, Biotin, NaCl, Lysin, NH_4
ADL	Aversion	1-Octanol
ASE	Attraktion	ASE links: Na, ASE rechts: K, Cl
ASH	Aversion	1-Octanol, SDS, Chinin, Cu, Cd, H
ASI	Attraktion	cAMP, Biotin, NaCl, Lysin, NH_4
ASG	Attraktion	cAMP, Biotin, NaCl, Lysin, NH_4
ASJ	Attraktion	Na
ASK	Attraktion	Lysin
AWA	Attraktion	Diacetyl, Pyrazin, Isoamylalkohol
AWB	Aversion	1-Octanol, 2-Butanon
AWC	Attraktion	AWC^{ON}: Butanon; AWC^{OFF}: Pentandion beide: Benzaldehyd, Isoamylalkohol
SDQ, ALN, PLN	Attraktion	O_2
URX, AQR, PQR	Attraktion	O_2
BAG	Aversion	CO_2
PHA, PHB	Aversion	SDS

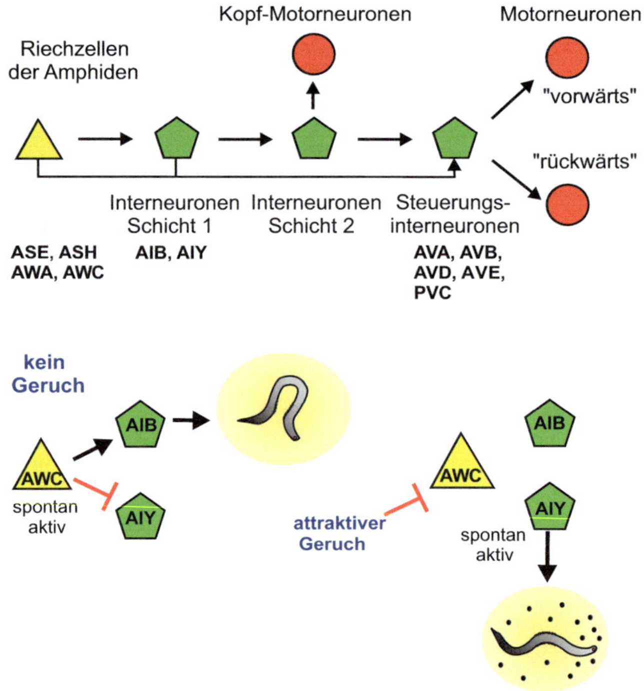

Abb. 10.7 Verschaltungen von Riechzellen bei *Caenorhabditis elegans*. *Oben*: Schematische Darstellung des Signalflusses von Riechzellen in den Amphiden über verschiedene Interneuronen zu Motoneuronen, welche Kopfbewegungen sowie Körperbewegungen vorwärts und rückwärts kontrollieren. *Unten*: Umschalten von der Kringel- zur Schlängelbewegung durch geruchsinduzierte Hemmung der spontan aktiven Riechzelle AWC

Riecht der Wurm aber einen Geruchsstoff über die AWC-Zelle, wird die Glutamatfreisetzung abgebrochen, und das AIY-Interneuron kann seine spontane Aktivität entfalten. Das führt zur Unterdrückung der Kringelbewegung, und das Tier kann durch Schlängelbewegung dem Geruchsgradienten folgen.

Bei *C. elegans* liegt also ein Riechsystem vor, bei dem jede Riechzelle einem stereotypen Verhaltensmuster zugeordnet ist und offenbar sehr viele unterschiedliche Geruchsrezeptoren exprimiert. Die Riechzellen sind in einfachen Netzwerken mit dem motorischen System verknüpft und liefern die Steuerungssignale für positive und negative Chemotaxis.

10.5 Gemeinsame Merkmale von Riechsystemen

Höhere Tiere verfügen im Allgemeinen über mehrere chemosensorische Systeme mit deutlich unterschiedlichen Funktionen und stark abweichenden Bauplänen. Der Geschmackssinn unterscheidet sich von der allgemeinen Chemosensorik durch seine Zuordnung zur Nahrungsaufnahme (▶ Kap. 9). Detektionssysteme für Pheromone und andere Schlüsselsubstanzen zeichnen sich durch direkte Steuerung genetisch fixierter Verhaltensmuster aus (▶ Kap. 8). Riechsysteme sind dagegen breiter angelegte Analysesysteme, deren physiologische Funktion eng mit der Verwaltung eines ständig wachsenden Riechgedächtnisses verbunden ist. Die meisten Tiere nutzen ihre **Riechsysteme als Generalisten**, nicht als Spezialisten. Sie sind in der Lage, sehr viele unterschiedliche Verbindungen zu detektieren, und die Bewertung der Geruchsinformation ist eine Funktion des Gehirns, nicht der Riechzellen. Nur wenige Tiere haben ihr Riechsystem so spezialisiert, dass sowohl Detektion als auch Signalverarbeitung auf einige wenige Geruchsstoffe konzentriert werden. Beispiele für solches Spezialistenverhalten sind die Seychellen-Fruchtfliege (*Drosophila sechellia*) und der Blatthornkäfer *Phyllopertha diversa* (Familie Scarabaeidae). Diese Tiere haben sowohl ihre Riechrezeptoren als auch ihre Gehirnstrukturen an Geruchsstoffe ihrer Futterpflanzen angepasst und können diese Verbindungen bei sehr niedrigen Konzentrationen detektieren. Die meisten Tiere aber beziehen die olfaktorische Information nicht aus der Aktivität einzelner Riechzelltypen, sondern werten das Aktivitätsmuster einer großen Zahl von Riechzellen mit unterschiedlichen, meist nicht sehr selektiven Geruchsrezeptoren aus (▶ Abschn. 10.14). Der Aufbau von Riechsystemen zeigt bei vielen Tieren **aufschlussreiche Gemeinsamkeiten**, die im Folgenden am Beispiel von Schnecken und Krebsen aufgeführt werden.

Die zu den Hinterkiemerschnecken (Ordnung Opisthobranchia) gehörenden, prachtvollen, marinen Nacktschnecken sind taub und können kaum sehen. Aber ihr Geruchssinn ist gut ausgebildet und dient ihnen zur Orientierung, zur Nahrungssuche und zur Erkennung von Artgenossen. Ihre Riechorgane sind die **Rhinophoren**, zwei dorsal auf dem Kopf der Schnecken sitzende, bewegliche Sinnesorgane (◘ Abb. 10.8). Man kann an den Rhinophoren einige grundlegende Eigenschaften von Riechsystemen höherer Tiere erkennen. Die chemosensorischen Riechzellen sind **primäre Neuronen**, deren Axone ihre Synapsen in sensorischen Strukturen des Nervensystems bilden – hier in den Glomeruli der Rhinophoren und im Rhinophorenganglion. Die Riechzellen selbst sind Bestandteile eines geschützt liegenden **Neuroepithel**s, in welchem eine einzelne Schicht von Epithelzellen den Abschluss zum Lumen des Riechorgans bilden. Diese Epithelzellen sind teils mikrovillär, teils ciliär (◘ Abb. 10.8, *unten rechts*) und haben bei Wassertieren oft auch sekretorische Funktion. Zwischen den Epithelzellen und eingebunden in das System der Schlussleisten (Zonula occludens, Tight Junctions) erreichen die Dendriten der Riechzellen die Oberfläche des Gewebes. Dort tragen sie eine terminale Aufweitung, den Cilienknopf, besetzt mit einem Schopf aus **zehn bis 30 Cilien oder Mikrovilli**. Diese dünnen Membranschläuche (Durchmesser < 1 µm) werden manchmal auch Riechhaare genannt und bilden die chemosensorische Oberfläche der Riechzellen. Sie präsentieren der Umgebung **Geruchsstoffrezeptoren**, die bei Stimulation eine **Transduktionskaskade** anstoßen, an deren Ende die elektrische Erregung der Riechzelle steht (▶ Abschn. 10.14). Olfaktorische Neuroepithelien sind die einzigen Gewebe, die Neuronen den Kontakt mit der Umwelt ermöglichen. Die Riechzellen haben damit Zugang zu Geruchsstoffen, sind aber gleichzeitig zellschädlichen Substanzen in der Umwelt ausgesetzt und haben

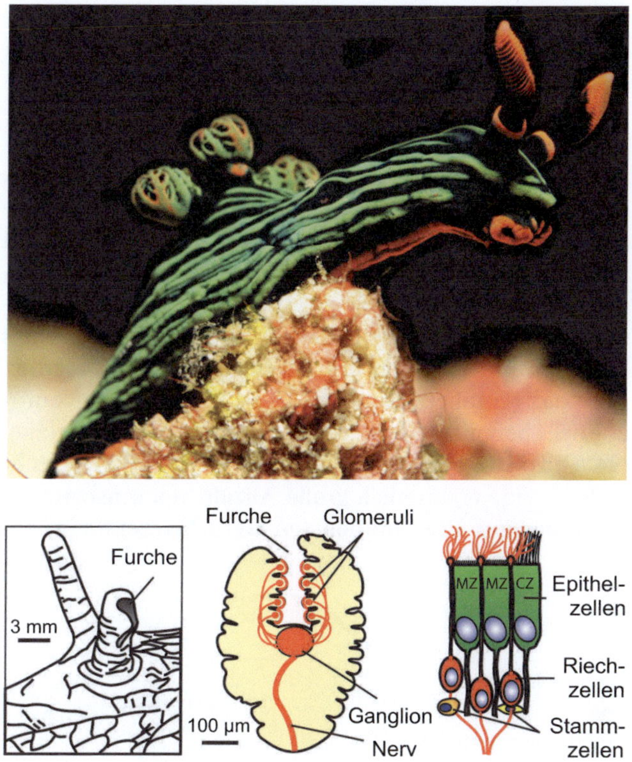

◘ **Abb. 10.8** Die Variable Neonsternschnecke (*Nembrotha kubaryana*) erkundet mit ihren orange gefärbten Rhinophoren chemische Signale im Meerwasser. Die kugelförmigen Strukturen auf ihrem Rücken sind Kiemen. Rhinophoren sind einfache Nasen. *Unten links*: Beim Kalifornischen Seehasen (*Aplysia californica*), ebenfalls eine Meeresschnecke, gelangen Geruchsstoffe durch apikale Furchen in die Rhinophoren. *Unten Mitte*: Dort werden sie von chemosensorischen Neuronen (Riechzellen) detektiert, deren Signale zunächst in Glomeruli, dann im Rhinophorenganglion verschaltet sind. *Unten rechts*: Riechzellen bilden zusammen mit Epithelzellen (MZ, mikrovilläre Zellen; CZ, ciliäre Zellen) ein für Riechsysteme typisches Neuroepithel, in welchem Neuronen mit Cilien oder Mikrovilli direkten Zugang zur Außenwelt haben

demzufolge eine Lebenszeit von nur wenigen Wochen. Aus diesem Grund muss das Neuroepithel kontinuierlich neue Riechzellen aus Stammzellen herstellen, es muss zur **adulten Neurogenese** fähig sein. Dazu enthalten Riechepithelien Stammzellen, die sowohl zu Riechzellen als auch zu Epithelzellen differenzieren können.

Auch die heimischen Landlungenschnecken (Unterordnung Stylommatophora) wie die Weinbergschnecke (*Helix pomatia*) oder die Spanische Wegschnecke (*Arion vulgaris*) haben vermutlich weder ein Gehör noch bildgebende Augen. Ihr einziger Fernsinn ist ihr Riechsystem. Wie bei den Meeresschnecken spielt auch bei ihnen das Riechen eine entsprechend zentrale Rolle bei der Nahrungssuche und beim Auffinden von Artgenossen sowie bei der räumlichen Orientierung und Navigation. Landschnecken zeigen chemotaktisches Verhalten: Sie folgen Geruchsspuren entlang von Geruchsstoffgradienten, oder sie orientieren sich an der

Windrichtung. Das machen sich Gärtner zunutze, wenn sie Gartenschnecken mit Bier oder mit Schneckenkorn anlocken. Schnecken tragen ihren olfaktorischen Apparat in den vier Tentakeln, von denen das hintere Paar zusätzlich einfach gebaute Linsenaugen aufweist. Alle vier Tentakel werden zum Riechen eingesetzt, aber das hintere Paar ist besonders empfindlich. Will eine Schnecke einer Fährte folgen, benötigt sie dazu die Tentakel auf beiden Seiten, um erfolgreich tropotaktische Bewegungen – eine durch zwei Sensoren geleitete Annäherung an eine Reizquelle – auszuführen. Auch das Anlegen und Abrufen des Riechgedächtnisses werden über die Tentakel vermittelt. Das olfaktorische Neuroepithel befindet sich an der Spitze der Tentakel (◘ Abb. 10.9) und beinhaltet etwa 100.000 Riechzellen – eine erstaunlich **große Anzahl von sensorischen Neuronen zur Präsentation von Geruchsrezeptoren**, bedenkt man, dass der gesamte Rest des zentralen Nervensystems der Schnecke aus weniger als 25.000 Neuronen besteht. Die Riechzellen sind kleine bipolare Neuronen, die in mehreren Zellinseln unterhalb des Tentakelepithels liegen und auch unterhalb einer Muskelschicht, die den Tentakelkopf zusammenziehen kann. Dendriten der Riechzellen verlaufen durch die Muskeln und durch das Epithel zur Oberfläche, wo sie in Cilien und Mikrovilli enden. Die Axone der meisten Riechzellen bilden synaptische Endigungen in den Tentakelganglien mit einer weiteren Eigenheit olfaktorischer Systeme: **Knäuelartige Neuropilstrukturen (Glomeruli) ermöglichen neuronale Konvergenz**. Nur etwa 10 % der Riechzellaxone verlaufen am Tentakelganglion vorbei durch den Riechnerv direkt zum Procerebrum. Dieser Teil des Cerebralganglions wird für das Zentrum des olfaktorischen Lernens bei Landlungenschnecken gehalten. Die

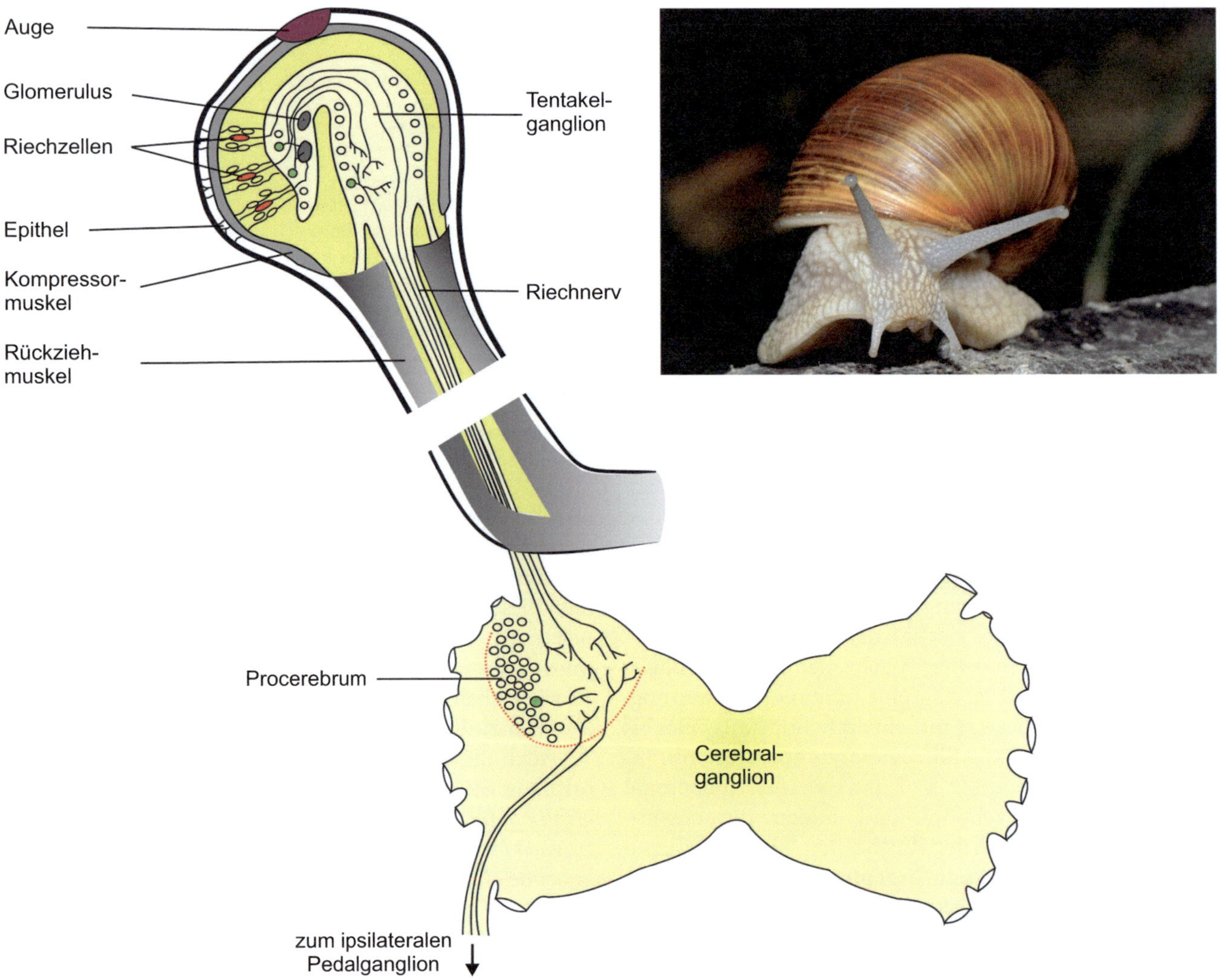

◘ **Abb. 10.9** Konvergenz im Riechsystem der Weinbergschnecke (*Helix pomatia*). Vereinfachte Darstellung der Anordnung von Riechzellen in den hinteren Fühlern der Weinbergschnecke. Eine Vielzahl von Riechzellen konvergiert auf Glomeruli im Tentakelganglion, sodass die Anzahl der durch den Riechnerv zum Cerebralganglion verlaufenden Axone weit geringer ist als die Anzahl aller Riechzellaxone

Schnecken scheinen ihn zur Erkennung und Bewertung von Gerüchen zu nutzen. Hier wird aufgrund erlernter Assoziationen die Entscheidung vorbereitet, ob das Tier einem Geruch folgen oder ob es ihn meiden wird.

Man findet **flächig ausgebreitete Riechepithelien** mit vielen Tausenden von Riechzellen bei den Schnecken (Klasse Gastropoda) und Kopffüßern (Klasse Cephalopoda) sowie bei den Wirbeltieren. Bei den Gliederfüßern (Stamm Arthropoda) dagegen liegen wenige bis einige Hundert Riechzellen an der Basis spezialisierter Sensillen. Solche **Riechzellganglien** findet man bei Krebstieren, Spinnen und Insekten unterhalb von Stellen, an denen die Dendriten der Riechzellen das Außenskelett der Tiere durchdringen müssen, um an die Oberfläche zu gelangen. Beim Europäischen Flusskrebs (*Astacus astacus*) geschieht das im distalen Abschnitt der Antennulae (◘ Abb. 10.10). Die Dendriten vieler Riechzellen verlaufen hier durch Öffnungen in der Cuticula und erreichen den Innenraum von **Sinneshaaren (Haarsensillen)** – bei den Flusskrebsen sind das die Ästhetasken (gr. *aisthetes*, wahrnehmend; *askos*, Schlauch). Im Lumen der Sinneshaare liegen die Dendriten geschützt in der Sensillenlymphe, und die Duftstoffe gelangen durch Cuticularporen in das Innere des Haares. Sowohl die Bestandteile der Sensillenlymphe als auch die unmittelbare äußere Umgebung der Sinneshaare werden durch Epithelzellen zur **Optimierung von Perirezeptorprozessen** gewartet. Dazu gehören die Reinigung der sensorischen Oberflächen durch sekretorische Drüsen, die Verbesserung des Zugangs von Geruchsstoffen zu den Rezeptoren in der Dendritenmembran sowie der Abtransport von Geruchsstoffen nach der Detektion. Die Riechzellen der Ästhetasken der Flusskrebse reagieren empfindlich auf Nahrungsbestandteile und auf den Urin von Artgenossen, und ihre Axone verlaufen aus den Ästhetasken durch den Antennalnerv zum Antennallobus im zentralen Nervensystem, wo sie in glomerulären Strukturen enden. Unter den Krebstieren (Unterstamm Crustacea) findet man olfaktorische Haarsensillen sowohl bei rein aquatischen Tieren (◘ Abb. 10.11) wie auch bei Krabben, die zeitweise an Land leben. Zur Erkennung der für sie relevanten Geruchsstoffe setzen Crustaceen eine Proteingruppe ein, die aus der Expansion einer Genfamilie hervorgegangen ist, welche ionotrope (kanalbildende) Glutamatrezeptoren codiert. Geruchsrezeptoren dieses Typs (IR, ionotrope Rezeptoren) finden man auch in bestimmten Geruchsensillen von Fliegen (Sensilla coeloconica). Sie werden in ► Abschn. 10.6 beschrieben.

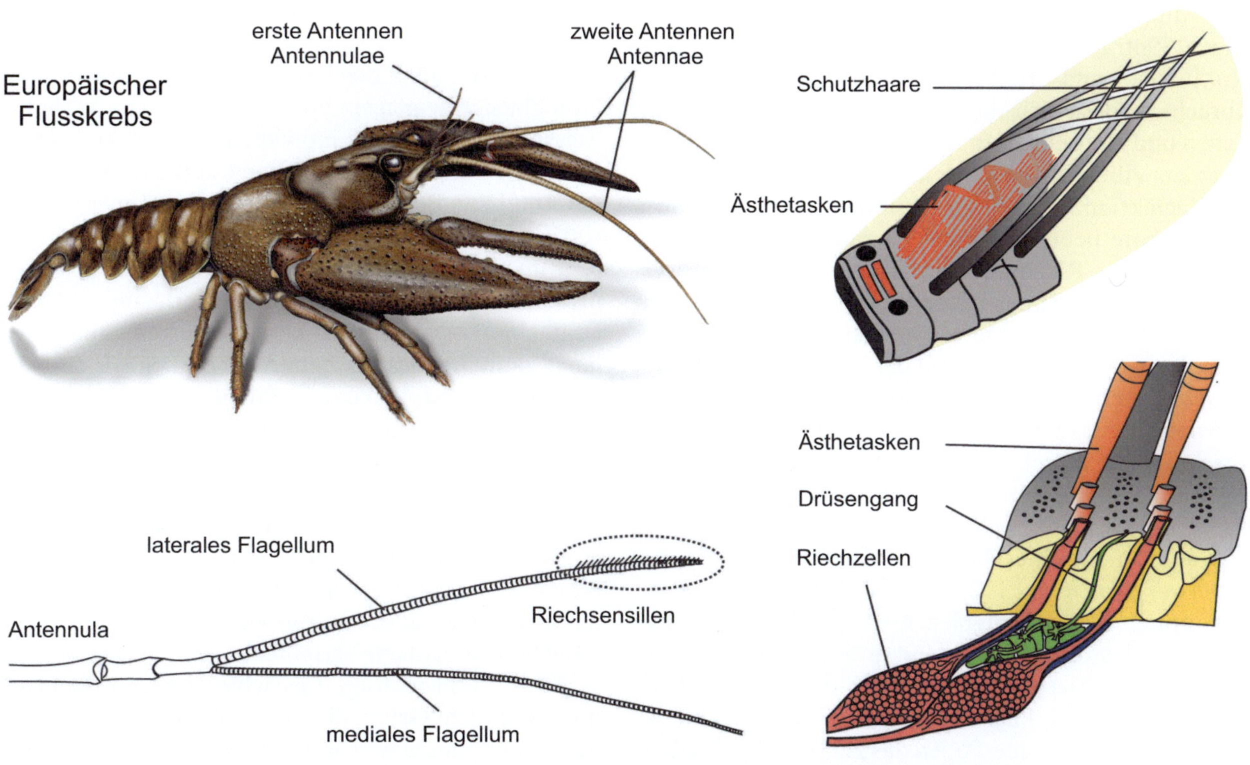

◘ **Abb. 10.10** Riechantennen des Europäischen Flusskrebses (*Astacus astacus*). *Links*: Auf den in zwei Flagellen geteilten Antennulae (dem kopfnah gelegenen ersten Antennenpaar) befinden sich Riechsensillen, die Ästhetasken. *Rechts*: Die Ästhetasken sind flüssigkeitsgefüllte Sensillen, in welche die Dendriten der Riechzellen hineinreichen, deren Zellkörper in Ganglien unterhalb der Ästhetasken liegen. Durch Poren in der dünnen Cuticula der Ästhetasken können Geruchsstoffe in die Sensillenlymphe gelangen und an die chemosensorischen Dendriten binden

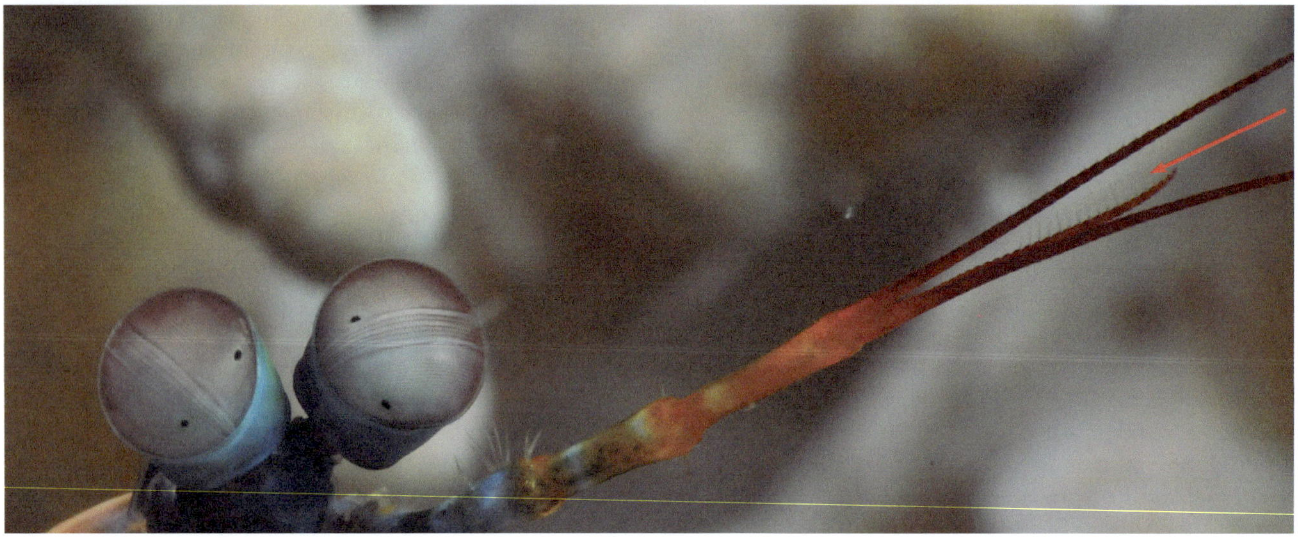

Abb. 10.11 In diesem Porträt eines Clown-Fangschreckenkrebses (*Odontodactylus scyllarus*) kann man an der kürzeren Flagelle der Antennula die Riechsensillen erkennen (*Pfeil*)

10.6 Riechen bei Insekten

Das immens vielgestaltige Reich der Insekten, das wir heute erforschen können, besteht im Wesentlichen schon seit 250 Mio. Jahren, und es hat davor schon eine Evolution von weiteren 200 Mio. Jahren durchlebt. Die ständige Anpassung an neue Lebensumstände über diese langen Zeiträume hinweg hat auch im Riechsystem strukturelle und funktionelle Eigenheiten hervorgebracht, sodass sich die Riechsysteme von Ameisen, Bienen und Heuschrecken heute deutlich unterscheiden. Trotzdem gibt es Gemeinsamkeiten, ähnliche Strategien zur Detektion und Geruchsunterscheidung sowie vergleichbare neuronale Prozesse zum Erwerb und zur Nutzung eines Riechgedächtnisses. Im Folgenden werden die Grundzüge der Riechsysteme von Insekten am Beispiel von zwei gut untersuchten Arten dargestellt, der Honigbiene *Apis mellifera* und der Taufliege *Drosophila melanogaster*. Die zentrale Verarbeitung der Riechinformation im Insektengehirn ist Thema des nächsten Abschnitts (▶ Abschn. 10.7) und ▶ Abschn. 10.8 behandelt die Vielfältigkeit von Riechsystemen im Insektenreich.

Karl von Frisch erläutert in seinem Buch *Aus dem Leben der Bienen* von 1927 Dressurversuche, aus denen hervorging, dass Honigbienen die Blütendüfte von Pflanzen erkennen, erlernen und unterscheiden können. Mithilfe ihres Riechsinnes kann sich die einzelne Biene auf eine bestimmte Pflanzenart spezialisieren, wenn das Angebot an Nektar und Pollen das zulässt. Die Tendenz zur „Blütenstetigkeit" optimiert für die Pflanze den Bestäubungsvorgang, denn sie wird häufiger von Bienen besucht, die den richtigen – den arteigenen – Blütenstaub bringen. Für die Biene ist es wohl auch von Vorteil, ihre Sammeltätigkeit auf gut bekannte Blüten zu konzentrieren. Denn dort muss sie nicht viel herumsuchen; sie weiß genau, wo sich der Nektar befindet. Und so überprüft sie den Blütenduft wie einen Personalausweis der Blüte, bevor sie mit dem Sammeln beginnt. Die Arbeiterinnen unter den Honigbienen zeigen eine ähnliche Detektionsempfindlichkeit für Blütendüfte wie Menschen. Ihr Riechorgan sind ihre beiden Fühler (Antennen) – auch das hat von Frisch herausgefunden. Honigbienen zeigen ein breites Spektrum an Verhaltensweisen, die häufig auf individuellen Lernprozessen der einzelnen Tiere beruhen. Bienen können ihr Verhalten aufgrund von Beobachtungen ändern, können neue Territorien erkunden und ihre Entdeckungen den Schwestern im Stock mitteilen, sie können aktuelle Erfordernisse der Kolonie erkennen und ihr Verhalten kontextabhängig planen. Und sie zeigen robustes und lange anhaltendes assoziatives Lernen. Eine solche Wendigkeit und Anpassungsfähigkeit des Verhaltens erwartet man eigentlich eher bei Säugetieren als bei einem Insekt. Erscheinen doch die Verhaltensmuster von Insekten im Allgemeinen stereotyp mit wenigen Möglichkeiten zur Änderung durch Lernprozesse. Bienen aber lernen neue Gerüche, lernen Gerüche zu bewerten, kombinieren olfaktorische mit anderen sensorischen Inhalten und nutzen diese multimodale Information zur Planung von sinnvollem Verhalten.

Die Taufliege folgt Geruchsspuren zu Nahrungsquellen und zu Orten, die für die Eiablage geeignet sind, und sie kommuniziert mit Artgenossen auch durch olfaktorische Signale. In Verhaltensexperimenten zeigt sie einen schnellen und zuverlässigen Umgang mit Riechsignalen in der klassischen Konditionierung, bei der ein bedingter Reiz mit einem unbedingten Reiz assoziiert wird. Die Fliegen lernen sehr schnell, einen Geruch mit einem aversiven oder attraktiven unbedingten Reiz (Elektroschock oder Zuckerlösung) zu assoziieren, und die bedingte Reaktion auf den Geruch kann zur Untersuchung der Gedächtnisbildung herangezogen werden. Die *Drosophila*-Genetik bietet zudem die Möglichkeit, gezielt in die molekularen Prozesse einzugreifen, die der Gedächtnisbildung zugrunde liegen. So ist die Taufliege heute ein wichtiger Modellorganismus für die Erforschung unterschiedlicher Gedächtnisformen, und ihr Geruchssinn wird für diese Zwecke häufig eingesetzt. Ihre relativ einfachen Verhaltensmuster sind dabei genauso von Vorteil wie die kurze Reproduktionszeit (neun Tage), die einfache Haltung vieler Fliegenlinien im Labor sowie die Verfügbarkeit einer großen, ständig wachsenden Anzahl von Genmutanten. Bienen und Fliegen haben die gleichen Komponenten des Riechhirns (▣ Abb. 10.12). Der auffälligste Unterschied ist die Größe. Das Gehirn der Taufliege hat einen Durchmesser von etwa 0,5 mm, das Bienengehirn ist viermal so groß. Aber die Verschaltungslogik zwischen Riechzellen, Antennalloben, Pilzkörpern und lateralen Hörnern ist wohl bei Biene und Fliegen die gleiche. Aus diesem Grund sind viele Erkenntnisse zwischen den beiden Tieren übertragbar, und zusammen liefern sie entscheidende Einblicke in die Funktionen des Riechsystems bei Insekten.

Honigbienen orientieren sich über weite Strecken hinweg hauptsächlich visuell, können jedoch auch Geruchsspuren im Wind folgen, und sie untersuchen jede Blüte mithilfe ihrer **Antennen (Fühler)**, sobald sie nah genug an die Pflanzen herangeflogen sind. Zudem ordnen vielfältige Geruchssignale das Zusammenleben des Bienenvolkes im dunklen Stock. Die Tiere müssen also in der Lage sein, ein breites Spektrum von Pflanzen- und Bienengerüchen zu detektieren und adäquat darauf zu reagieren. Die acht distalen Segmente der beiden Antennen – das Flagellum – bilden ein vielseitiges, polymodales Sinnesorgan, mit dem die Bienen alle notwendigen Informationen gewinnen können, und sie sind auch der Ort des Riechsinnes (▣ Abb. 10.13). Viele Riechzellen liegen unter den im Elektronenmikroskop auffälligen **Porenplatten (Sensilla placodea)**. Die Dendritenspitzen von fünf bis 35 Riechzellen reichen bei diesen Sensillen bis unter eine dünne, ovale, etwa 12 µm große Cuticulaplatte, die rundherum mit winzigen Schlitzen versehen ist. Duftstoffe gelangen durch diese Schlitze in die Sensillenlymphe und können so zu den Geruchsrezeptoren in der Dendritenmembran diffundieren und an diese binden. Die Bindung leitet den **Transduktionsprozess** ein, durch welchen das chemische Bindungssignal in eine elektrische Aktivität der Riechzelle umgesetzt wird. Wie das genau funktioniert, ist bei Bienen nicht wirklich verstanden. Die Ergebnisse von Forschungen an *Drosophila*-Riechzellen (s. u.) können aber bei der Erklärung helfen.

Die Antennen der Honigbiene sind mit Porenplatten dicht übersät; etwa 300 davon liegen in jedem der acht distalen Segmente, insgesamt etwa 2500 auf einer Antenne. Damit sind rund 50.000 Riechzellen in den Porenplatten aufgereiht. Dazu kommen noch etwa 3500 **Haarsensillen (*Sensilla trichodea*)**, unter denen neben den Riechhaaren auch Geschmackssensillen (Terminalborsten) sowie mechanosensitive Sensillen (Tasthaare, Hakenborsten) zu finden sind. Unter den Haarsensillen sind etwa 2100 Riechhaare (S. trichodea, Typ A), die bei den Arbeiterinnen etwa 17 µm lang und 3–5 µm dick sind. Sie enthalten jeweils fünf bis zehn Riechzellen und steuern damit etwa 15.000 Riechzellen pro Antenne zur sensorischen Ausstattung bei. Die vermutlich ebenfalls olfaktorischen **Riechkegel (Sensilla basiconica)** sind mit etwa 100 pro Antenne vertreten; sie enthalten vermut-

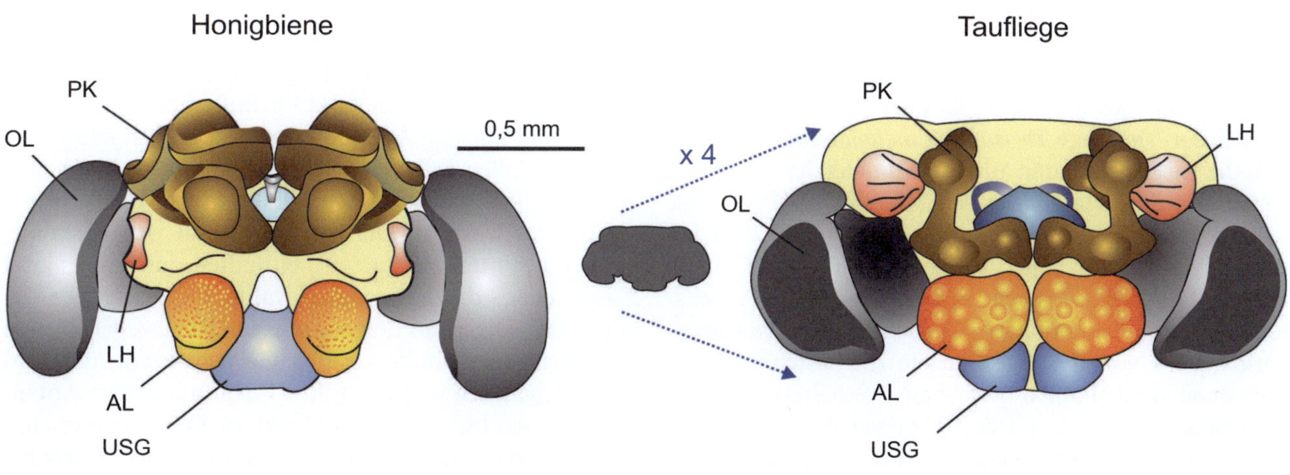

▣ **Abb. 10.12** Schematische Darstellung von Gehirnen der Honigbiene (*Apis mellifera*) und der Taufliege (*Drosophila melanogaster*). AL, Antennallobus; LH, laterales Horn; OL, optischer Lobus; PK, Pilzkörper; USG, Unterschlundganglion. Das Gehirn der Fliege ist gegenüber dem Bienengehirn vierfach vergrößert dargestellt

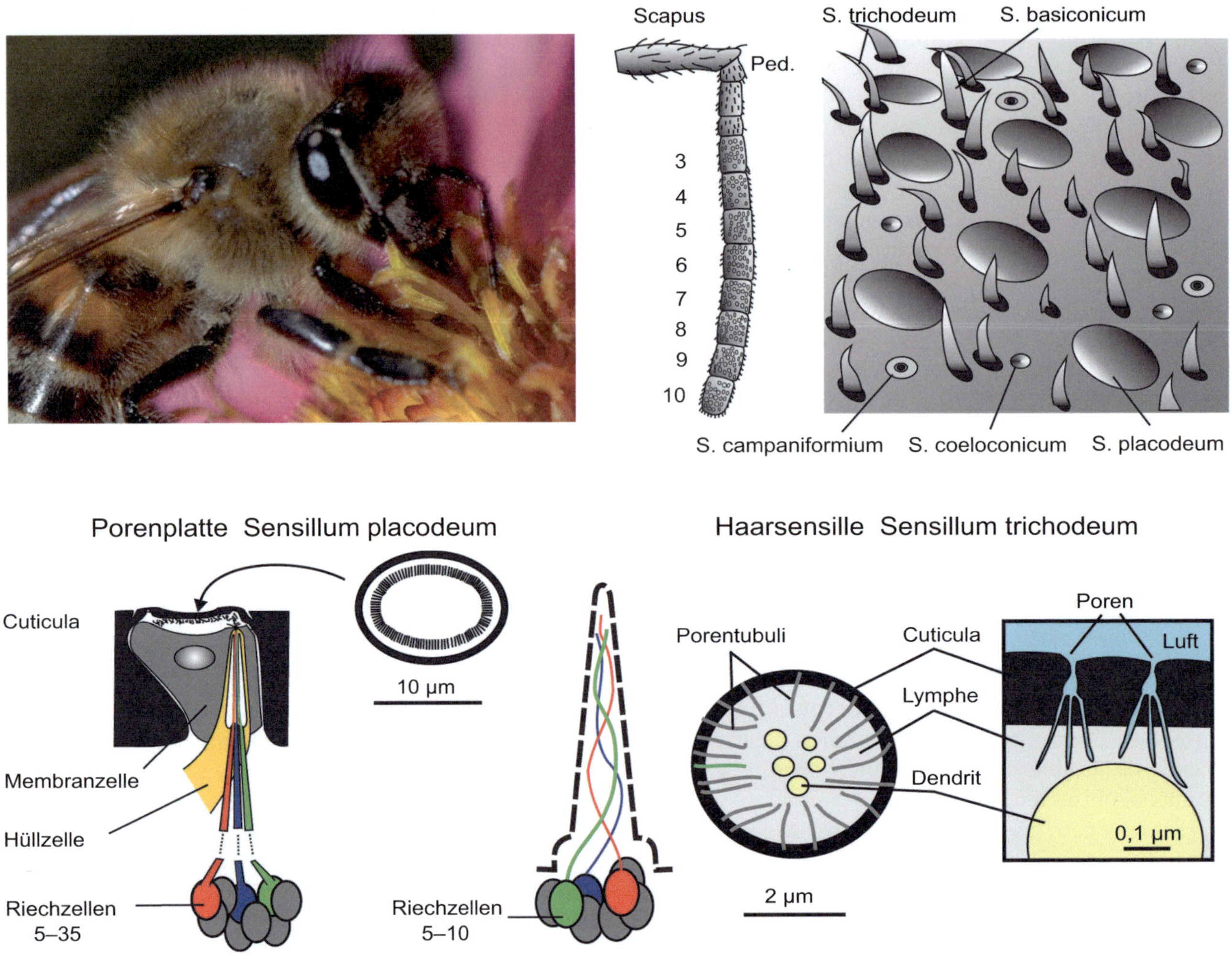

■ **Abb. 10.13** Die Fühler (Antennen) der Honigbiene (*Apis mellifera*). *Oben*: Schematische Darstellung von unterschiedlichen Sensillentypen auf den distalen Fühlersegmenten. *Unten*: Porenplatten und Haarsensillen enthalten die Dendriten von Riechzellen, zu denen Duftstoffe durch Poren in der Cuticula Zugang haben. Nach Gupta (1986); Lacher (1964)

lich jeweils nur zwei bis drei Riechzellen. Alle 65.000 Riechzellen einer Antenne schicken ihre Axone zum ipsilateralen Antennallobus, wo sie ihre Synapsen in 160 Glomeruli bilden. Jeder Gomerulus erhält damit Eingang von etwa 400 Riechzellaxonen (► Abschn. 10.7).

Bei der **Taufliege *Drosophila melanogaster*** befinden sich die Riechstrukturen auf den Funiculi der Antennen sowie auf den Maxillarpalpen (■ Abb. 10.14). Diese winzigen Strukturen sind dicht mit Riechsensillen besetzt, etwa 410 auf einem Funiculus und 60 auf einem Palpus. Die Riechsensillen zeigen eine gewisse Arbeitsteilung bei der Detektion von Geruchsstoffen. **Nahrungsgeruch** wird von den Riechkegeln (S. basiconica) auf Antennen und Palpen gerochen, verhaltenslenkende **Pheromone** dagegen von den Haarsensillen (S. trichodea). Grubenkegel (S. coeloconica) scheinen für die Detektion von Säuren, Aminen und Aldehyden angelegt zu sein – Verbindungen, die keine typischen Nahrungsgerüche sind, aber für Fliegen eine besondere Bedeutung haben können, beispielsweise **Ammoniak**, **Buttersäure** oder **Putrescin**, ein Diamin, das bei Fleischfäulnis auftritt. Alle Sensillen beherbergen nur wenige (eine bis vier) Riechzellen. Es gibt insgesamt etwa 1200 Riechzellen auf einer Antenne und 120 auf einem Palpus. Ihre Verteilung auf der Antenne ist genetisch festgelegt und daher bei allen Fliegen gleich. Die Haarsensillen liegen eher medial, die Riechkegel lateral, die Grubenkegel zentral dazwischen. Die Riechkegel auf den Maxillarpalpen („Unterkiefertaster") enthalten nur jeweils zwei Riechzellen, die nahrungsrelevante Geruchsstoffe detektieren. Die Funktionsweisen der Riechzellen in den Sensillen der Taufliege, ihre Geruchsrezeptoren und deren Liganden und auch ihre Verbindung zum Antennallobus sind weitgehend aufgeklärt. Die Fliege verfügt über zwei unterschiedliche Typen von Geruchsrezeptoren, Ors (olfaktorische Rezeptoren) und Irs (ionotrope Rezeptoren). Die ***Drosophila*-Ors** bilden eine Gruppe von 62 Proteinen, von denen in der Regel jeweils

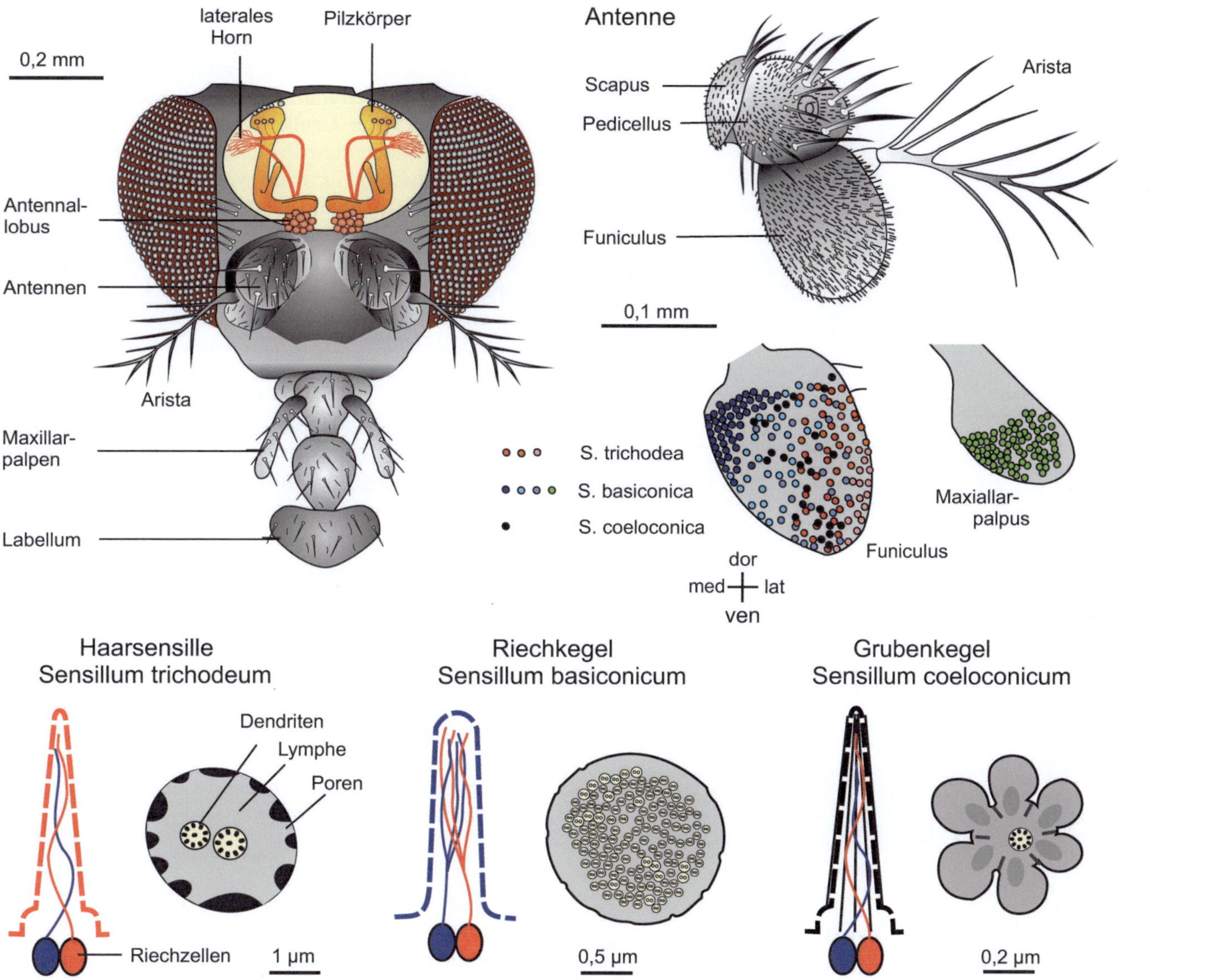

Abb. 10.14 Das Riechsystem der Taufliege *Drosophila melanogaster* mit Antennen, Maxillarpalpen und deren Lage unter den Strukturen des Riechhirns (*gelbes Oval*). *Oben rechts*: Eine Antenne mit der Verteilung chemosensorischer Sensillen auf dem Funiculus sowie den Sensilla basiconica auf einem Maxillarpalpus. *Unten*: Bauprinzip und Querschnitt von chemosensorischen Sensillen mit den Dendriten von Riechzellen. Nach Couto et al. (2005); Keene und Waddell (2007); Shanbhag et al. (1999)

eines in einer Riechzelle exprimiert wird. Es gibt aber auch Riechzellen mit bis zu drei unterschiedlichen Rezeptoren. Die Ein-Or-pro-Riechzelle-Regel ist nicht strikt eingehalten. Ors zeigen keine Sequenzhomologie zu den metabotropen Riechrezeptoren von *C. elegans* und den Wirbeltieren. Sie haben zwar auch sieben Transmembransegmente, ihre Membrantopologie ist aber denen der G-Protein-gekoppelten entgegengesetzt; bei den *Drosophila*-Ors liegen die N-terminalen Domänen intrazellulär und die C-terminalen außen (Abb. 10.15). Ebenfalls anders als bei Wirbeltieren ist die dimere Struktur der Rezeptoren. Alle Ors sind mit dem Protein Orco (für Or-Corezeptor; bei *Drosophila* auch Or83b bezeichnet) verbunden, das sowohl für den Einbau des Rezeptors in die Dendritenmembran der Riechzellen als auch für die Rezeptorfunktion gebraucht wird. Das Orco-Protein tritt bei vielen Insekten auf und stellt offenbar einen sehr ursprünglichen Chemorezeptor dar. Nach dem heutigen Verständnis wird das **Rezeptordimer Orx/Orco** durch Geruchsstoffe direkt geöffnet; es gibt kein vermittelndes G-Protein. Dieser direkte Öffnungsmechanismus ist schnell, läuft aber ohne den Verstärkungseffekt ab, der bei den Riechzellen der Wirbeltiere durch G-Proteine zustande kommt (▶ Abschn. 10.14). Das schnelle Riechen scheint für Insekten besonders wichtig zu sein. Die Ors befinden sich in den Riechzellen der Riechkegel und der Riechhaare und legen damit deren Geruchsselektivität fest.

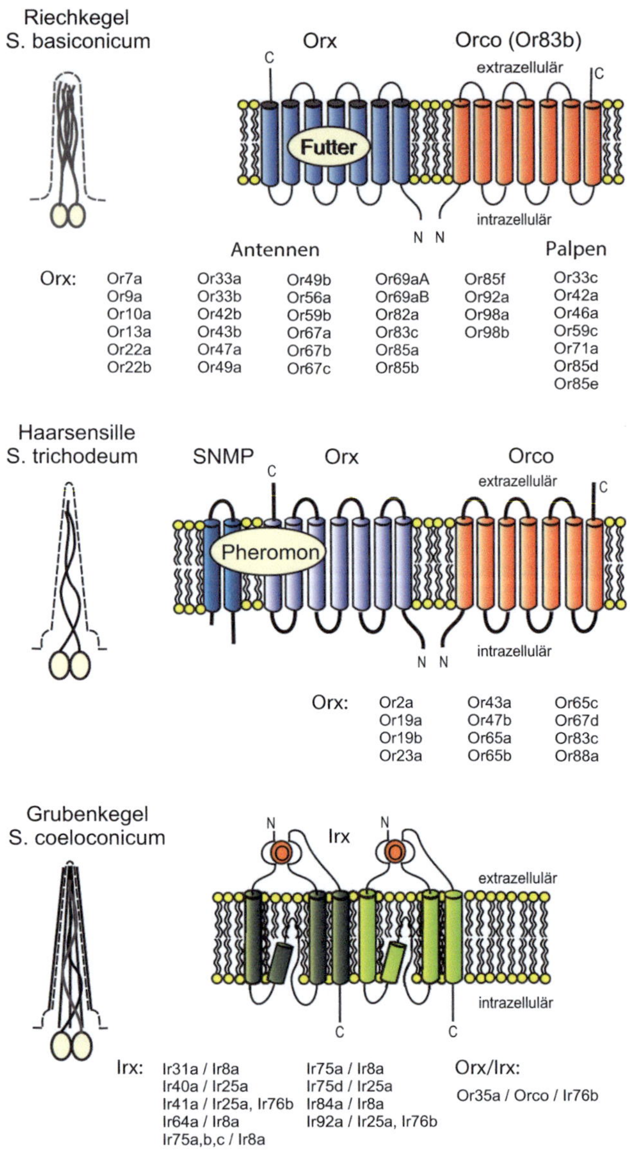

Abb. 10.15 Geruchsstoffrezeptoren in den unterschiedlichen Riechsensillen der Taufliege *Drosophila melanogaster*. Irx, ionotrope Rezeptoren; Orx, olfaktorische Rezeptoren; Orco, Or-Corezeptor; SNMP, *sensory neuron membrane protein*. Nach Münch und Galizia (2016)

Sie beeinflussen darüber hinaus aber auch die elektrischen Eigenschaften, insbesondere die Ruheaktivität der Riechzellen. Eine Zelle mit niedriger Ruheaktivität kann durch einen Geruchsstoff wirkungsvoll aktiviert werden, eine mit hoher Ruheaktivität wird bei Geruchsdetektion eher gehemmt. Für jeden der 62 Ors gibt es eine Gruppe von bis zu 50 Riechzellen, die auf mehrere Sensillen aufgeteilt sind. Das Expressionsmuster der Ors – also der Ort, an dem sich ihre Riechsensillen jeweils auf den Antennen und Palpen befinden – ist bei allen Taufliegen gleich. Es ist genetisch fixiert, sodass die Feinstruktur der Riechorgane bis hinunter auf die Ebene der Ors bei allen Taufliegen exakt identisch ist.

Die zweite Gruppe von Riechrezeptoren bilden bei *Drosophila* die **ionotropen Rezeptoren Irs**. Sie sind Abkömmlinge der ionotropen Glutamatrezeptoren, die ihre Fähigkeit zur Glutamatbindung verloren haben. In den Riechzellen der **Grubenkegel** (**S. coeloconica**) auf der Antenne bilden diese Proteine Rezeptorproteine, die durch Geruchsstoffe aktiviert werden können und dann einen Kationenkanal bilden (Abb. 10.15). Vermutlich lagern sich zwei bis vier unterschiedliche Ir-Untereinheiten zu einem heterotetrameren Proteinkomplex zusammen. Bisher sind 66 Ir-Gene bei *Drosophila* entdeckt worden, von denen mehrere in einer einzelnen Riechzelle exprimiert werden können. Für die Irs gilt offensichtlich nicht die Ein-Rezeptor-pro-Riechzelle-Regel. Zu den Verhaltensmustern, die mit Irs und der Reizung von Grubenkegeln in Verbindung gebracht werden, zählen Aspekte des männlichen Paarungsverhaltens, das Interesse an Ammoniak und die Scheu vor Säuren. Besonders interessant ist die Reaktion von Ir40a-exprimierenden Riechzellen auf verschiedene Insektenabwehrmittel wie beispielsweise Diethyltoluamid (DEET). Diese Riechzellen werden durch genau diejenigen Substanzen aktiviert, die als chemische Insektenabwehrmittel entwickelt worden sind. Werden die Ir40a-Rezeptoren durch eine RNAi-Behandlung ausgeschaltet, tolerieren die Fliegen die Abwehrmittel. Ir40a-exprimierende Riechzellen auf den Antennen vermitteln also einen aversiven Reiz, eine Information, die man für die Entwicklung neuer Insektenabwehrmittel nutzen kann.

10.7 Das Riechhirn der Insekten

Die Axone der Riechzellen ziehen als Antennennerv zu den Antennalloben. Dort enden sie in kugelförmigen Neuropilen, den Glomeruli (Knäuelchen), die hauptsächlich aus Nervenfasern bestehen und nur wenige Zellkörper enthalten. Jede der 65.000 Riechzellen der Biene (1300 bei *Drosophila*) leitet ihr Signal in einen Glomerulus im ipsilateralen Antenallobus. Meist besteht auch eine Kreuzung (Kommissur) zum kontralateralen Antennallobus, sodass jede Antenne jeweils beide Loben mit Riechsignalen versorgt. Dabei kommt es zur Sortierung der Axone entsprechend ihrer Geruchsstoffselektivität. Axone von Riechzellen, die den gleichen Geruchsstoffrezeptor exprimieren, werden in die gleichen Glomeruli geführt. Etwa 400 Riechzellen mit gleicher Geruchsstoffselektivität kommen so in einem Glomerulus zusammen. Die Glomeruli sind damit ein **Ort der Konvergenz**, deren Zweck es ist, die chemosensorische Information räumlich zu ordnen. Die Riechzellaxone bilden in den Glomeruli Synapsen sowohl mit Projektionsneuronen als auch mit lokalen Neuronen (Abb. 10.16), ihr Neurotrans-

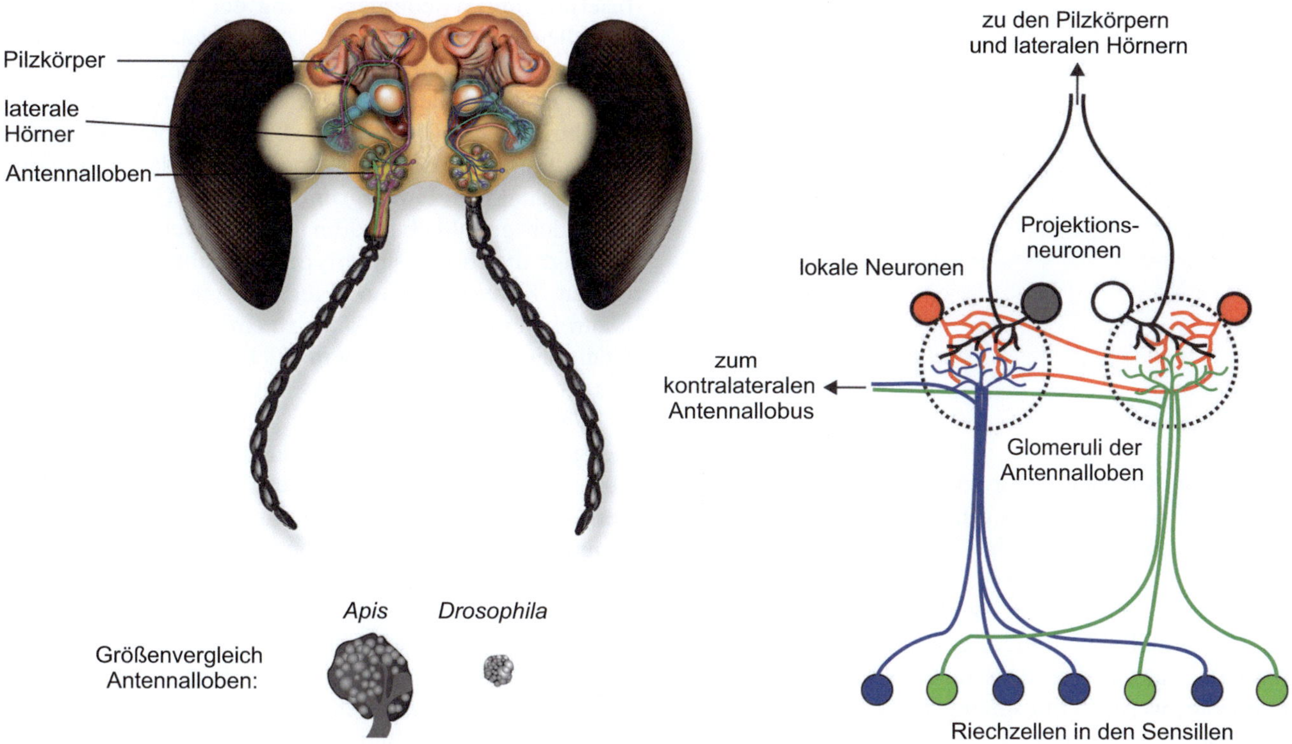

Abb. 10.16 Antennalloben bei der Honigbiene (*Apis mellifera*) und der Taufliege (*Drosophila melanogaster*). *Links*: Übersicht über die Riechbahn und die Lage der Antennalloben an der Basis der Antennen. *Rechts*: Konvergenz mehrerer Riechzellen gleicher Selektivität auf ein Glomerulus und Verschaltung mit lokalen Neuronen und Projektionsneuronen

mitter ist wahrscheinlich Acetylcholin. Die deutlichsten Unterschiede zwischen den Antennalloben von Honigbienen und Taufliegen sind der Größenunterschied und die unterschiedliche Anzahl von Glomeruli (Biene: 160, Fliege: 50). Bei der Biene entspricht die Zahl der Glomeruli der Zahl der identifzierten Geruchsrezeptorgene, sodass man annehmen kann, dass jeder Glomerulus diejenigen Signale verarbeitet, die durch die Aktivierung *eines* bestimmten Rezeptortyps ausgelöst worden sind. Bei der Fliege gibt es mehr Geruchsrezeptortypen als Glomeruli; eine Doppelbelegung einiger Glomeruli ist also zu erwarten. Bei der Fliege gilt auch nicht durchgängig die Ein-Rezeptor-pro-Riechzelle-Regel – einige Riechzellen exprimieren zwei oder drei Rezeptoren. Für jeden einzelnen Glomerulus der Taufliege ist die Zuordnung von Riechzellen und der darin exprimierten Geruchsrezeptoren bekannt. Für die Biene liegen diese Daten nicht vor.

Die Antennalloben erfüllen bei den Insekten die gleiche Funktion wie der Riechkolben bei den Säugetieren (▶ Abschn. 10.15) – die räumliche Ordnung der Riechinformation. Allerdings bildet die Verbindung zwischen Sensillen und Glomeruli ein starres, im letzten Entwicklungsstadium der Fliege festgelegtes System. Säugetiere, deren Lebenszeit wesentlich länger ist als das ihrer Riechzellen, müssen kontinuierlich neue Riechzellen aus Stammzellen herstellen, in das Riechepithel eingegliedern und mit den Glomeruli verbinden. Auch der Riechkolben wird beständig durch adulte Neurogenese umgebaut (▶ Abschn. 10.18). Solche Riechsysteme sind mithin dynamisch und in einem gewissen Grad individuell. Dahingegen sind bei Insekten die Positionen jeder Riechzelle auf den Antennen und die Lage aller Glomeruli in den Atennalloben – wie auch die Verbindungen zwischen beiden – genetisch fixiert und bei allen Individuen exakt gleich. Das **Riechsystem der Insekten ist stereotyp organisiert**, und die räumliche Organisation ist zwischen einzelnen Tieren identisch. So exprimiert beispielsweise bei jeder Taufliege die Riechzelle at2B (es handelt sich um das Neuron **B** in der S. **t**richoidea Nr. **2** auf der **A**ntenne) das Geruchsrezeptordimer Or23a/Orco. Diese Zelle schickt ihr Axon in den Glomerulus DA3 und reagiert auf den Geruchsstoff 1-Pentanol – und das bei allen *Drosophila*-Individuen.

Das sensorische Signal wird im Antennallobus durch ein komplexes Netzwerk aus lokalen Neuronen (Interneuronen) bearbeitet, unter denen es sowohl hemmende als auch aktivierende gibt. Die Zahlenverhältnisse der beteiligten Neuronen sind dabei recht unterschiedlich (◘ Tab. 10.2).

Tab. 10.2 Vergleich der ungefähren Zellzahlen in einem Antennallobus von Honigbiene (*Apis mellifera*) und Taufliege (*Drosophila melanogaster*)

	Apis mellifera	*Drosophila melanogaster*
Glomeruli	160	50
angeschlossene Riechzellen	65.000	1300
lokale Neuronen	4000	200
Projektionsneuronen	900	150

Die sensorische Information wird nicht einfach durch die Antennalloben durchgeleitet. Sie durchläuft vielmehr mehrere wichtige Bearbeitungsschritte auf ihrem Weg durch die Glomeruli. So kann bei starker Stimulation der Riechzellen (bei hoher Geruchsintensität) der Antennallobus durch eine **Signaldämpfung** verhindern, dass die nachgeschalteten neuronalen Netze überlastet werden. Ein solcher Effekt kann durch präsynaptische Hemmung der Axonterminale von Riechzellen erreicht werden. Signaldämpfung ist nur schwach bei geringer Geruchsintensität, wird aber bei zunehmender Geruchsintensität immer effektiver. Durch diese Intensitätsabhängigkeit kommt es zu einer **Vergrößerung des dynamischen Bereichs** des Riechsystems. Reagieren beispielsweise die Riechzellen auf einen bestimmten Geruch nur über einen Konzentrationsbereich von zwei Größenordnungen mit einer gestuften Zunahme der Feuerfrequenz, ist bei den angeschlossenen Projektionsneuronen der Bereich auf vier Größenordnungen aufgeweitet. Zur **Einstellung der Reaktionsempfindlichkeit** von Projektionsneuronen wird deren elektrische Erregbarkeit reguliert. Dazu kann ein erregendes lokales Neuron das Membranpotenzial eines Projektionsneurons nahe an der Auslösungsschwelle für Aktionspotenziale halten. In diesem Zustand reagiert das Projektionsneuron mit höchster Empfindlichkeit auf afferente Signale. Die Empfindlichkeit kann im Rahmen von Lernprozessen verstellt werden. Beispielsweise bewirkt bei Bienen ein kurzer Kontakt mit einem Geruch eine Verstärkung der Reaktion auf den gleichen Geruch über mehrere Minuten hinweg. Diese Art von Kurzzeitgedächtnis kann beim Verfolgen einer Geruchsfährte hilfreich sein. Sie beruht auf der **Plastizität der neuronalen Verarbeitung** und kann durch Neuromodulatoren wie Octopamin vermittelt werden. Zudem kann in den Antennaloben dem Geruchssignal eine **zeitliche Struktur** aufgeprägt werden. Bei Insekten, die sich an den intermittierenden Signalen orientieren müssen, die von im Wind verwirbelten Geruchschwaden ausgehen, ist die rasche Abfolge von Aktivierung, Desensitisierung und Wiederherstellung der Erregbarkeit von grundlegender Bedeutung. Zur **Schärfung der Detektionsgenauigkeit** können lokale Neuronen die Signalweitergabe in anderen Glomeruli inhibieren. Dazu werden besonders Neuronen im Signalweg von ähnlichen Geruchsstoffen gehemmt, sodass sich das dominante Riechsignal vom Hintergrund ähnlicher Geruchssignale besonders gut abheben kann (Kontrastverstärkung). Begünstigt durch die stereotype Verdrahtung der Zellen führen Konvergenz und gegenseitige Hemmung der Neuronen im Antennallobus zu einer **kombinatorischen Codierung der Geruchsqualität**: Jedes Geruchsignal erzeugt ein charakteristisches Aktivitätsmuster im Antennallobus, und diese Muster sind bei den Tieren einer Art weitgehend gleich. Die Aktivitätsmuster sind eine räumliche Darstellung der chemischen Information. Nach der Bearbeitung in den Antennalloben ist das Riechsignal damit sowohl räumlich als auch zeitlich geordnet. In dieser Form kann es von den nächsten Stationen im Nervensystem ausgewertet werden. Die Ausgangsneuronen der Antennalloben sind die **Projektionsneuronen**, die das vorbearbeitete Signal zu den Pilzkörpern und zu den lateralen Hörnern des Protocerebrums leiten. Die meisten Projektionsneuronen sind **uniglomerulär** – sie beziehen ihre Signale aus nur einem einzigen Glomerulus, und sie leiten ihre Information zu den Pilzkörpern und den lateralen Hörnern. Es gibt aber auch **polyglomeruläre** Projektionsneuronen, die mit mehreren Glomeruli verbunden sind und eine Art Übersicht der Aktivität in den Antennalloben erstellen können. Dieses Signal wird fast ausschließlich in die lateralen Hörner geliefert. Man nimmt an, dass diese Aufteilung des Informationsflusses mit den unterschiedlichen Aufgaben von Pilzkörpern und lateralen Hörnern zu tun hat. Mit den Pilzkörpern analysiert die Biene die Identität von Duftstoffen und lernt, deren Wichtigkeit zu beurteilen. Die lateralen Hörner dienen dazu, eine sinnvolle Entscheidung über den Umgang mit den Riechobjekten zu finden.

Riechen besteht für eine Biene zum großen Teil aus dem Wiedererkennen von bekannten chemischen Signalen und der Zuordnung dieser Signale zu sinnvollen Verhaltensweisen. Verspricht der eine Geruch eine ergiebige Nektarquelle, bestätigt der andere, dass eine Artgenossin zum eigenen Volk gehört, während ein dritter Geruch Gefahr ankündigt. In jedem Fall weiß die Biene, was sie da riecht; sie hat gelernt, was die Gerüche bedeuten. Sie besitzt eine umfangreiche Datenbank, einen Speicher voll relevanter chemosensorischer Information, ein **Geruchsgedächtnis**, auf das sie schnell und zuverlässig zugreifen kann. Die beiden Pilzkörper (Corpora pedunculata), die bei der Biene einen großen Teil des vorderen Gehirns einnehmen (◘ Abb. 10.17) spielen eine zentrale Rolle beim olfaktorischen Lernen. Pilzkörper sind besonders bei Honigbienen auffällig groß und weisen

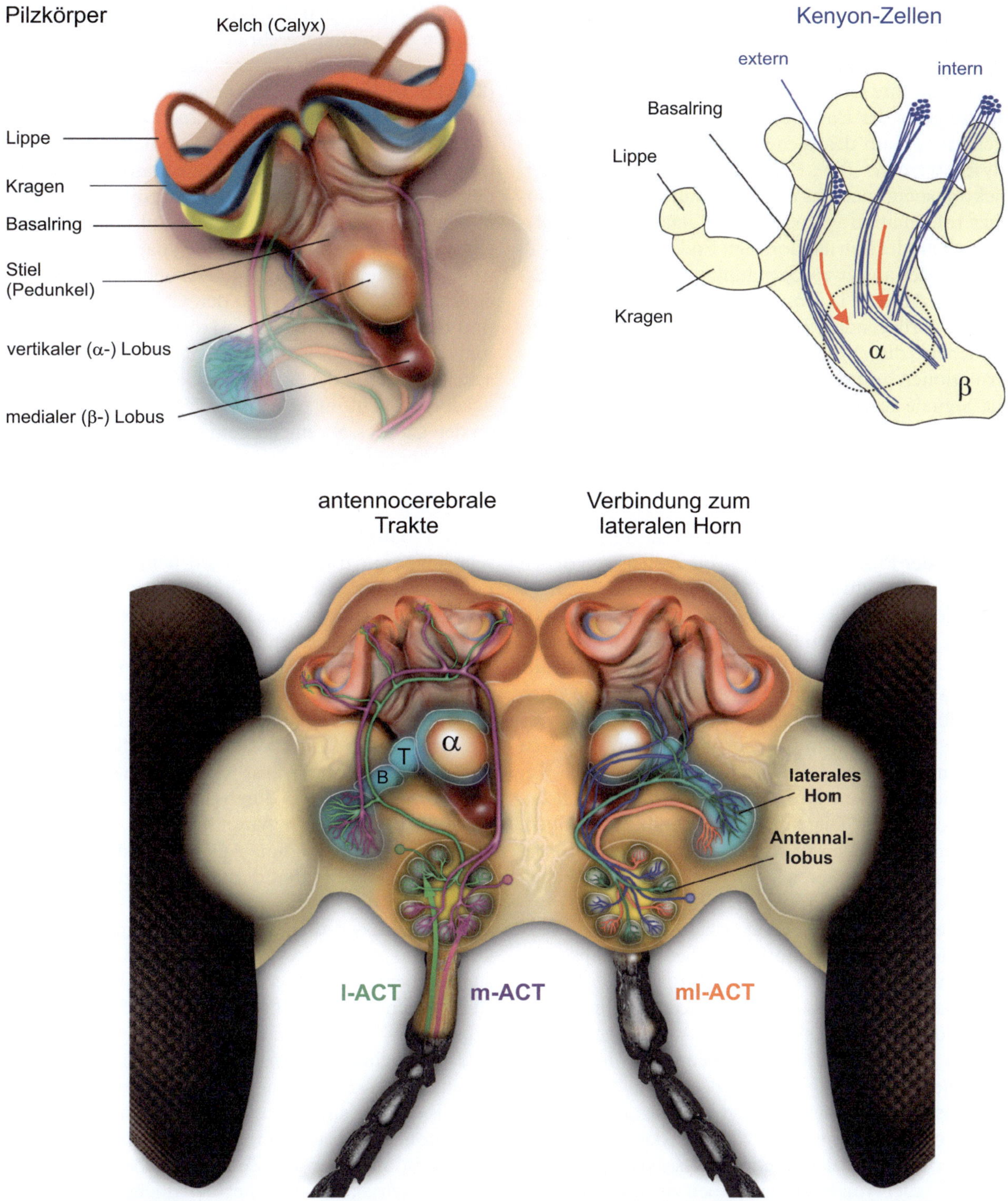

Abb. 10.17 Pilzkörper und antennocerebrale Verbindungen bei der Honigbiene (*Apis mellifera*), dargestellt für jeweils eine Seite des Gehirns. *Oben links*: Schematischer Aufbau eines Pilzkörpers einer Honigbiene. Lippe und Basalring des Kelches gehören zur Riechbahn. *Oben rechts*: Die Kenyon-Zellen nehmen Signale aus den Antennalloben auf und leiten die Riechinformation durch den Stiel in die Loben. *Unten*: Übersicht der gegenläufigen Verbindungen von den Antennalloben zu den Pilzkörpern und lateralen Hörnern durch die medialen und lateralen antennocerebralen Trakte (m-ACT und l-ACT). Zusätzlich zu den geruchsinduzierten Signalen von Projektionsneuronen, welche über die m-ACT und l-ACT eintreffen, leiten die mediolateralen antennocerebralen Trakte (ml-ACT) Signale von multiglomerulären Projektionsneuronen (*rot*) aus den Antennalloben in die lateralen Hörner. Auch neuronale Signale aus den Pilzkörpern werden durch die vertikalen α-Loben über Triangel (T) und Brücke (B) den lateralen Hörnern zugeleitet. Nach Galizia und Rössler (2010); Avarguès-Weber und Giurfa (2013); Brill et al. (2013)

Strukturunterschiede auf zwischen Arbeiterinnen und Drohnen wie auch zwischen den Bienen unterschiedlicher Kasten. Sie dienen als **Integrationszentrum** für olfaktorische, visuelle und mechanosensorische Information. Und ihre Größe entspricht wohl ihrer zentralen Bedeutung bei der Entzifferung der komplexen Signalsprache innerhalb des Bienenvolkes. Für die Geruchsanalyse werden die Pilzkörper direkt von den Projektionsneuronen aus den Antennalloben mit sensorischer Information versorgt. Der Eingang zu den Pilzkörpern befindet sich am dorsalen Ende, auf dem „Hut" des Pilzes, der aus zwei sogenannten Kelchen (Calyces) besteht (◘ Abb. 10.17, *oben*). Jeder Kelch wird aus drei übereinanderliegenden, ringförmigen Wülsten gebildet, von denen die Lippe und der Basalring Riechinformationen aufnehmen, während der Kragen für visuelle Signale reserviert ist. Der Informationsfluss verläuft dann nach unten (ventralwärts) durch den dicken Stiel (Pedunkel) des Pilzkörpers hin zu zwei Loben, einem vertikalen α-Lobus und einem medialen β-Lobus, die als Verrechnungs- und Ausgabestationen dienen. Die Kelche fungieren als eine Art Podest für die intrinsischen Neuronen der Pilzkörper, die **Kenyon-Zellen**, von denen jeder Pilzkörper etwa 180.000 beinhaltet. Die meisten davon, die internen (Typ-1-) Kenyon-Zellen, liegen extrem dicht gepackt in den Kelchschalen, welche sie selbst aus dem Netzwerk ihrer Dendriten bilden, sowie auf dem Schalenrand. Manche Kenyon-Zellen liegen auch außerhalb der Kelche, die externen (Typ-2-) Zellen, auf Englisch wegen krallenförmiger Strukturen in ihren Dendriten als *clawed Kenyon cells* bezeichnet. Alle Kenyon-Zellen schicken ihre Axone in dicken parallelen Bündeln durch den Stiel hinunter zu den beiden Loben. Die Axone verzweigen sich dann in die vertikalen und medialen Loben. Im Bereich von Stiel und Loben haben die Kenyon-Zellen synaptischen Kontakt mit extrinsischen Neuronen, den Ausgangsneuronen des Pilzkörpers. Der Neurotransmitter an diesen Synapsen ist bisher unbekannt. Erkenntnisse von *Drosophila*-Pilzkörpern lassen aber erwarten, dass Acetylcholin das Signal von den Kenyon-Zellen auf die Ausgangsneuronen überträgt. Über die extrinsischen Neuronen sind die Kenyon-Zellen mit verschiedenen Bereichen des Protocerebrums verbunden und können über die anterior-dorsale Protocerebralkommissur mit dem kontralateralen Pilzkörper kommunizieren. Die extrinsischen Neuronen projizieren auch von Stiel und Loben zurück in die Calyces und können auf diese Weise Rückkopplungssignale vom Ausgang des Pilzkörpers zu seinem Eingang leiten. Insgesamt betrachtet sind die Pilzkörper komplexe neuronale Strukturen, in denen assoziative Prozesse wie das Erkennen, Erinnern und Bewerten von Geruchsinformationen geleistet werden.

Der Weg der sensorischen Information von den Antennalloben zu den Pilzkörpern verläuft durch zwei Bahnen des **antennocerebralen Trakts (ACT)**, einer medialen (m-ACT) und einer lateralen (l-ACT) Bahn (◘ Abb. 10.17, *unten*). In der englischsprachigen Literatur werden die beiden Bahnen auch anders bezeichnet: *i-ACT* (*inner*) entspricht hier der medialen Bahn, *o-ACT* (*outer*) der lateralen Bahn. Beide Bahnen werden von den Axonen der uniglomerulären Projektionsneuronen in den Antennalloben gebildet, die auf den Kenyon-Zellen wahrscheinlich cholinerge Synapsen bilden. Das m-ACT-System führt etwa 400 Axone aus den ventralen Antennalloben zunächst zu den Calyces der Pilzkörper und danach zu den lateralen Hörnern. Das l-ACT-System dagegen sammelt die etwa 500 Axone aus den dorsalen Glomeruli der Antennalloben und leitet sie in umgekehrter Richtung: erst zu den lateralen Hörnern, dann zu den Calyces. So entsteht ein gegenläufiger Signalfluss in den beiden ACT-Bahnen. Es scheint, dass die beiden parallelen Bahnen unterschiedliche Informationen über die gleichen Gerüche befördern. Während über die m-ACT-Bahnen hochspezifische Geruchsinformation relativ langsam transportiert wird, liefern die l-ACT-Bahnen ungenauere, aber dafür schnellere Informationen. So ist die eine Hälfte des ACT-Systems auf die Identifizierung der Geruchsqualität spezialisiert und die andere auf die Bestimmung des Detektionszeitpunkts. Eine solche **parallele Informationsverarbeitung** von mehreren Aspekten des gleichen Objekts ist eine wichtige Strategie in neuronalen Systemen. Sie ist vergleichbar der parallelen Verarbeitung von Identität und Standort eines Objekts durch die P- und M-Systeme des visuellen Systems (▶ Abschn. 7.14). Parallele Verarbeitung beschleunigt die Auswertung der sensorischen Information und erhöht dadurch die Leistungsfähigkeit eines Sinnessystems.

Im Riechsystem der Taufliege vermitteln die Pilzkörper das assoziative Lernen in Konditionierungsversuchen, bei welchen Gerüche als neutrale oder bedingte Reize dienen. Auffällig ist die Aufgliederung des Pilzkörper-Neuropils in fünf Loben, die mit α, α′, β, β′ und γ bezeichnet werden (◘ Abb. 10.18). Je nachdem, in welche dieser Loben sie projizieren, werden auch die 2500 Kenyon-Zellen jedes Pilzkörpers in α/β-, α′/β′- und γ-Neuronen eingeteilt. Gezielte genetische Eingriffe in die Funktion dieser drei Zelltypen haben Hinweise darauf erbracht, dass sie unterschiedliche Funktionen in den verschiedenen Phasen der Gedächtnisbildung ausüben. So sind die α/β-Kenyon-Zellen an jeder Art der Gedächtnisbildung beteiligt, sind aber insbesondere für das **Langzeitgedächtnis** unabdingbar. Die α′/β′-Neuronen werden dagegen für eine bestimmte Art des **Kurzzeitgedächtnisses** gebraucht, das über maximal

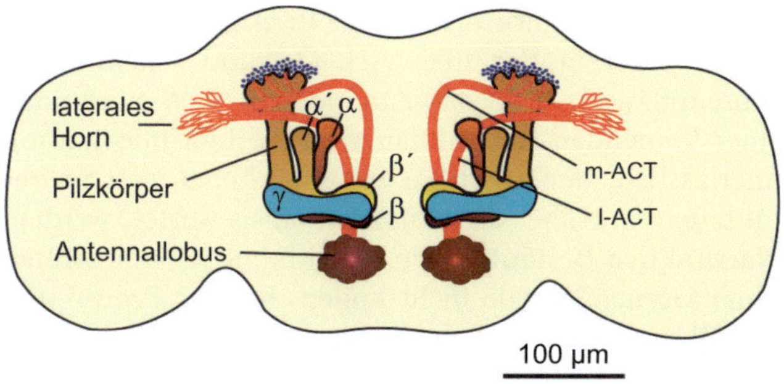

Abb. 10.18 Die Komponenten des Riechhirns der Taufliege *Drosophila melanogaster*. Riechsignale aus den Antennalloben erreichen die lateralen Hörner sowie die Kenyon-Zellen (*blau*) an den dorsalen Eingängen zu den Pilzkörpern durch die medialen und lateralen antennocerebralen Trakte (m-ACT, l-ACT). Die Kenyon-Zellen leiten die Information an insgesamt fünf Loben (α, α′, β, β′, γ), welche unterschiedliche Gedächtnisfunktionen vermitteln

90 min nachweisbar ist. Und die γ-Neuronen schließlich detektieren das zeitliche Zusammenfallen – **die Koinzidenz** – von bedingtem und unbedingtem Reiz bei der Konditionierung. Im Unterschied zum Riechhirn der Honigbiene ist die Verbindung von Antennalloben zu den Pilzkörpern bei der Taufliege nicht gegenläufig organisiert. Alle 2500 Kenyon-Zellen eines Pilzkörpers werden von den 150 Projektionsneuronen aus dem ipsilateralen Antennallobus versorgt. Dabei hat jedes Projektionsneuron Synapsen auf mehreren Kenyon-Zellen, und jede Kenyon-Zelle ist mit mehreren Projektionsneuronen verbunden. Auf diese Weise wird ein relativ einfaches Aktivitätsmuster der 50 Glomeruli im Antennallobus in ein weit komplexeres Aktivitätsmuster der Kenyon-Zellen im Pilzkörper umgesetzt. Und jedes durch einen Geruch ausgelöste Aktivitätsmuster kann durch synaptische Plastizität verändert werden und damit eine andere Wertung erfahren. Wird ein Geruch mit einer Belohnung assoziiert, wird sein Aktivitätsmuster in den Pilzkörpern verstärkt; der neutrale Reiz wird zum bedingten Reiz. Dieser Lernprozess kann zur Speicherung im Kurz-, Mittel- und Langzeitgedächtnis führen, je nach den Umständen der Konditionierung. In jedem Fall aber sind die Pilzkörper an diesem Prozess beteiligt.

Für die Bienen und Fliegen ist die entscheidende Leistung des Riechsystems nicht das Erkennen oder Wiedererkennen eines Geruchs. Wichtiger ist, dass die sensorische Information das richtige – das selbst- und damit arterhaltende – Verhalten auslöst. Bei Insekten bestehen Verhaltensentscheidungen oft aus der Wahl zwischen zwei Optionen: sich annähern oder nicht, einer Duftspur folgen oder nicht, eine Nahrung aufnehmen oder nicht, sich paaren oder nicht, Eier ablegen oder nicht, das eine oder das andere. Man sollte erwarten, dass im Nervensystem der Insekten eine Art Schalter existiert, der aufgrund der sensorischen Information jeweils die eine oder die andere Option freigibt und damit die binäre Entscheidung fällt. Es liegen stichhaltige Hinweise dafür vor, dass dieser Schalter von den **lateralen Hörnern** (Abb. 10.17) des Protocerebrums gebildet wird. In dieser Struktur hat man Zellen gefunden, die ausschließlich auf verhaltenslenkende Geruchsstoffe (Pheromone) reagieren, die ja im Allgemeinen stereotype Verhaltensmuster auslösen (▶ Kap. 8). Man nimmt an, dass manche angeborene – also lernunabhängige – Reaktionen auf Geruchsstoffe hier eingeleitet werden. Aber auch gelernte Gerüche wie der Nahrungsduft können stereotype Verhaltensmuster auslösen, denen eine Bewertung des Geruchs als attraktives Signal zugrunde liegt. Solche Bewertungen werden offenbar in den lateralen Hörnern getroffen. Es wird vermutet, dass diese Strukturen die **Bedeutung eines jeden Geruchs** für das Tier ermitteln. Dazu wird jeder Geruch einer von wenigen Kategorien zugeordnet, beispielsweise der Kategorie „Nahrung" oder der Kategorie „Schadstoff". Alle Gerüche, die in der ersten Kategorie landen, verursachen appetitives Verhalten, alle in der zweiten Kategorie lösen aversives Verhalten aus. Die lateralen Hörner führen damit von der chemischen Analyse zum Verhalten.

Die lateralen Hörner erhalten die chemosensorische Information über mehrere Kanäle. Beide antennocerebrale Trakte, m-ACT und l-ACT, enden in diesen Zentren (Abb. 10.17, *unten*) und liefern die Primärsignale aus den uniglomerulären Projektionsneuronen der Antennalloben ab. Dazu kommen Verbindungen mit den externen Neuronen der Pilzkörper, durch die den lateralen Hörnern Gedächtnisinhalte zugänglich sind. Schließlich erreichen die Signale der **multiglomerulären Projektionsneuronen** über den gesonderten mediolateralen antennocerebralen Trakt (**ml-ACT**) die lateralen Hörner (Abb. 10.17, *unten*). Diese Projektionsneuronen erhalten in den Antennalloben Eingänge von mehreren Glomeruli, und sie erreichen nicht die Kenyon-Zellen in den Kelchen der Pilzkörper. Stattdessen greifen sie vor allem inhibitorisch in die Netzwerkaktivität der lateralen Hörner ein – wahrscheinlich vermittelt durch inhibitorische Interneuronen – und bestimmen damit das Ergebnis der Bewertung und Kategorisierung. Die lateralen Hörner bilden aber auch ein polymodales Integrationszentrum. So erhalten sie Eingänge aus dem visuellen System sowie Informationen über die Temperatur und über mechanische Reize, die auf diesem Weg ebenfalls zur Motivationsbildung beitragen können.

10.8 Die Geruchswelt der Insekten

Insekten leben in einer Umwelt mit zahllosen Geruchsstoffen. Eine kaum zu erfassende Vielzahl flüchtiger Substanzen wird mit der Luft transportiert und erreicht die Antennen der Insekten. Verhaltensbeobachtungen zeigen, dass ganz unterschiedliche Aspekte im Leben von Insekten durch Gerüche gesteuert werden. Während die Riechsysteme der Insekten neuroanatomisch ähnlich angelegt sind – Riechsensillen auf Antennen und Palpen, Antennalloben, Pilzkörper, laterale Hörner –, unterscheiden sich die **arteigenen Geruchsspektren** grundlegend voneinander. Was eine Insektenart riechen kann, ist das Ergebniss evolutionärer Anpassungen an die Nahrungsquellen. Viele Insekten finden ihre Nahrung, indem sie Geruchsfährten folgen, welche sie zu Futterpflanzen, zu Wirtstieren oder zu Aas leiten. Die Riechsysteme sind entsprechend angepasst, und was das eine Insekt mit großer Empfindlichkeit detektiert, kann das andere überhaupt nicht riechen. Die genaue Bedeutung von Gerüchen für die einzelnen Arten und die Anpassungen ihrer Riechsysteme an ihren Lebensraum sind das Forschungsgebiet der **chemischen Ökologie**. Erkenntnisse über die Riechfähigkeit von Insekten dienen nicht nur dazu, die Lebensweise dieser Tiere zu verstehen. Sie spielen auch eine wichtige Rolle bei der Suche nach Strategien zur Insektenbekämpfung, beispielsweise zur Eindämmung von Stechmücken, die Malaria (Vektor: *Anopheles gambiae*) und Gelbfieber (Vektor: *Aedes aegypti*) verbreiten, wie auch der heimischen Gemeinen Stechmücke (*Culex pipiens*; ◘ Abb. 10.19). Weibliche Stechmücken benötigen eine Blutmahlzeit zur Fortpflanzung und werden durch den Geruch von warmblütigen Tieren einschließlich des Menschen angezogen. Dieses chemotaktische Verhalten beruht einerseits auf der Detektion von CO_2 in der Atemluft der Wirtstiere, andererseits auf der Fähigkeit der Stechmücken, körpereigene Geruchsstoffe zu erkennen, die von warmblütigen Tieren infolge der Aktivität ihres Hautmikrobioms abgegeben werden. Die Fähigkeit, Wirtstiere zu riechen, haben nur die weiblichen Stechmücken. Nach Pflanzengerüchen können sich beide Geschlechter orientieren, denn sie ernähren sich auch von Nektar.

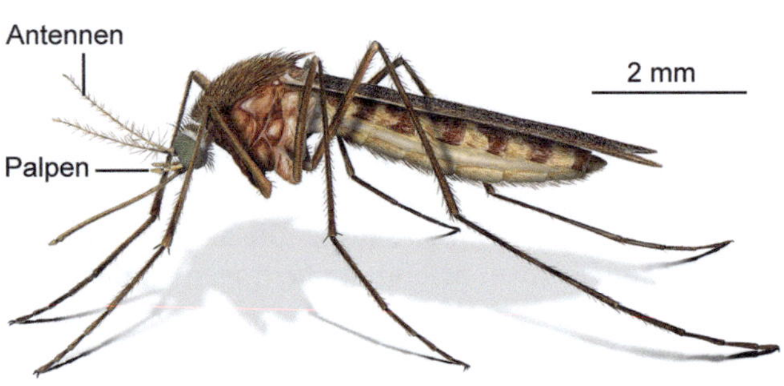

◘ **Abb. 10.19** Die Gemeine Stechmücke (*Culex pipiens*) hat einen geschlechtsdimorphen Geruchssinn, der an das jeweilige Nahrungsspektrum von weiblichen und männlichen Tieren angepasst ist. Während Weibchen sich von Nektar und Blut ernähren, trinken Männchen nur Nektar und andere Pflanzensäfte

Blütendüfte informieren viele Insekten, insbesondere die Blütenbestäuber, über Art, Ort und Zustand von Blütenpflanzen. Für das Auffinden und Wiederfinden einer lohnenden Blütenpflanze ist die Duftinformation unerlässlich, denn visuelle Signale können erst in unmittelbarer Nähe der Pflanzen ausgewertet werden. Nachtaktive Bestäuber wie Nachtfalter können Blüten ohne Geruchssignale nicht finden. Bei der Produktion von Blütendüften sind die angiospermen Pflanzen überaus vielseitig. Etwa 1700 flüchtige, von Blüten ausgehende Substanzen sind heute bekannt, und jede Art nutzt einen eigenen Cocktail zur Kommunikation mit ihren Bestäubern. Die zwölf häufigsten Blütenduftstoffe sind in ◘ Abb. 10.20 zusammengestellt. Es sind kleine organische Verbindungen aus den Gruppen der Terpene und Benzenoide, die für den Menschen blumig-fruchtige Duftqualitäten haben. Viele Insekten sind in der Lage, komplexe Mischungen solcher Verbindungen zu erkennen und zu unterscheiden. Bienen können sogar in ihrer Wabe das spezifische Parfüm einer lohnenden Futterpflanze an heimkehrenden Sammlerinnen erkennen und sich beim eigenen Suchflug an diesem Duft orientieren.

Aber nicht alle flüchtigen Verbindungen in einem Biotop werden von einem Insekt detektiert und ausgewertet. Für die Sinnesphysiologie ist es entscheidend herauszufinden, welche Geruchsstoffe eine Bedeutung im Leben einer Insektenart haben, welche Düfte beispielsweise attraktiv oder aversiv auf ein Insekt wirken, sodass es sich der Geruchsquelle nähert oder sich von ihr entfernt. Um solche Geruchsstoffe in der natürlichen Umgebung eines Insekts zu identifizieren, kann man Luftproben nehmen und die in der Probe enthaltenen Verbindungen gaschromatografisch auftrennen. Anschließen kann man die Insekten dann jeder Verbindung einzeln ausetzen und dabei geruchsinduzierte Reaktionen aufzeichnen. Solche Experimente lassen erkennen, auf welche Komponenten in seiner komplexen Geruchswelt ein Insekt reagiert – man identifiziert **verhaltensbestimmende Geruchsstoffe**. Beispielsweise findet man Geruchsstoffe, die das Insekt zu einer Futterpflanze leiten, oder solche, die dabei helfen, Artgenossen zu finden und Schwarmbildung und Vermehrungsverhalten zu organisieren. Manche Geruchsstoffe führen parasitische Insekten zu ihrem Wirt, wie beispielsweise der CO_2-Geruch die Weibchen der Stechmücken (Familie Culicidae) zu warmblütigen Wirtstieren leitet, bei denen die Mücken ihre Blutmahlzeit bekommen. Ökologische Studien lassen erkennen, dass sich Insekten nur für einen vergleichsweise kleinen Teil der in der Luft enthaltenen Substanzen interessieren, dass ihre arteigene Geruchswelt vergleichsweise klein ist. Keineswegs jede Substanz, die einer Blüte oder einem Tier entströmt, verursacht Verhaltensänderungen bei Insekten.

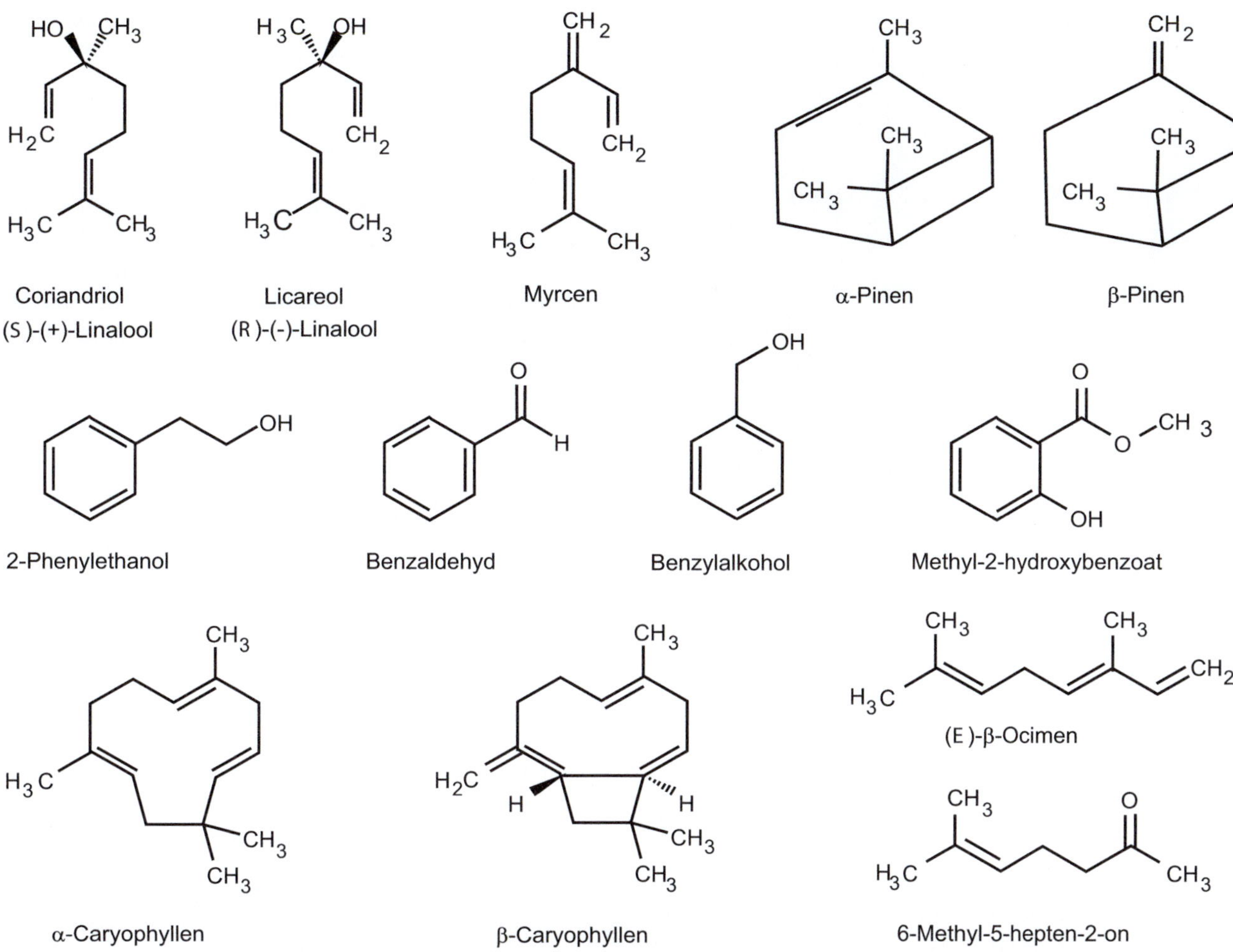

Abb. 10.20 Die zwölf am häufigsten vorkommenden Blütenduftstoffe sind die Monoterpene (*E*)-β-Ocimen, Myrcen, Linalool und Pinen, die Benzenoide Benzaldehyd, Methyl-2-hydroxybenzoat, Benzylalkohol und 2-Phenylethanol sowie das Sesquiterpen Caryophyllen und das Terpen 6-Methyl-5-hepten-2-on. Nach Knudsen and Eriksson (2006)

Um diese Selektivität für Ausschnitte der chemischen Umwelt zu verstehen, muss man bedenken, dass der Riechsinn der Tiere nach zwei gegensätzlichen Strategien organisiert ist:

- **Generalisten** organisieren ihr Riechsystem so, dass sie eine praktisch unbegrenzte Vielfalt unterschiedlicher Gerüche detektieren können. Ihre Methode der Geruchsunterscheidung ist die **kombinatorische Codierung** der Geruchsinformation durch schwach selektive Riechzellen, und die Erkennung und Bewertung der Gerüche sind eine Leistung des Gehirns.
- **Spezialisten** haben ihren Geruchssinn an wenige Geruchsstoffe angepasst, die sie jedoch mit höchster Empfindlichkeit detektieren können. Der entscheidende Schritt bei der Geruchsunterscheidung ist bei ihnen eine **hohe periphere Selektivität** von Riechzellen, welche auf Geruchsstoffrezeptoren beruht, die genau an ihre Liganden angepasst sind, von anderen Substanzen aber nicht aktiviert werden. Die Bewertung der Gerüche basiert darauf, dass nur für wichtige Duftstoffe Rezeptoren exprimiert werden.

Man findet Generalisten und Spezialisten in allen Tiergruppen. Die Insekten sind nach heutigem Wissensstand eher den Spezialisten zuzuordnen. Unter den Duftstoffrezeptoren von Insekten sind selektive Rezeptoren mit eingeschränktem Ligandenspektrum (hoher Selektivität) weit häufiger als in den Riechsystemen der Säugetiere. Insekten besitzen weniger Riechzellen als Säuger, und die Anzahl der Konvergenzpunkte (Glomeruli) in den Antennalloben ist kleiner als in den Riechkolben der Säuger (▶ Abschn. 10.7; ▶ Abschn. 10.15). Das Riechhirn der Insekten ist mithin einfacher strukturiert – es weist weniger parallele Verarbeitungskanäle auf. Es ist aber deshalb nicht weniger leistungfähig, wie man beispielsweise an dem phänomenalen Riechgedächtnis der Honigbienen sehen kann. Es arbeitet nur innerhalb eines engeren Spektrums von erkennbaren Gerüchen. Tatsächlich besitzen Insekten neben den hoch selektiven auch weniger selektive Geruchsrezeptoren, sodass man davon ausgehen kann, dass sie mit ihrem Riechsinn eine Art **Mittelweg zwischen den Spezialisten und den Generalisten** gehen. Sie haben ihre

Abb. 10.21 Auf der Suche nach dem richtigen Duft. Schmetterlinge sind häufig an bestimmte Futterpflanzen angepasst und suchen diese mithilfe des Geruchssinns ihrer Antennen. Hier sieht man einen Hauhechel-Bläuling (*Polyommatus icarus*) auf der Suche nach seinen bevorzugten Pflanzen Klee, Hauhechel und Luzerne. Die Riechzellen in seinen schwarzweiß gemusterten Anennen reagieren besonders stark auf die Düfte dieser Pflanzen

Detektionsfähigkeit für entscheidende, lebenswichtige Gerüche mit der Hilfe hoch selektiver Rezeptoren optimiert – beispielsweise für die Düfte ihrer Futterpflanzen oder für den Duft von CO_2. Sie sind aber darüber hinaus in der Lage, andere flüchtige Verbindungen zu riechen – auch solche, deren Geruch nicht unter ähnlich starkem Selektionsdruck steht wie das Riechen lebenswichtiger Dinge. In jedem Fall ist die Geruchswelt eine verhaltenssteuernde Informationsquelle für Insekten und wird mithilfe ihrer Antennen unablässig ausgewertet (Abb. 10.21).

10.9 Die Nasen der Fische

Auch das Verhalten von Fischen wird in vielerlei Hinsicht durch chemische Signale gesteuert. Nahrungssuche, Paarungsverhalten, Fluchtreaktionen, Navigation: Im Wasser gelöste Geruchsstoffe lösen zahlreiche dieser stereotypen Verhaltensmuster aus, ähnlich wie Phermonone das bei Säugetieren tun. Fische besitzen allerdings kein vomeronasales Organ. Die meisten verhaltensbestimmenden chemischen Reize werden in den **Nasengruben** detektiert. Dazu kommen chemische Informationen durch Geschmackszellen in Barteln und an anderen Stellen des Körpers (▶ Kap. 9). Nasengruben findet man bei den Knochenfischen (Osteichthyes) typischerweise paarig am Kopf. Sie weisen sehr unterschiedliche Feinstrukturen auf. Im Gegensatz zur Nase der Säuger sind die Nasengruben nicht mit der Mundhöhle verbunden – es gibt keine Choanen, sodass Riechen und Kiemenatmung vollständig voneinander getrennt sind. Demzufolge muss das zu analysierende Wasser unabhängig von der Kiemenbewegung in die Nasengruben befördert werden, ob durch Schwimmbewegung, durch koordinierten Cilienschlag oder durch Muskelbewegung.

Viele Knochenfische habe zwei Öffnungen pro Nasengrube, ein vordere für den Einstrom des Wassers und eine hintere – oft verschließbare – für den Wasserausstrom (Abb. 10.22). Das Volumen der Nasengrube liegt meist deutlich unter 1 cm^3, und das darin enthaltene Wasser muss kontinuierlich bewegt werden, um Duftstoffe in Kontakt mit dem Riechepithel zu bringen. Die passive Diffusion von im Wasser gelösten Duftstoffen ist zu langsam (etwa 0,1 mm min^{-1}) für diesen Vorgang. Die heute lebenden über 30.000 Arten von Knochenfischen zeigen vielfältige Ausgestaltungen ihrer Nasengruben, manchmal mit besonders auffälligen Nasenaufsätzen, die den Wassereinstrom optimieren (Abb. 10.23). Theoretische Abschätzungen der Strömungsverhältnisse in den Nasengruben lassen einen laminaren Wasserstrom durch die flachen Bereiche der Nasengruben erwarten, sodass das sensorische Epithel ohne starke Verwirbelungen überströmt wird.

Der Boden der Nasengrube ist bei vielen Knochenfischen aufgefaltet und bildet damit eine Struktur mit großer Oberfläche, die olfaktorische Rosette. Solche Riechrosetten sind ein gemeinsames Merkmal der Echten Knochenfische (Teleostei), wobei bei den heute vorherrschenden Stachelflossern (Acanthopterygii) eine hohe Variabilität hinsichtlich der Lamellenzahl in den Rosetten zu beobachten ist (Abb. 10.24). Die ursprünglicheren Fische (Protacanthopterygii, wie auch der Stör, die Knochenhechte, der Kahlhecht, aber auch die Knorpelfische, Lungenfische und Neunaugen) zeigen alle eine multilamellare Struktur ihrer Riechrosetten. Einfachere Baupläne traten erst im Känozoikum mit der Radiation der Stachelflosser auf. Die außen liegenden Flächen der Nasengruben sind mit nicht-sensorischem Epithel bewachsen, das mit cilientragenden Epithelzellen die Wasserströmung durch die Nasengrube unterstützt. Auf den innen liegenden Bereichen der Nasengrube, oft nur einer oder zwei Lamellen, wächst das olfaktorische Epithel.

Das **Riechepithel der Fische** ist ein Neuroepithel, in dem man bisher vier unterschiedliche Typen von chemosensorischen Neuronen identifizieren konnte: ciliäre olfaktorische Rezeptorneuronen (cORN), mikrovilläre olfaktorische Rezeptorneuronen (mORN) sowie vereinzelt auftretende Kryptenneuronen (CC, *crypt cells*) und Kappenneuronen (KN). Eine solche Vielfalt von Rezeptortypen verleiht dem Riechepithel der Fische vermutlich eine ähnliche Vielseitigkeit in der Detektion von chemischen Verbindungen, wie sie bei Landtieren durch Riechepithel und vomeronasales Organ zu-

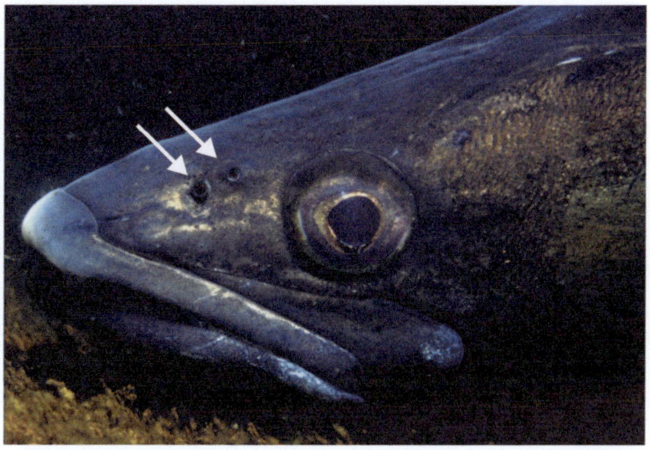

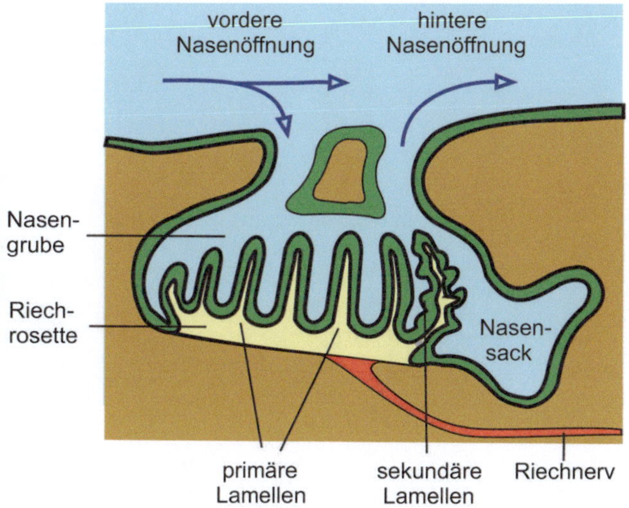

Abb. 10.22 Lage und Form der Fischnase. *Links*: Lage der Öffnungen zur linken Nasengrube in der dorsalen Kopfhaut eines Zanders (*Sander lucioperca*). *Rechts*: Schematische Darstellung der Nasengrube einer Seeforelle (*Salmo trutta*) im Querschnitt mit Angabe der Strömungsrichtung des Wassers. *Grün*: Epithel; *braun*: Knochen. Nach Bertmar (1972)

Abb. 10.23 Trichterförmige Nasenaufsätze leiten Wasser in die Nasengruben einer männlichen Nasenmuräne (*Rhinomuraena quaesita*)

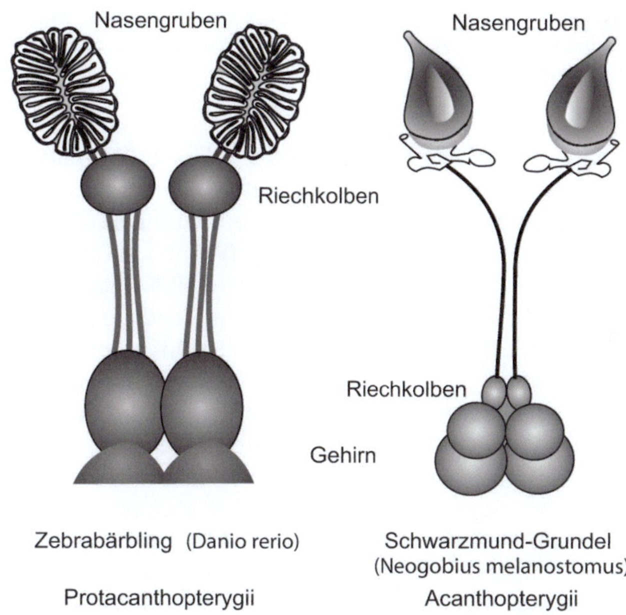

Abb. 10.24 Multilamellare und unilamellare Rosetten in der Nase von Echten Knochenfischen (Teleostei). *Links*: Multilamellare Rosetten sind die vorherrschende Form bei den Protacanthopterygii (Ordnungen Anguilliformes, Clupeiformes, Cypriniformes, Esociformes, Gadiformes, Osteoglossiformes, Salmoniformes, Silurifomes). *Rechts*: Bei den heutigen Stachelflossern, den Acanthopterygii (Ordnungen Atheriniformes, Beloniformes, Cyprinidontiformes, Gasterosteiformes, Perciformes, Pleuronectiformes, Synbranchiformes, Tetraodontiformes), findet man meist einfache Strukturen der Nasengruben mit ein oder zwei innen liegenden sensorischen Lamellen. Nach Hansen und Zielinski (2005); Zielinski und Hara (2007)

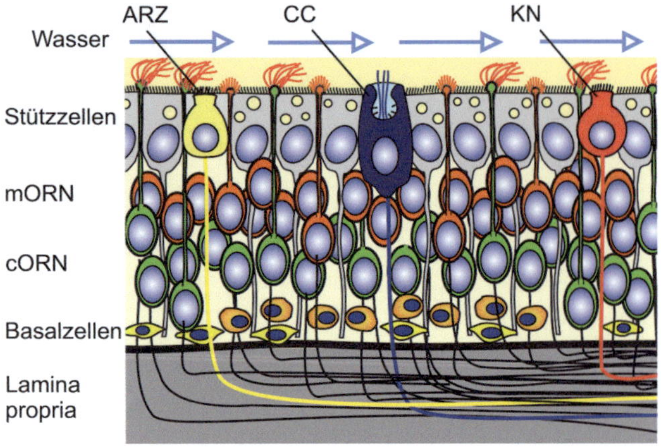

Abb. 10.25 Schematische Darstellung des Riechepithels der Fische. Das Neuroepithel ist zum Wasser hin durch ein einschichtiges Stützzellepithel abgegrenzt und enthält mehrere Typen von Riechzellen: Neben vielen ciliären olfaktorischen Rezeptorneuronen (cORN, *grün*) und mikrovillären olfaktorischen Rezeptorneuronen (mORN, *braun*) sind kleinere Populationen von birnenförmigen Adenosinrezeptorzellen (ARZ, *gelb*), Kryptenneuronen (CC, *crypt cells*, *blau*) und Kappenneuronen (KN, *rot*) mit einzelnen Symbolen vertreten. Basalzellen (*gelb*) sind pluripotente Stammzellen, welche das Riechepithel kontinuierlich mit neuen Zellen versorgen. Durch das Bindegewebe der Lamina propria verlaufen die afferenten Axone der Riechzellen zum Riechkolben

10

sammen gewährleistet wird. Das Epithel verfügt zudem über ein Reservoir an pluripotenten Stammzellen, sogenannten Basalzellen, die für eine kontinuierliche Regeneration des Gewebes sorgen (Abb. 10.25). Die Zellkörper der **ciliären Riechzellen** (cORN) liegen tief im Gewebe, schicken einen einzelnen Dendriten an die Gewebeoberfläche und tragen dort drei bis zehn Cilien, die 2–10 µm lang sind. Diese Neuronen ähneln den Riechzellen der Säugetiere. Sie exprimieren das olfaktorische Markerprotein OMP in reifen Riechzellen sowie Duftstoffrezeptoren der OR-Familie der Klasse I (OR, *olfactory receptors*) sowie der TAAR-Familie (TAAR, *trace amine-associated receptors*; ► Abschn. 10.14). Die Signaltransduktion in den Cilien scheint über das GTP-bindende Protein G_{olf}, das intrazelluläre Signalprotein Adenylat-Cyclase Typ III sowie den Kationenkanal CNGA2 zu verlaufen. Die genauen Transduktionsvorgänge in cORN der Fische sind aber noch nicht aufgeklärt. Auch die Zuordnung spezifischer Duftstoffgruppen zu cORN gestaltet sich schwierig. Wie es scheint, reagieren diese Zellen empfindlich auf Gallensäuren, ein chemischer Reiz, der im Kot und Urin enthalten ist und dadurch die Fährte zu einem Beutetier erkennbar machen kann. In Verhaltensversuchen wurde gezeigt, dass Regenbogen-Forellen (*Oncorhynchus mykiss*) Gallensäuren im subnanomolaren Konzentrationsbereich (10^{-11}–10^{-10} M) detektieren und sogar zwischen einzelnen Gallensäuren (Cholsäure, Chenodesoxycholsäure, Taurocholsäure, Taurolithocholsäure) unterscheiden können. Neben der reinen Präsenz anderer Fische können Gallensäuren und Gallenalkohole auch soziale Signale vermitteln und so als Pheromone, Kairomone oder Orientierungshifen bei der Fischwanderung wirken. Gallensäuren im Wasser stellen also interessante chemische Signale für Fische dar, und die Duftstoffrezeptoren der cORN sind offensichtlich an diese Signale angepasst. Rezeptoren der TAAR-Klasse reagieren beim Zebrabärbling (*Danio rerio*) auf die Diamine Cadaverin und Putrescin, die auf verwesenden Fischkadaver und damit auf Gefahr aufmerksam machen können.

Bei den **mikrovillären Riechzellen** (mORN) findet man nur sehr kurze Dendriten, denn sie liegen zwischen den Stützzellen in einer Schicht oberhalb der cORN. Statt sensorischer Cilien tragen mORN zehn bis 70 kurze Mikrovilli, die ebenfalls mit Duftstoffrezeptoren ausgestattet sind. Diese Zellen erinnern an die vomeronasalen Neuronen der Säugetiere (► Abschn. 8.5) und zwar sowohl in ihrer Struktur als auch hinsichtlich ihrer Rezeptoren. Ihre Rezeptorproteine (OlfC-Proteine) sind den V2R-Proteinen der vomeronasalen Neuronen homolog, und sie exprimieren das GTP-bindende Protein $G\alpha_o$ sowie den Kationenkanal TRPC2 (Daten vom Goldfisch, *Carassius auratus*, und vom Zebrabärbling, *Danio rerio*). Bei Mäusen detektieren V2R-Proteine Peptide, die mORNs der Fische scheinen auf die Detektion von Aminosäuren und Nucleotide spezialisiert zu sein. Aminosäuren sind Spuren von Proteinen der Beutetiere und damit nahrungsrelevant. Es gibt aber auch Hinweise, dass ungewöhnliche Aminosäuren wie L-Kynurenin als pheromonartige Substanzen Informationen zwischen Individuen einer Art vermitteln. Zudem können sowohl bei Mäusen als auch bei Fischen Peptide des MHC-Systems (MHC, *major histocompatibility complex*) zu Abschätzung des Verwandtschaftsgrades verwendet werden.

Mit ihrer ungewöhnlichen Struktur sind die **Kryptenneuronen** (*crypt cells*, CCs) die auffälligsten Zellen im Riechepithel der Fische. CCs liegen gänzlich ohne Dendriten an der apikalen Grenzfläche, eingegliedert zwischen die epithelialen Stützzellen. Sie tragen auf ihrer apikalen Seite eine tiefe Einbuchtung, die Krypte, in der drei bis zehn sehr kurze Cilien und viele Mikrovilli wachsen. CCs bilden einen Typ von Riechzellen, den es anscheinend nur bei Fischen gibt. Allerdings exprimieren sie einen Rezeptor, der dem V1R-Protein aus dem vomeronasalen Organ der Säuger homolog ist. Bei Säugern vermittelt die große V1R-Familie (etwa 200 *V1R*-Gene gibt es bei der Maus) die Kommunikation durch Pheromone und Kairomone (► Abschn. 8.5). Bisher ist nicht bekannt, welcher Duftstoff bei Fischen den V1R-homologen Rezeptor ORA4 in CCs aktiviert. Interessanterweise liegen CCs bei jungen Fischen oft tiefer im Gewebe, ohne direkten Zugang zur apikalen

Tab. 10.3 Riechzelltypen im olfaktorischen Epithel von Fischen

Zelltyp	Rezeptorfamilie (Säugerhomolog)	Duftstoff
ciliäre ORN (cORN)	OR TAAR	Gallensäuren Amine, Diamine
mikrovilläre ORNs (mORN)	OlfC (V2R)	Aminosäuren
Kryptenneuronen (CC)	ORA (V1R)	Geschlechtshormone
Adenosinrezeptorzellen (ARZ)	A2c (keine Säugerhomologe)	Adenosin, ATP, ADP, AMP
Kappenneuronen (KN)	?	?

Oberfläche, was darauf hinweisen könnte, dass diese Zellen nur bei adulten Fischen eine Funktion haben. Zudem findet man bei adulten Karauschen (*Carassius carassius*) im Winter deutlich weniger CCs als im Sommer – ein Befund, der vermuten lässt, dass die CCs in bestimmten Phasen des Reproduktionszyklus unterschiedliche Rollen spielen. Dazu passen erste Daten, die eine Reaktion von CCs der Regenbogen-Forelle (*Oncorhynchus mykiss*) auf das Geschlechtshormon Androstendion sowie auf Ovarialextrakte zeigen. Bekannt ist auch, dass Fische Steroide und Prostaglandine riechen können, Substanzen, die vermutlich Reproduktionsvorgänge steuern. Allerdings sind bisher die entsprechenden Rezeptoren und Riechzelltypen nicht identifiziert. Fische und Amphibien sind auch in der Lage, andere Verbindungen zu riechen, die typischerweise von Lebewesen ins Wasser abgegeben werden: Adenin, Adenosin sowie Adenosinphosphate. Spezialisierte **Adenosinrezeptorzellen** (ARZ) im Riechepithel der Fische tragen A2c-Rezeptorproteine, die von solchen Verbindungen aktiviert werden. Die Axone dieser Zellen verlaufen zu einem gemeinsamen Projektionsort – einem Glomerulus – im Riechkolben. Das ARZ-System dient nach heutigem Kenntnisstand der Nahrungssuche, denn es erzeugt ein appetitives Signal, das den Fischen zur Orientierung dient. Ein weiterer Typ von sensorischen Neuronen im Riechepithel der Fische ist das **Kappenneuron** (KN), das seinen Namen einer kappenförmigen Immunfluoreszenzfärbung verdankt. Diese Zellen sind aufgrund ihres Proteinprofils und ihrer Struktur deutlich von den anderen drei Riechzellen der Fische abzugrenzen. Sie haben keinen Dendriten und keine Cilien, tragen aber einen Mikrovillischopf an der Gewebeoberfläche. Kappenneuronen haben einen eigenen Projektionsort im Riechkolben der Fische, es ist aber bisher nicht bekannt, auf welche chemischen Verbindungen sie ansprechen.

Das Riechepithel der Echten Knochenfische enthält damit mindestens fünf unterschiedliche Riechzelltypen, welche zusammen die Rezeptorfamilien abdecken, die auch bei landlebenden Tieren zur chemischen Analyse der Umwelt dienen (Tab. 10.3). Alle fünf Zelltypen sind echte Neuronen, die mit einer jeweils spezifischen Gruppe von Glomeruli in den Riechkolben der Fische verbunden sind (▶ Abschn. 10.15). Sie liefern also direkt olfaktorische Information an die erste Station der olfaktorischen Signalverarbeitung im Gehirn. Das Repertoire an Riechrezeptoren bei den Knochenfischen entspricht qualitativ dem der Landtiere – ein Beleg dafür, dass das Riechsystem auf molekularer und struktureller Ebene schon vor der Trennung der Fische von den Tetrapoden vor etwa 430 Mio. Jahren angelegt war. Zum Zeitpunkt des Landgangs der Wirbeltiere im Devon vor etwa 370 Mio. Jahren verfügten die Wirbeltiere also schon über ein voll entwickeltes Riechsystem, das im Verlauf der Evolution der Landwirbeltiere in zwei separate Organe, das olfaktorische Organ (auch hauptolfaktorisches Epithel) und das vomeronasale Organ, aufgeteilt wurde. Bei den Knochenfischen blieben alle Funktionen, die mit den fünf Rezeptorfamilien OR, TAAR, ORA, OlfC und A2c verbunden sind, in einem Organ – der Nasengrube – vereint. Auch quantitativ haben sich die Systeme unterschiedlich entwickelt. Während die OR-Familie bei den Säugetieren auf bis zu 2000 Gene expandierte, blieben die Knochenfische bei etwa 100 *OR*-Genen. Umgekehrt ist es bei der TAAR-Familie: 15 *TAAR*-Genen beim Menschen stehen 115 beim Zebrabärbling gegenüber. Ebenso deutlich ist der Unterschied bei den Pheromonrezeptoren. Bei der Maus werden 168 V1R-Proteine und 98 V2R-Proteine exprimiert. Die entsprechenden Proteine bei Knochenfischen sind nur sechs V1R-Homologe (ORA-Proteine) und etwa 60 V2R-Homologe (OlfC-Proteine). Der Adenosinrezeptot A2c wurde bisher nur bei Fischen und Amphibien nachgewiesen, blieb also offenbar beim Landgang der Tiere nicht erhalten.

Etwas anders ist die Situation bei den **Knorpelfischen** (Klasse Chondrichthyes), zu denen die Haie, Rochen und Seekatzen gehören. Diese Fische haben auch ein Riechepithel mit mORN und CC, besitzen aber keine cORN. Dennoch sind sie in der Lage, neben Aminosäuren auch Gallensäuren zu riechen. Die bisher untersuchten

Knorpelfische, der Kleingefleckte Katzenhai (*Scyliorhinus canicula*) und die Seekatze *Callorhinchus milii* (Australische Pflugnasenchimäre) besitzen mehrere OR-, TAAR- und ORA-Rezeptoren. Zusätzlich können sie sich im Meerwasser an Geschmacksstoffen und Peptiden orientieren, da sie Geschmacksrezeptoren aus der T1R-Familie (▶ Abschn. 9.2, Abb. 9.8) sowie ein ganzes Repertoire von V2R-Rezeptoren (▶ Abschn. 8.5, Abb. 8.11) exprimieren, welche den OlfC-Rezeptoren der Knochenfische entsprechen. Der Geruchssinn der entwicklungsgeschichtlich alten Gruppe der Knorpelfische weist damit ein umfangreiches Arsenal an Chemorezeptoren auf, welches diesen Fischen einen hochempfindlichen Riechsinn vermittelt.

10.10 Amphibische Kombinationsnasen

Der Landgang der Wirbeltiere muss für den Riechsinn ein dramatisches Ereignis gewesen sein. Im Wasser wirken in erster Linie polare, wasserlösliche Verbindungen wie Aminosäuren und Gallensäuren als Geruchsstoffe. An Land kommen aber Verbindungen mit genau solchen Eigenschaften als Duftstoffe nicht infrage, weil sie im Allgemeinen nicht flüchtig sind und daher kaum in die Atemluft gelangen können. Für das Riechen an Land musste daher das Riechsystem auf eine ganz neue Art von Liganden umgestellt werden. Man kann diesen Prozess bei der Reifung der heutigen Froschlurche (Ordnung Anura) vom aquatischen Larvenstadium der Kaulquappen zum terrestrischen Leben von adulten Fröschen nachverfolgen. Besonders gut untersucht ist die **Verwandlung der Wassernase in eine kombinierte Luft-/Wassernase** im Rahmen der Metamorphose der afrikanischen Krallenfrösche *Xenopus laevis* (Glatter Krallenfrosch) und *X. tropicalis* (Tropischer Krallenfrosch; Familie Pipidae, Zungenlose Frösche). Während bei den Knochenfischen alle Riechzellen noch in einem einzigen Organ, den Nasengruben, versammelt sind, besitzen die Larven dieser Amphibien schon ein zweigeteiltes chemosensorisches Organ: ein olfaktorisches Epithel zur Detektion von wassergelösten Geruchsstoffen und ein vomeronasales Organ für Pheromone (■ Abb. 10.26,

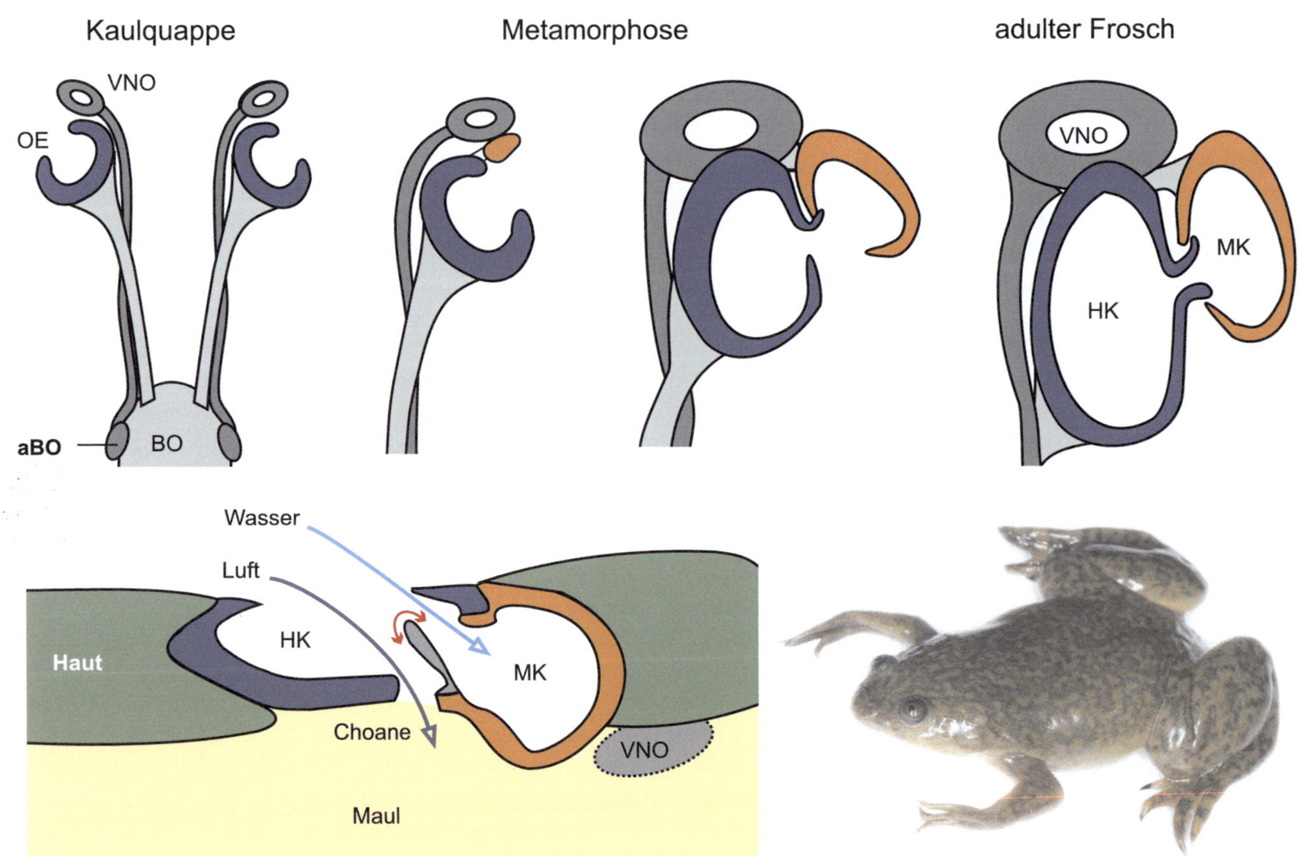

■ **Abb. 10.26** Die amphibische Kombinationsnase. *Oben*: Entwicklung von zwei Nasenkammern im Verlauf der Metamorphose eines Frosches. *Unten*: Skizze der Luftströmung durch die Hauptkammer und die Choane Richtung Maul und Lunge sowie der Wasserströmung in die Mittelkammer. Der Verschlussmechanismus (*roter Doppelpfeil*) verhindert beim Tauchen das Eindringen von Wasser in die Choane, lässt aber beim Schwimmen an der Wasseroberfläche Luft in die Hauptkammer einströmen. aBO, akzessorischer Bulbus olfactorius; BO, Bulbus olfactorius; HK, Hauptkammer; MK, Mittelkammer; VNO, vomeronasales Organ, OE olfaktorisches Epithel. Nach Dittrich et al. (2015); Gascuel und Amano (2013); Xenopus laevis: Brain Gratwicke, Wikipedia, Creative Commons License

oben). Das Riechepithel enthält sowohl ciliäre olfaktorische Neuronen (cORN) als auch mikrovilläre olfaktorische Neuronen (mORN). Diese Zellen exprimieren zusammen Riechrezeptoren aller vier Gruppen – OR, TAAR, V1R und V2R – und reagieren auf Aminosäuren, Gallensäuren, Amine sowie auf verschiedene Alkohole, Ketone und Aldehyde. Mit ihrem olfaktorischen Epithel kann eine Kaulquappe das Wasser auf nahrungsrelevante Stoffe und vermutlich auch auf Alarmstoffe hin untersuchen. Das vomeronasale Organ der Kaulquappen exprimiert V2R-Proteine (nicht aber V1R), für welche sich im *Xenopus*-Genom über 300 Gene finden. Bei Fischen und Säugetieren vermitteln die V2R-Proteine die Peptidsensorik, wie sie beispielsweise bei der Untersuchung des Verwandtschaftsgrades über das MHC-System eingesetzt wird. Möglicherweise dient das relativ einfach gebaute vomeronasale Organ der Kaulquappen ebenfalls der Detektion eines peptidbasierten Signals. Im Verlauf der Metamorphose zum adulten Frosch wird auch die Nase umgestaltet und an das terrestrische Leben angepasst. Bei den Krallenfröschen, die sich sekundär wieder an das Leben im Wasser angepasst haben, führt das zur Ausbildung einer Kombinationsnase mit speziellen Kammern für Luft, für Wasser und für Pheromone (◘ Abb. 10.26). Die **Hauptkammer** der Nase beim adulten Tier ist für das Riechen von Luft ausgelegt. Sie enthält nur noch cORN, die eine große Vielfalt von OR-Proteinen exprimieren. Das Genom der Krallenfrösche verfügt über etwa 1000 OR-Gene. Neben der Hauptkammer befindet sich nun eine wassergefüllte **Mittelkammer** mit cORN und mORN, ähnlich wie in der Fischnase. Hier werden OR-Proteine sowie V1R- und V2R-Proteine exprimiert. In der Nase der adulten Tiere steuert ein Ventilmechanismus zwischen den beiden Kammern den Zustrom von außen. Sind die Tiere untergetaucht, lässt das Ventil Wasser in die Mittelkammer einströmen, ist das Tier an der Luft, strömt Luft in die Hauptkammer ein. Wie Sequenzanalysen der *OR*-Gene von *Xenopus* ergaben, verfügen die Tiere über zwei deutlich unterscheidbare Klassen von Duftstoffrezeptoren. Die **Klasse-I-Rezeptoren** sind den Riechrezeptoren der Fische homolog und werden in der Mittelkammer exprimiert. Die **Klasse-II-ORs** entsprechen dagegen den Riechrezeptoren der Säuger und finden sich in den cORN der Hauptkammer. Die Doppelnase der Amphibien entspricht also auch auf molekularer Ebene dem Übergangsstadium dieser frühen Tetrapoden auf dem Weg zum Landleben.

Nicht immer bildet sich bei adulten Amphibien auch eine Wassernase. Das ist wohl eine Besonderheit der sekundär aquatisch lebenden Froschlurche. Bei Amphibien, die als adulte Tiere weitgehend an Land leben (beispielsweise bei vielen Kröten; Familie Bufonidae) findet man zusätzlich zum hauptolfaktorischen Epithel und dem vomeronasalen Organ ein weiteres olfaktorisches Organ am Boden der Nasenhöhle, die Riechnische (Recessus olfactorius). Es ist nicht geklärt, ob die Riechnische der Mittelkammer der wasserlebenden Frösche homolog ist, und man weiß auch nicht, welche sensorische Funktion sie erfüllt. Auch bei Schwanzlurchen (Ordnung Caudata) fehlt eine deutlich erkennbare Mittelkammer. Sowohl bei den aquatischen Molchen als auch bei den terrestrischen Salamandern findet man cORN und mORN in der Hauptkammer des olfaktorischen Epithels sowie eine vomeronasales Organ mit mORN. Anhand unterschiedlicher Riechzelltypen kann man zwar im hauptolfaktorischen Epithel innerhalb der Nasenhöhle einen eher aquatischen und einen eher terrestrischen Teil erkennen. Eine Ausbildung von zwei separaten Organen findet man bei Salamandern aber nicht.

10.11 Reptiliennasen

Die ersten Wirbeltiere, die eine vollständig terrestrische Lebensweise annahmen, waren die Reptilien. Neben den Schlüsselentwicklungen einer wasserundurchlässigen Haut, der Lungenatmung und des amniotischen Eies mussten sich auch die Sinnesfunktionen an die neue Lebenswelt anpassen. Für das Riechen erforderte das zum einen die Möglichkeit, mit Luftströmungen transportierte, flüchtige Substanzen zu erkennen. Zum anderen mussten die Reptilien in der Lage sein, Gerüche vom trockenen Boden aufzunehmen, um so Spuren anderer Tiere folgen zu können. In der annähernd zweidimensionalen Welt des bodennahen Biotops von Schildkröten, Echsen und Schlangen („Kriechtiere"; ◘ Abb. 10.27) kommt es primär darauf an, Nahrung,

◘ **Abb. 10.27** Eine Zauneidechse (*Lacerta agilis*) erkundet mithilfe ihrer Nase ihre unmittelbare Umgebung in einem dicht bewachsenen Gartenwinkel

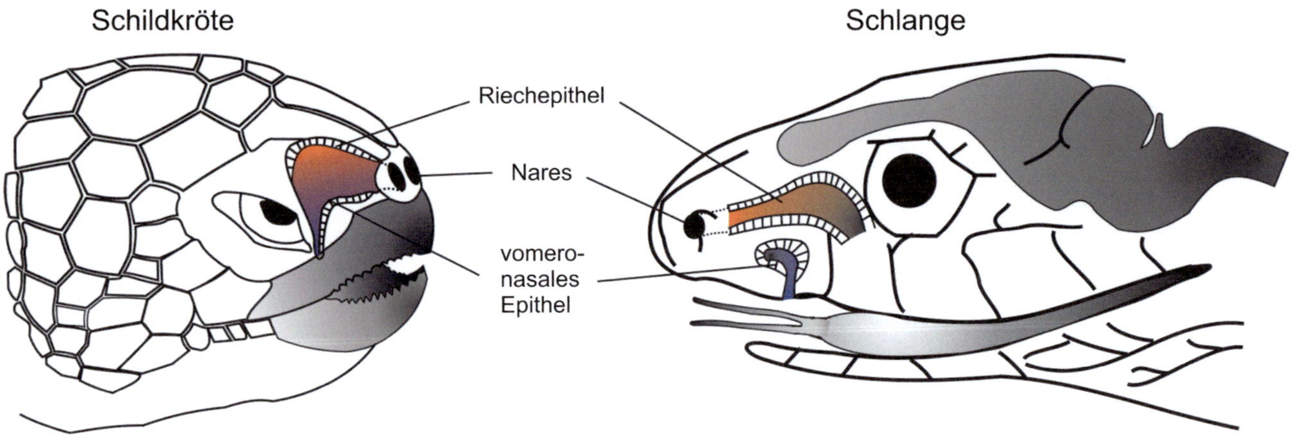

Abb. 10.28 Chemosensorische Epithelien von Schildkröten (Ordnung Testudines) und Schlangen (Unterordnung Serpentes). *Links*: Schematische Darstellung der Auskleidung der Nasenhöhle mit olfaktorischem (*rot*) und vomeronasalem (*blau*) Epithel bei Schildkröten. *Rechts*: Bei Schlangen sind die beiden Epithelien auf zwei separate Organe verteilt. Chemische Verbindungen gelangen durch die Nasenlöcher (Nares) oder durch eine Öffnung im vorderen Gaumen zu den Sinnesepithelien

Artgenossen und Fressfeinde in der unmittelbaren Umgebung zu riechen und auf diese Geruchssignale angemessen zu reagieren.

Gerüche lösen bei Reptilien oft **stereotype Verhaltensmuster** aus, wirken als Kairomone oder als Pheromone, sodass eine Abgrenzung zwischen olfaktorischen und vomeronasalen Wirkungen eines Geruchs schwer zu treffen ist. Bei den Landschildkröten (Familie Testudinidae) liegen sowohl Riechepithel als auch vomeronasales Epithel in der Nasenhöhle (Abb. 10.28, *links*), sodass die eingeatmete Luft über beide chemosensorischen Oberflächen streicht. Bei den Echsen und Schlangen sind die beiden Epithelien voneinander getrennt. Das **Riechepithel** analysiert die Atemluft in der Nasenhöhle, während das **vomeronasale Epithel** Substanzen analysiert, die mithilfe der Zunge durch einen Gang im Gaumendach transportiert werden (Abb. 10.28, *rechts*). Man nimmt an, dass das olfaktorische Epithel auf die Detektion von flüchtigen Substanzen spezialisiert ist, wie sie beispielsweise von Wasser, Futterpflanzen oder Beutetieren ausgehen. Das vomeronasale Epithel kann hingegen auch nicht-flüchtige, wasserlösliche Substanzen detektieren, die vom Boden oder von anderen Oberflächen aufgeleckt werden. Beide chemosensorischen Systeme werden von Reptilien zur Verhaltenssteuerung eingesetzt.

Eine Vielzahl von verhaltensphysiologischen Studien hat gezeigt, dass Reptilien Geruchsstoffe zur **Nahrungssuche** nutzen. Bei allen untersuchten Land-, Sumpf- und Meeresschildkröten fand man die Fähigkeit, Nahrungsgerüchen zu folgen. Besonders eindrucksvoll ist die Fähigkeit der Meeresschildkröte *Caretta caretta* (Unechte Karettschildkröte), die Substanz Dimethylsulfid (DMS) bei sehr niedrigen Konzentrationen (10^{-8} M) zu riechen. DMS tritt in Meeresregionen mit hoher Dichte an Phyto- und Zooplankton auf und weist den Schildkröten den Weg zu ergiebigen Futterplätzen. Bei *Caretta* ist der größte Teil der Nasenhöhle mit vomeronasalem Epithel ausgekleidet; das olfaktorische Epithel bildet nur einen relativ kleinen Fleck am posterioren Dach der Nasenhöhle. Die Tiere können sowohl unter Wasser als auch an der Luft riechen. Mit welchem Epithel DMS detektiert wird, ist aber nicht bekannt. Während bei den aquatischen Schildkröten das vomeronasale Epithel die Nasenhöhle dominiert, fehlt es bei den Krokodilen (Ordnung Crocodylia) völlig. Trotzdem können Krokodile sowohl unter Wasser als auch an der Luft riechen. Sie tun das offenbar mit dem Riechepithel sowie mithilfe des nasalen Trigeminalsystems.

Bei den Echsen und Schlangen werden Verhaltensstudien durch das **Züngeln** erleichtert, das den meisten Schuppenkriechtieren (Ordnung Squamata) eigen ist (Abb. 10.29). Dabei wird die gespaltene Zunge wiederholt aus dem Mundraum herausgestreckt und wieder eingezogen. Dieser Vorgang wird durch den Kern des Zungenschlundnervs (Nucleus hypoglossus) gesteuert, in dem die zentralen Bahnen das Riechsystems und des vomeronasalen Systems konvergieren. Die Züngelfrequenz wird bei Wahrnehmung von Beutegeruch reflektorisch erhöht, beispielsweise beim Steppenwaran (*Varanus exanthematicus*) von zwölf auf 45 pro Minute, bei der Westlichen Klapperschlange (*Crotalus viridis*) von acht auf 39 pro Minute. Das schnellere Züngeln schafft mehr Material zum vomeronasalen Organ und ermöglicht, dieses Organ auch zum Verfolgen einer Fährte einzusetzen. Entsprechend ist für die Kontrolle der Züngelfrequenz das vomeronasale Organ notwendig. Das Riechsystem allein kann diesen Reflex nicht auslösen. Offenbar dient das Riechsystem nur dazu, die Aufmerksamkeit des Tieres auf eine mögliche Beute zu lenken, die Beutespur wird dann mithilfe des vomeronasalen Organs verfolgt. Bei den Reptilien ist

Abb. 10.29 Eine Ringelnatter (*Natrix natrix*) beschnüffelt ihre Umgebung durch Züngeln. Ihre Zunge führt Geruchsstoffe dem Vomeronasalorgan zu, das der Schlange als Bodennase dient

das vomeronasale Organ keineswegs nur auf Pheromone spezialisiert. Die vomeronasalen Neuronen haben vielmehr ein breites Reaktionsspektrum. Sie reagieren auf sehr viele unterschiedliche Substanzen – ähnlich wie die Riechzellen der Säugetiere. Diese erstaunlich geringe Selektivität konnte sowohl bei einigen Schildkrötenarten (z. B. *Geoclemys reevesii*, Chinesische Teichschildkröte) als auch bei Schlangen (z. B. *Thamnophis sirtalis*, Gewöhnliche Strumpfbandnatter) nachgewiesen werden. Offenbar hat sich bei den rezenten Reptilien das vomeronasale Organ zu einer Art **„Bodennase"** entwickelt, einem vielseitigen chemosensorischen Organ, das diejenigen Substanzen untersucht, die ihm von der Zunge zugeführt werden. Sowohl angeborene chemoattraktive Signale – im Allgemeinen Nahrungsextrakte – suchen die Tiere aktiv auf als auch neue Geruchssignale, deren Assoziation mit Nahrung sie erst lernen mussten. Die Tiere sind also in der Lage, ein Geruchsgedächtnis mit bewerteten Geruchsobjekten zu verwalten und zu nutzen. Darüber hinaus eignet sich die Zunge, insbesondere die gespaltene Zunge, für das Verfolgen von Spuren. Wie Verhaltensversuche mit verschiedenen Echsen und Schlangen gezeigt haben, wird die gespaltene Zunge zusammen mit den beiden Kammern des vomeronasalen Organs als **tropotaktisches Sinnesorgan** eingesetzt wird. Geruchsstoffe können gleichzeitig an zwei Orten – mit den beiden Spitzen der gespaltenen Zunge – aufgenommen und dann getrennt in den beiden Hälften des vomeronasalen Organs abgeliefert werden. Dadurch entsteht möglicherweise bei jedem Züngelschlag die Wahrnehmung eines Reizgradienten und damit eine Information darüber, in welche Richtung die Geruchsspur weiterläuft. Eine solche auf der simultanen Probennahme an zwei Orten beruhende Orientierung wird als **Tropotaxis** bezeichnet und von der Klinotaxis abgegrenzt, bei der die Probennahmen zeitlich versetzt erfolgen. Die Tropotaxis der Echsen und Schlangen ist noch nicht ausreichend erforscht, könnte aber die sinnesphysiologische Grundlage für die erstaunlichen Fähigkeiten beim Verfolgen von Geruchsfährten sein, wie man sie vor allem bei Schlangen und Waranen beobachten kann.

Reptilien nutzen Geruchsstoffe auch als **soziale Signale**. Insbesondere junge Tiere werden vom Geruch ihrer Artgenossen angezogen. Hierbei handelt es sich wohl um angeborene Reaktionen auf Geruchsreize, die für die Erhaltung der jeweiligen Art vorteilhaft sind. Ebenso findet man bei Schlangen angeborene Abwehrreaktionen auf den Geruch von ophiophagen (schlangenfressenden) Schlangenarten. So reagiert die Zwergklapperschlange (*Sistrurus miliarius*) auf den Geruch ophiophager Schlangen wie der Ketten-Königsnatter (*Lampropeltis getula*) mit der typischen Brückenkrümmung, einem drohenden Aufwölben der Körpermitte. Neben solchen angeborenen Reaktionen auf Gerüche findet man auch erlerntes geruchsgelenktes Verhalten. Oft ist dies die Folge einer **olfaktorischen Prägung**, bei der die jungen Tiere innerhalb eines engen Zeitfensters kurz nach der Geburt dem prägenden Geruch ausgesetzt werden. Besondere Lernmechanismen verfestigen diese Information, sodass sie lebenslang abgerufen werden kann. Olfaktorische Prägung führt oft dazu, dass der Kontakt mit dem prägenden Geruchsreiz bei adulten Tieren bestimmte Verhaltensweisen auslöst. Bei Schildkröten (z. B. *Chelonia mydas*, *Chelydra serpentina*, *Caretta caretta*) erzeugt die olfaktorische Prägung eine lebenslange Attraktion zu dem prägenden Geruch. Solche Prozesse spielen vermutlich eine entscheidende Rolle bei der Orientierung von wandernden Reptilien. Meeresschildkröten orientieren sich auf ihrer mehrjährigen Wanderung wohl vor allem am Magnetfeld der Erde (► Abschn. 13.4). Erst am Schluss ihrer Reise, wenn die Weibchen nach der Paarung einen Strand zur Eiablage brauchen, hilft ihnen die Erinnerung an eingeprägte Gerüche, den Strand wiederzufinden, an dem sie selbst geschlüpft sind. Zumindest ist dies die derzeitige Vorstellung von dem verblüffend effektiven philopatrischen Verhalten dieser Tiere.

10.12 Vogelnasen

In der Zeit vor der Besiedlung Neuseelands durch Menschen waren **Kiwis (Gattung *Apteryx*)** nur geringem Jagddruck ausgesetzt, denn es gab weder Raubsäuger noch Reptilien, welche die Kiwigelege oder die Jungtiere hätten bedrohen können. Unter den einheimischen Vögeln gab und gibt es wohl Eiräuber wie die Wekaralle (*Gallirallus australis*). Aber die Kiwis konnten mit ihrer rein nachtaktiven Lebensweise erfolgreich die drei großen Inseln Neuseelands besiedeln. Sie haben sich in der ökologischen Nische eingerichtet, die im europäischen Wald von nachtaktiven Säugern wie dem Dachs (*Meles meles*) eingenommen wird. Kiwis verbringen den Tag in Wohnhöhlen und gehen nachts in absoluter Dunkelheit im Wald auf Nahrungssuche (◘ Abb. 10.30) – man sagt, dass sie selbst das Mondlicht scheuen. Ihr Sehsinn ist dementsprechend schlecht entwickelt; sie können aber ausgezeichnet hören und riechen. Genomanalysen zeigen Anpassungen an das Leben bei Nacht: Inaktivierung von Farbopsinen sowie ein diverses Repertoire von etwa 80 Geruchsrezeptoren des Typs γ/ Klasse II (s. ◘ Abb. 10.47). Ihre Augen und das Sehsystem ihres Gehirns sind vergleichsweise klein, während Riechepithel und Riechkolben im Vergleich mit anderen Vögeln ungewöhnlich groß ausfallen. Kiwis ernähren sich hauptsächlich von wirbellosen Tieren, die sie bis zu einer Tiefe von etwa 10–15 cm aus dem Boden stochern können. Dabei hinterlassen sie charakteristische Schnabellöcher, an denen man auch tagsüber ihre Gegenwart erkennen kann. Ihr Schnabel ist für das Stochern optimiert. Er ist lang und robust, und vor allem ist die **Schnabelspitze als vielseitiges Sinnesorgan** gestaltet. In der gesamten Spitze des Oberschnabels ist die Hornscheide (die Rhamphotheca) mit Mechanosensoren besetzt, die mit Herbst-Korpuskeln (◘ Abb. 5.11) ausgerüstet sind und Bewegungen von Bodenbewohnern detektieren können. Zusätzlich befinden sich an der Schnabelspitze lateral gelegene Nasenlöcher, durch die der Kiwi Luft aus den Bohrlöchern ansaugen und der olfaktorischen Analyse zuführen kann (◘ Abb. 10.31). Sein Riechsystem ist dem von Säugetieren sehr ähnlich. Die Luft wird hauptsächlich durch den oberen Nasengang (Meatus dorsalis) in die Nasenhöhle geleitet, wo sie auf ein System von Nasenmuscheln trifft, die mit **chemosensorischem Neuroepithel** bewachsen sind. Die Auffaltungen der Nasenmuscheln zum Zweck der Vergrößerung der sensorischen Oberfläche ist ganz ähnlich gestaltet wie beispielweise

◘ **Abb. 10.30** Ein Nördlicher Streifenkiwi (*Apteryx mantelli*) schreitet durch den nächtlichen Wald in Neuseeland

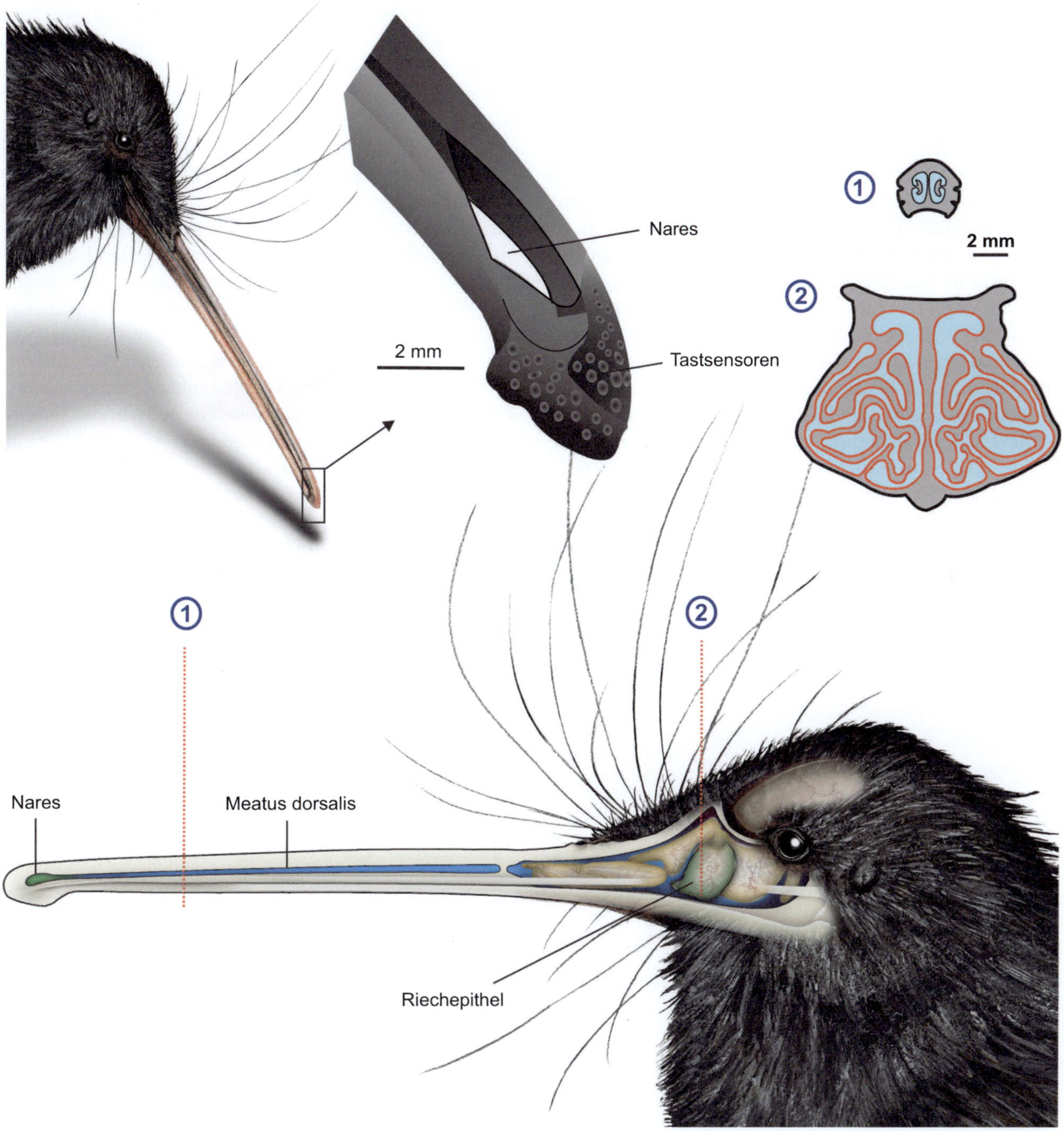

Abb. 10.31 Riechschnabel und Riechsystem von Kiwis (Gattung *Apteryx*). *Oben links*: Die Schnabelspitze mit Mechanosensoren und Nasenlöchern zum Durchsuchen des Waldbodens nach Nahrung. *Oben rechts*: Schematische Darstellung von Coronalschnitten durch den Schnabel. *Rot*: Riechepithel. Die Zahlen bezeichnen die unten gezeigten Schnittebenen. Nach Bang (1971); Cunningham et al. (2007)

bei Nagetieren (Odnung Rodentia; s. Abb. 10.42). Kiwis ziehen beim Erschnuppern von Essbarem geräuschvoll Luft in ihr Riechsystem und schneuzen sich ebenso geräuschvoll, um die Luftgänge freizuhalten. Sie nutzen ihren Geruchssinn für die Untersuchung des Bodens und möglicherweise auch für soziale Signale.

Kiwis und die anderen flugunfähigen Nachtvögel aus Neuseeland wie der Kakapo oder Eulenpapagei (*Strigops habroptilus*) sind sicher keine „typischen" Vögel, sondern besondere. Und ihre Riechbefähigung mag außergewöhnlich sein. Allerdings gibt es so etwas wie einen „typischen" Vogel nicht. Vögel haben sich viele, sehr unterschiedliche Lebensräume erschlossen und weisen ein breites Spektrum von Nahrungsspezialisierungen auf, die vom Blütennektar über Nüsse und Beeren bis zum Fleisch von marinen und terrestrischen Beutetieren so gut wie alles einschließt, was die Erde an Nahrung zu bieten hat. Ihre sensorische Ausstattung ist dementsprechend divers. Dabei verzichten sie auf ein vomeronasales Organ und setzen für die Chemosensorik ganz auf den Riechsinn. Der gelegentlich zu lesende Hinweis, der Geruchssinn spiele in der Sinneswelt der Vögel eine untergeordnete Rolle, ist irreführend. Die wissenschaftliche Literatur zum Geruchssinn der Vögel ist umfangreich und zeigt schlüssig, dass Vögel den Geruchssinn zur Orientierung, zur Nahrungssuche und zur sozialen Kommunikation einsetzen, nicht anders als andere Wirbeltiere. Besonders gut untersucht ist der Geruchssinn der **Röhrennasen** (Ordnung Procellariiformes), zu denen die Albatrosse (Familie Diomedeidae), die Sturmtaucher (Familie Procellariidae), die Sturmschwalben (Familie Hydrobatidae) und die Tauchsturmvögel (Familie Pelecanoididae) gehören. Die Schnäbel dieser Tiere sind vorn nach unten gebogen und tragen röhrenförmig nach vorn verlängerte Nasenlöcher (◘ Abb. 10.32), die nicht nur zum Ansaugen von Luft, sondern auch zur Ausscheidung des Sekrets von Salzdrüsen dienen. Die Röhrennasen verbringen den größten Teil ihres Lebens im Flug über dem Südpolarmeer oder über den nördlicheren Ozeanen. Nur zum Nisten kehren sie für einige Wochen im Jahr in ihre Heimatkolonie zurück, und auch von dort aus fliegen sie große Strecken auf der Suche nach Nahrung für ihre Jungtiere.

Umfangreiche Untersuchungen der Navigation mit GPS-Trackern haben in Kombination mit sinnesphysiologischen Experimenten und mit Modellen der Geruchsverteilung über dem offenen Meer starke Hinweise darauf erbracht, dass die Röhrennasen in der Lage sind, Geruchsfährten zu folgen. Vermutlich können sie über den Weiten der Ozeane sogar Geruchskarten erkennen, auf welchen Gebiete mit hoher Nahrungswahrscheinlichkeit durch ihren Geruch auffallen. Was aber ist Nahrungsgeruch für die Vögel? Einige Arten orientieren sich am **Geruch von Fisch und Tintenfisch**, die sie – als lebende Beutetiere oder als Kadaver – suchen. Als Fischgeruch kommt die Verbindung Trimethlyamin infrage, unter den Kadavergerüchen finden sich diverse Diamine wie Cadaverin und Putrescin. Albatrosse folgen solchen Geruchsspuren **windwärts** in einem charakteristischen **Zickzackflug**. Denn die Geruchssignale werden von der Geruchsquelle aus mit dem Wind verbreitet und durch Luftströmungen und -wirbel in viele feine Geruchsschwaden zerlegt, die sich am besten durch systemati-

Fulmaris glacialis

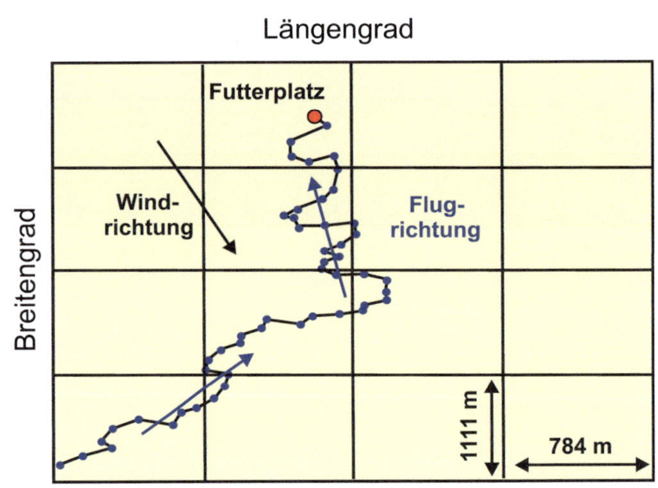

Diomedea exulans

◘ **Abb. 10.32** Röhrennasen und ihre Orientierung nach Gerüchen. *Links*: Eissturmvögel (*Fulmaris glacialis*) gehören zu den Röhrennasen (Ordnung Procellariiformes), ein Name, der sich auf die röhrenförmig verlängerten Nasenlöcher auf dem Schnabel bezieht. Diese Seevögel können einer Geruchsfährte gegen den Wind folgen, um Nahrung zu finden. *Rechts*: Flugweg eines aus Südwest heranfliegenden Wanderalbatros (*Diomedea exulans*) – ebenfalls ein Röhrennasenvogel – mit abrupter Änderung der Flugrichtung bei Aufnahme der Geruchsspur. Nach Nevitt et al. (2008)

sches Hin-und Herfliegen aufspüren und auswerten lassen. Annäherung an eine Geruchsquelle durch eine Zickzack- oder Pendelbewegung erweist sich bei vielen Tieren als eine erfolgreiche Strategie. Bei Albatrossen kann man gut unterscheiden, ob sie sich visuell oder olfaktorisch leiten lassen. Im ersten Fall fliegen sie geradeaus, und zwar in jede beliebige Richtung auf die vermeintliche Nahrungsquelle zu. Dabei orientieren sie sich oft an anderen Vögeln, die sich schon im Gebiet der Nahrungsquelle befinden. Im zweiten Fall fliegen sie ausschließlich gegen den Wind und erzeugen auf dem GPS-Tracker eine Zickzacklinie, bei der sie wiederholt etwa 100–200 m um die Richtung zur Nahrungsquelle hin- und herpendeln (◘ Abb. 10.32, *rechts*). Diese Suchstrategie bringt sie mit jeder Wendung näher ans Ziel.

Andere Röhrennasen nutzen den Umstand, dass an bestimmten Stellen im Meer besonders viele Fische zu finden sind. Es sind dies Stellen, an denen die Fische selbst besonders viel Nahrung finden, weil dort große Mengen Zooplankton abgeweidet werden kann, insbesondere kleine Krebstiere wie Krill oder Ruderfußkrebse. Das Zooplankton wiederum lebt vom Phytoplankton, welches sich oft dort konzentriert, wo das Bodenrelief des Meeres Anhöhen aufweist oder wo Aufwärtsströmungen Nährstoffe vertikal transportieren. Solche Inseln konzentrierten Lebens können weit voneinander entfernt im Meer auftreten, und – für die Vogelnasen entscheidend – sie haben einen markanten Geruch. Denn bei der Zerstörung der Zellen des Phytoplanktons durch die Primärkonsumenten aus dem Reich des Zooplanktons kommt es zur Freisetzung von Dimethylsulfoniopropionat sowie von Dimethylsulfid, einer für uns übel riechenden Schwefelverbindung, die als Geruchswolke über jedem Ort konzentrierten Lebens im Ozean steht (◘ Abb. 10.33). Einige der Röhrennasen detektieren den Geruch von Dimethylsulfid bei sehr geringen Konzentrationen. Blausturmvögel (*Halobaena caerulea*) folgen diesem Geruch bei einer Konzentration von wenigen Pikomolar (10^{-12} M). Die bisherige Datenlage deutet an, dass besonders solche Röhrennasen **Dimethylsulfid als Leitchemikalie** nutzen, die hauptsächlich am Zooplankton selbst, insbesondere an den Crustaceen, interessiert sind. Dazu gehören Sturmschwalben wie *Oceanites oceanicus* (Buntfuß-Sturmschwalbe) und *Fregetta tropica* (Schwarzbauch-Meerläufer) wie auch mehrere Sturmvögel der Gattungen

◘ **Abb. 10.33** Dimethylsulfid (DMS), hier symbolisiert durch den gelben Pfeil, als Leitchemikalie in einer Geruchsspur, die von einem Ort mit hohen Dichten von Phyto- und Zooplankton ausgeht. DMS leitet besonders solche Seevögel, deren Hauptnahrung aus Crustaceen besteht. Nach Nevitt (2011)

Pachyptila, *Procellaria* und *Halobaena*. Im Magen dieser Vögel findet man vor allem Crustaceen und nur wenig Cephalopoden und Fische. Bei Albatrossen dagegen (Gattungen *Diomedea* und *Thalassarche*) sind Crustaceen nicht die Hauptnahrung, und diese Vögel zeigen auch kein Folgeverhalten auf Dimethylsulfidsignale. Das Gleiche gilt für Sturmvögel der Gattungen *Fulmarus*, *Macronectes*, *Pelecanoides*, *Pagodroma* und *Daption*. Diese Vögel nutzen andere Geruchsstoffe zur Orientierung.

Man erkennt bei den Röhrennasen eine olfaktorische Spezialisierung auf Amine oder organischen Schwefelverbindungen, je nach dem arttypischen Ernährungsmuster. Es gibt auch Hinweise darauf, dass sich Küken in den großen Seevogelkolonien mithilfe von Gerüchen zurechtfinden. Auch hilft den adulten antarktischen Taubensturmvögeln (*Pachyptila desolata*) der Geruch des Partners beim Auffinden des gemeinsamen Nestes. Solche Beobachtungen führen zu der Hypothese, dass manche Vögel sich mithilfe ihres Bürzeldrüsensekrets aktiv parfümieren, um auf diese Weise soziale Signale zu erzeugen. Die ornithologische Forschung ist aber in dieser Frage noch nicht zu einer abschließenden Beurteilung gelangt. Sicher ist heute, dass alle Vogelarten, bei denen systematische Untersuchungen durchgeführt worden sind, Riechvermögen und geruchsgelenktes Verhalten zeigen. Dies reicht von aversiven Reaktionen auf Mardergeruch bei der Blaumeise (*Cyanistes caeruleus*) bis zu den legendären Riechfähigkeiten des Truthahngeiers (*Cathartes aura*; ◘ Abb. 10.34). Die bisher untersuchten Vögel verfügen über artspezifische Reservoirs von weniger als 100 bis über 600 Geruchsrezeptorgenen, vor allem aus der für Landwirbeltiere typischen Klasse II (Klade γ-c bei Vögeln), wobei Greifvögel generell mehr Rezeptorgene haben als Sperlingsvögel (Passeriformes). Auffällig ist der bei Vögeln besonders hohe Prozentsatz von Pseudogenen (~ 47 %) und unvollständigen Genen (~ 37 %). Nur etwa 10–15 % des Geruchsgenoms der Vögel dienen zur Bildung funktionsfähiger Rezeptorproteine. Folglich liegt die Anzahl intakter Geruchrezeptoren bei Vögeln meist deutlich unter 100 (s. ◘ Tab. 10.5).

Man kann diese Beobachtung so interpretieren, dass sich der Geruchssinn der Vögel an denjenigen Ausschnitt der Geruchswelt angepasst hat, der für die jeweilige Art relevant ist. Viele Vögel haben sich offenbar auf ein bestimmtes, für sie wichtiges Segment des Geruchsspektrums spezialisiert, anstatt für möglichst viele Substanzen empfänglich zu sein. **Vögel sind olfaktorisch eher Spezialisten als Generalisten** und unterscheiden sich darin deutlich von den Säugetieren. Evolutionär wird diese Strategie dadurch erreicht, dass ein relativ kleines Ensemble von Riechrezeptorgenen stabilisiert wird, während der Rest des olfaktorischen Subgenoms zu Pseudogenen degeneriert. Aber auch ein reduzierter

◘ **Abb. 10.34** Ein Truthahngeier (*Cathartes aura*) hat frisches Aas gefunden. Dabei hat ihn sein außerordentlich empfindlicher Geruchssinn geleitet, der speziell auf die Detektion von Aasgeruch ausgerichtet ist. Wie viele Vögel ist auch der Truthahngeier ein Riechspezialist

Satz von Riechrezeptoren kann sensorische Höchstleistungen erbringen. Ein Beispiel liefert der Truthahngeier (*Cathartes aura*), der nur 47 seiner 400 Geruchsrezeptorgene intakt hält und doch eine extrem hohe Geruchsempfindlichkeit für das Gas Ethylmercaptan (Ethanthiol) hat, das er als Leitchemikalie für das Auffinden von frischem Aas nutzt (◘ Abb. 10.34). Trotz der im Vergleich zu Säugetieren geringen Anzahl von Geruchsrezeptoren haben viele Vögel recht **große Riechkolben**, was auf eine umfassende kognitive Auswertung des Riechsignals schließen lässt. Beim Truthahngeier entspricht beispielsweise der Durchmesser eines Riechkolbens 28,7 % des Durchmessers einer Gehirnhemisphäre. Tatsächlich hat sich der Anteil des Riechkolbens am Gehirn im Lauf der Evolution der Vögel von den theropoden Dinosauriern zu den heute lebenden Vögeln (Neornithes) kontinuierlich vergrößert. Im Rahmen der Differenzierung der Neornithes korreliert die Größe des Riechkolbens nun erkennbar mit der Bedeutung des Riechsinnes für die einzelnen Arten. Für das Verhältnis der Durchmesser findet man Werte um 30 % bei riechstarken Vögeln (Kiwis, Albatrosse, Sturmvögel), um die 20 % bei den meisten untersuchten Ordnungen, und etwa 10 % bei den Sperlingsvögeln (Passeriformes) und Papageien (Psittaciformes). Diese Abschätzung der Verarbeitungskapazität des Riechsystems anhand neuroanatomischer Maße sowie von anderen bisher vorliegenden physiologischen, anatomischen und genetischen Befunden zeigen deutlich, dass Vögel das Riechsystem als eine Informationsquelle nutzen, ausgerichtet auf die speziellen ökologischen Bedürfnisse jeder Vogelart. Da Vögel kein vomeronasales Organ besitzen, muss das Riechsystem möglicherweise auch pheromonartige Funktionen vermitteln, um zielführende Verhaltensmuster bei der Partnererkennung und der Orientierung in Brutkolonien zu ermöglichen.

10.13 Die Nasen der Säugetiere

Für die meisten Säugetiere ist die Atemluft nicht nur ein Vehikel für Sauerstoff, sondern ebenso eine lebenswichtige Quelle von Informationen über ihre Umwelt. Viele Säugetiere atmen ausschließlich oder hauptsächlich durch die Nase, da bei ihnen ein enger Abstand zwischen Kehldeckel (Epiglottis) und weichem Gaumen (Palatum molle) für die Mundatmung einen höheren Luftwiderstand darstellt als der Luftweg durch die Nase. In der Nasenhöhle wird die Atemluft genau untersucht. Mindestens fünf sensorische Systeme sind an diesem Vorgang beteiligt, und die Struktur der Nasenhöhle lässt erkennen, wie aufwendig diese Luftanalyse ist.

Obwohl die Nasen verschiedener Säugetiere erhebliche Strukturunterschiede aufweisen – vermutlich eine Folge der besonderen Bedeutung des Riechens für die jeweilige Tierart –, gibt es einen gemeinsamen Bauplan. Strukturgebend für den hinteren Teil der Säugernase ist das **Siebbein** (Os ethmoidale), dessen komplizierter Aufbau mehrere grundlegende Funktionen erfüllt (◻ Abb. 10.35). Es trennt mit seiner meist aufrecht stehenden Siebplatte (Lamina cribrosa; sie liegt nur bei Primaten waagerecht) die Nasenhöhle von der Schädelhöhle und bildet mit einer senkrecht stehenden, median ausgerichteten Platte (Lamina perpendicularis) den hinteren Teil der Nasenscheidewand (Septum nasi). Das Septum teilt die Nase in zwei Nasenhöhlen, die weitgehend bilateralsymmetrisch strukturiert sind. Zu den Seiten hin schließen die Laminae orbitales des Siebbeins die beiden Nasenhöhlen gegen die Augenhöhlen hin ab, sodass sich ein knöcherner, nach vorn hin offener Hohlraum im Inneren des Siebbeins bildet. Aus den Augenhöhlenplatten wachsen weitere Knochenplatten in diesen Hohlraum ein, rollen sich teilweise ein, verzweigen sich und bilden so die Siebbeinmuscheln (Ethmoturbinalia) mit einer großen Oberfläche. Mehrere solcher Knochenplatten bilden zusammen das Siebbeinlabyrinth (Labyrinthus ethmoidalis), das dem Riechepithel der

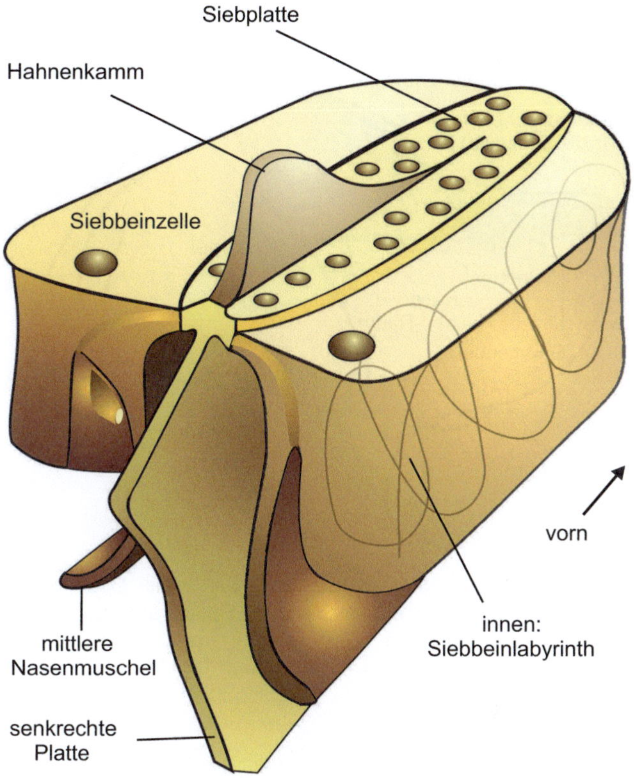

◻ **Abb. 10.35** Schematische Darstellung des Siebbeins eines Primaten (Ordnung Primates). Das Siebbein bildet die beiden großen, luftgefüllten Kammern der Nasenhöhle und bietet auf einem Labyrinth von knöchernen Strömungskörpern dem Riechepithel eine große Aufwuchsfläche. Durch die vielen Löcher der Siebplatte können die afferenten Axone der Riechzellen aus der Nasenhöhle ins Gehirn gelangen. Die Siebplatte liegt nur bei den Primaten waagerecht, bei anderen Säugetieren steht sie eher aufrecht

Nase als Aufwuchsfläche dient (◻ Abb. 10.36). Im vorderen Teil der Nase besteht die Nasenscheidewand aus Knorpel und ruht auf einem anderen Schädelknochen, dem Pflugscharbein (Vomer). Auch in diesem vorderen Abschnitt wachsen von den Seitenwänden aus Knochenplatten in die Nasenhöhlen ein und rollen sich zu großen Strömungskörpern ein. Ihre Form erinnert an geschlossene Miesmuscheln, und so werden sie als Nasenmuscheln (Maxilloturbinalia) bezeichnet. Die gesamte Nasenhöhle ist mit Epithel ausgekleidet, sodass alle Oberflächen permanent feucht gehalten werden können. Die fast raumfüllenden Nasenmuscheln leiten den Luftstrom durch enge Kanäle, das System der Nasengänge (Meatus nasi). So entsteht ein geordnetes Strömungssystem, wobei das durch die Nasenmuscheln aufgeweitete Nasenepithel eine sehr große Oberfläche darstellt. Solche großen Oberflächen sind entscheidend für die Reinigung, Analyse und Befeuchtung der Atemluft.

Beim Einatmen wird Luft durch die **vorderen Nasenlöcher** (Nares; bei Unpaarhufern: Nüstern) in die Nasenhöhlen eingesogen. Viele Säugetiere können die Nasenlöcher teilweise verschließen, bei einigen Tieren

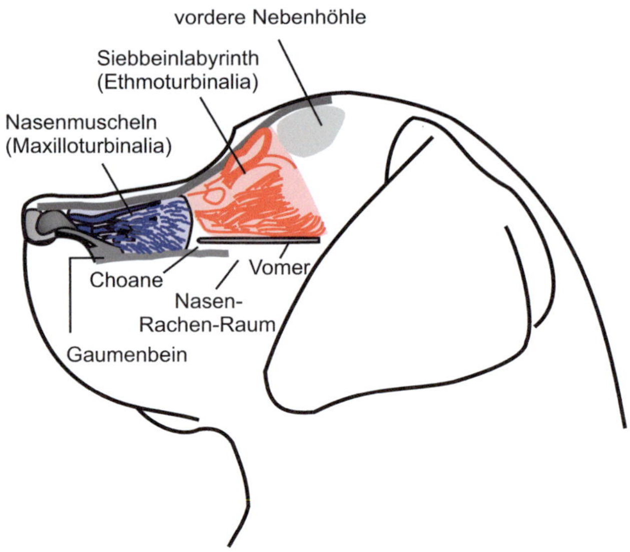

Abb. 10.36 Die Nasenhöhle eines Hundes (*Canis lupus familiaris*) mit der Lage der respiratorischen Epithels auf den Nasenmuscheln (*blau*) sowie dem olfaktorischen Epithel auf dem Siebbeinlabyrinth (*rot*). Durch die Choane gelangt die Atemluft aus der Nasenhöhle in die Luftröhre

Abb. 10.37 Nicht nur zum Riechen! Die sandverkrustete Nase eines Erdmännchens (*Suricata suricatta*) steht hier für die im Tierreich weit verbreitete Doppelfunktion der Nase. Einerseits wird sie zum Graben, Stochern und Stöbern eingesetzt, andererseits bieten die Nüstern Zugang zum hochempfindlichen Riechsystem. Wie die Tiere verhindern, dass sich beim Stöbern im Boden die Nasenhöhlen mit Erde füllen, ist nicht für alle Arten erforscht. Zumindest bei einigen Säugetieren werden die Nasenhöhlen reflektorisch verschlossen, wenn Mechanorezeptoren am Nasenspiegel gereizt werden

sind die Nasenlöcher durch das Schließmuskelsystem des Musculus nasalis fest verschließbar. Zum System gehören der M. compressor nasi und der M. dilator nasi. Sie werden oft der mimischen Muskulatur zugerechnet, können aber auch lebensnotwendigen Schutz vor dem Eindringen von Sand (bei Altweltkamelen) oder Wasser (bei Meeressäugern) bieten. Nasenlöcher und Nüstern sind hochempfindliche Sinnesorgane. Sie dienen vor allem dem Tast- und Temperatursinn. Inwiefern sie chemosensorische Fähigkeiten haben, ist bisher nicht bekannt. Deutlich ist aber, dass riechende Gegenstände am Eingang der Nasenhöhle gründlich untersucht werden (Abb. 10.37). Bevor Luft in die empfindliche Nasenhöhle aufgenommen wird, muss möglichst viel über die Geruchsquelle herausgefunden werden. Ist der riechende Gegenstand kalt oder warm, rau oder glatt, beweglich oder statisch? Zusammen mit einer solchen somatosensorischen Voruntersuchung führt die darauf folgende chemosensorische Charakterisierung in der Nase zu einer polymodalen Information, die dem Tier alles Wesentliche über die Geruchsquelle mitteilt.

Unmittelbar nach dem Eintreten der Atemluft in die Nasenhöhle beginnt die Analyse der Luft. In einer ersten Aufweitung der Nasenhöhle, dem Nasenvorhof (Vestibulum nasi) direkt hinter den vorderen Nasenlöchern, befindet sich bei Nagetieren (Ordnung Rodentia; nicht aber beim Hund) das erste Sinnesorgan der Nase: das **Grüneberg-Ganglion** (Abb. 10.38). Etwa 500 traubenförmig angeordnete Neuronen liegen beidseitig im oberen Abschnitt des knorpeligen Septums und sammeln ihre Axone in einem gemeinsamen Nerv. Dieser Nerv führt zu einem speziellen Abschnitt des Riech-

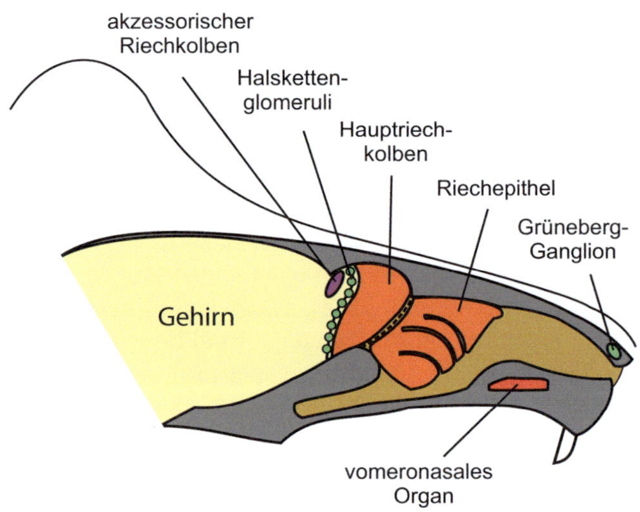

Abb. 10.38 Die Lage sensorischer Organe in der Nase von Nagetieren (Ordnung Rodentia). Das Grüneberg-Ganglion im Nasenvorhof detektiert Temperatur, CO_2-Konzentration und Alarmstoffe. Das vomeronasale Organ vermittelt die Verhaltenssteuerung durch Pheromone. Und das Riechepithel detektiert Geruchsstoffe in der Atemluft. Ihre ersten Verschaltungsstationen im Gehirn sind die Halskettenglomeruli (Grüneberg-Ganglion), der akzessorische Riechkolben (vomeronasales Organ) und der Hauptriechkolben (Riechepithel)

kolbens, der nach der kettenartigen Anordnung seiner Glomeruli als Halskettensystem (*necklace glomeruli system*) bezeichnet wird. Die Neuronen des Grüneberg-Ganglions besitzen primäre Cilien und überpüfen die

Atemluft auf einige wenige lebenswichtige Eigenschaften hin: Temperatur, CO_2-Gehalt und Alarmsubstanzen. Offenbar gibt es bei den Neuronen des Grüneberg-Ganglions eine Spezialisierung auf bestimmte Reize. Einige reagieren sehr empfindlich auf kühle Luft. Während sie bei der Körpertemperatur von 37 °C nur geringe Aktivität zeigen, feuern sie bei 16 °C maximal. Sie sind also Kältesensoren, obwohl sie nicht den im somatosensorischen System aktiven, kälteempfindlichen Kanal TRPM8 exprimieren. Stattdessen verfügen sie über eine temperaturgesteuerte, membrangebundene Variante der Guanylat-Cyclase, das Protein GC-G, das bei Abkühlung verstärkt cGMP synthetisiert. Über cGMP-gesteuerte Kationenkanäle des Typs CNGA3 führt der Kältereiz zur Depolarisation dieser Neuronen und damit zur Bildung eines afferenten Signals. Möglicherweise dient die Temperaturinformation aus dem Grüneberg-Ganglion zur Regelung der Atemgeschwindigkeit. Da die Atemluft angewärmt werden muss, bevor sie in die Lunge gelangt, sollte das Einsaugen kalter Luft langsamer stattfinden, damit der Wärmeaustausch an den Nasenmuscheln wirksam ablaufen kann. Zudem können Jungtiere, insbesondere bei den zunächst blinden Nagetieren, die Entfernung von der Mutter an der Abkühlung der eingeatmeten Luft erkennen. Bei sehr jungen Mäusen findet man zudem V2R- und TAAR-Rezeptoren in Neuronen des Grüneberg-Ganglions – auch dies ein möglicher Hinweis auf die Detektion von gefährlichen Reizen. Die Detektion solcher Warnzeichen ist offenbar eine der Funktionen des Grüneberg-Ganglions. Die Bedeutung der CO_2-Detektion durch diese Neuronen ist bisher noch nicht verstanden. Es könnte sein, dass die Zellen hier einfach ein Frischluftsignal geben. Die verbrauchte Luft, die von der Lunge her durch die Nasenhöhle abgeatmet wird, hat normalerweise einen etwa 100-mal höheren CO_2-Partialdruck (4 kPa) als die eingeatmete Frischluft (0,04 kPa). Man kann sich daher vorstellen, dass einige Neuronen des Grüneberg-Ganglions ein rhythmisches Signal produzieren, das dem Atemzyklus entspricht. Ein klares Warnsignal stellt dagegen die Reaktion von Grüneberg-Ganglien auf Alarmsubstanzen dar. Dazu gehören die von Artgenossen erzeugten Alarmpheromone wie SBT (2-*sec*-Butyl-4,5-dihydrothiazol), eine von Mäusen im Urin ausgeschiedene Substanz, die Fluchtverhalten oder Angststarre bei Artgenossen auslösen kann. Chemisch verwandte heterozyklische Schwefelverbindungen (Thiazole) finden sich interessanterweise in Ausscheidungen von Raubtieren und erzeugen deren charakteristisch aversiven Geruch. Auch diese Substanzen – beispielsweise TMT (2,4,5-Trimethylthiazolin) vom Rotfuchs (*Vulpes vulpes*) – aktivieren Neuronen im Grüneberg-Ganglion, alarmieren die Beutetiere, veranlassen sie zur Flucht und wirken so als Kairomone zwischen Jägern und Beutetieren. Es scheint also, dass sich die Struktur der Alarmpheromone bei Nagetieren an der Struktur von Raubtiergeruchsstoffen orientiert und dass das Grüneberg-Ganglion als erste Station der chemischen Analyse in der Nase auf solche Verbindungen spezialisiert ist. Bei dieser Überprüfung geht es wohl vor allem um schnelle Reaktionen, um das Einleiten von lebensrettenden Verhaltensmustern.

Im weiteren Verlauf der Passage durch die Nasengänge wird die Atemluft angewärmt und angefeuchtet. Durch die große Oberfläche der **Nasenmuscheln** ist dieser Prozess sehr effektiv. Hat die Atemluft an den äußeren Nasenlöchern des Menschen eine Temperatur von 22 °C und eine absolute Luftfeuchtigkeit von 10 mg H_2O pro Liter, so sind diese Werte schon im Rachen, also nach etwa 1/10 s Aufenthalt in der Nase, auf 31–33 °C und 26–32 mg H_2O pro Liter angestiegen. Die große Oberfläche des stark durchbluteten respiratorischen Epithels auf den Nasenmuscheln leistet diesen Wärme- und Wassertransfer, der beim Menschen etwa 1 L Wasser pro Tag verbraucht. In den Bronchien werden schließlich 37 °C und 44 mg H_2O pro Liter erreicht. Die Aufbereitung der Atemluft verläuft bei den meisten Säugetieren ähnlich effektiv, denn kleine Säugetiere haben stärker aufgefaltete Nasenmuscheln, während größere Tiere längere Nasenmuscheln haben als der Mensch. Beide Parameter, Temperatur und Wassergehalt, sind von entscheidender Bedeutung für die Lungenatmung. Die Kernkörpertemperatur von Säugern (37–39 °C) wird in der Lunge für eine stabile Öffnung von Bronchiolen und Alveolen benötigt. Kalte Luft verhindert die Entfaltung der feinen Lungenstrukturen. Der hohe Wassergehalt der Atemluft (100 % relative Luftfeuchtigkeit) ist für den Erhalt der rhythmisch schlagenden Cilien des Bronchialepithels („Flimmerepithel") unerlässlich. Diese Cilien bewegen den Mucus auf der luminalen Oberfläche des Epithels kontinuierlich Richtung Rachenraum, wo er – mitsamt allen Materialien, die aus der Lunge entfernt werden müssen – geschluckt werden kann. Cilien dulden aber kein Austrocknen. Sie werden in einer wässrigen Mucusschicht gehalten, welche von spezialisierten Becherzellen sezerniert wird und nur im Kontakt mit feuchter Luft stabil ist. Bei Kontakt mit trockener Luft werden die Cilien angetrocknet und beschädigt, und der Mucustransport wird verlangsamt. Es kommt zum Mucusstau in den Bronchiolen, zu entzündlichen Veränderungen und letztlich zum Lungenemphysem. Die Vorbehandlung der Atemluft in der Nase ist also von lebenswichtiger Bedeutung für Tiere.

Die physikalische und chemische Beschaffenheit der Atemluft wird in der gesamten Nase durch die sensorischen Fasern des **Trigeminussystems** überprüft. In der Nase von Säugetieren findet man vor allem vergleichsweise dünne Aδ-Fasern, viele von ihnen mit neuropeptidgefüllten Varikositäten. Die Fasern verlaufen in sub-

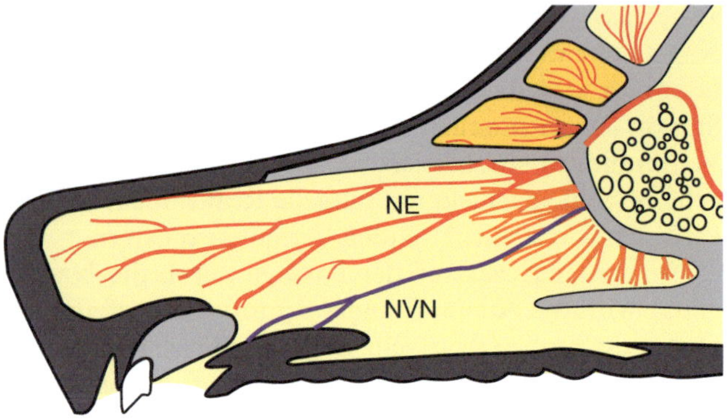

Abb. 10.39 Das Trigeminalsystem in der Nase eine Hundes (*Canis lupus familiaris*). *Rot*: trigeminale Nervenfasern; *lila*: afferente Axone der vomeronasalen Neuronen. NE, Nervus ethmoidalis; NVN, Nervus vomeronasalis

epithelial liegenden Netzen und wachsen von dort aus in die Epithelschicht ein. Bei Nagetieren innerviert das Trigeminussystem die Nase mit dem Nervus ethmoidalis, einem Abzweig des Augapfelnervs (N. ophthalmicus). Von der Augenhöhle aus erreicht der N. ethmoidalis durch ein Loch in der medialen Wand, das Foramen ethmoidale anterius, die Schädelhöhle und gelangt durch die Siebplatte (Lamina cribrosa) des Siebbeins in die Nasenhöhle. Trigeminale Endigungen findet sich im gesamten Epithel der Nase (Abb. 10.39), sowohl am Septum als auch auf den Nasenmuscheln und im Riechepithel. Sie sind vor allem chemosensorisch und dienen der Detektion von flüchtigen, potenziell cytotoxischen Substanzen (Irritanzien, Reizstoffe). Kontakt mit solchen Substanzen löst schmerzhafte Alarmsignale aus, die sich durch Stechen, Kitzeln oder Brennen bemerkbar machen. Aktivierung der nasalen Trigeminusfasern kann den Niesreflex auslösen. Dabei wird zunächst tief eingeatmet, und daraufhin wird die Muskulatur für das forcierte Ausatmen aktiviert. Zunächst verhindert aber der geschlossene Kehldeckel das Entweichen der Luft aus den unteren Atemwegen. Die plötzliche Öffnung des Kehldeckels bewirkt eine explosionsartige Freisetzung der Luft durch Nase und Mund und das Ausblasen der oberen Atemwege. Irritanzien können so aus der Nasenhöhle entfernt werden. Bei vielen Säugetieren beobachtet man zudem einen ausgeprägten Apnoereflex, ein durch trigeminale Stimulation im Nasenepithel ausgelöste Unterdrückung der Atmung, die wohl verhindern soll, dass Schadstoffe in die Lunge gelangen.

Typische Irritanzien sind ätherische Senföle mit den in ihnen enthaltenen Isothiocyanaten, aber auch viele Ketone wie Cyclohexanon. Beide Stoffgruppen sind Agonisten für die wichtigsten Rezeptorproteine der nasalen chemosensorischen Trigeminalfasern, TRPA1 und TRPV1. Trigeminalfasern reagieren auch auf Ammoniak (Haushaltsreiniger) und Nicotin (Schnupftabak), und einige enthalten niedrigschwellige Mechanorezeptoren oder Kaltrezeptoren mit dem Kältesensor TRPM8. Die freien Nervenendigungen des Trigeminussystems liegen im respiratorischen Epithel knapp unterhalb der Zonulae occludentes; sie erreichen nicht die Gewebeoberfläche. Man muss daher annehmen, dass Irritanzien nur dann wahrgenommen werden können, wenn sie die Gewebeoberfläche durchdringen und so zu den trigeminalen Endigungen vordringen. Viele Irritanzien sind hydrophob (Senföle) oder sehr klein (Protonen), sodass man ein Eindringen durch die apikale Membran oder durch den parazellulären Weg erwartet. Es gibt aber noch eine zweite Möglichkeit der Detektion von Irritanzien. Das respiratorische Epithel enthält viele **einzeln stehende chemosensorische Zellen**, deren apikale Mikrovilli in Kontakt mit der luminalen Mukusschicht stehen. Diese Zellen sind sensorische Epithelzellen und bilden synaptische Kontakte mit Trigeminusfasern. Sie ähneln in Struktur und molekularer Ausstattung den Bitterzellen der Zunge (▶ Abschn. 9.3). Sie verfügen über T2-Bitterrezeptoren, Gustducin sowie TRPM5-Ionenkanäle, welche über einen von Phospholipase C vermittelten Signalweg geöffnet werden. Durch diese Sensorzellen hat das Trigeminussystem indirekten Zugang zur Epitheloberfläche. Welche Substanzen diese Zellen erkennen können, ist noch nicht klar. Es könnten die gleichen Bitterstoffe sein, die auch den Bittergeschmack aktivieren. Ein besonders interessanter Befund zeigt, dass diese Zellen auf *N*-Acyl-Homoserin-Lacton reagieren. Diese Substanz wird von Bakterien ausgeschieden, um untereinander Informationen über die Zelldichte zu signalisieren (Quorum sensing). Möglicherweise kann das Trigeminussystem über die einzeln stehenden chemosensorischen Zellen die Bakterienlast in der Atemluft detektieren.

Neben der reinen Schutzfunktion als Teil von Reflexkreisen erfüllt das nasale Trigeminussystem noch eine komplexere Aufgabe bei der Analyse der Atemluft. Es produziert ein erstaunlich breites sensorisches Spektrum mit brauchbarer Information über die Umwelt. Menschen mit angeborener Anosmie (nicht funktionellem Geruchsystem) können sich mit den chemosensorischen Eindrücken allein aus ihrem Trigeminalsystem recht gut behelfen. Werden Mäuse durch gentechnische Eingriffe in das Riechsystem anosmisch gemacht, haben sie als Jungtiere große Schwierigkeiten, denn der Vorgang des Säugens ist geruchsgeleitet. Als adulte Tiere kommen sie hingegen ohne Geruchssinn gut zurecht. Mithilfe der trigeminalen Chemorezeption finden sie Nahrung, sie paaren sich, und sie können soziale Verhaltensmuster ausführen. Das macht deutlich, wie empfindlich und vielseitig die chemische Analyse der Atemluft durch das nasale Trigeminussystem ist. Tatsächlich sind fast alle Duftstoffe auch Agonisten für das Trigeminussystem.

Sie aktivieren bei hinreichender Konzentration in der Atemluft beide Systeme gleichzeitig. Es wird angenommen, dass diese Coaktivierung für bestimmte Leistungen des Riechsystems von großer Bedeutung sind. So wird die Bildung des Riechgedächtnisses durch trigeminale Komponenten unterstützt. Gerüche werden dann am besten erinnert, wenn sie wahrnehmbare Anteile von Irritanzien enthalten.

Inwieweit das vomeronasale Organ an der Analyse der Atemluft beteiligt ist, ist nicht bekannt. Dieses Organ ist bei Nagetieren durch die Nasenhöhle zugänglich, bei anderen Säugetieren durch eine Verbindung zwischen Mund und Nase. Die primäre Funktion dieses Sinnesorgans ist wohl die Detektion von wasserlöslichen Pheromonen. In ► Abschn. 8.5 werden Aufbau und Funktion des vomeronasalen Organs beschrieben.

Die Atemluft trifft nach der Passage der Nasenmuscheln auf das Riechepithel, das in zwei sensorische Felder aufgeteilt ist, das hauptolfaktorische Epithel und das Septalorgan von Masera. Das **hauptolfaktorische Epithel** bedeckt die Knochenplatten des Siebbeinlabyrinths als 50–150 µm dickes, mehrschichtiges Neuroepithel, dessen Axone (Fila olfactoria) den Riechnerven (N. olfactorius) bilden (◻ Abb. 10.40). Das Gewebe wird zur Nasenhöhle hin durch eine einzelne Schicht epithelialer Stützzellen abgeschlossen. Diese Zellen bilden untereinander und mit den dazwischenliegenden neuronalen Riechzellen eine Schlussleiste aus (Zonula occludens, Tight Junction), welche die luminale, schleimbedeckte Oberfläche gegen die Interstitialflüssigkeit abdichtet. Stützzellen sind reichlich mit Biotransformationsenzymen ausgestattet (Cytochrom P450, Epoxidhydrolase, Glutathion-S-Transferase, Flavin-Monooxygenase, UDP-Glucuronosyltransferase und andere), denn eine ihrer wichtigsten Funktionen ist der Abbau von Fremdmaterial, das bei jedem Atemzug in die Nase gelangt und sich auf den Epitheloberflächen ablagert. Der Abbau solcher xenobiotischen Substanzen durch Stützzellen ist sehr effektiv. Die entsprechende Stoffwechselaktivität ist mit der von Leberzellen vergleichbar. Stützzellen von Säugetieren tragen nur wenig zur Produktion der luminalen Mucusschicht bei, und das Riechepithel besitzt auch keine Becherzellen. Die Mucusproduktion erledigen vor allem die Bowman-Drüsen, deren Acini unterhalb der Basallamina in die subepitheliale Bindegewebsschicht (Lamina propria) eingelagert sind. Die Ausführgänge der Bowman-Drüsen erreichen in unregelmäßigen Abständen (bei Mäusen etwa alle 20–50 µm) die apikale Oberfläche und erneuern kontinuierlich das luminale Mucussekret.

Der olfaktorische Mucus hat protektive Funktionen für das Riechepithel, steuert aber auch Komponenten zur Gewebedifferenzierung und zur Chemosensorik bei. Die Mucussekretion wird vegetativ gesteuert, wobei sowohl Acetylcholin als auch Neuropeptide (Substanz P,

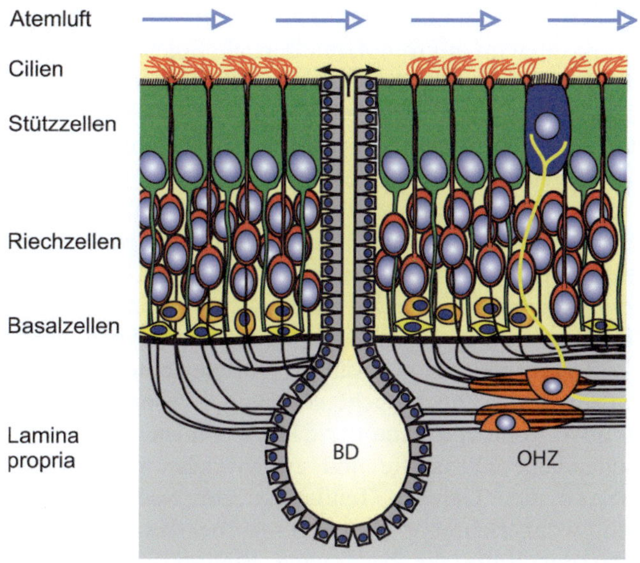

◻ **Abb. 10.40** Aufbau des Riechepithels eines Wirbeltieres (Unterstamm Vertebrata). Das Neuroepithel wird von einer Schicht Epithelzellen (*grün*) zur Nasenhöhle hin begrenzt. Die Dendriten der Riechzellen (ciliäre olfaktorische Neuronen, cORN, *rot*) erreichen die apikale Oberfläche und tragen dort einen Schopf chemosensorischer Cilien. Die Axone der Riechzellen (Fili olfactorii) verlaufen gebündelt durch die Lamina propria in Richtung Bulbus olfactorius, wo sie ihre Synapsen bilden. Dabei werden sie von olfaktorischen Hüllzellen (OHZ) geleitet. Eine einzeln stehende chemosensorische Zelle (*blau*) steht für unterschiedliche Typen von mikrovillären Chemorezeptorzellen im Riechepithel. Das afferente Signal dieser Zelle wird von einer Faser des Trigeminalsystems (*gelb*) geleitet. Basalzellen differenzieren kontinuierlich in Riechzellen und Stützzellen und erhalten so die Integrität des Gewebes. Sekretorische Bowman-Drüsen (BD) liefern eine apikale Mucusschicht für die sensorische Oberfläche des Epithels

CGRP) sekretionsbeschleunigende Wirkung haben. Im Gegensatz zum respiratorischen Epithel auf den vorderen Nasenmuscheln – und im Gegensatz zum Riechepithel von Fischen, Amphibien und Reptilien – verfügt das Riechepithel von Säugetieren nicht über rhythmisch schlagende Cilien, die einen kontinuierlichen Mucusstrom gewährleisten könnten. Der olfaktorische Mucus wird nur durch die Sekretionsaktivität der Bowman-Drüsen transportiert und ist daher weit weniger mobil als der respiratorische Mucus. Die Mucusschicht ist nur etwa 10 µm dick und wird durch einen hohen Proteingehalt strukturiert und stabilisiert. Zu den strukturgebenden Mucusproteinen gehören Mitglieder der Olfactomedin-Proteinfamilie. Olfactomedine sind extrazelluläre Glykoproteine, die durch Schwefelbrücken vernetzte Aggregate bilden und auch an unterschiedlichen Differenzierungsprozessen beteiligt sind. Sie verleihen dem Mucus seine hohe Viskosität und seinen weitgehend statischen Zustand. Zudem enthält der Mucus eine hohe Konzentration (etwa 1–2 mM) an kleinen, löslichen **Duftstoffbindeproteinen**. Die Proteine zeigen eine enge Größenverteilung um 15–20 kDa, sind sehr gut wasserlöslich und binden Duftstoffe mit Dissoziationskonstanten im mikromolaren Bereich. Solche Duftstoffbindeproteine sind bei Mäusen, Ratten, Kaninchen, Stachelschweinen, Hunden, Schweinen, Kühen, Elefanten und Menschen nachgewiesen worden. Im Vergleich zu der Vielfalt von Duftstoffbindeproteinen, die man in der Sensillenlymphe von Insekten findet, gibt es aber bei Säugetieren nur wenige Formen (zwei bis vier bei Nagetieren) dieses Proteintyps. Der auffällige Unterschied zwischen Insekten (wenig Duftstoffrezeptoren und viele Duftstoffbindeproteine) und Säugetieren (viele Duftstoffrezeptoren und wenig Duftstoffbindeproteine) wurde bisher noch nicht schlüssig interpretiert. Die Duftstoffbindeproteine der Säuger binden viele unterschiedliche Duftstoffe und zeigen dabei nur geringe Selektivität. Gewisse Tendenzen zur Spezialisierung sind wohl erkennbar. So findet man bei den drei Proteinen der Ratte die bevorzugte Bindung von heterozyklischen Verbindungen bei OBP-1 und OBP-3 (OBP, *odorant-binding protein*), aber eine Präferenz für aliphatische Aldehyde und Carbonsäuren bei OBP-2. Dennoch ist deutlich, dass jedes dieser Proteine eine große Anzahl unterschiedlicher Duftstoffe binden kann. Die Funktion der Duftstoffbindeproteine im sensorischen Geschehen auf der luminalen Oberfläche des Riechepithels hat mehrere Aspekte. Flüchtige Duftstoffe sind oft hydrophobe Moleküle, die sich nur schlecht, also in geringen Konzentrationen, im Mucus lösen, der zu über 90 % aus Wasser besteht und damit ein polares Medium darstellt. Die wasserlöslichen Duftstoffbindeproteine sind in der Lage, hydrophobe Substanzen zu binden und erleichtern damit die Aufnahme der Duftstoffe in den Mucus. Sie sorgen für eine Anreicherung von Duftstoffen in der Mucusschicht und erhöhen dadurch die Wahrscheinlichkeit, dass Duftstoffe mit ihren Rezeptorproteinen kollidieren. Die duftstoffbeladenen Bindeproteine können direkt mit den Duftstoffrezeptoren wechselwirken, und zwar in einer Weise, die zur Übertragung des Duftstoffs an seinen Rezeptor führt. Wie dieser Transferprozess abläuft, ist noch nicht genau geklärt. Es gibt aber gute Hinweise darauf, dass der Beladung und Entladung von Duftstoffbindeproteinen ein koordiniertes System von Redoxreaktionen unterliegt. Neben dem Duftstofftransport dienen die Bindeproteine auch der Entsorgung von Duftstoffen. Um eine Akkumulation von Duftstoffen und anderen Fremdstoffen in der Mucusschicht zu verhindern, müssen alle Substanzen dem Biotransformationsstoffwechsel in den Stützzellen zugeführt werden. Duftstoffbindeproteine beschleunigen diesen Vorgang, denn sie können im beladenen Zustand endocytotisch zusammen mit ihrer Fracht in die Stützzellen aufgenommen werden. Megalin, ein Lipoproteinrezeptor, vermittelt diesen Prozess bei Mäusen und hilft dabei, die Mucusschicht sauber und damit funktionell zu erhalten. Es scheint also, dass die Duftstoffbindeproteine eine wichtige Funktion im Perirezeptorgeschehen des Riechepithels erfüllen: Sie erhöhen kurzfristig die Verfügbarkeit von Duftstoffen für die sensorische Analyse.

Die Riechzellen liegen in einer mehrere Zellen tiefen Schicht unterhalb der Stützzellen (◘ Abb. 10.40). Riechzellen gehören zu den primären Sinneszellen. Sie feuern Aktionspotenziale und leiten diese über eigene Axone ins Gehirn, wo sie Synapsen mit nachgeschalteten Neuronen bilden. Ihr bipolarer Aufbau zeigt einen einzelnen Dendriten, der vom Zellkörper ausgehend zwischen den Stützzellen zur Epitheloberfläche verläuft und dort in einer kugeligen Aufweitung, dem Cilienknopf, endet. Jeder Cilienknopf trägt zehn bis 20 chemosensorische Cilien, die bei Säugern etwa 10–50 µm lang und unbeweglich sind. Sie liegen in die Mucusschicht eingebettet, wo sie in Kontakt mit gelösten Geruchsstoffen kommen. Aufgrund der engen funktionellen Beziehungen zwischen Cilien und Mucus wird die apikale Schicht des Riechepithels als **mucociliärer Komplex** bezeichnet. Die basal entspringenden Axone vieler Riechzellen werden in subepithelialen Faserbündeln gesammelt. Riechzellaxone sind dünne, nicht-myelinisierte und unverzweigte Fasern (Fila olfactoria), die in den Faserbündeln von Gliazellen – olfaktorischen Hüllzellen – geordnet und als Riechnerv durch das Siebbein zum Riechkolben geführt werden. Riechzellen dieser Art bevölkern zu Millionen das Riechepithel der Säugetiere. Sie vermitteln den eigentlichen Geruchssinn (Olfaktion). Ihre Funktionsweise wird in ► Abschn. 10.14 ausführlich beschrieben. Man findet im hauptolfaktorischen Epithel noch andere, verstreut auftretende mikrovilläre Zellen, die weder apikale Cilien noch eigene Axone tragen. Zu diesem Zelltyp gehören vermutlich mehrere Subtypen, unter anderen auch die oben beschriebenen einzel stehenden chemosensorischen Zellen, die mit dem Trigeminalsystem verbunden sind (◘ Abb. 10.40, *blau*). Auch andere mikrovilläre Zellen können im Riechepithel immunhistochemisch dargestellt werden, beispielsweise durch die Expression von Phospholipase β2, Inositoltrisphosphat-Rezeptor Typ 3 sowie von TRPC6-Ionenkanälen. Die Funktion dieser Zellen ist bisher unbekannt; insbesondere ist bisher keine chemosensorische Funktion nachgewiesen worden.

Das Riechepithel ist der Atemluft mit all ihren cytotoxischen Verunreinigungen ausgesetzt. Nirgendwo sonst im Körper stehen Nervenzellen mit der Umwelt direkt in Kontakt. Im zentralen Nervensystem liegen die Neuronen geschützt durch Knochenstrukturen, Hirnhäute und die Blut-Hirn-Schranke wie eingekapselt und gesichert. Die Bahnen des peripheren Nervensystems verlaufen meist geschützt durch Bindegewebe unterhalb der Haut, und selbst ihre distalen Ausläufer erreichen nicht die Körperoberfläche. Das Riechepithel bildet hier die einzige Ausnahme. Riechzellen liegen mit einem großen Teil ihrer Zelloberfläche, mit ihrem Cilienschopf, außerhalb der Zonula occludens auf der luminalen Oberfläche des Riechepithels. Diese Exposition zur Außenwelt ist nötig für die Atemgasanalyse, macht die Riechzellen aber auch für jedes flüchtige Zellgift erreichbar – mit fundamentalen Konsequenzen für das Riechsystem. Die Lebensdauer von Riechzellen ist nur kurz und abhängig vom Grad der Luftverschmutzung. Je nach toxischer Belastung der Atemluft lebt eine Riechzelle von wenigen Wochen bis zu einigen Monaten. Dazu kommt, dass das Riechepithel durch eindringendes Wasser oder durch gewebeschädigende Stoffe zerstört werden kann. Und schließlich bilden Riechzellen für Viren und Bakterien ein Einfallstor zum Gehirn. Aus diesem Grund müssen infizierte Riechzellen durch Apoptose vom Immunsystem entfernt werden und gehen auch auf diese Weise verloren. Die Stützzellen haben ebenfalls nur eine kurze Lebensdauer. Wie in allen Epithelien müssen auch die Stützzellen des Riechepithels kontinuierlich abgebaut und ersetzt werden. Das gesamte Riechepithel wird daher durch einen **kontinuierlichen Erneuerungsprozess** in funktionsfähigem Zustand gehalten. Ein Reservoir an Stammzellen, die unterhalb der Riechzellschicht angesiedelten Basalzellen, sorgt für den Nachschub von frischen Riech- und Stützzellen. Zwei Populationen von Basalzellen werden dabei unterschieden, die horizontalen Basalzellen (HBC, *horizontal basal cells*) und die globulären Basalzellen (GBC, *globose basal cells*; ◘ Abb. 10.41). Beide sind neuronale Stammzellen, und beide sind in der Lage, alle Zelltypen des Riechepithels nachzuliefern (adulte Neurogenese; ► Abschn. 10.18). Ein wichtiger Unterschied zwischen den beiden Populationen ist ihre jeweilige Teilungsrate. Die meisten GBCs haben einen relativ schnellen Teilungszyklus und dienen vermutlich der kontinuierlichen Erneuerung des Epithels. HBCs dagegen proliferieren langsamer. Sie bilden wohl als schlafende Stammzellen ein Reservoir für Situationen, in denen schnell viele neue Zellen gebraucht werden. Bei Gewebeschädigung oder Pathogenbefall werden sie aktiviert, ändern ihre Form und proliferieren schneller. Sicher ist, dass es sich bei beiden Populationen um multipotente Stammzellen handelt, die sich sowohl zu Riechneuronen als auch zu epithelialen Stützzellen – und vermutlich auch zu mikrovillären Zellen – differenzieren können. Das Riechepithel kann dadurch seine zelluläre Zusammensetzung konstant halten. Erst im hohen Lebensalter findet man bei einigen Tieren (Ratten, Hunden) eine Abnahme der Stammzellproliferation und damit eine Verkleinerung des Riechepithels.

Die Gesamtfläche des Riechepithels variiert mit der Größe der Tiere (◘ Tab. 10.4). Sie ist aufgrund der komplizierten Struktur des Siebbeinlabyrinths schwer

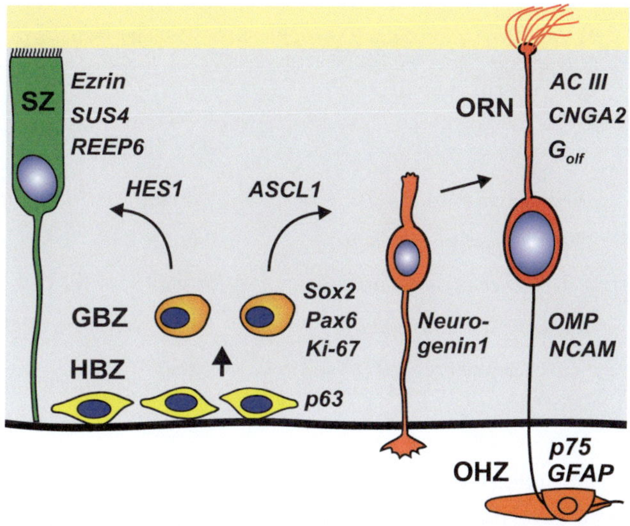

◘ **Abb. 10.41** Neubildung von Riechzellen und Stützzellen im Riechepithel. Die horizontalen Basalzellen können sowohl in epitheliale Stützzellen als auch in Riechzellen differenzieren. AC III, Adenylat-Cyclase III, ASCL1, Transkriptionsfaktor *Achaete-scute complex-like 1*; CNGA2, *cyclic nucleotide-gated channel A2*; GBZ, globose Basalzellen; GFAP, *glial fibrillary acidic protein*; G_{olf}, stimulatorisches GTP-Bindeprotein; HBZ, horizontale Basalzellen; HES 1, Transkriptionsfaktor *hairy enhancer of the split 1*; Ki-67, Proliferationsmarker; NCAM, *neural cell adhesion molecule*; OHZ, olfaktorische Hüllzelle; OMP, olfaktorisches Markerprotein; ORN, olfaktorisches Rezeptorneuron; p63, Tumorsuppressorgen; p75, Neurotrophinrezeptor; Pax6, Transkriptionsfaktor *paired box protein 6*; REEP6, *receptor expression enhancing protein 6*; Sox2, Transkriptionsfaktor *sex determining region Y – box 2*; SUS4, Saccharose-Synthase (engl. *sucrose synthase*) 4; SZ, Stützzelle

zu messen, und die bisherigen morphometrischen Studien stützen sich auf eine Reihe von anatomischen Annahmen.

Diese Werte zeigen einen 100-fachen Unterschied in der Fläche des Riechepithels bei zwei Tieren, die beide zu den Makrosmaten zählen: Hunde und Mäuse. Die Epithelfläche ist also nicht der entscheidende Parameter für die Leistung des Riechsystems. Die Anzahl von Riechzellen pro Flächeneinheit kann zwischen verschiedenen Tierarten – und auch zwischen unterschiedlichen Stellen beim selben Tier – stark variieren. Demzufolge kann die Gesamtzahl der Riechzellen eines Tieres nur grob abgeschätzt werden – die publizierten Zahlen liegen zwischen 10 Mio. bei der Maus und 100 Mio. beim Hund. Auch die Zahl der Riechzellen ist also kein verlässliches Maß für die Riechleistung.

Neben dem hauptolfaktorischen Epithel findet man bei Mäusen, Ratten, Hamstern, Meerschweinchen und Kaninchen (nicht aber bei Hunden und Katzen) einen weiteren Flecken aus Riechepithel in jeder Nasenhöhle, das **Septalorgan von Masera**. Das Septalorgan bildet eine isolierte chemosensorische Struktur im ventralen Abschnitt des Septums und ist vom hauptolfaktorischen

Tab. 10.4 Größe des Riechepithels bei verschiedenen Säugetieren. Nach Pihlström et al. (2005)

Art	Fläche des Riechepithels
Wildschwein (*Sus scrofa*)	290 cm²
Hund (*Canis lupus familiaris*)	140–210 cm²
Reh (*Capreolus capreolus*)	90 cm²
Katze (*Felis silvestris catus*)	30 cm²
Südlicher Weißbrustigel (*Erinaceus concolor*)	20 cm²
Mensch (*Homo sapiens*)	11 cm²
Kaninchen (*Oryctolagus cuniculus*)	8 cm²
Jamaika-Fruchtfledermaus (*Artibeus jamaicensis*)	2,3 cm²
Waldspitzmaus (*Sorex araneus*)	2,0 cm²
Großes Mausohr (*Myotis myotis*)	1,9 cm²
Großer Abendsegler (*Nyctalus noctula*)	1,7 cm²
Hirschmaus (*Peromyscus maniculatus*)	1,7 cm²
Braunes Langohr (*Plecotus auritus*)	0,4 cm²

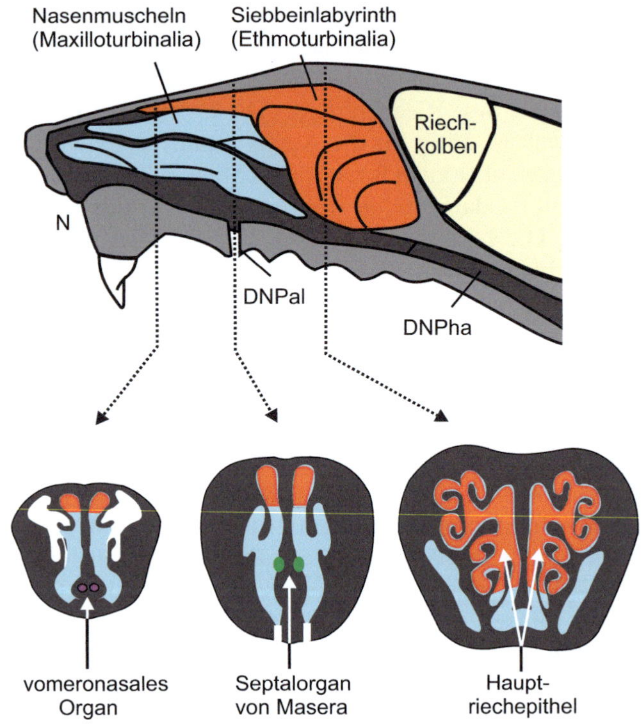

Abb. 10.42 Lage des Septalorgans in der Nasenhöhle der Ratte (*Rattus norvegicus domesticus*). *Oben*: Schematische Darstellung der Sagittalsicht auf eine Nasenhöhle der Ratte. Der blaue Bereich enthält respiratorisches Epithel, der rote das olfaktorische Neuroepithel. *Unten*: Lage des vomeronasalen Organs (*lila*) und des Septalorgans (*grün*) in Coronalschnitten der Nasenhöhle. DNPal, Ductus nasopalatinus; DNPha, Ductus nasopharyngeus; N, Nares

Epithel durch respiratorisches Epithel getrennt (Abb. 10.42). Es liegt nahe der Mündung zweier Verbindungsgänge, einer zwischen Nasenhöhle und Mundhöhle (Ductus nasopalatinus, Stenson'scher Gang), der andere zwischen Nasenhöhle und Rachenraum (Ductus nasopharyngeus). Anatomisch ähnelt das Septalorgan dem hauptolfaktorischen Epithel, obwohl einige deutliche Unterschiede bestehen, vor allem hinsichtlich der Anzahl von Riechzellen und der Ausrüstung mit Schleimdrüsen. Die Riechzellen des Septalorgans sind aufgebaut wie die des hauptolfaktorischen Epithels und nutzen die gleichen Transduktionsmechanismen. Sie sind aber auch mechanosensitiv und können durch Luftströmung oder Gewebeverformung aktiviert werden. Die Funktion des Septalorgans ist allerdings bisher nicht genau verstanden. Eine Möglichkeit ist, dass dieses Organ Geruchsstoffe aus der Mundhöhle durch den nasopalatinen Gang detektieren kann. Interessanterweise fehlt das Septalorgan bei Raubtieren (Ordnung Carnivora), bei denen der nasopalatine Gang nicht in die Nasenhöhle führt, sondern im vomeronasalen Organ endet (Löwe, Frettchen). Vielleicht ist also die Funktion des Septalorgans an den Zugang zur Mundhöhle gekoppelt. Es ist auch denkbar, dass das Septalorgan auf eine bestimmte Gruppe von Geruchsstoffen spezialisiert ist. Denn die Axone der Neuronen verlaufen in einem separaten Nerven zum Riechkolben, wo sie im ventralen Bereich in einer kleinen Gruppe von Glomeruli enden. Diese „septalen" Glomeruli könnten für die Weiterleitung von einem spezifischen Geruchssignal zuständig sein. Es gibt auch Hinweise darauf, dass die Septalneuronen von Mäusen an der Analyse von Urinbestandteilen beteiligt sein könnten. Urin ist für Mäuse ein wichtiges Medium der innerartlichen Kommunikation, insbesondere für alle Aspekte des Sozialverhaltens. Der Urin kann durch die vorderen Nasenlöcher und durch den nasopalatinen Gang zum Septalorgan gelangen. Möglicherweise ist also das Septalorgan, ähnlich wie das vomerosanale Organ, an der Verhaltenssteuerung der Tiere beteiligt.

Nach dem Anfeuchten, Anwärmen und der trigeminalen und olfaktorischen Analyse verlässt die Atemluft die Nasenhöhle durch die **hinteren Nasenlöcher** in den Rachenraum. Die Gestaltung der hinteren Nasenlöcher ist zwar unterschiedlich bei den Säugetieren. Solche Verbindungen (**Choanen**) sind aber ein gemeinsames Merkmal des Taxons der Choanata, zu denen alle Landwirbeltiere (Tetrapoda) und die Lungenfische (Dipnoi) gehören. Die Choanen leiten die eingeatmete Luft aus der Nasenhöhle durch den Nasen-Rachen-Gang (Ductus nasopharyngeus) in den Nasen-Rachen-Raum (Nasopharynx, Epipharynx). Die genaue Position der Choanen in der Nasenhöhle ist von entscheidender Bedeutung für das Riechen. Denn bei vielen Säugetieren liegen die Choanen *vor* dem Siebbein, sodass ein Großteil der eingeatmeten Luft das Siebbein überhaupt nicht erreicht – und demzufolge auch nicht olfaktorisch analysiert werden kann. Strömungsphysikalische Untersuchungen haben ergeben, dass die Atemluft bei Hunden durch die Form der Nasenmuscheln in einen dorsalen und einen ventralen Strom aufgeteilt wird. Der dorsale Strom wird durch den oberen Nasengang (Meatus nasi dorsalis) zum Siebbein geleitet (◘ Abb. 10.43), dabei aufgewärmt, angefeuchtet und – was besonders wichtig ist – entschleunigt. Modellrechnungen haben ergeben, dass die Atemluft die vorderen Nasenlöcher des Hundes mit einer Geschwindigkeit von etwa 30 m s^{-1} passiert. Im oberen Nasengang wird sie auf 10–20 m s^{-1} abgebremst und durchströmt schließlich das Siebbeinlabyrinth mit dem Riechepithel mit nur noch 1–10 m s^{-1}. Dadurch wird sichergestellt, dass die Atemluft lange im Siebbeinlabyrinth verbleibt. Die Wahrscheinlichkeit, einen stark verdünnten Duftstoff zu detektieren, erhöht sich mit der Verweilzeit im Siebbeinlabyrinth. Modellrechnungen haben auch gezeigt, dass die relativ langsame Strömung der Atemluft durch das Siebbeinlabyrinth eine räumliche Auftrennung von Duftstoffen nach ihrer Löslichkeit ermöglicht. Substanzen mit hoher Wasserlöslichkeit binden schon im vorderen Teil des Siebbeinlabyrinths und reichern sich dort an. Weniger gut lösliche Substanzen erreichen tiefere Bereiche der Siebbeinmuscheln. Ein solcher Vorgang beruht auf der Gleichgewichtsverteilung eines Duftstoffes an der Grenzfläche zwischen Luft und Mucus. Er ist diffusionsgetrieben und benötigt Zeit. Eine Hypothese der Riechforschung besagt, dass diese chromatografische Auftrennung von Substanzmischungen zur einer Trennschärfe des Geruchssinnes beiträgt.

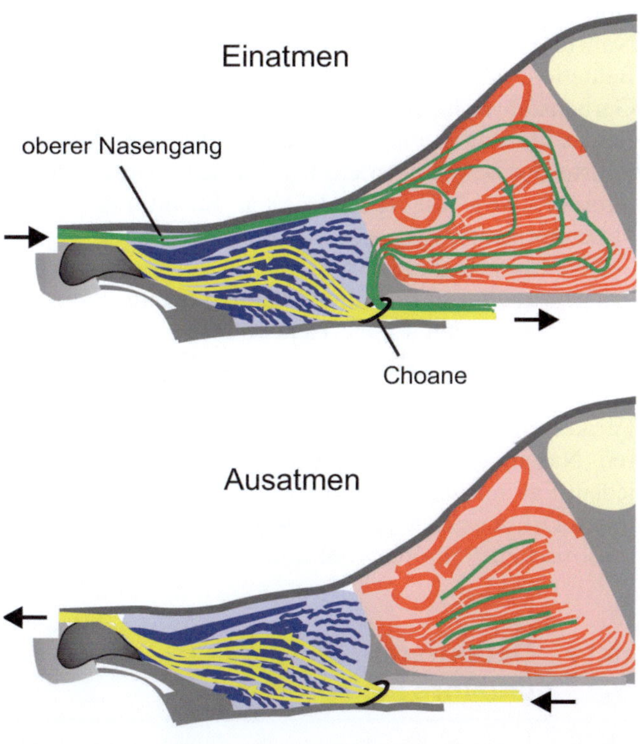

◘ **Abb. 10.43** Luftströmung in der Nase eines Hundes (*Canis lupus familiaris*) beim Ein- und Ausatmen. Ein Teil der Atemluft (*grüne Pfeile*) wird durch den oberen Nasengang zum Riechepithel (*rosa Bereich*) geführt und dort auch beim Ausatmen zurückgehalten, während die Luft aus der Lunge abgeatmet wird. Nach Craven et al. (2010); Eiting et al. (2014)

Der größte Teil der Atemluft wird durch den unteren Nasengang (Meatus nasi ventralis) den Choanen zugeleitet. Auch dieser Luftstrom wird auf unter 10 m s^{-1} abgebremst, aber seine chemische Analyse kann nur durch das Trigeminussystem erfolgen, denn die Luft wird am Siebbein vorbeigeleitet. Die Teilung der Atemluft in einen dorsalen olfaktorischen Strom und einen ventralen respiratorischen Strom hat weiterhin Konsequenzen für die Ausatemphase. Wenn die Ausatemluft aus der Lunge in die Nasenhöhle geleitet wird, fließt sie fast vollständig durch den unteren Nasengang in Richtung der vorderen Nasenlöcher ab. Aufgrund der Struktur der hinteren Nasenhöhle gelangt nur ein verschwindend geringer Teil der ausgeatmeten Luft in das Siebbeinlabyrinth (◘ Abb. 10.43). Demzufolge wird das Labyrinth durch die Ausatemluft nicht ausgespült, und die Analyse der zuvor eingeatmeten Luft kann bis zum nächsten Atemzyklus andauern. In der Hundenase ist die geschützte Lage des Riechsystems in einer Nische hinter den Choanen (engl. Fachbegriff: *olfactory recess*) eine Strategie zur Verlängerung der Analysedauer – und damit zur Steigerung der Chance, einen Duftstoff tatsächlich zu detektieren.

Das Prinzip der Teilung des Atemluftstroms und der Abschirmung des Riechsystems in einer Nische ist bei vielen, aber nicht gleichermaßen bei allen Säugetieren verwirklicht. Man findet diesen Bauplan besonders deutlich bei riechstarken Tieren (Makrosmaten: Hunde, Raubkatzen, Fledermäuse, einige Beuteltiere), manchmal ist die Trennung der beiden Luftströmungen aber nicht so vollständig wie beim Hund, oder ist gar nicht zu erkennen, wie z. B. bei den Lemuren (◘ Abb. 10.44). Bei eher riechschwachen Säugern (Mikrosmaten: Paviane, Menschen) findet man Nasenstrukturen ohne olfaktorische Nischen. Beim Menschen wird die Atemluft am Dach der Nasenhöhle entlanggeführt, wo sich das Riechepithel (Regio olfactoria) befindet. Die Atemluft wird dort nicht effektiv abgebremst, sondern wird *en passant* analysiert und beim Ausatmen wieder ausgespült. Auch bei Nagetieren findet man keine so deutliche Trennung in zwei Luftströmungen wie beim Hund.

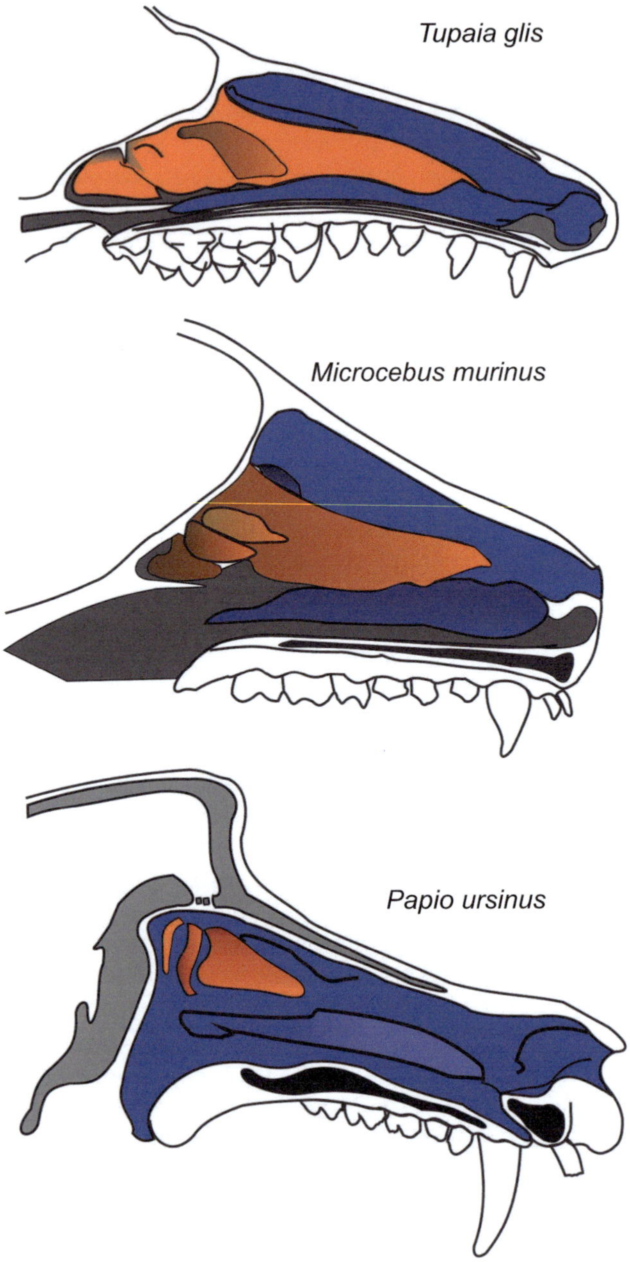

■ **Abb. 10.44** Olfaktorisches (*rot*) und respiratorisches (*blau*) Epithel in der Nasenhöhle des Gewöhnlichen Spitzhörnchens (*Tupaia glis*), des Grauen Mausmakis (*Microcebus murinus*) und des Bärenpavians (*Papio ursinus*). Bei diesen Säugern, die nicht zu den Makrosmaten zählen, bildet sich keine abgegrenzte Nische für das olfaktorische Epithel. Nach Smith et al. (2014)

■ **Abb. 10.45** Verschließbare Nüstern bei einer Mähnenrobbe (*Otaria flavescens*), eine der Anpassungen, die Säugetieren das Leben im Meer ermöglicht haben

Bei Ratten und Mäusen, die ebenfalls zu den Makrosmaten zählen, liegt zwar ein Großteil des Siebbeinlabyrinths hinter den Choanen im dorsalen Bereich der Nasenhöhle. Eine wirksame Abschottung der olfaktorisch zu analysierenden Luft gegenüber rein respiratorisch eingesetzter Luft – und gegenüber der ausgeatmeten Luft – ist aber unwahrscheinlich. Eine voll ausgebildete olfaktorische Nische ist also nicht notwendig für hohe Riechleistungen. Sie stellt wohl eine Optimierung bei denjenigen Säugern dar, die für die Nahrungssuche Geruchsspuren in den Fährten ihrer Beutetiere erkennen müssen. Die Interpretation einer Geruchsfährte hinsichtlich der Art des Tieres, das die Fährte hinterlassen hat, seinem Zustand, dem Alter der Fährte, der Bewegungsrichtung des Beutetieres – all das erfordert wohl die spezialisierten Strukturen in der Nasenhöhle, wie wir sie beim Hund sehen können.

Die Epithelien in der Nasenhöhle können durch eindringendes Wasser oder durch Sand und andere Partikel beschädigt werden. Einige Tiere können zum Schutz der Nasenhöhle die Nüstern verschließen (Frösche, Meeressäuger, Kamele; ■ Abb. 10.45), andere filtern größere Parikel mithilfe eines dichten Haarbesatzes an den äußeren Nasenlöchern heraus (Wildschweine, Pferde). In jedem Fall müssen die epithelialen Oberflächen ständig durch Drüsensekrete gereinigt werden, damit die chemosensorischen Neuronen funktionieren können.

10.14 Detektieren: Riechzellen und ihre Rezeptoren

Mit ihren Cilien bilden Millionen von Riechzellen eine chemosensorische Oberfläche auf dem Riechepithel. Die Cilien präsentieren der Atemluft Geruchsrezeptoren – Membranproteine, die Duftstoffe binden können – und reagieren auf Kontakt mit Duftstoffen mit einem neuronalen Signal. **Riechcilien** wachsen aus

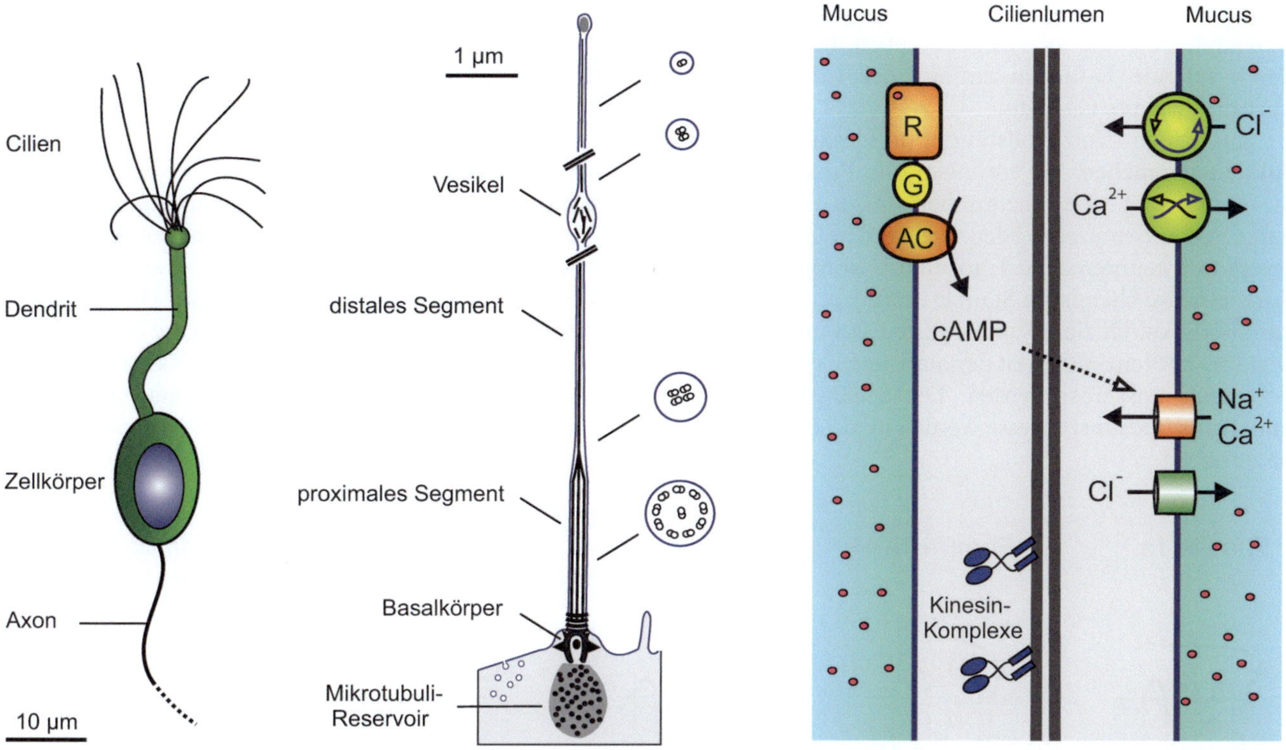

Abb. 10.46 Chemosensorische Cilien von Riechzellen der Säugetiere. *Links*: Riechzellen sind primäre Neuronen mit einem cilientragenden Dendriten und einem afferenten Axon. *Mitte*: Axonemstruktur einer Riechcilie mit abnehmender Anzahl von Mikrotubuli in distalen Cilienabschnitten, dargestellt in Querschnittssymbolen. *Rechts*: Schematische Darstellung der Proteine eines distalen Cilienabschnitts mit zentral verlaufenden Mikrotubuli, an denen Motorproteine entlanglaufen. Der Transduktionsapparat umfasst Geruchsstoffrezeptoren (R), das GTP-bindende Protein G_{olf} (G), und das Enzym Adenylat-Cyclase Typ III (AC) sowie Na^+- und Ca^{2+}-leitende, cAMP-gesteuerte Ionenkanäle und Ca^{2+}-gesteuerte Cl^--Kanäle. Cl^--Transporter und Ca^{2+}-Austauscher (*grüne Symbole*) regulieren die Ruhekonzentration dieser Ionen

den Endverdickungen der Riechzelldendriten aus, wo sich ein Basalkörper für jedes Cilium befindet (Abb. 10.46). Bei Mäusen findet man in nicht-fixiertem Gewebe im Mittel 13 Cilien mit einer mittleren Länge von 22 µm pro Riechzelle. Der proximale Abschnitt der Cilien (2–3 µm) zeigt ein 9 × 2 + 2-Mikrotub uli-Cytoskelett und die Transitionszone mit dem Calciumbindeprotein Centrin 2. Dieser unterste Cilienabschnitt ist ausschlaggebend für den Transport von Proteinen aus dem Dendriten in die Cilie. Hier müssen alle diejenigen Proteine passieren, die für die Umsetzung eines chemischen Reizes in ein neuronales Signal gebraucht werden. Andere Proteine werden zurückgehalten, sodass die Cilie eine spezifische Proteinausstattung erhält.

Im mittleren Abschnitt (10–20 µm) wird das Axonem auf 4 × 1-Mikrotubuli und im wenige Mikrometer langen distalen Bereich schließlich auf ein einzelnes Filament reduziert. Im Unterschied zu den motilen Cilien des respiratorischen Epithels (Flimmerepithel), deren 9 × 2 + 2-Axonem sich bis zur Cilienspitze hin fortsetzt, fehlen bei den Riechcilien die Radialspeichen und Längsverbindungen, die bei motilen Cilien von den Proteinen Nexin und Dynein gebildet werden. Damit fehlt den Riechcilien der Säugetiere die strukturelle Ausstattung für aktive Bewegung. Riechcilien von Fischen, Amphibien und Reptilien dagegen sind im Allgemeinen motil. Obwohl die Riechcilien der Säuger unbeweglich im Mucus liegen, gibt es kontinuierliche Bewegung innerhalb des Cilienlumens entlang des Axonems. Die Motorproteine Kinesin und Dynein sorgen für regen Transportverkehr sowohl anterograd in Richtung Cilienspitze als auch retrograd in Richtung Cilienbasis mit einer mittleren Transportgeschwindigkeit von 0,2 µm s^{-1}. Transportpartikel schaffen wohl vor allem Tubulinmoleküle in die distalen Segmente, wo die Cilien weiterwachsen. Riechcilien von Fischen, Amphibien und Säugern können innerhalb von wenigen Tagen regeneriert werden, falls durch Eindringen von Wasser oder von membranschädigenden Stoffen in die Nasenhöhle Cilien verloren gehen. Der aktive Transport ist daher vor allem wichtig für die Cilienstruktur. Man nimmt an, dass diejenigen Membranproteine, die am Transduktionsprozess teilnehmen, nicht auf dieses aktive

Transportsystem angewiesen sind. Wenn sie einmal das proximale Segment überwunden haben, breiten sie sich durch laterale Diffusion entlang der Cilienmembran über die gesamte Cilie aus.

Riechcilien sind vollständig ausgestattete **Transduktionsorganellen**. Sie enthalten alle Proteine, die für die Umsetzung eines chemischen Reizes in ein neuronales Signal benötigt werden. Neben den Geruchsstoffrezeptoren gehören dazu Transduktionsproteine, welche intrazelluläre chemische Signale erzeugen, sowie Ionenkanäle, die durch diese Signale gesteuert werden und das Membranpotenzial so weit depolarisieren, dass Aktionspotenziale ausgelöst werden. Die beteiligten Proteine und Transduktionsprozesse werden in diesem Abschnitt beschrieben.

Nachdem Duftstoffe an der Oberfläche des Riechepithels im Mucus gelöst sind, können sie an **Geruchsstoffrezeptoren** binden, die in der Cilienmembran exprimiert werden und so mit der Außenwelt in Kontakt stehen. Geruchsstoffrezeptoren gehören zu der großen Gruppe der G-Protein-gekoppelten Rezeptoren, die Proteine mit einer ähnlichen Grundstruktur zusammenfasst. Ihre Membrantopologie zeigt sieben Membrandurchgänge, und auf der Innenseite tragen sie eine Bindestelle für GTP-bindende Proteine. Die Geruchsrezeptoren gehören zur Unterfamilie 1a, zu der auch das Opsinprotein des Rhodopsins gehört (◘ Abb. 10.47). Geruchsrezeptoren dieser Art findet man in Riechorganen aller Säugetiere – tatsächlich scheinen diese Proteine im gesamten Tierreich zur Detektion chemi-

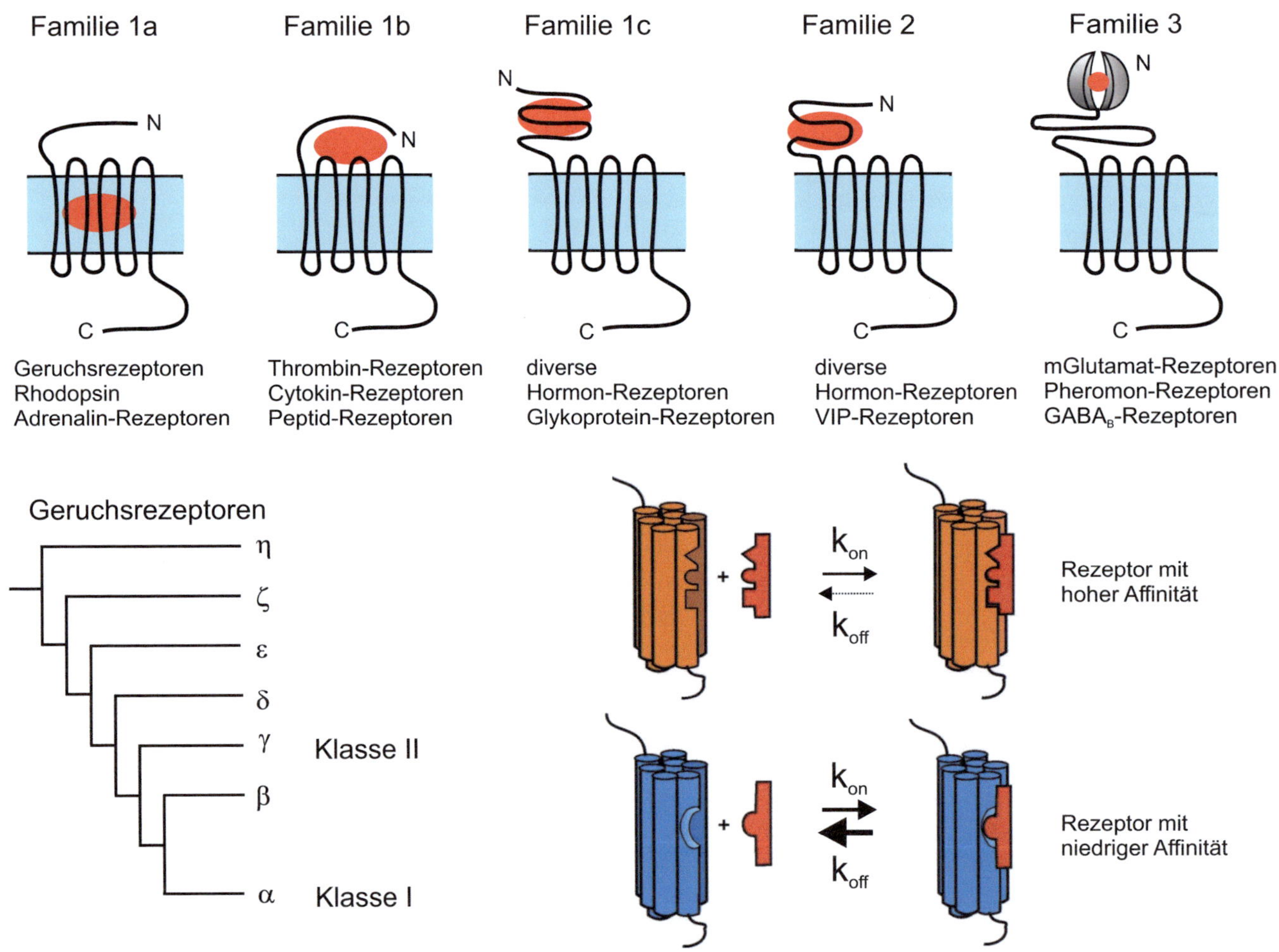

◘ **Abb. 10.47** Geruchsrezeptoren. *Oben*: Lage der Ligandenbindestellen bei Geruchsrezeptoren und anderen Rezeptoren ähnlicher Struktur. *Unten links*: Einteilung von Geruchsrezeptoren. Klasse-I-Rezeptoren kommen vor allem bei Fischen und Amphibien vor, vereinzelt aber auch bei Landtieren. Alle Klasse-I-Gene liegen in einem großen Gencluster zusammen auf einem Chromosom. Klasse-II-Gene bilden das große Repertoire von Geruchsrezeptoren der Landtiere. Klasse-II-Gencluster befinden sich bei Landwirbeltieren auf allen Chromosomen mit Ausnahme des Y-Chromosoms. *Unten rechts*: Vergleich der Rezeptor-Liganden-Interaktion bei einem Hormonrezeptor mit hoher Ligandenaffinität und hoher Selektivität mit einem Geruchsrezeptor, der niedrige Affinität und Selektivität für Geruchsstoffe aufweist

scher Reize eingesetzt zu werden. Bei Säugern werden Geruchsrezeptoren von einer Unterfamilie codiert, die sich von den anderen Rezeptorunterfamilien vor allem durch ihre enorme Größe unterscheidet. Zudem besteht diese Unterfamilie durchweg aus **Genen ohne Introns**. In der evolutionsgeschichtlich ältesten Familie 1 der G-Protein-gekoppelten Rezeptoren zeigt die Genstruktur bei etwa der Hälfte der Rezeptortypen Exons und Introns, und bei den jüngeren Familien 2 und 3 gilt das für die meisten Gene. Introns ermöglichen eine Vergrößerung der Proteinvielfalt, denn sie sind die Voraussetzung für das alternative Spleißen der RNA. Bei den intronlosen Genen für Geruchsrezeptoren dagegen kann Rezeptorvielfalt nicht durch Spleißen, sondern einzig durch Genvielfalt erreicht werden. Aus diesem Grund bildet das olfaktorische Genom bei vielen Tieren die bei weitem größte Genfamilie mit vielen Hundert Einzelgenen. Neben funktionellen Genen (◘ Tab. 10.5), also Genen mit intakter Struktur, die abgelesen und zur Herstellung von Rezeptorproteinen eingesetzt werden können, gibt es in den olfaktorischen Genomen oft sehr viele Pseudogene. Solche Gene tragen Mutationen, die

◘ **Tab. 10.5** Publizierte Anzahl von funktionellen Geruchsrezeptorgenen (OR, olfaktorischer Rezeptor; ohne Pseudogene) im Genom einiger Tiere. Nach Niimura (2009); Niimura et al. (2014); Khan et al. (2015); Kishida et al. (2015); Le Duc et al. (2015); Robertson und Wanner (2006); Steiger et al. (2008); Vandewege et al. (2016)

Art	Anzahl OR	Art	Anzahl OR
Afrik. Elephant (*Loxodonta africana*)	1948	Zebrabärbling (*Danio rerio*)	155
Ratte (*Rattus norvegicus domesticus*)	1207	Rotkehlanolis (*Anolis carolinensis*)	108
Südopossum (*Didelphis marsupialis*)	1198	Seidenreiher (*Egretta garzetta*)	101
Rind (*Bos primigenius taurus*)	1186	Südl. Streifenkiwi (*Apteryx australis*)	86
Chines. Weichschildkröte (*Pelodiscus sinensis*)	1180	Rosakakadu (*Eolophus roseicapilla*)	78
Maus (*Mus musculus domesticus*)	1130	Medaka (*Oryzias latipes*)	74
Schwein (*Sus scrofa domestica*)	1113	Schopfhuhn (*Opisthocomus hoazin*)	63
Pferd (*Equus caballus*)	1066	Taufliege (*Drosophila melanogaster*)	62
Trop. Krallenfrosch (*Xenopus tropicalis*)	965	Afrikanischer Strauß (*Struthio camelus*)	53
Hund (*Canis lupus familiaris*)	811	Felsentaube (*Columba livia*)	51
Meerschweinchen (*Cavia porcellus*)	796	Stockente (*Anas platyrhynchos*)	49
Kaninchen (*Oryctolagus cuniculus*)	768	Truthangeier (*Cathartes aura*)	47
Leistenkrokodil (*Crocodylus porosus*)	592	Tsetsefliege, *Glossina morsitans*	46
Heller Tigerpython (*Python molurus*)	481	Haubentaucher (*Podiceps cristatus*)	42
Mississippi-Alligator (*Alligator mississippiensis*)	405	Schleiereule (*Tyto alba*)	35
Mensch (*Homo sapiens*)	396	Wellensittich (*Melopsittacus undulatus*)	35
Schimpanse (*Pan troglodytes*)	380	Weißkopfseeadler (*Haliaeetus leucocephalus*)	35
Berberaffe (*Macaca sylvanus*)	326	Wanderfalke (*Falco peregrinus*)	32
Rote Feuerameise (*Solenopsis invicta*)	297	Steller'scher Seelöwe (*Eumetopias jubatus*)	27
Borneo-Orang-Utan (*Pongo pygmaeus*)	296	Dunenspecht (*Picoides pubescens*)	23
Schnabeltier (*Ornithorhynchus anatinus*)	270	Südl. Zwergwal (*Balaenoptera bonaerensis*)	19
Grüne Meeresschildkröte (*Chelonia mydas*)	250	Amerikanerkrähe (*Corvus brachyrhynchos*)	16
Huhn (*Gallus gallus domesticus*)	213	Unechte Karettschildkröte (*Caretta caretta*)	13
Blaumeise (*Cyanistes caeruleus*)	193	Kleiner Pottwal (*Kogia simus*)	13
Schneesturmvogel (*Pagodroma nivea*)	180	Weißflanken-Schweinswal (*Phocoenoides dalli*)	13
Honigbiene (*Apis mellifera*)	167	Großer Tümmler (*Tursiops truncatus*)	13
Zebrafink (*Taeniopygia guttata*)	163	Grenadier (*Acanthisitta chloris*)	13

sie unbrauchbar machen; Pseudogene eignen sich nicht zur Proteinsynthese. In olfaktorischen Genomen findet man weniger als 20 % Pseudogene bei Nagetieren, Hunden, Kaninchen und anderen Makrosmaten. Andere Tiere haben weit höhere Anteile defekter Riechgene. So findet man etwa 50 % bei Primaten, Pferden und Rindern und gar über 90 % bei den Zahnwalen (Unterordnung Odontoceti). Die Interpretation dieser hohen Anzahl von Pseudogenen ist für die Riechphysiologie noch kontrovers. Für die Erforschung der Evolution der Riechrezeptoren aber sind sie wichtige Spuren aus der Geschichte der Expansion der Riechgenome, die mit dem Landgang der Wirbeltiere verbunden war.

Ein wesentlicher Vorteil der Organisation des olfaktorischen Genoms in Einzelgene ohne Introns besteht darin, dass die Veränderung der Gene vor allem durch sexuelle Rekombination in den Keimzellen bewirkt wird. Da bei den Sexualpartnern innerhalb einer Population das olfaktorische Genom über viele Generationen hinweg durch Anpassung an dieselben Umweltbedingungen geprägt wird, kann sich auf diese Weise ein für die Population charakteristischer Satz von Rezeptoren konsolidieren. Die olfaktorischen Genome der Säugetiere lassen starke Expansion erkennen. Vor allem durch häufig auftretende Genduplikationen und Mutationen ist die Vielfalt entstanden, die wir heute bei Genomanalysen sehen. Die wachsenden Riechgenome sind einem Selektionsdruck unterworfen, der wohl in der zentralen Bedeutung des Geruchs für die Ernährung, die Gefahrenerkennung und das Sozialverhalten begründet ist. Neue Geruchsrezeptorgene können positiv selektioniert werden, wenn sie einen Überlebensvorteil bieten. Alte Gene können verloren gehen, wenn sie nicht mehr nützlich sind. Eine Population von Tieren entwickelt so ein **gemeinsames Repertoire an Geruchsrezeptoren**, das für diejenigen Geruchsstoffe optimiert ist, die im eigenen Ökosystem auftreten und die für die eigene Lebensweise gebraucht werden. Letztendlich spiegelt das artspezifische Spektrum von Geruchsrezeptoren Lebensweise und Lebensraum der Population wider. Dieses Konzept der **ökologischen Anpassung der Riechgenome** ist Gegenstand von Debatten unter Evolutionsbiologen. Die relativen Beiträge von ökologischer Selektion und von zufälligen Veränderungen durch Gendrift sind bei der Analyse der Genome nicht klar voneinander zu unterscheiden. Und sie mögen in Abhängigkeit von Populationsgröße und Struktur des jeweiligen Ökosystems unterschiedlich groß sein. Entscheidend ist, dass die OR-Genome der Landtiere enorm expandiert sind und dass die Vielzahl von OR-Allelen ein chemoanalytisches System mit großem Anpassungspotenzial darstellt. Die Anpassungsfähigkeit des Riechsystems weist auf einen grundlegenden Unterschied zwischen der primären Verarbeitung von Geruchsinformation und der Verarbeitung von Licht und Schall hin. Während die Spektren von Licht und Schall physikalisch festgelegt sind und damit einen invarianten Rahmen für die Sinnessysteme bieten, kann sich das Geruchsuniversum einer Tierart dramatisch verändern. Das arteigene Riechsystem muss in der Lage sein, den chemischen Veränderungen der Umwelt zu folgen.

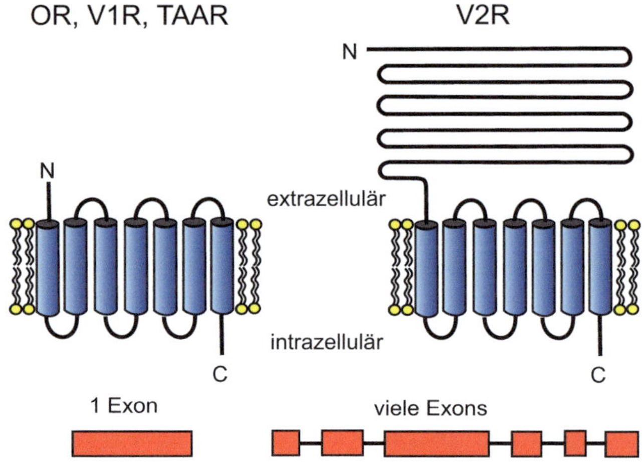

Abb. 10.48 Unterschiedliche Typen von Geruchsrezeptoren der Maus (*Mus musculus*). *Links*: Schematische Darstellung der Membrantopologie und der Genstruktur (*unten*) von olfaktorische Rezeptoren (OR), vomeronasalen Rezeptoren vom Typ 1 (V1R) und Aminrezeptoren (*trace amine associated receptors*, TAAR) des Riechepithels. *Rechts*: Vomeronasale Rezeptoren vom Typ 2 (V2R). Expressionsorte und Liganden sind in Tab. 10.6 zusammengefasst

Die Geruchsrezeptoren der Hausmaus (*Mus musculus domesticus*), deren Riechsystem am besten untersucht ist, gehören zu fünf Proteinfamilien (Abb. 10.48). Olfaktorische Rezeptoren (**OR**) stellen mit über 90 % der sensorischen Neuronen den größten Teil des hauptolfaktorischen Epithels. Verstreut über das Riechepithel findet man Spurenaminrezeptoren (*trace amine associated receptors*, **TAAR**) sowie vomeronasale Rezeptoren des Typs **V1R**. **V2R**-Pheromonrezeptoren und Formylpeptidrezeptoren (**FPR**), aber auch V1R und vermutlich auch einige OR-Proteine werden im vomeronasalen Organ exprimiert. Angesichts der Aufspaltung der chemosensorischen Organe bei den Landwirbeltieren in ein hauptolfaktorisches Epithel und ein vomeronasales Organ könnte man erwarten, dass jede der fünf Rezeptorfamilien spezifisch nur in einem der Organe vorkommt. Das ist aber nicht der Fall; es gibt gewisse Überschneidungen. Alle diese Rezeptoren gehören zu den G-Protein-gekoppelten Rezeptoren. Einige ihrer Eigenschaften sind in Tab. 10.6 zusammengefasst.

Die Verteilung der nasalen Chemorezeptoren ist hauptsächlich bei Mäusen untersucht worden. Man findet zusätzlich zu den genannten Familien noch vereinzelt Riechzellen mit anderen Chemosensoren. So verfügt die Maus über eine kleine Subpopulation aus Riechzellen, die statt der OR-Proteine eine Rezeptor-Guanylat-Cyclase (GC-D) exprimiert. Diese Zellen

Tab. 10.6 Die fünf G-Protein-gekoppelten Chemorezeptortypen in der Nase der Maus (*Mus musculus domesticus*) mit ihren Expressionsorten (OE, olfaktorisches Hauptepithel; VNO, vomeronasales Organ; GG, Grüneberg-Ganglion). Die Anzahl von funktionellen Rezeptoren wird mit der bei Fischen verglichen, um den Trend zur Expansion des Geruchsrezeptorgenoms bei Landtieren zu verdeutlichen

Rezeptortyp	Expressionsort	Liganden	Anzahl	G-Protein
OR	OE, VNO	kleine, flüchtige Substanzen	Säuger: > 2000 Fische: 143	$G\alpha_{olf}$
TAAR	OE, GG	flüchtige Spurenamine	Säuger: 15 Fische: 112	$G\alpha_{olf}$
V1R	VNO, OE	diverse wasserlösliche und flüchtige Pheromone	Säuger: 240 Fische: 6	$G\alpha_{i2}$
V2R	VNO, GG	wasserlösliche Pheromone, Peptide	Säuger: 120 Fische 60	$G\alpha_{o}$
FPR	VNO	bakterielle Peptide	Rind, Schaf, Schwein: 0 Hund, Katze, Pferd: 1–2 Primaten: 2–3 Mäuse, Ratten: 5–7 Fische: unbekannt	Gα

sind auf die flüchtige Substanz Kohlenstoffdisulfid (CS_2) spezialisiert, die als eine Art Botenstoff für Nahrungspräferenz von Mäusen dient. Solche Daten von der Maus lassen vermuten, dass Säugetiere neben den mit OR-Proteinen ausgestatteten Riechzellen, deren Aufgabe die Untersuchung eines *de facto* unbegrenzten Geruchsuniversums ist, über noch andere, **spezialisiertere Chemosensoren** verfügen. Solche Spezialrezeptoren haben den Vorteil, dass ihre Signale ohne komplizierte Analyse direkt für die Steuerung verhaltensbestimmender Prozesse eingesetzt werden können – sie sind sozusagen fest verdrahtet mit stereotypen Verhaltensmustern. Beispielsweise können schnelle, aversive Reaktionen auf Raubtiergeruch durch solche Spezialgerüche ausgelöst werden; Brandgeruch gehört auch zu dieser Kategorie. Hier verläuft die Grenze zwischen der Detektion von verhaltenssteuernden Semiochemikalien (▶ Kap. 8), wie sie vor allem im vomeronasalen Organ angesiedelt ist, und der Geruchsstoffdetektion unscharf. Und es ist zu erwarten, dass verschiedene Tierarten unterschiedliche Spezialrezeptoren besitzen – eben solche, wie sie für das eigene Verhalten sinnvoll sind.

Mit ihrer Vielfalt von Geruchsrezeptoren bildet die Nase der Säugetiere ein chemoanalytisches Organ für eine unbegrenzte Anzahl unterschiedlicher Verbindungen, ein Rezeptorsystem für multiple Liganden. Es ist offensichtlich, dass ein einzelner Geruchsrezeptor mehr als nur einen Duftstoff binden können muss. Denn gäbe es nur einen Rezeptor pro Duftstoff, so bestände das Geruchsuniversum des Menschen aus nur 396 Duftstoffen (■ Tab. 10.5). Tatsächlich aber können wir weit mehr Duftstoffe unterscheiden. Einer Abschätzung zufolge beträgt die Mindestzahl unterscheidbarer Duftstoffe beim Menschen $1{,}72 \times 10^{12}$ ($10^{12} = 1$ Mio. × 1 Mio.). Für Nagetiere ergaben Abschätzungen ein olfaktorisches Spektrum von 10^{18} Duftstoffen ($10^{18} = 1$ Mrd. × 1 Mrd.). Beide Zahlen sind unvorstellbar groß und können als Chiffren für die Grenzenlosigkeit des Geruchsuniversums angesehen werden. Gleichzeitig ist das Geruchssystem aber sehr genau. Duftstoffe mit nur äußerst geringen Unterschieden in der chemischen Struktur können völlig unterschiedlich riechen – ja, sogar Verbindungen mit gleicher Zusammensetzung aber mit unterschiedlicher Raumstruktur (Stereoisomere, Enantiomere) können ganz unterschiedlich riechen. So riecht für uns Menschen *R*-(−)-Carvon nach Minze, *S*-(+)-Carvon aber nach Kümmel; *S*-(−)-Limonen riecht nach Terpentin, *R*-(+)-Limonen aber nach Apfelsine; und (−)-β-Citronellol riecht nach Geranien, (+)-β-Citronellol aber nach Zitronengras. Die Kombination von völliger Offenheit für unbegrenzt viele Substanzen bei gleichzeitiger Trennungsschärfe auf der Ebene von subtilen Eigenarten der Molekülstruktur dieser Substanzen – diese Höchstleistung in der chemischen Analyse – beruht auf der Art und Weise, wie die Geruchsrezeptoren im Riechsystem eingesetzt werden. Die entscheidenden Strategien des Riechsystems sind dabei:

- Einsatz von vielen Geruchsrezeptoren mit geringer Selektivität
- monoallelische Expression von nur einem Rezeptortyp pro Riechzelle
- Konvergenz aller Riechzellen mit identischem Geruchsrezeptor
- Erzeugung eines geruchsspezifischen Aktivitätsmusters im Gehirn
- Kategorisierung von Aktivitätsmustern als Riechobjekte

Unter den G-Protein-gekoppelten Rezeptoren gibt es solche mit hoher Selektivität und solche mit niedriger Selektivität. Auch die Empfindlichkeit für den jeweiligen Liganden kann sehr unterschiedlich ausfallen. Solche Unterschiede sind für das Verständnis des Riechsystems wichtig und werden deshalb hier kurz beschrieben. Als Beispiel für einen hoch selektiven, hochempfindlichen Rezeptor soll ein Hormonrezeptor dienen. Ein Adrenalinrezeptor wie der β-Adrenozeptor im Herzen muss empfindlich auf Adrenalin reagieren, also bei sehr niedrigen Konzentrationen Adrenalin binden können. Denn die Adrenalinkonzentration im Blut liegt bei nur etwa 50 pM (pM = 10^{-12} mol L^{-1}) in Ruhe und steigt auf wenige nM (nM = 10^{-9} mol L^{-1}) unter Stressbedingungen an. Der Rezeptor muss aber gleichzeitig eine hohe Selektivität für Adrenalin haben. Denn die Ausschüttung von Adrenalin ist ein spezifisches Stresssignal und muss die adäquate Reaktion auslösen. Adrenozeptoren dürfen also keinesfalls durch andere Hormone wie Insulin, Cortison oder Östrogen aktiviert werden. Mechanistisch gesehen hängen die Anforderungen an Empfindlichkeit und Selektivität miteinander zusammen (◘ Abb. 10.47, *unten rechts*). Hormonrezeptoren besitzen Bindestellen, die ein passgenaues Gegenstück zur Struktur ihres Liganden, des Hormonmoleküls, bilden. Im Idealfall entspricht diese Bindestelle so genau der Molekülstruktur, dass kein anderes Molekül an diese binden kann. Eine solche Passgenauigkeit erfordert im Allgemeinen eine große Interaktionsfläche zwischen Rezeptor und Ligand, die Möglichkeiten zur wechselseitigen Bindung geladener oder unpolarer Regionen auf Bindestelle und Ligand. Je besser die Bindefläche zur Oberfläche des Ligandenmoleküls passt, desto fester ist die Bindung. Die Rolle der Passgenauigkeit zwischen Rezeptor und Ligand wird als Schlüssel-Schloss-Prinzip bezeichnet, weil auch ein Schlüssel das perfekte Gegenstück zur Innenstruktur des Schlosses sein muss. Bei dem Vorgang der Bindung von Liganden an solche Rezeptoren ist eine kinetische Überlegung besonders interessant: Zunächst ist es gar nicht einfach für den Liganden, mit seinem Rezeptor in Kontakt zu kommen. Denn der Ligand muss in der richtigen räumlichen Ausrichtung mit dem Rezeptor kollidieren – genau so, dass er auf die Bindefläche passt. Kommt er etwas verdreht an, passen die Oberflächen nicht aufeinander, und es kommt nicht zur Bindung. Aus diesem Grund können mehrere Kollisionen nötig sein, bis es klappt, und die Bindung an den hoch selektiven Rezeptor erfolgt nicht schnell. Wenn die Bindung aber erst einmal stattgefunden hat, bleibt der Ligand lange gebunden – aufgrund der starken Wechselwirkungen in der komplexen Bindungsstelle. Dadurch kommt es zu einer langen Verweilzeit des Liganden im Rezeptor, und hier liegt die Verbindung zwischen der Selektivität und der Empfindlichkeit. Denn solange der Ligand gebunden ist, kann der aktivierte Rezeptor ein GTP-bindendes Protein nach dem anderen aktivieren; es kommt auf diese Weise zu einem starken zellulären Signal. Kinetisch ausgedrückt besitzt ein solcher Rezeptor eine kleine Dissoziationskonstante, $K_d = k_{off}/k_{on}$. Diese Konstante ist ein Maß für die Wahrscheinlichkeit der Dissoziation des gebundenen Liganden von seinem Rezeptor. Sie drückt die Affinität eines Rezeptors für seinen Liganden aus: je kleiner K_d, desto größer die Affinität. K_d wird von den Geschwindigkeitskonstanten für die Ablösung vom Rezeptor (k_{off}) und für die Bindung an den Rezeptor (k_{on}) bestimmt. Eine lange Verweilzeit am Rezeptor setzt eine geringe Ablösungswahrscheinlichkeit, also ein kleines k_{off}, voraus. Beim Adrenozeptor kommt eine relativ hohe Affinität ($K_d \sim 10^{-8}$ M) durch eine lange Verweilzeit des Adrenalins (bis zu ~ 80 s) und dementsprechend kleines k_{off} zustande.

Ganz anders ist das bei den Geruchsstoffrezeptoren der OR-Familie. Die Verweilzeit eines Duftstoffmoleküls an diesen Rezeptoren ist weniger als 1 ms (Millisekunde), also hunderttausendmal kürzer als beim Adrenozeptor, und die meisten für Geruchsstoffe bestimmten Dissoziationskonstanten liegen mehr als 1000-fach höher. Geruchsstoffrezeptoren und Hormonrezeptoren haben offensichtlich grundlegend verschiedene Wirkungsmechanismen, obwohl es sich bei beiden um G-Protein-gekoppelte Chemosensoren handelt. Die Vorgänge bei der Bindung von Geruchsstoffen an ihre Rezeptoren sind noch nicht im Detail aufgeklärt. Es ist aber deutlich erkennbar, dass hier keine Passformen nach dem Schlüssel-Schloss-Prinzip vorliegen. Da jeder Geruchsrezeptor eine große Zahl unterschiedlicher Geruchsstoffe binden muss, kann die Bindestelle nicht *genau* an ein bestimmtes Molekül angepasst sein, sondern bestenfalls an eine Gruppe von Molekülen mit ähnlichen Struktureigenschaften. Eine wichtige Konsequenz der lockeren Assoziation des Geruchsstoffes mit seinem Rezeptor ist, dass die **kurze Aktivierungszeit** kaum ausreicht, um auch nur ein einziges G-Protein zu aktivieren. Vermutlich müssen mehrere solcher Kollisionen schnell hintereinander stattfinden, damit überhaupt ein G-Protein aktiviert und damit ein zelluläres Signal in Gang gesetzt werden kann. Dadurch kann Verwirrung entstehen: Denn ein etwas besser passender Geruchsstoff kann bei geringerer Konzentration (weniger Kollisionen mit dem Rezeptor pro Sekunde) das gleiche Signal auslösen wie ein schlechter passender Geruchsstoff bei höherer Konzentration (mehr Kollisionen pro Sekunde). Bedenkt man diese Eigenheiten der Geruchsstoffrezeptoren aus der OR-Familie, muss man zu folgendem Schluss kommen: **Eine einzelne Riechzelle**, deren sensorisches Schlüsselprotein ein OR-Geruchsrezeptor ist,

codiert weder die Identität noch die Intensität eines Geruchsstoffes, liefert also weder qualitative noch quantitative Information über eine bestimmte Substanz. Allenfalls wird die Anwesenheit von Molekülen mit bestimmten chemischen Struktureigenschaften, sogenannten Deskriptoren (Molekülgröße, Form, Ladungsverteilung, Anwesenheit von Aldehydgruppen oder unpolaren Resten etc.) registriert. Das „rezeptive Feld" eines Geruchsrezeptors scheint also eine Kombination von Strukturmerkmalen zu sein, die auf ähnliche Weise in unterschiedlichen Molekülen vorkommen können. Hier wird ein grundlegender Unterschied zu den Geruchsrezeptoren der Insekten erkennbar, welche in vielen Fällen auf bestimmte, verhaltensrelevante Geruchsstoffe spezialisiert sind (▶ Abschn. 10.6). Bei den Säugetieren ist das dominierende Prinzip der neuronalen Verarbeitung von Geruchsinformation die **kombinatorische Codierung**, bei der viele unterschiedliche Riechzellen *zusammen* einen Geruchsstoff identifizieren. Ein Bild aus der Welt der chemischen Analytik mag das Vorgehen der Riechzellen von Säugetieren veranschaulichen. Die Riechzellen mit ihren Geruchsrezeptoren sind nicht dazu da, Duftstoffe wie Vanillin oder Benzaldehyd zu identifizieren. Sie leisten vielmehr eine Art der Substanzanalytik, wie es ein Chemiker mithilfe der Massenspektrometrie durchführt, wenn er eine Probe bekommt, deren Identität (Vanillin oder Benzaldehyd?) er nicht kennt. Das Resultat seiner Analyse ist ein Spektrum von Molekülbruchstücken, anhand dessen der Chemiker rekonstruieren kann, wie groß das untersuchte Molekül ist und aus welchen Atomgruppen es aufgebaut ist. Um herauszufinden, um welches Molekül es sich dabei handelt, muss er das gemessene Spektrum mit einer Datenbank abgleichen. Dort findet er typische Spektren für Vanillin und Benzaldehyd, wobei jedes Spektrum die Kombination der typischen Molekülbestandteile einer Substanz darstellt. Erst aus dem Vergleich der Spektren kann der Chemiker sein Ergebnis gewinnen (Vanillin!). Nach heutigem Verständnis verläuft die Geruchsanalyse im Riechsystem nach ähnlichen Prinzipien ab. Im Folgenden gilt es, das physiologische Äquivalent eines Massenspektrogramms und das einer Substanzdatenbank herauszuarbeiten.

Jede der vielen Millionen Riechzellen im hauptolfaktorischen Epithel exprimiert nur einen Rezeptortyp. Der Auswahlprozess, der in jeder Riechzelle letztlich nur ein einziges Gen aus dem olfaktorischen Genom zur Transkription kommen lässt, läuft während der Embryogenese ab, wenn die Erstausstattung des Riechepithels produziert wird, ereignet sich aber auch im adulten Riechepithel jedes Mal, wenn eine abgestorbene Riechzelle durch eine neue ersetzt werden muss. In jeder neuen Riechzelle wird dabei nur *eines* der beiden Allele *eines* OR-Gens aktiviert. Die Auswahl trifft dabei mit etwa gleicher Wahrscheinlichkeit das mütterliche und das väterliche Allel. Es ist nicht ganz klar, ob diese **monoallelische Expression** für die Riechzelle wichtig ist. Sie ist die Folge eines komplizierten Prozesses der Rezeptorauswahl, der allerdings von grundlegender Bedeutung für das Riechsystem ist. Die meisten OR-Gene weisen in ihren Promotorregionen Bindestellen für die gleichen Transkriptionsfaktoren auf. Sie binden die Homöodomänen-Proteine LHX2 und EMX2, und die Expression wird über eine Vielzahl von Enhancersequenzen verstärkt. Das ganze olfaktorische Genom einer Riechzelle (oder der größte Teil davon) wird also durch die gleichen Transkriptionsfaktoren gesteuert. Wie kommt es dabei zur Auswahl von nur einem einzigen OR-Gen pro Zelle?

Nach heutigem Stand der Forschung ist der Auswahlprozess **ein epigenetisch regulierter Vorgang**. In den Stammzellen des Riechepithels (HBZ, GBZ; s. ◘ Abb. 10.41) sind alle OR-Gene inaktiv und nicht ablesbar. Sie werden durch die Methylierung von zwei Histonen blockiert (H3K9me3 und H4K20me3: die Lysine – Symbol K – an Position 9 von Histon 3 und an Position 20 von Histon 4 sind trimethyliert). Im methylierten Zustand können die OR-Gene nicht transkribiert werden, sind jedoch zugänglich für Demethylasen. Im letzten Schritt der Differenzierung der Basalzellen wird eine Lysin-Demethylase (LSD1) für kurze Zeit exprimiert und aktiviert ein OR-Gen durch Demethylierung seiner Histone. Sobald dies geschehen ist, wird über einen Rückkopplungsmechanismus sichergestellt, dass alle anderen OR-Gene dauerhaft inaktiv bleiben. Das gesamte OR-Genom kondensiert zu dicht gepackten Aggregaten am Rand des konstitutiven Heterochromatins und bleibt dort für die gesamte Lebensdauer der Zelle ungenutzt liegen. Das aktivierte OR-Gen wird dagegen transkribiert, und das entsprechende Rezeptorprotein wird hergestellt und in die Cilien transportiert. Eine wichtige Maßnahme zur Verhinderung der Transkription weiterer OR-Gene ist die Abschaltung der Lysin-Demethlyase LSD1. Sobald die Translation eines OR-Proteins beginnt, wird im rauen ER ein Signal erzeugt, das zur Abschaltung von LSD1 führt. Dieses Signal ist eigentlich ein Stresssignal (*unfolded protein response*, UPR; dazu gehört das PERK-Protein im endoplasmatischen Reticulum), welches über den Transkriptionsfaktor Atf5 die Expression von Adenylat-Cylase III induziert (◘ Abb. 10.49). In den Riechzellen wird dieses Signal eingesetzt, um LSD1 zu stoppen und die Rezeptorauswahl zu konsolidieren, sodass die Zelle kein weiteres OR-Gen transkribieren kann. Kommt es dennoch zur Induktion mehrerer OR-Gene, werden Korrekturprozesse aktiviert, die die Translation der überzähligen Rezeptoren verhindern. Vieles an diesem Konzept ist noch unverstanden. Aber die Prämisse,

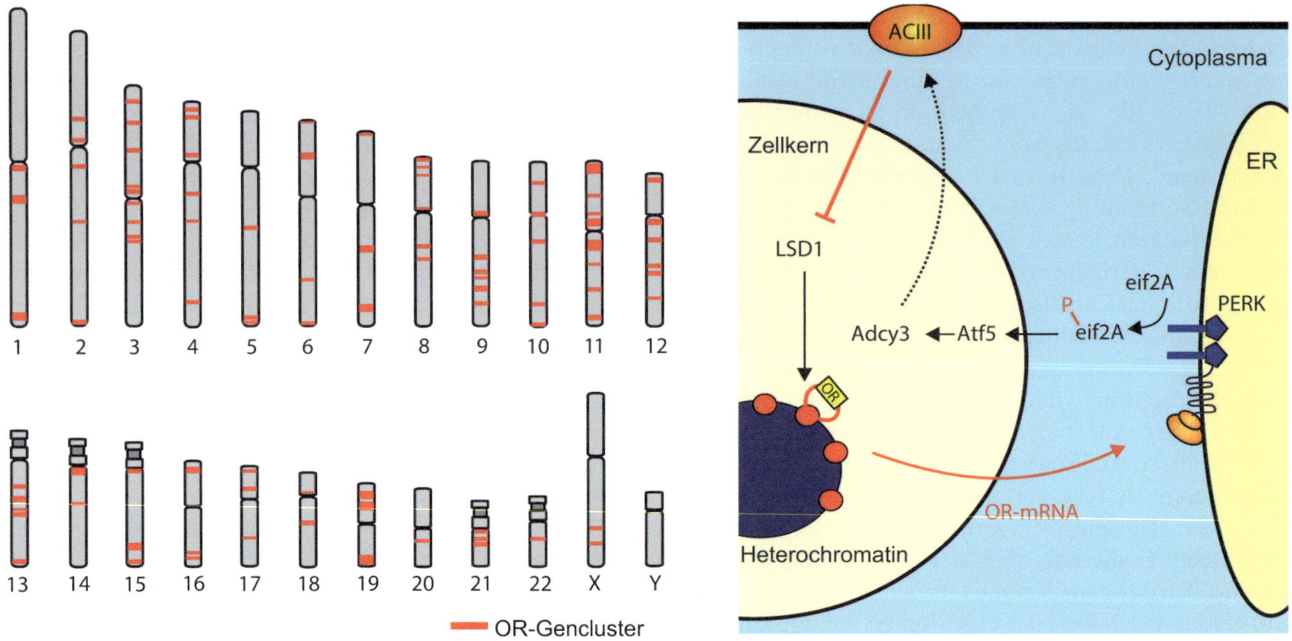

Abb. 10.49 Monoallelische Expression von Geruchsrezeptoren. *Links*: Verteilung von Genen für Geruchsrezeptoren auf den Chromosomen des Menschen mit der Lage von Genclustern, die jeweils mehrere OR-Gene enthalten (*rot*). *Rechts*: Epigenetisches Modell der Expression eines einzigen OR-Gens pro Riechzelle. Ein OR-Gen wird durch Demethylierung aktiviert und dann transkribiert. Der Demethylierungsprozess wird danach umgehend abgeschaltet, um die Transkription weiterer OR-Gene zu verhindern. Eine Schlüsselrolle in diesem Abschaltungsprozess spielt die Transkription der Adenylat-Cyclase, die im Transduktionsprozess der Riechzelle gebraucht wird. ACIII, Adenlylat-Cyclase Typ III; *Adcy3*, Gen für ACIII; Atf5, *activating transcription factor 5*; eif2A, *eucaryotic initiation factor 2A*; ER, endoplasmatisches Reticulum; LSD1, Lysin-Demethylase 1; OR, olfaktorischer Rezeptor; PERK, *protein kinase R-like endoplasmic reticulum kinase*

dass eine ausgereifte Riechzelle letztendlich nur einen OR-Typ exprimiert, wird heute allgemein akzeptiert.

Da jede Riechzelle nur einen Typ von Geruchsrezeptor besitzt, findet man im hauptolfaktorischen Epithel so viele unterschiedliche **Riechzellpopulationen**, wie es funktionelle OR-Gene im Genom gibt. Bei der Maus (*Mus musculus*) wären das 1130 unterschiedliche Zellpopulationen, jede betraut mit einer etwas anderen Aufgabe bei der chemischen Analyse der Atemluft. Zu einer solchen Population gehören, wenn wir eine Gesamtzahl von 30 Mio. Riechzellen annehmen, etwa 25.000 Zellen. Die Mitglieder einer jeden Population findet man ausgebreitet in jeweils einer von vier Zonen, die das Riechepithel in dorsal-ventraler Richtung durchziehen (Abb. 10.50). Die funktionelle Bedeutung dieser Zonen für den Riechsinn ist bisher unverstanden. Möglicherweise ist sie nur eine strukturelle Folge der Evolution des Riechepithels und hat keine Bedeutung für die analytische Leistung des Systems. Wichtig ist aber, dass jede Riechzellpopulation über einen weiten Bereich des Riechepithels ausgebreitet vorliegt und dass demzufolge jeder Bereich des Riechepithels viele unterschiedliche Geruchsrezeptoren zur chemischen Analyse einsetzen kann. Die vier Zonen des Riechepithels sind mit ebenfalls vier Zonen im Riechkolben verknüpft und bilden so eine grobe Einteilung des peripheren Riechsystems. Die Zonierung wird durch das Axonnavigationsmolekül Slit-1 und seinen Rezeptor Robo-2 vermittelt. Da jede der vier Zonen eine unterschiedliche Mischung an OR-Rezeptoren exprimiert, könnte es sein, dass in jeder der Zonen des Riechkolbens unterschiedliche Signale verarbeitet werden. Dafür spricht, dass in den Riechzellen der am weitesten dorsal gelegene Zone 1 vor allem OR-Gene der Klasse I exprimiert werden, also Gene derjenigen ORs, die mit den ORs der Fische nah verwandt sind (s. Abb. 10.47, *unten links*). Außerhalb von Zone 1 kommen keine Klasse-I-Rezeptoren vor, sondern ausschließlich die für die Landtiere typischen

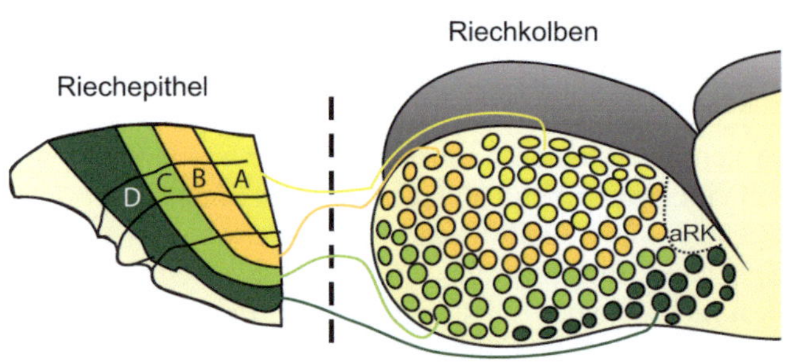

Abb. 10.50 Schematische Darstellung der vier Expressionszonen von Geruchsrezeptoren (A–D) im Riechepithel der Maus und deren Projektionsbereiche im Riechkolben. aRK, akzessorischer Riechkolben

Klasse-II-Rezeptoren. Man nimmt an, dass bei Mäusen die Klasse-I-Rezeptoren angeborene Verhaltensmuster wie Schreckreaktionen bei der Wahrnehmung des Geruchs von Raubtieren oder von Feuer auslösen, während Klasse-II-Rezeptoren in den Zonen 2 bis 4 für die Detektion und das Erlernen neuer Gerüche zuständig sind, also für das indiviuelle Riechgedächtnis und seine Nutzung.

Werden die Riechrezeptoren in der Cilienmembran einer Riechzelle oft genug von einem einigermaßen passenden Geruchsstoff getroffen, reagiert die Riechzelle, indem sie Aktionspotenziale feuert. Ihre Reaktion auf Stimulation ist ausgeprägt phasisch. Riechzellen reagieren meist nur mit einer kurzen Salve von Aktionspotenzialen, oft weniger als 1 s lang, auf Stimulation – danach werden sie unempfindlich, sie adaptieren (◘ Abb. 10.51, *links*). Die dieser Reaktion zugrunde liegenden Mechanismen der **chemoelektrischen Transduktion** sind in den Grundzügen verstanden, wobei allerdings einzelne Aspekte noch durchaus ungeklärt sind. Der erste Schritt, die Umsetzung des chemischen Reizes in ein zelluläres Signal, vollzieht sich wie auch bei anderen G-Protein-gekoppelten Rezeptoren durch Aktivierung der jeweiligen Zielproteine. Bei den häufigsten Riechzellen im hauptolfaktorischen Epithel wird von OR-Proteinen die Aktivität von Adenylat-Cyclase über das heterotrimere Protein $G\alpha_{olf}$ aktiviert. Ähnlich verläuft das auch bei den selteneren Spurenaminrezeptoren des TAAR-Typs. Die Adenylat-Cyclase der Riechzellen gehört zu Typ III (Abkürzung ACIII, Größe 129 kDa). Dieses Protein ist im Riechepithel hoch exprimiert, etwa 100-mal höher als im Herzgewebe, und es kann durch Calcium/Calmodulin sowie durch Phosphorylierung reguliert werden. ACIII ist in der Cilienmembran exprimiert und produziert bei Aktivierung cAMP aus ATP. Dieses cAMP aktiviert Kationenkanäle des CNG-Typs (CNG, *cyclic nucleotide-gated*; Isoform CNGA2/A4/B1b), die Na^+ und Ca^{2+} in die Cilien leiten. Vermutlich spielt sich dieser Transduktionsvorgang lokal in einem kleinen Segment einer Riechcilie ab (◘ Abb. 10.51, *unten*). Falls ein Geruchsrezeptor in einem solchen Segment häufig genug von einem passenden Geruchsstoff getroffen wird, entstehen einige Hundert Moleküle cAMP, die von den jeweils 100 bis 300 CNG-Kanälen des Segments mit ihren jeweils vier cAMP-Bindestellen gebunden werden. Frei diffundierendes cAMP wird

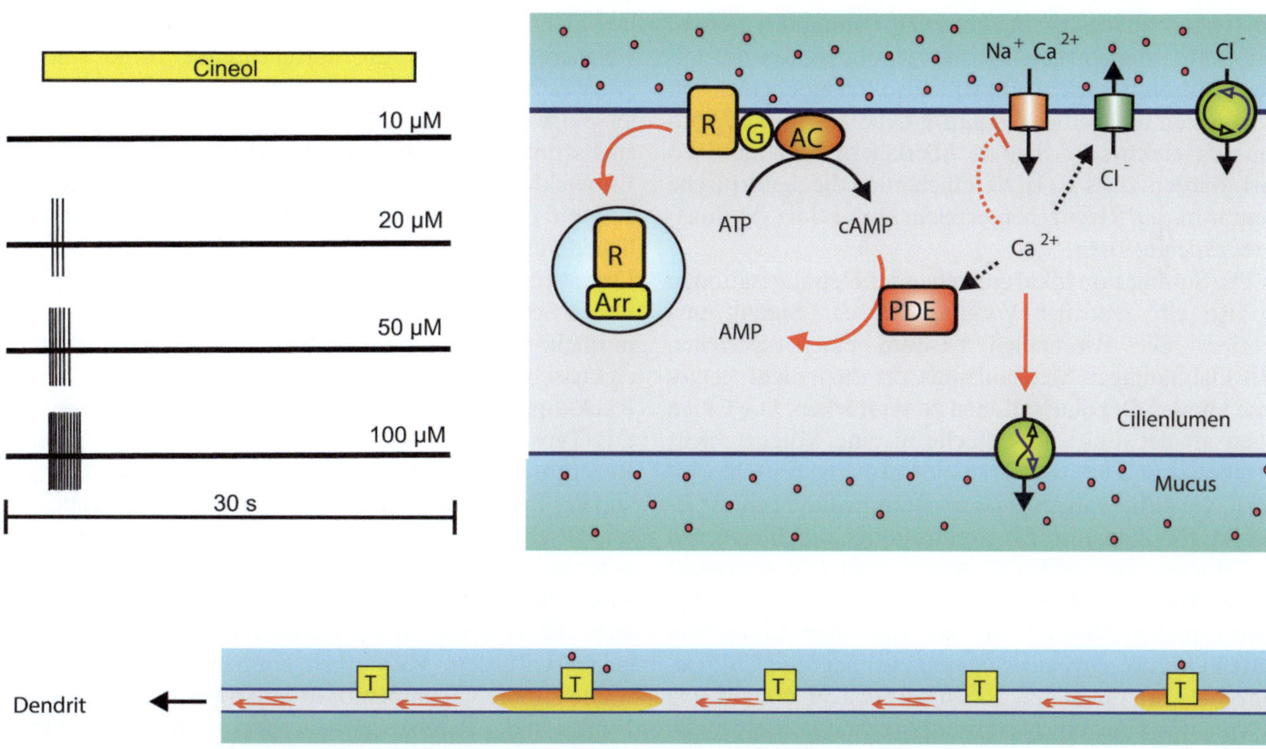

◘ **Abb. 10.51** Phasische Reaktion einer Riechzelle auf Geruchsstimulation. *Links*: Die Riechzelle eines Teichfrosches (*Rana esculenta*) reagiert nur kurz mit Aktionspotenzialen (*senkrechte Striche*) auf anhaltende Stimulation mit den angegebenen Konzentrationen des Geruchsstoffes Cineol. *Rechts*: Signalwege zur Abschaltung der Geruchsreaktion in den Cilien. AC, Adenylat-Cyclase; AMP, Adenosinmonophosphat; Arr, Arrestin; ATP, Adenosintriphosphat; cAMP, zyklisches Adenosinmonophosphat; G, GTP-bindendes Protein; PDE, Phosphodiesterase; R, Geruchsrezeptor. *Unten*: Lokale Transduktionsvorgänge (T) in kleinen Segmenten einer chemosensorischen Cilie und elektrische Weiterleitung des Signals in Richtung des Dendriten der Riechzelle. Nach Reisert und Mathews (2001)

schnell durch Phosphodiesterasen hydrolysiert, von denen bei Säugern eine in den Cilien (PDE1C) vorliegt und eine andere (PDE4A) in den übrigen Teilen der Riechzelle, sodass sich das cAMP kaum entlang der Cilie ausbreiten kann. Die Öffnung der CNG-Kanäle bewirkt aber eine lokale Depolarisation, und die kann sich sehr wohl entlang der Cilienmembran ausbreiten. Und das ist ein zentraler Punkt für das Verständnis der Riechtransduktion. Denn was in einem solchen 1-µm-Segment einer Cilie beim Riechen abläuft, muss man sich als **äußerst uneffektiven Transduktionsprozess** vorstellen. Zunächst wird die Wahrscheinlichkeit, dass ein im Mucus gelöster Duftstoff überhaupt mit einem passenden Rezeptor kollidiert, bei weniger als 1/100 % eingeordnet. Zum Vergleich: Die Wahrscheinlichkeit, dass ein Photon im Stäbchen-Außensegment von einem Retinalmolekül absorbiert wird, ist höher als 50 %, also mindestens 5000-mal so hoch. Um überhaupt eine Reaktion der Riechzelle auszulösen, müssen viele Geruchsstoffkollisionen mit passenden Rezeptoren schnell hintereinander erfolgen (geschätzt 330 Bindungsereignisse pro 50 ms). Allerdings ist es nicht nötig, dass alle diese Ereignisse im selben Ciliensegment stattfinden. Denn die elektrischen Depolarisationen, die zunächst lokal in mehreren einzelnen Ciliensegmenten auftreten, können – wenn sie gleichzeitig ablaufen – summiert werden und damit eine stärkere Gesamtdepolarisation der Cilienmembran bewirken. Obwohl also die biochemischen Signale sich nicht über die ganze Cilie ausbreiten, können sich elektrische Signale überlagern und dabei so stark werden, dass sie letztendlich auch die dendritische Membran der Riechzellen erreichen und dort Aktionspotenziale auslösen.

10

Die Summation lokal entstehender Depolarisationen ist also ein zentraler Vorgang bei der Signaltransduktion. Die Riechcilien besitzen einen speziellen chloridabhängigen Mechanismus, der dazu dient, genau diese **lokalen Depolarisationen zu verstärken**. Die Cilien liegen an der Epitheloberfläche in eine Mucusschicht eingebettet und besitzen Transportproteine für Chloridionen, die dafür sorgen, dass im Ruhezustand (ohne Geruchsstoffe) die Chloridkonzentrationen in Cilienlumen und Mucus gleich sind (s. ◘ Abb. 10.46). Der wichtigste Transporter für diesen Prozess ist der Na-K-2Cl-Cotransporter NKCC1. In den ruhenden Cilien von Ratten (*Rattus norvegicus domesticus*) liegt die Chloridkonzentration innen und außen bei etwa 50–60 mM. Da die ruhende Cilie ein Membranpotenzial von etwa –80 mV aufweist (innen negativ), besteht ein auswärts gerichtetes elektrochemisches Potenzial für Chloridionen. In der Cilienmembran befinden sich calciumgesteuerte Chloridkanäle des Typs Anoctamin 2 (auch TMEM16B), die in Abwesenheit von Duftstoffen geschlossen sind. Wird die Cilie aber stimuliert, fließt Calcium durch die CNG-Kanäle in die Cilien ein. Durch das einströmende Ca^{2+} werden die Chloridkanäle geöffnet und leiten einen Chloridstrom aus den Cilien in den Mucus. Anione*naus*strom ändert die Membranspannung genau wie Kationen*ein*strom, nämlich durch Depolarisation. Lokale Depolarisationen der Cilienmembran, die primär durch CNG-Kanäle ausgelöst worden sind, werden auf diese Weise sekundär durch Chloridkanäle verstärkt. Dies erhöht die Chance der Summation der elektrischen Signale über die ganze Länge der Cilie und damit die Wahrscheinlichkeit der elektrischen Erregung der Riechzelle (◘ Abb. 10.51, *unten*). Solche chloridvermittelten Verstärkungsprozesse findet man in Riechcilien aller Landtiere, wie auch bei den Amphibien und Süßwasserfischen. Vermutlich gleicht dieser Verstärkungsmechanismus die Ineffizienz des ersten Transduktionsschrittes aus, der notwendigerweise schwachen Bindung des Geruchsstoffes an seinen unselektiven Rezeptor.

Die phasische Reaktion von Riechzellen wird dadurch verursacht, dass alle Reaktionen, die bei Stimulation eine Depolarisation der Cilienmembran herbeiführen, schnell abgeschaltet werden können. Dazu gibt es eine Reihe von **Rückkopplungsmechanismen**, die in ◘ Abb. 10.51 (*rechts*) zusammengefasst sind. Es ist bisher nicht genau geklärt, welche dieser Reaktionen zu welchem Zeitpunkt die entscheidende Rolle spielen. Aber es ist offensichtlich, dass die Riechzelle auf vielerlei Weise dafür sorgen kann, dass ihre Reaktion auf Geruchsstimulation nur kurz dauert. Der Grund für die Entwicklung all dieser robusten Abschaltmechanismen ist wohl darin zu sehen, dass der Riechsinn im Wesentlichen auf einer **intermittierenden Probennahme** beruht: Dauerstimulation ist uninteressant – kurzes, wiederholtes Schnüffeln ist der optimale Betriebsmodus. Vermutlich ist jede einzelne Komponente der chemoelektrischen Transduktionskette das Ziel einer Rückkopplungshemmung. Die Geruchsrezeptoren des OR-Typs werden, wie die meisten G-Protein-gekoppelten Rezeptoren, durch Internalisierung aus dem Verkehr gezogen. Bei Dauerstimulation werden die Rezeptoren cAMP-abhängig phosphoryliert und binden das Protein β-Arrestin 2. Dieses Signal leitet die **clathrinvermittelte Endocytose der Geruchsrezeptoren** ein, die dazu führt, dass die Rezeptoren in Vesikeln im Cilienknopf eingelagert werden. Vermutlich können sie von dort aus wieder in die Cilienmembran integriert werden, um die Funktion der Riechzelle wiederherzustellen. Dieser Prozess ist an einem relativ langsamen Adaptationsvorgang beteiligt, der die Riechzellen innerhalb von Minuten gegenüber einer wiederholten oder andauernden Geruchsstimulation unempfindlich werden lässt. Auch die Weitergabe des Signals durch $G\alpha_{olf}$ scheint durch eine Rückkopplungshemmung reguliert zu werden. Die βγ-

Untereinheit des Proteins kann bei Geruchsstoffaktivierung eine G-Protein-gekoppelte Rezeptorkinase (GRK3) binden, welche das OR-Protein phosphoryliert. Die GRK3-Bindestelle an der βγ-Untereinheit wird im Ruhezustand von **Phosducin** besetzt, welches während des Riechvorgangs selbst cAMP-abhängig phosphoryliert und von der βγ-Untereinheit abgelöst wird – sodass GRK3 an den Rezeptor binden kann. Auch dieser Prozess ist wohl im Minutenbereich wirksam. Die Adenylat-Cyclase ACIII kann calciumabhängig in Position Serin[1076] durch die **calmodulinabhängige Proteinkinase** CaMKII phosphoryliert werden, ein Prozess, der *in vitro* die Enzymaktivität reduziert. Ein CaMKII-Inhibitor stört die Adaptation von Riechzellen, ein Hinweis auf die Beteiligung dieser Kinase an Adaptationsprozessen. Darüber hinaus enthalten die Cilien die PDE1C-Isoform der **calmodulinabhängigen Phosphodiesterase**, die eine hohe cAMP-Affinität aufweist. Dieses Enzym ist in einem vergleichsweise kurzen Zeitfenster daran beteiligt, die Geruchsreaktion zu beenden. Durch Hydrolyse von cAMP zu unwirksamem AMP trägt es dazu bei, dass die CNG-Kanäle innerhalb von Sekunden nach der Stimulation wieder geschlossen werden. Unterstützt wird dieser Vorgang durch eine **Desensitisierung der CNG-Kanäle** für cAMP. Diese Kanäle binden beim Anstieg der intrazellulären Calciumkonzentration, den sie selbst durch ihre Calciumleitfähigkeit verursachen, selbst Calcium/Calmodulin und werden dadurch in Sekundenbruchteilen cAMP-unempfindlicher. Ihr schnelles Schließen ist die Voraussetzung für die Erholung der Zelle von der Geruchsreaktion. Auch die calciumaktivierten Chloridkanäle leisten einen deutlichen Beitrag zur Adaptation. Eine **Inaktivierung der Chloridkanäle durch Calcium/Calmodulin** ist ein relativ langsamer Prozess, der sich über 20–60 s hin entwickelt. Wesentlich schneller wirkt das **Absinken der Chloridkonzentration** in den Cilien. Wegen ihres kleinen Innenvolumens (Durchmesser 0,1 µm, Volumen eines 1-µm-Segment 0,5 fL; 1 fL = 10^{-15} L) fällt die Chloridkonzentration bei Aktivierung der Chloridkanäle rapide ab, und schon nach wenigen Sekunden kann der Chloridstrom zum Stillstand kommen. Eine ganze Reihe von Adaptationsmechanismen ist also daran beteiligt, die Reaktion der Riechzellen abzukürzen und das phasische Verhalten der Riechzellen zustande zu bringen.

Welche Art von Signal liefert also die chemosensorische Oberfläche des Riechsystems an das Gehirn? Wie ist dieser Sensor des Riechsystems an der Grenzfläche zwischen Gewebe und Atemluft beschaffen? Die Schicht aus Millionen von Riechzellen besteht aus Tausenden Populationen von Riechzellen gleichen Rezeptortyps. Diese Populationen sind mehr oder weniger zufällig durcheinandergemischt. Sie tragen Geruchsrezeptoren von geringer Selektivität, sodass jeder Geruchsstoff mehrere Riechzellpopulationen gleichzeitig aktiviert. Dazu kommt, dass die Gerüche, mit denen die Nase zu tun hat, meist komplexe Mischungen aus Hunderten von Geruchsstoffen sind, alle mit unterschiedlichen Konzentrationen. Zudem liefern die Riechzellen nur ungefähr eine Sekunde lang ein verlässliches Signal; danach verwischt sich alles im Gewirr unterschiedlich schnell adaptierender Riechzellen. Wie extrahiert das Gehirn aus diesem vieldimensionalen Signal eine zuverlässige sensorische Information? Nach heutigem Verständnis ist dies ein mehrstufiger Prozess, der im Riechkolben seinen Anfang nimmt.

10.15 Ordnen des Riechraumes: Der Riechkolben

Der Riechkolben (Bulbus olfactorius) der Säugetiere bildet mit seinen zwei symmetrischen Teilen die vordersten Strukturen des Endhirns (Telencephalon). Bei den meisten Säugetieren ist der Riechkolben recht groß und nimmt etwa 20 % des Hirnvolumens ein. Erst bei den Primaten wird dieser Volumenanteil in dem Maß kleiner, in dem sich der Neocortex ausdehnt. Während sein relatives Volumen abnimmt, bleibt seine absolute Größe beachtlich. Beim Menschen hat der Riechkolben in etwa die Größe der Hypophyse. Der Riechkolben zählt zum Palaeocortex (einem Teil des Allocortex, des meist dreischichtig strukturierten, urtümlichen Teiles der Großhirnrinde), der auch für die weitere Verarbeitung von Geruchsinformation zuständig ist und aus diesem Grund auch als Riechhirn (Rhinencephalon) bezeichnet wird. Im Riechkolben wird die aus der Nase eingehende, chaotisch und unpräzise erscheinende chemosensorische Information geordnet, präzisiert und zur Weiterverarbeitung über ein dickes Faserbündel (Tractus olfactorius) an mehrere Hirnzentren weitergeleitet. Seine sensorischen Aufgaben sind grob zu vergleichen mit der Funktion der Netzhaut im Auge. Strukturell kann man eine deutliche Schichtung erkennen (◘ Abb. 10.52). Der Signalfluss verläuft dabei von außen nach innen. Die äußerste Schicht besteht aus den Axonen der Riechzellen, die durch die Siebbeinplatte (Lamina cribrosa) aus der Nasenhöhle in die Schädelhöhle gelangen und den ganzen Riechkolben als Faserschicht einhüllen. In der glomerulären Schicht des Riechkolbens enden die Riechzellaxone mit ihren Synapsen in dichten Faserknäueln, den Glomeruli. Die glomeruläre Schicht bildet damit den Eingang zum Riechkolben. Hier finden die entscheidenden Maßnahmen zur systematischen Sortierung der eingehenden Information statt. Die Projektionsneuronen (Mitralzellen und Büschelzellen) liegen dagegen tiefer im Inneren, in der Ausgangsschicht des

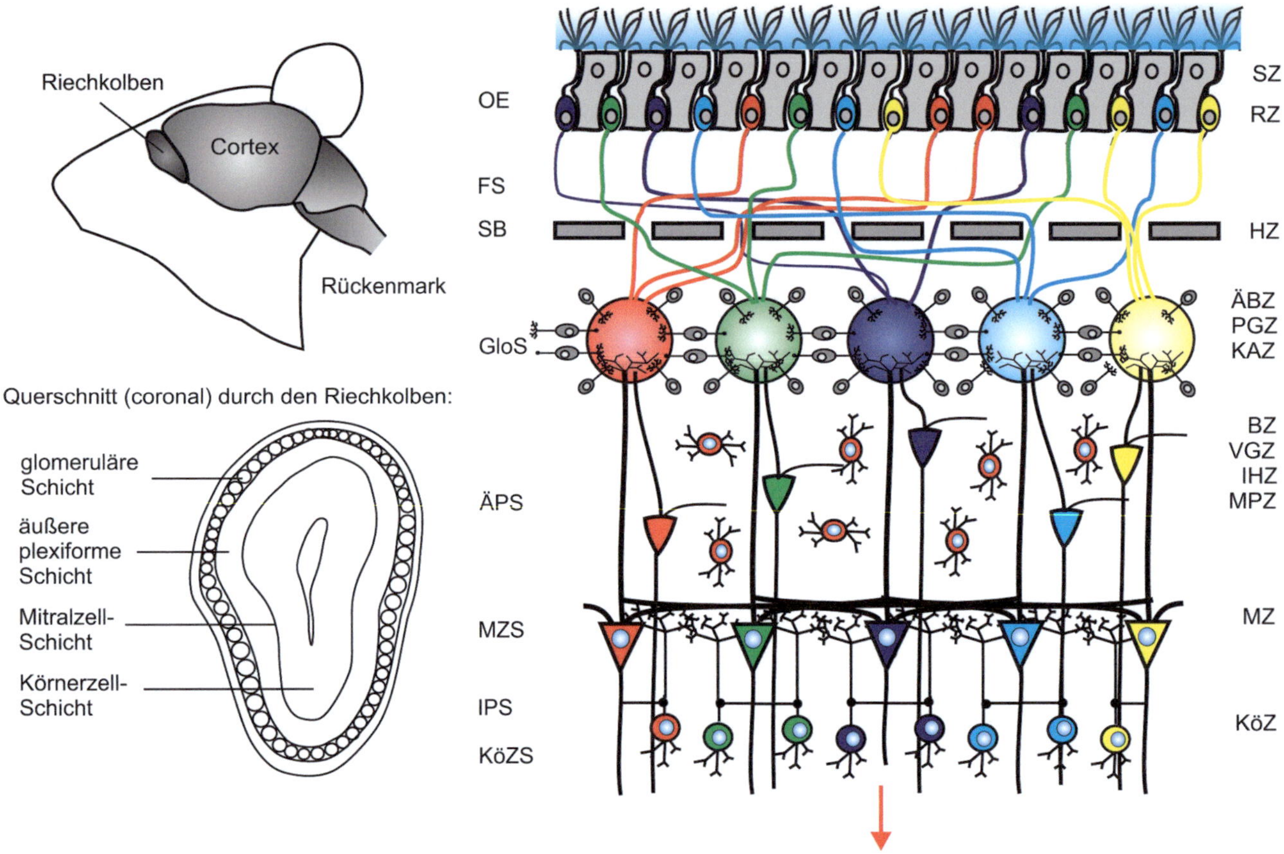

Abb. 10.52 Lage und Aufbau des Riechkolbens der Maus (*Mus musculus*). *Links*: Lage des Riechkolbens an der vorderen Hirnbasis und konzentrisches Schichtenmuster im coronalen Schnitt. *Rechts*: Schematische Darstellung der Verschaltungen im Riechkolben. *Anatomische Abkürzungen am linken Rand:* ÄPS, äußere plexiforme Schicht; GloS, glomeruläre Schicht; FS, Faserschicht; IPS, innere plexiforme Schicht; KöZS, Körnerzellschicht; MZS, Mitralzellschicht; OE, olfaktorisches Epithel; SB, Siebbein. *Abkürzungen für Zelltypen am rechten Rand:* ÄBZ, äußere Büschelzellen; BZ, Büschelzellen; HZ, Hüllzellen; IHZ, innere Horizontalzellen; KAZ, Kurzaxonzellen; KöZ, Körnerzellen; MPZ, multipolare Zellen; MZ, Mitralzellen; PGZ, periglomeruläre Zellen; RZ, Riechzellen; SZ, Stützzellen; VGZ, van-Gehuchten-Zellen. Der *rote Pfeil* gibt die Richtung des sensorischen (afferenten) Signalflusses an

Riechkolbens, von wo ihre Axone zentral den Riechkolben verlassen. Einen ähnlichen anatomischen Grundplan des Riechkolbens findet man bei Fischen, Amphibien, Reptilien, Vögeln und Säugetieren. Wie es scheint, ist die Verschaltungslogik in der ersten Station der Riechbahn – wie bei der Netzhaut des Auges – bei allen Wirbeltieren nach den gleichen Prinzipien angelegt.

Riechzellpopulationen mit dem gleichen Geruchsstoffrezeptor sind gleichmäßig über ihre jeweiligen Epithelzonen verteilt. Ihre Axone sammeln sich jedoch auf ihrem Weg zum Riechkolben zu immer dicker werdenden Faserbündeln, in denen die Axone der einzelnen Population getrennt durch die Siebbeinplatte geführt werden (Abb. 10.53). Die rezeptorspezifischen Bündel kommen mit immer weiteren Axonen vom gleichen Typ zusammen, bis sie in den meisten Fällen an vier Punkten gemeinsam enden: an vier Glomeruli des Riechkolbens – zwei an jedem der beiden Teile (Loben) des Riechkolbens, jeweils an einander gegenüberliegenden Stellen.

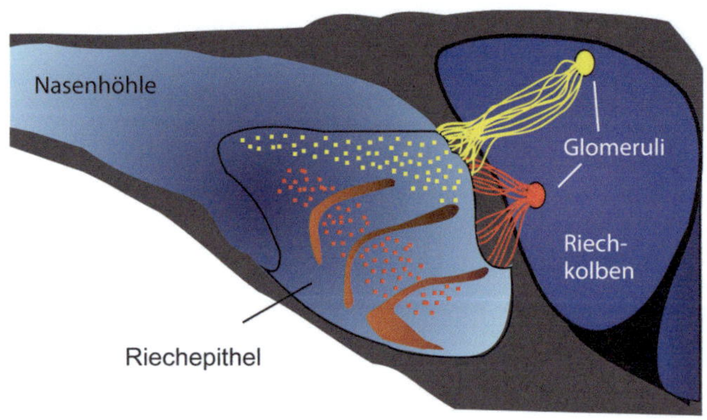

Abb. 10.53 Konvergenz von Riechzellaxonen auf gemeinsame Glomeruli. Zwei Populationen von Riechzellen (*gelb*, *rot*), jede mit eigenem Geruchsrezeptor, liegen verstreut über größere Bereiche des Riechepithels und schicken ihre Axone zu getrennten Glomeruli im Riechkolben. Jeder Glomerulus verarbeitet auf diese Weise ausschließlich afferente Signale von Riechzellen mit demselben Rezeptortyp

Die Riechzellaxone arborisieren innerhalb der Glomeruli und bilden etwa 15 Synapsen auf den dortigen Dendriten. Dabei kommt es zu einer **Konvergenz** von etwa 1000 Riechzellen mit gleichem Geruchsrezeptor auf ein weiterführendes Neuron. Bei Mäusen mit ihren 1130 Geruchsrezeptoren (◘ Tab. 10.5) werden so insgesamt 4 × 1130 = 4520 Glomeruli – oder 2260 Glomeruli für jeden der beiden Teile (Loben) des Riechkolbens – benötigt. Die meisten Riechzellpopulationen (es gibt einige wenige Ausnahmen) sind so mit einem spezifischen Satz von vier voneinander getrennt liegenden, **isotypischen Glomeruli** verbunden. In jedem Bereich der glomerulären Schicht werden – wegen der Abstände zwischen den isotypischen Glomeruli – in *benachbarten* Glomeruli Informationen von unterschiedlichen Geruchsrezeptoren verarbeitet; ein Umstand, der die Regulation durch laterale Inhibition möglich macht (s. u., Kurzaxonzellen). Das Projektionsmuster der Riechzellpopulationen ist bei einzelnen Mäusen weitgehend gleich, also genetisch festgelegt. Es wird während der Embryonalentwicklung in zwei Phasen angelegt. Zunächst entsteht ein grobes Muster, gesteuert durch Neuropilin-1-Rezeptoren und Semaphorin-3A-Signale. In einer zweiten, aktivitätsabhängigen Phase wird das Muster verfeinert und konsolidiert. Besonders interessant ist in diesem Zusammenhang die kontinuierliche Erneuerung von Riechzellen durch adulte Neurogenese. Jedes Mal, wenn eine Riechzelle stirbt, muss sie ersetzt werden. Eine Basalzelle differenziert zur Riechzelle (s. ◘ Abb. 10.41), ein Geruchsrezeptor wird ausgewählt und exprimiert, und ein Axon muss gezielt zu einem der vier für diesen Rezeptor zuständigen Glomeruli im Riechkolben wachsen. Präzise Axonnavigation ist unbedingt notwendig, um das Projektionsmuster im Riechkolben zu erhalten. Der genaue Mechanismus, der neu auswachsende Axone zu ihren Glomeruli führt, ist noch nicht verstanden. Es scheint aber, dass die Rezeptorproteine selbst bei diesem Prozess als Pilotproteine dienen. Denn wenn man eine Riechzellpopulation durch gentechnische Eingriffe dazu zwingt, einen falschen Riechrezeptor zu exprimieren, werden auch ihre Axone im Riechkolben zu falschen Glomeruli geleitet. Offensichtlich haben Geruchsrezeptorproteine also zwei Funktionen in der Riechzelle: die Detektion von Geruchsstoffen und die Steuerung der nachwachsenden Axone.

Aus der Konvergenz von Hunderten von Riechzellaxonen gleicher Selektivität auf einen einzelnen Glomerulus – und damit auf nur wenige Zielneurone – ergeben sich wichtige Konsequenzen für das Riechsystem:

- **Qualität**: Die Aktivität eines jeden Glomerulus codiert Informationen zu denjenigen Aspekten der chemischen Struktur von Geruchsstoffen, die von *einem* Typ Geruchsrezeptor erkannt werden.
- **Quantität**: Der dynamische Bereich eines Glomerulus ist sehr groß. Er reicht von der schwachen Aktivität einer einzelnen afferenten Faser bis hin zum gleichzeitigen Feuern von vielen Hundert Riechzellfasern bei starker Stimulation.
- **Kinetik**: Nicht alle Riechzellen einer Population feuern zum gleichen Zeitpunkt. Je nach ihrer Lage im Riechepithel werden manche früher, andere später aktiviert. Zudem zeigen die Riechzellen phasisches Verhalten. Durch die Überlagerung von eintreffenden Signalen entsteht am Glomerulus ein kompliziertes zeitliches Profil, in dem ebenfalls Information über den Geruch codiert ist.

Das afferente Signal an der Eingangsstation des Riechkolbens kann also in vieler Hinsicht stark variieren. Der Transmitter, der das sensorische Signal von den Riechzellen auf die Riechkolbenzellen überträgt, ist **Glutamat**. Für das eintreffende Signal gibt es gleich zu Beginn der Verarbeitung, an den Synapsen der Riechzellen, zwei Kontrollfunktionen, die ein zu starkes Signal der konvergierenden Fasern abschwächen können. Die eine Funktion ist eine **präsynaptische Hemmung** durch die Transmitter GABA und Dopamin, vermittelt von $GABA_B$-Rezeptoren und Dopamin-D_2-Rezeptoren in der präsynaptischen Endigung der Riechzellen. Die Glutamatfreisetzung aus den Riechzellfasern kann durch diesen Mechanismus effektiv gedrosselt werden, sodass in den Riechkolben einströmende Signale abgeschwächt werden. Ein weiterer Schutzmechanismus vor Überstimulation ist die ausgeprägte **Kurzzeitdepression der Riechzellsynapsen**. Die Synapsen neigen dazu, ihren verfügbaren Transmittervorrat schnell auszuschütten, sodass ihre Funktion bei starker Stimulation in weniger als einer halben Sekunde erschöpft ist. Die neuronalen Verschaltungen innerhalb der Glomeruli (intraglomerulär), in ihrer unmittelbaren Umgebung (periglomerulär, juxtaglomerulär) sowie zwischen benachbarten Glomeruli (interglomerulär) müssen das afferente Signal aufbereiten und geordnet an Mitralzellen und Büschelzellen weiterleiten. Die Riechzellaxone sind dazu sowohl mit den Projektionsneuronen (Mitral- und Büschelzellen) als auch mit lokalen Interneuronen (periglomerulären Zellen, Kurzaxonzellen) verknüpft (◘ Abb. 10.54). Auf diese Weise kann das hereinkommende Signal modifiziert werden.

Das lokale Netzwerk von Neuronen in der glomerulären Schicht des Riechkolbens der Maus besteht aus lokalen inhibitorischen Interneuonen (GABAerge, periglomeruläre Zellen), interglomerulären inhibitorischen Interneuronen (Kurzaxonzellen, mit GABA und Dopamin als Transmitter) und exzitatorischen Neuronen (glutamaterge, äußere Büschelzellen).

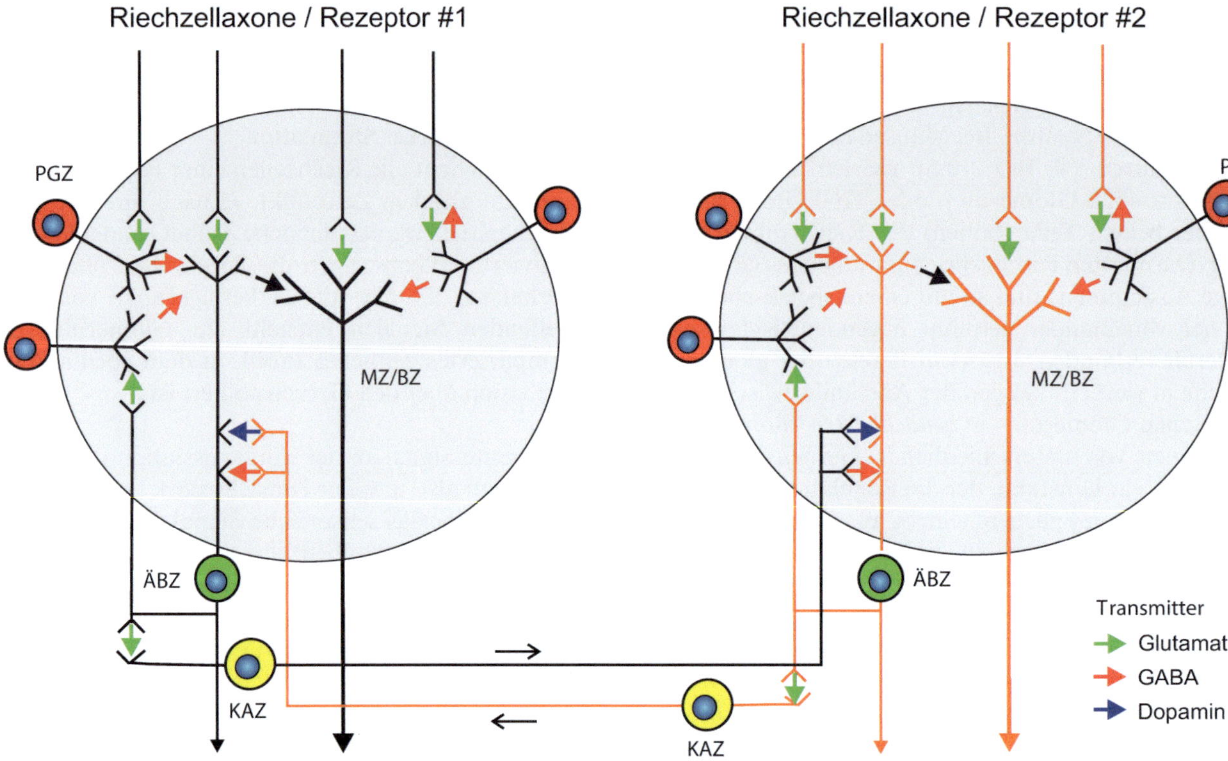

Abb. 10.54 Neuronale Verschaltungen in der glomerulären Schicht des Riechkolbens der Maus (*Mus musculus*). Zwei benachbarte Glomeruli werden von Riechzellen mit unterschiedlichen Geruchsrezeptoren versorgt und kontrollieren sich gegenseitig durch hemmende Signale. Die Hemmung wird durch GABA vermittelt und durch Dopamin moduliert. ÄBZ, äußere Büschelzellen; BZ, Büschelzellen; KAZ, Kurzaxonzellen; MZ, Mitralzellen; PGZ, periglomeruläre Zellen

- Die **äußeren Büschelzellen** (**ÄBZ**, auch Pinselzellen, *external tufted cells*) nehmen das sensorische Signal direkt von den Riechzellaxonen auf und geben es an alle anderen Zellen der glomerulären Schicht weiter. Sie leiten das Signal aber keineswegs passiv weiter, sondern sie prägen dem Signal durch die ihnen eigene rhythmische Aktivität ein zeitliches Muster auf. Der Rhythmus der Aktionspotenzialbursts von ÄBZ variiert im Bereich von 0,5–10 Hz, dem charakteristischen Frequenzbereich der Atmung bei der Maus. Die schnelle Weitergabe des Signals an die Projektionsneuronen erfolgt wohl vor allem über elektrische Synapsen (Gap Junctions). Die ÄBZ stehen unter effektiver Kontrolle durch Kurzaxonzellen benachbarter Glomeruli. Sie besitzen $GABA_A$-Rezeptoren, über die sie von einer Kurzaxonzelle vollständig inhibiert werden können. Im Sinne der Kontrastverschärfung im Aktivitätsmuster kommt hier eine laterale Inhibition, die Hemmung von Nachbarglomeruli, zum Tragen (ähnlich den Horizontalzellen der Retina). Zusätzlich zur Hemmung durch GABA erfolgt bei ÄBZ eine Aktivierung durch Dopamin. ÄBZ besitzen Dopamin-D_1-Rezeptoren, und die Kurzaxonzellen schütten Dopamin als Cotransmitter aus (Genaueres unter KAZ).
- **Periglomeruläre Zellen** (**PGZ**, *periglomerular cells*) sind lokale inhibitorische Interneuronen und erreichen mit ihren Dendriten nur Strukturen innerhalb eines einzigen Glomerulus. Sie hemmen mit ihrem Transmitter GABA alle andern Zellen im Glomerulus und sind damit für eine starke inhibitorische Kontrolle des glomerulären Netzwerks zuständig. Die meisten PGZ (etwa 70 %) bekommen ihr erregendes Eingangssignal von den ÄBZ, nur etwa 30 % werden direkt von den Riechzellaxonen versorgt. Beide Wege nutzen glutamaterge Synapsen des AMPA- und NMDA-Typs. Hier handelt es sich wohl vor allem um eine Rückkopplungshemmung: Je stärker das afferente Signal, desto stärker ist seine Hemmung durch die PGZ.
- **Kurzaxonzellen** (**KAZ**, *short axon cells*) vermitteln die seitwärts gerichtete Kommunikation über 1–2 mm hinweg und verbinden damit mehrere Glomeruli (ein Glomerulus hat bei der Maus einen Durchmesser von etwa 0,1 mm). Ihre erregenden Eingänge beziehen sie zum größten Teil von ÄBZ, nur etwa ein Drittel der KAZ sind direkt mit Riechzellaxonen verbunden. KAZ können die Aktivität der Zellen in Nachbarglomeruli in zweifacher Hinsicht modulieren. Über GABA können sie die ÄBZ der Nachbarn hemmen und damit die Signalweiter-

leitung weitgehend unterbinden (laterale Hemmung). Mit ihrem Cotransmitter Dopamin können sie aber auch die Nachbarglomeruli mitaktivieren, sodass ganze Glomeruliverbände gleichzeitig aktiviert sein können (laterale Aktivierung). Der durch D_1-Rezeptoren vermittelte Aktivierungseffekt ist allerdings langsamer als die durch $GABA_A$-Rezeptoren vermittelte Hemmung. Daraus ergibt sich eine zweiphasige laterale Wirkung zwischen zwei Glomeruli, deren Bedeutung für die Verarbeitung des Geruchssignals noch nicht verstanden ist.

- **Mitralzellen** (**MZ**, *mitral cells*) sind Projektionszellen (ihre Zellkörper haben die Form einer Bischofsmitra) und bilden in den Glomeruli einen verzweigten Dendritenbaum, durch den sie von Riechzellen und juxtaglomerulären Zellen Signale übernehmen. Im Bereich der Mitralzellschicht – dort, wo ihre Zellkörper liegen – tragen sie weitere fünf bis acht Dendriten, die bis zu 1–2 mm seitlich durch die externe plexiforme Schicht verlaufen (◘ Abb. 10.55). Durch diese lateralen Dendriten vollzieht sich ein Signalaustausch mit dem dichten Netz der Körnerzellen, durch den die MZ sich selbst oder aber MZ benachbarter Glomeruli hemmen können (Genaueres unter Körnerzellen). MZ-Axone verlassen den Riechkolben und leiten die vorverarbeitete Information an die nächsten Schichten des Riechhirns weiter. Man fasst die Projektionsgebiete der MZ als olfaktorischen Cortex (Riechrinde) zusammen. Dazu gehört eine Vielzahl von Verarbeitungsgebieten, die von den MZ-Axonen über den Tractus olfactorius und die Striae olfactoriae erreicht werden (◘ Abb. 10.57). Die Verarbeitung der Riechinformation unterscheidet sich von allen anderen Sinnesmodalitäten auch dadurch, dass die afferenten Signale nicht zunächst über den Thalamus geleitet werden, sondern auf direktem Wege die Großhirnrinde erreichen und erst sekundär mit dem Thalamus verschaltet sind (▶ Abschn. 10.17). MZ sind erregende, glutamaterge Neuronen. Manche MZ sind ohne Geruchsreiz inaktiv, andere zeigen spontane, kontinuierliche Aktivität im Frequenzbereich von 1–33 Hz und können zwischen zwei Zuständen hin- und herschalten. Dieser Bistabilität liegt ein Unterschied im Ruhepotenzial von etwa 10 mV zugrunde, wobei die spontane Aktivität aus dem depolarisierten Zustand entsteht. MZ zeigen eine charakteristische Synchronisation mit dem Atemzyklus, der eine Modulation im Bereich des Theta-Bandes (1–12 Hz) erkennen lässt. Viele Säugetiere beschleunigen ihre Atemtätigkeit bei konzentrierter Riechtätigkeit bis etwa 10 Hz („Schnüffeln"). Die MZ-Aktivität ist mit jeder Einatmungsphase gekoppelt, wird jedoch durch das inhibitorische Netzwerk des Riechkolbens verzögert. Je stärker der Geruchsreiz, desto früher im Atemzyklus feuern die MZ. Ob spontan aktiv oder reizabhängig: In jedem Fall zeigt das Ausgangssignal des Riechkolbens deutlich das intermittierende, phasische Muster, das charakteristisch für den gesamten Riechsinn ist. Und ähnlich wie bei den Ganglienzellen der Netzhaut spiegelt die Aktivität der MZ nicht einfach die Aktivität der Glomeruli wider, mit denen sie verbunden sind. Vielmehr ist das Aktivitätsmuster der MZ das Resultat von komplexen Verrechnungen in den Netzwerken des Riechkolbens.
- **Büschelzellen** (**BZ**, auch Pinselzellen, *tufted cells*) liegen verteilt in der gesamten äußeren plexiformen Schicht und werden je nach ihrer Lage als tBZ (tief), mBZ (mittel) und oBZ (oberflächlich) bezeichnet (engl. *deep*, *middle*, *superficial TC*). Ihr Verschaltungsmuster ähnelt dem der MZ. Sie beziehen Eingänge von einem apikalen Dendriten aus nur einem Glomerulus und sind über laterale Dendriten in der externen plexiformen Schicht mit Körnerzellen und mit inhibitorischen Interneuronen vernetzt. Ein wesentlicher Unterschied zwischen BZ

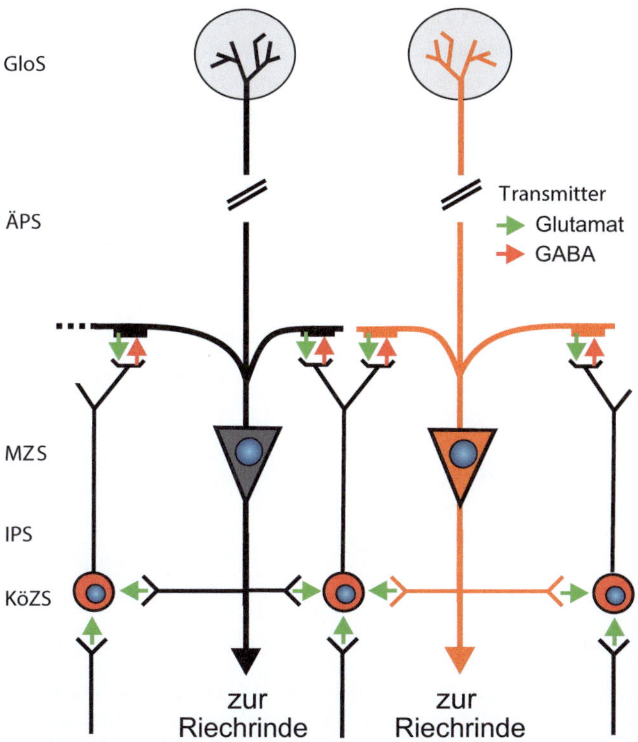

◘ **Abb. 10.55** Rekurrente Inhibition von Mitralzellen durch Körnerzellen. Körnerzellen vermitteln eine Selbsthemmung der Mitralzellen an deren lateralen Dendriten. Sie stellen auch einen Weg für die gegenseitige Hemmung benachbarter Mitralzellen (laterale Inhibition) zur Verfügung. ÄPS, äußere plexiforme Schicht; GloS, glomeruläre Schicht; IPS, innere plexiforme Schicht; KöZS, Körnerzellschicht; MZS, Mitralzellschicht

und MZ ist ihre Taktung relativ zum Atemzyklus. Während MZ eine Verzögerung erkennen lassen, feuern BZ immer zu Beginn des Atemzyklus – möglicherweise ein Hinweis darauf, dass das BZ-Signal in geringerem Ausmaß von Interneuronen bearbeitet wird als das MZ-Signal. Auch BZ sind glutamaterge Projektionsneuronen mit synaptischen Endigungen im olfaktorischen Cortex, wobei ihr Projektionsmuster sich etwas von dem der MZ unterscheidet. Die BZ-Axone enden vor allem in den vorderen Bereichen der Riechrinde, im Nucleus olfactorius anterior, einer Art Drehscheibe der Verteilung von Riechinformation, und im Tuberculum olfactorium, einer vor allem verhaltensregulierenden Struktur (s. ◘ Abb. 10.57). Möglicherweise liefern die BZ ein schnelleres, aber ungenaueres Signal als die MZ und erfüllen damit eine etwas andere Anforderung an den Riechsinn.

- **Körnerzellen** (**KöZ**, *granule cells*) sind kleine, sehr zahlreiche inhibitorische Interneuronen, die hauptsächlich in der Körnerzellschicht, aber auch in der Mitralzellschicht angesiedelt sind. Sie besitzen keine Axone, bilden aber über ihre Dendriten Kontakte mit MZ, BZ und anderen KöZ. Sie selbst empfangen erregende Synapsen hauptsächlich von außerhalb des Riechkolbens, insbesondere vom piriformen Cortex und vom lateralen entorhinalen Cortex (s. ◘ Abb. 10.57). Die höheren Verarbeitungsstationen haben dadurch Kontrolle über den Signalfluss in der Riechbahn. Spontan sind KöZ kaum aktiv. Sie werden vor allem durch dendro-dendritische Synapsen mit den lateralen Dendriten der MZ aktiviert. Die Öffnung von Glutamatrezeptoren des NMDA-Typs in diesen Synapsen führt zu Calciumeinstrom und GABA-Freisetzung. Dabei können zwei grundlegend verschiedene regulatorische Vorgänge ausgelöst werden. Finden Glutamatfreisetzung und GABA-Freisetzung an getrennten Synapsen auf unterschiedlichen MZ-Dendriten statt, kann laterale Inhibition zwischen zwei MZ die Folge sein. Ereignen sich jedoch beide Prozesse innerhalb einer symmetrischen Doppelsynapse, in der sowohl der glutamaterge MZ → KöZ-Signalweg als auch der GABAerge KöZ → MZ-Signalweg untergebracht sind, ist das Resultat eine rekurrente Selbsthemmung des MZ-Dendriten. Beide Wege sind wichtige Komponenten der Signalverarbeitung im Riechkolben. Das Netzwerk der KöZ formt das Ausgangssignal des Riechkolbens durch interne Einflüsse auf die Aktivität von MZ und BZ, und sie vermitteln zusätzlich die Kontrolle des Ausgangssignals durch retrograde Kontrollsignale aus den höheren Bereichen der Riechbahn.

Infolge der Sortierung der Riechzellaxone nach dem jeweiligen Riechrezeptorgen sowie der Konvergenz von Axonen mit gleichem Riechrezeptor auf nur zwei isotypische Glomeruli pro Teil des Riechkolbens entsteht ein für jeden Geruch **spezifisches Aktivitätsmuster** in der glomerulären Schicht. Da die Verkabelung von Riechepithel und Riechkolben genetisch festgelegt ist, muss bei jedem Tier einer Art das gleiche Aktivitätsmuster für den gleichen Geruchsreiz entstehen (◘ Abb. 10.56). Tatsächlich sind solche stereotypen Muster bei Fischen und Mäusen nachgewiesen worden, wobei nur geringe Unterschiede zwischen verschiedenen Individuen der gleichen Art auszumachen sind. Diese Muster werden zuweilen als „Riechkarten" bezeichnet, und man spricht von einer „odotopen" Repräsentation der chemischen Information im Riechkolben. Dabei gibt es Hinweise darauf, dass Geruchsstoffe mit ähnlicher Struktur zur Aktivierung benachbarter Glomeruli führen. Beim Riechen eines natürlichen Geruchs mit normaler Intensität werden nur wenige Glomeruli eingesetzt. So aktivieren Gerüche wie Erdnussbutter, Heugeruch oder Pilzduft nur einen kleinen Teil der Glomeruli im Riechkolben einer Maus (etwa 3 %). Man kann davon ausgehen, dass natürliche Gerüche mit knappen, relativ einfach strukturierten Aktivitätsmustern auskommen. Obwohl die glomerulären Aktivitätsmuster unzweifelhaft eine räumliche Entsprechung der Geruchsqualität darstellen, ist zu bedenken, dass es sich dabei um sehr dynamische Gebilde handelt. Nicht nur verändern die Adaptation der

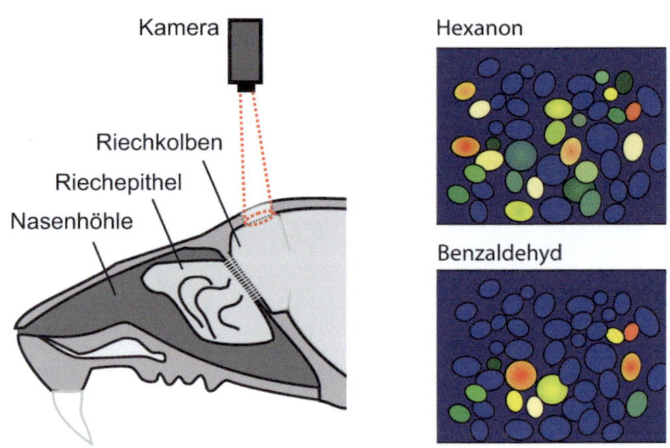

◘ **Abb. 10.56** Glomeruläre Aktivitätsmuster bei unterschiedlichen Gerüchen. Darstellung der Messmethode zur Visualisierung glomerulärere Aktivität durch bildgebende Verfahren. Die Oberfläche des Riechkolbens wird durch eine Öffnung im darüberliegenden Schädel aufgenommen, und die Aktivität der glomerulären Zellen wird durch Farben kenntlich gemacht. Dabei zeigen warme Farben (gelb, rot) hohe Aktivität, kühle Farben (grün, blau) geringe Aktivität an. Bei Stimulation mit den beiden Gerüchen Hexanon und Benzaldehyd entstehen unterschiedliche Aktivitätsmuster, weil unterschiedliche Glomeruli auf die beiden Geruchsstoffe ansprechen

Riechzellen und präsynaptische Hemmung das afferente Signal. Auch die Verarbeitung des Signals durch die inhibitorischen Netzwerke des Riechkolbens bringt tiefgehende Veränderungen in räumlicher und zeitlicher Hinsicht mit sich. Die Riechkarte auf der Eingangsfläche des Riechkolbens ist daher nur eine Zwischenstufe bei der Bearbeitung der Geruchsinformation. Sie ist ein entscheidender Schritt für die kombinatorische Codierung der Geruchsinformation, denn sie ordnet die Information nach chemischen Kriterien – nach den Deskriptoren der Geruchsrezeptoren. Zu dieser chemischen Information kommen aber zeitliche Aspekte des Reizes sowie funktionelle Eigenheiten der beteiligten Neuronen. Auf dem Weg durch den Riechkolben entsteht so ein weit komplexeres Signal, das in den einzelnen Stationen der Riechrinde interpretiert werden kann.

10.16 Einordnen und Bewerten: Das Riechhirn

Im Gegensatz zu den Ganglienzellen der Netzhaut projizieren die Mitralzellen und Büschelzellen des Riechkolbens ausschließlich in diejenige Gehirnhälfte, die der Lage der jeweiligen Nasenhöhle entspricht. Ihre Axone bilden Verzweigungen und versorgen durch kollaterale Fasern viele Bereiche der ipsilateralen Riechrinde mit Signalen (◘ Abb. 10.57). Es gibt kein Chiasma in der Riechbahn, keine Kreuzung von Nervenbahnen wie im Sehsystem (▶ Abschn. 7.14). Stattdessen werden Signale zwischen den Gehirnhälften über nachgeschaltete Neuronen ausgetauscht, ähnlich wie das in der Hörbahn geschieht (▶ Abschn. 6.8). Bereits an der ersten Station der Riechbahn, am **Nucleus olfactorius anterior**, der aufgrund seiner deutlich corticalen Struktur heute oft als **vordere Riechrinde** (*anterior olfactory cortex*) bezeichnet wird, kann man diesen Datenaustausch zwischen rechts und links sehen. Die Projektionsneuronen in dieser cortexartigen Struktur sind glutamaterge Pyramidenzellen, die ihre Synapsen zum Teil im kontralateralen Riechkolben wie auch in anderen Bereichen der Riechrinde bilden. Interessanterweise werden durch die **Projektionen in den kontralateralen Riechkolben** genau diejenigen Mitralzellen/Büschelzellen miteinander verbunden, die Signale des gleichen Geruchsrezeptortyps verarbeiten. Es handelt sich meistens um die vier **isotypischen Glomeruli**, die weit voneinander entfernt auf den beiden Hälften des Riechkolbens lokalisiert sind. Die Axone der Pyramidenzellen aus dem Nucleus olfactorius anterior verlaufen durch die vordere Kommissur zur Riechkolbenseite, die für die gegenüberliegende Nasenhöhle zuständig ist, und enden an denjenigen Körnerzellen, die mit einer Mitralzelle aus einem isotypischen Glomerulus verbunden sind. Da die Körnerzellen GABAerge Interneuronen sind, handelt es sich hier um einen inhibitorischen Eingriff, dessen Bedeutung für die Riechverarbeitung allerdings noch unklar ist. Es könnte etwas mit dem Richtungsriechen zu tun haben, der Fähigkeit, eine Geruchsquelle durch Vergleich der sensorischen Signale aus beiden Nasenlöchern zu orten. Dieses Stereoriechen ist allerdings bisher wenig erforscht. Bekannt ist, dass bei Mäusen olfaktorische Gedächtnisinhalte, die nur über ein Nasenloch erworben worden sind, auch über das andere Nasenloch abgerufen werden können. Es scheint also, dass bei der Verwaltung des Geruchsgedächtnisses die Lateralisierung des Riechsystems aufgehoben wird. Und dabei könnten die kontralateralen Projektionen im Nucleus olfactorius anterior eine Rolle spielen. Ganz offensichtlich hat diese erste Verabeitungsstation nach dem Riechkolben aber noch weitere Schlüsselfunktionen bei der Organisation des Signalflusses durch die Riechrinde. Bei Ratten wurde eine **Filterfunktion** ausgemacht, die dazu dient, neue Signale bevorzugt durchzuleiten und gleichzeitig Dauersignale zu unterdrücken. Ein solche **Dämpfung von Hintergrundaktivität** findet man in unterschiedlichen Formen im gesamten Riechsystem, sei es bei der Adaptation die Riechzellen, bei der synaptischen Depression von Projektionsneuronen oder in der Aktivität inhibitorischer

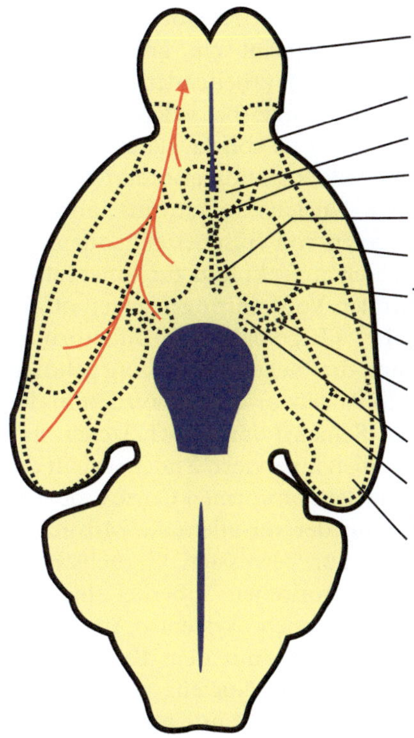

◘ **Abb. 10.57** Übersicht über die Projektionsgebiete von Mitral- und Büschelzellen des Riechkolbens und die Zentren der olfaktorische Signalverarbeitung („Riechhirn“) im Gehirn der Maus (*Mus musculus*). Der *rote Pfeil* verweist auf zentrifugal verlaufende Signalwege, unter deren Einfluss die Aktivität des Riechkolbens moduliert werden kann

Netzwerke. Immer werden neu auftretende Riechsignale bevorzugt verarbeitet. Es scheint ein grundlegendes Prinzip dieses intermittierend arbeitenden Sinnes zu sein, sich bei jeder Probennahme (bei jedem Atemzug) auf das neu Dazugekommene zu konzentrieren, weil das möglicherweise eine schnelle Reaktion erfordert.

Gleich hinter dem Nucleus olfactorius anterior kommt es zum Ausscheren von Büschelzellaxonen aus dem lateralen olfaktorischen Trakt und zur Innervation der paarigen, im ventralen Vorderhirn gelegenen **olfaktorischen Tuberkel** (Tuberculum olfactorium, ◘ Abb. 10.57). Mit ihrer dreifachen Schichtung gehören auch die Tuberkel zum Palaeocortex. Sie werden in der Schicht 1 (molekulare Schicht) von Büschelzellen aus dem ventralen Riechkolben innerviert. Zudem erhält die Schicht 1 Eingänge aus dem piriformen Cortex, demjenigen Teil der Riechrinde, der vor allem die Mitralzellsignale verarbeitet und zur bewussten Geruchswahrnehmung führt. Die olfaktorischen Tuberkel sind eng verknüpft mit dem limbischen System (Amygdala, Hippocampus, Hypothalamus), mit dem Belohnungssystem (ventrales Tegmentum, Nucleus accumbens), den Basalganglien (Pallidum, Substantia nigra), der Habenula sowie mit anderen sensorischen Rindenbereichen. Es handelt sich hier also um einen Ort der **Integration von verhaltensrelevanten Signalen**. Tatsächlich belegen Verhaltensexperimente mit Ratten eine prominente Rolle der olfaktorischen Tuberkel bei der Motivationsbildung und bei der Entwicklung von Sucht. Bei vielen Tieren ist die Motivationsbildung eng an das Riechen gekoppelt. Die Konditionierung auf einen Geruchsreiz ist eine verlässliche Methode der Dressur, und auch in ihrer natürlichen Umgebung wird das Verhalten der Tiere oft durch Geruchsreize gelenkt. Die Projektionsneuronen der olfaktorischen Tuberkel codieren die Bewertung eines Geruchs. Wird ein Geruch durch Assoziation mit einer Belohnung besonders positiv bewertet, feuern die Projektionsneuronen in den olfaktorischen Tuberkeln stärker als bei negativer Bewertung des gleichen Geruchssignals. Hier wird ein allgemeines Prinzip des Riechsinnes deutlich: die **hedonische Bewertung von Gerüchen**, also die Einordnung nach dem Grad des Wohlbefindens, der mit jedem Geruch verbunden ist. Es ist in vielen Fällen wichtiger, mit Abscheu auf einen Geruch zu reagieren, als die Geruchsquelle zu identifizieren oder zu orten. Das Gleiche gilt für positiv besetzte Gerüche: Bevor das Suchen und Untersuchen beginnen können, muss erst einmal das Interesse geweckt werden. Die olfaktorischen Tuberkel sind nach heutigem Verständnis an dieser Umsetzung von Riechen in sinnvolles Verhalten beteiligt. Inwieweit für diese Verhaltenssteuerung bewusste Wahrnehmung nötig ist, ist noch nicht bekannt. Diese wird wohl eher in den lateralen Abschnitten der Riechrinde hervorgebracht.

Die Informationen, welche aus dem Riechkolben einer Maus in die laterale Riechrinde gelangen, sind nach dem heutigen Verständnis das Resultat einer chemischen Analyse. Man kann sich die Mitteilung an die Riechrinde vielleicht so vorstellen: „*In der Nase befindet sich eine Mischung aus kurzkettigen Alkylen, bei denen Propyl- und Butylketten mit 28 % den größten Anteil bilden. Dazu kommt eine Reihe monozyklischer und polyzyklischer Terpene mit einem Volumenanteil von etwa 13 %. An funktionellen Gruppen herrschen Aldehyde (8 %), Ketone (12 %) und Alkohole (11 %) vor, aber es gibt eindeutig auch Thiocarbonsäuren, Thiolester, Amine und Pyrazine. Das Trägermedium enthält 0,04 %* CO_2*, ist weitgehend wassergesättigt und warm.*“ In der primären Riechrinde muss aus diesen Rohdaten eine biologisch relevante Information extrahiert werden (beispielsweise „*Hier riecht es nach Katze*“), damit möglichst schnell ein sinnvolles Verhalten („*Nichts wie weg!*“) ausgelöst werden kann. Ein großer Teil dieses Prozesses vollzieht sich im **piriformen Cortex** (Cortex piriformis, birnenförmige Rinde), der sich an das caudale Ende des Nucleus olfactorius anterior anschließt. Auch dieses Rindengebiet gehört zum urtümlichen Palaeocortex. Es besteht aus nur drei Schichten, während die sensorischen Rindengebiete des Isocortex (somatosensorischer, visueller, auditorischer Cortex) aus sechs Schichten aufgebaut sind. Aufgrund von Unterschieden in der Verschaltung seiner Neuronen wird der piriforme Cortex in einen vorderen (Area piriformis anterior) und hinteren (Area piriformis posterior) Abschnitt gegliedert (◘ Abb. 10.57). Beide Abschnitte werden hauptsächlich von Axonen der Mitralzellen durch den Tractus olfactorius mit Information aus dem Riechkolben versorgt. Die meisten Büschelzellaxone sind zuvor Richtung olfaktorische Tuberkel abgezweigt. Der Großteil der Mitrazellaxone endet aber im vorderen Abschnitt, während im hinteren Abschnitt die Vernetzung der Rindenneuronen mit anderen Hirnbereichen überwiegt. Dementsprechend geht man von einer Arbeitsteilung bei der Informationsverarbeitung aus. Der vordere piriforme Cortex extrahiert aus den Mitteilungen des Riechkolbens die **Identität des Geruchs**, während der hintere piriforme Cortex die **Qualität der Geruchsinformation** analysiert. Für beide Aufgaben muss die afferente Information mit gespeicherter Information über Gerüche und ihre Bedeutung abgeglichen werden. So muss der Geruch einer Katze zunächst als solcher identifiziert werden. Seine Bedeutung, seine aversive Qualität als Raubtiergeruch, kann aber erst durch Abgleich mit ererbtem oder erlerntem Wissen ermittelt werden. Wohl zu diesem Zweck weisen die exzitatorischen Neuronen des piriformen Cortex zehnmal mehr Eingänge von Assoziationsfasern auf als von Projektionsfasern aus dem Riechkolben.

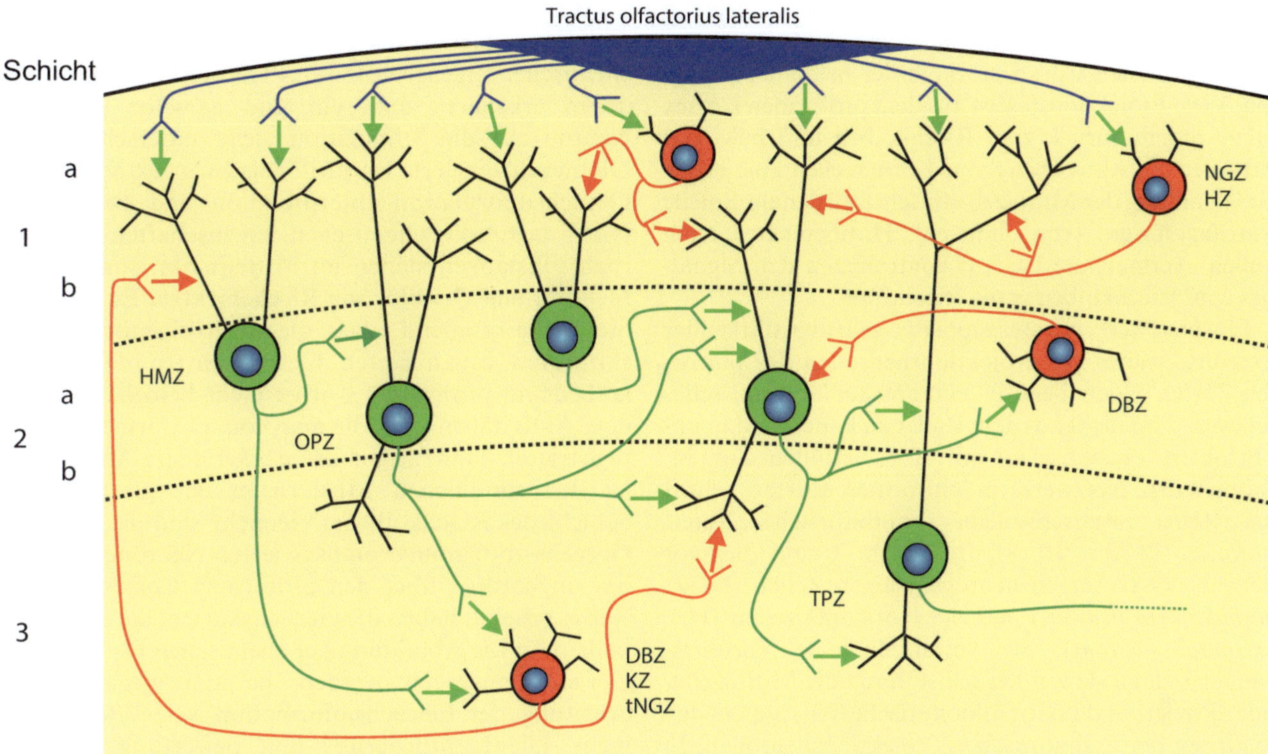

Abb. 10.58 Neuronale Verschaltungen im dreischichtigen piriformen Cortex. *Grüne Pfeile* symbolisieren erregende synaptische Verbindungen, *rote Pfeile* hemmende. DBZ, Doppelbüschelzellen; HMZ, Halbmondzellen; HZ, Horizontalzellen; KZ, Kandelaberzellen; NGZ, neurogliaartige Zellen; OPZ, obere Pyramidenzellen; tNGZ, tiefe neurogliaartige Zellen; TPZ, tiefe Pyramidenzellen

Die Axone der Mitralzellen erreichen den piriformen Cortex in seiner obersten Schicht (Schicht 1a; Abb. 10.58) und bilden dort glutamaterge Synapsen sowohl mit exzitatorischen Neuronen als auch mit inhibitorischen Interneuronen. Die exzitatorischen Neuronen befinden sich vor allem in der mittleren Schicht 2. Dort haben die Halbmondzellen (HMZ, *semilunar cells*) und die oberen Pyramidenzellen (OPZ, *superficial pyramidal cells*) ihre Zellkörper. Beide beziehen exzitatorische Eingänge von den Mitralzellaxonen über ihre Dendriten in der obersten Schicht 1a; zusätzlich können OPZ auch über basale Dendriten erregt werden. Eine weitere Population von Projektionsneuronen liegt in der Schicht 3, die tiefen Pyramidenzellen (TPZ, *deep pyramidal cells*). Ein auffälliges Merkmal der Zellarchitektur im piriformen Cortex ist der **horizontale Signalfluss** von HMZ über OPZ zu TPZ, der über weite Strecken im piriformen Cortex (1–2 mm) verlaufen kann. Im Gegensatz zum Riechkolben, wo der Signalfluss hauptsächlich vertikal verläuft (Riechzelle → äußere Büschelzelle → Mitralzelle/Büschelzelle), werden die neuronalen Signale im piriformen Cortex mehrfach innerhalb von Schicht 2 weitergereicht und können dabei jedes Mal bearbeitet werden. Dazu erhalten die Pyramidenzellen intrinsische exzitatorische Eingänge von HMZ und von anderen OPZ. In diesem **intrapiriformen Netzwerk** werden also nicht nur Signale durchgeleitet, sondern es wird vor allem Information verarbeitet. Die extrem dichte Verknüpfung in diesem Netzwerk können folgende Zahlen veranschaulichen: Beim Meerschweinchen (*Cavia porcellus*) hat man gefunden, dass jede Pyramidenzelle aus Schicht 2 Axone zu 2200 bis 3000 anderen Pyramidenzellen im piriformen Cortex schickt und dabei 6000 bis 14.000 synaptische Boutons ausbildet. Die Länge dieser Axone liegt zwischen 68–156 mm. Jede einzelne Pyramidenzelle erhält Eingänge von mehr als 2000 anderen Pyramidenzellen. Die Bedeutung dieses komplexen Netzwerks ist noch sehr unvollständig verstanden. Aber es gibt interessante Hinweise auf seine Bedeutung für das Riechen, die im nächsten Abschnitt bei der Diskussion von Riechobjekten ausgeführt werden (► Abschn. 10.17). Auf den Bearbeitungsprozess im intrapiriformen Netzwerk wirken auch modulatorische Afferenzen von aufsteigenden Systemen ein, ausgehend vom Locus coeruleus (Transmitter: Noradrenalin), von den Raphekernen (Transmitter: Serotonin), dem basalen Vorderhirn (diagonales Band von Broca; Transmitter: Acetylcholin und GABA) sowie dem ventralen Tegmentum (Transmitter: Dopamin). Das Resultat der Bearbeitung senden die Pyramidenzellen schließlich aus dem piriformen Cortex in viele verschiedene Hirnbereiche. Man findet ihre Projektionen im kontralateralen piriformen Cortex, im orbitofrontalen Cortex, im Inselcortex, im Tuberculum olfactorium, im perirhinalen und entorhinalen Cortex sowie in der medialen Amygdala. Viele Projektionsfasern aus dem piriformen Cortex laufen zudem zurück zum Riechkolben und bewirken dort über die Aktivierung von Körnerzellen eine effektive Hemmung der Mitralzell-/Büschelzellsignale. Solche **Zentrifugalfasern** (von „inneren" Hirnbereichen nach „außen" verlaufende Fasern) kontrollieren den Signalfluss vom Riechkolben in die Riechrinde.

Ein Netzwerk mit ausgeprägter selbstverstärkender Erregung, wie es die Projektionsneuronen des piriformen Cortex bilden, benötigt ein robustes inhibitorisches Netzwerk, um nicht aus dem Ruder zu laufen und in unkontrollierte epileptische Aktivität zu verfallen. Zum inhibitorischen Netzwerk im piriformen Cortex gehört eine Reihe unterschiedlicher inhibitorischer Interneuronen (◘ Abb. 10.58). In Schicht 1 sind dies vor allem die GABAergen neurogliaartigen Zellen (NGZ, *neurogliaform neurons*) und die Horizontalzellen (HZ, *horizontal neurons*). Sie vermitteln eine **Vorwärtshemmung**, denn sie werden selbst durch die Mitralzellaxone aktiviert und bilden inhibitorische Synapsen in den Dendriten der exzitatorischen Projektionsneuronen. In tieferen Rindenbereichen findet man Interneuronen, die eine **Rückkopplungshemmung** auf die Projektionsneuronen ausüben. Doppelbüschelzellen (DBZ, *bitufted cells*) wirken vor allem auf die Somata, Kandelaberzellen (KZ, *chandelier cells*) hemmen das Feuern von Aktionspotenzialen am Axonhügel, und tiefe neurogliaartige Zellen (tNGZ, *deep neurogliaform neurons*) erreichen sowohl Somata als auch Dendriten mit GABAergen Synapsen. Die inhibitorischen Interneuronen sind an der intrinsischen Signalverarbeitung im piriformen Cortex beteiligt, vermitteln aber auch außerhalb liegenden Hirnbereichen Zugänge für die Steuerung der Aktivität der Riechrinde.

10

Wie weit entfernt die Verschaltungslogik des intrapiriformen Netzwerks von der einfachen Codierung chemischer Eigenschaften des Geruchs ist, kann man daran erkennen, dass ein und dasselbe piriforme Neuron auf die Stimulation vieler unterschiedlicher Glomeruli reagiert. Im piriformen Cortex erfährt die Geruchsinformation Interpretation und Bewertung. Nicht mehr die chemischen Eigenschaften der Geruchssubstanzen stehen im Mittelpunkt, sondern die **Identität und Qualität von Riechobjekten**. Es ist daher nicht überraschend, dass die nach chemischen Deskriptoren organisierten Geruchskarten des Riechkolbens im piriformen Cortex nicht beibehalten werden. Aktivitätsmuster, die man vom piriformen Cortex registrieren kann, zeigen keine erkennbare Ähnlichkeit zu den räumlichen Mustern in der glomerulären Schicht des Riechkolbens. Vielmehr sind die bei einer Geruchsstoffstimulation aktivierten Neuronen scheinbar ungeordnet über den piriformen Cortex verteilt. Wie es scheint, haben die Geruchskarten, die im Riechkolben für die Abbildung der chemischen Details eines Geruchs eingesetzt werden, bei der weiteren Verarbeitung der Geruchsinformation keine Bedeutung mehr. Die Identifizierung und Bewertung von Gerüchen erfordert in den meisten Fällen einen Vergleich mit gespeicherter Geruchsinformation, einen Abgleich mit dem Geruchsgedächtnis (► Abschn. 10.17). Riechkolben und Riechrinde stehen dazu in bidirektionalem Kontakt mit dem Hippocampus, der zentralen Instanz für die Organisation von Gedächtnisinhalten. Signalflüsse zwischen Riechkolben und Hippocampus nehmen größtenteils den Weg über den **lateralen entorhinalen Cortex**, der direkt vom Riechkolben, aber auch indirekt durch den piriformen Cortex, mit Geruchsinformation versorgt wird (◘ Abb. 10.59). Tatsächlich ist immer dann, wenn Gerüche mit Erinnerungen verknüpft werden – und das ist die Hauptaufgabe des

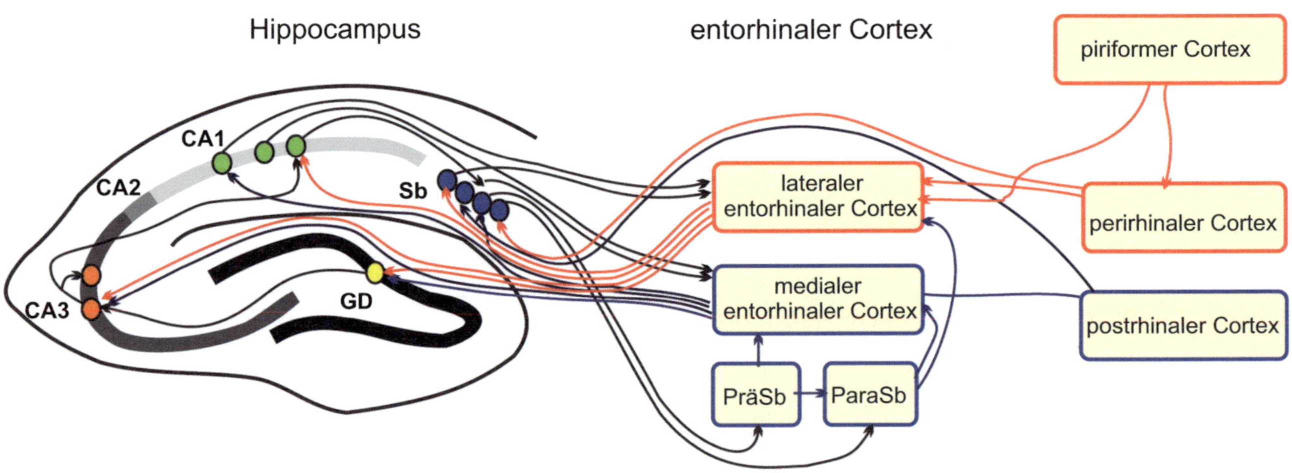

◘ **Abb. 10.59** Die Infrastruktur des Riechgedächtnisses: Verbindungen zwischen dem entorhinalen Cortex und dem Hippocampus. CA, Cornu ammonis; GD, Gyrus dentatus; Sb, Subiculum

Riechsinnes – der laterale entorhinale Cortex an der Informationsverarbeitung beteiligt. Interessanterweise kann man bei den Projektionsneuronen des lateralen entorhinalen Cortex anhand ihrer Projektionsziele und ihrer Selektivität für Gerüche zwei Aufgaben deutlich unterscheiden: **Weiterleitung an den Hippocampus** und **Rückkopplung an Riechrinde und Riechkolben**. Die eine Sorte von Neuronen, sogenannte Fächerneuronen (*fan cells*) mit dem Markerprotein Reelin, beziehen Signale direkt von Mitralzellaxonen aus dem Riechkolben und leiten sie weiter in den Hippocampus, vermutlich zur Speicherung oder zum Abgleich mit dem Riechgedächtnis. Die andere Sorte von Projektionsneuronen, solche mit dem Markerprotein Calbindin, leiten Steuersignale vom entorhinalen Cortex aus zurück zum piriformen Cortex, zum Riechkolben sowie zum kontralateralen entorhinalen Cortex. Es scheint, dass durch diese Neuronen die Signalflüsse im Riechhirn vom Ende her (*top-down*) moduliert werden können. Die Verarbeitung der Riechinformation wird also maßgeblich von genau derjenigen Instanz gesteuert, die für die Kommunikation des sensorischen Systems mit dem Riechgedächtnis zuständig ist. Auch das zeigt die zentrale Bedeutung des Riechgedächtnisses für die Funktion des Riechens.

10.17 Das Geruchsgedächtnis

Nach der heutigen Erkenntnislage werden in der Riechrinde chemosensorische Signale zu Riechobjekten. Dazu werden primären Signalen, welche vom Riechkolben geliefert werden, spezifische Bedeutungen zugeordnet – ein Vorgang, der auf der individuellen Erfahrung eines Tieres beruht. In ihren Aufgaben ähnelt die Riechrinde dem sekundären visuellen Cortex, also denjenigen Bereichen der Sehrinde, die für die Gestaltwahrnehmung sowie für die Klassifizierung und Ortung von Objekten zuständig sind (► Abschn. 7.14). Ein Riechobjekt entspricht im Wesentlichen der Gestalt eines visuellen Objekts im Sinne der Wahrnehmungspsychologie. Objekte sind in allen Sinnesmodalitäten erkennbare sensorische Einheiten, die vor dem Hintergrund anderer Signale klar erkennbar sind. Ein visuelles Objekt kann beispielsweise eine essbare Frucht sein oder die Form und Bewegung eines Raubtieres. Zu den auditorischen Objekten zählen die Warnrufe von Tieren der eigenen Population oder das Geräusch fließenden Wassers. In den meisten Fällen ist die Bewertung der Objekte erlernt, sie sind demzufolge Produkte von assoziativen Vorgängen, nicht einfach die Folge der Sinneswahrnehmung. Auch beim Riechsinn müssen zunächst die chemoanalytischen Signale des Riechkolbens mit erlernten Daten assoziiert werden.

Um das **Konzept von Riechobjekten** zu veranschaulichen, mag folgende Gartenszene dienen. Im regennassen Garten versteckt sich eine Zwergspitzmaus (*Sorex minutus*) unter einem Holzstapel, an dem eine Katze vorbeistreicht. Die Gartenluft, welche die Spitzmaus einatmet und olfaktorisch überprüft, enthält viele Hundert flüchtige Substanzen, jede in einer anderen Konzentration – ein überaus komplexer chemischer Mix, aus dem die Spitzmaus eine Beurteilung ihrer aktuellen Lage herausschnüffeln muss. Einige der Duftstoffe bilden zusammen den Grasgeruch des Gartens. Die Spitzmaus kennt diesen Geruch, er bildet in ihrem Geruchsgedächtnis das Riechobjekt „Gras", und er ist mit der affektiven Bewertung „gut" versehen; denn Wiesen bieten der Spitzmaus Schutz und Nahrung in Form von Insekten (◘ Abb. 10.60). Die Spitzmaus erkennt ein

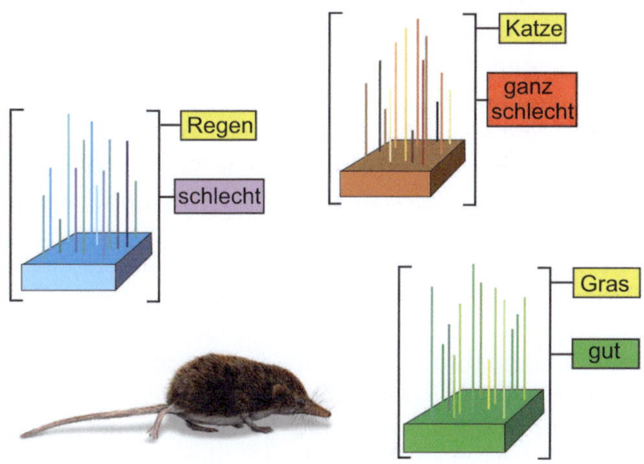

◘ **Abb. 10.60** Versuch, das Konzept von Riechobjekten zu veranschaulichen. Eine Zwergspitzmaus (*Sorex minutus*) stößt im regennassen Garten auf den Geruch einer Katze. Der Geruch von Gras ist ihr vertraut. Er besteht aus vielen verschiedenen Geruchsstoffen, die hier durch senkrechte Striche in unterschiedlichen Grünschattierungen symbolisiert sind. Die Länge eines jeden Striches symbolisiert die Konzentration des jeweiligen Geruchsstoffes. Die Spitzmaus erkennt den Grasgeruch sofort, weil sie die charakteristische Mischung von Geruchsstoffen mit dem Etikett „Gras" und mit der affektiven Bewertung „gut" in ihrem Riechgedächtnis gespeichert hat. Auch die mit Regen verbundenen Gerüche erkennt sie, hat dieses Riechobjekt aber mit dem affektiven Etikett „schlecht" versehen, weil sie ungern nass wird. Die typischen Geruchskomponenten des Katzengeruchs sind im nassen Garten deutlich zu erkennen und lösen bei der Spitzmaus Angst und Vorsicht aus, weil sie mit dem affektiven Etikett „ganz schlecht" gekennzeichnet sind. Entscheidend ist, dass jedes der drei Riechobjekte „Gras", „Regen" und „Katze" als Einheit wahrgenommen wird (symbolisiert durch die Klammern): Nicht die einzelnen Geruchsstoffe sind interessant, sondern die typische Zusammensetzung eines Riechobjekts aus vielen Geruchsstoffen, die untereinander charakteristische Konzentrationsverhältnisse aufweisen, wie sie nur bei *einer* bestimmten Geruchsquelle vorkommen. Ein Geruchsobjekt stellt damit den typischen Geruch einer Geruchsquelle dar. Es kann auch vor dem Hintergrund von Tausenden anderen Hintergrundgerüchen ausgemacht werden, indem der Geruchssinn das typische Geruchsmuster herausfiltert, das zu einem Riechobjekt gehört

weiteres Riechobjekt in der Gartenluft: „Regen". Das reiche Aroma nasser Pflanzen und nassen Erdreichs – eine charakteristische Mischung von über 100 flüchtigen Substanzen – hat sie gespeichert und mit „nicht gut" bewertet, denn Spitzmäuse werden nicht gerne nass. Dann nimmt sie in ihrer Atemluft noch ein Riechobjekt wahr: „Katze" – und hier ist die affektive Bewertung „ganz schlecht!" Das Riechobjekt „Katze" hat Alarmqualität: Die Spitzmaus verharrt regungslos in ihrem Holzstapel und bewegt sich erst dann wieder, wenn der Katzengeruch aus der Gartenluft verschwunden ist.

Die Suche nach einigen spezifischen Gerüchen, die Bestandteile einer weit komplexeren Mischung aus Geruchsstoffen sind, scheint eigentlich unmöglich, und doch ist gerade sie die Stärke des Riechsinnes. Wie kann die Spitzmaus den Katzengeruch erkennen, obwohl die von der Katze ausgehenden Geruchsstoffe mit Tausenden anderen Geruchsstoffen des Gartens vermischt sind? Der Spitzmaus gelingt die Riechwahrnehmung, weil sie weiß, wie eine Katze riecht. Bei früheren Begegnungen mit Katzen oder ihren Geruchsspuren hat sich die Spitzmaus den Katzengeruch eingeprägt. Vielleicht sind es zehn charakteristische Geruchsstoffe *in einem katzentypischen Konzentrationsverhältnis*, welche die Spitzmaus mit der Gegenwart einer Katze verbindet, mit einem stark affektiven Etikett versieht und in ihrem Riechgedächtnis als Riechobjekt abspeichert. Der Katzengeruch ist damit ein Teil der Geruchswelt dieser Spitzmaus geworden. Wenn nun in der Gartenluft diese zehn Geruchsstoffe *im katzentypischen Konzentrationsverhältnis* auftreten, kann das Riechsystem der Spitzmaus durch einen Abgleich mit den gespeicherten Riechobjekten den Katzengeruch identifizieren, kann eine entsprechende Riechwahrnehmung erzeugen und durch die assoziierte affektive Bewertung Alarm auslösen. Die Spitzmaus riecht die Katze, weil sie Katzengeruch als Riechobjekt kennt: **Riechen ist Erinnern!** Diese sinnesphysiologische Besonderheit – dass man nämlich nur riechen kann, was man schon kennt – hat sich als Ergebnis der modernen Riechforschung erwiesen. Sie ist besonders wichtig für das Verständnis der Wahrnehmung von schwachen Gerüchen, mit welchen Tiere unter natürlichen Bedingungen zu tun haben, beispielsweise, wenn sie einer Geruchsspur folgen. Tiere können schwache Gerüche nur dann wahrnehmen, wenn sie über die entsprechenden Riechobjekte im Riechgedächtnis verfügen. Sind sie einem Geruch noch nie begegnet, können sie ihn bei geringer Intensität nicht riechen. Bei hoher Intensität stellt sich zwar eine Wahrnehmung ein, deren Qualität ist aber verzerrt, weil bei hohen Konzentrationen das Spektrum der aktivierten Riechrezeptoren immer breiter wird. Um dem Riechgedächtnis neue Riechobjekte zuzufügen, benötigen die Tiere deutliche Geruchsproben. Ein anschauliches Beispiel ist das Trainieren eines Fährtenhundes. Der Hundeführer präsentiert dem Hund eine vergleichsweise starke Probe des neuen Geruchs und sorgt durch Ermunterung dafür, dass dieser Geruch mit positiver Bewertung gespeichert wird. Dem Hund steht damit das neuen Riechobjekt zur Verfügung, und er ist nunmehr in der Lage, auch einer schwachen Geruchsspur zu folgen, solange *die charakteristischen Konzentrationsverhältnisse* der Komponenten des Geruchsobjekts für ihn detektierbar sind.

Ein wesentlicher Unterschied zwischen einem Riechobjekt und einem visuellen Objekt ist, dass das Riechobjekt unmittelbar mit hedonischer Bewertung, Emotion und Erinnerung verknüpft ist. Ein visuelles Objekt dagegen kann ohne emotionelle Bewertung wahrgenommen werden. Auf der Ebene der neuronalen Verschaltung liegt der Grund für die Komplexität und die emotive Verquickung des Riechobjekts in der weitreichenden Verzweigung der Pyramidenzellen des piriformen Cortex. Hier sind die Pyramidenzellen nicht nur untereinander, sondern auch mit vielen anderen Hirnbereichen verknüpft und beziehen meist reziproke Innervationen aus diesen Bereichen (◘ Abb. 10.61). Eine modulare Einteilung, wie man sie in der Kolumnenstruktur der primären Rindenbereiche im Isocortex findet (primärer visueller Cortex, V1; primärer auditorischer Cortex, A1; primärer somatosensorischer Cortex, S1), fehlt im piriformen Cortex gänzlich. Die Verschaltungsmuster im piriformen Cortex weisen auf einen typischen **Assoziationscortex** hin, in dem eine Integration polymodaler Signale stattfindet. Entscheidend für die Entstehung von Riechobjekten und ihre Bewertung ist neben der komplexen Verschaltung die ausgeprägte **synaptische Plastizität im intrapiriformen Netzwerk**. Aktivitätsabhängige Verstärkungen von synaptischen Verbindungen ermöglichen es, zusammengehörende neuronale Verbände zu stärken. So kann durch assoziative Vernetzung die Bindung innerhalb eines Zellverbands verstärkt werden, dessen Zellen durch einen relevanten Geruch coaktiviert werden. Reagiert beispielsweise ein Ensemble von Pyramidenzellen auf den Geruch einer Katze, werden die erregenden Verbindungen zwischen den einzelnen Neuronen verstärkt. Bei der nächsten Stimulation mit Katzengeruch ist die Reaktion des Ensembles stärker, kann deutlicher von der Aktivität anderer Pyramidenzellen abgegrenzt werden und liefert eine verlässlichere sensorische Information – Katzengeruch ist damit zu einem Riechobjekt geworden. Da die Aktivität im piriformen Cortex nicht räumlich organisiert ist – es gibt keinen Bereich, der für Katzengeruch reserviert ist –, können sehr viele Kombinationen von coaktivierten Neuronen vorkommen. Es kann eine sehr große Anzahl von Riechobjekten in unterschiedlichen Aktivitätsmustern gespeichert wer-

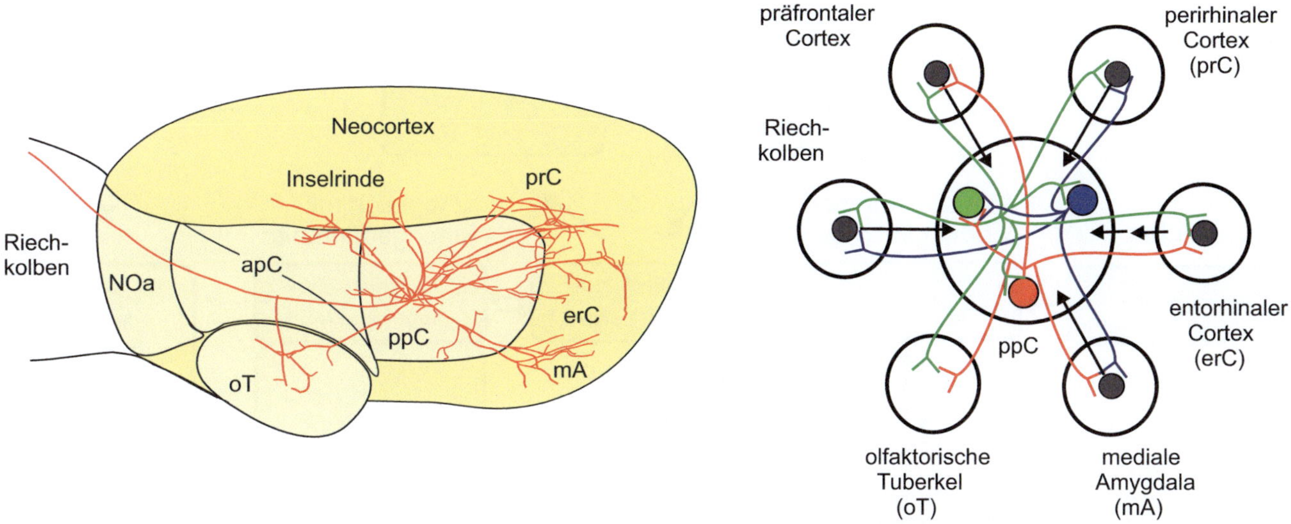

Abb. 10.61 Das weitreichende Informationsnetzwerk der Pyramidenzellen im piriformen Cortex. *Links*: Verlauf dendritischer Verzweigungen einer einzigen Pyramidenzelle im piriformen Cortex einer Maus, mit einem Eingang aus dem Riechkolben. *Rechts*: Integration von Informationen aus anderen Gehirnbereichen im hinteren piriformen Cortex. apC, anteriorer piriformer Cortex; erC entorhinaler Cortex; mA, mediale Amygdala; NOa, Nucleus olfactorius anterior; oT, olfaktorische Tuberkel; ppC, posteriorer piriformer Cortex; prC, perirhinaler Cortex

den. Zusätzliche Flexibilität entsteht dadurch, dass verschiedene Bereiche des pirifomen Cortex unterschiedliche Aufgaben erfüllen. Bei der Erfassung von Riechobjekten scheint dem anterioren Teil des piriformen Cortex die Aufgabe der Wiedererkennung und Identifizierung zuzukommen. Der posteriore Teil dient wohl vor allem der Bewertung von Riechobjekten, der Interpretation der Zusammengehörigkeit einzelner Riechobjekte sowie der Weiterleitung an die Stationen des Riechgedächtnisses.

Nach heutigen Vorstellungen erfolgt die Wahrnehmung von Gerüchen nach dem Prinzip eines **Assoziationsspeichers** (auch: inhaltsadressierbarer Speicher; *content-addressable memory*). Die Idee ist, dass die im piriformen Cortex definierten Riechobjekte dem Riechgedächtnis präsentiert werden, um zu ermitteln, ob es sich um ein schon bekanntes Riechobjekt handelt. Trifft das zu, entspricht das aktuelle Riechobjekt also einem schon gespeicherten Riechobjekt, kommt es zur deutlichen Wahrnehmung des Geruchs (Abb. 10.62). Der entscheidende Unterschied zu anderen Gedächtnisformen ist, dass ein unbekannter Geruch nicht deutlich wahrgenommen werden kann. Zur bewussten Wahrnehmung ist die vorherige Speicherung im Riechgedächtnis nötig – **Wahrnehmung setzt Gedächtnisbildung voraus!** Für diese Hypothese spricht eine Vielzahl von Befunden aus Riechlabors. Wirklich neue Gerüche erzeugen im Allgemeinen keine oder nur unklare Wahrnehmung, werden aber bei wiederholter Präsentation innerhalb kurzer Zeit (etwa 1–2 min) immer deutlicher wahrnehmbar. Das Erlernen von Gerüchen und der Aufbau des Riechgedächtnisses beginnen bei Säugetieren *in utero*, im Rahmen einer olfaktorischen Prägung, die für die ersten Tage nach der Geburt lebenswichtig sein kann. Umfangreiche Untersuchungen an Mäusen und Ratten belegen, dass diese Tiere über ein ausgezeichnetes Geruchsgedächtnis verfügen. In klassischen Konditionierungsexperimenten sind Gerüche robuste Reize, deren Bedeutung innerhalb von zehn bis 30 Präsentationen gelernt und über Monate hinweg gespeichert werden kann. Solche Versuche sind probate Methoden für die Erforschung des Riechsinnes wie auch zur Aufklärung von Motivationsbildung sowie der verschiedenen Aspekte von Angst und von Lernprozessen. Sie liefern allerdings wenig Einsicht in die Riechtätigkeit der Tiere in ihrem normalen Lebensraum. Dennoch hat die intensive Beschäftigung mit den Labortieren zwei Aspekte des olfaktorischen Lernens zutage gefördert, die über die klassischen Mechanismen von Kurzzeit- und Langzeitgedächtnis hinausgehen: die Anpassung des Riechsystems an seine Umwelt durch adulte Neurogenese und durch epigenetische Mechanismen.

10.18 Plastizität in der Riechbahn

Mit der enormen Vielseitigkeit der kombinatorischen Codierung im Riechkolben und der ebenso enormen Vielseitigkeit bei der Erzeugung von Riechobjekten im piriformen Cortex erscheint der Riechsinn ein System ohne erkennbare Grenzen der Leistungsfähigkeit zu sein. Wie sinnvoll ist es aber, ein System zu erhalten, das für eine weit größere Vielfalt von chemischen Reizen ausgelegt ist, als es jemals zu riechen geben kann? Denn ob-

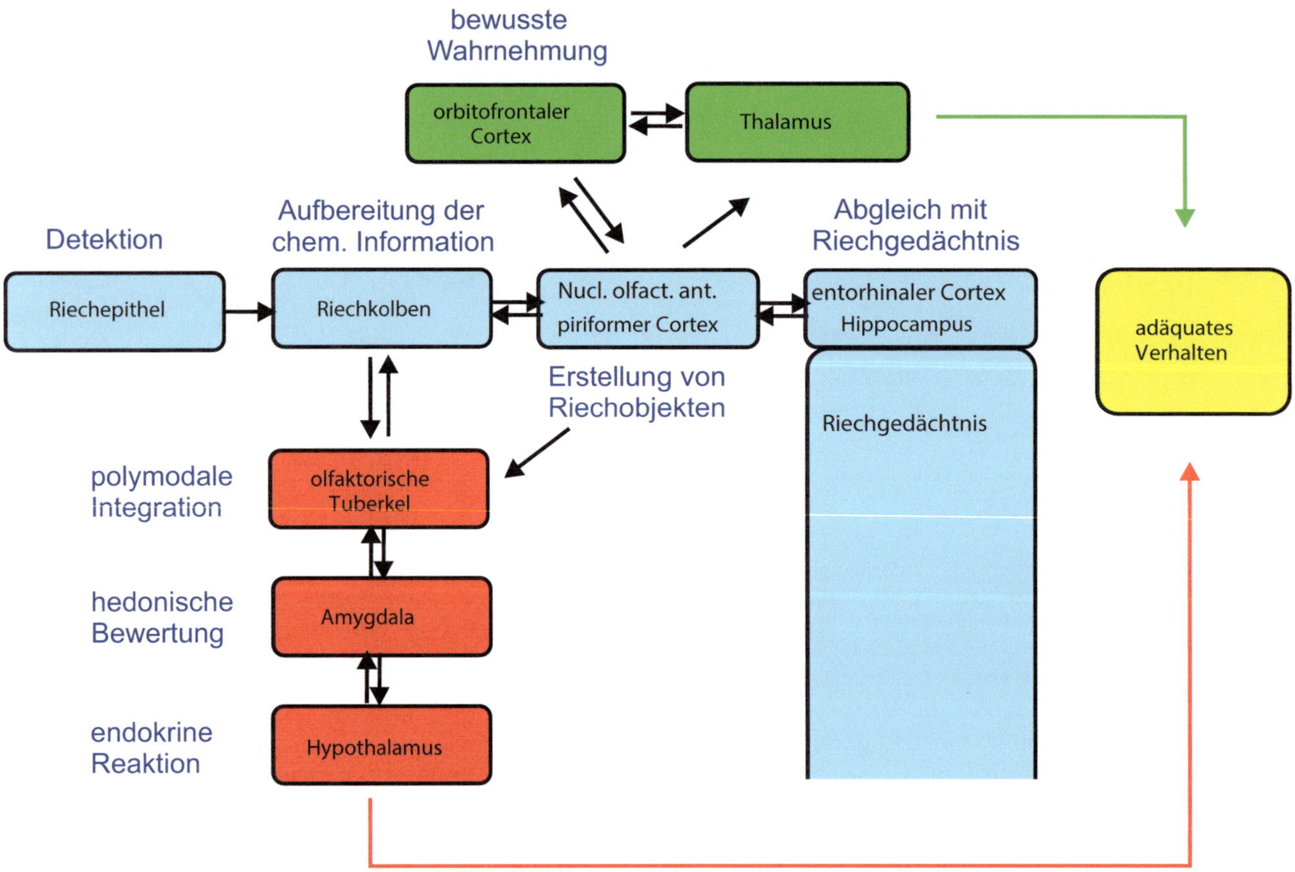

Abb. 10.62 Informationsflüsse und kognitive Leistungen im Riechhirn

wohl die Anzahl unterschiedlicher Geruchsstoffe sehr groß ist, unendlich groß ist sie nicht. Außerdem ist die chemische Zusammensetzung der Umwelt ortstypisch: Die Luft in einem deutschen Mittelgebirge beinhaltet ein anderes Geruchsspektrum als die Luft am Amazonas oder die Luft in der Serengeti. Man kann annehmen, dass das Riechsystem sich an die örtlichen Geruchsspektren anpasst, dass es besonders viele heimische Riechobjekte speichert, während nie gerochene Substanzen entfernter Lebensräume nicht im Geruchsgedächtnis repräsentiert sind. In diesem Zusammenhang ist wichtig, dass das Riechsystem besondere Plastizitätsmechanismen aufweist, die eine Anpassung an lokale Gegebenheiten und Erfordernisse ermöglichen. Eine dieser Anpassungen erstreckt sich über viele Generationen einer Population, die **Evolution gemeinsamer Riechgenome**. Als Folge der Expansion des Genoms intronloser Geruchsrezeptorgene kann sich unter dem Druck lokaler Selektionsfaktoren ein ortsspezifisches Riechgenom in einer Population bilden. Der dabei entstehende spezifische Satz von Geruchsrezeptoren ist dann so zusammengesetzt, dass die chemische Umwelt der Population optimal analysiert werden kann. Einen weiteren Weg der generationsübergreifenden Anpassung bieten **epigenetische Mechanismen**. Bei Mäusen wurde nachgewiesen, dass die Assoziation eines Geruchsreizes mit einem Schmerzreiz eine Überempfindlichkeit gegen den für die Konditionierung eingesetzten Geruchsstoff in den folgenden zwei Generationen verursachte. Diese Überempfindlichkeit wurde über die Keimbahn vererbt und ging einher mit der Hypomethylierung desjenigen Gens, das einen für den Duftstoff empfindlichen Geruchsrezeptor codiert. Die Auswahl des Geruchsstoffrezeptors bei der Differenzierung einiger Basalzellen zu Riechzellen ist bei diesen Tieren also nicht mehr zufällig. Vielmehr wird ein bestimmter Geruchsrezeptor, dem eine besondere Bedeutung zugeschrieben wird, ausgewählt und exprimiert. Man sieht an diesem wichtigen Experiment, dass Änderungen im Expressionsmuster der Geruchsrezeptoren durch Umwelteinflüsse beeinflusst werden können. Ein solcher Mechanismus kann dazu beitragen, dass das afferente Signal, welches vom Riechepithel in den Riechkolben gelangt, an die chemische Zusammensetzung der Umgebungsluft angepasst wird. Auch der Riechkolben selbst verändert sich unter dem Einfluss der Umwelt. GABAerge, periglomeruläre Neuronen und Körnerzellen werden durch den Prozess der **adulten Neurogenese** kontinuierlich neu rekrutiert und in das bestehende Netzwerk eingegliedert. Die neuen Interneuronen stammen aus der Subventrikularzone des

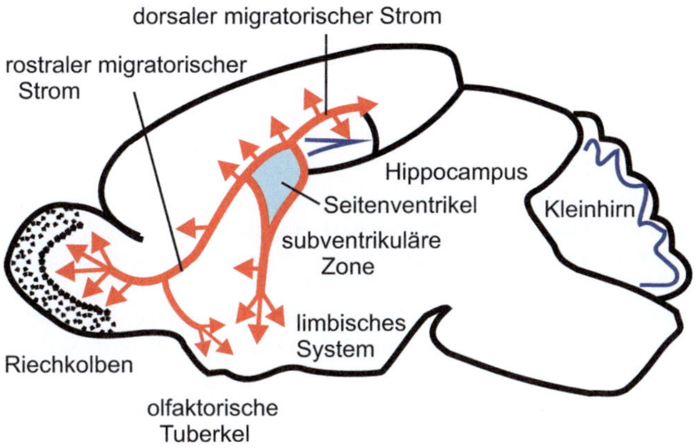

Abb. 10.63 Adulte Neurogenese in der Riechbahn: die Wege neu gebildeter Neuronen im adulten Gehirn der Maus (*Mus musculus*)

Gehirns, wo sie aus Stammzellen differenzieren und entlang des rostralen migratorischen Stroms zum Riechkolben geleitet werden (Abb. 10.63). Dieser Prozess ist aktivitätsabhängig: Je stärker die Riechaktivität eines Tieres, desto größer ist die Chance, dass neu gebildete Interneuronen ihre Funktion im Netzwerk des Riechkolbens aufnehmen können. Bevor die neuen Neuronen in die bestehenden Netze integriert werden, beziehen sie erregende, glutamaterge Signale aus der Riechrinde. Sind sie einmal integriert, haben sie eine besonders starke inhibitorische Wirkung auf ihre Zielzellen. Es ist bekannt, dass die Aktivität von Interneuronen im Riechkolben für die Geruchsstoffunterscheidung unablässig wird. Folglich ist eine Hypothese zur Funktion der neu gebildeten Interneuronen, dass sie eingesetzt werden, um die Fähigkeit des Riechsystems zur genaueren Analyse von Geruchsquellen zu steigern. Darüber hinaus nimmt man an, dass die Frischzellenkur im Riechkolben das Erlernen und Speichern von Geruchsinformation verbessert. Obwohl die sensorische Funktion der neuen Interneuronen bisher nicht genau verstanden ist, zeigen die Experimente doch, dass diese Form der Plastizität des Riechsystems bedarfsabhängig reguliert wird – bei starker Beanspruchung des Systems werden besonders viele neue Interneuronen eingebaut.

Die vermutlich stärkste – sicher aber die dynamischste – funktionelle Plastizität des Riechkolbens ist in den vielen modulatorischen Eingängen begründet, welche die Aktivtät der neuronalen Netzwerke im Riechkolben regulieren. Hier unterscheidet man drei parallel angelegte Systeme. **Zentrifugale Innervation aus der Riechrinde** kommt vor allem aus der vorderen Riechrinde (anteriorer olfaktorischer Cortex, Nucleus olfactorius anterior), den olfaktorischen Tuberkeln, der Taenia tecta, dem piriformen Cortex und dem entorhinalen Cortex (Abb. 10.57, *roter Pfeil*). Die zentrifugalen Fasern enden in glutamatergen Synapsen hauptsächlich auf den Körnerzellen des Riechkolbens. Die Körnerzellen können aber auch durch GABAerge Fasern aus dem diagonalen Band von Broca oder dem medialen präoptischen Areal innerviert werden. Durch Steuerung der Körnerzellen können damit Mitralzellen und Büschelzellen je nach Bedarf durch die nachgeschalteten Hirnbereiche *top-down* inhibiert oder disinhibiert werden. Das zweite Kontrollsystem sind die **neuromodulatorischen Eingänge** aus den Raphekernen (Serotonin), dem Locus coeruleus (Noradrenalin) und dem diagonalen Band von Broca (Acetylcholin). Serotonerge Fasern durchziehen den gesamten Riechkolben, sind aber in der glomerulären Schicht besonders dicht. Es gibt eine Reihe unterschiedlicher Serotoninrezeptoren auf den juxtaglomerulären Zellen. Der Netzwerkeffekt von Serotonin auf die Mitralzellen und Büschelzellen ist eine Steigerung der Spontanaktivität, was letztlich die Geruchsempfindlichkeit erhöht. Noradrenalinhaltige Fasern findet man in allen Schichten des Riechkolbens, wobei in diesem Fall die tieferen Schichten besonders dicht innerviert sind. Noradrenalin hat einen zweiphasigen Effekt auf das Ausgangssignal des Riechkolbens (erst verstärkend, dann abschwächend) und unterstützt die Bildung des Geruchsgedächtnisses. Cholinerge Fasern findet man in allen Schichten des Riechkolbens, am dichtesten in der inneren plexiformen Schicht. Auch mit Acetlycholin sieht man eine zweiphasige Wirkung, die durch die kombinierte Aktivierung von nicotinischen und muscarinischen Acetylcholinrezeptoren beruht. Wie die anderen Modulatoren erhöht auch Acetylcholin die Geruchsempfindlichkeit des Riechkolbens und unterstützt das Geruchslernen. Das dritte System der Netzwerkkontrolle im Riechkolben nutzt **neuromodulatorische Peptide** zur Steuerung der Netzwerkaktivität. Insbesondere Vasopressin, Oxytocin, Neuropeptid Y und CGRP (*calcitonin gene-related peptide*) wurden im Riechkolben der Maus nachgewiesen. Vasopressin und Oxytocin sind für die Verarbeitung sozialer Geruchssignale nötig, mithilfe derer Mäuse sich untereinander erkennen können. Neuropeptid Y ist vermutlich an der Eingliederung der neu entstandenen Interneuronen beteiligt. Die Funktion von CGRP ist bisher unbekannt. Diese kurze Zusammenstellung von Plastizitätsmechanismen zeigt, dass das Netzwerk des Riechkolbens, welches das afferente sensorische Signal tiefgreifend ordnet und bearbeitet, auch selbst reguliert und gesteuert werden kann. Diese Kontrolle ist in vielfacher Hinsicht entscheidend für die Leistungsfähigkeit des Riechsystems – sowohl bei der Identifizierung von Gerüchen als auch bei der Speicherung von Geruchsinformation.

Literatur

Weiterführende Literatur

Ahuja G, Bozorg Nia S, Zapilko V, Shiriagin V, Kowatschew D, Oka Y, Korsching SI (2014) Kappe neurons, a novel population of olfactry sensy neurons. Sci Rep 4:4037

Calvo-Ochoa E, Byrd-Jacobs CA (2019) The olfactory system of zebrafish as a model for the study of neurotoxicity and injury: implcations for neuroplasticity and disease. Int J Mol Sci 20:1639

Conover MR (2007) Predator-prey dynamics. The role of olfaction. CRC Press, Boca Raton

Dalton RP, Lomvardas S (2015) Chemosensory receptor specificity and regulation. Ann Rev Neurosci 38:331–349

Gadenne C, Barrozo RB, Anton S (2016) Plasticity in insect olfaction: to smell or not to smell? Annu Rev Entomol 61:317–333

Gadziola MA, Tylick KA, Christian DL, Wesson DW (2015) The olfactory tubercle encodes odor valence in behaving mice. J Neurosci 35:4515–4527

Galizia CG (2014) Olfactory coding in the insect brain: data and conjectures. Eur J Neurosci 39:1784–1795

Gheusi G, Lledo PM (2014) Adult neurogenesis in the olfactory system shapes odor memory and perception. Prog Brain Res 208:157–175

Hansson BS, Stensmyr MC (2011) Evolution of insect olfaction. Neuron 72:698–711

Kaupp UB (2010) Olfactory signaling in vertebrates and insects: differences and commonalities. Nature Rev Neurosci 11:188–200

Kleene SJ (2008) The electrochemical basis of odor transduction in vertebrate olfactory cilia. Chem Senses 33:839–859

Lin DY, Shea SD, Katz LC (2006) Representation of natural stimuli in the rodent main olfactory bulb. Neuron 50:937–949

Menzel R (2012) The honeybee as a model for understanding the basis of cognition. Nature Rev Neurosci 13:758–768

Müller-Schwarze D (2006) Chemical ecology of vertebrates. Cambridge University Press, Cambridge, UK

Murthy VN (2011) Olfactory maps in the brain. Ann Rev Neurosci 34:233–258

Olofson JK, Gottfried JA (2015) The muted sense: neurocognitive limitations of olfactory language. Trends Cogn Sci 19:314–321

Stensmyr MC, Dweck HKM, Farhan A et al (2012) A conserved dedicated olfactory circuit for detecting harmful microbes in Drosophila. Cell 151:1345–1357

Stettler DD, Axel R (2009) Representations of odor in the piriform cortex. Neuron 63:854–864

Stevenson RJ, Wilson DA (2007) Odour perception: an object-recognition approach. Perception 36:1821–1833

Wakisaka N, Miyasaka N, Koide T, Masuda M, Hiraki-Kajiyama T, Yoshihara Y (2017) An adenosine receptor for olfaction in fish. Curr Biol 27:1437–1447

Wesson DW, Wilson DA (2011) Sniffing out the contributions of the olfactory tubercle to the sense of smell: hedonics, sensory integration, and more? Neurosci Biobehav Rev 35:655–668

Wilson DA, Stevenson RJ (2003) The fundamental role of memory in olfactory perception. Trends Neurosci 26:243–247

Wilson DA, Stevenson RJ (2006) Learning to smell. The Johns Hopkins University Press, Baltimore

Wilson DA, Sullivan RM (2011) Cortical processes of odor objects. Neuron 72:506–519

Zufall F, Munger SD (2016) Chemosensory transduction. Academic, Amsterdam

10

Zitierte Literartur

Avarguès-Weber A, Giurfa M (2013) Conceptual learning by miniature brains. Proc R Soc B 280:20131907

Bang BG (1971) Functional anatomy of the olfactory system in 23 orders of birds. Acta Anat 79:1–71

Bertmar G (1972) Scanning electron microscopy of olfactory rosette in sea trout. Z Zellforsch Mikr Anatomie 128:336–346

Brill MF, Rosenbaum T, Reus I, Kleineidam CJ, Nawrot MP, Rössler W (2013) Parallel processing via a dual olfactory pathway in the honeybee. J Neurosci 33:2443–2456

Couto A, Alenius M, Dickson BF (2005) Molecular, anatomical, and functional organization of the Drosophila olfactory system. Curr Biol 15:1535–1547

Craven BA, Paterson EG, Settles GS (2010) The fluid dynamics of canine olfaction: unique nasal airflow patterns as an explanation of macrosmia. J R Soc Interface 7:933–943

Cunningham S, Castro I, Alley M (2007) A new prey-detection mechanism for kiwi (Apteryx spp.) suggests convergent evolution between paleognathous and neognathous birds. J Anat 211: 493–502

Dittrich K, Kuttler J, Hassenklöver T, Manzini I (2015) Metamorphic remodeling of the olfactory organ of the african clawed frog, *Xenopus laevis*. J Comp Neurol 524:986–998

Eiting TP, Smith TD, Perot JB, DFumont ER (2014) The role of the olfactory recess in olfactory airflow. J Exp Biol 217:1799–1803

Galizia CG, Rössler W (2010) Parallel olfactory systems in insects: anatomy and function. Annu Rev Entemol 55:399–420

Gascuel J, Amano C (2013) Exotic models may offer unique opportunities to decipher specific scientific question: the case of Xenopus olfactory system. Anat Rec 296:1453–1461

Gupta M (1986) A quantitative study and ultrastructure of flagellar sensillae of *Apis florea* F. (Hymenoptera: Apidae). Proc Anim Sci 95:595–603

Hansen A, Zielinski B (2005) Diversity in the olfactory epithelium of bony fishes: development, lamellar arrangement, sensory neuro cell types, and transduction components. J Neurocytol 34: 183–208

Hart AC, Chao MY (2010) From odors to behaviors in *Caenorhabditis elegans*. In: Menini A (Hrsg) The neurobiology of olfaction. CRC Press, Boca Raton

Keene AC, Waddell S (2007) Drosophila olfactory memory: single genes to complex neural circuits. Nature Rev Neurosci 8: 341–354

Khan I, Yang Z, Maldonado E, Li C, Zhang G, Gilbert MTP, Jarvis ED, O'Brien SJ, Johnson WE, Antunes A (2015) Olfactory receptor genomes linked with broad ecological adaptations in Sauropsida. Mol Biol Evol 32:2832–2843

Kishida T, Thewissen JGM, Hayakawa T, Imai H, Agata K (2015) Aquatic adapation and the evolution of smell and taste in whales. Zool Lett 1:9

Knudsen JT, Eriksson R (2006) Diversity and dustribution of floral scent. Bot Rev 72:1–120

Lacher V (1964) Elektrophysiologische Untersuchungen an einzelnen Rezeptoren für Geruch, Kohlendioxid, Luftfeuchtigkeit und Temperatur auf den Antennen der Arbeitsbiene und der Drohne (*Apis mellifica* L.). Z Vergl Physiol 48:587–623

Le Duc D, Renaud G, Krishnan A, Almén MS, Huynen L, Prohaska SJ, Ongyerth M, Bitarello BD, Schiöth HB, Hofreiter M, Stadler PF, Prüfer K, Lambert D, Kelso J, Schöneberg T (2015) Kiwi genome provides insights into evolution of a nocturnal lifestyle. Genome Biol 16:147

Münch D, Galizia CG (2016) DoOR 2.0 – comprehensive mapping of Drosophila melanogaster odorant responses. Sci Reports 6:21841

Nevitt GA (2011) The neuroecology of dimethyl sulfide: a global-climate regulator turned marine infochemical. Integr Compar Biol 51:819–825

Nevitt GA, Losekoot M, Weimerskirch H (2008) Evidence for olfactory search in wandering albatross, Diomedea exulans. PNAS 105:4576–4581

Niimura Y (2009) Evolutionary dynamics of olfactory receptor genes in chordates: interaction between environments and genomic content. Hum Genom 4:107–118

Niimura Y, Matsui A, Touhara K (2014) Extreme expansion of the olfactory receptor gene repertoire in African elephants and evolutionary dynamics of orthologous gene groups in 13 placental mammals. Genome Res 24:1485–1496

Pihlström H, Fortelius M, Hemilä S, Forsman R, Reuter T (2005) Scaling of mammalian ethmoid bones can predict olfactory organ size and performance. Proc R Soc B 272:957–962

Reisert J, Mathews HR (2001) Response to prolonged odour stimulation in frog olfactory receptor cells. J Physiol Lond 534:179–191

Robertson HM, Wanner KW (2006) The chemoreceptor superfamily in the honey bee, *Apis mellifera*: expansion of the odorant, but not gustatory, receptor family. Genome Res 16:1395–1403

Shanbhag SR, Müller B, Steinbrecht RA (1999) Atlas of olfactory organs of Drosophila melanogaster 1. Types, external organization, innervation and distribution of olfactory sensilla. Int J Insect Morphol Embryol 28:377–397

Smith TD, Laitman JT, Bhatnagar KP (2014) The shrinking anthropoid nose, the human vomeronasal organ, and the language of anatomical reduction. Anat Rec 297:2196–2204

Steiger SS, Fidler AE, Valcu M, Kempenaers B (2008) Avian olfactory receptor gene repertoires: evidence for a well-developed sense of smell in birds? Proc R Soc B 275:2309–2317

Vandewege MW, Mangum SF, Gabaldón T, Castoe TA, Ray DA, Hoffmann FG (2016) Contrasting patterns of evolutionary diversification in the olfactory repertoires of reptile and bird genomes. Genome Biol Evol 8:470–480

Zielinski BS, Hara TJ (2007) Olfaction. Fish physiology. Sensory Syst Neurosci 25:1–42

Der Wärmesinn

Inhaltsverzeichnis

S. Frings, *Die Sinne der Tiere*, https://doi.org/10.1007/978-3-662-63233-8_11

Die Temperatur stimmt! Ein Westlicher Kleiner Panda (*Ailurus fulgens*) hat sich auf einem dicken Ast zum Schlafen eingerollt. Sein Lebensraum ist der kühle Gebirgswald im südlichen Himalaja, und sein Fell hält ihn warm. Tatsächlich entspricht seine Körperwärme einem Gleichgewichtszustand, der sich aus wärmenden und kühlenden Faktoren ergibt. Seine Stoffwechselwärme sowie die Strahlungswärme der Sonne halten dem Wärmeabfluss die Waage, der durch das Fell in die vorbeistreichende Bergluft führt. Stimmt das Wärmegleichgewicht, stellt sich ein angenehmes Gefühl von Behaglichkeit ein. Kontinuierlich erfasst ein komplexes Sinnessystem von Temperaturrezeptoren die Wärmeflüsse über die Haut und versorgt das Gehirn mit allen Informationen, die für die Regulation der Körpertemperatur gebraucht werden. Der Kleine Panda bevorzugt eine kühle Umgebung mit Temperaturen von weniger als 20 °C und kommt auch im Winter mit dem Frost der Bergwälder gut zurecht. Seine Körpertemperatur hält er dabei nahe 37 °C. Nur Säugetiere und Vögel haben diese innere Heizung. Bei den weitaus meisten Tieren ist der Körper immer in etwa so warm wie die Umwelt. Denn es ist aufwendig, eine innere Heizung zu betreiben. Der Kleine Panda muss einen Großteil seiner Stoffwechselenergie dafür aufwenden, so warm zu sein, dass er sich wohlfühlt. Welchen Vorteil hat er davon? Warum heizen sich nur Säuger und Vögel auf? Und wie setzen Tiere ohne Körperheizung ihren Wärmesinn ein? In diesem Kapitel geht es um warme und kalte Tiere, um Temperatursensoren und Regelkreise zur Stabilisierung einer günstigen Körperwärme. Es geht um den Winterschlaf und um den Schutz neugeborener Tiere vor Auskühlung und Überhitzung. Und es geht um die verräterische Körperwärme, welche nächtliche Jäger zu warmblütigen Beutetieren führt.

11.1 Körperwärme und ihre Regulation

Wirbellose Tiere, Fische, Amphibien und Reptilien verfügen im Allgemeinen über keine effektive Körperheizung – ihre Körperwärme entspricht meist der Temperatur ihrer unmittelbaren Umgebung. Es sind **ektotherme Tiere**, die ihre Körperwärme aus der Umwelt – in erster Linie von der Sonne – beziehen und sich nicht selbst durch Stoffwechselprozesse aufheizen können. Da die Temperatur an der Erdoberfläche von der Sonneneinstrahlung abhängt, unterliegen die meisten dieser Tiere einem ausgeprägten circadianen Rhythmus von Abkühlung und Aufheizung. Die ektothermen Tiere bilden den größten Teil des Tierreiches. Man bezeichnet sie auch als **wechselwarm (poikilotherm)**, denn ihre Körperwärme ändert sich, wenn sie ihren Aufenthaltsort wechseln oder wenn die Sonne auf- und untergeht. So suchen Eidechsen und Schlangen in den Morgenstunden einen sonnenbeschienenen Platz auf, um ihren Stoffwechsel mithilfe der Sonneneinstrahlung auf Betriebstemperatur zu bringen (◘ Abb. 11.1). Umgekehrt wird sich ein Skorpion in der Wüste im Schatten eines Steines vor der Sonneneinstrahlung schützen, um seine Hämolymphe nicht zu überhitzen. Auch unter Säugetieren gibt es Ektothermie: Der Nacktmull (*Heterocephalus glaber*), ein im Boden lebendes, fellloses Nagetier (Ordnung Rodentia; ◘ Abb. 4.15), kann seine Körpertemperatur nur durch sein Verhalten, nicht aber durch eine metabolische Heizung regulieren. Die Tiere wärmen sich gegenseitig durch enges Zusammenliegen in einer Erdhöhle auf und sie kühlen sich ab, wenn sie allein durch ihre Erdgänge laufen. Eine ähnliche Wärmeregulation ohne innere Heizung zeigen die afrikanischen Schliefer (Familie Hyracoidae), an Murmeltiere erinnernde Säugetiere, deren Wärmequelle neben der Sonne nur ihre Artgenossen sind.

◘ **Abb. 11.1** Eine Ringelnatter (*Natrix natrix*) hat sich in der Morgensonne aufgerollt und wärmt sich auf, bis sie ihre Betriebstemperatur für Jagdausflüge erreicht hat. Wie alle wechselwarmen Tiere ist sie auf eine Wärmezufuhr aus der Umgebung angewiesen, um eine Körpertemperatur zu erlangen, bei der Stoffwechselprozesse effizient ablaufen

Regulation der Körpertemperatur durch Verhaltensanpassung ist die wichtigste Strategie der ektothermen Tiere zur Kontrolle ihrer Körperwärme. Sie mögen sich an Sonnenstrahlen, an der Körperwärme anderer Tiere, in warmem Wasser oder an geothermischen Wärmequellen aufwärmen – ein eigenes Heizsystem haben sie jedenfalls nicht. Trotzdem gibt es Tiere, bei denen eine enge Definition der Ektothermie nicht angebracht erscheint: bei den Honigbienen (*Apis mellifera*) beispielsweise, die eigentlich als typisch ektotherme Insekten gelten und die bei Abkühlung auf etwa 4 °C absterben. Ein Volk von gut genährten Winterbienen übersteht kalte Wintermonate mit Außentemperaturen um −20 °C, weil die Tiere im Stock eine Wintertraube bilden, in der sie eng zusammensitzen und dadurch ständig Temperaturen um 10 °C aufrechterhalten. Ab und zu wird die Temperatur sogar auf 30 °C angehoben, und zwar durch Betätigung der Flugmuskulatur ohne Flügelbewegung. Eine solche Erzeugung von Wärme mithilfe von Muskelgewebe kann durch die direkte Kopplung von anabolen und metabolen Prozessen in **Substratzyklen** erreicht werden. Hummeln (Gattung *Bombus*) können sich an kühlen Tagen auf diese Weise aufwärmen, bis sie abflugbereit sind. Sie koppeln die Phosphorylierung von Fructose-6-phosphat mit der Dephosphorylierung von Fructose-1,6-bisphosphat, ein Substratzyklus (engl. *futile cycle*), bei dem lediglich ATP verbraucht und Wärme erzeugt werden. Bei Honigbienen und Hummeln gibt es also durchaus selbsterzeugte Körperwärme und damit endotherme Aspekte der Thermoregulation. Eine weitere Einschränkung strikter Definitionen bilden Fische in extrem stabilen Lebensräumen. Höhlenfische und Tiefseebewohner haben kaum mit Temperaturänderungen des Wassers zu tun und sind deshalb nicht wirklich wechselwarm. Es sind ektotherme, gleichwarme (homöotherme) Tiere ohne physiologischen Bedarf für Temperaturregulation. Ihr Stoffwechsel ist genau an ihre Normaltemperatur angepasst und toleriert nur geringe Abweichungen (**Stenothermie**). Fische in Gewässern mit wechselnder Temperatur besitzen dagegen die Fähigkeit, ihren Stoffwechsel an wechselnde Temperaturen anzupassen. Bei Abkühlung des Wassers in der kalten Jahreszeit sinkt zunächst die Stoffwechselaktivität der Fische mit der Abkühlung ihres Körpers, erholt sich jedoch teilweise, sodass die Abnahme ihrer Körpertemperatur sie nicht zu sehr einschränkt. Diese Art der Kompensation wird als **Akklimatisierung** bezeichnet und zeichnet **eurytherme Tiere** aus, deren Toleranz gegenüber Temperaturschwankungen größer ist als bei den stenothermen Tieren.

Einige große Meerestiere mit hoher Schwimmaktivität haben die Fähigkeit, ihren Körperkern um 15–20 °C über die umgebende Wassertemperatur aufzuheizen. Beispiele für solche marinen Körperheizungen sind der Blauflossen-Thunfisch (*Thunnus thynnus*), der Weiße Hai (*Carcharodon carcharias*) und die Lederschildkröte (*Dermochelys coriacea*). Diese Tiere unterstützen durch hohe Stoffwechselraten die notwendige Aktivität ihrer Bewegungs- und Verdauungsapparate. Ihre Thermoregulation unterscheidet sich aber von der Endothermie der Meeressäuger dadurch, dass sie keine konstante Körpertemperatur aufrechterhalten (die Körperkerntemperatur der Meeressäuger liegt konstant nahe 37 °C). Der Wärmehaushalt der großen Meeresfische wird als **Mesothermie** bezeichnet, um eine Mittelstellung zwischen Ekto- und Endothermie zum Ausdruck zu bringen. Möglicherweise ist diese Strategie auf große Tiere beschränkt, weil sich bei einer Verdopplung der Körpergröße der oxidative Metabolismus nicht verdoppeln muss, sondern nur um den Faktor 1,5–1,7 zunimmt ("Maus-Elefanten-Kurve"). Dieser thermische Vorteil eines großen Körpers wird durch die Bezeichnung "Gigantothermie" beschrieben, ein Phänomen, das die Nutzung erhöhter Körperwärme durch die ektotherme Megafauna beschreibt.

Systematische Abgrenzungen der Art und Weise, wie unterschiedliche Tiere ihre Körperwärme regulieren, sind also problematisch und werden immer wieder durch ungewöhnliche Wärmestrategien einzelner Arten durchbrochen. Die echte **Endothermie gleichwarmer (homoiothermer) Tiere** war eine Entwicklung mit tief greifenden Konsequenzen für die Therapsiden (die Vorläufer der Säuger) und die Theropoden (die Vorläufer der Vögel). Es ist bis heute nicht ganz geklärt, wann in der Evolution der Wirbeltiere die Endothermie erstmals aufgetreten ist und sich in den Linien der frühen Säuger und Vögel durchgesetzt hat. Deutlich ist aber, dass ein erheblicher Energieaufwand gebraucht wird, um eine konstante Körpertemperatur von 37 bis 42 °C aufrechtzuerhalten – es erfordert einen vier- bis zehnfach höheren spezifischen (auf das Körpergewicht bezogenen) Energieumsatz im Vergleich zu ektothermen Tieren. Säuger und Vögel benötigen daher weit mehr Nahrung als Fische, Amphibien und Reptilien gleicher Größe. Aber die Vorteile der Endothermie sind enorm! Gleichwarme Tiere können ihr Aktivitätsmaximum in die Nacht verlegen, wenn wechselwarme Konkurrenten und Jäger heruntergekühlt und träge und damit weniger gefährlich sind. Zudem können gleichwarme Tiere Klimazonen besiedeln, die für wechselwarme Tiere zu kalt sind. Und gleichwarme Tiere können über lange Strecken wandern und damit weit auseinanderliegende Nahrungsgründe und Brutgebiete zur jeweils optimalen Jahreszeit nutzen. All das erfordert allerdings eine **wirkungsvolle und steuerbare Wärmeisolation**, damit die im Stoffwechsel erzeugt Wärme nicht durch Abstrahlung und Konvektion verloren geht. Das Fell der Säuger und das Federkleid der Vögel stabilisieren an der Körperoberfläche eine stehende Luftschicht, die wegen der geringen Wärmeleitfähigkeit und Wärmekapazität der Luft den Körper gegen die umgebende Luft isoliert. Durch Sträuben des Felles und durch Aufplustern der Federn kann die Isolationswirkung verstärkt werden, und ein jahreszeitlich gesteuerter Fell- und Gefiederwechsel ermöglichen zusätzliche Anpassungen an klimatische Bedingungen. Bei Meeressäugern, denen die Option der Luftisolation nicht zur Verfügung steht, bietet eine dicke Fettschicht in der Unterhaut ("Blubber") thermische Isolation gegenüber dem gut wärmeleitenden Meerwasser.

Gleichwarme Tiere haben unterschiedliche Möglichkeiten, ihre Körperwärme im optimalen Bereich zu halten. Droht die Körperkerntemperatur eines kleinen Säugers zu sinken, kann Körperwärme aus braunem Fett gewonnen werden. Dabei wird die Atmungskette in Mitochondrien der Adipocyten im braunen Fettgewebe durch ein Entkopplerprotein der inneren Mitochondrienmembran kurzgeschlossen, sodass kein ATP synthetisiert werden kann; die chemische Energie aus der Fettsäureoxidation wird größtenteils zu Wärme. Zusätzlich wird beim Kältezittern Wärme in der Muskulatur frei, wenn diese mit 10–40 Hz zyklisch kontrahiert. Säugetiere verfügen damit über zwei zusätzliche Heizquellen zur Stabilisierung ihrer Körperwärme. Vögel haben kein braunes Fett, können aber mit ihren Flugmuskeln im Normalbetrieb oder beim Kältezittern Wärme produzieren. Droht eine Überhitzung des Körpers, kann überschüssige Wärme durch das Verdunsten von Wasser entsorgt werden. Beim Schwitzen, beim Atmen und Hecheln oder beim Bespritzen der Körperoberfläche mit Wasser wird der Haut Verdunstungswärme entzogen, und das Blut kühlt ab. Tiere suchen auch Schatten zur Kühlung, vermeiden Aktivität und legen sich in Pfützen, wenn die Körperwärme zu sehr ansteigt.

Im Kontext dieses Kapitels ist ein wichtiger Punkt, dass vermutlich alle Tiere in der Lage sind, ihre Körperwärme durch **Thermorezeptoren** zu erfassen und die so gewonnene Information zur Regulation der Körperwärme zu nutzen, sei es eine Regulation durch Verhaltensanpassung oder durch das Verstellen der inneren Heizung. Thermorezeptoren haben eine Schlüsselfunktion in allen Regelmechanismen der Körpertemperatur und sind bei den meisten Tiergruppen funktionell und anatomisch nachgewiesen worden.

11.2 Thermorezeptoren der Insekten und Spinnen

Die meisten Arthropoden leben im thermischen Gleichgewicht mit ihrer Umgebung und müssen schnell erkennen, wenn die Umgebung zu kalt oder zu heiß wird. Denn der Wärmefluss über die Cuticula ist erheblich. Die spezifische Wärmekapazität der Cuticula ist etwa halb so hoch (1,6–1,8 J g^{-1} K^{-1}) wie die von Wasser (4,2 J g^{-1} K^{-1}), und das Außenskelett schützt die Insekten und Spinnen kaum vor Auskühlung oder Überhitzung. Ähnlich kritisch wie die Temperatur ist für die Tiere die Umgebungsfeuchte, insbesondere der Wassergehalt der Luft. Wird die Luftfeuchtigkeit zu gering, verlieren die Tiere Wasser durch ihr Tracheensystem und vertrocknen. Es überrascht deshalb nicht, dass alle untersuchten Landinsekten über eine Art **Wetterstation** verfügen, mit denen sie die aktuelle Temperatur und Luftfeuchtigkeit messen können.

Die Wetterstation besteht aus Sensillen, in denen sich sowohl **Thermorezeptoren** als auch **Hygrorezeptoren** befinden. Solche Sensillen kommen bei Weitem nicht so häufig vor wie chemosensorische oder mechanosensorische Sensillen, aber man findet einige davon auf den Antennen aller bisher untersuchten Landinsekten, seien es Ameisen, Schaben, Fliegen, Bienen, Käfer oder Heuschrecken. Oft sind in einer Wettersensille zwei Hygrorezeptoren und ein Thermorezeptor zusammen eingelagert (◘ Abb. 11.2, *links* und *Mitte*), wobei der Dendrit des Thermorezeptors unterhalb der Cuticula endet und typischerweise eine durch Auffaltungen vergrößerte Oberfläche aufweist. Die Dendriten der Hygrorezeptoren reichen bis in die Spitze der Sensille, stehen aber vermutlich nicht durch Poren in direktem Kontakt mit der umgebenden Luft. Auch bei Spinnen findet man Wettersensillen mit mehreren Thermo- und Hygrorezeptoren (◘ Abb. 11.2, *rechts*). Die Sensillen befinden sich an den Beinen, beispielsweise im Blumenthal'schen Tarsalorgan von *Cupiennius salei* (Große Wanderspinne) sowie vereinzelt in distalen Beinsegmenten bei anderen Spinnen. Im Unterschied zu den Insekten haben die Wettersensillen der Spinnen eine Öffnung am oberen Ende, in der eine Art Pfropfen auszumachen ist. Möglicherweise stellt dieser Pfropfen eine Verbindung zur Außenluft dar, aber seine Durchlässigkeit ist bisher noch nicht erforscht.

Durch elektrophysiologische Ableitungen von Wettersensillen konnte die Reizempfindlichkeit der Sinnesneuronen ermittelt werden. Dabei zeigte sich, dass Thermorezeptoren am empfindlichsten auf Abkühlung reagierten. So feuern beispielsweise Thermorezeptoren auf den Antennen der Blattschneiderameise *Atta vollenweideri* mit einer konstanten Rate von zehn Aktionspotenzialen (AP) pro Sekunde bei 24 °C und verzehnfachen ihre Frequenz bei einer Abkühlung auf 20 °C (◘ Abb. 11.3, *links*). Bei einer Reihe anderer Insekten (*Antheraea*, *Periplaneta*, *Speophyes*, *Locusta* u. a.) fand man Änderungen der Entladungsfrequenz im Bereich von 20–40 AP s^{-1} pro Grad Celsius, wobei die Aktivität bei Abkühlung zunahm und damit die Neuronen als

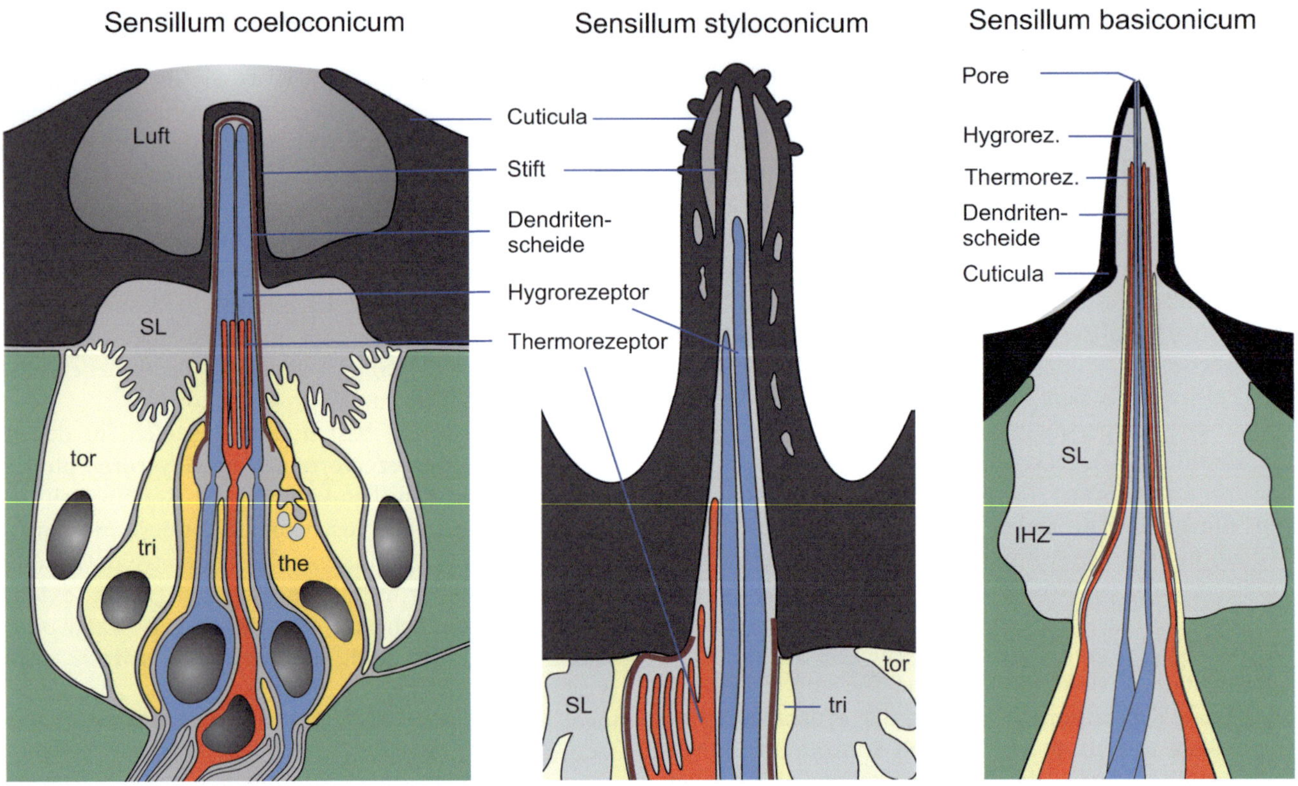

Abb. 11.2 Thermo- und Hygrorezeptoren bei Insekten und Spinnen. *Links*: Schematischer Aufbau einer Grubenkegelsensille (Sensillum coeloconicum) mit einem Thermorezeptor (*rot*) und zwei Hygrorezeptoren (*blau*). Solche Sensillen findet man auf den Antennen vieler Insekten wie Bienen, Schaben, Ameisen, Heuschrecken und anderen. *Mitte*: Eine Borstensensille (S. styloconicum) des Seidenspinners (*Bombyx mori*) mit einem Thermorezeptor (*rot*) und zwei Hygrorezeptoren (*blau*). *Rechts*: Eine Kegelsensille (S. basiconicum) mit zwei Thermorezeptoren (*rot*) und zwei Hygrorezeptoren (*blau*) bei einer Spinne, dem tropischen Weberknecht (Ordnung Opiliones) *Heteromitobates discolor*. IHZ, innere Hüllzelle; SL, Sensillenlymphe; the, thekogene (scheidenbildende) Zelle; tor, tormogene (balgbildende) Zelle; tri, trichogene (schaftbildende) Zelle. Nach Altner und Loftus (1985), Steinbrecht und Müller (1991), Gainett et al. (2017)

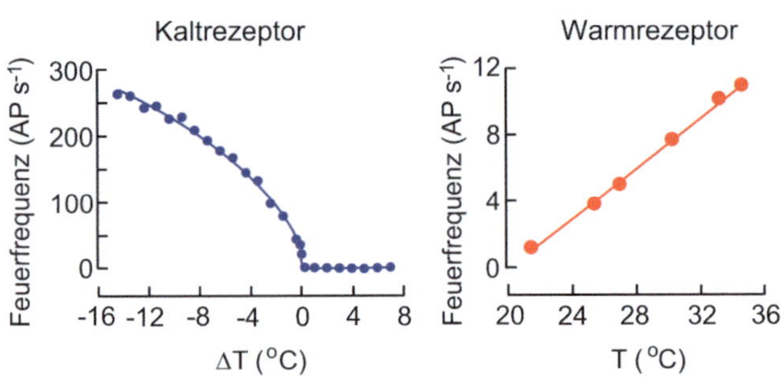

Abb. 11.3 Reaktion von Thermorezeptoren auf Wärmereize. *Links*: Ein Kaltrezeptor von der Antenne der Blattschneiderameise *Atta vollenweideri* reagiert auf abkühlende Temperatursprünge (negatives ΔT) mit Aktivierung, während er bei Erwärmung (positives ΔT) inaktiv wird. Die Ausgangstemperatur für die Sprünge („0") war 24 °C. *Rechts*: Ein Warmrezeptor vom Blumenthal'schen Tarsalorgan der Wanderspinne *Cupiennius salei* codiert die Außentemperatur in seiner Aktionspotenzialfrequenz, indem er bei höheren Temperaturen stärker feuert. Nach Ruchty et al. (2010); Ehn und Tichy (1996)

Kaltrezeptoren auswies. Kaltrezeptoren werden durch Abkühlung aktiviert und durch Erwärmung gehemmt, während **Warmrezeptoren** gegensinnig reagieren (◻ Abb. 11.3, *rechts*). Auf den Antennen von Insekten befinden sich offenbar in erster Linie Kaltrezeptoren; bei Spinnen und Zecken sind aber beide Rezeptortypen nachgewiesen worden. Auch die Hygrorezeptoren sind spezialisiert: In einer Sensille befinden sich typischerweise ein **Trockenrezeptor** und ein **Feuchtrezeptor**, die jeweils die Abnahme oder den Anstieg der Luftfeuchtigkeit registrieren. Thermorezeptoren können über ihre tonische Feuerrate die aktuelle Temperatur codieren und reagieren zudem sehr empfindlich auf Temperaturänderungen von weniger als 0,1 °C. Die sensorische Information einer Wettersensille umfasst demnach sowohl den aktuellen Zustand des Mikroklimas im Bereich der Antennen als auch geringe und vorübergehende Temperaturänderungen, wie sie durch Schatten, durch Luftströmungen oder durch die Eigenbewegung der

Antennen verursacht werden. Neben der rein klimatischen Orientierung nutzen manche Insekten Thermorezeptoren auch zur Ernährung. Insbesondere blutsuchende Tiere wie Stechmücken (Familie Culicidae), Raubwanzen (Familie Reduviidae) und Zecken (Ordnung Ixodida) reagieren auf die Körperwärme ihrer endothermen Opfer mithilfe antennaler Thermorezeptoren. So kann die Raubwanze *Rhodnius prolixus* Wärmesignale, die von einem Säugetier durch Infrarotstrahlung ausgehen, zur Nahorientierung nutzen, bei einer Temperatur zwischen 36 und38 °C zubeißen und den Vorgang des Blutsaugens auslösen.

11.3 Infrarotrezeptoren pyrophiler Käfer

Wärmestrahlung hat große Vorteile für wärmesuchende Tiere, denn Wärmestrahlung breitet sich – ähnlich wie Licht – weitgehend unabhängig von Luftströmungen aus und kann über weite Entfernungen hinweg detektiert werden. Eingeschränkt wird die Ausbreitung der Strahlung lediglich durch die Eigenschaften der Atmosphäre, die nur Strahlung in bestimmten Wellenlängenfenstern passieren lässt, ohne sie zu absorbieren. Von biologischer Bedeutung sind drei solche Fenster: der Frequenzbereich des sichtbaren Lichtes (**VIS**, Wellenlängenbereich 0,4–0,7 µm), nahes Infrarot (**NIR**, Wellenlängenbereich 0,8–3 µm) und mittleres Infrarot (**MIR**, Wellenlängenbereich 3–50 µm). In allen drei Bereichen entsteht Wärmestrahlung, aber der Infrarotbereich bietet Tieren die besondere Möglichkeit, Feuer und die Körperwärme endothermer Tiere im MIR-Spektrum zu orten (◻ Abb. 11.4, *oben*). Auch ohne visuelle Information kann Wärmestrahlung im Infrarot die Position von Feuer oder von warmblütigen Beutetieren verraten.

Die Ortung von Feuer bildet die Grundlage für das Fortpflanzungsverhalten der pyrophilen (feuerliebenden) Käfer, bei denen vor allem die Gattungen *Acanthocnemus*, *Melanophila* und *Merimna* gut untersucht sind. Der heimische Schwarze Kiefernprachtkäfer (*Melanophila acuminata*; ◻ Abb. 11.4, *links*) lebt weit verbreitet im Faunenreich der Holarktis in den Wäldern der gemäßigten und borealen Zonen, wo er meist nur in sehr geringer Individuendichte zu finden ist. Kommt es allerdings zu einem Waldbrand, versammeln sich Käfer aus einem großen Einzugsbereich – vermutlich aus einem Umkreis mit über 100 km Radius – an der Brandstelle, wo dann extrem hohe Individuendichten beobachtet werden. Die Käfer paaren sich im Waldbrandgebiet, und die Weibchen legen im Bast frisch abgebrannter Bäume ihre Eier ab. Für die Larven hat

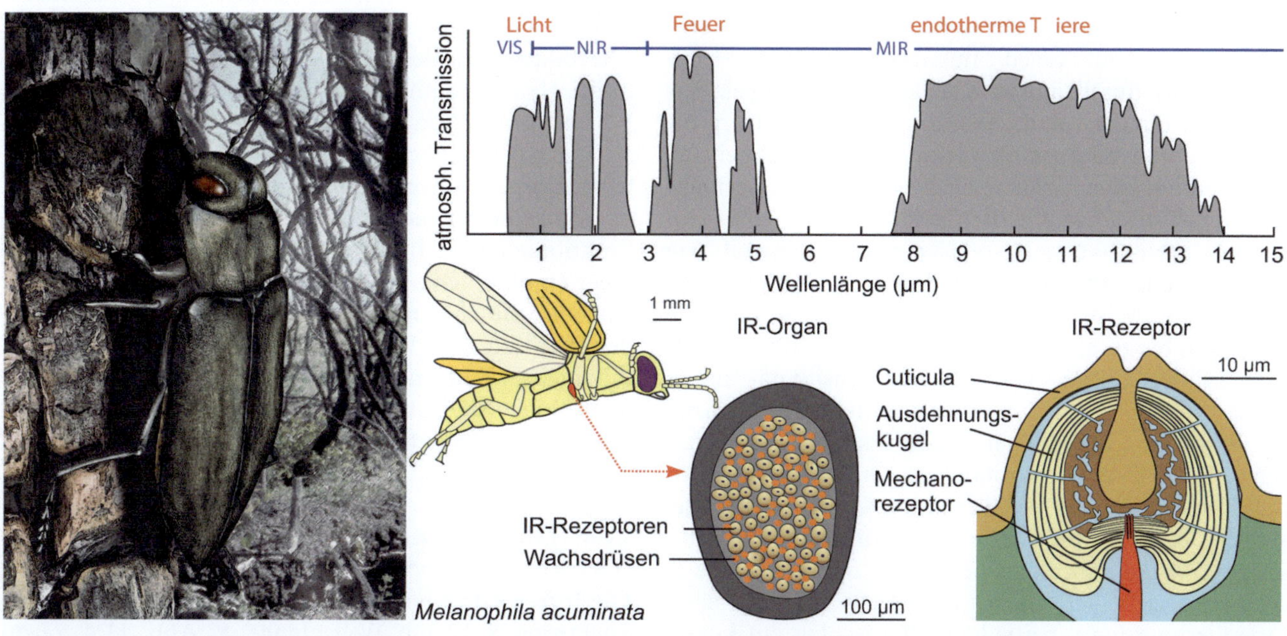

◻ **Abb. 11.4** Infrarotrezeptoren des Schwarzen Kiefernprachtkäfers (*Melanophila acuminata*). Zur Eiablage und Larvenentwicklung benötigt der Käfer verbrannte Bäume. *Oben*: Um Waldbrände zu finden, nutzt er die vom Feuer ausgehende Infrarotstrahlung im Wellenlängenbereich von 2–4 µm. *Unten*: Im Flug streckt der Käfer sein mittleres Beinpaar nach oben und exponiert dadurch seine Infrarotorgane, die sich hinter dem obersten Beingelenk befinden (*roter Fleck*). Jedes IR-Organ enthält 50 bis 100 kuppelförmige Sensillen, die zusammen mit gleich vielen Wachsdrüsen ein etwa 100 µm tiefes Grubenorgan bilden. Im Querschnitt erkennt man im IR-Rezeptor eine kompliziert aufgebaute Kugel, in welche Wärme aus der Cuticula eindringen kann. Das photomechanische Funktionsprinzip dieser Sensille besteht darin, dass die Kugel sich bei Erwärmung ausdehnt und dadurch ein mechanosensitives Neuron am Boden der Sensille aktiviert. Nach Schmitz und Bleckmann (1998), Schmitz et al. (2007), Schmitz et al. (2015)

diese Strategie den Vorteil, dass der Befall bei den toten Bäumen keine Abwehrreaktionen auslöst und dass im verbrannten Areal nur wenige Fressfeinde leben. Die Käfer werden durch die Infrarotstrahlung des Feuers im Bereich von 2,2–4 µm Wellenlänge über große Distanzen hinweg zum Brandareal geleitet.

Am Ansatz seines mittleren Beinpaares besitzt der Kiefernprachtkäfer zwei **Infrarotorgane**, die er im Flug dadurch exponiert, dass er das mittlere Beinpaar senkrecht nach oben streckt (◘ Abb. 11.4, *unten Mitte*). Die Infrarotorgane sind flache Gruben, etwa 100 µm tief, in denen 50 bis 100 kuppelförmige Sensillen angeordnet sind, die als **Infrarotrezeptoren** hochempfindlich auf Strahlung im MIR-Fenster des Feuers (2,5–4 µm) reagieren. Die Infrarotrezeptoren sind hoch entwickelte Sensoren für Wärmestrahlung. Sie setzen Wärmeabsorption in strukturelle Verformungen um, welche wiederum von einem mechanosensitiven Neuron registriert werden. Dieser **thermomechanische Prozess** ist offensichtlich unter hohem Selektionsdruck entstanden, wobei der kritische Faktor offenbar die maximale Entfernung vom Waldbrand ist, bei welcher ein interpretierbares sensorisches Signal ausgelöst werden kann. Das Prinzip ist recht einfach: Infrarotstrahlung wird von der dünnen, nicht sklerotisierten Cuticula der Sensille absorbiert, und die resultierende Wärme fließt in eine innerhalb der Sensille aufgehängte Kugel mit einem Durchmesser von etwa 10 µm (◘ Abb. 11.4, *unten rechts*). Diese Kugel hat einen schwammartigen Kern, durchzogen von vielen flüssigkeitsgefüllten Hohlräumen, die durch dünne Kanäle mit der Kugeloberfläche verbunden sind. Wasser absorbiert Infrarotstrahlung und trägt zur Erwärmung der Kugel bei. Bei der resultierenden Größenzunahme wird die mechanische Kraft offenbar auf die Dendritenspitze eines einzigen Neurons fokussiert, sodass ein der Wärmstrahlung proportionales afferentes Signal erzeugt werden kann. Interessanterweise reagiert das Neuron rein phasisch und kann bis zu einer Flatterfrequenz von 100 Hz dem Flügelschlag folgen. Die Mechanosensitivität dieser Sinneszelle führt auch dazu, dass das Membranpotenzial im Rhythmus des Flügelschlags bis zur Erregungsschwelle zyklisch vordepolarisiert wird. Dadurch wird die Empfindlichkeit des Infrarotrezeptors weiter gesteigert, und die Reichweite des Infrarotsinns wird bis an die physikalisch mögliche Grenze optimiert. Wie es scheint, bezieht der Kiefernprachtkäfer während eines Orientierungsfluges bei jedem Flügelschlag ein kurzes Signal aus jedem der beiden Infrarotorgane und kann diese beiden Signale miteinander vergleichen. Wird nur das IR-Organ auf einer Seite aktiviert, dreht er zu dieser Seite hin ab in Richtung Waldbrand; werden beide aktiviert, behält er den Kurs geradeaus zum Feuer hin bei. Die extreme Optimierung dieses Wärmesinnes hängt sicher damit zusammen, dass es in den nördlichen Wäldern – dem Lebensraum des Kiefernprachtkäfers – nicht oft brennt. Da sich die Käfer ohne Feuer nicht vermehren können, ist die Optimierung ihres besonderen Infrarotsinnes das Ergebnis eines enormen Selektionsdrucks auf die Leistungsfähigkeit ihrer Infrarotorgane.

Neben der thermomechanischen Signalwandlung in den Infrarotrezeptoren von *Melanophila*-Käfern und einigen Rindenwanzen der Gattung *Aradus* kennt man noch ein zweites IR-Detektionssystem, das nach dem **Bolometerprinzip** funktioniert und von dem pyrophilen australischen Aschekäfer (*Acanthocnemus nigricans*) sowie von dem australischen Feuer-Prachtkäfer (*Merimna atrata*) eingesetzt wird. Bei einem Bolometer wird die Erwärmung einer Rezeptorstruktur bei Absorption von Strahlung direkt durch Thermosensoren gemessen – es bedarf also keiner Umsetzung in ein mechanisches Signal. Beim Aschekäfer nimmt diese Struktur die Form einer flachen, hohlen Scheibe an – eine Scheibensensille mit etwa 150 µm Durchmesser. In deren Wand sind die Dendriten von etwa 90Temperatursensoren eingelassen und reagieren mit phasisch-tonischer Aktivität auf Änderungen der Scheibentemperatur. Bei den Feuer-Prachtkäfern wird die Infrarotstrahlung von zwei bis drei Paaren schüsselförmiger Vertiefungen in der Cuticula der Abdominalsegmente absorbiert. Direkt unterhalb dieser flachen, etwa 500 µm großen Vertiefungen liegt jeweils ein großes, thermosensitives Neuron, dessen dendritische Region ein dichtes Geflecht unter der Sensille bildet. Bei Bestrahlung mit Infrarotlicht reagiert dieses Neuron in phasisch-tonischer Weise und leitet die Wärmeinformation zum zentralen Nervensystem. Dieses thermosensorische Neuron ist zudem mit zwei Scolopidialorganen gruppiert, deren sensorische Funktion allerdings bisher nicht aufgeklärt ist. Die bolometrisch funktionierenden Infrarotrezeptoren sind offenbar weniger empfindlich als die thermomechanisch wirkenden Systeme. Sie eignen sich eher für eine Orientierung in der Richtung von Wald- und Buschbränden in einigen Kilometern Entfernung und bieten nicht die extrem weit reichenden Navigationssignale, welche die *Melanophila*-Käfer durch die borealen Wälder leiten.

11.4 Die Grubenorgane der Schlangen

Die Infrarotstrahlung von warmblütigen Tieren (MIR-Spektrum, 8–12 µm Wellenlänge, ◘ Abb. 11.4, *oben*) nutzen manche Schlangen zum Aufspüren ihrer Beutetiere. Solche Jagdstrategien kennt man von allen **Grubenottern** (der Unterfamilie Crotalinae in der Familie Viperidae) sowie von den meisten **Pythons** (Familie Pythonidae) und **Boas** (Familie Boidae), nicht aber bei anderen Schlangen. In den Grubenorganen dieser Tiere

Abb. 11.5 Grubenorgane (Lorealgruben) am Kopf von Schlangen. *Oben*: Lage des linken Infrarotorgans (*Pfeil*) beim Nordamerikanischen Kupferkopf (*Agkistrodon contortrix*; Familie Viperidae), einer Grubenotter (Unterfamilie Crotalinae) mit den namensgebenden Grubenorganen. *Unten*: Im Gesicht des Grünen Baumpythons (*Morelia viridis*; Familie Pythonidae) erkennt man eine Reihe von Labialgruben in den hinteren Infralabialschuppen sowie in zwei vorderen Supralabialschuppen (*Pfeile*)

(Lorealgruben; Abb. 11.5) liegen die sensorischen Endigungen von Temperaturrezeptoren unmittelbar unter einem einschichtigen Epithel und sind so der Wärmestrahlung direkt ausgesetzt. Sie reagieren äußerst empfindlich auf Temperaturänderungen und codieren Erwärmung und Abkühlung mit einer Genauigkeit von 0,003 °C. Zudem erhalten die Schlangen aus dem Aktivitätsmuster von mehreren Tausend Temperaturrezeptoren in jedem Grubenorgan ein zweidimensionales, möglicherweise sogar ein dreidimensionales Abbild der vor ihnen liegenden Szenerie, ein Abbild, das mit dem visuellen Eindruck ihres Sehsystems kombiniert wird. Langjährige Untersuchungen zum **Infrarotsehen der Schlangen** haben zu der Hypothese geführt, dass der Infrarotsinn dem Sehsinn zuzuordnen ist, dass die Infrarotstrahlung als zusätzliche Farbe die visuelle Wahrnehmung bereichert.

Nach heutigen Vorstellungen haben sich Schlangen in der frühen Kreidezeit (vor 140–128 Mio. Jahren) aus eidechsenartigen Vorfahren entwickelt und waren ursprünglich an die Beutejagd bei Nacht oder in der Dunkelheit von Erdgängen und dem Waldboden angepasst. In ihrer dunklen Welt spielte der Sehsinn offenbar eine untergeordnete Rolle; ihr Riechsinn und die "Bodennase" des vomeronasalen Systems (► Abschn. 10.11) dienten als primäre Jagdsinne. Einige besonders anspruchsvolle Fähigkeiten der Augen ihrer Vorfahren gingen dagegen verloren. Dazu gehören die Verformbarkeit der Linsen, die Öltröpfchen in den Außensegmenten der Photorezeptoren, die bei vielen Reptilen das Farbensehen verbessern (s. ► Abb. 7.58), sowie das Scheitelauge (Parietalauge), welches bei anderen Reptilien zur Regulation circadianer Prozesse dient. Nach einer langen Entwicklungsperiode kehrten die Schlangen vor etwa 95 Mio. Jahren ans Tageslicht zurück, und ihre Augen mussten sich an den circadianen Wechsel von skotopischem und photopischem Sehen anpassen – ein Vorgang, der einige schlangentypische Merkmale hervorgebracht hat. So besitzen Schlangen – ähnlich den Fischen – große, kugelförmige Linsen, die ohne Verformung vor- und zurückbewegt werden können und damit Akkommodation ermöglichen. Die Hornhaut ist von den zusammengewachsenen Augenlidern, der durchsichtigen "Brille", bedeckt, die bei jeder Häutung abgestoßen wird, sodass eine neue Brille ohne Kratzer und andere Verletzungen gebildet werden kann. Die Retina der Schlangen enthält keine Fovea, und ihre Funktionsweise ist noch unzureichend aufgeklärt. Pythons und Boas sind nachtaktiv und scheinen mit einer von Stäbchen dominierten Retina dichromatisch zu sehen, einige Nattern (Familie Colubridae) haben dagegen reine Zapfenretinae und sehen möglicherweise trichromatisch. Jedenfalls findet man bei den meisten Schlangen drei unterschiedliche Opsine (RH1, SWS1, LWS), die vermutlich den gesamten Bereich des sichtbaren Lichtes von Ultraviolett bis Rot abdecken.

Verhaltensstudien mit Klapperschlangen (Gattung *Crotalus*), die zu den Grubenottern (Unterfamilie Crotalinae) zählen, haben gezeigt, dass die Tiere auch ohne visuelle Kontrolle eine Wärmequelle mit einer Genauigkeit von weniger als ± 5° orten können. (Zur Veranschaulichung: Ein 10°-Winkel umspannt die menschliche Hand am ausgestreckten Arm.) Die räumliche Auflösung ihres Infrarotsinnes ist so gut, dass sie in einer mondlosen Nacht eine Maus im Abstand von etwa einem halben Meter punktgenau orten und angreifen können (Abb. 11.6). Entscheidend für ihre Zielgenauigkeit und damit für den Jagderfolg ist dabei der **Infrarotkontrast** zwischen der Beute und dem Hintergrund. Eine gleichbleibend warme Maus wird während der nächtlichen Abkühlung von Steinen und Sträuchern immer besser wahrnehmbar. Aber auch wechselwarme Tiere wie Eidechsen, Frösche und Insekten werden erkennbar, weil sie schneller abkühlen als die Steine in ihrer Umgebung und damit einen Negativkontrast erzeugen. Schließlich verraten sich Beutetiere selbst bei geringem Infrarotkontrast – wenn sie beispielsweise hinter Pflanzen sitzen – durch **Bewegungen**, welche der Infrarotsinn der Klapperschlange mit hoher Empfindlichkeit detektiert. Die Grubenorgane sind damit ähnlich leistungsfähig wie der Sehsinn, wobei allerdings die Abbildungsschärfe deutlich geringer ist. Denn sowohl

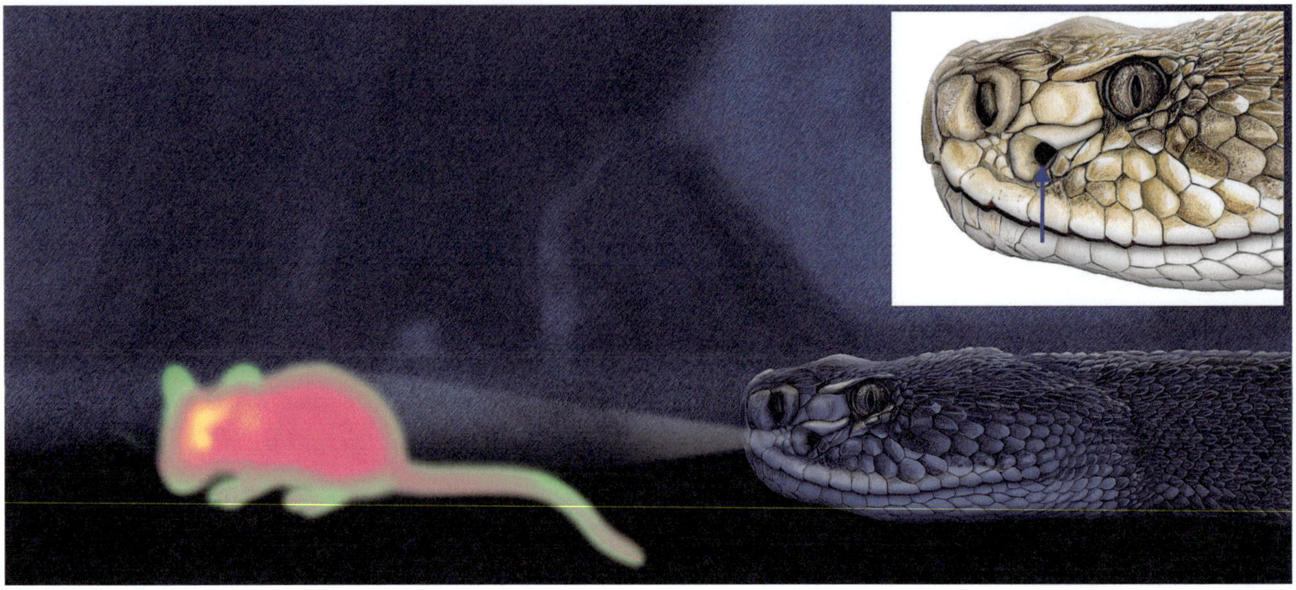

Abb. 11.6 Nächtliche Jagd mit dem Infrarotorgan. Eine Texas-Klapperschlange (*Crotalus atrox*) erkennt das Infrarotbild einer Maus, deren Körperwärme sie vor dem kühlen Hintergrund der nächtlichen Steppe verrät. Die Schlange bezieht ein bildartiges Wärmesignal durch ihre Grubenorgane, die etwas unterhalb von Augen und Nasenlöchern unter zwei großen Schuppen des Nasenschildes liegen (*Pfeil*). Das Wärmebild der Maus zeigt besonders warme Körperbereiche in *Rot*, besonders kühle in *Grün*

die Fokussierungskraft des Grubenorgans als auch die Dichte seines Rezeptormosaiks sind weitaus geringer als beim Auge. Beutetiere mit Infrarotkontrast werden vermutlich als unscharfe Objekte wahrgenommen. Inwieweit der Infrarotsinn auch bei Tageslicht eingesetzt wird und zur Verbesserung des visuellen Eindrucks dient, ist bisher noch nicht erforscht.

Den Infrarotbereich konnten sich die Tiere nicht durch ein weiteres Sehpigment erschließen. Denn es ist kein Pigment bekannt, bei dem durch die geringe Energie eines MIR-Photons eine Photoisomerisierung ausgelöst wird, wie das beim Retinal durch die Absorption von Photonen im VIS-Spektrum geschieht (▶ Abb. 7.6). Zum Vergleich: Ein VIS-Photon des Sonnenlichts der Wellenlänge 500 nm hat eine Energie von 2,5 eV. Dagegen hat ein MIR-Photon der Wellenlänge 9,3 µm, charakteristisch für die Infrarotabstrahlung eines Warmblüters, nur eine Energie von 0,1 eV und überträgt daher nur 1/25 der Strahlungsenergie auf ein absorbierendes Molekül – zu wenig für die Photoisomerisierung eines Chromophors wie Retinal. Die Grubenottern, Pythons und Boas haben stattdessen **pigmentunabhängige Infrarotsensoren** entwickelt, die darauf beruhen, dass sensorische Endigungen von Temperaturrezeptoren des Trigeminalsystems Infrarotstrahlung absorbieren. Grundlage dieser Absorption sind Resonanzschwingungen von organischem Material, dessen CH-, NH- und OH-Gruppen Infrarotenergie im MIR-Bereich sehr effektiv absorbieren.

Bei den Grubenottern liegen die sensorischen Endigungen von etwa 7000 Thermorezeptoren in einer dünnen Membran, die frei im Lumen des Grubenorgans aufgespannt ist. Mit 30 mm^2 Fläche und einem Durchmesser von nur 15 µm wird diese Membran aus zwei Epithelien und einem dünnen Stroma gebildet, welches dicht mit Nervenfasern und Blutgefäßen durchzogen ist. Bei den Pythons und Boas liegen ähnlich aufgebaute sensorische Epithelien zwischen auseinandergerückten Schuppen, ohne jedoch eine freie Membran zu bilden (◘ Abb. 11.7, *links*). Die sensorische Membran wird von Neuronen innerviert, deren Zellkörper teils in den ophthalmischen, teils in den maxillaren Ganglien des **Trigeminalsystems** liegen (bei Schlangen entspringen die drei Äste des Nervus trigeminus nicht in einem einzigen, sondern in drei getrennten Ganglien). Die trigeminalen Fasern sind myelinisierte Aδ-Fasern, die innerhalb der Grubenmembran ihre Myelinisierung verlieren und sich zu einem Konvolut mit ausgesprochen großer sensorischer Oberfläche auffächern (◘ Abb. 11.7, *Mitte*). Der Grad der Verzweigung der sensorischen Endigungen ist so groß und selbst im Elektronenmikroskop kaum entwirrbar, dass sich der anatomische Begriff der **terminalen Nervenmasse** (engl. *terminal nerve mass*, TNM) eingebürgert hat. Es ist diese Nervenmasse, die mit extremer Empfindlichkeit auf Infrarotstrahlung reagiert. Zum Mechanismus der Infrarotdetektion gehören nach heutigen Vorstellungen die Absorption von Strahlung im Wellenlängenbereich von 8–12 µm, die Aufheizung von Teilen der terminalen Nervenmasse um mehr als 0,001 °C und die dadurch ausgelöste Öffnung von Ionenkanälen, die zu einer besonders temperaturempfindlichen Variante von TRPA1-Kationenkanälen

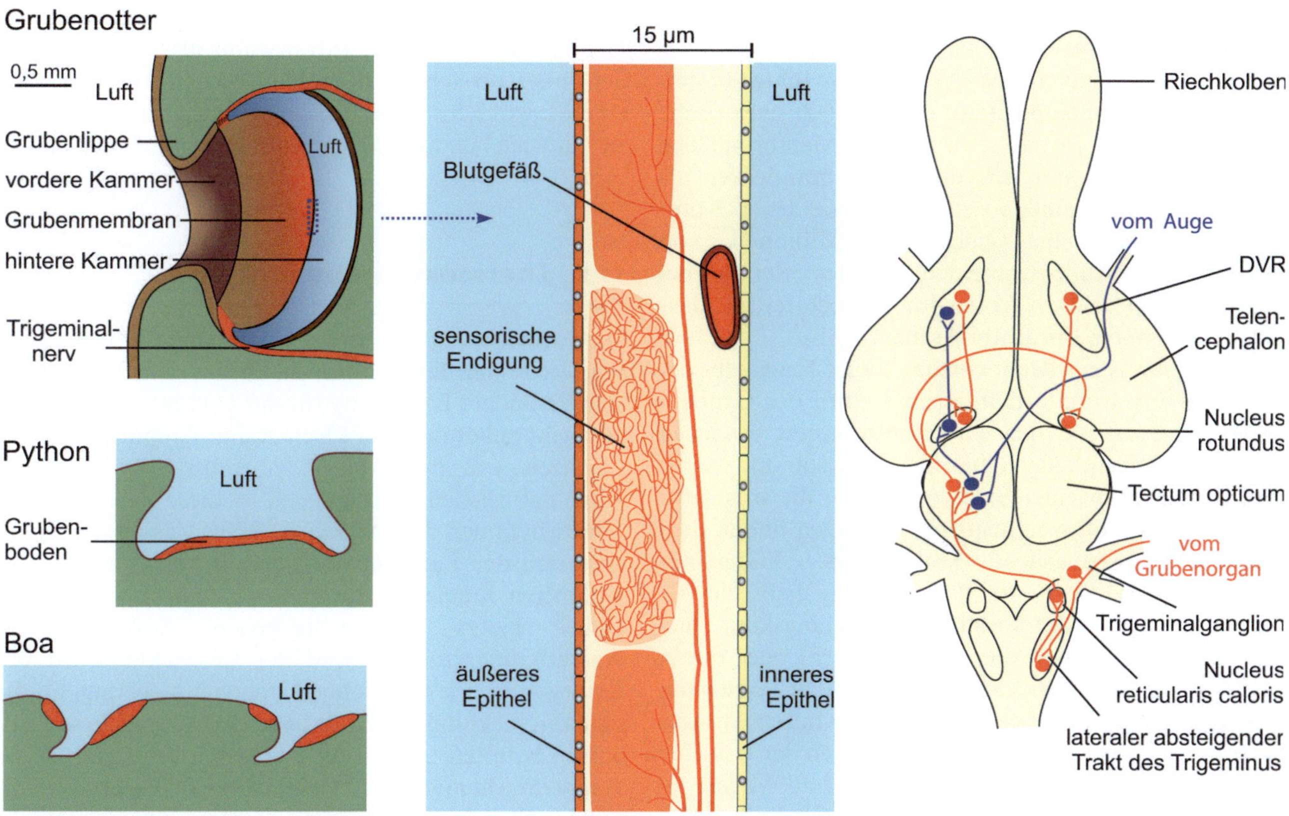

Abb. 11.7 Aufbau des Grubenorgans. *Links*: Das infrarotempfindliche Gewebe (*rot*) bildet bei Grubenottern (Unterfamilie Crotalinae) eine Grubenmembran, die als Septum das Grubenorgan in eine vordere und eine hintere Kammer teilt. Beide Kammern enthalten Luft. Die Grubenlippe verengt die Apertur des Grubenorgans und unterstützt dadurch die Detektion der Einstrahlungsrichtung. Bei Pythons und Boas liegen sensorischen Gewebe zwischen den Schuppen auf dem Bindegewebe und bilden keine Membran. *Mitte*: Schematischer Querschnitt durch eine Grubenmembran. Die sensorische Endigung eines jeden Thermorezeptors füllt etwa 60 µm^2 des Stromas aus, und die Endverzweigungen (nur für die mittlere Endigung dargestellt) liegen nur wenige Mikrometer unterhalb der äußeren Membranoberfläche. *Rechts*: Signalwege für die Infrarotinformation (*rot*) und die visuelle Information (*blau*) im Gehirn der Grubenottern. Nur die Verarbeitungswege von der rechten Kopfseite sind gezeigt. Beide Signalströme kommen im Tectum opticum zusammen und werden in einer einzigen Repräsentation der Umwelt in gleicher Weise sortiert und miteinander verschaltet. Durch diese Integration entsteht möglicherweise ein visueller Eindruck der Umgebung mit der Infrarotinformation als zusätzlicher Bildqualität. DVR, dorsaler ventrikulärer Kamm des Endhirns (engl. *anterior dorsal ventricular ridge*). Nach Newman und Hartline (1982), Goris (2011)

gehören. Durch Kationeneinstrom bei Erwärmung wird die spontane Aktionspotenzialrate (zehn bis 25 APs pro Sekunde bei 25 °C) phasisch erhöht, bei Abkühlung wird sie reduziert, sodass das afferente Signal Wärmeunterschiede (Infrarotkontrast) zwischen einzelnen Endigungen codieren kann.

Die enorme Empfindlichkeit der terminalen Nervenmasse liegt einerseits an der großen Oberfläche der stark verzweigten Endigung. Wichtig ist aber auch die Wärmeisolation durch die Luft auf beiden Seiten der Grubenmembran. Wärme, die als Folge der Absorption von Infrarotstrahlung im Stroma der Grubenmembran entsteht, geht daher nicht verloren, sondern wird in den sensorischen Endigungen wirksam. Allerdings muss diese Wärme auch kontrolliert abgeführt werden, damit sich die Membran nicht über längere Zeit hinweg durch Wärmeakkumulation aufheizt. Diesem Zweck dient ein dichtes Blutgefäßnetz im Stroma. Es hält die Grubenmembran auf der jeweiligen Kerntemperatur des Schlangenkörpers und stabilisiert damit ihre Empfindlichkeit für Infrarotstrahlung.

Das Grubenorgan weist einige Parallelen zu einem Auge auf. Die Einlassöffnung, die Apertur, wird durch eine ringförmige Grubenlippe etwas verengt (Abb. 11.7, *links*). Dadurch entsteht ein leichter **Lochkameraeffekt**. Ein warmes Objekt bestrahlt nur einen Teilbereich von etwa einem Viertel der Grubenmembran, und der verbleibende Schatten vermittelt Information darüber, wo sich das Objekt befindet. Darüber hinaus verrät jede Verschiebung eines Schattens über der Grubenmembran die Bewegung des Objekts. Die optische Qualität dieser Struktur ist allerdings nicht vergleichbar mit einem echten Kameraauge – und erst recht nicht mit einem Linsenauge. Aber sie trägt offenbar zur Treffgenauigkeit bei, wenn die Schlangen im Dunkeln jagen. Natürlich kann auch die Schärfe des Infrarotbildes nicht an die des visuellen Bildes heranreichen. Die Grubenmembran enthält 7000 sensorische Endigungen, die jeweils etwa 60 µm² Membranfläche bedecken. Man kann sich diese Membranflecken als Pixel des Infrarotsinnes vorstellen und sie den 1–3 µm² gegenüberstellen, die jedes der Millionen von Photorezeptor-Außensegmenten in der Retina beansprucht. Ist also die Vorstellung gerechtfertigt, dass Grubenottern ein Infrarotbild sehen?

Ein Hinweis zur Beantwortung dieser Frage gibt der Fluss der Infrarotinformation im Gehirn der Grubenottern. Die Axone der Thermorezeptoren erreichen durch die Trigeminalganglien den Hirnstamm, wo sie ihre Synapsen in einer Struktur bilden, die man ausschließlich bei infrarotsensitiven Schlangen findet, dem **lateralen absteigenden Trakt des Trigeminus** (▣ Abb. 11.7, *rechts, rot*). Von dort aus fließt die IR-Information entweder über den Verbindungskern **Nucleus reticularis caloris** (bei Grubenottern) oder direkt (bei Pythons und Boas) zum kontralateralen **Tectum opticum** im Mittelhirn. Hier gelangt die IR-Information in eines der wichtigsten Verarbeitungszentren der visuellen Information im Gehirn von Reptilien und Vögeln (s. ► Abb. 7.71). Bei Eulen wird an dieser Stelle die Hörraumkarte an der visuellen Umweltkarte ausgerichtet (s. ► Abb. 6.45), sodass eine Übereinstimmung der neuronalen Repräsentation auditorischer und visueller Signale erreicht wird. Neuronen, die auf ein Geräusch an einem bestimmten Ort in der Umwelt reagieren, liegen im Colliculus inferior direkt neben Neuronen des Tectum opticum, welche auf visuelle Signale vom gleichen Ort reagieren. Dieses Ordnungsprinzip des Mittelhirns führt dazu, dass Eulen während der Jagd ihren Blick sehr schnell auf eine Geräuschquelle richten können. Bei den infrarotsensitiven Schlangen findet man eine koordinierte Repräsentation von Infrarotsignalen und visuellen Signalen in Neuronen des Tectum opticum. Neben Neuronen, die spezifisch auf afferente Infrarotsignale reagieren, und solchen, die nur visuell stimulierbar sind, gibt es auch **bimodale Tectumneuronen**, die sowohl auf Eingänge aus den Grubenorganen als auch aus den Augen reagieren. Diese Neuronen sind räumlich so angeordnet, dass in vorderen Bereichen des Tectums Signale verarbeitet werden, die von vorne auf den Kopf treffen, während weiter hinten im Tectum seitlich auftreffende Signale verarbeitet werden. Im Mittelhirn der infrarotsensitiven Schlangen existiert also eine Karte der Umwelt, die Wärme, Ort, Form und Farbe von Objekten enthält. Dieses geordnete, bimodale Signal erreicht über den **Nucleus rotundus** des Thalamus die höchste Verarbeitungsebene im **dorsalen ventrikulären Kamm** des Endhirns (DVR in ▣ Abb. 11.7 *rechts*) und damit vermutlich die bewusste Wahrnehmung. Aus diesem Grund kann man den Infrarotsinn als einen Teil des Sehsinnes verstehen; die Schlange sieht offenbar, dass eine Maus klein, grau, beweglich und eben auch warm ist – ausreichend Details, um ihren Jagdinstinkt zu wecken.

11.5 Thermostatische Brutpflege

Die Entwicklung von Embryonen hängt in vielfältiger Weise von der Temperatur ab, sodass dem Wärmesinn eine besondere Bedeutung für das Gelingen der Jungenaufzucht zukommt. Bei Fischen und Amphibien ist die Laichzeit von der Wassertemperatur abhängig, und unter natürlichen Bedingungen ist diese Zeit so an die Jahresrhythmen der Meere und Süßgewässer angepasst, dass sich der Laich gut entwickeln kann und die geschlüpften Jungfische ausreichend Nahrung vorfinden. Dabei bietet die weitgehende Konstanz der Wassertemperatur während der Entwicklungszeit der Embryonen eine ausreichend stabile Umgebung, an die sich Entwicklungsprozesse über lange Zeit hinweg anpassen konnten. Anders und ungleich kritischer ist die **Temperaturhomöostase während der Embryonalentwicklung** bei den Landtieren, die zumindest dem Wechsel zwischen Nachtkühle und Mittagswärme, gelegentlich aber auch extremen Temperaturen ausgesetzt sind. Arthropoden suchen für ihre Eiablage Orte mit stabilem Mikroklima und finden solche Verstecke im Boden, unter der Baumrinde oder im Dauerschatten an einer Blattunterseite. Im Vergleich zu einer solchen Strategie ist ein erheblich größerer Aufwand erforderlich, um die amniotischen Eier der Landwirbeltiere vor Auskühlung und Überhitzung zu schützen. Die Tiere haben dazu ein umfangreiches Verhaltensrepertoire entwickelt, mit vielfältigen, oft äußerst beeindruckenden Varianten von Nestbau- und Brutverhalten.

Reptilien regulieren ihre Körpertemperatur in erster Linie durch Verhaltensanpassungen. Nach einer kühlen Nacht, in der ihre Kerntemperatur um mehr als 15 °C abgefallen sein kann, suchen sie sonnenbeschienene Felsen und Sträucher auf und lassen sich durch die Sonneneinstrahlung auf eine günstige Betriebstemperatur aufheizen (s. ▣ Abb. 11.1). Bei drohender Überhitzung können Reptilien mit geöffnetem Rachen hecheln und sich durch das Verdampfen von Flüssigkeit kühlen. Reicht das nicht aus, können sie kühlere, beschattete Bereiche ihres Lebensraums aufsuchen. Selbst lang anhaltenden Kälte- oder Hitzeperioden können sie fast bewegungslos in einer Winter- oder Sommerstarre überstehen. Die Embryonen in den Gelegen der Reptilien haben solche Optionen nicht. Die einzige Anpassungsfähigkeit scheint bei einigen Arten darin zu bestehen, dass sie sich im fortgeschrittenen Entwicklungsstadium auf diejenige Seite ihres Eies drehen können, die der Wärmequelle zugewandt ist, um sich dadurch etwas effektiver aufzuwärmen. Obwohl der längste Abschnitt der Embryogenese sich bei Schlangenföten im Muttertier abspielt, hängt ihr Überleben davon ab, dass das Muttertier einen **Ort mit günstigem Mikroklima für das Gelege** findet. Die Suche nach einem geeigneten Platz für die Eiablage (oder für die Geburt von Jungtieren bei viviparen Arten) ist daher von entscheidender Bedeutung für den Fortpflanzungserfolg von Reptilien. Neben der Unzugänglichkeit für Eiräuber müssen die lokale Temperatur und Luftfeuchtigkeit vom Muttertier ausgekundschaftet und bewertet werden. Dessen Wahl fällt oft auf verlassene Säugerbaue, auf andere Erdhöhlen oder auf dicke Streuschichten am Waldboden, in denen die Stoffwechselaktivität der Mikroorganismen und Pilze eine kontinuierlich um einige Grad erhöhte Temperatur aufrechterhält. Manche tropischen Eidechsen- und Schlangenarten gehen so weit, ihre Gelege in wohlklimatisierte Termiten- oder Ameisennester zu legen, in denen aufwendige Belüftungssysteme Temperatur und Luftfeuchte konstant halten. Gute Ablagestellen sind dünn gesät und können über Jahre hinweg von denselben Tieren wiederbenutzt werden; gelegentlich kommt es auch zu einer Gemeinschaftsnutzung durch viele Tiere der gleichen Art. Mit der Eiablage an einem günstigen Ort ist bei den meisten Reptilien die elterliche Fürsorge abgeschlossen, und nach einigen Wochen schlüpfen die Jungtiere weitgehend synchron, wobei das Mikroklima des Nestes über den Zeitpunkt und den Erfolg entscheidet.

Einige Reptilien pflegen ihre Gelege mit besonderer Fürsorge. So hat die philopatrische Eiablage der Meeresschildkröten (Familie Cheloniidae) und Lederschildkröten (Familie Dermochelyidae) den Vorteil, dass jede Generation von Gelegen immer an einem bekannten Strand abgelegt und eingegraben wird – an einem Ort, der sich schon über Generationen hinweg als geeignet erwiesen hat. Das Mikroklima an diesem heimischen Strand stellt zumindest kein Risiko für die Eier dar; Temperatur und Feuchtigkeit stimmen. Ein interessantes Beispiel von Brutpflege sieht man bei zwei Pythons, beim Hellen Tigerpython (*Python molurus*) und beim Rautenpython (*Morelia spilota*). Alle Pythons bewachen und bebrüten ihre Gelege, aber diese beiden Arten wärmen sie auch. Durch Muskelzittern setzt der Körper des Muttertieres Wärme frei, die zum Teil dem Gelege zugeführt wird und das Gelege erwärmt. Dadurch verkürzt sich die Entwicklungszeit der Föten und ihre Überlebenswahrscheinlichkeit steigt. Eine besondere Bedeutung hat das Mikroklima für die Gelege der Reptilien auch deshalb, weil bei dieser Tiergruppe das Geschlecht nicht durch Geschlechtschromosomen, sondern durch den Mechanismus der **temperaturabhängigen Geschlechtsdetermination** entschieden wird. Die vorherrschende Temperatur während einiger Tage im mittleren Abschnitt der Brutzeit entscheidet über das Geschlecht der Jungtiere. Dieser Vorgang ist überaus empfindlich! Brütet man beispielsweise Eier des Mississippi-Alligators (*Alligator mississippiensis*) bei kontinuierlich 31 °C aus, schlüpfen 100 % Weibchen; beträgt die Bruttemperatur 32,5 °C schlüpfen ausschließlich Männchen. Bei 32,0 °C entsteht eine Mischung aus Weibchen und Männchen. Ähnlich enge Temperaturbereiche findet man bei Schildkröten und Eidechsen, wobei die kritischen Temperaturen jeweils arttypisch liegen. Bei Schildkröten entwickeln sich bei Temperaturerhöhung eher Weibchen als Männchen, aber auch sie reagieren sehr empfindlich auf Temperaturänderungen in einem kritischen Bereich. In jedem Fall ist deutlich, dass die Nesttemperatur entscheidend für das Überleben einer Art ist, denn eine Verschiebung des Geschlechterverhältnisses kann tief greifende Auswirkungen auf eine Population haben.

Bei einigen Reptilien findet man Verhaltensmuster, die offensichtlich darauf gerichtet sind, die Gelege vor zu starken Temperaturschwankungen zu schützen und ein konstantes Mikroklima zu gewährleisten. Eine Strategie ist das Vergraben der Eier in Sandnestern, wie man es beispielsweise bei den Meeresschildkröten beobachtet. Eine zweite Strategie zur **Thermostatisierung der Gelege**, der Stabilisierung des Mikroklimas in der Umgebung der Eier, ist das Anlegen eines Komposthaufens, dessen Kern durch die Verrottungswärme gleichbleibend warm ist. Diese Methode nutzen Krokodile (Ordnung Crocodylia) in ihren Bruthügeln. Die Eier werden in eine dicke Kompostschicht gepackt und mit Zweigen und Blättern beschattet. Ein solcher Bruthügel stabilisiert eine günstige Temperatur auch bei stark schwankender Außentemperatur (▢ Abb. 11.8, *links*). Zudem kann in gewissem Grad die Innentemperatur reguliert werden, indem der Hügel bei Überhitzung geöffnet und bei Abkühlung der Laubschatten reduziert wird. Dazu allerdings muss man voraussetzen, dass das Krokodil die Notwendigkeit solcher Regelmaßnahmen erkennen kann. Das ist bei Krokodilen bisher nicht nachgewiesen, wohl aber bei bestimmten Vögeln.

Die einzige Vogelgruppe, die ihre Gelege mithilfe selbst angelegter Komposthaufen ausbrütet, ist die der Großfußhühner (Familie Megapodiidae). Diese Tiere sind in Australien sowie auf diversen indonesischen, malaiischen und pazifischen Inseln heimisch und nutzen ihre großen Füße, um ihre Eier in selbst gebauten Bioreaktoren – großen, thermostatisierten Bruthügeln – auszubrüten. Am besten untersucht sind das australische **Thermometerhuhn** (*Leipoa ocellata*; ▢ Abb. 11.9) und das australische **Buschhuhn** (*Alectura lathami*), die ähnliche Bruthügel bauen und regulieren, um möglichst

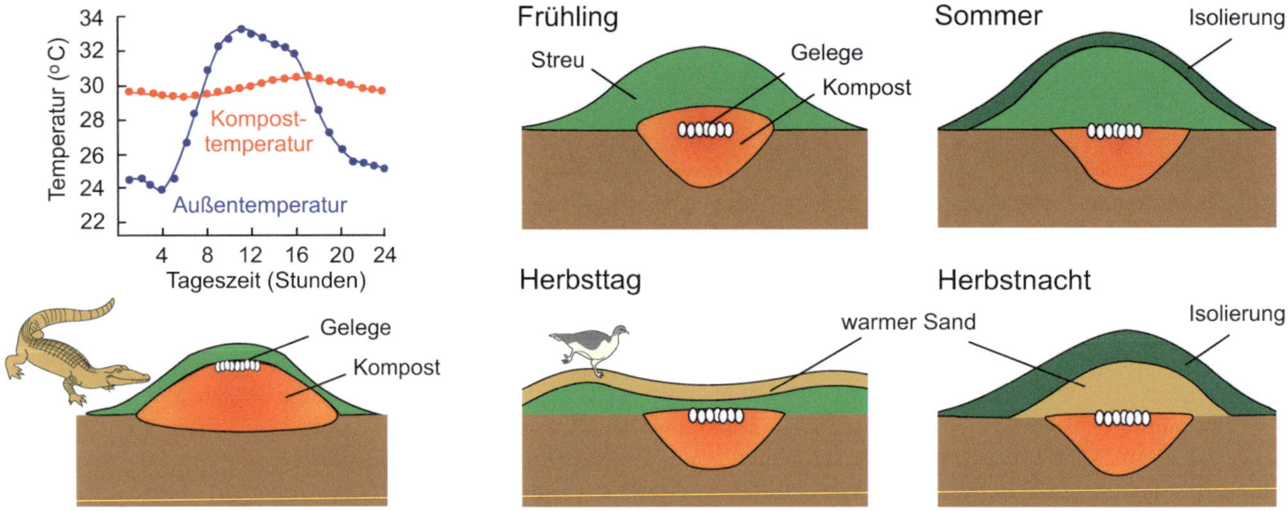

Abb. 11.8 Thermostatisierung in Hügelnestern. *Links*: Schematischer Aufbau des Hügelnestes eines Alligatorweibchens (*Alligator* spec.) und die gemessene Innentemperatur (*rot*) während der täglichen Änderungen der Außentemperatur (*blau*). Die Daten sind über drei Brutperioden gemittelt und zeigen die thermostatisierende Wirkung des Hügelnestes. *Rechts*: Anpassungen der Brutstrategien des Thermometerhuhns (*Leipoa ocellata*) an die klimatischen Bedingungen zu unterschiedlichen Jahreszeiten. Nach Chabreck (1973)

Abb. 11.9 Zwei australische Thermometerhühner (*Leipoa ocellata*) kümmern sich um die richtige Temperierung ihres Geleges, indem sie mit ihren wärmempfindlichen Schnäbeln die Temperatur im Bruthügel messen. Der Aufbau des Bruthügels ist hier im Querschnitt gezeigt. Wie andere Großfußhühner (Familie Megapodiidae) auch, können die Thermometerhühner ihren Wärmesinn sehr effektiv zur Brutpflege einsetzen

viele Eier ausbrüten zu können. Der Bruthügel eines Thermometerhuhns hat 3–4 m Durchmesser und erfordert die Bewegung und kontinuierliche Umschichtung von 3–5 t Material. Mit der ungeheuren Aufgabe der Konstruktion, Kontrolle und Regulation seines Bruthügels beschäftigt sich der Hahn während elf Monaten im Jahr, während die Henne immer wieder neue Eier produziert. Das Ziel der Konstruktion des Bruthügels ist, die Temperatur des Geleges konstant bei 31–34 °C zu halten. Zu diesem Zweck nutzt der Thermometerhahn zwei Wärmequellen: die Sonne und einen aeroben Kompost, der den Kern des Bruthügels bildet. Die wichtigste Ausrüstung neben seinen großen Füßen ist für den Hahn sein **temperaturempfindlicher Schnabel**, sein "Thermometer", ein bisher nahezu unerforschtes Sinnesorgan. Wie Verhaltensbeobachtungen gezeigt haben, können Thermometerhühner die Bruttemperatur auf 0,5 °C genau messen. Registrieren sie einen Anstieg oder ein Absinken der Temperatur des Geleges um 0,5 °C, beginnen sie sofort mit Maßnahmen, welche die Temperatur des Geleges in kurzer Zeit wieder auf den Sollwert bringen. Die Tiere haben offenbar einen absoluten Temperatursinn, der bei ihnen dasjenige Verhalten steuert, welches zum Betrieb eines komplexen Bioreaktors erforderlich ist.

Dabei muss das Mikroklima im Bruthügel ständig kontrolliert und korrigiert werden. Die Belüftung spielt eine große Rolle, denn im Kompostkern laufen vor allem aerobe Abbauprozesse ab, die selbst sauerstoffzehrend sind. Der Hahn muss deshalb für Frischluft sorgen, damit die Embryonen in den Eiern Zellatmung durchführen können. Die Luftfeuchtigkeit ist ebenfalls ein entscheidender Parameter, denn die Aktivität im Kompostkern – und damit Wärmebildung und Sauerstoffverbrauch – steigen proportional zum Wassergehalt des Materials. Der Hahn nutzt daher die Feuchtigkeit im Bruthügel, um die optimalen Brutbedingungen einzustellen. Eine entscheidende Rolle für den Betrieb spielt die Bedeckung der Hügeloberfläche. Im Frühjahr wird der Komposthügel dick mit lockerer Streu bedeckt, sodass nicht zu viel Wärme verloren geht, bei gleichzeitig ausreichender Belüftung (◘ Abb. 11.8, *rechts*). Im Sommer muss eine effektive Beschattung des Hügels gebaut werden, damit die Sonneneinstrahlung ihn nicht überhitzt. Im Herbst nutzen die Thermometerhühner Sand als Sonnenkollektor. Sie breiten tagsüber eine dünne Sandschicht um den Hügel herum aus, damit er sich im Sonnenlicht erwärmt. Abends kratzen sie den warmen Sand zu einem wärmenden Haufen über dem Gelege zusammen und isolieren das Ganze mit Pflanzenmaterial. Durch diese weit entwickelte Regulationstechnik kann ein Paar Thermometerhühner in seinem zehnjährigen Leben 150 Nachkommen ausbrüten und erreicht damit einen höheren Fortpflanzungserfolg als die meisten anderen Vögel.

◘ **Abb. 11.10** Weibliche Amseln (*Turdus merula*) bauen schalenförmige Nester an geschützten Stellen von Sträuchern und Bäumen. Die Nester sind nach unten hin durch Lehm und Pflanzenmaterial wärmeisoliert, sodass der vom Brutfleck des Vogels ausgehende Wärmefluss das Gelege bei gleichmäßig warmer Temperatur halten kann

Die Großfußhühner bilden mit ihrer Nutzung externer Wärmequellen eine seltene – wenn nicht die einzige – Ausnahme in der Vogelwelt. Fast alle Vögel brüten ihre Eier unter Nutzung ihrer eigenen Körperwärme aus (◘ Abb. 11.10). Wenn alle Eier eines Geleges vollständig im Nest liegen, wird das Gelege durch die Elternvögel kontinuierlich warmgehalten, wobei die mittlere Eitemperatur zwischen 30 und 35 °C stabilisiert wird (◘ Tab. 11.1). Der Wärmefluss zwischen dem Körperkern der Elternvögel und den Eiern wird durch **Bildung eines Brutflecks** verbessert, einer stark durchbluteten Hautregion am Bauch, von der während der Brutsaison alle Federn entfernt werden. Während ein Elternvogel auf dem Gelege sitzt, stellt sich die für die Entwicklung des Embryos erforderliche Eitemperatur von 30–35 °C ein und wird über die artspezifische Brutzeit von – zwei bis sechs Wochen aufrechterhalten. Starke Fluktuationen der Eitemperatur – beispielsweise, wenn die Elternvögel vom Nest vertrieben werden – können fruchtschädigende Wirkung haben, wobei Hyperthermie (> 40 °C) zum Absterben des Embryos führen kann, während Hypothermie (< 30 °C) eher Missbildungen der Organe verursacht. Zwischen den großen Vogelgruppen erkennt man deutliche Unterschiede in der Toleranz gegenüber Wärmeschwankungen (◘ Tab. 11.1). Generell zeigen die Embryonen der See- und Küstenvögel eine größere Kältetoleranz als die der Landvögel. Allerdings hängt bei Landvögeln die Toleranz stark von der Eigröße ab: Kleine Eier kühlen schneller aus als große, was kleineren Embryonen eine größere Wärmetoleranz abverlangt. Das nur 1 cm große Ei des Zaunkönigs (*Troglodytes troglodytes*) zeigt beispielsweise eine vergleichsweise große Wärmetoleranz im Bereich von 10–47 °C, während sich das 12 cm große Ei der Stock-

Tab. 11.1 Mittlere Bruttemperaturen einiger Vogelordnungen. Nach Webb (1987), Deeming und Reynolds (2015)

Ordnung der Klasse *Aves*	Eitemperatur	Wärmetoleranz	Brutflecktemperatur
Pinguine (Sphenisciformes)	30,7 °C	26–42 °C	37,1 °C
Sperlingsvögel (Passeriformes)	32,2 °C	25–38 °C	41,2 °C
Röhrennasen (Procellariiformes)	32, 5 °C	10–34 °C	37,4 °C
Gänsevögel (Anseriformes)	33,8 °C	35–40 °C	39,5 °C
Watvögel (Charadriiformes)	34,3 °C	5–45 °C	38 °C

ente (*Anas platyrynchos*) nur in dem engen Bereich von 36–39 °C entwickeln kann. Hier sieht man eine artspezifische Anpassung der Entwicklungsbedingungen an die Grenzen der thermostatischen Brutpflege.

11.6 Der Wärmesinn der Säugetiere

Der endotherme Wärmehaushalt kostet die Säugetiere einen Großteil ihrer Lebensenergie, und dabei sind sie vergleichsweise stenotherm und müssen sich vor Abkühlung und Überhitzung gleichermaßen schützen (▶ Abschn. 11.1). Störungen der Solltemperatur von 36–39 °C entstehen immer dann, wenn Wärme über die Haut abfließt oder aufgenommen wird. Für diesen **Wärmefluss** ist gar nicht so entscheidend, wie warm oder kalt die Umgebung ist; ausschlaggebend ist in erster Linie die Wärmeleitfähigkeit des umgebenden Mediums. Bei 20 °C ist die Wärmeleitfähigkeit von Wasser ($\lambda_{Wasser} = 0{,}604\ W\ m^{-1}\ K^{-1}$) mehr als 20-mal so hoch wie die von Luft ($\lambda_{Luft} = 0{,}0262\ W\ m^{-1}\ K^{-1}$). Demzufolge ist der Wärmefluss aus dem Körper in 20 °C warmes Wasser 20-mal so hoch wie der in gleich warme Luft, und der Körper kühlt im Wasser entsprechend schneller aus. Es ist daher unmittelbar verständlich, dass der Wärmesinn der Säugetiere kein Temperatursinn ist, sondern ein **Sinn zur Messung des Wärmeflusses** über die Haut. Der Wärmesinn ist nicht darauf ausgelegt, das Gehirn über die Umgebungstemperatur zu informieren, er warnt vielmehr vor Prozessen, die das Wärmegleichgewicht des Körpers beeinträchtigen können. Man kann den physiologisch bedeutsamen Unterschied zwischen Temperatursinn und Wärmeflusssinn mit einem einfachen Praktikumsversuch veranschaulichen. Man füllt drei Schüsseln mit Wasser unterschiedlicher Temperatur, 18 °C, 28 °C und 38 °C. Nachdem man die linke Hand an das kühle 18 °C-Wasser gewöhnt hat und die rechte Hand gleichzeitig an das warme 38 °C-Wasser, taucht man beide Hände zusammen in das laue 28 °C-Wasser. Für die beiden Hände fühlt sich das laue Wasser nun unterschiedlich an, denn an der linken Hand ist der Wärmfluss über die abgekühlte Haut körpereinwärts gerichtet, an der angewärmten rechten Hand dagegen körperauswärts. Die Wärmeempfindung ist folglich "warm" an der linken Hand und "kühl" an der rechten, denn die Sinneswahrnehmung "warm" entsteht durch Wärmeaufnahme aus der Umgebung, die Wahrnehmung „kühl" dagegen durch Wärmeabgabe in die Umgebung.

Der Wärmesinn wird durch zwei separate Sinnessysteme gestellt, von denen eines, das **Kaltsystem**, für die Abkühlung durch Wärmeverlust, das andere, das **Warmsystem**, für die Anwärmung durch Wärmeaufnahme zuständig ist. Beide Systeme gehören zum somatosensorischen System. Die Zellkörper von **Kaltrezeptoren** und **Warmrezeptoren** liegen als pseudounipolare Neuronen in den Spinalganglien und Trigeminalganglien, von wo aus Axone zu den sensorischen Endigungen in Körperhaut und Kopfhaut ziehen. Es handelt sich dabei um myelinisierte Aδ-Fasern und nicht-myelinisierte C-Fasern, die in den Schichten I und II (C-Fasern) und I und V (Aδ-Fasern) des Rückenmarks sowie im caudalen Abschnitt des spinalen Trigeminuskerns im Hirnstamm enden (◘ Abb. 11.11). Die Aδ-Fasern gehören größtenteils zum Kaltsystem, die C-Fasern zum Warmsystem. In der Haut kann man Kaltpunkte- und Warmpunkte voneinander unterscheiden; es sind kleine Hautareale, die entweder von Kaltrezeptoren oder von Warmrezeptoren innerviert werden. Die Größe und Dichte dieser Punkte des Wärmesinnes variieren beträchtlich über die Körperoberfläche. Besonders im Gesicht, im Bereich des Mundes, ist das Mosaik der Kalt- und Warmpunkte so fein, dass man sie kaum auseinanderhalten kann. An diesen Stellen zeigt der Wärmesinn seine höchste räumliche Auflösung und wird zur Untersuchung von Objekten eingesetzt. Ein Tier kann mit dem Wärmesinn seiner Gesichtshaut herausfinden, ob ein Objekt kälter oder wärmer ist als die eigene Haut und ob das Objekt nass ist (hoher Wärmefluss) oder trocken (geringer Wärmefluss).

Durch den Wärmesinn wird eine Reihe von Verhaltensmustern gesteuert, die oft mit der Temperaturhomöostase der Tiere zu tun haben. Wärmeempfindung wird affektiv bewertet – ein Wohlgefühl stellt sich nur

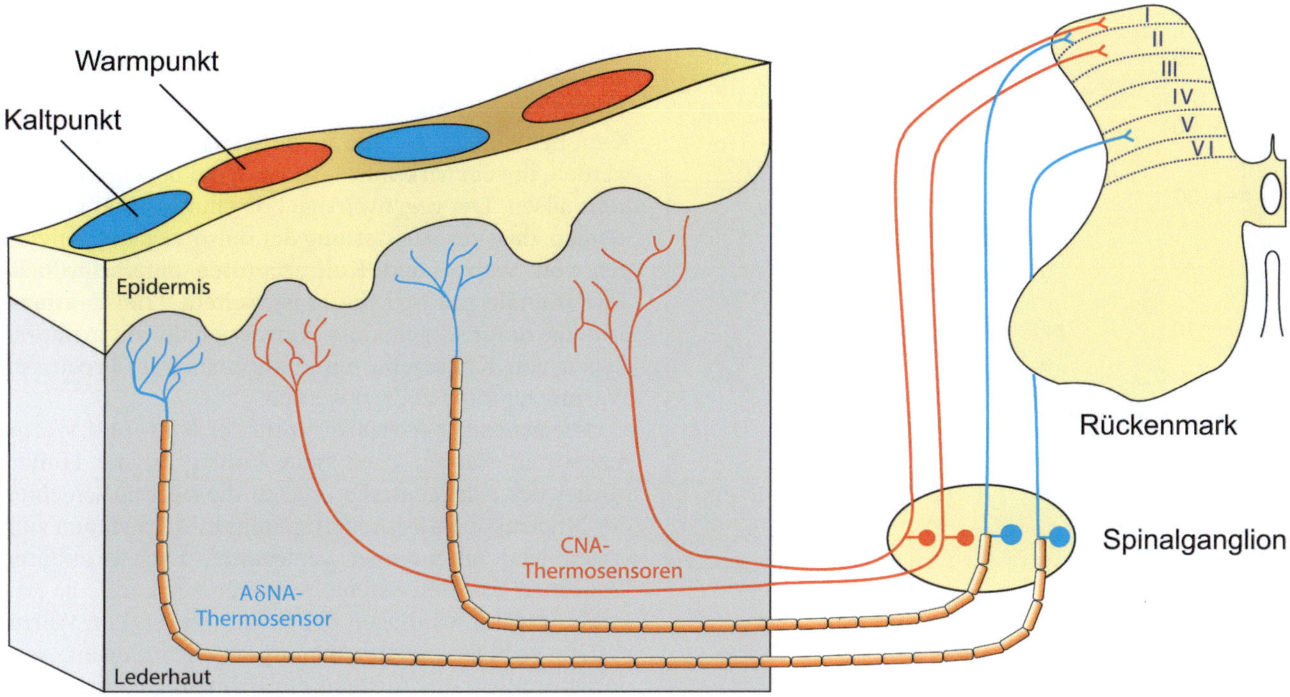

Abb. 11.11 Thermorezeptoren in der Haut von Säugetieren. Ausgehend von der Indifferenztemperatur (meist 30–33 °C) registrieren Kaltsensoren (meist nicht-adaptierende Aδ-Fasern, *blau*) eine Abkühlung der Haut, während Warmsensoren (meist nicht-adaptierende CNA-Fasern, *rot*) eine Erwärmung der Haut detektieren. Kalt- und Warmpunkte auf der Hautoberfläche stellen die rezeptiven Felder jeweils eines Wärmerezeptors dar. Die sensorischen Endigungen der Wärmerezeptoren sind verzweigte freie Nervenendigungen

ein, wenn das Temperaturgleichgewicht nicht in Gefahr ist. Tiere zeigen aversive Reaktionen auf zu kalte und zu warme Regionen des Lebensraums, aber auch appetitive Reaktionen wie das Aufsuchen von Liegeplätzen mit angenehmer Temperatur. Wichtig für die protektive Funktion des Wärmesinnes ist, dass die Bereiche von sehr tiefer und sehr hoher Temperatur – also solche, in denen Erfrierungen oder Verbrennungen drohen – durch Auslösen stark aversiver Reaktionen gemieden werden können. Bei solchen gewebeschädigenden Temperaturen stellt der Wärmesinn seine Funktion ein, und der Schmerzsinn macht mit **Kälteschmerz** und **Hitzeschmerz** eindeutig klar, dass Gefahr droht. Zusammen decken Kälte- und Wärmesystem ein Temperaturspektrum von etwa 30 °C ab, das von 15 °C bis 45 °C reicht und an beiden Enden von temperaturempfindlichen Schmerzzellen des nozizeptiven Systems (▶ Kap. 14) flankiert wird.

Die Suche nach den **Transduktionsmechanismen** in Kaltrezeptoren und Warmrezeptoren hat noch nicht zu abschließenden Ergebnissen geführt. Es ist aber deutlich geworden, dass zwei Ionenkanäle der TRP-Familie (TRP, *transient receptor potential*) charakteristisch sind für die beiden Systeme: Der Kanal TRPM8 wird von allen Kaltrezeptoren exprimiert, der Kanal TRPV1 kommt in allen Warmrezeptoren vor. **TRPM8** ist ein wärmegesteuerter Kationenkanal (M steht für Melastatin), dessen Offenwahrscheinlichkeit sich bei **Abkühlung unter 26 °C** erhöht (■ Abb. 11.12). Ein sensorisches Neuron, dass TRPM8-Kanäle exprimiert, wird also auf Abkühlung mit Kationeneinstrom und Depolarisation reagieren. Darüber hinaus ist TRPM8 chemisch aktivierbar durch Substanzen wie das natürlich vorkommende Menthol oder das synthetische Icilin, die bei Kontakt mit Haut oder Schleimhäuten eine Kältewahrnehmung verursachen. Bei Hunden und Nagern lösen diese Substanzen kräftiges Fellschütteln aus, eigentlich ein Reflex auf Durchnässung des Felles. Mäuse, bei denen das *trpm8*-Gen ausgeschaltet wurde, können kühle von warmen Oberflächen kaum unterscheiden und reagieren nicht auf Menthol oder Icilin. Es hat sich herausgestellt, dass nicht alle Kälterezeptoren bei Mäusen gleich sind – es gibt schnell adaptierende, langsam adaptierende und verzögert reagierende Kaltsinneszellen. Aber sie alle exprimieren TRPM8, sodass man diesen temperaturgesteuerten Ionenkanal als zentrale, wenn auch nicht einzige Komponente des Kaltsystems ansehen kann. Auch der Kälteschmerz scheint von TRPM8-exprimierenden Sinneszellen vermittelt zu werden. Die Frage nach dem genauen Mechanismus ist aber noch nicht geklärt.

Im Warmsystem wird TRPM8 nicht exprimiert. Das charakteristische Kanalprotein ist hier der wärmegesteuerte Kationenkanal TRPV1, der in allen sensori-

11

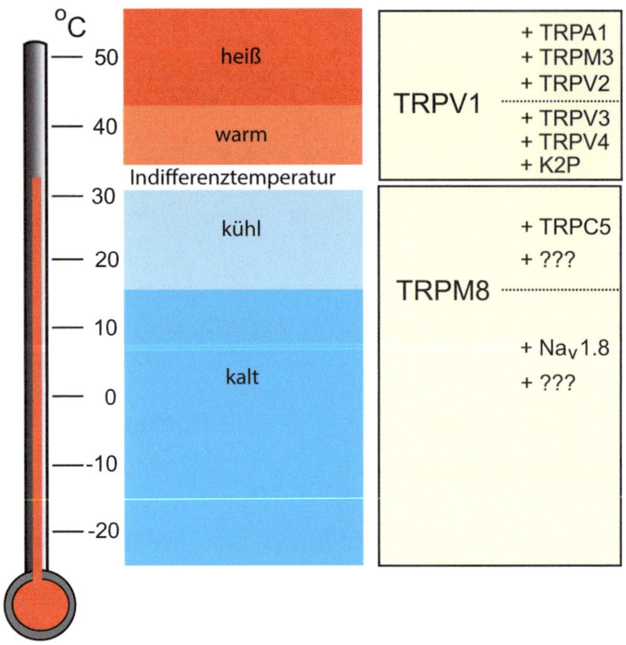

Abb. 11.12 Temperaturbereiche und Transduktionskanäle. Kalt- und Warmrezeptoren decken den Bereich kühler und warmer Temperaturen etwa ± 10–15 °C um die Indifferenztemperatur herum ab. Stärkere Abweichungen werden von Nozizeptoren erfasst, die den Kälte- und Hitzeschmerz vermitteln. Sowohl die kühl/kalten Temperaturen als auch die warm/heißen Temperaturen werden von mehreren unterschiedlichen Populationen von Wärmerezeptoren registriert. Alle auf Abkühlung spezialisierte Fasern exprimieren den Ionenkanal TRPM8, der auch durch Menthol geöffnet werden kann; alle auf Erwärmung reagierende Fasern scheinen TRPV1 zu exprimieren, der auch durch Capsaicin aktiviert werden kann. Darüber hinaus unterscheiden sich Subpopulationen von Wärmerezeptoren in ihrer Ausstattung mit Transduktionskanälen, die für einige Rezeptortypen *ganz rechts* aufgelistet sind. K2P, Zweiporen-Kaliumkanäle; $Na_v1.8$, spannungsgesteuerter Natriumkanal

schen Neuronen des Wärmesystems zu finden ist. **TRPV1-Kanäle** (V steht für Vanilloidrezeptor) werden selbst typischerweise bei Temperaturen **oberhalb von 42 °C** geöffnet, also im Bereich schmerzhafter Hitze. Dennoch exprimieren auch die Neuronen des Warmsystems, die zwischen 30 °C und 45 °C durch nicht schmerzhafte Wärmesignale aktiviert werden (Abb. 11.12), diesen Kanal. Ob TRPV1 im Warmbereich auch tatsächlich aktiviert wird, ist bisher nicht bekannt. Auch für TRPV1 ist eine spezifisch wirkende Substanz zur Kanalöffnung bekannt. **Capsaicin**, ein in vielen Paprikapflanzen (Gattung *Capsicum*) vorkommendes Alkaloid, aktiviert TRPV1 und erzeugt eine falsche Hitzewahrnehmung auf der Haut sowie den Scharfgeschmack im Mund (▶ Abschn. 14.3). Offenbar wird auch das Empfindlichkeitsspektrum von Wärmerezeptoren mit unterschiedlichen Transduktionsmechanismen abgedeckt, und die daran beteiligten Proteine sind noch nicht umfassend erforscht. Man erkennt dieses Prinzip an der Ausstattung der Hitzerezeptoren, welche auf Temperaturen oberhalb von 45 °C ansprechen. Bei der Maus exprimieren sie TRPV1 und zusätzlich die Kanäle TRPA1 (A steht für Ankyrin) und TRPM3 (auch aus der Melastatin-Unterfamilie), drei Kationenkanäle, die alle in derselben Zelle gebraucht werden, um ein wirksames Alarmsignal bei Überhitzung auszulösen. Der gegenwärtige Forschungsstand lässt erkennen, dass zur Ausstattung der sensorischen Endigungen von Warm- und Kaltrezeptoren **unterschiedliche TRP-Kanäle** gehören und dass **weitere Transduktionsproteine** dafür sorgen, dass Wärmesignale von mehreren Typen von Kaltrezeptoren sowie mehreren Typen von Warmrezeptoren codiert werden.

Die zentralen Axonabschnitte der Kalt- und Warmrezeptoren werden nach dem Eintritt in die Hinterhörner des **Rückenmarks** oder in die oberen Schichten der Nucleus spinalis nervi trigemini im **Hirnstamm** zum ersten Mal miteinander verschaltet. Die sekundären Neuronen des Kaltsystems reagieren stark auf die Abkühlungsgeschwindigkeit der Haut, während im Warmsystem weniger die Erwärmungsgeschwindigkeit, sondern vor allem das Ausmaß der Erhitzung codiert wird. Dieser Unterschied in der neuronalen Codierung weist möglicherweise darauf hin, dass Kälte- und Wärmesignale physiologisch unterschiedlich verwertet werden. Das Kaltsystem registriert den Wärmeverlust über den vergleichsweise breiten Temperaturbereich von 15–35 °C, der mit der normalen Umgebungstemperatur der meisten Säugetiere übereinstimmt. Hier sind offensichtlich Details wichtig, wie beispielsweise die Frage, ob der Wärmeabfluss an einer bestimmten Stelle der Haut besonders schnell oder eher langsam abläuft. Der Kaltsinn ist damit ein analytischer Sinn zur Untersuchung von Objekten, vergleichbar dem mechanischen Tastsinn. Beim Warmsinn ist dagegen der Arbeitsbereich enger, zusammengedrängt auf 35–45 °C, und praktisch jede Wärmeaufnahme in diesem Bereich ist schädlich. Er dient wohl vor allem dazu, übermäßig warme Orte zu meiden und Kühlungsmechanismen zu aktivieren wie Hecheln, Fell-Befeuchten oder – bei einigen Primaten und Huftieren – Schwitzen.

Bereiche mit besonders hoher Temperaturempfindlichkeit liegen bei Säugetieren außer in der Haut der Fußsohlen vor allem in der Gesichtshaut, an den Lippen, am Nasenspiegel und in den Ohrmuscheln. Auch die Schleimhäute in den Mund- und Nasenhöhlen sowie die Hornhaut der Augen sind sehr empfindlich für Kälte und Wärme; hier treibt der Wärmesinn Schutzreflexe wie den Speichelfluss, das Niesen und die Produktion von Tränenflüssigkeit. Ein besonders interessantes Wärmesinnesorgan ist das **Nasenblatt der Vampirfledermaus** *Desmodus rotundus* (Gemeiner Vampir; Abb. 11.13, *links*). Diese zur Familie der Blattnasen (Phyllostomidae) zählenden Tiere ernähren sich vom Blut anderer Säugetiere und haben ihre Jagdstrategie

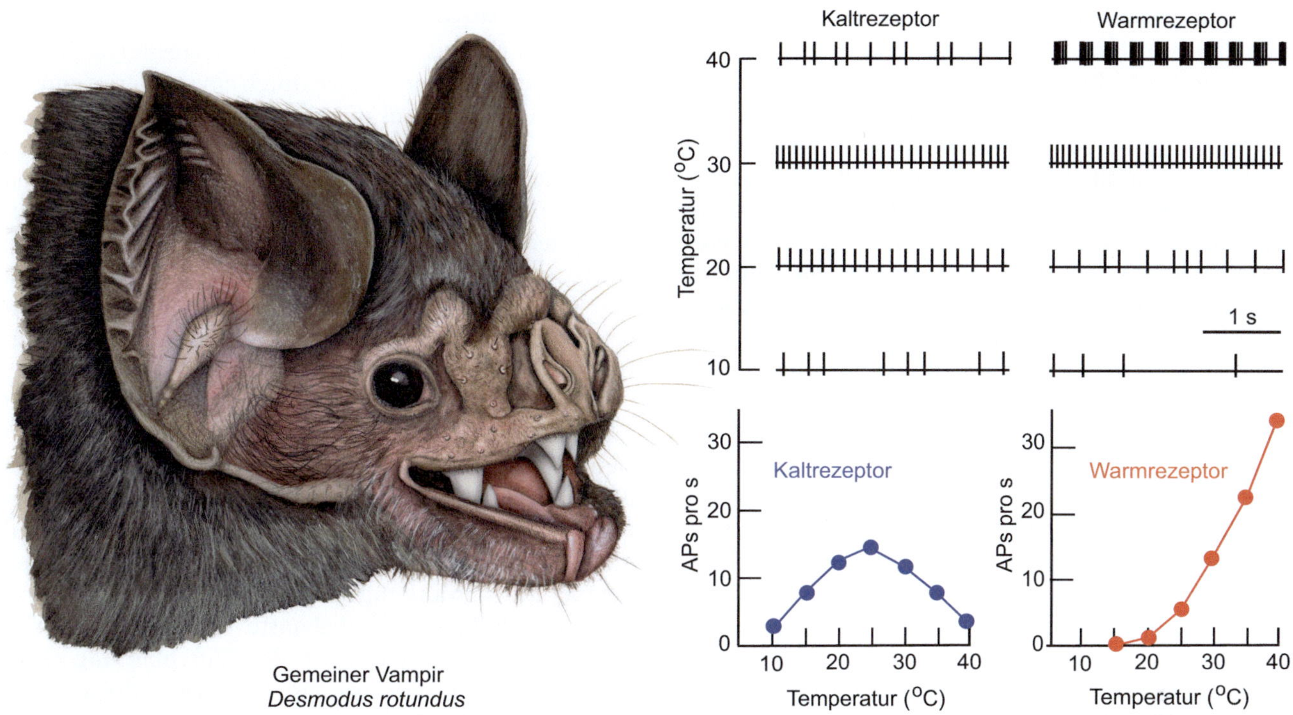

Abb. 11.13 Wärmerezeptoren eines bluttrinkenden Säugetieres. *Links*: Der Gemeine Vampir (*Desmodus rotundus*) lässt sich durch die Wärmestrahlung (Infrarotstrahlung) seiner Beutetiere zu günstigen Gewebestellen leiten, an denen Blutgefäße nahe an der Hautoberfläche liegen. Er nutzt dazu Thermorezeptoren in seinem Nasenblatt. *Rechts*: Feuerverhalten von Kalt- und Warmrezeptoren des Gemeinen Vampirs bei unterschiedlichen Temperaturen am Nasenblatt. Kaltrezeptoren werden bei Abkühlung unter 40 °C zunächst aktiviert, bei tieferen Temperaturen lässt die Aktivierung nach; es entsteht eine glockenförmige Kennlinie (*unten, blau*). Die Aktivität von Warmrezeptoren nimmt dagegen mit steigender Temperatur immer weiter zu, bis sie bei 40 °C in ein rhythmisches Feuern übergeht. Die Kennlinie (*unten, rot*) zeigt die Temperaturabhängigkeit der tonischen Aktivität und lässt einen breiten Überschneidungsbereich mit den Kaltrezeptoren erkennen. Bei der Indifferenztemperatur von 29 °C zeigen beide Rezeptortypen die gleiche Aktivität. Nach Schäfer et al. (1988)

auf schlafende „Beutetiere" ausgerichtet. Als eine von wenigen Fledermausarten können sie geschickt laufen und sich einem schlafenden Beutetier am Boden nähern. Im Nahbereich von etwa 10–20 cm sind sie in der Lage, die von der Haut ihrer Beutetiere ausgehende Infrarotstrahlung zu detektieren. Die Wärmestrahlung ist dort am stärksten, wo Blutgefäße flach unter der Haut verlaufen und die Wärme des Körperkerns an die Hautoberfläche transportieren. Die Vampire öffnen an einer solchen Stelle die Haut mit ihren extrem scharfen Zähnen und lecken das austretende Blut auf. Verschiedene Aspekte der Lebensweise dieser in Mittel- und Südamerika beheimateten Tiere bilden den Gegenstand biologischer Forschung und erweisen sich als Musterbeispiel der erstaunlichen Anpassungsfähigkeit in der Ordnung der Fledertiere (Chiroptera).

Im Nasenblatt der Tiere befinden sich Kalt- und Warmrezeptoren, deren Reaktion auf Wärmereize charakteristisch ist für die Thermorezeptoren aller Säugetiere. Im nicht-stimulierten Zustand hat der Rand des Nasenblatts eine mittlere Temperatur von 29 °C; für den Wärmesinn des Vampirs ist dies die Indifferenztemperatur. Kaltrezeptoren und Warmrezeptoren feuern etwa gleich schnell bei 29 °C mit Aktionspotenzialraten von 13 APs pro Sekunde (Abb. 11.13, *rechts*). Nähert sich der Vampir einer Wärmequelle, verstärken die Warmrezeptoren ihre Aktivität und verfallen nahe der Haut des Beutetieres, bei Temperaturen über 35 °C, in ein rhythmisches Feuerverhalten mit ein bis zwei Salven von Aktionspotenzialen in jeder Sekunde. Gleichzeitig reduzieren die Kaltrezeptoren ihre Aktivität, sodass sich bei Annäherung an einen warmen Hautbereich die afferenten Signale von Kalt- und Warmrezeptoren stark unterscheiden. Im kritischen Moment, wenn der Vampir die Haut seines Beutetieres nach einer besonders warmen Stelle absucht, liefern seine Thermorezeptoren auf diese Weise **Signale mit maximalem Kontrast** zwischen Kalt- und Warmrezeptoren. Möglicherweise verhilft dieser Kontrast dem Wärmesinn des Vampirs zu derjenigen Genauigkeit, die für das Auffinden wärmerer Stellen der Haut benötigt wird. Anders ist das bei Abkühlung des Nasenblattes unter 29 °C, wie sie beispielsweise durch Luftströmungen verursacht werden kann. Beide Thermorezeptoren reduzieren bei Abkühlung ihre Aktivität und liefern die entsprechende Information an das Gehirn. Aber der Kontrast nimmt mit zunehmender

Abkühlung nicht zu, sondern eher ab. Man findet solche Kennlinien bei vielen Säugetieren: eine glockenförmige Kennlinie für Kaltrezeptoren und eine stetig ansteigende Kennlinie für Warmrezeptoren. Der Bereich ihrer Überlagerung erzeugt den stärksten Kontrast im afferenten Signal und damit die größte sensorische Genauigkeit. Der Gemeine Vampir ist in dieser Hinsicht nicht anders ausgestattet als andere Säuger. Hinweise auf besondere Anpassungen an den Infrarotsinn liegen aber durchaus vor. Der Vampir nutzt für die Warmrezeptoren im Kopfbereich eine Spleißvariante des TRPV1-Kanals, die bei etwa 10 °C niedrigeren Temperaturen aktiviert wird als die TRPV1-Variante im Schmerzsystem von Rumpf und Gliedmaßen. Darüber hinaus findet man im Hirnstamm der Vampire eine ungewöhnliche Verschaltung der über die Trigeminusganglien eingehenden afferenten Signale, wie man sie in ähnlicher Weise nur bei den infrarotsensitiven Schlangen nachgewiesen hat. Dabei handelt es sich um den lateralen absteigenden Trakt des Trigeminus und den Nucleus reticularis caloris der Grubenottern (s. ◘ Abb. 11.7, *rechts*). Vergleichbare Hirnstammstrukturen besitzt auch der Gemeine Vampir – nicht aber insektivore oder frugivore Fledermäuse –, sodass diese Verschaltungsbereiche offenbar auf die Verarbeitung von Infrarotsignalen spezialisiert sind.

11

11.7 Wärmesinn, Temperaturregulation und Winterschlaf

Der Wärmesinn muss zwei grundsätzlich unterschiedliche Funktionen erfüllen. Einerseits müssen Objekte auf ihre Temperatur hin untersucht werden, andererseits muss die Kerntemperatur des Körpers bei wechselnden Außentemperaturen durch Verhaltensreaktionen reguliert werden. Diese beiden Aufgaben sind auf die zwei Hauttypen von Säugern und Vögeln verteilt. Die **unbehaarte (unbefiederte) Haut** ist mit Thermorezeptoren und Mechanorezeptoren auf die Erkundung von Objekten spezialisiert. Zudem dient sie der Regulation des Wärmeflusses zwischen Körper und Umgebung, eine Aufgabe, die durch eine regelbare Durchblutung möglich wird. Die unbehaarte Haut ist von arteriovenösen Anastomosen durchsetzt, kleinen Verbindungsgefäßen zwischen den arteriellen und venösen Systemen, die durch das vegetative Nervensystem geöffnet werden, wenn Wärme abgegeben werden muss. Soll dagegen Wärmeverlust verhindert werden, schließen die Anastomosen und reduzieren dabei die Durchblutung der Haut um etwa 80 %. Bereiche mit unbehaarter Haut sind meist weit vom Körperkern an den Extremitäten zu finden, wo ihre wechselnde Temperatur wenig Auswirkung auf die Kerntemperatur hat. Solche Hautpartien können in kalter Umgebung bei sehr niedriger Temperatur gehalten werden, um Wärmeabfluss zu reduzieren. Wasservögel können ihre Beinhaut auf wenige Grad Celsius abkühlen, und Meeressäuger halten die Temperatur ihrer Flossen durch einen arteriovenösen Wärmetauschmechanismus nahe der Wassertemperatur. Solange der Temperaturunterschied zwischen außen und innen gering bleibt, bleibt auch der Wärmeverlust gering. Die Fluktuation der Durchblutung und Temperatur der Extremitäten bedeuten aber auch, dass die Kalt- und Warmrezeptoren der unbehaarten Haut in der Lage sein müssen, bei unterschiedlichen Hauttemperaturen den Wärmefluss zu messen und zu codieren.

Die zweite Aufgabe, die Thermoregulation, wird nicht durch den Wärmesinn der unbehaarten Haut gesteuert, sondern ausschließlich durch den **Wärmesinn der behaarten (befiederten) Haut**. Bei endothermen Tieren liegt der größte Teil der Hautfläche unter einem Fell oder Federkleid und ist weniger ausgeprägten Temperaturschwankungen ausgesetzt als die unbehaarte Haut. Auch besitzt die behaarte Haut keine arteriovenösen Anastomosen, sodass ihre Durchblutung kaum dem vegetativen Nervensystem unterliegt. Infolgedessen haben es die Thermorezeptoren in der behaarten Haut normalerweise nicht mit schnellen Temperaturänderungen zu tun – es sei denn, ein Tier fällt ins kalte Wasser. Praktisch alle vegetativen Reaktionen auf Veränderungen der Kerntemperatur werden vom Wärmesinn der behaarten Haut gesteuert. Dazu zählt das Hecheln, mit dem Säuger und Vögel versuchen, ihr Blut zu kühlen, wenn die Außentemperatur den Sollwert des Körperkerns übersteigt. Auch Reaktionen auf Abkühlung wie Zittern, Aufplustern von Fell oder Gefieder sowie das Abschütteln von Wasser sind Verhaltensreflexe, die von Thermorezeptoren in der behaarten Haut ausgelöst werden. Nach heutigem Wissenstand funktionieren die Kalt- und Warmrezeptoren der behaarten Haut ähnlich wie die der unbehaarten Haut. So können mit Menthol – also durch Aktivierung von TRPM8-Kanälen – auf der behaarten Haut vegetative Kältereflexe ausgelöst werden, während Menthol auf der unbehaarten Haut nur eine Kältewahrnehmung vermittelt.

Einer der wichtigsten Vorteile eines endothermen Stoffwechsels liegt in der Möglichkeit, kühlere Regionen der Erde zu besiedeln, als es den ektothermen Tieren möglich ist. Große Teile der gemäßigten Zonen, besonders aber die borealen Nadelwälder der kaltgemäßigten Klimazone, sind schwieriges Terrain für wechselwarme Tiere, und die warmblütigen Säuger und Vögel kommen dort besser zurecht (▶ Abschn. 11.1). Allerdings erfordert die Endothermie sehr viel Stoffwechselenergie, und bei niedrigen Außentemperaturen oder schlechtem Nahrungsangebot kann der endotherme Stoffwechsel mehr Energie verbrauchen, als die Tiere aus ihrer Nahrung gewinnen können. Demzufolge benötigen die Tiere in diesen Zonen besondere Anpassungen an die Kälte, sofern sie nicht – wie die Zugvögel – den Winter in wärmeren Gebieten verbringen. Die Vogelarten der nördlichen Tundren und der alpinen Höhenstufen wechseln zwischen Winter- und Sommerquartieren. Die meisten durchqueren auf weiträumigen Wanderungen mehrere Klimazonen. Andere, wie die arktische Schnee-Eule (*Bubo scandiacus*) und das Alpenschneehuhn (*Lagopus muta*), müssen nur über kurze Distanzen ziehen, weil sie besser an Kälte angepasst sind. Eine gute Kälteanpassung kann auch in gemäßigten Klimazonen Europas einigen Vogelarten die Kraftanstrengung und die Gefahren des Vogelzugs ersparen. So können Meisen, Finken, Amseln, Spatzen sowie einige Raben- und Wasservögel in Europa als Standvögel überwintern und ausreichend Nahrung und Schutz vor Auskühlung finden. Neben physiologischen Anpassungen wie Wärmetauschern im Blutgefäßsystem der Beine und der zum Aufplustern benötigten Muskulatur an den Federfollikeln sind Verhaltensanpassungen entscheidend für die Überwinterung. Ein schönes Beispiel ist die Bildung von Schlafgemeinschaften, die man bei Zaunkönigen (*Troglodytes troglodytes*; ◘ Abb. 11.14) und einigen Meisenarten, aber auch bei Mäusen be-

◘ **Abb. 11.14** Zaunkönige (*Troglodytes troglodytes*) in einer Schlafgemeinschaft im Winter. Zaunkönige sind in Mitteleuropa Standvögel und verbringen den Winter aktiv in ihren Revieren. Tagsüber suchen sie Nahrung, und am Abend von kalten Wintertagen können sie einander zur gemeinsamen Übernachtung zusammenrufen. In den Gemeinschaftsschlafplätzen plustern sie ihr Gefieder zu einer Kugelform auf und stecken ihre Köpfe zusammen. Auf diese Weisen sind sie optimal wärmeisoliert und können selbst harte Frostnächte überstehen

obachten kann. Winteraktive Tiere mit eigentlich solitärer Lebensweise sammeln sich dabei an Winterabenden in einem gemeinsamen Schlafnest und schützen sich durch Kuscheln vor Auskühlung. Ein solches durch den Wärmesinn gesteuertes Verhalten (engl. *huddling*) ist recht komplex. Spezifische Vokalisationen helfen den Tieren, genügend Artgenossen in das Gemeinschaftsnest zu rekrutieren, und die Anordnung der Körper wird so organisiert, dass der Wärmeverlust aller Einzeltiere minimiert wird.

Für das Überleben von monatelangen Wintern ohne ausreichende Nahrungsquellen sind einfache Verhaltensanpassungen oft nicht ausreichend; dann machen sich Vögel rechtzeitig auf in wärmere Gebiete. Für viele Kleinsäuger ist dagegen die Lösung für solche kritischen Perioden negativer Energiebilanz die **Heterothermie**. Sie überstehen ungünstige Zeiten, indem sie die Regulation ihrer Körpertemperatur verstellen und für einige Zeit einen niedrigeren Sollwert verwenden. Die Dauer dieser Sparperioden kann sehr unterschiedlich sein. Bei Vögeln und Säugern kennt man kurze, als **Torpor** bezeichnete Phasen, in welchen sie ihre Körpertemperatur auf 10–20 °C absinken lassen. Solche kurzen Abkühlungsphasen können in jeder Nacht vorkommen, wie bei einigen Singvögeln, Kolibris und Schwalben, aber ebenso bei einer ganzen Reihe von kleinen Säugetieren. Da Säuger im Winter nicht in den Süden fliegen können, verbringen viele von ihnen – insbesondere Nagetiere, Insektenfresser und Fledermäuse – die kalten Monate im **Winterschlaf**. Diese Option wird von Vögeln nicht genutzt – einzig ein kleiner Vogel aus Nordamerika, die Winternachtschwalbe (*Phalaenoptilus nuttallii*), scheint eine Art Winterschlaf zu halten. Winterschlaf ist ein physiologischer Extremzustand (◘ Abb. 11.15). Er wird im Herbst durch die abnehmende Tageslänge, die fallenden Temperaturen und vermutlich ganz wesentlich durch endogene, in Jahreszyklen ablaufende hormonelle Vorgänge (circannuale Rhythmik) eingeleitet. Der Körper eines Kleinsäugers im Winterschlaf zeigt typischerweise folgende Phänomene:

- **Hypothermie**. Die schlafenden Tiere senken ihre Körperkerntemperatur bis nahe an den Nullpunkt ab, in einigen Fällen sogar bis unter 0 °C. Dazu ist die Verstellung der Temperaturregelung nötig, denn dieses Abkühlen ist kein passiver Prozess (wie bei der Kältestarre der Reptilien), sondern ein aktiver Regelprozess.

◘ **Abb. 11.15** Eine Haselmaus (*Muscardinus avellanarius*) verbringt die kalten Monate des Jahres im Winterschlaf. Mit abgekühltem Körper, geringer Herzschlagfrequenz und reduzierter Atmung kann sie ihren Stoffwechsel um mehr als 90 % drosseln. Auch in wärmeren Jahreszeiten kann die Haselmaus in einem als Torpor bezeichneten Schlafzustand Zeiten der Nahrungs- oder Wasserknappheit überstehen

- **Reduzierte Atemfrequenz.** Erdhörnchen wie das Europäische Ziesel (*Spermophilus citellus*) oder der zu den Bilchen zählende Siebenschläfer (*Glis glis*) atmen im Winterschlaf nur ein- bis zweimal pro Stunde.
- **Bradykardie.** Kleinsäuger, die im Sommer Herzschlagfrequenzen um 400 pro Minute haben, benötigen im Winterschlaf nur zehn bis 20 Schläge in der Minute.
- **Reduzierter Sauerstoffverbrauch**. Der abgekühlte Körper eines winterschlafenden Kleinsäugers hat eine derart geringe Stoffwechselaktivität, dass nur noch 1 % der im Sommer verbrauchten Sauerstoffmenge benötigt wird.
- **Reduzierte Harnproduktion.** Die Nieren des winterschlafenden Tieres haben die Produktion von Endharn um 99 % gedrosselt, sodass kein Wasser verloren geht.
- **Umstellung auf Fettstoffwechsel.** Die verbleibende Stoffwechselaktivität wird weitgehend durch Fettoxidation gewährleistet. Das hat den Vorteil, dass kein Wasser verbraucht wird (im Gegensatz zum Kohlenhydratstoffwechsel). Außerdem ist die Energiedichte von Fett besonders hoch. Bei einer Fledermausart reichen 1,7 g Körperfett für sieben Monate Winterschlaf! Die Tiere können sich im Herbst entsprechende Mengen Winterfett anfressen, um selbst in einem langen Winterschlaf nicht zu verhungern. Siebenschläfer schlafen sieben Monate.

Noch nicht verstanden ist die Beobachtung, dass winterschlafende Tiere ihren Schlaf im Abstand von 20 bis 30 Tagen immer wieder unterbrechen. Irgendeinem Auslöser folgend heizen sie ihre Körper innerhalb weniger Stunden auf die typische Betriebstemperatur des Sommers auf und verbleiben dann für die Dauer von meist weniger als einem Tag auf etwa 35 °C (◘ Abb. 11.16). Diese kurzen Wärmeperioden sind natürlich aufwendig – tatsächlich verbrauchen sie im Verlauf der Wintermonate den größten Teil der Energie, über die das schlafende Tier verfügen kann. Aber die kurzen Aufwärmepisoden zeigen auch deutlich, dass die Körpertemperatur während des Winterschlafs fest unter der Kontrolle der Wärmeregulation steht. Die Kerntemperatur sinkt nur so weit ab, wie es der Organismus ertragen kann – das schlafende Tier erfriert nicht.

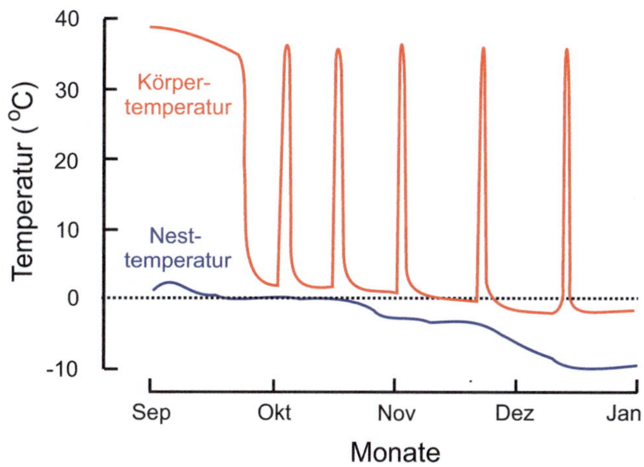

◘ **Abb. 11.16** Körpertemperatur eines Arktischen Erdhörnchens oder Ziesels (*Spermophilus parryii*) im Winterschlaf. Während die Temperatur im Winterlager (dem Hibernaculum) im Verlauf der Wintermonate deutlich unter die Frostgrenze absinkt (*blau*), hält das Erdhörnchen seine Körperkerntemperatur nahe 0 °C (*rot*). Fünf Mal während des Winters wärmt sich das Hörnchen für jeweils einen Tag bis zu seiner Sommertemperatur von 35–37 °C auf. Nach Boyer et al. (1998)

Literatur

Weiterführende Literatur

Bautista DM, Siemens J, Glazer JM et al (2007) The menthol receptor TRPM8 is the principal detector of environmental cold. Nature 448:204–208

Bosch S (2014) Wenn Zaunkönige zusammen kuscheln: Verhalten einer Gruppe von Zaunkönigen (Troglodytes troglodytes) im Gemeinschaftsschlafplatz im Winter. Vogelwarte 52:191199

Geiser F (2008) Ontogeny and phylogeny of endothermy and torpor in mammals and birds. Comp Biochem Physiol A 150:176180

Gracheva EO, Ingolia NT, Kelly YM, Cordero-Morales JF, Hollopeter G, Chesler AT, Sánchez EE, Perez JC, Weissman JS, Julius D (2010) Molecular basis of infrared detection by snakes. Nature 464:1006–1012

Gracheva EO, Cordero-Morales JF, González-Carcacia JA, Ingolia NT, Manno C, Aranguren CI, Weissman JS, Julius D (2011) Ganglion-specific splicing of TRPV1 underlies infrared sensation in vampire bats. Nature 476:88–91

Hinz M, Klein A, Schmitz A, Schmitz H (2018) The impact of infrared radiation in flight control in the Australian „firebeetle" Merimna atrata. PLoS One 13:e0192865

Lamas JA, Rueda-Ruzafa L, Herrera-Perez S (2019) Ion channels and thermosensitivity: TRP, TREK, or both? Int J Mol Sci 20:2371

Moon C (2011) Infrared-sensitive pit organ and trigeminal ganglion in the crotaline snakes. Anat Cell Biol 44:8–13

Nespolo RF, Bacigalupe LD, Figuerua CC, Koteja P, Opazo JC (2011) Using new tools to solve an old problem: the evolution of endothermy in vertebrates. Trends Ecol Evol 26:414–423
Pogorzala LA, Mishra SK, Hoon MA (2013) The cellular code for mammalian thermosensation. J Neurosci 33:5533–5541
Romanovsky AA (2014) Skin temperature: its role in thermoregulation. Acta Physiol 210:498–507
Ruf T, Geiser F (2015) Daily torpor and hibernation in birds and mammals. Biol Rev 90:891–926
Schneider ES, Schmitz A, Schmitz H (2015) Concept of an active amplification mechanism in the infrared organ of the pyrophilous melanophila beetles. Front Physiol 6:391
Schraft HA, Bakken GS, Clark RW (2019) Infrared-sensing snakes select ambush orientation based on thermal backgrounds. Sci Rep 9:3950
Solinski HJ, Hoon MA (2019) Cells and circuits for thermosensation in mammals. Neurosci Lett 690:167–170
Tan CL, Cooke EK, Leib DE, Lin Y-C, Daly GE, Zimmerman CA, Knight ZA (2016) Warm-sensitive neurons that control body temperature. Cell 167:47–59
Vriens J, Nilius B, Voets T (2014) Peripheral thermosensation in mammals. Nat Rev Neurosci 15:573–589
Yarmolinsky DA, Peng Y, Pogorzala LA, Rutlin M, Hoon MA, Zuker CS (2016) Coding and plasticity in the mammalian thermosensory system. Neuron 92:1079–1092

Zitierte Literatur

Altner H, Loftus R (1985) Ultrastructure and function of insect thermo- and hygroreceptors. Ann Rev Entemol 30:273–295
Boyer BB, Barnes BM, Lowell BB, Grujic D (1998) Differential regulation of uncoupling protein gene homologues in multiple tissues of hibernating ground squirrels. Am J Physiol Reg Integr Comp Physiol 275:1232–1238
Chabreck RH (1973) Temperature variation in nests of the American Alligator. Herpetol 29:48–51
Deeming DC, Reynolds SJ (2015) Nest, eggs, and incubation. New ideas about avian reproduction. Oxford University Press, Oxford, UK
Ehn R, Tichy H (1996) Response characteristics of a spider warm cell: temperature sensitivities and structural properties. J Comp Physiol A 178:537–542
Gainett G, Michalik P, Müller CHG, Giribet G, Talarico G, Willemart RH (2017) Putative thermo-/hygroreceptive tarsal sensilla on the sensory legs of an armored harvestman (Arachnida, Opiliones). Zool Anz 270:81–97
Goris RC (2011) Infrared organs of snakes: an integral part of vision. J Herpetol 45:2–14
Newman EA, Hartline PH (1982) The infrared „vision" of snakes. Scient Amer 3(1982):116–127
Ruchty M, Roces F, Kleineidam CJ (2010) Detection of minute temperature gradients by thermosensitive neurons in ants. J Neurophysiol 104:1249–1256
Schäfer K, Braun HA, Kürten L (1988) Analysis of cold and warm receptor activity in vampire bats and mice. Pflügers Arch Eur J Physiol 412:188–194
Schmitz A, Sehrbrock A, Schmitz H (2007) The analysis of the mechanosensory origin of the infrared sensilla in *melanophila acuminata* (Coleoptera: Buprestidae) adduces new insight into the transduction mechanism. Arthropod Struct Dev 36:291–303
Schmitz A, Schneider ES, Schmitz H (2015) Behaviour of the Australian „fire beetle" Merimna atrata (Coleoptera: Buprestidae) on burnt areas after bushfires. Rec West Austr Museum 30:1–11
Schmitz H, Bleckmann H (1998) The photomechanic infrared receptor for the detection of forest fires in the beetle *melanophila acuminata* (Coleoptera: Buprestidae). J Comp Physiol A 182: 647–657
Steinbrecht RA, Müller B (1991) The thermo-/hygrosensitive sensilla of the silkmoth, Bombyx mori: morphological changes after dry- and moist-adaptation. Cell Tiss Res 266:441–456
Webb DR (1987) Thermal tolerance of avian embryos: a review. Condor 89:874–898

Der Elektrosinn

Inhaltsverzeichnis

S. Frings, *Die Sinne der Tiere*, https://doi.org/10.1007/978-3-662-63233-8_12

In trübem Wasser sind die Augen für die Orientierung manchmal keine große Hilfe. Das Seitenlinienorgan und der Geruch können aushelfen, wenn andere Fische vorbeischwimmen oder wenn sich in der Strömung Wasserwirbel an Steinen und Pflanzen bilden. Der Elefantenrüsselfisch (*Gnathonemus petersii*) hat aber eine Lösung für das Problem gefunden, auch in stehendem, trübem Wasser genaue Informationen darüber zu sammeln, was um ihn herum vor sich geht. Mit einem speziellen Organ erzeugt er elektrische Wechselfelder und überwacht die Ausbreitung dieser Felder in seiner unmittelbaren Umgebung. Er kann die Form und Intensität der elektrischen Felder sehr genau interpretieren, unterscheidet selbst im Dunkeln Gegenstände im Wasser wie Wasserpflanzen und Geröll und kann sogar über elektrische Signale mit Artgenossen kommunizieren. Elektroortung und Elektrokommunikation sind Sinnesleistungen, die einige Fische weit entwickelt haben. Sie nutzen die vergleichsweise weite Ausbreitung elektrischer Felder im Wasser, die ihnen bei der Nahorientierung im Bereich von einigen Zentimetern lebenswichtige Orientierungshilfen geben kann. Der Elektrosinn hat die

Besonderheit, dass er lebendige und tote Objekte unmittelbar unterscheidet. Denn alle lebenden Organismen sind auch elektrische Systeme, und besonders höhere Tiere verraten sich im Wasser durch die elektrischen Felder ihrer Muskel- und Nervensysteme. Haie und Rochen haben die Kunst, solche biogenen Elektrosignale aufzuspüren, perfektioniert und können sogar gut versteckte Beutefische an ihren elektrischen Feldern orten. Der Elektrosinn ist in erster Linie eine Sinnesmodalität von Wassertieren; nur wenige – wenn auch besonders interessante – Beispiele für Elektroortung sind bei Landtieren bekannt.

12.1 Der Elektrosinn der Bienen

Die Koevolution von Blüten und Bienen hat erstaunlich vielfältige Anpassungen hervorgebracht, bei denen Düfte, Farben, Muster, taktile Reize, das Nahrungsangebot in Form von Nektar und Pollen sowie manchmal gar atmosphärische Reize wie Luftfeuchtigkeit und Temperatur von Pflanzen eingesetzt werden, um Bienen anzulocken. Berücksichtigt man noch die Vielfalt von Blütenbesuchern – von Fliegen über Bienen bis hin zu Vögeln und Fledermäusen –, stellt sich der Bestäubungsvorgang, bei welchem Pflanzen spezifisch angepasste Tiere zum Pollentransport und damit zur Befruchtung nutzen (das Zoophilie-Syndrom), als ein dynamischer Adaptationsprozess dar, bei dem jedes Signal genutzt wird, das dem symbiontischen Paar zur Verfügung steht. Ein erst vor wenigen Jahren entdecktes Signal ist die elektrostatische Aufladung von Blüten und Bienen, mit einer negativen Nettoladung von Blüte und Pollen und der positiven Aufladung, die sich die Bienen während des Fluges zuziehen (◘ Abb. 12.1).

Biologische Materialien wie das Fell von Säugern oder die Oberfläche von Insekten tendieren bei Reibungskontakt mit anderen Materialen dazu, Elektronen abzugeben und sich selbst dadurch positiv aufzuladen. Ihre vergleichsweise geringe Elektronenaffinität platziert sie am positiven Ende der triboelektrischen Reihe (Triboelektrizität = Reibungselektrizität), an deren negativem Ende Materialien mit hoher Elektronenaffinität stehen (Bernstein, Teflon, Gummi, Polyethylen). Bei ihrem Flug verliert eine Biene Elektronen an die Luft und lädt sich positiv auf. Da sie während des Fluges nicht geerdet ist, akkumuliert die positive Ladung auf ihrem Weg zur Blüte bis zu einer Gesamtladung von 30–50 pC bei einer Spannung von 200–300 V. Im Unterschied zu Bienen sind Blüten geerdet. Ihre Oberflächenladung ist – wie die gesamte Erdoberfläche – negativ gegenüber der Atmosphäre, und die Ladungsdichte ist besonders hoch an den Kanten der Blütenblätter, Narben und Antheren, aber auch an kleinen Härchen (Trichomen) der Blüte. Nähert sich die positiv geladene Biene einer negativ geladenen Blüte, entsteht auf den letzten Zentimetern ein elektrisches Feld mit einer Stärke um 5 kV m^{-1} (5000 N C^{-1}), ein Feld, das durch die isolierende Luftschicht zwischen Pflanze und Insekt aufrechterhalten wird. Ein solches Feld begünstigt die Übertragung der negativ geladenen Pollenkörner auf die Biene. Messungen an Honigbienen (*Apis mellifera*) und an Hummeln (Gattung *Bombus*) weisen aber zusätzlich darauf hin, dass das elektrische Feld bei den Tieren ein sensorisches Signal auslöst – ein Signal, das entscheidend ist für die Attraktivität der Blüte. **Mechanosensitive Sensillen** im Rückenpelz der Biene sowie ihre Antennen werden durch die Einwirkung des elektrischen Feldes ausgelenkt und generieren ein elektrosensorisches Signal. Die Sensillen sind vom weich gelagerten Typ (s ▶ Abb. 4.5, *rechts*) und reagieren schon auf Auslenkungen um etwa 0,02°. Bei Annäherung an eine Blüte sträubt sich der Bienenpelz offenbar entlang der elektrischen Feldlinien und vermittelt der Biene sensorische Information über die Blüte. Wurde die Blüte bereits besucht, kann ihr elektrisches Feld von der früheren Biene neutralisiert worden sein, sodass sich kein erneuter Besuch lohnt; die Biene fliegt weiter. Dass man Bienen auf elektrische Felder dressieren kann, macht deutlich, dass sie die sensorische Ausstattung für die De-

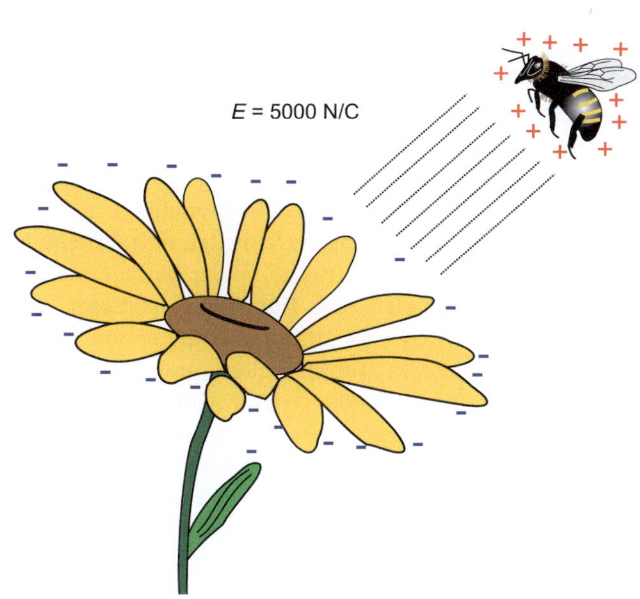

◘ **Abb. 12.1** Die elektrostatische Anziehung zwischen Blüte und Biene. Blüten tragen gegenüber der Atmosphäre eine negative elektrostatische Nettoladung, fliegende Bienen sind dagegen positiv aufgeladen. Bei der Annäherung auf wenige Zentimeter bildet sich ein elektrisches Feld mit der Feldstärke *E*, in dem auf alle geladenen Strukturen eine Coulomb-Kraft einwirkt. Auch mechanosensitive Sensillen und die Antennen der Biene sind positiv geladen und können durch die Coulomb-Kraft ausgelenkt werden, sodass ein sensorisches Signal entsteht

tektion von elektrostatischen Feldern haben. Verhaltensuntersuchungen haben zudem gezeigt, dass sie ihre statische Elektrizität auch zur Kommunikation im Stock einsetzten. Die elektrostatischen Kräfte, die von einer tanzenden Biene auf die Antennen ihrer Zuschauerinnen übertragen werden, erzeugen Bewegungen in den Antennen und damit mechanosensorische Signale.

Damit mechanosensorische Sensillen und Antennen berührungsfrei durch elektrische Felder bewegt werden können, müssen sie klein sein. Für Bienen ist dieser Vorgang gezeigt worden – sie sind damit die ersten Landtiere, bei denen ein funktioneller und verhaltensrelevanter Elektrosinn nachgewiesen wurde. Es ist aber wahrscheinlich, dass auch bei anderen Insekten elektrostatische Aufladung vorkommt und dass Artgenossen in der Lage sind, die elektrischen Felder mit ihren mechanosensitiven Sensillen zu detektieren. Hinweise gibt es bereits für die Taufliege *Drosophila* und für die Schabe *Periplaneta*. Aber ein schlüssiges Konzept für die Bedeutung des Elektrosinnes bei Insekten liegt derzeit ausschließlich für blütenbesuchende Bienen vor.

12.2 Passive Elektroortung bei Knorpelfischen

Aus der Frühzeit der Wirbeltierevolution, dem Zeitalter des Silur vor 400 Mio. Jahren, stammt der passive Elektrosinn, den alle Haie und Rochen (Teilklasse Elasmobranchii, Plattenkiemer, in der Klasse Chondrichtyes, Knorpelfische) in ihren über 1000 Arten aufweisen. Dieser urtümliche Sinn bietet Haien und Rochen Orientierungshilfen in vielen Lebenssituationen, sei es bei der Nahrungssuche, der Partnersuche oder der Navigation. Während der Paarungszeit der Kalifornischen Rundstechrochen (*Urobatis halleri*) schwimmen weibliche Tiere jeden Morgen vor Sonnenuntergang in die flachen Küstengewässer des Pazifischen Ozeans und graben sich dort im Sandboden ein, sodass sie visuell nicht auszumachen sind. Männliche Artgenossen suchen den Sandboden ab und setzen dabei ihren Elektrosinn ein. Sie suchen nach dem charakteristischen elektrischen Signal, das im Körper des Weibchens aufgrund der physiologischen Ionenbewegungen in der Körperflüssigkeit entsteht und durch die Atmungsaktivität rhythmisch moduliert wird. Direkt an der Körperoberfläche beträgt dieses **bioelektrische Potenzial** nur wenige Millionstel Volt (5–10 µV), und das Potenzial sinkt mit der Entfernung vom Tier rasch ab. Dennoch kann der männliche Rochen bis zu einer Entfernung von etwa einem halben Meter die Reste dieses Signals ausmachen; sofort dreht er in Richtung Weibchen, findet dessen Versteck und beginnt mit der Paarung. Man kann nachweisen, dass das Männchen durch ein elektrisches Feld geleitet wird, indem man eine Weibchenattrappe im Sand versteckt, die mit Elektroden zur Herstellung eines rochentypischen Signals ausgestattet ist. Das Männchen wird die Attrappe nur dann aufsuchen – und versuchen, sich mit ihr zu paaren –, wenn die Elektroden angeschaltet sind (▫ Abb. 12.2, *links*). Auch andere Weibchen lassen

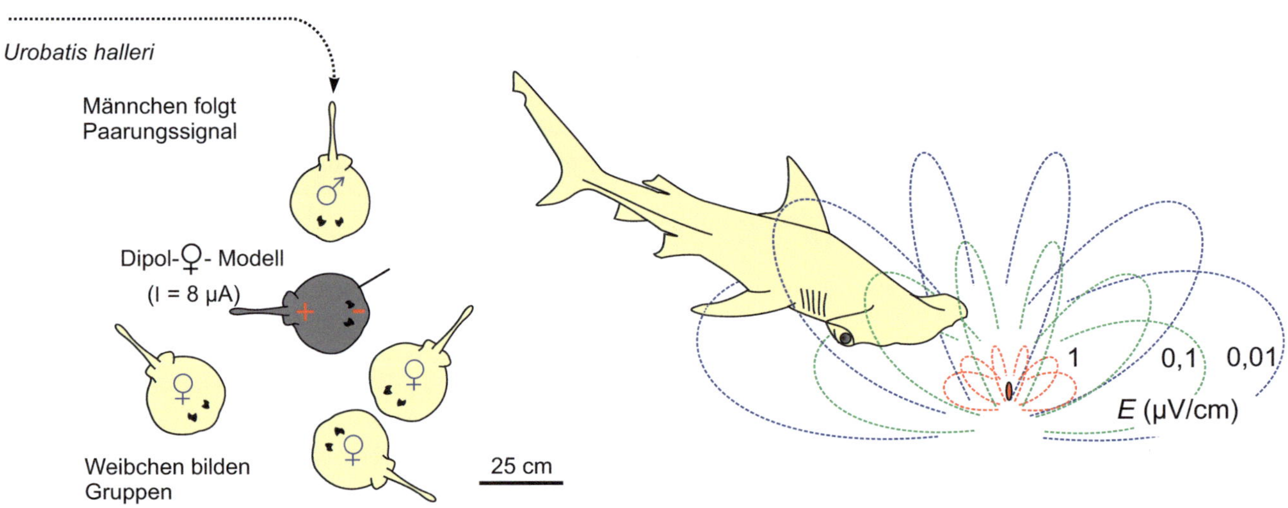

▫ **Abb. 12.2** Elektrisch gesteuerte Verhaltensmuster bei Knorpelfischen(Klasse Chondrichthyes). *Links*: Darstellung eines Experiments zum Nachweis des Elektrosinnes beim Kalifornischen Rundstechrochen (*Urobatis halleri*). Eine im Sand vergrabene Rochenattrappe (*grau*) produziert schwache elektrische Signale, die dem elektrischen Feld eines weiblichen Rochens ähneln. Andere Weibchen versammeln sich in der Nähe der Attrappe und graben sich im Sandboden ein. Ein männlicher Rochen biegt von seinem Kurs ab, nähert sich der Attrappe und beginnt mit Paarungsversuchen. *Rechts*: Ein im Sand verborgener Fisch generiert ein elektrisches Dipolfeld, dessen Feldstärke *E* mit zunehmendem Abstand vom Fisch schnell schwächer wird. Ein Raubfisch mit Elektrosinn wie der Hammerhai (Familie Sphyrnidae) kann die lokale Feldstärke und die Richtung der Feldlinien zur Orientierung nutzen, wenn er das Zentrum des Feldes sucht, um den Fisch zu erbeuten. Nach Tricas et al. (1995)

sich von dem künstlichen elektrischen Feld täuschen. Sie versammeln sich in der Umgebung und graben sich dort ein, so wie sie es auch bei Begegnung mit einem paarungsbereiten Weibchen tun würden. Dieses Beispiel zeigt, dass der Elektrosinn außerordentlich empfindlich sein muss und eine vitale Bedeutung für das Leben der Rochen hat.

Der Elektrosinn der Knorpelfische muss für äußerst geringe elektrische Feldstärken optimiert sein, denn die lokale Feldstärke, die ein Jäger im Abstand von einigen Zentimetern zum Beutetier detektieren kann, ist klein. Man kann sich die Quelle des elektrischen Feldes, das ein Fisch aussendet, vereinfacht als Dipolfeld vorstellen, in dem von einer Kathode zu einer Anode ein Strom fließt. Tatsächlich resultiert aus dem polarisierten Körperaufbau eines Fisches (hinten Muskeln, vorne Kiemen und Mundschleimhaut) ein entlang der Körperachse ausgerichtetes elektrisches Feld, grob vergleichbar einer ins Wasser gelegten Batterie. Das Zustandekommen dieses bioelektrischen Feldes ist noch nicht gut verstanden. Man vermutet, dass alle Ionentransportprozesse, Flüssigkeitsbewegungen sowie Muskelbewegungen dazu beitragen. Die Abhängigkeit der lokalen Feldstärke *E*, die ein Beutejäger detektiert, wird durch die folgende Dipolgleichung angenähert:

$$E = \frac{\rho I d}{\pi r^3} \cos \Theta \qquad (12.1)$$

Dabei symbolisieren ρ den spezifischen Widerstand (Meerwasser: 19 mΩ cm) und *I* den Strom, der zwischen zwei Polen im Abstand *d* fließt. Der Abstand vom Sensor zum Dipol wird mit *r*, der Winkel relativ zur Dipolachse mit Θ bezeichnet. Entscheidend für den Jagderfolg eines Raubfisches bei der Orientierung an einem biogenen elektrischen Feld (◘ Abb. 12.2, *rechts*) sind vor allem drei Dinge: **Nähe zum Ziel, effektive Rauschunterdrückung** und **Bestimmung der Feldrichtung.** Nach Gl. 12.1 wird die lokale Feldstärke mit der dritten Potenz des Abstands zum Beutefisch abgeschwächt – ein Umstand, der die Nutzung des Elektrosinnes im Meer auf maximal einen halben Meter in der Umgebung eines Beutefisches reduziert. Schwimmt der Jäger auch nur 1 m entfernt vorbei, ist der versteckte Fisch sicher. Die schwachen elektrischen Signale, die den Jäger in einigen Zentimetern Entfernung erreichen, müssen vor dem Hintergrund elektrischer Potenziale des eigenen Körpers erkannt werden, die weit stärker sind, weil sie nicht durch Entfernung abgeschwächt werden. Einige Rochen zeigen Verhaltensanpassungen zur Dämpfung der eigenen Körperelektrizität, indem sie ohne Muskelbewegungen – und teilweise sogar ohne Atmung – auf Beute lauern. Bei Haien misst man wesentlich geringere Potenziale an der Körperoberfläche als bei Knochenfischen (Osteichthyes) – möglicherweise auch eine Anpassung zur Unterdrückung des elektrischen Eigenrauschens. Noch nicht geklärt ist, in welcher Weise die Knorpelfische den Weg zu einem versteckten Fisch aus den elektrischen Feldern ableiten können. Im Gegensatz zur visuellen und akustischen Ortung verrät beim elektrischen Feld kein geradlinig vom Ziel ausgehendes Signal – kein Leitvektor – den Weg. Vermutlich können Haie die Richtung der elektrischen Feldlinien (oder der Äquipotenziallinien) ausmachen und daran ihr Schwimmverhalten ausrichten. Die mathematische Modellierung eines solchen Vorgangs zeigt, dass der Hai nur darauf achten muss, dass die Feldlinien beim Schwimmen immer exakt den gleichen Winkel relativ zur eigenen Körperachse beibehalten; diese einfach wirkende Strategie führt zum Dipol im Zentrum des Feldes.

Die **Sinnesorgane des Elektrosinnes** sind Hunderte **Ampullenorgane**, die unabhängig voneinander lokale Potenziale an der Hautoberfläche erfassen. Man findet sie bei Haien und Rochen vor allem in der Kopfgegend, aber auch in anderen Körperregionen. Die winzigen Poren dieser Organe sind auf der Hautoberfläche als Punkte zu erkennen (◘ Abb. 12.3); sie sind meist etwas größer als die Kanalporen des Seitenliniensystems. Die sensorischen Funktionsweisen von Seitenliniensystem und Elektrosinn sind durchaus vergleichbar. Beide messen punktuell verteilt über den Körper lokale Parameter – Wasserbewegungen oder elektrische Potenziale – die im zentralen Nervensystem zu Informationen über Vorgänge in der unmittelbaren Umgebung integriert werden, sodass geeignete Verhaltensmuster ausgelöst werden können.

Die Ampullenorgane der Knorpelfische werden als **Lorenzini'sche Ampullen** bezeichnet. Unterhalb der von außen sichtbaren Pore liegt ein epithelialer Kanal, strukturell ähnlich dem Ausführgang einer exokrinen Drüse (◘ Abb. 12.4, *links*). Plattenepithel aus fest durch Schlussleisten (Tight Junctions) miteinander verbundenen Epithelzellen bildet die Wände des Kanals, die einen hohen transepithelialen Widerstand (etwa 6 MΩ cm^2) haben und damit den Stromfluss über die Kanalwand beschränken. Das Lumen des Ampullenorgans ist dagegen ein ebenso guter elektrischer Leiter wie das Meerwasser; sein spezifischer Widerstand liegt bei nur 20–30 Ω cm^2. Es ist angefüllt mit einem Gel aus einem hoch sulfatierten Polysaccharid, einem Glykosaminoglykan/Mucopolysaccharid mit der Bezeichnung Keratansulfat, das von den Epithelzellen der Kanalwand sezerniert wird. Dieses ionenreiche Gel setzt dem axialen Stromfluss durch den Ampullenkanal nur wenig Widerstand entgegen, und infolge der hohen Leitfähigkeit herrscht an jeder Stelle des Kanals bis hinunter zur namensgebenden Ampulle das gleiche elektrische Potenzial. Die in der Ampullenwand eingelassenen Elektrorezeptoren sind deshalb dem gleichen elektrischen

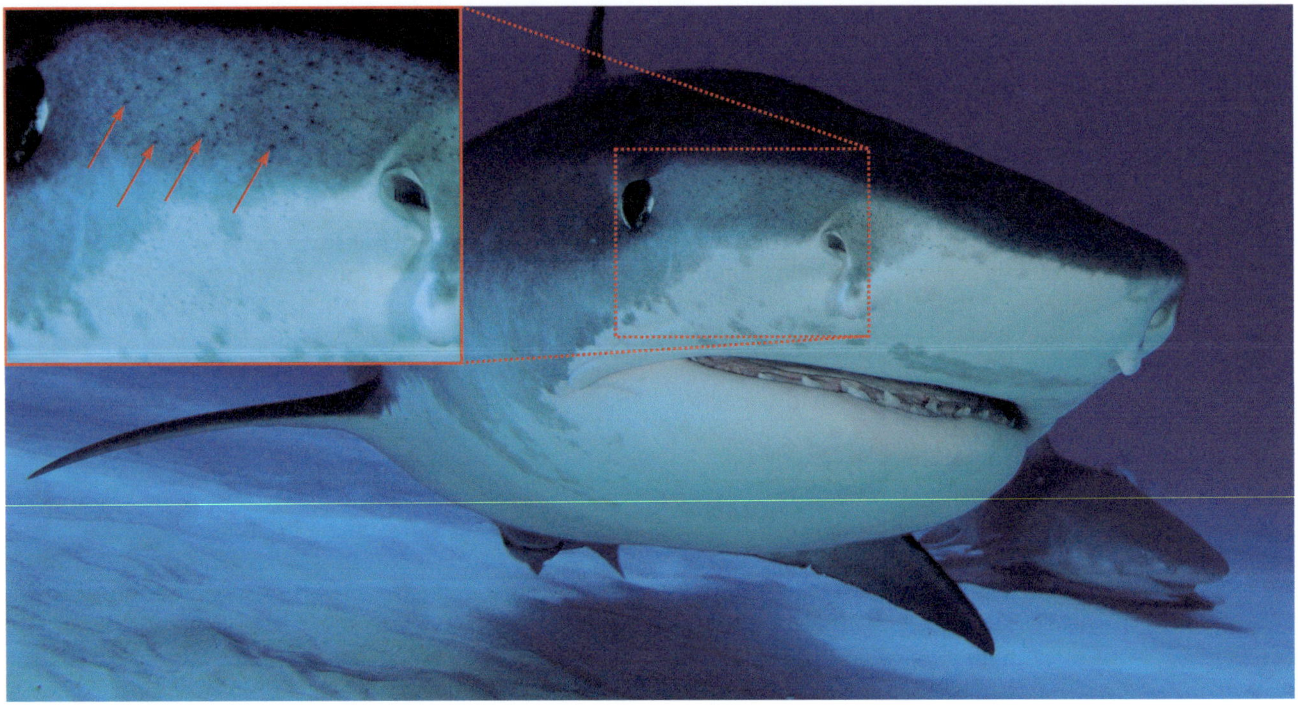

■ **Abb. 12.3** Elektrische Organe beim Tigerhai (*Galeocerdo cuvier*). Die Haut zwischen Augen und Nase des Haies ist mit dunklen Punkten übersät. Dies sind die Mündungen von Lorenzini'schen Ampullen, den rezeptiven Organen des Elektrosinnes bei den Knorpelfischen

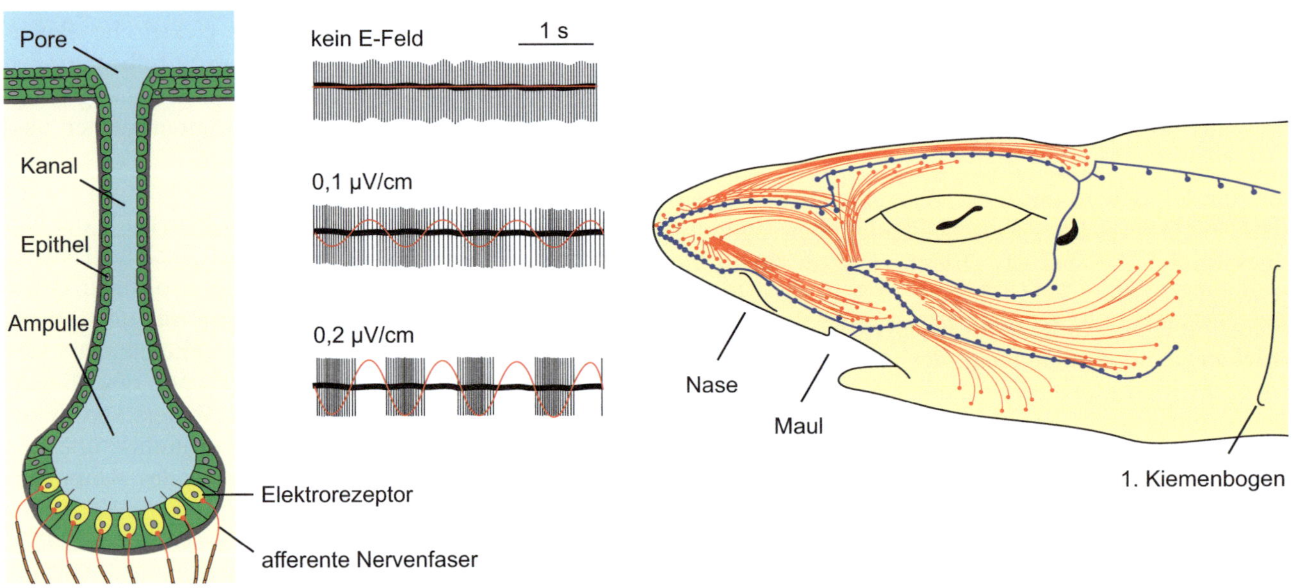

■ **Abb. 12.4** Elektrorezeptoren in Lorenzini'schen Ampullen. *Links*: Schematische Darstellung des Aufbaus einer Lorenzini'schen Ampulle bei einem Hai. Die Ampulle ist eine Epitheleinstülpung und hat an der Pore Kontakt mit dem Meerwasser. Kanal und Ampulle sind mit einem gut leitenden Gel gefüllt, das elektrische Signale ohne wesentliche Abschwächung bis zu den Elektrorezeptoren (*gelb*) am Boden der Ampulle leitet. Die Elektrorezeptoren bilden Synapsen mit afferenten Nervenfasern, welche außerhalb der Ampulle myelinisiert sind. *Mitte*: Ableitung von Aktionspotenzialen von der afferenten Nervenfaser eines Elektrorezeptors. Ohne angelegtes Feld zeigt die Faser gleichmäßige spontane Aktivität. Beim Anlegen eines sinusförmigen elektrischen Feldes wird die Feuerrate moduliert, bis die Faser ihre Aktivität vollständig der Phase des elektrischen Feldes anpasst. *Rechts*: Lage von Lorenzini'schen Ampullen in der Kopfhaut des Kleingefleckten Katzenhais (*Scyliorhinus canicula*). Die Poren sind als *rote Punkte*, die Kanäle als *rote Linien* gezeichnet. Die *blauen Linien* zeigen den Verlauf des Seitenliniensystems. Die Kanäle der Lorenzini'schen Ampullen breiten sich von gemeinsamen Ampullenregionen fächerartig über den Kopf aus. Nach Dijkgraaf und Kalmijn (1963)

Potenzial ausgesetzt, das an derjenigen Stelle der Körperoberfläche anliegt, wo der Kanal in einer Pore endet. Die Kanäle können viele Zentimeter lang sein und sind oft fächerförmig angeordnet (◘ Abb. 12.4, *rechts*), denn die Ampullen liegen meist in Gruppen zusammen, während die Poren große Hautareale abdecken können.

In jede Ampulle können einige Hundert **Elektrorezeptoren** eingelassen sein. Elektrorezeptoren sind spezialisierte Epithelzellen, die Synapsen mit afferenten Nervenfasern bilden – vergleichbar den Haarzellen des Seitenlinienorgans (◘ Abb. 12.4, *links*). Nur ein kleiner Teil ihrer Plasmamembran ist am apikalen Zellpol zum Lumen des Kanals hin exponiert und durch Schlussleisten mit umgebenden Stützzellen verbunden. Hier befindet sich ein Kinocilium, das von vielen Mikrovilli umgeben ist. An ihrem basalen Zellpol tragen Elektrorezeptoren eine Art Bandsynapse, ebenfalls vergleichbar der Synapse der Haarzellen (s. ▶ Abb. 6.34). Elektrorezeptoren reagieren extrem empfindlich, wenn elektrische Felder eine Änderung des Membranpotenzials bewirken; besonders empfindlich reagieren sie auf niederfrequente Wechselfelder im Bereich von 0,1–10 Hz. Solche Wechselfelder sind charakteristisch für biogene Signale, wie sie bei der Atmung, beim Herzschlag und bei Bewegungen der Flossenmuskulatur von Beutefischen auftreten. Sie entstehen auch, wenn ein Hai durch ein Gleichstromfeld schwimmt, sodass auch vollkommen regungslose Fische aufgespürt werden können. Ihre Empfindlichkeit verdanken die Elektrorezeptoren dem Zusammenspiel eines besonderen Typs von spannungsgesteuerten Calciumkanälen (Typ $Ca_v1.3$), welche schon bei geringer Depolarisation aktiviert werden und, einmal aktiviert, die Depolarisation der Plasmamembran verstärken. Die zweite Komponente bilden calciumgesteuerte Kaliumkanäle (Typ BK), die durch einströmendes Calcium geöffnet werden und die Zelle wieder hyperpolarisieren. Das Zusammenspiel dieser beiden gegensinnig wirkenden Ionenkanäle verursacht ein **oszillierendes Membranpotenzial**, das auch in der unstimulierten Zelle für kontinuierliche Transmitterfreisetzung sorgt. Infolgedessen zeigen die afferenten Nervenfasern der Elektrorezeptoren eine stetige Spontanaktivität auch ohne externen Sinnesreiz. Elektrorezeptoren feuern ständig und regelmäßig Aktionspotenziale (◘ Abb. 12.4, *Mitte*). Kommt es durch externe, über die Kanäle herangeleitete Potenziale zur Depolarisation oder Hyperpolarisation der Plasmamembran, ändert sich sofort die Frequenz, und zwar so lange, wie das elektrische Feld an der Pore anliegt. Elektrorezeptoren gehören damit zu den tonischen Rezeptoren, die nicht oder nur langsam adaptieren. Ihre hohe Empfindlichkeit kommt dadurch zustande, dass sie durch den Sinnesreiz nicht erst aus einem inaktiven Zustand in einen aktiven überführt werden müssen; vielmehr sind sie immer aktiv, und ihre **Aktivität wird durch den Reiz moduliert**. Auch hierin ähneln sie den hochempfindlichen Haarzellen (▶ Abschn. 5.5). Aus Verhaltensstudien mit Rochen und Haien lässt sich ableiten, dass die Detektionsschwelle von Elektrorezeptoren bei Feldstärken in der Größenordnung von 1 nV cm^{-1} liegt. Es ist kaum vorstellbar, wie schwach ein solcher Reiz ist. Anschaulicher ist die Angabe der Feldstärke in N C^{-1} ($E = V\,m^{-1} = N\,C^{-1}$). Die Kraft, die auf eine Ladung in einem elektrischen Feld wirkt, welches ein Rochen gerade noch detektieren kann, ist 0,1 µN – das entspricht in etwa der Kraft, die auf ein Elektron im Wasserstoffatom wirkt (0,082 µN). Elektrorezeptoren reagieren – ebenso wie Haarzellen – auf Reize, deren Intensität in der mikroskopischen Größenordnung atomarer Prozesse liegt. Sie sind bis zum physikalischen Limit optimiert.

Die bizarr anmutende Kopfform der Hammerhaie (Familie Sphyrnidae in der Ordnung der Grundhaie, Carcharhiniformes) ist vor allem eine Anpassung an die Jagd nach elektrischen Signalen, die von benthisch lebenden Fischen und Krebstieren ausgehen, der Hauptnahrung der Hammerhaie. Obwohl der Hammerkopf (anatomisch: Cephalofoil) auch das Sichtfeld und die Strömungseigenschaften des Haikörpers verbessert, ist sein Nutzen bei der Elektrorezeption unmittelbar am Jagdverhalten der Tiere erkennbar. In dem hammerförmigen Kopf hat eine weit größere Anzahl von Lorenzini'schen Ampullen Platz als in den Köpfen andere Haifamilien, wobei die Dichte der Rezeptoren – und damit die räumliche Auflösung des Elektrosignals – ähnlich ist. Hammerhaie verfügen über eine außerordentlich hohe Detektionsempfindlichkeit für elektrische Felder, nicht anders als andere Haie und Rochen. Bereits Feldstärken im Bereich von 1 nV cm^{-1} können Verhaltensänderungen auslösen. Die besondere Funktion des breiten Kopfes liegt wohl in der Orientierung innerhalb von elektrischen Feldern, der Wahrnehmung von Feldlinien, deren Verlauf den Tieren den Weg zum Zentrum des Feldes weist, den Ort, wo die Beute zu finden ist. Eine ähnliche Funktion wird dem Rostrum, der „Säge", von Sägerochen (auch Sägefische, Familie Pristidae) zugesprochen. Die Säge ist an ihrer Unterseite dicht mit Lorenzini'schen Ampullen besetzt und wird flach über den Meeresboden geführt, um elektrische Signale von Beutefischen aufzusürен (◘ Abb. 12.5).

12

■ Abb. 12.5 Ein Großer Hammerhai (*Sphyrna mokarran*) sucht am Meeresboden nach elektrischen Feldern, die von Fischen und Krebsen ausgehen. Sein breiter Hammerkopf – das Cephalofoil – ist ein hochempfindliches elektrosensorisches Organ, das die Struktur schwacher elektrischer Felder erfassen und zur Suche nach dem Feldzentrum eingesetzt werden kann

12.3 Der aktive Elektrosinn der Nilhechte und Messeraale

Eine Fähigkeit zur passiven Elektroortung, wie sie die Knorpelfische zuerst entwickelt haben, findet man heute in verschiedenen Varianten bei Fischen, allerdings kaum bei Knochenfischen, unter denen vor allem die große Gruppe der Strahlenflosser (Klasse Actinopterygii) den Elektrosinn weitgehend verloren hat. Zwei bemerkenswerte Ausnahmen bilden die Messerfische (Unterordnung Notopteroidei in der Ordnung der Knochenzüngler, Osteoglossiformes) mit den Nilhechten (Familie Mormyridae) sowie die Neuwelt-Messerfische (Ordnung Gymnotiformes) mit den Messeraalen (Familie Gymnotidae). Diese Süßwasserfische sind hauptsächlich nachtaktiv und haben den Elektrosinn zu einem hochempfindlichen **Orientierungs- und Kommunikationssinn** entwickelt. Sie sind in der Lage, elektrische Felder in ihrer Umgebung zu detektieren und zu analysieren. Zusätzlich besitzen sie elektrische Organe, mit denen sie selbst elektrische Felder erzeugen und deren Ausbreitung analysieren können. Ähnlich wie die Fledermäuse mit Echoortung (► Abschn. 6.9) suchen die **schwach elektrischen Fische** aktiv ihre Umgebung mit selbst erzeugten Prüfsignalen ab und können dadurch im Dunkeln Artgenossen finden, ihr Sozialverhalten koordinieren, Hindernisse umschwimmen und Nahrung finden. Stark elektrische Fische nutzen dagegen ihre elektrischen Organe in erster Linie zur Verteidigung und zur Jagd; sie werden in ► Abschn. 12.4 behandelt.

Ein besonders gut untersuchter, schwach elektrischer Fisch ist der Elefantenrüsselfisch (*Gnathonemus petersii*), der in warmen, oft trüben Waldbächen in Zentral- und Westafrika zu Hause ist (Titelbild zu ► Kap. 12). Der „Elefantenrüssel" ist eine verlängerte Unterlippe, das sogenannte Schnauzenorgan, das der Fisch dazu benutzt, am Grund der Gewässer nach Nahrung, vor allem nach Insektenlarven, zu suchen. Sein elektrisches Organ trägt der Fisch im Schwanzstiel (■ Abb. 12.6, *links oben*). Über eine Strecke von acht Wirbelsegmenten hinweg ist hier die Muskulatur in eine Serie von **Elektroplatten** umdifferenziert. Diese Platten bestehen aus **Elektrocyten**, Zellen ohne Kontraktionsfähigkeit, aber spezialisiert auf die Erzeugung von elektrischen Signalen. Gesteuert werden sie durch **Elektromotoneuronen** aus dem Rückenmark. Jeweils 300 bis 600 Elektroplatten

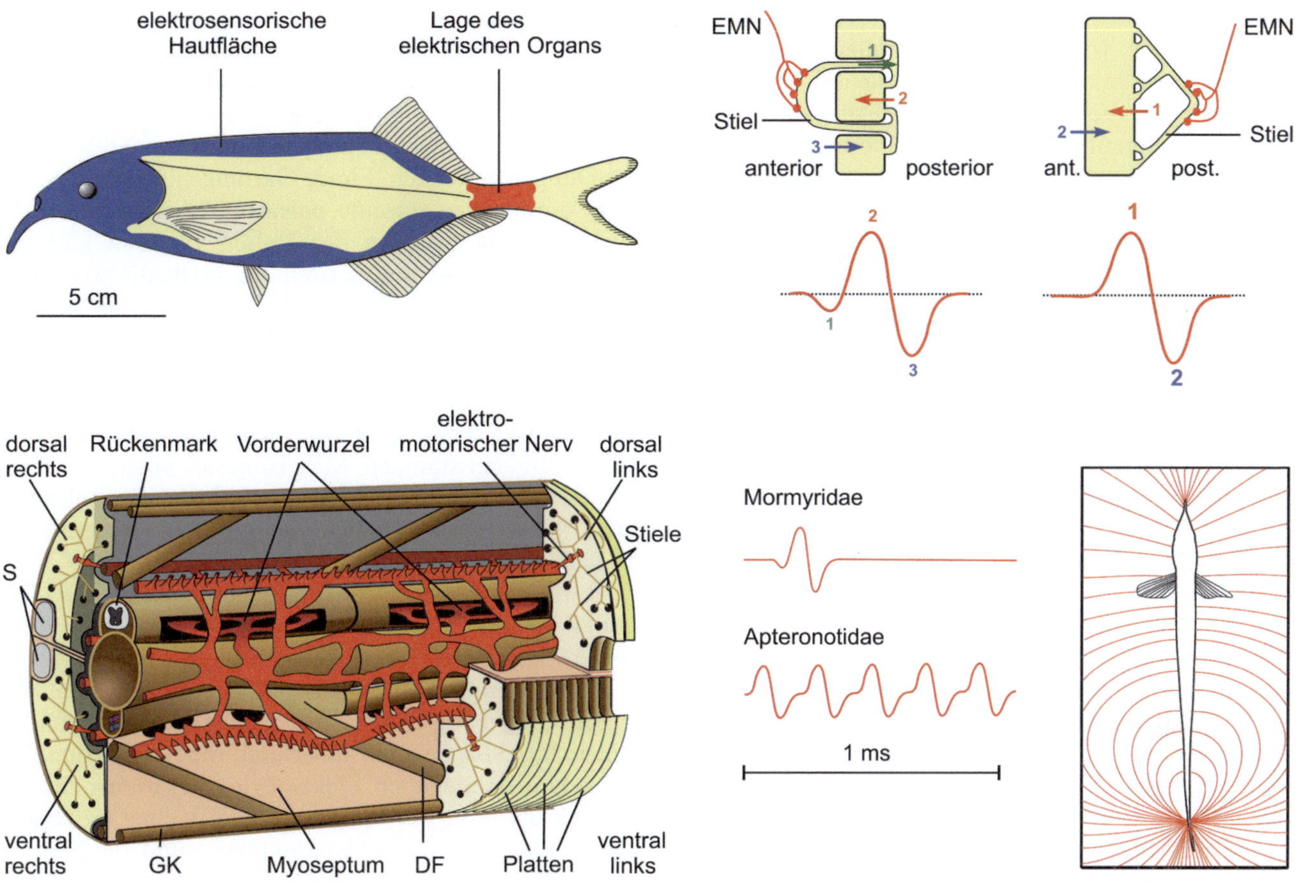

Abb. 12.6 Die Entstehung der elektrischen Signale beim Elefantenrüsselfisch (*Gnathonemus petersii*). *Links oben*: Lage des elektrischen Organs (*rot*) und Hautbereiche mit hoher Elektrosensitivität (*blau*). *Links unten*: Darstellung der Anatomie des elektrischen Organs. Zwei der insgesamt acht Wirbelsegmente (*braun*) sind schematisch gezeigt. Aus den Vorderwurzeln des Rückenmarks entspringt ein efferentes Nervensystem (*rot*), das mit jeweils einer elektromotorischen Nervenfaser jede Elelektrocyte (Platte) innerviert. Jeder der hier abgeschnitten dargestellten Stümpfe an den Längsnerven innerviert eine Platte. Nur wenige Platten sind hier eingezeichnet. Im elektrischen Organ sind 300 bis 600 Platten in vier axialen Säulen angeordnet (dorsal links und rechts, ventral links und rechts), die voneinander durch Myosepten (Scheidewände aus Bindegewebe, *rosa*) getrennt sind. DF bezeichnet die Dornfortsätze der beiden Wirbel, GK die nur im elektrischen Organ der Mormyriden (Familie Mormyridae, Nilhechte) vorkommenden Gemminger'schen Knochen und S die Sehnen zur Bewegung der Schwanzflosse. *Rechts oben*: Aktiverung von Elektrocyten durch elektromorische Nervenfasern (EMN). Synapsen sitzen auf den Stielen der Elektrocyten und können auf der anterioren (cranialen) oder auf der posterioren (caudalen) Seite der Elektrocyte liegen. Dadurch können triphasische Signale – wie bei *Gnathonemus* – oder biphasische Signale wie bei anderen Mormyriden entstehen. *Rechts unten*: Manche Arten schwach elektrischer Fische – wie *Gnathonemus* – produzieren einzelne Signale in unterschiedlichen Abständen, andere erzeugen kontinuierliche, sinusförmige Wechselfelder (Beispiel Schwanzflossen-Messeraale, Familie Apteronotidae). Die Ausbreitung der Signale entspricht einem elektrischen Dipolfeld; Feldlinien verbinden Orte mit gleicher Feldstärke. Nach Bruns (1971); Carlson und Gallant (2013); von der Emde und Ruhl (2016)

liegen in vier axialen Säulen im Schwanzstiel (jeweils 70 bis 170 pro Säule über acht Wirbelsegmente) und sind durch zwei Gallertkörper nach vorn und nach hinten vom restlichen Körper isoliert. Das ganze Elektroorgan ist in einen robusten Bindegewebsschlauch verpackt und bildet so morphologisch ein deutlich abgegrenztes, hoch spezialisiertes Organ (Abb. 12.6, *links unten*), vergleichbar mit einer schaltbaren, entlang der Körperachse ausgerichteten Batterie. Der Schwanzstiel mit dem elektrischen Organ ist nicht mehr zu aktiver Muskelbewegungen fähig. Deshalb wird die Schwanzflosse durch seitlich verlaufende Sehnen bewegt; diese übertragen die Kontraktion von weiter vorn liegenden Muskeln auf den hinteren Schwanzbereich. Da schwach elektrische Fische die Muskulatur ihres Schwanzstiels aufgegeben haben, fallen sie dadurch auf, dass sie relativ steif im Wasser stehen und sich vor allem durch wellenartige Flossenbewegungen fortbewegen. Besonders deutlich ist die reduzierte Beweglichkeit bei den Messeraalen (Familien Gymnotidae) zu sehen, bei denen das elektrische Organ nicht nur im Schwanzstiel sitzt, sondern fast über die gesamte Körperlänge ausgedehnt ist.

Die Elektrocyten der Nilhechte haben eine abgeflachte, scheibenartige Form („Platte"), und sowohl die kopfwärts als auch die schwanzwärts liegenden

Plasmamembranen sind elektrisch erregbar. Wie das Muskelgewebe, von dem sie abstammen, werden auch die Elektrocyten von Neuronen gesteuert, deren Zellkörper in den Vorderhörnen des Rückenmarks liegen und deren efferent Fasern durch die Vorderwurzeln zum elektrischen Organ verlaufen, wo sie cholinerge Synapsen bilden. Allerdings liegen die Synapsen dieser Elektromotoneuronen nicht auf der Membranfläche der Elektrocyten, sondern auf einem System von tubulären Ausstülpungen der Plasmamembran, deren einzelne Membranröhrchen als **Stiele** bezeichnet werden (◘ Abb. 12.6, *rechts oben*). Eine solche merkwürdige Eingangsstruktur bietet vor allem einen Vorteil: Sie ermöglicht es, die **Form des elektrischen Signals** durch anatomische Strukturen festzulegen. Bei *Gnathonemus* entspringen die Stiele beispielsweise aus der posterioren Zellseite, kreuzen durch große, porenartige Öffnungen auf die anteriore Seite und treten dort in Kontakt mit einer efferenten Nervenfaser. Wird diese Faser erregt, entsteht ein dreiphasiges elektrisches Signal. Zunächst fließt Strom durch die Stiele schwanzwärts und erzeugt ein negatives Potenzial (Phase 1 in ◘ Abb. 12.6, *rechts oben*); dann wird die posteriore Membran erregt, und der kopfwärts fließende Strom produziert ein positives Signal (Phase 2). Schließlich wird die anteriore Membran erregt, Strom fließt wieder schwanzwärts, sodass Phase 3 wieder negativ ausfällt. Das alles geht sehr schnell, denn die beiden Membranen der scheibenförmigen Elektrocyten liegen dicht beieinander. Innerhalb von 0,2 ms ist das elektrische Signal vorbei – ein Prozess, der **kürzer** ist **als ein Aktionspotenzial**. Liegen die Synapsen auf der posterioren Seite, entfällt die erste Phase, und das Signal ist zweiphasig.

Um zu verstehen, warum die Innervation der Elektrocyten so kompliziert gestaltet ist, muss man bedenken, dass der Elektrosinn der schwach elektrischen Fische nicht nur zum Auffinden von Beute dient. Im Unterschied zu den Haien und Rochen setzen schwach elektrische Fische ihre selbst erzeugten elektrischen Felder für das ganze Spektrum **innerartlicher Kommunikation** ein. Sie tragen mithilfe ihrer elektrischen Signale Auseinandersetzungen um Reviere aus, legen die Dominanz innerhalb einer Gruppe von Artgenossen fest, organisieren Paarungsverhalten, Nahrungssuche und Flucht bei Gefahr. Dabei kommt es ganz wesentlich darauf an, dass die Signale für Artgenossen eindeutig erkennbar und interpretierbar sind. Da sich viele schwach elektrische Fische unterschiedlicher Gattungen und Arten in demselben Lebensraum aufhalten können, ist die Unterscheidbarkeit ihrer elektrischen Signale von entscheidender Bedeutung. Die Form der Signale (einphasig, zweiphasig, dreiphasig), ihre Frequenz, Intensität und Rhythmizität müssen mit hoher Präzision steuerbar sein. Eine Fischart mit dreiphasigen Signalen „klingt" vermutlich anders als eine mit zweiphasigen, und dieser artspezifische „Klang" ist im Bau des elektrischen Organs – und maßgeblich in der Position von Stielen und Synapsen – begründet. An den artspezifischen elektrischen Signalen können die Fische einander auch im Dunkeln erkennen. Einige Gattungen, wie *Gnathonemus*, produzieren einzelne, **pulsartige Signale**, wobei sie die Abstände zwischen den Pulsen variieren können. Andere Fische senden periodische, **wellenförmige Signale** aus mit Frequenzen im Bereich von 100–500 Hz und variablen Amplituden (◘ Abb. 12.6, *rechts unten*). In Analogie zur akustischen Kommunikation zwischen Tieren sagt man, dass die Fische mit Pulssignalen knattern oder klingeln, während solche mit Wellensignalen brummen oder summen. Man kann sich vorstellen, dass die hoch differenzierten Elektrosignale der schwach elektrischen Fische ähnlich vielfältig und effizient sind wie die Vokalisationstechniken der Singvögel.

Eine fundamentale Voraussetzung für die Erzeugung eines elektrischen Feldes (◘ Abb. 12.6, *rechts unten*) ist, dass alle Elektrocyten gleichzeitig aktiviert werden. Denn ein makroskopisches, in der unmittelbaren Umgebung des Fisches messbares Signal von einigen Millivolt entsteht nur durch die **Summation der Einzelpotenziale** aller Elektrocyten (Platten). Durch Reihenschaltung der Platten innerhalb einer Säule addieren sich deren Einzelspannungen, und die Stromstärke wird vervierfacht, weil vier Plattensäulen parallel angeordnet sind. Der Summationseffekt hängt aber von der präzisen zeitlichen Überlagerung aller Signale ab. Alle Pulssignale, die von den Elektrocyten gefeuert werden, müssen synchron auftreten. Bei *Gnathonemus* mit seinen nur 0,2 ms dauernden Einzelpulsen ist es erforderlich, dass alle 300 bis 600 Elektrocyten innerhalb eines Zeitfensters von weniger als 100 µs aktiviert werden. Beträgt der Zeitversatz zwischen zwei Elektrocyten 10 µs, überlagert sich die negative Phase 3 der früheren Zelle mit der positiven Phase 2 der späteren Zelle; die Potenziale gleichen sich gegenseitig aus, und es entsteht überhaupt kein elektrisches Signal. Das elektrische Organ muss daher in seiner ganzen Länge, über acht Wirbelsegmente hinweg, mit enormer Präzision gesteuert werden – mit weit höherer Präzision als das Muskelsystem, aus dem sich dieses Organ gebildet hat. Bei einem „summenden" Fisch mit Wellensignal hat man bei einer Wellenfrequenz von 850 Hz eine Varianz von nur 0,102 Hz gemessen – also eine Ungenauigkeit von nur etwa 1/100 Prozent. Eine solch genaue Taktung des eigenen elektrischen Feldes ist die Voraussetzung dafür, dass die Tiere kleinste Abweichungen der Feldeigenschaften messen und daraus Informationen über ihre Umgebung beziehen können. Wie also kommt es zu der präzisen, synchronen Steuerung der Elektrocyten?

Jede Elektrocyte wird von einem Elektromotoneuron im Vorderhorn des Rückenmarks gesteuert, und diese Neuronen zeigen ein hoch koordiniertes Feuerverhalten. Sie sind zum Teil durch **elektrische Synapsen** untereinander verbunden, sodass die Erregung einer jeden Zelle praktisch ohne Zeitverlust auf Nachbarneuronen übertragen wird. Die Leitung der Aktivierungssignale vom Rückenmark zum elektrischen Organ ist so angelegt, dass alle Signale gleichzeitig bei ihren Elektrocyten eintreffen. Das wird durch **Anpassung der Leitungsgeschwindigkeit** an den Übertragungsweg erreicht. Entferntere Elektrocyten werden von dicken, schneller leitenden Fasern innerviert, näher liegende von dünneren Fasern, welche langsamer leiten. Auf diese Weise wird die Synchronizität der Rückenmarksneuronen auf die Elektrocyten im elektrischen Organ übertragen; das ganze Organ kann wie eine einzige Zelle gesteuert werden – ein funktionelles Syncytium ähnlich dem Herzmuskel. Die Rückenmarksneuronen selbst werden durch ein **Schrittmacherzentrum** im Hirnstamm (Medulla oblongata) gesteuert, und auch hier wird die Synchronizität durch elektrische Synapsen gesichert. Im Schrittmacherzentrum liegt in einem Steuerkern (CN, *command nucleus*, ◘ Abb. 12.7) eine kleine Gruppe von rhythmisch aktiven, untereinander elektrisch gekoppelten Schrittmacherneuronen, die den Takt des elektrischen Signals vorgeben. Sie sind nicht direkt mit den Rückenmarksneuronen verbunden, sondern leiten das Steuersignal über einen Verbindungskern (MRN, *medullary relay nucleus*), welcher große, miteinander elektrisch gekoppelte Projektionsneuronen enthält, ins Rückenmark. Das Steuersignal des Schrittmacherzentrums kann zwar durch Strukturen im Mittelhirn moduliert werden (PCN, *precommand nucleus*). Der Ursprung der hoch synchronen Aktivierungssignale für die Platten des elektrischen Organs liegt aber im Steuerkern des Schrittmacherzentrums. Modulationen treten beispielsweise auf, wenn zwei Artgenossen mit Wellensignalen aneinander vorbeischwimmen. In diesem Fall überlagern sich ihre elektrischen Felder und können ununterscheidbar werden. Bei den südamerikanischen Messerfischen der Gattung *Eigenmannia* konnte man beobachten, dass bei einer Annäherung beide Fische ihre jeweilige Signalfrequenz verändern. Offenbar messen beide die Differenz zwischen den individuellen Signalfrequenzen und vergrößern diese Differenz, indem der etwas heller Summende seine Frequenz weiter erhöht, während der etwas dunkler Summende seine Signalfrequenz weiter absenkt. Durch diese Maßnahme zur Störungsminderung (engl. *jamming avoidance response*) werden beide Signale klarer unterscheidbar, und die Fische können auch in Gegenwart von Artgenossen ihren Elektrosinn einsetzen. Ein solcher Korrekturvorgang erfordert die Umsetzung von elektrosensorischer Information (Frequenzunterschied) in eine Korrektur der Steuerung des elektrischen Organs, eine Integration von afferenten und efferenten Verarbeitungsbahnen des Elektrosinnes. Dieser Prozess wird weiter unten beschrieben (s. ◘ Abb. 12.10).

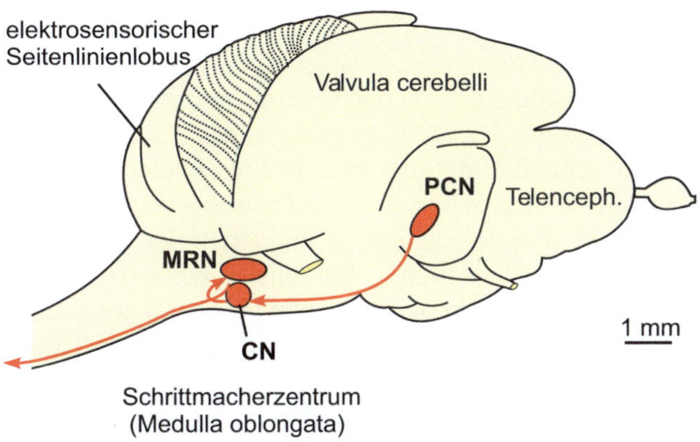

◘ **Abb. 12.7** Steuerung des elektrischen Organs bei einem schwach elektrischen Fisch. Das Schrittmacherzentrum in der Medulla oblongata des Hirnstamms generiert efferente Signale zur Aktivierung der Elektrocyten im elektrischen Organ. Elektrisch gekoppelte Schrittmacherzellen im Steuerkern (CN, *command nucleus*) treiben die Aktivität von Projektionsneuronen im Verbindungskern (MRN, *medullary relay nucleus*) an, die ihrerseits die Elektromotoneuronen im Rückenmark aktivieren. Die Aktivität der Schrittmacherzellen kann über einen Mittelhirnkern (PCN, *precommand nucleus*) moduliert werden

Zur Analyse von elektrischen Feldern, die vom eigenen elektrischen Organ oder von anderen Quellen ausgehen, verfügen schwach elektrische Fische über mehrere Sinnesorgane mit Spezialisierungen auf unterschiedliche Arten von elektrischen Signalen. Sowohl Nilhechte als auch Messeraale besitzen **Ampullenorgane**, bei denen – wie bei den Lorenzini'schen Ampullen der Knorpelfische (Chondrichthyes) – ein gelgefüllter Kanal den Kontakt zwischen Umwelt und Elektrorezeptoren herstellt. Bei den schwach elektrischen Süßwasserfischen gibt es allerdings deutliche Unterschiede zu den Lorenzini'schen Ampullen: Es handelt sich nicht um eine homologe, sondern um eine analoge Struktur, unabhängig entstanden durch konvergente Evolution. In der Ampulle des Organs befinden sich nur einige wenige Elektrorezeptoren (◘ Abb. 12.8), welche eine reizunabhängige Basalaktivität zeigen und durch externe elektrische Felder moduliert werden. Das Funktionsprinzip beruht darauf, dass der axiale Widerstand durch das Kanallumen sehr viel geringer ist als der transepitheliale Widerstand der Kanalwand. So erreichen elektrische Ströme ungehindert die Elektrorezeptoren an der Basis der Ampulle. Wie bei den Knorpelfischen detektieren die Ampullenorgane am besten niedrigfrequente Signale im Frequenzbereich von 0,1–10 Hz. Sie eignen sich dazu, elektrische Dipolfelder zu orten,

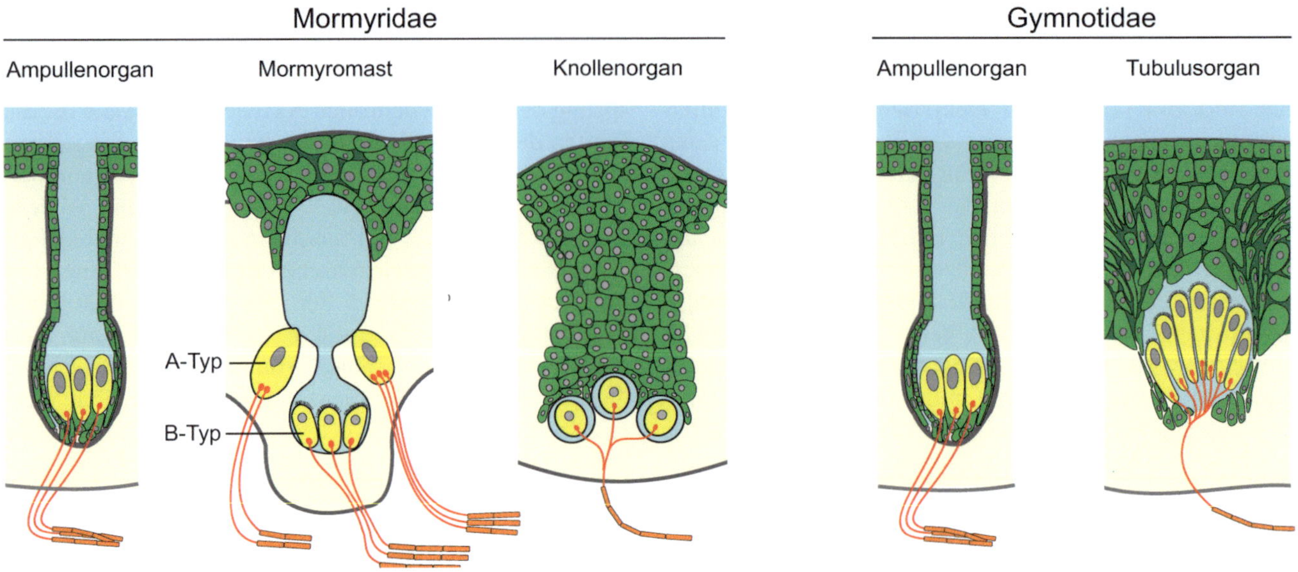

Abb. 12.8 Elektrorezeptoren der schwach elektrischen Fische. *Links*: Elektrische Organe der afrikanischen Nilhechte (Familie Mormyridae). Neben Ampullenorganen, bei denen ein gelgefüllter Kanal niedrigfrequente Signale zu den Elektrorezeptoren (*gelb*) leitet, verfügen die Fische über tuberöse Organe ohne direkten Kontakt zum Wasser. Bei Mormyromasten und Knollenorganen werden elektrische Wechselfelder über Deckzellschichten der Epidermis (*grün*) kapazitiv an die Elektrorezeptoren gekoppelt. Die Rezeptoren vom A-Typ messen die Amplituden, die vom B-Typ die Frequenz der vom Fisch selbst erzeugten Wechselfelder. *Rechts*: Die südamerikanischen Messeraale (Familie Gymnotidae) besitzen neben Ampullenorganen auch Tubulusorgane, eine besondere Variante von tuberösen Organen für die Detektion hochfrequenter Wechselfelder

taugen aber kaum zur Kommunikation zwischen Artgenossen. Über Ampullenorgane kann der Elektrosinn klären, *ob* sich ein elektrisch aktives Objekt in der Nähe befindet und *wo* es zu suchen ist. Genauere Informationen über das Objekt – etwa das Geschlecht oder der soziale Rang eines Artgenossen – können über das Ampullenorgan nicht ermittelt werden. Hierzu gilt es, die artspezifischen elektrischen Signale, das Knattern und das Summen der elektrischen Organe, zu analysieren. Dazu müssen Frequenz und Amplitude der biogenen Wechselfelder gemessen und ausgewertet werden.

Für die Analyse des „Summens und Knatterns" ihrer elektrischen Kommunikation besitzen Nilhechte und Messeraale tuberöse (höckerige, knotenartige) Organe, die in unterschiedlichen Ausführungen vorkommen. Bei den Nilhechten sind das die Mormyromasten und Knollenorgane, bei den Messeraalen die Tubulusorgane (Abb. 12.8). **Tuberöse Organe** besitzen keinen nach außen offenen Kanal; vielmehr liegen die Elektrorezeptoren in flüssigkeitsgefüllten Kammern, eingebettet tief in der Oberhaut, und von der Hautoberfläche getrennt durch eine Deckschicht aus epidermaler Zellen (Abb. 12.8). In tuberösen Organen kann also kein Gleichstrom direkt vom Wasser zu den Elektrorezeptoren fließen. Dass die Elektrorezeptoren überhaupt stimuliert werden können, liegt an der Membrankapazität der Zellen in der Deckschicht. Jede Membran verhält sich wie ein Kondensator, wobei die Lipiddoppelschicht ein Dielektrikum bildet, das von zwei leitenden Flächen aus Salzlösung eingeschlossen wird. Die spezifische Membrankapazität C_M für ein solches Plattenkondensatormodell von Biomembranen beträgt etwa 1 µF cm^{-2}. Ein Kondensator ist im Prinzip ein frequenzabhängiger Widerstand: Er lässt Gleichstrom überhaupt nicht durch, ist aber durchlässig für Wechselstrom, und zwar gemäß seiner Kapazität. Je größer die Kapazität des Kondensators und je größer die Frequenz des Wechselstroms sind, desto geringer ist sein Widerstand. In kondensatorartigen Strukturen wie den tuberösen Organen der schwach elektrischen Fische werden die sich schnell ändernden elektrischen Felder der Summer und Knatterer besonders gut durchgelassen und erreichen die Elektrorezeptoren unterhalb der Epidermis ohne viel Abschwächung. Während es beim Ampullenorgan darauf ankommt, dass der Widerstand des Kanalgels wesentlich kleiner ist als der Widerstand der Kanalwand, funktioniert ein tuberöses Organ dann gut, wenn die **Kapazität des axialen Weges zu den Elektrorezeptoren** größer ist als die Kapazität des radialen Weges parallel zur Hautoberfläche. Beim Ampullenorgan wird die Kanalwand durch starke Verbindungen zwischen den Epithelzellen (Tight Junctions) abgedichtet. Bei den tuberösen Organen wird die Kapazität des radialen Weges durch Aufeinanderlagerung vieler Zellschichten in der Wand des Organs erreicht, denn bei der Serienschaltung von Kondensatoren nimmt die Gesamtkapazität ab ($1/C_{gesamt} = 1/C_1 + 1/C_2 + 1/C_3 \ldots$). Tuberöse Organe sind damit spezialisiert auf die

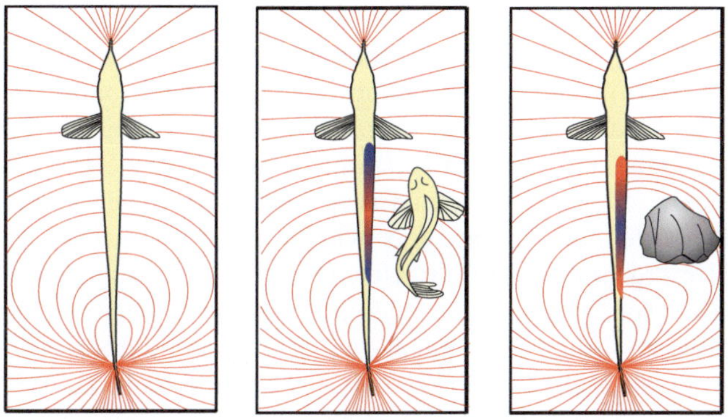

Abb. 12.9 Orientierung mit dem Elektrosinn. Ausbreitung des selbst erzeugten elektrischen Dipolfeldes bei einem schwach elektrischen Fisch und Störung des Feldes durch nahe Objekte. *Links*: Ein rotationssymmetrisches Dipolfeld resultiert aus der Aktivierung des elektrischen Organs in Abwesenheit von störenden Objekten. *Mitte*: Schwimmt ein anderer Fisch rechts an dem elektrischen Fisch vorbei, konzentriert er durch seine hohe Leitfähigkeit das elektrische Feld. Der Elektrosinn registriert eine lokale Änderung der Feldstruktur auf der rechten Körperseite als zweidimensionales „Bild" mit hoher Feldstärke im Zentrum (symbolisiert durch den *roten Bereich*) und geringer Feldstäke am Bildrand (*blauer Bereich*). *Rechts*: Nähert sich der elektrische Fisch einem Stein, sieht das elektrische Bild umgekehrt aus: Im Zentrum ist die Feldstärke kleiner (*blau*) als am Rand (*rot*), weil der nicht-leitende Stein das elektrische Feld lokal aufweitet

Detektion von Wechselfeldern, wie sie von den schwach elektrischen Fische mithilfe ihrer elektrischen Organe ausgesendet werden.

Für einen schwach elektrischen Fisch sind mindestens drei Eigenschaften eines elektrischen Feldes von Bedeutung. Die Frequenz gibt Auskunft über den Sender, sei es der Fisch selbst, ein Artgenosse oder ein artfremder Fisch. Die Amplitude trägt vor allem die Information zur Entfernung, denn die Feldstärke nimmt mit wachsendem Abstand zur Quelle schnell ab (s. Gl. 12.1). Der Verlauf der Feldlinien kann Informationen zu Form und Beschaffenheit eines Objekts in der Nähe liefern, denn die Störung des elektrischen Feldes hängt von der elektrischen Leitfähigkeit des Objekts ab. Schlecht leitende Steine weiten die Feldlinien auf, während gut leitende Lebewesen die Feldlinien zusammenziehen (Abb. 12.9). Bei den Nilhechten sind die tuberösen Organe spezialisierte Komponenten des Elektrosinnes. Während die Mormyromasten die Feldamplitude erfassen, messen die Knollenorgane die Frequenz. Bei den **Mormyromasten** befinden sich unter der Epidermis zwei miteinander verbundene, flüssigkeitsgefüllte Kammern, die jeweils mit besonderen Elektrorezeptoren ausgestattet sind (Abb. 12.8, *links*). Die Elektrorezeptoren der oberen Kammer, die A-Typ-Rezeptoren, exponieren nur einen kleinen Teil ihrer Membran dem Kammerlumen, während in der unteren Kammer, die B-Typ-Rezeptoren, ganz in das Lumen eingelagert sind. Beide Rezeptortypen codieren zusammen die **Eigenschaften des selbst erzeugten elektrischen Feldes,** wobei die A-Typ-Rezeptoren offenbar vor allem die Amplitude, die B-Typ-Rezeptoren dagegen die Frequenz erfassen. Sie reagieren auf jeden Puls eines Knatterers, indem sie in ihren afferenten Nervenfasern einen Burst von Aktionspotenzialen auslösen; die Anzahl der Aktionspotenziale pro Burst ist proportional der elektrischen Feldstärke des Reizes. Die Spezialisierung dieser Elektrorezeptoren auf das eigene Feld kommt dadurch zustande, dass sie vergleichsweise hohe Reaktionsschwellen aufweisen: Das eigene, starke elektrische Feld reicht als Reiz, nicht aber die schwächere Feldstärke eines entfernt schwimmenden Fisches. Zudem sind sie auf die Frequenzeigenschaften des eigenen Elektrosignals gestimmt und reagieren weniger empfindlich auf artfremde Signale mit anderen Frequenzspektren. Bei **Knollenorganen** ist jeder Elektrorezeptor unterhalb der Epidermis in eine eigene kleine Kammer eingelagert. Bis zu etwa zehn Elektrorezeptoren gehören zu jedem Knollenorgan, sie werden alle von ein und derselben Nervenfaser innerviert. Im Unterschied zu anderen Elektrorezeptoren feuern die Rezeptoren der Knollenorgane selbst Aktionspotenziale und übertragen diese Erregung – möglicherweise durch elektrische Synapsen – auf ihre afferente Nervenfaser. Es sind mithin besonders schnell reagierende, hochempfindliche Rezeptoren, gut dazu geeignet, Wechselfelder zu codieren, indem bei jedem Signal (Einzelpuls oder Nulldurchgang einer Welle) ein afferentes Signal erzeugt wird. Das aufsteigende Signal aus den Knollenorganen wird allerdings im Gehirn durch eine hemmende Querverbindung aus dem Schrittmacherzentrum blockiert, sodass kein Signal durchgeleitet wird, wenn das eigene elektrische Organ feuert. Auf diese Weise werden Knollenorgansignale nur dann durchgelassen und verarbeitet, wenn sie *nicht* von der Aktivität des eigenen elektrischen Organs stammen. Dieses Herausfiltern der eigenen Signale lässt erkennen, dass die Knollenorgane ausschließlich der **Kommunikation mit Artgenossen** dienen. Die Nilhechte besitzen einen differenzierten Elektrosinn mit spezialisierten Sensoren für eigene und fremde Aktivität.

Die Messeraale haben weder Mormyromasten noch Knollenorgane; ihre tuberösen Wechselfeldsensoren sind die **Tubulusorgane**, bei denen etwa 20 bis 30 Elektrorezeptoren in einer Kammer unterhalb der Epidermis eingelagert sind (Abb. 12.8, *rechts*). Die Rezeptorzellen liegen weitgehend frei im Lumen der Kammer, etwa 95 % ihrer Oberfläche stehen mit der Kammerflüssigkeit in Kontakt. Alle Elektrorezeptoren eines Tubulusorgans bilden Synapsen mit derselben afferenten Nervenfaser. Die Tubulusorgane kommen in mehreren Variationen vor und beherbergen bei jeder Art mindestens zwei unterschiedliche Rezeptortypen. Bei den Summern unter den Messeraalen unterscheidet man T-Einheiten und P-Einheiten, welche Informationen zu Frequenz und Amplitude codieren. Bei den knatternden Messeraalen werden diese Rezeptoren als T- und M-Einheiten bezeichnet. Ihre Rolle scheint derjenigen der A- und B-Typ-Rezeptoren in den Mormyromasten zu ähneln: die parallele Erfassung von Frequenzspektrum und Amplitudenmodulation der elektrischen Felder.

Offenbar erschließen sich schwach elektrische Fische durch den Elektrosinn alle Aspekte der Orientierung, die sie für ihr normales Verhalten benötigen. Obwohl sie über gut funktionierende Seitenlinienorgane und einen scharfen Hörsinn verfügen und obwohl sie sehen und riechen können, scheint der Elektrosinn eine besondere Rolle in ihrer Sinneswelt einzunehmen – im Zweifelsfall verlassen sie sich auf den Elektrosinn. Schwach elektrische Fische haben ein umfangreiches Repertoire an elektrischen Signalen, die sie gezielt für Kommunikation und Orientierung einsetzen können. Frequenz- und Amplitudenmodulation sowie die Gruppierung von Pulsen in kurze Brumm- oder Zwitschermotive (*chirps*, wiederum eine Analogie zum Hörsinn), solche Variationsmöglichkeiten erlauben es den Tieren, verhaltensrelevante Inhalte in ihren elektrischen Äußerungen zu codieren. Bei der Erforschung der innerartlichen Kommunikation von Nilhechten und Messeraalen konnte man einige Kommunikationsmuster erkennen. So fand man unterschiedliche Elektrosignale bei Männchen und Weibchen, man konnte Signale mit Reproduktionsphasen und Hormonstatus korrelieren, konnte Balz- und Aggressionsmotive ausmachen, und auch die hierarchische Struktur in einer Fischgruppe wird in erkennbaren elektrischen Signalen ausgedrückt. Das alles vollzieht sich im Dunkeln, denn die Tiere sind nachtaktiv. Da die elektrosensorischen Organe weiträumig über den Körper verteilt sind (*blaue Bereiche* in ◘ Abb. 12.6, *oben links*) können die Fische die **Struktur von elektrische Feldern** erkennen und daraus ihre Schlüsse ziehen. Solange ein Fisch allein im Wasser ist, breitet sich sein selbst erzeugtes elektrisches Dipolfeld symmetrisch um ihn herum aus, mit Maul und Schwanz als den beiden Polen (◘ Abb. 12.9, *links*). Schwimmt ein anderer Fisch in das elektrische Feld, ändert sich der Verlauf der Feldlinien. Da der Fisch elektrisch besser leitet als das umgebende Süßwasser, konzentriert er die Feldlinien in seinem Körper, und es kommt zu einer Fokussierung des elektrischen Feldes auf der Haut des elektrischen Fisches (◘ Abb. 12.9, *Mitte*). Den gegenteiligen Effekt hat ein Stein, dem sich der elektrische Fisch nähert. Da der Stein keinen Strom leitet, weitet er die Feldlinien lokal auf; sie müssen den Weg um den Stein herum nehmen, und es entsteht eine Art elektrischer Schatten auf der dem Stein zugewandten Körperseite des elektrischen Fisches (◘ Abb. 12.9, *rechts*). In beiden Fällen entsteht eine unscharfe elektrische Abbildung – das **elektrische Bild eines Objekts** –, eine Art Projektion auf den Fischkörper mit Informationen zur Form, zur Größe und zur Leitfähigkeit des Objekts. Es ist noch nicht wirklich verstanden, wie scharf sich dieses elektrische Bild für den Fisch darstellt, wie genau die Konturen erkennbar und wie groß der Kontrast zu Hintergrundstrukturen ist. Der Elefantenrüsselfisch (*Gnathonemus petersii*) jedenfalls erkennt unbelebte Objekte an ihrer Form (kugel-, würfel-, pyramidenförmig), wenn sie nicht kleiner sind als 3–4 cm und nicht zu weit entfernt liegen. Er kann die Objekte auch unterscheiden, wenn sie sich im gleichen elektrischen Feld befinden und demzufolge zusammen die Feldlinien auf komplizierte Weise verzerren. Auch die **Entfernung zu den Objekten** können die Fische abschätzen. Eine einfache Quelle für Abstandsinformation ist die Bewegung des elektrischen Bildes beim Vorbeischwimmen am Objekt: Je näher sich das Objekt befindet, desto schneller bewegt sich sein Bild über den Körper des schwimmenden Nilhechtes. Es gibt gute Hinweise darauf, dass die Tiere solche Bewegungsparallaxen auswerten, um die Entfernung von Objekten abzuschätzen – ähnlich wie man das beim Entfernungssehen mancher Insekten nachweisen kann (▸ Abschn. 7.11). Auch die Eigenschaften des elektrischen Bildes selbst vermitteln dem Fisch Informationen zur Entfernung. Während ein nahes Objekt ein kleines elektrisches Abbild mit starker Verzerrung des elektrischen Feldes erzeugt, wird mit zunehmender Entfernung das elektrische Bild *größer* und die Verzerrung wird *schwächer*. Beide Änderungen werden von Nilhechten ausgewertet. Ist ein elektrisches Bild groß und hat nur wenig eng beieinanderliegende Feldlinien (nur flache Potenzialgradienten), wird die Entfernung zum Objekt als weit eingeschätzt. Schwach elektrische Fische können offenbar im Dunkeln erkennen, wo sich ein Objekt befindet, welche Form es hat und ob es sich um ein unbelebtes oder ein lebendiges Objekt handelt.

Die elektrischen Organe der schwach elektrischen Fische sind Spezialisierungen des Seitenlinienorgans, und die afferenten Nervenfasern der Elektrorezeptoren erreichen zusammen mit den Afferenzen der Neuromasten durch die **Seitenliniennerven** die Medulla oblongata des Hirnstamms, wo sie ihre Synapsen in getrennten Kernen bilden. Die primären mechanosensorischen Afferenzen der Neuromasten enden im Nucleus medialis areae octavo-lateralis, die der Elektrorezeptoren dagegen im **elektrosensorischen Seitenlinienlobus** (ELL, *electrosensory lateral line lobe*; ◘ Abb. 12.10), einer geschichteten Rindenstruktur in der hinteren Medulla am Übergang zum Kleinhirn. In den drei Schichten des ELL enden die afferenten Fasern der Ampullenorgane ventrolateral, die Afferenzen der tuberösen Organe in den medialen und dorsalen Schichten. Alle Schichten

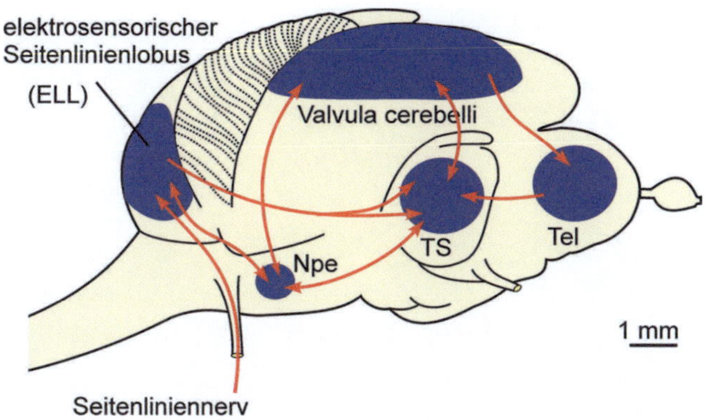

Abb. 12.10 Signalwege des Elektrosinnes beim Elefantenrüsselfisch (*Gnathonemus petersii*). Das afferente Signal erreicht das Gehirn durch die Seitenliniennerven und wird zunächst im elektrosensorischen Seitenlinienlobus (ELL, *electrosensory lateral line lobe*) somatotop geordnet. Ein zentraler Verarbeitungsweg führt vom ELL über den Torus semicircularis (TS) des Mittelhirns zu der besonders groß angelegten Valvula cerebelli. Von hier aus gelangen die Signale zum Pallium des Telencephalons (Tel). Eine zentrale Verschaltungsstation bildet der Nucleus praeeminentialis (Npe), der nur bei den schwach elektrischen Fischen nachgewiesen werden kann. Nach Zeymer et al. (2018)

sind somatotop organisiert, sodass die Signale des Elektrosinnes vom Kopfbereich in rostralen Bereichen des ELL verschaltet sind, Signale vom Rumpf dagegen in caudalen Bereichen. Schwach elektrische Fische zeigen einige Auffälligkeiten im Aufbau ihres Gehirns, die sie von allen anderen Wirbeltieren unterscheiden. Das Kleinhirn nimmt einen ungewöhnlich großen Teil des Gehirns ein und wird als **Gigantocerebellum** bezeichnet. Bei Knochenfischen (Osteichthyes) besteht das Kleinhirn (Cerebellum) aus zwei Hauptteilen, dem Corpus cerebelli und der **Valvula cerebelli**, und besonders Letztere nimmt bei den schwach elektrischen Fischen großen Raum ein – sie wölbt sich über Mittel- und Zwischenhirn bis über Teile des Endhirns. Ihre Bedeutung wird darin gesehen, dass die aktiv elektrischen Fische ihre eigenen elektrischen Signale von elektrischen Feldern aus anderen Quellen unterscheiden müssen. Solche Unterscheidungen werden vom Kleinhirn durch die **Bildung von Efferenzkopien** ermöglicht, mit deren Hilfe afferente Informationen aus den Sinnesorganen mit eigenen, efferenten Steuersignalen verrechnet werden. Für den aktiven Elektrosinn bedeutet Efferenzkopie die Information darüber, in welcher Weise sich ein selbst erzeugtes elektrisches Feld *ungestört* ausbreiten würde. Kommt es zu Störungen der Feldlinien durch Objekte im Wasser (s. Abb. 12.9), kann der Unterschied zur Efferenzkopie schnell ermittelt und gedeutet werden. Kleinhirnstrukturen sind besonders geeignet für solche Vergleichsprozesse, bei denen die Wirkungen eigener Handlungen auf die Umwelt erfasst und geregelt werden können. Offenbar sind kleinhirnspezifische Verarbeitungsprozesse für den aktiven Elektrosinn besonders wichtig, sodass dem Kleinhirn eine derart dominierende Rolle bei den Nilhechten und Messeraalen zugefallen ist. Eine zweite Besonderheit im Gehirn schwach elektrischer Fische ist ein Kern unterhalb des Cerebellums, der nur bei Knochenfischen mit Elektrosinn (Notopteridae und Gymnotidae) vorkommt, der ***Nucleus praeeminentialis***. Der dorsale Teil dieses Kernes verarbeitet Signale des Elektrosinnes, der ventrale zählt zum Tastsinn. Dieser Kern bezieht elektrosensorische Signale aus dem ELL und ist mit anderen Verarbeitungszentren des Elektrosinnes verschaltet (Abb. 12.10). Vermutlich hat er integrative Funktionen bei der Regulation der elektrosensorischen Information. Im Mittelhirn liegt der ***Torus semicircularis***, eine Gehirnregion, welche ebenfalls Signale aus dem ELL bezieht, die Signale an das Kleinhirn weiterleitet und eine multimodale Integration zwischen dem Elektrosinn und anderen Sinnen vermittelt. Besonders interessant ist die Abstimmung elektrosensorischer Information im Torus semicircularis mit visueller Information im benachbarten Tectum opticum. Objekte, deren Form und Beschaffenheit mit dem Elektrosinn erlernt wurden, können visuell wiedererkannt werden, auch wenn sie zum ersten Mal dem Sehsinn präsentiert wurden. Gedächtnisinhalte aus beiden Sinnen werden durch den Informationsfluss im Mittelhirn wechselseitig zugänglich gemacht. Die elektrosensorische Information erreicht schließlich das **Pallium des Endhirns**, in dem separate Bereiche unterschiedliche Sinnesmodalitäten verarbeiten. Funktionell ähneln diese Bereiche den Sinnesfeldern im Neocortex der Säugetiere. Die Besonderheiten im Aufbau des Gehirns schwach elektrischer Fische unterstreichen die fundamentale Bedeutung des Elektrosinnes für die Sinneswelt dieser Tiere.

12.4 Zittertiere

Die Möglichkeit, mit hintereinandergeschalteten Elektrocyten Spannungspulse zu erzeugen, machen sich einige Fischarten zunutze, um starke elektrische Pulse zur Verteidigung und zur Jagd einzusetzen. Dazu haben sie Teile ihrer elektrischen Organe für maximale Spannungs- und Stromstärken optimiert anstatt zur Erzeugung präziser Summ- oder Knattersignale. Solche Entwicklungen haben bei Fischen in sieben unterschiedlichen Familien unabhängig voneinander stattgefunden. Bei den Knorpelfischen (Chondrichthyes) kann beispielsweise der Atlantische Zitterrochen (*Tetronarce nobiliana*) mit kurzen Serien von elektrischen Pulsen von jeweils etwa 30 ms Dauer, 50–200 V Spannung und bis zu 50 A Stromstärke seine Beutefische lähmen. Der afrikanische Zitterwels (*Malapterurus electricus*) teilt

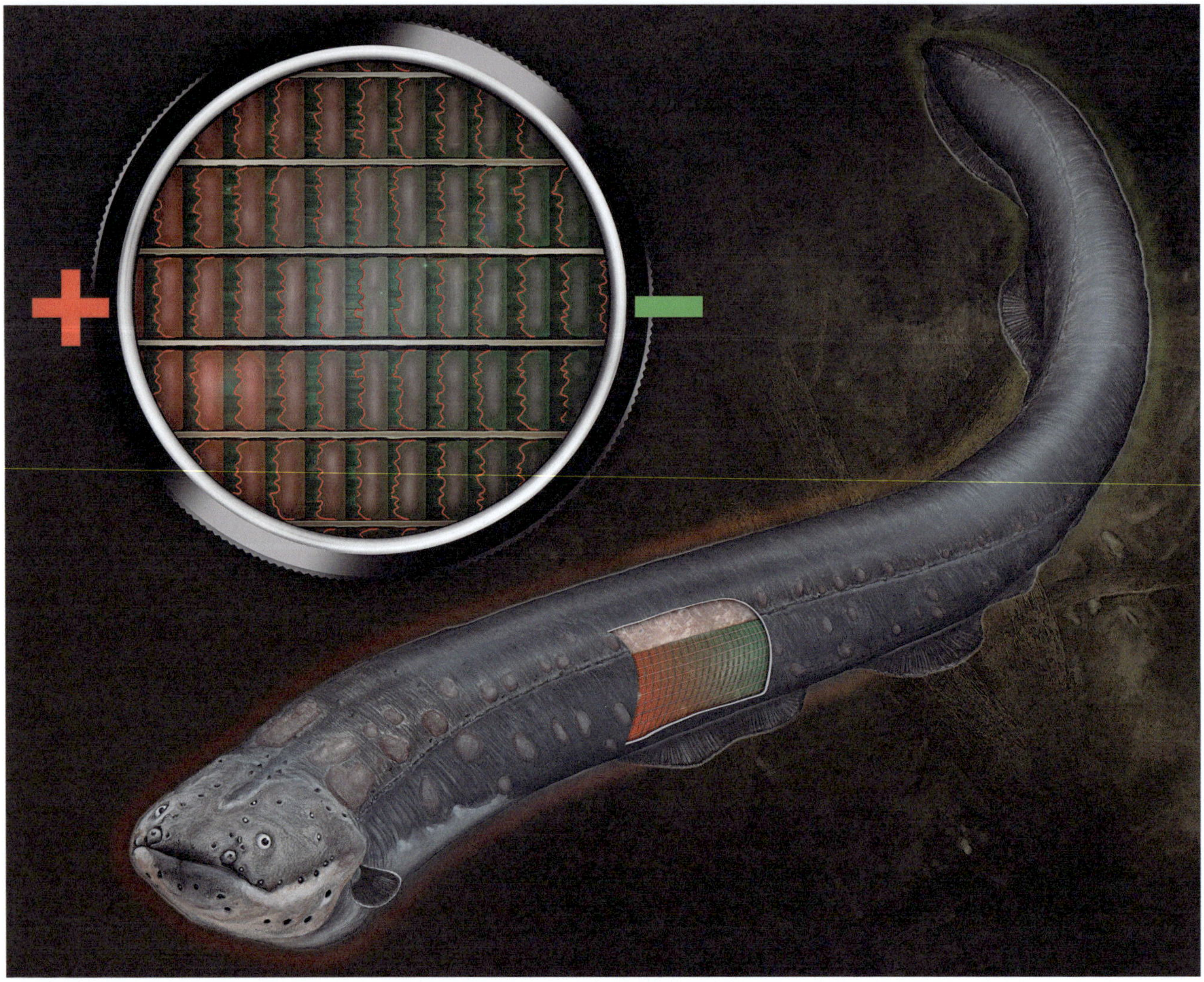

Abb. 12.11 Der südamerikanische Zitteraal *Electrophorus electricus* setzt lange Säulen von Elektrocyten zur Erzeugung von Hochspannungssignalen ein. Der Minuspol einer jeden Elektrocyte liegt auf der glatten, innervierten, posterioren Seite (*grün*), der Pluspol ist die anteriore Seite mit großer Membranfläche und ohne Innervation (*rot*). Nur das vordere Viertel dieses Messeraales enthält die Organe der Kreislauf- und Verdauungssysteme; drei ausgedehnte, paarige elektrische Organe nehmen die hinteren drei Viertel des Köpers ein. Die Tiere können 1–2 m lang werden

Spannungsschläge von sogar 350 V aus, und der Zitteraal *Electrophorus electricus*, ein Fisch aus der Familie der Messeraale (Gymnotidae) und zugleich der bestuntersuchte von allen Zitterfischen (Abb. 12.11), kann mit elektrischen Impulsen von 1 ms Dauer, 600–880 V Spannung und 1 A Stromstärke jagen und sich verteidigen. Zitteraale suchen ihre Beute mit schwach elektrischen Pulsen und analysieren Störungen des selbst erzeugten elektrischen Feldes mit Elektrorezeptoren, die vor allem im Kopfbereich angesiedelt sind. Ist die Beute aufgespürt, wird sie durch eine Serie stark elektrischer Schläge immobilisiert und dann gefressen.

Wie seine Verwandten unter den schwach elektrischen Messerfischen nutzt der Zitteraal einen Steuerkern in der Medulla oblongata zur Kontrolle der elektromotorischen Neuronen, die über die gesamte Länge des Rückenmarks im **elektromotorischen Rückenmarkskern** liegen. Die Axone der elektromotorischen Rückenmarksneuronen verlaufen zu den Elektrocyten in insgesamt sechs elektrischen Organen. Am weitesten caudal liegt das paarige **Sachs-Organ**, ein elektrisches Organ zur Erzeugung schwacher elektrischer Signale, mit denen Zitteraale im Dunkeln navigieren und mit Artgenossen kommunizieren können – ähnlich wie die schwach elektrischen Messeraale und Nilhechte (▶ Abschn. 12.3). Zusätzlich verfügt der Zitteraal über ein paariges **Hauptorgan** und ein ebenfalls paariges **Hunter-Organ** (Abb. 12.12, *links*), die darauf spezialisiert sind, starke elektrische Schläge zu generieren. Das Prinzip der Reihenschaltung von Elektrocyten wird

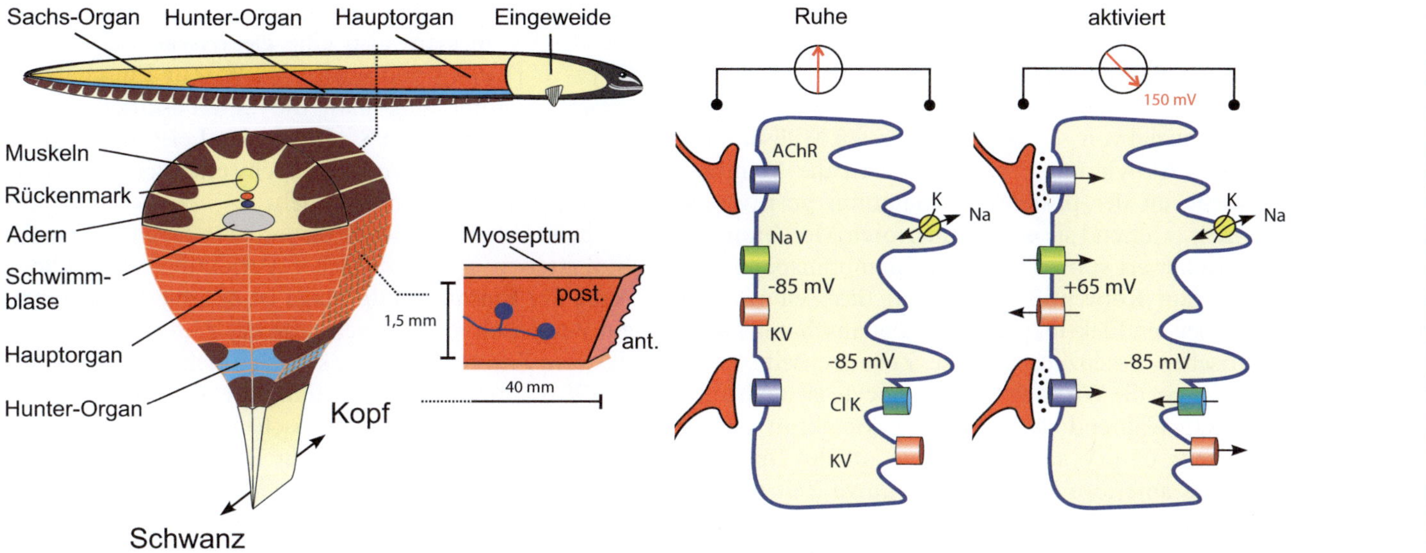

Abb. 12.12 Funktionsweise der elektrischen Organe des Zitteraales *Electrophorus electricus*. *Links*: Der größte Teil des Körpers des Zitteraales beherbergt drei paarige elektrische Organe, während alle Eingeweide im vordersten Körperviertel untergebracht sind. Das Sachs-Organ produziert schwach elektrische Impulse, die der Zitteraal zur Orientierung nutzt. Hunter-Organ und Hauptorgan generieren Hochspannungsimpulse für die Jagd und zur Verteidigung. Ein schematischer Querschnitt veranschaulicht die Lage des Hauptorgans im Fischkörper. Die Elektrocyten sind etwa 40 mm lange Syncytien, die horizontal gestapelt und durch Myosepten gegeneinander isoliert sind. Die schwanzwärts gelegene Seite jeder Elektrocyte ist glatt und trägt cholinerge Synapsen (*blau*); die kopfwärts weisende Seite ist nicht innerviert und hat eine besonders große Membranfläche. *Rechts*: Schematische Darstellung der Entstehung des Elektrocytenpotenzials bei Aktivierung der cholinergen Synapsen der elektromotorischen Neuronen. AChR, Acetylcholinrezeptor; ClK, Chloridkanal; KV, spannungsgesteuerter Kaliumkanal; NaV, spannungsgesteuerter Natriumkanal. Nach Gotter et al. (1998)

auch beim Zitteraal genutzt, um die Potenziale vieler Elektrocyten zu einem starken Gesamtsignal zu summieren. Allerdings unterscheiden sich der Aufbau und die Innervation der stark elektrischen Organe deutlich von den schwach elektrischen Organen. Elektrocyten im Hauptorgan von *Electrophorus* sind längliche, bandförmige Syncytien, etwa 40 mm lang, 1,5 mm breit und 0,1 mm dick – sie ähneln mithin den Muskelfasern, von denen sie abstammen. Sie liegen im elektrischen Organ eng aufeinandergeschichtet, wobei jede Elektrocyte von der Mitte des Fisches aus horizontal (anatomisch: transversal) bis zur Haut verläuft (Abb. 12.12, *links*). Die Elektrocyten sind anatomisch stark polarisiert. Die schwanzwärts gelegenen Membranen aller Elektrocyten sind relativ glatt und tragen typische neuromuskuläre Endplatten, die cholinergen Synapsen der elektromotorischen Neuronen, eingebettet in Invaginationen der schwanzwärts weisenden Zellmembranen. Die kopfwärts gelegenen Zellmembranen tragen dagegen keine Synapsen, haben aber durch zahlreiche Ein- und Ausstülpungen eine weit größere Fläche als die jeweils gegenüberliegenden Membranen. Da die Membrankapazität proportional zur Membranfläche ist ($C = C_m \cdot A$; C, Kapazität; C_m, spezifische Membrankapazität von etwa 1 µF cm^{-2}; A, Membranfläche), steht bei den Elektrocyten eine geringe Kapazität auf der innervierten (posterioren) Seite einer größeren Kapazität auf der nicht-innervierten (anterioren) Seite gegenüber. Dieser Umstand, zusammen mit der unterschiedlichen Ausstattung mit Ionenkanälen, macht die Elektrocyten zu synaptisch gesteuerten Batterien. In der postsynaptischen Membran sind Rezeptoren für Acetylcholin, den Neurotransmitter der elektromotorischen Neuronen, konzentriert (Abb. 12.12, *rechts*). Bei Eintreffen neuronaler Signale leiten die Acetylcholinrezeptoren Na^+-Strom in die Zelle, und die innervierte Membran wird wegen ihrer geringen Kapazität *schnell* depolarisiert. Tatsächlich erreicht die schwanzwärts gelegene Membran kurzzeitig positive Werte auf der Membraninnenseite, was vor allem darauf zurückzuführen ist, dass spannungsgesteuert Na^+-Kanäle geöffnet werden und den Na^+-Einstrom sehr effektiv verstärken. Die schwanzwärts gelegene Membran ist elektrisch erregbar, sie verbreitet die Depolarisation durch Aktionspotenziale blitzartig von den Synapsen aus über die gesamte posteriore Membranfläche. So entsteht durch massiven Na^+-Einstrom an der schwanzwärts gelegenen Seite einer jeden Elektrocyte der **Minuspol einer Batterie**, bedingt durch das Verschwinden großer Mengen von Kationen (Na^+) in das Cytoplasma der Elektrocyten.

Die kopfwärts gelegene Membran reagiert wegen ihrer größeren Kapazität wesentlich *langsamer* auf diese Vorgänge. Auch enthält sie keine spannungsgesteuerten

Na^+-Kanäle, sodass sich auf dieser Seite keine Aktionspotenziale bilden können. Die anteriore Seite einer Elektrocyte ist elektrisch träge und verliert bei synaptischer Aktivierung der Zelle nur vergleichsweise langsam ihr Ruhepotenzial von –85 mV. In den ersten Millisekunden nach der Aktivierung der Synapsen ist die Membranspannung an der posterioren Membran positiv (etwa +65 mV), während sie an der anterioren Membran noch ihren Ruhewert von −85 mV hat. Membranspannungen werden laut Konvention immer auf das Zellinnere bezogen; bei den Elektrocyten ist es aber anschaulicher, die elektrischen Potenziale auf die Zellaußenseite zu beziehen, denn die Wirkung der Elektrocyte ist nach außen gerichtet. Während die posteriore Membran auf der Außenseite 65 mV negativer ist als auf der Innenseite, bleibt die anteriore Membran für kurze Zeit nach der Zellaktivierung auf der Außenseite 85 mV positiver als auf der Innenseite. Sie bildet damit den **Pluspol der Batterie** der Elektrocyte. Zwischen den beiden Polen einer Elektrocyte liegt damit nach dem Eintreffen des neuronalen Steuersignals kurzzeitig die Summe der beiden lokalen Potenziale an (65 + 85 = 150 mV).

Ein starkes elektrisches Signal entsteht dadurch, dass viele Elektrocyten hintereinander (in Reihe) angeordnet sind. Beim Zitteraal liegen 4000 bis 6000 Elektrocyten hintereinander in einer Säule und addieren ihre Einzelpotenziale (4000 × 0,15 V = 600 V). Damit diese **Summation** gelingt, müssen vor allem zwei Voraussetzungen erfüllt sein. Alle 4000 Zellen einer Säule müssen genau gleichzeitig aktiviert werden. Ein elektrisches Organ, bei dem die Steuerung der Elektrocyten nicht synchron abläuft, erzeugt keine brauchbaren Signale. Wie andere Messeraale lösen auch die Zitteraale dieses Problem dadurch, dass die Steuerneuronen im Hirnstamm miteinander elektrisch gekoppelt sind und demzufolge gleichzeitig feuern („Schrittmacherzentrum", vergl. ◘ Abb. 12.7). Außerdem werden unterschiedlich schnell leitende Nervenfasern von den elektromotorischen Neuronen des Rückenmarks eingesetzt, um sicherzustellen, dass die Steuersignale gleichzeitig bei allen Elektrocyten ankommen, auch wenn sie in unterschiedlichen Entfernungen vom Rückenmark liegen. Eine zweite Anforderung an die Summation von Einzelpotenzialen ist eine Einfassung in das isolierende Gewebe der Myosepten, die jede Säule wie ein eng anliegender Schlauch umgeben (◘ Abb. 12.12, *Mitte*). Ohne eine solche Isolierung könnten Ströme einfach von der einen Seite einer Elektrocyten zur anderen fließen – ein Leckstrom oder Kurzschluss, der für die Summation verloren wäre. Jede Säule aus Elektrocyten wird letztlich als Einheit betrieben, die ein Hochspannungssignal erzeugt. In jedem Hauptorgan sind etwa 70 dieser Säulen parallel angeordnet; hier summiert sich nicht die Spannung, sondern der Strom, der zwischen den beiden Polen des Organs fließt. Man kann bei *Electrophorus* 1 A bei 0,6–0,8 kV messen, also eine **elektrische Leistung** (P [W] = U [V]I[A]) von etwa 0,7 kW. Zur Einschätzung dieser Leistung mag man die „Pferdestärke" heranziehen: 0,75 kW = 1 PS ist diejenige Leistung, die man erbringt, wenn man eine 75 kg schwere Masse innerhalb einer Sekunde um 1 m hochhebt.

Beim Zitteraal sind die steuerbaren Hochspannungs-Biobatterien in erstaunlicher Perfektion verwirklicht. Auch der **Einsatz bei der Jagd** ist optimiert. Schwimmt ein Beutefisch in die Reichweite des Zitteraales, stört er das vom Zitteraal erzeugte schwach elektrische Feld und verrät dadurch seine Position. Der Zitteraal generiert dann Salven aus stark elektrischen Pulsen, die ihm bei der genauen Lokalisierung der Beute helfen und beim Beutefisch eine Verkrampfung der Skelettmuskulatur auslösen, indem durch die Hochspannungspulse alle Motorneuronen des Beutefisches aktiviert werden. Wenn der Zitteraal den Beutefisch erreicht hat, beißt er zu, hält den Fisch fest in seinen Kiefern und positioniert ihn mit einer Wendung des Kopfes direkt vor die Mitte seines elektrischen Organs, wo er ihn mit einer starken und lang anhaltenden Salve von elektrischen Schlägen lähmt. Diese TASER-artige Behandlung tötet den Fisch zwar nicht, sorgt aber für weitgehende Muskelermüdung. Das bewegungsunfähige Opfer kann daraufhin in Ruhe ausgerichtet und mit dem Kopf voran verschlungen werden.

Zitteraale haben Biologen schon seit über 200 Jahren interessiert, und dennoch sind noch viele Fragen offen. Auf dem Gebiet der Verhaltensökologie gelingen immer neue Einblicke in die Welt dieser rätselhaften Wesen, evolutionäre Aspekte der Entstehung von elektrischen Organen werden erkennbar, und die neurobiologischen Details der Steuerung elektrischer Organe werden Schritt für Schritt verständlicher. Energetische Fragen werden derzeit bearbeitet, um zu verstehen, wie die Energiebilanz eines Jägers aussieht, der eine Kilowatt-Waffe einsetzt, die etwa 80 % seines Körpergewichts ausmacht. Ein erstaunliches Phänomen ist auch die offenbar vollständige Unempfindlichkeit der Zitteraale gegenüber den elektrischen Schlägen von Artgenossen sowie den eigenen Hochspannungsfeldern. Zur elektrischen Isolation stehen Tieren nur Fettgewebe und Knochen zur Verfügung, die sich beide durch etwa zehnfach geringere spezifische Leitfähigkeit auszeichnen als das umliegende Gewebe (Fettgewebe und Knochen, 0,01–0,06 S m^{-1}; gegenüber Blut und Muskel, 0,1–0,8 S m^{-1}). Allerdings ist die Leitfähigkeit frequenzabhängig, und wie genau sich die Fische gegen die extrem starken Signale mit hohen Frequenzanteilen schützen, ist noch unverstanden.

Eine interessante Variante der stark elektrischen Organe liegt beim marinen Gefleckten Zitterrochen

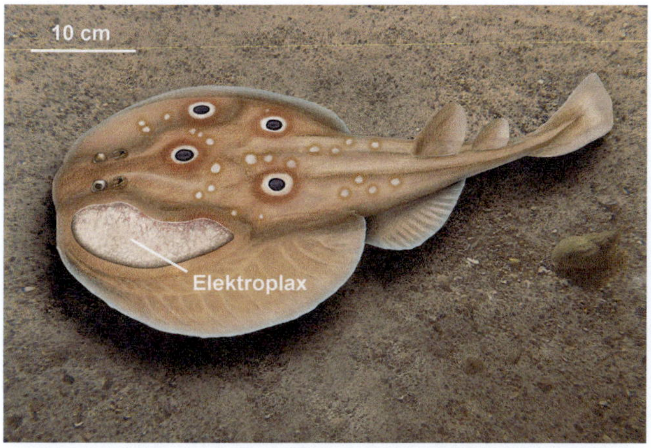

Abb. 12.13 Der Gefleckte Zitterrochen (*Torpedo torpedo*) besitzt zwei als Elektroplax bezeichnete elektrische Organe zur Erzeugung von Hochspannungsschlägen, die er bei der Jagd auf Beutefische einsetzt. Die Lage des linken Organs unter der Haut ist gezeigt

(*Torpedo torpedo*; Abb. 12.13) und seinen Verwandten wie dem Atlantischen Zitterrochen (*Tetronarce nobiliana*) sowie anderen Arten aus der Familie der Zitterrochen (Torpedinidae) vor. Dieses paarige Organ liegt nierenförmig zu beiden Seiten des Gehirns in jedem der beiden Flügel. Die Elektrocyten bilden Stapel zu 500 bis 1000 Zellen, wobei jede einzelne 5–7 mm im Durchmesser misst und 7–20 µm dick ist. Im Unterschied zum elektrischen Organ des Zitteraales bilden die Elektrocyten bei Zitterrochen keine horizontal (anatomisch: transversal) liegenden, sondern vertikal (anatomisch: sagittal) stehenden Stapel. Jede der gestapelten Elektrocyten trägt an ihrer ventralen Seite fünf bis sieben Synapsen von efferenten Nervenfasern; die dorsale Seite ist nicht innerviert. Auch ist die Membran der Elektrocyten beim Zitterrochen nicht elektrisch erregbar, sodass die postsynaptischen Potenziale nicht durch zusätzlichen Na^+-Einstrom verstärkt werden. Bei den Zitterrochen liefert eine Elektrocyte daher nur 50–80 mV Spannung. Die Leistung des elektrischen Organs ist an den Einsatz im gut leitenden Meerwasser angepasst, und ein Zitterrochen kann durch massiver Parallelschaltung von 400 bis 500 Elektrocytenstapeln Stromstärken bis 50 A und Spannungen von 50–200 V (je nach Körpergröße) erreichen. Die Beutefische dieser nachtaktiven Jäger werden mit den flügelförmigen Brustflossen eingefangen, an die Körperoberfläche des Rochens nahe an das elektrische Organ gebracht und dort durch stark elektrische Impulse gelähmt. Auch bei Zitterrochen erkennt man keinerlei Empfindlichkeit für die eigenen Stromschläge. Die Tiere leben als solitäre Jäger und kommen vermutlich nur selten in Kontakt mit jagenden Artgenossen. Den eigenen schwach elektrischen Sinn (▶ Abschn. 12.2) können sie offenbar während der Erzeugung von Hochspannungsschlägen abschalten.

12.5 Der Elektrosinn der Ursäuger

Einige Tiere haben ihren Elektrosinn durch die Entwicklung besonders großer rostraler Suchorgane optimiert. Dazu gehören im Meer die Hammerhaie (Familie Sphyrnidae) und Sägerochen (Familie Pristidae) sowie im Süßwasser der Löffelstör (*Polyodon spathula*). Diese Tiere tragen an ihren Köpfen großflächige Knochen- oder Knorpelstrukturen, deren Haut dicht mit Elektrorezeptoren besetzt ist. Ähnlich wie ein Sondengänger, der an Land seinen Metalldetektor über die Erdoberfläche führt, suchen diese Tiere den Grund von Gewässern nach Beutetieren ab, die sich durch ihr elektrisches Feld verraten. Ein **elektrosensorisches Suchorgan** findet man auch beim Schnabeltier (*Ornithorhynchus anatinus*; Abb. 12.14), das zusammen mit den Schnabeligeln (Kurzschnabeligel, *Tachyglossus aculeatus*, Abb. 12.16; Langschnabeligel, *Zaglossus*) die Ordnung der Kloakentiere (Monotremata) bildet. Diese Tiergruppe hat sich vor mehr als 110 Mio. Jahren von den übrigen Säugetieren (den Metatheria und Eutheria) getrennt und bildet heute eine eigene Unterklasse, die Ursäuger (Protheria), die nur in Australien und Neuguinea vorkommen. Bei den Kloakentieren findet man Merkmale von Reptilien kombiniert mit den typischen Eigenschaften eines Säugers. Die namensgebende Kloake, die Form von Schulter- und Beckengürtel sowie die Vermehrung durch Eierlegen sind auf einzigartige Weise kombiniert mit einem Säugerfell und der Ernährung der Jungen über Milchdrüsen. Die Kloakentiere konnten sich über eine sehr lange Zeit hinweg unabhängig von den anderen Säugetieren entwickeln. Dabei haben sie Elektrorezeptoren hervorgebracht, welche anders funktionieren als die Ampullenorgane und tuberösen Organe, die auf das Seitenlinienorgan der Fische zurückgehen. Schnabeltiere (Abb. 12.14) und Schnabeligel nutzen **Schleimdrüsen als Elektrorezeptoren**, umgeformte Drüsen, die durch ihre Ausführgänge Kontakt zur Körperoberfläche haben. Sie sind mit einzigartigen elektrosensitiven Nervenendigungen ausgestattet und ermöglichen es den nachtaktiven Kloakentieren, die Körperelektrizität von Beuteorganismen im Dunkeln aufzuspüren.

Das Schnabeltier trägt auf seinem Schnabelorgan etwa 30.000 Elektrorezeptoren. Diese sind in parallelen Reihen sagittal angeordnet und kommen in besonders hoher Dichte an den Rändern des Schnabelorgans vor. Die Rezeptoren sind sensorisch innervierte Schleimdrüsen mit einer kranzartigen Anordnung von Nervenendigungen. Anders als die Elektrorezeptoren der Fische, bei denen Epithelzellen als Sensoren dienen, detektieren beim Schnabeltier primäre Neuronen die elektrischen Felder. Unterhalb der Epidermis des Schnabels ist das Gewebe, das den Ausführgang der

Abb. 12.14 Ein Schnabeltier (*Ornithorhynchus anatinus*; engl. *platypus*) schickt sich an, im Wasser zu jagen. Schnabeltiere jagen auf ausgedehnten Tauchgängen, während derer sie ihren Augen, Ohren und Nasen geschlossen halten. Sie durchstöbern den Grund von Süßwasserseen nach Insektenlarven, Krebstieren und Würmern mithilfe ihres Schnabelorgans, das Elektrorezeptoren und Mechanorezeptoren trägt. Die Tiere sind etwa 30–40 cm groß

Drüse umgibt, zu einer Papille aufgeweitet, welche mit einem lockerem Zellgewebe ausgefüllt ist (Abb. 12.15, *links*). In dieses Papillengewebe – nicht aber in den eigentlichen Ausführgang – reichen die sensorischen Endigungen der Nervenfasern. Im Querschnitt durch die Papille erkennt man 16 radial angeordnete Nervenendigungen, die eine Art Rosette um die Papille bilden (Abb. 12.15, *rechts*). Alle Nervenendigung gehen von Varikositäten aus, in denen Mitochondrien eingelagert sind. Die Axone sind myelinisiert und führen über den Unteraugennerv (Nervus infraorbitalis) des Trigeminalsystems zu den Trigeminalganglien und von dort aus zum Nucleus principalis im Hirnstamm. Elektrosensorische Signale erreichen über den Thalamus den somatosensorischen Cortex, wo besonders der Randbereich des Schnabelorgans einen großen Anteil der somatotopen Repräsentation beansprucht. Das Schnabelorgan mit seinen Elektrorezeptoren und Mechanorezeptoren bildet die wichtigste Informationsquelle bei den Tauchgängen eines Schnabeltieres. Der Elektrosinn reagiert mit einer Empfindlichkeit von 50–60 $\mu V\ cm^{-1}$ auf niedrigfrequente elektrische Felder (1–16 Hz), und durch die Verteilung von vielen Tausend Sensoren über die Schnabelfläche können Form und Lage elektrisch aktiver Beutetiere erfasst werden. Zusammen mit den afferenten Signalen von über 40.000 Mechanorezeptoren liefern die Elektrorezeptoren des Schnabelorgans präzise Informationen für die nächtliche Jagd am Boden von Gewässern.

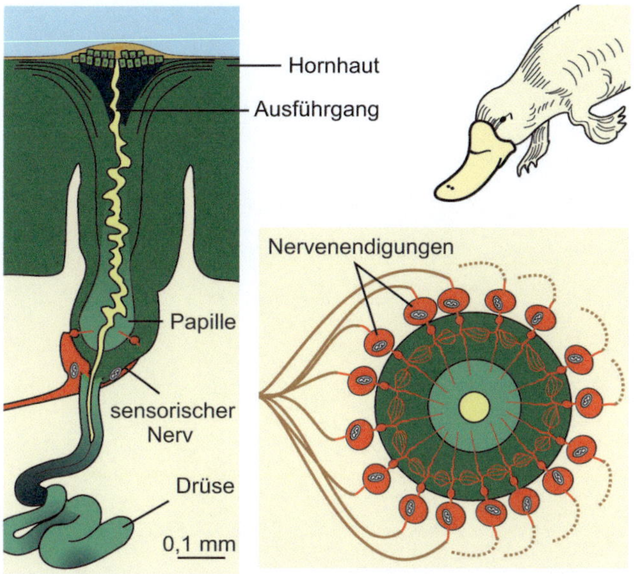

Abb. 12.15 Sensorisch innervierte Schleimdrüsen dienen Schnabeltieren (*Ornithorhynchus anatinus*) als Elektrosensoren. *Links*: Aufbau einer Schleimdrüse aus dem Schnabelorgan eines Schnabeltieres mit einem schlauchförmigen Acinus aus schleimproduzierenden Epithelzellen sowie einem Ausführgang, der die Oberfläche der Schnabelhaut erreicht. An der Kontaktfläche von Dermis und Epidermis liegt die Papille mit den sensorischen Nervenendigungen der Elektrorezeptoren (*rot*). Die efferente, vegetative Innervation zur Kontrolle der Schleimproduktion ist aus Gründen der Übersichtlichkeit nicht eingezeichnet. *Rechts*: Schematische Darstellung eines Transversalschnittes durch die Papillenregion eines Elektrorezeptors. Sechzehn radial angeordnete Nervenendigungen bilden eine elektrosensorische Rosette um die Papille, in der jedes Neuron lateral mit zwei Nachbarneuronen verschaltet ist. Nach Proske et al. (1998); Pettigrew und Wilkens (2003)

Der Elektrosinn ist eine Sinnesmodalität von Tieren, die sich immer oder zeitweilig im Wasser aufhalten. Im Wasser bringt selbst der passive Elektrosinn große Vorteile, weil er bioelektrische Signale erfassen und damit den Ort eines anderen Wasserbewohners verraten kann. Trotzdem ist bei vielen Wassertieren bisher kein Elektrosinn nachgewiesen worden; insbesondere scheinen die meisten Knochenfische und Wasserinsekten nicht auf elektrische Felder zu reagieren. Dabei gibt es Möglichkeiten, schon vorhandene Hautstrukturen als Elektrorezeptoren zu nutzen, sodass es unnötig wäre, ein Sinnessystem mit Ampullenrezeptoren oder tuberösen Organen zu erhalten oder neu zu entwickeln. Die elektrosensitiven Schleimdrüsen der Kloakentiere sind ein Beispiel für die Nutzung schon bestehender Strukturen für den Elektrosinn. Ein anderes Beispiel ist die Verwendung von Vibrissenfollikeln als Elektrorezeptoren beim karibischen Guyana-Delfin (*Sotalia guianensis*). Diese Delfine tragen in der Haut ihres Oberkiefers ampullenförmige, gelgefüllte Vibrissenfollikel ohne Haare, die von elektrosensorischen Nervenendigungen des Trigeminalsystems innerviert sind. Sie scheinen diese Rezeptoren zum Aufspüren von Beutefischen bei schlechter Sicht zu nutzen. Es ist bis heute nicht vollständig verstanden, welcher Selektionsdruck auf dem Erhalt, dem Verlust und der Neuentwicklung von Elektrorezeptoren liegt; aber es deutlich, dass ihre Bedeutung für Wasserbewohner weit größer ist als für Landtiere. Ursächlich dafür sind die hohe spezifische Leitfähigkeit von Wasser (Meerwasser, 5 S m^{-1}; Süßwasser, 0,005–0,05 S m^{-1}) und die geringe Leitfähigkeit von Luft (10^{-9} S m^{-1}). Durch die isolierenden Eigenschaften der Luft können sich bioelektrische Felder an Land nur in wasserhaltigen Subtraten wie feuchten Böden ausbreiten, insbesondere bei hohem Wassergehalt in Überschwemmungszonen und nach starken Regenfällen. Ein anderer Ursäuger, der **Kurzschnabeligel** (*Tachyglossus aculeatus*; Abb. 12.16), setzt elektrosensitive Schleimdrüsen ein, um in nassem oder feuchtem Boden nach lebender Beute zu stochern. Schnabeligel werden auch als **Ameisenigel** (Familie Tachyglossidae) bezeichnet, weil Ameisen und Termiten bei den Kurzschnabeligeln einen Großteil der Nahrung ausmachen. Sie jagen aber auch nach Bodenorganismen. Regenwürmer, Raupen und Käfer werden mithilfe des röhrenförmigen Schnabelorgans aufgespürt und dann ausgegraben. Ähnlich wie beim Schnabeltier ist die Mundröhre des Schnabeligels mit Mechanorezeptoren und Elektrorezeptoren besetzt. Nur etwa ein Viertel der Schleimdrüsen zeigt sensorische Innervation. Insgesamt besitzt ein Schnabeligel nur etwa 100 elektrosensitive Schleimdrüsen im distalen Abschnitt seines Schnabelorgans. Offenbar wird der elektrische Kontakt zum Bodenwasser durch das Drüsensekret hergestellt. Die elektrosensitiven Afferenzen reagieren am empfindlichsten im Frequenzbereich von 25–50 Hz, und mit einer gemessenen Empfindlichkeit von 10–20 mV cm^{-1} ist der Elektrosinn eines Schnabeligels wesentlich unempfindlicher als der des Schnabeltieres. Man erkennt, dass der Landgang der Tiere für den Elektrosinn ein problematischer Schritt war. An Land ist der Tastsinn (▶ Kap. 4) ein genauerer und empfindlicherer Nahsinn.

12

Abb. 12.16 Der Kurzschnabeligel (*Tachyglossus aculeatus*) ist das einzige bekannte Landwirbeltier mit funktionierendem Elektrosinn. Sein rüsselförmiges Schnabelorgan enthält etwa 100 elektrosensitive Schleimdrüsen, die dazu dienen, Beutetiere in feuchtem oder nassem Boden zu finden. Möglicherweise können Schnabeligel damit auch körperelektrische Felder von eingegrabenen Käfern oder Raupen detektieren. Die Tiere sind 30–50 cm groß

Literatur

Weiterführende Literatur

Amey-Özel M, von der Emde G, Engelmann J, Grant K (2015) More a finger than a nose: the trigeminal motor and sensory innervation of the Schnauzenorgan in the elephant-nose fish *Gnathonemus petersii*. J Comp Neurol 523:769–789

Bellono NW, Leitch DB, Julius D (2017) Molecular basis of ancestral vertebrate electroreception. Nature 543:391–396

Catania KC (2015) Electric eels concentrate their electric field to induce involuntary fatigue in struggling prey. Curr Biol 25:2889–2898

Catania KC (2015) Electric eels use high-voltage to track fast moving prey. Nat Commun 6:8661

Clarke D, Morley E, Robert D (2017) The bee, the flower, and the electric field: electric ecology and aerial electroception. J Comp Physiol A 203:737–748

Fechler K, von der Emde G (2013) Figure-ground separation during active electrolocation in the weakly electric fish, *Gnathonemus pertersii*. J Physiol Paris 107:72–83

Greggers U, Koch G, Schmidt V et al (2013) Reception and learning of electrical fields in bees. Proc R Soc B 280:20130528

Kajiura SM, Holland KN (2002) Electroreception in juvenile scalloped hammerhead and sandbar sharks. J Exp Biol 205:3609–3621

Kempster RM, McCarthy ID, Collin SP (2012) Phylogenetic and ecological factors influencing the number and distribution of electroreceptors in elasmobranchs. J Fish Biol 80:2055–2088

Pedraja F, Hofmann V, Lucas KM, Young C, Engelmann J, Lewis JE (2018) Motion parallax in electrical sensing. Proc Natl Acad Sci U S A 115:573–577

Peters RC, Eeuwes LBM, Bretschneider F (2007) On the electrodetection threshold of aquatic vertebrates with ampullary or mucous gland electroreceptor organs. Biol Rev 82:361–373

Schumacher S, Burt de Perera T, von der Emde G (2016) Object discrimination through active electrolocation: shape recognition and the influence of electric noise. J Physiol Paris 110:151–163

von der Emde G, Warrant E (Hrsg) (2016) The ecology of animal senses. Springer, Heidelberg

Wueringer BE (2012) Electroreception in elasmobranchs: sawfish as a case study. Brain Behav Ecol 80:97–107

Zitierte Literatur

Bruns V (1971) Elektrisches Organ von *Gnathonemus* (Mormyridae). Elektrische Platte und Innervation. Z Zellforsch 122:538–563

Carlson BA, Gallant JR (2013) From sequence to spike to spark: evo-devo-neuroethology of electric communication in Mormyrid fishes. J Neurogenet 27:106–129

Dijkgraaf S, Kalmijn AJ (1963) Untersuchungen über die Funktion der Lorenzinischen Ampullen an Haifischen. Z Vgl Physiol 47:438–456

von der Emde, Ruhl T (2016) Matched filtering in African weakly electric fish: two senses with complementary filters. In: von der Emde G, Warrant E (Hrsg) The ecology of animal senses. Springer, Heidelberg

Gotter AL, Kaetzel MA, Dedman JR (1998) *Electrophorus electricus* as a model system for the study of membrane excitability. Comp Biochem Physiol 119A:225–241

Pettigrew JD, Wilkens L (2003) Paddlefish and platypus: parallel evolution of passive electroreception in a rostral bill organ. In: Collin SP, Marsall NJ (Hrsg) Sensory processing in aquatic environments. Springer, New York

Proske U, Gregory JE, Iggo A (1998) Sensory receptors in monotremes. Philos Trans R Soc Lond B 353:1187–1198

Tricas TC, Michael SW, Sisneros JA (1995) Electrosensory optimization of conspecific phasic signals for mating. Neurosci Lett 202:129–132

Zeymer M, von der Emde G, Wullimann MF (2018) The Mormyrid optic tectum is a topographic interface for active electrolocation and visual sensing. Front Neuroanat 12:79

Der Magnetsinn

Inhaltsverzeichnis

S. Frings, *Die Sinne der Tiere*, https://doi.org/10.1007/978-3-662-63233-8_13

Eine der großartigsten und gleichzeitig geheimnisvollsten Leistungen der Tierwelt ist der Vogelzug. Welche Entfernungen Vögel zurücklegen auf ihrer Wanderung zwischen den nördlichen Brutgebieten und den südlichen Überwinterungsgebieten! Welche Genauigkeit in der zeitlichen Organisation und in der Navigation! Wenn wir Graugänse (*Anser anser*) im Herbst in ihrer Dreiecksformation nach Süden fliegen sehen, dann nehmen wir wohl an, dass die Vögel ihren Weg kennen. Aber wir wissen so gut wie nichts darüber, welche Sinnesinformationen sie gerade auswerten. Folgen sie visuell einem Flusslauf? Hören Sie das Grollen eines Gewitters im fernen Gebirge? Riechen sie vielleicht die Herbstwälder oder gar das Meer? Wir wissen nichts Genaues über ihre Navigationsmethoden, wenn sie über uns hinwegfliegen. Und natürlich wissen wir auch nicht, worüber sie „reden". Ein unablässiges Geschnatter ist jedenfalls deutlich vernehmbar. Diskutieren sie den Sonnenstand? Oder vielleicht die Flugzeit bis zum nächsten Rastplatz? Wir sind von dieser Kommunikation ausgeschlossen. Ziehende

Graugänse sind keine Labortiere; sie erlauben uns keinen Einblick in ihre Sinneswelt. Sinnesphysiologen können nur versuchen herauszufinden, über welche Sinnesmodalitäten eine Graugans prinzipiell verfügen kann. Wie gut kann sie sehen, hören und riechen? Wie empfindlich ist ihr Temperatursinn? Wie genau sind ihr räumliches Gedächtnis und ihr Zeitgefühl? Solche Fragen kann man am Boden mithilfe von Dressurversuchen und Verhaltensbeobachtungen ermitteln. Man nähert sich dabei Schritt für Schritt einer Vorstellung davon, wie reich die Sinneswelt eines Zugvogels ist und an welchen Informationen er sich möglicherweise auf seiner Reise orientieren kann. Bei Verhaltensbeobachtungen unter Laborbedingungen hat sich herausgestellt, dass Zugvögel auf Magnetfelder reagieren können, deren Stärke dem Erdmagnetfeld entspricht. Tatsächlich lassen viele Studien erwarten, dass Zugvögel über eine Art Magnetkompass verfügen und dass ein Magnetsinn ihnen bei der Navigation helfen kann. Die Erforschung dieses Magnetsinnes ist eine der großen Herausforderungen der Sinnesphysiologie und konfrontiert die Forscher mit grundlegenden methodischen und konzeptionellen Problemen, die bei anderen Sinnen längst gelöst sind. Gerade aus diesem Grund ist die Erforschung des Magnetsinnes bei Zugvögeln, Meeresschildkröten und anderen Tieren so spannend. Für uns ist es noch ein neuer Sinn, ein Forschungsthema mit vielen Erkenntnislücken – wenn auch für Graugänse vielleicht ein deutlich erkennbares Signal, das den Weg nach Süden weist.

13.1 Orientierung am Magnetfeld der Erde

Um sich bei längeren Reisen zurechtzufinden, benötigt man im Allgemeinen drei Informationen:

- **Positionsinformation.** Das Wissen um den gegenwärtigen Aufenthaltsort ist die Basis aller räumlichen Orientierung. Wir beziehen diese Information aus dem *global positioning system* (GPS).
- **Karteninformation.** Auf einer geografischen Landkarte können wir die Position unseres Reisezieles ermitteln. Solche Karten sind entweder auf Papier gedruckt oder in Navigationsgeräten gespeichert.
- **Richtungsinformation.** Unsere Reiserichtung entspricht der Verbindungslinie zwischen der aktuellen Position und dem Zielort. Um die Reise fortsetzen zu können, müssen wir entweder auf der Karte die Himmelsrichtung der Verbindungslinie – den Kurs – ausmessen, oder wir lassen das Navigationsgerät den Kurs berechnen.

Alles in allem ist Navigation das Ergebnis einer kulturellen Leistung, die über Jahrhunderte hinweg von Seefahrern und Geografen weiterentwickelt worden ist. Wie kann man sich vorstellen, dass Tiere sich auf ihren Fernreisen zurechtfinden? Einfach ist die Vorstellung, dass ein Vogelschwarm an einer Küstenlinie entlangfliegt. Wie aber finden die Tiere ihren Weg über Land? Und wie navigieren Fische, Meeresschildkröten und Meeressäuger durch die scheinbar gleichförmigen Ozeane? Können Tiere Positions-, Karten- und Richtungsinformationen aus dem Magnetfeld der Erde gewinnen? Um uns diesen Fragen zu nähern, ist es hilfreich zu betrachten, welche Orientierungshilfen prinzipiell vom Erdmagnetfeld geliefert werden. Im zweiten Schritt gilt es dann herauszufinden, ob die Tiere diese Orientierungshilfen tatsächlich nutzen.

Das Erdmagnetfeld ist überall auf der Erde messbar und durchdringt natürliche Materialen, insbesondere auch tierische Gewebe. Schematisch wird das Erdmagnetfeld in Form von Magnetfeldlinien dargestellt, die den Globus mehr oder weniger konzentrisch umgeben (◘ Abb. 13.1, *blaue Linien*). In Wirklichkeit ist das Magnetfeld nicht so symmetrisch wie in ◘ Abb. 13.1

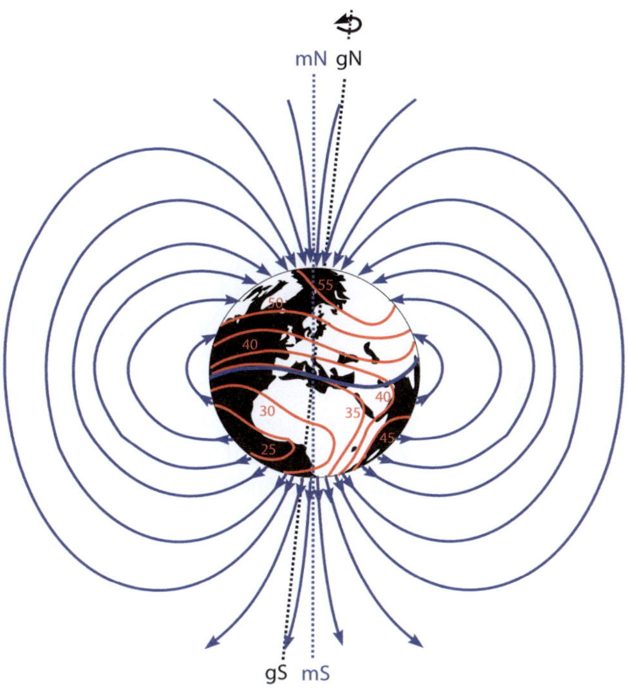

◘ **Abb. 13.1** Das Erdmagnetfeld wird schematisch anhand der Feldlinien (*blau*) dargestellt, die in der Südhalbkugel aus der Erde hervortreten, am Äquator parallel zur Erdoberfläche verlaufen und in der Nordhalbkugel wieder in die Erde eintreten. Der Winkel, den eine Magnetfeldlinie mit der Erdoberfläche bildet, wird als Inklination bezeichnet. Ihr Wert ist –90° am magnetischen Südpol, 0 am magnetischen Äquator (*blaue Linie* über dem afrikanischen Kontinent) und 90° am magnetischen Nordpol. Zwischen geografisch Nord (gN), durch die Rotationsachse der Erde definiert, und magnetisch Nord (mN) spannt sich der Deklinationswinkel, der sich in geologischen Zeiträumen ändert. Die Intensität des Erdmagnetfeldes variiert erheblich zwischen einzelnen Regionen. Bereiche gleicher Intensität (*rote Linien*) zeigen einen unregelmäßigen Süd-Nord Gradienten von 25–55 Mikrotesla (µT). gS, geografisch Süd; mS, magnetischer Südpol

dargestellt, weil es durch den Sonnenwind stark verformt wird; für die Betrachtung der Magnetnavigation spielt das aber keine wichtige Rolle. Die einzelnen Magnetfeldlinien geben an, in welche Richtung die Nadel eines Magnetkompasses an jeder Stelle der Erde zeigen würde. Diese Richtung ist immer die **Nordweisung**, die Richtung zum magnetischen Nordpol (besser: **arktischer Magnetpol**; nach der physikalischen Konvention handelt es sich hier um den Südpol, denjenigen Pol, an dem die Magnetfeldlinien in einen Magneten eintreten). Das liegt daran, dass die Nadel in einem handelsüblichen Magnetkompass auf einer senkrechten Achse montiert ist, sich nur um diese Achse herum horizontal drehen kann und folglich ausschließlich diejenige Komponente einer Magnetfeldlinie anzeigt, welche parallel zur Erdoberfläche verläuft. Und dieser horizontale Anteil des Magnetlinienvektors ist immer auf magnetisch Nord gerichtet. Man bezeichnet diesen Kompasstyp als **Deklinationskompass**, weil er nicht auf den geografischen Nordpol weist, sondern auf den arktischen Magnetpol, der zurzeit etwa 500 km westlich des geografischen Nordpols in Nordkanada liegt. Die Missweisung resultiert daher, dass die Achse des Erdmagnetfeldes (eine Linie durch den Erdmittelpunkt von magnetisch Süd nach magnetisch Nord) nicht an die Rotationsachse der Erde gekoppelt ist, sondern sich im Verlauf von erdgeschichtlichen Zeiträumen erheblich verlagern kann. Genau genommen ist ein Deklinationskompass nur dann von Nutzen, wenn man die aktuelle Deklination kennt und zur magnetischen Nordweisung addiert. Die Deklination ändert sich vor allem in West-Ost-Richtung, weil der Winkel zwischen arktischem Magnetpol und geografisch Nord von der eigenen Position abhängt. Liegen beispielsweise die eigene Position und beide Pole auf ein und derselben Linie, ist die Deklination null; das trifft auf alle Orte in Europa zu, die auf der Isodeklinaten 0 liegen (◘ Abb. 13.2). Die Linien gleicher Deklination (Isodeklinaten) von –6° bis +6° bilden in Europa eine der wenigen Möglichkeiten, Informationen über die West-Ost-Position zu erhalten. Allerdings sind dazu zwei Messungen nötig, die Bestimmung von geografisch Nord und die Nordweisung mit dem Magnetkompass; der Unterschied zwischen beiden ist die lokale Deklination. Geografisch Nord kann man nachts durch die Position des Nordsterns Polaris bestimmen, tagsüber – allerdings weniger genau – durch den Sonnenstand. Aber auch bei sorgfältiger Verwendung liefert ein Deklinationskompass *allein* nur sehr eingeschränkte Navigationsinformation, denn – wo immer man sich auf der Erde befindet – er weist nur die Richtung zum arktischen Magnetpol. Aus dieser Nordweisung *allein* aber erhält man keinerlei Positionsinformation.

Eine ergiebigere Quelle von Navigationsdaten ist die Inklination, der Winkel, den die Magnetfeldlinien mit der Erdoberfläche bilden. Aus der Darstellung in ◘ Abb. 13.1 ist ersichtlich, dass in der Nähe des Äquators keine Magnetfeldlinien durch die Erdkruste treten; tatsächlich verlaufen die Feldlinien dort parallel zur Erdoberfläche. Die Inklination hat dort den Wert null, und alle Orte mit Inklination null bilden zusammen den magnetischen Äquator (◘ Abb. 13.1, *blaue Linie* auf dem Erdsymbol), der sich in einer flachen Welle um den geografischen Äquator windet. An den Polen hat die Inklination ihre maximalen Werte von 90° in der Arktis und –90° in der Antarktis, weil dort – an den beiden Magnetpolen – die Feldlinien senkrecht durch die Erdoberfläche verlaufen. Jeder Punkt zwischen Äquator und den Polen wird durch einen Inklinationswert gekennzeichnet, der mit einem **Inklinationskompass** gemessen werden kann. Ein solcher Kompass ist eigentlich gleich gebaut wie ein Deklinationskompass, nur steht sein Ziffernblatt senkrecht, sodass die Magnetnadel sich um eine waagerechte Achse dreht. Wenn man den Inklinationskompass in Nord-Süd-Richtung aufstellt, richtet sich die Magnetnadel entlang der lokalen Magnetfeldlinie aus und zeigt an, in welchem Winkel sie zur Horizontale steht (◘ Abb. 13.3, *links*). Der Inklinationskompass zeigt damit die Richtung der Feldlinie entlang des Gesamtvektors, während der Deklinationskompass nur die horizontale Komponente des Magnetfeldvektors angibt (◘ Abb. 13.3, *Mitte*). Tatsächlich liefert der Inklinationskompass zwei qualitativ unterschiedliche

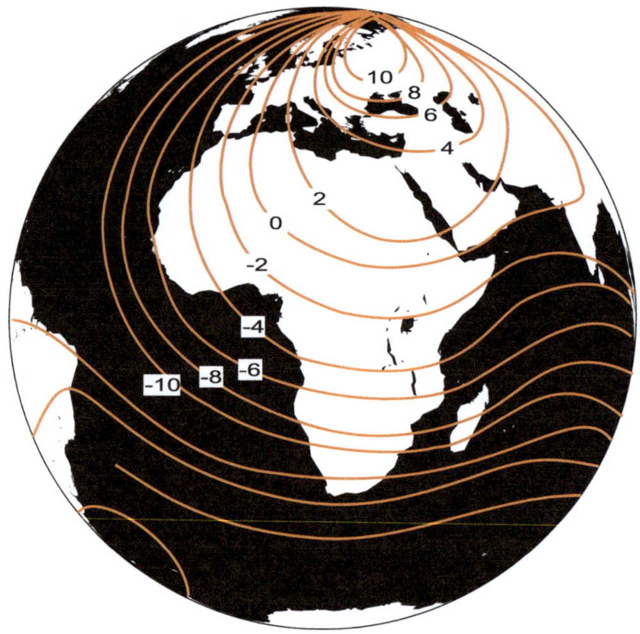

◘ **Abb. 13.2** Linien gleicher Deklination (Isodeklinaten) über Europa und Afrika. Der Unterschied zwischen der magnetischen Nordweisung und geografisch Nord kann eine West-Ost-Orientierung ermöglichen, weil die Isodeklinaten – ähnlich den geografischen Längen – in Europa annähernd nord-südwärts verlaufen

13

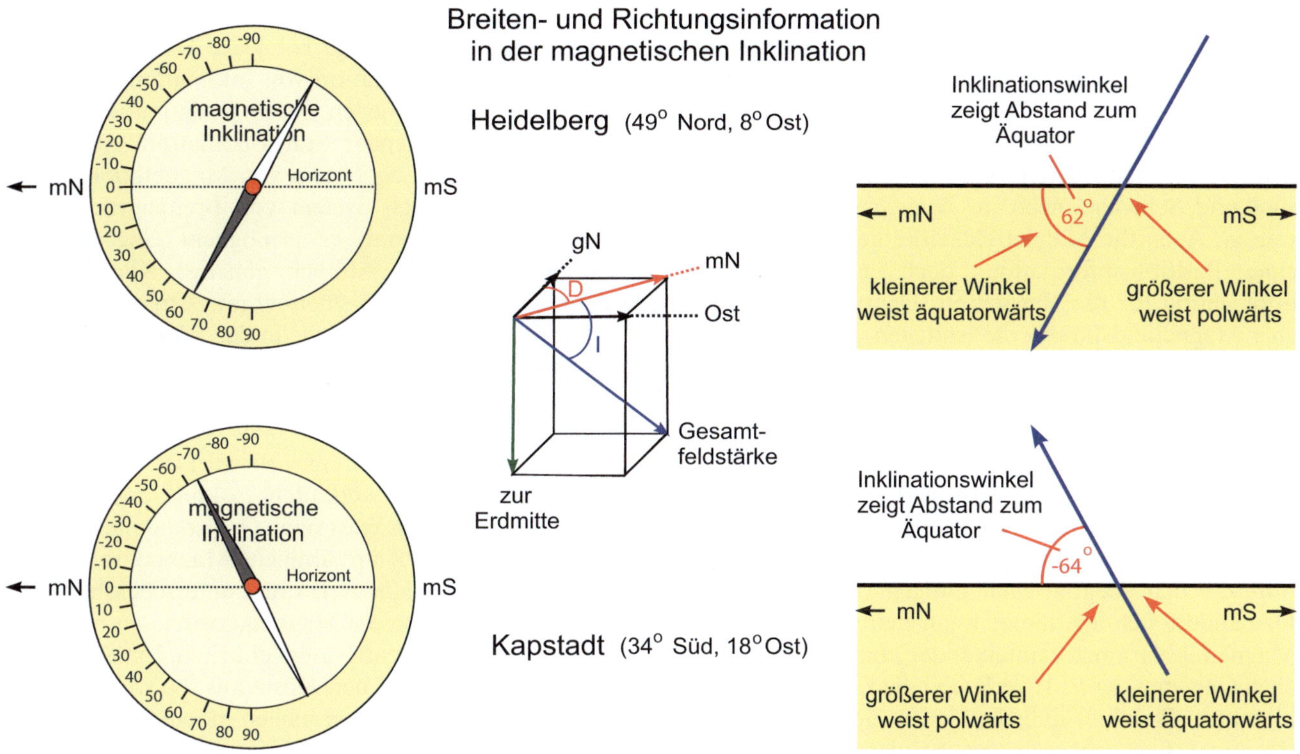

Abb. 13.3 Orientierung an der Inklination von Magnetfeldlinien. Zusätzlich zur Nordweisung mit einem waagerecht montierten Deklinationskompass erhält man Informationen mit einem senkrecht montierten Inklinationskompass, dessen Nadel sich entlang der lokalen Magnetfeldlinie ausrichtet. Auf der Nordhalbkugel zeigt sie daher zum Boden (positive Inklination), auf der Südhalbkugel dagegen zum Himmel (negative Inklination). *Links*: Zwei Beispiele für Inklinationswerte, wie sie in Heidelberg und in Kapstadt angezeigt werden. *Mitte*: Vektorielle Komponenten einer Magnetfeldlinie, deren Gesamtstärke (*blau*) sich aus einer horizontalen (*rot*) und einer vertikalen (*grün*) Komponente zusammensetzt. Die Deklination (D) ist der waagerechte Winkel zwischen magnetisch Nord (mN) und geografisch Nord (gN); die Inklination (I) entspricht dem senkrechten Winkel zwischen einer Magnetfeldlinie und ihrer horizontalen Komponente. Die Inklination liefert eine ähnliche Orientierung wie die geografischen Breitengrade. Am magnetischen Äquator hat die Inklination die Größe null, mit Entfernung vom magnetischen Äquator nimmt ihr Betrag stetig zu, bis sie am magnetischen Nordpol 90°, am magnetischen Südpol dagegen −90° erreicht. *Rechts*: Der Inklinationswinkel ist ein Maß dafür, wie weit man vom Äquator entfernt ist – vergleichbar dem geografischen Breitengrad. Zusätzlich zu dieser Positionsinformation enthält die Inklination auch eine Richtungsinformation. Der kleinere Winkel zwischen Magnetlinie und Erdoberfläche weist immer äquatorwärts, der größere polwärts (auf der Nordhalbkugel Richtung Nordpol, auf der Südhalbkugel Richtung Südpol)

Informationen, **eine Positions- und eine Richtungsinformation**. Die Größe des Inklinationswinkels liefert eine Positionsinformation, welche dem geografischen Breitengrad adäquat ist. Weiß man beispielsweise, dass man sich am 49. Breitengrad aufhält, kann man davon ausgehen, dass man sich entweder in Deutschland im Rhein-Main-Gebiet befindet oder an der Grenze zwischen den USA und Kanada oder vielleicht im Norden der Mongolei. Alle diese Orte liegen auf dem 49. Breitenkreis und zeigen den gleichen Inklinationswert. Eine Orientierung auf der Ost-West-Achse gibt der Inklinationswinkel nicht her, aber immerhin kann man auf einer Nord-Süd-Reise feststellen, ob man sich in die richtige Richtung bewegt und wie weit man schon vorangekommen ist. Die Richtungsinformation resultiert aus dem Vergleich der beiden Winkel, die zwischen der Feldlinie und der Erdoberfläche liegen (▪ Abb. 13.3, *rechts*). Der kleinere der beiden Winkel weist immer äquatorwärts, der größere polwärts. Offenbar benutzen Zugvögel genau diese Richtungsinformation zur Navigation (▶ Abschn. 13.3). Der Inklinationskompass ist damit ein genaueres Navigationsinstrument für die Nord-Süd-Orientierung als der Deklinationskompass. Allerdings liefert er keine Information für die Ost-West-Orientierung, welche den geografischen Längengraden vergleichbar wäre.

Die dritte Magnetinformation ist die Magnetfeldstärke, die lokale magnetische Flussdichte, die man mit einem **Magnetometer** messen kann und in der Einheit Tesla (T) ausdrückt. Die Magnetfeldstärke ist nicht überall auf der Erde gleich, sondern sie ändert sich aufgrund geologischer Gegebenheiten. Über die Ausdehnung von Europa und Afrika ergibt sich ein weitgehend gleichmäßiger Gradient von 25 µT im Süden bis 55 µT im Norden (▪ Abb. 13.1, *rote Linien* im Erdsymbol). Zu diesen globalen Strukturen im Erdmagnetfeld kommen lokale Magnetfeldanomalien, die im Umfeld von Gebirgen und Erzlagerstätten auftreten und meist weniger als 1 µT von dem globalen Feld abweichen. Zudem zeigt die Magnetfeldstärke Fluktuationen im Tagesverlauf, welche auf Wechselwirkungen des Sonnenwindes mit der oberen Atmosphäre zurückzuführen sind und Schwankungen im Bereich von 0,1 µT aufweisen. Auch die Magnetfeldstärke liefert *allein* weder eine Positionsinformation noch eine Richtungsinformation für die Navigation. Denn die Linien gleicher Magnetfeldstärke – die Isodynen – ziehen sich weit über die Erdkugel hinweg und eignen sich nicht dazu, Orte mit gleicher Magnetfeldstärke voneinander zu unterscheiden.

Einzeln betrachtet sind die drei Magnetfeldparameter Deklination, Inklination und Intensität also sehr ungenaue Navigationshilfen und geben vor allem kaum Ost-West-Orientierung, mithin keine präzise Information, die den geografischen Längengraden entspräche. Das ändert sich allerdings, wenn man unterschiedliche Magnetfeldparameter miteinander kombiniert. In manchen Gebieten der Erde verlaufen die Linien gleicher Inklination (Isokline) und die Linien gleicher Feldstärke (Isodyne) fast senkrecht zueinander und bilden ein brauchbares **Koordinatensystem zur Magnetorientierung**. Ein Beispiel ist der Südatlantik (◘ Abb. 13.4). Dort verlaufen die Isoklinen fast in West-Ost-Richtung, die Isodynen dagegen über weite Strecken ungefähr in Nord-Süd-Richtung. Demzufolge hat jeder Kreuzungspunkt eine einmalige Kombination von Inklination und Feldstärke. Man kann für jeden Ort im Südatlantik ein charakteristisches Wertepaar von Inklination und Feldstärke angeben. Dieses System von Magnetkoordinaten ist dem geografischen System von Breitengraden und Längengraden adäquat; es ermöglicht eine **absolute Positionsbestimmung**. Ähnlich günstige Koordinatensysteme bietet das Erdmagnetfeld im Ostpazifik, im gesamten Indischen Ozean sowie in den nördlichen Polargebieten, während in anderen Regionen der Erde Isokline und Isodyne sich nur in flachen Winkeln schneiden und demzufolge ein System mit weit ungenaueren Koordinaten liefern. Ein extremes Beispiel ist die afrikanische Nordküste. Hier verlaufen Isokline und Isodyne praktisch parallel von West nach Ost, sodass alle Städte von Marrakesch bis Kairo ähnliche Magnetkoordinaten haben und daher magnetisch kaum unterscheidbar sind. Im Südatlantik bieten die Magnetkoordinaten hingegen recht genaue Orientierungsmöglichkeiten. Ein Seefahrer, der von der brasilianischen Küste aus die winzige Insel Ascension (◘ Abb. 13.4) erreichen möchte, könnte beispielsweise entlang einer Isokline ostwärts fahren, wobei er mithilfe eines Inklinationskompasses sicherstellen muss, immer auf der richtigen Isokline zu bleiben. Im Prinzip benötigt er für diese Fahrt nur den Inklinationskompass sowie eine Seekarte, in welche die Isoklinen eingetragen sind. Zusätzlich kann er durch die Messung der Feldstärke mit einem Magnetometer feststellen, wie weit er schon vorangekommen ist. Wohlgemerkt, Inklinationskompass, Magnetometer und Seekarte reichen aus; er benötigt weder einen Deklinationskompass noch ein GPS-Gerät. Für die Diskussion der Magnetorientierung bei Tieren ist dies ein wichtiger Punkt.

13

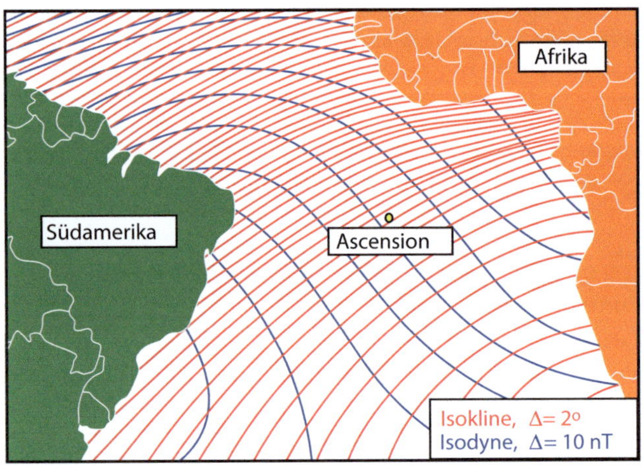

◘ **Abb. 13.4** Ein magnetisches Koordinatensystem. Im Südatlantik kreuzen sich die Linien gleicher Inklination (Isoklinen, *rot*) im stumpfen Winkel mit den Linien gleicher Magnetfeldstärke (Isodynen, *blau*). Dadurch entsteht ein magnetisches Koordinatensystem, mit einer spezifischen Kombination von Inklination und Magnetfeldstärke an jedem Ort. Ein solches System ermöglicht eine magnetische Positionsbestimmung, vergleichbar dem geografischen Koordinatensystem aus Längen- und Breitengraden. Der Südatlantik ist aus diesem Grund besonders günstig für die Magnetnavigation. Meeresschildkröten (Familie Cheloniidae) scheinen diesen Umstand zu nutzen, um von der brasilianischen Küste zur 3000 km entfernten Insel Ascension zu schwimmen, wo sie ihre Eier ablegen

13.2 Hinweise auf Magnetorientierung bei Tieren

Forschungsansätze in der Sinnesphysiologie basieren auf einem Grundverständnis von Sinnesfunktionen, welche die höheren Tiere mit dem Menschen gemein haben. Es fällt nicht schwer, uns vorzustellen, was ein Tier mit seinen Augen, seinen Ohren oder mit seiner Nase macht, denn die Sinnesfunktionen der Tiere sind qualitativ die gleichen wie bei uns. Für die Erforschung des Magnetsinnes gilt im Prinzip das Gleiche. Wir nutzen das Erdmagnetfeld zur Orientierung und Navigation, wenn wir einen Magnetkompass benutzen; und wir nehmen an, dass auch die Tiere sich mithilfe eines irgendwie beschaffenen Kompasses durch die Welt bewegen. Wie sollten sie sich sonst bei längeren Wanderungen zurechtfinden? Auch ist uns eine Fernreise ohne

Abb. 13.5 Viele europäische Falter fliegen im Frühjahr nach Norden auf der Suche nach günstigen Lebensbedingungen während des Sommers. Beim Kleinen Fuchs (*Aglais urticae*; *vorn*), einem Binnenzieher, sind das oft nur kurze Strecken. Der Admiral (*Vanessa atalanta*; *rechts*) kann dagegen im Frühjahr von Nordafrika aus bis nach Nordeuropa ziehen und dabei sogar Island erreichen. Möglicherweise nutzt er zur Navigation den Sonnenstand und das Magnetfeld der Erde

Landkarte oder GPS (*global positioning system*) kaum vorstellbar, und die Annahme, dass auch Tiere eine Vorstellung von der räumlichen Ordnung der Erde – einen Kartensinn – haben, erscheint und nicht absurd (▶ Abschn. 1.3, Die Wahrnehmung von Zeit und Raum). Nehmen wir die Wanderfalter. Schmetterlinge wie der Admiral (*Vanessa atalanta*; Abb. 13.5), der Distelfalter (*Vanessa cardui*) oder das Taubenschwänzchen (*Macroglossum stellatarum*; s. Abb. 9.5) verbringen den Winter in Nordafrika und der Mittelmeerregion und ziehen im Frühjahr über die Alpen bis nach Nordeuropa. Der Admiral kann auf dieser Reise gar bis Island kommen. Im Herbst kehren die Schmetterlinge nach Süden zurück, wo ihre Raupen bis zum nächsten Frühjahr heranwachsen. Wenn die Tiere im Frühjahr nordwärts starten, können sie nicht auf gespeicherte Erfahrungen zurückgreifen, denn sie haben gerade erst ihr adultes Stadium erreicht. Offensichtlich wissen sie aber, wie man nach Norden fliegt, und selbst wenn sie durch Seitenwind nach Ost oder West verweht werden – sie können diese Drift ausgleichen und auf Kurs bleiben. Auch können sie Hindernisse wie Berge umfliegen und hinter dem Hindernis wieder ihren Kurs einnehmen. Man kann sich vorstellen, dass die Tiere sich am **Sonnenstand** orientieren und so fliegen, dass die Sonne morgens rechts und nachmittags links liegt – denn dann fliegen sie ungefähr nordwärts. Denkbar ist auch eine Orientierung am **Polarisationsmuster** des Himmels, denn die Komplexaugen der Schmetterlinge sind polarisationsempfindlich (▶ Abschn. 7.13). Vielleicht empfinden sie aber auch die lokalen Eigenschaften des **Magnetfeldes**; das ist zumindest eine nahe liegende Hypothese. Denn das Magnetfeld könnte ihnen sowohl die Nordweisung liefern (Deklination) als auch eine Abschätzung davon, wie weit sie schon vorangekommen sind auf ihrem Weg nach Norden (Inklination). Wie immer sie es anstellen, die meisten von ihnen erreichen ihre Brutgebiete im Norden. In nahezu allen Regionen der Erde – ausgenommen die Antarktis – zeigen Insekten zielorientiertes, weiträumiges Wanderverhalten mit deut-

Abb. 13.6 Das Rotkehlchen (*Erithacus rubecula*) kann, wenn der Winter in seinem Brutgebiet zu kalt oder zu lang ist, im Herbst nach Süden fliegen. Da es hauptsächlich nachts unterwegs ist, kann es sich am Sternenmuster sowie am Erdmagnetfeld orientieren

lichen Hinweisen auf die Fähigkeit zur Navigation. Dabei handelt es sich nicht um ein passives Verdriften mit dem Wind. Vielmehr fliegen die Tiere aktiv auf ihre Zielgebiete zu und können ebenso aktiv Flughöhen auswählen, in denen die vorherrschenden Luftströmungen ihre Reise begünstigen. Es ist kaum vorstellbar, dass sie all dies ohne Kompassorientierung bewerkstelligen.

Deutliche Hinweise auf Magnetorientierung liefert auch das Rotkehlchen (*Erithacus rubecula*), ein kleiner Singvogel, der eine zentrale Rolle in der Erforschung des Magnetsinnes spielt (Abb. 13.6). Rotkehlchen schlüpfen im Frühjahr und müssen während des Sommers alles lernen, was sie zur kommenden Überwinterung brauchen. In Gebieten mit milden Wintern und vielen Vogelhäuschen ist das kein großes Problem; sie können bleiben und finden auch in der kalten Zeit genug Nahrung. Im Norden jedoch, in Skandinavien, dem Baltikum und Westrussland, werden die Winter zu hart, und die Rotkehlchen machen sich im Herbst auf den Weg in ihre Winterquartiere rund um das Mittelmeer. Dazu müssen die Tiere 3000 km nach Süden fliegen, über Land, welches sie nie zuvor gesehen haben! Zudem fliegen Rotkehlchen nachts – offenbar, um etwas besser geschützt vor Raubtieren zu sein und weil die kühleren Temperaturen sie vor Überhitzung schützen. Sonnenstand und Polarisationsmuster fallen damit als Navigationshilfen weg. Nachts können sie sich am Sternenhimmel orientieren. Der Nordstern Polaris, dessen Position ziemlich genau in der nördlichen Verlängerung der Rotationsachse der Erde liegt, bildet den Mittelpunkt der nächtlichen Drehung des Sternenmusters am Firmament und steht immer im Norden. Wenn das Rotkehlchen dafür sorgt, dass es den Nordstern im Rücken hat, fliegt es nach Süden. Diese **visuelle Orientierung am Sternenhimmel** funktioniert natürlich nur in klaren Nächten, wenn die Sterne nicht durch Wolken verdeckt sind. Was bleibt den Rotkehlchen in bewölkten Nächten? Die Vorstellung, dass sie das Magnetfeld mit seiner zuverlässigen Kompassinformation zur Navigation nutzen, ist nahe liegend.

Ähnlich nahe liegend scheint uns die Nutzung der Magnetorientierung bei Tieren zu sein, die im Meer oder über dem Meer – also in einer weitgehend gleichförmigen Umgebung ohne auffällige Orientierungspunkte – weite Strecken zurücklegen; beispielsweise bei Walen, die zwischen den polaren Nahrungsgründen und ihren äquatornahen Brutgebieten wandern, den Meeresschildkröten mit ihrer punktgenauen Zielfindung sowie den vielen Zugvögeln, die Tausende von Kilometern über das Meer fliegen, um ihre Winterquartiere zu erreichen. Es ist schlechterdings nicht vorstellbar, dass diese fernreisenden Tiere ohne irgendeine Art von Magnetkompass auskommen. Ein sehr augenfälliges Beispiel für Magnetorientierung bieten die australischen Kompasstermiten *Amitermes meridionalis* und *Amitermes laurensis*. Ihre Hügelbauten unterscheiden sich deutlich von den Wohnhügeln anderer Termitenarten. Sie sind brettartig flach, etwa zehnmal so lang wie breit, und ihre Längsachse ist wie eine Kompassnadel genau nach Nord-Süd ausgerichtet. Termitenforscher nehmen an, dass diese Bauweise einer optimalen Klimatisierung dient. Denn die Kompasstermiten leben in Grasebenen, welche in der Regenzeit mehrere Monate lang überschwemmt werden. Für diese Zeit horten die Termiten Vorräte an Pflanzenmaterial, welches trocken, bei konstanter Temperatur und ausreichender Belüftung gelagert werden muss, damit es nicht verschimmelt. Durch die Nord-Süd-Ausrichtung werden die großen Seitenwände der Hügel von der Morgensonne und der Abendsonne moderat erwärmt, während die brennende Mittagssonne vom nördlichen Zenit aus nur die schmale Oberkante des Hügels bescheint. Die Innentemperatur dieser Hügel bleibt zwischen Sonnenaufgang und Sonnenuntergang weitgehend konstant nahe 30 °C. Die Kompasstermiten scheinen die Nord-Süd-Achse zu kennen – ihre Bauten legen das zumindest nahe –, man muss annehmen, dass sie über einen Magnetsinn verfügen.

Solche Tierbeobachtungen geben deutliche Hinweise darauf, dass das Erdmagnetfeld sowohl bei Wanderungen als auch bei stationären Aktivitäten zur räumlichen Orientierung wertvolle Sinnesinformationen liefern kann. Wie aber findet man heraus, ob die Tiere solche Informationen tatsächlich nutzen können? Haben Tiere tatsächlich ein Magnetsinnesorgan, so etwas wie einen eingebauten Magnetkompass?

13.3 Tiere im Magnetfeldlabor der Sinnesphysiologen

Will man herausfinden, ob ein Tier sich für das Erdmagnetfeld interessiert und sich vielleicht sogar auf seiner Wanderung davon leiten lässt, muss man den Magnetsinn in Verhaltensexperimenten freipräparieren. Wie man das machen kann, hat ein klassisches Experiment mit Brieftauben schon vor über 50 Jahren gezeigt. Bei diesem Experiment ging es zunächst um die Frage, ob Brieftauben sich beim Heimflug am Sonnenstand orientieren, ob sie vom Sonnenstand die Flugrichtung ableiten können. Der Sonnenstand lässt die Himmelsrichtung allerdings nur in Verbindung mit der Tageszeit erkennen. Will eine Gruppe Brieftauben nach Norden fliegen, weil sie gegen 10:00 Uhr morgens südlich von ihrem Heimatschlag freigelassen wurde, könnte sie sich im Prinzip am Sonnenstand orientieren. Aufgrund ihres endogenen Zeitempfindens – ihrer inneren Uhr – ist den Tauben klar, dass es Vormittag ist, und sie müssen ihren Kurs so einrichten, dass die Sonne rechts hinter ihnen liegt – Richtung Süd-Ost. Die Frage, ob sie sich tatsächlich am aktuellen Sonnenstand orientieren, wurde dadurch beantwortet, dass man ihre innere Uhr verstellt hat. Dazu wurden die Tauben zunächst mehrere Tage und Nächte in einem Raum mit künstlichem Licht gehalten, und der Tag-Nacht-Rhythmus wurde so eingestellt, dass es drei Stunden später hell und drei Stunden später dunkel wurde als außerhalb des Hauses. Die Tauben speicherten die verschobenen Tageszeiten; sie verstellten ihre innere Uhr um drei Stunden. Wurden diese zeitverstellten Tauben freigelassen, orientierten sie sich gemäß der gelernten Tageszeit und flogen in die falsche Richtung. Eine tatsächliche Abflugzeit von 10:00 Uhr vormittags wurde von den zeitverstellten Tauben als 7:00 Uhr morgens empfunden, die Zeit kurz nach Sonnenaufgang, und sie erwarteten die Sonne daher tief im Osten. Sie stellten also ihre Flugrichtung so ein, dass sie die 10:00-Uhr-Sonne querab rechts von sich sahen. Ihr Kurs verlief damit aber nicht wie gewünscht nach Norden, sondern stattdessen nach Nord-Ost, ein Navigationsfehler von etwa 45°.

Mit diesem Experiment konnte zunächst einmal die Nutzung des Sonnenkompasses nachgewiesen werden. Für den Magnetsinn wurde es interessant, als man die zeitverstellten Tauben bei bedecktem Himmel freiließ, als die Sonne nicht zu sehen war. In diesem Fall flogen sie ohne Kursfehler nach Norden. Das Erdmagnetfeld ändert sich kaum über den Tag, weshalb Magnetnavigation ohne Zeitinformation möglich ist. Die zeitverstellten Tauben konnten sich an einer zeitunabhängigen Informationsquelle orientieren, ihr verstelltes Zeitempfinden hat dabei nicht gestört. Dass sie tatsächlich Magnetinformation nutzten, konnte man daraus schließen, dass die zeitverstellten Tauben bei bedecktem Himmel ihren Kurs nicht finden konnten, wenn man einen Dauermagneten an ihrem Kopf befestigte, um das Erdmagnetfeld unkenntlich zu machen. Dieses Experiment gab den Sinnesphysiologen einen ersten wichtigen Hinweis: Will man den Magnetsinn untersuchen, muss man ihn zunächst freilegen, in dem man den Tieren die Möglichkeit nimmt, sich mit anderen Sinnen zu orientieren. Das **Freilegen des Magnetsinnes** ist ein grundlegendes Prinzip für die Erforschung dieser Sinnesmodalität. Es löst das Problem der multimodalen Orientierung der Tiere, die – wenn sie können – immer alle Informationen verwerten, die ihnen zugänglich sind. Es ist also ratsam, den Tieren den Blick auf Sonne, Sterne und Landschaft zu verwehren und ihnen auch nicht zu gestatten, den Geruch des Windes und das Rauschen der Wälder zu analysieren. Zusätzlich sollte man die Kontrolle über das Magnetfeld haben, dem die Tiere während des Experiments ausgesetzt sind. Erst dann – in einer extrem artifiziellen Situation sensorischer Deprivation – kann man schlüssige Experimente zum Magnetsinn durchführen.

Solche Experimente gelingen allerdings nur, wenn die Tiere in Wanderstimmung sind. Das ist bei Brieftauben kein Problem: Wann immer sie von ihrem Heimatschlag entfernt werden, wollen sie zurück, und man kann jederzeit Experimente zum Magnetsinn durchführen. Anders ist das bei Zugvögeln, deren Wanderverhalten nur zweimal im Jahr aufritt. Rotkehlchen verbringen beispielsweise die meisten Nächte des Jahres schlafend auf Bäumen und Büschen. Im Spätsommer werden sie jedoch nachts immer aktiver, suchen unablässig nach Nahrung und bereiten sich so auf ihre Wanderung nach Süden vor. Diese Phase erhöhter Aktivität wird als **Zugunruhe** bezeichnet, und nur in dieser Zeit ist es sinnvoll, Verhaltensversuche zum Magnetsinn durchzuführen. Alle Zugvögel erleben zweimal im Jahr die Zugunruhe (◘ Abb. 13.7) und bauen in dieser Zeit die Motivation auf, welche sie für ihre Südwanderung im Herbst und ihre Nordwanderung im Frühjahr benötigen. Untersuchungen zum Magnetsinn sind daher auf die wenigen Wochen des Jahres beschränkt, die kurz vor den Wanderungen liegen. Nur dann kann man Vögel in Wanderstimmung sensorisch isolieren und auf die Fähigkeit zur Magnetorientierung hin untersuchen.

Eine Methode zur fast vollständigen sensorischen Isolation von Labortieren wurde in den 1960er-Jahren für die Forschung an Zugvögeln entwickelt, und diese Methode, der **Emlen-Trichter**, ist bis heute das wichtigste Hilfsmittel für die Erforschung des Magnetsinnes. Ein Emlen-Trichter ist eine Art Eimer mit schrägen Wänden und einem Gitterdach, der die Flucht eines gefangenen Tieres verhindert (◘ Abb. 13.8, *links*). Dieser

Abb. 13.7 Schwalben in Zugunruhe. Rauchschwalben (*Hirundo rustica*) sind während des Frühjahrs und Sommers mit Nestbau, Brut und Aufzucht ihrer Jungen beschäftigt. Im Spätsommer kann man beobachten, wie sie sich auf Stromdrähten versammeln und sich aufgeregt zwitschernd auf ihre Wanderung nach Süden vorbereiten. Sie befinden sich in Zugunruhe, einem hormonell gesteuerten Zustand, der die Motivation zur Wanderung nach Süden verstärkt. In den ersten Septemberwochen fliegen sie los in ihre Überwinterungsgebiete im südlichen Afrika

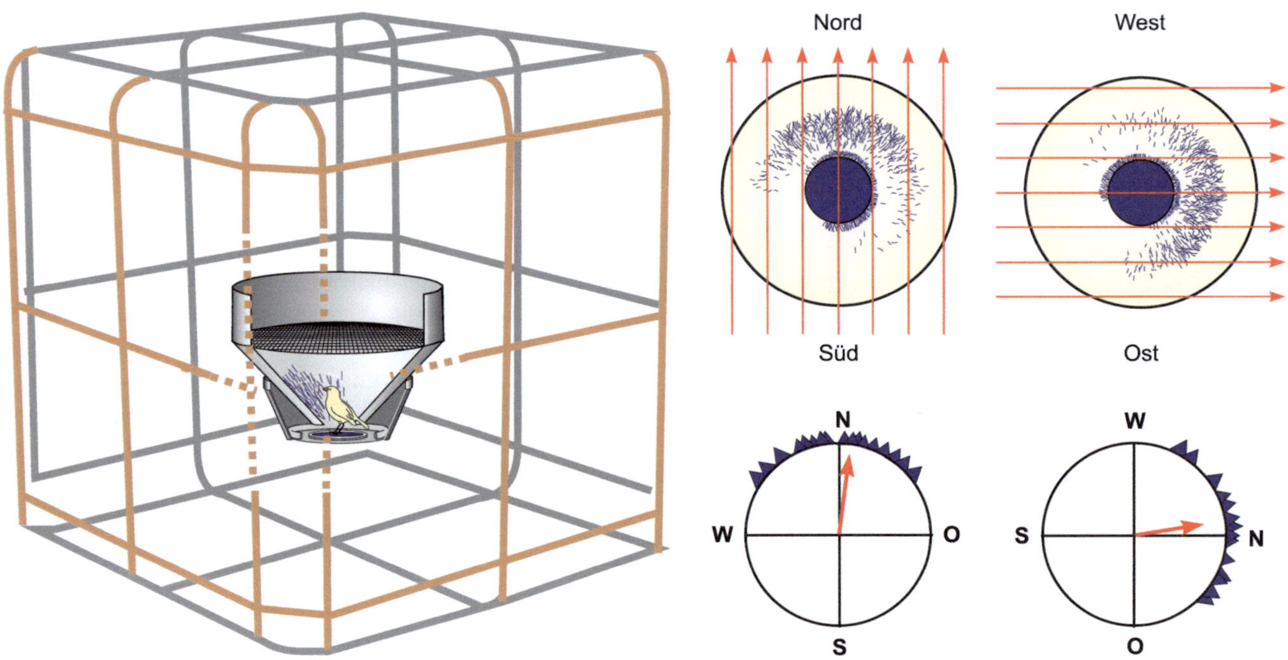

Abb. 13.8 Nachweis der Befähigung zur Magnetorientierung mit dem Emlen-Trichter. *Links*: In der ursprünglichen Version des Emlen-Trichters steht der Testvogel auf einem Stempelkissen, das seine Füße blau färbt. Der mit Papier ausgeschlagene Trichter ist nach oben mit einem Gitter versperrt. Befindet sich der Vogel in der Flugunruhe, versucht er aus dem Trichter zu entkommen, und seine Sprünge hinterlassen dabei Farbspuren auf dem Papier. Ein System von Helmholtz-Spulen macht es möglich im Emlen-Trichter ein beliebiges Magnetfeld anzulegen, wobei Nordweisung, Inklination und Intensität experimentell festgelegt werden können. *Rechts*: Blick von oben auf das Testpapier. Die Fußspuren des Vogels werden analysiert, und die mittlere Orientierungsrichtung wird ermittelt. Für jeden Testvogel wird die mittlere Orientierungsrichtung mit einem Dreieckssymbol auf eine Kompassrose aufgetragen (*unten*, *blau*). Dadurch entsteht eine grafische Darstellung der Orientierung aller in einem Experiment getesteten Vögel. Ein Orientierungsvektor (*unten*, *rot*) zeigt für alle getesteten Vögel die durchschnittliche Orientierung mitsamt ihrer Streuung (*Länge des Pfeiles*) an. Ein Tier, das sich am Magnetfeld orientieren kann, richtet seine Fluchtaktivität nach dem künstlich angelegten Magnetfeld aus. Wird einem Vogel, der im Frühjahr nach Norden fliegen will, ein um 90° gedrehtes Magnetfeld präsentiert (*ganz rechts*) folgt er der Nordweisung des künstlichen Magnetfeldes. Nach Emlen und Emlen (1966)

Trichter wird in einem Raum aufgestellt, der visuelle, auditorische, olfaktorische und somatosensorische Sinnesreize nach außen hin abschirmt, sodass nur das Gravitationsfeld und das Magnetfeld der Erde sowie elektromagnetische Felder einen Testvogel erreichen können. Um auch das Erdmagnetfeld ausschalten zu können, wird um den Trichter herum ein System aus Helmholtz-Spulen errichtet. Ausgereifte Systeme (sogenannte Merritt-Spulen-Systeme) erzeugen homogene Magnetfelder und vermitteln die Kontrolle über Nordweisung, Inklination und Intensität des künstlichen Magnetfeldes. Der Testvogel steht am Boden des Trichters auf einer Art Stempelkissen, das seine Füße blau färbt. Versucht der Vogel aus dem Trichter zu entkommen, hinterlassen seine Füße Trittspuren auf dem Papier, mit welchem die Trichterwand ausgekleidet ist. Besonders in der Zeit der Flugunruhe, wenn Zugvögel von einem intensiven Wanderinstinkt getrieben werden, springen sie unablässig an der Trichterwand hoch, und zwar hauptsächlich in diejenige Richtung, in welche ihr Wanderinstinkt sie treibt: im Spätsommer nach Süden und im Frühjahr nach Norden. Woher aber wissen die Testvögel, wo Nord und Süd sind, wenn sie weder die Sonne, die Sterne noch sonst irgendeine Orientierungsmarke sehen können? Die Hypothese, dass sie das Magnetfeld zur Orientierung nutzen, kann man überprüfen, indem man die Ausrichtung des Feldes mithilfe der Helmholtz-Spulen verstellt und beobachtet, ob die Tiere ihre Fluchtrichtung entsprechend mit verstellen. Solche Versuche sind bei vielen Zugvogelarten durchgeführt worden, und sie zeigen eindeutig, dass die Tiere eine Magnetorientierung haben. Wird das künstliche Magnetfeld beispielsweise um 90° im Uhrzeigersinn gedreht, drehen auch die Vögel ihre Fluchtrichtung. Sie akzeptieren die Nordweisung des künstlichen Magnetfeldes, egal wie weit man es verstellt (◘ Abb. 13.8, *rechts*). Wenn sie keine andere Orientierungshilfe haben, sind sie also durchaus in der Lage, sich am Magnetfeld zu orientieren.

Emlen-Trichter werden heute in einer Vielzahl von Ausführungen und Variationen eingesetzt und haben für ganz unterschiedliche Tiere den **Nachweis der Magnetorientierung** erbracht – von Invertebraten über Fische, Amphibien, Reptilien und Vögel bis hin zu Säugetieren. Auch konnte bei einigen Tieren (bei Fliegen, Ameisen, Fischen, Molchen, Schildkröten, Tauben, Zugvögeln und anderen) nachgewiesen werden, dass sie auf magnetische Reize konditioniert werden können. Damit konnten die beiden grundlegenden Fragen zur Magnetorientierung zweifelsfrei beantwortet werden, *ob* nämlich ein Magnetsinn existiert und *ob* Magnetfelder verhaltensrelevant sein können. Es gilt heute als gesichert, dass Magnetorientierung im Tierreich existiert und weit verbreitet ist. Weit weniger gut verstanden ist, *wie* der Magnetsinn im Einzelnen funktioniert und *welche spezielle Rolle* Magnetsignale im ökologischen Kontext einer Tierart spielen.

Ein besonders interessantes Ergebnis resultierte aus Untersuchungen zu der Frage, welche Parameter eines Magnetfeldes von Zugvögeln überhaupt zur Orientierung genutzt werden können – ist es die Polarität mit der Nordweisung, ist es die Inklination mit Information zum Breitengrad oder ist es die Intensität, die unter günstigen Bedingungen eine Ortsinformation liefern kann. Experimente zu dieser Frage wurden mit Rotkehlchen (*Erithacus rubecula*) durchgeführt, die im Frühjahr zu ihren Brutgebieten in Skandinavien aufbrechen wollten, stattdessen aber in den Emlen-Trichtern der Magnetsinnesforscher gelandet waren. Mit den Helmholtz-Spulen, in denen der Trichter steht, kann man Nordweisung, Inklination und Intensität unabhängig voneinander in jeder beliebigen Kombination anlegen. Es zeigte sich, dass für ein Rotkehlchen nicht die Polarität des lokalen Magnetfeldes interessant ist, sondern dass es die Inklination der Magnetfeldlinien analysiert. Sein Magnetsinn arbeitet also nicht wie ein Deklinationskompass, sondern wie ein **Inklinationskompass**. Ändert man im Experiment mithilfe der Helmholtz-Spulen nur die Inklination, belässt aber die Nordweisung unverändert, hat dies massive Auswirkungen auf das Orientierungsverhalten (◘ Abb. 13.9). Bei einer Umkehrung der Inklination von 65° auf −65° dreht der Vogel seine Fluchtrichtung um etwa 180°, obwohl sich bei diesem Experiment die Nordweisung des Feldes – die horizontale Komponente des Magnetfeldvektors – nicht geändert hat. Reduziert man die Inklination auf null, indem man das künstliche Magnetfeld horizontal ausrichtet, verlieren die Rotkehlchen im Emlen-Trichter jegliche Orientierung, obwohl der Magnetvektor auch bei Null-Inklination stramm nach magnetisch Nord zeigt. Aus zahlreichen Analysen der Magnetfeldorientierung von Rotkehlchen resultiert die Hypothese, dass die Vögel die Inklination der Magnetfeldlinien nicht nur dazu nutzen, ihren Abstand vom Äquator (in etwa den Breitengrad) abzuschätzen. Sie registrieren auch, welche Richtung **polwärts** und welche **äquatorwärts** führt. Dazu müssen sie ermitteln, ob Magnetfeldlinien in die Erde gerichtet sind oder aus der Erdoberfläche hervorgehen. Theoretisch können sie diese Information aus dem Vergleich der Winkel gewinnen, den die Feldlinien mit der Erdoberfläche bilden; es ist immer der größere der beiden Winkel, dessen Spitze polwärts weist und den Vögeln so die Flugrichtung vorgeben könnte.

Mit seinem Sinn für die Inklination des Magnetfeldes nutzt das Rotkehlchen den ergiebigsten Einzelparameter des Erdmagnetfeldes für seine Wanderungen. Das scheint auch bei anderen Zugvögeln so zu sein,

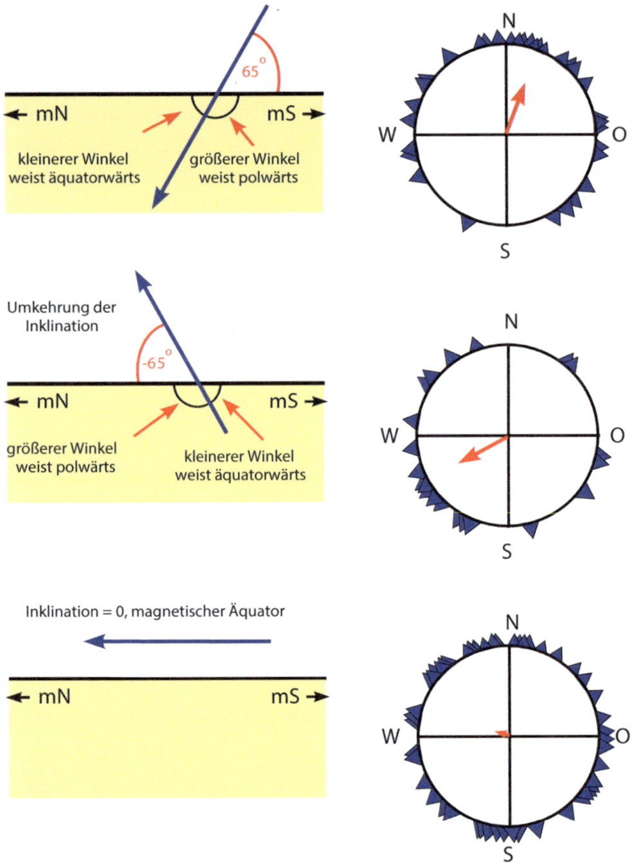

Abb. 13.9 Der Inklinationskompass des Rotkehlchens (*Erithacus rubecula*). Durch das Anlegen künstlicher Magnetfelder über einem Emlen-Trichter kann man die besondere Bedeutung der Inklination für die Magnetorientierung nachweisen. *Links*: Gezeigt sind drei Experimente mit gleicher magnetischer Polarität; die Nordweisung (die horizontale Komponente der Magnetfeldlinien) ist bei allen drei Experimenten auf magnetisch Nord (mN) ausgerichtet (mS, magnetisch Süd). Die Inklination wird zwischen 65° (*oben*), −65° (*Mitte*) und 0 (*unten*) variiert. *Rechts*: Orientierung der Fluchtversuche von Rotkehlchen während der Zugunruhe im Frühjahr, wenn die Vögel nach Nord-Nordwest wandern wollen. Sie finden ihren Kurs nur bei positiver Inklination. Offenbar orientieren sie sich an dem größeren der beiden Winkel, welche die Magnetfeldlinien in Nord-Süd-Richtung mit der Erdoberfläche bilden; der größere Winkel weist immer polwärts – in diesem Experiment Richtung Nordpol. Wird die Inklination künstlich umgekehrt (*Mitte*), klappt der größere Winkel nach Norden, und seine Spitze weist nun Richtung Südpol. Da die Rotkehlchen polwärts fliegen wollen, drehen sie nun auf einen südlichen Kurs ab (*roter Orientierungsvektor* Richtung Südwest). Wird der Magnetfeldvektor horizontal gestellt (wie am magnetischen Äquator), verlieren die Vögel jegliche Orientierung, es entsteht kein Orientierungsvektor. Diese Experimente zeigen, dass die Rotkehlchen ihre Nordorientierung nicht aus der Polarität der Magnetfeldlinien beziehen, sondern aus deren Inklination – sie besitzen einen Inklinationskompass. Nach Wiltschko und Wiltschko (1972)

kann aber nicht allgemein für alle magnetempfindlichen Tiere angenommen werden. Jedenfalls ist ein Inklinationskompass in nördlichen und südlichen Breiten ein guter Wegweiser. Nur in der Äquatorialregion gibt es keine Orientierung. Die vielen Zugvögel, welche zweimal im Jahr den Äquator überqueren, müssen sich dort an anderen Navigationshilfen orientieren – ihr Inklinationskompass fällt dort als Richtungsweiser aus. Aber selbst wenn Zugvögel sich stark auf Magnetsignale verlassen, können sie bei längeren Flügen auch angesichts der Änderungen des Magnetfeldes und gelegentlich auftretender Anomalien die Magnetsignale nutzen. Denn sie sind in der Lage, eine **tägliche Eichung des Magnetsinnes** durchzuführen. Dazu orientieren sie sich am Sonnenstand oder am Polarisationsmuster des Himmels. Sie können überprüfen, ob die Polweisung ihres Magnetsinnes noch mit der geografischen Nordweisung übereinstimmt, und nötigenfalls ihre Interpretation der Magnetfeldlinien verstellen. Dies ist ein gutes Beispiel für die polymodale Orientierung der Zugvögel, die Auswertung aller nützlichen Sinnesinformation für die Kursfindung während ihrer Reise.

Die Versuche mit sensorisch isolierten Labortieren sind zwar extrem artifiziell, haben aber die Existenz eines verhaltenssteuernden Magnetsinnes nachgewiesen. Zugvögel und viele andere Tiere haben die **Befähigung zur Magnetorientierung**; sie können dem Erdmagnetfeld eine Richtungsinformation entnehmen. Ungleich schwieriger ist es herauszufinden, *auf welche Weise* magnetempfindliche Tiere sich der Information bedienen, die das Erdmagnetfeld zur Verfügung stellt. Welche Art von Positionsinformation, Karteninformation und Richtungsinformation (► Abschn. 13.1) gewinnen sie der Nordweisung, der Inklination und der Intensität des Erdmagnetfeldes ab? Und *wie wichtig* ist diese Information für ihre Wanderungen? Können sie mithilfe des Magnetfeldes ein entferntes Ziel erreichen? Werden sie durch Magnetfeldlinien aus unbekannten Regionen zurück nach Hause geführt? Diese Fragen beziehen sich auf die **Befähigung zur Magnetnavigation**, zur Wegfindung bei wandernden Tieren. Für die wissenschaftliche Bearbeitung dieser Fragen spielt der Begriff des Kartensinnes eine zentrale Rolle, wobei der Begriff „Karte“ in der Navigationsforschung der Tiere metaphorisch verwendet wird und weit mehr unterschiedliche Orientierungsquellen umfasst als eine geografische Landkarte.

13.4 Der Kartensinn: Landkarten und Seekarten

Wie kann man sich die Landkarte vorstellen, die ein Tier zur Orientierung nutzt? Nehmen wir als Beispiel eine junge Brieftaube, die in einem kleinen Schwarm von Artgenossen in immer weiter ausfallenden Flugbahnen die Umgebung ihres Heimatschlages erkundet. Sie fliegt an Häusern und Bäumen entlang, über Flüsse und Äcker, Städte und Wälder, und sie prägt sich ein, wie diese **Landschaftselemente** aussehen, und in welcher räumlichen Beziehung sie zueinander liegen. Durch ihren zeitkompensierten Sonnenkompass sowie ihren Sternenkompass lernt sie, in welcher **Himmelsrichtung** die einzelnen Elemente liegen. Flussrauschen, Autoverkehr, der Wind um die Häuser und das Gurren der anderen Tauben bilden die heimatliche **Geräuschkulisse**, und durch Vegetation, Landwirtschaft und nahe gelegene Industriegebiete entsteht der **charakteristische Geruch** ihres Heimatortes. Ihr Magnetsinn erfasst die lokale Inklination und die Intensität des **Erdmagnetfeldes**, sodass sie sich eine Art magnetisches Heimatmuster einprägen kann. Auch meteorologische Besonderheiten sind ihr zugänglich. **Temperatur**, **Tageslänge**, **Niederschläge** und **Windrichtung** zu jeder Jahreszeit bilden das typische Wetter an ihrem Heimatort. All diese Informationen werden durch die Sinnesorgane der Taube erfasst und werden zusammen – als zusammengehörig – gespeichert. Ein solch kompliziertes, mehrdimensionales Mosaik aus Sinnesinformationen ist das, was in der Verhaltensforschung als „innere Landkarte" (auch: kognitive Karte) bezeichnet wird – offensichtlich ein wesentlich reichhaltigerer Satz an Orientierungsdaten, als die zweidimensionale Landkarte eines Geografen enthält. Über die neuronale Beschaffenheit solcher inneren Landkarten ist nur wenig bekannt (▶ Abschn. 1.3, Die Wahrnehmung von Zeit und Raum). In ihrer polymodalen Vielfalt vorstellbar sind sie überhaupt nicht.

Wird die Taube von ihrem Halter zu einem fremden Ort verbracht, weit genug entfernt, dass der heimatliche Kirchturm unter dem Horizont liegt, erlebt der Vogel, dass keine der Komponenten mehr mit der Heimatkarte übereinstimmt. Alles sieht anders aus, riecht anders, hört sich anders an, und auch das Magnetfeld stimmt nicht mehr. Wie findet die Taube nach Hause? Trotz des Zusammenlebens von Menschen und Brieftauben über viele Jahrhunderte, verstehen wir das bis heute nicht. Aber das Erdmagnetfeld ist eine plausible Navigationshilfe, denn es ist überall auf der Erde messbar, bietet zu jeder Tages- und Jahreszeit bei jedem Wetter zuverlässige Orientierung, und es ändert sich nicht sprunghaft, sondern in stetigen Gradienten, deren Nutzung sich möglicherweise bei Tauben und Zugvögeln als Selektionsvorteil durchgesetzt hat. Wenn beispielsweise der Magnetsinn der Brieftaube erfassen kann, dass die Inklination des Magnetfeldes an dem unbekannten Ort kleiner ist als an ihrem Heimatort, dann könnte sie das dazu veranlassen, nach Norden aufzubrechen, denn nach Norden hin nimmt die Inklination zu. Der Inklinationsgradient in Nord-Süd-Richtung beträgt etwa 0,009 Grad pro Kilometer (90°/10.000 km). Bei einer Verbringung der Brieftaube um 100 km nach Süden nimmt der Inklinationswinkel um 0,9° ab. Ob die Messempfindlichkeit des Magnetsinnes der Taube ausreicht, um diesen Unterschied zu erkennen und in ein gerichtetes Flugverhalten umzusetzen, ist nicht bekannt. Die Vorstellung, dass Tiere zur neuronalen Auswertung von Gradienten im Erdmagnetfeld in der Lage sind, dass sie eine **innere Magnetkarte** – auch dies ein unscharf definierter Arbeitsbegriff – besitzen und zur Navigation einsetzen, ist jedoch äußerst attraktiv und wird durch eine Reihe von Experimenten gestützt (s. u.). Man sollte aber nicht vergessen, dass der Stand der Erkenntnis zur Magnetorientierung von Tieren in freier Wildbahn noch unzureichend ist und kaum eine schlüssige Erklärung zulässt. In den Publikationen zu diesem Thema herrscht der Konjunktiv vor, man befindet sich noch in der spannenden Phase der Formulierung grundlegender Hypothesen, und lebhafte Kontroversen werden zu praktisch jeder Verhaltensbeobachtung ausgetragen.

Will man herausfinden, ob Tiere sich tatsächlich mithilfe des Erdmagnetfeldes navigieren, kann man zwei unterschiedliche experimentelle Strategien verfolgen:

- **Strategie 1: virtuelle Verbringung** durch Veränderung ausschließlich des Magnetfeldes bei ansonsten konstanten Parametern des Standortes
- **Strategie 2**: **tatsächliche Verbringung** mit Veränderung aller Parameter des Standortes, sodass nur das Erdmagnetfeld zur Navigation übrig bleibt

Zwei Beispiele für Strategie 1

Karibik-Langusten (*Panulirus argus*) sammeln sich im Herbst, wenn die Sturmsaison naht, und ziehen in langen Wanderkolonnen im Gänsemarsch in tiefere Gewässer, wo sie den Winter verbringen. Solche Wanderungen können über 100 km weit führen, und es ist nicht bekannt, welche Navigationshilfen die Langusten einsetzen, um ihren Kurs zu halten. Um herauszufinden, ob das Erdmagnetfeld eine Komponente der inneren Landkarte dieser Tiere ist, wurde einigen Langusten an ihrem natürlichen Aufenthaltsort bei den Florida Keys (◘ Abb. 13.10, *oben*) ein großer Magnetkäfig mit etwa zwei Metern Kantenlänge übergestülpt, wobei sie am Heimatort (*X-Symbol in* ◘ Abb. 13.10) im gewohnten Wasser bleiben durften. Wurden die drei Magnetfeldparameter mit den Helmholtz-Spulen so eingestellt, wie sie charakteristisch für einen Ort etwa 400 km nördlich sind, liefen die Langusten sofort nach Süden; wurde ihnen dagegen ein Ort 400 km weiter südlich magnetisch vorgegaukelt, liefen sie nach Norden. Da die Tiere während dieser Experimente nicht bewegt wurden, blieben alle anderen Heimatparameter gleich – nur das Magnetfeld wurde geändert. Das Ergebnis macht deutlich, dass das Erdmagnetfeld von den Karibik-Langusten quantitativ erfasst und zur Verhaltenssteuerung eingesetzt

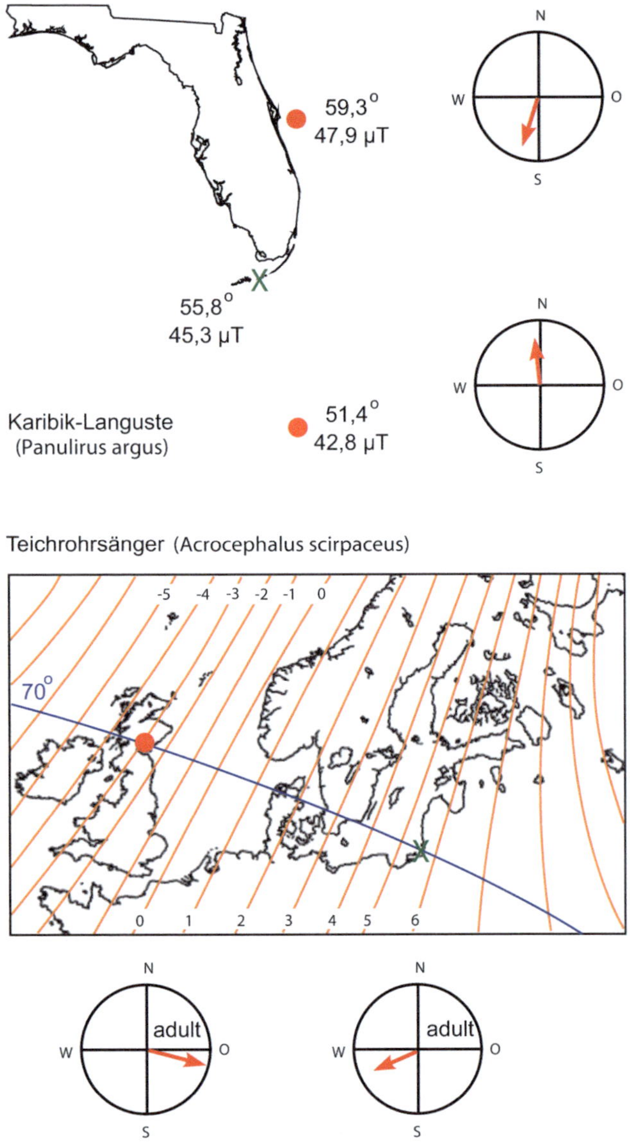

Abb. 13.10 Virtuelle Verbringung bei Experimenten zur Magnetnavigation. *Oben*: Karibik-Langusten (*Panulirus argus*) werden bei den Florida Keys im Süden der USA gefangen und während des Experiments an ihrem Heimatort (*grünes X*) belassen. Mit Helmholtz-Spulen werden die Tiere Magnetfeldparametern ausgesetzt, die für zwei Seegebiete 400 km nördlich oder 400 km südlich (*rote Punkte*) charakteristisch sind. Auf diesen magnetischen Reiz reagieren sie, indem sie Richtung Süden oder Norden aufbrechen. *Unten*: Teichrohrsänger (*Acrocephalus scirpaceus*) wurden in Rybatschi (*grünes X*) auf der Kurischen Nehrung bei Kaliningrad während ihrer Herbstwanderung gefangen, und ihre Zugorientierung (WSW) wurde im Emlen-Trichter bestimmt. Um den Einfluss der Deklination auf die Orientierung zu messen, wurden Inklination (70,1°) und Intensität (50,118 µT) des künstlichen Magnetfeldes konstant gehalten, während die Deklination von +5,5° (Rybatschi) auf −3° (Dundee, Schottland, *roter Punkt*) verstellt wurde. Diese virtuelle Verbringung in Westrichtung löste bei adulten Vögeln eine Drehung ihrer Orientierung auf Ost-Südost aus. Linien gleicher Deklination sind *orange* dargestellt. Nach Boles und Lohmann (2003); Chernetsov et al. (2017)

wird. Die Interpretation dieses erstaunlichen Verhaltens ist nicht einfach. Was ging in den Tieren vor, als sie das nördliche Magnetfeld spürten? Fühlten sie, dass ihr Heimatort weiter südlich liegt, und machten sie sich deshalb auf den Weg nach Süden? Oder löste der magnetische Reiz (Inklination 59,3°; Intensität 47,9 µT) ein genetisch programmiertes Wanderbedürfnis aus, ähnlich wie es die ersten Herbsttage beim Rotkehlchen tun? Und gibt es solche Wanderprogramme für alle Himmelsrichtungen? Schließlich veranlasst das südliche Magnetfeld (Inklination 51,4°; Intensität 42,8 µT) den Aufbruch nach Norden. Diese Fragen sind insoweit interessant, als ein Gefühl für die Lage des Heimatortes einen Kartensinn, das magnetisch aktivierte Programm dagegen nur einen Richtungssinn erfordert. Bis heute sind uns diese grundlegenden Prozesse nicht zugänglich, und wir wissen nicht einmal, ob die Unterscheidung in Kartensinn und Richtungssinn für das Nervensystem einer Languste überhaupt angebracht ist.

Beim zweiten Beispiel einer virtuellen Verbringung geht es um die Frage, wie sich Zugvögel (in diesem Fall der Teichrohrsänger, *Acrocephalus scirpaceus*) in Ost-West-Richtung – also entsprechend der geografischen Länge – orientieren. Der einzige Magnetfeldparameter der *allein* eine solche Orientierung ermöglicht, ist die Deklination. Besonders über Europa bilden die Linien gleicher Deklination, die Isodeklinaten, ein enges Raster mit regelmäßigen Abstufungen in Ost-West-Richtung zwischen −5° und +10° Deklination (Abb. 13.10, *unten*). Um herauszufinden, ob Teichrohrsänger auf ihrem Herbstzug die Deklination für ihre Navigation nutzen, wurden sie in Emlen-Trichter gesetzt, wo ihnen ein Magnetfeld präsentiert wurde, das einem 1450 km weiter westlich gelegenen Ort mit identischer Inklination und Intensität entsprach. Die künstliche Verschiebung der Deklination betrug −8°. Die Emlen-Trichter waren zum Nachthimmel geöffnet, und die Experimente wurden in klaren, mondlosen Nächten durchgeführt, damit die Vögel anhand der Sternenmuster geografisch Nord bestimmen konnten. Denn die Vögel müssen die Deklination aus dem Unterschied zwischen magnetisch Nord und geografisch Nord selbst bestimmen. Obwohl einzig die Deklinationskomponente des Magnetfeldes verändert war, reagierten die Vögel, als wäre sie nach Westen verbracht worden: Sie drehten ihre Orientierung um 151° von West-Südwest nach Ost-Südost (Abb. 13.10, *unten*). Zusammen zeigen diese beiden Experimente durch virtuelle Verbringung, dass Tiere mit Magnetsinn für ihre Navigation alle Komponenten des Magnetfeldes auswerten können, sowohl in Nord-Süd-Richtung als auch in Ost-West-Richtung. Wie sie die Magnetinformationen unterwegs nutzen, das muss für jede Art im Einzelnen gezeigt werden.

Zwei Beispiele für Strategie 2

Werden Vögel, die sich auf ihrer Wanderung befinden, so weit verbracht, dass sie in ein vollständig unbekanntes Gebiet kommen, steht ihnen – nach heutigem Verständnis – nur noch der Magnetsinn zur Positionsbestimmung zur Verfügung. Alle anderen Informationsquellen (Sonnenstand, Sternenmuster) zeigen ihnen zwar die Himmelsrichtung, nicht aber die Position relativ zu ihrem Ziel. Die Verbringung über weite Strecken – weit über den Horizont aller visuellen, olfaktorischen und akustischen Wahrnehmungen hinaus – gilt daher als entscheidender Test für die Magnetnavigation. Teichrohrsänger, die auf der Frühjahrswanderung zu ihren Brutgebieten im Baltikum waren, wurden nahe Kaliningrad abgefangen und um 1000 km nach Osten verbracht (■ Abb. 13.11, *oben*). Dort angekommen wurde mithilfe von Emlen-Trichtern untersucht, in welche Richtung die Vögel weiterfliegen wollten. Wie sich zeigte, wollten die Vögel nicht einfach ihren ursprünglichen Kurs fortsetzen, sondern strebten einen neuen Kurs auf ihre Brutgebiete hin an. Die einfachste Interpretation dieses Ergebnisses ist, dass die verbrachten Vögel wussten, wo sie waren, und dass sie außerdem wussten, wie man von dem neuen, bisher unbekannten Ort aus am schnellsten zu den Brutgebieten fliegen kann. Das ist echte Navigation!

Noch überzeugender ist ein Verbringungsexperiment ohne Emlen-Trichter. Hier wurden Dachsammern (*Zonotrichia leucophrys*) – kleine nordamerikanische Zugvögel mit dachsartig gestreifter Kopfzeichnung – auf ihrer Herbstreise in den Süden im US-Bundesstaat Washington abgefangen und über 3700 km von der Westküste zur Ostküste der USA nach Princeton, New Jersey, verbracht (■ Abb. 13.11, *unten*). Vor dem Freilassen an der Ostküste wurden die Tiere mit Radiosendern versehen, sodass man ihren Flug über mehr als 100 km nach dem Freilassen verfolgen konnte. Dabei stellte sich heraus, dass adulte Dachsammern offensichtlich die räumliche Beziehung zwischen ihrem Verbringungsort an der Ostküste und ihrem Winterquartier an der Westküste ausmachen konnten, denn sie flogen auf genau dem richtigen Kurs nach West-Südwest. Dieses Ergebnis lieferte nicht nur ein weiteres Beispiel für das beeindruckende Navigationsvermögen der Vögel – die Dachsammern schienen alles zu haben: Positionsinformation, Karteninformation und Richtungsinformation. Das Ergebnis lässt auch vermuten, dass Zugvögel eine Art magnetischer Landkarte besitzen, eine neuronale Entsprechung der räumlichen Beziehungen zwischen Orten mit unterschiedlicher Magnetkennung. Ein weiteres interessantes Ergebnis der Verbringungsstudien war, dass nur erfahrene Vögel die Verbringung kompensieren konnten. Juvenile Vögel waren nach der Verbringung entweder desorientiert, oder sie setzten einfach den Kurs fort, dem sie vor der Verbringung gefolgt waren

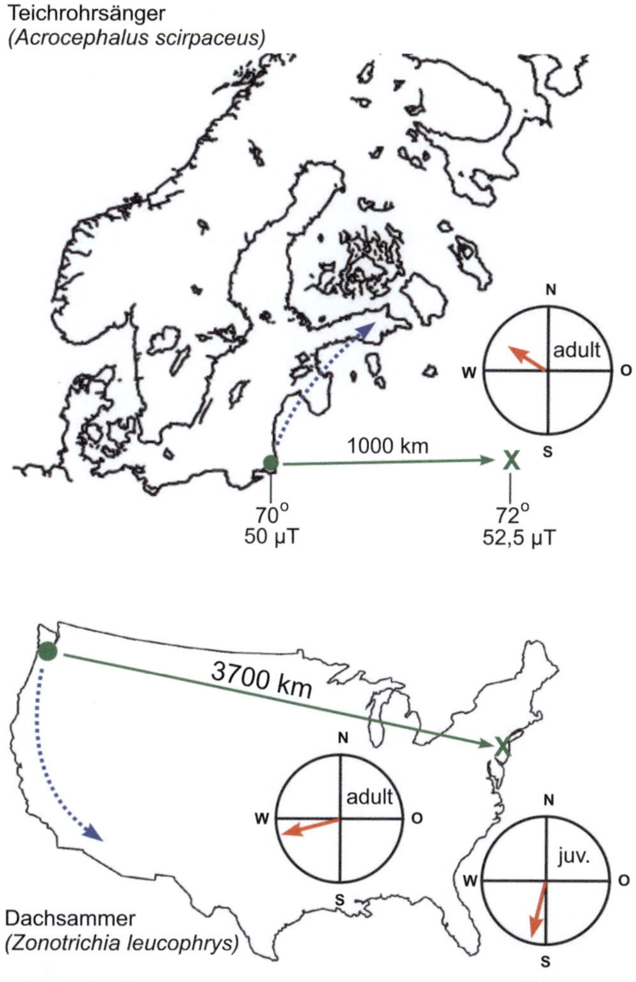

■ **Abb. 13.11** Tatsächliche Verbringung zum Nachweis der Magnetnavigation. *Oben*: Verbringung von Teichrohrsängern (*Acrocephalus scirpaceus*), die während der nordostwärts gerichteten Frühjahrsmigration zu den Brutgebieten im Baltikum unterwegs waren (Zugroute: *blauer Pfeil*). Die Vögel wurden in Rybatschi gefangen und um 1000 km nach Osten verbracht (*grüner Pfeil*), wo ihre Orientierung in Swenigorod bei Moskau in Emlen-Trichtern getestet wurde. Es zeigte sich, dass die Vögel ihre Verbringung korrigierten, indem sie eine Nordwest-Orientierung Richtung Baltikum einschlugen. *Unten*: Verbringung von Dachsammern (*Zonotrichia leucophrys*) in den USA über 3700 km (*grüner Pfeil*). Die Vögel befanden sich auf der Reise von ihren Brutgebieten in Kanada und Alaska zu ihren Winterquartieren in Kalifornien (Zugroute: *blauer Pfeil*), wurden in Sunnyside im Staat Washington gefangen und mit dem Flugzeug nach Princeton, New Jersey, verbracht. Dort wurden sie mit einem Radiosender versehen, freigelassen und über etwa 120 km mit einem Kleinflugzeug verfolgt. Adulte Dachsammern flogen in Richtung ihrer Winterquartiere, während juvenile Vögel den Kurs fortsetzten, den sie in Sunnyside eingeschlagen hatten. Nur erfahrene Vögel konnten die Verbringung kompensieren. Nach Chernetsov et al. (2008); Thorup et al. (2007)

(■ Abb. 13.11, *unten*). Offenbar gehört zur Nutzung der magnetischen Landkarte ein Lernprozess, durch den erst die Magnetfeldinformation für die Navigation brauchbar wird. Die faszinierenden Navigationsfähigkeiten der Zugvögel sind trotz vieler Forschungsbemühungen noch weitgehend rätselhaft, aber ein Beitrag der Magnetorientierung kann heute kaum noch angezweifelt werden. Die Nutzung einer neuronalen Magnetkarte ist derzeit als begründete, wenn auch unbewiesene Arbeitshypothese einzustufen.

Zugvögel fliegen meist mehrmals ihre Zugrouten entlang, mindestens einmal hin und einmal zurück, in den meisten Fällen aber mehrfach in aufeinanderfolgenden Jahren. Dabei haben sie die Chance, etwas über ihre Route zu lernen. Das gilt insbesondere für tagziehende Vögel, bei denen junge und erfahrene Vögel gemeinsam in Schwärmen ziehen. Aber auch nachtziehende Vögel, die meist einzeln wandern, können sich Einzelheiten der Route einprägen und das Gelernte im Folgejahr zur Verbesserung der Navigation einsetzen. Manche Tiere müssen allerdings ausgedehnte Wanderungen über Monate und Jahre durch unbekannte Land- oder Seeregionen überstehen; für sie sind **lebenslange Wanderungen** das Existenzprogramm. In vielen Fällen kehren sie erst nach Jahren zurück, dann aber punktgenau an den Ort ihrer Geburt. Bekannt ist diese Lebensweise für Meerestiere, die für eine gewisse Zeit Süßwasser oder gar Land benötigen, für Aale, Lachse, Meeresschildkröten und Robben. Aber auch beispielsweise Haie und Albatrosse können Dauerwanderer sein, die sich nur zur Fortpflanzung in einem gemeinsamen Meeresgebiet oder auf einer kleinen Insel mitten im Meer treffen. Diese Tiere haben außergewöhnliche Navigationsfähigkeiten, und ein starker Selektionsdruck liegt auf ihrer Fähigkeit, über weite Strecken hinweg ein eng umgrenztes Areal anzusteuern und rechtzeitig zu finden. Wie sie das machen, ist bisher nur unzureichend erkundet, aber es scheint, dass die Magnetnavigation dabei eine Schlüsselrolle spielen könnte.

13

Der detaillierteste Datensatz für lebenslange Wanderer wurde für die Unechte Karettschildkröte (*Caretta caretta*) erhoben. Diese Meeresschildkröten leben in allen warmen Meeren und wandern Tausende Kilometer vom Schlüpfen bis zur eigenen Eiablage. Eine weibliche Karettschildkröte legt viermal im Leben jeweils etwa 100 Eier ab – eine Anzahl, die gering erscheint angesichts der vielen Herausforderungen, die diese Tiere meistern müssen, bis sie sich nach etwa 20 Jahren fortpflanzen können. Eine von Magnetsinnesforschern besonders gut untersuchte Population legt ihre Eier an den Strand der Ostküste von Florida, wo die Eier im warmen Sand ausgebrütet werden. Kaum geschlüpft, graben sich die Jungtiere aus ihrem Sandnest aus und versuchen hektisch, zum Meer zu gelangen, vorbei an den versammelten Beutegreifern, die zum großen Schildkrötenfressen zusammengekommen sind. Die kleinen Karettschildkröten lassen sich auf ihrem Weg zum Meer vom Mondlicht leiten. Wer es bis ins Wasser geschafft hat, schwimmt zunächst senkrecht zur Wellenrichtung und gelangt so in tiefere Bereiche, wo zumindest die Gefahr durch Seevögel geringer wird. Nun beginnt die große, mehrjährige Wanderung der Karettschildkröten, die aktiv die atlantischen Strömungen nutzen, um den Weg einmal um die Sargassosee herum zu finden (▪ Abb. 13.12). Zunächst schwimmen sie mit dem Golfstrom nach Nordosten, bis sie sich auf Höhe der Azoren dem europäischen Kontinent nähern. In dieser Region löst ein magnetisches Signal einen Richtungswechsel aus: Sie verlassen den Golfstrom und schwimmen im südwärts fließenden Kanarenstrom weiter. Die Reaktion auf das Magnetsignal – eine Kombination aus der lokalen Inklination und Intensität – ist den Tieren angeboren und kann auch im Labor mit einem künstlichen Magnetfeld nachgewiesen werden. Bei einer virtuellen Verbringung von Meeresschildkröten auf dem Festland, schwimmen sie in einem Becken nach Süden, wenn sie dem Magnetfeld der Azoren ausgesetzt werden. Für die wandernden Tiere ist der Richtungswechsel vor Portugal absolut lebenswichtig und folglich mit einem hohen Selektionsdruck belegt. Denn jede Karettschildkröte, die sich *nicht* an dieser Stelle vom Golfstrom trennt, gelangt nach Nordeuropa und geht im kalten Wasser zugrunde. Für die im Kanarenstrom südwärts schwimmenden Tiere kommt die nächste **magnetische Wendemarke** bei den Kapverdischen Inseln vor der afrikanischen Küste. Hier müssen sie nach Westen abdrehen und im Nordäquatorialstrom weiterschwimmen. Tun sie das nicht, kommen sie im kalten Wasser des Südatlantiks ums Leben. Der warme Nordäquatorialstrom dagegen hilft den richtig abgebogenen Tieren bis in die Karibik, wo sie genug zu fressen finden, bis sie mit etwa 20 Jahren geschlechtsreif werden und an ihren Heimatstrand zur Eiablage wandern. Vieles an dieser beeindruckenden Wanderung ist unverstanden, nicht zuletzt ihr ökologischer Sinn. Deutlich geworden ist aber, dass eine Navigation mithilfe von einzelnen, weit auseinanderliegenden **magnetischen Leuchttürmen** möglich ist, die jeweils an einem kritischen Navigationspunkt der Wanderroute stehen. Das Erkennen dieser besonderen Orte durch den Magnetsinn sowie die korrekte Reaktion auf den jeweiligen Reiz sind angeboren und bilden ein arterhaltendes Verhaltensmuster. Haben Meeresschildkröten also eine neuronale Seekarte? Verfügen sie über einen Kartensinn? Man kann die Definition einer Seekarte so formulieren, dass sie die räumlichen Beziehungen zwischen dem jeweils aktuellen Standort und dem anvisierten Reiseziel darstellt. Für die Karettschildkröten gibt es während ihrer Wanderung mindestens vier Ziele, und jedes davon wird durch einen magnetischen Leuchtturm markiert. Die vier Ziele – die Azoren, die Kapverden, die Karibik, der Heimatstrand – werden mithilfe von Meeresströmungen und magnetischer Navigation erreicht. Man kann also durchaus von einer

Abb. 13.12 Die lebenslange Reise der Meeresschildkröten. Forschungsarbeiten zur Wanderung von Unechten Karettschildkröten (*Caretta caretta*) haben grundlegende Einsichten zur Nutzung von Seekarten bei Tierwanderungen erbracht. Die Meeresschildkröten leben verbreitet in den warmen Meeren; sie kehren nach mehrjährigen Wanderungen an den Strand zurück, an dem sie geschlüpft sind. Die hier besprochene Population hat ihr Brutgebiet an der Ostküste von Florida. Die Jungtiere schwimmen mit dem Golfstrom bis in den Bereich der Azoren, drehen dann nach Süden ab, um mit dem Kanarenstrom bis zu den Kapverdischen Inseln zu gelangen. Dort wechseln sie in den Nordäquatorialstrom, mit dem sie westwärts den Atlantik überqueren und in die Karibik gelangen. Zur Eiablage kehren sie schließlich zu ihrem Geburtsstrand in Florida zurück. Meeresschildkröten haben einen ausgeprägten Magnetsinn und erkennen kritische Wendepunkte ihrer Wanderung an lokalen Magnetfeldeigenschaften

magnetischen Seekarte sprechen, welche die Karettschildkröten durch den Atlantik führt.

Räumliche Orientierung am geomagnetischen Feld nutzen auch Fische bei weitreichenden Wanderungen durch das Meer. Die Wanderungen der Pazifischen Lachse (Gattung *Oncorhynchus)* und der Europäischen Aale (*Anguilla anguilla*) scheinen ebenso durch geomagnetische Wegmarken geleitet zu werden wie die der Karettschildkröten auf ihrer lebenslangen Reise. Aale werden in der Sargassosee östlich von Florida geboren und schwimmen als sogenannte Weidenblattlarven mit dem Golfstrom ostwärts durch den Atlantik (Abb. 13.13). Wenn sie sich den europäischen Küsten nähern, werden sie zu den spannenlangen Glasaalen, die im Frühjahr in die Flussmündungen schwimmen und dann flussaufwärts wandern bis in diejenigen Bereiche der Flüsse, in denen sie die nächsten Jahre verbringen werden. Oft dauert es mehr als zehn Jahre, bis die ausgewachsenen Aale die Flüsse wieder hinab ins Meer schwimmen und in die Sargassosee zurückkehren, wo sie sich fortpflanzen und dann sterben. Wie neuere Forschungen gezeigt haben, leiten die juvenilen Formen, die Weidenblattlarven und Glasaale, Positionsinformationen aus der lokalen Intensität und Inklination des Erdmagnetfeldes ab und stellen ihre Schwimmrichtung so ein, dass sie den Kurs Richtung Europa einhalten.

Zusammenfassend ist festzustellen, dass die Experimente mit virtueller oder tatsächlicher Verbringung von Zugvögeln, Meeresschildkröten, Lachsen und Aalen zu dem Schluss geführt haben, dass Tiere nicht nur über einen **richtungsweisenden Kompasssinn**, sondern auch über einen **ortsweisenden Kartensinn** verfügen können. Das bedeutet, dass solche Tiere immer wissen, welcher Kurs von ihrem gegenwärtigen Standort zu ihrem Wanderziel führt, unabhängig davon, wie sie an ihren gegenwärtigen Standort gelangt sind. Für diese Kursbestimmung können sie die Inklination, die Intensität und die Deklination des lokalen Erdmagnetfeldes auswerten und mit anderen Navigationshilfen integrieren. Bei Zugvögeln scheint der Kartensinn durch einen Lernprozess zu entstehen, bei Meeresschildkröten, Lachsen und Aalen ist er angeboren. Die Erkenntnis, *dass* es solche Navigationsleistungen im Tierreich gibt, wird derzeit allerdings nicht von Kenntnissen darüber gestützt, *wie* diese Navigationsprozesse im Nervensystem der Tiere ablaufen.

Abb. 13.13 Der Lebenszyklus des Europäischen Aals (*Anguilla anguilla*). Die Tiere schlüpfen in der Sargassosee – nicht weit von den Bahamas – und ziehen als Weidenblattlarven ostwärts nach Europa. Bei der Ankunft in den Flussmündungen sind sie zu Glasaalen geworden und schwimmen stromaufwärts bis in ihre Lebensräume, in denen sie einige Jahre lang heranwachsen können. Meist erst nach mehr als zehn Jahren kehren sie zurück in die Sargassosee, laichen dort ab und sterben. Zur Orientierung bei ihren Wanderungen nutzen sie vermutlich auch das Erdmagnetfeld, das ihnen Informationen über ihre aktuelle Position liefert

13.5 Die Suche nach Magnetsinnesorganen

Magnetfelder durchdringen die Körper der Tiere ungehindert, sodass es keinen Grund gibt, ein Magnetsinnesorgan an der Körperoberfläche zu erwarten. Magnetsensoren können überall im Körper gesucht werden, allerdings sollte man eine irgendwie geartete Verbindung zum Nervensystem erwarten, über die der magnetische Sinnesreiz dem zentralen Nervensystem zugeleitet werden kann. Wie könnte ein Magnetsinnesorgan beschaffen sein? Zum Zeitpunkt der Drucklegung dieses Lehrbuches befindet sich die Forschung zu dieser Frage noch in einem frühen Stadium. Konsens besteht darüber, dass mindestens **drei unabhängig arbeitende Magnetsinnesorgane** existieren müssen:

- Ein Magnetsinnesorgan stattet die Tiere mit einem **Richtungssinn** aus. Es reagiert auf vektorielle Signale wie „nordwärts" oder „äquatorwärts", und es muss in jeder Region der Erde funktionieren, und zwar **unabhängig von der lokalen Magnetfeldstärke**.
- Ein zweites Magnetsinnesorgan misst die **lokale Magnetfeldstärke**; es registriert die Kraft, mit der das Erdmagnetfeld auf eine sensorische Struktur einwirkt. Dabei ist es gleichgültig, in welche Richtung das Tier gerade schaut, denn dieses Organ muss **unabhängig von der Kompassrichtung** arbeiten können.
- Das dritte Magnetsinnesorgan ist **identisch mit dem Elektrosinn** der Knorpelfische (Chondrichthyes). Es basiert auf der **Induktion elektrischer Ströme** beim Durchqueren des Erdmagnetfeldes. Die Elektrorezeptoren sind so außerordentlich empfindlich (▶ Abschn. 12.2), dass die Erfassung induzierter Ströme während des Schwimmens als vorstellbar gilt.

Konsens besteht auch darüber, dass die Sinnesorgane für den magnetischen Richtungssinn und die lokale Magnetfeldstärke von grundsätzlich unterschiedlicher Bauart sein müssen, und dass nicht jedes Tier beide Organe in gleicher Weise zur Navigation einsetzt. Es ist den Sinnesphysiologen im Verlauf der vergangenen 50 Jahre gelungen, für jede der drei Versionen des Magnetsinnes eine Funktionshypothese zu erarbeiten.

Wenn das Erdmagnetfeld Körpergewebe durchdringt, wechselwirkt es mit den winzigen Magnetfeldern der Elektronen. Diese Felder entstehen vor allem durch die Rotation der Elektronen um sich selbst; die Orbitalbahn um den Kern hat einen weit geringeren Anteil am Magnetfeld. Die Eigenrotation eines Elektrons – der

Spin – erzeugt ein magnetisches Moment mit zwei Polen, ähnlich den Nord- und Südpolen eines Magneten. In jedem Orbital eines Atoms gleichen zwei Elektronen mit entgegengesetzten Spins ihre Magnetfelder aus, aber freie Elektronen können sich in externen Magnetfeldern entlang der Feldlinien ausrichten. Auch im Erdmagnetfeld kommt es so zu einer Drehung der Spins freier Elektronen, und jede Änderung relativ zu den Magnetfeldlinien bewirkt eine Umorientierung. Nur die thermische Bewegung wirkt diesem Trend zur gleichsinnigen Ausrichtung entgegen. Dieser **paramagnetische Effekt** (◘ Abb. 13.14, *oben links*) wird also durch das Erdmagnetfeld selbst erzeugt. Paramagnetismus hat vermutlich eine wichtige Bedeutung für den Biomagnetismus. Denn der Spinzustand der freien Elektronen kann sich insofern auf ihre Wechselwirkung mit Photonen auswirken, als das Anheben freier Elektronen in höhere Energiezustände bei Absorption eines Photons vom Spin abhängen kann. Auch die Lebenszeit von Radikalpaaren (Atomen mit überzähligen freien Elektronen) bei Lichtabsorption kann durch die Auswirkung eines Magnetfeldes auf den Spin der freien Elektronen beeinflusst werden. Paramagnetische Effekte sind also in erster Linie **bei lichtabhängigen Prozessen** zu erwarten.

Bei der Ausrichtung von Elektronenspins spielt nicht nur das Erdmagnetfeld eine Rolle. Die Elektronen beeinflussen sich auch gegenseitig und richten ihre Spins entweder gegensinnig oder hintereinander so aus, dass immer ein „Südpol" nahe einem „Nordpol" liegt. Denn wie beim makroskopischen Magneten stoßen sich auch im Magnetfeld rotierender Elektronen gleiche Pole ab. In manchen Materialien entsteht durch diese Vorgänge eine gewisse Ordnung, die sich aber gegen die thermische Bewegung behaupten muss. Bei sehr kleinen Partikeln – Materialkörnchen im Bereich von weniger als etwa 30 nm – wird die magnetische Ordnung so stark durch thermische Bewegung destabilisiert, dass ihre Spin-Struktur leicht durch externe Magnetfelder beeinflusst werden kann. Solche **superparamagnetischen Materialen** bilden allein kein magnetisches Moment aus, sind durch externe Magnetfelder aber magnetisierbar (◘ Abb. 13.14, *oben rechts*). Das für den Biomagnetismus wichtigste derartige Material ist **Magnetit** (Fe_3O_4), es kann von vielen Bioorganismen selbst hergestellt werden. In Nanometer-Körnchen ist Magnetit superparamagnetisch, die Spins der freien Elektronen werden durch das Erdmagnetfeld verdreht und können sich in allen unterschiedlichen Winkeln zueinander anordnen. Ändert sich die Einfallsrichtung der Magnetfeldlinien, können durch Umlagerung der freien Elektronen **Volumenänderungen** auftreten, weil sich die Bilanz von gegenseitiger Anziehung und Abstoßung durch das Magnetfeld verändert. Das Magnetitkörnchen verändert deshalb bei Drehung des Erdmagnetfeldes seine Form und kann so möglicherweise Zellstrukturen verschieben und deren Funktion beeinflussen.

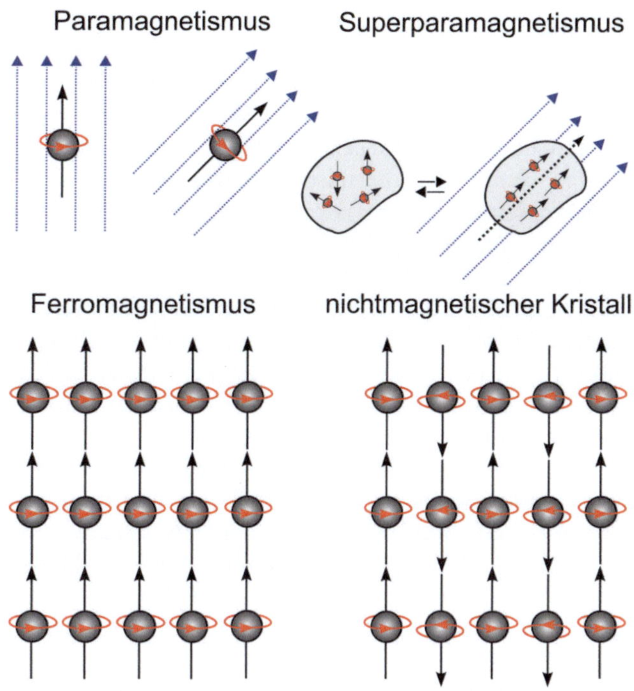

◘ **Abb. 13.14** Der Einfluss des Erdmagnetfeldes auf unterschiedlich magnetisierbare Materialen. *Oben links*: Der Spin eines freien Elektrons, dargestellt als Vektor des durch die Rotation entstehenden Magnetfeldes, richtet sich im Erdmagnetfeld (*blau*) wie eine Kompassnadel aus, wenn das Elektron ausreichend Abstand zu seinen Nachbarelektronen hat. Diese Situation liegt bei paramagnetischen Materialen vor. *Oben rechts*: Ist der Abstand zwischen den freien Elektronen geringer, beeinflussen sich ihre Spins, indem gleiche Pole sich abstoßen und gegensätzliche Pole sich gegenseitig anziehen. Bei sehr kleinen Partikeln (< 30 nm) aus superparamagnetischen Material stellt sich aber keine polarisierte Spin-Ordnung ein, weil die thermischen Kräfte größer sind als die gegenseitigen magnetischen Wechselwirkungen. Liegt aber ein externes Magnetfeld an (*blau*), passen die Partikel ihre Spin-Ordnung dem Magnetfeld an und entwickeln dabei selbst ein magnetisches Moment. *Unten links*: In größeren Partikeln (> 60 nm) stabilisiert sich die Spin-Ordnung durch die vorherrschenden Kräfte innerhalb des Materials. Beim Magnetit sind alle Spins gleichsinnig ausgerichtet, sodass ein makroskopischer, ferromagnetischer Kristall – ein Permanentmagnet – entsteht. Das Erdmagnetfeld ändert bei Permanentmagneten nicht die Ausrichtung der Spins, sondern die Lage des gesamten Magneten – wie bei einer Kompassnadel. *Unten rechts*: Bei nichtmagnetischen Kristallen sind die Spins in antiparallelen Schichten angeordnet und gleichen ihre Magnetfelder gegenseitig aus; es entsteht kein makroskopisches Magnetfeld

Nur in größeren Magnetitkristallen stabilisieren sich Atomgitter mit ihren freien Elektronen gegenseitig, sodass die Spin-Ordnung durch die thermische Bewegung nicht mehr gestört wird. Solche Permanentmagneten sind die Träger des **Ferromagnetismus**. Permanentmagneten kommen im natürlichen Eisenerz vor, können aber auch durch Anlegen eines starken Magnetfeldes künstlich erzeugt werden. In lebenden Organismen können magnetische Nanopartikel ferromagnetische Eigenschaften haben, wenn sie ausreichend groß (> 60 nm) sind. Solche **Einzeldomänen-Partikel** haben zwar ein permanentes magnetisches Moment, werden aber als Ganzes durch die thermische Bewegung daran gehindert, sich zu makroskopischen Ketten zusammenzulagern. In magnetotaktischen Bakterien wie *Magnetospirillum magnetotacticum*, die sich mithilfe ihrer Magnetpartikel zum Sediment hin orientieren, werden Einzeldomänen-Partikel durch Membranumhüllungen und Cytoskelettstrukturen in Ketten stabilisiert, sodass sich die magnetischen Momente der einzelnen Einzeldomänen-Partikel addieren können.

Das Erdmagnetfeld verursacht bei Landtieren also **zwei mikroskopische Effekte**: einen quantenmechanischen Spin-Effekt und eine Änderung von Form und Lage winziger Magnetitpartikel im Nanometerbereich. Wie kann man sich vorstellen, dass diese Effekte als Reize für ein Sinnessystem wirken können?

Eine Schlüsselentdeckung für diese Forschungsfrage war die **Lichtabhängigkeit des Kompasssinnes** der Rotkehlchen (*Erithacus rubecula*). Es gibt bei nachtziehenden Zugvögeln einen deutlichen Zusammenhang zwischen dem Magnetsinn und dem Sehsinn. Die sensorischen Signale aus den Ganglienzellen der Retina verlaufen bei Vögeln über zwei getrennte Wege in das Vorderhirn, den tectofugalen und den thalamofugalen Weg (▶ Abschn. 7.14). Bei Vögeln, die keine Wanderungen unternehmen, sind beide Systeme tagsüber aktiv, und nachts findet man nur in der Wulstregion des Hyperpalliums, welche vom thalamofugalen System versorgt wird, eine reduzierte Aktivität. Bei nachtziehenden Vögeln ist dagegen die als Cluster N (N für Nacht) bezeichnete Region am oberen Rand der Wulstregion nachts stark aktiv, zeigt aber tagsüber keine Aktivität (◘ Abb. 13.15, *links*). Offenbar ist der thalamofugale visuelle Verarbeitungsweg bei diesen Vögeln auf das Nachtsehen spezialisiert, während der tectofugale Weg das Sehen bei Tag vermittelt. Für die Erforschung des Magnetsinnes ist interessant, dass Rotkehlchen bei einer Zerstörung der Cluster-N-Zellen durch einen chirurgischen Eingriff die Fähigkeit verlieren, sich im Emlen-Trichter nach dem Magnetfeld zu orientieren. Nur die Magnetorientierung geht durch den Eingriff verloren; die operierten Vögel sind weiterhin in

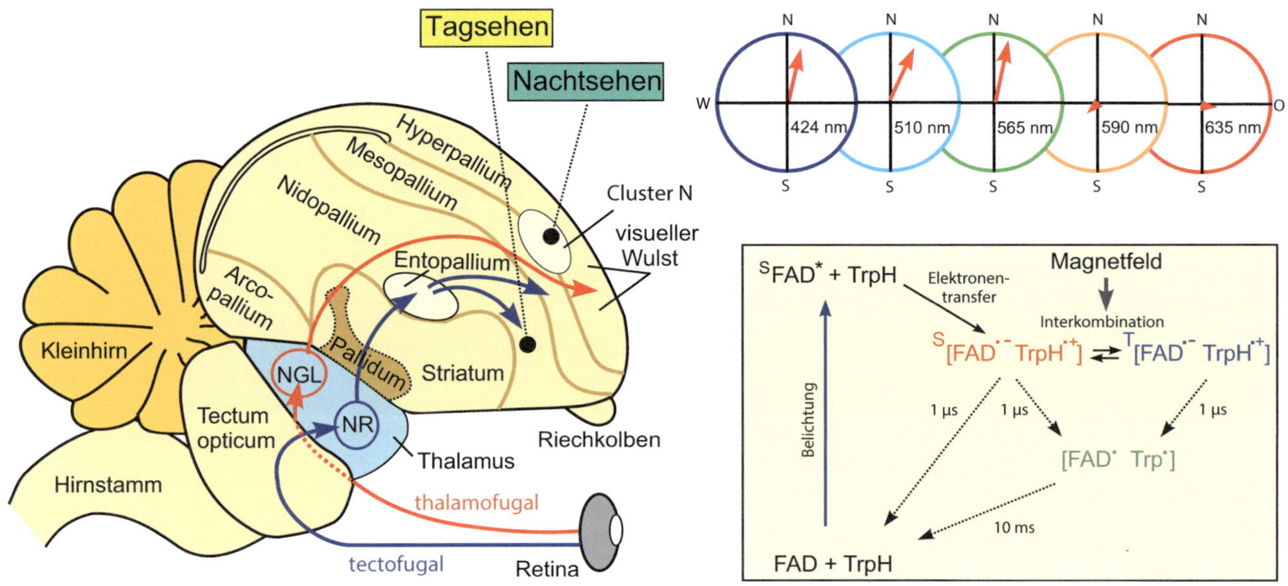

◘ **Abb. 13.15** Funktionshypothese zum Kompasssinn. *Links*: Schematische Darstellung des Verlaufs von zwei Verarbeitungswegen visueller Information beim Rotkehlchen (*Erithacus rubecula*). Das tectofugale System verläuft über den Nucleus rotundus (NR) des Thalamus zum Entopallium und Mesopallium und vermittelt das photopische Sehen. Das thalamofugale System nimmt den Weg über den Nucleus geniculatum lateralis pars dorsalis (NGL) des Thalamus und erreicht den visuellen Wulst des Hyperpalliums, von wo aus der nachtaktive Cluster N versorgt wird. Cluster-N-Neuronen sind an der visuellen Verarbeitung magnetosensorischer Information beteiligt. *Rechts oben*: Orientierungsvektoren von Rotkehlchen, die im Emlen-Trichter nur einfarbiges Licht mit der angegebenen Wellenlänge sehen konnten. Orientierung war nur im blaugrünen Spektrumsbereich möglich. *Rechts unten*: Magnetfeldempfindlichkeit von Cryptochrom. Durch die Photoaktivierung des im Cryptochrom gebundenen FADs entsteht nach Elektronentransfer auf einen Tryptophanrest (TrpH) des Cryptochroms ein Radikalpaar im Singulettzustand (mit antiparalleler Spin-Ausrichtung der beiden überzähligen Elektronen). Das Gleichgewicht zwischen dem Singulettzustand (*rot*) und dem Triplettzustand (*blau*, mit parallelen Spins) der beiden Radikale wird von Magnetfeldern im Millitesla-Bereich beeinflusst. Durch Deprotonierung der FAD- und TrpH-Radikale entsteht ein wesentlich stabileres Radikalpaar (*grün*), dessen Menge letztlich vom Magnetfeld abhängt. Nach Hore und Mouritsen (2016); Mouritsen und Ritz (2005); Mouritsen et al. (2005); Wiltschko und Wiltschko (2002)

der Lage, sich am Sonnenstand und an Sternenmustern zu orientieren. Dieses Ergebnis ist ein deutlicher Hinweis darauf, dass bei Rotkehlchen der **Magnetsinn ein visueller Sinn** ist – man kann sich vorstellen, dass die Vögel Eigenschaften des Magnetfeldes sehen können. Möglicherweise erzeugt die Inklination des lokalen Magnetfeldes ein Helligkeits- oder Farbmuster während der nächtlichen Reise der Rotkehlchen.

Für diese Interpretation spricht auch der Befund, dass Rotkehlchen in absoluter Dunkelheit keine Magnetorientierung im Emlen-Trichter zeigen. Anders als Fledermäuse, die bei Flügen in dunklen Höhlen ganz ohne Licht auskommen und sich rein akustisch orientieren, benötigen die Rotkehlchen Licht für die Magnetorientierung. Das schwache Licht einer nächtlichen Landschaft ist dafür durchaus ausreichend. Tatsächlich wird der Magnetsinn bei höherer Lichtintensität verwirrt, was anzudeuten scheint, dass die Vögel ihren Magnetsinn *ausschließlich* unter skotopischen Bedingungen einsetzen können. Besonders interessant ist die Beobachtung, dass das schwache Licht nur dann für den Magnetsinn genutzt werden kann, wenn es genügend blaugrüne Anteile hat. Bietet man den Rotkehlchen im Emlen-Trichter einfarbiges Licht an, zeigen sie nur bei blauem und grünem Licht eine Orientierung am Magnetfeld, nicht aber bei gelbem oder rotem Licht (◘ Abb. 13.15, *rechts oben*). Eine solche **spektrale Selektivität** gibt erste Hinweise auf das an diesem Prozess beteiligte Pigment in der Retina der Rotkehlchen. Es muss sich um ein einen Blaugrünrezeptor handeln, der gelbrotes Licht nicht oder nur schlecht absorbiert.

Als Kandidat für dieses Pigment gilt derzeit das Flavoprotein **Cryptochrom**, ein bekannter Blaurezeptor, der in der Retina von Zugvögeln und anderen Landtieren in mehreren Varianten exprimiert wird. Cryptochrom zeigt *in vitro* Magnetempfindlichkeit, und es gibt Hinweise, dass diese Magnetempfindlichkeit dem Magnetsinn von *Drosophila* zugrunde liegt. Taufliegen können auf Magnetfelder konditioniert werden, verlieren diese Fähigkeit aber, wenn ihre Cryptochromgene gentechnisch entfernt werden. Die Magnetempfindlichkeit des Cryptochroms entsteht dadurch, dass nach Anregung des FADs durch blaues Licht ein **Radikalpaar** gebildet wird, indem von einem in unmittelbarer Nähe angeordneten Tryptophanrest ein Elektron auf das aktivierte FAD übertragen wird. Interessant für den Magnetsinn ist, dass dieses Radikalpaar zunächst im Singulettzustand vorliegt, da die beiden überzähligen Elektronen des FAD-Radikals und des Tryptophanradikals antiparallele Spins aufweisen. Das Radikalpaar kann aber in einen Triplettzustand mit parallelen Spins der überzähligen Elektronen übergehen (◘ Abb. 13.15, *rechts unten*). Dieser Übergang zwischen Singulett- und Triplettzuständen (Interkombination) wird von einem anliegenden Magnetfeld beeinflusst. Die Interkombination selbst wird von den mikroskopischen Magnetfeldern getrieben, die jedes der Elektronen durch seine Rotation erzeugt. Die Überlagerung dieser gegenseitigen Beeinflussung durch ein externes Magnetfeld im Bereich von Millitesla kann das Gleichgewicht zum Singulett- oder zum Triplettzustand hin verschieben. Eine Besonderheit des Cryptochroms von Wirbeltieren ist, dass durch Deprotonierung der Radikale ein Reaktionsprodukt mit vergleichsweise langer Lebenszeit (1–10 ms; *grün* in ◘ Abb. 13.15, *rechts unten*) entsteht. Die Menge dieses Reaktionsprodukts ist abhängig vom anliegenden Magnetfeld und kann theoretisch als Träger der Magnetfeldinformation betrachtet werden. Vieles an dieser Hypothese ist noch unbewiesen. Photochemisch muss geklärt werden, ob Cryptochrom auch auf Magnetreize im Mikrotesla-Bereich in den Retinazellen reagiert. Physiologisch gilt es zu untersuchen, in welchen Neuronen der Retina Cryptochrom so angeordnet ist, dass es auf Änderungen des Erdmagnetfeldes reagieren kann, und wie die photochemische Reaktion in ein afferentes sensorisches Signal übersetzt wird. Obwohl solche grundlegenden Daten noch fehlen, weist eine erhebliche Zahl indirekter Befunde darauf hin, dass Cryptochrom ein visueller Sensor für den Kompasssinn sein könnte.

Wenn das Radikalpaarkonzept zum intensitätsunabhängigen Kompasssinn passt, welcher Mechanismus könnte dann den richtungsunabhängigen Sinn für die lokale Intensität des Erdmagnetfeldes stellen? Die Messung der Magnetfeldstärke an einem Ort der Erde darf nicht davon abhängen, in welche Himmelsrichtung das Tier gerade schaut, sonst hätte kein Ort eine eindeutige Feldintensität. Ein Sensor für Magnetintensität sollte so beschaffen sein, dass er bei stärkerer Magnetintensität ein stärkeres zelluläres Signal auslöst, sodass die zelluläre Reaktion proportional zur Reizintensität ist. Eine solche Funktion könnte ein Magnet erfüllen, der durch das Erdmagnetfeld mit größerer oder kleinerer Kraft verschoben oder gedreht wird. Solche mikroskopischen Magnete in Verbindung mit magnetempfindlichen Zellen stehen im Zentrum der zweiten mechanistischen Hypothese des Magnetsinnes, die **Magnetpartikeltheorie**. Nervenendigungen stehen nach dieser Theorie in Kontakt mit magnetischen Partikeln, die durch Einwirkung des Erdmagnetfeldes eine Kraft auf Transduktionsproteine in der Nervenfasermembran ausüben und so afferente Signale auslösen. Der beste Kandidat für biomagnetische Partikel ist das Magnetit (Fe_3O_4), das von lebenden Organismen synthetisiert werden kann. Tatsächlich findet man in tierischen Geweben sowohl sehr kleine (< 30 nm) Magnetitpartikel mit superparamagnetischen Eigenschaften (s. ◘ Abb. 13.14, *oben rechts*) als auch größere Partikel (> 60 mm) mit Eigenschaften von magnetischen Einzeldomänen. Ein

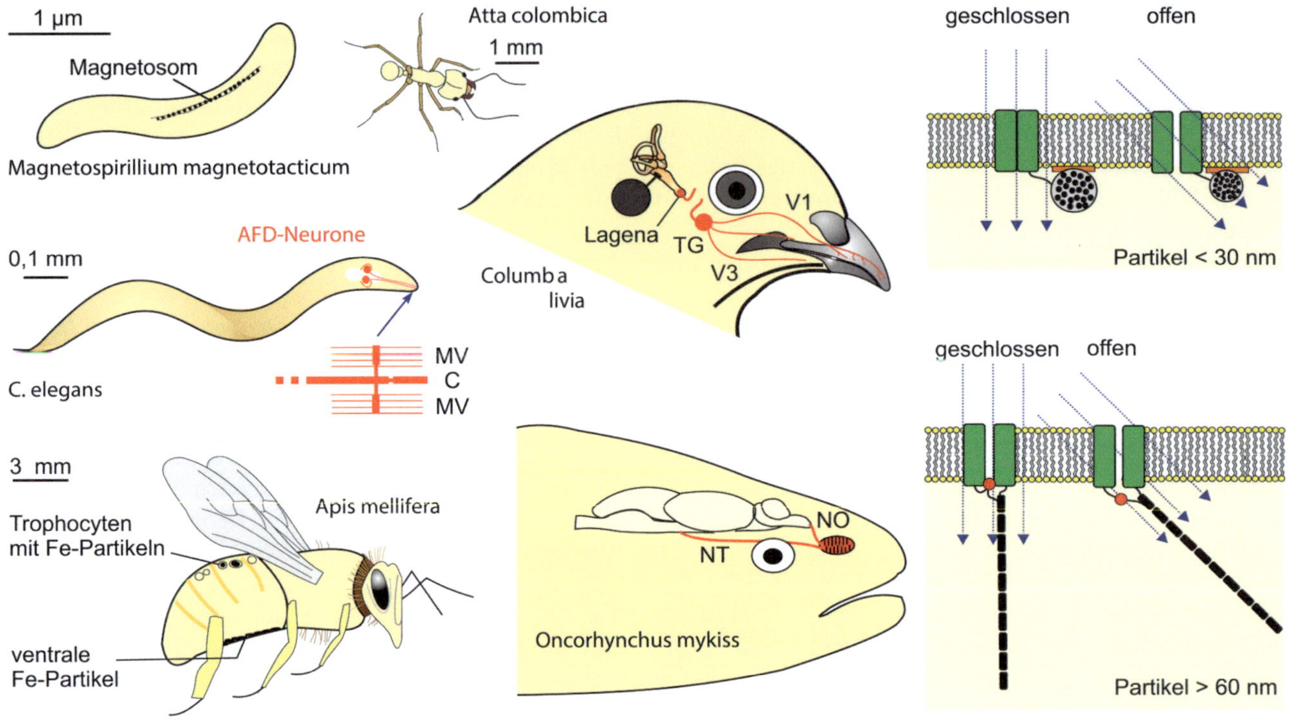

Abb. 13.16 Modelle zur Hypothese eines Magnetintensitätssinnes auf der Grundlage von Magnetitpartikeln. Schematisch dargestellt sind neben dem gramnegativen Bakterium *Magnetospirillum magnetotacticum*, das ein aus zusammengeketteten Magnetitpartikeln bestehendes Magnetosom aufweist, einige Tiere, die eine prominente Rolle bei der Erforschung des lichtunabhängigen, magnetitvermittelten Magnetsinnes spielen. Als Magnetfeldsensoren werden diskutiert: die antennenförmige Dendritenspitze der AFD-Neuronen des Nematoden *Caenorhabditis elegans* (C, Cilie; MV, Mikrovilli); die Antennen der Blattschneiderameise *Atta colombica*; die Magnetitpartikel im Abdomen der Honigbiene (*Apis mellifera*); sensorische Endigungen in der Haut des Oberschnabels der Haustaube (*Columba livia domestica*), die zum Nervus ophthalmicus (V1) des Trigeminalsystems gehören (TG, Trigeminalganglion; V3, N. mandibularis). Auch die Lagena im Innenohr der Tauben enthält Magnetit und ist ein Kandidat für Magnetrezeption. Bei der Regenbogenforelle (*Oncorhynchus mykiss*) gelangt aus der Rosette der Nasengrube (*rot*) Geruchsinformation über den Nervus olfactorius (NO) sowie möglicherweise Magnetinformation über den Nervus trigeminus (NT) ins Gehirn. *Rechts*: Zwei Illustrationen zu mechanistischen Vorstellungen von magnetischen Schaltmechanismen bei Ionenkanälen. Beim oberen Schema wird der Kanal durch ein Vesikel mit superparamagnetischen Nanopartikeln geöffnet, die bei Drehung der Magnetfeldrichtung (*blau*) ihr Volumen verringern. Beim unteren Schema wird eine Kette von ferromagnetischen Einzeldomänen-Nanopartikeln bei Drehung des Magnetfeldes verlagert und zieht dabei ein nach dem *ball-and-chain*-Konzept angedachten Pfropfen aus der Kanalpore

sehr suggestives Beispiel für die Rolle von Magnetitpartikeln bei der Orientierung kennt man von magnetotaktischen Bakterien (Abb. 13.16, *links oben*). Mehrere Einzeldomänen-Partikel aus Magnetit sind zu einem kettenförmigen Magnetosom zusammengelagert, eine Struktur, die durch das Cytoskelett stabilisiert wird. Dadurch wird die thermische Bewegung der Einzelpartikel eingeschränkt, und die magnetischen Momente aller Partikel addieren sich zu einem nadelförmigen Permanentmagneten, der die Tendenz zeigt, sich parallel zu den Magnetfeldlinien auszurichten. Das Magnetosom hilft dem Bakterium dabei, entlang der Feldlinien in Richtung Sediment zu schwimmen, wo es die sauerstoffarmen Bedingungen vorfindet, auf die es angewiesen ist. Das Magnetosom dient also deutlich einem Kompasssinn und ist damit ein schlechtes Beispiel für den Einsatz von Magnetpartikeln zur Messung der Feldintensität. Aber es zeigt, das Magnetpartikel hergestellt und zur Orientierung eingesetzt werden können. Magnetotaktische Bakterien sind zum gegenwärtigen Zeitpunkt die einzigen Organismen, bei denen eine magnetitvermittelte Orientierung am Erdmagnetfeld nachgewiesen worden ist.

Bei Tieren ist die Erkenntnislage zur Magnetpartikeltheorie noch lückenhaft. Ermutigende Befunde gibt es für einigen Arten, die auch deutliche Hinweise auf magnetfeldgesteuerte Verhaltensmuster oder magnetfeldinduzierte Aktivität im zentralen Nervensystem geliefert haben. Dazu gehört der licht- oder elektronenmikroskopische Nachweis von eisenhaltigen Ablagerungen und Magnetitnanopartikeln, die in direktem Kontakt mit Nervenfasern stehen. Auch die Beobachtung von lichtunabhängiger Magnetorientierung, beispielsweise bei Tauben und Meeresschildkröten, lässt erkennen, dass der zugrunde liegende Mechanismus nicht die Radikalpaarbildung im Cytochrom sein kann.

Zudem gilt die Magnetpulsmethode als aussagekräftig für die Unterscheidung von Partikelmechanismus und Radikalpaarmechanismus. Ein kurzer, starker Magnetpuls (1–2 ms, einige 100 mT) stört alle Partikelmechanismen derart tiefgreifend, dass die Tiere sich für einige Zeit nicht mehr am Magnetfeld der Erde (30–60 µT) orientieren können. Der Radikalpaarmechanismus gilt dagegen als unempfindlich für Magnetpulse. Man geht also davon aus, dass Tiere, deren Magnetorientierung durch einen Magnetpuls zeitweilig gestört wird, einen Partikelmechanismus einsetzen.

Magnetitpartikel können irgendwo im Körper angesiedelt sein, denn das Erdmagnetfeld durchdringt tierisches Gewebe ungehindert. Man vermutet partikelabhängige Magnetsensoren in den Antennen von Ameisen und Termiten sowie in der Nase des Nematoden *Caenorhabditis elegans*, wo die antennenartig aufgefächerten Endigungen der thermosensorischen AFD-Neuronen möglicherweise auch als Magnetsensoren dienen, die dem Fadenwurm bei der vertikalen Orientierung im Boden helfen. Im Abdomen der Honigbiene (*Apis mellifera*) sind sowohl in den dorsal gelegenen Trophocyten des Fettgewebes als auch in einer ventralen Gewebeschicht magnetisierbare Eisenpartikel einlagert (◘ Abb. 13.16, *links*). Bei Haustauben (*Columba livia domestica*) scheint die vom ophthalmischen Ast (V1) des Trigeminalsystems innervierte Haut des Oberschnabels eine zentrale Rolle bei der Magnetorientierung zu spielen, und auch in den Haarzellen der Lagena des Innenohres findet man Magnetit, das zu einem lichtunabhängigen Magnetsinn beitragen könnte (◘ Abb. 13.16, *Mitte oben*). Fische haben ebenfalls einen Magnetsinn, der in Konditionierungsexperimenten nachgewiesen werden kann. Bei der Regenbogenforelle (*Oncorhynchus mykiss*) wurden Magnetitpartikel unter dem Riechepithel in der Nasengrube gefunden (◘ Abb. 13.16, *Mitte unten*), und auch hier scheint der Trigeminalnerv die Magnetinformation zum Gehirn zu leiten.

Da bisher noch kein Transduktionsmechanismus nachgewiesen worden ist, der erklären würde, wie ein Magnetitnanopartikel einen Ionenkanal in einer neuronalen Membran steuern könnte, ist dieser Bereich noch allein Gegenstand von theoretischen Ideen und biophysikalischen Modellen. In ◘ Abb. 13.16 (*rechts*) sind zwei dieser Modelle illustriert. Kleine, superparamagnetische Partikel könnten in Vesikeln zusammengeschnürt und über Proteinfäden mit einem Ionenkanal verbunden sein. Wenn sich bei Drehung des Magnetfeldes die Spin-Ordnung in den Partikeln ändert, kommt es zu einer Volumenänderung, die in eine mechanische Kraft umgesetzt werden kann. Diese Kraft würde einen mechanosensitiven Ionenkanal öffnen und dadurch die Nervenzelle depolarisieren. Ketten von magnetischen Einzeldomänen, wie sie in magnetotaktischen Bakterien vorliegen, könnten ebenso mit Ionenkanälen verknüpft sein und könnten mit Kräften in der Größenordnung von pN (1 Pikonewton = 10^{-12} N) auf den Ionenkanal einwirken – genügend um ihn zu öffnen.

Der zum gegenwärtigen Zeitpunkt noch sehr unbefriedigende Erkenntnisstand zu den molekularen Grundlagen des Magnetsinnes darf nicht vergessen lassen, dass die Fähigkeit vieler Tiere, sich am Erdmagnetfeld zu orientieren, zweifelsfrei gezeigt worden ist. Der Magnetsinn als solcher ist nachgewiesen, alle Fragen nach Transduktionsmechanismen und neuronaler Verarbeitung sind offen und gehören heute zu den anspruchsvollsten Forschungsansätzen der Sinnesphysiologie.

Literatur

Weiterführende Literatur

Bianco G, Ilieva M, Veibäck C et al (2016) Emlen funnel experiments revisited: methods update for studying compass orientation in songbirds. Ecol Evol 6:6930–6942

Brothers JR, Lohmann KJ (2015) Evidence for geomagnetic imprinting and magnetic navigation in the natal homing of sea turtles. Curr Biol 25:392–396

Chernetsov N (2017) Compass systems. J Comp Physiol A 203:447–453

Clites BL, Pierce JT (2017) Identifying cellular and molecular mechanisms for magnetosensation. Annu Rev Neurosci 40:231–250

Cochran WW, Mouritsen H, Wikelski M (2004) Migrating songbirds recalibrate their magnetic compass daily from twilight cues. Science 304:405–408

Engels S, Schneider N-L, Lefeldt N, Hein CM, Zapka M, Michalik A, Elbers D, Kittel A, Hore PJ, Mouritsen H (2014) Anthropogenic electromagnetic noise disrupts magnetic compass orientation in a migratory bird. Nat 509:353–356

Fleischmann PN, Grob R, Müller VL, Wehner R, Rössler W (2018) The geomagnetic field is a compass cue in *Cataglyphis* ant navigation. Curr Biol 28:1440–1444

Fleissner G, Stahl B, Thalau P, Falkenberg G, Fleissner G (2007) A novel concept of Fe-mineral-based magnetoreception: histological and physiochemical data from the upper beak of homing pigeons. Naturwissenschaften 94:631–642

Formicki K, Korzelecka-Orkisz A, Tanski A (2019) Magnetoreception in fish. J Fish Biol 95:73–91

Gould JL (2010) Magnetoreception. Curr Biol 20:R431–R435

Gould JL, Gould CG (2012) Nature's compass. The mystery of animal navigation. Princeton University Press, Princeton

Heyers D, Elbers D, Bulte M, Bairlein F, Mouritsen H (2017) The magnetic map sense and its use in fine-tuning the migration programme of birds. J Comp Physiol A 203:491–497

Holland RA (2014) True navigation in birds: from quantum physics to global migration. J Zool 293:1–15

Lambinet V, Hayden ME, Reigl K, Gomis S, Gries G (2017) Linking magnetite in the abdomen of honey bees to a magnetoreceptive function. Proc R Soc B 284:20162873

Lohmann KJ, Lohmann CM (2019) There and back again: natal homing by magnetic navigation in sea turtles and salmon. J Exp Biol 222:1–10

Lohmann KJ, Lohmann CMF, Endres CS (2010) The sensory ecology of ocean navigation. J Exp Biol 211:1719–1728
Mouritsen H (2018) Long-distance navigation and magnetoreception in migratory animals. Nat 558:50–59
Nordmann GC, Hochstoeger T, Keays DA (2017) Magnetoreception – a sense without a receptor. PLoS Biol 15:e2003234
Qin S, Yin H, Yang H et al (2016) A magnetic protein biocompass. Nat Mater 15:217–226
Schmidt AM, Jacklyn P, Korb J (2014) ‚Magnetic' termite mounds: is their unique shape an adaptation to facilitate gas exchange and improve food storage? Insect Soc 61:41–49
Vidal-Gadea A, Ward K, Beron C et al (2015) Magnetosensitive neurons mediate geomagnetic orientation in *Caenorhabditis elegans*. elife 4:e07493
Wiltschko R, Wiltschko W (2015) Avian navigation: a combination of innate and learned mechanisms. Adv Study Behav 47:229–310
Wiltschko R, Wiltschko W (2019) Magnetoreception in birds. J R Soc Interface 16:20190295
Wiltschko R, Gehring D, Denzau S, Nießner C, Wiltschko W (2014) Magnetoreception in birds: II. Behavioural experiments concerning the cryptochrome cycle. J Exp Biol 217:4225–4228
Winklhofer M (2004) Vom magnetischen Bakterium zur Brieftaube: Geo-Biomagnetismus. Phys unserer Zeit 3:120–127

Zitierte Literatur

Boles LC, Lohmann KJ (2003) True navigation and magnetic maps in spiny lobsters. Nat 421:60–63
Chernetsov N, Kishkinev D, Mouritsen H (2008) A long-distance avian migrant compensates for longitudinal displacement during spring migration. Curr Biol 18:188–190
Chernetsov N, Pakhomov A, Kobylkov D, Kishkinev D, Holland RA, Mouritsen H (2017) Migratory Eurasian reed warblers can use magnetic declination to solve the longitude problem. Curr Biol 27:2647–2651
Emlen ST, Emlen JT (1966) A technique for recording migratory orientation of captive birds. Auk 83:361–367
Hore PJ, Mouritsen H (2016) The radical-pair mechanism of magnetoreception. Annu Rev Biophys 45:299–344
Mouritsen H, Ritz T (2005) Magnetoreception and its use in bird navigation. Curr Opin Neurobiol 15:406–414
Mouritsen H, Feenders G, Liedvogel M, Wada K, Jarvis ED (2005) Night-vision brain area in migratory songbirds. Proc Natl Acad Sci U S A 102:8339–8344
Thorup K, Bisson I-A, Bowlin MS, Holland RA, Wingfield JC, Ramenofsky M, Wikelski M (2007) Evidence for a navigational map stretching across the continental U.S. in a migratory songbird. Proc Natl Acad Sci U S A 104:18115–18119
Wiltschko W, Wiltschko R (1972) Magnetic compass of European robins. Sci 176:62–64
Wiltschko W, Wiltschko R (2002) Magnetic compass orientation in birds and its physiological basis. Naturwissenschaf 89:445–452

13

Der Schmerzsinn

Inhaltsverzeichnis

S. Frings, *Die Sinne der Tiere*, https://doi.org/10.1007/978-3-662-63233-8_14

Ein trostloser Anblick. Ein verletzter Hund (*Canis lupus familiaris*) lässt deutlich seine Verzweiflung und seinen Schmerz erkennen. Obwohl er die Wunde in seinem Fell durch Lecken einigermaßen sauber halten kann, ist ihm sein Leid ins Gesicht geschrieben. Der trübe, unfokussierte Blick, die trockene Nase und der hängende Kopf machen sein Leid sichtbar. Er mag nicht fressen, ist abgemagert, hält seinen Rücken gekrümmt, putzt sein Fell nicht mit der üblichen Sorgfalt; und er verkriecht sich in einer abgelegenen Ecke, wo er nicht gestört wird. Vielleicht winselt er auch, oder er stöhnt und knurrt und warnt den Menschen davor, sich ihm zu nähern. Von allen Tieren ist der Hund uns Menschen am vertrautesten. Hunde sind seit Jahrtausenden die Gefährten des Menschen, und wir haben in dieser Zeit gelernt, ihre Mimik und ihr Verhalten zu verstehen. Wir nehmen wahr, dass sie leiden, ihr Schmerz erzeugt bei uns Mitgefühl und den Wunsch, ihnen zu helfen. Wie gut ist aber unser Verständnis für den Schmerz anderer Tiere? Erkennen wir Schmerzzustände bei einem Pferd? Bei einem Huhn? Bei einem Frosch? Leidet der Regenwurm am Angelhaken? Die Erforschung des Schmerzsinnes bei Tieren ist ein noch junges Forschungsgebiet der Sinnesphysiologie, aber sie hat schon offengelegt, dass Schmerzsysteme sehr früh in der Evolution der Tiere entstanden sind, schon bei den frühesten Würmern des Erdaltertums. In diesem Kapitel geht es um die Schmerzsysteme, über die offenbar alle Tiere verfügen. Und es geht um die schwierige Frage, auf welche Weise die Schmerzsysteme von unterschiedlichen Tierarten genutzt werden, um sich vor Verletzungen zu schützen und um Wunden heilen zu lassen. Welche Tiere empfinden Schmerzen? Ist es möglich, auch bei anderen Tieren Schmerz zu erkennen, so wie wir das bei Hunden offenbar können?

14.1 Alarmsignale schützen den Körper

Haut, Nerven, Muskeln, Blutgefäße, Organe: Alle Gewebe des Körpers sind nur begrenzt belastbar und werden bei übermäßiger Beanspruchung beschädigt. Gelenke können beim Klettern überdehnt werden, Muskelpartien können bereits durch falsches Liegen von der Blutversorgung abgeschnitten werden, und die Haut kann durch Dornen oder Stacheln verletzt werden, wenn ein Pflanzenfresser bei der Beerenernte nicht aufpasst. Es gib unzählige Möglichkeiten, die eigenen Körperstrukturen schädlichen Einflüssen auszusetzen, sie durch Kräfte und Reize, an die das Gewebe nicht angepasst ist, zu beschädigen. Die Vielfalt möglicher **Verletzung durch falsches Verhalten** ist praktisch unbegrenzt. In der Evolution der Wirbeltiere hat sich ein Sinnessystem gebildet, welches die Grenzen der Belastbarkeit von Körperstrukturen jedem Tier deutlich erkennbar macht. Der Schmerzsinn produziert Alarmsignale, wann immer Überbeanspruchungen von Muskeln, Gelenken und anderen Geweben auftreten, und diese Signale können dazu genutzt werden, irreversible Schädigungen zu verhindern. Um das Verhaltensspektrum eines Tieres in einem sicheren Rahmen einzuhegen und Selbstschädigung zu verhindern, nutzt das Schmerzsystem die **Steuerung von Reflexen und Motivationen**. Das Alarmsystem kann auf diese Weise ein schnelles **Schutzverhalten** auslösen: Tiere ziehen ihre Beine von Dornen zurück, *bevor* die Haut durchbohrt ist, und sie verlassen eine heiße Oberfläche, *bevor* sie Brandwunden davontragen (◘ Abb. 14.1). Es ist kaum vorstellbar, dass ein höherer Organismus wie ein Wirbeltier ohne Schmerzsinn auskommen könnte, denn die Bewegungsfreiheit dieser Tiere in einer vielgestaltigen Umwelt führt ständig zu Situationen, bei denen die Funktionsfähigkeit des Körpers geschützt werden muss. Für das Verständnis des Schmerzsinnes ist entscheidend, dass andere Sinne die Alarmfunktion zum Schutz des Körpers nicht erfüllen können. Man könnte beispielsweise erwarten, dass der Tastsinn ein Tier vor Dornen

◘ **Abb. 14.1** Schmerzsinn schützt vor schädlichen Verhalten. *Oben*: Der als Buschbaby bekannte Moholi-Galago (*Galago moholi*) läuft und springt nachts über dornenbewehrte Zweige, ohne sich zu verletzen. Vom Schmerzsinn gesteuerte Reflexe lösen Schutzbewegungen aus, wenn der kleine Primat auf einen Dorn tritt. *Unten:* Die afrikanische Siedleragame (*Agama agama*) verlässt ihren Liegeplatz, wenn ihr Schmerzsinn gewebeschädigende Temperaturen erfasst

warnt, denn Tastsinneszellen sind hochempfindliche Sensoren mit ausgezeichneter räumlicher Auflösung, durchaus angepasst an dornenförmige Objekte. Als Alarmsinn eignet sich der Tastsinn aber nicht, und zwar vor allem aus zwei Gründen. Zum einen ist die Sinnesqualität des Tastsinnes die Erkundung von Objekten, die analytische Untersuchung von Form, Bewegung und Temperatur. Zum anderen erfordert der Tastsinn die Aufmerksamkeit, die bewusste Hinwendung zum untersuchten Objekt. Und Tastsignale tendieren zudem zur schnellen Adaptation, sind also nur für kurze Zeit verfügbar (► Abschn. 4.4). Beide Eigenschaften sind für einen Alarmsinn ungeeignet. Erkundung dauert zu lange, und ein Alarmsinn darf keine Aufmerksamkeit voraussetzen; sein Zweck ist vielmehr, Aufmerksamkeit zu erzeugen. Der Schmerzsinn ist daher in Struktur und Funktion **unabhängig von allen anderen Sinnen**, er hat eigene Sinneszellen, eigene Regulationsmechanismen und einen eigenen Zugang zu Reflexen, Motivationen und Bewusstsein. Schmerz ist mithin eine **eigene Sinnesmodalität** und die Qualität ihrer adäquaten Reize ist die Fähigkeit zur Gewebeschädigung. **Noxische Reize** (auch als Noxen bezeichnet; lat. *nocere*, schaden) sind starke – hochschwellige – Reize, und nur sie können den Schmerzsinn direkt aktivieren.

Die zweite, lebenswichtige Rolle des Schmerzsinnes ist die Erzeugung von Alarmsignalen bei Verletzung von Gewebe oder bei anderen **pathologischen Veränderungen**. Auch hier geht es wieder um Aufmerksamkeit: Die Alarmsignale erzwingen Aufmerksamkeit für krankes

Gewebe. Solche Signale können von inneren Organen ausgehen, beispielsweise bei einer Kolik, resultieren aber auch von Knochenbrüchen, Muskelverletzungen oder verwundeter Haut. Wiederum triggern die Alarmsignale Verhaltensmuster, die zur Heilung notwendig sind. Das kann eine einfache **Schonhaltung** sein, mit welcher verletzte Extremitäten ruhiggestellt werden. Schmerzinduzierte Verhaltensmuster reichen bei Tieren vom einfachen Lecken einer Wunde bis hin zu gesteigerter Aggression und der Suche nach einem Versteck – ein verwundetes Tier zieht leicht die Aufmerksamkeit von Raubtieren auf sich und wird versuchen, unauffällig zu bleiben. Im besten Fall ermöglicht die Schonhaltung ein Abheilen der Wunden.

Der Schmerzsinn ist eine **verhaltenssteuernde Sinnesmodalität**, bei der es nicht um die sensorische Erfassung der Umwelt geht, sondern um das Erkennen der Dringlichkeit von Schutzmaßnahmen zum Erhalt von Körperfunktionen. Mit dieser Fokussierung hat der Schmerzsinn einen besonderen Stellenwert in der Sinnesphysiologie, und seine Erforschung im Tierreich ist – obwohl noch ein vergleichsweise junges Arbeitsgebiet – heute ein dringendes Anliegen der zoologischen und veterinärmedizinischen Forschung.

14.2 Besonderheiten des Schmerzsystems

Die Schmerzsysteme der Tiere zeigen den gleichen Grundplan wie alle anderen Sinnesmodalitäten. Schmerzsinneszellen (**Nozizeptoren**; ▶ Abschn. 14.3) erzeugen afferente Signale, die dem zentralen Nervensystem zugeführt und dort verarbeitet werden. Auf jeder Ebene dieses Systems kann man aber grundlegende Besonderheiten ausmachen, die das Schmerzsystem von anderen Sinnessystemen unterscheiden. Schon in der Peripherie verhalten sich die Schmerzsinneszellen anders als Photorezeptoren, Riechzellen und Haarzellen: Schmerzsinneszellen reagieren auf hochschwellige Reize, also auf Reize, die erhebliche Energien auf das Gewebe übertragen. Im Unterschied zu anderen Sinneszellen sind Nozizeptoren daher **nicht auf hohe Detektionsempfindlichkeit optimiert**. Es fehlen metabotrope Verstärkungsmechanismen, die bei anderen Sinneszellen Stoffwechselenergie zur Verstärkung primärer sensorischer Signale nutzen. Die zur Signaltransduktion nötige Energie wird vom noxischen Reiz selbst geliefert. Als einzige Sinneszellen reagieren die Nozizeptoren zudem auf andauernde Reizung mit **Sensibilisierung statt Adaptation**. Je länger ein noxischer Reiz einwirkt, desto stärker reagieren die Nozizeptoren. Das Alarmsignal wird bei Dauerreizung immer intensiver. Schmerzsinneszellen kommen daher ohne die komplizierten Adaptationsmechanismen aus, die andere Sinneszellen benötigen, um sich an Dauerreize anpassen zu können. In diesem Kontext ist die **Modulation durch das Immunsystem** eine Besonderheit des Schmerzsystems. Vielfältige Wechselwirkungen zwischen Nozizeptoren und Zellen des Immunsystems sind Komponenten von Entzündungsreaktionen (▶ Abschn. 14.4), während solche Prozesse bei anderen Sinnesmodalitäten nur selten beobachtet werden. Eine weitere Besonderheit liegt in der **Polymodalität von Schmerzsinneszellen**. Viele Nozizeptoren können sowohl durch Hitzereize als auch durch mechanische oder chemische Reize aktiviert werden; sie sind polymodal. Diese Ungenauigkeit bei der Registrierung des auslösenden Reizes spiegelt die Alarmfunktion des Schmerzsystems wider: Es kommt weniger darauf an, etwas Genaueres über die Eigenschaften eines noxischen Reizes zu erfahren. Vielmehr muss das afferente Signal die Bedrohlichkeit der Reizeinwirkung vermitteln. Dabei verläuft der Signalfluss durch Nozizeptoren nicht ausschließlich von der Peripherie zum zentralen Nervensystem, so wie das bei anderen Sinneszellen der Fall ist. Nozizeptoren leiten **sowohl afferente als auch efferente Signale** und vermitteln damit nicht nur sensorische Information, sondern leiten auch Steuersignale in die Peripherie, wo durch **Sekretion von Neuropeptiden** Entzündungsprozesse verstärkt werden können.

Auch bei der bewussten Verarbeitung der Schmerzsignale im Gehirn gibt es Besonderheiten. Im Unterschied zu anderen Modalitäten verfügt der Schmerzsinn über **kein Sinnesareal in der Großhirnrinde**, das der Hörrinde, der Sehrinde oder der Riechrinde vergleichbar wäre. Nozizeptive Signale aktivieren vielmehr gleichzeitig mehrere Zentren im Gehirn, die für kognitive, affektive, vegetative und sensorische Signalverarbeitung zuständig sind, und erzeugen so eine umfassende Gehirntätigkeit, die spezifisch für die Schmerzentstehung ist. Darüber hinaus verfügt der Schmerzsinn, anders als die anderen Sinne, über einen **eingebauten Abschaltmechanismus**, der den Zugang nozizeptiver Signale zum zentralen Nervensystem blockieren kann. Man kann sich vorstellen, dass ein gut funktionierendes Alarmsystem immer einen Abschaltknopf haben muss. Denn wenn die Alarmglocke immerzu schrillt, kann man keine überlegten Entscheidungen treffen. Der körpereigene Mechanismus zur Schmerzunterdrückung (▶ Abschn. 14.5) ist immer dann wichtig, wenn zu starker Schmerz notwendiges Verhalten wie Flucht verhindern würde.

In der Sinnesphysiologie – wie auch in der Medizin – wird die Schmerzbahn konzeptionell zweigeteilt: Alle Prozesse, die **ohne eine bewusste Wahrnehmung** ablaufen, werden unter dem Begriff **Nozizeption** bezeichnet, während **Schmerz** als **bewusste Sinneswahrnehmung** und damit als kognitiver Prozess verstanden wird, der zumindest bei Säugetieren eine Aktivierung der Großhirnrinde erfordert. Diese Unterscheidung hat tiefgreifende Konsequenzen für die Erforschung des Schmerzsinnes. Denn nicht jede nozizeptive Aktivität muss auch zwangsläufig zu Schmerz führen. Nozizeptive Signale können vegetative und neuroendokrine Reflexe (beispielsweise Tachykardie, Schwitzen, Atemsuppression) verursachen und Rückzugs- oder Vokalisationsreflexe auslösen. Solche **stereotypen nozifensiven Reflexe** sind angeboren und können gänzlich ohne bewusste Schmerzwahrnehmung ablaufen. Der Begriff „nozifensiv" bezeichnet ein durch *nozi*zeptive Reize ausgelöstes de*fensiv*es Verhalten zur Vermeidung von Verletzungen. Neben einfachen, immer gleich ablaufenden Reflexen kann auch das bewusste Schmerzerleben nozifensives Verhalten auslösen. Denn Schmerz ist ein unangenehmes Sinnes- oder Gefühlserlebnis, das sowohl sensorische als auch affektive Komponenten beinhaltet, durch welche ein **wahrnehmungsgestützter Lernprozess** in Gang gesetzt wird. Tiere können durch Schmerzen lernen, welche Situationen und Handlungen zu Gewebeschädigung führen und deshalb in Zukunft besser vermieden werden sollten. Der **Dualismus von Nozizeption und Schmerz** (◘ Abb. 14.2) bildet ein grundlegendes Prinzip bei der Erforschung des Schmerzsinnes der Tiere, insbesondere bei der Frage, welche Tiere Schmerz empfinden können und welche nicht. Eine letzte, ebenfalls mit dieser Frage verbundene Besonderheit des Schmerzsystems ist seine starke affektive Komponente, sein **direkter Zugang zu Emotionen**. Schmerzhafte Reize bewirken bei den meisten Wirbeltieren, die schmerzphysiologisch untersucht worden sind, eine starke Motivation zur Beendigung, Umgehung und Vermeidung dieser sensorischen Erfahrung. In welcher Weise das daraus folgende schmerzvermeidende Verhalten nozifensiven Reflexen zuzuschreiben ist, oder ob es mit Begriffen wie **Leiden** oder **Schmerzwahrnehmung** adäquat bezeichnet wird, ist eines der wichtigsten Themen der Schmerzforschung an Tieren (▶ Abschn. 14.7). Es ist zudem von entscheidender Bedeutung für die Beziehung zwischen Menschen und Tieren, mit denen sich ▶ Kap. 18 näher befasst.

Zusammenfassend ist festzuhalten, dass das Schmerzsystem auf praktisch allen Ebenen ungewöhnlich organisiert ist und nicht der vergleichsweise einfachen Funktionslogik des Hörsinnes oder des Sehsinnes entspricht. Seine Aufgabe ist in der Sinneswelt einzigartig: das Erzwingen von Schutzverhalten durch Reflexe und Motivationskontrolle. Der vorherrschende Zweck anderer Sinne, die Erkundung der Umwelt, spielt

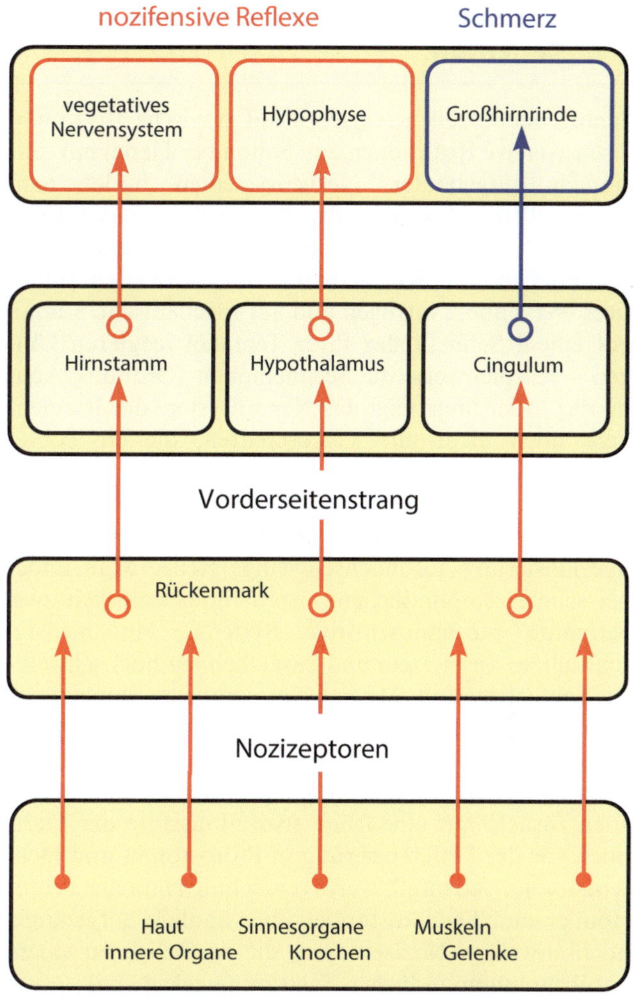

◘ **Abb. 14.2** Der Dualismus von Nozizeption und Schmerz am Beispiel der Säugetiere. Wenn Nozizeptoren durch noxische Reize aktiviert werden, leiten sie afferente Signale ins Hinterhorn des Rückenmarks oder in die Trigeminalganglien des Kopfes. Von dort werden sowohl vegetative als auch neuroendokrine Prozesse gesteuert, welche nozifensive Reflexe auslösen können. Die hier *rot* gezeichneten Bahnen gehören zur Nozizeption; sie können ohne bewusste Schmerzwahrnehmung ablaufen. Nur die *blau* gezeichnete Bahn führt zur bewussten Schmerzwahrnehmung durch Aktivierung neocorticaler Areale. Dieses Schema veranschaulicht die Trennung von Nozizeption und Schmerz ausschließlich für Säugetiere. Bei Nichtsäugern ist die Entstehung von Schmerz noch unzulänglich erforscht und das Säugerschema kann nicht angewendet werden

für das Schmerzsystem keine wesentliche Rolle. Es geht immer und ausschließlich um den Erhalt des eigenen Körpers. Ist ein solches Schutzsystem vielleicht eine Voraussetzung für den Bestand tierischer Organismen? Ist überhaupt ein tierischer Organismus denkbar, der ohne Schmerzsystem existiert? Vermutlich nicht, denn die Entstehung von Schmerzsinneszellen datiert weit zurück in der Evolution der Tiere.

14.3 Schmerzsinneszellen und ihre Sensoren

Schmerzsinneszellen reagieren auf noxische Reize und lösen aversive Reaktionen aus. Schon bei Tieren mit sehr einfach aufgebauten Nervensystemen findet man Sinneszellen, auf welche diese Beschreibung passt. Erste Hinweise kommen von den marinen **Blumentieren** (Stamm Cnidaria, Klasse Anthozoa), die über ein primitives Nervennetz verfügen und auf mechanische Stimuli mit einem Schließreflex ihrer Tentakel reagieren können – beispielsweise die Seeanemonen (Ordnung Actiniaria). Allerdings zeigt das Nervensystem der Blumentiere noch nicht alle Eigenschaften, die ein echtes Schmerzsystem ausmachen. Daher wird der Schließreflex als Vorform eines nozizeptiven Systems angesehen. Was ein echtes Schmerzsystem auszeichnet, ist die Spezialisierung auf hochschwellige Reize. Man findet bei schmerzempfindlichen Tieren für gewöhnlich zwei getrennte mechanosensitive Systeme: ein niedrigschwelliges Tastsystem und zusätzlich ein hochschwelliges Schmerzsystem. Mit solchen parallelen Sinnessystemen sind sowohl die Wirbellosen als auch Wirbeltiere ausgestattet. Offenbar geht die Entstehung von nozizeptiven Systemen auf die Basis aller bilateralen Eumetazoen zurück, auf eine frühe Evolutionsstufe der Tiere, noch vor der Differenzierung in Protostomia und Deuterostomia. Jedenfalls verfügen schon einfache Protostomier und Deuterostomier über ähnlich aufgebaute, hochschwellige Nozizeptoren, die zusätzlich zu einem berührungsempfindlichen Tastsinn angelegt sind.

Bei den **wirbellosen Tieren** sind Nozizeptoren sowohl bei Häutungstieren (Ecdysozoa) wie der Taufliege *Drosophila* und dem Fadenwurm *Caenorhabditis elegans* nachgewiesen worden als auch bei Lophotrochozoen wie der Meeresschnecke *Aplysia* (Seehase) und dem Blutegel *Hirudo*. Bei ***Drosophila*** durchziehen stark arborisierende sensorische Neuronen das periphere Gewebe von Larven und die abdominalen Segmente der adulten Fliegen, die multidendritischen Neuronen der Klassen I–IV. Neuronen der Klassen I–III sind niedrigschwellige Mechanorezeptoren, während die Klasse-IV-Neuronen auf noxische Stimuli ansprechen. Sie sind sowohl mechano- als auch thermosensitiv und aktivieren bei den Fliegen nozifensive Reflexe. Stimulation ihrer Nozizeptoren löst bei *Drosophila*-Larven eine typische Rollbewegung aus, mit deren Hilfe sich die Larven gegen Angriffe parasitierender Schlupfwespen (Familie Ichneumonidae) wehren können. Auch für gewebeschädigende Hitze hat *Drosophila* nozifensive Reflexe. Bei > 45 °C springt die Fliege davon, ein thermonozifensiver Reflex, der durch das *painless*-Gen vermittelt wird, welches für einen TRPA1-ähnlichen Ionenkanal codiert. Bei ***C. elegans*** existieren parallel zu dem berührungsempfindlichen Tastsystem (▶ Kap. 4, ▶ Abb. 4.2) mechanonozizeptive PVD-Neuronen sowie zwei ASH-Neuronen, die als polymodale Nozizeptoren dienen. ASH-Neuronen tragen terminale Cilien am Vorderende des Fadenwurmes und vermitteln einen Rückzugreflex bei Kontakt mit unterschiedlichen noxischen Reizen. Ihre Ausstattung mit Transduktionsproteinen ähnelt der von Klasse-IV-Neuronen von *Drosophila* – und auch der von Nozizeptoren im Schmerzsystem von Säugetieren. Die Nozizeptoren exprimieren Ionenkanäle, welche den TRPA1-Kanälen und den TRPV1-Kanälen von Säugern homolog sind, sowie phylogenetisch konservierte DEG/ENAC-Kanäle (*degenerin/epithelial Na channels*). Auch die Seehasen (***Aplysia***), bekannt aus grundlegenden Arbeiten zur Natur des Lernens, besitzen hochschwellige Sinneszellen, die zunächst nur auf starke Reize ansprechen. Die LE-Neuronen (sie liegen im linken E-Cluster des Abdominalganglions) sowie VC-Neuronen (ventrocaudal gelegene Neuronen im Pleuralganglion) sind hochschwellige Neuronen, die auf Verletzungen des Siphos reagieren und motorische Schutzreflexe auslösen. LE-Neuronen zeigen ausgeprägte Sensibilisierung bei wiederholter Stimulation, eine typische Eigenschaft von Nozizeptoren. Schließlich sind auch beim Mediterranen Medizinischen Blutegel (***Hirudo verbana***) Tastsinn und Schmerzsinn getrennt angelegt. In jedem seiner Körpersegmente hat dieser Ringelwurm ein Ganglion, aus welchem sensorische Endigungen in die Peripherie führen. Zum Tastsinn zählt man die T-Neuronen (T für *touch*) und P-Neuronen (P für *pressure*), während die N-Neuronen (N für *noxious*) mit zehnfach höheren Reaktionsschwellen und geringer Adaptation typische Nozizeptoren sind. N-Zellen reagieren auf mechanische, thermische und chemische Reize und zeigen damit das charakteristische polymodale Profil eines Nozizeptors. Solche Untersuchungen an wirbellosen Tieren lassen erkennen, dass ein vom Tastsinn getrenntes, polymodales Schmerzsystem bei Arthropoden, Nematoden, Mollusken und Anneliden vorkommt und dass die Detektion noxischer Reize bei diesen Tieren als Auslöser nozifensiver Reflexe dient.

Auch bei **Wirbeltieren** hat die Evolution des Schmerzsystems früh eingesetzt. Bei den **Neunaugen** (Ordnung Petromyzontiformes) lässt sich der Beginn dieser Entwicklung erkennen. Beim Meerneunauge (*Petromyzon marinus*) verlaufen die Axone somatosensorischer Neuronen von der Haut bis ins Hinterhorn des Rückenmarks. Die Axone sind nicht myelinisiert und zeigen ein ähnliches Verhalten wie die Tast- und Schmerzzellen der Blutegel. T- und P-Neuronen reagieren auf Berührung der Haut, während N-Neuronen durch noxische Reize ausgelöst werden. Wird die Haut mit einer Nadel durchstochen oder mit einer Hitzequelle lokal verbrannt, reagieren die N-Neuronen mit starker Aktivität. Die

14

Neunaugen, deren Entwicklungslinie sich im Ordovizium vor etwa 450 Mio. Jahren von der Linie der übrigen Wirbeltiere getrennt hat, weisen damit die ersten Nozizeptoren unter den Wirbeltieren auf. In der nächsthöheren Entwicklungsstufe, bei den **Knorpelfischen** (Klasse Chondrichthyes), ist die Myelinisierung von Axonen entwickelt und damit eine schnelle Erregungsleitung ermöglicht. Nur ein kleiner Anteil von Axonen ist bei Haien und Rochen unmyelinisiert. Bisher konnten bei Knorpelfischen vor allem Aδ-Fasern identifiziert werden, aber die Datenlage zur Nozizeption ist noch sehr dünn. Beobachtet man verletzte Haie, die trotz schwerer Wunden weiter jagen und fressen, kann man mutmaßen, dass die Tiere keine noxischen Signale registrieren oder dass solche Signale bei Haien nicht verhaltenssteuernd wirken. Möglicherweise sind Knorpelfische eine schmerzunempfindliche Tiergruppe; aber diese Hypothese ist bisher nicht überprüft.

Wirbeltiere in höheren Evolutionsstufen – **Knochenfische, Amphibien, Reptilien, Vögel und Säugetiere** – verfügen über spezialisierte Schmerzsinneszellen zur Erfassung noxischer Reize. Die sensorischen Endigungen der Nozizeptoren sind vor allem in die Haut eingebettet, ein geringerer Anteil liegt in den Gelenken, Muskeln und inneren Organen. Im Unterschied zu den sensorischen Endigungen des Tastsinnes (▶ Abschn. 4.4, ◘ Abb. 4.17) tragen die nozizeptiven Endigungen keine ausgeprägten Endstrukturen, sondern liegen als freie Nervenendigungen im Gewebe. Auffällig an diesen Strukturen sind eine extreme Verästelung der Endigungen sowie – bei den **peptidergen Nozizeptoren** – eine Vielzahl von perlenschnurartig aufgereihten Varikositäten (Aufweitungen), die neurosekretorische Vesikel enthalten (◘ Abb. 14.3). Zwei separate Fasersysteme bilden das nozizeptive System der Wirbeltiere. Nozizeptoren mit myelinisierten Axonen und entsprechend gesteigerter Erregungsleitungsgeschwindigkeit werden als **Aδ-Fasern** bezeichnet. Sie leiten schnelle, vom Menschen als stechend empfundene Signale an das zentrale Nervensystem. Aδ-Fasern sind etwas dünner als die charakteristischen Aβ-Fasern des Tastsystems, wobei die D-Tasthaare im Säugerfell ebenfalls zu den Aδ-Fasern zählen (▶ Abschn. 4.3). Das zweite nozizeptive Fasersystem wird von dünnen, unmyelinisierten und daher langsamer leitenden **C-Fasern** gebildet. C-Fasern sind oft polymodal, reagieren also auf unterschiedliche noxische Reize wie Temperaturen über 40 °C (Hitzeschmerz) oder weniger als 10 °C (Kälteschmerz) sowie auf starke mechanische Reize und auf Ansäuerung deutlich unter pH 7,0. Polymodale Fasern codieren demnach nicht, *was* wirklich vor sich geht, sondern ausschließlich die Tatsache, *dass* etwas Gefährliches passiert. Ihre Aktivierung wird von Menschen als dumpfer, bohrender oder brennender Schmerz empfunden.

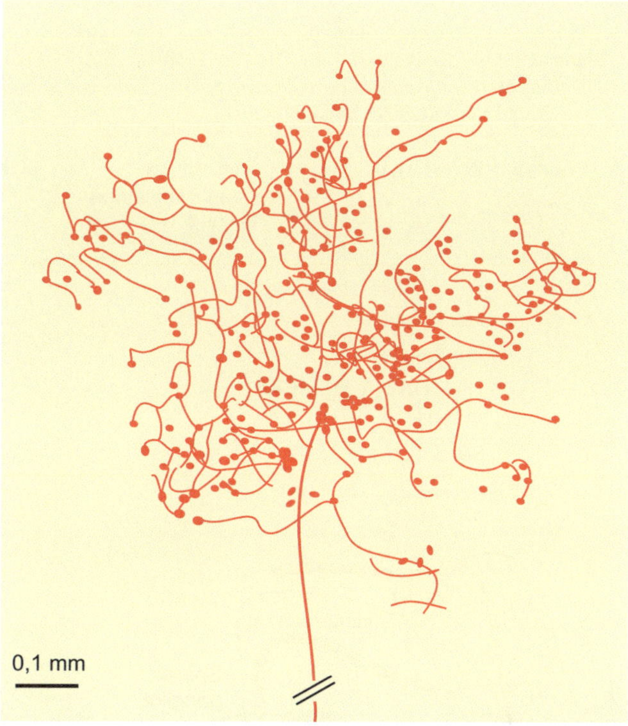

◘ **Abb. 14.3** Sensorische Endigung eines Nozizeptors. Die Endigung einer Aδ-Faser verliert in der Haut ihre Myelinisierung und durchwächst mit vielen Verzweigungen ihr rezeptives Feld. Die kugelförmigen Aufweitungen der Fasern sind peptidhaltige Varikositäten, aus denen die parakrin wirkenden Neuropeptide Substanz P und CGRP (*calcitonin gene-related peptide*) freigesetzt werden können. Diese Endigung gehört zu einem peptidergen Aδ-Mechanonozizeptor

Der jeweilige Anteil von Aδ-Fasern und C-Fasern am Schmerzsystem unterscheidet sich deutlich zwischen den Tiergruppen. Knochenfische, Amphibien und Reptilien besitzen vor allem Aδ-Fasern und meist nur einen geringen Anteil von C-Fasern. Bei Vögeln nimmt der Anteil der C-Fasern zu, und bei Säugern bilden die C-Fasern den größeren Teil des Schmerzsystems. Die Bedeutung dieser Umverteilung ist noch nicht genau verstanden, könnte aber damit zu tun haben, dass die C-Fasern eine besondere Rolle bei andauernden Verletzungen mit begleitenden Entzündungsprozessen spielen (▶ Abschn. 14.4), während die Signale der Aδ-Fasern eher auf akute Verletzungen aufmerksam machen. C-Fasern sind besonders effektiv modulierbar; ihre Empfindlichkeit kann stark variieren. Ein extremes Beispiel sind die „schlafenden“ oder „stummen“ C-Fasern (NA-HTsilentR in ◘ Tab. 14.1). Diese Nozizeptoren liegen oft in inneren Organen und Gelenken und reagieren im gesunden Gewebe überhaupt nicht, nicht einmal auf noxische Reize. Kommt es aber zu Entzündungsreaktionen, werden diese C-Fasern sensibilisiert („geweckt“) und liefern dann zusätzliche afferente

Tab. 14.1 Nozizeptoren von Wirbeltieren. Überblick über die schnell leitenden Aδ-Faser-Nozizeptoren und die langsam leitenden C-Faser-Nozizeptoren. NA, *non adapting*; SA, *slowly adapting*; HT, *high threshold*; MR, *mechanoreceptor*; MHR, *mechanoheatreceptor*; MCR, *mechanocoldreceptor*; HR, *heatreceptor*; polyR, *polymodal receptor*, silentR, „schlafende" Rezeptoren. Nach Smith und Lewin (2009), Sneddon (2018)

Fasertyp	Rezeptortyp	Leitungsgeschwindigkeit ($m\,s^{-1}$)	Reizqualität *m*ech., *h*eiß, *k*alt, *c*hem.	Sensibilisierung	nachgewiesen bei *Te*leostei, *Am*phibia, *Rep*tilia, *Av*es, *Ma*mmalia
Aδ	SA-HTMR	2–10	m, h, k	+	Tel, Am, Rep, Av, Ma
C	NA-HTpolyR	< 1,5	m, h, k, c	+	Tel, Am, Av, Ma
C	NA-HTMR NA-HTMHR NA-HTMCR NA-HTHR	< 1,5	m, m & h, m & c, h	+	Tel, Am, Av, Ma m, h bei Rep
C	NA-HTsilentR	< 1,5	m, h	+	Ma

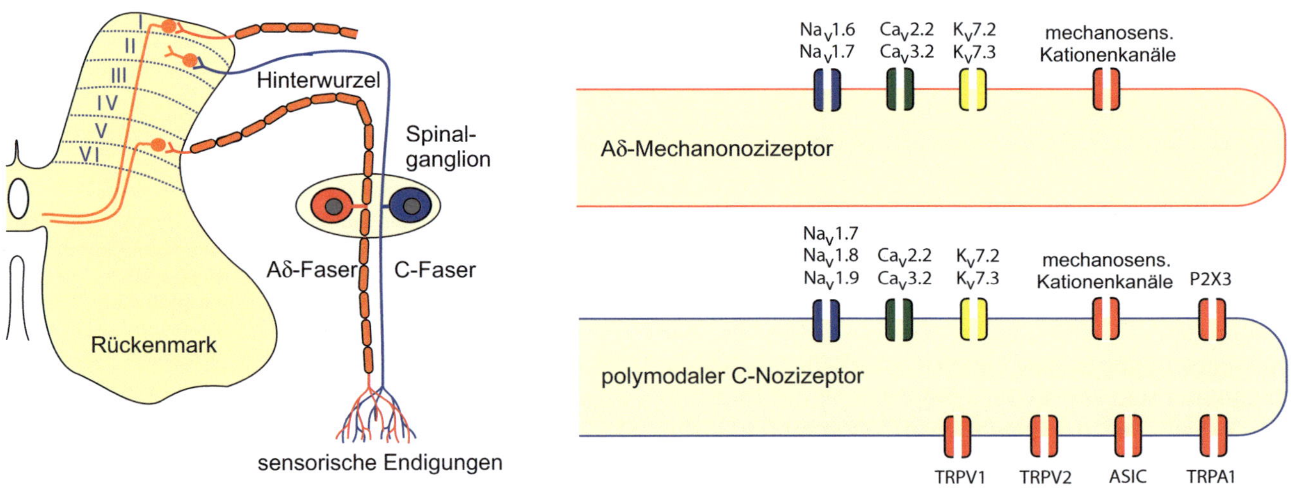

Abb. 14.4 Schmerzfasern und ihre Transduktionskanäle. *Links*: Die Zellkörper der Nozizeptoren liegen in den Spinalganglien an jedem Wirbelsegment (sowie in den Trigeminalganglien des Kopfes). Jeder Zellkörper trägt ein Axon, welches sich T-förmig in einen peripheren und einen zentralen Abschnitt teilt. Die peripheren Abschnitte der Nozizeptoren ziehen in die Haut und in andere Gewebe und bilden dort die sensorischen Endigungen des Schmerzsystems. Die zentralen Abschnitte ziehen als Hinterwurzel in das Hinterhorn des Rückenmarks. *Rechts*: Schematische Darstellung der sensorischen Endigungen eines unimodalen Aδ-Nozizeptors (*oben*) und eines polymodalen C-Nozizeptors (*unten*) mit einigen ihrer Ionenkanäle. Die *rot* gezeichneten Kanäle werden durch noxische Reize geöffnet und erzeugen das Rezeptorpotenzial. Die mit Na_v, Ca_v und K_v bezeichneten Kanäle bilden die Aktionspotenziale bei Überschreiten der Aktivierungsschwelle. ASIC, *acid sensing ion channel*; P2X3, purinerger ionotroper Rezeptor; TRP, *transient receptor potential*

Signale, die den Entzündungsschmerz verstärken. Aδ- und C-Fasern innervieren fast den gesamten Körper. Eine Ausnahme bildet das Nervengewebe von Gehirn und Rückenmark: Hier ist die nozizeptive Innervation auf die hirnversorgenden Arterien und die Hirnhäute beschränkt. Gewebe, die besonders leicht verletzt werden können – beispielsweise die Hornhaut der Augen sowie Zähne und Zahnfleisch – weisen die größte Dichte von nozizeptiven Endigungen auf. In der Hornhaut des menschlichen Auges wurden beispielsweise 7000 nozizeptive Fasern pro Quadratmillimeter gezählt.

Aδ- und C-Nozizeptoren exprimieren Transduktionskanäle, die durch noxische Reize geöffnet werden können. Dabei handelt es sich um Kationenkanäle, durch deren geöffnete Poren vor allem Na^+- und Ca^{2+}-Ionen aus der die Zellen umgebenden Gewebeflüssigkeit in das Cytoplasma einströmen können. Die Transduktionskanäle werden in den Zellkörpern der Nozizeptoren hergestellt, welche in den **Spinalganglien** der Hals-, Brust- und Lendenwirbelsäule sowie in den **Trigeminalganglien** des Kopfes liegen. Von den Spinalganglien aus werden die Kanalproteine über die peripheren Abschnitte der Nozizeptoraxone (Abb. 14.4, *links*) bis in die sensorischen Endigungen transportiert und dort in die Membran der Nervenfasern eingebaut. Über den zentralen Abschnitt ihres Axons leiten die Nozizeptoren Proteine zu ihren Synapsen im Hinterhorn des Rückenmarks. Das durchgehende Axon leitet sowohl afferente, sensorische Signale von den Endigungen zu den Synapsen als auch efferente, reflektorische Signale aus dem Rückenmark zu den peripheren Endigungen. Axone von Nozizeptoren erfüllen damit diejenigen Aufgaben, welche in anderen Neuronen auf Dendriten und Axone verteilt sind. Sie stellen sowohl den sensorischen als auch den synaptischen Pol der neuronalen Struktur zur Verfügung. Nozizeptoren werden deshalb als **pseudounipolare Neuronen** bezeichnet. Der zentrale Abschnitt der Nozizeptoraxone verläuft von jedem Spinalganglion aus zum ipsilateralen **Hinterhorn** des jeweiligen Rückenmarkssegments (◘ Abb. 14.4, *links*). Da jedes Spinalganglion einige Tausend sensorische Neuronen enthält, bilden deren Axone einen Nervenstrang, der als **Hinterwurzel** bezeichnet wird. Im Hinterhorn trennen sich die Axone der Aδ- und C-Typ-Nozizeptoren. Die Aδ-Axone bilden ihre Synapsen in erster Linie mit **Projektionsneuronen** in den Schichten I und V, über die das nozizeptive Signal besonders schnell durch den kontralateralen Vorderseitenstrang zum Gehirn geleitet wird. Die Synapsen der C-Fasern liegen dagegen in der Schicht II des Hinterhorns (Substantia gelatinosa) und werden mit **Interneuronen** gebildet, was zunächst eine Bearbeitung des Schmerzsignals in lokalen neuronalen Netzen des Hinterhorns ermöglicht, bevor die langsameren Signale aus dem C-Fasersystem zum Gehirn weitergeleitet werden.

Auf welche noxischen Reize ein Nozizeptor reagiert, wird durch seine **spezifische Ausstattung mit Transduktionskanälen** entschieden. Die einfachste Version liegt bei einem Aδ-Mechanonozizeptor vor: Die sensorischen Endigungen enthalten Kationenkanäle, die durch mechanische Reize geöffnet werden (◘ Abb. 14.4, *rechts oben*). Die molekulare Identität dieser Mechanosensoren ist bis heute nicht geklärt. Es handelt sich offenbar nicht um Piezo-2-Kanäle, welche in Tastsensoren als Transduktionskanäle dienen (▶ Abschn. 4.4). Möglicherweise tragen die Kationenkanäle TRPA1, TRPV4 oder Kanäle der Degenerin/ENaC-Familie zur Detektion noxischer mechanischer Reize bei. In jedem Fall muss zur Öffnung der Transduktionskanäle bei Mechanonozizeptoren mit deutlich höherer Kraft stimuliert werden (5–10 mN) als bei Tastsinneszellen (< 1 mN). Manche Aδ-Fasern zeigen neben der Reaktion auf mechanische Reize auch Thermosensitivität – es handelt sich um Mechanothermonozizeptoren, die neben dem unbekannten Mechanosensor auch hitzeaktivierbare Transduktionskanäle exprimieren. Die gleichen Kanäle (TRPV1–TRPV4, TRPM3) werden auch von C-Faser-Nozizeptoren exprimiert und detektieren potenziell gewebeschädigende Temperaturen > 45 °C in polymodalen Nozizeptoren (◘ Abb. 14.4, *rechts unten*). Noxische Kälte von < 15 °C wird von anderen Mitgliedern der TRP-Ionenkanalfamilie vermittelt. Die Proteine TRPA1, TRPC5 und TRPM8 werden in dieser Funktion gesehen. Polymodale C-Nozizeptoren reagieren auch stark auf Ansäuerung der Gewebsflüssigkeit, wie sie bei Entzündungen, Ischämie und Muskelermüdung auftritt. Als Sensoren für den lokalen pH dienen Ionenkanäle der ASIC-Familie (ASIC, *acid-sensing ion channel*), insbesondere die Isoformen ASIC2 für den pH-Bereich um 4–5 sowie ASIC1 und ASIC3 für den Bereich von 6–7. Wenn Zellen beschädigt werden, sei es durch Wunden, Nekrosen oder Osmolyse, gelangen cytoplasmatische Komponenten in die Gewebsflüssigkeit. Besonders ATP, das im Cytoplasma in millimolaren Konzentrationen vorkommt, wirkt dabei als nozizeptiver Signalstoff. Es bindet an purinerge Rezeptoren an den sensorischen Endigungen der C-Nozizeptoren (P2X3 in ◘ Abb. 14.4, *rechts unten*) und alarmiert das Tier wegen der Gewebeschädigung. Auch andere chemische Verbindungen erzeugen Schmerzsignale über die Transduktionskanäle der C-Nozizeptoren. Dazu zählt Capsaicin, ein Inhaltsstoff von Chilischoten, der die „Schärfe" dieser Gewürzpflanzen ausmacht (▶ Abschn. 9.2), indem er durch Aktivierung von TRPV1 Hitzeschmerz erzeugt. Auch das Glykosid Allylisothiocyanat, eine „scharfe" Komponente von Senf, Meerrettich und Wasabi, aktiviert C-Nozizeptoren durch Aktivierung eines TRP-Kanals, in diesem Fall ist es TRPA1.

Zusammenfassend kann man erkennen, dass die Schmerzsysteme der Wirbeltiere die Möglichkeit haben, sich an eine Vielzahl gefährlicher Reize anzupassen, indem sie Ionenkanäle mit der geeigneten Reizempfindlichkeit in ihren Nozizeptoren exprimieren. Als Arsenal von Sensoren stehen einige Proteinfamilien (TRP, Degenerine, ASIC, P2X, mechanosensitive Kanäle) mit vielen Isoformen und Splicevarianten zur Verfügung. Spezielle Verstärkungsmechanismen sind wegen der hohen Reizenergie der Noxen kaum nötig, sodass die Anpassung auf die Ebene der Transduktionskanäle beschränkt bleibt. So ist zu verstehen, dass phylogenetisch weit voneinander entfernte Organismen ähnliche Transduktionskanäle in ihren Nozizeptoren aufweisen. Und auch Besonderheiten von Schmerzsystemen wie die Capsaicin-Unempfindlichkeit der Vögel (▶ Abschn. 9.2) und die Säure-Unempfindlichkeit der Nacktmulle (*Heterocephalus glaber*; ▶ Abschn. 4.3) belegen die Anpassungsfähigkeit der Nozizeptoren in der Evolution der Tiere.

14.4 Schmerz und das Immunsystem

Ein grundlegender Unterschied zwischen der Funktionsweise des Schmerzsinnes und der Arbeitsweise anderer Sinne ist, dass nur das Schmerzsystem durch das Immunsystem moduliert wird. Nozizeptoren in entzündetem Gewebe zeigen eine veränderte Reaktion auf noxische Reize: Sie reagieren heftiger auf Noxen und meist auch auf schwächere, normalerweise nichtnoxische Reize. Die stärkere Reaktion der Nozizeptoren führt zu verstärktem nozifensiven Verhalten. Tiere mit entzündeten Füßen oder Beingelenken lahmen, manche Tiere lecken oder beißen an entzündeten Stellen. Allgemein zeigen Säugetiere ein besonders ausgeprägtes, arttypisches Schmerzverhalten, wenn sich eine Verletzung entzündet hat (▶ Abschn. 14.7). Natürlich ist es sinnvoll, eine verletzte Stelle der Haut, ein verstauchtes Gelenk oder ein Bein mit gebrochenem Knochen zu schonen; der Heilungsprozess entwickelt sich am besten ungestört. Meist gehen Entzündungszustände mit fünf charakteristischen Merkmalen einher:

- **Calor**, Erwärmung durch gesteigerte Durchblutung
- **Rubor**, Rötung der Haut durch Weitung peripherer Blutgefäße
- **Tumor**, Schwellung durch ins Gewebe austretendes Blutplasma
- **Dolor**, erhöhte Schmerzempfindlichkeit bei Berührung
- **Functio laesa**, eingeschränkte Funktionsfähigkeit

Die erhöhte Schmerzempfindlichkeit entsteht durch die Einwirkung von Entzündungsmediatoren auf die sensorischen Endigungen der Nozizeptoren – ein Prozess, der als **periphere Sensibilisierung** bezeichnet wird. Unterschiedliche Immunzellen aus dem verletzten Gewebe sowie Immunzellen, die aus der Blutbahn zum Entzündungsherd rekrutiert werden, entlassen eine Vielzahl von Cytokinen zur Organisation der Pathogenabwehr. Im entzündeten Gewebe baut sich so ein hoch wirksames Gemisch aus Signalstoffen auf, die „Entzündungssuppe" (◘ Abb. 14.5). Nicht nur Immunzellen und die Endothelien der Blutgefäße besitzen Rezeptoren für diese Signale, auch Nozizeptoren exprimieren Rezeptoren für Entzündungsmediatoren und werden unter deren Einfluss sensibilisiert. Mehrere molekulare Prozessen tragen zur Steigerung der Empfindlichkeit bei. Die elektrische Erregbarkeit der nozizeptiven Fasern kann dadurch erhöht werden, dass ihre spannungsgesteuerten Natriumkanäle phosphoryliert werden und dadurch schon bei geringeren Depolarisationen öffnen. Auch die Transduktionskanäle der TRP-, ASIC- und Deg/ENaC-Familien können durch Phosphorylierung moduliert werden und bei Reizeinwirkung länger öffnen als unter normalen Bedingungen. Im Bereich einer Wunde, an den Wundrändern und auch in der weiteren Umgebung der Wunde entsteht auf diese Weise ein Bereich hoher Schmerzempfindlichkeit. Hier lösen auch niedrigschwellige mechanische oder thermische Reize nozizeptive Signale aus und steuern damit nozifensive Reaktionen. Solche Sensibilisierungsprozesse kennt

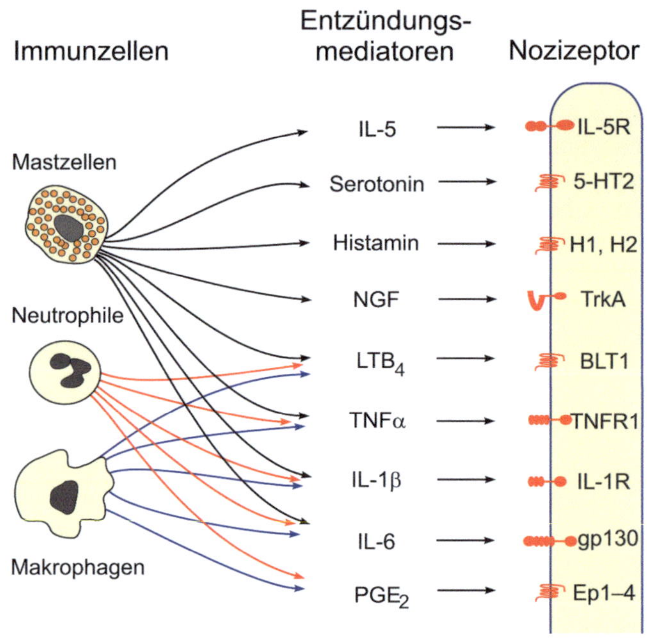

◘ **Abb. 14.5** Periphere Sensibilisierung von Nozizeptoren durch Zellen des Immunsystems. Mastzellen, Neutrophile und Makrophagen entlassen in das entzündete Gewebe Entzündungsmediatoren – die Bestandteile der „Entzündungssuppe". Für diese Signalstoffe werden auch in den sensorischen Endigungen von Nozizeptoren Rezeptoren exprimiert (*rot*). Bei Aktivierung verstellen diese Rezeptoren die Eigenschaften von Transduktionsproteinen wie TRPV1 und TRPA1, aber auch die Eigenschaften der spannungsgesteuerten Natriumkanäle $Na_V1.7$, $Na_V1.8$ und $Na_V1.9$, sodass die Erregbarkeit der nozizeptiven Endigungen erhöht wird. Entzündungsmediatoren: IL, Interleukin; LTB_4, Leukotrien B_4; NGF, Nervenwachstumsfaktor, *nerve growth factor*; PGE_2, Prostaglandin E_2; TNFα, Tumornekrosefaktor-α. Rezeptoren: BLT1, Leukotrien-B4-Rezeptor; EP1–4, Prostaglandin-E-Rezeptoren; gp130, Glykoprotein-130-Interleukinrezeptor; H1/H2, Histaminrezeptoren; 5-HT2, Serotoninrezeptor; IL-1R, IL-5R, Interleukinrezeptoren; TNFR1, Tumornekrosefaktor-Rezeptor 1; TrkA, Tropomyosinrezeptorkinase A. Nach Pinho-Ribeiro et al. (2017)

man keineswegs nur bei Säugetieren. Nozizeptoren mit verstellbarer Empfindlichkeit wurde auch bei Vögeln, Amphibien, Knochenfischen, Mollusken, Anneliden, Insekten und Nematoden nachgewiesen. Die periphere Sensibilisierung scheint als typisches Merkmal eines Schmerzsinnes im Tierreich weit verbreitet zu sein (▶ Abschn. 14.7).

Die sensorischen Endigungen von Nozizeptoren reagieren also mit stärkeren afferenten Signalen im entzündeten Gewebe und erzeugen damit eine verstärkte Schmerzempfindung (**Hyperalgesie**). Die Modulation ist aber nicht einseitig auf die Sinneszellen des Schmerzsystems gerichtet. Nozizeptoren können durch die Freisetzung von Neuropeptiden selbst aktiv in das Entzündungsgeschehen eingreifen. Etwa 20–60 % der Aδ- und C-Fasern (je nach Gewebe) gehören zu den **peptidergen Nozizeptoren**. In den sensorischen Endi-

14

gungen dieser Fasern werden **Neuropeptide** in sekretorischen Vesikeln gelagert, die als Aufweitungen im Axonquerschnitt – sogenannte Varikositäten – erkennbar sind (angedeutet in ◘ Abb. 14.3). Die wichtigsten Neuropeptide in diesen Vesikeln sind Substanz P und CGRP. **Substanz P** besteht aus elf Aminosäuren (Arg-Pro-Lys-Pro-Gln-Gln-Phe-Phe-Gly-Leu-Met-NH_2), wird von den peptidergen Nozizeptoren hergestellt und in die sensorischen Endigungen transportiert. Bei starker Aktivierung der Endigungen sowie im entzündeten Gewebe wird Substanz P freigesetzt und bewirkt eine Erweiterung der lokalen, peripheren Blutgefäße, eine neurogene Vasodilatation. Dies geschieht einerseits durch Aktivierung von Neurokininrezeptoren (NK1, alternative Bezeichnung Tachykininrezeptoren) in glatten Muskelzellen und Endothelzellen der Venolen. Die Durchlässigkeit der Venolenwand wird dabei erhöht und ermöglicht dem Blutplasma und den Blutzellen, die Blutgefäße zu verlassen und in das umliegende Gewebe einzudringen, was man als Extravasation bezeichnet. Im Verlauf dieser Extravasation gelangen vermehrt Leukocyten in den Entzündungsherd (Leukotaxis) und verstärken den Entzündungsprozess. Die Extravasation wird noch dadurch verstärkt, das Substanz P die Mastzellen im Gewebe zur Degranulation stimuliert. Dabei wird Histamin freigesetzt, welches ebenfalls die Durchlässigkeit der Venolenwand erhöht. Substanz P aus den Nozizeptoren unterstützt die Entzündung, indem es die Rekrutierung von Immunzellen aus dem Blut in den Entzündungsherd erleichtert. Zusammen mit Substanz P wird das Neuropeptid CGRP aus den sensorischen Endigungen freigesetzt. **CGRP** (***calcitonin gene-related peptide***) entsteht aus dem Gen für das Hormon Calcitonin durch alternatives Spleißen und besteht aus 37 Aminosäuren, die durch eine Disulfidbrücke eine räumliche Form erhalten. Im Unterschied zu Substanz P wirkt CGRP nicht auf die Venolen, sondern auf die Arteriolen des peripheren Blutgefäßsystems, wo es eine Vasodilatation ohne Erhöhung der Durchlässigkeit und damit ohne Extravasation bewirkt. CGRP wirkt auch nicht auf Mastzellen; seine Wirkung richtet sich vor allem auf die glatte Muskulatur der Arteriolen, für die es ein hochaktives Entspannungssignal darstellt. Die Entspannung der Arteriolenwand (Vasorelaxation) ermöglicht einen verstärkten Zufluss von Blut in das entzündete Gewebe. Neben diesen beiden hoch wirksamen Neuropeptiden können die Varikositäten der Nozizeptoren auch andere Signalstoffe enthalten – Noradrenalin, Neuropeptid Y, vasoaktives intestinales Peptid (VIP) und andere –, die alle zusammen freigesetzt werden und den Verlauf des Entzündungsprozesses beeinflussen.

Die Wirksamkeit dieser Substanzen ist so hoch, dass sie auch dann Entzündungsprozesse auslösen können, wenn gar keine Verletzung und auch kein Pathogenbefall vorliegen. Wird ein peptiderger Nozizeptor stark aktiviert, kann er durch Freisetzung seiner Wirkstoffe eine **neurogene Entzündung** verursachen. Da Nozizeptoren durch die starke Verästelung ihrer sensorischen Endigungen (s. ◘ Abb. 14.3) oft einen weiten Einzugsbereich – ein großes rezeptives Feld – haben, kann sich die Erregung einzelner Endigungen über alle Verzweigungen hinweg ausbreiten und so im gesamten rezeptiven Feld eine Freisetzung von Neuropeptiden auslösen. Dadurch entsteht eine neurogene Entzündung mit den Ausmaßen des gesamten rezeptiven Feldes – auf der Haut als gerötete Fläche erkennbar, die als Flare-Reaktion (engl. für „Aufflammen") oder Erythem bezeichnet wird. Auch ein gänzlich unstimulierter Nozizeptor kann ohne noxische Einwirkung erregt werden, wenn Aktionspotenziale vom Rückenmark aus in die Peripherie laufen oder sich über entfernte Seitenäste (Kollateralen) eines Nozizeptors ausbreiten. Eine solche antidrome Signalleitung ist die Ursache für **Axonreflexe** im nozizeptiven System, ein Auftreten neurogener Entzündungen ohne lokale noxische Reizung.

Am Beispiel der vielfältigen Wechselwirkungen zwischen nozizeptiven Endigungen und dem umgebenden Gewebe wird die Sonderstellung des Schmerzsinnes innerhalb der Sinnesphysiologie besonders deutlich. Die Sinneszellen des Schmerzsinnes registrieren nicht nur ihre adäquaten Reize. Sie reagieren auch auf nichtsensorische Vorgänge in ihrer Umgebung mit Änderung ihrer Reizempfindlichkeit, und sie greifen zudem in das Geschehen ein und unterstützen das Immunsystem. Sie sind also nicht nur passive Sensoren, sie sind vielmehr aktive Komponenten des Heilungsprozesses im verletzten Gewebe.

14.5 Die zentralen Schmerzbahnen

Die zentralen Axonabschnitte der Nozizeptoren ziehen aus den Spinalganglien durch die Hinterwurzeln in die **Hinterhörner des Rückenmarks**, wo sie in den oberen Schichten Synapsen mit Rückenmarksneuronen bilden (◘ Abb. 14.6, *links*). Viele der myelinisierten Aδ-Fasern enden in der obersten Schicht (Schicht I, Zona marginalis) und bilden Synapsen mit Projektionsneuronen, deren Axone durch den jeweils kontralateralen Vorderstrang zum Gehirn ziehen. Durch diese direkte Verschaltung ist gewährleistet, dass diejenigen nozizeptiven Signale, welche besonders schnell zum Rückenmark geleitet worden sind, auch schnell das Gehirn erreichen. Viele der nicht-myelinisierten C-Fasern enden dagegen in Schicht II (Substantia gelatinosa), wo sie Synapsen mit erregenden Interneuronen bilden. Ganze Netzwerke von erregenden und hemmenden Interneuronen sorgen

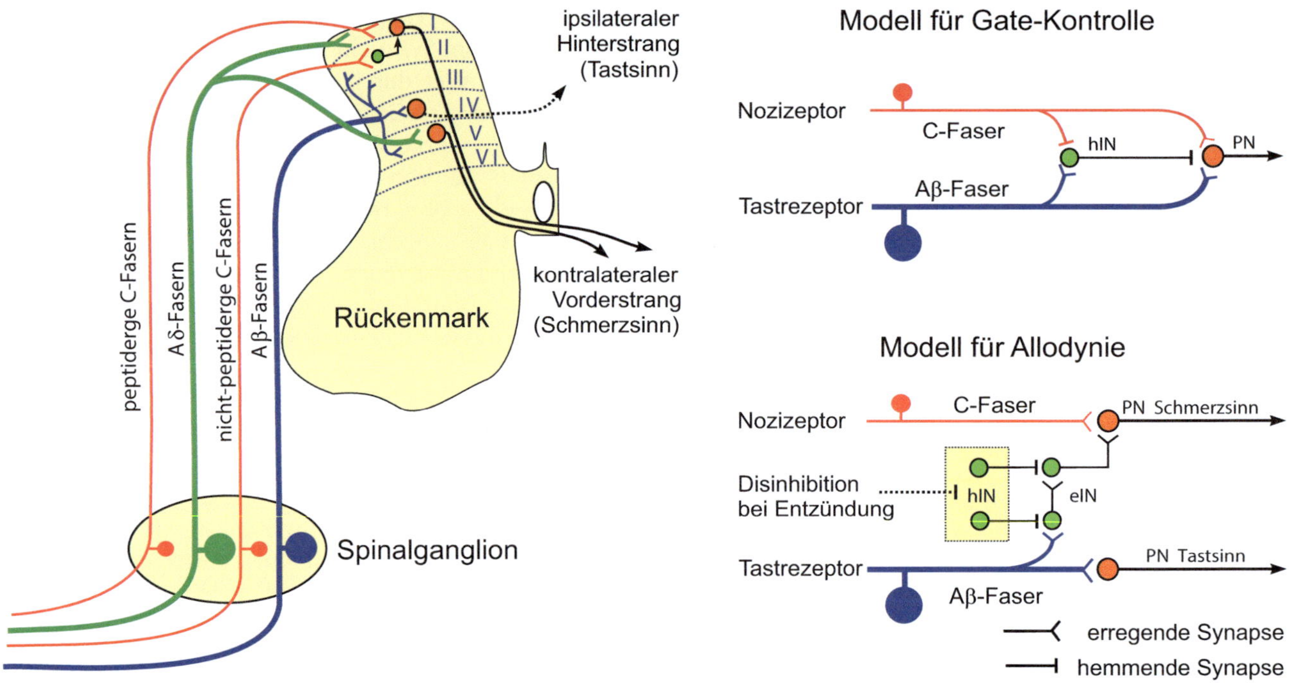

Abb. 14.6 Aufsteigende Schmerzbahnen im Rückenmark. *Links*: Schematische Darstellung von Verschaltungen nozizeptiver (Aδ, C) und nicht-nozizeptiver Afferenzen (Aβ) im Hinterhorn des Rückenmarks. Die schnell leitenden Aδ-Fasern bilden direkt Synapsen mit Projektionsneuronen, während die langsameren C-Fasern in Schicht II ihre Signale auf Netzwerke aus Interneuronen übertragen. Die meisten Schmerzsignale werden von den Axonen der Projektionsneuronen über die kontralateralen Vorderseitenstränge des Rückenmarks zum Gehirn geleitet. Die Afferenzen des Tastsinnes (Aβ) sind in tieferen Schichten mit Projektionsneuronen verschaltet, deren Axone im Hinterstrang des Rückenmarks zum Gehirn verlaufen. *Rechts oben*: Schematische Darstellung des Konzepts der Gate-Kontrolle. Sowohl nozizeptive C-Fasern als auch nicht-nozizeptive Aβ-Fasern haben Zugang zu einem weiterführenden Projektionsneuron (PN), und beide sind gegensinnig mit einem hemmenden Interneuron (hIN) verschaltet. Überwiegt die Aktivität der C-Faser, wird das Interneuron gehemmt und das Projektionsneuron aktiviert; überwiegt dagegen die Aktivität der Aβ-Faser, hemmt das Interneuron das Projektionsneuron und schließt damit das Gate. *Rechts unten*: Eine Allodynie, die schmerzhafte Wahrnehmung eines Tastreizes, kommt möglicherweise dadurch zustande, dass Kollateralen von Aβ-Fasern im Rückenmark über erregende Interneuronen (eIN) Zugang zu Projektionsneuronen (PN) der Schmerzbahn haben. Diese Interneuronen stehen im gesunden Zustand unter der Kontrolle von hemmenden Interneuronen (hIN), sodass kein Tastsignal in das Schmerzsystem geleitet werden kann. Liegt aber eine Entzündung vor, kann diese Kontrolle ausgeschaltet werden (Disinhibition), und der Weg für Tastsignale in das Schmerzsystem ist frei

dann für eine Vorverarbeitung der nozizeptiven Information, bevor sie zu Projektionsneuronen gelangen und zum Gehirn weitergeleitet werden. Die Zwischenschaltung von Interneuronen verlangsamt zwar den Signalfluss, bietet aber die Möglichkeit zur Regulation des afferenten Schmerzsignals im Rückenmark. Ein Beispiel für eine solche Regulation ist die Einwirkung von nicht-nozizeptiven Afferenzen des Tastsinnes auf die Weiterleitung von Schmerzsignalen im Hinterhorn, erstmals konzipiert als **Gate-Control-Theorie** von Ronald Melzak und Patrick Wall in den 1960er-Jahren. Die Axone der myelinisierten Aβ-Fasern des Tastsinnes erreichen das Rückenmark vor allem in Schicht IV, wo sie auf Projektionsneuronen des Hinterstrangsystems verschaltet sind. Sie verfügen aber zusätzlich über Kollateralen, die mit Interneuronen der Schmerzbahn verknüpft sind (Abb. 14.6, *rechts oben*); Tastsignale können damit auf die Verarbeitung von Schmerzsignalen einwirken. Heutige Modelle dieser Verschaltungen im Rückenmark gehen davon aus, dass sowohl hemmende Interneuronen als auch erregende Interneuronen daran beteiligt sind. Hemmende, GABAerge Interneuronen sind in der Lage, das „Gate" zu schließen und dadurch die Schmerzweiterleitung bei gleichzeitiger Tastreizung zu unterdrücken. Ein Beispiel für diesen Vorgang ist die schmerzlindernde Wirkung des Pustens auf eine schmerzende Hautstelle bei einem Kind. Das Pusten aktiviert niedrigschwellige Tastsinneszellen in der Haut, und das afferente Tastsignal kann über die Kollateralen im Hinterhorn die nozizeptiven Signale reduzieren. Eine ähnlich schmerzlindernde Wirkung durch den Tastsinn kann man vermuten, wenn Tiere kleine Wunden lecken. Neben dieser schmerzhemmenden Verbindung zwischen Tastsinn und Schmerzsinn scheint aber auch ein schmerzfördernder Weg über erregende, glutamaterge Interneuronen zu existieren (Abb. 14.6, *rechts unten*). Diese Interneuronen stehen im gesunden Organismus unter der starken Kontrolle durch hemmende Interneuronen, welche eine Aktivierung des Schmerzweges durch Tastsignale verhindern. Unter pathologischen Bedingungen jedoch, bei anhaltenden Entzündungen und chronischen Schmerzen, kann sich diese Kontrolle lockern. Dann gelangen Tastsignale in die Schmerzbahn, und bloße Berührungen verursachen eine besondere Art von Schmerz, die **Allodynie** (gr. „der andere Schmerz"). Obwohl die Regulationsvorgänge im Hinterhorn noch keinesfalls vollständig verstanden sind, zeigt der gegenwärtige Forschungsstand doch deutlich, dass die afferenten nozizeptiven Signale nicht einfach durch das Hinterhorn in Richtung Gehirn geschleust werden, sondern dass besonders der Weg der C-Fasern durch lokale neuronale Netze führt, wo die Signale grundlegend verändert werden können. Nozizeptive Signale können im Rückenmark gestoppt, verstärkt und in ihrem zeitlichen Verlauf beeinflusst werden, sodass das Gehirn eine vorverarbeitete Information zugeleitet bekommt.

Aus den Hinterhörnern des Rückenmarks leiten Projektionsneuronen die Schmerzsignale durch die beiden Vorderseitenstränge zum Gehirn. Dabei kreuzen die meisten Axone auf die jeweils gegenüberliegende Seite des Rückenmarks, sodass jeder Vorderseitenstrang die sensorische Information aus den kontralateralen Hinterhörnern der Wirbelsegmente transportiert. Unser Wissen über den weiteren Verlauf der Schmerzsignale und über ihre Verarbeitung in den unterschiedlichen Bereichen des Gehirns stammt hauptsächlich aus der klinischen Forschung am Menschen sowie aus der Forschung an Tieren, die als Modellorganismen in der Schmerzforschung eingesetzt werden – in erster Linie von Mäusen und Ratten. Die Grundprinzipien können als allgemeingültig für alle Säugetiere angenommen werden, sind allerdings nicht direkt auf den Schmerzsinn andere Tiergruppen übertragbar (Genaueres in ► Abschn. 14.7). Ein Grundprinzip des Schmerzsinnes ist die **synchrone Erzeugung von vegetativen, reflektorischen, affektiven und kognitiven Prozessen**, die alle durch denselben noxischen Reiz ausgelöst werden. Schmerz ist ein Alarmsignal mit unmittelbar motivationssteuernder Funktion. Verschiedene Zentren des Gehirns müssen zusammenarbeiten, um den noxischen Reiz zu bemerken und in kürzester Zeit geeignete Schutzreaktionen einzuleiten. So ist verständlich, dass die Schmerzsignale aus den Hinterhörnern auf mehreren parallelen Wegen gleichzeitig in unterschiedliche Bereiche des Gehirns geleitet werden.

- Der **spinohypothalamische Weg** vermittelt den Signalfluss von den Hinterhörnern des Rückenmarks in den Hypothalamus. Hier werden bei noxischer Stimulation vegetative Reaktionen wie Herzrasen und Atemsuppression ausgelöst sowie hormonelle Reaktionen gesteuert.
- Der **spinomesencephale Weg** leitet Signale von Projektionsneuronen der Schichten I und V des Hinterhorns in die Formatio reticularis auf der Höhe des Mittelhirns. Die Signale erreichen das periaquäduktale Grau und die medialen Thalamuskerne, beides wichtige Stationen für die affektive Verarbeitung der Schmerzempfindung. Diese Schmerzbahn ist in der Evolution der Säugetiere am frühesten erkennbar und wird daher auch als palaeospinothalamischer Weg bezeichnet.
- Der **spinoretikuläre Weg** führt die Axone von Projektionsneuronen aus den Schichten VII und VIII durch den kontralateralen Vorderseitenstrang zur Formatio reticularis des pontinen Hirnstamms, von wo weiterführende Neuronen die Signale über den Nucleus parabrachialis zur Amygdala und in den präfrontalen Cortex weiterleiten. Dieser Weg vermittelt affektive und reflexhaften Reaktionen auf Noxen.
- Der **spinothalamische Weg** nutzt Axone von Projektionsneuronen aus den Schichten I, V, VI und VII, die im kontralateralen Vorderseitenstrang verlaufen und in lateralen thalamischen Kernen enden. Von dort werden die Signale in den primären somatosensorischen Cortex weitergeleitet und übermitteln die bewusste Schmerzempfindung mitsamt der Verortung der Reizeinwirkung. Um ihn entwicklungsgeschichtlich gegen den älteren spinomesencephalen Weg abzugrenzen, wird gelegentlich auch die Bezeichnung neospinothalamischer Trakt verwendet.
- Der **cervicothalamische Weg** dient speziell den Projektionsneuronen der obersten zwei Halswirbel (Atlas und Axis) zur Übertragung von Schmerzsignalen zum lateralen Thalamus und von dort zum somatosensorischen Cortex.
- Der **trigeminale Weg** leitet Schmerzsignale aus dem Kopfbereich zum Thalamus. Besonders viele Nozizeptoren befinden sich in den Augen, in der Nase, im Mund und in den Ohren. Ihre Axone verlaufen durch das Trigeminalganglion und den V. Hirnnerv in die Medulla oblongata des Hirnstamms. Dort enden sie in den beiden Nuclei spinales nervi trigemini, die ähnlich wie die Hinterhörner des Rückenmarks aufgebaut sind. Vom spinalen Trigeminuskern aus erreichen die Schmerzsignale die Formatio reticularis, den Nucleus parabrachialis und die Amygdala, das periaquäduktale Grau sowie ventrale und mediale Thalamuskerne.

Im Unterschied zu den zentralen Bahnen anderer Sinne, bei denen der Signalfluss vom Sinnesorgan über den lateralen Thalamus zum jeweils zuständigen Sinnesareal der Großhirnrinde führt, erreicht die Schmerzinformation also auf mehreren parallelen Wegen gleichzeitig unterschiedliche Verarbeitungszentren des Gehirns. Diese Zentren bringen neben der **bewussten**

Schmerzerfahrung als lebenswichtige Steuerfunktion das **aversive Verhalten** hervor, die Fähigkeit eines Tieres, Situationen zu vermeiden, in denen es noxische Reize erleiden muss. Dazu ist von grundlegender Bedeutung, dass die Schmerzinformation auf besonders effektive Weise **Gedächtnisprozesse** treibt, welche dabei helfen, gefährliche Situationen frühzeitig wiederzuerkennen und ihnen dadurch aus dem Weg zu gehen. Noxische Reize gelten im Sinne der Konditionierung als unbedingte Reize, mit deren Hilfe erlernte Verhaltensmuster verstärkt werden können. Wie gut ein Tier sich an ein schmerzhaftes Erlebnis erinnert, kann man daran erkennen, mit wie viel Aufwand es eine Wiederholung vermeidet. Bei Säugetieren hat die Schmerzvermeidung typischerweise oberste Priorität im Verhaltensspektrum.

Die Verarbeitungsbahnen des Schmerzsinnes im Gehirn, welche durch die aufsteigenden Signalwege versorgt werden, sind am erfolgreichsten beim Menschen untersucht worden; die Datenlage für Tiere ist dagegen weit ungenauer. Das liegt zum einen an der Dringlichkeit der Suche nach Behandlungsstrategien für Schmerzpatienten, zum anderen daran, dass ausschließlich Menschen verständliche und auswertbare Beschreibungen von Schmerzempfindungen liefern können, die mit neuroanatomischen und funktionellen Daten abgleichbar sind. Jede Zuordnung von kognitiven, affektiven oder vegetativen Aspekten des Schmerzsinnes zu spezifischen Verarbeitungsbereichen des Gehirns ist daher für das menschliche Gehirn weit besser aufgeklärt als für die Gehirne der Tiere. Allerdings zeigen Erfahrungen mit Schmerzmodellen, vor allem solche, die mit Nagetieren (Ordnung Rodentia) ausgearbeitet worden sind, dass die zentrale Verarbeitung von Schmerzsignalen innerhalb der Klasse der Säugetiere offenbar in ähnlicher Weise verläuft, sodass die Verarbeitungsbahnen im menschlichen Gehirn als Modell für die Prinzipien der zentralen Schmerzverarbeitung bei Säugetieren dienen können. Die Verarbeitung von nozizeptiven Signalen in anderen Tiergruppen wird in ▶ Abschn. 14.7 beschrieben.

Bei der Verteilung der afferenten Signale im Gehirn des Menschen (◘ Abb. 14.7) kann man mehrere Funktionen des Schmerzsinnes erkennen. **Unwillkürliche Körperreaktionen**, welche Herzschlag, Atmung und hormonelle Signale wie die Freisetzung von Adrenalin und Cortison aus der Nebenniere steuern, werden über den spinohypothalamischen Weg ausgelöst. Solche Reaktionen entsprechen einer schnellen Stressreaktion, welche die Alarmfunktion des Schmerzsinnes widerspiegelt. Unmittelbar einsetzendes **schnelles Flucht- und Vermeidungsverhalten** ist dagegen die Folge der Aktivierung des spinomesencephalen Weges. Insbesondere das

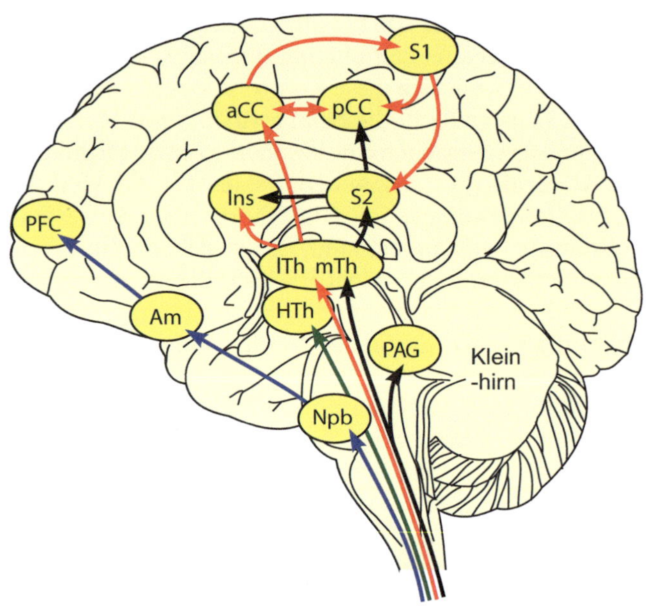

◘ **Abb. 14.7** Die Verteilung der Schmerzinformation im Gehirn des Menschen als Modell für die zentralen Schmerzbahnen von Säugetieren. Der **spinothalamische Weg** (*rot*) führt über laterale Thalamuskerne (lTh) zur Inselrinde (Ins), zum anterioren cingulären Cortex (aCC), zum posterioren cingulären Cortex (pCC) und zum primären somatosensorischen Cortex (S1). Der **spinoretikuläre Weg** (*blau*) verläuft durch den Nucleus parabrachialis (Npb) im Hirnstamm zur Amygdala (Am) und von dort zum präfrontalen Cortex (PFC). Der **spinomesencephale Weg** (*schwarz*) erreicht das periaquäduktale Grau (PAG) und über die medialen Thalamuskerne (mTh) den sekundären somatosensorischen Cortex (S2). Der **spinohypothalamische Weg** (*grün*) ist mit hypothalamischen Kernen (HTh) verbunden. Jeder dieser Wege vermittelt eine spezifische Komponente des Schmerzsinnes. Nach Kuner und Flor (2017)

periaquäduktale Grau (zentrales Höhlengrau) im Mittelhirn vermittelt Angst- und Fluchtreflexe und steuert die körpereigene Schmerzunterdrückung (▶ Abschn. 14.6), die es einem verletzten Tier ermöglicht, sich auch im Schockzustand zur Flucht zu entschließen. Der spinomesencephale Weg führt in den medialen Thalamus, der eine zentrale Rolle bei der affektiven (emotionalen) Bewertung des Schmerzsignals spielt. Der mediale Thalamus ist mit limbischen Kernen verknüpft, mit den Basalganglien, dem anterioren cingulären Cortex (vordere Gürtelrinde) sowie mit dem sekundären – nicht aber mit dem primären – somatosensorischen Cortex. Auf diesem Weg wird der alarmierende Eindruck, dass etwas Gefährliches passiert, schnell aufgebaut und es wird ein reflexhaftes Schreckverhalten ausgelöst. Schmerz muss eine starke **Motivation für schmerzvermeidendes Verhalten** erzeugen, denn letztlich hat sich der Schmerzsinn zum Schutz des eigenen Gewebes entwickelt und verstärkt daher jedwedes Schutzverhalten. Der spinoretikuläre

Weg unterstützt diese Funktion, indem er die Schmerzsignale über den Nucleus parabrachialis im Hirnstamm – einem Kern, der dazu beiträgt, die Aufmerksamkeit auf wichtige Ereignisse zu lenken – zur Amygdala leitet. Hier wird die Schmerzempfindung als belastend bewertet, und die auf diese Weise als leidvoll empfundene Erfahrung wird dem präfrontalen Cortex zugeleitet, wo aversives, schmerzvermeidendes Verhalten geplant und zur Ausführung gebracht werden kann. Die für Menschen dominierende Schmerzerfahrung ist die **räumlich differenzierte, bewusste Wahrnehmung** des noxischen Reizes, die durch den spinothalamischen Weg vermittelt wird. Die aus dem Rückenmark eintreffenden Signale erreichen über den lateralen Thalamus die Inselrinde sowie durch die Gürtelrinde den primären somatosensorischen Cortex. Ähnlich wie die Signale des Tastsinnes wird auch die aufsteigende Schmerzinformation in lateralen Kernen des Thalamus somatotop geordnet und schließlich im kontralateralen, primären somatosensorischen Cortex nach Körperregionen aufgeteilt. Aufgrund dieser räumlichen Ordnung der Schmerzinformation kann der Ort einer Verletzung meist unmittelbar wahrgenommen werden.

Diese vielen Verarbeitungszentren des zentralen Schmerzsystems lassen erkennen, dass eingehende Schmerzinformation in mehrfacher Hinsicht ausgewertet wird:

- **Sensorisch-somatotope** Aspekte liefern Information zur Position und Intensität der noxischen Reizeinwirkung. Das wichtigste Verarbeitungszentrum ist der somatosensorische Cortex.
- **Affektiv-motivationssteuernde** Aspekte setzen komplexe, teils durch Erfahrung erworbene, schmerzvermeidende Verhaltensmuster in Gang. Zentrale Verarbeitungszentren sind hier die vordere Gürtelrinde, die Inselrinde und der präfrontale Cortex.
- **Vegetativ-verhaltenssteuernde** Aspekte lösen reflexhaftes Schmerzverhalten aus, vermittelt in erster Linie durch Amygdala, Hypothalamus, das periaquäduktale Grau und die Formatio reticularis.

Der Schmerzsinn ist mithin ein **verhaltenssteuernder Sinn**. Im Unterschied zu Sehsinn, Hörsinn oder Tastsinn geht es offenbar nicht in erster Linie um die bewusste Erfassung von Vorgängen in der Umwelt, sondern darum, sich schnell und zuverlässig einer Gewebeschädigung zu entziehen. Es ist tatsächlich denkbar, dass die physiologische Funktion des Schmerzsinnes gänzlich ohne bewusste Wahrnehmung, also ausschließlich durch nozifensive Reflexe (s. ◘ Abb. 14.2) erfüllt werden kann – eine Möglichkeit, die für manche Tiergruppen diskutiert wird, für den Schmerzsinn der Säugetiere aber nicht zutrifft.

14.6 Schmerzunterdrückung und Schmerzlinderung

Bei jeder Sinnesmodalität gibt es Mechanismen, die das jeweilige System vor Überlastung durch überstarke Reize schützen. Der Pupillenreflex im Auge, der Stapediusreflex im Mittelohr und die unterschiedlichen Adaptationsmechanismen von Tastsinneszellen, Riechzellen und Geschmackszellen tragen allesamt dazu bei, die Intensität der afferenten Signale zu begrenzen. Sie bewahren damit die jeweiligen Verarbeitungsbereiche des Gehirns vor Signalüberflutung. Beim verhaltenssteuernden Schmerzsinn mit seinem direkten Zugang zu Emotionen ist die Notwendigkeit einer solchen Begrenzung besonders offensichtlich, denn zu viel Leid macht handlungsunfähig. Schmerzempfindung kann an einer kritischen Stelle des Systems unterdrückt, ja vollständig blockiert werden. Die Übergabe des afferenten nozizeptiven Signals von Nozizeptoren auf Projektionsneuronen der aufsteigenden Schmerzbahnen kann im Hinterhorn des Rückenmarks verhindert werden. Ein Weg dazu ist die durch das Konzept der **Gate-Kontrolle** beschriebene Aktivierung von hemmenden Interneuronen durch den Tastsinn (◘ Abb. 14.6, *rechts oben*). Das Pusten auf den eingeklemmten Finger, das Schütteln einer verbrannten Hand und das Lecken schmerzender Körperstellen sind schmerzstillende Maßnahmen durch Aktivierung des Tastsinnes.

Die Signalübertragung im Hinterhorn kann auch durch das Gehirn sehr effektiv unterbunden werden, wenn beispielsweise eine vorübergehende Schmerzfreiheit erforderlich ist, damit ein verletztes Tier flüchten oder sich vor einem Verfolger verstecken kann. Schmerzempfindung ist ein so dominanter, alles andere verdrängender Sinneseindruck, dass ein **körpereigenes Schmerzunterdrückungssystem** anscheinend ein notwendiger, integraler Bestandteil aller Schmerzsysteme ist. Offenbar gehört zum Schmerzsinn immer auch eine Vorrichtung, mit der man Schmerz abstellen, zumindest aber auf ein erträgliches Maß reduzieren kann – Schmerz muss beherrschbar sein, sonst verliert er seine Schutzfunktion. Bei Säugetieren geht dieses Abschaltsystem von corticalen und limbischen Verarbeitungszentren der zentralen Schmerzbahn aus und aktiviert mehrere Kerngebiete im Hirnstamm. Die zentrale Rolle spielt dabei das periaquäduktale Grau (das zentrale Höhlengrau, Substantia grisea periaquaeductalis), ein Kerngebiet im Tegmentum des Mittelhirns, das um den Liquorkanal (Aquaeductus mesencephali) zwischen dem III. und IV. Hirnventrikel herum angeordnet ist (◘ Abb. 14.8). Eine Funktion dieser Formation ist die Vermittlung von Flucht- und Verteidigungsverhalten in gefährlichen Situationen – denn in solchen Situationen dürfen die Tiere

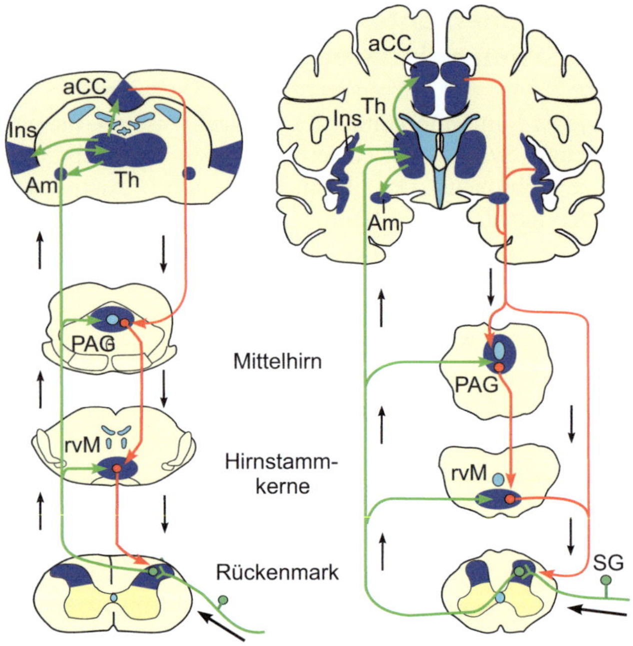

Abb. 14.8 Absteigende Bahnen der endogenen Schmerzhemmung. Schematische Darstellung der aufsteigenden (*grün*) und absteigenden (*rot*) Schmerzbahnen bei Nagetieren (Ordnung Rodentia; *links*) und Primaten (Ordnung Primates; *rechts*). Die aufsteigenden Bahnen führen schmerzerzeugende Signale zum Gehirn, die absteigenden Bahnen vermitteln die körpereigene Schmerzunterdrückung. Sie gehen aus vom anterioren cingulären Cortex (aCC), der Inselrinde (Ins), der Amygdala (Am) sowie von anderen Regionen der zentralen Schmerzbahn. Das schmerzreduzierende Signal wird vom periaquäduktalen Grau (PAG) im Mittelhirn sowie von Kerngebieten im pontinen Hirnstamm (Locus coeruleus) und der rostroventromedialen Medulla (rvM) vermittelt. Vor allem serotonerge Fasern aus den Raphekernen der rvM sowie noradrenerge Fasern aus dem Locus coeruleus ziehen in das Hinterhorn des Rückenmarks, wo sie die Übertragung von nozizeptiven Signalen auf Rückenmarksneuronen unterdrücken. SG, Spinalganglien; Th, Thalamus

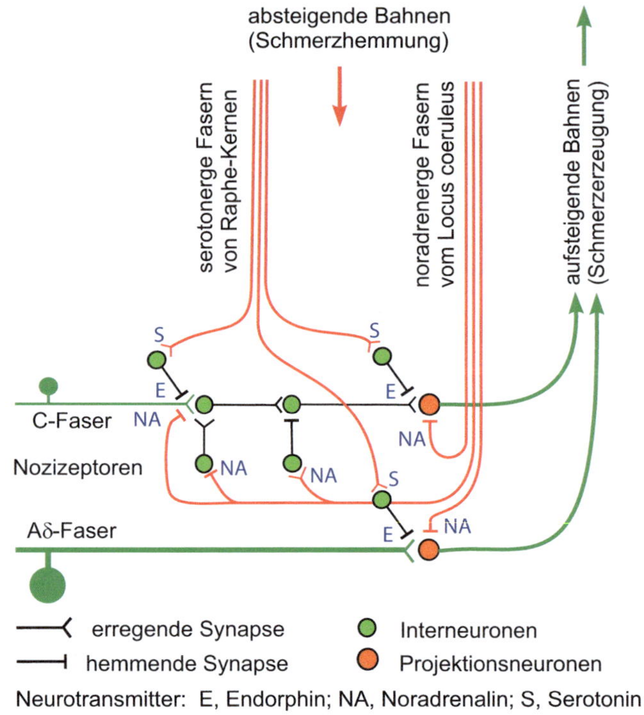

Abb. 14.9 Modell für die Schmerzblockade durch absteigende Bahnen im Hinterhorn des Rückenmarks. Die Weiterleitung des afferenten Schmerzsignals von Nozizeptoren auf Rückenmarkszellen kann sowohl präsynaptisch als auch postsynaptisch gehemmt werden. Interneuronen, die von den Raphekernen über serotonerge Synapsen (S) gesteuert werden, entlassen Endorphin (E) auf die präsynaptische Endigung des Nozizeptors. Dort aktivieren die Endorphine μ-Opioidrezeptoren, welche ihrerseits den Calciumeinstrom in die Präsynapse unterdrücken und dadurch die Ausschüttung des Transmitters Glutamat blockieren. Die Weiterleitung des Schmerzsignals zum Gehirn ist damit unterbrochen. Noradrenerge Endigungen (NA) aus dem Locus coeruleus können postsynaptisch über α2-Adrenozeptoren hemmend auf Projektionsneuronen einwirken. Zudem kann Noradrenalin eine präsynaptische Hemmung auf Nozizeptoren ausüben (über α2A-Adrenozeptoren) sowie die Weiterleitung durch die Netzwerke von Interneuronen der Schicht II unterbinden. Dazu werden hemmende Interneuronen über α1-Adrenozeptoren aktiviert, erregende Interneuronen aber über α2-Adrenozeptoren gehemmt. Insgesamt können die absteigenden Bahnen des Schmerzsystems den Signalfluss im Hinterhorn vollständig unterbrechen und damit die zentrale Verarbeitung von Schmerzsignalen mitsamt der bewussten Schmerzempfindung verhindern

nicht zu sehr durch starken Schmerz überwältigt sein. Um den Schmerz zu unterdrücken, aktivieren die Neuronen des periaquäduktalen Graus mehrere Kerne im Hirnstamm. Im pontinen Hirnstamm wird der Locus coeruleus im Bereich der Brückenhaube aktiviert, dessen noradrenerge Fasern direkt in die spinalen Hinterhörner projizieren. In der rostroventromedialen Medulla (rvM) werden unter anderen die Raphekerne aktiviert und können über ihre absteigenden Projektionen in das Geschehen im Hinterhorn eingreifen.

Die absteigenden Fasern aus den Raphekernen enden in serotonergen Synapsen, durch welche Interneuronen im Hinterhorn aktiviert werden können. Diese Interneuronen bilden **präsynaptische Verbindungen** mit den Nervenendigungen der Nozizeptoren und nutzen Endorphin als Transmitter (Abb. 14.9). Die Schmerzblockade entsteht durch μ-Opioidrezeptoren (auch OP3-Rezeptoren) in der präsynaptischen Membran der Nozizeptoren; bei Aktivierung hemmen diese Rezeptoren die N-Typ-Calciumkanäle und verhindern dadurch das Entstehen von Calciumsignalen in der Präsynapse, ohne die kein Neurotransmitter freigesetzt werden kann. Auf diese Weise unterbinden die absteigenden Fasern die Übertragung von Schmerzsignalen auf Rückenmarksneuronen, und das Gehirn erhält keine Schmerzinformation. Die Schmerzblockade durch Fasern aus dem Locus coeruleus wird durch Noradrenalin vermittelt und erreicht mehrere Wirkorte im Hinterhorn. Noradrenerge Synapsen können durch **postsynaptische Verbindungen** die Aktivität von Projektionsneuronen hemmen (◘ Abb. 14.9) – eine Regulation, die von α2-Adrenozeptoren über inhibitorische G-Proteine vermittelt wird. Über α2-Adrenozeptoren kann Noradrenalin auch präsynaptisch in die Signalweiterleitung eingreifen. Zudem können die Netzwerke aus Interneuronen, welche vor allem in Schicht II des Hinterhorns die Schmerzsignale modulieren (s. ◘ Abb. 14.6, *rechts*), durch Noradrenalin reguliert werden. Dazu werden hemmende Interneuronen über α1-Adrenozeptoren aktiviert und erregende Interneuronen über α2-Adrenozeptoren gehemmt. Die absteigenden Fasern des körpereigenen Systems zur Schmerzunterdrückung bilden somit ein dichtes Netzwerk hemmender Neuronen, die eine effektive Kontrolle über aufsteigende Schmerzsignale – ein vom Gehirn gesteuertes "Gate" – darstellen, ein System, dass die Schmerzwahrnehmung vollständig ausschalten kann.

Dem Veterinärmediziner bietet der Schmerzsinn mehrere Möglichkeiten für einen Eingriff zum Zweck der Schmerzlinderung. Eine der pharmakologischen Strategien ist die **Dämpfung von Entzündungen** und damit die Abschwächung der entzündungsbedingten Hyperalgesie. Wirkstoffe aus der Gruppe der nichtsteroidalen Antiphlogistika (NSAIDs) greifen in den Arachidonsäuremetabolismus ein und reduzieren die Bildung von Prostanoiden und Leukotrienen, welche meist als parakrine Hormone im Entzündungsherd wirksam sind. Besonders die Prostaglandine PGE_2 und PGI_2 sensibilisieren nozizeptive Endigungen im entzündeten Gewebe und sind aus diesem Grund für eine schmerzlindernde Therapie interessant. Das Schlüsselenzym für diese Therapie ist die Cyclooxygenase 2 (COX2), ein Enzym, das Arachidonsäure zu Prostaglandin umsetzt und dessen Aktivität – im Gegensatz zur Isoform Cyclooxygenase 1 (COX1) – nur im Zusammenhang von Entzündungsprozessen auftritt. Da die Aktivität der konstitutiv aktiven COX1 für viele physiologische Prozesse notwendig ist, werden in der pharmakologischen Forschung NSAIDs gesucht, die stärker COX2 als COX1 hemmen. Denn die teils kritischen Nebenwirkungen von NSAIDs werden vor allem der Hemmung von COX1 zugeschrieben. Bisher werden in der Veterinärmedizin vor allem Ketoprofen und Meloxicam eingesetzt, welche COX2 stärker inhibieren sollen als COX1, aber auch spezifische COX2-Inhibitoren, die Coxibe, stehen als Tierarzneimittel zur Verfügung. Zusätzlich kommen auch weitgehend unspezifische COX-Inhibitoren wie Acetylsalicylsäure (Aspirin) oder Tolfenamsäure zum Einsatz.

Eine weitere, sehr effektive schmerztherapeutische Strategie ist der Eingriff in das körpereigene Schmerzunterdrückungssystem. Die dort beteiligten synaptischen Prozesse (s. ◘ Abb. 14.9) sind pharmakologisch zugänglich und können zur Schmerzlinderung eingesetzt werden. Wirkstoffe zur **Aktivierung der µ-Opioidrezeptoren** sind Opioide wie Morphin, Fentanyl, Methadon und andere. Morphin, ein Alkaloid aus dem Opium des Schlafmohns (*Papaver somniferum*), bewirkt eine effektive, lang anhaltende Analgesie. Da Opioidrezeptoren nicht nur im Hinterhorn, sondern auch in anderen Bereichen der zentralen und peripheren Nervensysteme vorkommen, können unterschiedliche Nebenwirkungen auftreten wie Atemsuppression, Bradykardie oder Änderung der Darmmotilität. Dennoch sind Opioide als zuverlässige und wirksame Mittel zur Schmerzlinderung verbreitet im Einsatz in der Tiermedizin. Opioide können auch direkt in die Rückenmarksflüssigkeit gespritzt werden (intrathekale Applikation), sodass ihre Wirkung weitgehend auf die äußeren Schichten der Hinterhörner beschränkt bleibt. Auch die lokale, epidurale Applikation von **Agonisten von α2-Adrenozeptoren** (beispielsweise Detomidin oder Xylazin) hat analgetische und zudem sedierende Wirkung, da diese die Aktivität des absteigenden, schmerzunterdrückenden Systems imitieren. Natürlich kann auch das nozizeptive Signal selbst unterdrückt werden, indem durch eine **Lokalanästhesie** die Leitung von Aktionspotenzialen in den afferenten Fasern unterbrochen wird. Wirkstoffe wie Lignocain oder Procain lösen sich in der Axonmembran und blockieren vor allem die spannungsgesteuerten Natriumkanäle. Richtig eingesetzt bewirken sie einen totalen Leitungsbock im peripheren Schmerzsystem und verhindern damit die Entstehung von Schmerz.

14.7 Der Schmerzsinn der Tiere

Verschiedene Tiergruppen reagieren unterschiedlich stark und in unterschiedlicher Weise auf Gewebeschädigung. Wenn manche Tiere selbst größere Wunden gleichmütig zu ertragen scheinen, könnte man vermuten, dass sie nicht unter Schmerzen leiden. Umgekehrt weisen bei anderen Arten Stressreaktionen, Notvokalisation und Verwindungen des Körpers auf Schmerzen hin. Die Frage, in welchem Maß der Schmerzsinn bei einzelne Tiergruppen ausgeprägt ist, steht im Fokus vieler Verhaltensstudien sowie von Überlegungen über einen ethisch begründbaren Umgang mit Tieren. Für Sinnesphysiologen ist es von zentraler Bedeutung zu erforschen, ob der Schmerzsinn bei einer Tierart ein einfacher, reflexsteuernder und mithin möglicherweise gänzlich unbewusster Schutzmechanismus ist, oder ob er affektive und lang anhaltende verhaltenssteuernde Wirkungen erkennen lässt – ob ein Tier unter Schmerzen leidet, wie auch Menschen unter Schmerzen leiden. Da diese Frage letztlich zur Qualität der subjektiven Erfahrung und der bewussten Wahrnehmung bei jeder

Tierart führt, erfordert ihre wissenschaftliche Bearbeitung eine umfassende Kenntnis verhaltensphysiologischer Eigenheiten der einzelnen Arten. Dabei kann eine Vielzahl physiologischer und verhaltensbiologischer Kriterien bewertet werden:

- **Kriterien für das Vorhandensein eines funktionellen Schmerzsystems**
  - Vorhandensein hochschwelliger Nozizeptoren mit Verbindung zum zentralen Nervensystem
  - Sensibilisierung von Nozizeptoren, Hyperalgesie
  - Verarbeitung nozizeptiver Signale in neuronalen Strukturen für aversives Verhalten
  - endogene Schmerzhemmung durch Endorphine oder andere analgetische Substanzen
  - Auswirkung nozizeptiver Stimulation auf vegetative Regelprozesse wie Stressreaktionen
  - Reaktionen auf noxische Reize, die nicht als einfache Reflexe beschreibbar sind
  - Schutzverhalten wie Verstecken und Abschirmen einer Wunde, Humpeln, Reiben, Lecken oder ausgiebige Pflege der betroffenen Körperregion
  - durch noxische Reize ausgelöste Verhaltensänderungen, die dabei helfen, die gleichen Reize zukünftig zu vermeiden
  - Dämpfung aller Reaktionen auf noxische Reize durch Analgetika und Anästhesie
- **Kriterien für schmerzgesteuerte Motivationsmuster**
  - Aufmerksamkeit für nozizeptive Reize hat höchste Priorität
  - Schnelle Verhaltensänderung nach noxischer Reizung
  - lang anhaltende Verhaltensänderungen zum Zweck der Schmerzvermeidung
  - Bereitschaft, einen erheblichen – aber nicht unbegrenzten – Aufwand in die Schmerzvermeidung zu investieren
  - Erinnerung an Schmerzlinderung
  - Selbstverabreichung von analgetischen Substanzen im Verhaltensexperiment

14

Eine differenzierte, an solchen Kriterien orientierte Betrachtung des Schmerzsinnes führt weiter – und kann dem tatsächlichen Erleben der Tiere näher kommen – als die stark verkürzte Unterscheidung in Nozizeption und Schmerz, wie sie in ◻ Abb. 14.2 für Säugetiere illustriert ist. Das Grundkriterium, das Vorhandensein hochschwelliger Nozizeptoren, ist für alle bilateralsymmetrischen Tiergruppen gezeigt (▶ Abschn. 14.3). Die Erkenntnislage hinsichtlich der anderen Kriterien ist allerdings für einzelnen Tiergruppen sehr unterschiedlich. Am besten kann man schmerzinduziertes Verhalten bei den **Haus- und Nutztieren** erkennen, deren Verhalten seit vielen Jahrhunderten von Menschen beobachtet wird. Dabei können auffällige Verhaltensmuster wie Absonderung von Artgenossen, Nachlassen des Putzverhaltens, Gewichtsverlust, Apathie sowie ungewöhnliche Aggression und Lautäußerungen als Hinweise auf Schmerzzustände gewertet werden. Deutliche Unterschiede sind aber zwischen einzelnen Arten erkennbar (◻ Tab. 14.2) und werden als Anpassung an die Lebensweise verstanden. So verbergen manche Tierarten schmerzende Verletzungen und unterdrücken jegliche Schmerzäußerung. Bei den afrikanischen Antilopen und Gazellen (Unterfamilie Antilopinae), deren Herden unter dem Selektionsdruck von Raubtieren leben, ist ein solches Verhalten von Vorteil, weil die Beutegreifer be-

◻ **Tab. 14.2** Charakteristisches Schmerzverhalten bei einigen Haus- und Nutztieren. Nach Hellebrekers (2001)

Hunde	Versuch, Aufmerksamkeit zu erregen; Tiere wimmern, winseln und heulen. Lautäußerungen enden oft, wenn das Tier beruhigt und getröstet wird. Versuchen selten, den schmerzenden Körperteil zu verstecken. Gekrümmte oder flehende Körperhaltung bei abdominalen Schmerzen. Tiere zittern und keuchen.
Katzen	Lautäußerungen sind selten. Tiere fauchen und knurren im Umgang und zeigen Aggression bei Annäherung eines Menschen. Wegziehen des schmerzenden Körperteiles. Tendenz, sich in geschlossenen Räumen zu verstecken und den schmerzenden Körperteil zu verbergen. Herabgesetzte Aktivität und Körperpflege, gekrümmte Haltung. Verlassen der gewohnten Umgebung bei starkem Schmerz.
Pferde	Anzeichen von Kolik sind Perioden der Ruhelosigkeit, Stehen mit gesenktem Kopf, unterbrochene Futteraufnahme, angstvoller Ausdruck mit erweiterten Pupillen und glasigen Augen. Blähen der Nüstern, Schwitzen, steife Körperhaltung, wiederholtes Aufstehen und Niederlegen; Wälzen. Drehen des Kopfes und Treten zum Abdomen hin. Widerwillen im Umgang mit Menschen.
Rinder, Schafe, Ziegen	Zeigen trüben Gesichtsausdruck, entfernen sich aus gewohnter Umgebung. Steife Körperhaltung und Widerwillen gegen Bewegung, Zähneknirschen, Stöhnen, gelegentlich Aggression. Lautäußerungen nur bei Ziegen.
Schweine	Schmerzverhalten ist oft nicht eindeutig, aber an ungewöhnlichem Sozialverhalten zu erkennen. Veränderung im Gang, Widerwillen gegen Bewegung, Verstecken in der Einstreu. Laute Notvokalisation; Schreie bei akuter Verletzung.
Labornagetiere	Eindeutiges Schmerzverhalten oft schwer zu erkennen. Verminderte Futteraufnahme, herabgesetzte Beweglichkeit, Verkrümmung des Rückens, vernehmbare Notvokalisation, aber auch Ultraschallrufe bei akutem Schmerz und bei Berührung der schmerzenden Körperregion.

vorzugt Tiere jagen, an denen sie eine Schwächung erkennen können. Jede Äußerung von Leid, jede Notvokalisation kann die Aufmerksamkeit von Löwen, Geparden und Hyänen erregen. Das gegenteilige Verhalten zeigen beispielsweise Wölfe und Affen, wenn sie ihre Wunden den Mitgliedern ihrer Gruppe präsentieren, deutlich vokalisieren und sie dadurch zur gegenseitigen Pflege ermuntern. Schmerzverhalten ist bei Tieren also keineswegs stereotyp und kann sich zudem grundlegend vom Schmerzverhalten des Menschen unterscheiden.

In der veterinärmedizinischen Forschung ist es gelungen, bei einigen Haus- und Nutztieren den Ausdruck von Schmerzempfindung in der Mimik zu charakterisieren. Interpretationen des Gesichtsausdrucks von Tieren gehen letztlich auf Charles Darwin zurück, der auf zahlreiche Parallelen im Ausdruck emotionaler Zustände zwischen Menschen und Tieren hingewiesen hat. Zur **Erkennung von Schmerzmimik** werden mehrere Veränderungen im Gesichtsbereich herangezogen. Beispielsweise können halb geschlossene Augenlider, angelegte Ohren, gesträubte Schnurrhaare oder geblähte Nüstern auf Schmerzen hinweisen, wobei allerdings jede Tierart ihre eigene Mimik hervorbringt. Systematische Beobachtungen der Schmerzmimik haben Möglichkeiten der Klassifikation ergeben (engl. *grimace scale*), mit deren Hilfe sich das Ausmaß der Schmerzbelastung bei einem Tier abschätzen lässt (◘ Abb. 14.10). Vermutlich ist die Schmerzmimik ein **Ausdruck der subjektiven Leiderfahrung** eines Tieres und kann dem Veterinärmediziner bei Diagnose und Behandlung helfen. In der Schmerzforschung kommen meist Schmerztests zum Einsatz, die relativ leicht mit Kohorten von Versuchstieren, meist Mäusen (*Mus musculus domesticus*), durchführbar sind. Beim klassischen Tail-flickTest wird gemessen, wie lange eine Maus ihren Schwanz in einem intensiven und damit heißen Lichtstrahl belässt, bevor sie ihn wegzieht. Hier wird ein nozifensiver, spinaler Hitzereflex getestet, und man kann die Auswirkung analgetischer Substanzen auf die Reflexzeit quantitativ erfassen. Ähnlich durchzuführen ist der Hot-plateTest, bei dem gemessen wird, nach wie langer Zeit auf einer heißen Platte eine Maus damit beginnt, ihre schmerzenden Pfoten zu lecken – ein Verhalten, das nicht als einfacher Reflex angesehen wird. Vielmehr erfordert die Einleitung des Leckverhaltens zentrale Vorgänge in der Schmerzbahn, die hier zur Reaktionszeit beitragen. Lokale Schmerzreize können bei Mäusen auch durch die Injektion von Formalin oder Capsaicinlösung ausgelöst werden, um die Intensität und den Zeitverlauf der nozifensiven Reaktion zu messen. Neben solchen Modellen für akuten Schmerz sind für die Schmerzforschung zahllose Mausmodelle für chronische Schmerzen entwickelt worden. Den Forschern stehen heute unter anderem

◘ **Abb. 14.10** Arttypische Schmerzmimik als Ausdruck subjektiver Leiderfahrung. *Oben*: Im Gesichtsausdruck eines Pferdes (*Equus caballus*) treten unter Schmerzen besondere Züge auf: nach hinten gerichtete Ohren, halb geschlossene Augenlider, markant hervortretende Knochenleiste (Crista facialis) zwischen Auge und Mundwinkel, angespannte und leicht vergrößerte Nüstern, vorgeschobene Unterlippe. *Unten*: Auch Mäuse (*Mus musculus domesticus*) zeigen Schmerz in charakteristischer Mimik: nach außen gedrehte oder am Kopf anliegende Ohren, halb geschlossene Augenlider, auffällig gesträubte oder an den Kopf angelegte Vibrissen, eine gerümpfte Nase und nach außen gewölbte Wangen. Das Gesamtbild können Veterinärmediziner für eine gestufte Belastungseinschätzung (engl. *grimace scale*) nutzen, eine Zahl, die ein Maß für die erlebte Schmerzintensität eines Tieres darstellt

Mausmodelle für Rücken-, Gelenk-, Organ- und Kopfschmerz zur Verfügung, und viele Varianten von chronischem Schmerz werden an Mäusen erforscht, die durch chirurgische oder durch gentechnische Eingriffe so verändert worden sind, dass sie bestimmte Aspekte einer chronischen Schmerzerkrankung aufweisen. Für die Ausführungen zum Schmerzsinn der Tiere im vorliegenden Kapitel sind diese Arbeiten insofern relevant, als sie keinen Zweifel an der Existenz eines Schmerzsinnes bei Säugetieren zulassen, und auch ihrer Fähigkeit, unter Schmerzen zu leiden, steht nicht mehr infrage. Alle Säugetiere, sogar so unterschiedliche wie Menschen und Mäuse, sind nach dem heutigen Wissensstand in ähnlicher Weise schmerzempfindlich und leidensfähig.

Bei Tieren, die nicht zu den Säugern gehören, kann man zwar den physiologischen Aufbau der Schmerzsysteme erforschen, das Wesen ihrer Schmerzempfindung und das ihrer subjektiven Leidenserfahrungen ist jedoch schwer zu erfassen. Vögel, Reptilien und Amphibien verfügen beispielsweise über ein ähnliches Set von Nozizeptoren wie Säuger: Hochschwellige Sinneszellen für mechanische, thermische und chemische Noxen wurden nachgewiesen – darunter sowohl unmyelinisierte C-Fasern als auch myelinisierte Aδ-Fasern. Die Fähigkeit zur Sensibilisierung der Nozizeptoren und die Entstehung von Hyperalgesie wurden beobachtet, wie auch die Dämpfung von nozifensivem Verhalten unter der Einwirkung von Opioiden. Aktivierung dieses nozizeptiven Systems führt zu vegetativen Reaktionen wie Bradykardie und Atemsuppression, und die Tiere können lernen, noxischen Reizen aus dem Weg zu gehen. Verhaltensmuster, die eindeutig auf Schmerzen hinweisen, sind jedoch oft schwer auszumachen, und es ist nicht klar, inwieweit andere Motivationen eine Schmerzempfindung überlagern und möglicherweise sogar dämpfen können. Bei vielen Tieren dieser Gruppen scheinen stark motivierte Verhaltensmuster wie Nahrungsaufnahme, Paarungsverhalten oder Flucht nozifensives Verhalten zu unterdrücken. Möglicherweise kommt der subjektiven Wahrnehmung von Schmerz nicht der gleiche, alles dominierende Stellenwert zu wie bei Säugetieren. Diese Annahme ist allerdings noch nicht überprüft worden. Es gibt nur einige Hinweise, wie die Beobachtung, dass manche Tiere ihre Nahrungsaufnahme, ihre Kopulation oder ihre Flucht trotz schwerster Verletzungen fortsetzen können.

Als unzutreffend muss man jedoch die Vorstellung einordnen, dass Vögel, Reptilien und Amphibien strukturell unfähig zu subjektiver Erfahrung und folglich auch unfähig zur Schmerzempfindung sind. Solche Ideen basierten auf den vom Säugerhirn abweichenden Gehirnstrukturen dieser Tiere. Besonders das Fehlen von corticalen Bereichen, welche bei Säugern zur zentralen Schmerzbahn gehören – der somatosensorische Cortex, der cinguläre Cortex, der Inselcortex (s. ◘ Abb. 14.7) –, gab Anlass zur Vermutung, dass eine affektive Bewertung nozizeptiver Signale außerhalb der Klasse der Säugetiere nicht existiert. Heute weiß man, dass während der parallelen Evolution von Vögeln und Säugetieren, zwei Tiergruppen, die sich über 300 Mio. Jahre hinweg unabhängig voneinander entwickelt haben, unterschiedliche Bereiche des Endhirns zur Verarbeitung kognitiver Prozesse entwickelt haben, sodass das Pallium im Vogelhirn heute in ähnlicher Weise zur Bewusstseinsbildung beiträgt wie die Großhirnrinde bei den Säugern.

Der **Schmerzsinn der Vögel** basiert auf einem nozizeptiven Apparat, der dem der Säuger sehr ähnlich ist. Die Nozizeptoren der Vögel sind in gleiche Weise empfindlich und können durch Entzündungsmediatoren sensibilisiert werden. Obwohl in der Wirbelsäule der Vögel die meisten Wirbel unterhalb des Halses zu Knochenstäben verwachsen sind (die Brustwirbelsäule zum Notarium, die Lendenwirbelsäule zum Synsacrum, die Schwanzwirbelsäule zum Pygostyl), erreichen die afferenten Fasern der Nozizeptoren aus den Spinalganglien das Hinterhorn des Rückenmarks durch paarige Zwischenwirbellöcher an jedem Wirbelsegment. Bei Vögeln können sich die afferenten Aδ- und C-Fasern über mehrere Wirbelsegmente hinweg ausbreiten, wo sie im Hinterhorn ihre Synapsen mit Rückenmarksneuronen bilden. Bei den Tauben (Ordnung Columbiformes) und den Sperlingsvögeln (Ordnung Passeriformes) ist eine ähnliche dorsoventrale Schichtung der Hinterhörner des Rückenmarks zu erkennen wie bei den Säugern. Die Hinterhörner der meisten anderen Vögel, einschließlich der besonders gut untersuchten Hühnervögel (Ordnung Galliformes), sind dagegen eher mediolateral geschichtet. Wie bei Säugern leiten auch bei Vögeln mehrere aufsteigende Bahnen die Schmerzinformation zum Gehirn. Neben einer ipsilateral verlaufenden Bahn zur Formatio reticularis des Hirnstamms erreicht der Hauptteil der Signale aus den Nozizeptoren durch Fasern der Rückenmarksneuronen über den jeweils kontralateralen spinothalamischen Trakt das Gehirn.

Ähnlich wie im Säugergehirn wird im Gehirn der Vögel die aus dem Rückenmark eintreffende Schmerzinformation über mehrere Verarbeitungsbereiche verteilt, welche die bewusste Schmerzwahrnehmung, ihre affektive Bewertung sowie vegetative Reaktionen hervorbringen. Während sich das Pallium des Vogelgehirns vom Neocortex des Säugergehirns deutlich unterscheidet, weist das Subpallium der Vögel die gleichen Verarbeitungszentren auf wie die subcorticalen Regionen im Säugergehirn (◘ Abb. 14.11). Die Schmerzsignale erreichen im Zwischenhirn Thalamus und Hypothalamus. Während vom Hypothalamus vegetative und endokrine Reaktionen auf den Schmerzreiz gesteuert werden, leitet der Thalamus die Signale in das Endhirn weiter. Bei den Vögeln führt dieser Weg über das Striatum in verschiedene Bereiche des Palliums, wo schmerzinduzierte Verarbeitungsprozesse ausgeführt werden, die in der Großhirnrinde der Säugetiere auf Neocortex und Teile des limbischen Systems verteilt sind. Insbesondere scheint die affektive Bewertung des Schmerzreizes im amygdaloiden Komplex des Arcopalliums stattzufinden, während kognitive Prozesse nach heutigem Wissens-

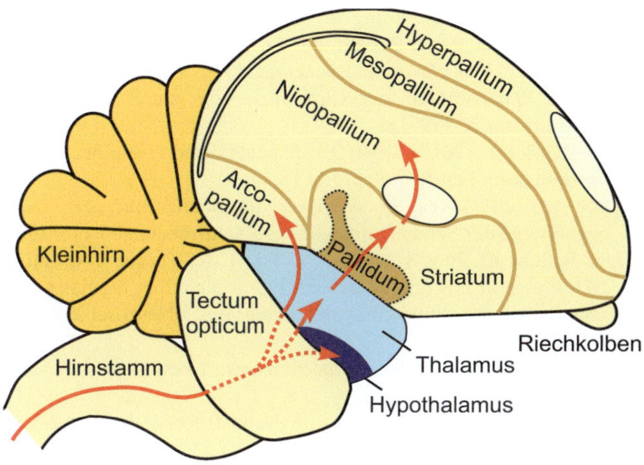

Abb. 14.11 Schmerzwege im Vogelhirn im Vergleich zum Säugerhirn

stand auf Aktivität im Nidopallium zurückzuführen sind. Trotz unterschiedlicher Gehirnstrukturen beruht der Schmerzsinn der Vögel offenbar auf den gleichen neurobiologischen Prinzipien wie der Schmerzsinn der Säugetiere; grundlegende Unterschiede sind nicht erkennbar. Zusammen mit den Ergebnissen aus umfangreichen Verhaltensstudien an Rabenvögeln (Familie Corvidae) und Papageien (Ordnung Psittaciformes), bei denen unterschiedliche Aspekte bewusster Wahrnehmung nachgewiesen worden sind (▶ Abschn. 18.4), bekräftigen neurophysiologische Erkenntnisse zum Schmerzsinn die Hypothese, dass Vögel in ähnlicher Weise schmerzempfindlich sind wie Primaten.

Der Schmerzsinn ektothermer Wirbeltiere ist weit weniger gut erforscht als der Schmerzsinn von Säugern und Vögeln. Dabei sind **Fische, Amphibien und Reptilien** mit dem gesamten sensorischen System von hochschwelligen, sensibilisierbaren und opioidempfindlichen Nozizeptoren ausgestattet, das man auch bei Säugern und Vögeln findet (s. Tab. 14.1). Kriterien für schmerztypische Verhaltensmuster sind aber bei Fischen, Amphibien und Reptilien weit weniger gründlich untersucht. Es gibt konkrete Beschreibungen von nozifensivem Verhalten aus der Veterinärmedizin und der Verhaltensbiologie, und es gibt auch Berichte, dass solches Verhalten durch analgetische Substanzen wie Opioide unterdrückt werden kann. Landlebende Amphibien und Reptilien wischen mit ihren Füßen über verletzte Hautpartien und schonen verletzte Extremitäten und Gelenke. Generell tendieren sie dazu, Verletzungen zu verstecken, was die Beobachtung von schmerzrelevanten Verhaltensmustern erschwert. Fische können lernen, noxische Reize zu vermeiden. Verhaltensstudien haben gezeigt, dass Schmerzreize sowohl das Verhalten von Fischen als auch deren Herzschlagfrequenz erkennbar verändern können. Zudem konnte bei einigen Fischarten gezeigt werden, dass nozifensives Verhalten andere Verhaltensmuster wie Flucht oder Fressen dominiert – ein Hinweis auf eine besonders starke Motivationssteuerung durch schmerzhafte Reize. Solche Beobachtungen geben Anlass zur Vermutung, dass Fische, Amphibien und Reptilien nicht nur mit stereotypen Reflexen auf noxische Reize reagieren, sondern dass sie verhaltenssteuernde, subjektive Schmerzwahrnehmungen erleben. Die derzeit noch kontroversen Diskussionen zu diesem Thema werden hoffentlich zu einem wissenschaftlichen Konsens führen, wenn gezeigt werden kann, welche Verarbeitungszentren im Gehirn dieser Tiere bewusste Schmerzwahrnehmung, affektive Bewertung von Schmerzreizen und vegetative Reaktionen hervorbringen.

Noch unzugänglicher sind uns die Wahrnehmungswelt und der **Schmerzsinn der wirbellosen Tiere**, und es erweist sich als besonders schwierig, nozifensive Reflexe gegen komplexe, schmerzgesteuerte Verhaltensmuster abzugrenzen. Die grundlegende Erkenntnis, dass Anneliden, Nematoden, Mollusken und Arthropoden über nozizeptive Systeme verfügen (▶ Abschn. 14.3), hilft dabei nicht weiter, denn man könnte sich vorstellen, dass diese Systeme lediglich Eingangssignale für Schutzreflexe liefern. In diesem Fall würden wirbellose Tiere zwar über Nozizeption, nicht aber über einen Schmerzsinn verfügen. Gegen diese Vorstellung sprechen allerdings zahlreiche Beobachtungen von schmerzinduziertem Lernverhalten bei Insekten, Krebsen und Mollusken. Die Tiere lernen beispielsweise, Situationen zu vermeiden, in denen sie noxischen Reizen ausgesetzt sind, und sie können in Konditionierungsexperimenten nicht-nozizeptive Reize mit Schmerzreizen assoziieren. Bei Krebsen, Garnelen und Kraken konnte man Pflegeverhalten bei Verletzungen an Antennen und Tentakeln untersuchen, welches mit einfachen Reflexen nicht zu erklären war, und bei Spinnen führte die Injektion eines schmerzerzeugenden Wirkstoffs in eines der Beine zur Autotomie des behandelten Beines. Solche Beobachtungen weisen darauf hin, dass noxische Reize nicht nur Reflexe steuern, sondern dass sie in zentralen Verarbeitungsprozessen zur Verhaltenssteuerung eingesetzt werden. Solange aber die Wahrnehmungsfähigkeit von Wirbellosen unerforscht ist, werden auch die Fragen unbeantwortet bleiben, welche Formen subjektiver Wahrnehmung bei diesen Tieren durch noxische Reize ausgelöst werden und ob wirbellose Tiere unter Schmerzen leiden.

Literatur

Anil S, Anil SL, Deen J (2002) Challenges of pain assessment in domestic animals. J Am Vet Med Assoc 220:313–319

Barr S, Laming PR, Dick JTA, Elwood RW (2008) Nociception or pain in a decapod crustacean? Anim Behav 75:745–751

Bateson P (1991) Assessment of pain in animals. Anim Behav 42:827–839

Bekoff M, Pierce J (2017) The animals′ agenda. Freedom, compassion, and coexistence in the human age. Beacon Press, Boston

Belmonte C, Cervero F (1996) Neurobiology of nociceptors. Oxford University Press, Oxford

Braithwaite V (2010) Do fish feel pain? Oxford University Press, Oxford

Broom DM (1991) Assessing welfare and suffering. Behav Process 25:117–123

Broom DM (2001) The evolution of pain. Vlaams Diergeneeskundig Tijdschrift 70:17–21

Broom DM (2010) Cognitive ability and awareness in domestic animals and decisions about obligations to animals. Appl Anim Behav Sci 126:1–11

Broom DM (2014) Sentience and animal welfare. CABI, Wellingford

Burrell BD (2017) Comparative biology of pain: what vertebrates can tell us about how nociception works. J Neurophysiol 117:1461–1473

Coderre TJ, Laferrière A (2020) The emergence of animal models of chronic pain and logistical and methodological issues concerning their use. J Neural Transm 127:393–406

Crawley JN (2007) What′s wrong with my mouse? Behavioral phenotyping of transgenic and knockout mice. Wiley-Interscience, Hoboken

Darwin C (1872) The expression of the emotions in man and animals. John Murray, London

Dawkins MS (2012) Why animals matter. Animal consciousness, animal welfare, and human well-being. Oxford University Press, Oxford

Douglas JM (2018) Pain in birds. The anatomical and physiological basis. Vet Clin Exot Anim 21:17–31

Eisner T, Camazine S (1983) Spider leg autotomy induced by prey venom injection: an adaptive response to "pain"? Proc Natl Acad Sci USA 80:3382–3385

Elwood RW (2011) Pain and suffering in invertebrates? ILAR J 52:175–184

Elwood RW (2019) Discrimination between nociceptive reflexes and more complex responses consistent with pain in crustaceans. Philos Trans R Soc Lond B 374:20190368

Fiorito G (1986) Is there "pain" in invertebrates? Behav Process 12:189–197

Garry EM, Jones E, Fleetwood-Walker SM (2004) Nociception in vertebrates: key receptors participating in spinal mechanisms of chronic pain in animals. Brain Res Rev 46:216–224

Godfrey-Smith P (2016) Other minds. The octopus and the evolution of intelligent life. HarperCollins, London

Griffin DR (2001) Animal minds. Beyond cognition to consciousness. The University of Chicago Press, Chicago

Güntürkün O, Bugnyar T (2016) Cognition without a cortex. Trends Cogn Sci 20:291–303

Handwerker HO (1999) Einführung in die Pathophysiologie des Schmerzes. Springer, Berlin/Heidelberg

Hellebrekers LJ (Hrsg) (2001) Schmerz und Schmerztherapie beim Tier. Schlütersche GmbH, Hannover

Hladnik A, Bicanic I, Petanjek Z (2015) Functional neuroanatomy of nociception and pain. Period Biol 117:195–204

Johnson C (2016) Research tools for the measurement of pain and nociception. Animals 6:71

Koch SC, Acton D, Goulding M (2018) Spinal circuits for touch, pain, and itch. Annu Rev Physiol 80:189–217

Kuner R (2017) Das plastische Rückenmark: funktionelle und strukturelle Plastizität bei der Chronifizierung von Schmerzen. e-Neuroforum 23:179–185

Kuner R, Flor H (2017) Structural plasticity and reorganisation in chronic pain. Nat Rev Neurosci 18:20–30

Lechner SG (2017) Neue Einsichten in die spinalen und peripheren Signalwege der Schmerzentstehung. e-Neuroforum 23:173–178

Lopez-Bellido R, Puig S, Hunag PJ, Tsai C-R, Turner TN, Galko MJ, Gutstein HB (2019) Growth factor signaling regulates mechanical nociception in flies and vertebrates. J Neurosci 39:6012–6030

Melzak R, Wall P (1965) Pain mechanisms: a new theory. Science 150:971–979

Mendell LM (2014) Constructing and deconstructing the gate theory of pain. Pain 155:210–216

Messlinger K, Ellrich J (2001) Meningeal nociception: electrophysiological studies related to headache and referred pain. Micr Res Techn 53:129–137

Mosley C (2011) Pain and nociception in reptiles. Vet Clin Exot Anim 14:45–60

Peirs C, Seal RP (2017) Neural circuits for pain: recent advances and current views. Science 354:578–584

Pertovaara A (2006) Noradrenergic pain modulation. Prog Neurobiol 80:53–83

Pinho-Ribeiro FA, Verri WA Jr, Chiu IM (2017) Nociceptor sensory neuro-immune interactions in pain and inflammation. Trends Immunol 38:5–19

Rutherford KMD (2002) Assessing pain in animals. Anim Welf 11:31–53

Salzer I, Ray S, Schicker K, Boehm S (2019) Nociceptive signaling through ion channel regulation via GPCRs. Int J Mol Sci 20:2488

Segner H (2012) Fish. Nociception and pain. A biological perspective. Federal ethics committee on non-human biotechnology ECNH. Contrib Ethics Biotechnol 9:1–94

Sherwin CM (2001) Can invertebrates suffer? Or how robust is argument-by-analogy? Anim Welf 10:S103–S118

Sloman KA, Bouyoucos IA, Brooks EJ, Sneddon LU (2018) Ethical considerations in fish research. J Fish Biol 94:556–577

Smith ESJ, Lewin GR (2009) Nociceptors: a phylogenetic view. J Comp Physiol A 195:1089–1106

Sneddon LU (2015) Pain in aquatic animals. J Exp Biol 218:967–976

Sneddon LU (2018) Comparative physiology of nociception and pain. Physiology 33:63–73

Sneddon LU, Elwood RW, Adamo SA, Leach MC (2014) Defining and assessing animal pain. Anim Behav 97:201–212

Tappe-Theodor A, King T, Morgan MM (2019) Pros and cons of clinically relevant methods to assess pain in rodents. Neurosci Biobehav Rev 100:335–343

Tracey WD Jr (2017) Nociception. Curr Biol 27:R123–R138

Turner HN, Armengol K, Patel AA et al (2016) The TRP channels Pkd2, NompC, and Trpm act in cold-sensing neurons to mediate unique aversive behaviors to noxious cold in Drosophila. Curr Biol 26:3116–3128

Waxman SH (2018) Chasing men on fire. The story of the search for a pain gene. MIT Press, Cambridge

Wild M (2012) Fischkognition, Fischbewusstsein und Fischschmerz. Eine philosophische Perspektive. Federal ethics committee on non-human biotechnology ECNH. Contrib Ethics Biotechnol 10:1–187

Yue Cottee S (2012) Are fish the victims of „speciesism“? A discussion about fear, pain and animal consciousness. Fish Physiol Biochem 38:5–15

Die Nervensysteme der Tiere

Inhaltsverzeichnis

S. Frings, *Die Sinne der Tiere*, https://doi.org/10.1007/978-3-662-63233-8_15

15

Für den Beobachter von warmblütigen Wirbeltieren ist besonders verblüffend, mit welcher Geschwindigkeit die Tiere Sinnesinformation in motorische Steuerung umsetzen. Lageinformation aus dem Gleichgewichtssinn und visuelle Signale zur unmittelbaren Umgebung werden bei Delfinen (Familie Delphinidae) zusammen mit den arteigenen Kommunikationslauten blitzschnell verarbeitet und zur Ausführung von Sprüngen, Kehren und Rollen sowie zum koordinierten Schwimmen in der Gruppe eingesetzt. Dabei erscheinen uns die eleganten und gelegentlich akrobatischen Bewegungen der Tiere ganz mühelos und wie selbstverständlich ausgeführt. Aber hinter dieser zuverlässig ablaufenden sensomotorischen Koordination steckt eine Menge Neuroanatomie, die Anatomie der Nervensysteme. Afferente Nervenfasern versorgen das zentrale Nervensystem mit Sinnesinformation, efferente Fasern steuern die Muskeln, und dazwischen verrechnen Gehirn und Rückenmark sensorische und motorische Datensätze nach ausgefeilten Regeln, die teils im Lauf der Evolutionsgeschichte festgeschrieben worden sind, sich teils aber auch durch unablässiges Schwimmtraining verfestigt haben. Dieses Kapitel gibt einen kurzen Überblick über die Nervensysteme der einzelnen Tiergruppen, um einen Eindruck davon zu vermitteln, welche Infrastruktur für die sensomotorische Koordination genutzt werden kann.

15.1 Sensorische Information in neuronalen Netzen

Die zentrale Verarbeitung von Sinnesinformationen erfordert komplexe Verschaltungen im Gehirn. Sie unterscheidet sich damit grundsätzlich von Reflexbögen, welche auf Schnelligkeit optimiert sind und mit wenigen Verschaltungen – oft über nur ein oder zwei Synapsen – auskommen. Ein spinaler Reflex wie beispielsweise der Kniesehnenreflex wird durch einen Reiz ausgelöst und erzeugt eine stereotype Reaktion. Die Reflexzeit wird im Wesentlichen von der Erregungsleitungsgeschwindigkeit der beteiligten Nervenfasern bestimmt. Auch zentrale Reflexe wie der vestibulookuläre Reflex zur Blickstabilisierung bei Kopfdrehungen erzeugen schnelle und stereotype Bewegungen durch kurze Verschaltungswege (◘ Abb. 15.1, *oben*). Ganz anders ist das bei der Information aus den Sinnesorganen. Es lohnt, sich den langen Weg vom afferenten sensorischen Signal durch aufeinanderfolgende Ebenen der Signalverarbeitung im Gehirn bis zum Auslösen einer Verhaltensreaktion unter dem Gesichtspunkt der Verschaltung zu vergegenwärtigen. Denn wann immer man aus Verhaltensbeobachtungen eines Tieres Einzelheiten über dessen Sinnesleistungen ableiten möchte, muss man die Komplexität der Verschaltung im Auge behalten. Bei Wirbeltieren steht am Anfang der neuronalen Verarbeitung immer die **Übertragung von afferenten Sinnessignalen auf ein neuronales Netz**, sei es im Rückenmark, im Hirnstamm, im Thalamus oder im Riechkolben (◘ Abb. 15.1, *unten*). Die Besonderheit einer solchen Verschaltung ist, dass das Sinnessignal nicht unverändert durchgeleitet wird – wie das beim Reflex geschieht –, sondern dass eine Bearbeitung stattfinden kann. Das Signal kann gefiltert, moduliert, sortiert oder gar völlig blockiert werden, wie wir das beim Schmerzsignal gesehen haben (▶ Abschn. 14.6). Unmittelbar nach der Übertragung des afferenten Signals auf das erste Netzwerk der Sinnesbahn haben wir es mit **Netzwerkaktivität** zu tun, die in jeder Hinsicht andere

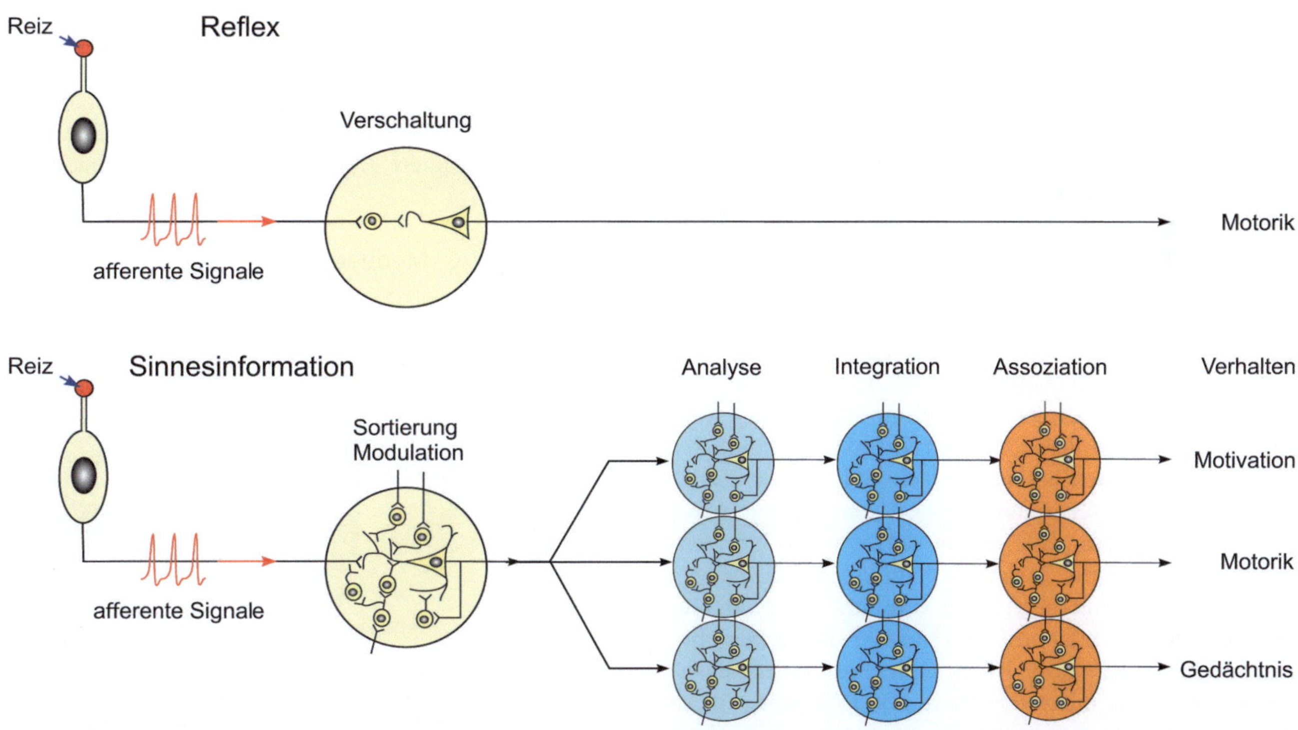

◘ **Abb. 15.1** Der lange Weg vom Reiz zum Verhalten. Schematischer Vergleich der Verschaltung von Reflexen (*oben*) mit der Verarbeitung von verhaltenssteuernden Sinnesinformationen (*unten*). Neuronale Verschaltungen von Reflexen zeichnen sich durch eine kleine Anzahl beteiligter Neuronen aus und steuern stereotype, schnelle, meist motorische Reaktionen. Bei der Verarbeitung von Sinnesinformationen werden die afferenten Signale beim Eintritt in das zentrale Nervensystem in Netzwerkaktivität umgewandelt. Diese Aktivität kann moduliert werden und produziert Ausgangssignale, die in weiteren Netzwerken sequenziell und parallel bearbeitet werden, bis es letztlich zu Verhaltensreaktionen kommt, welche auf die ursprüngliche Reizeinwirkung zurückzuführen sind

Eigenschaften haben kann als das primäre afferente Signal, das ursprünglich aus einem Sinnesorgan eingetroffen ist. Selbst die ersten Netzwerke, die Sinnesinformationen aufnehmen, werden schon von anderen Gehirnzentren kontrolliert. Über ein dichtes Netz aus **zentrifugalen Nervenfasern** (Fasern, die von „innen" – den höheren Verarbeitungszentren des Gehirns – nach „außen" zu den Eingangsnetzwerken verlaufen) kann die Qualität der eingehenden Sinnesinformationen gesteuert werden. Sie können verstärkt oder abgeschwächt werden, und besonders interessante Aspekte können hervorgehoben, andere ausgeblendet werden – je nach den aktuellen Bedürfnissen des Organismus.

Die Eingangsnetzwerke der verschiedenen Sinne erzeugen als Resultat ihrer Bearbeitung eigene Ausgangssignale, welche auf weitere Netzwerke im Gehirn verteilt werden. Beispiele sind das Tectum opticum im Gehirn von Fischen, Amphibien und Reptilien, das Hyperpallium des Vogelgehirns und die Sinnesareale im Neocortex der Säugetiere. Hier wird der Informationsgehalt der sensorischen Signale analysiert. Intensität, Qualität, räumliche Aspekte – alle zugänglichen Daten werden extrahiert und in Form von Netzwerkaktivität codiert. Dabei wird meist **parallele Datenverarbeitung** eingesetzt. Mehrere Verarbeitungszentren verarbeiten *gleichzeitig* unterschiedliche Aspekte der Sinnesinformation. Beispielsweise sind beim Menschen an der visuellen Wahrnehmung „ein rotes Auto, 50 m rechts" mindestens drei Verarbeitungszentren beteiligt: ein Zentrum für Objekterkennung („Auto"), ein Zentrum für Farbwahrnehmung („rot") und eines für Ortserkennung („50 m rechts") (▶ Abschn. 7.15, Sehen und Wahrnehmung). Durch die parallele Analyse wird zügig ein Satz Signale für die **Identifikation** eines Objekts zur Verfügung gestellt, der von nachgeschalteten Netzwerken verarbeitet werden kann. Für die Beurteilung einer Situation in der Umwelt muss zusätzlich jeder Gegenstand im Zusammenhang seiner Umgebung wahrgenommen werden. Dazu bedarf es der Integration aller verfügbaren Informationen in den aktuellen Zusammenhang, der Vorgang der **Kontexterkennung** – ein Schritt, der wiederum von nachgeschalteten Netzwerken erledigt wird. Das Resultat dieser Integration sensorischer Information („ein rotes Auto, 50 m rechts, auf einem Parkplatz") wird schließlich mit Attributen verknüpft, die auf **Gedächtnisinhalten** oder auf **emotionaler Bewertung** beruhen („ein rotes Auto, 50 m rechts, auf einem Parkplatz, das Auto meiner Freundin"). Erst wenn diese Assoziationsprozesse abgeschlossen sind, wird das Endergebnis des gesamten Prozesses in Verhaltensbeobachtungen erkennbar. Bei der Erforschung der Sinne mit Methoden der Verhaltensbiologie muss folglich die grundlegende Veränderung der Sinnesinformation durch vielschichtige neuronale Verarbeitungsebenen mitbedacht werden.

15.2 Nervensysteme wirbelloser Tiere

Neuronale Verarbeitung von Sinnesinformation kann nur stattfinden, wenn Nervenzellen Sinnesreize aufnehmen und ihre Ausgangssignale in vernetzte Gewebe aus Nervenzellen einspeisen. Nervennetze treten unter den Gewebetieren (den Metazoen) zum ersten Mal bei den Hohltieren (Coelenterata) auf, zu denen die Nesseltiere (Stamm Cnidaria*)* und die Rippenquallen (Stamm Ctenophora) gehören. Die Schwämme (Stamm Porifera) besitzen dagegen weder elektrisch erregbare Nervenzellen noch neuronale Netze. Solche Netzwerke findet man aber bei den **Nesseltieren**, in der einfachsten Form bei den Süßwasserpolypen der Gattung *Hydra*, deren Körper mit zwei bis vier voneinander getrennten **Nervennetzen** ausgestattet sind, welche die entodermalen und ektodermalen Epithelschichten durchziehen (◘ Abb. 15.2, *links*). Jedes dieser Netze steuert offenbar ein spezifisches Bewegungsmustern des Polypen wie Biegung oder Kontraktion. Innerhalb der Nervennetze liegt noch keine Differenzierung in Dendriten und Axone vor. Die multipolaren Neuronen kommunizieren offenbar in erster Linie durch die Sekretion von Neuropeptiden, zeigen aber synapsenartige Verbindungen untereinander sowie mit Muskel- und Epithelzellen. Unter den einigen Hundert Neuronen eines jeden Polypen befinden sich – eingebettet in ein Netz aus Ganglionneuronen – spezialisierte Sinneszellen, deren Sensoren mit der Körperoberfläche oder mit dem Bauchraum Kontakt haben. Und obwohl keine Sinnesorgane vorhanden sind, reagiert *Hydra* auf chemische, mechani-

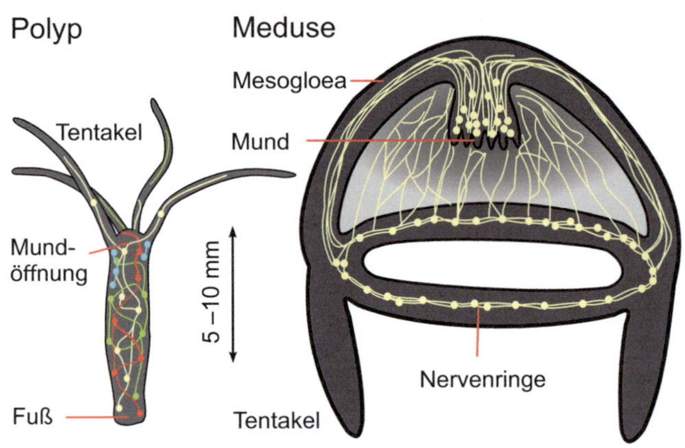

◘ **Abb. 15.2** Nervensysteme von Nesseltieren (Stamm Cnidaria). *Links*: Schematische Darstellung eines netzförmigen Nervensystems beim Süßwasserpolypen *Hydra vulgaris*. Die *vier Farben* symbolisieren vier funktionell unabhängige Netze, welche unterschiedliche Bewegungen steuern (radiale und longitudinale Kontraktion, Streckung und Biegung). *Rechts*: Im Nervensystem einer kleinen Meduse erkennt man einen Nervenring am unteren Mantelrand, eine Anhäufung von Neuronen um die Mundöffnung sowie axonale Verbindungen zwischen beiden Bereichen. Nach Dupre und Yuste (2017); Koizumi et al. (2015)

sche und thermische Reize. Seeanemonen (Ordnung Actiniaria) und andere Blumentiere (Klasse Anthozoa) verfügen über ähnlich einfache Nervensysteme und reagieren auf unterschiedliche Sinnesreize, beispielsweise auf Berührung ihrer Tentakel. Erst bei den medusenbildenden Nesseltieren (Quallen der Klassen Hydrozoa, Scyphozoa, Cubozoa) erreichen die Nervensysteme einen höheren Organisationsgrad. Quallen besitzen ein Nervennetz, das den gesamten Schirm durchzieht und darüber hinaus zwei unterschiedlich schnell leitende Nervenringe am Schirmrand aufweist (▫ Abb. 15.2, *rechts*). Besonders der schnell leitende innere Ring kontrolliert die rhythmischen Schirmbewegungen, mit deren Hilfe Quallen sich fortbewegen. Innerhalb der Ringe, die an mehreren Stellen miteinander verbunden sind, findet man unterschiedlich differenzierte Nervenzellen. Sowohl elektrische als auch chemische Synapsen verschalten diese Neuronen miteinander, wobei Neuropeptide die Transmitterfunktion erfüllen. Quallen besitzen zudem echte Sinnesorgane, deren elektrische Signale vor allem in den äußeren Nervenring eingespeist werden. Dazu gehören Gleichgewichtsorgane (Statocysten), Chemosensoren, Mechanorezeptoren und Augen. Besonders bei den Schirmquallen (Klasse Scyphozoa) sind mehrere Sinnesorgane in den als Rhopalien bezeichneten Sinneskörpern am Schirmrand zusammengelagert und liefern die Sinnesinformation für die Schwimmbewegungen der Tiere. Die Nesseltiere sind mithin die ersten Tiere, bei denen ausgedehnte Nervensysteme eine sensomotorische Koordination ermöglichen: Sensorische Signale werden aufgenommen und zur Steuerung der Körpermotorik eingesetzt.

Bei den bilateralsymmetrischen Tieren (Bilateria) erhält das Nervensystem durch die Bildung eines Kopfes (Cephalisation) eine Polarität. Am Vorderende werden Sinnesorgane wie Riech-, Tast- und Sehorgane angeordnet, und ein Gehirn bildet sich (Cerebralisation) zur Verarbeitung der afferenten Information und zur Steuerung der Motorik. Eine der einfachsten bilateralsymmetrischen Tiergruppen bilden die **Plattwürmer** (Stamm Plathelminthes). Ihre Nervensysteme zeigen in der einfachsten Form ein Gehirn, das als **Oberschlundganglion** bezeichnet wird, von dem aus zwei Markstränge aus Nervenzellen durch den gesamten Körper bis zum Hinterende verlaufen (▫ Abb. 15.3, *links*). In regelmäßigen Abständen sind die Markstränge durch Kommissuren verbunden, wobei jede Kommissur zwei Ganglien – kleine Anhäufungen von Markstrangneuronen – miteinander verbindet. Aus den Ganglien sprießen periphere Nervenfasern und innervieren die Haut. Dort befinden sich verschiedene Sinneszellen, Mechano-, Chemo- und Photorezeptoren sowie im Kopfbereich einige komplexere Sinnesorgane wie Statocysten, Becher- und Linsenaugen – insgesamt ein recht

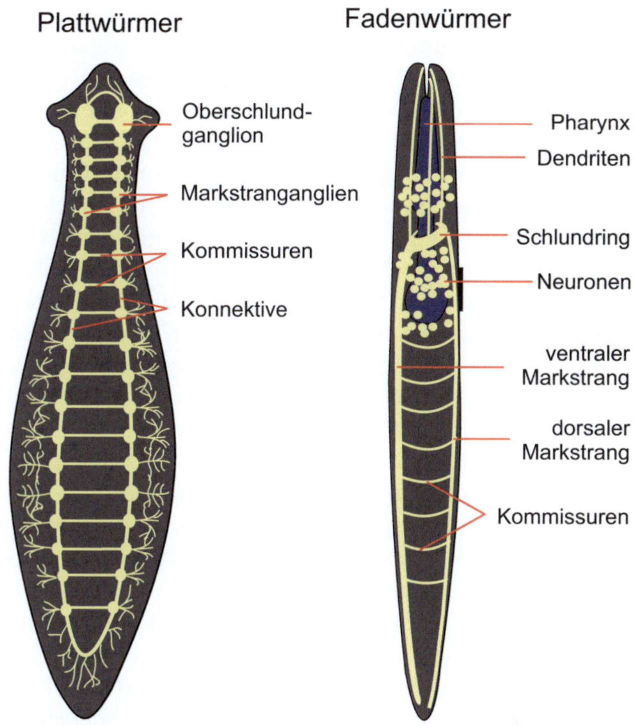

▫ **Abb. 15.3** Nervensysteme von Plattwürmern (Stamm Plathelminthes) und Fadenwürmern (Stamm Nematoda). *Links*: Schematische Darstellung des Nervensystems eines Strudelwurmes (Klasse Turbellaria) mit dem für Plattwürmer typischen Aufbau eines einfachen, cephalisierten Nervensystems mit dem rostral gelegenen Oberschlundganglion als Gehirn. *Rechts*: Schematische Darstellung des cycloneuralen Nervensystems von Fadenwürmern. Der um den Vorderdarm liegende Schlundring empfängt sensorische Signale aus der Mundregion und ist über einen ventralen Markstrang und einen oder mehrere Längsstränge mit allen Körperabschnitten verbunden. Nach Schafer (2016)

vielseitiges Sensorium. Da die Sinneszellen und Sinnesorgane über den ganzen Körper verteilt sind, muss die Sinnesinformation in Form von afferenten Signalen durch Markstränge und Kommissuren *schnell* bis zum Gehirn geleitet werden. Nur Reflexe können – durch lokale Verschaltungen von sensorischen und motorischen Neuronen in Reflexbögen – unabhängig vom Gehirn direkt am Ort der Reizeinwirkung ausgelöst werden.

Während fast alle Plattwürmer als Parasiten leben, haben sich die **Fadenwürmer** (Stamm Nematoda) mit zahlreichen Arten vielfältige Lebensweisen erschlossen, zu denen unter anderem die aktive Jagd nach Bakterien, Pilzen, Algen und Kleinsttieren wie Ciliophora (Wimpertierchen) zählt. Komplexe Sinnesorgane wie Pigmentbecheraugen und polymodale Seitenorgane (Amphiden) liegen am Kopfende, und mechanosensorische Borsten und Papillen können am ganze Körper verteilt sein. Die Tiere reagieren mit Ausweich- und Rückzugverhalten auf Berührung und verfügen über diverse motorische Bewegungsprogramme, welche von ihren Nervensystemen gesteuert werden. Im Kopf der Nematoden befinden sich keine Oberschlundganglien (Cerebralganglien). Ihr Gehirn bildet vielmehr einen **Schlundring** um den Vorderdarm, zusammengesetzt aus Axonen und Dendriten von Nervenzellen, deren Zellkörper in ganglienartigen Anhäufungen vor und hinter dem Schlundring zusammenliegen (◘ Abb. 15.3, *rechts*). Dieses kranzförmige Gehirn ist die kennzeichnende Eigenschaft der Cycloneuralia, zu denen neben den Fadenwürmern auch die Stämme Saitenwürmer (Nematomorpha), Priapswürmer (Priapulida), Korsetttierchen (Loricifera) und Hakenrüssler (Kinorhyncha) gezählt werden. Von den ganglienartigen Zellhaufen aus verlaufen dendritische Fasern zu den sensorischen Endigungen an der Mundöffnung, welche dort auf Lippen und Amphiden verteilt sind und vor allem mechanische, chemische, osmotische und thermische Sinnesmodalitäten vermitteln. Die afferenten sensorischen Signale erreichen zunächst sensorische Neuronen in den Zellhaufen und werden durch deren Axone zum Schlundring geleitet. Mehrere Längsstränge ziehen caudal vom Schlundring aus bis zum Hinterende des Wurmes. Einfachere Nervensystemen – beispielsweise bei *Caenorhabditis elegans* – bestehen aus einem dicken, ventral verlaufenden Markstrang aus Nervenzellen mit ihren Axonen sowie einem dünneren, nur aus Axonen bestehenden, dorsalen Längsstrang. Komplexere Nervensystemen wie das des Spulwurmes *Ascaris lumbricoides* können bis zu zwölf Längsstränge aufweisen. Nervenzellen im ventralen Markstrang sind durch Ringkommissuren mit den Längssträngen verbunden. Sowohl am Vorderende als auch am Hinterende der Fadenwürmer liegen Ganglien mit Ansammlungen von sensorischen und motorischen Neuronen. Die meisten Fadenwürmer erreichen nur Körperlängen von wenigen Millimetern. Einige wenige Arten können aber meterlang werden – ein Hinweis darauf, dass das Nervensystem der Fadenwürmer prinzipiell für die Fernleitung von neuronalen Signalen geeignet ist.

15

Charakteristisch für die Körperform der **Ringelwürmer** (Stamm Annelida) ist der metamere Aufbau aus ähnlich gestalteten Körpersegmenten sowie ein **Strickleiternervensystem**. Zu den Ringelwürmern gehören einerseits die Vielborster (Klasse Polychaeta), andererseits die Gürtelwürmer (Klasse Clitellata) mit den Wenigborstern (Unterklasse Oligochaeta) und den Egeln (Unterklasse Hirudinea) – allesamt Tiere mit weit entwickelten Sensorien. Unterschiedliche Tastorgane liegen in Härchen, Borsten und Palpen, Augen findet man in unterschiedlicher Ausführung am Kopf der Ringelwürmer, und verschiedene chemosensorische Organe liegen auf Antennen oder in Wimpergruben und Wimperwülsten, den Nuchalorganen, welche die Vielborster zur Untersuchung ihrer Nahrung einsetzen. Das Gehirn des Strickleiternervensystems wird von einem Oberschlundganglion gebildet, aus dem zwei Hauptnerven austreten und sich in der Form eines Schlundringes um den Vorderdarm legen (◘ Abb. 15.4, *links*). Weiter caudal verlaufen die beiden Nervenstränge nebeneinander auf der ventralen Köperseite als paariges Bauchmark, welches den Wurmkörper bis zum Hinterende durchzieht. In jedem Körpersegment liegt ein Paar Bauchganglien, die durch dorsolateral verlaufende Kommissuren verbunden sind. Bei Vielborstern und Wenigborstern sind die beiden Längsstränge oft zu einem einzigen Bauchmark verwachsen, während die Egel noch die ursprünglich paarigen, separaten Bauchmarkstränge aufweisen. In Längsrichtung sind die Bauchganglien – zusätzlich zu den aus dem Gehirn stammenden Markfasern – mit kurzen Nervensträngen, den Konnektiven, verbunden. Innerhalb eines jeden Segments steuern Nervenfasern aus den Ganglienpaaren die lokalen Organe und Muskeln, und über die Konnektive können benachbarte Segmente koordiniert werden.

Manche Ringelwürmer sind zu schnellen Fluchtbewegungen in der Lage und können dazu mehrere Segmente (vor allem Vielborster) oder gar alle Segmente (Wenigborster) in einer koordinierten Schreckreaktion ansteuern. Dabei helfen Riesenfasern mit besonders hoher Leitungsgeschwindigkeit für Aktionspotenziale. Solche Fasern liegen bei vielen Ringelwürmern (außer bei Egeln) eingebettet zwischen den beiden Fasersträngen des Bauchmarks. Die Leitungsgeschwindigkeit steigt bei den unmyelinisierten Nervenfasern der wirbellosen Tiere proportional mit dem Faserdurchmesser entsprechend:

$$v_{AP} = \sqrt{\frac{k\,r}{2\,R_i\,C_m}} \quad \text{(Gl. 15.1)}$$

Dabei steht v_{AP} für die Leitungsgeschwindigkeit von Aktionspotenzialen, r für den Innenradius der Faser, R_i für den axialen Innenwiderstand, C_m für die spezifische Membrankapazität des Axons, und k ist eine faserspezifische Konstante. Regenwürmer (Familie Lumbricidae der Wenigborster), deren Bauchmark sogenannte Kolossalfasern mit Durchmessern von 50–100 µm enthält (◘ Abb. 15.4, *links unten*), können Aktionspotenziale mit 10–20 m s^{-1} leiten, was dem Zehnfachen der Leitungsgeschwindigkeit von normal dicken Fasern entspricht. Auch sehr lange Ringelwürmer, beispielsweise der im Schwarzwald heimische Badische Riesenregenwurm (*Lumbricus badensis*) mit etwa 200 Körpersegmenten, können mithilfe der Riesenfasern die Muskulatur über ihre gesamte Körperlänge schnell und koordiniert steuern.

Bei manchen räuberisch lebenden, marinen Vielborstern, insbesondere bei den hoch entwickelten Nere-

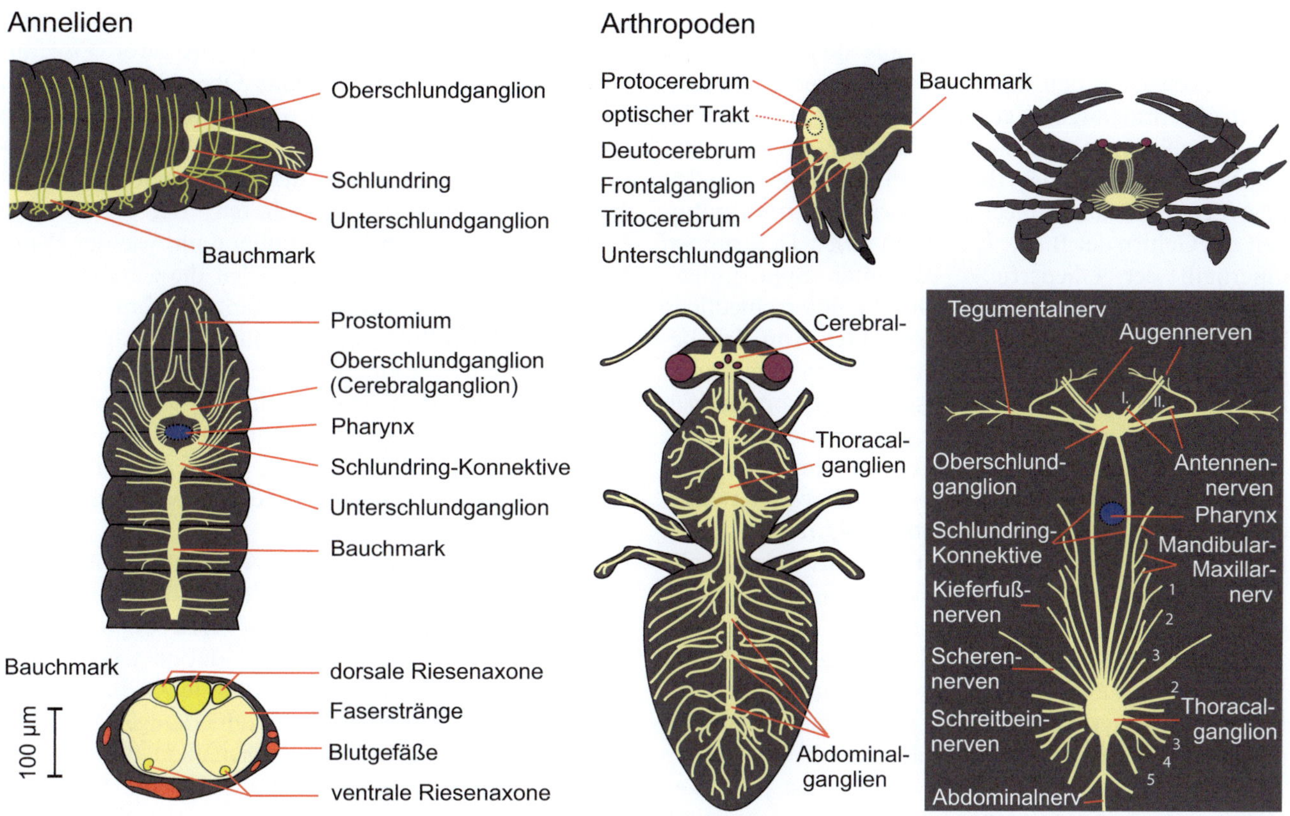

Abb. 15.4 Nervensysteme von Ringelwürmern (Stamm Annelida) und Gliederfüßern (Stamm Arthorpoda). *Links*: Ganglien im Kopfende eines Regenwurmes (Lumbicus terrestris) und Lage der schnell leitenden Kolossalfasern im Bauchmark (*links unten*). *Mitte*: Nervensystem der Honigbiene (*Apis mellifera*) mit dreigeteiltem Oberschlundganglion sowie Ganglien in Thorax und Abdomen. *Rechts*: Nervensystem einer Krabbe (Teilordnung Brachyura) mit einem kondensierten, komplexen Thoracalganglion

iden (Familie Nereididae), zeigt das Gehirn komplexere Strukturen, die in mancher Hinsicht an die nicht näher verwandten Insekten erinnern. Aus der Verschmelzung der obersten Bauchmarkganglien entsteht ein Unterschlundganglion, sodass man im Nereiden-Gehirn ein Vorder-, Mittel- und Nachhirn ausmachen kann. Sinnesinformationen aus Augen, Palpen, Nuchalorganen und Antennen werden in Vorderhirnstrukturen verarbeitet, die den Pilzkörpern im Insektengehirn ähnlich sehen und offenbar auch ähnlich funktionieren. Solche frappierenden Gemeinsamkeiten zwischen Tieren, deren Evolutionsgeschichten sich über Hunderte von Millionen Jahren getrennt voneinander vollzogen haben, weisen darauf hin, dass schon gemeinsame Vorläufer von Ringelwürmern und Gliederfüßern in vorkambrischer Zeit Entwicklungsgene besessen haben, deren strukturgebende Auswirkungen sich in den getrennten Evolutionslinien bis heute erhalten haben.

Die vielfältigen Nervensysteme der **Gliederfüßer** (Stamm Arthropoda) wirken in ihrer anatomischen Form von Gehirn und Strickleiternervensystem wie eine Fortführung der Nervensysteme von Ringelwürmern. Beide Systeme haben sich aber unabhängig voneinander entwickelt, ausgehend von urtümlichen bilateralsymmetrischen Tieren, die wohl vor etwa 550 Mio. Jahren gelebt haben. Während die Ringelwürmer zum Überstamm der Lophotrochozoa zählen, der nach der Trochophoralarve der wurmförmigen Trochozoen benannt ist, werden die Gliederfüßer bei den Ecdysozoa, den Häutungstieren, eingeordnet, jenen Tieren, deren Wachstum eine Serie von Häutungen (Ecdysis) erfordert. Beide Tiergruppen haben sich sehr früh in der Evolution der Protostomier getrennt und haben eigene Stammesgruppen mit sehr unterschiedlichen Nervensystemen hervorgebracht. In den Gehirnen der Gliederfüßer befinden sich Oberschlund- und Unterschlundganglien sowie diverse Kopfganglien. Funktionell kann man drei Gehirnbereiche (Abb. 15.4, *Mitte oben*) unterscheiden: Das **Protocerebrum** verarbeitet vor allem visuelle Signale aus den Augen, das **Deutocerebrum** nimmt Tast- und Geruchssignale aus den Antennen auf (Spinnentiere, Klasse Arachnida, haben keine Antennen und damit auch kein Deutocerebrum), und das kleinere **Tritocerebrum** innerviert die Mundregion sowie das zweite Antennenpaar der Crustaceen (Krebstiere). In Abb. 15.4 (*Mitte*) ist als Beispiel für die Insekten das Nervensystem der Honigbiene (*Apis mellifera*) veranschaulicht, das eine ausgedehnte Infrastruktur für afferente Signale aus Kopf, Thorax und Abdomen darstellt. Im Kopf werden Signale aus den Augen und Ocellen sowie aus den Antennen und Palpen in die paarigen Cerebralganglien geleitet und dort in den Pilzkörpern ausgewertet. Zusätzlich erreichen durch die vielen Verzweigungen der thoracalen und abdominalen Fasernetze vor allem mechanosensorische Informationen das Gehirn der Biene. Unter den vielen Tiergruppen innerhalb der Gliederfüßer (darunter Spinnentiere, Krebse und Insekten) haben sich sehr unterschiedliche Strickleiternervensysteme herausgebildet. Von den begriffsbildenden, parallelen Ganglienketten im Bauchmark mit regelmäßigen Kommissuren und Konnektiven über die Konzentration von Ganglien in einzelnen Körpersegmenten bis hin zu einem einzelnen ausgedehnten Ganglienkomplex im Thorax von Krabben (Teilordnung Brachyura; ◘ Abb. 15.4, *rechts*) findet man eine Vielzahl artspezifischer Nervensysteme – alle aber letztlich begründet auf der segmentalen Organisation von Strickleiternervensystemen.

Der umfangreiche und vielgestaltige Stamm der **Weichtiere** (Stamm Mollusca) weist sehr unterschiedlichen Nervensysteme auf, die von einfachen, wurmartigen Systemen bis zum komplexesten Nervensystem aller Wirbellosen reichen, dem der Kraken (Ordnung Octopoda). Die grundlegende Organisationsform ist das **Vierstrangsystem** (tetraneurales Nervensystem), bei dem von einem Schlundring aus vier Markstränge durch den Körper ziehen, zwei dorsal liegende Pleurovisceralstränge und zwei ventrale Pedalstränge. Man erkennt diesen Aufbau bei den Schnecken (Klasse Gastropoda; ◘ Abb. 15.5 *links*) und Muscheln (Klasse Bivalvia; ◘ Abb. 15.5 *Mitte*), wo der Schlundring aus einem paarigen Oberschlundganglion (den Cerebral- oder Cerebropleuralganglien) sowie jeweils zwei Visceral- und Pedalganglien besteht. Das Oberschlundganglion nimmt afferente Signale aus der Kopfregion auf, wozu vor allem die Augen, die Tentakel mit Tast- und Riechsinnen, Statocysten sowie die Mundregion mit verschiedenen Sinnesorganen gehören. Bei den großen Lungenschnecken (Ordnung Pulmonata) wie der Weinbergschnecke (*Helix pomatia*) fallen die Cerebralganglien besonders groß aus und weisen drei Verarbeitungsbereiche auf, ein Pro-, ein Meso- und ein Postcerebrum, wo Sinnesinformation vom gesamten Körper ausgewertet und zur Steuerung der Motorik eingesetzt wird. Die vier Markstränge enthalten nicht nur Axone, sondern auch die Zellkörper der Neuronen, und einige Körperganglien liegen paarig oder unpaarig auf allen vier Strängen.

Mit der Entwicklung großer Augen und einer dominanten Bedeutung des Sehsinnes für das Verhaltensrepertoire haben die Kopffüßer (Klasse Cephalopoda) einen deutlichen Schub bei der Evolution von Nervensystemen erlebt. Während die Perlboote (Ordnung Nautilida) mit ihren einfachen Lochkameraaugen noch mit recht einfachen Oberschlundganglien und Unterschlundganglien auskommen, besitzen die Kraken (Ordnung Octopoda) ein komplexes und leistungsstarkes Gehirn (◘ Abb. 15.5 *rechts*). Im Krakengehirn sind ganglienförmige Loben zu erkennen, die auf unterschiedliche sensorische und motorische Funktionen spezialisiert sind. Ein dorsal gelegener Lobus – der Vertikallobus – zeigt in Aufbau und neuronaler Verschaltung auffällige Ähnlichkeiten mit dem Cortex und dem Pallium von Landwirbeltieren. Es wird diskutiert, dass dieser Lobus

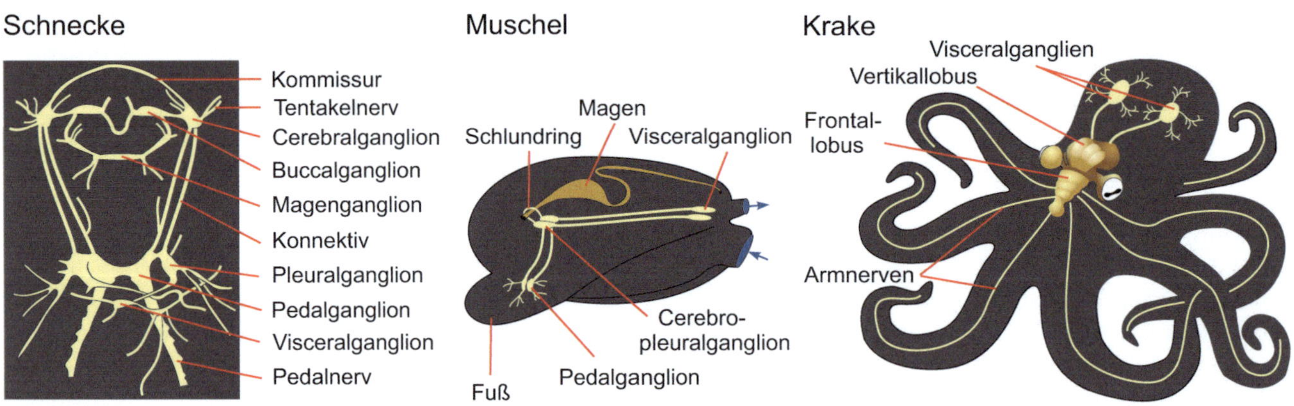

◘ **Abb. 15.5** Nervensysteme von Weichtieren (Stamm Mollusca). *Links*: Organisation des Nervensystems einer Schnecke (Klasse Gastropoda). Sinnesinformation erreicht die Cerebralganglien aus den Sinnesorganen der Tentakel. Der größte Teil des Nervensystems wird durch vier Ganglien geordnet: Zwei Pedalganglien steuern die Kriechmotorik und zwei Pleuralganglien die Organe. Die Pleuroviscералstränge sind bei vielen Schnecken achtförmig verdreht. *Mitte*: Bei Muscheln (Klasse Bivalvia) ist das ursprüngliche, tetraneurale Bauprinzip der Weichtiere mit zwei Pleuroviscеralsträngen und zwei Pedalsträngen gut zu erkennen. *Rechts*: Skizze des Nervensystems eines Kraken (Ordnung Octopoda in der Klasse Cephalopoda, Kopffüßer) mit Gehirn, Visceralganglien zur Steuerung der Organe sowie acht Armnerven zur Steuerung von halb autonomen neuromuskulären Systemen in den Armen. Ein Großteil der zentralen sensorischen Verarbeitung gilt visuellen Signalen aus den hoch entwickelten Augen. Nach Young (1971)

mit seinen weitreichenden Verbindungen im Krakengehirn möglicherweise die erstaunlichen kognitiven Fähigkeiten dieser Tiere hervorbringt. Zusammen bilden alle Loben drei anatomisch unterscheidbare Nervenmassen, die Oberschlund-, Nebenschlund- und Unterschlundmassen. Beim Gewöhnlichen Kraken (*Octopus vulgaris*) enthalten diese Nervenzellmassen etwa 42 Mio. Nervenzellen (mehr als die Hälfte davon im Vertikallobus) und bilden damit die größten **Kopfganglien** unter den Wirbellosen. Noch zehnmal so viele Nervenzellen befinden sich allerdings in den acht Armen sowie in den optischen Loben der beiden Augen. Mit insgesamt 500 Mio. Nervenzellen bildet das Krakengehirn vermutlich das größte Nervensystem unter den wirbellosen Tieren. Aus der Unterschlundmasse – dem Brachiallobus (dem motorischen Gehirn des Kraken) – gehen die Nervensysteme der acht Arme hervor. Da Kraken weder über ein Innen- noch über ein Außenskelett verfügen, haben die Arme keinerlei mechanische Stütze. Jede Haltung und jede Bewegung müssen durch das neuromuskuläre System der Arme koordiniert werden. Dies erfordert – ähnlich wie im Elefantenrüssel – ein hoch differenziertes und **teilautonom funktionierendes Nervensystem** in jedem einzelnen Arm. Zudem sind die Arme der Kraken mit Saugnäpfen besetzt, welche ebenfalls von teilautonomen, lokalen Nervensystemen gesteuert werden. Der Brachiallobus steuert offenbar eine Vielzahl von stereotyp ablaufenden Bewegungen und nutzt dazu die über die Armnerven eintreffende Sinnesinformation sowie seinen Zugriff auf die motorischen Netzwerke in den Armen.

15.3 Somatische Nervensysteme von Wirbeltieren

Bei der Beschreibung der Nervensysteme von Wirbeltieren greift man auf anatomische wie auch auf funktionelle Abgrenzungen zurück. Aus anatomischer Sicht kann man das **zentrale Nervensystem** gegen das **periphere Nervensystem** abgrenzen. Das Unterscheidungskriterium besteht darin, dass das zentrale Nervensystem in Schädel und Wirbelsäule eingeschlossen und durch eine Blut-Hirn-Schranke geschützt ist, während das periphere Nervensystem sich außerhalb dieser Grenzen befindet. Diese anatomische Sichtweise lässt sich auf fast alle Wirbeltiere von den Fischen an aufwärts anwenden. Zum zentralen Nervensystem gehören danach Gehirn und Rückenmark, zum peripheren Nervensystem die meisten Hirnnerven, die Spinalnerven sowie große Teile des vegetativen Nervensystems. Im Unterschied dazu orientiert sich eine funktionelle Unterscheidung daran, welche physiologischen Prozesse gesteuert werden. Das **vegetative (oder autonome) Nervensystem** steuert die Funktion aller Organe aufgrund von Informationen, welche von spezialisierten Sensoren gemessen und dem Gehirn zugeleitet werden (▶ Abschn. 15.4). Die Aktivität des vegetativen Nervensystems unterliegt kaum dem Willen, sondern wird durch angeborene Regelmechanismen gesteuert. Willentliche Prozesse, beispielsweise Willkürbewegungen und Vokalisation, werden im Gehirn bewusst geplant, und ihre Ausführung wird durch das **somatische (oder animalische) Nervensystem** vermittelt. Beide Abgrenzungen helfen dabei, eine Übersicht über die Nervensysteme der Wirbeltiere zu bekommen Es handelt sich um wissenschaftliche Klassifizierungen, deren Grenzen allerdings in lebenden Tieren auf vielfältige Weise durchbrochen werden.

Die **Gehirne der Wirbeltiere** zeigen von den ursprünglichen Cyclostomata (Rundmäuler) bis zu den Primaten eine vergleichbare Überstruktur (◘ Abb. 15.6 *links*). Folgt man der aus dem Körper durch das dorsal verlaufende Rückenmark (Medulla spinalis) eintreffenden Information, sind die ersten Gehirnbereiche für die neuronale Verarbeitung das Nachhirn (Myelencephalon) und das Hinterhirn (Metencephalon), welche zusammen das verlängerte Mark (Medulla oblongata) bilden. Der Strom der Information verläuft dann durch die Verarbeitungszentren des Mittelhirns (Mesencephalon) und des Zwischenhirns (Diencephalon) zum Endhirn (Telencephalon). Alle Wirbeltiere außer den Cyclostomata besitzen zudem ein Kleinhirn (Cerebellum), das dorsal am Hinterhirn ansetzt und mit den anderen Gehirnbereichen kommuniziert. Die Ähnlichkeiten im Gehirnaufbau beruhen auf einer segmentalen Struktur der Wirbeltierembryonen, einem neuromeren Entwicklungsmuster, welches die einzelnen Gehirnbereiche in immer der gleichen räumlichen Abfolge hervorbringt.

Die zentrale Drehscheibe für neuronale Signale, die aus dem Körper zum Gehirn (afferente Signale) sowie vom Gehirn aus zu den verschiedenen Körperregionen (efferente Signale) laufen, bildet das **Rückenmark**. Die Verbindung eines jeden Rückenmarkssegments – innerhalb eines Wirbels der Wirbelsäule – zu einer Körperregion verläuft durch jeweils ein Paar Spinalnerven, die sowohl sensorische Fasern von Sinneszellen als auch motorische Fasern zur Kontrolle der Muskulatur enthalten. Jeder Spinalnerv innerviert einen Teilbereich des Körpers; der dazugehörige Hautbereich wird als Dermatom bezeichnet. Wird ein Spinalnerv durchtrennt, verliert das Dermatom alle Sinnesempfindungen. Ein grundlegendes Ordnungsprinzip im Rückenmark ist die räumliche Trennung von afferenten und efferenten Signalen. Bei nahezu allen Wirbeltieren hat das Rückenmark eine Schmetterlingsform (die „graue Substanz“) mit zwei dorsalen Hinterhörnern und zwei ventralen

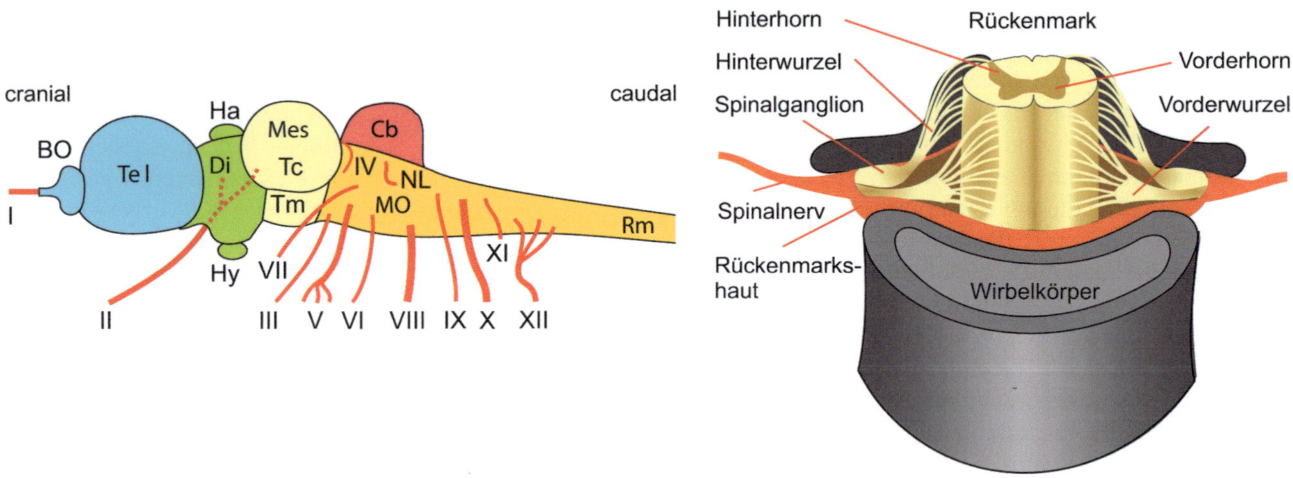

Abb. 15.6 Das zentrale Nervensystem der Wirbeltiere (Unterstamm Vertebrata). *Links*: Skizze des allgemeinen Aufbaus von Wirbeltiergehirnen. BO, Bulbus olfactorius; Cb, Cerebellum; Di, Diencephalon; Ha, Habenula; Hy, Hypothalamus; Mes, Mesencephalon; MO, Medulla oblongata (gebildet aus Metencephalon und Myelencephalon); Rm, Rückenmark; Tel, Telencephalon; Tc, Tectum; Tm, Tegmentum. Die *römischen Ziffern* kennzeichnen die Ansatzstellen der zwölf Hirnnerven. NL bezeichnet das Austrittsgebiet der Seitenliniennerven (Nervi laterales) bei Fischen und Amphibien. *Rechts*: Verbindungen der Spinalnerven mit dem Rückenmark in einem Wirbelsegment. Die Zellkörper von somatosensorischen Neuronen liegen in den Spinalganglien, von wo afferente Fasern durch die Hinterwurzeln zu den dorsal liegenden Hinterhörnern des Rückenmarks ziehen. Die Zellkörper von Motoneuronen liegen in den ventral ausgerichteten Vorderhörnern des Rückenmarks. Ihre efferenten Fasern verlaufen als Vorderwurzeln gebündelt zu den Spinalnerven. Das Rückenmark zeigt die schmetterlingsförmige graue Substanz, umgeben von der schlauchförmigen weißen Substanz. Die Rückenmarkshaut (Meninges medullae spinalis) ist wie die Hirnhaut dreischichtig aufgebaut aus der äußeren Dura mater, der mittleren Arachnoidea und der inneren Pia mater. Im Raum zwischen den inneren Häuten, dem Subarachnoidalraum, befindet sich die Rückenmarksflüssigkeit (Liquor cerebrospinalis), in welcher das Rückenmark schwimmend gelagert ist

Vorderhörnen (Abb. 15.6 *rechts*). Zur Verbindung der Spinalnerven mit dem Rückenmark verlassen alle afferenten Fasern ihren Spinalnerven und erreichen als Hinterwurzel gebündelt ausschließlich die Hinterhörner des Rückenmarks. Die efferenten Fasern der Motoneuronen verlaufen dagegen ausschließlich von den Vorderhörnern aus durch die Vorderwurzeln in die Spinalnerven. Durch diese vollständige Trennung von Sensorik und Motorik bildet das Rückenmark zwei weitgehend voneinander isolierte Verarbeitungszentren: neuronale Netze zur Bearbeitung von Sinnesinformationen im dorsalen Rückenmark und neuronale Verschaltungen zur Steuerung der Skelettmuskulatur im ventralen Rückenmark. Beide Bereiche werden von einem schlauchartigen Nervengewebe umgeben, der „weißen Substanz". Hierin leiten Faserstränge aus Millionen von Axonen afferente und efferente Signale zwischen den Rückenmarkssegmenten und dem Gehirn.

15

Aus dem Rückenmark gelangen afferente Signale in die **Medulla oblongata** (das verlängerte Mark), das aus den ventralen Teilen von Nachhirn und Hinterhirn gebildet wird. Hier befinden sich bei allen Wirbeltieren vitale Integrations- und Steuerungszentren wie das Kreislauf- und Atemzentrum sowie das retikuläre System (Formatio reticularis), welches Aufmerksamkeit und Wachheit kontrolliert. Auch viele reflektorische Motorprogramme wie Schlucken, Niesen und Würgen werden von hier aus gesteuert. An der Medulla oblongata setzen mehrere der paarigen Hirnnerven (V–XII; Tab. 15.1) an, die in diesem Bereich ihre sensorischen und motorischen Kerne haben. Nur bei Vögeln und Säugern liegt ventral am Hinterhirn die Brücke (Pons), mit eigenen, „pontinen" Kernen und Faserbahnen, die vor allem Signalflüsse zwischen dem Kleinhirn und vorderen Hirnbereichen vermitteln. Das **Kleinhirn** selbst hat eine auffällig stereotype Zellstruktur, obwohl Größe und Form des Kleinhirns bei unterschiedlichen Wirbeltiergruppen stark variieren können. Immer aber ist als charakteristische Schicht die modular aufgebaute Kleinhirnrinde zu erkennen, in welcher als zentrale Projektionsneuronen die Purkinje-Zellen mit ihren ausladenden, fast zweidimensional abgeflachten Dendritenbäumen geschichtet angeordnet sind. Zu den zentralen Funktionen des Kleinhirns gehört die Koordination von Bewegungen sowie das Erlernen von Bewegungsabläufen.

Für viele sensorische Verarbeitungsprozesse ist das **Mittelhirn** ein Ort von zentraler Bedeutung. Das Mittelhirndach (Tectum) ist bei allen Wirbeltieren außer den Säugetieren das wichtigste Zentrum für die Verarbeitung visueller Signale (Tectum opticum). Eine Eigenheit des Mittelhirndaches ist seine horizontale Schichtung, bei welcher die obersten Schichten auf die Auswertung visueller Informationen spezialisiert sind, während die tieferen Schichten Signale von anderen Sinnen – auditorische, taktile und andere – beziehen. Das Tectum wirkt

Tab. 15.1 Systematik der Hirnnerven der Wirbeltiere (Vertebrata). Während bei Fischen die Hirnnerven 0–X vorkommen, besitzen alle Landwirbeltiere (Tetrapoda) die Hirnnerven 0–XII

Nummerierung	Bezeichnung	Funktion
0	*N. terminalis*	sensorische und neurosekretorische Funktionen in Nasenschleimhaut und vomeronasalem Organ
I	*N. olfactorius*	Riechnerv; leitet Signale von Riechzellen der Nase
II	*N. opticus*	Sehnerv; leitet Signale von Ganglienzellen der Netzhaut
III	*N. oculomotorius*	steuert Bewegungen von Augen, Lidern, Iris
IV	*N. trochlearis*	steuert die oberen, schrägen Augenmuskeln
V	*N. trigeminus*	Drillingsnerv; leitet sensorische Signale vom Kopf
VI	*N. abducens*	steuert die seitlichen Augenmuskeln
VII	*N. facialis*	leitet sensorische Signale vom vorderen Zungenbereich und steuert die mimische Muskulatur
VIII	*N. vestibulocochlearis*	leitet sensorische Signale aus Vestibularorgan und Cochlea des Innenohrs
IX	*N. glossopharyngeus*	leitet sensorische Signale vom hinteren Zungenbereich, steuert Schluckmuskulatur und Ohrspeicheldrüsen
X	*N. vagus*	Hauptnerv des Parasympathicus
XI	*N. accessorius*	steuert Hals- und Schultermuskulatur
XII	*N. hypoglossus*	steuert die Bewegung der Zunge

dadurch bei allen Wirbeltieren als sensorisches Integrationszentrum und bringt beispielsweise Sehfeld und Hörraum miteinander in Übereinstimmung. Bei Säugetieren (Klasse Mammalia) bildet die Vierhügelplatte (Corpora quadrigemina) das Mittelhirndach, und die paarigen oberen Hügel (Colliculi superiores) entsprechen dem Tectum opticum der anderen Wirbeltiere. Der zweite Bereich des Mittelhirns ist der Torus semicircularis, dem bei Säugetieren das untere Hügelpaar (Colliculi inferiores) entspricht. Der Torus ist eine zentrale Verschaltungsstation in der Hörbahn der Wirbeltiere, verarbeitet aber auch mechanosensorische und, bei Fischen mit Elektrosinn (► Abschn. 12.3), die elektrosensorische Information. Der dritte Mittelhirnbereich wird schließlich von der Haube (Tegmentum) gebildet, die vor allem motorische Funktionen erfüllt (hier liegt der Kern des III. Hirnnerven). Ein wichtiger Kern im Tegmentum ist bei allen Wirbeltieren von den Knorpelfischen (Klasse Chondrichthyes) bis zu den Säugern der Nucleus ruber, eine Drehscheibe der motorischen Steuerung zwischen motorischen Zentren des Zwischenhirns, des Kleinhirns und des Rückenmarks.

Das **Zwischenhirn** bildet ein vertikales Segment des Wirbeltiergehirns, das am dorsalen Ende die Habenulae (Nuclei habenulares), das Prätectum (Area praetectalis) sowie die Zirbeldrüse (Epiphyse, Pinealorgan, Glandula pinealis) trägt – allesamt Strukturen des Epithalamus. Die Habenulakerne haben eine wichtige Funktion als Komponenten der Riechbahn, das Prätectum als Bestandteil der Sehbahn, und die Zirbeldrüse spielt eine Schlüsselrolle bei der Steuerung biorhythmischer Prozesse. Unterhalb des Epithalamus liegt der dorsale Thalamus, dessen Kerne die zentrale Ordnungs- und Umschaltstation der afferenten Sinnesinformation bilden. Die einzelnen Kerne leiten die vorgeordneten Informationen zu den Sinnesregionen des Endhirns weiter, wo die bewusste Sinneswahrnehmung erzeugt wird. Der dorsale Thalamus wird wegen dieser Verteilungsfunktion gelegentlich als „Tor zum Bewusstsein" bezeichnet, wobei neben der Durchleitung sensorischer Signale auch die Möglichkeit gemeint ist, das „Tor" zu schließen, wenn nämlich im Schlaf der Zugang von sensorischen Signalen zum Endhirn im Thalamus blockiert wird. Der ventrale Thalamus erfüllt bei Fischen ähnliche Aufgaben als Vermittler zwischen Sinnesorganen und Endhirn. Bei Landwirbeltieren verlagern sich diese Aufgaben in den dorsalen Thalamus, während dem ventralen Thalamus eine Steuerungsfunktion zukommt. Er umgibt mit einem netzartigen Kern (Nucleus reticularis thalami) den dorsalen Thalamus und reguliert dessen Aktivität. Am ventralen Ende des Zwischenhirns befindet sich der Hypothalamus, die oberste Instanz der Hormonsysteme bei Wirbeltieren. Die verschiedenen Kerngebiete des Hypothalamus erfassen Zustandsparameter des Körpers und reagieren darauf mit homöostatischen Regelprozessen. Diese Prozesse werden über

Neurohormone und Releasing-Hormone vermittelt. Neurohormone wirken systemisch im ganzen Körper, während Releasing-Hormone die Freisetzung (engl. *release*) von glandotropen Hormonen aus der Hirnanhangsdrüse (Hypophyse, Glandula pituitaria) steuern. Das Zwischenhirn erfüllt damit neben der zentralen Verwaltung von Sinnesinformation auch die Kontrolle über die hormonelle Steuerung des gesamten Körpers.

Mehr als die anderen Gehirnbereiche variieren Form und Größe des **Endhirns** zwischen den einzelnen Klassen der Wirbeltiere. Während die weiter caudal gelegenen Hirnregionen Aufgaben erfüllen, die im Großen und Ganzen bei allen Wirbeltieren ähnlich sind, spiegeln die Endhirne die Stärken und Beschränkungen der Hirnleistung jeder Wirbeltiergruppe wider. Erscheint das Endhirn bei Cyclostomata und Knorpelfischen noch als ein kleines Anhängsel des Riechkolbens, wird es bei Knochenfischen, Amphibien und Reptilien schon zu einer dominanten Struktur des vorderen Gehirns. Bei Vögeln und Säugetieren schließlich wölbt sich das Endhirn markant hervor und stellt etwa die Hälfte des gesamten Hirnvolumens. Bei allen Wirbeltieren wird das Endhirn von einem Hirnmantel (Pallium) bedeckt, unter dem ventral das Subpallium liegt. Der Hirnmantel besteht aus drei funktionell unterscheidbaren Bereichen, dem lateralen, dorsalen und medialen Pallium. Bei Säugetieren, bei welchen der Hirnmantel als Hirnrinde (Cortex) bezeichnet wird, bildet der laterale Bereich den piriformen Cortex (die primäre Riechrinde), der dorsale Bereich die Großhirnrinde und der mediale Bereich den Hippocampus. Bei Vögeln ist es das laterale Pallium, das einen Hirnbereich für hoch entwickelte kognitive Leistungen hervorbringt. Der „dorsale ventrikuläre Kamm" zeigt zwar keine cortextypische Gewebeschichtung, aber eine vergleichbare Funktion. Im Subpallium des Endhirns liegen das Striatum (Streifenkörper), eine Schlüsselkomponente der Basalganglien und damit ein Zentrum der Verhaltenssteuerung, sowie das Septum (Area septalis), welchem durch Verbindungen mit dem Hippocampus und der Riechbahn eine Rolle bei der Bewertung und dem Erinnern von Gerüchen zugeschrieben wird. Die verschiedenen Bereiche im Endhirn der Wirbeltiere werten Sinnesinformationen aus, bewerten die aktuelle Situation und steuern die Planung und Durchführung von Verhalten.

15.4 Vegetative Nervensysteme von Wirbeltieren

Neben dem somatischen Nervensystem, dessen auffälligste Leistungen die sensomotorische Koordination und das Hervorbringen kognitiver Prozesse sind, verfügen alle Wirbeltiere zusätzlich über ein vegetatives Nervensystem, welches weitgehend unabhängig von willentlicher Steuerung arbeitet und aus diesem Grund auch als autonomes (gelegentlich auch unwillkürliches) Nervensystem bezeichnet wird. Das vegetative Nervensystem steuert zusammen mit dem Hormonsystem das Gleichgewicht aller Organ- und Stoffwechselaktivitäten. Es sorgt dafür, dass dieses Gleichgewicht in allen Lebenssituationen – seien sie so unterschiedlich wie friedlicher Schlaf und panische Flucht – gewahrt bleibt. Die Stabilisierung des Gleichgewichts aller inneren Vorgänge, die **Homöostase**, ist lebenswichtig, und so findet man vegetative Nervensysteme schon bei den einfachsten heute noch lebenden Wirbeltieren, den Schleimaalen und Neunaugen (Klassen Myxini und Petromyzontida). Obwohl die anatomischen Details der vegetativen Nervensysteme bei diesen Rundmäulern (Überklasse Cyclostomata) noch nicht vollständig erforscht sind, erkennt man schon das allgemeine Funktionsprinzip, nämlich die Aufteilung in zwei antagonistisch wirkende Systeme: eines, das aktivitätssteigernd – ergotrop – wirkt, und eines, das die Verdauungsprozesse unterstützt, indem es trophotrope Steuerbefehle vermittelt. Bei den Knorpelfischen (Klasse Chondrichtyes) weist das vegetative Nervensystem bereits die für alle höheren Wirbeltiere typische Dreiteilung auf: ein **ergotroper Sympathicus**, ein **trophotroper Parasympathicus** und ein **enterisches Nervensystem**, welches die Aktivität des gastrointestinalen Traktes steuert. Nur wenige anatomische Details unterscheiden die vegetativen Nervensystem bei Knorpelfischen und höheren Wirbeltieren, und schon die Knochenfische (Reihe Osteichtyes) besitzen ein vegetatives Nervensystem, welches dem von Säugetieren in anatomischer und funktioneller Hinsicht weitgehend entspricht (■ Abb. 15.7). Vegetative Nervensysteme zur koordinierten Steuerung der Organe sind also früh in der Evolution der Wirbeltiere entstanden; sie gehören zur neuronalen Grundausstattung dieser Tiergruppe.

Sympathicus und Parasympathicus sind die ausführenden Leitungssysteme für Signale zur Organsteuerung, welche im Gehirn erzeugt werden und dann über die beiden Leitungswege zum Zielort gelangen. Beide Systeme nehmen im zentralen Nervensystem – im Hirnstamm und im Rückenmark – die Steuersignale auf und leiten sie zu den jeweiligen Ganglien des sympathischen oder parasympathischen Systems. Dort werden **efferente Steuersignale** auf ausführende, postganglionäre Neuronen übertragen und zu den Organen geleitet. Die postganglionären Neuronen bilden keine echten Synapsen an ihren Zielorganen. Vielmehr tragen sie im Bereich der Nervenendigungen bläschenartige Verdickungen (Varikositäten), welche mindestens eine Neurotransmittersubstanz enthalten, die sie beim Eintreffen von Aktionspotenzialen freisetzen. Die

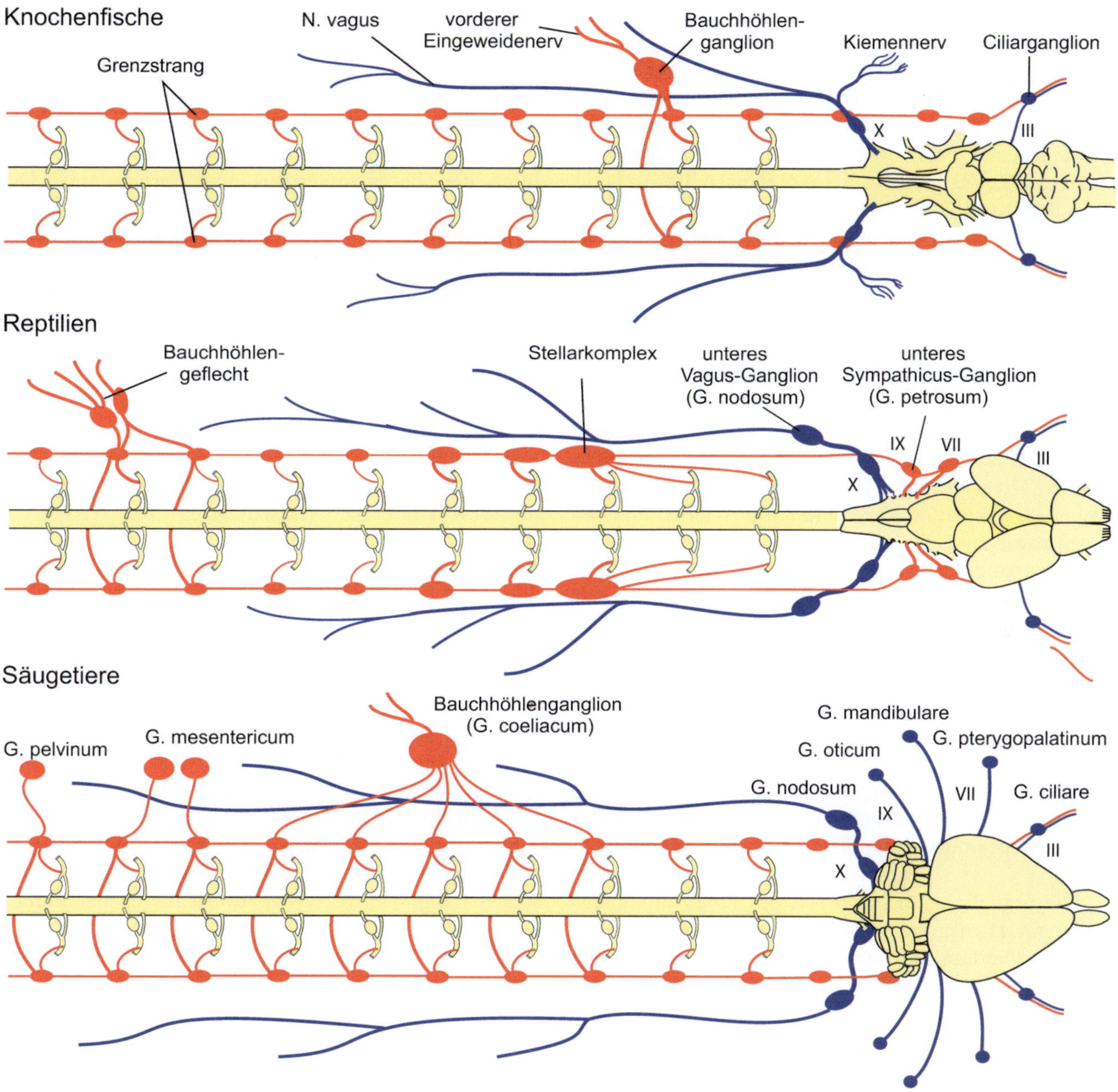

Abb. 15.7 Das vegetative Nervensystem der Wirbeltiere (Vertebrata). Stark schematisierte Übersicht zur Veranschaulichung der Ähnlichkeiten zwischen den vegetativen Nervensystemen der Wirbeltiere. Dargestellt sind die sympathischen (*rot*) und parasympathischen (*blau*) Abschnitte und deren Verbindungen zum zentralen Nervensystem. *Oben*: Knochenfische besitzen schon einen durchgehenden Grenzstrang mit paarigen, paravertebralen Sympathicus-Ganglien. Über das unpaarige Bauchhöhlenganglion (Ganglion coeliacum) werden die Eingeweide mit sympathischen Fasern innerviert. Die parasympathische Innervation der Organe wird durch den *Nervus vagus* geleistet, dessen Fasern über den X. Hirnnerven mit dem Gehirn verbunden sind. Zusätzlich führen parasympathische Fasern mit dem III. Hirnnerven durch das Ciliarganglion (G. ciliare) zu den Augen. Auch Sympathicus-Fasern verlaufen durch das Ciliarganglion, bilden dort aber keine synaptische Verschaltung. *Mitte*: Im vegetativen System der Reptilien kommen die hirnnahen, unteren Ganglien des Sympathicus (G. petrosum) und des Parasympathicus (G. nodosum) hinzu, und zwei weitere Hirnnerven – der VII. und der IX. – sind mit dem Sympathicus verbunden. Ein Stellarkomplex im Halsbereich innerviert den Schultergürtel und das Herz. *Unten*: Bei Säugetieren bilden sich zusätzliche sympathische Ganglien in Unterbauch und Becken. Parasympathische Fasern verlaufen auch über den VII. und IX. Hirnnerven. Nach Nilsson (2011)

Transmittermoleküle diffundieren über Strecken von etwa 1 µm, bis sie an Rezeptoren in der Plasmamembran der Zielorgane binden und die notwendigen Steuerfunktionen auslösen.

Während beide Systeme ihre Signale über eine Kette aus nur zwei Neuronen leiten, ein präganglionäres und ein postganglionäres Neuron, verlaufen die Wege der präganglionären Neuronen sehr unterschiedlich bei

Sympathicus und Parasympathicus. Denn die meisten Ganglien des Sympathicus liegen aufgereiht in zwei Ketten an beiden Seiten der Wirbelsäule, während die parasympathischen Ganglien nahe an den Zielorganen liegen. Bei den meisten Wirbeltieren befindet sich rechts und links eines jeden Brustwirbels (Th1–Th12) – sowie an einigen Lendenwirbeln (L1–L6; je nach Tierart) und am Kreuzbein (S2–S4) – jeweils ein Ganglion des Sympathicus, die zusammen den **Grenzstrang des sympathischen Nervensystems** bilden (Abb. 15.7 *rot*). Präganglionäre Neuronen im Rückenmark führen ihre Axone durch die Vorderwurzeln zu den Grenzstrangganglien, wo sie synaptische Verbindungen mit den postganglionären Neuronen bilden. Der Neurotransmitter dieser Synapsen ist Acetylcholin, die postsynaptischen Rezeptoren sind **nicotinische Acetylcholinrezeptoren**. Die Axone des Großteils der postganglionären Neuronen verlaufen aus den Grenzstrangganglien zu den Zielorganen, insbesondere zur glatten Muskulatur von Arterien und Organen sowie zu exokrinen und endokrinen Drüsen. Einige postganglionäre Neuronen leiten ihre Signale in benachbarte Ganglien des Grenzstranges oder zurück ins Rückenmark und dienen damit der Koordination der sympathischen Steuerung. Zusätzlich zum Grenzstrang verfügt der Sympathicus noch über einige unpaarige, freiliegende Ganglien wie das Bauchhöhlenganglion (Ganglion coeliacum), das Ganglion mesentericum craniale und das Ganglion mesentericum caudale. Präganglionäre Neuronen erreichen diese Ganglien ebenfalls durch den Grenzstrang, ihre Axone verlaufen aber durch die Grenzstrangganglien, ohne dort Synapsen zu bilden.

Die pränglionären Neuronen des Parasympathicus liegen im Hirnstamm und im Sakralmark. Dementsprechend verläuft der **parasympathische Zugang durch die Hirnnerven** sowie durch Axone von präganglionären Neuronen in den Zwischenhörnern des **Rückenmarks im Kreuzbein**. Die wichtigste Verbindung zwischen Hirnstamm und den parasympathischen Ganglien ist der Nervus vagus (X. Hirnnerv). Die Zellkörper der Vagus-Neuronen liegen konzentriert in der Medulla oblongata, aber ihre Axone erreichen Ganglien an allen Organen – ein weitverzweigtes Steuersystem, das diesem Nerv den Namen „vagabundierender" Nerv eingebracht hat. Neben dem Vagus-System vermitteln bei Landwirbeltieren auch anderen Hirnnerven parasympathische Signale, insbesondere der N. oculomotorius (III), der N. facialis (VII) und der N. glossopharyngeus (IX). Beiträge einzelner Hirnnerven zum Parasympathicus sind unterschiedlich bei verschiedenen Wirbeltiergruppen; die dominante Rolle des N. vagus bei der Steuerung der Organe ist jedoch unverändert seit den frühesten Wirbeltieren. Die Übertragung der Steuersignale auf postganglionäre Neuronen in den organnahen Ganglien des Parasympathicus wird ebenfalls durch Acetylcholin und nicotinische Acetylcholinrezeptoren vermittelt.

Wie kommt es zur **antagonistischen Steuerung der Organe** durch die beiden Abteilungen des vegetativen Nervensystems? Wie wird beispielsweise die Herzschlagfrequenz durch den Sympathicus beschleunigt, durch den Parasympathicus aber verlangsamt? Der neuronale Mechanismus dieser gegensinnigen Wirkung beruht auf der Freisetzung unterschiedlicher Neurotransmitter aus den Varikositäten der jeweiligen postganglionären Neuronen. Wird ein postganglionäres Neuron des Sympathicus erregt, gelangt aus seinen Varikositäten der Transmitter **Noradrenalin** an die Zielorgane und wirkt auf **Adrenozeptoren** in den Zielzellen. Beim Herz sind dies β_1-Adrenozeptoren in den Zellen des Sinusknotens, deren Schrittmacherfrequenz durch Noradrenalin erhöht wird (positiv chronotrope Wirkung). Steuersignale über den Sympathicus erhöhen auf diese Weise die Herzschlagfrequenz. Treffen dagegen Steuersignale über den Parasympathicus am Sinusknoten ein, wird **Acetylcholin** freigesetzt und aktiviert **muscarinische M_2-Acetylcholinrezeptoren** in den Sinuszellen. Diese Rezeptoren bremsen das Herz, indem sie über die Öffnung von Kaliumkanälen die Sinuszellen hyperpolarisieren. Acetylcholin wirkt daher negativ chronotrop – es wirkt antagonistisch zur Steuerung durch den Sympathicus. Im lebenden Organismus werden die Signale über Sympathicus und Parasympathicus stets den aktuellen Anforderungen gemäß sehr genau austariert. Dabei geht die Regulation vom Kreislaufzentrum im Hirnstamm aus; hier wird der Bedarf ermittelt, sodass wohldosierte Steuersignale über die beiden antagonistischen Signalwege ausgegeben werden können. In ähnlicher Weise werden alle Organe und Drüsen der Wirbeltiere gesteuert (Abb. 15.8). Eine Ausnahme stellt die arterielle Gefäßmuskulatur dar, die in der Regel nur sympathisch innerviert ist. Steuersignale durch den Sympathicus können dazu eingesetzt werden, die Arteriolen von peripheren Gefäßen über α_1-Adrenozeptoren enger zu stellen, um beispielsweise Wärmeverlust durch die Haut zu reduzieren. Die Venenmuskulatur ist ebenfalls nur sympathisch innerviert; auch hier löst der Sympathicus über α_1-Adrenozeptoren eine Vasokonstriktion aus, die zur Umverteilung des Blutes im Körper dienen kann.

Das vegetative Nervensystem erreicht seine Flexibilität durch einen Satz **Neurotransmitterrezeptoren**, mit deren Hilfe die Wirkung der beiden Neurotransmitter Noradrenalin und Acetylcholin je nach Anforderung aktivierend oder hemmend ausfallen kann; sowohl Noradrenalin als auch Acetylcholin können die Zielgewebe aktivieren oder hemmen. In Tab. 15.2 sind die wichtigsten Rezeptortypen aufgeführt. Die Doppelinnervation einer Zielzelle durch sympathische und

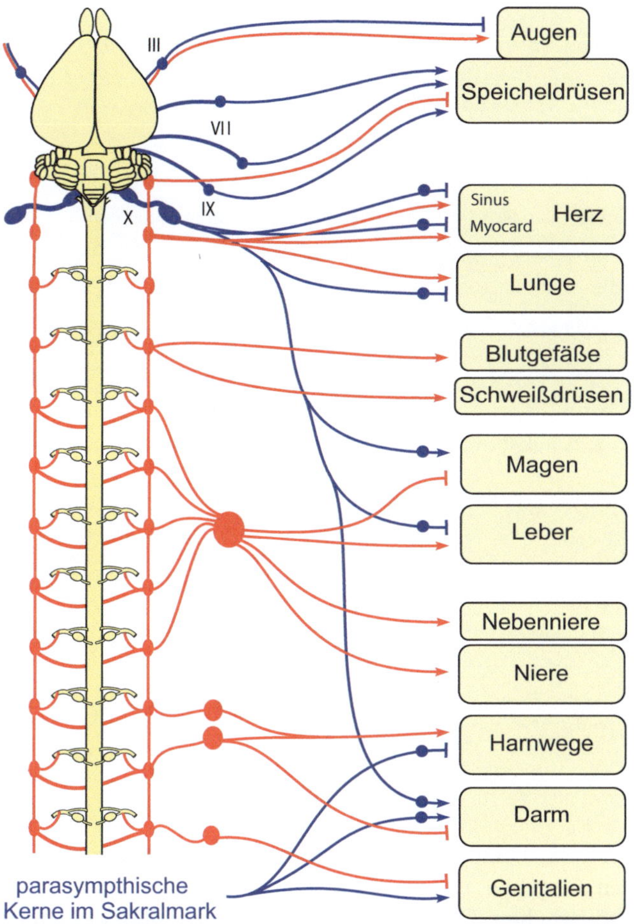

Abb. 15.8 Vegetative Steuerung der Organe bei einem Säugetier. Efferente Sympathicus-Verbindungen (*rot*) und Parasympathicus-Verbindungen (*blau*) wirken oft antagonistisch auf die Zielorgane. Pfeilspitzen symbolisieren hier Aktivierung, T-Endigungen Hemmung

parasympathische Endigungen – sowie die Expression von noradrenergen *und* cholinergen Rezeptoren – bringen den Vorteil einer besonders schnellen und robusten Steuerung in beide Richtungen: Aktivierung und Hemmung. Dennoch weisen einige Organe nur sympathische Innervation auf, beispielsweise die Blutgefäße und die Nebenniere (Abb. 15.8). Hier wird der vegetative Effekt nur durch den Grad der Aktivierung der Sympathicus-Fasern dosiert: je stärker die Sympathicus-Aktivierung, desto stärker die Vasokonstriktion von Arteriolen und die Adrenalinsekretion aus dem Nebennierenmark. Bei Nachlassen der Sympathicus-Aktivität kann der Innendruck die Blutgefäße aufweiten (Vasodilatation), und die Adrenalinfreisetzung versiegt.

Die Steuersignale des vegetativen Nervensystems regulieren in vielen Fällen Gewebe mit Schlüsselfunktionen im jeweiligen Zielorgan. So steuern Noradrenalin und Acetylcholin beispielsweise *direkt* die Aktivität von Acinuszellen exokriner Drüsen, von Sinuszellen im Herz und von glatten Muskelzellen in der Wand von Blutgefäßen. Zu dieser Direktwirkung kommt noch eine indirekte Steuerung, bei welcher der dritte Abschnitt des vegetativen Nervensystems, das **enterische Nervensystem**, Ziel der sympathischen und parasympathischen Steuerung ist. Enterische Nervensysteme umgeben netzartig die Verdauungskanäle aller Metazoen. Sie sind vermutlich die ältesten Nervensysteme überhaupt und haben sich beispielsweise bei Nesseltieren (Stamm Cnidaria) lange vor dem Auftreten von zentralen Nervensystemen gebildet. Verdauungskanäle müssen Nahrung aufnehmen und verdauen, und sie müssen Unverdautes wieder ausscheiden – beides Vorgänge, welche die Bewegung der Nahrung im Verdauungstrakt erfordern. Auch das Prinzip dieser Bewegung, die **propulsive Peristaltik**, ist evolutionsgeschichtlich sehr alt. Nahrung wird durch koordinierte Kontraktionen von zwei Muskelschläuchen vorwärtsgetrieben, einer äußeren Längsmuskelschicht und einer inneren Quermuskelschicht, welche durch zwei Schichten des enterischen Nervensystems gesteuert werden. Bei Wirbeltieren liegt der Plexus myentericus zwischen den beiden Muskelschläuchen, der Plexus submucosus zwischen dem inneren Muskelschlauch und dem Darmepithel. Die neuronalen Netze des enterischen Nervensystem arbeiten weitgehend autonom. Sie verfügen über eigenen Sensoren in der Wand des Verdauungstraktes, die bei Stimulation durch Nahrungspartikel peristaltische Reflexe auslösen. Ihre Aktivität wird aber durch den Parasympathicus beschleunigt und durch den Sympathicus verlangsamt. So verschieben die vegetativen Zentren des Hirnstamms nach einer üppigen Mahlzeit die Balance zugunsten der parasympathischen Aktivität. Dies unterstützt die trophotrope Regulation – die Verdauungstätigkeit – und macht zugleich müde (Hemmung der ergotropen Prozesse). Neben der propulsiven Peristaltik erfüllt das enterische Nervensystem auch andere regulative Funktionen, beispielsweise bei der Steuerung der Durchblutung der Darmwand, bei Transportprozessen über das Darmepithel sowie beim Schutz gegen Pathogeninvasion im Verdauungstrakt. Offenbar ist für diese Steuerfunktionen die Kommunikation zwischen dem enterischen Nervensystem und dem zentralen Nervensystem von großer Bedeutung. Die Verbindungen zwischen beiden Systemen stellen in erster Linie Sympathicus und Parasympathicus zur Verfügung.

Zur Regulation der Körperfunktionen und zur Koordination der Organfunktionen muss das Gehirn ständig über den Zustand von Organen, Muskeln, Blutgefäßen und Drüsen informiert werden. Diese Informationen werden von Introzeptoren und Propriozeptoren erfasst und größtenteils über den **afferenten Teil des vegetativen Nervensystems** dem Gehirn zugeleitet. Die Nerven des vegetativen Nervensystems

Tab. 15.2 Neurotransmitterrezeptoren im vegetativen Nervensystem. Transmitter: ACh, Acetylcholin; NA, Noradrenalin. Nach Wehrwein et al. (2016)

Rezeptortyp	wichtige Vorkommen	Signaltransduktionsweg	Hauptfunktion
α_1 NA	Blutgefäße, glatter Muskel	$G\alpha_q$ – PLC↑ – IP_3/DAG – Ca↑	Vasokonstriktion
α_2 NA	Ganglien, Blutgefäße	$G\alpha_i$/$G\alpha_o$ – AC↓ – cAMP ↓ – PKA↓	Hemmung von Sympathicus-Neuronen
β_1 NA	Herz, Niere, Fettgewebe	$G\alpha_s$ – AC↑ – cAMP↑ – PKA↑	Herzregulation
β_2 NA	Blutgefäße, Bronchien, Herz, Niere, Darm	$G\alpha_s$ – AC↑ – cAMP↑ – PKA↑	Entspannung von glatten Muskeln
β_3 NA	Fettgewebe	$G\alpha_s$ – AC↑ – cAMP↑ – PKA↑	Lipolyse, Thermoregulation
N_N ACh nicotinisch	sympathische und parasympathische Ganglien	ionotroper Rezeptor, ACh-gesteuerter Natriumkanal	synaptische Übertragung
M_1 ACh muscarinisch	Drüsen	Gq_{11} – PLC↑ – IP_3/DAG – Ca↑ K^+-Leitfähigkeit↓(Depol.)	Sekretion
M_2 ACh muscarinisch	Herz, glatte Muskeln	Gi/Go – AC↓ – cAMP↓ K^+-Leitfähigkeit↑ (Hyperpol.)	Herzregulation, Steuerung der glatten Muskulatur
M_3 ACh muscarinisch	glatte Muskeln, Drüsen	Gq_{11} – PLC↑ – IP_3/DAG – Ca↑ K^+-Leitfähigkeit↓ (Depol.)	Kontraktion glatter Muskeln, Sekretion

enthalten daher neben den oben beschriebenen efferenten auch viele afferente Fasern (beim N. vagus sind etwa 70 % aller Fasern afferent), sodass der Signalfluss im vegetativen Nervensystem gleichermaßen in Richtung der Organe als auch in Richtung Gehirn verläuft. Ein vielseitiges und über den ganzen Körper verbreitetes Sinnessystem ist das der **Introzeptoren**, die zu einer ganz auf das eigene Körpermilieu gerichteten Sinnesmodalität gehören, der Viscerozeption (auch Enterozeption). Introzeptoren erfüllen eine Schlüsselfunktion als Sensoren in denjenigen homöostatischen Regelkreisen, die über das vegetative System vermittelt werden. Dazu gehören Themorezeptoren im Hypothalamus, welche die Körperkerntemperatur messen und bei Abweichungen vom Sollwert Verhaltensänderungen (bei ektothermen Tieren) oder homöostatische Stoffwechselprozesse (bei endothermen Tieren) auslösen. In ähnlicher Weise registrieren Barorezeptoren (auch Pressorezeptoren genannt) den arteriellen Blutdruck, vor allem in der Aorta. Osmorezeptoren messen an verschiedenen Stellen des Körpers den Salzgehalt des Blutes und tragen zur Regulation der Wasseraufnahme bei. Und Chemorezeptoren messen die Konzentration von Blutgasen in den Aortenkörperchen (Glomera aortica), während in den Glomera carotica der Halsschlagadern sowohl O_2 und CO_2 als auch der pH-Wert des Blutes gemessen werden. Ein großer Teil dieser sensorischen Information erreicht das Gehirn durch afferente Fasern des vegetativen Nervensystems. Dazu kommen Signale, die von **Propriozeptoren** ausgehen, welche die Eigenempfindung des Körpers ermöglichen. Die Propriozeption vermittelt dem Gehirn unablässig einen Strom von Informationen über die Lage und die Bewegung des Körpers. Dazu gehört die Information über den aktuellen Dehnungszustand eines jeden Skelettmuskels, der durch Muskelspindeln erfasst wird. Muskelspindeln sind umgewandelte Muskelfasern, die von sensorischen Ia-Fasern umwickelt sind und auf das Ausmaß und die Geschwindigkeit einer Muskeldehnung reagieren. Neben der Muskellänge wird auch die Muskelbelastung gemessen. In den Sehnen, welche die Skelettmuskeln mit den Knochen verbinden, liegen Golgi-Sehnenorgane eingebettet. Sensorische Ib-Fasern reagieren auf Belastung des Muskels und leiten diese Information an das zentrale Nervensystem. Schließlich wird der Positionswinkel eines jeden Gelenks durch Mechanosensoren gemessen; dies ermöglicht die Haltungsempfindung aller Extremitäten auch ohne visuelle Kontrolle. Während viele der Introzeptor-Afferenzen durch die vegetativen Nerven dem Gehirn zugeleitet werden, erreichen die Propriorezeptoren das zentrale Nervensystem vor allem über Spinalnerven. Die Signalflüsse aus beiden Bereichen dieser auf den eigenen Körper gerichteten Sinne werden in den homöostatischen Regelmechanismen eingesetzt, mit denen das vegetative Nervensystem die Funktionen des Körpers aufeinander abstimmt.

Literatur

Weiterführende Literatur

Arendt D, Tosches MA, Marlow H (2016) From nerve net to nerve ring, nerve cord and brain – evolution of the nervous system. Nat Rev Neurosci 17:61–72

Furness JB, Stebbing MJ (2018) The first brain: Species comparison and evolutionary implications for the enteric and central nervous systems. Neurogastroenterol Motil 30:e13234

Green SA, Uy BR, Bronner ME (2017) Ancient evolutionary origin of vertebrate enteric neurons from trunk-derived neural crest. Nature 544:88–91

Holland ND (2015) Nervous systems and scenarios for the invertebrate-to-vertebrate transition. Philos Trans R Soc B 371:20150047

Tuthill JC, Azim E (2018) Proprioception. Curr Biol 28:R187–R207

Wehrwein EA, Orer HS, Barman SM (2016) Overview of the anatomy, physiology, and pharmacology of the autonomic nervous system. Compr Physiol 6:1239–1278

Zitierte Literatur

Dupre C, Yuste R (2017) Non-overlapping neural networks in Hydra vulgaris. Curr Biol 27:1085–1097

Koizumi O, Hamada S, Minobe S, Hamaguchi-Hamada K, Kurumata-Shigeto M, Nakamura M, Namikawa H (2015) The nerve ring in cnidarians: its presence and structure in hydrozoan medusae. Zoology 118:79–88

Nilsson S (2011) Comparative anatomy of the autonomic nervous system. Auton Neurosci 165:3–9

Schafer W (2016) Nematode nervous systems. Curr Biol 26:R955–R959

Wehrwein EA, Orer HS, Barman SM (2016) Overview of the anatomy, physiology, and pharmacology of the autonomic nervous system. Compr Physiol 6:1239–1278

Young JZ (1971) The anatomy of the nervous system of Octopus vulgaris. Clarendon Press, Oxford

Experimentelle Sinnesphysiologie

Inhaltsverzeichnis

S. Frings, *Die Sinne der Tiere*, https://doi.org/10.1007/978-3-662-63233-8_16

16

Eine Kolonie schlafender Fledermäuse hängt an einem Balken unter einem Scheunendach. Fledermäuse gehören zu den schnellsten und wendigsten Fliegern im gesamten Tierreich und können selbst in mondlosen Nächten im freien Luftraum jagen. So akrobatisch sie bei ihren Jagdflügen aussehen, so tiefenentspannt wirken sie, wenn sie kopfunter hängen und schlafen. Für dieses Kapitel erfüllen sie eine allegorische Funktion, sie sollen die zwei gegensinnigen Ansätze symbolisieren, mit denen Biologen die Sinne der Tiere erforschen – zwei Ansätze mit sehr unterschiedlichen Methoden, aber mit demselben Ziel: die Bedeutung der Sinne für das Leben der Tiere zu verstehen. Es geht um die Methoden der Sinnesphysiologie und der Verhaltensbiologie, ihre unterschiedlichen Forschungsstrategien und ihre gemeinsamen Forschungsziele. Wenn die Fledermäuse mit dem Kopf nach unten – *top-down* – schlafen und dabei ihr Hintern – *bottom-up* – nach oben weist, können sie einem Sinnesbiologen als Sinnbild einer gelungenen Synthese von Physiologie und Psychologie, von Zellbiologie und Ethologie erscheinen.

Und das ist ein schönes Bild! Denn erst durch die Integration beider Forschungsrichtungen – *top-down* und *bottom-up* – wird sich dem Biologen die Anpassung einer Sinnesmodalität an die spezifischen Lebensanforderungen eines Tieres erschließen.

16.1 *Bottom-up* oder *top-down*?

Bei der Erforschung der Sinne ist das wissenschaftliche Arbeiten in zwei gegenläufigen Arbeitsprozessen organisiert: Die einen Wissenschaftler arbeiten von der Sinneszelle über das Sinnesorgan zum Gehirn, die anderen beginnen beim Verhalten und erreichen über das Gehirn die Sinnesorgane. Die Trennung der beiden gegensinnigen Arbeitsweisen wurzelt in unterschiedlichen Forschungsansätzen von Physiologie und Psychologie, beide mit eigenen Schwerpunkten in der Sinnesforschung, einerseits der **Sinnesphysiologie**, andererseits der **Wahrnehmungspsychologie**. Für den Sinnesphysiologen führt die Zellbiologie (Sinneszelle) über die funktionelle Anatomie (Sinnesorgan) zur Neurophysiologie (zentrale Verarbeitung afferenter Signale). In der Wahrnehmungspsychologie werden kognitive Prozesse unter dem Einfluss von Motivation, Aufmerksamkeit, Reizeinwirkung und Erwartung untersucht. Auf diese Weise entstehen **zwei komplementäre Datensätze**, die unbedingt zusammengeführt werden müssen, weil sie nur zusammen ein umfassendes Verständnis der Sinne der Tiere vermitteln können.

Die Wahrnehmungspsychologie hat zwei eingängige Begriffe für das Zustandekommen einer Wahrnehmung, die hier auf die beiden komplementären Forschungsprozesse bei der Erforschung der Sinne übertragen werden sollen. Ein Objekt kann allein deshalb wahrgenommen werden, weil es besonders auffällig ist, sich mit einem kräftigen Kontrast vom Hintergrund abhebt. Die Wahrnehmung wird in diesem Fall vom Objekt selbst verursacht. Es handelt sich um einen *Bottom-up*-Prozess, weil der Signalfluss von der Basis des Sinnessystems (*bottom*) aufwärts zur bewussten Wahrnehmung führt (◘ Abb. 16.1). Den gleichen Weg nimmt traditionell die Sinnesphysiologie, wenn sie zunächst die physikalische Wirkung des Reizes auf sensorische Strukturen in einer Sinneszelle aufklärt, um dann die Entstehung afferenter Signale und ihre Verarbeitung in den Sinnesbahnen (Sehbahn, Hörbahn etc.) des Gehirns zu analysieren. In den meisten Fällen gelangt die sinnesphysiologische Forschung jedoch nicht bis zu den Fragen der Wahrnehmungsqualität und Motivationssteuerung, denn zu deren Erfassung sind andere Methoden erforderlich: die der Verhaltensbiologie. In der Praxis ist die *Bottom-up*-Forschung auf der Höhe neuronaler Aktivität gedeckelt, und Fragen nach den Wahrnehmungsformen bei Tieren sind mit den Methoden der Sinnesphysiologie kaum zu beantworten.

Wahrnehmung kann auch dadurch ausgelöst werden, dass ein Tier aktiv nach einem Objekt sucht. In diesem Fall ist nicht die Auffälligkeit des Objekts entscheidend, sondern seine Übereinstimmung mit der Vorstellung des Suchenden. Beispielweise kann der Katta (*Lemur catta*) in ◘ Abb. 16.1 einen kleinen Arthropoden auf dem Waldboden auch dann wahrnehmen, wenn der Arthropode gut getarnt ist und sich kaum von seiner Umgebung abhebt. Hierbei handelt es sich um einen *Top-down*-Prozess, weil er durch einen bewussten Suchprozess im Gehirn(*top*) des Kattas eingeleitet wird.

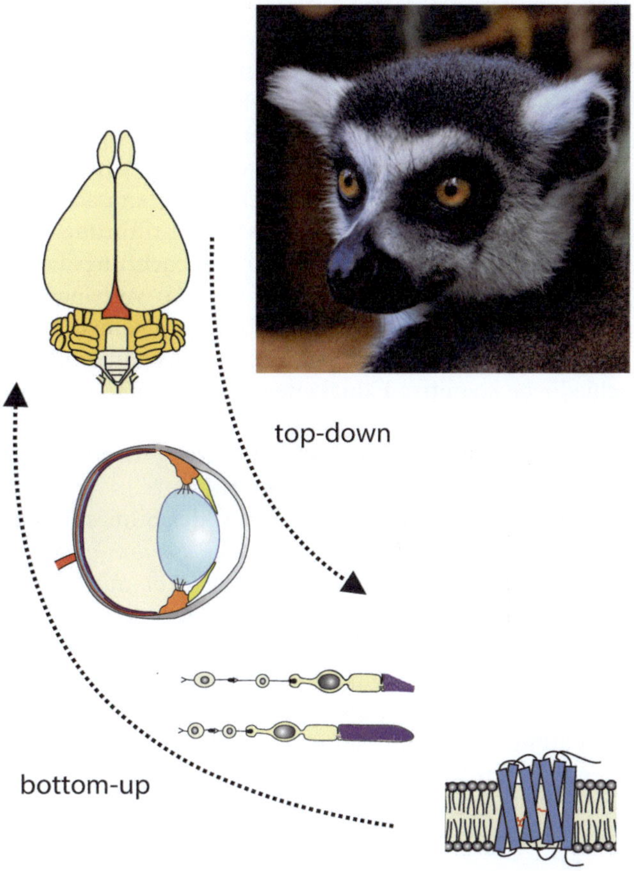

◘ **Abb. 16.1** *Top-down* und *bottom-up* in der Sinnesphysiologie am Beispiel des Sehsinnes. Die aus der Wahrnehmungspsychologie entlehnten Begriffe sollen zwei unterschiedliche Herangehensweisen bei der experimentellen Erforschung der Sinne veranschaulichen. Beim *Bottom-up*-Ansatz beginnt der Physiologe mit den Sinneszellen und ihren sensorischen Molekülen und arbeitet sich über die Sinnesorgane zu den sensorischen Verarbeitungszentren im Gehirn vor. Der *Top-down*-Ansatz dagegen beginnt mit der Beobachtung von Tieren. Der Verhaltensbiologe ermittelt, wofür sich ein Tier interessiert, wie das Tier seine Umwelt wahrnimmt und welche Zentren des Gehirns Interesse und Wahrnehmung steuern. Beide Ansätze, der sinnesphysiologische und der wahrnehmungspsychologische, werden in der modernen Hirnforschung integriert und bei der Erforschung der Tiere als Varianten der Ethologie bezeichnet

In der Verhaltensbiologie beginnt man auch ganz oben: bei der Frage nach Motivationen, welche Sinnesprozesse steuern. Tiere zeigen offensichtliches Interesse an manchen Objekten und völliges Desinteresse an anderen Dingen. Wahrnehmungssteuerung ist eine Anpassung an die Lebensumstände der Tiere und bietet daher einen Zugang zur Erforschung einer Art. Natürlich ist die Anwendung wahrnehmungspsychologischer Methoden auf Tiere dadurch begrenzt, dass Tiere nur durch ihr Verhalten, nicht aber durch Sprache ausdrücken können, was in ihnen vorgeht. Damit entfällt der größte Teil des Instrumentariums der Wahrnehmungspsychologie, denn es ist weitgehend auf die Artikulation von Probanden ausgerichtet. Aus diesem Grund werden Analogien zwischen Ethologie und Psychologie, vor allem hinsichtlich der Fachbegriffe und der Interpretation von Beobachtungen, kontrovers diskutiert. Ob Tiere im Sinne der Humanpsychologie etwas „wahrnehmen", etwas „wollen", „befürchten" oder „beabsichtigen", das sind nicht nur Fragen nach der korrekten Anwendung von Fachbegriffen. Es sind dringende Fragen nach dem Wesen der Tiere und ihrer subjektiven Erfahrung. Die enorme Vielfalt und Qualität an Beobachtungsdaten, welche die Verhaltensbiologen in den vergangenen 100 Jahren zusammengetragen haben, lässt keinen Zweifel daran zu, dass unterschiedliche Tierarten über unterschiedliche kognitive Fähigkeiten verfügen und dass vereinfachende Forschungsansätze wie der Behaviorismus und die Instinkttheorie bei der Aufklärung dieser Fähigkeiten oft zu kurz greifen (▶ Kap. 18).

Zur Beschreibung der Methoden der Sinnesphysiologie werden im Folgenden sowohl *Bottom-up*-Wege (▶ Abschn. 16.2, 16.3) als auch *Top-down*-Wege (▶ Abschn. 16.4, 16.5) dargestellt. Dabei soll deutlich bleiben, dass die Trennung in zwei Forschungsrichtungen nur aus der Wissenschaftspraxis resultiert und für das Verständnis der Sinne unerheblich ist. Die tatsächliche Bedeutung einer Sinnesmodalität für das Leben eines Tieres kann man nur durch die gemeinsame Betrachtung der komplementären Datensätze aus Sinnesphysiologie und Ethologie verstehen.

16.2 Elektrophysiologie von Sinneszellen

Sinneszellen reagieren auf ihre adäquaten Reize mit elektrischen Signalen; der Transduktionsprozess bewirkt immer eine Änderung des Membranpotenzials. In den meisten Fällen wird die elektrische Reaktion durch Öffnen oder Schließen von Transduktionskanälen vermittelt, welche durch den Reiz gesteuert werden. So werden Kationenkanäle in Haarzellen durch mechanische Reize geöffnet (s. ◘ Abb. 5.13), andere Kationenkanäle werden durch Lichteinwirkung in Photorezeptoren gesteuert (s. ◘ Abb. 7.11), und eine Kombination von Kationenkanälen und Anionenkanälen öffnet sich bei Stimulation einer Riechzelle mit einem Geruchsstoff (s. ◘ Abb. 10.46). Auch Sinneszellen, bei denen der Transduktionsprozess zunächst metabotrop abläuft, wie beispielsweise die Geschmackszellen für Süß- und Bittergeschmack (s. ◘ Abb. 9.27), reagieren elektrisch. Auch bei ihnen gehören Ionenkanäle zum Transduktionsprozess, weil an der Übertragung der sensorischen Signale auf afferente Nervenfasern immer Ionenkanäle beteiligt sind. Man kann daher die Reaktion von Sinneszellen auf Stimulation durch Messung ihrer elektrischen Reaktion erkunden. Folglich spielt die elektrophysiologische Untersuchung von intakten Sinneszellen eine zentrale Rolle bei der Erforschung der Sinne.

Einige Typen von Sinneszellen können aus ihrem Gewebe isoliert werden, ohne sie dabei zu zerstören. An isolierte Photorezeptoren aus Wirbeltieraugen kommt man besonders leicht, denn einige Zellen lösen sich aus ihrem Gewebeverband, wenn man eine Netzhaut präpariert und klein schneidet. Ähnlich zugänglich sind Riechzellen im olfaktorischen Epithel, die man durch sanfte mechanische Behandlung von Gewebestückchen ablösen kann. Erfolgreich isolierte Sinneszellen können meist einige Stunden lang untersucht werden und reagieren während dieser Zeit auf ihre adäquaten Reize. Andere Sinneszellen funktionieren kaum in Isolation und werden daher während des Experiments bevorzugt in ihrem Gewebeverband belassen. Dazu zählen vor allem Geschmackszellen, Mechanorezeptoren und Elektrorezeptoren (▶ Abschn. 16.3).

Elektrische Messungen von Zellen sind in unterschiedlichen Konfigurationen möglich – je nachdem, an welcher Information man interessiert ist. Will man beispielsweise Einzelheiten über den **Rezeptorstrom** herausfinden, also den Strom, der durch den Reiz gesteuert wird, setzt man die Spannungsklemme ein, eine Technik zur Strommessung bei festgelegter („geklemmter") Membranspannung. Neben dem Rezeptorstrom kann man auch alle anderen Membranströme der Zelle untersuchen, beispielsweise die **Aktionsströme** durch spannungsgesteuerte Na^+- und K^+-Kanäle, welche die Aktionspotenziale hervorbringen. Dazu wird eine Mikropipette aus Glas auf die Zellmembran aufgesetzt und Kontakt zum Zellinneren hergestellt, indem das kleine Membranstück innerhalb der Pipettenspitze entfernt wird (Patch-Clamp-Methode, ◘ Abb. 16.2, *links*). Die isolierte Sinneszelle liegt dabei in einer Blutersatzlösung („Ringerlösung"). Die Mikropipette ist mit einer Lösung gefüllt, deren ionische Zusammensetzung an das Cytoplasma angepasst ist, und diese Lösung kann aus der Mikropipette in die Zelle gelangen. Eingetaucht in die Lösung innerhalb der Mikropipette befindet sich eine Elektrode, die aus einem mit Silberchlorid be-

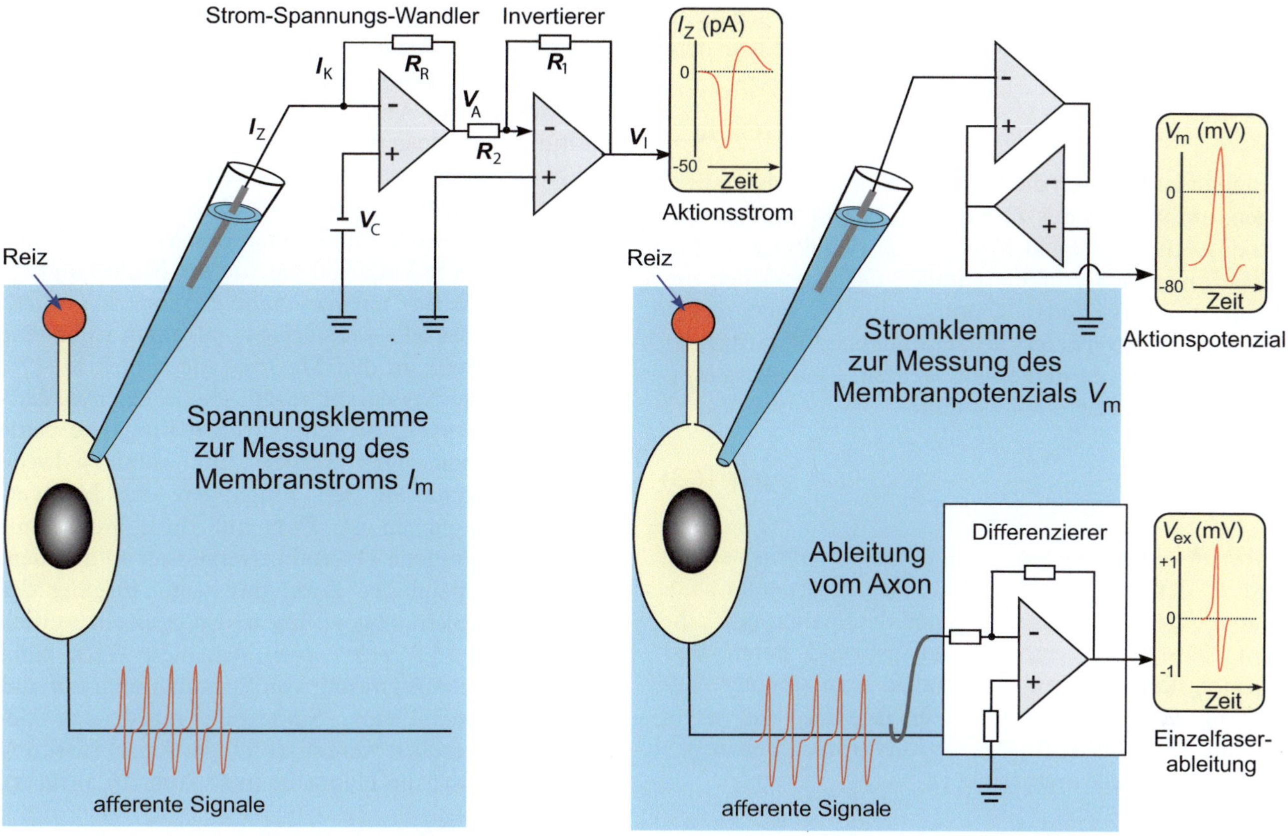

Abb. 16.2 Die Anwendung elektrophysiologischer Messmethoden auf Sinneszellen. *Links*: Die Methode der Spannungsklemme ermöglicht es, reizinduzierte Ströme über die Zellmembran zu messen (Patch-Clamp-Methode). Dazu registriert ein Strom-Spannungs-Wandler einen Zellstrom I_Z und erzeugt ein verstärktes Ausgangssignal in Form einer Ausgangsspannung V_A, deren Größe durch den Rückkopplungswiderstand R_R bestimmt wird: $V_A = -I_Z \cdot R_R$. Dieses Ausgangssignal wird durch einen Invertierer (mit gleichen Eingangs- und Rückkopplungswiderständen) in die richtige Polarität gebracht, sodass Einwärtsströme negativ und Auswärtsströme positiv dargestellt sind. Mit der Sollspannung V_S kann jedes beliebige Membranpotenzial vorgegeben („geklemmt") werden. *Rechts oben*: Um das von der Zelle selbst eingestellte Membranpotenzial zu messen, benutzt man die Stromklemme, mit der registriert wird, welche Rückkopplungsspannung V_R benötigt wird, um die beiden Eingänge des Messverstärkers auf dem gleichen Wert zu halten. *Rechts unten*: Das Ausgangssignal einer Sinneszelle kann man direkt vom afferenten Axon mit einer Messelektrode ableiten. Ein Differenzierer (mit drei Widerständen gleicher Größe) übernimmt das Signal und leitet es an einen Signalverstärker weiter

schichteten Silberdraht besteht und dazu dient, durch die Pipettenöffnung jeden Strom über die Zellmembran zu erfassen – also auch den reizinduzierten Rezeptorstrom oder den Strom, der während eines Aktionspotenzials fließt. Zur Messung werden Operationsverstärker eingesetzt (*Dreieckssymbole* in Abb. 16.2). Diese elektronischen Bauelemente haben zwei Eingänge, einen invertierenden (Minussymbol) und einen nicht-invertierenden (Plussymbol), sowie einen Ausgang (die Spitze des Dreieckssymbols). Entscheidend ist, dass beide Eingänge hohe elektrische Widerstände aufweisen – sie sind „hochohmig", sodass nur ein vernachlässigbar kleiner Teil des zu messenden Zellsignals bei der Messung verloren geht. Operationsverstärker funktionieren sehr einfach: Sie sorgen dafür, dass an ihren Eingängen stets das gleiche Potenzial anliegt. Ist beispielsweise ihr nicht-invertierender Eingang auf Masse geerdet (Potenzial = 0), dann hält der Operationsverstärker auch seinen invertierenden Eingang auf null. Das macht er, indem er über eine Rückkopplungsleitung einen ausgleichenden Strom vom Ausgang zum Minuseingang schickt, mit welchem die Sinneszelle verbunden ist. Wenn beispielsweise eine Sinneszelle durch einen Reiz stimuliert wird, fließt ein Strom über ihre Plasmamembran, und dieser Zellstrom I_Z beginnt, das Potenzial am Minuseingang zu verändern. Sofort reagiert der Operationsverstärker, indem er über seine Rückkopplungsleitung einen ausgleichenden Kompensationsstrom I_K mit umgekehrter Polarität zum Minuseingang schickt und damit den Zellstrom ausgleicht:

$$I_K = -I_Z \qquad \text{(Gl. 16.1)}$$

Fügt man in die Rückkopplungsleitung einen hochohmigen Widerstand R_R (beispielsweise 1 GΩ) ein, muss der Operationsverstärker eine entsprechend starke

Ausgangsspannung V_A ausgeben, damit ein genügend großer Kompensationsstrom fließen kann. Nach dem Ohm´schen Gesetz ist

$$V_A = R_R I_Z \quad \text{(Gl. 16.2)}$$

und man kann durch die Wahl des Widerstands R_R festlegen, um wie viel das Zellsignal verstärkt werden soll. Da das Ausgangssignal V_A bei dieser Schaltung ein falsches Vorzeichen erhält – nämlich das Vorzeichen des Kompensationssignals –, muss durch einen nachgeschalteten Invertierer die ursprüngliche Polarität des Zellstromes wiederhergestellt werden. Das Ausgangssignals des Invertierers V_I ist dann

$$V_I = V_A \frac{R_1}{R_2} \quad \text{(Gl. 16.3)}$$

wobei R_1 der Widerstand in der Rückkopplungsleitung und R_2 der Eingangswiderstand des Invertierers sind. Man registriert als Ausgangssignal die Spannung V_I, die dem Zellstrom I_Z proportional ist und deren Verstärkungsfaktor bekannt ist, sodass man zu einer Auftragung von I_Z gegen die Zeit kommt, wie es in ◘ Abb. 16.2 *(links)* für die Aktionsströme in einer primären Sinneszelle angedeutet ist.

Für die Messung des **Rezeptorpotenzials** in Sinneszellen oder von **Aktionspotenzialen** in primären Sinneszellen benötigt man eine etwas andere Schaltung: die Stromklemme (◘ Abb. 16.2, *rechts oben*). Bei dieser Schaltung kompensiert der Messverstärker nicht selbst die Spannungsdifferenzen an seinen Eingängen, sondern ein zweiter, nachgeschalteter Operationsverstärker sorgt dafür, dass der Pluseingang des Messverstärkers immer das gleiche Potenzial hat wie der Minuseingang. Gesteuert wird der nachgeschaltete Verstärker durch den Ausgang des Messverstärkers – also nur, wenn eine Potenzialdifferenz an den Messeingängen auftritt. Der nachgeschaltete Verstärker regelt seinen eigenen Ausgang so lange nach, bis seine eigenen Eingänge beide auf null stehen. Das passiert nur, wenn jedwede Potenzialdifferenz an den Eingängen des Messverstärkers ausgeglichen ist. Zwei auf diese Weise miteinander verbundene Operationsverstärker folgen dem Membranpotenzial der Zelle, das vom Ausgang des zweiten Verstärkers abgegriffen und dargestellt werden kann (◘ Abb. 16.2 *rechts oben*). Auf diese Weise kann man direkt die Auswirkung von Stimulationen auf das Membranpotenzial einer Sinneszelle registrieren. Sekundäre Sinneszellen werden durch die Reizeinwirkung depolarisiert, wie die Haarzelle in ◘ Abb. 16.3 (*links*),

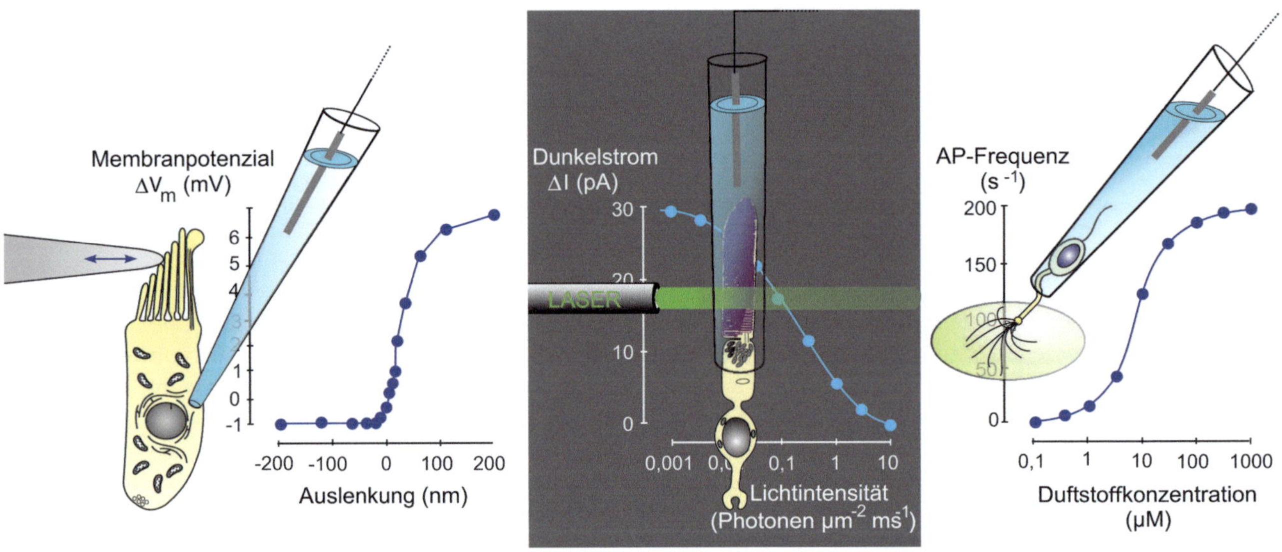

◘ Abb. 16.3 Ableitung von Rezeptorpotenzialen und Rezeptorströmen von Sinneszellen. *Links*: Eine Haarzelle reagiert auf Auslenkung ihrer Stereovilli mit Änderung des Membranpotenzials ΔV_m. Durch eine Mikropipette auf der Plasmamembran wird V_m mithilfe der Stromklemmenschaltung gemessen. Die Messkonfiguration entspricht der Patch-Clamp-Methode, bei der ein elektrischer Kontakt zwischen Cytoplasma und Pipettenlösung besteht. Das Diagramm zeigt, wie stark das Membranpotenzial auf Auslenkungen im Nanometerbereich reagiert. *Mitte*: Das lichtempfindliche Außensegment eines isolierten Stäbchen-Photorezeptors wurde in die Spitze einer Saugpipette gezogen. Im Dunkeln fließt durch das Außensegment ein Dunkelstrom, der durch die Pipettenelektrode registriert wird. Eine seitlich angebrachte Lichtquelle belichtet das Außensegment mit einem dünnen Lichtstrahl genau bekannter Intensität, und auf dem Diagramm wird die Unterdrückung des Dunkelstroms in Abhängigkeit von der Lichtintensität aufgezeichnet. *Rechts*: Messung der Aktionspotenzialfrequenz einer Riechzelle mithilfe einer Saugelektrode. Die Riechzelle wurde so in die Messpipette gezogen, dass die chemosensorischen Cilien außen liegen und mit Geruchsstoffen stimuliert werden können. Durch mehrfache Stimulation mit kurzen Geruchspulsen zunehmender Intensität erhält man das Diagramm, eine Dosis-Wirkungs-Beziehung für die Stimulation einer Riechzelle mit einer bestimmten Geruchssubstanz

und die Depolarisation führt zur Freisetzung von Neurotransmittern. Spannungsgesteuerte Ca^{2+}-Kanäle öffnen bei Depolarisation und das einströmende Ca^{2+} löst den Sekretionsmechanismus an der präsynaptischen Membran aus. Eine Ausnahme bilden die Photorezeptoren der Wirbeltiere – sie werden ebenfalls zu den sekundären Sinneszellen gezählt, weil sie keine Aktionspotenziale feuern. Sie haben im Dunkeln ein depolarisiertes Membranpotenzial von etwa −30 mV und werden durch ihren adäquaten Reiz, sichtbares Licht, auf etwa −70 mV hyperpolarisiert. Die Änderung des Membranpotenzials wird durch eine Unterdrückung des Dunkelstroms durch Licht verursacht, ein Vorgang, den man mithilfe von Saugelektroden in isolierten aber funktionsfähigen Photorezeptoren messen kann (▣ Abb. 16.3, *Mitte*). Bei primären Sinneszellen wie Riechzellen erzeugt ein hinreichend starker, „überschwelliger" Reiz eine Depolarisation bis zur Auslösungsschwelle für Aktionspotenziale, und die Zelle beginnt zu feuern. Auch Aktionspotenziale können mit Saugelektroden von isolierten Riechzellen abgeleitet werden (▣ Abb. 16.3, *rechts*). Ihre Anzahl pro Sekunde wird als Aktionspotenzialfrequenz ermittelt und gegen die Konzentration eines Geruchsstoffes aufgetragen.

16.3 Messung afferenter Signale

Bei vielen sinnesphysiologischen Experimenten sind die absoluten Werte von Rezeptorpotenzial und Aktionspotenzialen nicht interessant, man möchte vielmehr das Ausgangssignal der Zelle erfassen, das elektrische Signal, welches eine Sinneszelle ins Gehirn leitet. Solche afferenten Signale sind Serien von Aktionspotenzialen, die über Axone aus den Sinnesorganen zu den ersten Verschaltungszentren im Gehirn laufen. Bei primären Sinneszellen (Riechzellen, Schmerzzellen, Tastsinneszellen) sind diese Axone Teil der Sinneszellen. Sekundäre Sinneszellen übertragen dagegen ihr primäres sensorisches Signal zunächst durch Synapsen auf afferente Nervenfasern, wie wir bei Haarzellen, Photorezeptoren und Geschmackszellen gesehen haben. In jedem Fall transportieren die Nervenfasern aus den Sinnesorganen **codierte Sinnesinformation in Form von frequenzmodulierten Signalen**, bei denen es darauf ankommt, wie viele Aktionspotenziale pro Zeitintervall in welchen zeitlichen Mustern weitergeleitet werden. Solche Signale kann man mithilfe extrazellulärer Messungen ableiten, ohne die Weiterleitung dabei zu stören – ähnlich wie das ein altmodischer Spion macht, der von einem Telefondraht Morsesignale abhört. Zur Registrierung der Aktionspotenziale wird eine Messelektrode – ein dünner Draht aus Silber/Silberchlorid, aus Platin oder aus Wolfram – nah an einer afferenten Nervenfaser positioniert und an den Eingang eines Differenzialverstärkers angeschlossen (▣ Abb. 16.2, *rechts unten*). Die Messelektrode registriert beim Durchgang eines Aktionspotenzials eine Änderung im lokalen elektrischen Feld, das durch die kurzzeitige Umladung der Axonmembran in seiner Nähe verursacht wird. Dieses **elektrische Feldpotenzial** zeigt typischerweise zwei Phasen, eine während der Depolarisation der Axone, die andere während der Repolarisation ihrer Membran. Das extrazellulär abgeleitete Signal zeigt, *dass* ein Aktionspotenzial vorbeikommt und *wann* das geschieht. Aus diesen beiden Informationen besteht ein afferentes Signal, und es wird durch die Anzahl von Aktionspotenzialen pro Sekunde (Rate oder Frequenz; Einheit Hz) sowie den zeitlichen Zusammenhang ihres Auftretens definiert. Frequenzen reichen von 0 Hz bis annähernd 1000 Hz, und als zeitliche Muster kennt man das gleichmäßige „tonische" Feuern, das vorübergehende „phasische" Feuern, die Gruppierung von Aktionspotenzialen in Bursts und viele andere zeitliche Muster. Für den Sinnesphysiologen ist es entscheidend herauszufinden, in welcher Weise die Frequenz und die zeitliche Abfolge von Aktionspotenzialen durch die Reizeinwirkung beeinflusst werden. Dazu muss die **Korrelation von Reizeinwirkung und Feuerverhalten** genau untersucht und statistisch analysiert werden – ein Verfahren, mit dem sich ein kausaler Zusammenhang zwischen Reiz und afferentem Signal erkennen lässt. Neuronale Reize auf viele wiederholte, immer gleichartige Reize werden gemessen und verglichen, um herauszufinden, in welcher Weise die Reizqualität sich im afferenten Signal widerspiegelt – wie die Reizqualität neuronal codiert wird.

Afferente Signale enthalten Sinnesinformation codiert in der Sprache des Gehirns. Misst man afferente Signale in intakten Sinnesorganen – also in einer Situation, bei der die Sinneszellen in ihrer natürlichen Umgebung arbeiten können –, beobachtet man oft ein komplexes zeitliches Muster in der Abfolge von Aktionspotenzialen bei Einwirkung eines Reizes. Wird beispielsweise eines der vielen Tasthaare einer Spinne durch eine Berührung ausgelenkt, reagiert der angeschlossene Mechanorezeptor zunächst mit einer phasischen *ON*-Reaktion (▣ Abb. 16.4). Unmittelbar nach Beginn des Reizes feuert der Mechanorezeptor stark, aber mit andauernder Reizeinwirkung lässt die Aktivität nach. Am Ende des Reizes feuert der Mechanorezeptor wieder – eine *OFF*-Reaktion teilt dem Gehirn das Ende der Berührung mit. Ein solches *ON-OFF*-Verhalten ist oft keine Eigenschaft des Mechanorezeptors selbst, und man kann derartige Reaktionen bei einem isolierten mechanosensitiven Neuron nicht beobachten. Solche komplexen Reaktionen sind vielmehr eine Folge der **Perirezeptorbedingungen**, denen der Mechanoezeptor *in vivo* ausgesetzt ist. Die Eigenschaften des Tasthaares

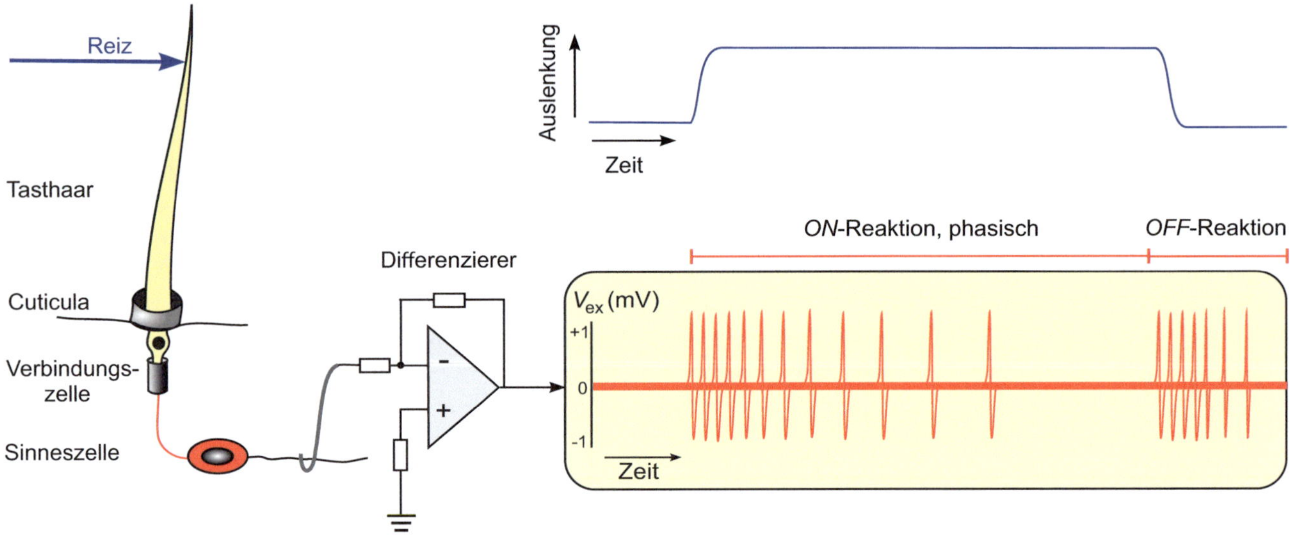

Abb. 16.4 Extrazelluläre Ableitungen von afferenten Signalen. Schematische Darstellung der Ableitung vom afferenten Axon eines mechanosensitiven Arthropoden-Tasthaares. Das Tasthaar ist in einem Gelenk in der Cuticula eingelagert und über eine Verbindungszelle mit der Dendritenspitze eines Mechanorezeptors verbunden. Eine Messelektrode mit hakenförmiger Spitze hat Kontakt mit dem Axon der Sinneszelle. Ein Operationsverstärker misst das lokale Feldpotenzial als Differenz zu null (daher die Bezeichnung „Differenzierer"); das Ausgangssignal kann gemäß Gl. 16.3 verstärkt werden. Bei Einwirkung eines mechanischen Reizes biegt sich das Tasthaar leicht zur Seite und drückt auf die Dendritenspitze des Mechanorezeptors. Das dabei entstehende Rezeptorpotenzial löst die elektrische Erregung des Mechanorezeptors aus, sodass Aktionspotenziale über das Axon zum zentralen Nervensystem laufen

selbst, aber auch die des Cuticulagelenks sowie der Verbindungszelle und der Zellen in unmittelbarer Umgebung des Mechanorezeptors: Alle diese Strukturen beeinflussen das afferente Signal. Der entscheidende Punkt ist, dass der Selektionsdruck, der die Optimierung einer Sinnesleistung hervorgebracht hat, nicht nur die Sinneszellen, sondern in gleichem Maße auch die Perirezeptorstrukturen im Sinnesorgan an die Erfordernisse angepasst hat. Die Ableitung von afferenten Signalen in intakten Sinnesorganen ist dazu geeignet, die Anpassung einer Sinnesmodalität an relevante Reizqualitäten zu verstehen.

16.4 Die Sinne in der Verhaltensbiologie

Weil Sinnesinformationen das Verhalten der Tiere in praktisch jeder Hinsicht bestimmen, sind sie ein zentrales Thema in der Verhaltensbiologie. Sie entscheiden über Motivation, Ernährung, Erinnerung, Sozialverhalten und Orientierung. Ein waches, gesundes Tier – gleich welcher Evolutionsstufe – sammelt beständig Informationen über alle verfügbaren Sinnesorgane, um sich im eigenen Ökosystem zu bewähren. Vieles im Gebrauch der Sinne ist dabei *top-down* gesteuert. Tiere richten besondere Aufmerksamkeit auf Geräuschquellen, Gerüche, visuelle Objekte, mit denen sie eine unmittelbare Bedeutung verbinden. Nach Artgenossen, Nahrungsquellen und Fressfeinden wird aktiv gesucht, und vielfältige Signale, seien es Berührungen, Geruchsspuren oder Vokalisationen, werden erkannt und bestimmen das Verhalten. Die ethologische Forschung hat ein breites Spektrum von experimentellen Methoden entwickelt, mit denen sich Sinnesleistungen und ihre speziellen Funktionen im Verhalten der Tiere aufklären lassen. Biophysikalische Untersuchungen an sensorischen Strukturen gehören genauso dazu wie nicht-invasive Verhaltensbeobachtungen im arteigenen Ökosystem. Für die sinnesphysiologische Forschung sind dabei solche Methoden besonders interessant, die deutlich machen, wie ein adäquater Reiz bewertet und für die Verhaltenssteuerung eingesetzt wird.

Eine Voraussetzung für den Erfolg solcher Experimente ist, dass man verhaltenssteuernde Effekte nur *einer* der Sinnesmodalitäten eines Tieres zuschreiben kann. Das ist nicht immer einfach, weil Tiere normalerweise alle ihre Sinne gleichzeitig nutzen und nicht unbedingt erkennen lassen, ob ihre Aufmerksamkeit durch ein Geräusch, einen Geruch oder durch ein Ereignis in ihrem Sehfeld erregt worden ist. Für die Erforschung der Sinne in ethologischen Experimenten ist daher der **Einsatz unimodaler, adäquater Reize** oftmals Voraussetzung. So wäre bei einem Versuch zur Hörfähigkeit einer Schleiereule (*Tyto alba*) beispielsweise ein leises Rascheln im Dunkeln ein geeigneter Reiz, und man könnte messen, wie schnell und wie genau die Eule ihr Gesicht der Geräuschquelle zuwendet. Unimodal ist dieser Reiz, weil er nur durch *eine* Sinnesmodalität, ausschließlich durch das Gehör, registriert wird. Und das Rascheln ist ein adäquater Reiz, weil es demjenigen Geräusch entspricht, für welches das Gehör der Eule optimiert ist: dem Geräusch einer Maus auf dem Waldboden. Ist erst einmal ein solches Reiz-Reaktions-Paar gefunden – hier: leises Rascheln und Hinwenden des Gesichts –, können die ethologischen Versuche zur Erforschung der Sinnesmodalität – hier: des Gehörs – beginnen.

In den meisten Fällen steht am Beginn der Erforschung eines Sinnes die Untersuchung seiner Empfindlichkeit, also die Frage, wie stark ein Reiz sein muss, um eine Reaktion auszulösen. Die **Detektionsempfindlichkeit** eines Sinnes ist seiner biologischen Funktion angepasst; ein Sinn ist so empfindlich, wie er für das Tier sein muss. Sinne werden durch einen über Generationen hinweg einwirkenden Selektionsdruck geschärft, und sie verlieren ihre Leistungsfähigkeit, wenn der Selektionsdruck nachlässt. In den Eigenschaften einer Sinnesmodalität spiegelt sich daher die Lebenswirklichkeit einer Tierart. Man erkennt, welchen Stellenwert die einzelnen Sinnesinformationen haben. Viele Tiere haben ein außerordentlich empfindliches Gehör und zeigen Verhaltensreaktionen schon auf das leiseste Rascheln im Gras – eine Sinnesleistung, die offensichtlich mit der vitalen Bedeutung dieses Geräuschs zu tun hat, sei es beim Herannahen eines Fressfeindes oder bei der eigenen Suche nach kleinen Beutetieren. Ein Gegenbeispiel ist der Süßgeschmack, der bei vielen Säugetieren so unempfindlich ist, dass wir Menschen erst ab etwa 10 g Glucose pro Liter Wasser eine Süßempfindung verspüren. Die geringe Detektionsempfindlichkeit für Zucker führt dazu, dass Tiere reife Früchte bevorzugen, weil nur eine reife Frucht hinreichend Zucker enthält, um einen angenehmen Süßgeschmack auszulösen. Eine höhere Detektionsempfindlichkeit wäre hier kontraproduktiv, weil sie auch den Verzehr von unreifen Früchten mit geringerem Zuckergehalt durch Süßempfindung belohnen würde. Der Selektionsdruck begünstigt beim Süßgeschmack eine moderate Detektionsempfindlichkeit für Zucker. Neben diesen ökologischen Aspekten der Detektionsempfindlichkeit der Sinne ist noch ein neurobiologischer Umstand von Belang. Die Empfindlichkeit der Sinneszellen entspricht meist nicht der Empfindlichkeit der sensorisch ausgelösten Verhaltensreaktion. Obwohl Sinneszellen auf einzelne Photonen, einzelne Geruchsstoffmoleküle oder auf die Vibration von Molekülen reagieren können, kann man reizinduzierte Verhaltensänderungen meist erst dann beobachten, wenn mehrere – teilweise mehrere Hundert – dieser Elementarereignisse zusammenfallen. Sinneszellen sind meist wesentlich empfindlicher als der Sinn, zu dem sie gehören. Dies ist ein Grund, warum die Messung afferenter Signale nur begrenzte Auskunft über die Funktion eines Sinne liefern kann (▶ Abschn. 16.3).

Bei der Ermittlung der Detektionsempfindlichkeit tritt als erste Reizqualität die **Reizschwelle** zutage, diejenige minimale Reizintensität, bei der sich reizinduziertes Verhalten zuverlässig messen lässt. Sie ist ein wichtiger Parameter für die Beschreibung einer Sinnesmodalität und wird bei Tieren aller Evolutionsstufen, von Fadenwürmern bis zu Vögeln und Primaten, in ethologischen Experimenten bestimmt. Hörschwellen, Riechschwellen und Sehschwellen haben charakteristische Werte für die einzelnen Arten und gehören, zusammen mit Reizschwellen für den Tastsinn und den Geschmacksinn, zur physiologischen Beschreibung einer Art. Bei allen natürlich einwirkenden Reizen ist aber nicht nur die Intensität, sondern auch die Art des Reizes von grundlegender Bedeutung. Reagiert ein Tier stärker auf langwelliges als auf kurzwelliges Licht? Bevorzugt es Fructose gegenüber Glucose? Kann es den unterschiedlichen Tonhöhen im Zwitschern eines Singvogels folgen? Bei solchen Fragen geht es um die Fähigkeit der **Reizunterscheidung**. Wie kann man in einem Experiment feststellen, ob ein Tier den Reiz A vom Reiz B unterscheiden kann?

Zur Erforschung der Reizunterscheidung macht man sich die Fähigkeit zum assoziativen Lernen zunutze, über die offenbar alle Tiere verfügen. Wenn ein Tier den Reiz A mit einer positiven Erfahrung assoziiert, den Reiz B aber mit einer negativen, kann man am Verhalten ablesen, welchen Reiz das Tier detektiert. In einem klassischen Experiment mit *Drosophila* wird den Taufliegen der Zugang zu zwei Röhren ermöglicht, die unterschiedliche Geruchsstoffe enthalten, beispielsweise Apfelgeruch im einen, Birnengeruch im anderen Rohr. Da die Fliegen an beiden Obstaromen interessiert sind, werden sie beide Röhren besuchen, angezogen vom Duft möglicher Nahrungsquellen. Das Experiment besteht nun darin, die Fliegen immer dann mit einem milden Elektroschock zu bestrafen, wenn sie die Röhre mit dem Apfelduft betreten. Wenn man diese Strafe einige Male wiederholt, werden die meisten Fliegen im weiteren Verlauf alles, was nach Apfel riecht, meiden und nur noch dem Birnenduft folgen, denn sie haben gelernt, den Apfelduft mit einer unangenehmen Erfahrung zu assoziieren. Im weiteren Verlauf des Experiments kann man die Frage nach der Reizunterscheidung auf den Apfelgeruch beziehen: Welche Obstgerüche (Aprikose, Zitrone, Banane) kann die Fliege vom Apfelgeruch unterscheiden? Man bietet jeden Testgeruch im einen Rohr an, den Apfelgeruch im anderen, und beobachtet, ob die Fliegen das Testrohr bevorzugen. Wenn sie das tun, können sie den Testreiz vom aversiven Apfelduft unterscheiden, die Reizunterscheidung ist nachgewiesen.

Solche Experimente kann man mit einfachen Tieren wie Fadenwürmern (Nematoden) und Insekten ebenso durchführen wie mit hoch entwickelten Arten wie Säugetieren, denn die Fähigkeit zur Assoziation von zwei Reizen ist als grundlegende Lernfähigkeit ein

Wesensmerkmal aller Tiere. Das wissenschaftliche Konzept hinter diesem Ansatz ist das der **operanten Konditionierung**, ein Konzept zur Untersuchung von Reiz-Reaktions-Paaren. Die grundsätzliche Annahme bei diesem Ansatz ist, dass jedes Reiz-Reaktions-Paar einer von drei Kategorien zugeordnet werden kann.

- Ein *neutraler Reiz* löst keine Reaktion aus, obwohl er von einem Sinnesorgan detektiert wird. Die Reaktion bleibt aus, weil das Tier dem Reiz keine Bedeutung zumisst.
- Ein *unbedingter* Reiz löst immer eine Reaktion aus; die Reaktion ist genetisch fixiert und wird deshalb auch als unbedingter Reflex bezeichnet.
- Ein *bedingter* Reiz führt zu einer Reaktion, nachdem in einem Lernprozess ein vormals neutraler Reiz mit einer Bedeutung assoziiert worden ist.

Die Begriffe aus der klassischen Konditionierung nach Iwan Petrowitsch Pawlow (▶ Abschn. 18.3) bieten in mehreren Variationen der Verhaltensbiologie heute einen allgemein akzeptierten Rahmen für die Untersuchung kognitiver Vorgänge bei Tieren, und auch für die Erforschung der Sinne ist das assoziative Lernen ein Zugang zur Messung von Sinnesleistungen. Typische *Top-down*-Ansätze werden im Rahmen der operanten Konditionierung eingesetzt, um herauszufinden, in welcher Weise Tiere Sinneseindrücke bewerten, erinnern und nutzen. Ein Beispiel ist die Erforschung der Geruchsunterscheidung bei Mäusen (*Mus musculus*). Wie bei vielen anderen nachtaktiven und fährtenfolgenden Säugetieren ist auch bei Mäusen der Geruchssinn außerordentlich leistungsfähig und bildet vermutlich das Zentrum der Sinneswelt dieser Tiere. Bei dem in ◘ Abb. 16.5 dargestellten Experiment lernen Mäuse, zwei Gerüche mit dem Verhalten eines Wasserspenders zu assoziieren. Aus dem Trinkrohr in der Teststation kommt nur dann Wasser, wenn die Luft in der Teststation nach Amylacetat (Bananenduft) riecht, nicht aber, wenn es nach Ethylbutyrat (Ananasduft) riecht. Nach einigem Probieren haben die Mäuse den Zusammenhang gelernt. Wenn sie Ananas riechen, ziehen sie ihren Kopf sofort aus der Teststation, offenbar, weil sie nicht erwarten, Wasser zu bekommen. Riechen sie jedoch Banane, belassen sie ihren Kopf in der Station, lecken am Trinkrohr und stillen ihren Durst. Sie können also eindeutig und zuverlässig zwischen Bananenduft und Ananasduft unterscheiden. Und sie nutzen diese Reizunterscheidung zu einer fast 100 % sicheren Verhaltenssteuerung

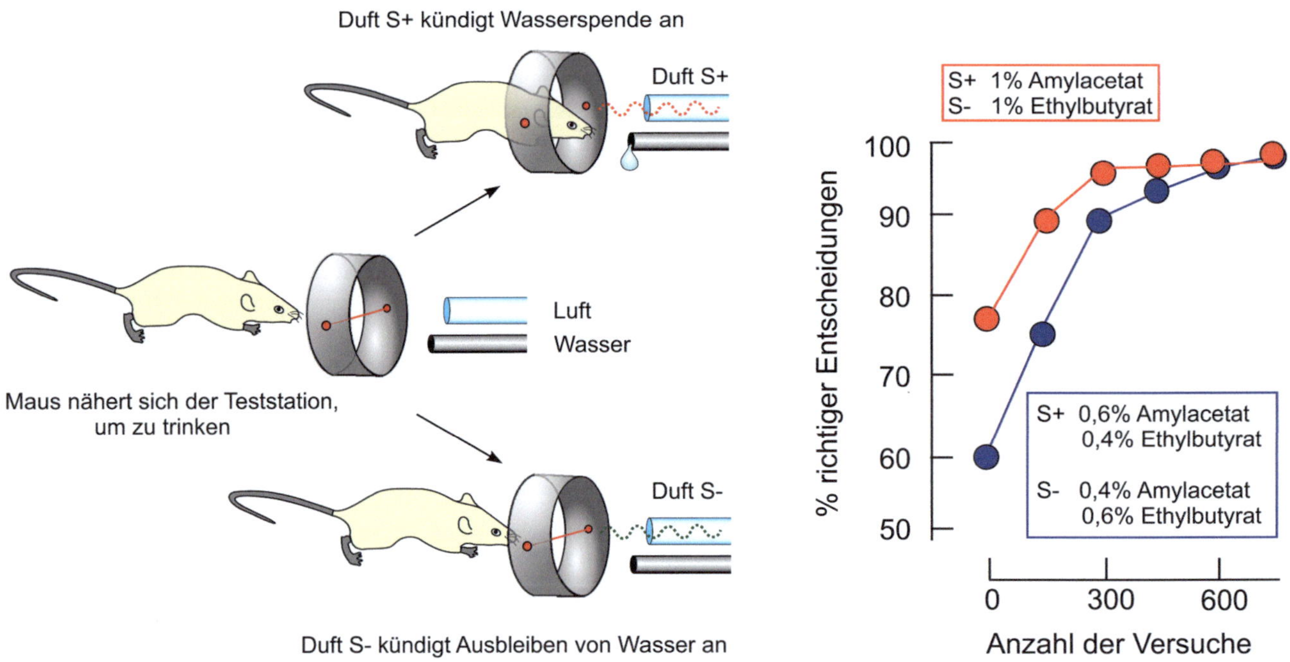

◘ **Abb. 16.5** Geruchsunterscheidung bei der Maus (*Mus musculus*). *Links*: Konditionierung einer Maus auf zwei unterschiedliche Gerüche. Die Maus nähert sich einer Teststation, um zu trinken. Über eine Lichtschranke wird erfasst, wie lange sie den Kopf auf der Suche nach Wasser in die Station schiebt. Neben einer Trinkwasserleitung wird die Station über einen Luftschlauch mit Gerüchen versorgt. Wasser wird immer zusammen mit dem Duft Amylacetat (S+) gereicht, beim Duft Ethylbutyrat (S–) bleibt die Wasserspende aus. *Rechts*: Darstellung des Lernerfolgs der Mäuse als Prozentsatz richtiger Entscheidungen. 50 % bedeutet Zufallsentscheidung ohne Lernerfolg. 100 % richtige Entscheidungen bedeutet, dass die Mäuse sowohl die Wasserspende als auch das Ausbleiben des Wassers aufgrund des vorherrschenden Duftes *immer* richtig vorhersagen konnten. Nach etwa 300 Versuchen haben die Tiere im Mittel über 95 % Treffsicherheit bei reinen Düften (1 % Amylacetat gegen 1 % Ethylbutyrat) erzielt (*rot*). Für die sichere Unterscheidung von Duftmischungen (0,6 % Amylacetat/0,4 % Ethylbutyrat gegen 0,4 % Amylacetat/0,6 % Ethylbutyrat) benötigten die Tiere im Mittel 500 Versuche, erreichten aber die gleiche Treffsicherheit (*blau*). Nach Abraham et al. (2004)

(◘ Abb. 16.5, *rechts*). Wenn die Tiere einmal gelernt haben, dass Bananenduft Wasser ankündigt, Ananasduft aber nicht, dann können sie sogar Duftmischungen auswerten, in denen eine der Komponenten nur ein wenig höher konzentriert ist als die andere. Überwiegt der Bananengeruch, erwarten sie Wasser, ist der Ananasgeruch etwas stärker, entscheiden sie sich zum Verlassen der Teststation. Sie brauchen für das Erlernen der Duftmischungen zwar mehr Versuche, und auch für ihre Verhaltensentscheidung benötigen sie etwas mehr Zeit als bei den Einzelgerüchen, aber sie erreichen die gleiche Zuverlässigkeit. Die *Top-down*-Entscheidung aufgrund der Wahrnehmung zweier unterschiedlich bewerteter Geruchsstoffe lässt sich mit dieser Methode quantitativ erfassen.

16.5 Das Perzept im sinnesphysiologischen Experiment

Für Sinnesphysiologen führen Fragen zur subjektiven Wahrnehmung bei Tieren unvermeidlich an die Grenze des Erforschbaren. Denn in welcher Weise ein Tier einen Sinneseindruck erlebt, kann man als Forscher nicht messen Die Inhalte des subjektiven Erlebens – in der Philosophie als „Qualia" bezeichnet – sind biowissenschaftlich nicht erfassbar. Wir können zwar beobachten, wie zwei Mäuse sich gegenseitig mit ihren Vibrissen betasten. Aber keine Vorstellung unseres Bewusstseins kann das dabei entstehende sensorische Erlebnis nachvollziehen. Zwar lässt sich das Auftreten mentaler Prozesse im Gehirn der Tiere neurophysiologisch beschreiben, ihre Inhalte kann man aber nicht nachempfinden. Die Frage, wie sich etwas für ein Tier „anfühlt", können wir nicht beantworten, denn Tiere sind uns fundamental fremd. Welche Art von Wahrnehmung also können wir bei Tieren überhaupt experimentell erfassen, um etwas darüber zu erfahren, in welcher Weise sie Sinnesinformationen auswerten und nutzen? Ein praktikabler Ansatz ist, den Wahrnehmungsprozess in einzelne Komponenten zu zerlegen und zu versuchen, jede Einzelwahrnehmung getrennt zu untersuchen. Man kann beispielsweise fragen, ob ein Tier die Bewegung eines Objekts erkennen kann. Auch kann man herausfinden, ob das Tier sensorische Signale so interpretiert, dass ihm die Bedeutung eines Sinneseindrucks klar wird. Es ist zudem möglich, experimentell zu erfassen, welche Eigenschaften eines Objekts ein Tier sich merken kann, um sich zu einem späteren Zeitpunkt daran zu erinnern. Selbst die Fähigkeit, mehrere Artgenossen als getrennte Individuen wahrzunehmen und wiederzuerkennen, lässt sich messen; und vielleicht sogar die Fähigkeit, sich selbst als eigenständiges Individuum wahrzunehmen. Solche Teilwahrnehmungen der Wirklichkeit bezeichnet man als **Perzepte** (Perzept: „das Wahrgenommene", abgeleitet von Perzeption, die Wahrnehmung). Perzepte sind immer subjektiv und werden durch die Beschaffenheit der Sinnesorgane bestimmt. So sind Ultraschallsignale zwar für viele Tiere Perzepte, nicht aber für den Menschen, der definitionsgemäß taub für Ultraschall ist.

Der Begriff des Perzepts wurde von Gustav Theodor Fechner im 19. Jahrhundert eingeführt und hat seitdem einige Uminterpretationen seiner Bedeutung erlebt. Im vorliegenden Lehrbuch bezeichnen Perzepte den Rohstoff für die subjektive Wahrnehmung der Tiere, es sind Informationen, die aus den Sinnesorganen das zentrale Nervensystem erreichen und die Schwelle zur Wahrnehmung übersteigen. Sie werden wahrgenommen, beeinflussen das Verhalten und sind experimentell erfassbar. Allerdings ist die Vorstellung unzutreffend, dass Perzepte durch eine detailgetreue Projektion der Sinneszellaktivität in eine kognitive Ebene zustande kommen, dass sie einfach das periphere sensorische Geschehen erlebbar machen. Ein Perzept hängt vielmehr nicht allein von den afferenten Signalen ab, sondern auch von steuernden Einflüssen des Gehirns. Beispielsweise kann das gleiche sensorische Signal unterschiedliche Perzepte auslösen, wenn ein Tier hungrig oder satt ist, wenn es ein Revier verteidigen muss oder eine entspannte Zeit hat, wenn es schläfrig dahindämmert oder hellwach ist. Perzepte sind immer modulierte Wahrnehmungen, die sowohl durch *Bottom-up*-Signale aus den Sinnesorganen als auch durch *Top-down*-Signale aus höheren Verarbeitungsebenen des Gehirns bestimmt werden. Dieser doppelte Einfluss auf den Rohstoff der Wahrnehmung ist der Grund, warum man die in ▶ Abschn. 16.3 diskutierten afferenten Signale nicht mit dem subjektiven Erleben gleichsetzen kann. Perzepte sind experimentell erfassbare, **situationsgebundene Wahrnehmungen**. Sie gelangen auch in höhere Ebenen der subjektiven Wahrnehmung, wo sie affektiv bewertet und mit Erinnerungen vermischt werden. Letztlich entsteht dabei das subjektive Erleben, das für den Forscher weitgehend unzugänglich ist.

Voraussetzung für die Bildung von Perzepten ist ein **sensorisches Bewusstsein**, die einfachste Form von Bewusstsein, weit entfernt von Bewusstseinsleistungen, die wir dem Begriff „Denken" zuordnen würden. Das sensorische Bewusstsein bildet eine kognitive Ebene zwischen einfachen Reflexen und höheren Bewusstseinsleistungen, welche Assoziationen, Erinnerungen und Affekte mit der Sinnesinformation integrieren. Im Unterschied zu einfachen Reflexen ist für das sensorische Bewusstsein **Wachheit** erforderlich. Im Gegensatz zu den integrierenden Bewusstseinsleistungen sind die Perzepte des sensorischen Bewusstseins messbar. Einige Beispiele sollen dies im Folgenden veranschaulichen:

- **Objektwahrnehmung** Im Lebensalltag der meisten Tiere ist eine der lebenswichtigen kognitiven Fähigkeiten das Erkennen von Objekten und ihrer Bedeutung. Dabei prüft das sensorische Bewusstsein des wachen Tieres, ob die von den Sinnen erfassten Signale mit den gespeicherten Eigenschaften eines Objekts übereinstimmen. So betrachtet beispielsweise ein Frosch eine Fliege, die vor ihm auf dem Boden sitzt, und tut erst einmal nichts. In diesem Zustand können die beiden Tiere lange verharren; für den Beobachter liegt eine gewisse Spannung in der Luft, aber nichts passiert. Dann aber krabbelt die Fliege einen Zentimeter zur Seite. Sofort schnappt der Frosch zu und verschluckt die Fliege. Offenbar hat der visuelle Eindruck der sitzenden Fliege nicht ausgereicht, sie als Objekt wahrzunehmen. Die wenigen Trippelschritte der Fliege haben die fehlende Information aber geliefert, der Frosch hat die Fliege als solche erkannt und konnte adäquat reagieren. Diese kleine Szene verdeutlicht einen Wahrnehmungsvorgang als Voraussetzung für zielgerichtetes Verhalten. Der Beobachter erkennt den Zeitpunkt, an dem sich das Perzept einer Fliege beim Frosch gebildet hat. Er kann im Experiment durch Einsatz von unterschiedlichen Fliegenattrappen herausfinden, welche Attribute zum Fliegenperzept eines Frosches gehören (Größe, Farbe, Struktur, Bewegung, akustische Reize); das Perzept ist erforschbar. Nicht nur bei Fröschen, sondern bei allen Jägern und Beutetieren spielt die Objektwahrnehmung eine zentrale Rolle, denn immer muss das andere Tiere erkannt werden, bevor man jagt oder flieht. Eine der wichtigsten Anpassungen von Beutetieren an das sensorische Bewusstsein ihrer Jäger – und gleichermaßen der Jäger an die Perzeptbildung ihrer Beutetiere – ist es, die Objektwahrnehmung zu *verhindern*. Dies ist das zentrale Prinzip der **Tarnung**. Körperzeichnung und Körperformen sind dann besonders hilfreich, wenn sie die Tiere vor dem natürlichen Hintergrund „unsichtbar" machen, indem sie die Objekterkennung erschweren. Streifen, Flecken und Farben im Fell, Körperanhänge zur Verschleierung der Körperform, aber auch Tarngerüche und andere Tricks erschweren die Perzeptbildung bei Jägern und verleihen den Tieren, denen sie nachstellen, entscheidende Vorteile (◻ Abb. 16.6). Objektwahrnehmung und deren Vermeidung sind mithin Fähigkeiten, die im Tierreich weit verbreitet sind und die alle Sinnesmodalitäten einschließen.
- **Bewegungswahrnehmung** Die Art der Bewegung eines Objekts ist eine weitere Schlüsselinformation, denn sie liefert Erkenntnisse über dessen Identität, seine Position im Verhältnis zum Betrachter und auch zu der entscheidenden Frage, ob es sich um ein lebendes Objekt handelt oder nicht. Bei den meisten Tieren – zumindest bei denjenigen, die über Augen verfügen – liefert die Bewegungswahrnehmung ein Perzept der Objektbewegung, welches man mit den geeigneten Methoden im Experiment messen kann. Für ein breites Spektrum von Arten – von Arthropoden bis zu Säugetieren und Vögeln – kann man die Wahrnehmung von Objektbewegungen mithilfe von optokinetischen Messungen untersuchen. Dabei lässt man die Tiere ein schwarzweißes Streifenmuster betrachten, das mit zunehmenden Geschwindigkeiten durch ihr Sehfeld bewegt wird. Solange die Tiere noch einzelne Streifen erkennen können, zeigen sie charakteristische Folgebewegungen der Augen, des Kopfes oder des ganzen Körpers. Erst wenn die Streifen zu schnell vorbeilaufen, nicht mehr einzeln aufgelöst werden können und zu einem unbewegten Grau verschwimmen, hört die Bewegungswahrnehmung auf, die Flimmerverschmelzungsfrequenz ist erreicht (▶ Abschn. 7.10). Man erkennt den Verlust des Bewegungsperzepts am Ausbleiben der Folgebewegungen und kann dadurch die Fähigkeit eines Tieres zur visuellen Bewegungswahrnehmung sehr genau untersuchen. Aber nicht nur das Sehen, auch das Hören, das Tasten und vermutlich sogar der Elektrosinn vermitteln Bewegungswahrnehmungen, und auch bei diesen Modalitäten kann man das Perzept experimentell ermitteln.
- **Wahrnehmung von Individuen** Artgenossen gehören für die meisten Tiere zu den wichtigsten „Objekten". Dass Artgenossen sich als solche erkennen, dass sie männliche von weiblichen Vertretern ihrer Art unter-

◻ **Abb. 16.6** Tarnung eines Seepferdchens. Die nur etwa 20 mm großen Zwerg- oder Pygmäenseepferdchen (*Hippocampus bargibanti*) aus den Korallenriffen von Papua-Neuguinea haben ihr Erscheinungsbild im Laufe ihrer Evolution in Farbe und Oberflächenstruktur weitgehend dem einer Weichkoralle angepasst. Für visuell geleitete Fressfeinde ist es schwer, den Umriss der Seepferdchen in der Koralle zu erkennen – die Objektwahrnehmung wird verhindert

scheiden können, dass sie Affekte, Absichten, mimische Signale untereinander erkennen und interpretieren können, diese Dinge gehören zum absolut notwendigen, kognitiven Repertoire einer Tierart. Ist es aber darüber hinaus auch nötig, dass Tiere sich als eigenständige Individuen wahrnehmen? Oder reicht die Wahrnehmung aus, dass ein Artgenosse zum eigenen Clan gehört und ein Paarungspartner sein könnte? Gibt es bei Tieren das Perzept des Individuums? Vieles deutet darauf hin, dass zumindest Säugetiere die einzelnen Mitglieder der Sippe als Individuen erkennen. Natürlich zweifelt kein Hunde- oder Katzenhalter an der Fähigkeit seiner Haustiere, den einen Menschen zu mögen, den anderen zu verabscheuen und allen anderen gegenüber indifferent zu bleiben – obwohl es dabei doch um artfremde Menschen geht. Auch unter Artgenossen beobachtet man individuell ausgerichtetes Verhalten. Es gibt Freundschaften unter Kühen, Löwinnen haben ihre bevorzugten Jagdgenossinnen, Elefantenbullen bilden einzelne Jungtiere in den Dingen des Lebens aus, Schimpansen kümmern sich um verwaiste Babys, und Albatrosse finden sich einmal im Jahr zur Brut mit einem lebenslangen Brutpartner zusammen. Diese Tiere erkennen sich offenbar gegenseitig wieder. Aber wie ist das bei Reptilien, bei Amphibien, Fischen und Arthropoden? Kann eine Ameise zwei ihrer Schwestern voneinander unterscheiden? Haben Bienen bevorzugte Freundinnen auf der Wabe? Der Augenschein hilft bei diesen Fragen erst einmal nicht weiter. Aufschluss könnte eine genauere Untersuchung der Gehirnaktivität bringen. Bei Primaten findet man in den Schläfenlappen des Gehirns Bereiche, welche auf die Verarbeitung visueller Eindrücke von Gesichtern spezialisiert sind. Werden diese Bereiche bei einem Schlaganfall beschädigt, kann die Fähigkeit, Gesichter wahrzunehmen, gänzlich verloren gehen (klinischer Begriff: Prosopagnosie). Das Erkennen von Gesichtern – für uns Menschen das dominante Perzept des Individuums – ist also offenbar ein so wichtiger kognitiver Prozess, dass ihm eine ganze Hirnregion gewidmet ist. Darüber hinaus gibt es in den sekundären Hörzentren – ebenfalls in den Schläfenlappen – neuronale Netze, die auf Stimmen spezialisiert sind, wobei manche Netze allgemein auf arteigene Vokalisationen reagieren, während andere auf individuelle Stimmen von Artgenossen ansprechen. Bildgebende Messungen der Gehirnfunktion mit der Methode des funktionellen Magnetresonanz-Imagings (fMRI) lassen erkennen, dass beide Analysewege, die **Gesichtsanalyse und** die **Stimmenanalyse**, zusammengeführt werden, und man vermutet, dass aufgrund einer solchen polymodalen Verarbeitung Individuen wahrgenommen, unterschieden und wiedererkannt werden können. Bisher sind solche Untersuchungen vor allem an Primaten und an Hunden durchgeführt worden. Sie liefern – zusammen mit umfangreichen Verhaltensbeobachtungen – deutliche Hinweise auf die Entstehung von Perzepten des Individuums bei Säugern. Möglicherweise wird diese Methode in Zukunft auf andere Tiere anwendbar sein, sodass sich erforschen lässt, auf welcher Stufe der Tierevolution die Unterscheidung von Individuen begonnen hat.

- **Selbstwahrnehmung** Haben Tiere eine Vorstellung davon, dass sie selbst eigenständige, von anderen Artgenossen unterscheidbare Wesen sind? Ist ihnen die Erfahrung der eigenen Individualität zugänglich, haben sie ein Perzept ihres Selbst? Ist die Vorstellung davon, was „ich" bedeutet, ein Teil ihres subjektiven Erlebens? Wenn wir einem Singvogel zuhören, erscheint uns diese Frage möglicherweise absurd. Wer beispielweise einen Zaunkönig (*Troglodytes troglodytes*; ◻ Abb. 16.7) dabei beobachtet, wie er an einem Frühlingsmorgen auf einem Zweig sitzt und mit laut schmetterndem Gesang ein Weibchen in sein Revier einlädt, der kann nicht anders, als das überbordende Selbstgefühl des kleinen Vogels zu bewundern. Es scheint, dass der Zaunkönig seinen kunstvollen Gesang vor allem dazu einsetzt, die Umgebung weithin über die außerordentlichen Qualitäten seines Selbst zu informieren. Für unsere anthropomorphe Intuition ist völlig klar: Dieser Vogel hat ein großartiges Selbstgefühl! Wie aber kann man diese „innere" Wahrnehmung experimentell nachweisen? In welchen Versuchen kommt zutage, dass ein Tier ein Perzept für „*meinen* Körper", „*meine* Stimme" oder „*meinen* Geruch" besitzt? Wie sich herausstellt, gehören diese Fragen zu den schwierigsten bei der Erforschung von Wahrnehmungsvorgängen bei Tieren. Ein experimenteller Ansatz hierfür ist die **Selbsterkennung im Spiegel**, eingeführt 1970 von Gordon Gallup und seitdem zur Untersuchung der Selbstwahrnehmung bei vielen Tierarten eingesetzt. Wenn Tiere ihr Bild in einem Spiegel sehen, verhalten sie sich sehr unterschiedlich. Oft wird das Spiegelbild als Artgenosse betrachtet, und die Tiere zeigen Aggression oder Balzverhalten – so wie sie es bei einem Artgenossen aus Fleisch und Blut tun würden. Solche Reaktionen kann man bei Hunden, Katzen, Fischen und vielen Vögeln beobachten. Andere Tiere scheinen über ihr Spiegelbild nachzudenken. Sie nehmen sich Zeit zur Erforschung des ungewöhnlichen Objekts im Spiegel, betasten und beschnuppern es ausgiebig – offenbar bemüht, sich einen Reim auf diese merkwürdige Erscheinung zu machen. Gallups Experiment besteht nun darin, an Fell oder Gefieder der Tiere einen farbigen Fleck an-

Abb. 16.7 Selbstwahrnehmung bei Singvögeln? Zaunkönige (*Troglodytes troglodytes*) verkünden mit lautem Gesang ihren Anspruch auf ein Revier und ihre Qualitäten als Brutpartner. Haben sie eine Ich-Wahrnehmung, ein Perzept ihres Selbst?

zubringen, und zwar an einer Stelle, welche die Tiere ausschließlich im Spiegel sehen können. Wenn den Tieren der Fleck im Spiegel auffällt und wenn sie dann am eigenen Körper versuchen, den Fleck abzuwischen, dann kann man davon ausgehen, dass sie das Spiegelbild als Abbild ihres Selbst erkannt haben. Man kann eine solche Reaktion als Hinweis auf Selbstwahrnehmung betrachten. Nur wenige Tierarten haben bisher diesen Spiegeltest ohne vorbereitende Konditionierung bestanden, darunter die vier Menschenaffen (Familie Hominidae), der Große Tümmler (*Tursiops truncatus*), der Asiatische Elefant (*Elephas maximus*) und die Elster (*Pica pica*). Für diese Tiere gilt die Hypothese der Selbstwahrnehmung damit als begründbar – obwohl die Interpretation der Spiegeldaten noch durchaus kontrovers diskutiert wird. Ob ein Tier im Spiegelbild „sich selbst" sieht, ob es nur seinen eigenen Körper erkennt oder ob es ein anderes selbstbezogenes Perzept erlebt, diese Fragen sind in der wissenschaftlichen Diskussion noch keineswegs abschließend geklärt. In jedem Fall bedeutet ein negatives Ergebnis bei diesem Test nicht, dass die getesteten Tiere kein Perzept ihres Selbst hätten. Vielmehr weist vieles darauf hin, dass die Wahrnehmung von Individuen – einschließlich des eigenen Selbst – eine polymodale Sinnesleistung ist, für welche visuelle, olfaktorische, auditive und taktile Informationen notwendig sind. Bei den im Spiegelversuch erfolgreichen Arten handelt es sich möglicherweise um Tiere, bei denen der Sehsinn im Sozialverhalten eine besonders dominante Rolle spielt, sodass der visuelle Eindruck auch bei der Selbstwahrnehmung im Spiegel stärker gewichtet wird als andere Sinne. Für die zunächst erfolglosen Arten im Spiegelversuch müssen die experimentellen Bedingungen wohl entsprechend artspezifisch gewählt werden. Auch bei der Suche nach der Selbstwahrnehmung ist die Beantwortung der Frage, welche Komplexität des Nervensystems notwendig ist, um bei Arthropoden, Mollusken oder Wirbeltieren ein Perzept des Selbst zu ermöglichen, ein noch fernes Ziel.

Literatur

Weiterführende Literatur

Anderson JR, Gallup GG (2011) Which primates recognize themselves in mirrors? PLoS Biol 9:e1001024

Andrews K (2015) The animal mind. An introduction to the philosophy of animal cognition. Routledge, Abingdon

Derégnaucourt S, Bovet D (2016) The perception of self in birds. Neurosci Biobehav Rev 69:1–14

Gallup GG (1970) Chimpanzees: self-recognition. Science 167:86–87
Glickstein M (2014) Neuroscience. A historical introduction. MIT Press, Cambridge, MA
Goldstein EB (2002) Wahrnehmungspsychologie. Spektrum Akademischer Verlag, Heidelberg
Koch C (2005) Bewusstsein – ein neurobiologisches Rätsel. Springer Spektrum, Heidelberg
Lunau K (2002) Warnen, Tarnen, Täuschen – Mimikry und andere Überlebensstrategien in der Natur. Wissenschaftliche Buchgesellschaft, Darmstadt
Naguib M, Krause ET (2020) Methoden der Verhaltensbiologie. Springer Spektrum, Heidelberg
Numberger M, Draguhn A (2001) Patch-Clamp-Technik. Spektrum Akademischer Verlag, Heidelberg
Prior H, Schwarz A, Güntürkün O (2008) Mirror-induced behavior in the Magpie (*Pica pica*): evidence of self-recognition. PLos Biol 6:e202
Sakmann B, Neher E (1995) Single-channel recording. Springer, Heidelberg
Squire LR (2009) The history of neuroscience in autobiography. Oxford University Press, Oxford
Wickenden A (2014) Overview of electrophysiological techniques. Curr Protoc Pharmacol 64:11.1.1
Wynne CDL, Udell MAR (2013) Animal cognition. Evolution, behavior & cognition. Red Globe Press, London
Zupanc GKH (2004) Behavioral neurobiology. Oxford, UK, Oxford University Press

Zitierte Literatur

Abraham NM, Spors H, Carleton A, Margrie TW, Kuner T, Schaefer AT (2004) Maintaining accuracy at the expense of speed: stimulus similarity defines odor discrimination time in mice. Neuron 44:865–876

Modellorganismen in der Sinnesphysiologie

Inhaltsverzeichnis

S. Frings, *Die Sinne der Tiere*, https://doi.org/10.1007/978-3-662-63233-8_17

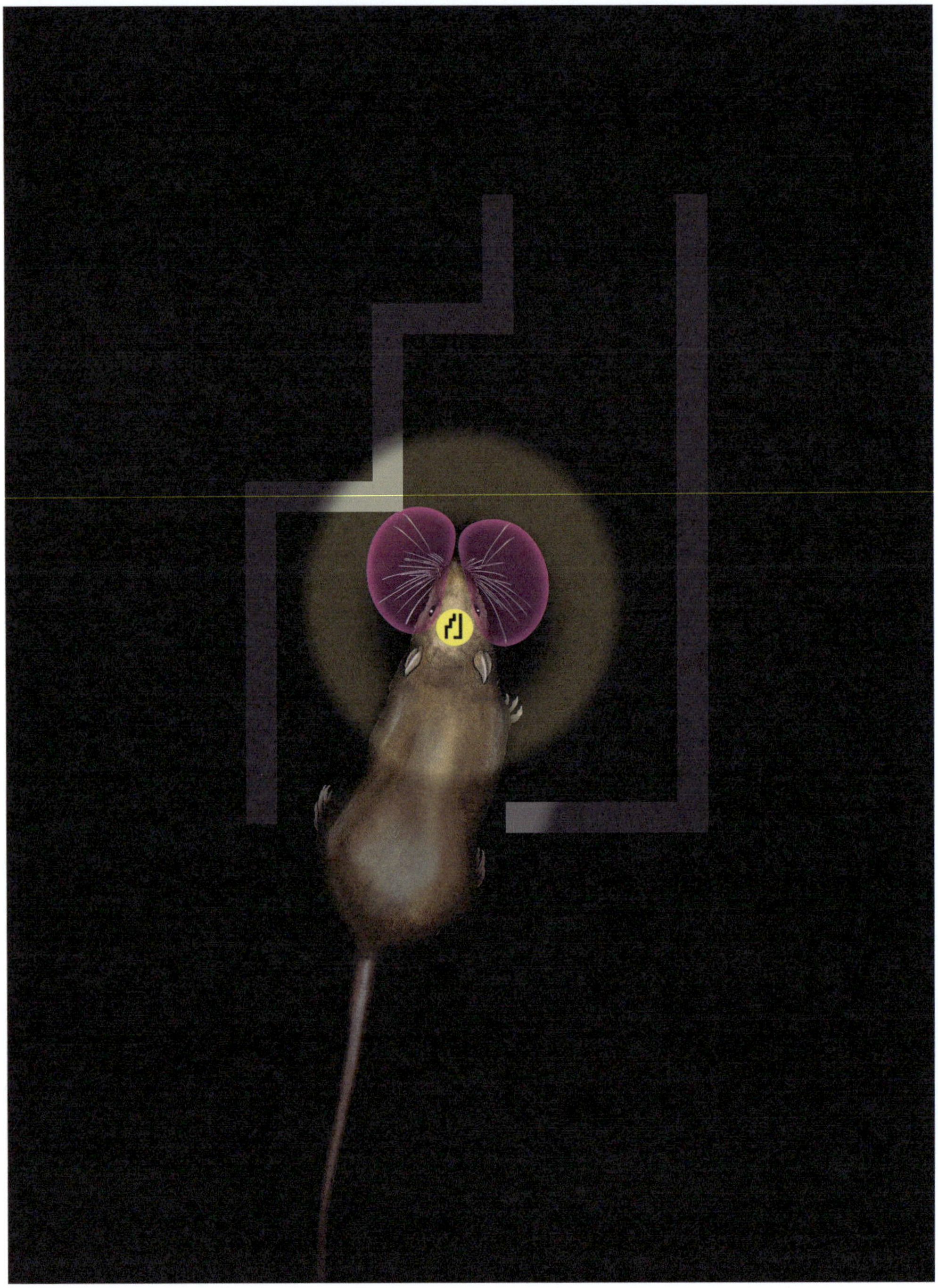

Eine Ratte (*Rattus norvegicus domestica*) tastet sich durch ein dunkles Labyrinth. Ohne visuelle Anhaltspunkte vermitteln ihre Vibrissen genaue räumliche Informationen über die unmittelbare Umgebung. Die Ratte ertastet sich jede Kante und jede Ecke der Versuchsanlage, und nach kurzer Zeit hat sie einen mentalen Plan all derjenigen Gänge gespeichert, die sie besucht hat. Kommt sie nach dieser Tast- und Lernexkursion wieder einmal zurück in das Labyrinth, erkennt sie die gelernten Strukturen wieder und läuft schnell und zielsicher durch die Gänge. An diesem Verhalten kann man viel über den Tastsinn lernen: über die Sensorik von Vibrissen, über den mechanosensorischen Signalfluss durch Thalamus und Cortex, über die kognitive Erfassung dreidimensionaler Strukturen durch Betasten sowie über den Prozess der räumlichen Gedächtnisbildung aufgrund ertasteter Information. Die Ratte ist damit ein interessantes Forschungsobjekt bei der Untersuchung von Tastsinn und räumlicher Orientierung. Sie ist ein Modellorganismus für diesen Bereich der Sinnesphysiologie, weil sie aussagekräftige Experimente unter kontrollierten Bedingungen ermöglicht. Zudem ermöglicht sie die Bearbeitung von vielen zellbiologischen Fragestellungen zum Tastsinn, beispielsweise die Suche nach den Transduktionsmechanismen in Tastsinneszellen. Tatsächlich können an Ratten sinnesphysiologische Studien auf mehreren Ebenen der Forschung durchgeführt werden – auf der Ebene der Gene und Proteine, der Ebene der Zellen und Gewebe sowie auf der Ebene von kognitiven Sinnesleistungen. Ratten bieten die Chance, den Tastsinn umfassend zu erforschen, und – das macht ihren Modellcharakter aus – die Ergebnisse aus der Untersuchung von Ratten liefern Anhaltspunkte zur Funktionsweise des Tastsinnes bei anderen Säugetieren sowie möglicherweise auch bei Fischen, Amphibien, Reptilien und Vögeln. Dieses Kapitel behandelt die zentrale Rolle von Modellorganismen in der Sinnesphysiologie und ihre Bedeutung für die Erforschung der einzelnen Sinne.

17.1 Die Vergleichbarkeit der Sinne

Eine fundamentale Erkenntnis aus der Evolutionsforschung ist, dass die Lebensvorgänge aller Organismen vergleichbar sind, weil sie letztlich aus physiologischen Prozessen gemeinsamer Vorfahren entstanden sind. Für die vergleichende Sinnesphysiologie, die sich mit den Gewebetieren (Eumetazoa) beschäftigt, bedeutet diese Vergleichbarkeit, dass sensorische Prozesse im gesamten Tierreich nach den gleichen Prinzipien ablaufen. Auf den ersten Blick mag eine solche Abschätzung absurd erscheinen. Was schließlich hat die Berührungsempfindlichkeit eines Fadenwurmes mit dem Tastsinn einer Maus zu tun? Je genauer man aber hinschaut, desto deutlicher treten Gemeinsamkeiten hervor, und der Nachweis gemeinsamer genetischer Merkmale reicht heute schon in präkambrische Zeiten zurück, also in Zeiträume lange vor der Diversifizierung der heute lebenden Tierstämme. Tatsächlich erscheinen uns die Gemeinsamkeiten der Augen von Quallen, Muscheln, Perlbooten, Haien und Vögeln offensichtlich, obwohl diese Tiergruppen keineswegs in gemeinsamen Entwicklungslinien stehen. Trotzdem zeigen sie Ähnlichkeiten sowohl in ihrer genetischen Ausstattung als auch bei der Strukturierung und der Funktion ihrer Augen. Es ist in diesem Zusammenhang unerheblich, inwieweit Sinnesorgane durch monophyletische oder polyphyletische Evolutionsprozesse entstanden sind; die **Ähnlichkeiten in Struktur und Funktion bilden die Basis sinnvoller Vergleiche**. Wir können davon ausgehen, dass sensorische Prozesse erkennbare Parallelen bei allen Tieren aufzeigen, dass sie aber darüber hinaus durch Anpassungen an die arttypischen Erfordernisse geformt worden sind.

Die wesentlichen Komponenten sinnesphysiologischer Konzepte – Sinneszellen, afferente Bahnen, zentrale Verarbeitung – findet man bei allen Tiergruppen oberhalb der Schwämme, und so ist es durchaus möglich, grundlegende Erkenntnisse über alle Tiergruppen hinweg zu verallgemeinern. Tiere können als Modellorganismen fungieren, weil sensorische Prozesse nach den gleichen Funktionsprinzipien ablaufen. Beispielsweise kann man die Steuerung von Bewegungen durch sensorische Signale sowohl bei Quallen als auch bei Schnecken, Fadenwürmern und Insekten untersuchen – im Prinzip funktionieren diese Vorgänge nicht anders als reflektorische Bewegungen bei einem Säugetier: Ein Reiz wirkt auf eine Sinneszelle ein, über afferente Signale wird ein Motoneuron aktiviert, welches die Bewegung steuert. Diese Vergleichbarkeit bietet der experimentellen Sinnesphysiologie enorme Möglichkeiten: Verschiedene Aspekte eines Sinnes können an unterschiedlichen Tierarten untersucht werden, und man kann auf diese Weise die besonderen Vorteile nutzen, die jeder einzelne Modellorganismus bietet.

In diesem Kapitel wird **der Begriff „Modellorganismus"** etwas anders verwendet als in anderen Bereichen der Biologe. Besonders in der biomedizinischen Forschung werden Versuchstiere oft als Modellorganismen bezeichnet, wenn sie zur Aufklärung von organismischen Vorgängen eingesetzt werden, welche man an Menschen mithilfe psychophysischer Methoden nicht untersuchen kann. Solche Arbeiten beruhen auf einer grundlegenden Annahme: Dass zwischen den Versuchstieren – meist sind es Inzuchtlinien von Labormäusen (*Mus musculus domesticus*) – und Menschen eine Ähnlichkeit besteht und damit wissenschaftliche Erkenntnisse vom Versuchstier auf den Menschen übertragbar sind. Zu dieser Art von Modellorganismen gehören die translationalen Modelle der biomedizinischen Forschung. Alle anderen Modellorganismen haben mit der Erforschung des menschlichen Organismus nichts zu tun. Es geht vielmehr um die Erforschung von klar abgrenzbaren Lebensprozessen bei zu diesem Zweck besonders geeigneten Tieren. Im Kontext dieses Buches ist dies die Erforschung von Sinnesorganen und Sinnesleistungen. Solche Aufteilungen von Forschungsfragen auf unterschiedliche Tierarten haben eine Reihe sinnesphysiologischer Modelle hervorgebracht.

▪ Entwicklungsmodelle

Die strukturgebenden Prozesse während der Embryonalentwicklung lassen sich besonders gut an durchsichtigen Tieren untersuchen, welche für *In-vivo*-Experimente mit der Licht- und Fluoreszenzmikroskopie zugänglich sind. Zebrabärblinge (*Danio rerio*), kleine, aus Ostasien stammende Karpfenfische (Ordnung Cypriniformes; ◘ Abb. 17.1), sind wichtige Entwicklungsmodelle. Ihre Embryonen sind durchsichtig und entwickeln sich außerhalb des Muttertieres, sodass man sie frei schwimmend beobachten kann. Auch produzieren die Mutterfische große Mengen von Eiern und damit einen stetigen Nachschub an biologischem Material. Innerhalb von kaum mehr als einem Tag nach der Befruchtung kann man die Entstehung der Anlagen von Sinnesorganen beobachten und deren Wachstum und Ausdifferenzierung bis in das Larvenstadium der Fische verfolgen (◘ Abb. 17.2). Wie der Zebrabärbling unter den Fischen dient der Afrikanische oder Glatte Krallenfrosch (*Xenopus laevis*) unter den Amphibien, Hühnerembryonen (*Gallus gallus domesticus*) unter den Vögeln und die Maus (*Mus musculus domesticus*) unter den Säugetieren als Entwicklungsmodelle. Für die wirbellosen Tiere stehen die Taufliege *Drosophila melanogaster* und der Fadenwurm *Caenorhabditis elegans* als Entwicklungsmodelle zur Verfügung. Ein herausragender Nachweis der Modellfunktion von Taufliegen für die Entwicklung von Sinnesorganen war die Entdeckung, dass der Transkriptionsfaktor Pax6 eine Schlüsselfunktion bei der Augenentwicklung sowohl bei Fliegen als auch bei Wirbeltieren ausübt.

◘ **Abb. 17.1** Zebrabärblinge („Zebrafische"; *Danio rerio*) sind vielfach verwendete Modellorganismen für die Embryonalentwicklung und für physiologische Prozesse bei Wirbeltieren. Sie haben einen kurzen Generationszyklus (zwölf bis 16 Wochen), ein für gentechnische Eingriffe zugängliches, diploides Genom, und ihre durchsichtigen Embryonen entwickeln sich außerhalb der Muttertiere, wo man sie mit Mikroskopen beobachten kann

Neuronale Modelle

Sinneszellen sind entweder selbst Neuronen, oder sie stehen in synaptischem Kontakt mit afferenten Neuronen. In jedem Fall erzeugt ein adäquater Reiz ein neuronales Signal. Oft ist der erste Schritt in der sinnes-

◘ **Abb. 17.2** Bei Embryonen von Zebrabärblingen (*Danio rerio*), hier in ihren Eihüllen etwa 48 Stunden nach der Befruchtung, kann man die Entwicklung der Organsysteme – einschließlich der Augen, des Seitenliniensystems und der anderen Sinne – in allen Details beobachten

physiologischen Forschung die Messung dieses Prozesses. Man untersucht, wie empfindlich eine Sinneszelle reagiert, in welcher Weise die Stärke der afferenten Signale von der Reizintensität abhängt. Solche Untersuchungen an Insekten, Spinnen und vielen Wirbeltieren haben vor allem *ein* konsistentes Ergebnis erbracht: Wenn Detektionsempfindlichkeit von Vorteil für eine Tierart ist, dann treibt der unablässige Selektionsdruck über viele Generationen hinweg die Empfindlichkeit eines Sinnes an die Grenze des physikalisch Sinnvollen. Tiere sehen dann einzelne Photonen, riechen einzelne Moleküle und ertasten die thermische Bewegung von Molekülen. Für diesen besonderen Evolutionsprozess, die Optimierung der Sinne, kann jede Tiergruppe als neuronales Modell stehen, denn er ist Teil der Entwicklungsgeschichte aller Tiere. Auch für die Aufnahme der afferenten Signale in neuronale Netze und für die Verarbeitungslogik in diesen Netzen werden neuronale Modelle verwendet, weil die Grundzüge der neuronalen Verschaltung in allen Nervensystem ähnlich sind. Phänomene wie Konvergenz, Divergenz, laterale Inhibition, rekursive Hemmung und synaptische Plastizität kann man bei so gut wie allen Tieren finden und untersuchen. In **reduktionistischen Ansätzen** versucht man, spezielle Fragen durch Untersuchungen an neuronalen Modellen mit einfachen Nervensystemen zu klären. Beispiele für diese Strategie sind die Erforschung der Habituation auf Sinnesreize beim Kalifornischen Seehasen (*Aplysia californica*), einer marinen Hinterkiemerschnecke (Ordnung Opisthobranchia), und die sensomotorische Laufsteuerung durch rhythmisch aktive Netzwerke (*central pattern generators*) bei der Indischen Stabschrecke (*Carausius morosus*; Ordnung Phasmatodea, Gespenstschrecken) ◘ Abb. 17.3. Gut untersuchbare neuronale Modelle können auch komplexe, aber klar umrissene Teile eines zentralen Nervensystems sein, mit einfachen Verbindungen zu einem Sinnesorgan. Solche **Modellsysteme** sind Vibrissenfeld und Barrelcortex bei der Ratte sowie Riechepithel und Riechkolben bei der Maus. Auch Facettenaugen und optische Loben der Insekten sowie Netzhaut und Sehbahn von Wirbeltieren sind gut etablierte Modelle für die ersten Schritte neuronaler Verarbeitung von Sinnesinformation. Solche Modelle sind zwar keineswegs einfach strukturiert, aber der Grad ihrer Komplexität lässt noch die Entwicklung von Computermodellen zu, mit deren Hilfe man analysieren kann, in welcher Weise die afferenten Signale in diesen Netzwerken verarbeitet werden.

▪ Funktionsmodelle

Für das Verständnis einer jeden Sinnesmodalität kommt der Frage eine zentrale Bedeutung zu, auf welche Weise eine Sinneszelle die auf sie einwirkende Reizenergie in eine zelluläre Reaktion umsetzt. Wie schwierig es ist, solche Transduktionsprozesse aufzuklären, kann man daran erkennen, dass die ersten grundlegenden Einblicke in solche Vorgänge erst in den 1980er-Jahren gelungen sind und dass auch nach 40 Jahren intensiver Forschungsbemühungen noch viele grundlegende Fragen offen sind. Modellorganismen spielten und spielen eine große Rolle bei der Erforschung der Signaltransduktion in Sinneszellen. Für die Phototransduktion waren das Rinder (*Bos taurus*), aus deren Netzhäuten man die Außensegmente von Photorezeptoren einfach und in großen Mengen isolieren kann. Schlachttiere versorgen biochemische Laboratorien täglich mit weitgehend reinen Präparationen der lichtempfindlichen Or-

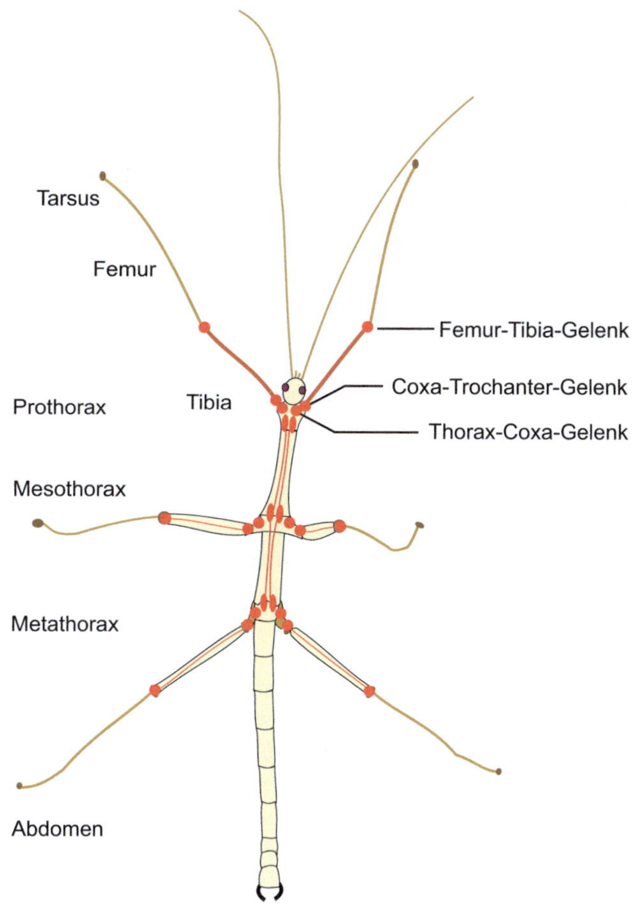

◘ **Abb. 17.3** Die Indische Stabschrecke (*Carausius morosus*) als Modellorganismus für die Erforschung des Laufens bei Insekten. Antagonistisch wirkende Muskelpaare in jedem der drei Beingelenke werden von jeweils einem neuronalen Rhythmusgenerator (engl. *central pattern generator*; *rote Punkte*) gesteuert. Durch die rhythmischen Steuersignale führt jedes der Beine stereotype Bewegungsabläufe durch (Schritte), wobei Sinnesinformationen von Mechanosensoren des jeweiligen Beines zur Feinabstimmung genutzt werden. Die Koordination der beiden Beine im selben Segment – wie auch die aller sechs Beine an unterschiedlichen Segmenten – übernehmen neuronale Rhythmusgeneratoren im zentralen Nervensystem, wobei zwei getrennte (hemisegmentale) Generatoren für jedes Beinpaar zur Verfügung stehen. Nach Büschges et al. (2008)

ganellen, an denen man die Eigenschaften von Rhodopsin und der Enzyme der Sehkaskade analysieren kann. Für das Hören war die Situation schwieriger, weil nur wenige Tausend Haarzellen pro Innenohr am Hörvorgang beteiligt sind, die zudem in einem besonders harten Knochen eingeschlossen sind. Es gelang aber, aus dem Innenohr des Nordamerikanischen Ochsenfrosches (*Rana catesbeiana*) funktionsfähige Haarzellen zu isolieren und elektrophysiologisch zu untersuchen. Das Prinzip der mechanoelektrischen Transduktion im Gehör konnte an diesen Zellen weitgehend aufgeklärt werden. Beim Riechen, Schmecken und beim Pheromonsinn waren es zunächst Mäuse, bei denen die jeweiligen Chemorezeptoren und ihre Transduktionswege entdeckt wurden. Die Chemosensorik der Wirbellosen wird heute in erster Linie bei Taufliegen, Honigbienen und Fadenwürmern erforscht. Für den Tastsinn der Wirbeltiere konnte lange kein Funktionskonzept entwickelt werden, und bis heute ist die Transduktion bei diesem Sinn noch weitgehend unverstanden. Der Fadenwurm *Caenorhabditis elegans* erwies sich als erstes Funktionsmodell des Tastsinnes, denn bei diesen Würmern konnte die Transduktion sanfter Berührungsreize durch die genetische Analyse von vielen Hundert Mutanten aufgeklärt werden. Die Forschungsergebnisse vom Tastsinn der Fadenwürmer dienen heute als Kompass bei der Suche nach funktionellen Komponenten des Tastsinnes auch bei Wirbeltieren. Der Einsatz von Funktionsmodellen war in vielen Fällen ausschlaggebend für die Erforschung von Sinnesfunktionen. So führten Untersuchungen an der Schleiereule (*Tyto alba*) zum Verständnis des Richtungshörens, Studien an Fledermäusen zur Aufklärung der Echoortung, und auch die visuelle Objekterkennung, die Geruchsunterscheidung sowie die räumliche Orientierung an elektromagnetischen Feldern konnten an Tieren erforscht werden, die solche Sinnesleistungen zeigen. Besonders spannend sind dabei Tiere, die bestimmte Sinnesleistungen bis an die Grenze des Möglichen perfektioniert haben, wie beispielsweise Adler und Eulen, die aus großer Entfernung oder bei Nacht ihre Beute orten können (▣ Abb. 17.4).

17

▣ **Abb. 17.4** Am visuellen System von Greifvögeln wie dem Steinadler (*Aquila chrysaetos*) und dem Uhu (*Bubo bubo*) kann man die Optimierung der Sehschärfe sowie die audiovisuelle Koordination untersuchen, denn diese Sinnessysteme haben sich in Anpassung an ganz unterschiedliche, aber äußerst anspruchsvolle Jagdstrategien entwickelt. So können die Augen und Ohren von Adlern und Eulen als Funktionsmodelle für die Leistungsfähigkeit von Sehsinn und Gehör – und ihre physiologischen Grenzen – erforscht werden

▪ Kognitive Modelle

Ein generelles Problem für die Forschung an kognitiven Prozessen bei Tieren ist die Schwierigkeit, solche Prozesse zu definieren, abzugrenzen und experimentell zu kontrollieren. Beim Menschen umfasst der Begriff der Kognition neben Wahrnehmungsprozessen auch Intuition und rationale Denkprozesse, beim Tier allerdings wird er meist enger gefasst. Nachdem bis vor wenigen Jahrzehnten Tieren die Fähigkeit zur bewussten Wahrnehmung schlichtweg abgesprochen worden war – bis zum Beweis des Gegenteils –, ist die Neurobiologie heute ein großes Stück weitergekommen auf dem Weg zum Verständnis der Tiere (▶ Kap. 18). Eine Wegmarke dieser Entwicklung war bereits die *Cambridge Declaration of Consciousness* von 2012, in welcher führende Neurobiologen den damaligen Stand der Erkenntnis so beschrieben:

> „Die Abwesenheit eines Neocortex scheint einen Organismus nicht daran zu hindern, Gefühlszustände zu erleben. Die Zusammenführung relevanter Forschungsergebnisse macht deutlich, dass nicht-menschliche Tiere über die neuroanatomische, neurochemische und neurophysiologische Ausstattung verfügen, welche für Bewusstseinszustände benötigt wird, und dass sie zudem absichtsvolles Verhalten zeigen. Die wissenschaftliche Erkenntnislage macht deutlich, dass Menschen nicht einzigartig sind im Besitz der neurologischen Strukturen, welche Bewusstsein hervorbringen. Nicht-menschliche Tiere, mitsamt allen Säugetieren, Vögeln und vielen anderen Geschöpfen wie dem Octopus, verfügen ebenfalls über diese neurologische Ausstattung.“ (Übersetzung: SF)

Diese Deklaration bezieht sich in erster Linie auf die Erkenntnis, dass die zentralen Nervensysteme der Tiere so aufgebaut sind, dass sie bewusste Wahrnehmungsvorgänge hervorbringen können, welche man im Verhalten der Tiere zu erkennen glaubt. Ein wichtiger Punkt ist dabei, dass kognitive Leistungen nicht unbedingt an die gleichen Strukturen gebunden sind, die auch beim Menschen bewusste Wahrnehmung hervorbringen, also insbesondere neocorticale Bereiche des Gehirns. Kognitive Fähigkeiten können sich auch in anderen Hirnstrukturen im Rahmen einer konvergenten Evolution zu vergleichbaren Leistungen entwickelt haben; insbesondere Vögel stellen diesen Punkt unter Beweis. Für die Erforschung von Kognitionsprozessen bei Tieren stehen damit Modellorganismen mit sehr unterschiedlichen Gehirnstrukturen zur Verfügung, beispielsweise Zebrafinken, Krähen und Graupapageien für die Vögel, Lemuren und Schimpansen für die Primaten, aber eben auch Bienen und Kraken für die Wirbellosen.

Welche kognitiven Fähigkeiten können an kognitiven Modellen untersucht werden? Viel Interesse gilt der Fähigkeit von Tieren, Gedächtnisinhalte zu speichern, das Gespeicherte abzurufen und für die Steuerung sinnvollen Verhaltens einzusetzen. Dass Tiere Erfahrungen machen und ihre Erlebnisse speichern können, wird heute gemeinhin für alle Wirbeltiere und auch für einige Wirbellose angenommen – zumindest für solche, die man in irgendeiner Form dressieren kann. Denn die gelungene Dressur gilt gemeinhin als Nachweis von **Lernfähigkeit** (▶ Abschn. 18.3). Allerdings zeigt eine Dressur nicht unbedingt, welche kognitiven Prozesse in einem Tier ablaufen, wenn es sich entsprechend einem Konditionierungsprotokoll verhält. In der Sinnesphysiologie müssen daher die kognitiven Prozesse genauer definiert und nach Möglichkeit mit geeigneten Methoden einzeln untersucht werden. Dabei geht es oft darum, die folgenden kognitiven Vorgänge erkennbar zu machen:

- **Klassifizierung** Zu den grundlegenden kognitiven Fähigkeiten höherer Tiere zählen die Objektwahrnehmung und die Objektklassifizierung. Objekte einer Klasse haben Gemeinsamkeiten, welche sie von Objekten anderer Klassen unterscheiden. Verschiedene Bäume sehen generell anders aus als verschiedene Raubvögel. Ob ein Tier einen Baum als solchen wahrnimmt oder ob es nur eine charakteristische Mischung geometrischer Muster sieht, ohne deren Bedeutung zu verstehen, das kann man experimentell unterscheiden. Aus Versuchen mit Tauben, Hunden und Affen ist deutlich hervorgegangen, dass diese Tiere visuell wahrgenommene Objekte nach ihrer Bedeutung klassifizieren. Entsprechend trainierte Tauben (*Columba livia domestica*) können beispielsweise aus Hunderten von Bildern diejenigen heraussuchen, in denen ein Mensch abgebildet ist.
- **Objektkonstanz** Möglicherweise besteht die Erlebenswelt der meisten Wirbeltiere aus dem Wiedererkennen bekannter Objekte (Nahrung, Räuber, Unterschlupf), deren Eigenschaften und Bedeutung ererbt oder erlernt sein können. Das Erkennen von relevanten Objekten – auch wenn diese nur teilweise zu sehen sind (Objektkonstanz) – gilt als Voraussetzung für die Orientierung vieler Tiere in ihrer Umwelt. Dazu ist die kognitive Unterscheidung von zusammengehörenden Objekte von anderen Objekten erforderlich. Allerdings ist bisher weitgehend unklar, ob und in welcher Weise solche kognitiven Prozesse bei wirbellosen Tieren ablaufen.
- **Mengenwahrnehmung** Ebenfalls experimentell zu ermitteln ist die Fähigkeit zur Einschätzung von Objektmengen, eine kognitive Leistung, die meist in einer relativen Form nachweisbar ist; ein Tier erkennt, dass ein Nahrungsangebot größer ist als ein anderes. Dagegen stellt die absolute Mengenwahrnehmung die Fähigkeit dar zu erkennen, dass mehrere Mengen die gleiche Anzahl von Einzelobjekten umfassen: Fünf Kastanien und fünf Blätter haben die gemeinsame Eigenschaft der Zahl 5. Dass manche Tiere zählen können, haben berühmt gewordene Versuchstiere wie der Graupapagei (*Psittacus erithacus*) „Alex" und die Schimpansin (*Pan troglodytes*) „Ai" durch ihre kommunikativen Fähigkeiten unter Beweis gestellt. Aber auch Honigbienen (*Apis mellifera*) können mindestens bis vier zählen und unterscheiden, ob eine Zahl größer oder kleiner ist als eine andere. Es ist bisher aber noch unklar, welche anderen Tiere in Anpassung an ihre Lebensweise zählen gelernt haben.
- **Erkennen ursächlicher Zusammenhänge** Vermutlich kann keine Tierart in der Natur bestehen, ohne erkennen zu können, welche Bedeutung eine sensorische Information hat – ob ein Reiz oder ein Verhalten mit Gefahr verbunden ist oder ob profitable Gelegenheiten daraus resultieren können. Das Erkennen ursächlicher Zusammenhänge ist die bei Weitem am besten untersuchte kognitive Fähigkeit von Tieren und kann bei wirbellosen Tieren ebenso nachgewiesen werden wie bei allen Wirbeltieren. Dabei geht es nicht darum, dass ein Tier bewusste Einsicht in kausale Zusammenhänge hätte, sondern um den Prozess des **assoziativen Lernens**, bei welchem die Bewertung von Reizen und von eigenen Verhaltensmustern durch Erfahrung ermöglicht wird. Die Bewertung von Reizen wird bei der klassischen Konditionierung deutlich, bei der durch einen Lernprozess ein zunächst uninteressanter (neutraler) Reiz zu einem als wichtig empfundenen Signal (bedingter Reiz) wird, weil er zusammen mit einem ohnehin als wichtig empfundenen (unbedingten) Reiz auftritt (▶ Abschn. 18.3). Das eigene Verhalten kann durch die operative (auch instrumentelle) Konditionierung angepasst werden, indem die Folgen einer Handlung bewertet werden und positive Hand-

lungen verstärkt, also immer häufiger ausgeführt, werden. Konditionierung und assoziatives Lernen sind letztlich kognitive Vorgänge, die auf einfachen Vorgängen beruhen, der Gleichzeitigkeit von zwei Reizen (Kontiguität) oder dem Ausprobieren unterschiedlicher Verhaltensmuster. Ob es darüber hinaus bei manchen Tieren eine Form von Verständnis für ursächliche Zusammenhänge geben kann, ist Gegenstand aktueller Kontroversen. Eine Reihe von Kognitionsforschern leitet aus dem Verhalten einiger Rabenvögel (Familie Corvidae) und Primaten (Ordnung Primates) ab, dass diese Tiere Annahmen über mentale Vorgänge bei Artgenossen (oder auch bei ihren Trainern) machen und aufgrund dieser Annahmen ihr eigenes Verhalten steuern. Ein Beispiel hierfür ist eine Krähe (Gattung *Corvus*), die vorgibt, eine Nuss zu verstecken, während sie sich von einer anderen Krähe beobachtet weiß. Sie legt gut sichtbar ein Scheinversteck ohne Nuss an und deponiert ihre Nuss woanders. Kann die Krähe Gedanken lesen? Weiß sie, wie man eine Artgenossin täuscht? Die Fähigkeit, Annahmen über kognitive Vorgänge in einem anderen Tier zu machen (engl. *theory of mind*), scheint das Überdenken von ursächlichen Zusammenhängen zu erfordern. Es wird als Hinweis auf höhere kognitive Befähigung, eine Art von **Rationalität**, interpretiert. Während assoziatives Lernen nahezu im gesamten Tierreich nachweisbar ist – Ergebnisse liegen vor vom Plattwurm bis zum Primaten –, sind Hinweise auf kognitive Vorgänge, die ohne Konditionierung aufgrund rationaler Abwägung ablaufen, auf wenige Arten beschränkt und noch nicht allgemein akzeptiert.

- **Soziales Lernen** Das Leben in sozialen Verbänden erfordert eine gewisse Flexibilität des Verhaltens, weil wichtige verhaltensbestimmende Parameter – beispielsweise die Verfügbarkeit von Nahrung, soziale Dominanz, Wanderungen, Paarungsmöglichkeiten und Ähnliches – im ständigen Fluss begriffen sind. Um einen Sozialverband unter sich immerzu wandelnden Bedingungen dauerhaft zu erhalten, müssen Tiere über die Fähigkeit zu sozialem Lernen verfügen. Sie müssen Änderungen im sozialen Gefüge erkennen und darauf vorteilhaft reagieren können. Die gegenwärtige Vorstellung von dieser Form der Kognition ist, dass die Tiere ihr eigenes Verhalten aufgrund gründlicher Beobachtung der Gruppe steuern; dass sie aus einem ererbten Repertoire zielführende Verhaltensmuster auswählen wie Imitation, Täuschung, Besänftigung, Belehrung, sowie den Ausdruck von Aggression, Angst und Freude. Diese Art strategischer Planung ist bisher schwer abzugrenzen gegen andere kognitive Vorgänge und wird vor allen anderen Tiergruppen bei den Primaten untersucht. Als kognitive Modellorganismen für soziales Lernen eignen sich Affen aber kaum, denn die Sozialverbände anderer Tiere (beispielsweise Fledermäuse, Stare, Strumpfbandnattern, Heringe, Bienen, Ameisen) haben unter ganz anderen Rahmenbedingungen ihre artspezifische Lebensweise entwickelt.

Der Ansatz der vergleichenden Sinnesphysiologie bringt es mit sich, dass Sinnesleistungen von phylogenetisch mehr oder weniger weit entfernten Tieren miteinander verglichen werden. Für die Überlegung, welche Tiere als Modellorganismen für eine Sinnesmodalität genutzt werden können, ist es aber entscheidend, die **Grenzen der Vergleichbarkeit** zu bedenken. Es ist offensichtlich nicht hilfreich, Facettenaugen und Aristaohren von *Drosophila melanogaster* als Modellorganismus für die Augen und Ohren der Wirbeltiere heranzuziehen. Denn obwohl auf der molekularen Ebene einige Gemeinsamkeiten auszumachen sind, überwiegen bei Weitem die Unterschiede in Struktur und Funktion. Das gleiche Argument gilt beim Tastsinn für Tiere mit Exoskelett und Endoskelett: Obwohl ähnliche Reize detektiert werden, sind die Funktionsprinzipien der Tastsensoren doch grundverschieden. Es ist daher sinnvoll, bei der Auswahl von Modellorganismen für Sinnesfunktionen im Rahmen homologer Strukturen zu bleiben und die Eigenschaften analoger Sinnesstrukturen nicht auf entfernt verwandte Tiergruppen zu übertragen. Ähnlichkeit durch Verwandtschaft (**Homologie**) ist ein weit besseres Qualitätsmerkmal für Modellorganismen als Ähnlichkeit durch konvergente Evolution (Analogie) (◘ Abb. 17.5). Dieses Prinzip gilt es bei der folgenden Auflistung sinnesphysiologischer Modellorganismen zu berücksichtigen.

17.2 Modellorganismen für sensorische Funktionen

Im Kontext dieses Buches stehen Modellorganismen stellvertretend für bestimmte Sinnesleistungen. Sie besitzen gut erkennbare sensorische Fähigkeiten und ermöglichen es besonders gut, die daran beteiligten Sinnessysteme mit anatomischen, physiologischen und verhaltensbiologischen Methoden zu untersuchen. Modellorganismen sind im Allgemeinen gut zugänglich und lassen sich idealerweise über viele Generationen hinweg im Labor halten. Zunächst einmal stellen ihre Sinnesleistungen ein **Modell für eine Tiergruppe** dar, also beispielsweise für die Nematoden, die Insekten, die Spinnen, die Weichtiere, die Fische, die Amphibien, die Reptilien, die Vögel oder die Säugetiere. Innerhalb dieser Gruppen findet man ähnliche Sinnessysteme, oft natürlich in artspezifischer Ausprägung. Die Studien an solchen Modellorganismen dienen damit in erster Linie dem besseren Verständnis der jeweiligen Tiergruppe. Die Antennenorgane der Honigbiene stehen modellhaft für andere Insekten. Darüber hinaus findet man sinnesphysiologische Aspekte, die nicht auf eine Tiergruppe beschränkt sind, sondern in mehreren oder gar in allen Tiergruppen auftreten. Beispiele sind die Verwendung von Rhodopsin für das Sehen oder von metabotropen Rezeptoren für die chemischen Sinne – allesamt sensorische Moleküle, die schon bei entfernten Vorfahren der heutigen Tiergruppen entstanden sind. Solche Gemeinsamkeiten machen einzelne Tierarten zu **Modellen für Sinnesmodalitäten**, an denen sich gemeinsame Merkmale auf den Ebenen von Genregulation, von Transduktionsmechanismen und von Sinnesleistungen untersuchen lassen. In ◻ Tab. 17.1 ist eine Auswahl wichtiger Modellorganismen so aufgeführt, dass erkennbar ist, für welche Sinnesmodalität und für welche Tiergruppe die einzelnen Modellorganismen in der Forschung eingesetzt werden. Die Forschung an Modellorganismen hat eine enorme Menge an wissenschaftlicher Literatur hervorgebracht. Eine Spalte mit exemplarischen Literaturangaben soll dazu dienen, einen Einstieg in weiterführende Recherchen zu sinnesphysiologischen Studien zu erleichtern, die an jedem der Modellorganismen durchgeführt worden sind.

◻ **Abb. 17.5** Analogie und Homologie. Der Maulwurf (*Talpa europaea*) und die Maulwurfsgrille (*Gryllotalpa gryllotalpa*) besitzen ähnlich geformte Grabschaufeln. Obwohl die beiden Tiere unterschiedlichen Klassen angehören (Mammalia, Insecta), haben sie durch Anpassung an ähnliche Lebensweisen – das Graben von Gangsystemen im Erdreich – vergleichbare Extremitäten hervorgebracht. Die Grabschaufeln sind analoge Strukturen, entstanden durch konvergente Evolution. Eine homologe Struktur zur Maulwurfsschaufel wäre die menschliche Hand, homolog zu den Grabschaufeln der Grille sind die Vorderbeine der Honigbiene

◻ **Tab. 17.1** Eine Auswahl wichtiger Modellorganismen für die Erforschung sinnesphysiologischer Funktionen, geordnet nach den einzelnen Sinnesmodalitäten sowie nach verschiedenen Tiergruppen. Jeweils eine exemplarische Publikation dient zur Orientierung für vertiefende Recherchen zu den einzelnen Modellen

Modalität	Tiermodell	sinnesphysiologische Funktion	exempl. Literatur
Tasten	*C. elegans*	mechanoelektrische Transduktion	Schafer 2015
	Schabe	räumliche Orientierung	Ritzmann et al. 2012
	Cupiennius	mechanischer Sinn der Spinnen	Barth 2001
	Krake	Tasten, Erkennen und Lernen	Grasso und Wells 2016
	Zebrafisch	Motorkoordination, Berührung	Aiello et al. 2018
	Frosch	Verarbeitung sensorischer Signale	Koutsikou et al. 2018
	Ratte	Verarbeitung von Vibrissensignalen	Petersen 2019
Vibration	*C. elegans*	Detektion von Bodenvibrationen	Holbrook und Mortimer 2018
	Regenwurm	Warnung vor Fressfeinden	Catania 2008
	Honigbiene	Kommunikation mit Artgenossen	Ai 2013
	Cupiennius	Jagd und Kommunikation bei Spinnen	Barth 2001
	Zebrafisch	Vibrationssinn durch Seitenliniensystem	Carrillo et al. 2019
	Krallenfrosch	Vibrationssinn durch Lunge	Christensen-Dalsgaard und Elepfandt 1995
	Python	Detektion von Bodenvibrationen	Christensen et al. 2012
	Huhn	Herbst-Korpuskel-vermittelter Sinn	Zelena et al. 1997
	Maus	Pacini-Korpuskel-vermittelter Sinn	Biswas et al. 2015

(Fortsetzung)

Tab. 17.1 (Fortsetzung)

Modalität	Tiermodell	sinnesphysiologische Funktion	exempl. Literatur
Gleichgewicht	*Drosophila*	Flugstabilisierung durch Halteren	Hall et al. 2015
	Ohrenqualle	Gravitationssinn durch Statocysten	Sötje et al. 2017
	Schnecken	räumliche Orientierung durch Statocysten	Levi et al. 2004
	Medaka	Ausrichtung im Gravitationsfeld der Erde	Rahmann und Anken 2000
	Krallenfrosch	vestibulo-okulärer Reflex	Branoner und Straka 2015
	Taube	Orientierung am Gravitationsvektor	Blaser et al. 2013
	Katze	Stellreflex im Fallen	Jusufi et al. 2011
	Affen	kompensatorische Augenbewegungen	Goldberg et al. 2012
Hören	*Drosophila*	Hören und Kommunikation im Nahfeld	Albert und Göpfert 2016
	Honigbiene	Hören mit Antennen im Nahfeld	Nadrowski et al. 2011
	Grillen	Fernfeldhören mit Tympanalohren	Schneider et al. 2017
	Kopffüßer	Unterwasserhören mit Statocysten	Samson et al. 2016
	Zebrafisch	Innenohrentwicklung und -funktion	Vona et al. 2020
	Frosch	Transduktion in Haarzellen	Azimzadeh et al. 2018
	Schleiereule	Schallortung, Jagd bei Nacht	Wagner et al. 2013
	Fledermäuse	Echoortung, Dopplerkompensation	Wohlgemuth et al. 2016
	Maus	Detektion, Transmission, Verarbeitung	Fettiplace 2017
Sehen	Borstenwürmer	Phototaxis, Photorezeptoren, Opsine	Arendt et al. 2004
	Drosophila	Komplexaugen: Funktion und Genetik	Paulk et al. 2013
	Sepien	Polarisationssehen, visuelle Tarnung	Reiter und Laurent 2020
	Medaka	Linsenaugenentwicklung, Embryogenese	Sinn und Wittbrodt 2013
	Frosch	Elektrophysiologie von Photorezeptoren	Yau und Hardie 2009
	Chamäleons	Augenbewegung, Lateralisierung	Ketter-Katz et al. 2020
	Taube, Huhn	Scharf-, Farben-, Bewegungssehen	Hodos 2012
	Maus	Netzhaut-Thalamus-Cortex-Verhalten	Seabrook et al. 2017
Pheromone	Ameisen	Organisation eusozialer Kolonien	Holman et al. 2019
	Seidenspinner	Steuerung durch Sexualpheromone	Sakurai et al. 2014
	Zebrafisch	Orientierung, Verhalten, Reproduktion	Li et al. 2018
	Krallenfrosch	Steuerung des Reproduktionsverhaltens	Woodley 2010
	Schlangen	Kommunikation, Reproduktion	Mason und Parker 2010
	Maus	Steuerung des Reproduktionsverhaltens	Mohrhardt et al. 2018
Schmecken	*Drosophila*	Detektion, Signalverarbeitung, Verhalten	Scott 2018
	Zebrafisch	Detektion, Selektivität, Verhalten	Okada 2015
	Furchenmolch	Elektrophysiologie der Sinneszellen	Bigiani 2002
	Maus	Detektion, Bewertung, Gedächtnis	Wang et al. 2018
Riechen	*C. elegans*	Chemosensorik, Chemotaxis	Rengarajan und Hallem 2015
	Honigbiene	Detektion, Codierung, Riechgedächtnis	Galizia und Sachse 2010
	Drosophila	Detektion, Bewertung, Riechgedächtnis	Amin und Lin 2019
	Zebrafisch	neuronale Codierung von Gerüchen	Friedrich 2013
	Krallenfrosch	Kombinationsnasen, Selektivität	Manzini und Schild 2010
	Schlangen	Bodennasen, Verfolgung von Spuren	Taniguchi und Taniguchi 2014
	Seevögel	Navigation mit Geruchsinformation	Padget et al. 2017
	Maus	Detektion, Codierung, Riechgedächtnis	Wilson et al. 2017
Wärmesinn	Honigbiene	Thermorezeption und –regulation	Junca und Sandoz 2015
	Cupiennius	Thermorezeption durch tarsale Sensillen	Barth 2001
	Zecken	Thermorezeption durch Antennen	Tichy und Zopf 2015
	Aschekäfer	Infrarotsinn zur Flugorientierung	Schneider et al. 2015
	Grubenotter	Infrarotsinn zur Jagd bei Nacht	Chen et al. 2017
	Vögel	Brutfleck für Bruttemperatur	Martin 2017
	Maus	Warm- und Kaltrezeptoren der Haut	Hoffstaetter et al. 2018
Elektrosinn	Honigbiene	Detektion elektrostatischer Felder	Clarke et al. 2017
	Rochen, Haie	passiver Elektrosinn, Detektion	Newton et al. 2019
	Nilhechte	aktiver Elektrosinn, Kommunikation	Crampton 2019
	Zitteraal	stark elektrische Fische	Catania 2019
	Schnabeltier	Elektrosinn bei Säugetieren	Czech-Damal et al. 2013

Tab. 17.1 (Fortsetzung)

Modalität	Tiermodell	sinnesphysiologische Funktion	exempl. Literatur
Magnetsinn	*Drosophila* Honigbiene Langusten Lachs *Caretta* Rotkehlchen Zugvögel viele Arten	Magnetsinn durch Cryptochrom Magnetsinn durch Magnetit Magnetsinn durch Magnetit, Kartensinn Magnetsinn als Navigationshilfe Navigation und Rückkehr zum Geburtsort Magnetsinn durch Cryptochrom 4 magnetischer Positionssinn, Kartensinn weitreichende jährliche Wanderungen	Wu et al. 2016 Liang et al. 2016 Ernst und Lohmann 2016 Naisbett-Jones et al. 2020 Lohmann und Lohmann 2019 Günther et al. 2018 Wiltschko und Wiltschko 2019 Mouritsen 2018
Nozizeption	*C. elegans* *Drosphila* Seehase Zebrafisch Frosch Huhn Maus	polymodale, hochschwellige Rezeptoren Nozizeptoren, nozifensive Reaktionen nozifensive Reaktionen auf Noxen molekulare Komponenten, Transduktion Aδ- und C-Faser-Systeme Aδ- und C-Fasern, Trigeminus-System akuter und chronischer Schmerz	Zou et al. 2017 Im und Galko 2012 Crook und Walters 2011 Malafoglia et al. 2013 Guénette et al. 2013 Dubbeldam 1998 Tappe-Theodor et al. 2019

Literatur

Weiterführende Literatur

Biro D, Matsuzawa T (2001) Use of numerical symbols by the chimpanzee (*Pan troglodytes*): cardinals, ordinals, and the introduction of zero. Anim Cogn 4:193–199

Clayton NS, Emery NJ (2015) Avian models for human cognitive neuroscience: a proposal. Neuron 86:1330–1342

Crawley JN (2007) What's wrong with my mouse. Behavioral phenotyping of transgenic and knockout mice. Wiley-Interscience, Hoboken

Gilbert DL, Adelman WJ, Arnold JM (1990) Squid as experimental animals. Plenum Press, New York

Heyes C (2012) Simple minds: a qualified defence of associative learning. Philos Trans R Soc B 367:2695–2703

Howard SR, Avarguès-Weber A, Garcia JE, Greentree AD (2018) Numerical ordering of zero in honey bees. Science 360:1124–1126

Mantziaris C, Bockemühl T, Büschges A (2020) Central pattern generating networks in insect locomotion. Dev Neurobiol 80:16–30

Mason RT, Parker MR (2010) Social behavior and pheromonal communication in reptiles. J Comp Physiol A 196:729–749

Nelson NC (2018) Model behavior. Animal experiments, complexity, and the genetics of psychiatric disorders. The University of Chicago Press, Chicago

Pepperberg IM (2008) Alex & Me. How a scientist and a parrot discovered a hidden world of animal intelligence – and formed a deep bond in the process. Harper, New York

Rengarajan S, Hallem EA (2015) Olfactory circuits and behaviors of nematodes. Curr Opin Neurobiol 41:136–148

Schenkel J (2006) Transgene Tiere. Springer, Heidelberg

Supin AY, Popov VV, Mass AM (2001) The sensory physiology of aquatic mammals. Kluwer, Dordrecht

Thewissen JGM, Nummela S (Hrsg) (2008) Sensory evolution on the threshold. Adaptations in secondary aquatic vertebrates. University of California Press, Berkeley

Wynne CDLK, Udell MAR (2013) Animal cognition. Evolution, behavior & cognition. Red Globe Press, London

Zitierte Literatur

Ai H (2013) Sensors and sensory processing for airborne vibrations in silk moths and honeybees. Sensors 13:9344–9363

Aiello BR, Hardy AR, Westneat MW, Hale ME (2018) Fins as mechanosensors for movement and touch-related behaviors. Integr Comp Biol 58:844–859

Albert JT, Göpfert MC (2016) Hearing in drosophila. Curr Opin Neurobiol 34:79–85

Amin H, Lin AC (2019) Neuronal mechanisms underlying innate and learned olfactory processing in drosophila. Curr Opin Insect Sci 36:9–17

Arendt D, Tessmar-Raible K, Snyman H, Dorresteijn AW, Wittbrodt J (2004) Ciliary photoreceptors with a vertebrate-type opsin in an invertebrate brain. Science 306:869–871

Azimzadeh JB, Fabella BA, Kastan NR, Hudspeth AJ (2018) Thermal excitation of the mechanotransduction apparatus of hair cells. Neuron 97:586–595

Barth FG (2001) Sinne und Verhalten: aus dem Leben einer Spinne. Springer, Berlin

Bigiani A (2002) Electrophysiology of *Necturus* taste cells. Prog Neurobiol 66:123–159

Biswas A, Manivannan M, Srinivasan MA (2015) Multiscale layered biomechanical model of Pacinian corpuscle. IEEE Trans Haptic 8:102–113

Blaser N, Guskov SI, Meskenaite V, Kanevskyi VA, Lipp H-P (2013) Altered orientation and flight paths of pigeons reared on gravity anomalies: a GPS tracking study. PLoS ONE 8:e77102

Branoner F, Straka H (2015) Semicircular canal influences on the developmental tuning of the translational vestibulo-ocular reflex. Front Neurol 9:404

Büschges A, Akay T, Gabriel JP, Schmidt J (2008) Organizing network action for locomotion: insights from studying insect walking. Brain Res Rev 75:162–171

Carrillo A, Le DV, Byron M, Jiang H, McHenry MJ (2019) Canal neuromasts enhance foraging in zebrafish (*Danio rerio*). Bioinspir Biomim 14:035003

Catania KC (2008) Worm grunting, fiddling, and charming – humans unknowingly mimic a predator to harvest bait. PLoS ONE 3:e3472

Catania KC (2019) The astonishing behavior of electric eels. Front Integr Neurosci 13:23

Chen Q, Liu Y, Brauth SE, Fang G, Tang Y (2017) The thermal background determines how the infrared and visual systems interact in pit vipers. J Exp Biol 220:3103–3109

Christensen CB, Christensen-Dalsgaard J, Brandt C, Madsen PT (2012) Hearing with an atympanic ear: god vibration and poor sound-pressure detection in the royal python, *Python regius*. J Exp Biol 215:331–342

Christensen-Dalsgaard J, Elepfandt A (1995) Biophysics of underwater hearing in the clawed frog, *Xenopus laevis*. J Comp Physiol A 176:317–324

Clarke D, Morley E, Robert D (2017) The bee, the flower, and the electric field: electric ecology and aerial electroreception. J Comp Physiol A 203:737–748

Crampton WGR (2019) Electroreception, electrogenesis and signal evolution. J Fish Biol 95:92–134

Crook RJ, Walters ET (2011) Nociceptive behavior and physiology of molluscs: animal welfare implications. ILAR J 52:185–195

Czech-Damal NU, Dehnhardt G, Manger P, Hanke W (2013) Passive electroreception in aquatic mammals. J Comp Physiol A 199:555–563

Dubbeldam JL (1998) The sensoy trigeminal system in birds: input, organization and effects of peripheral damage. A review. Arch Phyiol Biochem 106:338–345

Ernst DA, Lohmann KJ (2016) Effect of magnetic pulses on caribbean spiny lobsters: implications for magnetoreception. J Exp Biol 219:1827–1832

Fettiplace R (2017) Hair cell transduction, tuning, and synaptic transmission in the mammalian cochlea. Compr Physiol 7:1197–1227

Friedrich RW (2013) Neuronal computations in the olfactory system of zebrafish. Annu Rev Neurosci 36:383–402

Galizia CG, Sachse S (2010) Odor coding in insects. In: Menini A (Hrsg) The neurobiology of olfaction. CRC Press, Boca Raton

Goldberg JM, Wilson VJ, Cullen KE et al (2012) The vestibular system: a sixth sense. Oxford University Press, Oxford

Grasso F, Wells M (2016) Tactile sensing in the octopus. In: Prescott TJ et al (Hrsg) Scholarpedia of touch. Atlantis Press, Paris

Guénette SA, Giroux M-C, Vachon P (2013) Pain perception and anaesthesia in research frogs. Exp Anim 62:87–92

Günther A, Einwich A, Sjulstock E, Feederle R, Bolte P, Koch KW, Solov'yov IA, Mouritsen H (2018) Double-cone localization and seasonal expression pattern suggests a role in magnetoreception for european robin cryptochrome 4. Curr Biol 28:211–223

Hall JM, McLoughlin DP, Kathman ND, Yarger AM, Mureli S, Fox JL (2015) Kinematic diversity suggests expanded roles for fly halteres. Biol Lett 11:20150845

Hodos W (2012) What birds see and what they don't. In: Lazareva OF et al (Hrsg) How animals see the world. Oxford University Press, Oxford

Hoffstaetter LJ, Bagriantsev SN, Gracheva EO (2018) TRPs et al.: a molecular toolkit for thermosensory adaptations. Pflugers Arch 470:745–759

Holbrook RI, Mortimer B (2018) Vibration sensitivity found in *Caenorhabditis elegans*. J Exp Biol 221:jeb178947

Holman L, Helanterä H, Trontti K, Mikheyev AS (2019) Comparative transcriptomics of social insect queen phermomones. Nat Commun 10:1593

Im SH, Galko MJ (2012) Pokes, sunburns, and hot sauce: drosophila as an emerging model for the biology of nociception. Dev Dyn 241:16–26

Junca P, Sandoz J-C (2015) Heat perception and aversive learning in honey bees: putative involvement of the thermal/chemical sensor AmHsTRPA. Front Physiol 6:316

Jusufi A, Zeng Y, Full RJ, Dudley R (2011) Aerial righting reflexes in flightless animals. Integr Comp Biol 51:937–943

Ketter-Katz H, Lev-Ari T, Katzir G (2020) Vision in chameleons – a model for non-mammalian vertebrates. Semin Cell Dev Biol 106:94–105. S1084-9521(19)30240-X

Koutsikou S, Merrison-Hort R, Buhl E et al (2018) A simple decision to move in response to touch reveals basic sensory memory and mechanisms for variable response times. J Physiol 596:6219–6233

Levi R, Varona P, Arshavsky YI, Rabinovich MI, Selverston AI (2004) Dual sensory-motor function for a molluscan statocyst network. J Neurophysiol 91:336–345

Li K, Buchinger TJ, Li W (2018) Discovery and characterization of natural products that act as phermones in fish. Nat Prod Rep 35:501

Liang C, Chuang C, Jiang J et al (2016) Magnetic sensing through the abdomen of the honey bee. Sci Rep 6:23657

Lohmann KJ, Lohmann CMF (2019) There an back again: natal homing by magnetic navigation in sea turtles and salmon. J Exp Biol 222:jeb184077

Malafoglia V, Bryant B, Raffaeli W, Giordano A, Bellipanni G (2013) The zebrafish as a model for noceception studies. J Cell Physiol 228:1956–1966

Manzini I, Schild D (2010) Olfactory coding in larvae of the african clawed frog *Xenopus laevis*. In: Menini A (Hrsg) The neurobiology of olfaction. CRC Press, Boca Raton

Martin GR (2017) The sensory ecology of birds. Oxford University Press, Oxford

Mason RT, Parker MR (2010) Social behavior and pheromonal communication in reptiles. J Comp Physiol A 196:729–749

Mohrhardt J, Nagel M, Fleck D, Ben-Shaul Y, Spehr M (2018) Signal detection and coding in the acessory olfactory system. Chem Senses 43:667–695

Mouritsen H (2018) Long-distance navigation and magnetoreception in migratory animals. Nature 558:50–59

Nadrowski B, Effertz T, Senthilan PR, Göpfert MC (2011) Antennal hearing in insects – new findings, new questions. Hear Res 273:7–13

Naisbett-Jones LC, Putman NF, Scanian MM, Noakes DLG, Lohmann KJ (2020) Magnetoreception in fishes: the effect of magnetic pulses on orientation of juvenile Pacific salmon. J Exp Biol 223:jeb222091

Newton KC, Gill AB, Kajiura SM (2019) Electroreception in marine fishes: chondrichthyans. J Fish Biol 95:135–154

Okada S (2015) The taste system of small fish species. Biosci Biotechnol Biochem 79:1039–1043

Padget O, Dell'Ariccia G, Gagliardo A, González-Solís J, Guilford T (2017) Anosmia impairs homing orientation but not foraging behaviour in free-ranging shearwaters. Sci Rep 7:9668

Paulk A, Millard SS, van Swinderen B (2013) Vision in drosophila: seeing the world through a model's eyes. Annu Rev Entomol 58:313–332

Petersen CCH (2019) Sensorimotor processing in the rodent barrel cortex. Nat Rev Neurosci 20:533–546

Rahmann H, Anken RH (2000) Gravitational neurobiology of fish. Adv Space Res 25:1985–1995

Reiter S, Laurent G (2020) Visual perception and cuttlefish camouflage. Curr Opin Neurobiol 60:47–54

Rengarajan S, Hallem EA (2015) Olfactory circuits and behaviors of nematodes. Curr Opin Neurobiol 41:136–148

Ritzmann RE, Harley CM, Daltorio KA et al (2012) Deciding which way to go: how do insects alter movements to negotiate barieres? Front Neurosci 6:97

Sakurai T, Namiki S, Kanzaki R (2014) Molecular and neural mechanisms of sex phermonone reception and processing in the silkmoth *Bombyx*. Front Physiol 5:125

Samson JE, Mooney TA, Gussekloo SW, Hanlon RT (2016) A brief review of cephalopod behavioral responses to sound. Adv Exp Med Biol 875:969–975

Schafer WR (2015) Mechanosensory molecules and circuits in *C. elegans*. Pflügers Archiv – Eur J Physiol 467:39–48

Schneider ES, Schmitz A, Schmitz H (2015) Concept of an active amplification mechanism in the infrared organ of pyrophilous *Melanophila* beetles. Front Physiol 6:391

Schneider ES, Römer H, Robillard T, Schmidt AKD (2017) Hearing with exceptionally thin tympana: ear morpholoy and tympanal membane vibrations in eneopterine crickets. Sci Rep 7:15266

Scott K (2018) Gustatory processing in drosophila melanogaster. Annu Rev Entomol 63:15–30

Seabrook TA, Burbridge TJ, Crair MC, Huberman AD (2017) Architecture, function and assembly of the mouse visual system. Annu Rev Neurosci 40:499–538

Sinn R, Wittbrodt J (2013) An eye on eye development. Mech Dev 130:347–358

Sötje I, Dishon T, Hoffmann F, Holst S (2017) New methods of morphometric analyses on scyphozoan jellyfish statoliths inducing the first direct evidence for statolith growth using calcein as a fluorescence marker. Microsc Microanal 23:553–568

Taniguchi K, Taniguchi K (2014) Phylogenetic studies on the olfactory system in vertebrates. J Vet Med Sci 76:781–788

Tappe-Theodor A, King T, Morgan MM (2019) Pros and Cons of clinically relevant methods to assess pain in rodents. Neurosci Biobehav Rev 100:335–343

Tichy H, Zopf LM (2015) The effect of convection on infrared detection by antennal warm cells in the bloodsucking bug *Rhodnius prolixus*. J Neurophysiol 113:2250–2261

Vona B, Doll J, Hofrichter MAH, Haaf T, Varshney GK (2020) Small fish, big prospects: using zebrafish to unravel the mechanisms of hereditary hearing loss. Hear Res 397:107906

Wagner H, Kettler L, Orlowski J, Tellers P (2013) Neuroethology of prey capture in the barn owl (*Tyto alba* L.). J Physiol Paris 107:51–61

Wang L, Gillis-Smith S, Peng Y, Zhang J, Chen X, Salzman CD, Ryba NJP, Zuker CS (2018) The coding of valence and identity in the mammalian taste system. Nature 558:127–131

Wilson CD, Serano GO, Koulakov AA, Rinberg D (2017) A primacy code for odor identity. Nat Commun 8:1477

Wiltschko R, Wiltschko W (2019) Magnetoreception in birds. J R Soc Interface 16:20190295

Wohlgemuth MJ, Luo J, Moss CF (2016) Three-dimensional auditory localization in the echolocating bat. Curr Opin Neurobiol 41:78–86

Woodley SK (2010) Pheromonal communication in amphibians. J Comp Physiol A 196:713–727

Wu C-L, Fu T-F, Chiang M-H, Chang Y-W, Her J-L, Wu T (2016) Magnetoreception regulates male courtship activity in drosophila. PLoS ONE 11:e0155942

Yau K-W, Hardie RC (2009) Phototransduction motifs and variations. Cell 139:246–264

Zelená J, Halata Z, Szeder V, Grim M (1997) Crural Herbst corpuscles in chicken and quail: numbers and structure. Anat Embryol 196:323–333

Zou W, Cheng H, Li S, Yue X, Xue Y, Chen S, Kang L (2017) Polymodal responses in C. elegans phasmid neurons rely on multiple intracellular and intercellular signaling pathways. Sci Rep 7:42295

Tiere und Menschen

Inhaltsverzeichnis

S. Frings, *Die Sinne der Tiere*, https://doi.org/10.1007/978-3-662-63233-8_18

Sinnesphysiologen stehen bei der Beobachtung von Tieren einem offenbar unlösbaren Dilemma gegenüber. Einerseits liefert die Gesamtheit des biologischen Wissens über die Sinnessysteme einer Tierart eine mosaikhafte, wenn auch nur schwer überprüfbare Vorstellung davon, wie ein Tier seine Umwelt wahrnehmen könnte. Andererseits scheinen aber subjektive Erfahrungen anderer Organismen dem Forscher prinzipiell unzugänglich zu sein. Gibt es einen gangbaren Weg zwischen anthropomorphen Vorstellungen tierischer Wahrnehmung und dem völligen Verzicht auf jeden Versuch, sich in ein Tier hineinzuversetzen? Kann sich ein Naturforscher wie Charles Darwin ein Bild davon machen, wie ein Blauer Morphofalter (*Morpho peleides*) die Welt sieht? Und was sieht der Morphofalter beim Blick in einen Spiegel? Das letzte Kapitel dieses Buches handelt von der Wahrnehmung als letztem Schritt der Verarbeitung von Sinnesinformationen. Es geht um Möglichkeiten, Wahrnehmungsprozesse bei Tieren zu verstehen, und um Versuche, Fachbegriffe der Psychologie auf das subjektive Erleben von Tieren anzuwenden. Obwohl Tiere ihre Wahrnehmung nicht artikulieren, lässt das Verhalten mancher Arten auf kognitive Vorgänge schließen, die auf bewussten Wahrnehmungen beruhen. Manche Beobachtungsmethoden können eben doch einen Einblick in die Sinneswelt eines Tieres gewähren, und es ist möglich, wenigstens einzelne Aspekte von dem zu verstehen, was ein Tier erlebt. Eine einzigartige Chance zur Untersuchung von Wahrnehmungsprozessen bietet die wissenschaftliche Arbeit mit Haushunden, denn im Domestikationsprozess der Hunde war ihre Fähigkeit zur Kommunikation mit Menschen immer ein zentrales Kriterium der Zuchtwahl. Hunde und Menschen beobachten einander gegenseitig intensiv seit mehr als 10.000 Jahren, und heute stehen die Chancen nicht schlecht, dass wir einiges von dem verstehen, was in einem Hund vorgeht.

18.1 Mein Hund versteht mich

In einem seit mehreren Tausend Jahren andauernden Selbstfindungsprozess erforschen Menschen die Freiheit ihres Geistes und erfreuen sich an der Erkenntnis- und Gestaltungsfähigkeit ihres Denkens (Goethe: „In euch lebe die bildende Kraft, die das Schönste, das Höchste hinauf über die Sterne das Leben trägt“). Die Grundlagen unseres geistigen Daseins haben sich dabei in Philosophie, Kunst und Religion festgeschrieben, aber Überlegungen zum Wesen der Tiere spielten eine nachgeordnete Rolle. Tiere werden entweder als Nutzmaterial betrachtet oder mit Bewunderung und mythischer Bedeutung befrachtet. Vor allem anderen aber sind sie uns fremd, und nur gelegentlich gilt ihnen unser Mitgefühl. Neben ihrer Rolle als Nahrung für Menschen scheint ihre wichtigste Bedeutung für die anthropozentrische Welt darin zu bestehen, dass sie Teil der nichtmenschlichen Natur sind. Denn die Vorstellung, dass der Mensch ein abgesondertes und privilegiertes Wesen ist und nicht zur unpersönlichen Natur der Steine, Pflanzen und Tiere zählt, gehört zu den Fundamenten des menschlichen Selbstverständnisses – zumindest in den abendländischen Kulturen. Wissenschaftliches Interesse am Wesen der Tiere, verbunden mit der Frage nach ihrem subjektiven Erleben, steht erst ganz am Ende der langen Koexistenz von Menschen und Tieren. Nach einigen vorbereitenden Einsichten im 19. Jahrhundert war die ethologische Forschung eine Neuentwicklung des 20. Jahrhunderts. Bis heute herrscht Uneinigkeit bezüglich der Frage, wie man kognitive Prozesse bei Tieren erfassen und interpretieren kann. Fast alle Konzepte zu diesem Thema waren in den letzten 100 Jahren Gegenstand wissenschaftlicher Kontroversen. Aber im scharfen Gegensatz zu früheren Zeiten ist man sich heute weitgehend darüber einig, dass Tiere ein inneres, artspezifisches Erleben haben, welches im Wechselspiel von Sinneseindrücken mit selbst erlernten Erfahrungen sowie mit einer über viele Generationen hinweg genetisch festgeschriebenen Verhaltenssteuerung das Wesen der Tiere ausmacht.

Während unser wissenschaftlicher Zugang zur Erlebnisfähigkeit der Tiere – und zur Bedeutung ihrer Sinne für ihr subjektives Erleben – langsam wächst, stellt sich auch die Frage, in welcher Weise die Tiere uns Menschen wahrnehmen. **Welche Tiere wissen, was Menschen sind?** Die Begegnung mit Menschen hat für viele Tierarten katastrophale Folgen – insbesondere, wenn menschliche Eingriffe ein Ökosystem so schnell verändern, dass sich die lokale Fauna nicht rasch genug anpassen kann. Unter solch destruktiven Einwirkungen leiden vor allem hochgradig angepasste und damit unflexible Arten. Massiv betrifft dies Arthropoden und Amphibien, deren Artenvielfalt in vielen Kulturlandschaften drastisch zurückgeht. Ob und in welcher Weise diese Tiere Menschen als Wesen wahrnehmen, darüber wissen wir kaum etwas Konkretes. Verhaltensbeobachtungen an Bienen, Schmetterlingen, Spinnen und Fröschen lassen eher darauf schließen, dass wir in ihrem Erleben bestenfalls als direkte Bedrohung vorkommen können, nicht anders als andere Fressfeinde. Diese Indifferenz gegenüber Menschen überrascht nicht angesichts der enormen Unterschiede, die sich in Hunderten von Millionen Jahren getrennter Evolution herausgebildet haben. Erstaunlicher ist, dass auch unsere nächsten Verwandten, die Menschenaffen, nicht viel mit uns anfangen können. Schimpansen (*Pan troglodytes*) lernen nur sehr langsam, teilweise erst nach jahrelangem Kontakt und intensivem Training, menschliche Mimik und menschliche Gesten zu interpretieren – obwohl ihre sensorischen und kognitiven Fähigkeiten die eines menschlichen Kleinkindes übertreffen können. Die Schimpansenforscherin Jane Goodall berichtet, dass sie zu Beginn ihrer Arbeit in Tansania fünf Monate lang vergeblich versucht hat, sich einer Schimpansengruppe zu nähern. Erst nach dieser langen Eingewöhnungszeit reagierten einige der Tiere nicht mehr mit Flucht, sondern ließen sich aus der Nähe beobachten und entwickelten sogar einen gewissen Grad an Neugier gegenüber der Biologin. Es scheint, dass wir für *wilde* Schimpansen, Bonobos, Gorillas und Orang-Utans fremde, unverständliche und bedrohliche Wesen sind, mit denen keinerlei Austausch von Signalen im natürlichen Biotop vorkommt. Grundlegende Verständnislosigkeit – eine schemenhafte Wahrnehmung wie durch eine Milchglasscheibe – scheint uns gleichermaßen von Amphibien wie von Menschenaffen zu trennen.

Genomische Verwandtschaft hilft einem Tier offenbar nicht dabei, uns Menschen zu erkennen und unser Verhalten zu verstehen. Anders ist das bei einigen Arten, die zwar nicht näher mit uns verwandt sind, uns aber täglich beobachten können. Berühmt ist die Fähigkeit von Rabenvögeln (Familie Corvidae), Menschen anhand ihrer Gesichtszüge zu unterscheiden sowie die Mimik eines Trainers zu interpretieren. Wie Arbeiten mit Dohlen, Hähern, Krähen und anderen Rabenvögeln gezeigt haben, nehmen diese Vögel Menschen als Einzelpersonen wahr und können mit verschiedenen Personen unterschiedliche Erinnerungen assoziieren. Rabenvögel haben einen ausgezeichneten Sehsinn, und visuelle Signale spielen eine zentrale Rolle in ihrem Sozialverhalten. Ein entscheidender Punkt für die Individualunterscheidung ist bei vielen sozial lebenden Tieren die **Gesichtserkennung**. Viele Tierarten können sich individuelle Gesichtszüge einprägen – eine kognitive Stärke, die von Insekten bis zu Primaten nachgewiesen ist. Erstaunlicherweise ist diese Fähigkeit nicht auf die Gesichter von Artgenossen beschränkt, sondern kann auch auf die Gesichter artfremder Tiere angewandt werden. Viele Wildtiere – von Honigbienen über Delfine bis zu Elefanten – können offenbar lernen, auch Menschen anhand ihrer Gesichter voneinander zu unterscheiden. Es ist daher anzunehmen, dass Menschen bei diesen Tieren ein sensorisch definiertes, individuelles Perzept bilden können, *nachdem* die Tiere in einem Lernprozess die Eigenschaften einzelner Menschen kennengelernt haben. Obwohl die Fähigkeiten von klugen Rabenvögeln und Papageien bei der Interpretation menschlicher Mimik – beispielsweise beim Erkennen der Blickrichtung – sehr eindrucksvoll sind, machen solche kognitiven Leistungen für uns nicht erkennbar, was ein Vogel wahrnimmt, wenn er uns anschaut. Es ist uns kaum möglich, die Perspektive zu wechseln und die Welt durch die Augen eines Tieres zu sehen – dies stellt ein grundlegendes, nur schwer lösbares Problem in der Sinnesphysiologie dar.

Es gibt nur wenige Ansätze, die dabei helfen können, unsere fundamentale Verständnislosigkeit für die Wahrnehmungswelt der Tiere zu überwinden und wenigstens Teilaspekte ihrer subjektiven Erfahrung zu erfassen. Neben den wissenschaftlichen Methoden der Biologie und den sorgfältigen Tierbeobachtungen von Illustratoren und Tierfilmern bieten vor allem diejenigen Tierarten, welche dem Menschen durch Domestizierung verbunden sind, Chancen auf Fortschritte. Gerade die über Jahrtausende domestizierten Haushunde (*Canis lupus familiaris*) gewähren uns gelegentlich Einblicke in ihre Erfahrungswelt. Haushunde zeigen eine hoch entwickelte, ***angeborene* Fähigkeit zur Kommunikation mit Menschen**. Sie verstehen Gestik und Mimik, ja sie verstehen sogar in einem gewissen Umfang die Prosodie der menschlichen Sprache (◘ Abb. 18.1). Nach heutigem Verständnis haben sich diese Fähigkeiten während des Domestikationsprozesses entwickelt, und zwar infolge

◘ **Abb. 18.1** Ein Australischer Schäferhund betrachtet einen Menschen. Seine Mimik scheint auszudrücken, dass er darauf wartet, Hinweise zum weiteren Verlauf des Spaziergangs zu erhalten. Seine Aufmerksamkeit gilt dem Menschen, der Gestik, der Mimik, der Vokalisation seines menschlichen Gefährten. Menschliche Signale steuern das Verhalten dieses Hundes infolge einer über viele Generationen hinweg anhaltenden Zuchtwahl, deren zentrales Kriterium die Fähigkeit zur Kommunikation mit Menschen gewesen ist

permanenter Selektion durch Generationen von Menschen, welche kommunikative Verhaltensmuster durch Zucht förderten. Zu solchen Verhaltensmustern zählen Wesensmerkmale wie eine geringe Scheu und wenig Aggression gegenüber Menschen sowie die Bereitschaft, auf menschliche Signale zielführend zu reagieren. Domestikation ist nicht Dressur; es ist vielmehr eine Form gelenkter Evolution, bei der sich über die lange Generationenfolge vom Wolf (*Canis lupus*) bis zum Haushund Eigenschaften im Genom der Hunde durchgesetzt haben, welche sowohl für die Hunde als auch für die Menschen vorteilhaft waren. Archäologische Funde aus der Cro-Magnon-Zeit lassen erkennen, dass vor 14.000 Jahren Hunde bei den Menschen der Steinzeit gelebt haben und dass diese Hunde schon vom Wolf unterscheidbare Schädelstrukturen aufwiesen. Hunde und Menschen kennen einander also schon sehr lange. Heute können viele Hundebesitzer mit voller Überzeugung sagen: „Mein Hund versteht mich!“, denn die heutigen Hunde sind das Ergebnis einer züchterischen Selektion auf die Fähigkeit, Menschen zu verstehen.

Haushunde haben im Laufe ihrer Domestikation die sensorischen Fähigkeiten ihrer Vorfahren weitgehend erhalten können. Die Leistungsfähigkeit ihres olfaktorischen, gustatorischen und visuellen Sinnes wie auch die mechanische Empfindlichkeit ihrer Vibrissen sind vergleichbar mit denen anderer dämmerungsaktiver Rudeljäger wie Wölfe, Wildhunde und Raubkatzen. Auch das diesen Tiergruppen eigene hoch entwickelte

Abb. 18.2 Obwohl auch Pferde (*Equus caballus*) einen langen Domestikationsprozess durchlaufen haben, ist uns ihre Mimik weniger zugänglich als die der Haushunde. Die subtilen Kommunikationsformen, mit welchen Pferde sich untereinander verständigen, können nur Pferdekenner nach sorgfältiger Beobachtung deuten. Offenbar war die Kommunikation mit Menschen kein wichtiges Kriterium bei der Zuchtwahl der domestizierten Pferde

soziale Lernen ist bei Hunden nachweisbar. Es scheint, dass die Kommunikation mit Menschen als *zusätzlicher* Erwerb auf der Grundlage ursprünglicher Kommunikationsfähigkeiten in den hierarchisch strukturierten Wolfsrudeln anzusehen ist. In ähnlicher Weise, wenn auch nicht so weit gehend wie bei den Hunden, wurden auch andere Haustiere durch Zucht an den Menschen angepasst. Aber im Unterschied zum Haushund waren und sind die züchterischen Bemühungen der Menschen um die Anpassung von Schweinen, Schafen, Ziegen, Rindern, Pferden (Abb. 18.2), Hühnern, Tauben und Katzen an die Bedürfnisse des Menschen nicht in erster Linie auf Kommunikation, sondern auf andere Leistungen ausgelegt. Es sind die Haushunde, die aufgrund ihrer ursprünglichen Anlagen und durch die gezielte Domestikation zum Gefährten des Menschen heute besonders geeignet sind für die Suche nach Wahrnehmungsprozessen bei Tieren, denn Haushunde sind uns weniger fremd als jede andere Tierart.

18.2 Angeborene Verhaltensmuster

Welche Möglichkeiten haben wir also, Wahrnehmungsvorgänge bei einem Haushund zu verstehen? Inwieweit ist uns das subjektive Erleben eines Haushundes zugänglich? Wie zuverlässig können wir Signale in Mimik und Verhalten interpretieren, wenn ein Hund mit uns kommuniziert; wenn er Freude, Angst, Erinnerung oder so etwas wie ein schlechtes Gewissen auszudrücken scheint? Was sieht der Hund, welche Aspekte seiner Umwelt werden ihm bewusst, wenn er Reaktionen in der Umgebung wahrnimmt? Grund zur Vorsicht bei der Deutung von Verhaltensäußerungen bei Haushunden ist die **Vielgestaltigkeit der Art *Canis lupus familiaris***, die durch unterschiedliche Zuchtstrategien zu Spürhunden, Hütehunden und anderen spezialisierten Hunderassen geworden sind. Das Verhalten von Schäferhunden und Dackeln muss auf durchaus unterschiedliche Weise interpretiert werden, denn die sensorische Welt eines Hütehundes mit scharfem Blick für Bewegungen innerhalb einer Schafherde ist vermutlich mit der Geruchsorientierung eines Dackels, der für die Jagd nach Wildtieren in unterirdischen Gängen gezüchtet wurde, kaum zu vergleichen. Neben dieser Rücksicht auf eine möglicherweise rassenspezifische Wahrnehmung ist natürlich auch zu bedenken, dass sich die Sinnessysteme der Hunde von unseren Sinnen stark unterscheiden. Dass wir die olfaktorische Wahrnehmung eines Hundes kaum nachvollziehen können, ist allgemein akzeptiert – kaum jemand versucht sich vorzustellen, wie die schwache Duftspur eines Menschen für einen Fährtenhund riechen könnte. Auch die Hörwelt des Hundes ist schwer vorstellbar. Die Hörschwelle von Hunden liegt im Bereich des Optimums gut 20 dB unterhalb der Hörschwelle des Menschen. Sie hören Töne im Bereich von 1–8 kHz etwa zehnmal lauter als Menschen. Zudem reicht ihre Tonwahrnehmung weiter in den Bereich hoher Frequenzen (30–40 kHz) als beim Menschen (18 kHz). In welcher Weise Hunde diesen hochempfindlichen Hörsinn in ihrer menschlich geprägten Lebenswelt mit all ihren technischen Geräuschen einsetzen, ist bisher kaum erforscht.

Beim alltäglichen Umgang mit Hunden kommt es in den meisten Situationen darauf an, **visuelle Signale** zu interpretieren, wenn man ergründen will, was ein Hund gerade erlebt. Daher müssen auch diejenigen Besonderheiten bedacht werden, welche die visuellen Systeme von Hunden und Menschen unterscheiden. Obwohl Hunde tags und nachts sehen können, ist ihre Retina eher auf das Sehen bei Dämmerlicht ausgelegt. Mit nur 3 % Zapfenanteil ist ihre Retina besser an das skotopische Sehen angepasst als die menschliche Retina (5 % Zapfenanteil), und selbst die Area centralis enthält ein Mosaik aus Stäbchen und Zapfen – nicht wie das reine Zapfenfeld in unserer Fovea centralis. Die Rhodopsine in den Stäbchen der Hunderetina absorbieren etwas langwelliger (506–510 nm) als unser Stäbchen-Rhodopsin (496 nm) und benötigen mehr Zeit zur Regeneration nach der Bleichung in hellem Licht. Eine deutliche

Anpassung an das skotopische Sehen beim Hund ist das Tapetum lucidum, die reflektierende Gewebeschicht hinter der Netzhaut. Sie bewirkt eine höhere Lichtstärke in der Photorezeptorschicht, weil dort auch die vom Tapetum reflektierten Photonen detektiert werden können. Das Tapetum hat aber nicht die optische Qualität eines Hohlspiegels und kann deshalb die räumliche Auflösung von Objekten, das Scharfsehen, beeinträchtigen. Die Fähigkeit, bei schwacher Beleuchtung zu sehen, erfordert bei vielen Tieren einen Kompromiss mit der räumlichen Auflösung und muss mit geringerer Klarheit der visuellen Wahrnehmung erkauft werden. Hunde sehen die Umwelt weit weniger scharf als Menschen: Ein Sehwinkel von 4′50″wurde bestimmt für das Minimum separabile (beim Menschen 0,4′). Auch ihr binokulares Gesichtsfeld von 30–60° ist wesentlich schmaler als das des Menschen (140°), sodass ihre Fähigkeit zum räumlichem Sehen (Stereopsis) auf einen kleineren Ausschnitt des Sehfeldes beschränkt ist. Weiterhin ist der Bereich, in dem Objekte scharfgestellt werden können, bei Hunden sehr viel kleiner als bei Menschen: Die Akkommodation ist auf zwei bis drei Dioptrien begrenzt, während junge Menschen über 15 Dioptrien hinweg scharfstellen können. Daraus kann man schließen, dass Objekte, welche näher als 30–50 cm vor den Augen eines Hundes liegen, nur unscharf gesehen werden. Ist ihr Bild der Welt für Hunde auch nicht besonders klar, so ist es nach heutigem Verständnis immerhin farbig. Hunde besitzen zwar nur zwei farbspezifische Zapfentypen, einen – nach unserem Farbspektrum – Violettzapfen (429–435 nm) und einen Grün-Gelb-Zapfen (555 nm). Man vermutet, dass die dichromatische Welt der Hunde in Farbtönen zwischen blau und gelb abgestuft ist. Dabei gibt es auch einen Neutralbereich des Spektrums bei 475–485 nm, den Hunde als grau oder weiß wahrnehmen. Je weiter eine Wellenlänge vom Neutralpunkt entfernt ist, desto stärker ist die blaue oder gelbe Farbsättigung. Untersucht man in Verhaltenstests die Farbunterscheidung bei Hunden, fällt besonders auf, dass Hunde den gesamten langwelligen Spektralbereich (im Farbensehen des Menschen: grün – grüngelb – gelborange – rot) offenbar als *eine* Farbe wahrnehmen. Auch sehen sie keinen Unterschied zwischen blaugrün und grau, da blaugrün dem Neutralpunkt ihres Sehspektrums nahekommt. Im Unterschied zu vielen anderen dämmerungsaktiven Tieren ist das Bewegungssehen bei Hunden gut ausgeprägt. Mit Flimmerfusionsfrequenzen von bis zu 80 Hz ist das zeitliche Auflösungsvermögen bei Hunden deutlich besser als beim Menschen (60 Hz). Zusammenfassend kann man sagen, dass Hunde die Welt anders sehen als wir, weniger scharf, weniger farbig, aber dafür besser bei schwacher Beleuchtung und mit einem feinen Blick für Bewegungen. Was aber nehmen sie wahr mit ihrem Sehsystem?

Eine Vielzahl von Verhaltensstudien hat gezeigt, dass die grundlegenden kognitiven Fähigkeiten zur Erkennung und Klassifizierung von Objekten, zur Steuerung von Aufmerksamkeit, zur Mengenwahrnehmung, zur Erkennung ursächlicher Zusammenhänge sowie zum assoziativen und sozialen Lernen bei Haushunden nicht nur nachweisbar, sondern oft auch erstaunlich weit entwickelt sind. Diese Fähigkeiten teilen Haushunde mit vielen Säugetieren und Vögeln. Aber im Unterschied zu allen anderen Arten können Haushunde Blicke und Gesten von Menschen sehr genau einschätzen und für ihre Zwecke nutzen. Aussagekräftig ist ein Versuch, bei dem eine Futterbelohnung unter einer von zwei Schachteln versteckt wird, und ein Versuchsleiter den Versuchstieren mit Gesten und Blicken dabei hilft, die richtige Schachtel auszuwählen. Weder Schimpansen, die nächsten rezenten Verwandten des Menschen, noch Wölfe, die nächsten Verwanden des Haushundes, können sich verlässlich an der menschlichen Gestik und Mimik orientieren. Haushunde dagegen finden schnell und zuverlässig das Futter unter derjenigen Schachtel, auf die der Versuchsleiter blickt oder deutet. Tatsächlich zeigen schon Hundewelpen im Alter von wenigen Wochen dieses Verständnis für Menschen, und zwar unabhängig davon, ob sie in einer Familie unter Menschen oder in einem Zwinger mit anderen Hunden aufwachsen. Offenbar ist die **kognitive Fähigkeit zur Deutung menschlicher Gesten** im Verlauf des Domestikationsprozesses genetisch fixiert worden und hat Hunden und Menschen ihr Zusammenleben erleichtert. Ein Mensch, der mit freundlichem Gesicht auf ein mögliches Futterversteck deutet, ist für Haushunde ein sehr interessantes Objekt, vielleicht sogar ein unbedingter Reiz mit eindeutigem Bezug zur Futterbelohnung. Jedenfalls kann man so die offensichtlich starke Motivation deuten, mit der viele Hunde einen Bereich absuchen, der ihnen von ihren Haltern angewiesen wird – auch wenn es dort nichts Interessantes zu finden gibt. Fragt man nach der Art der subjektiven Wahrnehmung, welche ein Hund bei einer solchen Kommunikation mit einem Menschen („Such!“) erlebt, ist das Konzept eines reflexhaften, **genetisch festgelegten Verhaltensprogramms** erst einmal angemessen.

In ähnlicher Weise können andere angeborene Verhaltensweisen von Haushunden interpretiert werden, seien es Such- und Jagdverhalten, die arteigene Steuerung der Aufmerksamkeit – besonders durch olfaktorische und akustische Reize – sowie die Bereitwilligkeit, Handlungsanweisungen von Menschen zu befolgen. All das erfordert keine außergewöhnlichen kognitiven Fähigkeiten. Solche Verhaltensmuster haben sich über viele Generationen hinweg im Zusammenleben mit Menschen bewährt und bilden heute – in rassespezifischen Ausprägungen – das angeborene Verhaltensrepertoire der Haushunde.

18.3 Konditionierung und Dressur

Ihren ersten großen Auftritt in der Neurobiologie hatten Haushunde vor etwa 100 Jahren, als der russische Mediziner Iwan Petrowitsch Pawlow anhand der Speichelproduktion von Hunden das Konzept der **klassischen Konditionierung** entwickelte. Konditionierung beruht auf einer grundlegenden Form des Lernens, auf dem **assoziativen Lernen**, das bis heute eine zentrale Rolle bei der Erforschung von Lernprozessen spielt. Unterschiedliche Sinnesreize können kognitiv miteinander verknüpft (assoziiert) werden und dadurch eine neue Bedeutung gewinnen. Pawlow erkannte diesen Zusammenhang daran, wie seine Hunde auf die tägliche Fütterung reagierten. Er registrierte den Speichelfluss bei den Hunden und beobachtete, dass die Speichelproduktion nicht nur durch den direkten sensorischen Kontakt mit Futter, sondern schon durch charakteristische Vorzeichen wie die Schritte des Hundehalters ausgelöst wurden. In Versuchsreihen mit experimentell eingesetzten „Vorzeichen" – beispielsweise dem Klang eines Glöckchens – konnte Pawlow nachweisen, dass die Hunde lernten, den zunächst als gänzlich uninteressant bewerteten akustischen Reiz zu einem hochinteressanten Reiz mit Vorzeichencharakter umzudeuten. Dazu war nur erforderlich, das Glöckchen an mehreren Tagen während des Fütterns – also gleichzeitig mit dem Riechen und Sehen von Futter – zu läuten. Die Hunde lernten dadurch, das Klingeln als Vorzeichen für die Fütterung zu deuten. Aufgrund von systematischen Untersuchungen dieses Lernprozesses entwickelte Pawlow das Konzept und die Terminologie der klassischen Konditionierung, die bis heute in der Lernforschung eingesetzt wird (◘ Abb. 18.3). Danach lassen sich drei Kategorien von Sinnesreizen unterscheiden:

- Ein **unbedingter Reiz (unkonditionierter Stimulus, US)** löst ohne irgendeinen Lernprozess eine unbedingte (unkonditionierte) Reaktion (**UR**) aus. Futtergeruch ist ein typischer US; der induzierte Speichelfluss ist als UR angeboren.
- Ein **neutraler Reiz (neutraler Stimulus, NS)** ist für den Hund uninteressant, wird nicht beachtet und löst keine spezifische Reaktion aus. Das Klingeln des Glöckchens ist *zu Beginn des Versuchs* ein NS.
- Zu einem **bedingten Reiz (konditionierter Stimulus, CS)** wird ein neutraler Reiz, wenn er mehrfach zusammen mit einem US auftritt, sodass der Hund einen Bedeutungszusammenhang lernen kann. Das Klingeln des Glöckchens ist *am Ende des Versuchs* ein CS geworden und induziert Speichelfluss auch ohne die Präsentation von Futter.
- Das Versuchsprotokoll kann so ausgelegt werden, dass bei Wahrnehmung eines CS der dazugehörige US **erwartet** (CS+) oder **nicht erwartet** (CS–) wird.

Die Unterscheidung in US, NS und CS bei Pawlows Hunden war ein entscheidender Fortschritt auf der Suche nach den neurobiologischen Grundlagen des Lernens. Kognitive Verknüpfungen (Assoziationen) von Reizen, die gleichzeitig (koinzident) detektiert werden, sorgen für die Festlegung und Bewertung von Gedächtnisinhalten. Dieses fundamentale Prinzip kann man auf allen Ebenen der neurobiologischen Forschung nachweisen. Konditionierung bildet ein gemeinsames Kon-

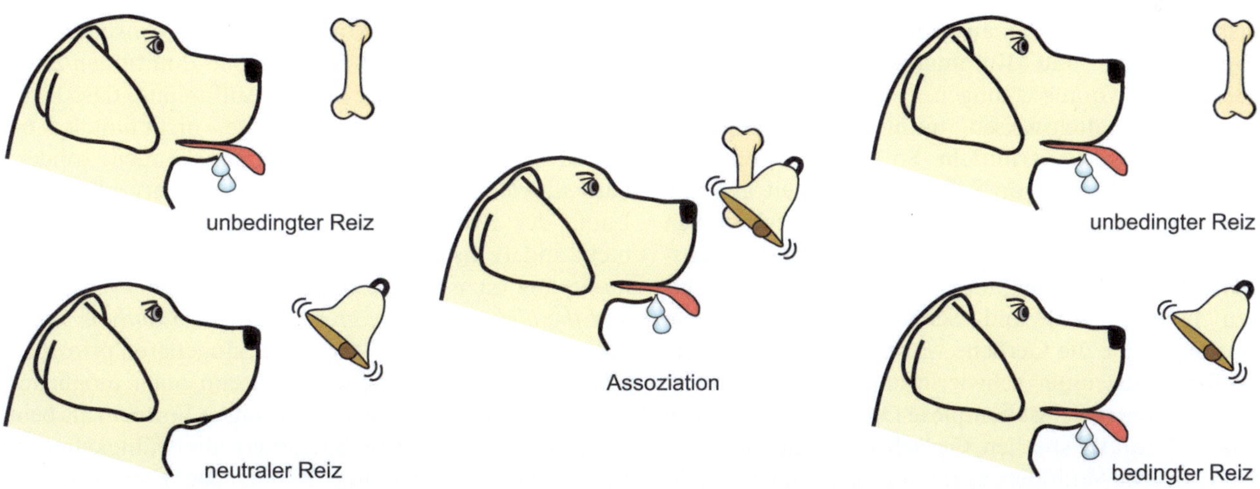

◘ **Abb. 18.3** Klassische Konditionierung. Schematische Darstellung der Konditionierungsversuche von Iwan Pawlow. Vor der Konditionierung (*links*) reagiert der Hund auf einen unbedingten Reiz – US: Futter – mit einer unbedingten Reaktion – UR: Speichelsekretion, während ein neuraler Reiz – NS: Glöckchen – keine Reaktion hervorruft. Während der Konditionierung (*Mitte*) werden Futter und Glöckchen gleichzeitig präsentiert, und der Hund lernt, beide zu assoziieren. Nach der Konditionierung (*rechts*) löst auch das Glöckchen allein Speichelfluss aus, denn für den Hund kündigt es nunmehr baldiges Füttern an. Der Klang des Glöckchens ist durch Konditionierung zum bedingten Reiz (CS) geworden und löst eine bedingte Reaktion (CR) aus

zept sowohl für die Interpretation von Verhaltensbeobachtungen als auch für Analysen der Gehirnaktivität und für die Erforschung der synaptischen Plastizität. Das Konzept verbindet Forschungsansätze aus der Biologie, der Psychologie und der Ethologie. Im Rahmen der Sinnesphysiologie ist der entscheidende Punkt, dass die Wirkung eines Sinnesreizes auf ein Tier nicht ohne Weiteres vorhersagbar ist. Selbst wenn man die Auswirkung auf ein Sinnesorgan sehr genau kennt und die afferenten Signale messen kann, muss man berücksichtigen, dass die kognitive Auswertung dieser Signale von Lernprozessen abhängt, die dem Beobachter nicht bekannt sind.

Ein eindrucksvolles Beispiel der Neubewertung von Sinneseindrücken durch Konditionierung ist die Dressur von Tieren. Assoziatives Lernen bildet die Grundlage vieler Dressurtechniken, denn oft gilt es, das Tier zu einem bestimmten Verhalten zu bewegen, indem es dieses Verhalten mit einer Belohnung oder dem Ausbleiben einer Bestrafung assoziiert. Das Verfahren wird als **operante Konditionierung** bezeichnet. Das Tier lernt durch Versuch und Irrtum, diejenigen Verhaltensweisen zu vermeiden, welche mit einer Strafe – beispielsweise einem schmerzhaften unbedingten Reiz – gepaart werden. Belohntes Verhalten wird dagegen durch Assoziation mit einem angenehmen unbedingten Reiz verstärkt, oft mit einer Portion Futter für ein hungriges Tier. Operante Konditionierung ist eine sehr effektive Methode der Motivationssteuerung: Sie bringt Bären zum Tanzen, Löwen zum Durchspringen brennender Reifen und Menschen dazu, sich in sozioökonomische Rahmenbedingungen einzufügen. Immer wird dabei die **Neubewertung von Sinneseindrücken** forciert, sei es durch einen Dompteur oder durch einen Werbefachmann. Bei Haushunden bieten die ausgeprägte und menschenbezogene Lern- und Kommunikationsfähigkeit besonders gute Voraussetzungen, von den Haltern erwünschte Verhaltensweisen mithilfe der operanten Konditionierung zu vermitteln. So wird der hoch entwickelte Geruchssinn von Spürhunden gezielt auf Geruchsquellen konditioniert, die mit keinem technischen Gerät lokalisierbar sind. Sorgfältig trainierte Geruchsspürhunde und Lawinenhunde finden verschüttete Personen unter Schutt und Schnee, während andere Funktionshunde die Gerüche von Drogen, Sprengstoff oder Blut auch unter schwierigsten Bedingungen detektieren können. Selbst komplexe Duftstoffmischungen wie den charakteristischen Geruch einer individuellen Person oder die Veränderung des menschlichen Geruchs bei Stoffwechselerkrankungen können Hunde sicher erkennen, wenn sie durch operante Konditionierung dazu ausgebildet worden sind. Bei der Ausbildung geht man meist so vor, dass nicht der Zielgeruch selbst positiv bewertet wird, sondern vielmehr das Suchverhalten und das Anzeigen der gesuchten Geruchsquelle. Der starke Menschenbezug der Haushunde ist dabei der Schlüssel zur erfolgreichen Konditionierung, denn das Such- und Anzeigeverhalten kann der Hundeführer durch ermunternde und bestätigende Kommunikation verstärken, ohne dass Bestrafung nötig ist. Hunde, die sich für die Ausbildung als Funktionshund eignen, freuen sich so außerordentlich über Lob, dass schon das Ausbleiben von Bestätigung durch den Hundeführer als aversiver Reiz wirkt. Das Lob, die emotionale Bestätigung durch ihre Bezugsperson, ist bei solchen Hunden ein unbedingter Reiz und in der operanten Konditionierung nicht weniger effektiv als eine Portion Futter.

18.4 Wahrnehmung, Emotion und Intelligenz

Bei Haushunden erscheint uns die Frage, ob Tiere Emotionen haben können, absurd zu sein. Denn schließlich ist es für jeden Hundekenner offensichtlich, dass unsere Hunde – die Tiere, die wir so gut verstehen – Freude und Trauer, Angst und Zuversicht, Zuneigung und Aversion empfinden und ausdrücken können. Viele Menschen würden das Gleiche über Pferde sagen und manche sogar über Vögel. Charles Darwin hat in seinem Buch *The expression of the emotions in man and animals* (1872; deutsche Ausgabe: *Der Ausdruck der Gemütsbewegungen bei dem Menschen und den Tieren*) das Konzept entwickelt, dass Säugetiere und Menschen vergleichbare Emotionen empfinden und diese auch auf ähnliche Art ausdrücken können. Die Ähnlichkeiten im Ausdruck von Freude, Angst und Trauer durch Mimik, Vokalisation und Körperhaltung sind nach Darwin so groß, dass Menschen diese Gefühlsbewegungen bei vertrauten Säugetieren erkennen können und dass insbesondere Hunde in der Lage sind, menschliche Emotionen zu erkennen. Darwin entwickelte die Auffassung, dass Emotionen – wie alle kognitiven Prozesse – nicht plötzlich bei der Menschwerdung entstanden sein können, sondern dass sie vielmehr eine kontinuierliche Entwicklung im Laufe der Evolution der Tiere durchgemacht haben, nicht anders als etwa der Sehsinn. Seine berühmte Formulierung dazu – *„The difference in mind between man and the higher animals, great as it is, certainly is one of degree and not of kind“* – schreibt Säugetieren prinzipiell alle kognitiven Fähigkeiten zu, wenn auch möglicherweise in einer weniger leistungsfähigen Vorform als beim Menschen. Haben also Säugetiere die Fähigkeiten zu Erinnerung und Planung, können sie Emotionen erleben, und verstehen sie ursächliche Zusammenhänge? Haben Tiere Gefühle, und verfügen sie über Intelligenz?

In der biologischen Forschung des 20. Jahrhunderts ist das Thema tierischer Emotionen weitgehend unbearbeitet geblieben. Kaum eine Hypothese für die Existenz von emotionalen Prozessen wurde formuliert oder gar akzeptiert. Das Desinteresse auf Seiten der zoologischen Disziplinen beruhte auf einem fundamentalen Prinzip wissenschaftlichen Arbeitens: Die Suche nach nicht nachweisbaren Phänomenen ist sinnlos; es ist nicht sinnvoll, eine Hypothese aufzustellen, deren Gültigkeit man weder bestätigen noch widerlegen kann. Psychische Vorgänge bei Tieren hielt man vor allem deshalb für unergründbar, weil man die Erforschung der Emotionen als Domäne der Psychologie ansah, deren wichtigstes Medium die Sprache ist. Die Sprachlosigkeit der Tiere, so die allgemein akzeptierte Vorstellung, macht die Erforschung ihrer Emotionen unmöglich, und *folglich können wir keine Aussage dazu machen, ob solche Emotionen überhaupt existieren.* Diese formelle wissenschaftliche Zurückhaltung hatte tief greifende Auswirkungen auf die zoologische Forschung und auf Generationen von Forschern. Besonders in der Verhaltensforschung hat man sich über lange Zeit auf die Erforschung von „instinktgesteuerten" Verhaltensmustern beschränkt und hat die Forschung an höheren kognitiven Prozessen wie subjektiven Wahrnehmungen und Emotionen aufgeschoben – vielleicht in der Hoffnung, dass sich zu späteren Zeiten geeignete Untersuchungsmethoden für tierische Emotionen finden werden. Erst die systematische Beobachtung vor allem von Menschenaffen und Haushunden machte im späten 20. Jahrhundert deutlich, dass Emotionen das Verhalten von Tieren beeinflussen können. Und in den letzten drei Jahrzehnten ist es neuen Forschungsdisziplinen wie der vergleichenden Kognitionsforschung, der Tierpsychologie und der kognitiven Ethologie gelungen, Zweifel daran auszuräumen, dass **Emotionen wichtige Komponenten der Verhaltenssteuerung** unterschiedlicher Tierarten sein können. Natürlich kann angesichts der Vielgestaltigkeit des Tierreiches niemand Aussagen über tierische Emotionen verallgemeinern. Aber auch wenn wir bisher nicht sagen können, ob ein Schmetterling oder ein Frosch trauert oder zufrieden ist, bei einem Haushund können wir solche Aussagen mit einiger Zuverlässigkeit treffen.

Für die Sinnesphysiologie hat die Frage nach der emotionalen Bewertung von Sinnesinformation eine zentrale Bedeutung, denn Verhaltensreaktionen auf Sinnesreize können unterschiedlich ausfallen, je nachdem, welche Emotionen zum Zeitpunkt der Beobachtung vorherrschen. Angst kann beispielsweise die Aufmerksamkeit auf diejenigen Reize konzentrieren, von denen ein Tier Gefahr erwartet, während andere Reize kaum beachtet werden. Umgekehrt kann die Reaktion auf einen Sinnesreiz schneller und stärker ausfallen, wenn ein Tier seine Aufmerksamkeit auf das Eintreffen dieses Reizes gerichtet hat. Sinneswahrnehmungen können durch eine emotionale Erwartungshaltung beträchtlich verändert, ja sogar ausgeschaltet werden. Bis heute stehen allerdings kaum Methoden zur Verfügung, mit denen man die Emotionen eines Tieres sicher messen könnte; genauso wenig, wie man darstellen kann, was genau ein Mensch in einem bestimmten emotionalen Zustand fühlt. Der Sinnesphysiologe ist darauf angewiesen, aus dem Verhalten der Tiere auf ihre Emotionen zu schließen. Einige Verhaltensmuster und vegetative Reaktionen treten im Zusammenhang mit Gehirnaktivitäten auf, die wiederum emotionalen Zuständen zugeordnet werden können. Beispielsweise korrelieren unbewegliches Kauern (Angststarre), Cortisonausschüttung ins Blut und erhöhte Aktivität in der Amygdala mit Angstzuständen und können zusammen als Hinweise auf diese Emotion bei der Maus, beim Hund und auch beim Menschen gewertet werden. Natürlich kann man den Menschen fragen, ob er Angst verspürt, aber bei Tieren ist man auf die nicht-sprachlichen Indizien angewiesen. Die Suche nach **artspezifischen Ausdrucksformen einzelner Emotionen** bei Tieren macht nur langsame Fortschritte und ist weitgehend auf Säugetiere beschränkt. Haushunde sind dabei wegen ihrer besonderen Beziehung zu Menschen wertvolle Forschungsobjekte, weil man ihr Verhalten (Mimik, Vokalisation, Körpersprache) recht zuverlässig deuten kann. Zusätzlich wird es möglich, ihre Gehirnaktivität durch funktionelle Magnetresonanztomografie darzustellen, sodass sich Verhaltensmuster und die räumliche Verteilung von Gehirnaktivitäten miteinander vergleichen lassen. Allerdings werden solche Studien dadurch eingeschränkt, dass bisher nur wenig über die Verortung spezifischer Gehirnaktivität bei subtileren Emotionen als der Angst bekannt ist – sowohl bei Hunden und als auch bei Menschen.

Zum gegenwärtigen Zeitpunkt kann man jedenfalls davon ausgehen, dass zur Verhaltenssteuerung von Säugetieren und Vögeln emotionale Komponenten beitragen. Über andere Wirbeltiergruppen und wirbellose Tiere ist diesbezüglich noch wenig bekannt. Bei Säugern und Vögeln sind jedoch Emotionen als Reaktionsmuster erkennbar, die durch affektiv wirksame Reize – etwa Bedrohung, Sicherheit, Nahrung, Sozialpartner – ausgelöst und an charakteristischen Ausdrucksformen erkennbar werden. Einzig diese Ausdrucksformen (Mimik, Vokalisation, Bewegungen, Herzklopfen) sind für den Beobachter messbar und deutbar. Dagegen bleibt das affektive Erleben von Emotionen – bei Menschen als **Gefühl** bezeichnet – dem Forscher unzugänglich und vermutlich prinzipiell unergründbar, obwohl diese Prozesse untrennbar mit den emotionalen Ausdrucksformen verbunden sind. Unser Verständnis dafür, welche Emotionen ein Tier antreiben, kann folglich nur aufgrund von sorgfältigen Verhaltensbeobachtungen wachsen. Versuche, das Gefühlserleben der Tiere zu verstehen, führen dagegen zwangsläufig zu anthropomorphen Fehldeutungen. Der Grund für solche Fehlinterpretationen liegt in der Methode, die wir unwillkürlich einsetzen, um emotionale Vorgänge bei anderen Menschen zu verstehen. Wir verfügen über eine hoch entwickelte Befähigung, uns vorzustellen, was ein anderer Mensch empfindet. Wir können uns in andere hineinversetzen, und wir können in einem gewissen Grad nachempfinden, was eine andere Person fühlt. Dabei entsteht in unserer Vorstellung ein Konstrukt davon, welche kognitiven und emotionalen Vorgänge in der anderen Person ablaufen (**Theory of Mind**, **ToM**). Diese Fähigkeit ist eines der wichtigsten Medien für unser soziales Zusammenleben. Allerdings neigen wir dazu, die gleiche Technik auch speziesübergreifend für das Verständnis von denjenigen Tieren einzusetzen, für die wir uns interessieren. Dabei entsteht ein problematisches Konstrukt, welches mentale Prozesse eines Tieres nach menschlichen Denk- und Gefühlsmustern beschreibt; es entsteht unsere subjektive Vorstellung davon, was in dem Tier vor sich geht (**„Theory of Animal Mind", TAM**). TAM-Konstrukte waren natürlich auch ständige Begleiter während des Domestikationsprozesses der Haushunde und passen demzufolge heute in den Umgang mit unseren Hunden. Wir betrachten unsere Gefährten und konstruieren ein passendes Emotionsszenario: Der Hund freut sich, er denkt nach, er möchte spielen, er hat ein schlechtes Gewissen. Solche Vorstellungen, so hilfreich sie auch im täglichen Umgang mit Hunden sein mögen, sind nicht dazu geeignet, den Einfluss von Emotionen auf Sinneswahrnehmungen zu untersuchen. Denn bei der Domestikation der Hunde war nicht nur die Fokussierung der Hunde auf den Menschen ein Zuchtkriterium, sondern auch die **Illusion der Verständigung**. Gefördert wurden eher diejenigen Hunde, deren Emotionen die Menschen zu verstehen glaubten. Diese Art der Zuchtwahl führte letztlich auch zu einem Problem bei der Erforschung der Sinneswahrnehmung. Will man die affektive Bewertung von Sinnesreizen verstehen, ist der aktuelle emotionale Zustand der Tiere oft nicht eindeutig erkennbar und unterliegt anthropomorphen Fehleinschätzungen.

Wie aber kann man die grundlegenden Wahrnehmungsfähigkeiten einer Tierart untersuchen? Was unterscheidet ein „dummes Tier" von einem „klugen Tier"? Was bedeutet **tierische Intelligenz**? In der vergleichenden Kognitionsforschung haben sich einige Kriterien etabliert, die bei Tieren mit hoher Intelligenz besonders stark ausgeprägt und experimentell nachweisbar sind.

Als grundlegende Voraussetzung für Wahrnehmung jeder Art gilt die Fähigkeit, die **Aufmerksamkeit** auf einen kleinen Ausschnitt der eingehenden Sinnesinformationen zu richten. Wahrgenommen werden können nur diejenigen Informationen, auf welche ein Tier seine Aufmerksamkeit richtet. Andere afferente Signale werden ausgeblendet – sie werden nicht kognitiv verarbeitet. Eine solche Filterfunktion für eingehende Sinnesinformationen ist notwendig, weil die Sinnesorgane einen stetigen Strom unbearbeiteter Signale in das zentrale Nervensystem leiten, von denen nur wenige für das Tier interessant sind. Der akustische und olfaktorische Hintergrund wie auch momentan uninteressante Bereiche des Sehfeldes liefern eine große Last an afferenten Signalen aus Millionen von Sinneszellen, deren kognitive Analyse unnötig Ressourcen verbrauchen würde. Leistungsfähige Wahrnehmungssysteme sind deshalb äußerst selektiv und bringen nur diejenigen Ausschnitte der Umwelt zum Bewusstsein, die als potenziell wichtig eingestuft werden. Ein wirksamer Reiz für die Ausrichtung der Aufmerksamkeit ist Veränderung. Bewegungen im Sehfeld, plötzliches Einsetzen von Geräuschen, ein neu auftretender Geruch, eine Berührung – solche sensorischen Ereignisse ziehen die Aufmerksamkeit auf sich. Im Gegensatz dazu hemmen unveränderte Sinneseindrücke die Aufmerksamkeit, und Habituation setzt ein; das Tier lernt, unveränderte Sinnesreize nicht zu beachten. Kognitiv rege Tiere richten ihre Aufmerksamkeit aber nicht nur reflexartig auf ein sich veränderndes Objekt. Vielmehr durchstöbern sie aktiv ihre Umwelt und führen die Richtung ihrer Aufmerksamkeit wie einen Suchscheinwerfer zwischen den sie umgebenden Objekten hin und her. Aktives **exploratives Verhalten** (◘ Abb. 18.4) erfordert eine Menge an kognitiven Leistungen, welche eine Kröte – wenn sie unbeweg-

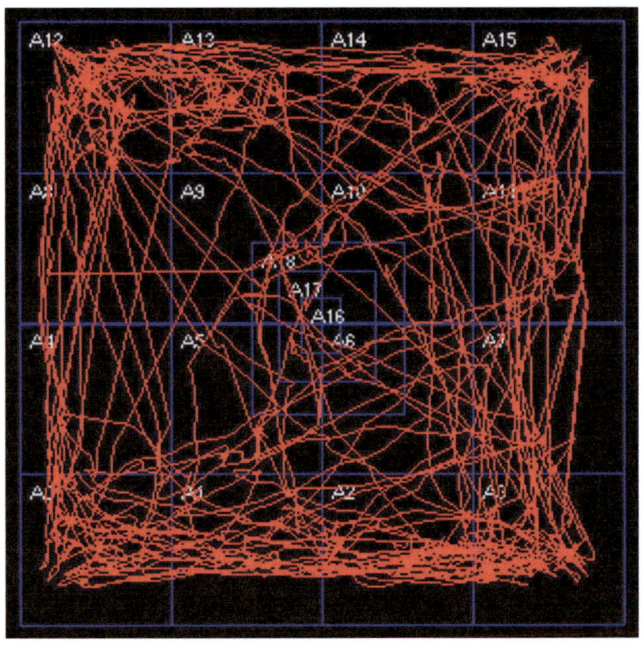

◘ **Abb. 18.4** Exploratives Verhalten einer Maus (*Mus musculus domesticus*). Eine Kamera zeichnet zehn Minuten lang die Laufwege einer Maus auf, die in eine 200 cm^2 große, ihr unbekannte Arena gesetzt worden ist. Die rote Laufspur zeigt, dass die Maus meistens unterwegs war und fast alle Bereiche der ungewohnten Umgebung erkundet hat. Besonders interessant waren offenbar die Ecken und Kanten der Arena. Ein solches aktives exploratives Verhalten kann als eine Ausdrucksform tierischer Intelligenz gewertet werden

lich dasitzt, bis ein Beuteinsekt zufällig vorbeikommt – nicht benötigt. Aktives Suchverhalten ist damit ein Merkmal höherer tierischer Intelligenz.

Exploratives Verhalten wird von der Motivation angetrieben, Informationen über Objekte in der Umwelt zu erhalten, dadurch vorteilhafte Möglichkeiten zu erkennen und bedrohliche Situationen abzuwenden. Es geht darum, *Neues* zu erfahren, und ist schon damit eine Ausdrucksform tierischer Intelligenz. Neugier und Unternehmungslust sind Wesensmerkmale vieler Vögel und Säugetiere, welche durch diese Veranlagung Flexibilität im Umgang mit ihrer Umwelt erlangen. Ihr Verhalten ist nicht immer reflexhaft und stereotyp, sondern kann an neue Bedingungen angepasst werden – eine Folge ihrer Form von Intelligenz. Ihr Interesse für neuartige Objekte (◘ Abb. 18.5) eröffnet ihnen die Möglichkeit, ihr Verhaltensrepertoire zu erweitern und neue Ressourcen zu nutzen. Gelegentlich kann man

◘ **Abb. 18.5** Aufmerksamkeit und exploratives Verhalten bei einer Löwin (*Panthera leo*), die auf ein nie zuvor gesehenes Objekt trifft. Im Unterschied zu vielen eher teilnahmslosen Tierarten zeigt die Löwin die charakteristische Neugier und Anspannung eines intelligenten Säugetieres. Sie ist bereit, sich mit dem neuen Objekt zu befassen, Nutzen und mögliche Gefahren einzuschätzen und ihr Verhalten entsprechend anzupassen. Die ferngesteuerte Kamera zeigt dabei die Mimik eines Tieres, dem das kognitive Bemühen um eine richtige Beurteilung der Situation ins Gesicht geschrieben ist

sogar beobachten, dass solche neu erworbenen Verhaltensoptionen von Jungtieren gelernt und so auf die folgenden Generationen übertragen werden. Intelligenz kann einer Population von Tieren dabei helfen, sich an veränderte Umweltbedingungen anzupassen.

Es ist kaum abzuschätzen, wie wichtig die räumliche Orientierung für Tiere ist. Ob der Weg zum eigenen Nest, besondere Orte mit Nahrungsquellen oder Wasser oder gefährliche Orte, die es zu meiden gilt: Das Erkennen und Erinnern räumlicher Zusammenhänge gehört zu den lebenswichtigen kognitiven Fähigkeiten vermutlich aller Tiere. Bei der **räumlichen Wahrnehmung** und der Nutzung ihres Ortsgedächtnisses können Tiere prominente Objekte – Bäume, Gewässer, Felsen – als „Leuchttürme" für ihre Orientierung nutzen. Sie können sich aber auch die geometrischen Zusammenhänge mehrerer Objekte an einem Ort einprägen und diesen jederzeit wieder ansteuern. Eine unter Tieren weit verbreitete kognitive Leistung der räumlichen Wahrnehmung ist die Pfadintegration. Das ist die Fähigkeit, aus der Summe aller eigenen Bewegungen einen Rückkehrvektor zu berechnen, der auf kürzestem Weg zum Ausgangspunkt führt (◘ Abb. 18.6). Laufinsekten wie Ameisen (Familie Formicidae) und Schaben (Ordnung Blattodea) können die Anzahl der Schritte mit den jeweiligen Schrittrichtungen aufsummieren, um die aktuelle Position relativ zum eigenen Nest zu bestimmen. Fluginsekten wie Honigbienen (*Apis mellifera*) und Fliegen (Unterordnung Brachycera) integrieren dagegen den optischen Fluss während des Fluges, um daraus den Rückkehrvektor zu bestimmen. Von der kleinräumigen Orientierung bis zur interkontinentalen Navigation, räumliche Orientierung wurde unter hohem Selektionsdruck so weit perfektioniert, dass Tiere im Allgemeinen wissen, wo sie sind und wohin sie gehen müssen – und zwar Ameisen ähnlich genau wie Hunde.

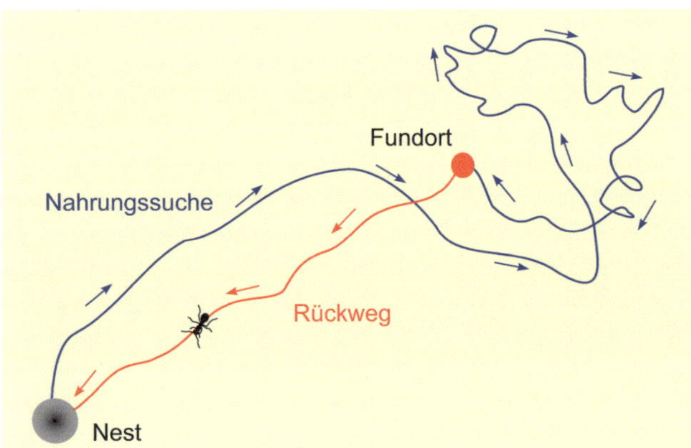

◘ **Abb. 18.6** Pfadintegration bei der Nahrungssuche einer Ameise. Vor allem Beobachtungen der Wüstenameise *Cataglyphis bicolor* haben gezeigt, dass die Tiere in verschlungenen Suchläufen das Terrain durchstöbern und sich dabei weit vom Nest entfernen können (*blaue Spur*). Haben sie ein Beuteinsekt gefunden, laufen sie jedoch weitgehend geradeaus Richtung Nest (*rote Spur*), eine Navigationsleistung, die eine Menge Informationsverarbeitung erfordert. Offenbar können die Ameisen während der Nahrungssuche ihre Schritte zählen (Pedometrie) und aus Geschwindigkeit und Richtung ihrer Schritte ihre aktuelle Position bestimmen (Odometrie) – eine Orientierungsfähigkeit, die man als Pfadintegration bezeichnet. Wenn sie Nahrung gefunden haben, können sie anhand von Navigationshilfen wie dem Polarisationsmuster des Sonnenlichtes und auffälligen Landschaftsmerkmalen den Kurs zum Nest bestimmen (Kartensinn) und dem kürzesten Rückweg folgen

Räumliche Anordnungen bilden räumliche Muster (Beispiel: Ort und Form eines Nestes), zeitliche Abfolgen bilden zeitliche Muster (Beispiel: Lied eines Singvogels), und die Auswirkungen einzelner Vorgänge aufeinander bilden Kausalitätsmuster (Beispiel: ein schlafender Fressfeind wird durch Geräusche geweckt und greift an). Ein sicheres Zeichen hoher Intelligenz bei Tieren ist die **Mustererkennung**. Die wichtigste kognitive Leistung dieser Art von Intelligenz ist es, Zusammenhänge zwischen einzelnen Komponenten der Umwelt ausmachen und diese Zusammenhänge einer Bedeutung zuordnen zu können. Wer das kann, hat die Möglichkeit, weit größere Datenmengen zu speichern und, wenn es darauf ankommt, schnell und gezielt abzurufen. Als einfaches Beispiel diene eine Intelligenzaufgabe aus der Welt des Menschen. Die Aufgabe lautet, sich die Zahl 1.357.986.420 einzuprägen; getestet wird, ob man die Zahl nach 15 Minuten noch korrekt aufschreiben kann. Eine Methode zur Lösung dieser Aufgabe ist, sich die numerische Größe der Zahl – eine Milliarde, dreihundertsiebenundfünfzig Millionen etc. – zu merken; eine schwierige und fehleranfällige Methode. Wesentlich effektiver ist es, in der Zahl ein Muster zu erkennen und sich dieses zu merken: Eine Reihe ungerader Zahlen aufsteigend bis 9 und in geradzahligen Schritten zurück bis 0. Ein solches Muster – einmal erkannt – lässt sich leicht im Gedächtnis ablegen und noch nach langer Zeit wieder abrufen. Für ein intelligentes Tier setzt sich die Umwelt aus Mustern zusammen, und Sinnesreize werden oft nicht als Einzelereignisse wahrgenommen, sondern im Rahmen einer Mustererkennung. So mag beispielsweise eine Gruppe von Lichtreizen im Sehfeld eines Kaninchens (*Oryctolagus cuniculus*) ein Muster bilden, wie es charakteristisch für die Silhouette eines jagenden Falken (*Falco* spec.) ist. Für das Überleben des Kaninchens ist es entscheidend, dass es diesem Muster die richtige Bedeutung zuordnet. Nur auf diese Weise führt die visuelle Mustererkennung zur **Objekterkennung**, in diesem Fall zur Wahrnehmung eines Falken. Für die Sinnesphysiologie ist entscheidend, dass eine Gruppe von Lichtpunkten auf der Netzhaut (Pixel) möglicherweise nur dann wahrgenommen wird, wenn sie in einem Muster auftreffen, das einem bekannten Objekt entspricht. Sind die Pixel anders angeordnet, werden sie nicht gesehen. Solche musterabhängige Wahrnehmung dient dazu, wichtigen Sinnesreizen wie der Falkensilhouette Vorrang einzuräumen, während unwichtige Reize – beispielsweise Wolkenformationen – der Zugang zur Wahrnehmung verwehrt wird. Um schließlich das Verhalten des Tieres sinnvoll zu steuern, muss das wahrgenommene Objekt noch kognitiv eingeordnet werden. Das Kaninchen muss die Falkensilhouette als gefährliches Objekt bewerten, sodass es in eine Deckung flüchtet und sich in Sicherheit bringt. Den Prozess der Einordnung bezeichnet man als **Kategorisierung**. Der Falke gehört zur Kategorie „Raubvögel“ und löst das Verhaltensprogramm „Deckung suchen“ aus. Für die Frage nach der Intelligenz der Tiere ist wichtig, dass Kategorien nicht nur angeboren, sondern auch gelernt werden können. Bei Kaninchen ist die Objektkategorie „Raubvögel“ vermutlich angeboren, und Haushunde erben von ihren domestizierten Vorfahren die Kategorie „Mensch“ als positiv bewerteten Bezugspunkt ihres Lebens. Schon bei Pferden kann das aber anders sein, muss der Pferdetrainer doch durch geduldigen und artgerechten Umgang mit jungen Pferden erst einmal ihr Vertrauen gewinnen, was der Zuordnung zu einer neuen, positiv bewerteten Objektkategorie entspricht.

Die Fähigkeit, die Objektwahrnehmung durch Lernprozesse neu zu gestalten, verleiht vielen besonders intelligenten Tieren eine deutlich erkennbare **Flexibilität im Verhalten**. Die Tiere können lernen, ihr Verhaltensrepertoire zu erweitern und neu auszurichten, wodurch sie sich besser an Veränderungen in ihrer Umwelt anpassen können. Ein besonders eindrucksvolles Beispiel für solche Flexibilität – ein Verhalten, das von manchen Autoren als Ausdruck hoch entwickelter Intelligenz gewertet wird – ist der **Werkzeuggebrauch**. Hierbei wird ein komplexes, nach heutigen Verständnis nicht angeborenes Verhalten – das Öffnen von Nüssen mit einem Stein, das Stochern nach Insekten mit einem Zweig – von Artgenossen erlernt, eingeübt und an die nächste Generation weitergegeben (◘ Abb. 18.7). Als besondere kognitive Leistung bei diesem Verhalten wird die Fähigkeit eingeschätzt, den Nutzen einer zunächst fremd erscheinenden Handlung zu verstehen, und diese Handlung durch Üben zu perfektionieren, auch wenn das am Anfang schwerfällt.

Es ist offensichtlich, dass Flexibilität im Verhalten einen Vorteil für das Erlernen neuer Verhaltensweisen darstellt. Aber inwieweit ist dazu Intelligenz nötig? Tiere lernen im Allgemeinen durch Handeln: Sie imitieren Artgenossen und sie lernen durch Versuch und Irrtum, indem das Resultat erfolgreicher Handlungen positiv verstärkt wird. Es ist aber bisher noch kaum untersucht worden, ob und welche Tiere **kognitive Problemlösung** für ihre Zwecke einsetzen können. Ein solche Leistung kommt dem, was wir beim Menschen „Nachdenken“ nennen, sehr nah. Erforderlich sind dazu die mentale Analyse einer problematischen Situation sowie die Planung einer Strategie zur Problemlösung, *bevor* das Tier tatsächlich handelt. Manche Wissenschaftler berichten von Hinweisen auf diese Art von Intelligenz bei Menschenaffen, Delfinen, Hunden sowie einigen Rabenvögeln und Papageien. Die Tiere scheinen mehrere Möglichkeiten zur Lösung eines ihnen gestellten Problems abzuwägen, bevor sie etwas unternehmen. Allerdings ist es fast unmöglich herauszufinden, über was die Tiere genau „nachdenken“, sodass Hypothesen zur kognitiven Problemlösung bei Tiere noch kontrovers diskutiert werden.

Besonders hohe Anforderungen an die Intelligenz von Säugetieren stellt das Leben in Sozialverbänden. Während die Rollenverteilung im Insektenstaat weitgehend durch chemische Signale festgelegt ist, werden die Hierarchien in Säugerkolonien durch fein austariertes Verhalten ständig neu festgelegt. Dazu bedarf es einer hoch entwickelten, teils angeborenen, teils aber auch erlernten **sozialen Intelligenz**. Die Tiere brauchen einen Handlungskodex, der es jedem Einzeltier ermöglicht, seinen Platz in der Gemeinschaft zu finden und zu behaupten. Viele Aspekte der Wahrnehmung gehören zu diesem kognitiven Bereich. Die Tiere benötigen eine Vorstellung von sich selbst, von ihrer eigenen Identität in Abgrenzung zu anderen Mitgliedern der Kolonie. Sie müssen hierarchische Ordnung erkennen können, und sie müssen in der Lage sein, günstige Allianzen zu bilden. Dazu benötigen sie einen gewissen Grad an Einfühlungsvermögen in ihre Artgenossen (Theory of Mind, ToM), und sie müssen in der Lage sein, Täuschungsmanöver zu planen, um das Verhalten anderer Tiere zu beeinflussen. Soziale Intelligenz scheint eine Stärke sowohl der Rudeljäger unter den Raubtieren als auch der in Herden lebenden Huftiere und der gesellig lebenden Primaten zu sein. Möglicherweise war diese besondere Veranlagung zur sozialen Kommunikation eine Voraussetzung für die Verständigung, die wir heute zwischen Hunden, Pferden und Menschen beobachten können.

18.5 Wissenschaftliches Interesse und das Gefühl der Zusammengehörigkeit

Die wissenschaftliche Erforschung subjektiver Wahrnehmungsprozesse bei Tieren ist eine noch junge Disziplin der Biologie. Zunächst war es nötig, sich von der Vorstellung zu lösen, dass Tiere ausschließlich zu einer mechanistischen, reflexartigen Verarbeitung von Sinnesreizen in der Lage sind. Heute wissen Forscher, die mit Säugetieren oder Vögeln arbeiten, dass sich keine zwei

Abb. 18.7 Eine Geradschnabel- oder Neukaledonienkrähe (*Corvus moneduloides*) zeigt Geschicklichkeit im Umgang mit einem Werkzeug. Sie hat sich aus einem Zweig ein Stocherinstrument hergestellt und sucht damit nach einer im Holz verborgenen Käferlarve (hier durch eine Öffnung sichtbar gemacht). Sobald die Larve in den Zweig beißt, zieht die Krähe sie hervor. Diese Krähen leben in Neukaledonien und veranschaulichen exemplarisch die Intelligenz vieler Rabenvögel (Familie Corvidae)

Artgenossen gleich verhalten. Die eine Maus ist neugierig und unternehmungslustig, die andere ängstlich und scheu. Oft äußert sich die individuelle Wahrnehmung durch Unterschiede im Verhalten einzelner Tiere und vergrößert die Varianz der Resultate von Verhaltensstudien. Gegen einen solchen Verlust an Aussagekraft hilft nur eine Standardisierung von Tieren innerhalb einer Kohorte, wobei Inzuchtlinien, gleiches Lebensalter aller Tiere und einheitliche Haltungsbedingungen hilfreich sind. Ein fundamental ungelöstes Problem liegt allerdings darin, dass bis heute niemand wissen kann, bei welchen Tiergruppen welche Wahrnehmungsfähigkeiten in welchem Maße vorhanden sind. Die kognitive Ethologie konzentriert sich bisher fast vollständig auf **endotherme Tiere**, denn nur bei Säugetieren und Vögeln kann man eine Vielgestaltigkeit und Flexibilität des Verhaltens beobachten, wie wir sie von uns selbst kennen. Zudem sieht man in der konstanten, warmen Körpertemperatur dieser Tiere eine Voraussetzung für ausreichend komplexe Gehirntätigkeit, wie man sie für Wahrnehmungsprozesse erwartet. Das Problem ist allerdings weniger ein biologisches als ein semantisches: Ursprünglich ein philosophisches Konzept für die Abbildung der Wirklichkeit im menschlichen Geist, wurde der Begriff „Wahrnehmung" in der psychologischen und physiologischen Terminologie konkretisiert, indem zentralnervöse Prozesse mit der Verarbeitung von Sinnesinformationen und Gedächtnisinhalten verknüpft werden konnten (beispielsweise: „Der Thalamus ist das Tor zur bewussten Wahrnehmung"). Insbesondere die Wahrnehmungspsychologie versucht zu ergründen, wie das menschliche Gehirn Sinnesinformationen verarbeitet, um zu brauchbaren mentalen Konstrukten über die Umwelt zu

Abb. 18.8 Drei ektotherme Felsenleguane (*Petrosaurus spec.*) teilen sich eine Mahlzeit, und es hat den Anschein, dass sie aufmerksam sind und die Situation kognitiv erfassen. Wie aber ist es um das Bewusstsein und um die Wahrnehmung von Reptilien bestellt? Eine systematische Erkundung von Wahrnehmungsprozessen mag auch bei Reptilien möglich sein. Allerdings sind die für Menschen entwickelten Begriffe und Konzepte aus der Psychologie kaum anwendbar und führen oft in die Irre. Will man aber die Evolution kognitiver Prozesse verstehen, muss es gelingen, auch die arttypische Wahrnehmung bei Reptilien zu untersuchen

gelangen. Die wissenschaftliche Arena der Wahrnehmungsforschung wurde mithin das Gehirn des Menschen, insbesondere seine corticalen Bereiche, und die kognitive Physiologie entfernte sich aus guten Gründen kaum vom Primatengehirn. Bei sinnesphysiologischen Texten über **ektotherme Tiere** wie Reptilien (Abb. 18.8), Fische oder Insekten vermeiden Autoren im Allgemeinen den Begriff „Wahrnehmung" oder sie benutzen ihn in einem weniger konkreten Sinn, wie etwa: Mit Wahrnehmung ist die zentrale Verarbeitung von Sinnesinformation gemeint. Das Problematische an dieser Definition ist, dass sie nicht zwischen reflektorischen und kognitiven Prozessen unterscheidet, während die wahrnehmungspsychologische Definition Reflexe ausschließt. Das terminologische Problem überdeckt allerdings nur ein konzeptionelles: dass nämlich für Wahrnehmungsprozesse bei ektothermen Tieren bisher keine schlüssige wissenschaftliche Vorstellung existiert. Selbst ein so gründlich untersuchtes Tier wie die Honigbiene (*Apis mellifera*), über deren visuelle, olfaktorische und auditorische Fähigkeiten wir nach mehr als 100 Jahren Bienenforschung so viel wissen, bleibt uns fremd bei der Frage nach der Wahrnehmung.

Existiert also so etwas wie eine ektotherme Wahrnehmung? Gibt es überhaupt Wahrnehmung ohne das hoch entwickelte Endhirn der Säuger und Vögel? Kann man sich ein Kontinuum in der Leistungsfähigkeit von Wahrnehmungsprozessen im Tierreich vorstellen, eine stetige Zunahme der kognitiven Fähigkeiten im Lauf der Evolution? Oder trat die Fähigkeit zur bewussten Wahrnehmung „plötzlich" bei den Warmblütern auf, so wie sie nach früheren Vorstellungen „plötzlich" beim Menschen erschien? Solche Fragen sind Gegenstand spannender Kontroversen in der Biologie und offenbar noch weit entfernt von einem wissenschaftlichen Konsens. Ein Lösungsansatz ist das Zerlegen des Wahrnehmungsbegriffs in kleinere, experimentell untersuchbare Unterbegriffe. Im Folgenden sind einige solcher Unterbegriffe für die visuellen, auditorischen, olfaktorischen und mechanischen Sinnesmodalitäten aufgeführt.

- **Wahrnehmung einfacher Reize** (Lichtpunkte, Töne, Geruchsstoffe, Berührung)
  - Tiere aller Evolutionsstufen können daraufhin untersucht werden, ob sie auf einfache Reize reagieren, ob die Reaktionen Reflexcharakter haben, ob ihre Reaktionen habituieren und ob Reizassoziation im Sinne einer Konditionierung stattfindet. Auf diese Weise wird erkennbar, ob die Grundvoraussetzung für Wahrnehmung, die Reaktion auf den adäquaten Reiz, vorliegt. Eine Herausforderung bei solchen Versuchen ist es, die artspezifischen Reize zu finden und so zu applizieren, dass sensorische Strukturen adäquat stimuliert werden.
- **Wahrnehmung von Objekten** (Bilder, Geräusche, Gerüche, ertastete Formen)
  - Ein erstes Zeichen von Objektwahrnehmung ist die Reaktion auf *zusammengesetzte* einfache Reize, wobei die Reaktion nur zu beobachten ist, wenn die Einzelreize zusammen eine neue Information vermitteln. Beispiele: Mehrere Lichtpunkte bilden die Form einer Schlange; ein Gemisch von Tönen unterschiedlicher Frequenzen hört sich an wie eine durchs Gras gleitende Schlange; die Kombination mehrerer Geruchsstoffe in den richtigen Konzentrationen ergibt den Geruch einer Schlange; eine kurze Berührung macht die schuppige Schlangenhaut tastbar.
- **Wahrnehmung von Objektqualität** (Gesichter, Stimmen, artspezifische Gerüche, Körper)
  - Wenn Objekte nicht nur identifiziert werden können, sondern auch ihr aktueller Zustand gedeutet werden kann, ist ein kognitiver Prozess erkennbar, der einen Abgleich von aktueller Sinnesinformation mit Gedächtnisinhalten sowie möglicherweise eine affektive Bewertung der Objektqualität erfordert. Beispiele: Visuelle Unterscheidung von aggressiver und harmloser Mimik; Deutung der Vokalisation eines Artgenossen; Geschlechtsunterscheidung anhand des Geruchs; Identifizieren eines Beutetieres durch Tasten.
- **Wahrnehmung von Objektdynamik** (Objektbewegung, Lieder, Signalgerüche, Verhaltensmuster)
  - Zeitliche Veränderungen von Objekteigenschaften machen die Bedeutung dieses Objekts besonders

deutlich. Vom Versuchstier erfordert diese Analyse einerseits die Wahrnehmung der Objektkonstanz bei Veränderung – das Tier muss verstehen, dass die Identität eines Objekts bestehen bleibt, auch wenn sich die von ihm ausgehenden Sinnesreize ändern. Andererseits muss es in der Lage sein, Änderungen der Reizintensität über eine gewisse Zeit hinweg zu interpretieren. Beispiele: Ein Fressfeind nähert sich; Modulation im arteigenen Balzgesang; Folgen einer Geruchsspur in Richtung zur Quelle; Reaktion auf Streicheln bei der Balz.

Solche Unteraspekte der Wahrnehmung von Sinnesinformationen können bei vielen Tierarten – auch bei ektothermen – experimentell untersucht werden und erlauben eine Einschätzung der Grenzen von deren kognitiven Fähigkeiten. Allerdings erfährt man durch ihre Untersuchung zunächst einmal nur, *dass* ein Tier etwas wahrnimmt, nicht aber *wie* es diese Wahrnehmung erlebt. Wir können uns vielleicht eine einigermaßen angemessene Vorstellung von der blau-grau-grüngelben, etwas unscharfen, visuellen Wahrnehmung eines Hundes machen, der uns anschaut. Aber wie sieht uns ein Frosch, in dessen Sehfeld wir an einem Teichufer geraten? Vielleicht nimmt der unbeweglich dasitzende Frosch nur einen blau-grün-changierenden, formlosen Hintergrund wahr, aus welchem Objekte nur hervortreten, wenn sie sich bewegen. Auch unser Gesicht wird erst erkennbar, wenn wir den Kopf leicht drehen, ansonsten verschwindet es im Hintergrund bedeutungsloser Sinnesreize. Und Bienen? Mit ihrem winzigen Gehirn erzeugen sie sicher keine hoch aufgelöste Wahrnehmung unseres Gesichts. Vielmehr unterziehen sie ein vor ihnen auftauchendes Menschengesicht einer Art grafischer Komponentenanalyse – ähnlich wie ein Programm zur technischen Gesichtserkennung. Offenbar zählen sie diskrete grafische Elemente wie Linien und Flecken, registrieren deren Farben und räumliche Lage zueinander und vergleichen den dabei entstehenden Datensatz mit bekannten – erlernten oder ererbten – Datenmustern.

Im Bereich der vergleichenden Kognitionsforschung entwickeln Wissenschaftler Methoden, mit denen wir die Wahrnehmungswelt der Tiere Stück für Stück entschlüsseln können. Dies ist wohl der schwierigste Teil bei der Erforschung der Sinne der Tiere, denn er erfordert einerseits weitgehende Erkenntnisse über Prozesse, die in Sinnesorganen und in sensorischen Bereichen des Gehirns ablaufen. Andererseits müssen auch zielführende Ergebnisse aus Verhaltensstudien vorliegen, an denen erkennbar wird, was genau ein Tier wahrnehmen kann und was nicht. Ermutigende Erfolge bei solchen Bemühungen gibt es nicht nur bei Menschenaffen und Hunden, sondern auch bei Honigbienen, Springspinnen, Kraken, Fischen, Papageien, Delfinen und einer ganzen Reihe anderer Tiere. Und jeder kleine Fortschritt bei der Erforschung der Sinneswahrnehmung von Tieren macht die Erkenntnis deutlicher, dass die Art und Weise, wie das Gehirn eines Tieres die Umwelt interpretiert, **kontinuierlichen Evolutionsprozessen** unterworfen ist, sich ständig an die artspezifischen Erfordernisse anpasst. Auch unsere eigenen Sinne unterliegen einem solchen Prozess, geschärft und ausgerichtet für das Leben der Hominiden, aber keineswegs neu entdeckt im Verlauf der Menschwerdung. Sinnesorgane zur Erfassung von Licht, Geräuschen, Gerüchen sowie der Form und der Beschaffenheit von Gegenständen – sei es im Wasser auf dem Land oder in der Luft – haben sich langsam und nachvollziehbar durch zahllose Anpassungsschritte entwickelt. Augen, Ohren, Nasen und Tastorgane findet man in der einen oder anderen Form bei so gut wie jedem Tier, und sie vermitteln nicht nur den Tieren einen Eindruck von ihrem Lebensraum, sondern können auch uns einen Zugang zum Verständnis der einzelnen Arten gewähren. Wie interessant wäre es beispielsweise, die Wahrnehmungswelt eines uns noch geheimnisvoll erscheinenden Tieres zu erforschen? Beispielsweise die Wahrnehmung des dämmerungsaktiven Sibirischen Moschustieres (*Moschus moschiferus*; ◘ Abb. 18.9) mit seinen großen Ohren und Augen. Wie findet es sich im dunklen Wald zurecht, und auf welche Geräuschquellen richtet es seine Ohren? Wie findet es bekömmliche Nahrung, und wie kommuniziert es mit Artgenossen? Wir wissen heute nicht viel mehr über das Moschustier, als dass man aus seiner Präputialdrüse das Moschussekret gewinnen kann, welches in der Parfümerie und der traditionellen chinesischen Medizin Anwendung findet. Wie so oft müssen auch hier die Biologen den Jägern zuvorkommen, um eine Chance zu haben, die Sinne eines noch weitgehend unerforschten Tieres verstehen zu lernen.

Die Erkenntnisse der vergleichenden Sinnesphysiologie machen deutlich, dass die Sensorien von Tieren und Menschen im Grunde auf ähnliche Weise zur Erkundung der Umwelt dienen. Die Sinne der Tiere sind zwar manchmal schärfer und manchmal stumpfer als die des Menschen; aber sie liefern vergleichbare Datensätze über die Beschaffenheit der Umgebung mitsamt aller Informationen über relevante Vorgänge im jeweiligen Lebensraum. Ganz offensichtlich lässt sich Darwins Feststellung zu den Unterschieden zwischen den kognitiven Fähigkeiten „höherer" Tiere und Menschen – *„The difference in mind between man and the higher animals, great as it is, certainly is one of degree and not of kind"* – auf die Unterschiedlichkeit der Sinne *aller* Tiere an-

Abb. 18.9 Das Sibirische Moschustier (*Moschus moschiferus*) streift in der Dämmerung durch die Wälder Sibiriens, der Mongolei und Nordchinas. Es hat die typische Sinnesausrüstung eines Säugetieres, große Ohren und Augen, eine empfindliche Nase sowie einen an die lokale Flora angepassten Geschmackssinn. Die verlängerten oberen Eckzähne des männlichen Moschustieres werden bei Brunftrangeleien eingesetzt

wenden. Sehen, Hören. Riechen, Tasten und die anderen Sinne gehören bei Tieren und Menschen zu den gleichen Modalitäten und codieren die gleichen Reize. Nur der Umfang eines jeden Reizspektrums ist an die Anforderungen der jeweiligen Art angepasst und weist daher Unterschiede zwischen den Tieren auf. Aus dem Bewusstsein, dass Tiere die Welt mit den gleichen Sinnen erforschen wie wir, kann ein **Gefühl der Zusammengehörigkeit** entstehen, ein Grundverständnis für das subjektive Erleben, das wir zu einem gewissen Grad mit den Tieren teilen. Ein solches Gefühl kann für Biologen eine starke Motivation bei der Erforschung von Wahrnehmungsvorgängen sein, wenn es darum geht herauszufinden, in welcher Weise verschiedene Tiergruppen Sinnesinformationen bewusst erleben. Vor allem die Fortschritte auf dem Gebiet der kognitiven Ethologie geben Anlass zur Zuversicht und lassen erwarten, dass unser Verständnis vieler Tierarten in naher Zukunft grundlegend besser werden wird – vielleicht ähnlich unserem heutigen Verständnis für Haushunde. Denn sinnesphysiologische und ethologische Studien können zusammen die subjektive Erlebenswelt eines Tieres zugänglich und in Teilen nachvollziehbar machen.

Literatur

Weiterführende Literatur

Anderson DJ, Adolphs R (2014) A framework for studying emotions across species. Cell 157:187–200

Andrews K (2015) The animal mind. An introduction to the philosophy of animal cognition. Routledge, Abingdon

Berns G (2013) How dogs love us. A neuroscientist and his adopted dog decode the canine brain. Little A, New York

Brubaker L, Udell MAR (2016) Cognition and learning in horses (*Equus caballus*): What we know and why we should ask more. Behav Process 126:121131

Byosiere S-E, Chouinard PA, Howell TJ, Bennett PC (2018) What do dogs (*Canis familiaris*) see? A review of vision in dogs and implications for cognition research. Psychon Bull Rev 25:17981813

Darwin C (1872) The expression of the emotions in man and animals. Filiquarian Publishing, 2007, Minneapolis

De Waal F (2016) Are we smart enough to know how smart animals are? W. W. Norton & Co., New York

Emery N (2017) Bird brain – Vögel mit Köpfchen. Die Erforschung gefiederter Intelligenz. National Geographic Deutschland, München

Gansloßer U, Kitchenham K (2019) Hunde Forschung aktuell. Anatomie, Ökologie, Verhalten. Franckh-Kosmos, Stuttgart

Goodall J (2000) In the shadow of man. First Mariner Books Edition. Houghton Mifflin Harcourt, Boston

Griffin DR (2001) Animal minds. Beyond cognition to consciousness. The University of Chicago Press, Chicago

Hare B, Tomasello M (2005) Human-like social skills in dogs? Trends Cogn Sci 9:439–444

Heinze S, Narendra A, Cheung A (2018) Principles of insect path integration. Curr Biol 28:R1043–R1058

Horowitz A (2010) Was denkt der Hund? Wie er die Welt wahrnimmt – und uns. Spektrum Akademischer, Heidelberg

Howell TJ, Toukhsati S, Conduit R, Bennett P (2013) The perception of dog intelligence and cognitive skills (PoDIaCS) survey. J Vet Behav 8:418–424

Kaminski J, Nitzschner M (2013) Do dogs get the point? A review of dog-human communication ability. Learn Motiv 44:294–302

Kaminski J, Call J, Fischer J (2004) Word learning in a domestic dog: evidence for „fast mapping“. Science 304:1682–1683

Krupenye C, Call J (2019) Theory of mind in animals: current and future directions. WIREs Cogn Sci 10:e1503

Lea SEG, Osthaus B (2018) In what sense are dogs special? Canine cognition in comparative context. Learn Behav 46:335–363

LeDoux J (2012) Rethinking the emotional brain. Neuron 73:653–676

Miller PE, Murphy CJ (1995) Vision in dogs. J Am Vet Med Assoc 207:1623–1634

Papini MR, Penagos-Corzo JC, Pérez-Acosta AM (2019) Avian emotions: comparative perspectives on fear and frustration. Front Psychol 9:2707

Precht RD (2016) Tiere denken. Vom Recht der Tiere und den Grenzen des Menschen. Wilhelm Goldmann, München

Rauth-Widmann B (2014) Die Sinne des Hundes. Wie Hunde ihre Welt wahrnehmen. Franckh-Kosmos, Stuttgart

Reid PJ (2009) Adapting to the human world: dogs' responsiveness to our social cues. Behav Process 80:325–333

Shettleworth SJ (2012) Modularity, comparative cognition and human uniqueness. Philos Trans R Soc B 367:2794–2802

Spence CE, Osman M, McElligott AG (2017) Theory of animal mind: human nature or experimental artefact? Trends Cogn Sci 21:333–343

Udell MAR, Dorey NR, Wynne CDL (2010) What did domestication do to dogs? A new account of dogs' sensitivity to human actions. Biol Rev 85:327–345

Wasserman EA, Zentall TR (2006) Comparative cognition. Experimental explorations of animal intelligence. Oxford University Press, New York

Wynne CDL, Udell MAR (2013) Animal cognition. Evolution behavior & cognition. Red Globe Press, London

Serviceteil

S. Frings, *Die Sinne der Tiere*, https://doi.org/10.1007/978-3-662-63233-8

Glossar sinnesphysiologischer Fachbegriffe

In diesem Glossar wird die Bedeutung von Begriffen erklärt, die in der Sinnesphysiologie benutzt werden, wobei ihre spezifische Anwendung in diesem Forschungsgebiet hervorgehoben wird. Nicht selten werden Fachbegriffe in unterschiedlichen Disziplinen der Biowissenschaften unterschiedlich verwendet. Für solche Fälle enthält dieses Glossar die sinnesphysiologische Lesart des jeweiligen Begriffs.

Adaptation Die Reaktion von Sinnessystemen auf Reize verändert sich in den meisten Fällen mit der Zeit. Anfänglich ist die Reaktion stark, wird aber mit zunehmender Einwirkungszeit des Reizes schwächer und kann sogar vollständig zum Erliegen kommen. Diese zeitabhängige Reaktion führt bei manchen Sinnessystemen (z. B. Tastsinn) zur bevorzugten Detektion von *Änderungen* der Reizintensität. Bei anderen Systemen (z. B. Sehen bei Tageslicht) bewirkt die Adaptation eine *Anpassung* an die aktuelle Reizintensität, wodurch der dynamische Bereich des Sinnes erweitert wird. Adaptationsprozesse finden auf allen Ebenen der Sinnessysteme statt, bei den Sensorproteinen, den Sinneszellen, den Perirezeptorstrukturen sowie auf allen Ebenen der zentralen Verarbeitung von Sinnesinformationen. Dabei kann man die periphere Adaptation in den Sinnesorganen von der zentralen Adaptation im Nervensystem unterscheiden. Periphere Adaptation erfolgt oft vergleichsweise schnell und bewirkt eine automatische Anpassung an die Reizintensität (z. B. Pupillenreflex). Zentrale Adaptation ist dagegen das Resultat von Lernvorgängen (z. B. Habituation), die zu einer Neubewertung von Sinnesinformationen führen.

adäquater Reiz Der Begriff wird durch die Eigenschaften der Sinnesorgane definiert. Er bezeichnet diejenige Form von Energie, für die ein Sinnesorgan die höchste Empfindlichkeit aufweist. Die Sinneszellen eines Sinnesorgans haben Sensoren, die für die Detektion ihres adäquaten Reizes optimiert sind. Für Augen ist Licht der adäquate Reiz, für Ohren Schall und für Nasen sind es flüchtige Substanzen.

Affekt Als Affekte beschreibt man typischerweise kurzlebige emotionale Zustände wie Angst oder Freude. Affekte können durch Sinnesreize ausgelöst werden und äußern sich sowohl im Verhalten als auch in Änderungen vegetativer Parameter wie Herzschlag, Cortisonspiegel oder Freisetzung von Alarmpheromonen.

Afferenz Alle neuronalen Signale (Aktionspotenziale), die aus den Sinnesorganen in das zentrale Nervensystem geleitet werden, werden als afferent bezeichnet. Die Axone der Nervenzellen, welche diese Signale leiten, sind Afferenzen.

Akkomodation Die Fähigkeit von Linsenaugen, das Bild eines Objekts innerhalb der Grenzen von Nahpunkt und Fernpunkt scharfzustellen. Das kann durch Verformung oder Verlagerung der Linse erreicht werden und ermöglicht eine visuelle Wahrnehmung mit hoher räumlicher Auflösung im Nahbereich ebenso wie im Fernbereich. Dazu verändern Augenmuskeln die Einstellung des dioptrischen Apparats und damit dessen Brennweite.

Aktionspotenzial Sinnesinformation wird in den Sinnesorganen in zeitliche Muster von Aktionspotenzialen übersetzt und in dieser elektrisch codierten Form an das zentrale Nervensystem geleitet.

Allodynie Pathologische Schmerzempfindung bei Reizung des Tastsinnes ohne Aktivierung von Nozizeptoren.

Anemotaxis Fortbewegung von Tieren, bei welcher die Luftbewegung als Orientierung dient. Eine Bewegung entlang der Windrichtung (Suche, Flucht) wird als Anemotaxis bezeichnet, eine quer zum Wind als Anemomenotaxis.

Antennen Die meisten Gliederfüßer tragen am Kopfsegment paarige Antennen, die wegen ihrer sensorischen Funktion auch Fühler genannt werden. Antennen bilden einen wichtigen Teil des Sensoriums von Insekten, Krebstieren und Tausendfüßern, weil sie verschiedene Sensillen unterschiedlicher Sinnesmodalitäten (Modalität) tragen. Antennen bestehen aus einem Basalglied (Scapus), einem Wendeglied (Pedicellus) und einer Geißel (Flagellum) mit einer arttypischen Anzahl von Geißelgliedern (Flagellomeren).

Apomorphie Merkmale, die im Verlauf der Phylogenese von einer Tiergruppe entwickelt worden sind, bezeichnet man als apomorph oder abgeleitet und unterscheidet sie von ursprünglichen, plesiomorphen Merkmalen.

Aposematismus Zur Abschreckung von Fressfeinden tragen manche Tiere eine auffällige Färbung, die ihre Ungenießbarkeit signalisiert. Solche Warnfärbungen kommen häufig bei Amphibien, bei Raupen und bei giftigen Riffbewohnern vor.

appetitiver Reiz Viele Sinnesreize werden einer hedonischen Bewertung unterzogen und nach zuträglichen (bekömmlichen, angenehmen) appetitiven Reize oder schädlichen (unbekömmlichen, unangenehmen) aversiven Reize unterschieden. Auf appetitive Reize reagieren Tiere meist mit Interesse und Suchverhalten.

Ästhetasken (Riechschläuche) Die Antennen von Krebstieren tragen diese Haarsensillen zur Detektion von Geruchsstoffen.

Astigmatismus (Astigma: „ohne Punkt") Bei Krümmungsanomalien von Hornhaut oder Linse oder bei Augen mit schlitzförmigen Pupillen werden punktförmige Objekte nicht als Punkte, sondern eher als kurze Striche auf der Netzhaut abgebildet.

Auffälligkeit Auffälligkeit (Salienz) entsteht, wenn ein Reiz sich von den umgebenden Hintergrundreizen stark unterscheidet, beispielsweise durch eine kontrastierende Farbe, einen ungewöhnlichen Geruch oder ein hervortretendes Geräusch. Auch Reizmuster können hohe Auffälligkeit erreichen, wie beispielsweise bei Warn- oder Balzfärbungen. Auffällige Reize ziehen die Aufmerksamkeit anderer Tiere auf sich und lösen besonders robuste Reaktionen aus.

Aufmerksamkeit Die Gesamtheit aller Sinnesinformationen kann nicht gleichzeitig wahrgenommen werden. Es ist vielmehr erforderlich, einzelne Komponenten der Umgebung auszuwählen und den Wahrnehmungsprozess selektiv auf sie zu richten. Dieser Prozess des Herausfilterns weniger interessanter Reize zugunsten eines einzigen Details der Umwelt wird als Aufmerksamkeit bezeichnet und gilt als Voraussetzung für bewusste Wahrnehmung. Aufmerksamkeitsprozesse sind bisher bei Primaten, bei einigen anderen Säugetieren sowie bei einigen Vögeln untersucht worden, sind aber bei anderen Tieren noch weitgehend unverstanden.

Autapomorphie Neu erworbene Merkmale, welche die Tiere eines Taxons (z. B. einer Gattung) nicht mit Tieren eines anderen Taxons (einer nah verwandten Gattung) teilen, nennt man autapomorph (in etwa: eigene abgeleitete Formen). Demgegenüber wurden synapomorphe Merkmale verwandter Tiergruppen (z. B. zwei Gattungen einer Familie) von gemeinsamen Vorfahren ererbt (in etwa: gemeinsame abgeleitete Formen).

aversiver Reiz Viele Sinnesreize werden einer hedonischen Bewertung unterzogen und nach zuträglichen (bekömmlichen, angenehmen) appetitiven Reize und schädlichen (unbekömmlichen, unangenehmen) aversiven Reize unterschieden. Auf aversive Reize reagieren Tiere meist mit Alarm, Angst und Flucht.

Barorezeptor Sinneszellen von Blutkreislaufsystemen, die den Druck auf die arteriellen Gefäßwände erfassen, werden als Barorezeptoren oder Pressorezeptoren bezeichnet. Sie liefern die aktuellen Messwerte für Regelkreise des Kreislaufsystems. Barorezeptoren zählen zu den Introzeptoren, Sinneszellen für den Zustand des eigenen Körpers.

Basilarpapille Im Innenohr von Amphibien, Reptilien und Vögeln ist das schallaufnehmende Sinnesepithel die Basilarpapille. Sie wird durch Felder aus Haarzellen gebildet, welche tonotop organisiert sind und dadurch die Unterscheidung von Tonfrequenzen ermöglicht.

Benthal Der Lebensraum am Boden von Binnengewässern und Meeren wird als Benthal bezeichnet, die dort lebenden Tiere als benthische Organismen.

Bernoulli-Effekt Die Beobachtung, dass jede Erhöhung der Strömungsgeschwindigkeit eines Gases oder einer Flüssigkeit mit einem Druckabfall einhergeht, hat vielerlei Bedeutungen in der Physiologie. Der Auftrieb von Flügeln, die Druckverhältnisse in Herz-Kreislauf-Systemen, die Funktion von Kanalneuromasten in Seitenlinienorganen sowie die Vokalisation in Larynx und Syrinx sind nur einige Beispiele. Die physikalische Grundlage dieser Effekte wird durch das Venturi-Gesetz beschrieben, welches besagt, dass in einem System von sich verengenden und aufweitenden Röhren das Produkt aus Röhrenquerschnitt und Fließgeschwindigkeit (der Volumenstrom) an jeder Stelle gleich ist. Bei Verringerung des Durchmessers kommt es demzufolge zur Beschleunigung der Strömung. Der Bernoulli-Effekt beschreibt die Tatsache, dass die beschleunigte Strömung einen geringeren Druck auf die Röhrenwand ausübt. Das Produkt aus Druck und Strömungsgeschwindigkeit ist konstant.

Bewusstsein An der Diskussion darüber, wie das Bewusstsein beim Menschen zu erklären ist, beteiligen sich Philosophen, Psychologen und Neurowissenschaftler unterschiedlicher Disziplinen und haben bisher noch keinen Konsens erreicht. Noch weit weniger zugänglich ist die Frage, welche Tiere über welche Form von Bewusstsein verfügen. Als Hinweise auf ein reflektierendes Bewusstsein bei höheren Säugetieren und Rabenvögeln gilt manchen Autoren die Selbsterkennung im Spiegel, anderen die Fähigkeit zur Generalisierung oder zur räumlichen Orientierung. Andere Ansätze beziehen sich auf Ähnlichkeiten in Gehirnstrukturen zwischen Menschen und höhere Säugetieren. Beispielsweise beobachtet man bei Affen Aktivitäten in denjenigen Bereichen des Gehirns, die beim Menschen mit bewusster Sinneserfahrung verbunden werden. Wieder andere Forscher sehen die Entstehung des Bewusstseins als evolutionären Prozess, der schon bei einfachen Tieren mit Vorformen von Bewusstsein begonnen hat, um im Laufe der Entstehung komplexerer Gehirne immer leistungsfähiger zu werden. Allen Ansätzen gemein ist die Erkenntnis, dass das Verhalten vieler Tierarten – von Honigbienen bis Schimpansen – auf der Grundlage einfacher Reiz-Reaktions-Modelle nicht hinreichend beschrieben werden kann, dass vielmehr kognitive Fähigkeiten dazu gehören, die dem Begriff „Bewusstsein" zuzuordnen sind.

Biolumineszenz Einige Lebewesen können sichtbares Licht erzeugen und abstrahlen. Dieser Leuchtprozess wird entweder durch photochemische Reaktionen erzeugt oder durch den Einschluss chemilumineszenter Symbionten.

Bogengänge Bei allen Wirbeltieren detektieren Bogengänge (Ductus semicirculares) Drehbeschleunigungen des Kopfes um drei Raumachsen. Weniger als zwei Bogengänge findet man nur bei den urtümlichen Neunaugen und Schleimaalen. Die wichtigste Funktion des Bogengangsystems ist die Stabilisierung der Blickrichtung bei Körperbewegungen.

***Bottom-up*-Prozess** Wahrnehmungsvorgänge, die von besonders auffälligen Objekten ausgelöst werden, ohne dass aktives Suchen nötig wäre, bezeichnet man als *Bottom-up*-Prozesse bezeichnet. Das Gegenteil ist ein *Top-down*-Prozess, bei dem es erst nach aktivem Suchen zur Wahrnehmung eines Objekts kommt. Das Wort „*bottom*" steht hier für das „untere Ende" des Wahrnehmungsvorgangs, den vom Objekt verursachten Sinnesreiz. „*Top*" steht dagegen für die oberste Ebene, bei Säugetieren die Aktivität corticaler Netzwerke des Gehirns.

Cercalorgan Die abdominalen Anhänge (Cerci) vieler Insekten (Grillen, Schaben, Heuschrecken) tragen mechanosensitive Haarsensillen (Sensillen), die zusammen als Cercalorgan bezeichnet werden.

Chemorezeptor Sinneszellen, deren Sensoren durch die Bindung von chemischen Substanzen aktiviert werden, werden als Chemorezeptoren klassifiziert. Dazu gehören Geruchs- und Geschmackszellen, pheromonempfindliche Zellen, aber auch die chemosensorischen Introzeptoren der Enterozeption (Viscerozeption), die beispielsweise CO_2 und O_2 im Blut messen.

Chemotaxis Die Orientierung einzelliger Lebewesen an Konzentrationsgradienten wird als Chemotaxis bezeichnet und ist detailliert bei Bakterien, Protozoen, Zoo- und Phytoplankton, Keimzellen und Blutzellen erforscht worden. Positive Chemotaxis bezeichnet eine Bewegung in Richtung höherer Stoffkonzentrationen, negative Chemotaxis das Vermeiden hoher Konzentrationen. Auch chemisch geleitete, stereotype Verhaltensmuster von wirbellosen Tieren – beispielsweise die Nahrungssuche des Nematoden *Caenorhabditis elegans* oder die Partnersuche des Seidenspinners (*Bombyx mori*) – werden zu den chemotaktischen Bewegungen gezählt, während der Begriff nicht auf chemosensorisch gesteuertes Verhalten von Wirbeltieren angewandt wird.

Cochlea Bei Säugetieren, insbesondere bei Primaten, ist die Lagena des Innenohres sehr lang und findet im Schädel nur Platz, weil sie spiralförmig zur Gehörschnecke (Cochlea) aufgerollt vorliegt. Eine lange Lagena ermöglicht eine besonders effektive Frequenzdispersion und damit eine leistungsfähige Schallanalyse.

Codierung Dieser Begriff bezieht sich auf die neuronale Signalform – den neuronalen Code –, mit dessen Hilfe Information als zeitliches und räumliches Auftreten von Aktionspotenzialen verwaltet wird. Codierung ist die Übersetzung (Transformation) der natürlichen Signalform von Sinnesreizen (Helligkeit, Wärme, Schall, Substanzgemische) in den neuronalen Code. Neben der Detektion des Reizes ist die Codierung die zentrale Funktion einer Sinneszelle.

Colliculus inferior Die unteren oder hinteren Hügelchen (Colliculi inferiores oder Colliculi caudales) des Mittelhirndachs gehören bei Säugetieren zur Hörbahn und sind ein zentraler Ort polymodaler Integration.

Colliculus superior Die oberen oder vorderen Hügelchen (Colliculi superiores oder Colliculi rostrales) des Mittelhirndachs gehören bei Säugetieren zur Sehbahn und sind ein zentraler Ort polymodaler Integration.

Corti-Organ Bei Säugetieren zieht sich das Corti-Organ durch die Hörschnecke (Cochlea). Seine Sinneszellen detektieren lokale, schallerzeugte Vibrationen und setzen diesen mechanischen Reiz in ein afferentes Signal um.

Crista acustica (Hörleiste) Grillen und Heuschrecken können mithilfe der Hörleisten in ihren Vorderbeinen Schallfrequenzen unterscheiden. Die tonotop (Tonotopie) organisierten Resonanzkörper sind Teil der Tympanalorgane dieser Tiere.

Cupula Stereovilli von Haarzellen in Ampullenorganen und Neuromasten sind in gallertige Aufsätze eingelagert, die als Cupulae bezeichnet werden. Sie verbessern die Detektion von Flüssigkeitsbewegungen.

Dermatom Ein Hautbereich, dessen Körpersinneszellen über denselben Spinalnerven mit dem Rückenmark verbunden sind, bildet ein Dermatom. Wird der Spinalnerv durchtrennt, wird das gesamte Dermatom empfindungslos.

Detektionsschwelle Schwelle

Dezibel Das Bel (= 10 Dezibel, dB) ist eine in der Akustik verwendete Einheit für den Schalldruckpegel, wobei ein gemessener Schalldruck *Px* ins Verhältnis zum minimal hörbaren Schalldruck *Po* bei einer Testfrequenz gesetzt wird: $Schalldruckpegel = 20 \log \frac{Px}{Po} [dB]$ Infolge dieser logarithmischen Abhängigkeit erhöht sich der Schalldruckpegel um 20 dB bei einer Verzehnfachung des Schalldrucks.

Diencephalon Das Zwischenhirn enthält den Thalamus, die zentrale Verschaltungsstelle für Sinnesinformation in den Gehirnen der Wirbeltiere.

Dioptrie Die Brechkraft des dioptrischen Apparats des Auges kann in Dioptrien (Einheit *dpt*) angegeben werden, wobei die Dioptrie der Kehrwert der Brennweite ist und durch Akkomodation verändert werden kann.

Disparation Wenn Licht von einem weit entfernten Objekt auf die Netzhäute der beiden Augen fällt, erreicht es abbildungsgleiche Netzhautstellen und wird als *ein* Objekt wahrgenommen (Horopter). Nähert sich das Objekt, verschieben sich die Projektionsorte auf beiden Netzhäuten nach außen, es kommt zu Querdisparation, einer Abweichung von den abbildungsgleichen Netzhautstellen; das Objekt wird dann *doppelt* wahrgenommen. Um das Doppelsehen zu beenden, müssen die Blickachsen beider Augen nach innen gedreht werden („Schielen"), ein Vorgang, der zum Entfernungssehen – zur Stereopsis – genutzt wird.

dynamischer Bereich In der Sinnesphysiologie wird dieser Begriff vor allem für den physiologischen Funktionsbereich von Sinnessystemen verwendet. Innerhalb des dynamischen Bereichs einer Sinnesmodalität – im Bereich zwischen Wahrnehmungsschwelle und Sättigung – liefert ein Sinnesorgan auswertbare Signale über Qualität und Intensität seines adäquaten Reizes. Der dynamische Bereich kann durch Adaptationsprozesse vergrößert werden.

Efferenz Alle neuronalen Signale (Aktionspotenziale), die aus dem zentrale Nervensystem zu den Sinnesorganen geleitet werden, werden als efferent bezeichnet. Die Axone der Nervenzelle, welche diese Signale leiten, sind Efferenzen und haben oft die Aufgabe, die Sensibilität eines Sinnesorgans zu verstellen.

Elektroantennografie (EAG) Aus den Antennen der Insekten gelangen sensorische Signale – hauptsächlich olfaktorische Signale – zum Gehirn. Man kann diese afferenten Signale mit elektrophysiologischen Methoden von den Antennen ableiten und damit beispielsweise untersuchen, auf welche Geruchsstoffe das Riechsystem eines Insekts reagiert.

Elektroenzephalografie (EEG) Für das EEG werden summierte, meist rhythmisch strukturierte elektrische Spannungsänderungen von der Kopfhaut abgeleitet, die auf synchrone Aktivität von Neuronenverbänden im Gehirn zurückzuführen sind. In der Sinnesphysiologie sind in erster Linie evozierte Potenziale von Interesse, die bei Stimulation von Sinnesorganen auftreten und Aufschluss über Aktivitäten in den verschiedenen Sinnessystemen liefern können. Beispiele sind visuell evozierte Potenziale (VEP), akustisch evozierte Potenziale (AEP) und somatisch evozierte Potenziale (SEP).

Elektrookulografie (EOG) Augenbewegungen erzeugen elektrische Signale auf der Haut, weil jedes Auge einen elektrischen Dipol bildet, der vorn (Hornhaut) positiv, hinten (Netzhaut) aber negativ geladen ist. Hautelektroden, die an den Schläfen in der Nähe der Augen angeklebt werden, leiten EOG-Potenziale ab, welche linear vom Blickwinkel abhängen. Nach entsprechender Eichung kann man an den EOG-Signalen die Blickrichtung erkennen und kann Sakkaden und Nystagmen untersuchen.

Elektroolfaktografie (EOG) Bei der Stimulation von Riechzellen durch Gerüche entstehen an der Oberfläche des Riechepithels elektrische Potenziale. Die diesem Potenzial zugrunde liegenden Ionenströme sind ein Kationeneinstrom in die Riechzellen sowie ein Chloridausstrom aus den Cilien der Riechzellen. Die Polarität des EOGs ist deshalb negativ.

Elektrophysiologie Die Einwirkung eines Reizes auf eine Sinneszelle führt zur Änderung des Membranpotenzials (Transduktion) sowie zur Aktivierung afferenter Nervenfasern und zu Netzwerkaktivität in sensorischen Arealen des zentralen Nervensystems. All dies sind bioelektrische Prozesse und sie werden deshalb mit elektrophysiologischen Messmethoden untersucht. Zu den wichtigsten elektrophysiologischen Methoden zählen intrazelluläre und extrazelluläre Ableitungen, Ableitungen von Feldpotenzialen, Einzelkanalmessungen, Varianzanalysen sowie die Registrierungen der Gehirnaktivität durch Multielektrodenarrays und die Elektroenzephalografie.

Elektroretinografie (ERG) Um die Funktion der Retina (Netzhaut) im Linsenauge oder der Retinulae im Komplexauge zu untersuchen, können Oberflächenpotenziale vom Augenrand abgeleitet werden, die durch die elektrische Aktivierung von Photorezeptoren und Interneuronen ausgelöst werden. Das ERG eines Linsenauges zeigt bei Lichtstimulation typischerweise zuerst eine negative Welle (a-Welle), die auf die Hyperpolarisation der Photorezeptoren zurückzuführen ist. Darauf folgen eine positive Welle (b-Welle) durch die Aktivierung von Zellen der inneren Retina und schließlich eine ebenfalls positive c-Welle, deren Ursache die elektrische Aktivität des Pigmentepithels ist. Je nach Augenaufbau kann das ERG auch andere Wellenformen enthalten.

Elektrosinn Biogene elektrische Felder breiten sich im Wasser aus und können von Fischen mit elektrosensorischen Organen zur Jagd und Orientierung genutzt werden.

Empfindlichkeit Sinnessysteme können ihre adäquaten Reize schon bei geringen Reizintensitäten detektieren. Ihre Detektionsempfindlichkeit wird oft unter starkem Selektionsdruck optimiert. Die Wahrnehmungsempfindlichkeit hängt nicht nur von der Detektion ab, sondern wird durch Signalverarbeitungsprozesse wie Filterung (Filter), Kontrastverstärkung und Aufmerksamkeit beeinflusst.

Empfindung In der Sinnesphysiologie werden alle durch die Einwirkung von Reizen auf Sinnesorgane ausgelösten neuronalen Aktivitäten im Gehirn als Empfindungen bezeichnet. Das Auftreten von Empfindungen ist die Voraussetzung für Wahrnehmung, Empfindungen können aber auch Reflexe oder vegetative Reaktionen auslösen.

Epipelagial Pelagial

Erleben Sinnesinformationen lösen nach heutigen Vorstellungen ein subjektives Erleben der Umwelt aus, das den kognitiven Aspekt der bewussten Wahrnehmung sowie den affektiven Aspekt der Emotion beinhaltet. Inwieweit diese beiden Aspekte bei unterschiedlichen Tiergruppen auftreten, und in welchem Maß arteigenes Verhalten durch subjektives Erleben gesteuert wird, ist noch weitgehend unerforscht.

Ethologie Verhaltensbiologie; dies ist ein Wissenschaftsgebiet mit einem weiten Spektrum von Konzepten und Methoden, dessen Vielgestaltigkeit letztlich die enorme Vielfalt von Verhaltensmustern im Tierreich widerspiegelt. Nachdem ältere Konzepte das Verhalten von Tieren allgemein durch Reflexe und angeborene Instinkte gesteuert sahen, erkennen modernere Ansätze bei Säugetieren und Vögeln flexiblere kognitive Fähigkeiten (Kognition) und erforschen deren Bedeutung für die Verhaltenssteuerung. Dabei hat sich der Begriff „Ethologie" zur Ortsbestimmung innerhalb der Verhaltensbiologie in doppelter Weise bewährt. Die Neuroethologie erkundet, in welcher Weise Verhaltensmuster durch neuronale Verschaltungen in den Nervensystemen der Tiere hervorgebracht werden. Die kognitive Ethologie sucht nach Hinweisen auf geistige Fähigkeiten bei Tieren, die nach den Konzepten der Psychologie interpretiert werden können. Eine Grundannahme der kognitiven Ethologie ist, dass Tiere über eine artspezifische Form von Bewusstsein verfügen.

evozierte Potenziale Elektroenzephalografie

Facettenauge Komplexauge

Farbe Farbe ist eine durch den Sehsinn vermittelte Wahrnehmung, sie ist ein subjektives Erleben, ausgelöst durch Licht, das von einem Objekt in der Umwelt reflektiert oder transmittiert wird. Sie ist aber keine Eigenschaft des Objekts. Die Farbwahrnehmung hängt vielmehr von der Beschaffenheit des Auges, von den spektralen Eigenschaften der Photorezeptoren sowie von der neuronalen Verarbeitung visueller Signale ab. Jede dieser Komponenten kann Unterschiede zwischen einzelnen Tierarten aufweisen. Es gibt also keinen Grund anzunehmen, dass ein und dasselbe Objekt von zwei Tieren unterschiedlicher Art in den gleichen Farben gesehen wird.

Farbkonstanz Die wahrgenommene Farbe eines Objekts ändert sich nicht mit dem Spektrum der Beleuchtung, obwohl sich die spektrale Mischung des reflektierten Lichtes zwischen Morgen- und Abendsonne, zwischen Frühling und Herbst sowie zwischen Licht und Schatten verändert. Diese Unabhängigkeit der Farbwahrnehmung von den Lichtbedingungen ist vermutlich eine Grundvoraussetzung für das Farbensehen bei tri- und tetrachromatischen Tieren.

Farbmischung Farbensehen beruht auf dem Prinzip der *additiven* Farbmischung. Wahrgenommene Farben sind entweder Primärfarben – beim Menschen Rot, Grün und Blau – oder Farben, die aus Primärfarben gemischt werden. Sekundärfarben – beim Menschen Gelb, Cyan und Magenta – entstehen durch die Überlagerung von jeweils zwei Primärfarben. Bei der Überlagerung (Addition) von allen drei Primärfarben bei gleicher Helligkeit entsteht die Wahrnehmung Weiß. Dieses Prinzip der additiven Farbmischung bei einem Trichromaten beruht auf Sehsystemen mit drei Typen von Photorezeptoren mit jeweils eigenen spektralen Absorptionseigenschaften, wie sie das Zapfensystem in der Netzhaut des Menschen aufweist. Die Farbwahrnehmung entsteht durch Unterschiede in der Aktivierung der drei Zapfentypen; werden alle drei Zapfentypen gleich stark aktiviert, wird Weiß wahrgenommen. Die *subtraktive* Farbmischung erklärt die Entstehung von Licht unterschiedlicher Wellenlänge durch Wechselwirkung mit Materie. Die Primärfarben bei diesem System sind Gelb, Magenta und Cyan, die Sekundärfarben dagegen Rot, Grün und Blau. Gleichmäßige Absorption aller drei Primärfarben ergibt Schwarz.

Filter Sinnessysteme sind als Optimalfilter (engl. *matched filter*) angelegt. Sie sind für die Erkennung von lebenswichtigen Signalen optimiert und sind oft unempfindlich für Reize ohne Relevanz. Als Selektionsdruck auf die genaue Anpassung von Sinnesleistungen an wichtige Reize wird der hohe Aufwand gesehen, der zur neuronalen Verarbeitung sensorischer Signale benötigt wird. Entwicklung und Betrieb neuronaler Netze kosten erhebliche Ressourcen an Energie und Raum, und gerade kleine Tiere sind in dieser Hinsicht limitiert. Eine Spezialisierung von Sinnesfunktionen auf eng definierte Reize – die dann aber mit hoher Genauigkeit detektiert und identifiziert werden können – lässt sich daher besonders gut bei Insekten und Spinnen nachweisen.

Flimmerverschmelzungsfrequenz (FVF) Beim Betrachten von intermittierenden Lichtreizen mit stetig zunehmender Frequenz sieht man zunächst, bei niedriger Frequenz, die einzelnen Reize getrennt. Bei einem Anstieg der Frequenz erreicht man die Wahrnehmung des Flimmerns, einer gerade noch als diskontinuierlich erkennbaren Lichtreizung. Wird die Frequenz weiter erhöht, hört das Flimmern auf und das Licht wird als kontinuierlich wahrgenommen. Die FVF bezeichnet den Übergang zur kontinuierlichen Wahrnehmung und ist ein zentraler Parameter bei der Erforschung des Bewegungssehens.

Gedächtnis Alle Tiere sind in der Lage, Sinnesinformationen zu speichern, zu bewerten und wieder abzurufen. Diese Grundfunktion des Lernens beruht auf der Plastizität neuronaler Verbindungen und kann in Konditionierungsexperimenten nachgewiesen werden. Unklar ist noch, welche Tiergruppen über eine Form von episodischem Gedächtnis verfügen, das ist die Fähigkeit, ein Ereignis aus der Vergangenheit in eine selbstbezogene Chronologie einzuordnen. Hypothesen über Gedächtnisprozesse („Was“ hat sich „wann“ und „wo“ ereignet?) beziehen sich vor allem auf Beobachtungen an Menschenaffen und Rabenvögeln und beschreiben eine artspezifische Form von episodischem Gedächtnis für diese Tiergruppen.

Generalisierung Eine zentrale Frage für die Untersuchung der kognitiven Fähigkeiten (Kognition) von Tieren ist die nach der Fähigkeit zur Abstraktion. Kann ein Tier die Objekte in seiner Umwelt in Kategorien (Kategorisierung) einteilen? Können beispielsweise unterschiedliche Fressfeinde (Wölfe, Raubkatzen, Greifvögel, Schlangen) in die gemeinsame Kategorie „gefährliche Tiere“ eingeordnet werden? Generalisierungen („Greifvögel sind gefährlichen Tiere“) können für die Verhaltenssteuerung vorteilhaft sein, weil sie dabei helfen, Entscheidungen schnell zu treffen. Hinweise auf Formen der Generalisierung kommen bisher aus Experimenten mit Tauben, Affen und Rabenvögeln, wurden aber auch für die visuelle Mustererkennung bei Honigbienen gezeigt.

Generatorpotenzial Rezeptorpotenzial

Geräusch Natürliche Reize für Hörsysteme sind typischerweise keine Töne oder Klänge, sondern Geräusche, deren Frequenzspektren und Tonamplituden weder zeitlich konstant noch analysierbar sind. Das Rascheln im Laub und das Geräusch fließenden Wassers sind Hintergrundgeräusche, mit denen sich die Vokalisationsgeräusche der Tiere vermischen. Meist haben Vokalisationen ein arteigenes Frequenzspektrum und treten durch charakteristische Frequenzmodulation (Wolfsgeheul) oder durch zeitliche Strukturierung (Vogelgesang) aus den Hintergrundgeräuschen hervor. Die Hörsysteme sind auf die Perzeption der arteigenen Geräusche spezialisiert – sie filtern bedeutsame Geräusche aus dem akustischen Hintergrund heraus.

Geruch Das Riechsystem der Tiere ist darauf spezialisiert, die charakteristischen Gerüche von Gegenständen in der Umwelt wiederzuerkennen. Ein Geruch besteht aus einer Mischung von vielen unterschiedlichen Geruchsstoffen, wobei das Verhältnis der Konzentrationen dieser Stoffe zueinander die Qualität des Geruchs ausmacht. Eine Mischung der gleichen Geruchsstoffe mit anderen Konzentrationsverhältnissen ergibt daher einen anderen Geruch.

Geschmack Die sinnesphysiologische Bedeutung des Begriffs „Geschmack" bezieht sich auf die Wahrnehmung derjenigen Geschmacksqualitäten, welche im gustatorischen System vertreten sind. Bei Säugetieren gehören dazu die appetitiven Qualitäten süß, umami und salzig sowie die aversiven Qualitäten bitter und sauer. Bei anderen Tiergruppen gibt es möglicherweise noch weitere Geschmacksqualitäten wie Fett oder Wasser. Die Geschmacksqualitäten stehen im Zusammenhang mit der Nahrungsaufnahme und sind an das jeweilige Nahrungsspektrum angepasst.

Haarzellen Sinneszellen für die Erfassung von Flüssigkeitsbewegungen kommen im Seitenliniensystem, im Gleichgewichtssystem und im Gehör von Wirbeltieren zum Einsatz. Diese Haarzellen tragen an ihrem sensorischen, apikalen Pol eine Gruppe von 20–100 Stereovilli (auch als Stereozilien oder Makrovilli bezeichnet), die von der Flüssigkeit ausgelenkt werden. Durch mikroskopische Bewegungen der Stereovilli entsteht ein Rezeptorpotenzial, das am synaptischen Pol der Zelle die Ausschüttung von Glutamat bewirkt und dadurch Aktionspotenziale in afferenten Nervenfasern auslöst.

Habituation Sinnesreize, die wiederholt detektiert und als unwichtig bewertet werden, lösen nach einer Zeit der Gewöhnung (Habituation) keine Reaktion mehr aus. Habituation ist ein unerlässliches Mittel im Dienst der Verhaltensökonomie. Tiere müssen lernen können, welche Reize keine Verhaltensanstrengungen erfordern.

Halteren Schwingkölbchen; bei den Zweiflüglern (Ordnung Diptera) und den Fächerflüglern (Ordnung Strepsiptera) unter den Insekten ist jeweils ein Flügelpaar zu einem Paar Halteren umgebildet und wird zur Flugstabilisation eingesetzt. Halteren funktionieren nach dem Prinzip eines Kreiselinstruments: Sie schwingen im Takt mit den Flügeln und haben die Tendenz, ihre Schwingungsebenen – sie schwingen etwa rechtwinklig zueinander – beizubehalten. Bei Drehbewegungen des Körpers treten mechanische Kräfte an der Basis der Halteren auf, die von Mechanorezeptoren detektiert und als Referenz zur Steuerung der Flugrichtung verwendet werden.

häutiges Labyrinth Das Innenohr enthält ein schlauchförmiges Membransystem, das mit Endolymphe gefüllt ist und auf der Außenseite in Perilymphe schwimmt. Der Perilympheraum ist über den Aquaeductus cochleae mit dem Subarachnoidalraum des zentralen Nervensystems verbunden. Die drei sensorischen Abschnitte des Innenohres – die drei Bogengänge, die Maculaorgane sowie die Hörschnecke (Cochlea) – bilden ein zusammenhängendes Schlauchsystem, das häutige Labyrinth.

hedonische Bewertung Viele Sinnesreize werden von Tieren nach einem binären Kriterium bewertet: Ist die Reizquelle gut für mich oder schlecht? Schmeckt die Nahrung gut oder abscheulich? Riecht es hier nach Nahrung oder nach Fressfeind? Rauscht eine Windböe durchs Gras oder rascheln die Pfoten einer Raubkatze? Hedonische Bewertungen haben eine dominante affektive Komponente, ermöglichen schnelle Reaktionen auf aversive Reize und stellen damit einen Selektionsvorteil dar.

Helicotrema An der Spitze der Hörschnecke (Cochlea) sind Scala vestibuli und Scala tympani miteinander verbunden. Dieser Ort wird als Helicotrema (Schneckenloch) bezeichnet.

Hintergrund Eine der wichtigsten Aufgaben der Sinne ist es, interessante Reize von uninteressanten Reizen zu unterscheiden. Die von einem interessanten Objekt ausgehenden Signale müssen von uninteressanten Hintergrundsignalen getrennt werden. Da Sinneszellen sowohl von Objektsignalen als auch von Hintergrundsignalen („Rauschen") aktiviert werden, findet die Trennung meist im zentralen Nervensystem statt, wo afferente Signale gefiltert und zur Kontrastverstärkung in neuronalen Netzwerken aufbereitet werden.

Hirnstamm Der am weitesten caudal gelegene Teil des Wirbeltiergehirns umfasst das Mittelhirn (Mesencephalon), die Brücke (Pons) und die Medulla oblongata und hat sich im Lauf der Wirbeltierevolution weit weniger verändert als andere Bereiche des Gehirns. Hier befinden sich neben den Regulationszentren grundlegender Lebensfunktionen auch wichtige Signalverarbeitungszentren der unteren Hörbahn, des Gleichgewichtssinnes, des Geschmacksinnes und des Schmerzsinnes.

Hören Die im Tierreich weit verbreitete Fähigkeit, Schall zu detektieren, welcher durch wellenförmige Druckveränderungen im Außenmedium (Luft oder Wasser) entsteht, bildet die Sinnesmodalität des Hörens. Als Schalldetektoren können Knochen, Trommelfelle, Schwimmblasen oder Sensillen dienen. Typischerweise sind die Hörsysteme (die auditiven Systeme) einer jeden Tierart für ein begrenztes Frequenzband optimiert. Bei Wirbeltieren ist das Hören über den paarigen VIII. Hirnnerven und die von ihm versorgte Hörbahn definiert. Bei wirbellosen Tieren werden einige Formen der Detektion von Substratvibrationen dem Hörsinn zugerechnet, andere dem Vibrationssinn.

Horopter Alle Gegenstände, welche bei binokularer Betrachtung *einfach* gesehen werden, liegen auf einer Fläche, dem Horopter. Sie werden *einfach* wahrgenommen, weil ihr Bild auf korrespondierende Stellen der beiden Netzhäute projiziert wird. Alle Gegenstände außerhalb des Horopters werden *doppelt* gesehen (Disparation). Die Form des Horopters hängt von der Entfernung ab. Beim Menschen hat er in etwa 2 m Entfernung die Form einer gerade voraus liegenden, flachen Scheibe. Im Nahbereich unter 2 m ist der Horopter vom Betrachter weg gewölbt, im Fernbereich ist er auf den Betrachter hin gewölbt.

Hox-Gene Während der Embryonalentwicklung von Tieren wird die räumliche Organisation des Körpers, insbesondere entlang der Längsachse (der craniocaudalen Achse), durch regulatorische Hox-Gene (homöotische Gene) gesteuert. Diese Steuergene sind in einer frühen Phase der Evolution entstanden und können bei allen Tiergruppen nachgewiesen werden. An der Entwicklung des Nervensystems und der Sinnesorgane können 20 bis 40 Hox-Gene beteiligt sein.

Hyperalgesie Bei Absenkung der Aktivierungsschwelle von Nozizeptoren kommt es zu einer Intensivierung der Schmerzwahrnehmung bei leichten noxischen Reizen. Hyperalgesie ist oft eine Begleiterscheinung von Entzündungen.

Illusion In der Sinnesphysiologie werden Sinnestäuschungen oder Wahrnehmungstäuschungen als Illusionen bezeichnet und als Hinweise auf kognitive Prozesse bei der Verarbeitung von Sinnesinformationen ausgewertet. Beispiele sind die visuelle Müller-Lyer-Illusion, das auditorische Tritonus-Paradoxon und die Aristotelische Täuschung des Tastsinnes.

Innenohr Alle Wirbeltiere nutzen paarige Innenohren als Sinnesorgane für Schall, Beschleunigung und Gleichgewicht. Die im Innenohr angeordneten Sinnesepithelien registrieren schallerzeugte Vibrationen, Transversalbeschleunigung mitsamt der Raumlage sowie die Rotationsbeschleunigung des Kopfes.

interaurale Pegeldifferenz Zur Lokalisierung einer Schallquelle in der Horizontalen (im Azimut) kann die Pegeldifferenz (der Lautstärkeunterschied) zwischen rechtem und linken Ohr ausgewertet werden. Das von der Schallquelle abgelegene Ohr hört den Schall leiser, weil es im Schallschatten des Kopfes liegt. Bei Tieren mit unsymmetrischen Hörachsen wie Eulen liefert die interaurale Pegeldifferenz auch Information zur vertikalen Lage der Schallquelle.

interaurale Zeitdifferenz Da der Schall an demjenigen Ohr, das der Schallquelle zugewandt ist, früher eintrifft als im abgewandten Ohr, kann die Zeitdifferenz zur Ortsbestimmung der Schallquelle eingesetzt werden.

Introzeptor Bei den Sinneszellen des interozeptiven Systems, den Introzeptoren, unterscheidet man die Sinneszellen für die Körperlage (Propriozeptoren; Propriozeption) von den Sinneszellen der Organfunktionen (Viszerozeptoren; Viszerozeption). Introzeptoren messen Zustandsparameter des eigenen Körpers und versorgen physiologische Regelkreise mit den benötigten Ist-Werten.

Kategorisierung Die Fähigkeit, Gemeinsamkeiten an unterschiedlichen Dingen zu erkennen, wird als Hinweis auf kognitive Fähigkeiten (Kognition) bei Tieren gewertet. Die Tiere müssen imstande sein, eine verbindenden Eigenschaft in ansonsten unterschiedlichen Objekten zu erkennen und diese Eigenschaft als Kriterium für die Zuordnung zu einer Kategorie zu nutzen. Tauben sind beispielsweise nach entsprechendem Training dazu in der Lage, unter vielen unterschiedlichen Fotos diejenigen zu erkennen, auf denen auch ein Mensch abgebildet ist; sie können offenbar die Kategorie „Bild mit Mensch“ bilden.

Kennlinien Die Abhängigkeit des Ausgangssignals einer Sinneszelle (oder einer afferenten Faser, die mit einer Sinneszelle synaptisch verbunden ist) von der Reizintensität bezeichnet man als Kennlinie. Kennlinien entsprechen den biochemischen Dosis-Wirkungs-Beziehungen. Sie geben an, wie stark sich die Frequenz der Aktionspotenziale mit der Reizintensität ändert. Bei Sinneszellen, deren Ausgangssignal nicht in Aktionspotenzialen codiert ist – beispielsweise Photorezeptoren – stellt die Kennlinie die Abhängigkeit des Membranpotenzials von der Reizintensität dar. Kennlinien können sehr unterschiedlich ausfallen. Beispielsweise zeigen Muskelspindeln und Barorezeptoren lineare Kennlinien, Thermorezeptoren haben dagegen Maximumfunktionen. Solche Sinneszellen haben einen engen Arbeitsbereich, innerhalb dessen sie mit sehr hoher Genauigkeit Änderungen der Reizintensität in elektrische Signale umsetzen. Sinneszellen mit einem weiten Arbeitsbereich wie Photorezeptoren, Haarzellen und Riechzellen zeigen typischerweise logarithmische Kennlinien, bei denen das Ausgangssignal A – die Frequenz afferenter Aktionspotenziale oder die Amplituden der Rezeptorpotenziale – von der Reizstärke R in folgender Weise abhängt: $A = k \cdot \log (R - R_S) + A_s$ Dabei sind R_S die Intensität des Schwellenreizes, A_S die Spontanaktivität in Abwesenheit eines überschwelligen Reizes und k eine zellspezifische Konstante. Kennlinien für solche Sinneszellen sind linear bei halblogarithmischer Auftragung und überspannen oft mehrere Größenordnungen der Reizintensität.

Klinotaxis Bei einer Bewegung, die an einem Reizgradienten orientiert ist, spricht man von Klinotaxis, wenn mehrere Proben nacheinander genommen und verglichen werden. Werden mehrere Proben gleichzeitig genommen, beispielsweise durch zwei Antennen, handelt es sich um Tropotaxis.

Kognition Im Rahmen der vergleichenden Sinnesphysiologie umfasst der Begriff Kognition die Aufnahme von Information durch die Sinne, die Verarbeitung von Information und die Steuerung komplexer, nicht stereotyper Verhaltensweisen. In der vergleichenden Kognitionsforschung werden die mentalen Fähigkeiten nach bestimmten Kriterien untersucht, zu denen experimentell erfassbare Prozesse wie Wahrnehmung, Gedächtnisbildung, Objekterkennung, Kategorisierung, Selbsterkennung, Werkzeuggebrauch und Mengenverständnis zählen. Eine Orientierung bietet die Entwicklung menschlicher Kleinkinder mit dem sukzessiven Erwerb ihrer kognitiven Fähigkeiten. Die Kognitionsforschung bei Tieren (kognitive Ethologie) hat bei höheren Säugetieren und einigen Vögeln begonnen, erreicht aber heute fast alle Tiergruppen. Es wird erkennbar, dass kognitive Fähigkeiten in stetigen Evolutionslinien entstanden sind, die von einfachen Formen der neuronalen Signalverarbeitung über spezialisierte mentale Verarbeitungsprogramme bis hin zur komplexen, introspektiven Kognition des Menschen führten.

Koinizidenz Das Zusammentreffen von zwei Signalen hat in der Sinnesphysiologe mehrere Bedeutungen. Zunächst hat jedes Sinnessystem ein begrenztes zeitliches Auflösungsvermögen, sodass zwei Reize nur dann getrennt detektiert werden können, wenn sie *nicht* koinzident eintreffen, sondern durch ein Mindestintervall getrennt sind. Solche Mindestintervalle sind sehr kurz in Hörsystemen (1–4 ms), können in Sehsystemen aber deutlich länger sein (10–200 ms). Die zweite Bedeutung betrifft die Verrechnung von afferenten Signalen aus paarigen Sinnesorganen, insbesondere den Ohren sowie den Detektoren für Substratvibrationen bei Insekten und Spinnen. Koinzidenzdetektoren werden hier eingesetzt, um die zeitliche Verzögerung zwischen zwei eintreffenden Signalen zu bestimmen und daraus die Richtung zur Schallquelle zu berechnen. Die dritte Bedeutung koinzidenter Signale betrifft die Konditionierung, bei der das zeitliche Zusammentreffen zweier Sinnessignale zur Assoziation und gegebenenfalls zur Neubewertung eines anfänglich neutralen Reizes führen kann.

Komplexauge Bei den Arthropoden ist der vorherrschende Augentyp ein aus Einzelaugen (Ommatidien) zusammengesetztes Komplexauge, das auch als Facettenauge bezeichnet wird.

Konditionierung Beim assoziativen Lernen ändert sich durch einen Lernprozess die Bewertung von zwei gleichzeitig eintreffenden Reizen (klassische Konditionierung) oder die Bewertung des eigenen Verhaltens durch Assoziation mit einem Reiz (operante oder instrumentelle Konditionierung). Aus einem neutralen, als uninteressant bewerteten Reiz kann durch Assoziation ein bedingter, als interessant bewerteter Reiz werden. Ein Verhalten kann durch Assoziation mit einem appetitiven Reiz verstärkt, durch einen aversiven Reiz dagegen abgeschwächt werden. Konditionierung ist das wichtigste Konzept für die Lernforschung bei Tieren, weil der Lernvorgang durch Verhaltensbeobachtung erkennbar wird.

Kontrast Objekte sind für ein Sinnessystem nur erkennbar, wenn sich ihre Reizenergie (Licht, Schall, Stoffmischung) vom Hintergrund unterscheidet. Das Ausmaß dieses Unterschieds ist der Kontrast, wobei zur Detektion die Kontrastamplitude mit der Reizintensität des Hintergrunds skaliert werden muss: Bei schwachem Hintergrund reicht ein geringer Kontrast, bei starkem Hintergrund muss auch der Kontrast größer sein (Weber-Fechner-Gesetz). Sinnessysteme sind oft darauf spezialisiert, Kontraste zu erkennen und durch neuronale Verschaltungen zu verstärken. Je besser der Kontrast, desto klarer ist die Wahrnehmung.

Konvergenz Dieser Begriff wird in der Sinnesphysiologie auf zwei zentrale biowissenschaftliche Konzepte angewendet. Konvergente Evolution: Durch Anpassungsprozesse an ähnliche Lebensbedingungen können ähnliche Merkmale auch bei Arten entstehen, die nicht miteinander verwandt sind (Grabschaufeln bei Maulwurf und Maulwurfsgrille). Konvergenz in neuronalen Netzen: Die Zusammenführung von neuronalen Signalwegen auf gemeinsame Zielzellen hat grundlegende Bedeutung für mehrere Sinne. In der Sehbahn von Säugern führt die Konvergenz von Thalamusneuronen auf Zielneuronen im primären visuellen Cortex zur Bildung linienförmiger rezeptiver Felder. In der Riechbahn konvergieren Riechzellen gleicher Selektivität auf Zielzellen in Riechkolben und Antennallobus und erzeugen dadurch eine räumliche Ordnung der Geruchsinformation.

Lagena In den Innenohren von Wirbeltieren bildet der Sacculus eine flaschenförmige Aussackung des häutigen Labyrinths, die als Lagena bezeichnet wird. Bei Fischen enthält die Lagena ein sensorisches Maculaorgan, bei Amphibien, Reptilien und Vögeln die Basilarpapillen, bei Säugetieren – hier ist die Cochlea der Lagena homolog – das Corti-Organ.

Lagesinn Bei wirbellosen Tieren tragen Statocysten zum Lagesinn bei, indem sie die Körperlage relativ zum Gravitationsvektor messen. Auch die Ocellen und Halteren der Insekten helfen, die Fluglage zu stabilisieren. Bei Wirbeltieren resultiert die Wahrnehmung der Körperlage im Raum aus der Auswertung afferenter Signale des Vestibularorgans, aus propriozeptiver Information von Gelenkstellungsrezeptoren und Sehnenorganen sowie aus visueller Information. Bei Wirbeltieren liefern die Maculaorgane des Vestibularorgans die Ausrichtung des Kopfes relativ zum Gravitationsfeld der Erde, solange der Körper nicht beschleunigt wird. Im Flug und im schnellen Kurvenlauf wird die Resultierende aus Gravitations- und Horizontalbeschleunigung als „unten" empfunden. In solchen Fällen ist der Blick auf den Horizont eine wichtige Komponente für den Lagesinn.

Linsenauge Augen sehr unterschiedlicher Bauart werden als Linsenaugen bezeichnet, wenn der dioptrische Apparat nur *eine* Linse beinhaltet, welche das Bild der Umwelt auf eine Netzhaut projiziert.

Maculaorgane Die Messung von Linearbeschleunigung wird durch Maculaorgane geleistet. Es sind dies Sinnesepithelien aus Haarzellen, deren Cupulae mit Otolithen oder Otokonien beladen sind und dadurch eine höhere Dichte und Trägheit erreichen. Maculaorgane gehören bei Fischen zum Hörsinn, bei Landwirbeltieren zum Gleichgewichtssinn (Sacculus, Utriculus, Lagena).

Magnetsinn Tieren, deren Verhalten erkennbar vom Erdmagnetfeld bestimmt wird, oder die in Verhaltensexperimenten auf Magnetfeldänderungen im Mikroteslabereich reagieren, wird ein Magnetsinn zugeschrieben.

Maus-Elefanten-Kurve Die Abhängigkeit der Stoffwechselrate von der Körpermasse eines Tieres wird durch eine Gerade in einer doppelt-logarithmischen Auftragung dargestellt. Bei der Maus ist das Verhältnis Stoffwechselrate:Körpermasse sehr klein, beim Elefanten sehr groß.

Mechanorezeptor Sinneszellen, deren adäquater Reiz in einer mechanischen Einwirkung besteht, werden als Mechanorezeptoren bezeichnet und bilden bei Wirbeltieren die Sensoren von Tast-, Vibrations-, Schmerz- und Hörsinn. Bei Insekten bestehen Mechanorezeptoren oft aus Skolopidien, in welche Dendriten von Mechanorezeptoren eingelagert sind.

Medulla oblongata Im verlängerten Mark des Hirnstamms liegen wichtige Verschaltungskerne des Geschmack-, Hör-, Gleichgewichts- und Schmerzsinnes. Bei Säugetieren nimmt von der Medulla oblongata aus die Formatio reticularis ihren Ausgang und verbindet Thalamus, Basalganglien und Cortex zu einem System, das zur Steuerung der Aufmerksamkeit dient.

Mittelohr Bei Landwirbeltieren wird die Schallleitung von der umgebenden Luft zum Innenohr durch das Mittelohr geleistet, welches zur Umgebung hin durch ein Trommelfell abgeschlossen ist. Schallerzeugte Vibrationen des Trommelfelles werden über kleine Knochen zum Innenohr geleitet. Reptilien, Vögel sowie einige Amphibien besitzen nur einen Mittelohrknochen, die Columella, während Säugetiere eine Kette von drei Knöchelchen aufweisen, Hammer, Amboss und Steigbügel. Die Mittelohrknochen übertragen die Vibrationen auf das ovale Fenster des Innenohres und kompensieren dabei den akustischen Widerstand, der beim Übergang von Luft auf Wasser zu überwinden ist.

Modalität Die klassische Unterscheidung der Sinne in Sehen, Hören, Riechen, Schmecken und Tasten bezieht sich auf die Sinnesorgane des Menschen: Augen, Ohren, Nase, Zunge und Haut. Ergänzt wird die Reihe durch den Gleichgewichtssinn, die Introzeption und den Schmerzsinn sowie einige Sinnesmodalitäten, über welche Menschen nicht verfügen, wie Elektrosinn und Magnetsinn. Modalitäten werden in Qualitäten eingeteilt: zur Modalität Schmecken gehören die Qualitäten süß, bitter, sauer, salzig und umami.

Mustererkennung Für die Analyse der afferenten Signale, die aus den Sinnesorganen in das zentrale Nervensystem fließen, ist die Erkennung von erwarteten Eigenschaften (Mustern) eine wichtige Methode zur Reduktion der Signalkomplexität. Beispielsweise kommt es bei der Detektion von giftigen Inhaltsstoffen in der Nahrung nicht darauf an, die spezifischen Eigenschaften einer jeden Substanz herauszuschmecken; es genügt, eine Übereinstimmung mit dem Muster „bitter" zu erkennen, um ein zielführendes Verhalten (Ausspucken) auszulösen. Musteranalyse findet man in jeder Sinnesmodalität. Sie hilft dabei, wichtige Informationen schnell und sicher zu erkennen (Filter).

Netzhaut Das lichtempfindliche Nervengewebe im Augenhintergrund von Wirbeltieren wird als Netzhaut (Retina) bezeichnet, ursprünglich, weil das Gewebe von einem gut sichtbaren „Netz" aus feinen Blutgefäßen durchzogen wird. Die Netzhaut ist ein Teil des Gehirns, entsteht im Verlauf der Embryonalentwicklung durch Ausstülpung des Zwischenhirns (Diencephalon) und bildet bei Säugetieren eine „inverse Retina" – so genannt, weil die Photorezeptoren an ihrer lichtabgewandten Seite liegen. Netzhäute bei wirbellosen Tieren entstehen dagegen durch Einfaltung der Epidermis und sind „evers", bei ihnen liegen die Photorezeptoren auf der dem Licht zugewandten Seite des Gewebes.

neuronale Netze Sensorische Signale werden aus den Sinnesorganen durch afferente Fasern auf neuronale Netze übertragen. Dabei wird aus der codierten Information Netzwerkaktivität, bei der die Signale vielfach bearbeitet werden. Diese ersten Netzwerke sind bei Säugetieren die innere Retina für das Sehen, die Riechkolben für das Riechen, die Schneckenkerne für das Hören, der Nucleus solitarius für das Schmecken und die Hinterstrangkerne für den Tastsinn.

Neuropil Enge, filzartig verflochtene Nervenfasern können lokale Glomeruli (Knäuelchen) oder flächig ausgebreitete Schichten aus Dendriten und Axonen bilden, in denen eine hohe Dichte synaptischer Verbindungen vorkommt. Solche Neuropil-Strukturen bilden einen großen Teil der Ganglien im Nervensystem von Invertebraten sowie viele Regionen der grauen Substanz im zentralen Nervensystem von Wirbeltieren

Neuromasten In den Seitenlinienorganen Fische und Amphibien bilden Neuromasten die reizaufnehmenden Strukturen. Sie bestehen aus Haarzellen und detektieren Wasserströmung durch Auslenkung ihrer Cupula.

Nozizeptor Die Sinneszellen des Schmerzsinnes werden als Nozizeptoren bezeichnet, weil sie als Rezeptoren für noxische (gewebeschädigende) Reize dienen. Die reizempfindlichen freien Nervenendigungen der Nozizeptoren liegen in Haut, Muskeln, Gelenken und Eingeweiden, ihre Zellkörper liegen in den Dorsal- oder Trigeminalganglien und ihre Synapsen im Hinterhorn des Rückenmarks sowie im spinalen Trigeminuskern im Hirnstamm.

Nystagmus Bei Tieren mit beweglichen Augen – in erster Linie bei Säugetieren – muss das auf die Netzhaut projizierte Bild eines Objekts für kurze Zeit fixiert werden, um Wahrnehmung zu ermöglichen. Für das Betrachten einer vorbeiziehenden Landschaft wird diese Fixierung durch Nystagmen erreicht, unwillkürliche, sprunghafte Augenbewegungen. Dabei folgt die Blickachse einem Objekt ein Stück weit und springt dann ruckartig gegen die Bewegungsrichtung zum nächsten Objekt (optokinetischer Nystagmus). Wird die Verschiebung der Netzhautbilder durch Drehung des Kopfes erzeugt, liefern die Bogengängen des Vestibularorgans Steuersignale für ruckhafte Augenbewegungen (vestibulärer Nystagmus). Wirbeltiere mit eingeschränkter Augenbeweglichkeit müssen die Blickachse durch reflektorische Halsbewegungen einem bewegten Objekt nachführen. Fluginsekten haben unbewegliche Augen, können aber ihren ganzen Körper in extrem schnellen, sprunghaften Drehbewegungen auf ein anvisiertes Objekt ausrichten.

Objekt In der Sinnesphysiologie gehören zu den Objekten alle Gegenstände, von denen Sinnesreize ausgehen. Dazu zählen sowohl wahrnehmbare Gegenstände als auch solche, die unbewusste Reflexe auslösen. Gegenstände, die auf keine Sinnesmodalität als adäquater Reiz wirken (beispielsweise ein Magnetfeld beim Menschen), sind keine sinnesphysiologischen Objekte.

Ocellen Die meisten Gliederfüßer besitzen neben zwei Hauptaugen noch mehrere Punktaugen (Ocellen) mit sehr unterschiedlichem Aufbau und unterschiedlicher Funktion. Sie verfügen meist über rhabdomere Photorezeptoren und können einfache hell-dunkel-Detektoren sein oder, beispielsweise bei Spinnen, bildgebende Linsenaugen.

Ommatidium Die Einzelaugen in den Komplexaugen der Arthropoden werden als Ommatidien bezeichnet. Sie beinhalten den dioptrischen Apparat und eine Retinula.

Operculum Der Opercularapparat von Amphibien besteht aus einer knorpeligen oder knöchernen Platte, die dem ovalen Fenster des Innenohres aufliegt (Operculum), sowie einem Opercularmuskel, welcher das Operculum mit dem Schultergürtel verbindet. Dieser Apparat dient einigen Froschlurchen, vor allem aber den Schwanzlurchen, zur Übertragung von Bodenvibrationen auf das Innenohr.

Opsin Die Familie der Opsine gehört zu den G-Protein-gekoppelten Rezeptorproteinen mit sieben Transmembrandomänen und bildet bei den meisten Tiergruppen den Proteinanteil des Lichtsensors in Photorezeptoren. Als Chromophor dient meist Retinal, das kovalent an Opsin gebunden ist (Rhodopsin).

optischer Fluss Die Bewegung eines Tieres durch seine Umwelt erzeugt den visuellen Eindruck des optischen Flusses, der scheinbaren Bewegung aller Objekte mit erkennbarer Geschwindigkeit. Für diesen Eindruck ist die Identität einzelner Objekte unerheblich. Vielmehr liegt in der relativen Geschwindigkeit des scheinbaren Bewegungsmusters das sensorische Signal. Aus Geschwindigkeit und Dauer des optischen Flusses kann der zurückgelegte Weg abgeschätzt werden. Honigbienen können beispielsweise die Entfernung zum Ziel durch den optischen Fluss während ihres Rückflugs zum Stock abschätzen und im Schwänzeltanz ihren Schwestern mitteilen.

orthologe Gene Im Genom von zwei unterschiedlichen Tierarten bezeichnet man solche Gene als ortholog, die von einem gemeinsamen Vorfahren abstammen. Nach der Aufspaltung in die beiden Arten verändern sich die orthologen Gene unabhängig voneinander.

Ortsfrequenz Bei periodisch strukturierten visuellen Objekten – beispielsweise schwarzweißen Liniengittern – bezeichnet die Ortsfrequenz den Kehrwert der Gitterkonstante, des Abstands zwischen zwei weißen Linien in Millimetern. Die Einheit der Ortsfrequenz ist daher mm^{-1}. In der Sinnesphysiologie wird der räumliche Abstand zwischen zwei Gitterlinien nicht in Millimetern, sondern in Form des Sehwinkels α angegeben, der sich zwischen zwei Linien im Abstand A beim Betrachten eines Gitters mit der Gitterkonstanten G aufspannt: $\alpha = \frac{G \cdot 180^o}{A \cdot \pi}$ Die physiologische Ortsfrequenz – die Sehschärfe – wird in Perioden (oder Linien) pro Grad angegeben. Sie gibt an, in wie viele Linien ein Ausschnitt des Sehfeldes von α = 1° aufgeteilt werden darf, ohne dass die Wahrnehmung einzelner Linien verloren geht. Sie ist damit ein Maß für das räumliche Auflösungsvermögen des Sehsystems.

Pallium Telencephalon

paraloge Gene Bei einer Genduplikation entstehen zwei oder mehrere Kopien eines ursprünglichen Gens in einem Genom. Solche Genkopien werden als paraloge Gene bezeichnet und können sich unabhängig voneinander verändern.

Pelagial Der Lebensraum von Tieren im freien Wasserkörper von Meeren und Binnengewässern wird als Pelagial bezeichnet. Je nach Tiefe unterscheidet man das Epipelagial (von der Wasseroberfläche bis 200 m Tiefe), das Mesopelagial (200–1000 m Tiefe), das Bathypelagial (1000–4000 m Tiefe), das Abyssopelagial (4000–6000 m Tiefe) und das Hadopelagial (6000–11.000 m Tiefe), wobei die letzten drei zum Lebensraum der Tiefsee gezählt werden.

Perirezeptorstrukturen Die Leistungsfähigkeit eines Sinnesorgans wird nicht nur durch die Eigenschaften der Sinneszellen bestimmt, sondern ganz wesentlich durch die Strukturen in unmittelbarer Nähe der Sinneszellen, die Perirezeptorstrukturen. Im Auge gehört dazu der dioptrische Apparat, in der Nase die Mucusbedeckung des Riechepithels, im Ohr das Mittelohr und die Strukturen der Cochlea. Diese Strukturen optimieren spezifisch die Detektion adäquater Reize, sie sorgen für effektive Transduktionsprozesse und für die Formatierung der afferenten Signale.

Perzept Wahrnehmung

Pheromon Pheromone sind chemische Signale, die von einem Tier abgegeben werden, und die bei einem anderen Tier der gleichen Art ein stereotypes Verhalten oder einen Entwicklungsprozess auslösen. Der Selektionsdruck in der Evolution von Pheromonen ist auf die Zuverlässigkeit ihrer Signalwirkung gerichtet. Sowohl die Produktion von Pheromonen als auch die Wirkung auf den Empfänger sind genetisch fixiert und unabhängig von Lernprozessen.

Phonotaxis Die Fähigkeit vieler Tiere, sich auf Schallquellen zuzubewegen, bezeichnet man als Phonotaxis.

Photorezeptor Zellen, die auf die Detektion von Licht spezialisiert sind und ein lichtabhängiges Ausgangssignal produzieren, werden als Photorezeptoren bezeichnet. Bei Tieren unterscheidet man nach der Struktur ihrer lichtsensitiven Organellen mikrovilläre und ciliäre Photorezeptoren. Beide Zelltypen nutzen Rhodopsin als Lichtsensor. Pflanzliche Photorezeptoren nutzen zur lichtgesteuerten Signalproduktion nicht Chlorophyll, sondern Phytochrome, Cryptochrome und Phototropine.

Phototaxis Eine unwillkürliche Orientierung der Bewegungsrichtung vieler wirbelloser Tiere an Helligkeitsgradienten wird als Phototaxis bezeichnet, wobei man die Ausrichtung auf hellere Bereiche positive Phototaxis, die auf weniger helle Bereiche negative Phototaxis nennt. Phototaktisches Verhalten zeigen (neben vielen Einzellern) vor allem das Zooplankton und einige Insekten. Es ist aber im Tierreich weit verbreitet und manchmal nicht deutlich von anderen Formen der Orientierung an Lichtreizen zu unterscheiden.

Pilzkörper Bei den meisten Gruppen von Gliederfüßern, insbesondere bei Insekten sowie bei einigen Borstenwürmern, Krebs- und Spinnentieren, ist im Protocerebrum eine paarige, grob pilzförmige Neuropilstruktur zu erkennen, in deren rostral gelegenem „Hut“ eine große Anzahl von Neuronen die Eingangsebene bilden und deren „Stiel“ aus säulenförmigen Loben besteht, welcher die Ausgangssignale der Pilzkörper zu verschiedenen Verarbeitungszentren des Gehirns leiten. Bei Insekten sitzt auf dem „Hut“ ein als Calyx bezeichnetes, kelchförmiges Neuropil, welches Eingänge aus dem Riechsystem und dem visuellen System aufnimmt. Pilzkörper sind vielgestaltig, werden aber funktionell in erster Linie mit der olfaktorischen Signalverarbeitung sowie mit Vorgängen des assoziativen und räumlichen Lernens in Verbindung gebracht.

Polarotaxis Wenn die Fortbewegung eines Tieres an der Polarisationsebene des Lichtes orientiert ist, spricht man von Polarotaxis.

polymodale Integration Für viele Wahrnehmungsvorgänge werden Informationen aus unterschiedlichen Sinnesmodalitäten (Modalität) zusammengeführt. Durch diesen Schritt der Signalverarbeitung können unterschiedliche Aspekte desselben Objekts (Ort, Farbe, Geräusch, Geruch) als Einheit wahrgenommen werden.

Präadaptation Viele Evolutionsprozesse beginnen mit Merkmalen, die zufällig entstanden sind und zunächst einem anderen Selektionsdruck ausgesetzt waren. Erst ihre Eignung für den neuen Evolutionsprozess führte zu ihrer spezifischen Anpassung. Ein Beispiel für Präadaptation sind die Federn der Vögel. Ursprünglich wohl zur Wärmeisolation oder Signalfärbung bei einigen theropoden Dinosauriern entstanden (präadaptiert), entwickelten sie sich bei den Vögeln zu einem dichten Gefieder, das die neue Möglichkeit (Adaptation) des Fliegens entwickelte.

Propriozeption Die Propriozeption (Eigenwahrnehmung) ist eine Qualität der Sinnesmodalität Introzeption. Propriozeptoren messen Zustandsparameter von Muskeln und Gelenken und vermitteln so die Wahrnehmung von Körperhaltung, Bewegung und Muskelanspannung.

Psychophysik Untersuchungen über den Zusammenhang von Reizqualität und subjektiver Erfahrung sind ein wichtiger Teil der experimentellen Wahrnehmungspsychologie. Diese Forschungsdisziplin geht auf Arbeiten von Ernst Heinrich Weber (1795–1878) und Gustav Theodor Fechner (1801–1887) zurück und hat grundlegende Einsichten für die Sinnesphysiologie erbracht (Weber-Fechner-Gesetz). Für die Forschung an Tieren hat die Psychophysik nur geringe Bedeutung, da ihre Methoden wesentlich darauf beruhen, dass Probanden ihre subjektiven Erfahrungen artikulieren. Verhaltensbeobachtungen bei Tieren erreichen jedoch nur selten die Eindeutigkeit sprachlicher Artikulation von Probanden.

Qualia-Problem In der Philosophie der Wahrnehmung gilt es als ausgemacht, dass Inhalte subjektiver Wahrnehmungen (Qualia) mit neurowissenschaftlichen Methoden nicht erfassbar sind. Wie es sich anfühlt, eine Sinneserfahrung zu machen, ist demnach weder durch Sprache noch durch Messungen von Gehirnaktivitäten erkennbar. Subjektive Erfahrungen können nicht von Individuum zu Individuum vermittelt werden – sie können nur beschrieben, diskutiert und interpretiert werden. Für die Erforschung der Sinneswelt der Tiere stellt das Qualia-Problem nach heutigen Vorstellungen eine nicht überwindbare Grenze des Erkennbaren dar. Ohne das Mittel der Sprache scheint jede Annäherung an ein Verständnis subjektiver Erfahrungen der Tiere unmöglich zu sein.

Reiz Jede Energieform, die von einer Sinneszelle detektiert werden kann, ist ein Reiz. Der Reizbegriff wird sinnesphysiologisch durch das Sensorium (Sensor) eines Tieres definiert. Es können dies von außen einwirkende Reize sein (Licht, Schall) oder im Körper entstehende Reize (Wärme, mechanische Reize). Eine Energieform, für die eine Tierart keinen Sensor besitzt (Radioaktivität, UV-Licht, Ultraschall), ist kein Reiz. Eine wichtige Unterscheidung ist die zwischen adäquaten und inadäquaten Reizen. Für den adäquaten Reiz besitzt eine Sinneszelle einen spezialisierten, hochempfindlichen Sensor, beispielsweise das Außensegment eines Photorezeptors, die Stereovilli einer Haarzelle, die Cilien einer Riechzelle. Sinneszellen können aber auch durch starke Reize aktiviert werden, für welche sie nicht spezialisiert sind. Solche Energieformen (starke mechanische oder thermische Reize) sind inadäquat, lösen aber auch afferente Signals aus.

Resonanz Schwingungsfähige Strukturen wie die Crista acustica in den Vorderbeinen von Grillen oder die Basilarmembran in der Cochlea von Säugetieren haben die Eigenschaft, auf eintreffende Schallsignale mit Vibrationen zu reagieren. Im Unterschied zu einer Saite, die nur auf einen Ton reagiert, der ihrer Resonanzfrequenz (oder einem Vielfachen davon) entspricht, zeigen die biologischen Strukturen Resonanzvibrationen über einen weiten Frequenzbereich (Tonotopie), welcher an die sensorischen Erfordernisse der jeweiligen Tierart angepasst ist.

Retina Netzhaut

Retinal Rhodopsin

Retinotopie Die afferenten Signale aus der Netzhaut des Auges erreichen bei Wirbeltieren über das Mittelhirn (Tectum opticum, Colliculi inferiores) und Zwischenhirn (Thalamus) die visuellen Bereiche der Großhirnrinde. Auf diesem Weg wird die Topografie (die relative Lage zueinander) der retinalen Ganglienzellen weitgehend beibehalten, sodass Signale, die in benachbarten Bereichen der Netzhaut erzeugt werden, in den höheren Verarbeitungszentren auch benachbarte Neuronenverbände erreichen. Man spricht beispielsweise von einer retinotopen „Projektion“ der Netzhautaktivität auf die Aktivität von Zentren wie dem Corpus geniculatum laterale und dem primären visuellen Cortex.

rezeptives Feld Das Konzept des rezeptiven Feldes ist weit gefasst; es umschreibt die Gesamtheit aller Eingangssignale, welche die Aktivität eines Neurons beeinflussen. Bei der Beschreibung von Sinnessystemen ist es oft wichtig zu wissen, innerhalb welcher räumlichen Grenzen ein Reiz einwirken muss, um von einer sensorischen Struktur detektiert zu werden. In diesem Sinn begrenzt beispielsweise der Öffnungswinkel eines Ommatidiums das rezeptive Feld der darin liegenden Photorezeptoren. Bei einer Schmerzsinneszelle mit stark verzweigten sensorischen Endigungen ist das rezeptive Feld der gesamte durch diese Endigungen innervierte Hautbereich. Das rezeptive Feld einer cochleären Haarzelle kann man räumlich nach ihrer Lage im Corti-Organ definieren; sinnvoller aber ist es, den Frequenzbereich anzugeben, der lokale Vibrationen an dieser Stelle hervorruft. Bei einem Chemorezeptor umfasst das rezeptive Feld alle detektierbaren Substanzen, beispielsweise Hunderte von Bitterstoffen bei einer Bitter-Geschmackszelle. Rezeptive Felder können auch neuroanatomisch definiert werden, indem alle mit einer Zielzelle verbundenen Neuronen zu deren rezeptivem Feld gerechnet werden. Ein Beispiel ist die Entstehung scheibenförmiger rezeptiver Felder von retinalen Ganglienzellen durch Konvergenz mehrerer Bipolarzellen. Das rezeptive Feld umfasst alle Photorezeptoren, die mit diesen Bipolarzellen verbunden sind.

Rezeptor In der Sinnesphysiologie wird der Begriff Rezeptor in erster Linie auf Zellen angewandt, welche auf die Detektion einer bestimmten Reizqualität spezialisiert sind (Photorezeptoren, Mechanorezeptoren, Chemorezeptoren). In der Biochemie werden dagegen Proteine als Rezeptoren bezeichnet (Rezeptorprotein), die durch Wechselwirkung mit einem Liganden aktiviert werden (Hormonrezeptoren, Transmitterrezeptoren). Diese Begrifflichkeit wird in der Literatur aber nicht durchgängig genutzt; so ist ein Photorezeptor eine Zelle, ein Geruchsrezeptor aber ein Protein.

Rezeptorpotenzial Das Einwirken eines Reizes auf eine Sinneszelle bewirkt eine Änderung des Membranpotenzials durch Steuerung von Transduktionskanälen. Diese Änderung wird als Rezeptorpotenzial (gelegentlich auch als Generatorpotenzial) bezeichnet, und ihre Amplitude steigt proportional zur Reizintensität. Bei sensorischen Neuronen unterscheidet man unterschwellige von überschwelligen Rezeptorpotenzialen, wobei Letztere das Membranpotenzial bis über die Auslöseschwelle für Aktionspotenziale depolarisieren.

Rezeptorprotein Viele Proteine haben zwei diskrete Konfigurationen, zwischen denen mit wenig Energiebedarf hin und her geschaltet werden kann. Wenn jede der beiden Konfigurationen eine eigene katalytische Eigenschaft hat – beispielsweise „inaktiv" und „aktiv" –, eignen sich solche Proteine als molekulare Schalter für die biologische Signalverarbeitung. In den meisten Sinneszellen kommen schaltbare Proteine als Sensoren zum Einsatz, wobei die Energie des Reizes für die Umschaltung der Konfiguration sorgt. Sie werden als Rezeptorproteine bezeichnet, weil sie die Energie des Reizes aufnehmen können. Verschiedene Rezeptorproteine absorbieren unterschiedliche Arten von Energie: elektromagnetische oder thermische Energie, Bindungsenergie von Liganden oder mechanische Energie. Die Rezeptorproteine der einzelnen Sinnesmodalitäten (Modalität) sind für die Energieform des adäquaten Reizes optimiert und aktivieren im angeschalteten Zustand Signaltransduktionsprozesse. Beispiele sind Rhodopsin, Geruchsrezeptoren, Geschmacksrezeptoren und mechanisch gesteuerte Ionenkanäle.

Rheobase Um eine Nervenzelle zu aktivieren, benötigt man entweder starke, kurze Reize oder schwächere, dafür aber länger anhaltende Reize. Die Mindeststärke eines langen Reizes, die gerade zur Aktivierung des Neurons ausreicht, wird als Rheobase bezeichnet und ist ein Maß für die Empfindlichkeit eines Neurons.

Rheotaxis Viele Wassertiere zeigen ein reflektorisches Verhalten auf die Wasserströmung – teils, um ein Abdriften mit der Strömung zu verhindern, teils, um sich in Flussläufen orientieren zu können. Die Ausrichtung der Schwimmbewegung gegen die Strömung bezeichnet man als positive Rheotaxis, das Schwimmen mit der Strömung als negative Rheotaxis.

Rhodopsin Für die Detektion von sichtbarem Licht ist Rhodopsin das wichtigste, im gesamten Tierreich sowie auch bei einigen Bakterien und Algen vorkommende Rezeptormolekül. Rhodopsin besteht aus Opsin, einem Membranprotein mit sieben Transmembrandomänen, und dem Chromophor Retinal, welches über eine protonierte Schiff-Base kovalent an das Opsin gebunden ist. Die verschiedenen Formen von Rhodopsin können G-Protein-vermittelte Transduktionsprozesse steuern (in Photorezeptoren) und können als lichtgesteuerte Ionenkanäle (Channelrhodopsin) oder Protonenpumpen (Bacteriorhodopsin) wirken. Rhodopsin reagiert am empfindlichsten auf blaugrünes Licht (λ um 500 nm) und wird durch Absorption eines Photons durch Retinal und die dadurch ausgelöste Isomerisierung aktiviert.

Riechen Die Sinnesmodalität „Riechen" wird bei Wirbeltieren durch den paarigen Riechnerv (I. Hirnnerv) und die von ihm versorgten Hirngebiete („Riechhirn") definiert. Das Riechsystem dient bei Landwirbeltieren hauptsächlich zur Detektion flüchtiger Substanzen, welche an Riechrezeptoren der Riechzellen binden können, und somit zur chemischen Erkundung der Umwelt. Bei Fischen und Amphibien detektiert das Riechsystem in erster Linie wasserlösliche Substanzen. Auch bei einigen Gruppen von wirbellosen Tieren kann der Geruchssinn eindeutig durch die Zuordnung zu einem neuroanatomisch abgrenzbaren Riechsystem definiert werden. Insbesondere die Verschaltung von chemosensorischen Sensillen mit Antennalloben definiert bei Insekten ein Riechsystem. Bei Spinnentieren, Krustentieren und einfacheren Invertebraten spricht man von einem Geruchssinn, wenn ein chemischer Sinn zur Verhaltenssteuerung beiträgt, wobei Abgrenzungen zwischen Geruchssinn, Geschmackssinn, Pheromonsinn und allgemeiner Chemosensorik oft nicht genau festgelegt sind.

Sacculus Das mit Endolymphe gefüllte kleine Vorhofsäckchen (Sacculus) des häutigen Labyrinths im Innenohr beherbergt bei Säugetieren das Maculaorgan zur Messung der Linearbeschleunigung senkrecht zur Erdoberfläche (Gravitationsbeschleunigung). Bei Fischen ist die Otolithenmembran des Sacculus eine zentrale Komponente des Gehörs.

Sakkade Zur Stabilisierung eines Netzhautbildes wird die Blickachse auf ein Objekt fixiert. Um das nächste Objekt zu fixieren – beispielsweise das nächste Wort in einem Text –, werden die Augen sprunghaft weiterbewegt. Während einer solchen Sakkade ist die bewusste visuelle Wahrnehmung weitgehend unterdrückt (sakkadische Suppression).

Salienz Auffälligkeit

Schall Wellenförmige Druckveränderungen in Luft oder Wasser bilden den adäquaten Reiz für den Hörsinn der Tiere. Information ist sowohl in der Amplitude (Lautstärke) als auch im Frequenzspektrum (Klang, Geräusch) von Schall enthalten, und die binaurale Schalldetektion ermöglicht die Ortung von Schallquellen.

Schmecken Die Überprüfung der Nahrung auf Bekömmlichkeit ist bei vielen Tiergruppen gegenüber anderen chemischen Sinnen (Riechen, Pheromonsinn) deutlich abgrenzbar. Der Geschmackssinn wird bei Wirbeltieren durch den VII. und IX. Hirnnerven vermittelt und beruht auf der Detektion von Nahrungsbestandteilen durch spezialisierte Geschmacksrezeptoren in Geschmackssinneszellen. Bei wirbellosen Tieren werden Geschmacksrezeptoren in den Geschmackssensillen von Insekten (Süßborsten, Bitterborsten) zur Überprüfung der Nahrung eingesetzt. Bei anderen Tiergruppen (Fadenwürmer, Ringelwürmer, Cephalopoden, Lungenschnecken) ist der Geschmackssinn weniger genau definiert. Als Hinweise gelten appetitives Verhalten bei Kontakt mit Salz, Zucker, Aminosäuren und ähnlich wertvollen Substanzen sowie aversive Reaktionen auf schädliche Verbindungen.

Schwelle Für die Beschreibung einer Sinnesfunktion ist die Detektionsschwelle ein wichtiger Aspekt. Sie bezeichnet die geringste Intensität des adäquaten Reizes, die für eine Verhaltensreaktion nötig ist. Sie ist damit ein Maß für die Detektionsempfindlichkeit einer Sinnesmodalität (Modaliät). Bei der Untersuchung von Sinneszellen wird die Reaktionsschwelle gemessen, die geringste Reizintensität, die einen messbaren Effekt auf das afferente Signal einer Sinneszelle verursacht. Typischerweise liegt die Detektionsschwelle deutlich höher als die Reaktionsschwelle, weil bei der kognitiven Verarbeitung afferenter Signale sehr schwache Signale verloren gehen.

Sehen Für die Detektion von Lichtreizen gibt es im Tierreich ein Kontinuum von der einfachen Hell-dunkel-Unterscheidung bis hin zur hochauflösenden Bildwahrnehmung. In der Sinnesphysiologie verwendet man den Begriff „Sehen", wenn ein Tier optische Details eines Objekts erkennen kann. Damit wird das Sehen gegenüber der Phototaxis abgegrenzt, bei der keine Objekteigenschaft, sondern lediglich die Helligkeit der Umwelt detektiert wird. Sehen erfordert Augen, in denen Populationen von Photorezeptoren mehrere Bildpunkte liefern und damit die Umrisse und die Bewegungen von Objekten erfassen. Bei Wirbeltieren ist der Sehsinn über paarige Linsenaugen definiert, welche durch den II. Hirnnerven die Sehbahn des Gehirns mit afferenten Signalen versorgen. Die unterschiedlichen Gruppen wirbelloser Tiere weisen eine Vielzahl von Augenformen auf, die ebenfalls mit Gehirnbereichen verbunden sind, in denen Bildanalyse geleistet wird. Besonders bei Insekten, Krebsen und Spinnen kann man einen hoch entwickelten Sehsinn nachweisen.

Seitenlinienorgane Wasserlebende Wirbeltiere, insbesondere Fische und Amphibien, analysieren Wasserbewegungen mit der Hilfe ihrer Seitenlinienorgane, die sich an beiden Seiten entlang der Körperachse sowie am Kopf befinden. Die strömungssensitiven Sinnesstrukturen sind die Neuromasten und die in ihnen angeordneten Haarzellen.

Sensibilisierung Die Wahrnehmung von Sinnesreizen ist nicht konstant, sondern sowohl ihre Intensität als auch ihre Qualität können variieren. Die Rezeption eines Reizes von konstanter Intensität kann verstärkt werden (Sensibilisierung), oder sie kann abgeschwächt werden (Adaptation). Sensibilisierung kann einerseits durch

Verstellung der Empfindlichkeit von Sinneszellen erreicht werden (periphere Sensibilisierung), ein Prozess, der die Detektionsschwelle der Sinneszellen senkt. Die verstärkte Wahrnehmung kann aber auch als Folge einer Modulation derjenigen neuronalen Netze auftreten, welche die afferenten Signale verarbeiten (zentrale Sensibilisierung).

Sensille Auf der Cuticula von Arthropoden befinden sich Sinnesorgane, mit denen diese Tiere unterschiedliche Parameter der Umwelt erfassen können, darunter Berührung, Luftbewegung, Vibration, Gelenkstellung, Geruchs- und Geschmacksstoffe, Pheromone, Temperatur und Luftfeuchte. Sensillen können sehr unterschiedliche Formen aufweisen (Haarsensillen, Kuppelsensillen, Spaltsensillen), beherbergen aber alle einen oder mehrere Dendriten sensorischer Neuronen, deren Membran an die spezifische sensorische Funktion angepasst ist. Die Detektion des adäquaten Reizes kann zudem durch vielfältige Perirezeptorstrukturen unterstützt werden wie beispielsweise einem mit Sensillenlymphe gefüllten Lumen, aber auch durch Cuticularporen und Skolopidialstrukturen (Skolopidien).

Sensor In der Sinnesphysiologie ist der Sensor die reizaufnehmende Struktur einer Sinneszelle. Typischerweise handelt es sich dabei um ein spezialisiertes Organell, in welchem Rezeptoren und Transduktionsprozesse konzentriert vorliegen, sodass die Reizenergie absorbiert und zur Erzeugung eines zellulären Signals eingesetzt werden kann. Beispiele für Sensoren sind die Außensegmente von Photorezeptoren, die Stereovillibündel (Stereovilli) der Haarzellen, die Cilien der Riechzellen und die Mikrovilli der Geschmackszellen. Auch die sensorischen Endigungen der somatosensorischen Neuronen mit ihren vielgestaltigen Endstrukturen zählen zu den Sensoren.

Signale Sinnesorgane wandeln Reize um in Signale. Bei Einwirkung eines Reizes entstehen zunächst zelluläre Signale in der Sinneszelle wie die Freisetzung von Botenstoffen und die Entstehung von Rezeptorpotenzialen. Dies führt zu neuronalen Signalen in afferenten Nervenfasern, welche die sensorische Information, codiert als zeitliche Abfolge von Aktionspotenzialen, dem zentralen Nervensystem zuleiten. Dort nehmen die Signale die Form von neuronaler Netzwerkaktivität an und werden auf vielfältige Weise weiterverarbeitet.

Sinnesmodalität Modalität

Sinnesorgan Für die Evolution der Sinnesleistungen war ein entscheidender Schritt, die direkte Umgebung von Sinneszellen optimal für die Detektion adäquater Reize zu gestalten. Sinnesorgane bieten eine günstige Umgebung durch ihre Perirezeptorstrukturen, welche den Zugang adäquater Reize zu den Sensoren der Riechzellen erleichtern, gleichzeitig aber die Einwirkung inadäquater Reize minimieren. Zudem optimieren die Perirezeptorstrukturen den Transduktionsprozess, leisten eine Vorsortierung der Reizqualität und ordnen den Fluss afferenter Signale.

Sinnesphysiologie Bei der Erforschung von Sinnesfunktionen liegt ein Schwerpunkt auf der Funktion von Sinnesorganen sowie der Kommunikation der Sinnesorgane mit dem zentralen Nervensystem. Dies ist der Arbeitsbereich der Sinnesphysiologie. Orientiert man sich am Signalfluss innerhalb der Sinnesmodalitäten, kann man folgende Forschungsschwerpunkte ausmachen: Reizdetektion, Transduktion, Signalverarbeitung, Kognition und Verhalten. Die ersten beiden Schwerpunkte gehören in die Disziplin der molekularen Zellbiologie (Biochemie, Biophysik), die sensorische Signalverarbeitung ist Teil der systemischen Neurowissenschaften, und die beiden letzten Schwerpunkte sind Themen der kognitiven Neurobiologie, der Psychologie und der Ethologie. Sinnesphysiologie als Teil der Humanphysiologie ist ein biomedizinisches Forschungsgebiet mit vielfältigen klinischen Bezügen. Die vergleichende Sinnesphysiologie untersucht die Sinnesfunktionen der Tiere.

Sinneszelle Jede Sinnesmodalität (Modalität) beruht auf den Eigenschaften eines Typs von Sinneszellen mit einem spezialisierten Sensor für einen adäquaten Reiz. Sinneszellen reagieren auf die Aktvierung ihres Sensors mit einem afferenten Signal, welches dem zentralen Nervensystem Informationen über die Umwelt oder über den eigenen Körper liefert. Manche Sinneszellen sind Neuronen (Photorezeptoren, Riechzellen, somatosensorische Neuronen), andere Epithelzellen (Haarzellen, Geschmackszellen) mit synaptischen Verbindungen zu afferenten Nervenfasern (Afferenz). Sinneszellen dienen als Reizdetektoren für definierte Sinnessysteme, können aber auch außerhalb dieser Systeme vorkommen. Gelegentlich wird in der Literatur eine Unterscheidung in primäre und sekundäre Sinneszellen getroffen, wobei nur Sinneszellen, die reizinduzierte Aktionspotenziale feuern, zu den primären Sinneszellen gezählt werden.

Skolopidien In den Mechanorezeptoren von Insekten bilden häufig drei Zelltypen zusammen als Sensor ein Skolopidium: ein oder mehrere Hüllzellen (Sinnesstifte, Skolopale), eine Kappenzelle und ein sensorisches Neuron, dessen Dendrit oder Cilien in die Hüllzellen eingebettet liegen. Mechanosensorische Skolopalorgane bestehen aus mehreren Skolopidien und können Verformungen der Cuticula, Dehnungen und Vibrationen detektieren.

Somatotopie Bei Wirbeltieren besitzen alle Regionen des Körpers Sinneszellen (somatosensorische Neuronen), deren afferente Signale im zentralen Nervensystem verarbeitet werden. Die Zuordnung von Gehirnbereichen zu den jeweiligen Körperregionen wird als Somatotopie bezeichnet. Die Größe eines jeden Gehirnbereichs spiegelt die Anzahl von Sinneszellen in der korrespondierenden Körperregion wider.

Statocyste Der Gleichgewichtssinn von wirbellosen Tieren beruht wesentlich auf Signalen aus Statocysten. Dabei handelt es sich um flüssigkeitsgefüllte Blasen mit einer Wand aus mechanosensorischen Sinneszellen, in der sich ein oder mehrere Sand- oder Kalkkörner (Statolithen) befinden. Diese Körner rollen immer zum tiefsten Punkt der Statocyste und machen dadurch die Körperlage relativ zum Gravitationsvektor erkennbar.

Stereopsis Das stereoskopische Sehen (Stereopsis) vermittelt eine verlässliche Tiefenwahrnehmung in der unmittelbaren Umgebung eines Tieres. Stereopsis beruht auf der binokularen Betrachtung eines nahen Objekts und dem dazu nötigen Schielen, der Zusammenführung der Blickachsen beider Augen zur Vermeidung von Doppelwahrnehmung (Disparation, Horopter).

Stereovilli Die Sensoren der Haarzellen von Wirbeltieren sind verlängerte, durch ein Actinskelett versteifte Mikrovilli ohne Basalkörper. Wegen ihrer Versteifung werden Stereovilli durch ihren adäquaten Reiz kaum verbogen, sondern werden in ganzer Länge um wenige Grad gekippt. Die herkömmliche Bezeichnung „Stereocilien" ist irreführend, da Stereovilli nicht über das für Cilien charakteristische Mikrotubuliskelett verfügen.

Subjektivität Die Wahrnehmung, das Erleben und die Beurteilung von Sinnesreizen werden bei Menschen durch die Selbstwahrnehmung beeinflusst und sind aus diesem Grund in einem gewissen Grad subjektiv – die Sinneswahrnehmung ist eigenbezogen. Der fundamentale Unterschied zwischen subjektivem Erleben und objektiver Betrachtung beruht sowohl auf den Eigenschaften der Sinnessysteme als auch auf Lernvorgängen und auf der aktuellen kognitiven Verfassung einer Person. Subjektiv erlebte Inhalte können bei Menschen mit den Methoden der Psychologie erforscht werden, sind bei Tieren aber nur schwer zugänglich. Manche Forscher halten es für prinzipiell unmöglich, subjektive Wahrnehmungsinhalte von Tieren zu verstehen, andere denken, dass diese Inhalte in Verhaltensmustern der Tiere erkennbar werden. Eine weitere Kontroverse betrifft die Frage, in welchem Stadium der Evolution der Tiere erste Formen von Selbstwahrnehmung und von subjektivem Erleben aufgetreten sind. Die Frage nach der Subjektivität steht damit im Zentrum aller Bemühungen, das Wesen der Tiere zu verstehen.

Tasten Der aktive Einsatz des Tastsinnes zur Erkundung der Umgebung wird als Tasten bezeichnet und wird durch Sinnesorgane mit besonders hoch entwickelter Mechanosensitivität geleistet. Solche Organe können die Antennen der Arthropoden sein, die Tasthaare der Spinnen, die Lippen von Fischen, die Vibrissen der Nagetiere, das Sternorgan des Sternmulles und die Hände von Primaten. Abzugrenzen ist das Tasten vom passiven Berührungssinn, der typischerweise nicht explorativ eingesetzt wird.

Telencephalon Bei der Verarbeitung sensorischer Signale bildet das Endhirn (Telencephalon) die höchste Verarbeitungsstufe. Im Endhirn adulter Wirbeltiere werden die ventral liegenden Basalganglien vom dorsalen Hirnmantel (Pallium) eingehüllt, der bei Säugetieren die Großhirnrinde (Cortex cerebri) bildet. Bei Vögeln zeigt das Pallium eine eigene Differenzierung (Arco-, Meso-, Nido-, Hyperpallium), leistet aber ähnliche Funktionen wie die Großhirnrinde der Säuger. Für das Riechsystem ist in erster Linie der entwicklungsgeschichtlich älteste Teil der Großhirnrinde, der zweischichtige Palaeocortex zuständig. Der jüngere Archicortex beinhaltet den Hippocampus, und der entwicklungsgeschichtlich jüngste Teil der Großhirnrinde, der sechsschichtige Neocortex, enthält die höchsten Verarbeitungszentren aller anderen Sinne, welche im Austausch mit Bereichen des Assoziationscortex die Wahrnehmung der Umwelt vermitteln.

Thalamus Der dorsale Teil des Zwischenhirns (Diencephalon) der Wirbeltiere wird vom Thalamus eingenommen, einer paarigen Struktur aus grauer Substanz, die eine Schlüsselrolle bei der Verteilung sensorischer Informationen auf unterschiedliche Bereiche des Hirnmantels spielt. Die spezifischen Kerne des Thalamus empfangen afferente Signale aller Sinnesmodalitäten (mit Ausnahme des Riechsinnes), leisten eine Vorverarbeitung und leiten die Signale in die sinnesspezifischen Cortexareale weiter. Dieser Signalfluss wird vom Thalamus im Schlafzustand unterbrochen. Unspezifische Kerne des Thalamus steuern mit regulatorischen Funktionen die thalamocorticale Kommunikation.

Theory of Mind Die Fähigkeit, sich kognitive oder emotionelle Vorgänge anderer Menschen vorzustellen, sich in andere Menschen hineinzuversetzen, ist für das Sozialleben der Menschen unentbehrlich und wird als Theory of Mind (ToM) bezeichnet. Dieser Begriff beschreibt den Vorgang, dass eine Person eine Hypothese (engl. *theory*) darüber aufstellt, was im geistigen Inneren (engl. *mind*) einer anderen Person gerade vor sich geht. Die Frage, ob auch Tiere über eine ToM verfügen, wird kontrovers diskutiert, Verhaltensbeobachtungen an Primaten, Rabenvögeln und Papageien stützen die Hypothese einer Verhaltenssteuerung durch eine ToM.

Thermorezeptor Die Sinneszellen des Wärmesinns werden als Thermorezeptoren bezeichnet. Man unterscheidet Kaltrezeptoren von Warmrezeptoren, beides primäre sensorische Neuronen, deren Entladungsrate durch Wärmefluss in ihren sensorischen Endigungen beeinflusst wird.

Thigmotaxis Viele Tiere, die sich in dunkler Umgebung bewegen müssen, orientieren sich durch ständigen mechanischen Kontakt mit Umgebungsstrukturen wie den Wänden ihres Baues. Eine solche Bewegungssteuerung durch den Tastsinn bezeichnet man als Thigmotaxis.

Tonotopie In Hörsystemen werden einzelne Frequenzbereiche an benachbarten Orten des Innenohres und der Hörbahn verarbeitet. Die Zuordnung eines „Tons" – einer Frequenz – zu einem bestimmten Ort bezeichnet man als Tonotopie. Eine räumliche Auftrennung von Frequenzen findet sowohl auf der Ebene der Detektoren statt als auch in den zentralen Verarbeitungszentren. Beispiele sind die Hörleisten und das zentrale auditorische Neuropil von Grillen sowie die Cochlea und der auditorische Cortex von Säugetieren.

***Top-down*-Prozess** *Bottom-up*-Prozess

Transduktion In der Sinnesphysiologie wird der Prozess der Umwandlung der Reizenergie in einen zellulären Prozess der Sinneszelle als Transduktion bezeichnet. Je nach Reizqualität und Sinnesmodalität spricht man bei Lichtsinneszellen von Phototransduktion, bei Riech- und Geschmackszellen von Chemotransduktion, bei Haarzellen und anderen Mechanorezeptoren von Mechanotransduktion. Das Resultat des Transduktionsprozesses ist im Allgemeinen ein Rezeptorpotenzial und die Entstehung eines afferenten Signals.

Transduktionskanäle Zur Entstehung eines afferenten Signals in Sinneszellen gehört eine reizinduzierte Änderung des Membranpotenzials, ein Rezeptorpotenzial. Dieser bioelektrische Teil des Transduktionsprozesses wird durch Transduktionskanäle unterschiedlicher Art geleistet. Oft handelt es sich dabei um durch zyklische Nucleotide gesteuerte Kationenkanäle (CNG, HCN), TRP-Kationenkanäle (*transient receptor potential*) oder mechanisch gesteuerte Kationenkanäle (MEC, Piezo, TMC).

Troglomorphie Tierarten, die dauerhaft in Höhlen leben, können troglomorphe Merkmale ausbilden, die charakteristisch für Höhlenbiotope sind. Dazu gehört der Verlust der Augen und die Rückbildung aller Pigmentierung.

Trommelfell Schallwellen können beim Auftreffen auf eine Membran Schwingungen erzeugen, welche durch Mechanorezeptoren detektiert und zur Schallanalyse eingesetzt werden können. Auf diese Weise entsteht aus einer Druckwelle ein neuronales sensorisches Signal. Die Membran – physiologisch: das Trommelfell (Tympanum) – wandelt die Druckenergie in mechanische Energie um. Dieses Prinzip der Schalldetektion durch Tympanalohren wird sowohl bei Arthropoden als auch bei Wirbeltieren für den Hörsinn genutzt.

Trophobiose Mutualistische Verhaltensformen zwischen zwei Arten, die durch Übergabe von Nahrung aufrechterhalten wird; Beispiel: Ameisen und Blattläuse.

Tropotaxis Klinotaxis

Tymbalorgan (Trommelorgan) Besonders Zikaden besitzen Tymbalorgane zur Erzeugung von lauten Vokalisationen, die über viele Meter hinweg hörbar sind.

Tympanalorgan Insekten nutzen Trommelfelle aus dünnen Cuticulamembranen zur Aufnahme von Schallenergie. Solche Tympanalorgane befinden sich im Kontakt mit dem Tracheensystem an unterschiedlichen Stellen des Körpers und registrieren Vibrationen auf dem Trommelfell (Tympanum) durch Skolopidien und mechanosensorische Neuronen.

Utriculus Der mit Endolymphe gefüllte kleine Vorhofschlauch (Utriculus) des häutigen Labyrinths im Innenohr beherbergt bei Säugetieren das Maculaorgan zur Messung der Linearbeschleunigung parallel zur Erdoberfläche.

Vestibularorgan Im Innenohr der Wirbeltiere bildet das paarige Vestibularorgan das Gleichgewichtsorgan mit drei Bogengängen zur Erfassung von Rotationsbeschleunigungen um alle Raumachsen sowie mit drei Maculaorganen (Sacculus, Utriculus, Lagena) zur Erfassung von Linearbeschleunigungen in alle Richtungen. Bei Säugetieren tritt eine Lagena nur in der Unterklasse der Protheria (Ursäuger) auf. Die Sinneszellen des Vestibularorgans sind Haarzellen, welche entweder in Ampullenorganen (Bogengänge) oder in Otolithenorganen (Maculaorgane) organisiert sind.

Vibration Wellenförmige Schwingungen von Substraten übermitteln vielen Tieren lebenswichtige Informationen, beispielsweise zur Lokalisierung anderer Tiere. Vibrationen können sich auf unterschiedliche Weise und mit unterschiedlichen Geschwindigkeiten ausbreiten, wobei Raleigh-Wellen an der Substratoberfläche, Biegewellen auf Blättern, Longitudinal- und Transversalwellen in Spinnennetzen sowie Wasserwellen an der Wasseroberfläche besonders wichtige Informationsträger sind.

Vibrisse Zum Tastsinn von Säugetieren gehören fast immer hochempfindliche Schnurrhaare an Nase und Augen, mit denen die Tiere sich im Dunkeln orientieren können. Solche meist beweglichen Tasthaare (Vibrissen) können aber auch in anderen Körperregionen vorkommen.

Vibroklinotaxis Zahlreiche Insekten und Spinnentiere können sich bei ihrer Fortbewegung an Vibrationen des Substrats orientieren. Solche Bewegungen werden als Vibroklinotaxis bezeichnet. Viele Arten nutzen Vibrationssignale zur innerartlichen Kommunikation.

Viszerozeption Die Viszerozeption (auch Enterozeption) ist eine Qualität der Sinnesmodalität Introzeption und umfasst Sinneszellen, die den Zustand der Organe erfassen und ihre Messwerte dem zentralen Nervensystem zuleiten.

Vokalisation Viele Tiere setzen artspezifische Lautäußerungen zur Kommunikation ein. Die Erzeugung solcher Laute (Vokalisation) kann durch Vokalisationsorgane ganz unterschiedlicher Art erfolgen und reicht von einfachen Kratz- und Knurrgeräuschen bis hin zum strukturierten Gesang der Singvögel.

Wahrnehmung Die durch die Sinnessysteme aufgenommenen Informationen lösen zunächst neuronale Aktivität im zentralen Nervensystem aus (Empfindung). Diese Aktivität kann Reflexe auslösen, kann aber auch mit anderen Informationen verrechnet zu Assoziationen, Erinnerungen, aktuellen kognitiven Prozessen führen, die als subjektive Erfahrung erlebt werden. Ein solches durch Sinneseindrücke ausgelöstes Erleben wird als Wahrnehmung (Perzeption) bezeichnet und die einzelnen Inhalte dieses Erlebens als Perzepte. Ob der Wahrnehmungsvorgang zu bewussten Perzepten führt, oder ob auch unbewusste Inhalte zu Wahrnehmungsprozess zählen, ist in der Psychologie nicht immer klar definiert (Qualia-Problem). Für die Erforschung von Wahrnehmungsvorgängen bei Tieren liegt bisher noch kein allgemein akzeptiertes Konzept vor. Es ist unklar, bei welchen Tiergruppen Begriffe wie Bewusstsein und Wahrnehmung anwendbar und zielführend sind und bei welchen diese Begriffe anthropomorphe Fehlbezeichnungen darstellen. Da Tiere ihre Wahrnehmungen nicht artikulieren können, muss die Forschung auf diesem Gebiet, die kognitive Ethologie, experimentelle Verfahren entwickeln, mit denen Wahrnehmungsvorgänge erkennbar werden.

Wahrnehmungselement Objekte können anhand einzelner Schlüsseleigenschaften identifiziert werden. Der Geruch eines Raubtieres ist eine solche Schlüsseleigenschaft. Bei Detektion dieses Geruchs ist ein Tier über die Präsenz eines gefährlichen Fressfeindes informiert, auch wenn es das Raubtier selbst nicht sieht. Ein Wahrnehmungselement (engl. *cue*) beinhaltet eine Teilinformation über ein Objekt; das kann ein Geruch, eine typische Form oder Farbe, ein Geräusch oder ein anderer Sinneseindruck sein. Ein entscheidender Punkt für die Wahrnehmungsforschung bei Tieren ist, dass ein Ter nicht notwendigerweise in der Lage sein muss, ein ganze Objekts mitsamt seiner Bedeutung wahrzunehmen. Es kann ebenso durch ein Wahrnehmungselement zu einem adäquaten Verhalten motiviert werden.

Weber-Fechner-Gesetz Ausgehend von der Erkenntnis, dass ein zur Detektion minimal erforderlicher Unterschied in der Reizintensität ΔR proportional mit der Reizintensität R ansteigt ($\Delta R/R = k$; Weber-Gesetz) beschreibt das Weber-Fechner-Gesetz $E = k \cdot \log \frac{R}{R_S}$ das lineare Ansteigen der empfundenen Reizintensität E bei einem exponentiellen Anstieg der Reizintensität R über die Reizschwelle R_s. Die Konstante k hat dabei einen charakteristischen Wert für jede Sinnesmodalität (Modalität).

Stichwortverzeichnis

A

B

C

D

E

F

G

H

I

J

K

L

M

N

O

P

Q

R

S

T

U

V

W

Z

MIX
Papier aus verantwortungsvollen Quellen
Paper from responsible sources
FSC® C105338

If you have any concerns about our products,
you can contact us on
ProductSafety@springernature.com

In case Publisher is established outside the EU,
the EU authorized representative is:
Springer Nature Customer Service Center GmbH
Europaplatz 3, 69115 Heidelberg, Germany

Printed by Libri Plureos GmbH
in Hamburg, Germany

तोड़ो, कारा तोड़ो
(औपन्यासिक जीवनी)

2

साधना

किताबघर प्रकाशन
नयी दिल्ली

2

साधना

तोड़ो, कारा तोड़ो

नरेन्द्र कोहली

ISBN—978-81-7016-148-6

प्रकाशक
किताबघर प्रकाशन
4855-56/24, अंसारी रोड, दरियागंज
नयी दिल्ली-110002

प्रथम संस्करण
1993

तेरहवां संस्करण
2021

आवरण
सतीश राय

मूल्य
छह सौ रुपये

मुद्रक
बी० के० ऑफसेट
नवीन शाहदरा, दिल्ली-110032

TORO, KARA TORO : 2 *(Sadhana)* (Novel in Hindi)
by Narendra Kohli
Price : Rs. 600.00

स्वामी शारदानंद,
महेंद्रनाथ गुप्त
तथा
मनमोहन राय के लिए;
उनकी सामग्री तथा प्रेरणा के लिए
कृतज्ञता सहित।

“मेरे बच्चे! मान लो एक कमरे में सोने का एक थैला रखा है और उसके पास ही दूसरे कमरे में एक चोर है, तो क्या तुम सोच सकते हो कि उस चोर को नींद आएगी? नहीं, कदापि नहीं—उसके मन में लगातार यही उथल-पुथल मची रहेगी कि मैं उस कमरे में कैसे पहुँचूँ तथा उस सोने को कैसे पाऊँ। इसी प्रकार क्या तुम सोच सकते हो कि जिस मनुष्य की यह दृढ़ धारणा हो गई कि इस माया के प्रसार के पीछे एक अविनाशी, अखंड, आनंदमय परमेश्वर है, जिसके सामने इंद्रियों का सुख कुछ भी नहीं है, तो उस परमेश्वर को प्राप्त किए बिना वह मनुष्य चुपचाप बैठ सकता है? क्या वह अपने प्रयत्न क्षण-भर के लिए भी स्थगित कर सकता है? कदापि नहीं—असह्य छटपटाहट के कारण वह पागल हो जाएगा।”

—रामकृष्ण परमहंस

ठाकुर की समाधि भंग हो गई। उनकी आँखें खुलीं और उनमें चेतना लौटी। वे प्रकृतिस्थ लग रहे थे और शिष्यों से चर्चा करने की मुद्रा में आ गए थे।

"स्थूल, सूक्ष्म, कारण और महाकारण।" वे बोले, "महाकारण में जाने पर चुप हैं। वहाँ बातचीत नहीं हो सकती।"

नरेंद्र समझ गया, ठाकुर आध्यात्मिक अनुभव की बात कर रहे हैं। अभी-अभी उनकी समाधि टूटी है। वे किसी उच्चतर आध्यात्मिक अनुभव से होकर सामान्य भूमि पर लौटे हैं। महाकारण···संभवतः सृष्टि के महाकारण की बात कह रहे हैं। ठाकुर की तो चर्चा करने की पद्धति यही थी। वे विद्यालय के शिक्षक के समान यह मानकर नहीं चलते थे कि उनके सामने बैठा छात्र कुछ नहीं जानता, इसलिए उसे सब कुछ उसकी बुद्धि, ज्ञान और समझ के अनुसार समझाना है।···कभी-कभी वैसा भी करते थे, किंतु जब समाधि के पश्चात् प्रकृतिस्थ होते थे तो उस भावक के समान होते थे, जिसने कुछ बहुत अद्भुत देखा हो, अनुभव किया हो और अब वह उसे अभिव्यक्ति देने के लिए तड़प रहा हो।···उस समय वे अध्यापक नहीं सर्जक कलाकार होते थे। अपने भीतर की सृष्टि को अभिव्यक्ति दे रहे होते थे।···भक्तों ने आत्मानुभव की चर्चा करते हुए कब चिंता की कि उनकी बात कोई समझ रहा है या नहीं, वे तो अपनी अनुभूति को बाँट रहे होते हैं।

"ईश्वर-कोटि, महाकारण में पहुँचकर लौट आते हैं।" ठाकुर कह रहे थे, "वे ऊपर चढ़ते हैं, फिर नीचे आ जाते हैं। वे ऊपर चढ़ भी सकते हैं और नीचे उतर भी सकते हैं। छत के ऊपर चढ़कर, फिर सीढ़ी से उतरकर, नीचे चल-फिर सकते हैं। अनुलोम और विलोम।···"

नरेंद्र समझ रहा था कि 'ईश्वर-कोटि' के माध्यम से ठाकुर अपनी ही स्थिति समझा रहे थे। वे अपनी इच्छानुसार सृष्टि और स्रष्टा के मध्य कहीं भी स्वयं को स्थिर कर सकते थे, किंतु यह उन साधकों की स्थिति नहीं थी जो अपनी उच्च आध्यात्मिक स्थिति से पतित हो जाते हैं, न उन साधकों की स्थिति थी जिनके लिए, एक बार आरोह करने के पश्चात् 'अवरोह' संभव नहीं रहता। ठाकुर तो उन ईश्वर-कोटि लोगों की बात कर रहे थे, जो भगवान् में रमे रहने के पश्चात् भी सामान्य व्यक्ति के धरातल पर उतर सकते हैं···

"सात मंजिला मकान है। किसी की पहुँच बाहर के फाटक तक ही होती है, किसी की भीतरी फाटक तक। जो राजा का लड़का है, उसका तो वह अपना ही मकान है। वह सातों मंजिलों पर घूम-फिर सकता है।" निश्चय ही ठाकुर ईश्वर-कोटि जीवों की तुलना राजकुमार से कर रहे थे। और फिर उन्होंने एक नया उदाहरण दिया, "अनार कई प्रकार के होते हैं—दीपावली पर जलने वाले बारूद के अनार! एक विशेष प्रकार का अनार होता है, जिसमें थोड़ी देर तो एक प्रकार की फुलझड़ियाँ छूटती हैं, फिर कुछ देर बंद रहकर दूसरे प्रकार के फूल निकलने लगते हैं, फिर किसी

और प्रकार के···।'' ठाकुर रुके, ''एक प्रकार के अनार वे हैं···आग लगाने के थोड़ी ही देर बाद वे भुस्स-से फूट जाते हैं। उसी प्रकार बहुत प्रयत्न करके कोई साधारण आदमी यदि ऊपर चला भी जाता है, तो वह लौटकर खबर नहीं देता। जीव-कोटि के जो साधक हैं, बहुत प्रयत्न करने पर उन्हें समाधि तो हो सकती है, परंतु समाधि के बाद न वे नीचे उतर सकते हैं और न उतरकर खबर ही दे सकते हैं।···'' ठाकुर बिना रुके ही कहते चले गए, ''एक हैं नित्य-सिद्ध की तरह। वे जन्म से ही ईश्वर की आकांक्षा करते हैं। संसार की कोई चीज उन्हें अच्छी नहीं लगती। वे होमा पक्षी होते हैं। अवतारों के संग आने वाले, नित्य-सिद्ध होते हैं, या फिर अंतिम जन्म वाले प्राणी···।''

नरेंद्र को लगा, ठाकुर आज बहुत कुछ कह देने को तत्पर थे। वे अपनी ध्यानावस्था की अनुभूतियाँ ही नहीं बाँट रहे थे, बहुत सारे संकेत भी दे रहे थे। उनसे स्पष्ट पूछे जाने पर कि क्या वे अवतार हैं, वे कभी प्रत्यक्ष उत्तर नहीं देते थे। उलटे प्रश्न को पलटकर वे स्वयं ही पूछ बैठते थे, ''वे जो कुछ लोग कहते हैं कि मैं अवतार हूँ, उस विषय में तुम्हारा क्या विचार है?''···किंतु आज वे स्वयं को अवतार ही नहीं, अपने साथ के लोगों को भी नित्य-सिद्ध अथवा अंतिम जन्म वाले लोग कह रहे थे। स्वयं नरेंद्र को तो वे कब से होमा पक्षी कहते ही थे···

''सहजानंद होने पर यों ही नशा हो जाता है, शराब पीनी नहीं पड़ती।'' ठाकुर पुनः बोले, ''माँ का चरणामृत देखकर मुझे नशा हो जाता है। ठीक उतना, जितना पाँच बोतल शराब पीने से होता है।···इस अवस्था में सब समय सब तरह का भोजन नहीं खाया जाता···!''

नरेंद्र उनकी वाणी के प्रवाह के साथ और नहीं चल पाया। शिलावत् मार्ग में अड़ गया, ''खाने-पीने के लिए जो कुछ मिले, वही बिना विचार के खाना अच्छा है।···'' और नरेंद्र सहसा सजग हो गया···एक बार पहले भी वह अपने कुछ मित्रों के साथ होटल में खा आया था। तब भी उसने ठाकुर से कुछ नहीं छिपाया था। उनके सम्मुख पड़ते ही उसने बता दिया था, 'महाराज! आज एक होटल में वह खा आया हूँ, जिसे साधारण लोग निषिद्ध भोजन कहते हैं।···'

ठाकुर ने दृष्टि उठाकर उसकी ओर देखा था और जैसे उसके मन के आर-पार देखते हुए समझ गए थे कि नरेंद्र वीरता जताने के लिए यह सूचना नहीं दे रहा था। वह तो उन्हें सूचित कर रहा था कि वह ऐसा कार्य कर आया है। अब यदि ठाकुर को उसे स्पर्श करने में अथवा उसके द्वारा उनके बर्तन अथवा घड़े इत्यादि के उपयोग में उन्हें कोई आपत्ति हो तो कह दें। कहीं यह न कहें कि उसने इन बातों को उनसे छुपाया···

'तुझे इसका दोष नहीं लगेगा। तूने निषिद्ध वस्तु खाई है, उससे मुझे कुछ भी बुरा महसूस नहीं हो रहा।' ठाकुर ने शेष लोगों की ओर इंगित किया, 'किंतु यदि इनमें से कोई आकर यही बात कहता, तो उसे मैं छू भी नहीं सकता था।'

किंतु आज स्थिति वह नहीं थी। आज नरेंद्र स्वयं ही अपनी बात पर चौंक उठा था···उसकी इस उक्ति के पीछे कहीं उसके परिवार की आर्थिक स्थिति तो नहीं बोल रही?···उसका परिवार इस स्थिति में ही नहीं था कि वह सोचे कि क्या खाना है, क्या नहीं। किसके हाथ का खाना है, किसके हाथ का नहीं···जहाँ भोजन के ही लाले पड़े हों, वहाँ यह कौन सोचता है कि भोजन कहाँ से आया और किसके माध्यम से आया।

किंतु ठाकुर का ध्यान उसके परिवार की आर्थिक स्थिति अथवा नरेंद्र की अपनी मनःस्थिति की ओर नहीं था। वे तो भक्त की आध्यात्मिक स्थिति की चर्चा कर रहे थे, ''यह बात एक विशेष अवस्था के लिए है। ज्ञानी के लिए किसी में दोष नहीं। गीता के मत से, ज्ञानी स्वयं नहीं खाता,

वह कुंडलिनी को आहुति देता है।···तुम्हारे लिए इस समय यह चल सकता है। तुम इधर भी हो और उधर भी। इस समय तुम सब खा सकते हो।' गाय-शूकर खाकर भी अगर किसी का ईश्वर की ओर झुकाव हो, तो वह धन्य है, और निरामिष भोजन करने पर भी अगर किसी का मन कामिनी और कांचन पर लगा रहे, तो उसे धिक्कार है।''

नरेंद्र को याद है। ठाकुर ने ऐसी ही बात एक बार पहले भी कही थी।···कुछ व्यापारी भक्त ठाकुर के दर्शन करने आए थे और मिस्री, पिस्ता, बादाम, किशमिश आदि वस्तुएँ भेंट कर गए थे। ठाकुर ने न तो उनमें से कुछ स्वयं ग्रहण किया, न उपस्थित किसी भक्त को ही दिया।

'ये व्यापारी लोग निष्काम भाव से दान करना नहीं जानते। एक बीड़ा पान देते समय भी सोलहों कामनाएँ जोड़ देते हैं। इस प्रकार सकाम दाता का अन्न खाने से भक्ति की हानि होती है।' ठाकुर ने कहा था।

'तो इन वस्तुओं का क्या होगा महाराज?'

'जा, नरेंद्र को दे आ। इन्हें खाकर भी उसे कोई हानि नहीं होगी।'

ठाकुर अब अपनी चर्चा कर रहे थे, ''मेरी इच्छा थी कि लोहारों के यहाँ की दाल खाऊँ। बचपन की बात है। लोहार कहते थे, ब्राह्मण खाना पकाना क्या जाने। खैर, मैंने खाया, परंतु उसमें लोहारी बू मिल रही थी।'' ठाकुर ने पुनः नरेंद्र की ओर देखा, ''वेदों और पुराणों में शुद्धाचार की बात लिखी है। वेदों और पुराणों में जिसके लिए कहा है कि यह न करो, इससे अनाचार होता है, तंत्रों में उसी को अच्छा कहा है।···'' उन्हें जैसे कुछ याद आ गया, ''मेरी कैसी-कैसी अवस्थाएँ बीत गई हैं। मुख आकाश और पाताल तक फैलाता था और तब मैं कहता था, 'माँ!' मानो माँ को पकड़ने के लिए आ रहा हूँ, जैसे जाल डालकर जबरदस्ती मछली पकड़कर खींचना। रामप्रसाद का एक गीत है न, 'अब की बार ऐ काली, तुम्हें ही मैं खाऊँगा।···मैं अच्छी तरह बता दूँगा कि रामप्रसाद काली का बेटा है। या तो मंत्र की सिद्धि ही होगी, या मेरा यह शरीर ही न रह जाएगा।'···पागल की-सी अवस्था हो गई थी मेरी—यह व्याकुलता है।''

नरेंद्र को अच्छा लगा···बात भोजन से हटकर भक्ति के पागलपन तक तो आई। विधि-निषेध की चर्चाओं में वैसे भी उसे कोई बहुत रुचि नहीं थी। उससे तो यह पागलपन ही अच्छा।···

उसने ठाकुर को आगे बोलने ही नहीं दिया। उसका स्वर जैसे उन्मादपूर्ण हो उठा, ''माँ! मुझे पागल कर दे। ज्ञान के विचार से मुझे कोई काम नहीं है।···''

पर ठाकुर आज बहुत मौज में थे। खूब बातें करना चाहते थे। लड़कों को भी उनकी बातें अच्छी लगती थीं। वे एक क्षण में भक्ति अथवा साधना का कोई गूढ़ रहस्य समझा रहे होते थे और अगले ही क्षण कोई रोचक कहानी आरंभ कर देते थे।···आज उनका मन पलट-पलटकर अपने पिछले दिनों की ओर जा रहा था। बोले, ''हाजरा किसी तरह भी विश्वास नहीं करना चाहता था कि ब्रह्म और शक्ति, शक्ति और शक्तिमान दोनों में अभेद है। जब वे निष्क्रिय हैं, तब उन्हें हम ब्रह्म कहते हैं, और जब सृष्टि, स्थिति और प्रलय करते हैं, तब उन्हीं को शक्ति कहते हैं। हैं वे एक ही वस्तु—अभेद।···तब मैंने प्रार्थना की, 'माँ! हाजरा यहाँ का मत उलट देना चाहता है। या तो तू उसे समझा दे, या उसे यहाँ से हटा दे।' उसके दूसरे ही दिन उसने आकर कहा, 'हाँ, मानता हूँ, विभु सब जगह है।' ''

प्रतापचंद्र हाजरा से ठाकुर का संबंध लड़के जानते थे। हाजरा ठाकुर के माध्यम से ही दक्षिणेश्वर आया था और अब ठाकुर से ही प्रतिस्पर्धा कर अन्य लोगों की दृष्टि में स्वयं को उनसे बड़ा बनाना

चाहता था। ठाकुर के साथ लगा-लगा, उनके भक्तों का आतिथ्य भी ग्रहण कर आता था और अवसर मिलते ही उनके शिष्यों और भक्तों की दृष्टि में उन्हें छोटा बनाने का प्रयत्न भी करता रहता था। ठाकुर भी अपने स्थान पर शिष्यों को उससे सावधान करते रहते थे। किंतु न तो उसे दक्षिणेश्वर से निकालने का आदेश देते थे, न उससे स्वयं को सर्वथा पृथक् ही कर लेते थे···

भवनाथ हँसा, "हाजरा की इसी बात पर आपको इतना दुःख हुआ था?"

"मेरी अवस्था बदल गई है।" ठाकुर बोले, " अब मैं वाद-विवाद नहीं कर सकता। इस समय मेरी ऐसी अवस्था नहीं है कि हाजरा जैसे लोगों के साथ तर्क और झगड़ा करता रहूँ।"

"आपने हृदय से भी तो यही कहा था।" नरेंद्र ने जैसे उन्हें याद दिलाया।

हृदयराम मुखोपाध्याय ठाकुर का भांजा था, जो उनकी सेवा और देखभाल के लिए दक्षिणेश्वर में लगभग पच्चीस वर्ष उनके साथ रहा था। नरेंद्र के पहली बार दक्षिणेश्वर आने से पहले ही, स्वामियों के आदेश से 1881 ई॰ में वह यहाँ से निष्कासित किया जा चुका था। नरेंद्र ने उसे कभी नहीं देखा था, किंतु ठाकुर तथा अन्य लोगों से उसके विषय में सुना बहुत था। नरेंद्र को अनेक बार आश्चर्य भी होता था। वह हृदय किस मिट्टी का बना हुआ था कि जिस ठाकुर के एक बार दर्शन मात्र से उन सबका मन इस प्रकार ईश्वरोन्मुख हो गया था, उनके साथ पच्चीस वर्ष रहकर भी उसके मन में वैराग्य नहीं जागा। वह धन, संपत्ति तथा अधिकार के मोह में धँसता चला गया। स्वयं को ईश्वर की इच्छा के अधीन न मानकर ठाकुर पर ही आधिपत्य स्थापित कर उन्हें अपनी इच्छानुसार चलने के लिए बाध्य करने का प्रयत्न करता रहा। उनसे लड़ता-झगड़ता रहा, उन्हें डाँटता-डपटता रहा···

"हाँ! यदु मल्लिक के बगीचे में आकर हृदय ने कहा, 'मामा! क्या मुझे रखने की तुम्हारी इच्छा नहीं है?' मैंने कहा, 'नहीं! अब मेरी वैसी अवस्था नहीं है कि तेरे साथ गला फाड़ता रहूँ।' "

नरेंद्र बातों ही बातों में अधलेटा-सा हो गया था। कुछ और विश्राम की स्थिति में आने के लिए वह पेट के बल चटाई पर लेट गया। ठाकुर की बातें सुनने में कैसा आनंद था···

तभी ठाकुर ने गाया, "श्री दुर्गा नाम का जप करो ऐ मन।"···

दिन चढ़ आया था। भोग की आरती का घंटा बजा। प्रसाद पाने के इच्छुक लोग अतिथिशाला की ओर बढ़ गए। मंदिर के कर्मचारी जहाँ प्रसाद पाते थे, आगंतुक भक्तों को भी वहीं प्रसाद दिया जाता था।

"जाओ, सब लोग वहीं जाकर प्रसाद पाओ।" ठाकुर ने अपने आसपास बैठे लोगों से कहा, और फिर वे नरेंद्र की ओर मुड़े, "नहीं! तू नहीं! तू यहीं भोजन कर।" उन्होंने कमरे से बाहर खड़ी वृंदा को पुकारकर कहा, "नरेंद्र और मेरे लिए, यहीं प्रसाद की व्यवस्था हो।"

नरेंद्र की इच्छा हुई कि कहे, उसके लिए विशेष रूप से यहाँ व्यवस्था क्यों करवा रहे हैं? वह भी वहीं अतिथिशाला में जाकर दूसरे लोगों के साथ ही प्रसाद पा लेगा।···किंतु फिर कुछ सोचकर, वह रुक गया।···पहले दिन से ही ठाकुर उसके खान-पान का विशेष ध्यान रखते थे। जब उसे स्वादिष्ट भोजन और मिठाइयों का तनिक भी अभाव नहीं था, तब भी वे कितने आग्रह से, अपने हाथों से उसे खिलाया करते थे···और अब तो सब कुछ बदल गया था।···उसके घर की आर्थिक स्थिति वे जानते थे। वे जानते थे कि नरेंद्र ने या तो खाया ही नहीं होगा, या भरपेट नहीं खाया होगा···या फिर उसे अपना मनपसंद सुस्वादु भोजन नहीं मिला होगा···शायद इसीलिए उन्होंने उसे

रोक लिया था कि वे स्वयं उसे अच्छी तरह भोजन करा सकें···शायद वे यह भी समझते थे कि अपने घर की इस आर्थिक स्थिति के कारण नरेंद्र बाहर खाने में संकोच करने लगा है कि कहीं कोई उसे लोभी न मान ले।···पहले दिन जो नरेंद्र उनके पास इस आग्रह के साथ आया था कि यदि उन्होंने रसगुल्लों से उसका भली प्रकार सत्कार नहीं किया, तो वह उनके कान उमेठ देगा, वह नरेंद्र अब दो दिन से भूखा होने पर भी अपनी जिह्वा से यह नहीं कहता कि उसे भूख लगी है, उसे कुछ खाने को चाहिए···

ठाकुर स्वयं उसे खिलाएँगे, तो उनके स्नेह और आग्रह के सम्मुख न नरेंद्र का संकोच टिक पाएगा, न उसकी सामाजिक सावधानियाँ।···नरेंद्र के अधरों पर सहज ही मुस्कान आ गई···ठाकुर ऊपर से जितने निर्लिप्त, असावधान और अजान लगते हैं, भीतर से वैसे हैं नहीं। उनकी करुणा न निर्लिप्त है, न असावधान और न अजान···

भोजनोपरांत विश्राम के पश्चात् ठाकुर भी बाहर बरामदे में आ बैठे। अपराह्न के दो बजे थे। बाहर बरामदे में बैठना, कमरे में बैठने की तुलना में कहीं अच्छा लग रहा था।

नरेंद्र की दृष्टि सहज ही उठी और उसने देखा कि उपस्थित लोगों में भवनाथ नहीं था। कहाँ गया वह? उसे बिना बताए, वह घर तो नहीं गया होगा। अभी यहीं कहीं होगा···किंतु कहाँ?···

उसे अधिक प्रतीक्षा नहीं करनी पड़ी। सहसा उसने देखा कि दक्षिण-पूर्व के बरामदे से भवनाथ चला आ रहा है···पर यह क्या? इसने यह कैसा वेश बना रखा है···यहाँ कोई स्वाँग होने वाला है या बहरूपियों का कोई तमाशा···? भवनाथ ने भगवा धारण कर रखा था। हाथ में कमंडलु था और वह इस प्रकार प्रसन्नचित्त दिखाई पड़ रहा था, जैसे उसे कोई असाधारण उपलब्धि हुई हो···

ठाकुर ने भी उसे देखा और उल्लसित होकर हँस पड़े, "उसके मन का यही भाव है—ब्रह्मचारी का। इसीलिए तो यह वेश धारण किया है।"

नरेंद्र ठाकुर का भाव समझता था। किसी को भी संन्यास की ओर प्रवृत्त होते देख—चाहे वह स्वाँग ही क्यों न हो—उन्हें हार्दिक प्रसन्नता होती थी। नरेंद्र ने जिस समय संसार त्यागने का संकल्प किया था, ठाकुर ने उसे रोक लिया था, किंतु उसके विवाह-विरोध से वे प्रसन्न ही थे।···

किंतु इस समय नरेंद्र अपने ही मन को ठीक-ठीक समझ नहीं पा रहा था···इस समय वह भोजन कर अलसाया हुआ-सा था?···अपने परिवार की परिस्थितियों के कारण इस सारे परिवेश से विरक्त-सा हो रहा था···हो सकता है, यह विरक्ति न हो, उकताहट और खीझ हो, जो उसे कहीं भी रमने नहीं दे रही थी, कहीं रस नहीं लेने दे रही थी। वह नहीं जानता था कि वह खीझा हुआ था, उखड़ा हुआ था या आक्रामक था।···एक सहज-सी वक्रता ने उसे घेर रखा था।···या भोजन और विश्राम के पश्चात् एक प्रकार की तृप्ति का अनुभव करता हुआ, वह हलके आह्लाद के मद की स्थिति में था···नहीं। यह तृप्ति और मद की स्थिति नहीं थी। तृप्ति या मद में व्यक्ति इस प्रकार हर किसी से रूठा हुआ नहीं होता···

कारण कुछ भी रहा हो, किंतु वह अनुभव कर रहा था कि न तो इस समय वह किसी गंभीर विषय पर सोचना चाहता था, न गंभीर चर्चा करना चाहता था।···ठाकुर ने भवनाथ के वेश को ब्रह्मचारी का वेश कहा था, और नरेंद्र का मन उस शब्द को सहज स्वीकार कर शांत नहीं हो रहा था। उसके मन में उसका प्रतिकार करने के लिए उसी शब्द के तौल पर 'वामाचारी' शब्द जन्मा था। मन में जो वाक्य बन गया था, उसे कहे बिना, वह रह नहीं पाया। अपनी झुँझलाहट को वक्रता और परिहास के आवरण में लपेटकर बोला, "भवनाथ ब्रह्मचारी बना है, तो मैं क्या बनूँ? वामाचारी?"

उसके वाक्य को परिहास मात्र मानकर सब हँस पड़े, किंतु हाजरा को अपनी विद्वत्ता जताने का अवसर मिल गया था। बोला, "वामाचार में पंच मकार और चक्र इत्यादि सब कुछ करना पड़ता है।"

हाजरा की चर्चा आगे नहीं बढ़ी। ठाकुर के चेहरे पर उभरी हलकी-सी वितृष्णा नरेंद्र की आँखों से छिप नहीं पाई थी। हाजरा के उथले ज्ञान और उसके उग्र प्रदर्शन से वे प्रसन्न नहीं थे। विशेषकर, जब उन्हें लगता था कि उनके अवस्यक शिष्यों पर उसका प्रतिकूल प्रभाव पड़ेगा।···वे स्वयं चुप थे, किंतु कोई और तो इस चर्चा को आगे बढ़ा ही सकता था। यदि कोई उसके पक्ष या विपक्ष में कुछ भी कह देता, तो हाजरा को अवसर ही नहीं, अधिकार भी मिल जाता कि वह उस चर्चा को आगे बढ़ाए···

किंतु ठाकुर ने वह संभावना भी समाप्त कर दी। वे उठकर खड़े हो गए और जैसे उन्माद में गा उठे, "माँ! अब मैं किसी अन्य लोभ में नहीं पड़ सकता, तुम्हारे अरुण चरणों को मैंने देख लिया है···।"

गीत थमा तो बोले, "राजनारायण चंडी-गीत बहुत ही सुंदर गाता है।"

कदाचित् यह भी संकेत ही था कि आगे की चर्चा वामाचार पर नहीं, राजनारायण अथवा चंडी-गीत पर ही होनी चाहिए।

तभी खड़ाऊँ की खट्-खट् हुई और सबकी दृष्टि उधर ही उठ गई।···खड़ाऊँ बजाते हुए एक संन्यासी उन लोगों की ओर आ रहे थे। ये साधु पंचवटी में ठहरे हुए थे। स्वभाव से क्रोधी थे। जिस-तिस को अभद्र गालियाँ देते थे। शाप देने की धमकियाँ देते थे।

"यहाँ आग मिल जाएगी क्या?"

ठाकुर ने साधु की ओर मुड़कर, हाथों को जोड़ माथे से लगा, उन्हें नमस्कार किया। नमस्कार के पश्चात् भी वे हाथों को उसी प्रकार जोड़े खड़े रहे, "आप मंदिर के किसी भी कर्मचारी से कहें, वह रसोई से आग ला देगा।"

"और तंबाकू?"

"उसके लिए तो गाँव में जाना पड़ेगा।"

साधु ने और कुछ कहना-सुनना आवश्यक नहीं समझा। उन्हें इस समय शायद तंबाकू की उग्र तलब थी। वे जैसे आए थे, वैसे ही खड़ाऊँ बजाते हुए लौट गए।

साधु को विदा करके ही ठाकुर ने अपने जुड़े हुए हाथ पृथक् किए।

साधु की आकृति-प्रकृति तथा हाव-भाव ने किसी के भी मन में उनके प्रति सम्मान उत्पन्न नहीं किया था। ठाकुर का इस प्रकार हाथ जोड़कर उन्हें अतिरिक्त सम्मान देना भी एक प्रकार का परिहास ही माना गया।

उसी परिहास को भवनाथ ने आगे बढ़ाया, "इस साधु पर आपकी बड़ी भक्ति है।"

"ये तमःप्रधान नारायण हैं।" ठाकुर भी हँसे, "वे ऐसे ही प्रसन्न हो सकते हैं।"

सारा वातावरण क्रीड़ा-प्रधान हो गया था। चर्चा-परिचर्चा अथवा भजन-गायन का वातावरण रह नहीं गया था। ठाकुर ने भी वैसी कोई इच्छा प्रकट नहीं की थी।

लाटू ने 'गोलोकधाम' खेलने के लिए गोटियाँ सजा लीं। लूडो के समान यह खेल लाटू को बहुत प्रिय था और ठाकुर की चर्चाओं के बहुत अनुकूल भी था। इसमें खिलाड़ी अपनी-अपनी गोटियों से बँधे हुए संसार से स्वर्ग, नरक तथा मोक्ष की ओर बढ़ते थे।

लाटू को नरेंद्र ने पहली बार रामचंद्र दत्त के घर में देखा था। राम दादा के अर्दली फूलचंद के गाँव का लड़का था लाटू। बिहार के छपरा जिले के एक ग्रामीण गड़रिए का बेटा। अनाथ होकर अपने चाचा के साथ छोटी-मोटी नौकरी के लिए कलकत्ता आया था और घरेलू नौकर के रूप में राम बाबू के घर में लग गया था। राम दादा के मुख से ही ठाकुर के उपदेश सुन-सुनकर वह ठाकुर से मिलने को आतुर हो गया था और आग्रहपूर्वक उनके साथ दक्षिणेश्वर आया था। ठाकुर ने उसमें साधु के लक्षण देखे थे और राम दादा से उसे माँग लिया था। 1881 में जब हृदयराम को मंदिर से निष्कासित कर दिया गया, तब से ही ठाकुर की सेवा का बहुत सारा कार्य लाटू ने सँभाल लिया था। ठाकुर ने भी उसे सेवक के रूप में ही ग्रहण नहीं किया था, उसका सारा भार अपने ऊपर ले लिया था। वह उनका सेवक भी था, शिष्य भी और पुत्र भी···

लाटू के साथ महेंद्र गुप्त और किशोरी 'गोलोकधाम' खेलने के लिए बैठे, तो हाजरा भी उसमें सम्मिलित हो गया। हाजरा उन सारी गतिविधियों में सम्मिलित होना चाहता था, जो उसे ठाकुर के इन शिष्यों में लोकप्रिय बना सकती थीं। वह कदाचित् ठाकुर को बता देना चाहता था कि जिन लड़कों को ठाकुर ने इतने प्रयत्नों से सहेजा था, वे ही लड़के उनकी तुलना में उसके कितने समीप थे।

ठाकुर खेल में सम्मिलित नहीं हुए, किंतु वे लौटकर कमरे में भी नहीं गए। खेल देखने के लिए वे उनके निकट खड़े अवश्य हो गए।

महेंद्र गुप्त और किशोरी की गोटियाँ पक गईं।

ठाकुर ने उन दोनों को नमस्कार किया, "तुम दोनों भाई धन्य हो।"

जैसे वे दोनों सचमुच ही आवागमन के चक्र से मुक्त हो गए हों। और फिर ठाकुर ने महेंद्र गुप्त के कंधे पर हाथ रख हलके से दबाया।

महेंद्र गुप्त समझ गया कि ठाकुर उससे एकांत में कुछ कहना चाहते हैं। वह अपने स्थान से उठ, शेष लोगों से कुछ हटकर खड़ा हो गया।

"अब मत खेलना।" ठाकुर धीरे से बोले।

महेंद्र गुप्त चकित-सा उन्हें देखता रह गया : क्या कह रहे हैं वे? सचमुच इस खेल को पुनः खेलने से मना कर रहे हैं, या भवसागर में पुनः लिप्त होने से मना कर रहे हैं? पर यह सब पूछने का अवसर नहीं था। वैसे भी महेंद्र गुप्त की प्रकृति इस प्रकार विवाद करने की नहीं थी। ठाकुर के आदेश के पीछे कोई तो कारण होगा ही, यह मानकर वह खेल से परे ही रहा।

हाजरा और लाटू की गोटियाँ चल रही थीं। हाजरा ने कौड़ियाँ फेंकीं। गिनकर गोटी आगे बढ़ाई। उसकी गोटी 'नरक' में जा पड़ी।

ठाकुर हँसे, "क्या हो गया हाजरा को?"

लाटू की गोटी, संसार वाले कोठे में थी। उसने कौड़ियाँ फेंकीं। एक ही वार में सातों कौड़ियाँ चित पड़ीं। उसकी गोटी लाल हो गई। लाटू उठकर आनंद के मारे नाचने लगा।

"लाटू को कितना आनंद है, देखो तो जरा।" ठाकुर ने कहा, "उसकी गोटी यदि लाल न होती, तो उसे कितना दुःख होता।" वे अत्यंत प्रसन्न थे, "ईश्वर की इच्छा ऐसी भी होती है कि सच्चे आदमी की हार कहीं नहीं होती। वे कहीं भी उसका अपमान नहीं होने देते।"

नरेंद्र को शुरू से ही लग रहा था कि ठाकुर उस खेल को मात्र खेल के रूप में नहीं देख रहे। वे तो जैसे सचमुच ही उसका जीवन से तादात्म्य कर रहे थे।···लाटू एक ही जन्म में जीवन-मरण

से मुक्त हो गया। महेंद्र गुप्त और किशोरी कई बार के प्रयत्न से अपने लक्ष्य पर पहुँचे, और हाजरा नरक में जा पहुँचा।···क्या है ठाकुर के मन में? क्या?···

ठाकुर अपने कमरे में जाकर छोटे तख़्त पर बैठ गए। उनके पीछे-पीछे नरेंद्र आया तो भवनाथ, बाबूराम तथा महेंद्र गुप्त भी साथ आ गए।

"आपने पंच मकार की बात पर हाजरा को चुप करा दिया," नरेंद्र भूमि पर बिछी चटाई पर बैठता हुआ बोला, "पर घोषपाड़ा और पंचनामी मतों के विषय में आप क्या कहते हैं?"

"तू क्या हाजरा का पक्ष लेकर मुझसे लड़ने आया है?" ठाकुर मधुर ढंग से मुस्कराए।

"नहीं।" नरेंद्र के स्वर में हलका-सा आवेश था, किंतु तत्काल ही वह भी किसी धृष्ट बालक के समान मुस्कराया, "हाजरा को लेकर आपसे मेरा मतभेद तो बना ही रहेगा, पर इस समय मैं घोषपाड़ा और पंचनामी मतों की बात···।"

ठाकुर ने नरेंद्र को देखा, जैसे कह रहे हों कि जो चर्चा मैं करना नहीं चाहता, उसके पीछे क्यों पड़े हो। फिर बोले, "ये लोग ठीक-ठीक साधना नहीं कर सकते। धर्म का नाम लेकर इंद्रियों को चरितार्थ करते हैं।" उन्होंने नरेंद्र की आँखों में देखा, "पर तुझे इन सब मतों के विषय में चर्चा करने की आवश्यकता नहीं है।···मेरा मातृ-भाव है, संतान-भाव। मातृ-भाव बड़ा शुद्ध भाव है। उसमें कोई विपत्ति नहीं है। भगिनी-भाव भी बुरा नहीं। स्त्री-भाव या वीर-भाव बड़ा कठिन है।" सहसा उनका स्वर धीमा और सहज हो गया, "ईश्वर के पास पहुँचने के अनेक मार्ग हैं। सभी मत अपने आप में मार्ग हैं, जैसे काली मंदिर जाने की बहुत-सी राहें हैं। इनमें भेद इतना ही है कि कोई राह शुद्ध है, कोई अशुद्ध। शुद्ध रास्ते से होकर जाना ही अच्छा है। मैंने बहुत-से मत देखे, बहुत-से पथ देखे। यह सब अब और अच्छा नहीं लगता। सब एक-दूसरे से विवाद किया करते हैं।" ठाकुर की दृष्टि और भी स्निग्ध हो गई, "यहाँ और कोई नहीं है, तुम सब अपने आदमी हो। तुम लोगों से कह रहा हूँ। अब मैंने यही समझा है कि वे पूर्ण हैं और मैं उनका अंश हूँ। वे प्रभु हैं और मैं उनका दास हूँ। कभी यह भी सोचता हूँ कि वे ही 'मैं' हैं, 'मैं' ही वह हूँ।"

ठाकुर मौन हो गए। एक सन्नाटा-सा छा गया, जैसे सब स्तब्धावस्था में हों।

किंतु तभी भवनाथ अत्यंत मंद तथा विनीत स्वर में बोला, "लोगों से मतांतर तो हो ही जाता है। तब मन को जाने कैसा तो लगने लगता है। मन बार-बार यही कहता है कि मैं सबसे प्रेम नहीं कर सकता।"

ठाकुर ने उससे सहमत-सा होते हुए सिर हिलाया, "पहले सबसे प्रीतिपूर्ण व्यवहार करने की चेष्टा करो। चेष्टा करने पर भी यदि संबंध मधुर न रह पाएँ, तो फिर उसकी चिंता नहीं करनी चाहिए। भगवान् की शरण में जाओ, उनकी चिंता करो। उन्हें छोड़कर साधारण मनुष्यों के लिए मन में दुःख लाने की क्या जरूरत है?"

भवनाथ के मन की शंका नहीं मिटी। बोला, "ईसामसीह तथा चैतन्य महाप्रभु का कहना है कि सबको प्यार करना चाहिए।"

"प्यार तो करना ही चाहिए, क्योंकि सबमें परमात्मा का ही वास है," ठाकुर बोले, "किंतु जहाँ दुष्टात्मा हों, वहाँ दूर से नमस्कार करना ही ठीक है।···और चैतन्य देव? उनके लिए भी तो एक गीत में है—'विजातीय लोगों को देखकर, प्रभु भाव-संवरण करते हैं।' फिर श्रीवास के घर से उनकी सास को बाल पकड़कर निकाल दिया था।"

"पर वह तो किसी दूसरे ने निकाला था।" भवनाथ ने उत्तर दिया।

"बिना उनकी सम्मति के क्या वह कभी ऐसा कर सकता था?" ठाकुर ने उससे पूछा, "यदि दूसरे का मन न मिले तो क्या रात-दिन बैठे हुए इसी की चिंता की जाए? जो मन भगवान् को देना चाहिए, उसे इधर-उधर लगाए रखकर, उसका व्यर्थ खर्च किया जाए? मैं कहता हूँ, 'माँ! मैं, नरेंद्र, भवनाथ, राखाल—किसी को नहीं चाहता, मैं तुम्हें चाहता हूँ। आदमी को लेकर मैं क्या करूँ? उन्हें पा लेने पर सबको पा जाऊँगा।' " ठाकुर रुककर हँसे, जैसे उन्हें कुछ याद आ गया हो, " 'रुपया मिट्टी है और मिट्टी ही रुपया है।' 'सोना मिट्टी है और मिट्टी ही सोना है।' यह कहकर मैंने त्याग किया था, गंगा जी में फेंक दिया था। बाद में डर गया कि लक्ष्मी जी को कहीं क्रोध न आ जाए। मैंने लक्ष्मी के ऐश्वर्य की अवज्ञा की थी, वे यदि मेरी खुराक बंद कर दें तो? तब कहा, 'माँ! बस तुम्हें चाहता हूँ, और कुछ नहीं।' उन्हें पाया, तो सब कुछ पा गया।"

इस बार भी भवनाथ ही सबसे पहले और सबसे उच्च स्वर में हँसा, "वह तो चालबाजी है महाराज!"

"हाँ, चालबाजी तो है। बुद्धि का माया-जाल।" ठाकुर भी हँस पड़े, "संसार भी तो भगवान् की माया ही है। एक व्यक्ति ने भगवान् से वरदान माँगा, 'मैं अपने पोते के साथ सोने की थाली में भोजन करूँ।' है न चालबाजी! एक साथ कई वरदान।"

"तो आप हाजरा से ही क्यों रुष्ट रहते हैं?" नरेंद्र ने अवसर देखकर ठाकुर को फाँसा, "वह भी तो माया के लिए जाल फैला रहा है।"

"वह तो पाखंड कर रहा है," ठाकुर बोले, "कहता है, मुझे ईश्वर चाहिए, और चाहता है रुपए! घर में ऋण है, इसलिए जप और ध्यान करता है। कहता है, ईश्वर रुपए देंगे।" उन्होंने नरेंद्र को देखा, "वह ईश्वर का ध्यान करता है या रुपयों का?"

"क्या ईश्वर किसी के मनोरथ की पूर्ति नहीं कर सकते?" नरेंद्र बोला, "क्या लोगों ने वरदान पाने के लिए तपस्या नहीं की? या तपस्या कर अपना मनचाहा वरदान नहीं पाया?"

"यह तो उनकी इच्छा है। उनकी इच्छा के आड़े कौन आ सकता है।" ठाकुर बोले, "किंतु प्रेमोन्माद के बिना हुए वे किसी का संपूर्ण भार नहीं लेते। छोटे बच्चे को देखो न, हाथ पकड़कर भोजन करने के लिए बैठा देते हैं। बूढ़ों को कौन देता है? भगवान् की चिंता में डूबकर, जब व्यक्ति अपना भार उठाने के योग्य नहीं रह जाता, तब ईश्वर उसका भार उठा लेते हैं।" ठाकुर के मन में हलका-सा आवेश था, "हाजरा स्वयं घर की खबर नहीं लेता। हाजरा के लड़के ने रामलाल से कहा है, 'बाबा से आने के लिए कहना। हम लोग उनसे कुछ माँगेंगे नहीं।' हाजरा की माँ ने रामलाल से कहा है, 'प्रताप से एक बार आने के लिए कहना।" हाजरा की माँ ने रामलाल के द्वारा मुझे भी कहलवाया है कि मैं हाजरा से गाँव जाने के लिए कहूँ। मैंने हाजरा से कहा भी, पर उसने कुछ ध्यान ही नहीं दिया।" ठाकुर ने बारी-बारी नरेंद्र, भवनाथ और महेंद्र गुप्त को देखा, "माँ का स्थान कितना ऊँचा है। चैतन्य देव ने कितना समझाया था, तब माँ को छोड़कर आ सके थे। शची ने कहा था, 'मैं केशव भारती को काट डालूँगी।' चैतन्य देव ने बहुत प्रकार समझाया। कहा, 'माँ! तुम्हारी आज्ञा जब तक न होगी, तब तक मैं न जाऊँगा, परंतु यदि मुझे संसार में रखोगी, तो मेरा शरीर न रह पाएगा। और माँ! जब तुम मुझे स्मरण करोगी, तभी मैं तुम्हें आ मिलूँगा। मैं पास ही रहा करूँगा। कभी-कभी तुमसे मिल जाया करूँगा।' तब शची ने आज्ञा दी।" ठाकुर तनिक रुके, "माँ जब तक थीं, तब तक नारद तपस्या करने के लिए नहीं निकल सके। माता की सेवा करते थे न! माँ की देह छूट जाने पर ही वे साधना के लिए

निकले थे।...'' उनकी विचार-तरंग अपने जीवन की ओर लौटी, ''...वृंदावन जाकर फिर वहाँ से लौटने की मेरी इच्छा ही नहीं हुई। गंगा माँ के पास रहने का विचार हुआ...।''

''वृंदावन में तो यमुना है महाराज!'' भवनाथ ने कहा, ''गंगा वहाँ नहीं है।''

''गंगा नदी नहीं रे! गंगा मैया एक वृद्धा साध्वी थी। मुझे बहुत प्यार करती थी।'' ठाकुर हँसे, ''सोचा, कलकत्ता न जाऊँगा। केवट का अन्न और कितने दिन खाऊँ? हृदयराम मुझे लौटा लाना चाहता था। उसी समय मुझे भी माँ की याद आ गई। बस सब ठाट बदल गया। माँ वृद्ध हो गई थी। सोचा, माँ की चिंता करने लगूँगा तो ईश्वर-तीश्वर का भाव सब उड़ जाएगा। अतएव चलकर माँ के पास ही रहना चाहिए। वहीं चलकर निश्चिंत होकर, ईश्वर-चिंता करूँगा।'' सहसा उन्होंने नरेंद्र की आँखों में देखा, ''तुम जरा हाजरा से कहो, तुम्हारा तो फ्रेंड है न।''

''क्या कहूँ?'' नरेंद्र जैसे किसी निद्रा से जागा।

''मुझसे उस दिन कहा था कि वह गाँव जाएगा। जाकर तीन दिन वहाँ रहेगा। फिर वह गया क्यों नहीं अपनी माँ के पास?''

''कहूँगा।'' नरेंद्र ने बहुत धीरे से कहा और वह अपने भीतर ही कहीं डूब गया।...ठाकुर तब से माँ की महत्ता का बखान कर रहे हैं। हाजरा की भर्त्सना कर रहे हैं कि वह अपनी माँ का भार नहीं लेता।...नरेंद्र भी तो माँ का ठीक से पालन-पोषण नहीं कर पा रहा।...क्या वे प्रकारांतर से उसे ही समझा रहे हैं? उपालंभ दे रहे हैं?...क्या करे नरेंद्र? माँ की चिंता छोड़े या ईश्वर की? पर माँ की चिंता वह कैसे छोड़ सकता है?...ठाकुर कहते हैं कि प्रेमोन्माद नहीं होने पर ईश्वर भी किसी का बोझ अपने ऊपर नहीं लेते।...

सहसा ठाकुर का कुछ उत्साही स्वर सुनाई दिया, ''आज घोषपाड़ा-वाड़ा की कैसी सब वाहियात बातें हुईं। गोविंद! गोविंद! गोविंद! अब जरा ईश्वर का नाम लो। उड़द की दाल के बाद पायस का लड्डू हो जाए। चल, गा नरेंद्र!''

यही ठीक था—नरेंद्र ने सोचा—उसकी चिंताओं को डुबो लेने का बल संगीत में ही था। उसने तब से यह क्यों नहीं सोचा?...व्यर्थ की ऊहापोह में पड़ समय गँवाता रहा।...

उसकी इच्छा हुई कि वह गाए और गाता ही चला जाए, 'निरंजन पुरुष पुरातन एक, तू उनमें अपना चित्त लगा दे...।'

2

नरेंद्र ने कपाट खोले और द्वार पर शरत् और शशि को खड़े देख आश्चर्य प्रकट किया, ''अरे, तुम लोग!'' वह एक ओर हट गया, ''मैं सोच ही रहा था कि इस शीत में इस समय कौन हो सकता है।''

''अब तो दोपहर होने को आई है।'' शरत् बोला, ''हम तो प्रातः से ही आपके पास आने का प्रयत्न कर रहे थे, किंतु देर होती गई और यह समय हो गया।''

''और मैं यह सोच रहा था कि कहीं ऐसा न हो कि आप कहीं निकल जाएँ और हम फिर आपकी संगति से वंचित रह जाएँ।'' शशि ने कुछ संकुचित किंतु शालीन स्वर में कहा।

नरेंद्र ने उन्हें कमरे में ला बैठाया।

"मुझमें ऐसा क्या है कि मैं तुम्हें घर पर न मिलता तो तुम लोग वंचित हो जाते!" नरेंद्र हँसा, "मैं तो स्वयं इन दिनों अत्यंत वंचित स्थिति में हूँ।" नरेंद्र ने अपने हाथ फैलाकर जैसे अपने परिवार की स्थिति प्रकट कर दी।

"आपके इस दुर्भाग्य से कौन परिचित नहीं!" शरत् ने अपनी दृष्टि चारों ओर घुमाई, "यह तो प्रभु की इच्छा है। किंतु ठाकुर ने बार-बार हमसे आग्रहपूर्वक कहा है कि हम आपसे मिलें, आपसे परिचय बढ़ाएँ, आपको जानें।"

नरेंद्र पुनः हँसा, "मुझमें ऐसा क्या है, जिसे जाना जाए! जानना तो ठाकुर को चाहिए। उन्हें जितना भी जाना जाए कम है। हम समझते हैं कि हम उन्हें बहुत जानते हैं, पूर्णतः जानते हैं, किंतु होता क्या है—वे एक नया वाक्य कह देते हैं और हमारे सामने ज्ञान का एक नया संसार खुल जाता है, और हम सोचने लगते हैं कि अरे! हम उन्हें जानते ही कितना हैं?"

नरेंद्र ने रुककर बारी-बारी शशि और शरत् को देखा, "मुझे तो लगता है कि उनके एक-एक वाक्य की व्याख्या की जाए तो बड़े-बड़े भाष्य तैयार हो जाएँगे···।"

"मुझे भी यह लगता है कि आपसे अधिक उनकी बात और कोई नहीं समझता।" शरत् ने कहा, "तभी तो ठाकुर बार-बार कहते हैं कि जाओ, नरेंद्र से मिलो।"

"और मैं कहता हूँ कि ठाकुर के चरणों में बैठो। उनकी बातों को सुनो। उन पर मनन करो।" नरेंद्र ने रुककर उनकी ओर देखा, "उस दिन प्रसंगवश वैष्णव धर्म की बात चली तो ठाकुर ने कहा, 'वैष्णव धर्म कहता है कि हमें तीन कामों के लिए सदा प्रयत्नशील रहना चाहिए—ईश्वर के नाम में रुचि, जीव के प्रति दया, और वैष्णव-पूजन। जो नाम है, वही ईश्वर है—नाम तथा नामी को अभिन्न जानकर निरंतर अनुरागपूर्वक नाम-स्मरण करना चाहिए। भक्त और भगवान्, कृष्ण और वैष्णव को अभिन्न समझकर, साधु-भक्तों की पूजा और वंदना करनी चाहिए, और कृष्ण का ही यह जगत्-संसार है, ऐसी धारणा हृदय में रखकर सब जीवों पर दया करनी चाहिए।'···और फिर ठाकुर की अर्धबाह्य दशा हो गई। उन्होंने जैसे स्वयं को धिक्कारा, 'जीव पर दया?···जीव पर दया? धत् तेरी! कीटाणु-कीट होकर तू जीव पर दया करेगा? दया करने वाला तू है कौन? नहीं! नहीं!! जीव पर दया नहीं। शिव-ज्ञान से जीव की सेवा कर।' "

नरेंद्र चुप हो गया। शरत् और शशि उसकी ओर देखते रहे···शायद वह कुछ और कहे। किंतु नरेंद्र तो जैसे अपनी बात पूरी करके मौन हो गया था।

"मैं इस बात की गंभीरता समझ नहीं पाया।" नरेंद्र को आगे कुछ न कहते देख शशि ने कहा।

"ओह!" नरेंद्र बोला, "मुझे ठाकुर की बात से अद्भुत प्रकाश दिखाई दिया।"

"क्या?" शरत् ने प्रश्न किया।

"जिस वेदांत ज्ञान को लोग शुष्क, कठोर और ममतारहित समझते हैं, उसे भक्ति के साथ सम्मिलित करके कैसे सहज, सरस और मधुर प्रकाश का उन्होंने दर्शन करा दिया।" नरेंद्र ने उत्तर दिया, "अद्वैत ज्ञान-लाभ करने के लिए संसार और समाज त्यागकर वन में जाना होगा और भक्ति-प्रेम आदि कोमल भावों को हृदय से उखाड़ फेंककर सदैव के लिए चित्त को निःसंग रखना होगा—ऐसी बात ही तो अब तक सुनता आया हूँ। फलस्वरूप ऐसा ज्ञान प्राप्त करने के लिए संसार और उसके प्रत्येक व्यक्ति को धर्म-मार्ग का बाधक जानकर उससे घृणा का भाव उत्पन्न होने से साधक के भटक जाने की संभावना रहती है, किंतु ठाकुर ने भावावेश में जैसा बताया, उससे जाना गया कि

वन से वेदांत घर में लाया जा सकता है। संसार के सभी कार्यों में उसका प्रयोग किया जा सकता है। मनुष्य जो भी कार्य करता है, करे। उसमें हानि नहीं। केवल यह बात समझ लेनी चाहिए कि ईश्वर ही जीव और जगत् के रूप में प्रकट होकर हमारे सामने विराजमान है। जीवन के प्रतिक्षण वह जिनके संपर्क में आता है, जिन्हें प्यार करता है, जिन पर श्रद्धा, सम्मान या दया करता है—वे सभी ईश्वर के अंश हैं, वे ईश्वर ही हैं। संसार के प्रत्येक व्यक्ति को यदि वह शिव-रूप समझ सके, तो स्वयं को बड़ा समझकर, उनके प्रति द्वेष, क्रोध, दंभ या दया करने का अवकाश कहाँ है? इस प्रकार सभी को शिव समझकर, जीवों की सेवा करने से चित्त शुद्ध होकर थोड़े समय में अपने को चिदानंदमय ईश्वर का अंश और शुद्ध-बुद्ध मुक्त स्वभाव समझ सकेगा···।''

शरत् श्रद्धा-भरे मन तथा नयनों से नरेंद्र की ओर निहार रहा था···ठाकुर ने जो बात कही थी, वह तो सबने सुनी थी, किंतु उसमें से यह अर्थ तो नरेंद्र ने ही पाया था।···पर वह उसका सारा श्रेय अपने गुरु को ही दे रहा था···गुरु कहते हैं कि उनका शिष्य महान् है और शिष्य अपने गुरु में असाधारण महानता देखता है···

''ठाकुर के उस उपदेश से भक्ति-पथ में भी विशेष प्रकाश दिखाई देता है।'' नरेंद्र पुनः बोला, ''जब तक ईश्वर को सर्वभूतों में नहीं देखा जाता, तब तक यथार्थ भक्ति अथवा पराभक्ति-लाभ करना साधक के लिए संभव नहीं होता। शिव या नारायण-ज्ञान से जीवों की सेवा करने से ईश्वर को सभी में व्याप्त देखकर, यथार्थ भक्ति-लाभ करके भक्त साधक थोड़े ही समय में कृतार्थ हो सकेगा। कर्म-योग या राज-योग के अवलंबन से जो साधक अग्रसर हो रहे हैं, उन्हें भी इस बात से विशेष प्रकाश दिखाई पड़ेगा, क्योंकि कर्म न करके जब देहधारी क्षण-भर भी नहीं रह सकता, तो शिव-ज्ञान से जीव-सेवा रूपी कर्मानुष्ठान ही कर्तव्य है, और उसे करने से ही वह शीघ्र अपने लक्ष्य पर पहुँचेगा।'' नरेंद्र जैसे भीतर-ही-भीतर किसी अद्‌भुत रस से तृप्त हो रहा था, ''भगवान् ने यदि अवसर दिया, तो जो गुरु से सुना है, उस अद्‌भुत सत्य का संसार में सर्वत्र प्रचार करूँगा। पंडित, मूर्ख, धनी-निर्धन, ब्राह्मण, चांडाल—सभी को सुनाकर मुग्ध करूँगा।''

''ठाकुर क्या बहुत कठिन साधना करवाते हैं?'' सहसा शशि ने बहुत विनीत भाव से पूछा।

''अरे, नहीं!'' नरेंद्र के मन का उल्लास उसके चेहरे पर आ गया, ''ठाकुर के साथ किस प्रकार आनंद से दिन बीतते हैं, दूसरों को समझाना कठिन है। खेल, हँसी, विनोद आदि साधारण विषयों द्वारा उन्होंने किस तरह निरंतर उच्च शिक्षा देकर अनजान में हमारे आध्यात्मिक जीवन के गठन में सहायता की है, इस संबंध में सोचने पर मुझे बहुत आश्चर्य होता है। बालक को सिखाते समय जिस प्रकार कोई शक्तिशाली पहलवान अपने को संयत रखकर, बालक के अनुरूप शक्ति प्रकाशित कर, कभी उसे बहुत प्रयत्न के द्वारा हराकर और कभी उससे स्वयं हारकर उसके मन में आत्मविश्वास उत्पन्न कर देता है, हमारे साथ व्यवहार करते हुए ठाकुर भी प्रायः वैसे ही भाव का आलंबन करते हैं। वे बिंदु के भीतर सदा सिंधु के दर्शन करते हैं। उसी प्रकार हम लोगों के अंतर्निहित आध्यात्मिक भाव का बीज फूल-फलों के रूप में परिणत होगा, इस बात को उसी समय वे 'भावमुख' में प्रत्यक्ष कर, सदा हमारी प्रशंसा किया करते हैं, उत्साह देते हैं और किसी खास वासना में फँसकर हम जीवन की उस महान् सफलता को कहीं खो न बैठें, इसलिए विशेष सावधानी के साथ हमारे प्रत्येक व्यवहार के प्रति ध्यान रखकर अनेक उपदेश देते हुए, हमें संयत रखते हैं। परंतु वे इतना ध्यान देकर हमें सदा नियमित रखते हैं, इस बात को मैं आरंभ में बिलकुल ही समझ नहीं पाया था। वही उनके शिक्षा-प्रदान तथा जीवन-गठन करने का अपूर्व कौशल है। ध्यान-धारणा

करते समय कुछ दूर अग्रसर हो मन जब अधिक एकाग्र होने का अवलंबन नहीं पाता था, तो उनसे पूछने पर वैसी स्थिति में उन्होंने स्वयं क्या किया था—हमें बताकर अनेक उपयुक्त उपाय कह देते थे। मुझे स्मरण है, किसी रात को ध्यान में बैठने पर आलम बाजार स्थित जूट मिल के भोंपू की आवाज से मन लक्ष्यच्युत और विक्षिप्त हो जाता था। उनसे इस बात को कहने पर उन्होंने उसी भोंपू की आवाज में मन को एकाग्र करने के लिए आदेश दिया और मैंने वैसा करके विशेष फल भी प्राप्त किया था।''

''आपको ध्यान करने में कभी कोई कठिनाई नहीं आई?'' शरत् ने कुछ विस्मय से पूछा।

''ऐसा तो नहीं है।'' नरेंद्र बोला, ''एक अवसर पर ध्यान करते समय शरीर को भूलकर, मन को लक्ष्य में समाहित करने में विशेष बाधा का अनुभव करके, मैं उनके पास उपस्थित हुआ। उन्होंने अपने, वेदांत के समाधि-साधन काल में श्रीमत् तोतापुरी से भ्रूमध्य में मन को एकाग्र रखने के लिए, जिस प्रकार का आदेश पाया था, उसी बात का उल्लेख करके अपने नखाग्र को मेरे भ्रूमध्य में जोर से गड़ाकर, उन्होंने कहा था, 'इस वेदना पर मन को एकाग्र कर।' फलस्वरूप मैंने देखा था कि उस आघातजनित वेदना के अनुभव को जब तक चाहें, मन में धारण किए रहा जा सकता है, और उस समय शरीर के किसी दूसरे भाग पर मन के विक्षिप्त होने की बात दूर रही, उन अंगों के अस्तित्व का ज्ञान तक नहीं रहता था। ठाकुर की साधना का स्थल—निर्जन पंचवटी के नीचे—हमारी ध्यान-धारणा का एक विशेष उपयोगी स्थान है। केवल ध्यान-धारणा ही नहीं, खेल-मनोरंजन में भी हम वहाँ कुछ समय बिताया करते हैं। उस समय भी वे हमारे साथ सहयोग कर, हमारा आनंदवर्धन किया करते हैं। हम वहाँ दौड़ते हैं, पेड़ पर चढ़ते हैं, मजबूत रस्सी के समान लटकती हुई माधवीलता के घेरे में बैठकर झूलते हैं। फिर कभी स्वयं पकाकर वहाँ वन-भोजन करते हैं। उस वन-भोजन के प्रथम दिन मैंने अपने हाथ से पकाया है, देखकर ठाकुर ने स्वयं भी भोजन ग्रहण किया था। यह जानकर कि वे ब्राह्मणेतर किसी दूसरे वर्ण के मनुष्य के हाथ का पकाया हुआ अन्न नहीं खाते हैं, मैं उनके लिए मंदिर का प्रसादी अन्न मँगवाने का प्रबंध कर रहा था, किंतु मुझे मना करते हुए, उन्होंने कहा, 'तेरे जैसे शुद्ध सत्वगुणी के हाथ का अन्न खाने से कोई दोष नहीं होगा।' बारंबार मेरे आपत्ति करने पर भी, उन्होंने मेरी बात नहीं मानी और मेरे हाथ का पकाया हुआ अन्न उस दिन ग्रहण किया था।''

''आपका कभी उनसे मतभेद नहीं होता?'' शशि बोला, ''कभी वे आपका विरोध नहीं करते?''

''ऐसा तो नहीं है।'' नरेंद्र जैसे ठाकुर को प्रत्यक्ष देख रहा था, ''हम दोनों में परस्पर प्रेम कितना भी क्यों न हो, किंतु मतभेद तो बहुत रहा है। मैं तो वर्षों उनसे लड़ता-झगड़ता रहा हूँ।'' नरेंद्र मुस्कराया, ''मैं विश्वविद्यालय में पाश्चात्य शिक्षा पाने वाला विद्यार्थी; और वे पाश्चात्य विचारों के संपर्क में कभी आए नहीं। मेरे मित्रों में भी पाश्चात्य विचारों के प्रति मेरा पक्षपात बहुत प्रसिद्ध था। मैंने जब गीता का अध्ययन किया और उसकी प्रशंसा करने लगा तो मित्रों ने विस्मित होकर, यह बात ठाकुर को बताई। ठाकुर प्रसन्न तो हुए किंतु मेरी खिल्ली उड़ाने से नहीं चूके।...''

''क्या कहा उन्होंने?'' शशि ने कुछ व्यग्र होकर पूछा।

''बोले, 'साहबों में किसी-किसी ने गीता के संबंध में वैसा मत प्रकट किया है, इसीलिए तो वह वैसा नहीं कह रहा?'

नरेंद्र ठहाका मारकर हँसा और तत्काल सहज होकर बोला, ''ठाकुर साधारण गुरु नहीं हैं। अपने शिष्यों से इतना प्रेम करते हैं। उनका अनुशासन तो करते हैं, किंतु किसी के व्यक्तित्व का दमन नहीं करते। मैंने जब कहा कि प्रसिद्ध देवी-देवताओं के सारे रूपों और भावों को मैं मनुष्य

की कल्पना मात्र मानता हूँ, तो उन्होंने पूछा, 'संसार के एक नियामक ईश्वर को तो मानते हो?' मैंने स्वीकार किया तो बोले, 'ईश्वर से प्रार्थना करो—हे ईश्वर! आप कैसे हैं, मैं नहीं जानता। आप जैसे हैं, उसी भाव से मुझे दर्शन दीजिए।—इस प्रार्थना को सुनकर वे निश्चय ही तुम पर कृपा करेंगे।' है संसार में कोई इतना उदार गुरु?"

शरत् और शशि, दोनों ही स्तब्ध-से नरेंद्र के सम्मुख बैठे थे। सच ही अद्‌भुत थे ठाकुर और अद्‌भुत था उनका यह शिष्य। इन्हें तो जितना अधिक जानते जाओ, उतना ही उनका महत्त्व बढ़ता जाता है।···

"मेरे गुरु प्रत्येक व्यक्ति को उसकी आवश्यकता और प्रकृति के अनुसार शिक्षा देते हैं।" नरेंद्र हँसा, "तुम्हें बलराम बसु के विषय में बताऊँ।" और जैसे वह एक विशेष समारोह के साथ बोला, "उपासना के समय मच्छर आदि के काटने से बलराम बसु चित्त-विक्षिप्त होने पर भी उसे मारते या भगाते नहीं थे। वे समझते थे, इससे धर्म-हानि होगी। एक दिन उन्होंने सोचा कि अनेक भावों से विक्षिप्त चित्त को श्री भगवान् में समाहित करना ही धर्म है, मच्छर आदि कीड़े-मकोड़ों की जीवन-रक्षा में उसे सदा नियुक्त रखना नहीं। अतः दो-चार मच्छर मारकर भी यदि कुछ समय के लिए चित्त को भगवान् में स्थिर रखा जा सके तो उससे अधर्म न होकर लाभ ही होगा।

"अहिंसा के प्रति उनके मन में बहुत आग्रह था। अब ऐंसी विपरीत धारणा के उदित होने पर संशय मिटा नहीं। ऊहापोह बढ़ गया। ठाकुर से समाधान पाने के लिए वे दक्षिणेश्वर पहुँचे। जाते-जाते सोचते रहे कि आज तक उन्होंने कभी ठाकुर को दूसरों के समान मच्छर मारते देखा है या नहीं? ऐसी एक भी घटना याद नहीं आई। उलटे स्मरण हुआ, हरी घास पर से किसी को चलते देखकर अपनी छाती पर आघात का अनुभव कर वे यंत्रणा से एक बार अधीर हो पड़े थे—तृणों में प्राण तथा चैतन्य, उनके नेत्रों में सुस्पष्ट और पवित्र भाव से प्रतिभासित हुए थे। मन में विचार आया, 'उनसे पूछने का लाभ? मेरा मन ही मुझे ठग रहा है और इसी कारण इस प्रकार की चिंता का उदय कर रहा है। फिर भी उनके दर्शन तो कर आऊँ, मन पवित्र हो जाएगा।'

"बलराम दक्षिणेश्वर पहुँचे। ठाकुर के कमरे के द्वार पर पैर रखते ही देखा—वे अपने तकिये से खटमल बीनकर उन्हें मार रहे थे। पास जाकर बलराम ने प्रणाम किया। ठाकुर बोले, 'तकिये में खटमल बहुत हो गए हैं। दिन-रात काट-काटकर चित्त में विक्षेप और निद्रा में बाधा उत्पन्न करते हैं। इसी कारण मार डाल रहा हूँ।' अब पूछने को कुछ नहीं रह गया था। ठाकुर के वचन और कर्म—दोनों ने ही बलराम के मन का संशय मिटा दिया था। परंतु वे स्तंभित होकर सोचते रहे कि वे पिछले दो-तीन वर्षों से ठाकुर के पास आते-जाते रहे हैं। दिन में आकर रात को लौटे, संध्या-समय आकर आधी रात तक रहे। सप्ताह में तीन-चार बार रहे, किंतु एक बार भी तो ठाकुर को ऐसा काम करते नहीं देखा—आज ऐसा कैसे हो गया? तब अपने अंतर में ही समाधान उत्पन्न हुआ और वे समझ गए कि इससे पूर्व ठाकुर को ऐसा करते देख, उनका भाव नष्ट होकर, ठाकुर पर अश्रद्धा हो जाती—इसलिए ठाकुर ने तो इस प्रकार का काम बलराम के सामने पहले कभी नहीं किया।"

"पर सबके व्यक्तित्व एक जैसे नहीं होते," शशि बोला, "कोई एक बात आपके लिए अत्यंत सहज हो सकती है, मेरे लिए नहीं हो सकती। साधना में, व्यवहार में, हम सब एक जैसे कैसे हो सकते हैं?"

"ठाकुर सबको एक जैसा मानते भी नहीं हैं," नरेंद्र बोला, "वे तो प्रत्येक व्यक्ति को उसके

गुण-दोष, उसकी क्षमता और सीमा देखकर ही आगे बढ़ाते हैं।'' नरेंद्र रुका। उसके चेहरे पर औचक ही मधुर मुस्कान प्रकट हुई, जैसे कोई रोचक बात याद आ गई हो, ''एक उदाहरण देता हूँ।'' वह बोला, ''नाव पर कलकत्ता से दक्षिणेश्वर आते हुए योगींद्र से एक व्यक्ति ने पूछा, 'कहाँ जा रहे हो?' 'रानी रासमणि के काली मंदिर में। श्री रामकृष्ण देव के पास।' योगींद्र ने बताया। 'वह तो पक्का ढोंगी है।' उस व्यक्ति ने कहा, 'अच्छा खाता है। गद्दों पर सोता है। धर्म-प्रचार के बहाने तमाम स्कूल-कॉलेज के लड़कों का भेजा चाट रहा है।' योगींद्र को उस व्यक्ति की बात बहुत बुरी लगी। मन में आया भी कि उसे फटकार दे। ठाकुर के विषय में यह सब कहने का उसे क्या अधिकार था! किंतु दूसरे ही क्षण वह शांत हो गया। उसकी प्रवृत्ति ही ऐसी है। स्वयं को समझा लिया कि ठाकुर का यथार्थ परिचय प्राप्त करने का प्रयत्न न कर, कितने ही लोग इस प्रकार द्वेष, ईर्ष्या अथवा किसी अन्य विपरीत भावना से उनकी निंदा करते ही रहते हैं। संसार ऐसे ही चलता है। आखिर योगींद्र किस-किससे लड़ता-झगड़ता रहेगा।···और वैसे भी ठाकुर को किसी की निंदा-स्तुति की क्या चिंता है! वे तो इससे विचलित होते नहीं तो योगींद्र ही क्यों लोगों से सिर-फुटौवल करता फिरे?···योगींद्र चुप रह गया। वह व्यक्ति भी बक-झककर शांत हो रहा। किंतु अपनी भीतरी उथल-पुथल से योगींद्र जीत नहीं पाया। ठाकुर को सामने देखते ही, उसका आवेश जाग्रत हुआ और उसने ठाकुर को सारी घटना सुना दी।

''सदा शांत रहने वाले ठाकुर, रुष्ट होकर उससे बोले, 'उसने मेरी वृथा निंदा की और तू सुनकर चुपचाप चला आया? शास्त्र में क्या लिखा है—जानता है? गुरु-निंदा करने वाले का सिर काट लेना चाहिए अथवा असमर्थ होने पर वह स्थान छोड़कर चले जाना चाहिए। और तू मिथ्या निंदा का प्रतिवाद तक नहीं कर सका मूर्ख!' ''

नरेंद्र ने रुककर शरत् और शशि की ओर देखा, ''किंतु ठाकुर प्रत्येक व्यक्ति से यह नहीं कहते कि गुरु की निंदा करने वाले का सिर काट डालो। योगींद्र के ही समान एक बार निरंजन नाव में दक्षिणेश्वर आ रहा था। यात्रियों के एक दल ने अपनी किसी चर्चा के मध्य ठाकुर की निंदा आरंभ कर दी। निरंजन का स्वभाव बहुत उग्र है। गुरु-निंदा सुनकर वह आपे से बाहर हो गया। उसने उनका अत्यंत तीव्र और उग्र प्रतिवाद किया। उस दल के लोग भी बहुत शालीन नहीं थे। निरंजन का प्रतिवाद सुनकर चुप हो जाने के स्थान पर वे और भी भड़क उठे। उनका व्यवहार देखकर निरंजन इतना क्रुद्ध हुआ कि नाव को डुबो देने के लिए उद्यत हो गया। निरंजन शरीर से दृढ़ और बलवान है। उसे तैरने का भी खूब अभ्यास है। वह नाव को उलटकर बहुत सुविधा से तैरता हुआ किनारे लग सकता था, किंतु नाव के अनेक यात्री गंगा में जल-समाधि पा जाते। उसका क्रोध देखकर लोग डर गए। निंदा करने वालों ने रो-धोकर किसी प्रकार उसे उसके संकल्प से विरत किया।

''वह दक्षिणेश्वर पहुँचा। उसको विचलित देखकर ठाकुर ने पूछताछ की। सारी कथा सुनकर ठाकुर ने उसे डाँटा, 'क्रोध चांडाल होता है। इस प्रकार क्या क्रोध के वशीभूत होना चाहिए? सज्जन व्यक्ति का क्रोध जल के दाग के समान होता है। उठता है और शांत हो जाता है। लोग जाने कैसी-कैसी और कितनी बातें कहते हैं। किस-किससे लड़ोगे और कहाँ-कहाँ लड़ोगे? ऐसे विषयों पर लड़ते-झगड़ते रहने से तो जीवन ही नष्ट हो जाएगा।' 'तो मैं गुरु की निंदा सुनकर चुप रह जाऊँ?' निरंजन ने पूछा। 'ऐसे समय में उन लोगों को कीड़े-मकोड़े समझ और उनकी बातों की उपेक्षा कर। क्रोध के वशीभूत होकर तू कितना बड़ा कुकर्म करने को कटिबद्ध हो गया

था, सोच तो जरा। झगड़ा यात्रियों से और डुबो देगा माझी-मल्लाहों को। भला उन्होंने तेरा क्या बिगाड़ा था?' ''

नरेंद्र की बातों का तार नहीं टूट रहा था। लगता था, न केवल वह अपने प्रवाह में बोलता जा रहा है, वरन् गुरु-चर्चा में उसे रस आ रहा था, ''ऊपर से देखने पर ठाकुर बड़े साधारण-से व्यक्ति दिखाई देते हैं। उनका व्यवहार भी अनेक बार अधपगले व्यक्ति का-सा होता है।···किंतु उनकी दृष्टि बड़ी सूक्ष्म है। वे छोटी-से-छोटी बात को देखते और परखते हैं। आवश्यकता के अनुसार कठोर और कोमल हो जाते हैं। कभी सब कुछ शिष्य की इच्छा पर छोड़ देते हैं और कभी उसे अपने आदेश से कण-भर भी हटने नहीं देते। योगींद्र को लेकर ही दो घटनाएँ सुनाता हूँ। तुम्हें अरुचि तो नहीं है न?''

''अरे, नहीं। एकदम नहीं।'' शरत् ने नरेंद्र के आकस्मिक प्रश्न से कुछ अकबकाकर कहा। ''उसके विपरीत मेरी तो रुचि बढ़ती जा रही है।''

नरेंद्र ने और प्रतीक्षा नहीं की। तत्काल अगली घटना आरंभ की, ''ठाकुर ने योगींद्र से कहा, 'झींगुर को पकड़, बाहर ले जाकर उसे मार डाल।' योगींद्र झींगुर को बाहर तो ले गया, किंतु उसने उसे मारा नहीं। सोचा, 'जब झींगुर को बाहर मैदान में छोड़ ही दिया है, तो इससे क्या अंतर पड़ता है कि वह जीवित है, या मर गया। कमरे में रहता तो किसी को कष्ट देता भी। मैदान में पड़ा, वह किसी को क्या कष्ट देगा। और यदि वह किसी को कष्ट नहीं दे रहा तो उसके प्राण क्यों लिए जाएँ? व्यर्थ की जीवहत्या क्यों?' योगींद्र लौटा तो ठाकुर ने पूछा, 'क्यों रे, झींगुर को मार डाला न?' योगींद्र यह तो समझ गया कि झींगुर को जीवित छोड़ना ठाकुर को अच्छा नहीं लगेगा, किंतु वह झूठ नहीं बोलता था। उसने संकुचित होकर उत्तर दिया, 'नहीं, महाराज! उसे जीवित ही बाहर मैदान में छोड़ आया हूँ।' 'मैंने उसे मार डालने के लिए कहा था, तूने उसे जीवित क्यों छोड़ दिया?' ठाकुर ने उसे डाँटा, 'जैसा करने को कहूँ, ठीक वैसा ही करना, नहीं तो भविष्य में गुरुतर विषयों में भी अपनी बुद्धि अड़ाएगा और बाद में पछताएगा।' ''

''कहा तो ठाकुर ने ठीक ही।'' शशि कुछ त्वरित ढंग से बोला, ''आदेश का पूर्ण पालन होना चाहिए। हो सकता है कि उसके पीछे कोई ऐसी बात हो, जो हमारी समझ में न आ रही हो।''

''ठीक यही बात है।'' नरेंद्र ने उसका समर्थन किया, ''वस्तुतः ठाकुर भी उसे यही समझाना चाह रहे थे। इसका अर्थ कहीं यह नहीं था कि वे उसकी स्वतंत्रता को दमित करना चाहते थे, अथवा अपनी इच्छा को वे उस पर बलात् थोपना चाहते थे। अपने आपको तो वे किसी पर आरोपित करते ही नहीं।'' सहसा नरेंद्र कुछ थमा, ''देखो, उसी योगींद्र को स्वतंत्र निरीक्षण-परीक्षण की कैसे अनुमति दी।''

''कैसे?'' शरत् पूर्ण तन्मयता से उसकी ओर देख रहा था।

''ठाकुर के पास दिन-भर रहकर, संध्या होते ही योगींद्र ने देखा कि सभी लोग एक-एक कर विदा ले, अपने-अपने घर चले गए। उनके पास आखिर कोई तो होना चाहिए। किसी प्रकार की कोई आवश्यकता होने पर, रात में उन्हें कष्ट हो सकता है। जब वहाँ कोई नहीं है, तो योगींद्र ही वहाँ क्यों न ठहर जाए?···बहुत सोच-विचारकर योगींद्र ने घर जाने के स्थान पर ठाकुर के पास रुकने का ही निश्चय किया। ठाकुर बहुत प्रसन्न हुए। अपनी प्रफुल्लता में वे योगींद्र को पास बैठाकर ईश्वर संबंधी वार्तालाप में इतने लीन रहे कि पता भी नहीं चला कि कब रात के दस बज गए।

ठाकुर ने जलपान किया और योगींद्र का भोजन समाप्त होने पर उसे कमरे में ही सोने का आदेश देकर, स्वयं भी लेट गए।

''लगभग आधी रात को उन्हें बाहर जाने की इच्छा हुई। उन्होंने देखा, योगींद्र गहरी नींद में सो रहा था। उसे जगाकर उसकी नींद खराब करना उन्हें उचित नहीं लगा। नींद टूटने पर उसे कष्ट तो होगा ही।...ठाकुर उठे और अकेले ही पंचवटी की ओर चले गए।

''योगींद्र भी बड़ी कच्ची नींद सोता था। ठाकुर के बाहर जाने का तो उसे पता नहीं लगा, किंतु उसके थोड़ी ही देर बाद उसकी नींद टूट गई। उसने देखा, कमरे के कपाट खुले थे। ठाकुर अपने स्थान पर नहीं थे। इतनी रात गए कहाँ गए वे? उसके मन में पहली बात यही आई कि संभव है कि शौच इत्यादि के लिए गए हों। उसने मन-ही-मन स्वयं को धिक्कारा—'यदि ठाकुर की देखभाल नहीं करनी तो उसके यहाँ सोने का क्या लाभ?' वह उठा...किंतु तभी उसने देखा, लोटा इत्यादि अपने स्थान पर पड़ा था। तो इसका अर्थ यह हुआ कि वे शौच के लिए नहीं गए थे।...तो क्या बाहर टहल रहे हैं?...योगींद्र बाहर आया। चाँदनी रात थी। आसपास कोई दिखाई नहीं दे रहा था। तो कहाँ गए ठाकुर? उसके मन में संदेह जागा—तो क्या ठाकुर नौबतखाने में अपनी पत्नी के पास चले गए हैं? क्या वे भी वैसे ही हैं, जैसे पाखंडी संन्यासी होते हैं? कथनी और करनी में इतना अंतर है?...वह संदेह, भय, संकोच इत्यादि भावों से अभिभूत हो गया, और उसने निश्चय किया कि अत्यंत कठोर और रुचि-विरुद्ध होने पर भी, वह सत्य को खोज ही निकालेगा। जिस व्यक्ति के चरित्र पर संदेह हो उसे वह गुरु नहीं मान सकता, और गुरु के चरित्र पर संदेह करने का पाप भी वह ढोना नहीं चाहता...

''वह एक कोने में खड़ा होकर नौबतखाने के द्वार की ओर देखने लगा। पर वहाँ तो कोई हलचल थी ही नहीं। न बाहर, न भीतर।...जैसे-जैसे समय बीतता जा रहा था, योगींद्र अपने मन के आवेगों से विक्षिप्त-सा होता जा रहा था। उसकी इच्छा हो रही थी कि वह ठाकुर को पुकारता हुआ सारे मंदिर में घूम जाए। कहाँ हैं ठाकुर?...पर तभी पंचवटी की ओर से खड़ाऊँ का शब्द सुनाई पड़ा, और उसके देखते-देखते ठाकुर आकर उसके सामने खड़े हो गए, 'क्यों रे! यहाँ कैसे खड़ा है?'

''अब योगींद्र को लज्जा और ग्लानि का ऐसा दौरा पड़ा कि उसके मुख से एक शब्द नहीं फूटा। उसने अपने निष्कलुष गुरु के चरित्र के विषय में कैसी कलुषित कल्पना की थी। संकोच के मारे उसकी आँखें ही ऊपर नहीं उठ रही थीं...

'' 'बहुत अच्छा। बहुत अच्छा।' ठाकुर बालकों के समान हँसे, 'साधु को दिन में देखना, रात में देखना। तब विश्वास करना।'

''योगींद्र समझ गया कि ठाकुर से कुछ भी छिपा नहीं है। वे उसके मन के संदेह को भाँप गए थे और उससे रुष्ट होने के स्थान पर उसे प्रोत्साहित कर रहे थे, 'साधु को दिन में देखना, रात में देखना। तब विश्वास करना...।' ''

नरेंद्र चुप ही नहीं हुआ, अपने भीतर कहीं बहुत गहरे डूब गया। शशि और शरत् पहले तो उसे देखते रहे, किंतु नरेंद्र तो जैसे उन दोनों की उपस्थिति को ही विस्मृत कर चुका था।

''चलें?'' उन दोनों की दृष्टि टकराई और वे सहमत हो गए। वैसे भी उन्हें बैठे घंटों हो गए थे। शाम ढलने को थी और शीत का कोप भी बढ़ रहा था।

''अच्छा, नरेन बाबू!'' शरत् ने खड़े होकर विदा होने की मुद्रा में हाथ जोड़ दिए, ''अब

हम चलें?''

''ओह! बहुत समय हो गया क्या?'' नरेंद्र की आत्मलीनता टूटी, ''मुझे यह रोग बहुत दिनों से है। कभी-कभी ऐसे ही अपने मित्रों की उपेक्षा कर जाता हूँ। आप बुरा नहीं मानिएगा।''

''नहीं! बुरा मानने की क्या बात है।'' शशि बोला, ''हमें बैठे बहुत समय भी हो गया है। ठंड बढ़ रही है। रात होने से पहले हमें घर तो पहुँच ही जाना चाहिए।''

''हाँ, संध्या तो हो गई।'' नरेंद्र उठ खड़ा हुआ, ''चलो, हेदुआ तालाब के निकट थोड़ी देर टहला जाए।''

शशि और शरत् अपनी मौन सहमति में उठ खड़े हुए। नरेंद्र ने वहीं से पुकारकर माँ से कहा कि वह अपने मित्रों के साथ बाहर जा रहा है। इस सूचना के उत्तर में महेंद्र बाहर का द्वार बंद करने के लिए आ गया।

मार्ग में नरेंद्र सर्वथा मौन ही नहीं, पूर्णतः आत्मलीन ही रहा। हेदुआ तालाब का जल छूकर जैसे वह कुछ सजग हुआ। किंतु अब भी वह अपने मित्रों के प्रति जैसे अचेत ही था। जिस अपूर्व आनंद को अब तक वह अपने भीतर समेट उस पर मौन की मुहर लगाए हुए था, कदाचित् वह उसी के प्रति जागरूक हो उठा था और अब उसे अपने भीतर छुपाए रखने में सक्षम नहीं था। उसके मन के भाव जैसे पिघल-पिघलकर गीत के रूप में प्रवाहित हो रहे थे। नरेंद्र ने अपने किन्नर कंठ से गाया···

''प्रेम धन बिलाय गोरा राय!
चाँद निताई डाके आय आय!
(तोरा के निबि रे आय।)
प्रेम कलशे-कलशे ढाले, तबु न फुराय।
प्रेमे शांतिपुर डुबु डुबु
नदे भेसे जाय!
गौर प्रेमेर हिल्लोलेते
नदे भेसे जाय।''

नरेंद्र को लगा, उसने गीत में कह तो बहुत कुछ दिया है, फिर भी कदाचित् बात पूरी नहीं हुई है। वह अभी पूरी तरह से अपनी सम्मोहनावस्था से बाहर भी नहीं निकला था। जैसे स्वयं अपने आपको ही संबोधित करता हुआ बोला, ''सचमुच ही बाँट रहे हैं। प्रेम कहो, भक्ति कहो, ज्ञान कहो, मुक्ति कहो···गौरांग राय जिसे जो देना चाहते हैं, उसे वही दे रहे हैं। कैसी अद्भुत शक्ति है!''

शशि और शरत् को तनिक भी संशय नहीं था कि नरेंद्र का गीत और उसके ये सारे उद्‍गार ठाकुर से ही संबंधित थे। और दूसरा कौन-सा गौरांग राय उनके मध्य उपस्थित उनमें प्रेम, भक्ति, ज्ञान और मुक्ति बाँट रहा था···नरेंद्र ने भले ही ठाकुर का नाम नहीं लिया था, किंतु इस समय उसके मन-प्राणों पर वे ही छाए हुए थे। आज जिस प्रकार उसने उनके विषय में विभिन्न घटनाएँ सुनाई थीं, उसके पश्चात् इस संशय के लिए अवकाश ही कहाँ था कि उसके मन-प्राणों का स्वामी कौन है···

कुछ क्षण मौन रहकर नरेंद्र पुनः बोला, ''रात को कमरे के किवाड़ लगाकर मैं बिछौने पर

पड़ा था। एकाएक आकर्षित कर दक्षिणेश्वर में हाजिर करा दिया···शरीर के भीतर जो है, उसी को। उसके बाद अनेक बातें और उपदेश सुनाकर फिर लौटा दिया। सब कर सकते हैं···दक्षिणेश्वर के गौरांग राय सब कुछ कर सकते हैं।"

अब तो रंच मात्र भी संशय नहीं रह गया था कि नरेंद्र ने अपनी इस सम्मोहित स्थिति में केवल ठाकुर की ही चर्चा की थी। यह केवल चर्चा मात्र नहीं थी, यह मात्र प्रशंसा भी नहीं थी। यह तो उनके संबंध में असाधारण और अद्‌भुत अनुभवों को शशि और शरत्‌ के साथ बाँटना था, उनका सह-अनुभव करना था···

संध्या का झुटपुटा अंधकार में बदला और अंधकार घना होता गया।···शरत्‌ ने अनुभव किया कि वे एक-दूसरे को देख भी नहीं पा रहे थे।···साथ ही उसने यह भी अनुभव किया कि उसकी आवश्यकता भी नहीं थी। नरेंद्र के ज्वलंत भावों ने उसके अंतर में प्रविष्ट हो, एक अलौकिक उन्माद उत्पन्न कर दिया था, जिससे मन और शरीर जैसे डोलने लगे थे और इतने दिनों से देखा तथा इंद्रियों और मन से अनुभव किया हुआ प्रत्यक्ष जगत्‌ मानो बहुत दूर का कोई स्वप्नलोक बन गया था।···अहेतुकी कृपा की प्रेरणा से अनादि-अनंत ईश्वर शांत होकर उदित हो गए थे। जीव के संस्कार-बंधन को विनष्ट करके, धर्म-चक्र का प्रवर्तन-रूप सत्य प्रत्यक्ष होकर सामने खड़ा हो गया था।···लोग तो मानते थे कि यह कुछ स्वप्नदर्शी लोगों की मिथ्या कल्पना मात्र थी, पर नहीं, वह तो सत्य था···और शायद वही सत्य था, शेष सब कुछ मिथ्या था···मिथ्या नहीं भी था तो उस मात्रा में सत्य तो नहीं ही था, जितना सत्य ईश्वर था···

समय कैसे और कहाँ बीत गया, पता ही नहीं चला। जब स्वयं अकाल पुरुष अपने सत्य होने का आभास दे रहा था, तो काल का क्या साहस था कि वह अपनी पद्‌चाप सुनाता।

नौ बज गए। घंटों की ध्वनि ने शरत्‌ और शशि को चौंकाया। घर जाने की यद्यपि कोई इच्छा नहीं थी, फिर भी उन्हें विदा तो होना ही था।···

तभी नरेंद्र ने कहा, "चलो, तुम्हें थोड़ी दूर तक पहुँचा आऊँ।"

शरत्‌ और शशि की तो जैसे मनोकामना पूरी हो गई। वे न तो नरेंद्र से विलग होना चाहते थे और न ही अब और घर से दूर रहना चाहते थे। नरेंद्र के इस प्रस्ताव से उन्हें दोनों इच्छाएँ पूर्ण करने का अवसर मिल गया था।···

"नरेंद्र!" चलते-चलते सहसा शशि ने नरेंद्र को नाम से संबोधित किया और तत्काल रुककर पुनः बोला, "मैं आपको नाम से संबोधित कर सकता हूँ न?"

"क्यों नहीं? क्यों नहीं?" नरेंद्र उल्लसित स्वर में बोला, "आखिर तो हम सब मित्र हैं, भाई हैं। एक ही गुरु की मानस संतान हैं। इसमें इतने बड़े-छोटे की क्या बात है। जहाँ तक अवस्था का विचार है, मैं तुमसे छह महीने ही तो बड़ा हूँ।"

"मैं भी यही सोच रहा था," शशि ने उत्तर दिया, "तो नरेंद्र! मेरे मन में कभी-कभी आधुनिक शिक्षा को लेकर उलझन होती है। जो शिक्षा हम कॉलेज में प्राप्त कर रहे हैं, उसकी दृष्टि से सोचें तो लगता है कि हम एक संन्यासी की बातों में आकर अपना जीवन नष्ट कर रहे हैं, और अपने गुरु से प्राप्त ज्ञान की दृष्टि से सोचें तो लगता है कि हम कॉलेज क्या करने जाते हैं? तुम इस विषय में क्या सोचते हो?"

नरेंद्र ने क्षणभर जैसे अपने भीतर डुबकी लगाई और बोला, "उस प्रत्येक क्षण को, जिसमें मैं किसी अन्य विषय का चिंतन करता हूँ, अपनी हानि समझता हूँ, भले ही उस चिंतन के विषय

भौतिक विज्ञानों के आश्चर्य ही क्यों न हों। जो बातें मुझे इस सत्य से दूर हटाती हैं, वे सब व्यर्थ हैं। चाहे तुम एक देवदूत के समान ज्ञानी हो अथवा एक पशु के समान अज्ञानी हो, प्रत्येक दशा में यह जीवन क्षणभंगुर है, चाहे तुम एक फटे-पुराने कपड़ों वाले मनुष्य के समान निर्धन हो, अथवा तुम्हारे पास धनकुबेर की संपत्ति हो, तो भी जीवन क्षणभंगुर है, चाहे सड़क पर भटकने वाले किसी साधारण मनुष्य के समान तुम्हारी दुर्दशा हुई हो अथवा तुम करोड़ों पर राज्य करने वाले सम्राट् हो, परंतु जीवन क्षणभंगुर ही है, चाहे तुम अत्यंत स्वस्थ हो अथवा दुर्बल से भी दुर्बल हो, तिस पर भी जीवन क्षणभंगुर ही है, और चाहे तुम्हारा स्वभाव अत्यंत काव्यमय हो अथवा क्रूर हो, जीवन प्रत्येक दशा में क्षणभंगुर ही है। हिंदुओं के अनुसार जीवन-समस्या का एक ही समाधान है, और वह है ईश्वर तथा धर्म। यदि ईश्वर और धर्म को सत्य मान लिया जाए तो जीवन का अर्थ स्पष्ट हो जाता है, जीवन निबाहने योग्य तथा आनंदमय हो जाता है, और नहीं तो वह बोझ के सदृश ही रहता है।''

''मैं तुमसे सहमत हूँ।'' शशि ने पुनः कहा, ''किंतु शिक्षा हमें तर्क करना सिखाती है···और···''

''और यह तर्क से सिद्ध नहीं होता?'' नरेंद्र ने पूछा।

''हाँ।''

''ठीक कहते हो।'' नरेंद्र ने उत्तर दिया, ''मैं भी यह अनुभव करने लगा हूँ। किंतु यह भी समझने लगा हूँ कि यह हमारा भाव है। कितना भी तर्क करके उसे सिद्ध नहीं किया जा सकता। उससे अधिक-से-अधिक यही बतलाया जा सकता है कि वह संभव है। ज्ञान के किसी क्षेत्र में उच्च से उच्च तर्कना के द्वारा किसी वस्तु का अस्तित्व केवल संभव ही सिद्ध किया जा सकता है, इससे अधिक नहीं। भौतिकशास्त्र द्वारा स्थापित अनेक सिद्धांत संभव ही कहे जा सकते हैं, तथ्य नहीं। तथ्य केवल ज्ञानेंद्रियों के विषय होते हैं, और तथ्यों की प्रत्यक्ष उपलब्धि आवश्यक है। इसी प्रकार धर्म और ईश्वर को सत्य मानने के लिए हमें उनका प्रत्यक्ष अनुभव करना चाहिए। स्वयं अपना अनुभव ही हमें इन बातों की सच्चाई सिद्ध करा सकता है···तर्क-वितर्क अथवा अन्य कोई चीज नहीं। प्रत्यक्ष अनुभव ही हमारे विश्वास को पर्वत के समान दृढ़ बना सकता है। और यही मेरी तथा हम भारतवासियों की भावना है।···''

नरेंद्र की वाणी रुकी तो शरत् और शशि की भी तन्मयता टूटी। वे लोग नरेंद्र की बातों में ऐसे खो गए थे कि चाँपातला तक आ गए। नरेंद्र उन्हें कुछ दूर तक पहुँचाने आया था, किंतु वे तो शरत् के घर तक ही आ गए थे···नरेंद्र को इतनी दूर तक ले आना तो उचित नहीं था। उसने सारी संध्या उन लोगों के साथ बातों में काट दी थी। कुछ खाया भी नहीं था।···उसे अवश्य ही भूख लगी होगी। उन्होंने उसे घर से चलते हुए, अथवा हेदुआ तालाब के पास से ही विदा कर दिया होता, तो वह अब तक भोजन कर चुका होता। उसे इस प्रकार भूखा रखना तो उचित नहीं हुआ···अब ले ही आए हैं तो उसे घर के बाहर से विदा कर देना न मानवता है, न शिष्टाचार। उसे घर में बुलाकर कुछ जलपान अवश्य करा देना चाहिए···

शशि और शरत् आग्रहपूर्वक नरेंद्र को घर के भीतर ले आए।

नरेंद्र ने कोई विशेष आपत्ति नहीं की। वह सहज भाव से ही उनके साथ घर में प्रविष्ट हुआ, किंतु सहसा रुककर बोला, ''मैं इस मकान को पहले देख चुका हूँ। इसमें कहाँ से किधर जाना पड़ता है, कौन-सा कमरा कहाँ है—यह सब मेरा पूर्व-परिचित मालूम होता है—आश्चर्य!''

शरत् भी चकित हुआ, ''पर तुम पहले कभी इस मकान में आए तो नहीं?''

''नहीं। कभी नहीं।''

"तो फिर मकान परिचित कैसे लगता है?"

"कह नहीं सकता, यह सब क्या है।" नरेंद्र हँसा, "किंतु मुझे इस प्रकार के अनुभव होते रहते हैं, जैसे यह सब मैंने अपने पूर्वजन्म में देखा हो।..."

"क्या पिछले जन्म के अनुभव याद रह सकते हैं?" शशि ने चकित भाव से पूछा।

"यह तो ठाकुर ही जानें।" नरेंद्र बोला, "या...या भविष्य में देखे जाने वाले स्थानों का मैं पूर्वाभास पा जाता हूँ।..."

शरत् और शशि अवाक् खड़े नरेंद्र को देखते रह गए...क्या यह सब ठाकुर की कृपा थी?...

नरेंद्र ने जलपान की तश्तरी उठा ली और वह जोर से हँसा, "तुम लोग मुझे इस प्रकार आश्चर्यपूर्वक देखते रहोगे तो मैं कुछ खा कैसे पाऊँगा?"

3

ठाकुर की जन्मतिथि तो गत सोमवार को थी, किंतु छुट्टी का दिन न होने के कारण उनके अधिकांश शिष्य तथा भक्त दक्षिणेश्वर में एकत्रित नहीं हो सकते थे। अतः परस्पर सहमति से उत्सव को अगले रविवार के लिए टाल दिया गया था।

आज फरवरी का अंतिम रविवार था। ऋतु बड़ी सुहावनी थी। शीत का दंश समाप्त हो चुका था और गर्मी का आभास अभी दूर था। ठाकुर पूर्णतः मग्न थे, जैसे किसी उत्सव का केंद्र बना कोई भिक्षु। वे मंदिर में उत्तर-पूर्व के बरामदे में बैठे नरोत्तम का 'गोपी-गोष्ठ' तथा 'सुबल-मिलन' कीर्तन सुन रहे थे। उनके चारों ओर नरेंद्र, राखाल, बाबूराम, भवनाथ, सुरेंद्रनाथ मित्र, गिरींद्र, विनोद, हाजरा, रामलाल, रामचंद्र दत्त, नृत्य गोपाल, मणि मल्लिक, गिरीशचंद्र घोष, महेंद्र वैद्य, महेंद्रनाथ गुप्त आदि लोग उपस्थित थे। कोई उनके निकट बैठा कीर्तन सुन रहा था, कोई किसी अन्य स्थान पर किसी व्यवस्था में लगा हुआ था।...

ठाकुर को व्यवस्था की चिंता नहीं थी...उनके प्रियजन उनके निकट थे, और वे अपना प्रिय कीर्तन सुन रहे थे...

नरोत्तम के शब्द उनके हृदय को अधिक-से-अधिक आह्लादित कर रहे थे,...'कृष्ण को गौएँ चराने के लिए आने में विलंब हो रहा था। यशोदा उन्हें आने ही नहीं दे रही थीं। किसी-न-किसी बहाने से रोक रही थीं। बलराम अपने साथियों को आश्वासन दे रहे थे...मैं सींग बजाकर कन्हैया को ले आऊँगा...।'

ठाकुर क्रमशः अंतर्मुखी होते जा रहे थे, "...कैसी लीला है भगवान् की! न गोपबाल जानते थे, न माता यशोदा जानती थीं कि कृष्ण संसार में क्या करने आए हैं। गोपबाल समझ रहे हैं कि कृष्ण ने उनके साथ खेलने के लिए शरीर धारण किया है और माता यशोदा मानती हैं कि कृष्ण का अवतार उनके हाथों मक्खन खाने के लिए हुआ है। कृष्ण को तो लीला ही करनी है, चाहे माँ के हाथों मक्खन खाने की कर लें, चाहे गोप बालकों के साथ वन में खेलने और गौएँ चराने की।...पर प्रत्येक व्यक्ति चाहता है कि कृष्ण उसके साथ लीला करें। दूसरे की कोई सोचता ही नहीं।...बलराम को कैसा विश्वास है अपने प्रेम पर...वे सींग बजाएँगे, तो कृष्ण आ ही जाएँगे, चाहे जैसे भी लाएँ—वे कृष्ण को ले आएँगे..."

सहसा ठाकुर की दृष्टि सामने बैठे नरेंद्र पर पड़ी। उनकी आत्मलीनता और बढ़ने लगी और मन के भाव बदलने लगे, '...यह बैठा है नरेंद्र। कैसा चिंतित है। नौकरी नहीं लग रही, माँ और भाइयों का पालन-पोषण ठीक से नहीं हो रहा।...संसार की चिंताएँ उसे घेर रही हैं। वह स्वयं ही भूल गया है कि वह नौकरी कर अपनी माता और भाइयों का पालन-पोषण करने के लिए नहीं आया है संसार में। वह जगन्माता का काम करने आया है...पर इसकी माँ इसे संसार में रोके रखना चाहती है। चाहती है कि यह विवाह करे, नौकरी करे, घर-गृहस्थी करे।...इधर माँ काली उसकी प्रतीक्षा कर रही हैं। कब वह इधर आए, और उनका काम करे...नरेंद्र का मन है कि वह संसार को त्याग कर माँ काली की शरण में चला आए, पर परिवार उसे रोके हुए है।...' और सहसा ठाकुर को लगा कि बलराम की आत्मा उनके भीतर सघन होकर गोप बालकों के समान माँ काली को आश्वासन दे रही है, '...मैं लाऊँगा माँ! नरेंद्र को तेरे पास। मैं लाऊँगा। ऐसा मंत्र फूँकूँगा, उसके कान में कि सांसारिक बंधन उसे रोक नहीं पाएँगे...मैं लाऊँगा माँ! उसे तेरे पास! मैं लाऊँगा...'

ठाकुर उठकर खड़े हो गए और उनकी आत्मलीनता सघन होकर समाधि में परिणत हो गई। उन्होंने अपना पैर नरेंद्र के घुटने पर रख दिया था, 'देख माँ! नरेंद्र आएगा। मैं लाऊँगा उसे...'

ठाकुर जब तक समाधि-मग्न रहे, नरेंद्र भी अपने स्थान से हिला नहीं। कीर्तन चल ही रहा था। वह जानता था कि ठाकुर अधिक देर तक समाधि-मग्न नहीं रहेंगे। और यदि वे शीघ्र प्रकृतिस्थ नहीं भी होंगे तो वह उनकी समाधि को भंग करने का प्रयत्न नहीं करेगा...ठाकुर का समाधि-मग्न होकर उसे इस प्रकार स्पर्श करना उसके लिए भी एक अद्भुत अनुभव था...जैसे शरीर के कण-कण से एक ऊर्जा-सी फूटने लगती थी और वह सारी ऊर्जा सामंजस्य की ओर बढ़ती थी, जैसे उसकी विभिन्न प्रवृत्तियों को विरोधी दिशाओं में भागने से रोककर जुए में बाँध दिए गए बैलों के समान एक ही दिशा में बढ़ने को बाध्य कर देती थी।...

ठाकुर प्रकृतिस्थ हुए। वे अपने स्थान पर जा बैठे और फिर जैसे कीर्तन में रम गए।

ठाकुर के प्रकृतिस्थ होते ही मानो नरेंद्र का सम्मोहन भी टूट गया।...जाने क्या बात थी, नरोत्तम का कीर्तन उसे मुग्ध नहीं कर पा रहा था। या तो नरेंद्र का अपना ही मन उचाट था, या फिर संगीत में कोई त्रुटि थी।...यदि वह वहाँ थोड़ी देर और बैठता, तो बहुत संभव था कि अपनी व्याकुलता में कुछ ऐसा कर बैठता, जिससे कीर्तन अथवा कीर्तनकार की अवमानना होती प्रतीत होती...इससे तो अच्छा था कि वह फुलवारी की सैर ही कर आता...कीर्तन चलता रहा और नरेंद्र उठकर बाहर चला गया...ठाकुर की दृष्टि लगातार नरेंद्र का निरीक्षण कर रही थी। वह उठकर बाहर चला गया तो उनका मन भी जैसे अशांत हो उठा।...अब तक वे बलराम बनकर कृष्ण को यशोदा से छीन रहे थे...और अब सहसा ही, उनके मन में यशोदा का भाव जागा...जाने कृष्ण कहाँ होगा...उसे भूख लगी होगी।...वह कहाँ भटक रहा होगा।...पता नहीं वहाँ कोई उसकी देखभाल भी करेगा या नहीं। कोई उसे कुछ खाने को देगा भी या नहीं...

"बाबूराम!" ठाकुर ने हाथ के संकेत से बाबूराम को अपने निकट बुलाया।

"मेरे कमरे में एक बर्तन में खीर रखी है। जा, नरेंद्र उधर ही गया होगा। उसे वह खीर दे दे। वह खा लेगा।..."

बाबूराम ने कुछ कहा नहीं, बस, ठाकुर को देखा भर। उसकी आँखें पूछ रही थीं, 'और मैं?...खीर नरेंद्र को दे दूँ, और मैं?...'

ठाकुर की भी आँखें ही बोलीं, 'पता नहीं उसने कुछ खाया भी है या नहीं। जा, जाकर खीर उसे दे दे।'

बाबूराम कमरे की ओर जाने के लिए मुड़ गया, किंतु उसकी मुद्रा जैसे अब भी कह रही थी—'हाँ! मैं जानता हूँ। आपके यहाँ रखी खीर तो नरेंद्र को ही मिलेगी···।'

नहलाने के पश्चात् ठाकुर को नवीन वस्त्र पहनाए गए। अब उन्हें भोजन के लिए बैठाया जाना था, किंतु ठाकुर की इच्छा अभी भोजन करने की नहीं थी। वे नरेंद्र का गायन सुनना चाहते थे। नरेंद्र के संगीत से तृप्त होकर ही वे भोजन के लिए बैठेंगे।

नरेंद्र के स्वर में आज कुछ अतिरिक्त ही वेदना थी। उसने गाने के लिए मीरा का भजन चुना था···विरह की मारी मीरा गोपाल के दर्शनों के लिए, बिना पानी की मछली जैसी तड़प रही थी। उसे लग रहा था कि बिना श्याम के दर्शन किए वह श्वास भी नहीं ले पाएगी। श्याम को वायु बनकर उसमें समाना होगा। श्याम का जीवंत अनुभव किए बिना उसके प्राण अब बचेंगे नहीं।···

ठाकुर गायन पर ऐसे मुग्ध हुए कि उनकी समाधि ही लग गई।···भोजन तैयार था, उसमें विलंब उचित नहीं था।···उधर नरेंद्र गा रहा था···मीरा का कंठ श्याम के दर्शनों की तृषा में सूखा जा रहा था। जब तक श्याम के दर्शनों के जल से उसका कंठ तृप्त नहीं होगा, मीरा के प्राण नहीं बचेंगे···

नरेंद्र का स्वर रुकने तक ठाकुर अर्धबाह्यावस्था में आ चुके थे। वे पूर्णतः प्रकृतिस्थ नहीं थे। अभी कुछ आवेश शेष था। पर ऐसी स्थिति भी नहीं थी कि उन्हें भोजन पर बैठाया न जा सके···

अर्धबाह्यावस्था में ही ठाकुर को भोजन के लिए आसन पर बैठा दिया गया। उन्होंने दाहिने हाथ से भात खाना आरंभ किया और थोड़ी ही देर में बायाँ हाथ भी लगा दिया। वे दोनों हाथों से भात खा रहे थे। कुछ मुँह में जा रहा था और कुछ गोद में गिर रहा था।···

उन्होंने सामने बैठे लोगों की ओर देखा और मुस्कराए, जैसे मिट्टी में सना बैठा कोई अबोध और आत्म-संतुष्ट शिशु, पूर्णकाम होने की मुद्रा में अपने दर्शकों को देखे···'देखो! कैसा सुशोभित हो रहा हूँ मैं!···'

"भात आपके वस्त्रों पर गिर रहा है, महाराज!" भवनाथ से कहे बिना नहीं रहा गया।

"तो तू खिला दे।" ठाकुर ने अपना हाथ रोक लिया, जैसे अच्छा-भला अपने हाथ से खाता कोई शिशु, माँ को देखकर हठ पकड़ ले कि वह माँ के हाथ से ही खाएगा।

"इस हठ का क्या अर्थ है, महाराज?" भवनाथ उन्हें खिलाता हुआ बोला।

"देख रहा हूँ, तुझमें आज्ञा-पालन और वृद्ध-सेवा की भावना है या नहीं।···"

नरेंद्र ने कमरे में प्रवेश किया तो ठाकुर की मुद्रा उपालंभमयी हो गई, "तू क्या हाजरा के पास बैठा था?"

नरेंद्र समझ गया कि ठाकुर को उसका इस प्रकार बाहर जाकर बैठे रहना या हाजरा से बातें करना अच्छा नहीं लगा था। हाजरा के प्रति उसका लगाव उन्हें कभी अच्छा नहीं लगा था।...विचित्र व्यवहार है उनका। स्वयं ही हाजरा को दक्षिणेश्वर में टिका भी रखा है, और स्वयं ही अपने शिष्यों को उससे दूर भी रखना चाहते हैं।···नरेंद्र ठाकुर को कष्ट पहुँचाना नहीं चाहता, किंतु इस प्रकार किसी व्यक्ति से उपेक्षापूर्ण व्यवहार भी उसे अच्छा नहीं लगता। वह अपने व्यवहार से ठाकुर को यह जता देना चाहता है कि हाजरा के प्रति उनकी यह कठोरता उसे पसंद नहीं है···

"हाँ।" उसने स्वीकार किया।

"तू विदेशिनी है और वह विरहिणी।" ठाकुर ने नरेंद्र और हाजरा में समानता का एक सूत्र ढूँढ़ लिया था।

नरेंद्र ठाकुर के कथन के मर्म को समझ गया···वे उसे विदेशिनी बता रहे थे, वह स्त्री, जो विदेश में होने के कारण अपने पति से दूर हो, और हाजरा विरहिणी···अर्थात् जिसका पति विदेश गया हो।···वे दोनों ही अपने-अपने पति से वियुक्ता थीं। दोनों को पति की आकांक्षा थी। दोनों ही पति के मिलने की प्रतीक्षा कर रही थीं···

"हाजरा को भी डेढ़ हजार रुपयों की आवश्यकता है।" तभी ठाकुर ने हँसकर कहा।

नरेंद्र के मन में सब कुछ स्पष्ट हो गया था···उन्होंने हाजरा और उसे पति से वियुक्ता बताया था···पति अर्थात् रुपया। हाजरा को भी रुपया चाहिए था और नरेंद्र को भी। हाजरा भी आर्थिक चिंताओं में लिप्त था और नरेंद्र भी···

किंतु नरेंद्र जानता था कि ठाकुर को हाजरा से इस विषय में कोई सहानुभूति नहीं थी, तो क्या ठाकुर को नरेंद्र से भी कोई सहानुभूति नहीं थी? हाजरा द्वारा भक्ति के माध्यम से धन प्राप्त करने के प्रयत्न का वे उपहास करते थे, तो क्या वे नरेंद्र की परिस्थितियों को भी हास्यास्पद मानते थे···

ठाकुर का ध्यान नरेंद की चिंताओं की ओर नहीं था। वे विनोद की मुद्रा में आ गए थे...और ऐसे में हाजरा के संवाद उनके लिए विनोद की पर्याप्त सामग्री लिए हुए थे।

"हाजरा कहता है, 'नरेंद्र में सोलह आने सतोगुण आ गया है, परंतु रजोगुण की जरा लाली है।' " ठाकुर हँसे, "अपना विशुद्ध सत्व वह सत्रह आने बताता है।" ठाकुर पुनः हँसे, "मैं जब कहता हूँ, 'तुम केवल विचार करते हो, इसीलिए शुष्क हो।' तो वह कहता है, 'सूर्य की सुधा पीता हूँ, इसीलिए शुष्क हूँ।' मैं जब कहता हूँ कि 'शुद्ध भक्ति रुपया-पैसा, ऐश्वर्य—कुछ भी नहीं चाहती है।' तो वह कहता है, 'उनकी कृपा की बाढ़ आने पर नदी तो भर जाएगी ही, फिर गढ़े-नाले तो अपने आप ही भर जाएँगे। शुद्ध भक्ति भी होती है और षडैश्वर्य भी होते हैं। रुपए-पैसे भी होते हैं।' " सहसा जैसे उन्हें नरेंद्र का ध्यान आ गया। उन्होंने नरेंद्र पर कटाक्ष कर दिया था। नरेंद्र और हाजरा को समान बना दिया था। नरेंद्र को दुःख हुआ होगा···उन्हें हाजरा विस्मृत हो गया। उसके संवाद अप्रासंगिक हो गए। वे गिरीशचंद्र घोष की ओर मुड़े और जैसे नरेंद्र को आश्वस्त करने के लिए ही बोले, "मैं नरेंद्र को आत्मा मानता हूँ, और मैं उसका अनुगत हूँ।"

नरेंद्र ने उनकी बात सुनी और जैसे स्तब्ध रह गया···क्या ठाकुर ने उसके मन की बात जान ली है? क्या वे उसके उपालंभ का उत्तर दे रहे हैं? उसकी समस्या का समाधान कर रहे हैं?···

गिरीश ने ठाकुर की बात की गंभीरता को ग्रहण नहीं किया। ठाकुर जैसे सिद्ध अवतारी पुरुष द्वारा नरेंद्र जैसे लड़के के अनुगत होने की चर्चा उसके लिए विनोद मात्र ही हो सकती थी। हँसकर बोला, "क्या कोई ऐसा भी है, जिसके आप अनुगत नहीं हैं?"

"नहीं रे! उसका पुरुष-भाव है और मेरा प्रकृति-भाव।" ठाकुर हँसे, "नरेंद्र का घर ऊँचा है, अखंड का घर है।"

गिरीश ने ठाकुर की बात पर विशेष ध्यान नहीं दिया। उसे बहुत देर से तंबाकू की तलब हो रही थी। नरेंद्र के विषय में तर्क-वितर्क कर, उसका स्थान निश्चित करना उसके लिए इस समय तनिक भी आवश्यक नहीं था।

वह ठाकुर के साथ अपना वार्तालाप अधूरा ही छोड़कर तंबाकू पीने के लिए बाहर चला गया।

किंतु नरेंद्र, ठाकुर के मुख से निकला एक-एक शब्द ध्यान से सुन रहा था।...ठाकुर ने उसकी हाजरा के साथ अवमाननापूर्ण तुलना कर तो दी थी, किंतु तत्काल ही जैसे प्रशंसा ही नहीं, उसकी चापलूसी करने पर आ गए थे। ठाकुर उसका मन दुखा नहीं सकते थे...पर यदि वे कुछ ऐसा कह दें तो तत्काल ही मनाने का प्रयत्न करने लगते थे।...किंतु वे नरेंद्र की आर्थिक तंगी को गंभीर स्थिति क्यों नहीं मानते? उसे हाजरा के पाखंड तथा भ्रांत चिंतन के समकक्ष क्यों मानते हैं?...नहीं। कदाचित् वे उसकी चिंताओं को पाखंड नहीं मानते किंतु यह अवश्य चाहते हैं कि वह उन चिंताओं को भूल जाए...उसने त्रस्त न हो। अपना मन धन कमाने की चिंता में न लगाए। अपना मन तो वह ईश्वर को ही सौंपे, जैसे वे अपना सब कुछ ईश्वर को सौंप चुके हैं। वे उसे अपने समान देखना चाहते हैं, अपने समकक्ष...

नरेंद्र का मन कुछ हलका हुआ। बोला, "थोड़ी देर पहले गिरीश घोष के साथ मेरा वार्तालाप हुआ। वे बहुत बड़े आदमी हैं।...उनके साथ आपकी चर्चा हो रही थी।"

नरेंद्र ने बात जान-बूझकर अधूरी छोड़ दी थी। उसने यह नहीं बताया कि उन दोनों में ठाकुर के विषय में क्या चर्चा हुई। देखें, ठाकुर कोई उत्सुकता दिखाते हैं क्या?

ठाकुर ने सूत्र छोड़ा नहीं। बोले, "क्या चर्चा हुई?"

नरेंद्र अब तक पूर्णतः परिहास की मुद्रा में आ गया था, "आप ढंग से लिखना-पढ़ना भी नहीं जानते, और हम सब पंडित हैं।"

ठाकुर जोर से हँसे, जैसे इस कटाक्ष से उन्हें खूब सुख मिला हो। वे यह भी भली प्रकार समझ रहे थे कि नरेंद्र का कटाक्ष प्रकटतः चाहे कुछ लगता हो, अंततः वह गिरीश घोष के अहंकार पर चोट करने के लिए ही था।

मणि मल्लिक को नरेंद्र का कटाक्ष समझ नहीं आया। उसे यह भी अच्छा नहीं लगा कि यह कल का छोकरा, ठाकुर जैसे सिद्ध पुरुष के प्रति ऐसी अशिष्ट बात कह रहा है। प्रतिकार करने के लिए बोले, "ठाकुर बिना पढ़े ही पंडितों के पंडित हैं।"

मणि मल्लिक की बात से ठाकुर की विनोदी मुद्रा भी गंभीर हो गई। बोले, "सच कहता हूँ, मुझे इस बात का तनिक भी दुःख नहीं होता कि मैंने वेदांत आदि शास्त्र नहीं पढ़े। मैं जानता हूँ, वेदांत का सार है, 'ब्रह्म सत्य तथा जगत् मिथ्या है।' फिर गीता का क्या सार है? गीता का दस बार उच्चारण करने पर जो होता है—तागी, तागी अर्थात् त्यागी, त्यागी। शास्त्र का सार गुरु-मुख से जान लेना चाहिए। उसके बाद साधन-भजन।" ठाकुर ने अपनी बात के पक्ष में उदाहरण दिया, "एक आदमी ने पत्र लिखा था। पत्र पढ़ा भी नहीं गया था कि खो गया। उसका विषय अज्ञात था, इसलिए वह आवश्यक था, अतः सब मिलकर उसे ढूँढ़ने लगे। जब पत्र मिला, पढ़कर देखा। उसमें लिखा था, 'पाँच सेर संदेश और एक धोती भेज दो।' पढ़कर पत्र को फेंक दिया, क्योंकि अब विषय ज्ञात था और पत्र अनावश्यक हो गया था। अब पाँच सेर संदेश और एक धोती का प्रबंध करना अधिक महत्त्वपूर्ण था। इसी प्रकार शास्त्रों का सार जान लेने पर, फिर पुस्तकें पढ़ने की क्या आवश्यकता? अब साधन-भजन?"

तभी गिरीश ने कमरे में पुनः प्रवेश किया। उसे देखते ही ठाकुर की गंभीरता जैसे फिर से तिरोहित हो गई। बोले, "क्यों रे! तुम लोग मेरी क्या बात कर रहे थे? मैं खाता-पीता रहता हूँ? हैं?"

गिरीश भी ठाकुर की इस गंभीरता के अभिनय को पहचानता था। हँसकर बोला, ''आपके विषय में और क्या कहूँगा? आप क्या कोई साधु हैं?''

''साधु-वाधु नहीं।'' ठाकुर ने तत्काल स्वीकार कर लिया, ''सच ही तो मेरा साधु-बोध नहीं है।''

गिरीश की आशा पर तुषारपात हो गया। ठाकुर ने उसकी बात का प्रतिकार ही नहीं किया। वे विरोध करते, चिढ़ते, कुछ तीता-कड़वा बोलते, तो कोई बात बनती। ठाकुर ने तो तत्काल ही हथियार डालकर उसे भी निरस्त्र कर दिया था। सहज भाव से बोला, ''मैं तो परिहास में भी आपसे हार गया।...''

ठाकुर अपनी मौज में आ चुके थे। उसी विषय को आगे बढ़ाते हुए बोले, ''मैं लाल किनारी की धोती पहनकर, जयगोपाल सेन के बगीचे में गया था। केशव सेन वहाँ पर था। केशव ने लाल किनारी की धोती देखकर कहा, 'आज तो लाल किनारी की बड़ी बहार है।' मैंने उत्तर दिया, 'केशव का मन भुलाना होगा, इसलिए बहार लेकर आया हूँ।' ''

ठाकुर की सरलता पर नरेंद्र मुग्ध भी हुआ और उनके सटीक उत्तर पर उल्लसित भी। पुलकित होकर बोला, ''तो इस समय आप स्वयं को असाधु क्यों बता रहे हैं—गिरीश जैसे व्यक्ति को भुलाना है, इसलिए?''

''हाँ। दुष्ट को भुलाने के लिए तो दुष्ट ही बनना होगा।'' ठाकुर हँसकर बोले, ''अब तू कुछ गा। बहुत समय से संगीत की कोई चर्चा ही नहीं कर रहा।''

''लाइए! दीजिए फिर तानपूरा।'' नरेंद्र को भी लगा, शायद संगीत से ही उसका बार-बार लौट आने वाला अवसाद कट जाए।

''मास्टर! दो तो इसे तानपूरा।'' ठाकुर ने महेंद्र गुप्त से कहा, ''यह साधारण गायक नहीं है कि बिना तानपूरे के गा ले।''

नरेंद्र ने वक्र आँखों से ठाकुर की ओर देखा : उनकी आँखों में चंचलता थी। चंचलता, जैसी शिशु के ऊर्जामय शरीर में होती है। उसे शांति और निष्क्रियता पसंद नहीं आती। वह तो सागर की लहरों के समान गति में विश्वास करती है। वह सोच ही रहा था कि ठाकुर को कोई उचित-सा नटखट उत्तर दे कि महेंद्र गुप्त ने तानपूरा उतारकर उसके हाथों से पकड़ा दिया।

तानपूरा हाथ में आने पर नरेंद्र का उच्छृंखल मन जैसे शांत हो गया। उसके लिए तानपूरे को बाँधना अधिक महत्त्वपूर्ण था, ठाकुर से भिड़ना नहीं। वह तानपूरे को बाँधने लगा।...पहले ही स्पर्श में वह समझ गया कि किन्हीं अनाड़ी हाथों ने उसकी गत बना रखी है। वह सहज ही सुधरने वाला नहीं, उसे श्रमपूर्वक बाँधना होगा।

नरेंद्र की ओर से कोई चटपटी बात नहीं हुई, तो ठाकुर की जैसे तृप्ति नहीं हुई। हँसकर बोले, ''आज तो बस तानपूरे का बाँधना ही होगा। गाना फिर किसी और दिन होगा क्या?''

नरेंद्र ने एक सहास दृष्टि उनकी ओर उछाली और फिर से तानपूरे में खो गया...स्वर राह पर आ रहे थे...

ठाकुर ने पुनः प्रयत्न किया। खीझ का अभिनय करते हुए बोले, ''ऐसी इच्छा होती है कि तानपूरे को तोड़ डालूँ। क्या 'टंग्' 'टंग्' लगा रखी है किसी कर्कशा के समान! और जब बँध जाएगा तो फिर होगा, 'ताना नाना तेरे नुम्' 'ताना नाना तेरे नुम्।' ''

नरेंद्र अपने काम में लगा रहा। उसने कोई उत्तर नहीं दिया।

"संगीत आरंभ होने से पूर्व, सब लोग ऐसे ही खीझ जाते हैं महाराज।" भवनाथ ने ठाकुर को सांत्वना देने का प्रयत्न किया।

तानपूरा बँध गया था। नरेंद्र का मन उधर से मुक्त हो चुका था। अवसर भी अच्छा था। ठाकुर की टीका-टिप्पणी का अच्छा उत्तर दिया जा सकता था। बोला, "संगीत का ज्ञान न हो तो ऐसा ही होता है।"

ठाकुर खुलकर हँसे, "देखो! देखो! हम सबको उड़ा दिया उसने।"

नरेंद्र को सहज होते देख, ठाकुर का आह्लाद भी लौट आया था।

नरेंद्र ने गाना आरंभ किया—"ओ माँ! हृदय में अंतर्यामिनी जाग रही है, रात-दिन मुझे गोदी में लिए बैठी है।..."

गीत समाप्त कर नरेंद्र फिर कुछ अनमना-सा हो गया। ठाकुर को समझते देर नहीं लगी, संगीत के कारण उदात्त धरातल पर पहुँचा नरेंद्र का मन, अब पुनः सामान्य भाव-भूमि पर आ गया और पुनः अपने परिवार की चिंताओं में खो गया है।

ठाकुर के मन में दया जागी...ईश्वर कोटि का यह लड़का, इतना विराट आधार लेकर आया है और किन उलझनों में फँस गया है...

"तू तो 'ख' के समान है," ठाकुर बोले, "यदि टैक्स न रहता।"

सब लोग हँस पड़े। एक वही नहीं हँसा, जिसे हँसाने के लिए ठाकुर ने यह सब कहा था।...नरेंद्र ने अपनी बड़ी-बड़ी आँखें उठाकर उनकी ओर देखा, जैसे पूछ रहा हो कि यह 'ख' क्या है और यह टैक्स?

"कृष्णकिशोर कहता था, मैं 'ख' हूँ। 'ख' अर्थात् आकाश। तो वह स्वयं को आकाशधर्मी कहना चाहता था—सबसे ऊपर उठा हुआ और सबसे निर्लिप्त। किसी में कोई आसक्ति नहीं। मुक्तधर्मा।" ठाकुर ने कहा, "एक दिन उसके घर जाकर देखता हूँ तो वह अत्यंत चिंतित हुआ बैठा था। विशेष बातचीत भी नहीं कर रहा था, जैसे चिंता के कारण बातों का स्रोत ही सूख गया हो। मैंने पूछा, 'क्या हुआ जी! इस प्रकार क्यों बैठे हो?' उसने उत्तर दिया, 'टैक्स वाला आया था। कह गया है, यदि रुपए न दोगे, तो घर का सारा सामान नीलाम कर लेंगे। इसीलिए चिंतित हूँ।' मैंने हँसकर कहा, 'यह कैसी बात है जी! तुम तो 'ख' हो। जाने दो, सालों को सब सामान ले जाने दो। तुम्हारा क्या?' " ठाकुर नरेंद्र की ओर मुड़े, "इसीलिए कहता हूँ कि घर की चिंता का टैक्स मत भर! नहीं तो तेरी आकाशधर्मिता भी समाप्त हो जाएगी। जानता है, श्रीकृष्ण ने अर्जुन से कहा था, 'अष्ट सिद्धि में से एक सिद्धि के रहते, कुछ शक्ति तो तुम्हारे पास रहेगी ही, परंतु मुझे न पाओगे।' सिद्धि द्वारा अच्छी शक्ति, बल, धन—यह सब कुछ प्राप्त हो सकता है, किंतु ईश्वर की प्राप्ति नहीं हो सकती।...ईश्वर को प्राप्त करना है तो ज्ञान-अज्ञान दोनों से परे रहो। वसिष्ठ इतने बड़े ज्ञानी थे, परंतु पुत्र-शोक से बेचैन हुए थे। तब लक्ष्मण ने कहा, 'राम! यह क्या आश्चर्य है। ये भी इतने शोकार्त हैं।' राम बोले, 'भाई! जिसके पास ज्ञान है, उसके पास अज्ञान भी है; जिसको आलोक का बोध है, उसे अंधकार का भी है; जिसे सुख का बोध है, उसे दुःख का भी है; जिसे भले का बोध है, उसे बुरे का भी है। भाई! तुम दोनों से परे चले जाओ। सुख-दुःख से परे जाओ, ज्ञान-अज्ञान से परे जाओ।' " ठाकुर की दृष्टि पुनः नरेंद्र पर केंद्रित हुई, "इसीलिए मैं तुमसे कहता हूँ, ज्ञान और अज्ञान—तुम दोनों से परे चले जाओ।"

4

स्टार थियेटर में दो नाटकों का मंचन हो रहा है। पहले 'वृषकेतु' और उसके कुछ अंतराल के पश्चात् 'विवाह-विभ्राट्'। 'वृषकेतु' का अंतिम अंक आरंभ कराकर गिरीश मंच के साथ बने विश्राम-कक्ष में आ गया। नरेंद्र पहले से वहाँ बैठा शायद उसी की प्रतीक्षा कर रहा था।

''आज ठाकुर आने वाले थे,'' नरेंद्र ने उससे पूछा, ''आए हैं क्या?''

''हाँ!'' गिरीश ने उत्तर दिया, ''मेरे घर से ही थियेटर में आ गए थे। ऊपर बॉक्स में बैठे हैं।''

''तुम्हारा आजकल उनके साथ कैसा चल रहा है?'' नरेंद्र सहज भाव से मुस्करा रहा था।

''क्या कहूँ।'' गिरीश आकर उसके निकट ही बैठ गया, ''मैं अपने भीतर काफी कुछ परिवर्तित होते देख रहा हूँ।''

''कैसा परिवर्तन?'' नरेंद्र ने जिज्ञासा की।

''मेरे विषय में तुम जानते ही हो। मैं स्वभाव से लट्ठमार और विचारों से घोर नास्तिक रहा हूँ। यह तो प्राकृतिक आपदाओं ने मुझे तोड़ दिया, इसलिए बाध्य होकर ईश्वर को कुछ मानने लगा, नहीं तो मैं ईश्वर को भी साथ बैठाकर सुरापान करा देता।'' गिरीश दबे स्वर में हँसा।

नरेंद्र समझ रहा था कि वे लोग मंच के विश्राम-गृह में बैठे हैं और मंच पर नाटक चल रहा है, इसीलिए गिरीश स्वर दबाकर हँस रहा है, नहीं तो शायद वह अट्टहास करता।

''मैं अपनी पूर्व मानसिकता में होता तो किसी साधु-संत की चिंता नहीं थी मुझे।'' गिरीश पुनः बोला, ''मेरा अपना अभिमान सुविधा से किसी के सम्मुख सिर झुकाने नहीं देता। पहली बार मैंने भी अन्य लोगों के समान 'इंडियन मिरर' में ही ठाकुर के विषय में पढ़ा था और पढ़कर सोचा था कि 'ब्राह्मसमाजियों ने एक न जाने कैसा परमहंस खड़ा कर लिया है।' यह शायद 1877 ई. की बात है। ठाकुर हमारे मुहल्ले बोसपाड़ा में दीनानाथ बोस के घर आए थे। कोतूहलवश सोचा, जाकर देख तो आऊँ इस परमहंस को। जाकर देखा, परमहंस महाराज उपदेश दे रहे हैं और केशव बाबू आदि उनके सम्मुख बिछे जा रहे हैं। संध्या हो गई और एक व्यक्ति ने मोमबत्ती जलाकर ठाकुर के सम्मुख रखी तो उन्होंने पूछा, 'संध्या हो गई क्या?' मैं मुख से नहीं बोला, किंतु मेरे मन ने कहा, 'ढोंग तो देखो। संध्या हो गई है, सामने मोमबत्ती जल रही है, तो भी क्या इन्हें समझ में नहीं आता कि संध्या हो गई है!' मैं वहाँ से चला आया था, किंतु इधर-उधर छिटपुट मुलाकातें तो होती ही रहीं। 'चैतन्य-लीला' की ख्याति सुनकर 21 सितंबर को ठाकुर अपने भक्तों के साथ थियेटर में आए। सूचना मिली तो मैनेजर के रूप में मैं उनका स्वागत करने गया, तो पहले ठाकुर ने ही मुझे प्रणाम किया। उत्तर में मैंने नमस्कार किया, तो ठाकुर ने पुनः नमस्कार किया। ऐसा कई बार हो चुका तो मैंने मन-ही-मन उन्हें अंतिम नमस्कार किया और ले जाकर ऊपर बॉक्स में बैठा दिया और पंखा डुलाने के लिए एक व्यक्ति को नियुक्त कर दिया। मेरी तबीयत ठीक नहीं थी, इसलिए मैं घर चला गया।''

गिरीश ने झाँककर मंच की ओर देखा, ''सब ठीक चल रहा है न?''

''हाँ, ठीक है।'' नरेंद्र कदाचित् आगे की घटनाएँ सुनना चाहता था, ''उन्हें तुम्हारी आवश्यकता नहीं है।''

''एक संक्षिप्त भेंट बलराम बोस के घर भी हुई।'' गिरीश बोला, ''जब थियेटर में 'भक्त प्रह्लाद' का अभिनय चल रहा था। देवेंद्रनाथ मजुमदार ने थियेटर के शृंगार-कक्ष में आकर सूचना

दी कि ठाकुर अभिनय देखने आए हैं। मैं अपने भीतर वही पुराना अभिमानी बैठा हुआ देख रहा था। अपने स्थान से हिले बिना बोला, 'अच्छी बात है। ले जाकर बॉक्स में बैठा दो।' वह चकित होकर बोला, 'क्या आप उनका स्वागत करने नहीं जाएँगे?' मैं खीझकर बोला, 'मेरे न जाने पर क्या वे गाड़ी से उतर नहीं सकेंगे?'···परंतु तभी मेरे भीतर की कठोरता कुछ पिघल गई। मैं उठकर बाहर आया और जाने कैसा विगलन मेरे भीतर हुआ कि मैंने उनकी चरण-धूलि लेकर उन्हें प्रणाम किया। मध्यांतर में फिर उनसे भेंट हुई। उन्होंने मुझसे कहा, 'तुम्हारे मन में वक्रता है।' मैंने पूछा, 'यह वक्रता कैसे जाएगी?' उन्होंने कहा, 'विश्वास रखने से।' उसके पश्चात् मधु राय की गली में रामचंद्र दत्त के घर उनसे भेंट हुई। देखा : राम बाबू के आँगन में ठाकुर नृत्य कर रहे हैं, उनको घेरकर उनके भक्त भी नाच रहे हैं और गा रहे हैं : 'गौरांग के प्रेम की तरंगों से नदिया डोल रहा है।' नृत्य करते हुए ठाकुर समाधिस्थ हो गए। लोगों ने उनकी चरण-धूलि ली, और मेरे मन में अहंकार और भक्ति के बीच द्वंद्व चलने लगा कि मैं भी आगे बढ़कर चरण-धूलि लूँ या चुपचाप अपने स्थान पर खड़ा रहूँ। जाने कैसे ठाकुर अपनी समाधि तोड़कर या समाधि में ही मेरे सम्मुख आकर खड़े हो गए, तो मेरा अभिमान भी मुझे रोक नहीं सका। मैंने उनकी चरण-धूलि ले ली। उस दिन मैं अंत तक बैठा रहा। संकीर्तन के पश्चात् ठाकुर बैठक में बैठे तो मैंने पूछा, 'मेरे मन की वक्रता जाएगी न?' आश्वासन मिला, 'जाएगी।' मैंने दो-तीन बार यही प्रश्न पूछ लिया। बस, मनमोहन मित्र रुष्ट हो गए। देवेंद्र ने मुझे कहा कि यदि मुझे सचमुच ठाकुर की संगति का लाभ उठाना है तो मुझे दक्षिणेश्वर जाना चाहिए, तो मैं दक्षिणेश्वर जाने लगा। मुझे धीरे-धीरे विश्वास होने लगा कि वे महापुरुष ही नहीं अवतार हैं।···पर लगता है कि उनके साथ फिर झगड़ा होगा।···"

"क्यों?" नरेंद्र ने पूछा।

"वे आज मेरे ही घर में बैठकर मुझे एक ऐसी कटोरी बता रहे हैं, जिसमें लहसुन घोला गया हो।" गिरीश बोला, "कह रहे थे, जिस बर्तन में लहसुन घोला गया हो, उसे हजार बार धोओ, उससे लहसुन की गंध नहीं जाती···"

तभी मंच पर पटाक्षेप हुआ। जोर की तालियाँ बजीं। लोगों के उठने और बाहर जाने की ध्वनियाँ आने लगीं।

व्यवस्था संबंधी कुछ आदेश देकर गिरीश पुनः आकर नरेंद्र के पास बैठा ही था कि ठाकुर ने अनेक लोगों के साथ उनके कक्ष में प्रवेश किया।

वे नरेंद्र के निकट आकर बोले, "मैं आया हूँ।"

नरेंद्र ने उठकर प्रणाम किया और उन्हें कुर्सी पर बैठाया।

"तेरी गिरीश से क्या मित्रता है कि तू यहाँ पहले से आया बैठा है?" ठाकुर ने कहा।

"नरेंद्र इतना अच्छा गाता है। अभिनय करता है। कविता भी करता है।" गिरीश बोला, "जब उसका संगीत, नाटक, काव्य—सबसे संबंध है, तो वह गिरीश का मित्र कैसे नहीं होगा!"

"ओह! तो तुम दोनों एक ही गोत्र के हो?" ठाकुर हँसे, "अच्छा! यह थियेटर तुम्हारा है या तुम लोगों का?"

गिरीश को इस प्रश्न की प्रासंगिकता समझ नहीं आई। फिर भी बोला, "जी! हम लोगों का।"

" 'हम लोगों का' शब्द ही अच्छा है। 'मेरा' कहना ठीक नहीं।" ठाकुर बोले, "जो 'मैं' और 'मेरा' का प्रयोग करते हैं, वे क्षुद्रबुद्धि और अहंकारी लोग हैं।"

''थियेटर तो 'हमारा' ही हो सकता है।'' नरेंद्र बोला, ''वह 'मेरा' हो ही कैसे सकता है?''

''क्यों?'' महेंद्र गुप्त ने पूछा।

''क्योंकि सारा संसार ही एक थियेटर है।'' नरेंद्र बोला, ''एक व्यक्ति से न थियेटर बनता है, न संसार।''

ठाकुर ने नरेंद्र की बात को गंभीर चर्चा के रूप में ग्रहण किया, ''हाँ! ठीक है! परंतु कहीं विद्या का खेल है, कहीं अविद्या का।''

नरेंद्र ने किसी हठी बालक के समान ठाकुर की बात का विरोध किया, ''सभी विद्या के खेल हैं।''

ठाकुर के मन में एक क्षण के लिए प्रश्न उठा कि नरेंद्र उनकी बात समझने का प्रयत्न क्यों नहीं कर रहा?···किंतु अगले ही क्षण, उन्हें नरेंद्र उस बालक के समान दिखाई दिया, जो अपनी किसी खीझ के कारण हठ पकड़ लेता है और फिर किसी तर्क को सुनना नहीं चाहता···और आजकल तो उसके पास खीझ के अनेक कारण हैं।···वैसे भी इस समय वह गिरीश के साथ था और गिरीश किसी सीमा तक ठाकुर से रुष्ट था···कहीं यह गिरीश का रोष ही तो नहीं बोल रहा?···पर बालक कितना भी हठी हो, घर के वयस्क उसे किसी-न-किसी प्रकार मना ही लेते हैं···

''हाँ! है तो सब विद्या का ही खेल।'' ठाकुर उससे सहमत हो गए, ''किंतु विद्या और अविद्या का अभेद तो ब्रह्मज्ञान के पश्चात् ही समझ में आता है। भक्त और भक्ति के लिए दोनों का ही अस्तित्व है—विद्या माया का भी, अविद्या माया का भी।'' ठाकुर मधुर ढंग से मुस्कराए, ''अच्छा! मैं इस समय तुझसे तर्क में उलझना नहीं चाहता। तेरा गाना सुनने आया हूँ। अब तू जरा गा।''

ठाकुर के मधुर व्यवहार से नरेंद्र को भी लगा कि वह कुछ अधिक ही कठोर हो गया था, किंतु ठाकुर के प्रति कठोर होने का क्या अर्थ? वे तो कभी किसी के प्रति कठोर नहीं होते।···शिष्य होकर भी वह उनका विरोध करता है और गुरु होकर भी वे उससे सहमत हो जाते हैं···

नरेंद्र ने गाना आरंभ किया, ''चिदानंद समुद्र के जल में प्रेमानंद की लहरें हैं···अहा! महाभाव में रासलीला की क्या ही माधुरी है। नाना प्रकार के विलास, आनंद-प्रसंग, कितनी ही नई-नई भाव-तरंगें नए-नए रूप धारण कर डूब रही हैं, उठ रही हैं और तरह-तरह के खेल कर रही हैं। महायोग में सभी एक प्रकार बन गए। देशकाल की पृथकता तथा भेदाभेद मिट गए और मेरी आशा पूर्ण हुई। मेरी सभी आकांक्षाएँ मिट गईं।''

ठाकुर उसके गीत से आनंदित होते रहे···सहसा बोले, ''देखा तूने! 'महायोग में सभी एकाकार बन गए।' यह ब्रह्मज्ञान से ही होता है। तू जो कह रहा था कि सभी विद्या है। सबका एकाकार हो जाना, सबमें उसी एक तत्त्व को देखना—साधारण स्थिति नहीं है, यह ब्रह्मज्ञान की स्थिति है।''

नरेंद्र गीत की अंतिम पंक्तियों पर पहुँचा, ''हे मन! आनंद में मस्त होकर, दोनों हाथ उठाकर 'हरि-हरि' बोल···।''

''इसे दो बार कह!'' ठाकुर ने आग्रह किया।

नरेंद्र समझ रहा था—ठाकुर का ज्ञान-मार्ग से कोई विरोध नहीं था, फिर भी वे भक्ति पर ही अधिक रीझे हुए थे। उसने दो बार गाया, ''हे मन! आनंद में मस्त होकर, दोनों हाथ उठाकर 'हरि-हरि' बोल···'हरि-हरि' बोल!''

गीत पूरा हुआ तो गिरीश बोला, ''देवेंद्र बाबू नहीं आए हैं। वे आहत अभिमान से कहते हैं, 'हमारे अंदर तो कुछ सार नहीं है। हम वहाँ आकर क्या करेंगे।' ''

नरेंद्र समझ गया कि देवेंद्र बाबू के बहाने गिरीश अपने आहत अभिमान की चर्चा कर रहा था, ठाकुर ने उसे लहसुन वाली कटोरी जो कह दिया था।···नाटककार था न, रूपक में बात कर रहा था। एक पात्र पर दूसरा पात्र आरोपित कर रहा था।···

किंतु ठाकुर ने कोई विशेष चिंता नहीं की। अत्यंत सहज भाव से बोले, "पहले तो वे ऐसी बातें नहीं करते थे।"

ठाकुर ने गिरीश के कथन को अपने ऊपर आरोप के रूप में भी स्वीकार नहीं किया था। लोगों के अभिमान को अक्षुण्ण बनाए रखने भर के लिए यदि वे उनकी अपेक्षाओं के अनुरूप व्यवहार करते रहेंगे, तो ठाकुर सहज कैसे रह पाएँगे···शायद इसीलिए वे इन बातों का दायित्व अपने सिर नहीं लेते···

गिरीश ने ठाकुर के जलपान की व्यवस्था कर रखी थी। थियेटर है तो क्या, वह उन्हें बिना सत्कार के नहीं जाने देगा।

ठाकुर ने जलपान आरंभ किया। मिठाई का एक टुकड़ा उन्होंने नरेंद्र की ओर बढ़ाया, "लो, तुम भी खाओ।"

यतीन देव ने देखा : ठाकुर ने अन्य उपस्थित लोगों में से किसी को न तो खाने का निमंत्रण दिया था, न ही उनमें से किसी की ओर तश्तरी बढ़ाई थी···बस केवल नरेंद्र···

वह जैसे पूर्णतः अनियंत्रित हो उठा था। विस्फोट-सा करता हुआ बोला, "आप बस 'नरेंद्र! खाओ', 'नरेंद्र! खाओ' कह रहे हैं। और भी तो इतने लोग यहाँ उपस्थित हैं। हम लोग मनुष्य नहीं हैं? अपदार्थ हैं? या बाढ़ के साथ बह आए घास-फूस हैं?"

नरेंद्र ने यतीन की ओर देखा, क्या हो गया है उसे? साधु-संतों के साथ इस प्रकार व्यवहार किया जाता है क्या? यतीन के लिए ठाकुर नए नहीं थे···क्या वह ठाकुर के व्यवहार को समझता नहीं है?···जहाँ तक नरेंद्र जानता था, ठाकुर यतीन को बहुत चाहते थे। वह अनेक बार दक्षिणेश्वर जाकर ठाकुर के पास सारा-सारा दिन रह आता था। कई बार तो रात को भी रुक जाता था। ठाकुर उसका सत्कार नहीं करते थे, तो वह वहाँ कैसे रहता था···वैसे खाने-पीने का कोई अभाव नहीं था यतीन को। वह शोभा बाजार के धनी-मानी राजाओं के परिवार में से था—राधाकांत देव का पुत्र!···तो यह भी आहत अभिमान का ही चीत्कार था।···गिरीश और उसके आसपास इतने आहत अभिमानी क्यों एकत्रित हो गए थे? ये कहीं गिरीश के ही प्रतिबिंब तो नहीं थे?···

यतीन के इस विस्फोट का ठाकुर पर तनिक भी प्रभाव नहीं हुआ। उन्होंने नरेंद्र की ओर देखा, "देख, यतीन तेरे ही विषय में कह रहा है।" उन्होंने स्निग्ध भाव से यतीन की ठोड़ी पकड़ उसे प्यार से हिलाया और सहास बोले, "दक्षिणेश्वर आना। वहाँ मैं तुम्हें खाने के लिए पर्याप्त दूँगा।" उनके चेहरे पर किसी प्रकार का कोई असहज भाव नहीं था···न यतीन के अभद्र प्रलाप का मलाल, न पक्षपात के आरोप का उद्वेग···

नरेंद्र के मन के भावों की पुष्टि हो रही थी। ठाकुर से सामाजिक शिष्टाचार के नाम पर अथवा अपनी अपेक्षा जताकर स्नेह नहीं पाया जा सकता था।

ठाकुर जाकर पुनः अपने बॉक्स में बैठ गए। उनके साथ महेंद्र गुप्त बैठा था। अगला नाटक 'विवाह-विभ्राट्' था। यह एक सामान्य प्रहसन था, जिसमें दासी के संवादों पर ठाकुर सहज भाव से हँसते रहे।

थोड़ी ही देर में वह प्रहसन जैसे ठाकुर के लिए अप्रासंगिक हो गया। वे महेंद्र गुप्त की ओर तनिक झुके, "अच्छा! गिरीश जो यह कह रहा था कि मैं अवतार हूँ, क्या वह सत्य है?"

महेंद्र गुप्त निर्णय नहीं कर पाया कि उसे गिरीश का समर्थन करना है या नहीं।…उसे लगा कि ठाकुर यह प्रश्न उससे पूछकर इस प्रकार उसे धर्म-संकट में न ही डालते तो अच्छा था। उन्होंने यही प्रश्न नरेंद्र से पूछा होता तो वह दो टूक उत्तर दे देता। यदि उसे लगता कि ठाकुर ईश्वर के अवतार हैं, तो कहता–'वे अवतार हैं, गिरीश माने या न माने…उसकी ऐसी-तैसी।'…और यदि उसे लगता कि वे अवतार नहीं हैं, तो स्पष्ट कह देता कि वे न तो स्वयं भ्रम में रहें, न लोगों को बहकाएँ। अवतारों के तो रंग-ढंग ही और होते हैं…

किंतु वह महेंद्र गुप्त था, वह नरेंद्र नहीं हो सकता था। बोला, "ठीक बात ही है। नहीं तो सबको ही ऐसा क्यों लग रहा है।"

उसकी उक्ति के विषय में ठाकुर ने कोई प्रतिक्रिया व्यक्त नहीं की। वे अपनी ओर से ही बोले, "देखो, अब एक नई स्थिति आ रही है। अब पहले की स्थिति नहीं रही। अब मैं धातु की चीजें छू नहीं सकता।"

महेंद्र गुप्त ने विस्मय में उनकी ओर देखा।

"यह जो नवीन स्थिति है," ठाकुर बोले, "इसका एक बहुत ही गुप्त रहस्य है।"

महेंद्र गुप्त न तो समझ पाया कि ठाकुर द्वारा दी गई इस सूचना का अभिप्राय क्या है, और न ही ठाकुर से पूछने का साहस कर पाया। अपनी उधेड़बुन में ही सोचता रहा…ठाकुर धातु को छू नहीं सकते। संभव है, अवतार माया के ऐश्वर्य का कुछ भी भोग नहीं करते।…क्या इसीलिए ठाकुर उसे यह सब बता रहे हैं? क्या वे अपने अवतार होने की पुष्टि कर रहे हैं?…किंतु अन्य किसी अवतार के विषय में तो ऐसी सूचना नहीं मिलती कि वे धातु नहीं छू सकते थे…

"अच्छा! मेरी स्थिति कुछ बदल रही है, देखते हो?" ठाकुर पुनः बोले।

"जी, कहाँ?" महेंद्र गुप्त कुछ अटपटा-सा गया।

"कर्म में।"

"हाँ।" महेंद्र गुप्त ने पुष्टि की, "अब कर्म बढ़ रहा है, अनेक लोग जान रहे हैं।"

"देख रहे हो," ठाकुर ने उत्तर दिया, "पहले जो कुछ कहता था, वह सब अब सफल हो रहा है।"

महेंद्र गुप्त के मन में कोई संदेह नहीं रह गया, ठाकुर की यह असावधान वार्ता अवश्य ही योजनाबद्ध है। उनका अभिप्राय स्पष्ट है। वे जान-बूझकर स्वयं को प्रकट कर रहे हैं।…

नाटक समाप्त हो गया और ठाकुर बाहर आ गए। गिरीश ने ठाकुर के दक्षिणेश्वर जाने के लिए गाड़ी की व्यवस्था कर रखी थी। ठाकुर गाड़ी में बैठ गए तो गिरीश ने निकट आकर पूछा, "लहसुन की गंध क्या जाएगी?"

गिरीश के स्वर में मात्र जिज्ञासा नहीं थी। उसका आहत अभिमान, उपालंभ तथा प्रेम-कोप पर्याप्त मुखर था।

"जाएगी।" ठाकुर का स्वर अत्यंत सहज था।

"तो आप कह रहे हैं," गिरीश ने पीछा नहीं छोड़ा, "जाएगी?"

"कटोरी से यदि लहसुन की गंध आ रही हो," ठाकुर का स्वर पहले से कहीं अधिक निश्चयात्मक था, "तो उसे आँच पर रख देना चाहिए। गंध चली जाएगी और बर्तन शुद्ध हो जाएगा।" ठाकुर का स्वर कुछ स्निग्ध हुआ, "जो कहता है, 'मेरा नहीं होगा।' उसका नहीं होता। मुक्ति का अभिमान करने वाला मुक्त ही हो जाता है, और बद्ध अभिमानी, बद्ध ही रह जाता है।"…

ठाकुर की गाड़ी आगे बढ़ गई।

गिरीश अपने स्थान पर स्तब्ध खड़ा रह गया, क्या कह गए ठाकुर···'कटोरी से यदि लहसुन की गंध आ रही हो, तो उसे आँच पर रख देना चाहिए।'···कोई लाग-लपेट नहीं, कोई झूठा आश्वासन नहीं···यह तो जैसे भगवान् कृष्ण का गीता में दिया गया वचन ही था···तुम कर्म करो, फल मैं दूँगा···ठाकुर ने भी कह दिया···कटोरी को आँच पर चढ़ा दो, लहसुन की गंध चली जाएगी···

गिरीश को अपना मार्ग स्पष्ट दिखाई दे रहा था।···

5

आज का रविवार अन्य रविवारों से पर्याप्त भिन्न था। आज होली भी थी और चैतन्य महाप्रभु का जन्मदिवस भी। कैसा संयोग था कि जिन कृष्ण की चर्चा के बिना होली की कल्पना अधूरी लगती थी, चैतन्य का प्राकट्य-दिवस उसी होली के दिन आ पड़ा था। दक्षिणेश्वर में विशेष उत्साह था।

ठाकुर के कमरे में पहुँचकर नरेंद्र ने उन्हें प्रणाम किया और उनके सामने फर्श पर बिछी चटाई पर बैठ गया।

''तेरी तबीयत तो ठीक है न?'' उसे देख ठाकुर तख़्त से उठकर उसके पास चटाई पर आ बैठे, सुना है तू गिरीश घोष के यहाँ प्रायः जाता है।''

नरेंद्र ठिठका। अभी उस दिन ही तो उन्होंने 'स्टार' थियेटर में पूछ लिया था, 'गिरीश से तेरी क्या मित्रता?'···और आज फिर पूछ रहे हैं कि क्या वह प्रायः गिरीश के घर जाया करता है···और फिर उसकी तबीयत से उसका क्या संबंध?···वहाँ जाने से उसकी तबीयत खराब हो जाएगी···अथवा तबीयत खराब होने के कारण वह वहाँ जाता है?···इतना तो स्पष्ट था कि ठाकुर को उसका गिरीश से मिलना-जुलना अच्छा नहीं लगता था।···पर क्यों? गिरीश तो ठाकुर की भक्ति करता है, उन्हें अवतार मानता है, और ठाकुर ने भी उस पर कृपा की है···

''जी, हाँ! कभी-कभी जाया करता हूँ।'' नरेंद्र बोला।

''कभी-कभी नहीं।'' ठाकुर बोले, ''तू वहाँ बहुत जाने लगा है। इतना जाना अच्छा नहीं।''

''क्यों?''

''लहसुन के कटोरे को कितना भी धोओ, कुछ-न-कुछ गंध तो उसमें रहेगी ही। और तुम सब लड़के शुद्ध आहार के हो। लड़कों ने कामिनी और कांचन का स्पर्श भी नहीं किया है। बहुत दिनों तक कामिनी और कांचन का उपभोग करने पर लहसुन की तरह गंध आने लगती है। उन दोनों का इस प्रकार मिलना उचित नहीं है।''

''क्या होगा दोनों के मिलने से?'' नरेंद्र की हठ बोलने लगी थी।

''जैसे पूरा पका हुआ शुद्ध फल और कौए का काटा हुआ आम। कौए का काटा हुआ आम देवता पर चढ़ ही नहीं सकता, उसके खाने में भी संदेह है। जैसे नई हाँड़ी और दही जमी हाँड़ी। दही जमी हाँड़ी में दूध रखते डर लगता है। प्रायः उसमें दूध खराब हो जाता है।'' ठाकुर ने उसकी ओर देखा, ''गिरीश जैसे गृहस्थ एक दूसरी ही श्रेणी के हैं। वे योग भी चाहते हैं और भोग भी। जैसा भाव रावण का था—नाग कन्याओं और देव कन्याओं को हथियाना चाहता था, उधर राम की प्राप्ति की आशा भी रखता था। असुर लोग अनेक प्रकार के भोग भी करते हैं और नारायण को पाने की इच्छा भी रखते हैं।''

नरेंद्र के मन में पर्याप्त उथल-पुथल थी। अभी उस दिन जब ठाकुर 'वृष-केतु' नाटक देखने गए थे, उन्होंने गिरीश को कहा था कि लहसुन की गंध चली जाएगी···और आज फिर···

"गिरीश ने पहले के लोगों का संग छोड़ दिया है।" नरेंद्र ने अपनी ओर से गिरीश का पक्ष प्रस्तुत किया।

"ठीक है।" ठाकुर बोले, "किंतु बूढ़ा बैल बधिया बनाया गया है। संस्कार कठिनाई से ही छूटते हैं।"

"गिरीश इन दिनों केवल ईश्वर का ही चिंतन करता है।" नरेंद्र ने विरोध किया।

"अच्छा है।" ठाकुर का स्वर कुछ सहज हुआ, किंतु तत्काल ही वे अपने पिछले स्थान पर लौट आए, "किंतु इतनी गालियाँ क्यों दिया करता है? मुझसे इतनी अभद्र भाषा क्यों बोलता है?···"

नरेंद्र के मन में बहुत कुछ स्पष्ट हुआ, उसे बताया गया था कि पिछले सप्ताह में ही और बहुत कुछ घटित हो गया था।···ठाकुर नाटक देखने 'स्टार' थियेटर गए थे। गिरीश की उनके प्रति भक्ति बहुत बढ़ गई थी, किंतु उस समय वह सुरा पीकर भ्रष्टबुद्धि हुआ पड़ा था। उस स्थिति में उसकी भक्ति कुछ व्यग्र हो उठी थी। उस अस्वाभाविक अवस्था में वह ठाकुर के पीछे पड़ गया, 'वचन दो कि तुम मेरे पुत्र होकर जन्मोगे।'···ठाकुर ने उत्तर दिया कि उनके पिता शुद्धसत्व ब्राह्मण थे, वे भला क्यों गिरीश के पुत्र होने जाएँ? इस पर क्रुद्ध होकर गिरीश ने ठाकुर को अभद्र गालियाँ दीं।···अन्य उपस्थित लोगों ने कुछ बीच-बचाव किया और ठाकुर को दक्षिणेश्वर ले आए। उन्होंने ठाकुर को यह परामर्श भी दिया कि वे ऐसे पापी के पास फिर न जाएँ और न ही कभी उसे अपने निकट आने दें। ठाकुर चुपचाप सब कुछ सुनते रहे। अगले दिन दक्षिणेश्वर में भी वही प्रसंग चलता रहा। उस दिन जब रामचंद्र दत्त ठाकुर के पास दक्षिणेश्वर पहुँचे तो ठाकुर ने पूछा, 'राम! तुम्हारा क्या मत है?' रामचंद्र दत्त बोले, 'कालिय नाग ने जैसे श्रीकृष्ण से कहा था कि प्रभु! तुमने मुझे विष ही दिया है, फिर मैं अमृत कहाँ से लाऊँ?···गिरीश बाबू की भी वही स्थिति है। आपने जो कुछ उन्हें दिया है, उसी से तो वे आपकी पूजा करेंगे। वे अमृत कहाँ से पाएँगे?' रामचंद्र दत्त की बात सुनकर ठाकुर उन्हीं की गाड़ी में गिरीश के घर पहुँचे। नशा उतर जाने पर गिरीश को भी अपनी भूल का अनुभव हो गया था। वह ग्लानि और पश्चात्ताप के कारण भोजन इत्यादि त्याग बैठा था। ठाकुर को देखते ही वे उनके चरणों में लोट गया, 'ठाकुर, आज यदि तुम नहीं आते, तो मैं समझता कि तुम निंदा-स्तुति को अब भी समान भाव से ग्रहण नहीं कर सके हो—परमहंस नाम में तुम्हारा अधिकार नहीं हुआ है। पर आज मैं समझ गया कि तुम वही हो, वही हो। अब तुम मुझसे छल नहीं कर सकोगे।···'

नरेंद्र ने यह सब कुछ सुना था और ठाकुर पर मुग्ध भी हुआ था···और अब ठाकुर क्या कह रहे हैं?···स्वयं तो गिरीश के घर जाकर पतित-पावन का यश लूट आए और उसे वे गिरीश से दूर रखना चाहते हैं?···क्या लीला कर रहे हैं ठाकुर?···या वह सब मात्र सामाजिकता थी और मन से वे अभी तक उसे क्षमा नहीं कर पाए हैं?

"मेरी वह अवस्था नहीं है कि अभद्रता सहन कर सकूँ।" ठाकुर कह रहे थे, "जब बिजली गिरती है, तब मोटी चीजें उतनी नहीं हिलतीं, जितनी झरोखे की झँझरियाँ हिल जाती हैं। सतोगुण की अवस्था में शोरगुल नहीं सहा जाता। हृदयराम इसीलिए चला गया। माँ ने उसे यहाँ नहीं रखा। अंतिम दिनों में बहुत बढ़ा-चढ़ी करने लगा था। मुझे गालियाँ देता था, हल्ला मचाता था।" और सहसा ठाकुर की चर्चा ने विकट मोड़ लिया, "मेरे विषय में गिरीश के विचारों से क्या तुम सहमत हो?"

नरेंद्र के भीतर-ही-भीतर विचार-शृंखला झटके से टूट गई।···ठाकुर कहाँ से कहाँ छलाँग लगा देते हैं। अभी वे गिरीश की अभद्रता की चर्चा कर रहे थे, नरेंद्र और दूसरे लड़कों को उससे दूर रखने का प्रयत्न कर रहे थे और सहसा···

"वह आपको ईश्वर का अवतार मानता है।" नरेंद्र बोला और फिर उसका स्वर कुछ दृढ़ हो गया, "मैंने इस विषय में कुछ नहीं कहा।"

नरेंद्र अत्यंत स्पष्ट शब्दों में कह रहा था कि उसने ठाकुर के अवतारत्व को स्वीकार नहीं किया है, किंतु ठाकुर ने रंच मात्र भी प्रतिक्रिया प्रकट नहीं की, जैसे उन्होंने कुछ सुना ही न हो···बोले, "किंतु उसका विश्वास बहुत दृढ़ है, क्या तुम्हें ऐसा नहीं लगता?"

नरेंद्र उसका क्या उत्तर देता···उसने अपनी दृष्टि चारों ओर घुमाई। महेंद्र गुप्त भी आकर उन दोनों के निकट चटाई पर बैठ गया था···और कमरे में ठाकुर के अनेक भक्त आ गए थे। कमरा प्रायः भर चुका था।···

नरेंद्र ने कोई उत्तर नहीं दिया। ठाकुर ने न उत्तर पाने का आग्रह किया, न घुमा-फिराकर कोई प्रश्न किया। बोले, "देखो बच्चे, कामिनी और कांचन त्यागे बिना ईश्वर की प्राप्ति नहीं हो सकती।···"

अब वे संवाद की स्थिति में नहीं थे। वे आत्मलीन होकर जैसे भावमग्न हो चुके थे। उनकी दृष्टि में करुणा भी थी और स्नेह भी। वे विभोर होकर गा उठे—

"बात करते हुए भी भय होता है, न करने पर भी भय होता है। हमारे हृदय में यह संदेह है कि राधा! तुम्हारे जैसे धन को हम खो न बैठें। तेरा मन जैसा है, तुझे हम वैसा ही मंत्र देंगे। पर तेरा मन तेरे पास है भी?···हम लोग जिस मंत्र के बल से विपत्तियों से त्राण पाते हैं, उसी मंत्र से दूसरों को भी उत्तीर्ण करते हैं। अब सब कुछ तुम्हारे ही ऊपर निर्भर है···।"

नरेंद्र स्पष्ट देख रहा है कि ठाकुर भयभीत हैं कि नरेंद्र किसी अन्य का हो गया है···किसका? गिरीश का? ठाकुर को छोड़कर कोई गिरीश का हो सकता है क्या?···और गिरीश का होकर कोई ठाकुर से दूर हो सकता है क्या?···पर ठाकुर के इस प्रेममय आशंकित मन का कोई क्या करे? ठाकुर स्वयं ही कहते हैं कि व्यक्ति जिससे जितना अधिक प्रेम करता है, उसे लेकर उतना ही आशंकित भी रहता है।···इस साक्षात् प्रेम-मूर्ति को कोई क्या समझाए?···

नरेंद्र का मन ही तरल नहीं हुआ, आँखें भी भर आईं। वह सजल नयन प्रेम के उस अवतार को देखता रहा।

एक नए दर्शनार्थी ने चकित और हताश होकर पूछा, "महाराज! कांचन और कामिनी का त्याग कर दे तो फिर गृहस्थ कहाँ जाए?"

"तुम गृहस्थी करो न!" ठाकुर ने जैसे थोड़े आवेश में कहा, "हम लोगों के मध्य तो कुछ ऐसी ही बात हो गई।"

नरेंद्र बैठा सोच रहा था, ठीक ऐसा ही पहले भी हो चुका था।···सब ओर से हताश होकर जब नरेंद्र ने संन्यास ग्रहण करने का निश्चय कर लिया था, तो ठाकुर उसे एक प्रकार से बलात् दक्षिणेश्वर खींच लाए थे। तब भी उन्होंने उसे सामने बैठाकर ऐसा ही गीत गाया था। तब भी उन्हें लगा था कि उनका नरेंद्र उनसे दूर जा रहा है, वे उसे कहीं खो न दें।···आज फिर उन्हें वैसा ही कुछ लग रहा है—केवल गिरीश घोष के कारण? वह गिरीश घोष, जो ठाकुर को ईश्वर का अवतार मानता है···और उन्हीं की कसौटी पर सफल होने का प्रयत्न कर रहा है। उससे भी ठाकुर आशंकित

हैं?···पहले भी उनके अश्रुओं को देखकर पास बैठे लोगों ने चकित होकर पूछा था कि यह सब क्या है, तो ठाकुर ने यही उत्तर दिया था कि हम दोनों के मध्य कुछ हो गया था···

ठाकुर क्या गिरीश से घृणा करते हैं? उसे अपवित्र और पापी मानते हैं??···पर यदि ऐसा है तो उसके घर क्या करने जाते हैं? उसकी गालियाँ सुनकर भी अगले दिन क्यों गए उसके घर?···उसे अपवित्र मानते हुए भी इसलिए उसे छोड़ नहीं सकते, क्योंकि वह ठाकुर के अवतार होने का प्रचार करता है? ठाकुर अवतार भी बने रहना चाहते हैं और उससे घृणा भी करते रहना चाहते हैं???···

नरेंद्र का तर्क जैसे स्तब्ध-सा खड़ा रह गया।···ठाकुर के आचरण को तर्क से नहीं समझा जा सकता। तर्क मनुष्य को व्यावहारिक-सांसारिक धरातल से ही बाँधकर रखता है···वह व्यक्ति की अनुभूति की उदात्तता को समाप्त कर देता है।···तर्क से तो ठाकुर का वास्तविक स्वरूप प्रकट नहीं होगा···ठाकुर बार-बार कह रहे हैं कि नरेंद्र और उसके अन्य मित्र कोरे बर्तन हैं, स्वच्छ हैं, सात्त्विक हैं···उनके प्रति ठाकुर का प्रेम, उन्हें किसी भी ऐसे पात्र के संपर्क में नहीं आने देना चाहता, जो उनके समान स्वच्छ और सात्त्विक नहीं है।···किंतु ठाकुर गिरीश जैसे लोगों को उनकी पतितावस्था में तो नहीं छोड़ सकते। वे तो उनसे भी प्रेम करते हैं, उनका उद्धार करना चाहते हैं। वे उनको आँच पर रखने की तैयार कर रहे हैं, ताकि उनकी लहसुन की गंध चली जाए।···वे सबका उत्थान चाहते हैं···इसलिए गिरीश के पास भी जाते हैं, किंतु नरेंद्र का भी उत्थान चाहते हैं, इसलिए उसे गिरीश के संपर्क से बचाए रखना चाहते हैं।···कृष्ण गोकुल के लोगों को कालिय से बचाए रखना चाहते थे, इसलिए उन्हें उन्होंने कालिय से दूर रखा, किंतु कालिय के उद्धार के लिए स्वयं उसके पास गए, उसके विष-फूत्कारों को अपने शरीर पर सहन किया, उसके प्रहारों को झेला और उसके विष का हरण कर उसे अपनी भक्ति दे आए···

नरेंद्र समझ रहा था, ठाकुर क्या हैं, वे क्या चाहते हैं, और उनके हृदय का प्रेम कितना गंभीर, संघन और व्यापक है···

ठाकुर भी अब तक सँभल गए थे। उनके तथा नरेंद्र के मध्य जो कुछ घटित हुआ था, उसे वे अपने तक ही सीमित रखना चाहते थे, इसलिए शायद नहीं चाहते थे कि इस विषय में कोई और बात हो, चर्चा आगे बढ़े, अथवा कुछ अन्य लोग उस संदर्भ में टीका-टिप्पणी करें।

उन्होंने अपने पास बैठे महिमाचरण चक्रवर्ती से कहा, "बढ़ जाओ। और भी आगे बढ़ जाओ, चंदन की लकड़ी मिलेगी। और आगे बढ़ो, चाँदी की खान मिलेगी। और आगे बढ़ जाओ, तो सोने की खान पाओगे।···और आगे बढ़ो, तो हीरे और मणि मिलेंगे। बढ़ जाओ।"

महिमाचरण को समझने में कठिनाई नहीं हुई कि ठाकुर, ईश्वर की ओर बढ़ने के लिए कह रहे हैं, और चाँदी, सोना, हीरे इत्यादि सांसारिक ऐश्वर्य मार्ग की बाधाएँ हैं। उनकी ओर आकृष्ट हो, उनमें लुब्ध हो मनुष्य ईश्वर से विमुख हो जाता है। जिन्हें सामान्यतः वह अपनी उपलब्धि मानता है, वे ही उसकी बाधाएँ हैं। यह ही तो संसार की प्रवंचना है। मनुष्य को यदि वस्तुतः ईश्वर तक पहुँचना है, तो उसे सांसारिक विभूतियों का लोभ त्यागना होगा···

"किंतु मन तो सोने-चाँदी की ओर ही खिंचता रहता है," महिमाचरण ने अपनी कठिनाई बताई, "वह आगे बढ़ने ही नहीं देता। उसने जैसे मुझे लगाम से बाँधकर साध रखा है।"

"लगाम काट दो।" ठाकुर मुक्ति की आनंदानुभूति से हँसे, "उनके नाम की तलवार से अपने बंधन काट डालो। महाकाली के नाम के प्रभाव से कालपाश भी छिन्न हो जाता है।"

ठाकुर बातें तो महिमाचरण से कर रहे थे, किंतु उनका सारा ध्यान नरेंद्र की ओर था। उनकी

दृष्टि बार-बार उसके चेहरे पर जा रुकती थी। उसकी चिंता और व्यथा को वे देखते और समझते थे। अपनी दृष्टि के स्पर्श से स्नेह के लेप का प्रयत्न भी करते थे, किंतु नरेंद्र की चिंता कम हो ही नहीं रही थी···और आज तो उसके आते ही ठाकुर ने उसके साथ गिरीश की कथा आरंभ कर दी थी।···नरेंद्र सहज ही किसी के कहने पर अपने संबंध तोड़ने वाला लड़का नहीं था।···हाजरा के संदर्भ में नरेंद्र का व्यवहार ठाकुर देख चुके थे। उसके परिवार वालों ने तो उसे ठाकुर से भी दूर रखना चाहा था, किंतु वह उनके निकटतर होता गया।···नरेंद्र सहज ही गिरीश को भी नहीं छोड़ेगा। न छोड़े, पर सावधान तो रहे। इसीलिए उन्होंने उसे सावधान किया था।···वैसे वह सावधान रहे न रहे, उससे किसी को सावधान रहने की आवश्यकता नहीं होगी। वह चाहे स्वयं वंचित हो, किंतु किसी और को वंचित नहीं करेगा···

सहसा उन्होंने नरेंद्र से पूछा, "तू चिकित्सक तो नहीं बना?" और फिर जैसे अपनी बात को स्पष्ट करने के लिए सूत्र देते हुए बोले, "शतमारी भवेद्वैद्यः सहस्रमारी चिकित्सकः।"

नरेंद्र ठीक से समझ नहीं पाया कि ठाकुर उससे क्या पूछ रहे हैं। वैद्य अथवा चिकित्सक का कोई संदर्भ नहीं था। फिर ठाकुर क्या पूछ रहे थे? क्या वे केवल अनुभव की बात कह रहे थे—सांसारिक अनुभव की बात? इतनी कम अवस्था में उसे ज़ीवन के सुख-दुःख के जितने उतार-चढ़ाव देखने पड़े थे, उससे वह अनुभव-वृद्ध तो हुआ ही था···किंतु उसने हजार रोगियों को मारकर चिकित्सक का अनुभव प्राप्त नहीं किया था, उसने हजार रोगों को झेलकर चिकित्सक की भूमिका पाई थी।···किंतु संभव है कि ठाकुर का अभिप्राय कुछ और ही हो। संभव है, वे उससे कह रहे हों कि अच्छा ही है कि तू चिकित्सक नहीं बना। चिकित्सक हजार रोगियों की पीड़ा का व्यापार करता है, उन्हें मारकर अनुभव प्राप्त करता है और उन्हीं के संबंधियों से धन प्राप्त कर धनाढ्य होता है।···नरेंद्र निर्धन ही रहा, उसने धन प्राप्त नहीं किया, किंतु धन-प्राप्ति के लिए उसने मानवीय पीड़ा का व्यापार नहीं किया···

नरेंद्र ने ठाकुर के प्रश्न का कोई उत्तर नहीं दिया। बस, मुस्कराकर रह गया।···

अपराह्न का समय था।

पक्के आँगन में से होकर ठाकुर, राधाकांत के मंदिर में आए। अबीर की थाली लिए हुए महेंद्र गुप्त उनके साथ-साथ था। ठाकुर ने भूमिष्ठ होकर राधाकांत की प्रतिमा को प्रणाम किया और थाली में से अबीर लेकर उन्हें अर्पित कर पुनः प्रणाम किया।

बाहर निकल, वे काली मंदिर की ओर आए। सातों सीढ़ियाँ चढ़कर, बाहर चबूतरे पर खड़े हो, पहले माँ भवतारिणी को प्रणाम किया और तब मंदिर में प्रवेश किया। माता पर अबीर चढ़ाया, प्रणाम किया और मंदिर से बाहर निकल आए।

सीढ़ियाँ उतरने से पहले चबूतरे पर रुककर महेंद्र गुप्त की ओर मुड़े, "बाबूराम को तुम साथ क्यों नहीं ले आए?"

महेंद्र गुप्त ने कोई उत्तर नहीं दिया। केवल अबीर की थाली सँभाले रहा, जैसे उसी प्रयत्न के कारण उत्तर नहीं दे पा रहा हो।···उसने इस विषय में कोई विचार ही नहीं किया था। अब ठाकुर से क्या कहता कि दक्षिणेश्वर आने की आतुरता में उसने यह सब सोचा ही नहीं।

ठाकुर ने भी उसके उत्तर की प्रतीक्षा नहीं की, जैसे वह मात्र उनकी इच्छा थी, जिज्ञासा नहीं।···वे आँगन पार कर अपने कमरे की ओर जा रहे थे। महेंद्र गुप्त भी अबीर की थाली सँभालने में व्यस्त-सा,

उनके पीछे-पीछे चला आ रहा था। अपने कमरे में आकर ठाकुर ने अपने तथा ईसा के चित्रों को छोड़कर, शेष सभी चित्रों पर अबीर चढ़ाया और कमरे से बाहर निकल, बरामदे में आ गए। सबसे पहले उन्होंने बरामदे में बैठे नरेंद्र पर अबीर छोड़ा और तब साथ चल रहे महेंद्र गुप्त पर अबीर डाला।...अब जैसे वे अपने विधान से मुक्त हो गए थे। कमरे में बैठे सारे दर्शनार्थियों पर उन्होंने मुक्त हस्त अबीर उड़ा दिया।...लोगों में उनकी चरण-धूलि लेने की होड़ लग गई।

कमरे में रहकर भी ठाकुर का मन जैसे बाहर बैठे नरेंद्र में ही रमा हुआ था।

"सब कहते हैं कि उनका ध्यान अच्छी तरह हो रहा है, किंतु पल्टू का ध्यान क्यों नहीं होता?" सहसा ठाकुर ने महेंद्र गुप्त से पूछा, "अच्छा, नरेंद्र के विषय में तुम्हारा क्या विचार है?"

महेंद्र गुप्त अभी सोच ही रहा था, क्या उत्तर दे कि ठाकुर पुनः बोले, "नरेंद्र अत्यंत सरल और निष्कपट लड़का है। इस समय अपनी पारिवारिक समस्याओं में उलझा हुआ है, इसलिए उसका आध्यात्मिक विकास कुछ मंथर है, पर यह अवस्था अधिक दिन नहीं रहेगी।"

नरेंद्र की चर्चा करके ही जैसे उन्हें संतोष नहीं हुआ। उसे देखने के लिए व्याकुल होकर वे बाहर बरामदे में निकल आए।

नरेंद्र अपने स्थान पर बैठा किसी आगंतुक से वेदांत पर चर्चा कर रहा था, "संसार-भर के लोगों द्वारा वेदांत के विषय में ध्यान देने का दूसरा कारण यह है कि संसार के समस्त धर्म-ग्रंथों में एकमात्र वेदांत ही ऐसा एक धर्म-ग्रंथ है, जिसकी शिक्षाओं के साथ बाह्य प्रकृति के वैज्ञानिक अनुसंधान से प्राप्त परिणामों का संपूर्ण सामंजस्य है। अत्यंत प्राचीन काल में समान आकार-प्रकार, समान वंश और समान भावों से पूर्ण दो विभिन्न मेधाएँ भिन्न-भिन्न मार्गों से संसार के तत्त्वों का अनुसंधान करने को प्रवृत्त हुईं। एक प्राचीन हिंदू मेधा और दूसरी प्राचीन यूनानी मेधा... । यूनानी जाति के लोग बाह्य जगत् का विश्लेषण करते हुए उसी अंतिम लक्ष्य की ओर अग्रसर हुए थे, जिस ओर हिंदू भी अंतर्जगत् का विश्लेषण करते हुए आगे बढ़े।..."

ठाकुर खड़े, नरेंद्र की बात सुनते रहे, और फिर चेहरे पर पूर्ण आत्मतोष का भाव लेकर कमरे के भीतर आ गए। अपने स्थान पर बैठने से पहले वे दो-तीन बार आतुरता से बाहर झाँक आए। नरेंद्र मग्न भाव से उस व्यक्ति से चर्चा कर रहा था।

अनेक भक्त तथा दर्शनार्थी आकर कमरे में बैठते जा रहे थे, इसलिए ठाकुर के लिए उस प्रकार टहलने की सुविधा भी नहीं रह गई थी। अंततः वे नरेंद्र को लगातार देखते रहने का लोभ त्याग, छोटे तख्त पर बैठ गए।

"चलो, भगवान् का नाम सुनाओ।" उन्होंने महिमाचरण को कहा।

महिमाचरण ने महानिर्वाण-तंत्र के तृतीय उल्लास में अंकित ब्रह्म की स्तुति के पश्चात् शंकराचार्य-रचित महादेव की स्तुति गाई :

"हे चंद्रचूड़ मदनांतक शूलपाणे।
स्थाणो गिरीश गिरिजेश महेश शंभो!
भूतेश भीतिभय सूदन मामनाथं
संसार-दुःख-गहनां जगदीश रक्ष ॥
हे पार्वती-हृदयवल्लभ चंद्रमौले
भूताधिप प्रमथनाथ गिरीशजाप।
हे वामदेव भव रुद्र पिनाक पाणे
संसार-दुःख-गहनां जगदीश रक्ष ॥"

महिमाचरण के चुप होते ही, ठाकुर कुछ वेगपूर्वक बोले, "संसार कूप है, संसार गहन है, यह सब क्यों कहते हो? पहले-पहल इस तरह कहा जाता है। ईश्वर के चरण थाम लिए तो फिर क्या भय है? तब यह संसार मौज की कुटिया हो जाता है। मैं खाता-पीता हूँ और आनंद करता हूँ।···भय क्या है? उन्हें थाम लो।" उन्होंने अपने सम्मुख बैठे लोगों पर एक दृष्टि डाली, "काँटों का जंगल है तो क्या हुआ? जूते पहनकर उसे पार कर जाओ। भय क्या है? जो पाला छू लेता है, क्या वह भी कभी चोर हो सकता है? राजा जनक दो तलवारें चलाते थे—एक ज्ञान की और दूसरी कर्म की। पक्के खिलाड़ी को किसी का भय नहीं रहता।"

ठाकुर की टिप्पणी पर कहीं से कोई प्रतिक्रिया होती, उससे पहले ही नवाई चैतन्य और उनके साथियों ने कीर्तन आरंभ कर दिया।

ठाकुर अपने स्थान से उठे और उन्हीं में मिलकर, भाव-मग्न हो नृत्य करने लगे। कीर्तन ने गति पकड़ी। स्वर उच्चतर होने लगे और साथ ही नृत्य का वेग भी बढ़ा। संकीर्तन अपने चरम तक जाकर मंद हुआ और क्रमशः विराम तक आया।

ठाकुर आकर अपने स्थान पर बैठे और बोले, "यही इतना काम हुआ और सब मिथ्या था। प्रेम और भक्ति—यही वस्तु है, शेष सब अवस्तु।···"

दिन का पिछला प्रहर था।

पंचवटी में खड़े ठाकुर ने महेंद्र गुप्त से पूछा, "विनोद के विषय में तुम्हारा क्या विचार है?"

विनोद महेंद्र गुप्त के स्कूल का ही छात्र था। शायद इसीलिए ठाकुर ने उसे इस प्रश्न का अधिकारी समझा था।···पर ठाकुर उससे क्या जानना चाहते थे? शायद कुछ विशेष जानना भी नहीं चाहते थे।···महेंद्र गुप्त को कई बार लगा था कि ठाकुर जिनसे स्नेह करते हैं, उनकी चर्चा करते रहना चाहते हैं। जैसे वे ईश्वर का चिंतन कर, उन्हें अपने निकट पाते हैं, बहुत संभव है कि अपने प्रियजनों की चर्चा से उन्हें भी अपने समीप ही अनुभव करते रहना चाहते हों।

"अच्छा लड़का है।" महेंद्र गुप्त ने धीरे से कहा।

"ईश्वर का चिंतन करते-करते, उसे कभी-कभी भावावेश हो जाता है।" ठाकुर बोले, "इसीलिए मैं उसे प्यार करता हूँ।"

बकुल तल्ले के घाट के पास आकर, सहसा वे रुके, "अच्छा, यह जो कोई-कोई मुझे अवतार कहते हैं, इसके विषय में तुम्हारा क्या विचार है?"

ठाकुर यह प्रश्न पहले भी पूछ चुके थे। जाने वे बार-बार वही प्रश्न क्यों पूछते हैं? महेंद्र गुप्त तो यह भी समझ नहीं पा रहा था कि इस प्रश्न के माध्यम से वे कुछ पूछना चाहते थे, या बताना चाहते थे।

वह उत्तर देने की सोच ही रहा था कि वे लोग कमरे में आ गए। चप्पलें उतारकर ठाकुर छोटे तख्त पर बैठ गए। तख्त के पूर्व की ओर रखे पाँवपोश पर महेंद्र गुप्त बैठ गया।

"क्या कहते हो, बोलो।" ठाकुर ने कहा।

"जी! मुझे भी यही लगता है।" महेंद्र गुप्त ने उत्तर दिया, "जैसे चैतन्य देव थे।"

"पूर्ण या अंश या कला?" ठाकुर ने महेंद्र को गहरी दृष्टि से देखा, "तौलकर बोलो।"

महेंद्र खासे असमंजस में था। बोला, "तौल मेरी समझ में नहीं आता। इतना ही कह सकता हूँ कि भगवान् की शक्ति अवतीर्ण हुई है। वे तो आपमें हैं ही।"

''हाँ। चैतन्य देव ने शक्ति के लिए प्रार्थना की थी।'' ठाकुर बोले, ''और कुछ देर मौन रहकर उन्होंने जोड़ा, ''परंतु वे षड्भुज थे।''

'चैतन्य देव को उनके भक्तों ने षड्भुज के रूप में अवश्य देखा था'—महेंद्र सोच रहा था, 'किंतु ठाकुर का अभिप्राय क्या था? इसकी चर्चा क्यों?'

तभी बाहर बरामदे से रामचंद्र दत्त का ऊँचा आवेशमय स्वर सुनाई दिया, ''मेरी तो समझ में ही नहीं आता कि आखिर यह सब क्या है।···यदि हम कर्म-सिद्धांत में विश्वास करें, कि हमें अपने ही किए कर्मों का फल मिलता है, तो क्या देख रहे हैं हम! हमारे आसपास जितने भले आदमी हैं, वे सब दुखी हैं। उन्हीं के घर रोग-शोक आता है। वे ही निर्धनता के मारे हैं। तो क्या हम मान लें कि वे सब लोग पापी हैं? पिछले जन्मों में भी पापी थे, इसलिए भगवान् उन्हें दंडित कर रहा है?···या यह मान लें कि भगवान् को न्याय करना नहीं आता? वह सच्चे लोगों को ही पीड़ित करता है और दुष्टों को दंड देने का साहस तक नहीं करता।···''

''आप जिस ढंग से सोचते हैं राम दादा! मैं उस ढंग से नहीं सोचता।'' नरेंद्र का स्वर ऊँचा तो था, किंतु स्थिर था। उसमें आवेश नहीं था, ''यदि हम संसार के सारे क्रियाकलाप की व्याख्या, पाप और पुण्य तथा पुरस्कार और दंड की शब्दावली में ही करेंगे तो हमें यह भी मानना पड़ेगा कि अच्छा खाना, अच्छा पहनना, पत्नी, बच्चे, धन, संपत्ति, पद, अधिकार, यश, प्रतिष्ठा—ये सब ईश्वर की ओर से पुरस्कार के रूप में दिए जाते हैं।···''

ठाकुर अपने स्थान से उठकर कमरे के द्वार पर आ खड़े हुए। यहाँ से वे विचारों के घमासान में उलझे हुए राम और नरेंद्र—दोनों को देख सकते थे।

''यह तो है ही।'' राम का स्वर उत्तेजित था, ''जिन्हें अच्छा स्वास्थ्य मिला है, धन-संपत्ति मिली है, दीर्घजीवी, स्वस्थ तथा सुख देने वाले पत्नी और बच्चे मिले हैं—उन पर ईश्वर की कृपा न मानें तो क्या मानें?''

''तब तो ठाकुर बहुत बड़े पापी हैं, जिन्हें न स्त्री-सुख मिला, न संतान-सुख और न प्रभुत्व और ऐश्वर्य।'' नरेंद्र बोला, ''मैं पापी हूँ, जिसके पिता छिन गए, संपत्ति नष्ट हो गई, साधारण से साधारण लोगों को मिल जाने वाली एक क्लर्क की नौकरी भी मुझे नहीं मिली। आप पापी हैं, क्योंकि आपको अपनी बाल्यावस्था निर्धनता में व्यतीत करनी पड़ी, संतान-शोक सहना पड़ा··· ।''

''इसी को तो मैं भगवान् का अन्याय कहता हूँ कि बताता ही नहीं, वह हमें किस बात के लिए दंडित कर रहा है।'' राम बोला, ''कम-से-कम दोष तो बताए हमारा··· ।''

''वह आपको कचहरी में तो प्रस्तुत कर नहीं रहा कि पहले दोषारोपण करे, उनकी सत्यता प्रमाणित करे और तब आपको दंड दे।'' नरेंद्र हँसा, ''आप तो अपनी बुद्धि ईश्वर के विधान पर आरोपित कर रहे हैं। स्वामी वह है या आप?···''

''स्वामी है तो क्या स्वेच्छाचारी हो जाएगा···?'' राम लगभग चीखकर बोला।

''मुझे यह सब अच्छा नहीं लगता।'' सहसा ठाकुर आगे बढ़कर राम से बोले, ''बंद करो यह सब। एक तो तुम बीमार थे। अब अच्छे हुए हो तो नरेन से भी लड़ रहे हो और ईश्वर से भी। और यह नहीं सोचते कि भक्ति कितना बड़ा पुरस्कार है, कितने पुण्यों का फल है। वह क्या पापियों को मिलता है? माया-सृष्टि में दंड और पुरस्कार का सीधा-सीधा विधान कहाँ मिलेगा तुझे?···'' वे रुके, ''चर्चा ही करनी है तो धीरे-धीरे। इस प्रकार आवेश में मत आओ, नहीं तो फिर से बीमार पड़ोगे।'' उनका स्वर और भी मंद और मधुर हो गया, ''मुझे लोगों का वितंडावाद अच्छा नहीं लगता।

मैं तो माँ के सामने जाकर रोता था और कहता था, 'माँ! एक कहता है कि ऐसा नहीं, ऐसा है, दूसरा कुछ और बतलाता है। सत्य क्या है माँ! तू ही मुझे बता।' "

6

संध्या-समय स्कूल की छुट्टी होते ही महेंद्र गुप्त बलराम बसु के घर की ओर भागा।

ठाकुर प्रातः से ही बलराम बसु के घर आए थे। अनेक लोग उनसे मिलने के लिए वहाँ एकत्रित थे। महेंद्र भी बीच में स्कूल से समय निकालकर ठाकुर के दर्शन का आया था, किंतु ठाकुर तथा उनके शिष्यों की संगति का मोह होते हुए भी, स्कूल का काम छोड़कर वहाँ टिक नहीं सका था। ठाकुर भी यह पसंद नहीं करते कि वह अपना काम छोड़कर उनके पास बैठा रहे।...कहीं दूर जाना होता तो शायद महेंद्र के लिए भी दो बार वहाँ जाना संभव नहीं होता, किंतु बलराम का घर उसके स्कूल से इतना निकट था कि न वह प्रातः वहाँ तक हो आने का लोभ संवरण कर पाया था, न इस समय और रुक सकता था।...महेंद्र को लगता था कि ठाकुर अपने शिष्यों के साथ जहाँ भी होते थे वहाँ निरंतर एक प्रकार की लीला चलती रहती थी। उनसे दूर रहकर उसके मन की स्थिति भी उस बालक के समान होती थी, जो जानता था कि उसके मित्र निकट ही कहीं खेल रहे हैं, किंतु अपने पिता के आदेश से घर में किसी काम में बँधा होने के कारण वह उस खेल में सम्मिलित न हो सकता हो।

ठाकुर बलराम की बैठक में अपने शिष्यों और प्रशंसकों के मध्य बैठे हुए थे। उनके चेहरे पर हास्य की रेखाएँ थीं और अन्य लोगों के चेहरे भी खिले हुए थे। लगता था कि वहाँ कोई बहुत ही आनंददायक चर्चा होकर चुकी है, जिसका प्रभाव उन लोगों के मन पर ही नहीं, चेहरों पर भी शेष था।

महेंद्र ने ठाकुर को प्रणाम किया, तो ठाकुर ने उसे अपने पास बैठने का संकेत किया, "यहाँ बैठ।"

महेंद्र ने बैठकर चारों ओर दृष्टि घुमाई—गिरीश घोष, सुरेश मित्र, बलराम, लाटू तथा चुन्नीलाल आदि लोग ठाकुर के निकट ही बैठे हुए थे।

"गिरीश! तुम एक बार नरेंद्र के साथ विचार करके देखना।" ठाकुर ने कदाचित् पिछली चर्चा ही आगे बढ़ाई थी, "देखना तो, आखिर वह क्या कहता है।"

"मेरी उससे खूब चर्चा हो चुकी है महाराज! "गिरीश बोला, "नरेंद्र कहता है कि ईश्वर अनंत है। जो कुछ हम देखते अथवा सुनते हैं—वस्तु हो या व्यक्ति, सब उसके अंश हैं—इतना भी कहने का हमें अधिकार नहीं है। अनंतता—Infinity—जिसका स्वरूप है, उसका फिर अंश कैसा? अंश नहीं होता।"

"ईश्वर अनंत हों अथवा कितने भी बड़े हों, वे यदि चाहें तो उनके भीतर का सार-पदार्थ मनुष्य के भीतर से प्रकट हो सकता है, और होता भी है।" ठाकुर बोले, "वे अवतार लेते हैं, यह उपमा के द्वारा नहीं समझाया जा सकता। इसका अनुभव होना चाहिए। इसे प्रत्यक्ष करना चाहिए। उपमा के द्वारा कुछ आभास मात्र मिलता है। यदि कोई गाय का सींग छू ले, तो गाय को छूना हुआ, पैर या पूँछ को छूना भी छूना ही है, परंतु हमारे लिए गाय के भीतर का सार-भाग दूध है।

वह दूध उसके थनों से निकलता है। उसी प्रकार प्रेम और भक्ति की शिक्षा देने के लिए, ईश्वर मनुष्य का शरीर धारण करके समय-समय पर आते हैं।''

''नरेंद्र कहता है, उनकी संपूर्ण धारणा क्या कभी हो सकती है?'' गिरीश ने जैसे उसकी भूल बताई, ''वह कहता है, वे अनंत हैं।''

''ईश्वर की संपूर्ण धारणा कर भी कौन सकता है?'' ठाकुर बोले, ''न उनका कोई बड़ा अंश, न कोई छोटा अंश संपूर्ण धारणा में लाया जा सकता है, और संपूर्ण धारणा करने की जरूरत ही क्या है?'' ठाकुर ने रुककर गिरीश को देखा, ''उन्हें प्रत्यक्ष कर लेने से ही काम बन गया। उनके अवतार को देखने से ही, उन्हें देखना हो गया। यदि कोई गंगा के पास जाकर गंगाजल का स्पर्श करता है, तो वह कहता है, मैं गंगा जी के दर्शन कर आया। उसे हरिद्वार से गंगासागर तक की गंगा का स्पर्श नहीं करना पड़ा।···तुम्हारा पैर यदि मैं छू लूँ, तो तुम्हें छूना हो गया।···'' ठाकुर ने रुकते-रुकते जोड़ा, ''अग्नि-तत्त्व सब जगह है, परंतु लकड़ी में अधिक है।''

''पर जहाँ से मुझे आगे मिलेगी,'' गिरीश बोला, ''मेरे लिए तो अग्नि-तत्त्व वहीं है।''

''अग्नि-तत्त्व लकड़ी में अधिक है।'' ठाकुर ने बलपूर्वक कहा, ''यदि तुम ईश्वर की खोज करते हो, तो मनुष्य में खोजो। आदमी में उनका प्रकाश अधिक होता है। जिस व्यक्ति में अर्जिता भक्ति देखोगे—पाओगे कि उसमें प्रेम और भक्ति, दोनों ही उमड़ रहे हैं—ईश्वर के लिए वह पागल हो रहा है, उनके प्रेम में मस्त घूमता है—उस मनुष्य में निश्चयपूर्वक समझो कि वे अवतीर्ण हो चुके हैं।···वे तो हैं ही, परंतु कहीं उनकी शक्ति का प्रकाश अधिक है, कहीं कम। अवतारों में उनकी शक्ति का प्रकाश अधिक है। अवतार शक्ति का ही होता है··· ।''

सुरेंद्र मित्र की आँखें विस्मय से कुछ अधिक विस्तीर्ण हो गईं···क्या ठाकुर अपने अवतार होने के स्पष्ट संकेत दे रहे हैं···ठाकुर में प्रेम और भक्ति दोनों ही भाव उमड़ रहे हैं···वे ईश्वर के लिए पागल हैं ही···इससे अधिक स्पष्ट और क्या कह सकते हैं···

किंतु ठाकुर के अवतार होने की घोषणा करने वाले गिरीश का ध्यान इस ओर था ही नहीं। वह तो इस समय ढूँढ़-ढूँढ़कर नरेंद्र की त्रुटियाँ दिखाने पर तुला हुआ था, ''नरेंद्र कहता है कि वे 'अवाङ्मनसगोचरम्' हैं।''

''नहीं। इस मन से तो वे गोचर नहीं हैं, किंतु शुद्ध मन के गोचर हैं।'' ठाकुर बोले, ''इस बुद्धि से गोचर नहीं हैं, किंतु शुद्ध बुद्धि के गोचर अवश्य हैं। कामिनी और कांचन पर से आसक्ति गई नहीं कि शुद्ध मन और शुद्ध बुद्धि की उत्पत्ति हुई। तब शुद्ध मन और शुद्ध बुद्धि एक कहलाते हैं। वे शुद्ध मन से दीख पड़ते हैं। क्या ऋषि-मुनियों ने उनके दर्शन नहीं किए? उन लोगों ने चैतन्य के द्वारा, चैतन्य का साक्षात्कार किया था।''

लगा कि गिरीश ने ठाकुर की बात जैसे सुनी ही नहीं। ठाकुर ईश्वर-दर्शन की सारी प्रक्रिया बता गए, किंतु गिरीश अपनी बात कहने को इतना उत्सुक था कि कुछ ग्रहण ही नहीं कर पा रहा था। ठाकुर की बात पूरी होते ही, उसने अपने मन में उथल-पुथल करते हुए वाक्य को तत्काल उगल दिया, ''नरेंद्र तर्क में मुझसे परास्त हो गया है।''

ठाकुर ने जैसे पहली बार पूरी खुली आँखों से गिरीश को देखा : इसका अहंकार नष्ट नहीं हुआ। उसे न भगवान् को पाने की आतुरता है, न सत्य को पाने की। उसे संतोष है कि उसने नरेंद्र को तर्क में परास्त कर दिया है···

"नहीं।" ठाकुर का स्वर इतना दृढ़ बहुत कम अवसरों पर होता था, "वह परास्त नहीं हुआ। उसने तुमसे तर्क नहीं किया।"

"क्यों? क्यों तर्क नहीं किया?" गिरीश बोला, "इसीलिए न कि उसके पास तर्क था ही नहीं।"

"नहीं, उसने मुझसे कहा है," ठाकुर ने उत्तर दिया, " 'गिरीश घोष एक मनुष्य को अवतार कहकर जब इतना विश्वास करता है, तो इस पर मैं और क्या कहता? इस प्रकार के विश्वास पर कुछ कहना भी न चाहिए।' "

महेंद्र गुप्त देख रहा था कि स्वयं ठाकुर उस गिरीश के पक्ष में नहीं थे, जो उनके अवतार होने की घोषणा कर रहा था। वे उस नरेंद्र का पक्ष ले रहे थे, जो उनको अवतार नहीं मानता था। वे स्पष्ट कह रहे थे कि नरेंद्र ने उसे तर्क के अयोग्य मानकर उसके साथ तर्क नहीं किया, किंतु गिरीश की समझ में यह बात आ ही नहीं रही...

गिरीश नरेंद्र पर अपनी विजय की घोषणा कर और भी उन्मुक्त हो गया था। उसे लगा कि वह अपनी सारी बात कह भी चुका और मनवा भी चुका। अब और था ही क्या कहने को।

"महाराज! हम लोग इतनी बातें कर रहे हैं," वह उत्फुल्ल स्वर में बोला, "और ये महेंद्र गुप्त सर्वथा चुपचाप बैठे हैं। जरा भी जिह्वा नहीं हिलाते। आखिर इस समय क्या सोच रहे हैं?"

"अधिक बकवाद करने वाला, अधिक चुप्पी साधने वाला, कान में तुलसी खोंसने वाला," ठाकुर हँसे, "लंबा घूँघट काढ़ने वाली स्त्री तथा काई वाले तालाब का पानी अनर्थकारी होता है।" उन्होंने रुककर शिशु की-सी चपलता से महेंद्र की ओर देखा, "परंतु ये ऐसे नहीं हैं। ये जरा गंभीर प्रकृति के व्यक्ति हैं।"

"महेंद्र गुप्त को आप साधारण आदमी न समझें महाराज!" इस बार गिरीश के कुछ कहने से पहले चुन्नीलाल बोला, "इनके आचरण के विषय में बहुत चर्चा है।"

ठाकुर ने चुन्नीलाल बोस की ओर देखा : वह बलराम बोस का पड़ोसी था और प्रायः उनके साथ दक्षिणेश्वर आया करता था। बलराम के साथ चुन्नीलाल की मैत्री हो गई थी, किंतु महेंद्र के साथ उसकी घनिष्ठता का ठाकुर को पता नहीं था।...किंतु बिना घनिष्ठता के कोई इस प्रकार की बात नहीं कहता।

"क्या चर्चा है भाई?" ठाकुर ने पूछा।

"छोटा नरेंद्र, बाबूराम, नारायण, पल्टू, तेजचंद्र—ये सब ही इनके विद्यार्थी हैं।" चुन्नीलाल हँसकर बोला, "लोग कहते हैं कि ये उन्हें यहाँ ले आते हैं और उसकी लिखाई-पढ़ाई नष्ट कर देते हैं।..." उसने रुककर वक्र दृष्टि से महेंद्र की ओर देखा, "कुछ लोग तो 'इन्हें लड़के भगाने वाला मास्टर' कहते हैं।..."

ठाकुर के अधरों पर एक हलका-सा हास उभरा, "यह बेचारा तो उनके लिए सच्चा गुरु सिद्ध होने का प्रयत्न कर रहा है, जो उन्हें गोविंद की ओर जाने का मार्ग दिखा रहा है।"

तभी सत्तरह-अठारह वर्ष के नारायण ने आकर ठाकुर को प्रणाम किया।

"अरे, तुम्हें किसने सूचना दी?" गिरीश ने कुछ चकित होकर पूछा, और फिर स्वयं ही उत्तर भी दे दिया, "अवश्य ही इस सारे षड्यंत्र की जड़ में महेंद्र गुप्त ही हैं। ठाकुर ने ठीक ही कहा था, बहुत चुप रहने वाला व्यक्ति अनर्थ की जड़ होता है।"

गिरीश ने अपनी ही बात पर मुग्ध होकर अट्टहास किया।

"अपनी जिह्वा को कुछ लगाम दो।" ठाकुर उसके परिहास में सम्मिलित भी थे और उसकी वर्जना भी कर रहे थे, "वह बेचारा पहले ही बहुत बदनाम हो चुका है।"

गिरीश ने सकपकाहट-भरी एक हलकी हँसी से अपना काम चला लिया। ठाकुर की बात का कोई उत्तर नहीं दिया।

विषय बदलने का अनुकूल अवसर पाकर चुन्नीलाल ने पूछ लिया, "अब नरेंद्र उतना क्यों नहीं आते?"

ठाकुर की मुद्रा गंभीर हो गई। लगा, उनके मन की कोई सोई हुई पीड़ा जाग उठी है।

"अन्न की चिंता बड़ी गंभीर होती है," उन्होंने श्वास छोड़ा, "बड़े-बड़ों की बुद्धि ठिकाने लगा देती है।"

"अन्नदा गुहा के पास तो नरेंद्र का आना-जाना खूब है।" बलराम के स्वर में स्पष्ट शिकायत थी, जैसे वह ठाकुर द्वारा नरेंद्र को दिए गए रक्षा-कवच को खंडित कर देना चाहता था।

नरेंद्र के प्रति अनेक लोगों के मन में अनेक प्रकार के विरोध थे—ठाकुर जानते थे—उन विरोधों के अपने व्यक्तिगत कारण भी थे, किंतु सबसे बड़ा कारण तो नरेंद्र के प्रति ठाकुर का प्रेम ही था। प्रत्येक व्यक्ति शायद अपनी स्पर्धावश उनके सम्मुख प्रमाणित करना चाहता था कि जिस नरेंद्र को ठाकुर इतना प्रेम करते हैं, वह इस योग्य नहीं है। बलराम तो शायद यह कहना चाहता था कि नरेंद्र के पास अन्य लोगों के लिए तो समय है, ठाकुर के लिए ही नहीं है। ठाकुर जिस नरेंद्र को सर्वाधिक प्रेम करते हैं, उसे ठाकुर की इतनी भी चिंता नहीं है…

"हाँ! ऑफिस वाले एक व्यक्ति के यहाँ नरेंद्र और अन्नदा—ये लोग जाया करते हैं।" ठाकुर बोले, "ये सब मिलकर वहाँ ब्राह्म समाज करते हैं।"

"उस ऑफिस वाले का नाम तारापद है।" चुन्नीलाल ने बताया।

ठाकुर के इस प्रमाण से भी बलराम जैसे संतुष्ट नहीं हुआ। बोला, "कुछ ब्राह्मण कहते हैं, अन्नदा गुहा बड़ा अहंकारी है।"

ठाकुर समझ रहे थे। बलराम के मन से नरेंद्र का विरोध हट नहीं रहा था। इसलिए अब वह नरेंद्र को छोड़कर, नरेंद्र की संगति को दूषित सिद्ध करने का प्रयत्न कर रहा था।

"ब्राह्मणों की इन बातों पर ध्यान ही नहीं देना चाहिए।" ठाकुर आदेशात्मक स्वर में बोले, "उनका हाल तो जानते ही हो। जो उन्हें दान नहीं देता, वह बदमाश हो जाता है, और जो दे दे, वह भला मानस। धन का लोभी विश्वसनीय नहीं होता।" ठाकुर ने रुककर बलराम को देखा और जैसे अपना निर्णय सुना दिया, "अन्नदा को मैं जानता हूँ—वह अच्छा आदमी है।"

गिरीश ने संध्या-समय ठाकुर से अपने घर चलने का अनुरोध किया था। जैसे-जैसे समय बीतता जा रहा था, उसका आग्रह बढ़ता जा रहा था। ठाकुर ने उसे समझाया भी था कि उसके घर किसी और दिन आ जाएँगे। आज बलराम से तय था कि वे दिनभर वहाँ रहेंगे और रात का खाना भी खाकर ही जाएँगे। किंतु गिरीश ने उनकी एक नहीं सुनी। वह अपनी बात पर अड़ा रहा कि वे आज ही उसके घर चलें।…

रात के पौने नौ बज गए तो वह पुनः बोला, "अब चलिए भी मेरे घर।"

"तू तो पूरा भैरव का अवतार ही है।" ठाकुर बोले, "तुम्हें नहीं लगता कि आज तुम्हारे घर गया तो दक्षिणेश्वर पहुँचने में मुझे बहुत देर हो जाएगी?"

किंतु गिरीश ने तर्क न सुनने की जैसे शपथ ले रखी थी, "नहीं, महाराज! देर का क्या प्रश्न है। जब आपका मन हो, लौट आएँ। मुझे भी आज रात को थियेटर जाना पड़ेगा, एक झगड़ा निपटाना है।" उसने रुककर ठाकुर को देखा, "अच्छा, मैं चलता हूँ ताकि अपने द्वार पर आपका स्वागत कर सकूँ। आप आइए।"

और ठाकुर का उत्तर सुने बिना ही गिरीश चला गया।

अब ठाकुर के सामने सिवाय मान जाने के कोई विकल्प नहीं था। रात के नौ बज रहे थे। बलराम ने उनके लिए रात का भोजन भी तैयार करवाया था। ठाकुर समझ रहे थे कि उनका इस प्रकार भोजन छोड़ गिरीश के घर चले जाना, उसे अच्छा नहीं लगेगा।...पर अब गिरीश को कौन समझाए।...

"मेरे लिए जो कुछ पकाया है न, उसे गिरीश के घर भिजवा दो," ठाकुर बोले, "मैं वहीं भोजन कर लूँगा।"

सहसा ठाकुर के चेहरे पर का भाव परिवर्तित हो गया।...अब तक, गिरीश के इस दुराग्रह के बोझ तले दबकर अपनी इच्छा के विरुद्ध, बलराम का मन दुखाने का जो भाव था, वह सहसा विलीन हो गया। उनके चहरे पर एक सहज हास्य प्रकट हुआ और वे जैसे गिरीश के घर जाने की आतुरता में वेगपूर्वक आगे बढ़े। अभी दो-चार सीढ़ियाँ ही उतरे थे कि उनमें दिव्योन्माद के लक्षण प्रकट होने लगे। लगा, जैसे वे मदोन्मत्त हो उठे हों।...

महेंद्र गुप्त और नारायण उनके साथ-साथ चल रहे थे। रामचंद्र दत्त, चुन्नीलाल तथा अन्य लोग पीछे-पीछे आ रहे थे। नीचे पहुँचने तक ठाकुर के पग डगमगाने-से लगे थे...

नारायण झपटकर आगे बढ़ा। उसने ठाकुर को थामने के लिए हाथ बढ़ाया...कहीं वे गिर ही न पड़ें।...

ठाकुर को उसका यह प्रयत्न अच्छा नहीं लगा। उन्होंने जैसे उसके स्पर्श से बचने के लिए स्वयं को सँभाला। जब बोले तो स्वर में स्नेह भरा-पूरा था, "तुम मुझे इस प्रकार सहारा दोगे, तो लोग समझेंगे कि मैं नशे में हूँ।...मुझे अपने सहारे ही चलने दो।"

बोसपाड़ा वीथि का चौराहा पार किया ही था कि ठाकुर की चाल तेज हो गई। शेष लोग पीछे छूट गए।...किसी को उनके इस असाधारण वेग का कारण समझ नहीं आया।...थोड़ी देर में कारण स्पष्ट हुआ।...

सामने से नरेंद्र आ रहा था। वे दोनों आमने-सामने पड़े। नरेंद्र को देखते ही उत्पन्न होने वाली ठाकुर की असाधारण प्रसन्नता से सभी परिचित थे।

"तो यह कारण है।" रामचंद्र दत्त ने कहा, "तभी उनका सारा अवसाद छँट गया था। तभी उन्हें नारायण द्वारा सँभाले जाने का प्रयत्न नहीं भाया था। तभी वे आगे-आगे भाग रहे थे।..."

"तुम्हारा विचार है कि ठाकुर को मेरे घर की सीढ़ियाँ उतरने से पहले ही नरेंद्र के आने का आभास हो गया था?" बलराम ने पूछा।

"उनके इस सारे व्यवहार से तो यही लगता है।" राम ने उत्तर दिया।

नरेंद्र ने ठाकुर को प्रणाम किया। किंतु आश्चर्य...ठाकुर ने उससे एक शब्द भी नहीं कहा—वे उसी प्रकार चलते चले गए।...वे कदाचित् भावोन्माद की स्थिति में थे।...नरेंद्र भी उनके पीछे-पीछे चल पड़ा...

गिरीश की गली में प्रवेश करने के पश्चात् ही ठाकुर की वाणी फूटी, "ठीक तो है मेरे बच्चे?

तुम्हें देखते ही आनंद की वह स्तब्धावस्था हुई कि मुख से एक शब्द भी नहीं निकला।" उनका स्वर करुणा में डूबा हुआ था।

गिरीश का द्वार अभी दूर था कि ठाकुर चलते-चलते रुक गए। उन्होंने नरेंद्र की ओर देखा, "तुमसे एक बात कहनी है।···एक तो यह है," उन्होंने अपनी ओर संकेत किया, "और एक वह है।" उनकी तर्जनी नरेंद्र की ओर उठी।

उन्होंने अपनी बात की व्याख्या नहीं की। किसी ने उनसे कोई प्रश्न भी नहीं किया। जाने उनके मन में इस समय क्या घटित हो रहा था।···

'जिस दिन उसने ठाकुर के कहने पर काली मंदिर में जाकर माँ भवतारिणी से धन के स्थान पर भक्ति माँगी थी'—नरेंद्र सोच रहा था, 'उस दिन ठाकुर ने इसी प्रकार अपने आपको और उसे दिखाकर कहा था कि वे दोनों एक ही हैं। व्याख्या उस दिन भी उन्होंने नहीं की थी। आज भी कह रहे हैं कि 'एक यह है' और 'एक वह है।'···क्या कहना चाहते हैं वे, कि वे दोनों एक ही श्रृंखला की दो कड़ियाँ हैं? वे ही दोनों संसार में किसी विशिट प्रयोजन से आए हैं? या ये भी ईशावास्योपनिषद् के 'यह' और 'वह' हैं?···

गिरीश ने अपने द्वार पर ठाकुर का स्वागत किया।

उनके निकट आ जाने पर, अत्यंत नाटकीय ढंग से, वह दंड के समान ठाकुर के चरणों पर गिर पड़ा। कोई भी देखने वाला यह समझ सकता था कि उसमें दीनता कम और अभिनय अधिक था···या शायद नाटककार की कल्पना थी कि भक्त को इस प्रकार प्रभावशाली ढंग से दंडवत् प्रणाम करना चाहिए।···प्रणाम कर लेने के पश्चात् भी वह उठना तो दूर, अपने स्थान से हिला भी नहीं। ठाकुर ने जब स्पष्ट शब्दों में उसे उठने का आदेश दिया तो उनकी चरण-धूलि लेकर वह उठा और उन्हें ऊपर की बैठक में ले गया।

कमरे में प्रवेश कर बैठने से पूर्व ही ठाकुर की दृष्टि, वहाँ रखे हुए समाचार-पत्र पर पड़ी।

ठाकुर को समाचार-पत्र अच्छे नहीं लगते। उनमें केवल सांसारिकता होती है।···विषयों तथा विषयी मनुष्यों की चर्चा।···गुणों की चर्चा कम, दुर्गुणों के चित्रण में काले किए हुए पृष्ठों के पृष्ठ।···लोगों की निंदा-ही-निंदा···बस! ठाकुर समाचार-पत्र मात्र को अपवित्र मानते थे।···

"इसे हटा दो।" उन्होंने संकेत किया। समाचार-पत्र उठा लिया गया और ठाकुर ने आसन ग्रहण किया।

नित्यगोपाल बलराम के घर नहीं आया था, वह गिरीश के घर ही ठाकुर की प्रतीक्षा कर रहा था। ठाकुर बैठ गए तो उसने आगे बढ़कर उन्हें प्रणाम किया।

"तुम बहुत दिनों से वहाँ आए नहीं।" ठाकुर बोले।

"जी! बहुत दिनों से दक्षिणेश्वर नहीं आ सका।" नित्यगोपाल के स्वर में खेद की झंकार थी, "सारे शरीर में दर्द रहता है।"

"अब कैसा है?" ठाकुर ने पूछा।

"अब भी ठीक नहीं हूँ।" नित्यगोपाल धीरे से बोला।

"मन को दो-एक सीढ़ी नीचे उतार ले।" ठाकुर हँसे।

"मुझे लोग अच्छे नहीं लगते।" नित्यगोपाल ने अपनी स्थिति बताई, "वे लोग मेरे विषय में कितनी ही बातें कहा करते हैं। कभी-कभी मुझे उन बातों से भय लगता है, किंतु फिर भीतर से साहस भी खूब जागता है।"

''यह तो स्वाभाविक ही है।'' ठाकुर बोले, ''तेरे साथ रहता कौन है?''

''तारक। वह सदा मेरे साथ रहता है।'' नित्यगोपाल ने बताया, ''किंतु कभी-कभी उसका संग भी अच्छा नहीं लगता।''

''तारक का संग भी अच्छा नहीं लगता?'' ठाकुर हँसे, ''वह तो बड़ा सात्त्विक लड़का है।''

''क्या करूँ?'' नित्यगोपाल बोला, ''कभी-कभी ऐसा हो जाता है।''

ठाकुर हँसे, ''न्यांगटा कहता था, उसके मठ में एक सिद्ध था, वह आकाश ताकता हुआ चलता था, किंतु उसका एक साथी उसे छोड़ गया, तो वह अधीर हो गया।...''

नित्यगोपाल भौचक-सा ठाकुर को देखता रह गया;...क्या कहना चाहते हैं ठाकुर? सिद्ध लोग भी एकाकी नहीं रह सकते? उन्हें भी साथी के बिना व्याकुलता होने लगती है? आकाश ताककर पृथ्वी पर रहने वाला व्यक्ति भी साथी के बिना नहीं रह सकता?...नित्यगोपाल को भी लोगों की संगति में रहना होगा?...

किंतु तब तक ठाकुर का भाव परिवर्तित हो गया। वे सहसा ही शब्दशून्य हो इस प्रकार अवाक् होकर बैठ गए थे, जैसे वे इतने सारे लोगों के बीच न होकर सर्वथा एकांत में बैठे हों।...

कुछ क्षणों के पश्चात् अपनी उसी अनुपस्थित अवस्था में बोले, ''तू आ गया? मैं भी आया हूँ।''

कोई भी समझ नहीं सका कि उनके मन में क्या घटित हो रहा था।...और तब सहसा ही प्रकृतिस्थ होकर बोले, ''तो गिरीश! नरेंद्र से जरा वार्तालाप तो करो, अवतार के विषय में। अंग्रेजी में करना।'' वे किसी अबोध शिशु के समान हँस रहे थे।

नरेंद्र समझ रहा था कि ठाकुर उसे गिरीश से भिड़ाना चाहते थे। यह उनकी पुरानी आदत थी। पर यह अंग्रेजी में क्यों?...और इस प्रकार तर्क कराकर वे उन दोनों में से किसका विश्वास तोड़ना चाहते थे? वे चाहते थे कि नरेंद्र भी गिरीश के समान, उन्हें ईश्वर का अवतार स्वीकार कर ले...या वे नरेंद्र के माध्यम से गिरीश के ही इस विश्वास को भंग करना चाहते थे?...

''ईश्वर अनंत हैं, उनकी धारणा करना क्या हमारी क्षमता के भीतर है?'' नरेंद्र बंगला में ही बोला, ''वे सबके भीतर हैं। वे किसी एक व्यक्ति के भीतर आए हैं—ऐसी बात नहीं है।''

गिरीश ने जैसे नरेंद्र का मुँहतोड़ उत्तर देने के लिए होंठ खोले, किंतु ठाकुर ने उसे बोलने का अवसर नहीं दिया। उससे पहले वे ही बोले, ''जो मत नरेन का है, वही मेरा भी है।''

गिरीश का सारा उत्साह ठंडा पड़ गया।...यह ठाकुर क्या कह रहे हैं। वे नरेंद्र का इस प्रकार पक्ष लेंगे, तो नरेंद्र का विरोध कोई कैसे कर सकेगा। पर...वे तो अवतार को मानते हैं।...

''ईश्वर सब जगह हैं, किंतु शक्ति के प्रकार और मात्रा का अंतर अवश्य है।'' ठाकुर बोले, ''कहीं विद्या शक्ति का प्रकाश है, कहीं अविद्या शक्ति का। किसी आधार में शक्ति अधिक है किसी में कम। इसलिए सब आदमी समान नहीं हैं।''

''आखिर इस व्यर्थ के तर्कजाल का लाभ ही क्या है?'' रामचंद्र दत्त ने जैसे कुछ उत्तेजित होकर कहा। उसे भली प्रकार याद था कि उस दिन ठाकुर ने उसका तथा नरेंद्र का तर्क-युद्ध बंद करवा दिया था।

''नहीं! नहीं!!'' ठाकुर ने उसे रोक दिया, ''इसकी भी उपयोगिता है।''

राम समझ नहीं पाया कि आज ठाकुर बदली हुई वाणी क्यों बोल रहे हैं।

गिरीश समझ गया कि ठाकुर चाहते हैं कि यह विवाद हो, अन्यथा वे चुप रह जाते, और राम इस संवाद को आगे नहीं बढ़ने देता।

"तुम्हें कैसे मालूम हुआ कि वे देह धारण करके नहीं आते?" गिरीश ने नरेंद्र की ओर देखा।

"वे अवाङ्मनसगोचरम् हैं।" नरेंद्र ने उत्तर दिया।

"नहीं। वे शुद्ध बुद्धि गोचर हैं।" ठाकुर ने बीच में ही कहा, "शुद्ध बुद्धि और शुद्ध आत्मा एक ही वस्तु है। ऋर्षियों ने शुद्ध बुद्धि द्वारा शुद्ध आत्मा का साक्षात्कार किया था।"

गिरीश को ठाकुर की बात से बल मिला। बोला, "मनुष्य के रूप में उनका अवतार न हो, तो संसार को समझाए फिर कौन? मनुष्य को ज्ञान तथा भक्ति देने के लिए वे देह धारण करते हैं। नहीं तो शिक्षा कौन देगा?"

"क्यों? वे अंतर में रहकर समझाएँगे।" नरेंद्र बोला।

"हाँ! हाँ!! वे अंतर में बैठकर भी समझाते हैं।" ठाकुर ने पुनः नरेंद्र का समर्थन कर दिया।

फिर तो घोर तर्क ठन गया।...ईश्वर यदि अनंत हैं, तो उनके अंश किस प्रकार होंगे? इस विषय में हैमिल्टन का क्या विचार है, हर्बर्ट स्पेंसर क्या मानता है, टिंडल और हक्सले ने क्या कहा?...शब्दों पर शब्द, वाक्यों पर वाक्य, उक्तियों पर उक्तियाँ, तर्कों पर तर्क...

"मुझे यह सब अच्छा नहीं लगता।" ठाकुर उस वितंडावाद से जैसे घबराकर बोले, "मैं तर्क क्यों करूँ? सब कुछ तो साफ-स्पष्ट देख रहा हूँ—वे ही सब हैं, वे ही सब कुछ हुए हैं। यह भी है, और वह भी। एक अवस्था में मन और बुद्धि अखंड में खो जाते हैं। नरेंद्र को देखकर मेरा मन अखंड में लीन हो जाता है।" उन्होंने रुककर गिरीश की ओर देखा, "इस विषय में तुम्हारी क्या राय है?"

गिरीश हँस पड़ा : जिस प्रकार का दंगल वह नरेंद्र से चाहता था—वह ठाकुर ने करने नहीं दिया। नरेंद्र को तर्क-क्षेत्र में सबके सामने चित करने की उसकी कामना पूरी नहीं हुई।...तो अब ठाकुर उसे किस जाल में फँसा रहे हैं? बोला, "आप मुझसे यह क्यों पूछ रहे हैं? जैसे एक इस प्रश्न को छोड़, शेष सब कुछ मैं जानता ही हूँ।"

ठाकुर के चेहरे पर हलका-सा असमंजस उभरा, "फिर वही! समाधि से दो चरण नीचे उतरे बिना, कुछ कहा ही नहीं जाता।...शंकर ने जो समझाया है, वह ठीक है, पर रामानुज का विशिष्टाद्वैत भी ठीक है।"

"विशिष्टाद्वैत क्या है?" नरेंद्र ने पूछा।

"विशिष्टाद्वैत रामानुज का मत है...अर्थात् जीव, जगत्, विशिष्ट ब्रह्म—सब मिलकर एक।...जैसे बेल—बिल्व-फल। एक ने उसके खोपड़े को अलग, बीजों को अलग और गूदे को अलग कर लिया था। फिर यह समझने की आवश्यकता हुई कि वह बेल वजन में कितना था। तब केवल गूदा तौलने पर बेल का वजन कैसे पूरा उतर सकता था। पूरा वजन समझना है तो खोपड़ा, बीज और गूदा तीनों ही एक साथ लेने होंगे। वैसे तो खोपड़े और बीजों को निकालकर, गूदे को लोग असल चीज समझते हैं, पर फिर विचार करके देखो—जिस वस्तु का गूदा है, उसी का खोपड़ा भी है और उसी के बीज भी। पहले नेति-नेति करके जाना पड़ता है। जीव नेति, जगत् नेति—इस प्रकार विचार करना पड़ता है। ब्रह्म ही वस्तु है, और सब अवस्तु, फिर यह अनुभव होता है—जिसका गूदा है, खोपड़ा और बीज भी उसी के हैं। जिसे ब्रह्म कहते हो, उसी से जीव और जगत् भी हुए हैं। जिसकी नित्यता है, लीला भी उसी की है। इसीलिए रामानुज कहते हैं—जीव जगत्—विशिष्ट ब्रह्म। इसे ही विशिष्टाद्वैतवाद कहते हैं।" ठाकुर ने रुककर उन लोगों को देखा, "अब बताओ, इसमें विचार क्या करना है? मैं स्पष्ट देख रहा हूँ कि वे ही सब कुछ हुए हैं—वे ही जीव और जगत् हुए हैं...किंतु

अपने भीतर चैतन्य को जगाए बिना कोई, उस पूर्ण चैतन्य को जान नहीं सकता। तर्क तो तभी तक हैं, जब तक उन्हें कोई पा नहीं लेता।···उनकी कृपा से चैतन्य-लाभ करना चाहिए। चैतन्य-लाभ करने पर समाधि होती है, कभी-कभी देह भी विस्मृत हो जाती है। कामिनी और कांचन पर आसक्ति नहीं रह जाती। ईश्वर-चर्चा के सिवाय और कुछ नहीं सुहाता। विषय-वासना की चर्चा से कष्ट होता है।···विचार करने पर उनके विषय में एक प्रकार का ज्ञान होता है, ध्यान करने पर दूसरे प्रकार का; किंतु वह एक भिन्न ही ज्ञान है, जो तब प्राप्त होता है, जब वे स्वयं अपने आपको दिखा देते हैं। जब वे स्वयं समझा देते हैं कि अवतार इस प्रकार का होता है, जब वे अपनी मनुष्य-लीला समझा देते हैं—तब तर्क की आवश्यकता नहीं रह जाती। जैसे वर्षों से अँधेरे पड़े कमरे के भीतर दियासलाई घिसने से एकाएक उजाला हो जाता है, उसी प्रकार एकाएक वे अगर उजाला दे दें, तो सब संदेह अपने आप मिट जाते हैं। तर्क करके उन्हें कौन जान सका है।"

ठाकुर ने उन्हें तर्क के लिए उकसाया था, और ठाकुर ने ही तर्क की व्यर्थता की घोषणा कर दी।···अब और विवाद का कोई अर्थ ही नहीं था।

नरेंद्र आकर ठाकुर के निकट बैठ गया, "तीन-चार दिन तो मैंने काली का ध्यान किया, किंतु कहाँ, मुझे तो कुछ भी नहीं हुआ।"

ठाकुर देख रहे थे, नरेंद्र उनके अभीप्सित मार्ग पर आ रहा था। प्रसन्नता से बोले, "धीरे-धीरे होगा। काली और कोई नहीं—जो ब्रह्म हैं, वे ही काली भी हैं। काली आद्या शक्ति हैं। जब वे निष्क्रिय रहती हैं, तब उन्हें ब्रह्म कहते हैं, और जब वे सृष्टि, स्थिति और प्रलय करती हैं, तब उन्हें शक्ति कहते हैं, काली कहते हैं। जिन्हें तुम ब्रह्म कह रहे हो, उन्हें ही मैं काली कहता हूँ।"

गिरीश ने जब आग्रहपूर्वक ठाकुर को अपने घर निमंत्रित किया था, तब वह नहीं जानता था कि नरेंद्र भी यहाँ आ जाएगा और ठाकुर का सारा ध्यान अपनी ओर आकृष्ट कर लेगा। ठाकुर ने नरेंद्र से वाद-विवाद की चर्चा चलाकर भी उन दोनों की भिड़ंत नहीं होने दी थी। गिरीश का जैसे सारा उत्साह ही नष्ट हो गया था। यदि वह सबके सामने नरेंद्र जैसे तर्क-मल्ल को पराजित कर पाता तो उसे कितना सुख होता···

उन सब बातों की कोई संभावना न देख, गिरीश का मन ठाकुर से उखड़कर, अपने थियेटर से जा चिपका था। उसे लगा, रात गहरा रही है। थियेटर में उसकी प्रतीक्षा हो रही होगी। वहाँ इतना काम पड़ा है, और यहाँ थोड़ी-सी बातें होंगी। पर उसने ठाकुर को स्वयं अपने घर पर अत्यंत आग्रहपूर्वक निमंत्रित किया था। अब उन्हें यह तो नहीं कहा जा सकता कि वे जाएँ।···वे न जाएँ। यहीं बैठे रहें। पर वह तो थियेटर जाए। किंतु उन्हें सूचित कैसे करे कि वह जा रहा है?···नाटककार की कल्पना दौड़ी और उसने एक दृश्य का विधान किया। सूचना देने के लिए सूच्य दृश्य।···

"भाई हरिपद!" गिरीश बोला, "मुझे बड़ी चिंता लगी हुई है। नाटक में कही वे लोग परस्पर झगड़ ही न रहे हों। जरा एक गाड़ी तो ला दो, बड़ा उपकार मानूँगा। थियेटर पहुँचकर उन लोगों को सँभालूँ।"

ठाकुर ने गिरीश की बात सुनी। उसका अर्थ ग्रहण किया और हँसे, "हरिपद, जा तो रहे हो, पर देखना गाड़ी लाना भूल न जाना।"

"मैं गाड़ी लेने ही जा रहा हूँ," हरिपद बोला, "तो भूल कैसे जाऊँगा!"

हरिपद चला गया। ठाकुर ने भी आगे कुछ नहीं कहा। वे मंद-मंद मुस्कराते शांत बैठे रहे।

गिरीश थोड़ी देर चुपचाप ठाकुर की ओर देखता रहा, उसके थियेटर जाने की बात सुनकर भी ठाकुर विदा होने के लिए उठ खड़े नहीं हुए थे।···तो अब?

"आपको छोड़कर भी थियेटर जाना पड़ रहा है।" गिरीश के स्वर में हार्दिक खेद और वंचित होने की पीड़ा से कहीं अधिक औपचारिकता और शिष्टाचार था।

"नहीं।" ठाकुर ने उसके जाने का समर्थन कर दिया, "राजा जनक संसार और ईश्वर—दोनों को साधकर ही दूध का भरा कटोरा पीते थे।"

अपनी अन्यमनस्कता में या तो गिरीश का ध्यान ही उस ओर नहीं गया कि ठाकुर ने क्या कहा है, या वह उनके वाक्य की वक्रता को समझ नहीं पाया। बोला, "सोचता हूँ, थियेटर को अब उन लड़कों को ही सौंप दूँ।"

"नहीं, नहीं। ऐसा अनर्थ न करना।" ठाकुर बोले, "जैसा चल रहा है, ठीक चल रहा है। इससे अनेक लोगों का भला हो रहा है।"

राम चकित था कि ठाकुर तनिक भी खीझे बिना ऐसी वक्र बातें कैसे कर रहे हैं।···या फिर वे वक्र थे ही नहीं, सहज भाव से यह सब कह रहे थे।···किंतु गिरीश के इस व्यवहार के पश्चात् भी कोई इस प्रकार सहज रह सकता है?···

गिरीश के मन में अब थियेटर ही थियेटर था, शेष सब कुछ उसके लिए माया मात्र था। उसके लिए हरिपद गाड़ी ले आया था। गिरीश आगे बढ़ गया।

नरेंद्र के चेहरे पर आक्रामक वक्रता उभरी, "अभी तो ये ठाकुर को ईश्वर का अवतार मान रहे थे और अब इन्हें थियेटर घसीट रहा है।"

नरेंद्र क्षण-भर रुका, "ठीक है। अवतार के लिए ईश्वर को तो नहीं छोड़ा जा सकता।"

"यहाँ आ।" ठाकुर ने उसे अपने पास बुलाया। उसकी बाँह पकड़कर अपने पास बैठाया और शेष सब लोगों को भी बैठने का संकेत किया।

ठाकुर स्नेह-भरी दृष्टि से नरेंद्र को देखते रहे और फिर बोले, "जब तक तर्क है, तब तक वे नहीं मिलते।" ठाकुर ने उसे स्नेह और आत्मीयता से भरी थपकी दी, "जहाँ न्यौता रहता है, वहाँ शब्द तभी तक सुनाई पड़ते हैं, जब तक लोग भोजन करने के लिए नहीं बैठते। तरकारी और पूरियाँ आईं नहीं कि गुल-गपाड़ा बारह आने घट जाता है। ज्यों-ज्यों दूसरी चीजें आती हैं, त्यों-ज्यों आवाजें घटती जाती हैं। दही आया कि बस सपासप आवाज रह गई। फिर भोजन हो जाने पर निद्रा।···जितना ही ईश्वर की ओर बढ़ोगे, तर्क और विचार उतना ही घटता जाएगा। उन्हें पा लेने पर फिर तर्क या विचार नहीं रह जाते। तब रह जाती है निद्रा—समाधि।" उन्होंने स्नेहपूर्वक नरेंद्र के शरीर को सहलाया, "हरि ओ३म्, हरि ओ३म्, हरि ओ३म्।"

ठाकुर की बाह्य चेतना लुप्त हो गई। वे अर्धबाह्य दशा में बैठे रह गए। उनका हाथ नरेंद्र के पाँव पर था···

नरेंद्र असमंजस में बैठा था। गुरु का हाथ उसके पाँव पर···किंतु वह हिले, न हिले? उठे, न उठे?···

देखते-ही-देखते ठाकुर का भावांतर होने लगा।···उन्होंने नरेंद्र के सम्मुख हाथ जोड़ दिए, "एक गीत गा दे, तो मैं अच्छा हो जाऊँगा, नहीं तो उठूँगा कैसे! गौरांग के प्रेम में पूरे मतवाले···।"

वे चित्रवत् निर्वाक् खड़े हो गए और पुनः भावावेश में बोले, "सँभालकर राधे! यमुना में गिर जाओगी, कृष्ण उन्मादिनी!" वे भाव-विभोर हो उठे थे, "सखि! वह धाम कितनी दूर है, जहाँ मेरे श्याम सुंदर हैं? अब मैं और चल नहीं सकती।···"

उनकी सांसारिक चेतना जैसे पूर्णतः लुप्त हो गई थी। न किसी को पहचान रहे थे, न किसी

का स्मरण था। नरेंद्र उनके ठीक सम्मुख खड़ा था, किंतु उसका भी कोई प्रभाव उन पर नहीं पड़ रहा था।…वे तो उस समय पूर्णतः राधा थे, जिसके प्राण कृष्ण में निमज्जित हो चुके थे…

7

"नरेंद्र! तू पंडित ईश्वरचंद्र विद्यासागर से मिल आया क्या?" भुवनेश्वरी ने कमरे में प्रवेश करते हुए पूछा।

"हाँ, माँ! मिल आया।"

"क्या कहा उन्होंने?"

"आश्वासन दिया हैं, वचन नहीं दिया।" नरेंद्र बोला, "वैसे उनका आश्वासन भी बहुत अर्थ रखता है।"

"आश्वासन क्या और वचन क्या? मैं तो नौकरी की बात कर रही हूँ।" भुवनेश्वरी के स्वर में कुछ अधैर्य था, "नौकरी देंगे या नहीं?"

नरेंद्र के मन में आया कि माँ के इस अधैर्य पर हँस पड़े, किंतु माँ की चिंता ने उसे हँसने नहीं दिया। माँ सचमुच चिंतित थीं।

"बात यह है माँ! कि मैट्रोपोलिटन इंस्टिट्यूशन की सुकिया स्ट्रीट वाली शाखा में भी एक अध्यापक का स्थान होने की संभावना है, किंतु अगले महीने चाँपातला में उनकी एक और शाखा भी खुलने वाली है।" नरेंद्र ने माँ की ओर देखा, "कुछ चर्चा ऐसी है कि वहाँ वे मुझे हैडमास्टर बना देंगे।…तो फिर…।"

"देख!" भुवनेश्वरी ने उसे टोक दिया, "सुकिया स्ट्रीट में स्कूल है, और चाँपातला में खुलने वाला है। यहाँ अध्यापक का स्थान है और वहाँ हैडमास्टर का स्थान बनने वाला है। तू चुपचाप उसे स्वीकार कर, जो है। जो होने वाला है, वह जब हो लेगा, तब देखा जाएगा। ऐसा न हो कि तू चाँपातला में खुलने वाली शाखा का हैडमास्टर बनने का स्वप्न ही देखता रह जाए और सुकिया स्ट्रीट में कोई और व्यक्ति अध्यापक बनकर बैठ जाए।" भुवनेश्वरी ने रुककर उसकी ओर देखा और फिर आदेश दिया, "जो नौकरी मिल रही है, चुपचाप उसे स्वीकार कर।"

नरेंद्र हँसा, "वही कर रहा हूँ, माँ! वही कर रहा हूँ।"

भुवनेश्वरी कुछ शांत होकर बैठ गई, "तेरी नौकरी लग जाए। घर में नियमित आय होने लगे, तो आत्मा पर से कुछ बोझ कम हो। न सही तेरे पिता के समय की समृद्धि, किंतु घर में नियमित आहार तो हो।" भुवनेश्वरी का स्वर कुछ कोमल हो गया, "फिर तू चैन से अपनी पढ़ाई पूरी कर। वकील बन और अपने पिता के इन संबंधियों को सँभाल।"

नरेंद्र आकर माँ के निकट बैठ गया और गंभीर स्वर में बोला, "माँ! यदि बुरा न मानो तो एक बात कहूँ।"

उस स्थिति में भी भुवनेश्वरी के अधरों पर मुस्कान आ गई, "अच्छा! अब तुझे माँ के बुरा मानने की इतनी चिंता हो गई कि उसके भय से तू सत्य भी नहीं बोलेगा।"

"नहीं माँ! बोलूँगा तो सत्य ही, पर चिंता इतनी ही है कि वह सत्य अभी बोलूँ या बाद के किसी समय के लिए टाल दूँ।…"

"अभी बोल!" भुवनेश्वरी के मुख पर तेज लहराया, "सत्य को टालना भी धर्म नहीं है।"

"तो माँ!" बोलने से पहले नरेंद्र कुछ क्षण रुका, "न्याय कहता है, अन्याय का विरोध करो। अन्याय का विरोध करने के लिए संघर्ष भी करना पड़ता है। संघर्ष से युद्ध जन्म लेता है। इसलिए न्याय के लिए युद्ध भी करना पड़ता है।..."

"तू मुझे नीति-शास्त्र पढ़ा रहा है?" भुवनेश्वरी ने उसे विचित्र दृष्टि से देखा, "तू सीधा-सादा सच क्यों नहीं बोलता?"

"सच ही बोल रहा हूँ माँ! इतनी अधीर मत होओ।" नरेंद्र हँसा, "किंतु शांति, युद्ध की अपेक्षा सदा वरेण्य है।"

"क्या अभिप्राय है तेरा?" भुवनेश्वरी के स्वर में प्रखरता आई, "तू अपने पिता के संबंधियों के विरुद्ध मकान का मुकदमा नहीं लड़ना चाहता?"

"नहीं! ऐसा मैंने नहीं कहा।" नरेंद्र बोला।

"तो और क्या कहा तूने?" भुवनेश्वरी का स्वर तनिक भी शांत नहीं हुआ था, "तू शांति की बात कर रहा है।"

"हाँ! शांति की बात कर रहा हूँ।" नरेंद्र बोला, "क्योंकि युद्ध करने के लिए युद्ध का खर्च भी झेलना पड़ता है।" नरेंद्र ने माँ को देखा, "मेरी नौकरी के संदर्भ में जिस समृद्धि की बात तुम कह रही थीं माँ! वह कैसे आ सकती है, यदि मेरा वेतन मुकदमे की फीस के रूप में ही खर्च होता रहे?"

"उस खर्च से बचने के लिए, हम अपना मकान छोड़ दें?" भुवनेश्वरी ने पूछा।

"नहीं!" नरेंद्र ने उत्तर दिया, "आखिर पांडवों ने भी पाँच गाँव लेकर समझौता करने की बात कही थी। वे भी नहीं मिले, तो अंततः युद्ध किया। यदि हमें भी पाँच गाँव मिल जाएँ तो युद्ध की स्थिति नहीं आएगी।"

"तू समझौता चाहता है?"

"हो जाए तो अच्छा ही है।" नरेंद्र बोला, "दोनों पक्ष मुकदमे के खर्च और परेशानी से बच जाएँगे।"

"चाहे न्याय न भी मिले?"

"जिस न्याय के लिए सब कुछ ध्वस्त हो जाए, उसका आग्रह अभी हम न ही करें, तो क्या बुराई है।" नरेंद्र धीरे से बोला, "न्याय का अपना महत्त्व है, किंतु सहिष्णुता और दया भी कम मूल्यवान नहीं, माँ!"

भुवनेश्वरी को लगा, वह अपने पुत्र के सम्मुख असहाय होती जा रही है। जिस संघर्ष की बात वह कर रही थी, उसका समर्थन वह नहीं कर रहा।...वैसे भी जो दया और सहिष्णुता की बात करता है, वह न्याय के लिए युद्ध नहीं करता...किंतु तभी भुवनेश्वरी का अपना ही मन बदल गया...ठीक ही तो कह रहा है नरेंद्र...यदि वे इस स्थिति में नहीं हैं कि काली काका के परिवार के साथ मुकदमेबाजी कर सकें, तो क्यों न वे लोग उनके साथ समझौता कर लें। यदि एक-आध कमरा छोड़कर उनका समझौता हो जाए, तो मुकदमे की इस सारी परेशानी और खर्च से तो वे लोग बच जाएँगे...उसे लगा, नरेंद्र युद्ध से भाग नहीं रहा, वह लंबे युद्ध को चतुराई से लड़ना सीख रहा है...जब भुवनेश्वरी के पुत्र अपनी शिक्षा समाप्त कर लेंगे, अपनी आजीविका अर्जित करने में समर्थ हो जाएँगे, तो वह अधिक बलपूर्वक मुकदमा लड़ सकेगी...

"क्या तुम्हारे पिता के संबंधियों ने समझौते की कोई बात कही है?" भुवनेश्वरी ने पूछा।

"नहीं!" नरेंद्र बोला, "उन्होंने कुछ नहीं कहा। वे इस समय हमसे अधिक समर्थ हैं···वे समझौते की बात क्यों करेंगे?"

"तो कौन करेगा?"

"तुम करोगी माँ!" नरेंद्र मुस्कराया, "तुम ठाकुर माँ के पास जाओ और उनसे किन्हीं भी शर्तों पर सम्मानजनक समझौते की चर्चा करो, ताकि दत्त परिवार के इन दोनों पक्षों की रही-सही जमीन-जायदाद कचहरी की भेंट न चढ़ जाए।"

"तुझे नहीं लगता कि मेरी ओर से इस प्रकार का प्रस्ताव होने पर उनकी उद्दंडता को और भी बल मिलेगा और उनके सम्मुख हम अपने सम्मान की रक्षा नहीं कर पाएँगे?"

"सम्मान!" नरेंद्र ने जैसे हुंकार भरी, "यह भी अहंकार का ही दूसरा नाम है, माँ! जिसकी आड़ में मनुष्य अनेक प्रकार की मानसिक और शारीरिक हिंसा करता है।"

भुवनेश्वरी ने तमककर नरेंद्र की ओर देखा, "मैं तो समझती थी कि दक्षिणेश्वर के साधु ने तेरी मति विवाह इत्यादि से ही विमुख की है, किंतु देखती हूँ कि···।"

"क्या देख रही हो माँ?" नरेंद्र मुस्करा रहा था।

"कि उसने तेरी मति ऐसी भ्रष्ट कर दी है कि तुझे न अपनी धन-संपत्ति की चिंता है, न अपने सम्मान और स्वाभिमान की।" भुवनेश्वरी बोली, "ऐसे क्या जीवन चलता है?"

"नहीं माँ! ऐसी बात नहीं है। ऐसे जीवन तो चलता है, संसार नहीं चलता।" नरेंद्र गंभीर हो गया, "मेरा स्वाभिमान और सम्मान नष्ट नहीं हुआ है। हाँ! अहंकार कुछ अंशों में विगलित अवश्य हो गया है। अहंकार प्रेम का शत्रु है। उसके रहते हम अपने विपक्षी और विरोधी से प्रेम नहीं कर सकते, अतः उसे नष्ट कर देना चाहते हैं।···पर यदि हमारा अहंकार मिट जाए तो हम अपने विरोधी से भी प्रेम कर सकते हैं। उसके अहित से चिंतित हो सकते हैं। अतः उसका हित करने का प्रयत्न कर सकते हैं। उसे सुधारना चाहते हैं, नष्ट करना नहीं।"

भुवनेश्वरी को लगा, उसका मुख विस्मय से खुल गया है। उसने नरेंद्र का विद्रोही रूप देखा था, वह उद्दंड और स्वतंत्र हो सकता था, वह अपना पक्ष प्रस्तुत करने के लिए तर्क कर सकता था, किंतु यह···अहंकार के विगलन की बात···विरोधी से प्रेम करने की बात···

"यदि तुम्हें ठाकुर माँ से बात करने में कोई असुविधा हो या तुम्हें अपमानजनक लगता हो," नरेंद्र बोला, "तो मैं बात करता हूँ, किंतु मैं जानता हूँ कि यदि बात करने मैं गया तो मुझे ठाकुर माँ से नहीं, काका से बात करनी पड़ेगी···।"

"नहीं! नहीं!! मैं ही जाऊँगी।" भुवनेश्वरी बोली, "स्त्रियों में समझौता होना फिर भी सरल है। पुरुषों में तो तकरार की ही अधिक संभावना है।"

भुवनेश्वरी ने झूठ नहीं कहा था···किंतु एक और बात जो उसके मन में थी, वह छुपा गई थी···यदि नरेंद्र वहाँ बात करने गया और उसकी त्याग-भावना कुछ अधिक मुखर हो गई, संधि की इच्छा अधिक प्रबल हो गई, तो संभव है वह सब कुछ उन्हीं को दे आए···उसे तो बस जीवन चलाना है, संसार नहीं चलाना···पता नहीं, जीवन भी कब तक चलाना है···

"तो फिर आज ही चली जाओ।" नरेंद्र बोला, "यदि कोई समझौता हो जाता है, तो मुझे फिर आज वकील के पास जाने की भी आवश्यकता नहीं रहेगी।···"

काकी ने भुवनेश्वरी का स्वागत नहीं किया, हाँ! इतनी कृपा अवश्य की कि उसे द्वार से ही वापस नहीं लौटा दिया।

"बोल बहू! क्या कहने आई है?" काकी के स्वर में तनिक भी स्निग्धता नहीं थी।

"मैं मकान के विषय में ही बात करने आई हूँ काकी।" भुवनेश्वरी ने यथासंभव नम्र स्वर में कहा, "यदि परिवार में ही कोई समझौता हो जाता है, तो कोर्ट-कचहरी की क्या आवश्यकता है।..."

"कोर्ट-कचहरी की आवश्यकता इसलिए है, क्योंकि हमको न्याय चाहिए।" काकी कर्कश स्वर में बोलीं, "कचहरी जाने का सामर्थ्य नहीं था तो पहले क्यों नहीं सोचा? अब तो समझौता कचहरी में ही होगा।"

भुवनेश्वरी की इच्छा हुई कि वह उलटे पैर लौट जाए। इस स्त्री से बात करने का क्या लाभ, जो क्रूरता के चौबारे पर चढ़ी बैठी है। विश्वनाथ ठीक ही कहा करते थे कि उन्हें काली काका पर क्रोध नहीं, दया आती है। वे काकी की कर्कशता को जीवन-भर कैसे झेलते रहे होंगे। यह कोमल-हृदय नारी का कौन-सा रूप है, जो उनके धन पर पलकर अब उनका ही मकान छीन मालकिन बनी बैठी है...पर लौट जाने से भी क्या होगा?...वह लौट जाने के लिए तो आई नहीं थी।...

"क्या हम लोग एक परिवार के समान इस मकान में शांति से वैसे ही नहीं रह सकते, जैसे पहले रहते थे?" भुवनेश्वरी बोली, "यद्यपि यह मकान हमारा है, फिर भी मैं आपको स्वामिनी स्वीकार करती हूँ, क्योंकि आप मेरी सास के स्थान पर हैं।...आप अपनी इच्छानुसार हमें कोई भी दो-तीन कमरे दे दें...हम उसी में रह लेंगे।..."

"देख बहू!" काकी का स्वर कुछ और ऊँचा हो गया, "एक परिवार के समान हम इस मकान में इसलिए रहते थे, क्योंकि तुम्हारे काका को बुद्धि नहीं थी। वे तुम्हारे पति की लच्छेदार बातों के भ्रम में आ जाते थे। तुम्हारा पति चतुर एटर्नी था, इसलिए थोड़े-से पैसों और ढेर सारी बातों के बल पर न केवल यहाँ रहता था, वरन् घर का स्वामी भी बना हुआ था। अब मुझसे यह धोखाधड़ी नहीं चलेगी।..."

भुवनेश्वरी अवाक्-सी बैठी काकी का मुख ताकती रह गई...क्या कह रही है यह वृद्धा...क्या मनुष्य इतना भी दुष्ट हो सकता है?...दूसरे की संपत्ति भी छीन ले और उसे ही अन्यायी भी बताए...भुवनेश्वरी ने स्वयं को सँभाला, "काकी! यह भवन मेरे ससुर को उनके पिता से मिला था। उनसे मेरे पति को और उनसे मेरे पुत्र को..."

"यह कानून किसी और को सिखाना।" काकी ने भुवनेश्वरी की बात बीच में ही काट दी, "अंग्रेजों का शासन है। नवाबीराज नहीं है कि हाकिमों को उलटी-सीधी पट्टी पढ़ाकर तिल का ताड़ बना लेगी।" काकी ने उसे तीखी दृष्टि से देखा, "बहुत कानून बघार रही है तो सुन! तेरे ससुर संन्यासी होकर अपनी संपत्ति को तिलांजलि देकर चले गए। तब सारी संपत्ति के स्वामी उनके छोटे भाई, अर्थात् मेरे स्वामी हुए। तुम्हारे पति को अनाथ जानकर, दयापूर्वक हमने पाला-पोसा, पढ़ाया-लिखाया, विवाह किया और तुझे इस घर में लाए। तुम लोग जब तक अपना खर्च देते रहे, यहाँ रहे। उससे क्या तुम मकान की स्वामिनी बन गईं? किसी का भला करने का तो समय ही नहीं है। यह तो स्मरण रहा नहीं कि एक अनाथ को गलियों में भीख माँगने से, अथवा भूखे मर जाने से बचा लिया...।"

"काकी!" भुवनेश्वरी अब और नहीं सुन सकी, "मेरे ससुर के संन्यासी होते ही, उनकी छोड़ी हुई संपत्ति उनके पुत्र की हुई, भाई की नहीं। तुमने एक बालक का पालन-पोषण किया, तो उस बालक ने बड़े होकर तुम्हारा और तुम्हारे बच्चों का भी पालन किया—बहुत दिनों तक..."

इस बार काकी की आँखें कुछ अधिक ही प्रचंड होकर भुवनेश्वरी की ओर उठीं, ''एक ओर मुझे अपनी सास बताती है और दूसरी ओर धमकाती है चुड़ैल! चल, निकल यहाँ से…।'' काकी ने खड़ी होकर बाँह फैलाकर तर्जनी से बाहर के द्वार की ओर संकेत कर दिया…

अब भुवनेश्वरी के लिए वहाँ और रुकने का कोई अर्थ नहीं था।…यदि वह रुकती तो कुछ उसके मुख से निकलता और उससे कहीं अधिक काकी के मुख से। जाने काकी और क्या-क्या अनर्गल बोलतीं। भुवनेश्वरी में इतना धैर्य नहीं था कि वह सब सुन पाती।…और लड़ाई ही करनी थी, तो कचहरी में मुकदमा तो चल ही रहा था, फिर घर पर लड़ने का क्या लाभ?…

भुवनेश्वरी उठकर खड़ी हो गई। क्षण-भर के लिए असमंजस में अपने स्थान पर खड़ी रही और आज जीवन में पहली बार वह काकी को प्रणाम किए बिना पलटकर घर से बाहर निकल आई…

''क्या हुआ माँ!'' भुवनेश्वरी के घर में प्रवेश करते ही नरेंद्र ने पूछा।

''होना क्या है रे!'' भुवनेश्वरी का स्वर भर्रा आया था, ''तेरी ठाकुर माँ कहती है कि उसने तुम्हारे अनाथ पिता का पालन-पोषण किया, हम उसका आभार तो मानते नहीं, उलटे उससे उसकी जायदाद छीनना चाहते हैं…।''

''अर्थात् भगवान् कृष्ण का संधि-प्रस्ताव भी दुर्योधन ने अस्वीकार कर दिया?''

भुवनेश्वरी कुछ चमत्कृत हुई; उसके जाने से पहले भी नरेंद्र ने पांडवों द्वारा पाँच ग्राम माँगे जाने की चर्चा की थी, अब वह कृष्ण के संधि-प्रस्ताव की बात कह रहा है…सच ही वही तो बात है…पांडु साधना के लिए वन गया तो धृतराष्ट्र ने उसका राज्य हड़प लिया…यहाँ ससुर जी के संन्यासी होते ही काली काका ने संपत्ति हथिया ली, किंतु वास्तविक धृतराष्ट्र तो काकी है…काकी तो धृतराष्ट्र, गांधारी और दुर्योधन का सम्मिलित रूप है…

''हाँ, पुत्र! तो अब युधिष्ठिर युद्ध-सज्जित हो।'' भुवनेश्वरी बोली।

''बाध्य होकर लड़ना तो पड़ेगा ही माँ!'' नरेंद्र बोला, ''ठीक है! मैं निमाई काका के पास जा रहा हूँ। वहीं से बलराम बोस के घर चला जाऊँगा।''

''बलराम बोस के घर क्या है?'' भुवनेश्वरी के स्वर में चिंता भी थी और विरोध भी।

''वहाँ ठाकुर आए हुए हैं।'' नरेंद्र बोला, ''उनसे भेंट कर लूँगा।''

''ठाकुर अर्थात् दक्षिणेश्वर का वह साधु?'' भुवनेश्वरी ने पूछा।

''हाँ, माँ!'' नरेंद्र बोला, ''ठाकुर अर्थात् दक्षिणेश्वर के साधु—श्री रामकृष्ण देव। लोग उन्हें परमहंस देव भी कहते हैं।''

नरेंद्र के स्वर ने ही भुवनेश्वरी को बहुत कुछ समझा दिया था। वह उस साधु की जितनी ही अवमानना करती थी, नरेंद्र उसे उतना ही अधिक सम्मान देकर उसकी चर्चा करता था…

''तू दोनों काम कैसे करेगा नरेन?'' भुवनेश्वरी कुछ खीझकर बोली, ''वकील से मिलकर मुकदमा लड़ेगा और साधु से मिलकर वैराग्य की चर्चा करेगा?''

''तुम्हारे लिए मुकदमा जीतूँगा,'' नरेंद्र बोला, ''अपने लिए ईश्वर।''

नरेंद्र अपने वकील निमाईचरण दास से मिलकर बलराम बोस के घर पहुँचा तो ठाकुर वहाँ से गिरीश के घर जाने की तैयारी में थे।…उसे लगा कि गिरीश ने जैसे ठाकुर को किसी संधि में बाँध लिया

है। वे जब भी बलराम बोस के घर आएँगे, वहाँ से गिरीश के घर भी जाएँगे।···या ठाकुर को ही गिरीश से इतना मोह हो गया था?···

पिछली बार उन्हें अपने घर बुलाकर, वह थियेटर के लिए चल पड़ा था। आज कहीं उसी घटना की पुनरावृत्ति तो नहीं होने जा रही?···कभी-कभी नरेंद्र को लगता था कि वह ठाकुर और गिरीश के संबंध को समझ ही नहीं पा रहा है।···गिरीश ठाकुर को अवतार भी मानता है, उनकी अवमानना भी करता है और उन्हें गालियाँ भी देता है।···उसी प्रकार ठाकुर भी गिरीश को इस योग्य नहीं समझते कि उनके शिष्यों पर उसका प्रभाव पड़े और दूसरी ओर उसकी सारी अवमाननाओं, अशिष्टताओं को अनदेखा कर उसके निमंत्रण पर उसके घर और थियेटर में जाने को तैयार रहते हैं।···

नरेंद्र ने ठाकुर को प्रणाम किया और उनके निकट बैठा ही था कि घर की महिलाओं ने भीतर से हलवा बनाकर भेजा। यह विशेष रूप से ठाकुर के लिए बनाया गया था। ठाकुर के गले में गिल्टी-सी पड़ गई थी और उन्हें अनेक चीजें खाने में कठिनाई होने लगी थी।···कोई भी कठोर पदार्थ उन्हें कष्ट पहुँचाता था, इसीलिए वे केवल नर्म पदार्थ ही सुविधा से खा पाते थे।···बलराम ने कदाचित् इसीलिए गर्म-गर्म तरलप्राय हलवा तैयार करवाया था कि ठाकुर सरलता से उसे निगल सकें।···

नरेंद्र का ध्यान ठाकुर की गिल्टी की ओर चला गया···ग्रीष्म के आरंभ में ही···प्रायः होली के बाद से ही ठाकुर को ऋतु का ताप कष्ट देने लगा था। आगे-आगे तो गर्मी और भी तीखी होती जाएगी।···ठाकुर के भक्तों में से जाने किसने गर्मी से उनकी रक्षा करने के लिए, कवच के रूप में बर्फ को खोज निकाला था। ठाकुर भी बच्चों के समान बर्फ वाला पानी, बर्फ वाला शर्बत तो पीते ही थे, कभी-कभी बर्फ चबाने भी लगे थे।···उन्हें इस प्रकार गर्मी से मुक्त होते देख, उनके शिष्य, भक्त, प्रशंसक—सब ही दक्षिणेश्वर आते हुए बर्फ ले आने लगे।···संभवतः उसी अतिरेक के कारण पहले तो उनके गले में हलकी-सी पीड़ा आरंभ हुई और फिर गिल्टी-सी पड़ गई।···बर्फ का सेवन तो रुक ही गया, अन्य खाद्य-पदार्थों में भी चुनाव करके खाने की स्थिति आ गई···

ठाकुर ने थाली में हलवा देखा और अत्यधिक प्रसन्न बालक के समान नरेंद्र से बोले, "अरे, माल आया है माल! खा! खा!"

नरेंद्र देख रहा था, ठाकुर खूब मौज में थे। उन्हें अपने गले की गिल्टी की विशेष चिंता नहीं थी, और न ही ध्यान इस ओर था कि वे अनेक अन्य पदार्थ नहीं खा सकते हैं, इसलिए हलवा आया है···नरेंद्र न तो हलवा देखकर प्रसन्न हो सका और न ही उत्साह से खा सका।···

मकान का किराया देने की उनकी स्थिति नहीं थी···और अपने मकान में वे लौट नहीं सकते थे। ऊपर से मुकदमे का खर्च!···उसे नौकरी नहीं मिली तो उन्हें यह किराए का मकान भी छोड़ना पड़ेगा। फिर कहाँ जाएँगे वे?···माँ···दोनों छोटे भाई···

गिरीश के घर जाने के लिए ठाकुर उठे, तो अन्य लोगों के साथ वह भी चल पड़ा। वह जितना बोझिल मन लिए हुए था, ठाकुर उतनी ही मस्ती में थे। वे भिन्न-भिन्न प्रकार से सबसे चुहल कर रहे थे। गिरीश की गली में घुसने से पहले चौक पार करते हुए उन्होंने महेंद्र गुप्त से हँसते हुए कहा, "क्यों जी! क्या कहते हैं लोग—परमहंस की फौज आ रही है? साले कहते क्या कहें···।"

नरेंद्र हलके से मुस्कराकर रह गया।···सचमुच लोग ऐसी बातें करते ही हैं। ठाकुर उसमें भी

रस ले रहे हैं···परमहंस की फौज···पर वह क्यों नहीं हँस पा रहा?···किस बात की चिंता है उसे? मकान की? क्या लोग किराए के मकानों से निकाले नहीं जाते? किराए के तो किराए के—लोग अपने मकानों से भी निकाले जाते हैं।···संसार में कुछ भी स्थिर नहीं है। जो लोग स्वयं को बहुत सुरक्षित और स्थिर समझते हैं, वे भी स्थिर नहीं हैं···ठाकुर का अपना भांजा हृदयराम मुखोपाध्याय दक्षिणेश्वर से निकाल दिया गया।···ठाकुर ने भी उसे रोकने का प्रयत्न नहीं किया। वह अब आकर दक्षिणेश्वर के बाहर खड़ा रोता है···

नरेंद्र का ध्यान हृदयराम से हटकर हाजरा की ओर चला गया। हाजरा को भी दक्षिणेश्वर से चले जाने का आदेश दे दिया गया है। कितना तड़प रहा है हाजरा!···वह किसी प्रकार भी दक्षिणेश्वर से हटना नहीं चाहता···किंतु···नरेंद्र को लगा, जैसे ठाकुर और हाजरा में भी वैसा ही मुकदमा चल रहा है, जैसाकि उनमें और बाबा के संबंधियों में चल रहा है।···माँ गई थीं आज ठाकुर माँ से समझौता करने···ठाकुर माँ नहीं मानीं। यदि नरेंद्र ठाकुर से कहे तो क्या वे हाजरा के पक्ष से कुछ नहीं कहेंगे?···

''महाराज! हाजरा अब भला आदमी हो गया है।'' वह धीरे से ठाकुर से बोला, ''क्या आपको उसके विषय में कुछ विचार नहीं करना चाहिए?''

ठाकुर ने उसकी ओर देखा, किंतु उसकी बात पर तनिक भी आश्चर्य प्रकट नहीं किया।

''तुम नहीं जानते कि लोग ऐसे भी होते हैं,'' वे बोले, ''जिनके मुँह में तो राम-नाम होता है, किंतु बगल में छुरी होती है।''

''इस विषय में मैं आपसे सहमत नहीं हूँ महाराज!'' नरेंद्र का स्वर दृढ़ था, ''मैंने स्वयं उससे उन बातों की जाँच की है, जिनके विषय में लोग शिकायत करते हैं, किंतु उसने साफ इंकार कर दिया है।''

ठाकुर थोड़ी देर तक नरेंद्र की ओर देखते रहे, जैसे उसका चेहरा पढ़ रहे हों और फिर बोले, ''वह भक्ति में अवश्य दृढ़ है। थोड़ा-बहुत जप भी करता है, पर कभी-कभी उसका व्यवहार विचित्र होता है।''

''जैसे?'' नरेंद्र ने पूछा।

''गाड़ी वाले को भाड़ा नहीं देता।'' ठाकुर बोले, ''यह क्या किसी भक्त का व्यवहार है?''

''नहीं, महाराज! ऐसी बात नहीं है।'' नरेंद्र ने उत्तर दिया, ''वह कहता है कि उसने भाड़ा दे दिया था।''

''उसके पास पैसे कहाँ से आए?'' ठाकुर ने पूछा।

''रामलाल अथवा किसी और ने दिए होंगे।'' नरेंद्र ने अस्पष्ट-सा उत्तर दिया।

ठाकुर ने नरेंद्र को इस अस्पष्टता के लिए नहीं टोका। उन्होंने पूछा, ''क्या तुमने उससे सब बातें विस्तारपूर्वक पूछी थीं?''

''हाँ, महाराज!''

''एक बार मैंने जगदंबा से प्रार्थना की थी, 'माँ! यदि हाजरा ढोंगी है, तो बड़ी कृपा होगी, यदि तुम यहाँ से उसे हटा दो।' '' ठाकुर बोले, ''उसके पश्चात् मैंने हाजरा से कह भी दिया था कि मैंने तुम्हारे बारे में माँ से ऐसी प्रार्थना की है। थोड़े दिनों बाद वह फिर आया और मुझसे बोला, 'देखिए, मैं तो अब भी यहीं बना हूँ।' पर कुछ ही दिनों बात उसने यहाँ आना बंद कर दिया।''

''उसने आना बंद कर दिया या आपने करवा दिया?''

''जो करती हैं, माँ करती हैं।'' ठाकुर ने जैसे कुछ अंतर्मुखी होकर कहा, और सहसा वे

मुखर हो उठे, ''उसने अपनी वृद्धा माँ को कितना कष्ट दिया है—तू जानता है? उस बेचारी माँ ने रामलाल के द्वारा मुझसे कहलवाया कि मैं हाजरा से कह दूँ कि वह कभी-कभी जाकर अपनी बूढ़ी माँ को देख आया करे। वह बेचारी करीब-करीब अंधी ही थी और रोती रहती थी। मैंने हाजरा को तरह-तरह से समझाया कि वह जाकर माँ को देख आया करे। मैंने उससे कहा, 'देखो! तुम्हारी माँ वृद्धा है, कम से कम एक बार जाकर उसे देख तो आओ।' पर मेरे कहने पर भी वह नहीं गया। अंत में वह बेचारी रोते-रोते मर गई।''

ठाकुर की इन बातों का नरेंद्र के पास कोई उत्तर नहीं था, पर फिर भी वह उसका पक्ष प्रस्तुत करना चाहता था। बोला, ''पर इस बार वह घर जाएगा।''

''हाँ, मुझे मालूम है, वह घर जाएगा। वह बड़ा दुष्ट और धूर्त है। तुम उसे नहीं जानते।'' ठाकुर ने उत्तर दिया, ''गोपाल कहता था कि हाजरा सींती में कुछ दिन रहा था। लोग उसके लिए घी लाते थे, चावल लाते थे, और भी तरह-तरह की खाद्य-सामग्री लाकर उसे देते थे, पर उसकी उद्दंडता तो देखो कि वह उन लोगों से कह देता था, 'मैं ऐसा मोटा चावल नहीं खा सकता। मुझे ऐसा खराब घी नहीं चाहिए।' भाटपारा का ईशान भी उसके साथ गया था। उसने ईशान से कहा, 'शौच के लिए पानी ले आओ।' इस बात से वहाँ के अन्य ब्राह्मण उससे बहुत रुष्ट हो गए थे।''

''मैंने उससे यह बात भी पूछी थी।'' नरेंद्र बोला, ''वह कहता था, 'ईशान बाबू स्वयं मेरे लिए पानी लाए थे।' इतना ही नहीं, वह कहता था कि भाटपाड़ा के बहुत-से ब्राह्मण लोग भी उसे मान देते हैं और श्रद्धा करते हैं।''

''वह सब उसके जप और तपस्या का फल था।'' ठाकुर ने स्वीकार किया, ''जानते हो, मनुष्य की शारीरिक बनावट भी उसके चरित्र पर अपना प्रभाव डालती है। नाटा कद और शरीर में इधर-उधर गड्ढे या कूबड़ अच्छे लक्षण नहीं हैं। जिन लोगों में ऐसे लक्षण होते हैं, उन्हें आध्यात्मिक ज्ञान प्राप्त करने में बहुत समय लगता है।''

''खैर, महाराज! जाने दीजिए इन बातों को।'' नरेंद्र बोला, ''मैं तो एक ही बात कह रहा हूँ—उसे क्षमा कर दीजिए।''

''मुझे गलत मत समझना। तुम कहते हो कि तुम्हें लोगों की पहचान है, इसीलिए यह सब तुम्हें बता रहा हूँ।'' ठाकुर का स्वर स्निग्ध हो आया, ''जानते हो, हाजरा जैसे लोगों को मैं किस दृष्टि से देखता हूँ?...'' वे क्षण-भर रुके, ''जिस प्रकार ईश्वर सत्पुरुषों के रूप में अवतार लेता है, उसी प्रकार वह धोखेबाज और दुष्टों के रूप में भी अवतीर्ण होता है।...वैसे तो सभी ईश्वर ही हैं।...''

अकस्मात् ही नरेंद्र हाजरा को भूल गया, '...क्या कह रहे हैं ठाकुर?...वैसे कोई नई बात नहीं कह रहे। पहले भी इसी प्रकार की बातें वे कहते रहे हैं...पर नरेंद्र ने कभी इस दृष्टि से सोचा ही नहीं...तो क्या जगन्माता ही नरेंद्र की माँ बनी हैं...और वे ही ठाकुर माँ बनी हैं, जिन्होंने उन्हें घर से निकाल रखा है...वे ही ठाकुर के रूप में हैं, और वे ही हाजरा के रूप में?...मानव-बुद्धि इन बातों को कैसे ग्रहण कर सकती है?...'

8

ईश्वरचंद्र विद्यासागर के सुकिया स्ट्रीट वाले मैट्रोपोलिटन इंस्टिट्यूशन में नरेंद्र की नौकरी तय हो गई थी। अगले सोमवार से नरेंद्र पढ़ाना आरंभ कर देगा।…उसका मन कुछ-कुछ हलका हो गया। उसके मस्तिष्क में पहली बात यही आई कि अब वह अपने परिजनों के भरण-पोषण की ओर से निश्चिंत हो सकेगा और ईश्वर-प्राप्ति की ओर अधिक मन लगा सकेगा।…किंतु संसार इतनी सुविधा से छोड़ता है क्या? माँ और भाइयों के भरण-पोषण की ओर से चिंता कुछ कम हुई तो मकान के मुकदमे की चिंता।…निमाईचंद्र बसु तथा बैरिस्टर बैनर्जी अपनी ओर से पूरी सहायता कर रहे थे, किंतु मुकदमे का खर्च तो नरेंद्र को ही देना था।…और मुकदमा था कि किसी परिणाम तक पहुँच ही नहीं रहा था। कई बार तो नरेंद्र जैसे झल्लाकर अपने आप से ही पूछता था कि जो मकान उसका अपना है, उसके स्वामित्व संबंधी मुकदमा लड़ने की यह कैसी बाध्यता है? क्या न्यायाधीश को उनके परिवार के विषय में कुछ ज्ञात नहीं है? क्या सरकार के कागज-पत्र कुछ नहीं बताते? क्या कलकत्ता में रहने वाले उनके मित्र, परिचित, संबंधी, रिश्तेदार—यह प्रमाणित नहीं कर सकते कि वह मकान उनका है?…और फिर उसका आवेश कुछ कम हो जाता तो वह अपने आवेश पर ही हँस पड़ता।…ये तथ्य भावनाओं से स्थापित नहीं होते। यह सब तो कानूनी तौर पर प्रमाणित करना होता है। सात समुद्र पार से आया हुआ अंग्रेज जज, भला यह कैसे जान सकता है, कि यह स्वर्गीय बाबू विश्वनाथ दत्त का ही मकान है?…फिर भी इसे प्रमाणित करने में इतना समय क्यों लग रहा है?…यह प्रमाणित करने में क्या परेशानी है कि राममोहन दत्त ने 3, गौरमोहन मुकर्जी स्ट्रीट का यह मकान बनवाया था। सरकारी कागज इसकी साक्षी देंगे…और यह प्रमाणित करने में कठिनाई ही क्या हो सकती है कि राममोहन दत्त के पुत्र दुर्गादास दत्त, दुर्गादास दत्त के पुत्र विश्वनाथ दत्त और विश्वनाथ दत्त के पुत्र नरेंद्रनाथ, महेंद्रनाथ तथा भूपेंद्रनाथ दत्त हैं।…ठीक है कि दुर्गादास दत्त ने संन्यास ग्रहण किया था, किंतु किसी के संसार त्याग करने से उसकी संपत्ति उसकी संतान की नहीं रहती?…किसी की मृत्यु हो जाती है तो क्या उसकी संपत्ति उसकी संतान को नहीं मिलती?…यदि शासन को एक साधारण-सी बात स्थापित करने में इतना समय लग रहा है, तो न्याय कैसे हो पाएगा? और यदि न्याय ही नहीं मिलेगा तो प्रजा सुखी कैसे होगी?…एक जरा-सी बात के लिए इतने लंबे मुकदमे चलेंगे, तो निर्धन प्रजा न्याय कैसे पाएगी?…यह अंग्रेजों का शासन क्या इसलिए है कि धनी और शक्तिशाली लोग निर्धन और निर्बल लोगों को पीड़ित करते रहें, और शासन उन्हें न्याय देने के स्थान पर एक ऐसे शासन-चक्र का निर्माण कर दें, जिसमें वे आजीवन पिसते रहें और कभी न्याय न पा सकें?…

आज निमाईचंद्र बसु ने बताया था कि मुकदमा जब नरेंद्र के पक्ष में जा रहा था तो कालीप्रसाद दत्त की विधवा ने अपने पक्ष में एक अंग्रेज बैरिस्टर खड़ा कर लिया था। उसने कुछ विचित्र दलीलें दी थीं और जज से छानबीन के लिए कुछ समय माँग लिया था…इसका अर्थ था कि मुकदमा उनकी अपेक्षा से भी लंबा चलेगा…

"कैसी दलीलें?" नरेंद्र ने पूछा था, "कोई ऐसी भी दलील हो सकती है, जिसके अंतर्गत पिता की संपत्ति पुत्र को न मिले?"

"ये तो कानूनी दाँव-पच हैं पुत्र!"

"वकील लोग इन्हीं बातों की रोटी खाते हैं।" निमाई बाबू हँसे थे, "देखो! संभव है, वे

यह प्रमाणित करना चाहें कि दुर्गादास दत्त ने जिस संप्रदाय में संन्यास ग्रहण किया था, उसके नियमों के अनुसार व्यक्ति संन्यास ग्रहण करने से पूर्व अपना सर्वस्व दान करता है। अब दान में कोई अपनी संपत्ति अपने पुत्र को तो देता नहीं।...''

''तो आप भी यह सिद्ध कर सकते हैं कि दान यदि पुत्र को नहीं दिया जाता तो भाई को भी नहीं दिया जाता।'' नरेंद्र ने उनकी बात बीच में ही काट दी थी।

निमाई बाबू ने जैसे स्तब्ध होकर उसकी ओर देखा, ''तुम ठीक कह रहे हो नरेन! यह बात मेरे ध्यान में तो आई ही नहीं।''

''नरेन तो अपने आप में ही बैरिस्टर हो सकता है।'' बैरिस्टर बैनर्जी ने उनका समर्थन किया था।

''वे यह भी प्रमाणित करने का प्रयत्न कर सकते हैं कि संन्यास लेने से पहले दुर्गादास अपने हिस्से की संपत्ति अपने छोटे भाई कालीप्रसाद के हाथों बेच चुके थे।'' निमाई बाबू बोले।

''कालीप्रसाद के पास यह संपत्ति खरीदने के लिए धन कहाँ से आया?'' नरेंद्र ने तमककर कहा, ''उन्होंने जीवन-भर कभी कोई काम नहीं किया, कभी कुछ कमाया नहीं। संपत्ति बेचने का कोई कारण होना चाहिए। यदि वह संयुक्त परिवार था तो इसका अर्थ है कि दुर्गाप्रसाद तथा कालीप्रसाद में कोई विभाजन ही नहीं हुआ था। उन दोनों में कुछ भी बँटा हुआ नहीं था, तो फिर दोनों में से कौन किसी को कुछ बेचता?''

''और यदि दुर्गाप्रसाद ने अपना कोई उधार चुकाने के लिए धन प्राप्त करने के लिए अपनी संपत्ति कालीप्रसाद के नाम लिख दी हो तो?'' बैरिस्टर बैनर्जी ने पूछा।

''संयुक्त परिवार में यदि कोई उधार था, तो वह केवल दुर्गाप्रसाद के नाम कैसे हो सकता है?'' नरेंद्र बोला, ''वह उधार भी दोनों भाइयों पर होगा, ऐसे में एक अपना ऋण चुकाने के लिए अपनी संपत्ति दूसरे को कैसे दे देगा?''

निमाई बाबू चुप हो गए, जैसे उन्हें अब कोई तर्क ही न सूझ रहा हो।

''पर यदि वे यह सिद्ध करने का प्रयत्न करें कि वह संयुक्त परिवार था ही नहीं? दुर्गाप्रसाद और कालीप्रसाद में विभाजन हो चुका था?'' बैरिस्टर बैनर्जी ने कहा।

''ऐसी स्थिति में कालीप्रसाद को कोई अधिकार नहीं था कि वे अपने संन्यासी हो गए भाई को खोजकर, बाँधकर घर ले आएँ और उसे तीन दिनों तक कमरे में बंद रखें।'' नरेंद्र बोला, ''यदि ठाकुर माँ ऐसी कोई बात कहती हैं, यदि ऐसा कोई जाली दस्तावेज उपस्थित करती हैं, तो हम भी यह प्रमाणित करने का प्रयत्न करें कि उन्हीं तीन दिनों में दुर्गादास को बंदी बनाकर, बाँधकर रख, मार-पीटकर, भूखा रख उनसे इस प्रकार के दस्तावेज पर हस्ताक्षर करवाए गए हैं।...और एक बात और है, निमाई काका!'' नरेंद्र बोला, ''मेरी दादी अपने जीवन में एक दिन भी उस मकान को छोड़ कहीं और नहीं रहीं—न अपने पति के संन्यासी होने के पहले, न संन्यासी होने के बाद। तो यह विभाजन कब हुआ?''

''गुड!'' बैरिस्टर बैनर्जी ने कहा, ''तुम जल्दी अपनी पढ़ाई पूरी करो और वकालत आरंभ करो नरेंद्र! तुम्हारे सामने अच्छे से अच्छा वकील भी टिक नहीं पाएगा।''

''एक और बात भी है ध्यान देने की,'' निमाई बाबू बोले, ''यदि वे यह प्रमाणित करते हैं कि विश्वनाथ बाबू ने अपने काका अथवा उनके पुत्रों से संपत्ति का बँटवारा कर लिया था और अपने जीवन में ही वे यह मकान छोड़ चुके थे, इसलिए इस पर तुम लोगों का कोई अधिकार नहीं है तो?''

नरेंद्र क्षण-भर अवाक् बैठा रह गया।

"यदि विश्वनाथ बाबू ने संपत्ति त्याग न दी होती तो इतने बड़े भवन के रहते हुए अपने जीवन में ही वे अपनी पत्नी और बच्चों के साथ किराए के मकान में क्यों चले गए होते?" निमाई बाबू बोले।

किंतु अब तक नरेंद्र को भी उत्तर सूझ गया था, "यदि मेरे बाबा यह मकान त्याग ही चुके थे—बेच चुके थे या दान दे चुके थे, तो फिर उस मकान पर अपना कानूनी अधिकार प्राप्त करने के लिए ठाकुर माँ ने मुकदमा क्यों किया?" नरेंद्र रुका, "मुकदमा उन्होंने किया है, और हम लोगों के द्वारा मकान छोड़ने के पश्चात् किया है। क्यों?"

निमाई बाबू ने नरेंद्र की पीठ ठोकी, "वाह पुत्र! वाह! कानूनी दाँव-पेच कुछ भी हों, समय कितना ही लगे, किंतु अब मुझे विश्वास है कि मुकदमा हम ही जीतेंगे।"

नरेंद्र वहाँ से चला तो एक ओर मन में कुछ प्रसन्नता थी कि वह छिनी हुई संपत्ति अपनी माँ और भाइयों को दिला पाएगा, किंतु दूसरी ओर एक गहरा अवसाद भी था, जैसे अब तक साफ-सुथरे जीवन को छोड़, वह कूड़े के ढेर ही कुरेदता रहा हो।...माँ चाहती हैं कि वह वकील बन जाए। वह कानून की पढ़ाई कर भी रहा था...किंतु वकील बनकर तो सारा जीवन उसे यही सब करना होगा...सच्चे-झूठे मुकदमे, सच्चे-झूठे प्रमाण और तर्क...संपत्ति...अधिकार...अपराध...अपराधी...क्या जीवन होगा उसका? ईश्वर का नाम नहीं, बस माया की छीन-खसोट...

नरेंद्र जैसे इनसे पीछा छुड़ाने के लिए बलराम बोस के घर की ओर भागा। वहाँ ठाकुर आए हुए थे। ठाकुर के निकट पहुँच जाने पर माया कहीं आस-पास भी दिखाई नहीं देती...

बलराम घर पर नहीं था। वह मुंगेर गया हुआ था। निमंत्रण उसकी बड़ी पुत्री की ओर से था।...और ठाकुर तथा उनके शिष्यों का जैसा स्वागत हुआ था, उससे बलराम की अनुपस्थिति किसी को नहीं खली थी...

नरेंद्र पहुँचा तो अपराह्न के तीन बज रहे थे। भोजन करके ठाकुर विश्राम कर रहे थे। एक भिक्षुक भजन गा रहा था। नरेंद्र ठाकुर को प्रणाम कर उनके निकट बैठ गया।

भिक्षुक ने गीत समाप्त कर उन लोगों की ओर देखा।...

"एक और!" नरेंद्र बोला।

भिक्षुक को न संगीतशास्त्र का ज्ञान था, न ही उसने कहीं प्रशिक्षण प्राप्त किया लगता था, किंतु उसका कंठ मधुर था। भगवान् की दी हुई प्रतिभा थी।...अपने उच्चारण तथा भजनों के चुनाव से वह बंगाली नहीं लगता था, वह बिहारी भी नहीं था, संभवतः उत्तर प्रदेश का वासी था...

भिक्षुक ने वह भजन भी पूरा किया और उसकी याचक आँखें नरेंद्र की ओर उठ गईं।

"गाओ! गाओ!" नरेंद्र बोला, "रुक क्यों गए, एक और गाओ।"

"बस! बस!! अब रहने दे।" ठाकुर ने उसे टोक दिया, "तूने कह तो दिया, पर उसे पैसे कौन देगा? वह पैसों के लिए तुम्हारा मनोरंजन कर रहा है, अपना जप नहीं कर रहा।"

"वह आपके लिए गा रहा है महाराज!" नरेंद्र बोला, "आपको उसने कोई बहुत धनी व्यक्ति समझा है।"

"क्यों? क्यों धनी समझा है मुझे?"

"आप मसनद के सहारे बैठे हैं न!" नरेंद्र बोला।

"चल!" ठाकुर मुस्कराए, "यह भी तो समझ सकता है कि मैं बीमार हूँ।"

नरेंद्र को क्षण-भर के लिए लगा कि ठाकुर शायद गंभीरता से अपने रोग की चर्चा कर रहे हैं, या चर्चा नहीं भी कर रहे हैं तो उनके मन में अपने रोग की चिंता तो है ही···किंतु अगले ही क्षण उनकी मुद्रा देखकर उसके मन से चिंता का भाव हट गया। ठाकुर पूर्णतः सहज भाव से व्यवहार कर रहे थे। उनकी तनिक भी इच्छा नहीं थी कि उनको रोगी समझा जाए।···और किसी ने उनके रोग को गंभीर माना हो या न माना हो, किंतु उन्होंने स्वयं उसे कभी गंभीर नहीं माना···

भिक्षुक को भीतर से लाकर भिक्षा दे दी गई थी और वह चला गया था।

"यदि भिक्षुक, मसनद से लगे प्रत्येक व्यक्ति को रोगी मान लेगा," नरेंद्र ने बात आगे बढ़ाई, "तो वह भिक्षा किससे माँगेगा, क्योंकि प्रत्येक धनी आदमी मसनद से लगा बैठा है।"

"मसनद भी रोग है और धन भी।" ठाकुर बोले, "जैसे अहंकार रोग है।"

"तो रोग छूट भी तो सकता है न, महाराज?" नरेंद्र की गंभीर आँखों में से चंचलता झाँक रही थी।

"क्यों नहीं! प्रत्येक रोग का उपचार है।" ठाकुर बोले, "समय से उपचार हो जाए, तो रोगी स्वस्थ हो सकता है।"

नरेंद्र मुस्कराया, जैसे उसने ठाकुर को अपने जाल में फाँस लिया हो, "हाजरा अब मानता है कि उसे अहंकार हुआ था।"

ठाकुर के कुछ कहने से पहले ही भवनाथ बोला, "हाजरा क्यों कह रहे हो, वही क्यों नहीं कहते।"

"वही क्या?" गिरीश की उत्सुकता सबसे पहले जागी।

"थाऊज़ंडा।" भवनाथ बोला, "नरेंद्र ने हाजरा का नाम रखा है—थाऊज़ंडा।"

"ओह-हो-हो!" गिरीश हँसा, "यह लड़का तो बहुत दुष्ट होता जा रहा है। यह 'हरमोहन' को 'हारमोनियम' कहता है।"

एक सामूहिक ठहाका लगा, किंतु ठाकुर उसमें अपनी बात भूले नहीं। उसी प्रकार गंभीर स्वर में बोले, "हाजरा की बातों का विश्वास मत करना। वह दक्षिणेश्वर में लौट आने के लिए इस प्रकार की बातें कर रहा होगा।" उन्होंने अन्य लोगों की ओर देखा, "नरेंद्र केवल यही कहता है कि हाजरा तो बड़ा अच्छा आदमी है।"

"मैं तो अब भी यही कहता हूँ।" नरेंद्र बोला।

"इतनी सारी बातें सुनने पर भी!" ठाकुर के स्वर में आश्चर्य था।

"दोष कुछ ही हैं," नरेंद्र बोला, "किंतु उसमें गुण बहुत सारे हैं।"

"हाँ! निष्ठा है। उसने मुझसे तो यहाँ तक कहा, 'अभी तो मैं तुम्हें नहीं सुहाता, परंतु बाद में मुझे खोजना होगा।' " ठाकुर क्षण-भर के लिए रुके, "श्रीरामपुर से अद्वैत वंश का एक गोस्वामी आया हुआ था। दक्षिणेश्वर में दो-एक दिन रहने की उसकी इच्छा थी। मैंने उसका सत्कार किया और उससे रुकने का आग्रह किया। हाजरा ने कहा, 'उसे खजांची के पास भेज दो।' जानते हो, क्यों?" ठाकुर ने नरेंद्र की ओर देखा, "क्योंकि उसे भय था कि गोस्वामी यदि खाने-पीने के लिए कुछ माँग बैठा, तो कहीं हाजरा को अपने हिस्से में से ही कुछ देना न पड़ जाए।···मैंने कहा, 'क्यों रे साला! उसे गोस्वामी समझकर मैं तो दंडवत् करता हूँ, और तू संसार में रहकर कामिनी और कांचन लेकर, अब कुछ जप कर इतना अहंकार कर रहा है? तुझे लज्जा नहीं आती?' " वे हाजरा-प्रसंग

समाप्त कर जैसे निष्कर्ष पर पहुँच गए, "सतोगुण से ईश्वर मिलते हैं, रजोगुण और तमोगुण ईश्वर से अलग कर देते हैं।"

"यह कैसे पता चले कि किसमें कितना सतोगुण है!" भवनाथ ने पूछा।

ठाकुर ने उसकी ओर जैसे उत्फुल्ल दृष्टि से देखा और फिर हँसे, "हाजरा से। हाजरा से पूछने पर मालूम हो जाएगा।"

"हाजरा मापक यंत्र है क्या?"

"मैंने एक दिन हाजरा से पूछा, 'तुम बताओ, किसमें कितना सतोगुण है?' उसने उत्तर दिया, 'नरेंद्र में सोलह आना, मुझमें एक रुपया दो आना और तुममें बारह आना।' " ठाकुर तनिक हँसे, जैसे हाजरा की मूर्खता पर हँस रहे हों, और पुनः गंभीर हो गए, "कामना के रहते हुए, चाहे कितनी साधना करो, सिद्धि नहीं मिल सकती। परंतु ईश्वर की कृपा होने पर, क्षण-भर में सिद्धि मिलती है, जैसे हजारों वर्षों से अँधेरे पड़े कमरे में कोई दीया ले आए और कमरा क्षण-भर में प्रकाशित हो जाए। जैसे कोई गरीब का लड़का, बड़े आदमी की दृष्टि में पड़ जाए और वह उसके साथ अपनी लड़की का विवाह कर दे। एक साथ ही गाड़ी-घोड़े, दास-दासी, माल-असबाब, घर-द्वार—सब कुछ हो गया।"

"पर ईश्वर की कृपा कैसे हो?" गिरीश ने कुछ ऐसी भंगिमा में पूछा, जैसे कह रहा हो, 'किंतु कृपा होती कहाँ है।'

"ईश्वर बाल-स्वभाव है।" ठाकुर बोले, "जैसे कोई लड़का अपनी धोती के पल्ले में रत्न भरे बैठा रहे। कितने ही आदमी रास्ते से चले जा रहे हैं। उनमें से बहुतेरे उससे रत्न माँग रहे हैं, पर वह कपड़े में हाथ डाले हुए कहता है, 'नहीं। मैं न दूँगा।' पर किसी एक ने कुछ माँगा ही नहीं, अपने रास्ते चला जा रहा है। और उसके पीछे भागकर, उसने स्वयं चिरौरी कर, उसे रत्न दे दिए।···त्याग के बिना ईश्वर नहीं मिलते।···" ठाकुर ने अपने सामने बैठे प्रत्येक व्यक्ति को आँखों ही आँखों में तौला और उनकी भंगिमा बदल गई, "मेरी बात कौन सुनता है। मैं अपने भाव का मनुष्य खोज रहा हूँ। जिस किसी अच्छे भक्त को देखता हूँ, सोचता हूँ, शायद वह मेरा भाव ले सके, किंतु वह किसी और ही मार्ग पर चल देता है।"अपना मंतव्य स्पष्ट करने के लिए ठाकुर ने एक कथा का सहारा लिया, "एक भूत अपना साथी खोज रहा था। शनि या मंगल के अपघात से किसी की मृत्यु होने वाली है, यह जानकर वह दौड़ा हुआ उसके पास जाता। सोचता था, अब मुझे एक साथी मिल जाएगा। किंतु वह उसके पास पहुँचा नहीं कि वह व्यक्ति उठकर बैठ जाता।···" ठाकुर ने कथा को व्यक्तियों पर घटाया, "मथुर बाबू को भावावेश हुआ। वे हर समय मतवाले के समान रहते थे, कोई भी काम न कर सकते थे। तब लोग कहने लगे, 'इस प्रकार रहोगे, तो जायदाद कौन सँभालेगा?' किसी ने यह स्वीकार नहीं किया कि उस पर ईश्वर की कृपा हुई है। कहा गया, 'छोटे भट्टाचार्य ने ही इस पर कोई जादू-टोना करके इसे मतवाला बना दिया है।'···वैसे ही जब नरेंद्र आया तो उसकी छाती पर हाथ रखा, तो वह अचेत हो गया। सचेत हुआ तो रोते हुए बोला, 'मुझे तुमने ऐसा क्यों कर दिया? मेरे पिता हैं, मेरी माँ हैं।' " ठाकुर हँस पड़े, "गुरु ने शिष्य से कहा, 'संसार मिथ्या है, तू मेरे साथ निकल चल।' शिष्य ने उत्तर दिया, 'महाराज! ये सब लोग मुझे इतना चाहते हैं—मेरे पिता, मेरी माँ, मेरी पत्नी! इन्हें छोड़कर मैं कैसे जाऊँ?' गुरु ने कहा, 'तू मेरा-मेरा करता है, और कहता है कि ये सब प्यार करते हैं, परंतु यह तेरी भूल है। मैं तुझे एक उपाय बताता हूँ, उसे करके देख, तो तू समझ जाएगा कि लोग तुझे सचमुच प्यार करते हैं, या यह पाखंड मात्र है।'

उन्होंने शिष्य को एक औषधि दी और कहा, 'इसे खा ले। तू मृतक-समान हो जाएगा, किंतु तेरा ज्ञान नष्ट न होगा, तू सब देख-सुन सकेगा।' शिष्य ने वैसा ही किया। उसे मृतक मान, घर में सब रोने लगे। उसकी माँ और पत्नी पछाड़ें खाने लगीं। उसी समय एक ब्राह्मण ने आकर पूछा, 'यहाँ क्या हुआ है?' उन लोगों ने कहा, 'महाराज! इस लड़के को राम ले गए।' ब्राह्मण ने उसका परीक्षण कर कहा, 'यह मरा नहीं है। मेरी दवा से अभी चंगा हो जाएगा।' घर वाले प्रसन्न हो गए। तब ब्राह्मण ने कहा, 'परंतु एक बात है। पहले किसी अन्य व्यक्ति को वह दवा खानी पड़ेगी। जो व्यक्ति दवा खाएगा, उसकी मृत्यु अनिवार्य है। आप लोग इसके इतने आत्मीय हैं, कोई-न-कोई तो दवा खा ही लेगा।' परिवार के लोग रोना-धोना बंद कर मौन हो गए। माँ ने कहा, 'ऐं, यह इतना बड़ा परिवार! यदि मैं मर गई, तो इन सबकी देख-रेख कौन करेगा?' पत्नी बोली, 'अरी, मेरी दीदी! मुझे यह क्या हो गया री! अरे, उन्हें जो होना था, सो तो हो चुका। मेरे तो छोटे-छोटे बच्चे हैं। मैं मर गई तो उनकी देखभाल कौन करेगा।'...शिष्य सब कुछ देख-सुन रहा था। वह उठकर खड़ा हो गया और बोला, 'चलिए गुरु जी! आपके साथ चलता हूँ।'...."

नरेंद्र को लगा, ठाकुर कथा नहीं सुना रहे, अपनी व्यथा कह रहे हैं।...सच ही तो है, जो व्यक्ति इतना बहुमूल्य पदार्थ किसी को भी देने को, देने को क्या, लुटाने को तैयार बैठा हो और फिर भी उसे कोई स्वीकार न करे, उसका तिरस्कार करे, जैसे वह बहुमूल्य पदार्थ न होकर, अपदार्थ हो।...कितना कष्ट होगा दाता को अपनी अनुकंपा की ऐसी अवहेलना देखकर।...पता नहीं, ईश्वर की अनुभूति मानवों के ही समान है, या मानवों से भिन्न।...यदि वह मानवों के ही समान अनुभव करता होगा, तो मानवों की इस कृतघ्नता पर, अपने इस तिरस्कार पर उसे कितनी पीड़ा होती होगी...नरेंद्र का चिंतन-प्रवाह चलता चला गया...उसने आज तक मनुष्य की दृष्टि से देखा है और मनुष्य के मन से सोचा है। सदा ईश्वर पर हृदयहीन और क्रूर होने का आरोप लगाया है। सदा उससे यही पूछा है कि वह मनुष्यों को इतनी यातनाएँ क्यों देता है?...यह तो कभी सोचा ही नहीं कि मनुष्य अपनी लिप्साओं में अंधा होकर ईश्वर को कितनी यातना पहुँचाता है...और ईश्वर फिर भी कोई प्रतिशोध नहीं लेता...

सहसा नरेंद्र का मन दूसरी ओर मुड़ा...आज तो ठाकुर ने स्पष्ट ही कह दिया है कि ईश्वर बाल-स्वभाव है और लोगों को रत्न देने को तत्पर बैठा है।...उन्होंने यह भी कह दिया है कि जब उन्होंने मथुर बाबू तथा नरेंद्र को भक्ति देनी चाही, तो उन दोनों ने अपने-अपने ढंग से उनका तिरस्कार किया।...तो क्या ठाकुर गिरीश की घोषणाओं की ही पुष्टि कर रहे हैं? वे उन्हें सूचना दे रहे हैं कि वे ईश्वर के अंश हैं, उनका अवतार हैं?...अवतार...मनुष्य के रूप में अवतार? अवतार माता-पिता के संयोग से साधारण मनुष्यों के समान जन्म लेता है? उन्हीं के समान शरीर धारण करता है? उन्हीं के समान शरीर के नियमों से बँधा है?...रोग-शोक भोगता है...अवतार?...नरेंद्र के मन का संशय ही नहीं जाता...

और ठाकुर ने स्पष्ट रूप से उसके प्रति भी तो अपना रोष जताया है...नरेंद्र ने पुनः सोचा, वह भी कथा के उस शिष्य के ही समान है, जो अपने माता-पिता और पत्नी के मोह में गुरु के निर्देशानुसार आचरण नहीं करता। उसने कहा था, 'आपने मुझे क्या कर दिया, घर पर मेरे तो माता-पिता हैं।'...और अब भी वह अपनी माँ और भाइयों की चिंता छोड़कर, पूर्णतः स्वतंत्र नहीं हो सकता।...वह ईश्वर-लाभ के लिए ठाकुर के पास आया है और जब ठाकुर उसे 'ईश्वर' देने के लिए हाथ बढ़ाते हैं, तो वह संकोच से सिकुड़ जाता है, क्योंकि उसे अपना 'संसार' छोड़ना पड़ता

है। वह संसार छोड़ना नहीं चाहता।···आज ठाकुर ने स्पष्ट ही कह दिया है···'लेशमात्र कामना के रहते हुए कितनी भी साधना करो, सिद्धि नहीं मिल सकती।'···तो क्या कर रहा है नरेंद्र? कामनाओं का बोझ सिर पर लिए हुए, वह साधना कर रहा है—व्यर्थ, निष्फल!···ठाकुर चाहते हैं, वह घर-बार की चिंता छोड़ दे···कबीर ने भी तो कहा था, 'हम घर जारा आपना, लिया मुराड़ा हाथ। अब घर जारौं तासुका, जो चलै हमारे साथ।'···ठाकुर भी हाथ में मुराड़ा लिए, कबीर के समान खड़े पुकार रहे हैं और वह उनके साथ चलने से इसलिए संकुचित हो रहा है, क्योंकि चलने से पहले अपना 'संसार' जला देना होगा···

नरेंद्र अपने भीतर से उबरा। लगा, इस बीच वार्तालाप का विषय कुछ आगे बढ़ गया था और उसकी बागडोर गिरीश के हाथ में आ गई थी। गिरीश अपने प्रिय विषय पर जम गया था कि ठाकुर ईश्वर का अवतार हैं और नरेंद्र उनका इतना प्रिय शिष्य होते हुए भी इस बात का विश्वास नहीं करना चाहता···

"ठाकुर के विषय में मैं कुछ नहीं कहता।" अपना विरोध प्रकट करने के लिए नरेंद्र जैसे उनके वार्तालाप के बीच धँस गया, "मैं तो अवतारवाद के सैद्धांतिक पक्ष की चर्चा करता हूँ। प्रूफ के बिना, मैं कैसे यह विश्वास कर लूँ कि ईश्वर, मनुष्य बनकर इस धरती पर आता है?"

"विश्वास ही सफिशिएंट प्रूफ (Sufficient Proof) है।" गिरीश जैसे तर्क के लिए पूरी तरह से कमर कसे हुए था। उसने सामने रखी कटोरी को उठा लिया, "यह वस्तु यहाँ है, इसका क्या प्रमाण है?" गिरीश ने नरेंद्र को घूरकर देखा, "इसका प्रमाण है कि मुझे विश्वास है कि यह कटोरी है और यह यहाँ है।"

नरेंद्र ने कुछ नहीं कहा। अपनी आत्मलीनता के कारण गिरीश से भिड़ने का उसे कोई उत्साह नहीं हो रहा था। केवल एक हलकी-सी चुहल उसके मन में उभरी। इच्छा हुई कि कहे, 'यदि मैं यह विश्वास कर लूँ कि सामने बैठा व्यक्ति गिरीशचंद्र घोष नहीं है, तो तुम कोई और हो जाओगे क्या?' किंतु उसने कुछ कहा नहीं।

"एक्सटर्नल वर्ल्ड हमसे बाहर है, इस बात को क्या कोई फिलास्फर 'प्रूव' कर सका है?" पल्टू ने अपना मत प्रकट किया, "उसके लिए केवल इतना ही कहा गया—इर्रिज़स्टेबल बिलीव। दुर्दमनीय विश्वास।"

"तुम्हारा क्या है," गिरीश फिर से नरेंद्र की ओर उन्मुख हुआ, "ईश्वर आकर सामने खड़ा हो जाए, तो भी तो तुम विश्वास नहीं करोगे। यदि ईश्वर कहेंगे, 'मैं ईश्वर हूँ, मनुष्य के शरीर में आया हुआ हूँ।' तो शायद तुम कहोगे कि वे झूठ बोल रहे हैं, धोखा दे रहे हैं।···अन्यथा अपने सामने बैठे ठाकुर को तुम ईश्वर का अवतार मानने से इंकार नहीं करते।···"

नरेंद्र ने ठाकुर की ओर देखा : ठाकुर चुपचाप बैठे मंद-मंद मुस्करा रहे थे।···उन्होंने एक बार भी अपने मुख से यह नहीं कहा कि वे अवतार हैं या नहीं।···उन्होंने गिरीश से यह विवाद समाप्त करने के लिए भी नहीं कहा था। वे तो जैसे इस चर्चा में रस ले रहे थे।···और गिरीश था कि ठाकुर का प्रिय बनने के लक्ष्य से नरेंद्र को उनकी दृष्टि में लगातार गिराने का प्रयत्न कर रहा था।···पर नरेंद्र ठाकुर को समझता था। वे अपने शिष्यों में तब तक चर्चा चलने देते थे, जब तक कि कोई अवांछित सीमा ही न आ जाए।···

"देखो, मैं इस प्रकार विश्वास नहीं कर सकता।" नरेंद्र दृढ़ स्वर में बोला, "तुम कहोगे रामायण और भागवत् में अवतारों का वर्णन है। मैं उनका भी विश्वास नहीं करता। उनमें तो अनेक देवी-देवताओं का भी वर्णन है, जो अमर थे।"

"हाँ! अतीत काल में देवता थे, जो अमर थे।" गिरीश भी उतनी ही दृढ़ता से बोला।

"किंतु उसका प्रमाण क्या है?" नरेंद्र ने प्रश्न किया।

"जब तुम अपने सामने आए खड़े भगवान् का विश्वास नहीं करोगे, तो देवताओं की क्या मजाल है कि तुम्हारे सामने टिक सकें।" गिरीश बोला, "तुम उनका भी विश्वास नहीं करोगे। पर अतीत काल में देवता हुआ करते थे।"

"अतीत काल में यदि 'अमर' हुआ करते थे," नरेंद्र बोला, "तो अब क्यों नहीं होते? विज्ञान यह नहीं मानता कि काल-परिवर्तन से नियम बदल जाते हैं।"

"हाँ! न विज्ञान मानता है, न तुम मानोगे," गिरीश ने चारों ओर फैलाया अपना फंदा कस दिया, "किंतु यह सत्य है कि किसी समय पृथ्वी पर डायनासोर होते थे, जो अब नहीं हैं।"

"एकदम ठीक कहा तुमने," नरेंद्र बोला, "डायनासोर होते थे, अब नहीं हैं, क्योंकि वे अमर नहीं थे।...पर तुम्हारे अमर देवता तो अनादि और अनंत थे। वे अब क्यों नहीं हैं?"

"अमर के लिए अनादि होने की क्या आवश्यकता है?" पल्टू ने फिर हस्तक्षेप किया, "होना है तो अनंत होना चाहिए।"

"वाह!" ठाकुर ने ताली बजाई, "नरेंद्र वकील का लड़का है और पल्टू डिप्टी का। दोनों अपना-अपना रंग दिखा रहे हैं।"

"चिंता मत करो गिरीश! नरेंद्र जो मन में आए सिद्ध कर सकता है।" योगींद्र सारे विवाद में पहली बार बोला, "किंतु ठाकुर अब उसकी बातों में नहीं आते। पहले की-सी बात होती, तो वे भी मान जाते कि न देवता अमर होते थे, न भगवान् अवतार धारण करते हैं।"

"योगीन ने ठीक कहा," ठाकुर ने योगींद्र की बात का समर्थन कर दिया, "मैंने एक दिन कहा था, 'चातक आकाश के पानी के सिवा अन्य कोई पानी नहीं पीता।' नरेंद्र ने कहा, 'चातक यह पानी भी पीता है।' तब मैंने माँ से कहा, 'माँ! ये सब बातें क्या झूठ हो गईं?' मुझे बड़ी चिंता थी। एक दिन नरेंद्र आया। कमरे के भीतर कुछ पक्षी उड़ रहे थे। देखकर उसने कहा, 'यही है। यही है।' 'क्या?' मैंने पूछा। उसने कहा, 'यही चातक है।' मैंने देखा, कुछ चमगादड़ उड़ रहे थे। तभी से मैं उसकी बातों को ग्रहण नहीं करता।" ठाकुर हँसे, "यदु मल्लिक के बगीचे में नरेंद्र ने कहा, 'तुम ईश्वर के जितने रूप देखते हो, सब तुम्हारे मन का भ्रम है।' मैंने चकित होकर कहा, 'क्यों रे, वे बातचीत जो करते हैं।' नरेंद्र ने कहा, 'मनुष्य ऐसा ही सोचता है।' तब माँ के पास आकर मैं रोने लगा। कहा, 'माँ! यह क्या हुआ? क्या सब झूठ है? नरेंद्र ऐसी बातें कहता है।' तब माँ ने दिखाया—चैतन्य—अखंड चैतन्य—चैतन्यमय रूप। और उन्होंने कहा, 'यदि तुम्हारी बातें असत्य हैं, तो वे तथ्यों से मेल क्यों खाती हैं?' तब मैंने नरेंद्र से कहा, 'साला, तूने अविश्वास पैदा कर दिया था। तू साला, अब यहाँ मत आना।' "

"तो ठीक है, आप नरेंद्र की बात नहीं मानते, नरेंद्र शास्त्रों की बात नहीं मानता।" भवनाथ बोला।

"तुम शास्त्रों पर भी विश्वास नहीं करते?" गिरीश ने आश्चर्य से पूछा।

"शास्त्रों पर भी कैसे विश्वास करूँ?" नरेंद्र का स्वर अविचलित था, "महानिर्वाण-तंत्र एक बार तो कहता है कि ब्रह्मज्ञान के बिना नरक मिलेगा। फिर कहता है, पार्वती की उपासना को छोड़ मुक्ति का और कोई उपाय ही नहीं है। मनु-संहिता में मनु अपने ही विषय में लिखते हैं और PENTATEUCH में मूसा अपनी ही मृत्यु का वर्णन करते हैं।" नरेंद्र ने रुककर गिरीश और महेंद्र

गुप्त को देखा, "सांख्य दर्शन कहता है कि ईश्वर नहीं है, क्योंकि उसके अस्तित्व का प्रमाण नहीं है···और फिर वही दर्शन कहता है कि वेदों को स्वीकार किया जाना चाहिए—वे नित्य हैं।" नरेंद्र रुका, "मैं यह नहीं कहता कि यह सब असत्य है। बस, मेरी समझ में नहीं आता। मुझे समझा दो। मैं समझे बिना उन पर विश्वास नहीं कर सकता।···लोगों ने अपनी इच्छानुसार शास्त्रों का भाष्य किया है। उनमें से किसकी व्याख्या हम स्वीकार करें। श्वेत प्रकाश लाल माध्यम से गुजरकर लाल हो जाता है, और हरे से गुजरकर हरा।"

नरेंद्र ने रुककर ठाकुर की ओर देखा, जैसे कह रहा हो, 'आप ही समझा दें।' किंतु ठाकुर ने कुछ भी नहीं कहा। वे शांत भाव से बैठे रहे, जैसे या तो नरेंद्र के सामने कोई समस्या न हो, या उसे सुलझाना उनका काम न हो।

"गीता का तो विश्वास करो।" योगींद्र बोला, "वह तो भगवान् की वाणी है।"

"गीता सब शास्त्रों का सार है।" ठाकुर ने प्रकारांतर से योगींद्र का समर्थन कर दिया, "संन्यासी के पास और चाहे कुछ न रहे, परंतु एक छोटी-सी गीता अवश्य रहेगी।"

"महत्त्व संन्यासी के पास रहने का नहीं," नरेंद्र बोला, "महत्त्व उसके सत्य होने का है।···"

"पर गीता श्रीकृष्ण की वाणी है न?" योगींद्र ने नरेंद्र की बात काटकर ठाकुर से पूछा।

"श्रीकृष्ण की वाणी हो, न हो—क्या फर्क पड़ता है।" नरेंद्र अपनी बात पर अड़ा रहा, "महत्त्वपूर्ण यह है कि वह सत्य है या नहीं?"

"क्या मजे का वाद-विवाद है।" ठाकुर अपना मौन विस्मय छोड़कर मुखर हुए, "शास्त्रों के दो अर्थ हैं, एक शब्दार्थ और दूसरा मर्मार्थ। मर्मार्थ ही ग्रहण करना चाहिए, वह अर्थ, जो ईश्वर की वाणी के अनुकूल हो। चिट्ठी की बातों में और चिट्ठी लिखने वाले की बातों में बड़ा अंतर होता है। शास्त्र है—चिट्ठी की बातें। ईश्वर की वाणी है—उनके मुख की बातें। मैं उस बात को ग्रहण नहीं करता, जो माँ की बात से नहीं मिलती।···"

इस बार नरेंद्र कुछ नहीं बोला···उसे लगा, सारे वाद-विवाद में तटस्थ-से बैठे रहे ठाकुर ने जैसे अंतिम निर्णय दे दिया था।···उन्होंने कुछ ही वाक्यों में बहुत कुछ कह दिया था···वह अब तक शास्त्र के शब्दों पर अटका रहा है क्या? उसका तर्क उनमें परस्पर विरोधी शब्दार्थ ढूँढ़ता रहा है और परेशान होता रहा है।···ठाकुर ठीक कहते हैं, मर्मार्थ तक जाना चाहिए।···ठाकुर के अनुसार ब्रह्म तथा जगन्माता एक ही हैं···तो यदि महानिर्वाण-तंत्र कहता है कि ब्रह्म-ज्ञान के बिना मुक्ति नहीं है, और मुक्ति का एकमात्र मार्ग जगन्माता पार्वती की उपासना है—तो कहाँ है आत्म-विरोध उसमें? वह भी तो ब्रह्म तथा जगन्माता की समानता ही दर्शा रहा है···ठाकुर शब्दों के चक्कर में नहीं पड़ते। इसीलिए वे विवाद नहीं करते। नरेंद्र के शब्दों को, अपने शब्दों से नहीं तोड़ते, उसके तर्कों को अपने तर्कों से नहीं काटते।···वे चाहते हैं कि वह मर्म को ग्रहण करे···शब्दों को नहीं, अनुभूति को प्राप्त करे···बुद्धि से नहीं, भक्ति से साक्षात्कार करे···ठाकुर उसे किधर ले जा रहे हैं?···

9

आज ज्येष्ठ की शुक्ला त्रियोदशी थी, 26 जून, 1885। दक्षिणेश्वर में प्रातः से ही गहमागहमी थी। ठाकुर पानिहाटी के महोत्सव में जाने की तैयारी कर रहे थे।

कलकत्ता से कुछ मील उत्तर की ओर गंगातट पर पानिहाटी ग्राम में वैष्णवों का एक विशेष मेला लगता है। है तो यह मेला ही, किंतु मेला लगने का भी कोई निमित्त तो होना ही चाहिए। इस महोत्सव के निमित्त हैं—चैतन्य महाप्रभु के एक पार्श्वचर रघुनाथदास गोस्वामी।···

धर्म-प्रचार की अपनी यात्राओं के दौरान नित्यानंद एक बार पानिहाटी ग्राम में कुछ समय तक ठहरे थे। रघुनाथ उनके दर्शन करने के लिए वहाँ उपस्थित हुए। नित्यानंद ने उन्हें आदेश दिया कि देवता को चिउड़ा, दूध, दही, शक्कर, केला इत्यादि का भोग लगाकर भक्तों को भोजन कराओ। रघुनाथ ने नित्यानन्द महाप्रभु के दर्शनार्थ आए सैकड़ों व्यक्तियों को गंगा-तट पर भोजन से परितृप्त किया। विदा लेते समय नित्यानंद ने भावावेश में रघुनाथ का आलिंगन किया और कहा, "समय आ गया है। गृहस्थाश्रम छोड़कर नीलाचल में महाप्रभु के निकट जाओ। वे तुम्हें आश्रय प्रदान करेंगे और धर्म-जीवन संपूर्ण करने के लिए सनातन गोस्वामी के हाथ में तुम्हारी शिक्षा का भार अर्पण करेंगे।" रघुनाथ चले गए। वैष्णव भक्त रघुनाथ की स्मृति में प्रतिवर्ष उस दिन पानिहाटी ग्राम में एकत्रित होकर, उनके ही अनुरूप, भगवान् की कृपा पाने के लिए, चैतन्य महाप्रभु तथा नित्यानंद के नाम से उत्सव करने लगे। उसी को पानिहाटी का चिउड़ा-महोत्सव कहते हैं।

ठाकुर के सारे भक्त और शिष्य यह जानते थे कि ठाकुर पानिहाटी के महोत्सव में जा रहे हैं। दस दिन पहले ही रामचंद्र दत्त के घर पर उन्होंने महेंद्रनाथ गुप्त से कहा था, "मैं तो प्रत्येक व्यक्ति को कह रहा हूँ कि वे लोगों को पानिहाटी भेजें। तुम नहीं जाओगे क्या?"

"जाऊँगा।" महेंद्र गुप्त ने तत्काल अपना निर्णय सुना दिया, "क्यों नहीं जाऊँगा!"

"हम लोग एक बड़ी नाव ले लेंगे, ताकि वह अधिक डोले नहीं।" ठाकुर बोले, "गिरीश घोष जाएगा या नहीं?"

रामचंद्र दत्त ठाकुर के इस उत्साह से बहुत प्रसन्न था। वह अपने भावों को बहुत स्पष्ट रूप में समझ रहा था। जब उसने ठाकुर को गुरु के रूप में धारण किया था तो उसके अनेक संबंधियों ने अपनी वितृष्णा प्रकट.की थी—वैष्णव होकर शाक्त गुरु की शरण में जाना।···उसने उनकी चिंता नहीं की थी, किंतु ठाकुर को वैष्णव भक्ति की ओर प्रवृत्त होते देख वह विह्वल हो जाता था। ठाकुर वैष्णव, शैव और शाक्त का तो क्या, हिंदू, मुसलमान और ईसाई का अंतर भी नहीं करते थे।···रामचंद्र दत्त ठाकुर के पानिहाटी के वैष्णव महोत्सव में सम्मिलित होने के प्रस्ताव से अत्यंत आह्लादित था और उन्हें निरंतर प्रोत्साहित करता रहा था।

नरेंद्र और शरत् ठाकुर से सहमत नहीं थे। ठाकुर के गले की गिल्टी उन्हें कष्ट दे रही थी। कहीं ऐसा न हो कि उनका रोग बढ़ जाए···डॉक्टरों ने विशेष रूप से कहा था कि न उन्हें अधिक बोलना चाहिए, न समाधि में रहना चाहिए—उन दोनों से ही रोग बढ़ सकता है। ठाकुर चिउड़ा-महोत्सव में जाएँ और उनको भाव-समाधि न हो—यह संभव ही कैसे था। पर उनको संतुष्ट करने के लिए ठाकुर ने कह दिया, "यहाँ से जल्दी कुछ खा-पीकर जाऊँगा, और दो-एक घंटे वहाँ रहकर लौट आऊँगा। उससे विशेष हानि नहीं होगी। भाव-समाधि अधिक होने पर, गले की वेदना बढ़ तो सकती है, परंतु थोड़ा सावधान रहने से ही काम चलेगा।"

नरेंद्र जानता था कि ठाकुर, रोग-मुक्त होने के लिए, अथवा रोग को बढ़ने से रोकने के लिए, अपने ऊपर कई प्रकार के बंधन लगा रहे थे। महेंद्र गुप्त ने उसे बताया था कि कुछ दिन अस्वस्थ रहकर 13 जून को वह जब दक्षिणेश्वर में ठाकुर से मिलने गया था, तो ठाकुर ने उससे कहा था, 'गर्मी से मुझे बड़ा कष्ट हो रहा है। गर्मी में कुल्फी, बर्फ—यह सब बहुत खाया गया। इसीलिए

गले में गिल्टी पड़ गई है। गले से बड़ी बदबू निकल रही है। माँ से मैंने कहा—अच्छा कर दो। अब कुल्फी, बर्फ न खाऊँगा।—इसके बाद यह भी कहा कि बर्फ न खाऊँगा। माँ से जब कह दिया है कि अब न खाऊँगा तो खाना अवश्य ही न होगा। पर कभी-कभी मैं भूल जाता हूँ। एक बार मैंने कहा कि मैं रविवार को मछली नहीं खाऊँगा, पर मैं भूल गया और एक रविवार को मछली खा ली। किंतु मैं जान-बूझकर अपने वचन से नहीं हटूँगा।'···संयोग से तभी एक भक्त उनके लिए बर्फ ले आया। ठाकुर ने कई बार महेंद्र गुप्त से पूछा, 'क्यों जी, क्या खा लूँ?···अब बेचारा लाया है। न खाऊँगा, तो उसे बुरा लगेगा।'···महेंद्र गुप्त बड़े असमंजस में रहा···वह ठाकुर को अनुशासित तो नहीं कर सकता था। वह किस मुँह से उन्हें कहे कि इच्छा होने पर भी वे बर्फ न खाएँ।···और यह जानते हुए भी कि बर्फ खाने से उन्हें कष्ट होगा, वह बर्फ खाने का समर्थन कैसे कर दे। अंततः उसने मध्यम मार्ग निकाला। विनयपूर्वक बोला, 'आप माँ की आज्ञा लिए बिना मत खाइए।'···उसके मन में कहीं यह बात थी कि स्वाद के लिए कुछ खाने का अनुरोध ठाकुर, माँ से कभी नहीं करेंगे।···अंततः ठाकुर ने बर्फ नहीं खाई।

जहाँ तक ठाकुर का स्वयं को रोकने का प्रश्न था, वे रोक लेंगे, किंतु पानिहाटी में तो जन-पारावार होगा। तरह-तरह के लोग होंगे। वे सब विभिन्न प्रकार से ठाकुर को बोलने, नाचने और गाने के लिए प्रेरित करेंगे। भोजन में रुचि रखने वाला व्यक्ति, अपने घर में तो स्वयं पर नियंत्रण कर भी ले, किंतु किसी अन्य के घर में अतिथि होकर जाए तो गृहस्वामी के आग्रह के बावजूद स्वयं पर बंधन रख सके—वह आवश्यक तो नहीं। और ठाकुर तो इतने उत्साहित थे कि कहना ही क्या। उन्होंने कहा था, 'वहाँ उस दिन आनंद का मेला है। हरिनाम का हाट-बाजार लगता है—तुम लोग यंग-बंगाल हो, कभी वैसा नहीं देखा होगा। चलो मेरे साथ, देख आओ।'

ठाकुर के इस उत्साह को देखते हुए उन्हें जाने से सर्वथा रोकना एक प्रकार से अन्याय लगने लगा था।···

कुछ महिला भक्त बहुत तड़के ही दक्षिणेश्वर पहुँच गई थीं। उन्होंने श्रीमाँ के साथ मिलकर, ठाकुर तथा भक्तों के भोजन का प्रबंध कर दिया था।···नौ बजे से पहले ही प्रायः पच्चीस भक्त किराए की दो नौकाएँ लेकर दक्षिणेश्वर आ गए थे। अनेक लोग पैदल भी आए। ठाकुर के जाने के लिए अलग नौका थी···दस बजे तक सारा प्रबंध हो गया···

श्रीमाँ ने ठाकुर से पुछवाया, "क्या वे भी चलेंगे?"

"तुम लोग तो जा ही रही हो।" ठाकुर ने संदेश लाने वाली महिला से कहा, "यदि उनकी इच्छा हो, तो वे भी चलें।"

लोग जाकर नौकाओं में बैठ गए।···और ठाकुर चलने के लिए द्वार पर खड़े श्रीमाँ के निर्णय की प्रतीक्षा कर रहे थे।···

उस महिला ने आकर बताया कि श्रीमाँ नहीं जा रही हैं।

"क्यों?" ठाकुर ने पूछा।

"उन्होंने कहा है, 'उतनी भीड़ में नाव से उतरकर, उत्सव का दर्शन करना, मेरे लिए कठिन होगा। मैं नहीं जाऊँगी।' "

ठाकुर के चेहरे पर संतोष की हलकी-सी आभा उभरी, "ठीक है। जैसी उसकी इच्छा।" और वे नौका की ओर चल पड़े।

प्रायः दोपकर को वे लोग पानिहाटी पहुँचे।···गंगा-तट पर पुराने बरगद के चारों ओर बहुत सारे लोग एकत्रित थे। सचमुच ही जैसे चैतन्य महाप्रभु का युग लौट आया था। स्थान-स्थान पर कीर्तन करने वाली टोलियाँ हरि-नाम का उच्चार कर चैतन्य महाप्रभु की जय बोल रही थीं। वातावरण में जैसे मद छाया हुआ था···

ठाकुर के साथ चलते नरेंद्र, बलराम, गिरीश, रामचंद्र दत्त, महेंद्रनाथ गुप्त तथा शरत् इत्यादि लोग जैसे सहमकर थम गए। उन्होंने एक-दूसरे को आँखों ही आँखों में देखा।···

"यहाँ तो अनेक कीर्तन-दल हैं महाराज! अब आप किसी दल में सम्मिलित होकर, कहीं नाचने न लग जाएँ।" नरेंद्र बोला, "कीर्तन-मत्त होने पर भावावेश का होना अनिवार्य है···उससे आपके गले की वेदना बढ़ जाएगी।"

ठाकुर ने उत्तर देने से पहले उन सबके चेहरे देखे, जैसे उनके हृदय के भाव पढ़ने का प्रयत्न कर रहे हों और बोले, "मैं कीर्तन-दल में क्या करने जाऊँगा। चलो, सीधे मणि सेन के घर पहुँचो। वहाँ राधाकांत जी के मंदिर के दर्शन करेंगे।"

सब आश्वस्त हुए। यदि ठाकुर स्वयं ही इतने सावधान थे, तो फिर कोई कठिनाई नहीं होगी।

ठाकुर ने मणि सेन की बैठक में दस-पंद्रह मिनट विश्राम किया और मंदिर जाने के लिए उठे।

बैठक के पास ही मंदिर था। द्वार पार कर, वे सीधे नाट्य-मंदिर में जा पहुँचे।···सामने युगल-विग्रह था। राधा-कृष्ण की मूर्तियाँ अत्यंत सुंदर और मनोहारी थीं।···नरेंद्र के मन में बहुधा यह बात आती थी कि ये सारी ललित कलाएँ प्रतिभा से जन्म लेती थीं। यदि ईश्वर-प्रदत्त प्रतिभा न हो तो कोई किसी को न संगीत सिखा सकता था, न काव्य-रचना, न मूर्ति-निर्माण।···और कितने मजे की बात थी कि इन सारी कलाओं की चरम परिणति पुनः ईश्वर की भक्ति में ही होती थी। जब तक मन में भक्ति प्रस्फुटित नहीं होती तब तक गायक, कवि, चित्रकार अथवा मूर्तिकार अपनी कला के चरम उत्कर्ष तक नहीं पहुँच पाता। सारी कलाएँ अंततः उसी के चरणों में समर्पित होती हैं और कलाकार को जैसे योग-साधना का फल देती हैं···

ठाकुर थोड़ी देर युगल-विग्रह के सम्मुख खड़े रहे···कितने सुंदर थे, राधा-कृष्ण!···और ठाकुर की बाह्य चेतना मंद होने लगी···वे अर्धबाह्यवस्था में थे, जब उन्होंने प्रणाम के लिए हाथ जोड़े···

उसी समय कीर्तन करने वालों का एक दल गाता-बजाता फाटक के भीतर आ पहुँचा।

"यह क्या?" नरेंद्र के साथ ही अन्य सब लोग भी चौंके···ठाकुर कीर्तन-दल में सम्मिलित नहीं हुए···कहीं कीर्तन-दल ही ठाकुर के दल में सम्मिलित हो गया तो?···

"पानिहाटी में जितने भी कीर्तन-दल आते हैं," मणि सेन ने बताया, "वे पहले यहाँ आकर कीर्तन कर, फिर गंगा-तट पर जाते हैं।"

नरेंद्र ने रामचंद्र दत्त की ओर देखा, "राम दादा, अब?"

रामचंद्र दत्त ने कुछ कहा नहीं, किंतु उसके चेहरे पर चिंता की रेखाएँ सर्वत्र फैल गईं।

तभी एक प्रौढ़ व्यक्ति, गले में लटकती थैली में माला जपता हुआ आँगन में आया। उसने शिखा और सूत्र धारण कर रखे थे। माथा तिलक और चक्र से अंकित था। काया दीर्घ भी थी और स्थूल भी। रंग गोरा था। कंधे पर चादर थी। वस्त्र श्वेत थे और सुंदर ढंग से सहेजकर पहने हुए थे। टेंट में बहुत सारे पैसे थे। लगता था कि कोई गोस्वामी पुंगव मेले के अवसर पर, पूरी तरह सज-धजकर कुछ अर्थ-लाभ करने निकला था।

वह आते ही कीर्तन-दल में सम्मिलित ही नहीं हो गया, उन्हें उत्तेजित भी करने लगा। संभवतः वह समागत लोगों को अपने महत्त्व से दग्ध भी करना चाहता था। कीर्तन-दल में सम्मिलित होते ही जैसे वह भावाविष्ट हो उठा। उसके अंगों में वक्रता आ गई। वह हुंकार भी कर रहा था और नृत्य भी।

प्रणाम करने के पश्चात् ठाकुर मुड़े। उनकी दृष्टि न केवल उस समूह पर वरन् उस गोस्वामी पर भी पड़ी।

नरेंद्र की दृष्टि बड़ी सूक्ष्मता से ठाकुर का निरीक्षण कर रही थी : उनके चेहरे पर कोई उत्तेजना नहीं थी। वे एक कोने में खड़े होकर, पूर्णतः अनासक्त और तटस्थ भाव से कीर्तन सुन रहे थे, जैसे मन में बिना कोई भाव लिए कोई परदेशी बस कौतुकवश लोगों की उछल-कूद देख रहा हो। तभी उन्होंने मुड़कर नरेंद्र की ओर देखा, "देख! ढोंग देख।"

सब प्रसन्न हुए; ठाकुर परिहास-मुद्रा में थे। वे तनिक भी प्रभावित नहीं हो रहे थे। उनमें भाव नहीं जाग रहा था। वे स्वयं को सँभाले हुए थे।...

शरत् को ठाकुर की बात बहुत अच्छी लगी। उन्होंने उसके मन की बात की पुष्टि कर दी थी। उसे कब से लग रहा था कि उसके चारों ओर भक्ति का प्रदर्शन मात्र था। उसमें भाव नहीं था।...

पर अगले ही क्षण सब कुछ बदल गया। इससे पहले कि कोई कुछ समझ पाता, पलक झपकते ही ठाकुर उछलकर कीर्तन-दल के मध्य जा पहुँचे। भावावेश से उनका बाह्य ज्ञान लुप्त हो गया था।

सब लोग घबराकर नाट्य-मंदिर की सीढ़ियाँ उतरकर, उनके चारों ओर खड़े हो गए।

ठाकुर की विचित्र स्थिति थी, वे अर्धबाह्यावस्था में कभी सिंह-विक्रम-से नृत्य करते थे और कभी बाह्य ज्ञान खोकर, स्थिर भाव से अवस्थान करते थे। जैसे स्थिर ब्रह्म और उसकी क्रियाशील शक्ति, दोनों का ही स्वरूप प्रस्तुत कर रहे हों।...भावावेश से नृत्य करते हुए मृदंग के ताल के साथ, कभी द्रुत गति से आगे बढ़ते और कभी संगीतबद्ध ढंग से पीछे आते जाते।...ऐसा लग रहा था जैसे सुखमय सागर में मीन के समान, दिव्य आनंद से वे तैर रहे हों, या स्वयं सुख-सागर ही आनंद रूपी अपनी लहरों को, सागर-वेला पर दूर-दूर तक फैलाकर, पुनः उन्हें समेट लेता हो।...प्रत्येक अंग की गति और चाल में अद्‌भुत भाव था। उसमें असाधारण कोमलता और अलौकिक माधुर्य मिलकर एक उल्लासमय शक्ति का प्रकाश कर रहे थे।...दिव्य भाव के आवेश में स्वयं को भूले हुए ठाकुर, अगले ही क्षण तांडव नृत्य करने लगते थे। उस क्षण उनके शरीर पर जो रौद्र मधुर सौन्दर्य खिल उठा था, उसमें जैसे पार्थिवता का लेश भी नहीं था। प्रबल भावोल्लास से उद्वेलित होकर उनका शरीर जब हिलते-डोलते चलता था, तब ऐसा नहीं लगता था कि उनका वह शरीर कठोर उपादानों से बना मानव शरीर है। वह तो मानो आनंद-समुद्र में उत्ताल तरंग उठकर, प्रचंड वेग से, मार्ग में पड़े सभी पदार्थों को बहा ले जा रही थीं और कुछ ही क्षणों में विलीन होकर अदृश्य हो जाने वाली थीं।

कीर्तन-दल के लिए गोस्वामी का जैसे कोई अस्तित्व ही नहीं रह गया था। उसने न केवल ठाकुर को चारों ओर से घेर लिया था, वरन् उनका अपना उत्साह, वेग और आनंद भी सौ गुना बढ़ गया था, और वह नाच-नाचकर कीर्तन करता हुआ, पार्थिवता के बंधन तोड़ने का प्रयत्न कर रहा था।

ठाकुर के साथ आए सारे लोग उनको घेरे हुए असहाय खड़े थे। जो कुछ हो रहा था, वह मनोहारी और मुग्धकारी तो था, किंतु ठाकुर के स्वास्थ्य की चिंता से जैसे उनके चेहरे पीले पड़ गए थे।···इस स्थिति में वे ठाकुर को रोक नहीं सकते थे। ऐसा प्रयत्न अत्यंत घातक होता। उनकी बाह्य चेतना के लौटने की प्रतीक्षा ही एकमात्र उपाय था···

प्रायः आधा घंटे तक इसी प्रकार कीर्तन के चलने के पश्चात् ठाकुर कुछ-कुछ सम-भाव की ओर लौटते दिखाई दिए।···नरेंद्र ने पुनः रामचंद्र दत्त और गिरीश की ओर देखा। सबकी आँखों में जैसे सहमति पाकर उन्होंने ठाकुर को कीर्तन-मंडली में से हटा ले जाने का प्रयत्न आरंभ किया।

''यहाँ से थोड़ी ही दूर, महाप्रभु के अंतरंग राघव पंडित का मकान है।'' रामचंद्र दत्त ने कहा, ''ठाकुर को वहीं ले चलते हैं। राघव पंडित जिस युगल-विग्रह और शालग्राम शिला की नित्य सेवा करते थे, उनके दर्शन भी कर लेंगे, और ठाकुर को थोड़ा आराम भी मिल जाएगा।''

''वहाँ दर्शन करने के पश्चात् नाव में लौट चलेंगे।'' नरेंद्र ने कहा।

''हाँ! ठीक है।'' गिरीश ने जोड़ा, ''यहाँ थोड़ी देर भी और ठहरे, तो कोई-न-कोई नया कीर्तन-दल आ जाएगा।''

''महाराज! राघव पंडित के घर चलें?'' नरेंद्र ने धीरे से उनके कान में कहा।

''चलो।'' ठाकुर सहमत हो गए और फाटक की ओर चल पड़े।

किंतु ठाकुर के हटते ही कीर्तन-दल को लगा कि उनका तो सारा रस ही जैसे सूख गया है। कीर्तन तो वही था, किंतु ठाकुर के न होने से जैसे वह प्राणहीन हो गया था। उन्होंने ठाकुर का पीछा नहीं छोड़ा। वे लोग पूरे उत्साह के साथ नाम-संकीर्तन करते हुए ठाकुर के पीछे-पीछे चलने लगे।

वे गली के खिलंदड़े लड़के तो थे नहीं कि गिरीश या नरेंद्र उन्हें झिड़ककर भगा देते। वे भक्त थे और नाम-संकीर्तन कर रहे थे।···कोई उन्हें कहता तो क्या कहता।···ठाकुर भी स्वयं को सँभाल नहीं पा रहे थे। वे दो-चार पग चलते ही भावावेश से स्थिर हो जाते।···अर्धबाह्यदशा प्राप्त होते ही सब उनसे आगे बढ़ने का अनुरोध करते। वे चलते भी, किंतु दो-चार पग चलकर ही फिर से भावाविष्ट हो जाते।

आगे बढ़ने की गति इतनी धीमी थी कि शेष लोगों को चिंता के कारण पसीना आ रहा था।

ठाकुर की विचित्र स्थिति थी। उनका उन्नत शरीर नित्य-प्रति दिखने वाले शरीर से कहीं अधिक दीर्घ तथा स्वप्न में दिखने वाले शरीर-सा हलका प्रतीत हो रहा था। शरीर का श्याम वर्ण भी आज कुछ उज्ज्वल होकर, गौर वर्ण में परिणत हो गया लगता था। भाव-प्रदीप्त मुखमंडल से जैसे कोई दिव्य आलोक उद्भासित हो रहा था। महिमा, करुणा, शांति तथा आनंद से पूर्ण उनके मुख का अनुपम हास्य, उन्हें एक दिव्यता प्रदान कर रहा था।···

फाटक पार कर वे मुख्य पथ पर पहुँचे ही थे कि वर्षा आरंभ हो गई। कोई और समय होता तो लोग वर्षा से बचने के लिए भागकर किसी सुरक्षित स्थान पर पहुँचने का प्रयत्न करते, किंतु आज तो पानिहाटी का चिउड़ा-महोत्सव था। वर्षा ने कीर्तन-दल का जैसे श्रम हरण कर लिया। वे लोग वहीं जम गए और नवीन उत्साह से भरकर गाने लगे :

''सुर धुनीर तीरे हरि बॅले के रे,
बुझि प्रेमदाता निताई एसे छे।

ओरे हरि बॅले के रे,
जय राधे बॅले के रे,
बुझि प्रेमदाता निताई एसे छे।
निताई नईले प्राण जुड़ाबे किसे—
(एई आमादेर) प्रेमदाता निताई एसे छे।"

अंतिम पंक्ति गाते समय कीर्तन-मंडली ठाकुर की ओर तर्जनी उठा-उठाकर बार-बार 'एई आमादेर प्रेमदाता निताई एसे छे' कहकर, आनंदपूर्वक नाचने लगी।

ठाकुर भावाविष्ट होकर वहीं खड़े हो गए और वर्षा में धरासार भीगते रहे।

नरेंद्र और शरत् तो ठाकुर की इस स्थिति से चिंतित थे ही, अब रामचंद्र दत्त को भी परेशानी होने लगी थी। यहाँ आने के संदर्भ में उसने बहुत उत्साह दिखाया था, किंतु इस स्थिति की कल्पना उसके मन में तनिक भी नहीं थी। समाधि और भावावेश तो एक ओर···यह वर्षा···

वर्षा थमी तो ठाकुर भी प्रकृतिस्थ हुए, किंतु तब तक अनेक और कीर्तन-दल भी आ-आकर उस भीड़ में सम्मिलित हो गए थे। शायद सारी पानिहाटी में ही यह समाचार फैल गया था कि 'प्रेमदाता निताई आए हैं।' एक बहुत बड़ी भीड़, भक्ति के असाधारण आवेश में, ठाकुर को घेर, राघव पंडित के मकान की ओर धीरे-धीरे बढ़ने लगी।···

पानिहाटी में नित्यानंद महाप्रभु एक ही बार आए थे। राघव पंडित ने भी उन्हें यहाँ एक ही बार भोजन कराकर तृप्त किया था।···किंतु पानिहाटी की महिलाएँ तब से ही प्रतिवर्ष आज के दिन चैतन्य तथा नित्यानंद्र महाप्रभु के लिए मिट्टी के बर्तनों में फल तथा मिठाई समर्पित किया करती थीं। आज भी वटवृक्ष के नीचे वह नैवेद्य रखा हुआ था।···पर आज वह रखा रह जाने या भक्तों में प्रसाद रूप में वितरित होने के लिए नहीं था।···आज शताब्दियों के पश्चात् ठाकुर के रूप में नित्यानंद्र महाप्रभु ही नहीं, चैतन्य महाप्रभु स्वयं आए थे। आज तो वे अपने हाथों से नैवेद्य महाप्रभु को अर्पित कर सकेंगी···स्त्रियों की भीड़ की भीड़, अपने हाथों में मिट्टी के बर्तन लिए उनके चारों ओर घिर आई थी···

राघव पंडित का घर अभी कुछ दूर था। ठाकुर फिर से भावावेश में स्थिर होकर खड़े हो गए थे। सारी भीड़ भी थम गई थी। स्त्रियाँ अपने हाथों में मिट्टी के बर्तन थामे, प्रतीक्षा में खड़ी थीं कि कब ठाकुर प्रकृतिस्थ हों और वे अपने नैवेद्य उन्हें अर्पित करें।

तभी साधु वेशधारी एक बाबा अकस्मात् कहीं से झपटता हुआ आया और एक महिला के हाथ से उसका नैवेद्य-पात्र छीनकर ठाकुर के एकदम निकट पहुँच गया।···उसने जैसे आत्मीयता अथवा भक्ति से विह्वल होकर, नैवेद्य का एक कौर अपने हाथों से ठाकुर के मुख में डाल दिया, मानो भगवान् को भोग लगा रहा हो।···

भावावेश में स्थिर निश्चल ही नहीं प्रायः निःस्पंद खड़ा ठाकुर का शरीर उसके स्पर्श मात्र से झनझना उठा, जैसे विद्युत् का अत्यंत शक्तिशाली प्रवाह उनके रक्त के साथ सारे शरीर में संचरित होकर, उन्हें असह्य पीड़ा दे रहा हो।···ठाकुर का भाव भंग हो गया। उन्होंने तत्काल मुख में का वह खाद्य पदार्थ थूक ही नहीं दिया, पानी माँगकर कुल्ला कर डाला।···

सारी की सारी भीड़ की दृष्टि उस बाबा पर जा केंद्रित हुई। दृष्टि में उपहास था और जिह्वा पर कटाक्ष : बाबा भीड़ में से तत्काल निकल गया।

अपने सामने प्रस्तुत पात्रों में से ठाकुर ने एक कणिका ग्रहण की और सारा प्रसाद भक्तों में वितरित करने को दे दिया।

राघव पंडित के घर तक पहुँचने में उन्हें तीन घंटे लग गए। मंदिर के भीतर दर्शन, स्पर्शन तथा विश्राम में उन्हें आधा घंटा और लग गया। रात के साढ़े आठ बजे वे वापस दक्षिणेश्वर पहुँच पाए।

दक्षिणेश्वर पहुँचकर ठाकुर अपने कमरे में चले गए। भक्त-समुदाय उन्हें पहुँचाने उनके साथ आया।...किंतु अब देर हो चुकी थी। सबको अपने-अपने घर पहुँचना था। सब लोग प्रायः हड़बड़ी में ही विदा हो गए।

थोड़ी ही देर में चित्तरंजन भागता हुआ लौट आया।

''क्या हुआ रे?'' ठाकुर ने पूछा, ''तेरी नाव छूट गई क्या?''

''नहीं, महाराज! नाव तो खड़ी है।'' चित्तरंजन खिसियाना-सा हँसा, ''मेरे जूते वहीं छूट गए।''

''ओह!'' ठाकुर बोले, ''अच्छा हुआ, जो नाव छूटने से पहले ही तुझे जूतों का स्मरण हो आया। नहीं तो आज का सारा आनंद चौपट हो जाता।''

चित्तरंजन ने हँसकर सहमति दे दी, किंतु मुख से कुछ बोला नहीं।

वह प्रणाम कर चलने लगा, तो ठाकुर ने पूछा, ''आज कैसा देखा, बता तो! मानो हरि-नाम का हाट लगा हो।''

''हाँ, महाराज!'' चित्तरंजन असमंजस में खड़ा रह गया। ठाकुर उससे बातें कर रहे थे तो वह उनको ऐसे छोड़कर कैसे जा सकता है?...किंतु उधर नाव वालों ने प्रतीक्षा नहीं की तो?...

''अद्‍भुत बात है।'' ठाकुर के अधरों पर मंद हास था, ''सारा दिन के हरि-नाम के हाट का आनंद, एक जूते छूट जाने से चौपट हो जाता है। है न?'' ठाकुर उसके उत्तर अथवा प्रतिक्रिया के लिए नहीं रुके। बोले, ''छोटे नरेंद्र को देखा है? वह काला-कलूटा लड़का थोड़े ही दिन हुए यहाँ आने लगा है। इतने में ही उसमें भाव होना शुरू हो गया है। उस दिन उसका भाव भंग नहीं हो रहा था—एक घंटे से भी अधिक वह चेतनाशून्य पड़ा रहा। वह कहता है, उसका मन एकदम निराकार में डूब जाता है। वह बहुत अच्छा लड़का है। तू एक दिन उसके घर जाकर, उससे जान-पहचान कर आ। क्यों?''

चित्तरंजन के मन में लौटने की जल्दी मची हुई थी। बात समाप्त करने के लिए बोला, ''किंतु महाराज! मुझे नरेंद्रनाथ दत्त जैसे अच्छे लगते हैं, कोई दूसरा वैसा नहीं लगता।''

ठाकुर ने उसे डाँट दिया, ''तू तो बड़ा एकांगी है रे! एकांगी होना हीन बुद्धि का परिचायक है। भगवान् की फूलों की टोकरी में विभिन्न प्रकार के फूल होते हैं—वैसे ही भक्त भी अनेक प्रकार के होते हैं। उन भक्तों के साथ मिलकर आनंद न मना सकना अत्यंत हीन बुद्धि का कार्य है। तू छोटे नरेंद्र के पास एक दिन अवश्य जाना—जाएगा न?''

''अच्छा, महाराज! जाऊँगा।'' चित्तरंजन ने वचन दिया और विदा हो गया।

ठाकुर के लिए रात का भोजन देकर श्रीमाँ ने योगींद्र मोहिनी को भेजा था। श्रीमाँ स्वयं रात के लिए अपने पास ठहर गई महिलाओं के भोजन-शयन की व्यवस्था में लगी हुई थीं।

ठाकुर ने भोजन आरंभ किया।

''उतनी भीड़।'' ठाकुर बोले, ''उसके ऊपर भाव-समाधि के कारण मेरे ऊपर सबकी टकटकी बँध गई थी। उसने साथ न जाकर अच्छा ही किया।...''

"किसने?" योगींद्र मोहिनी ने पूछा, "श्रीमाँ ने?"

"हाँ।" ठाकुर बोले।

"क्यों? अच्छा क्या किया?" योगींद्र मोहिनी बोली, "साथ जातीं, तो लोगों को एक साथ दोनों के दर्शन हो जाते।"

"लोग दर्शन करते कि हँसकर कहते, 'हंस-हंसी आए हैं।' " ठाकुर कुछ तुनककर बोले, "वह बहुत बुद्धिमती है। सब स्वयं ही समझ जाती है, मुझे कुछ कहना नहीं पड़ता।"

योगींद्र मोहिनी ने कोई उत्तर नहीं दिया, और ठाकुर उसी प्रवाह में कहते गए, "लक्ष्मीनारायण जब दस हजार रुपए देने आया, तो मेरे सिर पर मानो आरा चलने लगा। माँ से मैंने कहा, 'माँ! इतने दिनों के बाद फिर तू मुझे लालच दिखाने आई?' उस दिन उसका मन जाँचने के लिए मैंने उसे बुला भेजा।…"

"किसे? श्रीमाँ को?" योगींद्र मोहिनी ने पूछा।

"हाँ! उसे बुलाकर मैंने कहा, 'सुनो! यह लक्ष्मीनारायण दस हजार रुपए देना चाहता है। मेरे इंकार करने पर तुम्हें देना चाहता है। तुम ले लो न! क्यों?' मेरी बात सुनते ही वह बोली, 'ऐसा कैसे होगा? रुपया नहीं लिया जाएगा। मेरे लेने से वह रुपया, आपके लेने के ही समान है। मैंने उसे रख लिया तो आपकी सेवा और अन्य आवश्यक कार्यों में खर्च किए बिना मैं रह न सकूँगी। फलस्वरूप, वह रुपया आप ही के द्वारा ग्रहण किया माना जाएगा। लोग आपके प्रति श्रद्धा-भक्ति रखते हैं, आपके त्याग के लिए। अतः रुपया किसी तरह नहीं लिया जाएगा।' उसकी बात सुनकर मेरे जी में जी आया। कोई और होती तो रुपया पाने के लिए जाने कितने प्रपंच रचती।…"

ठाकुर को भोजन कराकर, योगींद्र मोहिनी वापस श्रीमाँ के पास आई तो सारी घटना सुनाए बिना नहीं रह सकी।

"इसमें इतनी बुद्धिमती होने की क्या बात है।" श्रीमाँ सहज भाव से बोलीं, "सुबह उन्होंने मुझे जिस ढंग से चलने के लिए कहला भेजा था, उसी से मैं समझ गई थी कि वे दिल खोलकर अनुमति नहीं दे रहे हैं। यदि वैसा होता तो कहते, 'हाँ! अवश्य जाएगी।' स्पष्ट अनुमति न देकर, उस विषय की मीमांसा मुझ पर छोड़कर कहला भेजा था, 'उसकी इच्छा हो तो चले।' उनका भाव समझकर ही मैंने निश्चय किया कि जाने का संकल्प छोड़ देना ही अच्छा है।"

10

"मेरे गले की वेदना पहले की तुलना में बहुत बढ़ गई है।" ठाकुर ने डॉक्टर को बताया, "कष्ट अधिक है।"

"मुँह खोलिए।"

डॉक्टर ने टॉर्च इत्यादि से निरीक्षण कर स्वीकार किया, "रोग पहले से बढ़ गया है। भावावेश अधिक हुआ, या बातें अधिक कीं?"

डॉक्टर को पानिहाटी महोत्सव के विषय में बता दिया गया।

"उस दिन तो पानी भी बहुत बरसा था।" डॉक्टर बोला, "आप सारा दिन भीगते रहे होंगे?"

"हाँ! भीगा भी था।" ठाकुर ने स्वीकार किया।

डॉक्टर कुछ देर सोचता रहा, फिर बोला, "पानी में भीगे होंगे। भीगे पैरों के साथ देर तक भावावेश में रहे होंगे। रोग तो बढ़ना ही था।"

"यह सब राम के कारण हुआ।" ठाकुर बोले, "यदि वह दृढ़ भाव से मना कर देता तो क्या मैं पानिहाटी जाता?"

"राम बाबू डॉक्टर हैं क्या?" डॉक्टर ने टोका, "आपको अपना ध्यान स्वयं रखना चाहिए।"

"डॉक्टरी नहीं करता तो क्या, राम ने डॉक्टरी पास तो की है। वह मना कर देता तो क्या मैं उसकी बात नहीं मानता?" ठाकुर अब भी रुष्ट थे, "ऊपर जल, नीचे जल, आकाश से वृष्टि, रास्ते में कीचड़। ऐसी स्थिति में राम मुझे वहाँ ले जाकर नचा लाया। वह पास किया हुआ डॉक्टर है। यदि वह अच्छी तरह मना करता, तो क्या मैं वहाँ जाता?"

"ठीक तो है, राम बाबू ने बहुत भूल की।" डॉक्टर बोला, "खैर, जो होना था, हो गया। अब आप कुछ दिन सावधानी से रहें, तो दर्द ठीक हो जाएगा।"

"क्या सावधानी डॉक्टर साहब?" नरेंद्र ने पूछा।

"दवा बदल रहा हूँ।" डॉक्टर ने उत्तर दिया, "गले पर लेप करना होगा और बोलना एकदम बंद। चुपचाप बैठे रहें। कंठ को पूरा विश्राम चाहिए।" डॉक्टर ठाकुर की ओर मुड़ा, "ठीक है महाराज?"

"ठीक तो है।" ठाकुर बोले, "परंतु एकदम बातचीत बंद कर, क्या रहा जा सकता है? लोग इतनी दूर-दूर से आते हैं, और मैं उनसे एक बात भी न करूँ! यह कैसे हो सकता है?"

"आपको देखने से ही आनंद होता है।" डॉक्टर ने आश्वासन दिया, "बात न भी करें, तो किसी को कष्ट न होगा। आप एक बार अच्छे हो जाइए, तब बातें ही बातें होंगी।"

14 जुलाई को रथ-यात्रा दिवस था। बलराम के घर में प्रतिवर्ष रथ-यात्रा का पर्व धूमधाम से मनाया जाता था। ठाकुर एक दिन पहले ही दक्षिणेश्वर से बलराम के घर आ गए थे, ताकि रथ-यात्रा के दिन ही अधिक भाग-दौड़ न करनी पड़े।

डॉक्टर के कहने के अनुसार ठाकुर के कंठ पर लेप तो हो रहा था, किंतु उन्हें बोलने से रोकना बहुत कठिन था। उनसे मिलने के लिए कोई न कोई आता ही रहता था, और बिना संवाद के ठाकुर रह नहीं सकते थे।

शारदाप्रसन्न ने आकर ठाकुर को प्रणाम किया तो ठाकुर जैसे स्नेह-विह्वल होकर शिकायत करने लगे, "तू दक्षिणेश्वर क्यों नहीं आता?...और मैं जब कलकत्ता आता हूँ तो तू मुझसे मिलने क्यों नहीं आता?"

शारदाप्रसन्न की निर्मल आँखों में सरलता की मुस्कान थी, "मुझे खबर ही नहीं मिलती।"

अब ठाकुर के लिए शिकायत का कोई अवसर नहीं था। शारदा की अवस्था कम थी। निरा बालक ही तो था। वह अन्य वयस्क भक्तों के समान स्वतंत्र और समर्थ तो नहीं था कि स्वयं दक्षिणेश्वर आ सकता अथवा उनके कलकत्ता आने-जाने का समाचार रख सकता।...

"अब तुझे खबर दूँगा।" ठाकुर ने कहा और महेंद्र गुप्त की ओर देखा, "लड़कों की एक सूची तो बनाओ।"

महेंद्र गुप्त का संपर्क इन लड़कों से प्रायः रहता ही था, और अवसर मिलने पर वह इस प्रकार की सूचनाएँ उन्हें दे ही दिया करता था। सूची बनाने की बात तो उसने कभी सोची ही नहीं थी...

''घर वाले मेरा विवाह कर देना चाहते हैं।'' शारदा बोला, ''मास्टरजी कितनी बार विवाह की बात पर मना कर चुके हैं।''

''हाँ, मैंने कहा था कि अभी इसे विवाह नहीं करना चाहिए।'' महेंद्र गुप्त ने बताया।

''हाँ, अभी विवाह क्यों?'' और ठाकुर का ध्यान शारदा के विवाह से हटकर उसके विकास की ओर चला गया। वे महेंद्र गुप्त की ओर मुड़े, ''शारदा की अच्छी अवस्था हो गई है। पहले संकोच का भाव था, अब मुख पर आनंद आ गया है।''

तभी नरेंद्र ने आकर ठाकुर को प्रणाम किया।

ठाकुर का भाव सर्वथा बदल गया। उनका पूरा ध्यान अब नरेंद्र पर केंद्रित था।

''तेरे स्कूल की आज छुट्टी नहीं है कि अब आया है?'' ठाकुर ने पूछा।

''स्कूल की तो छुट्टी है।'' नरेंद्र उनके पास बैठता हुआ बोला, ''पर अभी तो दस ही बजे हैं। कोई बहुत देर तो नहीं हुई।''

''तुझे तो लगता ही नहीं है कि देर हुई।'' ठाकुर बोले, ''महेंद्र को देख, कल से यहीं है। तुझसे तो वह बड़ा मास्टर है। रात को भी यहीं था। सुबह से मेरे साथ है। कितनी बातें करनी होती हैं।''

''महेंद्र मुझसे बड़ा मास्टर अवश्य है।'' नरेंद्र बोला, ''पर आपके पास बैठे रहने से, आप बातें बहुत करते हैं, और आपको डॉक्टर ने अधिक बोलने से मना किया है।''

''अरे, बिलकुल बिना बोले रहा जा सकता है क्या?'' ठाकुर बोले, ''तू था कहाँ सुबह से?''

''वकील के पास गया था।'' नरेंद्र ने बताया, ''मुकदमे के विषय में बात करनी थी।''

''तब तो तूने कुछ खाया भी नहीं होगा।'' ठाकुर बोले और उन्होंने शारदा की ओर देखा, ''जा तो भागकर। बलराम से कह, नरेंद्र आया है। उसे जलपान कराए।''

नरेंद्र ने देखा, ठाकुर आनंदमयी मुद्रा में थे। उनके व्यवहार पर रोग के कष्ट का आवरण कहीं नहीं था।...और उनका वात्सल्य तो जैसे उनके आनन से, आँखों से, अधरों से अविराम टपक रहा था।...ठाकुर का यह रूप भी विचित्र था, जब वे भक्ति और ज्ञान को भूलकर पूर्णतः एक सांसारिक माँ के समान मोहग्रस्त दिखाई पड़ते थे। माँ जैसे संतान को खिलाकर स्वयं तृप्ति पाती है, वैसे ही ठाकुर थे। सामने बैठाकर खिलाना चाहते थे, अपने हाथों से खिलाना चाहते थे, और फिर बालक के समान अपने हाथों से उसका शरीर सहलाना चाहते थे, अपनी अंगुलियों से उसके बाल सँवारना चाहते थे...

तभी कमरे में गोपाल की माँ ने प्रवेश किया। वह जल्दी-जल्दी चलती हुई ठाकुर के निकट आती हुई बोली, ''मारे आनंद के मेरी आँखों से आँसू बह रहे हैं।'' उसने भूमिष्ठ हो ठाकुर को प्रणाम किया।

''यह क्या?'' ठाकुर बोले, ''मुझे गोपाल भी कहती हो और प्रणाम भी करती हो!''

''मुझे आदमी भेजकर बुलाया। बाप रे! किसलिए?'' गोपाल की माँ उठ बैठी।

''रसोई में जाओ और तरकारी बनाओ जाकर।'' ठाकुर ने कहा, ''खूब बघार देना, जिससे यहाँ तक सुगंध आए।''

''रसोई में जाकर तरकारी को बघार दूँ!'' गोपाल की माँ जैसे हतप्रभ रह गई, ''घर के लोग क्या सोचेंगे?''

"उन्हें कुछ सोचना नहीं है।" ठाकुर बोले, "सब लोग जगन्नाथ जी का प्रसाद पाएँगे। नरेंद्र भी यहीं खाएगा।"

वह भीतर जाते-जाते रुक गई। नरेंद्र की ओर मुड़ी। उसके हाथ भी जैसे स्वतः जुड़ने के लिए उठे, किंतु उन्हें उसने बलात् रोक लिया, "मेरी कुछ बन गई भैया! या कुछ बाकी है?"

गोपाल की माँ कामारहाटी गाँव की एक विधवा ब्राह्मणी थी। उसका नाम अघोरमणि था। तीस वर्षों की एकांत-साधना के पश्चात् वह एक दिन एक परिचित महिला के साथ ठाकुर के दर्शन करने आई थी। ठाकुर ने उन्हें बैठाया, भक्ति विषयक अनेक उपदेश दिए और भजन गाकर सुनाए। पुनः आने के आग्रह के साथ उन्हें विदा किया। कुछ दिनों के पश्चात् जप करते समय गोपाल की माँ के मन में दक्षिणेश्वर जाने की इच्छा उठी। दो-तीन पैसों के सस्ते संदेश खरीदकर गोपाल की माँ दक्षिणेश्वर पहुँची। ठाकुर ने उसे देखते ही कहा, "तुम आई हो?' मेरे लिए क्या लाई हो? लाओ, दो। मैं खा लूँ।"

गोपाल की माँ को यह साधु विचित्र लगा, जो उसके आते ही खाने के लिए माँग रहा है। उसने अत्यंत संकोच के साथ निकालकर संदेश दिए। ठाकुर ने स्वाद से खाते हुए कहा, "तुम पैसे खर्च करके, 'संदेश' क्यों लाती हो? नारियल के लड्डू बनाकर रख लेना और आते समय उन्हीं में से दो-एक लेती आना। या फिर जो कुछ तुम अपने हाथ से बनाती हो—लौकी के पत्ते का साग या आलू-बैंगन और बड़ी के साथ सहजन की फली की सब्जी—वही ले आना। तुम्हारे हाथ की रसोई खाने की बड़ी इच्छा होती है।"

गोपाल की माँ के मन में बड़ा असमंजस था—'मैं अच्छे साधु के दर्शन करने चली आई जो केवल खाऊँ-खाऊँ ही करता है। मैं ठहरी निर्धन भिखारिन। कहाँ से इतना खिलाऊँगी। जाने दो, अब कभी नहीं आऊँगी।'

किंतु इस संकल्प का निर्वाह नहीं हुआ। प्रबल आकर्षण के सम्मुख उसे हारना पड़ा। कुछ दिनों के बाद वह 'चच्चड़ी' बनाकर ठाकुर के पास आई। ठाकुर ने माँगकर खाया और कहा, "अहा! कितना स्वादिष्ट है। मानो सुधा हो, सुधा।"

ठाकुर के सुख को देखकर गोपाल की माँ आनंद से विह्वल हो उठी। ऐसा रोमांच हुआ कि नेत्रों में जल भर आया। पर यह संशय बना ही रहा कि कहीं निर्धन जानकर, उसका मन रखने के लिए तो ठाकुर उसकी लाई वस्तु की इतनी प्रशंसा नहीं कर रहे हैं?⋯

तीन-चार महीने तक गोपाल की माँ ठाकुर के दर्शनों के लिए आती रही, और ठाकुर धर्म अथवा भक्ति की चर्चा के स्थान पर हर बार केवल यही कहते रहे कि 'मैं यह खाऊँगा, वह खाऊँगा', या 'यह लाना, वह लाना।' दुखी होकर गोपाल की माँ ने अपने आराध्य को पुकारा, "गोपाल! तुम्हें पुकारकर क्या हुआ? मुझे ऐसे साधु के पास ले गए, जो केवल खाना ही खाना चाहता है। बस! अब और नहीं आऊँगी।"

गोपाल की माँ अपने कमरे में प्रातः तीन बजे जप करने के लिए बैठी तो उसे लगा, ठाकुर उसके निकट बैठे मुस्करा रहे हैं, ठीक वैसे ही, जैसे उसने दक्षिणेश्वर में देखा था। वह चकित रह गई : इस समय ये यहाँ कैसे आ गए? उसने साहस जुटाकर ठाकुर का बायाँ हाथ पकड़ लिया⋯पर जो उसके हाथ में आया वह एक छोटे बालक की कलाई थी। दस महीने के गोपाल की कलाई। वह सचमुच का गोपाल था। घुटनों रेंगने की मुद्रा में वह उसके सामने बैठा था। उसने एक हाथ उठाया, गोपाल की माँ की ओर देखा और बोला, "माँ! मक्खन दो।"

गोपाल की माँ स्तब्ध रह गई। यह सब क्या है? अपनी असहायता पर रो पड़ी, ''बेटा! मैं दीन-दुखिया गरीब भिखारिन हूँ। मैं तुझे क्या खिलाऊँ? तेरे लिए मक्खन-मलाई कहाँ से लाऊँ?''

पर गोपाल नहीं माना। छींके पर से उतारकर गोपाल की माँ ने उसे लड्डू दिए, ''बेटा गोपाल! मैं तुझे ऐसी घटिया चीज खाने को दे रही हूँ। कहीं तुम भी मुझे ऐसी ही चीज मत खिलाना।''

वह जप नहीं कर सकी। गोपाल की शिशु-लीला चलती ही रही। कभी वह उसकी गोद में जा बैठता, कभी उसकी माला छीन लेता, कभी उसके कंधे पर चढ़ बैठता, कभी सारे कमरे में रेंगता फिरता।

सवेरा होते ही गोपाल की माँ पागलों के समान दक्षिणेश्वर की ओर भागी। गोपाल उसके वक्ष से लगा हुआ था और उसके दो लाल-लाल चरण उसके शरीर के साथ सटे, झूल रहे थे। गोपाल की माँ ने शिशु गोपाल और ठाकुर में तादात्म्य पाया। अश्रुभरी आँखों से ठाकुर को निहारती रही और अपने साथ लाई हुई खीर, मलाई, मक्खन आदि चीजें अपने हाथों ठाकुर को खिलाने लगी।...तब से ठाकुर 'गोपाल' हैं और अघोरमणि 'गोपाल की माँ।' ठाकुर सदा ही उससे विभिन्न व्यंजनों की माँग करते रहते हैं और वह पका-पकाकर उन्हें खिलाती रहती है।

अपराह्न के प्रायः एक बजे तक सब लोग भोजन कर चुके थे। ठाकुर अपने शिष्य-भक्तों के साथ बैठक में बैठे चर्चा कर रहे थे। नरेंद्र, छोटा नरेंद्र, नारायण, हरिपद, महेंद्र गुप्त इत्यादि उनको घेरे हुए थे।

''अच्छा, महाराज! मनुष्य की स्वाधीन इच्छा का कोई अर्थ है या नहीं?'' छोटे नरेंद्र ने पूछा।

'' 'मैं क्या हूँ?' 'कौन हूँ?' पहले इसे तो खोज लो।'' ठाकुर ने हँसकर कहा, '' 'मैं' की खोज करते ही करते 'वे' निकल पड़ेंगे। 'मैं यंत्र हूँ, तुम यंत्री।'—यह भाव हो जाता है। तुम लोगों ने सुना है, चीन का यांत्रिक पुतला संदेश लेकर दुकान में चला जाता है। तुम लोग भी उसी पुतले के समान हो। केवल ईश्वर ही एकमात्र कर्ता है। स्वयं को अकर्ता समझकर कर्ता के समान कार्य करते रहो।'' ठाकुर ने एक दृष्टि उन पर डाली, ''जब तक उपाधियाँ हैं, तभी तक अज्ञान है। मैं पंडित हूँ, मैं ज्ञानी हूँ, मैं धनी हूँ, मैं मानी हूँ, मैं कर्ता हूँ, पिता हूँ, गुरु हूँ—यह सब अज्ञान से होता है। 'मैं यंत्र हूँ, तुम यंत्री हो।' यह ज्ञान है। यह भाव आने पर सब उपाधियाँ दूर हो जाती हैं। काठ के जल जाने पर न शब्द होता है, न ताप रहता है। सब ठंडा हो जाता है। शांतिः, शांतिः, शांतिः।'' ठाकुर ने अपनी आँखें बंद कर लीं, जब आँखें खोलीं तो उनकी मुद्रा बदल चुकी थी। उन्होंने नरेंद्र की ओर देखा, ''कुछ गाओ न।''

ठाकुर का अनुरोध सुनकर नरेंद्र के मन में तनिक भी उत्साह नहीं जागा, उलटे वह धर्म-संकट में पड़ गया। धीरे से बोला, ''नहीं! आज नहीं।''

''क्यों?''

''मैं घर जाऊँगा।'' नरेंद्र ने ठाकुर से दृष्टि नहीं मिलाई।

''क्यों?''

''कई काम हैं।'' नरेंद्र अब भी दूसरी ओर देख रहा था।

''हाँ, भाई! हम लोगों की बात तुम क्यों सुनने लगे!'' ठाकुर ने कहा, ''जिसके पास पूँजी है, उसी के पीछे लोग लगे रहते हैं, और जिसकी एक धोती भी साबुत नहीं है, उसकी बात भला कौन सुनता है!...''

नरेंद्र ने दृष्टि उठाकर ठाकुर को देखा : ठाकुर के चेहरे पर हास नहीं था, उनके मन में चाहे परिहास रहा हो।

"तुम गुहों के बगीचे तो जा सकते हो।" ठाकुर पुनः बोले, "जब कभी पूछता हूँ, 'नरेंद्र कहाँ है?' तो सुनता हूँ, 'गुहों के बगीचे में।' " ठाकुर का स्वर गंभीर ही नहीं था, उसमें हलकी पीड़ा और आहत अभिमान का भी अंश था, "मुझे यह सब नहीं कहना चाहिए था, पर तूने ही मेरे मन को निचोड़कर, मुझसे यह उगलवा लिया है।"

नरेंद्र हतप्रभ-सा रह गया, उसने सचमुच ठाकुर को पीड़ा पहुँचाई थी। वे उससे कितना स्नेह करते हैं। उसे देखते ही खिल उठते हैं। उससे बातें करते हैं, खिलाते-पिलाते हैं, सत्कार करते हैं, उसे शिक्षा देते हैं, उपदेश देते हैं, अनुरोधपूर्वक बुलाते हैं, उसके गुणों का बखान करते हैं···नरेंद्र उनके पास प्रतिदिन नहीं आ सकता तो उन्हें अच्छा नहीं लगता। आकर जब जल्दी जाना चाहता है तो जैसे उन पर वज्राघात होता है।···क्या करे नरेंद्र! उसकी पारिवारिक समस्याएँ, उसकी नौकरी, उसकी पढ़ाई···

"बाजा भी नहीं है।" अंततः नरेंद्र बोला, "उसके बिना ही गाऊँ?"

ठाकुर के मन का संताप तत्काल मिट गया···नरेंद्र जा नहीं रहा था···नरेंद्र रुक रहा था···नरेंद्र उसके अनुरोध को स्वीकार कर गाने को तत्पर हो गया था···नरेंद्र अपना काम छोड़ सकता था, किंतु न ठाकुर का मन दुखा सकता था, न उनका उलाहना सुन सकता था···

ठाकुर के मन की शांति लौटी, उनका उल्लास लौटा···उनके चेहरे पर विनोद का भाव प्रस्फुटित हुआ और वाणी में परिहास जागा—"हमारी तो यही हालत है भैया! न गाजा, न बाजा! ऊपर से बलराम की व्यवस्था। इसी अव्यवस्था में गा सको, तो गाओ।"

नरेंद्र को समझते देर नहीं लगी कि ठाकुर का बलराम के प्रति कटाक्ष-भाव जागा है···किंतु उसमें कटुता नहीं थी। यह उनकी प्रमुदित मुद्रा थी। अब उन्हें जितना भी अवसर मिलेगा, वे हलकी-हलकी चुटकियाँ लेते चलेंगे, विनोद के छींटे उड़ाते चलेंगे···

नरेंद्र को लगा कि उसका अपना मन भी जैसे आनंद की धारा में आकंठ डूब गया है।···वह ठाकुर का एक जरा-सा अनुरोध मान लेता है, तो उन्हें कितना आनंद होता है।

ठाकुर पूरी तरह अपनी मौज में आ गए थे, "बलराम कहता है आप नाव पर ही कलकत्ता आया कीजिए, गाड़ी तो तब ही लीजिए, जब बहुत-बहुत आवश्यक हो। भला क्यों?" ठाकुर ने महेंद्र गुप्त की ओर देखा।

"क्योंकि गाड़ी में भाड़ा अधिक लगता है।" महेंद्र गुप्त ने उत्तर दिया।

"हाँ!" ठाकुर पुनः शुरू हो गए, "यहाँ से एक दिन उसने गाड़ी की—बारह आने में। मैंने पूछा, 'क्या बारह आने में दक्षिणेश्वर तक गाड़ी जाएगी?' उसने कहा, 'हाँ।' जाते-जाते, मार्ग में गाड़ी का एक पहिया ही अलग हो गया···" ठाकुर रुके, "घोड़ा भी हर दो-चार डग चलकर अड़ जाता था। किसी प्रकार चलता ही नहीं था। कोचवान जब कसकर चाबुक मारता था, तब घोड़े के पैर उठते थे। मैं किसी से क्या कहता। मन को समझा लिया कि बारह आने में दक्षिणेश्वर तक जाने के लिए तो ऐसा ही घोड़ा और ऐसी ही गाड़ी मिलेगी।···"

नरेंद्र का मन दो दिशाओं में भाग रहा था, बलराम के घर में बैठकर ठाकुर उसी का तमाशा बना रहे हैं। क्यों?···क्या केवल इसलिए कि नरेंद्र का मनोरंजन हो जाए और उसके प्रति कही हुई कटु बात की कटुता घुल जाए?···ठाकुर यह भी कर सकते थे। उनका भाव तो उस माता का-सा

था, जो अपनी किसी खीझ में पहले तो बालक को डपट दे, और फिर उसे मनाने के लिए खिलाए-पिलाए, गुदगुदाए और उसकी सवारी के लिए घोड़ा बन जाए…पर नरेंद्र की कटुता को धोने के लिए वे बलराम के प्रति इतने कठोर क्यों हो गए हैं?…पहले उन्होंने कई बार ऐसी ही बातें कर राम दादा की कृपणता छुड़ाई थी, कहीं ऐसा तो नहीं कि आज वे बलराम के मन की संकीर्णता दूर कर उसे उदार बनाने में लगे हुए हैं?…

"देखते हो न! आज उसने हमें खिलाया है," ठाकुर ने पुनः कहा, "इसलिए तीसरे पहर, हम सबों को कसकर नचाएगा। इधर राम ढोल बजाएगा और हम लोग नाचेंगे। राम को ताल का भी ज्ञान नहीं है न।…खैर, बलराम का तो यही भाव है—आप लोग अपने में गाइए, नाचिए और मौज कीजिए।"

"तो फिर मैं गाऊँ, ताकि बलराम की इच्छा पूरी हो?" नरेंद्र ने हँसकर पूछा।

"गा।" ठाकुर ने कहा।

नरेंद्र ने गाया।

"वह प्रेम का संचार और कितने दिनों में होगा?…"

अपराह्न में भगवान् जगन्नाथ का रथ ध्वजा और पताकाओं से सजाकर, बरामदे में लाया गया। श्रीकृष्ण, बलराम तथा सुभद्रा की चंदन-चर्चित मूर्तियाँ, वसन-भूषण और पुष्प-मालाओं से सुशोभित थीं।

ठाकुर बरामदे में रथ के आगे-आगे चल रहे थे। क्रमशः उनके सारे शिष्य और भक्त भी उनके पीछे-पीछे आ गए। ठाकुर ने रथ की रस्सी पकड़कर, उसे कुछ दूर तक खींचा और फिर भक्तों के साथ रथ के सामने नृत्य और कीर्तन करने लगे :

"देखो, वे दो भाई आए हैं,
जो अश्रु-पूरित आँखों से हरि का नाम लेते हैं।"

पहला गीत समाप्त कर उन्होंने दूसरा गीत आरंभ किया :

"देखो सारा नदिया हिल्लोलित है,
गौरांग के प्रेम की लहरों से…।"

रथ को भक्तों द्वारा बरामदे में आगे और पीछे खींचा गया और उधर ठाकुर का नृत्य और संगीत चलता रहा। संकीर्तन तथा ढोल की उच्च ध्वनि सुनकर बाहर के भी अनेक लोग आ गए। ठाकुर तो भगवत्-प्रेम से सर्वथा मतवाले हो गए थे। भक्तों को भी उस आवेश का अनुभव हो रहा था…

नृत्य-संकीर्तन के पश्चात् ठाकुर आकर बैठक में बैठे। मणि उनके चरण चाँपने लगा।

नरेंद्र ने भावमग्न हो तानपूरा उठा लिया और गाया :

"ऐ प्राणों की पुतली माँ!
ऐ हृदयरमा!
तू हृदयासन पर आसीन हो,
मैं तेरा निरीक्षण करूँ।"

पहला गीत समाप्त होते ही उसने दूसरा आरंभ किया :

"त्रिगुण रूप धारिणी, परात्परा तारा तुम्हीं हो।"

और फिर तीसरा गीत गाया :

"तुम्हीं को मैंने जीवन का ध्रुव तारा बना लिया है।'

तीसरा गीत पूरा हुआ ही था कि रामचंद्र दत्त ने पूछा, "क्या तुम वह गीत गाओगे, 'ऐ अंतर्यामिनी माँ! तुम हृदय में सदा ही जाग रही हो?' "

पर ठाकुर ने बीच में ही टोक दिया, "चल! इस समय वह गीत क्यों? इस समय तो केवल आनंद के गीत गाओ...'श्यामा सुधा तरंगिणी...।' "

नरेंद्र को न अब अपना घर याद था, न घर पर प्रतीक्षा कर रहे कामों की स्मृति थी। वह अपने गायन में इस प्रकार लीन था, जैसे संसार में अब अन्य किसी वस्तु का कोई अस्तित्व ही न हो...

ठाकुर भी क्रमशः नरेंद्र के गायन में लीन होते जा रहे थे। थोड़ी देर में वे प्रेमोन्मत्त होकर नृत्य करने लगे। नरेंद्र गाता रहा।

प्रकृतिस्थ हो ठाकुर आकर अपने स्थान पर बैठे, तो उन्होंने देखा कि भावावेश में नरेंद्र की आँखों में अश्रु आ गए थे। ठाकुर का हृदय जैसे पूर्णकाम हो गया...नरेंद्र की बौद्धिकता के बोझ में दबी भावुकता अब अपना सिर उठा रही थी। नरेंद्र भक्ति की ओर अग्रसर हो रहा था।...

उल्लसित ठाकुर का दायित्व-बोध भी जागा और परिहास भी। उन्होंने अपने आसपास घिरकर बैठे अपने शिष्यों और भक्तों की ओर देखा, "अच्छा! अब सब लोग घर जाओ। नौ बज रहे हैं।" उन्होंने नरेंद्र और छोटे नरेंद्र की ओर संकेत किया, "इन दोनों के रहने से ही हो जाएगा।" वे गिरीश की ओर घूमे, "क्या घर जाकर भोजन करोगे? रुकना चाहो तो थोड़ी देर रुक सकते हो।" और गिरीश के बिना कुछ कहे ही बोले, "तंबाकू पियोगे?...अरे, यह बलराम का नौकर भी बस अपने स्वामी जैसा ही है। माँगकर देखो, कभी न देगा। पर तुम ठहरो, तंबाकू पीकर ही जाना।"

गिरीश समझ गया कि ठाकुर उसे थोड़ी देर रोकना चाहते हैं। उसने अपने साथ आए मित्र को विदा कर दिया।

कमरे में दोनों नरेंद्र और गिरीश रह गए तो ठाकुर गिरीश से बोले, "तुमसे तथा अन्य सभी से कहता हूँ, जबरदस्ती किसी को न लाया करो। तुम समझते हो कि मेरे पास आने से ही किसी की कुंडलिनी जाग्रत हो जाएगी? ऐसा नहीं है—बिना समय आए, किसी का कुछ नहीं होता। सहज पके सो मीठा होय।"

11

जन्माष्टमी के दिन दक्षिणेश्वर में उत्सव की तैयारी थी। ठाकुर ने दक्षिण के बरामदे में बैठकर शरीर पर तेल लगवाया। स्नान कर अंगोछा लपेटे हुए ही ठाकुर ने बरामदे से ही देवताओं को प्रणाम किया। वे स्वयं को इतना अक्षम अनुभव कर रहे थे कि काली मंदिर अथवा राधाकांत के मंदिर तक भी नहीं जा सके।

रामचंद्र दत्त ठाकुर के लिए नया वस्त्र लाया था—वृंदावनी धोती और ओढ़ने के लिए लाल दुपट्टा। वस्त्र पहनकर उन्होंने देवताओं को पुनः नमस्कार किया।

गोपाल की माँ जन्माष्टमी के उपलक्ष्य में ठाकुर को खिलाने के लिए कामारहाटी से ही पकाकर भोजन लाई थी। ठाकुर के निकट आकर खेदपूर्ण स्वर में बोली, "तुम यह भी नहीं खाओगे?"

"यह देखो," ठाकुर ने अपने कंठ पर हाथ रखा, "मुझे यह बीमारी हो गई है।"

"मेरा दुर्भाग्य कि जो गोपाल मुझसे प्रतिदिन खाने को माँगता था, वह जन्माष्टमी के दिन ही भोग नहीं लगा रहा।" वह बोली, "फिर मेरी कैसी जन्माष्टमी?"

ठाकुर चुप ही रहे।

"अच्छा!" गोपाल की माँ बोली, "थोड़ा हाथ में तो ले लो।"

"तुम आशीर्वाद दो।" ठाकुर ने कहा।

गोपाल की माँ अवाक् खड़ी ठाकुर को देखती रही।

कोई भक्त मिस्री ले आया था। उसने ठाकुर को समर्पित की तो गोपाल की माँ ने थैली थाम ली।

"यह मिस्री नौबतखाने ले जा रही हूँ।" वह बोली।

"नहीं! यहीं रहने दो।" ठाकुर बोले, "यहाँ भक्तों के लिए खर्च होती है, कौन सौ बार माँगता रहेगा।"

ग्यारह बज रहे थे कि बलराम, नरेंद्र और नवगोपाल आए। नरेंद्र ने आकर प्रणाम किया तो ठाकुर उल्लसित हो उठे, "चल! चल, कमरे में चलें।"

वे नरेंद्र के सहारे से अपने कमरे में आ गए।

"श्यामपद भट्टाचार्य से मिला रे?" ठाकुर ने तख्त पर बैठने के पश्चात् बलराम से पूछा।

"हाँ, महाराज!" बलराम बोला, "उन्होंने कहा है, 'नरेंद्र की छाती पर पैर रखने से नरेंद्र को जैसा भावावेश हुआ था, वैसा मेरे लिए तो नहीं हुआ।' "

ठाकुर ने अपनी स्नेहमयी दृष्टि नरेंद्र पर डाली और बोले, "सारा चमत्कार पैर का ही नहीं होता, कुछ श्रेय छाती का भी होता है।"

"जी?" बलराम की प्रश्नवाचक दृष्टि उनकी ओर उठी।

"कामिनी-कांचन में लगा मन विक्षिप्त होता है, और विक्षिप्त मन को एकत्र करना बड़ा कठिन होता है।" ठाकुर के स्वर में हलकी-सी वितृष्णा झलकी, "श्यामपद भट्टाचार्य ने मुझसे कहा था, 'उसे सालिस्टरपन करना पड़ता है।' नरेंद्र आदि का मन विक्षिप्त थोड़े ही है। उनमें अभी कामिनी-कांचन का प्रवेश नहीं हुआ है।" अपनी बात समाप्त करते-करते ठाकुर ने जोड़ा, "उससे कहो, अपनी तुलना नरेंद्र से न करे...।"

नरेंद्र उठा, कहीं ठाकुर उसकी प्रशंसा करनी आरंभ न कर दें। कहीं वे शुरू हो गए तो उन्हें रोकना कठिन होगा। उनका स्नेह कोई मर्यादा नहीं मानता। ऐसे में वे नरेंद्र को ऊँचा उठाते जाएँगे और श्यामपद भट्टाचार्य हीन से हीनतर होते दिखाई पड़ेंगे...।

पर ऐसी स्थिति आई नहीं। इससे पहले कि वे आगे कुछ कहते, गिरीश अपने दो-एक मित्रों के साथ आ उपस्थित हुआ।

वह गाड़ी में आया था। किंतु गाड़ी भीतर तक तो आ नहीं सकती थी। कमरे तक आने के लिए सारा बरामदा उसे पैदल ही पार करना था। उसकी चाल और वाणी दोनों बता रही

थीं कि उसने मदिरा पी रखी थी। किंतु आज वह अपने आक्रामक रूप में नहीं था। बहुत ही ध्वस्त मनःस्थिति में था। उसकी आँखों से अश्रु बह रहे थे। आते ही वह ठाकुर के सम्मुख अपने घुटनों के बल बैठ गया और अपना मस्तक ठाकुर के चरणों पर रखकर निश्चिंत मन से रोने लगा।

ठाकुर उसकी पीठ पर हलकी-हलकी थपकियाँ देने लगे। उन्होंने पुकारकर कहा, "अरे, लाटू! इसे थोड़ा तंबाकू पिला। बहुत दुखी है बेचारा।"

लाटू तंबाकू की व्यवस्था करने चला गया।

गिरीश ने अपना सिर उठाया और हाथ जोड़ दिए, "तुम ही पूर्ण ब्रह्म हो—यह यदि सत्य न हो, तो सब मिथ्या है। बड़ा खेद रहा कि मैं तुम्हारी सेवा न कर सका।" उसने कुछ और करुण स्वर में कहा, "भगवन्! यह वर दो कि साल-भर तुम्हारी सेवा करता रहूँ।···मुक्ति क्या चीज है। वह तो मारी-मारी फिरती है। उस पर मैं थूकता हूँ।" उसने ठाकुर के चरण कसकर पकड़ लिए, "कहिए, एक वर्ष तक मैं सेवा करूँगा।"

"क्या कर रहे हो!" ठाकुर हलके से मुस्कराए, "यहाँ के लोग बड़े विचित्र हैं। लोग तुम्हारा तमाशा बनाएँगे।"

"कोई कुछ कहता रहे, मुझे चिंता नहीं है।" ठाकुर के चरणों पर गिरीश की पकड़ और भी दृढ़ हो गई, "आप कहिए कि आप एक वर्ष तक मेरी सेवा स्वीकार करेंगे।"

"अच्छा। तुम्हारे घर जब आऊँ, तब सेवा करना।" ठाकुर ने स्नेहपूर्वक कहा।

"नहीं, यह नहीं।" गिरीश हठपूर्वक बोला, "यहीं। यहीं करूँगा।"

"अच्छा।" ठाकुर ने स्निग्ध भाव से उसकी ओर देखा, "जैसी ईश्वर की इच्छा।"

नरेंद्र उन दोनों का वार्तालाप बड़े ध्यान से सुन रहा था···गिरीश की हठ को वह एक शराबी की सनक से अधिक महत्त्व नहीं देता था। उसका क्या था—अभी ठाकुर उसे मना कर दें तो वह बक-झक करने लगेगा। वह अपने होश में तो था नहीं···किंतु ठाकुर उसे कह क्यों नहीं देते कि वह एक वर्ष-पर्यंत उनकी सेवा करता रहे?···गिरीश क्या यहाँ आकर एक वर्ष रहना चाहता है?···नहीं। वह एक वर्ष तक यहाँ कैसे रहेगा? वह अपना घर, अपना थियेटर, अपना समाज छोड़ नहीं सकता···वह यहाँ कैसे रहेगा···ठाकुर कह भी देंगे तो वह कौन-सा यहाँ आकर रहने वाला है···

सहसा नरेंद्र चौंका···इस याचना का एक दूसरा पक्ष भी तो है···गिरीश यहाँ आकर रहे, न रहे, ठाकुर का यहाँ एक वर्ष-पर्यंत रहना तो अनिवार्य है···और ठाकुर गिरीश को यह वचन नहीं दे रहे हैं।···तो क्या ठाकुर का शरीर एक वर्ष भी नहीं रहेगा?···

नरेंद्र को लगा कि उसके सामने गिरीश की याचना और ठाकुर की टालमटोल—दोनों का ही अर्थ स्पष्ट हो रहा है···

"अच्छा, महाराज! आप अपने मुख से अपने घाव को एक बार आदेश दीजिए कि वह अच्छा हो जाए।" गिरीश ने कुछ डगमग स्वर में कहा और ठाकुर के उत्तर की प्रतीक्षा किए बिना ही आगे बढ़ आया, "अच्छा, लाइए, मैं स्वयं ही इसे झाड़े देता हूँ—काली! काली!!···"

"अरे, क्या करता है!" ठाकुर बोले, "मुझे चोट लग जाएगी।"

लाटू हुक्का ले आया था। उसने वह गिरीश के निकट रख दिया।

"तुम हुक्का पियो।" ठाकुर ने हुक्का उसकी ओर खिसकाया, "मेरे रोग की चिंता छोड़ो।"

"नहीं।" गिरीश ने हाथ से हुक्का परे हटा दिया, "अच्छा हो जा। क्या अच्छा नहीं हुआ?"···गिरीश ने फिर ठाकुर की ओर देखा, "यदि आपके चरणों में मेरी भक्ति होगी, तो अवश्य अच्छा हो जाएगा—कहिए, 'अच्छा हो गया।' "

"जाओ भाई! ये सब बातें मुझसे नहीं कही जातीं।" ठाकुर के स्वर में वितृष्णा थी, "रोग के अच्छे होने की बात, माँ से मैं नहीं कह सकता। जो होगा, ईश्वर की इच्छा से होगा।"

पर गिरीश पर उनकी बात का तनिक भी प्रभाव नहीं पड़ रहा था। वह अपनी बात पर अड़ा रहा, "आप मुझे बहका रहे हैं। जो होगा, आपकी ही इच्छा से होगा।"

"छिः! ऐसी बात नहीं कहनी चाहिए।" ठाकुर बोले, "मैं स्वयं को श्रीकृष्ण का एक साधारण-सा भक्त मानता हूँ, स्वयं श्रीकृष्ण नहीं। तुम्हें जैसे रुचे, सोच सकते हो—अपने गुरु को भगवान् समझ सकते हो, परंतु इन सब बातों के कहने से अपराध होता है। ऐसी बातें फिर मत कहना।"

पर गिरीश ने जैसे उनकी बात सुनी ही नहीं थी। वह अपनी हठ पर अड़ा हुआ था, "कहिए, अच्छा हो जाएगा।"

इस बार ठाकुर मुस्कराए, "अच्छा कहता हूँ, जो कुछ हुआ है, वह चला जाएगा।"

नरेंद्र पुनः चौंका···ठाकुर कितनी सावधानी से शब्दों का चुनाव कर रहे थे। वे यह नहीं कह रहे थे कि घाव भर जाएगा···अथवा रोग का उपचार हो जाएगा···अथवा वे स्वस्थ हो जाएँगे।···वे कह रहे थे, जो कुछ हुआ है, वह चला जाएगा···। इसका क्या अर्थ है?···जो कुछ हुआ है, चला जाएगा।···इसका अर्थ है, जिसने जन्म लिया है, वह मृत्यु को प्राप्त होगा।···शरीर भी चला जाएगा···घाव भी चला जाएगा···रोगी के साथ रोग भी चला जाएगा···

नरेंद्र ने बलात् स्वयं को रोका···क्या सोच रहा है वह? हो सकता है, ठाकुर वह सब न कहना चाहते हों, जो उनके शब्दों में से नरेंद्र समझ रहा है।···यह सब उसके अपने आशंकित मन की दुष्कल्पना भी तो हो सकती है···

गिरीश के मदमत्त मन ने इस बार उलटी छलाँग लगाई। वह भूल गया कि वह ठाकुर के रोग और कष्ट की बात कर रहा था और उनके स्वास्थ्य का वरदान माँग रहा था। सहसा ही उसने एकदम असंपृक्त प्रश्न पूछा, "क्या बात है, इस बार आपने अपने दैवी सौंदर्य के साथ जन्म नहीं लिया?" वह कुछ रुका, जैसे उत्तर की प्रतीक्षा कर रहा हो और फिर स्वयं ही बोला, "लगता है, इस बार बंगाल का उद्धार होगा।"

"केवल बंगाल का ही क्यों?" नवगोपाल ने हस्तक्षेप किया, "समस्त जगत् का उद्धार होगा।"

"ये यहाँ क्यों हैं, इसका अर्थ किसी की समझ में आया?" गिरीश ने उपस्थित लोगों पर इस प्रकार दृष्टि डाली, जैसे उनसे जवाब तलब कर रहा हो, "जीवों के दुःख से विकल होकर आए हैं, उनका उद्धार करने के लिए।"

बाहर से गाड़ीवान ने पुकारा, "बाबू! ओ बाबू मोशाय!"

गिरीश का जैसे रस-भंग हो गया। वह आवेश में उठा और झूमता-झामता गाड़ीवान से निबटने के लिए चल पड़ा।

"इसे देखो, यह कहाँ जा रहा है।" ठाकुर ने महेंद्र गुप्त की ओर देखा, "गाड़ीवान को मारेगा तो नहीं।"

महेंद्र गुप्त उठकर उसके पीछे-पीछे चला। किंतु तभी गिरीश लौट आया और हाथ जोड़कर ठाकुर के सामने खड़ा हो गया, "भगवन्! मुझे पवित्रता दो, जिससे कभी थोड़ा-सा भी पाप-चिंतन न हो।"

"तुम पवित्र तो हो ही!" ठाकुर ने उसे दिलासा दिया, "तुममें इतनी भक्ति और विश्वास जो है। तुम तो आनंद में हो न?"

"जी, नहीं, मन खराब रहता है। बड़ी अशांति रहती है। इसी से तो शराब पी और खूब पी।" लगा, वह पूर्णतः अपने होश में है, किंतु वह फिर बहका, "भगवन्! आश्चर्य हो रहा है, मैं पूर्ण ब्रह्म भगवान् की सेवा कर रहा हूँ। ऐसी कौन-सी तपस्या मैंने की, जिससे इस सेवा का अधिकारी हुआ?…"

ठाकुर ने उसके प्रश्न का कोई उत्तर नहीं दिया। एकदम शिशु-भाव चेहरे पर लाकर बोले, "थोड़ा भोजन करूँगा, और फिर थोड़ा विश्राम। तुम लोग अब जरा बाहर जाकर बैठो।"

संध्या होने को थी कि डॉ॰ राखाल ठाकुर को देखने के लिए आए।

ठाकुर ने आग्रहपूर्वक उनका स्वागत किया, "आइए, बैठिए।" किंतु अब तक चल रही चर्चा उन्होंने नहीं छोड़ी। बोले, "मन को होश न हो तो मनुष्य कैसा। बिना चैतन्य के मनुष्य-जन्म वृथा है।" वे क्षण-भर के लिए रुके, "हमारे देश—कामारपुकुर—में बड़े पेट और बड़ी-बड़ी मूँछों वाले बहुत सारे लोग हैं, फिर भी जब कोई विवाद निपटाना हो तो गाँव वाले किसी भले आदमी को दस-दस कोस दूर से सम्मानपूर्वक पालकी में बैठाकर क्यों ले आते हैं? उन्हें चरित्रवान और सत्यवादी समझकर ही तो। वे विवाद का न्यायपूर्वक निपटारा करेंगे—यह मानकर। जो लोग केवल पंडित होते हैं, उन्हें कोई नहीं लाता पंचायत करने।" उन्होंने जैसे निष्कर्ष-रूप में कहा, "सत्य बोलना कलिकाल की तपस्या है। सत्य वचन, ईश्वर पर निर्भरता और पर-स्त्री को माता के रूप में देखना—ये सब ईश्वर-दर्शन के उपाय हैं।"

सहसा ठाकुर ने अपने गले पर हाथ रखा और वे डॉक्टर की ओर मुड़े। शिशु के-से अनुनय से बोले, "भाई, इसे अच्छा कर दो।"

डॉ॰ राखाल हँस पड़े, "मैं अच्छा करूँगा?"

ठाकुर भी हँस पड़े, "डॉक्टर भी नारायण का रूप है। नारायण ही तो डॉक्टर के रूप में आते हैं।" वे रुके, "मैं प्रत्येक व्यक्ति में नारायण का ही रूप देखता हूँ। यदि तुम कहो कि प्रत्येक व्यक्ति नारायण है तो फिर डॉक्टर से उपचार कराने के बदले मैं शांत होकर बैठ क्यों नहीं जाता? तो मेरा उत्तर है कि पागल होकर सबको मारने के लिए दौड़ता हुआ हाथी भी नारायण है और उस पर बैठा हुआ, उसे नियंत्रित करने का प्रयत्न करता हुआ तथा चिल्ला-चिल्लाकर लोगों को सावधान करता हुआ महावत भी नारायण है।…तो भाई! मैं तो उस महावत नारायण की ही बात मानूँगा…। रोग भी नारायण का ही दिया हुआ है, और डॉक्टर भी नारायण का ही भेजा हुआ है।" उन्होंने रुककर डॉ॰ राखाल को देखा, "शुद्ध मन और शुद्ध आत्मा एक ही वस्तु है। शुद्ध मन में जो बात पैदा होती है, वह उन्हीं की वाणी है। महावत नारायण वे ही हैं। उनकी बात फिर क्यों न मानूँ? वे ही कर्ता हैं। 'मैं' को जब तक उन्होंने बना रखा है, तब तक उनकी आज्ञा के अनुसार ही काम करूँगा।"

"अच्छा, अब आपके रोग की परीक्षा कर लें।" डॉ॰ राखाल उठ खड़े हुए।

ठाकुर ने जैसे सहमकर उनकी ओर देखा, "एक डॉक्टर ने परीक्षा के नाम पर ऐसे जीभ दबाई थी, जैसे बैल की जीभ दबाई जाती है।"

"नहीं, मैं वैसा कुछ नहीं करूँगा।" डॉ॰ राखाल हँसे, "आप निश्चिंत रहिए। तनिक भी पीड़ा नहीं होगी।"

ठाकुर ने मुँह खोल दिया। डॉक्टर ने टॉर्च जलाई ही थी कि ठाकुर ने पुनः अनुनयपूर्वक कहा, "भाई! इसे अच्छा कर दोगे न?"

डॉ॰ राखाल हँस पड़े, "मैं रोग का निदान करूँगा और दवा दूँगा। आपको स्वस्थ करना ईश्वर का काम है।"

परीक्षण कर, डॉक्टर दवा देकर विदा हो गए तो ठाकुर जैसे कुछ निश्चिंत होकर बोले, "सारा दिन ऐसे ही बीत गया। नरेंद्र, कुछ गा।"

नरेंद्र ने गाना आरंभ किया, किंतु वह देख रहा था कि ठाकुर के रोग का कष्ट उन्हें संगीत का आनंद भी नहीं लेने दे रहा था।...और यदि ठाकुर ही संगीत में रस नहीं ले पाएँगे, तो गाने का लाभ ही क्या?

संगीत अधिक देर नहीं चल सका।

12

बाग बाजार में योगींद्र मोहिनी के घर ठाकुर भोजन के लिए निमंत्रित थे। नरेंद्र, रामचंद्र दत्त, गिरीश, देवेंद्र, महेंद्र गुप्त, शरत्, शशि—एक-एक कर सब आ गए थे, किंतु ठाकुर ही नहीं आए। सब जानते थे कि सामान्यतः ठाकुर इस प्रकार विलंब नहीं किया करते थे, किंतु इन दिनों उनका स्वास्थ्य इस योग्य नहीं था कि अपनी इच्छानुसार सब स्थानों पर आ-जा सकें।

भोजन तैयार था और अन्य सब लोग आ भी चुके थे...पर ठाकुर के आए बिना कोई भी भोजन आरंभ नहीं करना चाहता था।

"अच्छा! मैं किसी को भेजती हूँ।" योगींद्र मोहिनी ने कहा, "वह दक्षिणेश्वर जाकर उन्हें लिवा लाए। संभव है, स्वयं आने में उन्हें कठिनाई हो रही हो।...वैसे यह व्यवस्था मुझे पहले ही कर लेनी चाहिए थी। खैर... ।"

योगींद्र मोहिनी व्यवस्था करने के लिए बाहर चली गई।

"ज्येष्ठ, आषाढ़, श्रावण के महीने बीत गए। भाद्र के भी इतने दिन निकल गए। पर चिकित्सा से ठाकुर की वेदना तनिक भी कम नहीं हुई है।" शरत् बोला, "एकादशी, पूर्णिमा तथा अमावस्या आदि के दिन तो वेदना और भी बढ़ जाती है। कठोर खाद्य पदार्थ तथा तरकारी आदि निगलना अब असंभव हो गया है। दूध-भात और सूजी की खीर इत्यादि भी कठिनाई से ही खा पाते हैं।"

"लोगों को दिन-रात धर्मोपदेश देना भी तो बंद नहीं करते।" रामचंद्र दत्त ने कुछ खीझकर कहा, "वाक्यंत्र के अत्यधिक व्यवहार के कारण गले के भीतर घाव होने का उपक्रम है। डॉक्टर लोग इसे Clergyman's Sore Throat कहते हैं।"

"प्रगाढ़ ईश्वर-प्रेम और संसार-संतप्त मनुष्यों के प्रति करुणा से विवश होकर वे समाधि और वाक्-संयम के प्रति लक्ष्य रखने में समर्थ नहीं हो पा रहे।" गिरीश बोला, "अब मेरे जैसा कोई आदमी मदिरा में धुत्त होकर रोता हुआ बकझक करने उनके पास पहुँच जाए, तो वे चुप भी कैसे रहें। कुछ-न-कुछ तो बोलना ही पड़ेगा उन्हें।"

"वे भी जानते हैं कि वे वाक्-यंत्र का प्रयोग बहुत अधिक कर रहे हैं।" शशि ने कहा, "मैंने सुना है कि वे समाधि की अवस्था में जगदंबा से झगड़ रहे थे : 'इतने आदमियों को लाना चाहिए क्या? एकदम भीड़ लगा दी है। भीड़ से नाकों दम हो रहा है। नहाने-खाने का समय तक नहीं मिलता।' अपने शरीर को इंगित कर उन्होंने कहा था, 'एक तो फूटा ढोल, ऊपर से दिन-रात इसे बजाना। कितने दिन टिकेगा यह?' "

''हाँ! इस प्रकार के झगड़े आजकल बहुत हो रहे हैं।'' नरेंद्र बोला, ''मैंने भी सुना है कि दुखी होकर उन्होंने माँ से कहा है, 'तू सारे गंदे आदमियों को मेरे पास लाती है, एक सेर दूध में पाँच सेर जल। फूँकते-फूँकते, ईंधन ढकेलते-ढकेलते, मेरी आँखें ही फूट गईं। हड्डी मिट्टी बन गई—अब मैं उतना नहीं कर पाता। तुझे शौक हो तो तू स्वयं आकर कर। अच्छे-अच्छे आदमियों को मेरे पास ला दे, जिन्हें एक-दो बातें कह देने से ही होगा।''

योगींद्र मोहिनी लौट आई, ''आदमी भेज दिया है।''

''श्रम भी तो बहुत करते हैं।'' शरत् ने कहा, ''महाभाव की प्रेरणा से उन्हें निद्रा बहुत कम आती है। रात को ग्यारह बजे सोने के कुछ बाद ही, वे भावावेश में उठकर टहलने लगते हैं। रात में तीन-चार बार शय्या-त्याग करने पर भी वे प्रातः चार बजे उठ जाते हैं और भगवान् का स्मरण, मनन, नाम-गुणगान करते हुए उषा के प्रकाश की प्रतीक्षा करने के बाद अपने शिष्यों को जगा देते हैं। इतना श्रम करने से शरीर पर उसका प्रभाव तो पड़ेगा ही।''

''हाँ! इस प्रकार के श्रम से शरीर का क्षय तो होगा ही।'' नरेंद्र बोला, ''ऐसा तो नहीं है कि वे स्वयं इस बात को समझते नहीं हैं। वे स्वयं इस श्रम को कम करना चाहते हैं। उस दिन कह रहे थे न, 'माँ से आज मैं कह रहा था—विजय, गिरीश, केदार, राम तथा मास्टर इत्यादि को थोड़ी शक्ति दे, जिससे कोई नया आदमी आए तो इनसे कुछ तो तैयार होकर मेरे पास आए।' ''

''मुझे भी ऐसा भी लगता है,'' योगींद्र मोहिनी ने कहा, ''गौरी माँ को भी उन्होंने यही कहा था, 'मैं पानी डालता हूँ, तू मिट्टी सान।' चकित होकर गौरी माँ ने पूछा, 'यहाँ मिट्टी है कहाँ, जो सानूँ। यहाँ तो सभी ओर कंकड़ ही कंकड़ हैं।' ठाकुर ने हँसकर उत्तर दिया, 'मैंने कहा कुछ, और तूने समझा कुछ। इस प्रदेश की माताओं को बहुत कष्ट है—तुझे उनके बीच कार्य करना होगा।' ''

नौ बज गए। वह व्यक्ति दक्षिणेश्वर से नहीं लौटा था।

''आप लोग भोजन आरंभ करें।'' योगींद्र मोहिनी ने हारकर कहा, ''अब इतनी देर से ठाकुर के आने की आशा नहीं है।''

योगींद्र मोहिनी द्वारा भेजा गया व्यक्ति दक्षिणेश्वर से लौट आया। वह समाचार लाया था कि ठाकुर का रोग कुछ और बढ़ गया है। उनके कंठ-तालु भाग से आज रक्त आया है। वे भोजन के लिए नहीं आ सकेंगे।

सब लोग सन्न रह गए।...ठाकुर के रोग का तो सबको पता ही था, किंतु इतनी जल्दी ऐसी स्थिति आने वाली है, इसका अनुमान उन्हें नहीं था।

''राम बाबू! तुम तो डॉक्टर हो,'' गिरीश ने कहा, ''अब क्या करना होगा?''

रामचंद्र दत्त ने तत्काल कोई उत्तर नहीं दिया, वह मन-ही-मन जैसे कुछ सोचता रहा।

''जिन्हें लेकर इतना आनंद है, शायद वे अब चल देंगे।'' नरेंद्र ने धीरे से कहा।

''कैसी बातें करते हो तुम!'' गिरीश झपटकर बोला, ''मुख से निकालने से पहले शब्दों पर कुछ विचार तो कर लिया करो।''

''विचार करके ही कह रहा हूँ।'' नरेंद्र के स्वर में तनिक भी कंपन नहीं था।

''तुम यह कैसे कह सकते हो?'' महेंद्र गुप्त ने कुछ शांत स्वर में पूछा।

''मैंने डॉक्टरी ग्रंथ पढ़कर और अपने डॉक्टर मित्रों से पूछकर जान लिया है कि ऐसा कंठ-रोग क्रमशः कैंसर में परिणत हो जाता है।'' नरेंद्र बोला, ''आज रक्त आने की बात सुनकर ऐसा अनुमान होता है कि यह रोग भी कैंसर ही होगा। इस रोग की औषधि अभी तक आविष्कृत नहीं हुई है।''

''मेरा मन तो यह मानने को प्रस्तुत नहीं है।'' गिरीश पुनः बोला, ''तुम क्या कहते हो राम बाबू?''

''मुझे लगता है कि सत्य तो वही है, जो नरेंद्र कह रहा है।'' राम ने उत्तर दिया, ''किंतु मैं उसे साहसपूर्वक कह नहीं सकता था, जैसा कि नरेंद्र ने कह दिया है।''

''तो अब क्या कोई मार्ग नहीं है?'' शशि ने पूछा।

''मार्ग तो एक ही है—उपचार! चिकित्सा!'' राम ने उत्तर दिया, ''जब तक कोई व्यक्ति जीवित है, तब तक उसकी चिकित्सा का प्रयत्न तो जारी रहना ही चाहिए।''

''तो उनका उपचार ठीक से हो कहाँ रहा है!'' देवेंद्रनाथ मजुमदार ने कहा, ''क्या ऐसा संभव नहीं है कि उन्हें कलकत्ता ले आया जाए और उनकी उचित चिकित्सा का प्रबंध किया जाए?''

''हाँ! यह उचित रहेगा।'' महेंद्र गुप्त ने तत्काल समर्थन कर दिया।

''और न केवल डॉक्टरी इलाज, वरन् होम्योपैथिक और आयुर्वेदिक चिकित्सा भी कराई जाए।'' नरेंद्र बोला।

''पर कलकत्ता में लाकर उन्हें रखेंगे कहाँ?'' देवेंद्र ने पुनः पूछा।

''एक मकान किराये पर ले लेंगे।'' राम ने उत्तर दिया।

''किंतु मकान का किराया तथा अन्य खर्च?'' देवेंद्र का आर्थिक अभावों से पीड़ित मन विभिन्न प्रश्न उठा रहा था।

''अरे, कर लेंगे कुछ।'' गिरीश कुछ झल्लाकर बोला, ''सब मिलकर कर लेंगे।''

''पर वे कलकत्ता आ जाएँगे?'' नरेंद्र ने जिज्ञासा की।

''क्यों, वे अपना उपचार करवाना नहीं चाहेंगे क्या?'' राम ने कहा, ''और कलकत्ता उनके लिए कोई नया स्थान तो है नहीं। फिर हम सब लोग कलकत्ता में हैं…।''

उनके मध्य मौन छा गया, जैसे सब लोग अपने-अपने मन में इस नई स्थिति संबंधी अनेक समस्याओं का समाधान कर रहे हों।

तभी योगींद्र मोहिनी के मुख से एक सिसकी फूटी।…सबकी दृष्टि उसकी ओर उठ गई।

''श्रीमाँ ने मुझे बताया था,'' उसने रुँधे कंठ से कहा, ''ठाकुर ने उनसे बहुत पहले कहा था कि, 'जब मैं किसी के भी हाथ का खाऊँगा, कलकत्ता में रात बिताऊँगा, और खाद्य-अग्रभाग किसी को देकर बाकी अंश स्वयं ग्रहण करूँगा, तब जानना कि शरीर छोड़ने में अब अधिक विलंब नहीं है।' ''

''हाँ! कुछ ऐसा ही मैंने भी सुना था।'' शरत् ने समर्थन किया।

''क्या सुना था?'' गिरीश ने पूछा।

''नरेंद्र को जब अजीर्ण रोग हो गया था और वह बहुत दिनों तक दक्षिणेश्वर नहीं आया था।'' शरत् ने कहा, ''यह तब की ही बात है।…''

'तुम अजीर्ण के कारण दक्षिणेश्वर नहीं गए थे?'' गिरीश ने नरेंद्र से जैसे स्पष्टीकरण माँगा।

''वह अजीर्ण के कारण नहीं…'' नरेंद्र बोला, ''मैंने सोचा कि दक्षिणेश्वर में पथ्य की असुविधा होगी—इसलिए नहीं गया था।''

''तब?'' गिरीश ने शरत् की ओर देखा।

''ठाकुर ने एक दिन प्रातः ही नरेंद्र को बुलवा भेजा…।''

''ऐसा हुआ?'' गिरीश ने पुनः नरेंद्र से पूछा।

''हाँ।'' नरेंद्र ने पुष्टि की, ''ठाकुर ने प्रातः ही बुलवा लिया। तब श्रीमाँ ने उनके लिए भोजन तैयार करवाकर भिजवाया था। ठाकुर ने अपने लिए पका हुआ भात तथा तरकारी का रसा स्वयं न खाकर पहले मुझे दिया। मैंने खा लिया तो बचा हुआ अंश ठाकुर ने स्वयं ग्रहण किया।''

''इस पर श्रीमाँ ने आपत्ति की।'' शरत् बोला, ''उनसे कहा कि वे बचा हुआ अंश न खाएँ, वे उनके लिए पुनः रसोई बना देंगी। पर ठाकुर ने चिंता नहीं की। बोले, 'नरेंद्र को अग्रभाग देने से मन में संकोच का अनुभव नहीं हो रहा था। इससे कोई दोष न होगा।' किंतु श्रीमाँ को उनकी बहुत चिंता रही।''

''श्रीमाँ ने उन्हें स्मरण नहीं कराया कि उन्होंने ऐसा कहा था?'' गिरीश ने पूछा।

''स्मरण तो उसे कराया जाए, जिसे कुछ विस्मृत हुआ हो।'' शरत् बोला, ''ठाकुर को कुछ भी विस्मृत नहीं होता।''

''मुझे भी बताया गया है कि बहुत पहले एक बार ठाकुर ने कहा था,'' महेंद्र गुप्त ने कहा, '' 'कि बहुत-से लोग जब मुझे ईश्वर के समान मानेंगे, श्रद्धा-भक्ति करेंगे, तभी इस शरीर का अंतर्धान होगा।' ''

''हाँ! कहा था ठाकुर ने यह सब।'' गिरीश कुछ खीझकर बोला, ''तो मान लें कि यह ठाकुर की भविष्यवाणियाँ हैं। उनका समय आ गया है। इसलिए हम उनके लिए कुछ न करें? हाथ पर हाथ धरे बैठे रहें?''

''देखो जी॰ सी॰!''···नरेंद्र ने बहुत शांत स्वर में गिरीश को संबोधित किया।

राम ने चकित होकर नरेंद्र की ओर देखा : वह स्वयं से उन्नीस वर्ष बड़े गिरीशचंद्र को 'जी॰ सी॰' कहकर संबोधित कर रहा था, जैसे वह उसका समवयस्क नहीं, कोई अंतरंग मित्र हो। गिरीश ने भी इसका कोई विरोध नहीं किया था, जैसे उसके लिए यह कोई स्वाभाविक संबोधन हो···

''···एक-दूसरे पर खीझने और आपस में झगड़ने की कोई बात नहीं है।'' नरेंद्र ने अपनी बात आगे बढ़ाई, ''हम सब जानते हैं कि हम ठाकुर से कितना प्रेम करते हैं और हम उनके लिए सब कुछ करना चाहते हैं···।''

''क्या प्रमाण है इसका कि सब कुछ करना चाहते हो?'' गिरीश अब भी खीझा हुआ था, ''एक से एक किस्सा-कहानी सुना रहे हो···।''

''कोई किस्सा-कहानी नहीं सुना रहा।'' नरेंद्र के स्वर में एक प्रकार की डपट थी, ''आज से प्रायः दो महीने पहले, अपने रोग की आरंभिक स्थिति में एक दिन ठाकुर प्रातः आठ बजे से तीन बजे तक मौन धारण करके लेट गए थे।···तब सबके मन में ऐसी ही आशंकाएँ जन्मीं थीं।···ठाकुर अस्वस्थ तो हैं, किंतु क्या उन्होंने जान लिया है कि शीघ्र ही वे इस धाम को छोड़ देंगे?···वे बातें नहीं कर रहे थे तो श्रीमाँ भी रो रही थीं। राखाल और लाटू तो खुलकर रो रहे थे। श्रीमती गोलाप सुंदरी भी वहीं थीं—वे भी रो रही थीं। और अनेक लोग भी थे। लोग ठाकुर से बार-बार पूछ रहे थे, 'क्या आप सदा के लिए चुप रहेंगे?'···फिर भी उनके लिए डॉक्टर नहीं बुलाया गया? औषध नहीं दी गई, या उनका उपचार नहीं किया गया?'' नरेंद्र ने गिरीश पर एक भरपूर दृष्टि डाली, ''अब स्थिति और भी गंभीर है। सेवा तो हम लोग करेंगे ही।···पता नहीं तुम स्थिति को समझते नहीं, या हर बात को नाटकीय बनाना तुम्हारा स्वभाव बन गया है।···''

लगा कि गिरीश अभी नरेंद्र पर झपट पड़ेगा और कोई बहुत ही कठोर बात कह देगा, किंतु नरेंद्र उसके सम्मुख कुछ इस प्रकार शांत और सहज रूप से बैठा था, जैसे न उसने गिरीश को कोई कठोर बात कही हो और न उसे कोई कठोर बात सुनने की अपेक्षा हो।···

"तो हम क्या करें?" अंततः गिरीश ने कुछ शांत होकर कहा।

"मैं समझता हूँ कि हमें बलराम बाबू, सुरेश बाबू तथा अन्य लोगों को भी सूचित करना चाहिए और जैसे कुछ देर पहले तय किया था, ठाकुर को कलकत्ता लाकर उनकी उचित चिकित्सा का प्रबंध करना चाहिए।" नरेंद्र बोला।

"मेरा विचार है कि नरेंद्र ठीक ही कह रहा है।" रामचंद्र दत्त ने समर्थन किया, "किंतु हमें थोड़ा-सा व्यावहारिक होकर भी सोच लेना चाहिए।"

"व्यावहारिक होकर सोचने का क्या अर्थ?" देवेंद्र ने पूछा।

"भाई! ठाकुर को कलकत्ता लाएँगे। एक मकान किराए पर लेंगे।" राम बोला, "अच्छे-अच्छे डॉक्टर बुलाएँगे।...आखिर इन पर खर्च भी होगा। उसके लिए धन का प्रबंध तो करना पड़ेगा न।"

राम की बात के पश्चात् जैसे सन्नाटा छा गया...

मौन को नरेंद्र ने ही तोड़ा, "मेरी आर्थिक स्थिति ऐसी नहीं है कि मैं किसी विशेष सहायता का वचन दे सकूँ।" उसने आँखें उठाकर उन लोगों की ओर देखा, "किंतु ठाकुर की सेवा और देखभाल का दायित्व मैं ले सकता हूँ। मेरे साथ मेरे मित्र होंगे। वह सारी व्यवस्था हम देख लेंगे।"

"धन को लेकर तो मेरी भी यही स्थिति है," देवेंद्र भी धीरे से बोला, "मैं भी किसी प्रकार कोई सहायता नहीं कर सकता।"

थोड़ी देर के लिए वहाँ पुनः एक असुविधाजनक मौन छा गया। उसका सबसे तीव्र प्रभाव गिरीश पर ही हुआ। उसने कुछ ऐसी दृष्टि से उन सबकी ओर देखा, जैसे किसी असाधारण दुस्साहस करने से पहले कोई व्यक्ति अपने आसपास के लोगों को देखता है...

"पैसे की कोई चिंता नहीं है।" वह चीत्कार के-से स्वर में बोला, "कोई नहीं देगा पैसे, तो सारा खर्च मैं दूँगा।"

रामचंद्र दत्त ने उसे पहली बार कुछ कठोर आँखों से देखा, "बहुत आवेश में आने की आवश्यकता नहीं है गिरीश! हमें शांत मन से इन असुविधाजनक तथ्यों के विषय में गंभीरता से सोचना है। यदि खर्च हमारी अपेक्षा और सामर्थ्य से अधिक हुआ तो? तुम सारा खर्च कहाँ से दे दोगे?"

"मैं अपना मकान बेच दूँगा।" गिरीश तड़पकर बोला।

राम ने उसकी ओर देखा भर, किंतु कुछ कहा नहीं।

"पर ठाकुर कलकत्ता आने के लिए मान जाएँगे?" योगींद्र मोहिनी ने जैसे अपने आपसे पूछा।

"यही तो देखना है कि इच्छा भक्त की चलती है, या भगवान् की।..." नरेंद्र के चेहरे पर हलकी-सी मुस्कान थी।

13

रामचंद्र दत्त ने ठाकुर को प्रणाम किया, "कैसे हैं महाराज आप?"

"सारी की सारी परमहंस फौज आई है।" ठाकुर उल्लसित स्वर में बोले, "कैसे आए रे तुम एक साथ?"

गिरीश, बलराम, महेंद्र गुप्त और सुरेंद्र मित्र ने भी आगे बढ़कर प्रणाम किया।

कल ठाकुर के गले से खून आया था, किंतु आज ठाकुर निढाल नहीं लग रहे थे। उनकी वेदना भी इस समय कुछ शांत दिखाई देती थी। अन्यथा वे न तो इस प्रकार शांत बैठे होते और न हँसकर परमहंस की फौज के विषय में पूछते।…

''महाराज! हम आपसे एक अनुरोध करने आए हैं।'' राम बोला, ''दक्षिणेश्वर में रहकर आपका ठीक से उपचार नहीं हो रहा है।''

''क्यों नहीं हो रहा है?'' ठाकुर हँसे, ''अच्छे से अच्छे डॉक्टर को बुलाओ और कहो कि यह पगला ठीक नहीं हो रहा। अपने विज्ञान से इसे नीरोग कीजिए।''

''अच्छे-अच्छे वैद्य और डॉक्टर दक्षिणेश्वर आने के लिए तैयार ही नहीं होते महाराज!'' बलराम ने कहा, ''तो कहें किसे?''

''क्यों तैयार नहीं होते?'' ठाकुर ने शिशु-सुलभ सरलता से पूछा, ''क्या बहुत रुपया माँगते हैं, जो तुम लोग दे नहीं सकते?''

''नहीं, महाराज! ऐसी बात नहीं है।'' बलराम कुछ सकपकाकर बोला, ''उनके पास कलकत्ता में ही रोगियों की भीड़ लगी रहती है, तो फिर वे चलकर इतनी दूर क्यों आएँ?''

''हाँ! ठीक कहते हो।'' ठाकुर उससे सहमत हो गए, ''वे डॉक्टर हैं, साधु तो हैं नहीं कि पीड़ित के पास चलकर जाएँ। हाँ! कलकत्ते में उनके पास रोगियों की भीड़ न होती, तो वे अवश्य एक-एक रोगी को ढूँढ़ते हुए गाँव-गाँव भटकते। उन्होंने डॉक्टरी इसीलिए तो पढ़ी थी कि वे पैसे कमा सकें, इसलिए तो पढ़ी नहीं थी कि रोगियों का उपचार कर सकें।''

''हाँ, महाराज! यही बात है।'' गिरीश बोला, ''अब आप कलकत्ता चले चलें तो वहाँ डॉक्टर और औषधियों की भी सुविधा हो जाए।…आपके रोग का उपचार होना चाहिए न।''

''पर तुम लोग मेरा उपचार करवाने के लिए इतने बावले क्यों हो गए हो?'' ठाकुर हँसे, ''इतने लोग हैं इस देश में। उनमें से कितने बीमार होने पर चिकित्सा के लिए कलकत्ता जाते हैं? मेरे लिए ही इतने चिंतित क्यों हो तुम लोग?'' ठाकुर ने रामचंद्र दत्त की ओर देखा, ''क्यों रे राम?''

राम क्षण-भर तो असमंजस में मौन खड़ा रहा, किंतु तत्काल उसे उत्तर सूझ गया, ''मैं। अपने मोह में बाँधकर आपको पानिहाटी के चिउड़ा-महोत्सव में ले गया था, उसी से आपका रोग बढ़ा। अब आपके उपचार का दायित्व मेरा नहीं है क्या? मैं अपनी भूल की क्षतिपूर्ति करना चाहता हूँ महाराज!''

''वह तो ठीक है रे!'' ठाकुर किसी भोले शिशु के समान मुस्कराए, ''पर मेरे साथ बहुत झमेले हैं। कलकत्ता जाकर मैं किसी के घर रहूँगा कैसे? मैं रहूँगा तो मेरे साथ मेरी सेवा करने के लिए लोग रहेंगे। बहुत लोग मिलने भी आएँगे।…कहीं ऐसा न हो कि गृह-स्वामी मुझसे मिलने आए लोगों को भगाना ही शुरू कर दे।''

''नहीं, महाराज! ऐसा नहीं होगा।'' राम बोला, ''हम एक अलग मकान किराए पर लेंगे और आपको वहाँ रखेंगे।''

''मकान किराए पर लोगे?'' ठाकुर ने कुछ विस्मय से पूछा, ''और मकान का किराया कौन देगा? मेरे पास तो धन है नहीं।''

''हम लोग देंगे महाराज!'' राम बोला।

''सोच लो। कहीं कल को कहो कि हमारे अपने परिवार का तो पूरा पड़ता नहीं।'' ठाकुर बोले, ''इनका खर्च कहाँ से दें।''

"नहीं, महाराज! ऐसा नहीं होगा।" गिरीश कुछ त्वरित रूप में बोला, "ऐसा कभी नहीं होगा।"

"और सेवा कौन करेगा मेरी?"

"मैं हूँ न महाराज!" लाटू पहली बार बोला, "मेरे रहते आपको यह चिंता करने की आवश्यकता नहीं है।"

"तू तो है ही।" ठाकुर बोले, "पर कलकत्ता नगर में जाकर तू अकेला क्या-क्या करेगा?"

"नहीं, महाराज! नरेंद्र ने कहा है कि सेवा का सारा दायित्व वह अपने ऊपर लेगा।" महेंद्र गुप्त ने ठाकुर के निकट जाकर धीरे से कहा।

"नरेंद्र सारी सेवा कैसे करेगा?" ठाकुर कुछ विद्रूप से बोले, "वह अपनी नौकरी करेगा, घर देखेगा, कानून की पढ़ाई करेगा, मुकदमा लड़ेगा या मेरी सेवा करेगा? यहाँ आने तक का तो समय मिलता नहीं उसे···।"

सब लोग जैसे सहम गए। सच ही तो कह रहे थे ठाकुर। नरेंद्र की परिस्थितियाँ उसे अनुमति देंगी तो वह सेवा करेगा न···

"नरेंद्र नहीं आ सकेगा, तो हम लोग तो हैं न ठाकुर।" देवेंद्र ने अत्यंत विनीत भाव से कहा।

लाटू को देवेंद्र की यह बात अच्छी नहीं लगी। हलके आक्रोश के साथ बोला, "आपने यह कैसे मान लिया कि नरेंद्र बाबू नहीं आएँगे। उन्होंने कहा है, तो वे अवश्य आएँगे।"

"तो आप चलेंगे न महाराज?" बलराम ने अत्यंत विनीत भाव से पूछा।

"जगह ठीक कर लो।" ठाकुर बोले, "और ले चलो। पर एक बात का ध्यान रखना। मैं गंगा-दर्शन से वंचित नहीं होना चाहता।"

"ठीक है महाराज!" राम बोला, "हम लोग मकान-वकान ठीक कर लें, फिर आकर आपको ले जाएँगे।"

वे लोग दक्षिणेश्वर में अधिक ठहरना नहीं चाहते थे···और विलंब करने का कोई कारण नहीं था। उन्हें कलकत्ता पहुँचकर शीघ्रातिशीघ्र मकान ठीक करना था और यथासंभव, कल ही ठाकुर को कलकत्ता ले जाना था···

वे लोग ठाकुर के कमरे से बाहर आ बरामदे में कुछ दूर तक निकल गए तो ठाकुर ने लाटू से कहा, "जा! भागकर उनके पीछे जा और बलराम को बुला ला। केवल बलराम को। समझ गया न?"

"हाँ, महाराज!"

"किसे बुलाएगा?"

"बलराम बाबू को।"

"अकेले बलराम को।" ठाकुर बोले, "यह नहीं कि सारी फौज को बुला लाए।"

लाटू दौड़ता हुआ गया और बलराम को बुला लाया। बलराम चकित था कि ऐसी कौन-सी बात थी, जो ठाकुर को याद आ गई। ठाकुर की स्मृति ऐसी नहीं थी कि समय पर कहने वाली कोई बात वे भूल जाएँ और बाद में संदेश भेजें।···

"क्या बात है महाराज!" बलराम आकर ठाकुर के सम्मुख खड़ा हो गया।

"यहाँ आकर, मेरे निकट बैठो।" ठाकुर बोले, "और मेरी बात ध्यान से सुनो।"

बलराम आकर उनके निकट भूमि पर बिछी चटाई पर बैठ गया। निश्चित रूप से ठाकुर उससे कोई ऐसी विशिष्ट बात कहने वाले थे, जिसे वे अन्य लोगों के सम्मुख नहीं कहना चाहते थे।···

"देखो, दस आदमी चंदा संग्रह कर, मेरे प्रतिदिन के भोजन का प्रबंध करें, यह मेरी रुचि के विरुद्ध है। मैंने कभी भी वैसा नहीं किया। यदि कहो कि दक्षिणेश्वर काली मंदिर में वैसा कैसे करता हूँ, क्योंकि मालिक लोग तो अब विभक्त हो गए हैं और सभी लोग मिलकर देव-सेवा का कार्य चला रहे हैं, तो उसके उत्तर में कहता हूँ, अभी भी मुझे वहाँ चंदे से नहीं खाना पड़ रहा है। रासमणि के समय से ही प्रबंध किया गया है कि पूजा करते समय, सात रुपए के हिसाब से जो वेतन मुझे मिलता था, वह तथा साथ-ही-साथ मैं जितने दिन वहाँ रहूँ—उतने दिनों तक देवता का प्रसाद दिया जाएगा। अतः कहा जा सकता है कि यहाँ मैं एक प्रकार से पेंशन पर रह रहा हूँ।…इसलिए कहता हूँ कि चिकित्सा के लिए मैं जब तक दक्षिणेश्वर से बाहर रहूँ, तब तक मेरे भोजन का खर्च तुम ही देते रहना।"

"जी, महाराज!"

बलराम को लगा, ठाकुर ने उसे कोई दायित्व नहीं सौंपा, उस पर उन्होंने महती कृपा की है। उन्होंने अपने भक्तों में से उसे ही इस योग्य माना है, जिसके धन से क्रय किया गया भोजन वे ग्रहण कर सकें…

उसने चलने से पहले ठाकुर को साष्टांग प्रणाम किया।

बाग बाजार में दुर्गाचरण मुखर्जी स्ट्रीट के एक छोटे मकान के सामने गाड़ी रुकी और गिरीश तथा राम ने लाटू की सहायता से ठाकुर को गाड़ी से उतारा। दक्षिणेश्वर से यहाँ तक गाड़ी में आने पर भी ठाकुर काफी थक-से गए थे। भूमि पर पग रखते ही वे कुछ इस प्रकार खड़े हो गए, जैसे दूर से दौड़कर आया आदमी, साँस को स्थिर करने के लिए खड़ा हो जाता है…

कुछ स्थिर होकर वे मकान की ओर मुड़े और दृष्टि उठाकर उसे देखा, "यह मकान है?"

"हाँ, महाराज!"

"गंगा कहाँ है?" ठाकुर ने पूछा, "क्या इसके पीछे बहती है?"

"नहीं, महाराज!" राम कुछ संकुचित स्वर में बोला, "यहाँ से कुछ दूर है। इस मकान की छत से गंगा-दर्शन होते हैं महाराज!"

ठाकुर ने उसकी बात का कोई उत्तर नहीं दिया और धीरे-धीरे चलते हुए मकान में प्रवेश कर गए। वे बरामदे से एक कमरे में गए और वहाँ से दूसरे कमरे में, जैसे मकान का निरीक्षण कर रहे हों…और सहसा वे कमरे से निकलकर पुनः बरामदे में आए और बाहर की ओर चल पड़े।

राम, गिरीश और महेंद्र गुप्त अवाक् खड़े उन्हें देखते रह गए। कहाँ जा रहे हैं ठाकुर?…जब वे वापस गली में पहुँच गए तो राम और गिरीश भी उनके पीछे दौड़े, "कहाँ जा रहे हैं?"

"मैं इस मकान में नहीं रह सकता।" ठाकुर ने स्पष्ट शब्दों में कहा, "इसमें तो मेरा दम घुट जाएगा।"

"तो आप जा कहाँ रहे हैं?" राम ने पूछा।

ठाकुर ने कोई उत्तर नहीं दिया। वे चलते ही रहे। इतने अस्वस्थ और अशक्त होते हुए भी जाने वे इतनी तेज कैसे चल रहे थे। गिरीश पग बढ़ाकर उनके निकट आया और बोला, "जहाँ आपकी इच्छा है, वहीं चलें महाराज! किंतु गाड़ी में चलें। आप स्वस्थ नहीं हैं।"

किंतु ठाकुर न रुके, न गाड़ी में बैठने के लिए सहमत हुए। जब थोड़ी दूर चल चुके तो राम, गिरीश और महेंद्र को भी समझ में आ गया कि वे रमाकांत बसु स्ट्रीट में बलराम बसु के भवन की ओर जा रहे हैं।

बलराम के घर के सम्मुख जाकर वे रुक गए, ''बलराम को सूचना दो कि मैं आया हूँ।''

महेंद्र भीतर गया और बलराम को बुला लाया।

बलराम ने आकर ठाकुर को प्रणाम किया, ''आइए, महाराज! पधारिए।''

''सुनो बलराम!'' ठाकुर धीरे से बोले, ''जो मकान इन लोगों ने मेरे लिए लिया है, वह बहुत छोटा और तंग है। वहाँ न हवा है, न प्रकाश, न गंगा ही पास बहती है। हरियाली तो कहीं है ही नहीं। दक्षिणेश्वर के काली मंदिर के उद्यान जैसे घर में रहने वाला व्यक्ति, क्या उस मकान में जीवित रह पाएगा? इसीलिए मैं यहाँ आ गया हूँ...।''

''पधारिए महाराज!'' बलराम ने परम सुख के साथ कहा, ''मेरे रहते आपको उस मकान में रहने की आवश्यकता ही क्या है? जब तक उपयुक्त मकान न मिले, यहीं रहिए। यह तो मेरा सौभाग्य है।''

ठाकुर ने घर में प्रवेश किया।

बलराम ने दूसरी मंजिल पर एक बड़ा कमरा ठीक कराकर ठाकुर को उसमें ठहरा दिया।

ठाकुर को लाटू के साथ कमरे में छोड़कर बलराम भी नीचे आ गया।

''क्या सोचा है?'' उसने राम से पूछा।

''सोचना क्या है,'' राम ने कहा, ''तुरंत चिकित्सा आरंभ होनी चाहिए। हम लोग दूसरा मकान खोजते रहेंगे, पर उसके लिए चिकित्सा को रोके रखने का कोई अर्थ नहीं है।''

''तो फिर तत्काल चिकित्सक को बुलाओ।'' बलराम बोला, ''पहले किसे दिखाना चाहते हो?''

''मुझे लगता है कि डॉक्टर तो उन्हें कई देख चुके हैं। वैसे स्वयं मुझे भी डॉक्टरी दवाओं का कुछ ज्ञान है।'' राम ने उत्तर दिया, ''उस दिन नरेंद्र भी कह रहा था कि उसने डॉक्टरी पुस्तकों में पढ़कर तथा डॉक्टर मित्रों से चर्चा कर जान लिया है कि इस रोग का कोई उपचार नहीं है...।''

''तुम नरेंद्र से सहमत हो?'' गिरीश ने पूछा।

''यही लगता है मुझे।'' राम बोला, ''इसलिए यदि किसी वैद्य को दिखाया जाए, तो? संभव है कि उनके पास कोई औषध हो।''

''मैं राम से पूर्णतः सहमत हूँ।'' बलराम बोला, ''यह हमें पहले ही सोचना चाहिए था।''

''तो पहले वैद्य गंगाप्रसाद सेन को बुलाना चाहिए।'' महेंद्र गुप्त ने कहा, ''मेरी समझ में इस समय कलकत्ता में सबसे अच्छे वैद्य वे ही हैं।''

''ठीक है, उन्हीं को बुलाओ।'' बलराम ने अपनी सहमति दे दी।

वैद्य गंगाप्रसाद सेन ने आकर ठाकुर का परीक्षण किया।...उनकी नाड़ी देखी, जिह्वा का निरीक्षण किया, गले को देखा। ठाकुर से उनका कष्ट सुना और कहा, ''महाराज! आपको औषध भिजवा देता हूँ, किंतु औषध का सेवन नियम से कीजिए। कुपथ्य मत लीजिए। अधिक से अधिक विश्राम कीजिए। खाने-पीने में गले के लिए जो भी कष्टकारक हो, वह मत खाइए। बहुत कम बोलिए, और धीरे बोलिए। कोई ऐसी गतिविधि मत कीजिए, जिससे शरीर अथवा मन पर जोर पड़े।...''

''मैं तो कुछ करता ही नहीं।'' ठाकुर हँसे, ''नौकरी मैं नहीं करता, व्यापार मेरा नहीं है। बैठे-बैठे बस अपनी माँ की चर्चा करता हूँ। आप कहते हैं तो वह भी नहीं करूँगा, बस उसकी चिंता करूँगा...।''

वैद्य नीचे उतर आए। उनके पीछे-पीछे राम, बलराम, देवेंद्र और महेंद्र गुप्त भी आ गए।

"क्या विचार है वैद्य जी?" बलराम ने पूछा।

"इन्हें रोहिणी रोग है, और वह काफी विकसित भी हो गया है।" वैद्य ने कहा, "डॉक्टर लोग जिसे कैंसर कहते हैं, रोहिणी भी वही रोग है। शास्त्र में उसकी चिकित्सा का विधान रहने पर भी उसे असाध्य बताया गया है।...औषध दे रहा हूँ। किसी को भेजकर मँगवा लीजिए। शेष भगवान् की इच्छा...।"

वैद्य को विदा कर बलराम ने कहा, "क्या विचार है, राम बाबू?"

"मुझे तो कोई आशा नहीं लगती।" राम ने कहा, "वैद्य ने बड़े शिष्ट ढंग से अपनी असमर्थता जता दी है...चिकित्सा का विधान तो है, किंतु रोग असाध्य है...।"

"तो?"

"जिस वैद्य को स्वयं ही कोई आशा नहीं है, उसका उपचार कराने का क्या लाभ?" महेंद्र गुप्त बोला, "वैद्य कम से कम आशावान तो हो।"

"तुम ठीक कहते हो।" बलराम ने कहा, "हमें चाहिए कि हम और वैद्यों की भी राय ले लें..."

"गंगाप्रसाद सेन के समान और कौन-सा वैद्य है?" राम ने पूछा।

"क्यों? वैद्य गोपी मोहन है, द्वारकानाथ है, नवगोपाल है।...वैद्य तो अनेक हैं।" महेंद्र गुप्त ने उत्तर दिया।

"ठीक है। हम बारी-बारी उन सबको ही बुला लेते हैं।" बलराम ने अपना निश्चय सुना दिया।

शरत् और शशि को ठाकुर के रोग की गंभीरता की सूचना मिली और वे तड़पकर रह गए। कॉलेज और पढ़ाई के कारण वे न तो तत्काल ठाकुर को देखने जा सकते थे और न प्रतिदिन जा सकते थे। वे तो छुट्टी वाले दिन ही उनके दर्शन कर सकते थे।...फिर संकोच भी था कि ठाकुर अब काली मंदिर में नहीं हैं कि कोई भी वहाँ चला जाए। बलराम बोस का घर कोई सार्वजनिक स्थान नहीं था। ठाकुर को वहाँ ले जाने का एक कारण शायद यह भी हो सकता है कि उन्हें लोगों की भीड़-भाड़ से बचाया जा सके।...उनका रोग जब इसी सीमा तक पहुँच गया था कि उनके गले से खून आने लगा था और उन्हें दक्षिणेश्वर से कलकत्ता ले जाना पड़ा था, तो इसका अर्थ तो यही था कि उन्हें अधिक से अधिक विश्राम और एकांत की आवश्यकता थी।...फिर कोई भी वहाँ कैसे चला जाए। फिर भी छुट्टी वाले दिन वहाँ जाकर उन्हें देखना तो चाहिए न।...

रविवार को प्रातः वे दोनों बड़े संकुचित मन से बलराम बोस के घर पहुँचे। बाहर आए नौकर को अपने आने का प्रयोजन बताया तो वह उन्हें दूसरी मंजिल के बड़े कमरे के द्वार तक छोड़ गया, जिसमें ठाकुर को ठहराया गया था।

शशि ने शरत् की ओर देखा, "मैंने तो सोचा था कि ठाकुर किसी एकांत कक्ष में घर के लोगों की देख-रेख में होंगे, और शायद हमें वहाँ तक कोई जाने भी नहीं देगा।..."

"सोचा तो मैंने भी वही था," शरत् बोला, "पर यहाँ तो लगता है कि कोई उत्सव हो रहा है।"

उन्होंने आगे बढ़कर कमरे में झाँककर देखा : कमरा काफी बड़ा था और लोगों से भरा हुआ था। गिरिशचंद्र घोष और कालीपद घोष बड़े उत्साह से गा रहे थे :

"आमाय धरो निताइ!
आमार प्राण जेनो आज करे रे केमन।..."

कालीपद घोष के विषय में पिछले दिनों शरत् ने बहुत कुछ सुना था। वे कागज-विक्रेता, जान डिकिंसन कंपनी में काफी उच्च पद पर थे। कुछ लोग तो उन्हें कंपनी का सर्वेसर्वा ही मानते थे। गिरीशचंद्र और कालीपद घोष अत्यंत अभिन्न मित्र माने जाते थे। उनका उठना-बैठना, खाना-पीना और सुरापान आदि एक साथ ही होता था। इनके चरित्रों की समानता देखकर कुछ लोग उन्हें जगाई और मघाई कहते थे। नरेंद्र तो कालीपद घोष को 'दानव' या 'दानव काली' कहा करता था। कालीपद लंबा-ऊँचा और पुष्ट शरीर का व्यक्ति था। गिरीशचंद्र के समान ही उसका स्वभाव संयमरहित था और ठाकुर के पास आने से पहले उसकी सारी कमाई वेश्याओं और सुरा पर ही व्यय हुआ करती थी।

ठाकुर के निकट वह अपनी उत्सुकता में ही गया था और बिना प्रणाम किए उद्दंड के समान उनके सम्मुख बैठ, फिर उच्छृंखलता से उठकर बिना कुछ कहे लौट आया था। कालीपद घोष की पत्नी कुछ अन्य गृहिणियों के साथ दक्षिणेश्वर आई थी और ठाकुर को अपने पति के दुराचारों की कथा सुना गई थी। ठाकुर ने उसे आश्वासन दिया था कि उसकी मति अवश्य बदलेगी…कालीपद ने कुछ भजनों की रचना भी की थी और वह स्वयं अच्छा गायक भी था। बेला और बाँसुरी—दोनों ही अच्छी तरह बजा लेता था और ठाकुर उसके इन गुणों पर मुग्ध भी थे।

ठाकुर ने ठीक कहा था कि उसकी मति अवश्य बदलेगी…मति तो उसकी बदल ही रही थी, किंतु उसका स्वभाव तो नहीं बदल रहा था…गिरीश और कालीपद तो अब भी जगाई और मघाई के समान उच्छृंखल ही थे। ठाकुर इतने अस्वस्थ थे…और ये लोग तो अब भी जैसे उत्सव मना रहे थे…ठाकुर जिस स्थिति में पहुँचे हुए थे, उसमें उनसे तो यह अपेक्षा नहीं की जा सकती थी कि वे किसी से यह कहेंगे कि वे अस्वस्थ होने के कारण किसी से नहीं मिलेंगे, अथवा चर्चा नहीं करेंगे…यह तो उनके भक्तों को ही सोचना पड़ेगा…

शरत् की दृष्टि कमरे के भीतर खड़े लाटू पर पड़ी। वह हाथ के संकेत से उन्हें भीतर बुला रहा था।

प्रयत्न करके शरत् और शशि भी किसी प्रकार कमरे में धँस गए।…ठाकुर कमरे के पश्चिमी भाग में, पूर्व की ओर मुख किए हुए समाधिस्थ बैठे थे। उनके चेहरे पर प्रसन्नता तथा आनंद के भाव थे। दाहिना पैर कुछ उठाकर फैला हुआ था, और सामने बैठे एक सज्जन ने श्रद्धा-विगलित होकर, बड़े प्रयत्नपूर्वक, उस चरण को अपने वक्ष पर धारण कर रखा था…

गिरीश और कालीपद अब भी गा रहे थे :

(निताई) जीव के हरिनाम बिलाते
उठलो जे ढेड प्रेम-नदी ते,
सेइ तरंगे एखन आमि भासिए जाई।
(निताई) खत लिखेछि आपन हाते।
अष्ट सखी, साक्षी ताते,
(एखन) कि दिए शुधिबो आमि प्रेमेर महाजन!
(आमार) संचित धन फुराइलो,
तब, ऋणेर शोध न हलो,
प्रेमेर दाये एखन आमि बिकाइए जाई।…

"यह अपने वक्ष पर ठाकुर का चरण धारण करने वाला कौन है?" शशि ने लाटू से पूछा।

"नृत्यगोपाल गोस्वामी है।" लाटू ने बताया, "ठाकुर के रोग का समाचार सुनकर ढाका से उन्हें देखने आया है। वहाँ कॉलेज में पढ़ाता है।"

शरत् और शशि नीचे उतरे तो सीढ़ियों के पास ही उन्हें नरेंद्र मिल गया।

"तुम भी आए हो?" उसने उन्हें अपने साथ आने का संकेत किया, "आओ।"

उसके पीछे-पीछे वे भी एक कमरे में चले गए। वहाँ बलराम, रामचंद्र दत्त और महेंद्र गुप्त बैठे थे।

वे तीनों भी बैठ गए। बलराम ने उनके नमस्कार का हलका-सा उत्तर देकर जैसे अपनी चली आती हुई बात आगे बढ़ाई, "ठाकुर के दर्शनों के लिए लोगों के दल-के-दल आ रहे हैं। यह रोगी का विश्राम-क्षेत्र न होकर जैसे भक्तों का उत्सव-क्षेत्र हो गया है।"

"पर भक्तों के उत्सव के लिए हम ठाकुर के प्राणों के साथ खिलवाड़ नहीं कर सकते।" नरेंद्र बोला, "भक्तों को रोकना होगा।"

"भक्तों को तो फिर कोई किसी प्रकार रोक भी ले।" राम ने कहा, "ठाकुर को कौन रोकेगा? चिकित्सकों के निषेध और हमारी करुणा-प्रार्थना पर कभी-कभी थोड़ा मौन रहते हैं, और फिर जिस उत्साह से लोगों को धर्मोपदेश देते हैं, उससे प्रतीत होता है, मानो वे अपना उपचार करवाने नहीं, धर्मोपदेश देने ही आए हैं।"

"और उस गिरीश को देखो।" बलराम के स्वर में स्पष्ट खीझ थी, "कभी तो वह नए डॉक्टर और नए वैद्य लाने की बात करता है और कभी कहता है कि ठाकुर का रोग तो उनकी लीला मात्र है। जिस दिन चाहेंगे, रोग को झटककर उठ खड़े होंगे।...."

"तो फिर वे इतना कष्ट क्यों पा रहे हैं?" शशि ने पूछा।

"वह कहता है कि कलकत्ता के जो लोग किसी भी कारण से दक्षिणेश्वर नहीं पहुँच सकते थे, उन्हीं को धर्म का आलोक प्रदान करने के लिए ठाकुर स्वयं उनके द्वार पर आ बैठे हैं।" बलराम ने बताया।

"गिरीश के साथ यही तो कठिनाई है।" नरेंद्र बोला, "कब वह अपने होश में स्वयं बोलता है और कब उसका मद बोलने लगता है—यह जानना ही कठिन है।"

"नहीं। अब तो उसने मदिरापान छोड़ दिया है।" महेंद्र गुप्त ने कहा।

"उसने मद्य-सेवन कभी नहीं छोड़ा मास्टर मोशाय।" नरेंद्र मुस्कराया, "केवल अपना नशा बदल लिया है। पहले उसे सुरा का नशा चढ़ा रहता था, अब भक्ति का। अपने होश में तो वह कभी होता ही नहीं।"

"नरेंद्र ठीक कह रहा है।" राम ने उसका समर्थन किया, "किंतु प्रश्न यह है कि उसकी धमाचौकड़ी से ठाकुर की रक्षा कैसे की जाए?...उसी को रोकना कठिन था...अब उसके साथ कालीपद घोष भी है। ऊपर से वह आ गया है नृत्यगोपाल गोस्वामी।...."

"ठाकुर के लिए कोई मकान देख लिया है क्या?" इस बार नरेंद्र कुछ गंभीर भी दिखा और दृढ़ भी।

"श्यामपुकुर स्ट्रीट पर ही गोकुलचंद्र भट्टाचार्य का मकान देखा है।" राम ने बताया, "एकाध दिन में सब तय हो जाएगा।"

"तो वहाँ पहुँचते ही कुछ थोड़ा-सा अनुशासन करना होगा।"···

"कौन करेगा?" बलराम ने उसकी बात काट दी।

"हम करेंगे।" नरेंद्र का सक्षम स्वर गूँजा, "मेरे साथ के ये लड़के करेंगे···ठाकुर को अनावश्यक रूप से कष्ट नहीं दिया जा सकेगा।"

"तुम लोगों को रोक सकोगे?" राम ने पूछा।

"रोकना ही पड़ेगा।" नरेंद्र दृढ़ स्वर में बोला, "संकेत से नहीं समझेंगे, तो शब्दों से समझाएँगे, शब्दों से नहीं समझेंगे, तो बल-प्रयोग करेंगे।···"

राम, बलराम तथा महेंद्र गुप्त—तीनों ने ही नरेंद्र को कुछ इस प्रकार देखा, जैसे वह अपने सामर्थ्य से बहुत बढ़कर बोल रहा था···

"गिरीश को भी रोक लोगे?" बलराम ने पूछा।

"जितना आवश्यक होगा," नरेंद्र ने कहा, "उतना तो रोक ही लेंगे।"

"और तुम ठाकुर के पास कितने समय तक रह सकते हो?" महेंद्र गुप्त ने पूछा, "स्वयं ठाकुर ने भी संदेह प्रकट किया था—तुम्हारी नौकरी, घर, पढ़ाई, मुकदमा···"

"जितना आवश्यक होगा, उतना ठाकुर के पास रहूँगा।" नरेंद्र के स्वर में आवेश था, "उसके लिए जो छोड़ना पड़ेगा, छोड़ दूँगा।"

"क्या छोड़ दोगे?" राम ने पूछा।

"जो भी छोड़ना पड़ेगा, उसकी आप चिंता मत कीजिए।" नरेंद्र मुस्कराया, "ठाकुर को नहीं छोड़ूँगा, और कुछ भी छोड़ना पड़े—नौकरी, पढ़ाई, घर···।"

नरेंद्र के कथन ने सबको जैसे अवाक् कर दिया : वे जानते थे, नरेंद्र झूठ नहीं बोल रहा···नरेंद्र झूठ नहीं बोलता···

किसी के मुख से एक भी शब्द नहीं निकला, तो नरेंद्र ही पुनः बोला, "वैद्य की औषध से कोई लाभ हुआ है क्या?"

"नहीं!" राम बोला, "कोई लाभ नहीं और कोई आशा भी दिखाई नहीं दे रही। मैं सोचता हूँ कि ऐसी स्थिति में ठाकुर को इतनी अधिक मात्रा में इतनी गरिष्ठ और तीव्र औषधियाँ खाने का कष्ट देने का भी क्या लाभ है।···क्यों न हम प्रसिद्ध होम्योपैथ डॉ॰ महेंद्रलाल सरकार की चिकित्सा आरंभ करें?"

"मैं स्वयं यही सोच रहा था।" महेंद्र गुप्त ने कहा।

"जैसी आप सबकी इच्छा।" बलराम भी सहमत हो गया, "हमें तो ठाकुर को स्वस्थ देखना है—चिकित्सक कोई भी हो।"

14

श्यामपुकुर स्ट्रीट की उत्तर दिशा में स्थित गोकुलचंद्र भट्टाचार्य का 55 संख्या का मकान किराए पर ले लिया गया। मकान के मुख्य द्वार के दोनों ओर बैठने के लिए चबूतरे थे और एक सँकरा-सा बरामदा था। आगे चलकर दाहिनी ओर ऊपर चढ़ने के लिए सीढ़ियाँ थीं और सामने आँगन था। आँगन के पूर्वी खंड में दो-तीन छोटे-छोटे कमरे थे। ऊपर की मंजिल में दक्षिण और उत्तर-दक्षिण में एक बड़ा कमरा था। बाईं ओर मार्ग था। इस मार्ग से लगा हुआ बैठक का द्वार था। इसी बैठक

को ठाकुर के रहने के लिए चुना गया था। इस कमरे के उत्तर और दक्षिण में बरामदे थे। उत्तर का बरामदा कुछ अधिक चौड़ा था। पश्चिम की ओर दो छोटे-छोटे कमरे थे। ठाकुर के कमरे में जाने के रास्ते के पूर्व की ओर छत पर चढ़ने की सीढ़ी, और छत पर जाने के दरवाजे के बगल में चार हाथ लंबा और उतना ही चौड़ा एक छायादार चबूतरा था।

डॉ॰ महेंद्रलाल सरकार ठाकुर का परीक्षण करने आए, तो उन्होंने ठाकुर को पहचान लिया। मथुर बाबू के जीवन-काल में उनकी दो-एक बार ठाकुर से भेंट हुई थी।

ठाकुर ने अपना कष्ट बताया, कुछ महेंद्र गुप्त, रामचंद्र दत्त और नरेंद्र ने।

डॉ॰ सरकार ने सारी बात सनुकर कहा, ''मैं औषधि दे रहा हूँ, किंतु रोगी को बहुत सावधानी से रहना होगा। औषधि लेने में प्रमाद नहीं होना चाहिए और खाने में कुपथ्य नहीं होना चाहिए। मुझे प्रतिदिन रोगी का समाचार देने के लिए किसी को आना होगा और मेरे निर्देशों को रोगी तक पहुँचाना होगा।···ठीक है?''

''ठीक है डॉक्टर साहब!'' नरेंद्र बोला, ''किंतु आपका निदान क्या है?''

''तुम उस चक्कर में मत पड़ो।'' डॉक्टर हँसे, '' 'होम्योपैथी' में रोगी के लक्षणों का अध्ययन किया जाता है और उनके अनुसार औषधि दी जाती है··· ।'' वे ठाकुर की ओर मुड़े, ''तो इस समय काली मंदिर में पूजा कौन करता है?''

''मेरा भतीजा है—रामलाल।'' ठाकुर बोले।

''और आप?''

''मैं पेंशन पर हूँ।'' ठाकुर हँस पड़े।

''मंदिर के प्रबंधक भी सरकार के समान कार्य करते हैं।'' डॉक्टर बोले, ''पेंशन भी देते हैं?''

''वे नौकरी पर रखते हैं और त्रुटि होने पर निकाल देते हैं।'' ठाकुर बोले, ''आवश्यक समझने पर किसी-किसी का मंदिर में प्रवेश निषेध भी कर देते हैं, जैसे हृदु का किया और हाजरा का किया।''

''अच्छा।'' डॉक्टर सरकार चलने के लिए उठ खड़े हुए।

डॉक्टर को विदा कर रामचंद्र दत्त, महेंद्रनाथ गुप्त, बलराम बसु, सुरेंद्रनाथ मित्र तथा नरेंद्र नीचे के कमरे में एकत्रित हुए।

''ठाकुर के पास एक व्यक्ति को चौबीस घंटे रहना होगा।'' रामचंद्र दत्त ने कहा।

''लाटू है न उनके पास।'' बलराम ने कहा।

''लाटू तो है।'' राम बोला, ''पर लाटू शारीरिक श्रम ही तो कर सकता है। उसे जो कहिएगा, वह कर देगा, किंतु क्या करना है, इसका निर्णय वह नहीं कर पाएगा। उसके लिए कोई समझदार व्यक्ति चाहिए जो घर से इतना मुक्त हो कि चौबीसों घंटे यहाँ रहे। ठाकुर की स्थिति देखे और समझे।···होम्योपैथिक-पद्धति में यह एक बड़ी कठिनाई है—रोगी के लक्षणों का बहुत सूक्ष्मता से निरीक्षण करना पड़ता है और उन्हें ठीक-ठीक शब्दों में डॉक्टर को बताना पड़ता है।···लाटू क्या यह सब देख पाएगा कि ठाकुर को दिन के किस काल में कष्ट अधिक होता है? कब वे कुछ ठीक रहते हैं? किन दिनों में उनका रोग बढ़ता है, कब कम होता है? वायु, जल, शीत, घाम का उन पर क्या प्रभाव होता है इत्यादि··· । एक भी लक्षण गलत बताया गया तो औषधि व्यर्थ हो जाएगी।···'' राम ने सबकी ओर देखा।

''ठाकुर के पास मैं रहूँगा।'' नरेंद्र बोला, ''आप चिंता न करें।''

राम की आँखों में जैसे विस्मय तैर गया, "तुम चौबीसों घंटे यहाँ रहोगे तो तुम्हारी नौकरी का क्या होगा? पढ़ने कब जाओगे? घर वालों को कैसे देखोगे?"

किंतु नरेंद्र पर राम की इन जिज्ञासाओं और चिंताओं का कोई भी प्रभाव नहीं पड़ा। वह उसी प्रकार अप्रतिहत अपने स्थान पर अडिग खड़ा रहा, "उन सबसे अधिक चिंता मुझे ठाकुर की है। ठाकुर मुझे उन सबसे अधिक प्रिय हैं। उन सबको छोड़ सकता हूँ, ठाकुर को नहीं छोड़ सकता।"

"तुम नौकरी छोड़ दोगे?" राम की चिंता कम नहीं हो रही थी, "इतने समय के पश्चात् इतनी कठिनाई से मिली नौकरी छोड़ दोगे? नौकरी क्या रोज-रोज मिलती है?"

नरेंद्र मुस्कराया, "सच है राम दादा! बड़े प्रयत्न से बहुत दिनों के बाद नौकरी मिली है।···किंतु ठाकुर क्या रोज-रोज मिलते हैं?" वह रुका, "मैं छुट्टी ले लूँगा, नौकरी छोड़ूँगा नहीं।"

राम को लगा कि उसके मन में ठाकुर की अनेक उक्तियाँ स्पष्ट हो रही थीं···वह शायद भक्ति का स्वरूप समझ रहा था।···भक्त को तो भगवान् ही चाहिए, और कुछ भी नहीं। अपनी आजीविका भी नहीं, अपना जीवन भी नहीं।···वह भगवान् को पाने के लिए कुछ भी छोड़ सकता है, कुछ भी···नरेंद्र में और लोगों में एक मूलभूत अंतर है। कितना कठोर और निर्मोही है वह। उसे संसार की माया तनिक भी नहीं व्यापती। धन, रूप, यौवन—उसे कुछ भी मुग्ध नहीं करता।···निर्धनता, असहायता, भूख, रोग, अभाव—उसे कुछ भी भयभीत नहीं करता। ठाकुर उसकी सच्ची ही प्रशंसा करते हैं···

"और तुम्हारा घर?" राम ने पूछा।

"घर को माँ देख लेंगी।" नरेंद्र बोला, "और वैसे भी सुविधानुसार मैं भी तो घर आता-जाता ही रहूँगा···।"

"राम बाबू! तुम यह सब पूछकर उसे हतोत्साहित क्यों कर रहे हो?" बलराम बोला, "वह जानता है कि वह क्या कह रहा है और उसे क्या करना है।···"

"मैं हतोत्साहित नहीं कर रहा," राम ने उत्तर दिया, "मैं तो केवल यह सोच रहा हूँ कि एक आदमी इतना बड़ा दायित्व न ले, अकेले जिसका वह निर्वाह ही न कर सके।" उसने नरेंद्र की ओर देखा, "क्यों नरेन?"

"मैं समझता हूँ राम दादा!" नरेंद्र मुस्करा रहा था, "वैसे मुझे हतोत्साहित करना इतना सरल भी नहीं है।"

"वैसे तो अकेले व्यक्ति पर बहुत बड़ा दायित्व छोड़ना ठीक नहीं है।" बलराम ने अपना तर्क जारी रखा, "किंतु बड़े-से-बड़े आयोजन का प्रभारी तो आखिर एक व्यक्ति ही होता है। बड़े-बड़े साम्राज्यों का सम्राट् भी तो अंततः एक ही व्यक्ति होता है।" उसने रुककर राम को देखा, "यदि अलग-अलग व्यक्ति ठाकुर की अलग-अलग समय देखभाल करेंगे और स्वतंत्र रूप में उनके रोग के विषय में डॉक्टर को बताएँगे तो बहुत संभव है कि डॉक्टर रोग के विषय में ठीक-ठीक समझ ही न पाए। यदि नरेंद्र चौबीसों घंटे की देखभाल का दायित्व लेगा तो अन्य लोग सारी सूचनाएँ नरेंद्र को देंगे और नरेंद्र उन्हें डॉक्टर तक भिजवाएगा।"

"ठीक है।" महेंद्र गुप्त ने बलराम का समर्थन किया, "किंतु एक और व्यक्ति भी तो नरेंद्र के साथ होना चाहिए, जो नरेंद्र के पास रहे और उसके कहने के अनुसार यहाँ-वहाँ आए-जाए। लाटू तो ठाकुर की सेवा के लिए यहीं रहेगा न।"

"आप उसकी चिंता न करें।" नरेंद्र बोला, "एक-आध दिन में अपने आप पता लग जाएगा

कि कौन स्वेच्छा से ठाकुर के पास रहना चाहता है। दिन के समय तो बहुत सारे लोग आते-जाते रहेंगे। उनसे काम चलता ही रहेगा।···और रात के समय मैं और लाटू हैं ही।"

"तो यही ठीक रहा।" बलराम ने कहा, "और ठाकुर का पथ्य? उसके लिए भी तो उचित प्रबंध होना चाहिए। क्या मैं अपने घर से बनवाकर भेज दिया करूँ?"

"अच्छा तो यही है कि रसोई का प्रबंध यहीं हो," महेंद्र गुप्त ने कहा, "नहीं तो बार-बार आने-जाने और सामान लाने में कठिनाई भी होगी और ठीक समय पर पथ्य न मिलने की दुःशंका भी बनी रहेगी।···"

"क्या श्रीमाँ यहाँ नहीं आएँगी?" नरेंद्र ने पूछा, "उन्हीं को ठीक-ठीक मालूम है कि ठाकुर को कब कैसा भोजन चाहिए।"

"यहाँ?" राम बोला, "यहाँ उनके रहने के लिए उपयुक्त स्थान कहाँ है? और फिर उन्हें इतने सारे अपरिचित पुरुषों के बीच अकेले रहने में कठिनाई नहीं होगी?"

"हाँ, कठिनाई तो है।" महेंद्र गुप्त ने भी समर्थन किया, "वे किसी के सामने आतीं भी नहीं। दक्षिणेश्वर के नौबतखाने में रहकर ठाकुर की सेवा में प्रतिदिन नियुक्त रहने पर भी, दो-चार बालक भक्तों के अतिरिक्त—जिनसे ठाकुर ने स्वयं परिचय करा दिया था—और किसी को तो ज्ञात भी नहीं हो सकता कि वे वहाँ रहती भी हैं।"

"इस मकान में स्त्रियों के रहने योग्य, अलग-सा कोई स्थान भी तो नहीं है।" बलराम ने कहा।

"तो फिर गोलाप सुंदरी देवी को ही यह सेवा करने दो।" राम ने कहा, "श्रीमाँ के साथ रहकर भी उन्होंने ठाकुर के भोजन के संबंध में कई बार हाथ बटाया है। और जो लोग ठाकुर की सेवा के लिए यहाँ रहेंगे, उन्हें भी तो भोजन चाहिए।"

"तो अभी इस व्यवस्था को कुछ दिन चलाकर देखो, फिर जैसे ठाकुर की इच्छा।" बलराम ने कहा और वह उठ खड़ा हुआ।

यह एक प्रकार से सबके लिए ही संकेत था। राम और महेंद्र गुप्त भी उठ खड़े हुए।

"मैं स्कूल जा रहा हूँ।" महेंद्र गुप्त ने विदा होते हुए कहा, "संध्या-समय आने का प्रयत्न करूँगा।"

"तो मास्टर मोशाय! किसी को भेजकर मेरे स्कूल में यह सूचना भिजवा दीजिएगा कि मैं कुछ दिनों तक स्कूल नहीं आ सकूँगा।" नरेंद्र ने कहा।

महेंद्र गुप्त रुक गया। कुछ देर मन-ही-मन चिंतन कर बोला, "एक-आध दिन स्कूल न जाना हो तो इतनी सूचना पर्याप्त है, किंतु तुम तो लगता है कि कई दिन स्कूल नहीं जाओगे। ऐसे में तुम्हें विद्यासागर महाशय को सूचना भिजवानी चाहिए।" वह रुका, "सूचना ही नहीं, मेरे विचार से तुम्हें छुट्टी के लिए औपचारिक प्रार्थना-पत्र भी भेजना चाहिए। दफ्तरी कार्रवाई तो पूरी करनी ही होगी।"

"ठीक है।" नरेंद्र बोला, "आज आप सूचना भिजवा दीजिए। आजकल में किसी दिन विद्यासागर महाशय से मिलकर बात कर लूँगा और आवश्यक होने पर प्रार्थना-पत्र भी दे दूँगा।"

"जैसी तुम्हारी इच्छा।"

वे लोग विदा हो गए। नरेंद्र अकेला बैठा रह गया।

वह ऊपर ठाकुर के कक्ष में आया।···ठाकुर इस समय या तो अपनी अल्पकालिक हलकी नींद ले रहे थे, या वैसे ही आँखें बंद किए विश्राम कर रहे थे।···लाटू एक ओर दीवार से टेक लगाए, फर्श पर बैठा-बैठा ऊँघ रहा था।···

नरेंद्र ने निकट जाकर लाटू के कंधे पर हाथ रखा।

लाटू ने आँखें खोल दीं और चुपचाप उसकी ओर देखा : ठाकुर की अस्वस्थता के दौरान और विशेषकर एक सप्ताह बलराम बोस के घर रहकर वह इतना तो सीख ही गया था कि ठाकुर विश्राम कर रहे हों, तो उसे किसी प्रकार का शब्द नहीं करना है।

नरेंद्र ने अंगुलियों के संकेत से उसे अपने पीछे आने के लिए कहा और बाहर निकल गया।

बरामदे में कुछ दूर चलकर उसने लाटू से कहा, "नीचे जाकर कुछ देर सो जाओ। मैं ठाकुर के पास बैठा हूँ।"

"नहीं। मैं ठीक हूँ।" लाटू बोला, "मुझे कोई ऐसी नींद नहीं आ रही। मैं ठाकुर के पास ही रहूँगा।"

"नहीं।" नरेंद्र के स्वर में आदेश था, "ज्यादा भक्ति मत झाड़ो। जो कह रहा हूँ, करो। हो सकता है कि आज रात भी जागना पड़े। उस समय ऊँघ जाओगे तो बड़ी समस्या होगी। जाओ।"

नरेंद्र ठाकुर के कमरे की ओर मुड़ गया। उसने भीतर जाकर धीरे से किवाड़ भिड़ा दिए और ठाकुर के पलंग के पास एक ओर चुपचाप बैठ गया।

ठाकुर का रोग एक-दो दिन में ठीक होने वाला नहीं है।···नरेंद्र सोच रहा था···और यदि डॉक्टरी की पुस्तकों पर विश्वास किया जाए तो यह कैंसर था या रोहिणी···जो भी हो, असाध्य नहीं तो दुःसाध्य रोग था। संभव है कि वह असाध्य ही हो और ठाकुर अपनी लीला का संवरण ही कर रहे हों। ठाकुर के निकट रहने का यही अवसर था। उनसे जो लेना-देना था, वह अब हो ही जाना चाहिए था। न असावधान रहने का अवसर था, न कोताही अथवा प्रतीक्षा का।··· ठाकुर ने उन सबको सेवा का अवसर दिया था, जो उनकी सेवा करना चाहते थे। वे शायद उन सबकी अपने प्रति भक्ति की परीक्षा ले रहे थे···या फिर यह संकेत था कि जिसे ठाकुर से जो कुछ प्राप्त करना था, कर ले! वे अब अधिक दिन नहीं रहेंगे···

सहसा नरेंद्र का ध्यान दूसरी ओर चला गया···जब भी कभी ठाकुर बहुत अबोध और असहाय दिखने लगते थे, जब वे निष्क्रिय पड़े दिखाई देते थे, उनके आसपास कुछ बहुत महत्त्वपूर्ण घटित हो जाता था, जिसके परिणाम दूरगामी होते थे।···ठाकुर जब उसे खोजते हुए साधारण ब्राह्म समाज में आ गए थे और जान-बूझकर उन्होंने अपनी उपेक्षा, अवमानना और अवहेलना स्वीकार की थी···तब भी तो नरेंद्र ने बार-बार यही सोचा था कि उन्होंने अपनी सरलता में अपना अपमान क्यों करवाया?··· पर यह तो बाद में स्पष्ट हुआ था कि उन्होंने अपनी इस सरलता की आड़ में कितनी चतुराई से साधारण ब्राह्म समाज के उन नेताओं के चरित्र का अनावरण कर दिया था। उन लोगों ने ठाकुर की अवमानना करनी चाही थी और ठाकुर ने उनका अवमूल्यन ही कर दिया था···

तो यह रोग, यह अस्वस्थता भी ठाकुर की लीला ही थी क्या? रोगी तो वे हैं ही, रोग भी असाध्य है, इसका कष्ट भी वे झेल रहे हैं,···किंतु इस लीला का प्रयोजन क्या है? भक्तों की परीक्षा? या कुछ और?···या वे चाह रहे हैं कि इस रोग के माध्यम से उनके आसपास के लोगों में आध्यात्मिकता की लालसा उत्कट हो, ईश्वर-लाभ का प्रयत्न तीव्र हो?···

ठाकुर ने अपनी आँखें खोलीं। करवट बदली और नरेंद्र की ओर देखा, "क्यों रे! तू कब से बैठा है यहाँ? पहले तो लाटू था यहाँ।"

"लाटू को मैंने थोड़ा विश्राम करने भेज दिया है।" नरेंद्र बोला, "वह रात-भर का जागा था। यहाँ बैठा-बैठा ऊँघ रहा था।"

ठाकुर ने मुग्ध भाव से नरेंद्र को देखा, "तूने बहुत अच्छा किया। साधारण से अति साधारण जीव का भी वही महत्त्व और सम्मान समझना चाहिए, जो हम अपना समझते हैं। स्वयं को अधिक महत्त्वपूर्ण मानकर, दूसरों की अवहेलना नहीं करनी चाहिए।"

ठाकुर ने उठने का प्रयत्न किया। नरेंद्र ने उन्हें सहारा दिया।

"अब मुझे तेल मलने और नहलाने का काम कौन करेगा?" ठाकुर ने पूछा, "लाटू को तो तूने सुला दिया।"

"मैं करूँगा महाराज!" नरेंद्र बोला, "क्या आपका इतना-सा भी काम आपका नरेन नहीं कर सकता?"

"नहीं। यह तेरा काम नहीं है।" ठाकुर के स्वर में दृढ़ता थी, "तेरे लिए और काम हैं, तू वही कर।"

"ठीक है, थोड़ी देर में काली आ जाएगा।" नरेंद्र बोला, "वह आपके शरीर पर तेल मल देगा और फिर छत पर धूप में चौकी पर बैठाकर नहला भी देगा।"

"हाँ, जा! उसे भेज दे।" ठाकुर ने कहा।

संध्या कुछ ढली और अँधेरा होने लगा तो एक-एक कर सब लोग अपने-अपने घर चले गए।

"काली!" नरेंद्र ने पुकारा, "अब तुम भी घर जाओ। हाँ, रास्ते में गोलाप माँ को उनके घर छोड़ते जाओ।"

"और तुम?" काली ने पूछा, "तुम घर नहीं जाओगे?"

नरेंद्र हँसा, "यदि मैं भी चला गया तो यहाँ ठाकुर के पास कौन रहेगा—लाटू?"

काली मौन खड़ा रह गया : नरेंद्र ठीक ही कह रहा था। ठाकुर को सारी रात लाटू के भरोसे नहीं छोड़ा जा सकता।...लाटू उनकी जी-भर सेवा करेगा, किंतु उसकी व्यावहारिक बुद्धि विकसित नहीं है कि वह सारा दायित्व सँभाल सके। उसके साथ किसी को रहना ही चाहिए। पर नरेंद्र...

"पर तुम तो प्रातः से ही यहाँ हो, अब सारी रात कैसे जागोगे?" काली ने पूछा।

"जागना क्या है?" नरेंद्र बोला, "ठाकुर के पलंग के पास फर्श पर चटाई बिछाकर सोता रहूँगा। ठाकुर पुकारेंगे तो जाग जाऊँगा, नहीं तो ठाठ से खर्राटे लूँगा। नींद नहीं आई तो कुछ पढ़ लूँगा। परीक्षा की तैयारी हो जाएगी।"

काली जानता था कि वास्तविकता यह नहीं है। वह बलराम बसु के घर एक सप्ताह तक ठाकुर के पास रहा था।...ठाकुर तो वैसे ही बहुत कम सोते थे और आजकल तो स्वस्थ भी नहीं थे। प्रत्येक घंटे-डेढ़ घंटे के बाद उन्हें किसी-न-किसी वस्तु की आवश्यकता होती ही थी। कोई यह सोचे कि वह रात-भर ठाकुर की सेवा भी करेगा और सो भी लेगा...तो यह संभव नहीं था।...

"सारी रात सो नहीं पाओगे।" काली बोला, "और थका हुआ उनींदा आदमी पढ़ाई भी क्या करेगा?"

"सेवा-व्रत लेकर नींद की बात नहीं सोचनी चाहिए।" इस बार नरेंद्र गंभीरता से बोला, "सेवा तो उपासना है। उपासना के भाव से ही सारी रात जागना चाहिए।"

काली थोड़ी देर मन-ही-मन विचार करता रहा और सहसा उसकी मुद्रा बदल गई, "गोलाप

माँ को उनके घर छोड़कर मैं भी यहीं आ रहा हूँ। मैं तुम्हारे साथ रहूँगा। ठाकुर की सेवा का सारा यश तुम अकेले को नहीं लेने दूँगा।''

''अरे, नहीं! उसकी आवश्यकता नहीं है।''

''तुम्हें नहीं है, मुझे तो है।'' काली ने कहा। वह अपने स्थान से हिला नहीं। वहीं खड़ा नरेंद्र को देखता रहा।

काली का विचार था कि नरेंद्र या तो उसे डपट देगा, या कठोर स्वर में कहेगा कि यह उसका आदेश है।...किंतु नरेंद्र ने ऐसा कुछ नहीं कहा। वह मुस्कराया, ''तो दिन-रात यहीं रहने का विचार है—चौबीसों घंटे?''

''तुम रहोगे तो मैं भी रहूँगा।'' काली ने कहा।

''मैं तो रहूँगा ही।'' नरेंद्र मुस्कराया, ''मैंने ठाकुर का पूर्ण सेवा-कर्म ग्रहण किया है। उनकी चिकित्सा करवाने के लिए एक भी पैसा नहीं दे सकता, तो सेवा तो करनी ही चाहिए न।''

''हम मिलकर भी तो सेवा कर सकते हैं।''

''ठीक है।'' नरेंद्र का स्वर गंभीर और आदेशात्मक हो गया, ''यहाँ रहोगे तो मेरा अनुशासन मानना होगा। दिन-रात न जागने दूँगा, न काम करने। दिन-रात काम करके बीमार पड़ोगे तो तुम्हारी सेवा कौन करेगा? ठाकुर को देखूँगा या तुम्हें? इसलिए दो घंटे दिन में और दो घंटे रात में तुम ठाकुर की सेवा करोगे। दोपहर को उनके शरीर में तेल लगाओगे और छत पर ले जाकर धूप में नहलाओगे। स्वीकार?''

''स्वीकार।''

''तो जाओ।'' नरेंद्र बोला, ''गोलाप माँ को उनके घर छोड़ आओ।''

महेंद्र गुप्त प्रातः काफी जल्दी आ गया। उसने झाँककर ठाकुर के कमरे में देखा, ठाकुर शायद नाम-जाप कर रहे थे। नरेंद्र भी आँखें बंद किए हुए एक ओर बैठा था। महेंद्र ने हाथ जोड़कर ठाकुर को प्रणाम किया और नरेंद्र को बाहर आने का संकेत किया।

नरेंद्र की आँखें खुल गईं। वह ध्यान नहीं कर रहा था, आँखें बंद कर कुछ विचार कर रहा था। उसने महेंद्र को देखा और उठकर बाहर आ गया।

''क्या बात है मास्टर महाशय! कुछ चिंतित लग रहे हैं!'' नरेंद्र ने कहा।

''हाँ, बात तो चिंता की ही है।'' महेंद्र गुप्त ने कहा, ''कल मैं विद्यासागर महाशय से मिला था—स्कूल से तुम्हारी छुट्टी के संदर्भ में।''

''तो?''

''उन्होंने पूछा—कितने दिन की छुट्टी चाहिए?''

''मैंने लिख तो दिया था—अनिश्चित काल के लिए। जब तक ठाकुर स्वस्थ नहीं हो जाते।'' नरेंद्र बोला, ''मैं दिनों में गिनकर समय कैसे बता सकता हूँ?''

''मैंने भी उनसे यही कहा था।'' महेंद्र गुप्त बोला।

''तो क्या कहा उन्होंने?''

''उन्होंने कहा कि नरेंद्र बहुत महान् कार्य कर रहा है। ठाकुर की सेवा बहुत आवश्यक है, किंतु अध्यापक के लिए विद्यालय ही उसका मंदिर है। पढ़ाना उसकी उपासना है, और अपने विद्यार्थियों के विकास का सतत प्रयत्न उसका धर्म है।'' महेंद्र गुप्त ने बताया, ''उन्होंने कहा कि ठाकुर के

रोग की अवधि निश्चित नहीं है और वे अनिश्चित काल के लिए विद्यार्थियों की पढ़ाई के प्रति उदासीन नहीं रह सकते। नरेंद्र को विद्यार्थियों की सेवा पहले करनी चाहिए, ठाकुर की बाद में।''

''आप जानते हैं, मैं यह नहीं कर सकता।'' नरेंद्र अत्यंत सहज भाव से बोला।

''मैंने भी उनसे यही कहा था।'' महेंद्र गुप्त ने उत्तर दिया, ''तो उन्होंने कहा, कि यदि यह स्थिति है तो नरेंद्र को चाहिए कि नौकरी से त्याग-पत्र दे दे, उसे इस प्रकार छुट्टी नहीं मिल सकती।''

''तो आप त्याग-पत्र लेते जाइए।'' नरेंद्र अत्यंत शांत स्वर में बोला, ''मुझे ऐसी नौकरी नहीं करनी है।''

''क्या तुम विद्यासागर महाशय से इस विषय में बात करना नहीं चाहोगे?''

''इसमें बात क्या करनी है और अनुनय-विनय भी क्या करनी है।'' नरेंद्र तनिक भी अस्थिर दिखाई नहीं दे रहा था, ''विद्यासागर महाशय कुछ अनुचित तो कह नहीं रहे। इस समय अपने विद्यार्थियों का विकास ही उनके जीवन का चरम लक्ष्य है, और मेरे लिए अपने गुरु की सेवा।'' नरेंद्र रुका, ''वे अपने धर्म का निर्वाह कर रहे हैं और मैं अपने धर्म का।''

''पर तुम्हारा परिवार?'' महेंद्र गुप्त पर्याप्त चिंतित दिखाई दे रहा था।

''अपने संसार को देखूँ या अपने ईश्वर को?'' नरेंद्र हँसा, ''मेरे मन में कोई द्वंद्व नहीं है मास्टर मोशाय! आप मेरा त्याग-पत्र ले जाइए।...मैं बहुत पहले से जानता हूँ कि मेरा जन्म नौकरी करने अथवा चाँपातला के मैट्रोपोलिटन इंस्टिट्यूशन के छात्रों को पढ़ाने के लिए नहीं हुआ है।''

तभी शशि प्रायः भागता हुआ आया , ''नरेन! नरेन! मैंने सुना है कि तुम कल सुबह से यहीं हो। रात को भी यहीं रहे। न स्कूल गए, न घर। न पढ़ने, न पढ़ाने। मुझे क्यों नहीं बताया?''

''क्या नहीं बताया?'' नरेंद्र हँसा।

''मेरा तात्पर्य है कि...'' शशि कुछ अटका, ''मैं भी ठाकुर की सेवा के लिए यहाँ रहना चाहता हूँ।''

''तुम्हारे माता-पिता मान जाएँगे?'' नरेंद्र ने पूछा।

''तुम क्या अपनी माता की अनुमति से यहाँ रह रहे हो?'' शशि ने जैसे उस पर प्रहार किया।

''तुम जानते हो, मैं आरंभ से ही परम स्वतंत्र हूँ।'' नरेंद्र मुस्कराकर बोला, 'मैं तो परंपरागत आदर्श पुत्र कभी भी नहीं रहा। अपनी जीवन-पद्धति के संदर्भ में न मैं उनकी अनुमति पर निर्भर रहा, न मैंने उनकी आज्ञाओं का पालन किया।''

''वह तो ठीक है,'' शशि बोला, ''पर ठाकुर की सेवा मेरा भी तो धर्म है।''

''हाँ, है तो।'' नरेंद्र ने उत्तर दिया, ''किंतु क्या अभी तक तुम्हारी समझ में नहीं आया कि ठाकुर का धर्म और हमारे माता-पिता का धर्म सदा से आत्म-विरोधी रहे हैं? माता-पिता सदा ही हमें बाँधकर माया की गोद में डाल देना चाहते थे और ठाकुर हमारे सारे बंधन काटकर हमें ईश्वर के चरणों तक पहुँचाना चाहते रहे हैं।''

कुछ क्षण शशि नरेंद्र की ओर देखता रहा और फिर बोला, ''नरेन! कभी तो हमें एक ओर हो ही जाना है। दो नौकाओं में पग रख हम कहीं नहीं पहुँच पाएँगे।''

''तो?''

''मैं यहीं, तुम्हारे साथ रहकर ठाकुर की सेवा करूँगा।'' शशि का स्वर पर्याप्त दृढ़ था।

''भोजन करने घर जाओगे तो माता-पिता समझाएँगे, लुभाएँगे, डाँटेंगे, और बहुत संभव है कि पीटें भी, या बाँधकर घर में रख लें।'' नरेंद्र बोला, ''और तुम तो अपने काका-काकी के पास

रहते हो। उन्हें तुम्हारे कारण परेशानी होगी।''

''मैं भोजन करने घर नहीं जाऊँगा।''

''सोने के लिए तो जाओगे?''

''नहीं, सोने के लिए भी नहीं जाऊँगा।'' शशि बोला, ''यहीं रहूँगा, यहीं सोऊँगा, यहीं खाऊँगा—तुम्हारे साथ।''

''सोच लो।'' नरेंद्र ने उसे परीक्षक दृष्टि से देखा, ''यह न हो कि हम तुम्हें कोई दायित्व सौंपें और फिर पता चले कि शशिभूषण महाराज अपने घर से ही निकल नहीं पा रहे हैं।''

''नहीं, ऐसा नहीं होगा।'' शशि बोला, ''बोलो, क्या दायित्व सौंपते हो?''

''ठाकुर की सेवा—दो घंटे दिन में, दो घंटे रात में।'' नरेंद्र बोला, ''और जो काम आवश्यक लगे।''

''ठीक है।''

''जाओ, ठाकुर के पास।''

तभी पीछे से किसी ने पुकारा, ''नरेन! नरेन!''

नरेंद्र ने घूमकर देखा : छोटा गोपाल दौड़ता हुआ आ रहा था।

''लो, एक और गुरु-भक्त स्वयं-सेवक आ गया।'' उसके कुछ कहने से पहले ही नरेंद्र बोला, ''अब यह भी यहीं रहने के लिए झगड़ा करेगा।''

15

डॉ॰ सरकार ठाकुर को देखने के लिए आए।···स्वास्थ्य में सुधार नहीं हो रहा था। उनकी औषधि का अपेक्षित फल नहीं मिल रहा था।···

''लक्षणों की दृष्टि से औषधि तो सही है।'' डॉक्टर ने जैसे अपने आपसे कहा, ''कहीं पथ्य में तो गड़बड़ नहीं है। अवश्य ही पथ्य में गड़बड़ हुई है।'' डॉक्टर ने मुड़कर ठाकुर की ओर देखा, ''बताइए, आज क्या खाया है?''

''प्रातः भात का मंड। तरकारी का रसा और दूध।'' ठाकुर ने बताया, ''संध्या-समय दूध तथा जौ का मंड।''

डॉक्टर कुछ देर सोचते रहे, फिर बोले, ''किस-किस तरकारी का रसा?''

''आलू, कच्चा केला और बैंगन।'' ठाकुर ने कहा, ''और फूल गोभी के भी दो-एक टुकड़े।''

डॉक्टर ने चौंककर ठाकुर की ओर देखा, ''फूल गोभी खाई है? खाने में अपथ्य हुआ है। फूल गोभी बहुत ही गर्म और दुष्पाच्य है। कितने टुकड़े खाए हैं?''

''एक टुकड़ा भी नहीं खाया।'' ठाकुर ने बताया, ''परंतु रसे में उसे देखा था।''

''खाया हो या नहीं, रसे में उसका सत्त्व तो था ही।'' डॉक्टर ने कहा, ''आपके हाजमे में गड़बड़ी हुई है और अपच होने से रोग की वृद्धि हुई है।''

''यह कैसी बात!'' ठाकुर चकित थे, ''गोभी खाई नहीं कि पेट का रोग हुआ नहीं···ऐसी बात तो मन नहीं मानना चाहता।···''

''उस थोड़े से ही कितनी हानि हो सकती है, यह आप लोग नहीं समझते। मैं आपको एक

घटना सुनाता हूँ।'' डॉक्टर ने कहा, ''मुझे भी बीच-बीच में अजीर्ण रोग हो जाता है, इसलिए मैं खाने के विषय में बहुत सावधान रहता हूँ। दुकान की कोई चीज मैं नहीं खाता, तेल, घी तक घर में बनवा लेता हूँ···फिर भी एक दिन मुझे जुकाम हुआ और ब्रांकाइटस में बदल गया। जब वह किसी भी औषधि से ठीक नहीं हुआ, तो मन में आया कि खाने में कोई गड़बड़ हो रही है। बहुत खोजने पर भी कहीं कोई गड़बड़ दिखाई नहीं पड़ी।···सहसा एक दिन देखा कि जिस गाय का दूध मैं पीता हूँ, नौकर उसे बहुत-सी उड़द-दाल खिला रहा है। पूछने पर पता चला कि कहीं से कई मन उड़द-दाल मिल गई थी। जुकाम के डर से कोई उसे खाता नहीं था, इसलिए कुछ दिनों से उसे गाय को खिलाया जा रहा था। अनुमान लगाया, जब से गाय को उड़द की दाल खिलाई जा रही थी, प्रायः उसी समय से मुझे रोग हुआ था। गाय को उड़द खिलाना बंद कर दिया गया तो धीरे-धीरे मेरा रोग भी ठीक हो गया।···''

डॉक्टर ने ठाकुर की ओर देखा तो ठाकुर ने हँसते हुए कहा, ''यह क्या? यह तो वैसा ही है, जैसे कोई कहे कि मैं इमली के पेड़ के नीचे से गुजरा था, इसलिए मुझे जुकाम हो गया।''

''हाँ, रोग भी ऐसा है और उपचार भी वैसा ही होगा।'' डॉक्टर ने हँसकर कहा, ''लीजिए, ये दो गोलियाँ।''

ठाकुर ने गोलियाँ लीं और बोले, ''ये गोलियाँ दी हैं—पुरुष और प्रकृति।''

''यह तो बड़ी सुंदर बात है।'' डॉक्टर ने कहा।

''तो फिर एक बार थैंक-यू भी तो कहो।''

डॉक्टर ने ठाकुर के परिहास को अपनी भूल समझा। क्षतिपूर्ति के रूप में कहा, ''क्या आप मेरे मन का भाव नहीं समझ रहे हैं? इतना कष्ट करके आपको देखने के लिए यहाँ आता हूँ।''

''मूर्ख के कल्याण के लिए भी तो कुछ कहो।'' ठाकुर पुनः हँसे, ''विभीषण ने लंका के राजा का पद अस्वीकार किया। कहा, 'राम! जब तुम मिल गए, तो अब राज्य का क्या करना?' राम ने कहा, 'विभीषण! तुम मूर्खों के लिए राजा बनो। जो लोग कह रहे हैं कि तुमने राम की इतनी सेवा की, किंतु तुम्हें क्या मिला? उनकी शिक्षा के लिए तुम राजा बनो।' ''

''यहाँ उस प्रकार का मूर्ख है कौन?'' डॉक्टर हँसे।

''कौन क्या है, पता कहाँ लगता है।'' ठाकुर बोले, ''बंकिमचंद्र चैटर्जी है न, तुम्हारे दल का एक पंडित—उससे भेंट हुई। मैंने पूछा, 'आदमी का कर्तव्य क्या है?'' तब उसने कहा, 'आहार, निद्रा और मैथुन।' इस तरह की बातें सुनकर मुझे घृणा हो गई। मैंने कहा, 'तुम्हारी ये कैसी बातें हैं? तुम तो बड़े छिछोरे हो। तुम रात-दिन जैसी चिंताएँ किया करते हो, वही मुँह से भी निकल रहा है। मूली खाने से मूली की ही डकार आती है।' फिर बहुत-सी ईश्वरीय बातें हुईं। कमरे में संकीर्तन हुआ। मैं नाचा भी। तब उसने कहा, ''महाराज! एक बार हमारे यहाँ भी पधारिएगा।' मैंने कहा, 'देखो, ईश्वर की इच्छा।' तब उसने कहा, 'हमारे यहाँ भी भक्त हैं, आप देखिएगा।' मैंने हँसते हुए कहा, 'किस तरह के भक्त हैं जी? जिन लोगों ने 'गोपाल-गोपाल कहा था, वैसे?'···''

''यह 'गोपाल-गोपाल' क्या है?' डॉ॰ सरकार ने टोका।

ठाकुर अब तक पूर्णतः कथा सुनाने की मुद्रा में आ गए थे। बोले, ''एक सुनार की दुकान थी। उस दुकान के सब लोग बड़े भक्त दिखते थे—परम वैष्णव। गले में माला, माथे पर तिलक, हाथ में सुमिरनी। लोग विश्वास करके उन्हीं की दुकान में आते थे। वे सोचते थे, ये परम भक्त हैं, कभी ठग नहीं सकते। खरीददारों का एक दल जब वहाँ पहुँचता तो सुनता कि कोई कारीगर

'केशव-केशव' कह रहा है, एक दूसरा कुछ देर बाद 'गोपाल-गोपाल' रट रहा है, फिर थोड़ी देर बाद कोई 'हरि-हरि' बोल रहा है, फिर थोड़ी देर में कोई 'हर-हर' आदि-आदि। ईश्वर के इतने नाम एक साथ सुनकर खरीददार सहज ही सोचते थे, इस घराने के सुनार बड़े अच्छे हैं। पर इसका वास्तविक अर्थ क्या था, जानते हो? जिसने 'केशव-केशव' कहा था, वह पूछ रहा था, 'यह कौन है?' 'गोपाल-गोपाल' का अर्थ था, 'ये सब गौवों के दल हैं।' 'हरि-हरि' कहने वाले का अभिप्राय था, 'क्या इनका हरण करें?' 'हर-हर' से संकेत था, 'हाँ! हरण करो।' ''

ठाकुर ने बात पूरी की तो डॉ॰ सरकार हँसते हुए उठ खड़े हुए, ''आपके पास बैठकर तो बातों में ऐसा रस आने लगता है कि उठने का मन ही नहीं करता।'' वे रुके, ''अच्छा! अब चलता हूँ। फिर आऊँगा।···अब ध्यान रखिएगा कि कुपथ्य न हो।''

रामचंद्र दत्त, सुरेंद्रनाथ मित्र तथा नरेंद्र डॉक्टर के साथ-साथ बाहर आए। डॉक्टर विदा होने के लिए मुड़ने ही वाले थे कि राम ने पूछा, ''डॉक्टर साहब! आपकी फीस?''

डॉक्टर सरकार रुक गए। उनके चेहरे से चलने का वह त्वरित भाव भी विलीन हो गया। वे सहज मुस्कान से राम की ओर मुड़े, ''मैं पहली बार आपसे फीस लेने का अपराध कर चुका हूँ। अब जान गया हूँ कि ठाकुर के पास तो अपना कोई धन है नहीं। आप लोग भी कोई धनी व्यक्ति नहीं हैं। मिलजुलकर आप लोग अपने गुरु का उपचार और उनकी सेवा कर रहे हैं। नरेंद्र जैसे युवक दिन-रात जुटे हैं। मैं अब फीस नहीं लूँगा।'' वे क्षण-भर रुककर मुस्कराए, ''आप तनिक भी चिंता न करें। मैं फीस लिए बिना यथासाध्य चिकित्सा करके, आप लोगों के इस शुभ कार्य में सहायता करना चाहूँगा···पर हाँ, आप लोगों से यह अपेक्षा अवश्य है कि औषध ठीक समय से, ठीक मात्रा में सावधानी से दें तथा खाने-पीने में कुपथ्य न होने दें।''

डॉक्टर विदा हो गए। रामचंद्र दत्त और सुरेंद्रनाथ मित्र भी भीतर जाने के लिए मुड़ गए। नरेंद्र एक विचित्र-सी मनःस्थिति में खड़ा रह गया। उसके भीतर सहसा ही जैसे कुछ प्रकाशित हो उठा था।···यह प्रक्रिया उस ज्योति-दर्शन से भिन्न थी, जो ध्यान करते समय उसे होता था। यह तो एक विचार का बिजली के समान कौंधना था जो उसके सारे व्यक्तित्व को जैसे भीतर से आलोकित कर गया था।···उसे लगा था, ठाकुर, जो ऊपर उस कमरे में लेटे हुए हैं, स्वयं कुछ भी करते दिखाई नहीं देते, एक अद्‌भुत और सूक्ष्म ढंग से किसी-न-किसी को निमित्त बनाकर अपना काम कर लेते हैं। मकान का किराया सुरेंद्रनाथ मित्र दे रहे थे, भोजन इत्यादि का खर्च बलराम बोस···अन्य खर्च रामचंद्र दत्त, गिरीश, महेंद्र गुप्त इत्यादि।···ठाकुर ने जैसे मकान के किराये और भोजन के व्यय के लिए पात्र नियुक्त कर लिए थे, वैसे ही अब अपने लिए एक डॉक्टर भी नियुक्त कर लिया था, जो अपनी फीस भी नहीं लेगा।···राम, सुरेंद्र, बलराम, महेंद्र इत्यादि लोग सोच रहे होंगे कि ठाकुर अपने पालन-पोषण, चिकित्सा और देखभाल के लिए उन पर निर्भर हैं। वे लोग ठाकुर का पालन-पोषण कर रहे हैं···उनके मन में शायद कभी यह बात नहीं उठी होगी कि वे ठाकुर का बोझ नहीं उठा रहे, ठाकुर ही उन्हें यश और श्रेय दे रहे हैं···ठाकुर की कार्य-पद्धति तो पूर्णतः ईश्वर की पद्धति के समान है, जहाँ वह कर्ता होकर भी अकर्ता दिखाई देता है। मनुष्य ही ऐसा प्राणी है जो अकर्ता होते हुए भी न केवल 'कर्ता' दिखाई देता है, वरन् वह अपने आपको कर्ता मानता भी है।···

वह भी मुड़ा और भीतर चला आया। गिरीश, राम, सुरेंद्र तथा महेंद्र गुप्त तो वहाँ बैठे ही थे, गोपालचंद्र घोष भी कहीं से आकर वहाँ खड़े हो गए थे।

गोपालचंद्र घोष को प्रायः लोग गोपाल दा कहते थे, किंतु ठाकुर उन्हें बूढ़ा गोपाल कहते

थे। अवस्था की दृष्टि से गोपालचंद्र घोष, ठाकुर से भी आठ वर्ष बड़े थे, और बड़ी उम्र में ही ठाकुर के पास आए थे। श्रीमाँ लाटू के समान ही गोपाल दा से भी निःसंकोच बात कर लेती थीं, इसलिए ठाकुर की सेवा की दृष्टि से गोपाल दा भी काफी उपयोगी थे।

''ठाकुर की शारीरिक व्याधि एक मिथ्या स्वाँग मात्र है।'' गिरीश अपनी गूँजती हुई अभिनेता की वाणी में कह रहा था, ''किसी विशेष लक्ष्य से, किसी उद्देश्य के साधन के लिए ही जानबूझकर उन्होंने उसे अंगीकार कर लिया है। जब उनकी इच्छा होगी, वे उसे झटककर उठ खड़े होंगे और पहले के समान ही स्वस्थ हो जाएँगे।'' उसने रुककर अपने श्रोताओं पर ऐसी दृष्टि डाली, जैसे उन सबको सम्मोहित कर लेना चाहता हो, ''अरे, अवतारों को भी कभी रोग-शोक हुआ है! यह सब तो उनकी लीला है, जैसे कोई अभिनेता मंच पर अभिनय करता है। यदि मैं 'बिल्वा-मंगल' में अंधे व्यक्ति का अभिनय करूँ, तो क्या मैं सचमुच अंधा हो जाऊँगा···''

''तुम अंधे नहीं होगे,'' सुरेंद्रनाथ मित्र ने कहा, ''और तुम्हें अंधत्व का कष्ट भी नहीं होगा···किंतु ठाकुर कितने कष्ट में हैं, तुम देख नहीं रहे हो? न खा-पी सकते हैं, न ठीक से सो सकते हैं।''

''मेरा अभिनय देखने वाले को भी लगेगा कि मैं उस चक्षुहीनता के कारण बहुत कष्ट में हूँ, धक्के खाता हूँ, टकराता हूँ, गिरता हूँ, मेरे मुख से पीड़ा के कारण कराह भी निकल जाती है।···मैं जानता हूँ कि मैं गिरीशचंद्र घोष हूँ, और अभिनय कर रहा हूँ—फिर भी दर्शकों को यह कभी नहीं लगेगा कि मैं सिवाय एक अंधे के कुछ और हूँ।''

''तुम्हारा अभिनय वाला दृष्टांत अपनी जगह ठीक हो सकता है, किंतु यह मानना मेरे लिए कठिन है कि ठाकुर को कोई कष्ट ही नहीं है।'' राम ने अपना मत व्यक्त किया।

''तो फिर उनमें और हममें अंतर ही क्या?'' गिरीश अपनी बात पर अड़ा रहा, ''यदि वे साधारण मनुष्य के समान सचमुच रोग-पीड़ित हैं, तो वह पीड़ा साधारण मनुष्यों के ही समान अपने कर्म-फल के रूप में होनी चाहिए।'' उसने घूरकर राम को देखा, ''तुम यह कहना चाहते हो कि ठाकुर ने इस जन्म अथवा अपने पिछले जन्म में ऐसे पाप-कर्म किए थे जिनके कारण जगत्माता उन्हें इस रूप में दंडित कर रही हैं?''

''नहीं! मैं यह नहीं कह रहा।'' राम जैसे इस लांछन से सिहर उठा, ''मैं कह रहा हूँ कि जगदंबा ने जन-कल्याण हेतु अपना कोई प्रगाढ़ अभिप्राय सिद्ध करने के लिए इन्हें कुछ समय के लिए व्याधिग्रस्त कर रखा है। इस रहस्य का उद्घाटन ठाकुर स्वयं भी कर सकते हैं या नहीं, कहा नहीं जा सकता। पर मैं यह मानता हूँ कि जगदंबा का उद्देश्य पूरा होते ही वे ठाकुर को पुनः पूर्णतः स्वस्थ कर देंगी।''

''जब पुनः पूर्णतः स्वस्थ करना ही है, तो जगदंबा उन्हें इतना कष्ट ही क्यों देंगी?'' गिरीश ने पूछा।

''क्यों अपने जीवन में श्रीराम ने कष्ट नहीं सहे या श्रीकृष्ण ने?'' राम ने कहा, ''अंततः तो वे लोग पूर्णकाम हुए ही।···''

''एक बात मैं भी कहना चाहता हूँ राम दादा!'' नरेंद्र ने राम की बात बीच में ही काट दी, ''जन्म, मृत्यु, जरा, व्याधि आदि शरीर के धर्म हैं। शरीर होगा तो हम इनसे मुक्त नहीं रह सकते। श्रीराम और श्रीकृष्ण ही नहीं, बुद्ध और ईसा ने भी जब शरीर धारण किया तो शरीर के कष्ट पाए ही। सबसे बड़ी बात यह है कि उनके शरीरों का भी क्षय हुआ।···''

''तुम्हारा विचार है कि ठाकुर के शरीर का भी नाश होगा ही?'' गोपाल दादा ने पूछा।

''क्यों नहीं होगा?'' नरेंद्र का स्वर अत्यंत दृढ़ था, ''जो अजर और अमर है, वह है आत्मा।

शरीर तो है ही नश्वर। आत्मा के धरातल पर ठाकुर ही नहीं, हम भी अजर-अमर हैं। किंतु शरीर किसी का भी अजर-अमर नहीं है। ठाकुर का भी नहीं।'' उसने सीधे गिरीश की आँखों में देखा, ''इसका यह अर्थ कदापि नहीं है जी॰ सी॰ कि हम उनकी सेवा-सुश्रूषा नहीं करेंगे या उनकी चिकित्सा नहीं करेंगे। हम उन्हें नीरोग करने के लिए जी-जान से उनकी सेवा करेंगे, और उन्होंने मानव-जीवन का जो उच्च आदर्श हमारे सामने उपस्थित किया है, उसी साँचे में अपना जीवन गठित करने के लिए, हम यथासाध्य चेष्टा करेंगे तथा साधन-भजन में लगे रहेंगे।''

''इसका तो अर्थ हुआ कि तुम उन्हें अवतार नहीं मानते?'' गिरीश ने कहा।

''मैं उन्हें क्या मानता हूँ, क्या नहीं मानता—यह मैं ही जानता हूँ।'' नरेंद्र बोला, ''तुम्हें तो मैं केवल इतना कह रहा हूँ कि प्रकृति के कुछ नियम हैं। सारी सृष्टि उन नियमों के अधीन है। उसी प्रकृति का नियम है कि भौतिक शरीर अजर-अमर नहीं होता। जिसका जन्म होता है, उसकी मृत्यु भी होती है…और इसका अपवाद कोई नहीं है…।''

तभी बलराम बसु सीढ़ियों से नीचे उतरा।

''बलराम बसु भी नहीं?'' गिरीश ने अत्यंत गंभीरता से पूछा और फिर जोर का ठहाका लगाया।

''कुछ सोचा है तुम लोगों ने ठाकुर के पथ्य के विषय में?'' बलराम ने निकट आकर पूछा, ''यदि ऐसा ही चलता रहा तो ठाकुर को आराम कैसे होगा?''

''श्रीमाँ यहाँ आ जाएँ तो।'' सुरेंद्र ने कहा।

''वे आएँगी?'' गिरीश ने पूछा।

''प्रयत्न करने में क्या हर्ज है।'' गोपाल दादा ने कहा, ''हमने तो अपनी ओर से ही मान लिया है कि वे नहीं आएँगी।''

''नहीं। हमने यह माना है कि उन्हें यहाँ आकर कष्ट होगा।'' महेंद्र गुप्त ने कहा।

''यदि उनके यहाँ न आने का कारण इतना ही है,'' नरेंद्र ने कहा, ''तो हम सुविधा से मान सकते हैं कि वे ठाकुर के कष्ट की बात सुनकर अपने कष्ट की तनिक भी चिंता नहीं करेंगी।'' वह क्षण-भर रुका, ''मुझे तो यह भी लगता है कि वे दक्षिणेश्वर में भी अत्यंत कष्ट में ही रहती हैं। नौबतखाने की वह कोठरी किसी के निवास के लायक तो है ही नहीं। फिर भी वे इतने दिनों से वहाँ निवास कर रही हैं कि किसी को उनके वहाँ वर्तमान होने का आभास तक नहीं होता।…''

''तो उनसे निवेदन किया जाए।'' गोपाल दादा पर्याप्त उत्साहित थे, ''मेरा विचार है वे मना नहीं करेंगी।''

''पर उनसे निवेदन करने से पूर्व हमें ठाकुर से पूछ लेना चाहिए।'' राम ने धीरे से कहा, ''बहुत संभव है कि वे ठाकुर ही की अनिच्छा के कारण यहाँ न आ रही हों।''

''बहुत संभव है।'' महेंद्र ने अपनी सहमति प्रकट की, ''मेरा भी मत है कि पहले ठाकुर से पूछ लें। ठाकुर ने श्रीमाँ को पानिहाटी जाने से मना तो नहीं किया था, किंतु वे उनकी इच्छा समझ गई थीं और नहीं गई थीं।''

वे लोग ऊपर ठाकुर के कमरे में आए। शशि और छोटा गोपाल ठाकुर के कमरे में थे और ठाकुर उन्हीं से बातें कर रहे थे।

''महाराज! हम लोग यह विचार कर रहे हैं कि आपका पथ्य तैयार करने के लिए श्रीमाँ से यहाँ आने का निवेदन करें।'' राम ने ठाकुर के पास जाकर धीरे से कहा, ''उससे आपको भी सुविधा हो जाएगी और हमें भी।''

"अरे! वह यहाँ आकर रह सकेगी क्या? इतनी तो वह लज्जाशील है।" ठाकुर बोले, "जो हो, उससे पूछकर देखो। सारी बातें जानकर, वह आना चाहे तो आए।"

गोपाल दादा अविलंब श्रीमाँ के पास दक्षिणेश्वर चले गए।

"ठाकुर कैसे हैं?" श्रीमाँ ने पूछा, "कुछ स्वास्थ्य-लाभ हुआ?"

"नहीं, कोई ऐसा विशेष लाभ तो दिखाई नहीं देता।" गोपाल दादा ने बताया।

श्रीमाँ कुछ चिंतित हुईं, "क्यों? डॉक्टर योग्य नहीं या औषध लाभकारी नहीं है?"

"नहीं, वह सब तो ठीक है।" गोपाल दादा ने बताया।

"तो फिर क्या बात है?"

"डॉक्टर के निर्देश के अनुसार पथ्य तैयार करने वाला कोई व्यक्ति नहीं है।" गोपाल दादा ने बताया, "इसलिए कदाचित् रोग बढ़ गया है।"

"ओ माँ!" श्रीमाँ का स्वर चिंतित था, "तो मुझे क्यों नहीं बताया? मैं आ जाती।"

"वहाँ आपके रहने की सुविधा नहीं है।" गोपाल दादा ने कहा, "यही सोचकर···।"

"मेरी सुविधा-असुविधा अधिक महत्त्वपूर्ण है या ठाकुर का स्वास्थ्य?" श्रीमाँ का स्वर अशांत हो उठा, "सुविधा नहीं है, तो न सही। ठाकुर ने स्वयं ही तो कहा था, 'जब जैसा तब तैसा, जहाँ जैसा वहाँ वैसा, जिसे जैसा उसे वैसा।' क्या मैं ठाकुर के उपदेशानुसार देश-काल-पात्र भेद से अपना व्यवहार नहीं बदल सकती?"

"भूल हुई माँ!" गोपाल दादा ने कहा, "उस मकान में अपरिचित पुरुषों के बीच, सब प्रकार की असुविधाएँ ही असुविधाएँ हैं।"

"कोई बात नहीं।"

"स्त्रियों के रहने के लिए अलग से कमरे नहीं हैं।···"

"ठाकुर के बालक-भक्त जहाँ रहते हैं, उनके साथ के कमरे में मेरे लिए व्यवस्था कर देना। माँ को पुत्रों से क्या संकोच?"

"स्नान इत्यादि के लिए भी एक ही स्थान है।" गोपाल दादा बोले।

"मैं अन्य लोगों के जागने से पहले ही स्नान कर लूँगी।" श्रीमाँ ने कहा, "मेरे कारण किसी को असुविधा नहीं होगी।"

"और किसी को असुविधा की बात नहीं है माँ!" गोपाल दादा का स्वर कुछ संकुचित हुआ, "आपको असुविधा न हो।"

"मेरी असुविधा की चिंता नहीं।" श्रीमाँ बोलीं, "ठाकुर वहाँ असुविधा में हों और मैं यहाँ बैठी रहूँ, यह नहीं होगा। मुझे तुम वहीं ले चलो।"

16

महिमाचरण चक्रवर्ती ठाकुर से मिलने तथा उनका समाचार लेने आया था। ठाकुर उस समय एक अपरिचित भगवाधारी संन्यासी से कुछ चर्चा कर रहे थे। महिमाचरण ठाकुर को प्रणाम कर दो-चार औपचारिक प्रश्न पूछकर नीचे उतर आया। उसे लग रहा था कि ठाकुर से इतना पुराना परिचय

होते हुए भी, ठाकुर ने उसे उतना महत्त्व न देकर, उस अपरिचित संन्यासी को इस प्रकार बैठा रखा था, जैसे वह उनका कोई पुराना मित्र हो।

नीचे के कमरे में उस समय नरेंद्र के अतिरिक्त काली, शशि, शरत्, छोटा गोपाल, बाबूराम, योगींद्र, शारदाप्रसन्न इत्यादि लोग उपस्थित थे। उन्हें देखते ही महिमाचरण का खिन्न मन जैसे खिल उठा। ऊपर महत्त्व नहीं मिला तो क्या, यहाँ इतने सारे युवक एकत्रित थे। उनसे चर्चा कर प्रतिष्ठा प्राप्त की जा सकती है।...महिमाचरण के मन में जैसे ईर्ष्या का एक अनाम नाग कहीं किसी कोने में मुँह ढाँके पड़ा था। वह फुफकारना नहीं चाहता था, क्योंकि तब पहचान लिया जाता...वह तो चुपचाप डस लेना चाहता था।

"गुरु-सेवा हो रही है?" महिमाचरण ने लड़कों के नमस्कार के उत्तर में कहा, "अच्छा है। खूब सेवा करो। पुण्य कमाओ। मुझे तो गुरु-सेवा का अवसर ही नहीं मिला।"

महिमाचरण उनके निकट आकर बैठ गया तो छोटे गोपाल ने पूछ लिया, "आपको गुरु-सेवा का अवसर क्यों नहीं मिला महिमा बाबू? आप जब चाहें, ठाकुर की सेवा कर सकते हैं।"

"ठाकुर मेरे गुरु नहीं हैं।" महिमाचरण ने अपने चेहरे पर बड़प्पन ओढ़ लिया, "मैंने तो ब्रह्मज्ञानी तोतापुरी जी से दीक्षा ली थी। वे तो जैसे अंतर्धान ही हो गए। मैं और तुम्हारे ठाकुर गुरुभाई हैं।"

"ओह!" छोटे गोपाल को अपनी भूल का अनुमान हो गया, "पर आपकी और ठाकुर की साधना-पद्धति में कहीं कोई साम्य दिखाई नहीं देता।"

"मैं अपने गुरु के बताए मार्ग से भटका नहीं हूँ।" महिमाचरण ने कहा, "मैं ये उलटी-सीधी साधनाएँ नहीं करता। शुद्ध और सात्त्विक मार्ग पर चलता हूँ। ब्रह्म का स्मरण करता हूँ और उसके सान्निध्य का आनंद उठाता हूँ। अन्य हीन मार्गों पर चलकर समय नष्ट करने का क्या लाभ! हमें तो अपने शास्त्रों के बताए मार्ग पर चलना चाहिए। व्यर्थ इधर-उधर भटकने का क्या अर्थ? अब इस रुग्णावस्था में ठाकुर उस विधर्मी से सिर मार रहे हैं। भला इन सबका क्या लाभ?"

"ठाकुर लाभ की बात तो सोचते ही नहीं हैं।" छोटा गोपाल हँसा।

"कौन विधर्मी?" नरेंद्र को महिमाचरण की यह चर्चा तनिक भी अच्छी नहीं लग रही थी।

"जो ऊपर बैठा है—प्रभुदयाल मिश्र।"

"प्रभुदयाल मिश्र विधर्मी कैसे हैं?"

"वह ईसाई पादरी है।" महिमाचरण ने वितृष्णा-भरे स्वर में कहा।

"पर उसने तो भगवा धारण कर रखा है।..." शरत् ने कुछ आश्चर्य से कहा।

"पाखंड है, और क्या।" महिमाचरण ने जैसे अंतिम सत्य उच्चरित किया, "मैंने सारे साधना-मार्गों को परखकर देख लिया है। उच्चतर साधना-पद्धति स्वीकार की और हीनतर मार्गों को त्याग दिया। तुम्हें भी ठाकुर का अंधानुकरण करने के स्थान पर यह देखना चाहिए कि उच्चतम साधना-मार्ग कौन-सा है।..."

महिमाचरण के स्वर का अहंकार नरेंद्र को शूल के समान चुभ गया : इसे देखो, यह ठाकुर की निंदा कर रहा है, अन्य पथों को हीन बता रहा है, स्वयं को अपने मुख से सर्वश्रेष्ठ साधक घोषित कर रहा है और ठाकुर के ये युवक शिष्य बिना किसी प्रतिवाद के सब कुछ सुन रहे हैं...नरेंद्र के लिए यह सब असहनीय था।

"आपके समान एकतारा बजाकर मंत्रों का उच्चारण करते ही ईश्वर के दर्शन हो जाएँगे—इसका प्रमाण क्या है?" नरेंद्र ने अपने मन की कटुता को वाणी में प्रकट होने नहीं दिया।

महिमाचरण को लगा—यही अनुकूल अवसर था, जब वह अपने तर्कों से ठाकुर के इन शिष्यों को प्रभावित कर सकता था। उनके मन में ठाकुर के लिए अवमानना जगा सकता था, अपना महत्त्व स्थापित कर सकता था। उसने अपने चेहरे पर असाधारण सात्त्विकता लाने का प्रयत्न कर कहा, "नाद ही ब्रह्म है। इस स्वर से संयुक्त मंत्र के उच्चारण के प्रभाव से ईश्वर को दर्शन देना ही होगा, अन्य कुछ भी करने की आवश्यकता नहीं।"

महिमाचरण के पाखंड से नरेंद्र का संयम जैसे टूट गया। उसका दुर्दमनीय रूप उभर आया, "ईश्वर ने आपके साथ इस प्रकार की लिखा-पढ़ी कर ली है क्या? अथवा चिल्लाकर 'हुमहाम' शब्द करते ही ईश्वर मंत्रोषधि से वशीभूत सर्प के समान सामने उतर आएँगे?"

महिमाचरण का चेहरा तमतमा गया। लगा, वह नरेंद्र को कोई बहुत ही कठोर बात कह देगा।···किंतु उसने कुछ कहा नहीं···उसे स्मरण हो आया कि उसकी अपने पुस्तकालय की सारी पुस्तकें पढ़ने की गर्वोक्ति को भी नरेंद्र ने प्रचंड होकर ध्वस्त कर दिया था।···उसने शायद गलत समय में ये बातें कह दी थीं। नरेंद्र तो वैसा उग्र नंदी था, जिसे सींगों से पकड़कर पीछे हटा देना महिमाचरण के वश का नहीं था।

"ये सारी बातें वाग्विलास से समझ नहीं आतीं।" महिमाचरण ने अपने होंठों में बुदबुदाते हुए कहा, "अच्छा, मैं चलता हूँ।"

महिमाचरण जल्दी-जल्दी चलता हुआ बाहर निकल गया। किसी की भी समझ में नहीं आया कि उसकी जल्दी के पीछे उसका अपना क्रोध था, या नरेंद्र का भय···

"यह क्या उचित हुआ नरेंद्र?" काली बोला, "वे हमसे बड़े हैं।"

"देखो! हमें पाखंड का सदा विरोध करना चाहिए, चाहे वह बड़े का हो अथवा छोटे का।" नरेंद्र प्रचंड स्वर में बोला, "साधारण मनुष्य प्रायः दूसरों की निंदा करते हैं और केवल अपनी साधना-पद्धति के प्रति श्रद्धा प्रकट करते हैं, अपने संप्रदाय के साधकों के प्रति भक्ति रखते हैं। यह संकीर्णता है, साम्प्रदायिकता है, और सबसे बड़ी बात है कि ऐसा करने से ठाकुर के चिंतन—'जितने मत, उतने पथ'—के प्रति और प्रकारांतर से स्वयं ठाकुर के प्रति अश्रद्धा प्रकट होती है।" नरेंद्र ने अपने गुरुभाइयों की ओर देखा, "महिमाचरण उस गेरुआधारी संन्यासी की निंदा केवल इसीलिए तो कर रहा था, क्योंकि वह ईसाई था। मैं विश्वासपूर्वक कह सकता हूँ कि वह साधु अवश्य परम सात्त्विक मनुष्य है, अन्यथा ठाकुर उसका इतना सम्मान न करते···।"

नरेंद्र चुप हो गया···सीढ़ियों से वही संन्यासी उतर रहा था···

उसके निकट आने पर सबने हाथ जोड़कर प्रणाम किया।

"बाबा! आपका परिचय हम जान सकते हैं?" नरेंद्र ने नम्र स्वर में कहा, "और यदि बहुत जल्दी में न हों तो थोड़े समय के लिए अपनी संगति का लाभ हमें भी दीजिए।"

संन्यासी हँसा, "तुम लोग परम गुरु की संगति में रह रहे हो। और किसी की संगति का क्या!"

संन्यासी बैठ गया।

"मेरा नाम प्रभुदयाल मिश्र है।" वह बोला, "ईसा की पद्धति से उपासना करता हूँ···।"

"मेरे प्रश्न को अपनी अवमानना मत समझिएगा।" नरेंद्र बोला, "किंतु हम सबके मन में यह जानने की इच्छा है कि ईसाई होकर भी आपने गेरुआ वस्त्र क्यों धारण किया है। सामान्यतः तो ईसाई पादरी सफेद वस्त्र धारण करते हैं।"

''नहीं। बुरा क्या मानना। यह तो परिचय बढ़ाना है।'' संन्यासी बोला, ''ब्राह्मण कुल में जन्म लिया है। भाग्य से ईसामसीह पर विश्वास जम गया और उन्हें अपने इष्टदेव के रूप में ग्रहण कर लिया है। क्या इसीलिए मुझे अपना पैतृक रीति-व्यवहार भी छोड़ देना होगा? मैंने न अपना नाम बदला है, न गेरुआ वस्त्र त्यागा है।''

''पैतृक रीति-व्यवहार में तो और भी बहुत कुछ है।'' नरेंद्र ने पुनः कहा, ''क्या आपने वह सब भी नहीं बदला?...''

''जिसको बदलने का कोई विशेष कारण उपस्थित नहीं हुआ, उसे मैंने नहीं बदला।'' प्रभुदयाल ने कहा, ''जैसे मैं अब भी नित्य योगाभ्यास करता हूँ।''

लड़कों ने उस विचित्र साधु को विस्मय से देखा। वह ईसाई होकर भी योगाभ्यास करता था...

''जाति-भेद में मेरा विश्वास नहीं है।'' प्रभुदयाल ने पुनः कहा, ''फिर इस बात पर विश्वास करता हूँ कि अपवित्र हाथों का दिया भोजन करने से योगाभ्यास की हानि होती है। अतः नित्य अपने हाथ से पकाकर हविष्यान्न खाता हूँ।''

''आपको योगाभ्यास का कोई लाभ भी हो रहा है क्या?'' नरेंद्र ने पुनः पूछा।

''क्यों नहीं।'' प्रभुदयाल ने हँसकर कहा, ''योगाभ्यास का लाभ न हिंदू को होता है, न ईसाई को। योग का प्रसाद तो योगी को मिलता है। इसलिए ईसाई होने पर भी योगाभ्यास के फलस्वरूप मुझे क्रमशः 'ज्योति-दर्शन' इत्यादि हो रहे हैं।''

''और गेरुआ वस्त्र?'' काली ने पूछा।

''भारत के ईश्वर-प्रेमी योगी अनादि काल से गेरुआ वस्त्र पहनते आए हैं। अतः इससे अधिक प्रिय वस्त्र मेरे लिए और क्या हो सकता है।'' प्रभुदयाल ने उत्तर दिया।

दो क्षणों के लिए वहाँ मौन छा गया, और फिर नरेंद्र ही बोला, ''आपसे इतने प्रश्न किए, इससे बुरा न मानिएगा। ठाकुर की इच्छा है कि विभिन्न संप्रदायों के वास्तविक साधक हमारे लिए विशेष रूप से श्रद्धा और भक्ति के पात्र हों।'' नरेंद्र रुका, ''पाखंड को हम प्रोत्साहित नहीं करते। आप वास्तविक साधक हैं, साधु और योगी हैं, इसलिए हम आपका सम्मान करते हैं।''

नरेंद्र ने आगे बढ़कर प्रभुदयाल के चरणों को छूकर प्रणाम किया। अपने स्थान पर लौटकर उसने अपने गुरुभाइयों की ओर देखा। सब समझ गए कि नरेंद्र का आदेश क्या है। उन लोगों ने भी अपने स्थान से उठकर प्रभुदयाल के चरण छूकर प्रणाम किया।

लाटू सीढ़ियों से ठाकुर की प्रसादी मिठाई लेकर उतरा...

''लाओ, मुझे दो लाटू!'' नरेंद्र ने उसके हाथ से मिठाई ले ली।

उसने सबसे पहले वह प्रसाद प्रभुदयाल को दिया, जिसे उसने पूरी भक्ति और तन्मयता से ग्रहण किया, ''ठाकुर साक्षात् ईसा हैं।''

शेष प्रसादी मिठाई नरेंद्र ने अपने गुरुभाइयों में बाँट दी। सबने एक साथ बैठकर प्रसाद ग्रहण किया और नरेंद्र ने अपना तथा अपने गुरुभाइयों का परिचय प्रभुदयाल को दिया।

''नरेंद्र! तुमने अभी पाखंड को प्रोत्साहित न करने की बात कही थी।'' प्रभुदयाल ने कहा, ''इसका क्या अर्थ है? जहाँ तक मैं धर्म को जानता हूँ, 'धर्म' और 'पाखंड' में कभी मेल नहीं हो सकता। वस्तुतः अपने पाखंड का उन्मूलन करते जाना ही 'धर्म' है।''

''आपने अच्छा प्रश्न किया।'' नरेंद्र हँसा, ''यह विषय हम सब गुरुभाइयों में प्रायः चर्चा का विषय रहता है। बात यह है कि हमारे अपने गुरु साधना की इतनी ऊँचाई पर पहुँचे हुए हैं

कि थोड़ी-सी भागवत्-चर्चा से, एक भजन अथवा एक प्रसंग से, और ऐसे ही किसी साधारण दिखने वाले कारण से उन्हें समाधि की स्थिति प्राप्त हो जाती है। अंगों में विकार आ जाला है और बाह्य चेतना का लोप हो जाता है···।''

''तो?'' प्रभुदयाल ने पूछा।

''कुछ अन्य लोग भी हमारे परिचय-क्षेत्र में ऐसे हैं, जिनमें साधना के नाम पर अंग-विकार तथा बाह्य चेतना का लोप हो जाता है। उनके इस व्यवहार में कुछ कृत्रिमता है।'' नरेंद्र बोला, ''वस्तुतः उनके साथ ऐसा होता नहीं है। वे सायास ऐसा अभिनय करते हैं। मैं उनके पाखंड से अपने मित्रों को सावधान करता रहता हूँ।''

''तुम ऐसा क्यों मानते हो कि वह पाखंड ही है?'' प्रभुदयाल ने आपत्ति की, ''संभव है कि वे लोग भी साधना की उस ऊँचाई को प्राप्त हो चुके हों।''

''मैं उन्हीं लोगों में रहता हूँ और उन्हें बहुत सूक्ष्मता से देखता हूँ।'' नरेंद्र हँस पड़ा, ''संयम का बाँध जितना ऊँचा और दृढ़ होगा, मन का भाव भी उतना ही गंभीर होता रहेगा। विरले ही किसी व्यक्ति के जीवन में ऐसा होता है कि आध्यात्मिक भाव-राशि प्रबलता से उत्ताल तरंग का रूप धारण कर, संयम के बाँध को भी पार कर, अंग-विकार और बाह्य चेतना-लोप के रूप में प्रकाशित हो। बुद्धिहीन मनुष्य इसे ठीक-ठीक न समझकर उलटा समझ बैठते हैं। वे समझते हैं कि ऐसी अंग-विकृति और चेतना-विलुप्ति के कारण ही भाव की गंभीरता होती है और इसलिए वे स्वेच्छा से प्रयत्न करते हैं कि उनके शरीर में वैसे भाव शीघ्र आएँ। वह चेष्टा क्रमशः अभ्यास में परिणत हो जाती है। उनका स्नायु-तंत्र क्रमशः दुर्बल होता जाता है। अति साधारण भाव से भी उनमें वैसी विकृतियाँ उत्पन्न होने लगती हैं। यदि व्यक्ति इस दिशा में बढ़ता जाए तो कभी-कभी वह चिर-रोगी अथवा पागल भी हो सकता है। इस प्रकार के धर्म-साधन में अग्रसर होकर अस्सी प्रतिशत व्यक्ति ठग और पंद्रह प्रतिशत उन्मादी हो जाते हैं। शेष केवल पाँच प्रतिशत सत्य के साक्षात्कार की ओर बढ़ते हैं। इसीलिए मैं अपने युवा मित्रों को इस विषय में सावधान करता रहता हूँ।''

''यह तो तुम ठीक ही करते हो पुत्र!'' प्रभुदयाल ने अत्यंत स्नेह से कहा, ''मैंने तो अपनी सरलता में कदाचित् किसी पर संदेह ही न किया होता···किंतु अब मैं भी ध्यान रखूँगा।''

''नरेंद्र केवल युक्ति-तर्क ही नहीं देते,'' शरत् ने अपनी ओर से सूचना दी, ''वे यदि किसी की भावुकता के भीतर कृत्रिमता पा जाते हैं तो सबके सामने उसका ऐसा तमाशा बनाते हैं कि वह व्यक्ति लज्जित हुए बिना नहीं रह सकता।''

शरत् के चर्चा में सम्मिलित हो जाने से शेष लोगों का संकोच भी जैसे खुल गया।

''वैष्णव संप्रदायों में प्रचलित सखी-भाव—पुरुषों में स्त्रियों के समान भावों के अनुकरण जैसा साधनाभ्यास कैसा हास्यास्पद होता है, उसका अभिनय कर नरेंद्र देखने वालों को हँसा-हँसाकर उनके पेट में दर्द कर देते हैं।'' शशि ने कहा, ''जिस-जिसमें उन्हें तनिक भी वैसी भाव-प्रवणता दिखाई देती है, उसे वे 'सखी' कहकर उसका परिहास करते हैं।''

''वस्तुतः मुझे यह सह्य ही नहीं है,'' बातचीत का सूत्र नरेंद्र ने पुनः अपने हाथ में लिया, ''कि कोई व्यक्ति यथार्थतः धर्म-साधन में अग्रसर हो रहा है, इसलिए वह अपना पौरुषपूर्ण स्वभाव, अपनी तत्त्वानुसंधान प्रवृत्ति तथा ओजस्विता आदि गुण छोड़कर, सँकरी सीमा के भीतर स्वयं को बाँध ले, और अपनी प्रकृति के विरुद्ध स्थितियों जैसे भावों के अनुकरण, वैष्णवों के कीर्तन-पद के आलाप तथा अश्रु बहाने को ही अपना आध्यात्मिक विकास मान ले।''

''ठाकुर के पुरुष भावापन्न ज्ञान मिश्रित युक्ति-युक्त भक्तों को नरेंद्र 'शिव के भूत' कहते हैं।'' काली ने सूचना दी, ''और इसके विपरीत अन्य लोगों को 'सखी'।''

''तुम लोग धन्य हो।'' प्रभुदयाल ने कहा, ''तुम लोगों को जैसा उत्तम गुरु मिला, वैसा ही श्रेष्ठ नेता भी। तुम लोगों के मार्ग से भटक जाने की कोई आशंका नहीं है। कहीं पैर फिसला भी तो ये दोनों तुम लोगों की बाँह पकड़कर तुम्हें ठीक मार्ग पर ले आएँगे।'' प्रभुदयाल ने नरेंद्र की ओर देखा, ''अच्छा पुत्र! तुम्हारे गुरु कह रहे थे कि तुम्हें ईश्वर की कृपा से किन्नर-कंठ प्राप्त है। गाते हो तो वैराग्य, त्याग, भक्ति भाव और ईश्वर-प्रेम की आँधियाँ उठने लगती हैं। चलने से पहले कुछ भजन सुना दो।''

''अवश्य!'' नरेंद्र बोला, ''यह तो मेरा ही सौभाग्य है।''

नरेंद्र ने तानपूरा सँभाला और गाया, ''क्या दिल मानता मिल प्यारा, आखिर मिट्टी में मिल जाना···।''

17

डॉ॰ महेंद्रलाल सरकार का ठाकुर और उनके भक्तों से अच्छा परिचय ही नहीं हो गया था, उन लोगों से उनका स्नेह-भाव भी स्थापित हो गया था। इसलिए न उन्हें ठाकुर को देखने के लिए आना ही भारी लगता था और न यहाँ से जाने की कोई जल्दी होती थी।

डॉक्टर ने ठाकुर की नाड़ी का परीक्षण किया तो कुछ संतुष्ट थे, ''मेरा विचार है कि रोग अब बढ़ नहीं रहा। उसका प्रसार हमने रोक दिया है। आशा करनी चाहिए कि अब यह क्रमशः घटेगा। ईश्वर ने मनुष्य के लिए रोग बनाया है तो उसकी औषधि भी बनाई है···।'' वे रुके, ''पर तुम लोग तो इन्हें मनुष्य समझते नहीं, ईश्वर समझते हो···।''

''हम लोग इन्हें ईश्वर के समान मानते हैं।'' नरेंद्र ने उत्तर दिया, ''जैसे उद्‌भिद् और जीव-जंतुओं के मध्य कुछ ऐसे जीवधारी होते हैं, जिन्हें उद्‌भिद् या जंतु बताना मुश्किल है, उसी प्रकार नरलोक और देवलोक के मध्य एक ऐसा स्थान है, जहाँ यह बताना कठिन है कि वह व्यक्ति मनुष्य है या ईश्वर।''

पिछले कुछ दिनों के परिचय से डॉ॰ सरकार यद्यपि नरेंद्र से बहुत प्रभावित हुए थे और उसकी अनेक प्रकार से प्रशंसा कर चुके थे, किंतु नरेंद्र की इस बात से वे सहमत नहीं हुए। बोले ''ईश्वर की चर्चा में कोई उपमा काम नहीं करती। ईश्वर अनुपमेय है।''

''मैं ईश्वर तो कह ही नहीं रहा,'' नरेंद्र ने उत्तर दिया, ''ईश्वर-तुल्य मनुष्य कह रहा हूँ।''

''अपने इस प्रकार के भावों को छिपा रखना चाहिए। दूसरे मनुष्य के प्रति ऐसे भाव प्रकट करना उसके हित में नहीं होता।'' डॉक्टर ने नरेंद्र की ओर देखा, ''मेरा भाव किसी ने नहीं समझा। मेरे अपने परम मित्र मुझे घोर निर्दयी समझते हैं···।'' वे मुस्कराए, ''और शायद तुम लोग भी एक दिन मुझे जूते मारकर भगा दोगे।···''

''यह क्या कहते हो?'' ठाकुर ने जैसे कुछ असहनीय सुन लिया था, ''ये लोग तुम्हें कितना प्यार करते हैं। नववधू जिस उत्सुकता से शयन-गृह में पति की प्रतीक्षा करती है, उसी उत्सुकता से ये लोग तुम्हारे आने की बाट जोहते हैं।''

यद्यपि ठाकुर का कह देना ही पर्याप्त था, फिर भी गिरीश ने समर्थन किया, "सब लोगों के मन में कितनी श्रद्धा है आपके लिए।"

पर डॉ॰ सरकार ने जैसे न ठाकुर की बात सुनी, न गिरीश की। वे अपनी ही बात को आगे बढ़ाते हुए बोले, "मेरा पुत्र, यहाँ तक कि मेरी पत्नी भी मुझे निष्ठुर समझती है।...जानते हो, क्यों? केवल इसलिए, क्योंकि मैं अपने भाव प्रदर्शित नहीं करता फिरता। उनसे कहता नहीं रहता कि मैं उनसे प्रेम करता हूँ या उनके प्रति श्रद्धा का भाव रखता हूँ...।"

गिरीश को लगा कि डॉक्टर अवसर पाकर जैसे या तो अपने व्यवहार के लिए स्पष्टीकरण दे रहे हैं, या फिर अपनी पीड़ा को बह जाने का अवसर दे रहे हैं।...वैसे तो यहाँ यह सारा प्रसंग था नहीं, किंतु डॉक्टर की पीड़ा शायद स्वयं को हलका करने का संयोग खोज ही रही थी।...

"तब तो महाशय! आपके लिए उचित यही है कि आप अपने हृदय के कपाट खोल दें।" गिरीश बोला, "कम से कम अपने मित्रों पर यह मानकर ही कृपा कीजिए कि वे आपके मन की थाह नहीं पा रहे हैं।"

डॉ॰ सरकार ने तत्काल कोई उत्तर नहीं दिया। लगा, कि वे अपने मन के किसी प्रबल आवेग को रोकने का प्रयत्न कर रहे हैं। उनके चेहरे का रंग कुछ अस्वाभाविक हो गया था और आँखें भी गीली हो गई थीं...

उन्होंने अपनी दृष्टि गिरीश पर टिकाई, जैसे ठाकुर से आँखें चुरा रहे हों, "क्या कहूँ और कैसे कहूँ।" उन्होंने रुककर अपने रुँधे स्वर को विश्राम दिया, "किसी के प्रति क्रोध और घृणा तो सहज रूप से प्रकट कर देता हूँ, किंतु प्रशंसा, स्नेह अथवा श्रद्धा का भाव प्रकट करने लगता हूँ, तो इतना भावुक हो जाता हूँ—मेरा भाव इतने वेग से उमड़ता है कि कुछ कहना कठिन हो जाता है।...मैं एकांत में अश्रु बहाया करता हूँ।...."

और सहसा ही जैसे वे सचेत हो गए...उन्होंने वह सब कह दिया था, जो शायद वे इन लोगों के सम्मुख कहना नहीं चाहते थे। स्वयं को संयत करते हुए वे ठाकुर की ओर मुड़े, "मैं समझता हूँ कि इस प्रकार का भावावेश अच्छा नहीं है। तुम जो अपने भाव के आवेश में दूसरों की देह पर पैर रख देते हो, वह उचित नहीं है।"

ठाकुर ने अत्यंत विनीत भाव से स्वयं को निर्दोष प्रमाणित करने के लिए कहा, "मुझे यह ज्ञान थोड़े ही रहता है कि मैं किसी की देह पर पैर रख रहा हूँ।"

किंतु डॉक्टर इतनी जल्दी यह स्वीकार नहीं करना चाहते थे। बोले, "तुम कुछ अनुचित कर रहे हो—इतना तो बोध होता होगा?"

"भावावेश में मुझे क्या होता है, यह तुमसे कैसे कहूँ।" ठाकुर अपनी भूमि पर कुछ दृढ़ हुए, "उस अवस्था के बाद सोचता हूँ कि शायद उसी दोष के कारण मुझे यह रोग हो रहा है। पर कुछ भी मेरे वश में नहीं है। ईश्वर के भावावेश में मुझे उन्माद हो जाता है...और उसी उन्माद में मुझसे यह सब हो जाता है।...मैं क्या करूँ?"

डॉक्टर को लगा, उन्होंने जैसे कोई शास्त्रार्थ जीत लिया है। बोले, "ठाकुर अपना दोष मान गए हैं और उस कार्य के लिए पश्चात्ताप कर रहे हैं।" वे रुके, "....और यह कार्य अन्यायपूर्ण है, यह ज्ञान भी इन्हें है।"

ठाकुर कुछ कह नहीं सकते थे या कहना नहीं चाहते थे—यह स्पष्ट नहीं था। बहुत संभव था कि वे नरेंद्र के माध्यम से ही अपनी बात कहना चाहते हों।...यह भी संभव था कि वे डॉक्टर

के सम्मुख नरेंद्र की तर्कशीलता सिद्ध करना चाहते थे। वे उसे उपालंभ-सा देते हुए बोले, "तू तो बड़ा चंट है।…इसका अर्थ उन्हें समझा क्यों नहीं देता?"

किंतु गिरीश ने नरेंद्र को बोलने का अवसर नहीं दिया। वह कुछ प्रखर स्वर में बोला, "महाशय! आपने समझने में भूल की है। ठाकुर को इस बात का दुःख नहीं है कि उन्होंने समाधि की अवस्था में भक्तों के शरीर को अपने पैर से छुआ।" उसके स्वर में कुछ और दृढ़ता आई, "ठाकुर का शरीर नितांत शुद्ध और पापरहित है। वे लोगों के कल्याणार्थ ही उनको इस प्रकार छूते हैं। अहित उनका नहीं होता, जिन्हें छूते हैं, अहित उनका होता है, जिन्हें ये अपने चरणों से छूने-योग्य नहीं मानते।…"

"पर ये कह तो रहे हैं—शायद इसी दोष के कारण उन्हें यह रोग हो रहा है।" डॉक्टर सरकार ने कहा, "इस वाक्य का और क्या अर्थ हो सकता है?"

"कभी-कभी ठाकुर के मन में आता है कि शायद अन्य लोगों का पाप अपने ऊपर ले लेने के कारण ही उन्हें यह कष्ट हुआ है।"

"दूसरों का पाप अपने ऊपर लेने का क्या अर्थ?" डॉक्टर ने अपनी आपत्ति, आश्चर्य के रूप में प्रकट की।

"इसका अर्थ यह हुआ कि अपने संचित कर्मों के परिणामस्वरूप जो कष्ट अन्य लोगों को होना था, वह ठाकुर ने अपने ऊपर ले लिया।" नरेंद्र बोला, "इसका अर्थ यह कदापि नहीं है कि उनके पाप ठाकुर ने अपने ऊपर ले लिए और वे लोग और नए पाप करने के लिए स्वतंत्र हो गए।"

"तो और क्या अर्थ हुआ इसका?" डॉक्टर ने पुनः आपत्ति की, "यदि मनुष्य को उसके पाप का दंड नहीं मिलेगा, तो वह और अधिक पाप करने के लिए प्रोत्साहित ही तो होगा… ।"

"नहीं, ऐसी बात नहीं है डॉक्टर महाशय!" नरेंद्र किंचित् मुस्कराया, "इसे यूँ समझिए कि एक व्यक्ति किन्हीं अज्ञात कारणों से एक गंदे कमरे में जीवन व्यतीत करने को तब तक बाध्य है, जब तक वह स्वयं उस कमरे की सारी गंदगी दूर कर उसे स्वच्छ न कर ले। उस व्यक्ति की गंदगी दूर करने की उत्कट इच्छा को देखते हुए ठाकुर अपने हाथों उसके कमरे की सफाई कर देते हैं, जिससे कुछ धूल-मिट्टी और जाले ठाकुर पर भी आ पड़ते हैं।…अब वह व्यक्ति ठाकुर की सहायता से स्वच्छ किए गए कमरे में सफाई से रहने और भविष्य में उसे स्वच्छ रखने के लिए प्रोत्साहित होगा, अथवा उसे पुनः गंदा करने के लिए?…"

"एक उदाहरण लीजिए डॉक्टर महाशय!" अपनी बात कहने के अधैर्य में गिरीश, डॉक्टर का उत्तर सुनने के लिए नहीं रुका, "मान लीजिए कि कभी आपको उदर-शूल हुआ हो। उस समय क्या आप यह सोचकर दुखी नहीं हुए होंगे कि रात को इतनी देर तक जागकर क्यों पढ़ाई की?…किंतु इसका अर्थ यह तो नहीं हुआ कि रात को जागकर देर तक पढ़ना बुरी बात है।…"

नरेंद्र के स्पष्टीकरण से कहीं अधिक, डॉक्टर सरकार गिरीश के तर्क से प्रभावित हुए। बोले, "मैं तुमसे हार गया नाट्य-सम्राट्। सचमुच तुम इस योग्य हो कि तुम्हारी चरण-धूलि ली जाए।" वे नरेंद्र की ओर मुड़े, "कोई कुछ भी कहे, पर गिरीश की बुद्धिमत्ता को मानना पड़ता है।…"

"अवश्य मानना पड़ता है।" नरेंद्र बोला, "किंतु इस समय प्रसंग ठाकुर के त्याग का चल रहा है।…इसलिए जी॰ सी॰ की बुद्धिमत्ता को थोड़ी देर पैंडिंग में डाल दीजिए।…"

"ओह! हाँ।" डॉक्टर किंचित मुस्कराए।

''एक उदाहरण लीजिए।'' नरेंद्र ने अपनी बात जारी रखी, ''एक वैज्ञानिक आविष्कार के लिए आप अपने जीवन का उत्सर्ग कर सकते हैं। उस समय आप अपने शरीर और अपने सुख-दुःख पर ध्यान भी नहीं देंगे। ठीक है न?''

''हाँ, ठीक ही है।'' डॉक्टर ने स्वीकार किया।

''ईश्वर संबंधी विज्ञान सबसे बड़ा है।'' नरेंद्र बोला, ''तब क्या ठाकुर के लिए यह स्वाभाविक नहीं है कि वे ईश्वर की प्राप्ति के लिए अपना शरीर और स्वास्थ्य भी दाँव पर लगा दें।''

''वह तो ठीक है। यह उदाहरण मेरी समझ में आता है।'' डॉक्टर के मन में अब भी कुछ आपत्तियाँ थीं, ''किंतु उसके लिए दूसरे व्यक्तियों के शरीर को अपने पैर से स्पर्श करना क्यों आवश्यक है?''कहीं ऐसा तो नहीं कि यह मात्र उनका अहंकार हो। जितने भी धर्माचार्य हुए हैं—ईशू, चैतन्य, बुद्ध, मुहम्मद—अपने जीवन के उत्कर्ष पर पहुँचकर उन सबके मन में अहंकार जाग उठा था। वे कहते थे, 'जो कुछ मैं कहता हूँ, वही ठीक है।' कैसा आश्चर्य!''

''वह दोष तो आप पर भी लागू होता है।'' गिरीश बोला, ''आपके मन में इतना अहंकार है कि आप उन सबके परीक्षक बन गए हैं। आप उनमें दोष देख रहे हैं, आप उन पर अहंकारी होने का आरोप लगा रहे हैं''।''

डॉक्टर सरकार ने गिरीश की ओर देखा-भर, किंतु कुछ कहा नहीं।

''जी॰ सी॰!'' नरेंद्र पुनः बोला, ''इस आरोप से तुम डॉ॰ सरकार को मौन तो कर दोगे, किंतु उनके प्रश्न का उत्तर कैसे दोगे? किसी को उसका दोष दिखाकर अवाक् कर देने से उस समस्या का समाधान तो नहीं होता''।''

''हाँ, वही तो।'' डॉक्टर को जैसे नरेंद्र के समर्थन से बल मिला।

''देखिए, डॉक्टर महाशय!'' नरेंद्र बोला, ''अपनी भावावस्था में ठाकुर जब अपने चरण से भी किसी को छूते हैं, तो वह उसका अपमान नहीं, अपनी संचित तपस्या के बल से उस व्यक्ति में एक प्रकार की आध्यात्मिक ऊर्जा का संचार करना है, ताकि वह व्यक्ति अपने मन, बुद्धि तथा आचरण आदि को स्वच्छ कर सके, स्वच्छता से जी सके।'' नरेंद्र ने रुककर डॉक्टर की ओर देखा, ''और जहाँ तक धर्माचार्यों के अहंकार का प्रश्न है, वस्तुतः उस समय वे एक व्यक्ति के रूप में कुछ कह ही नहीं रहे होते, वे अपनी आत्मा में स्थित हो, अपनी वैयक्तिकता को विगलित कर, उस सावभौम सत्ता की ओर से बोल रहे होते हैं, जिसे हम परमात्मा कहते हैं और आत्मा जिसका अंश है। उन सबने कहा कि 'मेरी' शरण में आओ, किंतु 'मेरी' से तात्पर्य एक 'व्यक्ति की' नहीं है, वह तो उस परमात्मा की शरण है। किसी मार्ग से जाएँ, अंततः वहीं पहुँचेंगे, किसी धर्माचार्य की शरण में जाइए, अंततः उसी ईश्वर की शरण में पहुचेंगे। श्रीकृष्ण ने कहा है न, 'सब धर्मों को त्यागकर तू एक मेरी शरण में आ जा। मैं तुझे सारे पापों से मुक्त कर दूँगा।' वह कृष्ण का अहंकार नहीं है, वह ईश्वर का अपने भक्त के प्रति आह्वान है। पर कठिनाई यह है कि जिस उदात्त धरातल से बात कही गई, हम उसी धरातल पर उसे ग्रहण नहीं करते।'' नरेंद्र ने पुनः क्षण-भर डॉक्टर को देखा, ''यदि आप वैज्ञानिक धरातल पर कहें, कि 'मनुष्य बुद्धिमान पशु है।' और मैं उसे सामाजिक धरातल पर ग्रहण कर कहूँ कि 'मनुष्य और पशु में अंतर है।' तो दोष मेरा है, आपका नहीं।''इसलिए हम जब ठाकुर को ईश्वर के समान पूजते हैं, तो इस शरीर अथवा व्यक्ति की नहीं, मानो ईश्वर की ही पूजा करते हैं।''इस बात को हम भी समझते हैं और ठाकुर भी। इसलिए इन छोटी-छोटी बातों से न तो ठाकुर का अहंकार जागता है, न वे दूसरे को हीन समझते हैं।''

ठाकुर ने किसी निष्कलुष शिशु के समान उज्ज्वल हँसी से नरेंद्र का समर्थन किया। बोले वे एक शब्द भी नहीं। उन्होंने नरेंद्र को 'चंट' कहकर उससे जो अपेक्षा की थी, वह नरेंद्र ने पूरी कर दी थी।...

डॉ॰ महेंद्रलाल सरकार ने मुग्ध दृष्टि से नरेंद्र को देखा। उनका मन जैसे गिरीश से हटकर पूर्णतः नरेंद्र पर आ गया था। उसी आनंदावस्था में आगे बढ़कर उन्होंने नरेंद्र को अपने वक्ष से लगा लिया, "सुखी रहो पुत्र! यशस्वी होओ। मेरा रोम-रोम तुम्हें आशीर्वाद दे रहा है।" उनकी आँखें भर आई थीं, स्वर रुँध गया था। वे ठाकुर की ओर मुड़े, "इसके जैसा लड़का धर्म-लाभ करने आया है, यह देखकर कितनी प्रसन्नता होती है। इसकी बुद्धि का सौवाँ अंश भी जिसमें हो, वह भी अपने को विद्वान् कहलाने लगता है।" उन्होंने नरेंद्र की ओर देखा, "यह एक रत्न है। जिस विषय में मन लगाएगा, उसी में उन्नति करेगा।"

"अद्वैताचार्य के हुंकार से ही गौरांग देव नदिया में अवतीर्ण हुए थे," ठाकुर ने असाधारण रूप से आह्लादित दृष्टि नरेंद्र पर डाली, "इसी प्रकार इसके लिए ही तो यह सब कुछ है।..."

उन्होंने अपनी बात की तनिक भी व्याख्या नहीं की।

गोपाल दादा ने आकर कमरे में उपस्थित सब लोगों पर एक दृष्टि डाली।...उस समय कोई भी बाहरी आदमी नहीं था। वहाँ उपस्थित सारे-के-सारे लोग ठाकुर के शिष्य और भक्त ही थे।...उसका काम सरल हो गया था, अन्यथा बाहरी व्यक्ति को ठाकुर के कमरे से कहकर हटाना तो बड़ा कठिन काम हो जाता है...

"सुनो! सुनो! सब लोग कुछ समय के लिए ठाकुर को कमरे में अकेला छोड़ दो।" उसने कहा, "श्रीमाँ भोजन लेकर आ रही हैं।"

सब लोग उठ खड़े हुए, किंतु उनके कमरे से बाहर जाने से पहले ही ठाकुर ने कहा, "उसके आ जाने से मुझे तो बहुत सुविधा हो गई है, किंतु तुम लोगों को कोई असुविधा तो नहीं हुई?"

"नहीं, महाराज! असुविधा की क्या बात है।" महेंद्रनाथ गुप्त ने कहा।

किंतु ठाकुर को संतोष नहीं हुआ। वे नरेंद्र की ओर मुड़े, "तू बता नरेन! यह मास्टर या तो बोलेगा ही नहीं, या अप्रिय सत्य नहीं बोलेगा।"

"नहीं, महाराज! सचमुच ही किसी को कोई असुविधा नहीं है।" नरेंद्र बोला, "सच तो यह है कि यदि हमने सुन न रखा होता, यदि लाटू और गोपाल दादा हमें बताते न रहते कि श्रीमाँ यहाँ आ गई हैं और हम सबका भोजन वे ही बना रही हैं, तो शायद हमें मालूम भी न होता कि वे यहीं, इसी मकान में रहती हैं।"

"ऐसा कैसे संभव है रे?" ठाकुर मंद-मंद हँसे।

"माँ ने बताया है," गोपाल दादा बोले, "कि वे प्रातः तीन बजे ही उठ जाती हैं। किसी भी अन्य व्यक्ति के जागने से पहले निवृत्त हो, नहा-धोकर तिमंजिले की छत के पास वाले चबूतरे पर जा बैठती हैं। न कोई वहाँ तक जाता है, न किसी को पता चलता है कि वे यहाँ रहती हैं। दिन-भर वहीं रहकर, ठीक समय पर पथ्य इत्यादि तैयार कर मुझे या लाटू को बता देती हैं। दोपहर को वे उसी स्थान पर भोजन और विश्राम करती हैं। रात के ग्यारह बजे, सब लोगों के सो जाने पर, वहाँ से उतरकर अपने लिए निर्दिष्ट कमरे में आकर सोती हैं।"

"वह बड़ी समझदार है और विकट तपस्विनी भी।" ठाकुर ने अत्यंत आत्मतोष के साथ कहा।

सब लोग कमरे से बाहर निकलकर नीचे के बड़े कमरे में चले आए।

वहाँ एक अधेड़ सज्जन बैठे हुए बड़ी व्याकुलता से जैसे किसी की प्रतीक्षा कर रहे थे।

प्रणाम करने के पश्चात् नरेंद्र ने जिज्ञासा की, "आप यहाँ कैसे चक्रवर्ती मोशाय? क्या ठाकुर के दर्शन करने आए हैं?"

"नहीं।" उन्होंने कुछ विरक्ति से कहा, "मैं तो अपने लड़के को देखने आया हूँ। कहाँ है वह?"

"शरत्? शरत् को देखने आए हैं आप? पर वह तो आज नहीं आया।" नरेंद्र ने उत्तर दिया।

"शरत् नहीं, शशि।" वे बोले, "शरत् तो घर पर ही है, किंतु शशि इधर तीन-चार दिनों से घर नहीं आ रहा है, न खाने, न सोने। ऐसे कैसे चलेगा?" वे कुछ अटपटाकर बोले, "शशि मेरे भाई का पुत्र है। मेरे साथ ही रहता है। मैं उसका अभिभावक हूँ न।"

"वह तो ठीक है, पर क्या कैसे चलेगा?" नरेंद्र ने पूछा।

"अरे, लड़के पढ़ेंगे-लिखेंगे नहीं, तो उनके भविष्य का क्या होगा? पहले दक्षिणेश्वर जाता था, तो कॉलेज भी जाता था और घर मे भी रहता था।" चक्रवर्ती महाशय बोले, "अब कहीं नहीं। बस, यहीं का होकर रह गया।" उनका स्वर कुछ आवेशपूर्ण हो गया, "मेरे एक वृद्ध पड़ोसी ने स्नेह के कारण कह दिया कि बी॰ ए॰ की परीक्षा दे लेने के पश्चात् गुरु-सेवा कर लेना, तो शशि ने उत्तर दिया, 'मैं यदि उसके पहले ही मर गया तो? क्या आप निश्चित रूप से कह सकते हैं कि तब तक मेरी मृत्यु नहीं होगी?' मृत्यु न हुई, तमाशा हो गया। द्वार पर ही खड़ी है और कह रही है कि 'जल्दी गुरु-सेवा कर ले नहीं तो मैं आ रही हूँ।'…"

चक्रवर्ती महाशय का क्रोध बढ़ता ही जा रहा था, "लड़का तो अपने ही घर का है, किंतु पुत्र तो किसी और का है। मैं अपने भाई को क्या उत्तर दूँगा कि उसका पुत्र बी॰ ए॰ होने के स्थान पर साधु हो गया है। वे कहेंगे कि लड़का अच्छा पढ़ने गया…"

"शरत् तो पढ़ रहा है न?" नरेंद्र ने चक्रवर्ती महाशय का ध्यान हटाकर उन्हें शांत करने को प्रयत्न किया।

"वह भी क्या पढ़ रहा है!" वे उसी प्रकार झल्लाए हुए-से बोले, "पहले तो मैं समझता था कि यह सब उस साधु का मायाजाल है। अब मालूम हुआ है कि यह सब विश्वनाथ दत्त के लड़के नरेंद्रनाथ दत्त का जादू है, जिसने इन सब लड़कों को मूर्ख बना रखा है। वह न स्वयं घर जाता है, न इन लड़कों को जाने देता है, न स्वयं पढ़ता है, न इन लड़कों को पढ़ने दता है।…कहाँ है वह नरेंद्रनाथ दत्त?"

नरेंद्र मुस्कराया, "जी, मैं ही हूँ, नरेंद्रनाथ दत्त।"

गिरीश चक्रवर्ती कुछ सकपकाए किंतु तत्काल ही धृष्ट होकर बोले, "तुम क्यों मेरे बच्चों के पीछे पड़े हो? तुम्हें गुरु-सेवा करनी है, शौक से करो, किंतु मेरे लड़कों को क्यों उसमें फँसा रखा है? उनको पढ़ने-लिखने दो बाबा! उन्हें मुक्त करो। उन्हें इस प्रकार बाँध रखने का तुम्हें क्या अधिकार है?"

नरेंद्र ने एक क्षण के लिए उन्हें कठोर आँखों से देखा, किंतु न उसकी वाणी कठोर हुई, न शब्द। स्वयं को बहुत साधकर बोला, "चक्रवर्ती महाशय! यह निर्णय करना बहुत कठिन है कि किसने किसको बाँध रखा है। आप उन्हें यहाँ से छुड़ाने आए हैं, यदि कहीं बँधे पड़े दिखाई दें, तो शौक से खोलकर ले जाइए। न मैं उन्हें बुलाने आपके घर गया था, न मेरे गुरु। आपके लड़के ही ईश्वर और मुक्ति को खोजते हुए ठाकुर के चरणों तक पहुँचे थे।…"

गिरीशचंद्र चक्रवर्ती निष्प्रभ नहीं हुए। बोले, ''जानता हूँ कि वे स्वयं ठाकुर के पास पहुँचे थे। हर व्यक्ति मंदिर जाता है, किंतु मंदिर का होकर तो नहीं रह जाता। वह लौटकर घर तो आता है। यह शशि तो भोजन-शयन करने भी घर नहीं आता।···मैं चाहता हूँ कि तुम उसे समझाओ।''

नरेंद्र कुछ सहज हुआ, ''मेरा विचार है कि आप तब तक यहाँ उसकी प्रतीक्षा करें, जब तक वह आपको मिल ही न जाए। मिल जाए, तो समझाकर लौटा ले जाइए।···मेरे समझाने का उस पर विपरीत प्रभाव ही न पड़े।···''

''हाँ, ठीक है। मैं स्वयं समझा लूँगा।''

''तो आप विश्राम करें।'' नरेंद्र बोला, ''और यदि आपको आपत्ति न हो, तो भोजन हमारे साथ करें।''

''मैं भोजन करके घर से चला हूँ।'' गिरीश चक्रवर्ती बोले, ''तुम उसकी चिंता मत करो।''

नरेंद्र और उसके मित्र स्नान और भोजन के लिए चले गए। ठाकुर की देखभाल के लिए श्रीमाँ, गोपाल दादा और लाटू थे। गिरीश घोष और बलराम भी आए थे, इसलिए उन्हें किसी प्रकार कोई जल्दी भी नहीं थी। खूब मौज में समय लगाकर स्नान तथा भोजन कर वे लौटे तो देखा, गिरीशचंद्र चक्रवर्ती अभी वहीं बैठे शशिभूषण चक्रवर्ती की प्रतीक्षा कर रहे थे।

शरत् का न आना कोई आश्चर्य की बात नहीं थी, किंतु शशि कहाँ विलुप्त हो गया—यह नरेंद्र समझ नहीं पा रहा था। यदि वह कहीं गया होता, तो नरेंद्र को बताकर ही जाता···

नरेंद्र, काली और छोटे गोपाल को आते देख चक्रवर्ती महाशय उठ खड़े हुए, ''मैं जा रहा हूँ। शशि आए तो कहना, मैं आया था। वह घर नहीं आना चाहता, तो न सही। यहाँ रहना चाहता है, तो यहीं रहे···किंतु एक बार आकर मुझसे मिल तो ले। बात तो करे। बताए तो सही कि वह चाहता क्या है।···''

''कह दूँगा।'' नरेंद्र बोला।

चक्रवती महाशय चले गए। उन्हें इस प्रकार थका हुआ और परेशान देखकर नरेंद्र को दया आ रही थी, किंतु वह कर ही क्या सकता था। उनका मोह, शशि की मुक्तिकामना के विरुद्ध पड़ता था। मुक्ति का साक्षात्कार होने पर बंधन इसी प्रकार ध्वस्त और क्लांत हो जाया करता है।

तभी सीढ़ियों से शशि उतरा।

''अरे, नरेंद्र! देखो, शशि तो यहीं है।'' काली ने कहा।

''तुम कहाँ थे भाई?'' नरेंद्र ने चकित होकर पूछा।

''ऊपर छत पर था।'' शशि बोला, ''मैंने काका को आते देख लिया था और उनके आने का उद्देश्य भी समझ लिया था। छत पर से ही मैंने उन्हें जाते हुए भी देखा, तो नीचे उतर आया।''

''बिना स्नान किए, बिना खाए—ऊपर बैठे रहे?'' छोटे गोपाल ने पूछा, ''और यदि वे रात तक यहीं बैठे रहते, रात-भर तुम्हारी प्रतीक्षा करते?''

''तो मैं रात-भर छत पर बैठा ठाकुर का नाम जपता रहता।'' शशि बोला, ''उनसे बचा भी रहता और तपस्या-धर्म भी पूरा होता।''

''अच्छा! अब क्या विचार है?'' नरेंद्र बोला, ''वे तुम्हें घर आने के लिए कह गए हैं।''

''जिस दिन ठाकुर स्वस्थ जो जाएँगे अथवा तुम उन्हें छोड़कर अपने घर चले जाओगे, उस दिन मैं भी अपने घर चला जाऊँगा।'' शशि बोला, ''अब मुझे घर लौट जाने का उपदेश मत देना, मुझे भूख लग रही है।''

"नहीं, मैं तुम्हें वैसा उपदेश नहीं दूँगा।" नरेंद्र बोला, "तुम भूखे हो और भूखे को अपने द्वार से लौटाना भी पाप है, और दूसरे द्वार की ओर धकेलना भी···। मैं तो तुम्हारी भूख का अभिनंदन करता हूँ। प्रयत्न करूँगा कि तुम्हारी भूख बढ़ती ही रहे। तुम्हें कभी तृप्ति न हो···।"

"क्या मतलब?" शशि कुछ चकित था।

"मैं भात की भूख की बात नहीं कर रहा हूँ।" नरेंद्र बोला, "मैं तो तुम्हारी उस भूख की चर्चा कर रहा हूँ, जिसको लेकर तुम ठाकुर के द्वार आए हो। इस भूख का जागना कितना शुभ है।" नरेंद्र ने रुककर उनकी ओर देखा, "एक बार ठाकुर ने मुझसे कहा, 'मेरे बच्चे! मान लो एक कमरे में सोने का एक थैला रखा है, और उसके पास ही दूसरे कमरे में एक चोर है, तो क्या तुम सोच सकते हो कि उस चोर को नींद आएगी? नहीं, कदापि नहीं —उसके मन में लगातार यही उथल-पुथल मची रहेगी कि मैं उस कमरे में कैसे पहुँचूँ तथा उस सोने को कैसे पाऊँ। इसी प्रकार क्या तुम सोच सकते हो कि जिस मनुष्य की यह दृढ़ धारणा हो गई कि इस माया के प्रसार के पीछे एक अविनाशी, अखंड, आनंदमय परमेश्वर है, जिसके सामने इंद्रियों का सुख कुछ भी नहीं है, तो उस परमेश्वर को प्राप्त किए बिना वह मनुष्य चुपचाप बैठ सकता है? क्या वह अपने प्रयत्न क्षण-भर के लिए भी स्थगित कर सकता है? कदापि नहीं—असह्य छटपटाहट के कारण वह पागल हो जाएगा।' " नरेंद्र ने शशि की ओर देखा, "ठाकुर को उस दिव्य उन्माद ने ग्रस लिया था। मैं चाहता हूँ कि हम सबको भी वह दिव्य उन्माद ग्रस ले। हम सब उसके मारे पागल हो जाएँ।···मैं चाहता हूँ कि ठाकुर के जीवन की गंभीर ईश्वरानुरागजनित साधना तथा उपदेश का वर्णन करके उनकी महिमा सारे संसार में प्रचारित कर इस संसार को मुग्ध और स्तंभित कर दूँ।"···नरेंद्र ने 'ईसानुसरण' का वाक्य उद्धृत किया, " 'प्रभु को जो यथार्थ रूप से प्यार करेगा, उसका जीवन पूर्णतया प्रभु के जीवन के अनुसार गठित होगा'—अतः हम लोग ठाकुर को ठीक-ठीक प्यार करते हैं या नहीं, इसका प्रमाण उस भूख से ही मिलेगा।"

18

बलराम श्यामपुकुर स्ट्रीट वाले मकान में आया तो उसने देखा कि गिरीश, राम, सुरेंद्र तथा महेंद्र गुप्त भी न केवल आए बैठे हैं, वरन् वे लोग किसी गंभीर विचार-विमर्श में लगे हुए हैं।

बलराम के निकट आने पर वे लोग कुछ अटपटे ढंग से मौन हो गए। बलराम के मन में आया कि वह उनसे पूछे कि ऐसी कौन-सी बात थी, जिसे वे उससे छिपाना चाहते हैं?···पर अगले ही क्षण उसके अपने ही मन ने उसे टोक दिया : जो बात वे लोग उससे छिपाना चाहते हैं, उसी के विषय में जिज्ञासा का क्या अर्थ?···अच्छा था कि वह उनसे उस विषय की चर्चा ही न करे। किसी के भेद को बलात् उससे उगलवाने का प्रयत्न करना भले आदमी का काम नहीं है।···

"व्यवस्था तो सारी ठीक हो गई है।" बलराम ने अपनी ओर से बात आरंभ की, "डॉक्टर सरकार नियमित परीक्षण कर रहे हैं। पथ्य की व्यवस्था भी श्रीमाँ के आ जाने से ठीक हो गई है। नरेंद्र और उसके मित्र दिन-रात ठाकुर की देखभाल कर रहे हैं···।"

"वह सब तो ठीक है बलराम बाबू!" राम ने कहा, "व्यवस्था तो ठीक हो गई है।···किंतु तीन महीने होने को आए हैं, ठाकुर के स्वास्थ्य में कोई प्रकट सुधार तो हो नहीं रहा। मुझे तो उनका कष्ट बढ़ता ही दिखाई देता है।···"

''तो क्या आप लोग डॉक्टर बदलने अथवा किसी और डॉक्टर को बुलाने का विचार कर रहे हैं?'' बलराम ने पूछा।

''नहीं, ऐसा कुछ नहीं सोच रहे हैं।'' महेंद्र गुप्त ने कहा, ''सोच तो केवल यह रहे हैं कि बहुत संभव है कि ठाकुर को आरोग्य-लाभ में एक लंबा समय लग जाए। यदि ऐसा हुआ, तो उनके खर्च की व्यवस्था करने में कठिनाई होगी। इतना खर्च हम कितने दिन वहन कर सकते हैं?...''

''आखिर हम भी तो साधारण लोग हैं। हममें से कोई भी धन-कुबेर तो है नहीं।'' राम बोला, ''हमें अपने सामर्थ्य को भी तो देखना होगा। अपने परिवार का खर्च घटाकर हम कितने दिनों तक यह व्यवस्था चला सकते हैं?''

''यह चिंता की बात तो है,'' गिरीश कुछ अशांत स्वर में बोला, ''किंतु इसका अर्थ यह तो नहीं है कि हमारे परिवार को और पैसे चाहिए, इसलिए हम ठाकुर को यहाँ छोड़कर भाग जाएँ। परिवार की अपेक्षाओं का कोई अंत है क्या? वह तो इतना गहरा कुआँ है कि उसमें बोरियाँ भर-भरकर रुपए डालो, तो भी उसका पता नहीं चलेगा।...''

''ठाकुर को छोड़कर भागने की बात मैं नहीं कह रहा।'' राम बोला, ''उनकी सेवा तो हमें करनी ही है, किसी भी प्रकार करें। पर क्या कोई ऐसी व्यवस्था नहीं हो सकती कि ठाकुर को जब तक देखभाल की आवश्यकता हो, हम कर सकें।''

''देखो, अकेले ठाकुर का खर्च बहुत अधिक नहीं है।'' बलराम ने कहा, ''किंतु उनके साथ और भी तो इतने सारे लोग यहाँ रहते हैं। उनसे मिलने इतने लोग आते हैं।...अकेले ठाकुर के लिए तो इतना बड़ा मकान भी नहीं चाहिए। एक अच्छा खुला, बड़ा-सा कमरा हो तो पर्याप्त है...।''

''कहते तो ठीक हो।'' महेंद्र गुप्त ने कहा, ''किंतु ठाकुर की दिन-रात की सेवा के लिए कुछ लोगों को तो रहना ही होगा, जो काम बाँट-बाँटकर थोड़े-थोड़े समय के लिए कर सकें। एक-दो व्यक्तियों के वश का तो है नहीं कि वे चौबीसों घंटे ठाकुर की देखभाल कर सकें।...''

''तो?''

''मुझे इन लड़कों तथा अन्य लोगों के रहने की चिंता नहीं है।'' महेंद्र गुप्त ने कहा, ''मुझे चिंता उनके यहाँ से चले जाने की है। कल शशिभूषण चक्रवर्ती को खोजते उसके चाचा यहाँ आ गए थे। छोटे गोपाल और काली के घर वाले भी लगातार उन्हें घर लौट आने के संदेश भिजवा रहे हैं।...ये लोग लौट गए तो ठाकुर की दिन-रात की सेवा कैसे होगी?...हाँ, एक नरेंद्र ही है जिसके घर से संदेश नहीं आ रहे, या उसे संदेश मिलते भी हों, तो वह उन्हें पी जाता है।...''

''इस दृष्टि से तो हमें और भी स्वयंसेवक चाहिए, ''गिरीश बोला, ''और तुम लोग वर्तमान सेवकों को भी भगा देना चाहते हो।''

''कोई किसी को भगा नहीं रहा।'' सुरेंद्र कुछ चिढ़कर बोला, ''चर्चा तो केवल व्यवस्था की हो रही है। बड़ी-बड़ी संस्थाएँ, व्यापारिक कंपनियाँ, यहाँ तक कि सरकारें भी अपनी आर्थिक स्थितियों को देखती-निरखती रहती हैं। हमने जरा आय-व्यय की बात कर ली, तो तुम यह क्यों समझ लेते हो कि हम ठाकुर की सेवा नहीं करना चाहते, जैसे उनकी चिंता करने वाले एक तुम ही हो।''

गिरीश को सुरेंद्र के ये तेवर अच्छे नहीं लगे। बोला, ''मुझे इस बात की तनिक भी चिंता नहीं है कि तुम लोग क्या सोच रहे हो—मैं तो यह जानता हूँ कि ठाकुर के लाभ के लिए, मैं अपने मकान की एक-एक ईंट बेच दूँगा। उन्हें मैं धन की कमी नहीं होने दूँगा।...''

''देखो! झगड़ा मत बढ़ाओ। इसमें झगड़े की कोई बात नहीं है।'' बलराम ने गिरीश को

कुछ शांत करते हुए कहा, "मैं तो यह मानता हूँ कि हममें से कोई भी ठाकुर के लिए कुछ नहीं कर रहा है। ठाकुर अपने लिए आवश्यक वस्तुएँ स्वयं ही जुटा लेते हैं। हमें तो वे केवल उसका श्रेय देते हैं।…" वह रुका, "पर यदि हम यह मान लें कि ठाकुर हमारी परीक्षा लेने के लिए, अपनी आवश्यक वस्तुएँ न भी जुटाएँ तो क्या…घर में कन्या का विवाह होता है, परिवार के किसी व्यक्ति को कोई दीर्घव्यापी रोग हो जाता है…या ऐसा ही कोई अवसर आ जाता है, तो हम लोग वह सारा खर्च पूरा करते हैं या नहीं।…रुपए नहीं होंगे, तो थोड़े-बहुत स्वर्णाभूषण होंगे। कुछ तो होगा…खर्च हम चला लेंगे। हमें अपनी धन-संपत्ति ठाकुर से अधिक प्रिय तो नहीं है न।"

"इस प्रकार सोचा जाए तो फिर हमें आशंकित ही नहीं होना चाहिए कि धन का अभाव होगा।" महेंद्र गुप्त ने कहा, "ठाकुर ने जिन्हें सेवा का अधिकार दिया है, उन्हें वे सामर्थ्य भी प्रदान करेंगे।"

"मुझे यह दुश्चिंता नहीं व्यापती।" गिरीश निश्चिंत स्वर में बोला, "मुझे तो ठाकुर के भीतर ऐसा आध्यात्मिक प्रकाश दिखाई देता है कि मेरी दुश्चिंताएँ जाने कहाँ चली जाती हैं। हृदय नवीन उत्साह से परिपूर्ण हो जाता है। विचार बुद्धि से परे, किसी उच्च धरातल पर पहुँचाकर, कोई मुझे दिव्यालोक दिखा देता है। मुझे ऐसा लगता है कि जिन्हें मैंने अपने जीवन-पथ के परम अवलंब के रूप में ग्रहण किया है, वे केवल अतिमानव ही नहीं, आध्यात्मिक जगत् के आश्रय हैं, जीवों की परम गति हैं—देवमानव, नारायण हैं।…"

किसी के पगों की आहट सुनकर गिरीश रुक गया।

डॉ॰ महेंद्रलाल सरकार ठाकुर के कमरे से निकल नीचे आ रहे थे।

वे लोग सब उठकर खड़े हो गए। डॉक्टर भी उनके निकट आकर रुक गए। वे कुछ बहुत उत्साहित दिखाई नहीं पड़ रहे थे।

"बैठिए डॉक्टर मोशाय!" महेंद्र गुप्त ने एक कुर्सी उनकी ओर खिसका दी।

डॉक्टर सरकार जैसे उसके आग्रह से नहीं, स्वेच्छा से बैठ गए।

"क्या बात है डॉक्टर साहब!" सुरेंद्र ने पूछा, "आप कुछ चिंतित लग रहे हैं?"

"हाँ! कुछ चिंता तो है ही।" डॉ॰ सरकार ने कहा, "आपके ठाकुर पर औषधियों का कोई विशेष प्रभाव नहीं हो रहा। जिन औषधियों के प्रयोग से कुछ सफलता पाई भी थी, उनका अब विशेष लाभ नहीं हो रहा।"

"कोई विशेष कारण डॉक्टर मोशाय?" गिरीश ने पूछा।

"कारण अभी समझ में नहीं आ रहा, किंतु मेरा अनुमान है कि कलकत्ता की दूषित वायु, उन औषधियों को पूर्ण रूप से काम नहीं करने दे रही… ।"

"तो?" सबकी उत्सुक आँखें डॉ॰ सरकार की ओर उठीं।

"उन्हें यदि कलकत्ता से बाहर किसी खुले उद्यान-भवन में रखा जा सके… ।" डॉ॰ सरकार ने उत्तर दिया, "जहाँ वायु स्वच्छ हो। आसपास इतना कोलाहल न हो। कुछ हरियाली भी हो…हो पाएगा?" डॉ॰ सरकार ने महेंद्र गुप्त की ओर देखा।

"होगा, डॉक्टर मोशाय! होगा। ठाकुर के लिए कुछ भी होगा।" गिरीश ने बड़े फक्कड़ अंदाज में कहा।

"तो ठीक है। आप लोग आज से ही मकान देखना आरंभ कर दें।" डॉ॰ सरकार उठकर चले गए।

उन सबने एक-दूसरे की ओर देखा, ''अब?''

''मेरा विचार है कि पौष के महीने में ठाकुर अपना स्थान बदलना नहीं चाहेंगे।'' बलराम ने कहा, ''हमें यह स्थान-परिवर्तन मार्गशीर्ष महीने में ही करना होगा।''

''किंतु उद्यान-भवन का किराया, इस मकान से कहीं ज्यादा होगा।'' रामचंद्र दत्त ने कहा, ''वह स्थान कलकत्ता से दूर होगा, इसलिए आवागमन में खर्च भी अधिक होगा और समय भी अधिक लगेगा···।''

''लगेगा तो।'' गिरीश ने कुछ उद्दंड भाव से कहा।

इससे पहले कि कोई गिरीश को कोई उत्तर देता, लाटू सीढ़ियों से नीचे उतरा, ''ठाकुर सुरेंद्र बाबू को बुला रहे हैं।''

''अच्छा, चल।''

सुरेंद्र सीढ़ियाँ फलाँगता हुआ ऊपर चला गया। लाटू किसी भी प्रकार सुरेंद्र से आगे नहीं जा पाया।

ठाकुर के कमरे में नरेंद्र और छोटा गोपाल बैठे थे। नरेंद्र के हाथ में तानपूरा था, जो उसने शायद अभी-अभी हाथ में लिया था, क्योंकि बरामदे तक में सुरेंद्र ने न तानपूरे का स्वर सुना था, न नरेंद्र का। संभव है कि वह अभी ठाकुर को उनका कोई भजन सुनाने की तैयारी ही कर रहा हो···

''आपने मुझे बुलाया ठाकुर!''

''हाँ, सुरेंद्र!'' ठाकुर मंद स्वर में बोले।

सुरेंद्र समझ नहीं पाया कि ठाकुर अपनी दुर्बलता के कारण धीरे बोल रहे हैं, या वे उसे निकट बुलाने के लिए इस प्रकार का व्यवहार कर रहे हैं।

''कहिए, ठाकुर!'' सुरेद्र उनके निकट पहुँच गया।

''देखो, सुरेंद्र, ये लोग मामूली कर्मचारी और बाल-बच्चे वाले आदमी है। ये लोग किराए के इतने अधिक रुपए चंदे से भी कैसे संग्रह करेंगे। कर सकेंगे? नहीं। अत किराए के रुपए तुम ही देना।'' ठाकुर ने उसकी ओर देखा, ''दे सकोगे?''

सुरेंद्र ने हाथ जोड़ दिए, ''जो हुकुम महाराज!''

सुरेद्र के मन में कहीं चिंता नहीं थी। वहाँ तो परम आनंद था···ठाकुर ने केवल उसे ही अपने सेवा के योग्य समझा था···आज सचमुच एक ऐसी घटना हुई थी, जिस पर वह गर्व कर सकता था।···

19

ठाकुर के रहने के लिए काशीपुर में मोती झील की उत्तर दिशा की ओर, जहाँ वराहनगर बाजार में जाने की बड़ी सड़क मिलती है, रानी कात्यायिनी के दामाद गोपालचंद्र घोष का उद्यान-भवन अस्सी रुपए मासिक किराए पर ले लिया गया। सौर मार्गशीर्ष की संक्रांति के एक दिन पहले, तीसरे पहर, ठाकुर को श्यामपुकुर के मकान से काशीपुर के उद्यान-भवन में ले जाया गया।

बाग बाजार पुल के उत्तर से लेकर उद्यान के कुछ दूर दक्षिण में स्थित काशीपुर के चौराहे

तक, मार्ग के दोनों ओर निर्धन मजदूरों की झोंपड़ियों तथा उनकी रोजमर्रा की उपयोगी वस्तुओं की छोटी-छोटी दुकानें थीं। बीच-बीच में कुछ पक्के मकान···पटुए की गाँठ बाँधने की कोठी, दास कंपनी का लोहे का कारखाना, रेली साहब की कोठी, दो-एक उद्यान-भवन या रहने के साधारण मकान थे। काशीपुर के चौराहे के पश्चिमोत्तर कोण में पुलिस थाना तथा दमकल केंद्र थे। इसी के पश्चिम में कुछ दूर चलकर सर्वमंगला देवी का सुप्रसिद्ध मंदिर था।

बहुत बड़ा न होने पर भी काशीपुर का उद्यान-भवन रमणीय था। प्रायः चौदह बीघे जमीन पर यह उद्यान-भवन बना था। उसे चारों ओर से घेरकर दीवार बनाई गई थी। उत्तरी सीमा के प्रायः बीचोबीच, चार छोटी कोठरियाँ थीं। ये रसोई और भंडार के लिए थीं। इनके सामने उद्यान-भवन की दूसरी ओर, एक दुमंजिला पक्का मकान था। ऊपर की मंजिल में दो और नीचे चार कमरे थे। निचली मंजिल पर बीच का कमरा काफी बड़ा था। इसके उत्तर में दो छोटे कमरे थे और पश्चिम के कमरे से लकड़ी की सीढ़ी द्वारा दुमंजिले का रास्ता था। ऊपर पूर्व दिशा के कमरे में श्रीमाँ के रहने की व्यवस्था की गई थी। ऊपर की मंजिल पर जो बड़ा कमरा था, उसमें ठाकुर को ठहराया गया था। इस कमरे के दक्षिण में मुँडेर से घिरी एक छोटी-सी छत थी। ठाकुर यदि खुले में बैठना या टहलना चाहते तो यह अत्यंत उपयोगी थी।

भवन के चारों ओर ईंट का बना सुंदर उद्यान-पथ लगभग गोलाकार रूप में फैला हुआ था। इस उद्यान के पश्चिम-दक्षिण कोण में पश्चिमी दीवार से लगे, दरबानों के लिए कुछ छोटे कमरे और उसके उत्तर में लोहे का फाटक था। गाड़ी जाने का चौड़ा रास्ता, इस फाटक से आरंभ होकर अर्धचंद्राकार रूप में बढ़कर, भवन के चारों ओर गोलाकार पथ से मिला हुआ था। भवन के पश्चिम की ओर एक छोटा पोखर था। हाल में प्रविष्ट होने की पश्चिम की सीढ़ियों की दूसरी ओर उद्यान-पथ के उस पार, पोखर में उतरने की सीढ़ियाँ थीं।

उद्यान के उत्तर-पूर्व कोने में इस पोखर से चार-पाँच गुना एक बड़ा पोखर और था तथा उसकी पश्चिमोत्तर दिशा में दो-तीन कमरे थे। बगीचे की पश्चिमोत्तर दिशा की ओर छोटे पोखर के पश्चिम में एक अस्तबल था तथा उद्यान की दक्षिण सीमा की दीवार के मध्य भाग के सामने मालियों के लिए दो कमरे थे। थे तो ईंटों के, किंतु टूटी-फूटी हालत में। शेष भाग में फलों के वृक्ष थे—आम, कटहल, लीची, केले··· । बगीचे की पगडंडियों के दोनों ओर फूलों के पौधे थे। पोखरों के पास की भूमि क। बहुत-सा भाग सब्जियाँ उगाने के काम आता था। बड़े वृक्षों के मध्य घास से सज्जित छोटे-छोटे मैदान थे।

काशीपुर का उद्यान-भवन, स्वयं में कितना भी आकर्षक क्यों न हो, उसकी तुलना दक्षिणेश्वर काली मंदिर के सौंदर्य से नहीं की जा सकती थी। दक्षिणेश्वर का सारा सौंदर्य प्रकृति द्वारा निर्मित था, जबकि काशीपुर का उद्यान मानव-निर्मित था।···फिर भी इतने लंबे समय तक कलकत्ता में रहने के बाद ठाकुर को यह स्थान रमणीय प्रतीत हुआ। उद्यान की खुली हवा ने जैसे उनके मन की प्रफुल्लता लौटा दी थी। अपनी दृष्टि को उस सौन्दर्य से भर लेने के लिए, उन्होंने उस सारे भू-खंड को देखा। बहुत दिनों के बाद उनमें बिना किसी का सहारा लिए टहलने की इच्छा जागी थी···

इधर-उधर थोड़ा घूमकर वे सीढ़ियाँ चढ़ उस बड़े कमरे में आए, जो उनके रहने के लिए चुना गया था। कमरा देखकर वे उसके साथ लगी मुँडेर वाली छत पर आए और देर तक उद्यान की शोभा देखते रहे।

श्रीमाँ भी प्रसन्न थीं। श्यामपुकुर के मकान के समान न तो यह छोटा और बंद मकान था, न ही उन्हें यहाँ बंद और संकुचित होकर रहना पड़ेगा। ठाकुर की सेवा का उन्हें अधिक अवसर मिलेगा···

ठाकुर को उनके कमरे में पूर्णतः व्यवस्थित कराके, काली और शशि को उनके पास छोड़कर नरेंद्र नीचे आया।

''राखाल! अब तुम भी घर जाकर भोजन कर आओ।'' उसने कहा, ''और शरत्! तुम अभी रुकोगे, या घर जाओगे?''

''इच्छा तो मेरी यहीं रुकने की है।'' शरत् बोला, ''पर कहीं ऐसा न हो कि बाबा मुझे खोजते हुए यहाँ आ जाएँ।''

''तुम ईश्वर को खोजते हुए यहाँ आए हो और बाबा तुम्हें खोजने यहाँ आ जाएँगे।''···नरेंद्र हँस रहा था, ''ऐसा न हो कि उन्हें यहाँ आकर ईश्वर दिख जाएँ और वे भी यहीं रह जाएँ।''

''ऐसा नहीं होता।'' शरत् गंभीर हो गया, ''ठाकुर ठीक ही कहते हैं कि एक बार बाल-बच्चे हो जाएँ तो उनकी माया ऐसी प्रबल होकर व्यक्ति के मन और बुद्धि पर पर्दा डालती है कि मनुष्य को ईश्वर के स्थान पर अपनी संतान ही दिखने लगती है।''

''तो ठीक है।'' नरेंद्र की विनोद-वृत्ति जाग उठी थी, ''वे आएँगे, तो उन्हें तुम दिखाई दोगे और वे तुम्हारा कान पकड़कर घसीटते हुए घर ले जाएँगे।''

''तुमने कभी सोचा है नरेन, कि ऐसा क्यों है कि माता-पिता यह तो चाहते हैं कि उनके लड़के धार्मिक हों किंतु, जब कोई सचमुच ही धर्म की ओर चल पड़ता है, तो वे उसे वापस संसार में खींच लाना चाहते हैं।···''

''माता-पिता का यही वास्तविक धर्म है कि वे संतान की प्रत्येक इच्छा का विरोध करें।'' नरेंद्र खुलकर हँसा, ''यदि पुत्र सो रहा हो, तो माता-पिता का धर्म है कि उसे जगाकर डाँटें कि वह इतनी देर तक सो क्यों रहा है।···और यदि वह जाग रहा हो तो कहें—अब सो जा, बहुत देर हो गई। वह पढ़ रहा हो तो कहें—अब खेलने भी जा, कब तक पढ़ता रहेगा। खेल रहा हो तो कहेंगे—पढ़ना नहीं है क्या? घर में बैठा हो तो कहेंगे—मंदिर जा, और यदि वह मंदिर में बैठ जाए तो कहेंगे—घर चल। यही तो माया है, जो उन्हें कहीं संतुष्ट नहीं होने देती···और संतान के संदर्भ में माता-पिता माया के हाथ के खिलौने होते हैं।···''

''शशि मेरे साथ घर नहीं चलेगा?'' शरत् ने पूछा।

''उससे पूछ लो।'' नरेंद्र ने उत्तर दिया, ''जाता है तो ले जाओ। पर मेरा विचार है, वह जाएगा नहीं।''

''तुम सबको घर भेज रहे हो, तो यहाँ पीछे रहेगा कौन?'' राखाल बोला, ''तुम अकेले पीछे सब कुछ सँभाल लोगे?''

''क्यों, अकेले क्यों?'' नरेंद्र बोला, ''मैं हूँ, काली है, शशि है, छोटा गोपाल है, लाटू है।'' वह रुका, ''और फिर राम दादा, गिरीश, सुरेंद्र, मास्टर मोशाय सब लोग आते-जाते रहते हैं।···और तुमको भोजन करने के लिए घर भेज रहा हूँ, रहने के लिए नहीं। तुम लौटकर आओगे, तो मैं चला जाऊँगा।''

राखाल के चेहरे पर संकोच के भाव उभरे, ''मेरा तो तुम्हें पता ही है कि घर जाता हूँ तो वहीं का हो रहता हूँ।···'' उसके स्वर में कुछ आवेश लौटा, ''ठाकुर का व्यवहार भी मेरी समझ

में नहीं आता। तुम लोगों को सब कुछ छोड़कर अपने पास आने के लिए कहते थे और मैं दक्षिणेश्वर में रहने के लिए आता था, तो मुझे घर भेज देते थे।···परिणाम क्या है? तुम लोग साधना करते रहे, ठाकुर की सेवा करते रहे, और मैं कभी अपना स्वास्थ्य सुधारने के लिए वृंदावन में निवास करता रहा, कभी गृहस्थ-धर्म का निर्वाह करने के लिए घर में निवास करता रहा।'' वह नरेंद्र की ओर मुड़ा, ''अब इतने दिनों के बाद यहाँ आया हूँ, तो तुम मुझे घर भेज रहे हो।''

''राखाल!'' नरेंद्र का स्वर आदेशात्मक था, ''ठाकुर का विचार था कि तुम्हारा इस जीवन का कुछ भोग शेष था, इसलिए तुम्हें घर भेजते थे। मैं तुम्हें भोजन करने के लिए घर भेज रहा हूँ। अब ज्यादा भावुकता मत बघारो। तुम लौटकर आओगे तो मैं घर जाऊँगा।···''

''तब तक तुम्हें भोजन करने में बहुत देर नहीं हो जाएगी?'' राखाल बोला, ''मैं इतनी जल्दी तो नहीं लौट सकता।''

''नहीं! मैं भोजन करने के लिए नहीं, अपनी कुछ पुस्तकें लेने जाना चाहता हूँ।'' नरेंद्र ने कहा।

''पुस्तकें ही लानी हैं, तो मुझे बताओ, मैं लेता आऊँगा।'' राखाल बोला, ''उसके लिए तुम्हें कलकत्ता जाने की क्या आवश्यकता है।''

''इसका निर्णय तो वहीं जाकर करूँगा, इसलिए मेरा ही जाना आवश्यक है।'' नरेंद्र बोला, ''तुम्हें कलकत्ता में सैर-सपाटा करने का मन है, तो और बात है।''

''नहीं! ऐसी कोई बात नहीं है। वैसे तुम—पुस्तकें क्या करोगे?'' राखाल बोला, ''यदि यहाँ बैठकर पुस्तक पढ़ोगे, तो ठाकुर की सेवा कैसे करोगे?···''

''जैसा मोटा शरीर है तुम्हारा, वैसी ही तुम्हारी बुद्धि भी है।'' नरेंद्र बोला, ''ठाकुर की सेवा के बाद भी इतना समय होता है मेरे पास कि घंटों ध्यान कर सकता हूँ और शेष समय में पढ़ सकता हूँ। बी॰ एल॰ की परीक्षा सिर पर है। तैयारी नहीं करूँगा, तो पास कैसे होऊँगा।'' नरेंद्र ने राखाल की ओर देखा, ''अब तुम यह मत कहना कि इतना समय होता है, तो मैं घर ही क्यों नहीं चला जाता। यदि घर जाऊँगा तो सारा समय आने-जाने में ही बीत जाएगा, और ध्यान पीछे ठाकुर में ही रहेगा। यहाँ रहकर ऐसी कोई समस्या नहीं होगी···।'' उसने रुककर उन दोनों की ओर देखा, ''अच्छा! अब जाओ और जल्दी भोजन करके लौटो। यह ध्यान रखना कि तुम लोगों के आ जाने के पश्चात् ही किसी अन्य व्यक्ति को यहाँ से छुट्टी मिलेगी।''

राखाल ने सोचा था कि वह घर पहुँचते ही खाना परोसने को कहेगा और तत्काल भोजन कर, बिना विश्राम किए काशीपुर लौट आएगा। विश्राम का क्या है, विश्राम तो काशीपुर लौटकर भी हो सकता है।···किंतु यह बात उसके ध्यान में ही नहीं आई थी कि फाटक पर उसकी बग्घी नहीं खड़ी है कि बाहर निकलते ही, उसमें सवार होकर, वह तत्काल घर की ओर चल देगा।···न ही उसने यह विचार किया था कि सवारी मिलने के पश्चात् भी कलकत्ता में अपने घर तक पहुँचने में उसे इतना समय लग जाएगा···इसकी तो उसे कल्पना ही नहीं थी कि इस यात्रा का आधा मार्ग तो उसे पैदल ही तय करना पड़ सकता है।···

हर प्रकार की परेशानी झेलकर जब वह घर पहुँचा तो दोपहर प्रायः बीत रही थी।···

''यह तुम्हारा भोजन करने के लिए आने का समय है?'' विश्वेश्वरी ने अपनी नाराजगी जताई, ''तुम्हें भूख नहीं लगती, तो कम-से-कम दूसरों का तो ध्यान किया करो। तुम्हारे पीछे मैं भी अब तक भूखी बैठी हूँ।''

"तुम क्यों भूखी बैठी हो?" राखाल ने पूछा, "तुम तो घर पर ही थीं। खाया क्यों नहीं? तुम्हें अपने स्वास्थ्य का ध्यान रखना चाहिए। तुम्हें इस स्थिति में भूखा नहीं रहना चाहिए।"

"बड़े विचित्र आदमी हो।" विश्वेश्वरी ने कुछ तुनककर कहा, "यह जानते हुए भी कि तुम वहाँ भूखे बैठे हो और भोजन के लिए घर आने वाले हो—मैं भोजन कर लेती?"

"तुम्हारा यह व्यवहार मेरी समझ में नहीं आता।" राखाल बोला, "मैंने इसलिए भोजन नहीं किया क्योंकि भोजन घर पर था और मैं घर पर नहीं था···और तुमने इसलिए भोजन नहीं किया, क्योंकि तुम और भोजन तो घर पर थे, किंतु मैं घर पर नहीं था।···मैं इसलिए भोजन नहीं पकाता, क्योंकि मैं घर पर नहीं हूँ, तो क्या तुम भी यह कहकर कि मैं घर पर नहीं हूँ—भोजन नहीं बनाओगी?"

विश्वेश्वरी ने कुछ इस दृष्टि से राखाल को देखा, जैसे पूछ रही हो कि इस सरलता पर मुग्ध होकर वह उसे अपनी बाँहों में समेट ले, या अपना माथा भूमि पर दे मारे।

"अच्छा, अब जल्दी भोजन लाओ।" राखाल ने सहज भाव से कहा, "मुझे भूख लगी है।"

"देती हूँ।" विश्वेश्वरी बोली, "पर गर्म करने में कुछ समय लगेगा।"

"तुम मुझे ऐसे ही दे दो।" राखाल बोला, "गर्म करने की कोई आवश्यकता नहीं, मैं ठंडा ही खा लूँगा।"

"तुम तो पगला गए हो।" विश्वेश्वरी बोली, "इतनी ठंड में ठंडा भोजन खिलाकर तुम्हें अस्वस्थ कर दूँ और फिर स्वास्थ्य-लाभ के लिए तुम्हें वृंदावन भेजकर यहाँ बैठी तुम्हारी राह तकती रहूँ। इतनी ही मूर्ख समझ रखा है तुमने मुझे?"

"मैंने तुम्हें क्या समझ रखा है, उस पर विचार करने के लिए यह कोई उपयुक्त अवसर नहीं है।" राखाल कुछ झल्लाकर बोला, "भोजन दो, मुझे भूख लगी है···और फिर मुझे लौटकर काशीपुर भी जाना है, वहाँ नरेंद्र मेरी प्रतीक्षा कर रहा होगा।"

"अब लौटकर काशीपुर जाओगे?" विश्वेश्वरी ने चकित होकर पूछा, "संध्या तो वैसे ही हो रही है। इस शिशिर ऋतु में अँधेरा होते देर ही कितनी लगती है। इस अँधेरे और ठंड में तुम घर पर नहीं रहोगे, लौटकर काशीपुर जाओगे?"

"हाँ! लौटकर काशीपुर जाना है।" राखाल बोला, "ठाकुर रुग्ण हैं। उनकी सेवा के लिए नरेंद्र, काली, शशि और छोटा गोपाल दिन-रात वहीं रहते हैं। मैं घर में भी रहूँ, और वहाँ जाने के लिए सुबह-शाम, अँधेरा-उजाला, शीत-घाम भी देखता रहूँ!"

"अच्छा, चले जाना।" विश्वेश्वरी ने मुस्कराकर कहा, और उसी क्षण मन-ही-मन संकल्प किया कि वह राखाल को किसी भी अवस्था में रात को काशीपुर लौटने नहीं देगी।

उसने खाना गर्म करने के लिए चूल्हा जलाने में ही घंटा-भर लगा दिया। आँच धीमी ही रखी। भोजन गर्म होने में भी देर लगी और परोसने में तो उससे भी अधिक।

···राखाल भोजन कर उठा और काशीपुर जाने के लिए घर से निकलने ही वाला था कि विश्वेश्वरी ने कहा, "इतनी देर भी नहीं रुक सकते कि तुम्हें घर में देख निश्चिंत हो, दो कौर मैं भी खा लूँ?"

राखाल देख रहा था कि शाम ढल चुकी है और शिशिर की हलकी धूप का जो दुर्बल-सा ताप होता है, वह भी प्रायः समाप्त हो चुका था। अभी थोड़ी देर में संध्या भी लाल होकर काली पड़ने लगेगी।···और विश्वेश्वरी तो भोजन करने में विलंब भी इतना करती है।···किंतु अपनी गर्भवती पत्नी को भूखा छोड़कर जाना उसके लिए संभव नहीं था···

उसे रुकना पड़ा।

विश्वेश्वरी भोजन कर पान बनाने बैठ गई। इधर उसके हाथों ने पान का बीड़ा राखाल के हाथ में दिया और उधर उसकी जिह्वा ने अपने स्वास्थ्य के संबंध में चर्चा आरंभ कर दी।···वह स्वयं को बहुत निर्बल और असहाय अनुभव कर रही थी। उसे भय था कि कहीं उसकी संतान भी रोगी और दुर्बल न हो जाए···और फिर अकेली को भय भी बहुत लगता था···रात-भर नींद नहीं आती थी और प्रातः से ही आँखें बंद होने लगती थीं। वह समझ नहीं पा रही थी कि नींद का न आना उसका रोग था, अथवा दिन-भर उसका उनींदे रहना···

राखाल उस रात काशीपुर नहीं लौट सका, किंतु घर में पलंग पर आराम से लेटे हुए, वह सो भी नहीं सका। उसने ठाकुर से इतना प्रेम पाया था, किंतु उसने उनके लिए क्या किया? कभी वह अपने घर-गृहस्थी के चक्कर में उनके पास नहीं रह सका, और कभी उसके रोग ने उसे उनसे दूर वृंदावन भेज दिया। वे अस्वस्थ हुए, रोग बढ़ता गया, वे कष्ट पाते रहे, किंतु राखाल को उनकी सेवा का सौभाग्य नहीं मिला।···उधर वह नरेंद्र है कि पिता नहीं रहे, माँ और छोटे भाई घर में अकेले हैं, उनके भोजन-वस्त्र तक की व्यवस्था नहीं है, मकान पर मुकदमा चल रहा है,···और नरेंद्र ने ठाकुर की सेवा के लिए अपनी नौकरी छोड़ दी।···वह अपनी माँ और भाइयों को भूखा-प्यासा, असहाय और असुरक्षित छोड़कर, अपनी पढ़ाई को लात मारकर वहाँ काशीपुर में ठाकुर की सेवा कर रहा है···और राखाल अपने घर में अपनी पत्नी की इच्छा पूरी करने के लिए उसके पास सो रहा है···उसके गुरुभाइयों ने ईश्वर-लाभ के लिए सांसारिक जीवन को तिलांजलि दे रखी है।···नरेंद्र ने ऐसे अच्छे-अच्छे घरों में आए संबंध लौटा दिए और राखाल अपनी वंशवृद्धि कर रहा है···

वह स्पष्ट देख रहा था कि उसे भी कुछ कठोर होना होगा।···इस प्रकार ढीले पड़ने से न तो उसे माया मिलेगी, न राम···वह जानता है कि वह विवाहित है। उसकी पत्नी है···संतान भी होगी।···उनका पालन-पोषण, संरक्षण-संवर्द्धन सब उसके दायित्व हैं···पर यह भी तो उससे छिपा नहीं है कि यह सब सांसारिक दायित्व हैं···और ईश्वर-लाभ? वह क्या उसका दायित्व नहीं है?···वह किसी और का दायित्व है? सांसारिक दायित्व तो केवल उसके अहंकार की वृद्धि करेंगे।···वह अपनी पत्नी का पालनकर्ता है। अपनी संतान का जनक वह है, उसे जन्म देने वाला वह है?···संतान का जनक···और संतान का जन्म···क्या यह उसकी सृष्टि है? क्या वह देता है प्राण? वह निर्माण करता है रक्त और मांस का? दृष्टि और श्रुति का? वह भूल जाता है कि वह ईश्वर का बनाया हुआ एक यंत्र मात्र है। उसके माध्यम से ईश्वर अपनी सृष्टि रच रहा है···वह स्वयं भी तो उसकी सृष्टि ही है···और पालन-पोषण? अन्न को राखाल बनाता है या ईश्वर? फलों का रस राखाल देता है या ईश्वर? जब सब कुछ ईश्वर को ही करना है, तो राखाल का क्या दायित्व है—ईश्वर-प्राप्ति या सांसारिक दायित्वों का निर्वाह?···

उसे कुछ करना ही होगा।···वह नरेंद्र के समान दृढ़व्रती क्यों नहीं है? उसे समय से ही नरेंद्र के समान बातें क्यों नहीं सूझतीं कि उसका कर्तव्य क्या है?···

अगले दिन राखाल प्रातः चलकर दोपहर से कुछ पहले काशीपुर पहुँचा।

"मैं कल लौट नहीं पाया नरेंद्र!" उसे लग रहा था कि नरेंद्र के सम्मुख अपना अपराध स्वीकार करना तथा अपने कृत्य का स्पष्टीकरण देना बहुत आवश्यक है।

"शरत् भी नहीं लौटा।" नरेंद्र अत्यंत सहज भाव से बोला, "परिणाम यह हुआ कि मैं अपनी पुस्तकें लेने के लिए घर नहीं जा पाया, और बाबूराम को भी भोजन यहीं करना पड़ा।..."

राखाल जैसे उछल पड़ा, "जब तुम यहाँ भोजन कर सकते हो, बाबूराम यहाँ भोजन कर सकता है, तो मुझे भोजन करने के लिए घर क्यों भेजते हो?"

"भोजन भी यहाँ करोगे तो घर क्या करने जाओगे—स्नान करने या सोने? या पान खाने?" नरेंद्र हँसा।

"नहीं! मैं घर नहीं जाऊँगा।" राखाल बोला, "यहाँ मेरे सोने के लिए थोड़ी-सी जगह नहीं मिलेगी क्या?"

"तुम्हें सोने के लिए थोड़े-से स्थान की आवश्यकता होती है क्या?" नरेंद्र कुछ ऊँचे स्वर में हँसा।

राखाल क्षण-भर को तो हतप्रभ-सा खड़ा रह गया, किंतु अगले ही क्षण उसे याद आ गया कि उसके आकार को देखते हुए नरेंद्र के पिता उसे 'गज' कहा करते थे और 'गज' से ही वह 'गुजू' बन गया था।...निश्चय ही हाथी को सोने के लिए थोड़ा-सा स्थान नहीं चाहिए...

"अच्छा, मैं बाहर उद्यान में सो लिया करूँगा।" राखाल ने कुछ झेंपते हुए कहा।

"नहीं, सोने के स्थान की कमी नहीं है।" नरेंद्र गंभीर हो गया, "किंतु कल तुम्हारे और शरत् के वापस न लौटने से एक बात मेरे मन में स्पष्ट हुई है कि काशीपुर कलकत्ता से इतनी दूर है कि यहाँ वह सब संभव नहीं है जो श्यामपुकुर में था। इसका अर्थ यह है कि जो भी व्यक्ति किसी भी काम से कलकत्ता जाएगा, काफी समय लगाकर ही लौट पाएगा, इसलिए हमें यहाँ अधिक लोगों की आवश्यकता है...।"

"ठीक है," राखाल बोला, "एक तो मैं हूँ।"

"मुझे विश्वास है कि ठाकुर की सेवा के लिए यहाँ रहने वाले उनके शिष्यों की कमी नहीं होगी।..." नरेंद्र का स्वर कुछ चिंता लिए हुए था, "किंतु जितने अधिक लोग यहाँ रहेंगे, उतने ही अधिक लोगों के खाने और सोने इत्यादि की व्यवस्था करनी पड़ेगी।...इतने लोगों का भोजन कौन पकाएगा? श्रीमाँ और गोलाप माँ पर लंबे समय के लिए यह सारा बोझ नहीं डाला जा सकता।...इसका अर्थ है कि एक रसोइया भी रखना पड़ेगा..." नरेंद्र ने राखाल की ओर देखा, "इतने लोगों के खान-पान और नौकर-चाकरों का खर्च कहाँ से आएगा? हममें से तो कोई कुछ कमाता ही नहीं।"

राखाल ने नरेंद्र की बात का उत्तर नहीं दिया। उसके चेहरे पर प्रसन्नता का भाव आया और उसकी आँखें आह्लाद से कुछ फैल गईं, "लो, शरत् भी आ गया।"

नरेंद्र घूमा : शरत् ने अभी-अभी भवन में प्रवेश किया था और वह उन्हीं की ओर आ रहा था।

"यदि ठाकुर के सेवा-भार का एक अंश भी अपने ऊपर लेना है, तो फिर घर आना-जाना नहीं करना होगा।" उसने उनके निकट आते ही कहा, "कलकत्ता आने-जाने में इतना समय लग जाएगा, यह तो मैंने सोचा ही नहीं था।"

"एक बार ही यहाँ से घर जाने में काफी ज्ञान प्राप्त हो गया है तुम्हें।" नरेंद्र बोला, "और किस सत्य से साक्षात्कार हुआ है तुम्हारा?"

"प्रथम आर्य सत्य तो यह उद्‌घाटित हुआ कि कलकत्ता यहाँ से बहुत दूर है।" शरत् बोला, "द्वितीय आर्य सत्य यह है कि शशि क्यों घर नहीं जाता।"

"क्यों नहीं जाता?" राखाल ने पूछा।

"ठाकुर की सेवा का विचार मन में रखते हुए, यदि घर में रहा जाए तो चौबीस में से बीस घंटे माता-पिता की भर्त्सना का साक्षात्कार होता है।" शरत् बोला, "सारे आदर्श उघारने वाले माता-पिता एकदम नहीं चाहते कि उनका पुत्र अपने गुरु की सेवा करे।···लगता है कि शशि इस बात को बहुत पहले ही समझ गया था।···इसलिए मैंने भी यह निश्चय किया है कि मैं भी अब यहीं रहूँगा। जितनी देर ठाकुर की सेवा हो सकेगी, करूँगा और शेष समय तुम लोगों की संगति में ज्ञान-चर्चा और ध्यान, जाप अथवा मनन।"

"लो, और सुनो।" नरेंद्र ने राखाल की ओर देखा, "ये भी यहीं रहेंगे!"

"क्यों? इसमें बुराई है कोई?" शरत् ने पूछा।

"नहीं, बुराई तो कोई नहीं है।" नरेंद्र बोला, "इसकी प्रशंसा भी खूब होती है। तुम्हें इस विषय में कोई विशेष चर्चा करनी हो तो राम दादा को अपने निर्णय की सूचना दे देना। वैसे भी व्यवस्था की दृष्टि से उन्हें यह सूचना दी ही जानी चाहिए।" नरेंद्र ने रुककर उन दोनों की ओर देखा, "अच्छा! मैं घर जा रहा हूँ। तुम लोग शशि और काली को सूचना दे देना।।"

नरेंद्र बाहर की ओर चला गया।

राखाल और शरत् अभी सोच ही रहे थे कि वे किधर जाएँ कि उन्हें रामचंद्र दत्त आते दिखाई दिए।···यद्यपि नरेंद्र ने कहा था कि अपने काशीपुर में ही रहने की सूचना राम दादा को दे देना, तो भी शरत् ने इस निर्देश को तनिक भी गंभीरता से स्वीकार नहीं किया था।···पर अब जब राम दादा सामने आ खड़े हुए थे, तो उन्हें बता ही देना चाहिए था···

"राम दादा! मैंने निश्चय किया है कि···।" शरत् ने कहा।

रामचंद्र दत्त की आँखें उठीं, "क्या निश्चय किया है तुमने?"

"कि नरेंद्र और शशि के समान मैं भी काशीपुर में ही रहूँगा। भोजन और सोने के लिए भी घर नहीं जाऊँगा।" शरत् ने अपनी बात पूरी कर रामचंद्र दत्त की ओर देखा, किंतु वहाँ प्रशंसा अथवा प्रसन्नता का लेश मात्र भी नहीं। उनके चेहरे को देखकर लगता था कि शरत् ने उनके लिए कोई बहुत ही कष्टदायक अथवा अपमानजनक बात कह दी है।

राखाल ने रामचंद्र दत्त के चेहरे को पढ़ने का कोई प्रयास नहीं किया। उसने अपनी आत्मलीनता के मध्य ही कहा, "मैंने भी यही निश्चय किया है राम दादा!"

"तुम भी।" और रामचंद्र दत्त के चेहरे पर जैसे एक यातना उभर आई, "अपने आप ही तुम लोग ऐसे निश्चय कर लेते हो, बिना किसी से कोई चर्चा किए।" और वह आगे बढ़ गया।

राखाल और शरत् अवाक्-से खड़े राम को देखते रहे, क्या अर्थ है उस वाक्य का?

नरेंद्र ने माँ को प्रणाम किया ही था कि भुवनेश्वरी ने पूछा, "मैंने सुना है, तू अपने स्कूल भी नहीं जा रहा और तूने नौकरी भी छोड़ दी है।"

"हाँ, माँ! मैंने नौकरी छोड़ दी है।" नरेंद्र ने इतने सहज भाव से कहा, जैसे दैनंदिन की कोई बहुत साधारण बात कही हो।

भुवनेश्वरी हतप्रभ खड़ी रह गई। उसने कल्पना भी नहीं की थी कि इतनी प्रतीक्षा और कठिनाई से मिली हुई वह नौकरी नरेंद्र इस प्रकार छोड़ देगा। और कितनी सरलता से वह उसे स्वीकार कर रहा है।

''पर क्यों?''

''नौकरी के साथ मैं अपने गुरु की सेवा नहीं कर सकता था।''

''और नौकरी के बिना तू हमारा पालन नहीं कर सकता।'' भुवनेश्वरी जैसे तड़पकर बोली, ''तेरे गुरु की सेवा तो उनका कोई और शिष्य भी कर लेगा, किंतु हमारा पालन करने वाला दूसरा पुत्र कहाँ है?''

नरेंद्र बैठ गया, ''नहीं, माँ! ऐसा कुछ नहीं है। मनुष्य किसी का भी पालन नहीं करता। पालनकर्ता तो स्वयं ईश्वर है⋯।''

''पर हमारे पालन-पोषण के लिए नौकरी करने के लिए तो ईश्वर नहीं आता। सब जगह मनुष्यों को ही नौकरी करते देखती हूँ।'' भुवनेश्वरी ने कहा, ''विचित्र तर्क है तेरा, अपने गुरु की सेवा तो तू करेगा, ईश्वर नहीं, और हमारा पालन ईश्वर करेगा, तू नहीं।''

''विचित्र कुछ नहीं है माँ!'' नरेंद्र मुस्कराया, ''कर्ता तो ईश्वर ही है। मनुष्य उसका निमित्त है। यदि उसे आपका पालन मेरे माध्यम से ही करवाना है, तो वही होगा⋯।''

''पर वह कैसे होगा?'' भुवनेश्वरी कुछ तीखी पड़ी, ''तूने नौकरी तो छोड़ दी है।''

''नौकरी तो मैंने छोड़ दी है माँ!'' नरेंद्र बोला, ''किंतु कानून की पढ़ाई मैंने नहीं छोड़ी है। मैंने सोचा है कि मैं कानून की पढ़ाई पूरी करूँगा। वकालत करूँगा। तुम्हारे लिए, महेंद्र और भूपेंद्र के लिए धन की व्यवस्था करूँगा, और फिर गृहस्थी से संबंध तोड़कर, भगवान् की आराधना में लीन हो जाऊँगा।''

''इसका क्या अर्थ?'' भुवनेश्वरी ने आशंकित मन से पूछा, ''भगवान् की आराधना में तो तू अब भी लीन है!''

''नहीं, माँ! मैंने संन्यास लेने का संकल्प कर रखा है।''

भुवनेश्वरी स्तब्ध रह गई : यह लड़का उसे कभी कोई सुख भी देगा या उसे केवल पीड़ित करने के लिए ही उसने उसका पुत्र बन जन्म लिया है?⋯

''यह सिखाया है तेरे उस साधु गुरु ने?'' भुवनेश्वरी ने कहा तो, किंतु मन-ही-मन वह जान रही थी कि इसका भय तो उसे नरेंद्र के जन्म से ही था।⋯

''नहीं, माँ! उन्होंने तो अभी संन्यास लेने से रोक रखा है। नहीं तो मैंने तो यह निर्णय कब से कर रखा है।'' नरेंद्र बहुत शांत मन से बोला, ''मेरा जन्म नौकरी करने, विवाह करने, संतान उत्पन्न कर उसका पालन करने के लिए नहीं हुआ है माँ! मुझे लगता है कि मेरे लिए ईश्वर का विधान कुछ और ही है।''

''हाँ! ईश्वर अपना विधान तुझे ही तो बताता है।'' भुवनेश्वरी के स्वर में चीत्कार था, ''मैं तुझे कहे देती हूँ बिलेह! मैं तुझे कभी इसकी अनुमति नहीं दूँगी, और यदि तूने ऐसा कुछ किया, तो उसके लिए तुझे कभी क्षमा नहीं करूँगी।''

नरेंद्र हलके से हँसा, जैसे किसी अबोध शिशु की बात पर हँस रहा हो।

''मैं सच कह रही हूँ।'' भुवनेश्वरी पुनः बोली।

''और माँ! तूने यदि मुझे ईश्वर की आराधना से विमुख करने का प्रयत्न किया, तो जगदंबा तुझे कभी क्षमा नहीं करेगी।'' नरेंद्र का स्वर अत्यंत गंभीर हो उठा था।

भुवनेश्वरी जैसे सहमकर चुप हो गई। स्वयं को सँभालने में उसे कुछ क्षण लग गए, ''यह सब कहने से पहले, तू यह नहीं सोचता कि तुझे कानून की पढ़ाई करनी है। मकान के बँटवारे

के संबंध में मुकदमा चल रहा है। अपने संबंधी शत्रु हो गए हैं।···ऐसे में तू घर में नहीं रहेगा, तो कैसे होगी तेरी पढ़ाई और कैसे चलेगा मामला-मुकदमा?''

किंतु नरेंद्र तनिक भी विचलित नहीं हुआ, ''मुकदमे के लिए तो मैं वकीलों से मिल ही लेता हूँ। तारीख पर कचहरी में भी हाजिर रहता हूँ। और पढ़ाई···,'' नरेंद्र रुका, ''मैं पुस्तकें अपने साथ ले जा रहा हूँ। काशीपुर में जब जैसा संभव होगा, पढ़ाई भी करता रहूँगा।''

भुवनेश्वरी का चेहरा आवेश से कुछ लाल हो गया, किंतु वह स्वयं को नियंत्रित करती हुई असहाय आक्रोश के साथ बोली, ''जा, जो मन में आए, कर। आज तक तूने कभी किसी की मानी है कि अब मानेगा।''

नरेंद्र ने माँ को न मनाने का प्रयत्न किया, न समझाने का। वह अपनी पुस्तकों की ओर बढ़ गया और ले जाने के लिए पुस्तकें छाँटने लगा।

''भोजन करेगा या वह भी गुरु-पत्नी का परोसा हुआ ही होना चाहिए?'' थोड़ी देर के पश्चात् भुवनेश्वरी ने दूसरे कमरे से पुकारकर पूछा।

नरेंद्र अनायास ही मुस्करा पड़ा : माँ के मन का द्वंद्व, उनके एक वाक्य में से भी छलक रहा है···क्रोध और वात्सल्य···उनका कहा न मानने वाले उद्दंड पुत्र के प्रति क्रोध है, और बाहर से घर आए पुत्र को खिलाने-पिलाने की माँ की तीव्र लालसा।···न तो वे क्रोध का शमन कर पा रही हैं और न ही अपनी लालसा का संवरण···।

''तुम्हारे हाथ का पकाया भोजन कैसे छोड़ सकता हूँ माँ!'' नरेंद्र बोला, ''तुम परोसो, मैं आ रहा हूँ।''

नीचे के बड़े कमरे में काली, शशि, राखाल, शरत्, बाबूराम, योगीन, तारक तथा छोटा गोपाल सब एकत्रित थे और चुपचाप बैठे एक-दूसरे का चेहरा देख रहे थे। उनके चेहरों पर एक अनाम चिंता छप-सी गई थी और उनके आसपास भय का वातावरण था।

नरेंद्र को देखते ही उन लोगों में हलकी-सी सुगबुगाहट जागी। सबकी आँखें उसकी ओर उठीं और राखाल ने अत्यंत मंद स्वर में कहा, ''लो, नरेंद्र आ गया।''

नरेंद्र उनके निकट आया। उन लोगों ने पुनः उसे देखा-भर। उसके स्वागत में कुछ भी नहीं कहा। न उनके चेहरों पर खुलकर उल्लास झलका और न ही किसी ने उसे उसकी अनुपस्थिति में घटी घटनाओं की सूचना देने की आतुरता दिखाई।

नरेंद्र के लिए उन सबका यह व्यवहार काफी असहज था—''क्या बात है?''

''कुछ भी तो नहीं।'' राखाल बोला, ''हम लोग तुम्हारी प्रतीक्षा ही कर रहे थे। अच्छा हुआ, तुम आ गए।''

नरेंद्र क्षण-भर में ही समझ गया कि राखाल सच नहीं बोल रहा है।

''क्या रे गुजू!'' नरेंद्र ने उसकी बाँह पकड़ी, ''तुझे ढंग से झूठ बोलना नहीं आता, तो झूठ क्यों बोलता है?''

''कौन झूठ बोल रहा है?'' राखाल कुछ आवेश में बोला, ''ऐसी तो कोई बात नहीं है कि तुम्हारे यहाँ पग धरते ही तुमको तत्काल बताई जाए।''

''तत्काल न सही।'' नरेंद्र हँसा, ''बैठ जाऊँ, सुस्ता लूँ, तो बताने के लिए कुछ है।''

''कुछ न कुछ तो होता ही है।'' काली ने बात सँभाली, ''डॉक्टर आया था। ठाकुर को देख

गया है। अब तुम आए हो, तो तुम्हें बताया ही जाएगा कि वह क्या कह गया है, ठाकुर का स्वास्थ्य कैसा है···इत्यादि।''

नरेंद्र बैठ गया। उसने बारी-बारी उन सबके चेहरों को देखा : थोड़ी देर पहले तक जो लोग उसे चिंतित-से लगे थे, वे अब जैसे अपराधियों के समान आत्म-स्वीकृति में सिर झुकाए उसके सामने खड़े थे···वे लोग कुछ-न-कुछ तो छिपा ही रहे थे···पर क्या छिपा रहे थे? कोई ऐसी बात, जो उन सबसे सामान्य रूप से संबद्ध थी···किसी एक का रहस्य नहीं था वह।···वह उन सबका रहस्य था।···पर क्या?···क्या वह नरेंद्र के विषय में कोई बात थी? पर नरेंद्र के विषय में ऐसी कौन-सी बात हो सकती है, जो उसे मालूम नहीं थी और वे लोग जान गए थे?···नहीं, उसके विषय में ऐसा कुछ नहीं हो सकता था।···तो ठाकुर के विषय में?···

''ठाकुर का स्वास्थ्य कैसा है?'' उसने जैसे अकबकाकर पूछा।

''ठीक है।'' राखाल कुछ अटपटाया, ''मेरा अभिप्राय है कि वैसा ही है, जैसा तुम छोड़कर गए थे···।''

''वे इस समय कष्ट में तो नहीं हैं?'' नरेंद्र ने पूछा।

''नहीं। विश्राम कर रहे हैं।'' शरत् ने बताया।

''उनके पास कौन है?''

''लाटू और गोपाल दादा।''

सहसा नरेंद्र के मस्तिष्क में एक नई बात कौंधी, ''डॉक्टर ने क्या कहा है? डॉक्टर ने उनके रोग के विषय में कोई नई बात बताई है?''

''नहीं। डॉक्टर ने तो कहा है कि उन्हें गले का कैंसर है, जिसे वैद्य लोग संगृहिणी कहते हैं।'' शरत् बोला, ''वह तो तुम जानते ही हो।''

''यह मैं जानता हूँ।'' नरेंद्र बोला, ''यह भी जानता हूँ कि यदि यह असाध्य नहीं, तो दुःसाध्य अवश्य है। यह भी जानता हूँ कि बहुत संभव है कि ठाकुर अपनी लीला का संवरण ही कर रहे हों···पर डॉक्टर ने नया ऐसा क्या कहा है, जिससे तुम लोग चिंतित और भयभीत हो?''

''ठाकुर के विषय में डॉक्टर ने नया ऐसा कुछ भी नहीं कहा है।'' राखाल जल्दी से बोला।

''तो किसके विषय में कहा है?''

''हम लोगों के विषय में।'' योगीन के कंठ से पहली बार वाणी फूटी।

''अच्छा, डॉक्टर तुम लोगों का परीक्षण कर किसी ऐसे रोग का निदान कर गए हैं, जिसने तुम्हें डरा दिया है!'' नरेंद्र खुलकर हँसा, ''तुम सब लोगों को एक ही रोग है क्या?''

उन सबके चेहरों पर खीझ उभरी : नरेंद्र उनकी असहायता का उपहास कर रहा था।

''हँसो मत। इसमें हँसने की क्या बात है?'' सहसा राखाल कुछ क्रुद्ध होकर बोला, ''यदि हम चिंतित अथवा भयभीत हैं, तो उसका कोई कारण भी तो होगा।''

''तब से कारण ही तो पूछ रहा हूँ।''' नरेंद्र बोला, ''मुझसे ही छुपा रहे हो, और मुझ पर ही रौब जमा रहे हो···और फिर कहते हो, हँसो मत। खीझना तो मुझे चाहिए, और खीझ तुम लोग रहे हो।''

''हम कुछ भी छिपा नहीं रहे।'' शरत् कुछ सहज होकर बोला, ''संयोग ही था कि तुम यहाँ थे नहीं, और डॉक्टर वह बात हमसे कह गए।···अब···।''

''अब क्या?'' नरेंद्र के स्वर में पहली बार गंभीर जिज्ञासा उभरी।

"वह बात हम अपने मुख से कहना नहीं चाहते।" शशि ने मुख दूसरी ओर कर लिया, जैसे वह नरेंद्र का सामना न करना चाहता हो, "पर तुमको बताए बिना तो काम चलेगा नहीं।"

"क्या बात है?" नरेंद्र पूर्णतः गंभीर था।

"डॉक्टर ने कहा है···।" राखाल क्षण-भर को रुका और फिर जैसे सारा साहस बटोरकर बोल गया, "कि ठाकुर का रोग छूत का रोग है। उनकी सेवा करने वालों को भी यह रोग हो सकता है। इसलिए हम सबको सावधान रहना चाहिए···।"

नरेंद्र स्तब्ध-अवाक् बैठा रह गया : यह सब कैसे कह दिया डॉ॰ महेंद्रलाल सरकार ने? डॉक्टर के रूप में उन्हें जानना चाहिए कि कैंसर छूत का रोग नहीं है। यदि वे इतना भी नहीं जानते तो वे कैसे डॉक्टर हैं?···उसका आवेश जैसे उसके सिर पर जा चढ़ा। इच्छा हुई कि चिल्लाकर कहे, 'डॉ॰ सरकार या तो अज्ञानी हैं, या मिथ्यावादी। कैंसर छूत का रोग नहीं है। ठाकुर के निकट संपर्क से, उनकी सेवा करने से, अथवा किसी भी अन्य प्रकार से किसी की कोई हानि नहीं हो सकती।···ये मूर्ख क्या इतना नहीं समझते कि ठाकुर जैसे मनुष्य दूसरों का रोग, शोक और पीड़ा स्वयं ग्रहण कर लेते हैं–अपनी पीड़ा वे किसी को नहीं देते। वे अन्य जनों की पीड़ा हरने के लिए संसार में आते हैं, किसी को पीड़ित करने के लिए नहीं···'

किंतु नरेंद्र के मुख से वाणी नहीं फूटी।···यदि वह यह सिद्ध करने का प्रयत्न करता है कि ठाकुर का रोग छूत का रोग नहीं है, इसलिए उनके शिष्यों को उनकी सेवा करते हुए डरना नहीं चाहिए···तो क्या इसका अर्थ यह नहीं होगा कि यदि ठाकुर का रोग छूत का रोग हो तो उन्हें ठाकुर से दूर रहना चाहिए?···ठाकुर के प्रति उन लोगों का स्नेह, प्रेम और भक्ति क्या तभी तक है, जब तक उन लोगों को उनसे कोई भय नहीं है, क्षति की आशंका नहीं है?···अपने गुरु के प्रति यह कैसा प्रेम हुआ? यह ठाकुर के स्नेह का प्रतिदान हुआ? और यदि वह कुछ नहीं कहता, तो वे लोग यही समझेंगे कि वह भी डॉक्टर से सहमत है कि ठाकुर का रोग छूत का रोग है···संभव है, ऐसे में कुछ लोग भय के कारण ठाकुर का संग छोड़ जाएँ···कुछ लोग सेवा तो करें, किंतु अत्यंत सावधान होकर, जिसमें स्नेह का प्रकाश ही न रहे।···जो भयभीत नहीं होगा, वह शहीदी मुद्रा अपनाएगा, वह यह मानकर चलेगा कि वह संसार का असाधारण त्यागी पुरुष है, जो ठाकुर के लिए अपने प्राण न्योछावर कर रहा है। वह ठाकुर पर कृपा करने का भाव अंगीकार करेगा···उसके मन में न आशा होगी, न उल्लास···

तो क्या कहे नरेंद्र?···कहने के साथ तो जोखिम जुड़े ही हुए हैं।···न वह यह कह सकता है कि सेवा करने वालों के लिए कोई संकट नहीं है, इसलिए सेवा की जाए, न वह कह सकता है कि संकट है, तो भी वे लोग ठाकुर की सेवा करें···

मित्रों को आशा थी कि उनकी बात सुनकर, नरेंद्र तड़पकर कुछ कहेगा···इस सूचना का खंडन करे या मंडन, उन्हें डाँटे या उनसे प्रार्थना करे···किंतु नरेंद्र उनमें उत्साह और कर्मण्यता तो भरेगा ही। उन्हें सांत्वना देगा, साहस बँधाएगा, उनका कर्म और उल्लास लौटाएगा···

किंतु नरेंद्र तो उनके सामने स्तब्ध बैठा था–मौन-मूक।

सहसा नरेंद्र के प्राण जैसे किसी निद्रा से जागे, "आओ, मेरे साथ।"

"कहाँ?" जैसे सबने ही अनायास एक साथ पूछ लिया।

"जहाँ मैं ले जाऊँ।" नरेंद्र लीलापूर्वक हँसा।

"इसका क्या अर्थ?" काली ने पूछा।

''इसका अर्थ है, मेरे प्रति अपने विश्वास और प्रेम का प्रमाण दो।'' नरेंद्र हँसा, ''मेरा विश्वास करो, संसार का कोई चिकित्सक अपने संशय में भी नहीं कह सकता कि मुझे छूत का रोग है।...''

''तुम हम पर व्यंग्य कर रहे हो ।'' शशि तड़पकर बोला, ''तुम समझते हो कि एक तुम ही ठाकुर से प्रेम करते हो?''

''कौन कह रहा है कि मैं ठाकुर से प्रेम करता हूँ? मैं तो कह रहा हूँ कि तुम लोग मुझसे प्रेम करते हो, अतः मुझ पर विश्वास करते हो।'' नरेंद्र बोला, ''प्रश्न ठाकुर के प्रति मेरे प्रेम का नहीं, मेरे प्रति तुम्हारे प्रेम का है।...''

नरेंद्र चल पड़ा।

अन्य सब लोग अपने स्थान पर ही खड़े रहे, जाने नरेंद्र कहाँ जा रहा है और क्या करना चाहता है...पर न तो नरेंद्र रुका और न ही उसने पलटकर देखा कि कोई उसके साथ आ रहा है या नहीं। वह न संशय में था, न द्वंद्व में। उसके दृढ़ पग सीढ़ियाँ चढ़ते जा रहे थे और वह प्रतिक्षण उनसे दूर होता जा रहा था...

राखाल ने सबसे पहले पहचाना...यह नरेंद्र की दुस्साहसी मुद्रा थी। वह नरेंद्र को पहचानता था...नरेंद्र की यह मुद्रा...कहीं नरेंद्र अपने लिए कोई संकट ही मोल न ले। अपनी सुरक्षा की बात तो बाद में आएगी, पहले तो नरेंद्र की सुरक्षा का प्रश्न है...

राखाल एक प्रकार से नरेंद्र के पीछे भागा। इस तेजी से शायद उसने कभी भी सीढ़ियाँ नहीं फलाँगी थीं...राखाल के पीछे काली भागा, उसके पीछे शशि...और फिर सब ही एक साथ चल पड़े। उन्हें प्रत्येक दशा में नरेंद्र के साथ रहना था...नरेंद्र उनका अहित नहीं कर सकता। उन्हें उस पर विश्वास करना ही था...

ऊपर पहुँचकर नरेंद्र ठाकुर के कमरे की ओर चल पड़ा। उसने अब भी पीछे मुड़कर नहीं देखा था, किंतु उसका यदि थोड़ा भी ध्यान अपने मित्रों की ओर था तो वह उनके पगों की आहट को सुन सकता था। वे लोग उसके पीछे-पीछे आ रहे थे। वह जानता था कि वे लोग उसका साथ नहीं छोड़ सकते।

ठाकुर के कमरे के किवाड़ खुले हुए थे। नरेंद्र ने द्वार पर रुककर, झाँककर भीतर देखा। ठाकुर शायद दोपहर का भोजन कर विश्राम कर रहे थे। वे सीधे लेटे हुए थे और उनकी आँखें मुँदी हुई थीं। उनके अधरों पर ऐसी मुस्कान थी, जैसे कोई छोटा बच्चा दूसरों को छकाने के लिए आँखें मूँद सोने का अभिनय भी कर रहा हो और अपनी मुस्कान से अपने अभिनय का भ्रम तोड़ भी रहा हो...

लाटू एक ओर दीवार के पास आसन बिछाए, ध्यान की मुद्रा में बैठा था, किंतु उसकी आँखें मुँदी हुई नहीं थीं। वह एकटक ठाकुर को निहार रहा था।

नरेंद्र ने हाथ के संकेत से उसे बाहर बुलाया। लाटू निःशब्द उठा और दबे पाँव आकर उनके पास खड़ा हो गया। उसकी आँखें नरेंद्र की ओर उठीं, ''क्या है?''

''ठाकुर ने कुछ खाया?'' नरेंद्र ने पूछा।

''हाँ, खाया।'' लाटू ने मुँह बनाया, ''पर क्या खाया?...श्रीमाँ ने इतने जतन से लपसी जैसा नमकीन दलिया बनाया था ताकि ठाकुर यदि खा न सकें, तो सटक ही लें।...पर वे तो खाते क्या, चबाते क्या,...सटक भी नहीं सके।...''

''अरे, खाया कि नहीं–यह बता।''

"खाने लगे तो कंठ में कुछ जाई अटका। खाँसी उठी और कौन जाने क्या भीतर गया, क्या बाहर आया।" लाटू बोला, "हमें तो एही लगा कि कंठ के नीचे कम गया, कंठ के ऊपर ही अधिक आया।..."

"उलटी हो गई?" नरेंद्र ने पूछा।

"नाहीं। उलटी काहे होई।" लाटू बोला, "बस उच्छू होई गया।"

"देख, दर्शन मत झाड़।" नरेंद्र बोला, "ठीक से बता कि उन्होंने कुछ खाया कि नहीं।"

"हम जो देखे, सो बता दिया।" लाटू बोला, "अब इसको खाना कहेंगे कि नाहीं कहेंगे—ई आप जानो।"

"तेरे हिसाब से तो ठाकुर ने कुछ खाया ही नहीं।" नरेंद्र बोला, "फिर वे सो कैसे रहे हैं?"

"अब ई तो महाराज ही जानें।" लाटू बोला, "हमसे बोले कि विश्राम करेंगे।" लाटू ने रुककर ठाकुर के पलंग के नीचे पड़े एक प्याले की ओर तर्जनी उठाई, "देखो, ऊ पड़ा है प्याला। उसमें जो कुछ है, उससे पता चल जाएगा कि कितना खाए और कितना उगले।"

नरेंद्र ने अपने मित्रों पर एक दृष्टि डाली । वे सब उसके अत्यंत निकट थे और लाटू की बात पूरे ध्यान से सुन रहे थे।...

"ला तो वह प्याला।" नरेंद्र ने लाटू से कहा, "देखें, महाराज ने क्या खाया है और क्या उगला है।"

लाटू दबे पाँव कमरे में गया और वह प्याला उठा लाया। ठाकुर ने इस बीच न आँखें खोली थीं, न करवट बदली थी...

नरेंद्र ने लाटू से वह प्याला ले लिया। क्षण-भर प्याले को देखा और लाटू से पूछा, "तू अच्छी तरह जानता है न कि ठाकुर ने इसी प्याले को अपने होंठों से लगाया था और यह दलिया उन्हीं के खाने का उच्छिष्ट है?"

"लो, सुनो नरेन बाबू की बातें।" लाटू के होंठ हँसी की मुद्रा में फैले, "हम अपने हाथों महाराज को ई प्याला दिए। खाँसी हुई तो अपने हाथों महाराज को सहारा देकर ई प्याला पकड़े...। सब लोग दुखी होकर लौट गए कि महाराज कुछ खा नहीं पाए...।"

"अच्छा, ठीक है।"

इससे पहले कि कोई कल्पना भी कर सकता कि नरेंद्र क्या करने जा रहा है, नरेंद्र ने वह प्याला अपने होंठों से लगा लिया और जैसे एक ही घूँट में सारा का सारा दलिया सटक गया...

राखाल का हाथ उठा किंतु वह नरेंद्र की कलाई थाम नहीं पाया, शशि के होंठ हिले किंतु उससे शब्द नहीं फूटे, काली का पग उठा किंतु वह आगे नहीं बढ़ा।...

नरेंद्र ने प्याला लाटू के हाथ में पकड़ाया और अपने मित्रों की ओर मुड़ा, "अब हममें ठाकुर के रोग की छुआछूत कीं कोई चर्चा नहीं होगी...।"

नरेंद्र सीढ़ियों की ओर बढ़ गया। वह शायद नीचे के उस कमरे की ओर जा रहा था, जिसमें समय होने पर वह अपने मित्रों के साथ आराम करता था।

सब लोग जैसे सकते की हालत में खड़े रह गए। न कोई उसके साथ गया, न उसके पीछे-पीछे।...सबसे पहले लाटू ही अपने स्थान से हिला। वह अपने हाथ मे पकड़े खाली प्याले को देखता हुआ, ठाकुर के कमरे में चला गया।...कुछ क्षणों के पश्चात् काली और शशि भी उसके पीछे-पीछे जाकर ठाकुर के कमरे में बैठ गए। राखाल, शरत्, योगीन और अन्य लोग सीढ़ियों से नीचे उतर गए।...

"यह नरेंद्र ने क्या किया?" काली ने धीरे से कहा।

"उसने हमें ठाकुर के प्रति निष्ठा का पाठ पढ़ाया है।" शशि धीरे से बोला, "हम दुर्बल पड़ रहे थे, उसने हमें बल दिया है···ठाकुर से हमारा कोई अहित नहीं होगा···और···और···" उसके चेहरे पर जैसे उसके हृदय का आवेश घनीभूत हो आया, "और यदि ठाकुर के निकट भी सावधान होकर मन में संशय लेकर ही जाना है तो ऐसे जीवन का क्या लाभ?"

सीढ़ियाँ उतरते हुए योगीन ने कहा, "जानते हो राखाल! उस प्याले में ठाकुर के कंठ के घाव का मवाद भी हो सकता है। उसमें···"

"जानता हूँ।" राखाल बोला, "प्याले की बात मत सोचो। सोचना है तो नरेंद्र की बात सोचो। उसका आत्मविश्वास देखो, उसकी दृढ़ता देखो, उसकी निष्ठा देखो, उसका त्याग देखो।···हममें से कोई ऐसा कुछ कर सकता था?"

"शायद नहीं।" योगीन अपने भीतर-ही-भीतर कहीं लीन हो गया।

ठाकुर की तबीयत रात तक कुछ सँभल गई थी। श्रीमाँ बहुत ही पतली और घुटी हुई खिचड़ी बनाकर लाई थीं, जैसे मात्र मंड ही हो या चावलों का दूध बनाया गया हो। ठाकुर कुछ घूँट सुविधा से गटक सके।

श्रीमाँ प्रसन्न थीं कि दोपहर की घटना के बाद, ठाकुर रात को कुछ खा सके थे। अपने चेहरे पर एक तृप्ति-सी लेकर वे कमरे से चलीं तो लाटू बर्तन समेटकर उनके पीछे-पीछे चला।

नरेंद्र दिन के समय थोड़ा सो चुका था। रात को ठाकुर की देखभाल के लिए आज वह ही नियुक्त था। उसकी सहायता के लिए छोटा गोपाल भी उसके साथ था।

ठाकुर ने करवट बदली तो उन दोनों को देखा। वे मुस्कराए, "क्यों रे गोपाल! तुझे रात को नींद नहीं आएगी क्या?"

"नींद क्यों आएगी?" वह कुछ विरोध-सा करता हुआ बोला, "और आ ही जाएगी, तो सो जाऊँगा।"

"तो फिर तेरे यहाँ रहने का क्या लाभ?" ठाकुर मुस्कराए, "जा, नीचे जाकर सो जा! दो-एक प्रहर सो ले। प्रातः ब्रह्ममुहूर्त में आ जाना।"

ठाकुर का स्वर इतना स्नेहयुक्त किंतु आदेशात्मक था कि गोपाल समझ नहीं पा रहा था कि वह क्या करे। आज रात सेवा-भार उसके जिम्मे था—नरेंद्र और उसके जिम्मे। उसने जैसे निर्देश पाने के लिए नरेंद्र की ओर देखा।

नरेंद्र जानता था कि ठाकुर अकारण कुछ नहीं कहते थे। यह उनका मात्र स्नेह-प्रदर्शन या शिष्टाचार नहीं था। निश्चय ही वे आज रात कमरे में नरेंद्र के अतिरिक्त और किसी को नहीं चाहते थे। वे गोपाल को आदेश नहीं देंगे।···आदेश देने की कोई बात भी नहीं थी···

"गोपाल! तुम जाकर सो जाओ।" नरेंद्र ने उसे धीरे से कहा, "नींद पूरी हो जाए, तो आ जाना। संभव है, तब मैं आराम करने चला जाऊँ।"

"पर नरेन! मैं जाग सकता हूँ। मुझे नींद नहीं आ रही।" गोपाल समझ नहीं पा रहा था कि अचानक ही ये दोनों उसे नासमझ बच्चा मानने पर क्यों तुल गए हैं···

"फिर भी।" नरेंद्र ने उसकी पीठ पर स्नेहपूर्वक हाथ रखा, "यदि ठाकुर की यह इच्छा है, तो उसे मान लेना चाहिए।"

नरेंद्र के स्वर में कुछ ऐसा था कि गोपाल उसे मना नहीं कर पाया। वह उठ खड़ा हुआ, किंतु उसकी अनिच्छा उसके चेहरे पर स्पष्ट अंकित थी।

गोपाल कमरे से बाहर चला गया तो नरेंद्र ने ठाकुर की ओर देखा : शायद वे कुछ कहना चाहें। पर नहीं। वे तत्काल कुछ नहीं कहना चाहते थे। वे तो आँखें बंद कर विश्राम कर रहे थे।

नरेंद्र ने उधर से दृष्टि फेरी ही थी कि ठाकुर बोले, "तुझे नींद आ रही हो, तो किवाड़ लगाकर तू भी सो जा।"

"नहीं, मुझे तो तनिक भी नींद नहीं आ रही है।" नरेंद्र बोला, किंतु उसका मन 'किवाड़ लगाकर' शब्दों पर अटक गया···वह सोए या न सोए, वह तो अलग बात थी, किंतु शायद ठाकुर चाहते हैं कि वह किवाड़ बंद कर दे···पर क्यों? क्या वे नरेंद्र से कुछ अति गोपनीय कहना चाहते हैं?···या···या···उन्हें ठंड तो नहीं लग रही? दिसंबर का महीना था। ठंड तो होती ही थी और फिर यह तो उद्यान-भवन था। शहर से दूर खुली जगह थी। चारों ओर वृक्ष थे। दो पोखर थे। गंगा भी बहुत दूर नहीं थी।···इन दिनों ठाकुर इतने दुर्बल हो गए थे। शरीर की प्रतिरोध-शक्ति प्रायः समाप्त हो गई थी।···

नरेंद्र ने उठकर किवाड़ भिड़ा दिए। वह धीरे-धीरे चलता हुआ ठाकुर के पास आया, "ठंड तो नहीं लग रही महाराज?"

"नहीं! ऐसी कोई बात नहीं है।" ठाकुर बोले, "तुझसे कुछ कहना है। आसपास कोई और तो नहीं है न?"

"नहीं, और कोई नहीं है।" नरेंद्र ने अपनी गर्दन घुमाई, "कहिए, क्या कहना है?"

नरेंद्र के लिए यह कोई नई बात नहीं थी। ठाकुर कई बार अपने और पराए लोगों का भेद करते थे।

"तू मेरी बहुत सेवा कर रहा है।" ठाकुर धीरे से बोले, "इसके बदले में तुझे मैं क्या दूँ रे!···" उन्होंने रुककर नरेंद्र की ओर देखा, "तू ही बोल! तुझे क्या पुरस्कार चाहिए? लड़के-बच्चे पुरस्कार के लोभ के बिना कोई काम ही नहीं करते।"

ठाकुर उसकी परीक्षा ले रहे हैं क्या?···नरेंद्र ने सोचा···या सचमुच ही लड़का-बच्चा समझकर उसके साथ परिहास कर रहे हैं?···नहीं। शायद यह परिहास नहीं था।···परिहास होता तो गोपाल को इस प्रकार भेजने की आवश्यकता नहीं थी। वे ऐसे में किवाड़ बंद नहीं करवाते।···

"बोल रे! बोलता क्यों नहीं?" ठाकुर पुनः बोले।

नरेंद्र हँस पड़ा, "मुझे आपने एकदम ही छोटा बच्चा समझ रखा है कि आपसे पुरस्कारस्वरूप कुछ खाने के लिए माँगूँगा···या कहीं घूमने जाने की इच्छा प्रकट करूँगा।···"

"फिर भी।" ठाकुर बोले, "तू मेरी इतनी सेवा कर रहा है। अपना घर छोड़कर यहाँ पड़ा है।··· मैंने सुना है, तूने अपनी नौकरी भी छोड़ दी है।···क्या यह सब तू बिना किसी लोभ के कर रहा है?"

नरेंद्र की सहज प्रतिक्रिया हुई कि वह ठाकुर को डाँट दे···वे उसे इतना नीच और लोभी समझते हैं? आज तक उन्होंने यही जाना है उसे?···पर अगले ही क्षण वह शांत हो गया।···वे ऐसी लीला भी करते ही रहते हैं।···वह उन्हें कोई तीखी और चुभने वाली बात कहेगा, तो वे भी पलटकर पूछ सकते हैं कि वह उन्हें कितना समझ पाया है?···

"जो माँगूँगा, देंगे आप?" नरेंद्र मुस्कराया, जैसे ठाकुर की चाल को मोड़कर उन्हीं पर लागू कर देना चाहता हो, "बोलिए! देंगे आप?"

"दे सकूँगा तो दूँगा।" ठाकुर ने मुस्कराने का प्रयत्न किया, "दे सकने की स्थिति में होने पर कोई पिता अपने बच्चे को मना करता है क्या? एक बार तूने अपने परिवार के लिए अन्न-वस्त्र के लिए कहा था। अब क्या अपने लिए नौकरी माँगेगा? लगी-लगाई नौकरी तो छोड़ दी तूने।"

"मुझे लोभ है कि आप मेरी सेवा से ठीक हो जाएँगे।" नरेंद्र बोला, "आप स्वस्थ हो जाएँ, मुझे यह वरदान दीजिए। आप नीरोग हो जाइए।"

"पगला है तू तो।" ठाकुर बोले, "मैं तुझे अपने लिए माँगने को कह रहा हूँ, और तू मेरे लिए माँग रहा है।"

"नहीं, महाराज! यह मैं अपने लिए ही माँग रहा हूँ।" नरेंद्र बोला, "आपका स्वास्थ्य हमें चाहिए। मुझे, आपके अन्य शिष्यों को, आपके भक्तों को···।"

"तू वह माँग रहा है, जो मेरे पास नहीं है।" ठाकुर ने उत्तर दिया, "वह माँग, जो मेरे पास हो।"

नरेंद्र चुप हो गया। ठाकुर ने उसे निरुत्तर कर दिया था।

"अच्छा सुन।" ठाकुर ने कुछ क्षणों के अंतराल के पश्चात् कहा, "मेरे पास आठ सिद्धियाँ और नौ निधियाँ हैं।···किंतु अब इस रोगी शरीर का उनको क्या करना है।" ठाकुर ने उसकी ओर देखा, "मेरे लिए उनका कोई उपयोग नहीं है। मैं चाहता हूँ, वह सब तुम्हें दे दूँ। बोल, लेगा?"

नरेंद्र ने औचक ही ठाकुर की ओर देखा···क्या आज सचमुच ठाकुर उसकी परीक्षा ले रहे हैं? बार-बार उसे लोभ दिखा रहे हैं और उससे पूछ रहे हैं···क्यों?···पर नहीं, यह परीक्षा नहीं है। यह ठाकुर का प्रेम है। वे आज सचमुच ही प्रेम से विह्वल हैं। उनकी स्थिति शायद उस पिता की-सी है, जो अपने बच्चे को ले जाकर हलवाई की दुकान पर खड़ा कर देता है और चाहता है कि बच्चा अपनी इच्छा से कुछ ले ले। बच्चे को तृप्त देखकर पिता को जो सुख मिलता है—ठाकुर को वही चाहिए।···

पर क्या दे रहे हैं ठाकुर उसे?···सिद्धियाँ और निधियाँ?···

"इनसे मुझे ईश्वर मिलेगा क्या?" नरेंद्र ने पूछा, "ये मुझे ईश्वर-लाभ करवाएँगी?"

"नहीं!" ठाकुर उसे पूर्ण सजगता और गंभीरता से देख रहे थे, "उनसे ईश्वर-लाभ में कोई सहायता नहीं मिलती।"

नरेंद्र के मन में आया कि कहे, 'आप अपने बच्चे को गलत दुकान पर क्यों ले आए हैं? जो उसे नहीं चाहिए, आप उसे वही दिलवाने पर क्यों तुले हुए हैं?'

पर उसने यह सब नहीं कहा, बोला, "यदि उनसे ईश्वर नहीं मिलता, तो फिर वे मेरे किस काम की? ऐसा खजाना तो आप अपने पास ही रखिए। मुझे अनावश्यक वस्तुओं को सहेजे रखने की कोई इच्छा नहीं है।"

उसने ठाकुर की ओर देखा : कहीं उन्हें बुरा तो नहीं लगा?···नहीं! वे प्रसन्न थे। वे शायद नरेंद्र की धातु परख रहे थे।···उनकी आँखों में प्रेम और आह्लाद के अश्रु थे।

20

ठाकुर न केवल कुछ स्वस्थ लग रहे थे, वरन् उनका चित्त भी हलका था। उनकी गतिविधि कुछ सामान्य-सी हो गई थी और वार्तालाप में चपलता लौट आई थी।

"मुझे खड़ा कर।" ठाकुर ने बाबूराम से कहा।

बाबूराम ने आगे बढ़कर उनका हाथ थामा, "खड़े होकर क्या करेंगे महाराज?"

"बगीचे में टहलूँगा।" ठाकुर बोले, "कहने को रखा है उद्यान-भवन में और लाकर टाँग दिया ऊपर के कमरे में।"

बाबूराम सोच में पड़ गया, ऐसा करना उचित होगा भी या नहीं? कहीं ऐसा न हो कि इससे उनका कष्ट और बढ़ जाए···

"आप टहल सकेंगे?" अब तक चुपचाप खड़े निरंजन ने कहा, "सीढ़ियाँ उतरने में भी कष्ट होगा महाराज!"

"तुम लोगों की तुलना में लाटू बहुत अच्छा रहता है, जो कहता हूँ, वही करता है।" ठाकुर बोले, "तुम लोग तो मेरे प्रश्नाधिकारी बन जाते हो।"

"नहीं, महाराज! ऐसी बात नहीं है। यदि डॉ॰ सरकार से या नरेन्द्र से पूछ लेते तो···।" बाबूराम बहुत विनीत स्वर में बोला।

"हाँ। वे लोग मेरे स्वामी हैं न, कि मैं अपनी इच्छा से बगीचे में टहल भी नहीं सकता।" ठाकुर चिड़चिड़ाए स्वर में अवश्य बोले, किंतु उनके चेहरे का हास्य कह रहा था कि वे मात्र लीला कर रहे हैं। अपने शिष्यों के साथ ऐसी क्रीड़ा उन्हें अच्छी लगती थी, "अब मैं अपनी इच्छा से टहलना चाहता हूँ तो उसमें मेरा कष्ट कैसे बढ़ जाएगा?" उन्होंने घूरकर निरंजन को देखा।

"जैसे अपनी इच्छा से पानिहाटी जाकर रोग बढ़ गया था।" राखाल ने ढीठ होकर कहा, "तब आपने कहा था, राम मुझे पानिहाटी में नचा लाया। अब कहेंगे कि राखाल मुझे बगीचे में टहला लाया और मेरा रोग बढ़ गया।"

"राम तो डॉक्टर है, तू कोई डॉक्टर है?" ठाकुर ने बच्चों के समान झगड़ने का अभिनय किया, "तू नहीं उठाता तो न सही, मैं स्वयं ही खड़ा हो जाता हूँ।"

और ठाकुर सचमुच उठकर खड़े हो गए।

बाबूराम, निरंजन और राखाल ने सुखद आश्चर्य से एक-दूसरे की ओर देखा। ठाकुर सचमुच आज कुछ स्वस्थ लग रहे थे।

"सीढ़ियों पर सहारा दें या अपने आप ही उतर जाइएगा?" राखाल ने पूछा, किंतु उसने ठाकुर के उत्तर की प्रतीक्षा नहीं की। आगे बढ़कर उसने एक ओर से ठाकुर की बाँह थाम ली और दूसरी ओर से थामने के लिए निरंजन को संकेत किया।

ठाकुर ने सीढ़ियाँ उतरनी आरंभ कीं तो राखाल और निरंजन दोनों ने ही अनुभव किया कि ठाकुर को सहारे की आवश्यकता नहीं थी। वे अपनी टाँगों पर अपने ही सहारे से चल सकते थे।

थोड़ी ही देर में सब तक खबर पहुँच गई···ठाकुर पहले की तुलना में काफी स्वस्थ थे और बगीचे की सैर करने के लिए नीचे उतरे थे।···नरेन्द्र, शरत्, शशि, लाटू, गोपाल दादा सब लोग बाहर निकल आए। चारों ओर उल्लास का वातावरण था, जैसे पुराने दिन लौट आए हों। ठाकुर को तीन ओर से घेरकर उनके शिष्य चहकते हुए साथ-साथ चल रहे थे।

"यहाँ आकर तुम लोग गंगा-स्नान भी करते हो या पोखर में ही नहाते हो?" ठाकुर ने शरत् से पूछा।

"शील महाशय के उस उद्यान से होकर गंगा बहती है।" शरत् बोला, "हम लोग वहीं जाकर गंगा-स्नान कर आते हैं।"

"और महाराज! गुंजा फूल की जिन झाड़ियों के पुष्प आपको बहुत पसंद हैं न, वे झाड़ियाँ भी उसी घाट के किनारे पर हैं।" शशि बोला, "हम वहीं से तोड़कर वे फूल आपके लिए लाते हैं।"

"नरेन झाऊ वृक्षों से ढके हुए उस पथ से जाकर बसाक बंधुओं के सुनसान उद्यान-भवन में गंगा-तट पर बैठता है।" छोटा गोपाल बोला, "मैं भी एक बार उसके साथ गया था। अपूर्व पथ है वह, और तट भी बहुत सुंदर है।"

"यहाँ देखने को तो बहुत कुछ है। आप एक बार स्वस्थ हो जाएँ महाराज! फिर चलेंगे।" नरेन बोला, "बसाक बंधुओं के उद्यान के कुछ उत्तर में प्राणनाथ चौधरी का चौड़ा स्नान-घाट तथा उसके उत्तर में लाल बाबू की पत्नी रानी कात्यायनी का अत्यंत सुंदर गोपाल मंदिर है।"

"इसका अर्थ है तुम लोग काफी घूमते-फिरते हो।" ठाकुर बोले, "मैं तो समझता था कि यहीं पड़े रहते हो।"

"नहीं, महाराज! हम तो खूब घूमते-फिरते भी हैं।" बाबूराम ने कहा।

"और साधन-भजन कुछ नहीं?" ठाकुर हँसे।

"नहीं, ऐसा तो नहीं।" काली बोला, "नरेंद्र हमें ध्यान, भजन, अध्ययन, सद्वार्ता, शास्त्र-चर्चा आदि में इस प्रकार लगाए रखते हैं कि परम आनंद की स्थिति बनी रहती है।"

"आनंद की स्थिति⋯" ठाकुर बोले, "तुम लोगों को घर छोड़कर यहाँ रहने में कष्ट नहीं होता?"

"कष्ट क्या?" शरत् ने कहा, "एक ओर आपके शुद्ध निःस्वार्थ प्रेम का प्रबल आकर्षण और दूसरी ओर नरेंद्र का अपूर्व मित्र-भाव तथा उन्नत संग—दोनों ने एक साथ मिलकर, हमें ऐसे मधुर दृढ़ बंधन में बाँध दिया है कि परिवार के लोगों की तुलना में हम लोग परस्पर अधिक आत्मीय हो गए हैं।"

"यहाँ तो स्थिति यह है महाराज!" काली ने सूचना दी, "कि किसी दिन किसी विशेष कार्यवश यदि कोई अपने घर चला जाता है तो उसी दिन संध्या अथवा दूसरे दिन प्रातः उसका लौट आना अनिवार्य ही है।"

"तुम लोगों को तो मेरी अस्वस्थता का बहुत लाभ हो रहा है रे!" ठाकुर हँस पड़े, "मैं इतना कष्ट झेल रहा हूँ और तुम लोगों को कोई कष्ट ही नहीं है।"

"आप ठीक कह रहे हैं।" महेंद्र गुप्त ने कहा, "आपको कष्ट तो बहुत हो रहा है, पर इसका गुप्त उद्देश्य भी तो है।"

"क्या उद्देश्य है रे! जरा मुझे भी तो बता।" ठाकुर के अधरों पर किसी देव-शिशु की-सी पवित्र मुस्कान थी।

"आपकी मानसिकता में परिवर्तन हो रहा है।" महेंद्र गुप्त ने उत्तर दिया, "आपकी प्रवृत्ति साकार की अपेक्षा निराकार की ओर हो रही है। आपका 'विद्या का मैं' भी नष्ट हुआ जा रहा है।"

"हाँ, लोक-शिक्षण बंद हो रहा है।" ठाकुर भी गंभीर हो गए, "अब और नहीं कहा जाता। सब कुछ राम-मय देख रहा हूँ। कभी-कभी मन में आता है कि किससे कहूँ?⋯" ठाकुर क्षण-भर रुके, "अब देखो न, यह मकान किराए पर लिया गया—इससे कितने प्रकार के भक्त आ रहे हैं।" वे चलते-चलते रुक गए, महेंद्र गुप्त की ओर मुड़े और बोले, "पर तुम लोग कृष्णप्रसन्न सेन या

शशधर पंडित के समान यहाँ साइनबोर्ड तो न लटकाओगे कि इतने बजे से इतने बजे तक लैक्चर होगा।''

''नहीं, महाराज!'' सबकी हँसी के मध्य महेंद्र गुप्त ने जैसे गंभीर रूप से स्पष्टीकरण दिया, ''इस प्रकार की किसी व्यवस्था का कोई अर्थ नहीं है। मैं तो यह बता रहा था कि आप कष्ट तो सह रहे हैं, किंतु उससे कई उद्देश्य पूर्ण हो रहे हैं।...''

ठाकुर ने उसकी ओर देखा-भर, कहा कुछ नहीं।

''एक उद्देश्य और है, भक्तों का चुनाव।'' महेंद्र ने पुनः कहा, ''पाँच वर्षों तक तपस्या करके भी जो कुछ न होता, वह इन्हीं कुछ दिनों में भक्तों को प्राप्त हो गया है। उनका प्रेम, उनकी भक्ति आषाढ़ की बाढ़ के समान बढ़ती जा रही है।''

ठाकुर ने जैसे कौतुक का भाव त्याग दिया। सहज स्वीकृति के रूप में बोले, ''तुमने जो भक्तों को चुनने की बात कही है, वह ठीक है। इस बीमारी में यह समझ में आ रहा है कि कौन अंतरंग है और कौन बहिरंग। जो लोग संसार को छोड़कर यहाँ पर हैं, वे अंतरंग हैं।...और जो लोग एक बार आकर केवल पूछ जाते हैं, 'कैसे हैं आप महाशय?' वे बहिरंग हैं।'' वे फिर खड़े हो गए, ''भवनाथ को तुमने देखा नहीं? श्यामपुकुर में दूल्हा-सा सजकर आया और बोला, 'कैसे हैं आप?' बस, तब से फिर इधर झाँकने भी नहीं आया। नरेंद्र के कारण ही मैं उसका इतना खयाल करता हूँ, परंतु अब उस पर मेरा मन नहीं है।''...

महेंद्र गुप्त से जैसे और सुना ही नहीं गया...कितने स्पष्ट रूप से कह रहे हैं ठाकुर कि जो संसार को छोड़कर यहाँ रह रहे हैं—वे ही अंतरंग हैं...और महेंद्र गुप्त, रामचंद्र दत्त, सुरेंद्रनाथ मित्र, गिरीशचंद्र घोष, बलराम बसु—सब बहिरंग हैं? सब बहिरंगी?...

जब वह आत्मलीनता से उबरा तो देखा कि वे लोग बगीचे का चक्कर लगाकर लौट आए हैं। ठाकुर भवन में प्रवेश कर रहे हैं और राखाल कह रहा है, ''प्रतिदिन ऐसा कर सकने पर आप स्वस्थ और सबल होंगे।''

ठाकुर ने कुछ कहा नहीं, बस, हलका-सा मुस्करा दिए।

सोचा यह गया था कि अगले दिन ठाकुर का स्वास्थ्य कुछ और भी सुधर जाएगा, किंतु वैसा हुआ नहीं। वे काफी दुर्बलता का अनुभव कर रहे थे। बाहर टहलने जाना तो दूर, उनकी पलंग से उठने की भी इच्छा नहीं थी। कल की तुलना में आज उन्हें ठंड भी अधिक लग रही थी।...पानिहाटी के महोत्सव के समान, कल की सैर भी उनके रोग को बढ़ा गई थी।...

डॉ॰ सरकार को सूचना देने तथा पथ्य का सत्त्व लाने के लिए काली कलकत्ता जा रहा था, कि नरेंद्र ने उसे रोक दिया, ''तुम यदि पहले डॉ॰ सरकार के पास जाओगे, उन्हें ठाकुर का हाल बताकर औषधि तैयार करवाओगे और तब पथ्य के लिए सत्त्व लेने जाओगे, तो संध्या के बाद ही लौट पाओगे।...इसका अर्थ यह हुआ कि ऐसे में ठाकुर को आज तो औषधि मिल ही नहीं पाएगी। रात को औषधि दी जाएगी तो कल तक ही उसका प्रभाव हो पाएगा।...''

''तो?'' काली ने पूछा।

''तुम केवल डॉक्टर के पास जाओ और औषधि लेकर सीधे लौटो।'' नरेंद्र बोला, ''पथ्य के सत्त्व के लिए मैं शशि को भेज देता हूँ। दो आदमी अलग-अलग काम के लिए कलकत्ता जाओगे, तो समय से तो लौटोगे।''

काली शायद कुछ कहता, किंतु तभी दृष्टि सीढ़ियों से उतरते रामचंद्र दत्त पर पड़ी··· । क्षण-भर के लिए उसके मन में असमंजस उभरा और फिर उसने बिना कुछ कहे चले जाने का निश्चय किया।

रामचंद्र दत्त ने निकट आकर नरेंद्र से पूछा, ''यह काली कहाँ गया है?''

''डॉ॰ सरकार के पास।''

''बस?''

''हाँ।''

''तो पथ्य का सत्त कौन लेने जाएगा?'' रामचंद्र दत्त ने पूछा।

''उसके लिए शशि को भेज रहा हूँ।''

''दो आदमियों को कलकत्ता भेजने की क्या आवश्यकता थी?'' राम ने कुछ खुलकर कहा, ''आने-जाने का किराया थोड़ा नहीं लगता। एक ही आदमी दोनों काम कर सकता था।''

''वैसे तो वही आदमी लौटते हुए वराहनगर के बाजार से यहाँ की आवश्यकताओं का अन्य सामान भी ला सकता था।'' नरेंद्र बोला, ''पर उसके लिए भी मैं अलग से एक आदमी भेज रहा हूँ—राखाल को।''

''क्यों?'' राम की वाणी कुछ वक्र हो गई, ''इसलिए कि तुम्हें बहुत सारे आज्ञाकारी स्वयंसेवक मिल गए हैं?''

''नहीं, इसलिए कि यदि एक ही व्यक्ति को यह सारा काम सौंपा जाएगा तो सुबह का गया, वह शाम तक ही लौटेगा।'' नरेंद्र बोला, ''ठाकुर को औषधि रात को मिलेगी और लोगों को भोजन अगले दिन।''

''नहीं, ऐसा नहीं है।'' राम का स्वर कुछ कोमल हुआ, ''व्यवस्था ठीक रखी जाए, तो ऐसा नहीं होगा।'' और फिर जैसे चलते-चलते उसने कहा, ''व्यय कम होगा तो हम सबको सुविधा रहेगी।''

''आप ठीक कह रहे हैं, राम दादा।'' नरेंद्र का स्वर तनिक भी मंद नहीं हुआ, ''गाड़ी का किराया-भाड़ा बचाने के लिए समय खर्च करना पड़ता है, और समय बचाना हो तो किराया-भाड़ा खर्च करना होता है। यह तो हमें ही चुनना है कि हमें धन बचाना है या समय, हमें अपना धन बचाना है या ठाकुर का स्वास्थ्य?''

राम रुक गया। एक पग बढ़ाकर वह नरेंद्र के निकट आया और उसके कंधे पर हाथ रखकर बोला, ''धन बचेगा तो हम लोग ठाकुर को और अधिक सुविधा से रख सकेंगे। लंबे समय तक उनकी चिकित्सा करा सकेंगे। इसमें बुरा मानने की कोई बात नहीं है नरेंद्र! अब देखो न··· ।'' उसने रुककर जैसे अपने शब्दों को तौला और बोला, ''घर की सफाई आज किसके जिम्मे है?''

''लाटू के। बाबूराम और योगीन उसकी सहायता करेंगे।''

''दिन में ठाकुर के पास कौन है?''

''निरजंजन और गोपाल दादा।''

''रात को?''

''मैं और छोटा गोपाल।''

''पथ्य कौन तैयार करेगा?''

''श्रीमाँ। उनकी सहायता लक्ष्मी दीदी करेंगी।'' नरेंद्र ने बताया।

''लक्ष्मी दीदी भी आ गई हैं?'' राम के स्वर में कुछ चिंता थी।

''हाँ! शेष लोगों का भोजन बनाने के लिए गोलाप माँ उनकी सहायता करेंगी।'' नरेंद्र बोला।

"वे भी दिन-भर यहाँ रहेंगी?"

"हाँ।"

"कुछ और लोग भी यहाँ होंगे, जिनके जिम्मे आज कोई काम नहीं होगा?"

"हाँ, जैसे मैं ही हूँ, मेरा दिन-भर कोई काम नहीं है।" नरेंद्र बोला, "पर राम दादा! हम लोग सब अस्पताल के डॉक्टरों और नर्सों के समान नौकरी नहीं कर रहे हैं कि ड्यूटी के घंटों में आएँ और शेष समय के लिए घर लौट जाएँ। हमें ठाकुर ने अपने दुर्निवार प्रेम से बाँध रखा है, इसलिए हम ठाकुर के निकट रहना चाहते हैं। हम उनके लिए कुछ नहीं भी कर रहे, तो भी उनके आसपास बने रहकर हम एक उदात्त भाव का अनुभव करते हैं। ठाकुर की उपस्थिति के प्रभाव-क्षेत्र में साधना करना, मानो एक सिद्ध पीठ पर बैठकर साधना करना है। ठाकुर का निर्देश तो दूर, उनकी उपस्थिति मात्र साधकों को बल देती है। हम यहाँ रहते हैं, क्योंकि यह हमारी साधना-भूमि है।..."

"तुम ठीक कह रहे हो," राम का स्वर कुछ कटु हो गया, "पर तुम भूलते हो कि तुम्हारी साधना-भूमि का किराया किसी और की जेब से जा रहा है।" सहसा राम को लगा कि शायद उसने बहुत कठोर बात कह दी है। बात को सँभालता हुआ बोला, "यदि किसी का लाभ हो रहा है, तो न उसमें मुझे कोई आपत्ति है, न किसी और को हो सकती है, किंतु मूलतः यह सारा आयोजन ठाकुर के उपचार के लिए है। इसे समझकर ही चलो, क्योंकि यह स्थान साधना-भूमि या आश्रम बन गया तो उसके लिए आवश्यक धन जुटाना कठिन हो जाएगा।"

राम और सुरेंद्रनाथ मित्र बलराम बसु के घर गए तो गिरीशचंद्र घोष, कालीपद घोष तथा महेंद्रनाथ गुप्त पहले ही वहाँ बैठे हुए थे।

राम और सुरेंद्रनाथ मित्र के बैठ जाने के पश्चात् बलराम ने पूछा, "क्यों, कैसे हैं ठाकुर?"

"शीत का प्रभाव तो पहले ही समाप्त हो गया था।" राम बोला, "डॉक्टर ने जो पुष्टिकारक सत्त्व दिया था, लगता है, उससे दुर्बलता भी कम हो गई है।"

"कुल मिलाकर ठाकुर का स्वास्थ्य यहाँ आकर सुधरा ही है।" सुरेंद्रनाथ मित्र ने अपना मत प्रकट किया, "डॉ॰ सरकार ने भी ठाकुर को देखकर प्रसन्नता ही प्रकट की है।"

"और नरेंद्र से कुछ बात हुई?" बलराम बसु ने पूछा।

"हाँ, बात तो हुई।" राम ने कहा, "पर जो कुछ हम चाहते हैं, वह संभव नहीं लगता।"

"क्यों?" गिरीश ने पूछा, "संभव क्यों नहीं है?"

"उसका दृष्टिकोण ही कुछ और है।" राम ने बताया, "वह यह मानकर नहीं चल रहा कि ठाकुर अस्वस्थ हैं, इसलिए उनके स्वास्थ्य-लाभ के लिए कम-से-कम खर्च में जो अच्छी-से-अच्छी व्यवस्था हो, वह की जाए।..."

"तो?"

"वह तो यह मानकर चल रहा है जैसे दक्षिणेश्वर के मंदिर के समान यह भी ठाकुर का स्थान है, जहाँ जो चाहे, आ सकता है, ठहर सकता है, खा सकता है।" राम बोला, "यह व्यवस्था ठाकुर की चिकित्सा के लिए नहीं, भक्तों के लाभ के लिए भी है।..." राम ने कुछ रुककर आवेश में कहा, "वह समय और श्रम लगाकर धन बचाने के स्थान पर, धन व्यय कर समय बचाने की बात करता है।..."

"क्यों न हो।" बलराम बसु ने कहा, "पुत्र किसका है! विश्वनाथ दत्त ने भी पैसे को कभी पैसा नहीं समझा था। मितव्ययिता तो उनके स्वभाव में ही नहीं थी। पैसे से एक प्रकार की शत्रुता थी उनको। वही स्वभाव नरेंद्र ने भी पाया है।...और फिर यह तो ठाकुर की संगति में रहता है, जहाँ धन वांछनीय पदार्थ ही नहीं है।...."

"विश्वनाथ ने वह सब किया, क्योंकि वे कर सकते थे। वे धन लुटा रहे थे तो अर्जित भी कर रहे थे।" राम ने कहा, "और उनके किए का फल उनका परिवार आज भी भुगत रहा है। नरेंद्र ने क्या कम कष्ट पाया है। आज भी स्थिति सुधरी तो नहीं है उनके परिवार की।...."

"मैं तो चकित हूँ कि उसने इस अवस्था में भी अपनी नौकरी कैसे छोड़ दी। महेंद्र गुप्त धीरे से बोला, "सामने भूख की विभीषिका सिंह के समान मुँह बाए खड़ी हो और कोई संयोग से अपने हाथ आ गई लकड़ी की छड़ी भी फेंक दे—मैं तो कल्पना भी नहीं कर सकता।"

"इसी को भक्ति कहते हैं।" गिरीश बोला, "भक्ति में यह सब नहीं सोचा जाता। उसे लगा कि गुरु की सेवा करनी है, तो छोड़ दी नौकरी और जुट गया सेवा में।"

"कोई ऐसा मध्यम मार्ग भी तो निकाला जा सकता था, जिससे सेवा भी हो जाती और नौकरी भी न छूटती।" बलराम बसु ने कहा, "व्यक्ति को किसी भी आवेश में अपना विवेक तो नहीं छोड़ना चाहिए।"

"मुझे तो उसकी नौकरी के विषय में विद्यासागर महाशय से पुनः बात करने का साहस नहीं होता।" महेंद्र गुप्त ने जैसे अपने आपसे कहा।

"अच्छा, एक सूचना मेरे पास भी है।" गिरीश बोला, "आप कहें तो निवेदन करूँ।"

बलराम को लगा कि गिरीश के स्वर में कुछ कटुता अवश्य है, किंतु उस कटुता का कोई स्पष्ट कारण तो था नहीं। फिर गिरीशचंद्र घोष और कालीपद घोष जैसे लोगों के रोष का कोई तर्क तो होता नहीं। जो उन लोगों को अच्छा लग गया, वह भला, जो अच्छा नहीं लगा, वह बुरा।...तो कब तक कोई चिंता करे, उन लोगों की तुष्टता और कटुता की।...

"कहिए!" उसने कहा।

"राजेंद्रनाथ दत्त महाशय को जानते हैं न आप?" गिरीश ने कहा, "वे चाहे नियमित डॉक्टर नहीं हैं, किंतु इस विषय में अच्छी पैठ है उनकी। वे मेरे भाई अतुलकृष्ण के परिचित हैं। उसी के माध्यम से उन्होंने अपनी इच्छा प्रकट की है कि यदि डॉ॰ महेंद्रलाल सरकार और हम सब अनुचित न मानें तो वे डॉ॰ सरकार के साथ मिलकर ठाकुर की चिकित्सा करना चाहते हैं। उन्होंने कहा था, 'महेंद्र को बता देना कि मैंने बहुत सोच-विचारकर, एक औषधि का निर्वाचन कर रखा है। मुझे आशा है कि उसके प्रयोग से बहुत लाभ होगा। वह सहमत हो तो मैं एक बार आकर ठाकुर को देखूँ।' "

"सुना तो मैंने भी है कि राजेंद्रनाथ दत्त महाशय को होम्योपैथी का अच्छा ज्ञान है," राम बोला, "पर मेरा विचार है कि अभी डॉ॰ सरकार से इस विषय में चर्चा न की जाए।"

"क्यों?" गिरीश के चेहरे पर उग्रता झलकी।

"अभी ठाकुर का स्वास्थ्य सुधर रहा है।" राम ने उत्तर दिया, "इस समय ऐसी चर्चा करने से डॉक्टर को भी अच्छा नहीं लगेगा और सुधार की अवस्था में औषधि-परिवर्तन भी समझदारी नहीं है। हाँ, जब कभी यह लगे कि अब और कोई सुधार नहीं हो रहा है, तो हम राजेंद्रनाथ दत्त महाशय की सहायता ले सकते हैं...।"

''अच्छा! मैं यह सोच रहा था कि खर्च इत्यादि के विषय में नरेंद्र से कोई बात न की जाए।'' सहसा बलराम ने विषय बदल दिया, ''छोटा गोपाल भी वहाँ स्थायी रूप से रह रहा है। हम खर्च इत्यादि का दायित्व उसे सौंपें···।''

''छोटे लड़के को बड़ा दायित्व!'' कालीपद घोष ने आश्चर्य से कहा, ''देखिए, मैं कोई आपत्ति नहीं कर रहा हूँ, केवल व्यावहारिक दृष्टि से एक प्रश्न कर रहा हूँ कि रुपए-पैसे का मामला है। वह सबसे छोटे लड़के को सौंपना उचित होगा क्या?''

''मैं रुपए उसे सौंपने के लिए नहीं कह रहा।'' बलराम ने कहा, ''मैं तो केवल इतना कह रहा हूँ कि उसे कह दिया जाए कि वह खर्च का हिसाब रखे। राम बाबू उस हिसाब को यदा-कदा देख लिया करें। लड़कों को यह भय तो रहेगा न, कि जो कुछ और जितना वे खर्च कर रहे हैं, वह सब लिखा जा रहा है। इसलिए जरा हाथ खींचकर खर्च करेंगे।'' बलराम रुका, ''और वैसे भी उसका नाम ही है छोटा गोपाल, क्योंकि एक बड़ा गोपाल भी है, अन्यथा वह लड़का इतना छोटा नहीं है।''

''कोई बुरा विचार नहीं है।'' राम बोला, ''उन पर थोड़ा अंकुश तो लगाना ही चाहिए, नहीं तो अपनी नादानी में जाने वे कितना खर्च करते जाएँगे।'' जो पैसा अपना कमाया हुआ न हो, उसकी पीड़ा उनको हो भी कैसे सकती है।''

''क्षमा कीजिएगा, राम बाबू!'' गिरीश के चेहरे पर कुछ नाराजगी झलकी, ''जो पैसा वहाँ खर्च हो रहा है, वह नरेंद्र का कमाया हुआ नहीं है, किंतु ठाकुर की सेवा के लिए उसने अपनी नौकरी छोड़ दी है, उससे आपको यह नहीं लगता कि आप तो अपनी आय का एक अंश मात्र दे रहे हैं, जबकि उसने अपनी सारी-की-सारी आय दे डाली है···।''

रामचंद्र दत्त के मुख से तत्काल कोई उत्तर नहीं निकला, किंतु स्वयं को सँभालकर वह बोला, ''न कमाना एक बात है और कमाकर अपना रुपया दे डालना दूसरी···''

गिरीश को नरेंद्र का पक्ष लेने की कोई विशेष आवश्यकता नहीं थी, किंतु रामचंद्र दत्त का दृष्टिकोण उसे एक प्रकार के विरोध के लिए उकसा रहा था। बोला, ''बातें तो दोनों अलग हैं ही, किंतु किसका त्याग बड़ा है?···मैं तो स्वयं को किसी भी प्रकार नरेंद्र से स्पर्धा करने योग्य नहीं समझता।''

''इसमें स्पर्धा की कोई बात ही नहीं है।'' महेंद्र गुप्त ने चर्चा को नियंत्रित किया, ''बात तो केवल इतनी ही है कि किसी प्रकार धन का अपव्यय न हो, और हम ठाकुर को अधिक-से-अधिक आराम दे सकें।''

''हाँ, मास्टर मोशाय ठीक कह रहे हैं।'' बलराम ने महेंद्र का समर्थन किया, ''इसमें मत-मतांतर और विरोध का तो कोई प्रश्न ही नहीं है।''

21

प्रायः आधी रात के समय ठाकुर का कष्ट अचानक ही बढ़ गया।

उन्होंने आँखें खोलकर कुछ व्याकुलता से इधर-उधर देखा।

''क्या बात है महाराज?'' नरेंद्र ने स्नेहपूर्वक उनके कंधे पर हाथ रखा, ''नींद नहीं आ रही क्या?''

"वेदना है रे! कंठ में असह्य वेदना है।" ठाकुर धीरे से बोले, "जाने माँ क्या चाहती हैं।"

"औषधि दूँ?" नरेंद्र ने पूछा।

"औषधि तो दे चुका न?" ठाकुर ने कहा, "अब और कितनी बार औषधि देगा?"

"वह तो नियमित दी जाने वाली औषधि थी महाराज!" नरेंद्र ने उत्तर दिया, "सहसा पीड़ा बढ़ जाने पर दी जाने वाली पृथक् औषधि है।"

"तो वही दे!" ठाकुर बोले, "जैसे रोग जगदंबा की माया है, वैसे ही औषधि भी। देखें कि एक माया दूसरी माया को काटती है या नहीं।"

नरेंद्र ने शशि को संकेत किया, "औषधि निकाल।"

शशि औषधि ले आया। नरेंद्र ने उससे एक छोटी कटोरी में पानी में डालकर घोल तैयार किया। एक चम्मच में भरकर वह ठाकुर के मुख के निकट लाया।

"यह क्या है रे?" ठाकुर ने पूछा। "महेंद्रलाल सरकार की औषधि तो छोटी-छोटी मीठी गोलियों के रूप में होती है।"

"हाँ, महाराज!" नरेंद्र बोला, "सामान्यतः तो छोटी-छोटी मीठी गोलियाँ ही होती हैं, किंतु विपत्काल में तत्काल पीड़ा कम करने के लिए यह औषधि पानी में घोलकर आधे-आधे घंटे के पश्चात् दी जाती है।…"

"तो सारी रात तू मुझे सोने ही नहीं देगा?" ठाकुर ने हँसने का प्रयत्न किया, "दवा ही पिलाता रहेगा?"

"यदि आपकी वेदना कम हो गई और आप सो गए तो क्यों दूँगा औषधि?" नरेंद्र ने वातावरण को कुछ हलका कर दिया, "तब मैं भी तानकर सो जाऊँगा। मुझे न जागने का शौक है, न जगाने का।"

"यह तो नहीं कहोगे कि अभी दो चम्मच बाकी है। इसे पीकर ही सोना।" ठाकुर बोले।

"नहीं कहूँगा।" नरेंद्र बोला, "यदि आप सो गए या आपने कह दिया कि अब औषधि की आवश्यकता नहीं है, तो शेष औषधि फेंक दूँगा।"

औषधि का पहला चम्मच देते ही लगा कि ठाकुर की वेदना कुछ कम हो गई है। उनके चेहरे से पीड़ा का भाव कुछ पुँछ-सा गया। अधरों पर एक कोमल-सी मुस्कान आ गई…किंतु नींद उन्हें तब भी नहीं आई, और क्रमशः वेदना बढ़ने लगी। नरेंद्र ने पुनः औषधि दी, किंतु उसका तनिक भी लाभ होता दिखाई नहीं दिया।

"अब?" शशि ने नरेंद्र की ओर देखा।

"इस समय तो डॉक्टर को भी सूचना नहीं दी जा सकती।" नरेंद्र बोला, "किसी प्रकार इनकी वेदना कम हो जाती…।"

"जब राजेंद्रनाथ दत्त ने कहा था कि ठाकुर का उपचार करना चाहते हैं, और उन्होंने एक औषधि भी खोज रखी है, तो उसका प्रयोग क्यों नहीं किया गया?" शशि ने कुछ क्रोध से कहा, "पता नहीं, ये रामचंद्र दत्त और सुरेंद्रनाथ मित्र इत्यादि अपने आपको क्या समझते हैं। उन्हें बस अपना मत प्यारा है, किसी के सुख-दुःख से क्या लेना-देना।"

उन्हें क्यों व्यर्थ ही कोस रहा है?" ठाकुर ने अपनी वेदना के मध्य भी मुस्कराने का प्रयत्न किया, "जो माँ की इच्छा है, वही हो रहा है। इसमें राम क्या करेगा और डॉक्टर सरकार की ही क्या चलेगी।"

ठाकुर को खाँसी का दौरा-सा पड़ा। वे उठकर बैठ गए।

नरेंद्र ने उनको कंधे से पकड़ सहारा दिया और पीठ सहलाता हुआ बोला, ''वह ठीक है महाराज! इच्छा तो माँ की ही चलेगी, किंतु मायारूपी रोग का उपचार तो मायारूपी औषधि से ही होगा। जब डॉक्टरी चिकित्सा चल ही रही है, तो अच्छे-से-अच्छा डॉक्टर और अच्छी-से-अच्छी औषधि को प्राप्त करने का प्रयत्न तो करना ही चाहिए।''

''ठीक है।'' ठाकुर अब भी नरेंद्र और शशि को शांत करने का प्रयत्न कर रहे थे, ''किसी को तो निर्णय लेने का कार्य करना ही होता है। वह अपनी क्षमता-भर ही तो कर पाएगा। जो उन्हें उचित जँचा, वह उन्होंने किया।''

ठाकुर को पुनः खाँसी आ गई।

नरेंद्र ने उन्हें लिटा दिया, ''आप बोलिए मत। बोलने से वेदना और बढ़ेगी। मैं औषधि देता हूँ।''

इस औषधि की उपयोगिता में नरेंद्र को अब तनिक भी विश्वास नहीं रह गया था, फिर भी चम्मच-भर औषधि उसने ठाकुर को पिला दी—न सही औषधि का प्रभाव, कंठ तो गीला होगा। शायद उसी से खाँसी रुके या उसका कष्ट कम हो…

रात आँखों में ही बीत गई…नरेंद्र ने खिड़की से बाहर देखा, आकाश के सघन अंधकार में हलकी-सी दरक पड़ गई थी। अंधकार की कालिमा कुछ-कुछ सलेटी हो चली थी। वह अभी से किसी को डॉक्टर के पास भेजेगा तो वह सूर्योदय तक वहाँ पहुँच पाएगा…

नरेंद्र नीचे उतर आया। सबसे पहले उसने शरत् को जगाया, ''ठाकुर के पास चले जाओ। वहाँ शशि अकेला है।''

शरत् आँखें मलता हुआ, ठाकुर के कमरे की ओर चला गया।

''उठो काली!'' नरेंद्र ने काली को जगाया, ''जल्दी से तैयार हो जाओ और डॉक्टर सरकार के पास जाकर, उनसे कहो कि ठाकुर सारी रात बहुत कष्ट में रहे हैं। इस औषधि से कोई विशेष लाभ होता दिखाई नहीं देता। यदि वे औषधि बदलना चाहें तो यही उपयुक्त अवसर है।''

थोड़ी ही देर में काशीपुर का उद्यान-भवन सारा का सारा जाग उठा।…प्रत्येक व्यक्ति को मालूम हो गया कि ठाकुर का रोग और भी कष्टकर हो गया है और वे रात-भर सो नहीं पाए हैं।…वैसे तो प्रतिदिन वहाँ प्रातः ही भरपूर गतिविधि आरंभ हो जाती थी, किंतु आज समय से पूर्व ही सवेरा हो गया था।…

''राखाल! तुम बलराम बसु के घर चले जाओ।'' नरेंद्र ने कहा, ''उन्हें ठाकुर का हाल बताओ और डॉक्टर से संपर्क करने के लिए कहो…और… ।'' उसने रुककर बाबूराम और निरंजन की ओर देखा, ''तुम लोग राम दादा और सुरेंद्रनाथ मित्र के घर जाओ और उन्हें सूचना दो।''

''आज अवकाश का दिन है।'' योगीन बोला, ''अंग्रेजों का नववर्ष है न। संभवतः ये सारे लोग स्वतः ही ठाकुर का हाल पूछने आएँगे… ।''

''और यदि किसी कारण से कोई नहीं आया, या देर से आया तो बाद में नरेंद्र को ही दोष दिया जाएगा कि उसने समय से सूचना नहीं भिजवाई।'' नरेंद्र बोला, ''अपना दायित्व समझकर हम अपनी ओर से जो कुछ कर सकते हैं, हमें कर देना चाहिए।''

दस बजते-बजते डॉ. सरकार और राजेंद्रनाथ दत्त दोनों ही आ गए। उन दोनों ने ठाकुर की नाड़ी का परीक्षण किया और परस्पर चर्चा कर ठाकुर को नई औषधि दी। यह वही औषधि थी, जो राजेंद्रनाथ दत्त ने सोच रखी थी—लाइकोपोडियम-200।

औषधि के मुख में जाते ही, ठाकुर की व्याकुलता क्रमशः कम होने लगी और वेदना के लक्षण क्षीण होने लगे।

''कैसे हैं?'' राजेंद्रनाथ दत्त ने उत्साहित होकर पूछा।

''पहले से अच्छा हूँ।'' ठाकुर ने मुस्कराने का प्रयत्न किया।

''अब इसी औषधि को नियमित लें।'' डॉ॰ सरकार ने मुड़कर नरेंद्र की ओर देखा, ''पिछली औषधि रोक दो। जब तक इससे लाभ होता दिखाई दे, तब तक यही दो। दो बातों का निरीक्षण बहुत सावधानी से करना है—एक, इनके कंठ का कष्ट तथा दूसरे, इनका संपूर्ण स्वास्थ्य तथा मन की प्रसन्नता। यदि इन्हें लगता है कि वेदना में तो कमी नहीं आई है, किंतु प्रसन्नचित्त रहते हैं, तो भी यही औषधि देते रहो।''

''आपको नींद आ रही है क्या?'' राजेंद्रनाथ दत्त ने ठाकुर से पूछा।

''हाँ, सोने की इच्छा है।'' ठाकुर बोले, ''सारी रात न मैं सोया, न ये लड़के।''

''कोई बात नहीं।'' राजेंद्रनाथ ने कहा, ''आप भोजन कर आज लंबी नींद लीजिए। रात की क्षतिपूर्ति हो जाएगी। और जब आप निश्चिंत सोएँगे तो ये लड़के भी लंबी तानेंगे।''

डॉ॰ सरकार और राजेंद्रनाथ दत्त के विदा होने से पहले ही राम, गिरीश और उसका भाई अतुलकृष्ण आ गए थे। नरेंद्र को राहत मिली। वह और शशि रात-भर के जगे थे, शेष लोगों को भी बहुत जल्दी जगा दिया था और जो कलकत्ता गए थे वे तो थके थे, जो उद्यान-भवन में थे वे भी साधना-भजन में लगे हुए थे। शायद नींद किसी की भी पूरी नहीं हुई थी। यदि ठाकुर की वेदना शांत हो जाए तो वे भोजन करके कुछ सो लें। ऐसे में अन्य लोग भी अपनी नींद पूरी कर लेंगे···

ठाकुर की नींद तीसरे प्रहर के लगभग टूटी। मौसम ठंडा अवश्य था किंतु धूप इतनी निर्बल भी नहीं थी कि शीत का हरण न कर सके। तीसरे प्रहर का अलसाया-सा वातावरण सुखद लग रहा था।

श्रीमाँ समय से पथ्य बना लाई थीं और अपने हाथों से ठाकुर को खिला गई थीं। भोजन के बाद ठाकुर ने नींद की अच्छी झपकी ली थी।

ठाकुर ने आँखें खोलकर देखा : उनके कमरे में बैठे हुए थे—गोपाल दादा, महेंद्रनाथ गुप्त और ठाकुर का अपना भतीजा रामलाल।

''राम और गिरीश आए थे,'' ठाकुर ने कहा, ''चले गए क्या?''

''नहीं।'' महेंद्रनाथ गुप्त ने बताया, ''वे लोग बाहर वहाँ धूप में बैठे हैं। कमरे में शायद उन्हें ठंड लगती।''

ठाकुर ने उठने का प्रयत्न किया। रामलाल और गोपाल दादा ने सहारा देकर उन्हें बैठा दिया।

''अब कैसे हैं आप?'' महेंद्र गुप्त ने पूछा, ''वेदना तो नहीं है?''

''नहीं।'' ठाकुर ने अपने पैर पलंग से नीचे लटका दिए, ''नीचे बगीचे में टहलूँगा। धूप में बैठूँगा।''

महेंद्र, रामलाल और गोपाल ने एक-दूसरे की ओर देखा, क्या सचमुच ठाकुर इतने स्वस्थ हो गए हैं कि उन्हें नीचे बगीचे में टहलने के लिए ले जाया जाए?

''मैं राम या नरेंद्र को बुला लाऊँ?'' रामलाल ने पूछा।

''नहीं, मैं स्वस्थ हूँ।'' ठाकुर बोले, ''स्वयं चल सकता हूँ।''

वे सचमुच उठ खड़े हुए। रामलाल, गोपाल दादा और महेंद्र गुप्त उनके अत्यंत निकट तो आ गए, किंतु किसी ने ठाकुर को पकड़ा नहीं।···वे कह रहे थे कि वे स्वस्थ हैं और स्वयं चल सकते हैं।···कह ही नहीं रहे थे, वह स्वयं चल भी रहे थे। ऐसे में उन्हें न तो रोकने की आवश्यकता थी, न सहारा देने की। ऐसा करने से प्रसन्न होने के स्थान पर कदाचित् वे रुष्ट ही होते···

एक-एक कर ठाकुर क्रमशः सारी सीढ़ियाँ उतर आए। वे नीचे के हॉल के पश्चिमी दरवाजे से बगीचे में आए और दक्षिण के फाटक की ओर बढ़ने लगे। गोपाल दादा हॉल में ही रह गए थे। रामलाल और महेंद्र उनके साथ-साथ चल रहे थे।

हॉल में बैठे शरत् और लाटू ने उन्हें देखा।

''कहाँ जा रहे हैं महाराज?'' शरत् ने पूछा।

''बगीचे में घूमने जा रहे हैं।'' रामलाल ने उत्तर दिया।

शरत् मार्ग से हट गया। उसने लाटू को संकेत किया, ''ठाकुर बाहर जा रहे हैं। आओ, हम उनका बिस्तर धूप में सूखने डाल दें और कमरा साफ कर दें।''

वे दोनों लपककर सीढ़ियाँ चढ़, ऊपर चले गए।

ठाकुर, भवन और फाटक के मध्य में पहुँचे तो उन्होंने पश्चिम की ओर वृक्षों के नीचे राम, गिरीश तथा उसके भाई अतुलकृष्ण को देखा। उनके चेहरे पर एक अद्‌भुत भाव आया, जैसे उन्होंने कोई अद्‌भुत निश्चय किया हो।

''नरेंद्र और शशि कहाँ हैं?'' ठाकुर ने पूछा।

''वे लोग सो रहे हैं।'' रामलाल ने बताया, ''काली, निरंजन, योगीन, छोटा गोपाल, राखाल, बाबूराम—सभी सो रहे हैं। रात को किसी की भी नींद पूरी नहीं हुई।''

''अच्छा है। सो लें।'' ठाकुर के चेहरे पर मुस्कान आई और उनकी गति तेज हो गई।

राम, गिरीश और अतुलकृष्ण आगे बढ़कर उनके निकट आ गए।

किसी के कुछ भी कहने से पहले ठाकुर ने जैसे गिरीश को ललकारा, ''गिरीश! तुम सब लोगों से मेरे अवतार होने की बात कहते फिरते हो। बताओ तुमने मेरे संबंध में क्या देखा और क्या समझा है?''

क्षण-भर में ही गिरीश जैसे कोई और व्यक्ति हो गया; उसकी आँखों में अश्रु आ गए और चेहरे पर दीनता का भाव। वह ठाकुर के ठीक सामने अपने घुटनों के बल बैठ गया। उसने अपना चेहरा ऊपर उठाकर उनकी ओर देखा और हाथ जोड़कर गद्‌गद स्वर में बोला, ''जिनकी महिमा व्यास और वाल्मीकि नहीं गा सके, मेरे जैसा क्षुद्र व्यक्ति उनके विषय में क्या कह सकता है।''

बरामदों में वृक्षों के नीचे बैठे हुए पच्चीस-तीस व्यक्ति चारों ओर से घिरकर ठाकुर के निकट आ गए थे। उन्होंने ठाकुर को प्रणाम किया।

ठाकुर ने उनकी ओर देखा और कुछ उद्वेलित स्वर में बोले, ''तुम लोगों को और क्या कहूँ। आशीर्वाद देता हूँ, तुम्हें चैतन्य हो।''

कोई कुछ कहता, इससे पूर्व ही ठाकुर भावाविष्ट हो गए। चारों ओर जैसे स्तब्धता-सी छा गई। न किसी के पग बढ़े, न किसी का कंठ फूटा।

गिरीश को लगा, आज कुछ अद्‌भुत घटित हुआ है। ठाकुर का व्यवहार भी कुछ अभूतपूर्व ही था। क्या ठाकुर ने सबको अपने सम्मोहन में बाँध दिया है?···

और सहसा जैसे उसकी आत्मा चिल्ला उठी, "रामकृष्णदेव की जय!"

उस जयकार में कुछ ऐसा था, जो शेष लोगों के मन को भी छू गया…और फिर जैसे जय-जयकार की होड़ लग गई। लोग अपना आपा भूलकर जय-जयकार करने लग गए।…ठाकुर के चरण छूने की जैसे स्पर्धा हो रही थी कि कहीं वह दूसरों से पीछे न छूट जाए।

ठाकुर की करुणा ने भी जैसे अपनी मर्यादा तोड़ दी थी।…वे अपनी अर्धबाह्यावस्था में अपने सामने आए प्रत्येक व्यक्ति को स्पर्श कर रहे थे, जैसे दक्षिणेश्वर में, वे किसी पर विशेष अनुग्रह करने के लिए छुआ करते थे। आज के समान पहले कभी नहीं हुआ था। आज ठाकुर कोई भेद-भाव नहीं कर रहे थे। किसी की त्रुटि, अभाव अथवा असमर्थता का कोई विचार नहीं था। पापी-तापी सब समान हो गए थे। जो उनके चरणों में गया, ठाकुर ने उसी के शरीर पर आशीर्वाद का हाथ रख दिया।…फिडले मेयर कंपनी का कर्मचारी हाराणचंद्र दास प्रणाम करने के लिए उनके सम्मुख झुका तो ठाकुर ने अपने भावावेश में उसके सिर पर अपना चरण स्थापित कर दिया…

बैकुंठनाथ उनके सम्मुख जा, झुककर प्रणाम करते हुए बोला, "महाराज, मुझ पर कृपा कीजिए।"

ठाकुर अपने स्थान से हिले भी नहीं। वहीं खड़े-खड़े बोले, "तेरा तो सब कुछ हो गया है।"

बैकुंठनाथ जैसे कुछ समझ नहीं सका। बोला, "जब आप कहते हैं कि हो गया है, तो निश्चय ही हो गया है, किंतु मैं उसे थोड़ा-बहुत समझ भी सकूँ, कुछ वैसा कर दीजिए।"

"अच्छा।" ठाकुर ने उसके वक्ष का स्पर्श किया।

बैकुंठनाथ के हृदय में एक अपूर्व भावांतर उपस्थित हुआ। आकाश, मकान, पेड़-पौधे, मनुष्य आदि जिधर जो कुछ दिखाई पड़ता था, बैकुंठ को उसी के भीतर ठाकुर की प्रसन्न, हास्य-दीप्त उज्ज्वल मूर्ति दिखने लगी।…बैकुंठ का हृदय जैसे आनंद की शीतल धारा में पूर्णतः निमज्जित हो गया।

"अरे, कौन कहाँ है? सब अभी चले आओ।" बैकुंठ ने छत पर खड़े शरत् और लाटू को पुकारा।

ठाकुर के कमरे की दाहिनी ओर की छत पर लाटू और शरत् ठाकुर का बिस्तर इत्यादि धूप में डालकर, उनके कमरे की सफाई में लग गए थे। उन्होंने वहीं से यह सब देखा। वातावरण पर छाया उन्माद उनसे छिपा नहीं रहा।…उन्होंने देखा, भीड़ में से अनेक लोग भवन की ओर मुख कर जोर-जोर से चिल्ला रहे थे, जैसे भवन के भीतर के लोगों को पुकार रहे हों।…उन्हें लगा, कुछ लोगों ने तो उद्यान में से पुष्प तोड़कर ठाकुर के चरणों में चढ़ाए हैं, जैसे उनके देवत्व की पूजा की हो…

"हम भी नीचे चलें?" शरत् ने पूछा।

"नहीं।" लाटू बोला, "ठाकुर किसी भी समय लौट सकते हैं। उससे पहले हमें कमरा ठीक करना है। अपना कर्तव्य अधूरा छोड़, चले जाने से ठाकुर को असुविधा हो सकती है।…"

ठाकुर प्रकृतिस्थ हो, वापस भवन की ओर मुड़े। धीरे-धीरे चलते हुए वे भवन में प्रविष्ट हुए और सीढ़ियाँ चढ़ ऊपर अपने कमरे में आ बैठे।…इस बीच किसी ने उनसे कोई बात नहीं की और न ही उन्होंने किसी से कुछ कहा।

उनके पीछे-पीछे ही लाटू और शरत् भी कमरे में आ गए थे। ठाकुर ने लाटू की ओर देखा, "थक गया हूँ। विश्राम करूँ…।"

उन्होंने आँखें मूँद लीं।

22

नीचे के कमरे में बैठा नरेंद्र ध्यान कर रहा था। सदा के समान मन सहज ही आत्मलीन होता गया था। मन निष्कंप दीप के समान स्थिर और एकाग्र हुआ ही था कि त्रिकुटी पर कोई प्रकाशपुंज प्रकट हो गया···और सहसा उसके वक्ष के भीतर कुछ विचित्र-सी गतिविधि आरंभ हो गई। क्षण-भर के लिए ध्यान विचलित हुआ और फिर से स्थिर हो गया। उसकी बंद आँखें जैसे कुछ नए-से दृश्य देख रही थीं···यह क्या था? कोई आकृति नहीं उभरी, कोई वाणी सुनाई नहीं दी, किंतु जैसे कोई उसे बता रहा था कि अपने ध्यान में जिस प्रदेश को वह देख रहा था, वह उसका अपना हृदय-प्रदेश था। उसमें उसे दो मार्ग-से स्पष्ट दिखाई पड़ रहे थे और वह स्वयं ही जान रहा था कि ये इंगला और पिंगला नाम की नाड़ियाँ थीं···सहसा जैसे वक्ष में असंख्य बवंडर उठने लगे। लगा, उसका वक्ष-प्रदेश ही नहीं, धरती और आकाश भी डोल रहे हैं···किंतु यह सब कुछ उसके अपने वक्ष के भीतर ही था···क्या उसकी कुंडलिनी जाग्रत हो रही थी?···संभव है।···किंतु वह अब धैर्य धारण नहीं कर सकता था···उसने आँखें खोल दीं···

उसके सामने प्रतापचंद्र हाजरा बैठ गया था।···वह जब से दक्षिणेश्वर से हटाया गया था, नरेंद्र के चारों ओर कुछ ज्यादा ही मँडरा रहा था···नरेंद्र को उसकी असहायता पर दया भी आती थी और वह उसका लोभ भी समझता था। उसने हाजरा का पक्ष लेकर ठाकुर से कहा भी था···किंतु उसके विषय में ठाकुर का मत अभी परिवर्तित नहीं हुआ था···हाजरा ने भी अभी आशा नहीं छोड़ी थी। वह ऊपर ठाकुर के पास जाने का साहस नहीं करता था, किंतु नरेंद्र के निकट बने रहने का प्रयत्न करता ही रहता था···

इस समय नरेंद्र के पास कुछ भी सोचने का अवकाश नहीं था···

"मेरी छाती पर हाथ रखकर देखो तो···यह कैसा भूचाल है मेरे भीतर?···"

हाजरा ने हाथ रखकर देखा···उसकी समझ में तो कुछ आया नहीं, उलटे नरेंद्र का ध्यान बिखर गया।···वह सर्वथा सहज-सामान्य हो गया।···उसे लगा कि वह किसी असाधारण ऊँचाई के पर्वत के उच्चतम शिखर से उतरकर भूतल पर आ गया है। प्रकृति की असाधारणता से वह उसकी साधारणता में लौट आया है।···

"यहाँ तो कुछ भी नहीं है।" हाजरा ने कहा।

नरेंद्र के मन में अपने ही प्रति खीझ उपजी।···हाजरा तो मूर्ख, अज्ञानी और अहंकारी था, इसलिए वह स्वयं को ठाकुर के समान और कभी-कभी उनसे भी बड़ा मान बैठा था···किंतु नरेंद्र को यह भ्रम कैसे हो गया था कि वह ठाकुर के ही समान, साधना के प्रत्येक लक्षण और प्रत्येक सोपान से परिचित होगा?···हाजरा इस विषय में उसकी कोई सहायता नहीं कर सकता···शायद कोई भी नहीं कर सकता। उसे ठाकुर के पास जाना होगा···

आज अवसर देखकर वह ठाकुर के पास पहुँचा। इस समय ठाकुर कष्ट में नहीं लग रहे थे।···मन शांत था और चेहरे पर सहज मुस्कान थी।···

सहसा नरेंद्र का मन बदल गया। पूछने तो वह कुछ और आया था, किंतु उसे लगा कि यह पूछने का नहीं, माँगने का अवसर था···

"सबकी तो बन आई, कुछ मुझे भी तो दीजिए।" स्वयं अपने स्वर की दीनता पर उसे आश्चर्य हुआ। वह ठाकुर के स्नेह में इतना पगा हुआ था कि उसने कभी अपने और ठाकुर के मध्य इतनी

दूरी ही नहीं पाई थी कि उसे कभी दीन होना पड़ता। उसने तो स्नेहमयी समता में उनका विरोध किया था और जो कुछ माँगा था, बड़े अधिकार से माँगा था···, "सबका काम हो गया, क्या मेरा न होगा?"

ठाकुर जैसे इस याचना को सुनने और उसके उत्तर में वरदान देने को तैयार ही बैठे थे। उन्होंने इस बात पर तनिक भी आश्चर्य नहीं दिखाया कि उनका नरेन आज उनसे कुछ इस प्रकार माँग रहा था, जैसे वह भी पराया हो।

नरेंद्र को लगा कि बहुत संभव था कि ठाकुर की ही इच्छा रही हो कि नरेंद्र इस समय और किसी प्रकार की चर्चा करने के स्थान पर कुछ इसी प्रकार का वरदान माँगे, जो वे उसे देना चाहते हैं। तभी तो नरेंद्र के मन की सारी जिज्ञासाएँ विलीन हो गई थीं और वह अनायास ही इस प्रकार की याचना कर बैठा था···नरेंद्र ने अनेक बार देखा था कि ठाकुर के सम्मुख पहुँचकर लोगों की मनःस्थिति ठाकुर की इच्छा के ही अनुकूल हो जाती थी···यदि वे अवतार थे, तो वे ईश्वर का ही रूप थे। यह प्रकृति उन्हीं की चाकर थी, तो फिर उनकी इच्छा के अनुकूल ही परिवर्तित क्यों न हो जाती···

"तू अपने घर का कोई प्रबंध करके आ जा, सब हो जाएगा।" वे अत्यंत सहज भाव से बोले।

नरेंद्र के मन में पिछली अनेक घटनाएँ आ जुड़ीं।···यह पहला अवसर नहीं था जब ठाकुर ने उसे अपने परिवार के दायित्व से सर्वथा निवृत्त हो जाने के लिए कहा था। वे कितनी ही बार इस प्रकार के संकेत कर चुके थे। कभी वे उसकी चिंता को अनावश्यक बताते थे, कभी उस दायित्व से मुक्त हो जाने को कहते थे।···और ये ठाकुर ही तो थे, जो अनेक लोगों को उपदेश देते थे कि उन्हें पहले अपने असहाय माता-पिता का पोषण करना चाहिए।···हाजरा से वे इस कारण रुष्ट भी रहते थे कि वह अपनी वृद्ध माता की देखभाल नहीं करता···किंतु नरेंद्र को उन्होंने सदा यही कहा था कि वह उस दायित्व से स्वयं को मुक्त कर ले। क्या उन्होंने उसके परिवार के दायित्व को स्वयं ग्रहण कर लिया है?···

किंतु ठाकुर ने उसे और सोचने नहीं दिया। बोले, "तू चाहता क्या है?"

नरेंद्र जानता था कि यही वह अवसर था, जब उसे बहुत सोच-समझकर बोलना चाहिए था। जब ठाकुर देने को प्रस्तुत थे तो वह वही माँगे, जो उसे चाहिए था···और उतना माँगे, जितना चाहिए था···वह कम क्यों माँगे? छोटी चीज क्यों माँगे?···

"मेरी इच्छा है," वह बोला, "तीन-चार दिनों तक निर्विघ्न, अनवरत समाधिलीन रहा करूँ। बस, यदा-कदा थोड़ा भोजन करने के लिए उठूँ।"

उसकी बात से ठाकुर प्रसन्न नहीं दीखे।

"तू तो बड़ी नीच बुद्धि का व्यक्ति है। समाधि से भी ऊँची अवस्था है।" ठाकुर बोले, "तू स्वयं ही तो गाता है, 'जो कुछ है, सो तू ही है।' "

नरेंद्र को स्मरण हो आया। बहुधा ठाकुर कहा करते हैं कि समाधि से उतरकर मन देखता है कि ईश्वर ही जीव और जगत् के रूप में प्रकट हुए हैं। यह अवस्था ईश्वर-कोटि की हो सकती है। वे कहते हैं न कि जीव-कोटि समाधि-अवस्था को प्राप्त करता तो है, किंतु फिर वह उससे नीचे नहीं उतर सकता।···ठाकुर उसे ईश्वर-कोटि का मनुष्य मानते हैं और समाधि से भी उच्चतर अवस्था प्राप्त कराना चाहते हैं···

नरेंद्र ने ठाकुर की ओर देखा, जैसे पूछ रहा हो, 'तो मैं क्या करूँ?'

"तू अपने घर के लिए कोई व्यवस्था करके आ।" ठाकुर पुनः बोले तो उनके स्वर में पहले की तुलना में कहीं अधिक स्नेह वर्तमान था, "समाधि-लाभ से भी ऊँची अवस्था हो सकेगी तेरी।"

ठाकुर के इस आश्वासन के पश्चात् अब और रह ही क्या गया था, कहने-सुनने को?···ठाकुर ठीक ही तो कह रहे थे, जब तक वह अपने घर की पूर्ण और उचित व्यवस्था नहीं कर लेता, उसका मन उसी ओर लगा रहेगा।···और जब उसका मन संसार के विषय में ही सोचता रहेगा, तो वह उस विक्षिप्त मन से प्रभु का चिंतन कैसे करेगा?···समाधि-लाभ कैसे होगा उसे?···

उसे घर जाना होगा। कोई उपयुक्त व्यवस्था करनी होगी।

रात को दस बजे के लगभग नरेंद्र सोने के लिए आ लेटा, "कल प्रातः घर जाऊँगा।" उसने शरत् से कहा, "सोने का प्रयत्न कर रहा हूँ। सो जाऊँ तो किसी विशेष कारण के बिना जगाना मत।"

"बहुत अच्छा।" शरत् ने कुछ मुस्कराकर कहा।

"मुस्करा क्यों रहे हो?" नरेंद्र ने उचककर उसकी ओर देखा।

"मुस्कराने की तो बात ही है," शरत् ने उत्तर दिया, "आज नरेंद्र कह रहा है कि मुझे जगाना मत।"

"परिवर्तन संसार का नियम है।" इस बार नरेंद्र मुस्कराया, "कुछ भी सदा एक-सा नहीं रहता।"

नरेंद्र ने लेटकर आँखें बंद कर लीं···किंतु दिन-भर की थकान के बावजूद उसे नींद नहीं आई।···कैसी विचित्र बात थी···वह सोच रहा था···वह कभी जल्दी सोना चाहकर भी सो नहीं पाता था।···काम ही इतने सारे होते थे। अधूरे काम छोड़कर वह कैसे सो सकता था।···और काम पूरे होते-होते रात के ग्यारह तो बज ही जाते थे।···और आज वह सोना चाह रहा था, सोने के लिए लेट भी गया था और उसे नींद नहीं आ रही थी···न वह आत्मलीनता, न ध्यान का केंद्रीकरण, न ज्योति-दर्शन, न नींद···

सहसा उसने अनुभव किया कि इनमें से कुछ भी होना संभव नहीं था। उसके मन में इतने प्रकार के विचार झंझावातों के समान विभिन्न दिशाओं की ओर उड़ रहे थे कि मन स्वस्थ ही नहीं हो पा रहा था। ऐसे में नींद कैसे आएगी?···और यदि नींद नहीं आएगी तो व्यर्थ लेटे-लेटे करवटें बदलने का क्या लाभ?···वह उठकर बैठ गया···दृष्टि घुमाई : शरत् अभी सोया नहीं था। छोटा गोपाल भी बैठा लालटेन के हलके प्रकाश में कोई पुस्तक देख रहा था···

"शरत्! नींद नहीं आ रही न?" नरेंद्र ने धीरे से कहा, "चल! बाहर बगीचे में टहलें।"···उसने दृष्टि उठाकर गोपाल की ओर देखा, "तू चलेगा गोपाल?"

"कहाँ?" छोटा गोपाल निकट आ गया।

"बाहर बगीचे में टहलते हैं।"

नरेंद्र बाहर आ गया। शरत् और गोपाल भी उसके साथ थे।

पौष की सुनसान रात थी। आकाश निरभ्र था। नीचे दूर तक खुली समतल भूमि थी। दूर-दूर तक कोई स्वर नहीं था।···नरेंद्र चुपचाप चलता रहा, जैसे एकदम अकेला हो···या तो उसके साथ कोई न हो, या उसे किसी की आवश्यकता न हो—वह अपने आपमें ही पूर्ण हो···

सहसा वह रुका। उसने मुड़कर बारी-बारी शरत् और गोपाल की ओर निमंत्रण-भरी दृष्टि से देखा। निश्चित रूप से वह कुछ कहना चाहता था। वे दोनों उसके निकट आ गए।

"ठाकुर को जो भीषण व्याधि हुई है, उससे उन्होंने शरीर छोड़ने का संकल्प किया है या नहीं, कौन कह सकता है।" नरेंद्र ने धीरे से कहा, "समय रहते, उनकी सेवा और ध्यान-भजन करके, जहाँ तक हो सके, आध्यात्मिक उन्नति कर लो, नहीं तो उनके चले जाने पर पश्चात्ताप की सीमा नहीं रहेगी। 'यह काम हो जाए तो भगवान् को पुकारूँगा।' 'वह काम हो जाए तो साधना-भजन में लगूँगा।'···इस प्रकार तो समय बीतता जा रहा है और हम वासना के जाल में जकड़ते जा रहे हैं। इस वासना का ही तो परिणाम सर्वनाश और मृत्यु है—वासना का त्याग करो, त्याग करो।"

शरत् और छोटे गोपाल ने आश्चर्य से नरेंद्र को देखा···यह नरेंद्र का कौन-सा रूप था? ठाकुर के शरीर छोड़ने की बात वह कैसे सहज रूप में कह लेता है, जैसे शुभ-अशुभ का उसे कोई विचार ही न हो और आज वह त्याग की कैसी बात कर रहा है। जीवन में कांचन और कामिनी के त्याग की बात तो ठाकुर भी बहुधा कहते ही रहते हैं, किंतु नरेंद्र का यह आवेश···यह तो जैसे वासना के नहीं, संसार के ही त्याग की बात कर रहा है।

नरेंद्र का वैराग्यपूर्ण तथा ध्यानपरायण मन जैसे बाहर की नीरवता की प्रतिक्रियास्वरूप अपने भीतर ही उसकी उपलब्धि कर रहा था। भीतर कमरे में सोने का प्रयत्न करते हुए जो मन विक्षिप्त की भाँति सहस्रों दिशाओं में उड़ता फिर रहा था, वही इस समय जैसे समाधिस्थ होना चाहता था···

नरेंद्र एक वृक्ष के नीचे जा बैठा। उसने लक्ष्य विशेष से चारों ओर दृष्टि घुमाई और फिर पेड़ से गिरे सूखे पत्तों और टूटी टहनियों को हाथ से बटोरकर एक स्थान पर एकत्र-सा करता हुआ बोला, "इनमें आग लगा दें। साधु लोग भी ऐसे समय में वृक्षों के नीचे धूनी जलाया करते हैं।···"

शरत् ने आश्चर्य से उचककर नरेंद्र की ओर देखा···क्या है इसके मन में? अभी तो यह वासना के त्याग की चर्चा कर रहा था और अब साधुओं के समान धूनी जलाने की बात कर रहा है। इसका वैराग्य क्या इतना प्रबल हो गया है? कहीं यह संन्यास ग्रहण करने की तो नहीं सोच रहा?

"नरेन! यदि ठंड से बचने के लिए पत्तों और टहनियों की आग ही जलानी थी तो अंदर कमरे में ही क्या बुरा था?" छोटे गोपाल ने कुछ अटपटे ढंग से कहा, "वैसे मुझे तो इतनी ठंड भी नहीं लग रही है।"

नरेंद्र ने गोपाल की बात की ओर ध्यान नहीं दिया। संभव है, अपनी आत्मलीनता में उसने वह सब सुना ही न हो, और यदि सुन भी लिया हो तो अपने चिंतन-प्रवाह को बाधित न होने देने के विचार से उसकी बात का उत्तर देना भी आवश्यक न समझा हो। वह जैसे अपने आपसे ही कह रहा था, 'यहाँ हम भी संन्यासियों के ही समान धूनी जलाकर अंतर में छिपी वासनाओं को जला डालें।'

आग जल उठी। नरेंद्र, शरत् और छोटा गोपाल अनायास ही आसपास के सूखे पत्ते और टहनियाँ बटोरकर उस आग में डालने लगे। किंतु यह खुले में ठंडी रात काटने के लिए जलाए गए अलाव में लकड़ियाँ डालने जैसा नहीं था। वह तो जैसे किसी पवित्र यज्ञ में पवित्र आहुति देने जैसा था, जिससे आहुति के साथ-साथ अपने-अपने अंतर की वासनाओं को उस अग्नि को समर्पित कर, अपने हृदय को पवित्र करने का क्रम चल रहा था। उस ठंडी नीरव रात में जैसे स्वयं शंकर ने अपना तीसरा नेत्र खोल दिया था और केवल काम ही नहीं, समस्त वासनाएँ ही उस अग्नि में जलकर क्षार होती जा रही थीं।···सबके हृदय में अपूर्व उल्लास था। उन्हें लग रहा था, मानो सचमुच ही

समस्त सांसारिक वासनाएँ भस्मीभूत हो जाने से मन स्वच्छ हो आया था और त्वरित गति से सतोगुण की ओर बढ़ रहा था। मन के भीतर से जो निकल रहा था, वह संसार था और जो उसमें समा रहा था, वह भगवान् था।

शरत् सोच रहा था, 'उसने ऐसा पहले ही क्यों नहीं किया? उसे किसी ने बताया क्यों नहीं कि वासना-दहन में इतना आनंद है? अब अवसर मिलते ही वह सदा ही इस प्रकार की धूनी रमाएगा।'···वे किसी मंत्र का पाठ नहीं कर रहे थे, वे किसी देवता का ध्यान भी नहीं कर रहे थे, केवल साधारण टहनियों और पत्तों को इकट्ठा कर उस अग्नि में समर्पित करते जा रहे थे···किंतु लग रहा था कि वे जैसे कोई साधना कर रहे हों। मन निरंतर ऊर्ध्व की ओर यात्रा करता जा रहा था, जैसे कुंडलिनी चक्र पर चक्र चढ़ती चली जा रही हो।···बाहर का संसार विलीन हो गया था और भीतर एक नए ब्रह्माण्ड ने जन्म ले लिया था···

दो-तीन घंटे बीत गए। अब आसपास और ईंधन नहीं था। वे लोग अग्नि शांत कर भीतर चले आए। किसी ने किसी से कुछ नहीं कहा और वे अपने-अपने स्थान पर सोने के लिए लेट गए। उस समय प्रातः के चार बज रहे थे।

पाँच और साढ़े पाँच के बीच, सब लोग जाग गए। नरेंद्र को घर जाना था। उसका ध्यान ही किसी अन्य दिशा में नहीं गया। यह तो जब बाबूराम और राखाल ने आकर शिकायत की, "हमें क्यों नहीं बुलाया? हम भी धूनी का आनंद लेते।" तो नरेंद्र को मालूम हुआ कि शरत् और गोपाल ने कदाचित् रात के अनुभव की सूचना अपने मित्रों को दे दी है।

"पूर्व निश्चय से यह सब नहीं हुआ और मुझे तो यह भी ज्ञात नहीं था कि संन्यासियों की धूनी में इतना आनंद है।" नरेंद्र ने उन्हें सांत्वना दी, "अब अवसर मिलते ही हम सब लोग मिलकर धूनी जलाएँगे, इसमें चिंता की क्या बात है!"

नरेंद्र उन्हें वहीं बैठा छोड़ घर जाने की तैयारी में लग गया।

23

कुंडी खटखटाकर नरेंद्र कपाट खुलने की प्रतीक्षा करने लगा।

"कौन है?" घर के भीतर से महेंद्र का हलका-सा स्वर आया, जिसमें जिज्ञासा कम और यह सूचना अधिक थी कि वह द्वार खोलने के लिए आ रहा है।

"मैं हूँ महेंद्र। दरवाजा खोलो।"

"ओह, दादा!" महेंद्र द्वार तक आ पहुँचा था।

नरेंद्र ने पग भीतर रखा ही था कि भुवनेश्वरी का स्वर सुनाई दिया, "कौन आया है महेंद्र?"

"दादा आए हैं माँ!"

भुवनेश्वरी ने कुछ नहीं कहा, यद्यपि नरेंद्र चाहता था कि माँ कुछ कहे, ताकि उसे माँ के भाव का तो पता चले।

भुवनेश्वरी क्या कहती, वह तो स्वयं अपने मन के द्वंद्व से निबट नहीं पा रही थी।···चार दिन बाहर रहकर घर लौटे अपने पुत्र का वह स्वागत करे, या चार दिन घर से अनुपस्थित रहने के लिए वह उसकी ताड़ना करे? वह सत्कार के योग्य है अथवा धिक्कार के?···

नरेंद्र ने आकर माँ के चरण छुए, "कैसी हो माँ?"

अब इस प्रश्न का वह क्या उत्तर देती।...उसे तो लग रहा था, जैसे वह लड़का जान-बूझकर उसे उकसा रहा है। उसके धैर्य की परीक्षा ले रहा है। यदि वह अपने आत्म-संयम को तनिक भी ढीला छोड़ती, तो उसके मन का संचित आक्रोश तत्क्षण ज्वालामुखी के लावे के समान फूटकर बाहर आ जाता। इतने दिन बाद घर आए बेटे को, घर में पैर रखते ही डाँटने लगे—यह क्या माँ का धर्म था?...नरेंद्र कोई पहली बार तो इस प्रकार घर से अनुपस्थित रहा नहीं था। पिता के जीवित रहते हुए भी वह इसी प्रकार परम स्वतंत्र था। अपने परिवार के प्रति ममता की कमी नहीं थी उसमें, किंतु घर आने-जाने तथा सामान्य लोगों के समान घर पर रहने का अनुशासन उसने कभी नहीं माना था।

पर तब की बात और थी—भुवनेश्वरी सोच रही थी—तब विश्वनाथ जीवित थे। वे समर्थ पुरुष थे। घर की देखभाल करना उनका काम था, जो वे पूर्ण दक्षता से करते थे। वह अपने इस पुत्र पर निर्भर नहीं थे, किसी भी काम के लिए।...दूसरी ओर, बिलेह से नरेन बन जाने के बाद से भुवनेश्वरी अपने इस पुत्र को अनुशासित करना अपना दायित्व भी नहीं मानती थी। पुत्र के भविष्य के विषय में सोचने, उसे सीधे मार्ग पर चलाए रखने तथा उसे कभी-कभी डाँटने और समझाने का कार्य विश्वनाथ स्वयं ही किया करते थे।...जब तक यह बिलेह था और उसकी रुचि माँ तथा नानी की कहानियों में थी, तब तक तो भुवनेश्वरी उसे सँभाले रही थी, किंतु विद्वान्, तर्कशील तथा तेजस्वी नरेन को सँभालने का काम तो उसके पिता का ही था।...और अब कैसी विचित्र स्थिति थी—एक ओर अपनी माता तथा छोटे भाइयों की देखभाल के लिए नरेन को विश्वनाथ का स्थान लेना पड़ रहा था और दूसरी ओर अपने पुत्र को सजग तथा नियंत्रित रखने के लिए भुवनेश्वरी को विश्वनाथ बनना पड़ रहा था...किंतु न तो नरेंद्र ही पूरी तरह अपने पिता का स्थान ले पा रहा था और न ही भुवनेश्वरी अपने पति की स्थानापन्न हो पा रही थी।

"मैंने पूछा, कैसी हो माँ?" नरेंद्र ने पुनः कहा, किंतु उसका स्वर पूर्णतः शांत और कोमल था, उसमें तनिक भी उत्तेजना नहीं थी।

भुवनेश्वरी के मन में आया कि कहे, 'तुझे इससे क्या? माँ कैसी भी हो, तू जा, उस साधु की सेवा कर, जिसके उपदेशों के बहकावे में तूने विवाह नहीं किया।'

'...कहीं इस लड़के का विवाह हो गया होता, बहू घर में आ गई होती, तो क्या यह लड़का चार-चार दिन घर से अनुपस्थित रहता'—वह सोच रही थी, 'रात-रात-भर दक्षिणेश्वर के किसी पेड़ के नीचे बैठा तपस्या करता, या सारा-सारा दिन उस साधु की सेवा करता।...'

पर तभी उसका मन जैसे सहमकर चुप हो गया...क्या भरोसा है इस पगले बिलेह का। कहीं यह बहू को घर बैठी छोड़कर चल देता, जैसे बुद्ध बनने के लिए सिद्धार्थ अपनी यशोधरा को छोड़ गए थे, तो वह क्या करती? कपिलवस्तु के राजप्रासादों की बात और थी, उसकी अपनी गृहस्थी में इस साधक की यशोधरा का क्या होता...

भुवनेश्वरी घबराकर अपने चिंतन-संसार से बाहर निकल आई, "कहाँ से आ रहा है तू?"

"काशीपुर से।"

"कुछ खाया-पिया भी है या सुबह से भूखा ही है?"

"मैं तो जन्म-जन्मांतर का भूखा हूँ माँ!" नरेंद्र की माधुरी अपनी माया बिखेरने लगी थी, "कभी ज्ञान का, कभी ईश्वर के दर्शनों का तथा कभी तेरे स्नेह का।"

''देखती हूँ, तू उस साधु के पास रहकर बहुत सारा छल करना भी सीख गया है।'' सारे आत्म-नियंत्रण के बावजूद भुवनेश्वरी के अधरों पर मुस्कान खिल आई, ''आराधना करता है शिव की और लीला सीख रहा है कृष्ण की।''

भुवनेश्वरी को लगा कि वह मात्र मुख से कह ही नहीं रही, उसका मन सचमुच ही अपने पुत्र की मोहिनी पर लुब्ध हो रहा था। वह अपने ही इस पुत्र को समझ नहीं पाती : जिसके कृत्यों से वह रुष्ट रहती है, उसी पर वह इतनी मुग्ध कैसे हो सकती है?···

''लगता है, आज तू सचमुच भूखा है।'' उसने स्वयं को सँभाला, ''जा, स्नान कर ले। थोड़ा भात है। शाक भी है। खा ले।''

''तुम लोग खा चुके हो क्या?'' नरेंद्र ने पूछा।

भुवनेश्वरी तत्काल सतर्क हो गई : उसका यह पुत्र, घर में किसी के भूखे रहते कभी अन्न का दाना भी मुख में नहीं डालेगा।···अब तो उतने बुरे दिन नहीं रहे, नहीं तो अन्न-संकट का तनिक-सा आभास पाते ही यह बहाना कर घर से निकल जाता था, 'मेरा निमंत्रण है।'···

''बच्चे खा चुके हैं।'' भुवनेश्वरी बोली, ''मैं तुझे खिलाकर खाऊँगी।''

''तुम्हारे हाथ का बना भोजन बहुत याद आता है माँ!'' नरेंद्र उठता हुआ बोला।

''तो फिर जान-बूझकर स्वयं को उससे वंचित क्यों करता है रे?'' भुवनेश्वरी का स्वर कुछ विह्वल हो चला था, ''क्यों इतने-इतने दिन बाहर रहता है? क्यों समय-असमय इधर-उधर मारा-मारा फिरता है?''

''क्योंकि मैं स्वार्थी नहीं होना चाहता माँ!'' नरेंद्र पूर्ण आश्वस्त स्वर में बोला, ''मैं अपनी पसंद के भोजन के लोभ में रुग्ण गुरु की सेवा से मुँह तो नहीं चुरा सकता न।''

भुवनेश्वरी को लगा कि उसका मन एक बार फिर से तपने लगा था, 'गुरु की सेवा—उस गुरु की सेवा, जिसने इसका घर नहीं बसने दिया। अपने परिवार से उसको इस प्रकार तोड़ लिया कि वह समाज में रहने योग्य ही न रहे। जन्म दिया भुवनेश्वरी ने, पालन-पोषण किया भुवनेश्वरी ने···और हो गया वह गुरु का···'

भुवनेश्वरी ने अपने मन को साधा···कहीं उसके मुख से कोई कठोर बात ही न निकल जाए। चार दिनों के पश्चात् वह घर आया है, कहीं ऐसा न हो कि वह बिना कुछ खाए-पिए फिर घर से चला जाए।

''अच्छा! जा, स्नान करके आ। मैं थाली परोसती हूँ,'' भुवनेश्वरी शून्य में देखती हुई बोली, ''तू खा ले, तो फिर मैं भी खाकर रसोई समेटूँ।''

नरेंद्र नहाकर आया। थोड़ी देर तक उसने मन-ही-मन कुछ जाप किया और रसोई में आ बैठा।

भुवनेश्वरी ने थाली उसके सामने रख दी।

''महेंद्र! तेरी पढ़ाई ठीक चल रही है?'' नरेंद्र ने पूछा, ''कोई कठिनाई तो नहीं है?''

महेंद्र ने कोई स्पष्ट उत्तर नहीं दिया···बस, मुँह ही मुँह में कुछ गुनगुनाता रह गया।···

भुवनेश्वरी की बड़ी तीव्र इच्छा हुई कि उसे डाँट दे···महेंद्र की पढ़ाई के विषय में पूछ रहा है और अपनी पढ़ाई की बात नहीं सोचता, जिसके परिणाम पर एक प्रकार से सारे परिवार की अपेक्षाएँ टिकी हैं।···किंतु नरेंद्र अभी भोजन कर रहा था, ऐसे में कोई भी कटु बात उसे नहीं कहनी चाहिए थी···

"भूपेंद्र कहाँ हैं?"

"पड़ोस में कहीं खेल रहा होगा।"

नरेंद्र चुप हो गया।

"तू क्या करता रहता है वहाँ काशीपुर में?" भुवनेश्वरी के मन में वास्तविक जिज्ञासा कम और बात चलाए रखने की इच्छा अधिक थी।

"कुछ गुरु की सेवा करता हूँ, कुछ उनसे ज्ञान पाता हूँ और कुछ तपस्या करता हूँ।" नरेंद्र बोला।

"तू अकेला ही सब कुछ करता है?"

"नहीं, माँ! मेरे और भी गुरुभाई हैं। हम सब मिलकर ही करते हैं।"

"तेरे समान वे लड़के भी इतने-इतने दिन घर से बाहर रहते हैं?"

"उसके बिना दूसरा उपाय क्या है?"

"उनके माता-पिता उन्हें मना नहीं करते? माता-पिता को पीड़ित-करते हुए उन लड़कों को संकोच नहीं होता?"

नरेंद्र पहले तो मुस्कराया कि माँ कैसे प्रकारांतर से उसे उपालंभ दे रही हैं, किंतु फिर गंभीर हो गया, "किसी भी बड़े लक्ष्य को पाने के लिए ये छोटे-छोटे मोह तो छोड़ने ही पड़ते हैं माँ! मूल्य के बिना जब कोई साधारण-सा पदार्थ भी नहीं मिलता, तो बिना बड़ा मूल्य चुकाए कोई महान् लक्ष्य कैसे प्राप्त किया जा सकता है?"

भुवनेश्वरी जानती थी कि तर्क में अब वह नरेंद्र से जीत नहीं सकती। वह केवल अपने स्वार्थ की दुहाई दे सकती है, किंतु स्वार्थ को गौरवान्वित करने का दुस्साहस तो वह कभी नहीं कर सकती···

"तेरे साधु गुरु का स्वास्थ्य अब कैसा है?" भुवनेश्वरी ने असहायता से उपजे अपने क्षोभ के दमन का प्रयत्न किया।

"ठीक नहीं है।" नरेंद्र धीरे से बोला, "डॉक्टरों ने कह दिया है कि उन्हें गले में कैंसर है, और कैंसर की कोई औषधि अभी आविष्कृत नहीं हुई है।"

"तो फिर तुम लोग वहाँ क्या कर रहे हो?"

"ठाकुर की सेवा।"

भुवनेश्वरी स्वयं को और नहीं रोक सकी। बोली, "तुम्हारे ठाकुर बहुत अस्वस्थ हैं, इसलिए तुम लोग उनकी सेवा कर रहे हो। ठीक ही है। अकेले ठाकुर की सेवा के लिए इतने लोग लगे हैं। पर यहाँ तुम्हारी एक माँ भी है, जिसकी सेवा करने वाला कोई नहीं है, दो छोटे भाई भी हैं, जिनका पालन-पोषण करना है। उनके विषय में भी कभी कुछ सोचा है?"

माँ के क्षोभ को नरेंद्र समझता था। वह तो इसकी अपेक्षा कर ही रहा था। आश्चर्य तो इस बात का था कि माँ ने अब तक इस प्रकार की कोई बात कही क्यों नहीं।

"इस विषय में सोचता ही रहता हूँ माँ!" नरेंद्र सहज और शांत स्वर में बोला, "मैं यह कैसे भूल सकता हूँ कि अब तो यह मात्र मेरा ही दायित्व है।···"

नरेंद्र आगे कुछ नहीं बोला। कहना क्या था। यह सब तो अब उसका दैनंदिन जीवन ही था। वह यह चिंता छोड़ नहीं सकता।···वह जानता है कि उसका जीवन सामान्य जन के समान आजीविका कमाने, विवाह करने, संतान को जन्म देने और उनका पालन-पोषण करने के लिए नहीं

है।···किंतु अपनी माँ तथा भाइयों के जीवनयापन के लिए उचित व्यवस्था किए बिना, वह संसार त्याग भी तो नहीं सकता। उसकी यह चिंता ही तो थी जो कभी-कभी ठाकुर को कटाक्ष करने के लिए उकसाती थी और अन्य लोगों को हँसने का अवसर देती थी···

उस दिन ठाकुर ने उसे ही लक्ष्य कर तो कहा था, ''तीव्र वैराग्य होने पर हिसाब-किताब नहीं रहता। व्यक्ति यह नहीं सोचता कि घर का कुल प्रबंध करके तब साधना करूँगा···।'' ठाकुर हँसे थे, ''गोसाईं ने लैक्चर दिया था। उसने कहा था, 'दस हजार रुपए हों तो इतने से भोजन-वस्त्र का प्रबंध आनंद से हो सकता है और तब निश्चिंत होकर ईश्वर का चिंतन हो सकता है।' केशव ने भी ऐसा ही इशारा किया था। उसने पूछा था, 'महाराज! कोई कुछ पूँजी जोड़कर ईश्वर की उपासना करे, यह संभव है या नहीं? और इससे क्या किसी प्रकार का पाप-स्पर्श हो सकता है क्या?'···मैंने कहा, 'तीव्र वैराग्य होने पर यह संसार कुआँ और आत्मीय जन साँप की तरह जान पड़ते हैं। तब—'रुपए इकट्ठे करूँगा', 'विषय संचय करूँगा'—यह हिसाब नहीं रह जाता। ईश्वर ही वस्तु है और सब अवस्तु। ईश्वर को छोड़कर विषय की चिंता?' ''···ठाकुर इतना कहकर ही नहीं रुके थे, उन्होंने एक कहानी सुनानी आरंभ कर दी थी, ''एक स्त्री के पति का देहांत हो गया। उसे समाचार मिला तो उसने पूरी सावधानी से नाक से अपनी नथ उतार, कपड़े में लपेटकर बाँध ली, और तब चीत्कार कर रोई, 'अरी मेरी मैया! यह क्या हुआ?' वह चीत्कार कर रोई ही नहीं, पछाड़ खाकर गिर भी पड़ी, परंतु वह भी इस सावधानी से कि कहीं कपड़े में बँधी हुई नथ टूट न जाए।''···

नरेंद्र सब कुछ सुन ही नहीं रहा था, समझ भी रहा था। ठाकुर के व्यंग्य का लक्ष्य वह ही था। वह भी उसी स्त्री के समान नथ बचाकर ईश्वर से बिछुड़ने का विलाप कर रहा था। उस स्त्री को अपना पति नथ से अधिक प्रिय होता, तो पति को खोकर उसे नथ का ध्यान भी रहता?···ईश्वर से वास्तविक प्रेम होता, तो नरेंद्र को ध्यान भी रहता कि ईश्वर के अतिरिक्त भी उसका कोई अपना है? जिन माँ और भाइयों की चिंता के कारण उसे अपने ठाकुर से यह सब सुनना पड़ा था, वे ही माँ कह रही हैं कि उसे उनकी चिंता नहीं है···शायद माँ ने कभी सोचा भी नहीं होगा कि अजाने ही वे ठाकुर की विरोधिनी हो गई हैं। विचित्र स्थिति थी नरेंद्र की। उसके अपने लोग ही परस्पर विरोधी होकर उसके लिए कष्ट का कारण बन रहे थे। वे उससे स्नेह जता रहे थे, उस पर अपना अधिकार जता रहे थे, किंतु यह नहीं जानते थे कि ठीक उनके विरोध में भी कोई अपने उतने ही उचित और धर्मसंगत अधिकार की माँग कर रहा है।···माँ को लगता है, उससे उसके पुत्र को ठाकुर छीन रहे हैं और ठाकुर को लगता होगा कि उनके शिष्य पर माँ अनधिकृत रूप से अपना दावा पेश कर रही हैं···नरेंद्र को माँ और अपने भाइयों के प्रति अपने दायित्व का निर्वाह करना है···उनका अधिकार उस पर है। वह उनके जीवन-निर्वाह की व्यवस्था किए बिना संसार नहीं छोड़ सकता···किंतु यह उसका कर्तव्य मात्र है, उसका दायित्व। उसका मन तो ठाकुर के पास है। वह ईश्वर-लाभ के लिए तड़प रहा है। उस राह पर तो ठाकुर ही ले जाएँगे। धर्म की शिक्षा माँ ने भी उसे दी है, किंतु इसलिए कि संसार के चौखटे के भीतर वह धर्मपूर्वक जीवन व्यतीत करे। वह सांसारिकता के चौखटे को ही लाँघ जाए—यह वे कभी पसंद नहीं करेंगी।···शायद उन्होंने यह तो कभी सोचा ही नहीं कि संसार में रहकर केवल ऐश्वर्य मिल सकता है, ईश्वर नहीं···वे उसे ठाकुर से नहीं छीन रहीं, वे नरेंद्र से उसका ईश्वर ही छीन रही हैं···

उस दिन ठाकुर की बातें सुनकर वह अपना आहत मन लिए, एक ओर लेट गया था। ठाकुर

की इन बातों का कोई उत्तर नहीं था उसके पास। अपनी असहाय माँ और अक्षम भाइयों के प्रति वह इतना निर्मम नहीं हो सकता था कि उनकी कोई व्यवस्था किए बिना ईश्वर की ओर बढ़ जाए।...ठाकुर उसकी बात क्यों नहीं समझते!...

मास्टर मोशाय महेंद्र गुप्त भी हँसा था उस दिन नरेंद्र पर। कोई भी हँस सकता था...उसकी स्थिति ही कुछ ऐसी हास्यास्पद हो गई थी, दो नावों पर सवार व्यक्ति जैसी।...

"लेट क्यों रहे हो?" महेंद्र गुप्त ने उससे पूछा था।

ठाकुर ने चाहे स्वयं उस पर कटाक्ष किया था, किंतु वे महेंद्र गुप्त का उस पर हँसना सहन नहीं कर पाए। बोले, "मुझे उस स्त्री की याद आती है, जो अपने बहनोई के साथ रहने में लाज के कारण मरी जाती थी। उसे यह समझ में ही नहीं आता था कि जब उसे इतनी लज्जा आती है तो पर-पुरुषों के साथ रहने वाली स्त्रियों को लज्जा क्यों नहीं आती। वह मानती थी कि बहनोई तो आखिर अपने ही घर का आदमी है, फिर भी वह लज्जा से मरी जाती है।...तो इन स्त्रियों का दुस्साहस तो देखो कि पर-पुरुषों के साथ रहती हैं।"

ठाकुर का कटाक्ष स्पष्ट था : उसकी सांसारिक चिंताओं पर हँसते हुए महेंद्र गुप्त यह भूल गया था कि वह स्वयं गृहस्थ है। नरेंद्र तो फिर अपनी माता और भाइयों के लिए चिंतित था—महेंद्र गुप्त की तो अपनी गृहस्थी थी। अपने बहनोई के साथ रहकर चरित्र-भ्रष्ट हुई स्त्री स्वयं को लज्जाशीला समझ रही थी और अन्य स्त्रियों को निर्लज्ज...

नरेंद्र का मन व्यथित हो गया। जिनकी चिंता के कारण ठाकुर ने उस पर कटाक्ष किया था, वे ही माँ उससे रुष्ट थीं...नरेंद्र को सहसा योगीन का स्मरण हो आया। उसने भी तो माँ की इच्छापूर्ति के लिए ही विवाह किया था और उसके पश्चात् उसकी माँ ने ही उससे वज्र-प्रहार-सा प्रश्न पूछा था, 'कमाना-धमाना नहीं था तो फिर विवाह ही क्यों किया?'...क्या माता-पिता का प्रेम सदा उनके स्वार्थ से ही प्रेरित होता है? क्या वे अपनी भावनाओं और आवश्यकताओं से ऊपर उठकर अपनी संतान का भला कभी नहीं सोच सकते?...ठाकुर के व्यवहार में तो उनका स्वार्थ नहीं होता। ईश्वर से तनिक-सा भी विरत होने पर वे तत्काल सचेत हो जाते हैं और सावधान करने लगते हैं। अन्य किसी बात की उन्हें चिंता नहीं है।...जैसा प्रेम ठाकुर करते हैं, वैसा कोई नहीं करता...

सहसा नरेंद्र सँभल गया...किधर जा रहा है वह? अपनी सुरक्षा के लिए स्वयं को गौरवान्वित करने के लिए, वह अपनी माता के व्यवहार में त्रुटियाँ ढूँढ़ने लगा है। माँ ने ऐसा क्या कह दिया, जिससे वे उसे स्वार्थी दिखने लगीं। कोई भी माता इतनी अपेक्षा तो करेगी ही।...और फिर वह माँ की अपेक्षाओं की ओर क्यों देख रहा है? अपने दायित्वों की ओर क्यों नहीं देखता? माँ अपेक्षा करें, न करें, उसे तो अपना दायित्व पूरा करना ही है।...

"मुझे घर का ध्यान रहता है माँ!" वह धीरे से बोला, "मैं..."

किंतु भुवनेश्वरी ने उसकी पूरी बात नहीं सुनी। बोली, "कैसे ध्यान रहता है तुझे घर का?...हैं? चार-चार दिन घर से अनुपस्थित रहकर आवारागर्दी करके? सिर पर आ पहुँची है कानून की परीक्षा। उसकी उपेक्षा करके? तू घर बैठकर चैन से पढ़ेगा नहीं, तो परीक्षा की तैयारी कैसे होगी? परीक्षा कैसे देगा? डिग्री कैसे लेगा? कचहरी में क्या कोई तुझे बिना डिग्री के ही वकालत करने देगा?"

माँ के आक्रोश ने भी नरेंद्र को उत्तेजित नहीं किया। वह पहले के ही समान शांत और सहज बना रहा, "माँ! यह ठीक है कि मैं नियमित रूप से घर पर नहीं रहता हूँ, किंतु इससे यह कैसे सिद्ध हो गया कि मैं पढ़ाई नहीं कर रहा हूँ?"

''घर पर रहता ही नहीं तो पढ़ेगा कैसे?'' भुवनेश्वरी अपने उसी प्रवाह में बोली।

''पढ़ाई क्या घर पर ही होती है?''

''और कहाँ होती है?''

नरेंद्र मुस्कराया, ''तब तो माँ! टोल में, गुरुकुल में, विद्यालय में, कॉलेज में, पुस्तकालय में—कहीं भी पढ़ाई नहीं हो सकती।''

भुवनेश्वरी समझ गई कि नरेंद्र उसे अपनी बातों में घेर रहा है, और यदि वह तनिक भी असावधान हुई तो वह उसकी बातों में ऐसी बँधेगी कि अपनी एक भी बात नहीं कह पाएगी।···अपने उस आवेश में भी, उसकी दृष्टि यह देखने से नहीं चूकी कि उसका बिलेह अब अपने शैशव के दिनों के समान क्रोध तो करता ही नहीं है, वह तो अपने ऊपर लगाए गए आरोपों को सुनकर उत्तेजित भी नहीं होता। सारा कुछ सुनकर भी कैसे शांत मन से मुस्कराता हुआ, अपनी लीक पर चलता रहता है।···तो क्या बिलेह ने क्रोध को सर्वथा जीत लिया है कि वह तनिक भी उत्तेजित नहीं होता?···

''वे सब पढ़ने के स्थान हैं।'' वह स्वयं को सँभालकर बोली, ''इतनी मूर्ख नहीं हूँ कि इतना भी न समझ सकूँ।''

''तुम मूर्ख नहीं हो माँ!'' नरेंद्र हँसा, ''पर तुम ठाकुर को नहीं जानतीं। उनके रोम-रोम में ज्ञान का ब्रह्मांड छिपा है। संसार का कोई बड़े-से-बड़ा विश्वविद्यालय सहस्रों जन्मों में भी उतना ज्ञान नहीं दे सकता, जितना ठाकुर अपनी रोग-शय्या से सहज ही बातों-बातों में दे डालते हैं। उनसे दूर रहना तो देवी सरस्वती से शत्रुता मोल लेना है।''

भुवनेश्वरी जानती थी कि नरेंद्र झूठ नहीं बोल रहा, किंतु उसका मन निरंतर चीत्कार कर रहा था कि ठाकुर का ज्ञान कितना ही अमूल्य क्यों न हो, वह उसके लिए घातक है, जैसे कभी-कभी किन्हीं परिस्थितियों में सत्य घातक तथा विषाक्त लगने लगता है। अपनी खीझ को प्रकट करती हुई बोली, ''हाँ, तेरे ठाकुर तो विलायत से लौटे बैरिस्टर हैं, जिनसे तू कानून पढ़कर कचहरी में मुकदमे लड़ेगा।''

''ठाकुर सांसारिक ज्ञान नहीं देते।'' नरेंद्र बोला, किंतु तत्काल ही सँभल गया। वह माँ का ही समर्थन कर रहा था। वे भी तो यही कह रही थीं। ऐसे में तो उसे घर पर रहकर ही पढ़ना चाहिए।···''पर माँ! मैं तो कानून की पुस्तकें अपने साथ ले गया हूँ। वहाँ भी कानून की पढ़ाई करता रहता हूँ।''

''पढ़ाई करता रहता है तो गुरु की सेवा कब करता है?'' भुवनेश्वरी का विरोध अत्यंत स्पष्ट तथा प्रखर था—''और यदि उनकी सेवा नहीं करता, तो वहाँ पड़ा क्यों रहता है, घर आकर ढंग से क्यों नहीं पढ़ता-लिखता?''

नरेंद्र ने तत्काल कोई उत्तर नहीं दिया, किंतु उसके मन में जैसे बहुत कुछ घूम गया···उस दिन वह नीचे के कमरे में अपनी कानून की पुस्तकें लिए बैठा था। अध्ययन में शायद वह कुछ अधिक ही रम गया था। कितना समय निकल गया, उसे पता ही नहीं चला।···और तब उसके मित्रों ने उसके साथ ठिठोली की थी, 'नरेन! यदि तुम्हें ठाकुर की सेवा के लिए पुस्तकों से अवकाश ही नहीं मिलता तो तुम घर जाकर ही क्यों नहीं पढ़ते?'···नरेंद्र जानता था कि यह मित्रों की ठिठोली ही थी। पुस्तकें अथवा पढ़ाई तो क्या···उसके लिए संसार में कुछ भी ठाकुर की अपेक्षा अधिक महत्त्वपूर्ण नहीं हो सकता।···किंतु पता नहीं, ठाकुर ने यह क्यों कहा था कि यदि नरेंद्र वकील बन

जाएगा, तो वे उसके हाथ का पानी भी नहीं पी सकेंगे···। क्या इसलिए कि नरेंद्र को उसके लिए समय नहीं मिल पाएगा, या इसलिए कि ठाकुर की दृष्टि में उसकी सात्त्विकता और शुद्धता नष्ट हो जाएगी?···नरेंद्र को मालूम था कि जिन कुछ व्यवसायों की कमाई को ठाकुर धर्म की सात्त्विक कमाई नहीं मानते थे, उनमें से एक वकील का व्यवसाय भी था। वकील की कमाई सात्त्विक हो भी कैसे सकती थी···चोरों, डाकुओं और हत्यारों को कानून के दंड से बचाकर, कमाया गया पैसा शुद्ध हो भी कैसे सकता था?···

"माँ! मैं वहाँ रहता हूँ ताकि गुरु की सेवा कर सकूँ। उस सेवा का प्रबंध कर सकूँ। गुरु के निकट रह सकूँ, उनकी इच्छा होते ही उनके सम्मुख उपस्थित हो सकूँ। जब वे कुछ सिखाना चाहें, तो उसे सीख सकूँ। व्यवस्था और संगठन के लिए भी मेरा वहाँ रहना बहुत आवश्यक है माँ!" नरेंद्र बोला, "और फिर तपस्या भी तो उनके निकट रहकर ही कर सकता हूँ।"

"जानती हूँ वह सब मैं।" भुवनेश्वरी का स्वर अब भी प्रखर था, "पर एक तपस्या माँ की सेवा और भाइयों का पालन-पोषण भी है। तपस्या श्रवणकुमार ने भी की थी।···"

माँ की बात में सच्चाई थी। तपस्या तो श्रवणकुमार ने भी की ही थी···किंतु माँ का लक्ष्य उसे तपस्या के लिए प्रेरित करना था, अथवा मात्र ठाकुर से दूर करना?···निश्चय ही वे उसे ठाकुर से विलग करना चाहती थीं···किंतु वह माँ से वाद-विवाद करने नहीं आया था। माँ को उनकी भूल दर्शाना उसका लक्ष्य नहीं था। उसे तो माँ की पीड़ा को समझना था और भरसक उसे दूर करना था···

"तुम क्या चाहती हो माँ?"

"अपनी पुस्तकें ले। नानी के घर जा। 'तंग' में बैठकर एकाग्र होकर कानून की पढ़ाई कर। परीक्षा में अच्छे अंक लेकर उत्तीर्ण हो। वकील बनकर धर्नाजन कर तथा माँ और भाइयों का पालन कर।"

नरेंद्र ने देखा कि माँ अपने चिंतन में पूर्णतः स्पष्ट थीं। वे जानती थीं कि उन्हें क्या चाहिए।···किंतु वे यह समझ ही नहीं पा रही थीं कि वे अपने पुत्र से क्या छीन रही हैं और नरेन के लिए यह दंड कितना कठोर और यातनापूर्ण है।···

"अच्छा, तुम भोजन करो। मैं 'तंग' में बैठकर तुम्हारी आज्ञानुसार अध्ययन करूँगा।" उसने अपने दोनों हाथ माँ के कंधों पर रख दिए, "तुम जानती हो माँ! तुम्हारी इच्छा मेरे लिए क्या अर्थ रखती है।"

"जानती हूँ।" भुवनेश्वरी बोली, "यह भी जानती हूँ कि तेरा सुख मेरे लिए कितना महत्त्वपूर्ण है।" भुवनेश्वरी क्षण-भर के लिए रुकी, "पर यह भी सोचती हूँ कि तूने मेरे गर्भ से जन्म लेकर मुझे जितना सुख दिया है, कहीं तू अपनी तपस्या से मुझे उतना ही दुःख भी तो नहीं देने वाला?"

नरेंद्र क्षण-भर मौन खड़ा रहा, फिर उसने दृष्टि भरकर माँ को देखा, "मैं तुम्हें दुःख नहीं दूँगा माँ! पर यह भी सत्य है कि मैंने तुम्हें कभी कोई सुख भी नहीं दिया है।"

भुवनेश्वरी ने कुछ चकित होकर उसकी ओर देखा, "यह तू क्या कह रहा है रे?"

"माँ! तुम्हें सुखी किया है मेरे प्रति तुम्हारे मोह ने!" नरेंद्र बोला, "और जहाँ मोह होगा, वहाँ दुःख भी आएगा। अपने मोह को प्रेम में बदल लो माँ! मैं ही क्या, तुम्हें कोई भी दुःख नहीं दे पाएगा।"

भुवनेश्वरी की आँखें कुछ और खुल गईं, जैसे किसी अनपेक्षित विराटता को देखकर स्तब्ध

रह गई हो और फिर बोली, ''ईश्वर की माया भी यदि मोह में नहीं डालेगी तो यह लीला कैसे चलेगी। अब अपना कपट छोड़। ऋषियों की बोली मत बोल। मेरा पुत्र ही बना रह और जो कह रही हूँ, वही कर।''

''क्या कहती हो माँ?''

''मेरे आदेश से तपस्या कर।'' भुवनेश्वरी ने कहा, ''तपस्या वह नहीं होती, जो अपने मन के अनुकूल हो। वह प्रेय होता है। तपस्या में शरीर भी तपता है और मन भी। आवारागर्दी छोड़। जा, जाकर 'तंग' में बैठ और कानून की पढ़ाई कर।''

माँ के इस अनपेक्षित नवीन रूप को देखकर नरेंद्र भी जैसे विस्मित खड़ा रह गया। फिर मुस्कराकर बोला, ''यह तो कोई ऐसी तपस्या नहीं है माँ! पढ़ाई तो मैं कर ही रहा हूँ। तुमने मात्र स्थान बदल दिया है, ताकि वातावरण मेरे अनुकूल न रहे और मैं स्वयं को शापित-सा अनुभव करूँ।''

''तू शापित नहीं है, पर जा, शापित-सा अनुभव कर।'' भुवनेश्वरी के स्वर में स्नेह भी था और आवेश भी, ''अब बातें मत बना। पुस्तकें उठा और जा, ताकि मैं भोजन कर सकूँ।''

नरेंद्र ने एक शब्द भी नहीं कहा, उसने पुस्तकें उठाईं और रामतनु गली में नानी के घर की ओर चल पड़ा।

...उसने माँ से ठीक ही कहा था कि माँ ने उसे, उसकी इच्छा के विरुद्ध कोई कार्य करने को नहीं कहा था। पढ़ना उसे बहुत प्रिय था। ठाकुर ने कई बार संकेत किया था कि यह कानून इत्यादि की पढ़ाई सांसारिक विद्या थी। नरेंद्र ठाकुर से असहमत नहीं था। वे ठीक ही कहते थे, किंतु यदि नरेंद्र इस पढ़ाई को धर्मशास्त्र के अध्ययन से जोड़ देता था तो जैसे ऋषि-वाणी से इसकी तुलना करते चलने का आनंद था। ऋषियों ने भी तो सामाजिक नियमन के लिए चिंतन किया था। ये कानून भी समाज की व्यवस्था के लिए ही बनाए गए थे।...पर एक अंतर था, धर्मशास्त्र का निर्माण ऋषियों ने अपने स्वतंत्र चिंतन से किया था। वे लोग समाज के सुख के लिए, सामाजिक नियमन कर रहे थे...किंतु अब जिन कानूनों की पढ़ाई नरेंद्र कर रहा था, वह ऋषियों का स्वतंत्र चिंतन नहीं था, वह शासन का तंत्र था। वह समाज-हित के लिए नियमन नहीं था, वह शासन द्वारा शासितों के नियंत्रण का प्रयत्न था। इसमें लोक-हित से कहीं अधिक राजा का स्वार्थ था।...

नानी ने नरेंद्र का प्रसन्न मन से स्वागत किया। उनकी तो जैसे कोई मनोकामना ही पूरी हो आई थी। बहुत आग्रह से नरेंद्र को बैठाया और पूछा कि वह कुछ खाएगा?

नरेंद्र हँसा, ''नहीं, नानी माँ! कुछ नहीं खाऊँगा। माँ के पास गया था। ढेर सारा भात भी खाया और माँ की डाँट भी। पेट भरा हुआ है। सरकार के कानून से कोई भाग जाए तो भाग जाए, किंतु माँ के कानून से कोई नहीं भाग सकता।''

''माँ का कोई कानून नहीं होता रे बिलेह!'' नानी हँसी, ''माँ का तो बस प्रेम का बंधन होता है।''

''हाँ, नानी माँ! मैं भूल गया था कि तुम मेरी माँ की भी माँ हो।'' नरेंद्र हँसकर बोला, ''अब उसी प्रेम के बंधन में बँधा, स्वयं को 'तंग' में बंदी करने जा रहा हूँ। कोतवाल पूछे, तो उसे बता देना।''

''धत् पगला! माँ को कोई कोतवाल कहता है!''

नानी ने ऐसे हाथ उठाया, जैसे सचमुच ही उसे पीट देंगी, किंतु वे अपने स्थान से हिलीं भी नहीं।

नरेंद्र हँसता हुआ अपनी पुस्तकों के साथ 'तंग' में चला गया।

उसने पुस्तक खोल ली, किंतु उस पर दृष्टि गड़ाने से पहले ही उसका मन चिंतन की पिछली लीक पर चल पड़ा···सचमुच ही ऋषि-चिंतन और किसी शासक के दंड-विधान में बहुत अंतर होता है, और यह अंतर तब और भी बढ़ जाता है, जब वह शासक उस दंड-विधान की रचना किसी अन्य देश पर अपना आधिपत्य जमाए रखने तथा वहाँ के निवासियों की दासता को चिर-स्थायी बनाए रखने के लिए कर रहा हो।···तब वह ऋषि-चिंतन कैसे हो सकता है? वह तो स्वार्थ है···स्वार्थ-चिंतन भी क्यों,···वह तो षड्यंत्र-रचना है। मकड़े के समान जाला बुनना है, ताकि उसमें निरीह कीट-पतंग आकर फँस जाएँ और उनका भक्षण किया जा सके···उसका अध्ययन समाज-हित की ओर कैसे प्रेरित कर सकता है? वह व्यक्ति के मन को उदात्त धरातलों की ओर कैसे संचारित कर सकता है?···और नरेंद्र तो मात्र उसका अध्ययन ही नहीं कर रहा, उसके माध्यम से अपनी आजीविका अर्जित करने की भी सोच रहा था। वह उससे अर्जित धन से अपनी माँ और भाइयों के पालन-पोषण की व्यवस्था भी करना चाहता था···लोग अपराध करेंगे और उसकी शरण में आएँगे। उसे बताएँगे कि उन्होंने चोरी, डकैती, हत्या अथवा बलात्कार किया है।···वह उनसे धन पाने के लोभ में उन्हें दंड से बचाने के लिए अपनी बुद्धि और कानूनी ज्ञान का प्रयोग करेगा। उन्हें दंड से बचाएगा और उनसे धन पाएगा। वह अत्याचारियों का सहायक ही नहीं उनका रक्षक भी होगा। यह जानते हुए कि हत्यारा कौन है, वह उसकी सहायता नहीं करेगा, जिसके परिजन की हत्या हुई है—क्योंकि उसके पास वकील मोशाय को देने के लिए धन नहीं होगा।···धर्मशास्त्र यह तो नहीं कहता···

वह धन तो कमाएगा, किंतु किन लोगों में रहकर? किनकी सहायता करके?···फिर घर में समृद्धि आने पर पुनः उसके विवाह की चर्चा चलेगी। पुनः संबंध के लिए प्रस्ताव आएँगे। पत्नी आएगी, दहेज आएगा, संतान होगी, उनका पालन-पोषण होगा···तब कोई उसे पाप के उस धन को त्यागने देगा? आज तो माँ और भाई हैं, कल पत्नी और बच्चे होंगे। आज वह दायित्व से मुक्त नहीं हो पा रहा, तो कल हो पाएगा?···शायद कभी नहीं हो पाएगा।···तब उसके जीवन में गुरु के लिए कौन-सा स्थान होगा? ईश्वर-दर्शन का क्या होगा? कहाँ रहेगी भक्ति? कहाँ रहेंगे विवेक और वैराग्य?···

यह कैसा तंत्र रच दिया माँ ने? वह तो अपनी ममता का जाल फैलाकर उसे ठाकुर से सदा के लिए दूर कर देंगी।···नरेंद्र की आँखों में अश्रु आ गए, "न माँ! तपस्या के नाम पर ऐसा दंड मत दो।···"

और सहसा उसे लगा कि उसके चारों ओर अंधकार ही अंधकार है। पवन भी जैसे सघन ही नहीं हुआ, जमकर ठोस हो गया है। उसे साँस लेने में कठिनाई ही नहीं हो रही थी, श्वास ही रुद्ध हो गया था। उसका सारा शरीर पसीने में भीग गया था। उसके हृदय की गति जैसे मंद पड़ती जा रही थी···यह उसे क्या हो रहा था?···

और तब वह समझा कि यह उसका वर्तमान नहीं, भविष्य था जिससे उसे घुटन हुई थी। यदि उसके जीवन में से ठाकुर निकल गए···तो क्या रह जाएगा उसका जीवन! किसी के जीवन में से सारा प्रकाश छिन जाए, सारा स्नेह छिन जाए···तो ऐसा ही हो जाएगा उसका जीवन।···ऐसे भयंकर जीवन को लेकर क्या करेगा नरेंद्र? इस तामसिक जीवन को···तामसिक जीवन क्यों, यह तो स्वयं साक्षात् तमस ही है···नरेंद्र के मन में जैसे एक भय अंकुरित हुआ···और उस अंकुर ने

तत्काल एक विराट् रूप धारण कर उसके संपूर्ण व्यक्तित्व को ग्रस लिया···ऐसा जीवन उसे नहीं चाहिए···

नरेंद्र झपटकर उठ खड़ा हुआ और खुली हवा में साँस लेने के लिए बाहर भागा, किंतु बाहर पहुँचकर उसके पग रुके नहीं। वह भागता ही चला गया। वह न तो यह जानता था कि वह क्यों भाग रहा है और न ही यह जानता था कि वह कहाँ पहुँचने के लिए भागा जा रहा है।···उसे लग रहा था कि उसने कोई बहुत ही भयानक दृश्य देखा है और वह उससे बहुत दूर चला जाना चाहता था, जहाँ उस दृश्य की स्मृति भी उसके मन में न रहे।···

भागते-भागते नरेंद्र हाँफने लगा था। उसका शरीर अब श्रम के स्वेद से भीग रहा था। टाँगें भी अब रुककर कुछ विश्राम करना चाहती थीं···किंतु उसका मन जैसे थमने के विचार से ही भयभीत हो जाता था और उसके पगों की गति बढ़ जाती थी···

सहसा उसे लगा कि उसकी क्षमता की भी सीमा है···अब शायद उसे थमना ही पड़े।···पर वह है कहाँ? उसने दृष्टि उठाकर देखा···वह काशीपुर में प्रवेश कर चुका था···

संध्या के चार बज रहे थे। ठाकुर उद्यान-भवन की ऊपर वाली मंजिल के कमरे में थे। दक्षिणेश्वर के काली मंदिर के राम चटर्जी उनका हालचाल पूछने आए हुए थे।

ठाकुर महेंद्र गुप्त से पूछ रहे थे, "दक्षिणेश्वर में इस समय ठंड बहुत ज्यादा है क्या?"

नरेंद्र ने उनके कमरे में प्रवेश किया और आकर चुपचाप बैठ गया।

ठाकुर ने देखा, नरेंद्र बहुत स्वस्थ मनःस्थिति में नहीं था। उसकी विचलित मनःस्थिति अत्यंत मुखर थी। ठाकुर से तो क्या छिपती! उसकी आँखें बिन पूछे ही बता रही थीं कि नरेंद्र रोया है।···

ठाकुर के मन में नरेंद्र के प्रति करुणा नहीं जागी। उन्हें एक प्रकार के उल्लास का अनुभव हुआ। नरेंद्र घर जाकर भी रोता हुआ उनके पास लौट आया था। वह ठीक ही दिशा में चल रहा था···

"नरेंद्र घर से यहाँ तक, रास्ते-भर रोता हुआ आया है।" उन्होंने बहुत धीरे से महेंद्र गुप्त से कहा।

नरेंद्र ने ठाकुर के शब्द चाहे नहीं सुने थे, किंतु वह उनकी बात समझ गया था। उसे तनिक भी संकोच नहीं हुआ। ठाकुर से कुछ भी छिप नहीं सकता था, और छिपाने का अर्थ ही क्या था। उसकी तो इच्छा हो रही थी कि अपना वक्ष चीरकर ठाकुर को अपने हृदय की यातना दिखा दे। अच्छा ही हुआ, ठाकुर ने स्वयं ही सब कुछ जान लिया है।

"सोच रहा हूँ, आज रात वहाँ चला जाऊँ तपस्या करने। मन कुछ तो स्थिर होगा।" नरेंद्र धीरे से बोला।

"कहाँ?" ठाकुर ने पूछा।

"दक्षिणेश्वर के बेल तल्ले में।" नरेंद्र बोला, "वहाँ रात को धूनी रमाऊँगा।"

"भूल गए!" ठाकुर मुस्कराए, "पड़ोस में मैगजिन के अधिकारी हैं। वे तुम्हें आग नहीं जलाने देंगे। उन्हें अपने बारूद में आग लग जाने का भय लगा रहता है।"

"तो?" नरेंद्र ने पूछा।

"पंचवटी बहुत अच्छा स्थान है। अनेक साधुओं ने वहाँ जप-ध्यान किया है।" ठाकुर बोले और फिर जैसे उसे चेतावनी-सी देते हुए बोले, "परंतु बहुत ठंड है वहाँ ···और बहुत अँधेरा भी।"

नरेंद्र ने कोई उत्तर नहीं दिया, जैसे ठंड और अँधेरे का ऐसा कोई महत्त्व नहीं था, जिसका

वह निषेध करता। ठाकुर ने वर्षों उसी पंचवटी में तपस्या की थी। इस समय भी वे कह रहे थे कि अनेक साधुओं ने वहाँ जप-ध्यान किया है।···वे या तो नरेंद्र को परख रहे थे कि उसमें संकल्प की दृढ़ता है या नहीं···या फिर वे उससे चुहल कर रहे थे।···किंतु नरेंद्र इस समय चुहल की मनःस्थिति में भी नहीं था।

सहसा ठाकुर ने उसकी ओर देखा, "तू पढ़ेगा नहीं?"

नरेंद्र ने कुछ चौंककर ठाकुर की ओर देखा : वे इस समय पढ़ने की चर्चा क्यों कर रहे हैं? केवल चर्चा ही नहीं कर रहे, वरन् मंद-मंद मुस्करा भी रहे हैं, जैसे उसे चिढ़ा रहे हों।···क्या वे जानते हैं कि घर पर उसे न पढ़ने के लिए डाँट पड़ी है?···नरेंद्र क्या करे?–उसकी माँ और उसके गुरु दोनों के पास उसके संबंध में सर्वथा विपरीत योजनाएँ हैं···और वह अपने प्रेम के कारण उन दोनों में से किसी एक को छोड़ना तो दूर, उनको अप्रसन्न करने की बात भी नहीं सोचता था···

फिर भी पढ़ने के प्रति उसकी वितृष्णा अभी बहुत जीवंत रूप में उसमें विद्यमान थी। बोला, "यदि कोई ऐसी दवा पा जाऊँ, जो मुझे आज तक का सारा पढ़ा-लिखा भुला दे, तो मेरे प्राण बचें।"

ठाकुर के चेहरे पर पूर्ण संतोष झलका। अपने सहज उल्लास में उन्होंने अपना हाथ अंगूरों के डब्बे की ओर बढ़ा दिया।

कालीपद घोष ठाकुर के लिए अंगूरों का डब्बा लाया था। सोचा था कि ठाकुर अस्वस्थ हैं। अंगूरों से उन्हें लाभ होगा।

ठाकुर ने अंगूरों का गुच्छा निकालकर नरेंद्र की ओर बढ़ाया, "ले, खा।"

नरेंद्र ने अभी हथेली फैलाकर उन्हें ग्रहण ही किया था कि ठाकुर ने शेष अंगूर, प्रसादी के बताशों के समान लुटा दिए। लूट मच गई। जिसने जो पाया, बीन लिया। ठाकुर ऐसे प्रसन्न थे जैसे रेत में घरौंदा बनाता हुआ कोई बच्चा, रेत को उड़ाकर, फैलाकर, बिखेरकर प्रसन्न होता है।

संध्या ढल गई। नीचे के एक कमरे में नरेंद्र अपनी व्याकुलता को दबाने का प्रयत्न करता हुआ, एक सिरे से दूसरे सिरे तक टहल रहा था।

"क्या हुआ है तुम्हें?" महेंद्र गुप्त ने आकर पूछा, "इतने व्याकुल क्यों हो?"

नरेंद्र कुछ देर मौन रहा। क्या कहे? अपने मन की स्थिति का वर्णन कैसे करे?

" 'विवेक चूड़ामणि' सुनकर मन एकदम बिगड़ैल घोड़े के समान बंधन तुड़ाने के लिए मचल उठा है। शंकराचार्य लिखते हैं, 'इन तीनों संयोगों को बड़ी ही तपस्या का फल समझना चाहिए, ये बड़े भाग्य से मिलते हैं–मनुष्यत्वं मुमुक्षुत्वं महापुरुष संश्रयः।' " नरेंद्र बोला, "मैं सोचता हूँ, मेरे लिए तीनों का संयोग हो गया है। बड़ी तपस्या का फल तो यह है कि मनुष्य-जन्म हुआ है, बड़ी तपस्या से मुक्ति की इच्छा हुई है, और सबसे बड़ी तपस्या का फल यह है कि ऐसे महापुरुष का संग प्राप्त हुआ है।"

महेंद्र गुप्त के मुख से जैसे अनायास ही निकला, "अहा!"

"संसार अब एकदम अच्छा नहीं लगता। संसार में जो लोग हैं, उनसे भी मन उखड़ गया है।" नरेंद्र बोला, "दो-एक भक्तों को छोड़कर और कुछ अच्छा नहीं लगता।"

क्षण-भर के लिए लगा कि नरेंद्र के लिए महेंद्र गुप्त की उपस्थिति जैसे कोई अर्थ नहीं रखती थी। वह तो अपने आपसे ही बातें कर रहा था। उसके भीतर तीव्र वैराग्य का उद्दाम वेग अपना

प्रचंड रूप प्रकट कर रहा था। प्राणों में ऐसी उत्कट उथल-पुथल मची थी कि मन सँभाले नहीं सँभलता था।

"आप लोगों को तो शांति मिल गई, परंतु मेरे प्राण अस्थिर हो रहे हैं।" सहसा वह महेंद्र गुप्त की ओर पलटा, "आप लोग धन्य हैं।"

महेंद्र गुप्त ने कोई उत्तर नहीं दिया। क्या कहता : नरेंद्र की व्याकुलता देखकर विचलित हो गया था।···ठाकुर बहुधा कहा करते थे कि ईश्वर के लिए व्याकुल होना चाहिए, तब उनके दर्शन होते हैं।···नरेंद्र की व्याकुलता असाधारण थी···क्या नरेंद्र भी ईश्वर-दर्शन के निकट पहुँच चुका है?

रात के नौ बजे थे। महेंद्र गुप्त सोने से पहले ठाकुर को प्रणाम करने ऊपर पहुँचा। ठाकुर के पास निरंजन और शशि बैठे हुए थे। ठाकुर आँखें बंद किए शांत लेटे थे। महेंद्र गुप्त समझ नहीं पाया कि वे सो गए हैं या मात्र आँखें ही मूँद रखी हैं।

"नरेंद्र यहाँ नहीं है?" महेंद्र गुप्त ने पूछा। वह स्वयं नहीं समझ सका कि यह उसकी वास्तविक जिज्ञासा थी अथवा बात आरंभ करने की शैली मात्र···

"वह दक्षिणेश्वर चला गया है।" शशि ने बताया।

"कितना अंधकार है।" महेंद्र गुप्त के मुख से अनायास ही निकला।

"अमावस्या है न आज।" निरंजन ने कहा।

"अकेला ही गया है?"

"नहीं, दो-एक व्यक्ति और भी गए हैं।" शशि ने बताया।

ठाकुर की आँखें हलकी-सी खुल गईं।

महेंद्र कुछ सहम-सा गया, कहीं उसके वार्तालाप से ठाकुर की नींद तो नहीं उचट गई···

"नरेंद्र की अवस्था कितने आश्चर्य की है।" ठाकुर मंद किंतु उल्लसित स्वर में बोले, "यही नरेंद्र पहले 'साकार' को नहीं मानता था।···और अब उसके प्राणों में कैसी खलबली मची हुई है।···" उन्होंने अपनी आँखें पूरी खोल दीं, "एक शिष्य ने गुरु से पूछा, 'ईश्वर कब मिलते हैं?' गुरु ने कहा, 'चल मेरे साथ। मैं बताता हूँ कि ईश्वर कब मिलते हैं।' शिष्य साथ चला। गुरु उसे एक तालाब के पास ले गए। शिष्य अपनी जिज्ञासा में, असावधान-सी मुद्रा में जाकर गुरु के निकट खड़ा हो गया। गुरु ने उसे धकेलकर पानी में गिरा ही नहीं दिया, डुबो दिया। शिष्य ने असावधानी में एक-आध डुबकी खाई और फिर सँभलकर अपना सिर पानी से ऊपर उठाया। गुरु ने उसे बाहर निकालने अथवा निकलने में उसकी सहायता करने के स्थान पर उसकी गर्दन पकड़ उसे पुनः इस प्रकार पानी में डुबो दिया कि न वह सिर पानी से बाहर निकाल सके, न साँस ले सके। दो क्षण डुबोए रखने के पश्चात् गुरु ने छोड़ दिया। शिष्य जल से बाहर निकल आया और उसने आश्चर्य से पूछा, 'यह क्या गुरु जी?' 'कहो, तुम्हारे प्राण कैसे हो रहे थे?'' 'प्राण! प्राण छटपटा रहे थे, जैसे अब निकलने ही वाले हों।' शिष्य ने कहा, 'पर आपने ऐसा क्यों किया गुरु जी?' गुरु शांत स्वर में बोले, 'जैसे तुम्हारे प्राण श्वास के लिए छटपटा रहे थे, वैसे ही जब भगवान् के लिए छटपटाएँ, तो समझना कि अब दर्शन में देर नहीं है। अरुणोदय होने पर, पूर्व में लाली छा जाने पर जान लेना चाहिए कि अब सूर्योदय होगा।' नरेंद्र अब उसी प्रकार छटपटा रहा है।" ठाकुर के चेहरे पर आह्लाद का आभास था।

24

सारी रात ठाकुर की देखभाल कर प्रातः राखाल सो गया था। नरेंद्र उसे उठाने की सोच ही रहा था कि ठाकुर ने उसे टोक दिया।

"इसे सोने दे।" ठाकुर ने कहा, "और तू तुरंत स्नान कर मेरे पास आ जा।"

नरेंद्र ने उसके पश्चात् और कुछ नहीं पूछा। पूछने की आवश्यकता ही नहीं थी। आज नरेंद्र और उसके साथ के, ठाकुर के ये तरुण शिष्य ठाकुर के साथ एक प्रकार से अकेले थे। प्रायः रात को कोई भी गृहस्थ वहाँ नहीं होता था, और कोई बाहरी व्यक्ति उनके दर्शन करने रात को आता नहीं था। ठाकुर साधना की कोई-न-कोई नई बात अपने शिष्यों को सिखाते ही रहते थे—कभी सामूहिक रूप से और कभी अलग-अलग।···कई बार तो नरेंद्र को लगता था कि ठाकुर ने जान-बूझकर इस रोग की इतनी यातना स्वीकार की है, ताकि वे अपने शिष्यों को सारे संसार के प्रभावों से मुक्त कर, अपने निकट रख सकें, ताकि उन लोगों की साधना आगे बढ़ सके, उनका आध्यात्मिक विकास हो सके।

···ठाकुर ने यह सब जान-बूझकर किया था या नहीं, यह तो वे ही जानें, किंतु इतना तो नरेंद्र भी समझ रहा था कि काशीपुर, उन लोगों के लिए सेवा-आश्रम, तपोभूमि, साधना-क्षेत्र और विश्वविद्यालय का सम्मिलित रूप हो गया था। वे ठाकुर के निर्देशन में साधना कर रहे थे। ठाकुर की सेवा भी तो उनकी तपस्या ही थी।···और एक साथ बैठकर परस्पर चर्चा करना लगभग किसी विश्वविद्यालय का रूप उपस्थित कर देता था।···

इस समय जो ठाकुर ने राखाल को जगाने नहीं दिया और उसे स्नान कर तुरंत आने के लिए कहा है, इसका एक ही तात्पर्य हो सकता है कि वे उसे साधना की कोई नई पद्धति सिखाना चाहते हैं···

नरेंद्र नहाकर आया तो ठाकुर ने कहा, "यह मंत्र मैंने अपने गुरु से पाया था।···वे साधु जो राम लला को लेकर आए थे। वही मंत्र तुम्हें दे रहा हूँ। तू इसका मनन और जाप कर।"

उन्होंने उसके कान में धीरे से 'राम' मंत्र का उच्चारण किया और उसकी त्रिकुटी का अपने अँगूठे से स्पर्श कर दिया।

"जा अब! मनन और ध्यान कर।" ठाकुर ने कहा।

"और राखाल?" नरेंद्र ने पूछा।

"जाग जाएगा।" ठाकुर कुछ व्याकुलता से बोले, "तू जा। ब्रह्ममुहूर्त बीतना नहीं चाहिए।"

मंत्र प्राप्त कर, नरेंद्र के भीतर भावोन्माद का असाधारण ज्वार उठ खड़ा हुआ···यह मात्र ज्वार नहीं था···यह तो जैसे झंझावातों पर झंझावातों का प्रहार-सा था, जिसमें अकुला-अकुलाकर सागर स्वयं बौरा जाए।···

नरेंद्र के मन में एक नया भाव उठ खड़ा हुआ था···ठाकुर ने आज उसे 'राम' का मंत्र क्यों दिया था···'माँ' की ही भक्ति करने को क्यों नहीं कहा?···क्या इसलिए कि राम के पास हनुमान जैसे सेवक हैं और वे संजीवनी बूटी ला सकते हैं?···नरेंद्र के मन में जैसे एक पूरी योजना उभर आई थी···ठाकुर की तो ठाकुर ही जानें, किंतु नरेंद्र अब इस मंत्र का जाप कर राम से संजीवनी प्राप्त करेगा, ताकि ठाकुर स्वस्थ्य हो सकें। जब राम अपने अचेत तथा मृत्यु के निकट पहुँचे हुए

भाई लक्ष्मण के लिए संजीवनी मँगवा सकते हैं, तो वे ठाकुर के लिए उसे संजीवनी क्यों नहीं दे सकते?

नरेंद्र का मन आपे में नहीं रह गया। वह उद्यान-भवन की परिक्रमा कर रहा था और उच्च तथा अत्यंत करुण स्वर में 'राम' नाम का जाप कर रहा था। अपनी ही दुर्दांत इच्छा-शक्ति के वशीभूत होकर, वह जैसे आत्म-नियंत्रण खो बैठा था। संध्या तक तो वह पूर्णतः बावला ही हो गया था। उसका भाव-विह्वल स्वर, 'राम' को पुकारते हुए, जैसे उद्यान-भवन के चारों ओर कोई कवच बुन रहा था। उसकी बाह्य चेतना लुप्त हो गई थी। वह अपने भावोन्माद की उत्ताल तरंगों की क्रीड़ा का पात्र बना हुआ था।···

सब लोग चकित थे कि नरेंद्र को यह सहसा ही क्या हो गया है। प्रातः ठाकुर और नरेंद्र के मध्य क्या घटित हुआ था, यह किसी को ज्ञात नहीं था···और नरेंद्र के मन में कौन-सी प्रक्रिया चल रही थी, इससे परिचित कोई हो ही कैसे सकता था···

गुरुभाइयों ने घबराकर, ठाकुर को जा समाचार दिया। ठाकुर जैसे इस सूचना की प्रतीक्षा में ही थे। मुस्कराए, "करने दो। क्रमशः ठीक हो जाएगा।"

···किंतु नरेंद्र ठीक नहीं हुआ। उसका उन्माद बढ़ता ही जा रहा था, जैसे पूर्णिमा में सागर की तरंगें।···गुरुभाइयों की घबराहट बढ़ी और वे चिंतित हो उठे। वे पुनः ठाकुर के पास पहुँचे।

"अच्छा! उसे यहाँ बुला लाओ।" ठाकुर बोले।

पर उसे ठाकुर के पास लाना सरल था क्या? वे लोग उसके पास पहुँचे तो नरेंद्र ने ऐसी हुंकार भरी, जैसे उसके शरीर में स्वयं हनुमान समा गए हों। वह उछलकर भागा···

"तुम लोग ठहरो।" छोटे गोपाल ने कहा।

छोटे गोपाल ने बहुत दूर तक जाकर उसे पकड़ा। कुछ समझाया, कुछ मनाया, कुछ बहकाया और बलात् उसे पकड़ लाया।

"तुम ऐसा क्यों कर रहे हो?" ठाकुर ने अत्यंत स्नेह से कहा, "इससे तुम्हारा क्या भला होगा?"

"आपके भले में ही हम सबका भला है।" नरेंद्र बोला।

"वस्तुतः मनुष्य यह भी नहीं जानता कि किस बात में उसका वास्तविक भला है।" ठाकुर गंभीर थे, "ईश्वर से मत लड़ो।"

"पर यह स्थिति मेरे वश में नहीं है।" नरेंद्र बोला।

"जानता हूँ।···तुम किस स्थिति का अनुभव कर रहे हो, उसमे मैं बारह वर्ष रहा हूँ। एक रात में तुम्हें क्या मिल जाएगा? समय आने से ही तो होगा।···"

"पर इस उन्माद का क्या करूँ?" नरेंद्र ने रुककर ठाकुर को देखा, "आप मुझे कोई ऐसी औषधि दे दीजिए, जो मेरे हृदय और मन के सारे रोग दूर कर दे। मुझे शांति दे दे।"

ठाकुर अत्यंत मधुर ढंग से मुस्कराए, "या तो यहाँ मेरे पास बैठकर, दिन-भर मुझे भजन सुना, या फिर पंचवटी में बैठकर ध्यान कर।"

"उससे तो मेरा उन्माद बढ़ भी सकता है।"

"नहीं।" ठाकुर पूर्ण आश्वस्त स्वर में बोले, "उसका शमन होगा।"

गिरीशचंद्र घोष के मन में बहुत सारा ऊहापोह चल रहा था···नरेंद्र में बहुत सारे गुण थे।···तो उससे क्या? प्रत्येक व्यक्ति में कुछ-न-कुछ गुण तो होते ही हैं।···स्वयं गिरीश में भी हैं।···नरेंद्र कई क्षेत्रों

में असाधारण है तो क्या हुआ, गिरीश भी तो कई क्षेत्रों में असाधारण है।…वह भी नरेंद्र के समान ही तर्क कर सकता है। वह अच्छा कवि है, अच्छा नाटककार है, अच्छा अभिनेता है, निर्देशक है…गिरीश कोई साधारण व्यक्ति नहीं है…पर ठाकुर को इस सबसे क्या?…उन्हें तो व्यक्ति का भाव देखना चाहिए।…नरेंद्र तो लगातार उनका विरोध करता है, कई बार उनका उपहास भी कर जाता है, और गिरीश है, कि घोषित रूप से उनको अवतार मानता है। वह सार्वजनिक रूप से उनकी पूजा कर सकता है…अभी पिछले दिनों की ही तो बात है कि गिरीश ने ठाकुर से पूछा था, "अब मैं क्या करूँ?"…ठाकुर ने उत्तर दिया था, "जो कर रहे हो, वही किए जाओ। अभी इधर और उधर दोनों ओर का सँभालो। इसके बाद जब एक ओर का छूट जाएगा, तब जो होगा देखा जाएगा। पर हाँ! सुबह-शाम उनका स्मरण-मनन करते रहना।"

गिरीश ने सोचा, उसके स्नान, भोजन और निद्रा—किसी का भी तो कोई निश्चित समय नहीं था। पता नहीं वह सुबह-शाम ईश्वर-स्मरण कर भी पाएगा या नहीं। नहीं कर पाएगा तो गुरु का आदेश भंग करने का अपराधी होगा।…वैसे भी उसकी प्रकृति ऐसी नहीं थी, जिसे किसी अनुशासन में बाँधा जा सके। अनुशासन के नाम से ही उसका दम घुटने लगता था।

ठाकुर गिरीश के मन का भाव समझ गए थे। बोले, "ठीक है, यदि वैसा न कर सको, तो खाने और सोने के पहले एक बार उनका स्मरण कर लेना।"

गिरीश फिर भी चुप ही रहा था। उसका खाने का क्या समय था? और कभी-कभी तो रिहर्सल में डूब जाने पर खाना होता ही नहीं था।…

ठाकुर ने उसे चुप देखा तो बोले, "तू कहेगा कि यदि यह भी न कर सकूँ, तो?…तो ठीक है। तो फिर मुझे बकलमा दे दे ।"

इस प्रकार गिरीश ने तो ठाकुर के सामने पूर्ण आत्मसमर्पण किया था…और नरेंद्र अभी भी संशय में आकंठ डूबा हुआ था…फिर भी ठाकुर नरेंद्र से इतना प्रेम करते हैं, जितना किसी से नहीं करते…उसके बराबर वे किसी को मानते ही नहीं…

"जी॰ सी॰!" नरेंद्र ने कंधे को कुछ झुकाकर गिरीश का स्पर्श किया, "बड़े चुप हो। कोई नाटक बुना जा रहा है क्या?"

वे दोनों साथ दक्षिणेश्वर आए थे। नरेंद्र आजकल प्रायः प्रतिदिन यहाँ आ रहा था। वह ठाकुर से चर्चा करके आता था और उनके निर्देशों के अनुसार ध्यान इत्यादि करता था।…ठाकुर प्रसन्न थे कि नरेंद्र प्रचंड तपस्या कर रहा है।…

आज गिरीश अवसर देखकर नरेंद्र के साथ हो लिया था और अपने विभिन्न संशयों के ताने-बाने बुनता चुपचाप यहाँ तक चला आया था।…

"नहीं, नाटक नहीं बुन रहा हूँ।" गिरीश सायास मुस्कराया, "एक पात्र को समझने का प्रयत्न कर रहा हूँ।"

"पात्र को छोड़ो।" नरेंद्र बोला, "स्रष्टा को समझने का प्रयत्न करो। वह समझ में आ गया तो फिर सारे पात्र, सारी घटनाएँ, सारा नाटक समझ में आ जाएगा।"

"स्रष्टा को कैसे समझूँ?" गिरीश ने पूछा।

"मेरे साथ ध्यान करने बैठ जा।" नरेंद्र बोला, "और शेष उस पर छोड़ दे।"

नरेंद्र ने इधर-उधर देखा और एक वृक्ष के नीचे जा बैठा।

"बैठो।" उसने गिरीश को अपने निकट बैठने का संकेत किया।

गिरीश बैठ गया। आसन बाँधा और आँखें बंद कर लीं।

किंतु गिरीश को लगा कि वह अपना ध्यान एकाग्र नहीं कर पा रहा है। शरीर पर विभिन्न स्थानों पर तीखी चुभन थी। उसने आँखें नहीं खोलीं। हलके से चपत से चुभन वाले स्थान पर आघात किया। संभवतः मच्छर उसे काट रहे थे। एक-आध मच्छर होता तो कोई बात नहीं थी···यहाँ तो मच्छरों के झुंड-के-झुंड लगते थे।···अब या तो गिरीश ध्यान ही कर लेता, या मच्छरों को ही मार लेता। ध्यान त्रिकुटी पर हो और शरीर को मच्छर छलनी कर रहे हों, तो ध्यान त्रिकुटी से उतर, मच्छर पर ही जा लगता है।···

गिरीश आँखें खोलने ही वाला था कि उसका ध्यान नरेंद्र की ओर चला गया···नरेंद्र ने आँखें खोली होतीं तो उसका मुँह भी खुल गया होता। उसने जी॰ सी॰ को पुकारकर कुछ-न-कुछ अवश्य कहा होता।···इसका अर्थ यह हुआ कि इन मच्छरों के बावजूद नरेंद्र ध्यान लगाने का प्रयत्न कर रहा है और अभी तक उसने मच्छरों से हार नहीं मानी है।···तो फिर गिरीश ही क्यों उनसे हार मान ले···

गिरीश ने अपनी आँखें मूँदीं नहीं, मीच लीं। ये मच्छर यदि नरेंद्र को नहीं डिगा सकते, तो उसे कैसे हरा सकते हैं।···किंतु गिरीश से यह बात छिपी नहीं थी कि वह बड़ी कठिनाई से अपने हाथ को चलने से रोक रहा था, अन्यथा उसका हाथ लगातार मच्छरों पर प्रहार करने के लिए मचल रहा था। मच्छर थे कि उसके शरीर को अनवरत बेध रहे थे, और उसका मन बार-बार भीष्म पितामह की कल्पना कर रहा था, जो इतने लंबे समय तक बाणों पर सोए रहे थे। यदि मच्छरों का डंक इतना कष्टकारक है, तो बाणों का तीक्ष्ण फल कितना पीड़ादायक होगा!···मच्छरों को तो हाथ के एक प्रहार से उड़ाया भी जा सकता था और मारा भी जा सकता था, किंतु शरीर में चुभे हुए बाणों को तो न उड़ाया जा सकता था और न मारा जा सकता था।···भीष्म ने वह कष्ट कैसे सहा होगा और अपना मन ईश्वर में कैसे लगाए रखा होगा।···गिरीश का ध्यान तो लग ही नहीं रहा था···वह तो जैसे मच्छरों का ध्यान कर रहा था और मन को उनके डंक में रमाए हुए था···

सहसा उसके मन में विचार कौंधा—उसने यह कैसे मान लिया कि यदि नरेंद्र ने उसे पुकारा नहीं, तो वह ध्यान लगाए बैठा ही होगा?···हो सकता है कि उसने कब से आँखें खोल रखी हों और बैठा गिरीश का तमाशा देख रहा हो।···गिरीश का रक्त पीते मच्छर उसे तो बहुत सुहावने लग रहे होंगे···यदि कुछ अधिक विनोद सूझा होगा, तो संभव है कि उठकर दबे पाँव इधर-उधर खिसक गया हो। बहुत संभव है, वह उठकर मंदिर की ओर चला गया हो, या क्या पता, काशीपुर की ओर ही चला गया हो, ताकि गिरीश जब परेशान होकर उसे ढूँढ़ता हुआ काशीपुर पहुँचे, तो वह तालियाँ बजाकर हँस सके···

गिरीश को लगा कि मच्छरों के असंख्य डंकों की चुभन से भी कहीं अधिक वेदनादायक नरेंद्र की हँसी थी।···उसका धैर्य चुक गया और आँखें अनायास ही खुल गईं···

पर नरेंद्र तो उसके सम्मुख अपने स्थान पर निश्चल बैठा था। उसकी आँखें बंद थीं और वह ध्यान में पूर्णतः निमज्जित लग रहा था।···गिरीश की आँखें आश्चर्य से फैल गईं···उसने निकट जलाई धूनी के प्रकाश में देखा···नरेंद्र के शरीर पर एक-दो नहीं, हजारों की संख्या में मच्छर इस प्रकार चिपके हुए थे, जैसे मच्छर उसके शरीर पर बैठे न हों, उसने मच्छरों से बुना कोई काला कंबल ओढ़ रखा हो···

''महाराज! दान की बड़ी महिमा है।'' गोपाल दादा ने धीरे से कहा, ''आप भी सदा ऐसा ही कहते हैं और शास्त्रों में भी यही लिखा है।''

''हाँ, रे! है तो ऐसा ही।'' ठाकुर हँसे, ''पर तू मुझे यह क्यों याद दिला रहा है? मुझसे क्या दान मिलेगा तुझे।''

''नहीं, महाराज! आपसे दान लेने की भूमिका नहीं बाँध रहा।'' गोपाल दादा ने कुछ अटपटाकर कहा, ''मेरे मन में एक विचित्र-सा संकल्प जन्म ले रहा है…इसीलिए आपसे चर्चा कर रहा था।''

''क्या संकल्प है रे तेरा?'' ठाकुर ने पूछा।

''मेरा संकल्प क्या होना है महाराज! मैं कोई धनी-मानी व्यक्ति तो हूँ नहीं।'' गोपाल दादा ने कहा, ''सोचता हूँ, अपनी क्षमता के भीतर रहकर कुछ दान करूँ।…किसी भी एक छोटी-सी दुकान पर नौकरी करने वाला साधारण कर्मचारी क्या दान करेगा?''

''क्या दान करेगा भाई? खरहरा, पापोश, ब्रश या चटाई-वटाई, जिसे तू 'मैट' कहता है?''

''नहीं, महाराज! ये सब वस्तुएँ क्या दान देने योग्य हैं?'' गोपाल ने कहा।

''पर जिस दुकान में तू काम करता है, उसमें तो ये ही सब वस्तुएँ हैं।'' ठाकुर बोले।

''नहीं, महाराज! यह नहीं।''

''वही तो पूछ रहा हूँ कि क्या दान करेगा?'' ठाकुर ने पूछा, ''खीर-पूरी खिलाएगा क्या?''

''नहीं, महाराज!'' गोपाल दादा कुछ संकोच के साथ बोले, ''अपने छोटे दान को बड़ा बनाना चाहता हूँ।''

ठाकुर कुछ बोले नहीं, चुपचाप गोपाल दादा की ओर देखते रहे।

''सोचता हूँ, साधारण लोगों को दान न दूँ, साधुओं को कुछ दान दूँ—साधु, जो गंगासागर की यात्रा करने के लिए कलकत्ता आते हैं न, उनको।'' गोपाल दादा ने कहा, ''और वस्तु भी वह दूँ, जो उनके उपयोग की हो। जो एक समय के भोजन से समाप्त न हो जाए, जो कुछ देर उनके साथ रहे, कुछ काम आए।''

''तो कोई लंबा पुण्य कमाने का चक्कर है तेरा?'' ठाकुर ने हँसने का प्रयत्न किया, ''तो बताता क्यों नहीं, क्या आया है तेरे मन में?''

''सोचता हूँ, छोटा मुँह बड़ी बात न हो जाए।'' गोपाल दादा ने धीरे से कहा।

''तो हो जाने दे।'' ठाकुर हँसे, ''कलकत्ता के लोग तो अपनी बड़ी-बड़ी बातों से ही बड़े बने हुए हैं। लैक्चर ही तो झाड़ते हैं और क्या करते हैं।''

''मैं चाहता हूँ महाराज! कि उन साधुओं को भगवा वस्त्र, रुद्राक्ष की माला और चंदन दान करूँ। अन्न तो उन्हें घर-घर से मिलता ही है। वे घर उन्हें याद भी नहीं रह जाते होंगे। रुद्राक्ष की माला उनके पास रहेगी तो…''

''वे रुद्राक्ष की माला से भगवान् का स्मरण करेंगे या तेरा?'' ठाकुर हँसे ''तू अपने नाम की माला जपवाना चाहता है?''

''नहीं, महाराज, नहीं।'' गोपाल दादा ने कुछ घबराकर कहा, ''मेरा वह तात्पर्य कदापि नहीं था। मुझे तो केवल यह संतोष रहेगा कि मेरी दी हुई वस्तु उन सात्त्विक लोगों के किसी काम आई।''

ठाकुर ने तत्काल कोई उत्तर नहीं दिया। उनके चेहरे पर थोड़ी देर पहले तक का वह क्रीड़ामय हास्य लुप्त हो गया था। उनके चेहरे पर स्नेहमयी गंभीरता आ गई थी, ''यदि तू सचमुच सात्त्विक लोगों के हाथ में अपने पैसे से खरीदी कोई वस्तु देना चाहता है तो सच्चे संन्यासियों को दे।

केवल दाढ़ी बढ़ाकर, भगवा धारण कर, चिमटा बजाने से ही तो कोई सात्त्विक या साधु नहीं हो जाता।"

इस बार गंभीर होने की बारी गोपाल दादा की थी। ठीक ही तो कह रहे थे ठाकुर, जब इतना विचार किया है तो पात्र की सुपात्रता का भी विचार होना ही चाहिए। झुंड-के-झुंड जाते भगवाधारी साधुओं के विषय में गोपाल दादा को क्या मालूम है?…तो फिर चुनाव कैसे होगा…

"पड़ गया न सोच में।" ठाकुर क्रीड़ामयी मुद्रा में बोले, "देना है तो सच्चे संन्यासियों को दे, जो उस रुद्राक्ष का महत्त्व भी समझते हों…"

गोपाल दादा ने दृष्टि उठाकर ठाकुर की ओर देखा।

"नरेंद्र को दे, राखाल को दे, काली को दे, शशि और शरत् को दे…।"

"पर महाराज, वे तो संन्यासी नहीं हैं। ये लड़के…" गोपाल दादा का मुख जैसे आश्चर्य से खुल गया था।

"उनसे बड़े संन्यासी तुझे कहीं नहीं मिलेंगे।" ठाकुर ने अत्यंत गंभीर वाणी में कहा, "संन्यासी का संबंध मन के वैराग्य से है, बाहरी वेशभूषा और पाखंड से नहीं।"

गोपाल जैसे स्तब्ध खड़ा रह गया…इन तरुणों को वह भगवा वस्त्र कैसे दे सकता है? वे सारे-के-सारे छोटी अवस्था के लड़के हैं। उन्हें संन्यासी बनाने का प्रयत्न गोपाल कैसे कर सकता है? वे लड़के जाने इस दान को किस दृष्टि से देखेंगे? उनके माता-पिता सुनेंगे तो क्या कहेंगे? किसी भी प्रकार क्या यह उचित होगा?…

"सोच क्या रहा है?" ठाकुर ने जैसे उसे प्रोत्साहित करने के लिए फटकारा, "वस्त्र ले आया है या अभी लाने हैं?"

"वस्त्र तो मैं ले आया हूँ महाराज! किंतु उन लड़कों को भगवा देने का साहस नहीं कर पाऊँगा।"

"तो किसी और को देने का भी कोई अर्थ नहीं है।" ठाकुर बोले, "तू नहीं दे सकता तो ला मुझे दे, जिसे चाहूँगा, दे दूँगा…।"

तभी नरेंद्र ने कमरे में प्रवेश किया, प्रणाम कर, हाथ जोड़कर वह खड़ा हो गया, "कैसे हैं महाराज आप?"

"नरेन! तू बैठ यहीं…" ठाकुर बोले, "या जा, अपने मित्रों को भी बुला ला।"

"किसको बुलाऊँ महाराज?"

"जो-जो हैं सबको बुला ला। राखाल, बाबूराम, निरंजन, योगींद्र, तारक, शशि, शरत्, काली, लाटू—सबको बुला ला।"

"क्या बात है महाराज," नरेंद्र हँसा, "कोई सभा होगी क्या? आपको तो डॉक्टरों ने बोलने से मना किया है।"

"नहीं, सभा नहीं होगी, महोत्सव होगा।" ठाकुर बोले, "ऐसे आनंद के क्षण बार-बार नहीं आते। आज तुम लोगों को कुछ देना चाहता हूँ—कुछ असाधारण। जा, नहीं तो जो रह जाएगा, वह पछताएगा।"

नरेंद्रे ने आश्चर्य से ठाकुर की ओर देखा—ठाकुर पूर्णतः गंभीर थे। यह किसी भी प्रकार उनका परिहास नहीं था। जाने वे क्या देना चाहते थे। क्या फिर पहली जनवरी के समान आज भी वे कल्पतरु बनकर अपने शिष्यों का उद्धार करना चाहते हैं?…

"जा, जल्दी जा। जो-जो मिले, उसे बुला ला।" ठाकुर ने कहा, "विलंब का कोई कारण नहीं है।"

नरेंद्र चला गया। ठाकुर ने गोपाल की ओर देखा, "जा, ले आ। जो काम मैं स्वयं करना चाहता था, वह तेरे निमित्त हो जाए।"

गोपाल अभी तक इस विचार को पचा नहीं पाया था। उसने उसी प्रकार चकित होकर ठाकुर से पूछा, "आप इन लड़कों को संन्यास की दीक्षा देंगे महाराज? इनके परिवार, इनके माता-पिता···"

ठाकुर हँसे, "पिता तो एकमात्र परम पिता परमात्मा है, और सारी सृष्टि के जीव हमारा अपना परिवार ही तो हैं। तू जा, ले आ।"

गोपाल कमरे से बाहर निकला। वह चल तो रहा था किंतु उसके पग जैसे उठना नहीं चाहते थे···पिछले कुछ दिनों से इस उद्यान-भवन में वैराग्य और संन्यास की चर्चा काफी बढ़ गई थी। नरेंद्र और उसके कुछ मित्र संन्यासियों के समान रात को धूनी भी रमा बैठते थे, किंतु उन्हें संन्यास की दीक्षा देना···गोपाल का मन किसी भी प्रकार सहमत नहीं हो पा रहा था···उसने अपने मन में आए संकल्प को ठाकुर के सम्मुख कहकर कैसा अनर्थ कर दिया···नरेंद्र के तो पिता भी नहीं हैं। माँ और भाइयों का बोझ उसके कंधों पर है। वह उनका ठीक से पालन-पोषण नहीं कर पा रहा, किंतु प्रयत्न तो कर ही रहा है। ठाकुर की सेवा के लिए उसने अपनी नौकरी छोड़ दी है, किंतु कानून की पढ़ाई तो चल ही रही है। पढ़कर वकील बनेगा, धन अर्जित करेगा, माता और भाइयों का पालन करेगा···पर यदि ठाकुर ने उसे संन्यास की दीक्षा दे दी तो···

नीचे के कमरे में पहुँचे गोपाल ने वस्त्र और रुद्राक्ष की मालाएँ अपने हाथ में उठाईं तो उसका मन जैसे कुछ और ही हो गया···वह क्यों भयभीत है? उसने तो इन लड़कों को संन्यास में दीक्षित करने की बात नहीं सोची, न ही कही। यह तो ठाकुर का अपना निश्चय है। उनके निर्णय पर विचार अथवा पुनर्विचार करने का उसे क्या अधिकार है? और फिर ये लड़के साधु की सेवा करने इसलिए तो नहीं आए कि वह उन्हें सुख, वैभव और सांसारिक ऐश्वर्य दे। साधु के पास तो वैराग्य ही होगा, और वह उसी को बाँटेगा। अब जब ठाकुर वैराग्य बाँटने को तत्पर हुए हैं तो वह चिंतित क्यों है?···

अपना मन सँभाल गोपाल ठाकुर के कमरे में लौटा तो उसने देखा कि नरेंद्र अपने सारे मित्रों को बुला लाया था। जाने इस समय वे सब-के-सब यहाँ कैसे थे? क्या ठाकुर ने पहले से ही यह सब सोच रखा था?···

ठाकुर उठकर बैठ गए, "ला, दे मुझे।" उन्होंने अपने हाथ फैलाए।

गोपाल ने आगे बढ़कर वे सारे वस्त्र और रुद्राक्ष की मालाएँ ठाकुर के फैले हाथों पर रख दीं। इन हाथों से बढ़कर वे कौन-से पवित्र हाथ थे, जिन्हें वह खोज रहा था!···

ठाकुर ने वे वस्त्र और मालाएँ अपने पास बिस्तर पर रख लीं। गोपाल के उन लड़कों के चेहरों को पढ़ने का प्रयत्न किया···क्या किसी के चेहरे पर चिंता, आश्चर्य अथवा घबराहट का कोई भाव था?···नहीं, वे सब तो आश्वस्त और उल्लसित भाव से खड़े थे।

"ले, नरेंद्र ले, माँ की कृपा और मेरा उत्तराधिकार ग्रहण कर। जो वस्त्र तेरे शरीर पर शोभा पाएँगे, वे मुझसे ले।"

नरेंद्र इस आह्लाद से आगे बढ़ा, जैसे बहुत आकर्षक और स्वादिष्ट मिष्टान्न सामने देखकर कोई लोभी बच्चा लपकता है। उसके चेहरे पर विस्मय भी था और आनंद भी, जैसे कह रहा हो

कि ठाकुर ने उसे आज तक एक-से-एक बढ़िया मिठाई खिलाई थी, किंतु अपने प्रेम का ऐसा अनुपम उपहार तो पहले कभी नहीं दिया था।

गोपाल ने अन्य लड़कों की ओर देखा···वे जैसे आतुरता से ठाकुर की ओर देख रहे थे—'क्या ठाकुर उन पर भी वैसी ही कृपा करेंगे, जैसी उन्होंने नरेंद्र पर की है?

'क्या हो रहा है यह?'···वह अपने आपसे पूछ रहा था, 'ये छोटे-छोटे बीस-बाईस वर्ष के लड़के, जिन्होंने अभी संसार का कोई सुख-दुःख देखा भी नहीं है, संन्यास ग्रहण करेंगे? सारे सुख त्याग देंगे? तपस्या करेंगे···और वह गोपाल, इन सबका गोपाल दादा, जो अवस्था में ठाकुर से भी आठ वर्ष बड़ा है। जो गृहस्थी का सुख भी देख चुका है और दुःख भी। जिसने विवाह कर संसार का रस चखा है, और पत्नी के देहांत के पश्चात् संसार की अनित्यता भी देखी है।···वह गोपाल सांसारिक सुखों की लिप्सा में बँधा संसार में बैठा रहेगा?'···

"ले, राखाल···!" ठाकुर बोले, "ले, तारक, ले, निरंजन···!" ठाकुर एक-एक को बुलाकर रुद्राक्ष और भगवा देते जा रहे थे···बाबूराम, योगींद्र, शशि, शरत्, काली, लाटू···

सहसा गोपाल का मन पलटा—'क्या सोच रहा है वह? वह यह मानकर चल रहा था कि ये तरुण जैसे वंचित किए जा रहे हैं···उनका सारा सांसारिक सुख उनसे छीना जा रहा है, उस पर तपस्या के बंधन बाँधे जा रहे हैं···उसकी समझ में अब तक यह क्यों नहीं आया कि यह 'वंचना' नहीं 'उपलब्धि' है। ठाकुर इन लड़कों को तपस्या के बंधनों में नहीं बाँध रहे, सांसारिक बंधनों से मुक्त कर रहे हैं। वे उनसे 'संसार' छीन नहीं रहे, वे उनको 'ईश्वर' दे रहे हैं···'

गोपाल का मन जैसे डूबता जा रहा था···तीनों लोकों की संपदा उसकी आँखों के सम्मुख लुटाई जा रही थी और वह खाली हाथ वंचित-सा खड़ा था···वह नहीं जानता कि इस ऐश्वर्य का कोई कण भी उसकी झोली में पड़ेगा या नहीं···उसने तो यह सोचा भी नहीं था कि इस दान का इतना महत्त्व है ···क्या ठाकुर उस पर कृपा नहीं करेंगे?···अब तो उनके पास वस्त्र बचे ही कितने थे!···

"ले, गोपाल! तू भी ले।" ठाकुर ने उसकी ओर देखा।

गोपाल को लगा, वह वंचित होते-होते बच गया है। यदि कहीं ठाकुर ने अपना हाथ रोक लिया होता तो उससे अधिक कंगला और लुटा-पिटा और कौन होता!

ठाकुर के पास एक वस्त्र और एक माला शेष रह गई थी।

"इसे गिरीश को दे दूँगा।" ठाकुर ने जैसे उन्हें सुनाया और फिर नरेंद्र की ओर देखा, "नरेन! मैं अपने इन शिष्यों को तुम्हारे संरक्षण में छोड़ रहा हूँ। ध्यान रखना कि मेरे देह-त्याग के पश्चात् भी ये आध्यात्मिक साधना करते रहें। ऐसा न हो कि इधर मैं संसार का त्याग करूँ और उधर ये फिर से संसार में प्रवेश कर जाएँ।"

नरेंद्र ठाकुर की सारी लीला समझ गया···ठाकुर ने अपनी इस रुग्णावस्था में उन सबको संसार से खींचकर अपने पास बुला लिया था, उनकी बाँह पकड़कर साधना की ऊँचाइयों पर चढ़ाया था और अब अपने चरम लक्ष्य पर ला पहुँचाया था···और वे नहीं चाहते थे कि इस ऊँचाई पर पहुँचकर कोई नीचे उतरे, ईश्वर की ओर बढ़कर कोई उससे विमुख हो, पुनः संसार में लौट जाए···और उसका दायित्व नरेंद्र पर था···

पर ठाकुर के द्वारा दी गई संन्यास की यह दीक्षा कितनी मान्य होगी? क्या इन सब लड़कों

ने मान लिया है कि वे संसार त्याग चुके? क्या उनके परिवार-जन इस संन्यास को स्वीकार कर लेंगे?…शायद नहीं।…किंतु ठाकुर की इच्छा क्या है, यह उन्होंने स्पष्ट रूप से कह दिया है…

''गोपाल!'' रामचंद्र दत्त बोले, ''तुम्हें मैंने यहाँ का सारा खर्च लिखने को कहा था, तुमने लिखा?''

''हाँ, राम बाबू!'' छोटे गोपाल ने उत्तर दिया।

''दिखा।''

रामचंद्र दत्त ने उलट-पलटकर सारा हिसाब देखा। उसके माथे की रेखाओं की संख्या में वृद्धि हुई और झुँझलाकर उसने वह कापी कालीपद घोष की ओर बढ़ा दी, ''देखो! दिन-प्रतिदिन यहाँ रहने वालों की संख्या बढ़ती जा रही है। अधिक-से-अधिक लोग भोजन करने लगे हैं। ऐसे में खर्च कैसे कम होगा?''

कालीपद घोष हिसाब देखने में व्यस्त हो गया तो राम ने गोपाल की ओर देखा, ''इतना खर्च क्यों हो रहा है?''

''यह मैं क्या जानूँ!'' गोपाल बोला, ''मैं खर्च करता थोड़ी हूँ। मैं तो खर्च लिखता भर हूँ।''

''पर इतना अधिक खर्च होगा तो वह आएगा कहाँ से?'' राम ने कहा, ''हम चाहते हैं कि खर्च कम हो, और यहाँ फिजूलखर्ची की कोई सीमा ही नहीं है।''

''ये सब बातें मैं नहीं जानता राम बाबू!'' गोपाल बोला, ''सब कुछ मेरी अनुमति से तो खर्च होता नहीं, और न ही मुझसे पूछकर कोई यहाँ रहता है।''

''तो किसकी अनुमति से रहता है?''

''कोई अपनी इच्छा से रहता है, कोई ठाकुर की अनुमति से और कोई नरेंद्र की इच्छा से।'' गोपाल ने कहा।

''अच्छा! जाओ, तुम नरेंद्र को बुला लाओ।'' राम ने कहा, ''मैं उसी से पूछता हूँ। तुमसे तो बात करना ही बेकार है।''

गोपाल चला गया। राम कुछ क्षणों तक तो जाते हुए गोपाल की पीठ देखता रहा और फिर पलटकर सुरेंद्रनाथ मित्र से बोला, ''दूसरों का धन खर्च होता है, इसलिए किसी को चिंता ही नहीं है।''

''लड़के हैं न!'' सुरेंद्र बोला, ''रुपए का मूल्य समझते ही नहीं। कमाना पड़े तो जानें।''

''और कोई समझे न समझे, नरेंद्र को तो समझना चाहिए।'' राम ने कहा, ''वह जानता है कि रुपया कमाना कितना कठिन है।''

''हाँ। वह तो यह भी जानता है कि रुपया खर्च करना तनिक भी कठिन नहीं है।'' कालीपद घोष मुस्कराया, ''मैं समझता हूँ कि यह समस्या डाँट-डपट से हल नहीं होगी। हमें या तो यह निश्चित कर देना चाहिए कि हम कितनी राशि खर्च के लिए देंगे, या फिर हम ठाकुर के सेवकों की संख्या तय कर दें। मैं समझता हूँ कि दोनों स्थितियों में खर्च नियंत्रण में रहेगा।

नरेंद्र आया, ''क्या बात है राम दादा?''

''नरेन! हम लोग खर्च का हिसाब देख रहे थे।'' राम ने कहा, ''क्या तुम्हें नहीं लगता कि खर्च बहुत अधिक हो रहा है?''

''अधिक खर्च हो रहा है?'' नरेंद्र कुछ आश्चर्य से बोला, ''जहाँ तक मैं समझता हूँ हम लोग सस्ती-से-सस्ती सब्जी खरीदते हैं। मछली नहीं लाते, दूध नहीं लाते। तो फिर अधिक खर्च किस चीज पर हो रहा है?''

"देखो नरेन!" राम ने निर्मम स्वर में कहा, "इन बातों में कुछ नहीं रखा। तुम कुछ बातें स्पष्ट रूप से मन में धारण करो।"

"क्या राम दादा?"

"इच्छा उनकी चलेगी जो धन देते हैं, उनकी नहीं जो दूसरों के धन पर निर्भर हैं।" राम बोला, "धन देने वाले जो भी धन दे रहे हैं, वह ठाकुर के खर्च के लिए है, सामान्य लोगों के भंडारे के लिए नहीं। यहाँ केवल वे ही लोग रहें, जो ठाकुर की सेवा-शुश्रूषा के लिए अनिवार्य हैं। शेष लोग यदि ठाकुर की सेवा करना चाहते हैं तो प्रसन्नता से करें, किंतु उन्हें अपने घर पर रहना होगा, अपना खर्च उठाना होगा। यहाँ तो ठाकुर से अधिक खर्च 'परमहंस की फौज' पर हो रहा है।"

"आपके विचार से ठाकुर की सेवा के लिए कितने लोगों को यहाँ रहना चाहिए?" नरेंद्र ने शांत मन से पूछा।

"दो व्यक्ति पर्याप्त हैं।" राम बोला, "फिजूलखर्ची बंद होनी चाहिए।"

"वे दोनों रात को जागकर थक जाएँ तो?" नरेंद्र बोला, "वे दोनों दवा तथा अन्य किसी सामग्री के लिए कलकत्ता चले जाएँ तो?"

"कह तो रहा हूँ कि दो लोग स्थायी रूप से यहाँ रहें। एक लाटू रह ले, एक कोई और। शेष लोग दिन के समय अपने घर से भोजन कर आ जाया करें।" राम बोला, "दिन-भर सेवा कर संध्या समय घर लौट जाया करें।"

नरेंद्र के मन में सैकड़ों प्रतिवाद उठ रहे थे : जो लड़के अपने माता-पिता के पास अपने घर चले जाएँगे, वे अगले दिन लौटकर आ पाएँगे या नहीं, इसका क्या भरोसा है? आने-जाने में समय का कितना अपव्यय होगा? ठाकुर कब किसको मिलना चाहेंगे—उसको उसी समय लाने की व्यवस्था कौन करेगा?…और इन लड़कों के आध्यात्मिक विकास का क्या होगा? जो ठाकुर के पास आना चाहेगा, आ नहीं सकेगा…राम दादा खर्च कम करने के बहाने ठाकुर पर अपना आधिपत्य स्थापित कर रहे थे। ऐसे ही चलता रहा तो भविष्य में ठाकुर से बात करने के लिए भी राम दादा, सुरेंद्रनाथ मित्र, या कालीपद घोष से अनुमति लेनी पड़ेगी…

किंतु नरेंद्र ने इनमें से कुछ नहीं कहा। शांत भाव से बोला, "आप बता दें कि लाटू के अतिरिक्त और किस व्यक्ति को यहाँ रहने की अनुमति है। मैं ठाकुर को बता दूँगा कि वे दो व्यक्ति ही ठाकुर की सेवा-शुश्रूषा के लिए यहाँ रहेंगे और शेष लड़कों से कह देता हूँ कि वे अपने-अपने घर चले जाएँ।" उसने रुककर राम की ओर देखा, "दो ही व्यक्तियों को रहना है तो मेरा विचार है, श्रीमाँ और लाटू—ये दोनों ही यहाँ रहें। सबसे अधिक सेवा तो ये ही दोनों कर रहे हैं।…या आपकी इच्छा हो तो यह आदेश आप स्वयं ही उन लोगों को सुना दें।"

अंतिम वाक्य सुनकर राम, सुरेंद्र और कालीपद—तीनों चौंके; नरेंद्र के कोमल शब्दों के पीछे कितना आक्रोश छिपा था…

"इसमें आदेश की क्या बात है?" राम ने कहा, "हम सब मिलकर व्यवस्था की बात कर रहे हैं।"

"व्यवस्थापक का निर्देश अपने आप ही आदेश है।" नरेंद्र बोला, "चलिए, आप इसे सूचना कह लीजिए। ठाकुर तक यह सूचना आप पहुँचाएँगे या मैं पहुँचाऊँ?"

"ठाकुर अथवा किसी को सूचना देने की आवश्यकता ही क्या है?" सुरेंद्र ने कहा, "तुम वैसी व्यवस्था कर दो। शेष अपने आप हो जाएगा।"

"आप लोग तो जो चाहते हैं, उसे कहने से भी घबराते हैं।" नरेंद्र उठ खड़ा हुआ, "किंतु मैं स्थिति की पूरी सूचना दिए बिना कोई व्यवस्था नहीं कर सकता। अतः सूचना तो मैं दूँगा ही और आपकी इच्छित व्यवस्था उन सबके सामने रख दूँगा।"

नरेंद्र उठकर चला गया। उसका आक्रोश कह रहा था कि तत्काल सारे गुरुभाइयों को ठाकुर के कमरे में एकत्रित करे और उन सबको इस सारी बातचीत की सूचना दे दे···दूसरी ओर उसका विवेक इस अवांछित आक्रोश का दमन करने का पूरा प्रयत्न कर रहा था···यह बात आगे नहीं बढ़नी चाहिए···व्यर्थ झगड़ा बढ़ेगा तो ठाकुर को कष्ट होगा···पर एक तीसरा स्वर भी उसके मन में उठ रहा था···इतनी बड़ी बात से ठाकुर को अनभिज्ञ रखना और अपने स्तर पर ही एक ऐसा समझौता कर लेना, जिसका ठाकुर पर भरपूर प्रभाव पड़ेगा···उसके लिए उचित नहीं है।···ठाकुर की इच्छा का महत्त्व राम दादा की व्यवस्था से कहीं अधिक था।···

उसके पग अपने आप सीढ़ियों की ओर चल पड़े। वह अनायास ही ठाकुर के कमरे की ओर जा रहा था···

ठाकुर के कमरे में केवल राखाल और काली को होना चाहिए था, किंतु शशि, शरत्, बड़ा गोपाल और निरंजन भी वहीं थे। नरेंद्र के पीछे-पीछे लाटू भी कमरे में आ गया।

"क्या बात है? तू इतना परेशान क्यों दीख रहा है?" ठाकुर ने नरेंद्र को देखते ही कहा।

"परेशान नहीं, चिंताग्रस्त हूँ।" नरेंद्र ने मुस्कराने का प्रयत्न किया, "चिंता की स्थिति में आपके पास नहीं आऊँगा, तो किसके पास जाऊँगा?"

"किसकी चिंता है तुझे?" ठाकुर बोले, "अपनी माता की? भाइयों की?"

"नहीं, इस बार तो आपकी चिंता है।"

"मेरी?" ठाकुर हँसे, "मेरी क्या चिंता है तुझे?"

"मेरे पिता का देहांत हुआ था तो मेरे परिवार पर आर्थिक संकट आ पड़ा था।" नरेंद्र बोला, "इस बार आपके गृहस्थ-शिष्य अपना हाथ खींच रहे हैं, तो मेरे गुरु-परिवार पर अधिक संकट आएगा।"

"क्या बात है रे? ठीक-ठीक बताता क्यों नहीं?" ठाकुर बोले।

"राम दादा तथा उनके मित्रों का कहना है कि हम लोग फिजूलखर्ची कर रहे हैं। इस प्रकार धन नष्ट करना उन लोगों को स्वीकार्य नहीं है। इसलिए आपकी सेवा के लिए दो ही व्यक्ति इस उद्यान-भवन में रहें, शेष लोग अपने-अपने घर जाएँ, और अपने घर पर रहकर ही आपकी सेवा करें।"

"वे लोग मेरे शिष्यों को मुझसे दूर रखना चाहते हैं?" ठाकुर कुछ विचलित हुए।

"नहीं, वे आपको आपके शिष्यों के लिए अनुपलब्ध कर देना चाहते हैं।" निरंजन बोला, "वे समझते हैं कि आप केवल उन लोगों के हैं, जो इस उद्यान-भवन के खर्च के लिए पैसा देते हैं।···"

"तो फिर मैं उनसे पैसा नहीं लूँगा।" ठाकुर ने जैसे अपने आपसे कहा, "क्यों न पैसा इंद्रनारायण जमींदार से लिया जाए?···या बड़ा बाजार से उस लक्ष्मीनारायण को बुला लाओ। वह एक बार मुझे दस हजार रुपए दे रहा था, मैंने मना कर दिया था।···"

"पर इंद्रनारायण या लक्ष्मीनारायण का पैसा शुद्ध है?" नरेंद्र ने पूछा, "आप उनके पैसे से खा सकेंगे?"

"हाँ। उनके एक-एक पैसे के साथ सैकड़ों कामनाएँ लगी होती हैं।" ठाकुर बोले, "तो फिर माँ की इच्छा पूरी होने दो।" वे कुछ देर मौन रहकर बोले, "नरेन! तूने एक बार संसार त्यागने का संकल्प किया था, तब मैंने तुम्हें रोका था।...मैंने कहा था, 'मेरे इस शरीर के रहते, तुम संसार का त्याग मत करो, मेरे निकट रहो।'...पर संन्यासी जीवन की तैयारी तो तुम लोगों को करनी ही है।"

कमरे में उपस्थित प्रायः प्रत्येक व्यक्ति ने ठाकुर की ओर देखा, "कैसी तैयारी?"

"मैं तुम लोगों के संग रहूँगा। तुम्हारा लाया अन्न खाऊँगा।" ठाकुर बोले, "तुम लोग मेरे लिए द्वार-द्वार भिक्षा माँग सकोगे?"

"यदि भिक्षा के बिना संन्यासी जीवन नहीं होता, तो क्यों नहीं माँगेंगे? उसमें विकल्प ही कहाँ है!" नरेंद्र बोला, "और आपके लिए भिक्षा माँगना तो हमारा गौरव होगा।"

"तो फिर उसका अभ्यास आज से ही आरंभ कर दो।" ठाकुर ने कहा, "आज ही जाओ और मेरे साथ अपने भोजन के लिए प्रत्येक द्वार पर भिक्षा माँगो।"

"ऐसे अन्न तो हो जाएगा।" नरेंद्र बोला, "किंतु मकान? मकान का किराया कहाँ से आएगा?"

"नहीं रहूँगा इस उद्यान-भवन में।" ठाकुर बोले, "तू अपने कंधे पर बैठाकर जहाँ ले चलेगा, वहीं चलूँगा। किसी पेड़ के नीचे बैठा देगा, तो पेड़ की छाया में रहूँगा। पर तुम लोग सोच लो," ठाकुर मुस्कराए, "तुम लोग अंग्रेजी पढ़े-लिखे जेंटलमैन हो। तुम्हारे परिवार, समाज के संभ्रांत परिवार हैं। अपनी सवर्णता का बोध भी होगा...और फिर अपना अहंकार...कहीं यह सब तुम्हारे मार्ग में न आएँ।"

"मेरी तो एक साध पूरी हो जाएगी महाराज!" नरेंद्र सहज रूप से बोला।

"तुम यह भूल सकोगे कि तुम विश्वनाथ दत्त जैसे संभ्रांत और धनी-मानी पिता के पुत्र हो?" ठाकुर ने पूछा।

"मैं यह याद रखूँगा कि मैं दुर्गादास संन्यासी का पौत्र हूँ।" नरेंद्र बोला, "इसमें कठिनाई ही कहाँ है?"

"तो फिर जाओ तुम लोग। भगवा धारण करो। ईश्वर के नाम पर भिक्षा माँगो। लौटकर भिक्षा के अन्न को पकाओ और आज का भोजन करो।" ठाकुर अत्यंत प्रसन्न थे।

वे सब मुड़े, केवल बड़ा गोपाल ही जड़वत् अपने स्थान पर खड़ा रह गया...संन्यास ही अपने आपमें बहुत बड़ा निर्णय था...किंतु फिर भी वह व्यक्तिगत निश्चय था...कोई व्यक्ति कांचन-कामिनी के त्याग का संकल्प करता है, कोई जीवन के भोगों को त्याग देता है, तो समाज अथवा किसी अन्य व्यक्ति को क्या?...किंतु भिक्षाटन तो संकल्प मात्र नहीं था, वह तो कर्म था। समाज उससे अप्रभावित नहीं रह सकता, क्योंकि वे भिक्षा माँगने समाज में ही तो जाएँगे।...उन लड़कों का कोई परिचित भी उन्हें देख सकता है। उनके परिवार, संबंधियों और मिलने-जुलने वालों तक यह समाचार पहुँचेगा कि वे लोग द्वार-द्वार, ईश्वर के नाम पर भिक्षा माँग रहे थे। और यह भिक्षा उनसे कौन मँगवा रहा है—वह साधु, जिसे वे अपना गुरु मानते हैं।...पर ठाकुर को उन पर उनके माता-पिता से भी अधिक अधिकार है क्या?

"लाटू! तू भी जा रहा है क्या?" ठाकुर ने पूछा।

"जब सब जा रहे हैं महाराज, तो मैं भी...।" लाटू ने कहा, "पर पीछे आपका कोई काम होगा...।"

"नहीं। कोई काम नहीं होगा। तू जा।" ठाकुर बोले, "और यदि कोई होगा, तो यह बूढ़ा आदमी मेरे साथ है न।" ठाकुर ने गोपाल की ओर संकेत किया।

उन लोगों ने भगवा धारणा कर लिया। नरेंद्र, निरंजन, छोटा गोपाल और काली सबसे पहले श्रीमाँ के सम्मुख गए।

नरेंद्र ने उनसे भिक्षा माँगी :

"अन्नपूर्णे सदापूर्णे शंकर प्राण-वल्लभे!
ज्ञान-विज्ञान-सिद्धार्थ भिक्षा देहि में पार्वति!!"

ठाकुर के शिष्यों को भगवा धारण कर इस प्रकार भिक्षा माँगते देख श्रीमाँ स्तब्ध रह गईं। किंतु वे अधिक समय तक किंकर्तव्यविमूढ़ नहीं रहीं।···ठाकुर को वे सबसे अधिक समझती थीं। उन्होंने नरेंद्र की झोली में एक मुट्ठी अनाज डाल दिया।

नरेंद्र ने उनके चरण छुए। निरंजन, काली और छोटे गोपाल ने भी उनकी चरण-धूलि ली, और श्रीमाँ आँखों में अश्रु लिए उन लड़कों को भिक्षाटन के लिए सड़क पर जाते हुए देखती रहीं···वे स्वयं नहीं समझ पाईं कि उनकी आँखों में ये अश्रु करुणा की उपज थे, अथवा किसी उपलब्धि का अभिमान···

वे सब एक साथ चल रहे थे। निरंजन ने भगवा वस्त्र सिर पर बाँधकर पगड़ी-सी बना ली थी। शेष ने किसी-न-किसी अन्य रूप में भगवा धारण किया था।

सबसे पहले निरंजन ने हिंदी में गुहार लगाई, "माई! थोड़ा भिक्षा दीजिए।" वह शायद स्वयं को अबंगाली, परदेसी साधु के रूप में प्रस्तुत करना चाहता था, ताकि लोगों के मन में जल्दी करुणा जागे···

कुछ दूर चलकर नरेंद्र ने एक द्वार पर बंगला में ही गुहार की, "ईश्वर के नाम पर एक मुट्ठी अन्न दो माँ! साधु को भिक्षा मिले।"

द्वार नहीं खुला। राखाल ने नरेंद्र की ओर देखा, "अब?"

नरेंद्र ने पुनः पुकारा, "साधु को एक मुट्ठी भिक्षा मिले माँ!"

"वे द्वार नहीं खोलेंगे, तो हम कब तक पुकारेंगे?" राखाल ने उसे घूरा, "चलो आगे।"

"तू क्या समझता है कि घर के लोग किवाड़ से लगे बैठे होंगे कि राखाल महाराज आएँगे, तो धप्प-से द्वार खोलकर खट-से उनकी झोली में अन्न डाल देंगे!" नरेंद्र बोला, "लोग घर के भीतर कहीं होंगे। वहाँ तक आवाज पहुँचने में समय लगता है।···फिर वे मुट्ठी में अन्न लिए नहीं बैठे होंगे। उठेंगे, अन्न निकालेंगे, बाहर के द्वार तक आएँगे, तब तुम्हारी झोली में अन्न डालेंगे।"

"तो?"

"तीन बार पुकारेंगे, न कम न अधिक।" नरेंद्र बोला, "मिल गया तो ठीक, नहीं तो आगे चल पड़ेंगे।"

नरेंद्र ने पुनः पुकारा, "साधु को एक मुट्ठी अन्न मिले माँ!"

कपाट इस बार भी नहीं खुले। थोड़ी देर प्रतीक्षा कर नरेंद्र ने पग आगे बढ़ाया।

"ऐसे तो बड़ी मुश्किल है।" राखाल बोला, "चिल्लाते-चिल्लाते हमारा गला बैठ जाए और द्वार ही न खुले।"

"तो तुम क्या समझकर चले थे कि लोग मुट्ठी में अन्न लिए, कपाट खोलकर द्वार पर पंक्ति बनाए खड़े होंगे कि हम लोग आकर उन्हें धन्य करें!" नरेंद्र हँसा, "यह तो ईश्वर-निर्भरता है। जो मिलेगा वह गृहस्थ का दिया नहीं, ईश्वर का दिया होगा। ईश्वर देगा तो खाएँगे, नहीं देगा तो भूखे रहेंगे।"

"अच्छा, भाई! चल। जैसी तेरी इच्छा।"

"मेरी इच्छा नहीं। ईश्वर की इच्छा।" नरेंद्र बोला।

वे लोग किसी मौन समझौते के अंतर्गत, बीच के उन कई मकानों के सामने नहीं रुके, जिनके कपाट बंद थे। खुले कपाटों वाला जो पहला मकान मिला, उसके सामने उन्होंने एक सम्मिलित गुहार लगाई, "माँ! ईश्वर के नाम पर साधु को एक मुट्ठी अन्न मिले।..."

आँगन में एक स्त्री, दो पुरुष और कुछ बच्चे अपने-अपने कामों में व्यस्त लगे। पुकार सुनकर उनमें से एक पुरुष ने सिर उठाकर द्वार की ओर देखा। दो क्षण चुपचाप देखते रहने के पश्चात् वह उठा और उनकी ओर चल पड़ा।...

"वह अन्न तो ला ही नहीं रहा।" शशि धीरे से बोला, "नकद पैसा देगा, तो हम मना कर देंगे। साधु को पैसे से क्या काम! ठाकुर तो पैसा छूते भी नहीं हैं।"

"नहीं, वह नकद पैसा नहीं ला रहा। वह तुम्हारे लिए किसी साहूकार की हुंडी या सरकारी बैंक का चेक ला रहा है। लेकर अपने खाते में जमा करवा लेना।" नरेंद्र ने दबे स्वर में कहा, "अरे, मूर्ख! यह व्यक्ति या तो हमें डाँटेगा, या फिर भाषण पिलाएगा।"

"तो चलें?"

"नहीं। जब गृहस्थ आ ही रहा है, तो साधु उसका दान लेकर ही जाएगा। चाहे सत्कार मिले, चाहे दुत्कार, या फूत्कार!" नरेंद्र बोला।

वह व्यक्ति सचमुच खाली हाथ आया था। उसने कुछ कहने से पहले उन लोगों को भली प्रकार घूरा और बोला, "हट्टे-कट्टे हो। भगवान् ने शरीर दिया है, तो बुद्धि भी दी होगी। कोई काम क्यों नहीं करते? इस अवस्था में भीख माँगने का क्या अर्थ? शायद भगवान् ने आत्मसम्मान नहीं दिया।"

नरेंद्र ने संन्यास के विषय में वर्षों से बहुत कुछ सोचा-समझा था, किंतु वास्तविकता के एक ही झटके ने जैसे सत्य का स्वरूप उसके सामने स्पष्ट कर दिया था।...संन्यासी को सचमुच किन-किन स्थितियों में से गुजरना पड़ता है।...उसके मन में बैठा कोई उसे उकसा रहा था कि वह उस व्यक्ति को संन्यास के दर्शन के विषय में कुछ बताए, किंतु उसकी बुद्धि ने जैसे उसके अधर सी रखे थे...वे लोगों से शास्त्रार्थ करने नहीं आए थे। उन्होंने ईश्वर के नाम पर अन्न के लिए गुहार लगाई थी। अब गृहस्थ की इच्छा थी कि वह उसे कुछ दे या न दे। इसलिए न उसे अपने मन में क्रोध लाना होगा, न गृहस्थ को उसके व्यवहार के लिए कुछ कहना-सुनना होगा।...गृहस्थ की जो इच्छा हो, वह कहता रहे। साधु को अपना मन शांत रखना होगा, क्रोध और प्रतिशोध से बचना होगा।...

"अब कुछ बोलोगे भी नहीं? जैसे मुँह में जिह्वा ही नहीं है।" वह व्यक्ति बोला, "अरे, भले आदमी! घर छोड़कर भागने की यह कौन-सी अवस्था है? यह अवस्था है घर का दायित्व सँभालने की। जाओ, काम करो। रुपया कमाओ और माता-पिता की सेवा करो। पत्नी और बच्चों का पालन करो। जाओ।"

उस व्यक्ति ने कपाट भिड़ा दिए, ताकि बाध्य होकर वे लोग आगे बढ़ जाएँ...या शायद इसलिए कि कहीं वे उसकी बातों का उत्तर ही न देने लगें। या शायद...

वे चल पड़े।

किसी के कुछ कहने से पहले ही नरेंद्र बोला, ''ऐसा भी होगा। अनेक स्थानों पर होगा।''

''पता नहीं, ये लोग साधुओं को क्या समझकर उपदेश देने लगते हैं।'' काली बोला, ''उनसे कुछ सीखते क्यों नहीं?''

''उनको अपना धर्म करने दो तुम अपना धर्म करो।'' नरेंद्र ने उत्तर दिया।

तीन-चार मकान छोड़कर उन्होंने पुनः पुकारा, ''माँ! ईश्वर के नाम पर साधु को एक मुट्ठी चावल मिले।''

इस बार एक महिला बाहर आई। उसकी दाहिनी मुट्ठी में चावल थे। चावलों की मात्रा अधिक नहीं थी, किंतु उस दान में तत्परता थी, आदर था और एक प्रकार का सम्मान था। वह भारतीय समाज का वह अंग था, जो साधु को दान देकर स्वयं को कृतार्थ मानता है...

महिला ने मुट्ठी आगे बढ़ाई तो नरेंद्र ने भगवे वस्त्र की झोली फैला दी।

महिला की मुट्ठी तो खुली किंतु साथ ही आश्चर्य से उसकी आँखें भी खुल गईं...

''क्या बाबा! इस अवस्था में ही तुम लोगों ने अपना घर त्याग दिया?'' उसकी आँखों में अश्रु भर आए, ''तुम्हारी माँ के मन पर क्या बीतती होगी?''

''साधु की माता तो सब ओर है माँ!'' नरेंद्र बोला, ''तुम भी तो मेरी माँ ही हो, तभी तो एक गुहार पर अन्न लेकर भागी चली आईं। सिवाय माँ के और इतना स्नेह किसके मन में है?''

''मैं तेरी जननी की बात कर रही हूँ रे! जिसने तुझे जन्म दिया है।'' वह बोली, ''तुमने कभी सोचा बाबा! वह तुम्हें याद कर कैसे रोती होगी? कैसी अभागी है वह, जिसका ऐसा सोने-सा पुत्र उसे छोड़कर चला गया हो।''

''संन्यासी को मोह के बंधन तोड़ देने पड़ते हैं माँ!'' नरेंद्र उदासीन मुद्रा में बोला, ''नहीं तो भव-बंधन कैसे तोड़ेगा! माँ तो बस एक जगन्माता ही है—महाकाली! जिसने हम सबको जन्म दिया है, हमारा पालन-पोषण कर रही है और फिर जो हमें पुनः अपनी गोद में बुला लेगी। सारी मातृ-जाति उसी का रूप है। अपने इस पुत्र की वाचालता क्षमा करना माँ! किंतु सत्य यही है...।'' वह चल पड़ा।

वह महिला अपने द्वार पर खड़ी, उन्हें जाते देखती रही।

''यह महिला तो बहुत भली थी नरेन!'' शरत् बोला।

''अब तुम उसे स्मरण कर अश्रु मत बहाने लगना।'' नरेंद्र ने उत्तर दिया, ''संन्यासी को किसी भी प्रकार का मोह नहीं बढ़ाना चाहिए।''

''तुम तो बने-बनाए संन्यासी हो भाई!'' शशि ने कहा, ''मुझे तो तुमसे बहुत कुछ सीखना होगा।''

''चुपचाप चले आओ। कम से कम इतना अन्न तो इकट्ठा करें ही कि अपना और अपने गुरु का आधा पेट भर सकें।...''

अगले घर के द्वार पर जब वे लोग पहुँचे, तो संयोग से दो पुरुष बाहर निकल रहे थे। साधुओं के इस दल को देखते ही वे ठिठक गए।

''क्या रे! ये कैसे साधु हैं?'' एक ने दूसरे से कहा, ''सब जवान, हृष्ट-पुष्ट और बलिष्ठ।''

''साधु!'' दूसरे ने आश्चर्य प्रकट किया, ''मुझे तो ये डाकुओं के किसी गिरोह के सदस्य लगते हैं, जो दिन में भेद लेने के लिए इधर-उधर घूम रहे हैं।''

पहला व्यक्ति अपने साथी की बात सुनकर जैसे सहम गया। उसने उन लोगों को ध्यान से देखा और फिर पलटकर नौकर को पुकारा।

नौकर आया तो वह व्यक्ति बोला, "भीतर से किवाड़ बंद कर ले। इन लोगों को देख ले। इन्हें घर के पास नहीं फटकने देना। यदि इधर-उधर मँडराते दिखाई दें तो चौकीदार को सहायता के लिए बुला लेना।...ध्यान रखना, कहीं माँ इनको भीतर बुलाकर कथा-वार्ता न सुनने लग जाए।..."

नौकर ने कपाट बंद कर लिए और वे दोनों पुरुष अपने मार्ग चले गए।

दोपहर तक सारे लड़के उद्यान-भवन में लौट आए। उन्हें विभिन्न प्रकार के खट्टे-मीठे अनुभव हुए थे। सत्कार भी, दुत्कार भी, संदेह भी, संशय भी, सम्मान भी, प्रहार भी...किंतु उनमें से कोई भी दुखी नहीं था। किसी को संसार छूटने का पश्चात्ताप नहीं था, किसी को 'बड़ा' आदमी न बन पाने का दुःख नहीं था। उन्हें तो खाली हाथ, ईश्वर की खोज में निकल पड़ने का आज पहला पाठ मिला था। उनकी समझ में आ रहा था कि गृहस्थ के नियमित, सुरक्षित, व्यवस्थित तथा संगठित जीवन से संन्यासी का जीवन कितना भिन्न था...उसमें कोई नियमितता नहीं थी, कोई व्यवस्था और सुरक्षा नहीं थी, संन्यासी संगठित समाज का अंग नहीं था, वह अकेला था। उसका कोई संबंधी और परिवार नहीं था...उसका तो बस एक ईश्वर था। बस, उसी ईश्वर पर निर्भर रहना था। उसकी इच्छा को प्रत्येक स्थिति में स्वीकार कर प्रसन्न रहना था...

ठाकुर ने अपने संन्यासी पुत्रों द्वारा अर्जित संपदा को देखा—चावल, आलू, हरे केले, बैंगन...

"ले जा लाटू! उसे दे आ। तुम सबके लिए पका देगी।" ठाकुर ने कहा, "क्यों रे! लोगों ने तुम्हें साधु-संन्यासी समझा?"

"अधिकांश लोगों ने तो हमें डाकू और गुंडे ही समझा।" निरंजन बोला, "साधु तो कम ही लोगों ने माना।"

"ठीक है! तुम लोग हतोत्सहित मत होओ।" ठाकुर बोले, "सबकी अपनी-अपनी दृष्टि होती है।"

श्रीमाँ ने भिक्षा के अन्न का दलिया-सा बना दिया था। सबसे पहले उसे ठाकुर को परोसा गया। ठाकुर आनंद-विभोर हो उठे। उन्होंने चावल का एक दाना उठाकर अपने मुख में रखा और बोले, "साधु पुत्र! यह भोजन अत्यधिक शुद्ध और पवित्र है। इसके साथ किसी की कोई कामना और वासना नहीं जुड़ी है।...आज मैं कृतकार्य हुआ।"

25

पंडित शशधर तर्क चूड़ामणि बहुत दिनों के पश्चात् ठाकुर से मिलने के लिए आए थे। ठाकुर के रोग और उनके कष्ट को देखकर जैसे वे दहल गए। मुख से कोई शब्द नहीं निकला और आँखें गीली हो गईं।

कुछ देर बाद जब स्वयं को सँभालने में कुछ सफल हुए तो बोले, "कैसे हैं महाराज?"

ठाकुर ने मुस्कराने का प्रयत्न किया, "कष्ट बढ़ रहा है। और क्या...।"

"क्यों इतना कष्ट सह रहे हैं?" पंडित बोले, "क्यों नहीं इससे मुक्त हो जाते?"

ठाकुर थोड़ी देर उन्हें चुपचाप देखते रहे और जैसे मन-ही-मन कोई निश्चय करके बोले, ''सारा कष्ट इसलिए सह रहा हूँ ताकि मेरे ये बालक रोएँ नहीं।''

''ये आपका कष्ट देखकर रोएँगे, या कष्ट से मुक्ति देखकर?'' पंडित कुछ चकित हुए।

''यदि मेरे ये शिष्य कह दें कि इतना कष्ट सहने से तो अच्छा है कि ठाकुर देह त्याग दें, तो मैं देह त्याग दूँगा।'' ठाकुर बोले, ''रोग तो मात्र शरीर का है, वैसे तो मैं ईश्वर के विभिन्न रूप देख रहा हूँ।''

''ईश्वर के विभिन्न रूप?''

''हाँ! देख रहा हूँ कि सारे नर-नारी, जीव-जंतु जैसे चमड़े के बने हुए हैं, और उन सबके भीतर स्वयं ईश्वर निवास कर रहा है।''

''वह तो ठीक है महाराज!'' पंडित बोले, ''फिर भी रोग चाहे शरीर का ही हो, पर उपचार तो उसका भी होना चाहिए। शरीर स्वस्थ हो तो···।''

''···हाँ। यदि इस शरीर की रक्षा हो सकती, तो और अनेक लोगों में आध्यात्मिकता जागती।'' ठाकुर बोले, ''किंतु इस शरीर की रक्षा नहीं होगी। जैसा चातुरीहीन और मूर्ख मैं हूँ, लोग उसका लाभ उठाएँगे, और मैं सबको सब कुछ दे दूँगा। इस कलियुग में लोगों को ध्यान और जप से तो वितृष्णा है···इसलिए माँ यह शरीर रखेगी नहीं।''

पंडित शशधर ने तत्काल कुछ नहीं कहा, किंतु उनके चेहरे से स्पष्ट था कि वे बहुत कुछ कहना चाहते हैं। वे चुपचाप ठाकुर को देखते रहे, और फिर जैसे निश्चय कर ही लिया। बोले, ''महाराज! क्या यह नहीं हो सकता कि आपके शिष्य रोएँ भी नहीं और आपको कष्ट भी न सहना पड़े? इस शरीर की रक्षा भी हो जाए, भक्तों का इससे शिक्षण हो और पापियों को अनुचित लाभ भी न हो?''

''यह सब कैसे संभव है पंडित?'' ठाकुर हँसे, ''माँ ने संसार बनाया ही ऐसा है कि सबके मन का सब कुछ नहीं हो सकता। माँ की इस माया-सृष्टि में यह तो संभव ही नहीं है कि शरीर रहे भी और कष्ट भी न पाए···।''

इस बार पंडित शशधर निरुत्तर नहीं हुए। कुछ प्रयत्नपूर्वक बोले, ''महाराज! शास्त्रों में लिखा है कि आप जैसी पवित्र आत्माएँ किसी भी शारीरिक कष्ट का मात्र इच्छा से ही उपचार कर सकती हैं।''

''कैसे?'' ठाकुर बोले।

''आप नहीं जानते क्या?''

''मैं अनपढ़ मूर्ख।'' ठाकुर जैसे परिहास कर रहे थे, ''मुझे शास्त्रों का क्या पता!''

पंडित शशधर तर्क चूड़ामणि ने इस विषय में तर्क नहीं किया। बोले, ''यदि आप अपने शरीर के रोगी अंग पर अपना ध्यान एकाग्र करेंगे और चाहेंगे कि वह नीरोग हो जाए, तो वह नीरोग हो जाएगा।''

पंडित ने ठाकुर की ओर देखा, किंतु ठाकुर ने कोई उत्तर नहीं दिया। वे चुपचाप लेटे छत की ओर ताकते रहे।

''आप इसके लिए प्रयत्न क्यों नहीं करते?'' पंडित ने पूछा।

ठाकुर ने जैसे कहा नहीं, उनके मुख से उनके मन का संचित आवेश फूटा, ''इतने बड़े पंडित होकर आप इस प्रकार का निरर्थक प्रस्ताव कर रहे हैं!''

"क्यों?" पंडित ने तुरंत कहा, "क्या अपने शरीर को स्वस्थ रखने का प्रयत्न नहीं करना चाहिए?"

"प्रयत्न हो तो रहा है।" ठाकुर बोले, "दो-दो डॉक्टर चिकित्सा में जुटे हैं। इतने लोग सेवा कर रहे हैं। दिन में कितनी बार औषधि ले रहा हूँ। भौतिक शरीर की रक्षा के लिए भौतिक प्रयत्न ही तो होंगे···।"

ठाकुर को जैसे पंडित शशधर के प्रस्ताव से वितृष्णा हो रही थी। बोले, "मैंने अपना ध्यान तो सदा के लिए ईश्वर को समर्पित कर दिया है। अब यह कैसे संभव है कि मैं उसे वहाँ से लौटाकर रक्त-मांस के इस सड़े-से पिंजरे पर एकाग्र करूँ?"

पंडित शशधर पर जैसे घड़ों पानी पड़ गया : सचमुच वे कितना अन्याय कर रहे थे। वे ठाकुर जैसी महानात्मा को घोर सांसारिक तथा स्वार्थी मनुष्य का-सा व्यवहार करने के लिए कह रहे थे।···उन्होंने कल्पना ही नहीं की थी कि कोई ऐसा भी मनुष्य हो सकता है, जो ईश्वर की इच्छा के साथ इस सीमा तक तादात्म्य कर चुका हो कि वह अपने लिए उससे सुख तो नहीं ही माँगता, दुःख का निवारण करने के लिए भी नहीं कहता···कहाँ वे यह मानकर आए थे कि वे ठाकुर के हितैषी हैं, उनकी समस्याओं का समाधान करने आए हैं, और कहाँ उन्होंने देखा कि अपने बौने मन और बौने संसार से ही सृष्टि की ऊँचाई नापने का प्रयत्न कर रहे थे। वे आकाश के स्वच्छ मेघ से कह रहे थे कि वह सूर्य के ताप से बचने के लिए, धरती पर आ कीचड़ में लिप्त हो जाए···

"मुझसे आपको समझने में भूल हुई महाराज!" पंडित उठ खड़े हुए। उनके हाथ ठाकुर के सम्मुख इस प्रकार जुड़ गए, जैसे किसी देव-प्रतिमा के सम्मुख खड़े हों, "आपकी ही इच्छा पूर्ण हो। माता की माया अपने बनाए मार्ग पर ही चले।"

पंडित शशधर प्रणाम कर चुपचाप कमरे से निकल गए, किंतु इस सारे वार्तालाप से नरेंद्र और ठाकुर के अन्य शिष्यों के कान खड़े हो गए।···ठाकुर समर्थ हैं और फिर भी वे प्रयत्न नहीं कर रहे···

"महाराज!" नरेंद्र ठाकुर के पलंग के निकट आ गया, "अवतार क्यों शरीर धारण करते हैं?"

"तू नहीं जानता?" ठाकुर ने मुस्कराकर उसे देखा।

"जानता तो हूँ, किंतु आपके मुख से सुनना चाहता हूँ।" नरेंद्र बोला, "ताकि इस बात की पुष्टि हो सके कि मैं ठीक जानता हूँ या नहीं।"

"तू दुष्टता कर रहा है।" ठाकुर बोले, "सुन! लोगों का उद्धार करने के लिए। उन्हें मार्ग दिखाने के लिए।"

"ईश्वर का साक्षात्कार करने के पश्चात् भी कुछ लोग यह शरीर धारण किए रहते हैं न?"

"हाँ।"

"क्यों?"

"ताकि अन्य लोगों को ज्ञान दे सकें, और भक्तों के साथ क्रीड़ा कर सकें।" ठाकुर बोले।

"तो फिर आप अपने इस शरीर की रक्षा क्यों नहीं करना चाहते?" नरेंद्र का स्वर आवेशयुक्त था, "आपको इस शरीर की आवश्यकता नहीं है, किंतु हमें तो है···आप इस शरीर की रक्षा करेंगे, तब ही तो हमें शिक्षा देंगे···।"

"तो क्या चाहता है तू?" ठाकुर के मन का स्नेह चेहरे पर प्रकट हो गया था।

''आपको इस रोग से मुक्ति पानी ही होगी।'' नरेंद्र बोला, ''अपने लिए नहीं तो हमारे लिए यह प्रयत्न करें। अन्य लोगों के हित के लिए माँ से कुछ माँगना स्वार्थ तो नहीं है।''

''तू क्या समझता है कि मैं स्वेच्छा से यह कष्ट पा रहा हूँ?'' ठाकुर बोले, ''मैं भी चाहता हूँ कि इसका उपचार हो जाए, किंतु यह रोग जाता ही नहीं। सब कुछ तो माँ की इच्छा पर निर्भर है।''

''तो आप कृपा कर माँ से कहिए कि वह आपका उपचार कर दे।'' नरेंद्र पूरे अधिकार के साथ बोला, ''वह आपकी प्रार्थना की उपेक्षा नहीं कर सकती।''

ठाकुर कुछ गंभीर हो गए, ''तुम्हारे लिए यह कहना सरल है, किंतु मैं इस प्रकार की याचना नहीं कर सकता।''

''नहीं।'' नरेंद्र बलपूर्वक बोला, ''यह तो आपको करना ही होगा। हमारे लिए आप माँ से यह याचना अवश्य करें।''

नरेंद्र के इस आग्रह का तिरस्कार करना ठाकुर के लिए संभव नहीं था, किंतु इस प्रकार की सांसारिक याचना वे करते भी तो कैसे। कुछ दबे स्वर से बोले, ''ठीक है। मैं देखता हूँ कि क्या किया जा सकता है।''

नरेंद्र कुछ क्षणों तक चुपचाप खड़ा रहा, फिर बोला, ''हम लोग जा रहे हैं ताकि आप माँ से यह याचना कर सकें। लौटकर आएँगे तो फिर यह मत कहिएगा कि मैं यह प्रार्थना कर नहीं सका।''

नरेंद्र ने न किसी को कुछ कहने का अवसर दिया, न सोचने का। वह सबको जैसे हाँककर बाहर ले गया। बरामदे में पहुँचकर वह अपने गुरुभाइयों की ओर मुड़ा, ''सब लोग मेरे साथ नीचे चलो। यदि कुछ प्रयत्न ठाकुर को करना है तो कुछ हमें भी करना है।''

''कैसा प्रयत्न?'' शरत् ने पूछा।

''नीचे आओ। सब कुछ बताता हूँ।'' नरेंद्र बोला और भागता हुआ सीढ़ियाँ उतर गया।

नीचे बड़े कमरे में पहुँचकर उसने शशि को भेजकर अपने अन्य गुरुभाइयों को भी बुला लिया, ''देखो, यह बात पंडित शशधर तर्क चूड़ामणि ने भी कही है कि ध्यान या चित्त की एकाग्रता की सहायता से अपनी तथा दूसरों की शारीरिक व्याधि ठीक की जा सकती है। यदि ठाकुर चाहें तो वे स्वयं को स्वस्थ कर सकते हैं, पर वे निजी सुख के लिए ऐसा कुछ करना नहीं चाहते। किंतु हम तो अपने गुरु के स्वास्थ्य के लिए ऐसा प्रयत्न कर ही सकते हैं। हम उनसे आग्रह करते हैं तो स्वयं प्रयत्न क्यों नहीं करते?''

सारे गुरुभाई नरेंद्र की ओर देख रहे थे। उन्होंने तो ऐसा कुछ सोचा भी नहीं था।

''हम सबको चाहिए कि हम इसी समय यहाँ बैठकर अपने चित्त को एकाग्र कर ध्यान करें और अपना ध्यान ठाकुर के रोगी कंठ पर केंद्रित करें। देखें कि इस अनुष्ठान से क्या कोई लाभ होता है?''

सबके चेहरों से स्पष्ट था कि इस अनुष्ठान में किसी को भी कोई आपत्ति नहीं थी। किंतु लाटू शायद कुछ पूछना चाह रहा था।

''क्या बात है लाटू?'' नरेंद्र ने पूछा।

''क्या मैं ठाकुर से कह आऊँ कि हम लोग ऐसा अनुष्ठान कर रहे हैं, इसलिए मैं थोड़ी देर उनके पास नहीं आऊँगा?''

"नहीं।" नरेंद्र बोला, "मैं उनसे कह तो आया हूँ कि हम थोड़ी देर बाद आएँगे। तू भी हमारे साथ यहाँ बैठ।"

अब चर्चा की कोई आवश्यकता नहीं थी। सब जानते थे, क्या करना है। नरेंद्र ने कमरे के किवाड़ भिड़ा दिए और सबसे पहले पद्मासन लगाकर बैठ गया। उसके पश्चात् कुछ क्षणों के अंतराल से सब लोग बैठ गए। आँखें मुँद गईं और क्रमशः वे लोग ध्यान की एकाग्रता की ओर बढ़ने लगे। कुछ ही मिनटों में वहाँ अभेद्य सन्नाटा छा गया।

संध्या-समय नरेंद्र पुनः ठाकुर के पास पहुँचा। उसने बिना किसी भूमिका के सीधा प्रश्न किया, "क्या आपने माँ से कुछ कहा? क्या उत्तर दिया माँ ने?"

ठाकुर चुपचाप उसे देखते रहे।

"क्या आपने माँ से नहीं कहा?" नरेंद्र का स्वर अभियोग लगाता-सा लगा।

"मैंने अपने गले की ओर इंगित करते हुए कहा, 'घाव के कारण मैं कुछ खा नहीं पा रहा। कृपा कर कुछ कर दो माँ, कि मैं थोड़ा-बहुत कुछ खा सकूँ।' "

"तो क्या कहा माँ ने?" नरेंद्र कुछ आक्रामक हो रहा था।

"माँ ने तुम सब लोगों की ओर इंगित कर कहा, 'क्या इनके मुखों से तुम ही नहीं खा रहे हो?' मैं लज्जित हो गया, कुछ कह नहीं सका।" ठाकुर अब भी अपनी उस लज्जा से उबर नहीं पाए थे।

अब लज्जित होने की बारी नरेंद्र की थी...उसने अपने गुरु को माँ के सम्मुख अनुचित याचना कर लज्जित होने के लिए बाध्य किया था। अपराधी गुरु नहीं थे, वह था, जिसके स्नेह में बँधकर ठाकुर ने इस प्रकार की याचना की थी जो माँ की दृष्टि में अनुचित थी...किंतु माँ का एक छोटा-सा उत्तर कितना कुछ कह रहा था...यही तो सृष्टि-चक्र की अपरिहार्यता थी। नियम किसी के लिए भी शिथिल नहीं होते, चाहे वह व्यक्ति स्वयं ईश्वर का अवतार ही क्यों न हो...और फिर उन सबके मुख से ठाकुर ही खा रहे थे, इसका अर्थ हुआ कि उन सबके माध्यम से ठाकुर का ही काम आगे बढ़ रहा था।...कोई एक व्यक्ति, चाहे वह कितना ही महान् क्यों न हो, अकेला अपने ही दम पर सृष्टि-चक्र नहीं चलाता, वह सृष्टि का अंग मात्र होता है। माँ ने व्यक्ति की नश्वरता और सृष्टि-चक्र की अनश्वरता का कितना सुंदर उदाहरण प्रस्तुत किया था। सृष्टि के लिए व्यक्ति-व्यक्ति का भेद कोई अर्थ नहीं रखता...क्या माँ अपने इस उत्तर से उन लोगों को अद्वैत वेदांत समझा रही थीं?...

26

शिवरात्रि के दिन नरेंद्र, शरत्, निरंजन, काली तथा छोटे गोपाल इत्यादि ने निर्जल उपवास किया था। दिन में कुछ समय ध्यान किया और शेष समय में शिव-चर्चा। नीचे के किनारे वाले कमरे में पूजा का आयोजन किया। नरेंद्र ने शिव-संबंधी अनेक भजन गाए और फिर स्वरचित रचना गाई :

"ताथैया ताथैया नाचे भोला, बम् बम् बाजे गान।
डिमि डिमि डिमि डमरू बाजे, डोलती कपाल-माल।
गरजे गंगा जटा माँझे, उगले अनल त्रिशूल राजे,
धक धक धक मौलिबंध ज्वले शशांक भाल।"

मध्य रात्रि की पूजा के पश्चात् शरत् चिलम तैयार करने के लिए बाहर चला गया। निरंजन मुख्य भवन में ठाकुर के पास चला गया।

नरेंद्र ने संकल्प किया था कि वह आज सारी रात नहीं सोएगा। जिस रात को ध्यान करने से शिव मिलते हों, उस रात को सोने का क्या अर्थ? पूजा संबंधी सारे कामों को निबटाकर, सब ओर से निश्चिंत होकर नरेंद्र ध्यान करने के लिए पद्मासन में बैठ गया और उसने आँखें बंद कर लीं।

काशीपुर में नरेंद्र के साथ रहकर, उसकी बातें सुनकर, उसका व्यवहार देखकर काली उससे इतना प्रभावित हुआ था कि वह प्रायः नरेंद्र की छाया ही बन जाना चाहता था। परिणामतः अजाने ही उसने नरेंद्र का अनुकरण करने की आदत डाल ली थी। यदि नरेंद्र 'मोहमुद्गर', 'कोपीन पंचक', 'विवेक चूड़ामणि' अथवा 'अष्टावक्रसंहिता' जैसी पुस्तकें पढ़ता था तो काली भी वही पढ़ता था। नरेंद्र उनका पाठ करता था तो काली भी उनका पाठ करने लगता था। उसकी दृष्टि इस ओर लगी ही रहती थी कि नरेंद्र किस समय क्या करता है, और वह अनायास वही करने लगता था। शायद अपने मन-ही-मन कहीं काली मान बैठा था कि नरेंद्र जो कुछ करता है, वही उत्तम और श्रेष्ठ है, और अपने विकास के लिए अच्छा है कि नरेंद्र का ही अनुकरण किया जाए।

नरेंद्र ने आँखें मूँद लीं, तो काली भी उसके साथ ही पद्मासन लगाकर बैठ गया।

नरेंद्र ने त्रिकुटी पर अपने चित्त को एकाग्र किया। उसकी बाह्य चेतना क्रमशः धूमिल होती गई और उसका मन जैसे आत्मलीन होता हुआ आनंद की अनुभूति की ओर बढ़ने लगा। समय का नरेंद्र को कोई आभास नहीं था, जैसे महाकाल की गति मंद होती हुई ठहर गई हो, किंतु काल-स्तंभन का यह रूप अत्यंत आनंददायी था, जैसे कोई अलौकिक, अपार्थिव आनंद में स्थित हो गया हो।···इस सारे मार्ग से नरेंद्र परिचित था। वह जानता था, ध्यान की यात्रा इसी मार्ग से होती हुई समाधि तक पहुँचती थी···तभी उसका अनुभव पहले से कुछ भिन्न हो गया, जैसे ध्यान-यात्रा ने किसी एक चौराहे पर आकर नया मोड़ ले लिया हो···नरेंद्र को जो अनुभूति हो रही थी वह भिन्न थी।···उसके शरीर में जैसे कोई अपूर्व ऊर्जा, कोई अद्भुत स्फूर्ति उत्पन्न हो रही थी।···वह नहीं जानता था कि यह क्या था···किंतु जैसे कोई उसे बता रहा था कि उसके शरीर में यह शक्ति-संचार की प्रक्रिया थी।···पर कौन बता रहा था उसे? क्या उसका कोई गुरु उसके मन में बैठा था? क्या उसकी आत्मा अब अपनी गुरु हो गई थी?···

पर नरेंद्र की बुद्धि इस प्रकार के विचारों को सहज ही स्वीकार करने वाली नहीं थी। वह किसी के छलावे में नहीं आ सकता था। उसे तो ठोस प्रमाण चाहिए था···और प्रमाण के लिए परीक्षण करना होगा···परीक्षण के लिए प्रयोग···

नरेंद्र ने आँखें खोल दीं। उसकी बाईं ओर, काली आँखें बंद किए ध्यान कर रहा था।

"काली! काली! बात सुन।" नरेंद्र ने धीरे से पुकारा···वह जानता था, यदि काली गहरी ध्यानावस्था में नहीं होगा तो तत्काल आँखें खोल देगा।

काली ने तत्काल तो आँखें नहीं खोलीं, किंतु कोई विशेष विलंब भी नहीं किया।···इसका अर्थ था कि काली की एकाग्रता अभी सघन नहीं हुई थी। नरेंद्र ने उसे पुकारकर उसका कोई अहित नहीं किया था।

काली ने आँखें खोलकर उसकी ओर देखा, "क्या है?"

"एक प्रयोग में मुझे तुम्हारी सहायता चाहिए।" नरेंद्र ने कहा।

"बोलो!"

"थोड़ी देर में मुझे छूना।" नरेंद्र बोला।

काली ने कुछ कहा नहीं, किंतु उसकी आँखों में अंकित प्रश्न से स्पष्ट था कि वह कुछ समझ नहीं पाया है।

"थोड़ी देर में मुझे छूना।" नरेंद्र पुनः बोला, "और जब मैं पूछूँ, तो मुझे बताना कि तुमने क्या अनुभव किया।"

काली अब भी कुछ नहीं बोला···पता नहीं नरेंद्र यह सब क्या कह रहा था। सहसा उसका ध्यान ठाकुर की ओर चला गया···ठाकुर भी तो अपनी ध्यानावस्था में भक्तों को छू दिया करते हैं।···क्या नरेंद्र भी कुछ वैसा ही करना चाहता है? किंतु नहीं। नरेंद्र स्वयं उसे छूने की तो बात ही नहीं कर रहा। वह तो ठाकुर से ठीक विपरीत किसी प्रक्रिया की चर्चा कर रहा है, वह काली से कह रहा है कि वह उसे छुए···

पर काली के कुछ पूछने से पहले ही नरेंद्र पुनः अपनी आँखें बंद कर चुका था। इसका अर्थ स्पष्ट था कि नरेंद्र उसे प्रश्न पूछने का किसी प्रकार का कोई अवसर नहीं देना चाहता था।

अकबकाया-सा काली कुछ देर तक नरेंद्र को देखता रहा, किंतु नरेंद्र तो अपने ध्यान में लीन हो चुका था। अब तो वह आँखें खोलने के पश्चात् ही कुछ बताएगा···और जिस ढंग से उसने काली से कहा था, उसका अर्थ था कि काली उसे अभी छुए आँखें खोलने से पहले। आँखें खोलने के पश्चात् प्रकृतिस्थ होने पर नरेंद्र को छूने पर क्या प्रयोग होता!···शायद वह यही तो चाहता था कि जब वह ध्यान कर रहा हो, तभी काली उसे छुए।

काली ने अपना हाथ बढ़ाया।···किंतु तभी वह ठिठक गया।···कहाँ छुए? कंधा, हाथ अथवा घुटना?···घुटना छूना ही सबसे अधिक सुविधाजनक था।···

उसने हाथ बढ़ाकर नरेंद्र का दायाँ घुटना छुआ।···काली का हाथ जैसे नरेंद्र के घुटने पर नहीं, किसी विद्युत्-प्रवाह पर पड़ गया था। उसके रोम तनकर खड़े हो गए और रगों में रक्त नहीं जैसे आघात-प्रतिघात प्रवाहित होने लगे। उसके हाथ को ऐसे झटके लग रहे थे, जैसे हाथ को ही नहीं, स्वयं काली को ही उठाकर दूर फेंक देंगे···किंतु आश्चर्य की बात यह थी कि विद्युत् के वे झटके जो उसे दूर फेंक देना चाहते थे, उसे छोड़ भी नहीं रहे थे। उसका हाथ नरेंद्र के घुटने से चिपक गया था···

चिलम तैयार कर शरत् लौट आया। उसने देखा, काली ध्यानावस्थित नरेंद्र का दाहिना घुटना छू रहा है और उसका हाथ मशीनी ढंग से विचित्र-सी कँपकँपाहट लिए हिल रहा है।···तभी नरेंद्र ने अपनी आँखें खोल दीं और बोला, "पर्याप्त है। तुम्हें कैसा अनुभव हुआ?"

काली ने अपना बायाँ हाथ दाईं हथेली में थाम रखा था। उसके चेहरे पर आश्चर्य ही नहीं, घबराहट के भी लक्षण थे···

"तुम्हारा हाथ नरेंद्र को स्पर्श करने के कारण काँप रहा था?" शरत् ने भी चकित होकर पूछा।

"हाँ!" अस्त-व्यस्त काली के मुख से जैसे अनायास निकला, "प्रयत्न करने पर भी मैं उसे निस्पंद नहीं रख पा रहा था।"

"यह क्या है नरेंद्र?" शरत् का आश्चर्य बढ़ता ही जा रहा था।

"मैं स्वयं नहीं जानता।" नरेंद्र बोला, "यह तो ठाकुर ही बताएँगे। यह मुझे अवश्य लगा कि मेरे शरीर के भीतर कुछ नवीन और अद्भुत प्रवाहित हो रहा है।"

"प्रातः ठाकुर से पूछेंगे।" शरत् बोला, "इस समय शायद वे विश्राम कर रहे हों।"

"हाँ, ठीक है।" नरेंद्र सहज भाव से बोला, "इस समय तो तुम भी हम दोनों के साथ बैठकर ध्यान ही करो।"

शरत् भी आसन बिछाकर बैठ गया और उसने आँखें मूँद लीं।

काली ने कुछ कहा नहीं, किंतु उसका मन जैसे भयंकर ऊहापोह में डूबा हुआ था।···जाने यह सब क्या था? क्या यह नरेंद्र की यौगिक शक्ति थी? क्या उसकी कुंडलिनी जाग्रत हो रही थी?···और उसका स्पर्श करने से काली के भीतर यह सब क्या हो रहा था? उसे निरंतर यह अनुभव क्यों हो रहा था कि उसकी शिराओं में जैसे असाधारण आवागमन चल रहा था। बहुत कुछ था जो ध्वस्त-सा होता लग रहा था···और बहुत कुछ जैसे नया बन रहा था···कभी ऊर्ध्वगमन का आभास होता था और कभी बहुत कुछ नीचे की ओर प्रवहमान होने लगता था···

ऐसी स्थिति में उसका ध्यान लग पाएगा क्या?···शायद नहीं। जहाँ इतनी हलचल मची हो, वहाँ एकाग्रता कैसे आएगी?···किंतु आँखें मूँदते ही उसे लगा कि उसकी शांति लौट रही है। आँखें जैसे स्वयं मुँदने को आतुर थीं···चित्त एकाग्र होना चाहता था, मन ध्यान में लीन होने को तत्पर था। काली को लगा, वह आज तक कभी अपने मन को इतनी सहजता से एकाग्र नहीं कर पाया था···

प्रातः चार बजे शशि उस कमरे में आया। उसने देखा, नरेंद्र, शरत् और काली ध्यानमग्न बैठे हैं।

नरेंद्र!" उसने पुकारा, "नरेंद्र!"

नरेंद्र ने आँखें खोलीं।

"ठाकुर बुला रहे हैं।"

नरेंद्र जैसे तत्काल सजग हो उठा, "ठाकुर जाग गए हैं?"

"हाँ, जाग गए हैं और कुछ व्याकुल भी हैं।" शशि ने बताया।

"क्यों? रात को नींद नहीं आई? क्या वेदना बढ़ गई है?" नरेंद्र ने पूछा।

"नहीं, ऐसा कुछ तो नहीं है।"

नरेंद्र तो स्वयं ही ठाकुर के पास जाने को उत्सुक था। उन्होंने बुला भेजा है तो और भी अच्छा है।

नरेंद्र ने ठाकुर को प्रणाम किया।

"यह सब क्या है नरेन?" ठाकुर के स्वर में हलकी-सी डाँट थी।

"क्या हुआ महाराज?" उसने कुछ चकित स्वर में पूछा।

"अभी कुछ संचित किया नहीं और अपव्यय आरंभ कर दिया," ठाकुर बोले, "पहले पर्याप्त मात्रा में संचय करो, फिर तुम जान पाओगे कि उसको कब, कहाँ और कैसे खर्च करना है। माँ स्वयं तुम्हें सिखाएँगी।"

नरेंद्र समझ गया कि ठाकुर किस विषय में कह रहे हैं।···वह स्तब्ध-सा खड़ा रह गया···ठाकुर को सब कुछ मालूम है? वे यहाँ लेटे-लेटे सब कुछ जानते हैं कि कहाँ क्या हो रहा है? बाह्य संसार की घटनाएँ तो उन्हें कोई बता भी सकता है, किंतु किसके भीतर क्या घटित हो रहा है···

ठाकुर की बात अभी समाप्त नहीं हुई थी। बोले, "तुम समझ नहीं रहे हो कि तुमने अपनी मनोवृत्ति उस पर आरोपित कर काली की कैसी क्षति की है। वह एक विशेष मनोवृत्ति में एक विशेष

दिशा में प्रगति कर रहा था।...'' उन्होंने उसकी ओर कुछ खेद से देखा, ''वह सब नष्ट हो गया, जैसे छठे महीने में गर्भपात हो गया हो।''

नरेंद्र अपनी अनजानी उपलब्धि की सूचना देकर ठाकुर को प्रसन्न करना चाहता था। वह क्या जानता था कि उस उपलब्धि के साथ जुड़ी हुई समस्याएँ भी हैं? ठाकुर उसकी उपलब्धि से प्रसन्न न हों, ऐसा संभव नहीं है, किंतु अपनी नादानी में वह ठाकुर के एक शिष्य की हानि कर बैठा था...वह तो केवल अपने विषय में सोच रहा था, किंतु ठाकुर की दृष्टि में तो हर कोई था...उन्हें तो सबकी चिंता थी...

27

निरंजन ने अपने कंधे पर एक डंडा रखा और जमकर सीढ़ियों में बैठ गया।...वह जानता था कि किसी को मारने के लिए इस डंडे की आवश्यकता नहीं होगी, फिर भी डंडा पास हो तो एक तो आने वालों के मन में उसका कुछ भय होता है और दूसरे, किसी को ऊपर जाने से रोकना ही पड़े तो मार्ग में अड़ाने के काम आता है।

जैसे-जैसे ठाकुर के रोग और उनके काशीपुर में वास का समाचार फैलता जा रहा था, वैसे-वैसे ही उनके दर्शन करने तथा उनका उपदेश सुनने के लिए आने वालों की संख्या बढ़ती जा रही थी। दोनों डॉक्टर अपने इस आग्रह में कठोर से कठोरतर होते जा रहे थे कि ठाकुर के पास सिवाय उनकी शुश्रूषा करने वालों के और कोई न जाए, और उनकी शुश्रूषा करने वाले भी उनसे कम-से-कम बातें करें। किंतु रोग के साथ-साथ दर्शनों के लिए आने वाले भक्तों के प्रति ठाकुर की करुणा बढ़ती जा रही थी और उनकी उपदेश देने की आतुरता का अंत नहीं था।

प्रातः ही कुछ दूर के गाँव के लोगों का एक झुंड आया था। उन्हें बहुत समझाया गया कि ठाकुर का स्वास्थ्य ऐसा नहीं है कि उन्हें इतना कष्ट दिया जाए, किंतु वे अपनी श्रद्धा-भक्ति में कुछ इतने दृढ़ थे कि इस बात पर अड़ गए कि वे लोग ठाकुर के दर्शन कर लौट जाएँगे। जब नरेंद्र इसके लिए भी सहमत नहीं हुआ तो उन्होंने आग्रह किया कि किसी को भेजकर ठाकुर से केवल इतना कहलवा दें कि वे उनके दर्शन करना चाहते हैं। वे लोग ठाकुर के कमरे में प्रवेश भी नहीं करेंगे। द्वार पर से ही प्रणाम कर लौट जाएँगे।...यदि ठुकर मना कर देंगे, तो वे लोग नीचे से ही लौट जाएँगे।

वैसे यह सूचना भेजने का भी कोई अर्थ नहीं था, फिर भी बाबूराम सहमत हो गया और वह ऊपर ठाकुर के पास जा पहुँचा। ठाकुर ने उसकी बात सुनी और बोले, ''उन्हें भेज दो। बेचारे इतनी दूर से आए हैं, उन्हें निराश करना उचित नहीं है।''

ग्रामीण डरते-डरते द्वार तक आए तो ठाकुर ने स्नेहपूर्वक उनकी ओर देखा और बोले, ''आ जाओ। डरो नहीं, भीतर आ जाओ।''

फिर क्या था, उनका साहस बढ़ गया और न केवल वे ठाकुर के निकट चले गए, वरन् विभिन्न प्रकार के प्रश्न भी पूछने लगे। ठाकुर ने पहले कुछ संक्षिप्त उत्तर दिए और फिर वे जैसे उनके स्नेह के प्रवाह में बह गए और उन्हें उपदेश करते चले गए। उसमें बाधा डाली ठाकुर की खाँसी ने। उन्हें सँभालने के लिए जब शरत् और काली उनके निकट पहुँचे, तो उन्होंने देखा कि

न केवल ठाकुर की वेदना बहुत बढ़ गई थी वरन् उनके कण्ठ से खाँसी के साथ खून भी आया था। काली, नरेंद्र को बताने के लिए भागा और शरत् ने निरंजन को पुकारकर लोगों को कमरे से निकालने के लिए कहा।

थोड़ी ही देर में स्थिति एकदम बदल गई। ग्रामीण भक्तों को तो विदा कर ही दिया गया, यह भी निर्णय लिया गया कि अब किसी को, चाहे वह कितना ही आग्रह क्यों न करे, ठाकुर के पास नहीं जाने दिया जाएगा। जो उनके दर्शन करने आएगा, वह कुछ कहे बिना नहीं रहेगा और ठाकुर उसका उत्तर भी अवश्य देंगे। ऐसे में औषधि भी क्या करेगी और डॉक्टर तथा सेवा-शुश्रूषा करने वाले ही क्या कर लेंगे!

और उसी का परिणाम था कि निरंजन कंधे पर लाठी रखकर मार्ग में जमकर बैठ गया था कि वह किसी भी आवंछित व्यक्ति को ठाकुर के पास जाने नहीं देगा। यद्यपि नरेंद्र ने उससे कहा भी था कि ठाकुर की सेवा-शुश्रूषा के लिए ही पर्याप्त लोगों की आवश्यकता थी, ऐसे में यदि चौकीदारी का एक काम और बढ़ा दिया जाए तो व्यक्तियों की और भी कमी पड़ेगी, किंतु निरंजन इस बात पर दृढ़ था कि वह और कोई काम करे या न करे, चौकीदारी का काम तो करेगा ही। नरेंद्र भी जानता था कि जिस दक्षता और दृढ़ता से यह काम निरंजन कर सकता था, शायद और किसी के वश का था भी नहीं।

निरंजन को सीढ़ियों में बैठे अभी आधा घंटा भी नहीं हुआ था कि उसने कालीपद घोष को सीढ़ियों की ओर आते देखा। निरंजन एकदम सावधान हो गया। उसके मन में अनेक विचार एक साथ जाग उठे थे…यह कालीपद घोष उन लोगों में से था, जिन्होंने खर्च के लिए दिए गए अपने थोड़े से धन के बदले में ठाकुर पर अपना पूर्ण आधिपत्य मान लिया था। वे लोग ठाकुर की ओर से सारे निर्णय स्वयं लेने लगे थे। ठाकुर के शिष्यों से उनके अधिकार छीनने लगे थे। अब ठाकुर को उनके पैसे की कोई आवश्यकता नहीं थी…इसलिए कालीपद घोष का ठाकुर के पास जाने का कोई अधिकार भी नहीं था। वैसे भी वह व्यक्ति ठाकुर के पास जाएगा तो व्यर्थ की बक-झक करेगा। इसका क्या भरोसा है कि ठाकुर से कोई प्रार्थना ही करने लगे। उनसे उपदेश करने के लिए कहे। उन्हें कोई गीत सुनाने के लिए कहे।…इसका तो उनके पास न पहुँचना ही उचित था।…

कालीपद निकट आया। उसने देखा कि निरंजन एक लाठी लिए वहाँ बैठा है। सदा के समान निरंजन ने न तो उसको नमस्कार किया था, न ही उसके चेहरे पर कोई परिचित मुस्कान उभरी थी, न ही उसने एक ओर हटकर उसके लिए मार्ग छोड़ा था। उसकी भंगिमा कुछ आक्रामक-सी भी लग रही थी। किंतु फिर भी कालीपद ने उसे कोई विशेष महत्त्व नहीं दिया।…इन लड़कों का क्या है! इन्हें जितना भी महत्त्व दो उतना ही ये लोग सिर पर चढ़ने लगते हैं। उसने सीढ़ियाँ चढ़ने के लिए अपना पग बढ़ाया ही था कि निरंजन ने मार्ग में लाठी अड़ा दी।

"यह क्या है?" कालीपद ने कुछ क्रोध से पूछा।

"ऊपर जाने की अनुमति नहीं है।" निरंजन बहुत शांत भाव से बोला।

"अनुमति का अर्थ?" कालीपद भौचक-सा खड़ा था, "किसकी अनुमति नहीं है?"

"परमहंस की फौज के सैनिकों की।" निरंजन बोला, "ठाकुर का स्वास्थ्य ठीक नहीं है। वे अवांछनीय लोगों से नहीं मिल सकते।"

कालीपद का संतुलन कुछ बिगड़ने लगा था…निरंजन उसे अवांछित व्यक्ति कह रहा था,

"तुमने भाँग तो नहीं पी ली? तुम तो इस प्रकार बात कर रहे हो जैसे ठाकुर तुम्हारी व्यक्तिगत संपत्ति हों।"

"नहीं, न ठाकुर मेरी व्यक्तिगत संपत्ति हैं, न मैं उस तरह का व्यवहार कर रहा हूँ। ठाकुर को अपनी व्यक्तिगत संपत्ति तो तुम लोगों ने समझा था और हम लोगों से ठाकुर के निकट रहने का अधिकार भी छीन लेना चाहते थे।"

"हमने ऐसा कुछ नहीं किया है।" कालीपद ने कहा, "हम तो केवल ठाकुर की चिकित्सा-व्यवस्था को अनुशासित करने का प्रयत्न कर रहे थे।"

"अब हम लोग भी उसी प्रकार अनुशासन लागू करने का प्रयत्न कर रहे हैं।" निरंजन बोला, "तुम लोग चाहते थे, यहाँ अवांछित व्यक्ति न रहें। हम चाहते हैं कि अवांछित व्यक्ति उनसे न मिलें।"

"हम माने?"

"हम माने हम—हम सब। नरेंद्र से लेकर छोटे गोपाल तक। जब हमने ठाकुर का सेवा-भार लिया है तो हमें उनका अनावश्यक श्रम भी बचाना होगा।" निरंजन बोला।

कालीपद का क्रोध उसके माथे पर दमका तो, किंतु उसने स्वयं को संयत कर लिया। अब कालीपद को पहले जैसा क्रोध नहीं आता। पहले जैसा स्वभाव होता तो वह अब तक निरंजन पर हाथ चला चुका होता। फिर भी उसका मन कम उद्वेलित नहीं था…निरंजन न केवल उसको ठाकुर के पास जाने से रोक रहा था वरन् उसका अपमान भी कर रहा था। ऐसे में तो कोई साधारण आदमी मारपीट पर उतर आ सकता है।…किंतु कालीपद का असंतुलित मस्तिष्क भी इस बात की उपेक्षा नहीं कर पा रहा था कि निरंजन साधारण अथवा दुर्बल युवक नहीं था। उस पर बल-प्रयोग करने का परिणाम कालीपद के लिए हितकर नहीं होता। यदि वह वैसा कोई प्रयत्न करता तो निरंजन उसकी तुलना में कहीं अधिक उद्दण्ड हो सकता था।

"तुम जो कुछ कर रहे हो, उसका अर्थ समझते हो?" कालीपद ने उसे घूरा, "मैं अभी राम बाबू से तुम्हारी शिकायत करूँगा।"

"आप तो इस प्रकार धमकी दे रहे हैं जैसे राम बाबू यहाँ कोतवाल लगे हों।" निरंजन ने उसे घूरकर देखा, "यदि राम बाबू के पास शिकायत करने ही जा रहे हैं, तो उन्हें यह सूचना भी दे दीजिएगा कि आपके ही समान रामचंद्र दत्त और सुरेंद्रनाथ मित्र को भी ठाकुर से मिलने की अनुमति नहीं है, इसलिए वे यहाँ आने का कष्ट न करें।"

इस बार कालीपद घोष ने मुख से कुछ नहीं कहा। एक क्रुद्ध दृष्टि निरंजन पर डाली और नीचे के बड़े कमरे की ओर लौट गया।

निरंजन हलके से मुस्कराया और शांत भाव से सीढ़ियों पर बैठ गया। वह जानता था कि कालीपद घोष जाकर रामचंद्र दत्त से इस घटना की शिकायत करेगा। यदि रामचंद्र यहाँ न भी हों तो वह कलकत्ता में उनके घर जाकर भी यह चर्चा अवश्य करेगा। यह कैसे संभव था कि वह उन लड़कों की धौंस सह जाता, जिन्हें एक प्रकार से वह अपने पैसों पर विलास करते हुए देख रहा था।

कालीपद को लौटने में देर नहीं लगी, और इस बार उसके साथ रामचंद्र दत्त और सुरेंद्रनाथ मित्र भी थे। इसका अर्थ यह था कि वे तीनों यहाँ इकट्ठे ही आए थे…तीनों अन्नदाता…निरंजन मन-ही-मन हँसा। ये लोग जाने अपने आपको समझते क्या हैं। बड़ा बाजार का वह मारवाड़ी व्यापारी लक्ष्मीनारायण ठाकुर को दस हजार रुपए दे रहा था। ठाकुर ने उसे मना कर दिया था। इस बार

भी ठाकुर के विषय में, धन की समस्या के विषय में सुनकर वह आया था। वह कोई भी राशि ठाकुर के नाम पर देने को आतुर था, किंतु ठाकुर ने उसे मना कर दिया। और ये लोग···

वे तीनों निरंजन के निकट आ गए। निरंजन ने लाठी अपने हाथ में उठा ली।

राम और सुरेंद्र स्तब्ध रह गए···क्या यह निरंजन इस सीमा तक अशिष्ट और उद्दण्ड हो सकता है? वह न केवल उन्हें ठाकुर के पास जाने से रोक रहा है, वरन् लाठी से मारने की धमकी दे रहा है···नरेंद्र उसके इस व्यवहार से कभी सहमत नहीं हो सकता।

"तुम इस प्रकार का व्यवहार नहीं कर सकते निरंजन!" राम ने कहा, "हमारा भी ठाकुर पर उतना ही अधिकार है, जितना कि तुम्हारा। या शायद हमारा अधिकार तुमसे कहीं अधिक है।"

निरंजन हँसा, "आपके अधिकार की क्या बात है! आप तो स्वामी हैं, अन्नदाता।"

निरंजन की हँसी जैसे राम का हृदय चीर गई। कितनी कटुता थी उसकी उस हँसी में। पता नहीं क्यों, ये लड़के एक छोटी-सी बात का बतंगड़ बना रहे हैं। अपनी भूल समझते नहीं और उनसे इस तरह का व्यवहार कर रहे हैं, जैसे उन्होंने कोई बड़ा अपराध किया हो···

"अच्छा, तुम नरेंद्र को बुला दो। हम उससे बात करेंगे। यदि वह भी तुम्हारा समर्थन करेगा तो हम लौट जाएँगे।" सुरेंद्र ने शांत और स्थिर स्वर में कहा।

"मैं इस समय यहाँ से नहीं हट सकता।" निरंजन दृढ़ स्वर में बोला, "आप लोगों को नरेंद्र से बात करनी हो तो आप उसे खोज लें।"

वह इस प्रकार मुँह मोड़कर बैठ गया जैसे या तो वे लोग वहाँ हों ही नहीं या फिर वह उनसे और कोई बात करना नहीं चाहता था।

लौट जाने के अतिरिक्त और विकल्प नहीं था।···यद्यपि सुरेंद्र ने नरेंद्र से बात करने का प्रस्ताव रखा था किंतु मन-ही-मन उसे भी यह विश्वास था कि नरेंद्र की सहमति के बिना निरंजन कदापि इस प्रकार का व्यवहार नहीं कर सकता। फिर भी यह जान लेना आवश्यक था कि नरेंद्र की इच्छा क्या है···

"यदि ये लड़के नहीं चाहेंगे तो क्या हम ठाकुर से मिलेंगे ही नहीं!" कालीपद क्रुद्ध स्वर में बोला, "मैं नहीं समझता कि इनको इतना अधिकार दिया जाना चाहिए। कम-से-कम ठाकुर से तो इनकी शिकायत करनी ही चाहिए।"

चलते-चलते राम सहसा रुक गया, "इस ओर तो मेरा ध्यान ही नहीं गया।" वह बोला, "मैं तो अब तक यह ही सोच रहा था कि यह अकेले निरंजन की ही मूर्खता है या इन सब गुरुभाइयों ने मिलकर यह तय किया है। यह तो मैंने सोचा ही नहीं कि इसमें ठाकुर की भी सहमति हो सकती है।"

"क्यों? हमने ठाकुर का क्या अपराध किया है?" कालीपद कुछ चिढ़कर बोला, "संभव है, उन्हें इसकी सूचना ही न हो।"

"संभव तो कुछ भी है।" सुरेंद्र बोला, "किंतु यदि इन लड़कों के द्वारा भिक्षा का अन्न लाकर ठाकुर को खिलाने की बात सत्य है तो ठाकुर भी उनके इस निर्णय का समर्थन कर ही सकते हैं।"

"वैसे तो मैंने भी सुना है," राम ने कुछ आत्मलीन-सा होते हुए कहा, "कि ठाकुर ने नरेंद्र से कहा कि वह उन्हें जहाँ कहीं भी ले जाएगा, वे उसके साथ जाएँगे, और नरेंद्र ने कहा है कि आवश्यकता पड़ी तो वह उन्हें अपने कंधे पर बैठाकर ले जाएगा और द्वार-द्वार भिक्षा माँगकर उनके लिए अन्न जुटाएगा।"

"इसका क्या अर्थ हुआ?" कालीपद बोला, "हम ठाकुर की चिकित्सा के लिए धन दें और इन छोकरों की धौंस भी सहें।"

"नहीं, मुझे तो कुछ और ही दिखाई दे रहा है।" राम की आत्मलीनता कुछ कम हुई।

"क्या दिखाई दे रहा है?" सुरेंद्र ने पूछा।

"हमें कुछ अभिमान हो गया था कि हम ठाकुर का पालन कर रहे हैं। ठाकुर ने इसीलिए हमारा धन लेना अस्वीकार कर दिया है।" राम ने उत्तर दिया, "ठाकुर की सेवा में धन समर्पित करने वाले, एक हम ही तो नहीं हैं। उन्हें धन देने के इच्छुक बड़े-बड़े धनाढ्य लोग हैं, किंतु ठाकुर ने उनका धन इसलिए स्वीकार नहीं किया, क्योंकि उसके साथ उनकी कामनाएँ जुड़ी हुई हैं। लोग तो उनके पीछे-पीछे अपनी थैलियाँ लिए घूमते हैं। उन्होंने दक्षिणेश्वर के काली मंदिर की स्वामिनी रानी रासमणि जैसी महिला को, मंदिर में बैठाकर अपने मुकदमे की बात सोचने के अपराध में चाँटा मार दिया था···उनको अपने थोड़े-से धन के प्रतिदान में हम बाँध लेना चाहते थे—यह हमारा अभिमान ही तो है।"

"हाँ। मुझे भी कुछ ऐसा ही स्मरण आता है। जब मैंने ठाकुर को अपने घर बुलाकर मन में अभिमान लिए एक मूल्यवान माला पहनाई थी, तो उन्होंने उसे उतारकर फेंक दिया था।" सुरेंद्र ने कहा, "जब मेरे मन में ग्लानि आई तो उन्होंने स्वयं ही उस माला को उठाकर अपने गले में धारण कर लिया था।"

तभी उन तीनों का ध्यान द्वार की ओर चला गया : गिरीश द्वार से प्रवेश कर उनकी ही ओर आ रहा था। वे तीनों विषादमयी उत्सुकता से उसकी ओर देखने लगे।

"तुम लोग यहाँ उपस्थित होते हुए भी, ठाकुर के चरणों में न बैठकर, अपनी खिचड़ी अलग पका रहे हो।" वह कुछ अधिक ही प्रसन्न दिखाई दे रहा था।

"इधर आओ।" कालीपद ने कुछ रूखे और आदेशात्मक स्वर में कहा।

गिरीश को कुछ आश्चर्य हुआ। निकट आया तो उसने उनके चेहरों पर भी हताशा पढ़ ली।

"ठाकुर का स्वास्थ्य ठीक नहीं है क्या?" उसका स्वर चिंतित हो उठा था।

"ठाकुर का स्वास्थ्य तो वैसा ही है।" कालीपद बोला, "हमारे अपने ही मुँह का स्वाद कुछ बिगड़ गया है।"

"क्यों, क्या हुआ?"

"अभी पता लग जाएगा।" सुरेंद्र अपने स्वर की कटुता को ढकने का प्रयत्न करता हुआ-सा बोला, "ऊपर जा रहे हो न? सीढ़ियों पर वह निरंजन पहलवान दरबान के समान लट्ठ लिए बैठा है। यदि उसने तुम्हें ऊपर जाने दिया तो ठाकुर के चरणों में बैठने का सौभाग्य पा जाओगे, अन्यथा यहीं आकर हमारे साथ अलग खिचड़ी पकाना।"

गिरीश किंकर्तव्यविमूढ़-सा खड़ा, बारी-बारी उनके चेहरे देखता रहा, "इसका क्या अर्थ हुआ?"

"इसका अर्थ है कि ठाकुर उन लड़कों की संपत्ति हैं।" कालीपद बोला, "उनकी इच्छा होगी, तो वे तुम्हें ऊपर जाने देंगे, अन्यथा नहीं। उनका विचार है कि हम लोग अवांछित व्यक्ति हैं, जिनके निकट जाने से ठाकुर की वेदना बढ़ जाती है।"

"ऐसा कैसे संभव है?" गिरीश भौचक-सा उनकी ओर देख रहा था, "मुझे तो ठाकुर ने बुलवाया है।"

राम ने जैसे चमककर गिरीश को देखा, "तुम्हें बुलवाया है?"

"हाँ।"

"क्यों?"

"मालूम नहीं।"

"खैर, तुम्हें निरंजन नहीं रोकेगा।" राम धीरे से बोला, "ठाकुर की आज्ञा का उल्लंघन वे कभी नहीं करेंगे।"

"तो ऐसा करो जी॰ सी॰!" कालीपद ने गिरीश की बाँह पकड़ ली, "तुम ठाकुर को बताओ कि ये लड़के हमें उनसे मिलने से रोक रहे हैं। उनसे कहना कि वह निरंजन वहाँ लाठी लिए खड़ा है। हम अवस्था में बड़े हैं। स्थिति को बिगाड़ना नहीं चाहते, इसलिए कुछ कह नहीं रहे, अन्यथा दो-चार लठैत बुलवा लेना मेरे लिए भी मुश्किल नहीं है। सारी पहलवानी भूल जाता यह निरंजन।"

"नहीं, यह सब कहने की आवश्यकता नहीं है।" राम ने कालीपद को आँखों ही आँखों में बरजा, "उनसे केवल यह पूछना कि हमें किस अपराध के कारण उनके दर्शनों से वंचित किया जा रहा है?"

"हाँ, यही ठीक है।" सुरेंद्र बोला, "और अधिक कुछ कहने की आवश्यकता नहीं है।"

"अब जाओ तुम।" कालीपद बोला, "हम प्रतीक्षा करेंगे। देखें, तुम सीढ़ियाँ चढ़ पाते हो या नहीं।"

मन में एक हलका-सा संशय लेकर गिरीश आगे बढ़ गया।

सीढ़ियाँ दृष्टि में आते ही उसने निरंजन को भी देख लिया। वह पूरी तरह से चौकस बैठा था। किंतु गिरीश को देखकर उसने अपनी लाठी एक ओर हटा ली और हाथ जोड़कर नमस्कार किया। उसके चेहरे पर कोई विरोध भी नहीं था।

"ठाकुर कैसे हैं?"

"आपकी प्रतीक्षा कर रहे हैं।" निरंजन बोला, "जाइए।"

गिरीश ने कमरे के द्वार से देखा : ठाकुर के पास नरेंद्र, शशि, महेंद्र गुप्त, गोपाल दादा तथा शरत् थे। शरत् ठाकुर को पंखा कर रहा था और ठाकुर धीरे-धीरे कुछ बोल रहे थे।

गिरीश ने निकट जाकर ठाकुर को प्रणाम किया और नरेंद्र के निकट बैठ गया।

ठाकुर ने उसकी ओर कोई विशेष ध्यान नहीं दिया। वे अपनी बात कहते रहे, "ब्रह्म अलेप हैं। उनमें तीनों गुण हैं, फिर भी वे निर्लिप्त हैं, जैसे वायु में सुगंध और दुर्गंध दोनों मिलती हैं, परंतु वायु अपने आपमें निर्लिप्त है। काशी में शंकराचार्य जा रहे थे। उधर से मांस का भार लेकर एक चांडाल आया और सहसा उसने उन्हें छू दिया। शंकर ने कहा, 'छू लिया।' चांडाल ने कहा 'भगवन्! न आपने मुझे छुआ और न मैंने आपको। आत्मा निर्लिप्त है। आप वही शुद्ध आत्मा हैं।' " ठाकुर ने रुककर उन लोगों को देखा और पुनः बोले, "ब्रह्म और माया। ज्ञानी माया को अलग कर देता है। माया परदे की तरह है। यह देखो, इस अंगोछे की आड़ कर देता हूँ, अब तुम दीपक की लौ नहीं देख सकते। रामप्रसाद ने जैसा कहा है, 'मसहरी उठाकर देखो।' परंतु भक्त माया को नहीं छोड़ता। वह महामाया की पूजा करता है। शरणागत होकर कहता है, 'माँ! रास्ता छोड़ दो। तुम जब रास्ता छोड़ोगी, तभी मुझे ब्रह्म-ज्ञान होगा।' " उन्होंने अपनी जिह्वा से जैसे अपना मुँह गीला किया और बोले, "जाग्रत, स्वप्न और सुषुप्ति—इन सभी अवस्थाओं को ज्ञानी अस्तित्वहीन कहकर हटा देते हैं। भक्त इन सब अवस्थाओं को लेते हैं—जब तक 'मैं' है, तब तक ये सब हैं। जब तक 'मैं' है, तब तक भक्त देखता है—जीव-जगत्, माया और चौबीस तत्त्व। ये सब वे ही

हुए हैं। ईश्वर स्वयं ही यह सब कुछ बन जाते हैं।···पर मायावाद शुष्क है।'' वे नरेंद्र की ओर मुड़े, ''मैंने क्या कहा बताओ?''

''माया शुष्क है।'' नरेंद्र ने संक्षिप्त-सा उत्तर दिया।

ठाकुर ने हाथ बढ़ाकर नरेंद्र के मुख को इस प्रकार छुआ, जैसे अपने हाथ से उसके मुख का आकार बना रहे हैं। फिर उन्होंने उसके हाथ का स्पर्श किया और बोले, ''ये सब भक्तों के लक्षण हैं। ज्ञानियों के लक्षण भिन्न हैं—मुखाकृति में रूखापन रहता है। ज्ञान-लाभ करने के पश्चात् भी ज्ञानी विद्या-माया को लेकर रह सकता है—भक्ति, दया, वैराग्य—इन सबको लेकर रह सकता है। इसके दो उद्देश्य हैं। पहला, इससे लोक-शिक्षा होती है; दूसरा, रसास्वादन के लिए। ज्ञानी यदि समाधि लगाकर चुप हो जाए, तो लोक-शिक्षा नहीं होती। इसीलिए शंकराचार्य ने विद्या का 'मैं' रखा था। ईश्वरानंद का भोग करने के लिए भक्त, भक्ति लेकर रहता है। इसलिए विद्या के 'मैं' तथा भक्ति के 'मैं' में दोष नहीं है। दोष तो है दुष्ट अहंकार में।'' ठाकुर जैसे अपने आपमें लीन हो गए, ''उनके दर्शन करने के बाद बालक जैसा स्वभाव हो जाता है। बालक के 'मैं' में कोई दोष नहीं है, जैसे आईने का प्रतिबिंब। वह लोगों को गालियाँ नहीं दे सकता। जली रस्सी देखने ही में रस्सी की तरह है। फूँकने से वह उड़ जाती है। इसी तरह ज्ञानी और भक्त का अहंकार ज्ञानाग्नि में जल गया है। अब वह किसी की क्षति नहीं कर सकता। वह 'मैं' नाममात्र के लिए है।''···ठाकुर का मन भटकता हुआ जैसे एक और उदाहरण खोज लाया, ''यह वैसे ही है जैसे 'नित्य' में पहुँचकर फिर 'लीला' में रहना, जैसे उस पार जाकर फिर इस पार लौटना। लोक-शिक्षा और विलास के लिए—उनकी 'लीला' में सहयोग देने के लिए···'' वे कुछ देर आत्मलीन रहकर पुनः बोले, ''शरीर को यह रोग है, परंतु माँ ने अविद्या-माया नहीं रखी। देखो न, रामलाल, घर या स्त्री, इनकी मुझे याद नहीं आती। हाँ, यदि कोई चिंता है, तो उसी 'पूर्ण' नामक कायस्थ बालक की। उसी के लिए सोच रहा हूँ, और किसी की तो मुझे चिंता नहीं। विद्या-माया उन्होंने ही रख दी है—लोगों के लिए, भक्तों के लिए। परंतु विद्या-माया के रहते फिर संसार में आना पड़ता है। अवतार आदि विद्या-माया रख छोड़ते हैं। जरा-सी वासना के रहने पर फिर आना पड़ता है—बार-बार आना पड़ता है। सब वासनाओं के मिट जाने पर मुक्ति होती है। भक्त मुक्ति नहीं चाहता। यदि काशी में किसी का देहांत हो तो मुक्ति होती है। फिर उसे आना नहीं पड़ता। ज्ञानियों का लक्ष्य मुक्ति है।''

ठाकुर मौन हुए तो नरेंद्र धीरे से बोला, ''उस दिन हम लोग महिम चक्रवर्ती के घर गए थे।''

गिरीश समझ नहीं पाया कि नरेंद्र ने यह बात ठाकुर को चुप कराने मात्र के लिए कही थी या उसका कोई और अभिप्राय भी था। वैसे यदि वह ठाकुर को अधिक बोलने से रोकना चाहता था तो यह भी एक बड़ा काम था···

''फिर?'' ठाकुर ने पूछा।

''उसके समान शुष्क ज्ञानी मैंने नहीं देखा।'' कहकर नरेंद्र चुप हो गया।

किंतु उसने ठाकुर की जिज्ञासा जगा दी थी, ''तो क्या हुआ?''

''हम लोगों ने गाने के लिए कहा।'' नरेंद्र बोला, ''गंगाधर ने गाया—कृष्ण-गीत। गाना सुनकर उसने कहा, 'इस तरह का गाना क्यों गाते हो? प्रेम-व्रेम अच्छा नहीं लगता। इसके अलावा बीवी-बच्चों को लेकर यहाँ रहता हूँ। यहाँ इस प्रकार के गीत क्यों?' ''

''देखा!'' ठाकुर बोले, ''उसे कितना भय है।'' और सहसा उनकी दृष्टि गिरीश की ओर घूम गई, ''गिरीश! तुझे बुलाया है। जानता है क्यों?''

"नहीं, महाराज!" गिरीश बोला, "किंतु महाराज, जिस काम के लिए भी बुलाया है, उसके लिए प्रस्तुत हूँ। आपने मुझे स्मरण किया, यही क्या कम है?"

"यहाँ का खर्च बहुत बढ़ गया है। मेरे साथ अनेक भक्त यहाँ रहने लगे हैं। एक नौकरानी और एक रसोइया भी रख लिया है। है न फिजूलखर्ची?" ठाकुर ने उसकी ओर देखा।

"नहीं, महाराज! इसमें फिजूलखर्ची क्या है? इस रुग्णावस्था में इतनी सुविधा तो होनी ही चाहिए। और फिर हमारे रहते आप खर्च की चिंता क्यों करते हैं?" गिरीश ने कहा।

"सच कह रहा है?" ठाकुर ने उसकी ओर देखा।

"हाँ, महाराज!"

"तू इसे फिजूलखर्ची नहीं समझता?"

"नहीं, महाराज!"

"तुझ पर पड़े, तो उठाएगा यह बोझ?"

"मेरा सौभाग्य होगा महाराज!" गिरीश ने उत्तर दिया।

"सोच ले। यह बोझ राम, कालीपद तथा सुरेंद्र के लिए बहुत भारी हो गया था।"

"इसमें भार कहाँ है महाराज! यह तो वरदान है।"

ठाकुर ने उसकी ओर कुछ तीक्ष्ण दृष्टि से देखा और बोले, "तो फिर आज से यह सारा बोझ तू ही उठा।"

गिरीश ने अपने स्थान से उठकर, आगे बढ़ उनके चरण छू लिए, "यह आपकी अनुकंपा है महाराज!"

ठाकुर हलके से हँसे, "पर कहाँ से उठाएगा यह सारा खर्च? तेरी कमाई ही क्या है?" उनके चेहरे पर क्रीड़ा खेल रही थी।

गिरीश ने हाथ जोड़ दिए और दृढ़ स्वर में बोला, "चाहे अपनी जमीन और मकान बेच देना पड़े, किंतु अब यह सारा बोझ मैं ही उठाऊँगा। आपका यह सेवा-भार मेरा अधिकार है महाराज!"

गिरीश का मन बड़े वेग से भाग रहा था···क्या वह ठाकुर से कहे कि राम, सुरेंद्र और कालीपद नीचे खड़े हैं और उनके दर्शन करना चाहते हैं, किंतु निरंजन और उसकी लाठी ने उन्हें रोक रखा है···

पर तभी उसका विवेक जैसे चिहुँककर उठ खड़ा हुआ।···उसने ठाकुर का सेवा-भार उठाने का संकल्प किया है, तो उसका अर्थ यह नहीं है कि उसे ठाकुर पर किसी प्रकार का आधिपत्य अथवा नियंत्रण प्राप्त हो गया है···यही भूल तो रामचंद्र दत्त, सुरेंद्रनाथ मित्र और कालीपद घोष ने की थी। गिरीश को वह भूल नहीं करनी है···

उसने दृष्टि उठाकर ठाकुर की ओर देखा।

"माँ तुझे संयम और विवेक दे।" ठाकुर मुस्करा रहे थे।

28

अपने कमरे में ठाकुर उत्तर की ओर मुँह किए बैठे थे। नरेंद्र और राखाल दोनों उनके पैर दबा रहे थे। कुछ अन्य लोग चुपचाप बैठे थे।

महेंद्र गुप्त ने पास आकर प्रणाम किया तो ठाकुर ने उसे भी पैर दबाने का संकेत किया। महेंद्र गुप्त, नरेंद्र के निकट बैठकर पैर दबाने लगा।

"तुम लोग रोओगे, इसलिए इतना दुःख भोग रहा हूँ।" ठाकुर बोले, "सब लोग यदि कहो कि इतने कष्ट से तो देह का नाश हो जाना ही अच्छा है, तो देह नष्ट हो जाए।"

"क्यों? देह क्यों नष्ट हो जाए?" गिरीश बोला, "मैं आज डॉ॰ उपेंद्र और कविराज नवगोपाल को लेकर आऊँगा।"

"वह सब अपनी जगह ठीक है।" ठाकुर बोले, "देह अस्वस्थ है। पंचभूतों का बना शरीर है—ऐसा तो होगा ही। उसमें डॉक्टर क्या करेगा और कविराज क्या करेगा? पंचभूत अपना रूप बदलते रहेंगे। नए-नए शरीर बनते रहेंगे। ईश्वर उनमें प्रकट होते रहेंगे। अपने आसपास बहुत-से ईश्वरीय रूपों को देख रहा हूँ···" उन्होंने अपनी ओर संकेत किया, "उनमें से एक रूप यह भी है। यह जो बैठा है न सिर पर हाथ रखकर—लाटू—यह भी ईश्वर ही है। लगता है, ईश्वर ही सिर पर हाथ रखे बैठे हैं।"

"ठीक है।" नरेंद्र बोला, "आप माँ से केवल इतना कहिए कि लाटू के शरीर में ईश्वर ऐसे ही सिर पर हाथ रखकर बैठा रहे, किंतु आपके शरीर का ईश्वर न रोगी हो, न इस शरीर को छोड़कर जाए।"

"वह ईश्वर की इच्छा।" ठाकुर बोले।

"आपकी इच्छा और ईश्वर की इच्छा—दोनों एक हो गई हैं।" नरेंद्र बोला, "इतना तो हम जानते ही हैं।"

"और अब कहने से भी क्या होगा?" ठाकुर कुछ सोचकर बोले, "अब देखता हूँ, मैं माँ के साथ मिलकर एक हो गया हूँ। ननद के भय से राधिका ने कृष्ण से कहा, 'तुम हृदय के भीतर रहो।' फिर जब व्याकुल होकर उन्होंने कृष्ण को देखना चाहा—ऐसी व्याकुलता कि कलेजे में जैसे बिल्ली खरोंच रही हो—तब कृष्ण हृदय से बाहर निकले ही नहीं। जब एक हो गए तो हो गए—पुनः दो कैसे होंगे!"

"यह बात इन्होंने गौरांगावतार के संबंध में कही है।" राखाल ने जैसे शेष लोगों को समझाया, और फिर ठाकुर की ओर मुड़ा, "आप जरा समझाकर बताइए।"

"किससे कहूँ, और फिर समझेगा भी कौन?" ठाकुर बोले, "वे मनुष्य का आकार धारण करके, अवतार लेकर, भक्तों के साथ आया करते हैं। उन्हीं के साथ फिर भक्तगण चले भी जाते हैं।"

"इसीलिए कहता हूँ, आप हम लोगों को छोड़कर चले मत जाइएगा।" राखाल बोला।

"बाउलों का दल एकाएक आया, नाच-कूदकर गाया-बजाया और एकाएक चला गया।" ठाकुर ने राखाल की बात पर कोई ध्यान नहीं दिया, "आया और गया, परंतु किसी ने पहचाना नहीं।···देह धारण करने पर कष्ट तो है ही।···ब्रह्म कैसा है, जानता है?" उन्होंने नरेंद्र से पूछा और फिर स्वयं ही उत्तर दिया, "जैसे वायु। वायु में सुगंध, दुर्गंध दोनों हैं, परंतु वायु निर्लिप्त है।"

"जी, हाँ।" नरेंद्र ने सहमति प्रकट की।

"वे गुणातीत हैं, माया से परे हैं। अविद्या-माया और विद्या-माया इन दोनों से परे हैं।" ठाकुर बोले, "कामिनी और कांचन अविद्या हैं, ज्ञान, भक्ति, वैराग्य—ये सब विद्या के ऐश्वर्य हैं। तुम सब लोग जो मेरे लिए सोच रहे हो, यह चिंता विद्या-माया है। विद्या-माया के सहारे चलते रहने पर

ब्रह्म-ज्ञान की प्राप्ति होती है, जैसे ऊपर वाली सीढ़ी, उसके बाद की छत। कोई-कोई छत पर पहुँचने के बाद भी सीढ़ियों से चढ़ते-उतरते रहते हैं।''

''त्याग करने की बात चलाने से अनेक लोग मुझसे नाराज हो जाते हैं।'' नरेंद्र बोला, ''क्या त्याग के बिना छत पर पहुँचा जा सकता है?''

''त्याग आवश्यक है।'' ठाकुर ने अपना शरीर दिखाया, ''एक वस्तु के ऊपर यदि दूसरी वस्तु हो, तो एक को बिना हटाए, दूसरी वस्तु कैसे मिल सकती है?''

''जी, हाँ।'' नरेंद्र ने कहा।

''ईश्वरमय देखते रहने पर क्या फिर कोई दूसरी वस्तु दिखलाई पड़ सकती है?'' ठाकुर ने उससे पूछा।

''संसार का त्याग करना ही होगा?'' नरेंद्र ने जैसे पुष्टि चाही।

''जैसा मैंने अभी कहा, ईश्वरमय देखते रहने पर फिर क्या दूसरी वस्तु दीख पड़ती है? संसार आदि क्या कुछ दिखलाई पड़ सकता है?'' ठाकुर बोले, ''परंतु त्याग मन से होना चाहिए। यहाँ जो लोग आते हैं, उनमें संसारी कोई नहीं है। किसी-किसी की इच्छा थी—स्त्री के साथ रहने की—वह भी पूरी हो गई।''

राखाल समझ रहा था, यह संकेत उसी की ओर था।

इस बार ठाकुर ने नरेंद्र को स्नेहपूर्ण दृष्टि से देखा और देखते ही मानो आनंद से परिपूर्ण हो गए। उन्होंने एक दृष्टि शेष लोगों पर डाली और बोले, ''अद्‍भुत!''

''क्या है अद्‍भुत?'' नरेंद्र ने पूछा।

''मैं देख रहा हूँ कि एक अद्‍भुत, असाधारण, महान् त्याग की भूमिका रची जा रही है।''

''नरेंद्र ने आपको खूब समझ लिया है।'' ठाकुर की बात पूरी तरह न समझकर राखाल बोला।

''हाँ! और देखता हूँ, अन्य भी बहुतों ने समझ लिया है।'' ठाकुर ने महेंद्र गुप्त की ओर देखा, ''क्यों जी?''

''जी, हाँ।'' महेंद्र गुप्त ने संक्षिप्त-सा उत्तर दिया।

ठाकुर ने नरेंद्र और महेंद्र गुप्त की ओर देखकर कुछ संकेत किया।

''ठाकुर कह रहे हैं, नरेंद्र का वीर-भाव है और महेंद्र गुप्त का सखी-भाव है।'' राखाल ने बताया।

''ये अधिक बोलते नहीं और स्वभाव से लज्जाशील हैं, इसीलिए आप ऐसा कह रहे हैं?'' नरेंद्र ने पूछा।

ठाकुर ने नरेंद्र के प्रश्न का उत्तर नहीं दिया, वे स्वयं ही पूछ बैठे, ''अच्छा! बताओ, मेरा क्या भाव है?''

''वीर-भाव, सखी-भाव—सब भाव।'' नरेंद्र बोला, ''आपको सीमित नहीं किया जा सकता। आप असीम हैं।''

ठाकुर को जैसे भावावेश हो गया। हृदय पर हाथ रखकर बोले, ''देखता हूँ, जो कुछ है, सब इसी के भीतर से आया है।''

उन्होंने नरेंद्र को देखा, ''क्या समझे?''

''सृष्टि में जो भी पदार्थ हैं, सब आपके भीतर से ही आए हैं।'' नरेंद्र ने कहा।

ठाकुर राखाल की ओर मुड़े, ''देखा?'' और उनका मन जैसे इस चर्चा से मुक्त होकर कहीं और चला गया, ''नरेन! कुछ गा।''

नरेंद्र ने गाया :

"नलिनी दलगत जलमति तरलम्।
तद्वज्जीवन मति शय चपलम् ॥
क्षणमिह सज्जन संगतिरेका।
भवति भवार्णव तरणे नौका॥..."

गीत समाप्त हुआ तो कोई और चर्चा आरंभ होने से पहले ही महेंद्र गुप्त ने कहा, "महाराज! अब क्या रामचंद्र दत्त, सुरेंद्रनाथ मित्र तथा कालीपद घोष आपकी कृपा से वंचित ही रहेंगे? आप इनकी भेंट स्वीकार नहीं करेंगे तो क्या उन्हें अपने दर्शन करने की भी अनुमति नहीं देंगे?"

"उन्हें रोका किसने है रे?" ठाकुर ने सहज भाव से पूछा।

"निरंजन ने रोका है।" महेंद्र गुप्त ने कहा, "शायद नरेंद्र भी यही चाहता है। इसने निरंजन को कभी मना नहीं किया।"

"नहीं।" ठाकुर मुस्कराए, "उन्हें उनके अहंकार ने रोक रखा है। जब उन्होंने मुझे अपनी संपत्ति समझकर इन लड़कों पर अपना अनुशासन स्थापित करने का प्रयत्न किया, तो ये लड़के कैसे तड़पे। द्वार-द्वार भिक्षा माँगने चल दिए कि कहीं इनसे इनके ठाकुर को कोई छीन न ले।" ठाकुर ने महेंद्र गुप्त को देखा, "अब, जब इन लड़कों ने मुझे अपनी संपत्ति मान लिया तो राम अपना अहंकार छोड़कर नरेंद्र के पास भी बात करने नहीं आया।"

"वे क्यों बात करने आएँगे?" नरेंद्र बोला, "वे लोग तो बड़े आदमी हैं। आदेश दे सकते हैं, आदेश मान नहीं सकते।"

"उन्होंने मेरे पालन के लिए यदि अपने परिवार के खर्च में से एक अंश का दान दिया तो उन्हें अभिमान हो गया, और ये लड़के जिन्होंने अपना जीवन समर्पित कर दिया, जो भिक्षा माँगने पर उतर आए, उन्होंने तो कोई अहंकार नहीं किया!" उन्होंने लाटू की ओर देखा, "मैंने कहा, दुर्बलता के कारण घर से बाहर शौच आदि के लिए जाना शायद संभव न होगा, तो जानते हो, इस लाटू ने क्या कहा?"

महेंद्र ने कोई उत्तर नहीं दिया। आँखों में प्रश्न लिए बैठा रहा।

"इसने हाथ जोड़कर, सरल गंभीर भाव से कहा, 'जो आज्ञा हो महाराज! मैं आपका मेहतर हाजिर हूँ।' " ठाकुर ने महेंद्र गुप्त की ओर देखा, "इन लड़कों को आदेश देना चाहते हैं राम, सुरेंद्र और कालीपद?...इनसे बात करना नहीं चाहते?"

"नहीं, ऐसी बात तो नहीं है।" महेंद्र गुप्त बोला, "इन लोगों से उनका कोई विरोध तो नहीं है।"

"विरोध-भाव तो नहीं है।" राखाल ने कहा, "स्वामी-भाव है उनका। जरा शशि से उनके विषय में चर्चा कर देखो।"

"खैर!" ठाकुर बोले, "किसी भी ओर कोई प्रतिशोध-भाव नहीं होना चाहिए। उन तीनों को भी अपना अहंकार छोड़ना चाहिए। ये सब लड़के हैं। उनके छोटे भाइयों के समान हैं। इनसे प्रेम का व्यवहार करना चाहिए।"

"नरेंद्र से पूछिए," महेंद्र गुप्त ने कुछ भीत-भाव से कहा, "कि यह उनको आपके पास आने देगा?"

"मैं तो सारे संसार को लाकर ठाकुर के चरणों में डाल देना चाहता हूँ। उनको ही नहीं आने दूँगा?" नरेंद्र हँसा, "मुझे तो राम दादा और सुरेंद्र मित्र ही लाए थे ठाकुर के पास। मैं उनको क्यों ठाकुर से दूर रखना चाहूँगा?"

"सुन लिया?" ठाकुर बोले, "उनसे कहो, वे अपने अहंकार का शमन करें और इन लड़कों से मेल-मिलाप कर लें। जाओ।"

29

नरेंद्र नीचे के उस छोटे कमरे में आया, जिसे वे लोग कभी पूजा-कक्ष और कभी ध्यान-कक्ष कहा करते थे। वह दीवार से कुछ हटकर, उसकी ओर मुख कर ध्यान के लिए लेट गया। उसने आँखें मूँदने से पहले दीवार की ओर देखा। उन्होंने दीवार पर महात्मा बुद्ध की एक उक्ति लिख रखी थी—'इस शरीर को इसी आसन पर सूख जाने दो, इसके मांस और अस्थियों को घुल जाने दो : जिस सत्य को अनेक कल्पों में भी पाना कठिन है, उसे पाए बिना यह शरीर अपने आसन से नहीं उठेगा।'

पिछले कुछ दिनों से नरेंद्र और उसके मित्रों में महात्मा बुद्ध के जीवन और सिद्धांतों की बहुत चर्चा होती रही थी। नरेंद्र महात्मा बुद्ध के जीवन की घटनाओं, उनके सिद्धांतों और उनकी करुणा से बहुत प्रभावित था। महात्मा बुद्ध के चारों आर्य सत्य—जीवन दुःखमय है, दुःख का कारण है, उस कारण को हटाया जा सकता है, तथा उसको हटाने का मार्ग अष्टांगिका मार्ग है—नरेंद्र की जिह्वा पर ही रहते थे। अष्टांगिका मार्ग की व्याख्या भी वह प्रायः किया करता था···उसे प्रायः अपने स्कूल के दिनों में अपने बंद कमरे में प्रवेश कर आई, वह संन्यासी-मूर्ति स्मरण हो आती थी, जिससे भयभीत होकर वह कमरे से बाहर निकल गया था। बहुधा सोच-सोचकर वह चकित होता रहता था कि वह करुणा की उस मूर्ति से भयभीत कैसे हो गया था।···लड़कपन ही था, और क्या···कई बार तो गौतम बुद्ध के जीवन की अनेक घटनाओं से उसका ऐसा तादात्म्य हो जाता था कि उसे आश्चर्य होने लगता था कि क्या हजारों वर्षों के अंतराल के पश्चात् भी उन्हीं परिस्थितियों, उन्हीं संवेदनाओं का पुरागमन हो सकता था···

कई बार उसे लगा था कि गौतम और नरेंद्र ने एक-सा ही राजसी बचपन भोगा था। उसके पिता विश्वनाथ यद्यपि राजा नहीं थे, किंतु उन्होंने अपने पुत्र को तो राजकुमारों के समान ही पाला था···और फिर गौतम ने सारा वैभव त्याग दिया। वे नंगे पाँव, नंगे बदन, वन में भटकते रहे, निराहार रहने की स्थिति आई। भूख से वे मृतप्राय हो गए और तब उन्हें सुजाता की खीर मिली···नरेंद्र ने अपनी इच्छा से वैभव नहीं त्यागा था, किंतु ईश्वर की इच्छा से वह वैभव छिन गया था। नरेंद्र भी नंगे पाँव, मैले और फटे कपड़ों में, भूखे पेट कलकत्ता की सड़कों पर मारा-मारा फिरता था···वह ईश्वर की नहीं, नौकरी की खोज कर रहा था, किंतु सत्य का परिचय तो उसे भी भरपूर मिला। नौकरी की वह खोज, उसके लिए जैसे सत्य की खोज बन गई···उसे लगता था, शायद वह नरेंद्र ही था, जो अपने किसी अन्य जन्म में काशी के निकट के वनों में सत्य के लिए भटका था और अंत में गया के निकट जाकर उस बोधि-वृक्ष के नीचे बैठ गया था, जहाँ उसे बुद्धत्व की प्राप्ति हुई थी···इस जीवन में भी वह बहुत भटक चुका था, अब उसे किसी बोधि-वृक्ष के नीचे बैठ ही जाना चाहिए और तब तक नहीं उठना चाहिए, जब तक बुद्धत्व प्राप्त न हो जाए···

नरेंद्र की दृष्टि पुनः अपने ही मित्रों द्वारा दीवार पर लिखे उन शब्दों पर टिकी, '…इस शरीर को इसी आसन पर सूख जाने दो, इसके मांस और अस्थियों को घुल जाने दो : जिस सत्य को अनेक कल्पों में भी पाना कठिन है, उसे पाए बिना यह शरीर अपने आसन से नहीं उठेगा…।'

नरेंद्र की आँखें मुँद गईं। वृत्तियाँ अंतर्मुखी हो गईं।…सहसा उसे लगा कि उसके सिर के पिछले भाग के पास एक प्रखर प्रकाश प्रकट हुआ है, जैसे किसी ने बहुत तीव्र प्रकाश देने वाला कोई दीवट उसकी पीठ के पीछे, उसके निकट रख दिया हो…उसे लगा, ऐंद्रिय ज्ञान जैसे वह रस्सी था, जिसने उसे ज्ञान और आनंद के सागर में उन्मुक्त विहार करने से रोक रखा था। ऐंद्रिय ज्ञान जैसे एक पिंजरा था, जिसने उसे ज्ञान के उन्मुक्त आकाश में उड़ने से रोक रखा था…ऐंद्रिय ज्ञान, भ्रम तो ज्ञान का देता था, किंतु वह जैसे अंडे का खोल था, जिसने शावक पक्षी को अपने भीतर बंद कर, विस्तृत संसार में पहुँचने से रोक रखा था…आज वह रस्सी अकस्मात् ही टूट गई थी। वह जलयान जो किनारे पर बँधे रहने को बाध्य था, खुले सागर के मध्य जाने के लिए स्वतंत्र हो गया था…उसकी आत्मा थर्रा देने वाले प्रभंजनयुक्त हर्षोन्माद की स्थिति में पहुँच गई थी। वहाँ से वह दिव्य संभ्रम की स्थिति में आ गई…और लगा जैसे उसके मस्तिष्क रूपी भाँड़ में से कबाड़ के रूप में भरे हुए विचार, धारणाएँ, आस्थाएँ, बिंब इत्यादि बाहर गिर पड़े हैं। मस्तिष्क शून्य की स्थिति में है, किंतु रिक्त नहीं है…और तब उसकी आत्मा चरम आनंद की स्थिति में जा पहुँची। उसका सारा व्यक्तित्व जैसे दिव्यता और दिव्य चेतना से आपूरित हो रहा था…अंततः जैसे व्यक्तित्व विलीन हो गया और दिव्यता का ही अस्तित्व रह गया। आत्मा एक दिव्य प्रकाश के रूप में जैसे हर्षोन्माद की प्रभंजनयुक्त स्थिति से अनंत शांति में पहुँच गई।…न कहीं सूर्य था, न सुंदर ज्योति की प्रतिमूर्ति चंद्रमा। यह विश्व, निरभ्र आकाश में एक छाया के रूप में विद्यमान था। अस्फुट मनो-आकाश और सारा भासमान विश्व अहंकार की स्रोतस्विनी में डूबता-उतराता तैर रहा था।…अहंकार की धारा कुछ मंद हुई और धीरे-धीरे वह छाया-दल उसमें लय होने लगा। वह धारा सूख गई और शून्य में शून्य मिल गया…अब सब कुछ 'अवाङ्मनसगोचरम' हो गया था…

ठाकुर की सेवा के पश्चात् जब गोपाल कक्ष में आया तो नरेंद्र को वहाँ ध्यानमग्न देखकर उसे कोई आश्चर्य नहीं हुआ। वे लोग प्रायः बारी-बारी अपनी सुविधा से ध्यान के लिए वहाँ बैठा करते थे और नरेंद्र का ध्यान करना तो तनिक भी चकित नहीं करता था। आजकल वह सबसे अधिक नियमित और सबसे कठोर तपस्या कर रहा था। गोपाल के मन में कई बार यह बात उठी थी कि वह भी नरेंद्र के ही समान इतनी कठोर और नियमित साधना कर पाता…पर जाने क्यों गोपाल के लिए ही नहीं अन्य भी किसी गुरुभाई के लिए यह संभव नहीं हो पाता था। पिछली शिव-रात्रि के दिन भी नरेंद्र को ही अपने शरीर में शक्ति के संचरण का आभास हुआ था।…ठाकुर ठीक ही कहते हैं कि नरेंद्र जन्म से ही ध्यान-सिद्ध है। अन्य किसी व्यक्ति में जैसी एक-आध शक्ति है, नरेंद्र में वैसी अट्ठारह शक्तियाँ हैं।…

गोपाल नरेंद्र के निकट आकर पद्मासन में बैठ गया और सहसा उसके मन में जैसे दो इच्छाएँ एक साथ ही उदित हुईं…एक ओर उसकी इच्छा हुई कि वह तत्काल आँखें मूँदकर ध्यान में डूब जाए और नरेंद्र के समान ही इतना तल्लीन हो जाए कि समाधि का आभास पा जाए…किंतु उसके साथ ही एक दूसरी इच्छा उतनी ही तीव्रता से उसके मन में जागी कि वह नरेंद्र के निकट बैठकर उसके शरीर को छूकर देखे। वह भी काली के समान उसके घुटने पर हाथ रख दे और देखे कि क्या सचमुच इस समय भी नरेंद्र के शरीर में विद्युत् की धारा प्रवाहित हो रही है। वह भी उस

सिहरन का अनुभव करे, जिसका अनुभव काली ने किया था...पता नहीं नरेंद्र ने काली को वैसा करने के लिए क्यों कहा था। इस उद्यान-भवन में ही कुछ लोग यह मानते हैं कि नरेंद्र की परीक्षण और प्रयोग की प्रवृत्ति ने ही उससे यह करवाया था। वह देखना चाहता था कि जिस शक्ति के संचरण को उसने अपने भीतर अनुभव किया था, उसका अनुभव कोई दूसरा व्यक्ति भी करता है या नहीं। शक्ति-संचरण की जो बात उसके मन में आई है, वह सत्य है या उसकी अपनी कल्पना-मात्र।...किंतु कुछ अन्य लोग यह भी मानते थे कि नरेंद्र को शक्ति-संचरण का अनुभव करने पर अभिमान हो गया था। शायद उसने यह मान लिया था कि वह भी ठाकुर के समान अपने स्पर्श से ही अन्य व्यक्तियों में शक्ति-संचरण कर सकता है।...पता नहीं, सत्य क्या था। किंतु गोपाल का मन कहता है कि नरेंद्र में अहंकार तो दूर, अभिमान भी नहीं है। वह परीक्षण ही कर रहा होगा। ठाकुर से वह स्पर्धा करे—ऐसी तो कल्पना भी नहीं की जा सकती। वह ठाकुर को अपना गुरु मानता है और गुरु को वह ईश्वर के बराबर समझता है। जितनी और जैसी सेवा उसने ठाकुर की, की है, वह कोई अहंकारी शिष्य अथवा साधक नहीं कर सकता। अपना परिवार त्यागने वालों में वह पहला था...परिवार तो और लोगों ने भी त्यागे हैं, किंतु और किसी के परिवार को उनकी उतनी आवश्यकता नहीं थी, जितनी नरेंद्र के परिवार को उसकी है। परिवार के लिए अन्न की व्यवस्था नहीं है, किंतु उसने नौकरी छोड़ दी, क्योंकि वह ठाकुर की सेवा करना चाहता था। जिस समय सारे गुरुभाई यह सोचकर संकुचित ही नहीं, भयभीत भी थे कि ठाकुर का रोग संक्रामक होने के कारण कहीं उनको भी रुग्ण न कर दे, उस समय नरेंद्र ने ही उनके जूठे पथ्य को सबके सामने केवल यह दर्शाने के लिए पी लिया था कि वह ठाकुर की सेवा नहीं छोड़ेगा, चाहे उसको रोग हो जाए, चाहे उसकी मृत्यु हो जाए।...ऐसा है यह नरेंद्र! वह ठाकुर से स्पर्धा कैसे कर सकता है? उसमें अभिमान और अहंकार कैसे जाग सकते हैं?...

किंतु गोपाल का मन अब भी ध्यान का निश्चय नहीं कर पाया...यदि नरेंद्र प्रयोग कर सकता है, परीक्षण कर सकता है, तो वह क्यों नहीं कर सकता?...उसे देखना चाहिए कि इस समय भी नरेंद्र के शरीर में विद्युत् की धारा बह रही है क्या?...किंतु उसके चेहरे पर शक्ति-संचरण जैसा कोई भाव नहीं था। चेहरे पर न ओज था, न ऊर्जा। वह तो गहन समाधि में डूबा शांत चेहरा था...

वैसे भी सारे गुरुभाई साधना में एक-दूसरे की सहायता करते थे। ध्यानावस्थित व्यक्ति को छूकर विघ्न उपस्थित नहीं करते थे।...ऐसे भावों का मन में आना उचित नहीं है...

गोपाल ने अपनी आँखें मूँद लीं।

नरेंद्र का मन ध्यान की भूमि से नीचे उतरा। बाह्य संसार का हलका-सा आभास हुआ और उसकी आँखें खुल गईं। कैसी विचित्र अनुभूति थी...अपने अस्तित्व की अनुभूति। वह था, वह नरेंद्र था...किंतु जो उसका 'मैं' था, जिस शरीर को वह 'मैं' मानता था और लोग जिसे 'नरेंद्र' कहते थे, वह शरीर कहाँ था?...उस शरीर के बिना वह 'मैं' कहाँ था?...उसके मुख से चीख निकल गई।...

"गोपाल दा! ओ गोपाल दा! मेरा शरीर कहाँ है?" उसने चिल्लाकर कहा।

नरेंद्र की चीख से गोपाल का ध्यान भंग हुआ। उसने आँखें खोलकर देखा : नरेंद्र अत्यंत व्याकुल अवस्था में पूछ रहा था, "गोपाल दा! मेरा शरीर कहाँ है?"

यह नरेंद्र इस समय इतना चिल्ला क्यों रहा है?...और यह इतना व्याकुल क्यों है? क्या हुआ

है इसके शरीर को? ठीक-ठाक शरीर है। अपने शरीर के विषय में क्या पूछ रहा है···कहीं इसका दिमाग तो नहीं चल गया···

गोपाल से कोई उत्तर न पाकर नरेंद्र पुनः चिल्लाया, "मेरा शरीर कहाँ है गोपाल दा?"

"क्यों? क्या हुआ तुम्हारे शरीर को?" गोपाल ने अपने स्थान से बैठे-बैठे उच्च स्वर में कहा। उसकी समझ में ही नहीं आया कि नरेंद्र यह सब क्यों पूछ रहा है।

सहसा कुछ सोचकर वह अपने स्थान से उठा और उसने नरेंद्र के शरीर को छुआ : शरीर ठंडा भी था और कठोर भी···'क्या नरेंद्र मर रहा है?' उसने अपने आपसे पूछा, किंतु उत्तर की प्रतीक्षा उसने नहीं की। वह दौड़ता हुआ बाहर आया और चिल्लाया, "जल्दी आओ! जल्दी! देखो, नरेंद्र को क्या हो गया है!"

संध्या का समय था। उद्यान-भवन में चारों ओर शांति थी। कुछ गुरुभाई ठाकुर की सेवा कर रहे थे, कुछ विभिन्न स्थानों पर साधना कर रहे थे। कुछ उद्यान के एक कोने में भजन गा रहे थे···

गोपाल का चीत्कार सुनकर सब भागते हुए आए, "क्या हुआ है नरेंद्र को? क्या हुआ?"

"देखो! उसे देखो!" गोपाल ने उसकी ओर इंगित किया।

निरंजन ने हाथ बढ़ाकर उसकी बाँह को छुआ···किंतु वहाँ तो न विद्युत् की धारा थी, न स्पंदन, न कोई ताप, शरीर ठंडा और निष्प्राण लग रहा था। निरंजन ने घबराकर नरेंद्र के शरीर को तीन-चार स्थानों पर छुआ···शरीर सचमुच बहुत ठंडा था। किसी जीवित मनुष्य का शरीर इतना ठंडा नहीं हो सकता···निरंजन का मन काँप गया। क्या नरेंद्र उन सबको छोड़कर चला गया? क्या नरेंद्र की मृत्यु हो गई?···वे लोग तो ठाकुर के देहांत की संभावना से आतंकित थे। नरेंद्र के देहांत की बात तो किसी ने सोची भी नहीं थी।

निरंजन ने उसकी नाड़ी परखने के लिए उसकी कलाई पकड़ी···नाड़ी का तो कहीं पता नहीं था। कलाई किसी निर्जीव पदार्थ के समान ठंडी और कठोर थी। निरंजन ने बौखलाकर उसकी नाक के पास अपनी हथेली रखी···श्वास का कहीं पता नहीं था। उसने वक्ष पर हाथ रखा, हृदय के स्पंदन का भी अनुभव नहीं हो रहा था। लेटे-लेटे ही नरेंद्र की जाने कब मृत्यु हो गई थी और उसका शरीर इतना ठंडा होकर अकड़ गया था···

निरंजन का हृदय फट-सा गया। आँखों में अश्रु आ गए। उसकी इच्छा हुई कि अपना सिर धरती पर दे मारे, किंतु सहसा जैसे उसका विवेक जागा···यह रोने-पीटने का नहीं, कर्म का क्षण था। उसे अपने दायित्व को समझना चाहिए।

निरंजन उठ खड़ा हुआ। उसके पैरों को जैसे पंख लग गए। वह दौड़ता हुआ कमरे से बाहर निकला और दो-दो सीढ़ियाँ फलाँगता हुआ, ऊपर ठाकुर के कमरे में जा पहुँचा।

उसे इस प्रकार घबराया हुआ आते देख ठाकुर की आँखों में प्रश्न उदित हुआ। ठाकुर की सेवा के लिए वहाँ उपस्थित शशि और काली ने भी कुछ आश्चर्य से उसकी ओर देखा।

"महाराज!" निरंजन हाँफने और रोने के मध्य बोला, "नरेंद्र की मृत्यु हो गई है। उसका शरीर एकदम ठंडा होकर अकड़ गया है।···"

और वह मुँह बाए ठाकुर की ओर देखता रहा कि ऐसा समाचार सुनकर उनके मुख से चीत्कार क्यों नहीं फूटा? उन्होंने अपने हाथों से अपना माथा क्यों नहीं पीटा, या उन्होंने उसे ही डाँटकर यह क्यों नहीं कहा कि चुप रह अभागे, यह संभव नहीं है।···ठाकुर तो ऐसे बैठे हैं, जैसे कुछ हुआ

ही न हो। और फिर वे किंचित् हँसे जैसे उन्हें कोई बहुत सुखद समाचार मिला हो। या वे पहले से ही जानते थे कि क्या हो रहा है और क्या होगा···

"कुछ तो कहिए महाराज!" निरंजन अत्यंत दीन होकर बोला, "इतने बड़े शोक के बाद भी आप मौन हैं। क्या आपको नरेंद्र से तनिक भी मोह नहीं है?"

ठाकुर पुनः हँसे, "नरेंद्र को कुछ नहीं हुआ। नरेंद्र को कुछ नहीं होगा। तुम चिंता मत करो।"

निरंजन के मुख से एक शब्द भी नहीं फूटा···न ठाकुर की उक्ति की सहमति में, न असहमति में। मन का प्रतिवाद मन में रह गया।···वह मुड़कर कमरे से बाहर चला आया। सीढ़ियों की ओर बढ़ा और सीढ़ियाँ उतर भी आया···मन का प्रतिवाद अब भी मन में ही था, उसे वाणी नहीं मिली थी, किंतु वह क्रमशः सघन होता जा रहा था।···ठाकुर अपने आत्मविश्वास में असावधानी बरत रहे हैं। वे नरेंद्र की स्थिति की गंभीरता को नहीं समझ रहे हैं। कहीं ऐसा न हो कि बहुत देर हो जाए और जो करना संभव है, वह भी संभव न रहे···किंतु फिर उसके अपने मन ने ही प्रतिवाद किया। जब वह मान ही चुका है कि नरेंद्र का देहांत हो गया है, तो अब करने को रह ही क्या गया है। मृत व्यक्ति की तो केवल अंत्येष्टि ही हो सकती है। उसके लिए विलंब क्या और त्वरा क्या। शायद ठाकुर ही ठीक हों। वे निरंजन के समान अनुभवहीन नहीं हैं। अपने शिष्यों के प्रति उनके स्नेह में संदेह का कोई कारण नहीं है।···

निरंजन लौटकर ध्यान-कक्ष में आया।

सारे गुरुभाई नरेंद्र के आसपास घिर आए। वे लोग नरेंद्र को नाम से पुकार रहे थे, उसके शरीर को तरह-तरह से हिला रहे थे। उन्होंने देखा, उसकी श्वास-प्रक्रिया भी बंद हो गई थी। वे लोग उसके शरीर की मालिश कर रहे थे और किसी भी कृत्रिम प्रकार से श्वास-प्रक्रिया को पुनः आरंभ करने का प्रयत्न कर रहे थे, किंतु उन्हें सफलता नहीं मिल रही थी।

"क्या उसकी मृत्यु हो गई है?" बाबूराम ने पूछा।

"मुझे लगता है कि मृत्यु हुई नहीं है, हो रही है।" राखाल बोला।

"चलो, ठाकुर के पास चलें।" योगीन ने कहा।

"मैं ठाकुर के पास होकर आया हूँ।" निरंजन ने बताया।

"तो क्या कहा ठाकुर ने?" गोपाल ने पूछा।

"ठाकुर कहते हैं, 'नरेंद्र को कुछ नहीं हुआ, नरेंद्र को कुछ नहीं होगा।' " निरंजन का स्वर आक्रोशपूर्ण था।

"पर हम देख रहे हैं कि नरेंद्र को कुछ हो गया है।" गोपाल ने कहा, "ठाकुर को अपने कमरे में लेटे हुए क्या मालूम है, यहाँ नरेंद्र किस स्थिति में है?"

"पर यदि ठाकुर ने कहा है कि नरेंद्र को कुछ नहीं होगा, तो हमें थोड़ी प्रतीक्षा करनी चाहिए।" राखाल ने प्रस्ताव रखा।

"मेरा विचार है कि राखाल ठीक कह रहा है।" गोपाल ने राखाल का समर्थन किया, "हमें थोड़ी प्रतीक्षा कर लेनी चाहिए।"

वे लोग नरेंद्र को घेरकर बैठ गए। सबको उसकी हालत में सुधार की प्रतीक्षा थी। समय था कि बीत ही नहीं रहा था। क्षण जैसे घंटों में परिणत हो गए थे। नरेंद्र की हालत में तनिक भी सुधार नहीं हुआ था। जैसे-जैसे समय बीतता जा रहा था, गुरुभाइयों की घबराहट

बढ़ती जा रही थी। नरेंद्र मृत्यु के मुख में समाता जाएगा और वे लोग निष्क्रिय खड़े उसे देखते रहेंगे?

"हमें ठाकुर के पास पुनः जाना चाहिए।" अंततः काली बोला।

"तो चलो।" राखाल बोला, "यहाँ भी तो प्रतीक्षा ही कर रहे हैं।"

"कुछ लोग यहीं ठहरो। मैं ठाकुर के पास जाता हूँ।" गोपाल ने कहा, "निरंजन, तुम यहीं रहो और योगीन, तुम भी।"

गोपाल, राखाल और काली ऊपर ठाकुर के पास पहुँचे, "महाराज, नरेंद्र को क्या हो गया है?"

उन्हें यह देखकर कुछ बुरा लगा कि नरेंद्र के विषय में जानते हुए भी ठाकुर अत्यंत शांति से लेटे रहे थे। राखाल, काली और गोपाल प्रायः एक साथ ही बोल रहे थे और उसकी स्थिति का जल्दी-जल्दी उत्तेजित होकर वर्णन कर रहे थे। किंतु ठाकुर पर उसका तनिक भी प्रभाव नहीं हुआ। वे गोपाल की ओर मुड़े और तनिक मुस्कराकर बोले, "उसे वैसे ही रहने दो। उसने इस स्थिति तक पहुँचने के लिए मुझे बहुत परेशान किया है।"

"पर महाराज! वह इतना चिल्ला क्यों रहा है?" गोपाल अब भी परेशान था, "उसे अपने शरीर के विषय में इस प्रकार की जिज्ञासा करने की आवश्यकता ही क्या है? उसे क्यों लग रहा है कि उसका शरीर वहाँ नहीं है?"

"वह निर्विकल्प समाधि से लौटा है।" ठाकुर के स्वर में जैसे सम्मान का भाव था, "अभी वह शुद्ध-बुद्ध आत्मा है। शरीर का भान उसे नहीं है। क्रमशः सब सहज हो जाएगा।"

"मैं उसे बता दूँ क्या?" गोपाल ने पूछा।

"इसमें बताने को क्या है।" ठाकुर कुछ उल्लसित स्वर में बोले, "नींद के पश्चात् आदमी जागता है तो उसका संभ्रम कितनी देर टिक सकता है।..."

अब गोपाल, काली या राखाल के पास कहने को कुछ नहीं था। वे इस असमंजस में ठाकुर के कमरे से निकलकर सीढ़ियों की ओर चल पड़े कि उन्हें नरेंद्र के पास रहना भी चाहिए या नहीं।

रात के प्रायः नौ बजे नरेंद्र की चेतना लौटी। वह प्रकृतिस्थ हो चुका था। अब उसकी समझ में आ रहा था कि उसका मन, शरीर, आत्मा—सब यथास्थान ही हैं। समाधि के इस नए अनुभव के पश्चात् यह संसार उसके लिए कुछ और ही हो गया था। उसे याद आया कि उसने ठाकुर से इसी प्रकार की समाधि का वरदान चाहा था। उसने जो चाहा था, ठाकुर ने उसे वह दे दिया। अब उसे गुरु के चरणों में प्रणाम करने के लिए जाना चाहिए।

वह सीढ़ियाँ चढ़कर ऊपर ठाकुर के कमरे में आया। उन्हें प्रणाम किया और उनके सम्मुख बैठ गया।

ठाकुर प्रसन्न लग रहे थे। बोले, "अब जब माँ ने तुम्हें सर्वस्व का साक्षात्कार करा दिया है, तुम्हारा यह सुख संदूक में बंद रहेगा और उसकी कुंजी मेरे पास रहेगी। तुम्हें बहुत सारा काम करना है। जब तुम मेरा सारा काम कर लोगे तो तुम्हारा यह सुख तुम्हें लौटा दिया जाएगा।"

नरेंद्र ने दोनों हाथ जोड़े, "मैं समाधि में बहुत सुखी था। कृपा कर मुझे उसी स्थिति में रहने दीजिए।"

ठाकुर के चेहरे का मंद हास्य लुप्त हो गया, "स्वार्थी मत बन। माँ की कृपा से यह स्थिति तेरे लिए सहज हो जाएगी। तुझे उस समाधि से भी आगे जाना है।"

नरेंद्र ने स्वीकृति में दोनों हाथ जोड़ दिए और भूमि पर माथा रखकर ठाकुर को प्रणाम किया, "जैसी आपकी इच्छा।"

नरेंद्र उठकर कमरे से चला गया। ठाकुर ने उसे थोड़े में ही सब कुछ समझा दिया था।

नरेंद्र चला गया तो ठाकुर शशि और शरत् की ओर मुड़े, "नरेंद्र की मृत्यु उसकी अपनी इच्छा के अधीन रहेगी। जिस क्षण वह जान जाएगा कि वह कौन है, वह इस शरीर में एक क्षण भी नहीं रहेगा।" वे थोड़ी देर जैसे मन-ही-मन किसी बात का आनंद लेते रहे और फिर हँसकर बोले, "वह अपनी बौद्धिक और आध्यात्मिक शक्ति से इस संसार को हिला देगा।"

30

नरेंद्र और तारक साथ-साथ ध्यान-कक्ष में आए।

"तुम ठाकुर के आदेश से प्रसन्न नहीं हो नरेन?" तारक ने पूछा, "प्रसन्न नहीं थे तो कहा क्यों नहीं?"

"मनुष्य से सांसारिक भोगों का सुख तो छोड़ा नहीं जाता, और मुझे ठाकुर निर्विकल्प समाधि का सुख छोड़ने के लिए कह रहे हैं।" नरेंद्र ने कहा।

"वे तुम्हें उससे भी ऊँची स्थिति का वचन भी तो दे रहे हैं।" तारक बोला, "तुम्हारे साथ कोई अन्याय तो नहीं कर रहे।"

"नहीं, अन्याय की बात नहीं है। मेरे साथ ही क्या, ठाकुर किसी के भी साथ अन्याय करेंगे—ऐसा मैं सोच भी नहीं सकता।" नरेंद्र बोला, "पर तारक! तुम्हें क्या बताऊँ, उस स्थिति की स्मृति ही पागल बना देती है।"

"तो?"

"तो क्या! मुझे ठाकुर की बात समझ में आ रही है। मात्र अपने सुख की चिंता करना तो तुच्छ बुद्धि का प्रमाण है ही।" नरेंद्र बोला, "तुम्हें महात्मा बुद्ध के जीवन का वह प्रसंग याद है?"

"कौन-सा प्रसंग?"

"जब उन्हें निर्वाण की प्राप्ति हुई। उनके सामने सृष्टि के सारे अलौकिक और दिव्य सुख बिखरे पड़े थे।" नरेंद्र बोला, "किंतु उनके मन की करुणा ने उन्हें उस ओर पग बढ़ाने नहीं दिया। उन्होंने कहा, 'मैं इस अपार मानवता को दुःख से पीड़ित अवस्था में छोड़, निर्वाण-सुख नहीं चाहता। जब तक संसार का एक भी जीव दुःख के पाश में बँधा है, मैं उनकी सहायता के लिए इसी संसार में रहूँगा।...' "

"याद है।" तारक बोला, "तुम्हारा अभिप्राय है कि ठाकुर भी वही कह रहे हैं?"

"कुछ-कुछ वैसा ही लगता है।" नरेंद्र बोला, "व्यक्तिगत मोक्ष अथवा निर्विकल्प समाधि को ठाकुर तुच्छ बुद्धि की बात बताते हैं। वे चाहते हैं कि ईश्वर-प्राप्ति के पश्चात् भी साधक वापस संसार की ओर लौटे, भोग के लिए नहीं, लोगों को दुःख से मुक्त होने के प्रयत्न में सहायक होने के लिए। वह समाधि में ही नहीं, सहज स्थिति में भी प्रत्येक जीव में ईश्वर को देखे।..."

"ठाकुर ठीक ही तो कहते हैं, मनुष्य को यदि सांसारिकता में स्वार्थी नहीं होना चाहिए," तारक बोला, "तो उसे आध्यात्मिकता में भी स्वार्थी नहीं होना चाहिए। उसे प्रत्येक जीव को शिव

मानकर उसकी सेवा करनी चाहिए।…वह क्या उक्ति है?''…तारक कुछ स्मरण करने का प्रयत्न करता हुआ बोला, ''वह…वह…आचार्य शांतिदेव के ग्रंथ 'बोधिचर्यावतार' की वह उक्ति, जिसमें कवि हाथ जोड़कर परिनिर्वाणाभिमुख बुद्धों से प्रार्थना करता है कि वे निर्वाण प्राप्त करने में शीघ्रता न करें, अनंत कल्पों तक ठहरें, ताकि संसार में अँधेरा न हो जाए और जगत् के दुखी प्राणी भटक-भटककर मरने न लगें।…''

''ओह, वह!'' नरेंद्र बोला, ''निर्वातुकामांश्च जिनान् याचयामि कृतांजलिः। कल्पाननंतास्तिष्ठंतु मा भूदंधमिदं जगत्।''

''क्या ठाकुर भी तुमसे वही अपेक्षा नहीं कर रहे?'' तारक ने उसकी ओर देखा, ''निर्वाण नहीं, सर्वप्राणियों का क्लेश-शमन?''

नरेंद्र ने उसकी बात का कोई उत्तर नहीं दिया। वह मन-ही-मन कुछ सोचता रहा।

''क्या सोच रहे हो?'' तारक ने पूछा।

''मेरे मन में एक इच्छा जाग रही है।'' नरेंद्र बोला, ''किंतु उसके विषय में जितना ही अधिक सोचता हूँ, लगता है कि वह इन दिनों संभव नहीं है।''

तारक ने आश्चर्य से नरेंद्र की ओर देखा : ऐसी कौन-सी इच्छा उसके मन में जागी थी, जो इन दिनों असंभव थी!

''गौतम बुद्ध ने जिस स्थान पर संकल्प किया था, 'इहासने सुष्यतु मे शरीरम् त्यागास्थिमांसम् प्रलयं च यति। अप्राप्यबोधिम् बहुकल्पदुर्लभम्। नैवासनत् कायामातसचलयेत।' और जहाँ उन्हें 'निर्वाण नहीं, सर्वप्राणियों का क्लेश-शमन' का ज्ञान प्राप्त हुआ था—उस स्थान के दर्शन करना चाहता हूँ, उस स्थान पर बैठकर ध्यान करना चाहता हूँ।'' नरेंद्र बोला, ''उस स्थान पर बैठकर बुद्धदेव से ठाकुर के स्वास्थ्य-लाभ की प्रार्थना करना चाहता हूँ।''

''तुम बोधगया जाना चाहते हो?''

''हाँ।''

तारक ने एक क्षण का भी विलंब नहीं किया। बोला, ''मैं भी तुम्हारे संग चलूँगा।''

''मैं जाऊँगा तो तुम्हें भी ले जाऊँगा, किंतु प्रश्न तो यह है कि मैं भी जा पाऊँगा?'' नरेंद्र बोला।

''क्यों? क्यों नहीं जा सकते?'' तारक ने कुछ उग्र स्वर में पूछा, ''क्या रेल के किराए के पैसे नहीं हैं?''

नरेंद्र हँस पड़ा, ''तुमने तो मेरी कठिनाई दुगुनी कर दी। मैंने पैसों की बात तो अभी सोची ही नहीं थी।''

''तो क्या कठिनाई है तुम्हारी?''

''अरे भाई! ठाकुर को इस अवस्था में छोड़कर जाना चाहूँगा तो कोई जाने देगा मुझे?''

''वैसे नरेन!'' तारक बोला, ''गुरु को ऐसी स्थिति में छोड़कर जाना उचित भी तो नहीं है। यदि कोई अन्य व्यक्ति आपत्ति न करे, तो तुम अपने मन से उन्हें ऐसी अवस्था में छोड़ जाओगे क्या?''

''यदि मैं आज घर चला जाऊँ और दो दिन न लौटूँ, तो कुछ अनुचित होगा क्या?'' नरेंद्र बोला।

''नहीं! ऐसी तो कोई बात नहीं है।'' तारक ने कहा, ''कई लोग दो-दो, तीन-तीन दिन के लिए घर जाते ही हैं।''

"तो यदि मैं घर न जाकर, बोधगया चला जाऊँ तो?" नरेंद्र बोला, "पर कोई मेरे तर्क को मानेगा नहीं। वे कहेंगे, मेरे जाने से पीछे की व्यवस्था बिगड़ जाएगी।..."

"वैसे बात तो ठीक है।" तारक सहमत हो गया, "किसी प्रकार की विपत्ति आ जाए, तो वे लोग तुमसे चर्चा करने के लिए बोधगया तो नहीं जा सकते, तुम्हारे घर तो जा सकते हैं।"

"हाँ! मैं जानता हूँ कि यही तर्क दिया जाएगा।" नरेंद्र बोला, "जबकि सबको मालूम है कि दो-तीन दिनों में ऐसा कोई संकट नहीं आ जाएगा, और यदि कोई आकस्मिक विपत्ति आ भी पड़ी तो राखाल है, काली है, शरत् है, शशि है..."

"पर ये लोग तो तुम्हारे नेतृत्व में ही काम कर सकते हैं।" तारक बोला।

"तो राम दादा है, बलराम बसु है, गिरीश है, सुरेंद्र मित्र है, कालीपद घोष है...और भी अनेक लोग हैं।" नरेंद्र बोला, "पर मैं जानता हूँ कि वे लोग हठ पकड़ लेंगे कि नरेंद्र न जाए, जैसे नरेंद्र के बिना संसार में कोई काम नहीं होता।"

तारक ने कुछ नहीं कहा। वह चुपचाप बैठा कुछ सोचता रहा।

"अब क्या सोच रहे हो?" नरेंद्र ने पूछा।

"सोच रहा हूँ कि हम बोधगया कैसे जाएँगे?" तारक बोला, "अपने ज्ञान के लिए नहीं, ठाकुर की रोग-मुक्ति के लिए प्रार्थना करने।"

नरेंद्र हँस पड़ा...तो तारक को भी उसके साथ जाना ही है...

संध्या के धुँधलके में तीन गेरुआधारी युवा साधु, हाथ में चिमटा लिए, कंधे पर कंबल डाले वराहनगर घाट पर आए। वे कुछ जल्दी में थे।

"नाव कितनी देर में जाएगी?" उन्होंने नाविक से पूछा।

"बस! चल रहे हैं महाराज!" नाविक बोला, "कुछ सवारियाँ आ जाएँ।"

"हमें कुछ जल्दी है भाई।" उनमें से एक बोला।

"ठीक है महाराज! किंतु आपकी जल्दी के कारण खाली नाव तो चल नहीं पड़ेगी।" नाविक ने कहा, "तैरकर गंगा पार करने का इरादा न हो तो नाव में विराजिए। खड़े-खड़े वैसे भी थक जाएँगे।"

तीनों ने एक-दूसरे की ओर देखा, और जैसे आँखों ही आँखों में निर्णय कर लिया गया।

"नहीं! नाव चलने लगेगी, तो ही बैठेंगे।" उनमें से एक बोला, "तुम चिंता मत करो भाई! यह हम साधुओं का संकल्प है।"

"विचित्र संकल्प है महाराज, कि खड़ी नाव में नहीं बैठेंगे।" नाविक बोला।

"हाँ! खड़ी नाव में साधु बैठते नहीं, चलती नाव में खड़े नहीं होते।" वही साधु पुनः बोला, "तुम सवारियाँ बैठाओ। हम घाट पर उस ओर, थोड़ी दूरी पर प्रतीक्षा करेंगे। चलने से पहले पुकार लेना।"

"जो इच्छा महाराज!" नाविक अपने काम में लग गया।

साधु हटकर कुछ दूरी पर खड़े हो गए।

"हम कुछ अनुचित तो नहीं कर रहे नरेन?" तारक ने पूछा।

"यदि तुम्हें अनुचित लगता हो तो तुम लौट जाओ भाई!" नरेंद्र बोला, "भगवान् बुद्ध को प्रणाम करने जा रहे हैं, इसमें अनुचित क्या है?"

"पर जा तो चोरी-चोरी रहे हैं न!" काली ने कहा।

"सिद्धार्थ भी तो तपस्या के लिए रात के अंधकार में छुपकर ही गए थे।" नरेंद्र बोला, "राम भी शृंगवेरपुर के बाहर अयोध्यावासियों को सोते हुए छोड़ गए थे। हम किसी का अहित नहीं कर रहे। अच्छे लक्ष्य के लिए जा रहे हैं। दिन के समय सबके सामने जाते, तो या तो जा नहीं पाते, या अपने गुरुभाइयों के क्लेश का कारण बनते···।"

"पर वे लोग जब हमें खोजेंगे और उन्हें कुछ पता नहीं लगेगा, तो परेशान नहीं होंगे क्या?" तारक बोला, "यदि हम उन्हें बता देते तो वे लोग हमारी खोज करने की व्यर्थ की परेशानी से तो बच जाते।"

"तुम यही बात गौतम बुद्ध से भी कह सकते हो।" नरेंद्र ने उत्तर दिया, "यदि वे अपने पिता को सूचित कर तपस्या के लिए वन जाते, तो शुद्धोदन को उनकी खोज में प्रत्येक दिशा में अश्वारोही तो नहीं भेजने पड़ते।"

"नरेंद्र ठीक कह रहा है।" काली ने उसका समर्थन किया, "मैं जब पहली बार दक्षिणेश्वर गया तो यह सोचकर वहाँ ठहरना नहीं चाहता था कि घर पर मेरे माता-पिता ठाकुर की प्रतीक्षा में परेशान हो रहे होंगे। तब शशि ने मुझे यह कहकर रोक लिया था कि माता-पिता तो थोड़ा परेशान होकर धैर्य धारण कर ही लेंगे, किंतु यदि मैं ठाकुर से मिले बिना घर लौट गया तो मैं गुरु की खोज में कितना भटकूँगा, यह भी मुझे सोच लेना चाहिए।"

"देखा!" नरेंद्र तारक से बोला, "काली भी तुमसे अधिक समझदार हो गया है।···"

"आइए, महाराज!" नाविक ने पुकारा, "नाव जा रही है।"

तीनों आकर नाव में बैठे, तो नाविक ने लालटेन के प्रकाश में ध्यान से देखा : तीनों युवा थे। भगवा अवश्य धारण किया था किंतु सिर के केश न मुंडित थे, न जटाएँ थीं। हाथों में चिमटा था और कंधे पर कंबल। बस! लड़के-से लगते थे, साधुओं जैसे, साधु तो थे नहीं। पर उसे क्या!···

गंगा पार कर नाविक को आशीर्वाद दे वे पैदल बाली रेलवे स्टेशन की ओर चल पड़े।

"गया धाम जाने के लिए कोई गाड़ी मिलेगी भाई?" नरेंद्र ने खिड़की के पीछे बैठे टिकट बाबू से पूछा।

"रात को कोई गाड़ी नहीं है।" बाबू ने बताया, "कल तड़के एक गाड़ी है, जो बाँकीपुर ले जाएगी। बाँकीपुर से गया कि लिए दूसरी गाड़ी लेनी पड़ेगी।"

"अच्छा! बाबा महादेव तुम्हारा भला करें।" नरेंद्र ने हाथ उठाकर आशीर्वाद दिया।

"अब?" काली ने पूछा।

"चलो, रात-भर के लिए कहीं ठिकाना करते हैं।"

चलते-चलते वे लोग बाजार में आए। बाजार प्रायः बंद हो चुका था। जो कुछ दुकानें खुली थीं, वहाँ भी माल समेटा-सिमटाया जा रहा था।···सहसा एक दुकान के सम्मुख रुककर नरेंद्र ने पूछा, "क्यों भाई! रात-भर के लिए कहीं आश्रय मिलेगा?"

"यहाँ कोई मंदिर या धर्मशाला तो है नहीं महाराज!" दुकानदार बोला, "दुकान के आगे पड़े रहना हो तो आपका स्वागत है।"

"भगवान् तुम्हारा भला करें भाई! हमें रात ही काटनी है।" नरेंद्र ने कहा, "दुकान के आगे ही काट लेंगे।"

"कहाँ जाना है महाराज?" दुकानदार ने कुछ रुचि दिखाई, "बहुत छोटी अवस्था में ही संसार त्याग दिया!"

"हमने तो संसार त्याग दिया, किंतु संसार हमें नहीं त्याग रहा। इसलिए गया धाम जा रहे हैं, शायद संसार से मुक्ति मिले।" नरेंद्र बोला, "अब गाड़ी तो सुबह ही मिलेगी।"

"वह गाड़ी तो बहुत जल्दी जाती है महाराज! तड़के उठना पड़ेगा।" दुकानदार बोला, "भोजन का क्या करेंगे? उस समय तो कोई जागा भी नहीं होगा कि आपको एक मुट्ठी भिक्षा दे दे।"

"कोई बात नहीं," नरेंद्र बोला, "भूखे ही यात्रा कर लेंगे। साधु को अपने उद्यम का नहीं, ईश्वर का भरोसा होता है। वह देगा तो खाएँगे, नहीं देगा तो भूखे रहेंगे।"

दुकानदार असमंजस में पड़ गया। वह तीन-तीन साधुओं को भूखे रखने का पाप नहीं कर सकता था। वह उन तीनों की ओर देखता रहा और फिर मन-ही-मन जैसे किसी निश्चय पर पहुँचकर बोला, "यदि प्रातः उठकर खिचड़ी पकाने का कष्ट कर लें तो मैं दाल-चावल अभी दे देता हूँ।"

"तुमने तो हमारी सारी समस्या का समाधान ही कर दिया।" काली बोला, "अब किसी और से माँगना भी क्या।"

दुकानदार ने एक बर्तन और दाल-चावल दे दिए और अपनी दुकान समेटकर भीतर अपने घर की ओर जाता हुआ बोला, "प्रातः जाते हुए दुकान का दरवाजा भिड़ा दीजिएगा महाराज!"

"नरेंद्र को देखा है कहीं?" राखाल ने शरत् से पूछा, "कल संध्या से ही कहीं दिखाई नहीं दिया।"

"नहीं, मैंने तो उसे नहीं देखा," शरत् बोला, "मैं काली को ढूँढ़ रहा हूँ। वह भी नहीं है।"

"इस प्रकार बिना किसी को सूचना दिए इधर-उधर चले जाने की आदत अच्छी नहीं है।" राखाल बोला, "अब आज डॉक्टर के पास किसे भेजना है, कौन बताएगा? और मैं किसी को भेज दूँ तो अभी नरेंद्र आकर कहेगा कि उसने तो उस व्यक्ति के लिए कोई और काम सोच रखा था।"

"यहीं कहीं गया होगा, आ जाएगा।" शरत् बोला, "तुम्हें मालूम तो है कि वह कहीं भी हो, काम के समय प्रकट हो जाता है।"

"हाँ, प्रकट तो हो जाएगा।" राखाल कुछ अनमना-सा बोला, "किंतु अंतर्धान क्यों हो गया है वह?"

"अरे लाटू!" शरत् को सीढ़ियों से उतरता लाटू दिखाई दे गया, "तुमने नरेंद्र को देखा है?"

"नहीं, नरेन बाबू को तो नहीं देखा।" लाटू बोला, "किंतु यह देखा है कि उनका भगवा वस्त्र कमरे में नहीं है। उनका चिमटा भी नहीं है।"

"ओह!" शरत् बोला, "इसका अर्थ यह है कि वह भगवा धारण कर, चिमटा ले कहीं चल दिया है।..."

"एक काम कर लाटू!" राखाल ने शरत् की ओर ध्यान नहीं दिया, "तू जाकर देख, क्या काली का भगवा वस्त्र और चिमटा भी अपने स्थान पर नहीं है?"

"अभी देखकर आता हूँ।" लाटू चला गया।

"मुझे लगता है कि ये दोनों यहीं कहीं उद्यान-भवन के किसी कोने में किसी वृक्ष के नीचे ध्यान करने बैठे होंगे।" शरत् बोला, "...या फिर हो सकता है कि गंगा-तट पर चले गए हों, या दक्षिणेश्वर... ।"

"यदि वह बात होती तो भगवा धारण करने और चिमटा ले जाने की क्या आवश्यकता थी?" राखाल बोला, "पेड़ के नीचे ध्यान करने के लिए, यहाँ न कोई भगवा धारण करता है, न चिमटा लेकर जाता है।"

''तो?'' शरत् साक्षात् प्रश्न बन गया था।

''मुझे भय है कि ये दोनों भगवा धारण करके कहीं निकल न गए हों।'' राखाल का स्वर सचमुच चिंतित था।

''ठाकुर को इस अवस्था में छोड़कर?'' शरत् चकित था, ''वे दोनों इतने गुरु-द्रोही नहीं हो सकते।''

''गुरु-द्रोही वे नहीं हैं।'' राखाल बोला, ''किंतु क्या पता है कि गुरु के स्वास्थ्य-लाभ के लिए ही कहीं साधना कर रहे हों।''

लाटू लौट आया।

''क्या बात है रे! क्या देखा?'' राखाल ने पूछा।

''काली और तारक बाबू का भगवा वस्त्र, चिमटा और कंबल नहीं हैं।'' लाटू बोला।

''स्पष्ट है कि ये तीनों एक साथ कहीं निकल गए हैं।'' राखाल बोला, ''कलकत्ता या कलकत्ता के आसपास नहीं, कहीं दूर गए हैं।''

''आपने ठाकुर से पूछा क्या?'' लाटू बोला, ''उनको बताकर गए होंगे।''

वे तीनों ठाकुर के पास आए। बाबूराम और निरंजन, ठाकुर की सेवा कर रहे थे।

''महाराज! नरेंद्र, काली और तारक कहीं चले गए हैं।'' राखाल ने उन्हें सूचना दी, ''आपको बताकर गए हैं क्या कि वे लोग कहाँ जा रहे हैं?''

''नहीं! मुझसे तो उन्होंने चर्चा नहीं की।'' ठाकुर का स्वर आश्वस्त था। उसमें चिंता का लेश भी नहीं था।

किंतु राखाल पहली बार नरेंद्र के लिए चिंतित हो उठा, ''महाराज! कहीं उसका आपसे झगड़ा तो नहीं हुआ? कहीं वह रूठकर तो नहीं चला गया?''

''अरे नहीं! तू पागल है क्या?'' ठाकुर हँसे, ''मैं क्या अपने नरेन से लड़ूँगा? वह लड़ भी पड़े, किंतु मैं नहीं लड़ूँगा।'' ठाकुर ने उस पर अपनी दृष्टि जमाई, ''और देख! अब नरेन पहले जैसा क्रोध नहीं करता। वह किसी से झगड़ा नहीं करता। वह अब लड़का नहीं है। निर्विकल्प समाधि प्राप्त कर चुका प्रौढ़ साधक है।''

''वह सब तो ठीक है।'' राखाल बोला, ''पर है तो वह नरेन ही न! और आजकल तो वह बहुत उग्र साधना कर रहा है। कहीं गौतम बुद्ध के समान उग्र संकल्प करके बैठ गया कि 'इस शरीर को इसी आसन पर सूख जाने दो···' तब? हम कहाँ खोजते रहेंगे उसके शरीर को?''

ठाकुर सहज भाव से मुस्कराए, ''तुम्हारी चिंता बहुत ठीक है, किंतु भयभीत होने की कोई बात नहीं है। नरेन संसार में कहीं भी जाए, वह लौटकर यहीं आएगा।''

राखाल ने चकित दृष्टि से ठाकुर को देखा : वे इतने आश्वस्त कैसे हैं? उन्हें क्या किसी की माया-ममता नहीं व्यापती? वे नरेंद्र से इतना प्रेम करते हैं और उसके इस प्रकार लुप्त हो जाने पर तनिक भी आशंकित नहीं हैं?···

''महाराज! वह साधना के लिए गया है। जाने कहाँ गया है।'' राखाल पुनः बोला, ''कहीं कुछ पा गया···कोई आकर्षक साधना-स्थल, कोई सिद्धि, कोई साधु, कोई गुरु···तो वहीं रम जाएगा वह। फिर हम कैसे पाएँगे उसे?''

ठाकुर उसी प्रकार शांत लेटे रहे और बोले, ''तुम संसार के चारों कोनों में कहीं भी चले जाओ, तुम्हें कहीं कुछ भी अतिरिक्त नहीं मिलेगा। जो कुछ भी कहीं है, वह सब इस शरीर में भी है।''

इस बार राखाल चौंका नहीं, अवाक् रह गया।···ठाकुर तरह-तरह से उन लोगों को समझा रहे थे, फिर भी वे ठाकुर को एक साधारण साधु ही समझ रहे हैं।···वे लोग अपने गुरु का महत्त्व क्यों नहीं समझते? केवल इसलिए कि ठाकुर उन लोगों को बहुत सहज-सुलभ हैं? ठाकुर भी यदि किसी दुर्गम स्थल पर जाकर बैठ गए होते, थोड़ा पाखंड करते, अपना बड़प्पन दिखाते, तो ये सारे गुरुभाई उनके दर्शन पाने को तड़पते···राखाल को याद आया···ठाकर ने कहा था न कि माँ उनका शरीर अब और नहीं रखेंगी। माँ को भय है कि यह सरल और मूर्ख बूढ़ा कहीं सब कुछ सहज ही न लुटा दे। अयोग्य लोग भी उससे बहुत कुछ पा जाएँगे···

राखाल लौटकर नीचे के कमरे में आया। शरत्, शशि, लाटू, गोपाल, बाबूराम, निरंजन—सब ही उसके चारों ओर घिर आए थे···उन सारे चेहरों पर भिन्न-भिन्न प्रकार की व्याकुलता थी।

''राखाल! मुझे लगता है कि वे तीनों बोधगया गए हैं।'' बाबूराम बोला, ''आजकल वे लोग भगवान् बुद्ध के चिंतन और दर्शन की बहुत चर्चा किया करते थे।''

''संभव है कि ऐसा ही हो।'' निरंजन ने स्वीकार किया, ''नरेंद्र बहुधा भगवान् बुद्ध के जीवन की घटनाओं से अपना तादात्म्य अनुभव करता था।''

''मेरा मन होता है, मैं भी बोधगया जाऊँ।'' छोटा गोपाल बोला।

और सहसा राखाल जैसे भड़क उठा, ''किसी को कहीं जाने की आवश्यकता नहीं है। अपने गुरु की ऐसी अवमानना करने का अधिकार हमें नहीं। तुम लोग समझने हो कि ठाकुर से अब हमें कुछ नहीं मिल सकता और उससे बड़ी उपलब्धियों के लिए आतुर हो उठे हो? तुम्हारे लिए अब ठाकुर अनावश्यक हो गए हैं, इसलिए तुम उनकी सेवा करने के स्थान पर, अपनी साधना करने के लिए उन्हें छोड़ जाना चाहते हो?''

''ऐसा तो मैंने कुछ नहीं कहा।'' छोटा गोपाल तड़पकर बोला, ''तुमने यह सब कैसे मान लिया?''

''नरेंद्र क्यों चला गया ठाकुर को छोड़कर?'' निरंजन का स्वर भी कुछ उग्र हुआ।

''नरेंद्र ने ठाकुर का जूठा, मवादयुक्त दलिया उठाकर पी लिया था।'' राखाल भी क्रुद्ध स्वर में बोला, ''तुम वह कर सके थे कि अब नरेंद्र की बराबरी करने को तड़प रहे हो!···नरेंद्र हम पर ठाकुर का सेवा-भार छोड़कर गया है। वह आ जाए तो तुम उस पर ठाकुर का भार छोड़कर चले जाना।''

''राखाल ठीक कह रहा है।'' गोपाल दादा ने पहली बार हस्तक्षेप किया, ''यदि हममें से किसी को साधना के लिए बाहर जाना भी है, तो बारी-बारी जाना चाहिए। हम द्वार-द्वार भिक्षा माँगकर ठाकुर के लिए अन्न जुटाने की साध रखते हैं, तो उन्हें कष्ट देकर साधना के लिए जाने की बात नहीं सोचेंगे। हमारे लिए ठाकुर की सेवा, अपनी व्यक्तिगत साधना से अधिक महत्त्वपूर्ण है।''

राखाल की उत्तेजना जैसे शांत हो गई। उसे लगा, उसके मन की बात गोपाल दादा ने कह दी है।

गाड़ी चली तो नरेंद्र के चेहरे पर एक प्रकार का संतोष झलका, ''हम कलकत्ता से तो निकल ही आए। अब उन लोगों को पता लग भी जाए तो हमें पकड़ नहीं सकते।''

''तो तुम क्या सोच रहे थे कि वे लोग हमारे पीछे आएँगे और हमें पकड़कर ले जाएँगे?'' तारक हँसा, ''ऐसा भी हो सकता है क्या?''

"तो हम उद्यान-भवन से छुपकर क्यों निकले थे?" नरेंद्र ने उसकी ओर देखा, "वे हमें पकड़कर बलात् घसीटते हुए तो वापस नहीं ले जाते, किंतु यदि वे साथ चलने की हठ करते, अथवा लौट आने का आग्रह करते, तो हमें कठिनाई तो होती ही।" उसने काली की ओर दृष्टि फेरी, "तुम क्यों चिंतित हो भाई?"

"मैं सोच रहा हूँ कि बोधगया जाने के लिए रेल-भाड़े का प्रबंध तो तुमने कर लिया, लौटने का क्या होगा?"

नरेंद्र हँसा, "यह तो गृहस्थों की वृत्ति है। साधु तो सोचता है, जाने का किराया भगवान् ने दिया है तो लौटने का भी वह ही देगा। कर्ता का अहंकार नष्ट कर दो, तो कर्म के दायित्व से भी मुक्त हो जाओ।"

"कलकत्ता में इतने परिचित हैं कि हम किसी से भी माँग सकते हैं," काली ने जैसे नरेंद्र की बात सुनी ही नहीं। वह अपनी ही रौ में बोला, "पर वहाँ अपरिचित स्थान पर कौन हमारी सहायता करेगा?"

"फिर वही बात!" नरेंद्र बोला, "परिचित और अपरिचित हमारे लिए है। भगवान् के लिए तो सब कुछ परिचित ही है। या तुम यह समझते हो कि कलकत्ता के भगवान् का आदेश गया में नहीं चलता!"

"तुम तो हर समय परिहास की मुद्रा में रहते हो।" काली ने कहा, "लौटने के लिए किराए का शीघ्र प्रबंध नहीं हुआ, तो हमें वहाँ अधिक दिन रुकना होगा। इसका अर्थ हुआ, हम उतने ही अधिक दिन ठाकुर से दूर रहेंगे।"

"भगवान् की इच्छा ही हमें गया ले जा रही है और हमें लौटाकर वापस भी वही लाएगी।" नरेंद्र बोला, "तुम अपनी इच्छा का व्यर्थ बोझ मत ढोओ।"

"मेरे मन में तो इस समय कुछ और ही हैं।" तारक हँसकर बोला, "किसी ने देखा होगा तो सोचता होगा कि ये साधु तो बहुत ही पेटू हैं, लोग अभी उठे भी नहीं और ये खा-पकाकर चल भी दिए।"

"गौतम बुद्ध ने भी अपनी तपस्या के आरंभ में यह अनुभव किया था कि भूखे रहकर तपस्या नहीं की जा सकती। इसलिए साधु को अन्न से वैर नहीं करना चाहिए।" नरेंद्र बोला,"और वैसे भी तो हमारे उपनिषदों में कहा गया है कि 'अन्न ब्रह्म है।' "

"तपस्या का तो अर्थ ही है तपना," काली बोला, "तो भूखे रहना तपस्या क्यों नहीं है? महात्मा बुद्ध ने यह निष्कर्ष कैसे निकाला कि तपस्वी को भूखे नहीं रहना चाहिए?"

"आखिर भूखे रहने की भी तो कोई सीमा होती होगी।" तारक ने उत्तर दिया, "इसके पश्चात् अन्न न मिलने से मनुष्य का शरीर चल नहीं पाता। है तो यह अन्न का ही कीड़ा। शरीर चाहे साधु का हो या गृहस्थ का।"

"महात्मा बुद्ध ने मध्यम प्रतिपदा का सिद्धांत प्रतिपादित किया है।" नरेंद्र बोला, "गीता में भी तो कृष्ण ने कहा है कि जो बहुत अधिक खाता है न वह योगी हो सकता है और न वह जो बहुत कम खाता है।"

गाड़ी कुछ धीमी हुई। नरेंद्र ने अपनी कलाई-घड़ी में समय देखा⋯रात के साढ़े बारह बज रहे थे।⋯

"शायद बाँकीपुर आ गया है।" उसने कहा।

तारक और काली भी उठ बैठे। वे तीनों दिन के समय गाड़ी में थोड़ा-बहुत सो चुके थे, इसलिए इस समय कोई भी उनींदा नहीं था।

"क्यों भाई! यह बाँकीपुर है?" गाड़ी रुकने पर नरेंद्र ने प्लेटफार्म पर खड़े एक कुली से पूछा।

"हाँ, महाराज!" कुली ने साधु वेश में देखकर, श्रद्धापूर्वक हाथ जोड़कर उन्हें नमन किया।

"भगवान् तुम्हारा भला करे।" नरेंद्र ने गाड़ी से उतर, उसके निकट आकर पूछा, "गया धाम के लिए गाड़ी यहीं से मिलेगी?"

"हाँ, महाराज!"

"कितने बजे मिलेगी?"

"तड़के ही जाएगी। पाँच बजे।"

"तुम्हारा कल्याण हो।" नरेंद्र चल पड़ा।

काली और तारक उसके निकट आए तो वह बोला, "जरा ध्यान से देखो, स्टेशन पर कहीं बाँकीपुर लिखा है क्या?"

"क्यों? तुम्हें उस भले आदमी का विश्वास नहीं है?" काली ने पूछा, "वह भला झूठ क्यों बोलेगा?"

"मैंने तो आज तक ठाकुर की बताई हुई भी किसी बात का तब तक विश्वास नहीं किया, जब तक स्वयं मुझे उसका कोई प्रमाण नहीं मिल गया।" नरेंद्र आगे चल पड़ा।

तारक और काली कुछ नहीं बोले। नरेंद्र ने अपने एक वाक्य में ही बहुत कुछ कह दिया था। वे जानते थे कि वह बिना तर्क और प्रमाण के किसी बात पर सहज विश्वास नहीं करता था।...उसने यहाँ भी कुली का अविश्वास नहीं किया था। उसकी सूचना के अनुसार वह गाड़ी से उतर आया था, किंतु अब उसकी पुष्टि भी करना चाहता था।

प्लेटफार्म पर स्टेशन का नाम खोजने में उन्हें तनिक भी कठिनाई नहीं हुई।...अब रात बिताने के लिए स्थान खोजना था।

"प्रतीक्षालय में चलें या प्लेटफार्म पर ही डेरा डालें?" नरेंद्र ने पूछा।

"जैसी तुम्हारी इच्छा।" तारक बोला।

"मेरी इच्छा क्या!" नरेंद्र हँसा, "जो पंचों का मत हो, वही किया जाए। वैसे यदि प्रतीक्षालय में कोई साफ-सुथरा स्थान मिल जाए तो प्लेटफार्म पर भीड़ बढ़ाकर यात्रियों को असुविधा में क्यों डाला जाए।"

वे लोग प्रतीक्षालय में आ गए। वहाँ कोई विशेष भीड़ नहीं थी। दीवार के साथ काफी खाली स्थान था। उन्होंने अपने कंबल बिछा दिए। काली और तारक लेट गए तो नरेंद्र बोला, "मैं जरा गाड़ी का समय पूछ आऊँ।"

प्रातः ग्यारह बजे वे लोग गया स्टेशन पर उतरे। पूछते-पूछते फल्गु नदी के तट पर आए। धूप चढ़ आई थी और शरीर पर उसकी प्रखरता चुभने लगी थी। सामने जल देखकर नहाने की तीव्र इच्छा अँगड़ाइयाँ लेने लगी।

वे तीनों नदी में कूद पड़े। पहले तो जल में डुबकियाँ लगा-लगाकर शरीर का ताप मिटाया और फिर जल-क्रीड़ा पर आ गए। एक-दूसरे पर जल उछाला। हाथ-पैर मारकर कुछ व्यायाम किया और गाड़ी में बँधे-बँधे बैठे रहने की जड़ता को तोड़ा। थोड़ी ही देर में क्रीड़ा कुछ मंद हो गई।

"क्या बात है?" नरेंद्र ने पूछा।

"मुझे तो भूख लग आई है।" तारक बोला।

"मुझे भी।" काली ने कहा।

"चलो, बाहर निकलो।"

पानी से निकल जैसे ही वे लोग रेत पर आए, नरेंद्र के पग रुक गए।

"क्यों, क्या हुआ?" तारक ने पूछा।

"गया धाम में आकर पिंडदान किए बिना चले जाना तो उचित नहीं है।" नरेंद्र बोला।

"हाँ! हाँ!! भिखारी लोग भी दान करेंगे।" काली हँसा, "हमारे पास है ही क्या, जो पिंडदान करें। कलकत्ता लौटने के लिए भाड़ा तक तो है नहीं।"

"तुम्हारे मन पर लौटने का भाड़ा ही छाया हुआ है।" नरेंद्र बोला, "लगता है, बुद्धदेव के दर्शन कर, तुम उनसे कलकत्ता लौटने का रेल-भाड़ा ही माँगोगे।"

"अच्छा! तुम्हारा मन तो भाड़ा-मुक्त है न!" काली कुछ खीझा, "तुम बताओ, किस पदार्थ से पिंडदान करोगे? भोजन के लिए अन्न तो है नहीं।"

"रेत का पिंडदान करते हैं," नरेंद्र बोला, "जैसे भगवान् रामचंद्र ने किया था।"

"यह ठीक है।" तारक कुछ उच्छ्वसित स्वर में बोला, "जहाँ चाह वहाँ राह।"

उन्होंने पहले अंजलि में जल लेकर तर्पण किया और फिर रेत के पिंड बनाकर, श्रद्धापूर्वक उनका दान किया।

"अब भोजन?" काली ने नरेंद्र की ओर देखा।

"उसका भी प्रबंध करता हूँ।"

वे लोग निकट के शिव-मंदिर में आए। भगवान् शिव के दर्शन किए। हाथ जोड़े, आँखें मूँद प्रार्थना की।

तारक और काली चलने को हुए तो नरेंद्र ने उन्हें रुकने का संकेत किया। वह प्रतिमा के सम्मुख पालथी मारकर बैठ गया और उन लोगों को भी हाथों से पकड़ बैठाता हुआ, सस्वर पाठ करने लगा :

"नागेंद्र हाराय त्रिलोचनाय
भस्माङ्ग रागाय महेश्वराय।
नित्याय शुद्धाय दिगंबराय
तस्मै 'न' काराय नमः शिवाय॥"

पूर्ण आत्मलीनता से स्तुति गा चुकने के पश्चात् आँखें खोलीं तो उसने देखा, न केवल दर्शनार्थी उन लोगों के आसपास घिर आए थे, वरन् पुजारी भी प्रशंसा-भरी दृष्टि से उसकी ओर देख रहा था।

"तुम्हारे कंठ में बहुत मिठास है बाबा!" पुजारी बोला, "और मन में भक्ति भी लगती है।"

"हाँ।" नरेंद्र बोला, "किंतु पेट में अन्न नहीं है।"

पुजारी क्षण-भर के लिए हत्प्रभ रह गया और फिर जैसे सँभलकर बोला, "भूखे हो?"

"कल प्रातः के पश्चात् महादेव की कृपा नहीं हुई।" नरेंद्र बोला।

"अच्छा।" पुजारी ने इधर-उधर एक खोजी दृष्टि घुमाई और पुकारा, "ऐ बबुआ! हेने आवा।"

घुटनों तक की मैली-सी धोती बाँधे एक बच्चा आकर उनके पास खड़ा हो गया।

''बाबा लोग को भंडारी के पास ले जा।'' पुजारी बोला, ''कहना, पुजारी जी भेजिन हैं।'' वह उनकी ओर मुड़ा, ''जाइए। भंडारी जी सीधा और बर्तन दे देंगे। पकाकर खा लीजिएगा।'' वह रुका, ''कै दिन तक रुकने का विचार है?''

''पका-खाकर चल देंगे।'' नरेंद्र बोला, ''भगवान् बुद्ध के दर्शन करने जाएँगे।''

''अच्छा! अच्छा! तीरथ पर निकले हैं।'' पुजारी ने हाथ जोड़ दिए।

''मन उखड़ा-उखड़ा-सा रहता है।'' शशि बोला, ''एक नरेंद्र के चले जाने से जैसे यहाँ कोई रस ही नहीं रह गया।''

''मैं सब समझ रहा हूँ।'' राखाल बोला, ''तुम सबका नरेंद्र के समान भटकने का मन हो रहा है। तुम लोग समझते हो कि नरेंद्र किसी बड़ी उपलब्धि के पीछे गया है, और तुम लोग यहाँ ठाकुर की सेवा करते रह गए तो तुम लोगों को वह सिद्धि नहीं मिल पाएगी।''

''राखाल!'' शशि का स्वर उसका प्रतिवाद लिए हुए था, ''मैं नरेंद्र के प्रति अपने प्रेम की चर्चा कर रहा था, किसी आध्यात्मिक सिद्धि की नहीं। तुम क्या समझते हो, ठाकुर से एक तुम ही प्रेम करते हो? शेष लोगों को ठाकुर के प्रति अपने प्रेम का तुम्हें प्रमाण देना पड़ेगा?''

राखाल को लगा कि शायद अपने पूर्वाग्रह के कारण वह शशि को आहत कर बैठा है। बोला, ''मेरा अभिप्राय ऐसा कुछ भी नहीं था। मैं तो केवल यह कह रहा था कि हम लोग बहुत स्वार्थी होते जा रहे हैं। जिन ठाकुर के कारण हमें इतना ज्ञान मिला है, हम उपलब्धियों के चक्कर में उन्हीं ठाकुर की एक प्रकार से उपेक्षा कर रहे हैं। जबकि उन्होंने स्पष्ट कह दिया है कि संसार में जो कुछ भी है, वह उनके भीतर ही है···अर्थात् सब कुछ देने वाले तो वे ही हैं।···''

''मैं दोनों बातों में तुमसे असहमत हूँ।'' शशि बोला, ''मैं यह नहीं समझता कि हममें से कोई भी ठाकुर की उपेक्षा कर रहा है, या हम अपने लोभ के कारण उनके साथ चिपके हुए हैं—लाभ की संभावना न दिखने पर हम उनको छोड़ जाएँगे।···''

''तो और क्या बात है?''

''मुझे लगता है कि नरेंद्र हम लोगों और ठाकुर के बीच की कड़ी है।'' शशि बोला, ''वैसे तो हम भी ठाकुर के वैसे ही शिष्य हैं, जैसा कि नरेंद्र है। वे हमें भी उतना ही प्यार करते हैं।···किंतु फिर भी हममें से कोई भी ठाकुर को उतना नहीं समझता, जितना कि नरेंद्र समझता है। ठाकुर हमारे भी गुरु और पिता के समान हैं। नरेंद्र हमारा मित्र और बड़े भाई के समान है। हम उससे कम प्रेम नहीं करते।''···शशि ने रुककर राखाल को देखा, ''तुम समझते हो कि मेरे मन में किसी आध्यात्मिक सिद्धि का लोभ है, इसलिए मैं नरेंद्र के पीछे जाना चाहता हूँ। सत्य यह है कि हम सबको ही नरेंद्र के खो जाने का भय है। वे लोग जाने कहाँ गए हैं। संभव है कि उन तीनों ने किसी संकल्प के अधीन भ्रमण का निश्चय किया हो। हो सकता है, वे संसार के सारे मोह त्याग, सदा के लिए घुमक्कड़ी का निश्चय कर निकले हों।''

''यह संभव नहीं है।'' राखाल अत्यंत विश्वास के साथ बोला।

''क्यों?''

''पहला कारण तो यह ही है कि नरेंद्र ठाकुर से इतना प्रेम करता है कि वह ठाकुर को इस स्थिति में छोड़कर जा ही नहीं सकता।'' राखाल बोला, ''दूसरे, उसने ठाकुर को यह वचन दिया था कि जब तक ठाकुर का यह शरीर है, तब तक वह संसार का त्याग नहीं करेगा, उनके निकट

रहेगा···और तीसरी बात, तुमने सुना ही है कि ठाकुर ने कहा है कि संसार में जहाँ कहीं भी, जो कुछ है, वह उन्हीं के भीतर है···तो नरेंद्र को और कहीं क्या मिलेगा?''

कुछ क्षणों तक शशि उसे चुपचाप देखता रहा और फिर धीरे से बोला, ''तुम्हारे पहले दो कारण तो ठीक हैं, किंतु तीसरे कारण से मैं सहमत नहीं हूँ।''

''क्यों?'' राखाल के स्वर में आश्चर्य था, ''तुम क्या समझते हो कि ठाकुर से उच्चतर आध्यात्मिक स्थिति का कोई और व्यक्ति···''

''नहीं! मैं वह नहीं कह रहा हूँ।'' शशि बोला, ''मैं यह कह रहा हूँ कि ठाकुर ने जब अपने शरीर पर हाथ रखकर कहा था कि संसार में जो कुछ है, यहीं है, तो उसका अर्थ यह नहीं था कि वह ठाकुर के भीतर है। वे तो कह रहे थे कि ईश्वर व्यक्ति के अपने भीतर है, बाहर नहीं। कबीर ने कहा है न, 'तेरा साईं तुज्झ में, ज्यों पुहुपन में बास' और मीरा ने भी कहा है, 'घट-घट में है साईं बसता···।' ठाकुर भी वही कह रहे थे।''

राखाल चकित भाव से शशि को देख रहा था, ''तुम समझते हो कि ठाकुर अवतार नहीं हैं? वे हमसे भिन्न नहीं हैं? जो सबके वक्ष में है, वही उनके वक्ष में भी है?''

''नहीं। यह नहीं समझता हूँ।'' शशि ने उत्तर दिया, ''मैं यह समझता हूँ, कि ठाकुर ने हमें समझाया है कि परमात्मा प्रत्येक मनुष्य की आत्मा है, अथवा हमारी आत्मा भी परमात्मा का ही अंश है। अंतर यह है कि ठाकुर ने इसका अनुभव कर लिया है, और हमने अभी नहीं किया है। अंतर अविकसित और विकसित का है। वे शीर्ष पर हैं और हम चरणों में—किंतु पदार्थ हमारा भी वही है, जो उनका है।''

राखाल जैसे निरुत्तर-सा होकर आत्मलीन हो गया, किंतु थोड़ी देर में पुनः बोला, ''कुछ समझ नहीं आता। मैंने तो ठाकुर की उक्ति का यह अर्थ एकदम ही नहीं सोचा था···पर क्या कहूँ, ठाकुर जो कुछ कहते हैं, उसका कोई एक ही अर्थ तो होता नहीं।''

नरेंद्र, काली और तारक प्रातः मंदिर में गए और हाथ जोड़कर भगवान् बुद्ध की प्रतिमा को कुछ क्षण तक निहारकर, साष्टांग दंडवत् प्रणाम के लिए भूमि पर सीधे लेट गए। कुछ क्षणों के पश्चात् वे उठे और संगीतमय समवेत स्वर में बोले, ''बुद्धं शरणं गच्छामि।'' तीन बार उच्चारण करने के पश्चात् उन्होंने नेत्र मूँद लिए और ध्यान के लिए बैठ गए।

मंदिर के भीतर वातावरण अत्यंत पवित्र और शांतिपूर्ण था। मन को एकाग्र करने के लिए उन्हें तनिक भी प्रयत्न नहीं करना पड़ा। मन तो जैसे स्वतः ही समाधि की ओर दौड़ा चला जा रहा था। एक प्रकार के दिव्य आह्लाद का आभास उन्हें काफी जल्दी ही होने लगा था और निष्कंप दीप-शिखा की शांति जैसा अनुभव उनके मन को निरंतर लुब्ध करता जा रहा था।···

महंत शांति भिक्षु ने उन तीनों युवाओं को आते देखा था। वह विभिन्न प्रकार के देशी और विदेशी दर्शनार्थियों को देखने का काफी अभ्यस्त था। यहाँ साधारण सैलानी भी आते थे, सामान्य दर्शनार्थी भी, तीर्थयात्री भी और विशिष्ट भक्त भी। जापान, चीन और दक्षिण-पूर्वी एशिया के अनेक तीर्थयात्री भगवा धारण करके भी आते थे। एक विशेष अवस्था तक भिक्षु रहने के पश्चात् वे लोग पुनः गृहस्थ बन जाते थे···किंतु भारत में तो एक बार संन्यास ग्रहण करने के पश्चात् पुनः गृहस्थ नहीं बना जा सकता था। तो फिर इस छोटी अवस्था के ये संन्यासी···ये भीख माँगने के लिए साधु बने हुए साधारण व्यक्ति भी नहीं लग रहे थे। जिस प्रकार संगीतमय समवेत स्वर में उन्होंने बुद्ध

की शरण में जाने की घोषणा की थी, वह साधारण नहीं था।...और ध्यान करने की विधि भी अत्यंत अभ्यस्त लोगों के समान थी।

महंत शांति भिक्षु की सहज ही इच्छा हो आई कि वे उन तीनों युवकों से कुछ चर्चा करें...वे अपने आसन पर बैठकर उनके उठने की प्रतीक्षा करने लगे...

उन तीनों का ध्यान लंबा होता गया। महंत का अनुमान था कि वे पाँच-दस मिनटों में उठ खड़े होंगे। यहाँ तो बड़े-बड़े साधकों को पंद्रह मिनटों में पीठ में दर्द होने लगता है।...किंतु वे लड़के तो जैसे गहन से गहनतर ध्यान की ओर अग्रसर होते जा रहे थे। उनके चेहरे पर चंचलता प्रकट होने के स्थान पर, उनका श्वास मंथर और नियमित होता चला गया...

महंत को लगा कि वे भी उन लड़कों से स्पर्धा करना चाहते हैं। उनकी भी इच्छा हो रही थी कि भगवान् बुद्ध के सम्मुख बैठ उन लड़कों के साथ ध्यान करें और इतने गहरे ध्यान में डूब जाएँ कि कोई कंधों से पकड़कर झकझोरता भी रहे तो उनका ध्यान न टूटे...किंतु अपनी मर्यादा का ध्यान उन्हें वैसा करने नहीं दे रहा था।

महंत ने एक भिक्षु को बुलाया, "इन तीनों युवकों का ध्यान रखो। जब ये लोग ध्यान पूरा कर उठें तो इन्हें निवेदन कर मेरे कमरे में ले आना।"

"जो आज्ञा महाराज!"

महंत अपने कमरे में आकर अपने काम में लग गया, किंतु उसका ध्यान लगातार उन लड़कों की ओर ही था।...प्रायः दो-ढाई घंटों के पश्चात् भिक्षु ने समाचार दिया कि वे लड़के आ रहे हैं।"

"आइए। बैठिए।" महंत ने खड़े होकर उनका स्वागत किया।

वे लोग उसके सामने बैठ गए।

"कहाँ से आना हुआ भंते?"

"कलकत्ता से।"

"आप लोग तथागत बुद्ध के विश्वासी हैं?"

"हम सांप्रदायिक भेद को स्वीकार नहीं करते।" नरेंद्र बोला।

"अर्थात्?"

"हम ईश्वर के विश्वासी हैं।" नरेंद्र ने उत्तर दिया, "प्रत्येक महापुरुष को पूजा-भाव से देखते हैं।"

"अर्थात् बौद्ध धर्मावलंबी नहीं हो?"

"जिस अर्थ में आप पूछ रहे हैं, उस अर्थ में नहीं हैं।" नरेंद्र ने दृढ़ता से कहा।

"तो भी तथागत में इतनी श्रद्धा?"

"मैंने कहा न कि हम प्रत्येक महापुरुष को पूजा-भाव से देखते हैं।"

"तो तथागत के किन गुणों ने आपको आकृष्ट किया?" महंत ने पूछा।

"उनका अमिश्रित सत्य, उनका ज्वलंत संन्यास, हृदय की करुणा, उनका मधुर, गंभीर तथा प्रबुद्ध व्यक्तित्व, उनकी उदात्त नैतिकता, और वह पद्धति जिससे वे अध्यात्म तथा मानव-प्रकृति में एक संतुलन स्थापित करते हैं।" नरेंद्र बोला, "बुद्धदेव ही एक ऐसे व्यक्ति थे, जो पूर्णतया तथा यथार्थतः निष्काम कहे जा सकते हैं। उनका व्यक्ति में विश्वास भी अद्भुत था। उनके अधरों पर अंतिम क्षण तक ये ही शब्द थे, 'अपनी उन्नति अपने ही प्रयत्न से होगी। अन्य कोई तुम्हारा सहायक नहीं होगा। स्वयं अपनी मुक्ति प्राप्त करो।' उन्होंने अपने विषय में कहा है न कि 'बुद्ध शब्द का

अर्थ है—आकाश के समान अनन्त ज्ञान-संपन्न, मुझ गौतम को यह अवस्था प्राप्त हो गई है। तुम भी यदि प्राणपण से प्रयत्न करो, तो उस स्थिति को प्राप्त कर सकते हो।' "

महंत अवाक् बैठा उल्लसित दृष्टि से उन्हें देखता रहा।

"हम जाएँ महाराज?" नरेंद्र ने पूछा।

महंत जैसे अपनी नींद से जागा, "कहाँ जाओगे भंते?"

"धर्मशाला, महाराज!" नरेंद्र बोला, "दोपहर के भोजन के लिए भिक्षा का भी प्रबंध करना है।"

"उसकी आप लोगों को आवश्यकता नहीं है।" महंत बोला, "आप लोग मठ में निवास कीजिए और वहीं भोजन पाइए।" सहसा उसने पूछा, "कितने दिन रुकेंगे?"

"वैसे तो तथागत की छाया में बहुत शांति है, किंतु चार-पाँच दिनों से अधिक नहीं रुक पाएँगे।" नरेंद्र ने उत्तर दिया, "मठ में निवास के विषय में अवधि की कोई मर्यादा हो तो बता दें।"

"नहीं, ऐसा कुछ नहीं है।" महंत बोला, "कब आए आप लोग बोधगया?"

"कल संध्या के ढलते-ढलते पहुँच गए थे।" इस बार काली ने उत्तर दिया, "गया से पैदल आने में इतना समय लग गया।"...

"गया से पैदल क्यों आए? ताँगा कर लिया होता।" महंत ने पूछा, "क्या पैदल चलने का संकल्प लेकर निकले हैं?"

"नहीं, ऐसा कुछ नहीं है। कलकत्ता से गया तक तो रेलगाड़ी में ही आए हैं।" नरेंद्र ने उत्तर दिया, "ताँगे के लिए पैसे नहीं थे।"

"हाँ! संन्यासी के पास धन होना भी तो शोभनीय नहीं है।" महंत कुछ सहज हो गया, "तो रात ही दर्शनों के लिए मंदिर में क्यों नहीं आए?"

"बहुत थक गए थे महाराज!" तारक ने कहा, "कलकत्ता से यहाँ तक की यात्रा की थकान थी। बुद्धदेव से मिलने से पहले कुछ आराम कर लेना चाहते थे।"

"ओह! हाँ।" महंत शांति भिक्षु ने कहा, "जाइए! भोजन कर, विश्राम कीजिए।"

भोजन के पश्चात् उन्होंने विश्राम नहीं किया। नरेंद्र, काली और तारक—मंदिर के भीतर-बाहर और आसपास घूमते रहे।...नरेंद्र के मन में एक विचित्र चिंतन-प्रक्रिया चल पड़ी थी...उसे लग रहा था कि वह सारा प्रदेश जीवंत हो उठा था। वे वृक्ष और झाड़ियाँ, वे कंकर-पत्थर और शिलाएँ, वह धूल, मिट्टी और कीचड़, वह जल और वायु—वह सारी प्रकृति वही तो थी, जो बुद्धदेव के काल में थी। वह तो परिवर्तित नहीं हुई। वह मृत्यु को भी प्राप्त नहीं हुई। वह तो तब से निरंतर, अनवरत उसी रूप में जीवित है...और उस काल के साक्ष्य को अपने हृदय में लिए मौन खड़ी है, कि कब कोई उस गाथा को सुनने वाला आएगा।

उसका मन जैसे अत्यंत संवेदनशील हो गया था...उसे लग रहा था कि यह सारा परिवेश उन घटनाओं का साक्षी है, जो बुद्धदेव के साथ घटी थीं। ये वृक्ष वे ही थे, जिन्होंने उन्हें तपस्या के लिए आसन पर बैठते देखा था, यह वही धरती थी, जिसने उनका संकल्प सुना था—'इहासने सुष्यतु मे शरीरम् त्यागास्थि मांसम् प्रलयम् च यति। अप्राप्यबोधिम बहुकल्पदुर्लभम्। नैवासनत् कायामातस चलयेत।' यहीं से चलकर वे फल्गु के जल तक जाते होंगे। मार्ग में उन्होंने अपने हाथों

से इस झाड़ी को हटाया होगा। हो सकता है कि इस वृक्ष की टहनी को अपनी अंगुलियों में थाम झुकाया हो। संभव है, इस वृक्ष की छाया में, इस मिट्टी पर बैठ उन्होंने किसी घायल पक्षी को अपनी हथेली से सहलाया हो।...हो सकता है, धूप के ताप से अथवा श्रम से आए स्वेद की एक बूँद इस स्थान पर गिरी हो, इस मिट्टी ने उस स्वेद की बूँद को पीकर तृप्ति पाई होगी...बहुत संभव है, वे 'निरंजना' के तट पर भी बैठे हों। उन्होंने अपने चरण पानी की धारा में डाल दिए हों। अपना श्रम मिटाने के लिए पैरों से जल को छप-छप की ध्वनि कर सहलाया हो।...

"चलो नरेन! थोड़ा विश्राम कर लें।" काली ने कहा।

"विश्राम?" नरेंद्र को लगा, काली के इस एक वाक्य ने उससे बुद्धदेव के देश और काल को छीन लिया था।...इतना सारा कुछ छिन जाने के बाद विश्राम? वह विश्राम कैसे कर सकता था? "तुम जाकर कमरे में विश्राम करो।" वह बोला, "मैं तो यहाँ संध्या ढलने की प्रतीक्षा करूँगा।"

"क्यों? यहीं संध्या ढलने की प्रतीक्षा क्यों करोगे?" तारक हँसा, "तुम कमरे में चले जाओगे तो क्या संध्या ढलेगी नहीं?"

"नहीं, संध्या तो तब भी ढलेगी। रोज ही ढलती होगी, किंतु मैं यहाँ से चला गया तो उस ढलती धूप को देखने से वंचित रह जाऊँगा, जो इस बोधि-वृक्ष के नीचे बैठे बुद्धदेव के शरीर का स्पर्श कर कुछ ताप और कुछ विश्राम देती होगी..."

"उस वायु के स्पर्श से भी वंचित रह जाओगे, जो बुद्धदेव के शरीर को छूती होगी।" काली हँसा।

नरेंद्र ने उसकी हँसी की चिंता नहीं की। वह तो जैसे और भी भावुक हो उठा था, "मैं उस स्पर्श का अनुभव कर रहा हूँ...बुद्धदेव के स्पर्श का।..."

काली के मन में आया कि कहे, 'पगला बिलेह!' किंतु उसने कुछ कहा नहीं।

संध्या के समय तक मौसम कुछ सुहावना हो गया था। इसलिए बोधि-वृक्ष के आसपास दर्शनार्थियों की भीड़ कुछ बढ़ गई थी। नरेंद्र को कुछ निराशा हुई, वह तो कहाँ बोधि-वृक्ष के निभृत होने की प्रतीक्षा कर रहा था और कहाँ लोग उस सारे क्षेत्र में इस प्रकार प्रकट हो गए थे, जैसे मधुमक्खियों के छत्ते को छेड़ देने पर मधुमक्खियाँ प्रकट हो जाती हैं।

...किंतु निराशा अधिक देर नहीं टिकी। लोग तो बयार के झोंके के समान आए थे और वैसे ही चले भी गए।...जैसे मधुमक्खियाँ फिर से अपने छत्ते पर बैठ गई हों।...

थोड़ी ही देर में वहाँ प्रायः एकांत हो गया। सैलानी लोग या तो बोधगया में ही अपने ठिकानों पर लौट गए थे, अथवा वापस गया चले गए थे। भक्त और तीर्थयात्री मंदिरों और विहारों में लौट गए थे। मंदिरों में आरती के घंटे बज रहे थे।

नरेंद्र, काली और तारक ने जैसे एक मौन समझौते में एक-दूसरे को देखा और बोधि-वृक्ष की ओर चल पड़े। बोधि-वृक्ष के ठीक सामने, उसकी छाया में ही बैठने के लिए पत्थर का एक बड़ा-सा चबूतरा बना हुआ था, जिसे सामान्य भाषा में वज्रासन कहा जाता था। प्रसिद्ध था कि वज्रासन का निर्माण सम्राट् अशोक के द्वारा कराया गया था।

वे तीनों वज्रासन पर जा बैठे। आँखें बंद कीं और वृत्तियाँ अंतर्मुखी कर लीं।

चारों ओर गहरी प्रशांति ही नहीं, एक गंभीर रहस्यात्मकता भी थी—जैसे वहाँ बैठने-भर से ही अज्ञात के रहस्य खुल जाएँगे। इतनी प्रशांति में जहाँ किसी वन्य-पशु अथवा अन्य जीव-जंतु का एक हलका-सा भी स्वर नहीं था, लगता था, कोई मन में सहस्रों रहस्यमयी कथाएँ कह रहा

है। कानों में जहाँ एक शब्द भी सुनाई नहीं पड़ता था, मन में जैसे दिव्य शब्दों की आनंदमयी धारा प्रवाहित हो रही थी···

काली को लगा, उसके भीतर उठती सहस्रों विक्षिप्त और अनर्गल ध्वनियाँ जैसे संगीत में परिणत होकर किसी एक मधुर राग का आकार ग्रहण कर रही हैं।···अर्थशून्यता में से जैसे अर्थ जन्म ग्रहण कर रहा था···आकाश में से ओस की बूँदों के समान सुखद, शांति की धारा प्रकट होकर उसके सारे शरीर को स्पर्श कर रही थी। शांति, शांति, शांति···

नरेंद्र पर उस सारे वातावरण का प्रभाव भिन्न रूप में हुआ। उसकी वृत्तियाँ अंतर्मुखी हुईं, ध्यान सघन हुआ और उसकी अपनी प्रवृत्ति जैसे पूर्ण संवेदनशीलता के साथ जाग उठी। जो कुछ अब तक विचार के धरातल पर था, जो धुँधले-से चित्र उसकी कल्पना में अपना आभास मात्र दे रहे थे, वे सब जैसे जीवन्त हो उठे। अब वे मात्र सूक्ष्म रेखाएँ ही नहीं थीं, उनमें रंग भर गए थे, वे सूक्ष्म से स्थूल हो गई थीं, चित्र जैसे मूर्तियों में परिणत हो गए थे, और उन मूर्तियों में प्राण पड़ गए थे।···

भगवान् बुद्ध का उदात्त चरित्र जैसे अपनी कथा स्वयं कह रहा था।···चारों ओर बुद्धदेव की करुणा का साम्राज्य था। प्रत्येक दुखी और पीड़ित को जैसे बुद्धदेव की करुणा की छाया में शांति का अनुभव हो रहा था। उनके मानवीय उपदेश पशुओं तक का स्वभाव परिवर्तित कर रहे थे। भारत का उत्तरवर्ती इतिहास ही जैसे किसी जादूगर ने बदल दिया था। राजाओं और सेनापतियों के हृदय 'बहुजन हिताय, बहुजन सुखाय' सोचने लगे थे। सम्राट् धर्म के अधीन हो गए थे, उद्दंड और उच्छृंखल मस्तक दया, करुणा और सहानुभूति में नत हो गए थे···रोगियों की सेवा हो रही थी, भूखों को अन्न दिया जा रहा था, अज्ञानी ज्ञान पा रहे थे···और सहसा उन सबके मध्य में से भगवान् बुद्ध विलीन हो गए। सब कुछ वैसा का वैसा था, बस नहीं थे तो एक भगवान् बुद्ध ही नहीं थे···

नरेंद्र के मुख से जैसे सीत्कार फूटा। उसकी भुजाओं ने अपने निकट बैठे तारक को थाम लिया···

तारक का ध्यान टूटा।···नरेंद्र ने उसे थाम क्यों रखा था? यह स्नेह का आलिंगन था, अथवा भय से बचने के लिए अवलंबन? पर नरेंद्र गहरे ध्यान की स्थिति में था। उससे कुछ भी पूछना अनावश्यक था···

आधी रात के समय नरेंद्र के पेट में इतनी जोर का दर्द हुआ कि उसकी नींद खुल गई।···दर्द साधारण नहीं था और न ही सहज रुकता हुआ दिखाई दे रहा था। अपने दोनों हाथों से पेट को दबाए-दबाए उसने जैसे फर्श पर कलाबाजियाँ खाईं···और शौच के लिए बाहर चला गया।···

तारक और काली भी उठ बैठे।···क्या हुआ नरेंद्र को? भोजन में कोई ऐसी चीज तो उन्होंने खाई ही नहीं थी, जो इस प्रकार कष्टदायक होती···मठ में अन्य लोगों के साथ बैठकर साधारण भोजन ही किया था···

नरेंद्र थोड़ी देर में लौटा, किंतु लेटते ही पुनः पेट में भयंकर पीड़ा हुई और वह ऐंठ-ऐंठकर भूमि पर लोटने लगा। और फिर उसी प्रकार पेट को अपने दोनों हाथों से दबाए शौच के लिए बाहर चला गया···

"यह क्या हो गया है नरेन को?" काली ने तारक की ओर देखा।

"अतिसार के लक्षण लगते हैं।" तारक बोला, "पर ऐसा कुछ तो खाया नहीं है।"

"प्रश्न यह नहीं है कि उसने खाया क्या है," काली बोला, "प्रश्न तो यह है कि अब करना क्या है? नरेंद्र इस प्रकार बीमार हो गया, तो हमारा यहाँ ठहरना भी कठिन है और जा भी कैसे सकेंगे! और यदि यह सब अधिक दिन चला तो पीछे ठाकुर क्या सोचेंगे? हमारे गुरुभाई कैसे चिंतित होंगे···और घर वाले तो सिर पीटने लगेंगे।" काली ने रुककर तारक की ओर देखा, "ठाकुर को ऐसी अवस्था में छोड़कर आना उचित नहीं था। मेरे मन में तो काशीपुर से इस प्रकार चलते ही भय समा गया था···"

"तुम्हारे मन में क्या है?" तारक ने पूछा।

"हमें जल्दी-से-जल्दी यहाँ से चलने की तैयारी करनी चाहिए।" काली बोला।

"पहले नरेंद्र को स्वस्थ करने का प्रयत्न करना चाहिए," तारक ने पूछा, "या पहले चलने की तैयारी करनी चाहिए?"

"मेरा अभिप्राय यही है···" काली कुछ भन्नाकर बोला, "नरेंद्र जब तक ठीक नहीं होता, तब तक हम जा नहीं सकते—यह तो मैं भी जानता हूँ। इसीलिए तो कह रहा हूँ कि हमें ऐसी व्यवस्था करनी चाहिए कि हम शीघ्रातिशीघ्र यहाँ से चल सकें।"

नरेंद्र बाहर से लौट आया, किंतु उसके उदर-शूल में तनिक भी कमी नहीं आई थी। वह उसी प्रकार ऐंठ-ऐंठकर कराह रहा था।···

"काली का विचार है कि क्योंकि हम लोग अपने स्वार्थवश ठाकुर को उस रुग्णावस्था में छोड़कर चले आए हैं," तारक ने कहा, "इसलिए ठाकुर हमें उसका दंड दे रहे हैं।···"

"यह मैंने कब कहा है?" काली ने कुछ ऊँचे स्वर में पूछा।

"इन शब्दों में नहीं कहा, किंतु अभिप्राय तो यही था तुम्हारा।"

"यदि यह अभिप्राय था तो मुझे सोचना चाहिए था कि ऐसी स्थिति में हम तीनों को उदर-शूल होना चाहिए था," काली बोला, "केवल नरेंद्र ही क्यों कष्ट पा रहा है?"

"इसका तर्कसंगत उत्तर तो यह हो सकता है कि," नरेंद्र अपनी कराह के बीच बोला, "इस योजना का सूत्रपात मैंने किया था, तुम दोनों को साथ लाने का दायित्व मेरा था—इसलिए यह सारा कष्ट मुझे ही हो रहा है।···"

"यह कैसे संभव है?" काली ने पूछा, "आए तो हम अपनी इच्छा से ही हैं न?"

"जैसे ठाकुर ने इतने पापियों का बोझ अपने सिर पर ले लिया है, वैसे ही तुम दोनों पापियों का यह पाप मैं अपने सिर लेता हूँ।" नरेंद्र बोला, "किंतु इस विषय में मेरे मन में तनिक भी संदेह नहीं है कि मेरे कष्ट का कारण वह नहीं है···"

नरेंद्र की पीड़ा और ऐंठन दोनों ही बढ़ गईं। वह थोड़ी देर तो वहीं भूमि पर लोटपोट होता रहा और उसके पश्चात् उठकर शौच के लिए बाहर चला गया।

उसके बाहर जाते ही काली ने अपना आसन जमाया और हाथ में माला लेकर उदास मन से ठाकुर के नाम का जाप आरंभ कर दिया। तारक अपने स्थान पर लेटा हुआ चुपचाप उसे देखता रहा···

इस बार नरेंद्र जब लौटा तो उसका कष्ट पहले से कुछ कम था। किंतु वह इतना थका हुआ और ऊर्जाविहीन लग रहा था कि लेटे हुए भी हाँफ रहा था।

अपने श्वास को कुछ संतुलित कर उसने करवट बदल काली की ओर देखा, "तुम क्या कह

रहे थे कि हम ठाकुर को उनकी रुग्णावस्था में छोड़ आए हैं, इसलिए ठाकुर इस रूप में दंडित कर रहे हैं?''

''उससे कुछ मत कहो,'' तारक बोला, ''वह जप कर रहा है।''

''किसलिए? मुझे स्वस्थ करने के लिए?'' नरेंद्र ने उस पीड़ा में हँसने का प्रयत्न किया।

''हाँ!'' काली ने अपनी आँखें खोल दीं, ''और तुम देखो, ठाकुर के नाम का थोड़ा-सा जाप करने पर ही तुम्हारा कष्ट कितना कम हो गया लगता है।''

नरेंद्र इस बार उठकर बैठ गया, ''मुझे न ठाकुर की करुणा और सामर्थ्य से इंकार है, न बुद्धदेव और ईसा की, किंतु एक बात कहना चाहता हूँ, हम उन ठाकुर के शिष्य हैं, जिन्होंने अपने रोग से मुक्ति पाने के लिए, एक बार भी माँ से प्रार्थना नहीं की। ऐसे में हम अपने स्वास्थ्य के लिए ठाकुर से प्रार्थना कैसे कर सकते हैं?''

''मैं तो यह चाह रहा था कि हमारे प्रति ठाकुर के रोष का शमन हो।'' काली ने स्पष्ट किया।

''ठीक है। यदि ठाकुर रुष्ट हों तो हमें उनके रोष के शमन का प्रयत्न अवश्य करना चाहिए।'' नरेंद्र बोला, ''किंतु मेरे मन में प्रश्न यह है कि क्या हम इस बात का विश्वास कर लें कि हम ठाकुर की सेवा नहीं करेंगे तो ठाकुर क्रुद्ध होकर हम पर—जिन्हें वे अपने बच्चे मानते हैं—रोग भेजेंगे? वे हमें दंडित करेंगे? ठाकुर करुणामय परमहंस हैं अथवा अपनी शक्ति में मत्त कोई अविवेकी तांत्रिक? वे दूसरों का कष्ट स्वयं ग्रहण करते हैं, या उनकी इच्छानुसार न चलने पर निर्दोष लोगों को दंडित करते हैं? क्या समझा है तुमने ठाकुर को—पुलिस का सिपाही, जो नियम तोड़ने वालों का चालान करता रहता है? मैं न तो ऐसे भगवान् को मानता हूँ और न ऐसे गुरु को जो आततायी और निर्दय हो।''

''मुझे लगता है, तुम तो एकदम स्वस्थ हो गए हो।'' काली ने चर्चा का विषय एकदम बदल दिया।

''मुझे भी लगता है कि पेट में जो विष बना था, वह निकल गया है।'' नरेंद्र बोला, ''और काली! यह सर्वथा प्रकृति के नियमों के अनुसार ही हुआ है। इसमें तुम्हारे जप का कोई योगदान नहीं है।''

''मैं अपने योगदान की चर्चा नहीं कर रहा।'' काली बोला, ''मैं तो यह कह रहा था कि हमें कल ही निकल चलने की योजना बना लेनी चाहिए।''

किंतु वापसी की टिकट के पैसे?'' तारक ने उन्हें याद दिलाया।

''मैं सोचता हूँ कि प्रातः महंत से कुछ पैसे माँग लिए जाएँ।'' नरेंद्र बोला, ''उसे बता देंगे कि मेरा स्वास्थ्य ठीक नहीं है। इतने पैसे मिल जाएँ कि हमें गया तक पैदल न जाना पड़े, तो गया पहुँचकर कोई प्रबंध कर लेंगे।...''

''हाँ! ठीक है। यहाँ से तो निकलें।'' काली ने कहा।

''यहाँ हमारे पास कम-से-कम खाने और रहने का ठिकाना है।'' तारक बोला, ''गया में वह भी न मिला तो?''

''यह तो वहीं चलकर पता लगेगा।'' नरेंद्र बोला, ''वैसे तुम लोग विचित्र हो।''

''क्यों?''

''जब भगवान् की कृपा पर निर्भर होने का समय आता है तो तुम्हारे मन में संशय जागने लगते हैं,'' नरेंद्र बोला, ''और वैसे तुम ईश्वर की अनुकंपा के लिए प्रार्थना करते रहते हो।''

"ठीक है। तो फिर हम कल तुम्हारे ईश्वर की अनुकंपा का भरोसा कर गया के लिए चल पड़ते हैं।" तारक बोला, "ठीक है?"

"हाँ! किंतु महंत शांति भिक्षु से किराए के लिए थोड़े-से पैसे माँगने के पश्चात्।" काली ने परामर्श दिया।

"मैं सहमत हूँ।"

संध्या के प्रायः चार बज रहे थे। धूप में वह प्रखरता तो नहीं थी, किंतु विदा लेती धूप का तेज अभी नष्ट नहीं हुआ था। नरेंद्र निढाल-सा ताँगे की पिछली गद्दी पर बैठा था। तारक उसके निकट कुछ इस ढंग से बैठा था, जिससे आवश्यकता होने पर वह नरेंद्र को सँभाल सके। काली ताँगे की अगली गद्दी पर कोचवान के पास बैठा था।

ताँगा धीमी गति से गया नगर में प्रवेश कर रहा था। अभी भीड़-भाड़ वाले क्षेत्र और बाजार आरंभ नहीं हुए थे।

"कहाँ चलना है?" काली ने पीछे मुड़कर नरेंद्र की ओर देखा।

"और कोई स्थान नहीं सूझता तो उसी शिव-मंदिर में चलो, जहाँ के पुजारी ने भंडारी से सीधा दिलवाया था।" नरेंद्र ने उत्तर दिया।

काली ने ताँगे वाले को फल्गु के तट पर स्थित उस शिव-मंदिर का रास्ता समझाया।

ताँगे वाला मुँह-ही-मुँह में भुनभुनाया कि उसे बाबा लोगों ने पहले अपना गंतव्य स्थान बताया नहीं, नहीं तो वह इस मार्ग से उन्हें क्यों लाता। इससे तो उसे मील-भर का चक्कर फालतू लग जाएगा...

अब तक नगर के निकट आने के आसार दिखने लगे थे। मार्ग में कुछ लोग आते-जाते दिख रहे थे।

सहसा नरेंद्र ने काली के कंधे पर हाथ रखा, "काली! ताँगा रोक। ताँगा रोक।"

"ताँगा रोकना भाई!" काली ने कोचवान से कहा और नरेंद्र की ओर मुड़ा "क्या बात है?"

"उमेश बाबू।" नरेंद्र बोला। उसने साइकिल पर जाते एक व्यक्ति की ओर संकेत किया, "उन्हें बुलाओ।"

ताँगा रुका और तारक लपककर उस व्यक्ति के पास पहुँचा और उन्हें ताँगे के पास ले आया।

उमेश बाबू हक्के-बक्के ताँगे के पास आए, किंतु नरेन्द्र को देखते ही पहचान गए।

"अरे, यह क्या?" उनके स्वर में आश्चर्य भी था और खेद भी, "क्या रे नरेन! तूने बाबा के देहांत के पश्चात् भगवा धारण कर लिया?...विश्वनाथ बाबू आरंभ से ही इस ओर से आशंकित थे।"

"वह सब बाद में बताऊँगा।" नरेंद्र बोला, "पहले यह बताइए कि आप हम तीन साधुओं के कलकत्ता पहुँचने के लिए रेल-भाड़े में कोई सहायता कर सकते हैं?"

विश्वनाथ बाबू का पुत्र ऐसी बात कह रहा है।" उमेश बाबू के स्वर में विषाद था, "क्या तुम इसी शर्त पर मेरे घर चलोगे?"

"नहीं, यह शर्त तो नहीं है।" नरेंद्र हँसा, "हाँ! आपको अपनी आवश्यकता बता दी है।...पर शायद यह शिष्टाचार के अनुरूप नहीं है, किंतु कल रात अतिसार के कष्ट के कारण, मन कुछ विचलित-सा है, इसलिए यह भूल कर बैठा।"

"पर मेरी एक शर्त है।" उमेश बाबू मुस्कराए, "आज संध्या-समय हमारे घर में एक संगीत-गोष्ठी है। तुम उसमें सम्मिलित हो जाओ, तो मैं तुम लोगों के कलकत्ता पहुँचने का सारा प्रबंध कर दूँगा।"

"और यदि मैं न गाऊँ तो?" नरेंद्र हँसा। उसके प्रश्न में अस्वीकृति की गंध भी नहीं थी।

"प्रबंध तो तब भी कर ही दूँगा।" उमेश बाबू भी हँसे।

इस बार गंतव्य-परिवर्तन से ताँगे वाला भुनभुनाया नहीं। उमेश बाबू का मकान यहाँ से एकदम निकट था। नए प्रस्ताव ने उसकी यात्रा काफी कम कर दी थी।

9 अप्रैल, 1886 की संध्या को प्रायः पाँच बजे महेंद्र गुप्त काशीपुर के उद्यान-भवन में आया, तो ठाकुर के रोग और उसके कष्ट के बावजूद एक प्रकार का उल्लास दिखाई पड़ रहा था। नरेंद्र, काली और तारक लौट आए थे।

"सुना है, विद्यासागर एक नया स्कूल खोलने वाले हैं।" महेंद्र गुप्त को देखते ही निरंजन बोला, "आप वहाँ नरेन के लिए एक नौकरी का प्रयत्न क्यों नहीं करते?"

महेंद्र गुप्त कुछ कहता, उससे पूर्व ही नरेंद्र दृढ़तापूर्वक बोला, "अब विद्यासागर के पास नौकरी करने की आवश्यकता नहीं है।"

वे लोग ठाकुर के कमरे की ओर बढ़ गए। पीछे से आकर शशि और राखाल भी मिल गए थे।

ठाकुर को प्रणाम कर नरेंद्र बैठ गया।

ठाकुर ने उसे अत्यंत स्नेहभरी दृष्टि से देखा और अपने पैरों को सहलाने का संकेत किया और पूछा, "तूने कुछ खाया?"

नरेंद्र ने स्वीकृति से सिर हिला दिया।

"यह वहाँ गया था—बोधगया।" ठाकुर के स्वर में स्पष्टतः प्रसन्नता का पुट था।

"जी! लोगों ने मुझे बताया है अभी।" महेंद्र गुप्त बोला, और वह नरेंद्र की ओर मुड़ा, "बुद्धदेव का क्या मत है?"

नरेंद्र ने ठाकुर के चरण सहलाते हुए दृष्टि उठाकर महेंद्र गुप्त की ओर देखा, "तपस्या करके उन्होंने जो पाया, वह मुख से नहीं कह सके। इसीलिए लोग उन्हें नास्तिक कहते हैं।"

"नास्तिक क्यों?" नास्तिक नहीं।" ठाकुर बोले, "मुख से अपनी अवस्था वे नहीं कह सके। बुद्ध क्या हैं, जानते हो? बोध-स्वरूप की चिंता करके वही हो जाना—बोध-स्वरूप बन जाना।" ठाकुर का स्वर आज पूर्णतः स्वस्थ लग रहा था।

"जी, हाँ। इनके तीन वर्ग हैं—बुद्ध, अर्हंत तथा बोधिसत्त्व।" नरेंद्र ने जोड़ा

"यह उन्हीं की क्रीड़ा है, एक नई लीला।" ठाकुर अपनी ही बात के क्रम में बोले, "नास्तिक वे क्यों होने लगे? जहाँ स्वरूप का बोध होता है, वहाँ अस्ति और नास्ति की बीच वाली अवस्था है।"

"यह वह अवस्था है, जिसमें विरोधी भावों का एकीकरण होता है।" नरेंद्र महेंद्र गुप्त की ओर देखकर बोला, "जिस हाइड्रोजन और आक्सीजन से ठंडा पानी तैयार होता है, उसी हाइड्रोजन और आक्सीजन से उष्ण अग्नि-शिखाएँ भी उत्पन्न होती हैं। जिस अवस्था में कर्म और कर्मों का त्याग—दोनों हो जाते हैं, अर्थात् निष्काम कर्म होता है, बुद्ध की वही अवस्था थी। जो लोग संसारी

हैं, इंद्रियों के विषयों को लेकर रहते हैं, वे कहते हैं, सब 'अस्ति' है, उधर मायावादी कहते हैं—सब 'नास्ति' है, बुद्ध की अवस्था इस अस्ति और नास्ति से परे की है।"

"ये 'अस्ति' और 'नास्ति' प्रकृति के गुण हैं।" ठाकुर ने कहा, "जहाँ यथार्थ बोध है, वह 'अस्ति' और 'नास्ति' के परे की अवस्था है।" और उनकी दृष्टि फिर से नरेंद्र पर जाकर टिक गई, "बुद्ध का और क्या मत है?"

"ईश्वर है या नहीं—ये बातें बुद्ध नहीं कहते थे।" नरेंद्र ने उत्तर दिया, "किंतु आजीवन सारे जीवों के प्रति उन्होंने करुणा दिखाई। एक बाज एक पक्षी को पकड़कर उसे खाना चाहता था। बुद्ध ने उस पक्षी के प्राणों को बचाने के लिए अपने शरीर का मांस काटकर बाज को खिला दिया था।"

ठाकुर चुपचाप सुनते रहे। कुछ बोले नहीं। आज जैसे वे नरेंद्र का स्वर अधिक से अधिक सुनकर अपने कानों की प्यास बुझा लेना चाहते थे।

"उनमें वैराग्य भी कितना था।" नरेंद्र बोला, "राजपुत्र होकर भी उन्होंने सर्वस्व का त्याग किया। जिनके पास कुछ है ही नहीं, जिनका कोई ऐश्वर्य नहीं, वे क्या त्याग करेंगे?···जब बुद्ध होकर, निर्वाण प्राप्त करके एक बार घर आए तब पत्नी को, पुत्र को और राजवंश के बहुत-से लोगों को उन्होंने वैराग्य धारण करने को कहा। कैसा तीव्र वैराग्य था।···परंतु व्यास को देखो—उन्होंने अपने पुत्र शुकदेव को संसार-त्याग करने से मना किया और कहा, 'वत्स! धर्म का पालन गृहस्थ बने रहकर ही करो।' "

नरेंद्र ने रुककर ठाकुर की ओर देखा, जैसे अपने मत पर उनकी प्रतिक्रिया जानना चाहता हो, किंतु ठाकुर ने कुछ नहीं कहा।

"बुद्ध ने शक्ति अथवा उस प्रकार की किसी अन्य चीज की परवाह नहीं की।" नरेंद्र ने अपनी बात आगे बढ़ाई, "वे तो केवल निर्वाण के ही इच्छुक थे। बोधि-वृक्ष के नीचे जब तपस्या करने के लिए बैठे तो कहा, 'इहैव सुष्यतु मे शरीरम्।' अर्थात् यदि मैं निर्वाण की प्राप्ति न कर सकूँ तो मेरा शरीर यहीं शुष्क हो जाए—ऐसी दृढ़ प्रतिज्ञा। शरीर ही तो वास्तविक शत्रु है। उसे नियंत्रित किए बिना क्या कुछ हो सकता है?"

"बुद्धदेव के सिर पर क्या बड़े-बड़े बाल थे?" ठाकुर ने पूछा।

"जी नहीं। बहुत-सी रुद्राक्षों की मालाएँ एकत्रित करने पर जैसा होता है, मालूम होता है, उनके सिर पर वैसे ही बाल थे।" नरेंद्र ने कहा।

"और आँखें?"

"आँखें समाधिलीन।" नरेंद्र बोला।

ठाकुर चुप रहे। सहसा वे मुस्कराए, "अच्छा! यहाँ तो सब कुछ है न? मसूर और चने की दाल···और इमली तक।···"

"उन सब अवस्थाओं का भोग कर आप कुछ नीचे की अवस्था में रहते हैं।" नरेंद्र ने कहा।

"किसी ने मानो नीचे खींच रखा है।" ठाकुर कुछ आत्मलीन-से होते हुए लगे।

महेन्द्र गुप्त ठाकुर को पंखा कर रहा था। ठाकुर ने उसके हाथ से पंखा ले लिया और बोले, "जैसे सामने यह पंखा देख रहा हूँ, प्रत्यक्ष रूप से, ठीक इसी प्रकार मैंने ईश्वर को प्रत्यक्ष देखा है···और देखा है···" ठाकुर ने अपने हृदय पर हाथ रखा और नरेंद्र की ओर देखा, "बताओ, भला मैंने क्या कहा?"

"मैं समझ गया।" नरेंद्र ने उत्तर दिया।

"कहो तो सही?" ठाकुर ने आग्रह किया।

"मैंने ध्यान से सुना नहीं।" नरेंद्र उनके प्रश्न को टाल गया, जाने ठाकुर क्या कहलवाना चाहते थे।

"मैंने देखा कि ईश्वर और हृदय में जो हैं—दोनों एक ही हैं।" ठाकुर बोले।

"हाँ, हाँ! सोऽहम्।" नरेंद्र ने उनका समर्थन किया।

"दोनों को एक हलकी-सी रेखा विभाजित करती है, ताकि मैं यह अलौकिक आनंद प्राप्त कर सकूँ।" ठाकुर बोले।

नरेंद्र ने कुछ चकित होकर ठाकुर को देखा : ठाकुर ने इस समय यह चर्चा क्यों आरंभ की?···नरेंद्र बुद्धदेव के इसी गुण पर तो मुग्ध था···क्या ठाकुर बुद्धदेव से अपना तादात्म्य दिखा रहे थे?

"महापुरुष स्वयं पार होकर जीवों को पार करने के लिए इस संसार में रहते हैं।" वह महेंद्र की ओर देखकर बोला, "इसलिए वे अहंकार और शरीर के सुख-दुःखों को सहते हैं। जैसे कुलीगिरी—मजदूरी। हम लोग बाध्य होकर कुलीगिरी करते हैं, परंतु महापुरुष तो स्वेच्छा से यह कुलीगिरी करते हैं।"

"ठीक कहता है नरेंद्र।" ठाकुर बोले, "छत दीख तो पड़ती है, परंतु छत पर चढ़ना जरा कठिन काम है। है न?"

"जी, हाँ।"

"परंतु यदि कोई चढ़ गया हो, तो नीचे रस्सी लटकाकर वह दूसरे को भी चढ़ा ले सकता है।" ठाकुर बोले, "हृषीकेश का एक साधु आया था। उसने मुझसे कहा—'यह बड़े आश्चर्य की बात है, तुममें पाँच प्रकार की समाधि मैंने देखी। कभी तो कपिवत्—देहरूपी वृक्ष पर बंदर के समान महावायु मानो इस डाल से उस डाल पर उछल-उछलकर चढ़ती है और समाधि होती है। कभी मीनवत्—अर्थात् जिस प्रकार मछली पानी के भीतर फुर्ती से निकल जाती है और आनंद से विहार करती रहती है, उसी प्रकार वायु भी देह के भीतर चलती रहती है और समाधि होती है। कभी पक्षीवत्—देह-वृक्ष के भीतर महावायु पक्षी की तरह कभी इस डाल पर और कभी उस डाल पर फुदकते हुए चढ़ती है। कभी पिपीलिकावत्—चींटी की तरह धीरे-धीरे महावायु ऊपर चढ़ती रहती है। सहस्रार में चढ़ने पर समाधि होती है। और कभी निर्यग्वत्—अर्थात् महावायु की गति सर्प की तरह वक्र होती है, फिर सहस्रार में पहुँचकर समाधि होती है।'···"

"अब बातचीत रहने दीजिए। बहुत देर हो गई।" सहसा राखाल ने उनके निकट पहुँचकर कहा और फिर वह अन्य लोगों की ओर मुड़ा, "इनका रोग बढ़ न जाए।"

31

"मैं इस व्यवस्था से तनिक भी संतुष्ट नहीं हूँ।" शशि अपना रोष जताता हुआ बोला, "आज यदि वह पगली यहाँ आई तो मैं धक्के मारकर उसे निकाल दूँगा।"

"निरंजन से कह तो दिया है कि उसे आने मत देना।" राखाल उसे कुछ शांत करता-सा बोला, "अब वह उसे नहीं आने देगा।"

"निरंजन को कह तो दिया है, किंतु निरंजन करता क्या है। लट्ठ लिए, पग्गड़ बाँधे प्रहरी की मूर्ति-सा खड़ा रहता है, और जिसको देखो, वही ठाकुर के कमरे में घुसा आता है।" शशि का रोष शांत नहीं हो रहा था।

"क्या बात है रे?" ठाकुर ने धीरे से पूछा, "किस पर इतना बिगड़ रहा है?"

"कुछ नहीं महाराज!" राखाल ने बताया, "कल वह पगली आपके कमरे में घुस आई थी न। उसी से बिगड़ रहा है। कह रहा है, अब आई तो धक्के मारकर निकाल दूँगा।"

"अरे, नहीं! नहीं!" ठाकुर अत्यंत कोमल स्वर में बोले, "पगली है तो क्या हुआ, मधुर-भाव की उपासिका है। आएगी तो चली जाएगी।"

राखाल ने शशि के कंधे पर हाथ लगाया और उसे एक ओर ले गया, "पहले-पहल जब ठाकुर के पास पाँच व्यक्ति भी आते थे, तो मुझे उनसे एक प्रकार की ईर्ष्या होती थी।" वह धीरे से बोला, "किंतु अब ठाकुर ने मुझे कृपापूर्वक समझा दिया है कि वे मेरे गुरु तो हैं ही, किंतु वे विश्व-गुरु भी हैं। वे केवल हमारे लिए ही संसार में थोड़े आए हैं। उन पर हमारा ही नहीं, औरों का भी अधिकार है।..."

"उस पगली का भी?" शशि झपटकर बोला।

"हाँ! उस पगली का भी।"

शशि ने राखाल को विरोध-भरी दृष्टि से देखा, किंतु जब बोला तो उसका स्वर पर्याप्त संतुलित था, "माना कि वे हमारे लिए ही नहीं आए, किंतु बीमारी के समय आकर उपद्रव मचाना—यह क्या उचित है?"

"उपद्रव तो सभी करते हैं—पागल भी और समझदार भी।" राखाल मुस्कराया, "क्या उनके पास आने वाले सभी लोग सच्चे भाव से आए हुए हैं? क्या हम लोगों ने उन्हें कष्ट नहीं दिया? नरेंद्र आदि सब पहले कैसे थे? कितना तर्क करते थे?"

"उपद्रव तो नरेंद्र ने भी किए हैं।" शशि बोला, "फिर ठाकुर के प्रति उसका प्रेम देखा है? तुमने स्वयं कितने जोरदार ढंग से बताया था कि वह ठाकुर का जूठा, मवादभरा दलिया पी गया था। ठाकुर को स्वस्थ करने के लिए सबको एक साथ बैठाकर ध्यान करवाता रहा है। राम-नाम के जप से उन्हें स्वस्थ करने के लिए पूरा दिन और पूरी रात राम-राम करता पागलों के समान इस उद्यान-भवन के चारों ओर घूमा है। मुझे तो लगता है कि वह बोधगया भी शायद इसी प्रार्थना को लेकर गया था।...और परसों कुछ लोगों को साथ लेकर इसलिए भिक्षा माँगने गया था, ताकि ठाकुर पर हो रहे खर्च में कोई योगदान कर सके। जब से उद्यान-भवन में रसोइया और दासी रखे गए हैं, तब से खर्च कुछ और भी बढ़ गया है।...क्या भरोसा है, कब ठाकुर के ये गृहस्थ भक्त कहना आरंभ कर दें कि वे इतना खर्च सहन नहीं कर सकते, अतः रसोइया अथवा दासी हटा दी जाए...।"

"जानता हूँ। मैं जानता हूँ।" राखाल बोला, "सब लोग अपने प्रेम के कारण ही ठाकुर को परेशान करते हैं। डॉ॰ महेंद्रलाल सरकार ने भी कम बुरा-भला नहीं कहा है ठाकुर को। उन्होंने भी तो इसीलिए सुनाया, क्योंकि वे ठाकुर से प्रेम करते हैं और चाहते हैं कि ठाकुर स्वस्थ हो जाएँ। अपनी इतनी महँगी प्रैक्टिस छोड़कर आए डॉ॰ महेंद्रलाल सरकार अब ठाकुर की चिकित्सा का एक पैसा भी नहीं लेते...।"

"जानता हूँ।"

"तो फिर उस बेचारी पगली के पीछे ही क्यों पड़े हो?" राखाल बोला, "दूध का धुला तो कोई भी नहीं है।"

उसी समय नरेंद्र कमरे में आया। ठाकुर को प्रणाम कर वह उनके निकट ही बैठ गया।

शशि ने देखा : शांत नहीं लग रहा था वह। काफी उद्विग्न था। आजकल वह लगातार दक्षिणेश्वर जा रहा था। वहाँ पंचवटी में ईश्वर-चिंतन और ध्यान-साधना किया करता था। आज भी शायद वहीं से लौटा था। उसके साथ तारक और काली भी थे। ठाकुर ठीक ही कहते हैं कि वह म्यान से तलवार निकाले घूम रहा है। एक ओर लगातार ईश्वर-दर्शन के लिए कठोर तप कर रहा है और दूसरी ओर ठाकुर के स्वस्थ न होने के कारण, फिर से ईश्वर संबंधी अपना असंतोष और संशय प्रकट करने लगा है···सबसे तीखा बोलता है, जैसे लगातार खीझा हुआ ही रहता हो···

''मैं शांति चाहता हूँ।'' नरेंद्र ने ठाकुर की आँखों में देखा, ''मुझे ईश्वर भी नहीं चाहिए···चाहिए बस शांति।''

वह ठाकुर की ओर देखता रहा, किंतु ठाकुर कुछ नहीं बोले। बस नरेंद्र को निरंतर देखते रहे···

नरेंद्र ने सस्वर कहा, ''सत्यं ज्ञानमनंतम्।''

और वह उठकर बाहर चला गया।

ठाकुर ने न नरेंद्र से कुछ कहा और न उसके जाने पर कोई चिंता दिखाई। वे तो इस प्रकार निश्चिंत थे कि जैसे नरेंद्र के लिए यही स्वाभाविक व्यवहार हो।

नरेंद्र के जाने के पश्चात् वे सहज रूप से महेंद्र गुप्त की ओर मुड़े, ''नरेंद्र और शशि में क्या चर्चा हो रही थी? क्या विचार कर रहे थे वे लोग?''

महेंद्र गुप्त ने अपनी ओर से कुछ भी नहीं कहा। वह शशि की ओर मुड़ा, ''भई! क्या बातें हो रही थीं तुम लोगों में—तुममें और नरेंद्र में?''

''आपसे किसने कहा कि नरेन और मुझमें कुछ बातें हुई ही हैं?'' शशि मुस्कराया, ''निरंजन ने?''

महेंद्र गुप्त के कुछ कहने से पहले ही ठाकुर बोले, ''ईश्वर, अस्ति, नास्ति—ये सब क्या बातें हो रही थीं?''

''नरेंद्र को बुला लाऊँ क्या?'' शशि ने पूछा, ''वह ही सब कुछ बताएगा।''

''मैंने तो उसे रुकने के लिए कहा ही नहीं।'' ठाकुर बोले, ''अच्छा, जा, उसे बुला ला।'' वे रुके, ''पर ठीक से बुलाना। आज कुछ ज्यादा ही चिड़चिड़ाया हुआ है।''

शशि चला गया और थोड़ी ही देर में नरेंद्र को साथ लेकर लौटा। नरेंद्र आकर ठाकुर के पास बैठ गया।

ठाकुर ने महेंद्र गुप्त की ओर देखा, ''तुम भी तो कुछ पूछो।'' और फिर वे स्वयं ही नरेंद्र से संबोधित हुए, ''शशि के साथ तेरी क्या बातें हो रही थीं, बता?''

''मेरा पेट ठीक नहीं है। अपच है—अजीर्ण।'' नरेंद्र कुछ उखड़े हुए स्वर में बोला, ''इसमें बताने को क्या है?''

''तेरा पेट ठीक हो जाएगा।'' ठाकुर कोमल स्वर में बोले, ''तू उसकी चिंता मत कर।''

''अच्छा, यह न सही।'' महेंद्र गुप्त ने कुछ साहस कर कहा, ''बुद्धदेव के आध्यात्मिक अनुभवों के विषय में हमें बताओ।''

''क्या मुझे बुद्धत्व प्राप्त हो गया है कि मैं उसके विषय में बताऊँ?'' नरेंद्र खौंखियाया हुआ था।

''ईश्वर के अस्तित्व के विषय में वे क्या कहते थे?'' महेंद्र गुप्त ने अपना धैर्य नहीं छोड़ा।

किंतु नरेंद्र पहले से भी उग्र हो चुका था···

''ईश्वर है, तुम यह कैसे कह सकते हो?'' नरेंद्र बोला, ''तुम कहोगे, यदि ईश्वर नहीं है तो संसार की सृष्टि कौन कर रहा है? उसका उत्तर है, तुम्हीं इस संसार की सृष्टि कर रहे हो। बर्कले ने क्या कहा है, जानते हो?''

''हाँ।'' महेंद्र गुप्त बोला, ''उन्होंने कहा है, ESSE IS PERCIPI—बाह्य वस्तुओं का अस्तित्व उनके अनुभव होने पर ही निर्भर करता है। जब तक इंद्रियों का काम चल रहा है, तभी तक संसार है।''

''न्यांगटा कहता था, मन ही से संसार की उत्पत्ति है और मन ही में उसका लय भी होता है।'' ठाकुर बीच में बोले, ''परंतु जब तक 'मैं' है, तब तक सेव्य-सेवक का भाव भी अच्छा है।''

''यदि विचार करें, तो 'ईश्वर हैं।' यह कैसे कहा जा सकता है?'' नरेंद्र कुछ-कुछ प्रवाह में आ चला था, ''और यदि विश्वास पर चलें तो सेव्य-सेवक मानना ही होगा। यदि सेव्य-सेवक-भाव को स्वीकार कर लिया जाए तो ईश्वर को दयामय कहना ही होगा। तुमने केवल दुःख को ही सोच रखा है। उन्होंने जो इतना सुख दिया है, उसे क्यों भूल जाते हो? उनकी इतनी कृपा है। उन्होंने हमें इतना बड़ा सौभाग्य दिया है—मनुष्य-जन्म, ईश्वर को जानने की व्याकुलता और महापुरुष का संग—'मनुष्यत्वं, मुमुक्षुत्वं, महापुरुष संश्रयः।' ''

ठाकुर ने प्रसन्न दृष्टि से नरेंद्र की ओर देखा : इस समय नरेंद्र का संशय मिट गया था। वह भक्ति में बह गया था। बोले, ''परंतु मुझे बहुत स्पष्ट अनुभव होता है कि मेरे भीतर कोई है।···''

ठाकुर कुछ और कहते इससे पहले ही डॉ॰ राजेंद्रलाल दत्त कमरे में आ गए। उन्होंने अपना होम्योपैथिक दवाइयों का डब्बा एक किनारे टिकाया और ठाकुर के निकट बैठ गए।

''कैसे हैं आप?''

नरेंद्र उठ खड़ा हुआ। उसे लगा कि उसे इन डॉक्टरों से भी वितृष्णा हो रही है···करना-धरना कुछ होता ही नहीं और व्यर्थ ही अहंकार में फूले फिर रहे हैं कि जैसे संसार के सारे मनुष्यों के शारीरिक और मानसिक कष्टों को दूर कर देंगे···

वह उठकर नीचे आ गया और अपनी ही मौज में गाने लगा :

''प्रभु! तुमने दर्शन देकर, मेरा समस्त दुःख दूर कर दिया है और मेरे प्राणों को मोह लिया है। तुम्हें पाकर सप्त लोक अपना दारुण शोक भूल जाते हैं। फिर नाथ! मुझ अति दीन-हीन की बात ही क्या?···''

उसने मुड़कर देखा : महेंद्र गुप्त भी उसके पीछे-पीछे नीचे उतर आया था। वह निकट आ गया तो नरेंद्र बोला, ''प्रेम और भक्ति के मार्ग पर चलने से देह की ओर मन जाता है। नहीं तो मैं हूँ कौन?···मैं न मनुष्य हूँ, न देवता हूँ, न सुख मेरे हैं, न दुःख···''

नरेंद्र आत्मलीन-सा होकर, दीवार के साथ टिककर बैठा रहा। वह मन-ही-मन कुछ बुनता रहा।

जब काफी देर तक वह कुछ नहीं बोला, तो महेंद्र गुप्त ने ही बात आरंभ की, ''निरंजन कह रहा था कि तुम्हारे लिए विद्यासागर के स्कूल में काम के लिए प्रयत्न किया जाए।''

नरेंद्र ने महेंद्र गुप्त की ओर देखा। उसके चेहरे के सारे भाव बदल गए थे, ''विद्यासागर के स्कूल का काम मुझे नहीं चाहिए।''

"क्यों?" महेंद्र गुप्त ने आश्चर्य से पूछा, "अब जीवन-भर नौकरी नहीं करोगे? भिक्षा-वृत्ति अपनाओगे? ईश्वर के नाम पर माँगकर खाओगे?"

"नहीं! मैं तो एकदम विपरीत बात सोच रहा हूँ।" नरेंद्र बोला, "बहुत साधना करके देख ली। कहीं कुछ नहीं है। ईश्वर-तीश्वर कुछ नहीं है।...मैं तो सोच रहा हूँ, यह सब छोड़ूँ। कुछ अधिक धन कमाने वाली नौकरी करूँ। विद्यासागर के स्कूल में क्या रखा है। मैं गया जाने की सोच रहा हूँ। वहाँ एक जमींदार के मैनेजर की जगह है। अच्छा वेतन है। एक आदमी ने उसके संबंध में कहा था।..."

महेंद्र गुप्त स्तब्ध-सा खड़ा उसे देखता रहा : यह वही नरेंद्र है, जो अभी थोड़ी देर पहले ईश्वर के गुण गा रहा था?...पर ईश्वर की दया के गुण गाने से थोड़ी देर पहले भी तो ईश्वर के अस्तित्व में वह संशय उठा रहा था, बर्कले के सिद्धांतों की आड़ में ईश्वर को मनुष्य के मन की सृष्टि बता रहा था।...संशय में कैसे वह दोलक के समान झूल रहा है—ईश्वर है या नहीं?...

"तुम इस समय तो कह रहे हो कि ईश्वर-तीश्वर नहीं है, परंतु बाद में फिर नहीं कहोगे।" महेंद्र गुप्त बोला, "ठाकुर कहते हैं कि संशय भी ईश्वर-प्राप्ति के मार्ग की एक अवस्था है। इन सब अवस्थाओं को पार कर जाने पर,...और भी आगे बढ़ जाने पर ईश्वर मिलते हैं।"

नरेंद्र ने उसे कठोर दृष्टि से देखा, "जिस प्रकार मैं यह वृक्ष देख रहा हूँ—इसी प्रकार स्पष्ट, प्रत्यक्ष, स्थूल रूप में किसी ने ईश्वर को देखा है?"

"हाँ। ठाकुर ने देखा है।" महेंद्र गुप्त दृढ़ स्वर में बोला।

"वह उनके मन की भूल भी तो हो सकती है।" नरेंद्र ने भी उतनी ही दृढ़ता से कहा।

"जो जिस अवस्था में जैसा दर्शन करता है, उस अवस्था के लिए वही सत्य है।" महेंद्र गुप्त तनिक भी विचलित नहीं हुआ, "जिस अवस्था में ईश्वर के दर्शन होते हैं, उस अवस्था के होने पर ईश्वर सत्य ही मालूम होंगे।"

"मैं निरपेक्ष सत्य को पाना चाहता हूँ।" नरेंद्र का स्वर आवेश-विह्वल हो उठा था, "उस दिन ठाकुर के साथ भी मैंने घोर तर्क किया था।"

"क्या हुआ था?" महेंद्र गुप्त ने पूछा।

"उन्होंने मुझसे कहा, 'अनेक लोग मुझे ईश्वर कहते हैं।' " नरेंद्र ने बताया, "मैंने कहा, 'लोग चाहे लाख कहें परंतु जब तक मुझे वह बात सत्य नहीं जँचेगी, तब तक मैं कदापि न कहूँगा।' उन्होंने कहा, 'अधिकतर लोग जो कहेंगे, वही तो सत्य है—वही तो धर्म है।' मैंने कहा, 'मैं जब तक अच्छी तरह समझ न लूँगा, तब तक दूसरों की बातें नहीं मान सकता।' "

"तुम्हारा भाव कोपरनिकस तथा बर्कले आदि के समान है।" महेंद्र गुप्त बोला।

नरेंद्र का ध्यान ठाकुर के साथ हुई चर्चा से हट गया। महेंद्र गुप्त की इस बात से पाश्चात्य दर्शन को और सूक्ष्मता से जानने का उसका मोह जाग उठा। बोला, "आप मुझे दर्शनशास्त्र का इतिहास दे सकेंगे?"

"लीविस का लिखा हुआ?" महेंद्र गुप्त ने पूछा।

"नहीं, उहबरवेग का।" नरेंद्र बोला, "मैं जर्मन लेखक की पुस्तक पढ़ूँगा।"

"ठीक है। दूँगा।" महेंद्र गुप्त उसे वापस अपनी पिछली चर्चा पर ले आया, "तुम कहते हो कि सामने खड़े वृक्ष के समान किसी ने ईश्वर को स्पष्ट, प्रत्यक्ष और स्थूल रूप में देखा है?...मैं कहता हूँ कि स्वयं ईश्वर यदि आदमी बनकर तुम्हारे सामने आएँ और कहें कि मैं ईश्वर हूँ, तो

क्या तुम विश्वास कर लोगे?" महेंद्र गुप्त ने रुककर उसे परीक्षण की दृष्टि से देखा, "तुम लेजरस की कहानी जानते हो न? जब लेजरस ने परलोक में इब्राहिम से जाकर कहा कि मैं अपने आत्मीयों और मित्रों से कह आऊँ कि वास्तव में परलोक है, तब इब्राहिम ने कहा, 'जाकर तुम्हारे कहने से क्या वे लोग विश्वास करेंगे? वे कहेंगे, एक झूठा आदमी यहाँ आकर बे-सिर-पैर की उड़ा रहा है।'...ठाकुर ने कहा है, विचार करके कोई उन्हें जान नहीं सकता। विश्वास से ही सब कुछ होता है—ज्ञान और विज्ञान, दर्शन और संलाप—सब कुछ।"

नरेंद्र ने कोई उत्तर नहीं दिया। सामने से भवनाथ आ रहा था। उसकी दृष्टि उसी पर टिकी थी।

भवनाथ निकट आ गया। उसने सीधे महेंद्र गुप्त से ही कहा, "विद्यासागर का नया स्कूल खुलने वाला है। मुझे भी तो भोजन-वस्त्र का प्रबंध करना है।" और तब उसने नरेंद्र की ओर देखा, "यदि स्कूल का कोई काम कर लूँ तो क्या बुरा है?"

नरेंद्र ने कोई उत्तर नहीं दिया : ठीक ही तो कह रहा है भवनाथ—उसे भी तो भोजन-वस्त्र का प्रबंध करना है। उसने विवाह जो कर लिया है।...गृहस्थी का माया-चक्र चलेगा तो उसमें पिसना तो सबको ही पड़ेगा...पर क्या भवनाथ ने यह एक बार भी सोचा है कि जिस नौकरी के लिए वह इतना लालायित है, वह नौकरी नरेंद्र के मित्र नरेंद्र के लिए चाहते थे?...नरेंद्र स्वयं वह नौकरी नहीं चाहता...किंतु भवनाथ ने यह सोचा है क्या?...

"तुम ठाकुर से मिल आए हो क्या?" नरेंद्र ने भवनाथ से पूछा, "या नौकरी की खोज में ही आए थे?"

"नहीं, आया तो मैं ठाकुर से मिलने ही था...।"

"तो चलो।"

नरेंद्र ने भवनाथ को लाकर ठाकुर के सामने खड़ा कर दिया, "महाराज़! भवनाथ आपसे मिलने आया है।"

भवनाथ ने प्रणाम किया।

ठाकुर ने भवनाथ को देखा, जैसे तट पर खड़ा कोई व्यक्ति, अपनी आँखों के सम्मुख डूबते हुए किसी व्यक्ति को देखता है, और नरेंद्र से बोले, "इसका साहस खूब बँधाते रहना।"

नरेंद्र और भवनाथ दोनों ही मुस्कराए : जाने ठाकुर ने साहस बँधाने की ही बात क्यों कही, जैसे वह किसी जोखिम-भरे अभियान पर जा रहा हो।...

इस बार ठाकुर ने भवनाथ को आशीर्वाद दिया, "खूब वीर बनो।" और उन्होंने अपना मंतव्य स्पष्ट किया, "घूँघट के भीतर अपनी स्त्री के आँसू देखकर अपने आपको भूल मत जाना। ओह, कितना रोती हैं ये स्त्रियाँ। वे तो नाक छिनकने में भी रोने लगती हैं।"

नरेंद्र और भवनाथ हँसे, कदाचित् ठाकुर परिहास में यह सब कह रहे थे...।

किंतु ठाकुर पूर्णतः गंभीर थे, "ईश्वर में अटल भाव स्थापित रखना। वीर वह है, जो स्त्री के साथ रहने पर भी उससे प्रसंग नहीं करता। अपनी पत्नी के साथ केवल ईश्वरीय बातें करना।"

32

अगले दिन प्रातः ही डॉ॰ महेंद्रलाल सरकार तथा डॉ॰ राजेंद्र दत्त, ठाकुर को देखने आए। उस समय राखाल, नरेंद्र, शशि, महेंद्र गुप्त तथा सुरेंद्र उपस्थित थे।

"कैसे हैं महाराज?" डॉ. राजेंद्र दत्त ने पूछा।

"डॉक्टर महाशय! हमें तो ठाकुर के स्वास्थ्य में कोई सुधार दिखाई नहीं देता।" सुरेंद्र बोला, "कष्ट तो बढ़ ही रहा है…।"

डॉ. महेंद्रलाल सरकार ने आगे बढ़कर ठाकुर की कलाई थामी। वे उनका नाड़ी-परीक्षण कर रहे थे।

"डॉक्टर, मुझे शीघ्र स्वस्थ करो।" ठाकुर बोले, "यहाँ बहुत खर्च हो रहा है।…"

नरेंद्र चौंका : ठाकुर ने अपने कष्ट, अपने रोग अथवा उसके लक्षणों के विषय में कोई चर्चा नहीं की थी।…उन्होंने खर्च की बात की थी।…पिछले कुछ दिनों से वह स्वयं भी आशंकित था कि ऐसी ही कोई-न-कोई चर्चा इन दिनों अवश्य उठेगी। तभी तो बोधगया से लौटने के पश्चात् उसने अपने गुरुभाइयों को लेकर भिक्षाटन का एक अभियान चलाया था, ताकि वे लोग कुछ धन एकत्रित कर सकें।…धन तो अधिक एकत्रित हो नहीं पाया, किंतु सुरेंद्रनाथ मित्र जैसे लोगों का अभिमान आहत कर उसने उनके आक्रोश में वृद्धि अवश्य कर दी थी…

इन सारे तथ्यों से अनजान डॉ. सरकार ने मजे में हँसते हुए कहा, "खर्च हो रहा है तो क्या हो गया। ये लोग खर्च करने को तैयार भी तो हैं।" उन्होंने सुरेंद्रनाथ मित्र तथा महेंद्र गुप्त की ओर देखा, "उद्यान-भवन का खर्च देते हुए जब इन्हें कोई कष्ट नहीं है, तो आप क्यों चिंता कर रहे हैं?" और सहसा उनके हाथ जैसे ठाकुर के विरुद्ध कोई प्रमाण मिल गया। कुछ अभिमान से बोले, "अब देखो! कांचन की आवश्यकता आ पड़ी न?"

ठाकुर ने कुछ असहाय दृष्टि से डॉक्टर की ओर देखा और फिर जैसे सहारा ढूँढ़ते-से नरेंद्र से बोले, "इनको उत्तर दे न।"

ठाकुर से कहीं अधिक, नरेंद्र डॉक्टर की बात से पीड़ित हुआ था। उसे लग रहा था कि डॉक्टर सरकार ने जैसे बहुत ही अभद्र बात कह दी हो। भले लोगों के स्तर से इस प्रकार गिरी हुई बात की अपेक्षा डॉ. सरकार जैसे पढ़े-लिखे व्यक्ति से नहीं की जा सकती थी। ठाकुर धन का विरोध किस आध्यात्मिक धरातल से करते हैं—यह डॉ. सरकार की समझ में एकदम नहीं आया क्या?…इस प्रकार अन्न, वस्त्र, मकान के किराए, गाड़ी के भाड़े इत्यादि पर खर्च तो ठाकुर भी करते ही हैं। वे जानते हैं कि यह सारा व्यय होता है…फिर ठाकुर पर इस कष्ट के समय व्यंग्य करना…इससे डॉ. सरकार की मान्यता सत्य मान ली जाएगी क्या…

उनकी बात का उत्तर देने के लिए तो स्वयं नरेंद्र भी तिलमिला रहा था…पर संकल्पपूर्वक वह अपना दमन कर रहा था…डॉ. महेंद्रलाल सरकार की प्रतिष्ठा एक प्रकार से उसकी जिह्वा को पकड़े हुए थी।…अवस्था में वे उससे बहुत बड़े थे। सन् 1865 ई. में अर्थात् जब वह मात्र दो वर्षों का था, उन्होंने कलकत्ता विश्वविद्यालय से चिकित्साशास्त्र की उच्चतम उपाधि—एम. डी. प्राप्त की थी। एलोपैथिक पद्धति के वे माने हुए डॉक्टर थे। धुआँधार प्रैक्टिस थी उनकी।…और सहसा उन्होंने मार्गन की रचना 'फिलॉसफी ऑफ होम्योपैथी' पढ़ ली। उनके मन में होम्योपैथी पढ़ने की प्रेरणा हुई। उन्होंने होम्योपैथी पढ़ी, उससे सहमत हुए और उसकी प्रैक्टिस करने लगे।…पद्धति बदलने के कारण उन्होंने अपनी बिगड़ती हुई प्रैक्टिस की भी चिंता नहीं की। बल्कि नई चिकित्सा-प्रणाली में भी वे उतने ही लोकप्रिय हुए और देश में ही नहीं विदेशों में भी स्वयं को प्रतिष्ठित करने में सफल हुए…उन्होंने भारत में विज्ञान के विकास के लिए एक संस्था की भी स्थापना की।…ठाकुर के रोग के उपचार को भी उन्होंने एक चुनौती के रूप में स्वीकार किया था…और अपने आर्थिक

नुकसान की चिंता न कर, वे काशीपुर आ रहे थे। ठाकुर की चिकित्सा के लिए वे कोई फीस भी नहीं ले रहे थे।···एक प्रकार से उनसे कुछ मैत्री भी हो गई थी···वे दोनों अपनी-अपनी भूमि छोड़े बिना एक-दूसरे का सम्मान भी करते थे, किंतु आज डॉ॰ सरकार ने यह कैसी बात कह दी···वे ठाकुर को पैसे का महत्त्व जता रहे थे और उन्हें समझा रहे थे कि उनका चिंतन अव्यावहारिक है।···

···यदि नरेंद्र डॉ॰ सरकार के प्रति कृतज्ञता का अनुभव न कर रहा होता तो शायद वह उन्हें कोई बहुत कठोर उत्तर देता···

···और तभी जैसे डॉ॰ सरकार ने अपने मन में छूटी, अधूरी बात भी कह डाली, "कांचन चाहिए,···और फिर कामिनी भी चाहिए।"

इस बार ठाकुर ने मुख से कुछ नहीं कहा, किंतु नरेंद्र की ओर देखा अवश्य···जैसे कह रहे हों, 'तू कुछ बोलता क्यों नहीं?'

नरेंद्र तो कुछ बोला नहीं, किंतु डॉ॰ राजेंद्र दत्त ने जैसे बहुत उत्फुल्ल होकर डॉ॰ सरकार का समर्थन किया "इनकी पत्नी इनके लिए खाना बना दिया करती हैं।"

डॉ॰ सरकार अपनी विजय की प्रसन्नता पर मुस्कराए, "देखा!"

नरेंद्र को अपनी तिलमिलाहट में इस प्रकार मौन देखकर, ठाकुर ने अपने ही हथियारों से अपनी सुरक्षा का प्रयत्न किया। दो-दो डॉक्टर उन पर वज्र प्रहार कर रहे थे, और कृतज्ञता का भाव लिए उनके सारे शिष्य मौन खड़े थे। तो उन्हें कुछ तो करना ही था।

"पर है बड़ा झंझट।" ठाकुर निरीह स्वर में बोले।

डॉ॰ सरकार अपनी वाक्-पटुता पर आज जैसे बहुत मुग्ध थे। बोले, "झंझट न होता, तो सब लोग परमहंस हो गए होते।"

डॉ॰ सरकार ने जैसे अपनी श्रेष्ठता स्थापित की थी, किंतु अनजाने ही वे ठाकुर के सूक्ष्म जाल में आ फँसे। ठाकुर बोले, "स्त्री छू जाती है, तो तबीयत बिगड़ जाती है, और जिस जगह छू जाती है, वहाँ बड़ी देर तक सींगी मछली के काँटे के चुभ जाने के समान पीड़ा होती रहती है।"

ठाकुर का यह कहना वैसा ही था, जैसे किसी ने कहा हो कि तुम दिन-रात कीचड़ में लिपटे पड़े रहते हो और तुम्हें पता नहीं चलता कि तुम गंदे हो और मुझ पर पानी की एक गदली बूँद भी आ गिरती है तो मेरे वस्त्र गंदे दिखाई पड़ने लगते हैं···

डॉ॰ सरकार ठाकुर की बात की गहराई तक तनिक भी नहीं पहुँच पाए। वे अपने पुराने आत्मविश्वास के साथ बोले, "यह विश्वास तो होता है और आप अपने विषय में सच बोल रहे हैं, किंतु अपनी ओर देखता हूँ तो कामिनी और कांचन के बिना काम नहीं चलता।"

वे इतने प्रसन्न थे, जैसे अपनी इस स्वीकारोक्ति से अपनी हीनता को रेखांकित न कर अपनी श्रेष्ठता घोषित कर रहे हों।

ठाकुर हलके से मुस्कराए और वैसे ही मंद स्वर में बोले, "रुपया हाथ में लेता हूँ, तो हाथ टेढ़ा हो जाता है, साँस रुक जाती है।" ठाकुर रुककर बोले, जैसे रुपए का महत्त्व स्वीकार कर रहे हों, "वैसे, रुपए से यदि कोई विद्या का संसार चला सके, ईश्वर और साधुओं की सेवा कर सके, तो उसमें दोष नहीं रह जाता।" ठाकुर ने डॉ॰ सरकार को देखा, जैसे प्रकारांतर से उन्हें उनकी भूल जता रहे हों, "स्त्री लेकर माया का संसार करने से मनुष्य ईश्वर को भूल जाता है। जो संसार की माँ हैं, उन्हीं ने इस माया का रूप—स्त्री का रूप—धारण किया है। इसका यथार्थ ज्ञान हो जाने

पर, फिर माया के संसार पर जी नहीं लगता। सब स्त्रियों पर मातृ-ज्ञान के होने पर, मनुष्य विद्या का संसार कर सकता है।" उन्होंने जैसे अपनी बात का सत्त्व निकालकर डॉक्टर के सामने परोसा, "ईश्वर के दर्शन हुए बिना, यह समझ में ही नहीं आता कि स्त्री क्या वस्तु है।"

लगा, डॉ॰ सरकार की समझ में ठाकुर की बात का मर्म कुछ-कुछ समा रहा था, किंतु डॉ॰ राजेंद्र दत्त अपने लोक-हित अथवा समाज-सेवा के अभिमान में कुछ इस प्रकार लिप्त थे कि ठाकुर की बात पर उन्होंने ध्यान ही नहीं दिया। उपदेश का अवसर समझकर उन्होंने ठाकुर को समझाया, "स्वस्थ होकर आपको स्वयं होम्योपैथिक डॉक्टरी करनी चाहिए, नहीं तो इस मानव-जीवन का क्या उपयोग होगा···।"

नरेंद्र को जैसे वक्ष में बाण आ लगा। वह इन दोनों डॉक्टरों के बड़प्पन और उनके प्रति अपनी कृतज्ञता को भूलकर बोला, "शरीर के कष्ट को दूर करने से कहीं कठिन और बड़ा काम है आत्मा के कष्ट को दूर करना।" उसने अपनी दृष्टि डॉ॰ राजेंद्र दत्त के चेहरे पर टिका दी, "पर यह बात सबकी समझ में नहीं आती। अपनी-अपनी परख है न! मोची तो यही कहता है कि इस संसार में मरे चमड़े से बढ़कर और कोई पदार्थ ही नहीं है।···"

"वही तो।" ठाकुर ने अपने शिष्य को जैसे शाबाशी दी।

युवक ने आकर ठाकुर के चरण स्पर्श कर प्रणाम किया, "महाराज! मैं हूँ आपका हीरानंद।"

ठाकुर ने उसे आश्चर्य से देखा, "अरे, तू तो अपने देश सिंध लौट गया था, फिर कलकत्ता कैसे आ गया?"

"चला तो गया था महाराज, किंतु आपकी अस्वस्थता के विषय में जानकर, आपको देखने चला आया।"

"सिंध से?"

"हाँ, महाराज!"

"तुझे वहाँ पता कैसे चला मेरे रोग के विषय में?" ठाकुर ने पूछा।

"कलकत्ता के समाचार-पत्रों में पढ़ा महाराज!"

"तुझे वहाँ सिंध में कलकत्ता के समाचार-पत्र मिल जाते हैं?" ठाकुर ने कुछ विस्मय से पूछा, "काशीपुर तक तो वे पहुँचते नहीं।"

"मैं भी वहाँ समाचार-पत्र का ही काम करता हूँ न! इसलिए कलकत्ता के पत्र भी मँगाता हूँ।" हीरानन्द ने बताया, "वैसे बाजार में तो शायद नहीं मिलते।"

"समाचार-पत्र में क्या करता है?"

" 'सिंध टाइम्स' और 'सिंध-सुधार' का सम्पादक हूँ।"

ठाकुर नरेंद्र की ओर मुड़े, "यह सिंधी लड़का है। कलकत्ता में पढ़ता था, तो मुझे मिलने आता था।"

हीरानंद ने उस ओर विशेष ध्यान नहीं दिया, लपककर ठाकुर के निकट आया, "भक्त को इतना दुःख क्यों मिलता है महाराज?"

"बता नरेंद्र!" ठाकुर मुस्कराए।

"इस संसार का प्रबंध देखकर यह लगता है कि इसकी रचना किसी शैतान ने की है।" नरेंद्र बोला, "मैं इससे अच्छे संसार की सृष्टि कर सकता था।"

हीरानंद को ठाकुर के इतने निकट ऐसा घनघोर नास्तिक बैठा हुआ कुछ विचित्र लगा। यहाँ तो भक्ति और आस्था का साम्राज्य होना चाहिए था···और यह?···

हीरानंद्र नरेंद्र को अच्छी तरह जाने बिना उसका प्रतिवाद नहीं करना चाहता था, किंतु उसका प्रतिवाद किए बिना वह रह भी नहीं सकता था। प्रश्न के रूप में नरेंद्र की बात को काटते हुए बोला, "दुःख के बिना क्या कभी सुख का अनुभव होता है?"

नरेंद्र की दृष्टि हीरानंद पर जा टिकी।···वह अभी आया था। यहाँ के परिवेश को नहीं जानता था, नरेंद्र को नहीं जानता था।···निश्चित रूप से वह उसके अभिप्राय को नहीं समझ पाया था।

"मैं यह नहीं कहता कि संसार की सृष्टि किस उपादान से की जाए—सुख से, दुःख से, संवेदनशून्यता से···।" नरेंद्र बोला, "मेरा अभिप्राय मात्र इतना है कि संसार का जो प्रबंध अभी दिखाई पड़ रहा है, वह अच्छा नहीं है।···इच्छा होती है कि इसे बदल दिया जाए···। किंतु साथ ही मन में निरंतर यह जिज्ञासा उठती रहती है कि ईश्वर ने संसार की सृष्टि इस रूप में क्यों की?"

"तो?"

"किंतु यदि यह विश्वास किया जाए कि ये सारे जीव ईश्वर ही हैं।" नरेंद्र बोला, "जो कुछ कर रहा है, वह ईश्वर ही कर रहा है। कष्ट देने वाला भी ईश्वर है और कष्ट पाने वाला भी।···तो सारी उलझन सुलझ जाती है।"

"यह कहना सरल है, सहना कठिन।" हीरानंद के स्वर में हलकी-सी कटुता आई, "और यह तो तर्क से भागना हुआ।"

नरेंद्र के मन में हीरानंद की कटुता की कोई प्रतिक्रिया नहीं जागी। वह तो इस समय जैसे किसी अन्य ही सृष्टि में पहुँचा हुआ था। उसने हीरानंद की आपत्ति का उत्तर देने के स्थान पर मधुर स्वर में 'निर्वाण षटक' पढ़ना आरंभ कर दिया :

"ॐ मनोबुद्धयहंकार चित्तानि नाहं।
न च श्रोत्र जिह्वे न च घ्राणनेत्रे।
न च व्योम भूमिर्न तेजो न वायु-
श्चिदानंद रूपः शिवोऽहं शिवोऽहम् ॥1॥

न च प्राण संज्ञो न वै पंचवायु-
न वा सप्त धातुर्न वा पंचकोषः।
न वाक्पाणिपादं न चो पस्थ पायु-
श्चिदानंद रूपः शिवोऽहं शिवोऽहम् ॥2॥

न मे द्वेष रागौ न मे लोभ मोहौ
मदो नैव मे नैव मात्सर्य भावः।
न धर्मो न चार्थो न कामो न मोक्ष-
श्चिदानंद रूपः शिवोऽहं शिवोऽहम् ॥3॥

न पुण्यं न पापं न सौख्यं न दुखं
न मंत्रो न तीर्थो न वेदा न यज्ञाः।
अहं भोजनं नैव भोज्यं न भोक्ता-
श्चिदानंद रूपः शिवोऽहं शिवोऽहम् ॥4॥

न मृत्युर्न शंका न मे जाति भेदः
पिता नैव मे नैव माता न जन्म।
न बंधुर्न मित्रं गुरुर्नैव शिष्य-
श्चिदानंद रूपः शिवोऽहं शिवोऽहम् ॥5॥

अहं निर्विकल्पो निराकाररूपो
विभुत्वाच्च सर्वत्र सर्वेंद्रियाणाम्।
न चासं गतं नैव मुक्तिर्न मेय-
श्चिदानंद रूपः शिवोऽहं शिवोऽहम् ॥6॥"

हीरानंद भूल गया कि वह नरेंद्र के साथ कोई विवाद कर रहा था। वह यह भी भूल गया कि नरेंद्र के व्यवहार तथा उस उक्ति के कारण नरेंद्र के प्रति उसके मन में कटुता भी जन्मी थी।···उसकी बुद्धि और मन पर तो जैसे नरेंद्र की वाणी का संगीत छा गया था। मायारूपी भ्रम से ऊपर उठने की उदात्त भावना, मनुष्य के उच्चतम स्वरूप की चर्चा का स्मरण रह गया था उसे। कैसे पवित्र और वास्तविक वैराग्य का भाव था···

"वाह!" हीरानंद ने मुग्ध होकर कहा।

"उसकी बात का उत्तर भी तो दो।" ठाकुर ने कहा।

"इसमें कोई विवाद थोड़ी है।" सहसा हीरानंद बोला, "जैसा किसी घर को उसके एक कोने में खड़े होकर देखना है, वैसा ही तो घर के मध्य में खड़े होकर देखना है। 'हे ईश्वर! मैं तुम्हारा दास हूँ।'—कहकर भी ईश्वर का अनुभव होता है, और 'मैं वही हूँ। सोऽहम्।' से भी उसी ईश्वर की प्रतीति होती है। कमरे में कई द्वार होते हैं। आप किसी भी द्वार से प्रवेश करें, उसी कमरे में पहुँचेंगे।" वह रुककर ठाकुर की ओर मुड़ा, "पर इस समय यहाँ इस विवाद का क्या प्रयोजन? नरेंद्र जैसा गायक जहाँ हो, जिसे ईश्वर ने सात्त्विक भाव, उदात्त बुद्धि तथा देवदुर्लभ कंठ दिया हो—वहाँ तो बस संगीत होना चाहिए। संगीत क्या है, जैसे साक्षात् भक्ति है।"

"तो तुम ही कहो उसे गाने को।" ठाकुर बोले।

हीरानंद ने नरेंद्र की ओर देखा, "आप मेरे अनुरोध की रक्षा करेंगे?"

नरेंद्र इस समय अपनी मस्ती में था। कोई कहता, न कहता, उसे तो गाना ही था। उसने 'कौपीनपंचक' गाना आरंभ किया :

"वेदांतवाक्येषु सदा रमंतो, भिक्षान्नमात्रेण च तुष्टिमन्तः।
अशोक मन्तः करणे चरंतः, कौपीनवंतः खलु भाग्यवंतः ॥1॥

मूलं तरोः केवलमाश्रयन्तः, पाणिद्वयं भोक्तुम मंत्रयंतः।
कंथामिव श्रीमपि कुत्सयंतः, कौपीनवंतः खलु भायवंतः ॥2॥

स्वानंदभावे परितुष्टिमंत्रः, सुशांतसर्वेंद्रिय वृत्तिमंतः।
अहर्निशं ब्रह्मणि ये रमंतः, कौपीनवंतः खलु भाग्यवंतः ॥3॥

देहादिभावं परिवर्तयंतः, स्वात्मानमात्मन्यवलोकयंतः।
नांतं न मध्यं न बहिः स्मरंतः, कौपीनवंतः खलु भाग्यवंतः ॥4॥

ब्रह्माक्षरं पावनमुच्चरंतः, ब्रह्माहमस्मीति विभावयंतः।
भिक्षाशिनो दिक्षु परिभ्रमन्तः, कौपीनवंतः खलु भाग्यवंतः ॥5॥"

और जैसे अपनी बात को समाप्त करने के लिए नरेंद्र ने गाया :

"तुझसे हमने दिल है लगाया,
जो कुछ है सो तू ही है।
हर एक के दिल में तू ही समाया,
जो कुछ है सो तू ही है।
जहाँ देखा, नजर तू ही आया,
जो कुछ है सो तू ही है।"

नरेंद्र ने गीत पूरा किया, तो हीरानंद ने मुग्ध भाव से उसकी ओर देखा, "देखो! अब तुम कह रहे हो, 'सब तू ही तू है।' मैं का लोप हो गया न!"

"तुम मुझे एक दो, मैं तुम्हें एक लाख दूँगा।" नरेंद्र ने उसे मुस्कराकर देखा, "तुम ही मैं, मैं ही तुम--मेरे सिवाय यहाँ और कोई नहीं है।"

ठाकुर ने मुस्कराकर हीरानंद की ओर देखा, "नरेंद्र तो मानो म्यान से तलवार निकालकर घूम रहा है।"

संध्या हो आई थी। गर्मी का जोर कुछ कम हुआ था। ठाकुर के निकट नरेंद्र, शरत्, शशि, लाटू, नित्य गोपाल, गिरीश, सुरेंद्र, राम, महेंद्र गुप्त और केदार बैठे हुए थे। केदार अपनी नौकरी के संदर्भ में इन दिनों ढाका में था। ठाकुर के रोग का समाचार पाकर मिलने आया था।

केदार ने ठाकुर की चरण-धूलि ली तो ठाकुर जैसे प्रसन्न होकर बोले, "ओह, केदार आया है। कितना अच्छा तर्क करता है केदार।"

केदार को याद आया : जब ठाकुर स्वस्थ थे और वह दक्षिणेश्वर में उनसे मिलने के लिए जाया करता था, तो ठाकुर उसे किसी-न-किसी से वाद-विवाद में भिड़ा दिया करते थे। अपनी इस रुग्णावस्था के कष्ट में भी उन्हें वाद-विवाद ही याद आया था...

"अच्छा गिरीश! आज तुम केदार के साथ कुछ चर्चा करो।" ठाकुर हँसकर बोले, "मेरे कष्ट के कारण तुम लोग अपना वाद-विवाद ही भूल गए।..."

गिरीश ने दोनों हाथों से अपने कान पकड़ लिए, "महाराज! मैंने कान पकड़े। पहले मैं नहीं जानता था कि आप कौन हैं। उस समय मैंने जो तर्क किया, वह और बात थी।"

ठाकुर समझ गए कि अब गिरीश किसी भी प्रकार ऐसे विवाद में नहीं पड़ेगा, अतः उन्होंने भी अधिक आग्रह नहीं किया। उन्होंने नरेंद्र की ओर अँगुली उठाई और केदार से बोले, "उसने सर्वस्व का त्याग कर दिया है।" उन्होंने शेष लोगों की ओर मुँह मोड़ा, "केदार ने नरेंद्र से कहा था, 'अभी चाहे तर्क करो, चाहे विचार, परंतु अंत में ईश्वर का नाम लेकर धूलि में लोटना होगा।' हो गई न वह ही बात?" वे नरेंद्र से संबोधित हुए, "केदार के पैरों की धूलि लो।"

नरेंद्र ने अपने स्थान से उठने का कोई उपक्रम नहीं किया। ऐसे प्रस्ताव से केदार वैसे भी संकुचित हो रहा था। कुछ हड़बड़ाकर बोला, "ठाकुर की चरण-धूलि लो, उसी से सब हो जाएगा।"

केदार की दृष्टि सुरेंद्रनाथ मित्र पर पड़ी, "अरे, आप वहाँ बैठे हैं! आगे आइए।"

सुरेंद्र के चेहरे पर रोष-वेष्टित कटु हँसी आई, "इतने साधुओं के बीच मैं अकिंचन कैसे बैठूँ।"

"कौन साधु?" केदार कुछ समझ नहीं पा रहा था, "यहाँ कौन साधु और कौन असाधु है?"

"हैं। बड़े-बड़े साधु हैं। पिछले दिनों भगवा धारण कर बोधगया भी हो आए हैं।" सुरेंद्र की कटुता कुछ और मुखर हुई।

केदार चुप रह गया : जाने यह क्या झगड़ा था!

नरेंद्र सब समझ रहा था : उसने बोधगया से लौटकर, ठाकुर के खर्च के लिए धन एकत्रित करने का जो आयोजन किया था, उससे सुरेंद्र का अभिमान बहुत आहत हुआ था। उसे लग रहा था कि कुछ अन्य लोगों से ठाकुर के लिए पैसे माँगकर नरेंद्र ने न केवल उसका अपमान किया था, वरन् यह प्रचार भी किया था कि सुरेंद्र तथा ठाकुर के अन्य गृहस्थ शिष्य उनके लिए धन जुटा नहीं पा रहे हैं।...पर सुरेंद्र के इस रोष तथा कटूक्तियों से नरेंद्र के मन में कोई प्रतिक्रिया नहीं उपजी थी। वह जानता था कि सुरेंद्र बहुत अभिमानी व्यक्ति है। राम दादा ने बताया था कि पाँच-एक वर्ष पहले ठाकुर अपने कुछ भक्तों के साथ सुरेंद्र के घर पधारे थे। सुरेंद्र माला लेकर ठाकुर को पहनाने आया, पर ठाकुर ने माला पहनी नहीं। अपने हाथ में लेकर माला उन्होंने एक ओर रख दी, जैसे परे फेंक दी हो।...सुरेंद्र के अभिमान को बहुत ठेस लगी थी। वह क्रोध में जैसे अपना संतुलन नहीं रख पाया। ठाकुर के प्रति कोप करता हुआ बोला, "राढ़ देश का यह ब्राह्मण इन वस्तुओं का मूल्य क्या जाने। मैं कई रुपए खर्च करके माला लाया था।" उसकी योजना तो थी कि ठाकुर को अनेक मालाएँ पहनाई जाएँ, किंतु क्रोध में असंतुलित होकर उसने आदेश दे दिया, "और मालाएँ दूसरों के कंठ में डाल दो।..." बाद में उसे पश्चात्ताप हुआ था...अपना अपराध समझ गया था।...उसे स्मरण हो आया था कि भगवान् पैसे से नहीं खरीदे जा सकते। भगवान् अहंकारी के नहीं हो सकते। उसके मन में अहंकार था, तो ठाकुर उसकी पूजा क्यों लेते?...

ठाकुर पश्चात्ताप के आँसुओं से पसीज उठे थे। उन्होंने सुरेंद्र के घर में मतवाले होकर नृत्य किया। जिस माला को उन्होंने फेंक दिया था, उसी को उठाकर गले में पहन लिया और सुरेंद्र से बोले, "मुझे कुछ खिलाओगे नहीं?"...आज फिर सुरेंद्र का अभिमान जागा है। वह नरेंद्र और उसके मित्रों को अनाप-शनाप कह रहा है।...और नरेंद्र सोच रहा था : किस बात का अभिमान है सुरेंद्र को? धन का?...ऐश्वर्य का अभिमान, ईश्वर को परे धकेलकर?...सुरेंद्र दया का पात्र है। नहीं जानता कि वह क्या पाने के लिए क्या खो रहा है...

ठाकुर ने सुरेंद्र को शांत करने का प्रयत्न किया, "हाँ! हाँ!! अभी बच्चे हैं। अपनी समझ से तो उन्होंने ठीक ही किया।"

किंतु सुरेंद्र ने ठाकुर की बात अनसुनी कर जैसे केदार को अपनीं सफाई दी, "क्या गुरुदेव नहीं जानते कि किसका क्या भाव है? वे रुपए से नहीं, वे तो भाव लेकर ही संतुष्ट होते हैं।"

"हाँ! हाँ!!" ठाकुर ने सिर हिलाकर सुरेंद्र की बात का समर्थन कर दिया।

ठाकुर के कुछ भक्त थाल में मिठाई ले आए। उन्होंने थाल सामने रख दिया। ठाकुर ने एक छोटा-सा टुकड़ा उठा लिया और थाली सुरेंद्र की ओर बढ़ा दी, "जाओ! नीचे सारे भक्तों को प्रसाद दे दो।"

सुरेंद्र को सांत्वना मिली। ठाकुर उससे प्रसन्न हैं। वे अपना सारा प्रसाद उसे दे रहे हैं।...वह नीचे जाने के लिए कमरे से बाहर निकल गया।

"तुम इसे समझा देना।" ठाकुर ने केदार से कहा, "उसे बक-झक करने की मनाही कर देना। लड़कों की सेवा और साधना तो देखता नहीं, उलटे उन पर बिगड़ता रहता है।..."

33

ठाकुर को बोलने में बहुत कठिनाई हो गई थी। उनके निकट बैठा व्यक्ति उनके थूक निगलने तक में उनकी यातना का अनुभव कर सकता था। दो-चार शब्द बोलते, तो उनका हाथ अपने कंठ पर चला जाता था। उनके सारे शिष्य भक्त, दर्शन करने के लिए आने वाले लोग, उनका कष्ट प्रत्यक्ष देख रहे थे, किंतु कोई उनकी तनिक भी सहायता नहीं कर सकता था।

दो-चार वाक्य एक साथ बोलने की हठ करते तो गले से रक्त आने लगता था। उन्हें निरंतर दवा दी जा रही थी, किंतु किसी भी प्रकार का कोई लाभ नहीं हो पा रहा था...

उस संध्या-समय राखाल, काली, शशि और लाटू ठाकुर की सेवा में नियुक्त थे। ठाकुर ने थोड़ी देर पहले ही रक्त थूका था और अब निढाल होकर पड़े हाँफ रहे थे।

चारों शिष्य हताश दृष्टि से अपने गुरु की यह अवस्था देख रहे थे। उन्होंने ठाकुर का मुँह पोंछ दिया था। उन्हें तकियों के सहारे लिटा दिया था और उनका वक्ष सहला दिया था, किंतु इससे अधिक वे कर भी क्या सकते थे।

"नरेंद्र को बुलाओ।" ठाकुर ने बड़ी कठिनाई से कहा।

लाटू भागता हुआ नरेंद्र को बुलाने के लिए चला गया।

नरेंद्र के आने तक न ठाकुर ने एक भी शब्द कहा, न उनके शिष्यों में से ही किसी ने उनसे कुछ पूछा।...पूछने के लिए मन में बहुत कुछ होने पर भी, कोई उनसे कुछ नहीं पूछता था।...कुछ भी पूछने का अर्थ था, ठाकुर को बोलने के लिए बाध्य करना...और ठाकुर के लिए बोलना बहुत ही कष्टदायक था...

नरेंद्र आया। ठाकुर ने उसे हाथ के संकेत से अपने पास बैठने के लिए कहा; और राखाल, काली और शशि की ओर देखा, "बाहर जाओ।"

वे तीनों कमरे से बाहर निकल आए। उनके पीछे-पीछे लाटू भी बाहर आ गया। कमरे के सामने ही बरामदे में वे सब पालथी मारकर बैठ गए। ठाकुर नरेंद्र से बात कर लेंगे, तो उन्हें भीतर बुलाया ही जाएगा।

ठाकुर के कमरे के कपाट भीतर से बंद हो गए। निश्चय ही, ठाकुर के आदेश पर, नरेंद्र ने ऐसा किया होगा।

सुरेंद्रनाथ मित्र आकर उनके सम्मुख खड़ा हो गया। उसने आश्चर्य से उन चारों को इस प्रकार द्वार के बाहर बैठे देखा और फिर एक दृष्टि बंद कपाटों पर भी डाली।

"क्या बात है? तुम लोग इस प्रकार बाहर क्यों बैठे हो?" उसने पूछा, "और भीतर कौन है? क्या डॉ॰ सरकार आए हैं?"

"नहीं।" शशि बहुत धीरे से बोला, "डॉ॰ सरकार नहीं, ठाकुर के पास नरेंद्र है।"

"तो तुम लोग बाहर क्यों बैठे हो?"

"हमें बाहर जाने को कहा गया है।"

"नरेंद्र ने कहा होगा?" सुरेंद्र के स्वर में हलका-सा आक्रोश था, "क्या कर रहा है वह भीतर? वह जानता नहीं कि ठाकुर को अब वार्तालाप में बहुत कष्ट होता है?"

"वह जानता है कि ठाकुर को वार्तालाप में बहुत कष्ट होता है।" शशि बोला, "···और हमें बाहर जाने के लिए नरेंद्र ने नहीं, स्वयं ठाकुर ने कहा है।"

"ठाकुर ने तुम लोगों को कमरे से बाहर निकाला है?" उसके स्वर में जैसे अविश्वास का चीत्कार था, "मैं तो समझता था कि ठाकुर हम गृहस्थों को ही अपने कमरे से निकालकर तुम लोगों से बातें करते हैं।···" वह रुका, "तुम लोग इसका विरोध नहीं करते? नरेंद्र को ऐसा क्या विशेषाधिकार प्राप्त है?"

राखाल हँसा, "विशेषाधिकार नरेंद्र को नहीं, ठाकुर को प्राप्त है। उनकी इच्छा है, जिसे चाहें अपने कमरे में बुलाएँ, जिसे चाहें निकाल दें। भला इसमें विरोध करने की क्या बात है? कोई भी सभ्य आदमी इस बात के लिए ठाकुर का विरोध क्यों करेगा?···और हम लोग तो उनके शिष्य हैं। उनका कहा बिना किसी आनाकानी के मानते हैं। हमारे मन में ऐसा कोई अभिमान नहीं है, जो ठाकुर के इस प्रकार के व्यवहार से आहत हो, और न ही नरेंद्र से हमारी कोई प्रतिस्पर्धा है।···"

"और एक बात आपको और बता दें।" शशि बोला, "पिछले चार-पाँच दिनों से ठाकुर प्रतिदिन संध्या-समय नरेंद्र को अपने कमरे में बुलाते हैं और शेष लोगों को कमरे से बाहर निकाल देते हैं।···"

सुरेंद्रनाथ मित्र को समझने में तनिक भी कठिनाई नहीं हुई कि वे लोग उसके व्यवहार से प्रसन्न नहीं हैं।···यह भी उससे छिपा नहीं रहा कि ठाकुर और नरेंद्र—उन दोनों के प्रति अपने प्रेम के कारण, वे उनके विरुद्ध एक शब्द भी कहना या सुनना पसंद नहीं करते।···

"आखिर वे नरेंद्र से क्या चर्चा करते होंगे?" उसने अपने स्वर को अधिक से अधिक कोमल बनाने का प्रयत्न किया, "वे अधिक बोल नहीं सकते···और फिर ऐसी कौन-सी गोपनीय चर्चा है?"

"यह आध्यात्मिक साधना का विषय है सुरेन बाबू, जिसमें गुरु-मंत्र भी गोपनीय होता है। इसमें चकित होने की क्या बात है?" काली हँसा, "वे नरेंद्र को उपदेश दे सकते हैं। बिना बोले उसे साधना की नई पद्धतियों अथवा उच्चतर साधना में प्रवृत्त कर सकते हैं···।"

"तुम्हारा अभिप्राय है कि कमरे में ठाकुर के निर्देशन में नरेंद्र साधना कर रहा है?" सुरेंद्र ने पूछा।

"मैंने यह नहीं कहा कि नरेंद्र साधना कर रहा है।" काली बोला, "मैंने यह कहा कि संभव है कि वह साधना कर रहा हो।"

"ओह!" सुरेंद्र किंकर्तव्यविमूढ़-सा खड़ा रह गया।...कुछ क्षण बीत जाने के पश्चात् वह बोला, "साधना तो संभव है, कई घंटों तक चले।"

"संभव है, सारी रात चले।" शशि बोला, "नरेंद्र तो पंचवटी में भी सारी रात ध्यानावस्थित बैठा रहता है।"

सुरेंद्र ने और कुछ नहीं कहा। वह चिंतामग्न-सा सीढ़ियों की ओर चला गया।

"सुरेंद्र बाबू ने कहा नहीं कि यदि इस प्रकार उन्हें बाहर रखकर ठाकुर के कमरे के कपाट बंद रखे जाएँगे, तो वे खर्च देना बंद कर देंगे?" शशि हँसा।

"रंग-ढंग तो यही लग रहे थे।" राखाल बोला, "ये भी विचित्र जीव हैं। इनसे पैसे लो तो नाराज, न लो तो नाराज। नरेंद्र पर कैसे दोष मढ़ते हैं, प्रत्येक बात का।...और ये ही वे महाशय हैं, जिन्होंने पहली बार नरेंद्र को अपने घर बुलवाकर, ठाकुर को उसका गायन सुनवाया था...।"

"और उसे पहली बार दक्षिणेश्वर भी तो ये ही लाए थे, अपनी बग्घी में।" काली ने जोड़ा, "अब सहसा ही जाने क्या हो गया कि नरेंद्र से रुष्ट रहते हैं।...उसका उपहास करने के लिए उसे 'बड़ा साधु' कहते हैं, जैसे यह शब्द अपमानजनक हो...।"

ठाकुर के कमरे के कपाट खुल गए। नरेंद्र ने द्वार पर आ उन लोगों को भीतर आने का संकेत किया।

वे लोग भीतर जाकर ठाकुर के निकट बैठ गए तो ठाकुर धीरे-धीरे बड़े कष्ट से बोले, "अब मैं बहुत दिनों तक तुम्हारे साथ नहीं रहूँगा, किंतु मैं चाहता हूँ कि मेरे यह तन त्यागने के पश्चात् भी तुम लोग एक साथ ही रहो। एक वय के इतने सारे लोगों का एक साथ रहना बहुत सरल नहीं होता, उनमें मतभेद भी होते हैं। तुम लोग संगठित होकर रहो—ऐसी व्यवस्था मैं चाहता हूँ। इसीलिए मैं तुम लोगों को आदेश दे रहा हूँ कि तुम लोग सदा नरेंद्र की आज्ञा मानोगे, उसका साथ दोगे और उसे कभी भी, किसी भी परिस्थिति में नहीं त्यागोगे।"

सारे गुरुभाइयों के मुख विस्मय से खुल गए। ठाकुर का यह आदेश ऐसा नहीं था, जिससे उन लोगों को कोई विशेष विरोध होता। वैसे भी वे लोग नरेंद्र से इतना प्रेम करते थे कि उसकी इच्छा उन लोगों के लिए आदेश के ही समान होती थी, फिर भी ठाकुर के इस प्रकार कहने में अनेक ध्वनियाँ निहित थीं।...क्या ठाकुर बहुत शीघ्र उनको छोड़कर जाने वाले थे, इसलिए इस प्रकार की व्यवस्था कर रहे थे? क्या ठाकुर अपने बाद रह जाने वाला कोई ऐसा संगठन बना जाना चाहते थे? क्या उस संगठन का कोई विशेष उद्देश्य था?

"तुममें से किसी को कोई आपत्ति तो नहीं है?" ठाकुर ने पूछा।

किसी ने कुछ नहीं कहा। उनका भाव या तो फटी-फटी आँखों से ठाकुर को देखने का थ अथवा मौन सहमति में सिर झुका लेने का।

नरेंद्र भौचक-सा खड़ा ठाकुर को देख रहा था। वह पिछले कई दिनों से प्रायः प्रत्येक संध्य को ठाकुर के साथ अकेला होता था, पर उन्होंने उससे इस प्रकार की कोई चर्चा नहीं की थी अपने बच्चों को मिल-जुलकर रहने का उपदेश प्रायः हर पिता देता है, किंतु ठाकुर ने जो आदेश अपने शिष्यों को दिया है, वह एक सामान्य पिता अथवा गुरु का अपने पुत्रों अथवा शिष्यों के दिया गया साधारण परामर्श नहीं था। वह तो जैसे किन्हीं विशेष परिस्थितियों में काम करने के लिए अपने शिष्यों को तैयार करना था।...क्या ऐसी भी परिस्थितियाँ आएँगी, जिनमें उसके अपने गुरुभाइयों द्वारा उसे त्याग देने की संभावना हो सकती है? यदि ऐसा न होता तो ठाकुर इस प्रकार का आदेश क्यों देते?...कैसा है ठाकुर का यह अभिमान?...

ठाकुर ने अपनी दृष्टि नरेंद्र की ओर फेरी और पुनः धीरे से बोले, ''मैं अपने इन पुत्रों को तुम्हारे सरंक्षण में छोड़कर जा रहा हूँ। इनका ध्यान रखना। यह न हो कि मेरे पश्चात् ये लोग अपनी साधना इत्यादि छोड़ अपने-अपने घर चले जाएँ। यह दायित्व तेरा है कि इनकी साधना चलती रहे··· ।''

''महाराज! आज आप कैसी बातें कर रहे हैं?'' नरेंद्र बोला, ''आप स्वयं हमारे साथ रहिए। मेरा और मेरे इन गुरुभाइयों का शिक्षण कीजिए। हमारे आध्यात्मिक विकास को अपने हाथों आगे बढ़ाइए··· ।''

ठाकुर ने अपना हाथ उठाकर उसे आगे बोलने से रोक दिया, किंतु वे स्वयं भी कुछ नहीं बोले। उन्होंने हाथ अपने कंठ पर रखकर बताया कि वे कष्ट में हैं और बोल नहीं सकेंगे।

नरेंद्र के भाव अपने मन में ही रह गए। वह कितना कुछ कहना चाहता था, किंतु ठाकुर ने उसे बोलने से मना कर दिया था। वह न तो उनसे बोलने का आग्रह कर सकता था और न स्वयं ही और अधिक बोल सकता था, क्योंकि वैसी स्थिति में स्वयं ठाकुर को भी और बोलना पड़ता।···कैसे चतुर हैं ठाकुर। कब, कहाँ, कितना बोलना है—वे ही जानते हैं और कब चुप रहकर सब कुछ कह जाना है, यह भी वे ही जानते हैं···

ठाकुर ने हाथ के संकेत से लाटू से लिखने की सामग्री माँगी···इसका अर्थ था कि वे अभी कुछ कहना तो चाहते थे किंतु बोल न सकने के कारण उन्हें लिखकर कहना पड़ रहा था।

लाटू लेखन-सामग्री ले आया तो ठाकुर ने लिखा, 'नरेन अपने गुरुभाइयों का शिक्षण करेगा।'

सारे गुरुभाइयों ने निकट आ झुककर अपने गुरु का लिखित आदेश पढ़ा।

नरेंद्र जैसे तड़पकर बोला, ''मैं नहीं करूँगा।''

ठाकुर उसके प्रेम की तनिक भी चिंता किए बिना इन आदेशों के माध्यम से उससे दूर होते जा रहे थे···वह नहीं मानेगा उनके ऐसे आदेश, जिससे वे उससे दूर हो जाएँ। अपने शिष्यों का शिक्षण करना है तो वे स्वयं करें। इस बहाने से वे उन लोगों के साथ रहेंगे तो। अपना काम उन्हें पूरा करना चाहिए। वह उन्हें इस प्रकार अधूरा काम छोड़कर जाने नहीं देगा···

'तुम्हें करना पड़ेगा।' ठाकुर ने पुनः लिखा, 'समय आने पर मेरी सिद्धियाँ तुम्हारे माध्यम से अभिव्यक्त होंगी।'

उन्होंने लेखन-सामग्री लाटू को पकड़ा दी।···इसका अर्थ था कि अब वे कोई चर्चा नहीं करेंगे। जो कुछ कहना था उन्होंने अंतिम रूप से कह दिया था··· ।

प्रातः से ठाकुर बिलकुल नहीं बोल रहे थे। कोई कुछ कहता तो उनकी आँखों की पुतलियाँ उसकी ओर घूम जातीं। वे सारी बात सुनकर या तो थोड़ा-सा मुस्करा देते—वेदनामय, कष्टपूर्ण मुस्कान, या फिर अपने कंठ पर हाथ रखकर बता देते कि वे बोल नहीं सकते। आज उन्होंने लेखन-सामग्री भी नहीं माँगी थी कि लिखकर ही किसी को छोटा-मोटा आदेश देते। बीच-बीच में वे आत्मलीन भी हो जाते थे। यह न तो भाव-समाधि थी, न अचेतावस्था। लगता था जैसे बार-बार वे अन्यमनस्क हो रहे थे। वैसे चेहरे पर प्रायः शांति थी, किंतु खाँसी आने पर उनके चेहरे पर तीव्र व्यथा के लक्षण प्रकट होते थे···सुबह से दो-तीन बार खून भी थूक चुके थे।

संध्या-समय उन्होंने नरेंद्र को बुलाने के लिए कहा। नरेंद्र आया तो ठाकुर ने शेष लोगों को संकेत से बाहर जाने के लिए कह दिया।

कमरे के कपाट भीतर से बंद कर नरेंद्र ठाकुर के निकट आया तो बोले, "ध्यान के लिए पद्मासन लगाकर बैठ जा।"

नरेंद्र पद्मासन लगाकर उनकी ओर देखने लगा।

"आँखें मूँदकर ध्यान कर।" ठाकुर बोले।

नरेंद्र ने आँखें मूँदने से पहले देखा कि ठाकुर भी समाधिस्थ होने की तैयारी में हैं। उसने आँखें बंद कीं, तो सदा के समान वृत्तियाँ अंतर्मुखी हो गईं; किंतु बाह्य चेतना के लुप्त होने से पहले उसे लगा कि उसके पिछले अनुभवों से आज का अनुभव कुछ भिन्न था। उसके सारे शरीर में फिर से विद्युत् की धारा प्रवेश कर रही थी। विद्युत् की धारा का-सा अनुभव उसने पहले भी कई बार किया था, किंतु वह उसके अपने शरीर के भीतर का अनुभव था। यह धारा तो जैसे बाहर से उसमें प्रवेश कर रही थी और उसके अपने शरीर का अंग बनती जा रही थी।...यह उसे समाधि की ओर नहीं, अचेतावस्था की ओर ले जा रही थी...

नरेंद्र का मन हुआ कि वह आँखें खोल दे और देखे कि यह सब क्या है। कहीं ठाकुर कोई और प्रयोग तो नहीं कर रहे...किंतु नरेंद्र की इंद्रियाँ जैसे उसके अपने नियंत्रण में ही नहीं थीं। उसकी आँखें न उसकी इच्छा से खुल रही थीं, न बंद हो रही थीं।...वह तो अचेत और असहाय होता जा रहा था...

नरेंद्र की चेतना लौटी। उसे स्मरण हो आया कि ठाकुर ने उसे ध्यान करने के लिए बैठने को कहा था। किंतु उसका तो जैसे ध्यान नहीं टूटा था, मूर्च्छा टूटी थी। वह ध्यान की भूमि से नीचे नहीं उतरा था, संज्ञाहीनता से अकस्मात् संज्ञा के क्षेत्र में आया था।

उसने आँखें खोलीं। उसके सम्मुख, अपने बिस्तर पर ठाकुर तकियों के सहारे सर्वथा हताश और ऊर्जाशून्य लेटे नहीं, पड़े हुए थे।...क्रमशः वह सजग हुआ। उसके मन में प्रश्न जागने लगे...कैसे पड़े हैं ठाकुर! जैसे उनके शरीर का सत्त्व किसी ने निचोड़ लिया हो...और यह क्या? उनकी आँखों से तो अश्रु गिर रहे थे।...क्या उनकी व्यथा असहनीय हो गई है? किंतु न तो वे कराह रहे थे, न उन्होंने अपनी इस पीड़ा में उसे जगाया या किसी और को बुलाया था...तो ठाकुर रो क्यों रहे थे...

"क्या हुआ महाराज?"

ठाकुर ने न अपने अश्रु छिपाए, न अपना भाव। गले में फँसती हुई आवाज में बोले, "नरेन! आज मैंने अपना सर्वस्व तुम्हें दे डाला। जो माँ इस शरीर में निवास करती थीं, वे आज से तुझमें निवास करेंगी। मैं तो फकीर हो गया रे!..."

नरेंद्र अवाक् बैठा अपने गुरु को देखता रह गया। उसके मुख से एक शब्द भी नहीं निकला।

ठाकुर का जीवन यातना का पर्याय बन गया था...दिन-भर पीड़ा और कराह। खाना-पीना लगभग असंभव हो गया था। बोलने में भी कम कष्ट नहीं था, किंतु इच्छा और आवश्यकता होने पर किसी-किसी समय ठाकुर दो-चार वाक्य बोल ही लेते थे, किसी समय लेखन-सामग्री माँगकर कुछ लिख देते थे और किसी समय सर्वथा मौन रह जाते थे...

नरेंद्र ने मन-ही-मन स्वीकार कर लिया था कि अब किसी चिकित्सा और उपचार का कोई लाभ नहीं होगा। कदाचित् कुछ ही दिनों में ठाकुर अपना शरीर त्याग देंगे।...जैसे मनुष्य के शरीर

का विकास होता है और वह अधिक से अधिक समर्थ होता चलता है, वैसे ही चरम विकास के पश्चात् उसका ह्रास भी होता है और अंततः जब वह सर्वथा असमर्थ हो जाता है, तब उसकी मृत्यु हो जाती है। हम शरीर का विकास देखकर प्रसन्न होते हैं, किंतु उसका ह्रास और क्षय नहीं देखना चाहते···इस प्रक्रिया के दौरान मनुष्य का मन इतना विक्षिप्त रहता है कि वह शरीर के अतिरिक्त और कुछ सोच ही नहीं सकता···

ठाकुर भी उसी प्रक्रिया से गुजर रहे थे···उनकी शय्या के निकट खड़ा नरेंद्र सोच रहा था···यदि ठाकुर भी मनुष्य हैं···चाहे असाधारण ही सही···तो उनका मन भी अपने इस रोग और अपनी इस पीड़ा को लेकर विक्षिप्तप्राय होना चाहिए···पर उन्होंने अनेक बार अपने अवतार होने के संकेत किए हैं।···यदि वे अवतार हैं, तो उनका व्यवहार साधारण मनुष्य जैसा नहीं होना चाहिए।···इस यातना के मध्य भी यदि वे अपने विषय में यही कहेंगे, तो ही नरेंद्र विश्वास कर पाएगा···

ठाकुर की कराह बीच में ही रुक गई। उन्होंने करवट बदली। नरेंद्र की ओर देखा और बोले ''नरेन! तुझे अब भी विश्वास नहीं है? सत्य मान, जो राम था, जो कृष्ण था—वह ही इस शरीर में रामकृष्ण है।'' उन्होंने रुककर नरेंद्र को देखा, ''तुम्हारे वेदांतिक चिंतन के अनुरूप नहीं, वैसे ही।''

नरेंद्र स्तब्ध भी था और अवाक् भी।···और क्या प्रमाण चाहिए था उसे?···

15 अगस्त, 1886 की संध्या को डॉ॰ नवीन पाल, ठाकुर को देखने के लिए आए।

''मेरा कष्ट अब पराकाष्ठा पर है।'' ठाकुर ने कहा, ''किसी भी औषधि से कोई लाभ नहीं हो रहा।''

''देखूँ तो।'' डॉ॰ नवीन पाल ने उनका नाड़ी-परीक्षण किया, ''और क्या लगता है आपको?''

''देग भर-भरकर चावल और मसूर की दाल खाने को मन करता है।'' ठाकुर बोले।

''हूँ।''

डॉ॰ नवीन पाल ने बदल-बदलकर कई औषधियाँ दीं, किंतु किसी से कोई लाभ नहीं हुआ।

गोधूलि से कुछ पहले ठाकुर ने व्याकुलता से इधर-उधर देखा।···

''क्या चाहिए महाराज?'' नरेंद्र ने पूछा।

''मुझे साँस लेने में कठिनाई हो रही है।'' ठाकुर ने अटक-अटककर कहा।

''डॉक्टर को बुलाएँ महाराज?'' शशि और राखाल ने पूछा।

ठाकुर ने कोई उत्तर नहीं दिया। उनकी आँखें मुँद गईं। श्वास-प्रक्रिया कुछ नियमित हो गई···और वे समाधिस्थ हो गए।

समाधि में डॉक्टर को बुलाने का कोई अर्थ नहीं था।

''हम लोग 'हरि ॐ तत् सत्' का उच्चारण करें।'' नरेंद्र ने कहा।

'हरि ॐ तत् सत्' का कीर्तन आरंभ हो गया। वे लोग बिना रुके, निरंतर सस्वर कीर्तन करते रहे।

मध्य रात्रि के कुछ बाद, ठाकुर में बाह्य चेतना लौटने के कुछ लक्षण दिखाई दिए। शिष्यों में प्रसन्नता की लहर दौड़ गई।···ठाकुर समाधि में ही थे···भय की कोई बात नहीं थी···

उन्होंने उठने का प्रयत्न किया। उन्हें पाँच-छह तकियों के सहारे बैठाया गया। शशि अब

भी उनके पीछे बैठा, उन्हें सुविधापूर्वक बैठने में सहायता कर रहा था।

"मुझे भूख लगी है।" ठाकुर ने बहुत धीरे से कहा।

शिष्य तत्काल दौड़े। श्रीमाँ ने दलिया गर्म करके दिया। ठाकुर ने थोड़ा-सा दलिया खाया और बर्तन पीछे हटा दिया।

वे तकियों के सहारे कुछ सीधे होकर बैठे और नरेंद्र को निकट आने का संकेत किया।

नरेंद्र उनके एकदम निकट आ गया। वे बहुत धीरे बोल रहे थे। नरेंद्र सुन नहीं पा रहा था। शशि, जो उनकी पीठ से सटा बैठा था, उसे भी कुछ सुनाई नहीं दे रहा था।

नरेंद्र ने अपना काम उनके मुख से लगभग सटा दिया।

"मेरे शिष्यों का ध्यान रखना।" ठाकुर जैसे फुसफुसाकर, किंतु स्पष्ट स्वर में कह रहे थे, "अब कभी संशय मत करना।···वैसे मैं तुमसे दूर नहीं। पर काम तुम्हें ही करना है। अपना लक्ष्य याद रखना। यह माँ का कार्य है। माँ का··· "

ठाकुर रुके। कुछ सीधे हुए और बोले, "जय माँ काली! जय माँ काली! जय माँ काली!"

उन्होंने संकेत से लेटने की इच्छा प्रकट की। शिष्यों ने सहारा दिया, और वे धीरे से लेट गए।

एक बजकर दो मिनट पर उनके शरीर में हलका-सा स्पंदन हुआ, उनके रोम खड़े हो गए, पुतलियाँ नासिकाग्र पर केंद्रित हो गईं, चेहरे पर दिव्य मुस्कान आई और वे पुनः समाधिस्थ हो गए।

'हरि ॐ तत् सत्' का उच्चारण पुनः आरंभ हो गया। कीर्तन चलता रहा···रात का अंधकार हलका सलेटी हुआ···आकाश पर लालिमा के लक्षण प्रकट हो रहे थे···

"हमें श्रीमाँ को सूचना दे देनी चाहिए।" नरेंद्र बोला।

"ठाकुर की समाधि की सूचना?" लाटू ने कहा, "ठाकुर तो तीन-तीन दिन समाधि में बैठे रहते थे।"

"वह ठीक है।" नरेंद्र बोला, "फिर भी श्रीमाँ को सूचना दो। किसी को भेजो, दक्षिणेश्वर से रामलाल दादा को बुला लाए।···"

श्रीमाँ सीढ़ियाँ चढ़कर ऊपर आईं और ठाकुर के निकट बैठ गईं। उन्होंने थोड़ी देर मौन रह ठाकुर को देखा और फिर जैसे उनके मुख से चीत्कार फूटा "माँ! तुम कहाँ चली गईं माँ!" उनकी आँखों से अश्रु बह रहे थे।

शिष्यों के कलेजे जैसे स्तब्ध रह गए। श्रीमाँ क्या कह रही हैं!···तो क्या सचमुच ठाकुर चले गए?···श्रीमाँ उन्हें 'माँ' कहकर संबोधित कर रही हैं···

34

वह रात बहुत ही काली थी।

काशीपुर का उद्यान-भवन विषाद में डूबा हुआ निस्तब्ध खड़ा था। ठाकुर के शिष्य ठाकुर के कमरे में एकत्रित तो अवश्य थे, किंतु वह समारोह कहाँ था, जो ठाकुर की उपस्थिति के कारण होता था। किसी में कोई उत्साह नहीं था। चेहरे उड़े हुए थे, होंठ सूखे हुए और आँखें फटी-फटी-सी थीं।

"हमारे जीवन की क्या सार्थकता है?" शरत् ने कहा, "हमारी स्थिति तो उन लोगों की-सी है, जो एक छोटी नौका पर सागर पार करना चाहते थे। मन में कहीं न कहीं वे लोग जानते थे कि उस नौका पर सागर पार नहीं किया जा सकता। वह नौका उन्हें यात्रा करते रहने का एक भ्रम-मात्र दे सकती थी, किंतु वास्तविक लक्ष्य की ओर यात्रा करा नहीं सकती थी। सहसा उन्हें एक विशाल जलपोत दिखाई दिया। उन्हें ज्ञात हुआ कि उस जलपोत के सहारे उनका सागर पार कर जाना निश्चित था।...किंतु उनकी नौकाएँ जलपोत तक नहीं जा सकती थीं। नौकाओं को त्यागे बिना जलपोत तक नहीं पहुँचा जा सकता था। उन्होंने नौकाएँ त्याग दीं। पानी में डूबे, आँखें बंद किए, वे जलपोत की ओर तैरे, किंतु जब जलपोत के निकट जाकर अपने सिर पानी से निकाल आँखें खोलीं, तो देखा कि जलपोत तो उन्हें छोड़कर जाने किस लोक की ओर चला गया था।...उन्होंने पलटकर देखा तो पाया कि उनकी अपनी नौकाएँ भी जल में डूब गई थीं...।"

नरेंद्र ने शरत् की ओर देखा : ठीक कह रहा था वह। इस समय सबकी मनःस्थिति प्रायः यही हो रही थी...जैसे वे लोग स्वयं ही खो न गए हों, उनका अपना सब कुछ खो गया हो।...

शरत् चुप हुआ तो परिवेश की निस्तब्धता कुछ और मुखर हो उठी। और उस निस्तब्धता की भयानकता को रेखांकित करता हुआ बीच-बीच में श्रीमाँ का स्वर आ रहा था, "ओ माँ काली! तुम कहाँ हो? माँ! तुम मुझे अकेली छोड़कर कहाँ चली गईं?"

उन लोगों में से दो-तीन लोग ही थे, जिनसे श्रीमाँ आमने-सामने निस्संकोच बात करती थीं...और उन्होंने ही श्रीमाँ का मंद, संयत स्वर सुना था।...किंतु आज उस कराह को जैसे सारा काशीपुर उद्यान सुन रहा था। कोई श्रीमाँ को सांत्वना देने का साहस नहीं कर सकता था...उस कराह को सुनकर प्रत्येक हृदय में से जैसे चीत्कार फूटता था...प्रत्येक हृदय में शूल चुभते थे, किंतु कोई कर ही क्या सकता था! क्षति को सहने की तो एक ही विधि है कि अपने हृदय को क्षति के अनुपात में ही विराट् बनाया जाए...

नरेंद्र की दृष्टि कई बार घूम-फिरकर ठाकुर के अस्थियों के कलश पर टिक चुकी थी...ठाकुर का अंत तो नहीं हुआ है...जो समाप्त हुआ है, वह तो उनका शरीर था...और वह शरीर भी तो पूर्णतः समाप्त नहीं हुआ है...उसका रूपाकार बदला है। जिस चोले को ठाकुर ने त्याग दिया, वह अब इस कलश के भीतर है।...इस माया की सृष्टि में न कुछ उत्पन्न होता है, न नष्ट होता है...यहाँ तो केवल प्राकट्य और लोप होता है। ठाकुर का बोलता-चालता, चलता-फिरता रूप तो लुप्त हो चुका है, किंतु उन... भस्मावशेष, उनकी ये अस्थियाँ—ये सब भी तो ठाकुर ही हैं...

नरेंद्र ने आगे बढ़कर ठाकुर का अस्थि-कलश, ठाकुर की शय्या पर रख दिया। उस विषादपूर्ण, हतोत्साहित, नष्टप्राण वातावरण में नरेंद्र का उत्साहपूर्ण स्वर गूँजा, "श्रीभगवान् रामकृष्ण की जय!"

उसने भूमि पर लेटकर, ठाकुर के अस्थि-कलश को साष्टांग दंडवत् प्रणाम किया।

एक उत्साहपूर्ण जयकार से विषाद का वातावरण फट गया, जैसे गहन अंधकार में बाल-सूर्य उग आया हो। नरेंद्र का उत्साह संक्रमणशील रोग के समान संचारित हो उठा।...वह उत्साह जैसे ठाकुर के एक-एक शिष्य को अपने आलिंगन में लेकर अपने वक्ष से लगा रहा था, विद्युत् के प्रवाह के समान एक-एक निष्प्राण रोम में प्राण का संचार कर रहा था। जल के अभाव में निर्जीव होकर, भूमि पर लेट गए पौधे जैसे अपनी रीढ़ सीधी कर अपनी हरीतिमा की माया चारों ओर बिखेरने लगे थे...

कुछ ऐसा हुआ कि बिना किसी योजना अथवा परामर्श के नरेंद्र के सारे संन्यासी गुरुभाई एक स्वर में ठाकुर का जय-जयकार कर साष्टांग दंडवत् प्रणाम के लिए भूमि पर लेट गए।...वे

लोग असहाय नहीं थे। ठाकुर उनसे दूर नहीं थे। एक प्रतीक के रूप में ठाकुर उनके सामने थे, उनके साथ थे। वे उन्हें प्रणाम कर सकते थे, उन्हें संबोधित कर सकते थे, उनकी वाणी को अपने हृदय में सुन सकते थे।···ठाकुर थे, उनके साथ थे, उनके बीच थे···हाँ, उनका रूप स्थूल से सूक्ष्म हो गया था। पहले उनको देखा, सुना और छुआ जा सकता था, अब उनको केवल अनुभव किया जा सकता है। पहले वे एक निर्दिष्ट स्थान पर ही मिलते थे, अब वे प्रत्येक शिष्य के हृदय में थे। ठाकुर को अस्तित्वहीन मानना उनकी भूल थी···अस्तित्व कभी अनस्तित्व में नहीं बदल सकता।···कृष्ण ने कहा है, असत् की कभी सत्ता नहीं हो सकती और सत् का कभी अभाव नहीं है···

'नासतो विद्यते भावो नाभावो विद्यते सतः।'···

''ठाकुर का जीवन, उनकी देह के अंत के साथ समाप्त नहीं हो गया है।'' नरेंद्र बोला, ''वह तो निरंतर प्रवहमान आध्यात्मिक जीवन में सदा अपने आपको अभिव्यक्त करता रहेगा।···और उसके माध्यम बनेंगे उनके भक्तों के हृदय।'' उसने रुककर अपने गुरुभाइयों को देखा, ''हम इस स्थान को उनका स्मारक ही नहीं, उनका मंदिर बना देंगे। हम यहाँ नित्य एकत्रित होंगे। उनके भौतिक अवशेषों की पूजा करेंगे, उन्हें भोग लगाएँगे। आरती और अर्चना करेंगे, उनके आदर्शों की चर्चा करेंगे···''

''नरेंद्र!''

''हाँ, राम दादा!''

''मेरा विचार है कि इस प्रकार की योजनाओं की घोषणा करने से पहले, हमें थोड़ा व्यावहारिक दृष्टि से भी उस पर सोच लेना चाहिए।'' रामचंद्र दत्त ने कहा।

''कौन-सी व्यावहारिक बातें दादा?''

''तुम ठाकुर का स्मारक और मंदिर बनाने की योजना बना रहे हो। हममें से किसी को भी इससे विरोध नहीं होगा।'' रामचंद्र दत्त ने कहा, ''किंतु कहाँ? तुम कह रहे हो यहाँ—इस उद्यान-भवन में। किंतु यह उद्यान-भवन हमारा नहीं है। हमें इसे शीघ्रातिशीघ्र खाली करना है।''

''क्यों? क्या यह इसी प्रकार हमारे पास नहीं रह सकता, जैसे अब तक था?'' शशि ने पूछा, ''क्या यह संभव नहीं है कि ठाकुर के उपयोग की इन सारी वस्तुओं और उनकी चिता-भस्म के इस कलश को हम इसी घर में रखें, जैसे ठाकुर स्वयं यहाँ रह रहे हों?···यह हमारा मंदिर हो, जैसा कि नरेंद्र ने कहा है···हम यहाँ रहकर अपनी साधना को आगे बढ़ाएँ?···''

''मैंने कहा न कि यह उद्यान-भवन हमारा नहीं है।'' राम ने कुछ कठोर स्वर में कहा, ''प्रत्येक मास इसका किराया देना पड़ता है। यह किराया कहाँ से आएगा?''

''जहाँ से अब तक आता था।'' तारक बोला।

''जो लोग इस सारी व्यवस्था को चलाने के लिए धन दे रहे थे, वे कोई धनाढ्य लोग नहीं हैं।'' राम का स्वर कठोर से कटु हो चला था, ''वे लोग अपना और अपने परिवार का पेट काटकर ही यह धन दे रहे थे। यह व्यवस्था अनंत काल तक तो नहीं चल सकती।''

शशि कुछ कहने जा ही रहा था कि नरेंद्र ने उसे संकेत से रोक दिया।

''इसे कब तक खाली करना चाहते हैं?'' नरेंद्र ने पूछा।

''जितनी जल्दी हो सके।'' राम बोला, ''कल। कल नहीं, आज। अभी।''

''पर दादा! किराया तो पूरे महीने का दिया गया होगा।'' नरेंद्र बोला, ''आज-कल में खाली कर देने से पैसे की तो कोई बचत होगी नहीं।''

"इस सारी व्यवस्था में पैसे केवल किराए पर ही खर्च नहीं हो रहे थे।" राम का स्वर वक्र होता जा रहा था, "लोग भोजन भी करते हैं। आवागमन भी होता है। एक दासी और रसोइया भी है।..."

"मकान का किराया सुरेंद्र बाबू दे रहे हैं," सहसा शशि तड़पकर बोला, "ठाकुर के भोजन इत्यादि के लिए बलराम बाबू दे रहे थे। काफी कुछ गिरीश दे रहे थे।...आप ऐसा क्या दे रहे थे, जिसके लिए हर समय थानेदार बनकर पैसे के लिए आप हमें डाँटते-डपटते रहते हैं।"

रामचंद्र दत्त की आँखों में क्रोध झलका, किंतु उसे वह पी गया। दमित क्रोध से दमकते स्वर में बोला, "कोई कुछ भी दे रहा हो, मैं उन सबकी ओर से कह रहा हूँ कि हमें यह मकान जल्दी-से-जल्दी खाली करना है, और बहुत संभव है कि हम इसे कल ही खाली कर दें।"

शशि कुछ कहने को ही था कि नरेंद्र ने उसे संकेत से विरत कर कहा, "पर राम दादा! आपने यह सोचा है कि यदि कल ही आप यह उद्यान-भवन खाली कर देंगे, तो श्रीमाँ कहाँ जाएँगी?..." उसने रुककर राम की ओर देखा।

"श्रीमाँ! श्रीमाँ!" राम जैसे हकला-सा गया, किंतु सँभलकर बोला, "वे मेरे घर चल सकती हैं, बलराम के घर रह सकती हैं, गिरीश के घर रह सकती हैं...उनके लिए सबके द्वार खुले हैं।"

"आपके द्वार तो खुले हैं।" नरेंद्र पूर्ण धैर्य के साथ बोला, "किंतु आपने यह सोचा है कि जब आप कल ही उनको यह स्थान छोड़ने को कहेंगे, तो उनके मन पर क्या बीतेगी? उन्हें क्षोभ नहीं होगा, या सदमा नहीं पहुँचेगा?"

लगा कि नरेंद्र ने राम का मुँह जैसे बंद कर दिया था। राम चिंता में पड़ गया था।

"इस पर भी यदि आपको लगता है कि वर्तमान व्यवस्था के खर्च के बोझ से आपकी कमर टूटी ही जा रही है, और आपको यह मकान कल खाली करना ही है," नरेंद्र बोला, "तो आपसे निवेदन है कि आप खर्च रोक लें और मकान खाली करने की हठ छोड़ दें। श्रीमाँ को कुछ दिन यहीं रहने दें... ।"

"यदि ऐसा ही हो," राम पुनः वक्र हो उठा था, "तो यहाँ का खर्च कौन उठाएगा?"

"हम उठाएँगे।" तारक बोला।

"कैसे उठाओगे?" राम ने पूछा।

"द्वार-द्वार भिक्षा माँगेंगे!" नरेंद्र ने उत्तर दिया।

"तुम लोगों के हाथ तो आय का एक अक्षय स्रोत लग गया है।" राम निश्चित रूप से उन लोगों का मन दुखाने का प्रयत्न कर रहा था, "प्रत्येक बात का एक ही उत्तर है, 'हम द्वार-द्वार भिक्षा माँगेंगे।' "

"मेरा विचार है कि हमें नरेंद्र की बात पर थोड़ा विचार करना चाहिए।" महेंद्र गुप्त ने पहली बार अपना मुख खोला, "खर्च होने वाले रुपयों की बात अपनी जगह पर सही है, किंतु उसमें से एक बड़ा अंश किराए के रूप में दिया जा चुका है। इसलिए यह मकान तो 31 अगस्त तक हम रख ही सकते हैं। यदि राम बाबू चाहें तो शेष खर्च बंद कर दें। उसके पश्चात् जो लोग रह जाएँ, उनका जो भी खर्च हो, वह नरेंद्र का दायित्व है। चाहे अपना धन लगाएँ, चाहे मित्रों से माँगें, चाहे भिक्षा माँगें। राम बाबू पर उसका कोई भार नहीं है।"

महेंद्र गुप्त ने मुस्कराकर नरेंद्र की ओर देखा। नरेंद्र को लगा कि उसने अपनी एक आँख दबाकर उसे एक हलका-सा संकेत भी किया है।...नरेंद्र समझ रहा था।...इस दुःख के अवसर पर

जब किसी की भी बुद्धि ठीक से काम ही नहीं कर पा रही थी, महेंद्र गुप्त का इस चतुराई से यह उत्तर देना, उसे बड़ा अच्छा लगा। ऊपर से तो लगता था कि वह राम दादा के पक्ष की बात कर रहा है, और उसने काशीपुर की इस गृहस्थी का सारा बोझ नरेंद्र पर डाल, राम दादा को मुक्त कर दिया है, किंतु वस्तुतः उसने एक ही झटके में उनके सारे तर्कों को निरस्त कर दिया था।

"राम दादा इसे स्वीकार करें, तो मुझे इसमें तनिक भी आपत्ति नहीं है।" नरेंद्र ने शांत भाव से कहा।

"मैं एक और बात सोच रहा हूँ।" बलराम बोस ने मंद स्वर में कहा, "कुछ दिनों में जब श्रीमाँ का मन इस योग्य हो जाएगा कि वे यहाँ से कहीं और जा सकें तो मैं उन्हें अपने घर लिवा ले लाऊँगा।···जितने दिन वे कलकत्ता में रहना चाहें रहें, फिर यदि वे चाहें तो तीर्थयात्रा पर जा सकती हैं। उनका मन बहल जाएगा। वृंदावन में काला बाबू के कुंज में मेरा अपना स्थान है। वे जब तक चाहें वहाँ रह सकती हैं।···तब तक आगे का कोई-न-कोई मार्ग निकल ही आएगा।"

रामचंद्र दत्त ने दृष्टि उठाकर चारों ओर देखा, जैसे पूछ रहा हो कि किसी को कोई आपत्ति तो नहीं है?···

"यदि यह मकान खाली कर दिया गया तो हम लोग कहाँ जाएँगे?" सहसा तारक ने पूछा, "मेरा विचार है कि लाटू और गोपाल दादा के पास भी अब रहने को अपना कोई स्थान नहीं है।"

नरेंद्र की दृष्टि तारक पर क्या पड़ी, उसे बहुत कुछ याद आ गया···काशीपुर आने से पहले तारक रामचंद्र दत्त के घर पर ही रहा करता था। नृत्य गोपाल जब ठाकुर के पास आता था, तो तारक भी उसके साथ आ जाया करता था। एक दिन जब तारक ठाकुर के पास अकेला था, ठाकुर ने उससे कहा, "तुम नृत्य गोपाल के साथ इतना समय क्यों बिताते हो? वह इस समाज का नहीं हैं। तुम्हें यहाँ इन लड़कों के साथ रहना चाहिए—ये सब तुम्हारे अपने हैं।" तारक फिर भी कुछ द्वंद्व में था। वह बिना पूरी तरह विचार किए हुए राम बाबू का घर छोड़कर नहीं आना चाहता था, किंतु नरेंद्र को ठाकुर की इच्छा मालूम हो चुकी थी। उसने एकांत पाकर तारक को कहा, "व्यर्थ का संकोच क्यों कर रहे हो। चुपचाप यहाँ चले आओ और ठाकुर की सेवा कर, अपने जीवन को सार्थक और पूर्ण-काम करो।"···नरेंद्र के आग्रह पर तारक राम दादा का घर छोड़कर काशीपुर आ गया था। राम दादा को इस प्रकार उसका काशीपुर आना अच्छा नहीं लगा होगा···

"यह मकान ठाकुर की चिकित्सा के लिए किराए पर लिया गया था।" राम के मन में तारक के प्रति जमी सारी की सारी कटुता उसके स्वर में उभर आई थी, "और तुम लोग ठाकुर की सेवा के लिए यहाँ रह रहे थे। अब ठाकुर नहीं हैं। तुम लोग अपने-अपने घर जाओ, यह मकान तुम्हारे निवास के लिए किराए पर नहीं लिया गया था।"

"कह तो रहा हूँ कि मेरे पास कोई ठिकाना नहीं है।" तारक जैसे कुछ समझ नहीं पा रहा था, "लाटू और गोपाल दादा के पास भी नहीं है।"

"तो इसका अर्थ यह तो नहीं है कि तुम्हारे लिए अस्सी रुपए महीने का यह उद्यान-भवन किराए पर लिया जाएगा।" राम के स्वर में मुखर उपहास था।

"नहीं! मैं यह नहीं कहता।" तारक हकला गया। वह समझ रहा था कि जो कुछ वह कह रहा था, उसका कोई अर्थ नहीं था, और जो कुछ उसे कहना चाहिए था, अपनी जिह्वा से वह सब वह कह नहीं सकता था।···उसने पर्याप्त संकेत दे दिया था। अब यह तो राम बाबू की इच्छा थी कि वे उसे पुनः अपने घर आकर रहने का निमंत्रण दें या न दें···और उन्होंने एक बार भी नहीं

कहा था कि उसका ठिकाना क्यों नहीं है। वह आकर, उनके घर में, उसी कोठरी में रहे, जिसमें वह काशीपुर आने से पहले रहता था…।

"नहीं! इनके लिए अस्सी रुपए महीने का मकान किराए पर लेने की कोई आवश्यकता नहीं है। ये तो संन्यासी हैं। वृक्ष के नीचे रह लेंगे और भिक्षा माँगकर खा लेंगे।" शशि कुछ उद्दंड स्वर में बोला, "किंतु हमारे पास ठाकुर की चिता-भस्म है। ठाकुर की शय्या है, उनका बिस्तर है, उनके बर्तन हैं, उनके वस्त्र हैं…उन सबका क्या करना चाहते हैं आप? उन्हें भी बाहर खुले में फेंक देना चाहते हैं?"

राम को सोचने में अधिक समय नहीं लगा। बोला, "मैंने कलकत्ता के उत्तर में कुछ दूर पर काँकुड़गाछी में थोड़ी जमीन खरीद रखी है। ठाकुर का अस्थि-कलश मुझे दो। मैं इन अस्थियों पर, वहाँ उनकी समाधि और एक मंदिर बनवा दूँगा। वहाँ उनकी पूजा भी होगी। तुममें से जिसकी जब इच्छा हो, वहाँ आए, पूजा-अर्चना करे, साधना करे और अपने घर लौट जाए।"

शशि ने चकित होकर नरेंद्र की ओर देखा, नरेंद्र ने निरंजन की ओर…वे सब ही जैसे ठगी-सी दृष्टि से एक-दूसरे को देख रहे थे। क्या उन्हें यह स्वीकार्य था?…वे अपने ठाकुर को इस सुविधा से अकेले रामचंद्र दत्त को सौंप देंगे?…

"पर राम दादा! हमारी इच्छा है कि दक्षिणेश्वर के निकट ही गंगा-तट पर कहीं कोई भू-खंड प्राप्त किया जाता और वहीं ठाकुर की स्थायी समाधि और उनका मंदिर बनाया जाता।" नरेंद्र बोला, "आप जानते ही हैं कि ठाकुर को गंगा से कितना प्रेम था।"

"जानता हूँ।" राम ने कहा, "किंतु भूमि खरीदने के लिए धन कहाँ से आएगा? हममें से कोई ऐसा धन्ना सेठ तो है नहीं।"

"धन्ना सेठ कोई हो न हो, किंतु ये सारे निर्णय क्या अकेले आपकी ही इच्छा से होंगे?" शशि के स्वर में जाने कब-कब की दबी कटुता जीवंत हो उठी थी, "आप तो जैसे हम सबके ही नहीं, ठाकुर के भी पालनकर्ता बन बैठे हैं। ठाकुर की सेवा आपने ही की है क्या? ठाकुर के भक्त और शिष्य केवल आप ही हैं क्या? क्या एकमात्र आप ही ठाकुर के उत्तराधिकारी हैं? क्या ठाकुर आपकी संपत्ति हैं?"

शशि का आघात बहुत तीखा था। राम के चेहरे पर क्रोध झलका, किंतु वह कुछ बोला नहीं।

"अकेले क्यों?" देवेंद्रनाथ मजूमदार राम के पक्ष में उठ खड़ा हुआ, "मैं समझता हूँ कि राम बाबू एकदम ठीक कह रहे हैं। यदि तुम लोगों के पास सामर्थ्य होता, तो जहाँ तुम्हारी इच्छा होती वहीं भू-खंड प्राप्त करके, तुम ठाकुर की समाधि और उनका मंदिर बनवा देते।…किंतु जब सारा धन लेना उन्हीं से है, तो उनकी इच्छा को महत्त्व तो देना ही होगा।"

"और यह तो तुम लोग सोचते ही नहीं कि राम बाबू कितना बड़ा काम कर रहे हैं।" नित्य गोपाल ने जैसे राम की ओर से मोर्चा सँभाल लिया था, "वे अपने धन से खरीदी गई भूमि, स्वेच्छा से ठाकुर की समाधि और मंदिर के लिए दे रहे हैं, यह क्या कम है?"

तारक की समझ में आज आ रहा था कि ठाकुर ने नित्य गोपाल और रामचंद्र दत्त को अपने निजी मंडल का अंग क्यों नहीं माना था।…क्यों उन्होंने उसे नित्य गोपाल से अलग रहने के लिए कहा था, और क्यों उसे रामचंद्र दत्त के घर से बुलाकर काशीपुर में नरेंद्र इत्यादि लोगों के साथ रखा था…

सहसा शशि ने आगे बढ़कर ठाकुर के अस्थि-कलश को उठा लिया और अपनी छाती के

साथ भींचता हुआ बोला, "मैं तो इसे राम बाबू को नहीं दूँगा।...चाहे जो हो जाए...क्या ठाकुर ने हमें इसलिए इतना पाला-पोसा था, इतना पढ़ाया-सिखाया था कि हमारी आँखों के सम्मुख, उनकी इच्छा के विरुद्ध कोई उनके भस्मावशेष को गंगा से दूर अपनी निजी संपत्ति में भूमि-समाधि दे...?"

"तुम दोगे कैसे नहीं?" राम और नित्य गोपाल कुछ इस प्रकार आगे बढ़े, जैसे वे शशि के हाथ से अस्थि-कलश बलात् छीन लेंगे।

पर तभी उनके सम्मुख निरंजन आ गया, "वहीं खड़े रहकर बात करो। हाथापाई करोगे तो पछताओगे...।"

निरंजन को सामने खड़ा देख, किसी का आगे बढ़ने का साहस नहीं हुआ। बल-प्रयोग का अर्थ सचमुच घातक होता। निरंजन उनकी हड्डियाँ तोड़कर रख देता...

"और धन का बहुत अभिमान है तुमको," निरंजन बोला, "तो इतना सुन लो, संसार में धनियों की कमी नहीं है। ठाकुर अपनी समाधि के लिए धन का प्रबंध भी स्वयं कर लेंगे। सुरेंद्र बाबू यहाँ बैठे हैं, किंतु कुछ नहीं कह रहे। बलराम बोस कोई अधिकार नहीं जता रहे, गिरीश बाबू तो अभी आए ही नहीं...।"

"हाँ! हाँ!! तुमको उन्हीं लोगों से धन का भरोसा है, जो ठाकुर के देहांत का समाचार सुनकर यहाँ झाँकने भी नहीं आए।" नित्य गोपाल बोला, "जो व्यक्ति ठाकुर के दर्शनों तक के लिए नहीं आया, उससे अपेक्षा है तुम्हें कि वह ठाकुर की समाधि के लिए धन देगा।" उसने बलराम बोस की ओर देखा, "बैठे तो हैं बलराम बाबू। कुछ कहते क्यों नहीं? उनके पास भी तो जमीन-जायदाद है। क्यों नहीं देते मंदिर के लिए भूमि?"

अकस्मात् ही अपने ऊपर आए इस आरोप को सुनकर बलराम कुछ अचकचा गया। धीरे से बोला, "मैं तो ठाकुर का सेवक हूँ। उनके लिए जो करने का आदेश होगा, करूँगा। यदि मेरी भूमि में से ठाकुर की समाधि और मंदिर के लिए कोई भू-खंड चाहिए, तो बता दें। मैं तत्काल व्यवस्था कर दूँगा...किंतु मैं कोई झगड़ा नहीं चाहता...यह मकान खाली करना ही है। आप लोग चाहें तो ठाकुर से संबंधित ये सारी वस्तुएँ मैं अस्थायी तौर पर अपने घर ले जाऊँगा...चिता-भस्म भी।...और जैसे ही आप अपनी पसंद के किसी स्थान पर स्थायी प्रबंध कर लें...ठाकुर की ये चीजें वहाँ स्थानांतरित कर लें।...मैं उन सब पर अपना कोई व्यक्तिगत अधिकार नहीं चाहता। आखिर हम सब लोग ठाकुर के उत्तराधिकारी हैं। हममें से हर कोई...।"

"नहीं। मुझको यह एकदम स्वीकार नहीं है।" राम भी हठ पकड़ चुका था, "हम सब ठाकुर के उत्तराधिकारी, भक्त अथवा शिष्य हैं। तो यह क्यों मान लिया जाए कि ये लड़के ही उनके वास्तविक अधिकारी हैं, केवल इसलिए, क्योंकि ये लोग उनकी सेवा करने के लिए, अपना घर छोड़कर चौबीसों घंटे उनके पास रहते थे। मुझ पर अपनी गृहस्थी का दायित्व न होता, तो मैं भी आकर ठाकुर के पास रह जाता...आखिर समय और अवसर के अनुसार दिन-दिन-भर हम भी तो यहीं होते थे।...और केवल पास रहने का अर्थ ही तो सेवा नहीं है...।"

"हाँ! हाँ!! क्यों नहीं। सेवा तो केवल थोड़ा-सा धन देने और सारा श्रेय लेने में होती है।" शशि जैसे फट पड़ा, "मैं बहुत स्पष्ट रूप से कह रहा हूँ कि चाहे कुछ हो जाए, मैं अपने ठाकुर राम बाबू को नहीं सौंप सकता।"

शशि का ऐसा रौद्र रूप पहले किसी ने नहीं देखा था...इस समय वह जैसे अपने होश में ही नहीं था।...

"तो तुम भी यह सुन लो कि मैं अपने ठाकुर के भौतिक स्मृति-चिह्न इस प्रकार उन लोगों को नहीं सौंप सकता, जिनके पास अपने रहने का कोई ठिकाना नहीं है।" राम का स्वर भी उग्र हो आया था, "कुछ घण्टों के लिए कलश को छाती से चिपकाए रहकर अपना प्रेम जताना सरल है, किंतु सदा के लिए उसका दायित्व सँभालना भावना के आवेश से संभव नहीं है।..." राम ने कुछ रुककर उसे घूरा, "और यह भी बता दूँ, ठाकुर की सेवा के लिए धन देना कोई ऐसा निकृष्ट कार्य भी नहीं, जिसका तुम बार-बार उपहास करो। मेरे लिए इस प्रकार अपना अपमान सहना सरल नहीं है।"

"मान-अपमान आपके लिए होगा, हम तो संन्यास धारण कर चुके।" राखाल ने कहा, "हमें केवल ठाकुर का सम्मान चाहिए। हम अपने घरों को नहीं लौट रहे कि ठाकुर की भस्मी का कलश अपने पास न रख सकें। अपने वक्ष से लगाए रखेंगे—आजीवन। मरते हुए किसी और को सौंप जाएँगे।"

"यही तो कह रहा हूँ।" राम ने तत्काल सूत्र पकड़ लिया, "तुम लोग यदि सचमुच संन्यास ग्रहण करने की सोच रहे हो, तो तुम्हारे पास अपना कोई स्थायी निवास नहीं होगा। कहाँ रखोगे ठाकुर की भस्मी को? वृक्षों के नीचे? सड़क के किनारे? भिखारी के कमंडल में?...ठाकुर के सम्मान की रक्षा कर लोगे तुम?"

"यदि आपसे ठाकुर की रक्षा कर पाए, तो उनके सम्मान की रक्षा भी कर लेंगे।" शशि तड़पकर बोला, "उसकी चिंता आप न करें।"

"शशि!" नरेंद्र बोला, "शांत हो जाओ। सारे निर्णय, आज यहीं पर नहीं होने जा रहे। थोड़ा धैर्य रखो। अभी ठाकुर पन्द्रह दिन यहीं निवास करेंगे—काशीपुर में।"

गोलाप आकर द्वार पर रुकी।

बलराम बसु उठकर आया, "क्या बात है गोलाप माँ! श्रीमाँ ने कुछ कहा है?"

"हाँ।" गोलाप ने उत्तर दिया, "श्रीमाँ कह रही हैं, जो अनुपम पुरुष चला गया, उसकी चर्चा तो कोई हो नहीं रही और ये उनके स्मृति-चिह्नों के लिए झगड़ रहे हैं।" गोलाप लौट गई।

"श्रीमाँ ठीक कह रही हैं।" नरेंद्र बोला, "लोग यही तो कहेंगे, 'अच्छे हैं, ठाकुर के शिष्य, जो उनकी चिता-भस्म के लिए झगड़ रहे हैं।' " वह शशि की ओर मुड़ा, "तुम ही हठ छोड़ दो शशि! भौतिक अवशेष राम दादा को दे दो। हम लोगों के लिए उचित है कि इस प्रकार के कर्म-कांड की अधिक चिंता न करें, हम अपने चरित्रों को ठाकुर के उपदेशों और आदर्शों के अनुरूप ढालें। हम अपने चरित्र में, व्यवहार में, साधना में और धर्म में उनके सच्चे उत्तराधिकारी बनें।"

शशि ने जैसे आँखें फाड़कर नरेंद्र को देखा : यह क्या कर दिया नरेंद्र ने!...अब रामचंद्र दत्त से लड़ने का अर्थ भी क्या था?...ठाकुर के बाद तो उनका पथ-प्रदर्शक नरेंद्र ही था।...

"हाँ! तुम लोग तपस्या करो, साधना करो।" राम के स्वर में अब भी पूर्ण शांति नहीं थी, "और अपना इतना विकास करो कि लोग ठाकुर के लौकिक अवशेषों को भूलकर, उनके अलौकिक उत्तराधिकारियों के रूप में तुम्हें स्मरण रखें।"

शशि ने नरेंद्र की ओर देखा। नरेंद्र तो केवल मुस्करा रहा था, "राम दादा! आप इतनी कृपा अवश्य करें कि जब तक आप इस अस्थि-कलश को काशीपुर से काँकुड़गाछी नहीं ले जाते, तब तक इसे शशि को इसी प्रकार वक्ष से लगाए रखने की अनुमति दीजिए। आप काँकुड़गाछी में समाधि के लिए स्थान तैयार करवाएँ, अस्थियाँ मिट्टी में समाधिस्थ करने की तिथि निकलवाएँ।

हमें सूचित कीजिए, हम सब आपके साथ चलकर अस्थियों को विधिवत् भूमि में समाधिस्थ करेंगे··· क्यों शशि?"

शशि क्या कहता। वह तो कुछ न समझ पाने के कारण अवाक् खड़ा रह गया था।

रोते-रोते श्रीमाँ हलकान हो गई थीं। शरीर में ऊर्जा नहीं रह गई थी और मस्तिष्क भी जैसे जड़ हो गया था। सहसा उन्हें लगा कि उनकी स्थिति फिर एक बार वैसी ही हुई है जैसी तारकेश्वर के मंदिर में हुई थी···जड़ता में से जैसे प्राण जागे थे और कोई उनसे पूछ रहा था कि वे किसके लिए रो रही हैं और इस रोने की सार्थकता क्या है?···

उनके मन में सहसा ही कुछ पुरानी बातें फिर से सजीव होने लगी थीं···

पहले तो ठाकुर के रोग को उन्होंने सदा ही दो धरातलों पर स्वीकार किया था। जब कभी वे साधारण नारी के समान अपने पति के रोग के विषय में सोचती थीं तो उनका मन चिंतित हो उठता था। जाने यह कैसा रोग था, यह कितना कष्ट देगा और इसका परिणाम क्या होगा···दूसरी ओर उनके अंतःमन में सदा ही एक हलकी-सी जिज्ञासा रही थी, कहीं यह ठाकुर की लीला ही तो नहीं थी? ऐसा रोग वे क्यों ले बैठे है और कब तक वे इस प्रकार कष्ट उठाते रहेंगे?···उन्हें लगता है कि क्रमशः उनके मन में कहीं यह विश्वास जमा था कि ठाकुर ने जैसे लीला में इस रोग को स्वीकार किया है अंततः वैसे ही किसी दिन लीला में वे इसे त्याग भी देंगे···किंतु समय बीतता गया और रोग गहराता गया···डॉक्टर और वैद्य बदले गए, विभिन्न पद्धतियों से चिकित्सा होती रही और सब कुछ असफल सिद्ध होता रहा। श्रीमाँ के मन में भी निराशा बढ़ती गई थी। और आखिर एक दिन उनकी निराशा जैसे अपनी चरमावस्था को छूने लगी। उन्हें किसी पर विश्वास नहीं रहा—न डॉक्टर पर, न वैद्य पर, न औषधि पर, न ठाकुर की देखभाल करने वाले उनके शिष्यों और भक्तों पर···श्रीमाँ जानती हैं कि निराशा की चरमावस्था में सदा उनका अपना विश्वास जागा है। जब वे सब ओर से निराश हो जाती हैं तो फिर अपने ही भरोसे कर्म के लिए तत्पर हो जाती हैं···

सारी औषधियाँ असफल हो गई थीं, तो क्या···वे सब लौकिक औषधियाँ थीं। वे साधारण चिकित्सकों द्वारा साधारण लोगों के, साधारण रोगों के लिए आविष्कृत औषधियाँ थीं। उन औषधियों की असफलता का न ठाकुर के लिए कोई महत्त्व था, न श्रीमाँ के लिए। वे ठाकुर के लिए देवताओं से अलौकिक औषधि लाएँगी। न ठाकुर साधारण थे, न उनका रोग साधारण था, न उनके लिए कोई साधारण औषधि काम कर सकती थी। श्रीमाँ ने तारकेश्वर जाकर महादेव शिव से सहायता माँगने की योजना बनाई। उन्होंने ठाकुर से चर्चा की तो ठाकुर हँसे थे, 'तुम्हें किसी पर विश्वास नहीं रहा।···' उन्होंने रोका नहीं था किंतु कोई उत्साहवर्धक बात भी नहीं कही थी। पर श्रीमाँ तो जाने का दृढ़ निश्चय कर चुकी थीं···

वे तारकेश्वर में शिव-मंदिर में पहुँचीं और देव-प्रतिमा के सम्मुख बिना कुछ कहे अन्न-जल त्यागकर लेट गईं। पूरा एक दिन निकल गया। रात व्यतीत हो गई। प्यास से श्रीमाँ का मुख और गला जैसे छिल गया था। धीरे-धीरे ज्ञानेंद्रियाँ निर्बल होती चली गईं। पहले उनके माध्यम से पीड़ा का अनुभव होता रहा और क्रमशः वह भी उनकी निस्पंदता में डूब गया। दूसरा दिन भी पूर्ण हो गया···श्रीमाँ के मन और मस्तिष्क में केवल एक ही याचना थी कि प्रभु, ठाकुर के लिए कोई अलौकिक औषधि दो अन्यथा अन्न-जल के अभाव में तुम्हारे सम्मुख प्राण त्याग दूँगी···

दूसरी रात लगभग आधी बीत चुकी थी कि एक विचित्र-सी ध्वनि से उन पर छायी तंद्रा टूटी। कुछ असाधारण थी वह ध्वनि। उनके आसपास ऐसी कोई गतिविधि नहीं थी, जिससे ऐसी कोई ध्वनि हो सके। उन्होंने ध्यान दिया, लगा, कोई एक ही आघात से मिट्टी के कुंभ फोड़ रहा है।

वे अपनी मूर्च्छा से जागीं···यह शरीर तो मिट्टी का कुंभ मात्र है। इसमें जो वायु है वह उसी परम वायु का अंश है जिसे हम परमात्मा कहते हैं। इस कुंभ ने महावायु के उस अंश को, महावायु से पृथक् कर रखा है। यह कुंभ तो उन्हें सीमित कर रहा है। कुंभ के टूटने से वायु नष्ट नहीं होती, महावायु से जा मिलती है···उनके मन में विचार कौंधा, 'कौन पति है और कौन पत्नी? इस संसार में कौन मेरा संबंधी है? मैं क्यों आत्मघात करने जा रही हूँ? मिट्टी के कुंभ तो माँ बनाती और तोड़ती ही रहती हैं···'

श्रीमाँ को लगा : ठाकुर के प्रति उनकी सारी आसक्ति समाप्त हो गई है। मन में पूर्ण वैराग्य छा गया है। इस संसार में आसक्ति का अर्थ ही क्या है?···

वे उठीं। अंधकार में टटोलती हुई बाहर निकलीं। मंदिर के पिछवाड़े में पोखरा था। वहीं से पानी लेकर मुँह पर छींटे दिए, आँखें धोईं, थोड़ा जल पिया। गला प्यास से बुरी तरह सूख रहा था। कुछ तरावट मिली तो स्फूर्ति का अनुभव हुआ।

अगले दिन काशीपुर उद्यान में लौट आईं। ठाकुर के पास पहुँचीं तो वे बोले, "तुम्हें कुछ मिला?···तुमने देखा न! सब माया है। है न?"

श्रीमाँ क्या कहतीं! ठाकुर से कुछ भी तो छिपा नहीं था।

श्रीमाँ कुछ चैतन्य हुईं, 'ठीक है। जगन्माता मिट्टी के कुंभ बनाती और तोड़ती रहती हैं, फिर चाहे उस कुंभ में कैसी ही आत्मा क्यों न हो। ठाकुर ने तो संकेत देने आरंभ कर ही दिए थे। वे ही मानना नहीं चाहती थीं, तो वे क्या करते।'···श्रीमाँ को याद है कि कुछ दिन पहले जब रामलाल उनसे मिलने आया था तो ठाकुर ने उनके सम्मुख उसे अपने निकट बुलाकर आदेश दिया था, "ध्यान रखना, मेरे बाद तुम्हारी चाची आराम से कामारपुकुर में रहें।" ठाकुर की उस भीषण रुग्णावस्था में सांत्वना के लिए भी रामलाल ने यह दायित्व अपने ऊपर नहीं लिया था। उसने जैसे वितृष्णा से मुँह फेरकर कहा था, "जहाँ उनकी इच्छा होगी, वहीं रहेंगी।" ठाकुर ने उसे और कुछ नहीं कहा था···अपने अंतिम समय में भी ठाकुर उन्हें सांत्वना दे रहे थे···या शायद वह सांत्वना नहीं थी। अपने बाद श्रीमाँ की व्यवस्था की चिंता कर रहे थे।···

उस समय तक सब मान चुके थे कि ठाकुर की वाणी उन्हें पूरी तरह त्याग गई है। श्रीमाँ, लक्ष्मी को साथ लिए ठाकुर की क्षीण काया के पास खड़ी थीं। उनकी आँखें ठाकुर के चेहरे पर टिकी थीं। शायद वे अभी कुछ बोलें, शायद कुछ कहें। और तभी उन्हें लगा था कि जैसे ठाकुर ने फुसफुसाकर अत्यंत मंद स्वर में कहा, "ऐसा लगता है कि जल में से होकर मैं किसी बहुत दूर के देश में जा रहा हूँ।···किंतु तुम्हें चिंता करने की आवश्यकता नहीं है। तुम जैसे रह रही थीं, वैसे ही रहती रहोगी। नरेन तथा अन्य लोग तुम्हारी भी उतनी ही देखभाल करेंगे, जितनी कि वे मेरी कर रहे थे।···लक्ष्मी का ध्यान रखना।"

पता नहीं ये बातें ठाकुर ने अपनी जिह्वा से वाणी के माध्यम से कही थीं या ठाकुर बिना

बोले, बिना जिह्वा अथवा होंठ हिलाए अपनी बात दूसरे के मन में उतार देते थे, किंतु यह श्रीमाँ का न तो भ्रम था, न उनकी कल्पना। यह तो जीवंत अनुभव था। ठाकुर ने उन्हें ऐसा कहा था। उन्हें सांत्वना दी थी। उनके भविष्य की व्यवस्था की थी···

जो भी हो, वे इस भौतिक समाज का अंग थीं। लौकिक दृष्टि से ठाकुर अब नहीं रहे थे। मानव-समाज में उनका संबंध पति-पत्नी का था। एक हिंदू पत्नी के रूप में वे अब विधवा हो चुकी थीं। इस समाज के अंग के रूप में वे अब आभूषण धारण नहीं कर सकती थीं। सौभाग्य का कोई चिह्न उन्हें धारण नहीं करना चाहिए था। श्रीमाँ के हाथ एक-एक कर अपने आभूषण उतारने लगे···। इन आभूषणों से उन्हें कभी कोई मोह नहीं था। ये आभूषण उन्होंने कभी अपने शृंगार के लिए नहीं पहने थे। ये तो उस समाज के कुछ प्रतीक थे, जिसका वे अंग थीं और जिसके मध्य वे रह रही थीं···यह एक प्रकार से उनके पति के सम्मान-चिह्न थे···अब जब ठाकुर ही नहीं रहे तो इन आभूषणों का उन्हें क्या करना था।···उन्होंने अपने कंठ से हार उतारकर एक ओर रख दिया। उनके हाथ कंगन उतारने लगे थे कि वे स्तब्ध रह गईं। उनके मन में जैसे एक ध्वनि मूर्तिमान् हो रही थी, 'क्या कर रही हो? मैं तुमसे दूर नहीं हूँ। मैं केवल एक कमरे से दूसरे कमरे में चला गया हूँ।'

श्रीमाँ के हाथ थम गए : यह उन्होंने क्या सुना और क्या देखा···वे बार-बार क्यों भूल जाती हैं कि ठाकुर का स्थूल शरीर ही उनके निकट नहीं है। ठाकुर की देह का ही अंत हुआ है। ठाकुर का तो अंत नहीं हुआ···

उन्होंने अपनी कलाइयों में पहने कंगनों को देखा : शायद ठाकुर नहीं चाहते कि वे विधवा का वेश धारण करें, किंतु वे तो लौकिक संसार में अपने शरीर के साथ जी रही हैं। उन्हें समाज की मान्यताओं की उपेक्षा करने का कोई अधिकार नहीं है। वे सौभाग्य के चिह्न धारण नहीं कर सकतीं। उनके पति यदि सूक्ष्म अस्तित्व ग्रहण कर चुके हैं तो श्रीमाँ को भी अपने सौभाग्य के चिह्न सूक्ष्म कर देने होंगे···श्रीमाँ ने अपनी साड़ी का चौड़ा लाल किनारा फाड़ना आरंभ कर दिया।···यदि रहे तो हलकी-सी पतली लाल किनारी परोक्ष रूप से रहे। इतना चौड़ा प्रत्यक्ष लाल किनारा न रहे कि देखने वालों की आँखों में गड़ने लगे···

उनके द्वार पर गोलाप प्रकट हुई। उसके हाथ में बिना किनारी की सफेद धोती थी, जो बलराम बोस, श्रीमाँ के लिए खरीदकर लाए थे। गोलाप द्वार पर जैसे किंक़र्तव्यविमूढ़-सी खड़ी रह गई···वह तो इतनी विचलित थी···यह बिना किनारी की सफेद धोती श्रीमाँ के हाथों में रखने का कलेजा ही किसका है?···किंतु यहाँ तो श्रीमाँ ने अपनी ही साड़ी की लाल किनारी फाड़ ली थी।

35

शशि ने अस्थि-कलश के सम्मुख बैठकर विधिवत् उसकी पूजा की, जैसे वह कलश न हो, स्वयं ठाकुर हों। उसने उन्हें भोग लगाकर साष्टांग दंडवत् प्रणाम किया।

सब लोगों को प्रसाद वितरित करते हुए, जब वह नरेंद्र के निकट पहुँचा तो अत्यंत दृढ़ स्वर में बोला, "तुमने भस्मी राम बाबू को देने की बात कह दी, किंतु मेरा मन अब भी उसे स्वीकार नहीं कर पा रहा है।"

"क्यों स्वीकार नहीं कर रहा?" नरेंद्र मुस्करा रहा था।

"पहली बात तो यह है कि ठाकुर का शरीर हमारे निकट नहीं है, इसलिए हमें कोई सहारा तो चाहिए, जो हमें अपने आदर्शों पर टिकाए रखे।" शशि बोला, "अन्यथा, राम बाबू हम सबको अपने-अपने घर जाने के लिए बाध्य कर देंगे। तुम जानते हो, घर लौटकर क्या होगा?"

"क्या होगा?"

"विश्वविद्यालय की पढ़ाई, डिग्री, नौकरी और विवाह की चर्चा।" शशि ने मुँह बनाया, "घर में साधना, तपस्या, संन्यास और वैराग्य की बात नहीं हो सकती।"

"तो क्या हुआ?" नरेंद्र हँसा, "घर में कोई यह चर्चा नहीं करने देगा, तो विवाह कर लेना और पत्नी से वैराग्य की चर्चा करना। कम-से-कम एक संगिनी तो होगी चर्चा के लिए।"

"तुम परिहास कर रहे हो।" शशि बोला, "मेरी जगह निरंजन होता, तो पीट देता तुम्हें।"

"पीट तो तुम भी सकते हो।" नरेंद्र बोला, "पर चलो, इस समय दूसरा कारण बताओ।"

"दूसरा कारण स्पष्ट है। मैं राम बाबू को इस योग्य नहीं मानता कि उन्हें ठाकुर का आध्यात्मिक उत्तराधिकारी मान लिया जाए और ठाकुर के भौतिक अवशेष उन्हें सौंप दिए जाएँ।" शशि बिना रुके बोलता चला गया, "और तीसरे यह कि राम बाबू ठाकुर को अधिक-से-अधिक अपना गुरु अथवा अपने परिवार का गुरु मानकर उनका उसी योग्य स्मारक और मंदिर बनवाना चाहते हैं। वह उनके परिवार का मंदिर होगा, जहाँ वे पूजा किया करेंगे। वह संसार के गुरु का मंदिर नहीं होगा, जहाँ संसार के प्रत्येक कोने से लोग आएँ, या आ सकें।"

"ऐसा क्यों लगता है तुम्हें?" नरेंद्र ने पूछा।

"यह तो बहुत ही स्पष्ट है।" निरंजन बोला, "उन्हें ठाकुर की इच्छा की भी चिंता नहीं है। वे ठाकुर के भौतिक अवशेषों को गंगा से दूर काँकुड़गाछी में रख़ना चाहते हैं। वे ठाकुर की इच्छा के विरुद्ध अपना आधिपत्य जमाना चाहते हैं।"

"मुझे तो यह भी लगता है कि उनमें सात्त्विकता की बहुत कमी है।" शरत् ने कहा, "ठाकुर के खर्च के लिए वे कितना रुपया देते थे, यह मुझे मालूम नहीं है, किंतु यह मुझे मालूम है कि मकान का किराया सुरेंद्रनाथ मित्र देते थे। उसके अतिरिक्त भी बहुत सारा खर्च वे करते थे। भोजन इत्यादि का व्यय बलराम बसु उठात थे। गिरीश घोष अकेले ही सारा खर्च उठाने के लिए तैयार हो गए थे, यद्यपि उसकी आवश्यकता नहीं पड़ी।…"

"तुम राम दादा में सात्त्विकता की कमी की बात कर रहे थे।" नरेंद्र ने उसे टोका।

"वही बता रहा हूँ।" शरत् ने कहा, "शेष खर्च को बाँटने वाले बहुत सारे गृहस्थ थे—राम बाबू, महेंद्र गुप्त, कालीपद घोष इत्यादि। इसमें राम बाबू के हिस्से में कितना खर्च पड़ता होगा?…किंतु रुपए-पैसे और हिसाब-किताब की बात सबसे अधिक वे ही करते हैं। मुझे लगता है कि सबसे कम देकर भी वे सबसे अधिक पाना चाहते हैं।"

"यदि ठाकुर का अच्छा स्मारक बनाना हो तो राम बाबू उसके लिए अपना सर्वस्व दान कर देंगे क्या?" काली बोला, "वे ऐसा कभी नहीं कर सकते। मुझे याद है, ठाकुर उनके विषय में कहा करते थे कि वे बेहद कृपण हैं।"

"यदि अपना सर्वस्व वे दे भी देंगे, तो उनके पास है ही कितना?" छोटा गोपाल बोला, "उतने से क्या होगा?"

"तो हमारे पास ही क्या है?" नरेंद्र ने टोका, "यदि ठाकुर के लौकिक अवशेष हमारे पास रह जाएँ, तो हम ठाकुर के स्मारक के लिए धन कहाँ से लाएँगे?"

"हम संसार-भर से भिक्षा माँगेंगे!" शशि बोला, "राम बाबू ठाकुर के नाम पर माँग सकेंगे भिक्षा?"

"तो?"

"तो यह कि ठाकुर की भस्मी राम बाबू को कदापि नहीं दी जानी चाहिए।" निरंजन बोला।

"मैं तो नहीं दूँगा।" शशि ने कुछ और कठोर स्वर में कहा।

"जैसे तुम हठ ठाने हुए हो, ऐसे ही तो राम बाबू भी अड़ेंगे। कुछ और गृहस्थ भी उनका साथ दे सकते हैं।" नरेंद्र बोला, "देवेंद्रनाथ मजूमदार और नित्य गोपाल तो हैं ही उनके साथ।"

"हुआ करें।" शशि बोला।

"तुम झगड़ा करोगे? लोग क्या कहेंगे?" नरेंद्र मंद स्वर में बोला, "तुमने सुना नहीं, कल श्रीमाँ ने क्या कहा?"

"वह सब ठीक है, किंतु मैं अपना अधिकार तो नहीं छोड़ सकता।" शशि बोला।

"मैं तुम्हें अधिकार छोड़ने को नहीं कहता।" नरेंद्र अत्यंत शांत स्वर में बोला, "मुझे चिंता इस बात की है कि इससे ठाकुर का भक्त-संघ अपयश का भागी होगा। समाज कहेगा कि ठाकुर के आँखें मूँदते ही ये लोग परस्पर लड़ने लगे। इस समय वैसे ही परिस्थितियाँ हमारे अनुकूल नहीं हैं। इतनी चिंताएँ हैं, इतने काम हैं···।"

"वह सब तो ठीक है, पर···।" शशि ने कुछ कहना चाहा।

"देख शशि!" नरेंद्र का स्वर कुछ अतिरिक्त रूप से भावुक हो आया था, "मेरे बाबा का देहांत हुआ तो मेरे सिर पर यह बोझ आ पड़ा कि मैं अपने भाइयों और माँ की देखभाल करूँ। वह मैं आज तक ठीक से नहीं कर पा रहा। पिता के देहांत के पश्चात् मेरा परिवार जैसे निराश्रित हो गया था। ठाकुर के देहांत के पश्चात् आज एक बार फिर हम सब वैसे ही आश्रयहीन हो गए हैं। रहने का स्थान छिन रहा है। भोजन की व्यवस्था नहीं है।···और सबसे बड़ा दायित्व है श्रीमाँ का। वे ठाकुर के भक्त-संघ की जननी हैं। हमारी माँ हैं। हमें पहले उनकी चिंता करनी है। उनके लिए रहने का ठिकाना···।"

"क्यों?" छोटा गोपाल बोला, "वे रामलाल दादा के साथ नहीं रहेंगी क्या? लक्ष्मी दीदी आखिर रामलाल दादा की तो बहन हैं।"

नरेंद्र कुछ हँसा, किंतु कुछ बोला नहीं।

सबने आश्चर्य से उसकी ओर देखा : भला इसमें हँसने की क्या बात थी?

"मेरे परिवार को हमारे पैतृक मकान में से किसने निकाला? मेरे बाबा की काकी ने ही तो।" नरेंद्र बोला, "वैसा ही मुकदमा ठाकुर के परिवार में भी चल रहा है।"

"मुकदमा?" राखाल चकित था, "मुझे तो मालूम नहीं।"

"मुकदमा अभी कोर्ट-कचहरी में नहीं पहुँचा, इसलिए तुम्हें मालूम नहीं।" नरेंद्र बोला, "किंतु क्या तुम नहीं देखते कि ठाकुर के जीवन-काल में ही, उनके इतने प्रभावशाली होते हुए भी श्रीमाँ को दक्षिणेश्वर में उचित और सुविधाजनक आवास नहीं मिला। उन्हें उस नौबतखाने में ही रहना पड़ा।···यह भी देखो कि ठाकुर के परिवार के लोगों ने उनके सगे बनकर प्राप्त तो बहुत कुछ किया, किंतु जब कभी उनकी तथा श्रीमाँ की सहायता की बात हुई, उन्होंने कोई सहायता की? क्या तुम लोगों को नहीं लगता कि हृदयराम मुखोपाध्याय हो, अथवा रामलाल दादा—इन दोनों ने ही श्रीमाँ को कभी सम्मान नहीं दिया। वे सदा उनका विरोध ही करते रहे हैं। क्या इन दिनों में भी रामलाल

दादा ने कभी एक बार श्रीमाँ से कहा, 'काकी! आओ, अब मेरे साथ रहो।'...''

''कामारपुकुर में ठाकुर का अपना घर है।'' गोपाल दादा ने कहा, ''क्या वहाँ श्रीमाँ के रहने की उचित व्यवस्था नहीं हो सकती?''

''संभव है, हो सके।'' नरेंद्र बोला, ''किंतु वहाँ रहकर भी वे हम लोगों की आँखों से दूर रहेंगी, और कामारपुकुर में भी रामलाल का ही आधिपत्य अधिक रहेगा। यदि उसने श्रीमाँ के साथ उचित व्यवहार नहीं किया...।'' उसने रुककर अपने गुरुभाइयों की ओर देखा, ''हमें ठाकुर के बताए मार्ग पर चलना है—संन्यास और त्याग के मार्ग पर। किंतु जब तक हम ठाकुर के लिए उचित स्थान नहीं बना लेते, श्रीमाँ के लिए सम्यक् व्यवस्था नहीं कर लेते, अपने गुरुभाइयों के लिए शिक्षण और साधना का समुचित उपाय नहीं कर लेते, तब तक उस मार्ग पर आगे कैसे बढ़ सकते हैं।...इसलिए कहता हूँ कि हमें आपसी झगड़े नहीं बढ़ाने चाहिए।''

नरेंद्र चुप हो गया। और भी कोई कुछ नहीं बोला। सब जैसे मन-ही-मन नरेंद्र की बातों पर विचार कर रहे थे।

''मैं तुम्हारी सारी बातें मान लूँगा।'' अंततः शशि बोला, ''किंतु तुम एक बात मेरी भी मान लो।''

''क्या?''

''मैं यह अस्थि-कलश रामचंद्र दत्त को सौंप ही नहीं दूँगा, स्वयं अपने सिर पर रखकर इसे काँकुड़गाछी तक ले जाऊँगा।'' शशि बोला, ''किंतु इससे पहले मैं इसमें से अपनी इच्छानुसार चिता-भस्म और अस्थियाँ निकालकर दूसरे कुंभ में रख लूँगा। बस, राम बाबू को अपनी ओर से यह सब बताने की आवश्यकता नहीं है।''

नरेंद्र चुपचाप कुछ सोचता रहा, ''और उस भस्मी तथा अस्थियों का तुम करोगे क्या? उन्हें कहाँ रखोगे? उनकी पूजा कैसे होगी?''

''जहाँ तक मैं जानता हूँ, सब लोगों ने मिलकर योजना यही बनाई है कि इक्कीस अगस्त को श्रीमाँ अस्थायी रूप से बलराम बसु के घर चली जाएँगी।'' शशि बोला, ''उनके साथ ठाकुर का सारा सामान भी वहीं जाएगा। हम अपने हिस्से की यह भस्मी भी श्रीमाँ को सौंप देंगे। उनके पास रहने से इसकी पूजा भी होती रहेगी और उनसे रामचंद्र दत्त इसे छीन भी नहीं पाएगा। जब हमारे पास कोई ठिकाना हो जाएगा, तो हम जहाँ शेष सारा सामान ले आएँगे, वहीं ठाकुर के लौकिक अवशेष भी ले आएँगे।...''

''और यदि श्रीमाँ की इच्छा हुई कि यह नया अस्थि-कलश उन्हीं के पास रहे? वे जहाँ चाहें वहाँ उसे भूमि-समाधि दी जाए?'' राखाल बोला।

''तो हमारा धर्म है कि उनकी इच्छा-पूर्ति में हम उनकी पूरी सहायता करें।'' नरेंद्र बोला, ''उनकी इच्छा हमारे लिए आदेश है।''

''भई, मुझे तो यह योजना एकदम ठीक लग रही है।'' निरंजन बोला, ''किसी को कोई आपत्ति हो तो बोलो।''

''मुझे भी यह ठीक ही लग रहा है।'' योगीन ने समर्थन कर दिया, ''इससे कोई झगड़ा भी नहीं होगा, नरेंद्र का वचन भी निभ जाएगा और शशि की इच्छा भी पूरी हो जाएगी।''

''शशि की इच्छा?'' शशि कुछ झपटकर बोला, ''तुम्हारी इच्छा नहीं है? तुम्हारी क्या इच्छा है, सब कुछ उठाकर रामचंद्र दत्त को दे दें?''

"नहीं, यह तो मैंने नहीं कहा।" योगीन ने अपना बचाव किया।

"तो क्या कहा तुमने?"

"अच्छा बाबा! हम सबकी इच्छा पूरी हो जाएगी।" योगीन ने हथियार डाल दिए।

36

आज श्रीमाँ रेलगाड़ी से वृंदावन चली गई थीं। ठाकुर का एक चित्र, कुछ छोटी चीजें और उनकी भस्मी वे अपने साथ ले गई थीं। उनके साथ लक्ष्मी, गोलाप और महेंद्र गुप्त की पत्नी निकुंजदेवी भी गई थीं।, काली, लाटू और योगीन भी उनके संग गए थे। श्रीमाँ की देखभाल के लिए कुछ लोगों को साथ जाना ही था।···और फिर ठाकुर के बताए हुए मार्ग पर चलने, अपनी साधना को आगे बढ़ाने तथा गृहस्थ जीवन से बचे रहने का इससे अच्छा मार्ग और क्या हो सकता था।

स्टेशन से लौटते हुए नरेंद्र, बलराम बसु के साथ उसके घर ही चला आया। रामचंद्र दत्त, महेंद्रनाथ गुप्त, सुरेंद्रनाथ मित्र इत्यादि लोग भी संग ही आए थे।

"आजकल गिरीश घोष दिखाई नहीं देता?" नरेंद्र ने कहा, "किसी ने उसे देखा है क्या?"

"मुझे सूचना मिली है कि वह यह मानने को तैयार ही नहीं है कि ठाकुर का देहावसान हो चुका है।" बलराम ने बताया, "वह इसीलिए काशीपुर या श्मशान घाट पर—कहीं भी नहीं आया था। आया होता तो उसे ठाकुर का प्राणहीन शरीर देखना पड़ता। वह अवतार का देहावसान तो नहीं देख सकता था न।"

नरेंद्र बैठ गया, "भावुक व्यक्ति है। इसी प्रकार सोचता है। सर्जक कलाकार के मन के भी अपने ही नियम होते हैं। वह सारी सृष्टि को उन्हीं नियमों के आधार पर चलाना चाहता है। जिसका जन्म हुआ है, उसकी मृत्यु भी होगी—वह इस नियम को भी नहीं मानना चाहता।"

"हाँ! उसके तो अपने मन की मौज है।" कालीपद घोष ने कहा।

"गिरीश ठाकुर के भौतिक शरीर का अवसान नहीं देख सकता और मैं ठाकुर द्वारा निर्मित, पल्लवित तथा पोषित अभियान को इस प्रकार घुट-घुटकर दम तोड़ते नहीं देख सकता।" नरेंद्र व्यथित होकर बोला, "गुरु ने हमें संन्यास की दीक्षा दी थी।···और हम सब कर क्या रहे हैं? काली, योगीन और लाटू तो खैर श्रीमाँ के साथ चले गए हैं। तारक भी कुछ दिनों बाद चला जाएगा। शशि, शरत्, राखाल, बाबूराम, छोटा गोपाल इत्यादि सब अपने-अपने घर चले गए हैं। उनके माता-पिता और अभिभावक प्रसन्न हैं कि उनके लड़के कुछ भटककर घर लौट आए हैं। अब वे उनको स्कूल-कॉलेज में भेजकर लौकिक शिक्षा दिलवा रहे हैं। कल वे उनसे नौकरी करने के लिए कहेंगे। फिर उनके विवाह होंगे, संतान का जन्म होगा···।"

"तो तुम्हारी क्या इच्छा है?" कालीपद घोष ने पूछा।

"मेरी? मेरी इच्छा का कोई महत्त्व नहीं है, महत्त्व है ठाकुर की इच्छा का।" नरेंद्र बोला, "ठाकुर ने उन्हें संन्यास की दीक्षा दी थी। वे चाहते थे कि वे लोग संन्यासी का जीवन व्यतीत करें। मैं चाहता हूँ कि वे ठाकुर की इच्छा के ही अनुकूल चलें। उन्हें अविलंब संन्यासी का जीवन जीना चाहिए।"

" 'संन्यासी का जीवन जीना चाहिए' का क्या अर्थ?" राम ने कुछ उग्र स्वर में कहा, "तुम

चाहते हो कि इस उम्र में ये लड़के भगवा धारण कर द्वार-द्वार भीख माँगते फिरें! भिखमंगों की कमी नहीं है हमारे देश में। उन्हें साधारण साधुओं के समान आवारागर्दी करने के लिए नहीं छोड़ा जा सकता। उनकी अवस्था वानप्रस्थ या संन्यास की नहीं है। वे अभी निरे किशोर हैं, और उज्ज्वल भविष्य उनके सामने है।''

राम के स्वर की कटुता की नरेंद्र उपेक्षा कर गया। शांत स्वर में बोला, ''उनके उज्ज्वल भविष्य से क्या तात्पर्य है आपका?''

''अभी उनकी अवस्था शिक्षा-प्राप्ति की है।'' राम ने कहा, ''वे ज्ञान प्राप्त करें, विश्वविद्यालय की डिग्री लें। उन्हें अच्छी-अच्छी नौकरियाँ मिल सकती हैं। यदि उन्हें अंततः संन्यासी ही बनना है, तो भी उन्हें पढ़े-लिखे विद्वान् संन्यासी बनना चाहिए।''

नरेंद्र की दृष्टि कुछ वक्र हो गई और वाणी भी उग्र हो गई, ''ठाकुर की संगति में इतने दिनों तक रहकर, उनकी ऐसी भक्ति करके, आप इस निष्कर्ष पर पहुँचे हैं कि विश्वविद्यालय से पाश्चात्य भौतिक शिक्षा प्राप्त करने से भविष्य उज्ज्वल होता है, ईश्वर को प्राप्त करने से नहीं?''

नरेंद्र के इस आकस्मिक प्रहार से राम कुछ अचकचाया। सँभलकर बोला, ''मैं वह नहीं कह रहा हूँ। मेरे कहने का अभिप्राय यह है कि जिस संसार में उन्हें रहना है, जिसके वासियों की उन्हें सेवा करनी है, उनके विषय में भी ज्ञान आवश्यक है। विश्वविद्यालय की पढ़ाई के पश्चात् वे समाज की सेवा भी अच्छे ढंग से कर सकेंगे।''

''आपके कहने का अभिप्राय यह है कि ठाकुर ने अब तक हमें जो शिक्षा दी, जो साधना करवाई, वह सब व्यर्थ थी? अब वह सब करा-धरा छोड़कर प्रायश्चित्त कर वापस विश्वविद्यालय में पहुँच जाएँ? ईश्वर-लाभ छोड़कर डिग्री-लाभ करें?''

''आखिर शिक्षा में क्या बुराई है?'' राम ने पूछा।

''यदि इस शिक्षा में कोई बुराई न होती, तो ठाकुर भी विश्वविद्यालय से उपाधि प्राप्त कर कहीं प्रोफेसर हो गए होते।'' नरेंद्र बोला, ''यह शिक्षा सांसारिक है। केवल अर्थोपार्जन के लक्ष्य से प्राप्त की जाती है। इसीलिए यह हमें स्वार्थ और भौतिक लाभ की बात सिखाती है, और परिणामतः हमें ईश्वर से दूर ले जाती है।...अपने-अपने घरों में रहकर हमें यही शिक्षा मिल सकती थी, इसलिए हम घर छोड़कर ठाकुर के निकट चले गए। अब...।''

''मैं सोचता हूँ कि...।'' बलराम ने कुछ कहना चाहा।

नरेंद्र उसकी ओर मुड़ा, ''क्या?''

बलराम ने झुकी-झुकी दृष्टि से राम की ओर देखा, ''यदि राम बाबू बुरा न मानें तो कहूँ।''

''आप कहिए तो।'' राम बोला, ''बुरा मानने की क्या बात है? हम चर्चा ही तो कर रहे हैं।''

''मेरी दृष्टि से तो हमें कोई ऐसी व्यवस्था करनी चाहिए, जिससे ठाकुर के ये सारे संन्यासी शिष्य एक स्थान पर रहकर साधना कर सकें।''

''ताकि ये प्रतिभाशाली लड़के, जिनसे देश और समाज का बहुत भला हो सकता है, भिखमंगे बनकर सारे देश में आवारागर्दी करते रहें।'' राम कुछ डपटकर बोला, ''इनके माता-पिता को क्या उत्तर देंगे आप? आखिर ये भी तो किसी के पुत्र हैं।''

''इसी बात से तो डर रहा था मैं।'' बलराम बोला।

''राम दादा!'' नरेंद्र, बलराम के बचाव के लिए आया, ''यदि ठाकुर और कुछ दिन अपना

शरीर धारण करते, तो निश्चित था कि वे हमें पूर्ण संन्यासी बनाकर किसी-न-किसी काम में नियुक्त कर देते, जिसे वे 'माँ का काम' कहते हैं। उन्होंने हमें तैयार किया, किंतु काम करवाने के लिए वे संसार में रुके नहीं। शायद वे उस काम का यश स्वयं लेना नहीं चाहते थे, हमें देना चाहते थे।...यदि वे हमें काम में नियुक्त कर देते तो क्या हम सारे संसार में आवारागर्दी करते नहीं फिरते?"

"किंतु अब ठाकुर नहीं हैं।" राम बोला, "उनकी छत्रछाया में तुम लोग सुरक्षित थे। अब कौन शिक्षा देगा, तुम लोगों को, कौन मार्ग दिखाएगा?..."

नरेंद्र के मन में आया, वह छाती ठोककर कहे, 'मैं करूँगा।'...वह राम को बताए कि ठाकुर अपने उन संन्यासी शिष्यों को उसके संरक्षण में छोड़ गए थे, और कह गए थे कि वह ध्यान रखे कि ऐसा न हो कि उनके बाद वे सारे लड़के ध्यान-धारणा छोड़कर अपने-अपने घर चले जाएँ...किंतु यह सब कहना अहंकार नहीं होता क्या?...और फिर ये सारी बातें ठाकुर ने गृही शिष्यों से छिपाकर उन लोगों से कही थीं। जब वे नहीं चाहते थ कि ये सारी बातें उनके सामने प्रकट हों, तो वह ही क्यों कहे?...गुरु जिसे गोपनीय मानते थे, शिष्य उसे प्रकट कैसे कर दे?...

नरेंद्र को चुप देखकर राम का साहस कुछ बढ़ गया, "चुप क्यों हो गए? ऐसा कौन-सा काम है, जो तुम इन लड़कों को संन्यासी बनाकर करवाना चाहते हो?"

"काम?" नरेंद्र बोला, "काम तो हमें बहुत सारे करने हैं...ठाकुर का संदेश सारी पृथ्वी में प्रचारित करना है...और उसके लिए ईश्वर-लाभ कर यह अधिकार प्राप्त करना है।"

"हुँ!" राम के अधरों पर हँसी का आभास-सा ही झलका, किंतु उसमें अमित विष था, जो देखने वाले के तन-बदन में आग लगा देने में पर्याप्त समर्थ था।

"मैं जानता हूँ कि हमारी स्थिति कोई नहीं समझेगा।" नरेंद्र के स्वर में अवसाद था, "हम किशोरों की बड़ी-बड़ी कल्पनाओं और महत्त्वाकांक्षाओं से किसी को सहानुभूति नहीं होगी।"

"नहीं, ऐसी बात नहीं है नरेन!" महेंद्र गुप्त ने पहली बार मुँह खोला, "हम समझते हैं तुम्हारी बात। ठाकुर ने काशीपुर में इतना कष्ट झेलकर जिस संन्यासी-संघ का निर्माण किया है, उसे नष्ट नहीं होना चाहिए।"

"ठाकुर ने संन्यासियों का कोई संघ नहीं बनाया था।" कालीपद बोला, "उन्होंने साधना का मार्ग दिखाया था। और साधना हममें से कौन नहीं कर रहा? गृहस्थ रहकर भी व्यक्ति साधना कर सकता है।"

"ठाकुर ने सिखाया था, कामिनी और कांचन का पूर्ण त्याग।" नरेंद्र का स्वर आवेश में कुछ ऊँचा हो गया, "उन्होंने सिखाई थी, ईश्वर पर पूर्ण निर्भरता। उन्होंने सिखाया था कि हमें स्वयं को ईश्वर की इच्छा के हाथों में इस प्रकार छोड़ देना चाहिए, जैसे सूखा पत्ता स्वयं को आँधी के हाथों में सौंप देता है। उन्होंने सिखाया था कि अगले क्षण की भी चिंता नहीं करनी चाहिए।" उसने मुड़कर राम की ओर देखा, "उन्होंने एक बार भी नहीं कहा कि हमें अपने उज्ज्वल भविष्य के निर्माण की चिंता कर संचय करना चाहिए और संचयवादी शिक्षा ग्रहण करनी चाहिए।"

"वैसे सोचता तो मैं भी हूँ कि किसी प्रकार के एक मठ की स्थापना हमें करनी चाहिए।" सुरेंद्रनाथ मित्र बोला, "जहाँ ठाकुर के विचारों की चर्चा हो और उनके आदर्शों को साकार करने का प्रयत्न...।"

"तुम भी बौरा गए हो सुरेंद्र!" राम झपट पड़ा, "मठ की स्थापना की बात सोचते हो। उस पर खर्च होने वाले धन की बात नहीं सोचते। धन कहाँ से आएगा?...ठाकुर की चिकित्सा पर होने

वाला व्यय अल्पकालिक था, किंतु मठ की तो कोई सीमित अवधि नहीं है। यदि मठ की बात सोचते हो, तो यह भी सोच लो कि उसके लिए आजीवन धन जुटाना होगा, और हमारी मृत्यु के पश्चात् भी उसे धन की आवश्यकता रहेगी।''

नरेंद्र का ध्यान इस ओर जाए बिना नहीं रहा कि शशि ठीक कह रहा था। पैसे की बात राम ही सबसे अधिक करता था···और उसने यद्यपि काँकुड़गाछी में अपनी भूमि पर 'योगोद्यान' विकसित किया था, ठाकुर की भस्मी को भी वहीं समाधि दी थी···किंतु उसने एक बार भी उसे ठाकुर के शिष्यों के लिए मठ बना देने का प्रस्ताव नहीं रखा था···

''धन तो हम भी एकत्रित कर सकते हैं।'' नरेंद्र बोला।

''कैसे?''

''भिक्षाटन से।''

''तुम्हारा भिक्षाटन पर बहुत बल है।'' देवेंद्र बोला, ''किंतु तुम भूल गए कि ठाकुर ने महिमाचरण से कहा था, संसार में काम और क्रोध इत्यादि से लड़ाई लड़नी पड़ती है, कितनी ही वासनाओं से संग्राम करना पड़ता है, आसक्तियों से भिड़ना पड़ता है। लड़ाई किले में रहकर की जाए तो सुविधाएँ हैं। घर के भीतर से लड़ना ही अच्छा है। भोजन मिलता है—धर्मपत्नी भी बहुत कुछ सहायता करती है। कलिकाल में प्राण अन्नगत हैं—अन्न के लिए दस जगहों में मारे-मारे फिरने की अपेक्षा एक जगह रहना ही अच्छा है। घर में, किले के भीतर रहकर लड़ना अच्छा है।''

नरेंद्र के चेहरे पर हलकी-सी उग्रता आई, ''आपको वह तो याद रहा, जो आपके चिंतन के अनुकूल है। वह याद नहीं रहा, जो आपके पक्ष में नहीं जाता।''

देवेंद्र क्षण-भर में ही विनीत हो गया, ''ऐसा क्या है?''

''ठाकुर ने वह उपदेश गृहस्थों को दिया था।'' नरेंद्र बोला, ''आपको स्मरण न रहा हो, तो मैं बताऊँ? मुझे अच्छी तरह स्मरण है।''

''क्या कहा था उन्होंने?'' राम ने पूछा।

''उन्होंने कहा था, 'संसार में आँधी में उड़ती हुई जूठी पत्तल के समान रहो। जूठी पत्तल को आँधी कभी घर के भीतर ले जाती है, कभी नाबदान में। हवा का रुख जिस ओर होता है, पत्तल भी उसी ओर उड़ती है। कभी अच्छी जगह पर गिरती है और कभी बुरी जगह पर। तुम्हें इस समय उन्होंने संसार में डाल रखा है। अच्छा है, इस समय यहीं रहो। फिर जब यहाँ से उठाकर अच्छी जगह ले जाएँगे, तब देखा जाएगा। जो होगा सो होता रहेगा। संसार में रखा है तो क्या करोगे? सब कुछ उन्हें अर्पित कर दो, तो फिर कोई झंझट नहीं रह जाएगा। तब देखोगे, वे ही सब कुछ कर रहे हैं। सभी राम की इच्छा है।'' नरेंद्र रुक गया।

''तो?'' राम ने जैसे कुछ न समझते हुए पूछा।

''तो?'' नरेंद्र बोला, ''पहली बात तो यह है कि उपदेश गृहस्थों के लिए है, और हम अभी गृहस्थ नहीं बने हैं। हमारी वृत्ति संन्यासियों की है, और आप संन्यासियों को संसारियों के मार्ग पर चलाना चाहते हैं। दूसरे यह कि ठाकुर ने आप लोगों को संसार में आँधी में उड़ती हुई जूठी पत्तल के समान रहने को कहा है, और आप आँधी बनकर दूसरों को पत्तलों के समान उड़ाने का प्रयत्न कर रहे हैं।'' नरेंद्र अब तक हलके आवेश में आ गया था, ''और तीसरी बात···आप भूल गए कि उस दिन ठाकुर ने महिमाचरण को एक बार नहीं, कई बार कहा था कि पुस्तक पढ़कर ठीक अनुभव नहीं होता। बड़ा अंतर है। उनके दर्शनों के बाद पुस्तक, शास्त्र और साइंस—सब

तिनके जैसे जान पड़ते हैं। उन्होंने पूछा था, 'शास्त्र कितना पढ़ोगे?' और आप लोग लट्ठ लेकर इस बात के पीछे पड़े हैं कि सारे संन्यासियों को स्कूल-कॉलेज भेजकर विश्वविद्यालय की डिग्री अवश्य दिलवाएँगे।"

"नरेन! तुम मर्यादा तोड़ रहे हो।" राम का स्वर भी कुछ उग्र हुआ, "तुम मठ के लिए हमसे बलात् रुपया नहीं ले सकते।"

नरेंद्र को कुछ आश्चर्य हुआ, "बलात्? बलात् का क्या अर्थ है? मैंने तो आपसे धन माँगा ही नहीं है। चर्चा तो यह थी कि हम भिक्षा माँगकर अपने अन्न तथा वस्त्र की समस्या का समाधान करेंगे।"

रामचंद्र दत्त खुलकर बोला, "यदि इतने ही समर्थ हो तुम, तो मठ स्थापित कर लो। हमसे पूछने और चर्चा करने की भी क्या आवश्यकता है? तुम मठ स्थापित कर लोगे, तो हम तुम्हारा हाथ तो नहीं थाम लेंगे।"

राम उठ खड़ा हुआ, "बलराम बाबू, हम चलेंगे।"

नरेंद्र ने राम का यह व्यवहार देखा तो उसकी उग्रता भी जैसे फन काढ़कर खड़ी हो गई, किंतु कुछ संयत रहकर बोला, "राम दादा! जिस दिन ठाकुर की कृपा से मठ बनेगा, उस दिन सचमुच आपसे पूछने नहीं आऊँगा···।"

37

सुरेंद्रनाथ मित्र दफ्तर से लौटा तो बहुत थका हुआ था। वह बिस्तर पर लेट गया। उसे लग रहा था कि वह मात्र थका हुआ ही नहीं है, एक गहरे अवसाद में घिरा हुआ भी है। ठाकुर के देह-त्याग के बाद से ही उसके मन में एक विचित्र प्रकार की उथल-पुथल मची हुई थी। अनेक विरोधी प्रश्न जैसे आपस में टकराते रहते थे, और उसे किसी भी प्रश्न का उत्तर मिल नहीं पाता था। ठाकुर के साथ-ही-साथ उसके मन का सहज उल्लास भी जाने कहाँ खो गया था। शरीर की स्फूर्ति विलीन हो गई थी और मस्तिष्क पर एक स्थायी क्लांति छा गई थी।···यदि यह थकान ही होती तो विश्राम के पश्चात् इससे मुक्ति मिल जानी चाहिए थी, किंतु ऐसा हो नहीं रहा था। विश्राम के लिए लेटता, तो जाने कैसा अंधकार-सा उसे चारों ओर से घेर लेता था, यह अंधकार उसे एक विचित्र प्रकार के पाप-बोध का आभास देता था।···यह कैसा पाप-बोध था? क्यों उसे लगता था कि वह अपने कर्तव्य का निर्वाह नहीं कर रहा था? यह भाव उसके मन से मिटता क्यों नहीं कि उससे प्रमाद हो रहा था? उसे कोई मार्ग नहीं सूझ रहा था, दिशा का ज्ञान नहीं हो रहा था···

सुरेंद्र उठ बैठा। इस विश्राम से तो कहीं अच्छा है कि वह मुँह-हाथ धोकर ध्यान करने बैठ जाए। इस ऊहापोह से छुटकारा तो मिलेगा उसे···सहसा सुरेंद्र के मन में एक विचार आया···यह ध्यान भी कितनी विचित्र चीज है। सामान्यतः तो वह आसन पर बैठकर अपनी चेतना को किसी एक बिंदु पर एकाग्र कर, उसी पर टिके रहने के प्रयत्न को ही ध्यान मानता था, किंतु ध्यान वही तो नहीं···। ध्यान तो कभी भी, कहीं भी लग जाता है। कई बार तो कुछ समय बाद पता चलता था कि अब तक उसका ध्यान किसी एक विषय पर केंद्रित था। सुरेंद्र ने इस विषय में कुछ और सोचा तो उसे लगा कि जिस विषय पर वह ध्यान केंद्रित करता है, वह विषय घनीभूत होकर उसे

घेरने लगता है। यदि वह अपने अवसाद के विषय में सोचने लगेगा तो उसका ध्यान अवसाद पर ही केंद्रित हो जाएगा और अवसाद सजीव होता जाएगा। क्रमशः वह उस अवसाद में गहरा डूबता चला जाएगा। वह यदि भोग के विषय में सोचेगा तो भोग की सहस्रों लपलपाती जिह्वाएँ उसकी ओर लपकने लगेंगी, जैसे वह भोग का ध्यान न कर रहा हो, स्वयं उस भोग का आस्वादन कर रहा हो। वह किसी के दुर्गुणों के विषय में सोचने लगेगा तो उसी में लीन होकर सुख पाने लगेगा कि वह व्यक्ति तो भयंकर पापी है और उसकी तुलना में सुरेंद्र स्वयं कितना पुण्यात्मा है···तब सुरेंद्र का अहंकार जागने लगेगा···अपने अभिमान से उसने बड़ी कठिनाई से एक सीमा तक पीछा छुड़ाया है। अब भी बीच-बीच में उसका अभिमान घायल सर्प के समान कभी-कभी अपना फन तान देता है···

इन सबसे मुक्ति का तो एक ही मार्ग था कि ठाकुर का ध्यान किया जाए, ताकि मन उन्हीं में रमता चला जाए और इतर विचारों से उसकी रक्षा करता रहे···ऐसा कवच अपने पास हो तो क्या आवश्यकता है कि शत्रु के बाण अपने वक्ष पर सहे जाएँ···

सुरेंद्र मुँह-हाथ धोकर ठाकुर के चित्र के सम्मुख आ बैठा। उसने आँखें मूँद लीं और ध्यान को एकाग्र करने का प्रयत्न किया। किंतु उसे लगा कि उसकी पीठ जैसे थकान के कारण सीधी नहीं हो रही है। मन में विचार आया कि आज तो उसे लेट ही जाना चाहिए। लेट जाने की इच्छा कुछ इस प्रकार बल पकड़ रही थी कि उसका ध्यान ठाकुर की छवि पर नहीं, अपनी थकान पर केंद्रित होता जा रहा था। शरीर के इस पाजीपन को वह पहचानता था। वैसे कहना कठिन है कि यह पाजीपन मन का था या शरीर का। हो सकता है, मन ही शरीर को लेट जाने की प्रेरणा दे रहा हो, और इसीलिए अकारण ही मान लेता हो कि शरीर बहुत थका हुआ है। शरीर, मन की इस चतुराई को समझ भी नहीं पाता। संवेदना तो मन का विषय है, शरीर का नहीं।

सुरेंद्र ने हठपूर्वक बैठने की ठानी। वह तन या मन के इस प्रकार के भुलावे में नहीं आएगा। वह यदि ठाकुर का ध्यान करने बैठा है तो उन्हीं का ध्यान करेगा। जब ठाकुर जीवित थे तो ऐसी कठिनाइयों की चर्चा करने पर वे डपट दिया करते थे···'ईश्वर इतने आराम से नहीं मिलता।'···अब ठाकुर ने देह त्याग दी है तो उसे स्वयं ही अपने तन और मन को डपटना होगा। शायद ठाकुर ने इसीलिए अपनी देह त्यागी थी कि उनके शिष्य आत्मनिर्भर और स्वावलंबी बनें। आखिर कब तक वे उन सबकी बाँह थामे उन्हें चलाए चलते। पिता के वर्तमान रहते, पुत्र कभी वयस्क होता ही नहीं।

सुरेंद्र ने ठाकुर के चेहरे की कल्पना करने का प्रयत्न किया। ठाकुर होते तो इस प्रकार अपने छोटे तख्त पर बैठे होते। उससे विभिन्न प्रकार की चर्चा करते और कहते, 'तू मेरा आधा रसददार है। तूने यह व्यवस्था क्यों नहीं की, वह व्यवस्था क्यों नहीं की?···रसददार को यह प्रमाद शोभा नहीं देता।' उसकी कल्पना में सैकड़ों रेखाएँ खिंच आईं। उनमें विभिन्न प्रकार के रंग भर आए। वह चित्र जैसे सूक्ष्म से स्थूल ही नहीं, कितना जीवंत हो उठा था। ठाकुर का चेहरा···उनकी आँखों में वही स्नेह था। अधरों पर मुस्कान और वाणी में वही प्यार-भरी डपट, 'अरे सुरेंदर! तू यहाँ बैठा क्या कर रहा है? मेरे बच्चे सड़कों पर मारे-मारे फिर रहे हैं। उनकी दुर्दशा देख। उनके लिए तत्काल कोई व्यवस्था कर।'

सुरेंद्र की आँखें खुल गईं। यह उसकी कल्पना द्वारा बनाया गया ठाकुर का चेहरा नहीं था।

यह वाणी भी सुरेंद्र की स्मरण-शक्ति द्वारा उत्पन्न नहीं हुई थी : कल्पना न तो इतनी स्थूल होती है, न इतनी सजीव।···यह स्मरण-शक्ति का भी चमत्कार नहीं था।···यह तो ऐसा था, जैसे वस्तुतः ठाकुर स्वयं ही प्रकट हो गए हों···

तो क्या यह ठाकुर का आदेश था, उसके अपने अपराध-बोध की मृगतृष्णा नहीं?···पर उसे अपराध-बोध ही क्यों था? उसने ठाकुर को ठहराने के लिए काशीपुर के उद्यान-भवन के लिए किराया देने का वचन दिया था। उसका निर्वाह उसने अंत तक किया था। उस मकान को खाली कर देने का प्रस्ताव भी उसका नहीं, रामचंद्र दत्त का था। नरेंद्र और उसके मित्रों की प्रत्येक इच्छा और प्रत्येक योजना का विरोध भी राम ने ही किया था, उसने नहीं।···वह तो उन किशोर संन्यासियों के लिए मठ बनाने के भी पक्ष में ही था···

कितना विवाद हुआ था नरेंद्र और राम में!···नरेंद्र का पक्ष भी तो यही था कि तारक, गोपाल दादा और लाटू के पास रहने का कोई स्थान नहीं था।···और यदि ये सारे किशोर संन्यासी अपने-अपने परिवार में लौट गए तो उनका संन्यास नहीं रह पाएगा, और यदि संन्यासी बने रहने के प्रयत्न में, वे अपने परिवार में नहीं लौटे तो सड़क पर भिखारियों की संख्या ही तो बढ़ाएँगे।···ठीक ही तो कह रहे हैं ठाकुर–'मेरे बच्चे सड़कों पर भटक रहे हैं। उनकी दुर्दशा देखो। उनके लिए तत्काल कोई व्यवस्था करो।'···पर नरेंद्र के कहने पर क्यों सुरेंद्र की समझ में नहीं आया यह सब। राम उसके और अपने गुरु की भावना ही नहीं, इच्छा का भी विरोध कर रहा था, और सुरेंद्र चुपचाप बैठा देखता रहा, जैसे उसे राम की इच्छा से ही चलना था, या राम की अनुमति के बिना कुछ कर ही नहीं सकता था···उसे अपना पैसा देना था, तो उसके लिए राम की अनुमति की क्या आवश्यकता थी?···नहीं! राम की अनुमति की आवश्यकता नहीं थी, पर शायद वह डर गया था। राम ने कहा था कि मठ का खर्च तो किसी एक अवधि के लिए नहीं था, अनंत काल के लिए था···शायद इसीलिए भयभीत होकर चुप रह गया था सुरेंद्र।···कहीं अनंत काल तक सुरेंद्र को यह बोझ उठाना न पड़े।···

सुरेंद्र का अपना ही मन अट्टहास कर उठा···अनन्त काल तक···जैसे वह अनन्त काल तक जीवित रहने वाला हो···वह भगवान् से अमरता का पट्टा लिखाकर लाया है क्या? वह अनन्त काल तक जीवित रहेगा, तो ही तो उसे यह दायित्व निभाना होगा। अनन्त काल के विषय में महाकाली जानें, उसे तो अपने सामर्थ्य की सीमा तक ही निर्वाह करना है।···

वह उठ खड़ा हुआ : उसे तत्काल राम के पास जाना चाहिए।···सहसा वह ठिठक गया···फिर राम के पास? राम के पास जाकर उसे क्या करना है? राम तो काशीपुर की उस गृहस्थी को भंग करने के लिए इतना आतुर था कि उसने एक क्षण के लिए यह भी नहीं सोचा कि श्रीमाँ कहाँ जाएँगी? यदि बलराम बोस ने अपने व्यावहारिक कौशल से श्रीमाँ को तीर्थयात्रा के लिए सहमत न कर लिया होता, तो इस समय ठाकुर क्या कहते? श्रीमाँ का भी कोई ठिकाना न होता, तो वे क्या करतीं?···बलराम ने तीर्थयात्रा के बहाने, एक प्रकार से अपने खर्च पर ही उनके रहने का प्रबंध किया है···नहीं! सुरेंद्र को राम के पास जाने की कोई आवश्यकता नहीं है।···उसे नरेंद्र के पास जाना चाहिए।···

नरेंद्र घर पर ही था।

सुरेंद्र को इस प्रकार अपने द्वार पर आया देखकर चकित हो गया, "आप यहाँ मित्र मोशाय?"

"क्यों? क्या मैं यहाँ नहीं आ सकता?"

"आप तो आ सकते हैं, पर मैं बुला नहीं सकता।"

सुरेंद्र का एक मन जैसे नरेंद्र से पूछना चाह रहा था कि वह उसे क्यों बुला नहीं सकता?···किंतु दूसरा मन कुछ भी पूछना नहीं चाहता था, वह तो केवल बताना ही चाहता था···ठाकुर आए थे, ठाकुर उसके ध्यान में आए थे···

अंततः बताने वाले मन की आतुरता अधिक शक्तिशाली सिद्ध हुई···उसने सारी घटना सुनाकर पूछा, "अब तुम्हारी क्या योजना है?"

"मित्र मोशाय! कुछ बातें मेरे मन में उभर रही हैं···और मुझे अपने भविष्य का कुछ आभास हो रहा है।" नरेंद्र बोला, "मेरे परिवार की जो स्थिति है, वह तो आप जानते ही हैं।" उसने रुककर कुछ क्षण सुरेंद्र को देखा, "संसार त्यागने की अपनी सारी व्याकुलता के बावजूद मेरे मन में एक कल्पना थी कि कानून की पढ़ाई कर किसी नौकरी अथवा प्रैक्टिस से मैं अपनी माता और भाइयों की जीविका का प्रबंध कर संन्यास लूँगा।···किंतु आप जानते हैं, मैंने कानून की पढ़ाई त्याग दी है। अब मैं गीता और उपनिषद् ही पढ़ता हूँ। इसका अर्थ है कि अब मैं कोई नौकरी नहीं करूँगा। प्रैक्टिस नहीं करूँगा।···परिवार की किसी नियमित आय का कोई साधन मेरे माध्यम से नहीं होगा···"

"तो?"

"पिताजी ने यह मकान किराए पर इस आशा से लिया था कि मुकदमा जीतकर अपने पैतृक मकान में लौट जाएँगे।" नरेंद्र बोला, "मैं भी यही मानकर चल रहा था, इसलिए बिना किसी नियमित आय के भी इस किराए के मकान में रह रहा था···अब···।"

सुरेंद्र ने मुख से कुछ नहीं पूछा, किंतु उसकी आँखों में प्रश्न ही प्रश्न थे।

"ठाकुर ने कहा था, जब तक उन्होंने देह धारण कर रखी है, तब तक मैं संसार न त्यागूँ। अब ठाकुर ने देह त्याग दी है, इसलिए मेरे संसार त्यागने का समय भी आ गया है।" नरेंद्र बोला, "अपने परिवार के लिए अन्न-वस्त्र की कोई स्थायी व्यवस्था मेरे मन में नहीं है, इसलिए उन्हें भगवान् के भरोसे ही छोड़ना होगा।···किंतु उनके रहने की कोई व्यवस्था तो करनी ही होगी। यदि वह भी न करूँ तो मकान-मालिक, किराया न मिलने पर उन्हें निकाल देगा।···इसलिए सोचता हूँ कि रामतनु की गली में नानी के घर में उनके रहने की व्यवस्था हो जाए···।"

"तो उसमें क्या कठिनाई है?" सुरेंद्र से पूछे बिना नहीं रहा गया।

"नानी और माँ—दोनों को ही उसके लिए सहमत करना होगा न!" नरेंद्र बोला, "नानी तो इसे अस्वीकार नहीं करेगी, किंतु माँ को आपत्ति हो सकती है।"

"क्यों?"

"उनका स्वाभिमान।"

"तो?"

"माँ असहमत होंगी, तो भी उनके पास कोई विकल्प नहीं है। अंततः मानता तो उन्हें पड़ेगा ही।" नरेंद्र बोला, "सोचता हूँ, यह व्यवस्था हो जाए, तो मैं गृह-त्याग कर दूँ और यहाँ से कहीं चला जाऊँ।"

"कहाँ जाओगे?"

"कहीं भी। जहाँ एकांत हो, साधना की सुविधा हो।"

सुरेंद्र ने एक भरपूर दृष्टि उस पर डाली और बोला, "तुम कहाँ जाओगे? मैं एक मकान

किराए पर ले लेता हूँ। तुम वहाँ रहो, ठाकुर के संन्यासी शिष्यों को भी वहाँ एकत्रित करो। उसे तुम लोग ठाकुर का मंदिर बना दो। हम गृहस्थ भी यदा-कदा वहाँ जाकर, तुम्हारे आनंद के सहभागी होकर अपने मन की शांति पाएँगे···।''

नरेंद्र ने उसे सुखद आश्चर्य से देखा, जैसे उस पर विश्वास न कर पा रहा हो, ''अच्छी तरह सोच लिया है न? इतने लोगों के रहने का खर्च तो होगा। फिर राम दादा।···''

''राम का इसमें कोई काम नहीं है।'' सुरेंद्र अपेक्षाकृत दृढ़ स्वर में बोला, ''मैं काशीपुर वाले मकान पर ठाकुर के लिए एक निश्चित राशि खर्च करता ही था। अब वही राशि मैं तुम्हें दे दिया करूँगा।'' उसने रुककर नरेंद्र को देखा, ''तुम लोगों को कोई हिसाब नहीं लिखना होगा, कोई तुमसे खर्च के विषय में नहीं पूछेगा।''

''राम दादा भी नहीं?''

''राम तो बिलकुल ही नहीं।''

नरेंद्र ने तारक को पत्र लिखा :

प्रिय तारक,

तुम्हें एक बहुत ही शुभ सूचना देनी है। आज सुरेंद्रनाथ मित्र ने स्वयं आकर मुझसे भेंट की और कहा कि ठाकुर ने उन्हें आदेश दिया है कि वे ठाकुर के बच्चों के रहने की कोई व्यवस्था करें। वे चाहते हैं कि उनके खर्च पर हम लोग एक मकान किराए पर लेकर रहें और उसे ठाकुर का मंदिर बना दें।

आज मैं दिन-भर गंगा-तट पर एक लंबी दूरी तक टहलता रहा हूँ, ताकि कोई उपयुक्त स्थान खोज पाऊँ। आज तो ऐसा कोई मकान नहीं दीखा, किंतु आशा है कि बहुत शीघ्र हम लोग कोई-न-कोई ऐसा ठिकाना खोज लेंगे।

तुम वृंदावन से तत्काल चल पड़ो और कलकत्ता के निकट के किसी तीर्थस्थान पर आकर टिक जाओ, और मेरे तार की प्रतीक्षा करो। जैसे ही मकान की व्यवस्था होगी, मैं तुम्हें तार भेज दूँगा। तुम तत्काल यहाँ चले आना। मैं चाहता हूँ कि तुम यहाँ आकर उस नव-स्थापित मठ की व्यवस्था सँभाल लो और ठाकुर की इच्छाओं और अपेक्षाओं को पूर्ण करने का प्रयत्न करो।

शेष कुशल है!

तुम्हारा
नरेंद्रनाथ दत्त

घर के बाहरी कपाट खटके, और महेंद्र द्वार खोलकर भवनाथ को भीतर लिवा लाया।

''दादा! आपके मित्र आए हैं।''

''नरेंद्र! प्रातः तुम मेरे घर गए थे?'' भवनाथ ने नरेंद्र के निकट आकर पूछा।

''हाँ, गया था, पर तुम न जाने कहाँ आवारागर्दी करते फिरते हो।'' नरेंद्र हँसा, ''तुम बच गए, नहीं तो सारा दिन मैं तुम्हें गंगा-तट की सैर कराता।''

''क्यों? क्या बात है?'' भवनाथ ने पूछा, ''मेरी पत्नी कह रही थी, तुमने कहा है कि बहुत आवश्यक कार्य है।''

''हाँ! कार्य तो बहुत आवश्यक है और बहुत शुभ भी।'' नरेंद्र बोला, ''सुरेंद्रनाथ मित्र हमारे लिए एक मठ स्थापित करने जा रहे हैं। उसके लिए हम लोग कोई मकान खोज रहे हैं। उसी के लिए तुम्हारी सहायता की आवश्यकता है।''

भवनाथ थोड़ी देर बैठा कुछ सोचता रहा, फिर बोला, ''कोई मठ तो किराए पर मिलने से रहा, और साधारण गृहस्थों के रहने का मकान मठ बनने के योग्य होगा नहीं।''

''तू तो पागल है भवनाथ! तू समझता है किसी ने किराये पर देने के लिए मठ बनवा रखा होगा।'' नरेंद्र हँसा, ''जैसे पहले किसी धनी आदमी ने कल्पना की हो कि कभी संन्यासी लोग उसका मठ किराये पर लेने के लिए आएँगे।''

''तो क्या सामान्य घर···?''

''सामान्य घर!'' नरेंद्र बोला, ''अरे, हमें कोई ऐसा ठिकाना चाहिए जिसमें हम सारे गुरुभाई, भीड़-भाड़ से दूर एकांत में रह सकें और ठाकुर का भजन करते हुए तपस्या कर सकें।''

''कोई भी मकान?''

''हाँ, कोई भी मकान।''

''कितना बड़ा?''

''एक कमरा ठाकुर के मंदिर के लिए, एक हम लोगों के रहने के लिए, एक ध्यान इत्यादि के लिए।'' नरेंद्र बोला, ''किंतु हो एकांत में। भीड़-भाड़ से दूर।''

''किराया कितना?''

''कम से कम।'' नरेंद्र बोला।

''कम से कम किराए में कोई अच्छा मकान तो नहीं मिल सकता।'' भवनाथ ने कहा।

''अच्छा मकान माँग कौन रहा है?'' नरेंद्र बोला, ''मैं तो इसके लिए भी तैयार हूँ कि गंगा-तट पर कोई भू-खंड ही मिल जाए। हम वहाँ ठाकुर के लौकिक अवशेषों के लिए एक कमरा बना लें और स्वयं चाहे वृक्षों-तले रहें।''

''वैसे होना वह गंगा-तट पर ही चाहिए?'' भवनाथ ने पूछा।

''हाँ, होना वह गंगा-तट पर ही चाहिए। ठाकुर को गंगा इतनी प्रिय थी कि हम उनको गंगा से दूर रख ही नहीं सकते।'' नरेंद्र बोला, ''और फिर हमारे मठ के संन्यासी भी चाहेंगे कि वे लोग नित्य प्रति गंगा-स्नान करें और संभव हो तो गंगा-तट पर बैठकर ध्यान करें।''

''जहाँ तक मेरा व्यावहारिक ज्ञान है,'' भवनाथ बोला, ''गंगा-तट के बसे हुए क्षेत्र में न तो कोई मकान खाली मिलता है और न ही उसका किराया कम होता है।''

''हमें तो बसा हुआ क्षेत्र चाहिए ही नहीं। साधुओं को तो तपस्या के लिए एकांत चाहिए।'' नरेंद्र बोला, ''हम आबादी के जितने निकट होंगे, हमारे लिए विघ्न-बाधाएँ उतनी ही अधिक होंगी।···वैसे···'' उसने रुककर भवनाथ की ओर देखा, ''यदि वह काशीपुर के श्मशान के भी निकट हो, तो और भी अच्छा है। हम उस स्थान के निकट होंगे, जहाँ ठाकुर की अंत्येष्टि हुई थी।''

''तो यूँ कहो, तुम्हें कोई खँडहर-सा स्थान चाहिए, जहाँ सामान्य जन जाने से भी डरते हों।'' भवनाथ हँसकर बोला, ''मकान और मठ की क्या बात कर रहे हो।''

''यूँ ही समझ लो।'' नरेंद्र ने उत्तर दिया, ''और उसकी खोज में लग जाओ। मैं अपने अन्य मित्रों से भी कह रहा हूँ। जैसे ही हमें कोई स्थान मिल जाएगा, हम तत्काल अपने गुरुभाइयों को वहाँ बुला लेंगे।''

भवनाथ चुपचाप नरेंद्र को देखता रहा, कुछ बोला नहीं।

"क्या बात है?" नरेंद्र बोला, "ऐसे क्या देख रहे हो?"

"मैं सोच रहा हूँ," भवनाथ बोला, "तुम्हें कैसे यह विश्वास है कि किसी वीराने में एक खँडहर का प्रबंध कर लेने पर तुम्हारे गुरुभाई अपने घर का सारा सुख-आराम छोड़कर, परिवारों के सुखद वातावरण का त्याग कर, अपनी पढ़ाई-लिखाई झटक, तुम्हारे उस खँडहर में रहने आ जाएँगे। मुझे तो तुम्हारी इस सारी कल्पना से ही भय लग रहा है।"

नरेंद्र ने उसकी ओर उस दृष्टि से देखा, जो कह रही थी कि वह इतना मूर्ख क्यों है।

"उत्तर नहीं दिया तुमने?"

"तुम्हारे प्रश्न का क्या उत्तर दूँ," नरेंद्र बोला, "वे आएँगे, क्योंकि वे संन्यासी का जीवन जीना चाहते हैं, तपस्या करना चाहते हैं, ईश्वर-लाभ करना चाहते हैं। मैं उन्हें उसके उपयुक्त स्थान और परिवेश दूँगा।"

"वे घर में भी तो तपस्या कर सकते हैं।" भवनाथ बोला, "अब, जबकि वे पुनः अपने-अपने घर लौट गए हैं, उनके माता-पिता उन्हें ध्यान करने से इस भय से नहीं रोकेंगे कि कहीं वे पुनः गृह-त्याग न कर दें।"

"घर में तपस्या हो सकती तो गौतम ही गृह-त्याग क्यों करते?" नरेंद्र बोला, "शंकराचार्य अपनी माता को क्यों छोड़ जाते? पत्नी और माँ को छोड़कर चैतन्य महाप्रभु संन्यास ग्रहण क्यों करते?"

"पर घर पर तपस्या क्यों नहीं हो सकती?" भवनाथ हठपूर्वक बोला।

"क्योंकि घर का अर्थ है परिवार, और परिवार समाज का अंग है। समाज संसार का रूप है। तपस्या के माध्यम से हमें परिवार का मोह ही तो त्यागना है, सामाजिकता के बंधन तोड़ने हैं और संसार का संहार करना है।" नरेंद्र बोला, "अपने परिवार और समाज में रहकर, बिना स्वयं को तपाए, ईश्वर-निर्भरता कहाँ से आएगी? जब भोजन के समय माता भोजन का थाल सजाकर सामने रख देगी, तो अन्नदाता ईश्वर कहाँ से दिखाई देगा?" नरेंद्र रुक गया, "खैर, यह विवाद छोड़ो और मठ स्थापित करने में हमारी सहायता करो।"

"मैं पूरा प्रयत्न करूँगा।" भवनाथ कुछ इस भाव से उठा, जैसे कह रहा हो कि मुझे विश्वास तो तनिक भी नहीं है, पर तुम कह रहे हो तो कर देता हूँ।···

38

प्रातः नरेंद्र घर से निकलने लगा तो भुवनेश्वरी ने टोक दिया, "कहाँ जा रहा है तू?"

"काम से जा रहा हूँ माँ!" नरेंद्र ने उत्तर दिया।

"वही तो पूछ रही हूँ कि क्या काम है तुझे, जिसके लिए सुबह-सुबह घर से निकल जाता है और रात गए देर तक कलकत्ता की सड़कों पर भटकता फिरता है?"

"भटकना भी बहुत बड़ा काम है माँ!" नरेंद्र मुस्करा रहा था, "तुम्हें मालूम है, शंकराचार्य कितना भटके थे? यदि वे उतना न भटकते तो शायद कभी शंकराचार्य न बनते। और देखो माँ, राम तो चौदह वर्ष भटक-भटककर अवतार ही बन गए।···और कुछ उदाहरण दूँ?" उसने माँ की ओर देखा।

''नहीं, रहने दे तू।'' भुवनेश्वरी बोली, ''मैं तेरी इस कला से बहुत परिचित हो चुकी हूँ...और तू इस कला से लोकप्रिय नहीं हो रहा है। लोगों को तेरी सूरत से भी वितृष्णा होने लगी है।''

नरेंद्र ने जैसे तुरंत भाग जाने का निश्चय बदल दिया। वह आकर भुवनेश्वरी के पास बैठ गया, ''देख रहा हूँ कि तुम्हारे जासूस सारे नगर में फैले हैं। मैं कब, कहाँ क्या करता हूँ, इसकी सूचना तुम्हें मिलती रहती है। पर यह सूचना तो मेरे लिए भी नई है कि लोगों को मेरी सूरत से भी वितृष्णा होने लगी है। तुम्हें यह सूचना किसने दी माँ?''

''चल! अब बहुत बन मत।'' भुवनेश्वरी ने उसे स्नेहपूर्वक डाँटा, ''तू क्या शशि और शरत् के घर नहीं गया था?''

''गया था माँ!'' नरेंद्र बोला, ''मैं तो अपने गुरुभाइयों के घर जाता ही रहता हूँ।''

''जाता तो रहता है,'' भुवनेश्वरी बोली, ''पर क्या तूने कभी यह भी विचार किया है कि वह समय किसी भले आदमी के घर जाने का है भी या नहीं? किसके घर कितनी देर बैठना चाहिए, क्या यह भी कभी सोचा है तूने? किसी के लड़के को रात देर तक सड़क पर टहलाते हुए उपदेश देते रहना क्या उचित है?''

''इसमें उचित-अनुचित की बात कहाँ से आई माँ?'' नरेंद्र बोला, ''जब वे मेरे साथ धूनी जलाकर उसके चारों ओर बैठ सारी रात वेदांत-चर्चा करते थे, तब तो किसी ने नहीं सोचा कि वह उचित है या नहीं। जब वे दक्षिणेश्वर के किसी वृक्ष के नीचे मेरे साथ बैठकर सारी रात ध्यान करते थे, तब तो किसी ने नहीं कहा कि वह सब अनुचित था। जब ठाकुर की शय्या के साथ लगे, हम सारी रात उनका उपदेश सुनते थे और निर्देशानुसार साधना करते थे, तब तो तुम्हारा यह औचित्य हमारे आड़े कभी नहीं आया।''

''वे दिन और थे बिलेह!'' भुवनेश्वरी ने बहुत दिनों के पश्चात् नरेंद्र को उसके शैशव के नाम से पुकारा था, ''अब वे लड़के पुनः घर लौट आए हैं। उन्होंने अपने स्कूल-कॉलेज की शिक्षा आरंभ कर दी है। उनके माता-पिता नहीं चाहते कि वे लोग पुनः उसी वातावरण में लौट जाएँ। मुझे बताया गया है कि तुम उनकी शिक्षा के लिए विघ्न-स्वरूप हो। घण्टों उनके पास बैठकर अनर्गल बातों से उनका समय नष्ट करते हो।''

''मैं तो अपने पिछले दिनों की चर्चा करता हूँ। ठाकुर के जीवन की घटनाएँ सुनाता हूँ।'' नरेंद्र बोला, ''और उन्हें समझाता हूँ कि इस शिक्षा से कुछ नहीं होगा। यह सारी सांसारिक शिक्षा माया का अंधकार है, जो उन्हें वास्तविक ज्ञान और ईश्वर से दूर कर रही है।''

''तू चाहता है कि वे लोग अपनी पढ़ाई छोड़ दें? डिग्रियों का मोह त्याग दें?''

''हाँ, माँ!'' नरेंद्र बोला, ''क्योंकि यह सब अज्ञान है। सत्य तो केवल ठाकुर हैं।''

भुवनेश्वरी उसकी ओर देखती रही : यह लड़का समझता नहीं है या समझना नहीं चाहता? फिर बोली, ''क्या यह सत्य नहीं है कि तुझे देखकर शरत् ने अपना द्वार बंद कर दिया था?''

''सत्य है माँ!''

''और तब तूने क्या किया?''

''मैं उसके कपाट तब तक पीटता चला गया, जब तक कि उसने घबराकर द्वार खोलकर मुझे भीतर नहीं बुला लिया।'' नरेंद्र जैसे अपनी सफलता पर उल्लसित हो उठा था।

''तू सचमुच पगला है बिलेह!'' भुवनेश्वरी बोली, ''कोई तेरा इतना अनादर और अपमान करता है, और तू उनके आध्यात्मिक उत्थान के प्रयत्न में लगा है। वे तेरी सूरत नहीं देखना चाहते और तू उनको पारमार्थिक ज्ञान देने पर तुला है।''

नरेंद्र के चेहरे से मुस्कान लुप्त हो गई। वह पूरी तरह से गंभीर हो उठा, "मान-अपमान, आदर-अनादर, सत्कार-धिक्कार—ये सब तो अहंकार की माया हैं माँ! एक बार अहंकार का विगलन कर कोई देखे तो इन द्वंद्वों का कोई अर्थ ही नहीं रह जाता। वे लोग मेरे गुरुभाई हैं माँ! मेरे मन में उनके प्रति सिवाय प्रेम के अन्य कोई भाव हो ही नहीं सकता। ऐसे में मैं उनका यह पतन कैसे देख सकता हूँ!"

"तू उनका उत्थान चाहता है?" भुवनेश्वरी ने उसे घूरकर देखा, "तू चाहता है कि सभ्य घरों के ये लड़के हाथ में कटोरा लेकर सड़कों पर आ जाएँ और द्वार-द्वार भीख माँगते फिरें? यही उनका उत्थान है? तेरे गुरु ने संन्यास का प्रचार तो नहीं किया। वे स्वयं भी उन अर्थों में संन्यासी नहीं थे। उनकी वृद्धा माँ अपने अंतिम समय तब उनके पास रही। उनकी पत्नी उनके साथ थी। उनके भतीजे और भतीजियाँ सब उनकी छत्रछाया में सुरक्षित थे। तो तू क्यों चाहता है कि उनके शिष्य गली-गली भिक्षा माँगें, पेड़ों तले सोएँ और नग्न रहें? तेरे गुरु ने तो यह जीवन-पद्धति धारण नहीं की थी।"

नरेंद्र खिलखिलाकर हँस पड़ा, "मैं तो जानता ही नहीं था माँ! कि तुम मेरे गुरु और उनके परिवार के विषय में इतनी सूचनाएँ रखती हो।" उसने भुवनेश्वरी की ओर देखा, "ठाकुर के अनेक गृहस्थ शिष्यों की यही मान्यता है कि ठाकुर ने संन्यास का उपदेश नहीं दिया, किंतु उनके संन्यासी शिष्य तो यह नहीं मानते। वस्तुतः ठाकुर ने अपने किस शिष्य को क्या उपदेश दिया और कौन-सी विधि सुझाई, यह तो वह शिष्य ही जानता है।" उसने रुककर भुवनेश्वरी की ओर देखा, "अपने संन्यासी शिष्यों को उपदेश देते समय तो ठाकुर गृहस्थ शिष्यों को बाहर निकाल देते थे। वे क्या जानेंगे कि अपने संन्यासी शिष्यों को लेकर ठाकुर की क्या योजना थी।"

"तो तुम लोग अपने ठाकुर के उपदेश को किस रूप में साकार करना चाहते हो?" भुवनेश्वरी ने जैसे पहली बार वास्तविक जिज्ञासा की थी।

नरेंद्र कुछ क्षण तक चुप रहकर सोचता रहा, फिर बोला, "ठाकुर के सारे संन्यासी शिष्य भी एकमत नहीं हैं माँ!" वह रुका, "हममें से कुछ तो यह मानते हैं कि हमें एक मठ की स्थापना करनी चाहिए और वहाँ रहकर ईश्वर की उपलब्धि के लिए तपस्या करनी चाहिए।···किंतु मेरे गुरुभाइयों का एक वर्ग वह भी है जो यह मानता है कि मठ हो या न हो, वे संन्यास लेंगे ही। वे परिव्राजक, भ्रमणशील घुमक्कड़ साधु का जीवन व्यतीत करेंगे और जीवित रहने के लिए द्वार-द्वार भीख माँगेंगे।" नरेंद्र ने माँ के चेहरे पर दृष्टि टिकाई, "कुछ तो मठ-स्थापना के ही विरुद्ध हैं। वे कहते हैं कि उन्होंने अपने घर इसलिए तो नहीं छोड़े थे कि वे अन्यत्र एक नया घर बसाएँ। वे तो ठाकुर की उक्ति को बार-बार दुहराते हैं, 'रमता जोगी, बहता पानी।' निरंजन तो स्पष्ट कहता है माँ, कि साधु और साँप तो अपने लिए कभी घर बनाते ही नहीं। वे तो दूसरों के बनाए हुए घर में ही रहते हैं।"

"तू क्या चाहता है?" भुवनेश्वरी ने पूछा।

"मैं चाहता हूँ कि एक मठ बन जाए, जो इन सारे संन्यासियों को मात्र भिखारी बनने से रोके।" नरेंद्र बोला, "मेरे कुछ गुरुभाई यह मानते हैं कि उन्हें पहले ईश्वर-लाभ करना चाहिए और तब धर्मोपदेश और सेवा-कार्य करना चाहिए।" नरेंद्र कुछ क्षणों के लिए जैसे आत्मलीन होकर मौन हो गया और फिर अपनी अन्यमनस्कता तोड़ता हुआ बोला, "और मैं चाहता हूँ कि वे सारे संसार में ठाकुर के उपदेशों का प्रचार करें और अपने हृदय को पवित्र करने के लिए उन्हें तपस्या के रूप में मानव-सेवा करनी चाहिए। अंततः उसी से उन्हें ईश्वर-लाभ होगा।"

भुवनेश्वरी को लगा कि वह फिर से अन्यमनस्क हो गया है और शायद किसी गंभीर चिंता में लीन है।···

वह सिहर उठी···इस लड़के के भीतर वीरेश्वर महादेव ने क्या भर रखा है। इसकी आँखों का सम्मोहन, चेहरे का माधुर्य, वाणी की मिठास और तर्कों का इंद्रजाल किसी को भी अपने साथ बहा ले जाने में समर्थ है। इससे तो घर-गृहस्थी की, भाइयों के पालन-पोषण की, मकान के मुकदमे की चर्चा ही ठीक है। कहीं ऐसा न हो कि यह अपनी बातों से माँ के मन में भी वैराग्य जगा दे। कहीं भुवनेश्वरी का मन भी मचल गया तो महेंद्र और भूपेंद्र का क्या होगा?···इसके गुरुभाइयों के अभिभावक इससे सत्य ही डरते हैं। यह तो उनके लड़कों को भगा ले जाने वाला जादूगर है।···

39

तारक हावड़ा स्टेशन पर रेलगाड़ी से उतरा तो उसे लगा कि उसका सारा धैर्य समाप्त हो चुका था। उसे शीघ्रातिशीघ्र नरेंद्र द्वारा बताए हुए मठ में पहुँचना था।

काशीपुर के उद्यान-भवन से निकाले जाना उसे बहुत बुरा लगा था। घर से बेघर हो जाना किसे अच्छा लगता है?···वह जानता था कि संन्यासी का कोई घर नहीं होता, फिर भी कोई ऐसा स्थान तो होता ही है, जिसे वह अपना डेरा मान ले। जहाँ वह चैन से बैठकर ध्यान लगा सके। जहाँ वह जप कर सके। पूजा कर सके। जहाँ उसका उपास्य हो···काशीपुर में यह सब कुछ था। और उसे छोड़ते ही यह स्थिति हो गई कि जैसे पैर रखने के लिए कहीं भूमि ही न हो।···इसीलिए वह वृंदावन चला गया था। वृंदावन में ठाकुर नहीं थे, किंतु श्रीमाँ थीं। योगीन था, लाटू था···उनकी हताशा एक बड़ी सीमा तक दूर हो गई थी।···और तब उसे नरेंद्र का पत्र मिला था···कलकत्ता में मठ की स्थापना हो रही थी···तारक के भीतर ऐसा उत्साह उमड़ा कि वह तत्काल कलकत्ता जा पहुँचा, किंतु नरेंद्र ने उसे तार की प्रतीक्षा करने के लिए कहा था। वह काशी में रुका रहा था···। एक तो कलकत्ता निकट था। सूचना मिलते ही वह शीघ्र ही कलकत्ता पहुँच सकता था, और दूसरे, कलकत्ता की तुलना में काशी में साधु-संन्यासी के लिए अधिक सुविधाएँ थीं।···

नरेंद्र का तार मिलते ही उसे जैसे पंख लग गए थे···कैसा होगा उनका मठ? गंगा-तट पर कुछ वृक्षों का झुंड और सर्दी-गर्मी से बचने के लिए कोई कोठरी···इससे अधिक की तो उसे इच्छा ही नहीं थी। उनमें से शायद किसी को भी नहीं।···किंतु ठाकुर के लौकिक अवशेषों के लिए कोई स्थान?···महेंद्र ने इस विषय में तो कुछ बताया ही नहीं था। श्रीमाँ ने भी इसकी कोई चर्चा नहीं की थी। वह अस्थि-कलश शायद अभी श्रीमाँ के पास ही रहेगा। जब कोई उचित स्थान बन जाएगा, तब उसके विषय में सोचा जाएगा।···या बहुत संभव है, नरेंद्र ने कुछ सोच ही रखा हो।···नए मठ की स्थापना की बात भी तो उसी ने सोची थी···

तारक ताँगा करके बोसपाड़ा में बलराम बसु के घर पहुँचा। नरेंद्र और राखाल वहीं बैठे थे।

"कहाँ है मठ?" तारक ने पूछा।

बलराम हँस पड़ा, "अरे, लंबी यात्रा से आए हो। बैठो। थोड़ा विश्राम करो। खाओ-पिओ।"···

"नहीं।" तारक बोला,"मैंने ताँगा रोक रखा है। मैं सीधे मठ में ही जाना चाहता हूँ। मेरे

साथ चलो।" और सहसा वह रुक गया, उसके चेहरे से उल्लासमयी आतुरता के भाव विलीन हो गए और वहाँ चिंता प्रकट हो गई, "क्या मठ का प्रबंध नहीं हुआ?"

"देखो तो इसको!" नरेंद्र ने ताली बजाई, "हम यहाँ बैठे हैं, तो यह समझ रहा है कि मठ का प्रबंध हुआ ही नहीं है। यह तो मन में यही कल्पना लेकर आया होगा कि हम लोग मठ में समाधि लगाए बैठे होंगे।"

"और नहीं तो क्या?" तारक बोला, "मैं तो यही मानकर आया था। बताओ, मठ का प्रबंध हो गया है न?"

"हो गया है भाई! हो गया है।" राखाल ने कहा।

"कहाँ है?"

"शिवजी के साम्राज्य में।" राखाल बोला।

"क्या मतलब?" तारक पुनः चौंका।

"कुछ नहीं।" नरेंद्र उठ खड़ा हुआ, "राखाल तुम्हें चिढ़ा रहा है। ठाकुर ने कहा था न कि राखाल की राजबुद्धि है। वह चाहे तो एक बड़ा राज्य चला सकता है। उसी दिन से यह बस साम्राज्य की ही चर्चा करता है। साम्राज्य इसका नहीं है तो क्या हुआ, भगवान् महादेव का तो है। पर राजा!" नरेंद्र राखाल की ओर मुड़ा, "तुम इसे शिवजी के साम्राज्य से नहीं डरा सकते, यह भी तो तारकनाथ है। इसी का साम्राज्य हुआ।"

"उठो भाई।" तारक पुनः व्यग्र हो उठा था।

वे लोग ताँगे में आ बैठे तो तारक ने पुनः पूछा, "कहाँ है मठ?"

"कलकत्ता और दक्षिणेश्वर के मध्य, वराहनगर में।" नरेंद्र बोला, "गंगा-तट भी निकट है और काशीपुर का श्मशान घाट भी, जहाँ ठाकुर की अंत्येष्टि हुई थी।"

"अच्छा स्थान है।" तारक बोला, "किसने चुना?"

"कुछ भवनाथ ने और कुछ हमारी निर्धनता ने।" नरेंद्र बोला।

"हाँ! भवनाथ तो वराहनगर में ही रहता है न!" तारक ने जैसे अपने आप को याद दिलाया, "और निर्धनता ने कैसे चुना?"

"किराया कम है।" राखाल ने कहा, "अधिक किराया हम दे नहीं सकते। दे सकते तो कदाचित् इससे अच्छा स्थान चुनते।"

"कितना किराया है?"

"ग्यारह रुपए मासिक।"

"अरे!" तारक चौंका, "काशीनगर के उद्यान-भवन का तो अस्सी रुपए था। इसका इतना कम क्यों? क्या बहुत छोटा स्थान है?"

"नहीं, इतना छोटा भी नहीं है।" नरेंद्र ने उसे आश्वासन दिया, "निकट ही है। अब तुम सब कुछ अपनी आँखों से देख लेना।"

ताँगा जिस दो मंजिले मकान के सामने रुका, वह बाहर से सुनसान ही नहीं, उजाड़ भी लग रहा था।

"भवन तो टूट-फूटकर गिरने की प्रतीक्षा कर रहा है।" तारक बोला।

''मेरा तुमसे मतभेद है।'' राखाल ने कहा, ''मै मानता हूँ कि भवन गिरने की प्रतीक्षा नहीं कर रहा, गिरने को तत्पर बैठा है।''

''नहीं, भवन गिरने को आतुर है।'' नरेंद्र हँसकर बोला, ''तुम्हें बहुत निराशा हुई?''

''नहीं! निराशा क्यों होगी!'' तारक बोला, ''हमें तपस्या के लिए कोई एकांत स्थान चाहिए, नवाब सिराजुद्दौला का महल तो चाहिए नहीं।''

''तो तुम्हें यहाँ पर्याप्त एकांत मिलेगा।'' नरेंद्र बोला।

''कलकत्ता से दूर, इसलिए?''

''नहीं।''

''पुराना और उजाड़ भवन है, इसलिए?''

''नहीं।''

''श्मशान घाट के निकट है, इसलिए?''

''नहीं।''

''तो?''

''इसलिए कि यह भवन भुतहा माना जाता है।'' नरेंद्र बोला, ''आसपास के लोगों की मान्यता है, जो शव काशीपुर श्मशान घाट में जलते हैं, उनकी आत्माएँ आकर इसी मकान में बस जाती हैं।''

''और अब तो उनकी मान्यता सच होने जा रही है।'' राखाल बोला।

''क्यों?''

''क्योंकि तुम किसी भूत से कम तो हो नहीं।'' वह हँसा।

''तुम चिंता मत करो,'' नरेंद्र बोला, ''मैं इसमें बहुत सारे भूत एकत्रित कर दूँगा।''

वे लोग ताँगे से उतरकर, टूटे फाटक से होते हुए मुख्य भवन के निकट आए।

''नीचे की मंजिल में साँप भी बहुत हैं और छिपकलियाँ भी।'' नरेंद्र बोला, ''इन साँपों के कारण भी राजा इसे महादेव का साम्राज्य कहता है। इस साम्राज्य में अपने लिए स्थान बनाने के लिए कुछ सफाई करनी होगी, कुछ लड़ाई! यहाँ बसने वाले जीव-जंतु बहुत सुविधा से तो अपना अधिकार नहीं छोड़ेंगे!''

''अपना अधिकार कौन छोड़ता है।'' तारक बोला, ''और फिर हम तो किराएदार हैं, अनधिकृत घेर-घार करने वालों को कैसे रहने देंगे।''

''आओ, तुम्हें दिखाऊँ।'' नरेंद्र ऊपर चढ़ गया।

पूर्व के जिस कमरे के सम्मुख वह रुका, वह कुछ ठीक-ठाक हालत में था।

''इस कमरे को हम ठाकुर का मंदिर बनाना चाहते हैं।'' नरेंद्र ने कहा।

''ठीक सोचा है।'' तारक सहमत हो गया, ''ठाकुर के रहने का कमरा तो कुछ ठीक-ठाक हो।''

बीच का मुख्य कमरा जीर्ण और ध्वस्तप्राय स्थिति में था। उसे रहने के योग्य किसी भी स्थिति में नहीं कहा जा सकता था।

''यह हमारा कमरा होगा।'' नरेंद्र बोला, ''पसंद आया?''

''बहुत!'' तारक मुस्कराया, ''इतने बड़े कमरे की तो मैंने कल्पना भी नहीं की थी।''

''बाहर एक छज्जा भी है।'' नरेंद्र ने बताया, ''किंतु वह क्षतिग्रस्त है। उधर कोई न ही जाए तो अच्छा है। इसीलिए उधर के कपाट बंद कर रखे हैं।''

वे लोग नीचे उतर आए।

"भवन के पश्चिम की ओर कभी उद्यान रहा होगा।" नरेंद्र उसी ओर मुड़ गया, "अब वह वन के समान हो गया है। बहुत दिनों से उसे किसी ने सँवारा नहीं है, इसलिए झाड़ियाँ उग आई हैं और घास-पात ने सब जगह अपना अधिकार जमा लिया है। हमारी इच्छा होगी तो अपने श्रम से भगवान् के सौंदर्य को अनुभव करने के लिए उसे उद्यान में बदल लेंगे अथवा तपस्या के लिए उसे और भी बीहड़ वन बन जाने देंगे।"

पश्चिम से होते हुए वे लोग भवन के पिछवाड़े में आ गए। यहाँ एक छोटा-सा पोखर था। उस पर इतनी काई जम चुकी थी कि पानी दिखाई नहीं पड़ता था। काई के साथ-साथ जो दूसरी चीज दृष्टि को अपनी ओर खींचती थी, वे थे मच्छरों के झुंड। लगता था कि वह पोखर न केवल मच्छरों की जन्म और पोषण-भूमि मात्र था, वरन् वे वहाँ अनंत काल से परम स्वतंत्रता का आनंद भोग रहे थे।

"कैसा लगा अपना मठ?" नरेंद्र ने पूछा।

"ठीक है।" तारक ने संतोष तथा असंतोष के मध्य कहा।

"पहली दृष्टि में ही मुझे यह बहुत भयानक स्थान लगा।" नरेंद्र बोला, "और मैंने सोचा कि महाकाल और महाकाली के भक्तों के लिए इससे उत्तम स्थान दूसरा कोई नहीं हो सकता।"

"ठीक कहते हो।" राखाल ने उसका समर्थन किया।

टहलते-टहलते वे पुनः ऊपर के बड़े कमरे में आ गए।

"तुम कब से यहाँ रहना चाहते हो?" नरेंद्र ने पूछा।

"मैं और कहीं जा ही नहीं रहा।" तारक बोला, "मैं तो इसी क्षण से यहीं रह रहा हूँ।"

"तुम यदि यहीं रहे तो हम कलकत्ता लौटकर गोपाल दादा को भेज देते हैं।" नरेंद्र बोला, "वे भी आज से यहीं रहेंगे। छोटे गोपाल को सूचना दे देते हैं, वह ठाकुर का बिस्तर, उनके बर्तन तथा उनकी अन्य वस्तुएँ बलराम के घर से यहीं ले आएगा।"

"काली को भी सूचना दे दो।" तारक बोला, "वह भी शीघ्र ही आ जाएगा।"

"क्यों, क्या वह श्रीमाँ के साथ नहीं लौटेगा?" राखाल ने पूछा।

"नहीं! वह तो वृंदावन पहुँचकर ही पृथक् हो गया था।" तारक ने बाताया, "श्रीमाँ तो अभी कुछ समय और रहेंगी। फिर शायद वे तीर्थाटन करती हुई लौटेंगी।...काली उतनी देर कलकत्ता से बाहर नहीं रहेगा।"

"ठीक है। उसे भी सूचित कर देते हैं।" नरेंद्र ने कहा, "वह अपने कार्यक्रम के अनुसार लौट आएगा।"

"और गंगाधर?"

"गंगा शायद तिब्बत की ओर निकल गया है।" राखाल बोला, "कुछ ऐसी ही सूचना है।...पर जब भी लौटेगा, मठ में ही आएगा।"

"अच्छा, एक सूचना और है।" नरेंद्र ने तारक से कहा, "मठ के लिए एक रसोइया भी नियुक्त किया गया है।"

"रसोइया?"

"हाँ! क्यों?"

"साधु-संन्यासी क्या नौकर-चाकर रखेंगे?" तारक ने पूछा।

"तुम्हारा कहना ठीक है।" नरेंद्र ने उत्तर दिया, "किंतु यदि साधु-संन्यासी दिन-भर चूल्हा-चौका करते रहेंगे, तो तपस्या कब करेंगे? इसी विचार से सुरेंद्रनाथ मित्र के मठ के लिए एक रसोइये की नियुक्ति कर दी है। उसे भी सूचना भिजवा दूँगा। दो-एक दिनों में वह भी आ जाएगा। तुम लोगों को भोजन का कष्ट नहीं रहेगा।"

"कितने रुपयों पर नियुक्त हुआ है वह?" तारक ने पूछा।

"क्यों, क्या तुमको अपने लिए चाहिए वह नियुक्ति?" नरेंद्र हँसा, "छह रुपए मासिक लेगा। उसका नाम भी शशि है। आएगा तो शेष प्रश्न उससे पूछ लेना।"

संध्या-समय नरेंद्र, सुरेंद्रनाथ मित्र के घर आया तो उसने तारक के आने की सूचना दी।

"तो अंततः मठ स्थापित हो ही गया।" सुरेंद्र प्रसन्न था, "मैं प्रत्येक मास मठ के लिए तुम्हें तीस-चालीस रुपए दे दिया करूँगा। वे चालीस-पचास भी हो सकते हैं।···" वह रुका और पलटकर बोला, "यह भी कोई अंतिम सीमा नहीं है। मैं इससे भी अधिक दे सकता हूँ।···किंतु तुम अपने सारे संन्यासियों को मठ में एकत्रित करो।"

"मैं पूरा प्रयत्न कर रहा हूँ।" नरेंद्र बोला, "आप चिंता न करें। मुझे पूर्ण आशा है कि ठाकुर की कृपा से वे सब लोग, जिन्हें ठाकुर ने भगवा वस्त्र दिया था, इस मठ में आ ही जाएँगे। बाद में और लोग भी आ सकते हैं।" उसने रुककर सुरेंद्र की ओर देखा, "पहले मेरे मन में कुछ चिंता थी, किंतु अब मैं एक प्रकार से निश्चिंत हूँ। आप तो हैं ही, आवश्यकता पड़ने पर बलराम भी सहायता करेंगे। हम माँगेंगे तो गिरीश भी पीछे नहीं हटेगा।···और इस पर भी यदि पैसे की दिक्कत हो, तो हो। इसी से साधु-संन्यासी ईश्वर पर निर्भर रहना सीखेंगे। जब एक अकेला संन्यासी ईश्वर पर निर्भर रहता है तो उनका समूह एक पूरा मठ क्यों उस पर निर्भर नहीं रह सकता?"

"तुमने अपने विषय में क्या सोचा है?" सुरेंद्र ने पूछा, "तुम घर में रहोगे, या मठ में?"

"वैसे तो घर पर रहकर भी मेरी तपस्या में कोई बाधा नहीं है।" नरेंद्र बोला, "मुझे कॉलेज जाने के लिए कोई बाध्य नहीं कर सकता। विवाह के मामले में मुझसे जबरदस्ती नहीं हो सकती।···पर फिर भी मैं दूसरों को उपदेश देता रहूँ कि वे गृह-त्याग कर मठ में रहें और मैं स्वयं घर पर रहूँ तो मेरे गुरुभाइयों पर अच्छा प्रभाव नहीं पड़ेगा।"

"तो मठ में रहोगे?"

"नहीं! अभी मेरे परिवार की स्थिति ऐसी नहीं है कि उन्हें पूर्णतः त्यागकर मठ में चला जाऊँ और भगवा धारण कर लूँ।" नरेंद्र बोला, "उन्हें नानी के घर भेजना है। आय की कोई व्यवस्था करनी है। मुकदमा निबटाना है।···फिर भी मैं प्रायः रातें मठ में ही बिताऊँगा और दिन का अधिक भाग भी गुरुभाइयों के साथ ही गुजारूँगा।···पर घर आना-जाना बना ही रहेगा।"

"मेरी भी यही स्थिति है।" छोटे गोपाल ने प्रवेश करते हुए कहा, "मैं भी मठ में रहना चाहता हूँ, किंतु घर छोड़ नहीं सकता।"

"ठीक है, घर पर ही रहो!" नरेंद्र बोला, "किंतु बलराम के घर से लेकर ठाकुर का सारा सामान जरूर मठ में पहुँचा देना।"

"आप कहें तो बलराम बाबू का भी सारा सामान मठ में पहुँचा दूँ?" गोपाल हँसा।

"नहीं भाई! तब तो संन्यासियों के रहने योग्य स्थान ही नहीं रह जाएगा।" नरेंद्र हँसा।

"पर तुम मठ में क्यों नहीं जा सकते?" सुरेंद्र ने पूछा, "श्यामपुकुर और काशीपुर में तो तुम सबसे पहले रहने वालों में से थे।"

"मेरा परिवार।" गोपाल बोला, "उनका दायित्व।"

सुरेंद्र कुछ देर सोचता रहा, फिर मंद स्वर में बोला, "यदि तुम्हें उचित जँचे तो तुम मठ में चले जाओ। तुम्हारे परिवार का जिम्मा मैंने लिया।"

"ले गोपाल! तेरे तो भाग्य खुल गए।" नरेंद्र बाला, "अब तो तेरा कल ही मठ में जाना पक्का हो गया।"

नरेंद्र उठ खड़ा हुआ।

"क्या बात है?" सुरेंद्र बोला, "अचानक ही उठ खड़े हुए?"

"शरत् और शशि के पास भी जाऊँगा।" नरेंद्र बोला, "जानता हूँ, अभी उन्हें आकर मठ में रहने के लिए सहमत नहीं कर सकता, किंतु उन्हें मठ में आकर अपने गुरुभाइयों से मिलने का निमंत्रण तो दे आऊँ।"

"नरेन!" सुरेंद्र ने अत्यंत गंभीर स्वर में कहा, "तुम जानते हो कि जो कुछ तुम कर रहे हो, उसमें कितना जोखिम है?"

"जोखिम? जोखिम कैसा?" नरेंद्र हँस रहा था।

"ठाकुर के देह-त्याग पर शारदाप्रसन्न के पिता ने प्रसन्नतापूर्वक हँसते हुए कहा था, 'मैंने कालीघाट पर जाकर जाप किया था, तभी तो ऐसा हुआ।' " सुरेंद्र बोला।

"यह सब बकवास है।" नरेंद्र ने उत्तर दिया, "किसी के जाप से ठाकुर का कोई अनिष्ट नहीं हो सकता।"

"वह तो मैं भी जानता हूँ।" सुरेंद्र बोला, "मैं तो केवल इतना बता रहा हूँ कि जिन लड़कों को तुम मठ में लाने का प्रयत्न कर रहे हो, उनके माता-पिता और अभिभावक इस सीमा तक भी जा सकते हैं। जो लोग ठाकुर की मृत्यु की कामना कर सकते हैं, वे तुम्हारा अनिष्ट नहीं चाहेंगे?"

"सुरेन बाबू! अब मैं अपना इष्ट देखूँ कि अपने गुरुभाइयों का?" नरेंद्र हँसा, "आज तक मैं अपनी माँ का ही मोह दूर नहीं कर पाया तो अपने गुरुभाइयों के परिवारजनों का मोह कैसे दूर कर सकता हूँ।···किंतु अपने गुरुभाइयों का मोह तो मुझे दूर करना ही है।"

"मैंने सुना है कि शशि के पिता भी तुम्हें बहुत कोस रहे हैं कि तुम उनके अच्छे-भले लड़के को नष्ट करने पर तुले हो।" सुरेंद्र अब भी चिंतित था।

"हम घर जारा आपना, लिया मुराड़ा हाथ।
अब घर जारूँ तासू का, जो चलै हमारे साथ॥"

नरेंद्र हँसता हुआ उठ खड़ा हुआ, "अब चलूँ।"

"ठीक है।" सुरेंद्र बोला, "पर सावधान रहना।"

नरेंद्र के जाने के पश्चात् सुरेंद्र और छोटे गोपाल के मध्य कुछ देर के लिए मौन रहा, फिर सुरेंद्र ही बोला, "तो तुम मठ में जा रहे हो?"

"इच्छा तो आज रात को ही चले जाने की है," वह बोला, "किंतु अब कल ही जाऊँगा।"

"तो एक और काम तुम्हें सौंप रहा हूँ।"

गोपाल ने उसकी ओर देखा।

"काशीपुर में भी रुपए-पैसे का हिसाब-किताब तुम देखते थे, यहाँ भी उसे तुम्हीं देखना।" सुरेंद्र ने कहा।

"हिसाब लिखकर दिखाना होगा?" गोपाल के स्वर में रोष की बहुत हलकी लाली थी।

"न लिखना होगा, न दिखाना होगा।" सुरेंद्र बोला, "तुम्हें केवल यह ध्यान रखना होगा कि कब मठ के पैसे समाप्त हो गए और कब मठवासी पैसे के अभाव में कष्ट भोग रहे हैं।"

"इससे क्या होगा?"

"तुम मुझे सूचना देते रहना।" सुरेंद्र बोला, "मुझे! केवल मुझे! मठ वालों को भी यह ज्ञात नहीं होना चाहिए कि तुम ऐसी सूचना मुझे दे रहे हो।"

"पर क्यों?" गोपाल ने पूछा।

"देखो! तुम्हारे ये सारे संन्यासी गुरुभाई बहुत स्वाभिमानी भी हैं और हठी भी।" सुरेंद्र बोला, "वे मुझसे अपना अभाव कहकर और धन माँगना नहीं चाहेंगे।" ऐसे में मैं समझता रहूँगा कि वे लोग कष्ट में नहीं हैं, और वे व्यर्थ कष्ट भोगते रहेंगे।"

"तो आप वैसे ही राशि बढ़ा दीजिए। इतनी कि उन्हें कष्ट हो ही नहीं।" गोपाल बोला।

"इतना धनाढ्य तो मैं भी नहीं हूँ कि कोई इतनी बड़ी राशि मठ को दे दूँ, जो उनके लिए हर हालत में पर्याप्त हो," सुरेंद्र बोला, "फिर मानव-प्रकृति है कि वह खर्च उतना ही करना चाहता है, जितना अनिवार्य हो, और मैं आवश्यकता से अधिक देकर मठवासियों को विलासपूर्ण जीवन का अभ्यस्त भी नहीं बनाना चाहता।"

"समझ गया!" गोपाल मन-ही-मन किसी सोच में डूब गया।

40

नरेंद्र प्रातः बहुत जल्दी ही वराहनगर मठ में पहुँच गया।

तारक, गोपाल दादा, छोटा गोपाल, काली इत्यादि सब लोग उसके चारों ओर घिर आए, "नरेंद्र! चलो, थोड़ी देर हमें कुछ भजन सुनाओ।"

"भजन! तुम्हें पता है, एक बार गाने बैठ गया तो दो-तीन घंटे तो होश भी नहीं आएगा।" नरेंद्र हँसा, "आज कुछ जल्दी में हूँ।"

"क्या बात है?" गोपाल दादा ने पूछा।

"सोचता हूँ, शरत् के घर हो आऊँ।" नरेंद्र बोला, "पिछली बार उससे मिला था तो वह मठ में आने के लिए कुछ-कुछ सहमत हो गया था। संभव है, आज पूरा सहमत हो जाए।"

"यह तो बहुत अच्छा समाचार है।" तारक बोला, "शरत् और शशि भी आ जाएँ, तो फिर आनंद ही आनंद है।"

"तो फिर चलो, दो-एक आदमी मेरे साथ।" नरेंद्र बोला, "ताकि उसे तसल्ली हो जाए कि मठ में रहने वाले लोग कितने आनंद में हैं।"

"तुम बोलो! किसे ले जाना चाहते हो?" छोटा गोपाल बोला, "मैं चलूँ?"

"चलो। तुम चलो, और काली को साथ ले लेते हैं।" नरेंद्र ने कहा, "गोपाल दादा को नहीं ले जाएँगे, नहीं तो वे कहेंगे कि दादा की तो अवस्था ही है मठ की। हम क्यों जाएँ?" वह हँसा।

"और मैं?" तारक ने पूछा।

"तुम्हें भी ले गए तो इधर गोपाल दादा अकेले हो जाएँगे, उधर भीड़ बढ़ जाएगी।" नरेंद्र बोला, "क्यों, ठीक है?"

"ठीक है।" गोपाल दादा ने कहा, "हो आओ तुम लोग। ठाकुर तुम्हें सफलता दें।"

संयोग ही था कि शरत् और शशि दोनों ही उन्हें घर पर मिल गए।

शरत् ने कपाट खोले और उन्हें कमरे के भीतर बैठाया। नरेंद्र के लिए यह पर्याप्त सुखद अनुभव था, क्योंकि पिछली बार जब वह आया था तो शरत् ने अपने पिता के भय से कपाट ही नहीं खोले थे और उसके लिए भी नरेंद्र को पर्याप्त श्रम करना पड़ा था।

"कैसे हो तुम लोग?" शरत् ने पूछा।

"आनंद में हैं।" काली बोला, "ध्यान करते हैं, पूजा करते हैं, अध्ययन करते हैं, चर्चा करते हैं और भजन गाते हैं।"

शरत् कुछ हत्प्रभ-सा दीख रहा था। उसने अपनी जिह्वा से तो कुछ नहीं कहा, किंतु उसकी आँखें जैसे अपनी पीड़ा और वंचना की कथा स्पष्ट कह रही थीं।

"कौन करवाता है यह सब तुमसे? ठाकुर तो अब हैं नहीं।" शशि ने कमरे में प्रवेश करते हुए कहा। निश्चय ही उसने काली की बात सुन ली थी।

"तुम्हें स्मरण है, अपनी महासमाधि से एक रात पूर्व ठाकुर ने हम सबके सामने नरेंद्र को बुलाकर कहा था, 'मेरे बाद तुम अपने गुरुभाइयों को एक साथ रखना। यह न हो कि ये सांसारिक जीवन में लौट जाएँ।' ठाकुर ने नरेंद्र को हमारा नेता बनाया था। वही हमारा नेता है। वही यह सब चला रहा है।..." काली बोलता जा रहा था।

"मैं क्या चला रहा हूँ।" नरेंद्र ने काली की बात काट दी, "सब ठाकुर की कृपा है! वे ही सब कुछ चला रहे हैं। उनकी इच्छा है कि मठ की स्थापना हो और हम सब उसमें रहें और संन्यासी जीवन के आदर्श पर चलें।"

"पर तुम स्वयं तो मठ में रहते नहीं।" शशि बोला, "फिर नेतृत्व कैसे करते हो?"

"मैं मठ में नहीं रहता।" नरेंद्र बोला, "पर ठाकुर तो वहाँ रहते हैं।"

"ठाकुर वहाँ रहते हैं?" शशि जैसे अपने आपसे बोला।

"हाँ, ठाकुर वहाँ रहते हैं।" नरेंद्र बोला, "मठ में प्रवेश करते ही, जैसे मैं उनकी उपस्थिति का अनुभव करने लगता हूँ। उनकी बातें स्मरण हो आती हैं। कितना प्रेम करते थे वे हमसे!" और नरेंद्र जैसे ठाकुर के विचारों में ही डूब गया, "मेरे विवाह की बात सुनकर, माँ काली के पैर पकड़कर, वे रोए थे। रोते हुए कहा था, 'माँ! वह सब फेर दे माँ! नरेंद्र कहीं डूब न जाए।' जो व्यक्ति अपने लिए भगवान् से भी याचना नहीं करना चाहता, वही अपने स्नेहवश हमारे लिए...।"

"हाँ, प्रेम तो वे मुझसे भी बहुत करते थे।" शरत् की आँखों के सामने भी ठाकुर संबंधी अनेक दृश्य घूमने लगे थे।

"जब पिताजी का देहांत हो गया, माँ और भाइयों को भोजन तक की कठिनाई हो गई, तब मैं एक दिन अन्नदा गुहा के साथ उनके पास गया था।" नरेंद्र बोला, "उन्होंने अन्नदा गुहा से कहा, 'नरेंद्र के पिताजी का देहांत हो गया है। घर वालों को बड़ा कष्ट हो रहा है। इस समय यदि इष्ट मित्र उसकी सहायता करें, तो बड़ा अच्छा हो।' अन्नदा गुहा के चले जाने पर मैंने उनसे रोषपूर्वक कहा, 'आपने उनसे ये बातें क्यों कहीं?' यह सुनकर वे रोने लगे। बोले, 'अरे,

तेरे लिए मैं द्वार-द्वार भीख माँग सकता हूँ।'...उन्होंने हम सबको अपने प्रेम के वशीभूत कर लिया था।''

''कहते तो ठीक हो।'' शशि बोला, ''पर अब वे मिलेंगे कहाँ? सब कुछ समाप्त हो गया।''

''कुछ भी समाप्त नहीं हुआ मूर्ख!'' नरेंद्र हँसकर बोला, ''हम सबकी देह उनकी जीवित समाधि है। हमसे दूर नहीं हैं वे। मठ में जाकर देख तो सही, वे वहाँ हैं या नहीं।''

''मैं आज तुम्हारे साथ चलूँगा।'' शशि बोला, ''देखता हूँ, तुम्हारी बात कितनी सत्य है। यदि वे वस्तुतः वहाँ हैं, तो मैं कैसा मूर्ख हूँ जो इस सांसारिक विद्या की पुस्तकों में सिर मार रहा हूँ और कलकत्ता विश्वविद्यालय से बी॰ए॰ की उपाधि की याचना कर रहा हूँ।''

''चलूँगा तो मैं भी।'' शरत् बोला, ''किंतु रात को मठ में मुझे रोकना मत। दिन के समय बाहर रहूँगा तो पिताजी मान लेंगे कि मैं अपने किसी मित्र के घर गया हूँ...किंतु रात को! न बाबा न! हमारे काशीपुर में रह जाने के कारण वे इतने भयभीत हैं कि अब मेरा एक रात कहीं बाहर रहना भी उन्हें सह्य नहीं है।''

''तो चलो। मठ में जाने का अर्थ मठ में रह जाना तो नहीं है।'' नरेंद्र बोला, ''अपने मित्रों से मिलो। मठ की दिनचर्या देखो। अपनी इच्छानुसार उसमें सम्मिलित होओ।...''

दोपहर के भोजन के पश्चात् वे लोग मठ में लौट आए। प्रामाणिक घाट मार्ग पर स्थित खँडहर में स्थित इस मठ को देखकर शरत् और शशि दोनों ही चौंके।

''यह मठ है?''

''इसे मठ मत समझो।'' नरेंद्र बोला, ''यह समझो कि हमने अपनी तपस्या के लिए किसी वन में डेरा डाला है। हम प्रकृति के बहुत निकट हैं। महाकाली के भक्त हैं हम, इसलिए प्रकृति का कोई सुंदर प्रदेश न चुनकर भयंकर स्थान चुना है। यहाँ हमें प्रकृति का वह भयंकर रूप उपलब्ध है, जो कलकत्ता के आसपास मिलना कठिन था। महादेव शिव के गले के हार सर्प-गण यहाँ सामान्य नागरिकों के समान पूर्ण स्वतंत्रता से विचरते हैं।''

''कमरे कितने हैं?'' शरत् ने पूछा।

''गिनने को तो छह कमरे हैं,'' छोटे गोपाल ने बताया, ''किंतु थोड़ी ठीक स्थिति में केवल एक ही है, जिसमें ठाकुर का मंदिर बनाया है।''

''ठाकुर का मंदिर?'' शशि ने उत्सुकता से उसकी ओर देखा, ''कहाँ है, जरा दिखाओ तो।''

''आओ।'' छोटा गोपाल आगे बढ़ गया।

शशि उसके पीछे-पीछे चल पड़ा।

किंतु ठाकुर के मंदिर में पहुँचने से पहले ही उन्हें तारक और गोपाल दादा मिल गए। वे उनसे मिलने के लिए नीचे ही आ रहे थे।

''ये दोनों हैं इस मठ के प्रथम निवासी।'' नरेंद्र बोला, ''यह कहो कि संस्थापकगण।''

''संस्थापक तो सुरेंद्रनाथ मित्र हैं।'' छोटे गोपाल ने कहा।

''हाँ! प्रयत्न और कर्म की दृष्टि से इस मठ का संस्थापक नरेंद्र है।'' तारक ने कहा, ''धन की दृष्टि से सुरेंद्रनाथ मित्र हैं, और निवास करने की दृष्टि से मैं, गोपाल दादा और छोटा गोपाल—तीनों ही हैं। स्थापना भी तो कई प्रकार से होती है।''

''और काली, तुम कितने दिनों बाद आए?'' शशि ने पूछा।

''लगभग एक महीना बाद।'' काली ने कहा।

''तुम वृंदावन में क्या करते रहे—श्रीमाँ की सेवा?'' शरत् ने पूछा।

''नहीं रे! मैं तो वृंदावन पहुँचकर ही उनसे अलग हो गया था।''

''क्यों?'' शरत् ने पूछा।

''मेरी इच्छा थी कि मैं वृंदावन की परिक्रमा करूँ। वैष्णव-महत्त्व के सारे स्थान देखूँ।'' काली ने बताया, ''इसलिए योगीन, लाटू और तारक की देखभाल में माँ को छोड़कर परिक्रमा के लिए अकेला चला गया।''

''पर तारक तो तुमसे भी पहले लौट आया।'' शशि बोला।

''हाँ! मुझे नरेंद्र का पत्र मिला कि यहाँ मठ की स्थापना हो रही है। मेरे तार की प्रतीक्षा करो, और तार मिलते ही चले जाओ।'' तारक ने बताया, ''मैं वृंदावन से बनारस चला आया। वहीं नरेंद्र के तार की प्रतीक्षा करता रहा और उसका तार मिलते ही चला आया।''

वे लोग सीढ़ियाँ चढ़कर बड़े कमरे में आ गए थे।

''यह संन्यासियों का कमरा है।'' छोटा गोपाल बोला।

''तुम्हारी परिक्रमा कैसी रही काली?'' शरत् ने पूछा।

''मैं ठाकुर का दिया भगवा वस्त्र पहन, हाथ में कमंडल लेकर निकल पड़ा।'' काली ने उत्तर दिया, ''मेरे पास बिस्तर अथवा कंबल भी नहीं था। वैसे वृंदावन में उन दिनों मौसम गर्म ही था, इसलिए कंबल इत्यादि व्यर्थ के बोझ ही होते। रुपया-पैसा न छूने का मेरा संकल्प था। इसलिए मेरे पास पैसे भी नहीं थे। पाँच घरों के सम्मुख 'नारायण हरि' की पुकार लगाता था। जो मिल जाता था, उसी को खाकर संतोष कर लिया करता था। परिक्रमा के लिए मैंने वैष्णव वैरागियों के एक दल का साथ चुना था। मैंने भगवा पहन रखा था, इसलिए वैरागी मुझसे बात नहीं करते थे। वे मानते थे कि भगवा धारण करने के कारण मैं ज्ञानभागी हूँ, अतः भगवान् कृष्ण के ईश्वरत्व में मेरा विश्वास नहीं है। उनका दृष्टिकोण मालूम होने पर मैंने भी उनसे वार्तालाप का प्रयत्न नहीं किया और यही दिखाया, जैसे मैंने मौन-व्रत धारण कर रखा है। मार्ग में उन लोगों से इतना अवश्य जान लेता था कि विभिन्न स्थानों का श्रीकृष्ण की लीला से क्या संबंध रहा है। वे लोग जितना संभव था, मुझसे उतना दूर ही रहते थे, पर मैं उनके साथ ही लगा रहता था। मधुकरी के लिए भी मैं उनके पीछे-पीछे जाता था। जिन घरों से वे भिक्षा माँगते थे, मैं उन्हें छोड़ देता था।''

''तो उनसे तुम्हारी मैत्री हुई ही नहीं?'' शरत् ने पूछा।

''एक दिन मैं आत्मलीन-सा बैठा श्रीमद्भागवत् में से रासपंचयोदय को गा रहा था'''न खलु गोपिकानंदनो भवान्। अखिल देहिनां अंतरात्मदृक।'''''' काली ने बताया, ''उन वैरागियों ने कहीं वह सुन लिया। बस! वे आ गए। बोले, 'आप तो बड़े कृष्ण-भक्त हैं। हमें तो मालूम ही नहीं हुआ। हम ही मूर्ख थे। हमें क्षमा करें और आज से हमारी सेवा स्वीकार करें। आपको मधुकरी के लिए जाने की आवश्यकता नहीं है। हम भिक्षाटन करेंगे और आपको पहले खिलाकर ही स्वयं खाएँगे।''

''तब?''

''परिक्रमा पूरी कर मैं वृंदावन में काला बाबू कुंज में श्रीमाँ के पास लौटा। वहाँ तारक दादा को न देखकर मैंने उनके विषय में पूछा।'' काली बोला, ''योगीन ने बताया कि वराहनगर में मठ की स्थापना हो गई है, इसलिए तारक दादा चले गए हैं। बस, फिर क्या था, मैंने भी श्रीमाँ से कलकत्ता लौटने की अनुमति माँगी। श्रीमाँ ने प्रसन्नतापूर्वक मुझे लौटने की अनुमति दे दी, किंतु साथ ही यह इच्छा भी व्यक्त की कि मैं मास्टर महाशय महेंद्र गुप्त की पत्नी निकुंजदेवी

को अपने साथ कलकत्ता ले जाऊँ। मानसिक रूप से अस्वस्थ पत्नी के लिए मास्टर महाशय कुछ चिंतित थे।''

''तुमने क्या कहा?''

''कहना क्या था! श्रीमाँ की इच्छा को पूरा करना मेरा सबसे बड़ा धर्म था।'' काली बोला, ''किंतु मनोरोगी को अपने साथ लेकर यात्रा करने की घबराहट भी थी।''

''तो मार्ग में कोई परेशानी हुई?'' शरत् ने पूछा।

''नहीं! मथुरा के स्टेशनमास्टर एक बंगाली सज्जन थे। उनसे मैंने अपनी समस्या कही।'' काली बोला, ''उन्होंने मुझे अपेक्षाकृत एक खाली डब्बे में बैठाकर, उसकी चाबी मुझे सौंप दी और कहा कि प्रत्येक बड़े स्टेशन पर गाड़ी रुकने से पहले मैं डब्बा भीतर से बंद कर लूँ, ताकि डब्बे में भीड़ हो ही न पाए। मैंने वही किया और बिना किसी विशेष कष्ट के कलकत्ता पहुँच गया।''

''इसका बंगालीपन काम आ गया।'' नरेंद्र हँसा।

शशि बड़ी देर से उचाट मन से काली की कथा सुन रहा था। अंततः कुछ उकताकर बोला, ''अच्छा! मुझे ठाकुर का मंदिर तो दिखाओ।''

''आओ! आओ!'' छोटा गोपाल उत्सुकतापूर्वक सबसे आगे चला।

शेष सब लोग उसके पीछे-पीछे आए।

कमरे के द्वार पर आते ही सबके मन न केवल कुछ भारी हो गए, वरन् उनका सिर भी श्रद्धावनत हो गया।

शशि सबसे पहले ठाकुर की शय्या के निकट आया। उसने हाथ जोड़कर प्रणाम किया और हाथ बाँधे ससम्मान इस प्रकार खड़ा हो गया, जैसे ठाकुर स्वयं उस चारपाई पर लेटे हों। कुछ देर वह आत्मलीन-सा इस प्रकार मौन-मूक खड़ा रहा, जैसे कोई दर्शनार्थी मंदिर में आता है, और फिर इस प्रकार क्रियाशील हुआ, जैसे वह इस मंदिर का पुजारी हो। उसने चारपाई को थोड़ा-सा खिसकाकर सीधा किया। लपेटकर रखे गए बिस्तर को खोलकर, एक-एक कपड़े को झाड़कर बिछाया, जैसे ठाकुर उस पर सोने के लिए आने वाले हों। उनके जूतों को चारपाई के निकट उस स्थान पर रखा, जहाँ ठाकुर चारपाई पर लेटते समय रखते थे। उनके बर्तन इत्यादि भी उसने सँवारकर एक ओर इस प्रकार लगा दिए, जैसे ठाकुर यहाँ रहते हों और उनके ये बर्तन प्रतिदिन प्रयोग में आते हों।…और फिर उसने उनका चित्र लाकर चारपाई पर रख दिया…उसने भूमिष्ठ हो प्रणाम किया और कमरे से बाहर निकल आया।

सबने अनुभव किया कि शशि द्वारा सँवारे जाने पर उस कमरे का रूप ही बदल गया था। अब तक वह एक कमरा था, जहाँ ठाकुर का सामान रखा गया था और अब वह एक कमरा था, जिसमें ठाकुर निवास करते थे।

वे लोग कमरे से बाहर निकले तो शशि ने नरेंद्र से कहा, ''तुमने ठीक कहा था नरेन! मैंने मठ में आकर ठाकुर के अस्तित्व का अनुभव किया है। मैं कल से ठाकुर की पूरी सेवा करूँगा।''

''पूरी सेवा का अर्थ?'' नरेंद्र कुछ चकित था।

''ठाकुर का बिस्तर लगेगा। उनको भोग लगेगा। उनकी पूजा होगी। आरती होगी और उसी मंदिर में ध्यान किया जाएगा।'' शशि बोला।

''यदि तुम यह सब करना चाहते हो तो तुम्हें प्रातः बहुत सवेरे आना पड़ेगा।'' गोपाल दादा ने कहा।

“ ‘आना पड़ेगा’ का क्या अर्थ है?” शशि बोला, “मैं घर जा ही नहीं रहा। मैं अब यहीं रहूँगा।”

“ओह शशि!” नरेंद्र ने उसे भुजाओं में भर लिया, “तुमने सचमुच यहाँ ठाकुर का साक्षात्कार किया है।”

“और तुम शरत्?” तारक ने पूछा।

“मैं! मैं रात को नहीं रुकूँगा।” शरत् बोला, “आज तो घर जाऊँगा ही, किंतु उचित अवसर देखकर एक-आध सप्ताह में तुम लोगों के पास आ जाऊँगा और यहीं रहूँगा।”

अपनी भाव-विह्वलता में सब जैसे स्तब्ध खड़े रह गए।

“ठाकुर सचमुच हम पर बहुत कृपालु हैं।” अंत में नरेंद्र बोला।

41

नरेंद्र को बाबूराम के साथ कहीं जाने की चर्चा करते सुन निरंजन ने पूछा, “कहाँ जा रहे हो तुम लोग?”

“मैं अपनी काकी के घर जा रहा हूँ।” नरेंद्र मुस्करा रहा था।

“काकी माने? जिनके साथ तुम्हारा जायदाद का मुकदमा चल रहा है, उनके घर?” काली ने पूछा।

“अरे, नहीं! उनके घर जाकर क्या करूँगा!” नरेंद्र बोला, “एक और काकी हैं मेरी, उनके घर निमंत्रण है।”

“अच्छा! जो निमंत्रण भिजवा दे, वही काकी!” शशि हँसा, “संन्यासी के साथ बड़ी समस्या है, जो कोई कहलवा दे कि आकर भोजन कर जाओ, वही काकी हो जाती है।”

“नहीं, ऐसा कुछ नहीं है।” बाबूराम बोला, “नरेंद्र मेरे साथ मेरे गाँव जा रहा है आँटपुर। माँ ने निमंत्रण भेजा था कि बड़े दिन की छुट्टियों में कुछ दिनों के लिए गाँव आ जाना।”

“ओह! तो बाबूराम महाशय की माँ नरेंद्र की काकी कैसे हो गईं?” तारक भी वार्तालाप में आ मिला था।

“भूल हो गई भाई! कहना चाहिए था, माँ के पास जा रहा हूँ।” नरेंद्र बोला, “बाबूराम की माँ, मेरी काकी कैसे हुईं, वे तो मेरी भी माँ हुईं।”

“अब ठीक है।” शशि बोला, “मैं भी माँ के पास, आँटपुर जाऊँगा। आखिर बाबूराम की माँ, मेरी भी तो माँ हुईं।”

“तो मेरी माँ क्यों नहीं हुईं?” काली ने पूछा।

“ओह-हो! तुम सबकी माँ हुईं।” नरेंद्र बोला, “पर निमंत्रण तो मेरे लिए ही है।”

“माँ से निमंत्रण की क्या अपेक्षा?” शशि बोला, “मैं तो इसलिए जाऊँगा, क्योंकि मेरा मन हो रहा है।”

“जिस-जिसका मन है, सब चलो भाई!” बाबूराम बोला, “माँ ने कहा है, अपने मित्रों के साथ आना।”

“चौबीस मील की यात्रा है।” बाबूराम बोला, “पहले रेलगाड़ी से और फिर बैलगाड़ी से।”

"हमें डरा रहा है, संन्यासियों को?" गंगाधर हँसा, "हम जो अपने पैरों से पहाड़ों की चोटियों को सहमा आए हैं।"

"मैंने तो यूँ ही बता दिया।" बाबूराम अपनी रक्षा करता हुआ बोला, "यह न हो कि बाद में कहो, हमने तो सोचा था कि कलकत्ता ही जाना है।"

"तो कौन-कौन जाएगा?" नरेंद्र ने पूछा।

"सब जाएँगे।" निरंजन बोला।

"ठीक है। सब जाएँगे, किंतु पीछे मठ में कौन रहेगा?"

"मठ में?"

"हाँ, मठ में। ठाकुर के पास कौन रहेगा?"

"पीछे मैं हूँ।" गोपाल दादा ने कहा, "सब लोग तो एक साथ जा नहीं सकते। जब भी जाना होगा, बारी-बारी जाना होगा।"

"मैं भी पीछे मठ में ठहरूँगा।" राखाल ने कहा।

"और मैं भी।" छोटा गोपाल बोला।

हावड़ा से तारकेश्वर जाने वाली गाड़ी में वे लोग सवार हुए—बाबूराम, नरेंद्र, शरत्, शशि, तारक, काली, निरंजन, गंगाधर और शारदाप्रसन्न। जिसके पास जो भी वाद्य-यंत्र था, उसने वह साथ ले लिया था। सब जानते थे, जहाँ कहीं भी रहेंगे, वहाँ नाम-स्मरण भी होगा, कीर्तन-भजन भी और ठाकुर की आरती भी।

गाड़ी चली तो नरेंद्र ने गाना आरंभ किया। सारे वाद्य-यंत्र बज उठे और सबके कंठ-स्वर उसके स्वर में मिल गए। गाड़ी का डब्बा भी जैसे किसी मंदिर में परिवर्तित हो गया। सहयात्रियों ने आश्चर्य से देखा : सारे के सारे ही युवा संन्यासी थे। किसी ने भगवा धारण कर रखा था, किसी ने नहीं—पर थे सारे संन्यासी ही। कैसा मधुर कंठ था, और तल्लीनता! उन्हें जैसे और किसी से कुछ लेना-देना ही नहीं था। सारी यात्रा में आँखें बंद कर प्रभु का गुणगान करते चले गए।

'हरिपाल' स्टेशन पर बाबूराम ने उन्हें उतार लिया। आगे की यात्रा बैलगाड़ी की थी। बैलगाड़ी के हिचकोलों में अपने स्वर को साधे रखना कुछ कठिन था, किंतु समतल भूमि के आने पर बैलगाड़ी समगति से चलती तो नरेंद्र का स्वर पुनः सुनाई देने लगता।

आँटपुर में अपने घर पर मातंगिनी देवी ने सचमुच उनका माँ के समान ही स्वागत किया। वे एक-एक कर सबसे मिलीं। वे प्रायः सबको ही जानती थीं। केवल गंगाधर और शारदाप्रसन्न उनके लिए नए थे।

"ये गंगाधर गंगोपाध्याय हैं माँ!" बाबूराम ने परिचय कराया, "कलकत्ता के अहिरीटोला में माणिक बोस घाट स्ट्रीट पर निवास करते हैं। पिछले दो वर्षों से ठाकुर के पास आते रहे हैं। हरिनाथ चट्टोपाध्याय के मित्र हैं।"

"ये काशीपुर में तो तुम्हारे साथ नहीं थे?" मातंगिनी देवी ने पूछा।

"नहीं, माँ! ये और हरिनाथ चट्टोपाध्याय, दोनों ही घर पर रहकर तपस्या करते थे।" बाबूराम ने बताया, "ठाकुर के पास आते-जाते तो थे, किंतु काशीपुर में रहते नहीं थे।"

"और ये?" मातंगिनी देवी ने शारदाप्रसन्न की ओर संकेत किया।

"ये शारदाप्रसन्न मित्र हैं माँ! कलकत्ता में नंदनबागान में रहते हैं।" बाबूराम बोला।

''ये भी काशीपुर में तुम्हारे साथ नहीं थे?''

''नहीं, माँ! पिता के उत्पीड़न के कारण बीच-बीच में आकर केवल दो-एक दिन ही रह पाते थे।'' बाबूराम ने बताया, ''पिता इनका विवाह कर देना चाहते थे, इसलिए भागकर पैदल ही पुरी चले गए थे।''

''आओ, पुत्र! आओ!'' मातंगिनी देवी उन्हें भीतर ले गईं, ''राखाल क्यों नहीं आया नरेन?''

''राखाल? उस पहलवान को हम मठ की रखवाली करने के लिए छोड़ आए हैं।'' नरेंद्र बोला, ''माँ! वहाँ ठाकुर की सेवा के लिए भी तो किसी को रहना था न!''

''पर तुम जानते हो न, राखाल मुझे कितना प्रिय है। फिर उसी को नहीं लाए!''

''जानता तो हूँ, पर ये इतने सारे भूत जो साथ आने के लिए चिपक गए।'' नरेंद्र बोला।

''चल ठीक है, पर वचन दे कि शीघ्र ही राखाल को लेकर आएगा…और जिन लोगों को छोड़कर आया है, उन्हें भी लाएगा।''

''हाँ! आऊँगा।''

''आऊँगा नहीं, उन्हें लाऊँगा।''

''लाऊँगा, माँ! लाऊँगा।''

नरेंद्र का मन भीतर-ही-भीतर बहुत विह्वल हो उठा था : सचमुच असाधारण महिला थीं मातंगिनी देवी…जहाँ अन्य माता-पिता अपने लड़कों को ठाकुर और अब स्वयं नरेंद्र से दूर रखने के लिए उन्हें घर में तालों में बंद रखने का प्रयत्न कर रहे थे, ठाकुर के अहित के लिए यज्ञ और जाप कर रहे थे, वहीं मातंगिनी देवी ने स्वेच्छा से अपना पुत्र ठाकुर को सौंप दिया था…और अब उन सारे संन्यासियों को अपने घर बुला-बुलाकर उनका सत्कार कर रही थीं…

दिन-भर उन लोगों ने भजन-कीर्तन और ईश्वर-चर्चा की थी और संध्या-समय शारदाप्रसन्न को शिव और गंगाधर को पार्वती के रूप में सजाकर हर-गौरी उत्सव मनाया था।

रात के भोजन के पश्चात् उन्होंने बाहर खुले में धूनी रमाई और उसे चारों ओर से घेरकर बैठ गए। आकाश साफ था और धूनी में काठ के बड़े-बड़े टुकड़े जल रहे थे। दिसंबर का अंतिम सप्ताह होने पर भी धूनी के आसपास ठंड नहीं थी।

धूनी के निकट बैठते ही नरेंद्र का मन जैसे सारी सांसारिकता धूनी में जला देना चाहता था। यह अग्नि, यह दाह, यह भस्म—ये सब त्याग और संन्यास के लक्षण थे। नरेंद्र का मन इतना आतुर हो उठता था कि संसार में व्यर्थ जीवन व्यतीत करने के भाव को वह सँभाल ही नहीं पाता।

''हमारे जीवन का उद्देश्य मानव-सेवा होना चाहिए। हमें मानव-सेवा को ही आध्यात्मिक साधना मानना चाहिए।'' नरेंद्र की वाणी जैसे स्वयं त्याग की अग्नि थी, जो सारी आसक्ति को जला देना चाहती थी, ''व्यर्थ की इस स्कूली पढ़ाई का क्या लाभ! एक क्षण के लिए भी हमारे मन को सांसारिक प्रलोभनों में आसक्त नहीं होना है। जीवन में एकमात्र सत्य ईश्वर का साक्षात्कार ही है। श्रीरामकृष्ण देव के जीवन का यही अर्थ है। हमें अवश्य ही ईश्वर का साक्षात्कार करना चाहिए।''

उसने अपनी आँखें मूँद लीं।…यह संकेत था कि अब सब लोग ध्यान करेंगे। अतः सबने ही आँखें बंद कर लीं। कुछ ही क्षणों में वहाँ पूर्ण शांति हो गई। सबकी वृत्तियाँ अंतर्मुखी हो गईं। बाहरी परिवेश का उनके लिए कोई अस्तित्व नहीं था। न उन्हें दिसंबर की आधी रात की ठंडी हवा की चेतना थी, न धूनी में जलती अग्नि की लपलपाती जिह्वाओं की।…वे सब ध्यानस्थ हो चुके थे।

ध्यान का सत्र लंबा चला। कई घंटे व्यतीत हो गए। नरेंद्र ने आँखें खोलीं तो अन्य लोगों ने भी अपना ध्यान भंग किया, किंतु नरेंद्र अपने स्थान से उठा नहीं। बोला, ''मेरा मन हो रहा है कि आज हम नाज़रथ-पुत्र ईसा के जीवन की कुछ चर्चा करें।''

''अवश्य।'' काली बोला, ''इस समय तो जाकर सो जाना जैसे अपने आपको ही धोखा देना है।''

''ईश्वर का यह दूत मार्ग प्रदर्शित करने के लिए अवतीर्ण हुआ था। वे हमें बताने आए थे कि आत्मा बाह्याचार में नहीं है, गूढ़ दार्शनिक तर्क-वितर्कों से आत्म-तत्त्व की उपलब्धि नहीं होती। अच्छा होता यदि तुम कोई पुस्तक न पढ़ते, अच्छा होता यदि तुम विद्याहीन होते। मुक्ति के लिए इन उपकरणों की आवश्यकता नहीं है, उसके लिए धन, ऐश्वर्य और उच्च पद की भी जरूरत नहीं है, यहाँ तक कि पांडित्य की भी आवश्यकता नहीं है। उसके लिए केवल एक वस्तु की आवश्यकता है—और वह है पवित्रता। 'पवित्र हृदय पुरुष धन्य हैं,' क्योंकि आत्मा स्वयं पवित्र है। अपवित्र हो भी कैसे सकती है! ईश्वर से ही उसका आविर्भाव हुआ है। वह ईश्वर-प्रसूत है। बाइबिल के शब्दों में वह ईश्वर का निःश्वास है। कुरान की भाषा में वह ईश्वर की आत्मा-स्वरूप है। ईश्वरात्मा कभी अपवित्र हो सकती है? किंतु दुर्भाग्य से हमारे शुभाशुभ कार्यों के कारण वह मानो सदियों की मैल, सैकड़ों वर्षों की अशुद्धि और धूलि से आवृत है। हमारे नानाविध दुष्कर्म, नानाविध अन्यायपूर्ण कार्य शत-शत वर्षों से अज्ञानरूपी धूलि और मलिनता द्वारा उसके प्रकाश को मंद कर रहे हैं। केवल इस धूलि और मैल की तह को उस पर से पोंछने भर की देर है कि आत्मा पुनः अपनी उज्ज्वल एवं दिव्य प्रभा से प्रकाशित हो जाएगी। 'पवित्र-हृदय व्यक्ति धन्य हैं, क्योंकि वे ईश-दर्शन करेंगे। महान् स्वर्ग-राज्य तुम्हारे ही अंतर में विराजमान है।' और इसीलिए नाज़रथ का यह महान् पैगंबर पूछता है, 'जब स्वर्ग तुम्हारे अंतर में विराजमान है, तो उसे ढूँढ़ने अन्यत्र कहाँ जा रहे हो? अपनी आत्मा को माँज-धोकर स्वच्छ करो, और वह तत्काल मिल जाएगा। वह तो पहले से ही तुम्हारा है। यदि वह तुम्हारा न होता तो तुम उसे कैसे पा सकते? तुम उसके अधिकारी हो। तुम अमरता के उत्तराधिकारी हो। तुम उस नित्य सनातन पिता की संतान हो।' '' नरेंद्र ने रुककर उन लोगों को देखा, ''उसकी दूसरी शिक्षा है—त्याग, जो प्रायः सभी धर्मों का आधार है। आत्मशुद्धि कैसे प्राप्त की जा सकती है? त्याग द्वारा। एक धनी युवक ने एक बार ईसा से पूछा, 'प्रभु, अनंत जीवन की प्राप्ति के लिए मैं क्या करूँ?' ईसा बोले, 'तुझमें एक बड़ी कमी है। जाकर अपनी सारी संपत्ति बेच डाल। जो धन प्राप्त हो, उसे गरीबों को दे दे। तुझे स्वर्ग में अक्षय धन-संपदा प्राप्त होगी। उसके बाद क्रूस धारण कर मेरा अनुगमन कर।' धनी युवक यह सुनकर अत्यंत उदास हो गया और दुखी होकर चला गया, क्योंकि उसके पास विशाल संपत्ति थी : हम सब न्यूनाधिक अंशों में उसी युवक के समान हैं। रात-दिन हमारे कानों में यही वाणी ध्वनित होती रहती है। हम अपने आनंद और विषयोपभोग के क्षणों में सोचते हैं कि हम और सब कुछ भूल गए हैं, पर जब कभी क्षण-भर का विराम आता है, तो हमारे कानों में वही ध्वनि गूँजने लगती है, 'अपना सर्वस्व त्यागकर मेरा अनुसरण कर।'···'जो अपनी जीवन-रक्षा का प्रयत्न करेगा, वह उसे खो देगा, और जो मेरे लिए अपना जीवन खोएगा, वह उसे पा लेगा।' जो भी अपना जीवन उन्हें समर्पित कर देगा, वही अमृतत्व-लाभ करेगा, उसे ही अमरता वरण करेगी। हमारी समस्त दुर्बलता के बीच एक क्षण का विराम आ उपस्थित होता है और पुनः उसी वाणी की घोषणा हमारे कानों में शुरू हो जाती है, 'अपना सर्वस्व त्याग कर दे, उसे गरीबों को बाँट दे, और मेरा अनुगमन कर।' यही एक आदर्श

है जिसकी ईसा मसीह ने शिक्षा दी है, जिसकी दुनिया के सभी पैगंबरों ने शिक्षा दी है। इस त्याग का क्या तात्पर्य है? त्याग का मर्म केवल यही है कि निःस्वार्थता ही नैतिकता का एकमेव आदर्श है। निःस्व बनो। पूर्ण निःस्वार्थपरता ही आदर्श है। यदि किसी ने तुम्हारे एक गाल पर थप्पड़ मार दिया है, तो दूसरा गाल भी उसकी ओर बढ़ा दो। यदि किसी ने तुम्हारा कोट छीन लिया है, तो तुम उसे अपना चोगा भी दे दो।''

नरेंद्र चुप हो गया। उसके नेत्रों में अलौकिक तेज था, वाणी में दिव्य संगीत और हृदय में वैराग्य की धधकती अग्नि।

''एक दृष्टि से हम सभी अवतार हैं, हम सब अपने कंधों पर संसार का भार वहन कर रहे हैं। क्या तुमने कोई ऐसा व्यक्ति देखा है, जो धैर्यपूर्वक, शांति से अपने जीवन का लघु भार वहन न कर रहा हो? ये महान् अवतार हमारी तुलना में अवश्य ही बहुत बड़े थे और इसलिए वे अपने कंधों पर इस विशाल जगत् का भार उठाने में सफल भी हो सके। उनकी तुलना में हम बौने हैं, किंतु हम भी वही कार्य कर रहे हैं—हम भी अपने छोटे-छोटे घरों में, अपने छोटे संसार में अपने क्रूस सिर पर रख अग्रसर हो रहे हैं। कोई कितना ही अपदार्थ क्यों न हो, कितना ही हीन क्यों न हो, अपना क्रूस स्वयं ही वहन करता है। हमारी सब भ्रांतियों, सब दुष्कृतियों, हमारे सब हीन और गर्हित विचारों के लांछन तथा अपवाद की कालिमा के बावजूद हमारे चरित्र में एक उज्ज्वल अंश है, कहीं-न-कहीं एक ऐसा सुवर्ण सूत्र है, जिसके द्वारा हम सदैव भगवान् से संयुक्त रहते हैं। जिस क्षण भगवान् से हमारा यह संयोग नष्ट हो जाएगा, उसी क्षण हमारा विनाश हो जाएगा। चूँकि कभी किसी का संपूर्ण नाश होना असंभव है, हम कितने ही हीन, पतित तथा दुष्कर्मरत क्यों न हों, कहीं-न-कहीं हमारे हृदय में, हमारे अंतर के अंतरतम प्रदेश में ज्योति की एक ऐसी किरण विराजमान है, जो भगवान् से चिर संयुक्त है। इसलिए हमें अपना विकास उस सीमा तक करना है, जहाँ तक ईसा ने किया था, कृष्ण ने किया था, बुद्ध ने किया था। हम सब ईसा बनें और संसार के उत्थान में सहायता करें। हम सब ईसा के समान आत्मत्याग करें और ईश्वर को पाएँ।''

''तुम चाहते हो कि हम सब सर्वस्व त्यागकर, संन्यास ग्रहण करें?'' बाबूराम ने पूछा।

''हाँ! यही चाहता हूँ।'' नरेंद्र का स्वर जैसे अपने नियंत्रण में न रहकर कहीं और से प्रेरित हो रहा था, ''ठाकुर ने हमें संन्यास की दीक्षा दी थी। हमने भगवा धारण किया था। हम स्वयं को संन्यासी कहते भी हैं···किंतु हम फिर लौट-लौटकर संसार में चले जाते हैं। हम क्यों नहीं पूरे मन से त्यागियों का मार्ग अपनाते?''

धूनी अपनी पूरी प्रचंडता से जल रही थी। उसकी लपटों में उनके चेहरे चमक रहे थे।

''क्या हम ईश्वर को साक्षी मान आज ही संन्यास ग्रहण करने की शपथ लें?'' नरेंद्र ने पूछा।

''मैं तैयार हूँ।'' शशि बोला।

''मैं भी।'' काली ने कहा।

''मेरा विचार है कि हम सब मन से प्रस्तुत हैं।'' तारक ने कहा, ''आज, इसी क्षण हम संन्यास का संकल्प कर लें, और आज ही वह दिन और समय भी तय कर लें, जब हमें अपने मठ में औपचारिक रूप से, धर्म की दृष्टि से विधिवत् संन्यास ग्रहण करना है।''

''यह ठीक है।'' काली बोला, ''अन्य लोगों को भी सूचना भेज देते हैं। जिस-जिसको आना होगा, उस दिन तक आ जाएगा।''

''तुम सब सहमत हो भाइयो?'' नरेंद्र ने पूछा।

''सहमत हैं।'' सबने हाथ उठा दिए।

''तो फिर संन्यासियों के स्वामी तारकेश्वर को साक्षी मानकर शपथ लो कि हम स्वेच्छा और अपने मन से संन्यास ग्रहण करते हैं।'' नरेंद्र ने कहा।

''हम स्वामी तारकेश्वर को साक्षी मानकर संन्यास की शपथ लेते हैं।'' समवेत स्वर में उन सबने कहा।

नरेंद्र ने हाथ जोड़कर आकाश की ओर देखा, ''हमारी लाज रखना प्रभु!''

मातंगिनी देवी बाहर आईं, ''तुमने यह शपथ आज ली है मेरे बच्चो! मेरा आशीर्वाद है! तुम्हारा ध्यान शायद इस ओर नहीं गया। 24 दिसंबर की रात व्यतीत हो चुकी, हम 25 दिसंबर के सवेरे की ओर बढ़ रहे हैं। आज बड़ा दिन है। प्रभु ईसा का जन्म आज के ही दिन हुआ था।…''

''ओह! तभी परिवेश में ईसा की ऐसी जीवंत गंध थी।'' नरेंद्र बोला।

42

1887 ई॰ की आधी जनवरी बीत चुकी थी। मौसम अभी ठंडा था। धूप अच्छी लगती थी।…मठ के साधु सूर्योदय से पहले ही गंगा-स्नान करके पूजा-कक्ष में एकत्रित हुए। उन्होंने ठाकुर की विधिवत् पूजा की और मठ के अहाते में लगे बिल्व-वृक्ष के नीचे जा बैठे।

वेदी बनाई गई और 'विरजा-होम' आरंभ हुआ। इस होम की विधि काली ने बराबर-पर्वत के नीचे ठहरे एक 'पुरी' संन्यासी की हस्तलिखित पोथी से उतारी थी और सँभालकर रखी थी।

''काली! तुम तंत्र-धारक हो। तुम मंत्र बोलोगे। दीक्षित होने वाला भाई उसे तुम्हारे पीछे-पीछे दुहराएगा और आहुति डालेगा। बारी-बारी सब लोग यही करेंगे।'' नरेंद्र बोला।

काली ने अपना स्थान सँभाल लिया और पूछा, ''सबसे पहले कौन?''

''मैं।'' नरेंद्र बोला।

''ऐ साधु लोग! क्या कर रहे हो?'' अपना डंडा बजाता हुआ दरबान आ खड़ा हुआ।

''क्या कर रहे हैं?'' निरंजन ने उससे पूछा।

''यहाँ आग क्यों जलाई है?'' दरबान बोला, ''तुम लोगों को मकान किराए पर दिया है, सारा बागान नहीं। समझे?''

''अरे, हमने तुम्हारे बागान का क्या कर लिया?'' शशि बोला, ''उठाकर ले गए, या बेच डाला?''

''वह सब नहीं जानता मैं। आज आग जलाई है, कल पेड़ काट लोगे।'' दरबान बोला, ''तुम लोग पता नहीं क्या-क्या करते रहते हो। आसपास के मकानों में का कोई भी बाबू तुम लोगों को अच्छी दृष्टि से नहीं देखता।''

''आसपास के बाबुओं की बातें बाद में करेंगे।'' नरेंद्र बोला, ''इस समय हम भगवान् की पूजा कर रहे हैं। महादेव शिव की पूजा बिल्व-वृक्ष के नीचे ही होती है। मालूम है या नहीं?''

''लोग तो पहले ही कहते थे कि इस खँडहर में भूत बसते हैं।'' दरबान बोला, ''और अब तो मालिक लोगों ने भूतों को ही मकान किराए पर दे दिया है। और आज भगवान् भूतनाथ की पूजा भी हो रही है।''

''हाँ! समझते हो न कि भगवान् भूतनाथ की पूजा हो रही है।'' निरंजन बोला, ''विघ्न डालोगे तो भूत भी तुमसे रुष्ट होंगे और भूतनाथ भी। जीवित रहते भूतों से परेशान रहोगे और मरकर भूत बनोगे।…''

''यही तो मुसीबत है। कौनो प्रकार छुटकारा नाहिं है।'' दरबान बड़बड़ाता हुआ चला गया।

''चलो, काली! आरंभ करो।'' नरेंद्र बोला।

काली मंत्र बोलता गया। नरेंद्र उन्हें दुहराता गया और अग्नि में आहुति डालता गया। अंततः उसने अपना पिंडदान किया।

होम पूरा हुआ तो काली बोला, ''स्मरण रहे, तुमने संन्यास की विधिवत् दीक्षा ली है। अब तुम संन्यासी हो, परमहंस संन्यासी। तुम अपना श्राद्ध स्वयं अपने हाथों कर चुके। अपना पिंडदान कर चुके। अपने परिवार और समाज के लिए तुम मृतक समान हुए। तुम्हारी कोई जाति नहीं है, गोत्र नहीं है। तुम सामाजिक विधि-निषेध से मुक्त हुए। यज्ञोपवीत से मुक्त हुए। तुम किसी भी जाति अथवा धर्म के व्यक्ति का छुआ और पकाया हुआ भोजन खा सकते हो। तुमने सामाजिक विधि-निषेध को त्यागा, सामाजिक विधि-निषेध ने तुम्हें त्यागा। ॐ शिवाय नमः। ॐ गुरुवाय नमः।''

काली चुप हो गया।

तारक ने उसे कुछ चकित दृष्टि से देखा, ''यह सब क्या है?''

''क्यों?'' नरेंद्र ने उत्तर दिया, ''संन्यास की तो विधि यही है। इसमें चकित होने की क्या बात है?''

''मैं यह सब नहीं कर सकता। मैं अपने हाथों अपना श्राद्ध नहीं कर सकता।'' तारक अपने सामने जैसे कुछ अकल्पनीय देख रहा था, ''त्याग और तपस्या का जीवन जीना और बात है, और यह सब?''

नरेंद्र ने संकेत किया।

काली ने पुनः मंत्र पढ़ने आरंभ किए। इस बार बाबूराम दीक्षा ले रहा था। उसके पश्चात् एक-एक कर शशि, शरत्, राखाल, निरंजन और शारदा ने दीक्षा ली। सबसे अंत में काली को स्वयं नरेंद्र ने दीक्षा दी।

वे लोग होम की अग्नि शांत कर ऊपर के बड़े कमरे में आए। पिछले कुछ दिनों के हास-परिहास में सीढ़ियों के साथ वाले छोटे कमरे को 'काली तपस्वी का कमरा' और इस बड़े कमरे को 'दानवों का कमरा' कहा जा रहा था। छोटे कमरे को भीतर से बंद कर काली दो-दो दिन उसमें बैठा रहता था, अतः उसका नामकरण उसी के नाम पर हो गया था। स्वयं अपने आपको और अपने गुरुभाइयों को नरेंद्र 'दानव' कहता था, इसलिए बड़ा कमरा दानवों का कमरा कहलाने लगा था।

''मेरा विचार है नरेन, कि अब तुम सब लोगों को संन्यासियों के नए नाम भी दे दो।'' शरत् ने कहा, ''संन्यास की दीक्षा लेकर, जब पिछली प्रत्येक वस्तु और संबंध से नाता तोड़ लिया है, तो पुराना नाम ही क्यों रहे?''

''वैसे भी संन्यास के साथ नाम तो बदल ही जाता है।'' काली बोला।

''बोलो, तुम्हें क्या नाम पसंद है काली?'' नरेंद्र ने पूछा।

''हमारे नेता के रूप में यह दायित्व तुम्हारा है।'' काली बोला, ''जो नाम तुम्हें रुचे, वही मुझे स्वीकार्य होगा।''

''चलो! तुम वेदांती हो, जीव और ब्रह्म का भेद स्वीकार नहीं करते, इसलिए तुम्हारा नाम अभेदानंद होगा।'' नरेंद्र ने कहा, ''शरत्! तुम्हारा नाम शारदानंद। ठीक है?''

''ठीक है।''

''और शशि! तुम्हारा नाम?''

''रामकृष्णानंद।'' शशि ने जैसे अपने लिए नाम सोच रखा था।

नरेंद्र मौन रह गया, उसने स्वीकृति नहीं दी।

''क्यों, क्या बात है?'' राखाल ने पूछा।

''यह नाम तो मैं अपने लिए सोच रहा था।'' नरेंद्र बोला, ''चलो, इस पर फिर विचार करेंगे। राखाल का नाम ब्रह्मानंद। ठीक?''

''ठीक है।'' राखला ने स्वीकार किया।

''निरंजन का नाम निरंजनानंद और शारदाप्रसन्न का त्रिगुणातीतानंद।'' नरेंद्र ने सबके नाम प्रस्तावित कर दिए।

''और तुम्हारा?'' राखाल ने पूछा।

''मेरा और शशि का तो अभी विवाद है न!''

''ओह! अच्छा नरेन! हम क्या परस्पर भी अपने नए नामों का प्रयोग करेंगे?'' काली ने पूछा।

''यह तो तुम्हारी अपनी इच्छा पर है। वैसे इस विषय में दो-एक बातें विचारणीय हैं।'' नरेंद्र ने उन लोगों को देखा, ''तुमने दरबान की बात सुनी ही थी। हमारा समाज संन्यासियों को सम्मान की दृष्टि से नहीं देखता—विशेषकर भगवाधारी संन्यासी बंगाल के लोगों को शायद एकदम ही स्वीकार्य नहीं हैं। वे या तो अबंगाली लँगोटीधारी, अथवा नागा साधुओं को जानते हैं, या श्वेत वस्त्रधारी वैष्णव वैरागियों को। सम्मान वे इन दोनों का भी नहीं करते, भिक्षा चाहे दे दें। शंकराचार्य के 'पुरी' साधुओं से उनका परिचय एकदम नहीं है। हमें तो वे एकदम ही समझ नहीं पाते। जाने हमारे विषय में क्या-क्या सोचते हैं।'' वह पुनः रुका, ''तुम्हें याद है, उस दिन जब हम लोग इसी कमरे में बैठे भजनों का आनंद उठा रहे थे, तो अनेक लोग अचानक ही हमारे कमरे में घुस आए थे और फिर बिना कोई कारण बताए लौट गए थे?''

''हाँ! हाँ!!'' राखाल बोला, ''कुछ मालूम हुआ, वह क्या था?''

''उन लोगों की धारणा थी कि हम सब लोग युवा हैं। अधिकांश लोग खाते-पीते घरों के हैं। विश्वविद्यालय के स्नातक या विद्यार्थी हैं।'' नरेंद्र बोला, ''तो हम लोग साधु तो हो ही नहीं सकते। विलास और व्यभिचार के लिए यहाँ रहते हैं और संन्यास का पाखंड करते हैं।...''

''इस प्रकार सोचने का कोई कारण?'' शशि बोला, ''कोई प्रमाण?''

''कुछ नहीं था, इसलिए उन लोगों ने कभी हमसे कुछ कहा नहीं,'' नरेंद्र ने बताया, ''किंतु उस दिन शरत् गा रहा था। उसके स्वर का माधुर्य उन्हें नारी-कंठ का-सा आभास दे गया। बस, उन्हें प्रमाण मिल गया कि शायद कोई गणिका यहाँ गाने आई थी। वे दलबद्ध होकर हमें रँगे हाथों पकड़ने आए थे, पर प्रमाण न मिलने पर चुपचाप लौट गए।''

''ओह! यह बात है।'' निरंजन बोला, ''तुमने बताया होता तो मैं उनकी ऐसी पिटाई करता... ।''

''हमने लोगों को पीटने के लिए संन्यास थोड़ी लिया है।'' नरेंद्र बोला, ''उनकी वृत्ति सुधारने का काम हमें करना है। इसलिए हमारा प्रयत्न यह होना चाहिए कि उनसे हमारी दूरी बढ़े नहीं,

हम समाज-शत्रु न माने जाएँ। इस दृष्टि से अभी हमें भगवा वस्त्र भी मठ के भीतर ही पहनना चाहिए। बाहर जाते हुए सामान्य वस्त्र ही पहनो, ताकि हम, लोगों की आँखों में न खटकें।''

''और नाम?''

''नाम का भी आवश्यकता के अनुसार ही प्रयोग करो।'' वह बोला, ''मेरे लिए एक बड़ी कठिनाई है। यद्यपि संन्यास ग्रहण करने के पश्चात् अपने परिवार से अब मेरा कोई संबंध नहीं रह गया है, किंतु मैं यह भूल नहीं सकता कि उनका मकान संबंधी मुकदमा चल रहा है। यदि मैंने वह मुकदमा छोड़ दिया तो उन्हें उसे लड़ने का कानूनी अधिकार ही नहीं रह जाएगा। यदि मेरे काका लोगों को मालूम हो गया कि मैंने संन्यास ग्रहण कर लिया है तो मुकदमे में उनका पहला तर्क यही होगा कि संन्यासी के रूप में जायदाद पर मेरा कोई अधिकार नहीं है। परिणाम यह होगा कि मेरी माँ और दोनों भाई सदा के लिए बेघर हो जाएँगे। इसलिए उनको मकान दिलवाने तक मुझे वह मुकदमा लड़ना होगा और उसे लड़ने के लिए मेरा नाम नरेंद्रनाथ दत्त ही रहेगा। दूसरे किसी नाम से वह मुकदमा लड़ने का कानूनी अधिकार मुझे नहीं है।...''

''अरे, ठाकुर की पूजा का समय हो गया।'' शशि ने कहा, ''मैं जा रहा हूँ।''

''कहाँ?''

''पूजा के कमरे में।'' शशि चला गया।

''अरे, शशि!'' नरेंद्र ने पुकारा।

''क्या बात है?'' राखाल ने पूछा, ''वह तो चला गया है।''

''अरे, उसे समझाओ! अब हम लोग परमहंस संन्यासी हैं। अब उस पूजा का अधिकार हमें नहीं है।'' नरेंद्र बोला।

''वह मानेगा क्या?'' शरत् ने पूछा।

''मानेगा कैसे नहीं!'' नरेंद्र बोला और शशि के पीछे चल पड़ा।

पूजा के कमरे में पहुँचकर उन्होंने देखा कि शशि पूजा की तैयारी कर रहा था।

''शशि!'' नरेंद्र बोला।

शशि कुछ बोला नहीं, उसने केवल आँखें उठाकर उसकी ओर देखा।

''अब हम संन्यासी हैं—परमहंस संन्यासी।'' नरेंद्र बोला, ''अब हमें विधि-विधान की पूजा का अधिकार नहीं है। तुमने देखा नहीं, ठाकुर ने भी काली मंदिर का पुजारी-पद छोड़ दिया था।''

''यह पूजा का कमरा है, विवाद का नहीं।'' शशि ने धीरे से कहा।

''इसे ठाकुर का कमरा रहने दो।'' नरेंद्र बोला, ''पूजा की बात अब छोड़ दो। बहुत हो, तो ध्यान करने का काम यहीं कर लेंगे।''

''चुप रहो।'' शशि का स्वर कुछ आवेशयुक्त हो गया था।

''तुम समझते क्यों नहीं!'' नरेंद्र उसके एकदम निकट चला गया, जैसे उसकी बाँह पकड़कर उसे खड़ा कर देगा, ''प्रत्येक संकल्प की एक मर्यादा होती है। संन्यास का पालन इस अगंभीरता से नहीं होगा। कभी-कभार पूजा कर लेना भी और बात है...''

''चुप रहो।'' शशि क्रोध से बोला।

''इसमें चिल्लाने की क्या बात है?'' नरेंद्र वैसे ही बोलता चला गया, ''प्रतिदिन साधारण गृहस्थ के समान ऐसे ही पूजा कर, तुम परमहंस संन्यासियों को परिहास का पात्र बनाना चाहते हो!'' और नरेंद्र ने सहज भाव से आगे बढ़कर शशि की पुष्पों की टोकरी उठा ली, जैसे उसकी पूजा को रोकने को वह भी दृढ़ संकल्प हो।

शशि ने आग्नेय नेत्रों से नरेंद्र को देखा और उठ खड़ा हुआ। उसकी मुट्ठियाँ बँध गईं और दाँत भिंच गए···निश्चित रूप से उसका क्रोध साधारण नहीं था।

और सहसा शशि ने आगे बढ़, नरेंद्र के केश अपनी मुट्ठी में जकड़ लिए और उसे एक साथ घसीटता और धकेलता हुआ कमरे से बाहर ले गया···

सब लोग जैसे स्तब्ध खड़े रह गए। दो गुरुभाई कभी, किसी भी स्थिति में इस प्रकार परस्पर हाथापाई करेंगे, यह तो किसी ने सोचा भी नहीं था।···किसी और के साथ होता तो फिर भी शायद ऐसी बात नहीं थी, किंतु नरेंद्र के साथ···

नरेंद्र को बाहर छोड़कर शशि कमरे में लौट आया। वह अपने आसन पर बैठ गया। ठाकुर का ध्यान किया। मन कुछ शांत हुआ।···उसकी समझ में आया कि वह क्या कर बैठा है।···वह अपने गुरुभाइयों से, विशेषकर नरेंद्र से इस प्रकार का व्यवहार करेगा, तो ठाकुर उससे प्रसन्न होंगे क्या?···इस प्रकार का व्यवहार तो कोई किसी अपरिचित से भी नहीं करता। और उसने नरेंद्र के साथ इस प्रकार का व्यवहार कैसे किया? वह पागल हो गया था क्या?···

उसने भूमिष्ठ हो ठाकुर को प्रणाम किया और बाहर आया। नरेंद्र सामने ही बैठा था। वह न रुष्ट लग रहा था, न क्रुद्ध। वह तो बैठा मंद-मंद मुस्करा रहा था, जैसे अपनी किसी शरारत का आनंद उठा रहा हो···

शशि धीरे-धीरे उसके पास आया, "नरेन! मैं क्रोध में बहुत अशिष्ट हो उठा था। मुझे क्षमा करो···।"

"जानते हो इस सारे समय मैं क्या सोच रहा था?" नरेंद्र मुस्करा रहा था।

"क्या सोच रहे थे? मुझे मठ से निकालने का निश्चय किया है क्या?" शशि ने पूछा।

"नहीं! मैं सोच रहा था," नरेंद्र बोला, "कि चाहे तुमने विरजा होम करके संन्यास ग्रहण किया है, किंतु तुम्हारे लिए आदि से अंत तक ठाकुर ही ठाकुर हैं। और कुछ भी नहीं। इसलिए···"

"इसलिए क्या?"

"इसलिए रामकृष्णानंद तुम्हारा ही नाम रहेगा। तुम जैसा गुरुभक्त मिलना कठिन है। इस नाम पर केवल तुम्हारा ही अधिकार है। तुम हो स्वामी रामकृष्णानंद···।"

"ओह! नरेंद्र!" शशि उससे लिपट गया, "तुम अद्भुत हो।"

43

नरेंद्र अभी-अभी कलकत्ता से लौटा था। मन कुछ अनमना था। आज शिवरात्रि के दिन भी उसे घर और जायदाद की चिंता करनी पड़ रही थी। वही मुकदमा, वही वकील, वही तर्क-जाल, वही दूसरे को झूठा और स्वयं को सच्चा प्रमाणित करने का अनवरत प्रयत्न। नरेंद्र का मन इस सबसे विद्रोह करने लगता था।···किंतु बात केवल उसकी ही तो नहीं थी, और न ही बात केवल कानूनी दाँव-पेचों की थी। वह देख रहा था कि एक पक्ष दूसरे को असहाय पाकर उससे उसका पैतृक मकान भी छीन लेना चाहता था। तो क्या नरेंद्र यह अन्याय हो जाने देता? क्या वह देखता रहता कि दो छोटे लड़कों और उनकी माता को कुछ धूर्त और सामाजिक-आर्थिक दृष्टि से सशक्त लोगों ने घर से बाहर निकाल गली में फेंक दिया है? उसने संन्यास ग्रहण किया था, लोगों की सेवा के लिए। तो समाज में अन्याय के विरुद्ध लड़ने से बड़ी सेवा और क्या है?"

"क्या रहा नरेन, तुम्हारे मुकदमे का?" काली बोला, "तुम्हारे वकील क्या कहते हैं?"

नरेंद्र ने रुककर काली की ओर देखा। उसके चेहरे पर विरक्ति का भाव था, "आज शिव-रात्रि है। कुछ भगवान् के भजन की बात करो। उपवास रखा है तो महादेव शिव का नाम लो। मुकदमे, वकीलों और कोर्ट-कचहरी में क्या रखा है! मुझे तो भगवान् ने उसमें फँसा रखा है। तुम क्यों उसमें लिप्त होते हो।"

नरेंद्र आगे बढ़ गया।

महेंद्र गुप्त बहुत दिनों के पश्चात् मठ में आया था। उसने सोचा था कि सामान्य दिनों में वह मठ में आ पाए, या न आ पाए, पर्व-त्योहार के दिन तो मठ में आना ही चाहिए।

"बहुत दिनों में आए मास्टर मोशाय!" नरेंद्र बोला।

"अरे भाई! गृहस्थ हैं हम।" महेंद्र गुप्त ने उत्तर दिया, "कोई-न-कोई खटराग लगा ही रहता है।"

"अभी-अभी देखकर चला आ रहा हूँ।" नरेंद्र बोला, "और कुछ नहीं है, कामिनी और कांचन की आसक्ति है। सारा समाज गले तक उसी में धँसा है। कामिनी और कांचन का त्याग जब तक न होगा, तब तक कुछ न होगा। 'कामिनी नरकस्य द्वारम्'। जितने आदमी हैं, सब स्त्रियों के वश में हैं। शिव और कृष्ण की बात और है। शक्ति को शिव ने दासी बनाकर रखा था। श्रीकृष्ण ने संसार-धर्म का पालन तो किया था, परंतु वे कैसे निर्लिप्त थे। उन्होंने वृंदावन कैसे एकदम छोड़ दिया।"

"और द्वारका का भी उन्होंने कैसा त्याग किया।" महेंद्र गुप्त बोला, "द्वारका का निर्माण स्वयं किया और सिंहासन पर उग्रसेन को बैठा दिया।" उसने नरेंद्र की ओर देखा, "किंतु इस समय ये सारी बातें क्यों तुम्हारे मन में आ रही हैं?"

"जिस मुकदमे के संदर्भ में घर गया था, उसी की बात कह रहा था।" नरेंद्र बोला, "नारी को बहुत कोमल-हृदय, ममतामयी और दयावान् कहा जाता है, किंतु मेरे पिता की काकी भी तो स्त्री ही हैं। कितनी कठोर, कितनी क्रूर और कितनी निर्दयी। न उनके पति उनसे पार पा सके, न उनके पुत्र ही कुछ कर सकते हैं। आगे उनकी पुत्रवधुएँ भी उसी मार्ग पर चल रही हैं। न न्याय है, न दया। दूसरे को पीड़ित कर अन्यायपूर्वक दूसरों का धन हड़प कर जाना, पैशाचिक सुख का भोग करना चाहती हैं वे सब।···" उसने रुककर महेंद्र गुप्त की ओर देखा, "आप गंगा-स्नान के लिए चलेंगे?"

"नहीं। तुम जाओ।" महेंद्र गुप्त ने कहा, "मैं स्नान कर आया हूँ।"

संध्या हुई। शशि ने सबसे पहले ठाकुर के कमरे में धूना दिया और फिर उसे शेष कमरों में भी ले गया। वह प्रत्येक देवी-देवता के चित्र के सम्मुख रुक, बड़ी भक्ति से उन्हें प्रणाम कर रहा था, "···श्री श्री गुरुदेवाय नमः। श्री श्री कालिकायै नमः।···"

मठ के बिल्व-वृक्ष के नीचे पूजा की तैयारी की गई। बिल्व-वृक्ष की लकड़ी और बिल्व-दल इकट्ठे किए गए। चारों प्रहरों में पूजा का आयोजन था। नौ बजे रात को पहली पूजा आरंभ की गई। पूजा के पश्चात् होम हुआ, और तब काली ने गीता का पाठ आरंभ किया।···सैन्य-दर्शन···सांख्य-योग···कर्म-योग···।

सहसा गीता का पाठ रोककर काली ने कहा, "मैं ही सब कुछ हूँ। सृष्टि, स्थिति और प्रलय मैं ही कर रहा हूँ।"

"यह क्या? गीता का पाठ क्यों बंद कर दिया?" महेंद्र गुप्त ने पूछा।

"हम गीता का अखंड पाठ नहीं कर रहे मास्टर मोशाय!" नरेंद्र बोला, "हमें तो चारों प्रहरों में चार बार पूजा करनी है। सारी रात जागरण करना है। बीच का समय सद्चर्चा में लगे, इसलिए गीता पढ़ रहे हैं। बीच-बीच में चर्चा तो होगी ही।…अब देखिए, काली वेदांत की दृष्टि से कह रहा है कि 'सृष्टि, स्थिति और प्रलय' वह कर रहा है। किंतु मेरा दृष्टिकोण यह नहीं है। मैं कहता हूँ, 'मैं सृष्टि कहाँ कर रहा हूँ? यह सब तो कोई अन्य शक्ति मुझसे करा रही है।' "

"ठाकुर कहते थे," महेंद्र गुप्त बोला, " 'जब तक कोई यह सोचता है कि मैं ध्यान कर रहा हूँ, तब तक वह आदि-शक्ति के ही राज्य में है। शक्ति को मानना ही होगा।' "

ठाकुर की उक्ति पर किसी ने कोई टिप्पणी नहीं की। काली ने भी महेंद्र गुप्त की इस चर्चा की उपेक्षा करना ही उचित समझा। उसने अपनी चर्चा को आगे चलाते हुए नरेंद्र से कहा, "जिन कार्यों की तुम चर्चा कर रहे हो, वे सब मिथ्या हैं और इतना ही नहीं, स्वयं चिंतन तक मिथ्या है। मुझे तो इन चीजों के विचार मात्र से हँसी आती है।"

नरेंद्र ने काली को एक गहरी दृष्टि से देखा : निश्चित रूप से काली बिना किसी अनुभूति के केवल शास्त्र-ज्ञान की चर्चा कर रहा था।

"सोऽहम् के कहने पर, जिस 'मैं' का ज्ञान होता है, वह यह साधारण 'मैं' नहीं है।" नरेंद्र बोला, "मन, देह—यह सब छोड़ देने पर भी जो कुछ रहता है, वही वह 'मैं' है।" नरेंद्र का स्वर कुछ गहरा हो गया, "कृष्ण के 'मैं' और दुर्योधन के 'मैं' में बहुत अंतर है। दुर्योधन जब कहता है कि 'मैं यह राज्य किसी को नहीं दूँगा।' तो उसका 'मैं' साधारण व्यक्ति के मन का अहंकार है, और कृष्ण जब कहते हैं, 'सबको छोड़कर मेरी शरण में आओ,' तो उनका 'मैं' शुद्ध-प्रबुद्ध आत्मा ही तो है। उस आत्मा में स्थित होकर ही वे सारी सृष्टि के नियंता और नियामक बनने का दावा करते हैं। उनके विराट् रूप को देखो। वे कहते हैं कि सारी सृष्टि मुझसे ही उत्पन्न हो रही है और मुझमें ही समा रही है। क्या दुर्योधन का 'मैं' कह सकता था कि जो मर रहा है, वह भी मैं हूँ और जो मार रहा है, वह भी मैं हूँ? क्या दुर्योधन कह सकता था कि 'पशुओं में मैं गाय हूँ, और वृक्षों में अश्वत्थ हूँ?' उसका 'मैं' तो उसके शरीर तक सीमित था और कृष्ण का 'मैं' अनंत था। 'मैं' को फुलाना नहीं होता, उसका विकास और विस्तार करना पड़ता है।"

काली ने नरेंद्र की बात का कोई उत्तर नहीं दिया, जैसे उसकी बात समझ गया हो, या उससे सहमत हो गया हो।

काली ने गीता का पाठ पूर्ण कर शांति-पाठ किया, "ॐ! शांति! शांति!"

नरेंद्र, शशि, शरत्, राखाल, शारदाप्रसन्न, बाबूराम—सब लोग अपने-अपने वाद्य-यंत्र सँभालकर, नृत्य और संगीत के साथ, बिल्व-वृक्ष की परिक्रमा करने लगे। उनके गीत के बीच-बीच में एक स्वर 'शिव गुरु! शिव गुरु!' का जाप भी कर रहा था।

कृष्ण पक्ष की चतुर्दशी थी। रात्रि गंभीर होती चली गई। चारों ओर सघन अंधकार था और अखंड मौन। गेरुआ वस्त्र पहने हुए ये आकौमार विराग भक्त अनवरत जाप कर रहे थे, 'शिव गुरु! शिव गुरु!' उनके इस महामंत्र की ध्वनि जैसे मेघ के समान गंभीर रव उत्पन्न कर अनंत आकाश में गूँज रही थी।

उनकी पूजा समाप्त होते-होते, उषा का आभास होने लगा था। सघन और सर्वशक्तिमान

अंधकार का वक्ष चीरकर प्रकाश फूटने ही वाला था। यही उपयुक्त समय था। मठ के सारे संन्यासियों ने ब्राह्म-मुहूर्त में गंगा-स्नान किया।

सवेरा हो गया।

स्नान कर सारे संन्यासी ठाकुर-मंदिर में प्रणाम कर 'दानवों के कमरे' में एकत्रित हुए। इस कमरे की दीवारों पर अनेक देवी-देवताओं के चित्र लगे हुए थे। क्रूसधारी ईसा का भी चित्र लगा हुआ था। एक कोने में एक चारपाई बिछी थी, किंतु उस पर बँगला, संस्कृत तथा अंग्रेजी की पुस्तकों का ढेर लगा था, और जो स्थान बच गया था, उस पर कुछ वाद्य-यंत्र रखे हुए थे। उसी के साथ दीवार पर एक तानपूरा लटक रहा था।...संन्यासियों के सोने के लिए एक ओर पंक्तिबद्ध चटाइयाँ बिछी थीं। प्रत्येक चटाई पर एक छोटा-सा सिरहाना भी था।...

नरेंद्र ने नया गेरुआ वस्त्र धारण किया था। वस्त्र सुंदर था। उसके चेहरे पर तपस्या-संभूत पवित्र आभा थी। उसकी छवि में तेज और स्नेह का अद्‌भुत मिश्रण था। चौबीस वर्ष का वह युवा संन्यासी भौतिक और आध्यात्मिक–दोनों ही दृष्टियों से साधारण रूप से आकर्षक था।

"लाओ भाई! व्रत के पारण के लिए जो स्वर्गीय पदार्थ हैं, उन्हें प्रस्तुत करो।" नरेंद्र ने कहा, "अब भूख असह्य हो गई है।"

महेंद्र गुप्त मन-ही-मन जैसे स्तब्ध रह गया : ये तपस्वी कल प्रातः से ही उपवास कर रहे हैं। न दिन में कुछ खाया, न रात में। दिन में दैनंदिन कार्य कर, रातभर का जागरण किया है। मात्र जागरण ही नहीं किया, प्रायः सारी रात अखंड मंत्र-जाप किया है। अब स्नान करके आए हैं, तो भूख तो लगी ही होगी।...और महेंद्र गुप्त ने तो एक बार भी नहीं सोचा कि मठ में इन लोगों को किसी पदार्थ की आवश्यकता होगी। वह भी तो कुछ फल या मिठाई ला सकता था...

"व्रत-पारण के लिए क्या प्रबंध है?" उसने राखाल से पूछा।

"ओह! उसके लिए बलराम ने कल ही फल और मिष्टान्न इत्यादि भिजवा दिए थे।" राखाल बोला, "शशि के कठोर शासन और निरंजन की चौकसी में वह सब कुछ सुरक्षित है।"

"आपको भी मिलेगा।" नरेंद्र बोला, "निश्चिंत रहें।"

शशि फल और मिठाई ले आया। उसने कमरे के मध्य में सामग्री रखते हुए कहा, "सब लोग पहले एक-एक फल खाओ और फिर मिष्टान्न।"

"धन्य हो बलराम! तुम धन्य हो।" नरेंद्र बोला, "तुम्हें भी हमारी तपस्या का फल मिलेगा।"

"धन्य-धन्य! धन्य-धन्य!" तपस्वियों ने जैसे शोर मचा दिया। उनकी सारी गंभीरता जाने कहाँ विलीन हो गई थी। संयम और मर्यादा जैसे बालकों के खेल में परिणत हो गए। तपस्या पूरी हो गई थी और उत्सव आरंभ हो गया था।

नरेंद्र ने फल खा लिया और बालक के समान उच्च स्वर में हँसा, "देखो! देखो! बलराम ने चाहे कितना ही बड़ा रसगुल्ला भिजवाया हो, मैं पूरा का पूरा रसगुल्ला एक बार में ही खा सकता हूँ।"

उसने एक रसगुल्ला उठाकर, पूरा-का-पूरा अपने मुँह में डाल लिया। रसगुल्ला बड़े आकार का था। पूरा रसगुल्ला मुँह में डालकर, उसे चबाने के लिए मुँह चलाना संभव नहीं था।लग रहा था कि नरेंद्र रसगुल्ला मुँह में डालकर जैसे फँस गया था। चबाने में असफल हो, उसने साबुत रसगुल्ला निगलने का प्रयत्न किया।...किंत रसगुल्ला उसके कंठ में जा फँसा था।...उसका शरीर एकदम निस्पंद हो गया। नेत्र निर्निमेष हो गए, जैसे साँस लेने में भी कठिनाई हो रही हो...

नरेंद्र का शरीर ही नहीं, कमरे में उपस्थित सारे लोग ही निस्पंद हो गए···क्या हो गया है नरेंद्र को? कहीं वह चकराकर गिर ही न पड़े। राखाल घबराकर उसे थामने के लिए आगे बढ़ा···

नरेंद्र ने अपनी जिह्वा से रसगुल्ला बाएँ गाल की ओर धकेलकर कहा, "मैं तो एकदम ठीक हूँ भाई!"

कमरे में जोर का एक सम्मिलित ठहाका पड़ा और राखाल ने उसे घूँसा दिखाया, "दुष्ट कहीं का! मेरे तो प्राण ही खींच लिए।"

शशि ने मिठाई अपने हाथों में लेकर सबको बाँटनी आरंभ की, "जय श्री गुरु महाराज!"

सबने उसके पीछे हर्षपूर्वक जय-ध्वनि की, "जय श्री गुरु महाराज!"

44

महेंद्र गुप्त ने देखा, नरेंद्र इस समय जैसे धैर्य के चुक जाने पर बुरी तरह खीझा हुआ था।

"ठाकुर कहते थे, 'तेरा गाना सुनने पर, मेरे भीतर जो हैं, वे साँप के समान फन खोलकर स्थिर भाव से सुनते रहते हैं।' " नरेंद्र बोला, "किंतु मास्टर मोशाय! उन्होंने इतना कुछ तो कहा, पर मेरा हुआ क्या? मैंने शांति पाई क्या? बताइए।"

महेंद्र गुप्त नरेंद्र की व्याकुलता को समझ रहा था। जितनी साधना नरेंद्र ने की थी और जितना उसका विकास हुआ था—उतने में अन्य कोई व्यक्ति तो स्वयं को सिद्धपुरुष मानकर शांतिपूर्वक बैठ ही नहीं जाता, अन्य लोगों को स्वयं से सर्वदा तुच्छ मानकर अपने अहंकार की सीढ़ियाँ चढ़ने लगता।···पर यह नरेंद्र···इसकी तृप्ति तो जैसे साक्षात् ब्रह्म को अपने सम्मुख देख, उनसे चर्चा कर, उन्हें छूकर उनका अनुभव कर रही होगी।···बड़ा महत्त्वाकांक्षी है, थोड़े में संतुष्ट नहीं हो सकता।···यदि कहीं यह व्यक्ति संसार में लिप्त हो गया होता, तो शायद ब्रिटिश साम्राज्य से भी बड़े साम्राज्य की स्थापना करने की महत्त्वाकांक्षा पालता।···

"तुम जो चाहते हो, वह इस समय तुम्हें कैसे मिल सकता है!" महेंद्र गुप्त ने जैसे उसे समझाते हुए कहा, "इस समय तुम शिव बने हुए हो, पैसे लेने का अधिकार तो तुम्हें है ही नहीं। ठाकुर की सुनाई वह कहानी याद है न?"

नरेंद्र समझ नहीं पाया कि महेंद्र गुप्त की बात का संदर्भ क्या है, "कौन-सी कहानी?"

"कोई बहुरूपिया शिव बना था। जिस द्वार पर वह गया, वहाँ गृहस्वामी उसे रुपया देने लगा। बहुरूपिये ने रुपया नहीं लिया। घर लौटकर, हाथ-पैर धोए, अपने वस्त्र धारण किए और फिर उसी गृहस्वामी के पास पहुँचा। 'क्या है?' गृहस्वामी ने पूछा। 'आप जो रुपया दे रहे थे न! वह मुझे दे दीजिए।' गृहस्थ ने पूछा, 'यदि रुपया लेना ही था, तो उस समय मना कर क्यों चल दिए?' बहुरूपिया मुस्कराकर बोला, 'उस समय तो मैं शिव बना हुआ था—संन्यासी था। रुपया कैसे छूता?' "

नरेंद्र उच्च स्वर में हँस पड़ा।

"इस समय तुम मानो एक वैद्य हो।" महेंद्र गुप्त बोला, "सारा भार तुम्हीं पर है। मठ के भाइयों को तुम ही तो मनुष्य बनाओगे। तुम अपनी शांति की खोज में लग गए तो ठाकुर की आज्ञा का पालन कौन करेगा? मठ के भाइयों से साधना कौन कराएगा?"

"साधना!" नरेंद्र के चेहरे पर कुछ तिक्त भाव उभरे, "हम लोग साधन-भजन कर रहे हैं—यह ठाकुर की ही आज्ञा थी,…परंतु आश्चर्य यह है कि साधना की बात पर राम दादा हम पर कटाक्ष करते हैं। कहते हैं, 'जब ठाकुर के प्रत्यक्ष दर्शन कर लिए, तब साधना कैसी?' "

"जिसका जैसा विश्वास, वह वैसा ही करे।" महेंद्र गुप्त बोला।

"वह तो ठीक है।" नरेंद्र बोला, "मैं मान लेता हूँ कि गिरीश और राम दादा जैसे लोग ठाकुर को पूर्णावतार मानकर उनकी उपासना करते हैं, अतः उन्हें अब साधना की आवश्यकता नहीं है…किंतु ठाकुर के ये इतने बड़े भक्त, ठाकुर के अंतिम दिनों में, उनकी सेवा में नियुक्त गुरुभाइयों के प्रति इतने कठोर क्यों थे? उनकी गुरु-भक्ति कहाँ चली गई थी? पैसे की इतनी चिंता क्यों थी उन्हें? अवतार के साथ जीने वाले व्यक्ति के मन में पैसे के प्रति इतनी आसक्ति?"

"मेरे मन में कुछ दूसरी बातें हैं नरेन!" महेंद्र गुप्त बोला, "वैसे तो राम के मन में पैसे के प्रति कुछ लोभ था ही। तुम्हें याद होगा, ठाकुर कई बार उसकी कंजूसी की चर्चा करते थे…अन्य भक्तों के समान राम ने भी जब ठाकुर को अपने घर ले जाने का उत्साह दिखाया तो ठाकुर ने पहले तो उसे स्वीकार नहीं किया था, पर बाद में कुछ सोचकर मान गए। ठाकुर आए तो राम ने अपनी अनिच्छा के बावजूद शिष्टाचारवश सारी व्यवस्था की। ठाकुर यथासमय आए और भक्तों के साथ आनंद मनाकर चले गए। भक्त मंडली में राम की प्रशंसा हुई तो किंतु इतना रुपया खर्च हो जाने के कारण राम उसे ठाकुर का शुभागमन नहीं मान सका। जब कुछ दिनों के बाद ठाकुर ने कहा कि वे वैशाखी पूर्णिमा को 'फूलदोल' उत्सव के अवसर पर राम के घर आएँगे, तो खर्च से बचने के लिए राम ने तरह-तरह के बहाने बनाए कि उत्सव उसके घर न हो।…किंतु ठाकुर को वह टाल नहीं सका। ठाकुर आए और उत्सव हुआ। लोगों की मान्यता है कि उस दिन से राम की सारी कृपणता समाप्त हो गई।"

"तो उन्होंने फिर हमारे साथ वैसा व्यवहार क्यों किया?"

"जहाँ तक मेरी जानकारी है, आध्यात्मिक क्षेत्र में ही नहीं, सांसारिक क्षेत्र में भी कई याचक उनकी दया से अपने अभावपूर्ण जीवन को चला ले जाते थे। जिसकी नौकरी चली जाती थी, उसकी वे नई नौकरी मिलने तक सहायता करते थे। वस्तुतः आय की तुलना में राम का व्यय अधिक हो गया था। अपने घर तथा काँकुड़गाछी के योगोद्यान का खर्च और उत्सव आदि का आयोजन करने में वे स्वयं ऋणग्रस्त हो चुके थे। इसी से खीझे रहते थे कि कहीं अनावश्यक खर्च न हो।" महेंद्र गुप्त ने बताया, "नहीं तो उन्हीं दिनों वे कितने ही बालकों की शिक्षा का भार वहन कर रहे थे, कितने ही लोगों के माता-पिता के श्राद्ध में सहायता कर रहे थे, कितने लोगों की कन्यादान की चिंता दूर कर रहे थे और कितने ही भिखारियों के लिए अन्न जुटा रहे थे।"

कुछ क्षणों के लिए नरेंद्र मौन ही रहा, फिर बोला, "पता नहीं, ऐसे अच्छे लोग, किसी समय इतने दुष्ट क्यों लगने लगते हैं।…अब देखिए न! ठाकुर ने सबको अलग-अलग मार्ग दिखाए, किंतु उनके भक्त राम दादा, उनके मतानुसार न चलने वाले अपने ही गुरुभाइयों की निंदा कर रहे हैं। उन पर कटाक्ष कर रहे हैं।" नरेंद्र ठाकुर की स्मृति में डूब गया, "किसी और को जो भी कहा हो, हम लोगों को तो ठाकुर ने साधना करने की ही आज्ञा दी है।" उसने एक गहरा निःश्वास छोड़ा, "मुझे इतना प्यार करते थे, पर जब कभी कोई अपवित्र भाव मेरे मन में आया, उसे तुरंत ताड़ गए और उसके लिए मेरी भर्त्सना की। जब मैं अन्नदा गुहा के संग घूमता था, कभी-कभी बुरी संगति में भी पड़ जाता था। उन दिनों जब ठाकुर के पास जाता था, तो वे मेरे हाथ का छुआ

कुछ नहीं खाते थे। मुझे स्मरण है, एक बार उनका हाथ, मेरा छुआ खाद्य पदार्थ, अपने मुँह में डालने के लिए उठा, किंतु मुँह तक नहीं पहुँचा। अपनी रुग्णावस्था में एक दिन ऐसा होने पर, उनका हाथ मुँह तक गया और फिर रुक गया। ठाकुर बोले, 'अब भी तेरा समय नहीं आया।'…''

नरेंद्र ने महेंद्र गुप्त की ओर देखा, ''कभी-कभी मुझे लगने लगता है कि मेरा समय कभी नहीं आएगा। मेरे मन में अविश्वास का प्रभाव इतना प्रबल होने लगता है कि सोचता हूँ कि कुछ हो तो दिखाई दे। है ही नहीं, तो दिखाई क्या देगा! राम दादा के यहाँ तो मुझे ऐसा जान पड़ा कि कहीं कुछ नहीं है। ईश्वर-तीश्वर कहीं कुछ नहीं है। बस! इंद्रियों का संसार मात्र ही है।…''

''तो नई बात क्या है?'' महेंद्र गुप्त ने बड़े शांत स्वर में कहा, ''साधना के मध्य अनेक बार अविश्वास भी जागता है। ठाकुर कहते थे, कभी-कभार उनके साथ भी ऐसा ही होता था।'' महेंद्र गुप्त ने रुककर मुग्ध भाव से नरेंद्र को देखा, ''…तुम लोग धन्य हो। दिन-रात उन्हीं के चिंतन में लीन रहते हो।''

''अरे, कहाँ?'' नरेंद्र का सहज भाव लौट आया था, ''हममें इतनी व्याकुलता कहाँ कि ईश्वर-दर्शन न होने के दुःख से शरीर-त्याग कर सकें।''

सहसा मठ के किसी कोने से उल्लास का कोलाहल उठा और थोड़ी ही देर में सारे मठ पर छा गया।

''क्या बात है राजा?'' नरेंद्र ने वहीं बैठे हुए राखाल से पूछा।

''पुरी की यात्रा कर निरंजन लौट आया है।'' राखाल ने बताया।

''अरे! अरे! बुलाओ उसे।'' नरेंद्र भी उठ खड़ा हुआ।

निरंजन आकर नरेंद्र के कंठ से लग गया।

''कैसे हो निरंजन?''

''अति प्रसन्न!'' निरंजन बोला, ''वहाँ था तो भगवान् कृष्ण का सान्निध्य था। यहाँ आया हूँ तो तुम लोग हो। दोनों ओर आनंद ही आनंद है।'' वह रुका, ''अच्छा! मैं नहा-धोकर ठाकुर को प्रणाम कर लूँ। फिर आता हूँ।''

नरेंद्र की आँखों के सामने निरंजन संबंधी कितने ही दृश्य घूम गए।

…निरंजन आरंभ से ही साहसी प्रवृत्ति का मनुष्य था। शायद इसीलिए वह भूत-प्रेत संबंधी प्रयोग करने वालों के संग हो लिया था। ठाकुर से मिलने पर उन्होंने कहा था, 'देख निरंजन! भूत-भूत करेगा, तो तू भी भूत हो जाएगा और भगवान्-भगवान् करने से भगवान् हो जाएगा।…' तभी से निरंजन ने भूत का संग छोड़ भगवान् का पल्ला पकड़ लिया था, किंतु जिस काम को करता था, उससे भूत के समान चिपक जाता था…

उन दिनों घी खाने के पीछे पड़ा तो ठाकुर ने टोका था, ''इतना घी क्यों खाता है? क्या लोगों की बहू-बेटियाँ भगाएगा?''

निरंजन ने घी खाना छोड़ दिया था।

ठाकुर की रुग्णावस्था के दिनों में ठाकुर के पास अनावश्यक लोगों को न आने देने की बात आई तो निरंजन ने ही लोगों को रोकने का यह अप्रिय कार्य अपने कंधों पर लिया था। उसे इस बात की तनिक भी चिंता नहीं थी कि लोग उससे रुष्ट होंगे। वह तो केवल इतना जानता था कि वह ठाकुर की सेवा कर रहा था।…

...उन्हीं दिनों राम दादा ठाकुर से मिलने के लिए आए, किंतु निरंजन ने उन्हें रोक दिया। राम दादा ने कुछ मिठाई और माला लाटू के हाथ में दी और कहा, "जा! इसे ऊपर ले जाकर, प्रसाद करके ला दे।"

लाटू राम दादा के घर घरेलू नौकर के रूप में कार्य कर चुका था। उनके प्रति उसके मन में बहुत सम्मान था। उसे निरंजन का यह व्यवहार बहुत बुरा लगा। दुखी होकर निरंजन से बोला, "इन्हें ऊपर जाने दो न भाई! आपस में भी क्या यह नियम लागू करना चाहिए?" किंतु निरंजन के कान पर जूँ भी नहीं रेंगी। लाटू चिढ़ गया। निरंजन को आहत करने के लिए उसने कटाक्ष किया, "श्यामपुकुर में उस दिन जब दाना काली विनोदिनी को साहब के वेश में ले आया था, तो तुमने उसे तो छोड़ दिया और अब इनके जैसे भक्त को रोक रहे हो।"

निरंजन को याद आ गया...उन दिनों नियम बना था कि स्त्रियों को रुग्ण ठाकुर के पास नहीं जाने दिया जाएगा।...किंतु विनोदिनी नाम की अभिनेत्री को ठाकुर के दर्शन कराने के लिए कालीपद घोष पुरुष वेश धारण कराकर ले आया था।

निरंजन ने अपनी लाठी हटा ली और राम दादा से बोला, "आप ऊपर जाइए।"

ठाकुर ने यह सब सुना तो उन्होंने लाटू को डाँटा, "देख! कभी किसी के दोष मत देखना। लोगों के गुण ही देखना।" लाटू को अपनी भूल ज्ञात हो गई...निरंजन तो कठोर बनकर कर्तव्य-पालन कर रहा था और लाटू ने उसे उससे डिगाने का प्रयत्न किया था...

उन्हीं दिनों एक पगली भी ठाकुर के दर्शन करने के लिए आती थी, किंतु निरंजन ने उसे रोक दिया था। राखाल इस सारे प्रसंग से दुखी था। उसने कहा, "वह उपद्रव करती है, इस कारण बहुत-से लोगों को कष्ट भी होता है। किंतु उसे इस प्रकार डाँटना-डपटना और धकियाना अच्छा नहीं लगता। मुझे बहुत दुःख होता है।"

निरंजन झपटकर बोला, "तेरे बीवी है न! इसलिए तेरा मन इस प्रकार छटपटाता है। हम लोग तो उसे लेकर बलि चढ़ा सकते हैं।"

राखाल को वैराग्य के नाम पर यह क्रूरता अच्छी नहीं लगी। बोला, "बड़ी बहादुरी करोगे। ठाकुर के सामने ये सब बातें कर रहे हो!"

राखाल को निरंजन चाहे क्रूर लगा हो, किंतु नरेंद्र जानता था कि यह निरंजन की कर्तव्यपरायणता ही थी।...एक कोण से देखने पर जो गुण दिखाई देता है, दूसरे कोण से देखने पर वह दुर्गुण भी हो सकता है। तभी तो ठाकुर ने लाटू से कहा था कि वह लोगों के गुण ही देखे, दुर्गुण नहीं।...भगवान् राम ने सीता-त्याग कर कर्तव्य की बलिवेदी पर अपना सारा सुख अर्पित कर दिया।...किंतु दृष्टि-दोष वालों ने उसमें राजा की कर्तव्यपरायणता न देखकर पुरुष की क्रूरता देखी...निरंजन की भी कर्तव्यपरायणता ही देखी जानी चाहिए...उस दिन आँटपुर में पोखर में स्नान करते हुए अपनी असावधानी से शारदाप्रसन्न लगभग डूब ही गया था।...वह तो निरंजन ही था, जो जान पर खेलकर उसे बचा लाया था...

ठाकुर को प्रणाम कर निरंजन 'दानवों के कमरे' में लौट आया था। सब लोग उसको घेरकर बैठ गए थे। निरंजन उन्हें अपने पुरी-यात्रा के संस्मरण सुनाता रहा। समय किधर गया, किसी को पता ही नहीं चला। एक शशि ही था, जो किसी के भुलावे में नहीं आ सकता था। वह नौ बजे उठ गया और ठाकुर को भोगार्पण कर उन्हें शयन करा आया।

सब लोग भोजन करने बैठे। भोजन में रोटियाँ थीं, एक तरकारी और थोड़ा गुड़। ठाकुर के नैवेद्य की थोड़ी-सी खीर भी थी।

45

गुरु-प्रसाद चौधरी वीथि में महेंद्र गुप्त के घर नरेंद्र पहुँचा तो महेंद्र गुप्त अपने पढ़ने के कमरे में बैठा 'मर्चेंट ऑफ वेनिस' पढ़ रहा था।

"क्या हो रहा है?" नरेंद्र ने पूछा, "कोई गंभीर अध्ययन?"

"नहीं।" महेंद्र गुप्त बोला, "बच्चों को पढ़ाने के लिए पाठ तैयार कर रहा था।"

"अच्छा है, कहीं तो आपका मन रमता है।" नरेंद्र आकर महेंद्र गुप्त के सम्मुख बैठ गया, "मुझे कुछ भी अच्छा नहीं लगता। मन इतना व्याकुल है कि कुछ भी भाता नहीं।⋯" वह रुका और बोला, "आपसे बातचीत कर तो रहा हूँ किंतु इच्छा होती है कि अभी उठकर चला जाऊँ।" वह चुप हो गया। कुछ देर आत्मलीन-सा रहकर मंद स्वर में जैसे अपने आपसे बोला, "ईश्वर-दर्शन के लिए मैं अनशन कर डालूँगा।" उसने अपनी दृष्टि महेंद्र गुप्त पर टिकाई, "दर्शन न हुए तो प्राण दे दूँगा।"

महेंद्र गुप्त उसे देखता तो रहा किंतु उसकी दृष्टि में तनिक भी आश्चर्य नहीं था। वह जानता था कि इन दिनों नरेंद्र और उसके गुरुभाइयों के मन में वैराग्य और ईश्वर-दर्शन की इच्छा अपने चरम उत्कर्ष पर पहुँची हुई थी।

"अच्छा तो है, " वह धीरे से बोला, "ईश्वर के लिए सब कुछ किया जा सकता है।"

नरेंद्र की आँखों में लीला-भाव झलका, "यदि मैं भूख न सँभाल सका तो?"

"तो कुछ खा लेना और फिर से अनशन आरंभ कर देना।" महेंद्र गुप्त बोला।

नरेंद्र ने उसकी बात सुनी ही नहीं। वह आजकल बहुत अन्यमनस्क रहने लगा था। इस समय भी वह आत्मलीन ही अधिक था। थोड़ी देर में जैसे वह अपने आप ही बोला, "जान पड़ता है कि ईश्वर नहीं है। इतनी प्रार्थनाएँ मैंने कीं, उत्तर एक बार भी नहीं मिला।" वह अब भी इस प्रकार इतना खोया-खोया बोल रहा था जैसे वहाँ उसके अतिरिक्त और कोई भी न हो। "सोने के अक्षरों में लिखे हुए न जाने कितने मंत्र चमकते हुए मैंने देखे। न जाने कितने काली रूप तथा अन्य दिव्य रूप देखे। फिर भी शांति नहीं मिल रही है।"⋯और अकस्मात् ही जैसे वह किसी नींद से जाग उठा। बोला, "छह पैसे दीजिएगा?"

"छह पैसे?" महेंद्र गुप्त बोला,"क्या करोगे छह पैसों का?"

"शोभा बाजार से गाड़ी में वराहनगर मठ जाऊँगा।" नरेंद्र बोला, "किराए के छह पैसे लगते हैं।"

"छह पैसे तो मैं दे दूँगा।" महेंद्र गुप्त ने जेब से निकालकर नरेंद्र को पैसे दिए, "किंतु क्या बैठोगे नहीं?"

"नहीं।" नरेंद्र बोला, "मन टिक ही नहीं रहा।"

तभी सातकौड़ी आ दरवाजे पर खड़ा हो गया।

"आओ सात्तू!" नरेंद्र बोला, "तुम दफ्तर से घर लौट रहे हो क्या?"

"हाँ।" सातकौड़ी ने उत्तर दिया, "तुम्हें मठ जाना है?"

"जाना तो है।" नरेंद्र बोला, "गाड़ी में आए हो?"

"हाँ।" सातकौड़ी ने उत्तर दिया, "अब गाड़ी का ऐसा अभ्यास हो गया है कि उसके बिना चलता ही नहीं।"

नरेंद्र ने अपने हाथ में पकड़े पैसे महेंद्र गुप्त को लौटा दिए। बोला, "अब क्या है। अब सात्तू के साथ चला जाऊँगा। आप कुछ खिलाइए।"

संध्या-समय नरेंद्र मठ में पहुँचा। मठ तक जाने के लिए सीधी सवारी मिल रही थी, और अगले दिन स्कूल में रविवार की छुट्टी भी थी, इसलिए महेंद्र गुप्त भी नरेंद्र के साथ ही आ गया था।

मठ में पहुँचते ही नरेंद्र ने पूछा, "निरंजन कहीं गया है क्या?"

"हाँ। घर गया है। कह रहा था, माँ अकेली है, उसे देख आऊँ।" तारक ने बताया।

"शेष लोग कहाँ हैं?" महेंद्र गुप्त ने पूछा। उसे मठ बड़ा खाली-खाली-सा लग रहा था।

"बाबूराम, शरत् और काली तो पुरी गए हुए हैं। कुछ दिन वहाँ रहकर रथयात्रा का उत्सव देखेंगे। आजकल सबको घुमक्कड़ी की बहुत पड़ी है। जिसे देखो वही रस्सा तुड़ाकर भाग रहा है। एक मुझे ही यहाँ बाँध रखा है।" नरेंद्र बोला, और फिर वह तारक की ओर मुड़ा, "राजा कहाँ है?"

"राजा दक्षिणेश्वर गया है।" तारक ने बताया, "अभी थोड़ी देर में लौट आएगा।"

"सुना है, शारदाप्रसन्न कुछ दिनों से बहुत कठोर साधना कर रहा है।" महेंद्र गुप्त ने कहा, "वह भी दिखाई नहीं पड़ रहा।"

"हाँ।" नरेंद्र ने पूछा, "वह कहाँ गया है?"

"तुमको कलकत्ता जाते देख वह भी कहीं चला गया है।" तारक ने बताया।

"कहीं का क्या अर्थ?"

"कहीं चला गया है।" तारक बोला, "तुम्हारे नाम एक पत्र दे गया है।"

"दिखाओ।"

तारक पत्र ले आया। नरेंद्र ने वह पत्र पढ़कर सुनाया, "मैं पैदल ही वृंदावन जा रहा हूँ। मेरे लिए यहाँ रहना अच्छा नहीं है। यहाँ भाव का परिवर्तन हो रहा है। पहले तो मैं माता-पिता और घर के दूसरे लोगों के स्वप्न देखा करता था, उसके पश्चात् मैंने माया की मूर्ति देखी। दो बार मुझे बड़ा कष्ट मिला। घर लौट जाना पड़ा। अब की बार दूर जा रहा हूँ। ठाकुर ने मुझसे कहा था, 'तेरे वे घरवाले सब कुछ कर सकते हैं, उनका विश्वास न करना।' "

नरेंद्र कुछ क्षण मौन खड़ा रहा फिर बोला, "मेरे लिए बड़ी मुश्किल है। यहाँ भी मैं एक माया के संसार में फँसा हुआ हूँ। न जाने वह लड़का कहाँ चला गया।" उसने तारक की ओर देखा, "राजा ने उसे क्यों जाने दिया?"

"राजा ने तो उसे बहुत समझाया, पर वह माना ही नहीं।" तारक बोला, "उठा और चल दिया।"

"तुम जो पैर फैलाए लैक्चर देते रहते हो, उसे मना क्यों नहीं कर सके?" नरेंद्र के स्वर में रोष था।

"भरसक मना किया।" तारक ने उत्तर दिया, "उसे बाँधकर तो नहीं रख सकता था। आखिर सब लोग भ्रमण और तीर्थाटन के लिए जाते ही हैं। शारदा चला गया तो ऐसी क्या बात हो गई।"

राखाल लौटा तो उसके साथ भवनाथ भी था।

नरेंद्र ने उसे शारदा का पत्र पढ़कर सुनाया और पूछा, "तुमने उसे जाने क्यों दिया?"

राखाल नरेंद्र के क्रोध को समझ रहा था। शांत स्वर में बोला, "अनेक कारणों से उसे जाना ही था। तुमने शायद उससे प्रायोपवेशन की बात भी कही थी। उससे भी उसका मन बहुत विचलित था, और उसने यह भी कहा था, 'नरेंद्र अपनी माँ और भाइयों की खबर लेने और मुकदमा आदि करने के लिए घर चला जांया करता है। मुझे भय है कि उसकी देखा-देखी कहीं मुझे भी घर जाने की इच्छा न हो।' "

नरेंद्र ने राखाल की ओर देखा भर, किंतु कुछ बोला नहीं। इस प्रकार की बातें वह कई दिनों से सुन रहा था। वह उनसे क्या कहता कि वह अपनी किस मजबूरी में घर जाता है। उसके घर जाने से, उसके मन में तो मोह जागता नहीं और उसको देख शारदा के मन में मोह जाग रहा है...

"अब मुझे भी तीर्थाटन के लिए जाना होगा।" राखाल धीरे से बोला, "यहाँ रहकर तो कहीं कुछ न हुआ। ठाकुर ने जो कहा था—ईश्वर-दर्शन—वह कहाँ हुआ?...चलो, नर्मदा की ओर निकल चलें।"

नरेंद्र ने उसे कुछ तीखी दृष्टि से देखा, "इधर-उधर आवारागर्दी करने से क्या मिल जाएगा तुम्हें? घुमक्कड़ी से ईश्वर मिलता तो लोग एक स्थान पर बैठकर तपस्या क्यों करते?"

भवनाथ अब तक चुपचाप बैठा था। बोला, "जब ज्ञान प्राप्त ही नहीं होना है, तो तुमने संसार का त्याग ही क्यों किया?"

"राम को नहीं पाया, इसलिए क्या श्याम के साथ रहने लगूँ?" नरेंद्र कुछ झपटकर बोला, "ईश्वर-लाभ नहीं हुआ, इसलिए क्या बच्चे पैदा करते रहना चाहिए?"

नरेंद्र अपनी व्याकुलता में उठकर बाहर चला गया।

राखाल समझ रहा था कि नरेंद्र क्यों व्याकुल है, किंतु कोई किसी की सहायता नहीं कर सकता। ईश्वर-दर्शन के लिए तो इसी प्रकार तड़पना होगा।

एक क्षण के लिए राखाल के मन में आया कि वह स्वयं नरेंद्र के पीछे जाए, या किसी को भेजे...किंतु अगले ही क्षण उसने विचार बदल दिया। नरेंद्र को शायद यह अच्छा न लगे। बहुत संभव है कि अपनी यह व्याकुलता वह किसी के सम्मुख प्रकट न करना चाहता हो।...शांत होगा तो स्वयं लौट आएगा।...

उसका विचार ठीक ही निकला। थोड़ी ही देर में नरेंद्र लौट आया और अपनी चटाई पर बैठ गया।

"तुमने प्रायोपवेशन की इच्छा की चर्चा क्या शारदाप्रसन्न के सम्मुख भी की थी?" राखाल ने नरेंद्र से पूछा।

"कह नहीं सकता।" नरेंद्र बोला, "यदि किसी से वार्तालाप करते हुए उसने सुन लिया हो, तो सुन लिया हो।"

"मैं सोच रहा हूँ, कहीं वह इसी प्रकार का कोई संकल्प मन में लेकर तो नहीं गया।" राखाल के स्वर में हलकी-सी चिंता थी।

"इधर ईश्वर-लाभ के लिए प्राण देने की धमकी का प्रचलन बहुत बढ़ गया है क्या?" निरंजन मुस्करा रहा था।

"धमकी का प्रचलन नहीं बढ़ा, व्याकुलता ही बहुत बढ़ गई है।" तारक बोला।

"मेरी भी व्याकुलता बढ़ गई है।" शशि के स्वर में परिहास था, "अरे, कोई है? मुझे एक छुरी तो दो, मैं प्राणांत कर लूँ। बस! अब यह कष्ट सहा नहीं जाता।"

कोई और समय होता तो शायद नरेंद्र भी उस परिहास में योग देता, किंतु आज उसका मन कुछ इतना उखड़ा हुआ था कि उसे यह परिहास न केवल असामयिक लगा, वरन् वह मन-ही-मन उसे कहीं आहत कर बहुत उत्तेजित कर गया। बोला, "वहीं रखी है छुरी। हाथ बढ़ाकर उठा लो।"

कोई कुछ नहीं बोला। स्पष्ट था कि नरेंद्र इस समय इतना परेशान था कि किसी प्रकार का परिहास उसे अच्छा नहीं लगेगा।...अंततः राखाल ने ही पूछा, "तुम ईश्वर के लिए परेशान हो या शारदाप्रसन्न के लिए?"

नरेंद्र ने उसकी ओर अपना चेहरा तो फेरा, किंतु उसके प्रश्न का उत्तर नहीं दिया। अपना मुख छत की ओर फेरते हुए जैसे अपने आपसे ही बोला, "यहाँ भी मोहमाया! तो हम लोगों ने संन्यास क्यों लिया?"

" 'मुक्ति और उसकी साधना' नामक पुस्तक में लिखा है कि संन्यासियों को एक जगह इकट्ठे नहीं रहना चाहिए।" राखाल बोला, "उसमें संन्यासियों के एक नगर की कथा भी है।"

"संन्यासियों के लिए एक अलग नगर?" शशि बोला, "यह क्या बात हुई! मैं संन्यास-फंन्यास नहीं मानता। मेरे लिए कोई स्थान ऐसा नहीं है, जहाँ मैं अपनी विधि से न रह सकूँ।"

नरेंद्र ने उस चर्चा को और आगे नहीं बढ़ाया। बोला, "भवनाथ कहाँ है?"

"वह तो तब ही ठाकुर को प्रणाम कर चला गया था।" राखाल ने बताया।

"तुम्हें कहाँ मिल गया था?"

"दक्षिणेश्वर में।"

"लगता है, उसकी पत्नी बच गई है," नरेंद्र बोला, "इसीलिए मारे खुशी के दक्षिणेश्वर घूमने चला गया होगा।"

"संभव है!" राखाल ने उत्तर दिया, "आज उसने अपनी पत्नी की अस्वस्थता की कोई चर्चा नहीं की।" उसने रुककर नरेंद्र की ओर मुख फेरा, "तुम्हें मालूम है, राम बाबू काँकुड़ागाछी के योगोद्यान में एक मंदिर बनवाना चाहते हैं।"

"मालूम है।" नरेंद्र बोला, "राम दादा ने मास्टर मोशाय को एक ट्रस्टी बनाया है।"

"मुझे?" महेंद्र गुप्त ने चकित होकर पूछा, "पर मुझे तो उसकी सूचना कोई नहीं है।"

"सूचना की क्या आवश्यकता है।" नरेंद्र कुछ हलके भाव से बोला, "ट्रस्टियों को जितनी कम सूचना हो, संस्था के लिए उतना ही अच्छा रहता है।"

शशि ने ठाकुर के कमरे में धूप जलाया। शेष सब कमरों में धूप-धूना दिया और फिर मधुर कंठ से ठाकुर का नामोच्चार कर प्रणाम किया। आरती के लिए सारे गुरुभाई हाथ जोड़कर खड़े हो गए। झाँझ और घंटे बजने लगे। नरेंद्र ने उच्च स्वर में गाया :

"जय शिव ओंकारा, भज शिव ओंकारा!
ब्रह्मा विष्णु सदा शिव, हर हर हर महादेव!"

सारे गुरुभाइयों ने समवेत स्वर से गाया, "जय शिव ओंकारा…।"

प्रातः गंगा-स्नान के पश्चात् नरेंद्र ठाकुर के कमरे में गया। अन्य गुरुभाई उससे पहले ही प्रणाम कर गए थे, इसलिए पुष्प बचे नहीं थे। उसने बिल्व-पत्र पर चंदन छिड़का और वे ही ठाकुर को समर्पित कर दिए। प्रणाम कर थोड़ी देर ध्यान किया और बाहर आया।

महेंद्र गुप्त 'दानवों के कमरे' में बैठा था, नरेंद्र भी उसके पास जाकर बैठ गया, "थोड़ी ईश्वर-चर्चा हो जाए।"

महेंद्र गुप्त हँसा, किंतु कुछ बोला नहीं।

"क्या बात है?" नरेंद्र ने पूछा।

"तुम्हारी ईश्वर-चर्चा से मुझे ईश्वरचंद्र विद्यासागर स्मरण हो आए।"

"क्यों?"

"विद्यासागर कहते हैं, 'मैं तो बेंतों की मार खाने के भय से ईश्वर की चर्चा किसी दूसरे से नहीं करता।' " महेन्द्र गुप्त ने बताया।

"बेतों की मार खाने का क्या मतलब?"

"वे कहते हैं," महेंद्र गुप्त बोला, "कल्पना करो कि मृत्यु के पश्चात् हम सब ईश्वर के पास गए। केशव सेन को यमदूत ईश्वर के पास ले गए। मान लो, सप्रमाण यह सिद्ध हो जाए कि केशव ने संसार में पाप भी किए हैं, तब ईश्वर कहेंगे कि इसे पच्चीस बेंत लगाओ। उसके पश्चात् मुझे ईश्वर के सम्मुख ले जाया जाए। मैं भी यदि केशव सेन के समाज में जाता हूँ, अन्याय करता हूँ, तो संभव है कि आदेश हो, 'बेंत लगाओ।' यदि मैं कहूँ कि केशव सेन ने ही मुझे यह करने को कहा, तो संभव है, ईश्वर केशव सेन को पुनः बुला लें। पूछें, 'क्या तूने इसे उपदेश दिया था? स्वयं तो ईश्वर के विषय में कुछ जानता नहीं और दूसरों को उपदेश दे रहा था? है कोई, इसे पच्चीस बेंत और लगाओ।' इसीलिए विद्यासागर कहते हैं, 'मैं स्वयं तो समझ सकता नहीं, फिर दूसरों को दिग्भ्रमित करने के लिए बेंत क्यों सहूँ?' "

"जिसने ईश्वर को नहीं समझा," नरेंद्र कुछ रोष के साथ बोला, "उसने और दस-पाँच विषय कैसे समझ लिए?"

"दस-पाँच विषय कैसे?"

"जिसने ईश्वर को नहीं समझा, उसने दया और उपकार कैसे समझ लिए?" नरेंद्र ने पूछा, "स्कूल खोलकर बच्चों को विद्या का दान करना चाहिए, यह कैसे समझ लिया?"

"हाँ! ठाकुर भी तो कहते थे," महेंद्र गुप्त बोला, " 'जिसने ईश्वर को समझा है, वह सब कुछ समझता है।' संसार में रहना, स्कूल खोलना—इन सबको वे रजोगुण कहते थे। विद्यासागर में दया है, इस प्रसंग में उन्होंने कहा था, 'यह रजोगुणी सत्त्व है, इसमें दोष नहीं।' "

नरेंद्र ने कोई उत्तर नहीं दिया, उसकी दृष्टि द्वार पर लगी हुई थी। महेंद्र ने उधर देखा : द्वार पर शारदाप्रसन्न खड़ा था। कोई कुछ नहीं बोला। शारदा ने आगे बढ़कर नरेंद्र को भूमिष्ठ हो प्रणाम किया।

वृंदावन नहीं गए?" नरेंद्र ने पूछा।

"नहीं।"

"तो कहाँ थे?"

"कोन्नगर तक ही गया।"

"आगे क्यों नहीं गए?"

"पहले मैं दक्षिणेश्वर गया। एक रात वहाँ रहा।"

"वहाँ हाजरा था?" नरेंद्र ने पूछा।

"जी!" शारदा बोला, "उसने मुझसे पूछा, उसके विषय में मेरी क्या धारणा है?"

"तुमने क्या कहा?"

"कुछ भी नहीं।"

"तब?"

"उसने मुझसे पूछा, क्या मैं उसके लिए तंबाकू लाया हूँ?" शारदा ने बताया, "वह चाहता था, मैं उसके पास रहकर उसकी सेवा करूँ।"

"तब?"

"मैं धीरे-धीरे कोन्नगर तक पहुँचा।" शारदा बोला, "मैंने खुले आकाश के नीचे रात बिताई। ठंड नहीं थी, इसलिए खुले में सो सका।...मैं आगे जाना चाहता था। कुछ भले लोगों से रेल का किराया भी माँगा।"

"किसी ने दिया?"

"नहीं!" शारदा बोला, "उन्होंने कहा कि एक-आध रुपया तो कोई दे भी देगा। रेल का पूरा भाड़ा कौन देगा?"

"तो तुम यहाँ चले आए?"

"जी!"

"देखो!" नरेंद्र कुछ गंभीर स्वर में बोला, "मेरी कुछ मजबूरियाँ हैं, जिनके कारण मुझे घर जाना पड़ता है। वैसे मैं प्रयत्न कर रहा हूँ कि सब कुछ समेटकर मैं यहाँ आ जाऊँ। संभवतः एक-आध महीने में मैं ऐसी व्यवस्था कर पाऊँ।...किंतु तुम्हें मेरे मोह के बंधन नहीं तोड़ने हैं, अपने बंधन तोड़ने हैं; मेरे लोभ को नहीं जीतना है, अपने लोभ पर विजय पानी है। इसलिए मठ से इस प्रकार भागने की कोई आवश्यकता नहीं है। यहाँ रहो, तपस्या करो और जब उचित समय आए, अन्य भाइयों के समान तीर्थाटन करने जाओ।"

"जी!" शारदा ने पुनः भूमिष्ठ हो नरेंद्र को प्रणाम किया, संभवतः वह नरेंद्र से अपने कृत्य के लिए क्षमा-याचना कर रहा था।

शशि प्रायः भागता हुआ आया, "नरेंद्र कहाँ है?"

"वह शायद उधर 'दानवों के कमरे' में है।" महेंद्र गुप्त ने बताया, "क्यों? क्या बात है?"

"मेरे पिता आ रहे हैं।" शशि बोला, "वे मुझे पूछेंगे। मुझे नहीं पाएँगे तो नरेंद्र को पूछेंगे। मिल जाएगा, तो उसे बुरा-भला कहेंगे। इसलिए मैं नहीं चाहता कि वे नरेंद्र के सामने पड़ें।"

"तो तुम उन्हें रोक लेना।"

"मैं उन्हें मिल गया तो मुझे घसीटकर घर लौटा ले जाना चाहेंगे।" शशि बोला, "इसलिए मैं तो भाग रहा हूँ। आप प्रयत्न कीजिएगा की पिताजी नरेंद्र से न मिल पाएँ...और जितनी जल्दी हो सके, उन्हें यहाँ से विदा कर दीजिएगा।"

शशि पीछे के दरवाजे से बाहर निकल गया।

महेंद्र गुप्त सीढ़ियों के पास आ खड़ा हुआ। शशि के पिता ऊपर आए। वे महेंद्र गुप्त को जानते थे। फिर भी उसे सामने खड़ा देख बोले, "मैं शशिभूषण का पिता हूँ, ईश्वरचंद्र! मुझे पहचानते हैं न?"

"हाँ-हाँ। क्यों नहीं? आपसे पहले भी भेंट हुई है।"

"शशि कहाँ है?"

"शशि तो मठ में नहीं है।" महेंद्र गुप्त बोला, "आइए। पधारिए।"

महेंद्र गुप्त उन्हें काली के कमरे में ले गया, "कैसे आए आप?"

ईश्वरचंद्र थोड़ी देर स्वयं को संयत करते रहे, फिर बोले, "अपने बेटे को मिलने आया हूँ। हर बार यह आशा लेकर आता हूँ कि वह मिल जाएगा तो उसे घर ले जाऊँगा। अब यह समय उससे कुछ सेवा पाने का है, या उसके पीछे घूमने का?...निर्धन व्यक्ति हूँ। अपने पास और कोई साधन है नहीं, और पुत्र है कि माता-पिता को छोड़कर कभी किसी की सेवा करने बैठ जाता है, कभी किसी की।"

"ईश्वर के मार्ग पर चल रहा है, कोई पतित कार्य तो कर नहीं रहा।" महेंद्र गुप्त बोला।

"जानता हूँ। नास्तिक नहीं हूँ। मैं भी तंत्र-साधना करता हूँ। पाइकपाड़ा के राजा इंद्रनारायण सिंह का सभा-पंडित रहा हूँ।" ईश्वरचंद्र बोले, "पर कोई घर-परिवार छोड़कर इस प्रकार भागता नहीं फिरता।" उन्होंने रुककर महेंद्र गुप्त की ओर देखा, "यहाँ का कर्ता कौन है?" और फिर उत्तर की प्रतीक्षा किए बिना ही बोले, "यही नरेंद्र सारे अनर्थों का कारण जान पड़ता है। गुरु के देहांत के पश्चात् ये सारे लड़के राजी-खुशी घर लौट गए थे। फिर से स्कूल-कॉलेज जाने लगे थे।...पर यह नरेंद्र..."

"यहाँ कोई कर्ता नहीं है।" महेंद्र गुप्त ने उत्तर दिया, "सब बराबर हैं।...किसी की अपनी इच्छा हो तो नरेंद्र क्या कर सकता है? वह किसी को बलात् तो खींचकर ला नहीं सकता।..." महेंद्र गुप्त रुका, "अब देखिए, क्या हम लोग सदा के लिए अपना घर छोड़कर यहाँ आ सकते हैं?"

"अजी, तुम लोगों ने तो बहुत अच्छा किया। दोनों ओर की रक्षा कर रहे हो।" ईश्वरचंद्र बोले, "तुम लोग जो कुछ कर रहे हो, उसमें धर्म नहीं है क्या? हमारी भी तो यही इच्छा है कि शशि यहाँ भी रहे और वहाँ भी रहे। आकर कभी देखो, शशि की माँ रो-रोकर कैसी बेहाल हुई पड़ी है।"

"शशि भी आप लोगों को बहुत याद करता है।" महेंद्र गुप्त ने उन्हें सांत्वना दी, "कई बार तो रोता है कि माता-पिता की सेवा नहीं कर पाया।"

"तो आता क्यों नहीं माता-पिता के पास? कौन रोकता है उसे?"

"ईश्वर-लाभ की कामना। साधुओं के सत्संग की इच्छा।"

"साधुओं की खोज में क्यों इतना मारा-मारा फिरता है?" ईश्वरचंद्र पुनः आवेश में आ गए, "वह कहे तो मैं उसे एक अच्छे महात्मा के पास ले जाऊँ। राजा इंद्रनारायण के पास एक महात्मा आए हुए हैं। बहुत सुंदर स्वभाव है। चले, देखे न ऐसे महात्मा को।"

महेंद्र गुप्त कुछ नहीं बोला। वह कह भी क्या सकता था!

शशि के पिता को विदा कर महेंद्र गुप्त लौटा तो राखाल दिख गया। किंतु राखाल महेंद्र गुप्त के

पास बैठा नहीं। बोला, "मास्टर मोशाय! चलिए, 'दानवों के कमरे' में चलें। वराहनगर के कुछ शिक्षित लोग आए हुए हैं। नरेंद्र से उनकी बातचीत हो रही है। आह! नरेंद्र भी क्या बात कहता है।" राखाल एकदम चमत्कृत लग रहा था।

"क्यों? क्या कह दिया नरेंद्र ने?"

"नरेंद्र ने कहा, 'जब तक अपने भीतर काम है, तभी तक स्त्री की सत्ता है, अन्यथा स्त्री और पुरुष में कोई भेद नहीं रह जाता।' "

"ठीक है। बालक और बालिकाओं में यह भेद-बुद्धि नहीं रहती।" महेंद्र गुप्त ने कहा।

"इसीलिए तो कहता हूँ कि हम लोगों को चाहिए कि साधना करें। माया के पार गए बिना, ज्ञान कैसे होगा?" राखाल बोला, "साधना से ही माया की कारा टूटेगी, भेद-बुद्धि समाप्त होगी और सम-बुद्धि का उद्भव होगा···।" उसने मुड़कर देखा, "आइए।"

वे लोग 'दानवों के कमरे' में पहुँचे तो नरेंद्र की बात प्रायः समाप्ति पर थी। वह कह रहा था, "संध्यादि कर्मों के लिए न तो अब स्थान ही है, न समय ही।"

"वह तो ठीक है।" एक आगंतुक कह रहा था, "पर महाशय! साधना करने से क्या ईश्वर मिलेंगे?"

"उनकी कृपा होगी तो अवश्य मिलेंगे।" नरेंद्र बोला, "गीता में कहा है न···ईश्वरः सर्वभूतानां हृद्देशे अर्जुन तिष्ठति।···उनकी कृपा के बिना साधन-भजन कहीं कुछ नहीं होता। इसलिए उनकी शरण में जाना चाहिए।"

एक अन्य व्यक्ति, जो बहुत देर से मुग्ध भाव से नरेंद्र को देख रहा था, बहुत मधुर भाव से बोला, "हम लोग यदा-कदा यहाँ आकर आपको कष्ट देंगे।"

"अवश्य।" नरेंद्र बोला, "जब जी चाहे, आया कीजिए। आप लोगों के वहाँ, गंगा-घाट पर हम लोग भी तो नहाने के लिए जाया करते हैं।"

"उसके लिए हमारी ओर से कोई आपत्ति नहीं है।" वह व्यक्ति बोला, "हाँ! कोई और न जाया करे।"

"नहीं! नरेंद्र ने उत्तर दिया, "यदि आप कहें, तो हम भी नहीं जाया करें।"

"नहीं! नहीं!! ऐसी बात नहीं है।" वह बोला, "पर यदि आप यह देखें कि आपकी देखा-देखी बाहर के अन्य लोग भी जा रहे हैं, तो आप न जाइएगा।"

वे सब प्रणाम कर, उठकर चले गए। नरेंद्र भी उन्हें पहुँचाने बाहर तक गया। लौटकर आया तो देखा कि राखाल, शारदाप्रसन्न को पकड़े बैठा है, "तेरे कारण मुझे भी डाँट पड़ती है। तू कहाँ बाहर-बाहर भागा फिरता है? यहाँ साधुओं का संग है। इसे छोड़कर कहीं और जाने का लाभ, और वह भी नरेंद्र जैसे व्यक्ति की संगति छोड़कर! यह सब छोड़कर तू कहाँ जाएगा?"

"कलकत्ता यहाँ से बहुत निकट है।" शारदाप्रसन्न बोला, "डरता हूँ कि कहीं माता-पिता का स्नेह मुझे खींच न ले। इसलिए कहीं दूर भाग जाना चाहता हूँ।"

"ठाकुर जितना प्यार करते थे, क्या माता-पिता उतना प्यार कर सकते हैं?" राखाल ने उसे डाँटा, "हम लोगों ने उनके लिए क्या किया था, जो वे हमें इतना चाहते थे? क्यों वे हमारे शरीर मन और आत्मा के लिए इतने तत्पर रहा करते थे?"

शारदाप्रसन्न के पास जैसे कोई उत्तर नहीं था, इसलिए उसने प्रश्न किया, "क्या तुम्हारी इच्छा नहीं होती कि कहीं बाहर चले जाओ, यहाँ से दूर?"

"जी तो चाहता है कि नर्मदा के तट पर जाकर रहूँ।" राखाल का स्वर कुछ स्वप्निल हो गया था, "किसी बगीचे में डेरा डालूँ और साधना करूँ। कभी यह तरंग उठती है कि तीन दिन के लिए पंचतप करूँ, परंतु संसारी मनुष्यों के बगीचे में जाने से हृदय इंकार कर देता है।"

"मैं कौन-सी साधना करूँ?" शारदा ने जैसे छटपटाकर पूछा।

"नरेंद्र से पूछ।"

शारदा ने नरेंद्र की ओर देखा।

"केवल उनका नाम लो।" नरेंद्र बोला, "ठाकुर का वह गीत याद है तुम्हें?…"

"कौन-सा?"

नरेंद्र ने सस्वर गाया, "ऐ श्यामा! मुझे तुम्हारे नाम का ही भरोसा है…।"

"श्यामा के नाम का तो भरोसा है, किंतु तुम्हारा क्या भरोसा है?" शारदा कुछ उद्दंड होकर बोला, "तुम अभी तो कह रहे हो कि ईश्वर हैं। फिर तुम्हीं कह दोगे कि चार्वाक और अन्य दर्शनाचार्य कह गए हैं कि संसार आप-ही-आप हुआ है। तुम स्थिर तो रहते नहीं, बस, बातें ही बदलते रहते हो।"

"तूने रसायन शास्त्र नहीं पढ़ा?" नरेंद्र हँसा, "यह तो बता, कंबीनेशन कौन करता है? पानी तैयार करने के लिए आक्सीजन, हाइड्रोजन और विद्युत्—इन तीनों को मनुष्य का हाथ संयुक्त करता है क्या? सब लोग मानते हैं कि एक इंटेलिजेंट फोर्स का अस्तित्व है। वह सत्ता, ज्ञानस्वरूप, एक ही है, जो इन सब पदार्थों को चला रही है।"

"भगवान् में दया है—यह हम कैसे जान सकते हैं?" शारदा ने एक नया प्रश्न पूछ लिया।

" 'भत्ते दक्षिणं मुखं'—यह वेद कहते हैं। जान स्टुअर्ट मिल भी यही कहते हैं—जिन्होंने मनुष्य के मन को दया दी, व स्वयं जाने कितने दयावान हैं। ठाकुर भी तो यही कहते थें, 'विश्वास ही सार हैं।' ईश्वर हमारे अत्यंत निकट हैं। विश्वास करने से ही सिद्धि होती है…सुन!" और नरेंद्र ने गाना आरंभ किया :

"मोको कहाँ तू ढूँढ़े बंदे, मैं तो तेरे पास में।
ना रहता मैं झगड़ि-'बिगड़ि में, न छुरी गड़ास में।
ना रहता मैं खाल-रोम में, न हड्डी न मांस में ॥
ना देवल में, ना मसजिद में, ना कासी-कैलास में।
ना रहता मैं अवध द्वारका, मेरी भेंट विश्वास में ॥
ना रहता मैं क्रिया-करम में, न योग-संन्यास में।
खोजेगा तो आन मिलूँगा, पल भर की तलाश में ॥
शहर से बाहर डेरा मेरा, कुटिया मेरी मवास में।
कहत कबीर सुनो भई साधो! सब संतन के साथ में ॥"

नरेंद्र के इतने मधुर गीत का भी शारदा पर कोई विशेष प्रभाव नहीं पड़ा। उसने अपना आरोप दोहराया, "कभी तो तुम कहते हो कि भगवान् हैं ही नहीं, और अब ये सारी बातें सुना रहे हो। तुम्हारी बातों का कुछ ठीक ही नहीं है। तुम प्रायः अपना मत बदलते रहते हो।"

"यह बात अब कभी नहीं बदलूँगा," नरेंद्र दृढ़ स्वर में बोला, "जब तक वासनाएँ रहती हैं, तब तक ईश्वर पर अविश्वास रहता है। मनुष्य के मन में कोई-न-कोई कामना रहती ही है…और कुछ नहीं, तो मन-ही-मन में पढ़ने, परीक्षाएँ पास करने, विद्वान् बनने की वासनाएँ ही रह जाती हैं।"…और नरेंद्र का भक्ति-विह्वल मन संगीत के रूप में निर्झर के समान फूट पड़ा :

''पी ले अवधूत, हो मतवाला, प्याला प्रेम हरिरस का रे!
बाल अवस्था खेलि गँवायो, तरुण भयो नारी बस का रे।
वृद्ध भयो कफ, वायु ने घेरा, खाट पड़ो रह्यो शाम-सकारे।
नाभि-कमल में है कस्तूरी, कैसे भरम मिटै पशु का रे।
बिन सद्गुरु नर ऐसहि ढूँढ़ै, जैसे मिरिग फिरै वन का रे ॥''

शारदा देख रहा था कि नरेंद्र की यह विशेषता थी कि गाने बैठता तो एक-आध गीत नहीं गाता था, वह तो घंटों के हिसाब से गाता था। एक के बाद एक गीत गाता चला जाता था और संगीत में तल्लीन होता जाता था, जैसे गा न रहा हो, समाधिस्थ होता जा रहा हो···

नरेंद्र का स्वर थमा तो जैसे इंद्रधनुषी परिवेश ही टूट गया। सन्नाटा अत्यंत क्रूर लगने लगा था।

नरेंद्र उठकर खड़ा ही नहीं हो गया, कमरे से बाहर भी निकल आया, ''इन युवकों से बातचीत करते-करते मेरा माथा गर्म हो गया।'' बरामदे में महेंद्र गुप्त को देखकर बोला, ''मास्टर मोशाय! आइए, पानी पिएँ।''

नरेंद्र ने ऊपर के कमरे से देखा : महेंद्र गुप्त अकेला, एक वृक्ष की छाया में बैठा कुछ सोच रहा था।

नरेंद्र नीचे उतर आया, ''क्यों मास्टर मोशाय! क्या हो रहा है?''

महेंद्र गुप्त कुछ अचकचा गया। उसने नरेंद्र के प्रश्न का उत्तर नहीं दिया। बोला, ''तुम्हारा स्वर बहुत मधुर है। कोई श्लोक सुनाओ, जिससे मन को शांति मिले।''

नरेंद्र तो जैसे तैयार ही था। यह सब उसकी मन-भावन चर्चा थी। इसके लिए विशेष अनुरोध अथवा आग्रह की आवश्यकता नहीं थी। उसने सस्वर 'अपराध-भंजन-स्तव' का पाठ आरंभ कर दिया···

''गृहस्थगण ईश्वर को भूले हुए हैं—बाल्य, प्रौढ़ तथा वार्धक्य तक, वे न जाने कितने अपराध करते हैं। क्यों वे मनसा, वाचा और कर्मणा ईश्वर की सेवा नहीं करते।···'' उसने रुककर महेंद्र गुप्त की ओर देखा, ''संसार में निर्लिप्त रहने की बात जितनी चाहे कीजिए, किंतु काम-कांचन का त्याग बिना किए न होगा। स्त्री के साथ सहवास करते हुए घृणा नहीं होती?'' उसने श्लोक-पाठ आरंभ किया, ''अमेध्यपूर्णे कृमि जाल संकुले स्वभाव दुर्गंध विनिंदितांतरे। कलेवरे मूत्रपूरीष-भाविते रमंति मूढ़ा विरमंति पंडिताः ॥···वेदांत-वाक्यों में जो रमण नहीं करता, हरिरस का जो पान नहीं करता, उसका जीवन ही वृथा है···।'' उसने रुककर महेंद्र गुप्त को देखा, ''इसी भाव का एक गीत सुनिए : '···मोह और कुमंत्रणा को छोड़ो। ईश्वर को जानो, तब सारे कष्ट छूट जाएँगे। चार दिनों के सुख के लिए, अपने जीवन-सखा को भूल गए। यह कैसी बात?' '' वह कुछ रुककर बोला, ''कौपीन धारण किए बिना दूसरा उपाय नहीं। संसार का त्याग करना ही होगा। मनुष्य संसार में बँधा क्यों रहे? क्यों वह माया में पड़े? मनुष्य का स्वरूप क्या है? 'चिदानंद रूप : शिवोऽहं शिवोऽहं शिवोऽहं।' मैं ही वह सच्चिदानंद हूँ।''

नरेंद्र चुप हो गया। महेंद्र गुप्त ने भी कुछ नहीं कहा···नरेंद्र के मन में तीव्र वैराग्य है···महेंद्र

गुप्त सोच रहा था···इसीलिए मठ के अन्य भाइयों की भी यही अवस्था है। इन लोगों को देखते ही ठाकुर के गृहस्थ भक्तों में काम-कांचन के त्याग की इच्छा प्रबल हो जाती है।···

"आइए, भोजन कर लें।" नरेंद्र बोला, "मुझे कलकत्ता जाना है।"

"घर जा रहे हो?"

"हाँ! मुकदमे के लिए वकील से मिलना है।" नरेंद्र बोला, "अब रात को ही लौटूँगा।"

"कोई और भी साथ जा रहा है?"

"हाँ! तारक जा रहा है।"

राखाल की दृष्टि उस युवक पर पड़ी···बीस-बाईस वर्ष का संभ्रांत युवक था। उसका नाम रवींद्र था। दक्षिणेश्वर के काली मंदिर में उसे दो-तीन बार देखा था। एक बार वह लगातार तीन रातों तक ठाकुर के पास रहा था। स्वभाव से मधुर और कोमल था। ठाकुर ने उसके प्रति स्नेह तो जताया, किंतु साथ ही कहा था, 'तेरे लिए अभी देर है। अभी तेरा कुछ भोग बाकी है। अभी कुछ न होगा। जब डाकू छापा मारते हैं, तब ठीक उसी समय पुलिस कुछ कर नहीं सकती। जब हलचल कुछ शांत हो जाती है, तब पुलिस आकर गिरफ्तार करती है।'···पर उसकी यह क्या हालत है? काली किनारी की आधी, फटी-सी धोती···धूल-भरे पाँव, जैसे बहुत दूर से नंगे पाँव पैदल चलता आया हो, पागलों के समान आँखों की पुतलियाँ घुमा रहा था···

"क्या हुआ?" राखाल ने पूछा।

"मैं अब लौटकर घर नहीं जाऊँगा। यहीं मठ में आप लोगों के साथ रहूँगा।" वह बोला।

"वह तो ठीक है, पर हुआ क्या?"

'उसने विश्वासघात किया। जरा देखिए तो, पूरे पाँच सालों की आदत···शराब पीना भी मैंने उसके लिए छोड़ दिया। आज आठ महीने हुए, मुझे शराब छोड़े हुए, और उसका फल यह है कि वह पूरी धोखेबाज निकली।"

राखाल समझ गया···उसने कुछ सुना था कि रवींद्र की आजकल किसी वेश्या से गहरी छन रही थी।···तो उसके विश्वासघात से वैराग्य जागा था उसके मन में···

"किसी सवारी से आए हो?"

"कलकत्ता ने नंगे पाँव पैदल चला आ रहा हूँ।"

"और तुम्हारी आधी धोती क्या हो गई?"

"आते समय उसने धरपकड़ की, इसी से आधी धोती फट गई।"

"चीरहरण?" राखाल हँसा।

रवींद्र ने कुछ नहीं कहा। उसने चुपचाप सिर झुका लिया।

"यहाँ रहोगे?" राखाल ने पूछा।

"हाँ।"

"यहाँ रहने का अर्थ समझते हो?"

"हाँ।"

"भगवा धारण करना होगा। संन्यास लेना होगा।"

"उसी के लिए आया हूँ।"

"और दो ही दिनों में तुम्हारा वैराग्य उड़ गया तो?" राखाल बोला, "कोई चंद्रमुखी याद आने लगी, तब?"

"नहीं! अब नहीं। यहीं रहूँगा।"

"चलो! उठो फिर!" राखाल बोला, "तुम्हें गंगा-स्नान करा लाएँ।"

"इस समय?" रवींद्र के स्वर में जिज्ञासा से अधिक आपत्ति थी।

"क्यों? भय लगता है?"

"नहीं! भय की क्या बात है!" रवींद्र हकलाया, "असमय है न!"

"संन्यासी और गृहस्थी का यही अंतर है।" राखाल बोला, "अब भी सोच लो।"

"सोच लिया।" रवींद्र उठकर खड़ा हो गया।

गंगा-स्नान करा गीली धोती में ही राखाल उसे श्मशान भूमि में ले आया। रवींद्र चकित दृष्टि से उसकी ओर देख रहा था : वह इस समय उसे यहाँ क्यों ले आया?

"कभी-कभी रात को मठ के भाई यहाँ आकर ध्यान करते हैं।" राखाल ने बताया, "यहाँ ध्यान करना हम लोगों के लिए अच्छा है। संसार की असारता खूब समझ में आती है। चारों ओर जब शव जलते हैं, तो उनके साथ संसार भी जल जाता है और सत्य अपने आप प्रकट हो जाता है।"

श्मशान-दर्शन करा, राखाल उसे मठ में ले आया और ध्यान करने के लिए बैठा दिया।

रात को नरेंद्र और तारक कलकत्ता से लौटे।

"ओह! खूब खाया।" नरेंद्र हँस रहा था, "पता नहीं, लोग दावतों में इतना क्यों खिला देते हैं।"

"खाकर आए हो!" राखाल बोला, "अच्छा है! तुम्हारा भोजन पचाने का भी यहाँ प्रबंध हो गया है।"

"क्या हुआ है?" नरेंद्र ने पूछा।

राखाल ने उसे रवींद्र की कथा सुना दी।

"ठीक है। उसे भी 'दानवों के कमरे' में बुला लाओ। उपदेश हो जाए! कल महामाया-पूजन के पश्चात् उसे भगवा वस्त्र दे देंगे।" और नरेंद्र ने गाना आरंभ किया : "तुम मोह और कुमंत्रणाएँ छोड़, उन्हें समझो। तुम्हारी संपूर्ण व्यथा इस प्रकार दूर हो जाएगी।"

नरेंद्र ने रवींद्र की ओर देखा और पुनः गाया :

"पी ले अवधूत, हो मतवाला, प्याला प्रेम हरिरस का रे।
बाल अवस्था खेलि गँवायो, तरुण भयो नारी बस का रे।
वृद्ध भयो कफ वायु ने घेरा, खाट पड़ो रह्यो शाम-सकारे।
नाभि-कमल में है कस्तूरी, कैसे भरम मिटै पशु का रे।
बिन सद्गुरु नर ऐसहि ढूँढ़े, जैसे मिरिग फिरै वन का रे॥"

वे लोग काली तपस्वी के कमरे में आ बैठे। यह श्रेष्ठ साहित्य के सामूहिक पाठ का समय था। गिरीशचंद्र घोष की दो नई पुस्तकें—'बुद्ध चरित्र' और 'चैतन्य चरित्र'—प्रकाशित हुई थीं। उन्हीं में से एक 'चैतन्य चरित्र' का शारदाप्रसन्न सशब्द पाठ कर रहा था। प्रसंग चैतन्य के 'प्रेम-वितरण' का था।...सहसा शारदा का स्वर व्यंग्यपूर्ण हो गया, जैसे वह पुस्तक पढ़ न रहा हो, उसका उपहास कर रहा हो।...

नरेंद्र ने लपककर उससे पुस्तक छीन ली, "इस प्रकार कोई श्रेष्ठ साहित्य का मटियामेट करता है!"

नरेंद्र ने स्वयं वह प्रसंग पढ़ना आरंभ किया।

शारदा कहाँ चुप बैठने वाला था। बोला, "मैं कहता हूँ, कोई किसी को प्रेम दे नहीं सकता।"

अब नरेंद्र की समझ में आया कि शारदा का स्वर चैतन्य के प्रेम-वितरण के प्रति इतना व्यंग्यात्मक क्यों हो गया था। वह पूरी गंभीरता से बोला, "मुझे तो ठाकुर ने प्रेम दिया है।"

शारदा ने आपत्ति की, "तुम्हें पूरा विश्वास है कि तुम्हारे पास प्रेम है?"

"तू प्रेम के विषय में क्या समझ सकता है?" नरेंद्र कुछ इठलाकर बोला, "तेरी समझ ही कितनी है। तू तो सेवक-श्रेणी का व्यक्ति है, चल, मेरी चरण-सेवा कर तो तेरी समझ में कुछ आए। इस अहंकार में मत रहना कि तुमने सब कुछ समझ लिया है···अच्छा, जा! मेरे लिए हुक्का भर ला।"

"मैं तो नहीं भरूँगा।" शारदाप्रसन्न तमककर बोला।

और कमरा एक ऊँचे सामूहिक ठहाके से गूँज उठा।

46

नरेंद्र की नानी, रघुमणि ने द्वार खोला तो विस्मय से देखती खड़ी रह गई, "अरे, तुम भुवनेश्वरी! ओह, महेंद्र और भूपेंद्र भी आए हैं!"

"माँ! अब हम सदा के लिए तुम्हारे घर में आ गए हैं।" भुवनेश्वरी ने महेंद्र को संकेत किया और साथ का थोड़ा-सा सामान महेंद्र भीतर उठा लाया।

रघुमणि जैसे ठगी-सी खड़ी रह गई। थोड़ा समय लेकर बोली, "आओ, बेटी! समाज की दृष्टि से चाहे कुछ अटपटा हुआ हो, व्यक्तिगत रूप से मुझे कोई परेशानी नहीं है।···वैसे कभी-कभी यह बात मेरे मन में भी आती थी कि तुम लोग यहाँ मेरे पास ही आ रहो, किंतु मैंने कभी अपने मुख से कहा नहीं कि कहीं तुम्हारे स्वाभिमानी मन को बुरा न लगे।"

"क्या अभिमान और क्या स्वाभिमान माँ! अब तो किसी प्रकार जीवनयापन हो जाए, यही बहुत है।" भुवनेश्वरी बोली, "बीच में लग रहा था कि हम मकान वाला मुकदमा जीत जाएँगे, इसलिए मैं किराये के उस मकान में टिकी हुई थी। नरेंद्र को भी कुछ ऐसा ही विश्वास था, किंतु···"

"किंतु क्या री!" रघुमणि ने पूछा, "अब क्या हो गया?"

"बात अब और बड़ी कचहरी में चली गई है।" भुवनेश्वरी बोली, "जिसका अर्थ है, और अधिक खर्च।···और हमारे पास मुकदमा आगे लड़ने के लिए पैसे एकदम नहीं हैं।"

"यहाँ आ, बैठ बेटी!" रघुमणि ने सांत्वना देने के भाव से कहा, "तू परेशान मत हो। भगवान् सब ठीक ही करेंगे।"

भुवनेश्वरी आकर माँ के पास बैठ गई और धीरे से बोली, "भगवान् कितना सब कुछ ठीक-ठीक करते हैं, यह तो अब तक बहुत देख चुकी माँ! जो कुछ उन्होंने किया है, सब ठीक ही तो किया है।"

रघुमणि क्या कहती। जानती थी कि भुवनेश्वरी किस प्रकार कष्ट से दिन काट रही है। किंतु भगवान् का आश्रय भी छोड़ देती तो फिर और था ही कौन?

"यह सब तो भगवान् की लीला है बेटी!" वह धीरे से बोली, "संभव है, वह ठीक ही कर रहा हो और बात हमारी समझ में न आ रही हो।"

भुवनेश्वरी ने तमककर अपनी माँ की ओर देखा : माँ ने भगवान् का पक्ष तो लिया था, किंतु उसका सिर झुका हुआ था। शायद वह स्वयं भी मन-ही-मन यह मान रही थी कि जो कुछ वह कह रही है, वह सत्य नहीं है। अपने कहे पर उसे स्वयं विश्वास नहीं हुआ तभी तो वह इस प्रकार लज्जित-सी सिर झुकाए खड़ी थी। भुवनेश्वरी की तनिक भी इच्छा नहीं थी कि वह अपनी माँ का मुन दुखाए, किंतु उसने मन का भाव उच्छ्वास के समान स्वतः उसकी जिह्वा पर आ ही गया। बोली, "हाँ, जो कर रहा है, ठीक ही कर रहा है। पहले पति को छीना था, अब पुत्र को भी छीन लिया है।"

"क्या कह रही है तू!" रघुमणि ने भुवनेश्वरी की ओर कुछ इस प्रकार देखा, जैसे इस भयानक अशुभ का परिमार्जन करना चाहती हो।

भुवनेश्वरी अपने स्थान पर पूर्णतः शांत बैठी थी। धीरे से बोली, "पुत्र को उस अर्थ में नहीं छीना माँ, जिस अर्थ में पति को छीन लिया था, किंतु तेरा बिलेह कह गया है कि वह अब सदा के लिए मठ में जा रहा है। घर नहीं लौटेगा।"

"घर नहीं लौटेगा का क्या अर्थ?"

"पहले जो सप्ताह-दो सप्ताह में वह कभी-कभी एक-आध बार घर आ जाया करता था, वह अब नहीं आएगा। पहले दूर रहकर भी उसे हमारी चिंता रहती थी, इसलिए वह थोड़ा-बहुत धन अर्जित करने का प्रयत्न करता था, किंतु अब उसने अपना संबंध हमसे पूर्णतः तोड़ लिया है। अब वह दूर रहकर भी हमारी चिंता नहीं करेगा। हमारे लिए थोड़ा भी धन अर्जित करने का प्रयत्न नहीं करेगा। वह कहता है कि उसने पूर्ण संन्यास ग्रहण कर लिया है और उसकी माया मर गई है।"

"तूने उसे समझाया नहीं?" रघुमणि ने पूछा।

"समझाया? माँ, वह मुझे समझाने लगता है। वह मुझे बताता है कि संसार निःसार है। यह माया है, जिससे मोह उत्पन्न होता है।" भुवनेश्वरी जैसे सुबक उठी, "मैंने उससे कहा कि वह यह क्यों कहता है कि उसकी माया मर गई है। यह क्यों कहता है कि उसकी माँ मर गई है।"

"तू उससे ऐसी बातें क्यों कहती है? आखिर वह बच्चा है। तेरा पुत्र ही तो है।"

"है तो मेरा पुत्र ही, किंतु अब वह यह मानता है कि यह संबंध, ये सांसारिक रिश्ते-नाते, कुछ भी अर्थ नहीं रखते। एकमात्र सत्य ईश्वर है और एकमात्र संबंध ईश्वर से प्रेम है।"

"तूने उससे पूछा नहीं कि 'तेरे भाई और तेरी माँ खाएँगे क्या?" रघुमणि की मुद्रा कुछ चिंतित हो चली थी।

"उसके पास इन सारे प्रश्नों के उत्तर तैयार हैं माँ!"

"क्या कहता है वह?"

"कहता है, जिसने जन्म दिया है, वही ईश्वर पालन भी करता है। मनुष्य किसी का पालन नहीं करता। यह तो उसका अहंकार मात्र है⋯।"

"पर⋯।" रघुमणि ने कुछ कहना चाहा।

"वह कहता है, 'ठाकुर ने कहा है कि हम लोगों को मोटे अन्न और वस्त्र का अभाव नहीं होगा।' "

रघुमणि ने और कुछ नहीं पूछा, और भुवनेश्वरी भी मौन बैठी छत की ओर ताकती रही।

सन्नाटा कुछ लंबा और कष्टकर हो गया तो रघुमणि ने पूछा, "तुझे क्या लगता है, क्या वह कभी लौटकर नहीं आएगा? क्या उसके बिना तुम्हारा मकान का यह मुकदमा आगे चल पाएगा?"

"मुकदमे के समय तो वह आएगा, ऐसा उसने कहा है। मुकदमे को वह बीच में नहीं छोड़ेगा, किंतु उसके लिए धन कहाँ से आएगा?" भुवनेश्वरी जैसे अपने आपसे पूछ रही थी।

रघुमणि कुछ देर चुपचाप उसे देखती रही और फिर बोली, "तू यदि बुरा न माने तो एक बात कहूँ?"

"क्या है माँ?"

"मेरे पास दो कट्ठा जमीन व्यर्थ ही पड़ी है।" रघुमणि धीरे से बोली, "मुझे अब उसका क्या करना है बेटी! न उस पर मकान बनाना है, न उस पर हल चलाना है। मेरे मरने के बाद भी वह तेरे ही पास जाएगी। तो प्रतीक्षा क्यों करें। तू उसे अभी ही ले ले।"

"मैं उस भूमि का क्या करूँगी माँ?" भुवनेश्वरी जैसे कुछ समझ नहीं पा रही थी।

"उसे बेच डाल।"

"बेच डालूँ? तुम्हारी संपत्ति बेच डालूँ? तुम्हें कुछ दे तो सकती नहीं। इस वृद्धावस्था में तुमसे सब कुछ छीन लूँ?" भुवनेश्वरी जैसे माँ का प्रस्ताव स्वीकार नहीं कर पा रही थी।

"उसे बेच डाल और उस धन से मुकदमा लड़।" रघुमणि बोली, "भगवान् की इच्छा हुई तो तू मुकदमा जीत जाएगी। तुम्हारा मकान तुम्हें मिल गया, तो तुम्हारी बहुत सारी समस्याओं का समाधान हो जाएगा।"

रघुमणि ने अपनी दृष्टि भुवनेश्वरी के चेहरे पर गाड़ दी, किंतु भुवनेश्वरी ने अपनी आँखें नहीं उठाईं। वह आत्मलीन-सी चुपचाप बैठी रही।

"क्या सोच रही है?" रघुमणि ने पूछा।

इस बार भुवनेश्वरी ने आँखें उठाईं तो वे सजल थीं।

"तू रो रही है?"

"नहीं, माँ! रो नहीं रही।" भुवनेश्वरी धीरे से बोली, "बहुत दिनों के पश्चात् भगवान् के प्रति मेरा अविश्वास फिर से खंडित हो गया है।" भुवनेश्वरी ने अपने पल्लू से आँसू पोंछ लिए, "मेरे स्वामी कहा करते थे कि किसी भी व्यक्ति को जो और जितना धन मिलता है, वह उसे ईश्वर ही देता है। देखना केवल यह है कि वह किसके माध्यम से देता है और किस रूप में देता है। आज उसने अयाचित ही तुम्हारे रूप में आकर मुझे भोजन-वस्त्र के लिए ही नहीं, मुकदमा लड़ने के लिए भी धन उपलब्ध करा दिया है, और माँ! वह भी किसी श्रम के पारिश्रमिक के रूप में नहीं, किसी नौकरी के वेतन के रूप में नहीं, किसी व्यवसाय के लाभ के रूप में नहीं, किसी याचना की भिक्षा के रूप में नहीं, माँ की ममता के रूप में इतना धन किसको मिलता है माँ?"···

रघुमणि ने भी गीली हो गई अपनी आँखें पल्लू से पोंछीं और बोली, "क्या तुझे नहीं लगता कि तेरे स्वामी ने ठीक ही कहा था···और तेरा पुत्र भी ठीक ही कह रहा है?"

"तुम सत्य कह रही हो माँ!" भुवनेश्वरी शून्य में देखती हुई बोली, "आज तो मेरा भी मन चाहता है कि मैं बिलेह की बात मान लूँ।"

"क्यों गोपाल! मठ कैसा चल रहा है?" सुरेंद्रनाथ मित्र ने पूछा।

छोटा गोपाल उससे मिलने भी इसीलिए आया था कि मठ के सारे समाचार दे सके। बोला, "प्रातः तीन बजे उठते हैं। जो नहीं उठता, उसे नरेंद्र जगा देता है। कुछ लोग स्नान करते हैं और कुछ उसके बिना ही हाथ-मुँह धोकर, पूजा-कक्ष में जा बैठते हैं। वहाँ हम ध्यान और जप करते हैं।

"सब लोग एक समय में एक ही काम करते हो?" सुरेंद्र ने पूछा, "मेरा अभिप्राय है कि सब लोग एक साथ ध्यान करते हो? सब लोग समान साधना करते हो?"

"शशि जब ठाकुर की पूजा करता है, तो उस समय सब लोग वहाँ एक साथ उपस्थित अवश्य होते हैं, अन्यथा सबको अपनी व्यक्तिगत साधना की पूर्ण स्वतंत्रता है।" गोपाल ने बताया, "जिसकी जो इच्छा होती है, वह वही करता है। कुछ लोग ध्यानलीन होकर घंटों निस्पंद बैठे रहते हैं। कुछ लोग संकीर्तन करते हुए इतने मगन हो जाते हैं कि जब तक शरीर ही जवाब न दे दे, वे गाते ही जाते हैं। कुछ लोग अपनी रातें श्मशान घाट में बिताते हैं…।"

"वहाँ क्या करते हैं वे लोग?" सुरेंद्र ने पूछा।

"जप करते हैं, ध्यान करते हैं।" छोटे गोपाल ने बताया, "कुछ लोग दिन-भर माला फेरते हैं, या सारी की सारी रात धूनी के निकट बैठकर ईश्वर-लाभ का प्रयत्न करते हैं।"

"कठोर तप कर रहे हैं ये लड़के।" सुरेंद्र बोला।

"इतना कठोर कि उन्हें पता भी नहीं होता कि संसार का अस्तित्व भी है या नहीं। न उन्हें जीने की कामना रह जाती है, न मृत्यु का भय। उनकी कठोर तपस्या से परेशान होकर नरेंद्र उन्हें डाँटता है, 'क्या समझते हो तुम लोग? तुम लोग भी रामकृष्ण परमहंस बनने जा रहे हो? ऐसा कभी नहीं होगा। संसार में एक ही रामकृष्ण परमहंस जन्म लेते हैं। तुम लोग शायद ठाकुर की सुनाई हुई वह कहानी भूल गए हो। तुम लोग वे चींटियाँ हो, जिनके लिए चीनी का एक दाना ही पर्याप्त होता है, और तुम चाहते हो कि चीनी का पूरा पहाड़ ठेलकर अपने घर ले जाओ।' "

"और नरेंद्र? वह क्या करता है?" सुरेंद्र ने पूछा।

"लगता है कि चौबीसों घंटे काम कर रहा है।" गोपाल ने बताया, "पागलों के समान लगा ही रहता है। प्रातः ब्राह्म-मुहूर्त में ही सबको जगाता है, 'जागो, जागो, जिस-जिसको दिव्य अमृत का पान करना है, वह जागो।' तब सब लोग थोड़ा ध्यान करने बैठ जाते हैं। ध्यान के पश्चात् दोपहर तक संगीत और चर्चा। कभी-कभी अपराह्न तक। भजन-गायन से सब इतिहास की चर्चा की ओर अग्रसर होते हैं। कभी इग्नैटियस लोयोला की कहानी आरंभ हो जाती है, कभी जोन ऑफ आर्क की, कभी झाँसी की रानी की, कभी नरेंद्र कार्लाइल की फ्रांसीसी क्रांति के पृष्ठ के पृष्ठ पढ़कर सुनाता है, या असीसि के संत फ्रांसिस की चर्चा होती है। कभी-कभी दोपहर के एक या दो बज जाते हैं, तब शशि उनको उठाता है, धमकाता है, डाँटता है और उन्हें नहाने और खाने के लिए बाध्य करता है। खाकर हम फिर इकट्ठे बैठ जाते हैं और संध्या-समय को ठाकुर की आरती तक चर्चा करते हैं। दो घंटे ठाकुर की आरती होती है। फिर छत पर बैठ आधी रात तक भजन गाते हैं या 'सीताराम' जपते हैं।"

"पड़ोसी मना नहीं करते?" सुरेंद्र ने पूछा।

"पड़ोसी मना करते हैं, निंदा करते हैं, धमकाते हैं, किंतु वहाँ चिंता किसको है।" गोपाल ने बताया, "पड़ोसी तो हमें जिन-भूत, बिगड़ैल, पागल, व्यभिचारी…जाने क्या-क्या समझते हैं, किंतु

कुछ लोग हमारी तपस्या को भी देखने लगे हैं, और कभी-कभी हमारे पास चर्चा के लिए भी आने लगे हैं।''

''तुममें से अब कोई अपनी स्कूल-कॉलेज की पढ़ाई छोड़ने पर पश्चात्ताप तो नहीं करता?''

''यदि कोई एक बार भी इस प्रकार का भाव प्रकट करता है,'' छोटा गोपाल बोला, ''तो नरेंद्र किसी शिक्षण-संस्था के ही समान उनके लिए कक्षाएँ लेने लगता है, व्याख्यान देने लगता है।···और नरेंद्र का ज्ञान तो आप जानते ही हैं···'' छोटा गोपाल हँसा, ''वास्तविक विद्यासागर तो नरेंद्र है···दर्शन, धर्म, धर्मशास्त्र, इतिहास, समाजशास्त्र, साहित्य, कला और विज्ञान—कुछ भी पढ़ाने बैठ जाता है। वह शरत् को गाना सिखा रहा है, काली को पखावज···और जब वह स्वयं गाता है! वाह···''

''मुझे लगता है कि हमें तुम लोगों की संगीत-गोष्ठियाँ मठ से बाहर भी रखनी चाहिए···कभी मेरे घर, कभी बलराम बोस के घर, कभी रामचंद्र दत्त के घर, कभी गिरीशचंद्र घोष के घर···।''

''क्यों नहीं!'' छोटा गोपाल बोला, ''इससे आप लोगों से भेंट भी हो जाएगी, ईश्वर-चर्चा भी हो जाएगी और संगीत का रस भी मिलेगा।''

''अच्छा, गोपाल! क्या मठ के भाइयों ने अपनी व्यक्तिगत रुचि एकदम समाप्त कर दी है?'' सुरेंद्र ने पूछा।

''नहीं। शशि अब भी गणित की पुस्तक लिए अलजब्रा का अभ्यास करता रहता है उसे मार्क ट्वेन बहुत-बहुत पसंद है, इसलिए THE INNOCENTS AT HOME AND THE INNOCENTS ABROAD पढ़ता रहता है।''

''नरेंद्र उसे मना नहीं करता?''

''नहीं।'' छोटा गोपाल बोला, ''नरेंद्र बाहर निकल बिल्व-वृक्ष के नीचे बैठ जाता है। जिन भाइयों को अध्ययन, चिंतन या पठन-पाठन में कोई कठिनाई होती है, वे लोग एक-एक, दो-दो कर उसके पास पहुँचते रहते हैं। दार्शनिक विवाद होते हैं—पुराना दर्शन, नया दर्शन, पूर्वी और पश्चिमी दर्शन,···कांट और शंकराचार्य की तुलना। सांख्य, योग, न्याय, वैशेषिक, मीमांसा, वेदांत—सबकी एक-दूसरे से टकराहट होती है। तार्किक विश्लेषण कर उनकी एक-दूसरे से समता और विषमता स्थापित होती है। वेदांत और बौद्धदर्शन की तुलना होती है। 'ललित-विस्तार' तो हमने घोट रखा है। अपने वर्णन से नरेंद्र हमें बोधगया, बोधि-वृक्ष, राजगृह, सारनाथ, कुशीनगर—कहीं की भी सैर करा लाता है। अपनी कल्पना में हम लोग नागसेन और मीनांडर से तर्क-युद्ध कर आते हैं, श्रमणों द्वारा कारला और धूलिफेंटा की गुफाओं का निर्माण देखते हैं, अजंता का चित्रण देखते हैं। एलोरा में कैलास मंदिर में पूजा कर आते हैं।''

''नरेंद्र से कभी किसी का मतभेद नहीं होता?'' सुरेंद्र ने पूछा, ''कोई झगड़ा नहीं होता?''

''मतभेद?'' गोपाल हँसा, ''मतभेद तो यहाँ तक है कि कुछ लोगों को नरेंद्र के महिलाओं से वार्तालाप करने में भी आपत्ति है, कुछ लोगों को शशि की पूजा और कर्मकांड में आपत्ति है, किसी-किसी का धर्म नास्तिकता तक जा पहुँचता है, कुछ का अंधविश्वासी कर्म-कांड तक। कुछ लोग संतों, दर्शनों और चमत्कारों के संसार में रहते हैं और कुछ को यह सब शुद्ध मूर्खता लगती है। वे मात्र तर्क से चलते हैं।''

''पर इतने मतभेदों के पश्चात् भी तुम लोग एक साथ कैसे रहते हो?'' सुरेंद्र के स्वर में आश्चर्य था।

''हमारी समानता यह है कि हम सब प्रत्येक जीव को अपना मार्ग स्वयं चुनने का अधिकार देते हैं।''

"कोई लड़ाई-झगड़ा?"

"लड़ने को आएँ तो किसी बात पर भी लड़ लेते हैं।" छोटा गोपाल जैसे कुछ स्मरण कर मुस्कराया, "एक प्रश्न यह था कि ठाकुर किसको सबसे अधिक प्रेम करते थे। खूब झगड़ा हुआ। सत्य तो यह है कि ठाकुर प्रत्येक व्यक्ति को इतना अधिक प्रेम करते थे कि सबको यही लगता है कि वही ठाकुर को सर्वाधिक प्रिय था। एक दिन तो झगड़ा इतना बढ़ा कि लाटू ने कहा…"

"लाटू आ गया है?" सुरेंद्र ने पूछा, "श्रीमाँ को छोड़कर आ गया?"

"राम बाबू की पुत्री के साथ वह अग्नि-दुर्घटना हो गई न!" गोपाल बोला, "श्रीमाँ ने लाटू को भेज दिया कि वह राम बाबू के पास रहे। वह कुछ दिन राम बाबू के घर रहकर मठ में आ गया है। अब वह स्वामी अद्भुतानंद है। नरेंद्र कहता है कि वह ठाकुर की अद्भुत सृष्टि है, इसलिए वह अद्भुतानंद है।…"

"अच्छा! नरेंद्र ने अपना नाम क्या रखा है?"

"वह स्वामी विविदिषानंद है।"

"विविदिषा का अर्थ?"

"ज्ञान प्राप्त करने की इच्छा।"

"ओह!" सुरेंद्र बोला, "अच्छा! लाटू ने क्या कहा?"

"हाँ! लाटू ने कहा, 'यह तो तुम्हारा सौभाग्य है कि ठाकुर तुम्हारे लिए कोई जायदाद छोड़कर नहीं गए। यदि वे कुछ छोड़ जाते तो तुम उसके लिए मर-मिटते और कोर्ट-कचहरियों के चक्कर काटने में जीवन बिता देते।' "

"पर लड़कर फिर इकट्ठे रहते कैसे हो?"

"हममें परस्पर इतना प्रेम है कि कहा-सुना तत्काल भूल जाते हैं।" छोटे गोपाल ने बताया, "लाटू कहता है कि ध्यान और जप से सबमें संयम और आत्म-नियंत्रण आ गया है। शरत् तो इतना अधिक शांत और संयमी है कि नरेंद्र उसका उपहास करता है। कहता है, 'यह क्रुद्ध हो कैसे सकता है, इसके शरीर में बेले-मछली का रक्त है।' तारक तो सबकी नकलें करता है, सबका तमाशा बनाता है। हँसी करता है। एक बार लाटू ने कहा, 'तुम क्या यही सब करने के लिए अपना घर छोड़कर यहाँ आए हो?' तो राखाल ने कहा, 'यह तो कुछ भी नहीं है। ठाकुर तो इतना हँसाते थे कि मेरे पेट में दर्द होने लगता था। मैं हाथ जोड़कर कहता था—अब बस भी करो, हँसते-हँसते मेरा पेट फट जाएगा।' "

सुरेंद्र थोड़ी देर तक चुपचाप बैठ, मन-ही-मन मठ में उनके जीवन की कल्पना करता रहा और फिर बोला, "पैसे की तो कोई तंगी नहीं है?"

छोटे गोपाल ने उसकी ओर देखा, किंतु तत्काल कोई उत्तर नहीं दिया।

"क्यों? क्या बात है?" सुरेंद्र ने पुनः पूछा।

"पैसे की तंगी तो है ही।" उसने कहा, "हम लोग नमक के साथ भात खाकर भी प्रसन्न हैं। सबके पास अपनी-अपनी कौपीन है। भगवा वस्त्र हैं। एक सफेद धोती और एक चादर—सबकी सामान्य संपत्ति है। जो बाहर जाता है, वही पहन जाता है। मठ में…।"

"ओह!" सुरेंद्र का स्वर चिंतित हो गया, "तुमने मुझे बताया क्यों नहीं? मैंने मठ का खर्च तीस से चालीस रुपए किया था, तो मैं अधिक भी तो कर सकता था।"

छोटा गोपाल कुछ नहीं बोला।

"अच्छा! इस महीने से मैं मठ को एक सौ रुपए मासिक दूँगा। यह तो ठीक रहेगा?" सुरेंद्र ने पूछा।

"मेरे विचार से इतना तो पर्याप्त होगा।" छोटे गोपाल के स्वर में संतोष था।

श्रीमाँ को बलराम हावड़ा स्टेशन से अपने घर ले आया। मार्ग में ही उन्हें वराहनगर के मठ के विषय में सब कुछ बता दिया गया था।

"तो फिर ठाकुर के इन लौकिक अवशेषों को अब मठ में ही प्रतिष्ठित करो।" घर पहुँचने पर वे बोलीं।

"जैसी आपकी आज्ञा माँ!" शशि ने बढ़कर अस्थि-कलश ग्रहण किया।

नरेंद्र उसके चेहरे पर आई प्रसन्नता को देख रहा था : उसने तो जैसे स्वयं ठाकुर को पुनः प्राप्त कर लिया था···इसी दिन के लिए तो उसने रामचंद्र दत्त से झगड़ा किया था···इसी के लिए तो उसने छिपाकर चिता-भस्म के उस कलश में से ये लौकिक अवशेष निकाल लिए थे···

"अब तो आप यहीं रहेंगी न माँ?" बलराम ने पूछा।

"नहीं! श्रीमाँ ने निश्चय किया है कि वे कामारपुकुर में ठाकुर के घर पर ही रहेंगी।" योगींद्र बोला, "ठाकुर ने उन्हें ऐसा ही निर्देश दिया था।"

"ठीक है!" शरत् ने कहा, "किंतु श्रीमाँ! आप शायद नहीं जानतीं कि रामलाल दादा आपके अन्न-वस्त्र का कोई दायित्व नहीं लेना चाहते। लक्ष्मी दीदी ने भी कह दिया है कि वे कामारपुकुर में माँ के साथ न रहकर, दक्षिणेश्वर में अपने भाई के पास रहेंगी।"

"तो क्या माँ के रहने का प्रबंध दक्षिणेश्वर में नहीं हो सकता?" योगींद्र ने पूछा।

"नहीं।" शरत् ने बताया, "रामलाल दादा ने कुछ ऐसी चतुराई की है कि श्रीमाँ न दक्षिणेश्वर में रह पाएँगी और न ही ठाकुर को मिलने वाली सात रुपयों की पेंशन श्रीमाँ को मिलेगी।"

"क्यों?" श्रीमाँ ने पूछा।

"आप जब वृंदावन में थीं, रामलाल दादा ने काली मंदिर के खजांची इत्यादि के कुछ ऐसे कान भरे हैं कि बस।···उन्होंने कहा है कि श्रीमाँ को अपने भक्तों से पर्याप्त धन मिल जाता है। निःसंतान विधवा के लिए वही यथेष्ट है। परिणामतः काली मंदिर की पेंशन बंद हो गई है। नरेंद्र ने उन रुपयों को बंद न करने के लिए बहुत अनुरोध किया, आग्रह किया, समझाया, पर रामलाल दादा ने जाने उन लोगों पर क्या जादू कर रखा है कि वे कुछ सुनते ही नहीं···।"

"बंद कर दिया तो करने दो।" श्रीमाँ मंद स्वर में बोलीं, "जब ऐसे ठाकुर ही चले गए, तब रुपया लेकर मैं क्या करूँगी?"

"पर आप वहाँ रहेंगी कैसे?" बलराम ने पूछा।

"जैसे ठाकुर रखेंगे, वैसे ही रहूँगी।" श्रीमाँ बोलीं···उनके कानों में ठाकुर का अंतिम आदेश बहुत जीवंत होकर गूँज रहा था—'देखो, किसी के सामने एक पैसे के लिए भी हाथ मत फैलाना। तुम्हें मोटे अन्न-वस्त्र का अभाव नहीं रहेगा।···यदि एक पैसे के लिए किसी के सामने हाथ फैला दिया, तो समझना, अपना मस्तक ही बेच दिया। एक बार पराया अन्न अच्छा है, परंतु पराया घर अच्छा नहीं। भक्त यदि आदर से तुम्हें अपने यहाँ रखें, तो भी कामारपुकुर में अपने घर को नष्ट मत करना।···'

"अच्छा! कुछ दिन यहाँ रहकर चली जाएँ!" गोपाल दादा ने कहा।

"हाँ! सप्ताह-दो सप्ताह में मेरे जाने का प्रबंध कर दो।"

47

'मैं सोचता हूँ कि कुछ दिनों के लिए मठ को छोड़कर बाहर हो आऊँ।'' नरेंद्र ने कहा।

''हो नहीं आए?'' लाटू बोला, ''दो बार तो घूम आए हो।''

''कहाँ?''

''आँटपुर और वैद्यनाथ धाम।''

''ओह! वह!'' नरेंद्र हँसा, ''लाटू! तू सचमुच अद्‍भुतानंद है। वैसे तो मैं कलकत्ता जाता हूँ, तो तू उसे भी यात्रा मान लेगा। आँटपुर और वैद्यनाथ धाम तक गया था मैं अपना स्वास्थ्य सुधारने। वह परिव्राजक की यात्रा नहीं थी।''

''पर तुम चले गए तो पीछे मठ में भाइयों का कौन देखेगा?'' बाबूराम ने पूछा, ''तुम्हारा मठ में रहना आवश्यक नहीं है क्या?''

नरेंद्र हँसा, ''मठ में शशि है तो। मठ के भाइयों की देखभाल वह कर लेगा···'' नरेंद्र रुका और कुछ देर के पश्चात् बोला, ''संन्यासी जीवन के दो आदर्श हैं—व्यक्तिगत मुक्ति और आध्यात्मिक साधना के रूप में मानव-सेवा। व्यक्तिगत मुक्ति के लिए तो मठ में रहकर भी साधना की जा सकती है, किंतु मानव-सेवा के लिए तो भ्रमण करना ही चाहिए। आखिर बुद्ध और शंकराचार्य ने भी तो भ्रमण किया ही था। परिव्रज्या का तो अर्थ ही है कि संन्यासी एक जगह पर नहीं टिकेगा। न एक स्थान पर टिकेगा और न मोह के बंधन सशक्त करेगा। और मुझे देखो···'' उसका स्वर कुछ आवेशमय हो गया, ''मैं बात कर रहा हूँ मुक्ति की और इस मठ में रहकर नए बंधनों की सृष्टि कर रहा हूँ। मोह का बंधन कभी अच्छा नहीं होता। मोह चाहे अपने गुरुभाइयों का ही क्यों न हो।''

''तुम्हें कोई मोह नहीं बाँध सकता।'' बाबूराम ने कहा।

''क्यों? मुझमें ऐसी क्या विशेषता है?'' नरेंद्र बोला, ''मैं तो अनुभव कर रहा हूँ कि कलकत्ता के इतने निकट रहने पर अपने भाइयों और माँ को भूलना मेरे लिए असंभव हो रहा है। जब कभी उनकी निर्धनता पर दृष्टि पड़ जाती है तो मेरा रजोगुण मुँहजोर घोड़े के समान संसार की ओर सरपट भागने लगता है। इच्छा होती है कि मैं भी संसार में कूद पड़ूँ और ढेर सारा धन कमाकर उनके समस्त अभावों की पूर्ति कर दूँ।'' उसने लाटू और बाबूराम की ओर देखा, ''नहीं! मुझे यहाँ से निकल जाना चाहिए। और वह साधु भी क्या जो अपने डेरे से इस प्रकार बँधा रहे।''

''कहाँ जाओगे?'' बाबूराम ने पूछा।

''परिव्राजक कोई लक्ष्य लेकर तो चलता नहीं।'' नरेंद्र ने उत्तर दिया, ''भ्रमण का अर्थ, लक्ष्यहीन भ्रमण है।''

''तीर्थयात्रा के लिए चलते हो?'' बाबूराम ने पूछा, ''मैं और फकीर बाबू वाराणसी जा रहे हैं।''

नरेंद्र कुछ देर सोचता रहा और फिर धीरे से बोला, ''चलो, वाराणसी से ही आरंभ करते हैं। किंतु परिव्राजक के रूप में जाने का अर्थ है कि बिना धन के, बिना साधन-सुविधाओं के, ईश्वर के भरोसे यात्रा। न मैं नरेंद्र, न तुम बाबूराम। तुम प्रेमानंद और मैं विविदिषानंद। तो फिर साथ एक गृहस्थ फकीर बाबू का क्या काम? वे तो हमारे समान एक कमंडल लेकर नहीं चलेंगे।''

''कोई बात नहीं।'' बाबूराम बोला, ''उनके साथ योजना बनी हुई है तो अब उन्हें छोड़ना उचित नहीं है। अगली यात्राओं में इसका ध्यान रखूँगा।''

"तो ठीक है, कल निकल पड़ते हैं।" नरेंद्र ने अपना निश्चय सुना दिया।

"अरे, शशि महाराज को बता तो दो।" लाटू ने कुछ घबराकर कहा।

"हाँ, हाँ, बता देंगे तेरे शशि महाराज को भी।" नरेंद्र बोला, "उससे छुपकर नहीं जा रहे हैं।"

नरेंद्र अपने साथियों के साथ वाराणसी में दिन-भर घूमता रहा था। कुछ समय गंगा के तट पर बिताया और कुछ विभिन्न मंदिरों में। उन लोगों ने अधिक समय विश्वनाथ, अन्नपूर्णा और दुर्गा के मंदिरों में व्यतीत किया था। नरेंद्र के लिए यह सब कुछ बहुत आकर्षक था, किंतु उसका मन बार-बार उसे याद दिला रहा था कि यही वह स्थान है, जहाँ बुद्ध और शंकराचार्य ने धर्म का उपदेश दिया था। उनके चित्र जीवंत हो-होकर उसके मानसपटल पर उभर रहे थे।...अगले दिन वह सारनाथ के लिए चल पड़ा। सारनाथ के मृगदाव में बुद्ध ने अपना पहला धर्मोपदेश दिया था। नरेंद्र ने देखा, स्तूप और मठ दोनों ही देखभाल के अभाव में ध्वस्त हो रहे थे। उन पर मिट्टी और पेड़-पौधे आक्रांता के समान अपना आधिपत्य जमाते जा रहे थे। उसके मन में टीस उठी...ऐसे महत्त्वपूर्ण और पवित्र स्थान इस प्रकार से नष्ट क्यों हो जाते हैं? क्या उनको बनाए नहीं रखा जा सकता?...और जैसे स्वयं बुद्ध की वाणी ही उसके कानों में गूँजने लगी—'संसार नश्वर है। सब कुछ परिवर्तनशील है। शाश्वत कुछ भी नहीं।'...जब बुद्ध के ही शरीर की रक्षा न की जा सकी तो फिर यह तो मात्र ईंट-मिट्टी का स्तूप ही था।...यह तो बुद्ध के उपदेशों को ही प्रमाणित कर रहा था।

प्रातः माँ दुर्गा के दर्शन कर नरेंद्र अकेला ही लौट रहा था। मार्ग के साथ एक ओर ऊँची दीवार थी और दूसरी ओर एक बड़ा सरोवर था। पानी स्वच्छ और आँखों को शीतलता देने वाला था। दीवार की दूसरी ओर उगे हुए बड़े-बड़े वृक्षों की शाखाएँ पानी में अपने प्रतिबिंब को ऐसे निहार रही थीं, जैसे दर्पण में कोई अपनी छवि देखता है। नरेंद्र को पानी पर झुके हुए वृक्ष जाने क्यों बहुत ही मोहक लगते थे, किंतु यहाँ वृक्ष सरोवर के तट पर न हो, दीवार के पार थे, इसलिए उनकी प्रतिच्छाया ही जल के निकट हो सकती थी।

नरेंद्र ने दृष्टि उठाकर वृक्षों की ऊँचाई को देखना चाहा, किंतु जिस पर उसकी दृष्टि टिकी, वह एक बंदर था। एक ही दृष्टि में उसकी समझ में आ गया कि वह साधारण बंदर नहीं था। उसका रूपाकार भयानक ही नहीं, हिंस्र भी था। जाने वह कब से उसके पीछे-पीछे चल रहा था, और जाने कब से उसे घूर रहा था।

नरेंद्र ने उसकी उपेक्षा कर आगे बढ़ने की बात सोची ही थी कि और चार-पाँच बंदर आकर उसी वृक्ष की टहनियों पर झूल गए। स्पष्ट था कि पहले वाला बंदर अकेला नहीं था। यह कोई बड़ा झुंड था, जो इन वृक्षों पर बिखरा हुआ था। अब या तो नरेंद्र को देखकर, या उस पहले बंदर के किसी संकेत को पाकर, वे सब एक ही स्थान पर घिरने लगे थे। उनके हाव-भाव नरेंद्र को कुछ अच्छे नहीं लगे। वैसे तो तीर्थस्थानों में बंदरों के झुंडों का होना कुछ भी अनोखा नहीं था...। तीर्थयात्री और वानर प्रायः सह-अस्तित्व को स्वीकार करते थे, किंतु इन वानरों की मुद्राएँ सह-अस्तित्व का कोई संकेत नहीं दे रही थीं।...

नरेंद्र ने अपनी गति बढ़ा दी : व्यर्थ ही पशुओं से उलझने का क्या लाभ? इससे पहले कि वे लोग उस पर झपटें, या उसे परेशान करें, उसे आगे बढ़ जाना चाहिए।...किंतु शायद बंदर इसके

लिए भी तैयार नहीं थे···पहला बंदर कूदकर नरेंद्र के सामने आ खड़ा हुआ और जोर से खौंखियाया, जैसे अभी झपट पड़ेगा। नरेंद्र ने उसके निकट से निकल जाना चाहा, पर तभी पहले की सहायता के लिए दो-तीन बंदर आ गए।···मार्ग सँकरा था, एक ओर सरोवर था और दूसरी ओर दीवार।···सामने तीन बंदर खड़े थे, और वह भी इस मुद्रा में, जैसे उसको रोकने के लिए ही खड़े हों।···नरेंद्र ने झपटकर उनके मध्य में से निकलने की योजना बनाई किंतु उनके तेवर देखकर साहस नहीं हुआ।···

अब एक ही मार्ग था कि वह पीछे मुड़ जाए···वह पलटा। अब उसके सामने तीन नहीं, दस-बारह बंदर थे। अर्थात् वापस लौटना तो एकदम ही संभव नहीं था···

सहसा नरेंद्र ने भागने का निश्चय किया और तत्काल भागकर सामने खड़े तीन बंदरों के मध्य में से निकल गया। बंदर जैसे इसके लिए भी तैयार थे।···वे झपटे···नरेंद्र को खरोंचें लगीं, किंतु न तो उसके लिए नरेंद्र उन्हें दंडित कर सकता था, न उनसे लड़ सकता था···भागना ही तो था, चाहे बंदर नाखून मारें, या दाँत···

बंदर काफी संगठित लग रहे थे। उन्होंने नरेंद्र को भागते देखा, तो वे मुख से विभिन्न प्रकार की ध्वनियाँ निकालते हुए उसके पीछे भागे।

आखिर ये बंदर क्या चाहते हैं?···नरेंद्र सोच रहा था···मेरे पास खाने की कोई वस्तु नहीं है, जो ये छीनना चाहते हों। मनुष्य को ये खाते नहीं···मैंने इन पर आक्रमण किया नहीं, जिसका प्रतिशोध ये चाहते हों···क्यों मेरे पीछे पड़े हैं? व्यर्थ ही मुझे परेशान कर रहे हैं···मुझे पीड़ा पहुँचाकर इन्हें क्या मिलेगा?···

सहसा एक बंदर उसके बहुत निकट आ गया। उसने पिंडली पर दाँत गड़ाने का प्रयत्न किया। दाँत तो नहीं गड़े, किंतु नरेंद्र को एक नई खरोंच अवश्य आ गई···उसने अपनी गति और बढ़ाई···

तभी एक वृद्ध संन्यासी सामने खड़ा दिखाई दिया। वह नरेंद्र को संबोधित कर बोला, "पशुओं का सामना करो।"

नरेंद्र बिना कुछ सोचे-समझे मुड़ा और क्रुद्ध बंदरों के सामने खड़ा हो गया—आक्रामक मुद्रा में। बंदर भी रुक गए, किंतु उनका क्रोध शांत नहीं हुआ था। वे अब भी उसे घेरे खड़े थे···किंतु अब नरेंद्र के मन में वहाँ से भागने का अथवा बंदरों से बचने का तनिक भी विचार नहीं था। वह उनका सामना करेगा। डटकर उनके सम्मुख खड़ा रहेगा। यदि बंदर आक्रमण करेंगे, तो नरेंद्र अपने कमंडल से ही उनके प्रहार को रोकेगा। आवश्यक हुआ तो बंदरों को चोट पहुँचाने के लिए नहीं, भगाने के लिए प्रहार भी करेगा।

बंदर नरेंद्र को घेरकर खड़े रहे। वे अपनी विभिन्न प्रकार की मुद्राओं से उसे डराते रहे, निकट आकर काटने की घुड़कियाँ भी देते रहे, किंतु अपने स्थान से आगे नहीं बढ़े।···

कुछ समय तक जैसे दोनों के मनोबल का परस्पर संघर्ष चलता रहा···कौन मैदान छोड़कर भागेगा?···अंततः बंदरों ने देखा कि नरेंद्र अपने स्थान से तिल-मात्र भी नहीं खिसक रहा था, तो पहले उनका धैर्य टूटा और फिर घेरा। उन्होंने परस्पर कोई मंत्रणा की और उछलकर दीवार-पार के वृक्षों की शाखाओं पर जा चढ़े···

बंदरों के भय से मुक्त होते ही नरेंद्र का ध्यान उस वृद्ध संन्यासी की ओर गया, जिसने उसे मुक्ति का मार्ग सुझाया था···किंतु वह तो वहाँ था ही नहीं···जाने कहाँ चला गया था।···वह कोई पथिक था, यहीं आसपास निवास करने वाला कोई संन्यासी था, या नरेंद्र का कोई पथ-प्रदर्शक?···यह नीति वाक्य 'पशुओं का सामना करो' यहाँ के दैनंदिन जीवन का अभ्यास है, या जीवन-दर्शन का

उच्चतम रूप? पशुता का सामना करो, समस्याओं का सामना करो, भयंकर का सामना करो, साहस करो, भय मत करो, भय पर विजय पाओ···बंदरों के ही समान जीवन का विकृत और असुंदर तत्त्व भाग जाएगा···मुँह चुराने से, भागने से कभी किसी समस्या का समाधान नहीं होता···

नरेंद्र स्वामी भास्करानंद के आश्रम में पहुँचा। आश्रम बड़ा और प्रभावशाली था। भास्करानंद यहाँ अपने शिष्यों के साथ रहते थे।

नरेंद्र ने देखा : भास्करानंद सर्वथा निर्वस्त्र थे।···उसने ठाकुर को भी देखा था : ठाकुर निर्वस्त्र तो नहीं रहते थे, किंतु अपने वस्त्रों के लिए वे बहुत सजग और सावधान भी नहीं थे। कई बार किन्हीं कारणों से वस्त्र अलग हो जाता था और वे निर्वस्त्र हो जाते थे, किंतु भास्करानंद तो रहते ही ऐसे थे···

नरेंद्र ने निकट पहुँच भास्करानंद को प्रणाम किया।

''कैसे आए युवक?'' भास्करानंद ने सस्नेह पूछा।

''महाराज के दर्शन करने।''

''देख लिया, बहुत दर्शनीय मैं हूँ नहीं।''

''देख लिया, किंतु मैं देह के दर्शन करने तो आया ही नहीं।'' नरेंद्र हँसा, ''मैं तो आत्मा का साक्षात्कार करने आया हूँ। मेरे गुरु कहते थे कि वैसे तो संसार में जो कुछ भी है, वह सब उसी जगन्नियंता का ही रूप है, इसलिए मानव-देह भी ईश्वर से ही निर्मित है···किंतु देह सच्चिदानंद-स्वरूप नहीं है, सच्चिदानंद-स्वरूप तो आत्मा ही है।''

''सत्य कहते हो पुत्र!'' भास्करानंद बोले, ''तुम्हारे गुरु ने तुम्हें ठीक ज्ञान दिया है। देह से निरपेक्ष होने के लिए ही मैं इस प्रकार रहता हूँ। मुझे देखने वाला व्यक्ति भी देह से निरपेक्ष ही रहे यही अच्छा है, नहीं तो देह की माया उसे लिप्त कर लेगी।''

''पर यह तो आपका संयम है, आपकी तपस्या है।'' नरेंद्र बोला, ''किंतु महाराज! आपका निवास किसी वन में नहीं है। आप समाज के मध्य रह रहे हैं। उस तीर्थ में निवास कर रहे हैं, जहाँ सहस्रों लोग प्रतिदिन आते-जाते रहते हैं। ऐसे में निर्वस्त्र रहना क्या सामाजिक मर्यादा का उल्लंघन नहीं है?''

भास्करानंद ने नरेंद्र की ओर देखा : यह युवा भगवाधारी उन पर एक प्रकार का आरोप लगा रहा था। वह अपने दोष न देखकर दूसरों के दोष देख रहा था। इसका अहंकार अभी विगलित नहीं हुआ था।

''सामाजिक मर्यादाओं का बंधन संन्यासी के लिए नहीं होता।'' भास्करानंद मुस्कराए, ''फिर तुम कहोगे कि संन्यासी समाज से संपर्क ही क्यों रखता है। संन्यासी के लिए समाज का त्याग अनिवार्य नहीं है पुत्र! उसके लिए तो कांचन और कामिनी का त्याग अनिवार्य है।''

नरेंद्र के लिए कांचन और कामिनी के त्याग के उपदेश में कोई आकर्षण नहीं था। ठाकुर ने पहले दिन से ही यह उपदेश अपने शिष्यों के हृदय में उतार दिया था। हाँ,···भास्करानंद के इस उपदेश से यह पुष्टि अवश्य होती थी कि ठाकुर और उसके उपदेशों में टकराव नहीं होगा। वे दोनों एक ही दिशा में प्रवहमान हैं।

''ईश्वर-दर्शन के मार्ग के विषय में कुछ उपदेश दें महाराज···!'' नरेंद्र ने अत्यंत विनीत भाव से कहा।

"ईश्वर-दर्शन करना हो तो संसार त्यागना पड़ता है पुत्र!" भास्करानंद बोले, "संसार का अर्थ है कांचन और कामिनी। यदि कोई कांचन और कामिनी का त्याग कर सके, तो वह अपनी समस्त वासनाओं को त्याग सकता है। एक बार व्यक्ति समस्त वासनाओं से मुक्त हो जाए, तो उसे ईश्वर-दर्शन हो सकते हैं।···किंतु वासनाओं की मुक्ति के पश्चात् शरीर भी नहीं रह जाता, क्योंकि वासनाएँ ही शरीर को धारण किए रहती हैं। इसलिए यह समझो कि न तो शरीर रहते ईश्वर-दर्शन होते हैं और न कांचन और कामिनी का पूर्णरूपेण त्याग होता है।"···

"यह आपका सुविचारित मत है महाराज?"

"हाँ, पुत्र!" भास्करानंद पूर्णतः आश्वस्त थे।

'यह व्यक्ति इतना आश्वस्त कैसे हो सकता है?'···स्वामी ने सोचा–'क्या यह समझता है कि यह चरम सत्य को प्राप्त हो चुका है? क्या विकास का और कोई अवकाश नहीं? क्या मतभेद के लिए सत्य के अन्य रूपों के अस्तित्व की कोई संभावना नहीं?···ठाकुर तो मानते थे, 'जितने मत, उतने पथ।'···किंतु यहाँ तो अंतिम निर्विकार सत्य जैसे साक्षात् शरीर धारण किए बैठा है···' और नरेंद्र के मन में जैसे कोई चपल बालक चुहल कर बैठा, 'और वह भी नग्न शरीर।'

"आप मुझे क्षमा करें महाराज!" नरेंद्र का स्वर अब भी विनीत था, किंतु पहले की अपेक्षा बहुत दृढ़ हो चुका था, "मेरे गुरु मानते थे कि देहधारी मनुष्य के लिए भी तपस्या और साधना के बल पर कांचन और कामिनी से पूर्णतः मुक्ति पाना संभव है···इसी जीवन में, और इस देह के रहते हुए। वे यह भी मानते थे कि ईश्वर-दर्शन भी संभव है···इस देह को धारण किए हुए।···"

भास्करानंद खिलखिलाकर एक शिशु की-सी निर्दोष हँसी हँसे, "भ्रम है तुम्हारे गुरु का। आज तक कोई जीव, देह रहते कांचन और कामिनी से पूर्णतः मुक्त नहीं हो सका। अवतारी पुरुष तक नहीं हो सके।" भास्करानंद ने जैसे अपने सामने बैठे हुए युवक के बहाने उसके गुरु की ताड़ना करते हुए कहा, "अपने गुरु से कहना, कर सके तो सत्य का प्रचार करे, भ्रमों का प्रचार शोभनीय भी नहीं है और हितकर भी नहीं।"

नरेंद्र के मन में जैसे लावा उबलने लगा था। उसके अपने विषय में कुछ कहा गया होता तो कोई बात नहीं थी, किंतु ठाकुर को इस प्रकार का उपदेश! आखिर यह व्यक्ति अपने आपको समझता क्या है?···सत्य को यह स्वयं नहीं जानता और दूसरों पर लांछन लगा रहा है।···स्वयं काँच होकर हीरे का मूल्यांकन करने की ही धृष्टता नहीं कर रहा, उपदेश भी दे रहा है···गुरु की अवमानना नरेंद्र नहीं सह सकता···

नरेंद्र की आँखों में जैसे ज्वाला लपकी, वाणी में तेज लहराया, "आपका उपदेश अपने गुरु तक नहीं पहुँचा सकता। वे अपना चोला त्याग चुके हैं, किंतु उनकी बात स्पष्ट रूप से आपको बता रहा हूँ। मानव अपने संकल्प द्वारा कामिनी और कांचन का पूर्णतः त्याग कर सकता है। ऐसे अनेक लोग हुए हैं, क्योंकि संन्यास का मूलभूत आधार यही है।···"

भास्करानंद अपने स्थान से तनिक भी विचलित नहीं हुए, मुस्कराते हुए बोले, "तुम अभी इन बातों को नहीं समझते। अभी निरे बालक हो।"

नरेंद्र जैसे तड़पकर बोला, "आपको बता रहा हूँ कि ऐसा कम-से-कम एक व्यक्ति तो मैंने भी देखा है।"

नरेंद्र वहाँ रुका नहीं। हाथ जोड़ प्रणाम किया और बाहर निकल आया।

भास्करानंद कई क्षणों तक उस द्वार को देखते रहे, जहाँ से नरेंद्र बाहर गया था, और फिर

जैसे अपने आपसे बोले, 'इस व्यक्ति की जिह्वा पर सरस्वती निवास करती है, और इसका मस्तिष्क तो जैसे प्रकाश का स्तंभ है।'

48

नरेंद्र मठ में लौट आया था, यह सारे गुरुभाइयों के लिए संतोष का विषय था, किंतु उन्हें आश्चर्य भी था कि वह इतनी जल्दी कैसे लौट आया।

"क्यों? क्या काशी में मन नहीं लगा?" शरत् ने पूछा।

"लगता तो ऐसा ही है।" बाबूराम के स्वर में हलका-सा उपालंभ था, "इसने हमें वहाँ कुछ सोचने-समझने का अवसर ही नहीं दिया। बस! जान को आ गया, वापस मठ में चलो।"

"क्यों भाई! ऐसा क्या हो गया?" शशि ने पूछा।

"होना क्या था!" नरेंद्र हँसा, "मेरी स्थिति उस माँ की-सी हो गई, जो अपने छोटे-से बच्चे को पहली बार घर में अकेला छोड़ बाहर निकल गई हो..."

"वाह! वाह!" तारक ने विद्रूप की मुद्रा बनाई, "शशि को देखो, तो वह मठ वालों की माँ बना बैठा है, और अब यह दूसरी माँ! क्या हमारी तपस्या का लक्ष्य ईश्वर-दर्शन से परिवर्तित होकर अब बच्चे पालना हो गया है?"

"चुप!" राखाल ने उसे डाँटा, "ऐसे क्यों नहीं पूछता कि हमारा लक्ष्य क्या मातृत्व है?...और वास्तविक अर्थों में यही तो हमारा आदर्श है। ठाकुर भी तो माता के समान हम सबकी देखभाल करते थे?"

"पता नहीं मुझे क्या हो गया था।" नरेंद्र बोला, "सहसा ही मेरी इच्छा इतनी दुर्दमनीय हो गई कि मैं मठ में पहुँचकर तुम सबके निकट रहूँ। तुम्हारे साथ मिलकर ध्यान करूँ, तुम्हारे साथ रहकर अध्ययन करूँ, तुम लोगों से चर्चा करूँ, वाद-विवाद करूँ...।"

"वहाँ काशी में कोई ऐसा विद्वान् अथवा तपस्वी नहीं मिला, जिसका आकर्षण तुम्हें वहाँ बाँध सकता?" शशि ने पूछा।

"लोग तो वहाँ बड़े-बड़े मिले।" नरेंद्र बोला, "किंतु अपने मठ के समान सात्त्विक वातावरण कहीं नहीं मिला। भास्करानंद के साथ चर्चा के बाद तो मैं एकदम ही उखड़ गया।"

"अब तो बाहर नहीं जाओगे?" शशि ने पूछा।

"जाऊँगा क्यों नहीं!" नरेंद्र बोला, "कुछ ही दिनों में फिर से निकलूँगा। इस बार लंबी यात्रा पर निकलूँगा, और वह भी अकेला।"

नरेंद्र बिल्व-वृक्ष के नीचे जा बैठा। ध्यान के लिए उसने आँखें नहीं मूँदीं। वह मनन करना चाहता था। अपने मन को समझना चाहता था। क्या था उसके मन में, जिसके कारण वह वाराणसी से, रस्सा तुड़ाकर भागी गाय के समान भागा था? गुरुभाइयों का मोह? अपनी माँ और भाइयों की चिंता? नए स्थानों पर जाने का विरोध? मठ का बंधन?...कारण कुछ भी रहा हो...संभव है कि इन सारे कारणों का समग्र प्रभाव रहा हो।...शृंखला उसके लिए हितकर नहीं है, चाहे वह सोने की ही क्यों न हो।...मठ का बंधन, मठ के भाइयों का बंधन भी वैसी ही आसक्ति है, जैसे परिवार

का बंधन। इसे भी तोड़ना होगा।···तपस्या का ही बहाना था, तो वह बैठ जाता मृगदाव के ही किसी एकांत स्थल पर। गंगा का तट बहुत लंबा था, शांत भी था, पवित्र भी। वहाँ सहस्रों तपस्वियों ने साधना की है, एक उसी के लिए कहीं कोई स्थान नहीं था कि भागा चला आया मठ में?···

उसके मन को अपने ही विवेक की यह ताड़ना अच्छी नहीं लगी···वह कुछ तड़पकर उठ खड़ा हुआ—'ठाकुर ने ये सारे भाई उसे सौंपे थे।···तो उन सबकी देखभाल उसका काम नहीं है क्या?···उन्हें यहाँ छोड़कर, वह स्वयं स्थान-स्थान पर भटकता फिरे?···उसके लिए यह उचित है क्या?'

मन ने समझा कि उसने विवेक को अवाक् कर दिया है, किंतु विवेक का आघात पहले से भी प्रबल था—'बच्चे को माँ गोद में लिए-लिए फिरे तो बच्चा चलना कैसे सीखेगा? ठाकुर ने अपने अन्य शिष्य उसे सौंपे हैं, ताकि वह उनकी देखभाल करे। ठाकुर ने उससे यह तो नहीं कहा कि वह उनका विकास अवरुद्ध करे, उनका स्वामी बनकर उनके वक्ष पर बैठा रहे? एक साधारण गौरैया भी, बच्चे के पंख निकल आने पर, उसे चोंच मार-मारकर घोंसले से बाहर निकाल देती है। वह यदि ऐसा न करे, तो न शावक के पंख बढ़ें, न वह उड़ना सीखे···उचित तो यही है कि नरेंद्र स्वयं भी बाहर निकले और उन्हें भी प्रेरित करे। संन्यासी जीवन का आदर्श यही है—प्रव्रज्या। किसी एक स्थान पर टिकना ही नहीं है। नए से नए स्थान पर, नई से नई परिस्थितियों में ईश्वर के भरोसे जीना है, ईश्वर को खोजना है···और यदि उसे वेदांत को व्यावहारिक धरातल पर समाज में लागू करना है, तो उसका एकमात्र लक्ष्य प्रत्येक व्यक्ति में ईश्वर का साक्षात्कार कर उसकी सेवा करना है। दरिद्र नारायण का साक्षात्कार करना है, तो मठ में बैठे-बैठे तो यह सब नहीं होगा। भगवान् राम अयोध्या में राजा बनकर सिंहासन पर बैठे रहते, तो कर पाते जनता-जनार्दन के दर्शन, जान पाते उनकी कठिनाइयाँ, रोक पाते राक्षसों का अत्याचार, कर पाते रावण का वध?···उन्हें अवतारत्व मिला ही वनवास से।···तो फिर नरेंद्र ही क्यों मठ से बँधा रहना चाहता है?···'

वाराणसी में गंगा-स्नान कर, अनेक मंदिरों में प्रतिमा-दर्शन कर तथा दिन के अधिकांश भाग में ध्यान कर लेने के पश्चात् नरेंद्र गंगा-तट पर बैठे एक ज्योतिषी के निकट चला गया।

"क्या है बच्चा? कुछ पूछना है?" ज्योतिषी ने पूछा।

"हाँ, महाराज!"

"भगवा धारण करने के पश्चात् क्या जिज्ञासा है तेरी?" ज्योतिषी कुछ परिहास की मुद्रा में बोला, "महंत की मृत्यु के पश्चात् गद्दी तुम्हें मिलेगी या नहीं?"

"नहीं, महाराज!"

"तो क्या, मठ की दासी तुमसे प्रेम करेगी या नहीं?" ज्योतिषी स्वयं ही रस-विभोर हो उठा।

"नहीं, महाराज!"

"तो फिर और क्या पूछना है तुझे, लँगोटी शाम तक सूखेगी या नहीं?" ज्योतिषी भिन्ना गया, "पूछता क्यों नहीं?"

"आप पूछने का अवसर ही नहीं दे रहे।" नरेंद्र बोला, "यहाँ आसपास कोई संस्कृत का पंडित है, जिसके सम्मुख अपनी जिज्ञासा रख सकूँ?"

"यह पूछना था तुम्हें?" ज्योतिषी पूर्णतः जल-भुन गया था।

"हाँ, महाराज!"

लगा, ज्योतिषी कोई बहुत ही विकट बात कहने वाला है, किंतु वह अपने मुख को कई बार विकृत कर, बिना कुछ बोले ही शांत हो गया।

"कहाँ से आए हो?" उसने पूछा।

"कलकत्ता से।"

"अच्छा जाओ! वह जो सामने पीली दीवार है, उसी भवन में चले जाओ। वहीं एक प्रमदा बाबू हैं। उनसे मिल लो।"

नरेंद्र उस भवन में आया। भवन प्रमदा बाबू का ही था। प्रमदादास मित्र तक पहुँचने में उसे तनिक भी कठिनाई नहीं हुई।

प्रमदा बाबू ने उसे साग्रह बैठाया, "कहाँ से आए हो?"

"कलकत्ता से।"

"नाम क्या है?"

"नाम!" नरेंद्र कुछ हिचकिचाया, "...संन्यासी का क्या नाम और क्या ठिकाना! बस, संन्यासी हूँ।"

प्रमदा बाबू मुस्कराए, "हो तो एक संन्यासी ही—संपूर्ण संन्यासी समाज तो नहीं हो। उस समाज के शेष भाग से पृथक् करने के लिए तुम्हारा कोई नाम भी होगा।..."

"जी! विविदिषानंद।" नरेंद्र ने कहा।

प्रमदा बाबू चौंके, "कलकत्ता से आए हो, या वराहनगर से?"

नरेंद्र को भी विस्मय हुआ, "आया तो वराहनगर से ही हूँ, किंतु आप कैसे जानते हैं?"

"मैं गंगा से तुम्हारे विषय में सुन चुका हूँ, गंगाधर से।" प्रमदा बाबू बोले।

"ओह! गंगा से!" नरेंद्र ने प्रसन्नता का अनुभव किया, "किंतु वह तो तिब्बत की ओर चला गया है।"

"हाँ! तिब्बत जाने से पहले ही भेंट हुई थी।" प्रमदा बाबू बोले, "तुम किधर निकले हो?"

"तीर्थयात्रा पर।" नरेंद्र बोला, "सोचा यह था कि वाराणसी में जितने दिन हूँ—संस्कृत के कुछ ग्रंथों का पठन-पाठन करता रहूँ।"

"संस्कृत में तुम्हारी रुचि है?"

"बहुत।"

प्रमदा बाबू न केवल मौन हो गए, उनके चेहरे पर हलका-सा विषाद भी प्रकट हो गया।

"क्या हुआ?" नरेंद्र बोला, "क्या आपको संस्कृत में मेरी रुचि से कोई दुःख हुआ?"

"नहीं!" प्रमदा बाबू ने मुस्कराने का प्रयत्न किया, "मैं जब कभी संस्कृत भाषा या उस भाषा में उपलब्ध वाङ्मय के भविष्य के विषय में सोचता हूँ तो परेशान हो उठता हूँ।"

"क्यों? ऐसी क्या बात है?"

"संस्कृत एक अत्यंत विकसित भाषा है और उसमें अथाह ज्ञान भरा पड़ा है।" प्रमदा बाबू बोले, "किंतु अब हमारे देश की मेधा, ज्ञान के पीछे नहीं, धन के पीछे पड़ी है। उसे ज्ञान नहीं, धन चाहिए।...और आज के युग में संस्कृत भाषा अथवा उसके ज्ञान से शायद थोड़ा-सा भी धन मिलना कठिन है। इसलिए इस देश की चरम मेधा द्वारा रचित यह वाङ्मय या तो दीमक की उदरपूर्ति का काम कर रहा है, या फिर मूर्खों के पल्ले पड़ गया है। स्थिति यह है कि जिसके पास थोड़ी-सी भी बुद्धि है, वह संस्कृत से दूर भागकर अंग्रेजी की गोद में बैठने को प्रयत्नशील है, और जो निर्बुद्धि

है, वह न तो संस्कृत-वाङ्मय का कोई हित कर सकता है, न उससे अपना ही कोई हित साध सकता है। परिणाम यह है कि यह देश ज्ञान के उस अथाह भंडार के लुप्त हो जाने की प्रतीक्षा कर रहा है।...''

नरेंद्र प्रमदा बाबू के उदास चेहरे को देखता रहा, और फिर सहसा बोला, ''उपाय क्या है?''

''उपाय तो अनेक हैं।'' प्रमदा बाबू बोले, ''किंतु उनको कोई स्वीकार तो करे।...मैं सोचता हूँ कि गृहस्थ तो अर्थकरी विद्या के पीछे ही भागेगा, उसे ज्ञान का क्या करना है, किंतु संन्यासी तो निकला ही ज्ञान की खोज में है, वह तो उसकी रक्षा करे।...''

''तो उसमें क्या अड़चन है?'' नरेंद्र ने पूछा।

''अड़चन!'' प्रमदा बाबू की हँसी में प्रसन्नता के स्थान पर रुदन था, ''हमारा संन्यासी तो है ही निरक्षर। अधिकांशतः वह भिखारी है। पेट पालने के लिए उसने गेरुआ धारण कर रखा है। वह अपनी रक्षा में जुटा हुआ है, वह न ज्ञान की रक्षा कर सकता है, न संस्कृत की ओर न संस्कृति की।...मंदिरों में जो पुजारी हैं, उनके पास न ज्ञान है, न भक्ति, न श्रद्धा, न कर्म। वे पुजारी और पुरोहित होने का पाखंड मात्र कर रहे हैं...।'' प्रमदा बाबू ने अश्रुभरी आँखों से नरेंद्र की ओर देखा, ''इसलिए जब गंगाधर ने तुम्हारे संस्कृत-प्रेम के विषय में बताया, तो मुझे बेहद प्रसन्नता हुई।'' प्रमदा बाबू ने सायास अपने कंठ को अवरुद्ध होने से रोका, ''तुम मुझे वचन दो कि तुम स्वयं भी संस्कृत-वाङ्मय पढ़ोगे, अपने मित्रों को भी पढ़ने के लिए प्रेरित करोगे और जन-सामान्य में भी उसका प्रचार करोगे।''

''मैं तो स्वयं आपके पास याचक बनकर आया हूँ।'' नरेंद्र हँस पड़ा, ''आप मुझ पर कृपा भी कर रहे हैं और मुझसे याचना भी कर रहे हैं।''

''संपूर्ण संस्कृत-वाङ्मय आज सचमुच इसी द्वंद्वपूर्ण स्थिति में घिरा हुआ है।'' प्रमदा बाबू बोले, ''वह कृपा भी कर रहा है और याचना भी, किंतु दुर्भाग्य यह है कि न तो कोई उसकी कृपा को देख पा रहा है, न कोई उसकी याचना को सुन रहा है।...''

''औरों की तो मैं नहीं जानता,'' नरेंद्र बोला, ''मैं उसकी कृपा को देख पा रहा हूँ, इसलिए याचना कर रहा हूँ।...''

''क्या चाहिए पुत्र तुम्हें?''

''हमारा मठ अत्यंत निर्धन और साधनहीन है।'' नरेंद्र बोला, ''इसलिए न हमारे पास पुस्तकें हैं, न उनके अध्ययन का मार्ग दिखाने वाले विद्वान्। मेरी आपसे प्रार्थना है कि यदि कोई ग्रंथ हमें उपलबध न हो और वह आपके संग्रह में उपलब्ध हो, तो हम पर दया कर हमें अध्ययन हेतु वह ग्रंथ उधार देने की कृपा अवश्य करें।'' नरेंद्र कुछ रुका, ''और यदि कहीं समझने में हमें कोई कठिना हो, तो गुरुवत् हमारी कठिनाई को दूर करें।''

''मैं तो धन्य हुआ नरेंद्र; कि मुझे कोई ऐसा शिष्य मिला।'' प्रमदा बाबू उठ खड़े हुए, ''आअं तुम्हें अपनी कुछ पुस्तकें दिखाऊँ।''

''चलिए!'' नरेंद्र उनके पीछे चल पड़ा

''ताँगा एक सवारी को उतारने के लिए रुका तो नरेंद्र ने ताँगे वाले से पूछा, ''क्यों भाई! य से वृंदावन कितनी दूर है?''

''लगभग तीस मील और होगा महाराज!''

"अच्छा, तो मैं भी यहीं उतर रहा हूँ।" कहने के साथ-साथ नरेंद्र भी ताँगे से उतर आया।

"क्यों महाराज! क्या कुछ पैसे कम पड़ गए?" ताँगे वाला कुछ चकित भी था तो कुछ सहानुभूतिमय भी।

"संन्यासी के पास पैसे होते ही कब हैं," नरेंद्र बोला, "कि कम या ज्यादा पड़ें। बस, अब पैदल जाऊँगा।"

"हमारे सिर पाप न चढ़ाओ महाराज!" ताँगे वाला विनीत भाव से बोला, "कम हैं तो कम दे देना, पर पैदल मत जाओ। तीस मील कम नहीं होते।"

"नहीं, भाई! बात पैसों की नहीं, प्यार की है।" नरेंद्र ने उसके कंधे पर हाथ रखा, "तुम एक सवारी के प्रेम में अपना किराया छोड़, कष्ट सहने को तैयार हो, तो मैं अपने स्वामी के द्वार तक जाने के लिए, उसके प्रेम में कष्ट नहीं सह सकता?···"

"मैं समझा नहीं महाराज!" ताँगे वाला हाथ जोड़कर खड़ा हो गया।

"समझने को इसमें कुछ नहीं है भाई!" नरेंद्र बोला, "मैं अपने प्रिय के द्वार तक दीन-हीन होकर जाना चाहता हूँ, कष्ट सहकर जाना चाहता हूँ। अपने स्वामी के द्वार पर रथों और गाड़ियों में नहीं जाया जाता।" नरेंद्र ने कुछ क्षण रुककर उसे देखा, "अपने मन पर कोई बोझ न रखो। बस, यह समझो, पीड़ा सहकर उसे जताना चाहता हूँ कि मेरी ओर भी देखे। लोग मीलों से नाक रगड़ते हुए वहाँ पहुँचते हैं, घिसटते हुए जाते हैं, एक टाँग पर जाते हैं···।"

"ओह! कोई मानता मानी है आपने?" ताँगे वाले ने पूछा।

"ऐसा ही समझ लो।"

"अच्छा, महाराज! ताँगे वाले ने हाथ जोड़ दिए और ताँगे पर जा बैठा, "चल बेटा, चल!" उसने घोड़े को दुलारकर हवा में चाबुक लहराया।

नरेंद्र के पग आगे चले तो उसका मन पीछे की ओर लौट गया···वाराणसी से अयोध्या की दूरी 123 मील थी। संभव है, कुछ अन्य नगर उससे निकट पड़ते, किंतु नरेंद्र का मन अयोध्या जाने के लिए इतना मचल रहा था कि वह सीधा अयोध्या ही पहुँचा था···अयोध्या पहुँचकर जाने उसके साथ क्या हुआ था कि उसका वर्तमान कहाँ विलीन हो गया···उसे तो बस यही याद था कि यह प्रभु राम की नगरी थी और राम के समय और नरेंद्र के समय में जैसे कोई अंतराल ही नहीं था···कुछ ऐसा ही तो बोधगया जाकर भी हुआ था।···नरेंद्र को ऐसा लगता था कि ऐसे स्थानों पर पहुँचकर जैसे इतिहास जीवंत होकर अपनी पूरी मांसलता में उसके सामने खड़ा हो जाता था।···यह सरयू नदी थी, जहाँ भगवान् अपने भाइयों के साथ क्रीड़ा करते थे। यह वह धरती थी, जहाँ वे कभी पैदल चले होंगे और कभी उनका रथ यहाँ से गुजरा होगा। यहीं कहीं उन्होंने बाल-क्रीड़ा की होगी, इन्हीं मार्गों से ऋषि विश्वामित्र उन्हें ताड़कावन ले गए होंगे···और विवाह कर सीता के साथ वे इन्हीं मार्गों से वापस अयोध्या लौटे होंगे···नरेंद्र को अपना शैशव स्मरण हो आया।···वह सीता और राम की प्रतिमा लाया था। वह कैसे उनकी पूजा करता था···और फिर उसके साईस ने विवाह और विवाहित लोगों के विरुद्ध उसे कितना भड़काया था।···नरेंद्र ने राम और सीता को त्याग दिया था।···तब वह नहीं जानता था कि वह किससे मुख मोड़ रहा था।···वह भी क्या अवस्था होती है, जब मनुष्य अपने अहंकार में ईश्वर को भी अपदार्थ मान लेता है···ईश्वर के दोष निकालता है···अपनी अविकसित बुद्धि की कसौटी पर आँककर प्रभु को भी खरा और खोटा बनाता है···देवताओं की स्थानोन्नति और अवनति करता है···ईश्वर की उपासना कर, उस पर कृपा करता है···

अब सोचता है नरेंद्र, तो उसकी समझ में आती है मर्यादा पुरुषोत्तम की महानता। आध्यात्मिकता की साक्षात् मूर्ति थे राम। सारा जीवन कभी अपने सुख की कामना नहीं की···और किसी अन्य के सुख के लिए, किसी अन्य की मान-मर्यादा के लिए, किसी अन्य की प्रतिष्ठा के लिए सर्वस्व-त्याग करने के लिए कैसे तत्पर रहे···नरेंद्र की इच्छा होती है···कहीं मिल जाएँ राम तो वह उनसे पूछे···राज्य छोड़, माता-पिता को छोड़, भाई-बांधवों को छोड़ वन जाते हुए उनका मन तनिक भी नहीं काँपा? अपने पिता के लिए, कैकेयी के लिए उनके मन में क्षण-भर के लिए भी रोष नहीं जागा?···चौदह वर्षों तक वन-वन भटककर कष्ट पाते हुए, राक्षसों से लड़ते और युद्ध करते हुए, वनवास स्वीकार करने के अपने निश्चय पर कभी पश्चात्ताप नहीं हुआ?···किष्किंधा का राज्य सुग्रीव को और लंका का राज्य विभीषण को देते हुए उनके मन में कभी अहंकार नहीं जागा?···

अयोध्या से लखनऊ की दूरी केवल सत्तर मील थी···कहते हैं, लक्ष्मण ने लखनऊ बसाया था, और उन्हीं के नाम पर उस नगर का नाम पड़ा था।···नरेंद्र लखनऊ आया तो वहाँ लक्ष्मण का लखनऊ उसे कहीं दिखाई नहीं पड़ा।···जो लखनऊ उसके सामने था, वह अवध के नवाबों का लखनऊ था।···वह जैसे सहसा ही प्राचीनकाल से मध्यकाल में आ गया था। लखनऊ सुंदर था। उसके बाग-बगीचे, इमामबाड़े, गोमती का तट।···किंतु नरेंद्र का मन वहाँ कुछ अधिक रमा नहीं।···आगरा में उसका मन कहीं अधिक रमा था। ताजमहल और आगरा के किले ने जैसे उसका मन मोह लिया था।···नरेंद्र को लगा था कि ताजमहल के एक-एक इंच को ध्यान तथा धैर्य से देखना चाहिए। उसे देखने में एक सप्ताह भी लगाया जाए तो कम है। वह विभिन्न समयों में, विभिन्न प्रकाशों में, विभिन्न कोणों से ताजमहल देखता रहा था···और अंततः इस निष्कर्ष पर पहुँचा था कि ताजमहल भारतीय वास्तुकला के चरम उत्कर्ष का नमूना था।···यह संयोग ही था कि तभी किसी दर्शक ने अपने मित्र से कहा, "देखा! मुस्लिम वास्तुकला ने कैसी नायाब चीज बनाई है।"···नरेंद्र ने स्वयं को रोकने का बहुत प्रयत्न किया, किंतु उसके मुख से निकल ही गया, "क्यों साहब! आपने इसे मुस्लिम वास्तुकला क्यों कहा? यह भारतीय वास्तुकला क्यों नहीं है?"···

उस व्यक्ति ने वितृष्णा से नरेंद्र की ओर देखा, जैसे किसी बेमतलब गले पड़ जाने वाले किसी व्यक्ति को देखा जाता है, "बनवाने वाले मुसलमान थे, इसलिए मुस्लिम आर्किटेक्चर कह रहा हूँ।"

नरेंद्र उसके निकट चला गया था, "बुरा न मानें तो एक बात कहूँ?"

"कहिए।" उस व्यक्ति ने कहा, किंतु उसकी मुद्रा स्पष्ट कह रही थी, 'कुछ न ही कहिए, तो अच्छा है।'

"पहले तो यह कहना बड़ा कठिन है कि वास्तुकला किसी देश की जलवायु, इतिहास-भूगोल से जन्म न लेकर, किसी धर्म से उत्पन्न होती है।" नरेंद्र बोला, "दूसरे, बनवाने वाले के धर्म के नाम से वास्तुकला का नामकरण होता है—इसका भी कोई प्रचलन नहीं है। तीसरे, इसका आपके पास क्या प्रमाण है कि ताजमहल के बनाने वाले वास्तुकार, मिस्त्री तथा मजदूर इत्यादि सब मुसलमान ही थे? उनमें हिंदू नहीं थे? चौथे, यदि वे सब मुसलमान भी थे, तो क्या आप प्रमाणित कर सकते हैं कि वे हिंदुस्तानी नहीं थे?"

"आपके लिए तो अंग्रेज भी हिंदुस्तानी ही होंगे।" उस व्यक्ति ने घूरकर नरेंद्र को देखा।

"नहीं। अंग्रेज कभी हिंदुस्तानी नहीं हुए, शायद होंगे भी नहीं।" नरेंद्र बोला, "किंतु शाहजहाँ को न मैं ईरानी मान सकता हूँ, न अरब, न अफगान, न तुर्क, न मंगोल और न उजबेक। वह तो हिंदुस्तानी ही हो सकता है।"

"आपसे कौन उलझे!" वह व्यक्ति एक ओर बढ़ गया।

ताजमहल के पश्चात् नरेंद्र आगरा का किला देखने जाता रहा···वहाँ के भवनों को देख-देखकर उसके मन में अकबर, जहाँगीर और शाहजहाँ के व्यक्तित्व अलग-अलग स्पष्ट हो रहे थे।···

आगरा से वृंदावन चालीस मील था। वह यह दूरी सवारी पर ही तय करने की सोचकर निकला था, किंतु दस मील पूरे होते-न-होते, जाने उसके मन में कैसा भाव आया कि वह ताँगे से उतरकर पैदल चल रहा था।···वह तो दूसरों की भावुकता देख उन पर हँसा करता था, किंतु आज उसका अपना मन कैसा विह्वल था। वह कृष्ण की इस भूमि पर सवारी में बैठकर यात्रा नहीं कर सकता था···

कोई समय था कि नरेंद्र को राधा-कृष्ण के प्रेम-गीत विष के समान लगते थे···किंतु ठाकुर ने उसे कैसे तो समझा दिया था कि उनमें श्रृंगार था ही नहीं, उनमें दैहिक आकर्षण का कोई प्रश्न ही नहीं उठता···यह तो प्रेम था, शुद्ध प्रेम।···और प्रेम में तो प्रतिदान की कोई आकांक्षा ही नहीं होती···कोई इच्छा नहीं, कोई कामना नहीं, कोई अधिकार नहीं, कोई आधिपत्य नहीं···पर दान!···आत्मविसर्जन!···अपने आपको, सारे-के-सारे को उलीचकर किसी को दे डालना···राधा जानती थी यह···तभी तो उसने कृष्ण को कभी नहीं बाँधा···उससे कभी कुछ नहीं चाहा···और उसका कृष्ण! कैसा विचित्र था कृष्ण का प्रेम-दर्शन! जिनकी हत्या कर रहा था, उनसे भी वह प्रेम कर रहा था···क्योंकि वह जानता था कि कहीं न तो कोई भेद है, न अंतराल। मारने वाला भी वही है, मरने वाला भी वही है। आसक्ति नहीं थी कृष्ण के मन में तनिक भी। तभी तो अनासक्त भाव से गोपियों को छोड़ गया···रुक्मिणी ने संदेश भेजा, तो उसे छुड़ा लाया, सत्यभामा उसके प्रेम में पड़ी, तो उसे स्वीकार किया, जामवंत ने अपनी पुत्री समर्पित कर दी, तो उसे स्वीकार कर लिया। भूमासुर के कारागार से मुक्त हुई सोलह सहस्र असहाय निराश्रय नारियों का आश्रय बन गया था वह। जिन स्त्रियों को उनके अपने पति, पिता और भाई स्वीकार नहीं कर रहे थे, उन्हें आश्रय दिया कृष्ण ने। उन्हें स्वीकार किया, उनके उस कलंक के साथ।···यह तो कृष्ण ही कर सकता था···

नरेंद्र का मन कैसा तो विह्वल हो गया था। उसके मन में भी स्नेह का कैसा पारावार उमड़ रहा था···यहाँ पराया था ही कौन? सब अपने थे···सब प्रिय थे। हीन से हीन और श्रेष्ठ से श्रेष्ठ।···वह किसी के काम आ सके, तो उसका जीवन भी सार्थक हो···

नरेंद्र रुक गया।

मार्ग के किनारे एक वृक्ष की छाया में बैठा एक व्यक्ति कितनी शांति से चिलम पी रहा था···

चिलम और उससे उठता धुआँ देखकर नरेंद्र को याद आ गया···वह बहुत दूर से पैदल चलता आ रहा था।···उसने भोजन भी ठीक से नहीं किया था।···मार्ग में तीन घरों के सम्मुख उसने भिक्षा के लिए गुहार लगाई थी। वज्रवासियों ने जो कुछ दिया, उसने खा लिया···किंतु इस समय वह भूखा भी था और थका हुआ भी। उसे तंबाकू पीने की बहुत आवश्यकता थी···

वह उस व्यक्ति के निकट आया।

"क्या है बाबा जी?" उस व्यक्ति ने पूछा, "मार्ग जानना चाहते हैं क्या?"

"नहीं, भाई! चिलम के दो-एक कश लेना चाहता हूँ।" नरेंद्र बोला, "जरा मुझे भी चिलम देना।"

बैठने के लिए नरेंद्र इधर-उधर कोई उपयुक्त स्थान देख ही रहा था कि वह व्यक्ति बोला, "आप मेरी चिलम पिएँगे बाबा जी?"

"हाँ! क्यों नहीं?" नरेंद्र ने अपना हाथ आगे बढ़ाया।

पर उस व्यक्ति ने अपनी चिलम नरेंद्र को पकड़ाई नहीं। वह चिलम थामे अपने हाथ नरेंद्र से दूर हटाकर बोला, "क्या कह रहे हैं बाबा जी! आप मेरी चिलम पिएँगे! मैं जात का भंगी हूँ महाराज!..."

"भंगी?" नरेंद्र का हाथ सहज रूप से पीछे हट गया और मन अनुपलब्धता की भावना से निराश होकर बुझ गया।

थके मन से पाँव घसीटता नरेंद्र वापस अपने मार्ग पर आ गया और किंकर्तव्यविमूढ़ता की स्थिति में दस-पंद्रह पग आगे बढ़ गया।...सहसा वह सजग हुआ...उसके मन में बैठा कोई प्रकाश-बिंदु उसे लगातार धिक्कार रहा था...उसका मन हताश तो हुआ था, किंतु वह हताशा चिलम न मिलने की थी, अथवा अपने ही आदर्शों पर पूरा उतर पाने में अपनी असमर्थता की?...वह कैसा परमहंस संन्यासी है, जो जाति-विचार करता है और भंगी को हीन मानकर उसकी चिलम नहीं पीता है?...वह कैसा वेदांती है, जो प्रत्येक जीव में छिपे ब्रह्म को नहीं पहचान पाता? किसी जीव में वह ब्रह्म की सत्ता स्वीकार करता है और किसी में नहीं...यह कैसा वेदांत है? उसने तो जगत् को सत्य मानकर ब्रह्म को मिथ्या घोषित कर दिया...नहीं तो भंगी के शरीर में स्थापित उस ब्रह्म की ऐसी अवहेलना कर, वह इस प्रकार आगे बढ़ आता?...

नरेंद्र को लगा कि उसके पैरों की न केवल गति कम हो गई है, वरन् शायद वे थम ही गए हैं। वह इस प्रकार वृक्ष के नीचे बैठ उस ब्रह्म की उपेक्षा करके नहीं जा सकता।

नरेंद्र मुड़ा। वह तेज-तेज चलता हुआ उस व्यक्ति के पास लौटा ही नहीं, एक निश्चित संकल्प के साथ आकर उसके पास बैठ गया।

उस व्यक्ति ने चकित होकर नरेंद्र की ओर देखा।...उसकी जाति सुनकर एक संन्यासी का चुपचाप चला जाना उसके लिए अधिक स्वाभाविक था...किंतु वह संन्यासी लौट आया था...क्यों? क्या चाहता है यह संन्यासी? चिलम के दो-एक कशों के लिए तो वह लौटकर नहीं आया होगा।...उसे लगा, उसके प्राण व्यर्थ की साँसत में फँस गए हैं...चिलम दे तो मुसीबत, न दे तो मुसीबत। पता नहीं वह कौन-सा मनहूस क्षण था, जब वह यहाँ चिलम पीने बैठ गया था...

"एक कश मुझे भी दो।" नरेंद्र ने चिलम की ओर हाथ बढ़ाया।

उस व्यक्ति ने मुख से कुछ कहा नहीं, किंतु अपनी चिलत समेत जितना सिमट सकता था, सिमट गया।

नरेंद्र मन-ही-मन खिलखिला पड़ा...देखो तो ब्रह्म को! यहाँ कैसा रूप बनाए बैठा है और कैसी नौटंकी कर रहा है...यह उसकी नौटंकी ही तो नरेंद्र की परीक्षा थी। वह देखना चाह रहा था कि नरेंद्र अपने मन के इस जड़ संस्कार को छोड़ सकता है? तोड़ सकता है?...

नरेंद्र को अपने शैशव का वह दिन याद आ गया, जब वह अपने बाबा के कमरे में विभिन्न जातियों के लिए रखे गए विभिन्न हुक्कों में से कश खींचकर यह देख रहा था कि जाति भंग हो जाने से क्या होता है।...तब बाबा ने कहा था, 'जाति भंग हो जाए तो आत्मा का विकास होता है, बुद्धि उदार होती है और अनेक लोगों के प्रति व्यवहार स्नेहयुक्त हो जाता है।...'

कितना सच कहा था बाबा ने! अपनी सीमाएँ तोड़ने से मनुष्य का विकास ही तो होता है...

"लाओ! मुझे एक कश दो।" नरेंद्र का हाथ निश्चयात्मक रूप में उस व्यक्ति की ओर बढ़ा।

''नहीं, महाराज!'' उस व्यक्ति की आँखों में भय और शरीर में संकोच जागा, ''मैं अपनी जूठी चिलम आपको दे दूँगा, तो मुझे नरक में भी स्थान नहीं मिलेगा।''

''और यदि मैं चिलम पिए बिना चला गया, तो मुझे नरक में स्थान नहीं मिलेगा।'' नरेंद्र ने उसके हाथ से चिलम पकड़ ली।

''महाराज! आप भ्रष्ट हो जाएँगे।'' वह व्यक्ति भय से पीला पड़ गया।

''तुम निश्चिंत रहो,'' नरेंद्र बोला, ''मैं स्वयं को पवित्र करने का प्रयत्न कर रहा हूँ। मैं परमहंस संन्यासी हूँ—तुम मेरी चिंता मत करो।''

नरेंद्र ने उसके पास बैठकर शांति से तीन-चार कश लिए और एक अलौकिक तृप्ति का रसपान करता हुआ वह आगे बढ़ गया।

प्रातः मौसम बहुत अच्छा था। ब्रज की तापहारिणी बयार जैसे शरीर को ही नहीं, आत्मा तक को शीतलता प्रदान कर रही थी। आकाश पर भादों की घटाएँ घिरी हुई थीं और उनको देखकर मनुष्य का मन भी मयूर के समान नाच उठने को होने लगता था।...इतने मेघ छाए हुए थे, किंतु न तो हवा का वेग थमा था, न उमस ही थी।

नरेंद्र रात को आकर काला बाबू के कुंज में ठहर गया था। कलकत्ता से आने वाले बलराम बसु के सारे परिचित, उनके पूर्वजों के बनवाए हुए इसी मंदिर में निवास किया करते थे।...दो वर्ष पहले श्रीमाँ ने भी वर्ष-भर इसी मंदिर में निवास किया था...

थोड़ी देर प्रकृति को निहारकर, नरेंद्र ने दिन-भर का अपना कार्यक्रम तय कर डाला...ऐसी अच्छी ऋतु और इतनी सुंदर प्रकृति इसलिए नहीं थी कि वह किसी गुफा में बैठ ध्यान करे, अथवा किसी एकांत में बैठ, आँखें मूँद नामोच्चार करे।...प्रकृति ने ऐसा शृंगार किया था...पुत्र देखे तो सही कि उसकी माँ का रूप कैसा है।...ईश्वर को साक्षात् देखना हो, तो उसके ऐश्वर्य को भी देखना चाहिए...आज नरेंद्र गोवर्धन परिक्रमा करेगा।...उसकी तपस्या का आरंभ यहीं से हो। कृष्ण ने सारे व्रजवासियों को इसी गोवर्धन में शरण दी थी, तो वह भी गोवर्धन में जाकर ही कृष्ण से शरण की याचना करेगा...

नरेंद्र ने स्नान किया। प्रतिमा-दर्शन किया। साष्टांग प्रणाम कर ध्यान करने बैठा। ध्यान के पश्चात् अपना कमंडल लेकर वह परिक्रमा करने के लिए निकल पड़ा...

चारों ओर लोगों का रेला था और 'जय श्रीकृष्ण' तथा 'श्रीराधा जी की जय' के उद्घोष। एक उन्माद की-सी स्थिति थी। छोटे-बड़े, युवा-वृद्ध, स्त्री-पुरुष—सब चले जा रहे थे 'जय श्रीकृष्ण'...'श्रीराधा जी की जय'...

'यह भारत था, वास्तविक भारत।'...नरेंद्र के मन में स्वर उठा, 'जो अपनी आस्था के बल पर जी रहा था। इसके मन में क्षण-भर को भी यह संशय नहीं जागता था कि ईश्वर है या नहीं? श्रीकृष्ण इतिहास-पुरुष हैं अथवा पुराणों की कल्पना? उनका समय क्या था?...वास्तविक भारत के प्रतिनिधि वे नहीं हैं, जिनकी सारी आस्थाएँ, सारे विश्वास, सारा चिंतन और सारा ज्ञान पश्चिम की तप्त हवा के एक झोंके से मुरझा गया...वे अपने रहन-सहन, जीवन-पद्धति, आस्था-विश्वासों और खान-पान पर भी लज्जित हो उठे...और तत्काल कोई ऐसा मार्ग ढूँढ़ने लगे, जिससे वे अपनी अस्मिता पर लज्जित होने से बच सकें...इस भारत, इस आस्थावान भारत के लिए श्रीकृष्ण त्रिकाल सत्य हैं...उन्होंने उनके दर्शन नहीं किए, किंतु वे उनके मन में पूर्णतः प्रतिष्ठित हैं।...वे अपनी प्रत्येक प्रसन्नता पर उनके चरणों में सिर नवाते हैं और प्रत्येक विपन्नता में उन्हें ही पुकारते हैं...

मेघ सघन हो गए थे। अंधकार-सा छा गया था।···श्रीकृष्ण ने जयद्रथ-वध के समय इसी प्रकार सूर्य को आच्छादित कर अंधकार उत्पन्न किया होगा।···नरेंद्र ने सोचा···अभी थोड़ी देर में शायद वर्षा होने लगे।···इंद्र के प्रलय-मेघों ने जब वर्षा की थी, तभी तो कृष्ण ने गोवर्धन को अंगुली पर धारण किया था, तभी तो व्रजवासी गोवर्धन की शरण में आए थे।···बरस लें आज भी मेघ। लगा लें अपना जोर।···नरेंद्र भी आज गोवर्धन की शरण में है, श्रीकृष्ण की शरण में है···

नरेंद्र का मन ठिठककर खड़ा हो गया।···क्या सत्य ही वह श्रीकृष्ण की शरण में है?···अभी वर्षा आरंभ हो जाए, तो क्या वह भागकर किसी छाया या छत की शरण में नहीं जाएगा? यह मानकर चुपचाप अपनी राह चलता रहेगा कि वह श्रीकृष्ण का शरणागत है, इसलिए अपनी रक्षा का कोई प्रयत्न नहीं करेगा?···थोड़ी ही देर में उसे चलते-चलते भूख लग जाएगी तो जिस-तिस द्वार पर खड़ा होकर भिक्षा नहीं माँगने लगेगा? तब उसे याद आएगा कि वह श्रीकृष्ण की शरण में है, और श्रीकृष्ण स्वयं ही उसे भोजन देंगे तो खाएगा, नहीं तो उनकी इच्छा मान भूखा ही चुपचाप चलता जाएगा?···नरेंद्र के मन में जैसे कोई हँसा—'देखा!···कैसे-कैसे विचार उठ रहे हैं यहाँ आकर तेरे मन में!···कृष्ण की माया बाँध रही है तुझे! छलिया है वह तो, छल रहा है तुझे भी। तूने भी कहीं आवेश में आकर मूर्खों के समान इस काल्पनिक शरणागति पर विश्वास कर लिया, तो बस भूखा ही चलता रहेगा शाम तक!···और यदि सचमुच कहीं कृष्ण से साक्षात्कार हो गया, और तूने पूछा कि तुझे गोवर्धन पर भूखा क्यों रखा? तो वह छलिया कहेगा कि मैंने कर्म का उपदेश दिया है, अकर्म का नहीं। तूने अपने भोजन के लिए कर्म क्यों नहीं किया? प्रयत्न क्यों नहीं किया?···'

नरेंद्र की भक्ति का आवेश आज ज्वार पर था···वह समझ रहा था कि उसे कृष्ण नहीं छल रहा था, यह माया थी जो उसे छलने का प्रयत्न कर रही थी।···यदि श्रीकृष्ण उसे परख ही रहे थे, तो परख लें। वह परीक्षा देने को तैयार था।···पर क्या श्रीकृष्ण भी परीक्षा के लिए तैयार थे? नरेंद्र भी आज उनकी परीक्षा लेगा!···वह उनकी शरण आया था।···उनके द्वार आया था।···आज वह किसी से भिक्षा नहीं माँगेगा। किसी से याचना नहीं करेगा···वह वही खाएगा, जो श्रीकृष्ण खिलाएँगे। जो कुछ उसे अयाचित मिलेगा, वही खाएगा, नहीं तो भूखा रहेगा···

नरेंद्र मन-ही-मन मुस्कराया···आज देखना है कि कौन किसको छलता है और कौन किसकी परीक्षा लेता है···

मेघ गहराते गए और थोड़ी देर में वर्षा होने लगी। यह फुहार नहीं थी, जो मात्र भिगो देती···यह तो धारासार वर्षा थी, जो डुबो सकती थी।···अब नरेंद्र की समझ में आ रहा था कि वर्षा से गोवर्धन कैसे रक्षा करता है।···कितना भी पानी बरसे, किंतु उसे तो बहकर नीचे ही जाना था, जब तक वह यमुना में ही न पहुँच जाए···इंद्र के मेघ कैसे डुबो पाएँगे किसी को गोवर्धन के रहते···

दोपहर हो आई थी, किंतु धूप का कोई कष्ट नहीं था। वर्षा धाराप्रवाह होती जा रही थी। चारों ओर जल-ही-जल था···धूप नहीं थी, किंतु समय तो हो ही गया था। पेट को भूख लग आई थी। पैदल चलने से भूख और थकान कुछ अधिक ही परेशान करने लगी थीं। गीली मिट्टी में पाँव भी जैसे धँस रहे थे और यह चलना सामान्य चलने की तुलना में अधिक श्रमसाध्य हो गया था···

नरेंद्र बिना कुछ खाए-पिए चलता ही चला गया। पेट भूख का कोई संकेत भेजता तो नरेंद्र मुस्कराकर अपने आप ही कहता, 'अरे भई, चल! वह छलिया तेरी परीक्षा ले रहा है। अन्न तो भेजा नहीं और भूख भेज दी···।'

किंतु बातों से तो न पेट भर रहा था और न मन सँभल रहा था, और दूसरी ओर गीली मिट्टी से निरंतर संघर्ष चल रहा था। मिट्टी जैसे उसके पैरों से चिपक जाना चाहती थी, और पैर मिट्टी से पूर्णतः मुक्त हो जाना चाहते थे।···जब मिट्टी चिपक नहीं पाई तो फिसलनमयी हो गई।···'यह मुझे गिराकर ही दम लेगी।' नरेंद्र ने मन-ही-मन कहा, 'फिसलकर नहीं गिरूँगा, तो भूख से चकराकर गिरूँगा।···किंतु गिरूँगा नहीं तो वह श्याम उठाएगा किसको?···'

नरेंद्र के पग जैसे मन-मन के हो रहे थे। उसे लग रहा था कि दृष्टि भी धूमिल हो रही है। संभवतः चाल में भी स्थिरता नहीं रह गई थी। उसका तर्क कह रहा था कि वह अब गिरने ही वाला है।···और उसका विश्वास कह रहा था कि कृष्ण अब उसे थामने ही वाला है।···नरेंद्र को इस खींच तान में रस आने लगा था···अच्छा है, वह गिर जाए तो कृष्ण की पोल तो खुल जाएगी···नरेंद्र के उन्मादी मन में सूरदास की पंक्तियाँ गूँजीं :

"मोहिं प्रभु तुम सौं होड़ परी।
ना जानौं करिहौं अब कहा तुम नागर नवल हरी।
सूरदास बिनती कह बिनवौ दोषनि देह भरी।
अपनौ बिरद सम्हारहुगे तौ या में सब निबरी।"

सहसा पीछे से किसी ने पुकारा, "बाबा जी! जरा थमना।"

नरेंद्र ने पुकार तो सुनी, किंतु न वह रुका, न उसने मुड़कर देखा और न ही उसने कोई उत्तर दिया। न जाने पुकारने वाला किसको पुकार रहा था। यहाँ आसपास इतने साधु-संन्यासी थे। पुकारने वाला उनमें से किसी को भी पुकार रहा हो सकता है। वह यह क्यों माने कि कोई अपरिचित उसे ही पुकार रहा है···कोई सतयुग तो है नहीं कि भक्त ने हठ पकड़ी और भगवान् का आसन डोल गया···

पुकारने वाला और भी निकट आ गया था, "साधु महाराज! आपसे ही कह रहा हूँ। जरा थम जाओ। ऐसे क्यों भाग रहे हो कि तुम्हें पकड़ने के प्रयत्न में मैं ही फिसलकर गिर जाऊँ।"

नरेंद्र ने उसकी तनिक भी चिंता नहीं की। उसने अपनी चाल कुछ और तेज कर दी···ठीक है, अब कृष्ण को ही परीक्षा देने दो।

वह व्यक्ति एकदम निकट आ गया, "महाराज! आपके लिए भोजन लाया हूँ।···"

नरेंद्र के भीतर बैठा परीक्षक कुछ और कठोर हो गया। वह इतनी जल्दी संतुष्ट होने वाला नहीं था। इस जरा-सी बात से वह कृष्ण की महिमा कैसे मान जाए।···यदि सचमुच ही कृष्ण ने उसके लिए भोजन भेजा था तो अब उसे खिलाने का प्रयत्न भी करे।···नरेंद्र भी तो इस लुका-छिपी का कुछ आनंद ले। गोप बालकों के साथ बहुत खेला है कृष्ण। कुछ नरेंद्र के साथ भी खेल ले। देखें, कितना बड़ा खिलाड़ी है यह कृष्ण···

नरेंद्र ने भागना आरंभ कर दिया। उसे स्वयं यह सोचकर आश्चर्य हो रहा था कि थोड़ी देर पहले तक तो जैसे वह चक्कर खाकर गिरने वाला था और अब सहसा उसमें इतनी शक्ति कहाँ से आ गई थी कि वह भागता जा रहा था···

नरेंद्र आगे-आगे भाग रहा था और वह व्यक्ति पीछे-पीछे।···यदि वह कोई साधारण दानशील भक्त था, जो किसी साधु-संन्यासी को भोजन कराकर पुण्य कमाना चाहता था, तो वह उसी के पीछे क्यों भाग रहा था? किसी अन्य साधु-संन्यासी, भिक्षुक-भिखारी, किसी पंडे-पुरोहित को भोजन क्यों नहीं करा देता···पर हो सकता है कि वह भी कोई नरेंद्र जैसा ही हठी साधक हो जो इस प्रकार

के पलायनशील साधु को ही भोजन करवाने का संकल्प कर रहा हो···नरेंद्र को इस खेल में पहले से भी अधिक रस आने लगा था।···बहुत छकाया था कृष्ण ने गोप बालकों को, आज भाग रहा है न नरेंद्र के पीछे! नरेंद्र गोपालों का सारा हिसाब बराबर कर देगा···

सहसा वह व्यक्ति उसके एकदम निकट आ गया। उसने लपककर नरेंद्र का हाथ थाम लिया, "दौड़ा-दौड़ाकर मार डाला महाराज! मील-भर से भागते आ रहे हो। अब तो भोजन कर लो।"

नरेंद्र खड़ा-खड़ा हाँफ रहा था। उसके मुख से एक शब्द भी नहीं निकला। किंतु उसकी आँखें उस व्यक्ति को निरख-परख रही थीं। उसमें कुछ भी असाधारण या विशेष नहीं था। वह व्रज का साधारण ग्वाला ही लग रहा था। घुटनों तक की ऊँची धोती, गले में बंडी, सिर पर गमछा और हाथ में खाने की पोटली।

उसने नरेंद्र के हाथ को आगे खींच उस पर पोटली धर दी, "भोजन कर लो नरश्रेष्ठ! उसके बाद चाहे दौड़ा लेना।"

नरेंद्र ने अनायास ही पोटली पकड़ ली थी। वह ढंग से हँस भी नहीं पा रहा था। प्रयत्न कर रहा था कि साँस कुछ स्थिर हो तो वह दो शब्द बोले।···किंतु उस व्यक्ति ने तनिक भी प्रतीक्षा नहीं की। खाने की पोटली नरेंद्र ने थामी ही थी कि वह पलटकर चल दिया।···नरेंद्र साँस ही स्थिर नहीं कर पाया कि उससे कुछ पूछता या कुछ कहता।···किंतु उस स्थिति में भी नरेंद्र की आँखों ने देखा कि वह व्यक्ति न तो परिक्रमा के मार्ग पर आगे बढ़ा, न ही उस मार्ग पर वापस लौटा, वह तो लीक छोड़कर पास के वृक्षों के पीछे कहीं ओझल हो गया था···

नरेंद्र की इच्छा हुई कि दौड़कर उसके पीछे जाए और देखे कि वह कौन है और कहाँ जाता है। किंतु उसके पग जो रुके थे, सौ जैसे जम ही गए थे। पिंडलियाँ पथरा गई थीं और जंघाएँ निर्जीव हो गई थीं। वह उसके पीछे दौड़ता तो कैसे दौड़ता।

वर्षा थम गई थी। वह मार्ग से हटकर एक वृक्ष के नीचे जा बैठा। उसने पोटली खोली···रोटियाँ और ताजा पकाई सब्जी बड़े प्रयत्न से सँजोकर रखी गई थीं।···नरेंद्र का भक्ति-प्लावित मन कह रहा था कि यह साधारण भोजन नहीं था। यह स्वयं कृष्ण ने उसके लिए भिजवाया था। भगवान् ने भक्त की इच्छा पूरी करने के लिए अपनी परीक्षा दी थी···नहीं तो कोई व्यक्ति खाना छोड़कर भागते हुए एक पगले संन्यासी के पीछे मील-भर दौड़कर पोटली उसके हाथ में थमाकर ही क्यों जाता? उसने क्यों यह मान नहीं लिया कि साधु भोजन नहीं लेता तो न ले, वह किसी और को दे देगा। यह काम तो वात्सल्यमयी कोई माँ ही कर सकती है जो खेल में अथवा झगड़े में रूठकर भागे हुए बालक को पकड़कर अपने हाथों एक-एक कौर उसके मुँह में डाल स्वयं तृप्ति पाती है। कृष्ण ने भी माँ का ही मन पाया है। वह अपने पुत्र को इस प्रकार भूखा कैसे देख सकता था!···ठाकुर का मन भी तो माँ का ही मन था···

नरेंद्र ने रोटी का कौर तोड़कर मुख में डाला तो उसकी आँखों में कृतज्ञता के अश्रु आ गए। मन विह्वल हो उठा, कंठ अवरुद्ध हो गया, किंतु उसका मन जैसे अपने पूर्ण सामर्थ्य से चिल्ला रहा था, 'जय-श्रीकृष्ण! श्रीराधा जी की जय!···'

गोवर्धन से राधा-कुंड की ओर जाते हुए नरेंद्र का संशयशील मन पुनः अपने तर्कों के साथ उसकी आस्था पर आघात करने लगा था—'क्या ही भावुकता और कल्पनाशीलता है! एक व्यक्ति आग्रहपूर्वक

भोजन थमा गया तो तुमने मान लिया कि तुम भगवान् कृष्ण के अतिथि हो। भगवान् तुम्हारे आगे-पीछे और साथ-साथ चल रहे हैं।···अभी तुम फिसलकर गिर पड़ो और कोई राह चलता व्यक्ति तुम्हारी सहायता के लिए आ जाए, तो तुम यह मान लोगे कि भगवान् कृष्ण स्वयं उस व्यक्ति का रूप धारण कर आए और तुम्हारी बाँह पकड़कर, तुम्हें उठाकर खड़ा कर गए···वाह रे तुम!'

नरेंद्र की आस्था जैसे आहत होकर बिलबिला रही थी और संशय के आघातों से बचने का प्रयत्न कर रही थी। किंतु उसके पास सिवाय अपने विश्वास के और कोई प्रमाण भी तो नहीं था···और संशय इतना सज्जन नहीं था कि उसे असहाय और अरक्षित पाकर उस पर प्रहार न करता।···

'जब प्रत्येक जीव में स्वयं वही ईश्वर निवास करता है,' आस्था ने अपनी रक्षा के लिए कहा, 'तो वह व्यक्ति, जो मील-भर दौड़कर मेरे पीछे आ, मुझे भोजन दे गया, वह भगवान् का ही रूप क्यों नहीं था?'

'अब तुम चालाकी मत करो।' संशय ने मुस्कराकर कहा, 'अद्वैत की दृष्टि से यह बात ठीक है कि जो व्यक्ति भोजन दे गया, वह ईश्वर का ही रूप था, किंतु अवतारवाद की दृष्टि से नहीं। जो व्यक्ति आया था, उसमें आत्मा थी, इसलिए वह परमात्मा का रूप था, किंतु यह मानना गलत है कि भगवान् कृष्ण उस व्यक्ति का रूप धारण कर रुक्मिणी से रोटियाँ पकवा, तुम्हारे लिए ले आए थे।···'

आस्था कुछ देर तक मौन रही, जैसे युद्ध-क्षेत्र में कोई योद्धा किसी भयंकर आघात से उस क्षण तो सर्वथा निष्क्रिय हो जाए···किंतु फिर अपनी चेतना को सँभालकर बोली, 'प्रह्लाद का भी तो विश्वास ही था, जिससे स्तंभ में से नृसिंह भगवान् को प्रकट होना पड़ा था।···'

संशय सहमत होने के स्थान पर एक क्रूर और विकृत हँसी हँसा, 'पुराणों की कहानियों को सच मानोगे तो वह भगवान् तुम्हारे पड़ोस के मकान में रहता दिखाई देगा, जिसे आज तक किसी मनुष्य ने अपनी आँखों से देखा तक नहीं है।···'

नरेंद्र ने अपना मस्तक झटक दिया···मन में होने वाले इस महाभारत का कोई अंत नहीं था।···वह ईश्वर की सत्ता में विश्वास करता था। मानता था कि एक अत्यंत सूक्ष्म विधान के अंतर्गत सृष्टि का कार्य-व्यापार चल रहा था। इसलिए ईश्वर के अस्तित्व तथा उसके विधान को कपोल कल्पना मानना उसके वश की बात नहीं थी।···जब-जब उसने ईश्वर के अस्तित्व को अस्वीकार किया और मुखर रूप से कहा, 'ईश्वर-तीश्वर नहीं है,' क्रोध में ही कहा। ईश्वर से रुष्ट होकर कहा।···और रुष्ट तो उससे ही हुआ जा सकता है, जिसका अस्तित्व है। जो है ही नहीं, उससे कोई रुष्ट भी क्या होगा।···हाँ! यह जिज्ञासा बार-बार मन में अवश्य उठती है कि वह अशरीरी सूक्ष्म विधान क्या सचमुच लौकिक धरातल पर स्थूल रूप धारण कर प्रकट होता है? मानव के कार्य-व्यापार में हस्तक्षेप करता है?···

संध्या हो गई थी। राधा-कुंड पर सर्वथा एकांत था।···

वह प्रातः स्नान कर चुका था। दिन-भर वह भीगा भी बहुत था, किंतु कीचड़ में चलते रहने के कारण पुनः स्नान की इच्छा हो आई थी। वैसे भी राधा-कुंड पर आकर वह बिना स्नान किए चला जाए, यह संभव नहीं था।···स्नान तो करना ही था। एकांत देखकर मन हुआ कि अपना भगवा चोला भी धो डाले और स्नान भी कर ले···

नरेंद्र ने चोला धोकर झाड़ियों पर सूखने के लिए डाल दिया और नहाने के लिए जल में उतर गया।···पानी इतना ठंडा अवश्य था कि शरीर को भला लगे। कष्टकर तनिक भी नहीं था।

कलकत्ता की तुलना में अगस्त का महीना वृंदावन में अत्यंत सुखकर था। न उतनी उमस थी, न उतनी गर्मी···

नरेंद्र सब कुछ भूलकर पानी में डूबने-उतराने को आनंद लेता रहा···किंतु सहसा ही उसे लगा कि कुंड का यह ठंडा सुखकर जल, जहाँ एक ओर उसके शरीर का श्रम-हरण कर रहा था, वहीं दूसरी ओर वह उसकी भूख भी जगा रहा था।···अब यदि वह और थोड़ी देर नहाता रहा, तो उसे भूख के मारे थकान अनुभव होने लगेगी···

वह जल से बाहर निकल आया। झाड़ियों के पास आकर चोले को छूकर देखा, वह अभी गीला था।···गीली कौपीन को भी बहुत देर पहने रहना उचित नहीं था···उसे भी सुखाना ही था···

नरेंद्र वन की दिशा में कुछ आगे बढ़ गया। एकांत तो यहाँ भी था, फिर भी संयोग से कोई इधर आ ही सकता है। ऐसे में उसे भी बुरा लगेगा और आगंतुक भी व्यर्थ ही धर्म-संकट में पड़ जाएगा। झाड़ियाँ पार कर नरेंद्र घने वृक्षों के पीछे चला गया···हाँ! यह स्थान ठीक था। यहाँ वह अपनी कौपीन सूखने के लिए डाल सकता था।···उतनी देर वह ध्यान करने बैठ जाएगा। जितनी देर वह इधर ध्यान करेगा, उतनी देर में उधर कौपीन सूख जाएगी···

उसने कौपीन सूखने के लिए वृक्ष की शाखा पर टाँग दी और स्वयं वहीं नीचे ही ध्यान करने के लिए बैठ गया।···मन राधा-कृष्ण की भक्ति में डूबा था। स्नान ने सारा श्रम और स्वेद हरण कर लिया था।···प्रकृति इतनी मोहक थी, वातावरण शांत था, मौसम सुहावना था···मन अपने आप ही ध्यान में डूबता चला गया।···

ध्यान पूरा कर नरेंद्र ने आँखें खोलीं। मुख पर हाथ फेरा, "शिव-शिव!"···दृष्टि उठाकर आकाश की ओर देखा : संध्या ढलने को थी, किंतु आकाश अभी काला नहीं हुआ था। अस्तमान सूर्य जाते-जाते भी अपनी लालिमा से आकाश पर असंख्य अलौकिक चित्र बना रहा था।···नरेंद्र उठ खड़ा हुआ।···उसे अब मंदिर की ओर चलना चाहिए। आज वह भिक्षाटन नहीं करेगा, इसलिए उसे प्रसाद मिलने से पूर्व काला बाबू के कुंज तक पहुँचना चाहिए।

मुड़कर उसने उस शाखा की ओर देखा, जहाँ उसने अपनी कौपीन सूखने के लिए डाली थी···किंतु यह क्या?···वहाँ तो कौपीन थी ही नहीं।···कहाँ गई? क्या हवा के झोंके से नीचे गिर गई?···उसने बिना किसी विशेष उद्देश्य के आँखें इधर-उधर घुमाईं। शायद हवा से उड़कर किसी और वृक्ष अथवा शाखा पर अटक गई हो।···किंतु कौपीन कहीं भी दिखाई नहीं पड़ी···

नरेंद्र के मन की विचित्र स्थिति थी···जिसने साग्रह कांचन का त्याग करने का संकल्प किया था, जो सामने पड़े सोने के ढेर को मिट्टी मानकर त्याग सकता था, वह नरेंद्र कौपीन के अभाव में हताश खड़ा रह गया।···कौपीन का भौतिक दृष्टि से कोई मूल्य नहीं था। उतना कपड़ा तो कोई उसे भिक्षा में भी दे सकता था···किंतु भिक्षा माँगने की स्थिति भी थी उसकी? नग्नावस्था में वह मानव-समाज में कैसे जा सकता था?···क्यों? उसके मन के किसी कोने से स्वर आया, 'नागा साधु नहीं होते क्या? दिगंबर जैन नहीं होते क्या? काशी में भास्करानंद नहीं बैठे अपने आश्रम में?'···हाँ! है तो। किंतु वे लोग अपने अवरोध के भीतर हैं। उन्होंने अपनी मर्यादा बाँध रखी है। वे समाज तक नहीं आते। समाज उनके पास आता है। और जो समाज स्वयं, स्वेच्छा से उनकी वंदना करने आता है, वह उनकी नग्नावस्था को भी स्वीकार करता है···

'पर वह इतना निराश क्यों है?' उसने स्वयं अपने आपसे पूछा, 'कोई आँधी नहीं आई कि कौपीन उड़कर कहीं दूर चली गई हो। वन में आग नहीं लगी कि वह जल गई हो।···अभी निकट

कोई मनुष्य नहीं है, वह झाड़ियों से बाहर निकलकर उन्मुक्त भाव से कौपीन ढूँढ़ सकता है।...साहस करे तो राधा-कुंड तक जाकर झाड़ियों पर सूखने के लिए डाला गया अपना चोला भी ला सकता है...

सहसा बंदरों की चीख-चिल्लाहट ने उसका ध्यान भंग किया। नरेंद्र की आँखें अनायास ही उस ओर मुड़ गईं...वृक्ष की एक ऊँची टहनी पर बैठे एक बंदर के हाथों में उसकी कौपीन थी और दो बंदर उससे छीना-झपटी की मुद्रा में तत्पर बैठे थे...

असहायता के भाव से नरेंद्र का शरीर जैसे ठंडा पड़ता जा रहा था। ये बंदर आपसी छीन-झपट से उसकी कौपीन के टुकड़े-टुकड़े कर डालेंगे...और यदि वे उसके टुकड़े फेंक भी देंगे, तो वह उनका क्या करेगा?

उसने एक पत्थर उठाकर बंदर पर फेंका...बहुत संभव है कि नकल से बंदर उसकी कौपीन फेंक दे...या...

पर बंदर ने छलाँग लगाई और दूसरे वृक्ष पर जा बैठा। उसके पीछे अन्य दोनों बंदर भी झपटे और बंदर तीसरे-चौथे वृक्ष पर से होता हुआ, दृष्टि से ओझल हो गया...

क्षण-भर को नरेंद्र स्तंभित खड़ा रह गया...अब? वह न उस बंदर के पीछे दौड़ सकता था, न अपनी कौपीन उससे छीन सकता था। तो?...एक ही मार्ग था कि वह किसी प्रकार अपने चोले तक पहुँचे, नहीं तो सारी रात...सारी रात क्या...रात के अंधकार में तो वह फिर इस वन में इधर-उधर आ-जा सकता है, किंतु दिन के उजाले में न वह किसी तक जा सकता है, न कोई उसके पास आएगा...

वह वृक्षों की ओट में आगे बढ़ा। झुटपुटे में बहुत दूर तक देख पाना संभव नहीं था, फिर भी अभी कुछ-कुछ दिखाई पड़ रहा था...अंतिम वृक्ष के पीछे छिपकर उसने झाड़ियों की ओर देखा...झाड़ियों पर कोई वस्त्र नहीं था...पता नहीं, कोई मनुष्य उठा ले गया था, या उसे भी बंदरों ने ही अपना लिया था। वैसे इस समय आसपास कहीं बंदर भी नहीं थे...

इस वृक्ष के आगे वनस्पति की ओट का मिलना भी कठिन था...और कुंड के निकट कुछ गृहस्थ अपने परिवारों के साथ बैठे हुए थे।

नरेंद्र के मन में आया कि वह उन गृहस्थों को पुकारे और उनको अपनी कठिनाई बताकर उनसे कोई वस्त्र माँग ले...किंतु तभी उसका अभिमान जैसे चील के समान झपट्टा मारकर उसका यह विचार छीन ले गया।

उसने प्रातः संकल्प किया था कि वह आज किसी से भोजन की भिक्षा नहीं माँगेगा। जो अयाचित मिलेगा, वही खाएगा, नहीं तो भूखा रहेगा...और अब वह भोजन तो भोजन, वस्त्र की भी भिक्षा माँगे...यही है कृष्ण का सत्कार?...राधा-कुंड पर उसके संकल्प को तोड़ने का प्रयत्न?...अपने भक्त के साथ यह व्यवहार? कृष्ण तो है ही छलिया, नटवर नागर! किंतु राधा तो प्रेम और करुणा की देवी है।...राधा-कुंड पर उसकी यह परीक्षा...

नरेंद्र का अभिमान, क्रोध में बदल गया।...ठीक है। लो मेरी परीक्षा, राधा-रानी! हो तो तुम भी कृष्ण की ही प्रिया!...अपने द्वार पर आए भक्त के साथ यह व्यवहार!...किंतु नरेंद्र भी कोई साधारण साधक नहीं है, जिसकी साधना और संकल्प को तोड़ा जा सके। तुम्हारी हठ है, तो नरेंद्र भी तुम्हारा ही भक्त है...नहीं माँगेगा वह भिक्षा। नहीं जाएगा मानव-समाज के सामने।...वह वन में चला जाएगा, सघन से सघन वन में। वहाँ, जहाँ कोई मनुष्य न आता हो। किसी एकांत कोने

में बैठकर, अन्न-जल त्याग, प्रायोपवेशन कर अपने प्राणों को शरीर से मुक्त कर देगा···अब इस देह की रक्षा करने का क्या अर्थ, जब स्वाभिमान की रक्षा ही न हो सकी···

नरेंद्र वन की ओर मुड़ गया। उसे अपने रोष में यह सारा संसार निस्सार दिखाई दे रहा था। जिस ईश्वर की यह सृष्टि थी, यदि वह अपनी संतान से इतना ही स्नेह करता है कि उसे नंगा-भूखा कर, उसके स्वाभिमान को बंदरों के हाथों नष्ट कर, वह उससे इस अपमानजनक स्थिति में भिक्षा मँगवा उसे अपनी ही दृष्टि में दीन-हीन, तुच्छ और नगण्य प्रमाणित करना चाहता है, तो क्या करना है नरेंद्र को इस जीवन और इस देह का?···उसने स्वेच्छा से भिक्षाटन स्वीकार किया, क्योंकि अपने प्रेम के कारण वह उस ईश्वर पर निर्भर रहना चाहता था, पर वह यह भी चाहता था कि ईश्वर उसके सम्मान की रक्षा करे, यह तो नहीं चाहता था कि शरण में आए, चरणों में पड़े भक्त को वह इस प्रकार अपमानित करे···नरेंद्र उसके चरणों में सिर पटककर प्राण दे देगा···

सहसा वह रुक गया···उसके सामने एक पुरुष-आकृति खड़ी थी। नरेंद्र के पास अब कोई उपाय नहीं था। वह तो इस नग्नावस्था में मानव-समाज के सामने नहीं गया था, किंतु मानव-समाज ही वन में उसके सामने आ जाए तो नरेंद्र अपनी मर्यादा का पालन कैसे करे···

वह व्यक्ति मुस्कराया, "साधु महाराज! यह शायद आपका ही चोला है।" उसके हाथ में भगवा चोला था, "कुछ बंदर आपसी छीना-झपटी में इसे गिरा गए थे, मैंने उठा लिया।···"

स्वतःचालित ढंग से नरेंद्र के हाथ आगे बढ़े और उसने बिना कुछ कहे न केवल वह चोला पकड़ लिया, वरन् तत्काल उसे पहन भी लिया। अब वह सहज और सामान्य ढंग से व्यवहार कर सकता था।···कृतज्ञता की मुद्रा में एक विनीत मुस्कान उसके अधरों पर आई ही थी कि उस व्यक्ति ने एक पोटली उसके हाथ में थमाकर कहा, "आपका भोजन।"···

आश्चर्य से नरेंद्र का मुख खुल गया···नटखट कृष्ण ने फिर उसके भोजन और वस्त्र का प्रबंध कर दिया था··· .

"आप···?" नरेंद्र ने कुछ पूछना चाहा।

"ओह! यह बंदर!" वह व्यक्ति निकट के वृक्षों के पीछे किसी बंदर के पीछे झपटा, "सावधान रहिएगा स्वामी जी! ये बंदर आपकी रोटी भी छीन सकते हैं।"

नरेंद्र ने सजग होकर अपने चारों ओर देखा : नहीं। आसपास कोई बंदर नहीं था। उसके भोजन की पोटली उसके हाथों में सुरक्षित थी। कोई उसे छीन नहीं रहा था···

वह निकटतम वृक्ष के तने के साथ लगकर बैठ गया···वह जानता था कि वह व्यक्ति लौटकर नहीं आएगा।···यह छलिया कृष्ण उसके साथ लुका-छिपी का खेल खेल रहा था।···स्वयं ही उसे उस अपमानजनक स्थिति में डाला और स्वयं ही उसका तन ढकने के लिए वस्त्र और भूख मिटाने के लिए भोजन ले आया···

कोई दिव्य विधान उसकी रक्षा कर रहा है···नरेंद्र मन-ही-मन सोच रहा था···नहीं तो उसने प्राण दे दिए होते। किंतु यह मात्र उसकी रक्षा ही नहीं। वह जानबूझकर नरेंद्र को अपनी सत्ता का भान करा रहा है···उसे प्रमाण दे रहा है···स्वयं को छिपा नहीं रहा, प्रकट कर रहा है···

नरेंद्र ने पोटली खोली···उसमें चार पराँठे और आलुओं की सूखी सब्जी थी···अद्‌भुत स्वाद, अलौकिक रस···नरेंद्र अत्यंत भूखे व्यक्ति के समान जल्दी-जल्दी तीन-चार कौर खा गया···

और सहसा उसके मन का संशय पुनः जागा···इसमें ऐसी क्या अलौकिक बात है···एक व्यक्ति यदि किसी साधु को खिलाने की इच्छा से पोटली बाँधकर घर से चला और वन में उसे बंदरों की

छीना-झपटी में एक गेरुआ चोला मिल गया। आगे चलकर वन में एक नग्न साधु को देखकर वह समझ गया कि वह चोला उसी का रहा होगा। उसने उस साधु का चोला उसे लौटा दिया और साथ लाया हुआ भोजन उसे ही खिला दिया, तो इसमें असाधारण क्या है? अस्वाभाविक क्या है? अलौकिक क्या है?···अधिक से अधिक यह संयोग मात्र ही तो है···

नरेंद्र की दृष्टि पहने हुए अपने चोले पर पड़ी···यह उसका चोला नहीं था···उसने अपना चोला डेढ़ वर्ष पूर्व शिवरात्रि के अवसर पर पहली बार पहना था। तब से अब तक असंख्य बार वह धुल चुका था। जीर्ण भी हो चुका था।···और यह चोला एकदम नया था···

'चलो! नया ही सही।' उसके संशय ने कहा, 'लोग इतने प्रकार के दान देते हैं। किसी ने तुम्हें नया चोला दे दिया, तो वह व्यक्ति कृष्ण हो गया?'

'यदि वह साधारण मनुष्य है, तो इस प्रकार क्यों छिपता फिरता है?' नरेंद्र की आस्था ने प्रहार किया, 'क्यों नहीं पास बैठकर भोजन करता? क्यों उसके प्रश्नों को टालकर भाग जाता है? क्यों साधारण धार्मिक लोगों के समान नहीं पूछता कि महाराज! कहाँ से आना हुआ? कहाँ जा रहे हैं? क्यों अपना नया वस्त्र यह कहकर दे जाता है कि यह आपका चोला है। बंदरों की छीना-झपटी में मुझे मिल गया?'

नरेंद्र का संशय स्तब्ध खड़ा रह गया। आज वह सर्वथा अवाक् था, जैसे उसकी बुद्धि काम न कर रही हो···

भोजन कर नरेंद्र उठा।

वह राधा-कुंड के मार्ग से ही लौटेगा। राधा-कुंड के जल को अंजुलि में लेकर श्रीराधा जी से क्षमा माँगेगा। उसने अपनी मानवीय बुद्धि से रोष किया था···वह क्या जाने कि वृंदावन में इस प्रकार सदा-सर्वदा ही दिव्य लीला होती रहती है···

वह वृक्षों के झुरमुट से बाहर निकला। सामने वे ही झाड़ियाँ थीं, जिन पर उसने धोकर अपनी कौपीन सूखने के लिए डाली थी।···उसकी दृष्टि उस झाड़ी पर ठहरी···और उसके पग भी ठहर गए···उसकी कौपीन उसी स्थान पर वैसे ही पड़ी सूख रही थी, जैसे उसने डाली थी···

49

हाथरस स्टेशन से आखिरी गाड़ी भी गुजर चुकी थी। गाड़ी से उतरे यात्री अपने-अपने घर जा चुके थे और प्लेटफार्म सूना हो गया था। असिस्टेंट स्टेशनमास्टर शरत्चंद्र गुप्त अपना कार्य समाप्त कर दफ्तर से उठ खड़ा हुआ। वह बाहर प्लेटफार्म पर आया तो ठंडी हवा ने उसके थके मस्तिष्क को कुछ ताजगी दी। उसने बाँहें ऊपर उठा एक लंबी जम्हाई ली और अपनी थकान से प्रायः मुक्त होकर सोचा : घर जाने से पहले उसे स्टेशन की एक परिकल्पना कर लेनी चाहिए। ऐसा न हो कि वह घर चला जाए और पीछे कोई जिम्मेदार अफसर न होने के कारण कुछ गड़बड़ हो जाए···

वह टहलता हुआ प्लेटफार्म पर दूर तक निकल गया। प्लेटफार्म खाली तो था, किंतु एकदम सुनसान नहीं था। दो-एक कुली इधर-उधर बैठे बतिया रहे थे। शरत् उनके पास पहुँचा तो उन्होंने राम-राम कही।

"क्यों रे, घर क्यों नहीं जा रहा? अब भी किसी सवारी की आशा लिए बैठा है क्या?"

"नहीं, मालिक! अब सवारी कहाँ! एक साधु महाराज वहाँ कोने की बेंच पर बैठे हैं। उनसे कहा कि चलिए कहीं पहुँचा आएँ, तो बोले, साधु का कमंडल इतना भारी नहीं होता कि उसके लिए कुली करना पड़े।" वह जोर से हँस पड़ा।

"साधु तो रात-भर भी यहाँ बैठा रह सकता है, क्योंकि उसका कोई घर नहीं होता।" शरत् बोला, "यह भी संभव है कि उसे सुबह की पहली गाड़ी पकड़नी हो। पर तू यहाँ क्यों बैठा है?"

"अरे, मालिक, उस काल-कोठरी से तो यहाँ खुले प्लेटफार्म पर ज्यादा सुख से बैठा जा सकता है।" कुली ने कहा, "नींद आएगी तो चला जाऊँगा। आपका कोई काम हो तो कहिए।"

"नहीं, काम तो कोई नहीं है। मैं तो यूँ ही कह रहा था।" शरत् आगे बढ़ गया।

दो-चार पग चलकर सहसा शरत् का ध्यान उस साधु की ओर चला गया, जिसकी चर्चा उस कुली ने की थी···आखिर वह साधु यहाँ स्टेशन पर क्यों बैठा है?··· कोई स्थान नहीं होगा या यात्रा पर निकला होगा···

किंतु शरत् का मन न तो असिस्टेंट स्टेशनमास्टर के रूप में अपने दायित्व की उपेक्षा कर सकता था और न उस साधु को ही भूल सकता था, जो इस समय अकेला स्टेशन पर बैठा हुआ, जाने किसकी प्रतीक्षा कर रहा था। यदि कुली ने यह कहा होता कि एक साधु प्लेटफार्म पर सोया हुआ है तो शरत् सुविधा से मान सकता था कि उसके पास रात व्यतीत करने के लिए कोई स्थान नहीं है···किंतु वह तो बैठा था···किसी की प्रतीक्षा कर रहा था।···बहुत संभव है कि वह किसी प्रकार के षड्यंत्र का कोई अंग हो···हो सकता है कि साधु के वेश में कोई चोर-उचक्का हो···सहसा शरत् का मन सकुचा गया। किसी साधु के विषय में इस प्रकार सोचना उचित नहीं है। बहुत संभव है कि साधु की कोई आवश्यकता हो। संभव है, उसे भूख ही लग आई हो···शरत् का ध्यान अपने बड़े भाई की ओर चला गया। वह भी तो संन्यासी हो गया था। वह यदि किसी के द्वार पर बैठा हो और गृहस्थ उसे चोर समझे तो उसे कितना अपमानजनक लगेगा! और यह बेचारा तो स्टेशन के प्लेटफार्म पर बैठा है।

शरत् कुछ गति बढ़ाकर उस बेंच के पास आया। संन्यासी आत्मलीन-सा सिर झुकाए चुपचाप बैठा था। शरत् आकर उसके सामने खड़ा हो गया, तो संन्यासी ने उसकी ओर आँखें उठाईं···

शरत् उन आँखों से अपनी दृष्टि हटा नहीं सका। कैसी थीं वे आँखें।···केवल सुंदर अथवा आकर्षक भर कहने से मन को तृप्ति नहीं होती थी। बड़ी-बड़ी, काली भारतीय आँखें, जिनमें अद्‌भुत सम्मोहन था···शरत् ने स्वयं को हिलाकर उस सम्मोहन से बाहर निकाला और देखा, संन्यासी की अवस्था चौबीस-पच्चीस वर्ष की रही होगी। रंग गोरा था और चेहरा-मोहरा आकर्षक। उस पर न अभावों का कोई चिह्न था और न जीवन की कठोरता ही उसे किसी रूप में विकृत कर पाई थी। वैसा सौम्य चेहरा शरत् ने पहले कभी नहीं देखा था, किंतु वह संन्यासी बहुत थका हुआ और पस्त लग रहा था···

"महाराज! भूख लगी है क्या?"

"हाँ।"

"तो मेरे घर चलिए।"

"क्या खिलाओगे?" संन्यासी के चेहरे पर हलकी-सी मुस्कान उभरी।

शरत् गुप्त ने फारसी में एक शेअर पढ़ा।

"इसका क्या अर्थ?" संन्यासी ने पूछा।

"इसका अर्थ है, 'ऐ प्रियतम! तुम मेरे घर पधारे हो, मैं अपने कलेजे के टुकड़ों से संसार का सर्वश्रेष्ठ व्यंजन बनाकर तुम्हें परोसूँगा।' " शरत् गुप्त ने कहा।

"तो फिर चलो! तुम्हारे ही घर चलते हैं।" संन्यासी ने कहा, "देखें, तुम्हारा कलेजा कितना स्वादिष्ट है।"

संन्यासी ने अपना सामान उठाया : कमंडल और एक झोला। वे दोनों शरत् के क्वार्टर की ओर चल पड़े।

"झोले में क्या है स्वामी जी?"

"तलाशी लोगे?"

"नहीं! उत्सुकतावश पूछ रहा हूँ कि संन्यासी जीवन में किन वस्तुओं की आवश्यकता पड़ती है।" शरत् गुप्त ने कहा।

"आवश्यकता तो व्यक्ति की होती है।" संन्यासी ने कहा, "संन्यासी जीवन की नहीं। वैसे मेरे झोले में एक प्रति 'गीता' की है, एक 'Imitation of Christ' की।"

"आप ईसाई हैं—Imitation of Christ पढ़ते हैं?"

"यदि कहूँ, 'हाँ', तो तुम पूछोगे कि फिर मैं 'गीता' क्यों पढ़ता हूँ?" संन्यासी हँसा, "और शायद अपने घर पर भोजन भी नहीं कराओगे।"

"नहीं! नहीं! ऐसी बात नहीं है।" शरत् गुप्त भी हँसा, "भोजन तो कराऊँगा ही...पर सचमुच यह जिज्ञासा रहेगी ही।"

"मेरे धर्म में सम्प्रदाय की कोई सीमा नहीं है।" संन्यासी बोला, "हम ईश्वर-लाभ के लिए निकले हैं, मार्ग का बंधन नहीं है।"

"स्वामी जी! आपको अंग्रेजी का भी अभ्यास है?" और सहसा शरत् गुप्त सकपका गया, "अन्यथा न मानिएगा! मैंने इसलिए पूछ लिया, क्योंकि सामान्यतः हमारे साधु-संन्यासी अधिकांशतः हिंदी और संस्कृत ही जानते हैं।...किंतु आप शायद हिंदीभाषी नहीं हैं—बंगाली हैं।"

"बंगाली हूँ, इसलिए मातृभाषा बँगला है। वैसे हिंदी बोल रहा हूँ, इसलिए हिंदीभाषी हूँ।" संन्यासी ने कुछ नटखट भंगिमा में कहा।

"मुझे आपके उच्चारण से लगा कि आप बंगाली हैं।" शरत् गुप्त बोला, "वैसे मैं भी बंगाली ही हूँ, किंतु जौनपुर के मुसलिम-बहुल समाज में पलने के कारण उर्दू-हिंदी का ही अधिक अभ्यास है। वैसे बँगला बोल लेता हूँ।" वह हँसा, "बँगला उच्चारण में कहूँ तो मेरा नाम 'शोरोत गुप्तो' है, किंतु यहाँ तो मैं शरत् गुप्त ही हूँ। हाथरस रेलवे स्टेशन पर असिस्टेंट स्टेशनमास्टर हूँ।" उसने रुककर संन्यासी की ओर देखा, "यहाँ अच्छा-खासा बंगाली समाज है। आपको असुविधा नहीं होगी।"

"सुविधा ही खोजनी होती तो संन्यास क्यों धारण करता?" संन्यासी ने उसे तीखी दृष्टि से देखा, "और बंगालियों में ही रहना होता तो कलकत्ता छोड़कर भटकने के लिए यहाँ क्यों आता?"

शरत् अटपटा गया...उसने तो अपनी ओर से संन्यासी को प्रसन्न करने के लिए यह सूचना दी थी। उसे क्या पता था कि यह भी उलटी पड़ जाएगी।...निश्चित रूप से अपनी असावधानी में उसने संन्यासी के सम्मुख एक संकीर्ण-सी बात कह दी थी...

वे लोग शरत् गुप्त के क्वार्टर पर आ गए थे। शरत् ने जेब से चाबी निकालकर ताला खोला।

"घर पर और कोई नहीं है?" स्पष्टतः संन्यासी शरत् की असहजता को दूर करने का प्रयत्न कर रहा था।

"अकेला ही रहता हूँ। किंतु आप चिंता न करें, मैं आपको बहुत स्वादिष्ट भोजन करवाऊँगा।" शरत् बोला।

"विवाह नहीं किया?" संन्यासी ने पूछा।

"नहीं।"

"कारण?"

"उसकी आवश्यकता प्रतीत नहीं हुई।"

"स्त्री-सुख का अभाव नहीं खलता?"

"नहीं।" शरत् गुप्त बोला, "वासना मुझे आकर्षक नहीं लगती।"

"हुँ।" संन्यासी मौन हो गया।

शरत् ने संन्यासी को सादर बैठाया और फिर अपनी वर्दी बदलने चला गया। पिछले द्वार से दो कुलियों को पुकारा और उन्हें बाजार से विभिन्न चीजें खरीद लाने को कहा।

"मैं आपका नाम जान सकता हूँ स्वामी जी?" उसने लौटकर पूछा।

"विविदिषानन्द।"

"इसका अर्थ क्या है?"

"विविदिषा का अर्थ है, ज्ञान-प्राप्ति की इच्छा।"

शरत् के भेजे हुए कुली हाथरस के प्रसिद्ध पकवान खरीदकर लौटे और उसने संन्यासी को भोजन कराया। संन्यासी ने भी तृप्त होकर खाया। स्पष्टतः उसे बहुत दिनों से अच्छा भोजन नहीं मिला था।

"आप कहाँ जा रहे थे स्वामी जी?"

"वृन्दावन से हरिद्वार।"

"तो यहाँ क्यों उतर पड़े?"

"टिकट यहीं तक का था।"

"क्यों?"

"इतने ही पैसे थे।"

"और भोजन क्यों नहीं किया?"

"पैसे नहीं थे।"

"कब से नहीं किया?"

"कल प्रातः से।"

शरत् रुक गया। कुछ देर सोचता रहा : कहे या नहीं कहे?...फिर बोला, "और यदि मैं आपके पास नहीं आता तो आप क्या करते?"

"मैं तुम्हारे पास नहीं आता।"

"नहीं।" शरत् कुछ झेंपकर बोला, "यदि मैं आपको भोजन नहीं कराता तो आप क्या करते? वहीं बैठे रहते?"

"बैठा रहता।"

"क्या करते?"

"भगवान् की प्रतीक्षा।"

"आपका विचार है कि भगवान् आपके लिए भोजन भिजवाता?" शरत् के स्वर में संशय खनक रहा था।

"यदि भिजवाता नहीं तो स्वयं लाता।" संन्यासी ने सहज भाव से कहा।

शरत् के चेहरे का उल्लास जैसे कुछ मुरझा गया।

"क्यों?" संन्यासी ने उसे वक्र दृष्टि से देखा, "बुरा लगा? सोचते होगे कि संन्यासी बहुत कृतघ्न है, जो भोजन कराने का आभार भी नहीं मानता।"

"नहीं! ऐसी बात तो नहीं है।" शरत् ने स्वयं को सँभाला, "यह सब तो सामाजिक शिष्टाचार···।"

"संन्यासी तुम्हारे भरोसे तो अपने मठ से निकला नहीं था।" संन्यासी मधुर ढंग से बोला, "जिसके भरोसे निकला था, उसी का दिया खाता हूँ। याचना नहीं करता, भिक्षा नहीं माँगता। वह दे देता है तो खा लेता हूँ और तानकर सो जाता हूँ, नहीं तो भूखे पेट उसे स्मरण करता हूँ। यदि उसका आभार न मानूँ तो कृतघ्नता होगी न! इसलिए तुम्हारा आभार नहीं मानता!"

शरत् के चेहरे की स्वाभाविक आभा लौट आई : सच ही तो कह रहा है संन्यासी। देने वाला तो भगवान् ही है।···शरत् के मन में यह अहंकार जागा ही क्यों? भोजन कराने वाला है कौन? यदि शरत् को भोजन भगवान् देता है, तो संन्यासी को भोजन देने वाला शरत् कैसे हो सकता है? यह तो उसका अहंकार मात्र है···और अहंकार उत्पन्न होता है अविद्या से···

शरत् ने आवेश में झपटकर संन्यासी के चरण पकड़ लिए, "महाराज! महाराज! मैं अज्ञानी हूँ, निर्बुद्धि हूँ। मुझे विद्या दीजिए महाराज!"

संन्यासी ने मुस्कराकर उसे देखा और बँगला में गाया : "विद्या प्राप्त करना चाहते हो तो जाओ, अपने चंद्रमुख को क्षार से ढक लो, अन्यथा अपना मार्ग देखो···।"

संन्यासी का कंठ बहुत ही मधुर था, उसे संगीत का अच्छा ज्ञान प्रतीत होता था। शरत् मुग्ध-भाव से संन्यासी के मुख को देखता रहा और उसके संगीत को अपने कानों से पीता रहा···और सहसा उसका मन संन्यासी के शब्दों पर अटक गया···ठीक तो कह रहा था वह, जब तक सांसारिक और दैहिक सौंदर्य पर दृष्टि टिकी रहेगी, ज्ञान कहाँ से प्राप्त होगा··· तभी तो संन्यासी सबसे पहले अपने रूप-सौन्दर्य को ढकते-छिपाते हैं···।

शरत् गुप्त ने क्षण-भर में ही निश्चय कर लिया। वह अपनी रसोई में चला गया। इस समय तो भोजन बाजार से आया था, किंतु प्रातः चूल्हा जला था। उसकी ठंडी राख अब तक चूल्हे में ही पड़ी थी। शरत् के निश्चय-प्रेरित हाथ आगे बढ़े और उसने चूल्हे से अँजुरी भर-भरकर राख अपने चेहरे पर मल ली।···

भस्मावृत चेहरा लेकर वह संन्यासी के सम्मुख पहुँचा, "लीजिए, स्वामी जी!"

संन्यासी ने अकस्मात् सामने आ खड़े उस भूत को पहले तो कुछ आश्चर्य से देखा और फिर जैसे उसे हँसने का दौरा ही पड़ गया···उसकी हँसी की एक लहर मंद होती थी, तो दूसरी सपाटेदार लहर उस पर चढ़ दौड़ती थी···

संन्यासी को शांत होते न देख, शरत् ने अपनी हताशा में रुआँसे स्वर से पूछा, "क्या बात है स्वामी जी? इतना हँस क्यों रहे हैं?"

संन्यासी ने स्वयं को कुछ संयत किया, "तुमने भारतचंद्र रे की कृति 'विद्या-सुंदर' पढ़ी है क्या?"

"नहीं तो!" शरत् बोला, "मैंने बँगला साहित्य पढ़ा ही कहाँ है!"

"उस कृति में 'विद्या' नायिका का नाम है।" संन्यासी ने बताया, "कथा का नायक सुंदर,

विद्या को प्राप्त करने की अभिलाषा प्रकट करता है तो विद्या की सखी मालिनी उससे ये पंक्तियाँ कहती है, जो मैंने गाई थीं, और तुम सचमुच ही मुख पर राख मलकर आ गए।"

अब हँसने की बारी शरत् गुप्त की थी।

ब्रजेन्द्र बाबू ने कपाट खोले तो शरत् गुप्त को सामने खड़े पाया।

"आओ! आओ! स्टेशनमास्टर मोशाय!" वे बोले, और तब उनकी दृष्टि शरत् के साथ खड़े संन्यासी पर पड़ी।…वे मुड़कर घर के भीतर चले आए, "आइए!"

किंतु उनके मन में एक विचित्र प्रकार की खीझ जन्म ले चुकी थी…यह शरत् भी पागलों के समान किसी-न-किसी साधु-संन्यासी के चक्कर में पड़ा रहता है।…इसका भाई संन्यासी क्या हो गया कि यह भी पगला गया। किसी दिन कोई उसे भाँग-धतूरा खिलाकर सब लूट-पाटकर ले जाएगा, तो रोएगा बैठकर।…स्वयं तो रोए सो रोए, किंतु वह संन्यासी को उनके घर क्यों ले आया है?…

कमरे में पहुँचकर वे मुड़े, "बैठिए।"

"ये स्वामी विविदिषानन्द हैं।"

ब्रजेन्द्र बाबू को संन्यासी के चेहरे पर अपनी दृष्टि टिकानी पड़ी…पर उनकी दृष्टि तो संन्यासी की आँखों में ही अटक गई…

"अरे! नरेन्द्र तुम!" ब्रजेन्द्र बाबू बोले, "नरेन्द्रनाथ दत्त! तुमने भगवा धारण कर लिया…!"

शरत् गुप्त की समझ में भी अब आया कि हाथरस के किसी भी प्रवासी बंगाली में रुचि न दिखाने वाले स्वामी विविदिषानन्द, ब्रजेन्द्र बाबू का नाम आते ही उनके घर आने को क्यों तैयार हो गए थे…

"तुम जानते हो स्टेशनमास्टर मोशाय!" ब्रजेन्द्र बाबू बोले, "नरेन्द्र हमारे मित्र विश्वनाथ बाबू का पुत्र है।"

"इन्होंने मुझे कुछ बताया ही नहीं।" शरत् बोला, "बस, चले आए।"

"क्यों भाई! तुमने इस भले आदमी को कुछ भी क्यों नहीं बताया?" ब्रजेन्द्र बाबू ने पूछा, "बता देते तो इसे इस प्रकार शॉक तो नहीं लगता न!"

"मैं विविदिषानन्द हूँ। नरेन्द्र होता तो बताता कि मैं नरेन्द्र हूँ।" स्वामी ने कहा, "संन्यासी का परिचय तो बस संन्यासी होने में ही है।"

"वैसे यह जानकर मुझे कोई बहुत आश्चर्य नहीं हुआ।" ब्रजेन्द्र बाबू बोले, "संन्यास के कीटाणु तुममें आरंभ से ही थे। विश्वनाथ बाबू तो तुम्हारे जन्म से ही इस बात को लेकर आशंकित थे।…अच्छा! अब आए हो, तो जाने की जल्दी तो नहीं है न?"

"मुझे हृषीकेश जाना है।" स्वामी ने कहा, "आप मिल गए हैं तो दो-एक दिन यहाँ रुक जाता हूँ।"

"नहीं! दो-एक दिन नहीं, कुछ दिन यहाँ रहो।" ब्रजेन्द्र बाबू बोले, "यहाँ के लोग भी तो तुम्हारे किन्नर-कंठ का संगीत सुनें। और देखो…" वे रुके, "स्टेशनमास्टर के घर रहने का कोई काम नहीं है। वह घर तो है ही नहीं, डेरा है, डेरा। तुम मेरे यहाँ रहोगे।"

"क्यों? क्यों??" शरत् कुछ अकबकाकर बोला, "मेरे यहाँ क्यों नहीं?"

"क्योंकि तुम्हारे घर पर अतिथि-सत्कार की कोई व्यवस्था नहीं है। विवाह तक तो तुमने

किया नहीं। बस, बाजार से पूरी-जलेबी मँगा-मँगाकर खिलाते रहोगे।'' ब्रजेन्द्र बाबू बोले, ''अरे, मैं इसे मछली खिलाऊँगा। बंगाली को मछली नहीं मिलेगी, तो उसकी तृप्ति कैसे होगी? और तुम देखना।'' ब्रजेन्द्र बाबू ने शरत् गुप्त की ओर देखा, ''यहाँ सारा बंगाली समाज जुटेगा।''

''कहाँ से जुट जाएगा सारा बंगाली समाज?'' शरत् कुछ अविश्वास के स्वर में बोला, ''उनमें से कोई दो परिवार तो एक-दूसरे को देख नहीं पाते।''

''हाँ! ठीक है। कोई दो परिवार एक-दूसरे को देख नहीं पाते,'' ब्रजेन्द्र बाबू ने उत्तर दिया, ''किंतु तुम नरेन्द्र के स्वर के जादू को नहीं जानते।''

शरत् का सारा प्रयत्न व्यर्थ गया। ब्रजेन्द्र बाबू ने बलात् स्वामी को रोक लिया। स्वामी ने भी उनका विरोध करने का कोई प्रयत्न नहीं किया। शरत् मन-ही-मन काफी हताश हुआ···इसका अर्थ था कि स्वामी उसकी सेवा से तनिक भी प्रसन्न नहीं हुए थे, नहीं तो वे अपने पुराने परिचित ब्रजेन्द्र बाबू का निमंत्रण इस प्रकार स्वीकार नहीं कर लेते। वे कह सकते थे कि वे शरत् के घर रहेंगे, और ब्रजेन्द्र बाबू के बंगाली समाज को मिलने आ जाया करेंगे।···

शरत् चलने लगा तो स्वामी ने उसके कंधे पर हाथ रखकर सस्नेह कहा, ''तुम अन्यथा न मानना! मैं तुम्हारा ही अतिथि हूँ। इनके आग्रह की रक्षा कर कुछ दिनों में तुम्हारे पास ही लौट आऊँगा। हाथरस छोड़ने से पहले तुम्हारे घर भी कुछ दिन अवश्य रहूँगा।''

शरत् चला आया। दिन-भर स्टेशन पर अपने काम में व्यस्त अवश्य रहा, किंतु अन्यमनस्क होकर ही। उसका ध्यान बार-बार स्वामी की ओर चला जाता था। उनकी आँखें उसके मानसपटल पर जैसे स्थायी रूप से चित्रित हो गई थीं।···वह उनसे सम्मोहित था क्या?···या स्वामी के पास कोई ऐसी सिद्धि तो नहीं थी, जिससे वे लोगों को इस प्रकार अपना दास बना लेते थे···

संध्या-समय अपना काम समाप्त कर वह स्टेशन से सीधा ब्रजेन्द्र बाबू के घर पहुँचा तो चकित रह गया···वहाँ तो सचमुच सारा बंगाली समाज जुट आया था।···शरत् की आशंका सर्वथा निर्मूल सिद्ध हुई थी। बड़े-बड़े अहंकारी अपने धन, पद तथा विद्या का मद त्यागकर अबोध बच्चों के समान बैठे स्वामी को सुन रहे थे। उनकी पलकें तक नहीं झपक रही थीं, जैसे अपनी आँखों से स्वामी को पी जाना चाहते थे···

स्वामी कह रहे थे, ''बौद्ध धर्म में हमें संस्कृत के दो शब्द मिलते हैं : धर्म और संघ। किंतु एक परम विचित्र तथ्य यह है कि कृष्ण के शिष्यों और अनुयायियों के पास अपने धर्म का कोई नाम नहीं है, यद्यपि विदेशी लोग उसे हिंदू धर्म या ब्राह्मणवाद कहते हैं। धर्म एक है और संप्रदाय अनेक। जिस क्षण उसे तुम एक नाम दे देते हो, व्यष्टिकृत कर शेष से पृथक् कर देते हो, वह एक संप्रदाय बन जाता है, धर्म नहीं रह जाता। संप्रदाय अपने निजी सत्य का उद्घोष करता है और यह घोषणा करता है कि अन्यत्र कहीं भी सत्य नहीं है। धर्म यह विश्वास करता है कि संसार में धर्म केवल एक ही रहा है और अब भी केवल एक ही है। दो धर्मों का अस्तित्व कभी रहा ही नहीं। वही एक धर्म विभिन्न स्थानों में विभिन्न पक्षों को प्रस्तुत करता है। उसका कार्य है, मानवता के लक्ष्य और प्रयोजन के सम्यक् बोध पर विचार करना।

''कृष्ण का यही महान् कार्य था : हमारी आँखों को स्वच्छ कराना और मानवता की ऊर्ध्वगामी तथा अग्रगामी प्रगति को विशालतर दृष्टि से दिखाना। उनका ही पहला हृदय था, जिसमें सबमें विद्यमान सत्य को देख सकने की विशालता थी, और उनकी ही प्रथम वाणी थी, जिससे प्रत्येक और समस्त के निमित्त सुंदर शब्द उच्चरित हुए।···''

"स्वामी जी! आप कृष्ण का समय बता सकते हैं?" एक व्यक्ति ने पूछा।

"कृष्ण, बुद्ध के लगभग एक हजार वर्ष पूर्व हुए।" स्वामी ने कहा।

"किंतु बहुत सारे लोग तो यह मानते ही नहीं कि उनका कभी अस्तित्व भी था।" एक अन्य व्यक्ति ने कहा, "क्या आप सिद्ध कर सकते हैं कि कृष्ण ऐतिहासिक पुरुष थे?"

"बहुत-से लोग इस बात में विश्वास नहीं करते कि उनका कभी अस्तित्व भी था।" स्वामी ने कहा, "कुछ लोगों का विश्वास है कि कृष्ण की उपासना प्राचीन सूर्योपासना से विकसित हुई है। ऐसा प्रतीत होता है कि कृष्ण कई हुए हैं, एक का उल्लेख उपनिषदों में है, दूसरे कोई राजा थे, अन्य एक सेनानी। इन सबको एक कृष्ण में पुंजीभूत कर दिया गया है। किंतु इससे कुछ बनता-बिगड़ता नहीं। तथ्य यह है कि कोई ऐसा व्यक्ति आता है, जो आध्यात्मिकता में अद्वितीय है। तब उसके चारों ओर सभी तरह की दंतकथाओं की सृष्टि हो जाती है। किंतु ऐसे जिस एक व्यक्ति को लेकर जिन बाइबलों और कथाओं की रचना होती है, उन कथाओं को उसके चरित्र के अनुसार ही ढालना पड़ता है। बाइबल के नव-व्यवस्थान में पाई जाने वाली समस्त कथाओं को ईसा के स्वीकृत जीवन और चरित्र के अनुरूप ढालना पड़ा है। बुद्ध से संबंधित समस्त भारतीय कथाओं में भी उनके समग्र जीवन का मूल स्वर—दूसरों के लिए आत्म-त्याग—सुरक्षित रखा गया है।..."

"मान लीजिए कि कृष्ण एक ऐतिहासिक व्यक्ति हैं," श्रोता समुद्राय में से एक व्यक्ति उठकर खड़ा हो गया, "किंतु उन्होंने हमें दिया क्या? रासलीला?..."

"कृष्ण में हमें दो विचार सर्वोपरि मिलते हैं।" स्वामी बोले, "पहला है विभिन्न विचारों का सामंजस्य और दूसरा है अनासक्ति। मनुष्य राजसिंहासन पर बैठकर, सेनाओं का संचालन करते रहकर, राष्ट्र के निमित्त विराट् योजनाओं को कार्यान्वित करते हुए भी अपने पूर्णत्व को, सर्वोच्च लक्ष्य को प्राप्त कर सकता है। वस्तुतः कृष्ण का महान् उपदेश युद्ध-क्षेत्र में ही प्रदान किया गया है।...

"कृष्ण भी ईसा की भाँति स्वयं को ईश्वर मानकर बात करते हैं। वे देवता को अपने भीतर देखते हैं। और वे कहते हैं, 'मेरे मार्ग से भटककर कोई व्यक्ति नहीं जा सकता। सबको मेरे पास आना ही है। मुझको जो जिस रूप में भजता है उसको मैं उसी रूप के प्रति श्रद्धा प्रदान करता हूँ और उसी के द्वारा मैं उसको मिलता हूँ...।' कृष्ण का हृदय संपूर्ण जन-साधारण के लिए है।...

"स्वतंत्र कृष्ण झुकना अस्वीकार करते हैं। उनकी निर्भीकता हमें डरा देती है। हम हर वस्तु पर निर्भर हैं—कुछ अच्छे शब्दों पर, परिस्थितियों पर। किंतु जब आत्मा किसी भी वस्तु—जीवन तक पर—निर्भर न रहना चाहे तो वह दर्शन की पराकाष्ठा है, मनुष्यत्व की चरम सीमा है। उपासना भी उसी लक्ष्य तक ले जाती है। कृष्ण उपासना पर बहुत बल देते हैं। ईश्वर की उपासना करो।"...

एक-एक दिन कर स्वामी ने सात दिन ब्रजेन्द्र बाबू के घर व्यतीत कर दिए। शरत् प्रतिदिन उन्हें अपने साथ ले जाने की योजना बनाकर घर से निकलता था, किंतु वहाँ या तो कोई ऐसा ही गहन-गंभीर दार्शनिक विषय चल रहा होता था या फिर दिव्य संगीत की सरिता अनवरत बह रही होती थी।...शरत् स्वामी को अपने साथ लाने के विचार से जाता था और स्वयं वहीं का होकर रह जाता था। दो-एक बार स्वयं को बहुत साधकर जब उसने स्वामी से आग्रह करने का निश्चय किया तो स्वयं उसकी अपनी ही अंतरात्मा ने उसे डाँट दिया...वह इतना स्वार्थी क्यों है? यदि स्वामी के यहाँ रहने से इतने लोगों को उनका सान्निध्य-लाभ मिलता है, इतने लोगों की जिज्ञासाएँ शांत

होती हैं, इतने लोगों की जीवन-पद्धति उच्चतर धरातल पर आकर स्थिर होती है, तो वह उनको यहाँ से क्यों हटा ले जाना चाहता है?···स्वामी के आने से पहले क्या उसने इन्हीं लोगों को कहीं एक साथ बैठे हुए देखा है? क्या इन लोगों की, इन सारे प्रश्नों में रुचि कभी प्रकट हुई थी? क्या इन लोगों ने सिवाय परस्पर निंदा, ईर्ष्या और दोषारोपण के किसी अच्छे विषय पर चर्चा की थी? क्या जीवन की स्वच्छता के प्रति इनका कोई आग्रह रहा था?··· तो आज जब स्वामी की कृपा से वे उस ओर बढ़ रहे हैं तो शरत् उन्हें वंचित क्यों करना चाहता है?···

लगभग सप्ताह-भर के पश्चात् स्वामी ने ही उसे याद दिलाया कि उसे स्वामी को यहाँ से अपने घर ले जाना है। शरत् के लिए इससे अधिक सुखद दायित्व और क्या हो सकता था। उसका मित्र नटकृष्ण भी कब से उसके पीछे पड़ा हुआ था कि वह स्वामी को अपने घर ले जाए ताकि वहाँ एकांत में वे स्वामी से ढेर-सी बातें कर सकें और यदि संभव हो तो स्वामी से दीक्षा ग्रहण करें···

शरत् स्वामी को अपने घर तो ले आया, किंतु स्वामी को उसने इस प्रकार चिंतित और अवसन्न कभी नहीं देखा था। तो क्या स्वामी उसके घर आकर प्रसन्न नहीं थे?···पर यदि ऐसा होता वे स्वयं ही उसे अपने घर ले चलने के लिए क्यों कहते?···शरत् ने प्रतीक्षा की। शायद स्वामी थके होंगे। प्रश्न पूछ-पूछकर लोग उनका मस्तिष्क चाट भी तो जाते हैं। बहुत संभव है कि लगातार कई दिनों तक के भाषणों तथा कई-कई घंटों की लंबी संगीत-गोष्ठियों ने उनको थका दिया हो। वे आराम करेंगे तो ठीक हो जाएँगे।···किंतु स्वामी की उदासी दूर नहीं हुई, न ही उनकी चिंता मिटती हुई दिखाई दी।

अंततः शरत् को पूछना ही पड़ा, "स्वामी जी! माना जाता है कि आध्यात्मिक पुरुष सदा आनंद में रहते हैं। आप इतने अवसन्न क्यों हैं?"

स्वामी ने उसे गहरी दृष्टि से देखा और बोले, "पुत्र! मेरे सामने एक अत्यंत महान् लक्ष्य है, जिसे मुझे पूरा करना है। जब मैं अपनी सीमाओं, साधनों और अल्प क्षमताओं को देखता हूँ तो मेरे मन पर अवसाद घिर आता है। मेरे गुरु ने मुझे यह कार्य सौंपा है और यह कार्य अपनी मातृभूमि को पुनर्जीवित करने से कुछ भी कम नहीं है। आध्यात्मिकता की दृष्टि से मेरा देश पतन के गर्त में जा पड़ा है और चारों और भुखमरी का राज्य है। भारत को सक्रिय होना होगा और इस विश्व को अपनी आध्यात्मिकता से जय करना होगा।" स्वामी की दृष्टि फिर कहीं शून्य में देख रही थी।

सम्मोहित-सा शरत् स्वामी के सम्मुख अवाक् बैठा रहा। और सहसा उसे लगा कि उसके सामने तो वह कृष्ण बैठा है जिसे अपनी अंगुली पर गोवर्धन धारण करने का कार्य सौंपा गया है।···गोवर्धन तो वही उठाएगा अपनी अंगुली पर, किंतु गोप-बालकों के समान अपनी लकुटिया तो शरत् भी अड़ा सकता है। उससे कृष्ण को गोवर्धन धारण करने में सुविधा हो या न हो, किंतु गोप-बालक को यह संतोष तो होगा कि इतने बड़े अभियान में वह भी कृष्ण के साथ था···"

"स्वामी जी! मैं आपकी सेवा में प्रस्तुत हूँ। मुझे आदेश दें, मैं आपकी क्या सेवा करूँ?"

स्वामी ने ध्यानपूर्वक शरत् के चेहरे को देखा : यह मात्र सामयिक आवेश था अथवा सचमुच दीर्घव्यापी और गंभीर निश्चय?

"क्या तुम भिक्षा-पात्र हाथ में लेकर इस महान् अभियान के लिए कार्य कर सकते हो?" स्वामी की आँखें जैसे उसकी आत्मा के आर-पार देख रही थीं, "क्या तुम मेरे लिए द्वार-द्वार जाकर भिक्षा माँग सकते हो?"

"अवश्य।" शरत् बोला, "यह तो कुछ भी नहीं। मैं तो किसी अत्यंत बीहड़ काम की अपेक्षा कर रहा था स्वामी जी!"

"तो मेरा भिक्षा-पात्र उठाओ और अपने स्टेशन के कुलियों के घर से भिक्षा माँगकर लाओ।"

शरत् ने स्वामी की ओर देखा और उनकी बात को समझा : स्वामी उसके अहंकार का पूर्णतः विनाश कर देना चाहते थे। यदि वे उसे मात्र भिक्षा माँगने के लिए कहते तो उसके अहम् का विगलन तब भी होता, संभ्रांतता का अभिमान तब भी टूटता, किंतु जिस स्टेशन पर उसने वर्षों तक असिस्टेंट स्टेशनमास्टर के रूप में अधिकारपूर्वक शासन किया है, उसी स्टेशन के निम्नतम श्रेणी के कर्मचारियों के घर से भिक्षा माँगने का आदेश देकर शायद स्वामी उसके समर्पण की तीव्रता को परखना चाहते हैं...

शरत् ने स्वामी का कमंडल उठा लिया और कुलियों के निवास की ओर चला गया...

स्वामी बैठे प्रतीक्षा करते रहे। उन्होंने कह तो दिया था और शरत् चला भी गया था, किंतु क्या वह भिक्षा माँग पाएगा?...और कोई अपरिचित भिखारी हो तो लोग उसे भिक्षा दें या न दें, कोई उसे आश्चर्य से नहीं देखता, कोई उससे यह नहीं पूछता कि वह भिक्षा क्यों माँग रहा है, किंतु अपने असिस्टेंट स्टेशनमास्टर को इस प्रकार भिक्षा माँगते देखकर कुली और उनके घरवाले किस दृष्टि से शरत् को देखेंगे? किन शब्दों में उससे पूछेंगे कि वह भिक्षा क्यों माँग रहा है? घर में आटा समाप्त हो गया या सारा वेतन खर्च हो गया है?...

शरत् लौटा तो स्वामी का विचार-प्रवाह भी टूटा। स्वामी ने देखा : शरत् के भिक्षा-पात्र में कुछ आटा था, कुछ चावल, कुछ एक छोटे सिक्के भी थे और किसी ने उसे एक बैंगन भी भिक्षा में दिया था। इसका अर्थ था कि शरत् किसी प्रकार एक-दो घरों से भिक्षा माँगकर मात्र उनके आदेश की पूर्ति करके नहीं आया था, वह तो पूर्ण निष्ठा से शायद प्रत्येक कुली के घर से भिक्षा माँगकर लाया था।

शरत् ने भिक्षा-पात्र स्वामी के चरणों में रख दिया।

"लोगों को आश्चर्य नहीं हुआ कि असिस्टेंट स्टेशनमास्टर शरत्चन्द्र गुप्त भिखारी क्यों हो गया है?" स्वामी ने पूछा।

शरत् हँस पड़ा, "उन्होंने तो कुछ इस प्रकार व्यवहार किया जैसे वे बहुत दिनों से इस बात के लिए तैयार हुए बैठे हों कि शरत् गुप्त को अंततः तो भिक्षा ही माँगनी है। शायद मेरे जीवन की चरम परिणति इसी प्रकार अपेक्षित थी।"

स्वामी भी हँसे, "हाँ, सोचते होंगे, जिसने घर में ससम्मान भिखारी को ठहरा रखा है, वह अंततः स्वयं भी भीख ही माँगेगा, 'हम घर जारा आपना, लिया मुराड़ा हाथ। अब घर जारौं तासुका, जो चलै हमारे साथ।' "

शरत् ने कुछ नहीं कहा। चुपचाप खड़ा स्वामी को देखता रहा।

"कुछ बोलता क्यों नहीं?" स्वामी ने स्नेहमयी डाँट पिलाई, "उजबक की तरह मेरा मुँह क्या देख रहा है?"

"स्वामी जी!" शरत् बहुत मंद स्वर में बोला, "मैं आपसे दीक्षा ग्रहण करना चाहता हूँ। आप मुझे अपना शिष्य बना लीजिए।"

स्वामी खुलकर हँसे, "क्या समझते हो कि मेरे शिष्य बनते ही तुम्हारा आध्यात्मिक विकास हो जाएगा? अपना विकास स्वयं करना पड़ता है। प्रत्येक पदार्थ में स्वयं ईश्वर विद्यमान

है—यह मन में रखकर सबकी सेवा करो। स्वतः तुम्हारा विकास होता जाएगा। गुरुगिरी मैं नहीं करता।''

शरत् ने आगे बढ़कर स्वामी के चरण पकड़ लिए, ''मुझे इस प्रकार वंचित मत कीजिए। मुझे मार्ग सुझाइए।''

''संन्यासी जीवन कितना कठोर है, जानते हो न?'' स्वामी बोले, ''संन्यास ग्रहण करोगे तो मेरे ही समान किसी सूने प्लेटफार्म की सूनी बेंच पर भूख की पीड़ा से कराहते हुए किसी दाता की प्रतीक्षा में तड़पते रहोगे।''

शरत् ने उनके चरण नहीं छोड़े, ''कठिनाई जानता हूँ। इसलिए आप जैसा गुरु चाहता हूँ। आपका मार्गदर्शन मिला तो सारी कठिनाइयाँ सह जाऊँगा।''

स्वामी अपने मन के द्वंद्व को लिए खड़े सोचते रहे। अभी उन्होंने कहा था कि वे गुरुगिरी नहीं करते, किंतु जिस लक्ष्य का बोझ उनके गुरु ने उन पर डाला था, क्या उसका एक अंग यह नहीं था कि वे व्याकुल आत्माओं को उनका लक्ष्य प्राप्त करने में उनकी सहायता करें···और क्या उन्हें स्वयं अपने 'मिशन' के लिए ऐसी आत्माओं की आवश्यकता नहीं थी?···

''उठो पुत्र! तैयारी करो।'' स्वामी बोले, ''मैं कल तुम्हें दीक्षा दूँगा।''

सहारनपुर स्टेशन पर स्वामी रेलगाड़ी से उतरे। हृषीकेश जाने के लिए यही निकटतम रेलवे स्टेशन था।

''अब यहाँ से हमें पैदल ही जाना है हृषीकेश।'' स्वामी ने कहा।

''क्यों?'' शरत् ने अनायास ही पूछ लिया, ''क्या आगे कोई सवारी नहीं मिलती?''

''घोड़ा मिलेगा।'' स्वामी बोले, ''किंतु न तो हमारे पास इतने पैसे हैं कि हम किराए पर घोड़ा लें और न घोड़े के किराए के लिए भिक्षा माँगना संन्यासी के लिए शोभनीय है। संन्यासी जीवन में ऐसे विलास की कामना नहीं करनी चाहिए।'' स्वामी रुके, उन्होंने ध्यान से शरत् की ओर देखा ''मैंने पहले ही तुमसे संन्यासी के जीवन की असुविधाओं की बात कही थी।···वैसे तुम चाहो, तो अब भी लौट सकते हो। तुम्हारे प्रति मेरा स्नेह रंचमात्र भी कम नहीं होगा।''

''नहीं, स्वामी जी!''

शरत् ने अपनी रीढ़ की हड्डी के भीतर कहीं कंपन का अनुभव किया···उसने तनिक भी दुर्बलता दिखाई तो स्वामी उसे छोड़ जाएँगे।

हाथरस से चलने के पहले कितना संघर्ष करना पड़ा था उसे···उसे दीक्षा देने के पश्चात् स्वामी ने उसके घर पर लोगों से मिलना-जुलना और उन्हें उपदेश देना आरंभ किया था। तीन-चार दिन पूर्ण शांति से निकल गए···और जब शरत् को लगने लगा कि स्वामी पूर्णतः संतुष्ट होकर अपने नए जीवन के अभ्यस्त हो चले हैं, तभी रात के भोजन के पश्चात् अकस्मात् ही स्वामी ने कहा, ''शरत्! मैं कल प्रातः यहाँ से चला जाऊँगा।''

''क्यों?'' शरत् का मुख आश्चर्य से खुल गया, ''क्यों, क्या हुआ स्वामी जी? आपको यहाँ कोई कष्ट है? क्या मुझसे कोई त्रुटि हो गई?''

''नहीं! वह सब कुछ भी नहीं!'' स्वामी ने अत्यंत शांत भाव से कहा, ''मैं संन्यासी हूँ। मुझे अधिक समय तक एक स्थान पर नहीं रहना चाहिए।''

''क्यों स्वामी जी?''

"उससे उस स्थान और वहाँ के लोगों के प्रति मोह बढ़ता है, और संन्यासी को किसी से भी मोह नहीं बढ़ाना है।" स्वामी ने कहा, "संन्यासी को तो निरंतर निर्मोही बने रहने का प्रयत्न करना है। अनासक्ति ही तो मूल जीवन-मंत्र है।"

"तो मुझे भी साथ ले चलिए स्वामी जी!" शरत् धीरे से बोला, "अब मैं आपके बिना नहीं रह सकता।"

"नहीं! मुझे तुम्हारे प्रति अपने मोह से भी लड़ना है।" स्वामी ने उत्तर दिया, "और फिर तुम संन्यासी नहीं हो, तो तुम मेरे समान क्यों भटको! तुम्हारी नौकरी है, दायित्व हैं—ऐसे ही अपना स्थान छोड़कर कोई कहीं भी थोड़ी जा सकता है।..."

"स्वामी जी! मैं अब आपके बिना नहीं रहूँगा।" शरत् ने भी स्वयं को कठोर बना लिया था, "आप साथ लेकर नहीं चलेंगे, तो आपके पीछे-पीछे चलूँगा, किंतु अब आपको छोड़ूँगा नहीं।"

"तुम्हारी नौकरी का क्या होगा?" स्वामी ने पूछा।

"नौकरी रहे या जाए, मैं आपके साथ चलूँगा।" शरत् अपनी जगह अड़ा रहा।

स्वामी के लिए वह अपने मुख पर राख मल चुका था, द्वार-द्वार भिक्षा माँग चुका था। अब वे उसकी और क्या परीक्षा लेते। जब देखा कि वह किसी भी प्रकार टल नहीं रहा है, तो बोले, "अच्छा जा! अपना चार्ज किसी को दे आ।..."

शरत् ने सामान की गठरी अपने कंधे पर उठा ली। गठरी में उसके कुछ कपड़े थे, कंबल था और एक जोड़ा जूते।...स्वामी के पास अपना कमंडल और झोला था।

स्टेशन के बाहर उन्होंने अल्पाहार किया और हृषीकेश की ओर चल पड़े।

दो घंटे लगातार चलकर शरत् एकदम हाँफ गया। उसके पग जैसे उठना ही नहीं चाहते थे और वह गठरी तो जैसे पहाड़ हो रही थी। इच्छा होती थी कि गठरी को इसी क्षण पटक दे और वहीं किसी पेड़ के नीचे पैर पसारकर बैठ जाए। संभव हो, तो लेट जाए।...

"थक गए हो शरत्?" स्वामी ने स्नेहपूर्ण स्वर में पूछा।

"नहीं! नहीं!! एकदम नहीं!!!" शरत् ने कुछ इस प्रकार घबराकर कहा, जैसे उसके थकना स्वीकार करते ही उसे कोड़े पड़ने की आशंका हो।

स्वामी ने देखा, उसके होंठ सूख रहे थे और चेहरे पर हवाइयाँ उड़ रही थीं, किंतु वह बलात् मुस्कराने का प्रयत्न कर रहा था...

"अच्छा! तुम थके तो नहीं हो।" स्वामी ने हाथ बढ़ाकर उसकी गठरी पकड़ ली, "किंतु अपना यह बोझ मुझे दे दो।"

गठरी से मुक्ति पाते ही जैसे शरत् को एक नया जीवन मिल गया। उसके पग सीधे पड़ने लगे और उसकी चलने की गति भी कुछ बढ़ गई।

स्वामी ने उसे देखा और संतोष की साँस ली। वे जानते थे कि शरत् इस प्रकार बहुत दूर तक नहीं चल पाएगा, फिर भी कम-से-कम इस समय के लिए तो संकट टल गया था और यात्रा का एक और सोपान निर्विघ्न समाप्त होने की संभावना बन गई थी।...देखना केवल यह था कि अगला सोपान कितने मीलों का है।

"तुमने जान बन्यन की पुस्तक 'पिलग्रिम्स प्रोग्रेस' पढ़ी है शरत्?" स्वामी ने उसका ध्यान बाँटने के लिए पूछा।

"नहीं, स्वामी जी!" शरत् ने अपने सूखे होंठ जीभ से गीले किए और प्रयत्न करके बोला, "आपसे वार्तालाप करने के बाद से तो मुझे लगता है कि मैंने कभी कुछ पढ़ा ही नहीं है।"

"चिंता मत करो।" स्वामी ने कहा, "हमारे देश का सामान्य संन्यासी पढ़ता कम है, मनन अधिक करता है।···पर मुझे आरंभ से ही पुस्तकें चाट जाने का बहुत शौक रहा है।" स्वामी ने शरत् की ओर देखा, "इस पुस्तक की चर्चा तो मैंने केवल इसलिए की कि उसमें लेखक ने एक यात्रा का वर्णन किया है। यात्रा कुछ ऐसी ही है, जैसी हम कर रहे हैं। निरंतर ऊपर ही चढ़ते जाना है।···पर उस पुस्तक में लेखक का लक्ष्य इस प्रकार की भौतिक यात्रा का वर्णन करना नहीं है। वस्तुतः वह साधक के आध्यात्मिक विकास की कथा है।···"

स्वामी ने देखा, शरत् के पग लड़खड़ा रहे थे। शायद वह अब बहुत अधिक नहीं चल पाएगा···स्वामी के मन में कुछ खीझ जन्मी···कुछ अपने प्रति और कुछ शरत् के प्रति।···जब यह पाँच-सात घंटे प्रतिदिन भी पैदल यात्रा नहीं कर सकता, तो इस प्रकार साथ चल पड़ने की हठ व्यर्थ ही क्यों की? यह तो उनके पैर की बेड़ी बन जाएगा। न उसे छोड़ सकेंगे और न ही उसे साथ ले जा पाएँगे···खैर, शरत् की तो यह मूर्खतापूर्ण हठ थी···शायद उसे पता भी नहीं था कि यह यात्रा इतनी कठिन होगी। वह कैसे जान सकता था?···वह तो हरी झंडी दिखाकर गाड़ियाँ चलाता रहा था और स्वयं भी उन्हीं गाड़ियों में यात्रा करता रहा था, जिनमें आदमी न हिचकोले खाए, न धक्के। थकान हो भी तो कैसे हो···किंतु स्वामी स्वयं तो जानते थे कि यह यात्रा कैसी होगी···तो फिर क्यों लाए वे उसको?···जब कोई वयस्क किसी बच्चे को अपने साथ ले जाता है, तो उसके खाने-पीने, उसकी सुख-सुविधा—सबका ध्यान उसी को करना पड़ता है। आवश्यकता होने पर उसे गोद में या कंधे पर भी उठाना पड़ता है···फिर शरत् पर खीझने का क्या लाभ?···जब बड़े लोग घर से चलते हैं, तो बच्चे साथ चलने की हठ ठानते ही हैं, पर साथ ले आने पर यात्रा का कोई दायित्व बच्चे का नहीं रह जाता···

उन्होंने शरत् की ओर देखा···

"यहाँ पानी मिलेगा?" शरत् ने पूछा, किंतु उसके चेहरे पर स्पष्ट ग्लानि का भाव था कि वह अपने गुरु के लिए परेशानी का कारण बन रहा है।···कितनी ही देर से वह प्यास से पीड़ित हो रहा था, किंतु इस भय से कुछ कह नहीं रहा था कि कहीं स्वामी डाँटकर यह न कह दें कि उन्होंने पहले ही उससे कहा था कि यात्रा बहुत कठिन होगी।···फिर क्यों चला आया वह उनके साथ?···और यदि उसमें इतना-सा भी सामर्थ्य नहीं है, तो वह अब भी लौट जाए···

किंतु उसकी अपेक्षा के विरुद्ध स्वामी ने ऐसा कुछ भी नहीं कहा। सांत्वना देते हुए बोले, "आसपास तो कहीं कोई पानी दिखाई नहीं दे रहा, किंतु चिंता मत करो, आसपास इतनी हरियाली है तो जल भी कहीं-न-कहीं होगा ही।···"

"मुझे तो राम-कथा का वह प्रसंग याद आ रहा है," शरत् दुर्बल स्वर में बोला, "जब अंगद, जामवंत और हनुमान इत्यादि सीता जी की खोज में गए थे और वन में भटककर प्यासे मरने लगे थे।"

"तुमने ठीक प्रसंग याद किया है पुत्र!" स्वामी वात्सल्यपूर्ण स्वर में बोले, "तभी उन्हें स्वयंप्रभा का आवास मिला था, जल मिला था, भोजन मिला था, विश्राम मिला था और फिर आगे जाने का मार्ग-निर्देश की मिला था।···लगता है, हमें भी कोई ठिकाना मिलने ही वाला है।"

"यहाँ कहाँ कोई विश्राम-स्थल।" शरत् की हताशा प्रकट हो गई, "कहीं कुछ दीखता तो है नहीं।"

"वानरों को भी कुछ नहीं दीख रहा था।" स्वामी बोले, "थोड़ा धैर्य धारण करो।...संभव है, कोई यात्री यहाँ से निकले और उसके पास जल हो। दो-चार घूँट तो कोई भी दे ही देगा।"

बहुत प्रयत्न करने पर भी शरत् अधिक नहीं चल पाया। बोला, "नहीं, स्वामी जी! अब और नहीं चला जाता।"

"अच्छा चलो! अगले मोड़ पर उस छायादार वृक्ष तक तो चलो।" स्वामी ने कहा और शरत् को सहारा देकर आगे बढ़ाया।

स्वामी ने शरत् का लगभग आधा बोझ अपने ऊपर ले रखा था, फिर भी स्वामी चल रहे थे और शरत् घिसट रहा था।...अब यदि यह चल नहीं पाया तो वे क्या करेंगे—स्वामी सोच रहे थे—न वे उसे इस एकांत वन में छोड़कर कहीं जा सकते हैं और न इसके पास बैठे रहकर जल और अन्न इत्यादि प्राप्त कर सकते हैं।...यदि वे इसे छोड़कर जाते हैं तो वन्य पशुओं का संकट हो सकता है और यदि इसकी चौकसी करने के लिए इसके पास बैठे रहते हैं तो दोनों के ही भूखे-प्यासे मर जाने की संभावना है। तो?...

स्वामी के मन में आशंकाएँ ही आशंकाएँ थीं।

और सहसा उन आशंकाओं के मस्तक पर पैर रखकर उनकी आस्था बोली, 'जब स्वयं अन्न-जल त्यागकर बैठ जाते हो कि भगवान् स्वयं देंगे तो खाऊँगा, नहीं तो भूखा मर जाऊँगा—तब तो तुमने कभी नहीं सोचा कि मृत्यु का सामना कैसे करूँगा?...आज शरत् साथ है, तो तुम्हें लग रहा है कि सारी प्रकृति तुम्हारी शत्रु हो गई है...आज तुम्हें कहीं ईश्वर दिखाई नहीं पड़ता?...'

स्वामी के भीतर जैसे प्रकाश भर गया।...यह वन, यह मार्ग, ईश्वर की सृष्टि से बाहर तो नहीं थे...जो ईश्वर गोवर्धन-परिक्रमा में उनके साथ था, जो ईश्वर राधा-कुंड में उनकी लाज बचा रहा था...वह यहाँ भी तो था...वरन् वही तो था, उसके सिवाय और अस्तित्व ही किसका था?...

शरत् पूरी तरह झूल गया था। स्वामी ने देखा...वह एक पग भी नहीं उठा रहा था। स्वामी ने उसे सहारा देकर बैठाने का प्रयत्न किया, किंतु वह लेट ही गया।...

स्वामी ने उसे वस्त्र से हवा की, पुकारा, हिलाया-डुलाया, किंतु शरत् की ओर से कोई प्रतिक्रिया नहीं हुई। कदाचित् वह अचेत हो गया था।...

स्वामी ने इधर-उधर देखा...आसपास कहीं कोई नहीं था। वैसे तो संयोग से आता-जाता कोई यात्री किसी भी क्षण मिल सकता था, किंतु न मिले तो सप्ताह-भर किसी की शक्ल दिखाई न दे।...नहीं! यहाँ किसी की प्रतीक्षा करना व्यर्थ था...

स्वामी ने शरत् को अपने कंधे पर उठा लिया। इसे ढोकर ही ले जाना होगा...

शरत् बलिष्ठ युवक था। उसका भार भी कम नहीं था।...किंतु कोई विकल्प नहीं था, इसलिए स्वामी को उसे और उसके बंडल को कम-से-कम किसी ऐसे स्थान तक तो ले ही जाना था, जहाँ अन्न और जल मिल सके...रात को वन्य-पशुओं से सुरक्षित रहकर सोया जा सके।...

संन्यास सबको बहुत आकर्षक लगता है...स्वामी ने शरत् पर दृष्टि डाली...किंतु तब यह नहीं सोचते कि तपस्या के अलावा भी उन्हें दिन-दो दिन बिना अन्न-जल के रहना पड़ सकता है, रात-भर किसी वन में धूनी के निकट बैठा रहना पड़ सकता है, कई-कई दिनों तक लगातार चलना पड़ सकता है...

यदि स्वामी शरत् को ढोकर इतनी दूर तक नहीं ले जा सके, जहाँ अन्न-जल मिल सके, तो? तो क्या दोनों कहीं बैठकर मृत्यु की प्रतीक्षा करेंगे?...सहसा स्वामी के मन में दो विचार एक

साथ कौंधे—वे बार-बार मृत्यु की बात क्यों सोच रहे हैं? वे ईश्वर-चिंतन क्यों नहीं करते? प्रत्येक श्वास के साथ प्रभु का नाम लिया जाए, तो मार्ग भी कटेगा, ईश्वर-भजन भी हो जाएगा।···फिर मृत्यु का आतंक भी मन से चिपका नहीं रहेगा···पर वे मृत्यु के आतंक की बात क्यों सोच रहे हैं? मृत्यु का आतंक हो ही क्यों?···यदि उनका विश्वास यह है कि यह ईश्वर की सृष्टि है, जन्म-मरण ईश्वर की इच्छा से होता है, तो उन्हें ईश्वर के सामर्थ्य में संशय क्यों हो रहा है? वे मृत्यु को टालने अथवा उससे बचने का प्रयत्न क्यों कर रहे हैं?···वे सब कुछ उस पर छोड़कर अपना कर्म क्यों नहीं कर रहे?···और यदि उनको पूर्ण विश्वास है कि आत्मा अमर, अक्षर और अनश्वर है तो वे इस भौतिक शरीर के लिए इतने परेशान क्यों हैं?···ठाकुर ने अपने स्वास्थ्य-लाभ अथवा अपनी जीवन-रक्षा के लिए कभी प्रार्थना नहीं की। उन्होंने सदा ही 'माँ' की इच्छा को स्वीकार किया···तो फिर स्वामी···

स्वामी को लगा, उनकी सारी थकान दूर हो गई है···हाँ! सत्य ही तो सारी ऊर्जा तो आत्मा में है। शरीर के थकने और न थकने से अंतर ही क्या पड़ता है···अब वे स्थिर पगों से इस वन-पर्वत को पार करते जाएँगे, ऊँचाई भी, ढलान भी···और समतल भूमि भी। जब तक कि उन्हें अन्न-जल और आश्रय न मिल जाए···

चलते-चलते स्वामी को कई घंटे हो गए थे। वे काफी थक गए थे, किंतु न तो उन्हें अपना शरीर असमर्थ लग रहा था, न वे हताश होकर कहीं बैठ जाने की सोच रहे थे।···अपने आसपास के निरीक्षण से उन्हें भूमि और वनस्पति में कुछ अंतर जान पड़ने लगा था।···सारे परिवेश में जल-तत्त्व कुछ अधिक था।···पास ही कहीं कोई नदी इत्यादि भी होनी चाहिए···

···और सहसा स्वामी को लगा कि कहीं आसपास ही घोड़े की टापों का शब्द हो रहा है।···स्वामी के पग रुक गए।···कोई आ रहा है···तो उससे कई प्रकार की सहायता मिल सकती है।···कोई पदार्थ नहीं मिलेगा, तो सूचना तो मिलेगी ही···

वह स्वामी का भ्रम नहीं था। थोड़ी देर में कई घोड़ों की टापें सुनाई देने लगीं···और फिर मनुष्यों की वाणी भी।···वे लोग किसी और मार्ग से होकर यहाँ आए थे···और शायद तीर्थयात्री थे। स्वामी ने वृक्षों की ओट से देखा, उनके साथ कुछ साईस भी थे।

''बस, अगले मोड़ के बाद ही नदी है बाबू!'' एक साईस कह रहा था, ''वहीं थोड़ा विश्राम कर लीजिएगा।''

स्वामी के प्राणों में जैसे शीतल जल का झरना फूट आया···वे शरत् के साथ सकुशल जल-स्रोत तक आ गए थे···

स्वामी ने अपनी गति बढ़ा दी, शायद वे उन अश्वारोहियों को पकड़ पाएँ···किंतु वे लोग पेड़ों के परे किसी और पगडंडी पर थे। उनकी गति भी अधिक थी और उन्होंने कंधों पर किसी अचेत व्यक्ति को नहीं उठा रखा था···और स्वामी पुकारकर उन्हें रोकने की बात नहीं सोच रहे थे···फिर भी चिंता की कोई बात नहीं थी—वे लोग नदी के तट पर रुकेंगे। विश्राम करेंगे। संभव है, स्नान करें और खाएँ भी···तब तक तो स्वामी भी वहाँ पहुँच ही जाएँगे···

अगले मोड़ के पश्चात् सचमुच जल-प्रवाह की कल-कल ध्वनि सुनाई पड़ने लगी और दूर से ही स्वामी को वे अश्वारोही यात्री तथा साईस भी दिखाई दे गए। वे लोग स्रोतस्विनी के तट पर बैठे विश्राम कर रहे थे।

स्वामी जब बहुत निकट आ गए तो उन लोगों की दृष्टि भी स्वामी पर पड़ी। उन्होंने परस्पर कुछ चर्चा की और सबकी आँखें स्वामी पर टँग गईं…उनमें से कोई अपने स्थान से हिला नहीं, किंतु वे लोग लगातार स्वामी को देख रहे थे।

स्वामी सीधे जल-तट पर गए। यह कोई बहुत छोटी-सी पहाड़ी नदी थी। उन्होंने शरत् को कंधे से उतारकर भूमि पर लिटा दिया। कमंडल लेकर जल में उतरे…पानी ठंडा था और उसका प्रवाह अत्यंत वेगवान था। व्यक्ति तनिक-सा भी असावधान हो तो उसके पैर उखड़ सकते थे और व्यक्ति जल के साथ बह सकता था…

कमंडल में जल भरकर स्वामी शरत् के पास आए। उसके मुख पर जल के छींटे दिए और अपनी अंजुलि से उसके मुख में पानी डाला…

और तब वे यात्री, जो अब तक उन्हें दूर से मात्र घूरते जा रहे थे, उनके निकट आए।

"आपके साथी अचेत हो गए हैं क्या?" उनमें से एक ने पूछा।

"जी! थकान और प्यास से अचेत हो गया है।"

एक यात्री अपने सामान में से एक गिलास ले आया। शरत् को उससे जल पिलाया गया, तो लगा कि घूँट पानी उसके कंठ के नीचे उतरा है…

"इन्हें लगातार थोड़ा-थोड़ा जल पिलाते रहिए।" साईस ने कहा, "अभी चेत जाएँगे।"

"आप किस मार्ग से आए हैं स्वामी जी?" सहसा एक साईस ने आगे बढ़कर पूछा, "आप हमें तो मार्ग में मिले ही नहीं।…"

"हाँ! मैं दूसरे मार्ग से आया हूँ।" स्वामी ने कहा।

"आप नदी के साथ-साथ नहीं आए?"

"नहीं।"

"आप पहली बार इधर की यात्रा कर रहे हैं क्या?"

"जी! पहली बार ही आया हूँ।"

"पैदल?"

"हाँ।"

"कहाँ से?"

"सहारनपुर से।"

"इन्हें कब से कंधे पर उठा रखा है?"

"स्थान तो बता नहीं सकता। वैसे अनुमान है कि कई घंटे हो गए हैं।" स्वामी ने बताया।

"अद्‍भुत हैं आप!" एक साईस बोला, "इन मार्गों पर तो व्यक्ति स्वयं ही यात्रा कर ले तो बहुत है। एक युवा पुरुष को कंधे पर उठा, घंटों यात्रा करना—यह तो चमत्कार है।"

"और कोई विकल्प नहीं था।" स्वामी ने शालीनता से कहा।

"हमने आपको देखा तो बड़ा आश्चर्य हुआ।" एक यात्री बोला, "सोचा कि जीवित मनुष्य को कोई ऐसे उठाकर चलता नहीं, और शव को ऐसे ढोने की कोई मर्यादा नहीं है।"

शरत् की चेतना कुछ-कुछ लौटी। स्वामी के चेहरे पर हर्ष झलका। साईस की सहायता से उन्होंने शरत् को एक सुविधाजनक स्थान पर लिटा दिया।

"लगता है, आपने किसी से मार्ग पूछा नहीं स्वामी जी!" साईस बोला, "अन्यथा आप उस मार्ग से न आते। लोग नदी के साथ-साथ यात्रा करते हैं। मार्ग कुछ लंबा भी हो जाए तो कोई

चिंता नहीं। आप जिस मार्ग से आए हैं, उससे कोई लंबी यात्रा नहीं करता।···बीहड़ मार्ग में न जल है, न कोई आश्रय।"

"यह तो आपका ही साहस था कि आप चले आए," एक यात्री ने कहा, "अन्यथा उस मार्ग से कोई पहुँचता नहीं।"

शरत् ने आँखें खोल दीं। उसके होंठ अस्पष्ट-सी ध्वनि में कुछ कह रहे थे।

"शरत्!" स्वामी ने उसके माथे पर हाथ रखा, "कैसे हो?"

शरत् ने मुस्कराने का प्रयत्न किया।

"इन्हें उस पार ले चलें स्वामी जी!" साईस बोला, "कुछ दूर जाकर आश्रय भी है और भोजन की व्यवस्था भी।"

"ठीक है।" स्वामी ने शरत् को सहारा देकर उठाया।

"पर इन्हें नदी कैसे पार कराएँगे?" वृद्ध यात्री ने पूछा, "ये चल पाएँगे?"

"मैं उठाकर ले जाऊँगा।" स्वामी बोले।

"अरे नहीं!" यात्री बोला, "नदी का प्रवाह भयंकर है और पत्थर फिसलन-भरे हैं। बीच में कुछ गहरी भी है। व्यक्ति स्वयं अपने आपको तो सँभाल नहीं पाता। इन्हें उठाकर चलिएगा तो दोनों ही बह जाइएगा।"

"तो?"

"आप मेरा घोड़ा ले लें।" वह यात्री बोला, "इन्हें घोड़े पर बैठा दीजिए। न बैठ सकें तो लिटा दीजिए। नदी पार कर लीजिए। आश्रय तक पहुँच जाइए। फिर घोड़ा मैं ले लूँगा।"

"और आप कैसे पहुँचेंगे आश्रय तक?" स्वामी ने पूछा।

"आप मेरी बाँह पकड़कर मुझे पार लगा दें।" वृद्ध मुस्कराया।

स्वामी को यात्री के मन का भाव भा गया। वह शरत् को सहारा दे रहा था और स्वामी का सहारा माँग रहा था···'पार लगा दें' में उसका कैसा सुंदर भाव था।

"मुझे स्वीकार है।" स्वामी ने उल्लसित दृष्टि से वृद्ध की ओर देखा।

हृषीकेश में रहते उन्हें कई दिन हो गए थे। यहाँ किसी प्रकार की कोई कठिनाई नहीं थी। अनेक संन्यासी आसपास रहते थे और तपस्या करते थे। गंगा का जल स्वच्छ और मधुर था। उसका कलकल निनाद सुनना भी अच्छा लगता था। सारे परिवेश में ही जैसे सात्त्विकता की गंध व्याप्त थी।···हिमालय के चरणों में किसी चट्टान पर बैठकर स्वामी ध्यान लगाते तो घंटों बैठे रह जाते। गंगा-तट पर बैठते तो अपने आप ही ध्यानलीन हो जाते।···

किंतु स्वामी हिमालय पर और ऊपर जाना चाहते थे। बद्री-केदार···गंगोत्री···हिमालय के चरणों में बैठकर ही वे संतुष्ट नहीं हो सकते थे। हृषीकेश तो आरंभ मात्र था, उसे गंतव्य कैसे माना जा सकता था।···स्वामी का मन लगातार छटपटा रहा था। वे अनेक साधुओं को ऊपर की यात्रा पर जाते देखते थे और मन मारकर रह जाते थे···

शरत् का स्वास्थ्य सुधरा अवश्य था। उसकी शक्ति कुछ-कुछ लौटी भी थी, किंतु वह ऐसी कठोर यात्रा करने योग्य नहीं हुआ था। वैसे वह स्वस्थ हो भी जाता तो स्वामी उसकी ओर से आश्वस्त नहीं थे। जो व्यक्ति अपनी पूर्ण स्वस्थावस्था में सहारनपुर से हृषीकेश की

यात्रा में अचेत होकर मृत्यु के अंक में पहुँच गया था, वह बद्री-केदार तथा गंगोत्री की यात्रा कैसे करेगा?···

आज शरत् काफी स्वस्थ लग रहा था। प्रातः उठकर वह कुछ दूर तक गंगा-तट पर टहला भी था। उसने झोंपड़ी का रख-रखाव भी कुछ ठीक किया और दोनों के लिए खिचड़ी बनाने बैठा।

"स्वामी जी! आप स्नान कर आएँ।" उसने पुकारकर कहा, "तब तक मैं खिचड़ी तैयार करता हूँ।"

"ठीक है।" स्वामी ने कहा और गंगा-स्नान के लिए चले गए।

स्वामी ने गंगा में प्रवेश किया तो उन्हें लगा, जैसे उनके मन में बैठा कोई उन्हें उपालंभ दे रहा है···बस! यहीं जमकर बैठ गए। कोई आजीवन अपने घर में पत्नी की पकाई मछली खाने के लिए बैठा रहता है और तुम अपने शिष्य की पकाई खिचड़ी खाने के लिए हृषीकेश में जमकर बैठ गए। ऐसे ही बैठे रहे, तो तुम्हारी प्रव्रज्या का क्या होगा? हिमालय की ऊँची चोटियों तक कैसे पहुँचोगे? तपोभूमियों के दर्शन कैसे करोगे?···तुम्हारे भारत-भ्रमण का क्या होगा?···

'पर शरत् यात्रा नहीं कर सकता।' स्वामी ने जैसे अपना बचाव किया, 'मैं उसे छोड़कर कैसे जा सकता हूँ?'

'माँ और भाइयों को छोड़ सकते हो।' उसी स्वर ने कहा, 'गुरु को मृत्यु के मुख में छोड़कर बोधगया जा सकते हो। शरत् को नहीं छोड़ सकते?···मन में इतना ही मोह था, तो संन्यास क्यों ग्रहण किया···?'

स्वामी के लिए गंगा-जल भी जैसे खौलने लगा था।···वे जल से निकल आए।···उनकी अंतरात्मा ठीक ही तो कह रही थी···क्या संन्यासी ऐसा होता है? ये छोटे-छोटे मोह नहीं टूटे तो माया की कारा कैसे टूटेगी?···

स्वामी ने लौटकर देखा : शरत् मग्न भाव से खिचड़ी पका रहा था···स्वामी के मन में वितृष्णा जागी···ये ही तो छोटे-छोटे मोह हैं, जो व्यक्ति को गृहस्थ बनाकर उसकी स्वतंत्र आत्मा को भव-कारागार में बंदी बनाए रखते हैं। इनके प्रति कठोर न हुआ जाए तो फिर मनुष्य की इस संसार से मुक्ति नहीं है···

"शरत्!"

"बस, अभी बन जाएगी स्वामी जी!"

"शरत्! मेरी बात सुनो।" स्वामी का स्वर कठोर था, "मैं खिचड़ी की बात नहीं कर रहा हूँ।"

शरत् ने पलटकर स्वामी की ओर देखा : वे एक भिन्न ही व्यक्ति लग रहे थे।

"मैंने यहाँ रहकर बहुत समय नष्ट कर लिया। अब मैं यहाँ नहीं रह सकता।" स्वामी ने कहा, "मैं यहाँ से जा रहा हूँ।"

स्वामी का चेहरा देखकर ही शरत् सहम-सा गया था और अब स्वामी जो कुछ कह रहे थे, उसका क्या अर्थ हुआ?

" 'मैं यहाँ से जा रहा हूँ।' से क्या अभिप्राय है आपका?" शरत् ने भीत स्वर में पूछा, "क्या मैं आपके साथ नहीं जा रहा?"

"नहीं!" स्वामी बोले, "तुम अभी स्वस्थ नहीं हो। स्वस्थ होने में तुम्हें बहुत समय लगेगा···और जब स्वस्थ हो भी जाओगे, इस कठोर यात्रा के योग्य नहीं होगे।"

"पर मैं भी आपके साथ जाना चाहता हूँ स्वामी जी!" शरत् विनीत भाव से बोला, "आप दो-एक दिन और रुक जाएँ। मैं चलने योग्य हो जाऊँगा।"

"नहीं!" स्वामी का स्वर पर्याप्त कठोर था, "तुम देख नहीं रहे कि तुम मेरे पैरों की बेड़ी बन गए हो। मैंने संन्यास इसलिए धारण नहीं किया था कि मोह की नई-नई बेड़ियाँ बाँधता फिरूँ। तुमसे मिलने से पहले मैं सर्वथा अकेला और स्वतंत्र था। जहाँ चाहता था, जा सकता था। किंतु अब···"

शरत् स्तब्ध-सा अवाक् बैठा रह गया···स्वामी जो कुछ कह रहे थे, वह सब सत्य था···किंतु शरत् अब स्वामी के बिना रह नहीं पाएगा।···उसने एक बार सात्त्विकता का जो उच्च धरातल देख लिया है, उसे छोड़कर वापस सांसारिक जीवन के रजोगुण और तमोगुण में लिप्त होना उसके लिए संभव नहीं था···

"स्वामी जी!"···

"कहने-सुनने का कोई लाभ नहीं।" स्वामी बोले, "मैंने संकल्प कर लिया है। मैं जा रहा हूँ।"

स्वामी ने अपना दंड और कमंडल उठाया और कुटिया से बाहर निकल गए।

शरत् के मुख से एक शब्द भी नहीं फूटा। वह तो जैसे किंकर्तव्यविमूढ़ हो गया था। स्वामी उसके सम्मुख जा रहे थे और वह उठकर न उनकी बाँह पकड़ सकता था, न चरण।···ठीक ही तो कह रहे थे स्वामी।···पहली ही तो यात्रा में वह अचेत हो गया था और वे उसे अपने कंधे पर ढोकर जैसे-तैसे लाए थे।···उन्होंने उसके लिए अपने प्राणों को जोखिम में डाला था।···जब वह स्वस्थ भी था, तो बजाय इसके कि वह गुरु के किसी काम आता, उनकी सेवा करता—उन्हें कष्ट ही देता रहा था।···वे उसकी गठरी अपने मस्तक पर उठाए यात्रा करते रहे, और शरत् को यह भी ध्यान नहीं रहा कि उसी गठरी में उसके जूते भी थे।···ऐसे विराट्-हृदय गुरु! और उनका यह क्षुद्र-हृदय शिष्य, जो अपने गुरु के पथ का रोड़ा बन रहा है।···किस मुख से वह उन्हें रोके, अथवा उनके साथ चलने का आग्रह करे?···

उसने चूल्हे में से लकड़ियाँ खींच लीं।···क्या करना है इस खिचड़ी का, जो गुरु के मुख ही नहीं लग सकी। इस खिचड़ी को खाकर उसका ही क्या भला होना है? इससे तो अच्छा है कि वह भी अन्न-जल त्याग दे और प्रायोपवेशन कर अपने प्राण दे दे···

किंतु उसके मन में तो ऐसा संकल्प करने का भी उत्साह नहीं था। लगता था जैसे किसी ने प्राण ही खींच लिए हों। शरीर में प्राण होते और मन चैतन्य होता, तो अन्न-जल छोड़कर मृत्यु की प्रतीक्षा करने की क्या आवश्यकता थी। जाकर पहाड़ की चोटी से कूद पड़ता···गंगाजी में डूब मरता···वन में किसी हिंस्र पशु से भिड़कर अपने प्राण दे देता···किंतु उसे तो लग रहा था कि उसमें अपना हाथ हिलाने की भी ऊर्जा नहीं बची थी। वह उठकर चटाई पर लेट ही जाता—यह भी उससे नहीं हुआ।···वह उस बुझे चूल्हे के सामने इस प्रकार बैठा था, जैसे उसके जीवन का सारा प्रकाश कहीं विलुप्त हो गया हो और अब केवल अंधकार-ही-अंधकार शेष रह गया हो···उसके मन की स्थिति कुछ उस व्यक्ति के मन जैसी थी, जिसे यह निश्चित सूचना मिल चुकी हो कि भविष्य में इस पृथ्वी पर अब कभी सूर्योदय नहीं होगा···अब अंधकार ही उसकी नियति थी···अंधकार, केवल अंधकार···

बाहर कुछ कोलाहल बढ़ा। सूर्य आकाश पर ऊपर उठा। धूप खिली। संसार की गतिविधि

अपने होने का भान कराती रही···किंतु शरत् का जैसे उन सबसे कोई संबंध नहीं था। वे सब किसी और संसार की बातें थीं। वह तो निरंतर अंधकार में डूबता जा रहा था, गहरे···और गहरे···।

"घंटों पर घंटे बीत गए और शरत् को कुछ पता ही नहीं चला। वह वहीं बैठा रहा, चूल्हे के सामने सिर झुकाए हुए, अपने रुदन के साथ अकेला···

कुटिया के द्वार पर कोई पदचाप आकर ठहर गई। शरत् की बुद्धि ने जिज्ञासा की, 'कौन हो सकता है?'···किंतु मुड़कर देखने की इच्छा नहीं हुई। उसका सिर उठा ही नहीं, गर्दन मुड़ी ही नहीं।···

"शरत्! क्या मुझे कुछ खाने को दे सकते हो?···"

शरत् के सारे शरीर में जैसे विद्युत् दौड़ गई। उसके प्राण लौट आए, इच्छा ने जैसे संजीवनी फाँक ली। उसने पलटकर देखा : सामने स्वामी खड़े थे।

"मुझे बहुत भूख लगी है।" स्वामी ने कहा।

शरत् के हाथ मशीन के समान चले। उसने स्वामी को खिचड़ी परोस दी और हाथ बाँधे उनके सामने बैठ गया···

"तुमने भोजन नहीं किया?" स्वामी ने पूछा।

"आपके बिना कैसे करता?" शरत् ने बालक-मन की स्वच्छता लिए सहज भाव से पूछा।

"मैं जानता था, तुम ऐसी ही कोई-न-कोई मूर्खता करोगे।" स्वामी मुस्करा रहे थे, "मैं लक्ष्मण झूला की ओर, बहुत दूर तक निकल गया था। किंतु मुझे याद आया कि तुम यहाँ एकदम अकेले हो, असहाय हो और निरे बुद्धू हो। जाने मेरी अनुपस्थिति में क्या कर बैठो। तुम्हारे लिए मुझे लौटना पड़ा।" स्वामी के स्वर में तनिक भी रोष नहीं था, "देखा तुमने! तुम सचमुच मेरे पैर की बेड़ी बन गए हो।" स्वामी मुस्करा रहे थे।

किवाड़ खटकने की आवाज सुनकर शरत् चारपाई से उठा। धीरे-धीरे चलता हुआ बाहर आया।···ज्वर उतर जाने पर भी अभी वह इतना दुर्बल था कि इतना चलना भी कठिन हो रहा था। किंतु यदि वह उठकर द्वार तक आने में कुछ देर कर देता, तो बहुत संभव था कि बाहर खड़ा व्यक्ति पुनः कपाट खटखटा देता और उससे स्वामी की नींद उचट जाती।···

उसने साँकल खोली : सामने दो भगवाधारी संन्यासी खड़े थे। एक सर्वथा युवा था और दूसरा अधेड़ वय का था।

शरत् ने हाथ जोड़कर प्रणाम किया, "आप?···"

"आप शरत्चंद्र गुप्त हैं?" युवा संन्यासी ने बड़े मधुर ढंग से पूछा और शरत् द्वारा स्वीकृति में सिर हिलाए जाने पर बोला, "क्षमा कीजिएगा, आजकल बंगाल नामों के विषय में इतना कंगाल हो गया है कि बहुत सारे शरत्चंद्र हो गए हैं। उन्हें अलग-अलग पहचानने में काफी कठिनाई हो रही है···इसीलिए पूछना पड़ रहा है कि क्या आप वही शरत्चंद्र गुप्त हैं, जिनके घर एक संन्यासी विविदिषानन्द ठहरा हुआ है—एक बंगाली संन्यासी, जो बहुत बढ़िया अंग्रेजी बोलता है?"

शरत् ने उस चपल संन्यासी को बहुत ध्यान से देखा : वह बहुत सरल और मधुर ढंग से बातचीत कर रहा था, किंतु इतने थोड़े में ही कितनी सटीक बातें कह गया था।

"जी! मैं वही शरत्चंद्र गुप्त हूँ।" शरत् बोला, "और आप?"

"मैं शिवानन्द हूँ।" युवा संन्यासी बोला, "कलकत्ता के वराहनगर मठ से आया हूँ।

विविदिषानन्द और मैं गुरुभाई हैं।...ये मेरे साथ," शिवानन्द ने अधेड़ संन्यासी की ओर संकेत किया, "वाराणसी के चेतनानन्द हैं। हम दोनों उत्तराखंड के भ्रमण के विचार से निकले हैं।..."

"आइए!" शरत् ने कपाट खोल दिए और स्वयं एक ओर हट गया, "पधारिए! स्वामी जी अस्वस्थ हैं। सो रहे थे, संभव है कि हमारे वार्तालाप से जाग गए हों।"

वे लोग भीतर आए तो देखा, स्वामी उठकर चारपाई पर बैठे हुए थे। उन्हें देखते ही बोले, "तू आया है तारक! मैं तेरी बक-बक से ही समझ गया था कि वह तेरे सिवा और कोई नहीं हो सकता।"

शिवानन्द आकर स्वामी के पास चारपाई पर बैठ गए, "तू कितना दुर्बल हो गया है नरेन! क्या हो गया तुझे?"

"कुछ नहीं हुआ। हट्टा-कट्टा हूँ। अब भी तुझसे कुश्ती लड़ सकता हूँ।" स्वामी बोले, "बस, जरा मलेरिया चिपक गया है और छोड़ नहीं रहा। एक दिन कुछ ठीक होता हूँ, तो अगले दिन फिर से ज्वर हो जाता है।" स्वामी ने रुककर उसे देखा, "किंतु तुम यहाँ कैसे चले आए?"

"मैं?" शिवानन्द बहुत हलके से मुस्कराए, "मैं कैलास पर्वत पर तपस्या कर रहा था कि महादेव ने प्रकट होकर कहा, 'बच्चा, जा! हाथरस जा। वहाँ मेरा प्रिय बिलेह कष्ट में है। उसकी सहायता कर और उसे वराहनगर मठ में पहुँचा।'..."

"अच्छा!" स्वामी के चेहरे पर भी एक हलका-सा हास्य उभरा, "मैंने तो सोचा था कि महादेव ने प्रकट होकर कहा होगा, 'शिवानन्द! तू स्वयं को भूल गया। तू वस्तुतः शिवानन्द नहीं है, वरन् मेरा प्रिय पुत्र गणेश है। तू अब कैलास पर ही रह जा।' "

शिवानन्द हँस पड़े, "तू अस्वस्थ तो है, किंतु इतना अस्वस्थ नहीं है कि दूसरे की बात को बिना तर्क-वितर्क के स्वीकार कर ले।"

शरत् एक थाली में कुछ फल और दो गिलास पानी ले आया था। बोला, "महाराज! कुछ फलाहार कर लें, थके हुए आए हैं।"

"तुम लोग तो बद्री-केदार की यात्रा के लिए निकले थे न! हृषीकेश से वापस कैसे चले आए?" शिवानन्द ने जल पीकर पूछा।

"मैं बहुत अस्वस्थ हो गया था। इसलिए स्वामी जी मुझे लेकर वापस हाथरस आ गए।" शरत् ने बताया, "और फिर मुझे यहाँ छोड़कर जब तक स्वामी जी अकेले जाने का कार्यक्रम बना रहे थे, तब तक उन्हें मलेरिया हो गया।" शरत् का स्वर अत्यंत धीमा हो गया, "मेरे कारण वे भी कहीं नहीं जा सके।...और न ही यहाँ ठीक से उनकी चिकित्सा हो पा रही है।"

"तुम चिंता मत करो।" शिवानन्द ने कहा, "अब मैं आ गया हूँ, तो मैं सब कुछ सँभाल लूँगा।"

"तुम उत्तराखंड की यात्रा पर जाने से पहले यहाँ कितने दिन रुकोगे?" स्वामी ने पूछा।

"मैं अब तुम्हें लेकर कलकत्ता जाऊँगा।" शिवानन्द बोले, "फिर कहीं और।"

"यह मोह मत पालो तारक!" स्वामी का स्वर कुछ-कुछ आदेशात्मक हो आया था, "शरीर है, तो यह सब तो लगा ही रहेगा। तुम व्यर्थ ही अपनी यात्रा खराब मत करो। तुम जाओ। मैं स्वस्थ होकर बद्री-केदार होकर कलकत्ता लौटता हूँ।"

"नहीं।" शिवानन्द का स्वर भी अत्यंत दृढ़ था, "यह नहीं होगा। मैं पहले तुम्हें कलकत्ता पहुँचाऊँगा।...वैसे भी मठ में तुम्हारी बहुत आवश्यकता है। जो आता है, पूछता है, 'नरेन्द्र कहाँ है?' पता चलता है कि नरेन्द्र मठ में नहीं है, तो किसी का मन ही नहीं लगता।"

"मठ लोगों का मन लगाने के लिए नहीं बनाया गया था," स्वामी का स्वर सर्वथा निर्मोही था, "न ही मैं लोगों के मनोरंजन का साधन हूँ कि मठ में उन लोगों का वहाँ मन लगाऊँ।"

"मठ के भाइयों से रुष्ट हो क्या?" शिवानन्द के स्वर में स्नेह था।

"रोष का तो कोई कारण नहीं है।" स्वामी ने कहा, "किंतु इस मोह के मैं सर्वथा विरुद्ध हूँ। यदि ऐसा मोह ही पालना था तो गृहस्थ बनने में क्या दोष था। संन्यास तो नाम ही है, मोह से मुक्ति का।"

"वह ठीक है, किंतु मठ में सचमुच तुम्हारी आवश्यकता है।"

"जानता हूँ।" स्वामी बोले, "बहुत सारे पत्र आए हैं मुझे वराहनगर मठ से। सारे पत्रों में एक ही बात है कि मुझे कलकत्ता लौटना चाहिए, क्योंकि मठ में मेरी बहुत आवश्यकता है। वही पट्टी पढ़ाकर उन्होंने तुम्हें भी भेज दिया है।"

शिवानन्द थोड़ी देर तक चुपचाप स्वामी को देखते रहे, फिर मुस्कराकर बोले, "ज्वर के कारण इतने चिड़चिड़े हो गए हो या सचमुच ही अपने भाइयों से रुष्ट हो?" उन्होंने स्वामी के उत्तर की प्रतीक्षा नहीं की। बोले, "तुम्हारे बिना मठ के भाइयों का स्वाध्याय आगे नहीं बढ़ रहा। कुछ लोगों को यह समझ में ही नहीं आता कि उन्हें पढ़ना क्या है, और कुछ को वे पुस्तकें उपलब्ध नहीं हैं, जो वे पढ़ना चाहते हैं, और कुछ अन्य हैं, जिनके पास पुस्तकें तो हैं, किंतु गुरु नहीं है। वे तर्क करना चाहें, तो किससे करें? विचार-विमर्श कौन करे?..."

"क्यों? मुर्गा बाँग नहीं देगा, तो सवेरा नहीं होगा?" स्वामी कुछ चिढ़कर बोले, "मैं लौटकर मठ में नहीं जाऊँगा, तो क्या मठ बंद हो जाएगा?"

"संभव है।" शिवानन्द ने बहुत सहज भाव से कहा, "एक-एक कर सारे भाई परिव्राजक बनकर चले जाएँगे। किसी से किसी का कोई संपर्क नहीं रहेगा, और सब इस विस्तृत देश में कहीं-न-कहीं खो जाएँगे। अकेला शशि मठ में रहकर ठाकुर की पूजा-अर्चना करता रहेगा। किंतु अकेले शशि के लिए मठ का इतना खर्च कोई क्यों उठाएगा?...और अकेला शशि मठ चला भी कैसे पाएगा?"

स्वामी मौन रह गए...तारक सच ही तो कह रहा था।...ठाकुर ने यह तो नहीं चाहा था कि वे अपनी साधना के फलस्वरूप इस देश में निरंतर भ्रमण करने वाले कुछ और भिखारी उत्पन्न करें...यदि नरेन्द्र उन्हें संगठित नहीं रख सकता, तो ठाकुर की इच्छा का पालन कैसे होगा...और उनका संगठन करने के लिए उसे मठ में लौटना तो पड़ेगा ही...

"तुम्हें यात्रा में तनिक भी कष्ट नहीं होने दूँगा।" शिवानन्द बोले, "गाड़ी के किराए-भाड़े का भी प्रबंध कर लूँगा। बस, तुम बाधा मत डालो। और जब स्वस्थ हो जाओ, तो फिर भ्रमण के लिए निकल जाना।"

"क्यों? मठ है या अस्पताल? अस्वस्थ होने पर मठ में आ जाओ और स्वस्थ हो जाओ तो फिर घूमने निकल जाओ?" स्वामी ने अपना विरोध बनाए रखा।

"अस्पताल नहीं, घर है।" शिवानन्द बोले, "आराम करने के लिए तो घर ही लौटना पड़ता है, और फिर काम करने के लिए व्यक्ति बाहर जाता ही है।"

स्वामी ने कोई उत्तर नहीं दिया।

शिवानन्द के साथ आए वाराणसी के चेतनानन्द इस समय तक काफी व्यग्र हो चुके थे। वे शिवानन्द से बोले, "आप जरा मेरी बात सुनेंगे?"

वे बाहर चले गए। शिवानन्द भी उनके पीछे-पीछे आए।

''क्या बात है?''

''आप कलकत्ता लौटने की योजना बना रहे हैं?''

''कलकत्ता तो मुझे लौटना ही पड़ेगा।'' शिवानन्द बोले, ''आप देख रहे हैं कि मेरा गुरुभाई किस अवस्था में है।''

''ठीक है, किंतु बद्री-केदार की यात्रा का क्या होगा?''

''वह फिर कभी देखा जाएगा।''

चेतनानन्द कुछ रोष में बोले, ''संन्यासी का तथाकथित गुरुभ्रातृ-प्रेम में फँसकर तीर्थ-दर्शन का संकल्प त्याग देना और माया में मग्न होकर धर्म-कर्म त्याग देना–दोनों एक ही समान हैं। यह क्या आपको शोभा देता है?''

शिवानन्द ने चेतनानन्द पर एक गहरी दृष्टि डाली और बोले, ''मुझे अपने गुरु से जो शिक्षा मिली है, उसमें गुरुभ्रातृ-प्रेम का स्थान बहुत ऊँचा और महत्त्वपूर्ण है। आपकी इन लौकिक युक्तियों से उसका महत्त्व कम नहीं होगा।...और नरेन्द्र तो मेरा गुरुभाई है, यदि किसी अपरिचित व्यक्ति को भी मेरी सेवा की आवश्यकता होती, तो मैं तीर्थयात्रा छोड़कर उसके साथ चल देता। हमारे गुरु ने व्यक्तिगत मोक्ष की तुलना में मानव-सेवा को अधिक महत्त्वपूर्ण बताया है। इसलिए मानव-सेवा के लिए हमें बार-बार जन्म-मरण के चक्र में पड़ने में भी कोई आपत्ति नहीं है।''

चेतनानन्द का समाधान नहीं हुआ। बोले, ''और मेरे साथ आप जो विश्वासघात कर रहे हैं, उसका क्या होगा? यह क्या साधु का व्यवहार है?''

''नहीं! आपके साथ विश्वासघात नहीं करूँगा।'' शिवानन्द मुस्करा पड़े, ''आपको जो वचन दिया है, वह पूरा करूँगा। यहाँ से हरिद्वार तक आपकी यात्रा का प्रबंध कर दूँगा और उसके लिए धन की व्यवस्था भी कर दूँगा।''

चेतनानन्द की उत्तेजना कुछ शांत हुई, ''जब और कोई उपाय नहीं है, तो चलिए, यही सही। वैसे आप साथ चलते तो मुझे सुविधा भी रहती और आपका संग भी मिलता।...''

शिवानन्द ने कोई उत्तर नहीं दिया। वे मुस्कराकर भीतर चले आए।...शरत्, स्वामी के पास बैठा था और स्वामी धीरे-धीरे कुछ कह रहे थे। शिवानन्द को देखते ही शरत् उठ खड़ा हुआ, ''आप सुन रहे हैं महाराज! स्वामी जी क्या कह रहे हैं?...''

''क्या कह रहे हैं भाई तुम्हारे स्वामी जी?'' शिवानन्द मुस्कराते हुए स्वामी के पास आ बैठे।

''स्वामी जी कह रहे हैं कि आप आ गए हैं तो अब उन्हें कलकत्ता जाना ही पड़ेगा।...''

''जाना तो पड़ेगा।'' शिवानन्द बोले।

''उन्हें जाने से कौन रोक रहा है?'' शरत् बोला, ''किंतु वे मुझे साथ ले जाना नहीं चाहते।''

''मैं इसे यह समझा रहा था,'' स्वामी बोले, ''कि न तो इसका स्वास्थ्य अभी पूरी तरह ठीक है और न इसकी नौकरी का ही कोई फैसला हुआ है।...इसलिए यह मुझे अभी जाने दे। बाद में स्वस्थ होने पर अपनी सारी व्यवस्था कर वराहनगर आ जाए।''

''पर मैं स्वामी जी के साथ जाना चाहता हूँ।'' शरत् बोला।

''ताकि स्वामी जी की सेवा कर सको?'' शिवानन्द ने पूछा।

''हाँ!''

''तुम्हारे स्वामी जी की सेवा के लिए मैं अकेला ही पर्याप्त हूँ।'' शिवानन्द बोले, ''तुम सेवा करने के लिए साथ चलो और मार्ग में बीमार पड़ जाओ, तो मैं अकेला किस-किसको सँभालूँगा।''

''सुन लिया?'' स्वामी बोले, ''अब तुम वही करो, जो मैंने कहा है। स्वस्थ हो जाने पर, अपनी नौकरी तथा सामान की व्यवस्था कर वराहनगर मठ में आ जाना।''

''जी! बहुत अच्छा!'' शरत् के स्वर में अब भी अनिच्छा विद्यमान थी।

50

मठ में रामकृष्णानन्द, अभेदानन्द और शारदानन्द ने स्वामी तथा शिवानन्द का स्वागत किया।

''अच्छा हुआ, तुम आ गए।'' रामकृष्णानन्द ने कहा, ''नहीं तो मठ ही उजड़ता जा रहा था। जिसे देखो, वह तपस्या करने अथवा तीर्थ-दर्शन करने चला गया है।''

''तेरी पढ़ाई कैसी चल रही है?'' स्वामी ने पूछा।

''यहाँ पढ़ाई क्या चलती है।'' शारदानन्द ने कहा, ''बंगाल में तो जैसे वेद-विद्या का लोप ही हो गया है। थोड़ा-बहुत तंत्र-मंत्र मिल जाए तो मिल जाए, अन्यथा कुछ नहीं। खोजते-खोजते परेशान हो गए, किंतु कोई ग्रंथ ही नहीं मिलता।...''

''अच्छा! ग्रंथ मिल जाएँगे।'' शिवानन्द ने टोका, ''नरेन्द्र अस्वस्थ भी है और थका हुआ भी। अभी उससे वेद या संस्कृत व्याकरण पढ़ने मत बैठ जाना।''

स्वामी को लिटा दिया गया, और वे लोग आकर उनके निकट बैठ गए।

''तुम लोग ठीक कहते हो।'' स्वामी ने धीरे से कहा, ''यदि हम लोग सचमुच अपना विकास चाहते हैं, तो हमारे पास एक अच्छा बड़ा पुस्तकालय तो होना ही चाहिए।...''

''पुस्तकालय?'' अभेदानन्द के स्वर में एक प्रकार की कटुता थी, ''हमारे राम बाबू हैं न, उनका विचार है कि हम लोग ठाकुर के साथ रहे हैं। उनका आशीर्वाद हमें प्राप्त है। अब हमें उनकी भक्ति और पूजा-उपासना करने के अतिरिक्त किसी अन्य प्रयत्न की कोई आवश्यकता नहीं है, न भजन-पूजन की, न तपस्या की, न तीर्थ-दर्शन की और न शास्त्र तथा अन्य ग्रंथों के अध्ययन की।''

''मैं इसे स्वीकार नहीं करता।'' नरेन्द्र धीरे से बोला, ''यह अत्यंत सीमित, संकीर्ण और संकुचित वृत्ति है। एक व्यापक मानवीय धर्म को परे धकेल, मात्र अपने गुरु और उनके दर्शन को लेकर एक ओर ही बैठने से काम नहीं चलेगा। हमें पूरे भारत में हिंदू धर्म की मूलभूत धारणाओं और समानताओं को खोजना होगा।...यह समाज किन मान्यताओं से परिचालित हो रहा है और उनका शास्त्रीय आधार क्या है?'' नरेन्द्र ने उन लोगों को देखा, ''मैंने अभी अपने देश का एक बहुत छोटा-सा भूभाग ही देखा है, किंतु फिर भी मेरी प्रादेशिक और प्रांतीय सीमाओं को तोड़ देने के लिए पर्याप्त है। हम एक व्यापक भारतीय समाज के अंग हैं...।''

''पर बंगाली समाज का अबंगालियों से क्या संबंध?'' रामकृष्णानंद ने कहा, ''उनका खान-पान, रीति-रिवाज, धर्म-ज्ञान...सब हमसे भिन्न।...''

''यह लाटू है न! तुम्हारा स्वामी अद्भुतानन्द।'' स्वामी का स्वर कुछ कठोर हुआ, ''वह तुमसे भिन्न है?''

''वह तो बंगाल में रहने के कारण...।''

''बंगाल में रहने के कारण उसकी भाषा पर प्रभाव पड़ा है, उसके दर्शन और अध्यात्म पर

नहीं।'' स्वामी ने कहा, ''और वह तो फिर बंगाल के निकटस्थ बिहार का है, हमसे दूर-दूर तक के हिंदू उसी वृहत् समाज के सदस्य हैं।...मेरे मन में एक तीव्र जिज्ञासा है, जिस सामाजिकता का यह निर्वाह कर रहे हैं, जिस जाति-प्रथा का बोझ ये ढो रहे हैं, वह उन्हें समाज ने दी है, या धर्म ने भी उसका कोई आधार प्रदान किया है। उसके लिए हमें शास्त्र पढ़ने होंगे, वेद-वेदांत, कर्मकांड-ज्ञानकांड—सब कुछ जानना होगा।...''

''तो उसके लिए संस्कृत का ज्ञान भी आवश्यक होगा।'' शिवानन्द बोले, ''मेरे विचार से संस्कृत के ग्रंथ पढ़कर समझने के लिए हमें संस्कृत-व्याकरण का भी ज्ञान होना चाहिए। तुम चाहोगे कि हम आध्यात्मिक साधना छोड़कर संस्कृत-व्याकरण पढ़ने बैठ जाएँ?''

''मैं चाहूँगा कि हम लोग संस्कृत-व्याकरण जमकर पढ़ें।'' स्वामी ने कहा, '' 'मुग्धबोध' तो हममें से बहुतों ने अपनी पाठशाला में पढ़ा होगा। संभव है कि लघु कौमुदी भी पढ़ी हो। किंतु हमें 'सिद्धांत-कौमुदी' ही नहीं, 'अष्टाध्यायी' भी जमकर पढ़नी चाहिए, ताकि फिर संस्कृत का कोई भी ग्रंथ हमारे लिए अभेद्य न रहे।''

''एक बार तुम स्वस्थ हो जाओ। फिर इस ओर भी प्रयत्न करेंगे।'' शिवानन्द बोले, ''मुझे लगता है कि हमारा मठ धर्म-साधना और धर्म-शास्त्र का विश्वविद्यालय बनने जा रहा है।''

वे लोग स्वामी को विश्राम करने के लिए कहकर उठ गए, किंतु स्वामी का मन इस चर्चा से मुक्त नहीं हो पाया।...उनका मन सोचता ही चला गया...हमारा समाज राजाओं और शासकों के विधानों से संगठित नहीं हुआ था। उसके निर्माण, संगठन, अनुशासन तथा संयमन में ऋषियों का चिंतन था। अब यदि इस समाज और उसकी समस्याओं को समझना है, तो इसके मूल स्रोत तक जाना होगा। वेदों और उपनिषदों के ज्ञान की परख करनी होगी।...जिस समाज ने उस ज्ञान की भाषा को त्याग दिया है, ग्रंथों से स्वयं को दूर कर लिया है—वह समाज जिन आदर्शों तथा नियमों की दुहाई देकर जी रहा है, वे उसके धर्म-शास्त्र से उद्भूत हैं भी या नहीं? कहीं ऐसा तो नहीं, उन ऋषियों और उन ग्रंथों के नाम पर ये अज्ञानी पंडे, इस समाज को विपरीत दिशा में ले जा रहे हैं?...पर ये ग्रंथ कहाँ से उपलब्ध होंगे? कौन करेगा इस साधनहीन मठ की सहायता?...

...और सहसा स्वामी का मन वाराणसी के प्रमदादास मित्र की ओर चला गया।...वे संस्कृत के पंडित हैं, धार्मिक हैं। उदार-हृदय हैं। धार्मिक जड़ता उनमें नाममात्र को भी नहीं। उनके पास ग्रंथ भी हैं और उनका ज्ञान भी।...यदि उनसे कुछ ग्रंथ उधार माँगे जाएँ तो?...वे इंकार नहीं करेंगे।...

स्वामी का स्वास्थ्य कुछ सुधर गया था। लगता था कि ज्वर अब सदा के लिए चला गया है। प्रमदा बाबू की बनारस से भेजी हुई पुस्तकें डाक से आ गई थीं। स्वामी के साथ-साथ अभेदानन्द, रामकृष्णानन्द तथा शारदानन्द की भी उनमें गंभीर रुचि थी। स्वामी ने उन पुस्तकों का अध्ययन आरंभ कर दिया था।

सहसा उस टूटे हुए द्वार से प्रकट होकर शरत् गुप्त स्वामी के चरणों पर गिर पड़ा, ''स्वामी जी!''

''अरे, तुम आ गए?'' स्वामी ने कहा, ''स्वास्थ्य कैसा है?''

''जी! अब तो एकदम ठीक हूँ।'' शरत् गुप्त ने बताया, ''मैंने नौकरी भी छोड़ दी है। अब पूरी तरह आपकी शरण में आ गया हूँ।''

शिवानन्द ने शरत् को पहचानकर शेष लोगों से परिचय कराया, ''यह शरत्चंद्र चक्रवर्ती हैं—स्वामी शारदानन्द। यह शशि है—स्वामी रामकृष्णानन्द। यह काली है—स्वामी अभेदानन्द।''

"महाराज! मैं भी अब यहीं रहूँगा।" शरत् गुप्त ने कहा।

"तो संन्यास ग्रहण करना होगा।"

"उसी के लिए आया हूँ।" शरत् गुप्त ने स्वामी की ओर देखा, "हाथरस में स्वामी जी ने मुझे अपना शिष्य तो स्वीकार किया, किंतु संन्यास नहीं दिया।"

"नरेन! तुमने गुरुगिरी आरंभ कर दी?" रामकृष्णानन्द ने कुछ तीखे स्वर में कहा, "ठाकुर ने इसकी अनुमति दी थी तुम्हें?"

"क्यों? क्या नरेन्द्र को अस्वस्थ होने की अनुमति दी थी ठाकुर ने?" शिवानन्द ने हँसकर कहा, "ठाकुर ने नरेन्द्र के जगत्‌गुरु होने की घोषणा की थी। उन्होंने कहा था कि नरेन्द्र संसार-भर को शिक्षा देगा।…"

शशि के पास इस तर्क का कोई उत्तर नहीं था, किंतु उसका मन इसके लिए तैयार नहीं था। बोला, "किंतु हमारे मठ की अपनी कोई मर्यादा भी है। अब तक इस मठ में केवल वे ही लोग आए हैं, जो किसी-न-किसी रूप में ठाकुर के भक्त तथा शिष्य रहे हैं। अब ऐसे लोगों को मठ में सम्मिलित करना, जिन्होंने ठाकुर को कभी देखा भी नहीं है…।"

"शशि! तुम कभी-कभी बहुत जड़ हो जाते हो।" अभेदानन्द ने कहा, "मठ क्या हमारे जीवन-काल तक ही चलना है? यदि तुम चाहते हो कि मठ हमारे साथ आरंभ होकर, हमारे साथ ही समाप्त हो जाए, तो बात और है, अन्यथा ठाकुर के उपदेशों को अनंत काल तक चलाए रखने के लिए हमें अगली पीढ़ियों की आवश्यकता भी पड़ेगी।"

"तो तुम भी चेले बनाओगे?" शशि ने क्रुद्ध स्वर में पूछा।

"तुम तो ऐसे कह रहे हो, जैसे किसी को शिष्य स्वीकार करना कोई अपराध है।" शारदानन्द बोले, "कहीं तुम्हें यह भय तो नहीं है कि मठ के अन्तेवासियों की संख्या बढ़ती गई तो सबके भोजन-वस्त्र का प्रबंध कैसे होगा?"

"यह चिंता भी हो सकती है।" शशि बोला, "क्या यह वास्तविक चिंता नहीं है? तुम लोग कैसे भूल जाते हो कि जब सारे भाई मठ में होते हैं, सारे भक्तों की सहायता के बावजूद यहाँ भात भी पूरा नहीं पड़ता। कुँदरू के उबले पत्तों के साथ भी भात खाना चाहो, तो नमक नहीं होता। बिना कपड़े के जाड़े की रातों में नींद नहीं आती तो आधी रात को उठकर कुश्ती लड़ने लगते हो ताकि शरीर में गर्मी आ सके।"

"हम वह सब भूलते नहीं हैं।" अभेदानन्द ने कहा, "किंतु हम ठाकुर पर निर्भर करते हैं। वे हमें देते हैं, तो अन्य संन्यासियों को भी देंगे। यदि हम लोग भी गृहस्थों के समान आय-व्यय का हिसाब-किताब करते रहेंगे, तो हमारी ईश्वर-निर्भरता कैसे जीवित रहेगी!"

"जैसी तुम्हारी इच्छा!" अंततः शशि ने हथियार डाल दिए, "मेरा क्या है! जिस दिन कुछ नहीं होगा, उस दिन भिक्षा माँगने चल दूँगा।"

"शरत् गुप्त! तुम अपना घर मानकर मठ में रहो।" शिवानन्द बोले, "नरेन्द्र! इसे भी भगवा वस्त्र दे दो।"

"ठीक है।" स्वामी बोले, "कल यह भगवा धारण करेगा, और इसका नाम होगा सदानन्द।"

महेन्द्रनाथ दत्त मठ में स्वामी से मिलने आया, तो उसे पता चला कि उन्हें पुनः ज्वर हो गया है। वे लेटे हुए थे और सदानन्द उनकी देखभाल कर रहा था।

"आओ महेन्द्र!" स्वामी ने दुर्बल और मंद स्वर में कहा, "सदानंद! यह मेरा छोटा भाई है। और महेन्द्र! यह सदानन्द है। हाथरस से आया है। इसने अभी कुछ ही दिन पहले भगवा धारण किया है।"

"माँ आपको देखना चाहती हैं दादा!" महेन्द्र बोला, "आपके मठ में आने का समाचार मिल गया था। हम प्रतीक्षा कर रहे थे कि आप घर आएँगे।"

"यह ज्वर फिर से न आ जाता तो मैं दो-एक दिनों में घर आता ही।" स्वामी ने कहा, "तुम लोग कैसे हो?"

"मुकदमा तो लगभग समाप्त ही हो गया है, और मकान का एक खंड हमारे नाम हो भी गया है।" महेन्द्र बोला, "पर अब माँ और नानी के पास धन के नाम पर कुछ भी नहीं रहा। माँ कह रही थीं कि कहीं ऐसा न हो कि जिस मकान को प्राप्त करने के लिए मुकदमेबाजी में अपना रहा-सहा धन भी स्वाहा कर दिया है—वह मकान फिर हाथ से निकल जाए।"

"फिर हाथ से क्यों निकल जाएगा?" स्वामी ने पूछा।

"माँ कहती हैं, काकी का क्या पता है, फिर से कोई मुकदमा आरंभ कर दें और हमें फिर से मकान पर कब्जा न मिले।" महेन्द्र बोला, "अब तो आगे और मुकदमा लड़ने के लिए कहीं से धन का जुगाड़ भी नहीं हो सकता।"

स्वामी के चेहरे पर पीड़ा उभरी और वे आकाश की ओर मुख करके बोले, "शिव! शिव!" उनका चेहरा शांत हो गया और उन्होंने करवट बदलकर महेन्द्र की ओर देखा, "जो ईश्वर की इच्छा! तुम जानते हो, पिता जी के देहांत के पश्चात् जब हम लोग सहसा ही कष्ट में पड़ गए थे, मैं कई बार सोचता था, ठाकुर मेरे परिवार के लिए कुछ करते क्यों नहीं? ईश्वर मुझसे प्रेम नहीं करता क्या?⋯किंतु ठाकुर के देहावसान के पश्चात् क्या हो रहा है, देख रहे हो न?⋯वे ठाकुर जिन्हें लोगों ने अवतार माना और जो भगवान् के समान पूजे जाते थे, वे यहाँ निवास कर रहे हैं—इस खँडहर में, इस भुतहे घर में। दक्षिणेश्वर का जो काली मंदिर ठाकुर के कारण इतना विख्यात और पूज्य हुआ, उस मंदिर में श्रीमाँ के रहने के लिए एक कोठरी भी नहीं है। जिस ठाकुर की एक दृष्टि और एक स्पर्श से लोगों में वैराग्य और आध्यात्मिकता का ज्वार जाग जाता था, उनके साथ वर्षों रहने वाले उनके अपने भानजे हृदयराम और भतीजे रामलाल में तनिक भी आध्यात्मिकता नहीं जागी। रामलाल ने मंदिर के स्वामी और खजांची के साथ मिलकर श्रीमाँ की पेंशन बन्द करवा दी है। कामारपुकुर में उनके साथ मकान का बँटवारा कर लिया है। मुझे बताया गया है कि वहाँ श्रीमाँ अकेली ठाकुर की कुटिया में रहती थीं। अपने हाथों कुदाल से भूमि खोद धान बोती थीं और अपने हाथों उत्पन्न किया हुआ वह अन्न, नमक के साथ खाती थीं।⋯भगवान् कैसी-कैसी परीक्षा लेते हैं—कुछ समझ में नहीं आता।⋯"

"ठाकुर कहा करते थे, यह माया की सृष्टि है, इसलिए यहाँ सब गोलमाल है।" रामकृष्णानन्द ने कहा, "ठाकुर और श्रीमाँ के संपर्क में रहकर वैराग्य नहीं जागा, यह तो एक बात है।⋯यहाँ तो स्थिति यह है कि जिन्हें धर्म, वैराग्य और भगवान् का रंच मात्र भी आभास नहीं है, वे लोग धर्म और मर्यादा की दृष्टि से श्रीमाँ में दोष ही नहीं निकालते, उन्हें लांछित भी करते हैं।⋯"

सबने रामकृष्णानन्द की ओर देखा।

"मैंने सुना है कि कामारपुकुर में श्रीमाँ ने जब-जब सौभाग्य के चिह्नों को त्यागना चाहा, उन्हें किसी-न-किसी प्रकार ठाकुर का आभास उससे मना कर गया। अंततः गौरी माँ जब कामारपुकुर

पहुँचीं तो उन्होंने वैष्णव तंत्रों के आधार पर सिद्ध किया कि श्रीमाँ चिर-सधवा हैं। उनका वैधव्य असंभव है, क्योंकि उनके पति चिन्मय हैं। गौरी माँ ने उन्हें आभूषण त्यागने से भी रोका। बोलीं कि वे स्वयं लक्ष्मी हैं। उनके आभूषण-त्याग से संसार श्रीहीन हो जाएगा।···इसलिए सौभाग्य-चिह्नों को त्यागना उनके लिए उचित नहीं है···" रामकृष्णानन्द बोले, "एक ओर तो यह अपार्थिव तथा अलौकिक सौभाग्य और दूसरी ओर गाँव की वे अनपढ़ अज्ञानी स्त्रियाँ जो मुँह बिगाड़-बिगाड़कर उन्हें सुनाती रहती थीं कि इस कुलच्छनी विधवा को तो देखो, कैसी शौकीन बनी फिरती है।···सोचो, ठाकुर की धर्मपत्नी श्रीमाँ! जिन्हें अन्न के लिए भूमि जोतनी-बोनी पड़े, असुरक्षित वातावरण में सर्वथा अकेली रहना पड़े, चारों ओर की स्त्रियों के मुख से कटाक्ष सुनने पड़ें। वह तो भला हो ठाकुर की बाल-सखी, लाहा बाबुओं की पुत्री प्रसन्नमयी का, जिसने कहा कि ठाकुर और उनकी पत्नी दोनों ही देवांशी हैं। उन पर सामाजिक मान्यताएँ इस प्रकार लागू नहीं हो सकतीं।···"

"अच्छा दादा! मैं चलता हूँ।" महेन्द्र दत्त उठ खड़ा हुआ, "मैं तो समझ रहा था कि हम ही बहुत परेशान हैं, किंतु श्रीमाँ तो हमसे भी विकट और प्रतिकूल परिस्थितियों में दिन बिता रही हैं।···"

स्वामी ने कुछ नहीं कहा। वे जैसे शून्य को घूर रहे थे।

श्रीमाँ पुरी से कलकत्ता लौट आई थीं। उनके साथ ब्रह्मानन्द और योगानन्द भी लौटे थे। मठ में जीवन की गतिविधि बढ़ गई थी। अध्ययन और परस्पर चर्चा में भी वृद्धि हुई थी। स्वामी जाकर श्रीमाँ के दर्शन भी कर आए थे, किंतु उनके मन की उद्विग्नता मिट नहीं रही थी।···सुरेन्द्रनाथ मित्र के नियमित दान तथा बलराम बसु की अनियमित सहायता के बावजूद मठ की आर्थिक स्थिति अच्छी नहीं थी। चावल होते तो नमक नहीं। महीनों तक कुँदरू की बेल की उबली हुई पत्तियाँ, नमक और भात ही उन लोगों का भोजन था। यह दूसरी बात थी कि मठ के भाइयों को इसकी कोई चिंता ही नहीं थी। जो होना हो, सो हो—वे लोग उससे उदासीन थे। वे आध्यात्मिक साधना और ध्यान की लहर में बह रहे थे।···आज खाने के लिए कुछ नहीं है—यह जानकर वे प्रसन्न होते थे कि खाने में समय नष्ट न कर, उस समय को वे तपस्या में ही लगा सकेंगे।···उस कठोर और निर्मम तपस्या को देखकर मनुष्य तो क्या, दैत्य भी भाग जाते।···

किंतु स्वामी यह नहीं भूल सकते थे कि ठाकुर ने उन सबको उन्हीं के हाथों में सौंपा था।···वे तो अपने-अपने घर चले गए थे। उन्हें वे ही मनाकर, बहकाकर, समझाकर मठ में लाए थे···तो क्या प्रबंध किया स्वामी ने उनके लिए?···ये ही लोग जब ठाकुर के पास आते थे, तो ठाकुर उन्हें मिठाइयाँ और फल खिलाते थे, पेट-भर भोजन कराते थे···और अब, जब उनका दायित्व स्वामी के कंधों पर है, तो स्वामी क्या कर रहे हैं उनके लिए?···

दूसरी ओर श्रीमाँ हैं। गुरु के पश्चात् क्या गुरु-पत्नी के प्रति यही दायित्व है उन लोगों का? सारे गुरुभाई मिलकर श्रीमाँ के लिए न स्थायी निवास का प्रबंध कर सके, न भरण-पोषण का। कलकत्ता में तो उनका कोई स्थायी ठिकाना ही नहीं है। कामारपुकुर में ही क्या प्रबंध है? अत्यंत दरिद्रावस्था में किसी प्रकार जीवित रहने के लिए भोजन जुटाना।···ठाकुर के सारे शिष्यों की माँ हैं वे। किंतु उनकी संतान क्या कर रही है उनके लिए?···अपनी माँ और भाइयों के भरण-पोषण के लिए कितना तड़पा था नरेन्द्र!···किस-किस प्रकार नौकरी खोजने का प्रयत्न किया था उसने!···श्रीमाँ के लिए क्यों नहीं किया उन्होंने वह सब?···

और जिस माँ और भाइयों के लिए वे आकाश-पाताल एक करने को तैयार थे, उनके लिए ही क्या कर पाए?···वे लोग आज भी उसी प्रकार अत्यंत निर्धनता का जीवन व्यतीत कर रहे हैं···उनके पास रह क्या गया है?···

स्वामी यदि उन सबकी आर्थिक चिंता ही करते रहेंगे, तो फिर आध्यात्मिक चिंतन कब होगा? साधना कब होगी?···संन्यास ग्रहण करके भी यदि सदा अर्थ का ही विचार करना है, तो कहीं अच्छा था, वे कोई नौकरी कर, धनार्जन कर, इन सबका पालन-पोषण करते···स्वयं अर्जन का श्रम न कर, यदि सारा समय तथा अपनी ऊर्जा इसी चिंतन में लगानी है कि किस व्यक्ति से दान किस प्रकार प्राप्त किया जाए तो कांचन की चिंता छूटी कहाँ? संसार का मोह टूटा कहाँ?···

स्वामी उठकर टहलने लगे।···इससे तो कहीं अच्छा है कि यह सब छोड़-छाड़कर वे कहीं दूर, हिमालय की किसी चोटी पर चले जाएँ और एकांत साधना करें।···न ये सब लोग सामने होंगे, न इनकी माया व्यापेगी···

स्वामी ने प्रमदा बााबू को पत्र लिखा :

वराहनगर, कलकत्ता
4.2.1889

प्रिय महाशय,

किसी कारण से आज मैं मानसिक उद्विग्नता और ऐंठन का अनुभव कर रहा था, उसी समय आपका पत्र मिला, जिसमें आपने मुझे वाराणसी के स्वर्गोपम नगर में निमंत्रित किया है। मैं इसे श्री विश्वेश्वर का आदेश मानकर स्वीकार कर रहा हूँ। इस समय मैं अपने गुरुदेव की जन्मभूमि के दर्शन के लिए रवाना हो रहा हूँ और वहाँ कुछ दिन प्रवास करने के बाद मैं आपकी सेवा में उपस्थित हूँगा। जो वाराणसी और विश्वनाथ के दर्शनों से द्रवित नहीं होता, वह पाषाण-हृदय है। मेरा स्वास्थ्य अब बहुत सुधर गया है। जितनी शीघ्र हो सकेगा, मैं वहाँ पहुँचूँगा। यह सब अन्ततोगत्वा विश्वेश्वर की इच्छा पर निर्भर करता है। किमधिकमिति। शेष मिलने पर

आपका
नरेन्द्रनाथ

मठ में यात्रा की तैयारियाँ जोर-शोर पर थीं।···सामान तो कोई था नहीं जो बाँधना हो, किंतु जाने की चर्चा बहुत थी, जैसे कोई महोत्सव होने वाला हो।···श्रीमाँ आँटपुर में प्रेमानन्द की माता मातंगिनी देवी से मिलकर कामारपुकुर जा रही थीं···और पहली बार उनके साथ उस यात्रा में स्वामी भी जा रहे थे। योगानन्द और अद्‌भुतानन्द ने श्रीमाँ के साथ अन्य यात्राएँ भी की थीं। वे अन्य लोगों की तुलना में अच्छी तरह समझते थे कि श्रीमाँ की आवश्यकताएँ क्या हैं। इसलिए वे साथ जा रहे थे। प्रेमानन्द को भी साथ जाना ही था। श्रीमाँ उन्हीं के घर तो जा रही थीं। शारदानन्द, निरंजनानन्द और अभेदानन्द भी साथ जा रहे थे।···एक रामकृष्णानन्द ही थे, जो मठ छोड़ने के लिए तैयार नहीं थे।

"क्यों, तुम्हारी इच्छा नहीं होती कि तुम भी ठाकुर की जन्मभूमि देख आओ?" शारदानन्द ने पूछा।

"इच्छा क्यों नहीं होती!" रामकृष्णानन्द का स्वर विषादयुक्त किंतु स्थिर था, "किंतु मैं अपने ठाकुर को छोड़कर नहीं जा सकता।"

"ठाकुर मठ में रहेंगे। जो भाई पीछे रहेंगे, वे उनकी पूरी देखभाल करेंगे।" स्वामी ने कहा।

"ऊँह! पूरी देखभाल!" रामकृष्णानन्द के मन की वितृष्णा उनके चेहरे पर आ गई, "सबको देख लिया मैंने। जिसको नींद आई हो, वह सोचता है, ठाकुर भी सोना चाहते हैं। जिसे स्वयं भूख नहीं लगती, वह सोचता है कि ठाकुर को भोजन की क्या आवश्यकता है। जो स्वयं तंबाकू नहीं पीता, उसे ठाकुर की चिलम का स्मरण नहीं रहता। ठाकुर को भोग लगाते हैं तो पंखा नहीं करते।…उस दिन बूढ़े बाबा सच्चिदानन्द पर छोड़ दिया कि ठाकुर के लिए दातुन कूँच दे, तो दातुन ऐसी कूँची कि ठाकुर के मसूड़ों से खून निकल आया।…"

स्वामी ने प्रशंसा-भरी दृष्टि से रामकृष्णानन्द को देखा : सचमुच ठाकुर की ऐसी सेवा और कोई नहीं कर सकता। इसके लिए ठाकुर पहले के ही समान सशरीर विद्यमान थे। उनकी छोटी-छोटी सारी आवश्यकताओं का अनुभव और अनुमान रामकृष्णानन्द ही करते थे। वे सत्य ही कहते थे, ठाकुर की सेवा किसी और पर कैसे छोड़ी जा सकती थी।…

संध्या को योगानन्द ने बताया, "श्रीमाँ रेलगाड़ी से नहीं जाना चाहतीं।"

"क्यों?" महेन्द्र गुप्त ने चकित होकर पूछा।

"वे कहती हैं, यह उनकी तपस्या है।" योगानन्द ने बताया, "पर बहुत संभव है कि वे भक्तों के पैसे बचाने के लिए ऐसा कर रही हों। इतने सारे लोग जाएँगे।"

"पर इतनी दूर चल पाएँगी वे?" स्वामी बोले, "धन तो फिर भी किसी से माँगा जा सकता है, शक्ति, क्षमता और स्वास्थ्य कहीं और से कैसे आ सकता है?"

"मैंने कहा था," योगानन्द ने बताया, "किंतु वे कहती हैं कि यदि मेरे ये पुत्र सारे देश में पैदल घूम रहे हैं, तो उनकी माँ होने के योग्य थोड़ी-सी साधना तो मुझे भी करनी ही चाहिए।"

"ठीक कहती हैं वे!" स्वामी ने स्वीकार किया, "किंतु तुमने यह नहीं कहा कि हम उनकी यह पीड़ा कैसे देखेंगे? इतने सारे समर्थ पुत्रों के होते हुए वे ऐसा कष्ट क्यों सहें?"

"वे कहती हैं कि यदि माँ होकर, मैं अपने पुत्रों को इतना कष्ट उठाते देख रही हूँ, तो तुम्हें भी अपनी माँ की यह तपस्या देखनी पड़ेगी। तपस्वी को निर्मम तो होना ही पड़ता है।…" योगानन्द कुछ रुके, "वैसे पुरी में भी जब पंडे ने उनके लिए पालकी का प्रबंध करना चाहा था, तो श्रीमाँ ने कहा, 'नहीं, गोविंद! तुम आगे-आगे रास्ता दिखाते चलोगे। मैं दीन-हीन भिखारिन के समान तुम्हारे पीछे-पीछे श्री जगन्नाथ जी के दर्शन करने चलूँगी।' "

स्वामी थोड़ी देर मन-ही-मन कुछ सोचते रहे। फिर बोले, "ठीक है, जो कुछ वे कहती हैं, वही सही। हमारी माँ हैं, तो मनमानी तो करेंगी ही। संतान के रूप में हमें उनकी इच्छा का सम्मान करना पड़ेगा।"

प्रातः ब्राह्म-मुहूर्त में ही वे लोग चल पड़े। श्रीमाँ और गोलाप सुंदरी अपनी सुविधा से चल रही थीं और शेष लोग प्रायः उन्हें घेरकर उनकी गति के अनुकूल ही चल रहे थे। फरवरी का आरंभ होने के कारण मौसम सुहावना था और चलना बहुत अधिक श्रमसाध्य नहीं था।…मार्ग में कोई विशेष चर्चा नहीं हुई। श्रीमाँ वैसे भी बोलने में संकोच करती थीं, और इस समय तो इतने लोग उनके आसपास चल रहे थे। संतोष यही था कि यदि कुछ कहना होगा, तो वे धीरे से गोलाप सुंदरी से कह देंगी और वह निस्संकोच योगीन, नरेन्द्र अथवा शरत् से कह देगी…किंतु सहसा ही श्रीमाँ के मन में एक विचित्र-सी प्रतिक्रिया हुई। उनकी कल्पना में महाभारत का एक दृश्य घूम गया।…अपने पाँचों पुत्रों के साथ कुंती हस्तिनापुर से निकाल दी गई थी, और वारणावत का लाक्षागृह उन्होंने

स्वयं नष्ट कर दिया था।···अब कुंती थी और उसके पुत्र थे। चारों ओर वन ही वन था। और वे लोग नंगे पाँव वन-वन छिपते-छिपाते घूम रहे थे। चारों ओर हिंस्र पशु थे, नरभक्षी राक्षस थे, दुर्योधन के गुप्तचर थे, द्रुपद के शोधक थे···और कुंती को अपने पुत्रों की रक्षा करनी थी, उनका भरण-पोषण करना था।···शायद कुंती नहीं जानती थी कि उसके पुत्र इतने बड़े और समर्थ हो गए थे कि वे स्वयं उसकी रक्षा कर सकते थे, उसका पालन-पोषण कर सकते थे···बल्कि उन्होंने उसकी रक्षा और भरण-पोषण का दायित्व पहले से ही अपने ऊपर ले लिया था।···श्रीमाँ की स्थिति भी कुंती जैसी ही थी। ठाकुर उन्हें छोड़ गए थे। दक्षिणेश्वर छूट गया था···श्रीमाँ को अपने इन पुत्रों के भरण-पोषण की चिंता थी···और ये पुत्र उनकी रक्षा और भरण-पोषण का दायित्व अपने कंधों पर ले चुके थे···निर्धन पुत्रों की माँ थीं वे, इसलिए नंगे पाँव पैदल यात्रा कर रही थीं, पर उनके पुत्र तो थे। भिक्षा माँगकर लाई गई सूखी रोटी, अपनी माँ के साथ बाँटकर खाने को तैयार थे।···किस बात की चिंता थी श्रीमाँ को! ठाकुर उन्हें अपने इतने सारे पुत्रों के भरोसे छोड़ गए थे।···समर्थ थे माँ के ये पुत्र! धन कमाना चाहेंगे, तो धन की कमा लेंगे, किंतु अभी तो ये धर्म कमाने के इच्छुक हैं। ठाकुर इनकी सहायता करें, जगन्माता भवतारिणी इन्हें सामर्थ्य दें···

श्रीमाँ ने दोनों हाथ जोड़कर अपने माथे से लगा लिए।

"क्या हुआ? किसे प्रणाम कर रही हो माँ?" गोलाप सुंदरी ने पूछा।

"माँ भवतारिणी से याचना कर रही हूँ।" श्रीमाँ ने उत्तर दिया।

"पर कहाँ हैं माँ भवतारिणी?"

"कहाँ नहीं हैं माँ भवतारिणी?" श्रीमाँ के चेहरे पर पूर्ण संतोष था।

51

प्रमदा बाबू को दिया गया अपना वचन स्वामी निभा नहीं सके। आँटपुर में ही उनकी तबीयत कुछ खराब होने लगी थी और कामारपुकुर के मार्ग में तो ज्वर, उलटियाँ और दस्त इस प्रकार होने लगे कि हैजे का भय होने लगा। कामारपुकुर में थोड़ा-सा विश्राम कर वे वापस कलकत्ता लौट आए। ज्वर ने पीछा नहीं छोड़ा और शरीर एकदम दुर्बल हो गया। ऐसी स्थिति में यात्रा करना संभव नहीं था। इसलिए वाराणसी जाने का विचार छोड़ दिया और प्रमदा बाबू को सूचित कर दिया। कलकत्ता में रहकर होम्योपैथिक चिकित्सा करते रहे और आगे की योजनाएँ बनाते रहे।

जून में कलकत्ता की गर्मी से मुक्ति पाने के लिए स्वामी वैद्यनाथ के पास सिमुलतला चले गए, किंतु गर्मी के कारण अतिसार से पीड़ित होकर कलकत्ता लौट आए। मठ में चिकित्सा तथा देखभाल की उचित व्यवस्था न होने के कारण बलराम बसु उन्हें अपने घर ले गए। औषधि और देखभाल से स्वामी का स्वास्थ्य कुछ-कुछ सुधरा···

बहुत सँभालने पर भी उनका मन अनेक बार भटकने लगता था। बार-बार ईश्वर, भाग्य, सृष्टि और कर्म-फल को लेकर मन में अनेक प्रश्न जन्म लेते थे···क्यों उनका जीवन असफलताओं का पुंज बनता जा रहा है? क्यों उन्हें ये सारे कष्ट सहने पड़ रहे हैं? निर्धनता तो निर्धनता, रोग भी पीछा नहीं छोड़ते···आखिर ईश्वर उनकी कैसी परीक्षा ले रहे हैं, कहाँ तो वृन्दावन में जैसे स्वयं भगवान् अन्न और वस्त्र लेकर उनके पीछे दौड़ रहे थे और कहाँ यह रोग और भुखमरी? क्या इच्छा

है ईश्वर की···सांसारिक सफलता नहीं मिली, कोई बात नहीं। स्वामी ने तो उसकी इच्छा ही त्याग दी थी···किंतु ईश्वर-दर्शन के अभाव में यह मात्र भिखारी का भटकन-भरा जीवन···किंतु स्वामी ने स्वयं देखा कि अब उनके मन में ईश्वर का विरोध नहीं जागता, वे ईश्वर के अस्तित्व से इन्कार नहीं करना चाहते थे। ईश्वर पर अपनी इच्छा आरोपित करना नहीं चाहते थे···उनके मन में अब केवल समर्पण था और थी जिज्ञासा। यह क्यों है? यह क्या है?···इन प्रश्नों के बीच बार-बार उन्हें प्रमदा बाबू की याद लगातार आती थी। ठाकुर के जीवन में उन्हें कभी किसी और की आवश्यकता नहीं हुई। किंतु अब किससे चर्चा करें? प्रमदा बाबू से चर्चा करने का मन होता था···अंततः प्रमदा बाबू का एक पत्र आया तो स्वामी स्वयं को रोक नहीं सके। उन्होंने पत्र लिखा :

बाग बाजार, कलकत्ता
4 जुलाई, 1889

पूज्यपाद महाशय,

मैं बता नहीं सकता कि वाराणसी आकर आपके दर्शन और सत्संग-लाभ करने की मेरी कितनी प्रबल इच्छा है। परंतु सब कुछ भगवदिच्छा पर निर्भर है। महाशय, पता नहीं कि मेरा और आपका पूर्वजन्म का कौन-सा हार्दिक संबंध है। इस कलकत्ता नगर में बहुत-से प्रतिष्ठित और धनी लोगों का प्रेम प्राप्त करके भी मैं कभी-कभी उनकी संगति से बहुत ऊबने लगता हूँ, और आपसे केवल एक दिन की भेंट होते ही, मेरे हृदय पर ऐसा जादू का-सा प्रभाव पड़ा कि मैं आपको अपना स्वजन और आध्यात्मिक जीवन का बंधु समझने लगा हूँ। इसका एक कारण यह है कि आप भगवान् के एक प्रिय भक्त हैं। दूसरा कारण शायद यह है कि :

तच्चेतसा स्मरति नूनमबोधपूर्वम्।
भावस्थिराणि जननान्तर सौहृदानि।।

अपने अनुभव और आध्यात्मिक साधना से प्रेरित जो उपदेश आपने मुझे दिए हैं, मैं उनके लिए आपका ऋणी हूँ। यह बिलकुल सच है और मुझे भी समय-समय पर इसका अनुभव हुआ है कि भिन्न-भिन्न प्रकार के अभिनव विचारों को मस्तिष्क में धारण करने के कारण मनुष्य को कभी-कभी कष्ट उठाना पड़ता है।

परंतु मुझको तो इस समय एक नया ही रोग है। परमात्मा की कृपा पर मेरा अखंड विश्वास है। वह कभी टूटने वाला भी नहीं। धर्मग्रंथों पर मेरी अटूट श्रद्धा है। परंतु प्रभु की इच्छा से मेरे छह-सात वर्ष निरंतर विभिन्न विघ्न-बाधाओं से लड़ते हुए बीते। मुझे आदर्श शास्त्र प्राप्त हुआ है, मैंने एक आदर्श महापुरुष के दर्शन किए हैं, फिर भी किसी वस्तु का अंत तक निर्वाह मुझसे नहीं हो पाता, यही मेरे लिए बड़े कष्ट की बात है।

···और विशेषतः कलकत्ता के आसपास रहकर, मुझे सफलता पाने की कोई आशा नहीं। यहाँ रहकर मुझे अपनी आँखों से अपनी माँ और भाइयों की दुर्दशा देखनी पड़ती है। उस समय मेरे मन में रजोगुण जाग्रत् हो उठता है, और मेरा अहंभाव कभी-कभी उस भावना में परिणत हो जाता है, जिसके कारण कार्यक्षेत्र में कूद

पड़ने की प्रेरणा होती है। ऐसे क्षणों में मैं अपने मन में एक भयंकर अंतर्द्वन्द्व का अनुभव करता हूँ। यही कारण है कि मैंने लिखा था कि मेरे मन की स्थिति भीषण है। अब उनका मुकदमा समाप्त हो चुका है। आशीर्वाद दीजिए कि कुछ दिन कलकत्ता में ठहरकर, उन सब मामलों को सुलझाने के बाद, मैं इस स्थान से सदा के लिए विदा ले सकूँ।

आपूर्यमाणम चल प्रतिष्ठम्
समुद्र मापः प्रविशन्ति यद्वत्।
तद्वत् कामायं प्रविंशति सर्वे
स शांतिमाप्नोति न कामाकामी।।

मुझे आशीर्वाद दीजिए कि मेरा हृदय महान् दैवी शक्ति से बलशाली हो और मैं सारे माया-बंधनों को तोड़कर दूर कर सकूँ। 'हमने क्रूस ले लिया है, जो तूने हमारे कंधों पर रखा है। हमें शक्ति दे कि हम उसे मृत्युपर्यन्त वहन कर सकें।'

इस समय कलकत्ता में ठहरा हूँ। मेरा पता यह है :

द्वारा, बलराम बसु, 57, रमाकांत बोस स्ट्रीट, बाग बाजार, कलकत्ता।

आपका

नरेन्द्र

स्वामी का स्वास्थ्य कुछ सुधर गया था। लग रहा था, अब वे एकदम स्वस्थ हो गए हैं। बलराम बसु का घर छोड़ वे मठ में लौट आए थे और दैनिक गतिविधि आरंभ हो गई थी।

महेन्द्र आकर कह गया था कि मकान के मुकदमे के संदर्भ में वकील ने उन्हें बुलाया है। स्वामी को कुछ खीझ हुई, जब मुकदमा समाप्त हो गया है तो अब वकील के पास क्या करने जाना है। पर जब वकील ने बुलाया था, तो जाना तो पड़ेगा ही।···

वकील ने बताया कि मुकदमे का निर्णय तो उनके पक्ष में ही हो गया है।···बस, अब अदालती कार्रवाई और कुछ औपचारिकताएँ शेष हैं। कोर्ट की फीस, स्टैंप ड्यूटी···और इस प्रकार की छोटी-मोटी चीजों के लिए वे रुपए का प्रबंध कर लें और मकान अपने नाम करवा लें।···इस काम में जितनी जल्दी करेंगे, उतना ही अच्छा होगा, क्योंकि यदि विपक्ष वालों ने फिर से कोई अपील इत्यादि भिड़ा दी तो मामला फिर अटक जाएगा···

स्वामी वकील की बात समझ रहे थे।···यह न्याय-व्यवस्था ही ऐसी थी।···मकान आपका है, न्यायालय भी मान रहा है कि मकान आपका है···किंतु मकान आपको सौंपने के लिए वे आपसे इतने रुपए माँगेंगे, जो आप दे न सकें, और मकान आपको न मिले···और स्वामी ये ही कानून पढ़ रहे थे। पढ़ गए होते तो वही कर रहे होते, जो अन्य वकील कर रहे हैं···यह न्याय-व्यवस्था यह क्यों नहीं मानती कि जो चीज जिसकी है, वह उसे सौंप दी जानी चाहिए, उसके लिए सरकार को उससे रुपया माँगने का कोई अधिकार नहीं है···जिसका धन उससे छीना गया है, उसे वही धन लौटाने में सरकार की फीस का क्या अर्थ है?···

स्वामी रामतनु लेन में अपनी नानी के घर पहुँचे। माँ और नानी दोनों को प्रणाम किया।

"तू बहुत अस्वस्थ है क्या?" भुवनेश्वरी ने पूछा।

"अस्वस्थ रहा हूँ। अब तो ठीक हूँ।" स्वामी मुस्कराए, "मैं वकील के पास गया था···।"

"जानती हूँ।" रघुमणि ने जैसे डाँटकर कहा, "अपने स्वास्थ्य का ध्यान क्यों नहीं रखता? समय से खाता-पीता क्यों नहीं? यह कहाँ लिखा है कि भक्ति में खाना-पीना गड़बड़ करो···।"

"नानी माँ।" स्वामी हँसे, "भक्ति में खाना-पीना छोड़ दो—यह आदेश तो माँ दुर्गा का है।"

"कहाँ पढ़ा तूने? बता मुझे, किस ग्रंथ में लिखा है?" रघुमणि रुष्ट स्वर में बोलीं।

"माँ अपर्णा ने महादेव को पाने के लिए जो तपस्या की थी, उसमें उन्होंने पर्ण खाने भी बंद कर दिए थे। केवल वायु पर रही थीं। यह अन्न-जल त्यागना ही तो हुआ।" स्वामी मुस्कराए, "यह कथा तुमने ही मुझे सुनाई थी न नानी माँ?"

"अरे, कथा सुनाई थी, उसे यथार्थ प्रमाणित करने के लिए तो नहीं कहा था न!" रघुमणि ने खीझकर कहा, "आधा रह गया है, पहले से। यह गोरा रंग देख तो कैसा सँवला गया है···।"

"क्या कहा वकील ने?" भुवनेश्वरी ने पूछा।

"मकान का कब्जा लेने के लिए कुछ कागज बनवाने पड़ेंगे और कागज बनवाने के लिए रुपयों का प्रबंध करना पड़ेगा।"

"रुपयों का प्रबंध!" भुवनेश्वरी जैसे अपने आपसे बोली, "कहाँ से होगा रुपयों का प्रबंध! मैं तो कहती हूँ कि हम यहीं, माँ के मकान में रह लेंगे, उस मकान को बेच डालो—सारा संकट ही कट जाए।"

"उस मकान को बेचने के लिए, उस पर पहले अपना कब्जा चाहिए माँ!" स्वामी बोले, "जब तक कब्जा नहीं मिलता, तब तक वह हमारा है ही नहीं। और जो चीज हमारी नहीं है, उसे हम बेच कैसे सकते हैं?"

"क्यों, यदि खरीदने वाले को हम यह कहें कि वह हमें पहले पैसे दे दे···।"

"मान लो कि कोई तुम्हें पैसे दे दे। तुम पैसे खर्च कर दो, और फिर किसी कानूनी अड़चन के कारण वह मकान तुम्हें न मिले, तो?" स्वामी बोले, "कोई ग्राहक इतना कच्चा नहीं हो सकता, जो बिना मकान का कब्जा लिए, तुम्हें उसका मूल्य दे दे।···"

"अरे, तो इस मकान को बेच दो न!" रघुमणि ने कहा।

"इसे बेच दें और वह मिला नहीं तो?" भुवनेश्वरी ने पूछा, "फिर तो इससे भी जाएँगे!"

"तो फिर उस दो कट्ठा जमीन को क्यों नहीं बेच देती?" रघुमणि ने आग्रहपूर्वक कहा, "कब से तो मैं कह रही हूँ। उस पर धान बोना है क्या?"

"मैं उसे बचाए रखना चाहती थी माँ!" भुवनेश्वरी बोली, "पर लगता है कि अब तुम्हारी जायदाद हमारे मुकदमे की बलि चढ़ेगी ही।···"

"मेरी जायदाद!" रघुमणि बड़बड़ाईं, "मुझे छाती पर रखकर ले जानी है वह जमीन! तेरी ही तो है। तेरे काम आ जाए, तेरे बच्चों के काम आ जाए, तो मुझे और क्या चाहिए!"

"अच्छा नरेन!" भुवनेश्वरी बोली, "बेच दे वह जमीन। माँ को आज तक मैंने कभी कुछ दिया तो है नहीं।···"

"ठीक है माँ! मैं दलाल को कह दूँगा।" स्वामी बोले, "जमीन बिक जाएगी, तो उसके धन

से तुम्हें मकान का कब्जा मिल जाएगा, फिर चाहे उस मकान को बेचकर नानी माँ को मालामाल कर देना।"

"हाँ! मैं मालामाल होकर रहूँ और तू द्वार-द्वार भिक्षा माँगता रह।" रघुमणि बोलीं, "जिसके खाने-पीने के दिन हैं, वह तो तपस्या कर रहा है, और मैं बुढ़िया मालामाल हो रही हूँ।"

"अरे, नानी माँ! तुम्हें बुढ़िया कहता कौन है?" स्वामी हँसे, "हम सब तो अभी बच्चे हैं, जवान तो एकमात्र तुम्हीं हो। देखो न, हम सबके पालन-पोषण का पुरुषार्थ तुम्हीं तो दिखा रही हो।"

"और कुछ सीखा हो, न सीखा हो, किंतु संन्यासियों की ठग-विद्या खूब सीख गया है।" रघुमणि भी हँसीं, "जा! यह मोहिनी किसी कन्या पर डाल, जो तेरे पीछे-पीछे डोले और तेरा योग छुड़ा दे। मुझे जवान सिद्ध करके क्या होगा!"

"अच्छा, चलता हूँ।" स्वामी हँसते हुए उठ खड़े हुए, "चलकर मोहिनी डालने के लिए नानी माँ की पसंद की कोई कन्या ढूँढ़ूँ।"

नानी के घर से तो स्वामी हँसते हुए चले आए थे, किंतु उनका मन कई दिनों तक विचलित रहा। कई बार मन में आया कि वे इन सांसारिक कठिनाइयों से सांसारिक धरातल पर ही क्यों नहीं लड़ते? आखिर वे भौतिक कष्टों का आध्यात्मिक निदान क्यों चाहते हैं? क्यों नहीं वे यह भगवा त्याग, वापस संसार में चले जाते? एक बार जुट जाएँ तो पैसा कमाना क्या कठिन है···वे जानते थे, यदि वे ऐसा कोई निर्णय कर लेते हैं, तो सिवाय मठ के भाइयों के, किसी को तनिक भी दुःख अथवा कष्ट नहीं होगा। कई लोग प्रसन्न होंगे। उनकी माँ को तो इतना हर्ष होगा कि···

किंतु सहसा उनका मन अतीत की ओर लौट गया···भगवा धारण करने से पहले भी तो उनके घर में आर्थिक कठिनाई थी। तब भी तो उन्होंने धन अर्जित करने का प्रयत्न किया था। नौकरी भी की थी। कितना धन कमा लिया था उन्होंने?···तब ही तो उन्हें अनुभूति हुई थी कि वे सामान्य सांसारिक जीवन जीने के लिए, धन कमाने, विवाह करने और संतान उत्पन्न करने के लिए इस संसार में नहीं आए हैं। उनका लक्ष्य कुछ और था।···वे ठाकुर के चरण पकड़ भगवान् की ओर बढ़े तो निर्विकल्प समाधि तक जा पहुँचे।···अध्यात्म की दृष्टि से ही वे संपन्न हुए। वे जानते हैं कि उन्हें ईश्वर ही मिल सकता है, ऐश्वर्य नहीं।···तो फिर उनका मन क्यों बार-बार सांसारिकता की ओर लौट जाता है? उनकी समझ में क्यों नहीं आता कि स्वयं ईश्वर उनकी बाँह पकड़कर सामान्य से हटकर उन्हें किसी और रास्ते पर ले जाना चाहता है?···ठाकुर ने उन्हें समझा दिया है कि उनका परिवार केवल उनकी माँ और दो भाई ही नहीं हैं।···प्रत्येक जीव में स्वयं ईश्वर ही विद्यमान है, इसलिए प्रत्येक जीव उनको अपने परिवार-जन के समान ही नहीं, स्वयं अपने समान प्रिय होना चाहिए···यह सारी धरती ईश्वर की है, चाहे कोर्ट-कचहरी के कागजों पर उसका स्वामित्व किसी के भी नाम लिखा हो। कितनी बार लोग उसे अपनी जायदाद समझकर बेचते-खरीदते रहें, किंतु रहेगी तो वह ईश्वर की ही। बेचने-खरीदने वाले संसार से चले जाते हैं···धरती तो वहीं की वहीं है···तो नानी की दो कट्ठे जमीन के बिकने से वे इतने परेशान क्यों हैं?···

तभी स्वामी को प्रमदा बाबू का पत्र मिला। प्रमदा बाबू ने उन्हें समझाकर लिखा था कि वे अपने साधना के मार्ग पर डटे रहें और इन छोटी-मोटी बातों से विचलित न होकर ईश्वर-लाभ की ओर बढ़ें···ऐश्वर्य तो लाखों लोगों के पास है, किंतु ईश्वर कितने लोगों को मिला है?···

स्वामी का मन विह्वल हो उठा। वे तत्काल पत्र लिखने बैठे :

14 जुलाई, 1889

पूज्यपाद,

आपका पत्र पाकर बड़ी प्रसन्नता हुई। इन परिस्थितियों में बहुतों ने मुझे सांसारिकता की ओर झुकने की राय दी है, परंतु आप एक सत्यनिष्ठ और वज्रहृदय पुरुष हैं। आपके उत्साह और साहसपूर्ण शब्दों से मुझे बहुत सांत्वना मिली है। यहाँ की मेरी कठिनाइयाँ करीब-करीब दूर हो गई हैं। मैंने जमीन बेचने के लिए एक दलाल नियुक्त कर रखा है, और आशा है कि वह शीघ्र ही बिक जाएगी। उस स्थिति में मैं सारी चिंताओं से मुक्त हो जाऊँगा और सीधे आपके पास वाराणसी पहुँचूँगा।

आपका
नरेन्द्रनाथ

रामकृष्णानन्द एक आगंतुक को लेकर आए, ''भाई नरेन! ये वराहनगर के पंडित जी आए हैं। तुमसे कुछ चर्चा करना चाहते हैं।''

''आइए, पंडित जी!'' स्वामी ने अपनी चटाई पर आगंतुक के लिए स्थान बनाया।

''आप स्वस्थ तो हैं न?'' पंडित जी ने बैठते हुए बहुत संकुचित भाव से पूछा, ''मैं पहले भी एक बार आया था, पता चला कि आप अस्वस्थ हैं।''

''हाँ! पिछले दिनों कुछ अस्वस्थ था।'' स्वामी बोले, ''डेढ़ महीना स्वस्थ रहकर दस दिन पहले फिर ज्वरग्रस्त हो गया था। अब ठीक हूँ। आप कहिए!''

''आपको कष्ट तो नहीं होगा?'' पंडित जी अब भी संकुचित थे।

''नहीं! कष्ट की क्या बात है, आप कहिए!'' स्वामी के अधरों पर एक स्वस्थ मुस्कान थी।

''स्वामी जी! जाति का आधार गुण-धर्म है या वंश-परंपरानुगत? और उसका प्रमाण क्या है?'' पंडित जी ने पूछा।

''पंडित जी! शंकराचार्य ने वेदांत-सूत्रों के भाष्य में स्मृति के उदाहरण के रूप में महाभारत का प्रमाण दिया है।'' स्वामी बोले, ''महाभारत के वन-पर्व के अजगरोपाख्यान तथा उमा-महेश्वर संवाद में तथा भीष्म-पर्व में जाति का आधार गुण है, वंशानुक्रम नहीं···'' स्वामी ने जैसे कुछ स्मरण किया और बोले, ''देखिए! नहुष-रूपी सर्प युधिष्ठिर से पूछता है, 'राजा युधिष्ठिर! यह बताओ कि ब्राह्मण कौन है और उसके लिए जानने योग्य तत्त्व क्या है?' युधिष्ठिर उत्तर देता है, 'नागराज! जिसमें सत्य, दान, क्षमा, सुशीलता, अनृशंसता, तपस्या और दया—ये सद्‌गुण दिखाई देते हों, वही ब्राह्मण कहा गया है :

'सत्यं दानं क्षमा शीलमानृशंस्यं तपो घृणा।
दृश्यन्ते यत्र नागेन्द्र स ब्राह्मण इति स्मृतः।।'

सर्प पुनः कहता है, 'युधिष्ठिर! सत्य एवं प्रमाणभूत ब्रह्म तो चारों वर्णों के लिए हितकर है। सत्य, दान, अक्रोध, क्रूरता का अभाव, अहिंसा और दया आदि सद्‌गुण तो शूद्र में भी रहते हैं।' युधिष्ठिर उत्तर में कहता है, 'यदि शूद्र में सत्य आदि उपर्युक्त लक्षण हैं और ब्राह्मण में नहीं हैं, तो वह शूद्र, शूद्र नहीं है और वह ब्राह्मण, ब्राह्मण नहीं है। सर्प! जिसमें ये सत्य आदि लक्षण विद्यमान हों, वह ब्राह्मण माना गया है और जिसमें इन लक्षणों का अभाव हो, उसे शूद्र कहना चाहिए।' सर्प कहता

है, 'आयुष्मन् नरेश! यदि आचार से ही ब्राह्मण की परीक्षा की जाए, तब तो जब तक उसके अनुसार कर्म न हो, जाति व्यर्थ ही है।' युधिष्ठिर ने उत्तर दिया, 'जो तत्त्वदर्शी विद्वान् हैं, वे शील को ही प्रधानता देते हैं और उसे ही अभीष्ट मानते हैं। जब बालक का जन्म होता है, तब नालच्छेदन के पूर्व उसका जातकर्म संस्कार किया जाता है। उसमें उसकी माता सावित्री कहलाती है और पिता आचार्य। जब तक बालक का संस्कार करके उसे वेद का स्वाध्याय न कराया जाए, तब तक वह शूद्र के ही समान है। जाति-विषयक संदेह होने पर स्वायंभुव मनु ने यही निर्णय दिया है। नागराज! यदि वैदिक संस्कार करके वेदाध्ययन करने पर भी ब्राह्मणादि वर्णों में अपेक्षित शील और सदाचार का उदय नहीं हुआ, तो उसमें प्रबल वर्ण-संकरता है, ऐसा विचारपूर्वक निश्चय किया गया है। महासर्प! भुजंगप्रवर! इस समय जिसमें संस्कार के साथ-साथ सदाचार की उपलब्धि हो, वही ब्राह्मण है।' "

पंडित जी कुछ देर तक मौन बैठे स्वामी के कथन पर मनन करते रहे, और फिर जैसे उससे संतोष न हुआ हो। बोले, "यह केवल एक ही स्थान पर है या अन्यत्र भी कहीं ऐसा वर्णन है?"

"महाभारत में ही शांति-पर्व में भी उमा-महेश्वर संवाद में ऐसी चर्चा है।" स्वामी बोले, "उसमें महादेव पार्वती से कहते हैं, 'देवि! शूद्र भी यदि जितेन्द्रिय होकर, पवित्र कर्मों के अनुष्ठान से अपने अंतःकरण को शुद्ध बना लेता है, वह द्विज की ही भाँति सेव्य होता है—यह साक्षात् ब्रह्मा जी का कथन है। मेरा तो ऐसा विचार है कि शूद्र के स्वभाव एवं कर्म दोनों ही उत्तम हों, तो वह द्विज से भी बढ़कर मानने योग्य है। ब्राह्मणत्व की प्राप्ति न तो केवल योनि, न संस्कार, न शास्त्र-ज्ञान और न संतति ही के कारण है। ब्राह्मणत्व का प्रधान हेतु तो सदाचार ही है। लोक में यह सारा ब्राह्मण संप्रदाय सदाचार से ही अपने पद पर बना हुआ है। सदाचार में स्थित रहने वाला शूद्र भी ब्राह्मणत्व को प्राप्त हो सकता है। ब्रह्म का स्वभाव सर्वत्र समान है। जिसके भीतर उस निर्गुण और निर्मल ब्रह्म का ज्ञान है, वही वास्तव में ब्राह्मण है, ऐसा मेरा विचार है।' "

"क्या वेद भी ऐसा ही कहते हैं?" पंडित जी ने पूछा।

"वेदों के पुरुषसूक्त के अनुसार जाति-विभाग वंश-परंपरानुगत नहीं है।" स्वामी ने कहा।

"तो वेदों में कहीं अन्यत्र यह वर्णन है कि वर्ण-विभाजन वशं-परंपरानुगत है?" पंडित जी ने पुनः प्रश्न किया।

स्वामी ने तत्काल उत्तर नहीं दिया। वे सोचते रहे।

"आपने बताया नहीं!" पंडित जी ने याद दिलाया।

"क्षमा कीजिएगा, मैं स्मरण करने का प्रयत्न कर रहा था," स्वामी ने किंचित् मुस्कराकर कहा, "किंतु मुझे स्मरण नहीं आया कि कहीं ऐसा वर्णन है क्या।..."

"तो मैं मान लूँ कि ऐसा नहीं है? वेद, वर्ण और जाति को वंश-परंपरा से नहीं, गुण से मानते हैं?" पंडित जी ने पुष्टि चाही।

"मेरे विचार से तो यही माना जाना उचित है।" स्वामी बोले।

"अच्छा! मैं चलता हूँ। कष्ट के लिए क्षमा कीजिएगा।" पंडित जी ने हाथ जोड़ नमस्कार किया और चले गए।

रामकृष्णानन्द कमरे में लौट आए, "क्या जिज्ञासा थी पंडित जी की?"

"वर्ण-व्यवस्था के विषय में जानना चाहते थे कि वह गुणों से है, या वंश-परंपरा से?"

"ओह!" रामकृष्णानन्द हँसे, "इनकी यह जिज्ञासा धर्म-चर्चा के लिए नहीं है।"

"तो?"

"इनका पुत्र इतर जाति की कन्या से विवाह करना चाहता है, इसलिए शास्त्र का आधार ढूँढ़ रहे हैं!"

"ओह! यह तो उनकी बड़ी व्यावहारिक समस्या है।" स्वामी बोले, "फिर भी मैं उनकी प्रशंसा करूँगा कि ऐसी व्यावहारिक समस्या के उठने पर पंडित जी के मन में यह प्रश्न तो उठा कि समाज की इन मान्यताओं के पीछे धर्मशास्त्र की सहमति है या नहीं। उन्होंने रूढ़ियों को चुपचाप सिर झुकाकर धर्म के रूप में तो स्वीकार नहीं कर लिया। शशि!" स्वामी ने रामकृष्णानन्द की ओर देखा, "पंडित जी ने इन प्रश्नों से मेरे अपने मन में अनेक जिज्ञासाएँ उठ खड़ी हुई हैं।"

"क्या?"

"शंकराचार्य अपने वेदांत-सूत्रों के भाष्य में जहाँ कहीं स्मृति का उदाहरण देते हैं, वहाँ वे प्रायः महाभारत का प्रमाण देते हैं," स्वामी बोले, "तो महाभारत में इस प्रकार के प्रमाण पाकर कि वर्ण का आधार गुण है, वंश नहीं, इसका उल्लेख उन्होंने अपने अन्य ग्रंथों में कहीं किया है?···और फिर वेदों में कहाँ उल्लेख है कि वर्ण का आधार वंश-परंपरा है?" स्वामी ने रुककर रामकृष्णानन्द को देखा, "इतना ही नहीं।···शंकराचार्य ने वेदों से इस बात का कोई प्रमाण नहीं निकाला कि शूद्र वेदाध्ययन के अधिकारी नहीं हैं। उन्होंने केवल 'यज्ञेऽनवक्लृप्तः' का प्रमाण इसलिए दिया है कि जब शूद्र यज्ञ करने का अधिकारी नहीं है, तो अवश्य ही उपनिषदादि पढ़ने का भी उसे अधिकार नहीं है। परंतु उन्हीं आचार्य ने 'अथातो ब्रह्मजिज्ञासा' की व्याख्या करते हुए 'अथ' के अर्थ के संबंध में कहा है कि उसका अभिप्राय 'वेदाध्ययन के प्रश्चात्' नहीं है, क्योंकि पद प्रमाण के विरुद्ध पड़ता है कि संहिता और ब्राह्मण भाग का अध्ययन किए बिना उपनिषद् नहीं पढ़े जा सकते और साथ ही वैदिक कर्मकांड और वैदिक ज्ञानकांड में कोई पूर्वापर भाव नहीं है। इससे यह स्पष्ट है कि वेदों के कर्मकांडीय ज्ञान के बिना भी किसी को उपनिषद् पढ़कर ब्रह्म ज्ञान प्राप्त हो सकता है। अतएव यदि कर्मकांड और ज्ञानकांड में कोई पूर्वापर संबंध नहीं है, तो शूद्रों के विषय में 'न्यायपूर्वकम्' आदि वाक्यों द्वारा आचार्य क्यों अपने वाक्यों को ही खंडित कर रहे हैं? शूद्र को उपनिषदों का अध्ययन क्यों नहीं करना चाहिए?···"

रामकृष्णानन्द खड़े स्वामी को देखते रहे, जैसे स्वामी का कथन अभी पूरा न हुआ हो।···

"बता!" स्वामी ने कहा।

"मुझसे पूछ रहे हो? मैंने सोचा, तुम अभी मुझे बताओगे!" रामकृष्णानन्द हँसे, "अच्छा! जब उत्तर मिल जाए, तो मुझे भी बता देना।"

रामकृष्णानन्द कमरे से बाहर चले गए।

स्वामी कमरे में इधर-उधर टहलते हुए कुछ सोचते रहे।···और सहसा किसी निश्चय पर पहुँचकर वे कागज-कलम लेकर प्रमदा बाबू को पत्र लिखने बैठ गए :

वराहनगर, कलकत्ता,
17 अगस्त, 1889

पूज्यपाद,

मेरे जिन अनेक प्रश्नों के आपने उत्तर लिख भेजे हैं, उनमें से एक से संबंधित मेरा भ्रम दूर हो गया है। इसके लिए मैं आपका चिर अनुगृहीत रहूँगा। इन प्रश्नों में एक और यह था कि क्या भगवान् शंकराचार्य ने गुण-कर्मानुसार जाति-विभाग

पर, जिसका उल्लेख महाभारत आदि पुराणों में हुआ है, अपना स्पष्ट निर्णय दिया है? यदि दिया है, तो वह कहाँ मिलेगा? मुझे इसमें संदेह नहीं है कि इस देश की प्राचीन रूढ़ि के अनुसार जाति-विभाग जन्म के अनुसार होता आया है और इसमें भी संदेह नहीं कि समय-समय पर शूद्रों के साथ उससे भी अधिक अत्याचार किया जाता रहा होगा, जितना स्पार्टा के लोगों ने वहाँ के हेलट्स के साथ किया और आज भी अमरीका में हब्शियों के साथ किया जाता है। जाति-पाँति के विषय में किसी भी वर्ग के प्रति मेरे मन में पक्षपात नहीं है, क्योंकि मैं जानता हूँ कि यह एक सामाजिक नियम है और गुण एवं कर्म के भेद पर आधारित है। यदि कोई नैष्कर्म्य और निर्गुणत्व को प्राप्त करना चाहता है, तो उसे अपने मन में किसी प्रकार का जाति-भेद रखना हानिकर है। इन मामलों में गुरु के प्रसाद से मेरे कुछ निश्चित विचार हैं, परंतु यदि मैं आपके विचार जान सकूँ, तो मैं उनके आधार पर अपने कुछ मतों की परिपुष्टि कर सकूँगा और शेष का संशोधन। मधुमक्खी के छत्ते को बाँस से बिना कोंचे शहद नहीं टपक सकता। अतः मैं आपसे कुछ प्रश्न और करूँगा। मुझको अज्ञ और बालक समझकर बिना किसी प्रकार का क्रोध किए कृपया यथार्थ उत्तर देंगे :

1. वेदांत-सूत्र में जिस मुक्ति का वर्णन हुआ है, क्या उसमें और अवधूत गीता तथा अन्य ग्रंथों में वर्णित निर्वाण में कोई भेद है?

2. यदि जगद्व्यापार वर्जं प्रकरणादसंनिहितत्वाच्च इस सूत्र के अनुसार किसी को पूर्ण ईश्वरत्व प्राप्त नहीं होता, तो निर्वाण का वास्तव में क्या अर्थ है?

3. यह कहा जाता है कि चैतन्यदेव ने सार्वभौम से पुरी में कहा, 'मैं व्यास के सूत्रों को समझता हूँ। वे द्वैतात्मक हैं, परंतु भाष्यकारों ने उन्हें अद्वैतात्मक बना दिया है। यह बात समझ में नहीं आती।' क्या यह सच है?

4. यदि परमात्मा प्राणियों के शुभ-अशुभ कर्मों के अनुसार ही उन्हें जन्म देता है, तो फिर उसकी उपासना से हमें क्या लाभ? नरेशचंद्र का एक सुंदर गीत है जिसमें कहा गया है, 'माता, जो कुछ भाग्य में लिखा है, यदि उसका होना अवश्यम्भावी है, तो फिर दुर्गा के पवित्र नाम को लेकर हम प्रार्थना क्यों करें?'

5. यदि वेद नित्य हैं, तो फिर इन कथाओं में कहाँ तक सत्य है कि धर्म की यह विधि द्वापर के लिए है और यह कलियुग के लिए?

6. जिस परमात्मा ने वेदों का निर्माण किया, उसी ने फिर बुद्धावतार धारण कर उनका खंडन किया। इन धर्मानुदेशों में से किसका अनुगमन किया जाए? इनमें से किसको प्रमाणस्वरूप माना जाए?

7. वेदांत-सूत्र में व्यास का यह स्पष्ट कथन है कि वासुदेव संकर्षणादि चतुर्व्यूह उपासना ठीक नहीं। फिर वे ही व्यास भागवत में इसी उपासना के गुणानुवाद गाते हैं। क्या व्यास पागल थे?

इनके अतिरिक्त मेरी और बहुत-सी शंकाएँ हैं। उनके समाधान की आशा से मैं भविष्य में उन्हें आपके सम्मुख उपस्थित करूँगा। इस प्रकार के प्रश्न बिना आमने-सामने बैठे ठीक से प्रस्तुत नहीं किए जा सकते, और न प्रत्याशित समाधान ही उपलब्ध हो सकता है। अतएव मेरी इच्छा है कि गुरुकृपा से मैं जब निकट भविष्य

में आपसे मिलूँगा, उसी समय वे सब प्रश्न करूँगा।

मैंने ऐसा भी सुना है कि बिना आध्यात्मिक साधना में आंतरिक प्रगति हुए, इन विषयों पर केवल युक्ति आदि के बल से किसी निर्णय पर पहुँचना असंभव है। पर शुरू में कम-से-कम परिभाषा आदि में कुछ तो समाधान होना चाहिए।

आपका

नरेन्द्र

52

इलाहाबाद में चौक की एक गली में स्वामी ने गोविन्दचन्द्र बसु का द्वार खटखटाया। अधेड़ वय के एक व्यक्ति ने कपाट खोले।

''कहिए!''

''क्या गोविन्द्रचन्द्र बसु महाशय का घर यही है?'' स्वामी ने बँगला में पूछा।

''जी, आप?'' उस व्यक्ति ने भगवा वस्त्र देखकर कुछ भाँपा, लेकिन अपनी ओर से कुछ कहा नहीं।

''मैं विविदिषानंद हूँ, योगानन्द का गुरुभाई।''

''योगानन्द तो आपको कभी इस नाम से स्मरण करते ही नहीं।'' उस व्यक्ति ने एक ओर हटकर स्वामी के प्रवेश के लिए मार्ग बना दिया, ''वे तो सदा आपको नरेन्द्र ही कहते हैं।''

''कैसा है वह?'' स्वामी ने पूछा, ''उसके रोग के कारण आपको बहुत असुविधा तो नहीं हो रही?''

''असुविधा कैसी? यह तो हमारा सौभाग्य है कि हमें ऐसे सात्त्विक लोगों की सेवा करने का कुछ अवसर मिला।''

वे सज्जन रास्ता दिखाते हुए स्वामी को योगानन्द के पास ले आए।

योगानन्द ने स्वामी को देखा तो चारपाई पर उठकर बैठ गए, ''अरे, नरेन, तुम आ गए? मुझे तो सूचना मिली थी कि तुम मठ में नहीं हो?''

''तुम्हारी सूचना ठीक है।'' स्वामी ने कहा, ''किंतु पहले तुम अपना हाल बताओ। मैं बिना अधिक जानकारी लिए जल्दी में ही चला आया हूँ।''

''मैं अब प्रायः ठीक हूँ।'' योगानन्द मुस्करा रहे थे।

''तुम ठीक हो तो फिर मुझे ऐसी सूचनाएँ क्यों भेजीं जिनसे मैं घबराकर यहाँ चला आया?''

''आरंभ में तो इनके रोग का ठीक-ठीक निदान नहीं हुआ था,'' गृहस्वामी बोले, ''तब मैं भी बहुत घबरा गया था, किंतु जब यह मालूम हुआ कि यह चेचक नहीं है केवल छोटी माता है, जिसे चिकनपाक्स कहते हैं, तो मुझे भी अधिक चिंता नहीं रही।''

''डॉक्टर बहुत अच्छे व्यक्ति हैं।'' योगानंद ने कहा, ''और बसु महाशय के परिवार ने भी बहुत सेवा की है। अब तो दो-एक दिनों में शायद मुझे बाहर जाने की अनुमति भी मिल जाएगी।'' उसने स्वामी की ओर देखा, ''तुम कहाँ थे?''

स्वामी उठ खड़े हुए और कमरे में टहलते-से बोले, ''मेरा मन कलकत्ता में एकदम नहीं लग

रहा था। तुम सब लोग तो ऋषियों की तपोभूमि हिमालय और देश के पवित्र तीर्थस्थलों में घूमो-फिरो और तपस्या करो और मैं अपने घर के पास बैठा, अपनी माता और भाइयों की माया में बँधा पड़ा रहूँ।···मैं तो कब से वाराणसी जाने के लिए तड़प रहा था। पिछले वर्ष फरवरी के आरंभ में वराहनगर से निकला था कि आँटपुर होते हुए कामारपुकुर के दर्शन कर वाराणसी चला जाऊँगा···और देखो, वर्ष-भर होने को आया है और मैं वाराणसी नहीं पहुँच सका। हर दूसरे, चौथे दिन प्रमदा बाबू को पत्र लिखता हूँ कि दो-चार दिनों में वाराणसी पहुँच रहा हूँ, किंतु फिर कुछ ऐसा हो जाता है कि मैं वाराणसी नहीं पहुँच पाता। शायद भगवान् विश्वनाथ और माँ अन्नपूर्णा की इच्छा नहीं है कि मैं अभी वाराणसी जाऊँ।'' स्वामी घूमकर योगानन्द के सामने आ खड़े हुए, ''इस बार भी कलकत्ता से निकला था कि वैद्यनाथ धाम के रास्ते वाराणसी जाऊँगा···और तुम्हारी अस्वस्थता की सूचना पाकर यहाँ चला आया।···''

''मैं अब ठीक हूँ।'' योगानन्द बोले, ''अधिक-से-अधिक एक सप्ताह और लगेगा। बस! तब हम दोनों ही वाराणसी चले चलेंगे।''

स्वामी ने जैसे योगानन्द की बात सुनी ही नहीं, ''हाथरस में तारक के साथ वाराणसी का एक संन्यासी आया था। वह तारक से इसलिए रुष्ट था कि तारक ने अपने एक गुरुभाई की सेवा और सहायता के लिए, अपना तीर्थ-दर्शन का संकल्प क्यों छोड़ दिया। उसका कहना था कि यह तो सांसारिक मोह-माया में उलझकर ईश्वर को भुला देने जैसी ही बात है···।''

''तुम्हें इस समय वह संन्यासी कैसे याद आ गया?'' योगानन्द ने पूछा।

''मैं भी बार-बार काशी जाने का संकल्प कर, किसी-न-किसी कारण से रुक जाता हूँ, इसलिए प्रमदा बाबू भी मुझे उसी प्रकार के संकेत दे रहे हैं।'' स्वामी ने कहा, ''वे मुझे संन्यासी के धर्म का उपदेश दे रहे हैं और कह रहे हैं कि संन्यासी के मन में आसक्ति नहीं होनी चाहिए। संन्यासी का मन कठोर होना चाहिए, उसे कोमल होने का कोई अधिकार नहीं है···''

''तुम उनसे सहमत हो?'' योगानन्द ने पूछा।

''मैं उनसे सहमत कैसे हो सकता हूँ!'' स्वामी बोले, ''मैं तो मानव-सेवा को आध्यात्मिक साधना के रूप में स्वीकार करना चाहता हूँ।···''

''यही तो मैं भी सोचता हूँ।'' योगानन्द ने सहमति जताई, ''यदि तुमने प्रमदा बाबू के सिद्धांतों को स्वीकार कर लिया होता, तो तुम्हें इतने लंबे समय तक ठाकुर की सेवा करने की भी आवश्यकता नहीं थी। जब वे रुग्ण होकर काशीपुर में कष्ट पा रहे थे, तुम्हें हिमालय की किसी ऊँची चोटी पर चढ़कर ध्यान करना चाहिए था।''

स्वामी जोर से हँसे, ''तुमने मेरा मन हलका कर दिया योगीन! चलो! तुम्हारे पास आना भी सार्थक हुआ।''

''बलराम बसु का क्या हाल है?'' योगानन्द ने पूछा।

''अस्वस्थ हैं।'' स्वामी ने बताया, ''डॉक्टरों ने हवा-पानी बदलने का परामर्श दिया है, और वे हवा-पानी बदलने के लिए भी कोई स्वास्थ्यवर्धक सस्ता-सा स्थान खोज रहे हैं···यह नहीं कि कुछ पैसे खर्च कर अपना स्वास्थ्य सँभाल लें। ठाकुर ठीक ही हँसा करते थे उन पर।'' स्वामी को जैसे कुछ स्मरण हो आया, ''उन्होंने पत्र में मुझे लिखा, यदि वैद्यनाथ धाम की जलवायु स्वास्थ्यवर्धक हो, तो वे वहाँ आ जाएँ, क्योंकि उन्होंने सुन रखा था कि वह सस्ता स्थान है।···''

''तो तुमने क्या लिखा?''

"मैंने लिखा कि वायु तो अच्छी है, किंतु जल में शायद कुछ खनिज पदार्थ अधिक ही हैं, इसलिए वहाँ जाते ही मुझे अपच की शिकायत हो जाती है।" स्वामी ने कहा, "इसलिए वे वहाँ न जाएँ। उत्तर में उन्होंने लिखा कि यदि भगवान् की इच्छा होगी तो वे बिना किसी महँगे स्थान पर गए भी स्वस्थ हो जाएँगे।…मैंने लिखा कि यदि वे भगवान् पर इतने ही निर्भर हैं तो अस्वस्थ होने पर डॉक्टर को क्यों बुलाते हैं? भगवान् पर भरोसा कर, चुपचाप पड़े क्यों नहीं रहते? भगवान् भी तो उन्हीं लोगों की सहायता करते हैं, जो स्वयं अपने पैरों पर खड़े होने का प्रयत्न करते हैं।…पर बलराम बसु तो बलराम बसु ही हैं। पड़े रहेंगे वहीं, पैसा बचाते रहेंगे और अपने स्वास्थ्य का क्षय करते रहेंगे।…"

गोविन्दचंद्र बसु ने कमरे में प्रवेश किया। उनके पीछे-पीछे उनका नौकर था, जिसके हाथ में चाय इत्यादि का सामान था।

"यह तो अच्छी रही," स्वामी बोले, "आप सोचते होंगे कि ये कैसे भले लोग हैं। एक रुग्ण हुआ तो उसकी सेवा की। अब एक उसकी सेवा करने के बहाने से आकर जम गया।…"

"नहीं, ऐसी तो कोई बात नहीं है।" गोविन्द बाबू बोले, "हम तो यह सोचते हैं कि हमारा कैसा सौभाग्य है कि एक साधु ने रोग का कष्ट सहन कर हमें सेवा का अवसर प्रदान किया। उसी सेवा के पुण्य से आपके चरण हमारे घर में पड़े। नहीं तो हम कभी कल्पना भी नहीं कर सकते थे कि आप कभी हमारे घर में आएँगे।"

"ओह-हो-हो!" स्वामी हँस पड़े, "आप यदि इसे अपना सौभाग्य मानते हैं, तो मैं और मेरे गुरुभाई ऐसा सौभाग्य आपको बार-बार प्रदान कर सकते हैं। हम लोगों को तो रुग्ण होने का रोग है।…हमारे गुरु भी उदर-रोग से सदा पीड़ित रहते थे और अंतिम दिनों में तो उन्होंने बहुत ही कष्ट पाया।"

"भगवान् न करे कि कोई रोग आप जैसे लोगों के निकट आए, पर स्वामी जी!" गोविन्द बाबू का स्वर जिज्ञासामय हो गया था, "मैं कई बार सोचता हूँ कि भगवान् अपने भक्तों को इतना कष्ट क्यों देता है। आप जैसी निर्मल आत्माओं के निकट आने का साहस तो रोग-शोक में होना ही नहीं चाहिए।…मेरे तो कुछ मित्र यह मानते हैं कि आध्यात्मिक व्यक्तियों का पहला लक्षण यही है कि उन्हें रोग-शोक नहीं सताते।"

"तो वे यह भी मानते होंगे कि जो रुग्ण हो जाता है, वह आध्यात्मिक व्यक्ति नहीं हो सकता?" स्वामी ने हँसकर पूछा।

"ऐसा विचार उन्होंने मेरे सामने तो प्रकट किया नहीं है।" गोविन्द बाबू बोले, "किंतु उस विचार की तर्कसंगत परिणति तो यही है।…लीजिए चाय!" उन्होंने चाय का प्याला स्वामी की ओर बढ़ाया।

"देखिए! जहाँ तक मैं समझता हूँ, आध्यात्मिक साधना न तो मनुष्य के शरीर का धर्म बदलती है और न ही प्रकृति के नियमों को।" स्वामी गंभीर हो गए थे, "आध्यात्मिक साधना तो प्रयत्न है, शरीर रहते वह सब देखने, पाने तथा समझने का, जिसको देखने, पाने तथा समझने के मार्ग की बाधा हैं हमारी ज्ञानेन्द्रियाँ। देखिए, है न ईश्वर की माया…जिन्हें ज्ञानेन्द्रियाँ कहा जा रहा है, वे यंत्र वस्तुतः सत्य को छिपाने का माध्यम हैं। मेरे मन में एक कल्पना जागती है गोविन्द बाबू!"

"क्या?"

"आप एक गरुड़ को पकड़कर, उसके शरीर पर कागज इत्यादि के बनाए गए पंख इस प्रकार

चिपका दीजिए, जिससे उसके ईश्वर-प्रदत्त पंख न केवल ढक जाएँ, छिप जाएँ, वरन् चिपक भी जाएँ, और उस गरुड़ को समझा दीजिए कि उसे कागज के उन पंखों से ही उड़ना है। क्या वह उड़ पाएगा?''

''नहीं।'' गोविन्द बाबू निश्चयात्मक स्वर में बोले।

''वह कल्पना भी नहीं कर पाएगा कि कागज के वे पंख उसकी शक्ति नहीं, उसका बंधन हैं।'' स्वामी बोले, ''परिणामतः उसके मन में न अपने वास्तविक पंखों का ज्ञान जन्म लेगा, न कागज के पंखों से उसका मोह टूटेगा। वह अपनी वास्तविक शक्ति को भूला रहेगा, कागज के उन पंखों से प्रेम करता रहेगा, उनकी देखभाल करेगा, उनसे प्यार करेगा और उनमें मग्न रहेगा। न आकाश की ऊँचाई पर उड़ पाएगा और न अपने गरुड़-रूप को पहचान पाएगा। वह पृथ्वी पर अधिक-से-अधिक एक मुर्गी के समान उड़ेगा और उसी उड़ान को अपनी उपलब्धि मानेगा।...ठीक उसी प्रकार,'' स्वामी ने गोविन्द बाबू की ओर देखा, ''मनुष्य भी अपनी आत्मा की विराटता और उसके ईश्वरत्व को भूलकर अपने शरीर से अपना तादात्म्य कर एक साधारण सीमित शक्ति वाले जंतु के समान अपने उस शरीर पर मुग्ध होता रहता है। उसके सुख के लिए प्रयत्न करता है। उसकी सीमाओं को अपनी सीमाएँ मानता है और उनका बंदी बनकर पंगु जीवन जीता है।''

''स्वामी जी! यदि सारे बंधन शरीर के ही कारण हैं,'' गोविन्द बाबू बोले, ''तो फिर व्यक्ति को आत्महत्या कर लेनी चाहिए। शरीर छूटा और आत्मा की मुक्ति हुई।''

''नहीं!'' स्वामी का स्वर अत्यंत दृढ़ था, ''आप ध्यान दीजिए कि उस गरुड़ का बंधन, कागज का पंख नहीं है। उसका बंधन तो उसकी मोहग्रस्त बुद्धि या उसका मोह है, जो यह मानता है कि वह कागज ही उसका पंख है। यदि कोई उसके कागज के पंख फाड़ दे, तो वह अपने वास्तविक पंखों की ओर ध्यान देकर उनसे उड़ने का प्रयत्न नहीं करेगा, वह कागज के उन कृत्रिम पंखों के लिए तड़पता रहेगा, उनके अभाव से पीड़ित होगा और उन्हें पुनः प्राप्त करने का जी-तोड़ प्रयत्न करेगा।''

गोविन्द बाबू स्वामी की ओर देखते रहे, कुछ बोले नहीं।

''इसलिए आवश्यक यह है कि गरुड़ के कागज के पंख छूटें न छूटें, उसका मोह दूर हो। उसकी बुद्धि स्वच्छ हो। उसको अपने वास्तविक स्वरूप का ज्ञान हो।'' स्वामी बोले, ''ऐसा होते ही कागज के पंखों के प्रति उसका मोह दूर हो जाएगा। वह अपने वास्तविक पंखों को खोलने का प्रयत्न करेगा। धरती पर कुक्कुट के समान रेंगने के स्थान पर आकाश की ऊँचाइयों में उड़ने का प्रयत्न करेगा। उस प्रक्रिया में वह कागज के उन पंखों के बंधन तोड़ने का प्रयत्न करेगा। कागज फट भी जाएगा, तो वह उनकी चिंता नहीं करेगा।...'' स्वामी ने गोविन्द बाबू पर अपनी दृष्टि टिकाई, ''अध्यात्म का साधक वैसा गरुड़ है, जिसका मोह कुछ भंग हो गया है, कुछ हो रहा है। उसे अपने स्वरूप का कुछ-कुछ आभास मिल रहा है। वह आकाश की ऊँचाइयों में उड़ने को आतुर है। वह अपने वास्तविक पंखों को खोलने और सक्रिय करने में इस प्रकार प्रयत्नशील है कि कागज के पंखों, अर्थात् अपने इस भौतिक शरीर के प्रति उसका तनिक भी मोह नहीं रह गया है। वह इसकी सीमाओं का अतिक्रमण करता है, इसे तपाता है, इसके सुखों को सायास नष्ट करता है।...ऐसे में यदि उसका शरीर जीर्ण-शीर्ण हो जाता है, रोग उसे घेर लेता है, तो आश्चर्य ही क्या?...''

गोविन्द बाबू का मुख और नयन कुछ इस प्रकार खुल गए, जैसे उन्होंने अभी-अभी कोई चमत्कार देखा हो। बोले, ''आप अद्भुत हैं स्वामी जी! स्वामी योगानन्द आपकी ठीक ही प्रशंसा

करते थे···वरन् कम ही करते थे।'' उनकी वाणी में उत्साह भर आया, ''मैं आज ही प्रबंध करता हूँ कि कुछ भले आदमी आएँ और आपकी वाणी सुनें। अपनी तृष्णा मिटाएँ···।''

''अरे! अरे गोविन्द बाबू! मैं न यहाँ प्रचार-कार्य के लिए आया हूँ, न शिष्य बनाने।'' स्वामी मुस्कराए, ''मैं तो अपने अस्वस्थ गुरुभाई की देखभाल के लिए आया था। योगीन अब ठीक है। इसलिए मुझे दो-चार दिनों में इसे साथ लेकर आगे बढ़ जाना चाहिए।···''

''नहीं, स्वामी जी! यह नहीं होगा।'' गोविन्द बाबू बोले, ''मैं यह नहीं होने दूँगा। जो व्यक्ति गंगा-तट पर जाकर गंगा-स्नान नहीं कर पाता, वह स्वयं को अभागा मानता है, और यहाँ तो गंगा स्वयं चलकर मेरे द्वार पर आई है। अब आप चाहते हैं कि मैं और मेरे इष्ट मित्र प्यासे ही रह जाएँ!''

''गोविन्द बाबू! मैं गंगा नही हूँ। इतना महत्त्व मुझे न दीजिए।'' स्वामी बोले, ''पर यदि आप मेरी उपमा जल-धारा से ही देना चाहते हैं, तो याद रखिए, 'बहता पानी, रमता जोगी।' नदी किनारों को उतना ही सींचती है, जितना अपना मार्ग बनाने के लिए आवश्यक है।''

''उतना ही सही!'' गोविन्द बाबू हँसे, ''न आपकी राह रुके, न हम प्यासे मरें।'' गोविन्द बाबू कुछ इस प्रकार रुके, जैसे विषय बदलना चाहते हों, ''स्वामी जी! आपका पवहारी बाबा के विषय में क्या विचार है?''

''पवहारी बाबा!'' स्वामी ने कुछ स्मरण करने का प्रयत्न किया, ''मेरा विचार है कि मैंने दक्षिणेश्वर में एक बार उनका नाम सुना है। वे गाजीपुर में गंगा-तट पर रहते हैं। वही न?···''

''हाँ, स्वामी जी, वे ही।'' गोविन्द बाबू बोले, ''वे एक अद्भुत संत हैं। वे इसी क्षेत्र के रहने वाले हैं। अपने चाचा के पास यहीं रहा करते थे। कहा जाता है कि उन्होंने व्याकरण, न्याय तथा अपने संप्रदाय के धर्मग्रंथों का बड़े श्रम से अध्ययन किया है। उन्हें तमिल और बँगला का भी अच्छा ज्ञान है। उन्होंने सारे भारत का भ्रमण किया है। कहा जाता है कि काठियावाड़ में गिरनार पर्वत की चोटी पर ही वे सर्वप्रथम व्यावहारिक योग के रहस्यों में दीक्षित हुए थे। उनके विषय में एक कथा प्रसिद्ध है,'' स्वामी की उत्सुकता देखकर गोविन्द बाबू बोलते गए, ''एक बार एक चोर उनके आश्रम में चोरी करने घुसा, परन्तु इस संत को देखते ही, वह भयभीत हो, चुराए हुए सामान की गठरी वहीं फेंककर भागा। ये संत वह गठरी लिए, उस चोर के पीछे मीलों दौड़कर उसके पास जा पहुँचे। उन्होंने गठरी, चोर के पैरों पर रखकर, हाथ जोड़ प्रणाम किया और इस बात के लिए सजल नेत्रों से क्षमा-याचना की कि उसके उस चोरी के कार्य में वे बाधक हुए। फिर वे बड़ी कातरता के साथ उससे कहने लगे, 'तुम यह सब सामान ले लो, क्योंकि यह तुम्हारा ही है, मेरा नहीं।' ''

स्वामी ने कुछ कहा नहीं, किंतु स्पष्ट रूप से पवहारी बाबा के विषय में उनकी रुचि जाग गई थी, ''सोचता हूँ कि बनारस के पश्चात् मैं गाजीपुर भी जाऊँ।''

''वैसे तो आप जो उचित समझें, वही करें।'' गोविन्द बाबू बोले, ''किंतु एक बात अवश्य कहना चाहूँगा।···''

''क्या?'' स्वामी ने पूछा।

''बनारस जहाँ है, वहीं रहेगा,'' गोविन्द बाबू बोले, ''किंतु पवहारी बाबा के विषय में यह नहीं कहा जा सकता। वृद्ध तो वे हैं ही, कठोर तपस्या भी वे कर ही रहे हैं···पर वैसे भी ऐसे संतों को न शरीर से मोह होता है, न प्राणों से। वे कब अपने प्राण त्याग देंगे, यह किसी को पता नहीं

है।'' गोविन्द बाबू कुछ रुके, ''मैंने विश्वस्त व्यक्तियों से यह कथा सुनी है कि एक बार एक काले साँप ने उन्हें काट लिया। उनके मित्रों ने कई घंटों तक यही सोचा कि वे देह छोड़ गए हैं, किंतु अंत में वे सचेत होकर उठ बैठे। मित्रों ने उनसे पूछा, 'क्या हुआ था महाराज?' तो हँसकर बोले, 'वह नाग तो हमारे प्रियतम का दूत था।'···अब ऐसे व्यक्ति से मिलने में क्या विलंब करना महाराज!''

''आज ठीक कहते हैं।'' स्वामी ने गोविन्द बाबू की ओर कृतज्ञ दृष्टि से देखा, ''मुझे इलाहाबाद से मुक्त होते ही वाराणसी जाने के स्थान पर गाजीपुर जाना चाहिए।''

''ईशान बाबू का पुत्र सतीश वहीं है।'' योगानन्द ने कहा, ''तुम्हें ठहरने की कोई कठिनाई नहीं होगी।···और आजकल तो ईशान बाबू भी वहीं हैं।''

''यह तो और भी अच्छा है।'' स्वामी ने संक्षिप्त-सा उत्तर दिया।

53

''लोग उन्हें पवहारी बाबा ही क्यों कहते हैं?'' स्वामी ने पूछा, ''यह उनका नाम तो नहीं हो सकता।''

''तुमने न मेरे विषय में कुछ पूछा, न पिता जी के विषय में, न गाजीपुर के विषय में,'' सतीशचंद्र मुकर्जी ने मुस्कराते हुए कहा, ''गाजीपुर पहुँचते ही पवहारी बाबा।··· लगता है, तुम हमसे मिलने नहीं आए, बाबा के लिए ही आए हो।''

''सत्य तो यही है कि मैं तुम्हारी सहायता से बाबा से मिलने आया हूँ।'' स्वामी बोले।

''कहा जाता है कि बाबा जब सारे भारत का भ्रमण कर लौटे तो उन्होंने अपने लिए एक गुफा खुदवा ली थी।'' सतीश ने बताया, ''वे उसमें प्रवेश कर घंटों बिताया करते थे। अपने आहार के विषय में भी वे कठोर नियमों का पालन करते थे। दिन-भर अपने छोटे-से आश्रम में काम करते, अपने पूज्य भगवान् राम की पूजा करते, उत्तम प्रकार के विभिन्न व्यंजन तैयार करते। इन व्यंजनों का भगवान् को भोग लगाकर, उन्हें अपने मित्रों तथा निर्धन लोगों में प्रसाद-स्वरूप बाँट देते थे। अन्य लोग जब सो जाते, तो बाबा तैरकर गंगा-पार चले जाते और वहाँ सारी रात साधना-भजन में बिताकर ब्राह्म-मुहूर्त में वे वापस लौट आते और अपने मित्रों को जगाकर, पुनः अपने नित्य कर्म में लग जाते। ऐसा करते-करते उनका अपना आहार दिन-प्रतिदिन कम होने लगा। सुना जाता है कि अंततः वे दिन-भर में केवल एक मुट्ठी नीम के कड़वे पत्ते अथवा कुछ लाल मिर्चें खाकर ही रह जाते थे।···''

''ओह!···'' स्वामी ने आश्चर्य प्रकट किया।

''बाद में उन्होंने रात को गंगा-पार जाना भी छोड़ दिया,'' सतीश ने बताया, ''वे अपना अधिकाधिक समय उस गुफा में ही बिताने लगे। वे उस गुफा में महीनों ध्यानमग्न बैठे रहते और फिर थोड़े समय के लिए बाहर निकलते। यह कोई नहीं जानता था कि वे इस लंबी अवधि में वहाँ क्या खाकर रहते थे इसलिए लोग उन्हें 'पव-आहारी' अर्थात् वायु के आहार पर जीवित रहने वाले बाबा कहने लगे।''

''उनके दर्शन हो सकते हैं?'' स्वामी ने पूछा।

सतीश ने तत्काल उत्तर नहीं दिया, किंतु उसके चेहरे से यह नहीं लग रहा था कि वह उत्तर देना नहीं चाहता, या उत्तर नहीं देगा। लग यही रहा था कि वह उत्तर देना तो चाहता है, किंतु दे नहीं पा रहा।

"क्या बात है?" स्वामी ने पूछा।

"वस्तुतः तुम्हारे प्रश्न का सीधा उत्तर नहीं दिया जा सकता।" सतीश बोला, "वे इतने सहज और सुलभ हैं कि कोई भी उनके पास जा सकता है, किंतु वे ध्यान में बैठे हों, तो उन तक कोई पहुँच नहीं सकता और वे ध्यान से कब उठेंगे, यह कोई कह नहीं सकता।"

"तो लोग उनसे कैसे मिलते हैं?" स्वामी ने पूछा।

"वे जाते हैं। वहाँ बैठकर प्रतीक्षा करते हैं। बाबा मिल जाएँ तो ठीक है, नहीं तो वापस लौट आते हैं।" सतीश बोला, "किंतु अधिकांश लोग तो जाते ही तब हैं, जब उन्हें यह सूचना मिल जाती है कि बाबा ध्यान से उठ गए हैं और अपने कमरे के द्वार के निकट आकर बाहर बैठे लोगों से कुछ चर्चा कर रहे हैं।"

सतीश के पिता ईशान बाबू कमरे में आए और उत्फुल्ल स्वर में स्वामी की ओर बढ़े, "नरेन्द्र!"···किंतु स्वामी का वेश और आकृति देखकर जैसे स्तब्ध रह गए, "यह तुमने अपने आपको क्या कर लिया है नरेन्द्र?"

"क्या कर लिया है ईशान बाबू?' स्वामी ने नमस्कार के लिए हाथ जोड़े।

सतीश कुछ चौंका : उसका बाल-सखा नरेन्द्र, उसके पिता को सीधे-सीधे नाम से संबोधित कर रहा था···वैसे नरेन्द्र में आरंभ से ही यह प्रवृत्ति रही है। वह अवस्था में स्वयं से काफी बड़े-बड़े लोगों को भी नाम से संबोधित किया करता था···और अब तो उसने भगवा भी धारण कर लिया था···

"सिवाय अपने चेहरे के सब कुछ सुखा डाला है।" ईशान बाबू ने स्नेह जताया।

"कहाँ सुखा पाया मैं ईशान बाबू!" स्वामी के स्वर में मात्र विनय अथवा शिष्टाचार नहीं था, सत्य का तेज था, "सोचा तो यह था कि या तो ईश्वर के दर्शन ही करूँगा, या फिर शरीर को सुखाकर इसका त्याग करूँगा···किंतु न ईश्वर के दर्शन हुए, न शरीर ही सूखकर गिरा···।"

ईशान बाबू जैसे स्तब्ध रह गए···ऐसा संकल्प!···और उस कथन में सत्य की वह कठोरता···क्या नरेन्द्र सचमुच इस सीमा तक जा सकता है···

"तुम्हारी तपस्या तुम्हारे चेहरे से प्रकट हो रही है।" ईशान बाबू ने स्वयं को सँभालकर कहा, "तुम्हारे साथ रहना और बातें करना अत्यंत सुखकर रहेगा।···किंतु मैं चौबीस तारीख को वाराणसी जा रहा हूँ। तुम ऐसा करो, ये तीन दिन हैं, इनमें गंगा-दर्शन कर लो, पवहारी बाबा के दर्शन कर लो, अपने मित्र से गपशप कर लो, फिर मेरे साथ वाराणसी चलो, दोनों साथ-साथ विश्वनाथ जी के दर्शन करेंगे···। वहीं से कलकत्ता चले जाएँगे।"

"कलकत्ता जाने की मुझे कोई जल्दी नहीं है।···पर यह तो बहुत ही अच्छा है कि आप वाराणसी जा रहे हैं।" स्वामी बोले, "मठ से तो मैं भी वाराणसी जाने के लिए ही निकला हूँ। हर दूसरे-चौथे दिन प्रमदा बाबू को लिखता हूँ कि मैं वाराणसी पहुँच रहा हूँ, किंतु अभी तक पहुँच ही नहीं पाया। पता नहीं क्या बात है, भगवान् विश्वनाथ और माँ अन्नपूर्णा मुझे वाराणसी जाने ही नहीं दे रहे। अब बाबा के दर्शन हो जाएँ, तो मैं आपके साथ चल पड़ूँगा।"

"ठीक है।" ईशान बाबू उठते हुए बोले, "तुम विश्राम करो, यात्रा करके आए हो।"

किंतु स्वामी विश्राम के इच्छुक नहीं थे।···सोच रहे थे, यदि बाबा के दर्शन हो गए तो वे चौबीस तारीख को वाराणसी के लिए चल पड़ेंगे। इसलिए इन तीन दिनों में विश्राम का प्रश्न ही नहीं था। वे गंगा-दर्शन भी करना चाहते थे, नगर भी देखना चाहते थे, लोगों से मिलना भी चाहते थे···

स्वामी गंगा-तट पर आए। अंजुलि में गंगा-जल लेकर प्रणाम किया···कितना मनोरम स्थान था! गंगा जी कितनी निर्मल हैं, किंतु उसमें स्नान करना कष्टसाध्य है। जल तक जाने का कोई सीधा मार्ग नहीं है। रेत में बहुत दूर तक चलना पड़ता है।···पर यह स्थान स्वास्थ्य के लिए लाभदायक होना चाहिए। वैद्यनाथ का जल अपच कर देता है। प्रयाग में घनी बस्ती है।···वाराणसी में मलेरिया का अभेद्य गढ़ है। गाजीपुर इन सबसे मुक्त है।···बलराम बसु के यहाँ आकर रहना चाहिए।

"सतीश! बलराम बसु अस्वस्थ हैं। उन्हें डॉक्टरों ने हवा-पानी बदलने के लिए कहा है। वे बेचारे अभी तक कोई ऐसा स्थान नहीं खोज पाए हैं, जो स्वास्थ्यकर भी हो और उनके बटुए पर भारी भी न पड़े।" स्वामी बोले, "वे यदि यहाँ आ जाएँ तो···?"

"बहुत अच्छा है!" सतीश सहज उत्फुल्लता के साथ बोला।

"उनके रहने की व्यवस्था हो सकेगी?"

"क्यों नहीं!"

"वे धनी आदमी हैं।" स्वामी बोले, "बड़े मकान में रहने के आदी हैं। यहाँ··· ।"

"बँगले का प्रबंध हो जाएगा।" सतीश बोला, "जो मुझसे होगा, मैं करूँगा। शेष, आबकारी दफ्तर के बड़े बाबू हैं न गगनचंद्र राय, वे कर देंगे।···बड़े सज्जन, परोपकारी और मिलनसार व्यक्ति हैं। साधु-सेवा में उनकी बहुत रुचि है। पवहारी बाबा के भी वे भक्त हैं।···बलराम बसु की देखभाल में कोई कमी नहीं होगी। तुम उन्हें यहाँ आने के लिए लिख दो।"

"पर बँगले का किराया तो बलराम बाबू को ही देना पड़ेगा न!" स्वामी बोले, "मकान कितने तक में मिल जाएगा?"

"पंद्रह-बीस रुपए महीने पर अच्छा बँगला मिल जाएगा।" सतीश हँसा, "यह कलकत्ता तो है नहीं कि खँडहर के भी ग्यारह रुपए देने पड़ें।"

"और चावल का क्या भाव है?"

"चावल, कलकत्ता से महँगा पड़ेगा।···पर बलराम बाबू को चावल खरीदने की आवश्यकता ही क्या है!" सतीश बोला, "वे अपनी जमींदारी से दो-चार बोरे चावल मँगवा लें और साथ लेते आएँ।"

"और दूध?"

"दूध तो रुपए में सोलह से बीस सेर मिल जाएगा।" सतीश ने बताया, "और कलकत्ता की तुलना में बहुत अच्छा दूध! मेरा विचार है कि तुम उन्हें यहाँ आने के लिए पत्र तो लिख ही दो।"

"मैं भी यही सोच रहा हूँ।" स्वामी ने कहा।

अगले दिन स्वामी सतीश के साथ पवहारी बाबा के दर्शन करने के लिए गए.

चारों ओर ऊँची दीवारें थीं, देखने में अंग्रेजों के बड़े-बड़े बँगलों जैसा लगता था।

"भीतर नहीं जा सकते?" स्वामी ने पूछा।

"नहीं! उनकी इच्छा होगी तो स्वयं ही दरवाजे पर आकर, भीतर से बातचीत करेंगे।"

"भीतर है क्या?"

"कुछ लोग कहते हैं, अंदर बगीचा है। बड़े-बड़े कमरे तथा चिमनी इत्यादि हैं।"

"तो द्वार पर बैठकर बाबा के आने की प्रतीक्षा करें?" स्वामी ने पूछा।

"कोई लाभ नहीं है।" सतीश के मन में अलग योजना थी, "यहाँ आसपास बहुत लोग रहते हैं और वे बाबा की गतिविधि पर दृष्टि रखते हैं।" सतीश ने बताया, "बाबा जिन दिनों ध्यान नहीं कर रहे होते और दर्शन देते हैं, उन दिनों यह समाचार तुम्हें घर बैठे मिल जाएगा।" सतीश रुका, "आओ चलो! तुम्हें क्लब में ले चलूँ। वहाँ लोग तुमसे मिलना चाहते हैं।"

"क्यों? क्लब के लोग मुझसे क्यों मिलना चाहते हैं?" स्वामी चकित हुए, "क्लब का मतलब, अंग्रेजों के मिलने और उनके मनोरंजन का स्थल! मेरा वहाँ क्या काम?"

"वहाँ केवल अंग्रेज ही नहीं हैं।" सतीश बोला, "अधिक संख्या तो भारतीय लोगों की ही है।"

"देखा है कुछ लोगों को।" स्वामी के स्वर में कुछ कटुता थी, "अंग्रेजों से बढ़कर अंग्रेज बनने का प्रयत्न कर रहे हैं।"

"हाँ! वे पाश्चात्य पद्धति में शिक्षित हुए हैं। अंग्रेजों को अपना आदर्श मानते हैं। अपने हीनता-भाव को दूर करने के लिए, वे अपने देश और धर्म की भर्त्सना करते हैं।..."

"तो उनको मुझसे क्या काम है?" स्वामी चलते-चलते खड़े हो गए, "मैं पश्चिम के विरुद्ध सदा ही खड्गहस्त रहता हूँ। मुझसे मिलकर उन्हें प्रसन्नता नहीं होगी।"

"इसीलिए तो तुम्हें ले जा रहा हूँ कि तुम्हारा खड्ग उन पर गिरे। उनके भ्रम कटें और स्वदेश और स्वधर्म के प्रति उनका प्रेम जागे।"

क्लब में सतीश ने सबसे पहले उनका परिचय आबकारी विभाग के बड़े बाबू गगनचंद्र राय से कराया।

गगन बाबू ने प्रसन्न मन स्वामी के चरण छुए, "हमें आशीर्वाद दीजिए स्वामी जी!"

स्वामी ने आशीर्वाद की मुद्रा में हाथ उठाया और चकित स्वर में बोले, "संन्यासी के चरण छूने वाला व्यक्ति, यहाँ, इस क्लब में क्या कर रहा है?"

"यह हमारा समाज है स्वामी जी! गृहस्थ आश्रम में इसे त्यागना कठिन है।" गगन बाबू बोले, "आइए, आपको अपने विभाग के स्वामी मिस्टर रॉस से मिलाऊँ।"

रॉस ने स्वामी से हँसकर हाथ मिलाया और अंग्रेजी में बोला, "दो दिन से अपने इन मित्रों से केवल आपकी ही चर्चा सुन रहा हूँ। आशा है, आज आपसे कुछ ज्ञान-लाभ हमें भी होगा। आप अंग्रेजी बोल लेते हैं न?"

"अपनी बात समझाने तक तो बोल ही लेता हूँ।" स्वामी मुस्कराए।

"आइए!" रॉस ने स्वामी का परिचय जिलाधीश पेनिंगटन तथा कर्नल रैवेट से करवाया।

स्वामी देख रहे थे, अंग्रेज परिवार ही नहीं, उपस्थित भारतीय भी उन्हें आश्चर्य से देख रहे थे, जैसे उन्होंने कभी कोई संन्यासी न देखा हो।

"अच्छा, स्वामी!" कर्नल रैवेट ने कहा, "आप अपने धर्म के विषय में कुछ समझाएँ। आप लोग पत्थरों और वृक्षों की पूजा करते हैं और आशा करते हैं कि आपको मुक्ति और भगवान् की प्राप्ति हो जाएगी?"

स्वामी कुछ कहते, उससे पहले ही उनको मंच पर पहुँचा दिया गया। लोग बैठ गए। और गगन बाबू ने स्वामी से कुछ कहने का निवेदन किया।

स्वामी एक प्रकार की हलकी उत्तेजना का अनुभव कर रहे थे। बोले, "क्लब में मैत्रीपूर्ण वातावरण होना चाहिए। किंतु मुझे नहीं लगता कि मैं अपने मित्रों के मध्य हूँ। यदि आपको अपने

विरोधी न मानूँ तो अपरिचित तो मानूँगा ही, वे अपरिचित जो अपने मन में बिना परिचय के ही बहुत सारा विरोध पाले हुए हैं। और यह बात मैं अंग्रेजों के प्रति कम, अपने भारतीय बंधुओं के लिए ही अधिक कह रहा हूँ।''

स्वामी ने रुककर अपने सामने बैठे लोगों को देखा, ''अभी-अभी कर्नल रैवेट ने मुझसे कहा है कि कैसा है हमारा धर्म, जिसमें हम वृक्षों और पत्थरों की पूजा करते हैं?···मुझे लगता है कि यही भाव आप सबका भी होगा। अतः इसी विषय पर कुछ चर्चा कर ली जाए···

''तुममें से जो बाइबल के अध्येता हैं, वे जानते हैं कि समस्त यहूदी इतिहास और यहूदी विचार-संपत्ति का निर्माण दो प्रकार के शिक्षकों-पुरोहितों और पैगंबरों द्वारा हुआ है। पुरोहित रूढ़िवादी शक्ति के प्रतिनिधि हैं और पैगंबर प्रगति की शक्ति के।···सब जगह एक रूढ़िमय कर्मकांड घुस आता है और औपचारिकताएँ प्रत्येक वस्तु को जकड़ लेती हैं। यह बात प्रत्येक देश और प्रत्येक धर्म पर लागू होती है। उसके बाद नई दृष्टि वाले कुछ नए द्रष्टा आते हैं, वे नए आदर्शों और विचारों का प्रचार करते हैं और समाज को एक नई गति प्रदान करते हैं। कुछ पीढ़ियों में उनके अनुयायी, अपने गुरुओं के विचारों के प्रति इतने भक्त हो जाते हैं कि वे उनके अतिरिक्त और कुछ देख ही नहीं पाते। इस युग के सर्वोपरि प्रगतिशील उपदेशक कुछ वर्षों में सर्वाधिक रूढ़िग्रस्त पुरोहित बन जाएँगे। ये प्रगतिशील विचारक अपनी बारी आने पर, किंचित् भी आगे बढ़ने वाले मनुष्य को रोकने लगेंगे। उन्होंने जो स्वयं पा लिया है, वे उससे आगे किसी को नहीं जाने देंगे। वे, जो वस्तु जैसी है, उसे वैसा ही रहने देने में संतुष्ट हैं।

''आध्यात्मिक उपासना इसलिए पार्थिव बन जाती है, ताकि अधिकांश मानव-समुदाय उसे अपना सके। किसी भी देश में मनुष्य-जाति की विशाल संख्या आत्मा की उपासना, आत्मा के रूप में कदापि नहीं कर सकेगी। मैं नहीं जानता कि कभी ऐसा संभव हो पाएगा। इस नगर में कितने लोग ईश्वर की उपासना सूक्ष्म रूप में करने की क्षमता रखते हैं? बहुत कम। वे नहीं कर सकते, क्योंकि वे अपनी इंद्रियों में रहते हैं। उनसे कुछ भौतिक करने को कहो : 'बीस बार खड़े हो जाओ, बीस बार बैठो।' यह उनकी समझ में आएगा। उनसे कहो कि एक नथुने से साँस लें और दूसरे से बाहर निकालें—इसे वे समझ जाएँगे।···यदि तुममें सूक्ष्म रूप में ईश्वर की उपासना की क्षमता है, तो ठीक! पर एक समय था, जब तुम यह नहीं कर सकते थे। लोग असंस्कृत होते हैं, तो धर्म-धारणाएँ स्थूल होती हैं, धर्म के बाह्य रूप भद्दे और भौतिक होते हैं। यदि लोग परिष्कृत और संस्कृत होते हैं, तो ये रूप अपेक्षाकृत सुंदर होते हैं। रूप होना ही चाहिए, समय के साथ केवल वे बदलते रहते हैं।

''निश्चय ही उपासना का निम्नतम स्वरूप वह है, जो वृक्ष और प्रस्तर-पूजा कहलाती है। प्रत्येक अपरिष्कृत, असंस्कृत व्यक्ति किसी भी वस्तु को ले लेगा, उसमें अपने कुछ विचार जोड़ देगा : और इससे वह सहारा पाएगा। वह हड्डी के टुकड़े अथवा पत्थर किसी की भी पूजा कर सकता है। उपासना की इन सब अपरिष्कृत अवस्थाओं में मनुष्य ने कभी पत्थर को पत्थर समझकर, वृक्ष को वृक्ष समझकर नहीं पूजा। इस बात को तुम अपनी सहज बुद्धि से जानते हो। विद्वान् कभी-कभी कहते हैं कि मनुष्य पत्थरों और वृक्षों को पूजते हैं, किंतु वह सब बकवास है। वृक्ष-पूजा उन दशाओं में से एक है, जिनमें से होकर मानव-जाति गुजरी है। वास्तव में मनुष्य ने कभी भी चेतना के अतिरिक्त और किसी की पूजा नहीं की। वह आत्मा है और आत्मा के अतिरिक्त कुछ और अनुभव नहीं कर सकता। दैवी मन कभी आत्मा की पदार्थ के रूप में पूजा करने की भद्दी भूल नहीं कर सकता।

इस दशा में मनुष्य ने पत्थर में चेतना की अथवा वृक्ष में चेतना की धारणा की। उसने कल्पना की कि उस सत्ता का कुछ भाग पत्थर में अथवा वृक्ष में भी रहता है, और पत्थर अथवा वृक्ष में भी आत्मा होती है।

"वृक्ष-पूजा और सर्प-पूजा सदा साथ होती हैं। ज्ञान को वृक्ष माना जाता है। वृक्ष तो सदा होना ही चाहिए, और वृक्ष किसी प्रकार सर्प से संबंधित है। ये पूजा के प्राचीनतम रूप हैं। किंतु उनमें भी कोई विशेष वृक्ष अथवा कोई विशेष पत्थर ही पूजा जाता है। संसार के सारे वृक्ष अथवा सारे पत्थर नहीं पूजे जाते।

"रूपों की उपासना की एक उच्चतर अवस्था पूर्वजों और ईश्वर की प्रतिमाओं का पूजन है। लोग दिवंगत मनुष्यों की मूर्तियाँ और ईश्वर की कल्पित प्रतिमाएँ बनाते हैं।...और फिर इन मूर्तियों और प्रतिमाओं को पूजते हैं।

"इससे उच्चतर उपासना दिवंगत संतों और सत्कर्मी स्त्री-पुरुषों की है। मनुष्य उनके अवशेषों को पूजते हैं। वे अनुभव करते हैं कि किसी प्रकार इन अवशेषों में संतों का आभास है, और वह उनकी सहायता करेगा। वे विश्वास करते हैं कि यदि वे संत की अस्थियों का स्पर्श करेंगे, तो रोगमुक्त हो जाएँगे। यह नहीं कि अस्थियाँ रोग-शमन करती हैं, वरन् यह कार्य उनमें रहने वाले संत का है।

"ये सब उपासना की निम्न अवस्थाएँ हैं, किंतु फिर भी उपासना हैं। हम सबको उनमें से पार होना पड़ता है। केवल बौद्धिक दृष्टिकोण से ही हम उनमें दोष पाते हैं, किंतु अपने हृदयों में हम उनसे छुटकारा नहीं पा सकते। यदि तुम किसी से सब संत और प्रतिमाएँ छीन लो और उसे मंदिर में न जाने दो, तो भी वह सारे देवताओं की कल्पना कर लेगा।

"विभिन्न धर्मों में पूजा के प्रतीकात्मक रूप हैं। उनमें कुछ नूतन, स्फूर्त, कवित्वमय, स्वस्थ प्रतीक हैं। क्रूस के प्रतीक ने करोड़ों मनुष्यों के जीवन पर जो अद्भुत प्रभुत्व रखा है, उस पर विचार करो। द्वितीया के चंद्रमा के प्रतीक का स्मरण करो। इस एक प्रतीक की आकर्षण-शक्ति पर विचार करो। संसार में सर्वत्र उत्तम और महान् प्रतीक हैं। वे भावना को प्रत्यक्ष बनाते हैं और मन में कुछ विशिष्ट अवस्थाएँ उत्पन्न करते हैं। हम देखते हैं कि वे अनपवाद रूप से सदा विश्वास और प्रेम की महान् शक्ति का सृजन करते हैं।

"इस प्रकार इंद्रियों के स्तर से गुजरते हुए, तुम दूसरे क्षेत्रों में अधिकाधिक प्रवेश पाते हो, और तब यह संसार स्वयं ही सूखे पत्ते के समान तुमसे झड़ जाता है। तुम उस चेतना की एक झाँकी पा लेते हो। तुम्हारी इंद्रियाँ और तुम्हारे इंद्रिय-सुख, शरीर से तुम्हारा चिपकना, सब तुमसे परे हो, विलीन हो जाएगा। आत्मा के क्षेत्र से झाँकियों पर झाँकियाँ आएँगी। तुम्हारा योग समाप्त हो जाएगा और आत्मा तुम्हारे सामने आत्मा के रूप में प्रकट होगी। तब तुम आत्मा के रूप में ईश्वर की उपासना का आरंभ करोगे। तब तुम्हारी समझ में यह आने लगेगा कि पूजा किसी वस्तु की प्राप्ति के लिए नहीं। मूलतः हमारी उपासना वह सांत-अनन्त तत्त्व—प्रेम—है, जिसे आत्मा अपने प्रभु के चरणों में एक सनातन बलि के रूप में अर्पित करती है। 'मैं नहीं, तू। मैं मृत हूँ। तू है, मैं नहीं हूँ। मुझे धन नहीं चाहिए, सौंदर्य नहीं, विद्वत्ता भी नहीं। यदि तेरी इच्छा हो, तो मुझे दो करोड़ नरकों में भेज। मेरी इच्छा केवल एक है : मैं तू बन जाऊँ मेरे प्रिय!"

स्वामी चुप हो गए और अपने स्थान पर बैठ गए...लगा कि जैसे कोई सम्मोहन टूट गया हो...लोग स्तब्ध-से बैठे रहे।

सबसे पहले जिलाधीश पैनिंगटन बोले, ''आपने बहुत खूबी से अपनी बात कही है स्वामी जी! मैं तो इस क्षण से आपका प्रशंसक हो गया, किंतु हिन्दुस्तान और हिंदुओं के रीति-रिवाजों के विषय में विदेशी यात्रियों ने जो कुछ कहा है, वह सब गलत है क्या?''

''मैं नहीं जानता कि आपका संकेत किस ओर है।'' स्वामी ने ओजस्वी वाणी में कहा, ''किंतु मैं यह जानता हूँ कि उन्होंने हमारे साथ कभी न्याय नहीं किया। भारत एक देश नहीं है, वरन् एक महाद्वीप है, और ऐसे यात्रियों ने, जिन्होंने इस देश को कभी देखा भी नहीं, इसके विषय में भ्रामक धारणाएँ फैलाई हैं। उन्होंने न कभी सत्य को देखा, न उसे समझने का प्रयत्न किया। उनके मस्तिष्क अंधविश्वास के रोगी हैं।'' स्वामी ने अपनी दृष्टि पैनिंगटन पर गड़ा दी, ''उनकी यह धारणा है कि जो कोई उनके मत का अनुयायी नहीं है, वह असभ्य है। उदाहरण के रूप में बताता हूँ कि एक व्यक्ति ने लिखा है कि हिंदू प्रातः तड़के उठते हैं और एक पौधा निगलते हैं। पैनिंगटन साहब! आप यहाँ रहते हैं और जानते हैं कि यह सत्य नहीं है। हम बाल अथवा खाल को मुँह में नहीं डालते, इसलिए दाँत साफ करने के लिए दातुन का प्रयोग करते हैं—पौधा नहीं निगलते।...आपके ऐसे ही एक विद्वान् ने लिखा है हिंदू विधवाओं में यह प्रचलन है कि वे जगन्नाथ जी के रथ के सामने लेटकर कुचली जाकर मर जाती हैं। आप स्वयं वहाँ जाकर देख सकते हैं कि वह प्रचलन वहाँ न है, न कभी था। मैं नहीं कह सकता कि यह कहानी किसने गढ़ी।''

''हो सकता है कि ऐसा ही हो।'' रॉस ने कहा, ''किंतु आप जाति-व्यवस्था की क्या व्याख्या करेंगे?''

''मैं यह मानता हूँ कि जातियों की ऊँच-नीच की कोई नियमित व्यवस्था नहीं है, वरन् कई बार देखने में आता है कि प्रत्येक जाति स्वयं को दूसरी सब जातियों से ऊँची समझती है।'' स्वामी बोले, ''वस्तुतः ये व्यावसायिक संगठन हैं, धार्मिक संस्था नहीं। जाति-व्यवस्था में दोष हैं, इससे इंकार नहीं किया जा सकता। इसके कारण समाज में प्रतियोगिता नहीं रही और कूप-मंडूकता का जन्म हुआ। उससे जाति की प्रगति सर्वथा रुक गई।'' स्वामी कुछ रुककर बोले, ''किंतु इसके पक्ष में सबसे बड़ा तथ्य यह है कि यह समानता और भ्रातृभाव का एकमात्र आदर्श रहा है। जाति में किसी की प्रतिष्ठा का संबंध उसके धन से नहीं होता। सब बराबर होते हैं। सारे महान् सुधारकों ने यह भूल की है कि उन्होंने जाति-भेद का कारण केवल धार्मिक प्रतिनिधित्व को समझा है, उसके वास्तविक स्रोत, जातियों की विशिष्ट सामाजिक स्थितियों को नहीं। विदेशों से आए आक्रमणकारियों ने इस देश को संगीन, अग्नि और तलवार के माध्यम से सभ्य बनाने का प्रयत्न किया है। जाति-भेद को मिटाने के लिए हमें सामाजिक परिस्थितियों को पूर्णतः बदलना होगा और देश की पूरी आर्थिक व्यवस्था का विनाश करना पड़ेगा।...पर इससे अच्छा तो यह होगा कि बंगाल की खाड़ी से लहरें आएँ और सारे देश को डुबो दें।'' उन्होंने घूमकर कर्नल रैवेट की ओर देखा, ''अंग्रेजी सभ्यता का निर्माण बाइबल, बायोनेट और ब्रांडी से हुआ है। यह सभ्यता है, जो अब ऐसी सीमा तक पहुँचा दी गई है कि सामान्य हिंदू की आय 50 पैसे प्रति मास रह गई है।...और विदेशों से शिक्षा-प्राप्त हिंदू शैम्पेन और नवीन विचारों से भरे हुए अपनी मातृभूमि को लौटते हैं। वे तनिक भी यह समझ नहीं पाते कि विदेशी यहाँ कैसी रद्दी सभ्यता लाए हैं। उन्होंने जड़वाद की कैसी मृग-मरीचिका उत्पन्न कर दी है। भगवान् विश्वनाथ इन दुर्बल हृदयों की रक्षा करें।...''

स्वामी मंच से नीचे उतर आए, जैसे उन्हें अब और कुछ नहीं कहना था।...जिलाधीश पैनिंगटन ने आगे बढ़कर उल्लासपूर्वक स्वामी से हाथ मिलाया, ''स्वामी जी! यू आर जस्ट वंडरफुल।'' वह

निमिष-भर रुका, "मेरा एक प्रस्ताव है। आप यहाँ समय नष्ट मत कीजिए। इंग्लैंड जाइए और उन लोगों को बताइए, सिखाइए, पढ़ाइए। बेचारों को तो मालूम भी नहीं है कि वे किस सीमा तक अंधकार में डूबे हुए हैं।"

"शिव! शिव!" स्वामी बोले, "प्रभु की इच्छा होगी तो वह भी होगा।"

स्वामी प्रतिदिन सतीश से पूछ रहे थे कि बाबा के दर्शन कब होंगे, किंतु सतीश भी कुछ नहीं बता पा रहा था।...यह तो कोई भी नहीं जानता था कि बाबा कब ध्यान छोड़कर बाहर निकलेंगे।...और स्वामी का मन विचित्र प्रकार के द्वंद्व में फँसा हुआ था...वे मठ से वाराणसी जाने के लिए निकले थे। वाराणसी में दो-चार दिन रहकर उन्हें हृषीकेश जाना था। हृषीकेश से उत्तराखंड की यात्रा...अखंडानंद तिब्बत की यात्रा कर आए थे और स्वामी यहाँ गाजीपुर में बैठे थे... किंतु उन्हें अभी बाबा के दर्शन नहीं हुए थे...

ईशान बाबू ने वाराणसी जाते हुए पूछा भी था, "चलोगे नरेन?"

"अभी? कैसे जा सकता हूँ! अभी बाबा के दर्शन नहीं हुए हैं।" स्वामी ने कहा था।

"अरे! तो उनके दर्शन दूसरे किसी चक्कर में कर लेना।..."

किंतु स्वामी के कानों में प्रयाग के गोविन्द बाबू का स्वर गूँज रहा था, "बनारस जहाँ है, वहीं रहेगा, किंतु पवहारी बाबा के विषय में यह नहीं कहा जा सकता।..."

पर पवहारी बाबा अपना ध्यान ही नहीं तोड़ रहे थे। तंग आकर एक दिन स्वामी बाबा के द्वार पर जा बैठे : यह एक प्रकार से उनका अनशन था...कैसे दर्शन नहीं देंगे बाबा! स्वामी उनके द्वार पर भूखे-प्यासे बैठे रहेंगे।...कहते हैं कि बाबा हठयोगी हैं...तो स्वामी का भी हठयोग ही सही। वे बाबा के दर्शन किए बिना नहीं जाएँगे...

किंतु गाजीपुर की जलवायु कलकत्ता से भिन्न थी। जनवरी का अंतिम सप्ताह गाजीपुर में बहुत ठंडा था। हवा भी अच्छी-खासी चल रही थी, जो वसंत के आने का अग्रिम संदेश था।... किंतु यह वसंत के आगमन का संदेश ही था, स्वयं वसंत का नहीं।...ठंड कुछ अधिक ही थी। स्वामी ने पर्याप्त ऊनी कपड़े भी नहीं पहने हुए थे। संन्यासी के पास इतने कपड़े होते ही कहाँ हैं।...ठंडी हवा से सिर में पीड़ा होने लगी, तो स्वामी को लगा, अब यहाँ और बैठना उचित नहीं था।...बाबा पर उनके इस अनशन का कोई प्रभाव नहीं पड़ने वाला था। वे तो अपनी इच्छा से ही दर्शन देंगे...शाम ढल रही थी और उसके साथ-साथ शीत का दंश तीखा होता जा रहा था। रात को यह शीत असहनीय हो जाएगा...

स्वामी लौट आए, किंतु उनका द्वंद्व कुछ और ही बढ़ गया था।...एक ओर उनका मन कहता था कि वे व्यर्थ ही अपना आगे बढ़ना टालकर यहाँ पड़े हुए हैं। संन्यासी के लिए एक स्थान पर इतनी देर तक टिके रहना उचित नहीं था। वैसे भी उन्हें शायद ठंड लग गई थी। सिर में तो पीड़ा थी ही, जुकाम की शिकायत भी लग रही थी।...यदि वे यहाँ अस्वस्थ हो गए, तो उनकी उत्तराखंड की यात्रा और भी आगे खिसक जाएगी।...बाबा के दर्शन हो जाते तो अच्छा था, किंतु यदि वे दर्शन नहीं देते, तो स्वामी कब तक वहाँ पड़े रहेंगे...इस व्यग्रता का वे क्या करें?...

उन्हें बहुत प्रतीक्षा नहीं करनी पड़ी। सतीश ने सूचना दी कि बाबा के समाधि से उठने के लक्षण दिखाई पड़ रहे हैं। स्वामी ने तनिक भी विलंब नहीं किया। वे तत्काल बाबा के निवास पर जा पहुँचे। बाबा तक पहुँचने में उन्हें विशेष असुविधा नहीं हुई। स्वामी ने उन्हें साष्टांग प्रणाम किया।

"सुखी रहो बच्चा!" बाबा का स्वर अत्यंत मधुर और संगीतमय था।

'यह क्या योग की उपलब्धि है?'···स्वामी ने सोचा और कहा, "बाबा! मन बहुत अशांत है। भटक रहा हूँ। लक्ष्य आज तक नहीं मिला। आप कुछ कृपा करें।"

बाबा हँसे—बहुत मंद और मधुर हास—"यह दास क्या कर सकता है! करने वाले तो प्रभु हैं। उनसे माँग। और किसी से भी क्यों माँगता है।"

"आपका बालक हूँ बाबा! आपकी शरण में आया हूँ।" स्वामी ने भक्तिपूर्वक कहा, "प्रभु की कृपा आपके माध्यम से ही आएगी।"

"दास क्या जाने, प्रभु की क्या इच्छा है।" बाबा बोले, "दास को यह अधिकार भी नहीं है कि वह प्रभु की लीला में अपनी टाँग अड़ाए।"

"अच्छा बाबा! एक प्रश्न पूछूँ?" स्वामी ने पूछा।

"तुम्हारी पूछने की प्रवृत्ति अभी गई नहीं।" बाबा की निश्छल हँसी फिर सुनाई दी, "पूछो।"

"आप संसार की सहायता करने के लिए गुफा से बाहर क्यों नहीं निकलते?" स्वामी ने पूछा।

"प्रभु स्वयं संसार की सहायता करने में असमर्थ हो गए हैं कि यह दास सेवा करे।" बाबा बोले, "अपने प्रभु पर ऐसा अविश्वास तो अच्छा नहीं।"

"टालने की बात न करें बाबा!" स्वामी ने आग्रह किया, "आपको समाज के सामने आने में संकोच क्यों है?"

"अपने प्रिय की सेज छोड़कर गली-गली डोलती गोरी को क्या मिल जाएगा?" बाबा हँस रहे थे।

"आप परिहास कर रहे हैं बाबा!" स्वामी करुण स्वर में बोले, "संसार में इतना दुःख है, इतनी पीड़ा है। आप उनके मध्य जाएँगे, तो उनका क्लेश मिट जाएगा।···"

"अच्छा, एक कथा सुनो।" बाबा बोले, "एक दुष्ट मनुष्य एक दुष्कर्म करता हुआ पकड़ा गया और दंडस्वरूप उसकी नाक काट ली गई। अपना नकटा चेहरा दुनिया को दिखाने में लज्जा का अनुभव करने के कारण, वह विरक्त होकर वन में चला गया। वहाँ उसने एक शेर की खाल बिछाई और जब देखता कि कोई आ रहा है, तो तुरंत गंभीर ध्यान का पाखंड करने के लिए उस पर बैठ जाता। झुंड के झुंड लोग उस अद्भुत महात्मा को देखने के लिए आने लगे, जो वन में ऐसी कठोर तपस्या कर रहा था। महात्मा की पूजा होने लगी। अरण्य-वास उनके जीवन-निर्वाह का सरल साधन बन गया। कई वर्ष बीत गए। अंत में उस स्थान के लोग इस मौनव्रतधारी, ध्यानपरायण साधु के मुख से कुछ-कुछ उपदेश सुनने के लिए लालायित हुए और एक नवयुवक उस 'साधु' के संप्रदाय में सम्मिलित होने के निमित्त दीक्षा लेने के लिए विशेष रूप से उत्सुक हो उठा। अंत में ऐसी स्थिति पैदा हुई कि अधिक विलंब करने से साधु की प्रतिष्ठा भंग होने की आशंका हो गई। तब एक दिन वह अपना मौन त्याग उत्साही युवक से बोला, 'बेटा! कल अपने साथ एक तेज धार वाला उस्तरा लेते आना।' युवक प्रसन्न हो गया। दूसरे दिन प्रातः वह एक तेज उस्तरा लेकर साधु के पास पहुँचा। नकटा साधु युवक को एक निर्जन स्थान पर ले गया। उसने एक ही आघात में उसकी नाक काट ली और गंभीर स्वर में बोला, 'पुत्र! इस संप्रदाय में मेरी दीक्षा इसी प्रकार हुई थी और वही

आज मैंने तुझे दी। अवसर पाते ही तू भी उत्साह के साथ दूसरों को इसी दीक्षा का दान देना।' लज्जा के कारण युवक अपनी इस अद्‌भुत दीक्षा का रहस्य किसी के सामने प्रकट नहीं कर सका और वह अपने गुरु के आदेश का पालन पूर्ण रूप से करने लगा। इस प्रकार होते-होते देश में नकटे साधुओं का एक पूरा संप्रदाय बन गया। तुम्हारी क्या ऐसी इच्छा है कि मैं भी इसी प्रकार के एक और संप्रदाय की स्थापना करूँ?" बाबा रुक गए और फिर पुनः बोले, "गाजीपुर में कब तक हैं?"

"आपके दर्शन हो गए।" स्वामी बोले, "अब किसी भी दिन वाराणसी चला जाऊँगा।"

"मेरी शरण आए हैं। मेरी कृपा चाहते हैं। और किसी भी दिन चले जाएँगे।" बाबा हँसे, "कुछ दिन यहाँ ठहरकर मुझे कृतार्थ कीजिए। प्रभु आपका कल्याण करेगा।"

स्वामी तो जैसे स्तब्ध रह गए : क्या कह रहे हैं बाबा! वे उन्हें रुकने के लिए कह रहे हैं।...'प्रभु कल्याण करेगा।'...कितना बड़ा आश्वासन है!...उन्होंने दृष्टि उठाकर देखा : बाबा जा चुके थे।

स्वामी ने निकट खड़े सेवक-समान एक वैरागी की ओर देखा।

"अब बाबा आज नहीं आएँगे।" उसने कहा और वह भी चला गया।

"क्यों, भेंट हुई?" सतीश ने पूछा।

"भेंट तो हुई। कुछ वार्तालाप भी हुआ।" स्वामी बोले, "किंतु बाबा चाहते हैं कि मैं कुछ दिन गाजीपुर में ठहरूँ।"

"तो ठहरो!" सतीश बोला, "उसमें परेशानी क्या है? उन्होंने तुम्हें ठहरने के लिए कहा है, इसका अर्थ है कि उन्होंने तुम्हें पसंद किया है। वे चाहते हैं कि तुम उनके निकट और समय व्यतीत करो।..."

"ठीक है। किंतु वाराणसी में प्रमदा बाबू मेरी प्रतीक्षा कर रहे हैं।" स्वामी बोले, "मैं उन्हें कितनी ही बार लिख चुका हूँ कि मैं दो-एक दिनों में पहुँच रहा हूँ... पर मैं सोचता हूँ।" स्वामी ने सतीश को देखा, "प्रमदा बाबू को भी क्यों न लिखूँ कि उनकी इच्छा हो, तो वे पत्र पाते ही चले आएँ, अन्यथा बाबा के न रहने पर केवल पछतावा ही हाथ लगेगा।"

"हाँ! ठीक तो है। आज ही उन्हें पत्र लिख दो।" सतीश बोला, "अच्छा! कुछ लोग तुमसे क्लब में योग के वैज्ञानिक आधार पर चर्चा करना चाह रहे हैं, और भारतीय संन्यासियों के विषय में भी जानकारी चाहते हैं।"

"सबको अपनी-अपनी पड़ी है।" स्वामी हँस रहे थे, "तुम्हारे कर्नल रैवेट चाहते हैं कि मैं उनसे दैनिक जीवन में वेदांत के व्यवहार पर कुछ चर्चा करूँ।...और मैं एक ओर सोच रहा हूँ कि वाराणसी जाकर प्रमदा बाबू से कुछ चर्चा करूँ। एकांत में थोड़ी तपस्या करूँ।...दूसरी ओर गंगाधर को बुलाना चाहता हूँ कि उसके साथ नेपाल के रास्ते तिब्बत जा सकूँ।"

"वहाँ क्या है?"

"वहाँ बौद्ध धर्म के अनेक बहुमूल्य ग्रंथ हैं।" स्वामी बोले, "संभव हो तो वहाँ से उत्तरी चीन में तारादेवी के पीठ के दर्शन करना चाहता हूँ।..."

"और पवहारी बाबा चाहते हैं, तुम यहाँ रुको?"

"वह तो है ही, किंतु मैं भी चाहता हूँ कि मैं यहाँ रुकूँ।" स्वामी जैसे आत्म-चिंतन कर रहे थे, "मैं ठाकुर के साथ इतने दिन रहा किंतु उनसे कभी इस दुर्बल शरीर को सबल और कठोर

बनाने की विधि नहीं सीखी।···कभी मन में आया ही नहीं। ठाकुर का अपना शरीर ही इतना कोमल था।···पर अब सोचता हूँ कि हम लोग—हम सारे ही गुरुभाई, तनिक भी विपरीत परिस्थिति होते ही अस्वस्थ हो जाते हैं···सोचते हैं, हिमालय पर बैठकर तपस्या करेंगे, और गाजीपुर की ठंड से मेरी कमर में लगातार पीड़ा हो रही है। किसी-किसी समय तो पीड़ा असह्य हो जाती है। इसलिए··· ।''

''इसलिए क्या?''

''सोचता हूँ कि बाबा के निकट रहूँ। उनसे हठयोग की दीक्षा लूँ। अपनी और अपने गुरुभाइयों की शारीरिक सहनशीलता बढ़ाऊँ।···'' स्वामी बोले।

''उत्तम विचार है।'' सतीश बोला, ''वैसे···क्या बंगाल में योग का प्रचलन नहीं है?···कभी सुना नहीं।''

''ठीक कहते हो।'' स्वामी बोले, ''बंगाल, भक्ति और ज्ञान का क्षेत्र है। वहाँ योग की चर्चा भी शायद ही होती हो। जो कुछ है, वह केवल विचित्र श्वास-साधन इत्यादि। वह तो केवल एक प्रकार का व्यायाम है। इसलिए मैं इस अद्‍भुत राजयोगी के पास ठहरना चाहता हूँ।''

''हमारे लिए तो दोनों ओर सुख-ही-सुख है।'' सतीश सचमुच प्रसन्न था, ''बाबा के बहाने तुम्हारी संगति मिलती रहेगी और तुम्हारे बहाने बाबा के दर्शन होते रहेंगे।''

स्वामी दूसरी बार बाबा से मिले तो उन्होंने बाबा को कुछ और अच्छी तरह देखा : वे अच्छे लंबे-चौड़े और दोहरे शरीर के व्यक्ति थे। देखने में अपनी वास्तविक अवस्था से बहुत कम प्रतीत होते थे। उनकी एक ही आँख थी। उनकी वाणी का माधुर्य असाधारण ही नहीं, अद्‍भुत था।

''बाबा! यदि आप अपनी गुफा से बाहर नहीं निकलेंगे तो आपके यहाँ वर्तमान रहते, लोगों को आपका क्या सहयोग मिलेगा?'' स्वामी ने पूछा, ''आपको नहीं लगता कि लोग आपके संपर्क-लाभ से वंचित हो रहे हैं?''

''आपका लोक-संपर्क पर इतना बल क्यों है?'' बाबा ने अपने मधुर ढंग से पूछा।

''मेरे गुरुदेव तो इसे 'माँ का कार्य' कहते थे।'' स्वामी ने कहा, ''वे चाहते थे कि मैं लोगों की सेवा करूँ। उन्हें सांसारिकता के मोह से जगाऊँ··· ।''

बाबा कुछ देर चुप रहे।

''क्या बात है बाबा! कुछ कह क्यों नहीं रहे?''

''बीच में आपके गुरुदेव आ गए न!'' बाबा हँसे, ''उनसे मतभेद प्रकट करना इस दास को शोभा नहीं देता है।''

''बात उनसे विरोध की नहीं, बात तो मेरी जिज्ञासा की है बाबा!''

''आपकी क्या ऐसी धारणा है कि केवल स्थूल शरीर द्वारा ही दूसरों की सहायता हो सकती है? क्या शरीर के क्रियाशील हुए बिना केवल मन ही दूसरों के मन की सहायता नहीं कर सकता?'' बाबा चुप हो गए।

स्वामी ने विचार किया, ठीक कह रहे थे बाबा।···ठाकुर इस प्रकार गुफा में बंद होकर तो नहीं रहते थे···किंतु वे भी दक्षिणेश्वर से बाहर कम ही जाते थे। फिर भी अपने मन की शक्ति से ही उन्होंने अपने सारे शिष्य इकट्ठे कर लिए थे···क्या बाबा भी अपने मन की तरंगें इस सारे परिवेश में भेजकर उसे सात्त्विक बना रहे हैं···

''अच्छा, बाबा!'' स्वामी पुनः बोले, ''ऐसे श्रेष्ठ योगी होते हुए भी आप होमादि क्रिया तथा

श्री रघुनाथ जी की पूजा आदि कर्म—जिन्हें साधना की केवल आरंभिक अवस्था माना जाता है—क्यों करते हैं?''

''मैं क्या जानूँ!'' बाबा बोले, ''दास तो वही करता है, जो प्रभु करवाता है। आरंभिक स्थिति है या अंतिम स्थिति, यह तो वे ही जानें, जो स्वामी हैं।''

स्वामी कुछ निमिष मौन रहे : बाबा की इस शालीनता को व्यावहारिक चतुराई नहीं माना जा सकता था। वे सचमुच यही मानते थे, किंतु इस प्रश्न का उत्तर तो पाना होगा। ''इसलिए पूछता हूँ बाबा!'' स्वामी बोले, ''ताकि मुझे भी मार्ग मिल सके। मुझे क्या करना है, जिससे मेरा विकास हो सके!···आप अपने विकास के लिए ही तो यह करते होंगे···''

इस बार बाबा ने टालने का प्रयत्न नहीं किया। बोले, ''आप यह क्यों समझ लेते हैं कि प्रत्येक व्यक्ति अपने ही कल्याण के लिए कर्म किया करता है? एक मनुष्य दूसरों के लिए कर्म नहीं कर सकता?''

''ओह!'' स्वामी का ध्यान पहले इस ओर क्यों नहीं गया,···न कृष्ण अपने लिए कर्म कर रहे थे, न बुद्ध,···न ही ठाकुर अपने लिए कर्म कर रहे थे।···यह तो निष्काम कर्म की चरम परिणति थी···

''हमें क्या ऐसा प्राप्त करना है, जिसके लिए कर्म करें।'' बाबा बोले, ''सबसे बड़ा धन ईश्वर है··· ।''

''पर ईश्वररूपी धन पाने के लिए तो कंगाल होना पड़ता है··· ।''

''हाँ!'' बाबा के चेहरे पर मंद हास उभरा, ''ईश्वर उन अकिंचनों का धन है, जिन्होंने सब वस्तुओं का त्याग कर दिया है—यहाँ तक कि अपनी आत्मा के संबंध में भी इस भावना का कि 'यह मेरी है', पूर्ण त्याग कर दिया है।''

स्वामी अपने सामने बैठे पूर्ण त्यागी को देख रहे थे···ठाकुर ने भी भयंकर पीड़ा के दिनों में भी माँ से कभी यह नहीं कहा कि 'मेरे शरीर की रक्षा करो' अथवा 'मेरे प्राणों की रक्षा करो।' यह शरीर भी उस प्रभु का दिया हुआ है···यह प्राण भी उसी के हैं···मेरा क्या है?···

''ईश्वर अपने उन्हीं भक्तों को फिर कष्ट क्यों देता है बाबा?''

''कष्ट!'' बाबा मुस्कराए, ''कष्ट क्या होता है भक्त? ये सब तो मेरे प्रियतम के पास से आए हुए दूत हैं। यह उसका प्रेम है। आपको क्या उसके प्रेम की पहचान नहीं है? जिनसे रुष्ट होता है, उन्हें इतना सुख देता है कि वे उसे भूल जाते हैं।···''

स्वामी का मन तत्काल बाबा से सहमत हो गया···ठाकुर ने इतनी पीड़ा क्यों पाई थी? ईसा क्रूस पर क्यों टँगे थे? तुलसीदास ने बाहु-मूल की पीड़ा क्यों सही थी? कबीर ने कहा था न :

''सुख के माथे सिल पड़े, नाम हृदय ने जाय।
बलिहारी वा दुःख के, जो पल-पल नाम रटाय।।''

''मूल मंत्र निष्काम कर्म है भक्त!'' बाबा शायद पहली बार अपनी ओर से बोले थे, '' 'कर्म' के साथ 'कामना' मत जोड़ो, उसे निष्काम ही रहने दो। एकाग्र होकर कर्म करो, पूर्ण तल्लीनता से। जिस प्रकार श्री रघुनाथ जी की पूजा अंतःकरण की पूर्ण तल्लीनता से करते हो, उसी एकाग्रता और लगन से ताँबे के क्षुद्र बर्तन को भी माँजो। यही कर्म-रहस्य है। 'जस साधन, तस सिद्धि।' अर्थात् ध्येय-प्राप्ति के साधनों से वैसा ही प्रेम रखना चाहिए मानो वे स्वयं ही ध्येय हों।···''

स्वामी प्रेमानंद खोजते-खोजते अंततः गगनचन्द्र राय के उद्यान-भवन में पहुँचे।

स्वामी ने अकस्मात् प्रेमानंद को सामने खड़े देखा तो आकस्मिक उल्लास के साथ बोले, "अरे, बाबूराम! तुम?"

"हाँ, तुम्हें खोजता हुआ यहाँ तक पहुँच ही गया।"

"आओ, बैठो।" स्वामी ने पेड़ों के नीचे रखी कुर्सियों की ओर संकेत किया।

वे दोनों कुर्सियों की ओर बढ़े। प्रेमानंद बहुत सहज भाव से चल नहीं पा रहे थे।

"कहाँ से आ रहे हो?" स्वामी ने पूछा।

"कलकत्ता से ही आ रहा हूँ।" प्रेमानंद ने कहा और स्वामी के अगला प्रश्न पूछने के पहले ही बोले, "तुम कैसे हो?"

"कमर का दर्द उसी भयंकरता से चल रहा है।" स्वामी बोले, "साथ ही अतिसार की शिकायत हो गई है। इसीलिए इस उद्यान-भवन में चला आया हूँ। देख रहे हो न, यहाँ नीबू के कितने वृक्ष हैं। इनके मध्य रहता हूँ, इनका सेवन करता हूँ ताकि पाचन-क्रिया कुछ सुधर सके। तुम कैसे हो?"

"ठीक हूँ। बस हलका-सा ज्वर है।" प्रेमानंद मुस्करा रहे थे।

"क्या यात्रा में ज्वर हो गया?"

"नहीं। मठ से चलते समय भी ज्वर था।"

"तो ज्वर की स्थिति में यात्रा करने की क्या आवश्यकता थी तुम्हें?" स्वामी कुछ उत्तेजित हो उठे थे।

"वहाँ मठ में सब भाई तुम्हें बहुत याद करते हैं।" प्रेमानंद बोले, "तुम यहाँ इस प्रकार कष्ट में पड़े हो, कलकत्ता क्यों नहीं चले चलते। तुम्हें मालूम है, श्रीमाँ भी कलकत्ता आ गई हैं।"

"हाँ, कई बार सोचा है मैंने, पर अभी शायद कलकत्ता लौटने का समय नहीं आया।" स्वामी बोले, "अपनी इस कमर-पीड़ा के कारण न पैदल चल सकता हूँ, न गाड़ी में यात्रा कर सकता हूँ। इधर गंगाधर को भी गाजीपुर आने के लिए लिख रखा है। काली हृषीकेश में ज्वरग्रस्त पड़ा है, उसे भी तार भेजा है कि वह अपनी सूचना दे। आवश्यक हो तो मैं हृषीकेश जाऊँ और संभव हो तो वह यहाँ आ जाए। इन सबकी खींचतान में यहीं बँधा बैठा हूँ। कहीं भी आ-जा नहीं सकता।" स्वामी रुके, "अच्छा! तुम उठो। अंदर चलकर लेटो। ज्वर में इस प्रकार बैठे रहना ठीक नहीं।"

"असली बात तो तुमने बताई ही नहीं," प्रेमानंद न उठे, न उन्होंने स्वामी की अंदर चलकर लेटने की बात पर ध्यान दिया। उलटे उनकी वाणी कुछ वक्र हो उठी, "तुम तो ऐसे कह रहे हो जैसे अपने गुरुभाइयों के प्रेम में टँगे बैठे हो।...और वहाँ मठ में यह चर्चा है कि नरेन्द्र को न अब अपने गुरु की चिंता है, न गुरु-पत्नी की और न गुरुभाइयों की।..."

स्वामी जैसे अपने भीतर कहीं डूब गए...अपने गुरुभाइयों की कुशलक्षेम की चिंता के कारण प्रमदा बाबू ने उन्हें कितने ही उपालंभ दिए थे। स्वामी ने उन्हें एक पत्र में लिखा भी था कि उनके इस मायाजाल को देखकर प्रमदा बाबू को हँसी आती होगी किंतु 'गुरुदेव की संतान' मेरी सेवा की पात्र है।...और यह बाबूराम आकर कह रहा है कि उन्हें गुरुभाइयों की कोई चिंता ही नहीं है।

"ऐसा क्यों सोचा जा रहा है?" उन्होंने बहुत शांत स्वर में पूछा।

"क्योंकि तुम्हें यहाँ एक नया गुरु मिल गया है। तुम बार-बार अपने पत्रों में लिख रहे हो कि तुम बाबा को मना नहीं कर सकते। तुमने यह भी लिखा है कि तुम प्रतिदिन बाबा के पास

जाते हो और उनसे कुछ सीखना चाहते हो।'' बाबूराम की वाणी और दृष्टि दोनों में सहसा ही चुभने वाली प्रखरता उभर आई थी।

''तो इसलिए तुम आए हो?'' स्वामी ने जैसे कुछ हत्प्रभ होकर पूछा।

''हाँ! मेरा अपना स्वास्थ्य ठीक नहीं है, फिर भी मैंने सोचा कि तुम्हें मठ में पहुँचने के लिए सहायता करना मेरा धर्म है। ठाकुर के पश्चात् किसी भी और व्यक्ति को गुरु स्वीकार करना किसी भी दृष्टि से उचित नहीं है।''

''यह तुमसे किसने कह दिया कि मैं ठाकुर के स्थान पर पवहारी बाबा को अपना गुरु स्वीकार कर रहा हूँ?'' स्वामी ने प्रेमानंद की आँखों में देखा।

''तो और क्या कह रहे हो? तुम बाबा से कुछ सीखने की आशा में कब से यहाँ टिके हो। बाबा तुम्हें सिखा नहीं रहे, इसलिए तुम गाजीपुर छोड़ना नहीं चाहते। छोड़ना चाहते हो तो बाबा तुम्हें मना कर देते हैं और तुम गाजीपुर से जा नहीं सकते।'' बाबूराम का एक-एक वाक्य जैसे स्वामी पर आरोप लगा रहा था, ''तुम प्रतिदिन उनकी सेवा में जाते हो। उनके निकट रह सको इसलिए इस उद्यान-भवन में आ गए हो। क्या यह सब झूठ है?''

स्वामी के चेहरे पर तेज झलका, ''झूठ इसमें कुछ नहीं है। मैं पवहारी बाबा को पसंद करने लगा हूँ। वे भी मुझसे प्यार करने लगे हैं। इसमें न कोई संदेह है, न झूठ।···और···'' स्वामी ने प्रेमानंद को भर दृष्टि देखा, ''मैं अस्वस्थ होने के कारण जब उनके पास जा नहीं सकता, तो वे किसी-न-किसी को भेजकर मेरा हाल पुछवाते हैं। हम आध्यात्मिक चर्चा करते हैं। वे मेरे प्रश्नों के उत्तर देते हैं।'' उन्होंने अपनी दृष्टि प्रेमानंद की आँखों पर टिकाई, ''यह भी सत्य है कि ठाकुर के समान वे अपना ज्ञान वितरित करने के लिए बहुत उत्सुक नहीं हैं। उन्होंने अभी तक मेरी इच्छा पूरी नहीं की है। मैं उनसे हठयोग सीखना चाहता हूँ और वे मुझसे ठहरने का प्रेम-भरा अनुरोध कर देते हैं···इसमें किस बात से यह सिद्ध होता है कि मुझे अपने गुरुभाइयों की चिंता नहीं है।'' और पहली बार स्वामी के स्वर में क्रोध का सम्मिश्रण हुआ, ''और तुम यह बताओ कि मुझे किसके सामने यह प्रमाणित करना होगा कि मैं अपने गुरु की अवमानना नहीं कर रहा? किसी को क्या अधिकार है कि वह अपने गुरु के प्रति मेरी निष्ठा का प्रमाण माँगे?''

''दूसरा गुरु धारण करने का क्या अर्थ होता है?'' प्रेमानन्द का स्वर अब भी शांत था, ''क्या दूसरा गुरु धारण करने का यह अर्थ नहीं है कि पहला गुरु अपूर्ण था?''

स्वामी जैसे फट पड़े, ''मैं पहले गुरु का त्याग कर दूसरा गुरु धारण कर रहा हूँ, यह झूठ है। मैं यह मानकर चल रहा हूँ कि सारे गुरु उस ईश्वर के अंग हैं, जो परम गुरु है।'' उनका आवेश कुछ असंयत हो उठा, ''स्वयं ठाकुर के अनेक गुरु रहे हैं। भैरवी माँ, तोता पुरी, राम भक्त ब्राह्मण···यहाँ तक कि मुसलमान और ईसाई मतों की भी दीक्षा उन्होंने विभिन्न गुरुओं से ली। क्या इसका अर्थ यह है कि वे अपने पिछले गुरुओं की अवमानना कर रहे थे?'' स्वामी ने प्रेमानन्द की ओर देखा, ''यदि मैं पवहारी बाबा से हठयोग सीखकर अपनी तथा अपने गुरुभाइयों की कोमल काया को दृढ़ बनाना चाहता हूँ, ताकि हम अधिक कठोर तपस्या कर सकें तो इसमें अपने गुरुदेव की अवमानना हो गई? तुम्हें यह कहते हुए तनिक भी संकोच नहीं हुआ?'' वे कुछ रुके, ''और शायद तुम जानते होगे, हठयोग का संबंध आध्यात्मिक विकास से नहीं है। यह मात्र शारीरिक व्यायाम है। काली भी एक बार एक हठयोगी बाबा के पास गया था···याद है तुम्हें?''

''हाँ, गया के पास बराबर पर्वत पर।''

"तो फिर मुझ पर इस प्रकार का आरोप क्यों लगा रहे हो?"

प्रेमानन्द ने स्वामी का क्रोध हँसकर झेला, "चलो, हमारी आशंका असत्य ही सही, पर अब वापस मठ में लौट चलो।" प्रेमाचंद ने अपने शब्दों को सायास मैत्रीपूर्ण बनाया, "तुम्हारे बिना मठ में एक अपूर्णता-सी बनी रहती है।"

स्वामी का आवेश अब भी कम नहीं हुआ था, "यह पूर्णता-अपूर्णता क्या होती है? हम सब संन्यासी हैं। हमें एकांतवास का अभ्यस्त होना है। जब तुम लोग यात्राओं पर निकलते हो तो क्या मैं तुम्हारे पीछे-पीछे जाकर तुम लोगों को मठ में लौट आने के लिए कहता हूँ?…यही तो मोह है जिसे तोड़ना है और तुम लोग हो कि उसी बंधन को दृढ़ करते जा रहे हो।" स्वामी ने रुककर प्रेमानंद की ओर देखा, "मैंने गाजीपुर छोड़ा तो या प्रमदा बाबू के पास वाराणसी जाऊँगा या काली के पास हृषीकेश। कलकत्ता जाने का मेरा कोई इरादा नहीं है। और तुमसे कहे देता हूँ बाबूराम, कि इस प्रकार तुम लोग जो छोटे बच्चों के समान मेरी अंगुली पकड़कर चलने के लिए मुझे खोजते रहते हो, यह मुझे तनिक भी प्रिय नहीं है। अकेले रहना सीखो। निर्भर ही रहना है तो भगवान् पर रहो या अपने गुरु पर।" स्वामी पुनः रुककर बोले, "आज रात यहाँ आराम करो और कल प्रातः वापस लौट जाओ।"

"ज्वर की स्थिति में?"

"ओह! तो ठीक है। यहाँ तुम्हारा उपचार हो जाएगा। स्वस्थ होते ही चले जाना।" स्वामी कुछ कोमल हुए।

"नहीं!" प्रेमानन्द का स्वर कुछ वक्र था, "तुम कहो तो अभी चला जाता हूँ।"

"नहीं! तुमसे भयभीत नहीं हूँ मैं।" स्वामी बोले, "कि कुछ दिन तुम्हारे साथ न रह सकूँ। पर यह केवल इसलिए है, क्योंकि तुम अस्वस्थ हो। ठीक होते ही तुम यहाँ से चले जाओगे। समझे?"

प्रेमानन्द ने स्वामी को कुछ इस प्रकार देखा जैसे स्वामी ने उनसे एक भी कठोर वाक्य न कहा हो। बोले, "सुरेन्द्रनाथ मित्र भी काफ़ी अस्वस्थ हैं। उनका रोग सँभल नहीं रहा। बलराम बसु के स्वास्थ्य में तनिक भी सुधार नहीं हुआ है, वह बिगड़ा ही है। कलकत्ता में श्रीमाँ तुम्हारी प्रतीक्षा कर रही हैं।…और बनारस में क्या है? प्रमदा बाबू प्रयाग चले गए हैं। मेरी मानो तो मेरे साथ कलकत्ता लौट चलो। यदि मैं अकेला चला भी गया तो शायद राखाल और शरत् तुम्हें लेने के लिए यहाँ आ जाएँ। अब हम तुम्हें छोड़ने वाले नहीं हैं।"

"और मैं तुम्हें यह बता रहा हूँ," स्वामी का स्वर अत्यंत कठोर था, "कि मैं तुम्हें भेजकर गुप्त वास करूँगा। किसी को अपना पता नहीं दूँगा, किसी को पत्र नहीं लिखूँगा। तुम लोगों का यह मोह अब मुझे तनिक भी सह्य नहीं है।"

54

स्वामी ने प्रेमानंद को कह तो दिया था, किंतु वे उन्हें तत्काल विदा नहीं कर सके। प्रेमानंद सचमुच अस्वस्थ थे, और उन्हें रोज ज्वर हो जाता था। स्वामी न तो उन्हें उस अवस्था में गाड़ी में बैठा सकते थे और न ही उन्हें उद्यान-भवन के कमरे में अकेला छोड़कर कहीं जा सकते थे।…अभेदानन्द गाजीपुर नहीं आए थे, किंतु यह सूचना आ गई थी कि वे वाराणसी पहुँचकर किसी डॉ॰ प्रिय के घर ठहर गए थे।…गंगाधर ने कश्मीर से पत्र लिखकर गाजीपुर आने के लिए किराए के लिए कुछ

रुपए माँगे थे।···स्वामी ने उसे लिखा कि इस समय किराया भेजना संभव नहीं है। गगन बाबू ने उनकी बीमारी में उन पर बहुत खर्च किया है, और अभी उन्हीं से रुपए लेकर स्वामी ने अभेदानन्द की यात्रा के लिए भेजे थे।···अब उनसे और रुपए माँगना उचित नहीं लगता···वह किसी प्रकार रुपए का प्रबंध कर गाजीपुर आ जाए।···

गंगाधर गाजीपुर नहीं आया था। संभव है कि वह अमरनाथ की यात्रा के लिए चला गया हो। प्रेमानंद का स्वास्थ्य कुछ सुधरा तो स्वामी ने उन्हें अभेदानंद के पास बनारस जाने के लिए कहा···किंतु प्रेमानंद जाने के लिए तनिक भी उत्सुक नहीं थे। पता नहीं, सचमुच उनका स्वास्थ्य अभी यात्रा के योग्य नहीं हुआ था, या उन्हें भी गाजीपुर अच्छा लगने लगा था, या फिर वे अब भी स्वामी को अपने साथ कलकत्ता ले जाने के लिए टिके हुए थे···कारण कुछ भी हो, किंतु स्वामी को यही लग रहा था कि प्रेमानंद जिस लक्ष्य को लेकर कलकत्ता से चले थे, वे उसी की पूर्ति के लिए रुके हुए थे···और यह स्वामी को तनिक भी अच्छा नहीं लग रहा था। यदि प्रेमानंद का लक्ष्य वह नहीं भी था, तो भी उन्हें समझना चाहिए था कि स्वामी एकांत चाहते थे।···हृषीकेश से कुछ और ऊँचाई पर जाकर किसी सर्वथा निर्जन स्थान पर बैठ तपस्या करने का स्वप्न, स्वामी ने संप्रति छोड़ दिया था। इन परिस्थितियों में वह संभव नहीं था।···अपनी कमर की पीड़ा के साथ, पता नहीं वे पहाड़ पर चढ़ भी पाएँगे या नहीं···किंतु गाजीपुर में एकाकी रहने की उनकी इच्छा का तो सम्मान किया जाना था···

स्वामी को लगा था कि प्रेमानंद ऐसे नहीं जाएँगे। स्पष्ट कहने पर भी नहीं जाएँगे···तो उनके पास एक ही उपाय था···वे गाजीपुर से कुछ दूर जाकर गुप्त रूप से रहने लगे थे।···अब प्रेमानंद के वहाँ रुकने का कोई कारण नहीं था। परेशान होकर वे अभेदानंद के पास बनारस चले गए थे।

स्वामी जानते थे कि उन्होंने प्रेमानंद के साथ कठोर व्यवहार किया था···किंतु वे क्या करते? उन्हें कठोर तो होना ही होगा। उनकी कोमलता का ही तो सब लोग लाभ उठा रहे थे।···इधर बाबा उन्हें जाने नहीं दे रहे थे और उधर गगन बाबू उन्हें छोड़ नहीं रहे थे।···यदि वे इतने कोमल न हुए होते, तो गाजीपुर में बैठे व्यर्थ ही अपने गुरुभाइयों के लिए क्यों पीड़ित होते रहते?···कठोर तो उन्हें होना ही होगा, अन्यथा प्रमदा बाबू जैसे लोगों की दृष्टि में सदा ही मोहग्रस्त संन्यासी के रूप में उपहास का पात्र बनना पड़ेगा···

प्रेमानंद चले गए थे। अब स्वामी को अपना लक्ष्य पूरा कर ही लेना चाहिए।···संयोग ही था कि बाबा भी अब उन्हें दीक्षा देने के लिए प्रस्तुत हो गए थे···आरंभ में तो स्वामी को मात्र हठयोग का ही आकर्षण था, किंतु बाबा जैसे राजयोगी के निकट इतना समय बिताने के पश्चात् अब हठयोग का वह महत्त्व नहीं रह गया था···वे राजयोग के गूढ़तम रहस्यों को जानना चाहते थे···

बाबा ने उनसे कहा था कि वे प्रातः गंगा-स्नान कर, दिन-भर उपवास करें। सारा दिन हरि-नाम का जाप करें और अगले दिन प्रातः उनके पास विधिवत् दीक्षा के लिए आएँ···स्वामी सुबह से निरन्न ही थे और संध्या-समय अपनी चारपाई पर लेटे हुए मन-ही-मन हरि-नाम का जाप कर रहे थे···कमर की पीड़ा के कारण एक करवट लेटे रहना तो कठिन था ही, कभी-कभी तो व्याकुलता से बार-बार करवट बदलकर देखना पड़ता था कि उन्हें किसी मुद्रा में लेटकर आराम मिलता भी है या नहीं···

स्वामी ने करवट बदली। उनके दाहिने ओर एक आकृति खड़ी थी।···कौन?—स्वामी ने सोचा—उनके इस एकांत कक्ष में, जहाँ वे साधना करते हैं, उनके अज्ञान में ही कौन आ गया?···पर ये तो ठाकुर थे···उनके गुरु! श्रीरामकृष्ण देव!···स्वामी अवाक् रह गए।···यह उनका भ्रम था, या

ठाकुर सचमुच ही उनके निकट आए थे?···नहीं। प्रेमानंद चाहे चले गए थे, किंतु उनके मन में विष-बीज बो गए थे कि वे पवहारी बाबा से दीक्षा लेकर, ठाकुर की अवमानना कर रहे हैं···तभी तो उनका मन ठाकुर की उपस्थिति का भ्रम अनुभव कर रहा था।···

स्वामी ने अपनी आँखें मलीं।···ठाकुर की आकृति कुछ अधिक सजीव हो गई।···ठाकुर खड़े थे चुपचाप। मुख-मुद्रा बहुत उदास-सी और आँखें छलछलाई हुई थीं···

ठाकुर क्यों इतने दुखी हैं?···स्वामी ने स्वयं अपने आपसे पूछा···ठाकुर की ऐसी आकृति तो उन्होंने कभी नहीं देखी।···वे तो आनंद के सागर थे···अपने रोग, अपनी शारीरिक पीड़ा की चरमावस्था में भी कभी इस प्रकार उनकी आँखें नहीं भर आईं! तो···

स्वामी पूछें क्या?···पर पूछना क्या है! ठाकुर स्वयं आए हैं तो स्वयं ही कुछ कहेंगे।···एक बार जब इसी प्रकार महात्मा बुद्ध आए थे, तो अपनी बाल-सुलभ चंचलता में स्वामी उठकर कमरे से बाहर भाग गए थे।···किंतु आज स्वामी वैसा कुछ भी नहीं करने वाले।···आज वे ठाकुर को अपनी बात करने का पूरा अवसर देंगे···पर ठाकुर कुछ कहते क्यों नहीं? वे केवल देख रहे थे···उनकी दृष्टि में करुणा नहीं, पीड़ा थी···वे दुखी थे···

पर क्या यह स्वामी का भ्रम नहीं हो सकता?···जब ठाकुर कहा करते थे कि वे विभिन्न मूर्तियाँ और दृश्य देखते हैं, तो स्वामी ने ही तो कहा था कि वह सब उनके मस्तिष्क का विभ्रम है।···तो स्वामी को विभ्रम क्यों नहीं हो सकता?···वे उठकर निकट जाएँ···छूकर देखें ठाकुर को···उनसे बातें करें···पूछें कि वे क्यों आए हैं?···

किंतु स्वामी अपने स्थान से हिले नहीं।···ठाकुर के भौतिक शरीर का दाह-संस्कार उन लोगों ने अपने हाथों किया था···उनकी चिता-भस्म, राम दादा के काँकुड़गाछी योगोद्यान में और वराहनगर में मठ के पूजा-कक्ष में रखी हुई है।···किसे छुएँगे स्वामी? यह ठाकुर का स्थूल शरीर तो हो ही नहीं सकता···तो क्या अपने सूक्ष्म शरीर में ठाकुर यहाँ आए हैं?···श्रीमाँ ने भी कई बार चर्चा की थी कि जब भी वे अपने सौभाग्य-चिह्न त्यागने लगती हैं, ठाकुर आकर उनके सम्मुख खड़े हो जाते हैं। वे उन्हें सदा यह विश्वास दिलाए रखना चाहते हैं कि वे उनके निकट हैं, उपस्थित हैं, वर्तमान हैं···

तो क्या ठाकुर आज उन्हें भी यही विश्वास दिलाने आए हैं?···वे उनके साथ हैं। उनसे दूर नहीं हैं।···श्रीमाँ सौभाग्य-चिह्न त्यागने का उपक्रम करती हैं, तो वे प्रकट होते हैं, किंतु स्वामी क्या त्याग रहे हैं? स्वामी चौंके···तो क्या उनके गुरुभाइयों की यह आशंका सत्य है कि पवहारी बाबा से दीक्षा लेने का अर्थ है, ठाकुर को त्यागना?

स्वामी ने करवट बदल ली।···पर करवट बदल लेने मात्र से यह अहसास तो समाप्त नहीं हो सकता था कि ठाकुर उनकी पीठ के पीछे खड़े हैं।···और यह अनुभूति तो अत्यधिक भयानक थी कि ठाकुर उनके पास आए हैं और स्वामी उनकी ओर पीठ कर लेटे हुए हैं, जैसे वे उनका अपमान करना चाहते हों···

स्वामी ने पुनः करवट बदली···ठाकुर उसी प्रकार खड़े थे···उदास, पीड़ित···आँखों में अश्रु भरे हुए···बस, कुछ कह नहीं रहे थे।···बोल क्यों नहीं रहे? स्वामी ने सोचा।···किंतु अशरीरी अनुभवों में कोई बोलता कहाँ है?···स्वप्न में कोई बोलता है? फिर भी तो हम सारा संदर्भ समझते हैं, बातचीत करते हैं···कहते-सुनते हैं।···क्या ठाकुर ने सब कुछ कह नहीं दिया? उनकी मनोवेदना क्या स्वामी समझ नहीं रहे?···इसका अर्थ क्या यह नहीं है कि स्वामी चाहे अपने तर्कों से अपने मन को बहलाए

रखें, किंतु सत्य को वे स्वयं नहीं जान रहे थे? वे जो कुछ कर रहे थे, उसका वास्तविक स्वरूप क्या था—यह ठाकुर समझ रहे थे, वराहनगर मठ में बैठे, उनके गुरुभाई समझ रहे थे···बस, नहीं समझ रहे थे तो स्वयं स्वामी ही नहीं समझ रहे थे···यह तो बिलकुल वैसा ही है जैसे मदिरा, गणिका अथवा अन्य किसी विलास में आसक्त व्यक्ति ही नहीं जानता कि वह अपने विनाश की ओर बढ़ रहा है, जबकि शेष सारा समाज जानता है कि उसका अंत निकट है···क्या स्वामी की स्थिति भी सम्मोहित अथवा आसक्त व्यक्ति की-सी है, जो अपने ही कृत्यों के स्वरूप को ठीक-ठीक समझ नहीं पाता···

स्वामी का मन जैसे कुछ शांत हुआ। उनकी उत्तेजना कम हुई।···अपने गुरुभाइयों की निर्णय-बुद्धि पर वे विश्वास करें या न करें, किंतु ठाकुर की प्रज्ञा पर वे संदेह नहीं कर सकते।···यदि ठाकुर उनके इस निर्णय से दुखी हैं, तो वे अपना यह निर्णय त्याग देंगे। वे पवहारी बाबा से दीक्षा नहीं लेंगे···

उनका मन अजान ही कविता की कुछ पंक्तियाँ बुनने लगा :

"किंतु निशा-काल में
शय्या के शिरोभाग में,
देखता हूँ तुमको मैं खड़े हुए—
चुपचाप,—आँखें छलछलाई हुईं
हेरते हो मेरे तुम मुख की ओर।
उसी समय बदल जाता है भाव मेरा,
पैरों पड़ता हूँ,
पर क्षमा नहीं माँगता,
तुम नहीं करते हो रोष।
पुत्र हूँ तुम्हारा, कहो,
और कोई कैसे इस प्रगल्भता को
सहन कर सकता है?
प्रभु हो तुम मेरे
तुम प्राणसखा मेरे हो।
कभी देखता हूँ—
तुम मैं हो, मैं तुम हूँ,
तुम वाणी हो, वीणापाणि मेरे तुम कंठ में—
तुम्हारी ही तरंगों से बह जाते नारी-नर।"

स्वामी को लगा, जैसे उनके वक्ष से मनों बोझ उतर गया है···उनकी आत्मा जैसे हलकी और स्वच्छ हो गई है और उनका मन एक अद्‌भुत उन्मुक्तता का अनुभव कर रहा है।···उन्होंने पलटकर देखा···ठाकुर वहाँ नहीं थे। वे अपनी चारपाई से उठ बैठे। चारों ओर दृष्टि घुमाई। ठाकुर कहीं नहीं थे। वे द्वार तक आए, कपाट भीतर से बंद थे।

तो क्या यह सचमुच अलौकिक अनुभव था?···सचमुच ठाकुर अशरीरी रूप में उनके पास आए थे? सूक्ष्म शरीर को कहा आने-जाने से मिट्टी की दीवारें और लकड़ी के कपाट नहीं रोक

सकते।...पर ठाकुर का शरीर इस संसार में नहीं है, तो भी उनका मन क्या अब भी अपने शिष्यों में आसक्त है?

स्वामी कमरे से बाहर, वाटिका में निकल आए...यदि सत्य यही है तो इसका अर्थ यह है कि लौकिक शरीर के न रहने पर भी थोड़ी-बहुत सांसारिकता साथ रहती है क्या? स्वामी दूसरा गुरु धारण कर रहे हैं, इसलिए ठाकुर पीड़ित हुए...ये तो सांसारिक संबंध हैं...कोई एक संस्था छोड़ दूसरी संस्था में चला जाए, कोई एक दल छोड़ दूसरे दल में चला जाए, किसी स्त्री का पति उसे छोड़कर दूसरा विवाह कर ले...या यदि कोई विधवा पुनर्विवाह कर ले, तो क्या उसका दिवंगत पति उसे अपनी हानि मानकर उससे पीड़ित होगा, उससे स्वयं को वंचित मानेगा?...

और सहसा स्वामी का मन जैसे आत्म-धिक्कार से भर उठा...यह क्या नासमझी कर रहे हैं स्वामी? क्या यह उनका अहंकार नहीं है? वे स्वयं को बहुत अनमोल रत्न मानकर चल रहे हैं कि वे जिस व्यक्ति को अपना गुरु मान लेंगे, वह गौरवान्वित होगा और जिसे छोड़ देंगे, वह वंचित और कलंकित होगा।...वे यह क्यों नहीं समझ रहे कि उनके गुरु को अपनी नहीं, उनकी चिंता है...ठाकुर में और पवहारी बाबा में बहुत अंतर है...उनके शिष्यों में भी क्या वही अंतर नहीं होगा? पवहारी बाबा को अपना गुरु स्वीकार करने के पश्चात् क्या स्वामी का भविष्य कुछ और ही नहीं हो जाएगा?...वे मानव की सेवा को आध्यात्मिक साधना के रूप में स्वीकार कर रहे हैं, वेदों और उपनिषदों के ज्ञान को सर्व-साधारण तक पहुँचाने की बात सोच रहे हैं, दलितों और दमितों के उत्थान की योजना बना रहे हैं...पवहारी बाबा से हठयोग और राजयोग का ज्ञान पाकर, उस मार्ग पर चलकर स्वामी का व्यक्तित्व क्या विकसित हो पाएगा? वे कुछ और ही नहीं हो जाएँगे? तब भी क्या वे ठाकुर के समान साधारण से साधारण दर्शनार्थी से पूर्ण आत्मीयता से मिल पाएँगे या कोई सुरंग खोदकर उसमें स्वयं को बंदी कर संसार की आँखों से ओझल हो जाएँगे?...हठयोग का इतना ही आकर्षण था उन्हें तो जब ठाकुर उन्हें दे रहे थे, क्यों नहीं स्वीकार कर लीं उन्होंने सिद्धियाँ? तब क्यों कहा कि उन्हें केवल ईश्वर चाहिए...और कुछ नहीं?...

नहीं! ठाकुर निश्चित रूप से स्वामी के भविष्य के लिए चिंतित हैं। उन्हें अपने लिए कुछ नहीं चाहिए। वे अपने नरेन का पतन नहीं देख सकते...

अगले दिन प्रातः स्वामी उठे तो उनका मन जैसे बहुत बदल गया था...कहीं ऐसा तो नहीं कि प्रेमानंद से चर्चा करने के पश्चात् उनके अचेतन मन में यह धारणा जम गई हो कि वे अपने गुरु के प्रति निष्ठावान नहीं रहे हैं? उनके इस अपराध-बोध ने ही इस संभ्रम की रचना की हो, जिसमें उन्हें ठाकुर इस प्रकार दुखी दिखाई दिए हों।...यह उनके अपने मन का भी तो मायाजाल हो सकता है...उनका अपना विभ्रम।...पर कुछ भी हो, अब वे बाबा से दीक्षा ग्रहण नहीं करेंगे...

अब गाजीपुर में रुके रहने का कोई कारण नहीं था।...उधर अभेदानंद के रोग की सूचनाएँ लगातार उनके पास पहुँच रही थीं। प्रमदा बाबू भी वाराणसी लौट आए थे...अब स्वामी उनसे चर्चा भी कर सकते थे। उनके उद्यान में रहकर तपस्या भी कर सकते थे, और उद्यान को अच्छी प्रकार देखकर उसके विषय में बलराम बसु को सूचना भी दे सकते थे...

वाराणसी में अभेदानंद की देखभाल का प्रबंध कर स्वामी प्रमदा बाबू के घर पहुँचे। प्रमदा बाबू ने खुले मन से उनका स्वागत तो किया, किंतु बोले, "आप तपस्या के लिए भगवान् विश्वनाथ के नगर आए हैं, यह तो अच्छी बात है, पर मैं देख रहा हूँ, आप अभी अपने गुरुभाइयों का मोह

नहीं छोड़ पाए हैं। मुझे संदेह है कि इस समय भी आपके मन में तपस्या से अधिक अपने गुरुभाई की अस्वस्थता ही छाई हुई है।"

"मुझे उसकी चिंता है प्रमदा बाबू!" स्वामी निरपराध भाव से बोले, "उसे पहले पेचिश थी। अब इंफ्लुएंजा हो गया है। उसकी चिंता तो मुझे करनी ही होगी।...और जिस वैराग्य की आप मुझे सलाह देते हैं, वह मैं कहाँ से प्राप्त करूँ? हमारे वैराग्य के मूल में भक्ति है, और भक्ति का आधार है प्रेम।...फिर भी यदि मुझे कभी यह सच्चा वैराग्य उपलब्ध हुआ, तो मैं आपको सूचित करूँगा, और यदि आपको इस प्रकार की कोई वस्तु प्राप्त हो, तो कृपया मुझे उसके साझीदार के रूप में स्मरण रखें।"

प्रमदा बाबू हँस पड़े, "चलिए, यही सही। अब आप थोड़ा आराम करें और फिर अपनी तपस्या आरंभ करें।"

किंतु स्वामी को न विश्राम मिला, न वे तपस्या ही कर सके। इंफ्लुएंजा ने स्वयं उन्हें भी धर दबोचा, और जिन अभेदानंद की देखभाल करने वे वाराणसी आए थे, उन्हें ही स्वामी की देखभाल करनी पड़ी।

...और तब स्वामी को सूचना मिली कि 13 अप्रैल को बलराम बसु का कलकत्ता में देहांत हो गया है।...स्वामी के पैरों तले से जैसे जमीन खिसक गई...बलराम संबंधी सारी स्मृतियाँ उनके मन में कुछ इस प्रकार उमड़ आईं कि उनके धैर्य का बाँध ही टूट गया। उनकी आँखों से अश्रु ही नहीं बह रहे थे। उस विह्वल अवस्था में उनकी पीड़ा जैसे सँभाले नहीं सँभल रही थी...

"स्वामी जी!" प्रमदा बाबू स्वयं को रोक नहीं पाए, "आप संन्यासी हैं, वेदांती हैं, और फिर भी एक व्यक्ति की मृत्यु की सूचना से इस प्रकार विह्वल हैं!..."

स्वामी के लिए ये न तो सांत्वना के शब्द थे और न ही उनकी कोई भूल दर्शा रहे थे। अपने आवेश को कुछ संयत कर वे बोले, "कृपया इस प्रकार न कहें। हम शुष्क-हृदय संन्यासी नहीं हैं। संन्यासी का क्या हृदय नहीं होता? उसकी सारी संवेदनशीलता समाप्त हो जाती है क्या? हमें क्या अपने प्रियजनों की मृत्यु पर शोक प्रकट करने का भी अधिकार नहीं है?" स्वामी रुके, "मैं कल ही कलकत्ता के लिए चल पड़ूँगा।"

"और आपकी तपस्या?"

"वह सब बाद में देखूँगा। इस समय तो मुझे सबसे पहले उनके पास पहुँचना है, जो शोकग्रस्त हैं। संभव है, मैं उन्हें कुछ सांत्वना दे सकूँ। वे सब मेरे गुरु के भक्त हैं। मैं उनकी तनिक भी अनदेखी नहीं कर सकता। मैं अपने हृदय से बाध्य हूँ।"

55

स्वामी ने गिरीशचंद्र घोष के कपाट खटखटाए।

थोड़ी देर में कपाट स्वयं गिरीश ने ही खोले। स्वामी की दृष्टि उस पर टिक गई : गिरीश में इतने ही दिनों में काफ़ी परिवर्तन आ गया था। उम्र अधिक दिखने लगी थी और शरीर भी कुछ निढाल हो गया लगता था।

गिरीश ने भी कुछ चकित होकर स्वामी को देखा, जैसे पहचानने के लिए भी प्रयत्न करना

पड़ रहा हो। सहसा उसकी आँखों में पहचान आई···उसके साथ ही कुछ प्रसन्नता-भाव आया और फिर शरारत···

''अरे भिखारी! साला संन्यासी! तू?'' उसने आगे बढ़कर स्वामी को कंधों से थाम लिया।

''हाँ रे भाँड़! मैं ही हूँ।'' स्वामी ने उसी चंचलता से उत्तर दिया, ''तुम तो बुढ़ा गए जी॰सी॰!''

''आ, भीतर आ।'' गिरीश ने भीतर आने का मार्ग दिया, ''सुना, कैसा चल रहा है तुम्हारा मठ?''

स्वामी का चेहरा गंभीर हो गया। तत्काल उन्होंने कोई उत्तर नहीं दिया।

गिरीश ने बैठकर पूछा, ''क्या बात है, कुछ बोलता क्यों नहीं? इस प्रकार गुमसुम खड़ा है जैसे फिर कोई शोक-समाचार लाया है।''

स्वामी ने जैसे बोलने की तैयारी कहते हुए गला साफ किया, ''जी॰सी॰! तुम नगर में तो रहते हो, पर शायद मठ के विषय में कुछ विशेष नहीं जानते।''

''क्या मतलब है तुम्हारा?''

''तुम जानते हो, सुरेन्द्रनाथ मित्र और बलराम बसु दोनों का देहांत हो चुका है। मठ का खर्च चलाने वाले मुख्यतः ये ही दोनों लोग थे···।''

''ओह!'' गिरीश ने जैसे स्वामी के कहे बिना ही बात भाँप ली, ''तो मठ आर्थिक कठिनाई में है?''

''कठिनाई!'' स्वामी ने कहा, ''मैं तो यहाँ था नहीं। अब देख रहा हूँ कि शशि दिन-रात ठाकुर की पूजा-सेवा संबंधी दायित्वों में व्यस्त रहता है और फिर भिक्षा के लिए आसपास निकल जाता है।···और कोई खाए-न-खाए, वह ठाकुर को तो भोग लगाएगा ही। कभी भिक्षा न मिले तो कहीं से एक कोंहड़ा ही तोड़ लाता है या कुँदरू की बेल की पत्तियों को उबालकर उनके साथ जैसा भी भात मिले अपने गुरुभाइयों को खिला देता है। राखाल यहाँ है नहीं। शरत् और सदानंद को मैं काली की देखभाल के लिए वाराणसी भेज चुका हूँ। शेष लोग सुबह उठकर ही जप और ध्यान में लग जाते हैं। कुछ खाने को मिला गया तो ठीक, नहीं तो मान लेते हैं—साधना ही सत्य है, शरीर और शारीरिक आवश्यकताओं का कोई महत्त्व नहीं है।···''

''ओह!'' गिरीश बोला, ''मुझे किसी ने बताया ही नहीं। नहीं तो मैं सुरेन्द्र और बलराम जैसा धनी चाहे नहीं हूँ, किंतु अपने गुरुभाइयों को इस प्रकार भूखा तो नहीं रहने देता।''

''इसीलिए तुम्हारे पास आया हूँ।'' स्वामी ने कहा, ''जानता हूँ कि बहुत धनी तुम नहीं हो, किंतु यदि इस समय तुमने और मास्टर महाशय ने नहीं सँभाला तो तुम्हारे गुरुभाइयों को यह मठ छोड़ना पड़ेगा।'' स्वामी ने जैसे प्रस्तावना के रूप में कहा, ''वैसे वे सब त्यागी हैं। उन्होंने घर का त्याग किया है तो वे मठ का भी त्याग कर सकते हैं। किंतु संकट यह है कि ठाकुर की चिता-भस्म और उनकी गद्दी कहाँ रखी जाएगी?'' स्वामी ने रुककर एक चेतावनी-भरी दृष्टि गिरीश पर डाली, ''यदि तुम यह कहोगे कि वे वस्तुएँ राम दादा को सौंप दी जाएँ और उन्हें काँकुड़गाछी के उद्यान में प्रतिष्ठित कर दिया जाए, तो फिर पहले जैसा ही झगड़ा होगा···। निरंजन और शशि तो मानेंगे ही नहीं, इस बार हम भी नहीं मानेंगे।''

''तुम चाहते क्या हो?'' गिरीश के स्वर में असहायता का अंश था।

''चाहते तो हम बहुत कुछ हैं।'' स्वामी ने कुछ मुस्कराकर कहा, ''हम गंगा-तट पर अपने गुरु का भव्य स्मारक बनाना चाहते हैं। उनका मंदिर, उनका आश्रम। सुरेन्द्र मित्र ने उसके लिए एक हजार रुपए देने का वचन भी दिया था। हमने सोचा था कि उस राशि से आरंभ करेंगे और

किसी भी प्रकार शेष धन जुटाकर इस काम को पूरा करेंगे, किंतु सुरेन्द्र मित्र के देहांत के पश्चात् उन हजार रुपयों की तो क्या, मठ के खर्च के लिए सौ रुपए महीना मिलने की भी आशा नहीं रह गई। इसलिए स्मारक के विषय में इस समय सोचना कठिन लग रहा है।...किंतु वह हमें करना ही है। ठाकुर ने दो-तीन आदेश बहुत स्पष्ट रूप में दिए थे। पहला यह कि उनके द्वारा स्थापित इस त्यागी-मंडली की मैं सेवा करूँ। दूसरी बात कि यह त्यागी-भक्त-मंडली एकत्र होकर रहे और इसका यह दायित्व उन्होंने मुझे सौंपा था। मैं तुलसी और तिल निवेदन कर तथा अपना शरीर अर्पित कर उनका दास हूँ। उनकी आज्ञाओं का पालन किसी भी प्रकार करूँगा ही। इसके लिए मैं कलकत्ता ही नहीं, बंगाल-भर के धनी-मानी व्यक्तियों से सहायता प्राप्त करने का प्रयत्न करूँगा। और यदि यहाँ यह संभव नहीं हुआ तो प्रदेश के बाहर अन्य प्रदेशों से धन संचित करने का प्रयत्न करूँगा। सोचा है कि इस संदर्भ में वाराणसी में प्रमदा बाबू को भी एक पत्र लिखूँ। बहुत संभव है कि वे उत्तर प्रदेश के धनी-मानी लोगों से कुछ धन प्राप्त कर सकें।...पर अभी तो मैं तुमसे केवल यह कहने आया हूँ कि इस मठ को किसी प्रकार चलाए रखो, क्योंकि यह भी नहीं रहा तो आगे का काम किसके आधार पर चलेगा?"

गिरीश सिर झुकाए कुछ सोचता रहा। फिर बोला, "स्थिति वस्तुतः गंभीर है। यह तो पक्की बात है कि हम लोग अपने गुरुभाइयों को अन्न के अभाव में भूखे नहीं मरने देंगे और छत के अभाव में इधर-उधर बिखरने नहीं देंगे। किंतु यदि स्मारक नहीं बन पाया तो सचमुच हमें धिक्कार है।..." उसने स्वामी की ओर देखा, "तुम अपने घर नहीं गए?"

"चला जाऊँगा।" स्वामी ने धीरे से कहा, "मेरे लिए सब जगह एक ही समस्या है—धन का अभाव। अपने परिवार से लेकर अपने देश के सामान्य जन तक। कई बार मन में आता है कि यह सब छोड़-छाड़कर अपने देश के लिए कुछ करूँ, पर फिर न जाने कौन मेरा मार्ग ही नहीं रोकता, मेरे उत्साह पर भी ठंडे छींटे दे देता है। धीरे-धीरे मेरी समझ में आ रहा है कि भारत ही एकमात्र ऐसा देश है जिसके जीवन का आधार धर्म है। हमारा उत्थान हुआ था तो अध्यात्म के मार्ग से ही और हमारा पतन हुआ है तो अध्यात्म के त्याग के कारण ही। हम यदि अपना स्वार्थ त्याग सकें, अपने जीवन के आधार के रूप में अध्यात्म को स्वीकार कर सकें, तो हमारा चहुँमुखी विकास होगा। ऐसे में मुझे लगने लगता है कि मेरा अध्यात्म अंततः मुझे देशभक्ति की ओर ले जाता है और मेरी देशभक्ति मुझे अध्यात्म की ओर प्रेरित करती है।" स्वामी ने रुककर गिरीश की ओर देखा, "मुझे अपने परिवार और अपने मठ की समस्याओं का समाधान तो करना ही है, पर मुझे अपने देश और आत्मा की समस्याओं का समाधान भी करना है।"

"तो क्या सोच रहे हो तुम?"

"सोचना क्या है? वह धम्मपद में कहा है न कि न किसी से डरो, न किसी की चिंता करो, गैंड़े के समान अकेले पृथ्वी पर विचरो। सिंह के समान जो भैरव से कंपित नहीं होता, वायु के समान जो किसी जाल में नहीं फँसता, कमल के पुष्प की पंखुड़ी के समान जो पानी से भीगती नहीं—निर्लिप्त और अनासक्त होकर गैंड़े के समान पृथ्वी पर अकेले विचरो।"

"विचित्र आदमी हो तुम।" गिरीश बोला, "एक ओर मठ चलाने की बात कर रहे हो, गुरुदेव का स्मारक बनवा रहे हो और दूसरी ओर स्वयं ही इन सबमें से निकल भागना चाहते हो।"

"ठीक कह रहे हो, विचित्र आदमी तो हूँ ही।...सुनो! गंगाधर कश्मीर में पुलिस द्वारा जासूसी के संदेह में बंदी बना लिया गया था। यहाँ का पता देकर बड़ी कठिनाई से छूटा। यहाँ आया तो

बालीगंज स्टेशन पर ही पुलिस ने पुनः उसे किसी संदेह में धर लिया। इंस्पेक्टर उसे लेकर मठ में आया और हमारी साक्षी का विश्वास कर उसे छोड़ गया। उससे भी विरजा होम करवा, गेरुआ वस्त्र दे दिया है। उसका नाम अब अखंडानंद है।''

''तो?'' गिरीश ने पूछा।

''उसी अखंडानंद को लेकर उत्तराखंड की यात्रा पर जाने की सोच रहा हूँ।''

''उसी को क्यों?''

''क्योंकि हिमालय-क्षेत्र में यात्रा का अनुभव कदाचित् उसी को सबसे अधिक है।'' स्वामी कुछ चंचल हो आए थे, ''तुम्हारे कहे अनुसार विचित्र आदमी न होता तो तुम्हारे ही समान भाँड़ का जीवन न जीता।''

''अच्छा, आ गए तुम अपनी औकात पर!'' गिरीश बोला, ''भिक्षा भी माँगोगे और गाली भी दोगे!''

और वे दोनों एक साथ ही जोर से हँस पड़े।

मठ लौटते हुए रास्ते में स्वामी उपेन्द्रनाथ मुकर्जी के घर चले गए। उपेन्द्र ने उल्लसित भाव से उनका स्वागत किया, ''अरे, नरेन्द्र, तुम आ गए? मैं सोच ही रहा था कि तुमसे संपर्क करूँ।''

''क्यों, क्या बात है?'' स्वामी ने पूछा, ''कोई प्रसन्नता की बात हो तो मिठाई खिलाओ।''

उपेन्द्रनाथ आकर बैठ गया, ''भई, वह जो पुस्तक थी न 'राजभाषा', वह तो धड़ाधड़ बिक रही है। उससे बसुमती साहित्य मंदिर का नाम तत्काल चारों ओर फैल गया है।''

''यह तो सचमुच ही संदेश खिलाने वाली बात है।'' स्वामी हँसे, ''अब तुम एक काम और करो कि पुराणों का बँगला अनुवाद सस्ते दामों में छापो और जन-सामान्य तक पहुँचाओ। तुम देखोगे कि लोग इन पुस्तकों के कितने भूखे हैं। 'राजभाषा' छापकर तुमने पता नहीं कितनी अंग्रेजी की सेवा की है और कितनी अपने देशवासियों की, पर पुराण छापकर निश्चित रूप से तुम बंगवासियों का उपकार करोगे।''

''हाँ! यह तो अच्छा विचार है।'' उपेन्द्र जैसे उसी समय से उस योजना पर विचार कर रहा था, ''यह मुझे पहले क्यों नहीं सूझा!''

''नहीं सूझा, तो नहीं सही।'' स्वामी हँसे, ''मैं जो बैठा हूँ सुझाने वाला। अपना तो जीवन का लक्ष्य ही एक है—योजना, प्रस्ताव और उपदेश।''

किंतु उपेन्द्र स्वामी का साथ नहीं दे सका। वह अकस्मात् ही गंभीर हो गया, ''तुम्हारे सुझाने की बात से याद आया। तुम सचमुच बहुत लोगों को बहुत कुछ सुझाते रहते हो, किंतु सुझाने से पहले व्यक्ति और उसका लक्ष्य तो देख लिया करो।''

''मैं समझा नहीं!'' स्वामी की आँखों में जिज्ञासा थी।

''धीरेन्द्र पाल को जानते हो?''

''क्यों नहीं जानता।'' स्वामी बोले, ''किसी समय वह मेरा पड़ोसी था। बाद में पता चला कि वह शरत् और शशि का बाल-सखा भी था।...''

''तुम यह तो नहीं भूले होगे कि अपने पिताजी के देहांत के पश्चात् जब तुम उसके पास काम पाने की आशा से गए थे तो उसने कुछ कुत्सित प्रस्ताव किए थे?''

''भूला तो नहीं हूँ।'' स्वामी बोले, ''किंतु यह सब स्मरण करने का क्या लाभ?''

"यह भी जानते होगे कि उसके चारित्रिक पतन के कारण उसके अपने मित्रों ने उसे छोड़ दिया है?" उपेन्द्र बोला, "और यह भी जानते होगे कि शरत् और शशि उससे बात भी नहीं करते?"

"जानता हूँ।"

"और फिर भी तुम उससे मिलते-जुलते हो?"

"मैं संन्यासी हूँ। मेरा काम किसी से घृणा करना नहीं है।" स्वामी बोले।

"घृणा मत करो, किंतु वे लोग तुम्हारा लाभ तो न उठा पाएँ—इसका तो ध्यान रखो।"

"तुम स्पष्ट रूप से बताते क्यों नहीं?" स्वामी बोले।

"धीरेन्द्र पाल तुमसे बलराम बसु के घर में मिलने आया था?"

"हाँ!"

"उसने तुमसे 'दैनिक बंगवासी' तथा तारकेश्वर मन्दिर के महंत के बीच हुई लड़ाई की चर्चा की थी और उस संदर्भ में समाचार-पत्रों में प्रकाशित निबंधों की सूचना दी थी?" उपेन्द्र ने पूछा।

"हाँ! और मैंने कहा था, यदि मैं महंत का वकील होता तो ये-ये तर्क देता।"

"तुमने धर्मशास्त्रों से कई श्लोक उद्धृत किए थे, जो कानून की दृष्टि से महंत की स्थिति पुष्ट करते थे?"

"हाँ!" स्वामी बोले, "पर मैंने तो वह सब परिहास में ही कहा था। मैं महंत का मुकदमा लड़ने तो जा नहीं रहा।"

"तुमने तो यह सब परिहास में कहा था, किंतु धीरेन्द्र पाल ने वह सब लिख लिया था और उसने महंत से मिलकर वे सारे तर्क और उद्धरण उसके सामने प्रस्तुत कर दिए···और जानते हो?"

"क्या?"

"उसने इस सेवा के पारिश्रमिक-स्वरूप महंत से दो सौ पचास रुपए वसूल किए। इतनी राशि, जिससे तुम्हारे परिवार का कई महीनों का खर्च चल जाता।"

स्वामी गंभीर हो गए, "मुझे लोभ न दिखाओ, नहीं तो मेरे मन में अपने प्रत्येक शब्द और प्रत्येक कृत्य का मूल्य वसूलने का कुविचार जागेगा। संन्यासी की क्षमताएँ अपने लिए नहीं होतीं।···"

"पर तुम यह तो सोचो कि तुम किसकी सहायता कर रहे हो!" उपेन्द्र बोला, "वह चरित्रहीन, कुत्सित व्यक्ति···।"

स्वामी ने अपनी दाहिनी हथेली उठा, उपेन्द्र को आगे बोलने से रोक दिया, "वह दरिद्र है···। मेरे पास किसी को देने के लिए एक मुट्ठी अन्न भी नहीं है।···मेरे लिए यही संतोष बहुत है कि उसको मेरे कारण एक कौर भोजन मिल गया।" स्वामी उठ खड़े हुए, "और वह इतना कुत्सित भी नहीं है। तारकेश्वर से जब वह कलकत्ता लौटा तो उसने स्वयं अपने मुख से यह सब मुझे बता दिया था।···।"

स्वामी और अखंडानन्द ने श्रीमाँ को साष्टांग प्रणाम किया।

"ठाकुर तुम्हारा कल्याण करें पुत्र! उठो। कैसे हो?"

"सुखी हैं माँ!" स्वामी ने कहा, "किंतु आप कहाँ ठहरी हैं? इस घुसुड़ी गाँव में कोई सुख-सुविधा तो है नहीं!···और वैसे भी यह स्थान बेलुड़ के श्मशान के बहुत निकट है।"

"जहाँ भक्त ठहरा दें, वहीं सुख मानना चाहिए पुत्र!" श्रीमाँ के मुख पर किंचित् मुस्कान थी, "वैसे कामारपुकुर और जयरामवाटी में ही कौन-सी सुख-सुविधा है। मैं इन सबकी अभ्यस्त हूँ। तुम बताओ, तुम्हारा मठ कैसा चल रहा है?"

"मठ को अब गिरीश घोष और मास्टर मोशाय सँभालने का प्रयत्न कर रहे हैं, किंतु मठ के भाई बहुत कष्ट में हैं। खाने को नहीं, पहनने को नहीं। कोई रुग्ण हो जाए तो दवा-दारू नहीं···" स्वामी बोले, "वे प्रातः उठकर ही साधना में लग जाते हैं। खाने को कुछ न मिले तो दुखी होने के स्थान पर यह मान प्रसन्न हो जाते हैं कि चलो, खाने पर समय नष्ट नहीं हुआ। साधना के लिए अधिक समय मिल गया।···"

"मैं बोधगया में थी नरेन, तो मैंने देखा कि भगवान् के नाम पर कितना ऐश्वर्य संचित था वहाँ।" श्रीमाँ बोलीं, "कैसा हुआ होगा मेरा मन, सोचो।···मेरे मन में ठाकुर के प्रति भाव उठा, "तुम मनुष्य के रूप में आए, अपने भक्तों के साथ लीला की और चले गए। बस! सब समाप्त हो गया क्या? यदि यही होना था तो फिर संसार में आकर इतना कष्ट सहने की क्या आवश्यकता थी?···मैंने वाराणसी और वृन्दावन में असंख्य साधु देखे हैं, जो भिक्षा माँगकर खाते हैं और एक वृक्ष की छाया से दूसरे वृक्ष की छाया में अपना डेरा बदलते हैं। ऐसे साधुओं की न इस देश में कमी थी, न है।···मेरे जिन बच्चों ने तुम्हारे नाम पर अपना घर-बार और भविष्य छोड़ा है, मैं उनको द्वार-द्वार भीख माँगते नहीं देख सकती।···मेरी प्रार्थना है कि तुम्हारे नाम पर सर्वस्व त्यागने वाले ये बच्चे मोटे अन्न और मोटे वस्त्र के अभाव में न रहें। वे एक साथ रहें, तुम्हारा नाम जपें, तुम्हारे विचारों और आदर्शों का वहन करें, और भव-आतप से दुखी लोग उनके पास आकर कुछ शांति पाएँ।···क्या तुम इसके लिए नहीं आए थे?···इन बच्चों को इस प्रकार भटकते देखकर मुझे बहुत कष्ट होता है।···"

स्वामी, श्रीमाँ को देख रहे थे···वे बच्चों के कष्ट से दुखी थीं, पर कामारपुकुर में जिस प्रकार का जीवन उन्होंने व्यतीत किया है, वह मठ के भाइयों के जीवन से कम कष्टप्रद था?···उन्होंने एक बार भी ठाकुर से उसकी शिकायत नहीं की। एक बार भी ठाकुर से अपने लिए कुछ नहीं माँगा···

"तो मठ में मेरे बच्चे फिर क्या खाते हैं?" श्रीमाँ ने उनकी ओर देखा।

"वैसे तो स्थिति देखकर कोई भी भिक्षाटन के लिए चला जाता है।" अखंडानन्द ने कहा, "किंतु यदि कोई न जा सके, तो शशि तो है न! वह मठ के भाइयों के खान-पान का ध्यान किसी माँ के समान रखता है।···वैसे भी कोई चाहे भूखा रह जाए, किंतु वह ठाकुर को भूखा नहीं रख सकता। उनको तो वह भोग लगाएगा ही। वह भिक्षा माँगकर लाता है, ठाकुर को भोग लगाता है और अपने भाइयों को भी उनकी साधना के मध्य में से बलात् घसीटकर कुछ-न-कुछ खिला देता है। छोटे बच्चों के मुख में माँ जैसे किसी-न-किसी प्रकार दो कौर डाल ही देती है, वैसे ही शशि भी किसी-न-किसी प्रकार उनके मुख में कुछ-न-कुछ प्रविष्ट करा ही देता है।"

"धन्य है शशि की सेवा!" श्रीमाँ बोलीं।

"माँ, वह तो एक स्कूल में नौकरी को भी तैयार हो गया था, ताकि अपने वेतन से वह मठ के भाइयों का भरण-पोषण कर सके।" स्वामी बोले, "अभी तो उसे रोक दिया है, किंतु हमारे जाने के पश्चात् वह अपने आपको रोक पाएगा या नहीं, कहना कठिन है।"

"तुम कहीं जा रहे हो?" श्रीमाँ ने पूछा।

"हाँ, माँ! मैं गंगाधर को साथ लेकर जा रहा हूँ।"

"कहाँ जा रहे हो?"

"तपस्या के लिए हिमालय-क्षेत्र में जाना चाहता हूँ माँ!" स्वामी बोले, "सोचा है, गंगा मैया के तट के साथ-साथ पैदल चलूँगा। साधारण संन्यासी के समान भिक्षा माँगूँगा और इस यात्रा को अपनी आध्यात्मिक साधना मानूँगा।"

"मठ में गुरुभाइयों को बता दिया है?"

"ओह!" अखंडानन्द बोले, "नरेन ने मठ में कहा, 'जा रहा हूँ, और अब तब तक वापस नहीं लौटूँगा, जब तक यह अनुभूति न पा लूँ कि मेरे स्पर्श मात्र से मनुष्य दिव्य परिवर्तन को प्राप्त कर लेगा।' "

"बड़ा कठोर संकल्प किया है।" श्रीमाँ बोलीं।

"बिना कठोर हुए काम कहाँ बनता है माँ!" स्वामी बोले, "अच्छा! अब इस गंगाधर की बातें मत सुनो। मेरा भजन सुनो।..."

"सुना पुत्र! तेरे किन्नर-कंठ का संगीत भी ईश्वर की दिव्य विभूति है।" श्रीमाँ ने स्वामी की ओर अपेक्षापूर्ण दृष्टि से देखा।

स्वामी ने गाना आरंभ किया :

"अब लौं नसानी, अब न नसैहों।
राम-कृपा भव-निसा सिरानी, जागे अब न डसैहों।।..."

जैसे-जैसे भजन आगे बढ़ रहे थे, स्वामी की तन्मयता बढ़ती जा रही थी। वे एक के पश्चात् एक गीत गाते जा रहे थे और लग रहा था कि वे ध्यान का एक के बाद एक सोपान चढ़ते जा रहे हैं...बजाय थकने के उनकी स्फूर्ति जैसे बढ़ती जा रही थी...

तीन भजनों के पश्चात् स्वामी रुके तो श्रीमाँ बोलीं, "पुत्र! तुम्हारे भीतर योग और संगीत एक हो गए लगते हैं। तुम जैसे सूक्ष्म शब्द को साक्षात् कर देते हो।..."

"माँ, आपने गिरीश घोष के नाटक 'बिलवा-मंगल' के मंचन के समय की वह घटना सुनी है?" अखंडानन्द ने पूछा।

श्रीमाँ ने उसकी ओर देखा, जैसे पूछ रही हों, "कौन-सी घटना?"

" 'बिलवा-मंगल' का मंचन तभी समाप्त हुआ था और गिरीश घोष की मंडली तथा उनके मित्र मंच पर एकत्रित हो आए थे। तभी गिरीश घोष हमारे नरेन को पकड़कर वहीं ले आया और बोला, 'मैंने तुम्हें नाटक दिखाया, तुम हमें गीत सुनाओ।' आपने देखा ही है, गाने का आग्रह करने पर नरेन कभी मना नहीं करता, वरन् बड़ी तत्परता से गाने लगता है। गिरीश ने इसे मंच पर बैठा दिया, जहाँ उसकी मंडली की अभिनेत्रियाँ अभिनय के श्रम के पश्चात् इधर-उधर बैठी सुस्ता रही थीं। नरेन ने तानपूरा साधा और गाने लगा। गाते ही जैसे वह योग तक जा पहुँचा। मंच पर इधर-उधर अस्त-व्यस्त बैठी हुई अभिनेत्रियाँ कुछ अटपटा महसूस कर, अचकचाकर उठ खड़ी हुईं और दूर चली गईं। गिरीश घोष ने उनकी परेशानी देखी थी। उसका कारण चाहे उसकी समझ में नहीं आया था, किंतु दो भजनों के पश्चात् वह नरेन को वहाँ से उठा ले गया, ताकि उसकी अभिनेत्रियाँ कुछ सहज हो सकें...अगले दिन जब उसने उन अभिनेत्रियों की परेशानी का कारण पूछा तो उन्होंने उसे उपालंभ देते हुए कहा, 'हम हलके चरित्र की साधारण नाचने-गाने वाली लड़कियाँ हैं। आपने एक ऐसे साधक को हमारे निकट ला बैठाया, जिसकी छाया से भी हम मलिन हैं। उसकी सात्त्विकता के निकट जाने का हमारा साहस ही नहीं हो सकता...' "

"हाँ। इसमें तो कोई संदेह नहीं कि नरेन्द्र का संगीत तपोभूमि की सृष्टि कर देता है···।"

"माँ, आप भी किसकी बातों में आ गईं।" स्वामी कुछ संकुचित होते हुए बोले, "गंगाधर तो लबाड़िया है।···अच्छा माँ! अब हमें अनुमति दीजिए।···यदि मैं सफल हुआ, यदि मैं सच्चा मनुष्य बनकर लौट सका, तभी आऊँगा, नहीं तो यह अंतिम दर्शन है।"

"क्या कह रहे हो पुत्र?" श्रीमाँ बोलीं, "यह कैसी बात?"

"नहीं माँ! आपके आशीर्वाद से सफल होकर शीघ्र लौटूँगा।" स्वामी मुस्कराए।

"ज्ञान-लाभ और कार्य-सिद्धि के पश्चात् शीघ्र लौटो पुत्र!" श्रीमाँ ने आशीर्वाद दिया, "अपनी माँ से मिलने अपने घर कब जाओगे?"

निमिष-भर के लिए स्वामी जैसे अवाक् रह गए। फिर बोले, "मेरी माँ तो बस आप हैं माँ! और किसी माँ का कोई काम नहीं।"

श्रीमाँ की आँखों में अश्रु आ गए। पल्लू से आँसू पोंछकर उन्होंने अखंडानन्द की ओर देखा, "पुत्र गंगा! मैं हमारा यह सर्वस्व तुम्हारे हाथों में सौंप रही हूँ। इसका ध्यान रखना। तुमने पहाड़ों में यात्राएँ की हैं। तुम अधिक अनुभवी हो। इसके खाने-पीने का ध्यान रखना।···"

स्वामी और अखंडानन्द ने श्रीमाँ को साष्टांग प्रणाम किया और उठकर चले गए।

श्रीमाँ उनकी दूर होती हुई आकृतियों को देखती रहीं···

ठीक कहा था श्रीमाँ ने! नरेन्द्र उनका सर्वस्व था···ठाकुर का, माँ का, अपने गुरुभाइयों का···

अपनी अर्धचेतनावस्था में उन्होंने एक दिव्य दृश्य देखा था···ठाकुर गंगा में प्रविष्ट हो गए थे और उनका शरीर जैसे उस पवित्र जल में घुलकर उसके साथ एकाकार हो गया था और तब नरेन्द्र ने उस जल को अपने हाथों में लेकर असंख्य लोगों पर छिड़ककर कहा, 'जय श्रीरामकृष्ण!'···ऐसे ही एक अन्य अवसर पर कामारपुकुर में उन्होंने देखा था···ठाकुर पीपल के वृक्ष के निकट खड़े थे। वे चलकर नरेन्द्र के निकट आए और उसके शरीर में विलीन हो गए···

नरेन्द्र सचमुच ही उन सबका सर्वस्व था···

□□